Princípios Integrados de
ZOOLOGIA

O GEN | Grupo Editorial Nacional – maior plataforma editorial brasileira no segmento científico, técnico e profissional – publica conteúdos nas áreas de ciências da saúde, exatas, humanas, jurídicas e sociais aplicadas, além de prover serviços direcionados à educação continuada e à preparação para concursos.

As editoras que integram o GEN, das mais respeitadas no mercado editorial, construíram catálogos inigualáveis, com obras decisivas para a formação acadêmica e o aperfeiçoamento de várias gerações de profissionais e estudantes, tendo se tornado sinônimo de qualidade e seriedade.

A missão do GEN e dos núcleos de conteúdo que o compõem é prover a melhor informação científica e distribuí-la de maneira flexível e conveniente, a preços justos, gerando benefícios e servindo a autores, docentes, livreiros, funcionários, colaboradores e acionistas.

Nosso comportamento ético incondicional e nossa responsabilidade social e ambiental são reforçados pela natureza educacional de nossa atividade e dão sustentabilidade ao crescimento contínuo e à rentabilidade do grupo.

Princípios Integrados de ZOOLOGIA

Cleveland P. Hickman, Jr.
Professor Emeritus
Washington and Lee University

Susan L. Keen
University of California – Davis

David J. Eisenhour
Morehead State University

Allan Larson
Washington University

Helen I'Anson
Washington and Lee University

Arte-final original por:
William C. Ober, M.D.
Washington and Lee University
e
Claire W. Ober, B.A.
Washington and Lee University

Tradução e Revisão Técnica

Cecília Bueno
Bióloga
Doutora em Ciências pelo Programa de Pós-Graduação em Geografia da
Universidade Federal do Rio de Janeiro (PPGG/UFRJ)
Professora Titular da Universidade Veiga de Almeida (UVA)

Natalie Olifiers
Bióloga
Doutora em Ecologia (Fisheries & Wildlife Sciences) pela University of Missouri, Colúmbia, EUA
Professora Auxiliar da Universidade Veiga de Almeida (UVA)

18ª edição

- Os autores deste livro e a editora empenharam seus melhores esforços para assegurar que as informações e os procedimentos apresentados no texto estejam em acordo com os padrões aceitos à época da publicação. Entretanto, tendo em conta a evolução das ciências, as atualizações legislativas, as mudanças regulamentares governamentais e o constante fluxo de novas informações sobre os temas que constam do livro, recomendamos enfaticamente que os leitores consultem sempre outras fontes fidedignas, de modo a se certificarem de que as informações contidas no texto estão corretas e de que não houve alterações nas recomendações ou na legislação regulamentadora.
- Data do fechamento do livro: 20/05/2022
- Os autores e a editora se empenharam para citar adequadamente e dar o devido crédito a todos os detentores de direitos autorais de qualquer material utilizado neste livro, dispondo-se a possíveis acertos posteriores caso, inadvertida e involuntariamente, a identificação de algum deles tenha sido omitida.
- **Atendimento ao cliente: (11) 5080-0751 | faleconosco@grupogen.com.br**
- Traduzido de:
  Eighteenth edition in English of
  INTEGRATED PRINCIPLES OF ZOOLOGY
  Original edition copyright © 2020 by McGraw-Hill Education. Previous editions © 2017, 2014, and 2011.
  All rights reserved.
  ISBN: 978-1-260-20519-0
  Portuguese edition copyright © 2022 by Editora Guanabara Koogan Ltda.
  All rights reserved.
- Direitos exclusivos para a língua portuguesa
  Copyright © 2022 by
  EDITORA GUANABARA KOOGAN LTDA.
  Uma editora integrante do GEN | Grupo Editorial Nacional
  Travessa do Ouvidor, 11
  Rio de Janeiro – RJ – CEP 20040-040
  www.grupogen.com.br
- Reservados todos os direitos. É proibida a duplicação ou reprodução deste volume, no todo ou em parte, em quaisquer formas ou por quaisquer meios (eletrônico, mecânico, gravação, fotocópia, distribuição pela Internet ou outros), sem permissão, por escrito, da Editora Guanabara Koogan Ltda.
- Capa: Bruno Gomes
- Imagens da capa: iStock (© Andrea Izzotti; © RomoloTavani)
- Editoração eletrônica: Estúdio Castellani
- Ficha catalográfica

CIP-BRASIL. CATALOGAÇÃO NA PUBLICAÇÃO
SINDICATO NACIONAL DOS EDITORES DE LIVROS, RJ

P952
18. ed

Princípios integrados de zoologia / Cleveland P. Hickman ... [et al.] ; tradução e revisão Cecília Bueno, Natalie Olifiers ; arte-final de William C. Ober, Claire W. Ober. – 18. ed. – Rio de Janeiro : Guanabara Koogan, 2022.
888 p. : il. ; 28 cm.

Tradução de: Integrated principles of zoology
Inclui bibliografia e índice
ISBN 978-85-277-3863-7

22-77635
CDD: 590
CDU: 59

Gabriela Faray Ferreira Lopes – Bibliotecária – CRB-7/6643

SOBRE OS AUTORES

CLEVELAND P. HICKMAN, JR.

Cleveland P. Hickman, Jr., professor emérito de biologia da Washington and Lee University, em Lexington, Virgínia, leciona zoologia e fisiologia animal há mais de 30 anos. Recebeu seu Ph.D. em fisiologia comparada pela University of British Columbia, em 1958, Vancouver, B.C., e lecionou fisiologia animal na University of Alberta antes de se mudar para a Washington and Lee University, em 1967. Publicou vários artigos e ensaios baseados em pesquisas sobre a fisiologia dos peixes, além de ser coautor dos livros extremamente bem-sucedidos: *Princípios Integrados de Zoologia*, *Biology of Animals*, *Animal Diversity* e *Laboratory Studies in Integrated Principles of Zoology*, os três últimos ainda não publicados no Brasil.

Ao longo dos anos, Dr. Hickman tem liderado muitas viagens de campo às Ilhas Galápagos. Sua pesquisa aborda zonas entremarés e sistemática de invertebrados marinhos dessas ilhas. Ele publicou na *Galapagos Marine Life Series* quatro guias de campo para a identificação de equinodermos, moluscos e crustáceos marinhos.

Seus *hobbies* incluem mergulho, marcenaria e participar de orquestras de música de câmara.

SUSAN KEEN

Susan Keen é professora sênior da College of Biological Sciences, University of California, em Davis. Ela foi reitora associada dos Undergraduate Academic/Programs de 2011 a 2018. É doutora em zoologia pela University of California, em Davis, e mestre pela Michigan of University, em Ann Arbor. Canadense, graduou-se na University of British Columbia, em Vancouver.

Dra. Keen é uma zoóloga de invertebrados fascinada pela história da vida das águas-vivas. Ela tem um interesse especial pelos ciclos de vida dos organismos que apresentam tanto fase assexuada quanto sexuada, como ocorre com a maioria das águas-vivas. Suas outras pesquisas incluem trabalhos com comunidades marinhas de invertebrados sésseis, com populações de aranhas, com a evolução da batata andina e, mais recentemente, com as formas como os alunos aprendem.

Dra. Keen leciona evolução e diversidade animal para turmas de introdução à biologia há 25 anos. Ela gosta de todas as facetas do processo de ensino, desde as palestras e discussões até a efetiva preparação de exercícios de laboratório. Além de seu trabalho com introdução à biologia, ela trabalha com um especialista em animação para criar módulos de ensino autoguiados sobre o desenvolvimento animal. Participou do National Academies Summer Institute, na Undergraduate Education in Biology, e foi bolsista *fellow* da National Academies Education, em ciências da vida, de 2005 a 2006.

Seus *hobbies* incluem equitação, jardinagem, viagens e livros de romance policial.

DAVID J. EINSENHOUR

David J. Eisenhour é professor de biologia da Morehead State University, em Morehead, Kentucky. É Ph.D. em zoologia pela Southern Illinois University, em Carbondale. Leciona ciência ambiental, anatomia humana, zoologia geral, anatomia comparada, ictiologia e zoologia de vertebrados. David tem um programa de pesquisa ativo focado em sistemática, biologia da conservação e história natural de peixes de água doce norte-americanos, além de um especial interesse pela diversidade dos peixes do Kentucky e estar escrevendo um livro sobre o assunto. Ele e seus alunos são autores de várias publicações. David é orientador acadêmico para estudantes que pretendem cursar ciências farmacêuticas.

Seus *hobbies* incluem pescaria, paisagismo, *softball*, caminhadas e entreter seus três filhos, que, junto com sua esposa, participam com entusiasmo do seu trabalho de campo.

ALLAN LARSON

Allan Larson é professor da Washington University, St. Louis, M.O. É Ph.D. em genética pela University of California-Berkeley, e bacharel e mestre em zoologia pela University of Maryland. Suas áreas de especialização incluem biologia evolutiva, genética molecular de populações e sistemática de anfíbios. Ele leciona introdução à genética, zoologia, macroevolução, evolução molecular e história da teoria evolutiva. Organizou e lecionou um curso especial sobre biologia evolutiva para professores de ensino médio. Seus alunos participaram de estudos de campo sobre zoologia por todo o mundo, incluindo África, Ásia, Austrália, Madagascar, América do Norte, América do Sul, Oceano Indo-Pacífico e Ilhas do Caribe. Dr. Larson é autor de várias publicações científicas e foi editor das revistas *The American Naturalist*, *Evolution*, *Journal of Experimental Zoology*, *Molecular Phylogenetics and Evolution* e *Systematic Biology*.

É orientador acadêmico universitário e supervisiona o currículo de graduação em biologia da Washington University.

HELEN I'ANSON

Natural da Inglaterra, Helen I'Anson é professora de biologia e pesquisadora da Washington and Lee University, em Lexington, Virgínia. É Ph.D. em fisiologia pela University of Kentucky, em Lexington, K.Y., e de pós-doutorado pela University of Michigan, Ann Arbor, M.I. Leciona fisiologia animal, microanatomia, neuroendocrinologia, biologia geral e fisiologia reprodutiva, e tem um programa de pesquisa com foco no mecanismo de regulação do desenvolvimento da obesidade infantil. Atualmente, estuda o papel do hábito de lanchar desde o desmame até a idade adulta no início da obesidade infantil. Em 2019, recebeu o Outstanding Faculty Award por suas atividades de ensino, pesquisa e serviços prestados ao State Concil of Higher Education, do estado norte-americano de Virgínia.

Seus *hobbies* incluem jardinagem, caminhada, pescaria, aromaterapia, música e participação em corais.

AGRADECIMENTOS

Recebemos sugestões de professores e alunos de todo o nosso país. Este é um *feedback* vital, com o qual contamos a cada edição. Cada pessoa que fez comentários e sugestões tem o nosso agradecimento. Os esforços de muitas pessoas são necessários para desenvolver e melhorar um livro didático. Entre elas, estão os revisores e os consultores que apontaram pontos/áreas preocupantes, citaram pontos fortes e recomendaram mudanças. Os seguintes profissionais ajudaram a revisar a edição anterior para auxiliar o desenvolvimento desta 18ª edição:

Richard S. Grippo, Ph.D., *Arkansas State University*

Melissa Gutierrez, MS, *The University of Southern Mississippi*

Patrick J. Lewis, Ph.D., *Sam Houston State University*

Matthew Nusnbaum, PhD, *Georgia State University*

Amy Reber, Ph.D., *Georgia State University*

Natalie Reynolds, MsEd, *Carl Albert State College*

Rita A. Thrasher, MS, *Pensacola State College*

Travis J. Vail, MS, *Golden West College*

Os autores expressam sua gratidão aos editores e à equipe de apoio da McGraw-Hill Higher Education, que tornaram este projeto possível. Agradecimentos especiais a Michael Ivanov, gerente sênior de portfólio; Michelle Flomenhoft, desenvolvedora sênior de produto; Erin DeHeck, desenvolvedor de produto; Kelly Brown; gerente sênior de marketing; Becca Gill, gerente de projeto de conteúdo; Ann Courtney, gerente sênior de projeto de conteúdo; Brent dela Cruz, gerente de projeto de conteúdo; Jessica Cuevas, designer; e Laura Fuller, responsável sênior pelo setor de aquisições. Somos gratos a eles por seu talento e dedicação.

Embora façamos todos os esforços para apresentar um texto sem equívocos, diferentes tipos de erro inevitavelmente aparecem em um livro-texto deste escopo e complexidade. Ficaremos gratos aos leitores que nos enviarem comentários e sugestões, através do site da McGraw-Hill.

Cleveland P. Hickman, Jr.
Susan Keen
David J. Eisenhour
Allan Larson
Helen I'Anson

PREFÁCIO

Princípios Integrados de Zoologia continua a ser a principal referência para cursos básicos de introdução à zoologia. Nesta 18ª edição, os autores apresentam uma rica e real experiência ao descreverem a diversidade da vida animal e as fascinantes adaptações que possibilitam aos animais habitarem tantos nichos ecológicos.

A organização geral da obra facilita a compreensão do conteúdo pelos estudantes. Características marcantes, sobretudo a ênfase nos princípios da evolução e da ciência zoológica, foram reforçadas. Para auxiliar o aprendizado, vários recursos pedagógicos foram mantidos nos capítulos: prólogos, resumos e questões de revisão, para facilitar a compreensão e o estudo, ilustrações objetivas e visualmente atraentes, notas e considerações que aumentam o interesse pela narrativa, citações da literatura e um extenso glossário que reúne definições e origens de termos e expressões apresentados no livro.

NOVIDADES DA 18ª EDIÇÃO

Uma novidade desta edição é a lista de objetivos de aprendizagem que abre cada capítulo, organizados de acordo com as seções principais. Os resumos dos capítulos foram reestruturados em forma de quadro para listar os principais destaques de cada seção, e muitos deles foram expandidos. Essa correspondência entre os objetivos de aprendizagem, as seções dos capítulos e o resumo ajudará os alunos a organizarem as principais lições de cada capítulo. Além disso, em nossas ostensivas referências cruzadas de material entre as diferentes partes do livro, é citado o número da seção.

Notas e ensaios à parte do texto principal, para referência, agora são numerados e organizados de acordo com seis temas-chave: (1) adaptação e fisiologia, (2) ecologia, (3) evolução, (4) genética e desenvolvimento, (5) conexão com seres humanos e (6) ciência explicada. O tema-chave "adaptação e fisiologia" conecta as causas imediatas e finais do funcionamento dos organismos. "Ecologia" aborda as interações de populações animais com seus ambientes, incluindo fatores que influenciam suas distribuições geográficas e abundância. "Evolução" enfatiza a ancestralidade compartilhada de espécies animais e dos processos históricos que modificam as características do organismo em populações naturais. "Genética e desenvolvimento" aborda os mecanismos de hereditariedade e as formas como um organismo usa as informações genéticas para se desenvolver desde um zigoto até um animal adulto. "Conexão com seres humanos" destaca as maneiras como as descobertas zoológicas influenciam o bem-estar humano, o que inclui aplicações médicas e manutenção da saúde ambiental, ou as formas como as atividades humanas têm afetado as espécies animais. "Ciência explicada" aborda a metodologia científica e a história das descobertas científicas.

Além dessas revisões com fins didáticos, substituímos muitas fotografias e diagramas ao longo do livro para melhorar a clareza e a vivacidade.

Atualizamos os períodos geológicos nas árvores filogenéticas; por exemplo, o antigo período terciário foi substituído pelos períodos Paleógeno e Neógeno. Destacamos algumas alterações importantes, organizando-as pelas cinco partes principais da obra.

Parte 1: Introdução ao Estudo dos Animais

No Capítulo 1, *Vida: Princípios Biológicos e a Ciência da Zoologia*, apresentamos o microbioma como uma característica importante da vida animal. Muitas vezes, é esquecido que os animais abrigam milhares de espécies de bactérias e de arqueias, principalmente no intestino. Essas espécies existem em uma simbiose inofensiva com seus animais hospedeiros, com menos de cem espécies de bactérias sendo fontes de doenças infecciosas. Com a melhoria dos métodos da genética molecular para identificar o microbioma de um animal, essa dimensão está se tornando uma parte cada vez mais importante da zoologia.

No Capítulo 2, *Origem e Química da Vida*, o papel da água como solvente para gases respiratórios é adicionado às importantes propriedades da água para sustentar a vida. A introdução às proteínas é mais detalhada ao se relatar que uma proteína típica contém de centenas a milhares dos 20 tipos aminoácidos padrões. Príons são descritos em um boxe *Tema-chave*. A porcentagem de dióxido de carbono atmosférico foi atualizada para 0,04%. O nome Archaebacteria foi atualizado para Archaea. Ao discutir a teoria endossimbiótica, invaginações cianobacterianas são introduzidas como uma característica comum às cianobactérias e aos plastídios.

O Capítulo 3, *Células como Unidades da Vida*, apresenta classificação mais explícita e melhor combinação de cores em figuras que incorporam a membrana plasmática.

Parte 2: Continuidade e Evolução da Vida Animal

No Capítulo 5, *Genética: Revisão*, o polimorfismo de nucleotídeo único (SNP) é transformado em um conceito principal e incluído no glossário. Os boxes *Temas-chave* incluem títulos sobre: cromossomos e o ciclo celular; clonagem gênica; tamanho do genoma e "DNA egoísta" (*selfish DNA*), ou "DNA lixo" (*junk DNA*); e radiação e mutagênicos químicos. O resumo do capítulo foi expandido para cobrir mais detalhes apresentados nele. O Capítulo 6, *Evolução Orgânica*, inclui um material inédito sobre alelos neutros e seleção de espécies em conexão com os objetivos de aprendizado. O papel de August Weismann na teoria neodarwiniana foi elaborado. No Capítulo 7, *Processo da Reprodução*, a partenogênese foi movida da seção da reprodução sexual e apresentada como uma condição separada, intermediária entre a reprodução sexuada e a assexuada. O Capítulo 8, *Princípios do Desenvolvimento*, inclui uma nova discussão sobre a função do celoma.

Parte 3: Diversidade da Vida Animal

O Capítulo 9, *Padrão da Arquitetura de um Animal*, inclui um material inédito sobre o nível organizacional dos platelmintos, o *status* da espongiocele como uma cavidade intestinal em esponjas, os complexos juncionais encontrados entre as células epiteliais e as propriedades do músculo estriado oblíquo. No Capítulo 10, *Taxonomia e Filogenia dos Animais*, informações inéditas foram adicionadas sobre as funções dos holótipos e dos parátipos na taxonomia, com novas definições no glossário para esses termos.

O conteúdo das principais subdivisões da vida animal está atualizado para refletir as novas hipóteses filogenéticas.

O Capítulo 11, *Eucariotos Unicelulares*, inclui três novos termos, que aparecem no glossário: ancoracisto, mixotrofia e trogocitose, além de uma descrição revisada da maré vermelha em um *Tema-chave*. Novas descrições dos clados Holomyota e Holozoa (dentro de Opisthokonta) são mostradas em associação a uma revisão da Figura 11.28. O Capítulo 12, *Esponjas e Placozoários*, traz um novo texto de abertura e uma seção revisada sobre a origem dos animais, com compostos bioativos agora como um *Tema-chave*. A classe Myxozoa foi adicionada ao Capítulo 13, *Cnidários e Ctenóforos* (descrição completa), e ao cladograma associado, mostrado na Figura 13.2. O filo Xenacoelomorpha, que na edição anterior fora incluído no Capítulo 22, está agora no Capítulo 14, *Xenacoelomorpha, Platyzoa e Mesozoa*, sendo Xenoturbellida considerado um protostômio relacionado com os platelmintos acelomorfos, e não um deuterostômio, e, por isso, relacionado com Acoelomorpha, como Xenacoelomorpha. A seção de filogenia explica a revisão do grupo. O Capítulo 14 também contém um *Tema-chave* revisado sobre esquistossomose.

No Capítulo 15, *Polyzoa e Trochozoa*, o clado Kryptrochozoa foi removido em favor do grupo mais inclusivo Trochozoa, com uma mudança associada no cladograma mostrado na Figura 15.1. No Capítulo 17, o filo Sipuncula foi rebaixado e colocado dentro do filo Annelida; o cladograma na Figura 17.1 está revisado para acomodar essa mudança. Os vários novos números de seção adicionados ao Capítulo 17, *Anelídeos*, ajudam a acompanhar os principais tópicos. O Capítulo 18, *Ecdisozoários Menores*, contém um novo *Tema-chave* sobre criptobiose e suas aplicações no armazenamento de sangue. O Capítulo 21, *Hexápodes*, contém um novo *Tema-chave* sobre ácaros *Varroa* e sobre a síndrome do colapso das colônias de abelhas. No prólogo do capítulo, atualizamos as estatísticas sobre explosões populacionais de gafanhotos. Vários novos números de seção foram adicionados para facilitar o acompanhamento dos tópicos principais. O Capítulo 22, *Quetognatos, Equinodermos e Hemicordados*, inclui um texto revisado de um *Tema-chave* sobre explosões populacionais de estrelas-do-mar-coroa-de-espinhos e de *Diadema*, um ouriço-do-mar. A Figura 22.3 foi revisada para incluir novos grupos de fósseis de equinodermos, que são discutidos na seção sobre filogenia de equinodermos. Os vários novos números de seções facilitam acompanhar os tópicos principais.

O Capítulo 23, *Cordados*, apresenta a consolidação do material sobre o início da evolução dos cordados em uma única seção e ilustrações aprimoradas do cladograma, de características dos cordados e de inovações sobre os vertebrados. Um conteúdo inédito foi adicionado para explicar os problemas do uso da taxonomia Lineana para os cordados e por que um sistema de classificação não hierarquizado é preferível para representar sua taxonomia mais abrangente. Esse material se aplica também aos outros capítulos sobre vertebrados. A taxonomia e os números das espécies estão atualizados. A biologia e a ecologia dos anfioxos recebem uma atenção especial para corresponder às dos tunicados e para apresentar características discutidas nos capítulos sobre os vertebrados. Um novo material sobre o início da evolução dos vertebrados inclui o cordado primitivo *Metaspriggina*. No Capítulo 24, *Peixes*, o prólogo foi brevemente revisado para se adequar melhor a seu conteúdo. Uma única tabela agora consolida as características dos quatro principais grupos de peixes, facilitando a comparação entre os grupos. A alimentação por sucção dos teleósteos é detalhada para enfatizar sua importância e contrastá-la com a alimentação dos vertebrados terrestres. A parte sobre reprodução de tubarões foi reescrita para enfatizar a continuidade dos seus mecanismos de reprodução.

O Capítulo 25, *Tetrápodes Primitivos e Anfíbios Modernos*, foi reorganizado em um número maior de seções, com um resumo expandido e novas informações sobre os temnospôndilos, como a origem dos anfíbios modernos. Os números de espécies foram atualizados para representarem descobertas recentes de espécies crípticas em muitos *taxa*. O prólogo do Capítulo 26, *Origem dos Amniota e os Répteis não Voadores*, foi reorganizado para melhor condensar seu conteúdo. As mudanças na seção sobre adaptações de amniotas incluem um conteúdo revisado sobre respiração, circulação e sistemas sensoriais especiais. Uma parte do material sobre o posicionamento dos membros foi transferida para o capítulo sobre os mamíferos. Um novo texto sobre a reprodução de Squamata complementa o conhecimento a respeito das tartarugas, dos crocodilianos e dos tuataras. O material sobre veneno de serpentes foi reescrito para conferir maior clareza. A seção sobre sistemática de dinossauros foi atualizada. O Capítulo 27, *Aves*, inclui um novo parágrafo sobre a evolução das primeiras aves nos períodos Cretáceo e Paleógeno, e uma extensa revisão sobre os dinossauros como seus ancestrais. Revisamos as seções sobre a dinâmica dos fluidos de voo das aves e do ciclo respiratório. Um ensaio expandido, incluído em um *Tema-chave*, aborda o envenenamento por chumbo em condores. Reduzimos o uso do estranho termo "réptil não ave" para a tradicional classe Reptilia. O Capítulo 28, *Mamíferos*, apresenta uma seção substancial inédita sobre a evolução dos primeiros mamíferos e a megafauna, do Período Pleistoceno. As atualizações incluem a dentição e a alimentação dos mamíferos, a migração dos morcegos e o declínio de populações de caribu na América do Norte. A abordagem sobre a ecologia da população dos mamíferos foi reduzida para evitar a redundância com o material do Capítulo 38, *Ecologia Animal*. A evolução humana é revisada para incluir novas pesquisas sobre *Australopithecus*, *Homo heidelbergensis* e Denisovans.

Parte 4: Atividade da Vida

O Capítulo 30, *Homeostase: Regulação Osmótica, Excreção e Regulação da Temperatura*, inclui novas informações sobre a forma como a mistura de água doce e de água do mar na vazante das marés produz desafios fisiológicos para os animais aquáticos. A pressão oncótica (pressão osmótica coloide) é adicionada como uma força oposta à pressão hidrostática do sangue e como um fator que produz edema no sangue ou no fluido intersticial. Nova ênfase é dada na relação entre a área de superfície e o volume na capacidade dos mamíferos em resistir a ambientes de temperaturas baixas. O Capítulo 31, *Homeostase: Fluidos Internos e Respiração*, inclui um novo *Tema-chave* sobre a hipertensão e a doença renal associada. O Capítulo 32, *Digestão e Nutrição*, adiciona um detalhamento a respeito dos ácidos nucleicos na seção sobre digestão. O Capítulo 33, *Coordenação Nervosa: Sistema Nervoso e Órgãos Sensoriais*, traz as Figuras 33.7 e 33.8 redesenhadas, com a apresentação dos canais abertos quando o neurotransmissor se liga a eles. No Capítulo 34, *Coordenação Química: Sistema Endócrino*, um novo *Tema-chave* mostra o coração como um órgão endócrino produtor de peptídeo natriurético atrial. Novas informações são adicionadas sobre as funções da ocitocina e da vasopressina no comportamento social e no uso da ocitocina como tratamento para o transtorno do espectro autista. No Capítulo 36, *Comportamento Animal*, a poliandria agora é ilustrada com o exemplo dos falcões de Galápagos.

Parte 5: Animais e seu Ambiente

No Capítulo 37, *Distribuição de Animais*, um novo *Tema-chave* é adicionado sobre a demanda por água doce e sobre como o aquecimento global ameaça nosso suprimento de água doce. As informações sobre a pesca da anchoveta peruana estão atualizadas. O Capítulo 38, *Ecologia Animal*, foi reestruturado em mais seções para coordenar o seu resumo e os seus objetivos de aprendizado. O crescimento das populações humanas e o *status* taxonômico dos tentilhões de Galápagos estão atualizados.

CONTRIBUIÇÕES PARA ENSINO E APRENDIZADO

Para ajudar os estudantes no **desenvolvimento do vocabulário**, as palavras-chave estão em **negrito**, e é apresentada a etimologia dos termos técnicos de zoologia, junto com os nomes comuns de animais, quando aparecem pela primeira vez no texto. Dessa maneira, os alunos se familiarizam gradualmente com os radicais mais comuns que formam muitos dos termos técnicos. O extenso **glossário**, ao fim do livro, apresenta a etimologia e a definição de muitos termos, incluindo os inéditos ou reescritos para esta edição.

Um diferencial deste livro é o **prólogo** de cada capítulo, que destaca um tema ou um fato relacionado com o assunto abordado. Alguns prólogos apresentam princípios biológicos, especialmente evolutivos; os da Parte 3, sobre diversidade animal, ressaltam características peculiares do grupo apresentado no capítulo em questão.

Novamente, William C. Ober e Claire W. Ober engrandeceram a parte artística deste livro com muitas novas figuras coloridas que substituem as antigas ou que ilustram um novo material. As habilidades artísticas de Bill, seu conhecimento de biologia e sua experiência adquirida em sua carreira anterior no exercício da medicina enriqueceram este texto ao longo de dez de suas edições. Claire praticou enfermagem pediátrica e obstétrica antes de se voltar para a ilustração científica como uma carreira de tempo integral. Textos ilustrados por Bill e Claire receberam reconhecimento nacional e prêmios da Association of Medical Illustrators, do American Institute of Graphic Arts, da Chicago Book Clinic, da Printing Industries of America e da Bookbuilders West. Eles também foram contemplados com o Art Directors Award.

SUMÁRIO

PARTE 1
Introdução ao Estudo dos Animais

CAPÍTULO 1
Vida: Princípios Biológicos e a Ciência da Zoologia, 1

1.1 Propriedades fundamentais da vida, 2
1.2 A zoologia como parte da biologia, 7
1.3 Princípios da ciência, 8
1.4 Teorias da evolução e hereditariedade, 11

CAPÍTULO 2
Origem e Química da Vida, 17

2.1 Água e vida, 18
2.2 Macromoléculas, 19
2.3 Evolução química, 24
2.4 Origem dos sistemas vivos, 26
2.5 Vida pré-cambriana, 27

CAPÍTULO 3
Células como Unidades da Vida, 32

3.1 Conceito de célula, 33
3.2 Organização celular, 35
3.3 Mitose e divisão celular, 45

CAPÍTULO 4
Metabolismo Celular, 51

4.1 Energia e leis da termodinâmica, 52
4.2 Papel das enzimas, 53
4.3 Regulação enzimática, 55
4.4 Transferência de energia química pelo ATP, 56
4.5 Respiração celular, 57
4.6 Metabolismo de lipídios, 63
4.7 Metabolismo de proteínas, 64

PARTE 2
Continuidade e Evolução da Vida Animal

CAPÍTULO 5
Genética: Revisão, 67

5.1 Pesquisas de Mendel, 68
5.2 Base cromossômica da herança, 68
5.3 Leis mendelianas da herança, 73
5.4 Teoria dos genes, 82
5.5 Armazenamento e transferência da informação genética, 82
5.6 Mutações gênicas, 92
5.7 Genética molecular do câncer, 93

CAPÍTULO 6
Evolução Orgânica, 97

6.1 Origens da teoria evolutiva darwiniana, 98
6.2 Teoria evolutiva darwiniana: a evidência, 100
6.3 Revisões da teoria de Darwin, 117
6.4 Microevolução: variação genética e mudança dentro das espécies, 117
6.5 Macroevolução: grandes eventos evolutivos, 123

CAPÍTULO 7
Processo da Reprodução, 129

7.1 Natureza do processo reprodutivo, 130
7.2 Origem e maturação das células germinativas, 133
7.3 Padrões reprodutivos, 137
7.4 Estrutura dos sistemas reprodutivos, 138
7.5 Eventos endócrinos que coordenam a reprodução, 141

CAPÍTULO 8
Princípios do Desenvolvimento, 150

8.1 Conceitos iniciais: pré-formação *versus* epigênese, 151
8.2 Fertilização, 152
8.3 Clivagem e início do desenvolvimento, 155
8.4 Visão geral do desenvolvimento após a clivagem, 156
8.5 Mecanismos do desenvolvimento, 159
8.6 Expressão gênica durante o desenvolvimento, 162
8.7 Padrões de desenvolvimento nos animais, 164
8.8 Biologia evolutiva do desenvolvimento, 169
8.9 Desenvolvimento dos vertebrados, 170
8.10 Desenvolvimento de sistemas e órgãos, 173

PARTE 3
Diversidade da Vida Animal

CAPÍTULO 9
Padrão da Arquitetura de um Animal, 179

9.1 Organização hierárquica da complexidade animal, 180
9.2 Planos corporais animais, 181
9.3 Componentes dos corpos animais, 185
9.4 Complexidade e tamanho corporal, 190

CAPÍTULO 10
Taxonomia e Filogenia dos Animais, 193

10.1 Linnaeus e taxonomia, 194
10.2 Espécies, 195
10.3 Caracteres taxonômicos e reconstrução filogenética, 200
10.4 Teorias taxonômicas, 202
10.5 Grandes divisões da vida, 205
10.6 Grandes subdivisões do reino animal, 206

CAPÍTULO 11
Eucariotos Unicelulares, 209

11.1 Nomeação e identificação dos táxons de eucariotos unicelulares, 210
11.2 Forma e função, 212
11.3 Principais táxons de eucariotos unicelulares, 219
11.4 Filogenia e diversificação adaptativa, 232

CAPÍTULO 12
Esponjas e Placozoários, 237

12.1 Origem dos animais (metazoários), 238
12.2 Filo Porifera: Esponjas, 238
12.3 Filo Placozoa, 248

CAPÍTULO 13
Cnidários e Ctenóforos, 251

13.1 Filo Cnidaria, 252
13.2 Filo Ctenophora, 271
13.3 Filogenia e diversificação adaptativa, 274

CAPÍTULO 14
Xenacoelomorpha, Platyzoa e Mesozoa, 278

14.1 Filo Xenacoelomorpha, 279
14.2 Clados dentro de Protostomia, 281
14.3 Filo Platyhelminthes, 281
14.4 Filo Gastrotricha, 295
14.5 Clado Gnathifera, 296
14.6 Filo Gnathostomulida, 297
14.7 Filo Micrognathozoa, 297
14.8 Filo Rotifera, 298
14.9 Filo Acanthocephala, 301
14.10 Filo Mesozoa, 303
14.11 Filogenia, 304

CAPÍTULO 15
Polyzoa e Trochozoa, 307

15.1 Clado Polyzoa, 309
15.2 Filo Cycliophora, 309
15.3 Filo Entoprocta, 309
15.4 Filo Ectoprocta (Bryozoa), 310
15.5 Clado Trochozoa, 313
15.6 Clado Brachiozoa, 313
15.7 Filo Brachiopoda, 313
15.8 Filo Phoronida, 314
15.9 Filo Nemertea (Rhynchocoela), 314
15.10 Filogenia, 317

CAPÍTULO 16
Moluscos, 319

16.1 Moluscos, 320
16.2 Forma e função, 322
16.3 Classes de moluscos, 325
16.4 Filogenia e diversificação adaptativa, 344

CAPÍTULO 17
Anelídeos, 349

17.1 Filo Annelida, incluindo pogonóforos (siboglinídeos), sipúnculos e equiuros, 351
17.2 Errantia, 354
17.3 Sedentaria, 356
17.4 Clado Clitellata, 360
17.5 Significado evolutivo de um celoma e do metamerismo, 367
17.6 Filogenia e diversificação adaptativa, 368

CAPÍTULO 18
Ecdisozoários Menores, 370

18.1 Filo Nematoda: vermes cilíndricos, 371
18.2 Filo Nematomorpha, 378
18.3 Filo Loricifera, 379
18.4 Filo Kinorhyncha, 379
18.5 Filo Priapulida, 380
18.6 Clado Panarthropoda, 381
18.7 Filo Onychophora, 381
18.8 Filo Tardigrada, 382
18.9 Filogenia e diversificação adaptativa, 383

CAPÍTULO 19
Trilobitas, Quelicerados e Miriápodes, 386

19.1 Filo Arthropoda, 387
19.2 Subfilo Trilobita, 390
19.3 Subfilo Chelicerata, 391
19.4 Subfilo Myriapoda, 397
19.5 Filogenia e irradiação adaptativa, 400

CAPÍTULO 20
Crustáceos, 403

20.1 Subfilo Crustacea, 405
20.2 Uma breve revisão sobre crustáceos, 413
20.3 Filogenia e diversificação adaptativa, 419

CAPÍTULO 21
Hexápodes, 424

21.1 Classes Entognatha e Insecta, 425
21.2 Forma e função externas, 425
21.3 Forma e função internas, 430
21.4 Metamorfose e crescimento, 437

21.5 Comportamento e defesa, 438
21.6 Insetos e bem-estar humano, 440
21.7 Filogenia e diversificação adaptativa, 446

CAPÍTULO 22
Quetognatos, Equinodermos e Hemicordados, 450

22.1 Filo Chaetognatha, 452
22.2 Forma e função, 452
22.3 Clado Ambulacraria, 453
22.4 Filo Echinodermata, 453
22.5 Filogenia e diversificação adaptativa dos equinodermos, 467
22.6 Filo hemichordata, 468
22.7 Filogenia e diversificação adaptativa dos hemicordados, 471

CAPÍTULO 23
Cordados, 474

23.1 Ancestralidade e evolução dos cordados, 475
23.2 Cinco características dos cordados, 478
23.3 Subfilo Urochordata (Tunicata), 480
23.4 Subfilo Cephalochordata, 482
23.5 Subfilo Vertebrata (Craniata), 483

CAPÍTULO 24
Peixes, 492

24.1 Ancestralidade e relações dos principais grupos de peixes, 493
24.2 Peixes atuais sem mandíbulas, 493
24.3 Chondrichthyes: peixes cartilaginosos, 498
24.4 Osteichthyes: peixes ósseos, 502
24.5 Adaptações estruturais e funcionais dos peixes, 506

CAPÍTULO 25
Tetrápodes Primitivos e Anfíbios Modernos, 518

25.1 Origem dos tetrápodes no Devoniano, 519
25.2 Temnospôndilos e os anfíbios modernos, 521
25.3 Cecílias: ordem Gymnophiona (Apoda), 523
25.4 Salamandras: ordem Urodela (Caudata), 523
25.5 Sapos e rãs: ordem Anura (Salientia), 526

CAPÍTULO 26
Origem dos Amniota e os Répteis não Voadores, 537

26.1 Origem e evolução inicial dos amniotas, 538
26.2 Características e história natural dos grupos de répteis, 543

CAPÍTULO 27
Aves, 558

27.1 Origem e relações, 559
27.2 Adaptações estruturais e funcionais para o voo, 562
27.3 Voo, 570
27.4 Migração e navegação, 573
27.5 Reprodução e comportamento social, 575
27.6 Populações de aves e sua conservação, 577

CAPÍTULO 28
Mamíferos, 583

28.1 Origem e evolução dos mamíferos, 584
28.2 Adaptações estruturais e funcionais dos mamíferos, 587
28.3 Seres humanos e outros mamíferos, 599
28.4 Evolução humana, 599

PARTE 4
Atividade da Vida

CAPÍTULO 29
Suporte, Proteção e Movimento, 609

29.1 Tegumento, 610
29.2 Sistemas esqueléticos, 613
29.3 Movimento animal, 619

CAPÍTULO 30
Homeostase: Regulação Osmótica, Excreção e Regulação da Temperatura, 630

30.1 Regulação hídrica e osmótica, 631
30.2 Estruturas excretoras dos invertebrados, 634
30.3 Rim dos vertebrados, 636
30.4 Regulação térmica, 642

CAPÍTULO 31
Homeostase: Fluidos Internos e Respiração, 648

31.1 O meio fluido interno, 649
31.2 Composição do sangue, 650
31.3 Circulação, 651
31.4 Respiração, 659

CAPÍTULO 32
Digestão e Nutrição, 670

32.1 Mecanismos de alimentação, 671
32.2 Digestão, 674
32.3 Organização e função regional dos canais alimentares, 676
32.4 Regulação da ingesta de alimento, 681
32.5 Necessidades nutricionais, 683

CAPÍTULO 33
Coordenação Nervosa: Sistema Nervoso e Órgãos Sensoriais, 687

33.1 Neurônios: unidades funcionais dos sistemas nervosos, 688
33.2 Sinapses: junções entre os nervos, 692
33.3 Evolução dos sistemas nervosos, 694
33.4 Órgãos dos sentidos, 701

CAPÍTULO 34
Coordenação Química: Sistema Endócrino, 714

34.1 Mecanismos de ação hormonal, 715
34.2 Hormônios dos invertebrados, 717
34.3 Glândulas endócrinas e hormônios dos vertebrados, 719

CAPÍTULO 35
Imunidade, 732

35.1 Suscetibilidade e resistência, 733
35.2 Mecanismos de defesa inata, 733
35.3 Imunidade nos invertebrados, 739
35.4 Resposta imunológica adquirida em vertebrados, 739
35.5 Antígenos dos grupos sanguíneos, 743

CAPÍTULO 36
Comportamento Animal, 747

36.1 Descrição do comportamento: princípios da etologia clássica, 748
36.2 Controle do comportamento, 750
36.3 Comportamento social, 753

PARTE 5
Animais e seu Ambiente

CAPÍTULO 37
Distribuição de Animais, 765

37.1 Princípios da biogeografia histórica, 766
37.2 Distribuição da vida na Terra, 772

CAPÍTULO 38
Ecologia Animal, 783

38.1 Hierarquia da ecologia, 784
38.2 Populações, 785
38.3 Ecologia de comunidades, 789
38.4 Ecossistemas, 793
38.5 Extinção e biodiversidade, 797

Glossário, 801

Índice Alfabético, 848

PARTE 1

1 Vida: Princípios Biológicos e a Ciência da Zoologia

OBJETIVOS DE APRENDIZAGEM

Após a leitura do capítulo, você será capaz de:

1.1 Explicar as propriedades unificadoras dos sistemas vivos como resultados da história evolutiva única da vida.

1.2 Explicar as principais características exclusivas do ramo animal da árvore evolutiva da vida.

1.3 Explicar como a ciência consiste em testar (e, possivelmente, em rejeitar) hipóteses, melhorando nossas explicações, tornando-as mais simples, a partir do uso de dados.

1.4 Explicar as cinco hipóteses principais da teoria evolutiva de Darwin – mudança perpétua, ancestralidade comum, multiplicação de espécies, gradualismo e seleção natural – e os papéis da genética mendeliana e da teoria da herança cromossômica na evolução animal.

Zoóloga estudando o comportamento de babuínos-amarelos (Papio cynocephalus) *na Reserva Amboseli, Quênia.*
©Cleveland P. Hickman, Jr.

Uso de princípios

Conhecemos o mundo animal aplicando princípios norteadores importantes às nossas investigações. Assim como a exploração do espaço sideral é guiada e limitada por princípios como as teorias da gravidade e do movimento, e suas tecnologias associadas, a exploração do mundo animal depende criticamente dos princípios da evolução, da genética e da organização celular, bem como de questões e de métodos associados. A zoologia só tem pleno sentido quando os princípios que usamos para a sua construção são bem compreendidos.

Os princípios da zoologia moderna têm uma longa história e muitas fontes. Alguns princípios vêm das leis da física e da química, aos quais todos os sistemas vivos obedecem. Outros derivam do método científico e informam-nos que nossas explicações hipotéticas sobre o mundo animal devem nos guiar para a obtenção de dados, que possam refutá-las. Muitos princípios importantes derivam de estudos prévios do mundo vivo, do qual os animais fazem parte.

Os princípios da hereditariedade, da variação e da evolução orgânica guiam o estudo da vida desde as formas unicelulares mais simples até os mais complexos animais, fungos e plantas. Os princípios conhecidos do estudo de um grupo, com frequência, aplicam-se a outros, porque todos os seres vivos compartilham uma origem evolutiva comum. Rastreando-se as origens dos nossos princípios condutores, vemos que os zoólogos não estão isolados em seus estudos, mas são parte de uma comunidade científica maior.

Começamos nosso estudo da zoologia a partir de uma busca abrangente na história da ciência e da biologia pelos princípios mais básicos e suas diversas fontes. Esses princípios simultaneamente guiam nossos estudos dos animais e os integram ao contexto mais amplo do conhecimento humano.

A zoologia, o estudo científico da vida animal, incorpora séculos de observação humana do mundo animal. As mitologias de quase todas as culturas humanas revelam tentativas de resolver os mistérios da vida animal e sua origem. Os zoólogos atualmente confrontam esses mesmos mistérios utilizando os mais avançados métodos e tecnologias desenvolvidos por todos os campos da ciência. Documentamos a diversidade da vida animal e a organizamos de modo sistemático. Esse processo complexo e interessante incorpora as contribuições de milhares de zoólogos trabalhando em todas as dimensões da biosfera (Figura 1.1). Nós nos empenhamos para explicar como se originou a diversidade animal e como os animais desempenham os processos básicos da vida que lhes permitem habitar os mais diversos ambientes.

Este capítulo introduz as propriedades fundamentais da vida animal, os princípios metodológicos que governam o seu estudo e duas importantes teorias que guiam nossa pesquisa: (1) a teoria da evolução, que é o princípio organizador central da biologia, e (2) a teoria cromossômica da herança, que explica a hereditariedade e a variação nos animais. Essas teorias unificam nosso conhecimento do mundo animal.

1.1 PROPRIEDADES FUNDAMENTAIS DA VIDA

Continuidade histórica da vida

Começamos com a pergunta: *o que é vida?* Nossa definição está na continuidade histórica da vida na Terra. A história de vida de descendentes que possuem um ancestral comum lhes confere uma identidade que os separa do mundo não vivo. Rastreamos essa história em comum ao longo do tempo, a partir da diversidade de formas que observamos hoje em dia e do registro fóssil, até um ancestral comum que deve ter surgido há quase 4 bilhões de anos (ver Capítulo 2). Não há sinais no registro fóssil ou na superfície da Terra do que postulamos ter sido uma forma de vida incipiente que se alimentava de células. Sistemas moleculares replicantes, que não podiam produzir registro fóssil, devem ter precedido e dado origem à vida celular, cuja história aparece no registro fóssil. Todos os organismos que tomaram parte nessa longa história de descendência hereditária a partir de um ancestral comum estão incluídos em nosso conceito de vida.

O aspecto fundamental da vida é a reprodução dos indivíduos, caracterizado pela hereditariedade e pela variação. A replicação de grandes moléculas que guardam informações é uma característica exclusiva da vida e remete à sua origem. Essas propriedades estabelecem uma continuidade temporal entre populações ancestrais e descendentes, que mostra mudanças extensas e constantes, caracterizando o que chamamos de **evolução**. Por meio da evolução, os sistemas vivos geraram muitas características espetaculares, sem similares no mundo inanimado. Novas propriedades emergem em todos os níveis do sistema hierárquico da vida, desde moléculas e células até a forma e o comportamento dos organismos.

Precisamos evitar uma definição para vida que seja baseada em características essenciais que ocorreram em todas as formas de vida do passado e que ocorram nas do presente. Tal definição seria particularmente difícil no contexto das teorias de origem da vida a partir de matéria inanimada. No entanto, todas as células vivas compartilham processos metabólicos e informação genética que indiscutivelmente revelam sua descendência a partir de uma forma de vida ancestral.

Propriedades gerais dos sistemas vivos

As características gerais mais importantes da vida incluem a unicidade química; a complexidade e a organização hierárquica; a reprodução (hereditariedade e variação); a presença de um programa genético; metabolismo; desenvolvimento; interação com o ambiente; e movimento.

1. **Unicidade química.** *Os sistemas vivos mostram uma organização molecular complexa e única.* Os sistemas vivos congregam moléculas grandes, conhecidas como macromoléculas, muito mais complexas do que as moléculas pequenas que formam a matéria sem vida. As macromoléculas contêm os mesmos tipos de átomos e de ligações químicas observados na matéria não viva e obedecem a todas as leis fundamentais da química; é apenas a estrutura organizacional complexa dessas macromoléculas que as tornam únicas à vida. Reconhecemos quatro grandes categorias principais de macromoléculas biológicas: ácidos nucleicos, proteínas, carboidratos e lipídios (ver Capítulo 2). Essas categorias diferem na estrutura dos seus componentes, nos tipos de ligações químicas que conectam suas subunidades e nos seus papéis nos sistemas vivos.

    As estruturas gerais dessas macromoléculas evoluíram e se estabeleceram cedo na história da vida. Com algumas modificações, essas mesmas estruturas gerais são encontradas em todas as formas de vida que observamos atualmente. As proteínas, por exemplo, são formadas a partir de vinte tipos específicos de aminoácidos, unidos por ligações peptídicas em sequência linear (Figura 1.2). Ligações adicionais entre aminoácidos não adjacentes na cadeia proteica conferem à proteína uma estrutura tridimensional complexa (ver Figuras 1.2 e 2.14). Uma proteína típica contém várias centenas de subunidades de aminoácidos. A despeito da estabilidade dessa estrutura proteica básica, o ordenamento dos diferentes aminoácidos na molécula de proteína apresenta enormes variações. Essa variação é a base de grande parte da diversidade que observamos entre os tipos diferentes

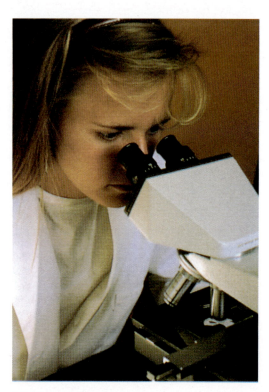

Figura 1.1 Observação da descarga de um nematocisto localizado nos tentáculos de um cnidário (ver Seção 13.1).

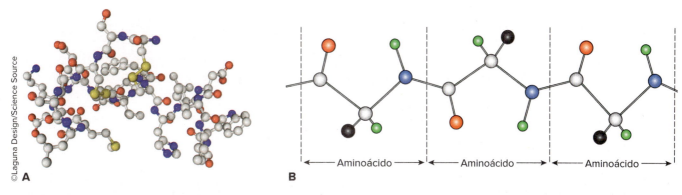

Figura 1.2 Simulação de computador da estrutura tridimensional da proteína endotelina-1 humana (**A**), que leva à contração dos vasos sanguíneos para aumentar a pressão arterial. A proteína é uma cadeia linear de subunidades moleculares chamadas de aminoácidos, conectadas como mostrado em **B**, que se dobram em um padrão tridimensional para formar a proteína ativa. As bolas brancas correspondem aos átomos de carbono; as vermelhas, aos de oxigênio; as azuis, aos de nitrogênio; as amarelas, aos de enxofre; as verdes, aos de hidrogênio; e as bolas pretas (**B**), aos grupos moleculares formados por várias combinações de carbono, oxigênio, nitrogênio, hidrogênio e átomos de enxofre, cujos aminoácidos diferem. Os átomos de hidrogênio não são mostrados em **A**.

de organismos vivos. Os ácidos nucleicos, carboidratos e lipídios, da mesma forma, contêm ligações características que unem vários tipos de subunidades (ver Capítulo 2). Essa organização confere aos sistemas vivos uma unicidade bioquímica com grande potencial para a diversidade.

2. **Complexidade e organização hierárquica.** *Os sistemas vivos demonstram uma organização hierárquica complexa e única.* A matéria não viva está organizada em átomos e moléculas, e, frequentemente, apresenta também um grau maior de organização. Entretanto, no mundo vivo, os átomos e as moléculas são combinados em padrões que não existem para a matéria não viva. Nos sistemas vivos, encontramos uma hierarquia de níveis que incluem, em ordem ascendente de complexidade, macromoléculas, células, organismos, populações e espécies (Figura 1.3). Cada nível incorpora o nível imediatamente inferior e tem sua própria estrutura interna, que é hierárquica. Dentro da célula, por exemplo, as macromoléculas estão combinadas em estruturas como ribossomos, cromossomos e membranas, que, por sua vez, também se combinam de várias maneiras para formar estruturas subcelulares cada vez mais complexas, denominadas organelas,

como as mitocôndrias (ver Capítulos 3 e 4). O nível de organismo tem também uma subestrutura hierárquica; as células se combinam para formar tecidos, que se combinam para formar órgãos, que, de modo similar, são combinados em sistemas orgânicos (ver Capítulo 9).

As células são as menores unidades da hierarquia biológica consideradas semiautônomas na sua habilidade de conduzir funções básicas, inclusive a reprodução. A replicação de moléculas e de componentes subcelulares somente ocorre no contexto celular, nunca de forma independente. As células são, portanto, vistas como as unidades básicas dos sistemas vivos (ver Capítulo 3). Podemos isolar as células de um organismo e fazê-las crescer e se multiplicar na presença de nutrientes, sob condições de laboratório. Essa replicação semiautônoma não é possível para quaisquer moléculas individuais ou componentes subcelulares, que exigem constituintes celulares adicionais para sua reprodução.

Cada nível sucessivo mais elevado da hierarquia biológica é composto por unidades do nível inferior precedente na hierarquia. Uma consequência importante dessa hierarquia é que não podemos inferir as propriedades de um nível qualquer mesmo conhecendo completamente as propriedades de seus componentes. Uma característica fisiológica, como a pressão sanguínea, é uma propriedade do nível de organismo; é impossível prever a pressão sanguínea de alguém simplesmente conhecendo as características físicas de cada célula do corpo. De maneira similar, sistemas de interação social, como os observados nas abelhas, ocorrem no nível populacional e não seria possível inferir propriedades desse sistema social a partir do estudo de abelhas examinadas isoladamente.

O aparecimento de características novas em um dado nível de organização é denominado de **emergência**, e essas características são conhecidas como **propriedades emergentes**. Tais propriedades emergem das interações que ocorrem entre as partes componentes de um sistema. Por essa razão, precisamos estudar todos os níveis diretamente, cada um com o objeto de estudo de diferentes subdivisões da biologia (biologia molecular, biologia celular, anatomia de organismos, fisiologia e genética, biologia populacional; Tabela 1.1). As propriedades emergentes expressas em um nível particular da hierarquia biológica são influenciadas e limitadas pelas propriedades dos componentes do nível inferior. Por exemplo, seria impossível para uma população de organismos desprovida de audição desenvolver uma linguagem falada. Todavia,

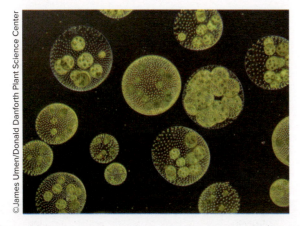

Figura 1.3 *Volvox carteri* (ver Seção 11.3) é um flagelado multicelular que ilustra três níveis diferentes da hierarquia biológica: celular, organizacional e populacional. Cada esferoide individual (organismo) contém células embebidas em uma matriz gelatinosa. As células maiores funcionam na reprodução, e as menores desempenham as funções metabólicas gerais do organismo. O conjunto de esferoides individuais forma uma população.

Tabela 1.1 Diferentes níveis hierárquicos de complexidade biológica que exibem reprodução, variação e hereditariedade.

Nível	Escala temporal de reprodução	Campos de estudo	Métodos de estudo	Algumas propriedades emergentes
Células	Horas (células de mamíferos = cerca de 16 h)	Biologia celular, biologia molecular	Microscopia (luz, eletrônica), bioquímica	Replicação cromossômica (meiose e mitose), síntese de macromoléculas (DNA, RNA, proteínas, lipídios, polissacarídios)
Organismos	De horas a dias (unicelular); de dias a anos (multicelular)	Anatomia de organismos, fisiologia, genética	Dissecação, cruzamentos genéticos, estudos clínicos, experimentação fisiológica	Estrutura, funções e coordenação de tecidos, órgãos e sistemas orgânicos (pressão sanguínea, temperatura corpórea, percepção sensorial, alimentação)
População	Até milhares de anos	Biologia populacional, genética de populações, ecologia	Análise estatística da variação, abundância, distribuição geográfica	Estruturas sociais, sistemas de acasalamento, distribuição etária de organismos, níveis de variação, ação da seleção natural
Espécie	De milhares a milhões de anos	Sistemática e biologia evolutiva, ecologia de comunidades	Estudo de barreiras reprodutivas, filogenia, paleontologia, interações ecológicas	Métodos de reprodução, barreiras reprodutivas

as propriedades de partes de um sistema vivo não determinam rigidamente as propriedades do todo. Muitas linguagens faladas diferentes emergiram na cultura humana a partir das mesmas estruturas anatômicas básicas que permitem ouvir e falar. A liberdade das partes em interagir de diferentes formas torna possível uma grande diversidade de propriedades emergentes potenciais em cada nível da hierarquia biológica.

Os diferentes níveis da hierarquia biológica e suas propriedades emergentes particulares são produtos da evolução. Antes de os organismos multicelulares evoluírem, não havia distinção entre o nível de organismo e o nível celular, e essa distinção permanece ausente nos organismos unicelulares (ver Capítulo 11). A diversidade de propriedades emergentes que vemos em todos os níveis da hierarquia biológica contribui para a dificuldade em atribuir à vida uma definição ou uma descrição simples.

3. **Reprodução.** *Os sistemas vivos podem se reproduzir por si só.* A vida não surge espontaneamente, mas somente a partir de uma vida prévia, por meio da reprodução. Embora a vida tenha se originado de matéria não viva pelo menos 1 vez (ver Capítulo 2), essa origem passou por períodos extremamente longos e condições muito diferentes da biosfera atual. Em cada nível da hierarquia biológica, as formas vivas se reproduzem para gerar outras similares (Figura 1.4). Os genes são replicados para produzir novos genes. As células dividem-se para produzir novas células. Os organismos se reproduzem, de maneira sexuada ou assexuada, para produzir novos organismos (ver Capítulo 7). As populações se renovam ao longo do tempo para formar linhagens de populações ancestrais-dependentes. A reprodução em qualquer nível da hierarquia resulta em um aumento em termos numéricos. Genes individuais, células, organismos, populações ou espécies podem falhar em se multiplicar, mas a reprodução é uma propriedade esperada dessas unidades.

A reprodução em cada um desses níveis apresenta os fenômenos complementares, e até aparentemente contraditórios, da **hereditariedade** e da **variação**. A hereditariedade é a transmissão fiel das características dos pais à prole, em geral (mas não necessariamente) observada no nível do organismo. A variação é a produção de *diferenças* nas características de indivíduos distintos. No processo reprodutivo, as propriedades dos descendentes assemelham-se às dos pais em graus variados, mas normalmente não são idênticas às deles. A replicação do ácido desoxirribonucleico (DNA) se dá com grande fidelidade, mas ocorrem erros em taxas que se repetem. A divisão celular é um processo excepcionalmente preciso, em particular com respeito ao material nuclear; no entanto, mudanças cromossômicas acontecem em taxas mensuráveis. Da mesma forma, a reprodução dos organismos demonstra hereditariedade e variação, a última é especialmente óbvia na reprodução das formas sexuadas. A produção de novas populações e espécies também demonstra que algumas propriedades são conservadas e outras sofrem modificações. Duas espécies bastante aparentadas de rãs podem ter vocalizações de acasalamento similares, mas diferentes nos ritmos da repetição dos sons.

A interação entre a hereditariedade e a variação no processo reprodutivo torna a evolução orgânica possível e inevitável (ver Capítulo 6). Se a hereditariedade fosse perfeita, os sistemas vivos jamais mudariam; se a variação não fosse controlada pela hereditariedade, os sistemas biológicos não apresentariam a estabilidade que os leva a persistir ao longo do tempo.

4. **Presença de um programa genético.** *Um programa genético proporciona fidelidade na herança* (Figura 1.5). Os ácidos nucleicos codificam a estrutura das moléculas de proteína necessárias para o desenvolvimento e o funcionamento dos organismos (ver Capítulo 5). A informação genética está contida no DNA dos animais e da maioria dos outros organismos. O DNA é uma cadeia linear, muito longa, de subunidades denominadas de nucleotídios, cada uma com um açúcar fosfatado (desoxirribose fosfatada) e uma das quatro bases nitrogenadas (adenina, citosina, guanina ou timina, abreviadas como A, C, G e T, respectivamente). A sequência de bases dos nucleotídios contém um código para a ordem de aminoácidos da proteína especificada pela molécula de DNA. A correspondência entre a sequência de bases no DNA e a de aminoácidos na proteína é conhecida como **código genético**.

O código genético surgiu cedo na história evolutiva da vida, e o mesmo código está presente em bactérias e no genoma nuclear de quase todos os animais e plantas. A relativa constância desse código entre as formas vivas fornece fortes evidências de uma origem única para a vida. O código genético sofreu poucas mudanças evolutivas desde a sua origem porque uma alteração romperia a estrutura de quase todas as proteínas, o que, por sua vez, romperia severamente as funções celulares

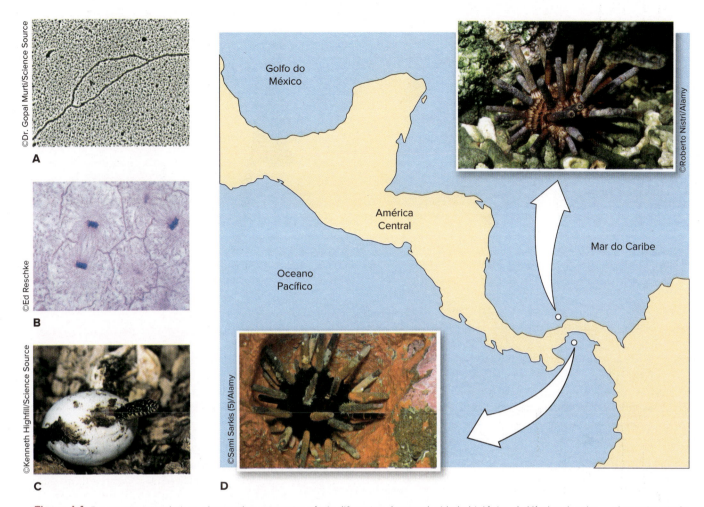

Figura 1.4 Processos reprodutivos observados em quatro níveis diferentes de complexidade biológica. A. Nível molecular — eletromicrografia de uma molécula de DNA em replicação. B. Nível celular — fotomicrografia da divisão celular durante a telófase mitótica. C. Nível de organismo — uma cobra-rei eclodindo do ovo. D. Nível de espécie — formação de uma espécie nova de ouriço-do-mar (*Eucidaris*) após separação geográfica das populações do Caribe (*E. tribuloides*) e do Pacífico (*E. thouarsi*) por uma ponte terrestre que se formou há cerca de 3,5 milhões de anos.

que exigem as estruturas específicas das proteínas. Somente nos raros casos em que as estruturas proteicas alteradas fossem ainda compatíveis com as suas funções celulares tais mudanças teriam a chance de se estabelecer e de se perpetuar. Mudanças evolutivas no código genético ocorreram no DNA contido nas mitocôndrias animais, as organelas que regulam a energia celular. O código genético no DNA mitocondrial animal, portanto, é ligeiramente diferente do código padrão do DNA nuclear e do DNA bacteriano. Uma vez que o DNA mitocondrial codifica um número de proteínas muito inferior ao codificado pelo DNA nuclear, a probabilidade de ocorrer uma mudança no código que mantenha as funções celulares é maior no DNA da mitocôndria do que no DNA do núcleo.

5. **Metabolismo.** *Os organismos vivos mantêm-se pela aquisição de nutrientes a partir de seus ambientes*. Os nutrientes fornecem a energia química e os componentes moleculares para construir e manter um sistema vivo (ver Capítulo 4). Chamamos esses processos químicos essenciais de metabolismo. Eles incluem a digestão, a obtenção de energia (respiração), bem como a síntese de moléculas e de estruturas. O metabolismo é uma interação entre reações destrutivas (catabólicas) e construtivas (anabólicas). Os processos químicos anabólicos e catabólicos mais fundamentais usados pelos sistemas vivos apareceram cedo na história evolutiva da vida e são compartilhados por todas as formas vivas. Essas reações incluem a síntese de carboidratos, lipídios, ácidos nucleicos, proteínas e suas partes constituintes, e a clivagem das ligações químicas, para recuperar a energia nelas estocada. Nos animais, muitas reações metabólicas fundamentais ocorrem no nível celular, em organelas específicas, encontradas em todo o reino animal. A respiração celular ocorre, por exemplo, nas mitocôndrias. As membranas celulares e nucleares regulam o metabolismo, controlando o movimento de moléculas nos limites celular e nuclear, respectivamente. O estudo das funções metabólicas, do nível bioquímico ao nível de organismo, é conhecido como fisiologia. Reservamos uma grande parte deste livro à descrição e à comparação entre os diversos tecidos, órgãos e sistemas orgânicos que os diferentes grupos animais desenvolveram para realizar as funções fisiológicas básicas da vida (ver Capítulos 11 a 36).

6. **Desenvolvimento.** *Todos os organismos passam por um ciclo de vida característico*. O desenvolvimento descreve as mudanças características pelas quais um organismo passa desde a sua origem (comumente, a fertilização do óvulo pelo espermatozoide) até a sua forma adulta final (ver Capítulo 8). Em geral, o desenvolvimento se caracteriza por mudanças no tamanho e na forma, bem como na diferenciação de estruturas no interior do organismo. Mesmo o organismo unicelular

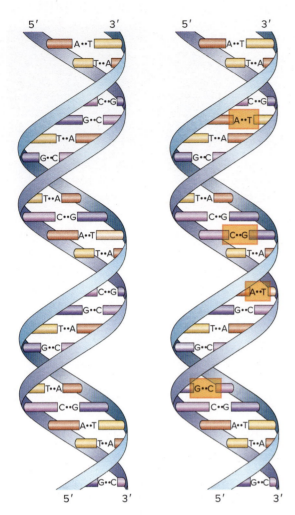

Figura 1.5 A variação genética é mostrada em moléculas de DNA, que são semelhantes na sequência de bases, mas diferem umas das outras em quatro posições. Tais diferenças codificam características alternativas, como diferenças na cor dos olhos.

Figura 1.6 A. Borboleta-monarca adulta emergindo do seu casulo pupal. **B.** Borboleta-monarca adulta completamente formada.

mais simples cresce em tamanho e replica seus componentes até se dividir em duas ou mais células. Os organismos multicelulares passam por mudanças muito mais drásticas durante suas vidas. Em algumas formas multicelulares, estágios diferentes do seu ciclo de vida apresentam tal dissimilaridade morfológica, que dificilmente são percebidos como pertencentes a uma mesma espécie. Os embriões são diferentes das formas jovens e adultas, que se desenvolverão a partir deles. Mesmo o desenvolvimento pós-embrionário de alguns organismos apresenta estágios drasticamente diferentes uns dos outros. A transformação que ocorre de um estágio para outro é chamada de metamorfose. Por exemplo, há poucas semelhanças entre os ovos e os estágios de larva, pupa e adulto de insetos metamórficos (Figura 1.6). Os estágios iniciais do desenvolvimento costumam ser mais parecidos entre organismos de espécies diferentes do que com os estágios finais de desenvolvimento. Em nossa pesquisa sobre a diversidade animal, descrevemos todos os estágios das histórias de vida que observamos, mas nos concentramos nos estágios adultos, nos quais a diversidade tende a ser mais óbvia.

7. **Interação ambiental.** *Todos os animais interagem com os seus ambientes.* O estudo da interação dos organismos com o ambiente é chamado de ecologia. Os fatores que afetam a distribuição geográfica e a abundância dos animais são particularmente interessantes (ver Capítulos 37 e 38). A ciência da ecologia revela como um organismo percebe os estímulos ambientais e responde de modo apropriado, ajustando seu metabolismo e sua fisiologia (Figura 1.7). Todos os organismos respondem a estímulos ambientais, e essa propriedade é chamada de irritabilidade. O estímulo e a resposta podem ser simples, como o movimento de afastamento ou de aproximação de um organismo unicelular em relação a uma fonte luminosa, ou o seu afastamento de uma substância tóxica; por outro lado, podem ser particularmente complexos, como o de uma ave que responde a uma complicada série de sinais de um ritual de acasalamento (ver Capítulo 36). A vida e o ambiente são inseparáveis. Não podemos isolar a história evolutiva de uma linhagem de populações dos ambientes em que ela ocorreu.

8. **Movimento.** *Os sistemas vivos e suas partes mostram movimentos controlados e precisos, que têm origem no interior do sistema.* A energia que os sistemas vivos obtêm de seus ambientes lhes permite iniciar movimentos controlados. Tais movimentos no nível celular são essenciais para a reprodução, o crescimento, para muitas respostas a estímulos em todas as formas vivas e para o desenvolvimento nas formas multicelulares. Movimentos semiautônomos ocorrem até mesmo em algumas macromoléculas biológicas. Uma proteína enzimática passa por mudanças particulares e reversíveis em sua forma, conforme se liga a um substrato, catalisa uma reação e libera um produto. Esses movimentos moleculares característicos ocorrem até mesmo quando a enzima é removida de seu contexto celular e utilizada como um reagente catalisador em laboratório. Os movimentos autônomos atingem grande diversidade nos animais, e muito deste livro compreende descrições do movimento animal e as várias adaptações que evoluíram nos animais para a locomoção. Em uma escala maior, populações inteiras ou espécies podem se dispersar de uma localidade geográfica para outra ao longo do tempo, por meio de suas capacidades de locomoção. Os movimentos característicos da matéria não viva, tais como o de partículas em uma solução, o decaimento radioativo dos núcleos e a erupção dos vulcões, não são precisamente controlados pelos objetos em movimento e costumam envolver forças completamente externas a eles. Os movimentos de adaptação e aqueles propositais, iniciados pelos sistemas vivos, são ausentes no mundo não vivo.

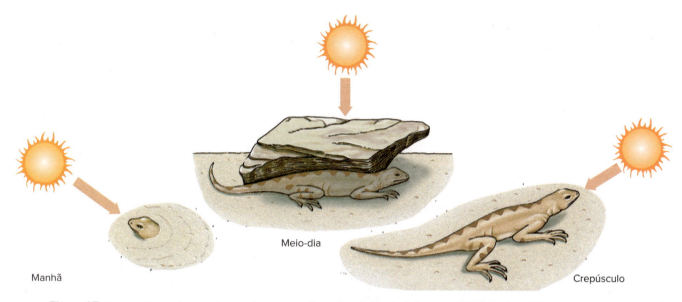

Figura 1.7 Um lagarto regula a sua temperatura corporal escolhendo locais distintos (micro-hábitats) em diferentes horas do dia.

A vida obedece a leis físicas

Para observadores não treinados, essas oito propriedades da viva aparentemente violam as leis básicas da física. O vitalismo, a ideia de que a vida é um dom associado a uma força vital mística que viola as leis físicas e químicas, já foi amplamente defendido. A pesquisa biológica o rejeita, mostrando que todos os sistemas vivos operam e evoluem dentro das restrições conferidas pelas leis básicas da física e da química. As leis que governam a energia e as suas transformações (termodinâmica) são particularmente importantes para o entendimento da vida (ver Capítulo 4). A **primeira lei da termodinâmica** é a lei da conservação da energia. A energia não pode ser criada nem destruída, mas pode ser transformada de uma forma em outra. Todos os aspectos da vida exigem energia e suas transformações. A energia que sustenta a vida na Terra flui de reações de fusão no Sol e atinge a Terra sob a forma de luz e calor. A fotossíntese nas plantas verdes e nas cianobactérias transforma a energia capturada como luz solar em ligações químicas. A energia nas ligações químicas é uma forma de energia potencial, liberada quando a ligação é quebrada, e essa energia é usada para realizar inúmeras tarefas celulares. A energia transformada e estocada nas plantas é então usada pelos animais que as comem, e esses animais, por sua vez, podem prover energia para os predadores que deles se alimentarem.

A **segunda lei da termodinâmica** estabelece que os sistemas físicos tendem a estados de desordem progressiva, ou **entropia**. A energia obtida e estocada pelas plantas é subsequentemente liberada por meio de vários mecanismos e, finalmente, dissipada como calor. O alto grau de organização molecular encontrado nas células vivas somente é atingido e mantido enquanto a organização for abastecida com energia. O destino final dos materiais nas células é a degradação e a dissipação da energia de suas ligações químicas sob a forma de calor. Um aumento na complexidade do organismo ao longo do processo evolutivo, à primeira vista, parece uma violação da segunda lei da termodinâmica, mas isso não é verdade. A complexidade dos organismos é adquirida e mantida por meio do uso e da dissipação constante da energia fluindo do Sol para a biosfera. A sobrevivência, o crescimento e a reprodução dos animais exigem energia proveniente da quebra de moléculas complexas do alimento em produtos orgânicos residuais simples. Os processos pelos quais os animais adquirem energia por meio da nutrição e da respiração se revelam para nós em muitas ciências fisiológicas.

1.2 A ZOOLOGIA COMO PARTE DA BIOLOGIA

Os animais formam um ramo distinto da árvore evolutiva da vida. É um grande e antigo ramo originado nos mares pré-cambrianos há cerca de 600 milhões de anos. Os animais estão incluídos em um ramo ainda maior, o dos **eucariotos**, que são organismos cujas células contêm um núcleo envolto por membrana. Esse ramo maior abrange plantas, fungos e inúmeras formas unicelulares. Talvez a característica mais distinta dos animais como grupo seja o seu modo de nutrição, que consiste em comer outros organismos. O processo evolutivo resultou na elaboração desse meio básico de vida, dando origem a diversos sistemas de captura e de processamento de uma ampla gama de itens alimentares, bem como de meios de locomoção.

Os animais também podem ser diferenciados por não apresentarem características que evoluíram em outros eucariotos. As plantas, por exemplo, usam a energia luminosa para produzir compostos orgânicos (fotossíntese) e desenvolveram paredes celulares rígidas que envolvem suas membranas; a fotossíntese e as paredes celulares estão ausentes nos animais. Os fungos fazem a sua nutrição pela absorção de moléculas orgânicas pequenas do ambiente, e seu plano corporal apresenta filamentos tubulares, chamados de *hifas*; essas estruturas estão ausentes no reino animal.

Alguns organismos que não são nem animais nem plantas combinam propriedades desses dois grupos. Por exemplo, *Euglena* (Figura 1.8) locomove-se e é um organismo unicelular similar às plantas por ser fotossintético, mas assemelha-se aos animais na sua habilidade de ingerir partículas de alimento. *Euglena* é parte de uma linhagem separada de eucariotos que divergiu cedo das plantas e dos animais durante a história evolutiva dos eucariotos. *Euglena* e outros eucariotos unicelulares eram agrupados no reino Protista, embora esse reino seja um agrupamento arbitrário de táxons que não são relacionados diretamente, violando, assim, os princípios taxonômicos (ver Capítulo 10).

O **microbioma** é uma das principais características da vida animal e é frequentemente esquecido: os corpos dos animais, em particular o intestino, abrigam milhares de espécies de bactérias e de arqueas. Essas espécies existem em simbiose com seus hospedeiros animais, sem prejudicá-los, com menos de 100 espécies de bactérias sendo fontes de doenças infecciosas. Estima-se que as espécies de micróbios presentes no corpo humano contenham,

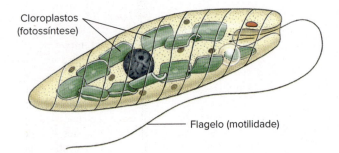

Figura 1.8 Alguns organismos que não são nem animais nem plantas, como o unicelular *Euglena* (mostrado aqui) e o *Volvox*, combinam propriedades que distinguem os animais (locomoção) das plantas (capacidade fotossintética).

em conjunto, 500 vezes o número de genes presentes em nossos genomas nucleares. Uma vez que muitos desses micróbios são difíceis de cultivar em laboratório, sua diversidade foi completamente reconhecida somente após o desenvolvimento de tecnologias para o sequenciamento de DNA isolado dos nossos micróbios. O microbioma influencia o nosso processo de digestão, e a variação no conteúdo do microbioma pode influenciar o nosso peso corporal e a nossa suscetibilidade a deficiências alimentares. O microbioma não é somente essencial para a sobrevivência de seres humanos e de camundongos, mas também para a sobrevivência de outras espécies. Bovinos seriam incapazes de digerir alimento sem as bactérias presentes na parte anterior de seus sistemas digestórios. Dentre os insetos, os cupins dependem de bactérias para digerir seu alimento, e afídeos e cigarras dependem de bactérias para a nutrição. Os corais se tornam fracos e têm suas populações reduzidas na ausência de suas bactérias e algas simbiontes. O microbioma de um animal não é constante em termos de diversidade de espécies, sendo sujeito a alterações conforme microrganismos são trocados entre animais da mesma espécie ou de espécies diferentes. Estudos sobre a microbiologia animal ainda estão em estágio inicial de desenvolvimento e provavelmente serão uma fonte de surpresas interessantes para a nossa compreensão da zoologia.

Nos Capítulos 8 e 9, resumimos as características fundamentais estruturais e de desenvolvimento que evoluíram no reino animal.

1.3 PRINCÍPIOS DA CIÊNCIA

Natureza da ciência

Uma compreensão básica da zoologia exige saber o que é e o que não é ciência, e como adquirimos conhecimento utilizando o método científico.

Ciência é um meio de formular questões e, às vezes, de obter respostas precisas sobre o mundo natural. Embora a ciência, no sentido moderno, tenha aparecido recentemente na história humana (nos últimos 200 anos), a tradição de fazer perguntas sobre o mundo natural é uma prática ancestral. Nesta seção, examinamos a metodologia que a zoologia compartilha com a ciência como um todo. Tais procedimentos para gerar explicações baseadas em dados obtidos a partir de fenômenos naturais distinguem as ciências das atividades que excluímos do domínio da ciência, como a arte e a religião.

Apesar do enorme impacto que a ciência tem sobre as nossas vidas, muitas pessoas têm apenas um entendimento mínimo da sua natureza real. Por exemplo, em 19 de março de 1981, o governador do Arkansas sancionou a Lei do Tratamento Equilibrado para a Ciência da Criação e a Ciência da Evolução (Lei 590, de 1981). Essa lei apresentou falsamente o binômio "criação-ciência" como uma questão cientificamente válida. Na realidade, "criação-ciência" é uma posição religiosa defendida por uma minoria da comunidade religiosa norte-americana, e não é qualificada como ciência. O sancionamento dessa lei levou a um processo histórico, julgado em dezembro de 1981 na corte do Juiz William R. Overton, Corte Distrital dos EUA, Distrito Oriental do Arkansas. A demanda foi interposta pela União Americana pelas Liberdades Civis em favor de 23 queixosos, formada por certo número de líderes e grupos religiosos representantes de várias denominações, pais e associações educacionais. Os queixosos questionaram a lei como uma violação da Primeira Emenda da Constituição dos EUA, que proíbe o "estabelecimento de religião" pelo governo. Essa proibição impede a aprovação de uma lei que favoreça ou prefere uma religião a outra. Em 5 de janeiro de 1982, o Juiz Overton proibiu permanentemente a aplicação da Lei 590 no Estado do Arkansas.

A natureza da ciência foi tratada por um número considerável de testemunhas durante o julgamento. Algumas testemunhas definiram ciência simplesmente como "o que é aceito pela comunidade científica" e "aquilo que os cientistas fazem". Entretanto, com base em outros testemunhos de cientistas, o juiz estabeleceu as seguintes características essenciais da ciência:

1. É guiada pela lei natural
2. Precisa ser esclarecedora com referência à lei natural
3. É passível de ser testada em relação ao mundo observável
4. Suas conclusões são experimentais, isto é, não são necessariamente a palavra final
5. Pode ser refutada.

A busca do conhecimento científico deve ser guiada pelas leis da física e da química, que governam o estado da existência. O conhecimento científico precisa explicar o que é observado com referência à lei natural, sem exigir a intervenção de um ser ou de uma força sobrenatural. Precisamos estar aptos a observar eventos no mundo real direta ou indiretamente, para testar hipóteses sobre a natureza. Se obtivermos uma conclusão relativa a algum evento, precisamos estar sempre prontos a descartá-la ou a modificá-la se observações mais completas a confrontarem. Como o Juiz Overton estabeleceu: "Embora qualquer um seja livre para abordar uma investigação científica da maneira que quiser, não se pode dizer que a metodologia usada é científica se se começa com uma conclusão e recusa-se a mudá-la, independentemente das evidências mostradas durante o curso da investigação." A ciência está isolada da religião, e os resultados da ciência não favorecem uma posição religiosa em relação a outra.

Infelizmente, a posição religiosa antigamente conhecida como "criação-ciência" reapareceu na política norte-americana com o nome de "teoria do *design* inteligente". Nós somos forçados mais uma vez a defender o ensino da ciência contra esse dogma desprovido de significado científico. Em 20 de dezembro de 2005, o Juiz John E. Jones III, da Corte Distrital dos EUA para o "*Middle District*" da Pensilvânia, julgou inconstitucional o ensino do *design* inteligente, que tinha sido ordenado pelo conselho da escola Dover. Os eleitores locais já tinham rejeitado os oito membros do conselho que apoiavam o requerimento do *design* inteligente, substituindo-os por candidatos que se opunham ativamente a ensiná-lo como ciência.

Método científico

Esses critérios essenciais da ciência formam o **método hipotético-dedutivo**. Tal método exige gerar hipóteses ou respostas potenciais para questões que estão sendo formuladas. Essas hipóteses são em geral baseadas em observações prévias da natureza, ou derivadas de teorias baseadas nelas. As hipóteses científicas com frequência são afirmações gerais sobre a natureza que explicam diversas observações. A hipótese de Darwin sobre a seleção natural, por exemplo, explica as observações de que muitas espécies diferentes têm características que as adéquam a seus ambientes. Com base nas hipóteses, o cientista precisa fazer uma previsão a respeito de observações futuras. O cientista precisa dizer: "Se a minha hipótese é uma explicação válida para observações passadas, então observações futuras deverão ter certas características." As melhores hipóteses são aquelas que fazem muitas previsões, que, caso erradas, conduzirão à rejeição ou à refutação delas.

Resume-se o método científico em uma série de passos:

1. Observação
2. Questionamento
3. Hipótese
4. Teste empírico
5. Conclusões
6. Publicação.

As observações são um primeiro passo essencial na avaliação das histórias de vida das populações naturais. Por exemplo, as observações de populações de mariposas em áreas industriais da Inglaterra ao longo de mais de um século revelaram que as mariposas das áreas poluídas tendem a ter asas e corpos de coloração escura, enquanto as mesmas mariposas em áreas não poluídas apresentam uma cor mais clara. Podemos observar esse fato em várias espécies de mariposas, mas aqui focaremos a espécie *Biston betularia*.

Nossa pergunta é: "Por que os padrões de pigmentação variam de acordo com o hábitat?" Sem qualquer conhecimento prévio da biologia dessas populações de mariposas, uma hipótese poderia ser que a coloração é influenciada de alguma forma por uma ação direta do meio. A ingestão de fuligem por lagartas pode de alguma forma escurecer a pigmentação das mariposas adultas? Pode-se testar essa hipótese criando-se mariposas em condições artificiais. Se tanto as mariposas com pigmentações mais claras quanto as com pigmentações mais escuras pudessem se reproduzir em ambientes não poluídos, nossa hipótese preveria que a prole de ambas apresentaria uma pigmentação mais clara; em contraste, a prole de ambos os grupos teria uma pigmentação mais escura se reproduzida em ambientes poluídos.

Para testar nossa hipótese, construímos uma hipótese nula. Uma hipótese nula é aquela que permite um teste estatístico de nossos dados, a fim rejeitar suas predições caso a hipótese seja falsa. Podemos escolher como hipótese nula a previsão de que mariposas criadas em ambientes não poluídos apresentariam pigmentação mais clara, independentemente de os pais serem de populações claras ou escuras, e a de que lagartas de ambas as populações criadas em ambientes poluídos seriam de cor escura. Esse é um caso especial de experimento de "jardim comum", como usado na agricultura. Populações contrastantes de hábitats diferentes mantêm suas características contrastantes quando criadas em um mesmo jardim?

No caso da *Biston betularia*, o experimento do jardim comum revela que as cores de asa contrastantes de populações de ambientes poluídos e não poluídos são mantidas no jardim comum. A prole de mariposas de populações criadas em ambientes poluídos mantém a pigmentação escura dos pais, enquanto a prole de mariposas com pigmentação mais clara apresenta coloração mais clara como seus pais. Rejeitamos, assim, a hipótese de que o contraste de cor representa uma ação direta das condições do meio.

Obtivemos um conhecimento importante ao rejeitar nossa hipótese inicial. Agora, vamos testar uma hipótese alternativa, de que a pigmentação é um atributo genético na *Biston betularia*. Por meio do uso da metodologia genética de Gregor Mendel (ver Seção 5.1), cruzamos as populações de colorações claras e escuras e rastreamos a herança de pigmentação nas gerações subsequentes. Os resultados do experimento revelaram que a prole gerada pelo cruzamento de populações claras e escuras apresentou pigmentação escura, e que a progênie de segunda geração incluía tanto mariposas claras como escuras na razão de 3:1, prevista pela hipótese nula para um atributo mendeliano determinado por um gene único, segundo o qual a cor escura é geneticamente dominante.

Ainda não respondemos à nossa pergunta inicial: por que a pigmentação difere entre populações criadas em ambientes poluídos e não poluídos? Aprendemos, porém, que a questão central é por que formas diferentes de um único gene apresentam frequências contrastantes nesses dois ambientes. Sabemos que as populações de mariposas já habitavam a Inglaterra bem antes da instauração da poluição industrial. As populações com pigmentação mais clara provavelmente assemelham-se às condições de seus ancestrais, então qual é o motivo de haver tantas mariposas de pigmentação escura acumuladas nos ambientes poluídos? A hipótese mais simples é a de que as mariposas escuras apresentam maior probabilidade de sobreviver e se reproduzir em ambientes poluídos.

Observações adicionais sobre as *Biston betularia* revelaram que é comum as mariposas serem ativas à noite e inativas durante o dia, descansando na casca das árvores. Ao contrastar fotografias de mariposas claras e escuras repousando na casca de uma árvore coberta de líquen e sem poluição e na casca de uma árvore coberta de fuligem, chegamos a uma hipótese que pode explicar por que mariposas de forma escura predominam em ambientes poluídos. A Figura 1.9 mostra que a mariposa de coloração mais clara fica camuflada na superfície sem poluição, enquanto a mariposa escura torna-se muito visível; em contraste, a mariposa escura fica camuflada na casca coberta de fuligem, onde a mariposa clara torna-se bastante visível. A camuflagem sugere que um predador que usa sua visão para encontrar sua presa mata com mais frequência as mariposas que contrastam com a cor de fundo do seu local de descanso diurno. Como podemos testar essa hipótese?

Muitas aves são predadoras diurnas que localizam suas presas por meio de pistas visuais. Muitos experimentos mostraram que as aves atacarão modelos em argila que muito se assemelham às suas presas favoritas. Para testar nossa hipótese, podemos criar modelos em argila de mariposas claras e escuras. Colocamos números iguais de modelos claros e escuros tanto na casca de árvores sem fuligem como na casca de árvores cobertas de fuligem. Quando uma ave ataca o modelo em argila, normalmente deixa uma marca do bico na argila. Como a forma do bico varia entre as espécies de aves, podemos saber qual espécie atacou o modelo. Nossa hipótese nula é a de que um número igual de modelos de argila claros e escuros apresentarão impressões de bico de aves em ambas as superfícies, com e sem fuligem. Rejeitamos essa hipótese se encontrarmos uma quantidade bem maior de impressões de bicos em modelos não camuflados do que em camuflados. Os modelos escuros devem ser atacados preferencialmente nas condições não poluídas e os claros, nas poluídas. Observe que, nesse caso, a hipótese nula usada é o *oposto* de nossa explicação principal de que as aves predam preferencialmente mariposas não camufladas. Nesse caso, os dados que rejeitam a hipótese nula servem para respaldar nossa explicação preferencial.

Como esperado, experimentos desse tipo têm rejeitado a hipótese nula, respaldando nossa explicação de que as mariposas escuras prevalecem em ambientes poluídos porque sua cor escura as protege de se tornarem presas de aves durante o dia. Pode-se observar que nossos experimentos nos levaram a uma explicação robusta e específica para as observações iniciais. É uma hipótese consistente para se trabalhar, mas nossos experimentos não provaram que ela está correta. A seguir, podemos testá-la de diversas

Figura 1.9 Formas claras e escuras (melânicas) da mariposa-salpicada *Biston betularia*, sobre uma árvore coberta por liquens em uma zona rural não poluída (**A**) e sobre uma árvore coberta de fuligem próxima à área industrial de Birmingham, Inglaterra (**B**). As cores dessas variedades de mariposas têm uma base genética simples. **C.** Declínio recente na frequência da forma melânica da mariposa salpicada como consequência da redução da poluição nas áreas industriais da Inglaterra. A frequência das formas melânicas ainda ultrapassava os 90% em 1960, quando as emissões de fumaça e de dióxido de enxofre eram altas. Posteriormente, conforme as emissões diminuíram e os liquens de cor clara começaram a crescer novamente sobre os troncos das árvores, a forma melânica tornou-se mais visível para os predadores. Por volta de 1986, apenas 50% das mariposas ainda eram da forma melânica; o restante tinha sido substituído pela forma clara.

formas. Por exemplo, podemos criar mariposas claras e escuras em números iguais em um cativeiro ao ar livre e que não contenha aves; nossa hipótese nula então será que as formas claras e escuras devam sobreviver em números iguais, independentemente de a casca da árvore estar coberta de fuligem ou não. Ao rejeitar essa hipótese nula, estaríamos sugerindo que nossa explicação preferencial não é a resposta completa para nossa pergunta original.

Publicamos nossos resultados e conclusões no intuito de orientar futuros pesquisadores para testar nossa hipótese. Ao longo do século passado, muitos trabalhos de pesquisa publicaram seus resultados e explicações sobre o "melanismo industrial" em mariposas. Com algumas ambiguidades, a explicação favorecida é a de que a predação diferencial das aves sobre as mariposas não camufladas explica melhor o melanismo industrial. Esses estudos receberam muita atenção porque essa explicação ilustra o mecanismo da teoria da seleção natural, de Darwin (ver Seção 1.4).

Note que não podemos provar que uma hipótese está correta usando o método científico. Se os dados disponíveis são compatíveis com esse fato, a hipótese serve como um guia para a coleta adicional de dados que podem rejeitá-la. Nossas hipóteses mais bem-sucedidas são as que fazem previsões específicas, confirmadas por muitos testes empíricos.

Se uma hipótese é bastante poderosa em explicar uma ampla variedade de fenômenos relacionados, ela atinge o *status* de **teoria**. A seleção natural é um bom exemplo disso. Nosso exemplo do uso da seleção natural para explicar padrões de pigmentação observados em populações de mariposas é apenas um dos muitos fenômenos aos quais a seleção natural se aplica. A seleção natural fornece uma explicação potencial para a ocorrência de muitos atributos diferentes, distribuídos praticamente entre todas as espécies animais. Cada um desses casos constitui uma hipótese específica gerada a partir da teoria da seleção natural. Note que a refutação de uma hipótese específica, apesar disso, não conduz necessariamente à rejeição da teoria como um todo. A seleção natural pode falhar, por exemplo, em explicar as origens do comportamento humano, mas fornece uma explicação excelente para muitas modificações estruturais da extremidade pentadáctila (com cinco dedos) dos membros dos vertebrados para diversas funções. Os cientistas testam muitas das hipóteses secundárias que compõem as teorias maiores para questionar a generalização de suas aplicações. As teorias capazes de explicar a maior variedade de fenômenos naturais distintos são as mais úteis.

Enfatizamos que, quando a palavra "teoria" é usada por cientistas, seu significado não é "especulação", tal como se entende na linguagem coloquial. A falha em fazer essa distinção é marcante nos questionamentos criacionistas da evolução. Os criacionistas chamam a evolução de "apenas uma teoria", como algo pouco melhor do que uma aspiração. Na verdade, a teoria da evolução é sustentada por evidências tão maciças que a maioria dos biólogos encara o repúdio à evolução como equivalente ao repúdio ao pensamento racional. Não obstante, a evolução, como todas as outras teorias em ciência, não pode ser provada em termos matemáticos, mas é passível de teste, de experimentação e de refutação.

Teorias robustas que guiam extensos campos de pesquisa são chamadas de **paradigmas**. A história da ciência mostra que até paradigmas fundamentais podem ser rejeitados e substituídos quando não se ajustam às nossas observações do mundo natural. São então substituídos por novos paradigmas em um processo chamado de **revolução científica**. Por exemplo, antes de 1800, as espécies animais eram estudadas como se fossem historicamente entidades imutáveis e não aparentadas. As teorias de Darwin conduziram a uma revolução científica que substituiu essas ideias pelo paradigma evolutivo. Ele tem guiado a pesquisa biológica por mais de 150 anos e, até a presente data, não há evidência científica que o refute. O paradigma evolutivo tem forte poder explicativo e continua a guiar a investigação ativa do mundo natural. A teoria evolutiva é geralmente aceita como a base ou a fundação da biologia.

Tema-chave 1.1
CIÊNCIA EXPLICADA

Ciência e leis

Químicos e físicos usam o termo "lei" para denotar teorias corroboradas que parecem se aplicar sem exceção ao mundo físico. Essas leis são consideradas uniformes ao longo do tempo e do espaço. Como o mundo biológico é limitado temporalmente e espacialmente, e, considerando que a mudança evolutiva produziu enorme diversidade de formas com diferentes propriedades emergentes em vários níveis (ver Tabela 1.1), os biólogos agora evitam usar o termo "lei" para suas teorias. Quase todas as leis biológicas propostas no passado foram consideradas aplicáveis apenas a algumas das diversas formas de vida, e não a todas. As leis de herança, de Mendel, por exemplo, não se aplicam a bactérias, e muitas vezes são violadas mesmo em espécies animais e vegetais que as seguem. As teorias de Darwin de mudança perpétua e ancestralidade comum de formas vivas (ver Seção 1.4) talvez sejam as únicas que podem ser chamadas de leis da biologia.

Métodos comparativos *versus* experimentais

As inúmeras hipóteses testadas sobre o mundo animal podem ser agrupadas em duas grandes categorias. A primeira procura explicar as **causas proximais (ou imediatas)** que constituem a base da operação dos sistemas biológicos em determinados locais e períodos de tempo. Incluem explicar como os animais realizam suas funções metabólicas, fisiológicas e comportamentais nos níveis molecular, celular, de organismo e até populacional. Por exemplo, como se expressa a informação genética no direcionamento da síntese proteica? O que sinaliza a divisão celular para a produção de novas células? Como a densidade populacional afeta a fisiologia e o comportamento dos organismos?

Hipóteses de causas proximais são testadas usando o **método experimental**. Nosso objetivo é testar a explicação mecanicista de um sistema biológico. Fazemos previsões dos resultados de um tratamento experimental do sistema estudado com base na nossa tentativa de explicá-lo. Se a nossa explicação estiver correta, o resultado previsto deve ocorrer. Se, após o tratamento experimental, observarmos um resultado não esperado, saberemos que nossa explicação está incorreta ou incompleta. As condições experimentais são repetidas para eliminar as ocorrências ao acaso que poderiam produzir conclusões errôneas. Os **controles** – que são repetições do procedimento experimental sem presença de tratamento – eliminam fatores desconhecidos, que poderiam distorcer o resultado do experimento. Os processos pelos quais os animais mantêm a temperatura corpórea sob condições ambientais diversas, digerem o seu alimento, migram para novos hábitats ou armazenam energia são alguns exemplos adicionais de fenômenos fisiológicos estudados por meio de experimentos (ver Capítulos 29 a 36). A experimentação é importante em todos os níveis de complexidade biológica, incluindo a biologia molecular, a biologia celular, a endocrinologia, a biologia do desenvolvimento, o comportamento animal e a ecologia de comunidades.

O exemplo na seção anterior sobre usar modelos de mariposas em argila para testar a predação de aves sobre mariposas de cores diferentes ilustra o teste de uma hipótese por meio de experimentos. Ao colocarmos modelos de forma escura em ambos os fundos claro e escuro, observamos que as aves atacam com muito mais frequência o modelo escuro no fundo claro do que o escuro no fundo escuro. Nossa interpretação de que as mariposas escuras em fundos escuros evitam a predação por meio da camuflagem requer um controle. Talvez as aves optem por se alimentar apenas em galhos limpos e claros. Nosso controle será colocar mariposas claras tanto no fundo claro como no escuro. Quando observamos que as aves atacam preferencialmente os modelos claros colocados em um fundo escuro, rejeitamos a hipótese de que as aves preferem não se alimentar em superfícies poluídas e escuras. A interpretação mais simples seria a de que os resultados, conforme aqui descritos, indicam que as aves comerão tanto mariposas claras como escuras se essas estiverem repousando em fundos de cores contrastantes, e que a camuflagem esconde as possíveis presas da predação pelas aves.

Contrastando com as questões relativas às causas imediatas dos sistemas biológicos, estão as questões das **causas finais** que os produziram e suas características distintas ao longo do tempo evolutivo. Por exemplo, quais são os fatores evolutivos que causaram a aquisição de padrões complexos de migração sazonal entre áreas tropicais e temperadas por algumas aves? Por que espécies diferentes de animais contêm números diferentes de cromossomos em suas células? Por que algumas espécies animais mantêm sistemas sociais complexos, enquanto outras apresentam indivíduos solitários?

Os testes de hipótese de causalidade final requerem o **método comparativo**. Comparamos características da biologia molecular, da biologia celular, da estrutura dos organismos, do desenvolvimento e da ecologia entre espécies aparentadas para identificar os seus padrões de variação. Usamos então os padrões de similaridade e de dissimilaridade para testar hipóteses de parentesco e, assim, reconstruir a árvore evolutiva que relaciona as espécies estudadas. Os avanços na tecnologia de sequenciamento de DNA permitem testes precisos de relações entre todas as espécies animais. Em seguida, usamos a árvore evolutiva para examinar hipóteses sobre as origens evolutivas das diversas propriedades moleculares, celulares, dos organismos e populacionais observadas no mundo animal. Por exemplo, a metodologia comparativa rejeita a hipótese de uma origem comum para a capacidade de voo de morcegos e de aves. A morfologia comparada dos vertebrados e as comparações das sequências de DNA das espécies vivas claramente colocam os morcegos dentro do grupo dos mamíferos (ver Capítulo 28) e as aves em um grupo separado, que inclui crocodilos, lagartos, cobras e tartarugas (ver Figura 23.2). O ancestral comum mais recente desses vertebrados não podia voar, e uma análise mais atenta revela que morcegos e aves desenvolveram o voo por meio de modificações muito diferentes de seus corpos e membros anteriores (compare as Figuras 27.5 e 28.15). As causas finais do voo nos morcegos e nas aves requerem explicações separadas. Do mesmo modo, o método comparativo revela que a homeotermia (ver Seção 30.4) evoluiu em uma linhagem ancestral para as aves e, separadamente, em uma linhagem ancestral para os mamíferos. Além disso, estudos comparativos de fóssil de aves rejeitam a hipótese de que as penas surgiram para o propósito do voo, porque elas antecedem a evolução do dispositivo de voo nos ancestrais das aves. Em princípio, as penas provavelmente serviam sobretudo para o isolamento térmico, e só depois passaram a desempenhar um papel na aerodinâmica. É preciso esclarecer que nenhuma dessas questões históricas importantes poderia ter sido respondida por meio de experimentos.

O método comparativo depende dos resultados da ciência experimental como ponto de partida. Da mesma forma, o método comparativo aplica-se a todos os níveis de complexidade biológica, conforme exemplificado pelos campos da evolução molecular, da biologia celular comparada, da anatomia comparada, da fisiologia comparada e da sistemática filogenética.

Tema-chave 1.2

CIÊNCIA EXPLICADA

Causas finais e teleologia

O uso que um cientista faz da frase "causa final", diferentemente do uso dado por Aristóteles, não implica um objetivo preconcebido para fenômenos naturais. O argumento de que a natureza tem um objetivo predeterminado, como a evolução da mente humana, é teleológico. A **teleologia** é a noção equivocada de que a evolução dos organismos vivos é guiada por um propósito, em direção a um projeto ideal. Um grande sucesso da teoria da evolução darwiniana é a sua rejeição da teleologia na explicação da diversificação biológica.

1.4 TEORIAS DA EVOLUÇÃO E HEREDITARIEDADE

Abordaremos agora considerações específicas sobre os dois principais paradigmas que orientam a pesquisa atual em zoologia: a teoria da evolução, de Darwin, e a teoria cromossômica da herança.

Teoria da evolução, de Darwin

A teoria da evolução de Darwin tem hoje mais de 150 anos (ver Capítulo 6). Darwin articulou a teoria completa quando publicou seu famoso livro *A Origem das Espécies e a Seleção Natural*, na Inglaterra, em 1859 (Figura 1.10). Atualmente, é comum perguntar aos biólogos: "O que é darwinismo?" e "Os biólogos ainda aceitam a teoria da evolução, de Darwin?" Essas questões não admitem respostas simples, porque o darwinismo abrange várias teorias diferentes, embora compatíveis entre si. O professor Ernst Mayr, da Universidade de Harvard, ressaltou que o darwinismo deveria ser entendido como um conjunto de cinco teorias principais. Essas cinco teorias têm origens e destinos diferentes, e não podem ser tratadas como uma definição única. São elas: (1) mudança perpétua, (2) descendência comum, (3) multiplicação de espécies, (4) gradualismo e (5) seleção natural. Aceita-se que as três primeiras têm aplicação universal no mundo vivo. O gradualismo e a seleção natural são partes do processo evolutivo, mas seu poder explanatório talvez não seja tão amplo como pretendeu Darwin. Os criacionistas com frequência enganam-se ao apresentar controvérsias científicas legítimas em relação ao gradualismo e à seleção natural como contestações às três primeiras teorias já apresentadas aqui, embora a validade delas tenha uma sustentação robusta por todas as observações relevantes.

Figura 1.10 A teoria moderna da evolução está fortemente identificada com Charles Robert Darwin, o qual, com Alfred Russel Wallace, forneceu a primeira explicação verossímil para a evolução. Essa fotografia de Darwin foi feita em 1854, quando ele estava com 45 anos. Seu livro mais famoso, *A origem das espécies*, foi publicado 5 anos mais tarde.

1. **Mudança perpétua**. Essa é a teoria básica da evolução na qual todas as outras se baseiam. Ela afirma que o mundo vivo não é constante, nem perpetuamente cíclico, mas está sempre em mudança, havendo uma continuidade entre as formas de vida do passado e as do presente. As formas variadas dos organismos sofrem transformações mensuráveis ao longo das gerações e do tempo. Originada na antiguidade, essa teoria não obteve aceitação ampla até Darwin defendê-la no contexto de suas outras quatro teorias. A "mudança perpétua" está documentada pelo registro fóssil, o qual refuta as reivindicações criacionistas por uma origem recente de todas as formas vivas. Como tal teoria tem resistido a repetidos testes e é sustentada por um impressionante número de observações, agora entendemos a "mudança perpétua" como um fato científico. As evidências têm rejeitado todas as alternativas racionais a essa teoria.

2. **Descendência comum**. A segunda teoria darwinista, "descendência comum", afirma que todas as formas de vida descendem de um ancestral comum por meio da ramificação de linhagens. O argumento oponente é o de que as formas de vida apareceram independentemente umas das outras e descendem até o presente de genealogias lineares e não ramificadas; esse argumento é refutado por estudos comparativos quanto à forma dos organismos, à estrutura celular e às estruturas macromoleculares (incluindo aquelas do material genético, o DNA). Todos esses estudos confirmam a teoria de que a história da vida tem a estrutura de uma árvore evolutiva ramificada, conhecida como filogenia. As espécies que compartilham um ancestral comum há um tempo relativamente recente têm mais características similares em todos os níveis do que as que apresentam apenas uma antiga ancestralidade comum. Boa parte da pesquisa é guiada pela teoria de Darwin sobre a descendência comum e direcionada para reconstruir a filogenia da vida usando os padrões de similaridade e de dissimilaridade observados entre as espécies. A filogenia resultante serve de base para a nossa classificação taxonômica dos animais (ver Capítulo 10).

3. **Multiplicação de espécies**. A terceira teoria de Darwin estabelece que o processo evolutivo produz novas espécies pela divisão e pela transformação de espécies mais antigas. Hoje, as espécies são geralmente vistas como populações reprodutivamente distintas, que, em geral, mas não sempre, diferem umas das outras na forma dos organismos. Quando a espécie está totalmente formada, a reprodução entre membros de espécies diferentes não ocorre ou é muito restrita, de forma a permitir que linhagens de espécies surjam. Os evolucionistas acreditam, em geral, que a divisão e a transformação de linhagens produzem espécies novas, embora ainda haja muita controvérsia em relação aos detalhes desse processo (ver Capítulo 6) e ao significado preciso do termo "espécie" (ver Capítulo 10). Boa parte da pesquisa científica em andamento estuda os processos históricos que geram espécies novas.

4. **Gradualismo**. O gradualismo estabelece que as grandes diferenças em estruturas anatômicas que caracterizam espécies diferentes originaram-se por meio da acumulação de inúmeras pequenas mudanças incrementais por longos períodos de tempo. Essa teoria é importante, porque mudanças genéticas com grandes efeitos na forma do organismo são em geral danosas a ele. É possível, entretanto, que algumas variedades genéticas causadoras de grandes mudanças no organismo sejam suficientemente benéficas para serem favorecidas pela seleção natural. Por exemplo, alguns membros da espécie de peixe *Cichlasoma minckleyi* ostentam maxilas, músculos e dentes muito desenvolvidos, capazes de triturar moluscos. Esses indivíduos são tão diferentes de outros membros da espécie que já foram erroneamente descritos como pertencentes a outra espécie. Uma simples alteração genética ou de desenvolvimento parece produzir essa forma "molariforme" em um enorme passo evolutivo, em vez de produzi-la gradativamente ao longo de uma série de formas intermediárias. Assim, embora a evolução gradual ocorra, ela não explica a origem de todas as diferenças estruturais que observamos entre as espécies (Figura 1.11). Os cientistas ainda estudam essa questão.

5. **Seleção natural**. A seleção natural, a teoria mais famosa de Darwin, apoia-se em três proposições. A primeira delas é a de que existe variação entre os organismos (dentro das populações) em atributos anatômicos, comportamentais e fisiológicos. A segunda é a de que a variação é, pelo menos parcialmente, herdável e, assim, a prole tende a ser semelhante aos pais. A terceira proposição é a de que organismos com formas diferentes deixam proles com números diferentes para as futuras gerações. As variações que permitem a seus possuidores explorar mais efetivamente seus ambientes preferencialmente

sobreviverão e serão transmitidas às futuras gerações. Ao longo de muitas gerações, novos atributos favoráveis serão disseminados por toda a população. O acúmulo dessas mudanças leva à produção de novas características em organismos e a novas espécies ao longo de grandes períodos de tempo. A seleção natural é, portanto, um processo criativo gerador de formas novas a partir das pequenas variações individuais que ocorrem entre organismos de uma população.

A seleção natural explica por que os organismos atendem às demandas dos seus ambientes, um fenômeno chamado de **adaptação** (Figura 1.12). A adaptação é o resultado esperado de um processo acumulador das variantes mais favoráveis em uma população ao longo do tempo evolutivo. A adaptação já foi vista como uma forte evidência contra a evolução, e a teoria da seleção de Darwin, portanto, foi importante para convencer as pessoas de que um processo natural, capaz de ser estudado cientificamente, poderia produzir novas espécies. Demonstrar que processos naturais poderiam produzir adaptação foi importante para o sucesso final das cinco teorias de Darwin.

A teoria da seleção natural, de Darwin, defrontou-se com um grande obstáculo quando foi proposta: ela carecia de uma teoria estabelecida de hereditariedade. As pessoas presumiram incorretamente que a hereditariedade era um processo de mistura e,

Figura 1.11 O gradualismo proporciona uma explicação plausível para a origem das diversas formas do bico de aves havaianas (em inglês, *hawaiian honeycreepers*) mostradas aqui. No entanto, essa teoria tem sido questionada no caso da evolução de características como escamas, penas e pelos dos vertebrados a partir de uma estrutura ancestral comum. O geneticista Richard Goldschmidt considerou essas estruturas incapazes de estarem ligadas por qualquer sequência de transformação gradual, sendo necessárias, assim, mutações de grande efeito fenotípico, o que ele chamou de "monstros promissores".

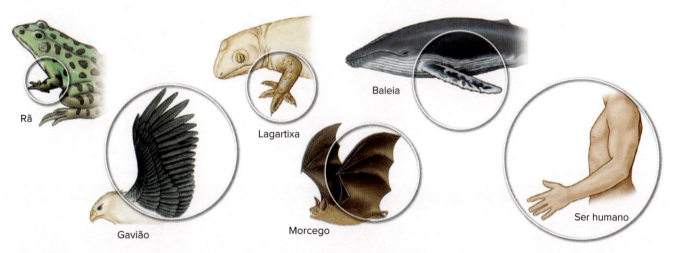

Figura 1.12 De acordo com a teoria darwiniana da evolução, as diferentes formas dos membros anteriores desses vertebrados foram moldadas por seleção natural para adaptá-los a funções específicas. Veremos em capítulos posteriores que, apesar dessas diferenças adaptativas, tais membros compartilham similaridades estruturais básicas.

portanto, que qualquer variedade nova favorável que surgisse em uma população seria perdida. O caráter variante novo aparece inicialmente em um único organismo, e esse organismo deve então copular com outro organismo que não é portador do caráter novo. Sob a herança por mistura, a prole do organismo apresentaria apenas uma forma diluída do caráter favorável. Esses filhotes, de maneira similar, copulariam com outros organismos, que não possuiriam o novo caráter favorável. Com seus efeitos diluídos pela metade a cada geração, o caráter deixaria de existir. A seleção natural seria ineficaz nessa situação. Darwin nunca foi bem-sucedido em contradizer essa crítica. Não ocorreu a ele que os fatores hereditários pudessem ser discretos e não miscíveis, e que uma nova variante genética poderia persistir inalterado de uma geração à próxima. Esse princípio é conhecido como **herança particulada** e foi estabelecido após 1900, com a descoberta dos experimentos genéticos de Gregor Mendel, sendo finalmente incorporado ao que chamamos atualmente de **teoria cromossômica da herança**. Usamos o termo **neodarwinismo** para descrever as teorias de Darwin modificadas pela incorporação da teoria de hereditariedade.

Hereditariedade mendeliana e a teoria cromossômica da herança

A teoria cromossômica da herança é a base dos estudos em andamento de genética e de evolução animal (ver Capítulos 5 e 6). Essa teoria provém da consolidação de pesquisas feitas no campo da genética, iniciada pelo trabalho experimental de Gregor Mendel e da biologia celular.

Abordagem genética

A abordagem genética consiste no "cruzamento", ou acasalamento, entre populações de organismos de linhagens puras quanto a atributos contrastantes e o subsequente acompanhamento da transmissão hereditária deles ao longo das gerações que se seguem.

A expressão "linhagens puras" significa que uma população mantém, ao longo das gerações, apenas um dos atributos contrastantes, quando reproduzida isoladamente de outras populações. Por exemplo, a maioria das populações de moscas-das-frutas produz apenas indivíduos com olhos vermelhos geração após geração, não importando o ambiente em que se reproduzem. Essas linhagens são puras para "olhos vermelhos". Algumas linhagens de laboratório de moscas-das-frutas produzem apenas indivíduos com olhos brancos e são, portanto, linhagens puras para olhos brancos.

Gregor Mendel estudou a transmissão de sete características variáveis nas ervilhas de jardim, cruzando populações de linhagens puras para atributos contrastantes (p. ex., plantas altas *versus* plantas baixas). Na primeira geração (chamada de geração F_1, para "filial"), apenas um dos atributos parentais contrastantes foi observado; não havia indicação de mistura dos atributos parentais. No exemplo, a progênie (chamada de *híbridos* F_1, porque representa um cruzamento entre duas formas diferentes) formada pelo cruzamento entre plantas altas e baixas foi de plantas altas, independentemente de o atributo alto ter sido herdado do genitor macho ou fêmea. Esses híbridos F_1 sofreram autopolinização, e ambos os atributos parentais foram encontrados entre os indivíduos de suas proles (chamadas de geração F_2), embora o caráter observado nos híbridos F_1 (plantas altas, nesse exemplo) fosse três vezes mais comum do que o outro atributo. Novamente, não havia indicação de mistura dos atributos parentais (Figura 1.13).

Os experimentos de Mendel mostraram que os efeitos de um fator genético podem estar mascarados em um indivíduo híbrido, mas que esses fatores não são fisicamente alterados durante o processo de transmissão. Ele postulou que atributos variáveis estão especificados por fatores hereditários dispostos aos pares, que chamamos atualmente de "genes". Quando **gametas** (óvulos ou espermatozoides) são produzidos, os genes pareados controladores de uma característica particular são segregados um do outro, e cada gameta recebe apenas um deles. A fertilização restaura a condição pareada. Se um organismo apresenta formas diferentes de genes pareados para uma característica, apenas uma delas é

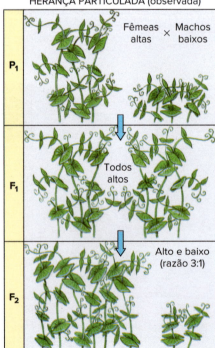 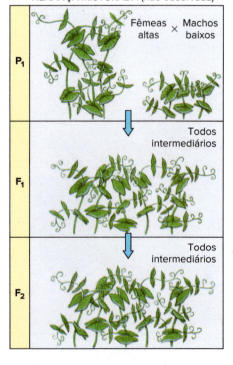

Figura 1.13 As diferenças nas previsões relacionadas aos resultados dos cruzamentos de Mendel entre plantas altas e baixas, no caso de herança particulada e herança por mistura. A previsão da herança particulada é confirmada, e a da herança por mistura é refutada pelos resultados dos experimentos. Os experimentos recíprocos (cruzamento entre plantas fêmeas baixas e plantas machos altas na geração parental) produziram resultados semelhantes.

P_1 = geração parental; F_1 = primeira geração filial; F_2 = segunda geração filial.

expressa na sua aparência, mas ambos os genes serão transmitidos de maneira inalterada e em igual número aos gametas produzidos. A transmissão desses genes é particulada, não misturada. Mendel observou que a herança de um par de fatores hereditários é independente da herança de outros pares de fatores. Atualmente, sabemos que nem todos os pares de genes são herdados independentemente uns dos outros; atributos diferentes que tendem a ser herdados conjuntamente são ditos geneticamente ligados (ver Seção 5.3). Inúmeros estudos, particularmente sobre a mosca-da-fruta *Drosophila melanogaster*, mostraram que os princípios da herança, descobertos inicialmente em plantas, aplicam-se também aos animais.

Contribuições da biologia celular

Melhoramentos nos microscópios durante o século XIX permitiram aos citologistas estudar a produção de gametas pela observação direta dos tecidos reprodutivos. Entretanto, a interpretação das observações foi inicialmente difícil. Alguns biólogos proeminentes levantaram hipóteses, por exemplo, de que os espermatozoides eram vermes parasitos do sêmen. Essa hipótese foi logo refutada, e a verdadeira natureza dos gametas foi esclarecida. Conforme os precursores dos gametas preparam-se para a divisão nos estágios iniciais da produção deles, o material nuclear condensa-se e revela estruturas alongadas, chamadas de **cromossomos**. Os cromossomos ocorrem em pares, que são, em geral, similares, mas não idênticos em aparência e conteúdo informacional. O número de cromossomos pares varia entre as espécies. Um membro de cada par é derivado do progenitor fêmea e o outro, do progenitor macho. Os pares de cromossomos estão fisicamente associados e depois são segregados em células-filhas diferentes durante a divisão celular, o que antecede a formação dos gametas. Cada gameta resultante recebe um cromossomo de cada par. Pares de cromossomos diferentes são separados em gametas independentes dos outros.

Como o comportamento do material cromossômico durante a formação dos gametas reflete aquele postulado para os genes de Mendel, entre 1903 e 1904, Sutton e Boveri levantaram a hipótese de que os cromossomos eram os portadores físicos do material genético. Essa hipótese foi recebida com grande ceticismo. Apesar disso, uma longa série de testes planejados para refutá-la mostrou que suas previsões podiam ser apoiadas. Atualmente, a teoria cromossômica da herança está bem estabelecida.

RESUMO

Seção	Conceito-chave
1.1 Propriedades fundamentais da vida	• A zoologia é o estudo científico dos animais e parte da biologia, que é o estudo científico da vida • Os animais e a vida, em geral, são identificados por atributos adquiridos no decorrer de suas longas histórias evolutivas: singularidade química, complexidade e organização hierárquica, reprodução, presença de um programa genético, metabolismo, desenvolvimento, interação com o meio ambiente e movimento • Os sistemas biológicos compreendem uma hierarquia de níveis integrativos (molecular, celular, de organismo, populacional e de espécie), cada um dos quais demonstra propriedades emergentes específicas • Os processos reprodutivos ocorrem em todos os níveis da hierarquia biológica e demonstram hereditariedade e variação • A interação entre a hereditariedade e a variação produz a mudança evolutiva, gerando a grande diversidade da vida animal.
1.2 Zoologia como parte da biologia	• Os animais são um dos três ramos dos eucariotos multicelulares (com as plantas e os fungos). Eles adquirem nutrição comendo outros organismos, enquanto as plantas dependem da fotossíntese, e os fungos absorvem compostos orgânicos de seus ambientes • Os animais contêm, em particular no intestino, milhares de espécies de arqueias e de bactérias. Os microrganismos no intestino influenciam a nutrição de um animal, e alguns animais, como bovinos e cupins, precisam desses microrganismos para sobreviver.
1.3 Princípios da ciência	• Os cientistas constroem conhecimento levantando e testando hipóteses. Uma hipótese deve fazer previsões específicas que podem ser refutadas pelos dados • Uma teoria é uma hipótese que resiste a testes repetidos e, portanto, explica muitas observações diversas. Uma teoria tem forte poder explicativo, mas continua a ser testada, pois os dados confirmatórios não provam que está correta • As explicações mais simples dos dados existentes são preferidas às mais complicadas • As ciências zoológicas são subdivididas em ciências experimentais e em ciências evolutivas • As ciências experimentais usam a metodologia experimental para testar hipóteses sobre como os animais realizam suas atividades metabólicas, de desenvolvimento, comportamentais e reprodutivas • As ciências evolutivas usam a metodologia comparativa para testar hipóteses da história da vida e para explicar como diversas espécies adquiriram suas propriedades moleculares, celulares, orgânicas e populacionais.

Seção	Conceito-chave
1.4 Teorias da evolução e da hereditariedade	• A teoria da evolução, de Darwin, e a teoria da herança cromossômica, que inclui a genética mendeliana, orientam o estudo da zoologia • A teoria de Darwin compreende cinco conjecturas principais. O significado mais básico da evolução é a mudança perpétua: as características da vida mudaram continuamente no decorrer de sua longa história até a vida do presente • A teoria da descendência comum, de Darwin, afirma que todas as formas vivas descendem de uma forma ancestral comum. A estrutura da história da vida é, portanto, uma árvore ramificada de linhagens populacionais de ancestrais a descendentes • Multiplicação de espécies é a teoria de que novas espécies surgem de espécies preexistentes por isolamento geográfico de populações e divergência de caráter entre elas • A controversa teoria do gradualismo, de Darwin, afirma que a evolução ocorre apenas por pequenas mudanças quantitativas na forma do organismo; uma grande mudança evolutiva requer o acúmulo de muitas pequenas mudanças ao longo de muitas gerações • Na teoria da seleção natural, de Darwin, as populações acumulam as características que dão a seus possuidores uma vantagem na sobrevivência ou na reprodução sobre organismos com condições diferentes; novas formas de organismo são gradualmente produzidas dessa maneira • A teoria da herança cromossômica fornece a base hereditária para a evolução darwiniana • Cópias pareadas de genes ocorrem em cromossomos homólogos herdados da mãe e do pai de um organismo e mostram herança particulada; cada cópia de um gene pode ser transmitida de maneira inalterada pelos gametas dos pais para os filhos.

QUESTÕES DE REVISÃO

1. Por que é difícil definir vida?
2. Quais são as diferenças químicas básicas que distinguem os sistemas vivos dos não vivos?
3. Descreva a organização hierárquica da vida. Como essa organização leva ao surgimento de novas propriedades nos diferentes níveis da complexidade biológica?
4. Qual é a relação entre hereditariedade e variação na reprodução dos sistemas biológicos?
5. Descreva como a evolução de organismos complexos é compatível com a segunda lei da termodinâmica.
6. Compare os animais com os outros ramos multicelulares principais da árvore da vida (plantas e fungos), usando características de sua nutrição.
7. Embora a maioria dos mamíferos tenha um microbioma intestinal, muitos não dependem dele para sobreviver. Para a sua nutrição, os bovinos dependem da presença de bactérias que digerem a celulose na parte anterior de seus sistemas digestórios. Hipotetize sobre uma série de eventos por meio dos quais a condição obrigatória em bovinos evoluiu de uma em que bactérias estavam presentes no intestino, mas não eram necessárias para a sobrevivência.
8. Quais são as características essenciais da ciência? Descreva como os estudos evolutivos se encaixam nelas, ao passo que o "criacionismo científico" ou a "teoria do *design* inteligente", não.
9. Use estudos de seleção natural em populações de mariposas britânicas para ilustrar o método científico hipotético-dedutivo.
10. Como distinguimos os termos hipótese, teoria, paradigma e fato científico?
11. Compare as hipóteses de causalidade próxima com aquelas de causalidade final, incluindo os métodos gerais de teste delas.
12. Quais são as cinco teorias da evolução de Darwin (conforme identificadas por Ernst Mayr)? Quais são aceitas como fatos e quais continuam gerando polêmica entre os biólogos?
13. Qual foi o principal obstáculo enfrentado pela teoria da seleção natural de Darwin quando ela foi proposta? Como esse obstáculo foi superado?
14. Como o neodarwinismo difere do darwinismo?
15. Descreva as respectivas contribuições da abordagem genética e da biologia celular para a formulação da teoria da herança cromossômica.

Para reflexão. Explique a evolução darwiniana como uma propriedade emergente do nível populacional de organização biológica.

2 Origem e Química da Vida

OBJETIVOS DE APRENDIZAGEM

Após leitura do capítulo, você será capaz de:

2.1 Explicar como cada uma das seguintes propriedades da água é importante para a vida animal: alto calor específico, alto calor de vaporização, comportamento de densidade único, alta tensão superficial, baixa viscosidade, excelente solvente, papel nas reações de hidrólise e condensação.

2.2 Explicar, para cada um dos seguintes pares de uma subunidade orgânica com o tipo macromolecular formado por ela, suas principais características e como são combinadas para formar as macromoléculas: açúcar/carboidrato, aminoácido/proteína, ácido graxo/lipídio.

2.3 Explicar as condições prebióticas associadas a cada uma das seguintes etapas da origem das células: formação e polimerização de pequenas moléculas orgânicas, formação de precursores de membranas por moléculas anfifílicas.

2.4 Explicar os papéis essenciais do RNA e das fontes de nutrição na origem da vida celular.

2.5 Explicar a hipótese sobre a origem de uma célula eucariota por simbiose de células procariotas.

O suprimento abundante de água da Terra foi fundamental para a origem da vida.
©Larry Roberts/McGraw-Hill Education

Geração espontânea da vida?

Antigamente, era comum as pessoas pensarem que a vida surgia continuamente pela geração espontânea a partir de matéria não viva, além da origem pela reprodução entre genitores. Por exemplo, rãs pareciam surgir da terra úmida; ratos, de material em putrefação; insetos, do orvalho; e moscas-varejeiras, de carne podre. Calor, umidade, luz do Sol e até as estrelas eram mencionados como fatores estimuladores da geração espontânea de organismos vivos.

Entre os esforços iniciais para sintetizar organismos em laboratório, está uma receita para produzir ratos dada pelo nutricionista vegetal belga Jean Baptiste van Helmont (1648): "Se você prensar uma peça de roupa de baixo manchada de suor, junto com um pouco de trigo em um vaso aberto, após 21 dias o odor muda, e o fermento [...] transforma o trigo em rato. Mas o realmente notável é que os ratos que aparecem do trigo e da roupa de baixo não são ratos pequenos, nem mesmo miniaturas de adultos ou ratos abortados; o que emerge são ratos adultos!"

Em 1861, o grande cientista francês Louis Pasteur convenceu os cientistas de que organismos vivos não surgem espontaneamente da matéria não viva. Nos seus famosos experimentos, Pasteur introduziu um material fermentável em um frasco com um gargalo longo em forma de S (sifão) que permanecia aberto. O frasco e seu conteúdo foram então fervidos por um longo período, para matar quaisquer microrganismos porventura presentes. Logo após, o frasco era esfriado e deixado em repouso. Não ocorria fermentação, porque todos os organismos que entravam pela abertura depositavam-se na alça do sifão e não atingiam o material fermentado. Quando o gargalo do frasco era removido, os microrganismos do ar entravam imediatamente, alcançavam o material fermentável e se proliferavam. Pasteur concluiu que a vida não poderia se originar em ausência de organismos previamente existentes e de seus elementos reprodutivos, como ovos e esporos. Ao anunciar seus resultados para a Academia Francesa, Pasteur proclamou: "A doutrina da geração espontânea jamais se recuperará desse golpe mortal."

Todos os organismos compartilham um ancestral comum. Muito provavelmente, uma população de microrganismos que viveram há aproximadamente 4 bilhões de anos foi o mais antigo ancestral comum universal (LUCA, do inglês *Last Universal Common Ancestor*) da vida na Terra. Esse ancestral comum, por sua vez, foi o produto da existência, por um longo período, de um conjunto prebiótico de material não vivo, inclusive de moléculas orgânicas e de água, organizado em unidades autorreplicantes. Todos os organismos retêm uma composição química fundamental herdada do seu antigo ancestral comum.

De acordo com o modelo do *Big Bang*, o universo, originado de uma bola de fogo primitiva, está se expandindo e se esfriando desde o seu começo, há 10 ou 20 bilhões de anos. O Sol e os planetas foram formados há, aproximadamente, 4,6 bilhões de anos, a partir de uma nuvem esférica de poeira cósmica e gases. A nuvem colapsou sob a influência de sua própria gravidade, e formou um disco rotatório. O material da parte central desse disco liberava energia gravitacional como radiação, enquanto se condensava para formar o Sol. A pressão da radiação direcionada para fora impediu um colapso da nebulosa sobre o Sol. O material que permaneceu em volta se esfriou e, finalmente, formou os planetas, inclusive a Terra (Figura 2.1).

Na década de 1920, o bioquímico russo Alexander I. Oparin e o biólogo britânico J. B. S. Haldane propuseram, em trabalhos independentes, que a vida se originara na Terra após um período inconcebivelmente longo de "evolução molecular abiogênica". Em vez de argumentar que os primeiros organismos vivos se originaram miraculosamente todos de uma vez, uma ideia que desencorajava a inquirição científica, Oparin e Haldane argumentaram que a forma de vida mais simples apareceu gradualmente pela montagem progressiva de pequenas moléculas em moléculas orgânicas mais complexas. Moléculas autorreplicáveis seriam, por fim, produzidas, levando, em última instância, à formação de conjuntos de microrganismos vivos.

2.1 ÁGUA E VIDA

A origem e a manutenção da vida na Terra dependem fundamentalmente da água. A água é o mais abundante de todos os compostos nas células, e compreende de 60 a 90% da composição da maioria dos organismos vivos. A água apresenta várias propriedades extraordinárias que explicam o seu papel essencial nos

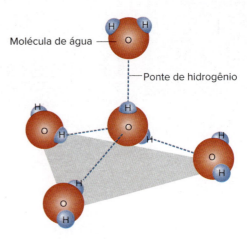

Figura 2.2 Geometria das moléculas de água. Cada molécula está ligada por pontes de hidrogênio (linhas tracejadas) a quatro outras. As linhas imaginárias que unem as moléculas, como mostrado, formam um tetraedro.

sistemas vivos e sua origem. As pontes de hidrogênio que se formam entre as moléculas de água são a razão subjacente dessas propriedades (Figura 2.2).

A água tem um **alto calor específico**: necessita-se 1 caloria* para elevar a temperatura de 1 g de água em 1°C, uma capacidade térmica superior à de qualquer outro líquido, exceto a da amônia. Grande parte dessa energia térmica é usada para romper algumas pontes de hidrogênio, aumentar a energia cinética (movimento molecular) e, como consequência, a temperatura da água. Essa capacidade térmica elevada tem um grande poder moderador das mudanças de temperatura no ambiente, e protege os organismos de flutuações térmicas extremas. A água também tem **alto calor de vaporização**, e necessita de mais de 500 calorias para converter 1 g de líquido em vapor de água. Todas as pontes de hidrogênio entre uma molécula de água e suas vizinhas precisam ser rompidas antes que a molécula de água possa escapar da superfície

---

*Uma caloria é definida como a quantidade de calor necessária para aquecer 1 g de água de 14,5 a 15,5°C. Embora a caloria seja a unidade de calor tradicional e amplamente utilizada nas publicações e tabelas, não faz parte do Sistema Internacional de Unidades (o sistema SI), que utiliza o joule (J) como unidade de energia (1 cal = 4,184 J).

Figura 2.1 Sistema solar mostra o estreito intervalo de temperatura condizente com a vida.

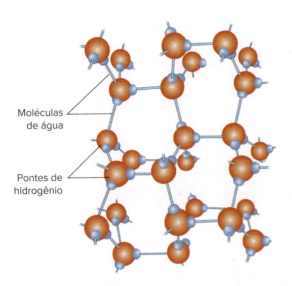

Figura 2.3 Quando a água congela, a 0°C, as quatro cargas parciais de cada átomo na molécula interagem com as cargas opostas dos átomos em outras moléculas de água. As pontes de hidrogênio entre todas as moléculas formam uma estrutura em rede semelhante a um cristal, e as moléculas ficam mais distantes umas das outras (e, portanto, menos densas) do que quando algumas de suas moléculas não formam pontes de hidrogênio, a 4°C.

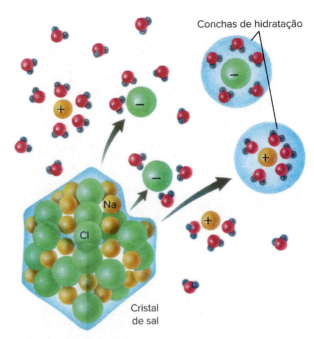

Figura 2.4 Quando um cristal de cloreto de sódio se dissolve na água, as extremidades negativas das moléculas dipolares da água rodeiam os íons Na⁺, enquanto as negativas o fazem com os íons de Cl⁻. Os íons são mantidos separados e não retornam à rede de sal.

para o ar. Para os animais e as plantas terrestres, o resfriamento produzido pela evaporação da água é importante para expelir o excesso de calor.

Outra propriedade da água, importante para a vida, é seu **comportamento de densidade único** durante as mudanças de temperatura. Em geral, os líquidos tornam-se mais densos com o decréscimo da temperatura. A água, por sua vez, atinge a sua densidade máxima a 4°C, *enquanto ainda está no estado líquido*, e torna-se menos densa com a continuação do resfriamento (Figura 2.3). Dessa maneira, o gelo *flutua*, em vez de afundar nos lagos. Se o gelo fosse mais denso que a água líquida, os corpos de água congelariam do fundo para a superfície no inverno, e poderiam não derreter completamente no verão. Tais condições limitariam severamente a vida aquática. No gelo, as moléculas de água formam uma rede similar a cristais, extensa e aberta (e, assim, menos densa), suportada pelas pontes de hidrogênio que conectam todas as moléculas. As moléculas nessa rede estão mais separadas e, portanto, menos densas do que na água líquida, a 4°C.

A água tem uma **alta tensão superficial**, e excede a de todos os líquidos, exceto a do mercúrio. As pontes de hidrogênio entre as moléculas produzem uma coesão que é importante para manter a forma e o movimento do protoplasma. A tensão superficial resultante cria um nicho ecológico (ver Seção 38.1) para os insetos, como percevejos-d'água e besouros-d'água, que deslizam na superfície dos lagos. Apesar da sua tensão superficial alta, a água tem uma **baixa viscosidade**, que permite o movimento do sangue pelos finíssimos vasos capilares e o do citoplasma no interior da célula.

A água é um excelente **solvente**. Os sais dissolvem-se mais amplamente na água do que em qualquer outro solvente. A natureza dipolar da água produz essa propriedade, que faz as moléculas de água se orientarem ao redor das partículas dissolvidas carregadas. Por exemplo, quando cristais de NaCl dissolvem-se na água, os íons Na⁺ e Cl⁻ separam-se (Figura 2.4). As zonas negativas dos dipolos da água atraem os íons Na⁺, enquanto as positivas atraem os íons Cl⁻. Essa orientação mantém os íons separados, o que promove a sua dissociação. Os solventes que não apresentam essa característica dipolar são menos efetivos em manter os íons separados. A ligação da água a moléculas dissolvidas de proteína é essencial para o funcionamento adequado de muitas delas. A água também é um importante solvente para os gases respiratórios oxigênio e dióxido de carbono.

A água também participa de muitas reações químicas nos organismos vivos. Muitos compostos são quebrados em porções menores pela adição de uma molécula de água, um processo chamado de **hidrólise**. De maneira similar, compostos longos podem ser sintetizados a partir de componentes menores pelo processo reverso da hidrólise, denominado de **reação de condensação**.

$$R-R + H_2O \xrightarrow{\text{Hidrólise}} R-OH + H-R$$
$$R-OH + H-R \xrightarrow{\text{Condensação}} R-R + H_2O$$

Uma vez que a água é essencial para o sustento da vida, a contínua procura por vida extraterrestre começa, em geral, pela busca de água. Planos para a ocupação humana da Lua dependem de encontrar água nela. A NASA estima que pelo menos 600 toneladas métricas de gelo se encontrem permanentemente cobertas pela sombra de crateras localizadas perto do polo norte na Lua. Esse gelo pode fornecer um "congelador lunar" para os futuros exploradores.

2.2 MACROMOLÉCULAS

A evolução química no ambiente prebiótico produziu compostos orgânicos simples, que finalmente formaram os blocos de construção das células vivas. O termo "orgânico" refere-se amplamente aos compostos que contêm carbono. Muitos também contêm hidrogênio, oxigênio, nitrogênio, enxofre, fósforo, sais e outros elementos. O carbono tem grande habilidade de ligação com outros átomos de carbono, formando cadeias de tamanho e configuração variados. As combinações carbono-carbono permitem uma enorme variedade e complexidade na estrutura molecular. Os químicos identificaram mais de um milhão de compostos orgânicos.

> ### pH de soluções aquosas
>
> Na água líquida pura (= água destilada), uma pequena fração das moléculas de água se divide em íons de hidrogênio (H^+) e de hidróxido (OH^-); a concentração de ambos os íons é de 10^{-7} mEq/ℓ. Uma substância ácida, ao ser dissolvida na água, contribui com íons H^+ para a solução, aumentando sua concentração e causando um excesso de íons H^+ em relação aos íons OH^- na solução. Uma substância básica faz o inverso: contribui com íons OH^- para a solução, tornando-os mais comuns do que os íons H^+. O grau em que uma solução é ácida ou básica é essencial para a maioria dos processos celulares e requer quantificação e controle precisos; a estrutura e a função das proteínas dissolvidas, por exemplo, dependem criticamente da concentração de H^+ na solução.
>
> A escala de **pH** quantifica o grau em que uma solução é ácida ou básica. A escala varia de 0 a 14 e representa o inverso aditivo do logaritmo (base 10) da concentração de H^+ (em mEq/ℓ) da solução. A água líquida pura, portanto, tem pH = 7 (concentração de $H^+ = 10^{-7}$ mEq/ℓ). Uma solução com pH = 6 tem concentração de H^+ 10 vezes maior que a da água pura e é ácida, enquanto uma solução com pH = 8,0 tem concentração de H^+ 10 vezes menor que a água pura e é básica. Um ácido forte e concentrado, como o ácido clorídrico (HCl, conhecido comercialmente como "ácido muriático", usado para limpar alvenaria), tem concentração de H^+ de cerca de 10^0 mEq/ℓ, resultando em um pH = 0 (uma concentração de H^+ 10 milhões de vezes maior que a da água pura). Uma base concentrada, como hidróxido de sódio (NaOH, usado comercialmente em produtos líquidos de limpeza de ralos), tem concentração de H^+ de aproximadamente 10^{-14} mEq/ℓ, resultando um pH = 14.
>
> Um **tampão** é uma substância dissolvida (soluto) que faz com que uma solução resista às mudanças no pH porque pode remover os íons H^+ e OH^- adicionados a ela, ligando-os a compostos. O dióxido de carbono dissolvido na forma de bicarbonato (HCO_3^-) é um tampão que ajuda a proteger o sangue humano (pH = 7,3 a 7,5) de mudanças no pH. Os íons H^+ são removidos da solução quando reagem com os íons bicarbonato para formar ácido carbônico, que então se dissocia em dióxido de carbono e água. O excesso de dióxido de carbono é removido durante a expiração. Os íons OH^- são removidos da solução quando essa reação é revertida, formando bicarbonato e íons hidrogênio. O excesso de íons bicarbonato é secretado na urina, e os íons hidrogênio servem para aumentar o pH do sangue de volta aos níveis normais. Graves problemas de saúde ocorrem se o pH do sangue cair para 7 ou subir para 7,8.

Revisamos os tipos de moléculas orgânicas encontradas nos sistemas vivos e discutimos suas origens na atmosfera redutora primitiva da Terra.

Carboidratos: a substância orgânica mais abundante da natureza

Os carboidratos são compostos de carbono, hidrogênio e oxigênio. Em geral, estão presentes nas moléculas na proporção 1 C: 2 H: 1 O, e agrupados como H – C – OH. Os carboidratos funcionam no protoplasma principalmente como elementos estruturais e como uma fonte de energia química. A glicose é o mais importante desses carboidratos armazenadores de energia. Os exemplos mais familiares de carboidratos são os açúcares, os amidos e a celulose (a estrutura lenhosa das plantas). A celulose ocorre na Terra em quantidades superiores à de todos os outros materiais orgânicos combinados. Os carboidratos são sintetizados pelas plantas verdes a partir da água e do gás carbônico, com o auxílio da energia solar. Esse processo, chamado de **fotossíntese**, é a reação da qual toda a vida depende, pois é o ponto inicial da formação dos alimentos.

Os carboidratos são habitualmente divididos em três classes: (1) **monossacarídios**, ou açúcares simples; (2) **dissacarídios**, ou açúcares duplos; e (3) **polissacarídios**, ou açúcares complexos. Açúcares simples são compostos de cadeias de carbono que contêm quatro carbonos (tetroses), cinco (pentoses) ou seis (hexoses). Outros açúcares simples podem ter até 10 carbonos, mas esses não apresentam relevância biológica. Os açúcares simples, como a glicose, a galactose e a frutose, apresentam um grupamento açúcar livre:

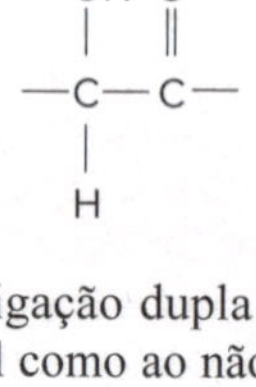

em que o Haldan com ligação dupla tanto pode estar combinado ao carbono terminal como ao não terminal de uma cadeia. A hexose **glicose** (também chamada de dextrose) é particularmente importante para o mundo vivo. A glicose é apresentada como uma cadeia reta (Figura 2.5A), mas na água tende a formar um composto cíclico (Figura 2.5B). O diagrama em "cadeira" (Figura 2.6) da glicose representa melhor a sua configuração verdadeira, mas todas as formas de glicose, independentemente de como estão representadas, são quimicamente equivalentes. Outras hexoses de relevância biológica incluem a galactose e a frutose, comparadas à glicose na Figura 2.7.

Os dissacarídios são açúcares duplos formados pela ligação entre dois açúcares simples. Um exemplo é a maltose (açúcar de

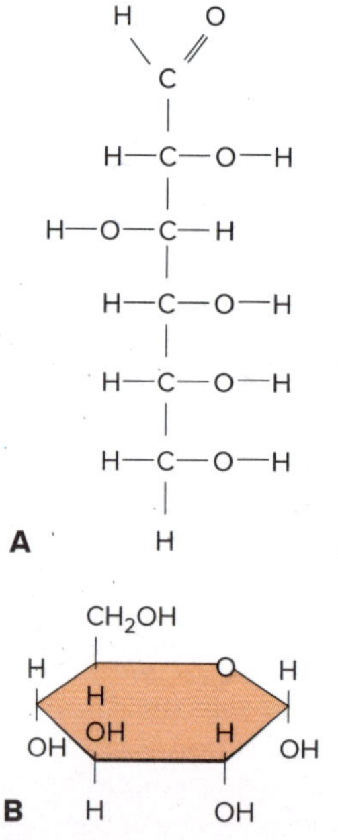

Figura 2.5 Duas maneiras de representar a fórmula estrutural da glicose, um açúcar simples. Em **A**, os átomos de carbono são mostrados na forma de uma cadeia aberta. Quando dissolvida em água, a glicose tende a assumir uma forma de anel como em **B**. Os átomos de carbono localizados em cada volta do anel geralmente não são mostrados.

malte), composto de duas moléculas de glicose. Como mostrado na Figura 2.8, as duas moléculas de glicose estão unidas pela remoção de uma molécula de água, causando o compartilhamento de um átomo de oxigênio pelos dois açúcares. Todos os dissacarídios são formados dessa maneira. Dois outros dissacarídios comuns são a sacarose (açúcar comum, ou de cana), formado pela união da glicose com a frutose, e a lactose (açúcar do leite), composto de glicose e galactose.

Os polissacarídios são compostos de muitas moléculas de açúcares simples (normalmente, glicose) unidas em cadeias longas, chamadas de polímeros. A sua fórmula empírica é escrita como $(C_6H_{10}O_5)_n$, em que *n* designa o número de subunidades de açúcares simples no polímero. O amido é um polímero comum no qual as plantas armazenam açúcar e é um alimento importante para os animais. A **quitina** é um importante polissacarídio estrutural no exoesqueleto de insetos e de outros artrópodes. O **glicogênio** é um polímero ramificado importante para estocar açúcares nos animais. É armazenado principalmente no fígado e nas células musculares dos vertebrados como grânulos globulares, cada um contendo cerca de 30 mil subunidades de glicose conectadas. Quando necessário, o glicogênio é convertido em glicose e levado pelo sangue aos tecidos. Outro polímero é a **celulose**, o principal carboidrato estrutural das plantas.

Lipídios: estoque de combustível e material de construção

Os lipídios são gorduras e substâncias similares. Eles são moléculas de polaridade baixa; em consequência, são praticamente insolúveis em água, mas solúveis em solventes orgânicos, como a acetona e o éter. Os três grupos principais de lipídios são os triglicerídios, os fosfolipídios e os esteroides.

Triglicerídios

Os triglicerídios, ou gorduras "verdadeiras", são o principal combustível dos animais. As gorduras armazenadas são derivadas diretamente das gorduras da dieta ou indiretamente dos carboidratos da dieta, que são convertidos em gordura para armazenagem. As gorduras são oxidadas e liberadas na corrente sanguínea para atender à demanda dos tecidos, especialmente à dos músculos em atividade.

Os triglicerídios contêm glicerol e três moléculas de ácidos graxos. Os triglicerídios, portanto, são ésteres, uma combinação de um álcool (glicerol) e um ácido. Os ácidos graxos dos triglicerídios são simplesmente ácidos monocarboxílicos de cadeia longa; variam em tamanho, mas quase sempre apresentam cadeias com 14 a 24 carbonos. A produção de uma gordura típica pela união de glicerol e ácido esteárico é mostrada na Figura 2.9A. Nessa reação, três moléculas de ácidos graxos uniram-se aos grupos OH do glicerol para formar a estearina mais três moléculas de água.

Em sua maioria, os triglicerídios contêm dois ou três ácidos graxos diferentes unidos ao glicerol, e apresentam nomes estranhos, como miristoil, palmitoil e estearoil-glicerol (ver Figura 2.9B). Os ácidos graxos nesses triglicerídios estão **saturados;** cada carbono da cadeia está unido a dois átomos de hidrogênio. As gorduras saturadas são mais comuns em animais do que em plantas e, em geral, são sólidas à temperatura ambiente. Os ácidos graxos **insaturados**, típicos dos óleos vegetais, têm dois ou mais átomos de carbono unidos por ligações duplas: os carbonos não estão "saturados" com átomos de hidrogênio e podem se ligar a outros átomos. Os ácidos oleico e linoleico são dois ácidos graxos insaturados comuns (Figura 2.10). Gorduras vegetais, como o óleo de amendoim e o óleo de milho, tendem a permanecer líquidas em temperatura ambiente.

Fosfolipídios

Os fosfolipídios são componentes importantes da organização molecular dos tecidos, especialmente das membranas, ao contrário das gorduras, que são combustíveis e não desempenham uma função estrutural nas células. Assemelham-se aos triglicerídios em estrutura, diferindo apenas por apresentarem um dos três ácidos graxos substituído por ácido fosfórico e uma base orgânica. Um exemplo é a lecitina, um fosfolipídio importante da membrana dos nervos (Figura 2.11). Pelo fato de o grupo fosfato dos fosfolipídios ser eletricamente carregado, polarizado e, portanto, solúvel em água, enquanto o restante da molécula é apolar, os fosfolipídios podem ser uma ponte entre dois ambientes e unir moléculas solúveis em água, como as proteínas, a materiais insolúveis em água.

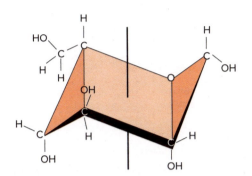

Figura 2.6 Representação em "cadeira" de uma molécula de glicose.

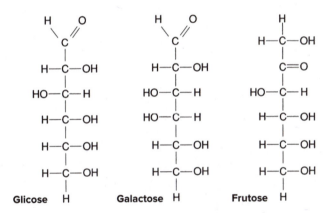

Figura 2.7 Estas três hexoses são os monossacarídios mais comuns.

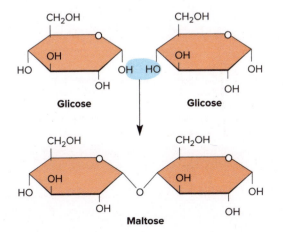

Figura 2.8 Formação de um açúcar duplo (dissacarídio maltose) a partir de duas moléculas de glicose, com a remoção de uma molécula de água.

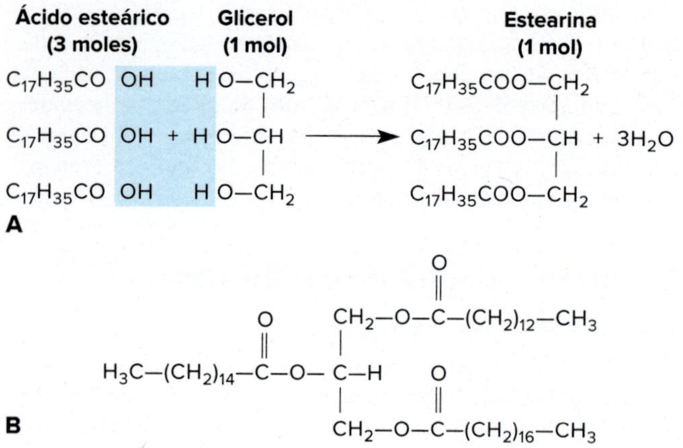

Figura 2.9 Triglicerídios. **A.** Formação de um triglicerídio a partir de três moléculas de ácido esteárico (um ácido graxo) e glicerol. **B.** Um triglicerídio contendo três ácidos graxos diferentes.

$$CH_3-(CH_2)_7-CH=CH-(CH_2)_7-COOH$$
Ácido oleico

$$CH_3-(CH_2)_4-CH=CH-CH_2-CH=CH-(CH_2)_7-COOH$$
Ácido linoleico

Figura 2.10 Ácidos graxos insaturados. O ácido oleico tem uma ligação dupla e o ácido linoleico tem duas ligações duplas. O restante da cadeia de ambos os ácidos é saturado.

O termo **anfifílico** descreve compostos como os fosfolipídios (Figura 2.11), que são polares e solúveis em água em uma extremidade e não polares em outra. Experimentos em laboratório mostram que esses compostos apresentam uma tendência natural de se juntarem e formarem membranas semipermeáveis.

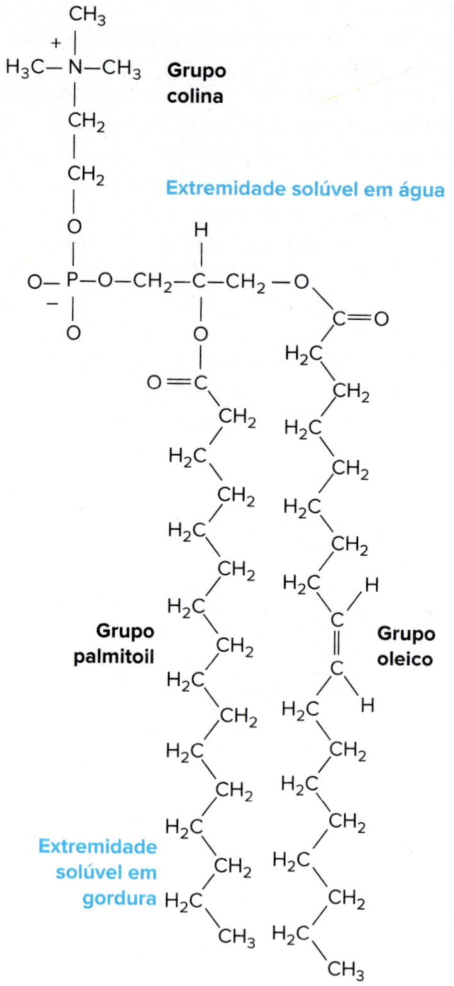

Esteroides

Os esteroides são álcoois complexos. Embora estruturalmente diferentes das gorduras, apresentam propriedades similares, incluindo baixa polaridade. Os esteroides são um grande grupo de moléculas biologicamente importantes, como o colesterol (Figura 2.12), a vitamina D_3, muitos hormônios adrenocorticais e os hormônios sexuais.

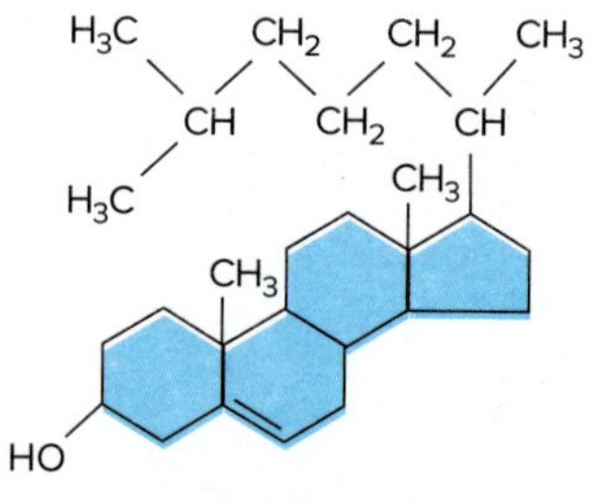

Aminoácidos e proteínas

As proteínas são moléculas grandes e complexas, compostas por centenas de milhares de aminoácidos ligados em uma ou mais cadeias. Existem vinte tipos de aminoácidos utilizados para construir proteínas (Figura 2.13). Os aminoácidos estão unidos por **ligações peptídicas** para formar polímeros longos, em forma de corrente. Na formação de uma ligação peptídica, o grupo carboxila de um aminoácido liga-se ao grupo amino de outro por uma ligação covalente, com eliminação de água, como mostrado aqui:

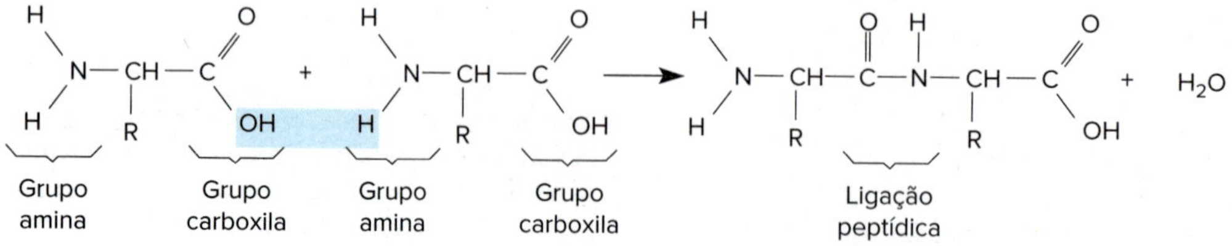

Figura 2.11 Lecitina, um importante fosfolipídio das membranas dos nervos, em que a fosfatidilcolina substitui um dos ácidos graxos na estrutura típica de um triglicerídio (ver Figura 2.9).

Figura 2.12 O colesterol é um esteroide. Todos os esteroides apresentam um esqueleto básico de quatro anéis (três anéis de seis carbonos e um de cinco) com vários grupos unidos lateralmente. A cadeia de carbono do grupo lateral é a principal semelhança estrutural entre um esteroide e um ácido graxo.

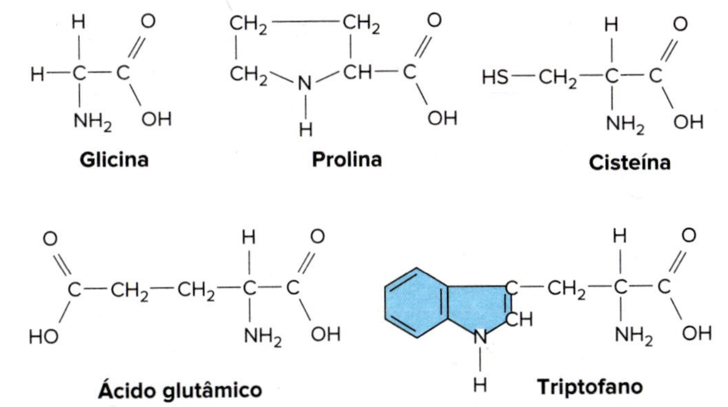

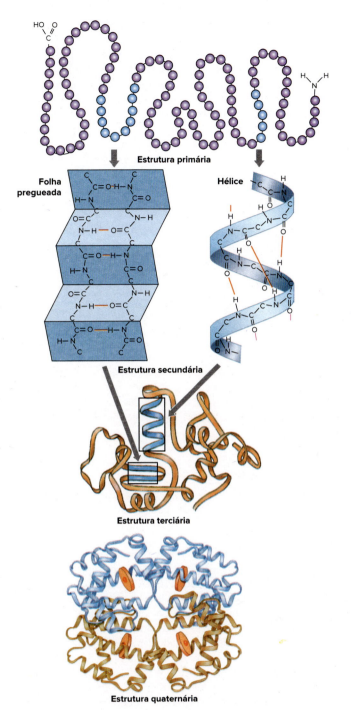

Figura 2.13 Cinco dos 20 tipos de aminoácidos. A glicina é o aminoácido mais simples. Movendo-se da direita para a esquerda em sua estrutura, o primeiro carbono está em um grupo carboxila e o segundo se liga a um grupo amino. Essa característica se repete nos demais aminoácidos, que diferem entre si pelo grupo "R", mostrado à esquerda do segundo carbono. Na glicina, o "R" é simplesmente um átomo de hidrogênio. Na prolina, o grupo amino característico está ligado ao grupo "R" para formar uma estrutura em anel.

A combinação de dois aminoácidos por uma ligação peptídica forma um dipeptídio com um grupamento amina livre em uma extremidade e um grupamento carboxila livre na outra; assim, os aminoácidos adicionais podem ser unidos para produzir uma cadeia longa. Os 20 tipos diferentes de aminoácidos podem estar dispostos em uma imensa variedade de sequências de até várias centenas de unidades de aminoácidos, o que determina a grande diversidade de proteínas encontradas nos seres vivos.

Uma proteína não é apenas uma longa cadeia de aminoácidos, mas uma molécula altamente organizada. Por conveniência, os bioquímicos reconhecem quatro níveis de organização proteica, chamadas de estruturas primária, secundária, terciária e quaternária.

A **estrutura primária** de uma proteína constitui a sequência de aminoácidos que compõe a cadeia polipeptídica. As ligações entre os aminoácidos de uma cadeia podem formar somente um número limitado de ângulos estáveis; por isso, os padrões estruturais assumidos pelas cadeias tendem a se repetir. Os ângulos formados pelas ligações fazem emergir a **estrutura secundária**, como em **alfa-hélice**, na qual a molécula realiza um movimento no sentido horário, como um parafuso (Figura 2.14). As espirais das cadeias são estabilizadas por pontes de hidrogênio, normalmente entre um átomo de hidrogênio de um aminoácido e o oxigênio da ligação peptídica de outro, de uma volta adjacente da hélice.

As configurações em espiral e outras formadas pela cadeia polipeptídica curvam-se e dobram-se, dando à proteína uma configuração complexa, estável e tridimensional, reconhecida como **estrutura terciária** (Figura 2.14). As ligações químicas entre pares de aminoácidos em partes diferentes da cadeia polipeptídica estabilizam a estrutura terciária. Essas ligações se formam entre "grupos vizinhos", partes do aminoácido não envolvidas em ligações peptídicas. Um exemplo é a **ligação dissulfeto**, uma ligação covalente entre átomos de enxofre em dois aminoácidos cisteína que ficam lado a lado pelas dobras das cadeias peptídicas. Pontes de hidrogênio, ligações iônicas e ligações hidrofóbicas também estabilizam a estrutura terciária.

O termo **estrutura quaternária** descreve as proteínas com mais de uma cadeia polipeptídica. Um exemplo é a hemoglobina (substância transportadora do oxigênio no sangue) dos vertebrados com maxilas, composta por quatro subunidades polipeptídicas unidas em uma única molécula de proteína (Figura 2.14).

As proteínas realizam muitas funções nos organismos vivos. Elas formam o esqueleto estrutural da célula e muitos componentes

Figura 2.14 Estrutura das proteínas. A *estrutura primária* de uma proteína é a ordem dos aminoácidos, mostrados como círculos na figura, da extremidade carboxila da molécula até a extremidade amino. As proteínas diferem na estrutura primária pelo número e pela sequência de aminoácidos presentes. A sequência de aminoácidos de uma proteína estimula a formação de pontes de hidrogênio entre os aminoácidos próximos, formando voltas e dobras (a estrutura secundária). As ligações entre grupos R de aminoácidos fazem com que a cadeia se enrole sobre si mesma de maneira complexa (estrutura terciária). Os aminoácidos cujos grupos R interagem para formar a estrutura terciária geralmente estão distantes na sequência de aminoácidos da estrutura primária, mas seus grupos R se encontram na estrutura tridimensional dobrada da proteína. Cadeias polipeptídicas individuais de algumas proteínas agregam-se para formar uma molécula funcional, composta de várias subunidades (estrutura quaternária). A estrutura quaternária mostrada é a da hemoglobina, que compreende dois polipeptídios alfa (azul) e dois polipeptídios beta (marrom), cada um dos quais também se liga a uma molécula heme (vermelho).

celulares. Várias proteínas funcionam como **enzimas**, os catalisadores biológicos necessários a quase todas as reações químicas no corpo. As enzimas diminuem a quantidade de energia de ativação necessária para reações químicas específicas e permitem a ocorrência de processos vitais a temperaturas moderadas, em vez de exigir temperaturas altas. Elas controlam as reações pelas quais o alimento é digerido, absorvido e metabolizado, e promovem a síntese de materiais estruturais para o crescimento e a reposição dos materiais perdidos pelo desgaste do corpo. As proteínas determinam, ainda, a liberação de energia usada na respiração, no crescimento, na contração muscular, nas atividades físicas e mentais e em muitas outras atividades. A ação das enzimas é descrita no Capítulo 4 (Seção 4.2).

Tema-chave 2.1
CONEXÃO COM SERES HUMANOS
Príons e doenças

Um **príon** é uma partícula de proteína infecciosa que faz com que uma proteína do organismo hospedeiro seja contorcida em uma estrutura tridimensional anormal. Após a infecção, o príon faz com que as cópias normais da proteína de seu hospedeiro sejam dobradas de forma anormal, o que leva a resultados patológicos. Na "doença da vaca louca", uma infecção por príon danifica gravemente os tecidos cerebrais e é fatal. Doenças neurológicas fatais associadas a príons transmissíveis ocorrem também em pessoas (p. ex., *kuru*) e em ovelhas e cabras (*scrapie*).

Ácidos nucleicos

Os ácidos nucleicos são moléculas poliméricas complexas, cuja sequência de bases nitrogenadas codifica a informação genética necessária à herança biológica. Eles armazenam as ordens para a síntese das enzimas e de outras proteínas, sendo as únicas moléculas (com o auxílio de enzimas específicas) capazes de se autorreplicarem. Os dois tipos de ácidos nucleicos presentes nas células são o **ácido desoxirribonucleico (DNA)** e o **ácido ribonucleico (RNA)**. Eles são polímeros de unidades que se repetem, denominados de **nucleotídios**, formados por um açúcar, uma base nitrogenada e um grupo fosfato. Além do seu papel nos ácidos nucleicos, os nucleotídios têm importante papel como transportadores de energia química no metabolismo celular (ver Seção 4.3). Por ser a estrutura dos ácidos nucleicos vital para o mecanismo da herança e da síntese de proteínas, informações detalhadas sobre os ácidos nucleicos são apresentadas no Capítulo 5 (ver Seção 5.5).

2.3 EVOLUÇÃO QUÍMICA

Haldane e Oparin propuseram que a atmosfera terrestre primitiva consistia em compostos simples, como água, dióxido de carbono, hidrogênio molecular, metano e amônia, mas não tinha o gás oxigênio (O_2, também chamado de "oxigênio molecular"). A natureza dessa atmosfera primitiva é crucial para o entendimento da origem da vida. Os compostos orgânicos formadores dos organismos vivos não podem ser sintetizados fora das células, nem são estáveis em presença de oxigênio molecular, que é abundante na atmosfera atual. A melhor evidência indica que a atmosfera primitiva continha apenas traços de oxigênio molecular. Essa atmosfera inicial era, portanto, redutora, consistindo primariamente de moléculas nas quais o hidrogênio excede o oxigênio; por exemplo, o metano (CH_4) e a amônia (NH_3) são compostos totalmente reduzidos. Esses compostos são chamados de redutores porque tendem a doar elétrons a outros compostos, "reduzindo-os" (ver Seção 4.5). Durante esse período, a Terra foi bombardeada por enormes cometas e meteoritos (100 km de diâmetro), gerando um calor que continuamente vaporizava a água do mar.

Embora totalmente imprópria aos organismos hoje existentes, essa atmosfera redutora conduziu à síntese prebiótica que originou os primórdios da vida. Haldane e Oparin propuseram que a radiação ultravioleta dessa mistura gasosa causou a formação de muitas substâncias orgânicas, como os açúcares e os aminoácidos. Haldane propôs que as moléculas orgânicas iniciais se acumularam nos oceanos primitivos para formar uma "sopa quente diluída". A associação entre carboidratos, proteínas e ácidos nucleicos nesse caldo primordial pode ter acontecido para formar as primeiras estruturas capazes de guiar sua própria replicação.

Os compostos gasosos simples presentes na atmosfera primitiva, quando misturados com metano e amônia, em sistema de vidro fechado e à temperatura ambiente, nunca reagem quimicamente entre si. Uma fonte contínua de **energia livre**, suficiente para superar as barreiras de ativação de reações, precisa ser fornecida para produzir uma reação química. A luz ultravioleta do Sol deve ter sido intensa sobre a Terra primitiva, antes do acúmulo do oxigênio atmosférico. Descargas elétricas podem ter fornecido uma energia adicional para a evolução química. A quantidade total de energia elétrica liberada pelos relâmpagos é pequena quando comparada à de energia solar, mas sua quase totalidade é efetiva na síntese de compostos orgânicos em uma atmosfera redutora. Um único relâmpago em uma atmosfera redutora gera uma grande quantidade de matéria orgânica. Os relâmpagos podem ter sido uma das mais importantes fontes de energia para a síntese orgânica.

A atividade vulcânica amplamente distribuída é outra potencial fonte de energia. Uma das hipóteses diz, por exemplo, que a vida não se originou na superfície da Terra, mas nas profundezas dos oceanos, ao redor ou mesmo no interior de **chaminés hidrotermais** (ver Capítulo 38, *Vida sem Sol*). As chaminés hidrotermais são fontes de calor submarino, formadas pela infiltração de água do mar em fendas do leito marinho até que a água atinja as proximidades do magma. A água é superaquecida e expelida violentamente, carregando grande quantidade de moléculas dissolvidas das rochas superaquecidas. Essas moléculas incluem o sulfeto de hidrogênio, o metano, os íons ferro e os íons sulfeto. As chaminés hidrotermais foram descobertas em vários pontos dos oceanos profundos, e teriam sido muito abundantes nos primórdios do planeta. É interessante que muitas sulfobactérias e bactérias termofílicas cresçam em fontes termais atualmente. Fontes vulcânicas com comunidades bióticas únicas ocorrem no Lago Yellowstone.

Síntese prebiótica de moléculas orgânicas pequenas

A hipótese Oparin-Haldane estimulou a experimentação para testar a hipótese de que compostos orgânicos característicos da vida poderiam ter sido formados a partir de moléculas mais simples presentes no ambiente prebiótico. Em 1953, Stanley Miller e Harold Urey, em Chicago, obtiveram sucesso ao simularem as condições presumivelmente prevalentes na Terra primitiva. Miller construiu um aparelho destinado a circular uma mistura de metano, hidrogênio, amônia e água, pela qual passava uma faísca elétrica. A água no frasco foi aquecida para produzir um vapor que auxiliava a circulação dos gases. Os produtos formados, após a descarga elétrica (representando os relâmpagos), eram condensados no condensador e coletados no tubo em forma de U e no frasco pequeno (simulador do oceano).

Após 1 semana de aplicação contínua de faíscas, cerca de 15% do carbono presente originalmente na "atmosfera reduzida" foi convertido em compostos orgânicos e coletado no "oceano". A descoberta mais surpreendente foi a síntese de muitos compostos relacionados com a vida. Esses incluíram quatro aminoácidos comumente achados em proteínas, ureia e vários ácidos graxos simples. A natureza dessa síntese torna-se mais extraordinária quando consideramos a existência de milhares de compostos orgânicos conhecidos com estruturas não mais complexas do que a dos aminoácidos formados. A síntese de Miller ainda mostrou que a maioria dos relativamente poucos compostos formados era encontrada em organismos vivos. Esse resultado certamente não foi coincidência, sugerindo que a síntese prebiótica na Terra primitiva pode ter ocorrido sob condições não muito diferentes das escolhidas por Miller para a simulação em laboratório.

Os experimentos de Miller foram criticados à luz da opinião corrente de que a atmosfera inicial da Terra era muito diferente da atmosfera fortemente redutora simulada por ele. Contudo, o trabalho de Miller estimulou muitos outros investigadores a repetir e a ampliar o seu experimento. Os aminoácidos são sintetizados em várias misturas diferentes de gases, quando aquecidas (calor vulcânico), irradiadas com luz ultravioleta (radiação solar) ou submetidas a descargas elétricas (relâmpagos). As únicas condições necessárias à produção de aminoácidos consistiam na mistura gasosa de natureza redutora e em sua exposição a uma fonte de energia violenta. Em outros experimentos, descargas elétricas foram passadas por misturas de monóxido de carbono, nitrogênio e água, produzindo aminoácidos e bases nitrogenadas. Embora as taxas de reação sejam muito mais lentas do que em atmosferas contendo metano e amônia, esses experimentos sustentam a hipótese de que primórdios químicos da vida podem ocorrer em atmosferas moderadamente redutoras. A necessidade da presença de metano e amônia, no entanto, levantou as hipóteses de que essas substâncias possam ter sido introduzidas por cometas ou meteoritos ou de que possam ter sido sintetizadas nas vizinhanças de chaminés hidrotermais

Assim, os experimentos de muitos cientistas mostraram que moléculas intermediárias altamente reativas, como o ácido cianídrico, o formaldeído e o cianoacetileno, são formadas quando uma mistura redutora de gases é submetida a uma descarga de energia violenta. Essas moléculas reagem com água, amônia ou nitrogênio para formar moléculas orgânicas mais complexas, incluindo aminoácidos, ácidos graxos, ureia, aldeídos, açúcares e bases nitrogenadas (purinas e pirimidinas), ou seja, todos os elementos necessários à síntese dos compostos orgânicos mais complexos da matéria viva. Evidências adicionais da síntese abiótica natural de aminoácidos surgiram do encontro de aminoácidos em meteoritos, como no meteorito Murchison, que atingiu a Austrália em 1969.

Formação de polímeros

O estágio seguinte na evolução química envolveu a união de aminoácidos, bases nitrogenadas e açúcares para produzir moléculas maiores, como as proteínas e os ácidos nucleicos. Essas polimerizações são reações de condensação (desidratação), nas quais monômeros são unidos pela remoção de água (ver Seção 2.1). Tais sínteses não ocorrem com facilidade em soluções diluídas, porque o excesso de água tende a estimular reações direcionadas à decomposição (hidrólise). Em sistemas vivos, reações de condensação sempre ocorrem em um ambiente aquoso (celular) contendo enzimas apropriadas. Sem enzimas e energia suprida por ATP, as macromoléculas de sistemas vivos (proteínas e ácidos nucleicos) rapidamente se decompõem nos seus monômeros constituintes. Como então as subunidades de macromoléculas biológicas se tornaram suficientemente concentradas para formar polímeros anteriormente à evolução de vida celular?

Quando em solução aquosa, as moléculas anfifílicas formam vesículas delimitadas por membradas de maneira espontânea, o que faz com que as subunidades orgânicas de macromoléculas biológicas tendam a se concentrar dentro delas. O trabalho de David Deamer *et al.* mostra que membranas podem se autoformar a partir de misturas aquosas de anfifílicos orgânicos. Eles propuseram que o material extraterrestre caído na Terra primitiva foi uma fonte importante de tais compostos, comuns em meteoritos. Anfifílicos extraídos do meteorito Murchison formam vesículas membranosas em soluções aquosas (Figura 2.15). Os ácidos graxos e álcoois de cadeia longa que formam os componentes anfifílicos de membranas biológicas conhecidas ocorrem em meteoritos e foram sintetizados sob condições prebióticas simuladas. Assim, eles são possíveis componentes de membranas prebióticas.

Em água líquida, moléculas anfifílicas pequenas se associam espontaneamente por meio de interações hidrofóbicas para formar membranas com uma ou duas camadas organizadas em vesículas ocas (Figura 2.15). As membranas semipermeáveis dessas vesículas concentram solutos no seu interior, proporcionando condições que conduzem à síntese de polímeros de aminoácidos ou nucleotídios por condensação. Em condições de laboratório, tais vesículas internalizam e encapsulam moléculas de DNA de cadeia dupla.

Os trabalhos iniciais de Sydney Fox mostraram que polipeptídios em soluções aquosas formam espontaneamente microesferas, as quais são similares em forma e tamanho às bactérias e podem se proliferar por brotamento. Deamer *et al.* contra-argumentam que vesículas formadas por ácidos graxos ou álcoois de cadeias longas são um modelo melhor para as origens pré-celulares das membranas celulares do que o das microesferas proteinoides. Estas, aparentemente, não oferecem barreiras semipermeáveis necessárias à efetiva concentração de aminoácidos e nucleotídios para polimerização. As membranas semipermeáveis formadas a partir de ácidos graxos e álcoois de cadeia longa fazem com que o interior de uma vesícula acumule aminoácidos e nucleotídios, promovendo a síntese de polipeptídios e ácidos nucleicos por desidratação.

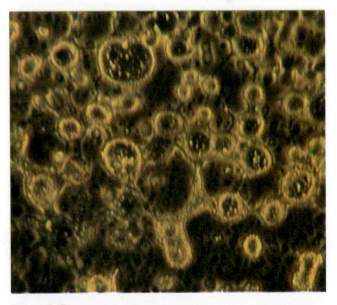

Figura 2.15 Micrografia mostra estruturas vesiculares membranosas formadas por moléculas anfifílicas extraídas do meteorito Murchison. Fonte: NASA.

2.4 ORIGEM DOS SISTEMAS VIVOS

O registro fóssil revela que a vida existia há 3,8 bilhões de anos. Portanto, a origem da forma de vida mais antiga pode ser estimada em aproximadamente 4 bilhões de anos. Os primeiros organismos vivos foram protocélulas, unidades autônomas delimitadas por membranas, com uma organização funcional complexa que permitia a atividade essencial de autorreprodução. Os sistemas químicos primitivos que descrevemos não apresentam essa propriedade essencial. O principal problema em entender a origem da vida é explicar como os sistemas químicos primitivos tornaram-se organizados em células vivas, autônomas e que se autorreproduziam.

Como vimos, uma longa evolução química na Terra primitiva produziu vários componentes moleculares das formas vivas. Em um estágio posterior de evolução, os ácidos nucleicos (DNA e RNA) começaram a se comportar como sistemas genéticos simples que deram as instruções para a síntese de proteínas, especialmente das enzimas. Entretanto, essa conclusão leva a um embaraçoso paradoxo do tipo galinha-ovo: (1) Como os ácidos nucleicos apareceram sem enzimas para sintetizá-los? (2) Como as enzimas poderiam ter evoluído sem ácidos nucleicos para codificar sua sequência de aminoácidos? Essas questões estão baseadas na aceitação do dogma de que apenas as proteínas poderiam atuar como enzimas. Uma evidência surpreendente, apresentada na década de 1980, indicou que o RNA, em alguns momentos, mostra atividade catalítica.

O RNA com função catalítica (ribozimas) pode mediar o processamento do RNA mensageiro (remoção de íntrons, ver Figura 5.20) e catalisar a formação de ligações peptídicas. Evidências vigorosas sugerem que a tradução do mRNA pelos ribossomos (ver Figura 5.21) não é catalisada por enzimas, mas pelo RNA do seu conteúdo.

Assim, as primeiras enzimas e as primeiras moléculas com capacidade de autorreplicação poderiam ter sido RNA. Esse estágio está sendo chamado de "mundo RNA" pelos pesquisadores. O "mundo RNA" teria sido encapsulado por estruturas vesiculares membranosas possivelmente semelhantes às mostradas na Figura 2.15. Testar essa hipótese inclui organizar em laboratório um conjunto de ribozimas funcionais no interior de vesículas membranosas. Contudo, as proteínas catalisadoras têm várias vantagens importantes sobre o RNA, e o DNA é um veículo de informação genética mais estável do que o RNA; assim, as primeiras protocélulas com enzimas e DNA devem ter sido mais estáveis do que as que possuíam somente RNA.

Uma vez atingido esse estágio de organização protocelular, a seleção natural (ver Seção 6.2) teria agido sobre tais sistemas primitivos autorreplicadores. Esse estágio foi crucial. Antes dele, a biogênese foi moldada por condições ambientais favoráveis na Terra primitiva e pela natureza dos próprios elementos reagentes. Quando os sistemas com capacidade de autorreplicação passaram a responder às forças da seleção natural, eles começaram a evoluir. Os sistemas replicadores mais rápidos e mais bem-sucedidos foram favorecidos, dessa forma, evoluindo gradualmente replicadores mais eficientes. Seguiram-se a evolução do código genético e a síntese proteica completamente direcionada. O sistema agora atende aos requisitos para ser o ancestral comum de todos os organismos vivos.

Origem do metabolismo

As células vivas atuais são sistemas organizados com sequências complexas e altamente ordenadas de reações catalisadas por enzimas. Como esse esquema metabólico complexo se desenvolveu? A história exata dessa fase da evolução da vida é desconhecida. Apresentamos aqui um modelo da sequência de eventos mais simples que poderia explicar a origem das propriedades metabólicas observadas nos sistemas vivos.

Os organismos que podem sintetizar seu alimento a partir de fontes inorgânicas usando a luz ou outra fonte de energia são denominados de **autótrofos** (gr. *autos,* por si próprio + *trophos,* alimento) (Figura 2.16). Os organismos sem essa habilidade precisam obter seus suprimentos de alimentos diretamente do ambiente e são chamados de **heterótrofos** (gr. *heteros,* diferente + *trophos,* alimento). Os primeiros microrganismos são às vezes chamados de **heterótrofos primários**, pois dependiam de fontes ambientais para obter o seu alimento e existiram antes da evolução de quaisquer autótrofos. Eles foram provavelmente organismos anaeróbicos similares a bactérias do gênero *Clostridium*. Como a evolução química supriu quantidades generosas de nutrientes orgânicos na sopa prebiótica, os organismos mais antigos não tinham que sintetizar seu próprio alimento.

Em áreas nas quais os nutrientes orgânicos se esgotaram, os autótrofos teriam tido uma vantagem seletiva imensa sobre os heterótrofos primários. A evolução dos organismos autótrofos provavelmente exigiu a aquisição de atividades enzimáticas para catalisar a conversão de moléculas inorgânicas em outras mais complexas, como os carboidratos. As inúmeras enzimas do metabolismo celular apareceram quando as células começaram a utilizar proteínas em funções catalíticas.

> **Tema-chave 2.2**
> **EVOLUÇÃO**
>
> **Origem do metabolismo**
> Carl Woese desafiou a visão tradicional de que os primeiros organismos eram heterótrofos primários. Ele achou mais fácil visualizar as primeiras formas vivas como agregados moleculares associados à membrana que absorviam a luz visível e a convertiam, com alguma eficiência, em energia química. Assim, os primeiros organismos seriam autótrofos. Woese também sugeriu que o "metabolismo" mais antigo compreendia numerosas reações químicas catalisadas por cofatores não proteicos (substâncias necessárias para a função de muitas das enzimas proteicas em células vivas). Esses cofatores teriam sido associados às membranas.

Figura 2.16 Coala, um heterótrofo, comendo folhas de eucalipto, um autótrofo. A nutrição de todos os heterótrofos depende, direta ou indiretamente, dos autótrofos, que capturam a energia do Sol e sintetizam seus nutrientes.

O aparecimento da fotossíntese e do metabolismo oxidativo

A autotrofia evoluiu na forma fotossintética que surgiu separadamente em vários grupos de bactérias evolutivamente distintos. Nas primeiras formas da fotossíntese bacteriana, os átomos de hidrogênio derivavam do sulfeto de hidrogênio, ou gás hidrogênio. Mais tarde, as cianobactérias desenvolveram uma fotossíntese dependente da água, que foi transferida para um ancestral das plantas por endossimbiose (ver Seção 2.5). Na forma mais comum da fotossíntese, os átomos de hidrogênio, obtidos da água, reagem com dióxido de carbono retirado da atmosfera, para gerar açúcares e oxigênio molecular. A energia é armazenada na forma de ligações covalentes entre os átomos de carbono na molécula de açúcar. Os açúcares fornecem nutrição para o organismo, e o oxigênio molecular é liberado para a atmosfera.

$$6\ CO_2 + 6\ H_2O \xrightarrow{luz} C_6H_{12}O_6 + 6\ O_2$$

Essa equação resume as muitas reações, atualmente conhecidas, do processo da fotossíntese. Claro que elas não apareceram todas de uma vez, e outros compostos reduzidos, como o sulfeto de hidrogênio (H_2S), provavelmente foram as fontes iniciais de hidrogênio.

Aos poucos, o oxigênio produzido pela fotossíntese acumulou-se na atmosfera. Quando o oxigênio atmosférico atingiu cerca de 1% da sua concentração atual, o ozônio começou a se acumular e a absorver radiação ultravioleta, restringindo muito a quantidade de luz ultravioleta que atingia a Terra. As terras e as águas superficiais foram então ocupadas pelos organismos fotossintéticos, o que aumentou a produção de oxigênio.

Conforme a atmosfera vagarosamente acumulava o gás oxigênio (O_2), um novo e altamente eficiente tipo de metabolismo apareceu: o **metabolismo oxidativo (aeróbico)**. Com o uso do oxigênio disponível como aceptor terminal de elétrons (ver Figura 4.15) e a oxidação completa da glicose em dióxido de carbono e em água, uma grande parte da energia armazenada pela fotossíntese nas ligações poderia ser recuperada. A maioria das formas vivas tornou-se completamente dependente do metabolismo oxidativo.

A nossa atmosfera atual é fortemente oxidante. Ela contém 78% de nitrogênio molecular, aproximadamente 21% de oxigênio livre, 1% de argônio e 0,04% de dióxido de carbono. Embora o tempo para a produção do oxigênio atmosférico seja muito debatido, a sua fonte mais importante é a fotossíntese. Quase todo o oxigênio atualmente produzido vem das cianobactérias (algas azul-esverdeadas), das algas eucarióticas e das plantas. A cada dia, esses organismos combinam cerca de 400 milhões de toneladas de dióxido de carbono com 70 milhões de toneladas de hidrogênio para produzir 1,1 bilhão de toneladas de oxigênio. Os oceanos são a maior fonte de oxigênio. Quase todo o oxigênio produzido atualmente é consumido por organismos para a respiração; do contrário, a quantidade de oxigênio na atmosfera dobraria em aproximadamente 3.000 anos. Como as cianobactérias fósseis pré-cambrianas se assemelham às cianobactérias modernas, é razoável supor que o oxigênio que entrou na atmosfera primitiva veio da sua fotossíntese.

2.5 VIDA PRÉ-CAMBRIANA

O período Pré-Cambriano cobre o tempo geológico que precede o período Cambriano, que se iniciou há cerca de 524 milhões de anos. A maioria dos principais filos animais aparece nos registros fósseis nos poucos milhões de anos no início do período Cambriano. Esse aparecimento tem sido denominado de "Explosão Cambriana", porque, antes dele, a maioria dos depósitos fósseis não apresenta organismos unicelulares mais complexos do que bactérias unicelulares. Estudos moleculares comparativos (ver Seção 10.3) sugerem que a raridade dos fósseis pré-cambrianos pode decorrer de uma fossilização pobre, em vez de ausência de diversidade animal no período. Não obstante, os animais apareceram relativamente tarde na história da vida na Terra. Quais foram as formas primitivas de vida que originaram tanto a atmosfera oxidativa essencial para a evolução animal quanto a linhagem evolutiva da qual emergiriam os animais?

Os procariotos e a era das cianobactérias (algas azul-esverdeadas)

Os primeiros organismos similares a bactérias se proliferaram e geraram uma grande variedade de formas, algumas capazes de realizar fotossíntese. Destas, evoluíram as **cianobactérias**, produtoras de oxigênio, há aproximadamente 3 bilhões de anos.

As bactérias e as arqueas são **procariotos**, o que literalmente significa "antes do núcleo". Elas contêm uma única e longa molécula de DNA que não se encontra em um núcleo circundado por membrana, mas em uma região nuclear, ou **nucleoide**. O seu DNA não está combinado com proteínas histonas, e procariotos carecem de organelas com membranas, como mitocôndrias, plastídios, complexo de Golgi e retículo endoplasmático (ver Capítulo 3). Durante a divisão celular, o nucleoide divide-se, e réplicas do DNA celular são distribuídas às células-filhas. Os procariotos não apresentam a organização e a divisão cromossômica (mitótica) vista em animais, fungos e plantas.

Carl Woese *et al.*, na Universidade de Illinois, descobriram as diferenças evolutivas entre Bacteria (bactérias "verdadeiras") e Archaebacteria, atualmente chamadas de Archaea (ver Seção 10.5). Embora os espécimes desses dois grupos, quando observados ao microscópio eletrônico, pareçam muito semelhantes, eles são bioquimicamente distintos. Archaea difere fundamentalmente das bactérias quanto ao metabolismo celular e à ausência de ácido murâmico nas paredes celulares, que é encontrado em todos os membros do grupo Bacteria. A diferença mais notável entre os dois grupos emerge com o uso de uma das mais novas e poderosas ferramentas disponíveis aos evolucionistas, o sequenciamento dos ácidos nucleicos (ver Seção 5.5). Woese descobriu que Archaea difere fundamentalmente das bactérias na sequência de bases do RNA ribossômico (ver Seção 5.5). Archaea é tão distinta das verdadeiras bactérias que é considerada um domínio taxonômico separado.

Os dados fósseis indicam que as cianobactérias produtoras de oxigênio passaram a ser encontradas com mais frequência nos oceanos há aproximadamente 2,5 bilhões de anos, fazendo com que a atmosfera se tornasse mais oxigenada nos 100 milhões de anos seguintes. O oxigênio reage com a água para produzir substâncias cáusticas, como superóxido e peróxido de hidrogênio, os quais desafiam as tolerâncias ecológicas das formas vivas existentes, incluindo muitas cianobactérias responsáveis pela produção de oxigênio molecular. Vários nomes concorrentes descrevem a destruição maciça de formas vivas resultante da intoxicação por oxigênio, as quais foram substituídas por outras adaptadas a um ambiente oxigenado; são eles: revolução do oxigênio, catástrofe do oxigênio, crise do oxigênio e grande evento de oxigenação (GOE; do inglês *great oxygenation event*). Um produto importante da evolução em uma atmosfera oxigenada foi a célula eucariótica, cujo metabolismo depende da reação de compostos orgânicos com oxigênio molecular.

O aparecimento dos eucariotos

Os **eucariotos** ("núcleo verdadeiro"; Figura 2.17) apresentam células com um núcleo circundado por uma membrana que contém **cromossomos** compostos de **cromatina**. Os constituintes da cromatina dos eucariotos incluem proteínas chamadas de **histonas** e RNA, além do DNA. Algumas proteínas não histônicas estão associadas ao DNA dos procariotos e aos cromossomos dos eucariotos. Os eucariotos são geralmente maiores do que os procariotos e contêm muito mais DNA. A sua divisão celular em geral ocorre por alguma forma de mitose (ver Seção 3.3). No interior de suas células, estão numerosas organelas com membranas, incluindo mitocôndrias, nas quais estão armazenadas as enzimas para o metabolismo oxidativo. Os eucariotos incluem os animais, os fungos, as plantas e inúmeras formas unicelulares conhecidas como "protozoários" ou "protistas". A evidência fóssil sugere que os eucariotos unicelulares apareceram há pelo menos 1,5 bilhão de anos (Figura 2.18).

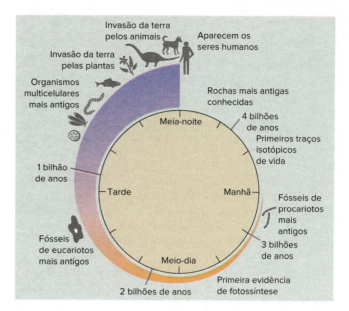

Figura 2.18 O relógio do tempo biológico. Um bilhão de segundos atrás, era 1985, e a maioria dos alunos que usam esse texto ainda não havia nascido. Há 1 bilhão de minutos, o Império Romano atingia o seu zênite. Há 1 bilhão de horas, os homens de Neandertal estavam vivos. Há 1 bilhão de dias, os primeiros hominídios bípedes andavam sobre a Terra. Há 1 bilhão de meses, os dinossauros estavam no clímax de sua radiação adaptativa. Há 1 bilhão de anos, nenhum animal jamais havia caminhado sobre a superfície da Terra.

> **Tema-chave 2.3**
> **EVOLUÇÃO**
>
> **Filogenia molecular**
>
> O sequenciamento molecular surgiu como uma abordagem muito bem-sucedida para desvendar as antigas genealogias das formas vivas. As sequências de nucleotídios no DNA dos genes de um organismo são um registro de relações evolutivas, porque cada gene que existe hoje é uma cópia evoluída de um gene que existiu há milhões ou até há bilhões de anos. Os genes são alterados por mutações ao longo do tempo, mas os vestígios do gene original geralmente persistem. Com técnicas modernas, pode-se determinar a sequência de nucleotídios em uma molécula inteira de DNA ou em segmentos curtos dela. Quando genes correspondentes são comparados entre dois organismos diferentes, a extensão em que diferem pode ser correlacionada com o tempo decorrido desde que os dois organismos divergiram de um ancestral comum. Comparações semelhantes são feitas com RNA e proteínas. Esses métodos também permitem aos cientistas sintetizar genes e proteínas há muito tempo extintos e medir as propriedades bioquímicas das proteínas extintas.

Uma vez que a complexidade da organização dos eucariotos é muito maior do que a dos procariotos, é difícil vislumbrar o processo pelo qual um eucarioto possa ter surgido de qualquer procarioto conhecido. A bióloga norte-americana Lynn Margulis e outros propuseram que os eucariotos não apareceram de um único procarioto, mas foram derivados de uma **simbiose** ("vida conjunta") de dois ou mais tipos de bactérias. As mitocôndrias e os plastídios (organelas fotossintéticas encontradas apenas em células vegetais) contêm, cada um, o seu próprio DNA (além daquele do núcleo da célula), o qual tem algumas características procarióticas.

Os núcleos, os plastídios e as mitocôndrias contêm genes codificadores de RNA ribossômico. Comparações entre as sequências de bases desses genes mostram que os DNAs nucleares, dos plastídios e das mitocondriais representam linhagens evolutivas distintas. Nas suas histórias evolutivas, o DNA dos plastídios e o das mitocôndrias estão mais próximos do DNA das bactérias do que do DNA nuclear eucariótico (ver Figura 10.7). Os plastídios estão evolutivamente mais próximos das cianobactérias, enquanto as mitocôndrias, de outro grupo de bactérias (alfaproteobactérias), o que condiz com a hipótese simbiótica das origens eucarióticas. As mitocôndrias contêm as

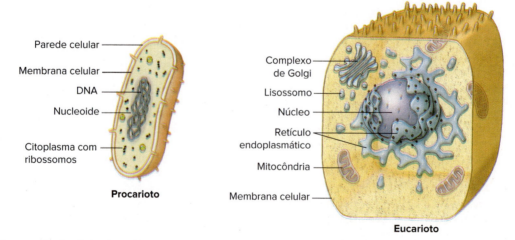

Figura 2.17 Comparação de células de procariotos e eucariotos. As células procarióticas têm cerca de um décimo do tamanho das eucarióticas.

enzimas do metabolismo oxidante, e os plastídios realizam a fotossíntese (um plastídio com clorofila é um cloroplasto). É fácil ver como uma célula hospedeira capaz de acomodar tais hóspedes no seu citoplasma teria obtido um sucesso evolutivo enorme.

A teoria endossimbiótica propõe que uma população ancestral às células eucarióticas, derivada das bactérias **anaeróbicas** (que são desprovidas de metabolismo oxidativo) e similar a elas, evoluiu um núcleo e outras membranas intracelulares (Figura 2.19) por meio de invaginações da membrana. Células dessas populações adquiriram, por ingestão ou parasitismo, bactérias aeróbicas que escaparam da digestão, vindo a residirem no citoplasma da célula hospedeira (Figura 2.19). A bactéria aeróbica endossimbiótica teria metabolizado o oxigênio, que é tóxico para o seu hospedeiro anaeróbico, e este deve ter dado aos residentes aeróbicos alimento e proteção física. Tal relação mutuamente benéfica teria promovido a seleção das células hospedeiras e de seus residentes, levando suas relações a se tornarem permanentes durante a evolução. Entre os resultados evolutivos dessa seleção, estariam a compactação dos residentes endossimbióticos aeróbicos e a perda de genes cujas funções seriam redundantes com aquelas do genoma nuclear do hospedeiro (ou o inverso).

Os dados obtidos para testar esse mecanismo proposto mostram que suas condições são razoáveis. O registro fóssil aponta que bactérias aeróbicas e anaeróbicas estavam bem estabelecidas por volta de 2,5 bilhões de anos atrás e que as células contendo núcleo e membranas internas apareceram pela primeira vez nesse período. Algumas formas anaeróbicas, nucleadas e sem mitocôndrias vivem atualmente, incluindo o parasito humano *Giardia intestinalis*, embora representem provavelmente descendentes de linhagens que, inicialmente, tinham mitocôndrias e as perderam, em vez de linhagens cujos ancestrais jamais as apresentaram. Há evidências de células eucarióticas contendo mitocôndrias, datadas de aproximadamente 1,2 bilhão de anos. Bactérias foram introduzidas experimentalmente em eucariotos unicelulares e propagadas como uma unidade simbiótica por muitas gerações. Ainda, tais experimentos mostraram que a célula hospedeira pode se tornar dependente das bactérias residentes no que diz respeito a proteínas cujas funções eram desempenhadas originalmente pelas populações hospedeiras, antes da endossimbiose experimental.

> **Tema-chave 2.4**
> **EVOLUÇÃO**
> **Simbiogênese**
> Além de afirmar que as mitocôndrias e os plastídios se originaram como simbiontes bacterianos, Lynn Margulis argumentou que os flagelos dos eucariotos, os cílios (estruturas locomotoras) e até o fuso da mitose vieram de um tipo de bactéria parecida com uma espiroqueta. Na verdade, ela sugeriu que essa associação (a espiroqueta com sua nova célula hospedeira) possibilitou a evolução da mitose. A evidência de Margulis de que organelas são ex-parceiras de uma célula ancestral é agora aceita pela maioria dos biólogos. Essa fusão de organismos diferentes para produzir formas evolutivamente novas é chamada de simbiogênese.

Os primeiros eucariotos foram sem dúvida unicelulares, e muitos foram autótrofos fotossintéticos. Algumas dessas formas perderam sua habilidade fotossintética e tornaram-se heterótrofos, alimentando-se de autótrofos e de procariotos. Conforme as cianobactérias começaram a ser consumidas, o seu denso tapete filamentoso diminuiu, dando espaço a outros organismos. Apareceram carnívoros que comiam herbívoros. Logo estabeleceu-se um ecossistema equilibrado de carnívoros, de herbívoros e de produtores primários. Ao se alimentarem, os herbívoros abriram espaço na vegetação, encorajando uma diversidade maior de produtores, o que por sua vez estimulou a evolução de consumidores novos e mais especializados. Desenvolveu-se uma pirâmide ecológica com os carnívoros no topo da cadeia alimentar (ver Figura 38.12).

A explosão da atividade evolutiva que se seguiu ao fim do Pré-Cambriano e ao início do Cambriano não tem precedentes. Alguns investigadores aventam a hipótese de que a explicação para a "Explosão Cambriana" repousa na acumulação de oxigênio na atmosfera a um limiar crítico. Animais maiores, multicelulares, exigiam a eficiência aumentada do metabolismo oxidativo; concentrações limitadas de oxigênio não poderiam ter sustentado essas vias metabólicas.

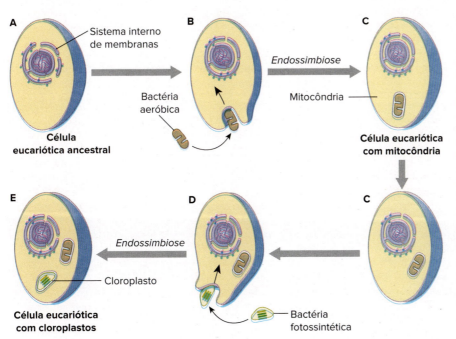

Figura 2.19 Diagrama esquemático da origem das organelas celulares dos eucariotos. **A.** Uma célula ancestral derivada de uma célula procariótica precursora com a evolução de um sistema interno de membranas, incluindo uma membrana nuclear ao redor do material genômico. **B.** Célula da parte A engolfa uma bactéria aeróbica de uma maneira ameboide. **C.** A endossimbiose da célula hospedeira e a bactéria aeróbica transformam esta última em mitocôndria. **D.** Uma célula com mitocôndrias engolfa uma cianobactéria fotossintetizante. **E.** A endossimbiose estável transforma a bactéria fotossintetizante em um cloroplasto. As etapas D e E pertencem somente aos eucariotos unicelulares fotossintetizantes (ver Capítulo 11) e às plantas. Os estágios A, B e D são condições hipotéticas não observadas atualmente. Células eucarióticas existentes que não dispõem de organelas, como *Giardia*, parecem descender da condição C seguida da perda das mitocôndrias; seus genomas nucleares retêm traços dos genes cujos produtos têm uma função mitocondrial em outros eucariotos.

RESUMO

Seção	Conceito-chave
2.1 Água e vida	• A vida na Terra não poderia ter surgido sem água, o principal componente das células vivas • A estrutura única da água e a capacidade de formar pontes de hidrogênio entre as moléculas de água adjacentes explicam suas propriedades especiais: solvência, calor específico, ponto de ebulição e tensão superficial altos e densidade mais baixa como um sólido do que como um líquido • A alta capacidade térmica da água modera bastante as mudanças ambientais de temperatura, protegendo os animais de oscilações térmicas extremas. Seu alto calor de vaporização torna o resfriamento evaporativo um mecanismo importante para um animal se livrar do excesso de calor • Como a água é menos densa como sólido do que como líquido, o gelo flutua e evita que corpos d'água congelem completamente no inverno, o que destruiria a vida animal aquática • A solvência e a baixa viscosidade permitem o transporte de íons, como Na^+ e Cl^-, bem como de gases respiratórios dentro e entre as células • O papel da água nas reações de hidrólise e de condensação confere a ela um lugar importante na formação e na quebra de macromoléculas biológicas (carboidratos, proteínas, lipídios e ácidos nucleicos).
2.2 Macromoléculas	• A vida depende da química do carbono. Os átomos de carbono são especialmente versáteis na ligação uns com os outros e com outros átomos, e o carbono é o único elemento capaz de formar macromoléculas de organismos vivos • Os carboidratos contêm carbono, hidrogênio e oxigênio, geralmente em uma proporção aproximada de 1 C: 2 H: 1 O. Os açúcares, que são os carboidratos mais simples, servem como fontes imediatas de energia nos sistemas vivos. Açúcares biologicamente importantes têm uma cadeia de 5 a 6 átomos de carbono; esse átomo de carbono, com exceção de um deles, forma uma estrutura cíclica que inclui um átomo de oxigênio, além dos carbonos. Cada carbono normalmente se liga a um átomo de hidrogênio e a um grupo hidroxila • Monossacarídios, ou açúcares simples, podem se ligar para formar dissacarídios ou polissacarídios, que armazenam açúcar ou desempenham funções estruturais. O amido e a celulose são polissacarídios importantes • As proteínas são grandes moléculas compostas de aminoácidos ligados em cadeia por ligações peptídicas. Vinte aminoácidos diferentes ocorrem normalmente nas proteínas. Cada aminoácido tem um grupo carboxila, um grupo amino e um grupo "R" específico, que varia de um único átomo de hidrogênio a vários compostos de carbono, hidrogênio, oxigênio, nitrogênio e enxofre • As reações entre grupos R de aminoácidos não adjacentes na cadeia peptídica linear dão origem às estruturas finais essenciais das proteínas. Muitas proteínas funcionam como enzimas que catalisam reações biológicas • Os ácidos graxos têm um grupo carboxila em uma extremidade de uma cadeia de 15 a 24 átomos de carbono também ligados a átomos de hidrogênio. Em um ácido graxo insaturado, alguns átomos de carbono na cadeia são conectados por ligações duplas, e menos átomos de hidrogênio estão presentes no total • Os triglicerídios são lipídios que contêm três ácidos graxos, cada um ligado ao glicerol. Nos fosfolipídios, que são componentes importantes das membranas celulares, um composto contendo fosfato substitui um ácido graxo na molécula de glicerol.
2.3 Evolução química	• Os experimentos de Louis Pasteur na década de 1860 convenceram os cientistas de que os organismos não surgem repetidamente de matéria inorgânica. Cerca de 60 anos depois, A. I. Oparin e J. B. S. Haldane explicaram como um ancestral comum de todas as formas vivas pode ter surgido de matéria inanimada quase 4 bilhões de anos antes • A origem da vida seguiu um longo período de "evolução molecular abiogênica", em que as moléculas orgânicas lentamente se acumularam em uma "sopa primordial". A atmosfera primitiva da Terra estava se reduzindo, com pouco ou nenhum oxigênio livre • A radiação ultravioleta, as descargas elétricas de relâmpagos ou a energia de fontes hidrotermais provavelmente forneceram energia para a formação inicial de moléculas orgânicas. Stanley Miller e Harold Urey demonstraram a plausibilidade da hipótese Oparin-Haldane por meio de experimentos simples, mas engenhosos • O próximo estágio da evolução química envolveu a união de aminoácidos, de bases nitrogenadas e de açúcares para produzir moléculas maiores, como proteínas e ácidos nucleicos • Moléculas anfifílicas (aquelas com subunidades polares e apolares, como os fosfolipídios) em solução aquosa formam espontaneamente vesículas delimitadas por membrana que envolvem e concentram as subunidades orgânicas de macromoléculas biológicas.

Seção	Conceito-chave
2.4 Origem dos sistemas vivos	• Os primeiros organismos vivos foram protocélulas, unidades delimitadas por membrana, que podiam se reproduzir • O RNA é a macromolécula que possui tanto propriedades enzimáticas como as informações necessárias para a autorreplicação • O RNA catalítico (ribozimas) media o processamento do RNA mensageiro (remoção de íntrons) e a formação de ligações peptídicas em sistemas vivos. Portanto, tanto as primeiras enzimas como as primeiras moléculas autorreplicantes podem ter sido RNA. Esse estágio é chamado de "mundo de RNA" • Vesículas membranosas formadas espontaneamente por ácidos graxos anfifílicos na água podem ter contido o "mundo do RNA" nos precursores da vida celular • Acredita-se que as primeiras células foram heterótrofas primárias, vivendo da energia armazenada em moléculas dissolvidas em uma sopa primordial. A evolução posterior produziu células autotróficas, que podiam sintetizar seus próprios nutrientes orgânicos (carboidratos) a partir de materiais inorgânicos • Os autótrofos são mais bem protegidos do que os heterótrofos do esgotamento de compostos orgânicos em seus ambientes • O oxigênio molecular acumulou-se na atmosfera a partir da fotossíntese (realizada pelas cianobactérias), um processo autotrófico que produz açúcares e oxigênio pela reação entre a água e o dióxido de carbono.
2.5 Vida pré-cambriana	• O acúmulo de oxigênio atmosférico modificou radicalmente a biota da Terra, envenenando muitas formas suscetíveis e favorecendo aquelas que poderiam tolerar o oxigênio. O metabolismo baseado no oxigênio daria origem às células eucarióticas • Archaea e Bacteria não possuem um núcleo delimitado por membrana e nem por outras organelas em seu citoplasma, o que implica uma organização tradicionalmente chamada de "procariótica" • Os eucariotos, cujas células contêm núcleos e organelas, aparentemente surgiram de uniões simbióticas de dois ou mais tipos de procariotos • O material genético (DNA) dos eucariotos está em um núcleo delimitado por membrana e nas mitocôndrias e, às vezes, nos plastídios. Mitocôndrias e plastídios se assemelham a bactérias, e seus DNAs estão mais relacionados ao das bactérias do que aos genomas nucleares eucarióticos • A teoria endossimbiótica propõe que uma população ancestral semelhante a bactérias anaeróbicas desenvolveu, durante o processo evolutivo, um núcleo e outras membranas intracelulares engolfando sua membrana celular: essas células ingeriram bactérias aeróbicas que evitaram a digestão e se propagaram no citoplasma da célula hospedeira • A bactéria aeróbia endossimbiótica metabolizou oxigênio, uma toxina para seu hospedeiro anaeróbio, e a célula hospedeira anaeróbia deu a seus residentes aeróbios alimento e proteção física. Essa relação mutuamente benéfica acabou se tornando obrigatória, com os endossimbiontes perdendo a capacidade de sobreviver de forma autônoma e a célula hospedeira perdendo sua capacidade de sobreviver sem o metabolismo aeróbio fornecido pelos endossimbiontes, que se tornaram as mitocôndrias da célula hospedeira.

QUESTÕES DE REVISÃO

1. Explique as propriedades da água e descreva como cada uma delas é conferida pela natureza bipolar de uma molécula de água: calor específico alto; calor de vaporização elevado; comportamento de densidade único; tensão superficial alta; capacidade de ser um bom solvente para íons sais.
2. Qual era a composição da atmosfera da Terra na época da origem da vida e como difere da atmosfera de hoje?
3. Em relação aos experimentos de Miller e Urey descritos neste capítulo, explique quais fases correspondem a: observações, hipótese, dedução, previsão, dados e controle (o método científico está descrito na Seção 1.3).
4. Explique o significado dos experimentos de Miller-Urey.
5. Cite três fontes diferentes de energia que podem ter alimentado as reações formadoras de compostos orgânicos na Terra primitiva.
6. Qual mecanismo pode ter concentrado moléculas orgânicas no interior de uma membrana semipermeável para que as reações de polimerização pudessem ocorrer no mundo prebiótico?
7. Cite dois carboidratos simples, dois carboidratos de armazenamento e um carboidrato estrutural.
8. Compare lipídios e carboidratos e cite as diferenças características na estrutura molecular entre eles.
9. Explique as diferenças entre as estruturas primária, secundária, terciária e quaternária de uma proteína.
10. Quais são os ácidos nucleicos importantes em uma célula e de quais unidades eles são construídos?
11. Estabeleça a distinção entre os seguintes termos: heterótrofo primário, autótrofo e heterótrofo secundário.
12. Qual é a fonte de oxigênio na atmosfera atual e qual é seu significado metabólico para a maioria dos organismos vivos hoje?
13. Faça a distinção entre procariotos e eucariotos.
14. Descreva a visão de Margulis sobre a origem procariótica dos eucariotos.
15. O que foi a "Explosão Cambriana" e como se pode explicá-la?

Para reflexão. Por que nosso conhecimento sobre origem da vida será sempre mais incerto do que nosso conhecimento sobre a evolução subsequente da sua diversidade?

3 Células como Unidades da Vida

OBJETIVOS DE APRENDIZAGEM

Após leitura do capítulo, você será capaz de:

3.1 Compreender os métodos usados para estudar as células e explicar como eles podem ser integrados para revelar a estrutura e a função celulares.

3.2 Descrever os componentes e as funções celulares das células eucarióticas. Entender como algumas especializações da superfície celular auxiliam no movimento da célula ou fluido, nas interações célula a célula e na absorção e na secreção celular.

3.3 Explicar as diferenças entre difusão, transporte mediado, endocitose e exocitose, e descrever como cada um desses mecanismos aumenta a capacidade das células de interagir com o seu ambiente.

3.4 Descrever os estágios da divisão celular por mitose e relacionar essas informações com os eventos do ciclo celular.

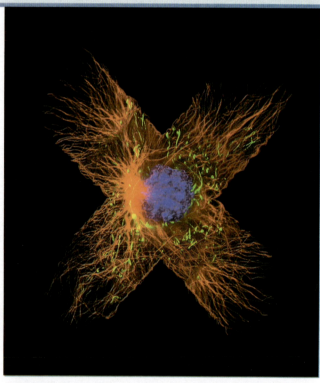

A microscopia de fluorescência de fibroblastos em cultura revela detalhes celulares. Núcleo (azul), filamentos de actina (vermelho) e microtúbulos (verde).
©iStock@jiwasa

O tecido da vida

É notável que as formas vivas, de amebas e algas unicelulares até baleias e sequoias gigantes, sejam constituídas por um único tipo de unidade de construção: as células. Todos os animais e plantas são compostos de células e produtos celulares. Novas células surgem da divisão de células preexistentes, e a atividade de um organismo multicelular como um todo é a soma das atividades e interações das células que o constituem. A teoria celular, proposta inicialmente por Schleiden e Schwann, é, dessa forma, outro dos grandes conceitos unificadores da biologia.

Praticamente toda a energia que sustenta as atividades vitais flui da luz solar, capturada pelas plantas verdes e algas e transformada pela fotossíntese em energia de ligação química. A energia química é uma forma de energia potencial que pode ser liberada quando a ligação é rompida; ela é usada para realizar tarefas elétricas, mecânicas e osmóticas na célula. Em última instância, toda a energia é dissipada em calor de acordo com a segunda lei da termodinâmica, que estabelece que a natureza prossegue em direção a um estado de maior desordem molecular, ou entropia. Assim, o alto grau de organização molecular nas células vivas é atingido e mantido apenas enquanto essa organização é alimentada por energia (ver texto de abertura do Capítulo 4).

Técnicas de microscopia de fluorescência revelam o tecido da vida celular com detalhes sem precedentes, conforme mostrado na fotografia e explicado nas seções subsequentes deste capítulo.

3.1 CONCEITO DE CÉLULA

Há mais de 300 anos, o cientista e inventor inglês Robert Hooke, usando um microscópio composto rudimentar, observou cavidades em forma de caixa em cortes de cortiça e folhas. Ele chamou esses compartimentos de "pequenas caixas ou células". Nos anos seguintes à primeira demonstração por Hooke dos poderes notáveis do microscópio ante a Sociedade Real de Londres, em 1663, os biólogos começaram a aprender, gradualmente, que células eram muito mais que recipientes simples preenchidos por "sumos".

As células são o tecido da vida (Figura 3.1) e são estruturas complexas que formam as unidades básicas de todos os organismos vivos. Em organismos unicelulares, todas as funções vitais são desempenhadas dentro de uma única célula. Em organismos multicelulares, como os seres humanos, as células interagem, cada qual executando seu papel especializado em uma associação organizada. Não há vida sem células. A ideia de que uma célula representa a estrutura básica e a unidade funcional da vida é um importante conceito unificador da biologia.

As células são pequenas, e a maioria, invisível a olho nu, com exceção de alguns óvulos, as maiores células conhecidas (em volume). Em consequência, nossa compreensão sobre as células acompanhou os avanços técnicos no poder de resolução dos microscópios. O microscopista holandês Antoni van Leeuwenhoek enviou cartas à Sociedade Real de Londres, contendo descrições detalhadas de numerosos organismos que ele observara usando lentes de alta qualidade construídas por ele próprio (1673-1723). No início do século XIX, o projeto melhorado dos microscópios permitiu que os biólogos visualizassem objetos de apenas 1 μm e criassem uma base para a **teoria celular** – uma teoria que estabelece que todos os organismos vivos são compostos por células.

Em 1838, o botânico alemão Matthias Schleiden anunciou que todos os tecidos vegetais eram compostos por células. Um ano depois, um de seus compatriotas, Theodor Schwann, descreveu células animais como semelhantes às células das plantas, uma compreensão que demorou muito tempo porque as células animais são circundadas por uma membrana plasmática quase invisível, em lugar de uma parede celular distinta que é característica de células vegetais. Assim, credita-se a Schleiden e Schwann a teoria unificadora celular que guiou uma nova era de exploração produtiva em biologia celular. Um outro alemão, Rudolf Virchow, reconheceu que todas as células são provenientes de outras preexistentes (1858).

Em 1840, J. Purkinje introduziu o termo **protoplasma** para descrever o conteúdo celular. Em princípio, pensou-se que o protoplasma era uma mistura granular similar a um gel com propriedades vitais especiais; as células foram vistas como bolsas de uma sopa espessa contendo um núcleo. Depois, o interior das células ficou cada vez mais visível conforme os microscópios, a técnica de cortes e a coloração de tecidos foram sendo melhoradas. Em lugar de ser uma sopa granular uniforme, o interior de uma célula é composto de numerosas **organelas** celulares associadas a uma rede de membranas. Os componentes de uma célula são tão altamente organizados em termos estruturais e funcionais, que descrever seu conteúdo como "protoplasma" é o mesmo que descrever o conteúdo do motor de um automóvel como "autoplasma".

Como as células são estudadas

Os microscópios ópticos, com todas as suas variações e modificações, contribuíram mais para a investigação biológica do que qualquer outro instrumento nos últimos 300 anos. Eles continuam a contribuir mais de 50 anos depois da invenção do microscópio eletrônico (Figura 3.2).

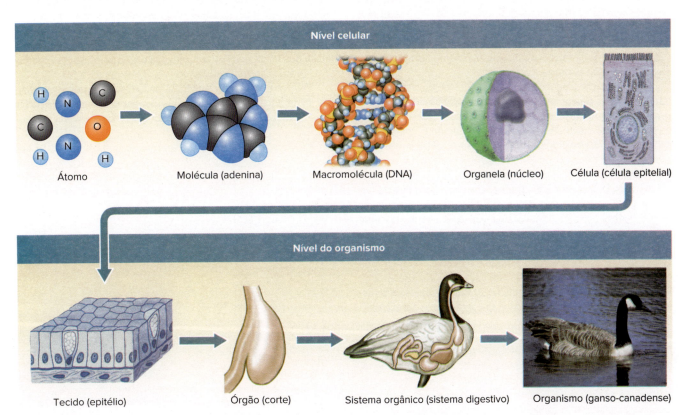

Figura 3.1 Organização biológica de átomos simples a organismos complexos. Os átomos de moléculas e macromoléculas são unidos entre si formando organelas dentro de cada célula. As células são agrupadas em tecidos, órgãos e sistemas de órgãos para formar um organismo multicelular complexo.

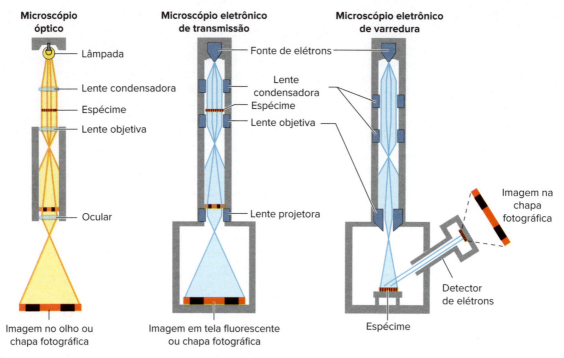

Figura 3.2 Comparação entre os microscópios ópticos, eletrônicos de transmissão e de varredura. Para facilitar a comparação, o esquema do microscópio óptico foi invertido a partir sua orientação normal com a fonte luminosa abaixo e a imagem acima. No microscópio eletrônico, as lentes são ímãs para focalizar o feixe de elétrons.

A microscopia eletrônica proporcionou uma vasta ampliação sobre nossa avaliação da organização celular interna, e modernas técnicas bioquímicas, imunológicas, físicas e moleculares contribuíram enormemente para nossa compreensão da estrutura e da função das células. Os microscópios eletrônicos empregam magnetismo para dirigir um feixe de elétrons através da ou sobre a superfície de objetos examinados. O comprimento de onda do feixe de elétrons é aproximadamente 0,00001 do comprimento da luz branca comum, permitindo ampliações e resoluções muito maiores.

Na preparação para o exame sob o microscópio eletrônico de transmissão, os espécimes são cortados em fatias extremamente finas (10 a 100 nm de espessura) e tratados com "corantes eletrônicos" (íons de elementos como ósmio, chumbo e urânio) para aumentar o contraste entre estruturas diferentes. Os elétrons passam através de um espécime e as imagens são vistas em uma tela fluorescente e fotografadas (ver Figura 3.2).

Já os espécimes preparados para microscopia eletrônica de varredura não são cortados nem atravessados por elétrons. O espécime inteiro é coberto com material de alta densidade eletrônica, como ouro e platina, e em seguida bombardeado por elétrons, causando a reflexão de alguns elétrons e a emissão de elétrons secundários. Uma imagem tridimensional aparente é registrada na fotografia (ver Figura 3.2). A capacidade de ampliação dos instrumentos de varredura não é tão grande quanto a dos microscópios de transmissão, mas muito foi aprendido com eles sobre as características da superfície de organismos e de células, assim como sobre estruturas internas revestidas por membranas.

Um nível ainda maior de resolução pode ser alcançado com cristalografia de raios X e espectroscopia de ressonância magnética nuclear (RMN). Essas técnicas revelam a forma das biomoléculas e a relação entre os átomos que as compõem. Ambas as técnicas exigem muito trabalho, mas a espectroscopia de RMN não requer a purificação e a cristalização da substância, e as moléculas podem ser observadas em solução.

Os avanços nas técnicas de estudo das células (citologia) não estão limitados às melhorias nos microscópios, mas incluem também métodos novos de preparação de tecidos e coloração para estudo microscópico, bem como contribuições da bioquímica moderna e da biologia molecular. As células podem ser rompidas com a maioria das organelas permanecendo intactas, então centrifugadas em um gradiente de densidade (Figura 3.3), e preparações relativamente puras de cada organela podem ser recuperadas. Assim, as funções bioquímicas de várias organelas podem ser estudadas separadamente.

O DNA e vários tipos de RNA podem ser extraídos e estudados. Muitas enzimas podem ser purificadas e suas características determinadas. Usamos isótopos radioativos para estudar muitas

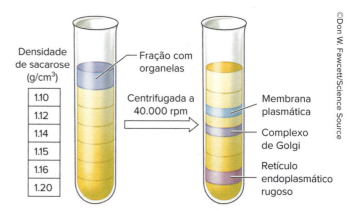

Figura 3.3 Separação das organelas celulares em um gradiente de densidade por ultracentrifugação. O gradiente é formado por deposição de camadas de soluções de sacarose em um tubo de centrífuga, colocando-se cuidadosamente a preparação da mistura de organelas no topo. O tubo é, então, centrifugado a cerca de 40 mil rotações por minuto por várias horas, e as organelas separam-se no tubo de acordo com sua densidade.

reações e vias metabólicas celulares. Técnicas cromatográficas modernas podem separar produtos e intermediários quimicamente semelhantes. Uma proteína celular específica pode ser extraída e purificada e os anticorpos específicos contra ela preparados (ver Figura 35.2). Quando o anticorpo é combinado a uma substância fluorescente usada para "corar" células, o complexo combina-se com a proteína de interesse e seu local preciso nas células pode ser determinado. Devido ao desenvolvimento desses corantes fluorescentes e da microscopia confocal, hoje podemos visualizar as células em 3D e observar, em tempo real, processos celulares, como a divisão celular.

3.2 ORGANIZAÇÃO CELULAR

Se fôssemos restringir nosso estudo de células a cortes de tecidos fixados, seríamos levados à impressão errônea de que as células são estruturas estáticas, inativas e rígidas. Na realidade, o interior da célula está em um estado de constante fluxo. A maioria das células modifica continuamente a sua forma; suas organelas movem-se e reagrupam-se em um citoplasma com abundantes grânulos de amido, gotas de gordura e vesículas de vários tipos. Essa descrição é derivada de estudos de culturas de células vivas com fotografias em sequência ou filmadas. No nível submicroscópico, o rápido tráfego molecular através dos canais ou via transportadores de proteínas (ver Seção 3.2) da membrana plasmática e as transformações de energia metabólica dentro das organelas celulares são representativos dos fenômenos dinâmicos que ocorrem de maneira altamente ordenada e regulada durante o funcionamento celular.

Células procarióticas e eucarióticas

Já descrevemos o plano celular radicalmente diferente de procariotos e eucariotos (ver Seção 2.5). Uma distinção fundamental, expressa nos seus nomes, é a ausência do núcleo circundado por membrana nos procariotos e presente em todas as células dos eucariotos. Entre outras diferenças, as células eucarióticas têm muitas organelas membranosas (Tabela 3.1).

Apesar dessas diferenças de grande importância em estudos citológicos, os procariotos e os eucariotos têm muito em comum. Ambos têm DNA, usam o mesmo código genético e sintetizam proteínas. Muitas moléculas específicas, como adenosina trifosfato (ATP), executam papéis semelhantes em ambos. Essas semelhanças fundamentais implicam uma ascendência comum. A discussão a seguir está restrita às células eucarióticas, as quais compõem todos os animais.

Componentes das células eucarióticas e suas funções

Normalmente, as células eucarióticas estão envolvidas por uma fina **membrana plasmática** que apresenta permeabilidade seletiva (Figura 3.4). A organela mais proeminente é o **núcleo** esférico ou ovoide, envolvido por *duas* membranas, o **envoltório nuclear** (Figura 3.4). O material celular localizado entre a membrana plasmática e o envoltório nuclear é coletivamente chamado de **citoplasma**. Dentro do citoplasma estão muitas organelas, como a mitocôndria, o complexo de Golgi, os centríolos e o retículo endoplasmático. Adicionalmente, as células vegetais normalmente contêm **plastídios**, alguns dos quais são organelas fotossintéticas e apresentam externamente à membrana uma parede celular contendo celulose.

O **modelo do mosaico fluido** é utilizado para descrever a estrutura da membrana plasmática. Na microscopia eletrônica, a membrana plasmática aparece como duas linhas escuras, cada uma com aproximadamente 3 nm de espessura de cada lado de uma zona clara. A membrana inteira tem espessura de 8 a 10 nm. Essa imagem é o resultado de uma bicamada de fosfolipídios (duas camadas de moléculas de fosfolipídios), com suas extremidades hidrossolúveis orientadas para fora (hidrofílica) e as lipossolúveis para dentro (hidrofóbica) da membrana (Figura 3.5). Uma

Tabela 3.1 Comparação entre células procarióticas e eucarióticas.

Característica	Célula procariota	Célula eucariota
Tamanho da célula	Majoritariamente pequeno (1 a 10 μm)	Majoritariamente grande (10 a 100 μm)
Sistema genético	DNA com alguma proteína de ligação ao DNA; molécula de DNA circular simples no nucleoide; o nucleoide não está delimitado por membrana	O DNA está associado a proteínas em cromossomos lineares complexos, dentro de núcleo envolvido por membrana. Presença de DNA mitocondrial circular e nos cloroplastos
Divisão celular	Direta, por fissão binária ou brotamento; sem mitose	Alguma forma de mitose; muitas com centríolos; fuso mitótico presente
Sistema sexual	Ausente na maioria; altamente modificado quando presente	Presente na maioria; parceiros masculinos e femininos; gametas que se fundem para formar um zigoto
Nutrição	Na maioria por absorção; em alguns, por fotossíntese	Absorção, ingestão; em alguns por fotossíntese
Metabolismo energético	Sem mitocôndrias; enzimas oxidativas ligadas à membrana celular e não acondicionadas separadamente; grande variação no padrão metabólico	Mitocôndria presente e enzimas oxidativas acondicionadas nelas; padrão mais unificado de metabolismo oxidativo
Movimento intracelular	Nenhum	Fluxo citoplasmático, fagocitose, pinocitose
Cílio/flagelo	Se presente, não com padrão microtubular "9 + 2"	Se presente, com padrão microtubular "9 + 2"
Parede celular	Em Bacteria, mas não em Archaea, contém cadeias de dissacarídios ligadas a peptídios em ligação cruzada. As arqueas apresentam lipídios das membranas ligados a ésteres	Se presente, não se observam polímeros de dissacarídios ligados a peptídios

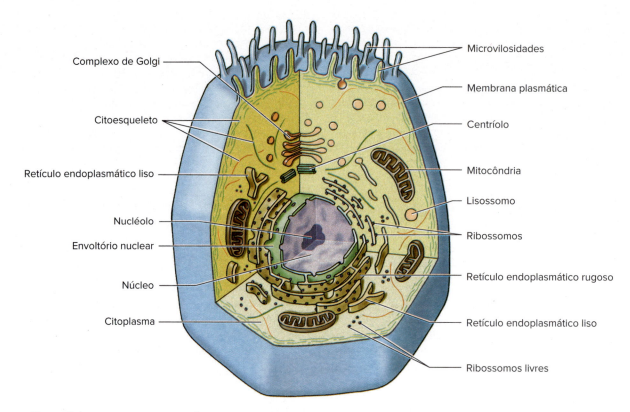

Figura 3.4 Modelo geral de uma célula com suas principais organelas, tal como pode ser vista em um microscópio eletrônico.

característica importante da bicamada fosfolipídica é sua fluidez, dando flexibilidade à membrana e permitindo que as moléculas fosfolipídicas se movimentem livremente para as laterais, dentro da própria monocamada. Moléculas de colesterol entremeiam-se na porção lipídica da bicamada (Figura 3.5). Elas tornam a membrana ainda menos permeável aos íons e as moléculas solúveis em água e diminuem a sua flexibilidade. Um modo pelo qual as células se aclimatam a alterações na temperatura é adicionando ou removendo colesterol para, respectivamente, aumentar ou diminuir a flexibilidade da membrana, com o intuito de manter a função celular.

As glicoproteínas (proteínas ligadas a carboidratos) são componentes essenciais da membrana plasmática (Figura 3.5). Algumas dessas proteínas catalisam o transporte de substâncias como moléculas polares e íons carregados (ver Seção 3.2) através da membrana. Outras agem como receptores específicos para várias moléculas ou como marcadores celulares altamente específicos. Por exemplo, o reconhecimento de substâncias invasoras ou não, que permite ao sistema imunológico reagir (ver Capítulo 35), baseia-se em proteínas desse tipo. Alguns agregados de moléculas de proteína formam poros ou canais pelos quais moléculas polares pequenas podem entrar (ver Seção 3.2). Como as moléculas de fosfolipídios, a maioria das glicoproteínas pode se mover lateralmente na membrana, mais frequentemente associadas às moléculas fosfolipídicas circundantes que formam "jangadas" de lipídios.

Os envoltórios nucleares contêm colesterol em quantidades inferiores às das membranas plasmáticas, e poros de proteínas complexos permitem movimento de moléculas selecionadas entre núcleo e citoplasma e vice-versa. Os núcleos contêm **cromossomos** lineares suspensos no **nucleoplasma**. Os cromossomos normalmente são fitas de **cromatina** flexíveis e frouxamente condensadas, sendo compostos de um complexo de DNA e proteínas ligadas a ele. O DNA dos cromossomos carrega a informação genética que codifica o RNA celular e as moléculas de proteína (ver Capítulo 5). Os cromossomos lineares tornam-se condensados e visíveis como estruturas discretas apenas durante a divisão celular (ver Seções 3.3 e 5.2). O **nucléolo** é composto de porções especializadas de certos cromossomos que se colorem caracteristicamente de escuro. Os nucléolos carregam múltiplas cópias da informação do DNA para sintetizar o RNA ribossômico. Após a transcrição do DNA, o RNA ribossômico combina-se com proteína para formar as duas subunidades dos **ribossomos**, que se separam do nucléolo e passam ao citoplasma através dos poros do envoltório nuclear. Os ribossomos são locais de síntese de proteínas ou polipeptídios. Eles realizam essa função enquanto livres no citoplasma, quando fabricam polipeptídios para uso no citoplasma, organelas ou no núcleo. Alternativamente, os ribossomos podem aderir ao **retículo endoplasmático (RE)** quando fabricam polipeptídios destinados à membrana plasmática, lisossomos ou para exportação celular.

A membrana externa do envoltório nuclear é contínua a um **sistema endomembranoso** citoplasmático, composto por retículo endoplasmático (RE) (Figura 3.6), **complexo de Golgi**, lisossomos, membrana plasmática e as vesículas que passam entre eles. O espaço entre as membranas do envoltório nuclear comunica-se com o espaço entre as membranas do RE (**cisternas**). As membranas do RE podem ser cobertas por ribossomos nas superfícies externas, sendo então denominadas **RE rugoso**. Esse é um dos locais da síntese de polipeptídios já mencionado aqui. Os polipeptídios sintetizados no RE rugoso entram nas cisternas de RE ou membrana e são destinados à incorporação na membrana plasmática (Figura 3.7), para exportação pela célula ou para uso nos lisossomos. Quando os ribossomos estão ausentes, pode ser chamado de **RE liso**. O RE liso funciona na síntese de lipídios e fosfolipídios, bem como um local de desintoxicação no interior das células.

O complexo de Golgi (Figuras 3.7 e 3.8) é composto de uma pilha de vesículas membranosas que agem modificando e embalando polipeptídios e produtos proteicos produzidos pelo RE rugoso.

CAPÍTULO 3   Células como Unidades da Vida   37

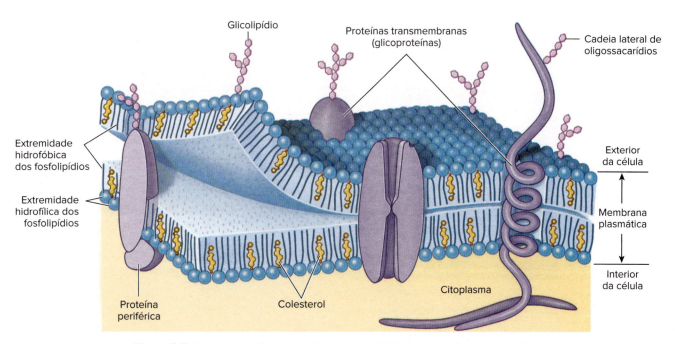

Figura 3.5 Diagrama que ilustra o modelo mosaico fluido de uma membrana plasmática.

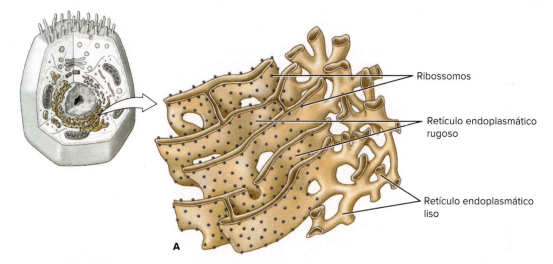

Figura 3.6 Retículo endoplasmático. O retículo endoplasmático é contínuo ao envoltório nuclear. Pode ter ribossomos associados (retículo endoplasmático rugoso) ou não (retículo endoplasmático liso).

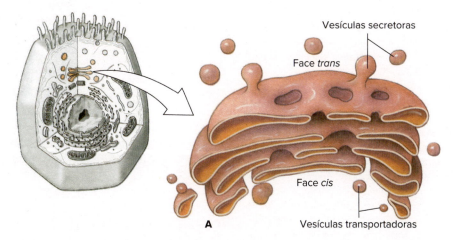

Figura 3.7 Complexo de Golgi (ou aparelho de Golgi). **A.** As cisternas achatadas do complexo de Golgi têm enzimas que modificam polipeptídeos ou proteínas sintetizadas pelo retículo endoplasmático rugoso. **B.** Micrografia eletrônica de transmissão de um complexo de Golgi (96.000×).

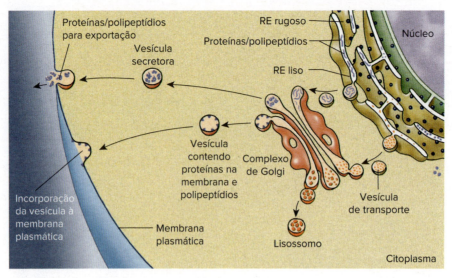

Figura 3.8 Sistema de endomembranas – sistema em células eucarióticas para reunir, isolar e secretar polipeptídios e proteínas para exportação celular, lisossomos ou incorporação na membrana plasmática.

Pequenas vesículas da membrana do RE que contêm polipeptídio ou proteína destacam-se e fundem-se com sacos na face *cis* "face de formação" do complexo de Golgi. Durante o processo de modificação, os polipeptídios ou proteínas movem-se através das cisternas do Golgi até atingirem a face *trans* ou "face de maturação" do complexo (ver Figuras 3.7 e 3.8). Finalmente, as vesículas são liberadas da face *trans* do complexo e os seus conteúdos podem ser expelidos da célula como produtos de secreção, como aqueles provenientes de células glandulares. Algumas vesículas podem conter polipeptídios ou proteínas transmembrana para a incorporação na membrana plasmática, como as proteínas receptoras ou de transporte. Outras podem conter enzimas que permanecem na mesma célula que as produzem. Tais vesículas são chamadas de **lisossomos** (literalmente, "corpo frouxo", corpo capaz de causar lise, ou desintegração) (ver Figura 3.8). As enzimas neles presentes estão envolvidas na quebra de material estranho, incluindo bactérias englobadas pela célula. Os lisossomos também destroem células danificadas ou doentes e componentes celulares desgastados. Suas enzimas são tão poderosas que matam as células que os formaram se for rompida uma quantidade suficiente de membranas dos lisossomos. Em células normais, as enzimas permanecem envoltas de maneira segura dentro da membrana protetora. Vesículas de lisossomos normalmente funcionam fusionando-se a outros vesículas membranosas e lançando suas enzimas no corpo membranoso maior contendo uma partícula de alimento ingerida – um **vacúolo digestivo** ou **fagossomo** (ver Figura 3.16) –, como ocorre no caso de eucariotos unicelulares (ver Seção 11.2) ou de uma vesícula contendo material engolfado proveniente de fora da célula.

As **mitocôndrias** são organelas conspícuas presentes em quase todas as células eucarióticas. Apresentam formas, número e tamanhos diversificados; algumas são em forma de bastão e outras são mais ou menos esféricas. Podem estar distribuídas uniformemente pelo citoplasma ou localizadas perto de regiões em que há elevada atividade metabólica. Uma mitocôndria é composta por membrana dupla. A membrana externa é lisa, enquanto a interna dobra-se em numerosas projeções lamelares ou tubulares chamadas de **cristas**, que aumentam a área da superfície interna onde as reações químicas acontecem. Essas características tornam a mitocôndria facilmente identificável entre as organelas. Frequentemente, as mitocôndrias são chamadas de "casas de força" da célula, porque as enzimas localizadas nas cristas catalisam as etapas de produção de energia do metabolismo aeróbico (ver Figura 4.14). A maior parte do ATP (trifosfato de adenosina) da célula, que é a molécula de transferência de energia mais importante em todas as células, é produzida nessa organela. As mitocôndrias são autorreplicantes. Contêm um genoma circular minúsculo, similar ao dos procariotos, mas muito menor, e DNA que especifica algumas proteínas mitocondriais, mas não todas.

Células eucarióticas apresentam um sistema de túbulos e filamentos que formam um **citoesqueleto** (Figura 3.9). Esse sistema

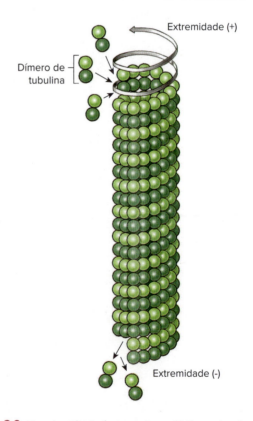

Figura 3.9 Um microtúbulo é composto por 13 filamentos de moléculas de tubulina, e cada molécula é um dímero. Os dímeros de tubulina são adicionados e removidos da extremidade (+) do microtúbulo mais rapidamente do que da extremidade (–).

fornece suporte, mantém a forma celular e, em muitas células, providencia os meios para locomoção e movimento de organelas dentro de uma célula. O citoesqueleto é composto por microfilamentos, microtúbulos e filamentos intermediários. Os **microfilamentos** são estruturas lineares, finas, observadas distintamente em alguns grupos de protozoários, nos quais facilitam a locomoção celular (ver Seções 11.2 e 35.2), bem como em algumas células, como as células musculares, onde causam a contração celular (ver Seção 29.3). Eles são feitos de uma proteína chamada de **actina**. Várias dúzias de outras proteínas (denominadas proteínas de ligação à actina ou ABP, do inglês *actinbinding proteins*) combinam-se com a actina e determinam sua configuração e comportamento em tipos celulares específicos. Uma ABP é a **miosina**, cuja interação com a actina causa contração em células musculares e outras (ver Seção 29.3). A actina também contribui para a citocinese, o processo de divisão citoplasmática que ocorre ao final da mitose (ver Seção 3.3) e da meiose (ver Seção 5.2), bem como na endocitose e exocitose. Os **microtúbulos**, maiores do que os microfilamentos, são estruturas tubulares ocas compostas por uma proteína chamada de **tubulina** (ver Figura 3.9). Cada molécula de tubulina é na realidade um dímero composto por duas proteínas globulares. O início de uma molécula é ligado ao fim da seguinte ("cabeça com cauda"), para formar um filamento, e 13 filamentos agregam-se para formar um microtúbulo. Como as subunidades de tubulina em um microtúbulo estão sempre ligadas "cabeça com cauda", as extremidades do microtúbulo diferem em termos químicos e funcionais. Uma extremidade (chamada de extremidade "mais") adiciona e elimina subunidades de tubulina mais rapidamente que a outra extremidade (chamada de extremidade "menos"). Os microtúbulos exercem um papel essencial no movimento dos cromossomos em direção às células-filhas durante o processo de divisão celular (ver Seção 3.3) e são importantes na arquitetura, na organização e no transporte intracelular. Eles permitem o movimento de moléculas e organelas pelo citoplasma e o movimento de mRNA do núcleo para posições específicas no citoplasma. Os microtúbulos e proteínas motoras associadas também são importantes no movimento de vesículas entre RE, o complexo de Golgi e a membrana plasmática ou os lisossomos (processos mostrados na Figura 3.8, sem os microtúbulos). Além disso, os microtúbulos formam uma parte essencial da estrutura de cílios e flagelos (ver próxima seção e Capítulo 11). Os microtúbulos estão dispostos radialmente em relação a um centro organizador de microtúbulos, chamado de centrossomo, que fica próximo ao núcleo. Os centrossomos não estão envolvidos por membrana e, dentro deles, encontra-se um par de **centríolos** (Figura 3.10; ver Figura 3.4), os quais são compostos de microtúbulos. Cada centríolo de um par é um cilindro pequeno com nove trios de microtúbulos e forma um ângulo reto com o outro centríolo. Eles se autorreplicam antes da divisão celular. Embora as células das plantas superiores não tenham centríolos, um centro organizador de microtúbulos está presente. Os **filamentos intermediários** são maiores do que os microfilamentos, porém menores do que os microtúbulos. Há seis subtipos bioquimicamente distintos de filamentos intermediários, e sua composição e arranjo dependem do tipo celular em que ocorrem. Esses filamentos resistem ao alongamento da célula e a ajudam a se manter unida com outras células adjacentes. Eles predominam principalmente em células epiteliais associadas a desmossomos, descrito na seção seguinte.

Superfícies celulares e suas especializações

A superfície livre de células epiteliais (que revestem a superfície de uma estrutura, um tubo ou cavidade; ver Figuras 9.8 a 9.10) algumas vezes, apresenta **cílios** ou **flagelos**. Estes são expansões móveis da superfície celular que podem ser usados para "varrer" materiais para longe da célula. Essa técnica é usada durante a alimentação em alguns eucariotos unicelulares (ver Seção 11.2) e em esponjas (ver Seção 12.2). Muitos eucariotos unicelulares e alguns pequenos organismos multicelulares são inteiramente propelidos por eles em meio líquido (ver Figura 11.20). Os flagelos são o meio de locomoção para as células reprodutivas masculinas da maioria dos animais (ver Figura 7.7) e muitas plantas. Além da sua função no movimento celular e no movimento dos fluidos ao redor da célula, já foi proposto que os cílios desempenham papel na sinalização celular, tanto durante o desenvolvimento de um organismo como na sua forma adulta, de um eucarioto simples até um mamífero.

Os padrões de batimento de cílios e flagelos são diferentes (ver Figura 29.12), mas sua estrutura interna é a mesma. Com poucas exceções, a estrutura interna de cílios e flagelos locomotores é composta por um cilindro longo com nove pares de microtúbulos circundando um par central (ver Figura 29.12). Na base de cada cílio e flagelo, há um **corpo basal (cinetossomo)**, estruturalmente idêntico ao centríolo. Os mecanismos de movimentos dos cílios e flagelos estão descritos no Capítulo 29.

Muitas células não se movem por cílios ou flagelos, mas por **movimento ameboide**, usando **pseudópodes**. Alguns grupos de eucariotos unicelulares (ver Figura 11.5), células migratórias em embriões de animais multicelulares e algumas células de animais multicelulares adultos, como os linfócitos e macrófagos, exibem movimento ameboide. Correntes citoplasmáticas que fluem pela montagem e desmontagem de microfilamentos de actina projetam um processo citoplasmático (pseudópode) externamente à superfície da célula. O fluxo contínuo na direção do pseudópode leva organelas até o processo, seguido pelo restante da célula, que assim se movimenta por inteiro. Alguns pseudópodes especializados têm um cerne de microtúbulos (ver Figura 11.6) e o movimento é efetuado pela montagem e pela desmontagem de subunidades de tubulina.

Células que revestem a superfície de uma estrutura (células epiteliais; ver Figuras 9.8 a 9.11) ou células agrupadas em fardos em um tecido podem ter complexos juncionais especializados entre elas. As membranas de duas células na região mais próxima à extremidade livre parecem fundir-se, formando uma

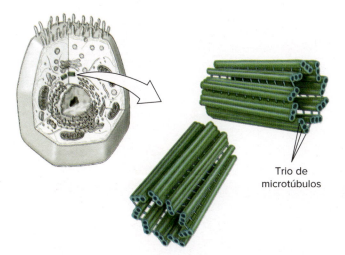

Figura 3.10 Centrossomo. Cada centrossomo contém um par de centríolos e cada centríolo é composto por nove trios de microtúbulos dispostos cilindricamente.

Trio de microtúbulos

junção oclusiva (Figura 3.11). Elas são formadas por feixes de proteínas transmembrana que se ligam fortemente entre células adjacentes. Em geral, há um espaço de cerca de 20 nm entre as membranas de células adjacentes; entretanto, as junções oclusivas selam essa lacuna, prevenindo a passagem de moléculas de um lado para o outro da camada de células. O número de feixes de proteínas transmembrana nas junções oclusivas determina o quão unidas estão as células adjacentes umas às outras. Por exemplo, junções oclusivas entre células intestinais. As **junções aderentes** (Figura 3.11) ocorrem logo abaixo das junções oclusivas e são junções de ancoragem. Elas são similares às junções oclusivas pelo fato de circundarem a célula, e diferentes por não selarem a célula às outras adjacentes. Em vez disso, as proteínas transmembrana estão unidas através de um pequeno espaço intercelular. No interior das células adjacentes, as proteínas transmembrana ligam-se aos microfilamentos de actina e assim, indiretamente, ligam os citoesqueletos de duas células adjacentes. Junções aderentes modificadas ocorrem entre células musculares cardíacas mantendo as células unidas enquanto o coração bate durante toda a vida de um organismo (ver Seção 31.3). Em vários pontos abaixo das junções oclusivas e aderentes nas células epiteliais, ocorrem pequenos discos elipsoides na membrana plasmática de cada célula adjacente. Esses discos aproximadamente circulares são pontos de fixação da membrana chamados de **desmossomos** (Figura 3.11). De cada desmossomo, um tufo de filamentos intermediários estende-se para o citoplasma, ligando os desmossomos dentro de uma célula, e proteínas transmembrana de ligação estendem-se através da membrana plasmática para o espaço intercelular, para ligar os discos desmossomais de células adjacentes. Os desmossomos não são selantes, mas parecem aumentar a resistência do tecido. Boa quantidade é encontrada entre as células da pele de vertebrados (ver Figura 29.1 B e C). Os **hemidesmossomos** (Figura 3.11) ocorrem na base das células e as ancoram às camadas de tecido conjuntivo subjacente. As **junções comunicantes** (Figura 3.11), em vez de servirem como pontos de anexação, possibilitam meios para a comunicação intercelular. Elas formam estreitos canais entre as células, de maneira que o citoplasma se torna contínuo e moléculas pequenas e íons podem passar de uma célula à outra. Junções comunicantes podem ocorrer entre células epiteliais, nervosas e musculares (ver Figura 9.7).

Outra especialização das superfícies celulares ocorre quando as membranas plasmáticas de células adjacentes se dobram e se encaixam como um zíper. Essas dobras são especialmente comuns em células epiteliais dos túbulos renais (ver Seção 30.3) e servem para aumentar a área de absorção ou secreção. Os limites distais ou apicais de algumas células epiteliais, como vistas ao microscópio eletrônico, mostram **microvilosidades** arranjadas de forma regular. As microvilosidades são projeções pequenas em forma de dedos que consistem em evaginações tubulares da membrana plasmática, contendo citoplasma com feixes de microfilamentos de actina (Figura 3.11). Eles são vistos claramente revestindo o intestino, onde aumentam muito a superfície de absorção e digestão (ver Figura 32.10 C e D). Essas especializações normalmente são denominadas "bordas de escova" devido à sua aparência quando vistas se utilizando de um microscópio óptico.

Função da membrana

A inacreditavelmente fina, mas robusta, membrana plasmática que envolve todas as células é vital para a manutenção da integridade

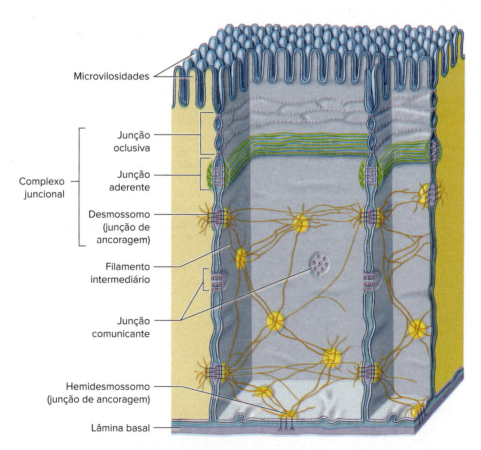

Figura 3.11 Tipos e locais de junções são mostrados em células do epitélio colunar (ou cilíndrico). Microfilamentos de actina (mostrados em *verde*) e filamentos intermediários (*laranja*) unem as junções aderentes e os desmossomos ao citoesqueleto.

celular. As membranas plasmáticas formam estruturas dinâmicas que apresentam atividade e seletividade notáveis ao separarem o ambiente interno do externo. Elas regulam o fluxo de moléculas para dentro e para fora da célula e são responsáveis por muitas das propriedades funcionais particulares das células especializadas, como permitir a comunicação com o fluido extracelular que as circunda e com as outras células.

Membranas celulares internas delimitam várias organelas e dividem a célula em numerosos compartimentos. Se todas as membranas presentes em 1 g de tecido hepático fossem estendidas, cobririam 30 m^2! Membranas internas compartilham muitas das características estruturais das membranas plasmáticas e são o local para a maioria das reações enzimáticas celulares e dos sistemas de comunicação internos.

Uma membrana plasmática age selecionando a entrada e a saída das muitas substâncias envolvidas no metabolismo celular. A facilidade com a qual uma molécula em particular entra ou sai da célula depende da sua composição química.

Existem três modos principais pelos quais uma substância pode atravessar a membrana celular: (1) por **difusão** ao longo de um gradiente de concentração; (2) por um sistema de **transporte mediado**, no qual a substância liga-se a um local específico de uma proteína transmembrana que ajuda na passagem através da membrana; e (3) por **endocitose**, na qual a substância é englobada dentro de uma vesícula que se forma na superfície da membrana e desprende-se dentro da célula.

Difusão

A **difusão** é um movimento de íons ou moléculas de uma área de concentração mais alta para uma área de concentração mais baixa de íons ou moléculas, tendendo assim a igualar a concentração ao longo da área de difusão. Se uma célula viva cercada por uma membrana é imersa em uma solução com concentração mais alta de moléculas de soluto do que o fluido interno da célula, forma-se imediatamente um gradiente de concentração entre os dois fluidos através da membrana. Se a membrana é permeável ao soluto, há um movimento líquido de soluto para o interior da célula, que é o lado com a concentração mais baixa. O soluto difunde-se pela membrana até suas concentrações se igualarem nos dois lados.

A maioria das membranas celulares apresenta **permeabilidade seletiva**, sendo normalmente permeáveis à água, mas variando nos graus de permeabilidade ou impermeabilidade a solutos. Na difusão livre, é essa seletividade que regula o tráfego de moléculas. Como regra, gases (como oxigênio e gás carbônico), ureia e solutos lipossolúveis (como gorduras, similares e álcool; ver Seção 2.2) são os únicos solutos que podem difundir-se livremente através de membranas biológicas. A água e muitas moléculas solúveis em água atravessam membranas prontamente, mas esses movimentos não podem ser explicados por difusão simples. Açúcares, água, eletrólitos e macromoléculas movem-se através das membranas por sistemas de transporte mediado.

Difusão por meio de canais

A água e os íons dissolvidos, já que são eletricamente carregados, não podem difundir-se através do componente fosfolipídico da membrana plasmática. Em vez disso, eles passam através de canais especializados criados por proteínas transmembrana. Íons e água movem-se através desses canais por difusão. Os canais iônicos permitem a difusão de íons de determinado tamanho e carga. Eles podem permitir a difusão de íons a qualquer momento ou podem ser **canais controlados**, requerendo um sinal para a sua abertura

ou fechamento. Canais iônicos controlados abrem ou fecham quando uma molécula sinalizadora se liga a um local específico da proteína transmembrana (**canais iônicos controlados quimicamente**; Figura 3.12A), quando a carga iônica muda através da membrana plasmática (**canais iônicos controlados por voltagem**, Figura 3.12B); ou quando a membrana é retorcida (**canais iônicos controlados mecanicamente**). A difusão de íons através de canais é a base do mecanismo de sinalização do sistema nervoso (ver Figura 33.5) e nos músculos (ver Figura 29.17). Canais para a passagem de água são denominados **aquaporinas** e vários tipos já foram descobertos. Eles são especialmente importantes no sistema digestório, para absorção da água dos alimentos (ver Seção 32.3), e nos rins, para a reabsorção de água durante a formação da urina (ver Figura 30.12).

Osmose

Se colocamos uma membrana entre duas concentrações desiguais de um soluto para o qual a membrana seja impermeável, a água fluirá pela membrana a partir da solução mais diluída para a mais concentrada. As moléculas de água movem-se no gradiente de concentração através da membrana a partir da região onde as moléculas de água estão mais concentradas para o outro lado da membrana, onde as moléculas de *água* estão menos concentradas. Isso é **osmose** – difusão de moléculas de água através de uma membrana.

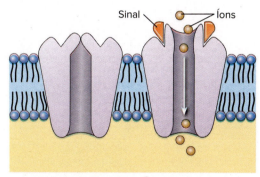

A Canal de íons controlados quimicamente

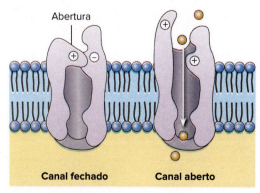

B Canal de íons controlados por voltagem

Figura 3.12 Os canais controlados precisam de um sinal para abrir ou fechar. **A.** Os canais iônicos controlados quimicamente abrem (ou fecham) quando uma molécula sinalizadora se liga a um local específico da proteína transmembrana. Nesta figura, a ligação das moléculas sinalizadoras abre o canal para permitir a passagem de íons. **B.** Os canais de íons controlados por voltagem abrem (ou fecham) quando a carga iônica na membrana plasmática muda. Nesta figura, a mudança da carga iônica na membrana abre o canal.

A água flui através da membrana plasmática via osmose porque, com frequência, o citoplasma e o ambiente externo mostram concentrações diferentes. O processo de osmose pode ser facilmente demonstrado usando-se hemácias (Figura 3.13). Se hemácias forem colocadas em um frasco com água pura, após certo tempo, incham e rompem-se (lise). Isso ocorre por causa da pressão no interior da célula em virtude do movimento de água para dentro dela – a membrana celular não consegue resistir à alta pressão e sofre ruptura. Internamente, o citoplasma celular contém grandes macromoléculas, sais e moléculas de água, enquanto o recipiente contém apenas moléculas de água. Assim, a concentração de água é menor dentro da célula, e, portanto, um gradiente de concentração existe para as moléculas de água no sistema. A água difunde-se da região de concentração mais alta (água pura no recipiente) para a de concentração de água mais baixa, no interior da célula (Figura 3.13A). No experimento descrito, a região de concentração mais alta de moléculas de água (no recipiente) é denominada de **hipotônica**, ou hiposmótica, em relação ao citoplasma, devido aos níveis mais baixos (ou ausência) de íons de sal ou de macromoléculas no recipiente; por outro lado, o citoplasma é hipertônico ou **hiperosmótico** em relação à água do recipiente, devido à presença de níveis mais altos de macromoléculas e íons de sal. A pressão que gera resistência ao fluxo de água para o interior do citoplasma é denominada **pressão osmótica** e é gerada pela concentração total de todos os solutos (ou osmolaridade) em um lado da membrana, mesmo se os solutos forem incapazes de atravessar a membrana.

Se as hemácias fossem colocadas em uma solução de água e sais similar à concentração do citoplasma, a solução seria **isotônica** ou **isosmótica** ao citoplasma e, como resultado, não haveria movimento (de água) líquido resultante (Figura 3.13B). Se fossem colocadas em solução de água e sais em concentração superior (**hipertônica ou hiperosmótica**) à do citoplasma das células,

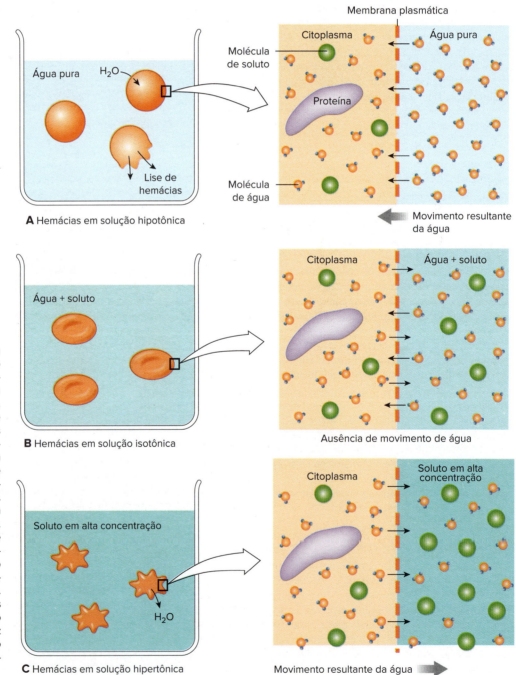

Figura 3.13 Experimento com hemácias mostrando o processo de osmose. **A.** Hemácias colocados em um béquer com água pura (uma solução hipotônica). As moléculas de água movem-se para o interior das hemácias através da membrana plasmática, a partir de uma área de alta concentração para uma área de baixa concentração. As hemácias incham e se rompem. **B.** Hemácias colocadas em um béquer com solução isotônica. Como concentração de água é igual dos dois lados da membrana, não há movimento líquido resultante. **C.** Hemácias colocadas em uma solução hipertônica. A concentração de moléculas de água agora é superior no interior das células o que faz com que a água se mova do interior das células para o béquer e as células colapsem.

então as moléculas de água fluiriam para fora do citoplasma e a célula colapsaria (ver Figura 3.13C). Isso acontece porque o citoplasma seria **hipotônico** ou **hiposmótico** em relação à solução do recipiente, pela presença de poucas macromoléculas e íons de sais no recipiente.

O conceito de osmose é muito importante para entender como os animais controlam o seu ambiente interno de fluido e de soluto (ver Seção 30.1). Por exemplo, os eucariotos unicelulares possuem um vacúolo contrátil que funciona na osmorregulação (ver Figura 11.10). Particularmente, as formas de água doce acumulam água por osmose, pelo seu citoplasma ser **hiperosmótico** (concentração alta de solutos) comparado ao seu ambiente externo imediato. O vacúolo contrátil é preenchido rapidamente com esse excesso de água, que é expelido através da membrana plasmática por exocitose. A osmorregulação é essencial para peixes ósseos marinhos que mantêm uma concentração sanguínea soluto de um terço da concentração na água do mar. Eles são **hiposmóticos** em relação à água do mar. Se um peixe, como o salmão, nadar em um estuário e depois rio acima em direção à água doce, ele atravessará uma região onde a concentração de seus solutos sanguíneos será igual à do ambiente (**isosmótica**), então entrará na água doce, onde os solutos de seu sangue são **hiperosmóticos** em relação ao ambiente. Ele precisa ter mecanismos fisiológicos para evitar a perda líquida de água quando está no mar e ganho quando está no rio (ver Figura 30.2).

Transporte mediado por transportador

A membrana plasmática é uma barreira efetiva à difusão livre da maioria das moléculas com importância biológica; ainda assim, é essencial que tais materiais entrem e saiam da célula. Nutrientes, como os açúcares, e materiais para o crescimento, como os aminoácidos, precisam entrar na célula, enquanto dejetos do metabolismo precisam sair. Tais moléculas utilizam um sistema de transporte mediado, composto por proteínas transmembrana chamadas de **transportadoras** ou carreadoras. Os transportadores possibilitam que moléculas de soluto atravessem a bicamada fosfolipídica (Figura 3.14A). Normalmente, são bastante específicos, reconhecendo e transportando um grupo limitado de substâncias químicas ou, talvez, até mesmo uma única substância.

Em concentrações altas de soluto, os sistemas de transporte mediado apresentam um efeito de saturação: a taxa de influxo alcança um máximo além do qual o aumento na concentração de soluto não tem nenhum efeito adicional no influxo (Figura 3.14B). Isso é uma evidência de que o número de transportadores disponível na membrana é limitado. Quando todos os transportadores estão ocupados pelos solutos, a taxa de transporte atinge um máximo e não pode ser aumentada. A difusão simples não apresenta tal limitação; quanto maior a diferença nas concentrações entre os solutos nos dois lados da membrana, mais rápido é o influxo.

São reconhecidos dois tipos de organização e função regional dos canais alimentares diferentes de mecanismos de transporte mediado por transportador: (1) **difusão facilitada** ou **transporte facilitado**, na qual um transportador ajuda na difusão de uma molécula através da membrana, caso contrário, esta não poderia atravessá-la; e (2) **transporte ativo**, pelo qual é fornecida energia do ATP ao sistema transportador para mover moléculas em direção oposta a um gradiente de concentração (Figura 3.15). A difusão ou transporte facilitado, portanto, difere do transporte ativo por promover movimento na direção de um gradiente de concentração e não exigir nenhuma energia metabólica do ATP para ativar o sistema de transporte.

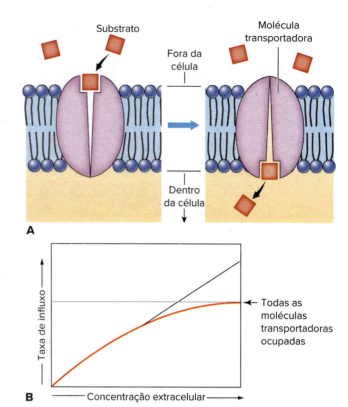

Figura 3.14 Transporte ou difusão facilitada. **A.** Uma molécula de proteína transportadora liga-se a uma molécula a ser transportada (substrato) em um lado da membrana plasmática, muda a sua forma e libera a molécula no outro lado. O transporte facilitado ocorre na direção de um gradiente de concentração. **B.** A taxa de transporte aumenta com o aumento da concentração do substrato até que todas as moléculas transportadoras estejam ocupadas.

Em muitos animais, a difusão facilitada auxilia no transporte da glicose (açúcar do sangue) para células do corpo, que a oxidam como a fonte de energia principal para a síntese de ATP (ver Seção 4.4). A concentração de glicose é maior no sangue do que nas células que a consomem, o que favorece a difusão para o interior das células. Mas a glicose é uma molécula solúvel em água que não penetra por si só nas membranas celulares rápido o bastante para sustentar o metabolismo de muitas células. Nesses casos, a difusão facilitada aumenta o influxo de glicose. No transporte ativo, as moléculas são movidas contra as forças de difusão passiva. O transporte ativo sempre envolve consumo de energia (do ATP) porque os materiais são transportados contra o gradiente de concentração. Entre os sistemas de transporte ativo mais importantes nos animais estão os que mantêm gradientes de íons de sódio e potássio entre as células e o fluido extracelular ou o ambiente externo circundante. A maioria das células animais requer uma concentração interna alta de íons de potássio para a síntese proteica nos ribossomos e para certas funções enzimáticas. A concentração de íons de potássio pode ser de 20 a 50 vezes maior dentro da célula que fora dela. Por outro lado, íons de sódio podem estar 10 vezes mais concentrados fora da célula do que no seu interior. O gradiente de sódio forma a base para o potencial de membrana em repouso de células excitáveis, enquanto o gradiente de sódio forma a base para a geração do sinal elétrico no sistema nervoso dos animais (ver Figuras 33.4 e 33.5). Estes dois gradientes iônicos são mantidos pelo transporte ativo dos íons de potássio para dentro e dos de sódio para fora da célula. Em muitas células, o bombeamento de sódio para o exterior é ligado ao

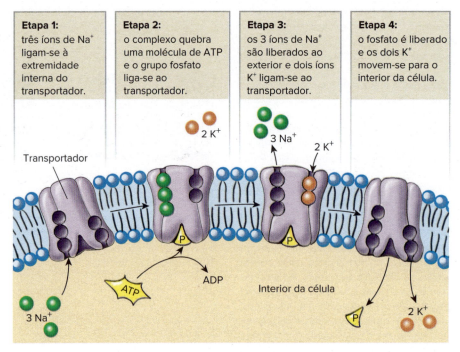

Figura 3.15 Uma bomba de sódio-potássio, movida por energia do ATP, mantém os gradientes normais desses íons através da membrana celular. A bomba atua por uma série de mudanças conformacionais na molécula do transportador. Etapa 1. Três íons de Na$^+$ ligam-se à extremidade interna do transportador, produzindo uma mudança na conformação (forma) do complexo proteico. Etapa 2. O complexo liga-se à molécula de ATP quebrando-a, e o fosfato liga-se ao complexo. Etapa 3. A ligação do grupo fosfato ao complexo proteico induz uma segunda mudança conformacional que leva à passagem dos três íons Na$^+$ através da membrana para o exterior. Essa nova conformação do transportador tem uma afinidade muito baixa pelos íons Na$^+$, que se dissociam e difundem-se para o exterior, mas tem alta afinidade por íons K$^+$, ligando-se a dois deles tão logo esteja livre dos íons Na$^+$. Etapa 4. A ligação dos íons K$^+$ ocasiona outra mudança de conformação no complexo, desta vez levando a uma dissociação do fosfato ligado. Livre do fosfato, o complexo se reverte à conformação original, com os dois íons K$^+$ expostos no lado interno da membrana. Essa conformação tem baixa afinidade por íons K$^+$ e assim eles são liberados, enquanto o complexo assume a conformação inicial (Etapa 1), com alta afinidade por íons Na$^+$.

bombeamento do potássio para o interior, sendo ambos são realizados pela mesma molécula transportadora. Entre 10 e 40% de toda a energia produzida pela célula é consumida pela **bomba de sódio-potássio** (ver Figura 3.15).

Endocitose

"Endocitose", a ingestão de material pelas células, é um termo coletivo que descreve três processos semelhantes: fagocitose, pinocitose e endocitose mediada por receptores (Figura 3.16). São vias de internalização específica de partículas sólidas, moléculas pequenas, íons e macromoléculas, respectivamente. Todos consomem energia e assim podem ser considerados formas de transporte ativo.

A **fagocitose** (Figura 3.16, painel à esquerda), que literalmente significa "célula se alimentando", é um método de alimentação comum entre as formas unicelulares (ver Seção 11.2): esponjas (ver Seção 12.2), cnidários (ver Seção 13.1) e platelmintos (ver Seção 14.3). Também é o modo pelo qual os leucócitos e macrófagos englobam resíduos celulares, micróbios invasores ou outros patógenos no sangue (ver Figura 35.4). Durante a fagocitose, uma área da membrana plasmática coberta externamente com receptores específicos e internamente com actina e proteínas associadas à actina forma uma bolsa que envolve o material sólido. A vesícula formada por membrana, um vacúolo digestivo ou fagossomo, separa-se então da superfície da célula e passa ao citoplasma, onde se funde com lisossomos; seu conteúdo é então digerido pelas enzimas lisossômicas e os produtos úteis são absorvidos através da membrana dos lisossomos por difusão ou transporte mediado por transportadores.

A **pinocitose** (Figura 3.16, painel do meio) é semelhante à fagocitose, exceto pela pequena área superficial de membrana invaginada, formando vesículas minúsculas. Depressões invaginadas e vesículas são chamadas de **cavéolas**. Receptores específicos para a molécula ou íon a ser englobado concentram-se na membrana plasmática da cavéola e uma proteína de revestimento chamada de caveolina é encontrada no lado citoplasmático da depressão invaginante. A pinocitose atua na assimilação de pelo menos algumas vitaminas, hormônios e fatores de crescimento. Os lisossomos fundem-se com essas cavéolas, provocando a digestão dos conteúdos antes de sua absorção pelo citoplasma. Mecanismos similares podem ser importantes na translocação de substâncias de um lado a outro da célula (ver "exocitose", na próxima seção), como ocorre durante algumas trocas com capilares (ver Seção 31.3). Essa variação da pinocitose é chamada de **transcitose**. Nesse caso, os conteúdos das cavéolas permanecem em grande parte inalterados, conforme são translocados através da célula.

A **endocitose mediada por receptor** (Figura 3.16, painel à direita) é um mecanismo específico para incorporar moléculas grandes na célula. As proteínas da membrana plasmática combinam-se especificamente com certas moléculas (denominadas **ligantes**) que podem estar presentes em concentrações muito baixas no fluido extracelular. As invaginações da superfície celular que possuem os receptores são revestidas por uma proteína no lado citoplasmático da membrana. Um exemplo de proteína de revestimento é a **clatrina**, e, por isso, as depressões invaginadas são descritas como **fossas revestidas por clatrina**. Conforme a fossa forma a vesícula e penetra no citoplasma, as moléculas de clatrina, receptores e ligantes dissociam-se e os receptores e o

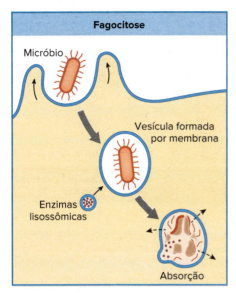 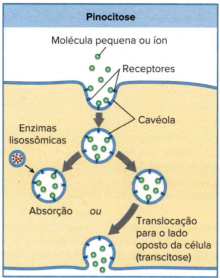 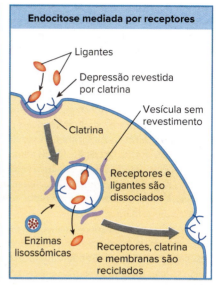

Figura 3.16 Os três tipos de endocitose. Na fagocitose, a membrana plasmática liga-se a uma partícula grande e alonga-se para a englobar, formando uma vesícula membranosa, um vacúolo digestivo ou fagossomo. Na pinocitose, áreas pequenas da membrana plasmática contendo receptores específicos para uma molécula pequena ou íon invaginam para formar cavéolas. A endocitose mediada por receptores é um mecanismo para assimilação seletiva de moléculas grandes em depressões revestidas por clatrina. A combinação entre o ligante e o receptor na superfície da membrana estimula a formação das depressões. Os lisossomos fundem-se com as vesículas criadas durante a fagocitose, a endocitose mediada por receptores e durante a pinocitose, neste último caso se os conteúdos das cavéolas não forem translocados pela célula. As enzimas lisossômicas digerem o conteúdo das vesículas, que é então absorvido pelo citoplasma por difusão ou transporte mediado por transportadores.

material da membrana voltam à membrana superficial. Os lisossomos fundem-se com a vesícula remanescente, agora chamada de **endossomo**, e seu conteúdo é digerido e absorvido pelo citoplasma. Algumas proteínas importantes, peptídios hormonais e colesterol entram nas células por esse mecanismo.

Na fagocitose, na pinocitose e na endocitose mediada por receptores, alguma quantidade de fluido extracelular é necessariamente capturada na vesícula e despejada no interior da célula, ao que chamamos de **endocitose de fase fluida**.

Exocitose

Da mesma maneira que materiais podem ser introduzidos na célula por invaginação da membrana e por formação de uma vesícula, a membrana de uma vesícula pode fundir-se com a membrana plasmática para expulsar seus conteúdos no meio externo imediato. Esse é o processo de **exocitose**. Ele acontece em várias células para remover resíduos não digeridos das substâncias englobadas por endocitose, para secretar substâncias como hormônios (ver Figura 3.8), para reciclar receptores de membranas e membranas, tal como mencionado na endocitose mediada por receptores (Figura 3.16), e para transportar uma substância completamente através da célula (**transcitose**).

A actina e as proteínas associadas à actina são componentes essenciais do citoesqueleto nos processos de endocitose e exocitose.

3.3 MITOSE E DIVISÃO CELULAR

Todas as células surgem da divisão de células preexistentes. Todas as células encontradas na maioria dos organismos multicelulares originam-se da divisão de uma única célula, um **zigoto**, que é o produto da união (fertilização) de um **óvulo** e um **espermatozoide** (os **gametas** ou **células germinativas**). A divisão celular é a base para o crescimento e o reparo em organismos multicelulares e para a transmissão das informações hereditárias de uma geração de células para a seguinte, durante os processos de reprodução tanto sexuada como assexuada.

O processo de divisão nuclear na formação de células do corpo, ou células **somáticas**, é chamado de **mitose**. Por meio da mitose, é assegurada a cada célula-filha a recepção de um lote completo de instruções genéticas. A mitose é um sistema de entrega que distribui cromossomos e o seu conteúdo de DNA para as gerações subsequentes de células. Dessa maneira, um zigoto único divide-se por mitose para produzir um organismo multicelular, e células danificadas são repostas por mitose durante a cicatrização de ferimentos. A mitose assegura igualdade de potencial genético para todas as células; posteriormente, outros processos dirigem a expressão gênica ordenada durante o desenvolvimento embrionário, através da seleção de instruções do conteúdo genético que cada célula possui. Dessa maneira, conforme o animal cresce, suas células somáticas se diferenciam e assumem diferentes funções. Assim, embora cada célula possua um conjunto genético completo, a maioria dos genes permanece inativo e não é expresso quando as células se tornam especializadas. Essas propriedades fundamentais das células de organismos multicelulares são discutidas mais adiante no Capítulo 8.

A mitose é o único mecanismo para a transferência de informação genética do progenitor à progênie em animais com reprodução **assexuada** (ver Capítulo 7); assim, a progênie é geneticamente idêntica aos pais nesse caso. Em animais com reprodução **sexuada**, os dois gametas que se fundem para formar o zigoto precisam conter apenas metade do número usual de cromossomos, de modo que a descendência formada pela união dos gametas não conterá o dobro do número de cromossomos parentais. Isso requer um tipo especial de divisão *redutora* chamada de **meiose**, descrita na Seção 5.2.

Estrutura cromossômica

O DNA de células eucarióticas expressa-se em fitas de cromatina, que é um complexo de DNA com proteínas associadas.

A cromatina é organizada em vários corpos lineares discretos chamados de **cromossomos** (corpos coloridos), assim denominados porque são fortemente corados por certos corantes biológicos. Em células que não estão em divisão, a cromatina organiza-se de maneira frouxa e espalhada, de maneira que os cromossomos não podem ser diferenciados uns dos outros sob microscópio óptico (ver Figura 3.19). Antes da divisão, a cromatina se torna mais compacta, os cromossomos podem então ser reconhecidos, e suas características morfológicas individuais podem ser determinadas. Apresentam forma e comprimentos variados, uns sendo dobrados e outros, em forma de bastão. O seu número é constante para uma dada espécie, e toda célula somática (mas não os gametas) tem o mesmo número de cromossomos, independentemente da função celular. Um ser humano, por exemplo, tem 46 cromossomos em cada célula somática.

Durante a mitose (divisão nuclear), os cromossomos se encurtam ainda mais e tornam-se cada vez mais condensados e distintos, com cada um assumindo uma forma em parte caracterizada pela posição de uma constrição, o **centrômero** (Figura 3.17). O centrômero é o local do **cinetocoro**, um disco de proteínas que se liga aos microtúbulos das fibras do fuso formado durante a mitose.

Quando os cromossomos se tornam condensados, o DNA fica inacessível, e, assim, a transcrição (ver Seção 5.5) não pode ocorrer. A condensação cromossômica pode, entretanto, permite à célula distribuir o material cromossômico de maneira eficiente e igualitária para as células-filhas durante a divisão celular.

Fases da mitose

Há duas fases distintas na divisão celular: divisão nuclear dos cromossomos (**mitose**) e divisão do citoplasma (**citocinese**). A mitose certamente é a parte da divisão celular mais óbvia, complexa e de maior interesse para o citologista. Em geral, a citocinese segue-se imediatamente à mitose, embora ocasionalmente o núcleo possa se dividir várias vezes sem uma divisão citoplasmática

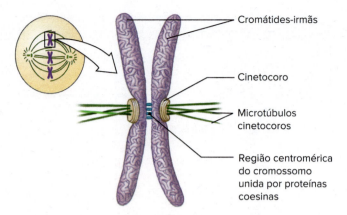

Figura 3.17 Estrutura de um cromossomo metafásico. As cromátides-irmãs estão unidas à altura do centrômero por proteínas coesinas. Cada cromátide tem um cinetocoro ao qual os microtúbulos cinetocóricos estão ligados. Os de cada cromátide dirigem-se para um dos centrossomos localizados em polos opostos.

correspondente. Nesse caso, a massa resultante de protoplasma que contém muitos núcleos é chamada de célula **multinucleada**. Um exemplo é a célula gigante da medula óssea (megacariócito) que produz as plaquetas sanguíneas (ver Seção 31.2), a qual pode conter de 24 a 32 núcleos. Às vezes, uma massa multinucleada é formada por meio de fusão celular em lugar de proliferação nuclear. Esse arranjo é chamado de **sincício**. Um exemplo é o músculo esquelético dos vertebrados (ver Figura 29.14), composto de fibras multinucleadas, formadas pela fusão de numerosas células embrionárias.

A mitose é dividida artificialmente em quatro estágios sucessivos, ou fases, embora uma fase seja contínua com a próxima sem sinais nítidos de transição. Essas fases são: prófase, metáfase, anáfase e telófase (Figuras 3.18 e 3.19). Quando as células não estão em divisão, elas estão em interfase, a maior parte do ciclo celular.

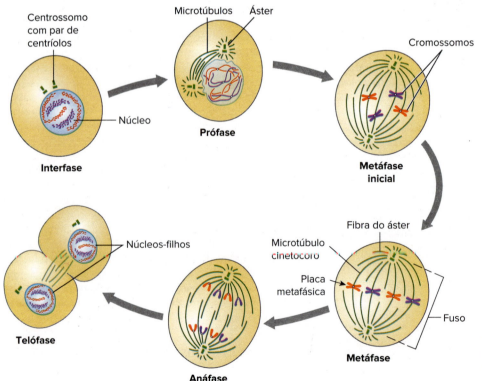

Figura 3.18 Estágios da mitose mostrando a divisão de uma célula com dois pares de cromossomos. Um cromossomo de cada par é mostrado em *vermelho*.

Prófase

No começo da prófase, os centrossomos (com seus centríolos) replicam-se, o envoltório nuclear desintegra-se e os dois centrossomos migram para os polos opostos da célula (ver Figura 3.18). Ao mesmo tempo, os microtúbulos são fabricados entre os dois centrossomos para formar um **fuso** de formato oval que fornece a armação para alinhar os cromossomos durante a divisão. No decorrer do processo de formação do fuso, os microtúbulos se montam e desmontam repetidamente, conforme eles se estendem a partir de cada centrômero e se retraem em direção a eles.

Quando um microtúbulo encontra um cinetócoro, liga-se a ele, cessa os movimentos e então é denominado **microtúbulo cinetocoro**. Assim, os centrossomos emitem microtúbulos que se comportam à semelhança de "antenas" para encontrar cromossomos durante o processo de formação do fuso. Outros microtúbulos dispõem-se radialmente aos centrossomos, formando os **ásteres**. Os ásteres desenvolvem a porção microtubular do citoesqueleto em cada nova célula-filha formada durante a divisão celular.

Nesse momento, a cromatina difusa no núcleo condensa-se em cromossomos visíveis. Estes, na verdade, consistem em duas **cromátides**-irmãs idênticas (ver Figura 3.17) formadas pela replicação do DNA (ver Figura 5.18) durante a interfase e unidas pelo seu centrômero.

Metáfase

No início da metáfase, a região do centrômero de cada cromossomo possui dois cinetócoros e cada um deles está ligado a um dos centrossomos por microtúbulos cinetocoros. Conforme a metáfase continua, as cromátides-irmãs condensadas são movidas para a região central do núcleo, chamada de **placa metafásica** (Figura 3.19; ver Figura 3.18). Esse processo ocorre devido à adição dos dímeros de tubulina aos microtúbulos cinetocoros, de maneira que, ao final da metáfase, os centrômeros alinham-se precisamente na placa metafásica, com os braços das cromátides posicionados em direções variadas.

Anáfase

Durante a anáfase, as proteínas coesinas que mantêm as cromátides-irmãs unidas na região do centrômero são removidas, de maneira que as duas cromátides-irmãs se separam e tornam-se dois cromossomos independentes. Os cromossomos movem-se em direção aos seus polos respectivos, puxados pelos microtúbulos cinetocoros. Os braços de cada cromossomo posicionam-se para trás conforme os microtúbulos encurtam para puxar um conjunto completo de cromossomos para cada polo da célula (ver Figuras 3.18 e 3.19). Evidências atuais indicam que a força que arrasta os cromossomos relaciona-se à desmontagem das subunidades de tubulina na extremidade cinetocórica de cada microtúbulo.

Conforme os cromossomos são separados, eles se afastam, de maneira que a célula se torna alongada.

Telófase

A telófase começa quando cromossomos-filhos alcançam os seus polos respectivos (ver Figuras 3.18 e 3.19). Nesse momento, os cromossomos-filhos estão unidos e coram-se intensamente por corantes histológicos. As fibras do fuso desaparecem conforme os microtúbulos são desmontados, e os cromossomos perdem sua identidade, revertendo à rede difusa de cromatina característica do núcleo interfásico. Por fim, os envoltórios nucleares reaparecem ao redor dos dois núcleos-filhos.

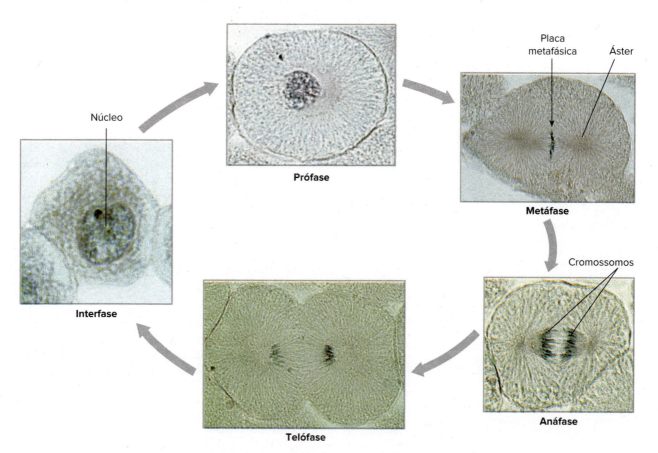

Figura 3.19 Estágios da mitose em um peixe-branco (*whitefish*).

Citocinese: divisão citoplasmática

Durante as fases finais de divisão nuclear, um **sulco de clivagem** aparece na superfície da célula, circundando-a e dividindo-a à altura da metade do fuso (ver Figuras 3.18 e 3.19). O sulco aprofunda-se e a membrana plasmática parece estar sendo apertada por um elástico invisível. A constrição ocorre devido à presença de microfilamentos de actina logo abaixo da superfície do sulco de clivagem entre as células. A interação com a miosina e outras proteínas ligadas fazem o sulco se aprofundar, de maneira semelhante ao que acontece em mecanismos de contração em células musculares (ver Figura 29.16). Por fim, as bordas dobradas da membrana plasmática encontram-se e fundem-se, completando a divisão celular.

Ciclo celular

A progressão de uma espécie ao longo do tempo é, na realidade, uma sequência de ciclos vitais. De maneira semelhante, as células passam por ciclos de crescimento e de replicação conforme se dividem repetidamente. Um ciclo celular é o intervalo entre uma divisão celular e a próxima (Figura 3.20).

A divisão nuclear, ou mitose, na realidade só ocupa cerca de 5 a 10% do ciclo celular; o resto do tempo a célula gasta na **interfase** o estágio entre as divisões nucleares. Por muitos anos, pensou-se que a interfase era um período de repouso porque os núcleos pareciam inativos quando observados sob microscópio óptico. No início da década de 1950, novas técnicas permitiram a investigação da replicação do DNA no núcleo e descobriu-se então que a replicação do DNA acontecia durante a interfase. Estudos adicionais revelaram que muitas outras proteínas e componentes dos ácidos nucleicos essenciais ao funcionamento, crescimento e divisão celulares normais eram sintetizados durante o período interfásico aparentemente inativo.

A replicação do DNA acontece durante uma fase chamada de período S (período de síntese). Em culturas de células de mamíferos, o período S dura aproximadamente 6 das 18 às 24 h exigidas para completar um ciclo celular. Nessa fase, os dois filamentos de DNA precisam replicar-se; são sintetizados dois novos filamentos complementares, de modo que duas moléculas idênticas são produzidas a partir do filamento original (ver Figura 5.18). Esses pares complementares são as cromátides-irmãs, que são separadas durante a próxima mitose.

A fase S é precedida pela fase G1 e sucedida pela fase G2 (G do inglês *gap* = intervalo), durante as quais não ocorre síntese de DNA. Para a maioria das células, G_1 é uma fase preparatória importante para a replicação do DNA que se segue. Durante a G1, são sintetizados o RNA de transferência, ribossomos, RNA mensageiro e várias enzimas. Durante a G2, são sintetizadas proteínas do fuso e do áster em preparação para a separação cromossômica durante a mitose. A fase G1 normalmente apresenta duração mais longa que a G2, embora verifique-se grande variação nos diversos tipos celulares. Células embrionárias dividem-se muito rapidamente porque não há crescimento entre as divisões, só subdivisão da massa. Adicionalmente, a síntese de DNA pode se desenvolver 100 vezes mais rapidamente em células embrionárias do que nas de adultos, e a fase G1 é bastante encurtada. Conforme um organismo desenvolve-se, o ciclo da maioria de suas células alonga-se e muitas podem ficar presas por períodos longos em G1 e entrar em uma fase de não proliferação ou inatividade chamada de G0. A maioria dos neurônios ou células nervosas, por exemplo, não se dividem e estão essencialmente em permanente G0.

Os eventos do ciclo celular são perfeitamente regulados. Transições durante ciclos celulares são mediadas por **quinases dependentes de ciclinas (cdk)** e subunidades de proteínas reguladoras que as ativam, chamada de **ciclinas**. Em geral, as quinases são enzimas que acrescentam grupos fosfato a outras proteínas para ativá-las ou desativá-las, e as próprias quinases podem exigir ativação. As cdk só se tornam ativas somente quando estão combinadas às ciclinas apropriadas, formando juntas compostos denominados MPF (do inglês *Mitosis-Promoting Factors*, que significa "fatores promotores da mitose"), e as ciclinas são sintetizadas e degradadas durante cada ciclo celular (Figura 3.21). Parece provável que a fosforilação e a desfosforilação de cdk específico e suas interações com as ciclinas específicas de cada fase regulem a passagem de uma fase do ciclo celular à outra. Pesquisas atuais focam os pontos-chave que regulam essas passagens de fase a fase, uma vez que a desregulação desses mecanismos tem sido associada ao câncer.

Renovação celular

A divisão celular é importante para o crescimento, para a substituição de células perdidas por desgaste natural e para a cicatrização de ferimentos. A divisão celular é especialmente rápida durante o desenvolvimento inicial do organismo. No nascimento, uma criança tem aproximadamente 2 trilhões de células, oriundas da divisão repetida de um único óvulo fertilizado. Esse número imenso pode ser atingido por apenas 42 divisões celulares, cada geração dividindo-se 1 vez a cada 6 ou 7 dias. Com apenas cinco divisões adicionais, o número de células aumentaria para aproximadamente 60 trilhões, a quantidade presente em um homem maduro com 75 kg. Mas é claro que nenhum organismo se desenvolve de maneira maquinal. A velocidade da divisão celular é rápida durante o desenvolvimento embrionário, reduzindo-se com a idade. Além disso, populações de células diversas dividem-se a taxas particularmente diferentes. Em algumas, o período médio entre divisões é medido em horas, enquanto em outras, em dias, meses ou mesmo anos. Algumas células do sistema nervoso central deixam de se dividir completamente após os primeiros meses do desenvolvimento fetal e geralmente persistem sem divisão adicional por toda a vida do indivíduo. As células musculares também deixam de dividir-se durante o terceiro mês de desenvolvimento

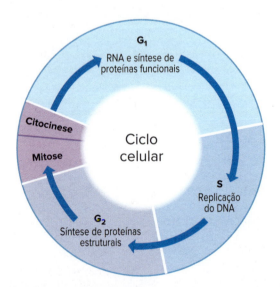

Figura 3.20 Ciclo celular, mostrando a duração relativa das fases reconhecidas. S, G1 e G2 são fases da interfase: S, síntese de DNA; G1, fase pré-sintética; G2, fase pós-sintética. Após a mitose e a citocinese, a célula pode entrar em um estágio quiescente conhecido como G0. A duração real do ciclo e das diferentes fases varia consideravelmente nos diferentes tipos celulares.

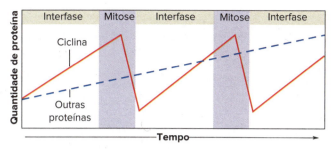

Figura 3.21 Variações no nível de ciclina nas células em divisão de embriões de ouriço-do-mar. A ciclina liga-se à sua quinase dependente de ciclina para ativar a enzima.

fetal, e a maior parte do crescimento futuro depende amplamente do crescimento das fibras já existentes, embora alguma divisão celular possa ocorrer após lesão muscular.

Em tecidos sujeitos a desgaste, as células perdidas devem ser constantemente substituídas. Estima-se que, em seres humanos, cerca de 1 a 2% de todas as células – totalizando 100 bilhões – são perdidas diariamente. A fricção mecânica provoca a perda das células superficiais da pele e o alimento remove as células epiteliais de revestimento do tubo digestivo. Além disso, o ciclo de vida reduzido das células sanguíneas envolve numerosas substituições. Tais perdas celulares são repostas por mitose.

O desenvolvimento normal, no entanto, admite a morte celular, no qual as células não são repostas. Conforme elas envelhecem, acumulam danos produzidos por agentes oxidantes destrutivos e finalmente morrem. Outras células sofrem uma morte programada ou **apoptose** (gr. *apo-*, de, além de + *ptosis*, uma queda), que em muitos casos é necessária à continuidade do desenvolvimento e saúde do organismo. Por exemplo, durante o desenvolvimento embrionário dos vertebrados, dedos se desenvolvem, enquanto os tecidos entre eles morrem; células do sistema imunológico inadequadamente programadas e que atacariam os tecidos do próprio corpo são destruídas durante o seu processo de maturação; e células do sistema nervoso morrem para criar as convoluções cerebrais. A apoptose consiste em uma série previsível e bem coordenada de eventos: as células diminuem, desintegram-se e os seus componentes são absorvidos por células vizinhas.

RESUMO

Seção	Conceito-chave
3.1 Conceito de célula	• As células são as unidades estruturais e funcionais básicas de todos os organismos vivos • As células são estudadas usando-se microscopia óptica e eletrônica, que requerem diferentes métodos de preparação antes da visualização • A cristalografia de raios X e a espectroscopia de RMN fornecem maior resolução de biomoléculas • Ferramentas moleculares também são empregadas para entender a estrutura celular no que se refere à sua função.
3.2 Organização celular	• As células eucarióticas diferem das células procarióticas de Bacteria e de Archaea em vários aspectos; o mais característico é a presença de um núcleo delimitado por membrana e contendo material hereditário composto de DNA ligado a proteínas para formar a cromatina • A cromatina consiste em cromossomos flexíveis e lineares, que se tornam condensados e visíveis apenas durante a divisão celular • As células são cercadas por uma membrana plasmática que regula o fluxo de moléculas entre a célula e seus arredores • O núcleo, envolvido por uma membrana dupla, contém cromatina, proteínas associadas e um ou mais nucléolos • Fora do envelope nuclear, está o citoplasma da célula, subdividido por uma rede membranosa, o retículo endoplasmático. Dentre as organelas das células, estão o complexo de Golgi, mitocôndrias, lisossomos e outras vesículas delimitadas por membrana • O citoesqueleto é composto de microfilamentos (de actina), microtúbulos (de tubulina) e filamentos intermediários (de vários tipos) • Cílios e flagelos são apêndices móveis semelhantes a fios de cabelo que contêm microtúbulos • O movimento ameboide por pseudópodes opera por meio de contração e relaxamento de microfilamentos de actina • As junções de oclusão, as junções aderentes, os desmossomos e as junções comunicantes são conexões com estrutura e função distintas nas células • As membranas em uma célula são compostas por uma bicamada fosfolipídica e por outros materiais, incluindo colesterol e proteínas transmembrana. As extremidades hidrofílicas das moléculas de fosfolipídios estão nas superfícies externa e interna das membranas, e as porções de ácido graxo são direcionadas para dentro, uma em direção à outra, para formar um núcleo hidrofóbico • As substâncias podem entrar nas células por difusão, transporte mediado e endocitose • Os solutos aos quais a membrana é impermeável requerem canais ou uma molécula transportadora para atravessar a membrana • Água e íons se movem por canais abertos por difusão (na direção de um gradiente de concentração). Osmose é o movimento da água através de canais em uma membrana plasmática, a partir de regiões de baixa concentração, para regiões de alta concentração de soluto • Os sistemas de transporte mediado incluem difusão facilitada (com gradiente de concentração, não requer energia) e transporte ativo (contra gradiente de concentração, que requer energia) • A endocitose inclui levar gotículas (pinocitose) ou partículas (fagocitose) para dentro de uma célula • Na exocitose, o processo de endocitose é revertido.

Seção	Conceito-chave
3.3 Mitose e divisão celular	• A divisão celular é necessária para a produção de novas células a partir de células preexistentes e é a base para o crescimento em organismos multicelulares • Durante a divisão celular, os cromossomos nucleares replicados se dividem por mitose seguida por divisão citoplasmática ou citocinese • Os quatro estágios da mitose são prófase, metáfase, anáfase e telófase • Na prófase, os cromossomos replicados compostos de cromátides-irmãs se condensam em estruturas reconhecíveis. Um fuso se forma entre os centrossomos à medida que eles se separam para polos opostos da célula. No final da prófase, o envelope nuclear se desintegra e os cinetocoros de cada cromossomo se ligam aos centrossomos por microtúbulos • Durante a metáfase, as cromátides irmãs são movidas para o centro da célula, mantidas ali pelos microtúbulos cinetocoros • Durante a anáfase, os centrômeros se separam e as cromátides irmãs são separadas pelos microtúbulos cinetocoros do fuso mitótico • Durante a telófase, as cromátides irmãs, agora chamadas de cromossomos, se reúnem na posição do núcleo de cada célula e revertem para uma rede de cromatina difusa. Uma membrana nuclear reaparece e ocorre citocinese, ou divisão citoplasmática • No final da mitose e da citocinese, duas células geneticamente idênticas à célula-mãe foram produzidas • O ciclo celular em eucariotos inclui mitose, citocinese e interfase • Durante a interfase, as fases G1, S e G2 são reconhecidas, e a fase S é o momento em que o DNA é sintetizado (os cromossomos são replicados) • As células se dividem rapidamente durante o desenvolvimento embrionário e mais lentamente com a idade. Algumas células continuam a se dividir ao longo da vida de um animal para substituir as células perdidas por atrito e desgaste, enquanto outras, como as células nervosas e musculares, completam sua divisão durante o desenvolvimento inicial e muitas não se dividem novamente. Algumas células sofrem morte celular programada, ou apoptose, especialmente durante o desenvolvimento embrionário.

QUESTÕES DE REVISÃO

1. Explique a diferença (em princípio) entre um microscópio óptico e um microscópio eletrônico de transmissão.
2. Descreva resumidamente a estrutura e a função dos seguintes itens: membrana plasmática, cromatina, núcleo, nucléolo, retículo endoplasmático rugoso (RE rugoso), complexo de Golgi, lisossomos, mitocôndria, microfilamentos, microtúbulos, filamentos intermediários, centríolos, corpo basal (cinetossomo), junção oclusiva, junção comunicante, desmossomo, glicoproteína e microvilosidades.
3. Cite duas funções da actina e duas da tubulina.
4. Faça distinções entre cílios, flagelos e pseudópodes.
5. Quais são as funções dos principais constituintes da membrana plasmática?
6. Nosso conceito atual de membrana plasmática é conhecido como modelo do mosaico fluido. Por quê?
7. Quando você coloca algumas hemácias em uma solução, observa que elas incham e se rompem. Quando células são colocadas em outra solução, murcham e enrugam. Explique o que aconteceu em cada caso.
8. A membrana celular é uma barreira efetiva ao movimento molecular, mesmo assim muitas substâncias entram e saem da célula. Explique os mecanismos através dos quais isso ocorre e comente sobre as exigências energéticas desses mecanismos.
9. Aponte as distinções entre fagocitose, pinocitose, endocitose mediada por receptores e exocitose.
10. Defina os seguintes termos: "cromossomo", "centrômero", "centrossomo", "cinetocoro", "mitose", "citocinese" e "sincício".
11. Explique as fases do ciclo celular e comente os processos celulares importantes que ocorrem durante cada fase. O que é G0?
12. Nomeie ordenadamente os estágios da mitose, descrevendo para cada um o comportamento e a estrutura dos cromossomos.
13. Descreva resumidamente os modos de morte celular durante a vida normal de um organismo multicelular.

Para reflexão. A fibrose cística é a doença hereditária recessiva mais comum entre os caucasianos. Ocorre principalmente por causa da ausência ou do mau funcionamento de um canal de proteína transmembrana (CFTR) que permite o fluxo regulado de íons de cloreto no ser humano normal. Com base no seu conhecimento da estrutura e da função celulares e do transporte pela membrana, proponha algumas razões pelas quais o canal CFTR pode não estar presente na membrana plasmática de alguns pacientes com fibrose cística, ou pode não funcionar corretamente em outros pacientes.

4 Metabolismo Celular

OBJETIVOS DE APRENDIZAGEM

Após leitura do capítulo, você será capaz de:

4.1 Entender a diferença entre reações exergônicas (catabolismo) e endergônicas (anabolismo).

4.2 Explicar o papel das enzimas nos organismos vivos, dando pelo menos um exemplo. Descrever como as enzimas funcionam para catalisar reações nos organismos vivos.

4.3 Explicar como as enzimas são reguladas nas células.

4.4 Compreender o papel do ATP em reações acopladas que requerem entrada de energia química para prosseguirem.

4.5 Explicar como os animais geram ATP na presença de oxigênio. Descrever o processo de respiração anaeróbica e entender quando esse processo pode ocorrer em animais.

4.6 Explicar por que os lipídios são considerados o melhor tipo de reserva de combustível para animais, em comparação com os estoques de glicogênio.

4.7 Entender o que acontece com o excesso de aminoácidos que não são necessários para construir proteínas ou para geração de energia.

Veado-da-cauda-branca (Odocoileus virginianus).
iStock©madsci

Postergação da segunda lei

Os sistemas vivos parecem contradizer a segunda lei da termodinâmica: a energia no universo é unidirecional, tem sido e sempre será degradada em calor. Esse aumento na desordem, ou aleatoriedade, em qualquer sistema fechado é denominado de **entropia**. Os sistemas vivos, no entanto, *diminuem* sua entropia, *aumentando* a organização molecular de sua estrutura. Por exemplo, um organismo torna-se imensamente mais complexo e organizado enquanto se desenvolve de ovo fertilizado a adulto.

Se avaliarmos essa contradição mais de perto, notamos que a segunda lei da termodinâmica se aplica aos sistemas fechados, e os organismos não o são. O crescimento e a manutenção dos animais ocorrem pela captura de energia livre do ambiente. Quando um veado se delicia com bolotas e frutos de faia no verão, ele transfere para o seu corpo a energia potencial armazenada como energia química nos tecidos dos frutos. Então, em sequências passo a passo chamadas vias bioquímicas, essa energia é gradualmente liberada para fornecer combustível às várias atividades do veado. No entanto, a estrutura ordenada do veado não é permanente; ela será dissipada quando o veado morrer.

A fonte primária da energia para o veado – e para quase toda a vida na Terra – é o Sol (Figura 4.1). A luz do Sol é capturada pelas plantas verdes, que acumulam energia química suficiente para o seu próprio sustento e o dos animais que delas se alimentam. Assim, a segunda lei não é violada; simplesmente é "congelada" pela vida terrestre, que usa o fluxo contínuo de energia solar para manter uma biosfera com ordem interna elevada, pelo menos pelo período de tempo de existência da vida.

Figura 4.1 A energia solar sustenta praticamente toda a vida na Terra. Com cada transferência de energia, no entanto, cerca de 90% da energia é perdida como energia térmica (calor).

Todas as células precisam obter energia, sintetizar sua própria estrutura interna, controlar a maior parte da sua atividade e defender os seus limites. O **metabolismo celular** engloba a totalidade dos processos químicos que ocorrem dentro das células vivas para desenvolver essas atividades. Embora o enorme número de reações seja extremamente complexo, as vias metabólicas centrais, pelas quais escoam matéria e energia, são mantidas nos organismos.

4.1 ENERGIA E LEIS DA TERMODINÂMICA

A energia é fundamental para todos os processos vitais. Em geral, definimos energia como a capacidade de realizar trabalho, efetuar mudanças. Apesar disso, a energia é também uma quantidade um tanto abstrata e difícil de definir e de medir. A energia não pode ser vista; ela pode somente ser identificada pelo modo como afeta a matéria.

A energia pode existir em dois estados: cinética ou potencial e pode ser transformada de um estado a outro. **Energia potencial** é energia armazenada, que não está realizando trabalho, mas é capaz de efetuá-lo. A energia pode ser transformada em **energia cinética**, capaz de realizar trabalho, e frequentemente é chamada de energia de movimento. Uma forma especialmente importante de energia potencial nos organismos vivos é a energia química, que é armazenada nas ligações químicas das moléculas. A energia química pode ser usada quando as ligações são rearranjadas para liberar energia cinética. Muito do trabalho realizado pelos organismos vivos envolve a conversão de energia potencial em energia cinética.

A conversão de uma forma de energia em outra é governada pelas duas leis da termodinâmica. A **primeira lei da termodinâmica** estabelece que a energia não pode ser criada nem destruída. Ela pode mudar de uma forma para outra (ver Figura 4.1), mas a quantidade total de energia permanece a mesma. Resumindo, a energia é conservada. Se queimamos gasolina em um motor, não criamos energia nova, mas meramente convertemos a energia química da gasolina em outra forma, nesse exemplo, energia mecânica e térmica. A **segunda lei da termodinâmica**, apresentada no prólogo deste capítulo, diz respeito à transformação de energia. Essa lei fundamental estabelece que um sistema fechado se move em direção a um aumento da desordem ou entropia, conforme a energia é dissipada do sistema (Figura 4.2). Os sistemas vivos, entretanto, são sistemas abertos que não apenas mantêm sua organização, mas também a ampliam, como durante o desenvolvimento de um animal desde o ovo até a fase adulta.

Figura 4.2 A difusão de um soluto em uma solução é um exemplo de entropia. Quando o soluto (moléculas de açúcar) é introduzido em uma solução, o sistema está ordenado e instável (**B**). Sem energia para manter essa ordem, as partículas de soluto se distribuem na solução, atingindo um estado de desordem (equilíbrio) (**D**). A entropia aumentou do diagrama da esquerda para o da direita.

Energia livre

Para descrever as mudanças de energia das reações químicas, os bioquímicos usam o conceito de **energia livre**. A energia livre é simplesmente a energia disponível em um sistema para realizar trabalho. Em uma molécula, a energia livre é igual à energia presente nas ligações químicas menos a energia que não pode ser usada. Muitas reações nas células liberam energia livre e são denominadas **exergônicas** (gr. *ex*, fora, + *ergon*, trabalho). Tais reações são espontâneas, frequentemente ocorrem de forma lenta, e sempre ocorrem "ladeira abaixo", uma vez que a energia livre sempre é perdida do sistema. Assim:

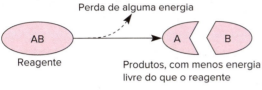

Entretanto, muitas reações importantes nas células necessitam de adição de energia livre e são denominadas **endergônicas** (gr. *endon*, dentro, + *ergon*, trabalho). Tais reações precisam ser "empurradas ladeira acima" porque os produtos contêm mais energia do que os reagentes.

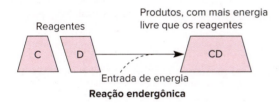

Descrito mais adiante neste capítulo (ver Seção 4.4), o ATP é um intermediário energeticamente rico e onipresente, usado pelos organismos para alimentar reações endergônicas importantes como as necessárias ao transporte ativo de moléculas através das membranas (ver Seção 3.2) e síntese celular.

4.2 PAPEL DAS ENZIMAS

Enzimas e ativação energética

Para qualquer reação ocorrer, mesmo as exergônicas, que tendem a acontecer de forma espontânea, as ligações químicas devem primeiro ser desestabilizadas. Parte da energia, denominada **energia de ativação**, precisa ser fornecida antes que a ligação seja forçada o bastante para se romper. Só então a formação de produtos de reação ocorrerá, com uma perda geral de energia livre, se a reação for exergônica. Essa exigência de energia de ativação nas reações químicas pode ser comparada com a energia necessária para empurrar uma bola até o topo de uma colina antes que ela desça espontaneamente pelo outro lado, com a bola liberando sua energia à medida que ela desce (Figura 4.3, painel superior).

Uma maneira de ativar os reagentes químicos é elevar a temperatura para aumentar a taxa de colisões moleculares e romper as ligações químicas. Assim, o calor pode conceder a energia de ativação necessária para que uma reação ocorra. As reações metabólicas, entretanto, precisam ocorrer em temperaturas biologicamente toleráveis, em geral muito baixas para permitir que as reações ocorram em uma taxa capaz de sustentar a vida. Em vez disso, os sistemas vivos desenvolveram uma estratégia diferente: eles empregam **catalisadores**.

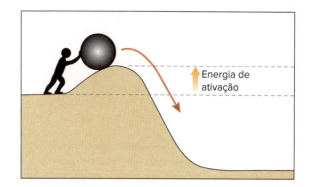

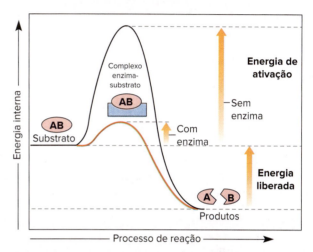

Figura 4.3 As mudanças de energia durante a catálise enzimática de um substrato. A reação geral ocorre com uma liberação de energia (exergônica). Na ausência de uma enzima, o substrato é estável por causa da grande quantidade de energia de ativação necessária para romper ligações químicas fortes. A enzima reduz a barreira de energia formando um intermediário químico com estado energético interno muito mais baixo.

Os catalisadores são substâncias químicas que aceleram as reações sem afetar o resultado delas e sem serem alterados ou destruídos por elas. Um catalisador não pode fazer uma reação energeticamente impossível acontecer; ele simplesmente acelera uma reação que progrediria a uma taxa muito baixa sem a sua presença.

As **enzimas** são os catalisadores do mundo vivo. Elas reduzem a quantidade de energia de ativação necessária para uma reação. Efetivamente, uma enzima conduz uma reação por meio de um ou mais passos intermediários, cada um dos quais necessitará muito menos energia de ativação do que a exigida por uma reação de um único passo (ver Figura 4.3, painel inferior). Note que as enzimas não fornecem a energia de ativação. Em vez disso, elas reduzem a barreira da energia de ativação, tornando mais provável que a reação aconteça. As enzimas afetam somente a taxa de reação. Elas não alteram de nenhuma maneira a mudança de energia livre de uma reação (energia liberada ou consumida).

Natureza das enzimas

As enzimas são moléculas complexas que variam em tamanho desde moléculas simples e pequenas, com um peso molecular de 10 mil, a moléculas altamente complexas, com pesos moleculares até 1 milhão. A maioria das enzimas são proteínas – cadeias de aminoácidos altamente interligadas e dobradas. Algumas requerem a participação de grupos não proteicos pequenos, chamados **cofatores**, para realizar sua função enzimática. Esses cofatores, formadores de uma parte funcional da enzima, em alguns casos são íons metálicos (como os íons de ferro, cobre, zinco, magnésio, potássio e cálcio). Exemplos são a anidrase carbônica (ver Figura 31.23), que contém zinco; os citocromos (enzimas da cadeia transportadora de elétrons, mais adiante), que contêm ferro; e a troponina (uma enzima da contração muscular, ver Figura 29.14), que requer cálcio para desempenhar sua função. Outra classe de cofatores é orgânica e compreende as **coenzimas**. Elas contêm grupos derivados das vitaminas e a maioria precisa ser adquirida pela dieta. Todas as vitaminas do complexo B são compostos coenzimáticos. Como os animais perderam a habilidade de sintetizar os componentes vitamínicos das coenzimas, é óbvio que uma deficiência vitamínica pode ser séria. Contudo, as vitaminas são recuperadas em sua forma original e usadas repetidamente, ao contrário dos nutrientes e combustíveis provenientes da dieta, que precisam ser repostos após serem assimilados em materiais estruturais ou queimados. Exemplos de coenzimas que contêm vitaminas são o nicotinamida-adenina-dinucleotídio (NAD), que contém o ácido nicotínico (niacina); a coenzima A, que contém o ácido pantotênico; e a flavina-adenina-dinucleotídio (FAD), que contém riboflavina (vitamina B_2). Atualmente sabe-se que um outro tipo de molécula, o ácido ribonucleico (RNA), tem atividade enzimática. Especificamente, o RNA ribossômico (RNAr), o principal componente dos ribossomos, fornece a energia de ativação que habilita a união dos aminoácidos em cadeias polipeptídicas durante o processo de tradução (ver Figura 5.21).

Ação das enzimas

Uma enzima funciona por meio de uma associação altamente específica com o seu **substrato**, a molécula cuja reação ela catalisa. As enzimas têm um sítio ativo localizado dentro de uma fenda ou bolsa com uma configuração molecular única. O sítio ativo tem uma superfície flexível, que se conforma ao substrato e o envolve (Figura 4.4). A ligação da enzima ao substrato forma um **complexo enzima-substrato (complexo ES)**, pelo qual o substrato se mantém unido a um ou mais pontos do sítio ativo por ligações covalentes. O complexo ES não é forte e se dissociará facilmente, mas, durante o rápido momento em que está formado, a enzima fornece um ambiente químico único que provoca estresse em certas ligações químicas do substrato, de tal maneira que muito menos energia é necessária para completar a reação.

Tema-chave 4.1
CIÊNCIA EXPLICADA

Existem complexos ES?

Se a formação de um complexo enzima-substrato (ES) é seguida tão rapidamente pela sua dissociação, como os bioquímicos podem ter certeza de que existe um complexo ES? A evidência original oferecida por Leonor Michaelis em 1913 é a de que, quando a concentração do substrato é aumentada enquanto a concentração da enzima é mantida constante, a taxa de reação atinge velocidade máxima, muito parecida com a observada durante o transporte mediado por carreadores (ver Figura 3.1). Esse *efeito de saturação* é interpretado como significando que todos os sítios catalíticos ficam preenchidos em alta concentração de substrato. Um efeito de saturação não é visto em reações não catalisadas. Outras evidências incluem a observação de que o complexo ES exibe características espectroscópicas exclusivas, não exibidas pela enzima ou pelo substrato sozinho. Além disso, alguns complexos ES podem ser isolados na forma pura, e pelo menos um tipo (ácidos nucleicos e suas enzimas polimerase) foi visualizado diretamente por microscopia eletrônica.

As enzimas envolvidas em reações cruciais, como as que fornecem a energia celular, com frequência agem constantemente, e com frequência operam em conjunto em vez de isoladamente. Por exemplo, a conversão da glicose em dióxido de carbono e água ocorre através de 19 reações, e cada uma exige uma enzima específica (ver Figura 4.11). Enzimas tão cruciais são encontradas em concentrações relativamente altas na célula e podem implementar sequências enzimáticas particularmente complexas e altamente integradas. Uma enzima realiza o primeiro passo; então,

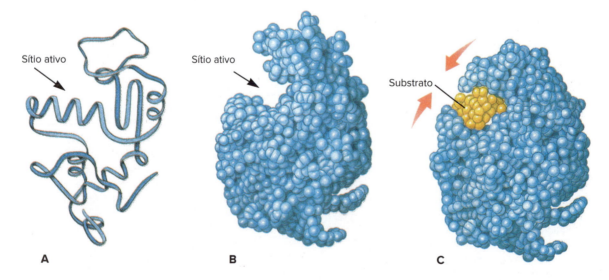

Figura 4.4 Como uma enzima trabalha. O modelo em fita (**A**) e o modelo tridimensional (**B**) mostram que a enzima lisozima apresenta uma bolsa contendo o sítio ativo. Quando uma cadeia de açúcares (substrato) entra na bolsa (**C**), a proteína enzimática muda levemente seu formato, de maneira que a bolsa envolve o substrato, ajustando-se à sua forma para criar o complexo enzima-substrato (complexo ES). Isso faz com que o sítio ativo (aminoácidos na proteína) se posicione próximo a uma ligação entre açúcares adjacentes na cadeia, causando a quebra na cadeia de açúcar.

outra enzima liga-se ao produto e catalisa o próximo passo. O processo continua até alcançar o fim da via enzimática. As reações são ditas acopladas. Reações acopladas são explicadas na seção sobre a transferência de energia química pelo ATP (ver Figura 4.9).

Especificidade das enzimas

Um dos atributos mais característicos das enzimas é a sua alta especificidade, que é consequência do ajuste molecular exato entre enzima e substrato, de tal modo que são específicos um do outro. Além disso, uma enzima catalisa apenas uma única reação, diferente do que acontece em reações realizadas em um laboratório de química orgânica, que não resultam em reações paralelas ou subprodutos.

Há, no entanto, alguma variação no grau de especificidade. Algumas enzimas catalisam a oxidação (desidrogenação ou remoção de hidrogênio) de um único substrato. Por exemplo, durante a respiração celular, a desidrogenase succínica catalisa apenas a oxidação do ácido succínico (ver Figura 4.14). Outras, como as proteases (p. ex., pepsina e tripsina liberadas no trato digestório durante a digestão; ver Figura 32.11), atuam sobre quase qualquer proteína, embora cada protease tenha o seu ponto particular de ataque em cada proteína (Figura 4.5). Em geral, uma enzima liga-se a uma molécula de substrato de cada vez, catalisa sua mudança química, libera o produto e repete o processo com outra molécula de substrato. A enzima pode repetir esse processo bilhões de vezes até o seu esgotamento (em poucas horas ou vários anos), quando é quebrada por outras enzimas na célula. Algumas enzimas realizam ciclos catalíticos sucessivos com velocidades superiores a milhões de ciclos por minuto, mas a maioria opera a taxas relativamente mais lentas. Muitas enzimas são repetidamente ativadas e desativadas; vários mecanismos reguladores da atividade enzimática são bem conhecidos.

Reações catalisadas por enzimas

As reações catalisadas por enzimas são reversíveis, o que é sinalizado pelas setas duplas entre substrato e produtos, como neste exemplo:

Ácido fumárico + H_2O ⇌ ácido málico

Entretanto, por várias razões, as reações catalisadas por enzimas, na sua maioria, tendem a ser predominantemente unidirecionais. Por exemplo, a enzima proteolítica pepsina degrada proteínas em aminoácidos (uma reação **catabólica**), mas não acelera a reorganização de aminoácidos em qualquer quantidade significativa de proteína (uma reação **anabólica**). O mesmo é verdadeiro para a maioria das enzimas envolvidas no catabolismo (gr. *kata*, abaixo, + *bole*, através) e anabolismo (gr. *ana*, acima, + *bole*, através) de grandes moléculas, tais como ácidos nucleicos, polissacarídios, lipídios e proteínas. Normalmente, há um conjunto de reações e enzimas específicas que quebram tais moléculas, mas elas precisam ser ressintetizadas por um conjunto diverso de reações catalisadas por enzimas diferentes.

A *direção* líquida de uma reação química depende do conteúdo energético relativo das substâncias envolvidas. A reação é mais facilmente reversível quando há pouca alteração na energia química das ligações das moléculas do substrato e seus produtos. Por outro lado, se grandes quantidades de energia são liberadas, conforme a reação prossegue em uma direção, mais energia precisa ser fornecida de alguma forma para levar a reação na direção contrária. Por essa razão, muitas reações catalisadas por enzimas, se não a maior parte delas, são irreversíveis na prática, a menos que a reação seja acoplada a uma outra que disponibilize energia suficiente para reverter a reação. Reações reversíveis e irreversíveis na célula são combinadas de maneira complexa para possibilitar síntese e degradação.

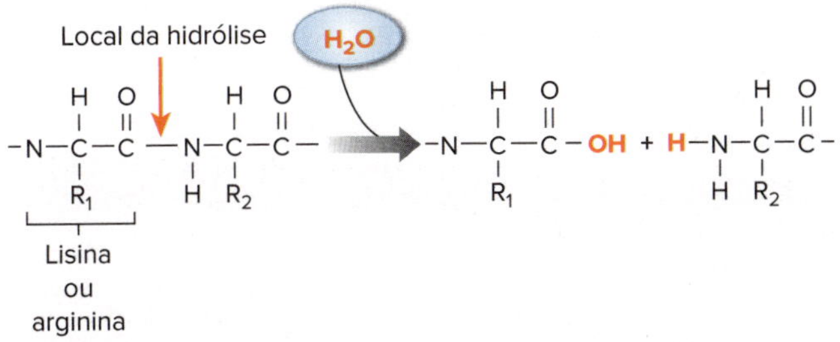

> **Tema-chave 4.2**
> **CIÊNCIA EXPLICADA**
> **Reações de hidrólise e de condensação**
> Hidrólise literalmente significa "romper com água". Nas reações de hidrólise, uma molécula é clivada pela adição de água no local de clivagem. Um átomo de hidrogênio está ligado a uma subunidade e uma unidade hidroxila (-OH) está ligada a outra (ver Figura 4.5). Isso quebra a ligação covalente entre as subunidades. A hidrólise é o oposto das reações de condensação (perda de água), nas quais as subunidades de moléculas são ligadas entre si pela remoção de água. As macromoléculas são formadas por reações de condensação.

4.3 REGULAÇÃO ENZIMÁTICA

Embora algumas enzimas pareçam funcionar automaticamente, a atividade de outras é rigidamente controlada. No primeiro caso, suponha que a função de uma enzima seja converter A em B. Se B for removido por sua conversão em outro composto, a enzima tende a restaurar a razão original de B em relação a A. Se uma enzima atua de maneira reversível, podem resultar tanto em síntese como em degradação. Por exemplo, um excesso de um intermediário do ciclo de Krebs (ver Figura 4.16) contribuiria para a síntese de glicogênio; uma depleção de tal metabólito levaria à quebra de glicogênio. Entretanto, essa compensação automática (equilíbrio) não é suficiente para explicar a regulação do metabolismo celular.

Há mecanismos para regulação de enzimas tanto na sua *quantidade* quanto na sua *atividade*. Genes para a síntese de uma enzima podem ser ativados ou inativados dependendo da presença ou ausência da molécula de um substrato. Dessa maneira é controlada a *quantidade* de uma enzima.

Os mecanismos que alteram a atividade de enzimas podem, de maneira fácil e precisa, ajustar vias metabólicas para mudar condições em uma célula. A presença ou o aumento na concentração de algumas moléculas pode alterar a forma (conformação) de enzimas particulares, ativando-as ou inibindo-as (a Figura 4.6 mostra um exemplo de um ativador de enzima). Por exemplo, a fosfofrutoquinase, que catalisa a fosforilação da glicose-6-fosfato em frutose-1,6-difosfato (ver Figura 4.16), é inibida por concentrações altas de ATP ou ácido cítrico. Suas presenças indicam que uma quantidade suficiente de energia foi produzida e que o metabolismo adicional de glicose não é necessário no momento.

Figura 4.5 Especificidade do substrato da tripsina. Quebra apenas ligações peptídicas adjacentes à lisina ou arginina, mas o faz em muitos tipos diferentes de proteína.

Figura 4.6 Regulação enzimática. **A.** O sítio ativo de uma enzima pode não se ajustar ao substrato em ausência de um ativador. **B.** Com o sítio regulador da enzima ocupado por um ativador, a enzima liga-se ao substrato e o sítio se torna cataliticamente ativo.

Em alguns casos, o produto final de uma dada via metabólica inibe a primeira enzima da via. Esse método é chamado de **inibição por retroalimentação**.

Além de estarem sujeitas à alteração na sua conformação, muitas enzimas ocorrem tanto na forma ativa quanto na inativa. Essas formas podem ser quimicamente diferentes. Por exemplo, uma forma comum de ativar ou desativar uma enzima é adicionar um grupo fosfato à molécula, mudando a sua conformação e expondo ou bloqueando o sítio ativo da enzima. As enzimas que degradam o glicogênio (fosforilase) e o sintetizam (sintetase) são encontradas tanto na forma ativa quanto na inativa. As condições que ativam a fosforilase tendem a desativar a sintetase, e vice-versa.

4.4 TRANSFERÊNCIA DE ENERGIA QUÍMICA PELO ATP

As reações endergônicas são aquelas que não ocorrem espontaneamente porque seus produtos necessitam de energia livre. Entretanto, uma reação endergônica pode ser conduzida pelo acoplamento entre uma reação que necessita de energia com outra que a forneça. O ATP é o mediador mais comum em **reações acopladas** e, por conduzir tais reações energeticamente desfavoráveis, é de importância central nos processos metabólicos.

A molécula de ATP consiste em adenosina (a purina adenina e a ribose, um açúcar com cinco carbonos) e em um grupo trifosfato. A maior parte da energia livre do ATP reside no grupo trifosfato, especialmente nas duas **ligações fosfoanidrido** entre os três grupos fosfato chamadas **"ligações de alta energia"** (Figuras 4.7 e 4.8). Em geral, apenas a ligação de alta energia mais exposta é hidrolisada para liberar energia livre quando o ATP é convertido a adenosina difosfato (ADP) e fosfato inorgânico:

$$ATP + H_2O \rightarrow ADP + P_i$$

onde P_i representa fosfato inorgânico (i = inorgânico). Os grupos de alta energia no ATP frequentemente são designados pelo símbolo "til" ~ (cerca de) (Figura 4.7). Uma ligação fosfato de alta energia é grafada como ~ P, e uma ligação de baixa energia (como a ligação entre o grupo trifosfato e adenosina) como –P. Assim, o ATP pode ser simbolizado como A–P ~ P ~ P e o ADP como A–P ~ P.

A maneira pela qual o ATP conduz uma reação acoplada é mostrada na Figura 4.9. Uma reação acoplada é, na realidade, um sistema envolvendo duas reações ligadas por um transportador de energia (como o ATP). A conversão do substrato A em produto A é endergônica porque o produto contém mais energia livre do que o substrato. Portanto, é necessário fornecer energia acoplando a reação a outra de natureza exergônica, a conversão do substrato B em produto B. O substrato B nessa reação é comumente chamado um

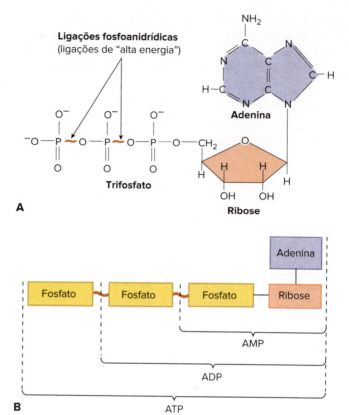

Figura 4.7 A. Estrutura do ATP. **B.** Formação do ATP e do ADP e AMP. *ATP*, adenosina trifosfato; *ADP*, adenosina difosfato; *AMP*, adenosina monofosfato.

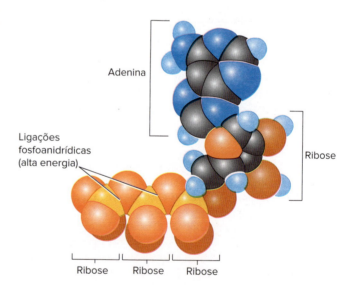

Figura 4.8 Modelo molecular tridimensional do ATP. Neste modelo, o carbono é mostrado em *preto*; o nitrogênio, em *azul*; o oxigênio, em *vermelho*; e o fósforo, em *laranja*.

combustível (p. ex., glicose ou um lipídio). A energia da ligação que é liberada na reação B é transferida ao ADP, que é convertido em ATP. Agora o ATP contribui com a energia de suas ligações fosfato para a reação A, e ADP e P_i são novamente produzidos.

As ligações de alta energia do ATP são na realidade ligações muito fracas e instáveis. Sendo instável, a energia do ATP é facilmente liberada quando o ATP é hidrolisado em reações celulares. Note que o ATP é um **agente acoplador energético**, e *não*

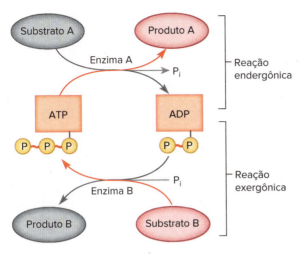

Figura 4.9 Uma reação acoplada. A conversão endergônica do substrato A em produto A não ocorrerá espontaneamente, mas exigirá energia de outra reação que a libere em grande quantidade. O ATP é o intermediário pelo qual a energia é transportada.

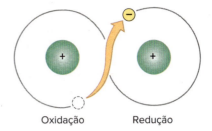

Figura 4.10 Um par redox. A molécula à esquerda é oxidada pela perda de um elétron. A molécula à direita é reduzida pelo ganho de um elétron.

um combustível. Ele não é um estoque de energia reservado para alguma necessidade futura. Ao contrário, é produzido por um conjunto de reações e quase imediatamente consumido por outro. O ATP é formado conforme é necessário, principalmente por processos oxidativos nas mitocôndrias. O oxigênio não é consumido, a menos que as moléculas de ADP e fosfato estejam disponíveis e estas não se tornam disponíveis até que o ATP seja hidrolisado por algum processo que consuma energia. O *metabolismo é autorregulador na sua maior parte*.

4.5 RESPIRAÇÃO CELULAR

Como o transporte de elétrons é usado para capturar energia química das ligações

Visto que o ATP é um denominador comum de energia pelo qual todas as máquinas celulares são alimentadas, precisamos perguntar como essa energia é retirada das moléculas combustíveis. Tal questão nos direciona a uma importante generalização: *todas as células obtêm a energia química de que necessitam a partir de reações de oxirredução*. Isso significa que, na degradação das moléculas de combustível, átomos de hidrogênio (elétrons e prótons) são passados de doadores de elétrons a receptores de elétrons com liberação de energia. Uma porção dessa energia é capturada e usada para formar ligações de alta energia de moléculas como o ATP.

Uma reação de oxirredução ("redox") envolve a transferência de elétrons de um doador de elétrons (o agente redutor) para um receptor de elétrons (o agente oxidante). Tão logo o doador de elétrons perde seus elétrons, torna-se oxidado. Tão logo o receptor de elétrons recebe elétrons, torna-se reduzido (Figura 4.10). Em outras palavras, um agente redutor torna-se oxidado quando reduz um outro composto, e um agente oxidante torna-se reduzido quando oxida outro composto. Assim, para cada oxidação deve haver uma redução correspondente.

Em uma reação de oxirredução, o doador e o receptor do elétron formam um par redox:

Doador de elétron ⇌ e⁻ + Receptor de elétron + Energia
(Agente redutor;   (agente oxidante;
torna-se oxidado)   torna-se reduzido)

Quando elétrons são recebidos pelo agente oxidante, a energia é liberada, porque os elétrons movem-se para uma posição mais estável.

O ATP pode ser produzido em uma célula quando elétrons fluem por uma série de moléculas transportadoras. Cada transportador é reduzido quando recebe elétrons e então é reoxidado quando passa elétrons ao próximo transportador na série. Transferindo elétrons passo a passo dessa maneira, a energia é liberada gradualmente e o ATP é produzido. Por fim, os elétrons são transferidos para um **receptor final de elétrons**. A natureza desse aceptor final é a chave determinante da eficiência geral do metabolismo celular.

Metabolismo anaeróbico *versus* metabolismo aeróbico

Os heterótrofos (organismos que não podem sintetizar seu próprio alimento, mas precisam obtê-lo do ambiente, incluindo animais, fungos e muitos organismos unicelulares) são divididos em dois grupos, com base na eficiência de produção de energia durante o metabolismo celular: **aeróbios**, aqueles que usam oxigênio molecular como receptor final de elétrons, e **anaeróbios**, aqueles que empregam alguma outra molécula como receptor final de elétrons.

Como discutido no Capítulo 2, a vida originou-se em ausência de oxigênio e a abundância de oxigênio atmosférico foi produzida após a evolução de organismos fotossintéticos (autótrofos). Alguns organismos estritamente anaeróbicos ainda existem e de fato desempenham papéis importantes em hábitats específicos. Entretanto, a evolução favoreceu o metabolismo aeróbico, não apenas porque o oxigênio tornou-se disponível, mas também pelo fato de ser imensamente mais eficiente na produção de energia útil do que o metabolismo anaeróbico. Em ausência de oxigênio, apenas uma fração muito pequena da energia das ligações presentes nos nutrientes pode ser liberada. Por exemplo, quando um microrganismo anaeróbico degrada glicose, o receptor final de elétrons (como o ácido pirúvico) ainda contém a maior parte da energia da molécula de glicose original, e esta então não pode ser utilizada pelo organismo. Um organismo aeróbico, por outro lado, usando oxigênio como receptor final de elétrons, oxida completamente a glicose em dióxido de carbono e água. Quase 20 vezes mais de energia é liberada quando a glicose está completamente oxidada do que quando ela é degradada somente até o estágio do ácido pirúvico. Assim, uma vantagem óbvia do metabolismo aeróbico é a necessidade de uma quantidade muito menor de alimento para manter dada taxa metabólica.

Visão geral da respiração

O metabolismo aeróbico é, em geral, chamado de **respiração celular**, que é definida como a oxidação de moléculas combustíveis para produzir energia, com o oxigênio molecular como receptor final de elétrons. A oxidação de moléculas combustíveis descreve a *remoção de elétrons*, e *não* a combinação direta do oxigênio molecular com moléculas combustíveis. Examinemos os aspectos gerais do processo antes de considerá-lo detalhadamente.

Hans Krebs, o bioquímico britânico que tanto contribuiu para o nosso entendimento da respiração, descreveu três estágios na oxidação completa das moléculas combustíveis em dióxido de carbono e água (Figura 4.11). No estágio I, o alimento, passando pelo trato intestinal, é digerido e transformado em moléculas pequenas que podem ser absorvidas pela circulação (ver Seção 32.3). Não há rendimento de energia útil durante a digestão. No estágio II, também chamado **glicólise**, a maior parte da glicose é convertida em duas unidades com três carbonos (ácido pirúvico) no citoplasma. As moléculas de ácido pirúvico entram nas mitocôndrias, nas quais, em outra reação, combinam-se com uma coenzima (coenzima A) ou CoA para formar acetilcoenzima A ou acetil-CoA. Algum ATP é gerado no estágio II, mas a produção é pequena quando comparada à obtida no estágio III da respiração. A oxidação final das moléculas combustíveis no estágio III realiza-se com uma grande produção de ATP. Esse estágio ocorre inteiramente nas mitocôndrias. A acetilcoenzima A é conduzida para o ciclo de Krebs, onde o grupo acetil é completamente oxidado a dióxido de carbono. Os elétrons liberados dos grupos acetil são transferidos a transportadores especiais que os passam a compostos receptores de elétrons na cadeia transportadora de elétrons. Os elétrons (e os prótons que os acompanham) são recebidos no final da cadeia por oxigênio molecular para formar água.

Glicólise

Começamos nossa jornada pelos estágios da respiração com a glicólise ou estágio II, uma via quase universal que converte a glicose em ácido pirúvico nos organismos vivos. Em uma série de reações que ocorrem no citoplasma da célula, a glicose e outros monossacarídios com seis carbonos são quebrados em moléculas de três carbonos, o **ácido pirúvico** (Figura 4.12). Uma única oxidação ocorre durante a glicólise e cada molécula de glicose fornece duas moléculas de ATP. Nessa via, a molécula de carboidrato é fosforilada 2 vezes pelo ATP: primeiramente, para glicose-6-fosfato (não mostrada na Figura 4.12) e, posteriormente, para frutose-1,6-difosfato. O combustível agora foi "ativado" com grupos fosfato, nessa parte da glicólise que é "ladeira acima" consome energia, e está suficientemente reativo para possibilitar reações subsequentes. Esse "estímulo energético" é necessário para um retorno final em energia muitas vezes superior ao investimento energético inicial.

Na parte da glicólise que libera energia, a frutose-1,6-bifosfato é quebrada em dois açúcares com três carbonos, que sofrem uma oxidação (elétrons removidos), com os elétrons e um dos íons hidrogênio sendo doados à nicotinamida-adenina-dinucleotídio (NAD^+, um derivado da vitamina niacina) para produzir uma forma reduzida chamada de **NADH + H$^+$**. O NADH serve como uma molécula transportadora de elétrons de alta energia até a cadeia transportadora final de elétrons, onde o ATP será produzido.

$$NAD^+ + 2H \longrightarrow NADH + H^+$$

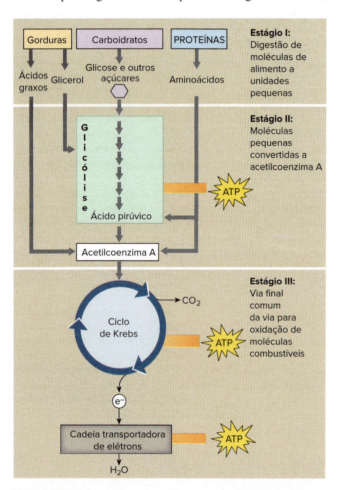

Figura 4.11 Visão geral da respiração celular mostrando os três estágios da oxidação completa das moléculas de alimento em dióxido de carbono e água.

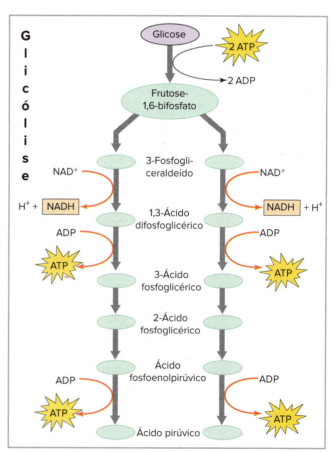

Figura 4.12 Glicólise. A glicose é fosforilada em dois passos e elevada a um nível de energia mais alto. A molécula de alta energia frutose-1,6-bifosfato é quebrada em trioses fosfatadas que são oxidadas exergonicamente a ácido pirúvico, fornecendo ATP e NADH.

Em seguida, os dois açúcares com três carbonos sofrem uma série de reações, terminando com a formação de duas moléculas de ácido pirúvico (ver Figura 4.12). Em dois desses passos, uma molécula de ATP é produzida. Em outras palavras, cada açúcar de três carbonos fornece duas moléculas de ATP, e, uma vez que existem dois açúcares com três carbonos, são geradas quatro moléculas de ATP. Duas moléculas de ATP foram usadas para "ativar" a glicose inicialmente; portanto, a produção líquida nesse ponto é de duas moléculas de ATP. As 10 reações catalisadas enzimaticamente na glicólise podem ser resumidas como:

Glicose + 2 ADP + 2 P_i + 2 NAD^+ → 2 ácidos pirúvicos + 2 NADH + 2 ATP

Tema-chave 4.3
CIÊNCIA EXPLICADA

Ácido pirúvico ou piruvato?

O ácido pirúvico é a forma não dissociada do ácido:

$$CH_3-\overset{O}{\underset{\|}{C}}-COOH$$

Sob condições fisiológicas, o ácido pirúvico dissocia-se em piruvato ($CH_3-\overset{O}{\underset{\|}{C}}-COO^-$) e H^+. É correto usar qualquer um dos dois termos ao descrever esse e outros ácidos orgânicos (como o ácido-láctico, ou lactato) no metabolismo.

Acetilcoenzima A: mediador estratégico na respiração

No metabolismo aeróbico, as duas moléculas de ácido pirúvico formadas durante a glicólise entram em uma mitocôndria. Cada molécula é oxidada, e um dos carbonos é liberado como dióxido de carbono (Figura 4.13). O resíduo com dois carbonos reage com a **coenzima A** para formar **acetilcoenzima A**, ou **acetil-CoA**, e uma molécula de NADH também é produzida.

A acetilcoenzima A é um composto mediador extremamente importante. Sua oxidação no ciclo de Krebs fornece elétrons energizados para gerar ATP; além disso, ela também é um mediador essencial no metabolismo de lipídios (ver Seção 4.6).

Ciclo de Krebs: oxidação da acetilcoenzima A

A degradação (oxidação) do grupo acetil com dois carbonos da acetilcoenzima A ocorre na matriz mitocondrial em uma sequência cíclica, chamada **ciclo de Krebs** (também chamado de ciclo do ácido cítrico e ciclo do ácido tricarboxílico [ciclo do TCA]) (Figura 4.14). A acetilcoenzima A condensa-se com um ácido que possui quatro carbonos (ácido oxalacético), liberando coenzima A para reagir novamente com mais ácido pirúvico (ver Figura 4.13). Através de uma série cíclica de reações, os dois carbonos do grupo acetil são liberados como dióxido de carbono e o ácido oxalacético é regenerado. Os íons de hidrogênio e os elétrons das oxidações transferem-se para o NAD^+ e FAD (flavina-adenina-dinucleotídio, um outro receptor de elétrons), e uma ligação altamente energética de pirofosfato é gerada na forma de guanosina trifosfato (GTP). Esse fosfato de alta energia transfere-se prontamente para o ADP para formar ATP. Os produtos finais do ciclo de Krebs são CO_2, ATP, NADH e $FADH_2$:

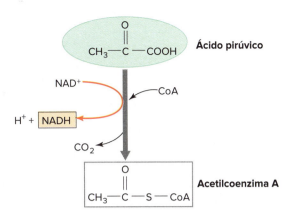

Figura 4.13 Formação de acetilcoenzima A a partir do ácido pirúvico.

Acetil-CoA + 3 NAD^+ + FAD + ADP + P_i →
2 CO_2 + 3 NADH + $FADH_2$ + ATP

As moléculas de NADH e $FADH_2$ formadas produzem 11 moléculas de ATP quando oxidadas na cadeia transportadora de elétrons. As outras moléculas no ciclo comportam-se como reagentes intermediários e produtos continuamente regenerados conforme os ciclos se completam.

Tema-chave 4.4
ECOLOGIA

Delicado equilíbrio do oxigênio e do dióxido de carbono na atmosfera da Terra

A respiração celular aeróbica usa oxigênio como aceptor final de elétrons, e libera dióxido de carbono e água da oxidação completa dos combustíveis. O dióxido de carbono que nós e outros organismos aeróbicos produzimos é removido de nossos corpos para a atmosfera durante a respiração (ver Seção 31.4). Felizmente para nós e outros aeróbios, o oxigênio é continuamente produzido por cianobactérias (algas verde-azuladas), algas eucarióticas e plantas, pelo processo de fotossíntese. Nesse processo, os átomos de hidrogênio obtidos da água reagem com o dióxido de carbono da atmosfera para gerar açúcares e oxigênio molecular. Assim, um equilíbrio entre o oxigênio e o dióxido de carbono usados e produzidos é obtido em todo o nosso planeta. Infelizmente, a produção excessiva de dióxido de carbono devido à industrialização e a diminuição da produção de oxigênio devido à remoção contínua das florestas do mundo causada por nós estão ameaçando esse equilíbrio delicado. Os níveis de dióxido de carbono continuam a aumentar, levando ao aquecimento atmosférico global causado pelo "efeito estufa" (ver Seção 37.2).

Cadeia transportadora de elétrons

A transferência dos íons hidrogênio e dos elétrons de NADH e de $FADH_2$ para o receptor final de elétrons, o oxigênio molecular, é completada em uma cadeia transportadora de elétrons elaborada, imersa na membrana interna das mitocôndrias (Figura 4.15). Cada molécula transportadora da cadeia (sinalizada de I a IV na Figura 4.15) é um grande complexo transmembrana de base proteica que recebe e libera elétrons a níveis energéticos inferiores aos do transportador precedente na cadeia. O oxigênio é o receptor final de elétrons, combinando-se com eles e com os prótons para produzir água. Assim, conforme os elétrons passam de um transportador ao próximo, energia livre é liberada. Utiliza-se parte dessa energia

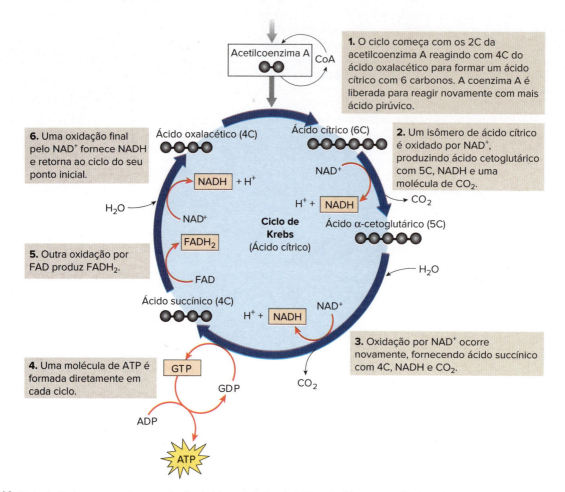

Figura 4.14 Ciclo de Krebs, que mostra a produção de três moléculas de NAD reduzido, uma molécula reduzida de FAD, uma molécula de ATP e duas moléculas de dióxido de carbono. As moléculas de NADH e de FADH2 produzirão 11 moléculas de ATP quando oxidadas no sistema transportador de elétrons.

para transportar íons H+ através da membrana mitocondrial interna e, dessa maneira, criar um gradiente de H+ através da membrana. O gradiente de H+ produzido conduz a síntese de ATP. Esse processo é chamado acoplamento quimiosmótico (ver Figura 4.15). De acordo com tal modelo, conforme os elétrons são carreados pela cadeia de transporte eles ativam moléculas transportadoras de prótons, que movem prótons (íons de hidrogênio) para fora, para o espaço entre as duas membranas mitocondriais. Isso faz a concentração de prótons no espaço intermembranas aumentar, produzindo um gradiente de difusão que é usado para conduzir os prótons de volta à matriz mitocondrial por canais especiais de prótons. Esses canais são complexos proteicos transmembrana formadores de ATP (ATP sintetase) que usam o movimento de prótons para induzir a formação do ATP. Por tal processo, a oxidação de uma NADH fornece três moléculas de ATP. O FADH2 do ciclo de Krebs entra na cadeia de transporte de elétrons em um nível de energia inferior ao do NADH e, então, fornece duas moléculas de ATP. Esse método de captura de energia é chamado de **fosforilação oxidativa**, porque a formação de fosfato de alta energia é acoplado ao consumo de oxigênio, e essas reações dependem da demanda de ATP por outras atividades metabólicas no interior da célula.

Eficiência da fosforilação oxidativa

Podemos agora calcular a produção de ATP resultante da oxidação completa de uma molécula de glicose, mostrada na Figura 4.16, o que os faz lembrar que uma molécula de glicose gera dois piruvatos e, portanto, duas moléculas de Acetil-Coa. Isso significa que as reações cíclicas do Ciclo de Krebs ocorrem duas vezes quando uma molécula de glicose é completamente oxidada. A reação geral é:

$$\text{Glicose} + 2\ \text{ATP} + 36\ \text{ADP} + 36\ \text{P} + 6\ \text{O}_2 \rightarrow$$
$$6\ \text{CO}_2 + 2\ \text{ADP} + 36\ \text{ATP} + 6\ \text{H}_2\text{O}$$

O ATP foi gerado em vários pontos ao longo do caminho (Tabela 4.1). O NADH citoplasmático produzido na glicólise necessita de uma molécula de ATP para alimentar o transporte de cada molécula de NADH para uma mitocôndria; portanto, cada NADH da glicólise produz apenas dois ATPs (de um total de quatro), comparados com os três ATP por NADH (de um total de seis) formados no interior das mitocôndrias. Somando-se os dois ATPs usados nas reações da glicólise, a produção líquida pode atingir 36 moléculas de ATP por molécula de glicose. A produção de 36 ATPs é um máximo teórico, porque alguns H+ do gradiente produzido pelo transporte de elétrons podem ser usados para outras funções, como o transporte de substâncias para fora ou para dentro da mitocôndria. A eficiência geral da oxidação aeróbica da glicose é de aproximadamente 38%, um alto rendimento se comparado ao dos sistemas de conversão de energia projetados pelo homem, os quais raramente excedem valores de 5 a 10%.

A capacidade de fosforilação oxidativa também é incrementada pelo elaborado dobramento da membrana mitocondrial interna (as cristas mostradas na Figura 4.15), que proporciona uma área de superfície muito maior para o estabelecimento de mais cadeias transportadoras de elétrons e proteínas ATP sintetase.

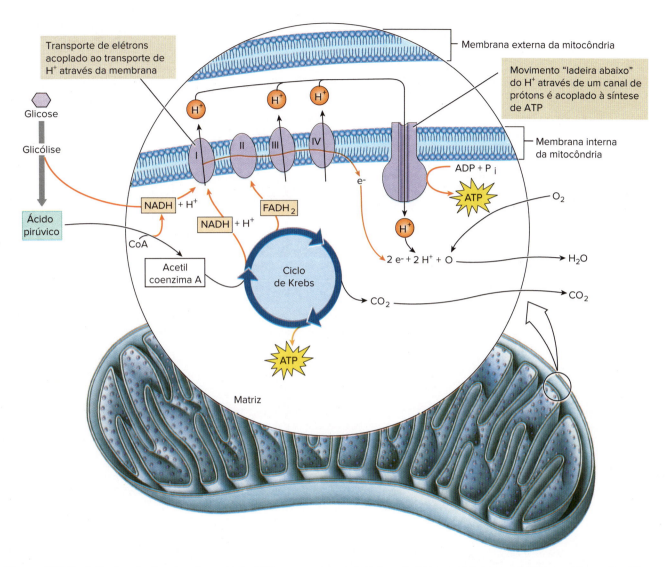

Figura 4.15 Fosforilação oxidativa. A maior parte do ATP nos organismos vivos é produzida na cadeia transportadora de elétrons. Os elétrons removidos das moléculas combustíveis nas oxidações celulares (glicólise e ciclo de Krebs) fluem pela cadeia transportadora de elétrons, cujos principais componentes são quatro complexos de proteínas transmembrana (I, II, III e IV). A energia dos elétrons é capturada pelos complexos principais e usada para empurrar H^+ para fora da membrana interna da mitocôndria. O gradiente de H^+ criado conduz H^+ para o interior através de canais de prótons (ATP sintetase) que acoplam o movimento dos H^+ com a síntese de ATP.

Tabela 4.1 Cálculo do total de moléculas de ATP geradas na respiração.

ATP gerado	Fonte
4	Diretamente na glicólise
2	Como GTP (→ ATP) no ciclo de Krebs
4	Do NADH na glicólise
6	Do NADH produzido na reação de ácido pirúvico em acetilcoenzima A
4	Do FAD reduzido no ciclo de Krebs
18	Do NADH produzido no ciclo de Krebs
38 Total	
− 2	Usado para ativar reações de fosforilação na glicólise
36 Líquido	

Glicólise anaeróbica: geração de ATP sem oxigênio

Em condições anaeróbicas, a glicose e outros açúcares com seis carbonos são convertidos passo a passo em um par de duas moléculas de ácido pirúvico com três carbonos durante a glicólise, descrita anteriormente (ver Figura 4.12). Essa série de reações produz duas moléculas de ATP e duas de NADH. Na ausência de oxigênio molecular, a oxidação adicional do ácido pirúvico não pode ocorrer porque, sem o oxigênio como receptor final de elétrons na cadeia transportadora de elétrons, o ciclo de Krebs e a cadeia transportadora de elétrons não conseguem operar e, portanto, não podem reoxidar o NADH produzido na glicólise. O problema é ordenadamente resolvido na maioria das células animais pela redução do ácido pirúvico em ácido láctico (Figura 4.17). O ácido pirúvico torna-se o receptor final de elétrons, e o ácido láctico, o produto final da glicólise anaeróbica. Esse passo converte o NADH em NAD^+, liberando-o efetivamente para ser reciclado e capturar mais H^+ e elétrons. Na **fermentação alcoólica** (p. ex.,

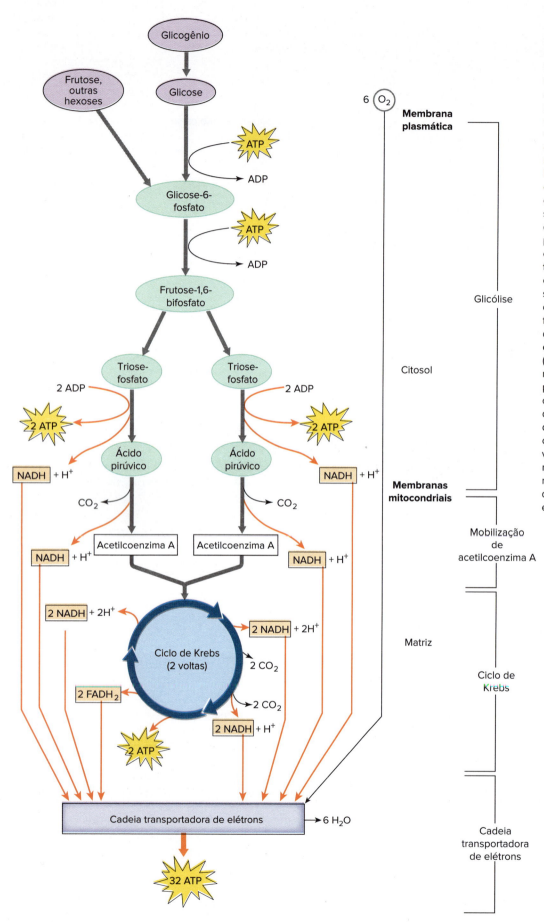

Figura 4.16 Via para oxidação da glicose e outros carboidratos. A glicose é degradada a ácido pirúvico por enzimas citoplasmáticas (via glicolítica). A acetilcoenzima A é formada a partir do ácido pirúvico e introduzida no ciclo de Krebs. Uma molécula de acetilcoenzima A (dois carbonos) é oxidada em duas moléculas de dióxido de carbono a cada ciclo. Pares de elétrons são removidos do esqueleto de carbono do substrato em vários pontos da via e são transportados por agentes oxidantes NADH ou $FADH_2$ para a cadeia transportadora de elétrons, onde 32 moléculas de ATP são geradas. Quatro moléculas de ATP também são formadas pela fosforilação do substrato na via glicolítica, e duas moléculas de ATP (inicialmente, GTP) são formadas no ciclo de Krebs. Isso produz um total de 38 moléculas de ATP por molécula de glicose (quantidade líquida de 36 moléculas). O oxigênio molecular é envolvido somente no final da via metabólica como o último receptor de elétrons no final da cadeia transportadora de elétrons para produzir água.

em levedura), os passos são idênticos aos da glicólise até o ácido pirúvico. Um dos seus carbonos é então liberado como dióxido de carbono e o composto resultante com dois carbonos é reduzido em etanol, regenerando assim o NAD⁺.

A eficiência da glicólise anaeróbica é 18 vezes inferior à da oxidação completa da glicose em dióxido de carbono e em água, mas suas principais vantagens são que ela fornece *certa* quantidade de fosfato de alta energia em situações nas quais o suprimento de oxigênio está baixo ou ausente, e que esse processo é feito em uma taxa mais elevada do que durante a fosforilação oxidativa. Muitos microrganismos vivem em locais nos quais o teor de oxigênio está seriamente limitado, como no solo encharcado, na lama de um lago ou do fundo do mar, ou ainda em uma carcaça em decomposição. O músculo esquelético dos vertebrados pode precisar muito de glicólise durante atividades rápidas, quando a contração é tão veloz e forte que o fornecimento de oxigênio aos tecidos não é suficiente para suprir as demandas de energia apenas através da fosforilação oxidativa. Nessas circunstâncias, é usada a glicólise anaeróbica para suplementar a fosforilação oxidativa. Um tipo de fibra muscular (músculo branco) tem poucas mitocôndrias e usa glicólise anaeróbica para produção de ATP (ver Seção 29.3). Em todos os tipos de músculo, uma atividade intensa ou vigorosa é seguida por um período de aumento no consumo de oxigênio conforme o ácido láctico, o produto final da glicólise anaeróbica, difunde-se do músculo para o fígado, onde é metabolizado. Uma vez que o consumo de oxigênio aumenta após a atividade pesada, diz-se que o animal adquiriu um **déficit de oxigênio** durante essa atividade, o qual é reposto quando a atividade cessa e o ácido láctico acumulado é metabolizado – ele pode ser reconvertido em ácido pirúvico e usado na respiração aeróbica para produzir mais ATP.

Alguns animais são altamente dependentes da glicólise anaeróbica durante atividades normais. Por exemplo, aves e mamíferos mergulhadores usam a glicólise quase inteiramente para providenciar a energia necessária para sustentar mergulhos longos sem respirar. O salmão jamais atingiria os seus locais de desova não fosse o fornecimento via glicólise anaeróbica de quase todo o ATP usado na poderosa atividade muscular necessária para conduzi-lo contra corredeiras e cachoeiras (ver Figura 24.27). Muitos animais parasitos dispensaram inteiramente a fosforilação oxidativa em alguns estágios dos seus ciclos de vida. Eles secretam produtos finais do seu metabolismo energético relativamente reduzidos, como os ácidos succínico, acético e propiônico. Esses compostos são produzidos em reações mitocondriais que derivam várias vezes mais moléculas de ATP do que o ciclo da glicólise em ácido láctico, embora tais sequências de reações sejam ainda muito menos eficientes do que a cadeia transportadora de elétrons aeróbica.

4.6 METABOLISMO DE LIPÍDIOS

O propósito central do metabolismo de carboidratos e lipídios é fornecer energia, em grande parte, necessária para construir e manter a estrutura e os processos metabólicos. O primeiro passo na quebra de um triglicerídio (ver Seção 2.2) é a sua hidrólise em glicerol e três moléculas de ácidos graxos (Figura 4.18). O glicerol é fosforilado e entra na via glicolítica (ver Figura 4.11).

O restante da molécula de triglicerídio consiste em ácidos graxos (ver Seção 2.2). Por exemplo, o **ácido esteárico** é um dos ácidos graxos de ocorrência naturalmente abundante.

$$H_3C-CH_2-CH_2-CH_2-CH_2-CH_2-CH_2-CH_2-CH_2$$
$$-CH_2-CH_2-CH_2-CH_2-CH_2-CH_2-CH_2-CH_2-C(=O)OH$$

Ácido esteárico

A longa cadeia de hidrocarbonetos de um ácido graxo é quebrada pela oxidação de dois carbonos por vez; estes são liberados como acetilcoenzima A da extremidade da molécula (ver Figura 4.11). Embora duas ligações de fosfato de alta energia sejam necessárias para ativar cada fragmento de dois carbonos, a energia é derivada tanto da redução de NAD⁺ em NADH + H⁺ quanto de FAD em FADH₂, e de cada acetilcoenzima A conforme é degradada no ciclo de Krebs. A oxidação completa de uma molécula com 18 átomos de carbono de ácido esteárico produz 146 moléculas de ATP. Em comparação, três moléculas de glicose (também com 18 átomos de carbono no total) fornecem 108 moléculas de ATP. Considerando que cada triglicerídio contém três moléculas de ácidos graxos, são formadas no total 440 moléculas de ATP. Vinte e duas moléculas de ATP são geradas na quebra do glicerol, produzindo um total final de 462 moléculas de ATP – não é à toa

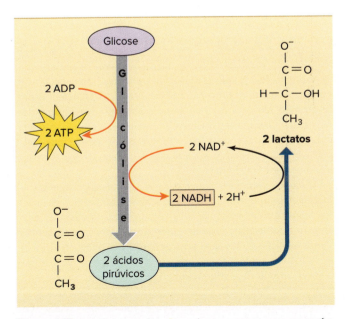

Figura 4.17 Glicólise anaeróbica, um processo que ocorre em ausência de oxigênio. A glicose é quebrada em duas moléculas de ácido pirúvico, com uma produção líquida de duas moléculas de ATP. O ácido pirúvico, o receptor final de elétrons para os íons de hidrogênio e elétrons liberados durante a formação do ácido pirúvico, é convertido em ácido láctico. O hidrogênio e os elétrons são reciclados através do transportador NAD⁺.

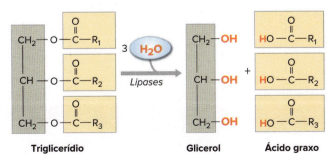

Figura 4.18 Hidrólise de um triglicerídio (gordura neutra) por uma lipase intracelular. Os grupos R de cada ácido graxo representam uma cadeia de hidrocarbonetos conforme pode ser visto no exemplo do ácido esteárico.

que a gordura seja considerada a rainha dos combustíveis animais! As gorduras são combustíveis mais concentrados do que os carboidratos. Como as gorduras são hidrocarbonetos quase puros, elas contêm mais hidrogênio por átomo de carbono do que os açúcares (ver Seção 2.2), e são os elétrons energizados do hidrogênio que geram as ligações de alta energia quando transportados através da cadeia transportadora de elétrons mitocondrial.

Os estoques de gordura advêm principalmente do excesso de gorduras e carboidratos da dieta. A acetilcoenzima A é a fonte de átomos de carbono usada para construir ácidos graxos. Uma vez que todas as principais classes de moléculas orgânicas (carboidratos, gorduras e proteínas) podem ser degradadas em acetilcoenzima A (ver Figura 4.11), todas podem ser convertidas em gordura armazenada. A via da biossíntese de ácidos graxos assemelha-se ao reverso da via catabólica já descrita, mas necessita de um conjunto de enzimas inteiramente diferente. A cadeia do ácido graxo é construída pela combinação de dois carbonos por vez, a partir da acetilcoenzima A. Uma vez que os ácidos graxos liberam energia quando são oxidados, eles obviamente necessitam de uma entrada de energia para a sua síntese. Esta é suprida principalmente pela energia dos elétrons da degradação da glicose. Assim, o total de ATP resultante da oxidação de uma molécula de triglicerídio não é tão grande quanto a calculada, pois a sua síntese e armazenagem exigem uma quantidade variável de energia.

As gorduras estocadas são a maior reserva de combustível no corpo. A maior parte da gordura utilizável reside no tecido adiposo, composto por células especializadas empacotadas com glóbulos de triglicerídios. O tecido adiposo branco é amplamente distribuído na cavidade abdominal, nos músculos, ao redor de vasos sanguíneos profundos, em órgãos grandes (p. ex., coração e rins) e especialmente sob a pele. As mulheres apresentam em média 30% a mais de gordura do que os homens, característica grandemente responsável pelas diferenças morfológicas entre homens e mulheres. Os seres humanos podem acumular facilmente grandes quantidades de gordura, gerando prejuízos à saúde.

> **Tema-chave 4.5**
> **CONEXÕES COM SERES HUMANOS**
>
> **Obesidade em seres humanos**
>
> Aspectos fisiológicos e psicológicos da obesidade continuam a ser investigados por muitos cientistas. A ingestão de alimentos e, portanto, a quantidade de deposição de gordura, é regulada pelos centros de alimentação localizados no cérebro (hipotálamo lateral e ventral e bulbo (medula oblonga) – ver Figura 33.14B). O ponto de ajuste dessas regiões determina a ingestão normal de alimentos e peso corporal para um indivíduo, que pode ser mantido acima ou abaixo do que é considerado normal para humanos. Embora possa haver um componente genético para a obesidade em algumas pessoas, as proporções epidêmicas da obesidade nos EUA são facilmente explicadas pelo estilo de vida e hábitos alimentares. Outros países industrializados mostram uma tendência semelhante de desenvolvimento de obesidade. A pesquisa também revela que o metabolismo lipídico em indivíduos obesos parece ser anormal em comparação com indivíduos magros. Essa pesquisa resultou no desenvolvimento de medicamentos que atuam em vários estágios do metabolismo lipídico, como na diminuição da digestão e absorção de lipídios pelo trato digestório ou no aumento do metabolismo de lipídios, uma vez que tenham sido absorvidos pelo corpo.

4.7 METABOLISMO DE PROTEÍNAS

O tópico central de nossas considerações será o metabolismo dos aminoácidos, já que compõem as proteínas e 20 deles são de ocorrência comum (Seção 2.2, *Macromoléculas*). O metabolismo dos aminoácidos é complexo, porque cada um dos 20 aminoácidos exige uma via separada para biossíntese e degradação. Os aminoácidos são precursores das proteínas nos tecidos, enzimas, ácidos nucleicos e outros constituintes nitrogenados que formam os componentes celulares.

Quando os animais comem proteínas, a maioria é digerida no trato digestório, liberando os aminoácidos constituintes, os quais são então absorvidos (Figura 4.19). As proteínas dos tecidos também são hidrolisadas durante o crescimento normal, reparação e reestruturação de tecidos; seus aminoácidos unem-se àqueles derivados das proteínas encontradas nos alimentos para entrar no **reservatório de aminoácidos**. Uma porção do reservatório de aminoácidos é usada para reconstruir as proteínas dos tecidos, mas a maioria dos animais ingere proteína em excesso. Os aminoácidos não são excretados em quantidades significativas e, assim, precisam ser metabolizados de algum outro modo. Na realidade, os aminoácidos podem ser e são metabolizados através de vias oxidativas para produzir fosfatos de alta energia. Resumindo, proteínas em excesso servem como combustível do mesmo modo que carboidratos e gorduras. Sua importância como combustível

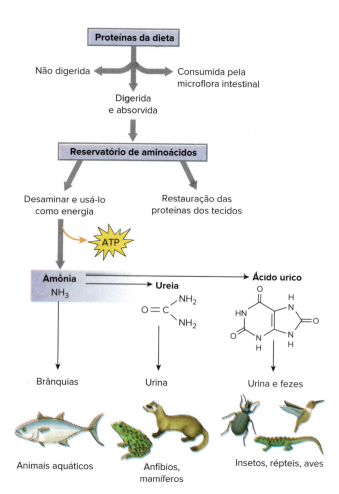

Figura 4.19 Destino das proteínas da dieta.

depende obviamente da natureza da dieta. Nos carnívoros que possuem uma dieta quase exclusivamente de proteína e gordura (ver Seção 28.2), aproximadamente metade de seu fosfato de alta energia vem da oxidação de aminoácidos.

Antes que uma molécula de aminoácido possa entrar no depósito de combustível, o nitrogênio precisa ser removido por desaminação (o grupo amina se divide para formar amônia e um cetoácido) ou por transaminação (grupo amina é transferido para um cetoácido para produzir um novo aminoácido). Assim, a degradação dos aminoácidos fornece dois produtos principais, esqueletos de carbono e amônia, que são processados em vias diferentes. Uma vez removidos os átomos de nitrogênio, os esqueletos carbônicos dos aminoácidos podem ser completamente oxidados, em geral pela via do ácido pirúvico ou ácido acético. Esses resíduos então entram na via final habitual para oxidação do combustível usado pelo metabolismo de gorduras e carboidratos (ver Figura 4.11).

O outro produto da degradação dos aminoácidos é a amônia. Ela é altamente tóxica, porque inibe a respiração por reagir com o ácido alfacetoglutárico para formar ácido glutâmico (um aminoácido), removendo efetivamente o alfacetoglutarato do ciclo de Krebs (ver Figura 4.14). Eliminar a amônia é pouco problemático para os animais aquáticos, porque ela é solúvel e difunde-se facilmente no meio circundante, frequentemente através das superfícies respiratórias. Os animais terrestres não podem livrar-se da amônia de maneira tão conveniente e precisam desintoxicar-se transformando-a em um composto relativamente não tóxico. Os dois compostos principais formados são a **ureia** e o **ácido úrico**, embora uma variedade de outras formas não tóxicas de amônia seja excretada por diferentes animais. Entre os vertebrados, os anfíbios e especialmente os mamíferos produzem sobretudo ureia. Os répteis e as aves (ver Seção 27.2), assim como muitos invertebrados terrestres, produzem principalmente ácido úrico (p. ex., insetos; ver Seção 21.3).

A característica principal que determina a escolha do rejeito nitrogenado é a disponibilidade de água no ambiente. Quando a água é abundante, o principal resíduo nitrogenado é a amônia; quando a água é escassa, é a ureia. Os animais que vivem em hábitats verdadeiramente áridos usam o ácido úrico. O ácido úrico é altamente insolúvel e precipita-se facilmente em solução, facilitando sua remoção na forma sólida. A produção de ácido úrico requer grande consumo de energia, mas o benefício é a conservação da água. Os embriões de aves e répteis beneficiam-se enormemente da excreção dos resíduos nitrogenados como ácido úrico, porque o resíduo não pode ser eliminado através das cascas (ver Seção 26.1). Durante o desenvolvimento embrionário, o ácido úrico sólido, não prejudicial, é retido em uma das membranas extraembrionárias. Quando um jovem emerge no seu novo mundo, o ácido úrico acumulado é descartado com a casca e as membranas que sustentaram o seu desenvolvimento.

RESUMO

Seção	Conceito-chave
4.1 Energia e leis da termodinâmica	• Os sistemas vivos estão sujeitos às mesmas leis da termodinâmica que governam os sistemas não vivos • A primeira lei afirma que a energia não pode ser destruída, embora possa mudar de forma. A segunda lei afirma que a estrutura dos sistemas segue em direção à aleatoriedade total, ou entropia crescente, à medida que a energia é dissipada • A energia solar capturada pela fotossíntese como energia de ligação química é passada através da cadeia alimentar, onde é usada para biossíntese, transporte ativo e movimento, antes de finalmente ser dissipada como calor • Os organismos vivos são capazes de diminuir sua entropia e manter uma ordem interna elevada, porque a biosfera é um sistema aberto a partir do qual a energia pode ser capturada e usada. A energia disponível para uso em reações bioquímicas é denominada "energia livre".
4.2 Papel das enzimas	• As enzimas são geralmente proteínas, frequentemente associadas a cofatores não proteicos, que aceleram enormemente as taxas de reações químicas em sistemas vivos • Uma enzima atua se ligando temporariamente a seu reagente (substrato) a um sítio ativo em um ajuste altamente específico. Nessa configuração, as barreiras de energia de ativação interna são reduzidas o suficiente para modificar o substrato, e a enzima é restaurada à sua forma original.
4.3 Regulação enzimática	• A integração das vias metabólicas é regulada com precisão por mecanismos que controlam a quantidade e a atividade das enzimas • A quantidade de algumas enzimas é regulada por certas moléculas que ativam ou desativam a síntese enzimática • A atividade enzimática pode ser alterada pela presença ou ausência de metabólitos que causam mudanças conformacionais nas enzimas e, assim, melhoram ou diminuem sua eficácia como catalisadores.
4.4 Transferência de energia química pelo ATP	• As células usam a energia armazenada nas ligações químicas dos combustíveis orgânicos, degradando os combustíveis por meio de uma série de etapas controladas enzimaticamente • Essa energia de ligação é transferida para o ATP e empacotada na forma de ligações de fosfato de "alta energia" • O ATP é produzido conforme necessário nas células para alimentar vários processos mecânicos, de síntese e de secreção.

Seção	Conceito-chave
4.5 Respiração celular	• A glicose é uma importante fonte de energia para as células. No metabolismo aeróbico (respiração), a glicose de 6 carbonos é dividida em duas moléculas de 3 carbonos de ácido pirúvico. O ácido pirúvico é descarboxilado para formar acetil-CoA de 2 carbonos, um intermediário estratégico que entra no ciclo de Krebs. A acetil-CoA também pode ser derivada da decomposição da gordura. No ciclo de Krebs, a acetil-CoA é oxidada em uma série de reações, originando dióxido de carbono e produzindo, no curso das reações, elétrons energizados que são passados para as moléculas aceptoras de elétrons (NAD$^+$ e FAD) • No estágio final, os elétrons energizados são passados ao longo de uma cadeia de transporte de elétrons que consiste em uma série de portadores de elétrons localizados nas membranas internas das mitocôndrias. Um gradiente de hidrogênio é produzido à medida que os elétrons são passados de portador a portador e, finalmente, ao oxigênio, e o ATP é gerado conforme os íons de hidrogênio fluem por seu gradiente eletroquímico através das moléculas de ATP sintase localizadas na membrana mitocondrial interna. Um total líquido de 36 moléculas de ATP pode ser gerado a partir de uma molécula de glicose • Na ausência de oxigênio (glicólise anaeróbica), a glicose é degradada em duas moléculas de 3 carbonos de ácido láctico, produzindo duas moléculas de ATP. Embora a glicólise anaeróbica seja muito menos eficiente do que o metabolismo aeróbico, ela fornece uma energia essencial para a contração muscular quando um grande gasto de energia ultrapassa a capacidade do sistema de fornecimento de oxigênio de um animal; também é a única fonte de geração de energia para microrganismos que vivem em ambientes sem oxigênio.
4.6 Metabolismo de lipídios	• Os triglicerídios (gorduras neutras) são depósitos especialmente ricos em energia metabólica porque os ácidos graxos dos quais são compostos são altamente reduzidos e não contêm água. Os ácidos graxos são degradados pela remoção sequencial de unidades de 2 carbonos, que entram no ciclo de Krebs por meio da acetil-CoA.
4.7 Metabolismo de proteínas	• Os aminoácidos em excesso à síntese de proteínas e outras biomoléculas são usados como combustível. Eles são degradados por desaminação ou por transaminação para produzir esqueletos de amônia e carbono. Este último entra no ciclo de Krebs para ser oxidado • A amônia é um resíduo altamente tóxico, que os animais aquáticos expelem rapidamente, em geral através das superfícies respiratórias. Animais terrestres, no entanto, convertem amônia em compostos muito menos tóxicos para descarte, como ureia ou ácido úrico.

QUESTÕES DE REVISÃO

1. Enuncie a primeira e a segunda leis da termodinâmica. Os sistemas vivos podem aparentemente violar a segunda lei da termodinâmica porque os seres vivos mantêm um alto grau de organização, a despeito da tendência universal em direção a uma crescente desorganização. Qual é a explicação para esse aparente paradoxo?
2. Explique o que se entende por "energia livre" em um sistema. Uma reação ocorrida espontaneamente terá uma mudança positiva ou negativa na energia livre?
3. Muitas reações bioquímicas ocorrem lentamente a menos que a barreira energética à reação seja rebaixada. Como isso é realizado nos sistemas vivos?
4. O que acontece na formação de um complexo enzima-substrato que favorece a ruptura das ligações do substrato?
5. Explique três maneiras pelas quais as enzimas são reguladas nas células.
6. O que é entendido por "ligação de alta energia" e por que a produção de moléculas com essas ligações poderia ser útil aos seres vivos?
7. Embora o ATP forneça energia para uma reação endergônica, por que não é considerado um combustível?
8. O que são reações de oxirredução e por que são consideradas tão importantes no metabolismo celular?
9. Dê um exemplo de receptor final de elétrons encontrado em organismos aeróbios e anaeróbios. Por que o metabolismo aeróbico é mais eficiente do que o anaeróbico?
10. Por que é necessário "ativar" a glicose com ligações fosfato de alta energia antes que possa ser degradada em vias glicolíticas?
11. O que acontece aos elétrons removidos durante a oxidação das trioses fosfatadas na glicólise?
12. Por que a acetilcoenzima A é considerada um "mediador estratégico" na respiração?
13. Por que moléculas de oxigênio são importantes na fosforilação oxidativa? Quais as consequências se elas estiverem ausentes por um curto período de tempo nos tecidos que usam rotineiramente a fosforilação oxidativa para produzirem a sua energia útil?
14. Explique como os animais podem gerar ATP sem oxigênio. Uma vez que a glicólise anaeróbica é muito menos eficiente do que a fosforilação oxidativa, por que não foi abandonada durante a evolução?
15. Por que as gorduras animais são chamadas de "rainhas dos combustíveis"? Qual é o significado da acetilcoenzima A para o metabolismo dos lipídios?
16. A quebra de aminoácidos fornece dois produtos: amônia e esqueletos de carbono. O que acontece a esses produtos?
17. Explique a relação entre a quantidade de água no ambiente de um animal e o tipo de resíduo nitrogenado que ele produz.

Para reflexão. Alimentos dietéticos com frequência alertam que contêm baixo teor de gordura, mas, em vez disso, contêm açúcares. Explique por que eles, ainda assim, causam ganho de peso.

PARTE 2

5

Genética: Revisão

OBJETIVOS DE APRENDIZAGEM

Após leitura do capítulo, você será capaz de:

5.1 Explicar por que as ervilhas eram ideais para os experimentos de Mendel e por que as moscas da fruta *Drosophila melanogaster* são ainda melhores para estudos genéticos.

5.2 Explicar como a meiose transforma uma célula diploide com cromossomos replicados (duas cromátides por cromossomo) em quatro células haploides com cromossomos não replicados (uma cromátide por cromossomo). Explicar os sistemas XO, XY e WZ de determinação cromossômica do sexo.

5.3 Explicar as Leis de Mendel como consequências da formação de gametas por meiose, seguida pela fertilização de gametas para formar um zigoto. Explicar como a ligação genética, sexual e a não disjunção esporádica de cromossomos na meiose causam exceções a uma das "Leis" de Mendel.

5.4 Explicar o conceito de gene aplicado à herança mendeliana e a hipótese "um gene-um polipeptídio" de expressão gênica.

5.5 Explicar os papéis dos ácidos nucleicos DNA e RNA na transmissão e/ou expressão de genes.

5.6 Explicar a mutação como a fonte final da variação genética.

5.7 Explicar como a mutação genética pode alterar a expressão normal de um gene para causar câncer.

Local do jardim experimental de Gregor Mendel, Brno, República Tcheca.
©Larry Roberts/McGraw-Hill Education

Um código para todas as formas da vida

O princípio da transmissão hereditária é um dogma central da vida na Terra: todos os organismos herdam a organização estrutural e funcional de seus progenitores. O que é transmitido dos pais para os descendentes é uma célula funcional (zigoto) que contém uma coleção de instruções em código, as quais ela usa para orientar suas divisões celulares, crescimento e desenvolvimento, e, assim, construir um corpo semelhante àqueles de seus progenitores. Essas instruções estão na forma de genes, as unidades fundamentais da herança. Um grande triunfo da biologia moderna foi a descoberta de James Watson e Francis Crick, em 1953, sobre a natureza das instruções codificadas nos genes. O material genético (ácido desoxirribonucleico, DNA) é composto de bases nitrogenadas dispostas em uma cadeia química de unidades açúcar-fosfato. O código genético está na ordem linear, ou sequência de bases, da cadeia do DNA.

Como as moléculas de DNA se duplicam e passam de geração para geração, as variações genéticas podem persistir e se espalhar em uma população. As variações moleculares, chamadas de mutações, são a maior fonte de variação biológica e a matéria-prima da evolução.

Um princípio básico da teoria evolutiva moderna é que os organismos adquirem sua diversidade por meio de modificações hereditárias das populações. Todas as linhagens de plantas e animais conhecidas são aparentadas porque descendem de populações ancestrais comuns.

A hereditariedade estabelece a continuidade das formas vivas. Apesar de pais e descendentes de determinada geração poderem parecer diferentes, existe, contudo, para cada espécie de planta e animal, uma continuidade genética que passa de geração para geração. Os filhos herdam de seus pais uma coleção de informações em código (**genes**) que o ovo fecundado usa, junto com fatores ambientais, para orientar seu desenvolvimento, que resultará em um adulto com características físicas únicas. Cada geração passa para a próxima as instruções necessárias para a manutenção da continuidade da vida.

O gene é a unidade básica da função hereditária. O estudo sobre o que são os genes, como são transmitidos e como atuam é a ciência da genética. É uma ciência que revela as causas subjacentes da *semelhança*, como é vista na extraordinária exatidão da reprodução e da *variação*, o material de trabalho da evolução orgânica. Todas as formas vivas usam a mesma fonte de informação, transferência e sistema de tradução da informação, o que explica a sua estabilidade e revela sua descendência de uma forma ancestral comum. Esse é um dos mais importantes conceitos unificadores da Biologia.

5.1 PESQUISAS DE MENDEL

A primeira pessoa a formular os princípios da hereditariedade foi Gregor Johann Mendel (1822-1884) (ver Figura 5.1 e Figura 1.13), um monge Agostiniano que vivia em Brünn (Brno), Moravia. Brünn era então parte da Áustria, mas atualmente situa-se no leste da República Tcheca. De 1856 a 1864, enquanto cultivava ervilhas em um pequeno jardim do monastério, Mendel examinou com grande cuidado a progênie de várias milhares de plantas. Ele apresentou, com elegante simplicidade, as leis que governam a transmissão das características de pais para filhos. Suas descobertas, publicadas em 1866, foram de enorme significado, surgidas logo após a publicação de Darwin *A Origem das Espécies*. Os modos de herança que Mendel descreveu foram inicialmente considerados como característicos das ervilhas. A partir de 1900, 35 anos após a conclusão do trabalho e 16 anos após a morte de Mendel, biólogos mostraram que os princípios de Mendel ilustraram os sistemas hereditários básicos da maioria das plantas, animais e fungos.

Mendel escolheu ervilhas do jardim para seus experimentos clássicos porque elas têm linhagens puras, que diferem umas das outras por características definidas. Por exemplo, algumas variedades têm plantas anãs e outras altas; algumas linhagens produzem sementes lisas e outras rugosas (Figura 5.1). Cuidadosamente, ele evitou características mais quantitativas, com variação contínua. Um segundo motivo para escolher ervilhas foi porque elas eram autopolinizantes, mas sujeitas a fertilização cruzada experimental. A flor de uma ervilha de jardim normalmente não abre, o que garante que gametas masculinos e femininos que se unem na fertilização sejam da mesma flor. Esse sistema de cruzamento produz linhagens que são "cruzamentos verdadeiros": a progênie corresponde às características genéticas dos pais.

Mendel cruzou variedades com atributos contrastantes, realizando cruzamentos para cada uma das sete características mostradas na Figura 5.1. Ele removia os estames (órgão masculino da flor, que contém o pólen) de uma flor para evitar a autofecundação e, então, colocava no estigma (órgão feminino da flor) o pólen da flor de uma planta de linhagem pura para a característica contrastante. A polinização por outras fontes, como vento e insetos, era rara e não afetou os resultados. As proles desses cruzamentos são chamadas de híbridos, significando que contêm informação genética de duas linhagens parentais diferentes. Ele coletava sementes das flores que foram objeto da fecundação cruzada, plantava essas sementes híbridas e examinava as plantas resultantes para as características contrastantes que estavam sendo estudadas. Essas plantas híbridas, então, produziam prole por autopolinização dentro das flores fechadas. Mendel fez a importante descoberta de que os fatores de hereditariedade para atributos contrastantes se misturam nas plantas híbridas. Os híbridos passam as características de cada progenitor intactas e inalteradas às suas progênies, mostrando que a herança é particulada, e não misturada.

Tema-chave 5.1
GENÉTICA E DESENVOLVIMENTO

Drosophila melanogaster

Um grande avanço na genética cromossômica foi feito quando o geneticista norte-americano Thomas Hunt Morgan e seus colegas selecionaram uma espécie de mosca-da-fruta, *Drosophila melanogaster*, para seus estudos (1910-1920). As moscas eram criadas de forma barata e fácil em garrafas no laboratório, alimentadas com um meio de cultura simples de bananas e fermento. Mais importante, eles produziram uma nova geração a cada 10 dias, permitindo que Morgan coletasse dados pelo menos 25 vezes mais rápido do que com organismos que levam mais tempo para amadurecer, como ervilhas. As glândulas salivares das larvas de moscas contêm cromossomos altamente replicados, chamados de cromossomos politênicos, cujos padrões de bandas permitem que as localizações cromossômicas dos genes sejam determinadas com precisão. O trabalho de Morgan levou ao mapeamento de genes nos cromossomos e fundou a disciplina da citogenética.

Mendel não conhecia nada sobre a base celular da hereditariedade, uma vez que cromossomos e genes ainda não haviam sido descobertos. Embora seja admirável o poder do intelecto de Mendel, que descobriu os princípios da herança sem o conhecimento dos cromossomos, esses princípios são mais fáceis de entender se antes revirmos o comportamento dos cromossomos na produção das **células germinativas**.

5.2 BASE CROMOSSÔMICA DA HERANÇA

Nos organismos que se reproduzem sexuadamente, células germinativas especiais, ou **gametas** (óvulo e espermatozoide), transmitem a informação genética dos pais para os filhos. Uma explicação científica para os princípios da genética exigiu o estudo microscópico das células germinativas, seu comportamento e a correlação entre sua transmissão e os resultados visíveis da herança. Suspeitava-se, desde o começo, que os núcleos das células germinativas, especialmente os cromossomos, forneceriam a resposta verdadeira sobre o mecanismo hereditário. Aparentemente, os cromossomos são as únicas entidades transmitidas em quantidades iguais, de ambos os pais para os filhos.

Quando as leis de Mendel foram redescobertas em 1900, sua correspondência com o comportamento citológico dos cromossomos era óbvia. Experimentos posteriores mostraram que os cromossomos transportavam a informação hereditária.

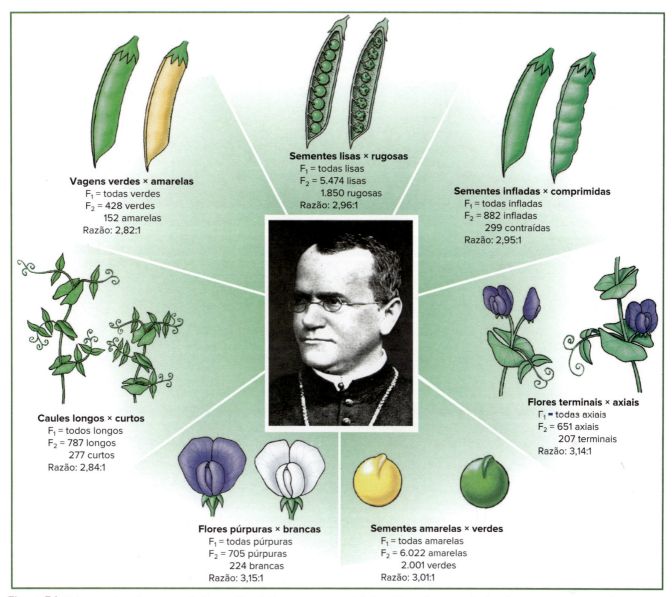

Figura 5.1 Sete experimentos nos quais Gregor Mendel baseou seus postulados. Estes são os resultados dos cruzamentos monoíbridos para primeira e segunda gerações.

Meiose: divisão reducional dos gametas

Apesar das espécies animais diferirem muito quanto aos números, tamanhos e formas dos cromossomos presentes em suas células somáticas, uma particularidade comum a todas é que os cromossomos ocorrem aos pares. Os dois membros de um par de cromossomos contêm genes semelhantes que codificam mesmo conjunto de características e geralmente, mas nem sempre, têm o mesmo tamanho e forma. Os membros desses pares são chamados de cromossomos **homólogos**, e cada membro do par é chamado de **homólogo**. Um homólogo vem da mãe e o outro, do pai. Um **conjunto** de cromossomos é formado por um cromossomo de cada par. As ervilhas de Mendel contêm 14 cromossomos, dois conjuntos com 7 cromossomos em cada. O número de cromossomos em um conjunto varia consideravelmente entre as espécies.

Sempre que um animal ou planta produz gametas, ele deve produzir células-filhas haploides a partir de uma célula progenitora diploide. A **meiose** é uma divisão celular especial na qual uma duplicação do material genético de uma célula é seguida por duas rodadas de divisões celulares (Figura 5.2). O resultado é um conjunto de quatro células-filhas, cada uma das quais com apenas *um* membro de cada par de cromossomos homólogos. Os cromossomos presentes em uma célula-filha, ou gameta, resultante da meiose, formam um conjunto único de cromossomos. O número de cromossomos nessas células, que varia de espécie para espécie, é chamado de número **haploide** (n) de cromossomos. Quando dois gametas se unem na fecundação, cada um contribui com seu conjunto de cromossomos para a nova célula formada, chamada de **zigoto**, que tem dois conjuntos completos de cromossomos. O número de cromossomos de dois conjuntos completos é chamado de número **diploide** ($2n$). Nos seres humanos, os zigotos e todas as células somáticas normalmente têm um número diploide ($2n$) de 46 cromossomos; os gametas têm o número haploide (n), ou 23, e a meiose reduz de diploide para haploide o número de cromossomos por célula.

Assim, normalmente cada célula tem duas cópias de cada gene que codifica determinado atributo, uma cópia em cada cromossomo homólogo. Formas alternativas de genes para o mesmo atributo são **alelos**. Às vezes, apenas um dos alelos tem efeito

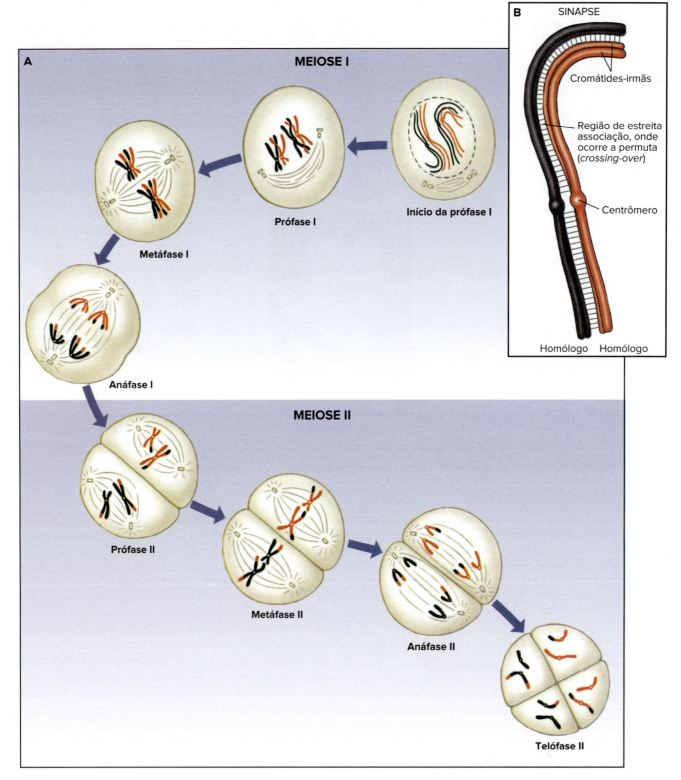

Figura 5.2 A. Meiose em uma célula sexual com dois pares de cromossomos. Prófase I, os cromossomos homólogos se encontram encostados lado a lado, ou sinapse, formando bivalentes. Um bivalente consiste em um par de cromossomos homólogos, em que cada um tem um par de cromátides idênticas unidas por um centrômero. Metáfase I, os bivalentes se alinham na região equatorial das fibras do fuso. Anáfase I, os cromossomos que formavam os bivalentes são puxados para polos opostos. Prófase II, as células-filhas contêm um cromossomo de cada par de homólogos (haploide), mas cada cromossomo está duplicado (duas cromátides presas em um centrômero). Metáfase II, os cromossomos se movem para a região equatorial das fibras do fuso. Anáfase II, as cromátides de cada cromossomo se separam. Telófase II, são formadas quatro células haploides (gametas), cada uma delas com cromossomos não duplicados (uma cromátide por cromossomo). **B.** Na prófase I ocorre sinapse, na qual os cromossomos homólogos podem se quebrar e trocar pedaços correspondentes (o material trocado entre cromátides de cromossomos homólogos é mostrado por código de cor na metáfase I da parte **A**). As cromátides-irmãs e a região de associação próxima se estendem ao longo de todo o comprimento do bivalente. Proteínas de coesão específicas da meiose, chamadas de complexo sinaptonêmico, seguram os quatro filamentos do bivalente, em estreita associação durante a sinapse.

visível no organismo, embora os dois estejam presentes em cada célula e qualquer um dos dois possa ser passado para a progênie por meiose e subsequente fecundação.

Tema-chave 5.2
GENÉTICA E DESENVOLVIMENTO

Alelos e mutação

Os alelos são formas alternativas do mesmo gene que surgiram por mutação da sequência de DNA. Como um time de beisebol com vários arremessadores dos quais apenas um deles pode ocupar o lugar do arremessador por vez, somente um alelo pode ocupar um loco cromossômico (posição). Alelos alternativos para os locos podem estar em cromossomos homólogos de um único indivíduo, tornando *esse* indivíduo heterozigoto para o gene em questão. Numerosas formas alélicas de um gene podem ser encontradas em diferentes indivíduos em uma população, uma condição chamada de "alelos múltiplos" (ver Seção 5.3). Existem três alelos para a cor da concha no caracol *Cepaea nemoralis*: marrom, rosa e amarelo. O rosa é geneticamente dominante sobre o amarelo e o marrom é geneticamente dominante sobre o rosa e o amarelo.

Como um gene tem muitos locais sujeitos a mutações, alelos múltiplos são a condição comum para a maioria dos genes, embora nem todas as mutações alterem a sequência de aminoácidos na proteína codificada. A região do gene cromossômico da apolipoproteína E, que transporta o colesterol pelo sangue nos seres humanos, tem mais de 30 alelos presentes, mas existem apenas três formas alélicas comuns da proteína codificada. A variação entre os alelos da proteína é importante em estudos de doença arterial coronariana e doença de Alzheimer.

Durante o crescimento de um indivíduo, todas as células que se dividem contêm os dois conjuntos de cromossomos (a mitose é descrita na Seção 3.3). Nos órgãos reprodutivos, os gametas (células germinativas) são formados após a meiose, que *separa* os cromossomos de cada par de homólogos. Sem essa divisão reducional, a união do óvulo com o espermatozoide produziria 2 vezes mais cromossomos do que seus pais.

Os geneticistas usam uma definição padrão precisa de cromossomo: todo material anexado a um único centrômero. *A compreensão dessa definição é essencial para a interpretação da descrição de meiose que se segue.* Imediatamente após a divisão celular por mitose (ver Seção 3.3), cada cromossomo apresenta uma única longa molécula de DNA em dupla fita presa a proteínas cromossômicas, chamada de cromátide. O DNA e seu material cromossômico associado são replicados durante a "interfase" do ciclo celular entre as divisões celulares. O material replicado é preso ao mesmo centrômero no qual a cromátide da qual foi replicado está presa, gerando duas cromátides idênticas **em um mesmo cromossomo**. De acordo com a definição de cromossomo, a replicação do material cromossômico não altera o número de cromossomos presentes em uma célula porque o número de centrômeros não mudou. Cada centrômero, no entanto, carrega duas cromátides. Um cromossomo com uma única cromátide é chamado de "cromossomo não replicado" e um que carrega duas cromátides é chamado de "cromossomo replicado". Um cromossomo replicado é um único cromossomo até que uma divisão celular subsequente rompa o seu centrômero para formar dois centrômeros-filhos, cada um carregando uma única cromátide para polos opostos da célula. Cada cromátide é então um cromossomo não replicado separado. Portanto, a divisão celular quebra cada cromossomo replicado para formar dois cromossomos não replicados.

Embora a terminologia seja contraintuitiva para muitos estudantes, a replicação do material cromossômico na interfase duplica a quantidade de material cromossômico na célula sem alterar o número de cromossomos presentes; a divisão celular duplica o número de cromossomos presentes sem mudar a quantidade de material cromossômico. A divisão celular, obviamente, também duplica o número de células presentes, mantendo dessa maneira o número de cromossomos constante por célula. Um cromossomo replicado no início da meiose é frequentemente chamado de **díade** porque contém um par idêntico de cromátides.

A maioria dos eventos particulares à meiose ocorre durante a prófase da primeira divisão meiótica (ver Figura 5.2). Antes da meiose, cada cromossomo já se duplicou formando duas cromátides unidas em um ponto, o centrômero. Os dois membros de cada par de cromossomos homólogos se encostam lado a lado (**sinapse**) para formar um **bivalente**, o que permite a recombinação genética entre os cromossomos homólogos pareados (ver Seção 5.3). Um entrelaçado de proteínas de coesão específicas da meiose chamadas **complexo sinaptonêmico** segura os quatro filamentos do bivalente pareados lado a lado durante a sinapse. Cada bivalente é composto por dois pares de cromátides (cada par é uma díade, cromátides-irmãs mantidas juntas pelo centrômero), ou *quatro* futuros cromossomos e, consequentemente, é chamada de uma **tétrade**. A posição ou localização de qualquer gene em um cromossomo é o loco do gene e, normalmente, na sinapse todos os locos gênicos em uma cromátide situam-se exatamente opostos aos locos correspondentes na cromátide-irmã, e também aos de ambas as cromátides do cromossomo homólogo. Ao final da prófase, os cromossomos encurtam e engrossam, entrando então na primeira divisão meiótica.

Em contraste com a mitose, os centrômeros que mantêm as cromátides juntas *não se dividem* na anáfase. Como resultado, cada uma das díades é puxada em direção a um dos polos opostos da célula por microtúbulos do fuso de divisão. Na telófase da primeira divisão meiótica, cada polo da célula tem uma díade de cada uma das tétrades formadas na prófase. Consequentemente, ao final da primeira divisão meiótica, as células-filhas contêm *um* cromossomo de *cada* par de homólogos da célula parental, de tal modo que o número total de cromossomos é reduzido à haploide. Entretanto, como cada cromossomo contém duas cromátides presas pelo centrômero, cada célula contém o dobro da quantidade de DNA presente em um gameta.

A segunda divisão meiótica é mais parecida com os eventos da mitose. As díades são separadas no início da anáfase pela divisão de seus centrômeros, e cromossomos com um só filamento se movem em direção a cada polo. Assim, ao final da segunda divisão meiótica, as células têm números haploides de cromossomos e cada cromátide da tétrade original fica em núcleos separados. De cada célula que entra em meiose resultam quatro células, cada uma com um conjunto haploide completo e apenas uma cópia de cada gene. Na gametogênese feminina, apenas uma das quatro células resultantes se torna um gameta funcional (ver Seção 7.2).

Tema-chave 5.3
GENÉTICA

Cromossomos e o ciclo celular

É útil acompanhar a quantidade de DNA, o número de cromossomos e o número de cromátides por cromossomo em um núcleo celular em diferentes estágios do ciclo celular somático e na produção de gametas por meiose. A quantidade de DNA no núcleo de um espermatozoide humano é de cerca de

3 picogramas (pg), o número de cromossomos é 23 e cada cromossomo tem uma única cromátide. Células somáticas humanas e células germinativas antes da meiose têm o número diploide de cromossomos, 46, mas o número de cromátides por cromossomo e, portanto, a quantidade de DNA varia entre os estágios do ciclo celular. Após a divisão celular, uma célula somática entra em interfase possuindo uma cromátide por cromossomo e 6 pg de DNA. Durante a interfase, a célula entra na fase S, na qual o DNA é replicado, dando a cada cromossomo duas cromátides. No final da interfase, o número de cromátides por cromossomo é dois e a quantidade total de DNA no núcleo é 12 pg. A divisão celular mitótica separa cada cromossomo replicado da célula-mãe em dois cromossomos não replicados, que vão para células-filhas diferentes.

Uma célula que entra na meiose tem a mesma constituição de uma célula entrando na mitose, 12 pg de DNA e 46 cromossomos, cada um com duas cromátides. Entre a meiose I e a meiose II, cada uma das duas células-filhas tem 6 pg de DNA e 23 cromossomos, cada um dos quais com duas cromátides. A segunda divisão meiótica, como a mitose, separa cada cromossomo replicado da célula-mãe em dois cromossomos não replicados, que vão para células-filhas diferentes. Os gametas, portanto, têm 3 pg de DNA e 23 cromossomos, com uma única cromátide por cromossomo. A fertilização de gametas restaura o número diploide de 46 cromossomos, e segue-se a replicação do DNA.

Observe que a divisão celular por mitose ou meiose não muda a quantidade total de material cromossômico presente. O que muda é a distribuição desse material de uma célula-mãe para duas células-filhas em cada rodada de divisão celular (uma rodada na mitose e duas na meiose).

Determinação do sexo

Antes que a importância dos cromossomos na hereditariedade fosse percebida no início do século XX, o controle genético do sexo era totalmente desconhecido. O primeiro indício científico sobre a determinação cromossômica do sexo surgiu em 1902, quando C. McClung observou que insetos (Hemiptera) produziam dois tipos de espermatozoides em números aproximadamente iguais. Um tipo continha, no seu conjunto normal de cromossomos, um cromossomo supostamente acessório, que não existia no outro tipo de espermatozoide. Como todos os óvulos dessa espécie tinham o mesmo número de cromossomos haploides, metade dos espermatozoides teria o mesmo número de cromossomos que os óvulos e metade teria um cromossomo a menos. Quando um óvulo era fecundado por um espermatozoide portador do cromossomo (sexual) acessório, o filhote era uma fêmea; quando fecundado por um espermatozoide sem o cromossomo acessório, o filhote era um macho. Portanto, foi feita uma distinção entre cromossomos sexuais, que determinam o sexo (e atributos ligados ao sexo) e **autossomos**, os demais cromossomos, que não influenciam o sexo. O tipo de determinação sexual descrita acima é frequentemente chamado de tipo XX-XO, indicando que as fêmeas têm dois cromossomos X e os machos, apenas um cromossomo X (o O significa a ausência do cromossomo; Figura 5.3).

Mais tarde, outros tipos de determinação do sexo foram descobertos. Nos seres humanos e em muitos outros animais, os dois sexos apresentam o mesmo número de cromossomos. Entretanto, os cromossomos sexuais (XX) são iguais nas mulheres, mas diferentes (XY) nos homens. Como consequência, um óvulo humano contém 22 autossomos + 1 cromossomo X. Os espermatozoides são de dois tipos: metade tem 22 autossomos + 1 cromossomo X

e metade tem 22 autossomos + 1 cromossomo Y. O cromossomo Y é bem menor do que o X e transporta muito pouca informação genética. Na fecundação, quando os dois cromossomos X se juntam, os filhotes são fêmeas; quando X e Y se juntam, os filhotes são machos (Figura 5.4).

Um terceiro tipo de determinação do sexo ocorre em aves, mariposas, borboletas e alguns peixes, no qual o macho tem dois cromossomos X (às vezes chamados de ZZ) e a fêmea tem um X e um Y

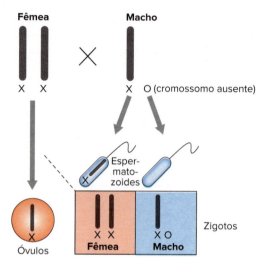

Figura 5.3 Determinação do sexo tipo XX-XO mostrada como um quadrado de Punnett. Apenas os cromossomos sexuais estão representados. Os gametas femininos normalmente carregam um único cromossomo X, além de um conjunto completo de autossomos. Os machos são heterogaméticos; metade dos espermatozoides carrega um único cromossomo X e a outra metade não carrega nenhum cromossomo sexual, mas ambos os tipos de gametas contêm um conjunto completo de autossomos. A prole que herda um cromossomo X de cada pai é do sexo feminino; os filhos que herdam um cromossomo X apenas da mãe são do sexo masculino.

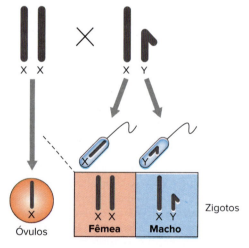

Figura 5.4 Determinação do sexo tipo XX-XY mostrada como um quadrado de Punnett. Apenas os cromossomos sexuais estão representados. Os gametas femininos normalmente carregam um único cromossomo X, além de um conjunto completo de autossomos. Os machos são heterogaméticos; cada gameta normalmente carrega um único cromossomo sexual, mas metade dos espermatozoides carrega um cromossomo X e a outra metade carrega um cromossomo Y. Ambos os tipos de gametas contêm um conjunto completo de autossomos. A prole que herda um cromossomo X de cada progenitor é do sexo feminino; os filhos que herdam um cromossomo X da mãe e um cromossomo Y do pai são do sexo masculino.

(ou ZW). Finalmente, existem tanto invertebrados (ver Tema-chave 17.4), como vertebrados (ver Figura 26.10), nos quais o sexo é determinado por condições ambientais ou comportamentais, em vez de cromossomos sexuais, ou por locos gênicos cujas variações não estão associadas a diferenças visíveis na estrutura dos cromossomos.

No caso dos cromossomos X e Y, os dois homólogos são diferentes em tamanho e morfologia. Por esse motivo, eles não contêm os mesmos genes. Os genes do cromossomo X frequentemente não têm contrapartida de alelos no diminuto cromossomo Y. Esse fato é muito importante na herança ligada ao sexo (ver Seção 5.3). Embora a herança ligada ao sexo siga padrões similares nos sistemas XY de mamíferos e da *Drosophila*, o sistema XY evoluiu separada e independentemente em mamíferos e em moscas. Da maneira similar, o sistema WZ evoluiu de forma separada e independente em aves e em Lepidoptera (borboletas e mariposas).

5.3 LEIS MENDELIANAS DA HERANÇA

Primeira lei de Mendel

A **lei da segregação** de Mendel afirma que, *na formação dos gametas, fatores pareados que podem especificar fenótipos alternativos (atributos visíveis) se separam de tal modo que cada gameta recebe apenas um dos membros do par*. Em um dos experimentos originais de Mendel, ele polinizou plantas altas de linhagem pura com o pólen de plantas anãs de linhagem pura. Por conseguinte, as características visíveis ou **fenótipos** das plantas progenitoras eram alta e anã. Mendel observou que toda a progênie da primeira geração (F_1) era de plantas tão altas quanto suas progenitoras do cruzamento. O cruzamento recíproco – plantas anãs polinizadas com pólen de plantas altas – dava o mesmo resultado. O fenótipo alto aparecia em toda a progênie, independentemente do tipo de cruzamento. Obviamente, esse tipo de herança não era uma mistura de duas características porque nenhuma planta-filha apresentava tamanho intermediário.

Em seguida, Mendel autofertilizou as plantas altas de F_1 e cultivou diversas centenas de plantas-filhas, a segunda geração (F_2). Dessa vez apareceram *ambos* os fenótipos: plantas altas e plantas anãs. Mais uma vez não ocorreu mistura (plantas de tamanho intermediário), mas o surgimento de plantas anãs de todos as progenitoras F_1 altas foi surpreendente. A característica anã, observada em metade das plantas-avós mas não nas progenitoras, havia reaparecido. Quando ele contou o número de plantas altas e anãs na geração F_2, descobriu que havia praticamente 3 vezes mais plantas altas do que anãs.

Mendel então repetiu esse experimento para as outras seis características contrastantes que ele havia escolhido e, em todos os cruzamentos, obteve proporções muito próximas de 3:1 (ver Figura 5.1). Esses resultados deixaram claro para Mendel que os determinantes hereditários para características contrastantes não se misturam quando reunidos no mesmo organismo. Embora a característica anã tenha desaparecido na geração F_1, ela reapareceu com expressão total na geração F_2. Ele se deu conta de que as plantas da geração F_1 portavam determinantes (que ele chamou "fatores") de ambas as plantas progenitoras, altas e anãs, ainda que apenas a característica alta fosse visível.

A capacidade dos fatores hereditários pareados de Mendel de influenciar o fenótipo deve ser separada da capacidade de serem transmitidos através dos gametas para a próxima geração. Quando os fatores para plantas altas e anãs estão juntos na geração F_1 de Mendel, apenas o fator alta influencia o fenótipo. Ambos os fatores, entretanto, são transmitidos para a geração seguinte por meio dos gametas: metade dos gametas produzidos pelas plantas de F_1 porta o fator alta e a outra metade carrega o fator anã.

Mendel chamou o fator alta de **dominante** e o fator anã de **recessivo**. De maneira semelhante, os outros pares de características que ele estudou mostraram dominância e recessividade. Sempre que um fator dominante está presente, o recessivo não é visível. A característica recessiva aparece apenas quando ambos os fatores presentes são recessivos.

Ao representar os cruzamentos, Mendel usou letras como símbolos; uma letra maiúscula representa uma característica dominante e a correspondente minúscula representa sua alternativa recessiva. Os geneticistas modernos frequentemente ainda seguem esse costume. Assim, os fatores para plantas altas puras podem ser representados por *A/A*, o recessivo puro por *a/a* e o híbrido das duas plantas, por *A/a*. A barra indica que os alelos estão em cromossomos homólogos. O zigoto leva consigo a constituição genética completa do organismo. Todos os gametas produzidos por *A/A* devem necessariamente ser *A*, enquanto aqueles produzidos por *a/a* devem ser *a*. Logo, um zigoto produzido pela união dos dois deve ser *A/a*, ou um **heterozigoto**. As plantas altas puras (*A/A*) e as plantas anãs puras (*a/a*) são **homozigotas**, o que significa que os fatores pareados são semelhantes nos cromossomos homólogos e representam cópias do mesmo alelo. Um cruzamento que envolve variação em um único loco é chamado de **cruzamento monoíbrido**.

No cruzamento entre plantas altas e plantas anãs, havia dois fenótipos: alta e anã. Com base nas fórmulas genéticas, existem três tipos hereditários: *A/A*, *A/a* e *a/a*. Estes são chamados de **genótipos**. Um genótipo é uma combinação de alelos presente em um organismo diploide (*A/A*, *A/a* ou *a/a*) e o fenótipo é a aparência correspondente do organismo (alto ou anão).

Um dos cruzamentos originais de Mendel (planta alta e planta anã) pode ser representado como se segue:

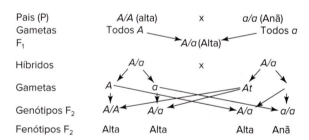

Todas as combinações possíveis dos gametas de F_1 nos zigotos de F_2 produzem uma razão fenotípica de 3:1 e genotípica de 1:2:1. Em tais cruzamentos, é conveniente usar o método do tabuleiro de Punnett (quadrado de Punnett) para representar as diferentes combinações produzidas por um cruzamento. No cruzamento de F_2, o seguinte esquema se aplicaria:

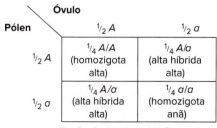

Razão: 3 altas para 1 anã

O passo seguinte foi importante porque permitiu a Mendel testar a sua hipótese de que cada planta continha fatores de ambos os progenitores que não se misturavam. Ele autofertilizou as plantas da geração F_2: o pólen de uma flor fecundou o estigma da mesma flor. Os resultados mostraram que plantas anãs de F_2 autopolinizadas produziam apenas plantas anãs, enquanto 33% das plantas altas de F_2 produziam plantas altas e os outros 66% produziam tanto plantas altas quanto anãs na razão de 3:1, exatamente como haviam feito as plantas de F_1. Os genótipos e os fenótipos foram os seguintes:

Plantas F_2: Altas
- $1/4$ A/A — Autofertilizada → Todas A/A (altas homozigotas)
- $1/2$ A/a — Autofertilizada → 1 A/A: 2 A/a: 1 a/a (3 altas: 1 anã)

Anãs $1/4$ a/a — Autofertilizada → Todas a/a (anãs homozigotas)

Esse experimento mostrou que as plantas anãs eram puras, porque, quando autopolinizadas, sempre originavam plantas anãs; as plantas altas compreendiam tanto plantas altas puras quanto altas híbridas. Ele também demonstrou que, apesar da característica anã não se expressar nas plantas de F_1, que eram todas altas, os fatores hereditários para nanismo eram transmitidos para as plantas de F_2 de forma inalterada.

A lei da segregação de Mendel postula que, sempre que dois fatores estão presentes em um híbrido, eles segregam-se para gametas diferentes produzidos pelo híbrido. Os fatores pareados do genitor passam com igual frequência para os gametas. Agora entendemos que os fatores se segregam porque se situam em diferentes cromossomos de um par de homólogos, mas os gametas recebem na meiose apenas um cromossomo de cada par. Assim, na prática, a lei da segregação indica a separação dos cromossomos homólogos durante a meiose.

A grande contribuição de Mendel foi a sua abordagem quantitativa da herança. Essa abordagem marca o nascimento da Genética, porque antes de Mendel, as pessoas presumiam que as características se misturavam como duas cores de tinta, uma ideia que infelizmente ainda permanece na mente de muitos e que foi um problema para a teoria da seleção natural de Darwin quando ele a apresentou pela primeira vez (ver Seção 1.4). Se as características se misturassem, a variabilidade se perderia na hibridação. Com a herança particulada, os diferentes alelos permanecem intactos ao longo do processo hereditário e podem ser redistribuídos como unidades separadas.

Cruzamento-teste

O cruzamento-teste é utilizado para determinar se um indivíduo que tem um fenótipo geneticamente dominante tem um genótipo homozigoto ou heterozigoto para a característica em questão. Quando um alelo é dominante, os indivíduos heterozigotos que possuem esse alelo apresentam o fenótipo idêntico aos dos indivíduos que são homozigotos para ele. Por tal motivo, não se pode determinar o genótipo desses indivíduos apenas olhando para seus fenótipos. Por exemplo, no experimento de Mendel sobre plantas altas e plantas anãs, é impossível determinar a constituição genética das plantas altas da geração F_2 por simples inspeção das plantas. Setenta e cinco por cento dessa geração são plantas altas, mas quais delas são heterozigotas?

Como Mendel concluiu, o teste é cruzar os indivíduos em questão com recessivos puros. Se a planta alta é homozigota, toda a descendência de tal cruzamento-teste será alta, assim:

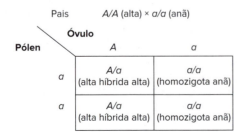

Todos os filhotes são A/a (híbridas altas). Se a planta alta é heterozigota, metade dos filhotes é alta e metade é anã; assim:

Pais A/a (alta híbrida) × a/a (anã)

Pólen \ Óvulo	A	A
a	A/a (alta híbrida)	a/a (homozigota anã)
a	A/a (alta híbrida)	a/a (homozigota anã)

O **cruzamento-teste** é frequentemente utilizado na genética moderna para avaliar a constituição genética da progênie, e também quando se quer fazer linhagens homozigotas de animais ou plantas.

Herança intermediária

Em alguns casos, nenhum dos alelos é completamente dominante sobre o outro, e o fenótipo do heterozigoto é diferente daquele de seus pais, frequentemente intermediário entre eles. Esse fato é chamado de **herança intermediária**, ou **dominância incompleta**. Na flor maravilha (*Mirabilis*), dois alelos variantes determinam flores vermelhas, rosas ou brancas; homozigotos têm flores vermelhas ou brancas, mas os heterozigotos têm flores rosas. Em determinada linhagem de galinhas, um cruzamento entre aquelas que têm penas pretas e as que têm penas brancas salpicadas de preto produz filhotes que não são cinzas, mas sim de uma cor chamada de azul-andaluz (Figura 5.5). Em ambos os exemplos, se as F_1 são cruzadas, as F_2 têm uma razão de cores de 1:2:1 ou 1 vermelho: 2 rosas: 1 branco nas flores maravilha e 1 preto: 2 azuis: 1 branco salpicado nas galinhas andaluzas. Esse fenômeno é ilustrado para as galinhas como se segue:

Pais	P/P (penas pretas)	χ	P'/P' (penas brancas)
Gametas	todos P		todos P'
F_1		B/B' (todos azuis)	
Híbridos cruzados	P/P'	χ	P/P'
Gametas	P/P'		P/P'
Genótipos F_2	P/P	P/P'	P/P'	P'/P'
Fenótipos F_2	Preto	Azul	Azul	Branco

> **Tema-chave 5.4**
>
> **GENÉTICA E DESENVOLVIMENTO**
>
> **Símbolos para alelos que não são dominantes nem recessivos**
>
> Quando nenhum dos alelos é recessivo, pode-se representar ambos por letras maiúsculas e distingui-los pela adição de um sinal "primo" (B') ou por letras sobrescritas; por exemplo, B^b (igual a penas pretas) e B^w (igual a penas brancas). Esse sistema para designar alelos não é universal, especialmente para locos com múltiplos alelos que apresentam padrões complexos de dominância.

Nesse tipo de cruzamento, o *fenótipo* heterozigoto é na verdade uma mistura de ambos os tipos parentais. É fácil ver como tais observações poderiam estimular a noção de herança misturada. Entretanto, no cruzamento de galinhas pretas e brancas ou no de

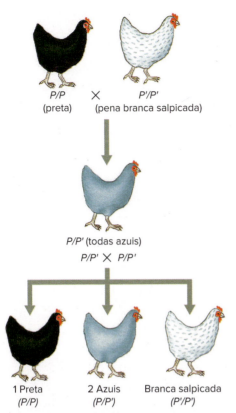

Figura 5.5 Cruzamento entre galinhas com penas pretas e galinhas com penas brancas salpicadas de preto. Preto e branco são homozigotos. O azul-andaluz é heterozigoto.

Os híbridos de F_1 foram então autofecundados, e os resultados de F_2 foram aqueles mostrados na Figura 5.6.

Mendel já sabia que um cruzamento entre duas plantas com um único par de alelos do genótipo A/a iria originar a razão 3:1. Do mesmo modo, um cruzamento entre duas plantas com o genótipo Y/y originaria a mesma proporção 3:1. Se examinarmos *apenas* os fenótipos alta e anã esperados no resultado do experimento diíbrido, eles aparecem na proporção de 12 altas para 4 anãs, o que pode ser reduzido para uma proporção 3:1. De igual forma, para cada 12 plantas que têm sementes amarelas, 4 plantas têm sementes verdes – outra vez uma proporção de 3:1. Assim, a proporção monoíbrida prevalece para ambas as características quando são consideradas de maneira independente. A razão 9:3:3:1 é apenas a combinação das duas proporções 3:1.

$$3:1 \times 3:1 = 9:3:3:1$$

Tema-chave 5.5
GENÉTICA E DESENVOLVIMENTO

Símbolos para fenótipos contrastantes

Quando um dos alelos é desconhecido, ele pode ser designado por um traço ($A/–$). Essa designação é usada também quando estamos preocupados apenas com razões fenotípicas. O traço pode ser A ou a.

Os genótipos e fenótipos de F_2 são os seguintes:

1	A/A Y/Y			
2	A/a Y/Y	}	9 $A/–Y/–$	9 Altas amarelas
2	A/A Y/y			
4	A/a Y/y			
1	A/A y/y	}	3 $A/–y/y$	3 Altas verdes
2	A/a y/y			
1	a/a Y/Y	}	3 $d/a–Y/–$	3 Anãs amarelas
2	a/a Y/y			
1	a/a y/y		1 a/a y/y	1 Anãs verdes

Os resultados desse experimento mostram que a segregação dos alelos para altura da planta é totalmente independente da segregação dos alelos para cor da semente. Assim, uma outra maneira de expressar a lei de Mendel da segregação independente é que *cópias pareadas de dois genes diferentes localizados em cromossomos diferentes (= não homólogos) segregam-se independentemente*. O motivo é que, durante a meiose, o membro de qualquer par de cromossomos homólogos transmitido para um gameta é independente de qualquer membro de qualquer outro par de homólogos que o gameta também recebe. Claro que, se os genes se situam muito próximos em um mesmo cromossomo, eles se segregarão juntos (estarão ligados), a menos que ocorra *crossing over*. Os genes que se localizam no mesmo cromossomo, mas muito distantes um do outro, apresentam segregação independente porque ocorre *crossing over* entre eles em praticamente todas as meioses. Genes ligados e *crossing over* são discutidos na Seção 5.3.

Uma maneira de estimar as proporções genotípicas e fenotípicas esperadas na progênie é construir um quadrado de Punnett. Para um cruzamento monoíbrido, isso é fácil; para um cruzamento diíbrido, o quadrado de Punnett é trabalhoso e, para um cruzamento triíbrido, é muito tedioso. Nós fazemos essas estimativas mais facilmente tirando proveito de cálculos simples de probabilidade. O pressuposto básico é de que os genótipos dos gametas de

---

flores vermelhas e brancas, apenas o fenótipo híbrido é uma mistura: seus fatores hereditários *não* se misturam e a descendência homozigota tem fenótipos iguais aos fenótipos parentais.

Segunda lei de Mendel

A segunda lei de Mendel diz respeito ao estudo simultâneo de dois pares de fatores hereditários. Por exemplo, a herança de fatores para sementes amarelas *versus* sementes verdes influencia a herança de fatores para plantas altas *versus* plantas anãs quando as variedades que estão sendo cruzadas diferem tanto na cor da semente como na altura da planta? Mendel realizou experimentos entre variedades de ervilhas que diferiam por duas ou mais características fenotípicas, determinadas pela variação de diferentes genes localizados em cromossomos diferentes. De acordo com **a lei da segregação independente** de Mendel, *genes localizados em diferentes pares de cromossomos homólogos segregam-se independentemente durante a meiose*.

Mendel já havia estabelecido que as plantas altas são dominantes em relação às anãs. Ele também notou que os cruzamentos entre plantas com sementes amarelas e plantas com sementes verdes produziam, na geração F_1, plantas com sementes amarelas; logo, amarelo era dominante em relação a verde. O próximo passo foi fazer um cruzamento entre plantas que diferiam quanto a essas duas características. Quando uma planta alta com sementes amarelas (A/A Y/Y) foi cruzada com uma planta anã com sementes verdes (a/a y/y), as plantas F_1 eram altas com sementes amarelas, como esperado (A/a Y/y).

Pais	A/A Y/Y	×	a/a y/y
	(altas, amarelas)		(anãs, verdes)
Gametas	todas AY		todas ay
F_1		A/a Y/y	
		(altas, amarelas)	

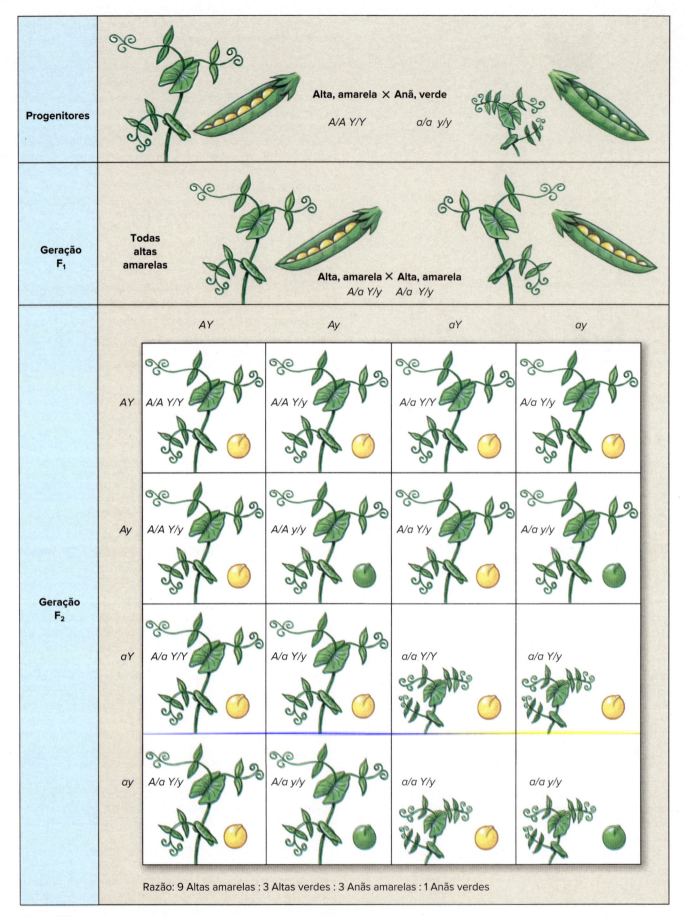

Figura 5.6 O método do quadrado de Punnett para determinar as razões dos genótipos e fenótipos em um cruzamento diíbrido para genes que se segregam independentemente.

um sexo têm probabilidade de se unir com os genótipos dos gametas do outro sexo na proporção que cada um deles está presente. De maneira geral, isso é verdade quando o tamanho da amostra é grande o suficiente e os números observados são próximos àqueles previstos pelas leis da probabilidade.

Definimos a probabilidade, que é a frequência esperada para determinado evento, como se segue:

$$\text{Probabilidade (p)} = \frac{\text{Número de vezes que um evento acontece}}{\text{Número total de tentativas ou possibilidades para a ocorrência do evento}}$$

Por exemplo, a probabilidade (p) de uma moeda jogada para o alto cair com a cara para cima é 1/2, porque uma moeda tem dois lados. A probabilidade de sair o número três ao rolar um dado é 1/6, porque o dado tem seis lados.

A probabilidade de eventos independentes ocorrerem juntos (eventos ordenados) envolve a **regra do produto**, que é simplesmente o produto de suas probabilidades individuais. Quando duas moedas são jogadas para o alto simultaneamente, a probabilidade de obter duas caras é de 1/2 × 1/2 = 1/4, ou uma chance em quatro. A probabilidade de obter dois números três simultaneamente com dois dados é a seguinte:

Probabilidade de dois números três = 1/6 × 1/6 = 1/36

Podemos usar a regra do produto para prever as razões da herança em cruzamentos monoíbridos ou diíbridos (ou maiores) se os genes são segregados independentemente nos gametas (como o são em todos os experimentos de Mendel) (Tabela 5.1).

Observe que uma amostra pequena, no entanto, pode produzir resultados bem diferentes daqueles previstos. Assim, se jogarmos a moeda 3 vezes e ela cair com a cara para cima nas três, não ficaríamos surpresos. Se jogarmos a moeda mil vezes e o número de caras for muito diferente de 500, vamos suspeitar fortemente de que há algo errado com a moeda. A probabilidade, entretanto, não tem "memória". A probabilidade de uma moeda jogada cair com a cara para cima será sempre 1/2, não importando quantas vezes a moeda foi jogada anteriormente ou os resultados dessas jogadas.

Alelos múltiplos

Na Seção 5.2, definimos alelos como formas alternativas de um gene. Um novo alelo surge a partir de mutações de uma cópia de um alelo preexistente. Um gene pode conter milhares de pares de bases e, em uma população diploide, o número de cópias de genes é duas vezes maior do que o número de indivíduos. Em uma população grande e ao longo de muitas gerações, espera-se encontrar diversas mutações em diferentes pares de bases, cada uma resultando em um alelo diferente para o gene. Projetos de sequenciamento genético revelaram que a maior parte dos genes apresenta muitos alelos diferentes na população humana e que o mesmo ocorre para a maioria das outras espécies. Mais de 500 variantes alélicas de hemoglobina beta foram descritas em estudos clínicos com seres humanos. O termo "alelos múltiplos" diz respeito a qualquer gene para o qual mais de dois alelos ocorrem na população. Um exemplo é o conjunto de alelos múltiplos que afeta a cor da pelagem de coelhos. Os diferentes alelos são C (cor normal), c^{ch} (cor chinchila), c^h (cor himalaia) e c (albino).

Tabela 5.1 Utilização da regra do produto para determinar as razões genotípicas e fenotípicas em um cruzamento diíbrido para genes segregados independentemente.

Genótipos dos progenitores	A/a Y/y	×	A/a Y/y
Cruzamentos monoíbridos equivalentes	A/a × A/a	e	Y/y Y/y
Razões genotípicas em F₁ de cruzamentos monoíbridos	1/4 A/A	×	1/4 Y/Y
	2/4 A/a	×	2/4 Y/y
	1/4 a/a	×	1/4 y/y
Razões combinadas de dois monoíbridos para determinar as razões genotípicas diíbridas	1/4 A/A	×	{ 1/4 Y/Y = 1/16 A/A Y/Y 2/4 Y/y = 2/16 A/A Y/y 1/4 y/y = 1/16 A/A y/y }
	2/4 A/a	×	{ 1/4 Y/Y = 2/16 A/a Y/Y 2/4 Y/y = 4/16 A/a Y/y 1/4 y/y = 2/16 A/a y/y }
	1/4 a/a	×	{ 1/4 Y/Y = 1/16 a/a Y/Y 2/4 Y/y = 2/16 a/a Y/y 1/4 y/y = 1/16 a/a y/y }
Razões fenotípicas em F₁ de cruzamentos monoíbridos			3/4 A/– (alta), 1/4 a/a (anã)
			3/4 Y/– (amarela), 1/4 y/y (verde)
Razões combinadas de dois monoíbridos para determinar as razões fenotípicas	3/4 A/–	×	{ 3/4 Y/– = 9/16 A/– Y/– (alta, amarela) 1/4 y/y = 3/16 A/– y/y (alta, verde) }
	1/4 a/a	×	{ 3/4 Y/– = 3/16 a/a Y/– (anã, amarela) 1/4 y/y = 1/16 a/a y/y (anã, verde) }

Portanto, razões fenotípicas = 9 altas, amarelas: 3 altas, verdes: 3 anãs, amarelas: 1 anã, verde.

Os quatro alelos formam uma série com dominância, sendo C dominante sobre todos os outros. O alelo dominante é sempre escrito à esquerda e o recessivo, à direita:

$$C/c^h = \text{cor normal}$$
$$c^{ch}/c^h = \text{cor chinchila}$$
$$c^h/c = \text{cor himalaia}$$
$$c/c = \text{albino}$$

Interação gênica

Os tipos de cruzamentos descritos anteriormente são simples, no sentido de que as variações nas características resultam da ação de um único gene, com apenas um efeito no fenótipo. Muitos genes, entretanto, têm mais de um efeito no fenótipo, um fenômeno chamado de **pleiotropia**. Um gene cuja variação influencia a cor dos olhos, por exemplo, pode ao mesmo tempo influenciar o desenvolvimento de outras características. Um alelo de determinado loco pode mascarar ou impedir a expressão de um gene de outro loco e que atua na mesma característica, um fenômeno chamado de **epistasia**. Outro caso de interação gênica é aquele em que vários conjuntos de alelos produzem um efeito cumulativo na mesma característica. São conhecidos muitos casos nos quais as variações de muitos genes diferentes podem afetar um único fenótipo (**herança poligênica**).

Várias características humanas são poligênicas. Nesses casos, em vez de as características apresentarem fenótipos alternativos discretos, elas apresentam variação contínua entre os dois extremos. Cada um dos vários genes tem um alelo que adiciona (+) e outro que não consegue adicionar (−) uma dose incremental ao valor do fenótipo. Essa herança dependente de dose é algumas vezes chamada de **herança quantitativa**. Nesse tipo de herança, as crianças têm, com frequência, fenótipo intermediário entre os dois pais. A variação em diversos genes influencia a variação fenotípica, mas as diferentes formas alélicas de cada gene permanecem inalteradas como fatores hereditários discretos quando são distribuídos para vários genótipos. À medida que o número de genes variáveis que afetam um fenótipo quantitativo aumenta, as condições intermediárias entre os valores extremos do fenótipo tornam-se mais contínuas (Figura 5.7).

Um exemplo desse tipo é o grau de pigmentação em cruzamentos entre pessoas que têm pele escura e pele clara. Os genes cumulativos envolvidos em tais cruzamentos têm expressão quantitativa. Provavelmente, três ou quatro genes estão envolvidos na pigmentação da pele, mas simplificaremos nossa explicação usando apenas dois pares de genes com segregação independente. Assim, uma pessoa com pigmento muito escuro tem dois genes para pigmentação em cromossomos separados ($A/A\ B/B$). Cada cópia de um alelo em maiúsculo contribui com uma unidade de pigmento. Uma pessoa com pigmento muito claro só tem alelos ($a/a\ b/b$) que não contribuem para a cor (as sardas que ocorrem frequentemente na pele de pessoas muito claras se devem a outros genes, inteiramente independentes). Os filhos de pais muito escuros e muito claros teriam uma cor de pele intermediária ($A/a\ B/b$).

Filhos de pais que têm cor de pele intermediária apresentam uma gama de cores de pele que depende da quantidade de cópias de alelos para pigmentação que herdaram. As cores de suas peles variam de muito escura ($A/A\ B/B$) a escura ($A/A\ B/b$ ou $A/a\ B/B$), intermediária ($A/A\ b/b$ ou $A/a\ B/b$ ou $a/a\ B/B$), clara ($A/a\ b/b$ ou $a/a\ B/b$) até muito clara ($a/a\ b/b$). É possível, assim, que pais heterozigotos para cor da pele produzam crianças com cores mais escuras ou mais claras que as suas.

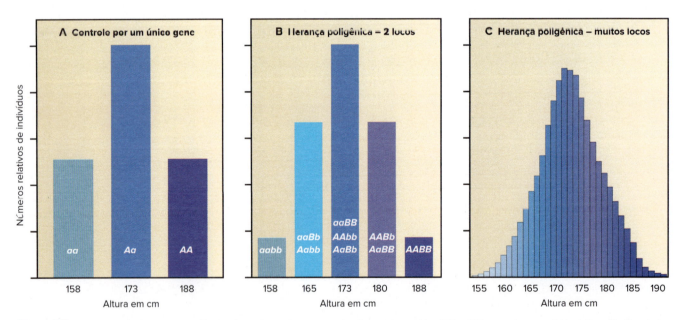

Figura 5.7 Herança poligênica e variação contínua. Suponha que a variação na altura entre 158 e 188 cm seja controlada pela variação gênica com herança intermediária (o genótipo heterozigoto é intermediário em altura entre os genótipos homozigotos alternativos). **A.** Se um único gene controla essa variação, então existem três classes discretas de altura na população, com classes adjacentes diferindo em 15 cm: 158 cm, 173 cm e 188 cm. **B.** Se dois genes controlam a variação e cada alelo em maiúsculo contribui com um incremento de altura, temos cinco classes de altura, com classes adjacentes diferindo por apenas 7 ou 8 cm: 158 cm, 165 cm, 173 cm, 180 cm e 188 cm. **C.** À medida que aumenta o número de genes que influenciam a variação, o número de classes de tamanho aumenta e a diferença de tamanho entre as classes adjacentes diminui. À medida que o número de genes se torna muito grande, o resultado é uma distribuição contínua de alturas de 158 a 188. Esses gráficos ilustram o caso especial em que cada um dos alelos contrastantes em cada loco tem uma frequência de 0,5 na população (ver Seção 6.4).

Tema-chave 5.6
GENÉTICA E DESENVOLVIMENTO

Genes modificadores

A herança da cor dos olhos em seres humanos é outro exemplo de interação genética. Um alelo (B) determina se o pigmento está presente na camada frontal da íris. Esse alelo é dominante sobre o alelo para a ausência de pigmento (b). Os genótipos B/B e B/b geralmente produzem olhos castanhos e b/b produzem olhos azuis. No entanto, muitos genes modificadores influenciam, por exemplo, a quantidade de pigmento presente, o tom do pigmento e sua distribuição. Assim, uma pessoa com B/b pode até ter olhos azuis se os genes modificadores determinarem uma falta de pigmento, explicando assim os raros casos de uma criança de olhos castanhos com pais de olhos azuis.

Herança ligada ao sexo

A herança de algumas características depende do sexo do genitor que porta o gene e do sexo da prole. Uma das características ligadas ao sexo mais bem conhecidas é a hemofilia (ver Tema-chave 31.1). Outro exemplo é a cegueira ou daltonismo para as cores vermelho e verde, na qual essas cores são indistinguíveis em vários graus. Homens com daltonismo são muito mais numerosos do que mulheres com esse problema. Quando uma mulher apresenta daltonismo, seu pai também tem. Além disso, se uma mulher com visão normal e que é portadora de daltonismo (a **portadora** é heterozigota para o gene e é fenotipicamente normal) tem filhos homens, metade deles tem a probabilidade de apresentar o problema, não importando se o pai tem visão normal ou alterada. Como se explicam essas observações?

O daltonismo e a hemofilia são características recessivas cujos genes localizam-se no cromossomo X. Elas se expressam fenotipicamente nas mulheres quando ambos os genes são defeituosos e, nos homens, quando apenas um gene defeituoso está presente. O padrão de herança desses defeitos é ilustrado para o daltonismo na Figura 5.8. Quando a mãe é portadora e o pai é normal, metade dos filhos, mas nenhuma das filhas, tem daltonismo. Mas, se o pai é daltônico e a mãe é portadora, metade dos filhos e metade das filhas têm a cegueira (na média e em uma amostra grande). É fácil entender agora por que tais defeitos são muito mais predominantes nos homens: um único gene recessivo ligado ao sexo tem efeito visível no homem porque ele só tem um cromossomo X. Qual seria o resultado de um casamento entre uma mulher homozigota normal e um homem com daltonismo?

Outro exemplo de característica ligada ao sexo foi descoberto por Thomas Hunt Morgan (1910) na *Drosophila*. A cor normal do olho dessa mosca é o vermelho, mas ocorrem mutações para olhos brancos (Figura 5.9). O cromossomo X tem um gene para cor de olho. Se cruzarmos machos com olhos brancos e fêmeas com olhos vermelhos, ambos de linhagens puras, toda a prole F_1 tem olhos vermelhos porque essa característica é dominante (Figura 5.9). Se esses filhotes F_1 são cruzados uns com os outros, todas as fêmeas F_2 têm olhos vermelhos, metade dos machos tem olhos vermelhos e a outra metade, olhos brancos. Nessa geração não aparecem fêmeas com olhos brancos e só os machos apresentam tal característica recessiva. O alelo para olhos brancos é

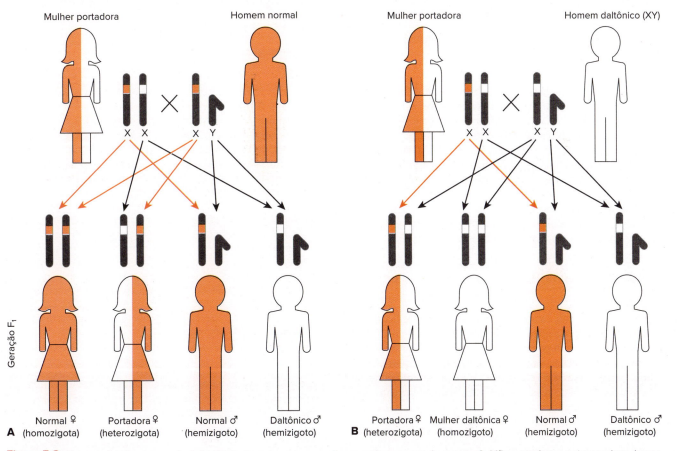

Figura 5.8 Herança ligada ao sexo do daltonismo para as cores vermelho e verde nos seres humanos. **A.** Mãe portadora e pai normal produzem daltonismo em metade de seus filhos, mas em nenhuma de suas filhas. **B.** Metade dos filhos e das filhas de uma mãe portadora e de um pai com daltonismo são daltônicos.

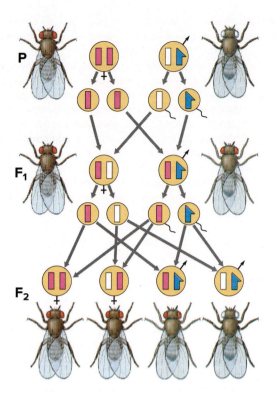

Figura 5.9 Herança da cor do olho, ligada ao sexo, na mosca-da-fruta *Drosophila melanogaster*. Os genes para cor do olho estão no cromossomo X; o Y não tem genes para cor de olho. O vermelho normal é dominante sobre o branco. Fêmeas de olhos vermelhos homozigotas cruzadas com machos de olhos brancos resultam em todos com olhos vermelhos na F_1. As razões da F_2 a partir dos cruzamentos da F_1 são: uma fêmea homozigota de olhos vermelhos e uma fêmea heterozigota de olhos vermelhos para um macho de olhos vermelhos e um macho de olhos brancos.

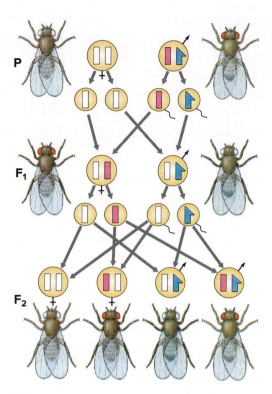

Figura 5.10 Cruzamento recíproco ao da Figura 5.9 (fêmeas homozigotas de olhos brancos com machos de olhos vermelhos) origina machos de olhos brancos e fêmeas de olhos vermelhos na F_1. A F_2 apresenta números iguais de fêmeas de olhos vermelhos e fêmeas de olhos brancos, bem como de machos de olhos vermelhos e fêmeas de olhos brancos.

recessivo e deveria afetar a cor dos olhos apenas em homozigose. Entretanto, como o macho só tem um cromossomo X (o Y não tem gene para cor de olho), os olhos brancos aparecem sempre que o cromossomo X tiver o alelo para essa característica. Os machos são **hemizigotos** (uma única cópia de um loco gênico está presente) para características situadas no cromossomo X.

Se o cruzamento recíproco é feito com fêmeas de olhos brancos e machos de olhos vermelhos, todas as fêmeas F_1 têm olhos vermelhos e todos os machos têm olhos brancos (Figura 5.10). Se essa prole F_1 é intercruzada, a geração F_2 tem números iguais de fêmeas e machos com olhos vermelhos e olhos brancos.

Ligação autossômica e *crossing over*

Ligação

Após a redescoberta das leis de Mendel em 1900, ficou claro que, contrariando a segunda lei de Mendel, nem todos os fatores segregam-se independentemente. Na verdade, muitos são herdados juntos. Uma vez que o número de cromossomos em todos os organismos é relativamente pequeno comparado ao número de características, cada cromossomo deve conter muitos genes. Todos os genes presentes em um cromossomo são **ligados**. Ligação especifica que os genes que estão no mesmo cromossomo, bem como todos os genes presentes em cromossomos homólogos, pertencem a um mesmo grupo de ligação. Portanto, devem existir tantos grupos de ligação quantos forem os pares de cromossomos.

Tema-chave 5.7

GENÉTICA E DESENVOLVIMENTO

Ligação genética

Os geneticistas costumam usar a palavra "ligação" com dois significados um tanto diferentes. A ligação sexual denota a herança de uma característica nos cromossomos sexuais e, portanto, sua expressão fenotípica depende do sexo do organismo e dos fatores já discutidos. Ligação autossômica, ou simplesmente ligação, denota herança de genes em determinado cromossomo autossômico. Letras usadas para representar os genes são escritas sem uma barra entre si, indicando que estão no mesmo cromossomo. Por exemplo, AB/ab mostra que os genes A e B estão no mesmo cromossomo. Curiosamente, Mendel estudou sete características das ervilhas que se segregam independentemente porque estão em sete cromossomos diferentes. Se ele tivesse estudado oito características, não teria observado uma segregação independente em duas das características, porque as ervilhas têm apenas sete pares de cromossomos homólogos.

Na *Drosophila* existem quatro grupos de ligação que correspondem aos quatro pares de cromossomos presentes. Em geral, cromossomos pequenos têm grupos de ligação pequenos e cromossomos grandes, grupos grandes.

Crossing over

A ligação, entretanto, não é completa. Se realizarmos um cruzamento diíbrido em animais como a *Drosophila*, descobriremos que características ligadas se separam em determinada porcentagem da prole. A separação de características associadas no mesmo cromossomo ocorre por causa do **crossing over**.

Durante a demorada prófase da primeira divisão meiótica, os cromossomos homólogos pareados se quebram e trocam porções equivalentes, ou seja, os genes passam de um cromossomo para o seu homólogo, e vice-versa (Figura 5.11). Cada cromossomo é formado por duas cromátides-irmãs, e os cromossomos pareados (quatro cromátides no total) são mantidos juntos por uma estrutura proteica chamada de complexo sinaptonêmico. Quebras e trocas ocorrem em pontos correspondentes das cromátides não irmãs (quebras e trocas também ocorrem entre cromátides-irmãs, mas não têm significado genético, porque as cromátides-irmãs são idênticas). O *crossing over* é um modo de trocar genes entre cromossomos homólogos e, assim, aumentar muito a quantidade de recombinação genética. A frequência de *crossing over* varia dependendo da espécie e região do cromossomo, mas, em geral, pelo menos um e, com frequência, vários *crossing over* ocorrem por bivalente cada vez que os cromossomos se pareiam.

Como a frequência de recombinação é proporcional à distância entre os locos, pode-se determinar a posição linear relativa de cada loco. *Genes muito distantes em cromossomos muito grandes podem segregar-se independentemente porque, em cada meiose, a probabilidade de ocorrer um crossing over entre eles é próxima de 100%.* Sabe-se que tais genes estão no mesmo cromossomo se compartilham ligação genética com um terceiro gene localizado entre eles no cromossomo. Por exemplo, na Figura 5.11, se a recombinação entre os genes X e Y é 30% e a recombinação entre os genes Y e Z é 20%, os genes X e Z se segregariam independentemente um do outro (recombinação de 50%), mas a ligação genética de ambos com o gene Y revelaria que eles estão no mesmo cromossomo. Trabalhosos experimentos genéticos seguidos por projetos de sequenciamento do genoma mapearam os vários milhares de genes distribuídos pelos quatro cromossomos da *Drosophila melanogaster*.

Aberrações cromossômicas

Os desvios estruturais e numéricos da norma que afetam muitos genes ao mesmo tempo são chamados de aberrações cromossômicas. Às vezes são chamados de mutações cromossômicas, mas o termo "mutação" costuma se referir a alterações qualitativas em um gene (as mutações gênicas são discutidas na Seção 5.6).

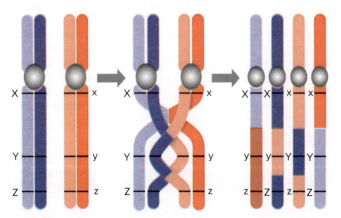

Figura 5.11 *Crossing over* durante a meiose. Cromátides não irmãs trocam partes, de tal modo que nenhum dos gametas resultantes é igual ao outro. O gene X está mais distante do gene Y do que este está do gene Z; de tal modo, no *crossing over*, o gene X é mais frequentemente separado do gene Y do que Y, de Z.

Apesar da incrível precisão da meiose, as aberrações cromossômicas são um acontecimento comum. Elas causam muitas malformações genéticas nos seres humanos. Estima-se que cinco em cada mil pessoas nascem com *graves* defeitos genéticos atribuíveis a anomalias cromossômicas. Um número ainda maior de embriões com defeitos cromossômicos é abortado espontaneamente, número esse bem maior do que o dos que sobrevivem até o nascimento.

Alterações nos números dos cromossomos são chamadas de **euploidia**, quando há acréscimo ou perda de conjuntos inteiros de cromossomos, e de **aneuploidia**, quando um único cromossomo é adicionado ou subtraído de um conjunto. Lembre-se de que um "conjunto" de cromossomos contém um membro de cada par de homólogos, como seria encontrado no núcleo de um gameta. O tipo mais comum de euploidia é a **poliploidia**, ou a ocorrência de três ou mais conjuntos de cromossomos em um organismo. Um organismo com três ou mais conjuntos completos de cromossomos é chamado de poliploide. Essas aberrações são muito mais comuns em plantas do que em animais. Os animais são muito menos tolerantes a aberrações cromossômicas, em particular aqueles em que a determinação do sexo requer um equilíbrio preciso entre o número de cromossomos sexuais e o de autossomos. Muitas espécies de plantas domésticas são poliploides (algodão, trigo, maçã, aveia, tabaco e outras), e talvez 40% das espécies de plantas com flores podem ter se originado dessa maneira. Os floricultores preferem as poliploides, porque elas têm flores com coloração mais intensa e um crescimento vegetativo mais vigoroso.

A aneuploidia é causada pela falha na separação de um par de cromossomos homólogos durante a meiose (**não disjunção**). Se um par de cromossomos não se separa durante a primeira ou segunda divisão da meiose, ambos os membros vão para um polo e nenhum vai para o outro. Essa condição faz com que duas das células resultantes da meiose tenham $n - 1$ cromossomos e as outras duas tenham $n + 1$ cromossomos. A não disjunção também pode ocorrer na segunda divisão meiótica se ambos os cromossomos resultantes da separação de um par de cromátides-irmãs forem para um polo e nenhuma delas for para o outro polo. Quando um gameta $n - 1$ é fecundado por um gameta normal n, o resultado é um indivíduo **monossômico**. O indivíduo raramente sobrevive, porque a ausência de um cromossomo resulta em um desequilíbrio nas instruções genéticas. Os **indivíduos trissômicos**, resultantes da fusão de um gameta normal n com um gameta $n + 1$, apresentam probabilidade muito maior de sobreviverem, principalmente os trissômicos para cromossomos pequenos. Vários tipos de condições de trissomias ocorrem nos seres humanos. A mais conhecida talvez seja a **trissomia 21** ou **síndrome de Down**. Como o nome indica, ela compreende um cromossomo 21 extra combinado com o par de cromossomos 21 e é causada pela não disjunção desse par durante a meiose. O erro ocorre de maneira espontânea e raramente existe histórico familiar da anomalia. Entretanto, o risco de aparecimento aumenta bastante com o aumento da idade da mãe, sendo 40 vezes mais frequente em mulheres acima dos 40 anos de idade do que em mulheres com idades entre 20 e 30 anos. Nos casos em que a idade materna não é a causa, 20 a 25% das trissomias 21 resultam de não disjunção durante a espermatogênese, ou seja, têm origem paterna e parecem ser independentes da idade do pai.

Tema-chave 5.8

CONEXÃO COM SERES HUMANOS

Cromossomos e medicina

Uma síndrome é um grupo de sintomas associados a uma doença ou anormalidade específica, embora nem todos os

> sintomas sejam necessariamente apresentados por todos os pacientes com a doença. Um médico inglês, John Langdon Down, descreveu em 1866 a síndrome cuja causa subjacente é a trissomia 21. Como Down julgou as características faciais dos indivíduos afetados como sendo de aparência mongoloide, a condição foi chamada de mongolismo. As semelhanças são superficiais, no entanto, e os nomes atualmente aceitos são Trissomia do Cromossomo 21 e Síndrome de Down. Entre as inúmeras características da condição, a mais incapacitante é o comprometimento cognitivo. Essa e outras aberrações cromossômicas são diagnosticadas no pré-natal por um procedimento denominado de biopsia das vilosidades coriônicas (em inglês, CVS – *chorionic villus sampling*). O médico insere um cateter ou agulha hipodérmica na parede abdominal da mãe e em pequenas protuberâncias da placenta chamadas de vilosidades coriônicas. As células das vilosidades coriônicas são geneticamente idênticas às células do feto. As células são cultivadas em cultura, seus cromossomos são examinados e outros testes são feitos. Se um defeito de nascença grave for encontrado, a mãe tem a opção de realizar um aborto. Como um "bônus" extra, o sexo do feto pode ser descoberto pela observação dos cromossomos sexuais. Alternativamente, as medições de certas substâncias no soro materno podem detectar cerca de 60% dos fetos com síndrome de Down. A ultrassonografia é mais de 80% precisa.

Em todas as espécies diploides, o desenvolvimento normal requer exatamente dois de cada tipo de autossomos (cromossomos não sexuais). A não disjunção pode causar trissomias de outros cromossomos, mas como estas causam desequilíbrio de muitos produtos gênicos, elas quase sempre resultam em morte, antes ou logo depois do nascimento. Entretanto, cada célula requer apenas um cromossomo X funcional (o outro está inativado nas fêmeas). A não disjunção dos cromossomos sexuais é mais bem tolerada, mas geralmente causa esterilidade e anomalias nos órgãos sexuais. Por exemplo, um ser humano com XXY (síndrome de Klinefelter) é fenotipicamente masculino, geralmente estéril e com algumas características sexuais femininas. A presença de apenas um X (e nenhum Y) é geralmente letal para os embriões, mas os que chegam a nascer apresentam fenótipo feminino e algumas anomalias de desenvolvimento (síndrome de Turner). A única condição aneuploide que não possui efeitos fenotípicos anormais é a presença de um cromossomo Y adicional em machos (XYY). Como o cromossomo Y carrega poucos genes, um Y adicional não afeta o desenvolvimento normal, embora aqueles que o possuam, em média, apresentem uma taxa de crescimento mais elevada e altura acima da média quando adultos.

As aberrações estruturais envolvem muitos genes de um cromossomo. Uma parte do cromossomo pode estar invertida, o que faz com que a disposição linear dos genes fique na ordem inversa (**inversão**); cromossomos não homólogos podem trocar partes (**translocação**); blocos inteiros de genes podem ser perdidos (**deleção**), geralmente causando defeitos graves no desenvolvimento, ou uma porção extra de cromossomo pode ser incorporado a um cromossomo normal (**duplicação**). Essas alterações estruturais frequentemente produzem alterações fenotípicas. As duplicações, apesar de raras, são importantes para a evolução porque fornecem informação genética adicional que poderá permitir novas funções.

5.4 TEORIA DOS GENES

Conceito de gene

Em 1909, Wilhelm Johannsen cunhou o termo "gene" (gr. *genos*, descendência) para os fatores hereditários de Mendel. Inicialmente, os genes foram considerados subunidades indivisíveis dos cromossomos em que se localizavam. Estudos posteriores com alelos múltiplos mutantes demonstraram que os alelos são, na verdade, divisíveis pela recombinação, ou seja, *porções* de um gene são separáveis. Além disso, partes de muitos genes de eucariotos são separadas por seções de DNA que não codificam nenhuma parte do produto final (**íntrons**).

Como unidade principal da informação genética, um gene codifica produtos essenciais para a estrutura e o metabolismo de todas as células. Por causa das suas capacidades de sofrerem mutações e de serem rearranjados em diferentes combinações, os genes são unidades de variação importantes no processo de evolução. Os genes mantêm suas identidades por muitas gerações, apesar das mudanças causadas por mutações em algumas partes de sua estrutura.

Hipótese um gene–um polipeptídio

Uma vez que os genes atuam influenciando fenótipos variáveis, podemos inferir que sua ação segue o esquema: gene → produto gênico → expressão fenotípica. Muitos genes, em suas sequências de bases, codificam sequências de aminoácidos em um polipeptídio resultante da expressão gênica. Os polipeptídios formam proteínas que atuam como enzimas, anticorpos, hormônios e elementos estruturais em todo o corpo.

O primeiro estudo bem documentado e claro a correlacionar os genes e as enzimas foi feito com *Neurospora*, fungo comum do pão, por Beadle e Tatum no início da década de 1940. Esse organismo era ideal para o estudo da função gênica por vários motivos: esses fungos são muito mais simples de manipular do que as moscas-das-frutas, eles crescem rapidamente em um meio químico bem definido e são organismos haploides, livres das complicações causadas pelas relações de dominância entre os alelos. Além disso, as mutações são facilmente induzidas pela irradiação com luz ultravioleta. Cada linhagem mutante utilizada por Beadle e Tatum era deficiente para uma enzima, o que impedia tal linhagem de sintetizar uma ou mais moléculas complexas.

Com base nesses experimentos, Beadle e Tatum fizeram uma formulação importante e excitante: *cada gene produz uma enzima*. Por esse trabalho, eles receberam o Prêmio Nobel de 1958 para Fisiologia ou Medicina. A nova hipótese foi rapidamente validada por pesquisas sobre várias vias de biossíntese. Centenas de doenças herdadas, incluindo dezenas de doenças hereditárias humanas, são causadas por mutação em um único gene que resulta na ausência de uma enzima específica. Sabemos atualmente que determinada proteína pode conter várias cadeias de aminoácidos (polipeptídios), cada uma delas frequentemente especificada por um gene diferente, e que nem todas as proteínas especificadas por um gene são enzimas (p. ex., proteínas estruturais, anticorpos, proteínas transportadoras e hormônios). Além disso, os genes que comandam a síntese dos vários tipos de RNA não foram incluídos na formulação de Beadle e Tatum. Assim, um gene pode ser definido de modo mais abrangente como *uma sequência de ácido nucleico (geralmente DNA) que codifica um polipeptídio funcional ou uma sequência de RNA*.

5.5 ARMAZENAMENTO E TRANSFERÊNCIA DA INFORMAÇÃO GENÉTICA

Ácidos nucleicos: base molecular da herança

As células contêm dois tipos de ácidos nucleicos: o ácido desoxirribonucleico (DNA), que é o material genético, e o ácido ribonucleico (RNA), que atua na síntese de proteínas. Ambos são polímeros formados por unidades repetidas chamadas de **nucleotídios**. Cada nucleotídio é formado por três partes: um **açúcar**, uma **base nitrogenada** e um **grupo fosfato**. O açúcar é uma pentose (5 carbonos) – no DNA, é a **desoxirribose** e, no RNA, a **ribose** (Figura 5.12).

As bases nitrogenadas dos nucleotídios também são de dois tipos: pirimidinas, cuja estrutura característica é um único anel com cinco membros, e as purinas, que contêm dois anéis ligados. A presença de nitrogênio e carbono nos anéis é uma maneira óbvia de diferenciar bases "nitrogenadas" dos anéis de açúcar, que contém átomos de carbono e um átomo de oxigênio. As purinas no RNA e no DNA são adenina e guanina (Tabela 5.2). As pirimidinas no DNA são timina e citosina e, no RNA, uracila e citosina. Os átomos de carbono das bases são numerados (para identificação) de acordo com a notação padrão da Bioquímica (Figura 5.13). Os carbonos da ribose e desoxirribose também são numerados, mas para distingui-los dos carbonos das bases, os números dos carbonos dos açúcares aparecem com apóstrofo (Figura 5.12).

Tabela 5.2 Componentes químicos do DNA e do RNA.

	DNA	RNA
Purinas	Adenina Guanina	Adenina Guanina
Pirimidinas	Citosina Timina	Citosina Uracila
Açúcar	2-Desoxirribose	Ribose
Fosfato	Ácido fosfórico	Ácido fosfórico

As bases se ligam ao carbono 1' do açúcar do nucleotídio (desoxirribose no DNA e ribose no RNA). Não há ligação entre bases adjacentes em uma cadeia polinucleotídica. A cadeia é formada por grupos fosfatos conectados ao carbono 3' de um açúcar ao carbono 5' do próximo açúcar na cadeia nucleotídica (Figura 5.14). Cada final de uma cadeia polinucleotídica contém um nucleotídio cujo açúcar se conecta à cadeia através de seu carbono 3' ou 5',

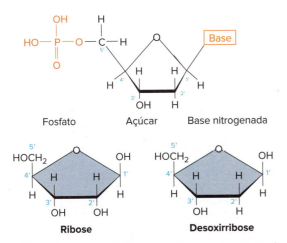

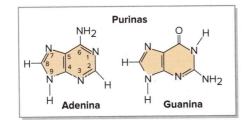

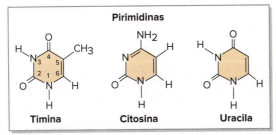

Figura 5.12 Ribose e desoxirribose, os açúcares pentoses dos ácidos nucleicos. Um átomo de carbono situa-se em cada um de quatro cantos do pentágono (numerados de 1' a 4'). A ribose tem um grupo hidroxila (–OH) e um hidrogênio no carbono número 2'; a desoxirribose tem dois hidrogênios nessa posição. Atribuíram-se números primos aos átomos de carbono na ribose ou desoxirribose para representar suas posições no açúcar e números que não são primos para indicar as posições dos carbonos ou nitrogênios nos anéis de purina ou pirimidina das bases nucleotídicas (ver Figura 5.13).

Figura 5.13 Purinas e pirimidinas do DNA e do RNA. Estas são as bases "nitrogenadas" de ácidos nucleicos, assim chamadas porque seus anéis incluem átomos de nitrogênio, bem como átomos de carbono.

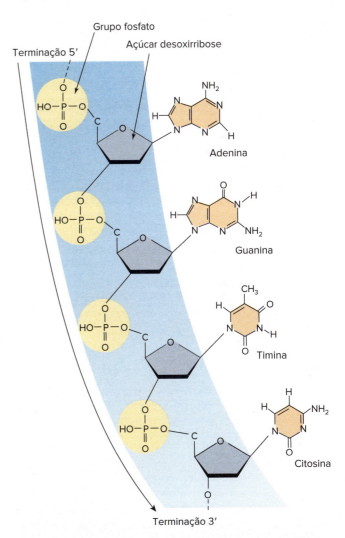

Figura 5.14 Seção de uma cadeia de polinucleotídios de um DNA. No topo da figura, a extremidade 5' da cadeia tem um grupo fosfato ligado ao carbono 5' do nucleotídio terminal. Um grupo fosfato conecta o carbono 3' do primeiro nucleotídio ao carbono 5' do próximo, e esse padrão continua até a extremidade 3' da cadeia. A extremidade 3' (não mostrada) tem um grupo hidroxila no carbono 3' do nucleotídio terminal. As bases nitrogenadas se ligam ao carbono 1' do açúcar em cada nucleotídio.

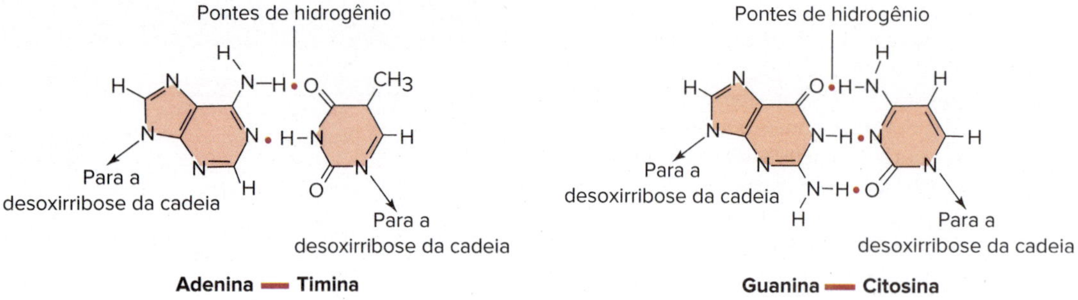

Figura 5.15 Posições das pontes de hidrogênio entre timina e adenina e entre citosina e guanina, no DNA.

mas não a ambos. Na **extremidade 3'** da cadeia polinucleotídica, o açúcar se liga à cadeia através de seu carbono 5', e possui um grupo hidroxila no seu carbono 3' "livre". O açúcar do nucleotídio na **extremidade 5'** oposta da cadeia polinucleotídica se liga à cadeia através de seu carbono 3' e possui um grupo fosfato em seu carbono 5' "livre". Uma cadeia nucleotídica em formação ganha novos nucleotídios em sua extremidade 3' livre, no qual o grupo hidroxila reage com um fosfato ligado ao carbono 5' do nucleotídio que é adicionado (ver Figura 5.12).

O DNA não é uma cadeia única de polinucleotídios; ele tem *duas* cadeias complementares que são ligadas com precisão por pontes de hidrogênio específicas entre as purinas e as pirimidinas. A adenina é pareada com timina e a guanina com citosina (Figura 5.15).

Assim, o número de adeninas é igual ao de timinas, e o número de guaninas é igual ao de citosinas na molécula de DNA em dupla fita. As fitas pareadas de DNA são **complementares** porque a sequência de bases de uma das cadeias determina a sequência de bases da outra. Nas fitas complementares, as bases ligadas por pontes de hidrogênio formam a parte central da dupla fita de DNA (Figura 15.16) e as ligações açúcar-fosfato formam suas bordas externas, de estrutura análoga a uma escada em espiral. O DNA é torcido em uma **dupla-hélice** com aproximadamente 10 pares de bases em cada volta completa da hélice (Figura 5.17). As duas cadeias do DNA seguem em direções opostas (**antiparalelas**), em que a terminação 5' de uma cadeia é oposta à terminação 3' da outra (Figura 5.17).

A estrutura do DNA é amplamente considerada como a descoberta mais importante do século XX. Ela foi baseada nos estudos de difração dos raios X feitos por Maurice H. F. Wilkins e Rosalind Franklin e nas propostas engenhosas de Francis H. C. Crick e James D. Watson, publicadas em 1953. Por esse trabalho, Watson, Crick e Wilkins foram mais tarde agraciados com o Prêmio Nobel de Fisiologia ou Medicina. Rosalind Franklin não foi incluída porque ela morreu antes da premiação.

O RNA tem estrutura semelhante à do DNA, mas consiste em *uma única* cadeia de polinucleotídios (exceto em alguns vírus), tem ribose em lugar da desoxirribose e tem uracila em vez de timina. Os RNAs ribossômico, de transferência e mensageiro são os tipos mais abundantes e mais bem conhecidos, mas são também conhecidos muitos RNAs estruturais e regulatórios, como os microRNAs.

Antes da divisão de uma célula, a estrutura do DNA precisa ser fielmente copiada para que cópias idênticas possam ser distribuídas às células-filhas. Isso é chamado de **replicação** (Figura 5.18), durante a qual as duas cadeias da dupla-hélice se separam e cada uma delas serve como **molde** para a síntese de uma nova cadeia. Uma enzima (DNA polimerase) catalisa a construção de uma nova cadeia de polinucleotídios com um grupo timina ligando-se ao grupo adenina oposto da cadeia molde, um grupo guanina ligando-se a um grupo citosina da cadeia molde, e vice-versa para os dois casos. A DNA polimerase sintetiza novas cadeias

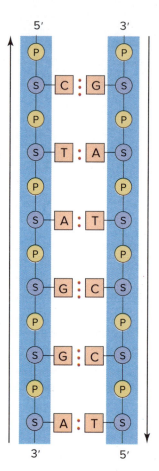

Figura 5.16 DNA mostrando como o pareamento complementar das bases entre a "coluna vertebral" de açúcar-fosfato mantém a dupla-hélice com um diâmetro constante ao longo de toda a molécula. Os pontos vermelhos representam as três pontes de hidrogênio entre cada citosina e guanina e as duas pontes de hidrogênio entre cada adenina e timina.

apenas na direção de 5' para 3'. Como as cadeias originais de DNA são antiparalelas, uma na direção de 5' para 3' e a outra na direção de 3' para 5', a síntese ao longo de uma delas é contínua e, na outra, forma-se uma série de fragmentos, cada um dos quais começa com uma terminação 5' e vai em direção a uma terminação 3' (Figura 5.18).

DNA codifica por meio da sequência de bases

Como o DNA é o material genético e contém uma sequência linear de pares de bases, uma extensão óbvia do modelo de Watson e Crick é a de que a sequência de pares de bases do DNA codifica

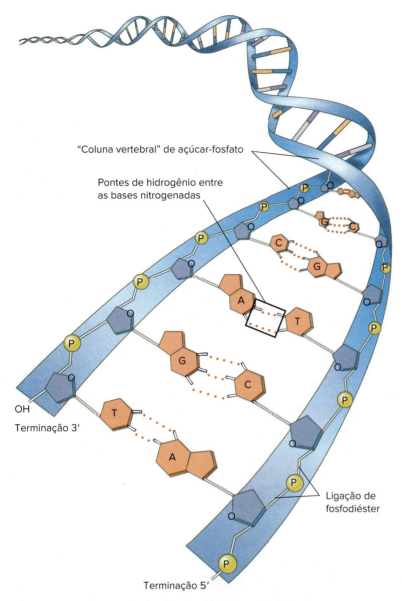

Figura 5.17 A molécula de DNA.

e de reparo são conhecidos, e um deles é o **reparo por excisão**. A radiação ultravioleta frequentemente danifica o DNA fazendo com que pirimidinas adjacentes se unam por ligações covalentes, impedindo a transcrição e a replicação. Um grupo de enzimas "reconhece" a cadeia danificada e remove o dímero de pirimidinas, junto com várias bases adjacentes. A DNA polimerase então sintetiza, de acordo com as regras de pareamentos das bases e usando como modelo a cadeia íntegra, o fragmento de cadeia removido, e a enzima **DNA ligase** une as terminações do novo fragmento com a cadeia antiga.

Transcrição e papel do RNA mensageiro

A informação está codificada no DNA, mas o DNA não participa diretamente na síntese de proteínas. A molécula intermediária entre o DNA e a proteína é um outro ácido nucleico chamado de **RNA mensageiro (mRNA)**. Os códigos de trincas do DNA são **transcritos** para o mRNA, com a uracila substituindo a timina (Tabela 5.3). Cada trinca do mRNA que codifica um aminoácido na proteína correspondente é chamado de **códon**.

Os RNAs ribossômico, de transferência e mensageiro são transcritos diretamente do DNA, cada um deles codificado por um conjunto diferente de genes. O RNA é formado como uma cópia complementar de uma cadeia do gene apropriado, usando uma enzima chamada de **RNA polimerase** (nos eucariotos, cada tipo de RNA [ribossômico, transferência e mensageiro] é transcrito por um tipo diferente de RNA polimerase). O RNA contém uma sequência de bases que complementa as bases de uma das duas cadeias do DNA, do mesmo modo que as duas cadeias de DNA complementam uma à outra. Assim, A (adenina) na cadeia molde de DNA é substituída por U (uracila) no RNA; C (citosina) é substituída por G (guanina); G é substituída por C; e T é substituída por A. Apenas uma das cadeias do DNA é usada como molde para a síntese de RNA (Figura 5.19). Um códon é definido como a sequência de bases presente em uma molécula de mRNA (ler na direção 5' para 3', Tabela 5.3), que é complementar e antiparalela à cadeia molde de DNA (frequentemente chamada de cadeia "antissentido"; em inglês, *anti-sense*) da qual é copiada. A cadeia de DNA que não é usada como molde durante a transcrição de um gene é chamada de "sentido" (em inglês, *sense*), porque sua sequência é a mesma do transcrito de RNA, exceto por ter timina no lugar de uracila.

Um gene de bactérias é codificado em um trecho contínuo de DNA, que é transcrito em mRNA e depois traduzido (ver seção seguinte, *Tradução: estágio final da transferência da informação*). A hipótese de que genes de eucariotos teriam a mesma estrutura foi rejeitada pela surpreendente descoberta de que alguns trechos do DNA são transcritos no núcleo, mas não são encontrados no mRNA correspondente no citoplasma. Alguns pedaços do transcrito inicial de mRNA foram removidos dentro do núcleo, antes de o mRNA pronto ter sido transportado para o citoplasma (Figura 5.20). Assim, muitos genes são divididos, interrompidos por sequências de bases que não codificam o produto final, e o mRNA transcrito a partir deles deve ser editado ou "amadurecido" antes da tradução no citoplasma. Os segmentos intermediários do

a sequência de aminoácidos de uma proteína e é colinear com essa sequência na proteína. A hipótese da codificação precisa explicar como uma fileira formada por quatro bases diferentes – um alfabeto de quatro letras – pode determinar a sequência de 20 aminoácidos diferentes.

No processo de codificação, obviamente não pode haver uma correspondência de 1:1 entre quatro bases e 20 aminoácidos. Se a unidade do código fossem duas bases, apenas 16 aminoácidos (4^2) poderiam ser codificados, o que não poderia especificar todos os 20 aminoácidos encontrados nas proteínas. Logo, a unidade do código deve conter pelo menos três bases, ou três letras, porque assim quatro bases arranjadas em trincas poderiam codificar 64 possíveis aminoácidos (4^3). Um código de trincas permite considerável redundância de trincas (códons), porque o DNA codifica apenas 20 aminoácidos. Trabalhos posteriores confirmaram que praticamente todos os aminoácidos são codificados por mais de um código de trinca.

O DNA apresenta uma estabilidade surpreendente, tanto nos procariotos como nos eucariotos. É interessante notar que ele é suscetível a danos por substâncias químicas nocivas do ambiente e pela radiação. Esses danos geralmente não são permanentes porque as células têm um eficiente sistema de reparo. Vários tipos de dano

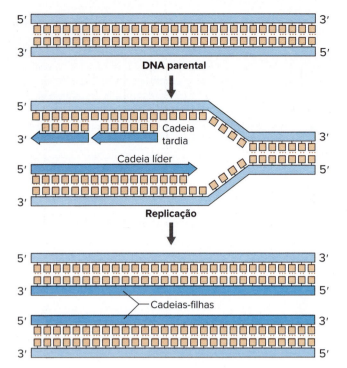

Figura 5.18 Replicação do DNA. As cadeias do DNA original se separam e a DNA polimerase sintetiza as cadeias-filhas, usando a sequência de bases das cadeias originais como molde. Como a síntese sempre ocorre na direção 5' para 3', a síntese em uma das cadeias é contínua e a outra cadeia é sintetizada como uma série de fragmentos.

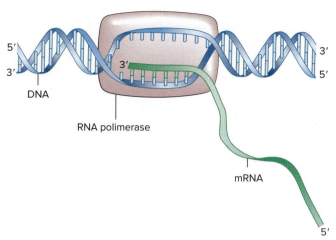

Figura 5.19 Transcrição do mRNA a partir de um molde de DNA. A transcrição para mRNA, rRNA e tRNA é semelhante, exceto pelo fato de cada tipo de RNA usar uma forma diferente da enzima RNA polimerase. Esse diagrama mostra a transcrição no meio do processo. A transcrição começa pela separação da hélice de DNA, hibridização de um ativador de RNA com a cadeia molde do DNA e, a seguir, ocorre a extensão do ativador na sua extremidade 3' pela adição de nucleotídios (não mostrados) complementares à sequência de bases da cadeia molde de DNA. O iniciador (em inglês, *primer*) está na extremidade 5' do mRNA, que continua a crescer pela adição de nucleotídios na sua extremidade 3' hibridizada. Quando a transcrição estiver concluída, o pré-mRNA se desprenderá completamente do molde de DNA. Se o gene contém *íntrons*, a transcrição do pré-mRNA deve ser processada pela exclusão dos *íntrons* antes de se tornar mRNA.

DNA são chamados de **íntrons**, e aqueles que codificam a parte madura do RNA e são traduzidos em proteínas são chamados de **éxons**. Os íntrons normalmente são muito mais extensos do que os éxons, com o comprimento total de um gene normalmente chegando a milhares de pares de bases e algumas vezes até a milhões de pares de bases. O pré-mRNA tem seus íntrons removidos e os éxons emendados para formar o mRNA. Antes de o mRNA sair do núcleo, uma "tampa" de guanina metilada é adicionada à extremidade 5' e uma cauda de nucleotídios de adenina (poli-*A*) é frequentemente adicionada à extremidade 3' (Figura 5.20). A tampa e a cauda poli-*A* distinguem o mRNA dos outros tipos de moléculas de RNA.

Tabela 5.3 O código genético: aminoácidos especificados por códons do RNA mensageiro (5' para 3').

Primeira letra	Segunda letra U	Segunda letra C	Segunda letra A	Segunda letra G	Terceira letra
U	UUU, UUC Fenilalanina; UUA, UUG Leucina	UCU, UCC, UCA, UCG Serina	UAU, UAC Tirosina; UAA, UAG Terminação de cadeia	UGU, UGC Cisteína; UGA Terminação de cadeia; UGG Triptofano	U C A G
C	CUU, CUC, CUA, CUG Leucina	CCU, CCC, CCA, CCG Prolina	CAU, CAC Histidina; CAA, CAG Glutamina	CGU, CGC, CGA, CGG Serina	U C A G
A	AUU, AUC, AUA Isoleucina; AUG Metionina*	ACU, ACC, ACA, ACG Treonina	AAU, AAC Asparagina; AAA, AAG Lisina	AGU, AGC Serina; AGA, AGG Arginina	U C A G
G	GUU, GUC, GUA, GUG Valina	GCU, GCC, GCA, GCG Alanina	GAU, GAC Ácido aspártico; GAA, GAG Ácido glutâmico	GGU, GGC, GGA, GGG Glicina	U C A G

*Adicionalmente, inicia a cadeia polipeptídica

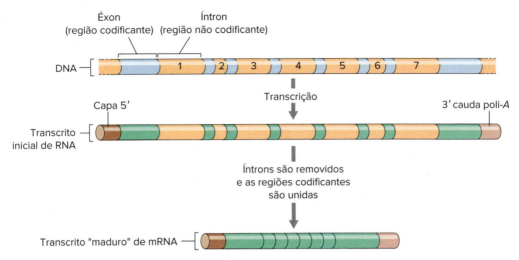

Figura 5.20 Expressão do gene da ovalbumina em galinhas. Todos os 7.700 pares de bases que formam o gene são transcritos na formação do mRNA primário e, então, são adicionadas a capa 5′ de guanina metilada e a cauda 3′ de poliadenilato. Depois que os íntrons são separados, o mRNA maduro é transferido para o citoplasma.

Nos mamíferos, os genes que codificam as histonas e os interferons não possuem íntrons. Entretanto, sabemos atualmente que os genes que codificam muitas proteínas contêm um ou mais íntrons. Na diferenciação dos linfócitos, as partes dos genes descontínuos que codificam as imunoglobulinas são, de fato, *rearranjadas* durante o desenvolvimento, de modo que sua transcrição e tradução resultam em proteínas diferentes. Em parte, isso explica a enorme diversidade de anticorpos produzidos pelos descendentes dos linfócitos (ver Seção 35.4). Acredita-se que a presença de íntrons tenha facilitado a evolução de tais rearranjos da estrutura dos genes durante o desenvolvimento.

As sequências de bases em alguns íntrons são complementares a outras sequências de bases do mesmo íntron, o que sugere que o íntron pode dobrar-se de tal modo que as sequências complementares poderiam parear-se. Essa dobra pode ser necessária para controlar o alinhamento adequado dos limites do íntron antes da emenda. O mais surpreendente de tudo é a descoberta de que, em alguns casos, o RNA pode "autocatalisar" a excisão dos íntrons. As terminações do íntron se unem, o íntron então torna-se um pequeno círculo de RNA, e os éxons são emendados. Esse processo não se ajusta à definição clássica de uma enzima ou de outro catalisador porque a molécula em si modifica-se pela reação. Em outros casos, a remoção de íntrons de um pré-mRNA exige um complexo de proteínas catalisadoras e outros pequenos RNAs; esse maquinário para emendar é chamado de spliceossomo, e íntrons que o requerem para excisão são chamados de íntrons spliceossomais.

Tradução: estágio final da transferência da informação

O processo de **tradução** ocorre nos **ribossomos**, estruturas granulares formadas por proteína e **RNA ribossômico (rRNA)**. O RNA ribossômico contém uma subunidade grande e outra pequena, e a subunidade pequena se localiza em uma depressão da subunidade grande, formando assim um ribossomo funcional (Figura 5.21). As moléculas de RNA mensageiro ligam-se aos ribossomos para formar um complexo RNA mensageiro/ribossomo. Como apenas uma pequena seção do mRNA faz contato com um ribossomo, o mRNA geralmente tem vários ribossomos ligados ao longo de seu comprimento, cada um em um estágio diferente da síntese do polipeptídio codificado. Esse complexo, chamado de **polirribossomo**, ou **polissomo**, permite que várias moléculas do mesmo tipo de polipeptídio sejam sintetizadas ao mesmo tempo, uma em cada ribossomo do polissomo (Figura 5.21).

A montagem dos polipeptídios no complexo mRNA-ribossomo requer outro tipo de RNA chamado de **RNA transportador (tRNA)**. Os tRNA têm uma estrutura secundária complicada, formando hastes dobradas e alças, frequentemente ilustradas na forma de folhas de trevo (Figura 5.22), apesar da forma tridimensional ser um tanto diferente. As moléculas de tRNA coletam aminoácidos livres do citoplasma e os entregam ao polissomo, onde eles são montados em um polipeptídio. Existem moléculas de tRNA especiais para cada aminoácido. Além disso, cada tRNA é acompanhado por uma sintetase de tRNA específica. As sintetases de tRNA são enzimas que ligam o aminoácido correto por meio de seu grupo carboxila à adenina terminal na extremidade 3' de cada tRNA, por um processo chamado de **acoplamento**.

Uma sequência especial de três bases (o **anticódon**) fica exposta na molécula em forma de trevo do tRNA, na posição correta para formar pares de bases com as bases complementares (o códon) do mRNA. Os códons são lidos ao longo do mRNA na direção 5' para 3', começando em um códon AUG que especifica a metionina (ver Tabela 5.3). O anticódon de cada tRNA é a chave para a sequência correta dos aminoácidos no polipeptídio que está sendo montado. À medida que cada tRNA traz um novo aminoácido à cadeia de polipeptídio que está crescendo, o grupo amino livre do aminoácido que está chegando reage com o grupo carboxila do aminoácido

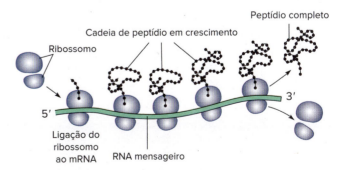

Figura 5.21 Como a cadeia de polipeptídio é formada. Enquanto os ribossomos se movem ao longo do RNA mensageiro na direção 5' para 3', os aminoácidos são adicionados passo a passo para formar a cadeia de polipeptídios.

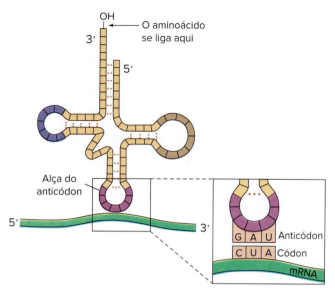

Figura 5.22 Diagrama de uma molécula de tRNA. A alça do anticódon apresenta bases complementares àquelas do códon do mRNA. As outras duas alças funcionam na ligação com o ribossomo na síntese de proteínas. O aminoácido é adicionado pela tRNA sintetase à extremidade 3' livre da cadeia simples, através de seu grupo carboxila.

precedente que já está em seu lugar e, assim, o aminoácido anterior é destacado de seu tRNA específico e os aminoácidos são unidos por uma ligação peptídica (Figura 5.23).

Por exemplo, o triptofano é incorporado a um polipeptídio quando é sinalizado pelo códon UGG em um mRNA. A tradução é feita pelo tRNA do triptofano, no qual o anticódon é ACC. O complexo tRNA-sintetase entra no ribossomo e se encaixa precisamente no local certo na cadeia de mRNA. A formação de uma ligação peptídica une o triptofano ao aminoácido precedente (fenilalanina na Figura 5.23) da cadeia de polipeptídio em crescimento. Então, o próximo tRNA carregado e especificado pelo código do mRNA (tRNA da leucina na Figura 5.23) chega ao ribossomo e se liga ao lado do tRNA do triptofano. Os dois aminoácidos são unidos por uma ligação peptídica e o tRNA do triptofano se desliga do ribossomo. O processo continua passo a passo para a construção da cadeia de polipeptídio (Figura 5.23). Um polipeptídio de 500 aminoácidos pode ser montado em menos de 30 segundos. Repare que, no final, o polipeptídio tem um grupo amino livre onde a síntese começou e um grupo carboxila livre onde a síntese acabou. A síntese termina quando o ribossomo alcança um códon que especifica "fim de cadeia" (ver Tabela 5.3).

Regulação da expressão gênica

No Capítulo 8, mostramos como a diferenciação organizada de um organismo desde o óvulo fertilizado até o adulto necessita da expressão do material genético em cada estágio do desenvolvimento. Os biólogos que estudam o desenvolvimento forneceram evidência convincente de que as células de um embrião em desenvolvimento são geneticamente equivalentes. Assim, quando os tecidos se diferenciam (alteram-se durante o desenvolvimento), cada um utiliza apenas uma parte da instrução genética presente em todas as células. Os estágios do desenvolvimento e os locais no corpo onde um gene específico está ativo variam grandemente de gene para gene. Um gene que codifica uma das enzimas do metabolismo celular pode estar ativo em todas as células, enquanto um gene que codifica a hemoglobina pode estar ativo somente nos precursores das hemácias. A maioria dos genes está inativa em

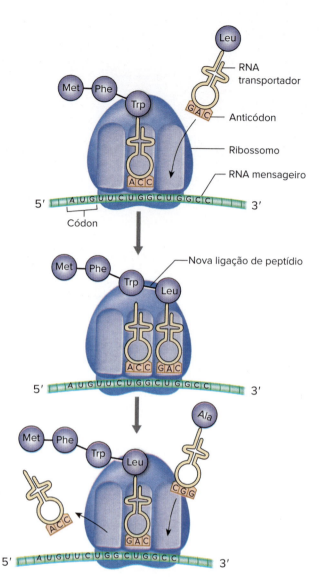

Figura 5.23 Formação da cadeia de polipeptídios no RNA mensageiro. À medida que o ribossomo se move ao longo da molécula de RNA mensageiro, moléculas de RNA transportador com aminoácidos ligados chegam ao ribossomo (parte de cima). Os aminoácidos são unidos formando uma cadeia de polipeptídios e as moléculas de RNA transportador separam-se do ribossomo (parte de baixo).

determinado momento e em uma célula ou tecido em particular. O problema no desenvolvimento é explicar como alguns genes são "ligados" para produzir as proteínas necessárias para determinado estágio do desenvolvimento, enquanto outros genes permanecem silenciosos, considerando que todas as células têm o conjunto completo de genes.

Regulação gênica nos eucariotos

Várias etapas metabólicas nas células eucarióticas servem como pontos de controle para a expressão dos genes. O controle da transcrição modula a taxa na qual RNA transcritos são produzidos a partir de uma sequência de genes. O controle no nível da tradução envolve a taxa na qual o mRNA é traduzido, incluindo a estabilidade temporal do mRNA. O controle da transcrição e da tradução são as etapas primárias para o controle da expressão dos genes em animais, e o rearranjo dos genes também é usado em alguns casos.

Controle da transcrição A transcrição de um gene requer que ele contenha uma sequência de bases chamada de **promotor** à qual a RNA polimerase apropriada e os **fatores de transcrição** possam se ligar. Os fatores de transcrição são proteínas cujo reconhecimento de determinada região promotora permite a transcrição do gene a eles ligado. Para os genes que codificam mRNA ou rRNA, a região promotora ocorre fora da região transcrita, na extremidade 3' do molde. Para os genes que codificam tRNA, a função de promotor situa-se dentro da região transcrita.

A variação da sequência de bases de uma região promotora pode influenciar a ligação dos fatores de transcrição e, desse modo, afetar a transcrição do molde ligado. Para os genes que codificam mRNA ou rRNA, a sequência de DNA transcrita para RNA é chamada de **gene estrutural** e a região promotora associada é chamada de **gene regulador**. Um gene regulador influencia em qual parte do corpo o seu gene ligado é transcrito, em que estágio do desenvolvimento ocorre a transcrição e as taxas da transcrição. Essa interação entre a região promotora reguladora e o gene estrutural ligado é chamada de **regulação cis** porque a região promotora influencia a transcrição *apenas do gene estrutural fisicamente ligado a ela, no mesmo cromossomo*. Ela *não* influencia a transcrição do gene estrutural correspondente situado no cromossomo homólogo da mesma célula diploide.

Suponha que determinada linhagem de *D. melanogaster* apresente olhos brancos porque tem mutação no gene estrutural que codifica uma proteína cuja função é depositar pigmento nos olhos. Nessa linhagem, a região promotora está intacta e o gene é transcrito normalmente, mas o transcrito especifica uma proteína sem função. Suponha que outra linhagem de moscas tenha olhos brancos porque uma mutação na região promotora impede a ligação correta dos fatores de transcrição, apesar do gene estrutural ligado codificar uma proteína funcional. A progênie de um cruzamento entre essas duas linhagens teria olhos brancos. Apesar da progênie híbrida ter um promotor normal e um gene estrutural normal, as funções genéticas normais ocorrem em diferentes cromossomos homólogos e, portanto, não conseguem restaurar a pigmentação normal. Em um homólogo, um promotor normal estimula a transcrição de um gene estrutural que codifica uma proteína inativa e, no outro homólogo, um promotor defeituoso impede a transcrição do gene estrutural normal a ele ligado.

Os genes que codificam os fatores de transcrição influenciam a transcrição de outros genes. Os fatores de transcrição se deslocam do citoplasma para o núcleo e podem ligar-se a quaisquer promotores que eles reconheçam, em quaisquer dos cromossomos da célula. Os genes que codificam os fatores de transcrição são frequentemente chamados de **reguladores trans**. Suponha que uma linhagem de *D. melanogaster* tenha olhos brancos porque uma mutação no gene que codifica um fator de transcrição essencial torna esse fator incapaz de reconhecer o promotor de uma cópia normal do gene de pigmentação descrito no parágrafo anterior. Se cruzarmos essa linhagem com aquela descrita no parágrafo anterior, cujo único defeito genético está no gene estrutural da proteína que deposita o pigmento, a progênie resultante terá olhos com pigmentação normal. O fator de transcrição regulador transerdado desta última linhagem liga-se ao promotor do gene-alvo normal herdado da outra linhagem. Nesse caso, as mutações das duas linhagens se **complementam**, cada uma fornecendo para a progênie híbrida uma função essencial que está ausente na outra linhagem. Em contraste, as mutações nas linhagens descritas no parágrafo anterior não se complementam. A regulação cis da transcrição é diferenciada experimentalmente da regulação trans quando se testa, dessa maneira, a complementação de mutações.

Os hormônios influenciam a expressão dos genes ligando-se a proteínas receptoras e, desse modo, ativando essas proteínas como fatores de transcrição. Hormônios esteroides produzidos pelas glândulas endócrinas em outro lugar do corpo penetram na célula-alvo e, no núcleo, ligam-se a uma proteína receptora. O complexo receptor-esteroide, então, liga-se com o DNA próximo ao gene-alvo (ver Seção 34.1). A progesterona, por exemplo, liga-se a uma proteína do núcleo das células do oviduto de galinhas; o complexo hormônio-receptor então ativa a transcrição de genes que codificam a albumina do ovo e outras substâncias.

Um mecanismo importante para silenciar genes é a metilação das bases citosina: um grupo metila (CH_3–) liga-se ao carbono da posição 5 do anel da citosina (Figura 5.24A). Isso geralmente ocorre quando a citosina está próxima a uma base guanina. Assim, as bases da cadeia complementar do DNA serão também uma citosina e uma guanina (Figura 5.24B). Quando o DNA se replica, uma enzima reconhece a sequência CG e rapidamente metila a cadeia-filha, mantendo o gene inativo.

Controle da tradução O mRNA de um gene específico pode ser sequestrado de modo a retardar a tradução. O desenvolvimento dos ovos de muitos animais comumente utiliza esse mecanismo. Os ovócitos acumulam grandes quantidades de RNA mensageiro durante o desenvolvimento na mãe; esses mRNAs maternos são sequestrados e não são traduzidos até a fertilização do óvulo, quando são ativamente traduzidos para gerar proteínas necessárias ao desenvolvimento do zigoto. A mãe então fornece os meios para o zigoto iniciar o desenvolvimento antes que seus próprios genes nucleares sejam ativados para guiar o desenvolvimento adicional do embrião.

Pequenos RNAs (aproximadamente 22 nucleotídios) que não codificam, chamados de microRNA (RNAmi) ou pequenos interferentes RNA (RNAsi), podem inibir a expressão de mRNA-alvo ou mesmo levar à degradação deste. A enzima chamada de *Dicer* tem papel importante na geração de RNAmi ou RNAsi no citoplasma, clivando-os a partir de RNA precursores mais longos.

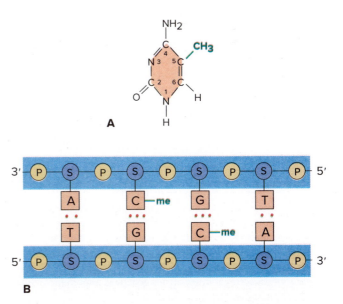

Figura 5.24 Alguns genes dos eucariotos são desligados pela metilação de alguns resíduos de citosina na cadeia. **A.** Estrutura da 5-metilcitosina. **B.** Resíduos de citosina próximos à guanina são aqueles que estão metilados em uma cadeia, permitindo assim que ambas as cadeias sejam simetricamente metiladas.

Os RNAmi são clivados a partir de RNA precursores de cadeia simples que se dobram sobre si mesmos para formar hastes e alças, de maneira semelhante àquela do RNA transportador (ver Figura 5.22), enquanto os RNAsi são clivados a partir de uma molécula de RNA maior e de cadeia dupla.

A regulação da expressão dos genes por esses pequenos RNAs é essencial no desenvolvimento animal: a inativação experimental do gene que codifica a *Dicer* em camundongos resulta na morte do embrião. Os RNAmi ou RNAsi são empacotados em um complexo de ribonucleoproteína, chamado de complexo para silenciar, induzido por RNA (RISC – *RNA-induced silencing complex*), o qual liga mRNA específicos que tenham sequências pelo menos parcialmente complementares às do RNAmi ou RNAsi. Diferentes órgãos, diferentes tipos de tecidos e mesmo diferentes estágios do desenvolvimento têm seus próprios RNAmi ou RNAsi, não encontrados em outro lugar do corpo. Ainda há muito a saber sobre os papéis desses pequenos RNAs na regulação da expressão gênica. Os RNAmi e RNAsi são muito promissores para aplicações médicas na terapia gênica.

Rearranjo dos genes Os vertebrados contêm células chamadas de linfócitos, que têm genes que codificam proteínas chamadas de anticorpos (ver Seção 35.4). Cada tipo de anticorpo se liga a apenas uma determinada substância exógena (antígeno). Como o número de antígenos diferentes é enorme, a diversidade de genes para anticorpos deve ser igualmente grande. Uma fonte dessa diversidade é o rearranjo das sequências do DNA que codificam os anticorpos, durante o desenvolvimento dos linfócitos. Uma troca de posições de éxons que codificam módulos de função da proteína permite a montagem de novos anticorpos.

Genética molecular

Descrevemos brevemente as técnicas bioquímicas mais importantes que tornam possíveis os estudos da estrutura e função dos genes.

DNA recombinante

Uma ferramenta importante nessa tecnologia é uma série de enzimas chamadas de **endonucleases de restrição**. Cada uma dessas enzimas originadas de bactérias cliva a dupla-hélice do DNA em pontos específicos determinados pelas suas sequências de bases. Muitas dessas endonucleases cortam as cadeias de DNA de tal modo que uma das cadeias fica com várias bases que se projetam além da outra cadeia (Figura 5.25), deixando o que se chama de "extremidades adesivas". Quando esses fragmentos de DNA se misturam com outros que foram clivados pela mesma endonuclease, suas extremidades adesivas tendem a se unir de acordo com as regras de pareamento complementar das bases. As extremidades são seladas em suas novas posições pela enzima **DNA ligase** em um processo chamado de **ligação**.

As bactérias frequentemente têm pequenos círculos de DNA de cadeia dupla chamados de *plasmídios*. Os plasmídios são independentes, muito menores do que o genoma primário da célula bacteriana, e podem ocorrer em múltiplas cópias por célula. Apesar de compreenderem apenas 1 a 3% do DNA da bactéria, os plasmídios podem carregar informações genéticas importantes como, por exemplo, resistência a um antibiótico.

Se um DNA de origem diferente (como de um mamífero) é ligado a um plasmídio, o produto é um **DNA recombinante**. Para produzir o DNA recombinante em grandes quantidades, o plasmídio modificado deve ser clonado na bactéria. As bactérias são tratadas com cloreto de cálcio diluído para se tornarem mais suscetíveis à entrada do DNA recombinante, mas os plasmídios não penetram na maioria das células da população de bactérias. Para selecionar as células que adquiriram o DNA recombinante, usa-se um plasmídio que tenha um marcador facilmente selecionável, como, por exemplo, um que forneça resistência a um antibiótico. As bactérias que podem crescer na presença do antibiótico são somente aquelas que absorveram o DNA recombinante. Alguns bacteriófagos (vírus de bactérias) são também utilizados como portadores de DNA recombinante. Plasmídios e bacteriófagos que portam DNA recombinante são chamados de **vetores**. Os vetores conservam a capacidade de replicarem-se nas células bacterianas; portanto, a inserção recombinante é produzida em grandes quantidades, um processo chamado de amplificação.

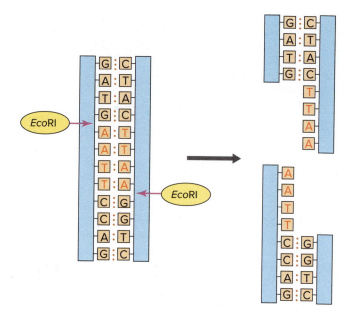

Figura 5.25 Ação da endonuclease de restrição EcoRI. Tais enzimas reconhecem sequências de bases específicas que são palindrômicas (um palíndromo é uma palavra soletrada do mesmo modo de frente para trás e de trás para a frente). A EcoRI deixa "extremidades adesivas" que se unem a outros fragmentos de DNA clivados pela mesma enzima. As cadeias são unidas pela DNA ligase.

Tema-chave 5.6
GENÉTICA E DESENVOLVIMENTO

Clonagem gênica

Um clone é uma coleção de indivíduos ou células derivadas de reprodução assexuada de um único indivíduo. Quando falamos em clonar um gene ou plasmídio em uma bactéria, queremos dizer que isolamos uma colônia ou grupo de bactérias derivadas de um único ancestral no qual o gene ou plasmídio foi inserido. A clonagem é usada para obter grandes quantidades de um gene que foi ligado a um plasmídio bacteriano.

Reação em cadeia da polimerase

Um pesquisador pode clonar enzimaticamente um gene específico de qualquer organismo desde que parte da sequência do gene em questão seja conhecida. A técnica é conhecida como **reação em cadeia da polimerase (PCR)**. Para descrever essa técnica, denotamos as sequências de DNA adjacentes ao final oposto de um gene como sendo "*upstream*" versus "*downstream*" do gene-alvo. São sintetizadas duas pequenas cadeias de nucleotídios chamadas de *primers*, cada uma com cerca de 15 bases. O primeiro *primer* utilizado para o PCR é complementar a uma cadeia da dupla hélice na região "*upstream*" ("a montante"); o segundo *primer* é complementar à cadeia oposta da dupla hélice na região "*downstream*" ("a jusante"). Cada *primer* é projetado de tal modo que sua extremidade 3' é voltada para o gene-alvo quando o *primer* se anela à sua sequência complementar ou *upstream* ou *downstream* daquele gene. Uma grande quantidade de cada *primer* é adicionada a uma amostra de DNA do organismo, e a mistura é aquecida para separar a dupla-hélice em cadeias simples. Quando a mistura é resfriada, cada cadeia do gene de interesse liga-se a um *primer*, em vez de ligar-se à outra cadeia do gene – porque o *primer* está em muito maior concentração. São adicionados à mistura um DNA polimerase insensível ao calor (Taq polimerase, originalmente da bactéria *Thermus aquaticus*) e os quatro tipos de trifosfatos de desoxirribonucleotídios. A síntese de DNA procede a partir da extremidade 3' de cada *primer*, estendendo o *primer* na direção 5' para 3' ao longo do gene-alvo.

Cadeias complementares inteiras são sintetizadas e o número de cópias do gene dobra (Figura 5.26). A mistura de reagentes é então reaquecida e resfriada novamente, para permitir que mais *primers* liguem-se a cada cadeia original e a cada cópia nova. A cada ciclo de síntese de DNA, o número de cópias do gene dobra. Uma vez que cada ciclo pode levar menos de 5 minutos, o número de cópias de um gene pode aumentar de um a mais de um milhão em menos de 2 horas! O PCR permite a clonagem de um gene conhecido de determinado paciente, a identificação de uma gota de sangue seco na cena de um crime ou a clonagem do DNA de um mamute de 40 mil anos.

A tecnologia do DNA recombinante e a do PCR são atualmente utilizadas na engenharia da produção de plantas como soja, algodão, arroz, milho e tomate. Camundongos transgênicos são frequentemente utilizados em pesquisas, e a terapia gênica para doenças genéticas humanas está sendo desenvolvida.

Genômica e proteômica

A área da ciência de mapeamento, sequenciamento e análise de genomas é chamada atualmente de **genômica**. Alguns pesquisadores dividem a análise genômica em "genômica estrutural" (mapeamento e sequenciamento) e "genômica funcional" (desenvolvimento de abordagens experimentais do genoma ou sistemas inteiros, para entender a função gênica).

Na década de 1970, Allan Maxam e Walter Gilbert, nos EUA, e Frederick Sanger, na Inglaterra, relataram técnicas práticas para identificar a sequência de bases do DNA. Em 1984 e 1985, cientistas propuseram-se a sequenciar e mapear o genoma humano completo, um esforço chamado Projeto Genoma Humano. Era um empreendimento dos mais ambiciosos: estimava-se que o genoma humano tivesse de 50 mil a 100 mil genes e subunidades reguladoras, codificados em uma sequência linear de cerca de 3 a 6 bilhões de pares de bases. Usando as técnicas disponíveis em 1988, demoraria até o ano 2700 para sequenciar completamente o genoma, mas os biólogos na época esperavam que o desenvolvimento das técnicas tornasse possível a conclusão por volta do século XXII. De fato, o desenvolvimento e a melhoria dos sequenciadores automáticos, bem como a competição entre o Consórcio para Sequenciamento do Genoma Humano, financiado com verbas públicas e um grande grupo de cientistas com financiamento privado (Celera Genomics *et al.*), resultaram na publicação do rascunho das sequências em 2001!

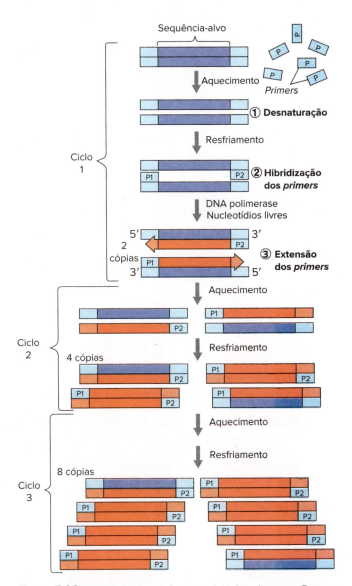

Figura 5.26 Os passos da reação em cadeia da polimerase. Repare que são necessários dois *primers* diferentes, um para cada extremidade da sequência-alvo.

É discutível se a conclusão do rascunho da sequência foi "a maior descoberta científica do nosso tempo", como reivindicado pelo livro de Davies, *Cracking the Genome*. De qualquer modo, tal façanha foi muito emocionante e produziu muitas surpresas. Por exemplo, o genoma humano tem menos genes do que se pensava, são 21.724 genes até agora conhecidos. Dos 28% do genoma que são transcritos em RNA, apenas 5% codificam proteínas. Mais da metade do DNA presente são sequências repetidas de vários tipos, incluindo 45% de elementos de DNA parasito. O DNA parasito (também chamado de DNA "egoísta" e DNA "lixo") é DNA que parece não ter nenhuma função na célula ou no organismo, a não ser sua própria propagação, mas a evolução algumas vezes convoca-o para novos papéis biológicos.

Defeitos em um único gene explicam muitas doenças genéticas dos seres humanos, incluindo fibrose cística e a doença de Huntington. São conhecidos quase 300 genes associados a doenças. As informações desenvolvidas a partir do conhecimento das sequências gênicas permitem novos testes diagnósticos, tratamentos, possíveis estratégias de prevenção e avanços no entendimento molecular das doenças genéticas.

> **Tema-chave 5.10**
> **GENÉTICA E DESENVOLVIMENTO**
>
> **Tamanho do genoma e DNA "lixo", ou "egoísta"**
>
> As espécies animais variam em diversas ordens de magnitude na quantidade total de DNA em seus genomas nucleares (de 10⁸ a 1.0¹¹ pares de bases em um núcleo de gameta haploide). Na extremidade inferior estão as esponjas (10⁸; ver Capítulo 12). Os insetos (ver Capítulo 21) variam de um pouco menos de 10⁹ a 1.0¹⁰. A maioria dos vertebrados tem genomas de aproximadamente 10⁹ pares de bases, mas nas salamandras (ver Seção 25.4), cecílias (ver Seção 25.3) e peixes pulmonados (ver Figura 24.17) o genoma excede 1.0¹⁰ pares de bases, em algumas salamandras alcançando 1.0¹¹ pares de bases. Genomas grandes não devem ser considerados vantajosos, no entanto, porque a maior parte da diferença no tamanho do genoma é devido ao acúmulo de grandes quantidades de DNA "egoísta", ou "lixo", nos genomas maiores, em vez de sequências de DNA úteis para o metabolismo celular e a função do organismo. As demandas metabólicas de replicar grandes quantidades de DNA e as demandas físicas de abrigá-lo no núcleo da célula produzem seleção contra o acúmulo de DNA parasito em excesso no genoma. Os grupos de animais com os maiores genomas são provavelmente aqueles mais capazes de tolerar o acúmulo de grandes quantidades de DNA parasito em seus genomas nucleares sem prejudicar as funções celulares e do organismo. Como a ênfase de nosso livro está na biologia do organismo, nossa revisão da genética concentra-se nos genes que têm papéis claros nas funções celulares e do organismo, embora esses genes sejam uma pequena minoria das sequências de DNA presentes nos genomas nucleares dos animais. Algumas sequências de DNA consideradas inúteis para o organismo exibem variação que é útil em estudos de genética de populações (ver Seção 6.4) e de relações evolutivas entre as espécies.

O genoma humano é responsável por centenas de milhares de proteínas diferentes (**proteoma**). Para produzir funções proteicas diversas, o polipeptídio codificado por um gene pode ser clivado em partes funcionais separadas, ou então associado a polipeptídios codificados por outros genes. Muitos cientistas estão agora comprometidos com a difícil área da **proteômica**, para identificar todas as proteínas em uma célula, tecido ou organismo; para determinar como as proteínas interagem para cumprir suas funções; e para delinear as estruturas dobráveis das proteínas.

5.6 MUTAÇÕES GÊNICAS

A força criativa da evolução é a seleção natural agindo sobre a variabilidade biológica. Sem a variabilidade entre indivíduos, não poderia haver a contínua adaptação a um ambiente estável ou em mudança e não haveria evolução (Capítulo 6). Apesar de a seleção natural agir nos fenótipos variantes dos organismos, a variação fenotípica em uma população em determinado ambiente é frequentemente causada pela variação no genótipo. A mutação em genes individuais introduz diversidade alélica na população, e a recombinação genética amplifica a diversidade de genótipos na população.

Mutações gênicas são alterações físico-químicas que modificam a sequência de bases do DNA. Uma vez que um gene sofre mutação, sua nova forma é fielmente reproduzida. Essas mutações são estudadas diretamente pela determinação da sequência do DNA e indiretamente pelos seus efeitos no fenótipo do organismo, se tais efeitos ocorrerem.

Muitas mutações provavelmente não têm efeito no fenótipo do organismo. Mutações que ocorrem em regiões não gênicas do genoma normalmente não têm consequências fenotípicas.

Na maioria dos casos, mutações em íntrons de um gene não influenciam no fenótipo, a não ser que elas alterem o processamento do RNA transcrito. Mesmo em um éxon, muitas substituições de bases são "silenciosas" porque não causam uma substituição de aminoácido na proteína. Considerando que diversos aminoácidos apresentam múltiplos códons (ver Tabela 5.3), em muitos casos a substituição de uma base resulta em um códon diferente para o mesmo aminoácido. Por exemplo, mutações que alteram a base na terceira posição de um códon de leucina são todas silenciosas. Uma vez que a maioria das proteínas suporta substituições de aminoácidos em algumas porções de seus sítios sem alteração em sua função, até mesmo algumas substituições de bases que não são "silenciosas" não teriam efeito no fenótipo do organismo.

Algumas mutações produzem uma substituição de códon, como na doença humana chamada de **anemia falciforme**. A substituição de uma única base do gene que codifica a beta-hemoglobina (ver Figura 2.14) causa a alteração do sexto códon do mRNA, de GAG (que especifica o ácido glutâmico no alelo normal) por GUG (que especifica a valina no alelo que causa a anemia falciforme). Essa substituição de um único aminoácido faz com que a molécula de hemoglobina adote uma estrutural globular anormal (ver Figura 2.14) quando sem oxigênio. A estrutura alterada apresenta uma cavidade no centro da molécula e uma saliência de polipeptídios nas margens, formando uma cunha. A parte saliente de uma molécula de hemoglobina fica encravada na outra, dando início a uma reação em cadeia na qual muitas moléculas de hemoglobina formam uma longa cadeia semelhante a uma foice que distorce a forma da célula.

Indivíduos homozigotos para o alelo da célula falciforme frequentemente morrem antes dos 30 anos de idade porque a capacidade de suas hemácias para transportar oxigênio é grandemente afetada por causa da substituição de um único aminoácido na sua hemoglobina. Os indivíduos heterozigotos para a anemia falciforme têm respiração normal, a não ser em condições de estresse de oxigênio e, desse modo, adquirem alguma resistência à infecção por malária. Quando um parasito da malária penetra na hemácia de um indivíduo heterozigoto, ele causa queda na tensão de oxigênio, o que distorce a célula para uma forma de foice. Tais células são destruídas pelo baço antes do parasito completar seu ciclo de vida. Esse exemplo mostra como as consequências de uma única mutação podem ser prejudiciais em determinadas condições e favoráveis em outras, dependendo, nesse caso, do ambiente (com malária *versus* sem malária) e do genótipo (homozigoto *versus* heterozigoto para o alelo da anemia falciforme). Ver Seção 6.4, para uma discussão adicional sobre a ação da seleção natural nessa variação.

Outras mutações envolvem a deleção de uma ou mais bases ou a inserção de bases adicionais na cadeia do DNA. A tradução do mRNA é então alterada, produzindo códons que especificam aminoácidos incorretos, e geralmente o produto proteico é defeituoso ou não funcional. A inserção de um elemento transponível no gene também pode alterar a habilidade de um gene de especificar um produto proteico funcional.

Quando uma mutação causa a perda da função de um gene, a nova forma frequentemente é recessiva e seus efeitos normalmente são mascarados em um heterozigoto com um alelo funcional. O alelo mutante influencia o fenótipo somente quando em homozigose. Dessa maneira, uma população carrega um reservatório de alelos mutantes recessivos, alguns dos quais podem ser letais no homozigoto, embora a condição de homozigose seja rara.

Na muito estudada mosca-da-fruta *Drosophila melanogaster*, existe aproximadamente 1 mutação detectável para cada 10 mil locos (taxa de 0,01% por loco por geração). A taxa em seres humanos é de 1 em 10 mil a 1 por 100 mil locos por geração. Considerando esta última taxa mais conservativa, espera-se que um único alelo normal passe por 100 mil gerações antes de sofrer uma mutação. No entanto, como o cromossomo de um ser humano possui aproximadamente 21.724 locos, então 1 em cada três pessoas carrega uma nova mutação. De maneira similar, cada óvulo ou espermatozoide contém, em média, um alelo mutante.

Pesquisas genômicas têm identificado milhões de **polimorfismos de nucleotídio único** (**SNP**, do inglês *single nucleotide polimorphism*) em seres humanos. Os SNPs são posições de bases no genoma para as quais duas das quatro bases possíveis ocorrem em altas frequências na população. A mutação então é bastante efetiva em produzir grandes quantidades de variação genética em seres humanos e na maioria das outras espécies. No entanto, a maior parte dessa variação ocorre fora da região codificante de genes e por isso não contribui para a variação fenotípica nas características dos organismos.

5.7 GENÉTICA MOLECULAR DO CÂNCER

O defeito crucial nas células cancerosas é que elas proliferam de maneira desenfreada (**crescimento neoplásico**). O mecanismo que controla o ritmo de divisão das células normais foi de algum modo perdido, e as células cancerosas se multiplicam muito mais rapidamente, invadindo outros tecidos do corpo. As células cancerosas se originam de células normais que perderam a regulação das divisões e, assim, se tornam indiferenciadas (menos especializadas). Existem vários tipos de câncer, dependendo da célula original criadora do tumor. Em muitas ou talvez em todas as células cancerosas, a mudança tem base genética, e a investigação do dano genético que causa o câncer é atualmente o principal fator estimulador da pesquisa sobre o câncer.

As células cancerosas normalmente apresentam uma alteração genética em um dos dois tipos de genes que existem em grande número: os **oncogenes** e os **genes supressores de tumor**. Os oncogenes (do grego *onkos*, volume, massa, + *genos*, descendência) ocorrem normalmente nas células, e em suas formas normais são chamados de **proto-oncogenes**. Um deles codifica uma proteína chamada de **Ras**. A proteína Ras é uma guanosina trifosfatase (GTPase) localizada logo abaixo da membrana celular. Quando um receptor na superfície celular se liga a um fator de crescimento, a Ras é ativada e inicia uma cascata de reações que causam a divisão da célula. A forma oncogene codifica uma proteína que inicia a cascata de divisão celular mesmo quando o fator de crescimento está ausente do receptor de superfície.

Tema-chave 5.11
GENÉTICA E DESENVOLVIMENTO

Radiação e mutagênicos químicos

Dentre as diversas maneiras pelas quais o DNA celular pode sofrer danos, as três mais importantes são radiação ionizante, radiação ultravioleta e mutagênicos químicos. A alta energia de radiação ionizante (raios X e raios gama) faz com que os elétrons sejam ejetados dos átomos, produzindo átomos com elétrons desemparelhados (radicais livres). Os radicais livres (principalmente da água) são altamente reativos quimicamente e reagem com as moléculas da célula, incluindo o DNA. Parte do DNA danificado é reparado, mas, se o reparo for impreciso, ocorre uma mutação. A radiação ultravioleta tem energia muito menor do que a radiação ionizante e não produz radicais livres; é absorvida pelas pirimidinas no DNA e causa a formação de uma ligação covalente dupla entre as pirimidinas adjacentes. Os mecanismos de reparo de UV também podem ser imprecisos. Mutagênicos químicos reagem com as bases do DNA e causam o pareamento incorreto durante a replicação.

Os produtos dos genes supressores de tumor atuam como reguladores da proliferação celular. Um desses produtos é chamado de **p53** (de proteína de "53 quilodáltons", uma referência ao seu peso molecular). Mutações no gene que codifica a p53 ocorrem em cerca de metade dos 6,5 milhões de casos de câncer humano diagnosticados a cada ano. A p53 normal tem várias funções cruciais, dependendo das circunstâncias na qual a célula se encontra. Ela pode iniciar um processo de apoptose (ver Seção 3.3), agir como ativadora ou repressora da transcrição (ligando ou desligando genes), controlar a progressão da fase G1 para a fase S do ciclo celular e promover o reparo de DNA danificado. Muitas das mutações conhecidas na p53 interferem com a sua ligação ao DNA e, assim, com a sua função.

RESUMO

Seção	Conceito-chave
5.1 Pesquisas de Mendel	• Mendel escolheu ervilhas para seus experimentos porque elas tinham linhagens puras que diferiam em pares de características claramente contrastantes. Ele cruzou variedades com atributos contrastantes para cada um dos sete pares • A descendência desses cruzamentos, chamados de híbridos, transmitiu as características parentais originais de maneira inalterada para a prole, demonstrando a herança particulada • No início dos anos 1900, Thomas Hunt Morgan selecionou uma espécie de mosca-da-fruta, *Drosophila melanogaster*, para estudos genéticos e confirmou a herança mendeliana • A alta resolução genética dos grandes cromossomos politênicos das moscas-de-frutas permitiu ao grupo de Morgan mapear genes nos cromossomos, estabelecendo a citogenética

Seção	Conceito-chave
5.2 Base cromossômica da herança	• A meiose separa os cromossomos homólogos de uma célula diploide em dois conjuntos, de modo que cada gameta tem metade do número de cromossomos somáticos (haploide) • As células que entram na meiose têm dois conjuntos de cromossomos (diploides), cada cromossomo em forma replicada (duas cromátides idênticas anexadas a um centrômero) • Na primeira divisão meiótica, os cromossomos homólogos se emparelham durante a prófase I, alinham-se na direção dos polos opostos da célula na metáfase I e, em seguida, movem-se para polos opostos na anáfase I. Cada célula-filha recebe um conjunto completo de cromossomos (haploide) na forma replicada • O emparelhamento de cromossomos homólogos na prófase I é denominado de sinapse; um par de sinapses é denominado de bivalente. As cromátides podem trocar material genético com cromátides não irmãs (*crossing over*) no bivalente para produzir novas combinações genéticas • Na segunda divisão meiótica, os centrômeros se dividem, produzindo células-filhas cujo conjunto haploide de cromossomos não é replicado (apenas uma cromátide por cromossomo) • O número diploide é restaurado quando os gametas masculino e feminino se unem para formar um zigoto, seguido pela replicação dos cromossomos, de forma que cada um tenha um par de cromátides idênticas • O sexo é determinado em muitos animais pelos cromossomos sexuais; em seres humanos, moscas-de-frutas e muitos outros animais, as fêmeas têm dois cromossomos X e os machos têm um X e um Y • Em gafanhotos e hemípteros, nenhum cromossomo Y está presente, mas as fêmeas têm dois cromossomos X e os machos têm apenas um X • Em borboletas, mariposas e aves, os machos têm um par de cromossomos Z e as fêmeas são WZ, o inverso da determinação sexual cromossômica XY.
5.3 Leis mendelianas da herança	• A primeira Lei de Mendel afirma que os fatores pareados para características contrastantes se separam uns dos outros durante a formação do gameta • A separação de cromossomos homólogos por meiose na formação de gametas carrega as cópias maternas e paternas de cada gene para diferentes gametas • A fertilização dos gametas restaura a condição pareada dos cromossomos homólogos e seus fatores/genes • A segunda Lei de Mendel afirma que a herança dos fatores pareados para cada par de características ocorre independentemente dos outros pares. Por exemplo, uma planta diíbrida para altura (alta *versus* baixa) e cor da semente (amarelo *versus* verde) produz quatro tipos de gametas em igual frequência (amarelo alto, verde alto, amarelo baixo, verde curto) • A segregação independente de diferentes características pareadas ocorre porque os genes que as codificam estão em cromossomos diferentes; o alinhamento de cada bivalente na placa metafásica I ocorre independentemente de outros bivalentes • Genes localizados no mesmo cromossomo normalmente não se segregam independentemente, mostrando ligação genética • A ligação sexual denota genes presentes em um cromossomo sexual em uma espécie animal que tem determinação sexual cromossômica • A não disjunção dos cromossomos na meiose é uma condição anormal, mas recorrente. Ocorre quando um par de cromossomos homólogos não consegue se separar na meiose I, ou cromátides-irmãs não conseguem se separar na meiose II; os produtos meióticos resultantes têm um cromossomo extra ou um cromossomo a menos • A não disjunção em seres humanos pode fazer com que um gameta tenha duas cópias do cromossomo 21 em vez da cópia única na condição normal. A fertilização por um gameta contendo um único cromossomo 21 produz um zigoto com três cópias, causando a trissomia 21 (Síndrome de Down).
5.4 Teoria dos genes	• Os genes são as entidades unitárias que influenciam as características de um organismo e são herdadas pelos descendentes de seus progenitores • As variantes alélicas de genes podem ser dominantes, recessivas ou intermediárias na expressão fenotípica; um alelo recessivo no genótipo heterozigoto não é expresso no fenótipo. Uma população normalmente tem mais de duas formas alélicas de cada gene • Estudos feitos por Beadle e Tatum sobre o mofo-comum de pão *Neurospora* no início dos anos 1940 revelaram que mutações em um único gene causavam a perda de uma única função enzimática. Eles propuseram que cada gene produzisse uma enzima, o que mais tarde foi revisado para afirmar que um gene codifica um polipeptídio.

Seção	Conceito-chave
5.5 Armazenamento e transferência da informação genética	• O DNA tem duas cadeias polinucleotídicas com ligações cruzadas precisas formadas por pontes de hidrogênio específicas entre suas bases de purina e pirimidina • Adenina pareia com timina e guanina pareia com citosina. As fitas emparelhadas de DNA são complementares porque a sequência de bases ao longo de uma fita especifica a sequência de bases ao longo da outra fita • As duas fitas de DNA correm em direções opostas (antiparalelas), o que significa que a extremidade 5' de uma fita é oposta à extremidade 3' da outra • O RNA se assemelha ao DNA, exceto pelo fato de ser uma única cadeia polinucleotídica, ter ribose em vez de desoxirribose e uracila em vez de timina. Os RNAs ribossômicos, de transferência e mensageiros são os mais abundantes, mas muitos microRNAs são conhecidos • Antes de uma célula se dividir, o DNA é precisamente replicado para que cópias idênticas possam ir para cada célula-filha. A transmissão de DNA através de gametas é a base da hereditariedade ao longo das gerações • O DNA codifica a informação genética, mas não participa diretamente da síntese proteica. A molécula intermediária entre o DNA e a proteína é o RNA mensageiro (mRNA) • Os códigos em trinca no DNA são transcritos pela síntese de um mRNA usando uma fita da dupla hélice do DNA como molde. Cada trinca no mRNA que codifica um aminoácido na proteína correspondente é chamada de códon • A síntese de proteínas a partir do mRNA ocorre no citoplasma da célula, fora do núcleo, e é chamada de tradução. O RNA ribossômico e muitos RNAs de transferência funcionam na tradução e são codificados separadamente no DNA • O RNA ribossômico forma ribossomos, aos quais as moléculas de RNA mensageiro se ligam durante a síntese de proteínas • Os RNAs de transferência coletam aminoácidos livres do citoplasma e os entregam ao ribossomo, onde são montados em um polipeptídio usando o código do mRNA anexado. Existem moléculas de tRNA especiais para cada aminoácido • Proteínas chamadas de fatores de transcrição influenciam a taxa de transcrição de um gene • MicroRNAs que se ligam a RNAs mensageiros podem bloquear a tradução de mRNAs.
5.6 Mutações gênicas	• As mutações genéticas alteram a sequência de bases no DNA, muitas vezes causando uma substituição de base em determinado local ou uma inserção ou deleção de uma ou mais bases • Depois que um gene sofre mutação, ele reproduz fielmente a sua nova forma. Mutações em partes não gênicas do genoma normalmente não têm consequências fenotípicas • Uma substituição de base na porção de codificação de proteína de um gene às vezes, mas nem sempre, causa uma substituição de aminoácido no polipeptídio codificado, o que pode alterar a função da proteína • Algumas mutações influenciam a regulação da expressão gênica • A inserção de um elemento transponível em um gene pode interromper a função do gene.
5.7 Genética molecular do câncer	• As células cancerosas se multiplicam muito rapidamente e invadem outros tecidos do corpo • As células cancerosas geralmente surgem de células normais por mutação em um dos dois tipos de genes: proto-oncogenes e genes supressores de tumor. A mutação de um proto-oncogene para formar um oncogene faz com que ele acione a divisão celular excessiva. A mutação em um gene supressor de tumor impede que ele restrinja a proliferação celular.

QUESTÕES DE REVISÃO

1. Qual é a relação entre cromossomos homólogos, cópias de um gene e alelos?
2. Descreva ou esquematize a sequência de eventos na meiose (ambas as divisões).
3. Como se denominam os cromossomos sexuais dos machos de besouros, seres humanos e borboletas?
4. Quais as diferenças entre os mecanismos de determinação do sexo dos três táxons da questão 3?
5. Represente em um quadrado de Punnet um cruzamento entre indivíduos com os seguintes genótipos: A/a × A/a; A/a B/b × A/a B/b.
6. De maneira concisa, expresse as leis de Mendel da segregação e da segregação independente.
7. Supondo que olhos castanhos (B) sejam dominantes sobre olhos azuis (b), determine os genótipos de todos os seguintes indivíduos: um filho com olhos azuis e cujos pais tinham olhos castanhos casou-se com uma mulher com olhos castanhos cuja mãe tinha olhos castanhos e o pai, azuis. O filho do casal tem olhos azuis.
8. Lembre-se que a cor vermelha (R) das flores da maravilha é completamente não dominante sobre a cor branca (R'). Nos cruzamentos seguintes, dê os genótipos dos gametas produzidos por cada genitor e também a cor da flor da prole: V/V × V/V'; V'V × V/V'; V/V × V/V'; V/V × V'/V'.
9. Um camundongo macho com pelagem marrom é cruzado com duas fêmeas de camundongo de pelagem preta. Em várias ninhadas, a primeira fêmea teve 48 filhotes pretos e a segunda fêmea teve 14 filhotes pretos e 11 marrons. Você consegue deduzir o padrão de herança da cor da pelagem e os genótipos dos pais?

10. Nos porquinhos-da-índia, o pelo áspero (A) é dominante sobre o pelo macio (a), e o pelo preto (P) é dominante sobre o branco (p). Esse par de características contrastantes obedece a ambas as leis de Mendel. Se um homozigoto áspero e preto é cruzado com um homozigoto macio e branco, descreva a aparência de cada um dos seguintes animais: F1; F2; filhotes de F1 cruzado com genitor de pelo macio e branco; filhotes de F$_1$ cruzado com genitor de pelo áspero e preto.

11. Suponha que, na espécie humana, o gene para ser destro (D) é geneticamente dominante sobre o gene para ser canhoto (d) e que olhos castanhos (C) são geneticamente dominantes sobre olhos azuis (c). Um homem destro e com olhos azuis casa-se com uma mulher destra e com olhos castanhos e tem dois filhos. Um deles é (1) destro com olhos azuis e o outro é (2) canhoto com olhos castanhos. O homem casa-se novamente com uma mulher destra e com olhos castanhos. Eles têm 10 filhos, todos destros e com olhos castanhos. Quais são os prováveis genótipos do homem e de suas duas mulheres?

12. Na *Drosophila melanogaster*, olhos vermelhos são dominantes sobre olhos brancos e os genes situam-se no cromossomo X. Asas vestigiais (n) são recessivas em relação às asas normais (N), para um gene autossômico. Qual será a aparência dos filhotes dos seguintes cruzamentos: XV/Xv N/n × Xv/Y n/n; Xv/Xv N/n × XV/Y N/n?

13. Suponha que a cegueira para cores (daltonismo) seja uma característica recessiva ligada ao cromossomo X. Um homem e uma mulher com visão normal têm os seguintes filhos: uma filha com visão normal e que tem um filho com daltonismo e outro normal; outra filha com visão normal e que tem seis filhos normais e um filho daltônico que, por sua vez, tem uma filha com visão normal. Quais são os prováveis genótipos de todos esses indivíduos?

14. Quais são as diferenças entre euploidia, aneuploidia e poliploidia? E entre monossomia e trissomia?

15. Qual é o nome das purinas e pirimidinas do DNA e quais são os pares com que elas formam a dupla-hélice? Quais são as purinas e pirimidinas do RNA e de quais bases do DNA elas são complementares?

16. Explique como o DNA se replica.

17. Por que um códon não pode ser composto por duas bases?

18. Explique a transcrição e o processamento do mRNA no núcleo.

19. Explique o papel do mRNA, do tRNA e do rRNA na síntese de polipeptídios.

20. Descreva quatro maneiras pelas quais a expressão dos genes pode ser regulada nos eucariotos.

21. Na genética molecular moderna, o que é o DNA recombinante e como ele é formado?

22. Por que muitas mutações não têm efeitos detectáveis no fenótipo do organismo?

23. Faça a distinção entre proto-oncogene e oncogene. Descreva dois mecanismos pelos quais a alteração genética causa câncer.

24. O que são as proteínas Ras e p53? Como uma mutação nos genes para essas proteínas contribui para o câncer?

25. Delineie os passos essenciais da reação em cadeia da polimerase.

26. Quais são algumas das conclusões gerais dos estudos genômicos humanos sobre o número de genes presentes e a proporção relativa do genoma que executa funções gênicas?

27. O que é o proteoma? Por que a informação genômica sozinha é insuficiente para caracterizar o proteoma?

Para reflexão. Como o sistema genético cromossômico nos animais permite tanto o controle preciso do conteúdo de genes e sua expressão nas células como também uma oportunidade para grandes quantidades de variação genética?

6 Evolução Orgânica

OBJETIVOS DE APRENDIZAGEM

Após leitura do capítulo, você será capaz de:

6.1 Explicar o contexto histórico da teoria de Darwin da evolução e como se baseou em ideias evolutivas anteriores e as transformou.

6.2 Explicar os principais tipos de evidências fundamentais às cinco teorias de Darwin, em particular como as evidências subjacentes à mudança perpétua, à descendência comum e à multiplicação de espécies não dependem das teorias mais controversas do gradualismo e da seleção natural.

6.3 Explicar como o neodarwinismo refuta os componentes lamarckianos da teoria original de Darwin que se baseiam na teoria do plasma germinativo de August Weismann no final do século XIX.

6.4 Aplicar a genética populacional neodarwiniana para medir a variação dentro das espécies e para compreender as forças evolutivas da mutação, da deriva genética, da migração e da seleção natural.

6.5 Explicar os papéis da extinção, incluindo a extinção em massa, a seleção de espécies e a seleção catastrófica de espécies, como forças macroevolutivas.

Trilobitas fossilizados em uma rocha da Era Paleozoica.
iStock@Merlinus74

Um legado de mudanças

A história da vida é um legado de mudanças contínuas. Apesar da aparente imutabilidade do mundo natural, tudo na Terra, e no universo como um todo, é caracterizado pela transformação. O registro estratigráfico da Terra guarda a história irreversível das transformações que chamamos de evolução orgânica. Inúmeros tipos de animais e de plantas floresceram e desapareceram, deixando para trás um esparso registro fóssil de sua existência. Muitos, mas nem todos, deixaram descendentes que vivem no presente e que a eles se assemelham.

Observamos e quantificamos as modificações nos seres vivos de várias maneiras. Em um tempo evolutivo curto, detectamos mudanças nas frequências de diferentes atributos genéticos nas populações. As mudanças evolutivas nas frequências relativas de mariposas claras e escuras ocorreram no decurso de uma única vida humana nas cidades poluídas da Inglaterra industrial. A criação de novas espécies e as mudanças drásticas na forma dos organismos, ilustradas pela diversificação evolutiva das aves havaianas, ocorrem em escalas temporais maiores, que vão de 100 mil a 1 milhão de anos. Tendências macroevolutivas e episódios de extinção em massa ocorrem em escalas de tempo ainda maiores, abrangendo milhões de anos. O registro fóssil de cavalos ao longo dos últimos 50 milhões de anos mostra uma sucessão de diferentes espécies substituindo as mais antigas ao longo do tempo, chegando até os cavalos do presente. O registro fóssil de invertebrados marinhos revela episódios de extinções em massa, separados por intervalos de cerca de 26 milhões de anos.

Como todas as características da vida conhecidas hoje são um produto de evolução, os biólogos consideram a evolução orgânica a chave para todo o conhecimento biológico.

No Capítulo 1, apresentamos a teoria evolutiva darwiniana como o paradigma dominante da biologia. Charles Robert Darwin (Figura 6.1) e Alfred Russel Wallace foram os primeiros a estabelecer a evolução como uma poderosa teoria científica. Atualmente, a realidade da evolução orgânica só pode ser negada abandonando-se a razão. Como o notório biólogo inglês Sir Julian Huxley escreveu: "Charles Darwin efetuou a maior de todas as revoluções no pensamento humano, maior que a de Einstein, Freud ou Newton, quando, simultaneamente, estabeleceu o fato e descobriu o mecanismo da evolução orgânica." A teoria darwiniana nos ajuda a entender tanto a genética das populações quanto as tendências de longa duração do registro fóssil. Darwin e Wallace não conceberam a ideia básica de evolução orgânica, que tem, na verdade, uma história muito mais antiga. Revisaremos a história do pensamento evolutivo que levou à teoria de Darwin, as evidências que a respaldam e as mudanças nessa teoria que conduziram à síntese moderna da teoria da evolução.

6.1 ORIGENS DA TEORIA EVOLUTIVA DARWINIANA

Conceitos evolutivos pré-darwinianos

Os primeiros filósofos gregos, principalmente Xenófanes, Empédocles e Aristóteles, conceberam as primeiras ideias de mudança evolutiva. Eles reconheceram os fósseis como uma evidência da vida passada e acreditavam que ela fora destruída por uma catástrofe natural. Apesar de seus questionamentos, os gregos não estabeleceram um conceito de evolução. As oportunidades para o pensamento evolutivo tornaram-se ainda mais restritas quando as interpretações literais da narrativa bíblica sobre a criação foram aceitas como doutrina da fé. O ano 4004 a.C. foi arbitrado pelo Arcebispo James Ussher (em meados do século XVII) como a data da criação da vida. As perspectivas evolutivas eram consideradas rebeldes e hereges, mas, ainda assim, persistiram. O naturalista francês George Louis Buffon (1707-1788) ressaltou a influência do ambiente na modificação da forma dos animais. Ele também aumentou a idade da Terra para 70 mil anos.

Figura 6.1 Um dos fundadores da teoria da evolução pela seleção natural. Charles Robert Darwin (1809-1882).

Lamarckismo: primeira explicação científica da evolução

O biólogo francês Jean Baptiste de Lamarck (1744-1829) foi o autor da primeira explicação abrangente para a evolução, em 1809, o ano do nascimento de Darwin. Ele construiu uma tese convincente de que os fósseis eram os remanescentes de animais extintos. O mecanismo evolutivo proposto por Lamarck, a **herança de características adquiridas**, era atraente por sua simplicidade: os organismos, ao se esforçarem para satisfazer as exigências do ambiente, adquirem adaptações que são herdadas por seus descendentes. De acordo com Lamarck, o pescoço comprido da girafa evoluiu porque seus ancestrais esticavam seus pescoços para se alimentarem e, subsequentemente, transmitiam seus pescoços alongados à prole. Ao longo de muitas gerações, essas mudanças acumularam-se, produzindo os longos pescoços das girafas modernas.

Chamamos o conceito lamarckista de evolução de **transformacional** porque afirma que os indivíduos transformam suas características por meio do uso e do desuso das partes do corpo, e que a hereditariedade efetua os ajustes correspondentes para produzir a evolução. Atualmente, rejeitamos agora as teorias transformacionais, porque os estudos genéticos mostram que os atributos adquiridos por um organismo durante a sua vida, como músculos mais fortes, não são herdados pela prole. A teoria evolutiva de Darwin difere da de Lamarck por ser uma teoria **variacional**, baseada nas diferenças genéticas que ocorrem entre os indivíduos de uma população. A evolução ocorre no nível populacional e inclui mudanças, ao longo das gerações, nas características do organismo que prevaleçam na população. Darwin argumentou que os organismos com características hereditárias que lhes conferiam vantagem em sobrevivência ou em reprodução deixariam uma prole maior do que os outros, o que fazia com que as características mais favoráveis à sobrevivência e ao sucesso reprodutivo de seus portadores fossem acumuladas nas populações ao longo das gerações.

Charles Lyell e o uniformismo

O geólogo Sir Charles Lyell (1797-1875) estabeleceu o princípio do uniformitarismo em seu *Princípios de Geologia* (1830-1833). O uniformitarismo inclui duas ideias importantes que embasam o estudo científico da história da natureza: (1) as leis da física e as da química não mudaram ao longo da história da Terra e (2) os eventos geológicos do passado ocorreram por processos semelhantes aos observados no presente. Lyell mostrou que as forças da natureza, agindo por um longo tempo, poderiam explicar a formação das rochas que contêm fósseis. Por exemplo, conforme os remanescentes de esqueletos de corais (ver Seção 13.1), foraminíferos (ver Seção 11.3) e moluscos (ver Seção 16.1) acumulam-se no fundo do oceano, eles formam sedimentos de carbonato de cálcio, que, em última instância, são comprimidos e transformados em calcário. Os estudos geológicos de Lyell levaram-no a concluir que a idade da Terra deve ser medida em milhões de anos. As taxas de sedimentação medidas são muito lentas para terem causado a formação das rochas sedimentares da Terra em um intervalo curto de tempo. Esses princípios foram importantes para desacreditar as explicações miraculosas e sobrenaturais da história da natureza, substituindo-as por explicações científicas. Lyell também ressaltou que as mudanças geológicas ocorrem principalmente através de pequenos acréscimos, cujo acúmulo gradual através dos tempos gerou as principais formações geológicas da Terra; ele argumentou, ainda, que tais mudanças não ocorrem de forma intrinsecamente direcional. Por exemplo, as posições das montanhas e dos mares mudariam gradativamente ao longo do tempo, mas a superfície da Terra não teria uma tendência direcional de se tornar mais montanhosa ou mais inundada. Ambas as afirmações tiveram impactos importantes na teoria evolutiva de Darwin.

A grande viagem de Darwin de descobrimento

"Depois de ter sido por duas vezes rechaçado pelos fortes ventos sudoeste, o navio de Sua Majestade, o Beagle, um brigue de 10 canhões, sob o comando do capitão Robert FitzRoy, R.N.,[a] partiu de Devonport no dia 27 de dezembro de 1831." Assim começa o relato de Charles Darwin da histórica viagem de 5 anos do Beagle ao redor do mundo (Figura 6.2). Darwin, que mal completara 23 anos, foi requisitado para acompanhar o capitão FitzRoy no Beagle, um pequeno navio de apenas 90 pés de comprimento (cerca de 27,4 m), que estava prestes a partir em uma longa viagem de prospecção pela América do Sul e Oceano Pacífico. Foi o começo da viagem científica mais importante do século XIX.

Durante a viagem (1831-1836), Darwin sofreu com os enjoos e a volúvel companhia do capitão FitzRoy, mas o vigor da juventude e sua experiência como naturalista o capacitaram bem para a tarefa. O Beagle fez várias paradas ao longo das costas da América do Sul e das ilhas adjacentes. Darwin coletou extensivamente e escreveu muito sobre a flora e a fauna dessas regiões. Ele escavou inúmeros fósseis de animais há muito extintos e notou a semelhança entre os fósseis dos pampas da América do Sul e os já conhecidos da América do Norte. Nos Andes, encontrou conchas do mar encrustadas em rochas a 4 mil metros de altitude. Enfrentou um forte terremoto e presenciou enxurradas nas montanhas que desgastavam sem trégua a terra ao redor. Tais observações, somadas à leitura durante a viagem dos Princípios de Geologia de Lyell, reforçaram suas convicções de que forças naturais poderiam explicar as características geológicas da Terra.

Em meados de setembro de 1835, o Beagle chegou às ilhas Galápagos, um arquipélago vulcânico na linha do Equador, a 965 km a oeste do país Equador (Figura 6.3). A fama das ilhas vem do isolamento oceânico e do terreno vulcânico acidentado. Circundadas por correntes inconstantes e por um litoral moldado por lava retorcida, com arbustos esqueléticos torrados pelo sol equatorial, habitadas por répteis estranhos e por gente exilada pelo governo equatoriano, as ilhas tinham poucos admiradores entre os marinheiros. Em meados do século XVII, eram conhecidas pelos espanhóis como "Las Islas Galápagos" – as ilhas das tartarugas. As tartarugas gigantes, usadas como alimento, primeiro pelos bucaneiros e mais tarde pelos baleeiros norte-americanos e britânicos, caçadores de foca e navios de guerra, eram a principal atração das ilhas. As populações de tartaruga haviam sido muito exploradas já à época da visita de Darwin.

Durante a visita de 5 semanas do Beagle a Galápagos, Darwin documentou o caráter ímpar das plantas e dos animais da região, incluindo as tartarugas gigantes, iguanas-marinhas, sinsonte de Galápagos e tentilhões. Darwin mais tarde descreveu esses estudos como "a origem de todas as minhas ideias".

Darwin impressionou-se com o fato de que, embora Galápagos e Cabo Verde (onde o Beagle aportara anteriormente) possuíssem clima e topografia semelhantes, as plantas e os animais de Galápagos se assemelhavam muito mais com os do continente sul-americano e eram completamente diferentes das formas derivadas da África presentes nas ilhas de Cabo Verde. Cada ilha de Galápagos continha uma única espécie aparentada às formas de outras ilhas do arquipélago. Em resumo, a vida em Galápagos deve ter se originado no continente sul-americano e, subsequentemente, sofreu modificações nas várias condições ambientais das diferentes ilhas. Ele concluiu que as formas vivas não são um produto da criação divina e tampouco imutáveis; são, na verdade, produtos de uma longa história de mudança evolutiva.

Em 2 de outubro de 1836, o Beagle retornou à Inglaterra, onde Darwin conduziu a maior parte de seu trabalho científico (Figura 6.4). A maior quantidade das extensas coletas de Darwin já havia chegado antes dele, assim como os cadernos e diários que manteve durante o cruzeiro. O diário de Darwin, publicado 3 anos após o retorno do Beagle, foi um sucesso instantâneo e houve duas impressões adicionais ainda durante o primeiro ano. Mais tarde, Darwin revisou esse diário, o que resultou em A Viagem do Beagle, um relato de viagem de popularidade duradoura.

---

[a]N.T.: A sigla R.N. significa Royal Navy e está associada a oficiais da marinha real britânica.

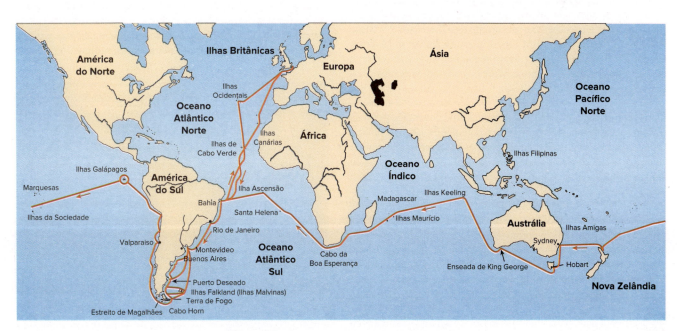

Figura 6.2 A viagem de 5 anos do H.M.S. Beagle.

Figura 6.3 As Ilhas Galápagos vistas da borda de um vulcão.

O principal produto da viagem de Darwin, sua teoria da evolução, continuou a se desenvolver por mais de 20 anos após o retorno do Beagle. Em 1838, ele leu, "a título de entretenimento", um ensaio de T. R. Malthus (1766-1834) sobre populações, onde afirmava que populações de plantas e animais, incluindo populações humanas, tendem a crescer além da capacidade de suporte dos recursos ambientais. Darwin já começara a acumular informação sobre seleção artificial de animais domesticados. Fascinavam-no, sobretudo, as raças artificiais de pombos. Muitas dessas raças diferenciavam-se tão radicalmente entre si quanto a morfologia e o comportamento, e seriam consideradas espécies diferentes, se encontradas na natureza, mas ainda assim haviam se originado de uma única espécie selvagem, o pombo-doméstico (*Columba livia*). Após ler o artigo de Malthus, Darwin percebeu que o processo de seleção na natureza, a "luta pela existência", causada pelo excesso demográfico, poderia ser uma força poderosa na evolução das espécies selvagens.

Darwin deixou essa ideia amadurecer em sua cabeça, escrevendo ensaios privados em 1842 e 1844. Finalmente, em 1856, ele começou a organizar seu grande volume de dados em um trabalho sobre a origem das espécies. Esperava escrever em quatro volumes um livro muito grande, "tão perfeitos quanto os puder fazer". Entretanto, seus planos seriam subitamente alterados.

Em 1858, ele recebeu um manuscrito de Alfred Russel Wallace (1823-1913), um naturalista inglês que trabalhava na Malásia, com quem regularmente se correspondia. Darwin ficou surpreso ao ver que, em poucas páginas, Wallace resumiu os pontos principais da teoria de seleção natural, na qual Darwin trabalhara por duas décadas. Em vez de atrasar o próprio manuscrito e, assim, favorecer Wallace, sua inclinação inicial, foi convencido por dois amigos próximos, o geólogo Lyell e o botânico Hooker, a publicar sua perspectiva em um breve ensaio que apareceria junto com o artigo de Wallace no *Journal of the Linnean Society*. Trechos de ambos os artigos foram lidos perante uma audiência surpresa em 1º de julho de 1858.

Durante o ano seguinte, Darwin trabalhou freneticamente, preparando um "resumo" dos quatro volumes que planejara. Esse livro foi publicado em novembro de 1859, com o título, em inglês, *On the Origin of Species by Means of Natural Selection, or the Preservation of Favoured Races in the Struggle for Life*. Os 1.250 exemplares da primeira tiragem esgotaram-se no primeiro dia! Esse livro gerou instantaneamente uma comoção que jamais se abateu. As ideias de Darwin trouxeram consequências extraordinárias para as crenças científicas e religiosas, e estão entre os maiores feitos intelectuais de todos os tempos.

> **Tema-chave 6.1**
> **EVOLUÇÃO**
> **Darwin**
> "Sempre que descubro que errei, ou que meu trabalho foi imperfeito, e quando fui duramente criticado, e mesmo quando fui indevidamente elogiado, o que também me mortificou, é meu maior conforto dizer a mim mesmo centenas de vezes que 'trabalhei com tanto afinco e da melhor forma que pude, que nenhum homem pode fazer mais do que isso'" (Charles Darwin, em sua autobiografia, 1876).

Uma vez que a publicação de *A Origem das Espécies* deu fim à hesitação de Darwin, seu pensamento evolutivo entrou em um período extraordinariamente produtivo durante os 23 anos seguintes, nos quais produziu cinco revisões do livro e uma dúzia de novos livros. Ele manteve o intercâmbio científico com Wallace, que documentou cuidadosamente a distribuição geográfica de espécies de plantas e animais, fundando, assim, o campo da biogeografia histórica (ver Seção 37.1). Darwin faleceu em 19 de abril de 1882 e foi enterrado na abadia de Westminster. O pequeno Beagle já havia desaparecido, tendo sido aposentado em 1870 e, mais tarde, vendido como ferro velho.

6.2 TEORIA EVOLUTIVA DARWINIANA: A EVIDÊNCIA

A mudança perpétua

A principal premissa subjacente à evolução darwiniana é a de que o mundo vivo não está em ciclagem constante ou perpétua, mas em permanente modificação e com continuidade hereditária do passado até o presente. As mudanças contínuas na forma e na diversidade animal, ao longo de seus 600 a 700 milhões de anos de existência, são documentadas de maneira mais evidente pelo registro fóssil. Um **fóssil** é um remanescente da vida passada descoberto na crosta terrestre (Figura 6.5). Alguns fósseis são constituídos de remanescentes completos (insetos em âmbar e mamutes), partes rígidas (dentes e ossos) ou partes esqueléticas petrificadas infiltradas com sílica ou outros minerais (ostracodermes e moluscos). Outros fósseis incluem pegadas e outras impressões, buracos de vermes marinhos no sedimento do fundo

Figura 6.4 O estúdio de Darwin na *Down House*, em Kent, Inglaterra, preservado em estado muito semelhante ao que se encontrava na época em que Darwin escreveu *A Origem das Espécies*.

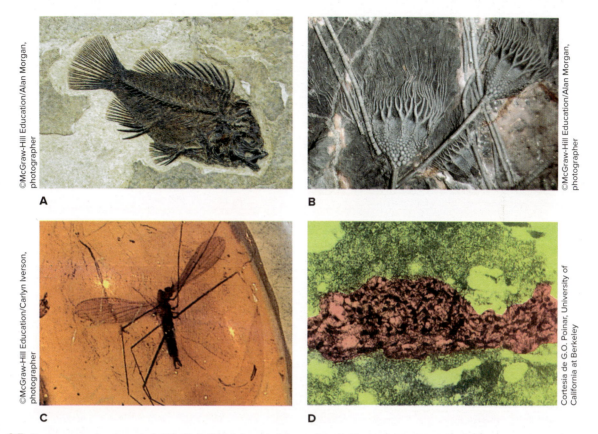

Figura 6.5 Quatro exemplos de material fóssil. **A.** Fóssil de peixe das rochas da Formação do *Green River* (Rio Verde), Wyoming, EUA. Esses peixes nadavam aqui durante a época do Eoceno, período Paleógeno, há aproximadamente 50 milhões de anos. **B.** Crinoides pedunculados (Classe Crinóidea, ver Seção 22.4) de rochas devonianas. O registro fóssil desses equinodermos mostra que eles atingiram seu ápice milhões de anos antes e, então, deram início a seu lento declínio até ao presente. **C.** O fóssil de um inseto que foi aprisionado pela resina de uma árvore há 25 milhões de anos que desde então se solidificou, formando âmbar. **D.** Micrografia eletrônica do tecido de mosca fossilizada mostrada em **C**; o núcleo de uma célula corado em *vermelho*.

do mar e excrementos (coprólitos). Além de documentar a evolução dos organismos, os fósseis revelam transformações profundas no ambiente terrestre, incluindo grandes mudanças na distribuição das terras e dos mares. Fósseis formados no substrato de mares antigos podem ser extraídos do alto de montanhas atuais.

Tema-chave 6.2
EVOLUÇÃO

Fósseis de tecidos moles

Restos fósseis podem, em raras ocasiões, incluir tecidos moles preservados tão bem que organelas celulares reconhecíveis são reveladas por microscopia eletrônica! Os insetos são frequentemente encontrados encrustados no âmbar, a resina fossilizada das árvores. Um estudo de uma mosca de 40 milhões de anos encontrada em âmbar revelou estruturas correspondentes a fibras musculares, núcleos, ribossomos, gotículas lipídicas, retículo endoplasmático e mitocôndrias (ver Figura 6.5 D). Esse caso extremo de mumificação provavelmente ocorreu porque os produtos químicos na seiva da planta se difundiram e embalsamaram os tecidos do inseto.

Interpretação do registro fóssil

O registro fóssil é tendencioso porque a preservação é seletiva. As partes esqueléticas de vertebrados, bem como as de invertebrados com conchas e outras estruturas rígidas, são normalmente as mais bem preservadas (ver Figura 6.5). Animais de corpo mole, como as águas-vivas e a maior parte dos vermes, só se fossilizam sob circunstâncias incomuns, como as encontradas em *Burgess Shale*,[b] na Colúmbia Britânica (Figura 6.6). Condições excepcionais para a fossilização produziram os depósitos fósseis Pré-cambrianos do sul da Austrália, os poços de piche do Rancho La Brea (Parque Hancock em Los Angeles, EUA), os grandes depósitos de dinossauros (Alberta, Canadá e Jensen, Utah, EUA; Figura 6.7) e os depósitos fósseis das províncias chinesas de Yunnan e de Lianoning.

Os fósseis formam-se em camadas estratificadas, com novos acúmulos em cima de depósitos mais antigos. Se essas camadas permanecem não perturbadas, o que é raro, as idades dos fósseis em uma sequência preservada são diretamente proporcionais à profundidade em que foram encontrados. As particularidades dos fósseis normalmente servem para identificar camadas específicas. Alguns fósseis de invertebrados marinhos amplamente distribuídos, incluindo diversos foraminíferos (ver Seção 113) e equinodermos (ver Seção 22.5), são tão correlacionados com certos períodos geológicos que são chamados de fósseis "índices", ou "guias". Infelizmente, essas camadas são normalmente oblíquas ou apresentam falhas (fissuras). Depósitos antigos expostos pela erosão podem vir a ser cobertos por outros depósitos, formando um novo plano de deposição. Quando expostas a pressões ou a temperaturas extremas, as rochas sedimentares estratificadas

---

[b]N.T.: *Shale* designa um depósito de xisto, *Burgess* é o nome próprio desse depósito específico; *Burgess Shale* é ocasionalmente traduzido como folheho ou xistos de Burgess.

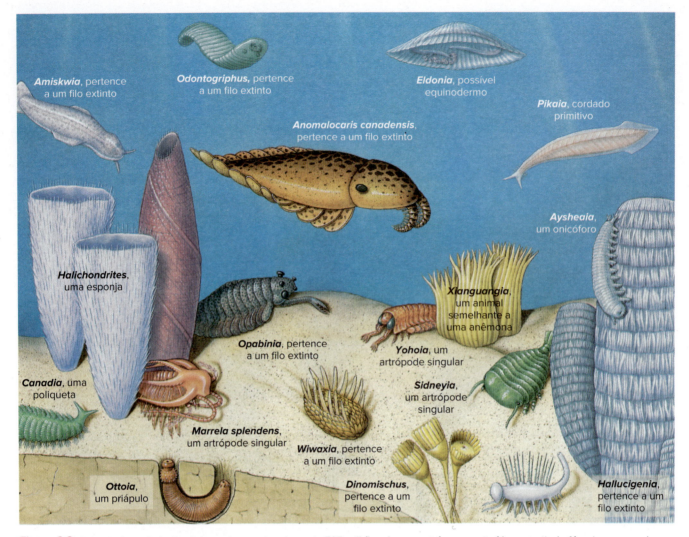

Figura 6.6 Animais do período Cambriano, de aproximadamente 505 milhões de anos atrás, reconstruídos a partir de fósseis preservados no depósito de *Burgess Shale*, da Colúmbia Britânica, Canadá. Os principais planos de organização morfológica que apareceram abruptamente nessa época estabeleceram os arquétipos dos animais que hoje nos são familiares.

transformam-se em quartzo cristalino, ardósia ou mármore, o que leva à destruição dos fósseis.

A Figura 6.8 mostra a estratigrafia de dois grandes grupos de antílopes africanos e sua interpretação evolutiva. As espécies desse grupo são identificadas pelos tamanhos e formatos característicos dos cornos, que formam muito do registro fóssil desse grupo. As linhas sólidas verticais na Figura 6.8 correspondem às distribuições temporais das espécies determinadas pela presença de seus cornos característicos no estrato rochoso de várias idades. As linhas vermelhas denotam os registros fósseis de espécies vivas, e as linhas cinzas denotam os registros fósseis de espécies extintas. As linhas cinzas pontilhadas mostram as relações inferidas entre as espécies vivas e as espécies fósseis, com base em suas características estruturais homólogas compartilhadas.

Tempo geológico

Muito antes de a idade da Terra ser conhecida, os geólogos dividiam a sua história em uma tabela de eventos sucessivos, que seguem a ordenação das camadas de rochas sedimentares. A "lei da estratigrafia" resulta em uma datação relativa, com as camadas mais antigas no fundo e as mais novas no topo da sequência. O tempo geológico foi dividido em éons, eras, períodos e épocas, como mostrado na linha do tempo dos principais eventos biológicos que consta no fim do livro. A duração do tempo no último éon (Fanerozoico) é expressa em eras (p. ex., a Cenozoica), períodos (p. ex., o Terciário), épocas (p. ex., o Paleoceno) e algumas vezes em subdivisões das épocas.

No fim da década de 1940, foram desenvolvidos métodos de datação radiométrica para determinar a idade absoluta em anos das formações rochosas. Vários métodos independentes são atualmente utilizados, todos baseados no decaimento radioativo de elementos naturais em outros elementos. Esses "relógios radioativos" independem de mudanças de pressão e temperatura e, portanto, não são afetados pelas violentas atividades tectônicas.

Um dos métodos, a datação por potássio-argônio, usa o decaimento de potássio-40 (^{40}K) em argônio-40 (^{40}Ar) (12%) e em cálcio-40 (^{40}Ca) (88%). O argônio é um gás nobre que evapora do meio líquido. Ele se acumula na estrutura cristalina de rochas somente após estas terem se solidificado; o decaimento nuclear do potássio-40 produz um átomo de argônio aprisionado. A meia-vida do potássio-40 é de 1,3 bilhão de anos; metade dos átomos originais decaem em 1,3 bilhão de anos e metade dos remanescentes desaparecerá no fim do próximo 1,3 bilhão de anos. Esse decaimento continua até que todos os átomos radioativos de potássio-40 tenham se extinguido. Para se medir a idade das rochas, calcula-se a razão entre os átomos de potássio-40 remanescentes

Figura 6.7 Um esqueleto de dinossauro parcialmente escavado de uma rocha no *Dinosaur Provincial Park* (Parque Provincial dos Dinossauros), em Alberta, Canadá.

datar a idade da própria Terra. Um dos relógios radioativos mais úteis é baseado no decaimento de urânio em chumbo. Com esse método, rochas de mais de 2 bilhões de anos podem ser datadas com um erro provável menor do que 1%.

O registro fóssil de organismos macroscópicos começa nos primórdios do período Cambriano da Era Paleozoica, há aproximadamente 542 milhões de anos. O estágio geológico antes do Cambriano é chamado de Era Pré-cambriana, ou Éon Proterozoico. Embora a Era Pré-cambriana tenha ocupado 85% de todo o tempo geológico, tem recebido muito menos atenção que as eras posteriores, em parte porque o petróleo, responsável pelo incentivo comercial para a maior parte dos estudos geológicos, raramente existe nas formações pré-cambrianas. A Era Pré-cambriana contém fósseis bem preservados de bactérias e algas, e de moldes de águas-vivas, de espículas de esponjas, de corais moles, de platelmintos segmentados e de trilhas de vermes. A maior parte desses fósseis, mas não todos, é microscópica.

Tendências evolutivas

O registro fóssil permite-nos visualizar mudanças evolutivas ao longo de grandes intervalos de tempo. Espécies originam-se e extinguem-se ao longo da história geológica documentada pelo registro fóssil. Espécies animais normalmente sobrevivem de 1 a 10 milhões de anos, embora suas durações sejam muito variáveis. Podemos resumir os padrões de substituição de espécies ou dos táxons ao longo do tempo na forma de tendências.

em relação ao número de átomos originalmente presentes (os átomos remanescentes de potássio-40 mais o argônio-40 e o cálcio-40 em que os outros átomos de potássio-40 decaíram). Uma equação padronizada converte esses dados em tempo transcorrido desde a formação da rocha como uma função da meia-vida do potássio-40. Vários outros isótopos podem ser utilizados de maneira similar para datar as idades das formações rochosas; alguns, para

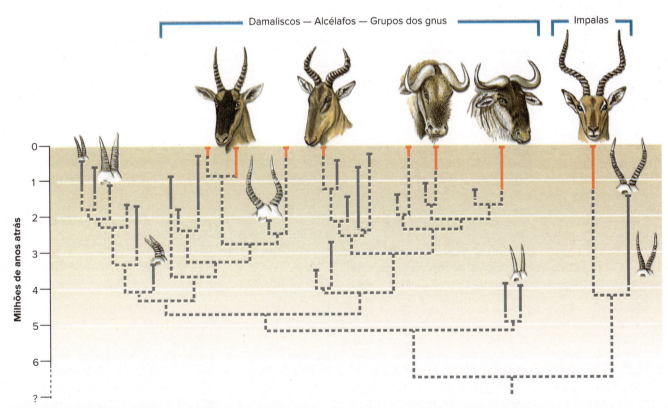

Figura 6.8 Registro estratigráfico e relações evolutivas inferidas para as subfamílias de antílopes africanos Alcelaphinae (damaliscos, alcélafos, gnus) e os Aepycerontinae (impalas). As espécies desse grupo são identificadas pelos tamanhos e formas característicos dos cornos encontrados em estratos rochosos de várias idades. As linhas verticais sólidas mostram a distribuição temporal das espécies no estrato rochoso, cujas idades são mostradas na escala do lado esquerdo da figura. As linhas vermelhas mostram as distribuições temporais das espécies vivas, e as linhas cinza mostram a distribuição temporal das espécies extintas. As linhas cinzas pontilhadas mostram as relações inferidas entre as espécies baseadas nos atributos estruturais homólogos compartilhados. A constância relativa da estrutura dos cornos nas espécies ao longo do tempo geológico é consistente com a teoria do equilíbrio pontuado (adiante). Esse registro fóssil mostra que as taxas de especiação e as de extinção são maiores nos antílopes Alcelaphinae do que nos impalas.

As tendências são mudanças direcionais em atributos característicos ou em padrões de diversidade em um grupo de organismos. Tendências em fósseis demonstram o princípio da mudança perpétua proposto por Darwin.

> **Tema-chave 6.3**
> **EVOLUÇÃO**
>
> **Tendências evolutivas**
> Nosso uso da expressão "tendência evolutiva" não implica que as formas mais recentes sejam superiores às mais antigas ou que as mudanças representem um progresso na adaptação ou na complexidade do organismo. Embora Darwin tenha previsto que tais tendências mostrariam uma adaptação progressiva, muitos paleontólogos modernos a consideram rara entre as tendências evolutivas. As tendências observadas na evolução dos cavalos não implicam que os cavalos modernos sejam superiores, em um sentido geral, a seus ancestrais do Eoceno.

Uma tendência evolutiva bem estudada é a evolução dos cavalos da época do Eoceno até o presente. A investigação retrospectiva do Eoceno mostra vários gêneros e espécies diferentes de cavalos que se substituem ao longo do tempo (Figura 6.9). George Gaylord Simpson mostrou que essa tendência é compatível com a teoria evolutiva darwiniana. Os três atributos que mostram as tendências mais evidentes na evolução dos cavalos são o tamanho corpóreo, a estrutura das patas e a dos dentes. Comparados aos cavalos modernos, os gêneros extintos eram menores, seus dentes apresentavam uma superfície de mastigação relativamente pequena e suas patas tinham um número relativamente grande de dedos (quatro). Ao longo das épocas subsequentes – Oligoceno, Mioceno, Plioceno e Pleistoceno –, novos gêneros surgiram, e gêneros antigos se extinguiram. Em todos os casos, houve um incremento no tamanho do corpo, a expansão da superfície de mastigação e a redução do número de dedos. À medida que o número de dedos diminuía, o dígito central tornou-se progressivamente mais proeminente, até que apenas esse dígito foi mantido.

O registro fóssil mostra não apenas um saldo positivo de mudanças nas características dos cavalos, mas também uma variação no número de diferentes gêneros de cavalos (e no de espécies) ao longo do tempo. Os muitos gêneros de cavalos de épocas passadas extinguiram-se, deixando apenas um único sobrevivente, *Equus*. As tendências evolutivas na diversidade são observadas em fósseis de diversos grupos animais (Figura 6.10).

As tendências na diversidade fóssil são produzidas por taxas diferentes de formação *versus* de extinção de espécies ao longo do tempo. Por que algumas linhagens originam um número grande de novas espécies enquanto outras geram relativamente poucas espécies? Por que diferentes linhagens sofrem taxas de extinção mais altas ou mais baixas (de espécies, de gêneros ou de famílias taxonômicas) ao longo do tempo evolutivo? Para responder a essas questões, temos que nos valer das outras quatro teorias de Darwin da evolução. Independentemente de como responder a essas questões, contudo, as tendências observadas em diversidade animal ilustram claramente o princípio de mudança perpétua de Darwin. Como as quatro teorias darwinianas remanescentes também dependem da ideia de mudança perpétua, as evidências em favor delas fortalecem a teoria de Darwin de mudança perpétua.

Descendência comum

Darwin propôs que todas as plantas e animais descendem de uma forma ancestral da qual a vida surgiu. A história da vida pode ser representada por uma árvore ramificada, chamada de **filogenia**. Evolucionistas pré-darwinianos, incluindo Lamarck, defenderam que os seres vivos tinham múltiplas origens independentes, cada uma originando linhagens que mudaram ao longo do tempo sem ramificação significativa. Como todas as boas teorias científicas, a descendência comum faz várias predições importantes que podem ser testadas e potencialmente utilizadas em sua própria rejeição. De acordo com essa teoria, devemos ser capazes de rastrear as genealogias de todas as espécies modernas, até convergirem nas linhagens ancestrais de todas as espécies, tanto as vivas quanto as extintas. Devemos ser capazes de continuar esse processo, voltando no tempo evolutivo, até chegarmos ao ancestral primordial de toda a vida na Terra. Todas as formas de vida, incluindo muitas formas extintas que representam ramos extintos, conectam-se a essa árvore da vida em algum ponto. Embora reconstruir a história da vida desse modo pareça praticamente impossível, estudos filogenéticos têm sido extraordinariamente bem-sucedidos. Como é possível executar uma tarefa tão difícil?

Homologia e reconstrução filogenética

Darwin reconheceu a maior fonte de evidência para a descendência comum no conceito de **homologia**. Um contemporâneo de Darwin, Richard Owen (1804-1892), usou o termo para descrever "o mesmo órgão, em organismos diferentes, sujeito a toda variação de forma e função". Exemplo clássico de homologia é o esqueleto dos membros dos vertebrados. Seus ossos mantêm estruturas e padrões de conexão característicos, apesar de modificados para diferentes funções (Figura 6.11). De acordo com a teoria darwiniana da descendência comum, as estruturas que chamamos de homólogas representam características herdadas com alguma modificação de um atributo correspondente em um ancestral comum.

Darwin dedicou um livro, *The Descent of Man and Selection in Relation to Sex* (A Descendência do Homem e Seleção em Relação ao Sexo, em tradução livre), à ideia de que os seres humanos descendem dos mesmos ancestrais de grandes macacos e outros animais. Essa ideia era considerada repulsiva por muitos vitorianos, que a ela responderam com indignação (Figura 6.12). Darwin formulou sua tese principalmente com base em comparações anatômicas que revelaram uma homologia entre os seres humanos e os outros primatas. Para Darwin, a única explicação plausível para a grande semelhança entre os macacos e os seres humanos só poderia ser explicada pela descendência comum.

Ao longo da história de todas as formas de vida, os processos evolutivos geraram novas características que foram herdadas pelas gerações subsequentes. Cada vez que um novo atributo surge em uma linhagem em evolução, presenciamos a origem de uma nova homologia. Essa homologia é transmitida a todas as linhagens descendentes, a não ser que seja subsequentemente perdida. O padrão formado pelo compartilhamento de homologia entre as espécies fornece a evidência para a descendência comum e nos permite reconstruir as bifurcações da história evolutiva da vida.

Ilustramos tal evidência usando uma árvore filogenética para um grupo de grandes aves ratitas (Figura 6.13). Uma nova homologia esquelética surge em cada uma das linhagens representadas (descrições de homologias específicas não estão incluídas por serem muito técnicas). Os diferentes grupos de espécies localizados nas pontas dos ramos contêm combinações diferentes dessas homologias, as quais refletem a sua ancestralidade. Por exemplo, avestruzes apresentam as homologias de 1 a 5 e 8, enquanto quivis apresentam as homologias 1, 2, 13 e 15. Os ramos da árvore organizam essas espécies em uma **hierarquia aninhada**

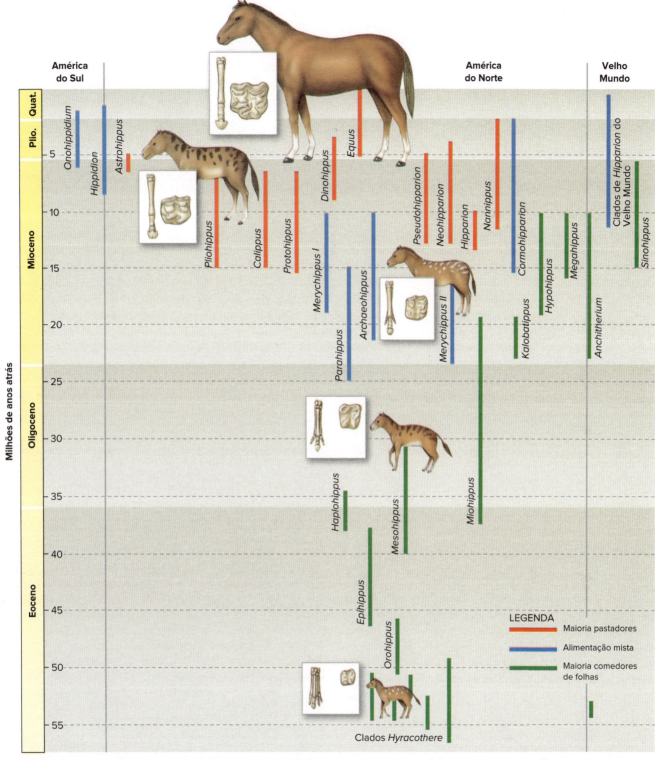

Figura 6.9 Estratigrafia de gêneros de cavalos do Eoceno ao presente. A tendência evolutiva de aumento do tamanho, da ornamentação dos molares e a perda de dedos são mostradas conjuntamente por barras que representam a duração temporal e a localização continental dos gêneros.

de grupos dentro de grupos (ver Capítulo 10). Grupos menores (espécies agrupadas próximas aos ramos terminais) estão contidos em grupos maiores (espécies agrupadas nos ramos basais, incluindo o tronco da árvore). Se eliminarmos a estrutura da árvore, mas mantivermos os padrões de homologia observados nas espécies vivas, podemos reconstruir a estrutura ramificada de toda a árvore. Os evolucionistas testam a teoria da descendência comum por meio da observação de padrões de homologia encontrados em todos os organismos. O padrão formado por todas as homologias tomadas em conjunto deve especificar uma única ramificação, que representa a genealogia evolutiva de todos os organismos vivos.

A estrutura em árvore, inferida a partir da análise das estruturas esqueléticas de aves que não voam, pode ser testada por dados reunidos independentemente a partir das informações da sequência de DNA (ver Capítulo 10). A filogenia de aves que não voam, inferida dos dados da sequência de DNA, não corrobora totalmente

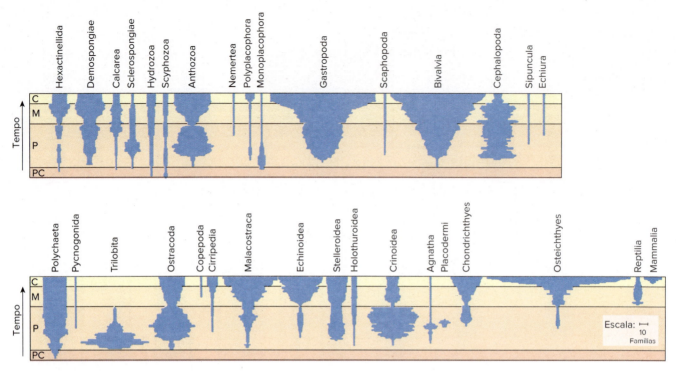

Figura 6.10 Perfis de diversidades taxonômicas de famílias de diferentes grupos animais no registro fóssil. A escala denota as eras Pré-Cambriana (PC), Paleozoica (P), Mesozoica (M) e Cenozoica (C). O número relativo de famílias é indicado pela largura do perfil.

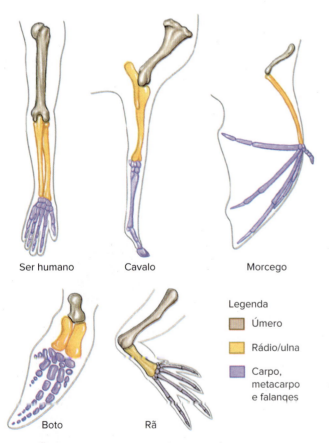

Figura 6.11 Membros anteriores de cinco vertebrados mostram homologias esqueléticas: *marrom*, úmero; *laranja*, rádio e ulna; *roxo*, "mão" (carpos, metacarpos e falanges). As claras homologias dos ossos e dos padrões de conexão são evidentes apesar das modificações evolutivas para diferentes funções.

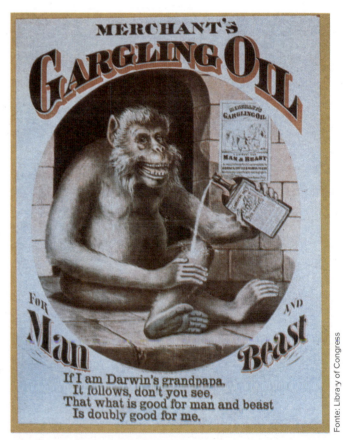

Figura 6.12 Esse anúncio de 1873 do Óleo para Gargarejo Merchant ridiculariza a teoria de Darwin da descendência comum de seres humanos e macacos, que teve pouca aceitação pelo público em geral durante a vida de Darwin.

O poder de uma teoria

A teoria darwiniana da descendência comum ilustra a importância científica das teorias gerais, que fornecem explicações unificadas para diversos tipos de dados. Darwin propôs sua teoria da descendência com modificação de todas as formas vivas porque ela explica padrões de similaridade e dissimilaridade entre as estruturas anatômicas e a organização celular dos organismos.

As similaridades anatômicas entre os seres humanos e os outros grandes primatas[e] levaram Darwin a propor que esses organismos compartilham uma ancestralidade comum mais recente entre si do que com qualquer outra espécie. Darwin não sabia que sua teoria, um século mais tarde, forneceria a explicação principal para as similaridades e as dissimilaridades entre as espécies nas estruturas de seus cromossomos, nas sequências de aminoácidos em proteínas homólogas e nas sequências de bases no DNA genômico homólogo.

Cada cromossomo no genoma humano tem um correspondente com estrutura e conteúdo genético semelhantes aos dos genomas das outras espécies dos grandes primatas. A diferença mais óbvia entre os cromossomos de seres humanos e de outros grandes primatas é que o segundo grande cromossomo do genoma nuclear humano foi evolutivamente formado pela fusão de dois cromossomos menores, característicos do genoma dos grandes primatas. O estudo detalhado dos cromossomos humanos e de outros grandes primatas mostra uma notável correspondência entre eles em conteúdo e organização gênicos. Os cromossomos dos grandes primatas são mais semelhantes uns aos outros do que aos cromossomos de qualquer outro animal.

[e]N.T.: No original, *ape* designa qualquer um dos grandes primatas da superfamília Hominóidea, como chimpanzé, bonobo, gorila, gibão e orangotango.

A comparação de sequências de DNA e proteínas entre outros grandes primatas confirmam a sua proximidade genética com os seres humanos, e as duas espécies existentes de chimpanzé, por sua vez, apresentam um maior grau de parentesco entre si do que com quaisquer outros grandes primatas. As sequências de DNA dos genomas nuclear e mitocondrial sustentam de forma independente as relações estreitas entre as espécies de grandes primatas e especialmente o agrupamento formado por seres humanos e chimpanzés como parentes próximos. As sequências homólogas de DNA em seres humanos e em chimpanzés são 99% similares em suas sequências de bases.

Os estudos de variação na estrutura dos cromossomos e nas sequências de DNA mitocondrial e nuclear proporcionam múltiplos conjuntos de dados independentes, cada qual com o potencial de rejeitar a teoria de Darwin da descendência comum. A teoria de Darwin seria rejeitada, por exemplo, se as estruturas dos cromossomos e as sequências de DNA dos grandes primatas não apresentassem uma maior similaridade entre si do que com os cromossomos e com as sequências de outros animais. Os dados, no caso que discutimos, corroboram em vez de rejeitar as predições da teoria de Darwin. A capacidade da teoria de Darwin da descendência comum em fazer predições precisas de similaridade genética entre estas e outras espécies, e de ter suas predições confirmadas por inúmeros estudos empíricos, ilustra sua grande força. À medida que novos tipos de dados biológicos se tornaram disponíveis, o escopo e a força da teoria da descendência comum de Darwin aumentaram enormemente. Na verdade, nada em biologia faz sentido na ausência dessa poderosa teoria explicativa.

---

aquela inferida a partir das estruturas esqueléticas (Figura 6.13); se optarmos pela hipótese que favorece os dados da sequência de DNA, devemos então considerar que algumas das estruturas esqueléticas surgiram várias vezes ou foram perdidas em algumas linhagens, como mostrado na Figura 6.13 B. O conflito entre as hipóteses filogenéticas derivadas das estruturas esqueléticas e das sequências de DNA requer que os sistematas examinem seus caracteres e análises filogenéticas para fontes de erro ao inferir as relações filogenéticas detalhadas entre essas espécies. Todos os dados filogenéticos embasam a hipótese de que essas aves que não voam possuem um parentesco mais próximo entre si do que com qualquer outra espécie viva.

A estrutura hierárquica aninhada ditada pelas homologias é tão prevalente entre os seres vivos que forma a base da classificação sistemática de todas as formas de vida (gêneros agrupados em famílias, famílias agrupadas em ordens e outras categorias). O padrão é tão evidente que essa classificação hierárquica precede a teoria de Darwin, embora não tenha sido explicada cientificamente antes dele. Uma vez que a ideia da descendência comum foi aceita, os biólogos começaram a investigar as homologias estruturais, moleculares e cromossômicas dos grupos animais. Considerados em conjunto, os padrões hierárquicos aninhados revelados por tais estudos já nos permitiram reconstruir árvores evolutivas de muitos grupos e continuar a investigar outros. O uso da teoria de Darwin da descendência comum na reconstrução da história evolutiva da vida e na classificação dos animais será abordado no Capítulo 10.

Note que as primeiras hipóteses evolutivas de que a vida surgiu diversas vezes, formando linhagens não ramificadas, preveem uma sequência linear de evolução, desprovida da hierarquia aninhada de homologias entre as espécies. Já que observamos essa hierarquia aninhada de homologias nos seres vivos, tais hipóteses anteriores foram rejeitadas. Repare também que, como o argumento criacionista conhecido como projeto inteligente não é uma hipótese científica, ele não nos proporciona nenhuma previsão testável a respeito de qualquer padrão de homologia e, portanto, não satisfaz os critérios de uma teoria científica para a diversidade animal.

Tema-chave 6.4
EVOLUÇÃO

Homologia *versus* analogia

Características de diferentes organismos que desempenham funções semelhantes não são necessariamente homólogas. As asas de morcegos e de aves, embora homólogas como membros anteriores de vertebrados, não são homólogas como asas. O ancestral comum mais recente dos morcegos e das aves tinha membros anteriores, mas não na forma de asas. As asas dos morcegos e as das aves evoluíram independentemente e apresentam semelhanças apenas superficiais em suas estruturas de voo.

As asas de morcego são formadas por uma pele esticada sobre dedos alongados, enquanto as de aves são formadas por penas presas ao longo do membro anterior. Essas estruturas similares, mas não homólogas, são frequentemente chamadas de análogas. De maneira mais geral, a similaridade de características que não são homólogas é chamada de homoplasia (ver Seção 10.3).

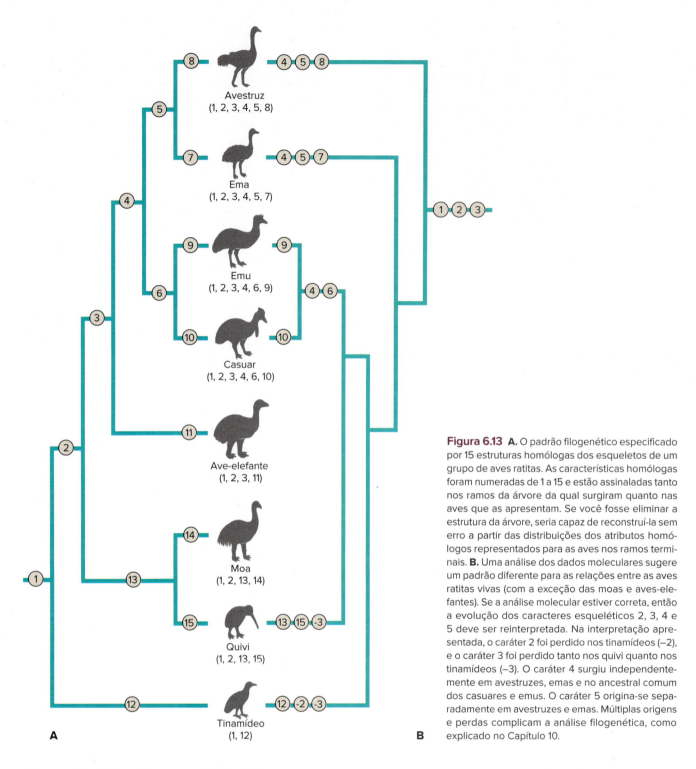

Figura 6.13 A. O padrão filogenético especificado por 15 estruturas homólogas dos esqueletos de um grupo de aves ratitas. As características homólogas foram numeradas de 1 a 15 e estão assinaladas tanto nos ramos da árvore da qual surgiram quanto nas aves que as apresentam. Se você fosse eliminar a estrutura da árvore, seria capaz de reconstruí-la sem erro a partir das distribuições dos atributos homólogos representados para as aves nos ramos terminais. **B.** Uma análise dos dados moleculares sugere um padrão diferente para as relações entre as aves ratitas vivas (com a exceção das moas e aves-elefantes). Se a análise molecular estiver correta, então a evolução dos caracteres esqueléticos 2, 3, 4 e 5 deve ser reinterpretada. Na interpretação apresentada, o caráter 2 foi perdido nos tinamídeos (−2), e o caráter 3 foi perdido tanto nos quivi quanto nos tinamídeos (−3). O caráter 4 surgiu independentemente em avestruzes, emas e no ancestral comum dos casuares e emus. O caráter 5 origina-se separadamente em avestruzes e emas. Múltiplas origens e perdas complicam a análise filogenética, como explicado no Capítulo 10.

Ontogenia, filogenia e recapitulação

A **ontogenia** é a história do desenvolvimento de um organismo ao longo de toda a sua vida, desde a sua origem, a partir de um ovo fertilizado ou broto, passando por toda a sua vida adulta, até a sua morte. As características embriológicas e de desenvolvimento no início da vida de um organismo contribuem muito para o nosso entendimento de homologia e descendência comum. Os estudos comparativos da ontogenia mostram como a modificação evolutiva na cronologia do desenvolvimento gera novas características, promovendo divergência evolutiva entre as linhagens.

O zoólogo alemão Ernst Haeckel, um contemporâneo de Darwin, propôs que cada estágio sucessivo no desenvolvimento do indivíduo representa uma das formas adultas que apareceram em sua história evolutiva. O embrião humano, com fendas faríngeas formadas por sulcos no pescoço, corresponde, por exemplo, ao aparecimento das brânquias em nossos ancestrais que se assemelhavam a peixes. Com base em observações semelhantes, Haeckel formulou uma generalização: *a ontogenia (desenvolvimento do indivíduo) recapitula (repete) a filogenia (descendência evolutiva)*. Essa ideia tornou-se mais tarde conhecida simplesmente como **recapitulação** ou **lei biogenética**. Haeckel baseou essa lei biogenética na falsa premissa de que a mudança evolutiva ocorre principalmente pela adição sucessiva de novas características ao final de uma ontogenia ancestral imutável, concomitante à condensação dessa ontogenia ancestral nos estágios iniciais do desenvolvimento. Essa noção se baseou no conceito de Lamarck de herança das características adquiridas (ver anteriormente).

K. E. von Baer, um embriologista do século XIX, propôs uma explicação mais satisfatória para a correspondência entre filogenia e ontogenia. Ele argumentou que as características iniciais do desenvolvimento eram mais amplamente difundidas entre os grupos diferentes de animais do que as características tardias. A Figura 6.14 mostra, por exemplo, as similaridades embriológicas iniciais de organismos cujas formas adultas são muito diferentes (ver Figura 8.19). Os adultos de animais com ontogenias simples e breves frequentemente lembram os estágios juvenis de animais que apresentam ontogenias mais elaboradas, mas os embriões dos descendentes não necessariamente assemelham-se aos adultos de seus ancestrais. Entretanto, mesmo os estágios iniciais de desenvolvimento estão sujeitos à divergência evolutiva entre as linhagens, e o padrão não é tão estável quanto o proposto por von Baer.

Conhecemos agora muitos paralelos entre a ontogenia e a filogenia, mas os atributos de uma ontogenia ancestral podem ser deslocados para um estado mais inicial ou tardio nas ontogenias dos descendentes. A mudança evolutiva na cronologia do desenvolvimento é chamada de **heterocronia**, um termo inicialmente usado por Haeckel para as exceções à recapitulação. Se a ontogenia de um descendente se estende além da ontogenia de seu ancestral, novas características podem ser adicionadas em uma etapa posterior, após o término do que teria sido o período de desenvolvimento no ancestral evolutivo. Nesse processo, os atributos observados nos ancestrais são frequentemente movidos para os estágios iniciais do desenvolvimento, e a ontogenia, por conseguinte, recapitula de fato a filogenia em algum grau. Entretanto, a ontogenia também pode se tornar mais curta durante a evolução. Os estágios terminais da ontogenia ancestral podem ser eliminados, fazendo com que os adultos dos descendentes se assemelhem aos estágios juvenis de seus ancestrais (Figura 6.15). Esse resultado reverte o paralelo entre ontogenia e filogenia (recapitulação reversa) produzindo **pedomorfose** (a retenção de características juvenis ancestrais pelos descendentes adultos). Já que o prolongamento e o encurtamento da ontogenia podem modificar diferentes partes do organismo de maneira independente, muitas vezes observamos um mosaico de diferentes tipos de mudanças evolutivas ocorrendo simultaneamente. Sendo assim, são raros os casos em que a ontogenia recapitula a filogenia em sua totalidade.

Modularidade do desenvolvimento e potencial evolutivo

As inovações evolutivas ocorrem não apenas por simples mudanças nas taxas de processos de desenvolvimento, mas também pela modificação da localização física no corpo onde o processo é ativado. A **heterotopia** é o termo tradicionalmente usado para descrever uma mudança física do local de ativação de um processo de desenvolvimento no corpo de um organismo. Para tal mudança ser bem-sucedida, o processo de desenvolvimento precisa formar um módulo semiautônomo, que pode ser ativado em novos locais.

Um exemplo interessante de modularidade e heterotopia ocorre em algumas lagartixas. As lagartixas caracterizam-se por apresentarem "almofadas" nas patas, estruturas adesivas nas partes ventrais dos dígitos, que lhes permitem se fixar e escalar superfícies lisas. Essas almofadas consistem em escamas modificadas contendo longas projeções, chamadas de setas, que se moldam às superfícies dos substratos. Um módulo responsável pelo desenvolvimento de tais almofadas é expresso em uma estranha espécie de lagartixa não apenas nos dedos, mas também no lado ventral

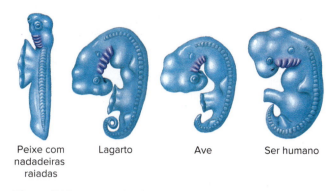

Figura 6.14 Comparação entre os arcos faríngeos de diferentes embriões. Todos são mostrados sem os respectivos sacos vitelinos. Note a grande similaridade entre os quatro embriões nesse estágio inicial de desenvolvimento.

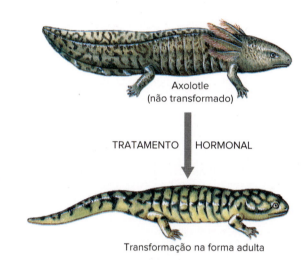

Figura 6.15 Formas terrestres e aquáticas de axolotles. Os axolotles retêm a morfologia aquática juvenil (*acima*) ao longo de suas vidas, a não ser que sejam forçados a se metamorfosear (*abaixo*), por meio de tratamento hormonal. Os axolotles evoluíram de ancestrais que sofriam metamorfose e são, portanto, um exemplo de pedomorfose.

da ponta da cauda. Assim, essa espécie adquiriu um membro adesivo adicional por meio da expressão ectópica de um módulo de desenvolvimento padrão.

A modularidade é evidente também nas mutações homeóticas da mosca-das-frutas, *Drosophila melanogaster*. Tais mutações podem substituir um módulo de desenvolvimento para uma perna no lugar de um que normalmente especifica uma antena, produzindo, assim, uma mosca com um par de pernas na cabeça. Uma outra mutação homeótica nas moscas-das-frutas transforma os órgãos balanceadores do tórax (halteres) em um segundo par de asas; o módulo balanceador é substituído pela ativação do módulo de asa, que, nas moscas, é normalmente ativado apenas nas porções mais anteriores do tórax.

A modularidade é importante na explicação para algumas das grandes mudanças evolutivas, como a evolução dos membros dos tetrápodes (ver Seção 25.1). A transição evolutiva dos membros em formato de nadadeira para os membros típicos dos tetrápodes ocorreu via ativação de um conjunto de genes *homeobox* (ver Seção 8.6) no local de formação dos membros, cujo padrão de expressão evoluiu inicialmente como parte da coluna vertebral. Os padrões de expressão gênica compartilhados pela coluna vertebral e pelos membros posteriores dos tetrápodes revelaram a genética e o mecanismo de desenvolvimento desses módulos.

O termo **evolucionabilidade** (do inglês *evolvability*) foi introduzido para designar as grandes oportunidades evolutivas criadas por módulos de desenvolvimento cuja expressão pode ser deslocada entre diferentes partes do corpo. Uma linhagem em evolução que contenha um amplo conjunto de ferramentas de desenvolvimento modular pode "tentar" a construção de muitas estruturas novas, algumas das quais persistirão e darão origem a novas homologias.

Multiplicação das espécies

Um ponto de ramificação na árvore evolutiva significa que uma espécie ancestral se dividiu em duas espécies diferentes. A teoria de Darwin postula que a variação genética presente em uma espécie, em particular a que ocorre entre populações geograficamente separadas, é a matéria-prima da qual novas espécies se originam. Já que a evolução é um processo de ramificação, o número total de espécies produzido por evolução aumenta com o tempo, embora muitas dessas espécies inevitavelmente se extingam sem deixar descendentes. Um grande desafio para os evolucionistas é descobrir o processo pelo qual uma espécie ancestral se ramifica, formando duas ou mais espécies descendentes.

Essa teoria adiciona uma dimensão espacial aos processos evolutivos. Quando as populações de uma espécie se tornam isoladas uma das outras devido a barreiras geográficas, as populações isoladas passam por mudanças evolutivas diferentes e divergem umas das outras. Por exemplo, quando o nível do mar era mais elevado do que é agora, áreas baixas de Cuba eram inundadas, dividindo seu território em várias áreas isoladas. As populações de lagarto que anteriormente formavam uma única espécie desenvolveram diferenças em nível de espécie quando isoladas, antes que o nível do mar baixasse novamente, reconsolidando a Cuba que conhecemos hoje em dia.

Antes de explorarmos a multiplicação das espécies, precisamos especificar o que queremos dizer com "espécie". Como explicado no Capítulo 10, nenhum consenso existe no que se refere ao conceito de espécie. Entretanto, a maioria dos biólogos concorda que critérios importantes para o reconhecimento de espécies incluem: (1) todos os membros da espécie originam-se de uma mesma população ancestral, formando uma **linhagem** de populações descendentes de um ancestral; (2) existe compatibilidade reprodutiva (a capacidade de se intercruzar) dentro da espécie e incompatibilidade reprodutiva com outras espécies, no caso de animais com reprodução sexuada; e (3) há manutenção, dentro da espécie, de coesão fenotípica e genotípica (não há diferenças abruptas entre populações de uma mesma espécie no que diz respeito às frequências alélicas e características dos organismos). O critério de compatibilidade reprodutiva tem recebido grande atenção em estudos de formação de espécies, também chamados de **especiação**.

Os atributos biológicos que impedem diferentes espécies de se intercruzarem são chamados de **barreiras reprodutivas**. O problema principal da especiação é descobrir como barreiras reprodutivas evoluem entre duas populações inicialmente compatíveis, levando-as a se tornarem linhagens que evoluem separadamente. Como podem as populações divergirem com respeito às propriedades reprodutivas, enquanto os indivíduos dentro de cada população mantêm uma completa compatibilidade reprodutiva?

As barreiras reprodutivas entre as populações evoluem gradualmente. A evolução de barreiras reprodutivas requer que as populações divergentes se mantenham fisicamente separadas por longos períodos de tempo. Se as populações que estão divergindo se reunirem antes que as barreiras evolutivas evoluam, o intercruzamento ocorre, e elas se misturam. A especiação por divergência gradual nos animais pode exigir intervalos extraordinariamente longos de tempo, talvez de 10 a 100 mil anos, ou mais. O isolamento geográfico seguido por divergência gradual é a forma mais efetiva para a evolução de barreiras reprodutivas, e muitos evolucionistas consideram a separação geográfica um pré-requisito para a especiação ramificação.

Tema-chave 6.5
EVOLUÇÃO

Barreiras *reprodutivas* versus barreiras geográficas

Barreiras geográficas entre as populações não são a mesma coisa que barreiras reprodutivas. As barreiras geográficas referem-se à separação espacial entre duas populações. Elas impedem a troca de genes e normalmente são uma precondição para a especiação. As barreiras reprodutivas têm origem evolutiva e referem-se a diversos fatores comportamentais, físicos, fisiológicos e ecológicos que impedem o cruzamento entre espécies diferentes. As barreiras comportamentais evoluem mais rapidamente que qualquer outro tipo de barreira reprodutiva. As barreiras geográficas não garantem a evolução das barreiras reprodutivas. É mais provável que as barreiras reprodutivas evoluam sob condições que incluem a formação de uma população pequena, uma combinação favorável de fatores seletivos e longos períodos de isolamento geográfico. Uma ou ambas as populações de um par geograficamente isolado podem vir a se tornar extintas antes da evolução de uma barreira reprodutiva entre elas. Ao longo do extenso tempo geológico, entretanto, as condições suficientes para a especiação ocorreram milhões de vezes.

Especiação alopátrica

Populações alopátricas ("em outra terra") de uma espécie são aquelas que ocupam áreas geográficas distintas. Por causa de sua separação geográfica, elas não podem intercruzar-se, mas seriam capazes de fazê-lo se as barreiras geográficas que as separam fossem removidas. Se as populações forem alopátricas logo antes e no curso da evolução das barreiras reprodutivas, a especiação resultante é chamada de **especiação alopátrica**, ou de especiação geográfica. As populações separadas evoluem independentemente e adaptam-se aos respectivos ambientes, gerando barreiras reprodutivas entre elas que são consequências das suas trajetórias evolutivas independentes. Considerando que sua variação genética se origina e evolui independentemente, populações fisicamente separadas divergem geneticamente mesmo quando seus ambientes se mantêm muito semelhantes. Uma mudança ambiental entre populações também pode promover uma diferenciação genética mediante favorecimento de fenótipos distintos em populações separadas. Ernst Mayr fez grandes contribuições para nosso entendimento de especiação alopátrica por meio de seu estudo das aves.

A especiação alopátrica começa quando uma espécie se separa em duas ou mais populações geograficamente isoladas. Essa divisão pode ocorrer de duas maneiras: via **especiação vicariante** ou via um **evento fundador**. A especiação vicariante inicia-se quando mudanças climáticas ou geológicas fragmentam o hábitat de uma espécie, produzindo barreiras impenetráveis que isolam geograficamente as diferentes populações. Por exemplo, a população de uma espécie de mamífero que habita uma floresta de planície poderia ser dividida pela elevação de uma barreira montanhosa, por um afundamento e por inundação de uma falha geológica, ou por mudanças que causem a fragmentação da floresta pela formação de pradarias ou desertos. A formação do istmo do Panamá separou as populações de ouriço-do-mar do gênero *Eucidaris*, resultando na formação do par de espécies.

A especiação vicariante tem duas consequências principais. Embora a população ancestral tenha sido fragmentada, as populações individuais formadas permanecem relativamente intactas. O processo vicariante em si não induz uma mudança genética pela redução de uma população a um tamanho pequeno ou por deslocá-la para novos ambientes. Outra consequência importante é que um mesmo evento vicariante pode, simultaneamente, fragmentar várias espécies. Por exemplo, a fragmentação de uma floresta de planície perturbaria espécies de uma variedade de grupos taxonômicos, incluindo salamandras, rãs, lesmas e muitos outros habitantes das florestas. Com efeito, os mesmos padrões geográficos são observados em espécies proximamente aparentadas em diferentes grupos de organismos cujos hábitats são similares. Tais padrões fornecem uma forte evidência de especiação vicariante.

Uma forma alternativa de iniciar a especiação alopátrica é a dispersão de um pequeno número de indivíduos para um local distante em que nenhum membro da espécie ocorre. Os indivíduos que se dispersaram podem estabelecer uma nova população, o que é conhecido como evento fundador. A especiação alopátrica resultante de eventos fundadores foi observada, por exemplo, nas moscas-das-frutas nativas do Havaí. O Havaí contém muitas manchas de floresta separadas por fluxo de lava vulcânica. Em raras ocasiões, ventos fortes podem transportar umas poucas moscas de uma floresta para outra geograficamente isolada, onde as moscas podem começar uma nova população. Algumas vezes, uma única fêmea fertilizada pode dar origem a uma nova população. Diferentemente do que ocorre na especiação vicariante, a nova população tem um tamanho inicial muito pequeno, o que pode levar a uma mudança rápida e profunda de sua estrutura genética em relação à população ancestral (ver Seção 6.4). Quando tal evento acontece, as características fenotípicas que eram estáveis nas populações ancestrais frequentemente mostram uma variação inédita na nova população. À medida que a nova variação expressa é sujeita à seleção natural, ocorrem grandes mudanças nas propriedades reprodutivas e nas fenotípicas, acelerando a evolução de barreiras reprodutivas entre as populações ancestrais e as recentemente fundadas.

> **Tema-chave 6.6**
> **EVOLUÇÃO**
>
> **Evento fundador**
>
> O termo *evento fundador*, em seu uso mais geral, significa a dispersão de organismos de uma população ancestral por uma barreira geográfica para iniciar uma nova população alopátrica. A origem dos tentilhões de Galápagos a partir de ancestrais imigrantes da América do Sul é um bom exemplo. Um evento fundador nem sempre causa mudanças importantes na constituição genética da nova população em relação à antiga, embora tais mudanças sejam esperadas se o número de indivíduos fundadores for muito pequeno (p. ex., entre 5 e 10 indivíduos) e se a população ancestral tiver grande variação genética. Uma modificação na constituição genética de uma população recém-formada por causa do pequeno número de fundadores é chamada de *efeito fundador*, que inclui os gargalos populacionais. Se um efeito fundador for tão forte que a seleção atue de novos modos sobre características reprodutivas importantes, ele pode induzir a especiação. A *especiação induzida pelo fundador* descreve o subconjunto de eventos fundadores nos quais um efeito fundador acelera a divergência no nível de espécie da população recém-fundada. A especiação das moscas-das-frutas havaianas, descrita no texto, ilustra a especiação induzida pelo fundador. Excluídos da especiação induzida pelo fundador estão os eventos cujo papel na especiação é estritamente o estabelecimento de uma nova população alopátrica capaz de realizar uma mudança evolutiva independente.

Surpreendentemente, muitas vezes, aprendemos sobre a genética da especiação alopátrica a partir de casos em que populações previamente separadas readquirem contato geográfico após a evolução de barreiras reprodutivas incipientes que não são absolutas. A ocorrência de cruzamento entre populações divergentes é chamada de **hibridização**, e a prole de tais cruzamentos é chamada de **híbrida** (Figura 6.16). Estudando a genética das populações híbridas, podemos identificar as bases genéticas das barreiras reprodutivas.

Os biólogos distinguem entre as barreiras reprodutivas que impedem a fertilização (barreiras pré-acasalamento) e aquelas que impedem o crescimento e o desenvolvimento, a sobrevivência ou a reprodução de indivíduos híbridos (barreiras pós-acasalamento). As barreiras pré-acasalamento fazem com que membros de populações divergentes não se reconheçam como parceiros reprodutivos ou que sejam incapazes de levar a termo os rituais de acasalamento. Os detalhes das estruturas dos cornos dos antílopes africanos (ver Figura 6.8) são importantes no reconhecimento de membros da mesma espécie como potenciais parceiros reprodutivos. Em alguns casos, as genitálias de machos e fêmeas podem ser incompatíveis, ou os gametas podem ser incapazes de se fundirem formando o zigoto. Em outros, as barreiras pré-acasalamento podem ser estritamente comportamentais, com membros de diferentes espécies sendo idênticos em todos os demais atributos fenotípicos. Espécies diferentes que são indistinguíveis em aparência são chamadas de **espécies crípticas**. Espécies crípticas surgem por especiação alopátrica quando divergem quanto ao período sazonal de reprodução ou quanto aos sinais auditivos, comportamentais ou químicos necessários ao acasalamento. A divergência evolutiva desses atributos gera barreiras pré-acasalamento efetivas sem mudanças óbvias na aparência dos organismos. As espécies crípticas ocorrem em grupos tão diversos quanto os ciliados, as moscas e as salamandras.

Especiação não alopátrica

Existe especiação sem separação geográfica prévia das populações? A especiação alopátrica pode parecer uma explicação improvável para situações em que muitas espécies proximamente aparentadas

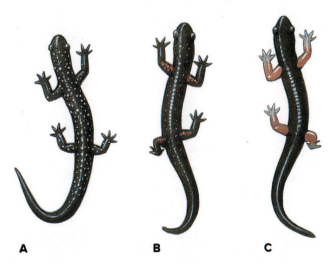

Figura 6.16 Salamandras puras e híbridas. Os híbridos têm aparência intermediária entre as populações de origem. **A.** *Plethodon teyahalee*, pura, com pintas brancas; **B.** um híbrido entre a salamandra pintada de branco *P. teyahalee* e *P. shermani* de pernas vermelhas, intermediária na aparência tanto para pintas quanto para cor da perna. **C.** *P. shermani*, pura, com pernas vermelhas.

ocorrem juntas em uma área sem nenhum tipo de barreira à dispersão animal. Por exemplo, vários grandes lagos ao redor do mundo contêm um grande número de espécies de peixes que são proximamente aparentadas. Os grandes lagos da África (Malawi, Taganyika e Victoria) contêm muitas espécies de peixes ciclídeos encontrados apenas neles e em nenhum outro lugar. De maneira semelhante, o lago Baikal, na Sibéria, contém muitas espécies diferentes de peixes da família Cottidae, que não ocorrem em nenhum outro lugar do mundo (Figura 6.17). É difícil concluir que essas espécies tenham surgido em quaisquer outros lagos além daqueles que habitam, embora esses lagos sejam jovens na escala de tempo evolutivo e não apresentem nenhuma barreira ambiental que isolaria as populações desses peixes.

Para explicar a especiação dos peixes em lagos de água doce e outros exemplos semelhantes, postulou-se a existência de **especiação simpátrica** ("mesma terra"). De acordo com essa hipótese, diferentes indivíduos dentro de uma mesma espécie especializam-se na ocupação de diferentes componentes do ambiente. Ao procurar e utilizar hábitats bastante específicos em uma única área geográfica, populações diferentes atingem separação física e adaptativa suficientes para que as barreiras reprodutivas evoluam. Por exemplo, as espécies de ciclídeos dos lagos africanos são muito diferentes umas das outras em suas especializações alimentares. Em muitos organismos parasitos, em particular em insetos parasitos, diferentes populações podem utilizar hospedeiros distintos e, assim, proporcionando a separação física necessária para que as barreiras reprodutivas evoluam. Entretanto, estudos que advogam especiação simpátrica têm sido criticados, porque a distinção reprodutiva entre diferentes populações muitas vezes não é bem demonstrada, de maneira que não se pode garantir que esteja ocorrendo a formação de linhagens evolutivas distintas que se tornarão espécies diferentes. Além disso, é provável que os ciclos climáticos produzam lagos geograficamente isolados em períodos de seca, que, posteriormente, transformam-se em lagos maiores durante as estações úmidas, produzindo, assim, um modelo alopátrico para a evolução de conjuntos de espécies de peixes.

Outro modelo plausível de especiação, denominado de **especiação parapátrica**, é um intermediário geográfico entre a especiação simpátrica e a alopátrica. Duas espécies são reciprocamente parapátricas se suas distribuições geográficas forem primariamente alopátricas, mas mantêm contato ao longo do limite ou fronteira entre suas distribuições, o qual nenhuma das duas espécies consegue cruzar. Na especiação parapátrica, o bordão limite evolui dentro da distribuição geograficamente contínua da espécie ancestral, e diferenças interespecíficas evoluem nas duas populações, embora estas continuem mantendo contato ao longo dessa fronteira.

O modelo mais simples de especiação parapátrica é aquele em que mudanças nas condições ambientais dividem a distribuição geográfica de uma espécie em duas partes ambientalmente distintas, mas geograficamente adjacentes. O aumento da temperatura em uma ilha caribenha, por exemplo, pode levar à transformação de parte de uma floresta úmida em uma floresta arenosa seca. Então, uma espécie de lagarto da floresta úmida inicial pode se dividir em duas populações adjacentes, ocupando a floresta úmida e a seca. Entretanto, diferentemente da especiação alopátrica vicariante, as populações nos dois hábitats não são isoladas por uma barreira física, mas mantêm interações genéticas por meio da borda de hábitats distintos que as separam. A disparidade das condições ambientais pela borda, entretanto, leva as populações a evoluírem como linhagens separadas, adaptadas aos diferentes ambientes, apesar do intercâmbio gênico entre elas.

Uma distribuição parapátrica das espécies não implica necessariamente que a especiação tenha ocorrido de maneira parapátrica. A maioria dos casos de espécies parapatricamente distribuídas mostra evidência de alopatria no passado, com remoção subsequente da barreira geográfica, permitindo que as duas espécies entrem em contato, embora uma espécie esteja excluída do território da outra.

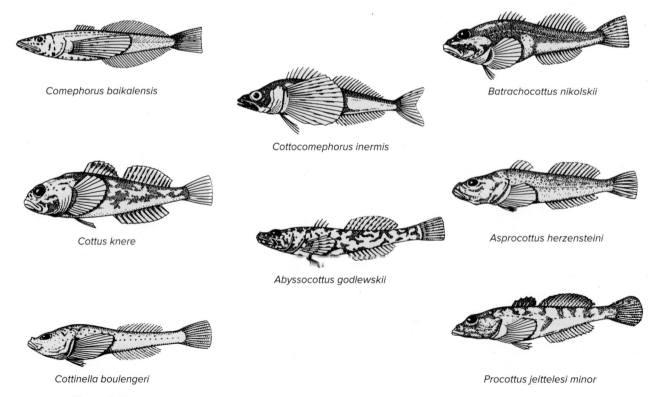

Figura 6.17 Peixes da família Cottidae, do lago Baikal, produtos de especiação que ocorreu em um mesmo lago.

A prevalência da especiação parapátrica é controversa. Esse modelo de especiação prevê que as populações parapatricamente distribuídas devem distinguir-se principalmente quanto a atributos adaptativos associados às diferenças ambientais observadas, mas devem apresentar uma relativa homogeneidade no que diz respeito ao restante da variação genotípica. Comparações entre populações parapatricamente distribuídas, incluindo as dos lagartos que ocupam diferentes tipos de florestas nas ilhas caribenhas, mostram uma grande divergência na variação molecular não relacionada com a diferenciação adaptativa das populações; tais resultados são mais bem explicados por especiação alopátrica vicariante do que por especiação parapátrica. Em alguns casos, a evidência geológica mostra que o que hoje é uma única ilha foram ilhas fisicamente fragmentadas e separadas durante períodos de aquecimento, quando o nível do mar era mais alto do que é hoje; de modo semelhante, tal evidência favorece a interpretação da especiação alopátrica para espécies parapatricamente distribuídas, cujo contato geográfico ocorre em áreas originalmente inundadas.

Irradiação adaptativa

A evolução de várias espécies ecologicamente diversas a partir de uma única espécie ancestral é chamada de **irradiação adaptativa**, em particular quando várias espécies discrepantes surgem em um pequeno intervalo de tempo geológico (alguns milhões de anos). Alguns de nossos melhores exemplos de irradiação adaptativa estão associados a lagos e a ilhas jovens, que proporcionam novas oportunidades evolutivas para organismos aquáticos e terrestres, respectivamente. As ilhas oceânicas formadas por vulcões são inicialmente desprovidas de vida. Elas são gradualmente colonizadas por plantas e animais do continente e de outras ilhas em eventos fundadores distintos. Essas colonizações incluem a flutuação de sementes por determinada extensão no oceano e pela subsequente germinação na ilha. Aves e insetos podem ser carreados por ventos do continente para a ilha, e animais diversos podem ser carregados por detritos flutuantes. A probabilidade de uma espécie em particular conseguir colonizar a ilha com sucesso é baixa, mas, considerando o grande número de espécies continentais e os milhões de anos no tempo evolutivo, tais colonizações ocorrem e podem, em última instância, estabelecer uma biota na ilha oceânica. Os arquipélagos, como as ilhas Galápagos, oferecem oportunidades ainda maiores, tanto para eventos fundadores quanto para diversificação ecológica. O arquipélago inteiro está isolado do continente, e cada ilha está geograficamente isolada das demais pelo mar; além disso, cada ilha tem características físicas, climáticas e bióticas próprias.

Os tentilhões de Galápagos ilustram a irradiação adaptativa no arquipélago oceânico (Figuras 6.18 e 6.19). Os tentilhões de Galápagos (o nome tentilhões de Darwin foi popularizado na década de 1940 pelo ornitólogo inglês David Lack) são muito relacionados entre si, mas cada espécie diferencia-se das demais em tamanho, forma do bico e em hábitos alimentares. Se os tentilhões tivessem surgido de maneira especial, seria uma estranha coincidência que 13 tipos similares de tentilhões fossem criados nas Ilhas Galápagos e em nenhum outro lugar. Os tentilhões de Darwin descendem de uma única população ancestral que veio do continente e, subsequentemente, colonizou todas as ilhas do arquipélago dos Galápagos. Os tentilhões sofreram irradiação adaptativa, ocupando nichos que lhes foram negados no continente por outras espécies com maior capacidade de exploração daqueles hábitats. Os tentilhões de Galápagos, consequentemente, assumiram características de aves do continente, tão diversas e diferentes quanto os pica-paus são dos parulídeos. O 14º tentilhão de Darwin, encontrado na ilha isolada de Cocos, bem ao norte do arquipélago de Galápagos, é semelhante em aparência aos tentilhões de Galápagos e quase certamente descende do mesmo ancestral fundador. Embora por muito tempo tenham sido considerados espécies diferentes, as formas ecológicas e morfológicas contrastantes dos tentilhões de Galápagos não formam linhagens evolutivas distintas, de acordo com estudos genéticos moleculares. Talvez a irradiação adaptativa dessas formas seja ainda mais impressionante ao sabermos que evoluíram como variedades dentro de uma espécie, em vez de terem se originado por multiplicação de espécies.

Gradualismo

A teoria gradualista de Darwin opõe-se aos argumentos em favor do surgimento repentino de novas espécies. Diferenças pequenas, semelhantes àquelas que observamos entre organismos de populações modernas, são a matéria-prima da qual as principais formas de vida evoluíram. Essa teoria compartilha com o uniformitarismo de Lyell a noção de que não devemos explicar as mudanças

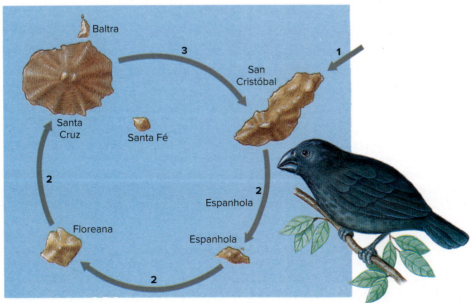

Figura 6.18 Modelo para a evolução dos 13 tentilhões de Darwin nas ilhas Galápagos. O modelo postula três etapas: (1) tentilhões imigrantes do continente sul-americano chegam a Galápagos e colonizam as ilhas; (2) assim que as populações se estabelecem, os tentilhões dispersam-se em direção a outras ilhas, onde se adaptam às novas condições e mudam geneticamente; e (3) após um período de isolamento, um contato secundário é estabelecido entre as diferentes populações. As duas populações são então reconhecidas como espécies separadas, se elas não puderem se intercruzarem com sucesso. Estudos de genética molecular revelam que a especiação não atingiu a conclusão nos tentilhões de Darwin e que as formas ecológicas contrastantes ocorrem dentro de uma espécie geneticamente contínua.

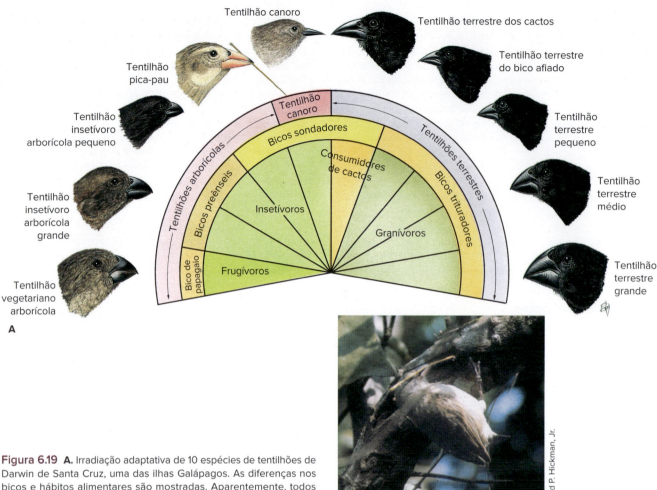

Figura 6.19 A. Irradiação adaptativa de 10 espécies de tentilhões de Darwin de Santa Cruz, uma das ilhas Galápagos. As diferenças nos bicos e hábitos alimentares são mostradas. Aparentemente, todos descendem de uma única espécie de tentilhão ancestral do continente sul-americano. **B.** O tentilhão-pica-pau utilizando um galho fino como ferramenta para alimentação. Esse tentilhão trabalhou por cerca de 15 minutos até arpoar uma barata e retirá-la de uma fenda na árvore.

passadas por meio de eventos catastróficos incomuns que não são observados atualmente. Se novas espécies se originaram em eventos catastróficos singulares, deveríamos observá-los no presente, e isso não ocorre. Ao contrário, o que normalmente observamos em populações naturais são modificações fenotípicas pequenas e contínuas. Essas mudanças contínuas podem levar a grandes diferenças entre as espécies somente pelo acúmulo ao longo de muitos milhares ou milhões de anos. Uma definição simples da teoria gradualista de Darwin é que a acumulação de mudanças quantitativas leva a mudanças qualitativas.

Mayr fez uma importante distinção entre gradualismo populacional e fenotípico. O **gradualismo populacional** afirma que novos atributos se estabelecem em uma população ao aumentarem suas frequências, de uma pequena fração, para a maior parte dela. O gradualismo populacional não é controverso. O **gradualismo fenotípico** postula que novos atributos, mesmo os que são bem diferentes dos atributos ancestrais, são produzidos por uma série de pequenas etapas incrementais que se acumulam ao longo de centenas a milhares de gerações.

Gradualismo fenotípico

O gradualismo fenotípico já era polêmico quando Darwin o propôs, e ainda o é. Nem todas as mudanças fenotípicas são pequenas e aditivas. Algumas mutações que aparecem durante o intercruzamento artificial mudam o fenótipo substancialmente em uma única etapa mutacional. Essas mutações são chamadas tradicionalmente de *sports*. As mutações que produzem o nanismo são observadas em muitas espécies, incluindo seres humanos, cães e ovelhas, e têm sido usadas por criadores para obter resultados desejados; por exemplo, uma mutação que deforma as patas foi usada para produzir a raça de carneiros Ancon, que não consegue saltar sobre cercas e que, por conseguinte, é facilmente confinada. Muitos dos colegas de Darwin que aceitavam as suas outras teorias consideram o gradualismo fenotípico uma ideia muito radical. Se as mutações desse tipo podem ser utilizadas por criadores de animais domésticos, por que as excluir da teoria evolutiva? Em favor do gradualismo, Darwin *et al.* responderam que essas mutações têm sempre efeitos colaterais negativos que fariam a seleção as eliminar das populações naturais. De fato, é questionável se o carneiro Ancon, apesar de ter suas vantagens do ponto de vista dos fazendeiros, propagar-se-ia com sucesso na presença de seus parentes de pernas normais e sem a intervenção humana. Entretanto, uma mutação de grande efeito parece ser responsável pelo polimorfismo adaptativo do tamanho do bico em uma espécie africana de tentilhão (*Pyrenestes ostrinus*), na qual as formas com bico grande se alimentam de sementes duras, e as com bico curto consomem sementes macias. Estudos recentes em genética evolutiva do desenvolvimento (ver Seção 8.8) ilustram a controvérsia que ainda envolve o gradualismo fenotípico.

Equilíbrio pontuado

Ao observarmos o gradualismo darwiniano na escala de tempo geológico, esperamos encontrar no registro fóssil uma longa série de formas intermediárias conectando os fenótipos das populações ancestrais e descendentes (Figura 6.20). Esse padrão previsto é chamado de **gradualismo filético**. Darwin admitiu que o gradualismo filético nem sempre se revela no registro fóssil. De uma forma geral, estudos conduzidos desde a época de Darwin não revelaram a série contínua de fósseis prevista pelo gradualismo filético. Seria então a teoria do gradualismo refutada pelo registro fóssil? Darwin *et al.* alegaram que não, porque o registro fóssil é muito imperfeito para preservar séries completas de transição. Embora a evolução seja um processo lento para os nossos padrões, é muito rápida se comparada à taxa de acúmulo dos depósitos de fósseis bem preservados. Já outros argumentaram que o aparecimento e o desaparecimento abrupto de espécies no registro fóssil forçam-nos a concluir que o gradualismo filético raramente ocorre.

Os paleontólogos evolutivos norte-americanos Niles Eldredge e Stephen Jay Gould propuseram o **equilíbrio pontuado** em 1972 para explicar as mudanças evolutivas descontínuas observadas ao longo do tempo geológico. O equilíbrio pontuado estabelece que a evolução fenotípica está concentrada em períodos relativamente curtos de especiação ramificada, seguidos por intervalos bem mais longos de estagnação morfológica evolutiva (Figura 6.21). A especiação é um evento episódico, cuja duração vai de aproximadamente 10 mil a 100 mil anos. Já que as espécies podem sobreviver por 5 a 10 milhões de anos, o evento de especiação é um "instante geológico", que representa menos de 1% da existência de uma espécie. Não obstante, 10 mil anos é tempo mais que suficiente para a evolução darwiniana efetuar mudanças significativas. Uma pequena fração da história evolutiva do grupo, portanto, contribui para a maior parte das modificações morfológicas que observamos. O equilíbrio pontuado contrasta com a visão do paleontólogo George Simpson, que atribuiu apenas taxas moderadas de evolução morfológica à especiação ramificada, e cuja expectativa era de que a maior parte da mudança morfológica se acumulasse gradualmente durante a fase "filética" entre os eventos de especiação ramificada.

A especiação alopátrica induzida pelo fundador fornece uma explicação plausível para o equilíbrio pontuado. Lembre-se de que a especiação induzida pelo fundador requer a quebra do equilíbrio genético em populações pequenas e geograficamente isoladas. Populações muito pequenas oferecem poucas oportunidades de preservação no registro fóssil. Depois que um novo equilíbrio genético se forma e se estabiliza, a nova população pode crescer, aumentando a chance de que alguns de seus membros formem fósseis. A especiação induzida pelo fundador, entretanto, não pode ser a causa exclusiva do equilíbrio pontuado, porque ele é característico de grupos em que a especiação causada pelo efeito fundador é pouco provável.

Talvez o mais bem documentado caso de equilíbrio pontuado seja o de ectoproctos (ver Seção 15.4), dos gêneros *Metrarabdotos* e *Stylopoma* do Mar do Caribe. Esses gêneros se originaram entre 15 e 25 milhões de anos atrás, apresentando um registro fóssil excelente, além de espécies viventes. As durações das espécies morfologicamente inalteradas variam de 2 a 16 milhões de anos, enquanto os eventos de especiação ramificada podem ser reduzidos a não mais do que 0,86 milhão de anos e, muitas vezes, a menos de 0,16 milhão de anos no registro fóssil. Estudos de genética molecular de populações vivas confirmam que os dados morfológicos indicam espécies biológicas acuradamente. A mudança morfológica é episódica e concentrada em eventos de especiação ramificada. Curiosamente, as taxas de divergências morfológicas

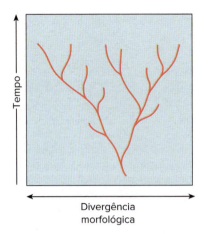

Figura 6.20 O modelo gradualista filético de mudança morfológica evolutiva, que procede de forma mais ou menos estável ao longo do tempo geológico (milhões de anos). As bifurcações seguidas por divergência gradual resultaram em especiação. Repare que a maior parte da mudança morfológica acumula-se em incrementos dentro das linhagens de espécies, entre os pontos de ramificação, que, por sua vez, não correspondem a grandes quantidades de alteração morfológica.

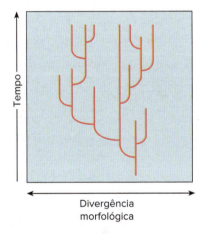

Figura 6.21 Para o modelo de equilíbrio pontuado, modificações morfológicas são concentradas em episódios relativamente curtos de especiação ramificada (linhas laterais), seguidos por períodos sem mudança cumulativa apreciável ao longo do tempo geológico (milhões de anos).

durante a especiação não são maiores do que seria esperado pela deriva genética. A estabilidade morfológica persistente das espécies é o fenômeno que desafia explicações evolutivas. A evolução por seleção natural parece ter criado mecanismos eficazes para manter a estabilidade no desenvolvimento morfológico nessas espécies de ectoproctos.

Seleção natural

De acordo com a teoria evolutiva de Darwin, a seleção natural é o principal processo gerador de evolução. Ela proporciona uma explicação natural para as origens da **adaptação**, incluindo todos os atributos de desenvolvimento, comportamento, anatômicos e fisiológicos que aumentam a capacidade do organismo de utilizar recursos ambientais para sobreviver e se reproduzir. A evolução dos padrões de coloração que camuflam as mariposas contra predadores (ver Figura 1.9) e dos bicos adaptados a diferentes modos de alimentação nos tentilhões (ver Figura 6.19) ilustra como a seleção natural leva à adaptação. Darwin desenvolveu sua teoria de seleção natural como uma série de cinco observações e três inferências delas derivadas:

Observação 1: os organismos têm grande fertilidade potencial. Todas as populações produzem um grande número de gametas e, potencialmente, uma vasta prole a cada geração. O tamanho populacional aumentaria exponencialmente a taxas enormes se todos os indivíduos produzidos a cada geração sobrevivessem e se reproduzissem. Darwin calculou que, mesmo em animais de reprodução lenta, como os elefantes, um único casal, reproduzindo-se dos 30 aos 90 anos e tendo apenas seis filhotes, produziria 19 milhões de descendentes em 750 anos.

Observação 2: as populações naturais normalmente mantêm um tamanho constante, exceto por flutuações mínimas. Populações naturais flutuam ao longo das gerações e algumas vezes se extinguem, mas nenhuma população exibe o crescimento exponencial contínuo que sua biologia reprodutiva poderia teoricamente sustentar.

Observação 3: os recursos naturais são limitados. O crescimento exponencial de uma população natural requer recursos naturais ilimitados para fornecer alimento e hábitat à população em expansão, mas os recursos naturais são finitos.

Inferência 1: há uma luta constante pela existência entre os membros de uma população. Os sobreviventes representam uma parte muito pequena dos indivíduos produzidos a cada geração. Darwin escreveu em *A Origem das Espécies* que "é a doutrina de Malthus aplicada com força multiplicada aos reinos Animal e Vegetal inteiros". A disputa por alimento, abrigo e espaço se torna cada vez mais intensa à medida que a população aumenta.

Observação 4: as populações apresentam variações entre os organismos. Não existem dois indivíduos exatamente iguais. Eles se diferenciam em tamanho, cor, fisiologia, comportamento e de muitas outras maneiras.

Observação 5: alguma variação é herdável. Darwin notou que a progênie tende a se assemelhar aos progenitores, embora não tenha entendido como. O mecanismo da hereditariedade descoberto por Gregor Mendel seria aplicado à teoria de Darwin muitos anos depois.

Inferência 2: organismos variantes apresentam reprodução e sobrevivência diferenciais favorecendo atributos vantajosos (= seleção natural). Na luta pela existência, a sobrevivência não é aleatória com respeito à variação hereditária presente na população. Alguns atributos conferem a seus portadores vantagens na utilização do ambiente, que, por sua vez, conferem reprodução e sobrevivência eficazes. Os sobreviventes transmitem seus atributos à sua prole, fazendo-os se acumularem na população.

Inferência 3: ao longo de muitas gerações, a seleção natural gera novas adaptações e novas espécies. A reprodução diferencial dos organismos variantes gradualmente transforma as espécies e causa um "aprimoramento" a longo prazo nas populações. Darwin sabia que as pessoas frequentemente usam a variação hereditária para produzir novas raças de animais domésticos e plantas. A seleção *natural* agindo ao longo de milhões de anos deve ser até mais eficaz na produção de novas formas do que a seleção *artificial* agindo ao longo da duração da vida humana. A seleção natural agindo independentemente em populações geograficamente separadas levaria à divergência entre elas, formando, assim, as barreiras reprodutivas que levam à especiação.

Tema-chave 6.7

EVOLUÇÃO

Sobrevivência do mais forte

A expressão popular "a sobrevivência do mais apto" não se originou com Darwin, mas foi cunhada uns poucos anos antes pelo filósofo britânico Herbert Spencer, que antecipou alguns dos princípios de evolução propostos por Darwin. Infelizmente, essa expressão mais tarde foi associada à agressão e à violência descontroladas em um mundo sangrento e competitivo. Na realidade, a seleção natural opera por meio de muitas outras características dos organismos vivos. O animal mais apto pode ser aquele que melhora as condições de vida de sua população. A habilidade na luta é apenas um dos vários meios para alcançar vantagens reprodutivas e de sobrevivência.

A seleção natural pode ser considerada um processo de duas etapas, com um componente aleatório e um não aleatório. A geração de variação entre os organismos é o componente aleatório. O processo de mutação não gera preferencialmente atributos que são favoráveis ao organismo; novas variações têm mais probabilidade de serem desvantajosas. O componente não aleatório é a perpetuação dos diferentes atributos. Essa perpetuação diferencial é determinada pela eficácia dos diferentes atributos em permitir a seus portadores usarem os recursos naturais para sobreviver e se reproduzir. O fenômeno da sobrevivência e da reprodução diferenciais entre organismos variantes é atualmente conhecido como **seleção** e não deve ser confundido com seleção natural. Sabemos agora que mesmo os processos aleatórios (deriva genética) podem produzir seleção entre organismos variantes. Quando a seleção natural opera, a seleção ocorre, *porque certos atributos conferem a seus portadores vantagens de sobrevivência e de reprodução*, em relação a outros que não os possuem. A seleção natural é, portanto, um caso específico de seleção.

A teoria de Darwin da seleção natural tem sido repetidamente desafiada. Um questionamento alega que uma variação direcional (não aleatória) governa a mudança evolutiva. Nas décadas próximas a 1900, diversas hipóteses, coletivamente chamadas de **ortogênese**, propuseram que a variação possui um impulso que força uma linhagem a evoluir em uma direção específica, que nem sempre é adaptativa. O extinto alce irlandês foi um exemplo popular de ortogênese. Foi considerado que a variação recém-produzida era direcionada ao aumento da galhada, gerando um impulso evolutivo que levou à geração de galhadas maiores. A seleção natural foi considerada ineficaz em interromper as galhadas, que por fim se tornaram tão grandes e problemáticas a ponto de forçarem o alce à extinção. A ortogênese aparentemente explicava essas tendências evolutivas não adaptativas que supostamente levaram espécies ao declínio. Como a extinção é o destino evolutivo esperado da maioria das espécies, o desaparecimento do alce irlandês não é extraordinário e provavelmente não tem relação com as grandes galhadas. A pesquisa genética subsequente sobre a natureza da variação claramente rejeitou as previsões genéticas da ortogênese.

Outra crítica recorrente à seleção natural é que esta não pode gerar novas estruturas ou espécies, mas apenas modificar as já existentes. A maior parte das estruturas em seus estágios evolutivos iniciais não poderia ter representado os papéis biológicos que as estruturas inteiramente formadas desempenhariam e, portanto, não está claro como a seleção natural as poderia ter favorecido. Que utilidade teriam uma meia asa ou o rudimento de uma pena para uma ave voadora? Em resposta a essa crítica, propomos que muitas estruturas evoluíram inicialmente para propósitos

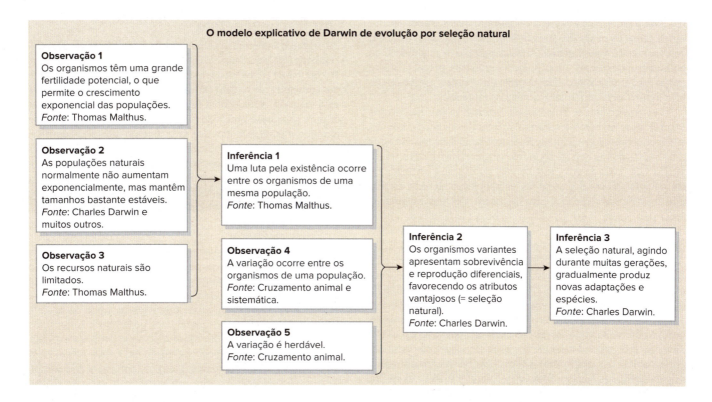

muito diferentes dos que apresentam hoje. As penas rudimentares teriam, por exemplo, sido úteis para a termorregulação. As penas mais tarde se tornaram úteis para voar depois de incidentalmente adquirirem propriedades aerodinâmicas. A seleção natural poderia então agir para aprimorar a utilidade das penas para o voo. A **exaptação** denota a utilidade de uma estrutura para um papel biológico que não era parte da sua origem evolutiva. A exaptação contrasta com a adaptação, que implica que a estrutura surgiu via seleção natural para um papel biológico específico. As penas das aves são, portanto, adaptações para a termorregulação, mas exaptações para o voo. Como os tipos de mudanças estruturais que separam indivíduos de espécies diferentes são semelhantes à variação que observamos dentro da mesma espécie, é razoável propor que a seleção pode gerar novas espécies.

6.3 REVISÕES DA TEORIA DE DARWIN

Neodarwinismo

O maior ponto fraco da teoria de Darwin foi sua falha em identificar corretamente o mecanismo de herança. Darwin viu a hereditariedade como um fenômeno de fusão, no qual os fatores hereditários dos progenitores se misturavam na progênie. Darwin também aceitava a hipótese lamarckista de que um organismo poderia modificar sua hereditariedade por meio do uso e do desuso de partes do seu corpo e por meio da influência direta do ambiente. As observações microscópicas do desenvolvimento de embriões feitas pelo biólogo de desenvolvimento August Weismann mostraram que a linhagem de células destinadas a se tornar gametas se separaram mais cedo da linhagem que formaria o corpo. Ele chamou a linhagem de células isoladas que formaria os gametas de plasma germinativo e a outra, de soma. Não havia maneira mecanista de o uso e o desuso de partes do corpo influenciarem o conteúdo do plasma germinativo. Ele também rejeitou a herança lamarckista no fim do século XIX, demonstrando experimentalmente que as modificações de um organismo durante a sua vida não mudam sua hereditariedade (ver Capítulo 5) e revisou a teoria de Darwin de acordo com essa observação. Agora usamos o termo **neodarwinismo** para denotar a teoria de Darwin como revisada por Weismann.

A genética mendeliana finalmente proporcionou a ideia de herança particulada de que a teoria de seleção natural de Darwin necessitava (ver Capítulo 5). Ironicamente, quando o trabalho de Mendel foi redescoberto, em 1900, foi considerado antagônico à teoria de Darwin de seleção natural. Quando as mutações foram descobertas, no início do século XX, a maioria dos geneticistas pensava que elas produziam novas espécies em grandes etapas individuais. Esses geneticistas relegaram a seleção natural ao papel de carrasco, uma força negativa que meramente eliminava os indivíduos obviamente inaptos.

Surgimento do darwinismo moderno: a teoria sintética

Na década de 1930, uma nova geração de geneticistas começou a reavaliar a teoria de Darwin sob uma perspectiva matemática. Eram geneticistas populacionais, cientistas que estudavam a variação nas populações naturais usando estatística e modelos matemáticos. Gradualmente, uma nova teoria abrangente surgiu, que unificou a genética populacional, a paleontologia, a biogeografia, a embriologia, a sistemática e o comportamento animal em uma macroestrutura darwiniana.

6.4 MICROEVOLUÇÃO: VARIAÇÃO GENÉTICA E MUDANÇA DENTRO DAS ESPÉCIES

A microevolução é o estudo da mudança genética em populações naturais. A ocorrência de diferentes formas alélicas de um gene em uma população é chamada de **polimorfismo**. Todos os alelos de todos os genes dos membros de uma população formam, coletivamente, o ***pool* gênico** dessa população. A quantidade de polimorfismo presente em populações grandes é potencialmente enorme, porque, nas taxas de mutação observadas, espera-se que haja muitos alelos diferentes para todos os genes.

Os geneticistas populacionais estudam os polimorfismos identificando as diferentes formas alélicas de um gene presentes em uma população e então medindo as frequências relativas dos diferentes alelos na população. A frequência relativa de uma forma alélica específica de um gene em uma população é chamada de **frequência alélica**. Por exemplo, na população humana, há três diferentes formas alélicas do gene que codifica os tipos sanguíneos ABO (ver Seção 35.5). Usando o símbolo *I* para indicar o gene que codifica os tipos sanguíneos ABO, I^A e I^B simbolizam os alelos geneticamente codominantes que codificam os tipos sanguíneos A e B, respectivamente. O alelo i é um alelo recessivo, que codifica o tipo sanguíneo O. Assim, os genótipos $I^A I^A$ e $I^A i$ produzem o sangue tipo A, os genótipos $I^B I^B$ e $I^B i$ produzem o sangue tipo B, o genótipo $I^A I^B$ produz o sangue tipo AB e o genótipo ii produz o sangue tipo O. Já que todo indivíduo apresenta duas cópias desse gene, o número total de cópias presentes na população é o dobro do número de indivíduos. Que fração desse total é representada por cada uma das três formas alélicas? Na França, encontramos as seguintes frequências alélicas: $I^A = 0,46$, $I^B = 0,14$, $i = 0,40$. Na Rússia, as frequências correspondentes são diferentes ($I^A = 0,38$, $I^B = 0,28$, $i = 0,34$), demonstrando uma divergência microevolutiva entre essas populações (Figura 6.22). Embora os alelos I^A e I^B sejam dominantes em relação a i, i é quase tão frequente quanto I^A e supera a frequência de I^B em ambas as populações. A dominância descreve o *efeito fenotípico* de um alelo em indivíduos heterozigotos, não a sua abundância relativa em uma população. Em muitas populações humanas, os atributos geneticamente recessivos, incluindo o sangue tipo O, o cabelo loiro e os olhos azuis são muito comuns. Demonstraremos que a herança mendeliana e a dominância não alteram as frequências alélicas diretamente nem produzem mudança evolutiva em uma população.

Equilíbrio genético

Um teorema matemático chamado de **Equilíbrio de Hardy-Weinberg** (ver boxe, adiante) permite-nos estimar a relação entre a frequência de alelos em um loco genético e a frequência de genótipos formados por fertilização aleatória de gametas com respeito a essa variação. A frequência de um alelo nos gametas produzidos por uma população iguala-se à frequência no *pool* gênico como definido no parágrafo anterior. Cruzamento aleatório significa, em termos matemáticos, obter aleatoriamente pares de gametas do *pool* gênico, unir cada par por fertilização e em seguida quantificar as frequências dos genótipos diploides resultantes. A partir do Equilíbrio de Hardy-Weinberg, podemos estimar as proporções de genótipos e fenótipos que devem ocorrer na geração seguinte, na ausência de evolução.

Vamos considerar uma população humana que contém um alelo dominante para pigmentação normal (A) e um alelo recessivo para albinismo (a), o qual é raro no *pool* gênico. A Figura 6.23 mostra a frequência esperada do fenótipo dominante em uma população em função da frequência do alelo dominante no *pool* gênico. Observe que, quando um alelo é raro, as ocorrências de cópias desse alelo predominam quase exclusivamente nos genótipos heterozigotos (Aa, em nosso exemplo), que expressa o alelo dominante fenotipicamente; somente uma pequena fração das cópias de um alelo raro ocorre na forma homozigota (aa). A frequência do fenótipo recessivo na população é, assim, muito menor do que a frequência do alelo recessivo no *pool* gênico. A frequência do albinismo em humanos é aproximadamente 1/20 mil. Supondo-se que o acasalamento é aleatório no que se refere ao genótipo neste loco, usando o equilíbrio de Hardy-Weinberg, calculamos:

$$q^2 = 1/20.000$$
$$q = (1/20.000)^{1/2} = 1/141$$
$$p = 1 - q = 140/141$$

A frequência de portadores é:

$$A/a = 2\,pq = 2 \times 140/141 \times 1/141 = 1/70$$

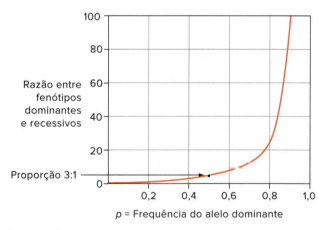

Figura 6.23 A proporção de fenótipos dominantes para recessivos em uma população com acasalamento aleatório (no equilíbrio de Hardy-Weinberg) mostrada graficamente como uma função da frequência do alelo dominante. A frequência do alelo recessivo é igual a 1 − *p*. A razão de 3:1 de fenótipos dominantes por recessivos na segunda geração dos cruzamentos de Mendel ocorreu porque todos os indivíduos da geração anterior eram heterozigotos; assim, *p* = *q* = 0,5, uma condição incomum nas populações naturais. À medida que o alelo dominante se aproxima de uma frequência de 1,0, praticamente nenhum indivíduo expressa o fenótipo recessivo, o que permite que os alelos letais recessivos persistam em uma população em frequências muito baixas (0,001).

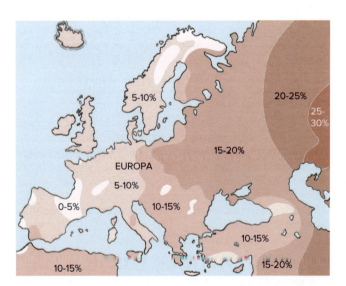

Figura 6.22 Frequências do alelo do tipo sanguíneo B na população europeia. Esse alelo é mais comum na Europa oriental e raro na Europa ocidental. Ele pode ter surgido no oriente e ter gradualmente se difundido para oeste pela continuidade genética das populações humanas. Não apresenta nenhuma vantagem seletiva conhecida; a mudança em sua frequência provavelmente é produto de deriva genética.

Uma em 70 pessoas é portadora. A doença de Tay-Sachs em seres humanos está associada à homozigose para um alelo letal recessivo; os indivíduos homozigotos para o alelo letal morrem na infância. A seleção natural mantém os alelos letais recessivos raros na população, pois os indivíduos homozigotos para tais alelos nunca se reproduzem. No entanto, ela não elimina os alelos letais recessivos da população, visto que praticamente todas as cópias desses alelos ocorrem em genótipos heterozigotos, que são fenotipicamente normais. O acasalamento é então aleatório em relação a se os indivíduos carregam o alelo letal ou não. Para um alelo letal recessivo presente em 2 de cada 100 pessoas (mas homozigoto em apenas 1 de 1.000 fertilizações), seriam necessárias 50 gerações de seleção para reduzir a frequência do alelo para 1 em cada 100 pessoas.

Acasalamento não aleatório

Se o acasalamento é não aleatório, as frequências genotípicas serão desviadas das esperadas pelo modelo Hardy-Weinberg. Por exemplo, se dois alelos diferentes de um gene tiverem frequências iguais ($p = q = 0,5$), espera-se que 50% dos genótipos sejam heterozigotos ($2\,pq = 2 \times [0,5] \times [0,5] = [0,5]$) e que 25% sejam homozigotos, para cada um dos respectivos alelos ($p^2 = q^2 = [0,5]^2 = 0,25$). Se tivermos um **acasalamento seletivo positivo**, os indivíduos cruzam preferencialmente com outros de mesmo genótipo, como albinos acasalando-se com outros albinos. Cruzamentos entre indivíduos homozigotos para os mesmos alelos geram uma prole homozigota, como os próprios pais. Os acasalamentos entre indivíduos heterozigotos para os mesmos pares de alelos produzem, em média, 50% de filhotes heterozigotos e 50% de homozigotos (25% de cada alternativa) a cada geração. O acasalamento seletivo positivo aumenta a frequência de genótipos homozigotos e diminui a frequência de heterozigotos em uma população, mas não muda as frequências dos alelos.

O acasalamento seletivo entre parentes próximos também aumenta a homozigosidade e é chamado de **endogamia**, ou cruzamento consanguíneo. Enquanto o acasalamento seletivo positivo em geral afeta um ou uns poucos atributos, a endogamia afeta simultaneamente todos os atributos variáveis. Uma endogamia intensa aumenta grandemente as chances de que alelos recessivos raros se tornem homozigotos e sejam expressos.

Tema-chave 6.8

EVOLUÇÃO

Endogamia genética em populações de zoológicos

A endogamia tem se tornado um problema sério em zoológicos que mantêm pequenas populações de mamíferos raros. Acasalamentos de parentes próximos tendem a reunir genes de um ancestral comum e aumentar a probabilidade de que duas cópias de um gene deletério estejam presentes no mesmo organismo. O resultado é "depressão endogâmica". A solução é aumentar a diversidade genética, reunindo animais em cativeiro de diferentes zoológicos ou introduzindo novos animais de populações selvagens, se possível. Paradoxalmente, nas populações de zoológico que são extremamente pequenas e nenhum estoque selvagem pode ser obtido, a endogamia intencional é recomendada. Esse procedimento seleciona genes que toleram a endogamia, enquanto genes deletérios desaparecem, se causarem a morte dos animais homozigotos que os carregam.

Forças de mudança evolutiva

Geneticistas populacionais medem a mudança evolutiva como a alteração na frequência de um alelo no *pool* gênico de uma população. "Forças" de mudança evolutiva são fatores que podem alterar a frequência de um alelo no *pool* gênico e incluem (1) mutação recorrente, (2) deriva genética, (3) migração, (4) seleção natural e (5) interações entre esses fatores. A mutação recorrente é a principal fonte de variabilidade em todas as populações, mas requer interação com um ou mais fatores para causar uma mudança significativa nas frequências alélicas. Para indivíduos diploides, uma nova mutação ocorre em uma cópia em condição heterozigótica em um único indivíduo. Sua frequência é 1/2N, em que N é o número de indivíduos na população. A mudança total nas frequências alélicas causada por uma única mutação é incrivelmente pequena, a menos que o novo alelo aumente em frequência por influência de uma das outras forças de mudança evolutiva. A seguir, consideramos essas outras forças individualmente.

Deriva genética

Algumas espécies, como os guepardos, apresentam pouca variação genética, provavelmente porque suas linhagens ancestrais passaram por períodos em que o número total de indivíduos na população era muito baixo. Uma população pequena claramente não pode conter grandes quantidades de variação genética. Cada organismo individual tem, no máximo, duas formas alélicas diferentes de cada gene, e um único casal reprodutor contém, no máximo, quatro formas alélicas de cada gene. Suponha que tenhamos um casal reprodutor desse tipo. A partir da genética mendeliana (ver Capítulo 5), sabemos que o acaso decide quais das formas alélicas diferentes serão passadas à prole. É possível que, devido apenas ao acaso, um ou dois dos alelos parentais nesse exemplo não sejam passados a nenhum membro da prole. É muito improvável que todos os alelos diferentes presentes em populações ancestrais pequenas sejam passados aos descendentes sem que haja mudança na frequência alélica. Essa flutuação aleatória na frequência alélica de uma geração para a próxima, incluindo a perda de alelos da população, é chamada de **deriva genética**.

A deriva genética ocorre em algum grau em todas as populações de tamanho finito. A constância nas frequências alélicas, como previstas pelo equilíbrio de Hardy-Weinberg, ocorre apenas em populações de tamanho infinito, e tais populações existem somente em modelos matemáticos. Todas as populações de animais são finitas e, portanto, sofrem algum efeito da deriva genética que, em média, se torna maior com a diminuição do tamanho populacional.

A deriva genética reduz a variabilidade genética de uma população. Se o tamanho da população permanece pequeno por muitas gerações seguidas, a variação genética pode ser fortemente reduzida. Alelos são perdidos ao acaso a uma taxa muito maior do que novos são criados por mutação. Essa perda é danosa ao sucesso evolutivo da espécie, porque limita as respostas genéticas potenciais às mudanças ambientais. De fato, os biólogos preocupam-se que as populações de guepardos possam ter uma variação insuficiente para a sua contínua sobrevivência.

Uma grande redução no tamanho de uma população que intensifica a mudança evolutiva por deriva genética é comumente chamada de gargalo populacional. Um gargalo associado à fundação de uma nova população geográfica é chamado de efeito fundador e pode levar à formação de uma nova espécie.

Migração

Migração é o movimento de indivíduos de uma população para outra antes do acasalamento. O movimento dos alelos entre as populações dessa maneira é chamado de "fluxo gênico". A migração é uma força evolutiva apenas no caso de espécies que são subdivididas geograficamente em duas ou mais populações separadas; caso contrário, a espécie evolui como um único *pool* genético não dividido. As migrações impedem que diferentes populações de uma mesma espécie se tornem divergentes. Se uma grande população de uma espécie for dividida em muitas populações pequenas, a deriva genética e a seleção agindo separadamente nas diferentes populações podem resultar em divergência evolutiva entre elas. Uma pequena quantidade de migração a cada geração impede que as populações se tornem muito distintas geneticamente. Por exemplo, as populações francesas e russas, cujas frequências alélicas ABO foram discutidas acima, apresentam alguma divergência genética, mas sua conexão genética, que é ocasionada pela migração contínua através de populações interpostas, impede que elas se tornem completamente distintas.

Seleção natural

A seleção natural pode mudar ambas as frequências alélicas e genotípicas em uma população. Embora os efeitos da seleção sejam geralmente relatados para genes polimórficos específicos, devemos enfatizar que a seleção natural age sobre o animal todo, e não sobre atributos isolados. Um organismo que possui uma

---

Equilíbrio de Hardy-Weinberg: por que o processo hereditário não muda as frequências alélicas

A lei de Hardy-Weinberg é uma consequência lógica da primeira lei de Mendel da segregação e expressa a tendência ao equilíbrio que é inerente à hereditariedade mendeliana.

Vamos selecionar como exemplo uma população que tem um único loco, portando apenas dois alelos *T* e *t*. A expressão fenotípica desse gene poderia ser, por exemplo, a capacidade de sentir o gosto de um composto químico chamado de feniltiocarbamida. Os indivíduos na população serão de três genótipos para esse loco, *T/T*, *T/t* (ambas sensíveis ao gosto) e *t/t* (insensíveis). Em uma amostra de 100 indivíduos, suponhamos que temos 20 indivíduos com o genótipo *T/T*, 40 com o genótipo *T/t* e 40 com o genótipo *t/t*. Podemos então produzir uma tabela com todas as frequências alélicas (lembre-se de que cada indivíduo tem duas cópias do gene):

Genótipo	Número de indivíduos	Cópias do alelo *T*	Cópias do alelo *t*
T/T	20	40	0
T/t	40	40	40
t/t	40	0	80
Total	100	80	120

Das 200 cópias, a proporção do alelo *T* é 80/200 = 0,4 (40%), e a proporção do alelo *t* é 120/200 = 0,6 (60%). É comum usar "*p*" e "*q*" para representar as duas frequências alélicas. A frequência do alelo geneticamente dominante é representada por *p* e a frequência do alelo geneticamente recessivo, por *q*. Consequentemente:

$$p = \text{frequência de } T = 0,4$$
$$q = \text{frequência de } t = 0,6$$
$$\text{Logo } p + q = 1$$

Tendo calculado as frequências alélicas na amostra, vamos determinar se essas frequências mudarão espontaneamente em uma nova geração da população. Assumindo que o cruzamento é aleatório (os gametas são amostrados independentemente em pares), cada indivíduo contribui com um número igual de gametas para o "*pool* único" do qual a nova geração será formada. As frequências dos gametas no *pool*, por conseguinte, igualam-se às frequências alélicas na amostra: 40% dos gametas são *T*, e 60% são *t* (razão de 0,4:0,6). Tanto os óvulos quanto os espermatozoides obviamente apresentam as mesmas frequências. A próxima geração é formada:

Óvulos

Esperma	T = 0,4	t = 0,6
T = 0,4	T/T = 0,16	T/t = 0,24
t = 0,6	T/t = 0,24	t/t = 0,36

Juntando os genótipos, temos:

frequência de *T/T* = 0,16
frequência de *T/t* = 0,48
frequência de *t/t* = 0,36

Em seguida, determinamos os valores de *p* e *q* de populações com acasalamento aleatório. A partir da tabela acima, vemos que a frequência de *T* é a soma dos genótipos *T/T*, que é 0,16, e metade do genótipo *T/t*, que é 0,24:

$$T(p) = 0,16 + 0,5 \times (0,48) = 0,4$$

Analogamente, a frequência *t* é a soma dos genótipos *t/t*, que é 0,36, e metade do genótipo *T/t*, que é 0,24:

$$t(p) = 0,36 + 0,5 \times (0,48) = 0,6$$

A nova geração tem exatamente as mesmas frequências alélicas que a população parental! Note que não houve nenhum aumento na frequência do alelo dominante *T*. Consequentemente, *em uma população em que os indivíduos se reproduzem sexuadamente e se cruzam livremente, a frequência de cada alelo permanece constante, geração após geração, na ausência de seleção natural, migração, mutação recorrente e deriva genética* (ver texto). Um leitor com raciocínio matemático reconhecerá que as frequências genotípicas *T/T*, *T/t* e *t/t* são na verdade uma expansão binomial de $(p + q)^2$:

$$(p + q)^2 = p^2 + 2pq + q^2 = 1$$

Note que os cálculos do equilíbrio fornecem frequências *esperadas*, que são improváveis de ocorrerem em uma população real de tamanho finito. Por essa razão, o tamanho finito de uma população é uma causa da mudança evolutiva.

A maioria dos genes tem mais do que apenas um par de alelos, especialmente quando medimos a variação genética no nível da sequência do DNA. A expansão binomial mostrada acima pode ser usada para qualquer número de alelos. Suponha que tenhamos três alelos (T_1, T_2, T_3), cujas frequências são denotadas como *p*, *q* e *r*, respectivamente. Agora, temos seis genótipos possíveis com as seguintes frequências de equilíbrio de Hardy-Weinberg:

$$(p + q + r)^2 = \underset{T_1/T_1}{p^2} + \underset{T_1/T_2}{2pq} + \underset{T_2/T_2}{q^2} + \underset{T_1/T_3}{2pr} + \underset{T_2/T_3}{2qr} + \underset{T_3/T_3}{r^2}$$

À medida que o número de alelos aumenta em um gene, a proporção da população que tem genótipos heterozigotos também aumenta.

combinação superior de atributos será favorecido. Um animal pode ter atributos que não conferem vantagem ou que até mesmo conferem uma desvantagem, mas ser de maneira geral bem-sucedido se sua combinação de atributos é favorável. Quando afirmamos que um genótipo em um gene particular tem maior **aptidão relativa** do que outros, afirmamos que, em média, o genótipo confere uma vantagem para a sobrevivência e a reprodução na população. Se genótipos alternativos tiverem probabilidades desiguais de sobrevivência e reprodução, o equilíbrio de Hardy-Weinberg é rompido.

Usando a teoria genética da seleção natural, podem-se medir os valores de **aptidão** relativa associada aos diferentes genótipos em uma população. Os geneticistas geralmente usam W para representar a aptidão média esperada de um genótipo em uma população, com o genótipo de maior aptidão recebendo o valor 1 e as aptidões dos outros genótipos recebendo valores na forma de fração.

Ilustraremos a medida da aptidão usando a variação genética associada à anemia falciforme em populações humanas. Considerando apenas os alelos da hemoglobina normal (A) e da hemoglobina falciforme (S) para o gene da beta-hemoglobina em populações humanas (ver Seção 5.6), os possíveis genótipos são AA, AS e SS. As medidas das viabilidades dos indivíduos desses três genótipos em ambientes sem malária fornece um valor de aptidão de 1 aos genótipos AA e AS, e uma aptidão de 0,2 ao genótipo SS. Espera-se que as pessoas que tenham o genótipo SS, que são suscetíveis à anemia grave, contribuam em média com apenas 20% dos filhos para a próxima geração em comparação aos indivíduos com genótipos AA ou AS. Em ambientes com malária, o genótipo AS tem a aptidão mais alta (=1), e o genótipo AA tem aptidão ligeiramente reduzida (=0,9) porque a incidência de malária nesses indivíduos é maior do que a nos indivíduos AS; e os SS têm aptidão baixa (=0,2) por causa da anemia. A partir desses valores de aptidão medidos, do conhecimento das frequências dos alelos em uma população e do sistema de acasalamento, pode-se calcular o **efeito médio** que um alelo tem na aptidão relativa de um fenótipo naquela população. No exemplo da anemia falciforme, o efeito médio do alelo S sobre a aptidão em um ambiente com malária é o balanço entre o efeito fortemente negativo que ele tem quando em homozigose e o efeito positivo quando em heterozigose com alelo A.

No Capítulo 36, discutimos o conceito relacionado de **aptidão inclusiva**. O efeito médio de um alelo sobre a aptidão é expresso não apenas por sua contribuição direta à aptidão de seus portadores, mas também pela ajuda que estes prestam aos parentes próximos, que provavelmente também possuem cópias do alelo. A expressão "aptidão inclusiva" refere-se a casos em que o efeito médio de um alelo sobre sua própria propagação no *pool* gênico seria incorretamente calculado se seus efeitos na sobrevivência dos parentes dos indivíduos que o possuem fossem ignorados. Por exemplo, a seleção natural pode favorecer um alelo para um comportamento através do qual um indivíduo morre enquanto salva a vida de muitos de seus parentes.

Alguns atributos e combinações de atributos são vantajosos para certos aspectos da sobrevivência ou reprodução de um organismo e desvantajosos para outros. Darwin usou o termo **seleção sexual** para se referir à seleção de atributos que são vantajosos para a obtenção de parceiros, mas não para a sobrevivência. Cores brilhantes e penas elaboradas podem intensificar a capacidade competitiva de uma ave macho em obter parceiras e, simultaneamente, aumentar sua visibilidade para os predadores. As mudanças ambientais, como a extinção de uma população de predadores, podem alterar o valor seletivo de atributos alternativos. A ação da seleção sobre a variação das características é, portanto, muito complexa.

Interações entre seleção natural, deriva e migração

A subdivisão geográfica de uma espécie em populações pequenas que trocam migrantes é uma situação ótima para promover a evolução adaptativa rápida de uma espécie. A interação entre a deriva genética e a seleção em diferentes populações permite que muitas combinações genéticas diferentes de genes polimórficos sejam testadas contra a seleção natural. A migração entre populações permite que novas combinações genéticas especialmente favoráveis se disseminem por toda a espécie. A interação entre deriva genética, seleção e migração nesse exemplo produz mudança evolutiva qualitativamente diferente daquela que ocorreria se qualquer desses fatores agisse isoladamente. O geneticista Sewall Wright chamou essa interação de *equilíbrio dinâmico* (em inglês, *shifting balance*), porque ela permite que uma população explore diferentes combinações adaptativas de atributos variáveis. A seleção natural, a deriva genética, mutação, acasalamento não aleatório e a migração interagem nas populações naturais para criar enormes oportunidades de mudança evolutiva; a estabilidade duradoura, como prevista pelo equilíbrio de Hardy-Weinberg, quase nunca ocorre ao longo de qualquer duração significativa do tempo evolutivo.

A importância das interações entre a seleção natural e a deriva genética na evolução adaptativa é ilustrada pela variação na beta-hemoglobina, discutida na seção anterior. Notamos que, em ambientes com malária, a seleção natural retém os alelos A e S nas populações porque os indivíduos com o genótipo AS combinam, de maneira única, os benefícios da resistência à malária e da respiração normal. Um terceiro alelo raro, chamado de hemoglobina C, também ocorre em algumas regiões com malária na África Ocidental. Como a hemoglobina S, o alelo C derivou-se do alelo A através de uma única mutação no sexto códon (ver Seção 5.6); no alelo C, a lisina (AAG) substitui o ácido glutâmico (GAG). Em áreas com malária, a seleção natural age contra o alelo C em genótipos heterozigotos porque os indivíduos AC são suscetíveis à malária (como o são os indivíduos AA), e os indivíduos CS têm anemia grave. A seleção natural favorece o alelo C na forma homozigota; os indivíduos CC têm resistência à malária, respiração normal e uma aptidão muito mais alta do que os indivíduos AS em áreas com malária. Se o alelo C fosse fixado na população, todos os indivíduos se beneficiariam tanto da resistência à malária quanto de uma respiração normal.

Por que o alelo C não se tornou o mais frequente nas regiões sujeitas à malária na África Ocidental? Sabemos através do equilíbrio de Hardy-Weinberg, em populações nas quais o acasalamento é aleatório, um alelo raro ocorre quase exclusivamente em genótipos heterozigotos, juntamente com os alelos mais comuns. Já que a seleção favorece indivíduos AS em lugar dos indivíduos AC e CS em áreas com malária, a seleção tende a eliminar o alelo C dessas populações.

Em algumas poucas populações locais do Oeste da África, a deriva genética fez com que o alelo C atingisse frequência relativamente alta antes da introdução da malária. Apenas nessas populações, o genótipo CC ocorre com frequência alta o suficiente para que a ação positiva da seleção natural nesses indivíduos exceda o efeito negativo da seleção nos indivíduos AC e CS na mesma população. A frequência do alelo C tem aumentado, por meio de seleção natural, nessas populações locais. Espera-se que a seleção natural cause a fixação do alelo C nessas populações locais e que o fluxo gênico com outras populações permita que o alelo C se fixe na regiões da África onde a malária ocorre. A expectativa, naturalmente, é de que o tratamento efetivo da malária supere a necessidade de uma solução evolutiva para esse problema, já que tal solução exigiria muitas gerações com ocorrência da doença. Mesmo assim, esse exemplo mostra como a interação entre deriva genética, seleção natural e fluxo gênico pode alterar a resposta de uma população à seleção mediada por malária a partir da preservação do polimorfismo dos alelos A e S para a fixação do alelo C.

Medição da variação genética dentro das populações

Como podemos medir a variação genética em populações naturais? A dominância genética, as interações entre alelos de genes diferentes e os efeitos ambientais no fenótipo tornam difícil quantificar a variação genética indiretamente por meio da observação dos fenótipos dos organismos. Entretanto, a variabilidade pode ser quantificada no nível molecular.

Com início na década de 1960, os estudos de variação em proteínas forneceram a primeira evidência inequívoca de que as populações animais normalmente contêm grandes quantidades de variação genética. Atualmente, os estudos de polimorfismos de proteínas foram, em sua maioria, substituídos por estudos de variação nas sequências de DNA obtido tanto dos genomas nucleares quanto dos mitocondriais. Os estudos de DNA revelaram quantidades de variação genética que eram ainda maiores que as obtidas em estudos de proteínas. Focalizaremos aqui a variação de proteínas, tanto por sua importância histórica quanto pela possibilidade de interpretação mais direta usando os princípios do equilíbrio de Hardy-Weinberg (ver anteriormente).

Polimorfismo proteico

As várias formas alélicas dos genes que codificam as proteínas têm sequências de aminoácidos ligeiramente diferentes. Esse fenômeno é conhecido como **polimorfismo proteico**. Se essas diferenças afetam a carga elétrica líquida das proteínas, as diferentes formas alélicas podem ser separadas utilizando eletroforese (Figura 6.24). Podemos, assim, identificar os genótipos de determinados indivíduos para genes que codificam proteínas e medir as frequências alélicas na população.

Nos últimos 45 anos de uso dessa abordagem, os geneticistas descobriram que a variação é muito maior do que foi anteriormente sugerido. Apesar dos altos níveis de polimorfismo descobertos por meio de eletroforese de proteínas (Tabela 6.1), esses estudos subestimam tanto o polimorfismo proteico quanto a variação genética total presente na população. Por exemplo, o polimorfismo proteico que não envolve mudança de carga não é detectado. Além disso, como o código genético é degenerado (mais de um códon para o mesmo aminoácido, ver Tabela 5.3), o polimorfismo proteico não revela toda a variação genética presente em genes que codificam proteínas. As mudanças genéticas que não alteram a estrutura das proteínas algumas vezes modificam os padrões de síntese de proteínas durante o desenvolvimento e podem ser de grande importância para os organismos. Quando todos os tipos de

Tabela 6.1 Valores de polimorfismo (P) e heterozigose (H) medidos para vários animais e plantas usando eletroforese de proteínas.

(a) Espécies	Número de proteínas	P*	H*
Humanos	71	0,28	0,067
Elefante-marinho-do-norte	24	0,0	0,0
Xifosuro	25	0,25	0,057
Elefante	32	0,29	0,089
Drosophila pseudbscura	24	0,42	0,12
Cevada	28	0,30	0,003
Perereca-da-árvore	27	0,41	0,074

(b) Táxon	Número de espécies	P*	H*
Plantas	–	0,31	0,10
Insetos (excluindo *Drosophila*)	23	0,33	0,074
Drosophila	43	0,43	0,14
Anfíbios	13	0,27	0,079
Répteis	17	0,22	0,047
Aves	7	0,15	0,047
Mamíferos	46	0,15	0,036
Média		0,27	0,078

Fonte: Dados de P.W. Hedrick, *Population biology*. Jones and Bartlett, Boston, 1984.
*P, o número médio de alelos por gene por espécie; **H**, a proporção de genes heterozigotos por indivíduo.

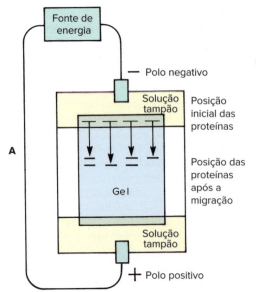

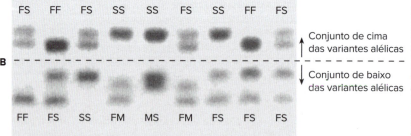

Figura 6.24 Estudo da variação genética de proteínas, usando eletroforese em gel. **A.** Um aparato para eletroforese separa as variantes alélicas de proteínas que diferem quanto às cargas por causa da composição dos aminoácidos. **B.** Variação genética na proteína leucina aminopeptidase para nove caracóis comuns de jardim, *Helix aspersa*. Foram revelados dois grupos de variantes alélicas. O conjunto de cima contém dois alelos [denominados rápido (F) e lento (S), de acordo com seu movimento relativo nos campos elétricos]. Os indivíduos homozigotos para o alelo rápido mostram apenas uma única banda rápida no gel (FF), aqueles que são homozigotos para o alelo lento mostram apenas uma única banda lenta (SS) e indivíduos heterozigotos têm ambas as bandas (FS). O conjunto de baixo contém três alelos diferentes denominados rápido (F), médio (M) e lento (S). Note que nenhum dos indivíduos é homozigoto para o alelo médio (M).

variação são considerados, é evidente que a maioria das espécies tem um potencial enorme para passar por uma mudança evolutiva adicional. Uma descoberta importante feita ao se estudar o polimorfismo de proteínas é que as posições funcionalmente mais importantes de aminoácidos, como os sítios ativos de uma enzima, são as de evolução mais lenta. Em uma sequência de DNA codificadora de proteína, as posições de bases cujas substituições causam as alterações de aminoácidos na proteína codificada evoluem mais lentamente do que as posições de base onde as substituições não mudam a estrutura da proteína. Parece que a seleção natural age mais frequentemente para evitar que mutações deletérias se estabeleçam do que para promover mudanças benéficas. Em um caso extremo, um pseudogene inativo de hemoglobina beta evolui mais rapidamente do que o gene funcional. Esses resultados levaram os evolucionistas moleculares a perceber que a mutação e a deriva genética são suficientes para a mudança evolutiva ocorrer. A seleção natural não é necessária para a mudança evolutiva, e pode atuar principalmente para diminuir a taxa de evolução molecular em relação ao que ocorreria apenas por mutação e deriva genética.

Variação quantitativa

Os atributos quantitativos são aqueles que exibem variação contínua sem nenhum padrão óbvio de segregação mendeliana em sua herança. Os valores dos atributos na prole geralmente são intermediários entre os valores nos pais. Tais atributos são influenciados por variação em diversos genes, cada um seguindo herança mendeliana e contribuindo com pequenas adições para o fenótipo total. Exemplos de atributos que mostram variação quantitativa incluem o tamanho da cauda em camundongos, o tamanho de um segmento da perna de um gafanhoto, o número de lamelas branquiais do peixe-lua, o número de ervilhas em uma vagem e a altura dos machos adultos da espécie humana. Quando a distribuição de frequência dos atributos é mostrada em um gráfico, normalmente se aproxima de uma distribuição normal ou curva de probabilidade em forma de sino (Figura 6.25 A). A maioria dos indivíduos está próxima da média; uns poucos se situam um tanto acima ou abaixo da média e os casos extremos formam as "caudas" dessa curva de frequência, com raridade crescente. Em geral, quanto maior o tamanho da amostra populacional, mais a distribuição de frequência assemelha-se a uma curva normal.

A seleção pode agir sobre características quantitativas para produzir três tipos diferentes de resposta evolutiva (Figura 6.25 B-D). Um resultado é o favorecimento dos valores médios e a inibição de valores extremos; essa situação é chamada de **seleção estabilizadora** (Figura 6.25B). A **Seleção direcional** favorece um valor fenotípico que está acima ou abaixo da média e leva a média da população a se deslocar com o tempo em direção ao valor favorecido (Figura 6.25C). Quando pensamos sobre a seleção natural produzindo a mudança evolutiva, temos em mente a seleção direcional, embora devamos lembrar que esta não é a única possibilidade. Uma terceira alternativa é a **seleção disruptiva**, na qual dois fenótipos extremos são favorecidos simultaneamente, mas sua média é desfavorecida (Figura 6.25D). A população então se torna bimodal, o que leva ao predomínio de dois valores fenotípicos muito diferentes.

6.5 MACROEVOLUÇÃO: GRANDES EVENTOS EVOLUTIVOS

A **macroevolução** descreve eventos de grande escala na evolução orgânica. A especiação faz a ligação entre microevolução e macroevolução. As grandes tendências do registro fóssil (ver Figuras 6.8

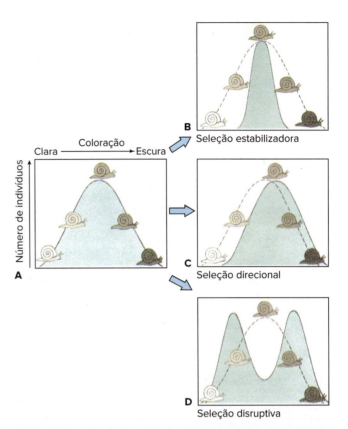

Figura 6.25 Respostas à seleção de um caráter contínuo (poligênico), a coloração de um caramujo. **A.** Distribuição de frequências da coloração antes da seleção. **B.** A seleção estabilizadora elimina as variantes mais extremas dessa população, nesse caso eliminando os indivíduos muito claros ou muito escuros, estabilizando a média. **C.** A seleção direcional desloca a média populacional, favorecendo as formas de coloração mais escura. **D.** Seleção disruptiva favorece ambos os extremos e não a média; a média permanece inalterada, mas a população não mais apresenta a distribuição dos fenótipos em forma de sino.

a 6.10) estão claramente dentro do domínio da macroevolução. Os padrões e processos de mudanças macroevolutivas emergem a partir de padrões e processos microevolutivos, mas adquirem algum grau de autonomia ao fazê-lo. O surgimento de novas adaptações e espécies e as taxas variáveis de especiação e extinção observadas no registro fóssil vão além das flutuações alélicas dentro das populações.

Stephen Jay Gould reconheceu três "níveis" diferentes de tempo nos quais observamos processos evolutivos distintos. O primeiro nível constitui a escala temporal dos processos da genética de populações, que vai de dezenas a milhares de anos. O segundo nível corresponde a milhões de anos, a escala na qual as taxas de especiação e extinção são medidas e comparadas entre diferentes grupos de organismos. O equilíbrio pontuado é a teoria do segundo nível que explica a ocorrência de especiação e modificações morfológicas, bem como a associação entre esses dois fatores ao longo de milhões de anos. O terceiro nível engloba de dezenas a centenas de milhões de anos e é caracterizado pela ocorrência de episódios de extinção em massa. No registro fóssil de organismos marinhos, as extinções em massa voltam a ocorrer aproximadamente a cada 26 milhões de anos. Cinco dessas extinções em massa foram particularmente desastrosas (Figura 6.26). O estudo de mudanças a longo prazo na diversidade animal concentra-se nas escalas de tempo do terceiro nível (ver Figuras 6.9 e 6.26).

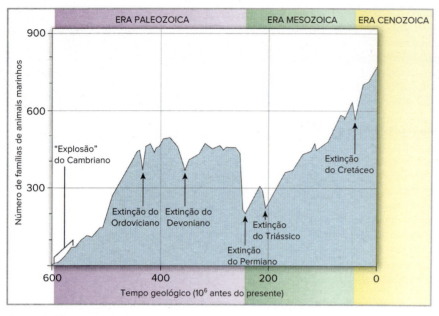

Figura 6.26 As mudanças no número de famílias (ver Tabela 1.1) de animais marinhos ao longo do período Cambriano e até o presente. Quedas abruptas representam as cinco grandes extinções de animais marinhos calcificados. Note que, apesar das extinções, o número total de famílias marinhas aumentou até o presente.

Especiação e extinção ao longo do tempo geológico

A mudança evolutiva no segundo nível nos dá uma nova perspectiva da teoria de seleção natural de Darwin. Embora uma espécie possa existir por muitos milhões de anos, ela tem, em última análise, dois destinos evolutivos possíveis: pode originar novas espécies ou extinguir-se sem deixar descendentes. As taxas de especiação e extinção variam entre as linhagens, e as linhagens que têm as maiores taxas de especiação e as menores taxas de extinção produziram o maior número de espécies atuais. As características de uma espécie podem torná-la mais ou menos sujeita à especiação ou extinção. Já que muitas características são passadas de espécies ancestrais para as descendentes (de forma análoga à hereditariedade no nível do organismo), as linhagens cujas características aumentam a probabilidade de especiação e conferem resistência à extinção deveriam dominar o mundo vivo. Esse processo que produz taxas diferenciais de especiação e extinção entre as espécies é muito semelhante à seleção natural. Trata-se de um desdobramento da teoria de seleção natural de Darwin. Esse desdobramento torna-se particularmente importante para a macroevolução quando aceitamos a teoria do equilíbrio pontuado, que afirma que a variação evolutiva importante ocorre principalmente entre espécies e não entre os indivíduos de uma mesma espécie.

A **seleção de espécies** abrange a sobrevivência e a multiplicação diferencial de espécies ao longo do tempo geológico com base na variação entre linhagens, especialmente quanto às propriedades emergentes no nível das espécies. Essas propriedades incluem os rituais de acasalamento, estruturação social, padrões de migração, distribuição geográfica e todas as demais propriedades que se manifestam no nível das espécies (ver Tabela 1.1). As espécies descendentes normalmente se assemelham a seus ancestrais no que diz respeito a essas propriedades. Por exemplo, um sistema de acasalamento baseado em "haréns", no qual um único macho e várias fêmeas compõem uma unidade reprodutiva, caracteriza algumas linhagens de mamíferos, mas não todas. Espera-se que as taxas de especiação sejam aumentadas pelos sistemas sociais que promovem a fundação de novas populações por pequenos números de indivíduos. Alguns sistemas sociais podem aumentar a probabilidade de sobrevivência aos desafios ambientais através de ação cooperativa. Tais propriedades seriam favorecidas por seleção de espécies ao longo do tempo geológico. Altos níveis de fluxo gênico entre as populações e amplas distribuições geográficas tornam uma espécie menos propensa à extinção, mas simultaneamente menos suscetível a dar origem a novas espécies através da especiação alopátrica.

A especiação e extinção diferenciais entre linhagens podem também ser causadas por variação nas propriedades no nível do organismo (como especialização *versus* generalização nos hábitos alimentares) em vez de propriedades no nível da espécie (ver Tabela 1.1). Organismos que se especializam em uma amplitude menor de alimentos, por exemplo, podem estar mais sujeitos ao isolamento geográfico entre populações do que aqueles que são mais generalistas na dieta, porque áreas onde seu alimento preferido está escasso ou ausente funcionarão como barreiras geográficas à dispersão. Tal isolamento geográfico pode gerar oportunidades frequentes para que a especiação ocorra ao longo do tempo evolutivo. Os registros fósseis de dois grandes grupos de antílopes africanos sugerem esse resultado (ver Figura 6.11). Um grupo de pastadores especializados, que inclui damaliscos, búfalos e gnus exibe altas taxas de extinção e especiação. Desde o final do Mioceno são conhecidas 33 espécies extintas e 7 espécies vivas, representando pelo menos 18 eventos de especiação ramificada e 12 extinções terminais. Já o grupo de pastadores generalistas que incluem os impalas mostra pouca especiação ramificada ou extinção durante esse mesmo intervalo de tempo. É interessante notar que, embora ambas as linhagens apresentem grandes diferenças quanto à diversidade e às taxas de especiação e extinção, elas não diferem significativamente em número total de animais viventes atualmente.

A paleontóloga Elisabeth Vrba, cuja pesquisa produziu os resultados da Figura 6.8, usa o termo **macroevolução** efetiva para descrever as taxas diferenciais de especiação e extinção entre linhagens causadas por propriedades que se manifestam no nível de organismo. Ela reserva o termo "seleção de espécies" para os casos em que as propriedades emergentes no nível de espécie são de importância primária. Outros paleontólogos evolutivos consideram que macroevolução efetiva é um subconjunto de seleção de espécies porque as diferenças de aptidão ocorrem entre as várias linhagens e não entre organismos dentro de uma mesma espécie.

Extinções em massa

Quando estudamos a mudança evolutiva em uma escala de tempo ainda maior, observamos eventos episódicos nos quais, simultaneamente, um grande número de táxons se extingue. Esses eventos são chamados de **extinção em massa** (ver Figura 6.26). O episódio mais cataclísmico aconteceu há cerca de 245 milhões de anos, quando pelo menos metade das famílias de invertebrados marinhos de águas rasas e 90% das espécies de invertebrados marinhos desapareceram em poucos milhões de anos. Esse

Figura 6.27 A cratera de meteoro no deserto do Arizona é uma das mais jovens e bem preservadas crateras de impacto. Os geólogos estimam que foi formada há aproximadamente 50 mil anos, quando um meteoro de 30 metros e pesando 100 mil toneladas aterrizou com uma velocidade de 20 km/s. Impactos de asteroides associados às extinções em massa do fim do Cretáceo teriam excedido muito o poder deste impacto, mas as mudanças geológicas que se acumularam nos últimos 65 milhões de anos reduziram a preservação dessas crateras.

evento foi a **extinção do Permiano**. A **extinção do Cretáceo**, que ocorreu há cerca de 65 milhões de anos, marcou o fim dos dinossauros, assim como de vários invertebrados marinhos e muitos táxons de reptilianos pequenos.

As causas dos eventos de extinção em massa e a cronologia evolutiva dos intervalos de aproximadamente 26 milhões de anos são difíceis de explicar. Algumas pessoas propuseram explicações biológicas para esses episódios de extinção em massa e outras os consideram artefatos estatísticos e taxonômicos. Walter Alvarez propôs que a Terra foi ocasionalmente bombardeada por asteroides, que causaram essas extinções em massa (Figura 6.27). O efeito drástico desse bombardeio no planeta foi observado em julho de 1994, quando os fragmentos do cometa Shoemaker-Levy 9 bombardearam Júpiter. Estima-se que o primeiro fragmento a atingir Júpiter tinha a força de 10 milhões de bombas de hidrogênio. Vinte fragmentos adicionais atingiram Júpiter na semana seguinte, um dos quais era 25 vezes mais poderoso que o primeiro. O bombardeio foi o evento mais violento já registrado na história do Sistema Solar. Um bombardeio semelhante ocorrendo na Terra levantaria uma nuvem de partículas na atmosfera, bloqueando a luz do Sol e causando mudanças drásticas no clima. As mudanças nas temperaturas desafiariam as tolerâncias ecológicas de muitas espécies. A hipótese de Alvarez está sendo testada de diversas maneiras, incluindo a procura pelas crateras de impacto deixadas pelos asteroides e pelo conteúdo mineral alterado de estratos rochosos em locais onde ocorreram as extinções em massa. A concentração atípica de irídio, um elemento raro na Terra, em estratos na fronteira Cretáceo-Terciário, implica que esse elemento entrou na atmosfera através do bombardeio por asteroides. Embora muitos tipos de dados geológicos sustentem o impacto maciço de asteroides na fronteira Cretáceo-Terciário, essa evidência não aparece para outras grandes extinções, como mostra a Figura 6.26.

Em alguns casos, as linhagens favorecidas por seleção de espécies são mais suscetíveis às extinções em massa. As mudanças climáticas produzidas pelo hipotético bombardeio de asteroides produziriam efeitos seletivos muito diferentes dos encontrados em outras ocasiões durante a história terrestre. A seleção de certos atributos biológicos por eventos de extinção em massa é chamada de seleção catastrófica de espécies. Por exemplo, os mamíferos sobreviveram à extinção em massa do fim do Cretáceo, o que destruiu os dinossauros e outros grupos proeminentes de vertebrados e invertebrados. Após esse evento, os mamíferos foram capazes de utilizar recursos ambientais que lhes foram previamente negados, iniciando assim sua irradiação adaptativa.

A seleção natural, a seleção de espécies e a seleção catastrófica de espécies interagem para produzir as tendências macroevolutivas observadas no registro fóssil. Os estudos desses processos causais em interação tornaram a paleontologia evolutiva moderna um campo ativo e estimulante.

RESUMO

Seção	Conceito-chave
6.1 Origens da teoria evolutiva darwiniana	• A teoria da evolução orgânica, de Charles Darwin, explica a diversidade da vida como o resultado histórico da mudança gradual de formas anteriormente existentes • A ideia de evolução veio do pensamento grego antigo e da teoria de Lamarck, publicada no ano do nascimento de Darwin • Darwin desenvolveu sua teoria a partir de suas experiências em uma viagem de 5 anos ao redor do mundo a bordo do H.M.S. Beagle. Ele leu a teoria geológica de Charles Lyell e aplicou o gradualismo uniformitarista de Lyell a sistemas vivos • Darwin transcendeu a teoria de Lamarck ao propor que a população é a unidade de mudança evolutiva; a variação entre os organismos em uma população é a base para a mudança evolutiva

Seção	Conceito-chave
6.2 Teoria evolutiva darwiniana: a evidência	- A teoria de Darwin de mudança perpétua afirma que o mundo vivo não é constante nem cicla perpetuamente; em vez disso, mostra mudança irreversível com continuidade da vida passada para a presente. O registro fóssil demonstra amplamente a mudança perpétua da forma e diversidade animal após a Explosão Cambriana, há cerca de 542 milhões de anos
- A teoria de Darwin da descendência comum afirma que todos os organismos descendem de um ancestral comum por meio de uma ramificação de linhagens genealógicas. Homologias morfológicas entre organismos são características herdadas com modificação a partir de uma característica correspondente de seu ancestral evolutivo comum
- Uma hierarquia aninhada de homologias na diversidade animal suporta fortemente uma história de ramificação filogenética de linhagens populacionais a partir de um ancestral comum. Os estudos de Ernst Haeckel de embriologia revelaram homologias subjacentes em características morfológicas e os mecanismos de desenvolvimento da evolução morfológica
- Mudanças no tempo dos processos de desenvolvimento, denominadas de heterocronia, e mudanças em sua localização física dentro do plano corporal, denominadas de heterotopia, explicam a evolução de novas homologias morfológicas
- Um módulo de desenvolvimento evolutivo é um conjunto de processos de desenvolvimento e de genes associados que podem ser expressos como uma unidade e são sujeitos à heterotopia
- A evolução dos membros dos vertebrados ocorreu por meio da expressão nos primórdios dos membros em formação de um módulo de desenvolvimento que evoluiu inicialmente para originar parte da coluna vertebral
- Evolucionabilidade é o potencial de uma linhagem para desenvolver novas características morfológicas usando um conjunto de módulos de desenvolvimento como um *kit* evolutivo de ferramentas
- A teoria da *multiplicação de espécies* de Darwin descreve a divisão geográfica das populações para formar linhagens evolutivas separadas. A especiação alopátrica é a evolução de barreiras reprodutivas entre populações geograficamente separadas para gerar novas espécies
- A irradiação adaptativa é a proliferação de muitas espécies diferentes em termos adaptativos a partir de uma única linhagem ancestral, dentro de um curto tempo evolutivo, como alguns milhões de anos
- Arquipélagos oceânicos, como as Ilhas Galápagos, são propícios à irradiação adaptativa de organismos terrestres
- As teorias de Darwin de mudança perpétua, descendência comum e multiplicação de espécies não dependem das teorias de Darwin mais controversas do gradualismo e da seleção natural
- A teoria de Darwin do gradualismo afirma que grandes diferenças fenotípicas entre as espécies ocorrem apenas pela acumulação ao longo do tempo evolutivo de muitas mudanças individualmente pequenas
- O gradualismo é controverso. Mutações com grandes efeitos fenotípicos são usadas na criação de animais, levando alguns a contestarem a afirmação de Darwin de que tais mutações não são importantes na evolução
- A teoria do equilíbrio pontuado afirma que a maioria das mudanças evolutivas ocorre em eventos relativamente breves de especiação ramificada, separados por longos intervalos nos quais uma espécie mostra estagnação morfológica
- A quinta teoria principal de Darwin – a *seleção natural* como a força orientadora da evolução – afirma que todas as espécies se reproduzem excessivamente, causando uma luta por recursos limitados. Não existem dois organismos exatamente iguais, e aqueles cujas características hereditárias são mais favoráveis à sobrevivência e à reprodução contribuem desproporcionalmente para a próxima geração. Uma população assim acumula as características mais favoráveis. Ao longo de muitas gerações, a seleção da variação pela seleção natural produz novas espécies e novas adaptações
- A mudança gradual e a seleção natural estão bem documentadas; no entanto, seu papel combinado na produção de novas espécies e novas adaptações permanece controverso.
6.3 Revisões da teoria de Darwin	- Os estudos microscópicos de desenvolvimento animal realizados por Weismann mostraram que as células destinadas a se tornarem gametas (plasma germinativo) são separadas das células do corpo (soma) no início do desenvolvimento; portanto, não há meios pelos quais o uso e o desuso de partes do corpo possam alterar a hereditariedade
- A teoria de Darwin da seleção natural foi modificada por volta de 1900 e, nas décadas subsequentes, pela correção de seus erros em relação à genética. Essa teoria modificada por Weismann é chamada de neodarwinismo. A herança mendeliana esclareceu ainda mais a natureza particulada (e não mesclada) dos fatores genéticos.

Seção	Conceito-chave
6.4 Microevolução: variação genética e mudança dentro das espécies	• As mutações são a fonte final de todas as novas variações sobre as quais a seleção atua • A teoria de Darwin postula que a variação surge aleatoriamente no que diz respeito aos requisitos de um organismo, e que a sobrevivência e reprodução diferenciais direcionam a mudança evolutiva • Os geneticistas de populações descobriram os princípios pelos quais as propriedades genéticas das populações mudam ao longo do tempo. O Equilíbrio de Hardy-Weinberg mostra que o processo hereditário em si não causa a evolução • Fontes de mudança evolutiva incluem mutação, deriva genética, acasalamento não aleatório, migração, seleção natural e suas interações • A deriva genética é a mudança aleatória nas frequências das variantes alélicas causadas pelo tamanho finito da população e o "erro de amostragem" (de alelos) resultante que ocorre de uma geração para a próxima • A mutação e a deriva genética juntas são suficientes para produzir uma mudança evolutiva • O fluxo gênico é o movimento de genes de uma população para outra pela migração de indivíduos entre populações • A evolução molecular revela que a seleção natural frequentemente é uma força conservadora; ela elimina mutações que alteram funções moleculares importantes, muitas vezes fazendo com que as partes funcionalmente mais importantes de uma proteína evoluam mais lentamente do que outras.
6.5 Macroevolução: grandes eventos evolutivos	• A macroevolução constitui uma mudança evolutiva em grandes escalas de tempo geológico, abrangendo muitos milhões de anos • Os processos evolutivos que emergem acima do nível da população incluem a seleção de espécies: propriedades em nível de espécie, como distribuição geográfica e quantidade de fluxo gênico entre as populações, podem fazer com que algumas linhagens sejam mais propensas do que outras à extinção ou à especiação • Episódios de extinção em massa, como a extinção do final do Cretáceo associada ao impacto de um asteroide, podem selecionar características diferentes daquelas que prosperaram entre os picos de extinção. Essa é uma seleção catastrófica de espécies e pode reiniciar a evolução, como ocorreu quando os mamíferos sobreviveram à extinção em massa do fim do Cretáceo, mas as linhagens de dinossauros, não.

QUESTÕES DE REVISÃO

1. Resuma em poucas palavras o conceito do processo evolutivo de Lamarck. O que há de errado com esse conceito?
2. O que é "uniformitarismo"? Como influenciou a teoria de Darwin?
3. Por que a viagem do *Beagle* foi tão importante para as ideias de Darwin?
4. Qual era a ideia-chave contida no ensaio de Malthus sobre populações que ajudou Darwin a formular sua teoria de seleção natural?
5. Explique como cada um dos elementos seguintes contribui para a teoria evolutiva de Darwin: fósseis, distribuição geográfica de organismos proximamente aparentados, homologia e classificação animal.
6. Como os evolucionistas modernos veem a relação entre ontogenia e filogenia? Explique como a observação de pedomorfose contradiz a "Lei Biogenética de Haeckel".
7. Quais são as diferenças mais importantes entre os modos vicariante e de evento fundador de especiação alopátrica?
8. O que são barreiras reprodutivas? Como as barreiras pré-acasalamento diferem das pós-acasalamento?
9. Sob quais condições se postula a especiação simpátrica?
10. Qual é a principal lição evolutiva proporcionada pelos tentilhões de Darwin nas Ilhas Galápagos?
11. Como a observação de "mutações *sports*" na criação de animais pode ser utilizada para contestar a teoria de gradualismo de Darwin? Por que Darwin rejeitou tais mutações como desprovidas de importância evolutiva?
12. O que a teoria do equilíbrio pontuado afirma sobre a ocorrência de especiação ao longo do tempo geológico? Que observação levou a essa teoria?
13. Descreva as observações e as inferências que compõem a teoria de Darwin de seleção natural.
14. Identifique os componentes aleatórios e não aleatórios da teoria de Darwin da seleção natural.
15. Descreva algumas das críticas recorrentes à teoria de Darwin da seleção natural. Como podem ser refutadas?
16. Usando os dados mostrados na Figura 6.24, calcule as frequências dos alelos nos grupos superior e inferior das bandas.
17. Considere que esteja amostrando um atributo em populações animais; o atributo é controlado por um único par alélico, *A* e *a*, e é possível distinguir todos os três fenótipos *AA*, *Aa* e *aa* (herança intermediária). Suas amostras incluem:

População	AA	Aa	aa	Total
I	300	500	200	1.000
II	400	400	200	1.000

Calcule a distribuição de fenótipos em cada população de acordo com o esperado pelo Equilíbrio de Hardy-Weinberg. A população I está em equilíbrio? A população II está em equilíbrio?

18. Se, após o estudo de um atributo determinado por um único par de alelos em uma população, descobre-se que a população não está em equilíbrio, quais as possíveis razões para explicar essa ausência de equilíbrio?
19. Explique por que a deriva genética é mais forte em populações pequenas.
20. Descreva como os efeitos da deriva genética e da seleção natural podem interagir em uma espécie subdividida.
21. É mais fácil para a seleção natural remover um alelo deletério recessivo de uma população na qual os indivíduos se acasalam aleatoriamente ou de uma população que tem um alto grau de endogamia? Por quê?
22. Faça a distinção entre microevolução e macroevolução e descreva alguns dos processos evolutivos evidentes apenas no nível macroevolutivo.

Para reflexão. Explique por que a evidência em favor da teoria de Darwin da descendência comum não depende da validade das hipóteses específicas de gradualismo evolutivo ou seleção natural.

Processo da Reprodução

OBJETIVOS DE APRENDIZAGEM

Após leitura do capítulo, você será capaz de:

7.1 Fazer a distinção entre reprodução assexuada, partenogênese, reprodução bissexuada e hermafroditismo.

7.2 Descrever o processo de maturação das células germinativas que produz um espermatozoide ou um óvulo.

7.3 Fazer a distinção entre ovíparos, ovovíparos e vivíparos, dando um exemplo de cada padrão.

7.4 Comparar os sistemas reprodutivos masculino e feminino em invertebrados e vertebrados.

7.5 Explicar o controle hormonal da reprodução tanto nos machos, quanto durante o ciclo menstrual feminino e durante a gravidez e o parto.

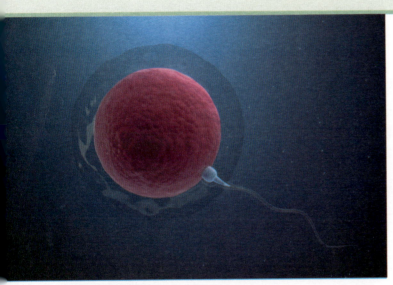

O óvulo e o espermatozoide humanos no momento da fertilização.
iStock@JianFan

Omne vivum ex ovo

Em 1651, William Harvey, o fisiologista inglês que havia fundado a fisiologia experimental ao explicar o circuito sanguíneo, publicou um tratado sobre reprodução. Ele afirmou que toda a vida se desenvolve a partir do ovo – *omne vivum ex ovo*. A afirmação foi perspicaz, uma vez que Harvey não tinha meios para visualizar os ovos de muitos animais, em particular o ovo microscópico dos mamíferos que, a olho nu, não é maior do que um grão de poeira. E, mais ainda, Harvey afirmou que os ovos são lançados em seu curso de desenvolvimento por alguma influência do sêmen, uma conclusão que foi ou extraordinariamente perceptiva, ou então uma conjectura afortunada, uma vez que o espermatozoide também era invisível para Harvey. Tais ideias diferiam nitidamente das noções de biogênese então existentes, que viam a vida surgindo de muitas fontes, das quais os ovos eram apenas uma dentre elas. Harvey descreveu características da reprodução sexuada na qual os dois progenitores, macho e fêmea, devem produzir gametas que se unem para formar um novo indivíduo.

Apesar da importância da afirmação de Harvey de que toda a vida se origina de ovos, ela não era completamente correta. A vida surge da reprodução de vida preexistente e a reprodução pode não estar restrita a óvulos e espermatozoides. A reprodução assexuada, ou seja, a criação de novos indivíduos geneticamente idênticos por meio de brotamento, fragmentação ou fissão de um único progenitor, é comum e até mesmo característica em alguns filos. Entretanto, a maioria dos animais descobriu que a reprodução sexuada era uma estratégia vitoriosa, provavelmente porque a reprodução sexuada promove a diversidade, aumentando a sobrevivência da linhagem a longo prazo em um mundo que está continuamente sofrendo mudanças.

A reprodução é uma das propriedades onipresentes da vida. A evolução está intrinsicamente ligada à reprodução, porque a incessante substituição de antecessores por vida nova fornece às populações animais os meios para elas adaptarem-se a um ambiente em mudança. Neste capítulo, fazemos a distinção entre reprodução assexuada e sexuada, bem como exploramos os motivos pelos quais, pelo menos para os animais multicelulares, a reprodução sexuada é predominante. Então consideraremos a origem e maturação das células germinativas, os padrões de reprodução dos animais, os planos dos sistemas reprodutivos e, finalmente, os eventos endócrinos que coordenam a reprodução.

7.1 NATUREZA DO PROCESSO REPRODUTIVO

São conhecidos dois modos de reprodução: assexuada e sexuada. Na reprodução **assexuada** (Figura 7.1A e B), cada organismo, logo que se torna adulto, pode produzir cópias geneticamente idênticas a si mesmo. Na reprodução **sexuada** (Figura 7.1C e D), **células germinativas** (**gametas** ou **células sexuais**), que normalmente são fornecidas por dois indivíduos diferentes, se unem durante o processo de fecundação e se desenvolvem em um novo indivíduo. O **zigoto** formado dessa união recebe material genético de ambos os progenitores e a combinação dos genes (ver Seção 5.2) produz um indivíduo geneticamente único, com as características da espécie, mas também com atributos que o distinguem de seus pais. Ao recombinar as características dos progenitores, a reprodução sexuada multiplica a variabilidade e torna possível a evolução de formas mais diversas. Os mecanismos para a troca de genes entre indivíduos são mais limitados nos organismos cuja reprodução é apenas assexuada.

Reprodução assexuada: reprodução sem gametas

A reprodução assexuada (Figura 7.1 A e B; ver também Figuras 13.11, 13.12 e 17.7) é a produção de indivíduos sem gametas (óvulos ou espermatozoides). Incluem-se vários processos diferentes, todos sem envolver sexo ou um segundo progenitor. A progênie produzida por reprodução assexuada tem o mesmo genótipo (a não ser que ocorra mutação) e são **clones** do progenitor.

A reprodução assexuada aparece em bactérias e em eucariotos unicelulares, bem como em muitos filos de invertebrados, como cnidários (ver Figuras 13.11 e 13;3), briozoários (ver Seção 15.14), anelídeos (ver Figura 17.7) e equinodermos (ver Figura 22.9). Embora a reprodução assexuada seja rara entre os vertebrados, os animais de alguns táxons podem se reproduzir tanto assexuada como sexuadamente. Nesses grupos, a reprodução assexuada garante um rápido aumento em números antes de os indivíduos atingirem a maturidade sexual.

As formas básicas da reprodução assexuada são fissão (binária e múltipla), brotamento, gemulação e fragmentação. A **fissão binária** é comum em bactérias e em protozoários (Figura 7.1 A). Na fissão binária, o corpo do progenitor unicelular divide-se por mitose (ver Figura 3.18) em duas partes aproximadamente iguais, e cada uma delas desenvolve-se em um indivíduo semelhante ao progenitor. A fissão binária pode ser longitudinal, como nos protozoários flagelados, ou transversal, como nos protozoários ciliados (ver Figura 11.21). Na **fissão múltipla** ou **esquizogonia**, o núcleo se divide várias vezes antes da divisão do citoplasma, produzindo muitas células-filhas simultaneamente. A formação de esporos, chamada esporogonia, é uma forma de fissão múltipla comum em alguns protozoários parasitos como, por exemplo, os parasitos de malária (ver Figura 11.25).

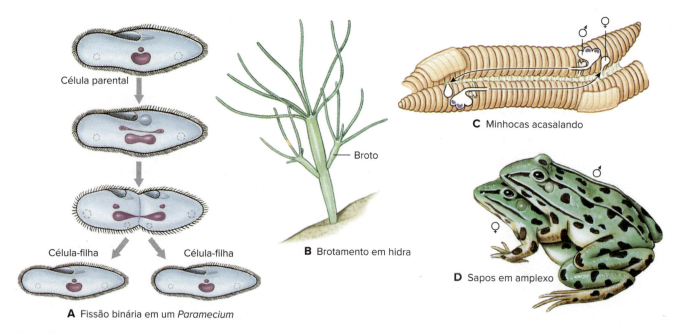

Figura 7.1 Exemplos de reprodução assexuada e sexuada nos animais. **A.** Fissão binária em um *Paramecium*, um eucarioto, produz dois indivíduos a partir de um progenitor. **B.** Brotamento, uma forma simples de reprodução assexuada, mostrada em uma hidra, um animal radial. Em última instância, os brotos mostrados crescendo da hidra central, que é a progenitora, destacam-se e crescem em indivíduos completamente formados. **C.** Minhocas reproduzem-se sexuadamente, mas são hermafroditas: cada indivíduo é dotado de órgãos masculinos e femininos. Cada minhoca libera espermatozoides pelo poro genital. Esses percorrem o sulco até o receptáculo seminal do seu parceiro. **D.** Sapos em posição de acasalamento (amplexo) representando a reprodução bissexuada, a forma mais comum de reprodução sexuada que envolve dois indivíduos: um macho e uma fêmea.

O **brotamento** é a divisão desigual de um organismo. Um novo indivíduo surge como um botão (broto) que cresce em seu progenitor, desenvolve órgãos como os dele e, então, desprende-se. O brotamento ocorre em vários filos animais e é especialmente proeminente nos cnidários (ver Figura 7.1 B; ver também Figura 17.7).

A **gemulação** é a formação de um novo indivíduo a partir de um agregado de células envolto por uma cápsula resistente, chamada gêmula (ver Figura 12.10). Em muitas esponjas de água doce, as gêmulas desenvolvem-se no outono e sobrevivem ao inverno no corpo seco ou congelado do progenitor. Na primavera, as células encapsuladas tornam-se ativas, emergem da cápsula e crescem em uma nova esponja.

Na **fragmentação**, um animal multicelular quebra-se em duas ou mais partes, e cada fragmento é capaz de se tornar um indivíduo completo. Muitos invertebrados como por exemplo a maioria das anêmonas e muitos hidrozoários podem se reproduzir assexuadamente simplesmente quebrando-se em duas partes e, então, regenerando as partes ausentes dos fragmentos (ver Figura 13.11). Muitos equinodermas podem regenerar partes perdidas, mas isso não é o mesmo que reprodução por fragmentação.

Partenogênese

A partenogênese ("origem virgem") é o desenvolvimento de um embrião a partir de um óvulo não fertilizado ou de um óvulo no qual os núcleos masculino e feminino não conseguiram unir-se após a fertilização. Existem pelo menos 50 espécies que se reproduzem por partenogênese. Em um tipo de partenogênese chamada **ameiótica** ou **partenogênese diploide**, não ocorre meiose e o ovo é formado por divisão celular mitótica. Essa forma de partenogênese ocorre em algumas espécies de platelmintos, rotíferos (ver Figura 14.25), crustáceos, insetos e provavelmente outros. Nesses casos, os filhotes são clones do progenitor, porque, sem a meiose, o complemento cromossômico do progenitor é passado intacto para os filhotes. Em algumas espécies de peixes, uma fêmea produz óvulos diploides ou triploides e pode ser inseminada por um macho da mesma espécie ou de espécie aparentada, mas o espermatozoide serve apenas para ativar o óvulo: o material genético do macho é rejeitado antes que possa penetrar no óvulo (**ginogênese**) (ver Seção 24.5).

Na **partenogênese meiótica**, um óvulo haploide é formado por meiose e ele pode ou não ser ativado por influência do espermatozoide. Em várias espécies de platelmintos, rotíferos (ver Figura 14.25), anelídeos, ácaros e insetos, o óvulo haploide inicia o seu desenvolvimento espontaneamente: não há necessidade dos machos para estimular a ativação de um óvulo. A condição diploide pode ser restaurada pela duplicação dos cromossomos ou por autogamia (união de núcleos haploides). Uma variação desse tipo de partenogênese ocorre em muitas abelhas, vespas e formigas. Nas abelhas melíferas, por exemplo, a rainha inseminada, ao pôr os ovos, pode ou não os fertilizar. Os ovos fertilizados tornam-se fêmeas diploides (rainhas ou operárias) e os ovos não fertilizados desenvolvem-se partenogeneticamente e tornam-se machos haploides (zangões). Esse tipo de determinação do sexo é chamado de **haplodiploidia** (ver Seção 36.3). Em alguns animais, a meiose pode ser modificada tão profundamente que os filhotes resultantes são clones do progenitor. Algumas populações de lagartos do gênero *Cnemidophorus*, do Sudoeste dos EUA, são clones e são constituídas apenas por fêmeas (ver Figura 7.3). Nesses lagartos, os cromossomos são duplicados para $4n$ antes da ocorrência de divisões semelhantes à meiose, que os reduzem para $2n$. Cada óvulo, entretanto, é um clone da mãe.

A partenogênese é surpreendentemente muito difundida entre os animais. Ela pode ter evoluído para evitar o problema de reunir machos e fêmeas no momento certo para que a fertilização seja bem-sucedida – o que pode ser difícil em alguns grupos animais. A desvantagem da partenogênese é que, caso o ambiente mude repentinamente, as espécies partenogenéticas têm capacidade limitada de mudar as combinações gênicas para adaptar-se às novas condições. As espécies que utilizam reprodução sexuada, por recombinarem as características parentais, têm uma chance melhor de produzir filhotes variantes que podem utilizar-se de novos ambientes.

> **Tema-chave 7.1**
> **ADAPTAÇÃO E FISIOLOGIA**
>
> **Partenogênese em mamíferos**
>
> Estudos do desenvolvimento ovariano em mamíferos sugerem que a partenogênese ocorre, mas que as células resultantes (partenotos) não conseguem se desenvolver em descendentes. A partenogênese em camundongo e coelho formam um pequeno grupo de células-tronco pluripotentes – células capazes de se desenvolver em qualquer tipo de célula. Descobertas semelhantes em seres humanos podem, em última análise, fornecer células-tronco para uso terapêutico para substituir células defeituosas ou que estejam morrendo por doenças como insuficiência cardíaca, diabetes, doença de Parkinson e lesão da medula espinal.

Reprodução sexuada: reprodução com gametas

A reprodução sexuada é a produção de indivíduos a partir da fusão de gametas. A reprodução **bissexuada** (ou **biparental**) é a forma mais comum e envolve dois indivíduos separados. **Hermafroditismo** e **partenogênese** são formas menos comuns de reprodução sexuada.

Reprodução bissexuada

A reprodução bissexuada é a *produção de filhotes formados pela união dos gametas de dois progenitores diferentes* (ver Figuras 7.1 C, D e 7.2). Os filhotes, por conseguinte, terão um genótipo novo e diferente daqueles dos dois progenitores (ver Seção 5.3). Os progenitores são caracteristicamente de **sexos** diferentes, macho e fêmea (há exceções entre os organismos com reprodução sexuada, como bactérias e alguns eucariotos unicelulares, em que não existem sexos diferentes). Cada um tem seu próprio sistema reprodutivo e produz apenas um tipo de célula germinativa, espermatozoide ou óvulo, raramente ambos. Praticamente todos os vertebrados e muitos invertebrados têm sexos separados, e essa condição é chamada de **dioica** (do grego *di*, dois + *oikos*, casa). Os animais que apresentam ambos os órgãos reprodutivos são **monoicos** (do grego *mono*, único + *oikos*, casa). Esses animais são chamados de **hermafroditas** (da combinação dos nomes do deus grego Hermes e da deusa Afrodite). Essa forma de reprodução é descrita mais adiante.

A distinção entre macho e fêmea não é baseada em nenhuma diferença de tamanho ou aparência dos progenitores, mas sim no tamanho e na mobilidade dos gametas que eles produzem. O **óvulo**, produzido pela fêmea, é grande (porque é a fonte primária de citoplasma para o zigoto e normalmente contém vitelo armazenado, para sustentar o desenvolvimento inicial), não tem mobilidade e é

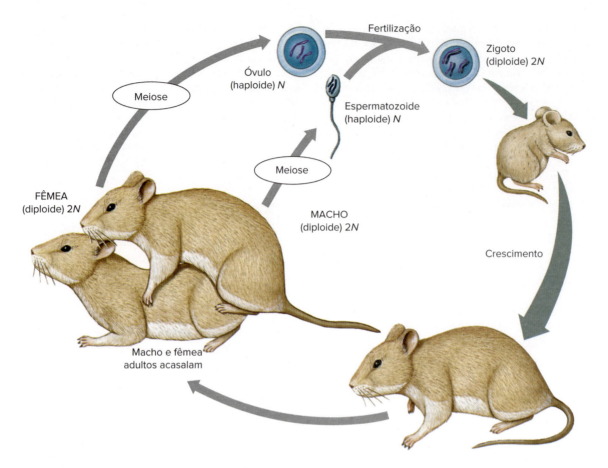

Figura 7.2 Um ciclo de vida sexuado. O ciclo de vida começa com células germinativas haploides, formadas por meiose, combinando-se para formar um zigoto diploide, que cresce por mitoses até um adulto. A maior parte do ciclo de vida é transcorrida como um organismo diploide.

produzido em quantidades relativamente pequenas. O **espermatozoide**, produzido pelo macho, é pequeno, móvel e produzido em números enormes. Cada espermatozoide é um pacote simplificado para o material genético altamente concentrado, projetado para o único objetivo de alcançar e fertilizar um óvulo.

Existe outro evento crucial que distingue a reprodução sexuada da assexuada: a **meiose**, que é um tipo de divisão celular específica para produção de gametas (ver Figura 5.2). A meiose difere da divisão celular usual (mitose) porque é uma divisão dupla. Os cromossomos separam-se 1 vez, mas cada célula divide-se *duas vezes*, o que produz quatro células, cada uma com a metade do número original de cromossomos (número **haploide**). A meiose é seguida pela **fertilização**, na qual dois gametas haploides combinam-se para restaurar o número cromossômico normal (**diploide**) da espécie.

A nova célula (zigoto), que agora começa a se dividir por mitose (ver Figura 3.18), normalmente tem números iguais de cromossomos provenientes de cada progenitor e é um indivíduo único, que leva consigo uma recombinação das características parentais. A recombinação genética é a grande força da reprodução sexuada, pois fornece continuamente novas combinações genéticas para a população.

Muitos organismos unicelulares reproduzem-se tanto sexuada como assexuadamente. Quando ocorre a reprodução sexuada, ela pode ou não envolver gametas masculinos e femininos. Quando os gametas não estão envolvidos, dois progenitores sexualmente maduros unem-se para trocar material dos núcleos ou fundir citoplasmas (**conjugação**, ver Figura 11.22). Nesses casos não existem sexos separados.

Na maioria dos animais, a diferença entre macho e fêmea é mais evidente. Os órgãos que produzem células germinativas são chamados **gônadas**. A gônada que produz espermatozoides é um **testículo** (ver Figura 7.10) e a que produz óvulos é um **ovário** (ver Figura 7.11). As gônadas são os **órgãos sexuais primários**, os únicos órgãos sexuais encontrados em determinados grupos de animais. A maioria dos animais, entretanto, tem vários **órgãos sexuais acessórios** (como pênis, vagina, ovidutos e útero) que transferem ou recebem células germinativas. Nos órgãos sexuais primários, as células germinativas sofrem muitas mudanças complicadas durante seus desenvolvimentos, cujos detalhes são descritos na Seção 7.2.

Hermafroditismo

Os animais que têm ambos os órgãos, masculino e feminino, são chamados de **hermafroditas**, e a condição é chamada de **hermafroditismo**. Em contraste com a condição dioica de sexos separados, os hermafroditas são **monoicos**, o que significa que um mesmo organismo apresenta ambos os órgãos, feminino e masculino. Muitos invertebrados sésseis, subterrâneos ou endoparasitos são hermafroditas, como, por exemplo, a maioria dos platelmintos (ver Figura 14.7), alguns hidrozoários e anelídeos e todas as cracas (ver Seção 20.2) e caracóis pulmonados (moluscos) (ver Figura 16.16), bem como uns poucos vertebrados (alguns peixes). Alguns hermafroditas fertilizam a si próprios, mas a maioria evita a autofertilização e troca células germinativas com outro membro da mesma espécie (ver Figura 7.1 C). Uma vantagem é que, com todos os indivíduos produzindo óvulos, uma espécie hermafrodita pode potencialmente produzir 2 vezes mais descendentes do que espécies dioicas em que metade dos indivíduos são machos improdutivos. Alguns peixes são **hermafroditas sequenciais**, nos quais em cada indivíduo ocorre uma troca de sexo geneticamente programada em oposição aos hermafroditas simultâneos mencionados anteriormente. Em muitas espécies de peixes de corais, como os labrídeos, um animal inicia sua vida como fêmea ou como macho (dependendo da espécie) e, mais tarde, torna-se do sexo oposto (ver Seção 24.5).

Por que tantos animais se reproduzem de maneira sexuada, em vez de assexuada?

Como a reprodução sexuada é praticamente universal entre os animais, poderia se deduzir que ela é altamente vantajosa. Contudo, é mais fácil listar as desvantagens do sexo do que suas vantagens. A reprodução sexuada é complicada, necessita de mais tempo e utiliza muito mais energia do que a assexuada. Os machos podem desperdiçar energia valiosa em competição por uma parceira e, frequentemente, apresentam características sexuais que podem prejudicar a sobrevivência como, por exemplo, as penas alongadas da cauda dos pavões. Parceiros sexuais devem se reunir e isso pode ser uma desvantagem para algumas espécies em áreas nas quais os indivíduos são raros. Machos e fêmeas também precisam coordenar suas atividades para produzir filhotes. Muitos biólogos acreditam que um problema ainda mais perturbador é o "custo da meiose". Uma fêmea que se reproduz assexuadamente passa todos os seus genes para cada filhote, mas quando ela se reproduz sexuadamente, o genoma é dividido durante a meiose e cada filhote recebe apenas 50% de seus genes. Outro custo é o desperdício na produção de machos, muitos dos quais não conseguem se reproduzir e, assim, consomem recursos que poderiam ser aplicados na produção de fêmeas. Os lagartos do gênero *Cnemidophorus* do Sudoeste dos EUA oferecem um exemplo fascinante da vantagem potencial da partenogênese. Quando espécies uni e bissexuais do mesmo gênero são criadas no laboratório em condições similares, a população da espécie unissexual cresce mais rapidamente porque todos os lagartos unissexuais (todos fêmeas) depositam ovos, enquanto apenas 50% dos lagartos bissexuais o fazem (Figura 7.3). Ainda, outro custo da reprodução sexuada e que é ocasionado pela separação e recombinação do material genético seria o de que combinações genéticas muito favoráveis que poderiam ser perpetuadas em clones possivelmente acabam sendo rompidas.

Os custos da reprodução sexuada são claramente substanciais. Como eles são compensados? Os biólogos vêm discutindo essa questão há anos. Uma hipótese sugere que a reprodução sexuada, com sua separação e recombinação do material genético, enriquece o *pool* gênico da espécie pela produção de novos genótipos que, *em tempos de mudanças ambientais*, poderão ser vantajosos para a sobrevivência e, assim, o organismo poderá viver para reproduzir-se enquanto a maioria dos outros morrerá. Um exemplo frequentemente citado é o ambiente rapidamente mutável produzido por parasitos que evoluem continuamente novos mecanismos para atacar um hospedeiro e, desse modo, favorecem a recombinação nos seus hospedeiros. A variabilidade, como argumentam os defensores desse ponto de vista, é o trunfo da reprodução sexuada. Outra hipótese sugere que a recombinação sexual proporciona um modo para a disseminação de mutações benéficas, sem que a população seja prejudicada pelas mutações deletérias. O argumento experimental para essa hipótese foi fornecido pelos estudos com a mosca-da-fruta, *Drosophila*, na qual as mutações benéficas aumentaram

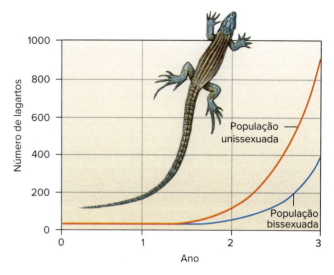

Figura 7.3 Comparação entre o crescimento de uma população unissexuada de lagartos do gênero *Cnemidophorus* e outra população de lagartos, bissexuada. Como todos os indivíduos da população unissexuada são fêmeas, todos produzem ovos. Já na população bissexuada, apenas 50% da população são fêmeas produtoras de ovos. Ao final de 3 anos, o número de lagartos unissexuados é mais do que o dobro do número de bissexuados.

de maneira notável em populações sexuadas, quando comparadas com populações clonais (assexuadas). Essas hipóteses, entretanto, não são mutuamente excludentes e ambas fornecem explicações plausíveis para a evolução da reprodução sexuada.

Resta ainda saber por que a reprodução sexuada é mantida apesar de seus custos. Evidências consideráveis sugerem que a reprodução assexuada é mais bem-sucedida na colonização de novos ambientes. Quando novos *hábitats* se tornam disponíveis, o que mais importa é a reprodução rápida: os benefícios da variabilidade e a maior aptidão fornecidas pela recombinação genética têm pouca importância. À medida que os *hábitats* se tornam mais povoados, a competição por recursos aumenta entre as espécies. A seleção torna-se mais intensa e a variabilidade genética – novos genótipos benéficos, produzidos pela recombinação na reprodução sexuada – fornece diversidade que permite a uma população resistir à extinção. Portanto, em uma escala de tempo geológico, as linhagens assexuadas podem ser mais propensas à extinção do que as linhagens sexuadas porque não têm flexibilidade genética. A reprodução sexuada é, portanto, favorecida pela seleção de espécies (a seleção de espécies é descrita no Seção 6.5). Muitos invertebrados utilizam ambas as formas de reprodução, sexuada e assexuada, e assim aproveitam as vantagens que cada uma oferece.

7.2 ORIGEM E MATURAÇÃO DAS CÉLULAS GERMINATIVAS

Muitos organismos com reprodução sexuada são formados por **células somáticas** não reprodutivas que se tornam diferenciadas para funções especializadas e morrem com o indivíduo, e por **células germinativas** que formam os gametas: óvulos e espermatozoides. As células germinativas proporcionam a continuidade da vida entre gerações, ou seja, a **linhagem de células germinativas**.

Uma linhagem de células germinativas rastreável, como existe nos vertebrados, também é observada em alguns invertebrados, como nematódeos e artrópodes. Em muitos invertebrados, entretanto, as células germinativas desenvolvem-se diretamente a partir das células somáticas em alguma fase da vida de um indivíduo.

Migração das células germinativas

Nos vertebrados, o tecido do qual as gônadas originam-se surge no início do desenvolvimento do embrião (descrito no Capítulo 8) como um par de **cristas gonadais** (Figura 7.4 B), que crescem para dentro do celoma a partir do teto celomático, de cada lado do intestino posterior e próximo à região anterior final do rim (mesonefros).

Talvez surpreendentemente, as células germinativas, ou suas precursoras **células germinativas primordiais**, originam-se não das gônadas que estão se desenvolvendo, mas do endoderma do saco vitelino (Figura 7.4 A). A partir de estudos com rãs e sapos, pode-se rastrear a linhagem de células germinativas até o ovo fertilizado, no qual uma área específica de citoplasma germinal (chamada de **germoplasma**) é identificada, antes da clivagem, no polo vegetativo do ovo (ver Figura 8.6 B). Esse material é rastreado ao longo das subsequentes divisões do embrião até que se situe nas células germinativas primordiais, no endoderma do intestino. De lá, as células migram por meio de movimentos ameboides até as cristas gonadais, localizadas de cada lado do intestino posterior. As células germinativas primordiais são o estoque de gametas de um animal. Uma vez nas cristas gonadais e durante o desenvolvimento subsequente das gônadas, as células germinativas começam a se dividir por mitose, aumentando em número de umas poucas dúzias para alguns milhares.

As outras células das gônadas são células somáticas. Elas não podem formar óvulos nem espermatozoides, mas são necessárias para sustentação, proteção e nutrição das células germinativas durante seu desenvolvimento (**gametogênese**).

Determinação do sexo

No início do desenvolvimento, as gônadas são sexualmente indiferenciadas. Nos machos de mamíferos, um gene "determinador de machos" localizado no cromossomo Y e chamado ***SRY*** [***região determinadora de sexo Y*** (em inglês, *sex-determining region Y*)], organiza a gônada em desenvolvimento como um testículo, em vez de um ovário. O gene *DMRT1* pode funcionar de maneira semelhante nas aves. O *SRY* parece ativar um outro gene, o *SOX9*, o qual estimula a produção de células de Sertoli (descrito na próxima seção) necessárias para sustentação, proteção e nutrição dos espermatozoides em desenvolvimento. Uma vez formados, os testículos secretam o esteroide **testosterona**. Esse hormônio e seu metabólito, a **di-hidrotestosterona (DHT)**, masculinizam o feto, causando a diferenciação de pênis, escroto e dos ductos e glândulas masculinas. Eles também destroem os primórdios incipientes das mamas, mas deixam os mamilos, que são um lembrete do projeto básico e indiferenciado a partir do qual ambos os sexos se desenvolvem. A testosterona é também responsável pela masculinização do cérebro, mas em alguns vertebrados ela o faz de maneira indireta. Surpreendentemente, a testosterona é convertida em estrogênio por enzimas no cérebro, e é o **estrogênio** que determina a organização do cérebro para o comportamento típico de macho. Em anfíbios, andrógenos parecem ser mais importantes para a masculinização do cérebro.

Os biólogos têm relatado que, nos mamíferos, a gônada indiferenciada tem a tendência natural de se tornar ovário. Experimentos clássicos executados em coelhos dão apoio à ideia de que, durante o desenvolvimento, a fêmea é o sexo padrão. A remoção das gônadas fetais antes da diferenciação invariavelmente produz uma fêmea com trompas, útero e vagina, mesmo que o coelho seja geneticamente macho. Evidências moleculares recentes indicam que o cromossomo X expressa genes determinantes de ovários, como *WNT4* e *DAX1*, que reprimem um ou mais genes envolvidos no desenvolvimento testicular. Além disso, a determinação do sexo parece ser dependente da dosagem gênica, de tal modo que a presença do cromossomo Y no macho anula o efeito daqueles genes do cromossomo X quando este está presente em uma única cópia. O cérebro feminino em desenvolvimento requer proteção especial contra os efeitos do estrogênio porque, como mencionado antes, o estrogênio causa a masculinização do cérebro. Nos ratos, uma proteína do sangue (alfafetoproteína) liga-se ao estrogênio e impede o hormônio de alcançar o cérebro feminino em desenvolvimento. Esse não parece ser o caso na espécie humana e em outros primatas; mesmo que os níveis de estrogênio fetal circulante possam ser muito altos, o cérebro feminino em desenvolvimento não se torna masculinizado. Uma explicação possível é a de que o nível de receptores de estrogênio no cérebro feminino em desenvolvimento é baixo e, portanto, os altos níveis de estrogênio circulante não teriam efeito. Alternativamente, a testosterona pode desempenhar um papel mais proeminente na masculinização do cérebro masculino em primatas. Esta segunda explicativa é a mais aceita atualmente.

A genética da determinação do sexo é discutida no Capítulo 5 (ver Figuras 5.3 e 5.4). O sexo das gônadas é determinado por

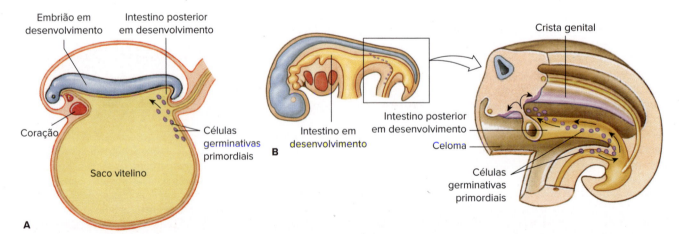

Figura 7.4 Migração das células germinativas primordiais dos mamíferos. **A.** Do saco vitelino, as células germinativas primordiais migram em direção à região onde o intestino posterior se desenvolve. **B.** Embrião em estágio tardio, no qual o intestino posterior está mais desenvolvido. A figura aumentada mostra as células germinativas migrando pelo intestino posterior até as cristas gonadais. Nos embriões humanos, a migração se completa por volta do final da quinta semana de gestação.

cromossomos em mamíferos, aves, na maioria dos anfíbios e répteis e, provavelmente, na maioria dos peixes, enquanto o sexo fenotípico e o sexo comportamental são determinados pela secreção de hormônios apropriados (ver Seção 7.5). Em alguns peixes e répteis, o gênero é determinado por fatores não genéticos, como temperatura ou comportamento. Nos crocodilianos, em muitas tartarugas e em alguns lagartos, a temperatura de incubação no ninho determina a razão sexual, provavelmente por ativação e/ou desativação indireta de genes que controlam o desenvolvimento dos órgãos sexuais dos animais (Figura 7.5). Evidências sugerem que a temperatura regula a expressão do gene *DMRT1*, que se expressa nos testículos embrionários dos machos em doses mais altas do que nos ovários embrionários das fêmeas. Nas tartarugas, a expressão do gene *DMRT1* é maior em temperaturas baixas e promove o desenvolvimento de machos. Em contraste, ovos de crocodilos incubados em baixa temperatura tornam-se todos fêmeas e aqueles incubados em temperatura mais alta tornam-se todos machos; assim, especialmente nos répteis, existe um alto grau de variabilidade. A determinação do sexo de muitos peixes é dependente do comportamento. A maioria dessas espécies é hermafrodita, apresentando gônadas masculinas e femininas. Estímulos sensoriais do ambiente social do animal determinam se ele se tornará macho ou fêmea.

Gametogênese

Os gametas maduros são produzidos por um processo chamado gametogênese. Apesar de nos vertebrados os mesmos processos essenciais estarem envolvidos na maturação de espermatozoides e óvulos, existem algumas diferenças importantes. A gametogênese nos testículos é chamada **espermatogênese** e, nos ovários, **oogênese**.

Espermatogênese

As paredes dos túbulos seminíferos contêm células germinativas em diferenciação, arrumadas em camada estratificada de cinco a oito células de espessura (Figuras 7.6). As células germinativas desenvolvem-se e produzem gametas masculinos em contato estreito com grandes células de sustentação chamadas **células de Sertoli**, que se estendem da periferia até o lúmen dos túbulos seminíferos (ver Figura 7.6) e fornecem nutrição durante o desenvolvimento e a diferenciação das células germinativas. As camadas mais externas contêm **espermatogônias**, células diploides que aumentam em número por mitose. Espermatogônias selecionadas aumentam de tamanho e torna-se **espermatócitos primários**. Cada espermatócito primário, então, move-se para próximo do lúmen do túbulo seminífero e sofre a primeira divisão meiótica, como mostrado na Figura 5.2, para originar dois **espermatócitos secundários** (ver Figura 7.6). Aquelas espermatogônias que não são selecionadas para tornarem-se espermatócitos primários permanecem na periferia dos túbulos seminíferos e reabastecem o reservatório (*pool*) de células germinativas por mitose.

> **Tema-chave 7.2**
> **ADAPTAÇÃO E FISIOLOGIA**
>
> **Desenvolvimento das estruturas reprodutivas em mamíferos**
>
> Para cada estrutura do sistema reprodutivo de um sexo, existe uma estrutura homóloga no outro sexo. Isso acontece porque no início do desenvolvimento, as características masculinas e femininas começam a se diferenciar a partir da crista genital embrionária (ver Figura 7.4), e dois sistemas de ductos que, em princípio são idênticos, se desenvolvem em ambos os sexos. Sob a influência dos hormônios sexuais, a crista genital se desenvolve nos testículos dos machos e nos ovários das fêmeas. Um sistema de ductos (mesonéfrico ou wolffiano) torna-se ductos dos testículos em machos e regride nas fêmeas. O outro sistema de ductos (paramesonéfrico ou mülleriano) desenvolve-se nos ovidutos, útero e vagina das fêmeas e regride nos homens. Da mesma forma, o clitóris e os lábios das mulheres são homólogos ao pênis e ao escroto dos homens, porque se desenvolvem a partir das mesmas estruturas embrionárias.

Cada espermatócito secundário entra na segunda divisão meiótica e produz duas **espermátides**, cada uma com o número haploide de cromossomos (23 nos humanos). Assim, após os dois passos da meiose, cada espermatócito primário origina quatro espermátides. Uma espermátide geralmente contém uma combinação dos cromossomos dos progenitores, mas pode conter todos os cromossomos que um macho herdou da mãe ou do pai. Sem mais divisões, as espermátides transformam-se em **espermatozoides** maduros (Figura 7.6). As modificações incluem uma grande redução de citoplasma, a condensação do núcleo em uma cabeça, a formação de um segmento intermediário contendo mitocôndrias e de uma cauda flagelar em forma de chicote para locomoção (ver Figuras 7.6 e 7.7). A cabeça é formada por um núcleo que contém os cromossomos para a hereditariedade e por um **acrossomo**, uma característica distintiva de praticamente todos os metazoários (as exceções incluem peixes teleósteos e alguns invertebrados). Em muitas espécies tanto de invertebrados como de vertebrados, o acrossomo contém enzimas que são liberadas para abrir caminho pelas camadas celulares e pela matriz que envolvem um óvulo. Pelo menos nos mamíferos, uma dessas enzimas é a hialuronidase, que permite ao espermatozoide penetrar entre as células foliculares que envolvem o óvulo. Uma característica notável do espermatozoide de muitos invertebrados é o filamento do acrossomo, uma extensão com tamanho variável em diferentes espécies, que se projeta repentinamente da cabeça do espermatozoide quando ele faz o primeiro contato com a superfície de um óvulo. A fusão

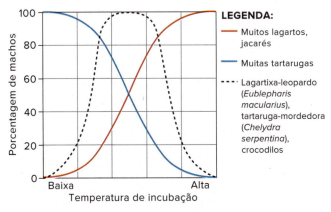

Figura 7.5 Determinação do sexo dependente de temperatura. Em muitos répteis que não apresentam cromossomos sexuais, a temperatura de incubação no ninho determina o sexo. O gráfico mostra que embriões de muitas tartarugas se desenvolvem como machos em temperatura baixa, ao passo que embriões de muitos lagartos e jacarés tornam-se machos em temperaturas altas. Os embriões de crocodilos, lagartixas-leopardo e tartarugas-mordedoras tornam-se machos em temperaturas intermediárias e, em temperaturas altas ou baixas, tornam-se fêmeas.
Fonte: Dados de David Crews, "Animal Sexuality", Scientific American 270(1):108-114, January 1994.

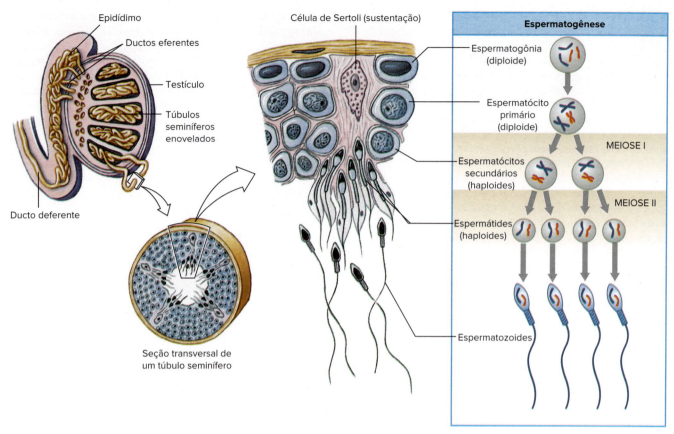

Figura 7.6 Espermatogênese. Seção do túbulo seminífero que mostra a espermatogênese. As células germinativas desenvolvem-se dentro dos nichos de grandes células de sustentação, as células de Sertoli, que se estendem da periferia dos túbulos seminíferos até o seu lúmen e fornecem nutrição para as células germinativas. As células-tronco germinativas das quais os espermatozoides se diferenciam são chamadas de espermatogônias, que são células diploides localizadas na periferia do túbulo. Essas células dividem-se por mitose para produzir mais espermatogônias ou, então, espermatócitos primários. A meiose inicia-se quando os espermatócitos primários se dividem para formar espermatócitos secundários haploides com cromossomos duplicados. A segunda divisão meiótica forma quatro espermátides haploides com cromossomos não duplicados. À medida que os espermatozoides se desenvolvem, são gradualmente empurrados para o lúmen do túbulo seminífero.

das membranas plasmáticas do óvulo e do espermatozoide é o evento inicial da fertilização (ver Figura 8.4).

O comprimento total de um espermatozoide humano é de 50 a 70 μm. Alguns sapos têm espermatozoides com comprimento maior do que 2 mm (2 mil μm) (ver Figura 7.7) que são facilmente visíveis a olho nu. A maioria dos espermatozoides, entretanto, tem tamanho microscópico (ver, na Figura 8.1, um desenho do começo do século XVII representando um espermatozoide de mamífero). Em todos os animais que se reproduzem sexuadamente, o número de espermatozoides dos machos é bem maior do que o número de óvulos das fêmeas. O número de óvulos produzidos está correlacionado com as chances de a prole nascer e atingir a maturidade.

Oogênese

As células germinativas iniciais do ovário, chamadas **oogônias**, aumentam em número por mitose. Cada oogônia contém o número diploide de cromossomos. Após pararem de aumentar em número, as oogônias crescem em tamanho e tornam-se **oócitos primários** (Figura 7.8). Do mesmo modo que na espermatogênese, antes da primeira divisão meiótica em cada oócito primário, os cromossomos homólogos paterno e materno pareiam-se. Quando a primeira divisão de maturação (reducional) ocorre, o citoplasma é dividido de maneira desigual. Uma das duas células-filhas, o **oócito secundário**, é grande e recebe a maior parte do citoplasma; a outra célula é muito pequena e é chamada de **primeiro corpúsculo polar** (ver Figura 7.8). Cada uma dessas células-filhas, entretanto, recebeu 50% dos cromossomos.

Na segunda divisão meiótica, o oócito secundário divide-se em uma grande **oótide**, ou **óvulo**, e outro pequeno corpúsculo polar se forma. Se o primeiro corpúsculo polar também se dividir, o que acontece às vezes, resultam três corpúsculos polares e uma oótide (ver Figura 7.8). A oótide desenvolve-se em um **óvulo** funcional, haploide. Os corpúsculos polares não são funcionais e desintegram-se. A formação desses corpúsculos polares é necessária para se desfazer dos cromossomos em excesso que resultam de cada divisão nuclear durante a meiose. Além disso, a divisão desigual do citoplasma torna possível uma célula grande cujo citoplasma contém um conjunto completo de componentes citoplasmáticos necessários para o início do desenvolvimento. Assim, um óvulo maduro tem número N (haploide) de cromossomos, o mesmo que os espermatozoides. Cada oócito primário, entretanto, dá origem a apenas *um* gameta funcional em vez de quatro, como na espermatogênese.

Na maioria dos vertebrados e em muitos invertebrados, o óvulo não completa a divisão meiótica antes que ocorra a fertilização. A regra geral é que o desenvolvimento é interrompido durante a prófase I da primeira divisão meiótica (na fase de oócito primário). A meiose reinicia-se e completa-se na época da ovulação (aves e maioria dos mamíferos) ou logo após a fertilização (muitos invertebrados, peixes teleósteos, anfíbios e répteis). Nos humanos, os óvulos iniciam a primeira divisão meiótica por volta da décima

CAPÍTULO 7 Processo da Reprodução 137

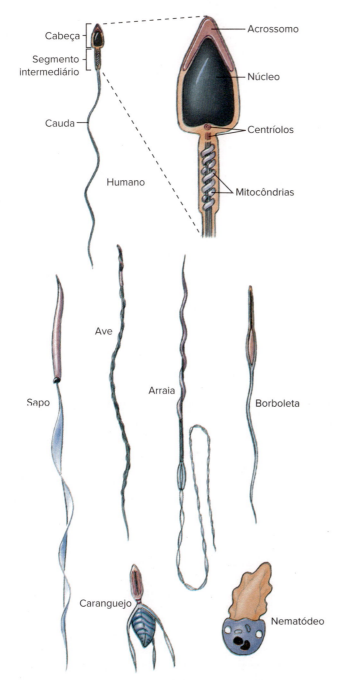

Figura 7.7 Exemplos de espermatozoides de vertebrados e de invertebrados. A cabeça e o segmento intermediário do espermatozoide humano são mostrados com mais detalhes.

terceira semana de gestação do feto. A divisão é interrompida na prófase I (oócito primário) até a puberdade, quando então um desses oócitos primários desenvolve-se em oócito secundário a cada ciclo menstrual. Nos humanos, a meiose II completa-se apenas quando o oócito secundário é penetrado por um espermatozoide.

Em muitos animais, a mais óbvia característica da maturação do óvulo é a deposição de vitelo. Nos animais ovíparos (ver próxima seção), o vitelo é composto principalmente de proteínas e lipídios que podem conter alguns grupos de carboidratos e fosfatos. Além disso, algumas proteínas e lipídios do vitelo também podem ligar-se a minerais que são importantes para a maturação do oócito.

O vitelo pode ser sintetizado dentro do óvulo a partir de matéria-prima fornecida pelas células foliculares circundantes, ou então as proteínas e lipídios do vitelo pré-formados podem ser produzidos no fígado e transferidos por endocitose mediada por receptor (ver Figura 3.16) da circulação sistêmica (ver Figura 31.7) para o oócito. Normalmente, o vitelo é armazenado como grânulos ou vesículas no citoplasma do oócito.

Os óvulos também contêm uma grande quantidade de mRNA que não é traduzido (ver Seção 5.5) em polipeptídios/proteína até que a fertilização ative essas moléculas quiescentes de mRNA. Nesse momento, os novos polipeptídeos/proteínas formados começam a coordenar o processo de desenvolvimento (ver Figura 8.9).

Um enorme acúmulo de grânulos de vitelo, outros nutrientes (gotículas de glicogênio e lipídios) e mRNA quiescente estimulam um óvulo a crescer muito além dos limites normais que forçam as células comuns (somáticas) do corpo a se dividir. Um oócito jovem de rã com 50 µm de diâmetro, por exemplo, após 3 anos de crescimento no ovário, atinge até 1.500 µm de diâmetro quando maduro: seu volume é aumentado 27 mil vezes. Óvulos de aves atingem um tamanho absoluto ainda maior: um óvulo de galinha aumenta 200 vezes de volume, apenas nos últimos 6 a 14 dias de crescimento rápido que precedem a ovulação.

Assim, os óvulos são notáveis exceções à regra universal de que os organismos são compostos por unidades celulares relativamente minúsculas. O tamanho grande do óvulo cria um problema na razão entre a área de superfície e o volume da célula (ver Seção 9.4), uma vez que tudo o que entra e o que sai do óvulo (nutrientes, gases da respiração, excretas e outros) deve passar pela membrana da célula. À medida que o óvulo se torna maior, a área de superfície disponível por unidade de volume citoplasmático (massa) torna-se menor. Como poderíamos prever, a taxa de metabolismo do óvulo diminui gradualmente até que ele se torne um oócito secundário ou óvulo (dependendo da espécie) em inatividade, permanecendo assim até a fertilização.

7.3 PADRÕES REPRODUTIVOS

A maioria dos invertebrados, bem como muitos vertebrados, põe seus ovos para que se desenvolvam no meio externo; esses animais são chamados **ovíparos** (nascidos de ovo). A fertilização pode ser tanto interna (os óvulos são fertilizados no interior do corpo da fêmea, antes que ela os ponha) quanto externa (os óvulos são fertilizados pelo macho depois que a fêmea os pôs). Enquanto a maioria dos animais ovíparos simplesmente abandona os ovos de maneira um tanto indiscriminada, outros exibem extremo cuidado para encontrar locais que disponham de fontes imediatas e adequadas de alimento para quando os filhotes eclodirem.

Alguns animais retêm os ovos no oviduto ou no útero enquanto se desenvolvem, e os embriões obtêm toda a sua nutrição do vitelo armazenado no interior do ovo. Esses animais são chamados **ovovivíparos** ("nascidos vivos do ovo"). A ovoviviparidade ocorre em diversos grupos de invertebrados (p. ex., vários anelídeos, braquiópodes, insetos e moluscos gastrópodes) e é comum entre certos peixes (ver Seção 24.5) e répteis (ver Seção 262).

No terceiro modelo, chamado de **vivíparo** ("nascido vivo"), os óvulos desenvolvem-se no oviduto ou no útero, e o embrião obtém sua nutrição diretamente da mãe. Geralmente, estabelece-se algum tipo de relacionamento anatômico íntimo entre os embriões em desenvolvimento e sua mãe. Tanto na ovoviviparidade como na viviparidade, a fertilização deve ser interna (dentro do corpo da fêmea) e a mãe geralmente dá a luz aos filhotes em estágios mais avançados do desenvolvimento. A viviparidade é restrita principalmente a lagartos, cobras, mamíferos e peixes elasmobrânquios, apesar de

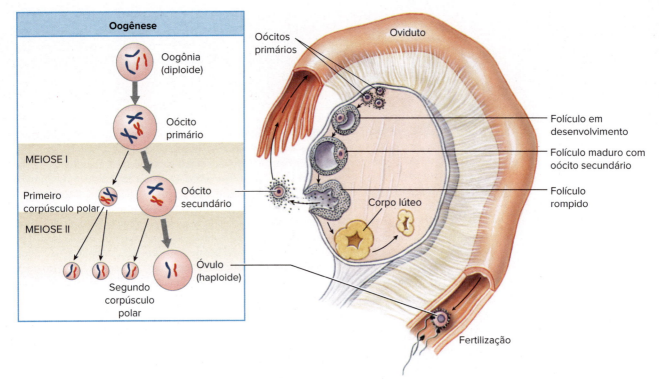

Figura 7.8 Oogênese na espécie humana. As células germinativas iniciais (oogônias) aumentam em número por mitose durante o desenvolvimento do embrião para formar oócitos primários diploides. Antes do nascimento da mulher, cada oócito primário entra em meiose e prossegue até a prófase da primeira divisão meiótica. Os oócitos permanecem parados nesse estágio até a puberdade da mulher quando, a cada mês menstrual, um oócito primário diploide termina a primeira divisão da meiose e produz um oócito secundário haploide e um corpúsculo polar haploide. O oócito secundário haploide e seu corpúsculo polar associado são liberados do ovário durante a ovulação e, se o oócito secundário for fertilizado, ele inicia a segunda divisão meiótica. Os cromossomos duplicados separam-se em uma oótide grande e um segundo corpúsculo polar pequeno. A oótide desenvolve-se em um óvulo. Tanto o óvulo quanto o segundo corpúsculo polar contêm agora um número *N* de cromossomos. A fusão do núcleo haploide do óvulo com o núcleo haploide do espermatozoide produz um zigoto diploide (2*N*).

serem conhecidos invertebrados (escorpiões, por exemplo) e anfíbios vivíparos. O desenvolvimento dos embriões no interior do corpo da mãe, seja por ovoviviparidade ou viviparidade, obviamente proporciona mais proteção aos filhotes do que no caso de oviposição. Alguns fisiologistas consideram a ovoviviparidade como um tipo especial de viviparidade chamada de **viviparidade lecitotrófica**.

7.4 ESTRUTURA DOS SISTEMAS REPRODUTIVOS

Os componentes básicos dos sistemas reprodutivos são semelhantes nos animais sexuados, embora as diferenças nos hábitos reprodutivos e nos métodos de fertilização tenham gerado muitas variações. Os sistemas sexuais consistem em dois componentes: (1) **órgãos primários**, que são gônadas que produzem espermatozoides, óvulos e hormônios sexuais; e (2) **órgãos acessórios**, que auxiliam as gônadas na formação e transporte de gametas, podendo também servir para o sustento do embrião. Eles apresentam uma grande variedade e incluem gonodutos (ductos espermáticos e ovidutos), órgãos acessórios para a transferência de espermatozoides para a fêmea, órgãos de armazenamento para espermatozoides ou vitelo, sistemas de empacotamento para os óvulos e órgãos de nutrição, como glândulas de vitelo e placenta.

Sistemas reprodutivos de invertebrados

Os invertebrados que transferem espermatozoides do macho para a fêmea necessitam de órgãos e ductos para a fertilização interna que podem ser tão complexos quanto aqueles de qualquer vertebrado (ver Figuras 7.9 e 20.6). Em contraste, os sistemas reprodutivos dos invertebrados que simplesmente liberam seus gametas na água para a fertilização externa podem ser um pouco mais do que simples locais para a gametogênese (ver Figuras 16.26 e 22.2). Os anelídeos poliquetas, por exemplo, não têm órgãos reprodutivos permanentes. Os gametas surgem pela proliferação das células que revestem a cavidade do corpo. Quando maduros, eles são liberados através dos ductos celomáticos ou nefridiais, ou então através de rupturas na superfície da parede do corpo, como ocorre em algumas espécies (ver Figuras 17.6 e 17.7).

Os insetos têm sexos separados (dioicos), realizam a fertilização interna por cópula com inseminação e, consequentemente, têm sistemas reprodutivos complexos (ver Figura 7.9). Os espermatozoides produzidos nos testículos percorrem os ductos espermáticos até as vesículas seminais (onde os espermatozoides são armazenados) e então atravessam um canal ejaculatório único até o pênis. No canal ejaculatório, um fluido seminal produzido por uma ou mais glândulas acessórias é adicionado aos semens. As fêmeas têm um par de ovários formados por uma série de tubos contendo óvulos (ovaríolos). Os óvulos maduros percorrem os ovidutos até uma câmara genital comum e, então, chegam a uma curta bursa copulatória (vagina). Em muitos insetos mais derivados, o macho transfere os espermatozoides inserindo o pênis diretamente na bursa genital (vagina) da fêmea, de onde eles migram e são armazenados em um receptáculo seminal (ver Figura 21.17). As aranhas, os escorpiões e alguns insetos armazenam seu espermatozoide no espermatóforo que

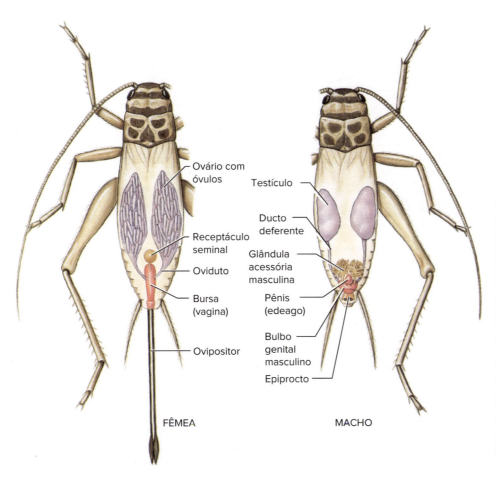

Figura 7.9 Sistema reprodutivo dos grilos. Os espermatozoides produzidos no par de testículos dos machos percorrem os ductos espermáticos (ductos deferentes) até um canal ejaculatório alojado no pênis. Nas fêmeas, os óvulos saem dos ovários e percorrem os ovidutos até a bursa genital. No acasalamento, os espermatozoides contidos em um saco membranoso (espermatóforo) que é formado pelas secreções da glândula acessória, são depositados na bursa genital da fêmea e, então, migram para seu receptáculo seminal, onde são armazenados. A fêmea controla a liberação de alguns espermatozoides para fertilizar seus óvulos no momento em que são postos, utilizando o ovopositor em forma de agulha para depositá-los no solo.

é depositado diretamente na vagina da fêmea ou próximo da fêmea para que esta o deposite em sua vagina. Os escorpiões depositam no solo espermatóforos que funcionam como uma mola e guiam as fêmeas durante uma complexa dança do acasalamento para que elas passem sobre ele. O espermatóforo também pode conter nutrientes. Frequentemente, um único acasalamento fornece espermatozoides suficientes para durar por toda a vida reprodutiva da fêmea.

Sistemas reprodutivos dos vertebrados

Nos vertebrados, os sistemas reprodutivo e excretor são chamados juntos de **sistema urogenital**, por causa da intimidade de sua conexão anatômica, especialmente nos machos. Essa associação é muito marcante durante o desenvolvimento do embrião. Nos machos de peixes e de anfíbios, o ducto que drena o rim (**ducto opistonéfrico** ou **ducto de Wolff**) também serve como ducto espermático (ver, na Figura 30.8, uma perspectiva evolutiva do desenvolvimento do rim e do ducto reprodutivo masculino). Nos machos de répteis, aves e mamíferos nos quais o rim desenvolve seu próprio ducto independente (**ureter**) para eliminar excretas, o antigo **ducto mesonéfrico** torna-se exclusivamente um ducto espermático ou **ducto deferente**. Em todas essas formas, com exceção da maioria dos mamíferos, os ductos abrem-se em uma **cloaca** (palavra derivada, apropriadamente, do latim e que significa "esgoto"), uma câmara comum na qual se esvaziam os canais intestinal, reprodutivo e excretor. Quase todos os mamíferos placentários não têm cloaca: em vez disso, o sistema urogenital tem sua própria abertura separada da abertura anal. Nas fêmeas, o **oviduto**, ou **ducto uterino**, é um ducto independente que se abre na cloaca dos animais que a têm.

Sistema reprodutivo masculino

O sistema reprodutivo masculino dos vertebrados, como, por exemplo, o dos machos humanos (Figura 7.10), inclui testículos, ductos eferentes, ducto deferente, glândulas acessórias e (em algumas aves, em alguns répteis e em todos os mamíferos) um pênis.

O par de **testículos** é o local de produção dos espermatozoides. Cada testículo é formado por inúmeros **túbulos seminíferos**, nos quais o espermatozoide se desenvolve (ver Figura 7.6). Os espermatozoides são cercados pelas **células de Sertoli** (ou **células de sustentação**), as quais nutrem os espermatozoides em desenvolvimento. Entre os túbulos existem **células intersticiais** (ou **células de Leydig**), que produzem o hormônio sexual masculino (**testosterona**). Em muitos mamíferos, os dois testículos estão alojados permanentemente em um escroto em forma de saco, suspenso do lado de fora da cavidade abdominal, ou descem para o escroto durante a estação de reprodução. Essa disposição peculiar fornece um ambiente com temperatura ligeiramente mais baixa, uma vez que na maioria dos mamíferos (incluindo os humanos), os espermatozoides viáveis não se formam sob temperaturas mais altas do interior do corpo. Nos mamíferos marinhos e em todos os outros vertebrados, os testículos situam-se permanentemente dentro do abdome.

Os espermatozoides percorrem os túbulos seminíferos até alcançar os **ductos eferentes**, pequenos tubos conectados a um **epidídimo** enovelado (um para cada testículo), onde ocorre a maturação final dos espermatozoides e, então, seguem para um **ducto deferente**, o ducto ejaculatório (ver Figuras 7.6 e 7.10). Nos mamíferos, o ducto deferente une-se à **uretra**, um ducto que transporta tanto espermatozoides como urina através do **pênis**, o órgão externo de penetração.

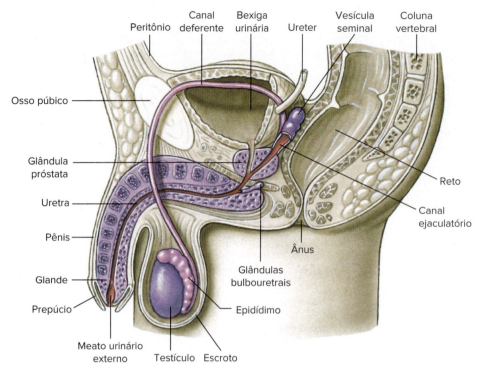

Figura 7.10 Sistema reprodutivo masculino humano, que mostra as estruturas reprodutivas em corte sagital.

Tema-chave 7.3
ADAPTAÇÃO E FISIOLOGIA

Desenvolvimento de um pênis

A maioria dos vertebrados aquáticos não precisa de um pênis porque os espermatozoides e os óvulos são liberados na água próximos um do outro. No entanto, em vertebrados terrestres (e alguns aquáticos) que geram seus filhotes vivos ou envolvem o ovo em uma casca ou revestimento, o espermatozoide deve ser transferido para a fêmea. Poucas aves têm um pênis verdadeiro (exemplos de exceções são o avestruz e a marreca-rabo-de-espinho) e o processo de acasalamento envolve simplesmente pressionar cloaca em cloaca. A maioria dos répteis e mamíferos tem um pênis verdadeiro. Em mamíferos, o órgão normalmente flácido torna-se ereto quando está cheio de sangue. Alguns mamíferos possuem um osso no pênis (báculo), o que provavelmente ajuda na rigidez e, portanto, na transferência de espermatozoides.

Na maioria dos mamíferos, três conjuntos de glândulas acessórias abrem-se nos ductos reprodutivos: um par de **vesículas seminais**, uma glândula única, a **próstata** e um par de **glândulas bulbouretrais** (ver Figura 7.10). O fluido secretado por essas glândulas fornece alimento para os espermatozoides, lubrifica o trato reprodutivo feminino (para os espermatozoides) e neutraliza a acidez da vagina de tal modo que os espermatozoides mantêm sua viabilidade por mais tempo, depois de terem sido depositados na fêmea.

Sistema reprodutivo feminino

Os ovários das fêmeas de vertebrados produzem óvulos e também hormônios sexuais femininos (estrógenos e progesterona). Em todos os vertebrados mandibulados (ver Seção 23.5), os óvulos maduros de cada ovário entram na abertura em forma de funil de um **oviduto** (também chamado tuba uterina ou trompa de Falópio), que normalmente tem uma borda franjada (fímbria) a qual envolve o ovário na época da ovulação. Na maioria dos peixes e anfíbios, a extremidade terminal da tuba uterina não é especializada, mas nos peixes cartilaginosos, répteis e aves que produzem um ovo grande e com casca, desenvolveram-se regiões especiais para produção de albumina e da casca. Nos amniotas (répteis, aves e mamíferos; ver Seção 8.9), a porção terminal do oviduto expande-se em um **útero** muscular no qual os ovos com casca são mantidos até a postura, ou no qual os embriões completam o seu desenvolvimento. Nos mamíferos placentários, as paredes do útero estabelecem uma associação vascular íntima com as membranas do embrião, por meio de uma **placenta** (ver Seção 8.9).

O par de ovários da fêmea humana (Figura 7.11), ligeiramente menores do que os testículos dos machos, contém muitos milhares de oócitos. Cada oócito desenvolve-se dentro de um **folículo** que se expande e, finalmente, rompe-se para liberar um oócito secundário durante a ovulação (ver Figura 7.8). Durante os anos férteis de uma mulher, exceto após a fertilização, cerca de 13 oócitos amadurecem a cada ano e geralmente os ovários alternam-se na liberação de oócitos. Como uma mulher é fértil por somente cerca de 30 anos, dos cerca de 400 mil oócitos primários presentes em seus ovários ao nascimento, apenas 300 ou 400 têm uma chance de atingir a maturidade. Os outros degeneram e são reabsorvidos.

Tema-chave 7.4
ADAPTAÇÃO E FISIOLOGIA

O *pool* de células germinativas femininas

Um princípio duradouro da biologia reprodutiva dos mamíferos é que, no macho, as linhas de células germinativas continuam funcionais e formam espermatozoides durante a vida adulta, enquanto as fêmeas possuem um número finito de células

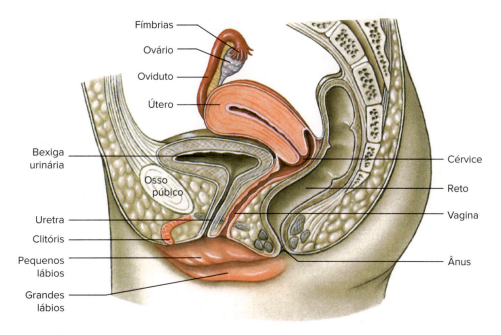

Figura 7.11 Sistema reprodutivo feminino humano, que mostra a pélvis em corte sagital.

germinativas e a produção de oócitos cessa no nascimento. Na verdade, acabamos de descrever o desenvolvimento folicular em humanos como tal, em que os oócitos primários presentes no nascimento da fêmea fornecem a sua única fonte de folículos. Uma descoberta emocionante em ratos desafiou este dogma reprodutivo. Foi demonstrado que ovários de camundongos juvenis e adultos possuem células germinativas em divisão ativa que reabastecem o *pool* de oócitos. Além disso, as células-tronco germinativas foram identificadas em ovários de camundongos idosos e em ovários humanos na pós-menopausa. Se essa evidência puder ser estendida a outras espécies de mamíferos, pode haver implicações significativas no manejo de espécies ameaçadas, onde técnicas de reprodução assistida podem ser usadas para ampliar *pools* de oócitos que podem significar a diferença entre extinção e sobrevivência.

Os **ovidutos** são revestidos com cílios que impulsionam o óvulo para longe do ovário do qual foi liberado. Os dois ovidutos abrem-se nos dois cantos superiores do útero, que é especializado para abrigar o embrião durante a sua existência intrauterina. O útero é formado por grossas paredes musculares, muitos vasos sanguíneos e um revestimento especializado, o **endométrio**. O útero varia entre os diferentes mamíferos e, em muitos, é projetado para conter mais de um embrião em desenvolvimento. Ancestralmente, ele era um par de órgãos, mas, em alguns mamíferos eutérios, o par encontra-se fundido, formando uma grande câmara.

A **vagina** é um tubo muscular adaptado para receber o pênis do macho e serve como canal de nascimento durante a expulsão de um feto. Onde o útero e a vagina se encontram, o útero projeta-se para dentro da vagina para formar a **cérvice**.

A genitália externa das fêmeas humanas, ou **vulva**, inclui dobras de pele, os **grandes lábios** e os **pequenos lábios**, bem como um pequeno órgão erétil, o **clitóris** (o homólogo feminino da glande do pênis). No estado virgem, a abertura da vagina frequentemente tem seu tamanho reduzido por uma membrana, o **hímen**; atualmente, no entanto, essa membrana pode estar muito reduzida nas fêmeas mais fisicamente ativas.

7.5 EVENTOS ENDÓCRINOS QUE COORDENAM A REPRODUÇÃO

Controle hormonal das características temporais dos ciclos reprodutivos

De peixes a mamíferos, a reprodução nos vertebrados é em geral uma atividade sazonal ou cíclica. A cronologia é crucial porque os filhotes devem surgir quando o alimento estiver disponível e outras condições ambientais estiverem ótimas para a sobrevivência. O processo reprodutivo sexual é controlado por hormônios, que são regulados por fatores ambientais, como consumo de alimento e mudanças sazonais no fotoperíodo, regime de chuvas ou temperatura, e por fatores sociais. Uma região no lobo frontal chamada hipotálamo (ver Seção 33.3) regula a liberação dos hormônios da adeno-hipófise, alguns dos quais estimulam tecidos das gônadas (a neurossecreção e a glândula pituitária são descritas na Seção 34.3). Esse sistema hormonal controla o desenvolvimento das gônadas, estruturas sexuais acessórias e características sexuais secundárias (ver próxima seção, Esteroides gonadais e seu controle), bem como a regulação da reprodução.

Os modelos reprodutivos cíclicos das fêmeas de mamíferos são de dois tipos: **ciclo estral**, característico da maioria dos mamíferos, e **ciclo menstrual**, característico apenas dos primatas antropoides (macacos e grandes primatas, incluindo humanos). Esses ciclos diferem de duas importantes maneiras. Primeira, no ciclo estral, as fêmeas são receptivas aos machos apenas durante os breves períodos de **estro**, ou "cio", enquanto no ciclo menstrual, a receptividade pode ocorrer durante todo o ciclo (apesar de alguns dados indicarem um aumento na receptividade por volta da época da ovulação). Segunda, o ciclo menstrual (mas não o ciclo estral) termina com o colapso e a eliminação da porção interna do útero (endométrio). Em um ciclo estral, cada ciclo termina com o endométrio simplesmente revertendo ao seu estado original, sem a eliminação característica do ciclo menstrual.

Esteroides gonadais e seu controle

Os ovários das fêmeas de vertebrados produzem dois tipos de hormônios sexuais esteroides – **estrógenos** e **progesterona** (Figura 7.12). Existem três tipos de estrógenos: estradiol, estrona e estriol, dos quais o estradiol é secretado nas maiores quantidades durante os ciclos reprodutivos. Os estrógenos são responsáveis pelo desenvolvimento das estruturas sexuais acessórias das fêmeas (ovidutos, útero e vagina) e pela estimulação da atividade reprodutiva feminina. As características sexuais secundárias, aquelas que não estão envolvidas primariamente na formação e no transporte de óvulos (ou espermatozoides nos machos), mas que são essenciais para o sucesso comportamental e funcional da reprodução, são também controladas ou mantidas por estrógenos. As características sexuais secundárias incluem: coloração diferente da pele ou penas, desenvolvimento dos ossos, tamanho do corpo e, nos mamíferos, desenvolvimento inicial das glândulas mamárias. Nas fêmeas de mamíferos, tanto o estrogênio quanto a progesterona são responsáveis por preparar o útero para receber um embrião em desenvolvimento. Esses hormônios são controlados pelas **gonadotrofinas da adeno-hipófise: hormônio foliculoestimulante (FSH)** e **hormônio luteinizante (LH)** (Figura 7.13). A liberação dessas duas gonadotrofinas é, por sua vez, governada pelo **hormônio liberador de gonadotrofinas (GnRH)**, produzido pelas células neurossecretoras do **hipotálamo** (ver Seção 33.3 e Tabela 34.1). Por meio desse sistema de controle, fatores ambientais como luz, nutrição e estresse podem influenciar os ciclos reprodutivos. Os estrógenos e as progesteronas agem no hipotálamo e a adeno-hipófise através de retroalimentação (*feedback*) negativa para manter a secreção de GnRH, FSH e LH sob controle (ver Seção 34.1, para uma discussão sobre a retroalimentação negativa dos hormônios).

O esteroide sexual masculino, **testosterona** (ver Figura 7.12), é produzido pelas **células intersticiais** dos testículos. A testosterona e seu metabólito **di-hidrotestosterona (DHT)** são necessários para o crescimento e o desenvolvimento das estruturas sexuais acessórias masculinas (pênis, ductos espermáticos e glândulas), para o desenvolvimento de características sexuais secundárias masculinas (como crescimento de ossos e músculos, coloração de plumagem ou pelagem masculina, galhadas em cervídeos e, nos seres humanos, timbre de voz), bem como para o comportamento sexual masculino. O desenvolvimento dos testículos e a secreção de testosterona são controlados pelo FSH e LH, os mesmos hormônios da adeno-hipófise que regulam o ciclo reprodutivo feminino e, portanto, em última análise, pelo GnRH do hipotálamo. Do mesmo modo que os estrógenos e a progesterona nas fêmeas, a testosterona e o DHT agem no hipotálamo e a adeno-hipófise por retroalimentação negativa para regular a secreção de GnRH, FSH e LH.

A identificação no hipotálamo de aves e mamíferos de um peptídeo que inibe a secreção de GnRH e LH levou alguns cientistas a acreditar que um **hormônio inibidor da gonadotrofina** (GnIH) havia finalmente sido descoberto. Mais estudos são necessários, entretanto, antes que se possa ter certeza de que esse peptídeo antagoniza o GnRH em todas as condições fisiológicas.

Tanto os ovários como os testículos produzem um hormônio peptídeo chamado **inibina**, que é secretado pelos folículos em desenvolvimento na fêmea e pelas **células de Sertoli** (ou células de sustentação) no macho. Esse hormônio é um regulador adicional da secreção de FSH da adeno-hipófise por meio de retroalimentação negativa.

Ciclo menstrual

O ciclo menstrual humano (do latim *mensis*, mês) consiste em duas fases distintas dentro do ovário, a fase folicular e a fase lútea, de três fases distintas no útero: fase menstrual, fase proliferativa e fase secretora (ver Figura 7.13). A menstruação sinaliza a **fase menstrual**, quando parte do revestimento do útero (o endométrio) degenera e é descartada, produzindo o sangramento menstrual. Enquanto isso, no interior do ovário, está ocorrendo a **fase folicular** e, por volta do terceiro dia do ciclo, os níveis sanguíneos de FSH e LH começam a se elevar lentamente, incentivando alguns dos folículos a iniciar seu crescimento e a secretar estrogênio. À medida que os níveis de estrogênio no sangue aumentam, o endométrio uterino cicatriza e começa a espessar-se, e glândulas uterinas no endométrio aumentam de tamanho (**fase proliferativa** do útero). Por volta do décimo dia, a maioria dos folículos ovarianos que haviam começado a desenvolver-se no terceiro dia se degenera (tornam-se **atréticos**), deixando apenas um (às vezes dois ou três) continuar o desenvolvimento até que apareça como uma protuberância na superfície do ovário. Esse é um folículo maduro ou **folículo de Graaf**. Durante a última parte da fase folicular, o folículo de Graaf secreta mais estrogênio e também a inibina. Como mencionado anteriormente, o estrogênio exerce retroalimentação negativa tanto no LH como no FSH para manter os níveis sanguíneos desses hormônios baixos, enquanto a inibina diminui o FSH ainda mais.

No décimo terceiro ou no décimo quarto dia do ciclo, os agora altos níveis de estrogênio dos folículos de Graaf agem por retroalimentação positiva no hipotálamo e estimulam uma onda de GnRH, o que por sua vez induz uma profusão de LH (e, em

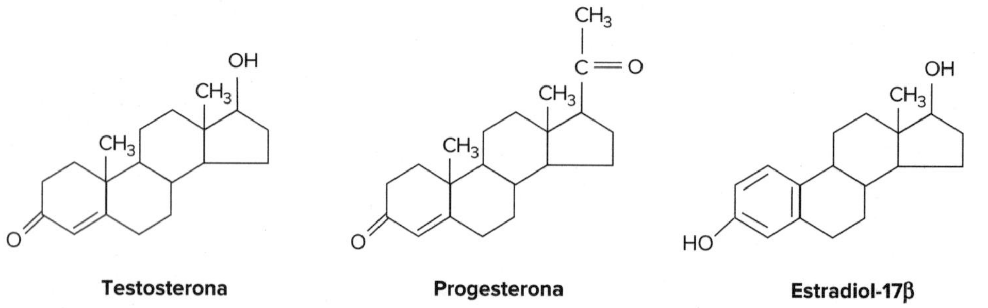

Figura 7.12 Hormônios sexuais. Esses três hormônios sexuais apresentam a estrutura básica dos esteroides, com quatro anéis. O principal hormônio sexual feminino, estradiol (um estrógeno) é um esteroide C18 (carbono 18) com um anel aromático A (primeiro anel à esquerda). O principal hormônio sexual masculino, testosterona (um andrógeno) é um esteroide C19 com um grupo carboxila (C=O) no anel A. O hormônio sexual feminino, a progesterona, é um esteroide C21, também apresentando um grupo carboxila no anel A.

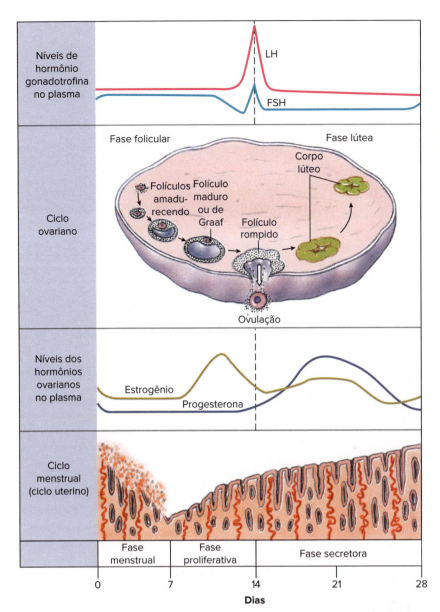

Figura 7.13 Ciclo menstrual humano, que mostra as alterações dos níveis de hormônios no sangue e do endométrio uterino, durante o ciclo ovariano de 28 dias. O FSH promove a maturação dos folículos ovarianos, os quais secretam estrogênio. O estrogênio prepara o endométrio uterino e causa um pico na liberação de LH, o qual, por sua vez, causa a ovulação e estimula o corpo lúteo a secretar progesterona e estrogênio. A produção de estrogênio e progesterona permanece apenas se o óvulo for fertilizado; sem a gravidez, os níveis de estrogênio e de progesterona decaem e segue-se a menstruação.

menor intensidade, de FSH) da adeno-hipófise. A grande quantidade de LH causa a ruptura do folículo de Graaf (**ovulação**), liberando um oócito do ovário. O oócito permanece viável por aproximadamente 12 horas, durante as quais ele pode ser fertilizado por um espermatozoide. Durante a **fase lútea** ovariana, forma-se um **corpo lúteo** ("corpo amarelo", por causa de sua aparência nos ovários de vacas, nos quais foi descrito pela primeira vez) dos restos do folículo rompido que liberou o oócito na ovulação (ver Figuras 7.8 e 7.13). O corpo lúteo, em resposta à contínua estimulação pelo LH, torna-se uma glândula endócrina transitória, que secreta progesterona (e estrogênio nos primatas). A progesterona ("antes da gestação"), como indica o seu nome, estimula o útero a sofrer as mudanças finais de maturação, que o preparam para a gestação (**fase secretora**). O útero está agora totalmente pronto para abrigar e nutrir um embrião. Se a fertilização *não* ocorrer, o corpo lúteo degenera e seus hormônios não são mais secretados. Uma vez que o revestimento uterino (endométrio) depende de progesterona (e de estrogênio, no caso dos primatas) para a sua manutenção, o declínio nos níveis desses hormônios causa a deterioração do revestimento uterino, levando ao sangramento menstrual do próximo ciclo.

Tema-chave 7.5
CONEXÃO COM SERES HUMANOS
Contraceptivos hormonais

Os anticoncepcionais orais (a "pílula") geralmente são preparações de estrogênio e progesterona combinados, que agem para diminuir a produção das gonadotrofinas pela hipófise, o FSH e o LH. Isso impede que os folículos ovarianos se desenvolvam totalmente e, em geral, impede que ocorra a ovulação. Os anticoncepcionais orais são altamente eficientes, com uma taxa de falha de menos de 1%, se o procedimento for seguido corretamente. O estrogênio e a progesterona também podem ser administrados por meio de um adesivo na pele (Ortho Evra) ou anel vaginal (NuvaRing). A progesterona age no trato reprodutivo como um todo, tornando-o inóspito para os espermatozoides e para o oócito fertilizado. Esse mecanismo tem sido explorado nos anticoncepcionais que contêm apenas progesterona ("minipílula", Depo-Provera, Implanon), que podem não bloquear o desenvolvimento folicular ou a ovulação, e também nos anticoncepcionais de urgência (a "pílula do dia seguinte"), que são ingeridos após a relação sexual e que, atualmente, estão disponíveis sem receita nos EUA.

O GnRH do hipotálamo e o LH e o FSH da adeno-hipófise são controlados pelos esteroides ovarianos (e pela inibina) por **retroalimentação negativa**. O controle por retroalimentação negativa ocorre ao longo do ciclo menstrual, com exceção de uns poucos dias antes da ovulação. Como já mencionado, a ovulação se deve aos *altos níveis de estrogênio* que causam uma profusão ou aumento acentuado de GnRH, LH (e FSH). Mecanismos de **retroalimentação positiva** como este último são raros no corpo, uma vez que eles afastam os eventos de pontos de estabilidade determinados (os mecanismos de retroalimentação são descritos na Seção 34.1). Essa profusão é encerrada pela ovulação, quando os níveis de estrogênio caem assim que um oócito é liberado do folículo.

Hormônios de gestação e nascimento em seres humanos

Se a fertilização acontece, ela normalmente ocorre no terço inicial do oviduto (**ampola**). O **zigoto** viaja de lá até o útero, dividindo-se por mitoses para formar um **blastocisto** (ver Figura 8.17 A) no momento em que chega ao útero. O blastocisto em desenvolvimento adere à superfície uterina após cerca de 6 dias e se implanta no endométrio. Esse processo chama-se **implantação**. O crescimento do embrião prossegue e produz um **trofoblasto** esférico. Esse estágio embrionário contém três camadas diferentes de tecidos, o âmnio, o córion e o embrião propriamente dito, que é a massa celular interna (ver Figura 8.23). O **córion** secreta a **gonadotrofina coriônica humana (hCG)**, que aparece na corrente sanguínea logo após a implantação. O hCG estimula o corpo lúteo a continuar a síntese e liberação tanto de estrogênio quanto de progesterona (Figura 7.14).

A placenta forma o ponto de ligação entre o trofoblasto e o útero (a evolução e o desenvolvimento da placenta são descritos na Seção 8.9). Além de servir como um meio para a transferência de substâncias entre a corrente sanguínea da mãe e a do feto, a placenta também serve como uma glândula endócrina. A placenta continua a secretar hCG e produz estrogênio (principalmente estriol) e progesterona. Em alguns mamíferos, após mais ou menos o terceiro mês de gestação, o corpo lúteo se degenera, mas, por volta desse período, a placenta é a principal fonte de progesterona e de estrogênio (Figura 7.15).

A preparação das glândulas mamárias para a secreção de leite necessita de dois hormônios adicionais, a **prolactina (PRL)** e o **lactogênio placentário humano (hPL)** (ou **somatomamotropina coriônica humana**). A PRL é produzida pela adeno-hipófise, mas, nas mulheres que não estão grávidas, sua secreção é inibida. Durante a gestação, os níveis elevados de progesterona e de estrogênio diminuem o sinal inibidor, e a PRL começa a aparecer no sangue. A PRL é também produzida pela placenta durante a gestação. A PRL, em combinação com a hPL, prepara as glândulas mamárias para a secreção de leite. A hPL, junto com o **hormônio de crescimento placentário humano (hPGH)** e com o hormônio de crescimento materno, também estimula um aumento dos nutrientes disponíveis na mãe, de modo que mais quantidade seja provida ao embrião em desenvolvimento. A placenta também secreta β-endorfina e outros opioides endógenos (ver Tema-chave 33.3) que regulam o apetite e o humor durante a gestação. Os opioides podem também contribuir para uma sensação de bem-estar e ajudam a aliviar o desconforto associado aos últimos meses da gestação. Mais tarde, a placenta começa a secretar um hormônio peptídico chamado **relaxina**. Esse hormônio permite alguma expansão da pélvis, porque aumenta a flexibilidade da sínfise pubiana (ver Figura 29.9) e dilata a cérvice, em preparação para o parto.

O nascimento, ou **parto**, nos seres humanos ocorre após aproximadamente 9 meses e inicia-se com contrações fortes e rítmicas da musculatura uterina, chamadas de **trabalho de parto**.

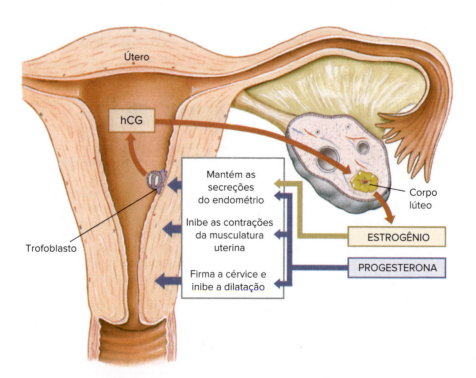

Figura 7.14 Os múltiplos papéis da progesterona e do estrogênio na gestação humana normal. Após a implantação de um embrião no útero, o trofoblasto (futuro embrião e placenta) secreta gonadotrofina coriônica humana (hCG), que mantém o corpo lúteo até que, por volta da sétima semana de gestação, a placenta comece a produzir os hormônios sexuais progesterona e estrogênio.

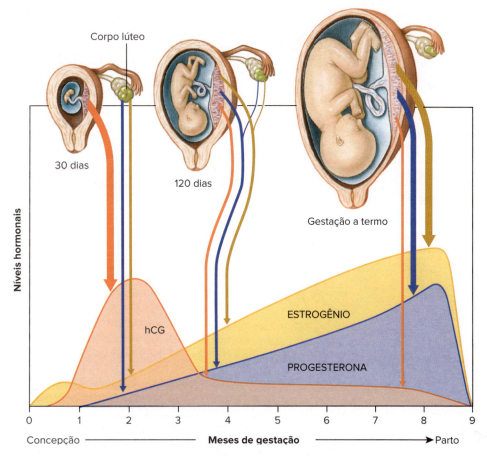

Figura 7.15 Níveis dos hormônios produzidos pelo corpo lúteo e pela placenta durante a gestação. A largura das setas sugere as quantidades relativas liberadas do hormônio. A hCG (gonadotrofina coriônica humana) é produzida apenas pela placenta. Durante a gestação, a síntese de progesterona e estrogênio transfere-se do corpo lúteo para a placenta.

O sinal exato que desencadeia o nascimento não é precisamente conhecido nos seres humanos, mas parece que o **hormônio placentário liberador de corticotropina (CRH)** inicia o processo. Um pouco antes do parto e localmente dentro do útero e da placenta, a secreção de estrogênio, que estimula as contrações do útero, aumenta pronunciadamente, enquanto o nível de progesterona, que inibe as contrações do útero, declina (ver Figura 7.15). Isso remove o "bloqueio de progesterona", que mantém o útero quiescente durante toda a gestação. As **prostaglandinas**, um grande grupo de hormônios (derivados de ácidos graxos de cadeia longa), também aumentam nesse momento, tornando o útero mais reativo (ver Seção 34.3). Finalmente, a dilatação da cérvice desencadeia reflexos neurais que estimulam a secreção de **ocitocina** pela neuro-hipófise. A ocitocina estimula a musculatura lisa do útero, o que leva a contrações mais fortes e mais frequentes. A secreção de ocitocina durante o parto é outro exemplo de **retroalimentação positiva**. Dessa vez, o evento termina com o nascimento do bebê.

O nascimento ocorre em três estágios. No primeiro, a cérvice é dilatada pela pressão exercida pelo bebê em sua bolsa de líquido amniótico, que pode já estar rompida nesse momento (**dilatação**; Figura 7.16 B). No segundo estágio, o bebê é empurrado para fora do útero através da vagina até o exterior (**expulsão**; Figura 7.16 C). No terceiro, a placenta ou **secundina** é expelida do corpo da mãe, geralmente nos 10 minutos seguintes após o nascimento do bebê (**expulsão da placenta**; Figura 7.16 D).

> **Tema-chave 7.6**
> **CONEXÃO COM SERES HUMANOS**
>
> **Aborto espontâneo durante a gravidez**
> Abortos espontâneos durante a gravidez são muito comuns e parecem servir como mecanismo para rejeitar anomalias pré-natais, como cromossomos danificados e outros erros genéticos. A exposição a drogas ou toxinas, irregularidades imunológicas ou a inadequada preparação hormonal do útero também podem causar aborto espontâneo. Testes hormonais modernos mostram que cerca de 30% dos zigotos são abortados espontaneamente antes ou logo depois da implantação. Esses abortos não são percebidos pela mãe ou se expressam como um período menstrual ligeiramente atrasado. Outros 20% das gestações estabelecidas terminam em aborto espontâneo percebidos pela mãe, o que resulta em uma taxa de abortamento espontâneo de cerca de 50%.

Após o nascimento, a secreção de leite é ativada quando o recém-nascido suga o mamilo da mãe. Isso leva à liberação reflexa de ocitocina pela neuro-hipófise. Quando a ocitocina atinge as glândulas mamárias, ela causa a contração dos músculos lisos que revestem os ductos e cavidades das glândulas mamárias e a ejeção de leite. O ato de sugar também estimula a liberação de prolactina pela adeno-hipófise, o que estimula a continuação da produção de leite pelas glândulas mamárias.

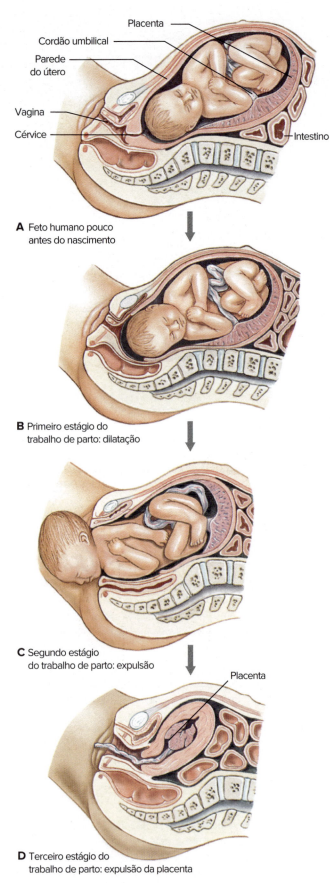

A Feto humano pouco antes do nascimento

B Primeiro estágio do trabalho de parto: dilatação

C Segundo estágio do trabalho de parto: expulsão

D Terceiro estágio do trabalho de parto: expulsão da placenta

Figura 7.16 Nascimento, ou parto, no ser humano.

Nascimentos múltiplos

Muitos mamíferos dão a luz a mais de um filhote por vez, ou uma ninhada (**multíparos**), em que cada membro veio de um óvulo diferente. Existem mamíferos, entretanto, que têm um filhote de cada vez (**uníparos**), apesar de ocasionalmente poderem ter mais que um. O tatu (*Dasypus*) destaca-se entre os mamíferos por dar a luz a quatro filhotes de cada vez, todos do mesmo sexo (ou machos ou fêmeas) e todos derivados do mesmo zigoto.

Gêmeos humanos podem se originar de um zigoto (**gêmeos idênticos** ou **monozigóticos**; Figura 7.17 A) ou de dois zigotos (**gêmeos não idênticos**, **dizigóticos** ou **fraternos**; Figura 7.17 B). Os gêmeos fraternos não são mais parecidos entre si do que outras crianças nascidas separadamente na mesma família, mas os gêmeos idênticos são, é claro, admiravelmente parecidos e sempre do mesmo sexo. Gêmeos triplos, quádruplos e quíntuplos podem incluir um par de gêmeos idênticos. Os outros bebês nesses partos múltiplos geralmente vêm de zigotos separados. Cerca de 33% dos gêmeos idênticos têm placentas separadas, indicando que os blastômeros se separaram em um estágio precoce, possivelmente no estágio de duas células (Figura 7.17 A, *no alto*). Todos os outros gêmeos idênticos compartilham a mesma placenta, o que indica que a separação ocorreu após a formação da massa interna de células (ver Figura 8.23). Se a separação ocorrer após a formação da placenta, mas antes da formação do âmnio, os gêmeos terão bolsas amnióticas individuais (Figura 7.17 A, *no meio*), como é observado na grande maioria dos gêmeos idênticos. Finalmente, uma pequena porcentagem dos gêmeos idênticos compartilha uma bolsa amniótica e uma placenta (Figura 7.17 A, *embaixo*), o que indica que a separação ocorreu após o nono dia da gestação, quando o âmnio já estava formado. Nesses casos, os gêmeos correm o risco de se tornarem unidos, uma condição conhecida como "gêmeos siameses". Embriologicamente, cada membro de um par de gêmeos fraternos tem sua própria placenta e seu próprio âmnio (Figura 7.17 B).

> **Tema-chave 7.7**
>
> **CONEXÃO COM SERES HUMANOS**
>
> **Frequência de geminação**
>
> A frequência de nascimentos de gêmeos em comparação com aquela dos nascimentos de um único bebê é de aproximadamente 1 em 86, a de trigêmeos é de 1 em 86^2 e a de quádruplos, de cerca de 1 em 86^3. A proporção de nascimentos de gêmeos idênticos, quando se consideram todos os nascimentos, é mais ou menos a mesma no mundo todo (1 em 250 a 300). Uma exceção surpreendente ocorre no vilarejo de Mohammad Pur Umri, na Índia, onde 1 em cada 10 nascimentos é de gêmeos idênticos. Os cientistas ainda não têm uma explicação unificada para essa alta taxa de nascimentos gemelares. A frequência de nascimentos de gêmeos fraternos varia com a raça e o país. Nos EUA, 75% de todos os nascimentos gemelares são dizigóticos (fraternos), enquanto no Japão apenas 25% dos gêmeos são dizigóticos. A tendência para o nascimento de gêmeos fraternos (mas aparentemente não para gêmeos idênticos) parece estar ligada à linhagem familiar. O nascimento de gêmeos fraternos (mas não o de idênticos) também aumenta de frequência com o aumento da idade da mãe.

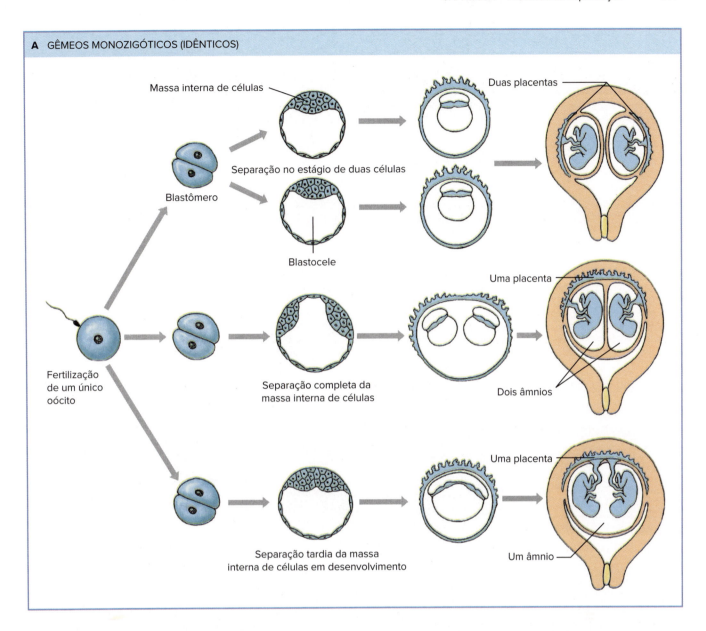
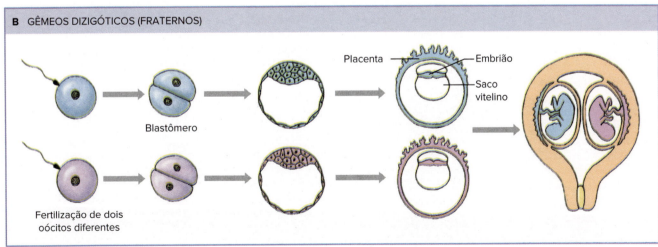

Figura 7.17 Formação de gêmeos humanos. **A.** Formação de gêmeos monozigóticos (idênticos). **B.** Formação de gêmeos dizigóticos (fraternos). Ver o texto para explicações.

RESUMO

Seção	Conceito-chave
7.1 Natureza do processo reprodutivo	• A reprodução assexuada é um processo rápido e direto pelo qual um único organismo produz cópias geneticamente idênticas de si mesmo. Pode ocorrer por fissão, brotamento, gemulação ou fragmentação • A reprodução sexuada envolve a produção de gametas (células sexuais), geralmente por dois progenitores (reprodução bissexuada), que se combinam por fertilização para formar um zigoto que se desenvolve em um novo indivíduo. Os gametas são formados por meiose, o que reduz o número de cromossomos a haploides, e o número de cromossomos diploides é restaurado na fertilização. A reprodução sexuada recombina as características parentais e, portanto, reorganiza e amplifica a diversidade genética. A recombinação genética é importante para a evolução • No hermafroditismo, os órgãos masculino e feminino estão presentes no mesmo indivíduo. Na partenogênese, um novo indivíduo se desenvolve a partir de um óvulo não fertilizado • A reprodução sexuada acarreta altos custos de tempo e de energia, requer investimentos cooperativos no acasalamento e causa uma perda de 50% da representação genética de cada progenitor na prole. A visão clássica do motivo de o sexo ser necessário é que este mantém descendentes variáveis dentro da população, o que pode ajudar a população a sobreviver às mudanças ambientais.
7.2 Origem e maturação das células germinativas	• Nos vertebrados, as células germinativas primordiais surgem na endoderme do saco vitelino e, em seguida, migram para a gônada. Nos mamíferos, uma gônada se torna um testículo em resposta aos sinais masculinizantes codificados no cromossomo Y do homem, e o trato reprodutivo masculiniza em resposta aos esteroides sexuais masculinos circulantes. As estruturas reprodutivas femininas (ovário, ovidutos, útero e vagina) desenvolvem-se na ausência de sinais codificados no cromossomo Y e na presença de dois cromossomos X que expressam genes determinantes de ovário que são dependentes da dosagem do gene • As células germinativas amadurecem nas gônadas por um processo denominado de gametogênese (espermatogênese nos homens e oogênese nas mulheres), envolvendo mitose e meiose. Na espermatogênese, cada espermatócito primário dá origem, por meiose e crescimento, a quatro espermatozoides móveis, cada um carregando o número haploide de cromossomos. Na oogênese, cada oócito primário dá origem a apenas um óvulo haploide maduro, não móvel. O restante do material nuclear é descartado em corpos polares. Durante a oogênese, um óvulo acumula grandes reservas de alimentos como gema dentro de seu citoplasma.
7.3 Padrões reprodutivos	• Os padrões reprodutivos incluem oviparidade (postura de ovos) na maioria dos invertebrados e em muitos vertebrados; ovoviviparidade (os ovos se desenvolvem, mas permanecem dentro da fêmea até a eclosão), que ocorre em vários grupos de invertebrados; e viviparidade (os embriões em desenvolvimento adquirem nutrientes da mãe em vez de um ovo rico em nutrientes), que ocorre em alguns peixes, lagartos, cobras e mamíferos.
7.4 Estrutura dos sistemas reprodutivos	• Os sistemas reprodutivos sexuais variam enormemente em complexidade, variando de alguns invertebrados, como vermes poliquetas, que não possuem estruturas reprodutivas permanentes, até os sistemas complexos de vertebrados e muitos invertebrados que consistem em gônadas permanentes e várias estruturas acessórias para transferência, embalagem e nutrição de gametas embriões • O sistema reprodutivo masculino dos seres humanos inclui testículos, compostos de túbulos seminíferos nos quais milhões de espermatozoides se desenvolvem, e um sistema de ductos (vaso eferente e vaso deferente) que se junta à uretra, glândulas (vesículas seminais, próstata, bulbouretral) e pênis. O sistema feminino humano inclui ovários (que contêm milhares de óvulos dentro dos folículos), ovidutos, útero e vagina.
7.5 Eventos endócrinos que coordenam a reprodução	• Mecanismos hormonais precisos controlam a produção de células germinativas, sinalizam a prontidão para o acasalamento e preparam ductos e glândulas para a fertilização bem-sucedida dos óvulos. Os centros neurossecretores dentro do hipotálamo do cérebro secretam o hormônio liberador de gonadotrofina (GnRH), que estimula as células endócrinas da hipófise anterior a liberarem o hormônio foliculoestimulante (FSH) e o hormônio luteinizante (LH), que estimulam as gônadas. Estrogênios e progesterona em mulheres, e testosterona e di-hidrotestosterona (DHT) em homens, controlam o crescimento de estruturas sexuais acessórias e de características sexuais secundárias, além de exercerem retroalimentação negativa sobre o hipotálamo e sobre a adeno-hipófise para regular a secreção de GnRH, FSH e LH. A inibina é produzida pelos folículos na mulher e pelas células de Sertoli no homem, e exerce um controle por retroalimentação negativa para inibir ainda mais a secreção de FSH • No ciclo menstrual humano, o estrogênio induz a proliferação inicial do endométrio uterino. Uma onda de GnRH e de LH, induzida pelo aumento dos níveis de estrogênio do(s) folículo(s) em desenvolvimento durante o meio do ciclo, causa a ovulação, e o corpo lúteo secreta progesterona (e estrogênio em seres humanos), o que completa a preparação do útero para a implantação

Seção	Conceito-chave
	- Se um óvulo é fertilizado, a gravidez é mantida por hormônios produzidos pela placenta e pela mãe. A gonadotrofina coriônica humana (hCG) mantém a secreção de progesterona e de estrogênio do corpo lúteo, enquanto a placenta cresce e finalmente secreta estrogênio, progesterona, hCG, lactogênio placentário humano (hPL), hormônio de crescimento da placenta humana (hPGH), prolactina (PRL), opioides endógenos, hormônio liberador de corticotropina placentária (CRH) e relaxina. Estrogênio, progesterona, PRL e hPL, bem como prolactina materna, induzem o desenvolvimento das glândulas mamárias em preparação para a lactação. O hPL, o hPGH e o hormônio de crescimento materno também aumentam a disponibilidade de nutrientes para o embrião em desenvolvimento - O nascimento ou parto (pelo menos na maioria dos mamíferos) parece ser iniciado pela liberação de CRH placentário. Além disso, ocorre uma diminuição na progesterona e um aumento nos níveis de estrogênio, de modo que o músculo uterino começa a se contrair. A ocitocina (da neuro-hipófise) e as prostaglandinas uterinas continuam esse processo até que o feto (seguido pela placenta) seja expelido. A relaxina da placenta torna o parto mais fácil, permitindo expansão da pélvis e dilatação da cérvice - Os nascimentos múltiplos em mamíferos podem resultar da divisão de um zigoto, produzindo gêmeos monozigóticos idênticos, ou de zigotos separados, produzindo gêmeos dizigóticos fraternos. Gêmeos idênticos em seres humanos podem ter placentas separadas ou (mais comumente) compartilhar uma placenta, mas têm sacos amnióticos individuais.

QUESTÕES DE REVISÃO

1. Defina reprodução assexuada e descreva quatro formas de reprodução assexuada em invertebrados.
2. Defina reprodução sexuada e explique por que a meiose contribui para uma das grandes vantagens desse tipo de reprodução.
3. Explique por que mutações genéticas em organismos assexuados resultam em alterações evolutivas muito mais rápidas do que as mutações genéticas nas formas sexuadas. Por que mutações prejudiciais são mais deletérias para organismos assexuados, quando comparados com organismos sexuados?
4. Defina duas alternativas para a reprodução bissexuada – hermafroditismo e partenogênese – e forneça um exemplo específico do reino animal para cada uma delas. Qual é a diferença entre partenogênese meiótica e partenogênese ameiótica?
5. Defina os termos dioico e monoico. Algum desses termos pode ser usado para descrever um hermafrodita?
6. Um paradoxo da reprodução sexuada é que, apesar de ser muito difundida na natureza, a questão do porquê ela existir ainda não foi absolutamente esclarecida. Quais são algumas das desvantagens do sexo? Quais são algumas das consequências do sexo que o fazem tão importante?
7. O que é uma linhagem de células germinativas? Como as células germinativas passam de uma geração para a seguinte?
8. Explique como uma espermatogônia, que contém um número diploide de cromossomos, desenvolve-se em quatro espermatozoides funcionais, cada um contendo um número haploide de cromossomos. Por qual(is) maneira(s) significativa(s) a oogênese difere da espermatogênese?
9. Defina e faça a distinção entre os termos: ovíparo, ovovivíparo e vivíparo.
10. Cite a localização geral e dê a função das seguintes estruturas reprodutivas: túbulos seminíferos, ducto deferente, uretra, vesículas seminais, próstata, glândulas bulbouretrais, folículo maduro, ovidutos, útero, vagina e endométrio.
11. Quais são as diferenças entre os dois ciclos reprodutivos dos mamíferos, o estral e o menstrual?
12. Quais são os hormônios sexuais masculinos e quais são as suas funções?
13. Explique como os hormônios femininos GnRH, FSH, LH e estrogênio interagem durante o ciclo menstrual para induzir a ovulação e, subsequentemente, a formação do corpo lúteo.
14. Explique a função do corpo lúteo no ciclo menstrual. Se um óvulo for fertilizado, quais eventos endócrinos ocorrem para sustentar a gestação?
15. Descreva o papel dos hormônios da gravidez durante a gestação humana. Quais hormônios preparam as glândulas mamárias para a lactação e quais hormônios continuam a ser importantes durante esse processo?
16. Se gêmeos idênticos humanos se desenvolvem de placentas separadas, quando os embriões devem ter se separado? E quando deve ter ocorrido a separação se os gêmeos compartilham uma placenta, mas desenvolvem-se com âmnios separados?

Para reflexão. Peixes e anfíbios tendem a ter sistemas reprodutivos menos complexos do que os de alguns répteis, aves e mamíferos. Por que você acha que isso acontece?

8 Princípios do Desenvolvimento

OBJETIVOS DE APRENDIZAGEM

Após leitura do capítulo, você será capaz de:

8.1 Identificar os estágios-chave no desenvolvimento do zigoto até a fase adulta.

8.2 Explicar as etapas que ocorrem na maturação e na fertilização do ovo.

8.3 Descrever como a polaridade é estabelecida e prever os efeitos da abundância e os da distribuição do vitelo durante o desenvolvimento.

8.4 Explicar a formação da blastocele, das camadas germinativas, da cavidade intestinal e da segunda cavidade corporal ao redor do intestino.

8.5 Comparar e contrastar as especificações celulares citoplasmáticas, condicionais e sinciciais e seus papéis na formação de padrões.

8.6 Explicar o papel da regulação gênica durante o desenvolvimento, fornecendo exemplos para a segmentação e formação de membros.

8.7 Comparar e contrastar a clivagem, a gastrulação, o destino do blastóporo e a formação de celoma em protostômios e deuterostômios.

8.8 Ilustrar o uso de características de desenvolvimento para estudos de filogenia.

8.9 Explicar os principais elementos do desenvolvimento dos vertebrados, com referência especial ao ovo amniótico e à placenta.

8.10 Explicar quais tecidos adultos derivam de cada uma das três camadas germinativas embrionárias.

Em uma reconstrução moderna de um experimento clássico, uma rã gêmela se desenvolve após a região organizadora de Spemann de um embrião de rã ser enxertada em outro embrião de rã.
iStock@scubaluna

Organizador primário

Durante a primeira metade do século XX, os experimentos do embriologista alemão Hans Spemann (1869-1941) e de sua estudante Hilde Pröscholdt Mangold (1898-1924) iniciaram a primeira das duas épocas douradas da embriologia. Trabalhando com salamandras, eles verificaram que o tecido transplantado de um embrião em outro podia induzir o desenvolvimento de um órgão completo, como um globo ocular no local do transplante. Esse fenômeno é denominado indução embrionária. Mais tarde, Mangold descobriu que um tecido particular, o lábio dorsal de um estágio embrionário denominado gástrula, poderia induzir o desenvolvimento de uma nova salamandra inteira anexada à salamandra hospedeira no local do transplante (por esse trabalho, Spemann recebeu o Prêmio Nobel de Fisiologia ou Medicina em 1935, mas Hilde Mangold havia morrido em um acidente doméstico, poucas semanas antes que sua pesquisa fosse publicada). Spemann designou esse tecido do lábio dorsal de **organizador primário**, hoje muitas vezes chamado de **organizador de Spemann**. Avanços recentes em biologia molecular inauguraram a segunda época de ouro da embriologia, por revelar que a indução ocorre pela secreção de certas moléculas que disparam ou reprimem a atividade de combinações de genes em células próximas. Por exemplo, as células do organizador de Spemann migram sobre a linha média dorsal secretando proteínas denominadas como nogina, cordina e folistatina. Essas proteínas permitem que células próximas desenvolvam o sistema nervoso e outros tecidos ao longo da linha média do dorso, e esses tecidos, por sua vez, liberam outras proteínas que induzem o desenvolvimento de outras partes do corpo. Tais proteínas organizadoras foram caracterizadas para muitos outros vertebrados e mesmo invertebrados. Como todos os animais parecem compartilhar mecanismos moleculares semelhantes para o desenvolvimento, atualmente é possível entender como mudanças em tais controles do desenvolvimento conduziram à evolução da grande variedade de animais. A pesquisa nessa área deu origem ao novo campo denominado biologia evolutiva do desenvolvimento.

Como é possível que um minúsculo óvulo fertilizado (zigoto), esférico e dificilmente visível a olho nu, possa se desenvolver em um organismo totalmente formado, constituído de milhares de bilhões de células, cada uma com uma função ou papel estrutural determinado? Como esse maravilhoso processo é controlado? Claramente, toda a informação necessária para isso deve se originar do núcleo e no citoplasma circundante. Mas como essa informação dirige a conversão de um óvulo fertilizado em um animal completamente diferenciado? Apesar da intensa investigação realizada por milhares de cientistas durante muitas décadas, parece que, até recentemente, a biologia do desenvolvimento, uma ciência quase solitária dentro das ciências biológicas, não apresentava uma teoria explicativa satisfatória. Isso agora mudou. Durante as últimas 2 décadas, a combinação da genética e da evolução com as modernas técnicas da biologia celular e molecular produziu uma avalanche de explicações sobre o desenvolvimento animal. Os biólogos estão entusiasmados com a recente descoberta de uma ferramenta genética, as nucleases guiadas por RNA (nuclease-9 associada à CRISPR, ou Cas9), que torna possível manipular quase qualquer conjunto de genes para determinar o que eles fazem durante o desenvolvimento. As relações causais entre desenvolvimento e evolução tornaram-se o ponto central das pesquisas. Como resultado, parece finalmente haver uma estrutura conceitual capaz de explicar o desenvolvimento.

8.1 CONCEITOS INICIAIS: PRÉ-FORMAÇÃO *VERSUS* EPIGÊNESE

No passado, os primeiros cientistas e leigos estudiosos especularam sobre o mistério do desenvolvimento, muito antes de o processo ser submetido às modernas técnicas de bioquímica, biologia molecular, cultura de tecidos e microscopia eletrônica. Uma ideia inicial e persistente era a de que os animais jovens pré-formavam-se nos ovos, e que o desenvolvimento era simplesmente uma questão de desdobrar o que já estava lá. Algumas pessoas declaravam que conseguiam ver uma miniatura do adulto no óvulo ou no espermatozoide (Figura 8.1). Mesmo os mais cautelosos alegavam que todas as partes do embrião já estavam presentes no óvulo, mas eram tão pequenas e transparentes que não podiam ser vistas. A maior parte dos naturalistas e filósofos dos séculos XVII e XVIII defendia fortemente esse conceito da **pré-formação**.

Em 1759, o embriologista alemão Kaspar Friedrich Wolff mostrou de forma clara que, no início do desenvolvimento do embrião de galinha, não havia um indivíduo pré-formado, apenas material granular indiferenciado que se organizava em camadas. Tais camadas continuavam a espessar-se em algumas áreas, afinar-se em outras, dobrar-se e segmentar-se, até que, por fim, surgia o corpo do embrião. Wolff denominou esse processo de **epigênese** ("origem posterior ou adiante"), uma ideia de que o óvulo fertilizado contínha apenas o material de construção, que de algum modo era montado por uma força direcionadora desconhecida. As ideias atuais sobre o desenvolvimento são essencialmente epigenéticas, embora seja conhecido muito mais sobre o que direciona o crescimento e a diferenciação.

O desenvolvimento descreve as mudanças progressivas sofridas por um indivíduo, desde sua origem até a maturidade (Figura 8.2). Nos organismos sexuados multicelulares, o desenvolvimento em geral tem início com o óvulo fertilizado, que se divide por meio de mitose para produzir um embrião multicelular. Então, essas células sofrem amplos rearranjos, interagindo umas com as outras para gerar o plano corpóreo do animal e todos os inúmeros tipos de células especializadas do corpo. Essa geração da diversidade celular não ocorre de repente, mas aparece sequencialmente por uma **hierarquia de decisões do desenvolvimento**. Os diversos tipos de células que compõem o corpo surgem a partir de condições criadas em cada um dos

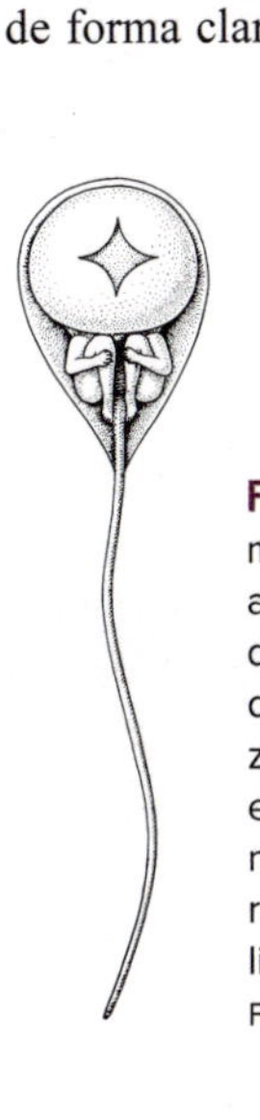

Figura 8.1 Jovem humano pré-formado em um espermatozoide, segundo a imaginação do histologista holandês do século XVII, Niklaas Hartsoeker, um dos primeiros a observar espermatozoides utilizando um microscópio por ele fabricado. Outros notáveis desenhos publicados durante esse período representavam por vezes a figura utilizando um gorro de dormir!
Fonte: N. Hartsoeker, *Essai de deoprique*, 1964.

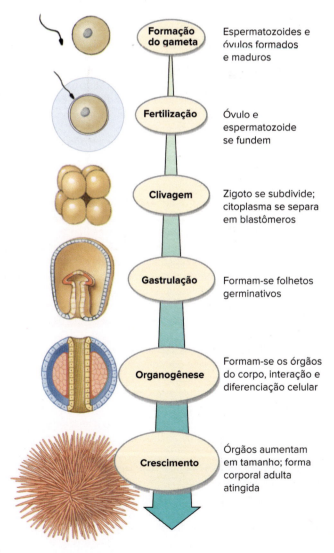

Figura 8.2 Eventos-chave do desenvolvimento animal.

estágios anteriores do desenvolvimento, em vez de "desdobrar-se" simplesmente em um dado instante. Em cada estágio do desenvolvimento surgem novas estruturas a partir da interação entre grupos de células cujos destinos são ainda indeterminados. No entanto, uma vez que novas estruturas são formadas, as opções para desenvolvimento futuro tornam-se limitadas. Uma vez embarcando em uma rota de diferenciação, elas se tornam irremediavelmente comprometidas com aquele percurso. Não mais dependem do estágio precedente, e tampouco têm a opção de tornar-se algo diferente. Uma vez que a estrutura se torna comprometida com seu destino, ela é chamada de **determinada**. Assim, a hierarquia do comprometimento é progressiva e em geral irreversível. Os dois processos básicos responsáveis por essa subdivisão progressiva são a **especificação citoplasmática** e a **indução**. Vamos discutir esses dois processos à medida que desenvolvermos este capítulo.

8.2 FERTILIZAÇÃO

O evento inicial do desenvolvimento é a **fertilização**, a união dos gametas feminino e masculino para formar um **zigoto**. A fertilização leva a dois resultados: reúne os genomas haploides da mãe e do pai em um núcleo, restaurando assim o número diploide original de cromossomos característico da espécie, e ativa o ovo para iniciar o desenvolvimento.

Os leitores podem se surpreender ao saber que, em muitos organismos, o espermatozoide penetra no oócito primário diploide que já começou, mas ainda não concluiu, a meiose. Durante a meiose (ver Seção 5.2), ocorrem duas séries de divisões cromossômicas. Na primeira divisão, na metáfase 1, os bivalentes alinham-se no fuso equatorial. Todos os bivalentes são arrastados separadamente para formar dois núcleos haploides. Um desses núcleos situa-se próximo à membrana celular em uma protuberância denominada lobo polar, enquanto o outro se localiza mais centralmente. Os dois núcleos dividem-se novamente, produzindo quatro núcleos haploides, dois no lobo polar. Um terceiro núcleo move-se para a borda da célula, de tal modo que três núcleos são destacados como corpúsculos polares. Tais corpúsculos são células que contêm um núcleo haploide e muito pouco citoplasma e que se degeneram. O oócito maduro, ou óvulo, contém um pronúcleo feminino e uma grande quantidade de citoplasma. Em tamanho relativo, um óvulo é normalmente 200 vezes maior que uma célula somática (do corpo), enquanto um espermatozoide é aproximadamente 1/50 do tamanho de uma célula somática.

Em qual estágio da oogênese o espermatozoide penetra o oócito? A resposta a essa questão varia dependendo da espécie e não mostra qualquer padrão evolutivo simples. Em táxons tão distintos como esponjas, mexilhões, cães e vermes poliquetas, o espermatozoide penetra no oócito primário diploide. O núcleo do oócito sofre meiose à medida que o pronúcleo se aproxima dele. Em outros táxons tão distintos como insetos, estrelas-do-mar, peixes, anfíbios e alguns mamíferos, o espermatozoide penetra no oócito após a primeira ou segunda divisão meiótica, porém antes dos corpúsculos polares serem liberados. As anêmonas-do-mar e ouriços-do-mar estão entre os poucos táxons cujo espermatozoide penetra no óvulo haploide com um pronúcleo feminino pronto.

Os espermatozoides nem sempre são necessários para o desenvolvimento. Os óvulos de algumas espécies podem ser artificialmente induzidos a iniciar o desenvolvimento sem a fertilização pelo espermatozoide (partenogênese artificial), mas, na grande maioria dos casos, o embrião não será capaz de continuar por muito tempo, antes que surjam anomalias letais. Contudo, determinadas espécies apresentam partenogênese natural (ver Seção 7.1). Dentre estas, algumas apresentam óvulos que se desenvolvem normalmente na ausência de espermatozoides. Em outras espécies (alguns peixes e salamandras), o espermatozoide é necessário para a ativação do óvulo, mas não contribui com material genético. Às vezes, durante a oogênese, os núcleos haploides fundem-se para restaurar a condição diploide em vez de formar todos os três corpúsculos polares. Nem o contato com o espermatozoide nem o genoma paterno são fatores essenciais para a ativação do óvulo.

Maturação do oócito

Durante a oogênese descrita no Capítulo 7, o óvulo prepara-se para a fertilização e para o início do desenvolvimento. Enquanto o espermatozoide elimina todo o seu citoplasma e condensa seu núcleo ao menor tamanho possível, o óvulo aumenta de tamanho por meio do acúmulo de reservas de vitelo para sustentar o futuro crescimento. O citoplasma de um óvulo também contém grandes quantidades de RNA mensageiro, ribossomos, RNA transportador e outros elementos que serão necessários para a síntese proteica. Além disso, os óvulos de muitas espécies contêm **determinantes morfogenéticos**, como fatores de transcrição e de indução, que direcionam a ativação e a repressão de genes específicos que ocorrerão posteriormente, durante o desenvolvimento pós-fertilização. O núcleo cresce rapidamente em tamanho durante a maturação do óvulo, tornando-se carregado de RNA e com uma aparência tão modificada que recebe o nome especial de **vesícula germinativa**. Grande parte dessa preparação intensa ocorre durante um estágio interrompido da meiose. Por exemplo, em mamíferos, ele ocorre durante a prófase prolongada da primeira divisão meiótica. O oócito torna-se um sistema altamente estruturado e com a capacidade de, após a fertilização, nutrir o embrião e direcionar o seu desenvolvimento por meio da clivagem.

Fertilização e ativação

Nosso conhecimento atual sobre fertilização e ativação deriva, em grande parte, de mais de 1 século de pesquisas com invertebrados marinhos, especialmente ouriços-do-mar. Ouriços-do-mar produzem muitos óvulos e espermatozoides, que podem ser combinados para estudos em laboratório. A fertilização também foi estudada em muitos vertebrados, e mais recentemente em mamíferos, utilizando espermatozoides e óvulos de camundongos, *hamsters* e coelhos. Nós descrevemos a fertilização e a ativação usando um ouriço-do-mar como modelo.

Contato e reconhecimento entre óvulo e espermatozoide

A maioria dos invertebrados marinhos e diversos peixes marinhos simplesmente liberam seus gametas no oceano. Embora o óvulo seja um grande alvo para um espermatozoide, o enorme efeito de dispersão que o oceano causa e a limitada área que pode ser atingida por um espermatozoide nadando conspiram contra o encontro de um óvulo e um espermatozoide por mero acaso. Para aumentar a probabilidade de contato, os óvulos de muitas espécies marinhas liberam um fator quimiotáxico que atrai espermatozoides. A molécula quimiotáxica é específica de cada espécie, atraindo para o óvulo apenas espermatozoides da mesma espécie.

Nos óvulos do ouriço-do-mar, o espermatozoide primeiramente penetra em uma camada gelatinosa que envolve o óvulo, e depois entra em contato com o envoltório vitelino, uma fina camada situada logo acima da membrana plasmática do óvulo (Figura 8.3). Nesse ponto, as proteínas de reconhecimento do óvulo localizadas no processo acrossômico do espermatozoide (Figura 8.4) ligam-se a receptores de espermatozoides específicos da espécie no envoltório vitelino. Esse mecanismo assegura que o óvulo reconheça apenas o espermatozoide da mesma espécie. Isso é importante no ambiente marinho, onde diversas espécies muito aparentadas podem estar se reproduzindo ao mesmo tempo. O reconhecimento de proteínas específicas da espécie foi encontrado nos espermatozoides de espécies de vertebrados (incluindo mamíferos) e, presumivelmente, constituem uma propriedade universal dos animais.

> **Tema-chave 8.1**
> **GENÉTICA E DESENVOLVIMENTO**
>
> **Cálcio regula a fertilização**
>
> Em óvulos de animais, a fertilização induz um aumento no número de íons de cálcio livres dentro do citoplasma do ovo. Este aumento do cálcio livre intracelular regula eventos posteriores do desenvolvimento e é essencial para que o desenvolvimento normal ocorra em todos os táxons estudados, mas os mecanismos que controlam os níveis de cálcio variam. Em alguns táxons, os íons de cálcio são liberados de estoques intracelulares, como o retículo endoplasmático, enquanto em outros o cálcio entra no ovo por meio de canais de cálcio dependentes de voltagem (ver Figura 3.12). Alguns organismos combinam os dois mecanismos. O sinal de cálcio pode ocorrer em um único pulso, como se dá em zigotos de medusas, estrelas-do-mar e sapos, ou em uma série de pulsos bem espaçados identificados em nemertinos, poliquetas e mamíferos. Os pesquisadores pensavam que o padrão de sinalização do cálcio poderia variar como parte da dicotomia de desenvolvimento entre protostômios e deuterostômios, mas este não é o caso. Mesmo nessa pequena lista de táxons apresentada acima, os dois cordados deuterostômios exibem diferentes padrões de liberação de cálcio, sugerindo que os diferentes padrões estão mais provavelmente relacionados ao número e à duração dos eventos de desenvolvimento que requerem a sinalização do cálcio.

Prevenção da polispermia

Nos invertebrados marinhos, no local de contato entre o espermatozoide e o envoltório vitelino do óvulo, surge um **cone de fertilização**, no qual posteriormente penetrará a cabeça do espermatozoide (ver Figura 8.4). Esse evento é imediatamente seguido por

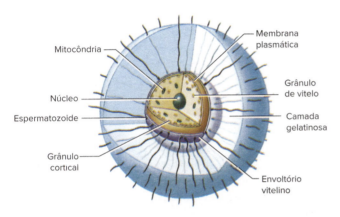

Figura 8.3 Estrutura do óvulo do ouriço-do-mar no momento da fertilização.

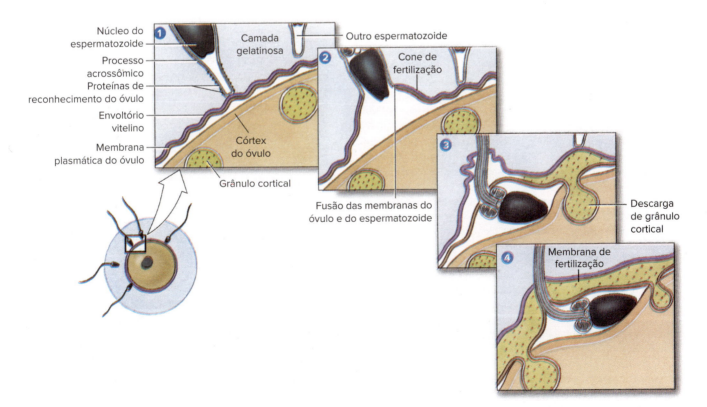

Figura 8.4 Sequência de eventos durante o contato e a penetração do espermatozoide em um óvulo de ouriço-do-mar.

importantes modificações na superfície do óvulo que bloqueiam a entrada de outros espermatozoides, os quais, sobretudo em óvulos de animais marinhos, costumam cercar o óvulo rapidamente e em grandes quantidades. A penetração de mais de um espermatozoide, denominada **polispermia**, deve ser impedida, já que a união de mais de dois núcleos haploides prejudica o desenvolvimento normal. A penetração de mais de um espermatozoide no zigoto produz um núcleo poliploide que não pode sofrer divisão normal: formam-se mais do que dois fusos mitóticos, de tal modo que os cromossomos são divididos de maneira desigual entre as células-filhas.

No ouriço-do-mar, o contato do primeiro espermatozoide com a membrana do óvulo é imediatamente seguido por uma mudança no potencial elétrico da membrana, que atua como uma barreira elétrica transitória para impedir que mais espermatozoides a ela se unam. Esse evento, denominado **bloqueio rápido**, é imediatamente seguido por um segundo evento, chamado de bloqueio lento, uma **reação cortical** na qual milhares de grânulos corticais ricos em enzimas, localizados logo abaixo da membrana do óvulo, fundem-se à membrana, liberando seu conteúdo no espaço entre ela e o envoltório vitelino logo acima (ver Figura 8.4). A reação cortical cria um gradiente osmótico, fazendo com que água invada esse espaço, elevando o envoltório e removendo todos os espermatozoides a ele ligados, exceto aquele que já se havia fundido com sucesso à membrana do óvulo. Uma das enzimas dos grânulos corticais causa o endurecimento do envoltório vitelino, que agora é denominado **membrana de fertilização**. Essa membrana age como uma barreira física permanente ao esperma. O bloqueio à polispermia está completo. A Figura 8.5 resume a cronologia destes eventos iniciais. Os mamíferos apresentam um sistema de segurança similar, que é ativado alguns segundos após a fusão do primeiro espermatozoide com a membrana do óvulo – embora não exista membrana de fertilização, a reação cortical libera enzimas que modificam a superfície do óvulo para evitar a ligação de outros espermatozoides.

Fusão dos pronúcleos e ativação do óvulo

Após a fusão das membranas do espermatozoide e do óvulo, o espermatozoide perde seu flagelo, que se desintegra. Então, ocorre o rompimento de seu envoltório nuclear, permitindo assim a expansão da cromatina que se encontrava em um estado extremamente condensado. O núcleo expandido do espermatozoide, agora denominado **pronúcleo**, migra para dentro do óvulo a fim de se unir ao pronúcleo feminino. Sua fusão forma o **núcleo do zigoto**, que é diploide. A fusão dos núcleos leva apenas 12 minutos nos zigotos de ouriço-do-mar (Figura 8.5), mas requer cerca de 12 horas nos mamíferos.

A fertilização dá origem a diversas modificações importantes no citoplasma do ovo – ou zigoto – que se prepara para a clivagem. São removidos os inibidores que bloqueavam o metabolismo e mantinham o óvulo quiescente em seu estado de animação suspensa. A fertilização é imediatamente seguida por uma explosão de síntese de DNA e de proteínas, esta última utilizando o suprimento abundante de RNA mensageiro previamente armazenado no citoplasma do óvulo. Os RNA mensageiros maternos codificam proteínas, como actinas e tubulinas, necessárias para a divisão celular. A fertilização também inicia uma quase completa reorganização do citoplasma, dentro do qual se encontram determinantes morfogenéticos, por exemplo fatores de transcrição, que ativam ou reprimem genes específicos enquanto o desenvolvimento prossegue. O movimento do citoplasma reposiciona os determinantes em novos e corretos arranjos espaciais que são essenciais para o desenvolvimento adequado.

Figura 8.5 Cronologia dos eventos durante a fertilização e o início do desenvolvimento de um ouriço-do-mar.

As posições relativas dos fatores de transcrição e de indução no citoplasma são importantes porque a célula gigante – zigoto – está quase por sofrer uma sequência de divisões mitóticas denominada **clivagem**. Durante a clivagem, ambos os núcleos e o citoplasma se dividem, de tal modo que o citoplasma é separado com cada divisão. Se certos mRNA, fatores de transcrição e outros componentes citoplasmáticos estão situados em algumas células e não em outras, então o destino posterior de tais células pode ser limitado pelo que elas possuem. A clivagem propicia ao zigoto o caminho multicelular, mas ela não produz uma massa uniforme de células.

O que podemos aprender com o desenvolvimento?

Os biólogos estudam o desenvolvimento por diferentes razões. Alguns estudos focam no entendimento de como o zigoto, uma simples célula grande, pode produzir as múltiplas partes do corpo de um organismo. A compreensão dos mecanismos do desenvolvimento requer o conhecimento de como a clivagem separa o citoplasma, como as diferentes células interagem e como a expressão gênica atua. Esses tópicos são cobertos na próxima seção, "Clivagem e início do desenvolvimento".

Outra razão para estudar o desenvolvimento é a procura por atributos comuns entre os organismos. Tais características comuns no mecanismo do desenvolvimento são discutidas nas Seções 8.7 e 8.9, mas existem também atributos comuns na sequência dos eventos do desenvolvimento. Todos os animais multicelulares começam como um zigoto e todos prosseguem com a clivagem e alguns estágios subsequentes do desenvolvimento. Os embriões de esponjas, caracóis e rãs divergem em algum momento para produzir adultos diferentes. Quando ocorre essa divergência? Variação no desenvolvimento entre os animais inicia-se com os padrões de clivagem zigótica. Os tipos de clivagens caracterizam grupos particulares de animais, mas o tipo de clivagem varia com três outros aspectos do desenvolvimento para formar um conjunto de características. Por essa razão, é necessária a compreensão da clivagem, bem como uma visão geral da sequência do desenvolvimento que a ela se segue, antes que possam ser descritos padrões do desenvolvimento de grupos particulares de animais.

8.3 CLIVAGEM E INÍCIO DO DESENVOLVIMENTO

Durante a clivagem, o embrião divide-se diversas vezes, convertendo uma única célula grande em muitas células menores, chamadas **blastômeros**. Durante esse período não há crescimento, mas apenas a subdivisão da massa, que prossegue até atingir o tamanho normal de uma célula **somática**. Essencialmente, o óvulo fertilizado divide o citoplasma presente na fertilização repetidas vezes, de tal modo que as células se tornam cada vez menores à medida que as divisões se sucedem. Ao final da clivagem, o zigoto dividiu-se em muitas centenas ou milhares de células e está formado o estágio de blástula.

Antes de se iniciar a clivagem, é visível o eixo animal-vegetativo no embrião. Esse eixo existe pelo fato de o vitelo, que fornece a nutrição para o desenvolvimento do embrião, ocorrer apenas em uma extremidade, estabelecendo a **polaridade** no embrião. A extremidade rica em vitelo corresponde ao **polo vegetativo**, e a outra é o **polo animal** (Figura 8.6); o polo animal contém principalmente citoplasma e muito pouco vitelo. O eixo polar (animal-vegetativo) fornece um ponto de referência no embrião. Geralmente a clivagem é uma sequência ordenada de divisões celulares de tal modo que uma célula se divide para formar duas, cada uma destas para formar quatro, que formam oito células, e assim sucessivamente. Durante cada divisão, é visível um sulco distinto de clivagem na célula. Esse **sulco de clivagem** pode ser paralelo ou perpendicular ao eixo animal-vegetativo.

Como a quantidade e a distribuição do vitelo afetam a clivagem

A quantidade de vitelo no polo vegetativo varia entre os táxons. Quatro termos são usados para descrever a quantidade e a localização de vitelo no zigoto. Zigotos com muito pouco vitelo que se encontra distribuído de maneira uniforme (ver Figura 8.6 A, C e E) são chamados de **isolécitos** (do grego *isos*, igual, + *lekithos*, vitelo). Os zigotos que apresentam uma quantidade moderada de vitelo concentrado no polo vegetativo (Figura 8.6 B) são chamados de **mesolécitos** (do grego *mesos*, meio, + *lekithos*, vitelo), enquanto zigotos que contêm grande quantidade de vitelo densamente concentrada no polo vegetativo são denominados **telolécitos** (do grego *telos*, extremidade, + *lekithos*, vitelo) (ver Figura 8.6 D).

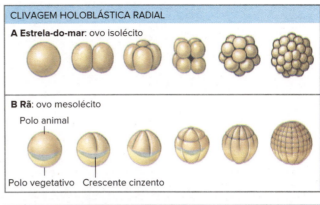
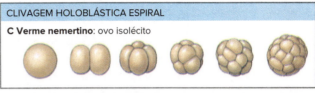
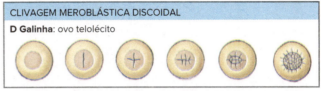
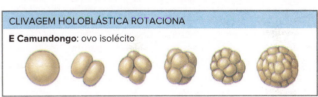

Figura 8.6 Estágios da clivagem de estrela-do-mar, rã, verme nemertino, galinha e camundongo.

Zigotos com grande quantidade de vitelo localizada centralmente são denominados **centrolécitos** (Figura 8.7).

Por que a posição e a quantidade de vitelo são importantes para a clivagem? O vitelo é uma mistura de proteínas que fornecem nutrição para o desenvolvimento do embrião, e pode ser muito denso. Quando o sulco de clivagem se forma, uma membrana celular divide o citoplasma de uma célula em duas. O sulco tem dificuldade para se formar quando o citoplasma é denso pelo vitelo. Dos quatro padrões de distribuição de vitelo descritos acima, qual deles se espera interferir menos na clivagem? Os zigotos isolécitos têm apenas uma pequena quantidade de vitelo uniformemente distribuída por todo o citoplasma; assim, eles devem clivar mais facilmente.

Em algumas situações, o sulco de clivagem não divide completamente o citoplasma do zigoto em cada divisão celular. Quando o zigoto contém muito vitelo, a clivagem é **meroblástica** (do grego *meros*, parte, + *blastos*, rebento), com células acomodadas em cima de uma massa de vitelo indiviso (ver Figura 8.6 D). A clivagem meroblástica é incompleta porque os sulcos de clivagem não rompem a região onde há grande concentração de vitelo; em vez disso, param na borda entre o citoplasma e o vitelo abaixo. Quando há pouco vitelo, o sulco de clivagem estende-se completamente pelo zigoto na clivagem **holoblástica** (do grego *holo*, inteiro, + *blastos*, rebento) (ver Figura 8.6 A a C e E).

A clivagem é um processo essencial para o desenvolvimento, de tal modo que uma variedade de termos é usada para descrever

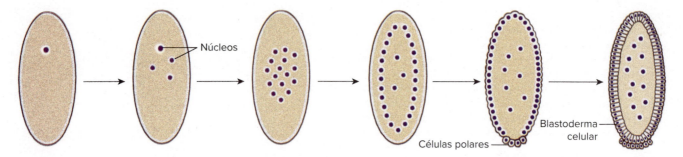

Figura 8.7 Clivagem superficial de um embrião de *Drosophila*. Primeiro, o núcleo do zigoto divide-se seguidamente no endoplasma rico em vitelo, por meio de mitose, sem que ocorra citocinese. Após diversas divisões mitóticas, a maioria dos núcleos migra para a superfície, onde são separados por citocinese em células individualizadas. Alguns núcleos migram para o polo posterior para formar as células germinativas primordiais, denominadas células polares. Diversos núcleos permanecem no endoplasma, onde regularão a quebra dos produtos do vitelo. O estágio de blastoderma celular corresponde ao estágio de blástula de outros embriões.

padrões diferentes. A distribuição de vitelo antes da clivagem é isolécita, mesolécita, telolécita ou centrolécita. A extensão na qual a clivagem é capaz de dividir em duas partes o citoplasma da célula é holoblástica ou meroblástica. Combinando esses dois descritores, torna-se claro que um sulco de clivagem completo é fácil de ocorrer em células com pouco vitelo ou com vitelo uniformemente distribuído; espera-se clivagem holoblástica em zigotos isolécitos ou mesolécitos, porém não em zigotos telolécitos ou centrolécitos.

Um outro conjunto de termos é usado para discutir os ângulos e direções a partir dos quais os sulcos de clivagem penetram o citoplasma. Nós ilustramos quatro descritores para esse aspecto da clivagem: radial, espiral, discoidal e rotacional. A clivagem rotacional pode ser diferenciada dos outros padrões de clivagem comparando-se o sulco de clivagem no estágio de duas células do embrião de um camundongo (ver Figura 8.6 E) com os estágios de duas células de outros embriões (ver Figura 8.6 A a D). A clivagem discoidal ocorre quando as células que clivam formam um disco achatado sobre a massa de vitelo, como na Figura 8.6 D. A clivagem radial pode ser diferenciada da clivagem espiral comparando-se o estágio de oito células das estrelas-do-mar e das rãs mostrado na Figura 8.6 A e B, respectivamente, com o mesmo estágio na Figura 8.6 C de um verme nemertino. Note que, na clivagem radial, a camada superior de células situa-se diretamente em cima da camada inferior de células, enquanto na clivagem espiral, a camada superior é acumulada em espaços entre as células da camada inferior. Esses aspectos da clivagem são discutidos em maior detalhe posteriormente.

O leitor pode imaginar como os padrões de clivagem estão distribuídos entre os táxons animais. A clivagem holoblástica ocorre em zigotos isolécitos e está presente em equinodermos, tunicados, cefalocordados, nemertinos e na maioria dos moluscos, assim como em marsupiais e mamíferos placentários, incluindo os humanos (ver Figura 8.6 A, C e E). Os zigotos mesolécitos também mostram clivagem holoblástica, mas a clivagem progride mais lentamente na presença de mais vitelo, deixando a região vegetativa com poucas células maiores e preenchidas com vitelo, enquanto a região animal apresenta muitas células pequenas. Os ovos de anfíbios ilustram esse processo (ver Figura 8.6 B).

A clivagem meroblástica ocorre em zigotos telolécitos e centrolécitos. Nos ovos telolécitos de aves, répteis, maioria dos peixes, poucos anfíbios, moluscos cefalópodes e mamíferos monotremados, a clivagem restringe-se ao citoplasma em um estreito disco no topo do vitelo e é, consequentemente, denominada clivagem meroblástica discoidal (ver desenvolvimento do embrião de galinha na Figura 8.6 D).

Os ovos centrolécitos da *Drosophila* sofrem **clivagem superficial** (ver Figura 8.7), pela qual a massa de vitelo localizada centralmente restringe a clivagem à borda citoplasmática do ovo. Esse padrão é altamente incomum porque a clivagem citoplasmática (citocinese) só ocorre depois de muitas séries de divisão nuclear. Após cerca de oito séries de mitose, na ausência de divisão citoplasmática (produzindo 256 núcleos), os núcleos migram para a periferia do ovo desprovida de vitelo. Uns poucos núcleos na extremidade posterior do ovo tornam-se circundados por citoplasma para formar as células polares que originam as células germinativas do adulto. Em seguida, toda a membrana celular do ovo dobra-se para dentro, separando cada núcleo em uma única célula e produzindo uma camada de células na periferia que circunda a massa de vitelo (ver Figura 8.7). Pelo fato de o vitelo ser um impedimento para a clivagem, esse padrão evita clivá-lo e, em vez disso, limita a divisão citoplasmática inicial a pequenas regiões de citoplasma sem vitelo.

A função do vitelo é nutrir o embrião. Quando existe muito vitelo, como nos ovos telolécitos, os jovens exibem **desenvolvimento direto**, partindo de um embrião para um adulto miniatura. Quando há pouco vitelo, como nos ovos isolécitos ou mesolécitos, os jovens desenvolvem-se em vários estágios larvais capazes de se alimentar. Nesse **desenvolvimento indireto**, as larvas diferem dos adultos e devem metamorfosear-se para produzir uma forma corporal adulta (Figura 8.8). Existe outro caminho para compensar a ausência de vitelo: na maioria dos mamíferos, a mãe nutre o embrião por meio da placenta.

8.4 VISÃO GERAL DO DESENVOLVIMENTO APÓS A CLIVAGEM

Blastulação

A clivagem subdivide a massa do zigoto até que seja formado um aglomerado de células denominado **blástula** (do grego *blastos*, rebento, + *ule*, pequeno) (Figura 8.9). Nos mamíferos, esse aglomerado é denominado blastocisto (ver Figura 8.17 E). Na maioria dos animais, as células organizam-se em torno de uma cavidade central preenchida por fluidos (ver Figura 8.9), denominada de **blastocele** (do grego *blastos*, rebento, + *koilos*, cavidade; uma blástula oca pode ser chamada de celoblástula, para distinguir-se de uma estereoblástula sólida; aqui, no relato geral, admite-se que a blástula é oca). No estágio de blástula, o embrião consiste em algumas centenas a muitos milhares de células preparadas

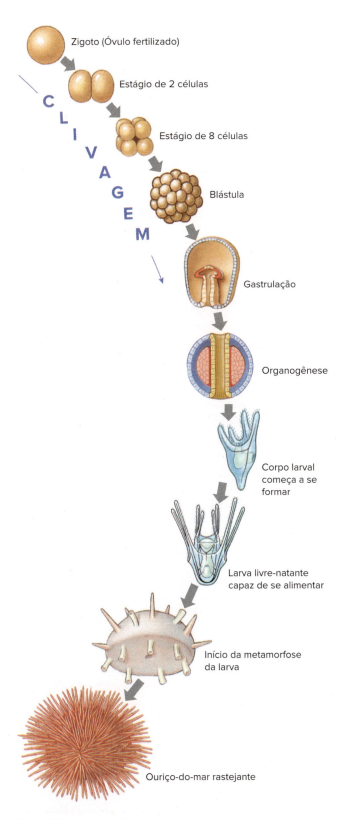

Figura 8.8 Desenvolvimento indireto de um ouriço-do-mar. A fertilização de um óvulo de ouriço é seguida pela clivagem, que produz uma massa celular. Essa massa rearranja-se para formar uma camada simples de células que circunda uma cavidade (estágio de blástula). No estágio seguinte, formam-se um intestino e mais camadas de tecidos (gastrulação). Uma vez formado o tubo digestório, o embrião de ouriço desenvolve um corpo larval. A larva livre-natante alimenta-se e cresce nas águas superficiais do oceano. A larva metamorfoseia-se em um diminuto ouriço-do-mar habitante do fundo; o ouriço alimenta-se e cresce, atingindo a maturidade sexual nessa forma corporal.

para continuar o desenvolvimento. Houve um grande aumento no conteúdo total de DNA, já que cada um dos núcleos das células-filhas, por meio da replicação cromossômica, contém tanto DNA quanto o núcleo original do zigoto. No entanto, o embrião inteiro não é maior do que o zigoto. O citoplasma do ovo foi subdividido entre as células, como previamente descrito, potencialmente limitando o destino de certas células.

A formação do estágio de blástula, com sua única camada de células germinativas, ocorre em todos os animais multicelulares. Na maioria deles, o desenvolvimento prossegue além da blástula para formar mais um ou dois folhetos germinativos no estágio de gástrula. Finalmente, os folhetos ou camadas germinativas produzem todas as estruturas do corpo do adulto; os derivados dos folhetos germinativos são mostrados na Figura 8.24.

Gastrulação e formação de dois folhetos germinativos

A gastrulação converte a blástula esférica em um embrião com duas ou três camadas de células. As camadas são chamadas de folhetos germinativos e todas as subsequentes partes do corpo desenvolvem-se a partir de um ou mais folhetos germinativos. Iniciamos com um relato geral de como se formam os folhetos germinativos. Para formar um segundo folheto (ver Figura 8.9), um lado da blástula dobra-se para dentro em um processo denominado invaginação. Esse dobramento continua até a superfície da região dobrada estender-se por cerca de 1/3 do caminho até o interior da blastocele, formando uma nova cavidade interna (ver Figura 8.9). Imagine um balão esférico sendo empurrado para dentro em um dos lados – a região interna forma uma bolsa. Essa bolsa é a cavidade do intestino, denominada **arquêntero** (do grego *archae*, antigo, + *enteron*, intestino) ou **gastrocele** (do grego *gaster*, estômago, + *koilos*, cavidade). Ela se acomoda no interior da agora reduzida blastocele. A abertura do intestino, onde começou o dobramento para dentro, é o **blastóporo** (do grego *blastos*, germe, + *poros*, orifício).

O estágio de **gástrula** (do grego *gaster*, estômago, + *ule*, pequeno) contém duas camadas: uma externa, que envolve a blastocele, denominada de **ectoderma** (do grego *ecto*, fora, + *deros*, pele), e uma camada interna, revestindo o intestino primitivo, denominada de **endoderma** (do grego *endon*, dentro, + *deros*, pele). Formando uma imagem mental do processo do desenvolvimento, lembre-se de que cavidades ou espaços só podem ser definidos por seus limites. Assim, a cavidade intestinal é um espaço definido por uma camada de células que o circunda (ver Figura 8.9). As cores das camadas são padronizadas dentro da biologia do desenvolvimento: ectoderma é sempre azul e endoderma é sempre amarelo. Use essa convenção para seguir o processo de desenvolvimento.

Quando o tubo digestório se abre apenas no blastóporo, ele é chamado **tubo digestório incompleto** ou de fundo cego. Qualquer coisa consumida por um animal com tubo digestório cego ou deve ser completamente digerida, ou as partes não digeridas devem ser descartadas pela boca. Certos animais, como anêmonas-do-mar e platelmintos, têm um intestino cego às vezes chamado de cavidade gastrovascular. Todavia, a maioria dos animais tem **tubo digestório completo**, com uma segunda abertura, o ânus (Figura 8.9). O blastóporo torna-se a boca em muitos organismos, mas torna-se o ânus em outros. Essas diferenças são discutidas em "Desenvolvimento de protostômios" e "Desenvolvimento de deuterostômios" (ver Seção 8.7).

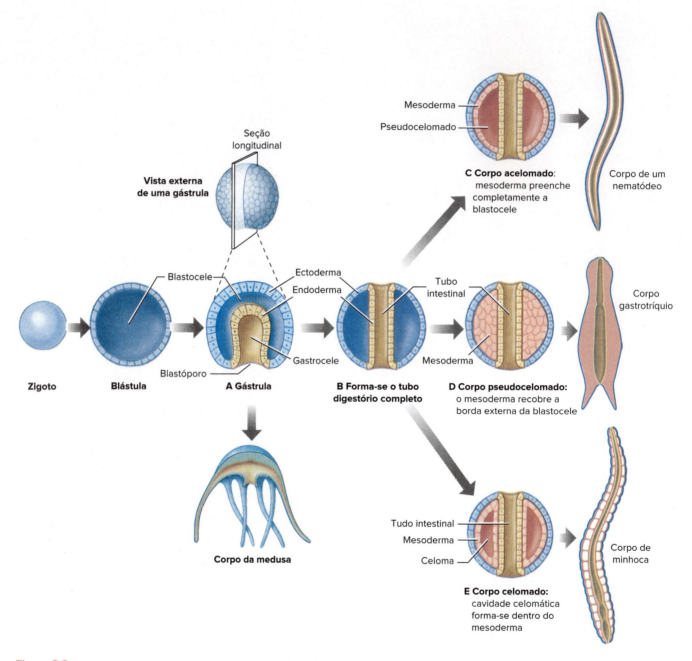

Figura 8.9 Uma sequência geral do desenvolvimento, começando com um zigoto. Todos os animais se desenvolvem até o estágio de blástula; setas entre os estágios **A** e **E** ilustram possíveis sequências de desenvolvimento posteriores. Os estágios **A**, **C**, **D** e **E** são pareados com exemplos gerais de animais adultos resultantes de cada sequência de desenvolvimento.

Formação de um tubo digestório completo

Quando se forma um tubo digestório completo, o arquêntero continua o movimento para dentro até que sua extremidade encontra a parede ectodérmica da gástrula. A cavidade do arquêntero estende-se ao longo do animal, e os folhetos ectoderma e endoderma se juntam. Tal junção produz um tubo endodérmico, o tubo digestório, circundado pela blastocele, no interior de um tubo ectodérmico, a parede do corpo (ver Figura 8.9). Nesse momento, o tubo endodérmico tem duas aberturas: o blastóporo e uma segunda, sem nome, formada quando o tubo do arquêntero se funde com o ectoderma (ver Figura 8.9).

Formação do mesoderma, o terceiro folheto germinativo

A formação da maioria dos animais prossegue de uma blástula para uma gástrula, produzindo dois folhetos germinativos. Uma das muitas peculiaridades da terminologia biológica é que não existe termo para os organismos com apenas uma camada de células germinativas. Muitas esponjas parecem se desenvolver até o estágio de blástula e não além, apresentando assim uma única camada de células germinativas. No entanto, pesquisas recentes sobre algumas esponjas indicam que elas desenvolvem duas camadas germinativas. Tais animais são chamados de **diblásticos** ou **diploblásticos** (diblásticos) (do grego *diploos*, duplo, + *blastos*, germe).

Os animais diploblásticos incluem as anêmonas-do-mar e os ctenóforos. A maioria dos animais tem um terceiro folheto germinativo e são **triploblásticos** ou **triblásticos** (do latim *tres*, três, + *blastos*, germe).

O terceiro folheto, **mesoderma** (do grego *mesos*, meio, + *deros*, pele), situa-se entre o ectoderma e o endoderma (ver Figura 8.9). Ele é sempre mostrado em vermelho nos diagramas de desenvolvimento. O mesoderma pode formar-se de duas maneiras: as células originam-se a partir da área ventral próxima ao lábio do blastóporo e proliferam-se para dentro do espaço entre o arquêntero e a parede externa do corpo (ver Figura 8.17 C), ou a região central da parede do arquêntero estende-se para fora, no espaço entre o arquêntero e a parede externa do corpo (ver Figura 8.17 A). Independentemente da maneira como é formado, as células iniciais do mesoderma provêm do endoderma [em poucos grupos, como anfíbios, parte do terceiro folheto origina-se do ectoderma; este é denominado **ectomesoderma** (do grego *ecto*, fora, + *mesos*, meio + *deros*, pele), para distinguir-se do autêntico mesoderma derivado do endoderma).

No final da gastrulação, o ectoderma recobre o embrião, e o mesoderma e o endoderma foram trazidos para o interior (ver Figura 8.9). Como resultado, as células têm novas posições e novos contatos, de tal modo que as interações entre as células e os folhetos germinativos geram o plano corporal.

Formação do celoma

O **celoma** (do grego *koilos*, cavidade) é a cavidade corporal completamente revestida por mesoderma; a faixa de mesoderma com seu celoma interno situa-se no interior do espaço previamente ocupado pela blastocele (ver Figura 8.9). Como isto aconteceu? Durante a gastrulação, a blastocele é preenchida, parcial ou completamente, com mesoderma. A cavidade celomática aparece no interior do mesoderma por um dos dois métodos: **esquizocelia** ou **enterocelia**. Esses métodos são discutidos mais adiante. O celoma formado tanto por esquizocelia como por enterocelia são funcionalmente equivalentes. O método pelo qual o celoma se forma é uma característica herdada; assim, ele pode ser usado como evidência de ancestralidade compartilhada (ver Seção 8.8).

Quando a formação está concluída, o corpo tem três folhetos germinativos e duas cavidades (ver Figura 8.9). Uma cavidade é o intestino e a outra é a cavidade celomática preenchida por líquido. O celoma, circundado por suas paredes mesodérmicas, preenche completamente a blastocele. O mesoderma em torno do celoma em última instância produz camadas de músculos, entre outras estruturas. Todas as estruturas do adulto derivam de um dos três folhetos germinativos.

O celoma tem uma série de funções, desde amortecimento e proteção do intestino até servir como esqueleto hidrostático em animais como as minhocas, que não têm cobertura rígida para evitar mudanças de forma. Em alguns animais que não possuem celoma, uma cavidade cheia de fluido é formada, permitindo que a blastocele embrionária persista na idade adulta. Essa cavidade é chamada de **pseudoceloma** (do grego *Pseudés* = falso, + *koilos* = cavidade; ver Seção 8.7). O desenvolvimento de uma cavidade cheia de fluido ao redor do intestino por diferentes métodos sugere que essa estrutura é importante para o funcionamento dos animais.

8.5 MECANISMOS DO DESENVOLVIMENTO

Equivalência nuclear

Como um embrião em desenvolvimento pode gerar a diversidade de tipos celulares de um organismo multicelular completo a partir de um único núcleo diploide de um zigoto? Para muitos embriologistas do século XIX, parecia haver somente uma resposta aceitável: durante a divisão celular, o material hereditário tinha que ser dividido de maneira desigual entre as células-filhas. De acordo com essa visão, o genoma se dividiria em unidades cada vez menores, de modo que, finalmente, restaria apenas a informação necessária para determinar as características de um só tipo de célula. Essa hipótese foi chamada de Roux-Weismann, por causa dos dois embriologistas alemães que desenvolveram esse conceito.

No entanto, em 1892, Hans Driesch descobriu que, separando-se mecanicamente um embrião de ouriço-do-mar composto por duas células, cada uma das células se desenvolvia em uma larva normal. Driesch concluiu que ambas as células continham toda a informação genética do zigoto original. No entanto, esse experimento não encerrou a discussão, pois muitos embriologistas acreditavam que, embora todas as células contivessem genomas completos, os núcleos poderiam tornar-se progressivamente modificados, eliminando de algum modo a informação da qual não precisavam para formar células diferenciadas.

Tema-chave 8.2
GENÉTICA E DESENVOLVIMENTO

Ovos de ouriço-do-mar

Os esforços de Hans Driesch para interromper o desenvolvimento do ovo são poeticamente descritos por Peattie: "Veja Driesch moendo os ovos do ouriço-do-mar favorito de Loeb entre placas de vidro, batendo, quebrando e deformando-os de todas as maneiras. E quando ele parou de maltratá-los, os ovos continuaram com seu desenvolvimento ordenado e normal. É concebível alguma máquina, pergunta Driesch, que pudesse ser demolida [...] ter suas partes todas desarranjadas e transpostas, e ainda assim funcionarem normalmente? Não se pode imaginar. Mas do ovo vivo, fertilizado ou não, podemos dizer que nele estão latentes todas as potencialidades presumidas por Aristóteles, e todos os sonhos de forma do escultor, sim, e o próprio poder no braço do escultor." De Peattie, D. C. 1935. *An Almanac for Moderns*. Nova York, G. P. Putnam's Sons.

Próximo à virada do século, Hans Spemann introduziu uma nova abordagem para testar a hipótese de Roux-Weismann. Spemann colocou diminutas amarras de cabelo humano ao redor de zigotos de salamandra, pouco antes de eles se dividirem, apertando-os até que eles estivessem quase, mas não totalmente, separados em duas metades. O núcleo situava-se em uma metade do zigoto parcialmente dividido, enquanto o outro lado estava anucleado, contendo apenas citoplasma. O zigoto completava então sua primeira divisão de clivagem na metade que continha o núcleo, e o lado anucleado permanecia inteiro. Finalmente, quando o lado nucleado havia se dividido em cerca de 16 células, um dos núcleos da clivagem passaria pela estreita ponte citoplasmática para o lado anucleado. Imediatamente, esse lado iniciava a divisão e começava a desenvolver-se normalmente.

No entanto, Spemann observou que, às vezes, a metade nucleada do embrião desenvolvia-se apenas para se tornar uma massa anormal de tecido da "barriga". Spemann descobriu que a explicação dependia da posição do crescente cinzento, uma região livre de pigmentos, mostrada na Figura 8.6 B. O crescente cinzento é necessário para o desenvolvimento normal porque é o precursor do organizador de Spemann, discutido no texto de abertura do capítulo.

Os experimentos de Spemann demonstraram que cada blastômero contém informação genética suficiente para o desenvolvimento de um animal completo. Em 1938, ele sugeriu outro experimento que demonstraria que mesmo as células somáticas do adulto contêm o genoma completo. O experimento, que Spemann caracterizou como sendo "um tanto fantástico" naquela época, seria remover o núcleo de um zigoto e substituí-lo por um núcleo de célula somática de um indivíduo diferente. Atualmente, nós denominamos esse processo "transferência nuclear de células somáticas", ou TNCS. Se todas as células contêm a mesma informação genética que um zigoto, então o embrião se desenvolveria em um indivíduo idêntico ao animal do qual foi obtido o núcleo. Várias décadas foram necessárias para que se resolvessem as dificuldades técnicas, mas o experimento obteve sucesso em anfíbios e, atualmente, é feito em muitos mamíferos. Agora, o processo é conhecido como **clonagem** (do grego *klon*, broto). Um dos mais famosos mamíferos clonados, a ovelha Dolly, recebeu o material genético em seus núcleos a partir de glândulas mamárias de uma ovelha de 6 anos de idade.

Clones de mamíferos muitas vezes não se desenvolvem com sucesso e, quando o desenvolvimento é bem-sucedido, os clones adultos frequentemente tendem a ser doentes devido à expressão gênica anormal. Esses problemas limitam o potencial benefício da clonagem de mamíferos. No entanto, a clonagem terapêutica tem muitas aplicações médicas adicionais em potencial. A clonagem terapêutica visa apenas produzir uma linhagem de células indiferenciadas capazes de se diferenciar em muitos tipos de células adultas distintas. Essas células indiferenciadas, chamadas de **células-tronco embrionárias**, podem ser usadas para substituir tecidos lesionados em pacientes gravemente doentes. Células-tronco obtidas pelo método TNCS são geneticamente idênticas a outras células do paciente, evitando assim qualquer rejeição de tecido. A clonagem terapêutica é uma área de pesquisa muito ativa, porque células indiferenciadas ocorrem naturalmente apenas por um tempo limitado durante o desenvolvimento. Obviamente, uma vez fixado o destino das células durante o desenvolvimento, o tipo de células nas quais elas podem se desenvolver é muito limitado.

Recentemente, os cientistas descobriram que os tecidos adultos, como os do cérebro, fígado e órgãos reprodutores, contêm células indiferenciadas; estas são chamadas de células-tronco adultas. O uso terapêutico potencial dessas células é limitado pelo que parece ser um pequeno número de divisões futuras possíveis para essas células. Os pesquisadores estão se perguntando se os destinos dessas células estão restritos aos tecidos dos quais se originam ou se as células podem ser transdiferenciadas em outros tipos de células como, por exemplo, uma célula de fígado em uma célula de coração. O uso de **células-tronco adultas** ou células-tronco produzidas por TNCS evita controvérsias éticas associadas ao uso de células-tronco embrionárias. Normalmente, as células-tronco embrionárias são cultivadas a partir de óvulos humanos doados para a pesquisa e fertilizados em laboratório.

Se todos os núcleos são equivalentes, o que leva algumas células a se desenvolverem em neurônios, enquanto outras, em músculos esqueléticos? Na maioria dos animais (excluindo os insetos), há duas maneiras principais pelas quais as células tornam-se comprometidas com determinados destinos no desenvolvimento: (1) segregação citoplasmática de moléculas determinantes durante a clivagem; e (2) interação com células vizinhas (interações indutivas). Todos os animais usam, até certo ponto, esses dois mecanismos para especificar os diferentes tipos de células. No entanto, em alguns animais a especificação citoplasmática é dominante no início do desenvolvimento, enquanto outros dependem predominantemente de interações indutivas durante o desenvolvimento.

O destino da maioria das células é determinado sequencialmente: no início do desenvolvimento de um embrião, a célula torna-se ectoderma, endoderma ou mesoderma e, então, cada um desses folhetos germinativos produz derivados específicos. Por exemplo, células nervosas, da pele e do olho só derivam de células ectodérmicas. As células da pele podem produzir proteínas diferentes daquelas do olho ou nervos, e certas proteínas devem ser produzidas em momentos determinados.

Como a produção de proteínas específicas é limitada a certos tipos de células em determinados momentos, assegurando por exemplo, que as células do olho produzam as proteínas da córnea e não as do fígado? Uma forma de controlar a produção é ter presente no citoplasma apenas certos mRNA ou proteínas. Outro caminho é regular a cronologia da expressão gênica. Os genes são regulados por fatores de transcrição que se ligam a regiões promotoras e intensificadores (em inglês, *enhancers*) adjacentes quando a RNA polimerase inicia a transcrição. Assim, os fatores de transcrição e intensificadores determinam onde, quando e quanta proteína é produzida – atuando na transcrição.

Um gene pode ter mais de um intensificador, de tal modo que um intensificador trabalha em um tipo de célula e outro em um tipo diferente de célula. Por exemplo, há um intensificador para o gene *Pax6* em células do pâncreas do camundongo e outro para esse gene em células do olho de camundongo. Em certos tipos de células, podem ser necessárias combinações de intensificadores; ambos os exemplos do *Pax6* do camundongo requerem mais de um intensificador. Os intensificadores podem ativar ou reprimir um promotor e, assim, podem ser "negativos" ou "silenciadores".

Os fatores de transcrição agem em uma escala maior que os intensificadores e podem ligar-se a intensificadores ou diretamente a promotores para controlar a transcrição. Da mesma forma que os intensificadores, os fatores de transcrição podem reprimir ou ativar a transcrição. Assim, os destinos das células podem ser determinados por múltiplos fatores que interagem, como promotores, intensificadoras e fatores de transcrição, ligando ou desligando a produção de proteínas específicas em padrões altamente estruturados.

Especificação citoplasmática

O citoplasma de um zigoto não é homogêneo. Ele contém componentes morfogenéticos distribuídos de maneira desigual, como mRNA e proteínas, que atuam como enzimas ou como fatores de transcrição. Esses componentes podem ser ligados ao citoesqueleto. Quando a clivagem prossegue, os mRNA, e proteínas são separados desigualmente entre as novas células resultantes (blastômeros). Assim, o destino de cada célula é especificado pelo tipo de citoplasma que ela adquire durante a clivagem, e mesmo células isoladas se diferenciam de acordo com a trajetória imposta pelos componentes citoplasmáticos. A especificação citoplasmática, às vezes denominada especificação autônoma, causa o desenvolvimento em mosaico do embrião. O termo "mosaico" é usado porque o embrião parece ser um composto de partes que se desenvolvem independentemente, em vez de partes que interagem entre si (ver Seção 8.7).

A especificação citoplasmática é especialmente notável (e facilmente visualizada) em algumas espécies de tunicados nas quais o ovo contém até cinco tipos de citoplasma de cores diferentes (Figura 8.10). Esses citoplasmas pigmentados de cores diferentes são segregados em diferentes blastômeros, que formarão diferentes tecidos ou órgãos. Por exemplo, o citoplasma amarelo origina células musculares, enquanto o citoplasma cinzento equatorial produz a notocorda e o tubo neural. O citoplasma claro produz a epiderme larval e o citoplasma cinzento vegetativo (não visível na Figura 8.10) origina o intestino.

Figura 8.10 Clivagem bilateral em embriões de tunicados. A primeira divisão de clivagem divide o citoplasma assimetricamente distribuído em partes iguais entre os dois primeiros blastômeros, estabelecendo o que virá a constituir os lados direito e esquerdo do animal adulto. A simetria bilateral do embrião é mantida por meio das divisões subsequentes de clivagem.

Atualmente, sabe-se que o citoplasma amarelo origina células musculares porque contém mRNA macho-1. Este codifica um fator de transcrição que ativa outros genes, levando à formação de músculo em células que descendem de células do citoplasma amarelo. No entanto, nem todas as células descendentes formam músculos; aquelas em contato com células cujos descendentes formarão o intestino são dirigidas ou induzidas a destinos distintos pelo processo denominado especificação condicional.

Especificação condicional

A especificação condicional difere da citoplasmática ou autônoma porque o destino de uma célula particular não é determinado até que ela receba informação da posição de suas vizinhas. A célula é induzida a um destino específico pela interação entre populações de células. A **indução** é a capacidade de algumas células evocarem uma resposta de desenvolvimento em outras células, como a mudança na forma ou no destino celular. Por exemplo, a formação de pelos e penas ocorre quando a epiderme, derivada do ectoderma, responde a indutores da derme subjacente, derivada do mesoderma. Enquanto a interação requer indutores e respondentes, as interações podem ser recíprocas, quando então os tecidos influenciam-se mutuamente. Os indutores agem por meio de contatos entre as proteínas de superfície de células adjacentes, ou através de moléculas que se difundem, movimentando-se entre células. Tais moléculas são chamadas fatores de crescimento e diferenciação. A difusão das moléculas para longe da população de células de origem produz um gradiente na intensidade do sinal disponível para a célula responsiva. Em alguns casos, é necessário determinado nível de intensidade do sinal para haver uma resposta.

Os experimentos clássicos de indução, citados no texto de abertura do capítulo, foram relatados por Hans Spemann e Hilde Mangold em 1924. Uma característica-chave desses experimentos foi o uso de salamandras com pigmentos corporais de diferentes cores, de tal modo que tecidos do doador e do receptor (hospedeiro) podiam ser diferenciados. Quando um pedaço do lábio dorsal do blastóporo de uma gástrula de salamandra era transplantado para a posição ventral ou lateral da gástrula de outra salamandra de cor diferente, ele se invaginava e desenvolvia uma notocorda e somitos. Ele também induzia o ectoderma *hospedeiro* a formar um tubo neural. Finalmente, um sistema inteiro de órgãos desenvolvia-se onde o enxerto foi colocado, dando origem em seguida a um embrião secundário praticamente completo (Figura 8.11). Essa criatura era composta por parte de tecido enxertado e parte de tecido hospedeiro induzido.

Logo descobriu-se que *apenas* enxertos do lábio dorsal do blastóporo eram capazes de induzir a formação de um embrião secundário completo ou quase completo. Essa área corresponde às áreas prováveis de notocorda, somitos e mesoderma pré-cordal (ver Seção 23.2). Também se descobriu que apenas o ectoderma do hospedeiro poderia desenvolver um sistema nervoso no enxerto, e

que a capacidade de reagir era maior no início do estágio de gástrula, diminuindo quando o embrião receptor envelhecia.

Spemann designou a área do lábio dorsal como o **organizador primário** porque era o único tecido capaz de induzir o desenvolvimento de um embrião secundário no hospedeiro. Atualmente, muitas vezes ele é chamado de organizador de Spemann. Ele também denominou esse evento indutivo de **indução primária**, pois julgava que esse era o primeiro evento de indução do desenvolvimento. Estudos subsequentes mostraram que muitos outros tipos de células se originam por meio de interações indutivas, um processo chamado de **indução secundária**.

Normalmente, células que se diferenciaram atuam como indutoras para células adjacentes não diferenciadas. A cronologia é importante. Uma vez que um indutor primário dá início a um padrão de desenvolvimento específico em algumas células, seguem-se inúmeras induções secundárias. Surge então um padrão sequencial de desenvolvimento que envolve não apenas induções, mas também movimento, mudanças nas propriedades adesivas e proliferação das células. Não há um controle central principal direcionando o desenvolvimento, mas sim uma sequência de padrões locais, na qual uma etapa no desenvolvimento é uma subunidade da outra. Ao mostrar que cada etapa na hierarquia de desenvolvimento é

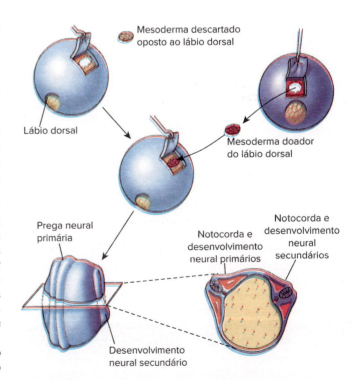

Figura 8.11 Experimento do organizador primário de Spemann e Mangold. O animal hospedeiro não era pigmentado, mas o doador tinha pigmentação escura, de modo que a fonte do tecido pôde ser determinada pela cor.

um passo preliminar necessário para o seguinte, os experimentos de indução de Hans Spemann estão entre os eventos mais importantes da embriologia experimental.

Especificação sincicial

O sincício ocorre quando uma simples membrana celular circunda muitos núcleos. Um exemplo familiar de sincício é o ovo centrolécito típico da mosca-das-frutas do gênero *Drosophila* (ver Figura 8.7). No desenvolvimento de insetos, o sincício, por fim, é celularizado, mas ocorrem alguns processos desenvolvimentais antes desse ponto. A especificação sincicial é semelhante à especificação condicional, porém as moléculas que influenciam o destino celular difundem-se *dentro* do citoplasma de uma única célula grande e *não entre* as células. Espécies de *Drosophila* são modelos de organismos para estudos de genética e desenvolvimento, de tal modo que muitos princípios do padrão de formação embrionária foram descobertos em embriões siniciais.

8.6 EXPRESSÃO GÊNICA DURANTE O DESENVOLVIMENTO

Já que cada célula, com poucas exceções, recebe o mesmo material genético, a especificação dos destinos celulares deve envolver a ativação de combinações diferentes de genes em células distintas. Por essa razão, a compreensão do desenvolvimento é, basicamente, um problema do entendimento da genética envolvida; assim, não é de se surpreender que a genética do desenvolvimento tenha sido estudada primeiro em *Drosophila*. Esses estudos foram repetidos em diversos outros modelos animais, como o nematódeo *Caenorhabditis elegans*, o peixe *Danio rerio*, a rã *Xenopus laevis*, a galinha doméstica *Gallus* e o camundongo *Mus musculus*. A pesquisa sugere que a epigênese continua em três estágios gerais: formação do padrão, determinação da posição no corpo e indução dos membros e órgãos apropriados para a dada posição. Cada estágio é guiado por gradientes de produtos gênicos que funcionam como **morfógenos**. Os morfógenos são moléculas que se difundem criando um gradiente de concentração quando se movem para longe da fonte. A posição da célula em um gradiente de concentração de um ou mais morfógenos determina o seu destino. As células respondem apenas a gradientes de concentração acima de determinados níveis.

Formação do padrão

O primeiro passo na organização do desenvolvimento de um embrião é a formação do padrão pela especificação dos eixos corporais: eixos rostrocaudal (anteroposterior), direito-esquerdo e dorsoventral. Como Spemann demonstrou em salamandras, o eixo anteroposterior do embrião é determinado pelo organizador de Spemann, localizado no crescente cinzento de um zigoto. Na *Drosophila*, o eixo anteroposterior é determinado mesmo antes do óvulo ser fertilizado. Christiane Nüsslein-Volhard e seus colegas, na Alemanha, descobriram que essa determinação se deve a um gradiente de mRNA que é secretado no interior do óvulo pelas células nutritivas da célula-mãe. O oócito divide-se várias vezes por mitose, antes da fertilização, para formar as células nutridoras (em inglês, *nurse cells*). As células produzidas são geneticamente idênticas entre si e ao oócito. Elas permanecem interconectadas e, finalmente, contribuem para o oócito com todo o seu citoplasma e constituintes. Nas células nutridoras, um mRNA envolvido na especificação da região anterior do embrião que em última instância formará a região da cabeça, é transcrito de um gene chamado *bicoid*. Após a fertilização do ovo, o mRNA *bicoid* é traduzido em uma proteína morfógena, chamada de bicoid, que se liga a certos outros genes. Os produtos desses genes, por sua vez, ativam outros em um processo em cascata que, enfim, resulta na produção de um gradiente anteroposterior.

Outro gene, *nanos*, está envolvido em especificar a região posterior do embrião destinada a se tornar a região abdominal da larva. *Bicoid* e *nanos* são dois dos cerca de 30 genes maternos que controlam a formação do padrão no embrião e permitem a uma mosca distinguir sua cabeça da sua cauda. Os embriões mutantes *bicoid*, que não produzem o morfógeno, desenvolvem-se sem cabeça; aqueles que não produzem *nanos* não têm abdome. Alguns dos genes maternos também especificam um segundo eixo dorsoventral que permite à mosca distinguir seu dorso do seu ventre. Por exemplo, o gene *short gastrulation* leva ao desenvolvimento de estruturas ventrais, como o cordão nervoso. Claramente, a natureza heterogênea do óvulo é essencial para o desenvolvimento: os gradientes em morfógenos fornecidos pela mãe definem os eixos para o desenvolvimento subsequente, momento em que os genes zigóticos são ativados nos núcleos do embrião.

Uma das mais fantásticas descobertas na genética do desenvolvimento foi a de que os genes do desenvolvimento dos vertebrados e de muitos outros animais são semelhantes àqueles da *Drosophila*; eles se apresentam em uma grande variedade de animais. Por exemplo, um gene similar ao *bicoid* é importante na formação do padrão nos vertebrados. Nesse grupo, no entanto, o gene chamado *Pitx2* determina o posicionamento de certos órgãos internos do lado esquerdo ou direito do corpo. Mutações no *Pitx2* de rãs, galinhas e camundongos podem situar o coração e o estômago no lado direito, em vez de no esquerdo. Tais mutações podem explicar uma reversão da posição dos órgãos que, às vezes, ocorre em humanos. *Pitx2*, por sua vez, é ativado por uma proteína produzida pelo gene *sonic hedgehog* (*Shh*), que é semelhante a um gene de *Drosophila* chamado *hedgehog* (o nome *hedgehog* refere-se à aparência eriçada das moscas-das-frutas sem o gene. O "*sonic*" vem do personagem de videogame "Sonic the Hedgehog"). Nos vertebrados, o *sonic hedgehog* é ativado no lado esquerdo apenas na extremidade anterior da linha primitiva, que determina o eixo anteroposterior (ver Figura 8.18). A *short gastrulation* também apresenta uma contrapartida nos vertebrados – o gene *chordin*, que produz uma das proteínas do organizador de Spemann. Os genes essenciais para o desenvolvimento em uma ampla gama de organismos são chamados às vezes de "genes *kit* de ferramentas" (do inglês *toolkit genes*).

Na *Drosophila*, assim como em outros artrópodes, vermes anelídeos, cordados e em poucos outros grupos, um aspecto importante do padrão de formação ao longo do eixo anteroposterior é a **segmentação**, também chamada de **metameria**. A segmentação é a divisão do corpo em segmentos distintos ou metâmeros (ver Figura 9.6). Os segmentos são idênticos no início do desenvolvimento, mas, posteriormente, a ativação de diferentes combinações gênicas induz cada segmento a formar estruturas diferentes. Por exemplo, o segmento anterior dos embriões de insetos forma antenas, olhos e partes da boca, enquanto segmentos mais posteriores formam patas. Nos insetos, os segmentos são evidentes, mas em peixes a segmentação é aparente apenas nos somitos que produzem estruturas que se repetem, como vértebras e faixas musculares (miômeros) (ver Figura 24.19). Na *Drosophila*, o número e a orientação dos segmentos são controlados pelos **genes de segmentação**. Existem três classes de genes de segmentação: *gap*, de regra dos pares e de polaridade segmentar. Os **genes gap** são ativados primeiro e dividem o embrião em regiões, como cabeça, tórax e abdome. Os **genes de regra dos pares** dividem essas regiões em segmentos. Finalmente, os **genes de polaridade segmentar**, como o *hedgehog*, organizam as estruturas, da posição anterior para a posterior, no interior de cada segmento.

Genes *hox* e homeóticos

Aparentemente, os genes de segmentação regulam a expressão de outros genes, assegurando que sejam ativos apenas nos segmentos apropriados. Tais genes específicos do segmento são chamados de genes homeóticos. As mutações em genes homeóticos, denominadas **mutações homeóticas**, situam os apêndices ou outras estruturas na parte errada do corpo. Por exemplo, na *Drosophila* o gene homeótico *Antennapedia*, que auxilia na ativação do desenvolvimento das patas, normalmente está ativo apenas no tórax. Se o gene *Antennapedia* é ativado por uma mutação homeótica na cabeça de uma larva de mosca, a mosca adulta terá patas no lugar das antenas. O *Antennapedia* e alguns outros genes homeóticos, assim como muitos outros genes envolvidos no desenvolvimento, incluem uma sequência de DNA com 180 pares de bases, denominada **homeobox**. O homeobox produz a parte de uma proteína que se liga ao DNA de outros genes, ativando ou bloqueando sua expressão.

Vários outros genes homeóticos e não homeóticos que estão agrupados no mesmo cromossomo na *Drosophila*, junto ao *Antennapedia*, também incluem um homeobox. Os genes nesse agrupamento são denominados genes *Hom*. Estes não codificam membros e órgãos específicos. Em vez disso, eles funcionam especificando a localização no corpo ao longo do eixo anteroposterior. Curiosamente, a ordem dos genes *Hom* no agrupamento dentro do cromossomo é a mesma ordem na qual são expressos ao longo do comprimento do corpo (Figura 8.15). Uma das mais interessantes descobertas do fim do século XX foi a de que genes semelhantes aos genes *Hom* de *Drosophila* ocorrem em outros insetos, assim como em cordados e animais não segmentados como a hidra e os vermes nematódeos. Eles também ocorrem em plantas e leveduras, e talvez em todos os eucariotos. Nos outros organismos que não a *Drosophila*, esses genes foram denominados de genes *Hox*, mas atualmente todos eles são normalmente chamados de *Hox*. A maioria dos genes *Hox* ocorre em agrupamentos em um cromossomo. Os mamíferos têm quatro agrupamentos, cada um em um cromossomo diferente, contendo de 9 a 11 genes *Hox* cada (Figura 8.12). Como na *Drosophila*, dentro de um agrupamento, a sequência de genes *Hox* segue a mesma ordem anterior-posterior na qual são expressos no corpo.

Morfogênese de membros e órgãos

Os genes *Hox* e outros homeobox também possuem um papel na modelagem de órgãos e membros individuais. Como mostrado nas Figuras 8.12 e 8.13, por exemplo, as regiões do cérebro e a identidade dos somitos são especificadas por genes homeobox e *Hox* específicos. Muitos outros genes de desenvolvimento que também estão envolvidos na formação do padrão para o corpo inteiro também ajudam a formar órgãos e membros individuais por meio da produção de gradientes de morfógenos. Um exemplo que tem sido estudado por Cheryll Tickle e seus colegas na University College de Londres é a formação e o desenvolvimento inicial de membros em galinhas. Eles descobriram que um novo broto de membro pode ser induzido a crescer na lateral de uma galinha implantando um grânulo embebido em fator de crescimento de fibroblasto (FCF). Esse resultado significa que os membros são normalmente induzidos a se desenvolver pela ativação de um gene

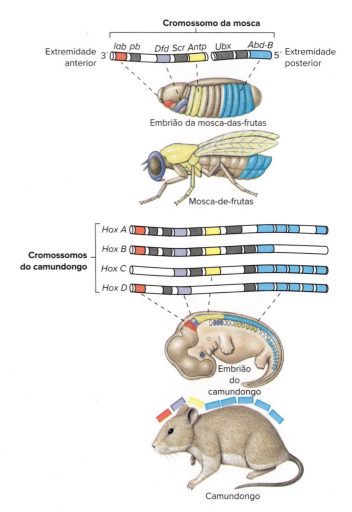

Figura 8.12 Homologia de genes *Hox* em insetos e mamíferos. Tanto nos insetos (mosca-das-frutas) como nos mamíferos (camundongo), esses genes controlam a subdivisão do embrião em regiões com destinos diferentes durante o desenvolvimento ao longo do eixo anteroposterior. Os genes que contêm homeobox situam-se em um único cromossomo da mosca-das-frutas, e em quatro cromossomos separados no camundongo. As homologias claramente definidas entre os dois e as partes do corpo nas quais eles se expressam estão representadas em cores. As áreas em branco simbolizam locais onde é difícil identificar homologias específicas entre os dois. Os genes *Hox* aqui mostrados representam apenas um pequeno subconjunto de todos os genes homeobox.

para FCF em locais adequados do corpo. Para que um broto de membro desenvolva uma asa ou uma pata, isso depende de o FCF ser aplicado em direção à parte anterior ou posterior da galinha.

O FCF também age na modelagem do membro. Ele é secretado por células em um **sulco ectodérmico apical** na extremidade do broto de membro. O FCF atua como um morfógeno que estabelece um gradiente desde a crista ectodérmica apical até a base do broto do membro. Esse gradiente ajuda a estabelecer o eixo próximo-distal – um dos três eixos que guiam o desenvolvimento de um membro (Figura 8.14). Os dedos das mãos ou dos pés desenvolvem-se na extremidade do eixo próximo-distal com nível de FCF mais alto. Um eixo anteroposterior é estabelecido por um gradiente de *sonic hedgehog* e assegura que dedos se desenvolvam na ordem adequada. Finalmente, a Wnt7a, uma proteína produzida por um gene que é similar ao gene de polaridade de segmento *wingless* na *Drosophila*, ajuda a determinar o eixo dorsoventral. O Wnt7a torna o lado dorsal da asa ou pé diferente do lado ventral.

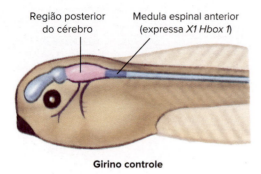

Figura 8.13 Como a inibição de uma proteína reguladora do homeodomínio altera o desenvolvimento normal do sistema nervoso central de um girino de rã. Quando a proteína (codificada por uma sequência de DNA homeobox conhecida como *X1 Hbox 1*) foi inativada por meio de anticorpos contra ela, a área que deveria tornar-se a parte anterior da medula espinal transformou-se na região posterior do cérebro.

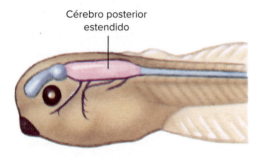

8.7 PADRÕES DE DESENVOLVIMENTO NOS ANIMAIS

Existem 32 filos de animais, como mostrado no cladograma dos filos animais que consta no fim do livro. Como esses táxons descendem de um ancestral comum multicelular, espera-se que alguns aspectos do desenvolvimento sejam compartilhados entre eles. Quais aspectos do desenvolvimento são compartilhados? A presença de um estágio de blástula no desenvolvimento é uma homologia animal fundamental (ver o cladograma dos filos animais no fim do livro). Todos os animais metazoários, desde esponjas até cordados, produzem alguma forma de blástula após a clivagem.

Examine a base do cladograma no fim do livro até encontrar o caráter "diblástico". Esse termo refere-se à formação de dois folhetos germinativos durante o desenvolvimento: ectoderma e endoderma. Nos placozoários, cnidários e ctenóforos, formam-se apenas esses dois folhetos. Os cnidários, como as anêmonas-do-mar, corais e medusas, são familiares à maioria das pessoas, mas os placozoários e ctenóforos são menos conhecidos. Descrevemos a biologia dos membros de todos os filos animais nos Capítulos 12 a 28.

Examine a base do cladograma dos filos animais no fim do livro para encontrar o caráter "Bilateria triblástico". O termo "triblástico" refere-se à formação de três folhetos germinativos durante o desenvolvimento: ectoderma, mesoderma e endoderma. Vinte e oito filos animais compartilham essa característica do desenvolvimento. Esses filos são também bilateralmente simétricos, o que significa que apenas um plano de simetria os divide em duas metades, que são imagens especulares uma da outra. Discutiremos simetria e outros aspectos da arquitetura corporal no Capítulo 9.

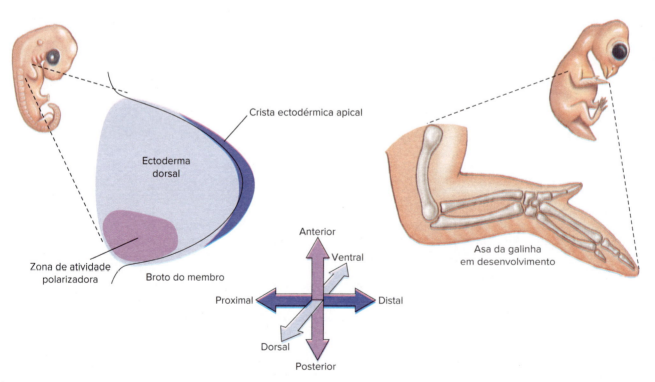

Figura 8.14 Morfogênese no broto do um membro de um vertebrado. O esqueleto de um membro formado de galinha é mostrado para orientação. Três eixos são estabelecidos no broto de um membro: um eixo próximo-distal pelo fator de crescimento de fibroblasto (FCF) proveniente da crista ectodérmica apical; um eixo anteroposterior pela proteína *sonic hedgehog* da zona de atividade polarizadora; e um eixo dorsoventral pela proteína Wnt7a oriunda do ectoderma dorsal.

Investigue os colchetes no topo do cladograma dos filos animais no fim do livro para descobrir que animais triblásticos com simetria bilateral estão divididos em dois clados principais: Protostomia e Deuterostomia. Os organismos pertencentes a esses clados são chamados **protostômios** e **deuterostômios**, respectivamente. Os nomes desses dois grupos referem-se a outra característica do desenvolvimento: a origem da abertura embrionária, que se torna a boca do adulto (do grego *stoma*, boca). A primeira abertura embrionária, o blastóporo, torna-se a boca nos protostômios (do grego *protos*, primeiro). A segunda abertura embrionária torna-se a boca nos deuterostômios (do grego *deuteros*, segundo), enquanto o blastóporo se torna o ânus. Caracóis e minhocas, entre muitos outros, são protostômios. Estrelas-do-mar, peixes, rãs, humanos e outros mamíferos são representantes dos deuterostômios.

Em geral, os protostômios e deuterostômios são diferenciados por quatro questões relacionadas ao desenvolvimento: (1) Na clivagem do embrião, as células formam um padrão espiral ou radial? (2) Após a clivagem, o destino de cada célula é decidido primariamente por especificação citoplasmática, produzindo clivagem em mosaico, ou primariamente por especificação condicional, produzindo clivagem reguladora? (3) Qual é o destino do blastóporo embrionário – ele se torna a boca ou o ânus no animal adulto? e (4) Se existe celoma, ele se desenvolve por formação esquizocélica ou formação enterocélica? A maioria dos protostômios compartilha um conjunto de características desenvolvimentais que inclui clivagem espiral em mosaico, formação da boca a partir do blastóporo e desenvolvimento do celoma por esquizocelia (Figura 8.15). A maioria dos deuterostômios compartilha um conjunto de características do desenvolvimento que inclui a clivagem radial reguladora, a formação do ânus a partir do blastóporo e o desenvolvimento de um celoma por enterocelia (ver Figura 8.15).

Desenvolvimento de protostômios

Examine os colchetes sob o cabeçalho "Protostomia", no cladograma dos filos animais no fim do livro, para descobrir que os protostômios estão divididos em dois clados: Lophotrochozoa e Ecdysozoa. O clado **lofotrocozoário** de protostômios contém os vermes segmentados, moluscos (caracóis, lesmas, mariscos, polvos e seus parentes) e vários táxons menos familiares. O nome desse clado designa duas características presentes em alguns membros do grupo: uma espira de tentáculos em forma de ferradura, chamada **lofóforo** (ver os parágrafos introdutórios do Capítulo 15), e uma larva **trocófora** (ver Figura 16.7 e Tema-chave 16.2). Os lofotrocozoários normalmente desenvolvem-se por meio das quatro características protostômias descritas anteriormente.

Os membros do outro clado, protostômios **ecdisozoários**, incluem os artrópodes (insetos, aranhas, caranguejos e seus parentes), nematódeos e outros táxons que também mudam seus exoesqueletos. O nome desse clado refere-se à muda da cutícula, chamada de **ecdise** (do grego *ekdyo*, despir-se).

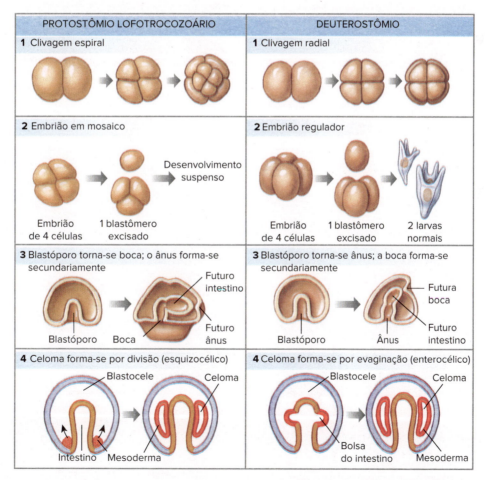

Figura 8.15 Tendências do desenvolvimento de lofotrocozoários protostômios (platelmintos, anelídeos, moluscos etc.) e deuterostômios. Essas tendências são muito modificadas em alguns grupos como, por exemplo, nos vertebrados. A clivagem nos mamíferos é rotacional, em vez de radial; nos répteis, aves e muitos peixes, a clivagem é discoidal. Os vertebrados também desenvolveram uma maneira derivada de formação do celoma, que é basicamente esquizocélica.

Padrões de clivagem

A **clivagem espiral** (ver Figura 8.15) ocorre na maioria dos protostômios. Os blastômeros sofrem uma clivagem oblíqua de um ângulo de aproximadamente 45° ao eixo animal-vegetativo, normalmente produzindo quartetos de células que se organizam sobre os sulcos entre as células da camada subjacente. A camada superior de células parece fora do lugar (deslocada em espiral) em relação à inferior (ver Figura 8.15). Além disso, os blastômeros que sofrem clivagem espiral agrupam-se de maneira bastante próxima entre si, como um conjunto de bolhas de sabão, em vez de mostrarem contato leve comum a muitos blastômeros que sofrem clivagem radial (ver Figura 8.15).

O **desenvolvimento em mosaico** resultante de especificação citoplasmática predomina na maioria dos protostômios lofotrocozoários (ver Figura 8.15). À medida que a clivagem acontece, os determinantes morfogenéticos no interior do citoplasma são divididos desigualmente entre as células. Quando um blastômero específico é isolado dos demais no embrião, ele ainda forma as estruturas características decididas pelos determinantes morfogenéticos que ele contém (Figura 8.16). Na ausência de um blastômero particular, o animal não apresentará aquelas estruturas produzidas por aquele blastômero, de tal modo que ele não pode se desenvolver normalmente. Esse padrão é chamado de desenvolvimento em mosaico porque o embrião parece ser um mosaico de partes que se diferenciam independentemente.

Muitos ecdisozoários não exibem clivagem espiral; em alguns, a clivagem parece radial e, em outros, como os insetos, a clivagem não é nem espiral nem radial, mas superficial (ver Figura 8.7). A clivagem superficial é acompanhada pela especificação sincicial quanto ao destino celular.

Destino do blastóporo

Um **protostômio** (do grego *protos*, primeiro, + *stoma*, boca) é assim denominado porque o blastóporo torna-se a boca, e a segunda abertura, sem nome, torna-se o ânus.

Formação do celoma

Para formar o mesoderma, células endodérmicas que revestem a borda da abertura do blastóporo (o lábio ventral do blastóporo) migram para dentro do espaço entre as paredes do arquêntero (endoderma) e a parede externa do corpo (ectoderma) (ver Figura 8.15, Passo 4). O processo de migração chama-se **ingressão**. Após a ingressão, as células se dividem e as novas células, denominadas precursores mesodérmicos, situam-se entre as duas camadas celulares existentes – endoderma e ectoderma (Figura 8.17 C). As células em proliferação tornam-se o mesoderma. Estudos meticulosos de linhagens celulares realizados por embriologistas estabeleceram que, em muitos organismos com clivagem espiral, por exemplo platelmintos, caramujos e organismos aparentados, esses precursores mesodérmicos originam-se de um blastômero grande, denominado célula 4 d, que está presente em um embrião composto por 29 a 64 células.

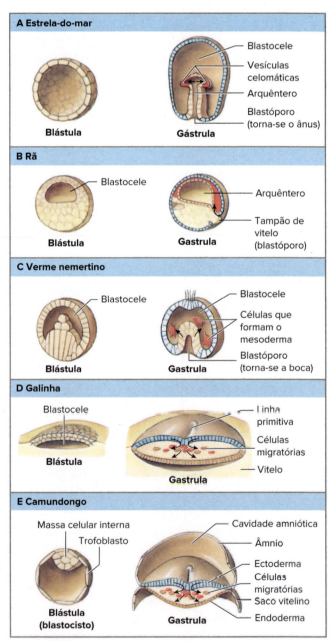

Figura 8.17 Estágios de blástula e de gástrula em embriões de estrela-do-mar, rã, verme nemertino, galinha e camundongo. As setas indicam a direção dos movimentos celulares para formar o mesoderma.

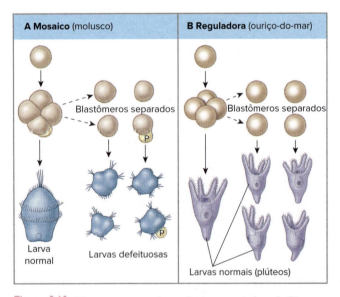

Figura 8.16 Clivagem em mosaico e clivagem reguladora. **A.** Clivagem em mosaico. Em um molusco, quando os blastômeros são separados, cada um origina apenas uma parte do embrião. O tamanho maior de uma das larvas defeituosas é resultado da formação de um lobo polar (P) composto de citoplasma claro do polo vegetativo, recebido apenas por esse blastômero. **B.** Clivagem reguladora. Cada um dos blastômeros iniciais (como os de ouriço-do-mar), quando separado dos demais, desenvolve-se em uma pequena larva plúteo.

Protostômios que não desenvolvem celoma, tais como platelmintos como a *Planaria*, desenvolvem um estágio de gástrula precoce e, então, formam a camada mesodérmica como acaba de ser descrito. O mesoderma preenche completamente a blastocele e um celoma nunca se forma (ver Figura 9.3). Os animais desprovidos de celoma são denominados de **acelomados**. Em outros protostômios, o mesoderma reveste apenas um lado da blastocele, deixando-a cheia de líquido próximo ao intestino (ver Figura 9.3). Tal cavidade preenchida por líquido circundando o intestino é denominada de **pseudoceloma** (do grego *pseudés*, falso, + *koilos*, cavidade); ela é limitada, na sua borda interior, pelo revestimento endodérmico do intestino e, na sua borda externa, por uma camada de mesoderma próxima ao ectoderma. Assim, um pseudoceloma tem mesoderma apenas de um lado, enquanto o **celoma** verdadeiro é uma cavidade cheia de líquido, circundada completamente por mesoderma (ver Figura 9.3). Discutiremos com mais detalhes os planos corpóreos acelomado e pseudocelomado no Capítulo 9.

Para protostômios **celomados**, como minhocas e caramujos, a camada mesodérmica forma-se como há pouco descrito, e o celoma é formado por **esquizocelia** (do grego *schizein*, rachar, + *koilos*, cavidade). O celoma origina-se, como o nome sugere, quando a faixa mesodérmica em torno do tubo digestório racha e abre-se centralmente (ver Figura 8.15). As células no centro do mesoderma sofrem morte programada para criar uma cavidade, o celoma. O fluido se acumula no celoma.

Desenvolvimento deuterostômio

Padrões de clivagem

A **clivagem radial** (ver Figura 8.15) é assim chamada porque as células embrionárias são organizadas em simetria radial em torno do eixo animal-vegetativo. Na clivagem radial da estrelas-do-mar, o primeiro plano de clivagem passa justamente pelo eixo animal-vegetativo, produzindo duas células-filhas idênticas (blastômeros). Para a segunda divisão de clivagem, formam-se sulcos simultaneamente nos dois blastômeros orientados paralelamente ao eixo animal-vegetativo (mas perpendicularmente ao primeiro sulco de clivagem). Os próximos sulcos de clivagem formam-se simultaneamente nos quatro blastômeros-filhos, dessa vez orientados perpendicularmente ao eixo animal-vegetativo, produzindo duas fileiras de quatro células cada. A fileira superior de células acomoda-se diretamente sobre a fileira de células abaixo dela (ver Figura 8.15). As clivagens subsequentes produzem um embrião composto por várias fileiras de células.

Um segundo aspecto da clivagem relaciona-se com o destino dos blastômeros isolados. Se uma célula é removida da massa, as outras células continuam desenvolvendo-se para produzir um organismo normal? Lembre-se de que tal célula não pode desenvolver-se nos protostômios. A maioria dos deuterostômios utiliza a especificação condicional que conduz ao **desenvolvimento regulador**. Nesse caso, o destino de uma célula depende de sua interação com as células vizinhas, em vez de depender de qual parte do citoplasma ela adquiriu durante a clivagem. Nesses embriões, ao menos no início do desenvolvimento, cada célula é capaz de produzir um embrião completo se separada das outras células (ver Figura 8.16). Em outras palavras, um blastômero inicial tem, originalmente, a capacidade de seguir mais de uma trajetória de diferenciação, mas sua interação com outras células limita o seu destino. Se um blastômero é removido de um embrião no início do desenvolvimento, os blastômeros remanescentes podem alterar seus destinos normais para compensar o blastômero perdido e produzir um organismo completo. Essa adaptabilidade é denominada desenvolvimento regulador. Os gêmeos idênticos humanos resultam de desenvolvimento regulador. A separação de dois blastômeros precocemente no desenvolvimento permite desenvolver dois embriões geneticamente idênticos (ver Figura 7.17).

Destino do blastóporo

Um embrião **deuterostômio** (do grego *deuteros*, segundo, + *stoma*, boca) desenvolve-se por meio de estágios de blástula e gástrula, e forma um tubo digestório completo. O blastóporo torna-se o ânus, e uma segunda abertura sem nome torna-se a boca, como indicado pela raiz da palavra no nome desse grupo.

Formação do celoma

A característica final dos deuterostômios diz respeito à origem do celoma. Na **enterocelia** (do grego *enteron*, intestino, + *koilos*, cavidade), tanto o mesoderma como o celoma são formados ao mesmo tempo. Na enterocelia, a gastrulação começa com um lado da blástula dobrando-se para o interior para formar o arquêntero ou cavidade digestiva. À medida que o arquêntero se alonga para dentro, seus lados dilatam-se para fora, expandindo-se em um compartimento celomático em forma de bolsa (ver Figura 8.15). O compartimento celomático é comprimido para formar um espaço limitado por mesoderma circundando o tubo digestivo (ver Figura 8.15). Esse espaço é preenchido por fluido. Note que as células que formam o celoma durante a enterocelia surgem de uma região do endoderma diferente daquela que forma o celoma durante a esquizocelia (ver Figura 8.15). Para ver essa diferença na origem das células mesodérmicas, compare a imagem do protostômio com a imagem do deuterostômio no quarto painel da Figura 8.15.

Exemplos de desenvolvimento de deuterostômios

Em linhas gerais, dependendo do animal em estudo e da quantidade de vitelo, o desenvolvimento do deuterostômio já apresentado varia em alguns de seus detalhes. Exemplos de sequências de desenvolvimento específico ilustram essa variação.

Variação na clivagem de deuterostômios O padrão típico dos deuterostômios é a clivagem radial, mas as ascídias (também chamadas de tunicados) exibem **clivagem bilateral**. Nos óvulos de ascídias, o eixo anteroposterior é estabelecido antes da fertilização pela distribuição assimétrica de vários componentes citoplasmáticos (ver Figura 8.10). O primeiro sulco de clivagem passa pelo eixo animal-vegetativo, definido pela riqueza de vitelo no polo vegetativo, dividindo igualmente entre os dois primeiros blastômeros, o citoplasma assimetricamente distribuído. Assim, esta primeira divisão da clivagem separa o embrião eu seus futuros lados direito e esquerdo, estabelecendo sua simetria bilateral (daí o nome clivagem holoblástica bilateral). Cada divisão sucessiva orienta-se segundo esse plano de simetria, e a metade do embrião formada em um dos lados da primeira clivagem é a imagem especular da metade do embrião do outro lado. A especificação citoplasmática também influencia intensamente o desenvolvimento inicial dos embriões de ascídia, em contraste com a maioria dos embriões deuterostômios.

A maioria dos mamíferos apresenta ovos isolécitos; há pouco vitelo, pois os nutrientes serão supridos pela mãe via placenta (ver Seção 8.9). Eles têm um padrão único de clivagem holoblástica denominada **clivagem rotacional**, assim chamada por causa da orientação dos blastômeros, um em relação ao outro, durante a segunda divisão de clivagem (ver o desenvolvimento do camundongo, na Figura 8.6 E). A clivagem nos mamíferos é um processo mais lento do que em qualquer outro grupo animal. Nos humanos, a primeira divisão completa-se cerca de 36 h após a fertilização (comparado com cerca de 1 h e meia no ouriço-do-mar), e as divisões seguintes seguem-se em intervalos de 12 a 24 horas. Como na maioria dos outros animais, o primeiro plano de clivagem passa pelo eixo animal-vegetativo para gerar um embrião de duas células. No entanto, durante a segunda clivagem, um desses blastômeros divide-se meridionalmente (pelo eixo animal-vegetativo), enquanto o outro se divide equatorialmente (perpendicularmente ao eixo animal-vegetativo). Desse modo, o plano de clivagem em um blastômero sofre rotação de 90° com relação ao plano de clivagem do outro blastômero (daí o nome clivagem rotacional). Ademais, as primeiras divisões são assincrônicas; nem todos os blastômeros dividem-se ao mesmo tempo. Assim, os embriões de mamíferos não necessariamente aumentam de dois para quatro e para oito blastômeros, mas frequentemente contêm números ímpares de células. Após a terceira divisão, as células subitamente assumem uma configuração fortemente compactada, estabilizada por junções firmes entre as células mais superficiais do embrião. Essas células externas formam o **trofoblasto**. O trofoblasto não é parte do embrião propriamente dito, mas formará a porção embrionária da placenta, quando o embrião se implantar na parede uterina. As células que verdadeiramente dão origem ao embrião em si formam-se a partir da camada interna, denominada **massa celular interna** (ver o estágio de blástula na Figura 8.17 E). Essas células são indiferenciadas, de tal modo que seus destinos não são limitados: elas são também chamadas "células-tronco".

Os ovos telolécitos de répteis, aves e muitos peixes dividem-se por **clivagem discoidal**. Devido à grande massa de vitelo desses ovos, a clivagem é confinada a um pequeno disco citoplasmático situado sobre um montículo de vitelo (ver desenvolvimento do embrião de galinha, na Figura 8.6 D). Os primeiros sulcos de clivagem dividem o disco de citoplasma de maneira a originar uma camada única de células denominada blastoderma. As clivagens subsequentes dividem o blastoderma em cinco ou seis camadas de células (Figura 8.17 D).

Variações na gastrulação deuterostômia Nas estrelas-do-mar, a gastrulação tem início quando toda a área vegetativa da blástula se achata para formar a **placa vegetativa** (uma lâmina de tecido epitelial). Esse evento é seguido por um processo denominado **invaginação**, no qual a placa vegetativa dobra-se para dentro, projetando-se cerca de 1/3 do trajeto em direção ao interior da blastocele, formando o arquêntero (Figura 8.17 A). A formação do celoma é típica de enterocelia. Como o arquêntero continua a se alongar em direção ao polo animal, sua extremidade anterior expande-se em duas **vesículas celomáticas** em forma de bolsa. Essas vesículas separam-se para formar os compartimentos celomáticos direito e esquerdo (Figura 8.17 A).

O **ectoderma** dá origem ao epitélio da superfície do corpo e ao sistema nervoso. O **endoderma** origina o revestimento epitelial do tubo digestório. A formação de bolsas externas ao arquêntero é a origem do **mesoderma**. Esse terceiro folheto germinativo formará os sistemas muscular e reprodutivo, o peritônio (revestimento dos compartimentos celomáticos) e as placas calcárias do endoesqueleto da estrela-do-mar.

As rãs são animais deuterostômios com clivagem radial, mas os movimentos morfogenéticos da gastrulação são altamente influenciados pela massa de vitelo inerte no hemisfério vegetativo do embrião. As clivagens ocorrem mais lentamente nesse hemisfério, de modo que a blástula resultante é constituída por muitas células diminutas no hemisfério animal, e poucas células grandes no hemisfério vegetativo (Figuras 8.6 B e 8.17 B). A gastrulação nos anfíbios tem início quando as células localizadas no futuro lado dorsal do embrião invaginam-se para constituir um blastóporo em forma de fenda. Portanto, do mesmo modo que nas estrelas-do-mar, a invaginação inicia a formação do arquêntero, mas a gastrulação dos anfíbios começa na zona marginal da blástula, onde os hemisférios animal e vegetativo se encontram e onde há menor quantidade de vitelo do que na região vegetativa. A gastrulação prossegue quando as lâminas de células na zona marginal voltam-se para dentro, sobre o lábio do blastóporo, e deslocam-se para dentro da gástrula para formar o mesoderma e o endoderma. Os três folhetos germinativos agora formados são as camadas estruturais primárias, que têm papel crucial na diferenciação posterior do embrião. Os destinos das células de cada folheto são limitados a derivados específicos no adulto, como discutido mais adiante (ver Figura 8.24).

Nos embriões de aves e de outros répteis (Figura 8.17 D), a gastrulação inicia-se com o espessamento do blastoderma na porção caudal do embrião. Essa região espessa desenvolve uma depressão central, que migra para frente para formar a **linha primitiva** (ver Figura 8.18). A linha primitiva torna-se o eixo anteroposterior do embrião e o centro de crescimento inicial. A linha primitiva é homóloga ao blastóporo dos embriões de rãs, mas na galinha ele não se abre em uma cavidade digestiva, devido à obstrução causada pela massa de vitelo que se situa embaixo do blastoderma. O blastoderma é constituído de duas camadas (epiblasto e hipoblasto), com a blastocele entre elas. As células do epiblasto movem-se como uma lâmina em direção à linha primitiva e, em seguida, passam por cima da margem e migram como células distintas no interior da blastocele. Essas células migratórias separam-se em dois grupos. Um grupo de células move-se para regiões mais profundas (deslocando o hipoblasto ao longo da linha mediana) e forma o endoderma. O outro grupo move-se entre o epiblasto e o hipoblasto para formar o mesoderma. As células na superfície do embrião compõem o ectoderma. O embrião tem agora três folhetos germinativos, que, nesse momento, estão ordenados sob a forma de camadas, com o ectoderma no topo e o endoderma na parte inferior. Entretanto, esse arranjo muda quando os três folhetos germinativos se elevam a partir do vitelo subjacente (ver Figura 8.18), e então dobram-se para baixo formando um embrião com três camadas, que se projeta para fora do vitelo, exceto por um pedúnculo de conexão ao vitelo no meio do corpo (ver Figura 8.20).

A gastrulação dos mamíferos é muito semelhante à gastrulação de répteis, incluindo aves (ver Figura 8.17 E). Os movimentos da gastrulação na massa celular interna produzem uma linha primitiva. As células do epiblasto movem-se medialmente pela linha primitiva para dentro da blastocele, e células distintas migram lateralmente por ela para formar o mesoderma e o endoderma. As células do endoderma (derivadas do hipoblasto) formam um saco vitelino desprovido de vitelo (já que os embriões dos mamíferos obtêm nutrientes diretamente da mãe por meio da placenta).

Os anfíbios e répteis (incluindo as aves), que têm quantidades moderadas ou grandes de vitelo concentradas na região vegetativa do zigoto, desenvolveram padrões derivados de gastrulação, nos quais o vitelo não participa. O vitelo é um obstáculo à gastrulação, e, consequentemente, esse processo ocorre ao redor (anfíbios) ou na parte superior (répteis e aves) do vitelo vegetativo. Ovos de mamíferos são isolécitos e, assim, poderia se esperar que apresentassem um padrão de gastrulação semelhante ao das estrelas-do-mar. Em vez disso, eles apresentam um padrão mais condizente com ovos telolécitos. A melhor

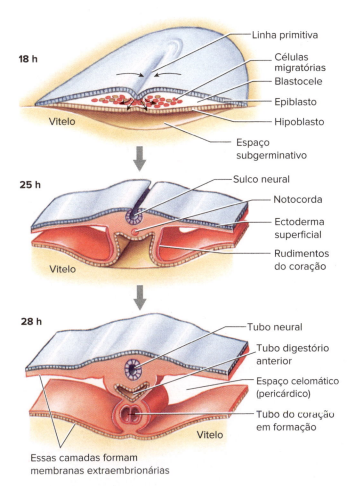

Figura 8.18 Gastrulação de galinha. Seções transversais da região formadora do coração de galinha mostram o desenvolvimento com 18, 25 e 28 horas de incubação. O ectoderma é azul, o mesoderma é vermelho e o endoderma é amarelo.

explicação para essa característica do desenvolvimento do ovo dos mamíferos é sua ancestralidade comum com aves e outros répteis. Répteis, aves e mamíferos compartilham um ancestral comum cujos ovos eram telolécitos. Assim, todos herdaram seus padrões de gastrulação desse ancestral comum, e os mamíferos desenvolveram posteriormente ovos isolécitos, mas mantiveram o padrão de gastrulação telolécito.

Uma complicação adicional do desenvolvimento dos vertebrados é que a formação do celoma ocorre por uma forma modificada de esquizocelia (ver Figura 8.15), e não por enterocelia. Os cordados não vertebrados formam o celoma por enterocelia, como é típico dos deuterostômios. Mais detalhes sobre o desenvolvimento dos vertebrados são fornecidos nas Seções 8.8 e 8.9.

8.8 BIOLOGIA EVOLUTIVA DO DESENVOLVIMENTO

Os zoólogos sempre buscaram na embriologia pistas da história evolutiva, ou filogenia, dos animais. As características do desenvolvimento, como o número de folhetos germinativos e o destino do blastóporo, sugerem relações evolutivas entre os diferentes filos. Os avanços na genética do desenvolvimento têm tornado as relações entre desenvolvimento e evolução até mais próximas, e originaram uma nova área empolgante denominada biologia evolutiva do desenvolvimento. A biologia evolutiva do desenvolvimento, frequentemente apelidada de evo-devo, baseia-se na compreensão de que a evolução é, essencialmente, um processo no qual os organismos tornam-se diferentes como um resultado das alterações no controle genético do desenvolvimento. O fato de os genes que controlam o desenvolvimento serem semelhantes ao de animais tão distintos quanto mosca-das-frutas e camundongos dá a esperança de que podemos reconstruir a história evolutiva dos animais entendendo como o funcionamento daqueles genes passaram a se diferenciar. A biologia evolutiva do desenvolvimento já tem contribuído com vários conceitos estimulantes para nossas ideias acerca da evolução animal, mas esse campo é ainda tão novo que seria prematuro aceitar esses conceitos como definitivos. É melhor mencioná-los como questões para mais estudos, como as que se seguem.

Os planos corpóreos de todos os animais bilateralmente simétricos são fundamentalmente similares? Como apontado na Seção 8.6, *chordin*, um dos genes responsáveis pelo desenvolvimento do sistema nervoso na região dorsal de uma rã é semelhante ao *short gastrulation*, necessário ao desenvolvimento do cordão nervoso ventral em *Drosophila*. Além disso, o gene *decapentaplegic* promove o desenvolvimento dorsal em *Drosophila*, e o gene semelhante *bone morphogenetic protein-4* promove o desenvolvimento ventral nos sapos. Em outras palavras, insetos e anfíbios, cujos planos corpóreos parecem tão diferentes, na realidade compartilham um controle similar na modelagem do dorso ventral, exceto que um está invertido comparado com o outro. Essas descobertas incitaram o reexame de uma ideia primeiro proposta pelo naturalista francês Etienne Geoffroy St. Hilaire, em 1822, após ele ter notado que, em uma lagosta dissecada ventralmente e posicionada sobre o dorso, o cordão nervoso estava acima do intestino e o coração abaixo dele, exatamente o oposto de um vertebrado dissecado ventralmente. A ideia de que um vertebrado é como um invertebrado invertido foi rapidamente rejeitada, mas atualmente os biólogos estão mais uma vez considerando se os planos corpóreos de protostômios e deuterostômios não sejam talvez simplesmente invertidos dorsoventralmente, mas similares em outros aspectos.

A anatomia de espécies ancestrais extintas pode ser inferida a partir de genes do desenvolvimento compartilhados pelos seus descendentes? O fato de que o padrão dorsoventral é semelhante nos protostômios e deuterostômios sugere que o ancestral comum mais recente desses dois ramos tenha apresentado um padrão dorsoventral semelhante, com um coração e sistema nervoso separados pelo intestino. Ele pode também ter tido ao menos olhos rudimentares, julgando a partir do fato de que genes semelhantes, o *eyeless/Pax-6*, são usados na formação do olho em um grande conjunto de protostômios e deuterostômios.

Em vez de a evolução avançar pela acumulação gradual de pequenas e inúmeras mutações, ela poderia acontecer por relativamente poucas mutações em alguns poucos genes do desenvolvimento? O fato da formação de pernas ou olhos poder ser induzida por uma mutação em um gene sugere que esses e outros órgãos desenvolvem-se como módulos (ver Seção 8.6). Se for assim, então membros e órgãos inteiros podem ter sido perdidos ou adquiridos durante a evolução em consequência de uma ou algumas poucas mutações. Se isso estiver correto, então a evolução aparentemente rápida de inúmeros grupos de animais durante a explosão cambriana e em outras épocas de uns poucos milhões de anos torna-se mais facilmente explicável. Em vez de exigir mutações em inúmeros genes, cada uma com um pequeno efeito, a evolução de diferentes grupos pode ter resultado de mudanças na cronologia, número ou expressão de relativamente poucos genes do desenvolvimento.

8.9 DESENVOLVIMENTO DOS VERTEBRADOS

Herança comum dos vertebrados

Um resultado marcante da ancestralidade compartilhada dos vertebrados é seu padrão comum de desenvolvimento. Esse padrão comum é mais bem visto na notável similaridade dos embriões de vertebrados após o estágio de gástrula (Figura 8.19). A semelhança ocorre em um breve momento no desenvolvimento dos vertebrados, quando características-chave compartilhadas entre os cordados, ou seja, o tubo nervoso dorsal, a notocorda, as bolsas faríngeas com arcos aórticos, o coração ventral e a cauda pós-anal, estão presentes aproximadamente no mesmo estágio de desenvolvimento. Seu momento de similaridade – quando os embriões parecem quase intercambiáveis – é ainda mais extraordinário considerando a enorme variedade de ovos e os amplamente diferentes tipos de desenvolvimento inicial que convergiram em direção a um projeto comum. Então, à medida que o desenvolvimento prossegue, os embriões divergem em velocidade e direção, tornam-se reconhecíveis como membros de sua classe, depois sua ordem, família e finalmente sua espécie. A contribuição importante do início do desenvolvimento dos vertebrados para a nossa compreensão da homologia e de descendência evolutiva comum é descrita na Seção 6.2.

Amniotas e ovo amniótico

Os répteis (incluindo as aves) e os mamíferos formam um grupo monofilético de vertebrados denominado **amniotas**, assim chamado porque seus embriões desenvolvem-se dentro de uma bolsa membranosa, o **âmnio**. O âmnio é uma das quatro **membranas extraembrionárias** que compõem um sistema de sustentação sofisticado dentro do **ovo amniótico** (Figura 8.20), que evoluiu quando os primeiros amniotas apareceram ao final da Era Paleozoica.

O **âmnio** é uma bolsa cheia de fluido que envolve o embrião, fornecendo-lhe um ambiente aquoso no qual flutua, protegido de choques mecânicos e de aderências.

A evolução da segunda membrana extraembrionária, o **saco vitelino**, na verdade antecede o aparecimento de amniotas em muitos milhões de anos. O saco vitelino com seu vitelo é uma característica geral de todos os embriões de peixe. Após a eclosão, uma larva de peixe em crescimento depende das provisões restantes de vitelo para sustentá-la até que ela possa começar a se alimentar por si mesma (Figura 8.21). O saco vitelino funciona de forma diferente nos animais que dão a luz a filhotes. Em muitos vertebrados vivíparos de diversos grupos, o saco vitelino torna-se vascular e intimamente associado ao trato reprodutivo da mãe, permitindo a transferência de nutrientes e gases respiratórios entre a mãe e o feto. Desse modo é formada a placenta de saco vitelino. A massa de vitelo é uma estrutura extraembrionária porque não é parte do

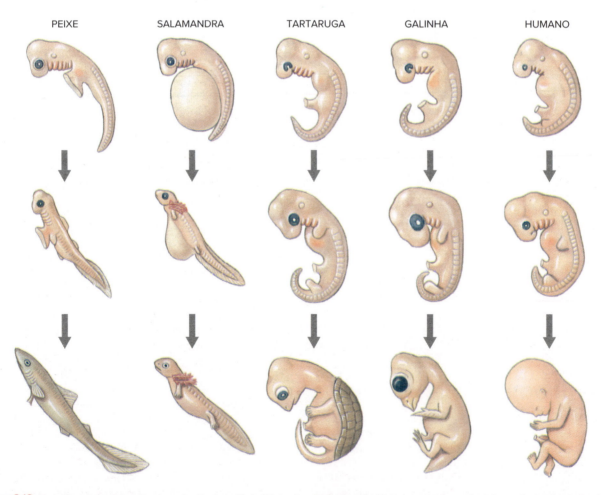

Figura 8.19 Embriões de vertebrados desenhados a partir de fotografias. Embriões tão diversos quanto os de peixe, salamandra, tartaruga, ave e humano mostram semelhanças notáveis após a gastrulação. Nesse estágio (fileira superior), revelam as características comuns a todos os representantes do subfilo Vertebrata. À medida que o desenvolvimento prossegue, eles divergem, cada um tornando-se progressivamente reconhecível como membro de uma classe, ordem, família e, finalmente, espécie específica.

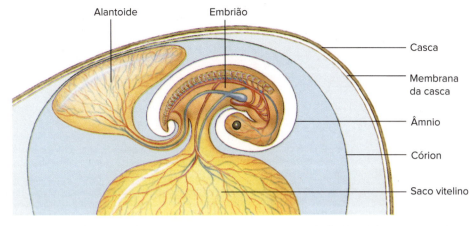

Figura 8.20 Ovo amniótico no estágio inicial de desenvolvimento, que mostra um embrião de galinha e suas membranas extraembrionárias.

embrião propriamente dito, e o saco vitelino é uma membrana extraembrionária porque é uma estrutura acessória que se desenvolve fora do embrião e é eliminada após o vitelo ser consumido.

O **alantoide** é uma bolsa que cresce a partir da porção posterior do tudo digestório do embrião, e serve como um repositório para rejeitos metabólicos durante o desenvolvimento. Ele também funciona como uma superfície respiratória para troca de oxigênio e dióxido de carbono.

O **córion** situa-se logo abaixo da casca do ovo e envolve completamente o resto do sistema embrionário. À medida que o embrião cresce e sua necessidade por oxigênio aumenta, o alantoide e o córion fundem-se para formar a **membrana corioalantoica**. Essa membrana tem uma rica rede vascular conectada à circulação embrionária. Situado logo abaixo da casca porosa, o corioalantoide vascular funciona como um "pulmão" provisório, no qual o oxigênio e o dióxido de carbono são trocados livremente. Assim, o ovo amniótico fornece um sistema completo de suporte da vida para o embrião, envolvido por uma casca externa rígida. O ovo amniótico é uma das mais importantes adaptações que evoluíram nos vertebrados.

A evolução de um ovo amniótico com casca tornou a fertilização interna uma necessidade reprodutiva. O macho deve introduzir os espermatozoides diretamente no trato reprodutivo da fêmea, já que o espermatozoide precisa atingir e fecundar o óvulo antes que a casca do ovo se forme.

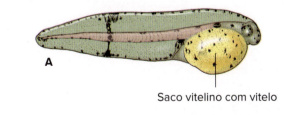

Figura 8.21 Larvas de peixe que mostra o saco vitelino. **A.** A larva de 1 dia de idade de um linguado marinho tem um grande saco vitelino. **B.** Após 10 dias de crescimento, a larva desenvolveu boca, órgãos sensoriais e um trato digestório primitivo. Com seu suprimento de vitelo agora exaurido, ela precisa capturar alimento para crescer e sobreviver.

Placenta e desenvolvimento inicial dos mamíferos

Em vez de se desenvolver dentro de um ovo com casca como a maioria dos outros vertebrados, a maioria dos embriões de mamíferos adotou a estratégia de se desenvolver dentro do corpo da mãe. Já vimos que a gastrulação nos mamíferos assemelha-se muito à dos amniotas que põem ovos. Os primeiros mamíferos botavam ovos e, até hoje, alguns deles retêm essa característica primitiva; os **monotremados** (ornitorrinco e equidna) põem ovos grandes com muito vitelo que se assemelham muito aos ovos de aves. Nos **marsupiais** (mamíferos cuja maioria possui bolsa ou marsúpio, como os gambás e cangurus), os embriões se desenvolvem durante um tempo dentro do útero da mãe, mas um embrião não se "prende" à parede uterina, e consequentemente recebe pouco alimento da mãe antes do nascimento. Os jovens marsupiais nascem em um estágio inicial de desenvolvimento e continuam a se desenvolver protegidos em uma bolsa da parede abdominal da mãe, nutridos com leite (descreveremos a reprodução dos marsupiais na Seção 28.2). Todos os outros mamíferos, que representam 94% da classe Mammalia, são **mamíferos placentários**. Esses mamíferos desenvolveram uma **placenta**, uma estrutura fetal notável por meio da qual o embrião é nutrido. A evolução desse órgão fetal exigiu uma reestruturação significativa, não apenas das membranas extraembrionárias que formam a placenta, mas também do oviduto materno, parte do qual teve que se expandir para abrigar os embriões por um longo período, o **útero** (ver Seção 7.4). Apesar dessas modificações, o desenvolvimento das membranas extraembrionárias nos mamíferos placentários é notavelmente semelhante ao dos amniotas que põem ovos (comparar Figuras 8.20 e 8.22). De fato, em alguns vertebrados não mamíferos que dão à luz, as membranas extraembrionárias formam uma placenta. Alguns lagartos e serpentes vivíparos têm ou uma placenta de saco vitelino, ou corioalantoica, ou ambas.

Os estágios iniciais de clivagem nos mamíferos, mostrados na Figura 8.17 E, ocorrem enquanto o **blastocisto** está descendo o oviduto em direção ao útero, impulsionado pela ação ciliar e muscular peristáltica. Quando o blastocisto humano tem cerca de 6 dias de idade e apresenta aproximadamente 100 células, ele entra em contato com o endométrio uterino (revestimento uterino) (Figura 8.23). Ao estabelecer contato, as células do trofoblasto proliferam rapidamente e produzem enzimas que digerem o epitélio do endométrio uterino. Essas mudanças permitem ao blastocisto implantar-se no endométrio. Em torno do 11º ou 12º

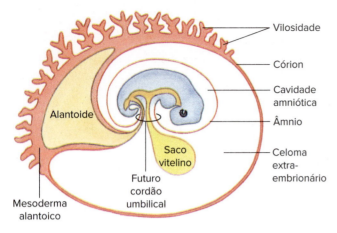

Figura 8.22 Diagrama generalizado das membranas extraembrionárias de um mamífero, que mostra como seu desenvolvimento se assemelha ao da galinha (comparar com a Figura 8.20). A maioria das membranas extraembrionárias dos mamíferos foi redirecionada para novas funções.

Tema-chave 8.3
GENÉTICA E DESENVOLVIMENTO

Compatibilidade placentária e materna

Uma das questões mais intrigantes relacionadas com a placenta é esta: por que ela não é rejeitada imunologicamente pela mãe? Tanto a placenta como o embrião são geneticamente estranhos à mãe, pois contêm proteínas (denominadas proteínas de histocompatibilidade principal – ver Seção 35.4) que diferem daquelas da mãe. Poderíamos esperar que os tecidos uterinos rejeitassem o embrião, assim como a mãe rejeitaria um órgão transplantado de seu próprio filho. A placenta é o único órgão estranho transplantado com sucesso, ou **aloenxerto**, pois desenvolveu maneiras de suprimir a resposta imunológica que normalmente seria montada contra o embrião e pelo embrião contra a mãe. Experimentos sugerem que o córion produz proteínas e linfócitos que bloqueiam a resposta imunológica normal por meio da supressão da formação de anticorpos específicos pela mãe.

dia, o blastocisto está completamente inserido e circundado pelo sangue materno. O trofoblasto torna-se espesso, enviando milhares de pequenas projeções digitiformes, as vilosidades coriônicas. Essas projeções penetram como raízes no endométrio uterino após o embrião implantar-se. No decorrer do desenvolvimento, à medida que aumenta a demanda do embrião por nutrientes e troca de gases, a grande proliferação de vilosidades coriônicas aumenta muito a superfície total da placenta. Apesar de a placenta humana ao final da gestação medir apenas 18 cm de diâmetro, a sua superfície total de absorção é de aproximadamente 13 m^2 – cerca de 50 vezes a área da superfície da pele do bebê recém-nascido.

Como o embrião de mamífero está protegido e é alimentado por meio da placenta, em vez de se alimentar de vitelo armazenado, uma questão interessante é o que acontece com as quatro membranas extraembrionárias herdadas dos primeiros amniotas? O âmnio permanece inalterado como uma bolsa de água protetora na qual o embrião flutua. O saco vitelino cheio de fluido também é retido, embora não contenha vitelo. Ele agora adquiriu uma nova função: durante o início do desenvolvimento, é a fonte de células-tronco que originam sangue, células linfoides e gametas. Essas células-tronco migram mais tarde para dentro do embrião em desenvolvimento. Em alguns mamíferos, incluindo gambás e camundongos, implanta-se no útero um saco vitelino muito vascularizado, junto com a placenta típica. As duas membranas

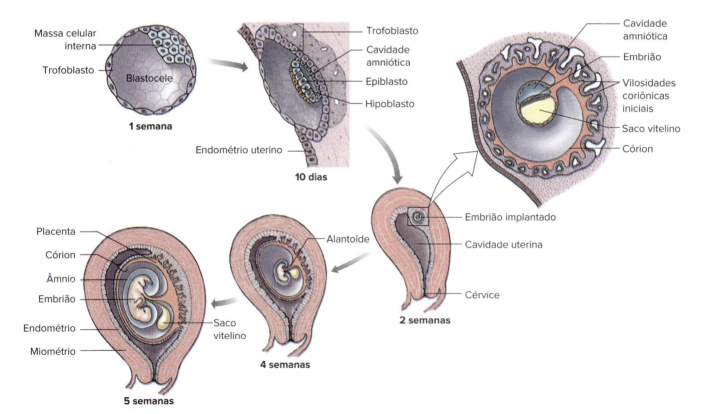

Figura 8.23 Início do desenvolvimento do embrião humano e suas quatro membranas extraembrionárias: âmnio, saco vitelino sem vitelo, alantoide e córion.

extraembrionárias restantes, o alantoide e o córion, são redirecionadas para novas funções. O alantoide não é mais necessário para o armazenamento de resíduos metabólicos. Em vez disso, ele contribui para a formação do **cordão umbilical**, que liga física e funcionalmente o embrião à placenta (ver Figura 7.16). O córion, a membrana mais externa, forma a maior parte da placenta propriamente dita. O restante da placenta é formado pelo endométrio uterino adjacente.

O embrião cresce rapidamente e, nos humanos, todos os principais órgãos do corpo já iniciaram sua formação ao final da quarta semana de desenvolvimento. O embrião mede agora cerca de 5 mm de comprimento, e pesa aproximadamente 0,02 g. Durante as 2 primeiras semanas de desenvolvimento (**período germinativo**), o embrião é muito resistente às influências externas. Todavia, durante as 8 semanas seguintes, quando todos os órgãos principais estão sendo formados e a forma do corpo está sendo determinada (**período embrionário**), o embrião está mais sensível a distúrbios que possam causar malformações (como exposição a álcool ou drogas ingeridas pela mãe) que em qualquer outro período do seu desenvolvimento. O embrião torna-se um **feto** aproximadamente 2 meses após a fertilização. O **período fetal** é principalmente uma fase de crescimento, embora alguns sistemas orgânicos (especialmente os sistemas nervoso e endócrino) continuem a se desenvolver. O feto cresce de aproximadamente 28 mm e 2,7 g, aos 60 dias, até cerca de 350 mm e 3 mil g no momento do parto (cerca de 9 meses).

8.10 DESENVOLVIMENTO DE SISTEMAS E ÓRGÃOS

Durante a gastrulação dos vertebrados, os três folhetos germinativos são formados. Como vimos, estes se diferenciam primeiramente em massas celulares primordiais, e depois em órgãos e tecidos específicos. Durante esse processo, as células tornam-se cada vez mais comprometidas com direções específicas de diferenciação. Os derivados dos três folhetos germinativos estão diagramados na Figura 8.24.

Tema-chave 8.4
CIÊNCIA EXPLICADA

Camadas germinativas embrionárias

A atribuição de camadas embrionárias iniciais a "camadas germinativas" específicas (não se deve confundir com "células germinativas", que são os óvulos e espermatozoides) é para a conveniência dos embriologistas e não interessa ao embrião. Embora as três camadas germinativas normalmente se diferenciem para formar os tecidos e órgãos descritos aqui, não é a própria camada germinativa que determina a diferenciação, mas sim a posição precisa de uma célula embrionária em relação a outras células.

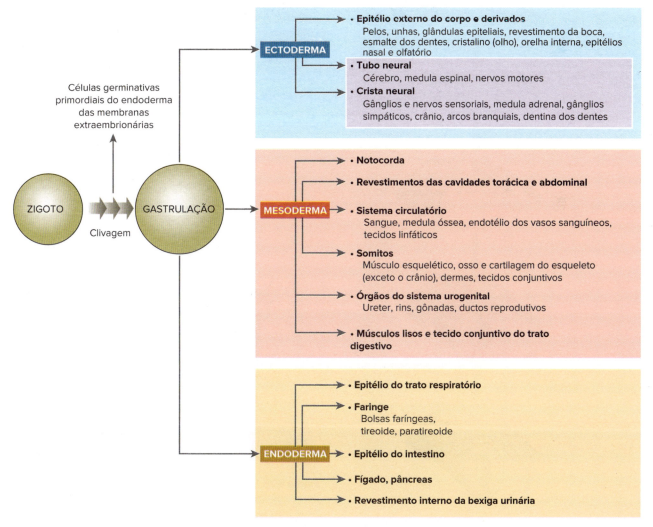

Figura 8.24 Derivados dos folhetos germinativos primários em mamíferos.

Derivados do ectoderma: o sistema nervoso e o crescimento neural

O cérebro, a medula espinal e praticamente todas as estruturas epiteliais externas do corpo se desenvolvem do ectoderma primitivo. Eles estão entre os primeiros órgãos a surgir. Logo acima da notocorda, o ectoderma se espessa para formar uma **placa neural**. As bordas dessa placa elevam-se, dobram e juntam-se no topo para criar um **tubo neural** longo e oco. O tubo neural dá origem à maior parte do sistema nervoso: ele alarga-se anteriormente e se diferencia em cérebro e nervos cranianos; na parte posterior, ele forma a medula espinal e os nervos motores medulares. Grande parte do restante do sistema nervoso periférico é derivada das **células da crista neural**, que se solta do tubo neural antes de ele fechar (Figura 8.25). Alguns dos muitos e diversos tipos de células e estruturas que se originam com a crista neural estão detalhados nas Figuras 8.24 e 8.25. O tecido da crista neural é único dos vertebrados e foi provavelmente de importância primordial na evolução da cabeça e das mandíbulas dos vertebrados.

Como se formam os bilhões de axônios nervosos no corpo? O que dirige seu crescimento? Os biólogos sempre estiveram intrigados com essas questões que parecem não ter soluções fáceis. Como um único axônio nervoso pode ter mais de 1 metro de comprimento (p. ex., os nervos motores nos humanos vão da medula espinal até os dedos dos pés com cerca de 1 m de comprimento), parecia impossível que uma única célula pudesse ir tão longe. A resposta teve que aguardar o desenvolvimento de uma das mais poderosas ferramentas disponíveis para os biólogos: a técnica da cultura de células.

Em 1907, o embriologista Ross G. Harrison descobriu que poderia cultivar neuroblastos vivos (células nervosas embrionárias) fora do corpo por semanas, colocando-as em uma gota de linfa de rã suspensa na parte inferior de uma lamínula. Observando o crescimento dos nervos durante dias, ele percebeu que cada axônio era resultado do crescimento de uma única célula. À medida que o axônio se estendia para fora, os materiais para seu crescimento fluíam do centro do axônio até a extremidade em crescimento (cone de crescimento), onde eram incorporados no novo protoplasma (Figura 8.26).

A segunda questão – o que dirige o crescimento nervoso – levou mais tempo para se desvelar. A hipótese principal na década de 1940 propunha o crescimento nervoso como um processo aleatório e difuso: o sistema nervoso desenvolveu-se como uma rede equipotencial, ou tábula rasa, modelada em um sistema funcional pelo uso. Agora sabemos que as fibras nervosas encontram seu caminho para muitos destinos seletivamente seguindo estímulos externos. As pesquisas com sistemas nervosos de invertebrados indicaram que cada um dos bilhões de axônios celulares nervosos adquire uma identidade distinta que de alguma forma os direciona por um caminho específico até o seu destino. Harrison observou

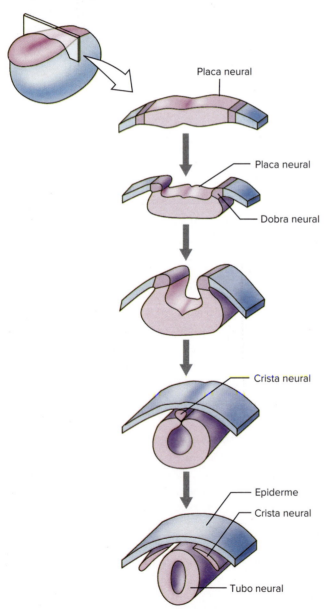

Figura 8.25 Desenvolvimento do tubo neural e das células da crista neural a partir do ectoderma da placa neural.

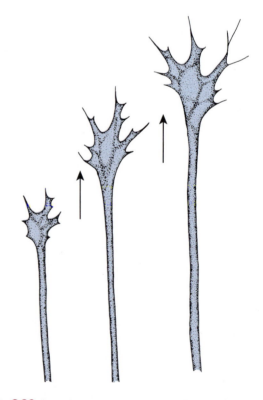

Figura 8.26 Cone de crescimento na extremidade em desenvolvimento de um axônio neural. Os materiais para o crescimento fluem do axônio até o cone de crescimento, do qual inúmeros filopódios filiformes se estendem. Eles servem como um sistema de orientação para o desenvolvimento do axônio. A direção do crescimento é mostrada pelas setas.

que um axônio neural em crescimento terminava em um cone de crescimento, do qual se estendiam inúmeros pseudópodes filamentosos pequeninos (filopódios) (ver Figura 8.26). Santiago Ramón y Cajal deduziu a natureza dinâmica desse cone de crescimento em 1890, embora tenha estudado apenas tecidos fixados e não células vivas. A pesquisa tem demonstrado que o cone de crescimento é guiado por um conjunto de moléculas-guias secretadas ao longo do caminho e pelo alvo do axônio. Esse sistema de guia químico, que exige padrões específicos de expressão gênica, é apenas um exemplo da surpreendente flexibilidade que caracteriza todo o processo de diferenciação.

Tema-chave 8.5
CIÊNCIA EXPLICADA

Cultura de tecidos

Ross G. Harrison desenvolveu uma técnica para o cultivo de células isoladas de uma variedade de tipos de tecido em um meio de cultura nutritivo em laboratório, onde as células podem ser manipuladas experimentalmente. Essa técnica de cultura de tecidos é agora amplamente utilizada por cientistas em todos os campos da pesquisa biomédica ativa, não apenas por biólogos do desenvolvimento. O grande impacto da técnica foi percebido apenas nos últimos anos. Harrison foi duas vezes indicado ao Prêmio Nobel (1917 e 1933), mas nunca o recebeu porque, ironicamente, o método de cultura de tecidos era considerado "de uso um tanto limitado".

Derivados do endoderma: tubo digestório e sobrevivência dos arcos branquiais

Nos embriões de rã, o intestino primitivo aparece durante a gastrulação com a formação do **arquêntero**. Dessa simples cavidade endodérmica, desenvolve-se o revestimento do trato digestório, o revestimento da faringe e dos pulmões, a maior parte do fígado e do pâncreas, as glândulas da tireoide e paratireoide e o timo (ver Figura 8.24).

Em outros vertebrados, o **canal alimentar** se desenvolve do intestino primitivo e desdobra-se do saco vitelino por crescimento e dobramento da parede corporal (Figura 8.27). As extremidades do tubo abrem-se para o exterior e são revestidas com ectoderma, enquanto o resto do tubo é revestido com endoderma. Os **pulmões**, **fígado** e **pâncreas** surgem a partir do intestino anterior.

Entre os mais intrigantes derivados do trato digestório estão as bolsas faríngeas, que surgem nos primeiros estágios embrionários de todos os vertebrados (ver Figura 8.19). Durante o desenvolvimento, as bolsas faríngeas revestidas de endoderma interagem com o ectoderma circundante para formar arcos branquiais. Nos peixes, os arcos branquiais se desenvolvem em guelras e estruturas de sustentação e servem como órgãos respiratórios. Quando os primeiros vertebrados conquistaram o ambiente terrestre, as guelras eram inadequadas para a respiração aérea e a função respiratória foi realizada por pulmões que evoluíram de maneira independente.

Por que então os arcos branquiais persistem nos embriões dos vertebrados terrestres? Embora eles não sirvam à função respiratória nos embriões e nem nos adultos de vertebrados terrestres, eles são necessários como pontos de partida para diversas outras estruturas. Por exemplo, o primeiro arco e sua bolsa revestida pelo endoderma (o espaço entre arcos adjacentes) formam os maxilares superior e inferior e o ouvido interno dos vertebrados. A segunda, terceira e quarta bolsas branquiais contribuem para as amígdalas, glândulas paratireoides e timo. Podemos compreender então por que os arcos branquiais e outras estruturas semelhantes às dos peixes aparecem no início do desenvolvimento dos embriões dos mamíferos. Sua função original foi abandonada, mas as estruturas foram mantidas para novos usos. O grande conservadorismo do desenvolvimento embrionário inicial tem convenientemente nos permitido uma visão de longo alcance sobre as origens das novas adaptações.

Derivados do mesoderma: sustentação, movimento e coração que bate

O mesoderma forma a maior parte dos tecidos esquelético e muscular, o sistema circulatório e órgãos urinários e reprodutivos (ver Figura 8.24). Como os vertebrados aumentaram em tamanho e complexidade, as estruturas de suporte, movimento e transporte derivadas do mesoderma passaram a compreender uma proporção ainda maior do corpo.

A maioria dos **músculos** origina-se do mesoderma ao longo de cada lado do tubo neural (Figura 8.28). O mesoderma divide-se em uma série linear de somitos em forma de blocos (38 nos humanos) que, por divisão, fusão e migração, tornam-se o esqueleto axial, a derme da pele dorsal e os músculos das costas, da parede corporal e dos membros.

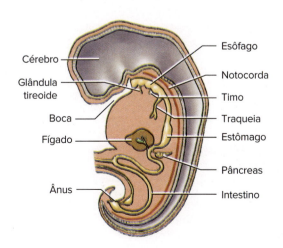

Figura 8.27 Derivados do canal alimentar de um embrião humano.

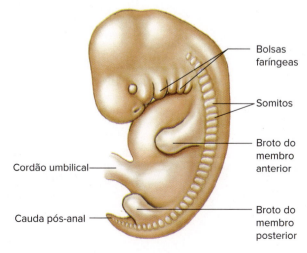

Figura 8.28 Embrião humano que mostra os somitos, que se diferenciam em músculos esqueléticos e esqueleto axial.

O mesoderma dá origem ao primeiro órgão funcional: o coração embrionário. Guiado pelo endoderma subjacente, dois grupos de células mesodérmicas pré-cardíacas movem-se de forma ameboide para posições de cada lado do intestino em desenvolvimento. Esses grupos de células se diferenciam em um par de tubos de parede dupla, que posteriormente se fundem para formar um único tubo delgado (ver Figura 8.18).

À medida que as células se agrupam, as primeiras contrações são evidentes. Em um embrião de galinha, um animal favorito para estudos de embriologia experimental, o coração primitivo começa a bater no segundo dia do período de incubação de 21 dias; ele começa a pulsar antes que se tenha formado qualquer vaso sanguíneo verdadeiro e antes que haja sangue para bombear. À medida que o ventrículo primordial se desenvolve, as contrações celulares espontâneas tornam-se coordenadas em um batimento frágil, mas rítmico. Então, desenvolvem-se novas câmaras cardíacas, cada uma com pulsações mais rápidas que a predecessora.

Finalmente, desenvolve-se uma região especializada do músculo cardíaco denominada **nó sinoatrial (SA)** que assume o comando de todo o batimento cardíaco (o papel do nó SA na excitação do coração está descrito na Seção 31.3). O nó SA torna-se o **marca-passo** primário do coração. Conforme o coração desenvolve um batimento forte e eficiente, abrem-se canais vasculares dentro do embrião e no vitelo. Dentro dos vasos e suspensas no plasma encontram-se as primeiras células sanguíneas primitivas.

O desenvolvimento inicial do coração e da circulação é essencial para a continuidade do desenvolvimento embrionário, pois sem a circulação o embrião não poderia obter substâncias para o seu crescimento. O alimento é absorvido do vitelo e transportado para o corpo do embrião, o oxigênio é levado a todos os tecidos e o dióxido de carbono e outros resíduos são eliminados. Um embrião é totalmente dependente desse sistema de manutenção extraembrionário, e a circulação é o elo vital entre eles.

RESUMO

Seção	Conceito-chave
8.1 Conceitos iniciais: pré-formação *versus* epigênese	• A biologia do desenvolvimento abrange o surgimento da ordem e da complexidade durante o desenvolvimento de um novo indivíduo a partir de um óvulo fertilizado, bem como o controle desse processo • O conceito inicial de pré-formação de desenvolvimento deu lugar à teoria da epigênese: o desenvolvimento é o aparecimento progressivo de novas estruturas que surgem de estágios anteriores de desenvolvimento.
8.2 Fertilização	• A fertilização de um óvulo por um espermatozoide restaura o número diploide de cromossomos e ativa o óvulo para o desenvolvimento • O espermatozoide e o óvulo desenvolveram dispositivos para promover uma fertilização eficiente • O espermatozoide é um núcleo haploide altamente condensado com um flagelo locomotor • Muitos óvulos liberam atrativos químicos para os espermatozoides, a maioria tem receptores de superfície que reconhecem e se ligam apenas aos espermatozoides de sua própria espécie, e todos desenvolveram dispositivos para prevenir a polispermia • Em muitos casos, os espermatozoides entram no ovócito antes da conclusão da meiose.
8.3 Clivagem e início do desenvolvimento	• A clivagem, um processo ordenado de divisão celular, do zigoto ao embrião, é muito influenciada pela quantidade e distribuição do vitelo no ovo • Ovos com pouco vitelo, como em muitos invertebrados marinhos, dividem-se completamente (clivagem holoblástica) e geralmente têm um estágio larval interposto entre o embrião e o adulto • Os ovos com abundância de vitelo, como o das aves e de outros répteis, ou o da maioria dos artrópodes, dividem-se apenas parcialmente (clivagem meroblástica).
8.4 Visão geral do desenvolvimento após a clivagem	• Durante a clivagem, um embrião se divide rapidamente e geralmente de forma síncrona, produzindo uma blástula multicelular • Na gastrulação, as células na superfície do embrião se movem para dentro para formar camadas germinativas (endoderma, ectoderma, mesoderma) e o plano do corpo embrionário. Assim como a clivagem, a gastrulação é muito influenciada pela quantidade de vitelo • Os embriões desenvolvem diferentes planos corporais na gastrulação com tubos digestórios completos ou incompletos • O intestino é uma cavidade corporal essencial, mas muitos animais possuem uma segunda cavidade corporal fora do intestino. Essa cavidade pode ser uma blastocele persistente (pseudoceloma) ou uma nova cavidade dentro do mesoderma (celoma). Tanto a esquizocelia quanto a enterocelia resultam na formação de celoma. A segunda cavidade corporal é geralmente preenchida com líquido, envolve e protege o intestino e frequentemente serve como um esqueleto hidrostático.

Seção	Conceito-chave
8.5 Mecanismos do desenvolvimento	• Apesar dos diferentes destinos de desenvolvimento das células embrionárias, cada célula somática contém um genoma completo e, portanto, a mesma informação nuclear • Em 1938, Hans Spemann propôs a ideia do transplante nuclear de células somáticas, o TNCS, proporcionando a base para a clonagem e o uso terapêutico de células-tronco • O desenvolvimento inicial por meio da clivagem é governado por determinantes citoplasmáticos (RNAs mensageiros) derivados do genoma materno e colocados no córtex do ovo. O controle muda gradualmente do controle materno para o embrionário conforme os próprios genes nucleares do embrião começam a transcrever o mRNA. A especificação citoplasmática e a especificação condicional, atuando por indução, desempenham um papel importante no desenvolvimento. A especificação sincicial ocorre quando o citoplasma não é dividido entre as células, como no sistema modelo da mosca-de-fruta, *Drosophila* • O destino da célula é determinado sequencialmente, de modo que as células de diferentes camadas germinativas (ectoderma, endoderma, mesoderma) produzam apenas certos derivados.
8.6 Expressão gênica durante o desenvolvimento	• A regulação espacial e temporal da expressão gênica, chave para a especificação condicional, é muito importante nos estágios posteriores de desenvolvimento • A diferenciação harmoniosa dos tecidos ocorre em três estágios gerais: formação de padrões, determinação de posição no corpo e indução de membros e órgãos apropriados para cada posição. Cada estágio é guiado por morfógenos que direcionam a transcrição do gene • A formação de padrões refere-se à determinação dos eixos corporais anteroposterior, dorsoventral e da esquerda para a direita • Em moscas e outros animais segmentados, os morfógenos ativam genes que dividem o corpo em cabeça, tórax e abdome e, a seguir, em segmentos corretamente orientados • As estruturas apropriadas para cada segmento são posteriormente induzidas por genes homeóticos, que incluem uma sequência particular de bases de DNA chamada homeobox. Mutações em genes homeóticos podem causar o desenvolvimento de estruturas inadequadas em um segmento: pernas na cabeça, por exemplo.
8.7 Padrões de desenvolvimento nos animais	• As características de desenvolvimento são usadas para dividir os animais bilaterais em dois grupos principais: protostômios e deuterostômios • Protostômios e deuterostômios são diferenciados por quatro questões de desenvolvimento: (1) À medida que o embrião se cliva, as células formam um padrão espiral ou radial? (2) Após a clivagem, o destino de cada célula é decidido principalmente pela especificação citoplasmática, produzindo clivagem em mosaico, ou principalmente pela especificação condicional, produzindo clivagem reguladora? (3) Qual é o destino do blastóporo embrionário? Tornar-se a boca ou o ânus no animal adulto? E (4) se um celoma estiver presente, ele se desenvolve por esquizocelia ou enterocelia? • Protostômios usam especificação citoplasmática, resultando em clivagem em mosaico espiral em lofotrocozoários e clivagem superficial juntamente com especificação sincicial para muitos ecdisozoários. A boca se forma no ou próximo ao blastóporo embrionário. Um celoma se forma por esquizocelia • Os Deuterostomia usam especificação condicional, resultando em clivagem reguladora; a boca se forma secundariamente e não a partir do blastóporo. Um celoma se forma por enterocelia.
8.8 Biologia evolutiva do desenvolvimento	• Similaridades fundamentais nos genes que controlam o desenvolvimento foram encontradas em animais tão diferentes quanto *Drosophila* e anfíbios • O campo da biologia evolutiva do desenvolvimento é baseado na ideia de que a enorme variedade de animais evoluiu como resultado de mudanças na posição e cronologia de relativamente poucos genes que controlam o desenvolvimento • Pode haver um "*kit* de ferramentas genéticas" para módulos de desenvolvimento comuns aos animais.
8.9 Desenvolvimento dos vertebrados	• O estágio pós-gástrula do desenvolvimento dos vertebrados representa uma notável conservação da morfologia, onde vertebrados mandibulados, de peixes a seres humanos, exibem características comuns. À medida que o desenvolvimento prossegue, as características específicas das espécies são formadas • Os amniotas são vertebrados terrestres que desenvolvem quatro membranas extraembrionárias dentro de um ovo independente (em aves e na maioria dos outros répteis) ou dentro do útero materno (mamíferos) • Os embriões de mamíferos são nutridos por uma placenta, uma estrutura materno-fetal complexa.

Seção	Conceito-chave
8.10 Desenvolvimento de sistemas e órgãos	• Camadas germinativas formadas na gastrulação se diferenciam para se tornar tecidos e órgãos • O ectoderma dá origem à pele e ao sistema nervoso; o endoderma dá origem ao canal alimentar, faringe, pulmões e certas glândulas; e o mesoderma forma órgãos musculares, esqueléticos, circulatórios, reprodutivos e excretores.

QUESTÕES DE REVISÃO

1. O que significa epigênese? Como o conceito de epigênese de Kaspar Friedrich Wolff difere das noções iniciais de pré-formação?
2. Como o óvulo (oócito) prepara-se durante a oogênese para a fertilização? Por que essa preparação é essencial para o desenvolvimento?
3. Descreva os eventos que se seguem ao contato de um espermatozoide com um óvulo. O que é polispermia e como é evitada?
4. O que significa o termo "ativação" em embriologia?
5. Como a quantidade de vitelo afeta a clivagem? Compare a clivagem de uma estrela-do-mar com a de uma ave.
6. Qual é a diferença entre clivagem radial e espiral?
7. Que outras características do desenvolvimento são frequentemente associadas com clivagem espiral ou radial?
8. O que é desenvolvimento indireto?
9. Utilizando embriões de estrela-do-mar como exemplo, descreva a gastrulação. Explique como a massa inerte de vitelo afeta a gastrulação nos embriões de sapo e de ave.
10. Qual é a diferença entre a origem esquizocélica e a enterocélica de um celoma?
11. Descreva duas abordagens experimentais distintas que fornecem evidência para a equivalência nuclear em embriões animais.
12. O que significa "indução" em embriologia? Descreva o famoso experimento do organizador de Spemann e Mangold e explique seu significado.
13. O que são genes homeóticos e o que é o "homeobox" contido neles? Qual é a função do homeobox? O que são genes *Hox*? Qual é o significado de sua ocorrência aparentemente universal nos animais?
14. Qual é a evidência embriológica de que os vertebrados formam um grupo monofilético?
15. Quais são as quatro membranas extraembrionárias dos ovos amnióticos de uma ave ou outro réptil, e qual é a função de cada membrana?
16. Qual é o destino das quatro membranas extraembrionárias nos embriões de mamíferos placentários?
17. Explique de que maneira o "cone de crescimento", observado por Ross Harrison nas extremidades das fibras nervosas em crescimento, influencia a direção do crescimento do neurônio.
18. Cite dois sistemas de órgãos derivados de cada um dos três folhetos germinativos.
19. Quais as características do desenvolvimento usadas para diagnosticar grupos protostômios e deuterostômios (clados)?

Para reflexão. A TNCS torna possível a clonagem terapêutica. Quais são os benefícios dessa técnica para a ciência médica?

PARTE 3

9 Padrão da Arquitetura de um Animal

OBJETIVOS DE APRENDIZAGEM

Após leitura do capítulo, você será capaz de:

9.1 Descrever os níveis de organização encontrados nos animais, dando um exemplo de cada nível de complexidade.

9.2 Aplicar os conceitos de simetria animal e desenvolvimento da cavidade corporal a exemplos dos vários filos animais. Fazer a distinção entre o desenvolvimento de planos corporais acelomados, pseudocelomados e celomados. Descrever as vantagens de um trato digestório completo e de um segmentado para os animais que os possuem.

9.3 Descrever as características dos quatro principais tipos de tecido e suas funções dentro de um animal.

9.4 Compreender as vantagens e as desvantagens da evolução de um corpo grande.

Pólipos de cnidários têm simetria radial e um grau de organização celular-tecidual (Dendronephthya sp.).
©Larry Roberts/McGraw-Hill Education

Novos modelos para a vida

Os zoólogos reconhecem atualmente 32 filos de animais multicelulares, cada filo caracterizado por um plano corporal distinto e propriedades biológicas que o diferenciam de todos os outros filos. Todos são sobreviventes de talvez 100 filos que surgiram há 600 milhões de anos durante a explosão do Cambriano, que foi o evento evolutivo mais importante da história geológica da vida. Praticamente todos os principais planos corporais que vemos hoje, junto com muitos planos novos que conhecemos apenas do registro fóssil, evoluíram em um espaço de uns poucos milhões de anos. Vivendo em um mundo com espécies esparsas e livres de competição, essas novas formas de vida diversificaram-se, produzindo novos temas na arquitetura animal. As explosões de diversificação posteriores, que se seguiram a grandes eventos de extinção, produziram principalmente variações sobre os tipos estabelecidos.

Os tipos estabelecidos, na forma de planos corporais distintos, são passados de uma população ancestral aos seus descendentes; moluscos são em geral dotados de uma concha rígida, enquanto os membros anteriores das aves formam asas. Esses atributos ancestrais limitam o escopo morfológico dos descendentes a despeito de seu estilo de vida. Embora os corpos dos pinguins estejam modificados para uma vida aquática, suas asas e penas são claramente vestígios de um aparato ancestral de voo. A despeito da evolução estrutural e funcional, as formas novas são frequentemente limitadas pela arquitetura de seus ancestrais.

A uniformidade básica da organização biológica deriva de uma ancestralidade comum dos animais e de sua construção celular. Apesar das vastas diferenças na complexidade estrutural dos organismos, variando desde formas unicelulares até os seres humanos, todos compartilham um modelo intrínseco e um plano funcional fundamental. Nessa introdução aos capítulos sobre a diversidade (ver Capítulos 11 a 28), consideramos os planos corporais mais básicos que subjazem à aparente diversidade das formas animais e examinamos alguns dos temas arquitetônicos comuns que todos os animais compartilham.

9.1 ORGANIZAÇÃO HIERÁRQUICA DA COMPLEXIDADE ANIMAL

Entre os diferentes grupos unicelulares e metazoários, reconhecemos cinco graus principais de organização (Tabela 9.1). Cada grau é mais complexo que o anterior e nele se baseia seguindo um modo hierárquico.

Os grupos unicelulares são os eucariotos mais simples e representam o grau *protoplasmático* de organização. São, no entanto, organismos completos, que realizam todas as funções vitais observadas nos animais mais complexos. Eles demonstram uma organização e divisão de trabalho notáveis dentro de seu confinamento celular, apresentando estruturas esqueléticas, aparelhos locomotores, fibrilas e estruturas sensoriais simples distintas. A diversidade observada entre os organismos unicelulares é alcançada por meio da variação dos padrões arquitetônicos das estruturas subcelulares, das organelas e da célula como um todo (ver Capítulo 11).

Os animais multicelulares evoluíram uma complexidade estrutural maior, combinando células em unidades maiores. Uma célula animal é uma parte especializada do organismo todo e, diferentemente de um organismo unicelular, não é capaz de uma existência independente. As células de organismos multicelulares são especializadas para operar as várias tarefas realizadas pelos elementos subcelulares em formas unicelulares. Os metazoários mais simples mostram um grau *celular* de organização, no qual as células demonstram divisão de trabalho, mas não estão fortemente associadas para execução de uma função coletiva específica (ver Tabela 9.1).

No grau *celular-tecidual* mais complexo de organização, as células estão agrupadas e realizam suas funções comuns como uma unidade altamente coordenada, denominada **tecido** (ver Seção 9.3). Os animais neste grau ou acima dele são denominados **eumetazoários**. Em animais com grau de organização *tecidual-organogênico*, os tecidos estão associados em unidades funcionais maiores chamadas **órgãos**. Geralmente, um tipo de tecido executa a função principal de um órgão, como o tecido muscular o faz no coração; outros tecidos – epiteliais, conjuntivos e nervosos – têm papel auxiliar. As células funcionais principais de um órgão são denominadas **parênquima** (do grego *para*, ao lado de, + *enchyma*, infusão). Os tecidos auxiliares compõem o **estroma** (do grego *forro*) do órgão. Por exemplo, no pâncreas dos vertebrados (ver Seção 34.3), as células secretoras compõem o parênquima; cápsula e tecidos conjuntivos representam o estroma.

Tabela 9.1 Graus de organização na complexidade dos organismos.

Graus de organização	Descrição	Exemplos
Protoplasmático	*Grau protoplasmático de organização* – caracteriza organismos unicelulares. Todas as funções vitais estão confinadas dentro dos limites de uma única célula, a unidade fundamental da vida. Dentro de uma célula, o protoplasma é diferenciado em organelas capazes de desempenhar funções especializadas.	Organismos unicelulares — *Paramecium*
Celular	*Grau celular de organização* – agregado de células que são diferenciadas funcionalmente. A divisão de trabalho é evidente, de tal modo que algumas células estão envolvidas com, por exemplo, reprodução, e outras com nutrição. Alguns flagelados, como *Volvox*, que têm células somáticas e reprodutivas distintas, estão classificados no nível celular de organização. Muitos autores também consideram as esponjas nesse nível.	Agregação celular — *Volvox*
Celular-tecidual	*Grau celular-tecidual de organização* – agregado de células semelhantes organizadas em padrões definidos ou camadas para executar uma função comum, formando um tecido. Esponjas são consideradas por alguns autores como pertencentes a esse grau, embora as águas-vivas e seus parentes (cnidários) demonstrem mais claramente o plano tecidual. Ambos os grupos estão ainda essencialmente no grau celular de organização porque a maioria das células está disjunta e não organizada em tecidos. Um excelente exemplo de tecido em cnidários é sua rede nervosa, na qual as células nervosas e seus processos formam uma estrutura definida de tecido, com função de coordenação.	Agregação celular que forma tecidos — Água-viva (Cnidários)
Tecidual-organogênico	*Grau tecidual-organogênico de organização* – a agregação de tecidos em órgãos é o passo seguinte na complexidade. Os órgãos são geralmente compostos por mais de um tipo de tecido e têm função mais especializada que tecidos. Esse é o nível de organização dos turbelários (Platyhelminthes), nos quais ocorrem órgãos bem definidos, tais como ocelos, probóscides e órgãos reprodutivos. Nos turbelários, os órgãos reprodutivos transcendem o grau tecidual-organogênico, estando organizados em um sistema reprodutivo.	Agregação de tecidos que formam órgãos — Planária
Organogênico-sistêmico	*Grau organogênico-sistêmico de organização* – os órgãos trabalham conjuntamente para a execução de uma função, produzindo o nível de organização mais elevado – os sistemas de órgãos. Os sistemas estão associados às funções corpóreas básicas, tais como circulação, respiração e digestão. Os animais mais simples que apresentam esse tipo de organização são os vermes nemertinos, que têm um sistema digestivo completo distinto do sistema circulatório. A maioria dos filos animais apresenta esse tipo de organização.	Agregação de órgãos que formam sistemas — Vermes nemertinos, Artrópodes

A maioria dos animais tem um nível adicional de complexidade, no qual órgãos diferentes operam conjuntamente como **sistemas de órgãos**. Onze diferentes tipos de sistemas de órgãos são descritos nos metazoários: esquelético, muscular, tegumentar, digestório, respiratório, circulatório, excretor, nervoso, endócrino, imune e reprodutivo. A grande diversidade evolutiva desses sistemas de órgãos está coberta nos Capítulos 14 a 28, e suas estruturas relacionadas com as suas respectivas funções no Capítulo 7 e nos Capítulos 29 a 35.

9.2 PLANOS CORPORAIS ANIMAIS

Os planos corporais dos animais diferem no grau de organização, na simetria do corpo, no número de folhetos germinativos embrionários e no número de cavidades do corpo. Geralmente, a simetria do corpo pode ser determinada a partir do aspecto externo de um animal, mas determinar outras características do plano corporal normalmente requer dissecção e às vezes microscopia.

Simetria animal

A simetria refere-se a proporções equilibradas ou à correspondência em tamanho e forma das partes de lados opostos de um plano mediano.

A **simetria esférica** significa que qualquer plano que passa através do centro do organismo divide seu corpo em metades equivalentes ou especulares (Figura 9.1, *parte superior à esquerda*). Esse tipo de simetria ocorre entre algumas formas unicelulares e é raro entre os animais. As formas esféricas são mais adequadas para flutuar e rolar.

A **simetria radial** (Figura 9.1, *parte superior à direita*) aplica-se às formas que podem ser divididas em metades semelhantes por mais de dois planos que passam através do eixo longitudinal do organismo, como pode ser obtido ao cortar-se uma torta. Esses organismos são formas tubulares, vasiformes ou em tigela, formas encontradas em algumas esponjas e em hidras, águas-vivas, ouriços-do-mar e grupos relacionados, nos quais em uma extremidade do eixo longitudinal geralmente está a boca (a superfície **oral**). Nas formas sésseis, como as hidras e as anêmonas-do-mar, o disco basal de fixação é a superfície **aboral**. Uma forma variante da simetria radial é a **simetria birradial**, na qual somente dois planos que passam através do eixo longitudinal produzem metades especulares, por causa de alguma parte que é única ou emparelhada em vez de radial. Os ctenóforos (filo Ctenophora, ver Seção 13.2), que são globulares, mas têm um par de tentáculos, são um exemplo e são mostrados na Figura 13.28B. Os animais radiais e birradiais normalmente são sésseis, flutuam livremente ou são nadadores débeis. Os animais radiais, sem extremidade anterior ou posterior, podem interagir com seu meio em todas as direções – uma vantagem para formas sésseis ou de flutuação livre, cujas estruturas alimentares estão organizadas para capturar a presa que se aproxima de qualquer direção.

Os dois filos primariamente radiais nas formas adultas, Cnidaria e Ctenophora, têm sido chamados de **Radiata**, embora análises filogenéticas sugiram que esse grupo não seja monofilético (ver Seção 13.3). Os equinodermos (as estrelas-do-mar e seus parentes) são animais primariamente bilaterais (larvas bilaterais) que se tornam secundariamente radiais quando adultos.

A **simetria bilateral** aplica-se aos animais que podem ser divididos em duas porções especulares ao longo de um plano sagital – as metades direita e esquerda (ver Figura 9.1, *parte inferior*). O aparecimento da simetria bilateral na evolução animal foi uma grande inovação porque os animais bilaterais são muito mais bem adaptados para um movimento direcional (para a frente) do que os radialmente simétricos. Os animais bilaterais formam um grupo monofilético de filos chamado **Bilateria**.

A simetria bilateral está fortemente associada à **cefalização**, que é a diferenciação de uma cabeça. A concentração de tecido nervoso e órgãos sensoriais na cabeça fornece vantagens óbvias a um animal que se move em seu ambiente com a cabeça dirigida para a frente – isso produz um posicionamento eficiente dos órgãos para sentir o ambiente e responder a ele. Normalmente, a boca do animal está localizada também na cabeça, já que uma grande parte da atividade de um animal relaciona-se à busca de alimento. A cefalização é sempre acompanhada por uma diferenciação ao longo do eixo anteroposterior, apesar da evolução desse eixo ter precedido a cefalização.

Alguns termos convenientes utilizados para localizar regiões de animais bilateralmente simétricos (Figura 9.2) são: **anterior**, usado para designar a extremidade da cabeça; **posterior**, para designar a extremidade oposta ou da cauda; **dorsal**, para o lado das costas ou o lado superior; e **ventral**, para a frente ou o lado do ventre. O termo **medial** refere-se à linha média do corpo, e o termo **lateral** refere-se aos lados. As partes **distais** estão afastadas do meio do corpo, enquanto as partes proximais estão mais próximas a ele. Um **plano frontal** (às vezes chamado plano coronal) divide um corpo bilateral nas metades dorsal e ventral, traspassando o eixo anteroposterior e o eixo laterolateral (direito-esquerdo) em ângulos retos ao **plano sagital**, que é o plano que divide um animal nas porções direita e esquerda. O plano sagital que divide o corpo exatamente ao meio é por vezes denominado **plano mediossagital**. Um **plano transversal** (também chamado de corte ou seção transversal) corta o organismo através dos eixos dorsoventral e direito-esquerdo em ângulos retos aos planos sagital e frontal, separando as porções anterior e posterior (Figura 9.2). Nos vertebrados, o termo **peitoral** refere-se à região do tórax, ou à área associada ao par anterior de apêndices, e **pélvico** refere-se à região do quadril, ou à área associada ao par posterior de apêndices.

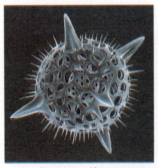

Simetria esférica — Simetria radial

Simetria bilateral

Figura 9.1 Simetria animal. Os animais ilustrados exibem simetrias esférica, radial e bilateral.

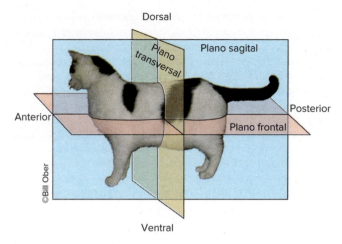

Figura 9.2 Os planos de simetria ilustrados em um animal bilateralmente simétrico.

Cavidades do corpo e folhetos germinativos

Uma cavidade corporal é um espaço interno. O exemplo mais óbvio é a cavidade do intestino ou trato digestório.

As esponjas, que estão no grau celular de organização, não apresentam cavidade do intestino. Contudo, se as esponjas compartilham a mesma sequência de desenvolvimento de outros metazoários, por que elas não apresentam uma cavidade do intestino? Onde, na sequência do desenvolvimento, se forma o intestino? Esponjas, como todos os metazoários, desenvolvem-se a partir de um zigoto até um estágio de blástula. Uma blástula esférica típica é composta por uma camada de células que circundam uma cavidade preenchida por líquido (ver Figura 8.19). Essa cavidade, a **blastocele**, não apresenta aberturas externas, portanto não poderia servir como um intestino. Nas esponjas, após a formação da blástula, as células reorganizam-se para formar um animal adulto no qual as células tornam-se embebidas em uma matriz extracelular

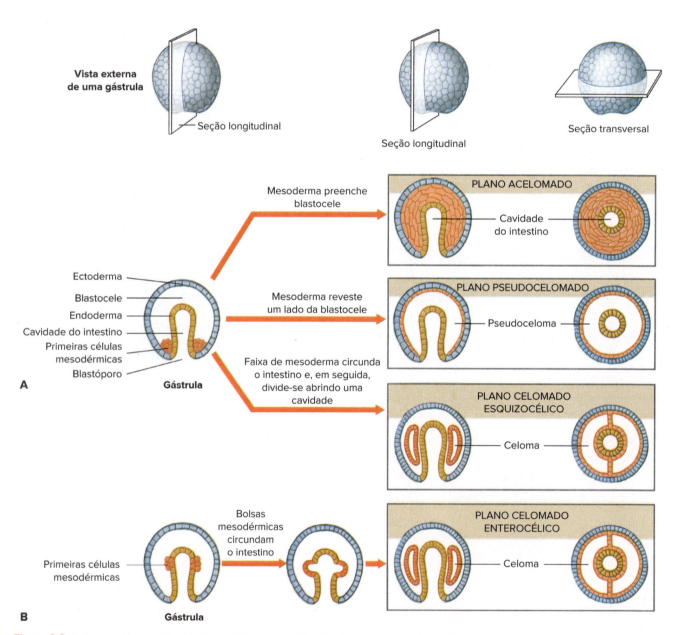

Figura 9.3 **A.** O mesoderma está presente em diferentes regiões da gástrula durante a formação dos planos corporais acelomado, pseudocelomado e esquizocélico. **B.** O mesoderma e o celoma formam-se simultaneamente no plano enterocélico.

e recobrem uma câmara, chamada espongiocele, através da qual passam a água e os nutrientes (ver Figura 9.5, *vias superiores*, e Figuras 12.5, 12.9 e 12.11).

Nos animais diferentes das esponjas, o desenvolvimento prossegue de uma blástula para um estágio de **gástrula**, à medida que um lado da blástula se dobra para dentro, formando uma depressão (Figura 9.3). Essa depressão origina a cavidade do intestino, também chamada **gastrocele** ou **arquêntero**. A abertura externa à depressão é o **blastóporo**; normalmente, o blastóporo origina a boca ou o ânus do adulto. O revestimento do intestino é o **endoderma**, e a camada externa de células que envolve a blastocele, o **ectoderma** (ver Figura 9.3). O embrião apresenta, nesse momento, duas cavidades: a cavidade do intestino e a blastocele. Os animais como as anêmonas-do-mar e as águas-vivas desenvolvem-se a partir desses dois folhetos germinativos e são chamados **diblásticos** (Figura 9.5, *via superior*). Esses animais normalmente apresentam simetria radial quando adultos. A blastocele preenchida por líquido persiste nos diblásticos, mas em outros animais é preenchida por um terceiro folheto germinativo, o **mesoderma**. Os animais que apresentam ectoderma, mesoderma e endoderma são chamados **triblásticos** e são, em sua maioria, bilateralmente simétricos.

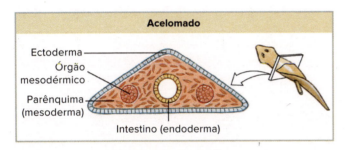
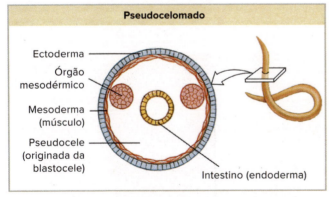
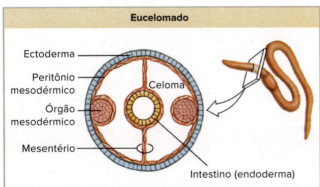

Figura 9.4 Planos corporais acelomado, pseudocelomado e eucelomado mostrados em seções transversais de animais representativos. Note as posições relativas do parênquima, peritônio e órgãos do corpo.

Métodos de formação do mesoderma

As células que formam o mesoderma são derivadas do endoderma, mas há duas maneiras pelas quais uma camada tecidual intermediária de mesoderma pode ser formada. Nos protostômios, o mesoderma forma-se à medida que as células endodérmicas próximas ao blastóporo migram para dentro da blastocele (ver Figura 9.3 A). Após esse evento, três planos corporais distintos – acelomado, pseudocelomado e celomado – são possíveis (ver Figura 9.3 A).

No plano **acelomado**, as células mesodérmicas preenchem completamente a blastocele, e a cavidade do intestino permanece como a única cavidade do corpo (ver Figura 9.3 A). A região entre a epiderme ectodérmica e o intestino endodérmico é preenchida por uma massa esponjosa de células "preenchedoras de espaço", o **parênquima** (Figura 9.4). O parênquima é derivado de tecido conjuntivo embrionário e é importante na assimilação e transporte de nutrientes e na eliminação de resíduos metabólicos.

Pseudocelomados e celomados possuem uma segunda cavidade corporal além do intestino. No plano **pseudocelomado**, as células mesodérmicas forram a periferia da blastocele, resultando em duas cavidades corpóreas: uma blastocele persistente e a cavidade do intestino (ver Figuras 9.3 A e 9.4). A blastocele é agora chamada de **pseudoceloma**; esse nome significa "falso celoma" porque o mesoderma circunda apenas parcialmente a cavidade, em vez de completamente, como é o caso do **celoma verdadeiro**.

O plano corporal celomado, no qual um celoma verdadeiro é formado, desenvolve-se por meio de um plano **esquizocélico** ou **enterocélico**. No plano esquizocélico, células mesodérmicas preenchem a blastocele, formando uma faixa sólida de tecido em redor da cavidade do intestino. Em seguida, por meio de morte celular programada, um espaço abre-se dentro da faixa mesodérmica (ver Figura 9.3 A). Esse novo espaço é o celoma. O embrião tem duas cavidades: a do intestino e a do celoma.

Nos deuterostômios, o mesoderma forma-se pelo plano enterocélico, no qual as células da porção central do revestimento do intestino crescem e projetam-se como bolsas, expandindo-se para dentro da blastocele (ver Figura 9.3B). As paredes da bolsa em expansão formam um anel mesodérmico. À medida que as bolsas se movem em direção à periferia, elas envolvem um espaço. Esse espaço dá origem à cavidade celomática ou celoma. Finalmente, as bolsas destacam-se do revestimento do intestino, criando um celoma completamente delimitado por mesoderma em todos os lados. O embrião apresenta duas cavidades: a do intestino e do celoma.

Um celoma formado por **enterocelia** é funcionalmente equivalente àquele formado por **esquizocelia**, e ambos estão representados como tal no plano corporal **eucelomado**, ou simplesmente **celomado** (ver Figura 9.4). Ambos os tipos de cavidade celomática são delimitados por mesoderma e revestidos por um **peritônio**, que é uma membrana delgada, celular e derivada do mesoderma (ver Figura 9.4). Os **mesentérios mesodérmicos** mantêm suspensos órgãos no celoma (ver Figura 9.4). O pseudoceloma não apresenta peritônio.

Quando o celoma está cheio de fluido, ele pode amortecer e proteger o intestino de forças exercidas sobre o corpo. Em alguns animais, como uma minhoca, ele também faz parte de um esqueleto hidrostático usado na locomoção (ver Capítulo 17, texto de abertura, e Figura 29.5).

Origens do desenvolvimento dos planos corporais nos triblásticos

Os animais triblásticos seguem um dos vários padrões principais de desenvolvimento para formar a blástula a partir de um zigoto (Figura 9.5). Os meios mais comuns são as clivagens espiral ou radial (ver Figura 8.15).

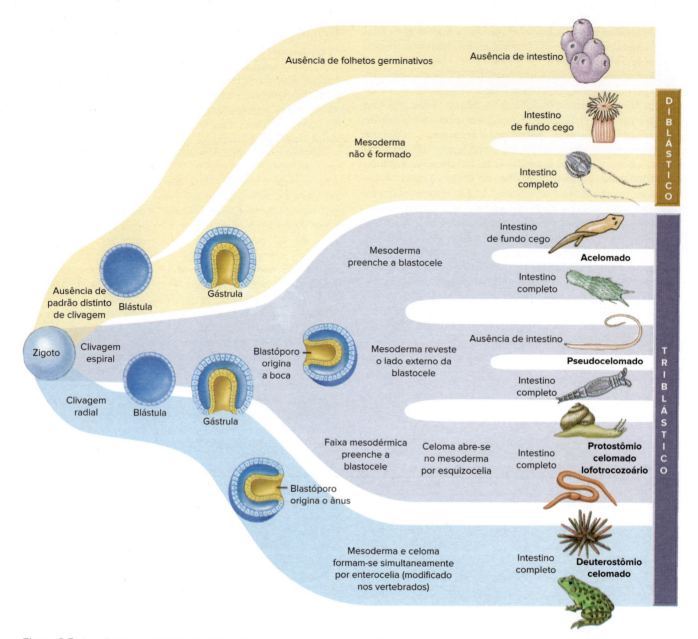

Figura 9.5 Sequências de desenvolvimento diferentes produzem animais diblásticos *versus* triblásticos. Dos dois caminhos principais presentes nos animais triblásticos, um origina animais acelomados e pseudocelomados, bem como protostômios lofotrocozoários, os quais formam celoma por esquizocelia. Os protostômios ecdisozoários não estão representados nesta figura. O segundo padrão triblástico principal origina os deuterostômios, os quais formam celoma por enterocelia. Nos deuterostômios cordados, a formação do celoma ocorre por enterocelia nos táxons invertebrados, mas por esquizocelia nos vertebrados.

A clivagem radial é normalmente acompanhada de outras três características: o blastóporo origina o ânus e uma nova abertura forma a boca; o celoma forma-se por enterocelia; e a clivagem é reguladora (ver Figura 8.15). Os animais com essas características são denominados deuterostômios (ver Figura 9.5, *embaixo*); esse grupo inclui os ouriços-do-mar e os cordados.

A clivagem espiral produz um embrião cujos padrões de desenvolvimento contrastam com aqueles descritos para os deuterostômios: o blastóporo origina a boca e a clivagem é em mosaico (ver Figura 8.15). O corpo pode tornar-se acelomado, pseudocelomado ou celomado, dependendo do táxon (ver Figura 9.5, *no centro*). Se um celoma está presente, ele é formado por esquizocelia. Os animais deste último grupo são denominados protostômios lofotrocozoários, que incluem moluscos, vermes segmentados e outros táxons (ver Figura 9.5).

Os protostômios lofotrocozoários distinguem-se dos ecdisozoários (não representados na Figura 9.5), para os quais é conhecida uma série de padrões de clivagem. Esses padrões incluem clivagem espiral, um padrão de clivagem superficial na qual os núcleos proliferam no interior de um citoplasma comum, sendo posteriormente separados por divisões citoplasmáticas múltiplas (ver Figura 8.9), e um outro padrão que inicialmente assemelha-se à clivagem radial. Os ecdisozoários podem ser celomados ou pseudocelomados. Os insetos, caranguejos e nematódeos estão entre os ecdisozoários.

Trato digestório completo e segmentação

Alguns animais diblásticos e triblásticos apresentam uma cavidade do intestino de fundo cego ou incompleto, no qual o alimento deve entrar e sair pela mesma abertura, mas a maioria das formas apresenta um intestino ou trato digestório completo (ver Figura 9.5). Um trato digestório completo possibilita um fluxo de direção única para o alimento, desde a boca até o ânus. Um corpo assim arquitetado é, essencialmente, um tubo digestório dentro de outro tubo corporal. O modelo de tubo dentro-de-tubo parece ser muito adaptativo, visto que os membros dos filos animais mais comuns, tanto de invertebrados como de vertebrados, apresentam esse plano.

A **segmentação**, também denominada metameria, é outra característica comum dos animais. A segmentação é uma repetição seriada de segmentos corporais semelhantes, ao longo do eixo longitudinal de um corpo. Cada segmento é denominado **metâmero** ou **somito**. Nas formas como as minhocas e outros anelídeos (Figura 9.6), nas quais a metameria é mais claramente representada, a organização em segmentos inclui estruturas externas e internas de vários sistemas. Há repetição de músculos, vasos sanguíneos, nervos e cerdas de locomoção (ver Figuras 17.15 a 17.20). Alguns outros órgãos, como os sexuais, podem estar repetidos em apenas alguns segmentos (ver Figura 17.17). As mudanças evolutivas acabaram por ocultar grande parte da segmentação em muitos animais, incluindo os humanos, embora isso seja observado com frequência durante o desenvolvimento.

A segmentação permite maior mobilidade do corpo e complexidade estrutural e funcional. Seu potencial é amplamente manifestado no filo Arthropoda, o maior grupo de animais na Terra. Além dos filos Annelida e Arthropoda, a segmentação ocorre em Chordata (Figura 9.6), embora uma segmentação superficial do ectoderma e da parede do corpo possa aparecer em diversos grupos de animais. A importância e o potencial da segmentação são discutidos nos Capítulos 17 e 18.

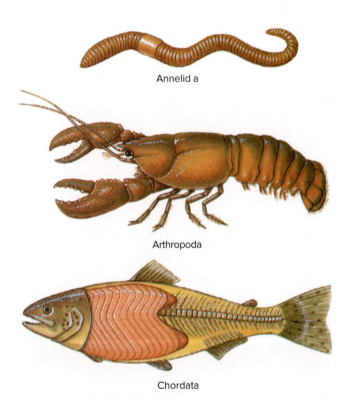

Figura 9.6 Filos segmentados. A segmentação (também denominada de metamerismo), ou repetição de unidades estruturais, traz uma especialização mais variada porque os segmentos, especialmente em artrópodes, tornaram-se modificados para diferentes funções.

9.3 COMPONENTES DOS CORPOS ANIMAIS

Os corpos animais consistem em componentes celulares, derivados dos três folhetos germinativos embrionários – ectoderma, mesoderma e endoderma – bem como de componentes extracelulares.

Componentes extracelulares

A maioria dos animais contém dois importantes componentes não celulares: fluidos corporais e elementos estruturais extracelulares. Em todos os eumetazoários, os fluidos corporais são subdivididos em dois "compartimentos" de fluidos: aqueles que ocupam o **espaço intracelular**, dentro das células do corpo, e aqueles que ocupam o **espaço extracelular**, fora das células. Nos animais com sistemas vasculares fechados (como vermes segmentados e vertebrados), os fluidos extracelulares são ainda subdivididos em **plasma sanguíneo** (a porção fluida do sangue) e **fluido intersticial** (ver Figura 31.1). O fluido intersticial, também denominado fluido do tecido, ocupa os espaços circundantes das células (**espaço intercelular**). Entretanto, muitos invertebrados têm sistemas sanguíneos abertos, sem uma separação verdadeira entre o plasma sanguíneo e o fluido intersticial. Exploraremos essas relações mais adiante, no Capítulo 31.

Elementos estruturais extracelulares são o material de sustentação do organismo, incluindo o tecido conjuntivo (especialmente bem desenvolvido em vertebrados, mas presente em todos os metazoários), cartilagem (moluscos e cordados), osso (vertebrados) e cutícula (artrópodes, nematódeos, anelídeos e outros). Esses elementos fornecem estabilidade mecânica e proteção (ver Capítulo 29). Em alguns casos, também agem como um depósito de materiais para trocas entre as células e o fluido intersticial, e servem como um ambiente para as reações extracelulares. Descreveremos a diversidade dos elementos estruturais extracelulares característicos dos diferentes grupos de animais nos Capítulos 12 a 28.

Componentes celulares: tecidos

Um **tecido** é um grupo de células semelhantes (junto com seus produtos celulares associados) especializado para o desempenho de uma função comum. O estudo dos tecidos é chamado **histologia** (do grego *histos*, tecido, + *logos*, estudo) ou microanatomia. Todas as células dos animais metazoários formam tecidos. Algumas vezes, as células de um tecido podem ser de vários tipos e alguns tecidos têm grande quantidade de material extracelular.

Durante o desenvolvimento embrionário, os folhetos germinativos tornam-se diferenciados em quatro tipos de tecidos: epitelial, conjuntivo, muscular e nervoso (Figura 9.7). Esses quatro tipos de tecidos básicos são capazes de satisfazer as diversas exigências da vida animal.

Tecido epitelial

Um **epitélio** é uma lâmina de células que cobre uma superfície, seja esta externa ou interna. Fora do corpo, o epitélio forma uma cobertura protetora. Dentro, o epitélio forra todos os órgãos da cavidade do corpo, assim como ductos ou passagens através dos quais vários materiais e secreções deslocam-se. Portanto, íons e moléculas tendem a atravessar as células epiteliais à medida que se deslocam entre todas as outras células do corpo. Consequentemente, uma grande variedade de moléculas transportadoras ocorre nas membranas das células epiteliais (ver Capítulo 3). Junções

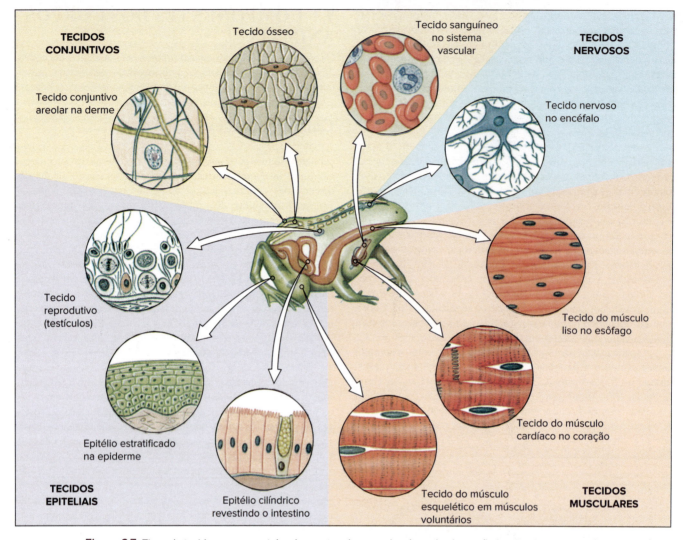

Figura 9.7 Tipos de tecidos em um vertebrado, mostrando exemplos de onde eles estão localizados em uma rã.

especializadas complexas entre células epiteliais também são comuns (ver Figura 3.11). Elas podem restringir o movimento de moléculas entre as células, de modo que o transporte pode ser regulado através da camada epitelial (junções oclusivas, na Figura 3.11), ou podem impedir o movimento das camadas de células epiteliais (junções aderentes e desmossomos na Figura 3.11) As células epiteliais estão também modificadas em glândulas que produzem muco lubrificante ou produtos especializados, tais como hormônios ou enzimas.

Os epitélios são classificados com base na forma da célula e no número de camadas celulares. Os epitélios simples (uma única camada de células; Figura 9.8) ocorrem em todos os metazoários, enquanto os epitélios estratificados (várias camadas de células; Figuras 9.9 e 9.10) são em sua maioria restritos aos vertebrados.

O **epitélio pavimentoso** simples é composto por células achatadas que formam um revestimento contínuo dos capilares sanguíneos, dos pulmões e de outras superfícies onde ele permite a difusão de gases e transporte de outras moléculas para dentro e para fora das cavidades (Figura 9.8 A). O **epitélio cúbico simples** é composto de células pequenas em forma de cubos. O epitélio cúbico geralmente reveste ductos pequenos e túbulos, como os do rim e glândulas salivares, e pode ter atividade secretora ou função absorvente (Figura 9.8 B). O **epitélio cilíndrico simples** lembra o epitélio cúbico, mas as células são mais altas e geralmente têm núcleos alongados (Figura 9.8 C). Esse tipo de epitélio ocorre em superfícies altamente absorventes, como as do trato intestinal da maioria dos animais. As células frequentemente apresentam diminutas projeções digitiformes, denominadas microvilosidades, as quais aumentam a superfície de absorção, enquanto a presença de complexos juncionais facilita o mecanismo de transporte transcelular ao restringir o movimento de moléculas entre essas células. Em alguns órgãos, como o trato reprodutivo feminino, as células podem ser ciliadas.

O **epitélio pavimentoso estratificado** consiste em duas ou várias camadas de células adaptadas para a resistência moderada à abrasão mecânica e deformação. Complexos juncionais chamados desmossomos (ver Figura 3.11) são encontrados entre essas células, onde impedem a distorção de células epiteliais. A camada basal de células sofre divisões mitóticas contínuas, produzindo células que são empurradas em direção à superfície, onde são trocadas e repostas por novas células que surgem abaixo. Esse tipo de epitélio reveste a cavidade oral, esôfago e canal anal de muitos vertebrados e a vagina dos mamíferos (Figura 9.9). O tegumento dos vertebrados é composto por um epitélio pavimentoso estratificado cujas camadas celulares superficiais contêm alta concentração da proteína queratina. Essas células queratinizadas são mortas, semelhantes a escamas e não apresentam núcleo. Elas protegem as camadas vivas subjacentes, sendo impermeáveis nos répteis, aves e mamíferos (ver Figura 29.1).

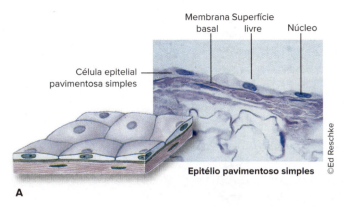
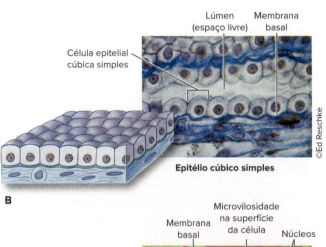
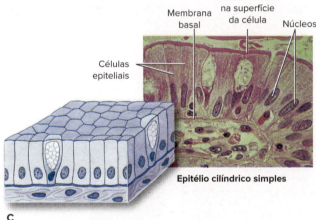

Figura 9.8 Tipos de epitélio simples.

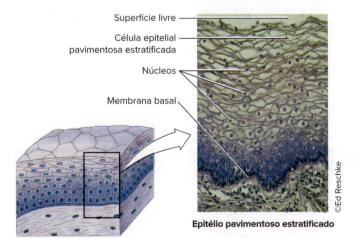

Figura 9.9 Epitélio pavimentoso estratificado.

O **epitélio de transição** é um tipo de epitélio estratificado especializado em acomodar grandes distensões. Esse tipo de epitélio é encontrado no trato urinário e na bexiga de vertebrados. Em seu estado relaxado, apresenta de quatro a cinco camadas celulares de espessura, mas, quando distendido, aparenta ter apenas duas a três camadas de células extremamente achatadas (ver Figura 9.10).

Todos os tipos de epitélios estão apoiados sobre uma membrana basal subjacente, que é uma região condensada da substância fundamental do tecido conjuntivo, secretada pelas células de ambos os tecidos epitelial e conjuntivo. Os vasos sanguíneos nunca penetram em tecidos epiteliais, os quais dependem da difusão do oxigênio e nutrientes de tecidos conjuntivos subjacentes propriamente ditos.

Tecido conjuntivo

Os tecidos conjuntivos são um grupo diversificado de tecidos que servem a várias funções relacionadas com a ligação e com a sustentação. Eles estão tão difundidos no corpo, que a remoção dos outros tecidos ainda deixaria claramente aparente a forma completa do corpo. O tecido conjuntivo é composto de relativamente poucas células, uma grande quantidade de fibras extracelulares e uma **substância fundamental**, na qual as fibras estão suspensas (coletivamente chamadas de matriz). Reconhecemos vários tipos diferentes de tecido conjuntivo. Dois tipos de **tecidos conjuntivos** propriamente ditos ocorrem em vertebrados: **tecidos conjuntivos frouxo** e **denso**.

O tecido conjuntivo frouxo, também chamado tecido conjuntivo areolar, é o "material empacotador" do corpo que ancora vasos sanguíneos, nervos e órgãos corporais. Ele contém fibroblastos que sintetizam as fibras e a substância fundamental do tecido conjuntivo, e macrófagos errantes, que fagocitam patógenos e células danificadas. Os diferentes tipos de fibras incluem fibras colágenas (espessas e roxas na Figura 9.11 A) e fibras elásticas finas (escuras e ramificadas na Figura 9.11 A) formadas pela proteína elastina.

O tecido conjuntivo denso forma tendões, ligamentos e fáscias, esta última organizada em lâminas ou bandas de tecido ao redor do músculo esquelético. As fibras colágenas de um tendão (ver Figura 9.11 B) são extremamente longas e justapostas, com pouca substância fundamental. Muitas das fibras do tecido conjuntivo são compostas de **colágeno** (do grego *kólla*, cola, + *genos*, origem), uma proteína de grande força tensiva. O colágeno é a proteína mais abundante no Reino Animal, encontrada em corpos animais onde quer que sejam requeridas flexibilidade e resistência para estirar. Assim como o de vertebrados, o tecido conjuntivo de invertebrados consiste em células, fibras e substância fundamental, exibindo ampla diversidade estrutural que varia de altamente celular a acelular.

Outros tipos de tecido conjuntivo especializado incluem o **sangue**, a **linfa** (coletivamente considerados como tecido vascular), o tecido **adiposo** (gordura), a **cartilagem** e o **osso**. O tecido vascular é composto de células distintas em uma substância fundamental fluida, o plasma. Em condições normais, o tecido vascular não contém fibras. A composição do sangue é discutida no Capítulo 31. O tecido adiposo é discutido no Capítulo 32.

A **cartilagem** é uma forma de tecido conjuntivo semirrígida composta de uma matriz firme contendo células (condrócitos) localizadas em bolsas, denominadas de lacunas, e colágeno e/ou fibras elásticas (dependendo do tipo de cartilagem). A cartilagem hialina (ver Figura 9.11 C) é o tipo mais comum. Devido à ausência de suprimento sanguíneo na cartilagem, todos os nutrientes e resíduos devem se difundir através da substância fundamental de tecidos circundantes. Devido à ausência de irrigação sanguínea, a cartilagem cicatriza lentamente quando danificada.

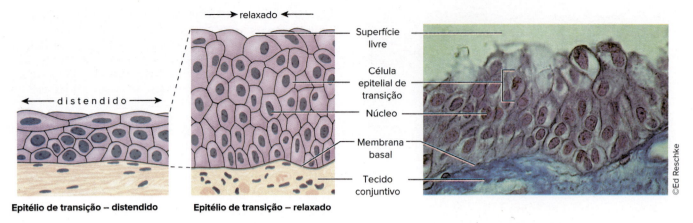

Figura 9.10 Epitélio de transição – um tipo de epitélio estratificado que possibilita grandes distensões.

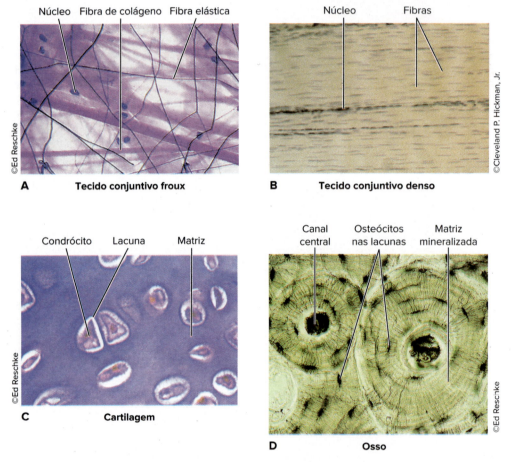

Figura 9.11 Tipos de tecido conjuntivo.

O **osso** é o mais forte dos tecidos conjuntivos de um vertebrado e é composto por uma matriz calcificada que contém sais organizados ao redor de fibras colágenas (ver Figura 9.11 D). As bolsas pequenas (lacunas) dentro da matriz contêm células ósseas, denominadas de osteócitos. Os osteócitos comunicam-se entre si por meio de uma tênue rede de canais denominados canalículos. Os vasos sanguíneos, vastos no osso, estão localizados em canais maiores, incluindo canais centrais. O osso passa por remodelações contínuas durante a vida do animal e pode reparar-se mesmo quando extensivamente danificado. A estrutura da cartilagem e do osso é discutida na seção sobre esqueletos no Capítulo 29.

Tecido muscular

O músculo é o tecido mais abundante no corpo da maioria dos animais. Ele se origina do mesoderma (com algumas poucas exceções), e sua unidade é a célula, ou **fibra muscular**, que é especializada para contração. Quando observado em microscopia óptica, o **músculo estriado** parece transversalmente listrado (estriado), com faixas claras e escuras alternadas (Figura 9.12). Nos vertebrados, reconhecemos dois tipos de músculo estriado: o **esquelético** e o **cardíaco**. O músculo esquelético é encontrado em invertebrados e em vertebrados. É composto de fibras cilíndricas extremamente longas, as quais são células multinucleadas

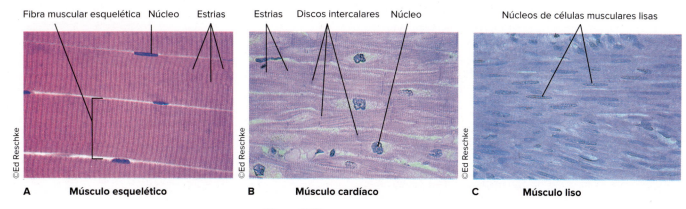

Figura 9.12 Tipos de tecido muscular.

que podem alcançar de uma extremidade à outra do músculo. O músculo esquelético é chamado músculo voluntário (nos vertebrados) porque se contrai quando estimulado por nervos sob controle consciente do sistema nervoso central (ver Figura 9.12 A). Nos invertebrados, o músculo esquelético pode ser controlado tanto por atividade nervosa inibitória quanto estimulatória. O músculo cardíaco é encontrado apenas no coração dos vertebrados. As células são muito menores que aquelas do músculo esquelético e apresentam apenas um núcleo por célula (uninucleadas). O tecido muscular cardíaco é uma rede ramificada de fibras com células individuais interconectadas por complexos de junções celulares chamadas discos intercalares. O músculo cardíaco é considerado um músculo involuntário porque não responde aos nervos sob controle consciente do sistema nervoso central. Na verdade, o batimento cardíaco é controlado por células marca-passo especializadas, localizadas no próprio coração. No entanto, nervos autônomos originados no cérebro podem alterar a atividade do marca-passo (ver Figura 9.12 B). Nos invertebrados, foi descrito um terceiro tipo de músculo estriado, chamado **músculo estriado oblíquo**, no qual as fibras musculares são arranjadas em diagonal; estudos desse músculo sugerem a ocorrência de uma taxa de contração menor que a de outros músculos estriados.

O **músculo liso** (ou visceral), que não apresenta as faixas alternadas características do músculo estriado, é encontrado tanto em invertebrados quanto em vertebrados, embora diferenças ultraestruturais marcantes entre ambos os grupos tenham sido identificadas (ver Figura 9.12 C). As células musculares lisas são longas e afiladas, cada uma contendo um único núcleo central. O músculo liso é o tipo mais comum de músculo dos invertebrados, nos quais atua na musculatura da parede corpórea e reveste ductos e esfíncteres. Em vertebrados, o músculo liso circunda os vasos sanguíneos e órgãos internos, como o intestino e o útero, e é chamado de músculo involuntário, pois sua contração geralmente não é conscientemente controlada. A contração é controlada por nervos autônomos, bem como por sinais locais originados de dentro do tecido e regiões vizinhas.

O citoplasma não especializado dos músculos é chamado **sarcoplasma**, e as proteínas contráteis dentro da fibra são **miofibrilas**. O movimento muscular é tratado no Capítulo 29.

Tecido nervoso

O tecido nervoso é especializado para a recepção de estímulos e a condução de impulsos de uma região para outra. Os dois tipos básicos de células no tecido nervoso são os **neurônios** (do grego *nerve*), a unidade funcional básica do sistema nervoso e a **neuróglia** (do grego *nerve*, + *glia*, cola), um tipo de célula não nervosa

que isola as membranas neurais e serve a várias funções de sustentação. A Figura 9.13 mostra a anatomia funcional de uma célula nervosa típica. A partir do corpo nucleado da célula, ou **soma**, estendem-se um ou mais **dendritos** (do grego *dendron*, árvore), os quais recebem os sinais elétricos dos receptores ou de outras células nervosas, e um **axônio** único que leva o sinal para fora

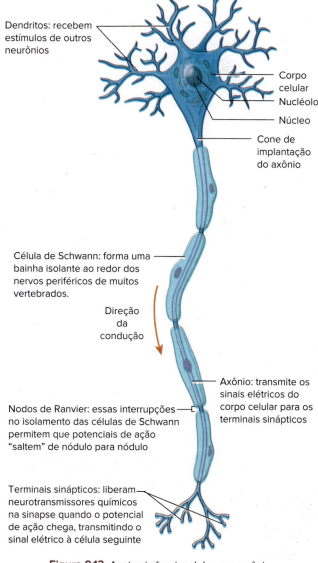

Figura 9.13 Anatomia funcional de um neurônio.

do corpo celular a outras células nervosas ou a um órgão efetor. O axônio é frequentemente chamado de **fibra nervosa**. A bainha isolante, ou **bainha de mielina**, aumenta a velocidade de transmissão dos sinais elétricos ao longo de um axônio. Os neurônios estão separados de outros neurônios ou de órgãos efetores por junções especializadas denominadas sinapses. O papel funcional do tecido nervoso é tratado no Capítulo 33.

9.4 COMPLEXIDADE E TAMANHO CORPORAL

Os graus mais complexos de organização animal permitem e, com alguma extensão, até promovem a evolução de tamanhos corporais grandes (Figura 9.14). Os tamanhos maiores resultam em várias consequências físicas e ecológicas importantes ao organismo. À medida que os animais crescem, a superfície corpórea aumenta muito mais lentamente que o volume do corpo, porque a área de superfície aumenta com o quadrado do comprimento do corpo (comprimento^2), enquanto o volume (e, portanto, a massa) aumenta com o cubo do comprimento do corpo (comprimento^3). Em outras palavras, um animal grande tem menos área de superfície relativa ao seu volume que um animal pequeno de mesma forma. A área de superfície de um animal grande pode ser inadequada para permitir trocas gasosas para respiração e nutrientes suficientes para as células que estejam localizadas mais profundamente dentro de seu corpo. Existem duas soluções possíveis para esse problema. Uma é dobrar ou invaginar a superfície do corpo para aumentar a área superficial ou, como explorado por turbelários, achatar o corpo em fita ou disco, de tal forma que nenhum espaço interno esteja distante da superfície (ver Capítulo 14). Essa solução permite ao corpo tornar-se maior sem incremento da complexidade interna. No entanto, a maioria dos animais maiores adotou uma segunda solução: desenvolveram sistemas de transporte internos para nutrientes, gases e resíduos entre as células e o ambiente externo.

O tamanho maior protege o animal de variações ambientais; fornece uma proteção contra a predação e fortalece as táticas ofensivas; e permite um uso mais eficiente da energia metabólica. Um mamífero grande utiliza mais oxigênio que um pequeno, mas o custo de manter a temperatura corpórea é menor por grama de peso para um mamífero grande que para um pequeno porque, em um mamífero de porte maior, menos energia térmica é perdida a partir da superfície corpórea em relação à produção de calor. Os animais grandes também podem deslocar-se a um custo energético menor que o dos animais pequenos. Por exemplo, um mamífero grande utiliza mais oxigênio correndo que um pequeno, mas o gasto energético para mover 1 g de seu corpo sobre uma dada distância é muito menor para um mamífero grande que para um pequeno (Figura 9.15). Por todas essas razões, oportunidades ecológicas para animais maiores são muito diferentes daquelas que existem para os menores. Em capítulos subsequentes, descreveremos as extensas diversificações adaptativas observadas em táxons de animais de grande porte.

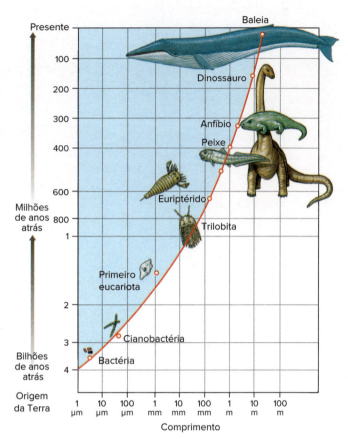

Figura 9.14 Gráfico mostrando aumento nos tamanhos máximos dos organismos ao longo da história da vida sobre a Terra. Repare que ambas as escalas são logarítmicas.

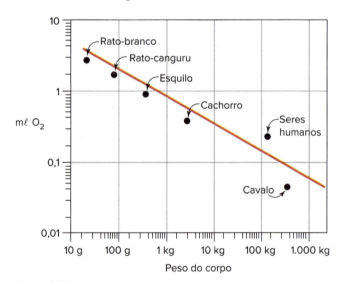

Figura 9.15 Custo líquido de correr para mamíferos de vários tamanhos. Cada ponto representa o custo (medido na taxa de oxigênio consumido) de movimentar de 1 g de corpo por 1 km. O custo diminui com o aumento do tamanho do corpo.

RESUMO

Seção	Conceito-chave
9.1 Organização hierárquica da complexidade animal	• Dos organismos relativamente simples, que marcam o início da vida na Terra, a evolução animal produziu formas mais complexamente organizadas. Enquanto um organismo unicelular desempenha todas as funções vitais dentro dos limites de uma única célula, um animal multicelular é uma organização de unidades subordinadas unidas como um sistema hierárquico • Os metazoários mais simples têm um grau de organização celular. Os cnidários (águas-vivas e seus parentes) apresentam um grau de organização celular-tecidual, assim como as esponjas • Um grau de organização tecidual-organogênico é observado em Platyhelminthes (vermes chatos) • O nível mais alto de organização é o grau organogênico-sistêmico e é encontrado na maioria dos filos animais.
9.2 Planos corporais animais	• Todo organismo tem um plano corporal que é herdado, descrito em termos de simetria corporal, número de folhetos germinativos embrionários, grau de organização e número de cavidades corporais • A maioria dos animais exibe simetria bilateral, mas simetria esférica e radial ocorrem em alguns grupos • A maioria dos animais é triblástica e se desenvolve a partir de três camadas germinativas embrionárias, mas os cnidários e algumas outras formas são diblásticas, enquanto as esponjas não possuem camadas germinativas • A maioria dos animais, exceto esponjas, tem uma cavidade intestinal e também tem uma segunda cavidade que circunda a cavidade intestinal. A segunda cavidade pode ser um pseudoceloma ou um celoma. Existem dois padrões de formação de celoma específicos de táxons, esquizocelia e enterocelia • Animais triblásticos são divididos em deuterostômios e protostômios de acordo com sua sequência particular de desenvolvimento. Os protostômios são subdivididos nas formas lofotrochozoária e ecdisozoária, cujas diferenças de desenvolvimento incluem padrões alternativos de clivagem na blástula.
9.3 Componentes dos corpos animais	• O corpo de um animal consiste em células funcionalmente especializadas; fluidos corporais, divididos em compartimentos de fluido intracelular e extracelular; e elementos estruturais extracelulares, que são fibras ou materiais amorfos que desempenham várias funções estruturais no espaço extracelular • As células dos animais se desenvolvem em vários tecidos; os tipos básicos são epiteliais, conjuntivos, musculares e nervosos • Os tecidos são organizados em unidades funcionais maiores, chamadas de órgãos, e os órgãos são associados para formar sistemas.
9.4 Complexidade e tamanho corporal	• Um correlato ao aumento da complexidade anatômica é o aumento do tamanho corporal, que oferece certas vantagens, como predação mais eficaz, redução do custo energético da locomoção e uma homeostase mais eficiente.

QUESTÕES DE REVISÃO

1. Nomeie os cinco graus de organização na complexidade dos organismos e explique como cada grau sucessivo é mais complexo que aquele que o precede.
2. Você pode sugerir por que, durante a história evolutiva dos animais, houve uma tendência para o aumento do tamanho máximo do corpo? Você pensa que seria inevitável que a complexidade aumentasse junto com o tamanho do corpo? Por que sim ou por que não?
3. Qual é o significado dos termos **parênquima** e **estroma** na forma como eles se relacionam aos órgãos do corpo?
4. Fluidos corporais de animais eumetazoários estão separados em "compartimentos". Nomeie esses compartimentos e explique como tal compartimentalização pode diferir em animais com sistemas circulatórios abertos e fechados.
5. Quais são os quatro tipos principais de tecidos presentes nos animais?
6. Como você distinguiria epitélio simples e estratificado? Que característica do epitélio estratificado poderia explicar por que ele, em vez do epitélio simples, reveste a cavidade oral, o esôfago e a vagina?
7. Quais são os três elementos presentes em todos os tecidos conjuntivos? Dê alguns exemplos dos tipos diferentes de tecidos conjuntivos.
8. Quais são os três tipos de tecido muscular encontrados nos animais? Explique como cada um é especializado para uma função particular.

9. Descreva as principais características estruturais e funcionais de um neurônio.
10. Correlacione o grupo animal com seu plano corporal:
    ____ Unicelular
    ____ Agregado de células
    ____ Saco de fundo cego, acelomado
    ____ Tubo dentro-de-tubo, pseudocelomado
    ____ Tubo dentro-de-tubo, eucelomado

    a. Nematódeo
    b. Vertebrado
    c. Protozoário
    d. Turbelário
    e. Esponja
    f. Artrópode
    g. Nemertino
11. Diferencie as simetrias: esférica, radial, birradial e bilateral.
12. Use os seguintes termos para identificar as regiões em seu corpo e no corpo de uma rã: anterior, posterior, dorsal, ventral, lateral, distal, proximal.
13. Como os planos frontal, sagital e transversal dividiriam seu corpo?
14. O que significa segmentação? Mencione três filos que a exibem.

Para reflexão. Calcule a área de superfície e o volume de dois organismos esféricos, um deles com um raio de 1 mm e o outro com um raio de 10 mm. Agora determine a razão entre área de superfície/volume para cada organismo. Que problemas poderiam ocorrer para cada organismo por causa de seu tamanho? Como eles poderiam ser resolvidos?

10 Taxonomia e Filogenia dos Animais

OBJETIVOS DE APRENDIZAGEM

Após leitura do capítulo, você será capaz de:

10.1 Explicar e distinguir os conceitos de taxonomia, classificação, sistematização e nomenclatura binomial.

10.2 Explicar os conceitos de espécie biológico, evolutivo, de coesão e filogenético e as diferenças entre eles na definição da categoria de espécie.

10.3 Explicar o conceito de homologia e como a hierarquia aninhada de caracteres homólogos revela a filogenia.

10.4 Explicar os princípios da taxonomia evolutiva e da sistemática filogenética (= cladística) e como eles diferem.

10.5 Explicar a base para reconhecer os três domínios da vida.

10.6 Explicar as principais subdivisões do reino animal acima do nível de filo e os caracteres usados para identificá-las.

Conchas de moluscos da coleção de Jean Baptiste de Lamarck (1744-1829).
©Cleveland P. Hickman, Jr.

Ordem na diversidade

A evolução produziu uma grande diversidade de espécies no reino animal. Os zoólogos já descreveram mais de 1,5 milhão de espécies de animais, e milhares de espécies novas são descritas todos os anos. Alguns zoólogos estimam que as espécies descritas até o momento constituam menos de 20% de todos os animais existentes e menos de 1% de todos os que já existiram.

Apesar de sua magnitude, a diversidade animal tem seus limites. Muitas formas possíveis na nossa imaginação não existem na natureza, como os mitológicos minotauros e cavalos alados. A diversidade animal não é aleatória; ela apresenta uma ordem definida. As características típicas de seres humanos e bovinos não ocorrem simultaneamente em um único organismo como nos minotauros mitológicos, tampouco as asas características de aves e os corpos de cavalos ocorrem juntos naturalmente como no mitológico Pégaso. Os humanos, bovinos, aves e cavalos são grupos distintos de animais, porém compartilham algumas características importantes, incluindo vértebras e ovos amnióticos, que os separam de formas ainda mais diferentes como insetos e vermes platelmintos.

Todas as culturas humanas classificam animais conhecidos de acordo com padrões na diversidade animal. Essas classificações têm muitos propósitos. Algumas sociedades classificam os animais de acordo com sua utilidade ou perigo que representam aos empreendimentos humanos; outras podem agrupar os animais de acordo com seus papéis na mitologia. Os biólogos organizam a diversidade animal em uma hierarquia aninhada de grupos dentro de grupos, de acordo com as relações evolutivas reveladas por padrões ordenados no compartilhamento de características homólogas. Esse ordenamento é chamado de "sistema natural", pois reflete as relações que existem entre os animais na natureza, fora do contexto da atividade humana. Um zoólogo sistemata tem três grandes objetivos: descobrir todas as espécies de animais, reconstruir suas relações evolutivas e comunicar essas relações ao construir um sistema taxonômico informativo.

A teoria de Darwin da descendência comum (ver Capítulos 1 e 6) é o princípio subjacente que guia nossa busca pela ordem na diversidade da vida animal. A nossa ciência da **taxonomia** ("lei de ordenação") produz um sistema formal para nomear e agrupar espécies e comunicar essa ordem. Os animais que têm uma ancestralidade comum muito recente compartilham diversas características e são agrupados mais proximamente em nosso sistema taxonômico.

A taxonomia é parte da ciência mais ampla da sistemática, ou biologia comparada, na qual os estudos sobre a variação entre populações de animais são utilizados para revelar suas relações evolutivas. No entanto, o estudo da taxonomia é anterior ao da biologia evolutiva, e muitas práticas taxonômicas são remanescentes da visão de mundo pré-evolucionista. O ajustamento do nosso sistema taxonômico para acomodar a evolução produziu muitos problemas e controvérsias. A taxonomia atingiu um ponto incomumente ativo e controverso em seu desenvolvimento, no qual vários sistemas taxonômicos alternativos competem entre si em seu uso. Para explicarmos essa controvérsia, precisamos inicialmente revisar a história da taxonomia animal.

10.1 LINNAEUS E TAXONOMIA

O filósofo e biólogo grego Aristóteles (384 a 332 a.C.) foi o primeiro a classificar organismos de acordo com suas similaridades estruturais. Um sistema taxonômico unificado para todos os animais e plantas surgiu pela primeira vez dois milênios depois, com o trabalho de Carolus Linnaeus (em português, Carlos Lineu).

Linnaeus foi um botânico sueco da Universidade de Uppsala. Ele tinha um grande talento para coletar e classificar organismos, especialmente flores. Linnaeus produziu um extenso sistema de classificação tanto para animais como para plantas. Esse sistema, publicado em seu maior trabalho *Systema Naturae*, utilizou a morfologia (estudo comparativo das formas orgânicas) para organizar os espécimes em coleções. Ele dividiu o reino animal em espécies e deu a cada uma um nome diferente. Ele agrupou as espécies em gêneros, gêneros em ordens e ordens em "classes" (usamos as aspas ou letras maiúsculas para distinguir "classe" como um ordenamento taxonômico formal do seu significado mais amplo de um grupo de organismo que compartilham uma propriedade essencial comum). Como seu conhecimento sobre animais era limitado, suas categorias mais baixas, como gêneros, eram bastante amplas e incluíam animais pouco aparentados. Grande parte de sua classificação está agora drasticamente alterada, mas o princípio básico de seu esquema ainda é utilizado.

O esquema de Linnaeus, distribuindo os organismos em uma série ascendente de grupos cada vez mais inclusivos, é um **sistema hierárquico** de classificação. Grandes grupos de organismos, chamados de **táxons**, recebem uma de várias **categorias taxonômicas** para indicar o grau geral de relacionamento. A hierarquia das categorias taxonômicas foi expandida consideravelmente desde o tempo de Linnaeus (Tabela 10.1). Ela inclui atualmente sete categorias obrigatórias para o reino animal, em uma série descendente: reino, filo, classe, ordem, família, gênero e espécie. Todos os organismos devem ser colocados em pelo menos sete táxons, um em cada uma das categorias obrigatórias. Os taxonomistas têm a opção de subdividir ainda mais essas sete categorias para definir mais do que sete táxons (superfamília, subfamília, subordem, superordem etc.) para qualquer grupo específico de organismos. Ao todo, mais de 30 categorias taxonômicas são reconhecidas. Para os grupos grandes e complexos, como peixes e insetos, essas categorias adicionais são necessárias para expressar graus de divergência evolutiva diferentes.

Sempre há alguma arbitrariedade quando o taxonomista escolhe um grupo de espécies para ser formalmente reconhecido como um táxon. Por exemplo, a família taxonômica Hominidae deve ser restrita ao gênero *Homo* (seres humanos) e todos os gêneros fósseis mais próximos de *Homo* do que de *Pan* (bonobos e chimpanzés), ou ela deve abranger o agrupamento mais inclusivo dos gêneros *Homo, Pan, Gorilla* e *Pongo* (orangotangos), além dos fósseis mais próximos a esses gêneros do que dos gibões? Em décadas recentes, os antropólogos alteraram Hominidae de seu antigo uso mencionado anteriormente para este último (ver Seção 10.4). A confusão gerada pela arbitrariedade em classificar os táxons compromete a utilidade de classificações que nos lembram quais táxons são mais inclusivos que outros? Poderíamos criar uma

Tabela 10.1 Exemplos de categorias taxonômicas às quais os animais representados pertencem.

Categoria lineana	Ser humano	Gorila	Rã-leopardo-do-Sul	Esperança
Reino	Animalia	Animalia	Animalia	Animalia
Filo	Chordata	Chordata	Chordata	Arthropoda
Subfilo	Vertebrata	Vertebrata	Vertebrata	Uniramia
Classe	Mammalia	Mammalia	Amphibia	Insecta
Subclasse	Eutheria	Eutheria	–	Pterygota
Ordem	Primates	Primates	Anura	Orthoptera
Subordem	Anthropóidea	Anthropóidea	–	Ensifera
Família	Hominidae	Hominidae	Ranidae	Tettigoniidae
Subfamília	–	–	Raninae	Phaneropterinae
Gênero	*Homo*	*Gorilla*	*Lithobates*	*Scudderia*
Espécie	*Homo sapiens*	*Gorilla*	*Lithobates sphenocephala*	*Scudderia furcata*
Subespécie	–	–	–	*Scudderia furcata forata*

A hierarquia taxonômica de quatro espécies (ser humano, gorila, rã-leopardo-do-Sul e esperança). Os táxons superiores são geralmente mais inclusivos que táxons inferiores; no entanto, táxons em dois níveis diferentes podem ser equivalentes em conteúdo. As espécies mais aparentadas são unificadas em um ponto mais inferior na hierarquia do que espécies menos aparentadas. Por exemplo, os humanos e os gorilas são unidos no nível de família (Hominidae) e acima; eles são unidos com a rã-leopardo no nível de subfilo (Vertebrata) e com a esperança no nível de reino (Animalia).

taxonomia sem classificação que mostrasse as posições das espécies em uma árvore evolutiva de descendência comum? Enquanto escrevemos, os taxonomistas estão construindo tanto taxonomias classificatórias quanto não classificatórias para os animais. As taxonomias sem classificação normalmente usam indentações para especificar os níveis de inclusão de cada táxon, como ilustrado pelo ordenamento taxonômico sem classificação de animais de simetria bilateral mostrado na última seção deste capítulo.

Sistematização *versus* classificação

A introdução da teoria evolutiva na taxonomia animal mudou o papel do taxonomista de classificador para o de **sistematizador**. A classificação denota a construção de classes, agrupamentos de organismos que possuem uma característica comum, denominada essência, utilizada para definir a classe. Os organismos que apresentam a característica essencial são membros da classe por definição, e aqueles que não a apresentam são excluídos. Como as espécies em evolução estão sempre sujeitas a mudanças, a natureza estática das classes as torna uma fundamentação fraca para a taxonomia dos sistemas vivos. A atividade de um taxonomista cujos grupos de espécies representam a unidade de descendência evolutiva comum é a sistematização, não a classificação. As espécies colocadas em um grupo taxonômico incluem o ancestral comum mais recente e todos seus descendentes e, portanto, perfazem um ramo da árvore filogenética da vida. As espécies em um grupo assim formado constituem um sistema de descendência comum e não uma classe definida pela apresentação de uma característica essencial. Ainda permanece comum, embora tecnicamente errado, que os sistematas chamem os sistemas taxonômicos de classificações.

Como as características de organismos são herdadas da espécie ancestral para a descendente, a variação nelas é utilizada para diagnosticar os sistemas de descendência comum. No entanto, não é necessário que um atributo essencial seja mantido ao longo do sistema para o reconhecimento como um táxon. O papel das características morfológicas e outras na sistematização é, portanto, fundamentalmente diferente do papel dos mesmos atributos na classificação. Na classificação, o taxonomista pergunta se uma espécie a ser classificada contém as características que definem alguma classe taxonômica em particular; na sistematização, o taxonomista pergunta se as características da espécie confirmam ou rejeitam a hipótese de que descende do ancestral comum mais recente de um táxon em particular. Por exemplo, os vertebrados tetrápodes descendem de um ancestral comum que tinha quatro membros, uma condição retida na maioria de seus descendentes, mas não em todos. Apesar de não terem membros, as cecílias (ver Seção 25.3) e serpentes (ver Seção 26.2) são tetrápodes, pois fazem parte desse sistema de descendência comum; outros atributos moleculares e morfológicos os agrupam, respectivamente, com os anfíbios e lagartos viventes.

Apesar de a estrutura hierárquica da classificação lineana ser mantida na taxonomia atual, os táxons são grupos de espécies aparentadas por descendência evolutiva com modificação, como diagnosticada pelo compartilhamento de características homólogas. À medida que nos movemos para cima na hierarquia taxonômica de uma espécie até grupos mais inclusivos, cada táxon representa os descendentes de um ancestral mais antigo, ou um ramo maior na árvore da vida.

Nomenclatura binomial das espécies

O sistema de Linnaeus para nomear espécies é chamado de **nomenclatura binomial**. Cada espécie tem um nome latinizado, composto de duas palavras (portanto, binomial), grafado em itálico (ou sublinhado, no caso de ser escrito a mão ou datilografado). A primeira palavra é o nome do **gênero**, com a primeira letra maiúscula; a segunda palavra representa o **epíteto da espécie**, que identifica a espécie dentro do gênero, e é grafado em letras minúsculas (ver Tabela 10.1). O grande valor em comunicar os nomes de espécies em latim é que são utilizados consistentemente por cientistas de todos os países e línguas e são muito mais precisos que nomes populares, que variam cultural e geograficamente.

O nome do gênero é sempre um substantivo e o epíteto da espécie é em geral um adjetivo que deve concordar em gênero com o gênero. Por exemplo: o nome científico do sabiá-comum-norte-americano é *Turdus migratorius* (*L. turdus*, tordo; *migratorius*, de hábito migratório). O epíteto da espécie nunca deve aparecer sozinho; o nome binomial completo deve ser usado para se referir a uma espécie. Os nomes dos gêneros devem se referir apenas a um grupo de organismos; o mesmo nome não pode ser dado a dois gêneros distintos de animais. No entanto, o mesmo epíteto de espécie pode ser utilizado em diferentes gêneros para denominar espécies diferentes. Por exemplo, o nome científico da subideira-de-peito-branco (ave Sittidae) é *Sitta carolinensis*. O epíteto "*carolinensis*" é utilizado em outros gêneros para as espécies *Poecile carolinensis* (ave da América do Norte) e *Anolis carolinensis* (lagarto da América do Norte) e significa "da Carolina". Todas essas categorias de espécie são designadas utilizando substantivos uninominais, escritos com a primeira letra maiúscula.

Tema-chave 10.1

CIÊNCIA EXPLICADA

Subespécies

Por vezes, uma espécie é dividida em subespécies, utilizando-se uma nomenclatura trinomial (ver o exemplo da esperança, no Tabela 10.1, e da salamandra, Figura 10.1); tais espécies são denominadas **politípicas**. Os nomes genéricos, específicos e subespecíficos são grafados em itálico (sublinhados, se escritos a mão). Uma espécie politípica contém uma subespécie cujo nome subespecífico repete o epíteto de espécie e uma ou mais subespécies cujo nome subespecífico é diferente. Portanto, para distinguir as variedades geográficas de *Ensatina eschscholtzii*, uma subespécie é denominada *Ensatina eschscholtzii*, e nomes subespecíficos diferentes são utilizados para cada uma das outras seis subespécies (ver Figura 10.1). Tanto o nome do gênero quanto o epíteto podem ser abreviados, como mostrado na Figura 10.1. O reconhecimento formal para subespécies perdeu popularidade entre os taxonomistas porque subespécies são, em geral, baseadas em diferenças pequenas em aparência que não necessariamente diagnosticam unidades evolutivas distintas. Quando estudos adicionais revelam que as subespécies são linhagens evolutivas distintas, as subespécies são em geral reconhecidas como espécies; de fato, muitos autores argumentam que as subespécies de *Ensatina eschscholtzii* são espécies diferentes. As designações de subespécie devem, portanto, ser vistas como afirmações provisórias indicando que o *status* de espécie das populações deve ser mais bem investigado.

10.2 ESPÉCIES

Ao discutir o livro de Darwin, *A Origem das Espécies*, em 1859, Thomas Henry Huxley perguntou: "Em primeiro lugar, o que é uma espécie? A pergunta é simples, porém a resposta correta é difícil de encontrar, mesmo se apelarmos para aqueles que deveriam saber

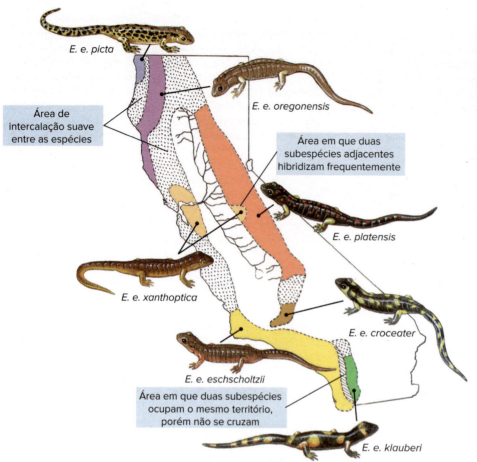

Figura 10.1 Variação geográfica de padrões de cores no gênero de salamandras *Ensatina*. O *status* de espécie dessas populações tem confundido os taxonomistas por gerações. A taxonomia atual reconhece apenas uma espécie (*Ensatina eschscholtzii*) dividida em subespécies, como mostrado. A hibridização é evidente entre as populações mais próximas, porém estudos da variação em proteínas e DNA mostram grande quantidade de divergência genética entre as populações. Adicionalmente, as populações das subespécies *E. e. eschscholtzii* e *E. e. klauberi* podem se sobrepor geograficamente, sem cruzamento reprodutivo.

tudo sobre isso." Utilizamos o termo "espécie" até o momento como se tivesse um significado simples e não ambíguo. Na realidade, o comentário de Huxley é tão válido hoje quanto era em 1859. Os nossos conceitos de espécie tornaram-se mais sofisticados, mas a diversidade de conceitos e discordância quanto ao seu uso são tão evidentes atualmente como o eram no tempo de Darwin.

Apesar de ampla discordância quanto à natureza das espécies, os biólogos utilizam certos critérios para identificar as espécies. Primeiramente, a **descendência comum** é um aspecto central para todos os conceitos modernos de espécie. Os membros de uma espécie devem ter sua ancestralidade em uma população ancestral em comum, porém não necessariamente em um mesmo par de progenitores. As espécies são, portanto, entidades históricas. Um segundo critério é que as espécies precisam ser o **menor agrupamento distinto** de organismos que compartilham padrões de ancestralidade e descendência; de outra maneira, ficaria muito difícil separar espécies de táxons mais abrangentes cujos membros também compartilham descendência comum. Os atributos morfológicos são tradicionalmente importantes para identificar tais grupos, porém características cromossômicas e moleculares são, hoje em dia, utilizadas para esse propósito. Um terceiro critério importante é o de **comunidade reprodutiva**. Os membros de uma espécie devem formar uma comunidade reprodutiva que exclui membros de outras espécies. No caso de populações com reprodução sexuada, o cruzamento é essencial para manter uma comunidade reprodutiva. Em se tratando de organismos com reprodução estritamente assexuada, a comunidade reprodutiva é vinculada à ocupação de um hábitat ecológico específico em determinado lugar para que uma população reprodutiva responda como uma unidade às forças evolutivas, como seleção natural e deriva genética (ver Seção 6.4).

Qualquer espécie apresenta uma distribuição espacial, sua **distribuição geográfica**, e uma distribuição temporal, sua **duração evolutiva**. As espécies diferem bastante umas das outras em ambas as dimensões. As espécies com extensões geográficas muito grandes ou distribuições mundiais são chamadas de **cosmopolitas**, enquanto aquelas com distribuições geográficas muito restritas são chamadas **endêmicas**. Se uma espécie fosse restrita a um único ponto no espaço e no tempo, teríamos pouca dificuldade em reconhecê-la e praticamente todos os conceitos de espécie nos levariam à mesma conclusão. Temos poucas dificuldades para distinguir as espécies de animais que encontramos vivendo em nossos parques ou bosques. No entanto, quando comparamos uma população local a populações semelhantes, mas não idênticas, localizadas a centenas de quilômetros, pode ser difícil determinar se essas populações representam uma única espécie ou múltiplas espécies (ver Figura 10.1).

Ao longo da duração de uma espécie, sua distribuição geográfica pode mudar várias vezes. Uma distribuição geográfica pode ser contínua ou disjunta, esta última apresentando descontinuidades internas onde a espécie não ocorre. Suponha que encontremos duas populações locais idênticas que vivem a 480 km uma da outra, sem nenhuma população relacionada entre elas. Estaríamos observando uma única espécie com distribuição disjunta ou duas espécies distintas, porém muito relacionadas? Suponha agora que essas duas populações tenham se separado historicamente há 50 mil anos. Seria esse tempo suficiente para que elas tenham evoluído em comunidades reprodutivas isoladas ou ainda podemos pensar nas duas como parte de uma mesma comunidade reprodutiva? É muito difícil encontrar respostas claras e objetivas para tais questões. As diferenças entre os conceitos de espécie pertencem à solução desses problemas.

Conceitos tipológicos de espécie

Antes de Darwin, uma espécie era considerada uma entidade distinta e imutável. As espécies eram definidas a partir de características essenciais fixas (geralmente morfológicas) consideradas como padrões criados pela divina providência ou arquétipo. Essa prática constitui o **conceito tipológico** (ou **morfológico**) **de espécie**. Os cientistas reconheciam espécies formalmente pela designação de um **espécime-tipo** que era etiquetado e depositado em um museu para representar a forma ou morfologia ideal para a espécie. Quando os cientistas obtinham espécimes adicionais e queriam associá-los a uma espécie, os espécimes-tipo eram consultados. Os novos espécimes eram designados a uma espécie anteriormente descrita se apresentassem as características essenciais do espécime-tipo. Pequenas diferenças do espécime-tipo eram consideradas imperfeições acidentais. As grandes diferenças dos espécimes-tipo existentes levavam um cientista a descrever uma nova espécie com seu próprio espécime-tipo. Dessa maneira, o mundo vivo era classificado em espécies.

Os evolucionistas descartaram o conceito tipológico de espécie, mas algumas de suas tradições continuam. Os cientistas ainda descrevem espécies ao depositar espécimes-tipo em museus, e o espécime-tipo carrega formalmente o nome da espécie. Um **holótipo** é o único espécime que tem formalmente o nome de uma espécie reconhecida. Espécimes adicionais, chamados de **parátipos**, geralmente acompanham o holótipo na formação da série-tipo, o que ilustra a variação populacional nas características morfológicas da espécie. A morfologia dos organismos ainda é igualmente importante no reconhecimento de espécies, porém as espécies em si não são mais vistas como classes de organismos definidos pela apresentação de uma característica essencial. A base da visão de mundo evolutivo é que as espécies são entidades históricas, cujas propriedades sempre estão sujeitas a mudanças. As variações que observamos entre organismos dentro de uma espécie não são uma manifestação imperfeita de um "tipo" eterno; o espécime-tipo em si é somente uma abstração retirada da real e importante variação presente dentro da espécie. Um espécime-tipo é, na melhor das hipóteses, uma forma comum que muda conforme a variação de organismo é selecionada ao longo do tempo pela seleção natural. Um espécime-tipo serve apenas como um guia para as características morfológicas gerais que se espera encontrar em uma espécie particular observada atualmente.

Tema-chave 10.2
CIÊNCIA EXPLICADA

Autoria da espécie

A primeira pessoa a descrever um espécime-tipo e a publicar o nome de uma espécie nova é chamada de autor. O nome da pessoa e a data de publicação são, em geral, escritos após o nome da espécie. Dessa maneira, *Didelphis marsupialis* Linnaeus, 1758, revela que Linnaeus foi a primeira pessoa a publicar o nome da espécie desse gambá. Por vezes, o gênero de uma espécie é revisado após sua descrição inicial. Nesse caso, o nome da autoridade é apresentado entre parênteses. O lagarto-monitor-do-Nilo é denominado *Varanus niloticus* (Linnaeus, 1766), pois a espécie foi originalmente nomeada por Linnaeus como *Lacerta nilotica* e, subsequentemente, colocada em um gênero diferente.

Conceito biológico de espécie

O conceito de espécie mais influente, inspirado pela teoria evolutiva darwiniana, é o **conceito biológico de espécie** formulado por Theodosius Dobzhansky e Ernst Mayr. Esse conceito foi cunhado durante a síntese evolutiva feita nos anos 1930 e 1940 a partir de ideias anteriores, e foi redefinido e retrabalhado muitas vezes desde então. Em 1982, Mayr definiu o conceito biológico de espécie da seguinte maneira: "Uma espécie é uma comunidade reprodutiva de populações (isoladas reprodutivamente de outras) que ocupa um nicho específico na natureza." Note que uma espécie é definida aqui de acordo com propriedades reprodutivas de uma população, e não com a posse de alguma característica de organismo específica. Uma espécie é uma **população intercruzante** que apresenta descendência comum e compartilha características variáveis. Os estudos de variação populacional com características de morfologia, estrutura cromossômica e genética molecular são bastante úteis para avaliar as fronteiras geográficas de populações intercruzantes na natureza. O critério do "nicho" (ver Capítulo 38) reconhece que membros de uma comunidade reprodutiva devem também ter propriedades ecológicas semelhantes.

Como uma comunidade reprodutiva deve manter uma coesão genética, espera-se que a variação entre organismos seja relativamente baixa e contínua dentro de espécies e descontínua entre espécies. Apesar de a espécie biológica se basear em propriedades reprodutivas da população em vez de se basear na morfologia, esta pode nos ajudar a diagnosticar as espécies biológicas. Algumas vezes, o *status* de espécie pode ser avaliado diretamente conduzindo-se experimentos de cruzamento. No entanto, reprodução controlada é possível apenas em uma minoria dos casos e, portanto, nossas decisões quanto à identificação da espécie normalmente são feitas observando-se a variação de atributos. A variação de atributos moleculares é muito útil para identificar fronteiras geográficas de comunidades reprodutivas. Os estudos moleculares revelaram a ocorrência de **espécies crípticas (ou espécies-irmãs)**, que são muito similares morfologicamente para serem diagnosticadas como espécies diferentes apenas utilizando características morfológicas.

A crítica ao conceito biológico de espécie revelou uma série de problemas perceptíveis. Primeiro, o conceito não tem uma dimensão temporal explícita. Ele fornece um método para avaliar o *status* de espécie para populações contemporâneas, porém ajuda muito pouco a traçar a duração temporal da linhagem de uma espécie ao longo de sua história passada. Por exemplo, os humanos constituem uma espécie biológica em relação a outras populações de espécies viventes. Populações humanas em todo o mundo formam uma única comunidade reprodutiva, que é reprodutivamente isolada de todas as outras populações. Não temos informação a partir do conceito biológico de espécie sobre se devemos colocar fósseis humanos de idade evolutiva crescente na espécie humana atual ou em espécies separadas. Todas as populações fósseis que são mais aparentadas a nós do que com outros grandes primatas viventes devem ser julgadas parte de nossa espécie ou de uma série de espécies que se substituíram ao longo dos últimos cinco milhões de anos de evolução humana?

Ainda, os proponentes do conceito biológico de espécie discordam constantemente sobre o grau de isolamento reprodutivo necessário para considerarmos duas populações como espécies separadas, revelando assim ambiguidade adicional no conceito. Por exemplo, será que a ocorrência de um pouco de hibridização entre populações em uma área geográfica limitada pode determinar que as populações são uma única espécie, apesar das diferenças evolutivas entre elas? Híbridos entre populações de *Ensatina eschscholtzii platensis* e *E. e. xanthoptica* (ver Figura 10.1) ocorrem geograficamente apenas em seu ponto de contato nas montanhas de Serra Nevada; a diferença genética molecular entre essas subespécies é tão grande que muitas autoridades as consideram comunidades reprodutivas separadas e, portanto, espécies separadas, de acordo com o conceito biológico de espécie. Diferentes autores que utilizam o conceito biológico de espécie interpretaram os mesmos dados e consideraram que as populações de *Ensatina* da Figura 10.1 constituem-se de uma espécie com pelo menos 11 espécies distintas.

Outro problema é que, como o conceito biológico de espécie enfatiza o intercruzamento como o critério de comunidade reprodutiva, ele nega a existência de espécies que se reproduzem apenas de maneira assexuada. No entanto, é prática comum descrever espécies para todos os grupos de organismos, sejam eles sexuados ou assexuados.

Conceitos evolutivo e de coesão de espécie

A dimensão "tempo" ocasiona problemas evolutivos óbvios para o conceito biológico de espécie. Como relacionamos espécimes fósseis com as espécies biológicas reconhecidas hoje? Se rastrearmos uma linhagem ao longo do tempo, quão longe devemos ir até cruzarmos uma barreira de espécie? Se seguirmos uma genealogia contínua de populações ao longo do tempo até o ponto onde duas espécies-irmãs convergem no ancestral comum, precisaríamos cruzar pelo menos um limite de espécie em algum ponto. Seria bem difícil, no entanto, decidir onde demarcar a separação entre as duas espécies.

Para solucionar esse problema, o **conceito evolutivo de espécie** foi proposto pelo especialista em paleontologia de mamíferos George Gaylord Simpson para adicionar a dimensão de tempo evolutivo ao conceito biológico de espécie. Esse conceito persiste em uma forma modificada até hoje. Uma definição atual do conceito evolutivo de espécie é *uma linhagem única de populações ancestrais e descendentes que mantém sua identidade separada de outras linhagens semelhantes e tem suas próprias tendências evolutivas e destino histórico.* Note que o critério de descendência comum é mantido na necessidade de a linhagem ter sua identidade histórica distinta. A coesão reprodutiva é o método pelo qual uma espécie mantém sua identidade separada de outras linhagens de maneira a manter seu destino evolutivo independente. Os mesmos tipos de características diagnósticas discutidas para o conceito biológico de espécie são relevantes para identificar espécies evolutivas, embora na maioria dos casos apenas características morfológicas estejam disponíveis nos fósseis. De maneira distinta do conceito biológico de espécie, o conceito evolutivo de espécie aplica-se tanto a formas com reprodução sexuada como com reprodução assexuada. Desde que a continuidade de características diagnósticas seja mantida pela linhagem em evolução, ela é reconhecida como a mesma espécie. Mudanças bruscas em características diagnósticas marcam as fronteiras de espécies distintas no tempo evolutivo.

A capacidade de populações geográficas em evoluir coletivamente como uma única entidade geneticamente coesa ao longo do tempo evolutivo é essencial para o conceito evolutivo de espécie. O geneticista de populações Alan Templeton atualizou esse conceito em 1989 para tornar explícita a perspectiva de que as populações de uma espécie evoluem como uma unidade geneticamente coesa por meio da seleção natural e da deriva genética. Templeton definiu seu **conceito de coesão de espécie** da seguinte maneira: *a população mais inclusiva de indivíduos que apresenta o potencial para coesão fenotípica por meio de mecanismos intrínsecos de coesão.* Os mecanismos de coesão incluem fluxo gênico ao longo da distribuição geográfica da espécie, perda compartilhada de alelos por deriva genética e modificações genéticas compartilhadas causadas pela seleção natural. Outra maneira de definir o critério de coesão é que qualquer indivíduo em uma espécie é um possível ancestral comum da espécie inteira em algum momento futuro. Por exemplo, um novo alelo que surge por mutação em uma única pessoa poderia espalhar-se pela população humana ao longo de muitas gerações, até ser compartilhado por todos os membros da espécie em um momento futuro. Novas mutações que surgem em outra espécie, mesmo nos nossos parentes mais próximos do gênero *Pan*, não podem entrar no *pool* gênico humano.

Conceito filogenético de espécie

O ornitólogo Joel Cracraft definiu o último conceito apresentado: **conceito filogenético de espécie**. O conceito filogenético de espécie foi definido como *um agrupamento irredutível (basal) de organismos diagnosticamente distintos de outros grupos semelhantes e no qual existe um padrão parental de ancestralidade e descendência.* Esse conceito enfatiza mais fortemente o critério da descendência comum. Tanto grupos sexuados como assexuados estão incluídos.

Uma espécie filogenética é uma única linhagem de população sem ramificação detectável. Na prática, a diferença principal entre o conceito evolutivo/de coesão e o conceito filogenético de espécies é que este último enfatiza o reconhecimento como espécies distintas os menores agrupamentos de organismos que sofreram mudança evolutiva independente. Os conceitos evolutivo e de coesão de espécie colocam maior ênfase na possibilidade de populações historicamente separadas terem o potencial biológico para se fundirem em uma única linhagem no futuro. Os conceitos evolutivo e de coesão de espécie agrupariam em uma única espécie populações geograficamente separadas que demonstram alguma divergência filogenética, porém são julgadas similares em suas "tendências evolutivas", permitindo dessa maneira trocas gênicas futuras e possível fusão, enquanto o conceito filogenético de espécie as trataria como espécies separadas. Em geral, um número maior de espécies seria descrito utilizando-se o conceito filogenético de espécie do que qualquer outro conceito e, por essa razão, muitos taxonomistas consideram-no impraticável. Pela aderência estrita à sistemática cladística (ver Seção 10.4), o conceito filogenético de espécie é ideal, pois apenas ele garante rigorosamente unidades monofiléticas no nível de espécie.

O conceito filogenético de espécie propositalmente desconsidera os detalhes do processo evolutivo e nos dá um critério que permite descrever espécies sem a necessidade de primeiro conduzir estudos detalhados sobre processos evolutivos. Os proponentes desse conceito não necessariamente desprezam a importância do estudo de processos evolutivos. Eles argumentam, contudo, que o primeiro passo para estudar processos evolutivos é ter uma clara ideia da história da vida. Para cumprir essa tarefa, o padrão de descendência comum deve ser reconstruído da maneira mais detalhada possível, começando pelas menores unidades taxonômicas que têm uma história de descendência comum distinta de outras unidades semelhantes. Como o conceito de espécie filogenética resolveria a controvérsia sobre quantas espécies existem em *Ensatina eschscholtzii* (ver Figura 10.1)? Os dados genéticos moleculares revelam pelo menos 11 linhagens distintas identificadas, cada uma das quais constituiria uma espécie filogenética separada. Sob o conceito filogenético de espécie, agrupar essas linhagens como uma única espécie porque elas retêm um potencial para futuras trocas genéticas não é uma opção.

Conceitos de espécie na prática

Estes exemplos hipotéticos ilustram condições que desafiam a avaliação dos taxonomistas no que se refere à quantidade de espécies representada por um grupo de populações estudado. Suponha que as populações individuais discutidas sejam internamente homogêneas em termos genéticos, mas distintas de outras, considerando dados genéticos moleculares. I. Duas populações geográficas de formas reprodutivas sexuadas fazem contato geográfico por meio de uma fronteira onde ocorrem híbridos (prole cujos pais são de diferentes populações geográficas) (I.A. os híbridos naturais são férteis; I.B. os híbridos naturais não são férteis). II. Duas populações geograficamente alopátricas de formas reprodutivas sexuadas parecem morfológica e ecologicamente equivalentes (I.A. cruzamentos artificiais produzem híbridos férteis; I.B. cruzamentos artificiais produzem híbridos não férteis). III. Seis populações geneticamente divergentes de formas reprodutivas sexuadas têm relações geográficas e filogenéticas conforme mostrado com híbridos entre as populações B e D. As populações de A – C (grupo 1) são morfologicamente indistinguíveis entre si, mas diferem das populações D – F (grupo 2), que são morfologicamente indistinguíveis entre si (III. A. os grupos 1 e 2 são ecologicamente equivalentes; III.B. os grupos 1 e 2 são ecologicamente distintos). IV. As populações de reprodução sexuada A – E são geneticamente divergentes, mas semelhantes em ecologia e morfologia; a população F derivou da população E por meio de um evento fundador e está reprodutivamente isolada das outras. V. Duas populações alopátricas de animais que se reproduzem apenas assexuadamente são ecológica e morfologicamente distintas uma da outra. Cada caixa indica o número de espécies diferentes que um taxonomista reconheceria usando o(s) conceito(s) de espécie no topo da coluna. Alguns conceitos têm ambiguidades inerentes, permitindo algum espaço para julgamento individual separando "aglomerados" taxonômicos de "divisores"; tais casos são indicados por "1 a 2" na coluna apropriada com a fonte de ambiguidade indicada na coluna 5.

Geografia/filogenia		Espécie biológica	Espécie de coesão e evolutiva	Espécie filogenética	Fonte de ambiguidade
I. Zona híbrida	A. Híbridos férteis	1 a 2	1 a 2	2	1 e 2 finalmente se misturarão ou permanecerão distintos com uma pequena zona híbrida?
	B. Híbridos inférteis	2	2	2	Nenhum
II. Cruzamento artificial	A. Híbridos férteis	1	1	2	Nenhum
	B. Híbridos inférteis	2	2	2	Nenhum
III. Zona híbrida (fértil)	A. 1 e 2 são ecologicamente distintos	1 - 2	1 a 2	6	1 e 2 finalmente se misturarão ou permanecerão distintos com uma pequena zona híbrida?
	B. 1 e 2 são ecologicamente semelhantes	1 a 2	2	6	O isolamento ecológico é suficiente para separar o *status* da espécie sem o isolamento reprodutivo?
IV.		2	2	6	Nenhum
V.		0	2	2	Nenhum

Dinamismo dos conceitos de espécie

O herpetólogo Kevin de Queiroz argumenta que os vários conceitos concorrentes de espécie têm um princípio comum subjacente, apesar de suas diferenças. Em cada caso, uma espécie constitui um segmento de uma linhagem em nível populacional, o que Kevin de Queiroz chama de **conceito de linhagem geral** de espécies.

No conceito de espécie biológica, o segmento é temporariamente curto, com a comunidade reprodutiva entre as populações de reprodução sexuada sendo o atributo secundário principal que separa o conceito de espécie biológica dos outros. No conceito de espécie filogenética, uma linhagem de população foi diagnosticada como tendo evoluído independentemente, já que sua separação evolutiva de uma outra linhagem fornece o atributo secundário que distingue esse conceito de outros. O conceito de linhagem geral de espécies tem se tornado popular entre os sistematas, porque enfatiza o objetivo comum de identificar em detalhe a história filogenética de linhagens em nível populacional. No entanto, ele não resolve o problema do uso de conceitos concorrentes poder resultar em grandes diferenças no número de espécies que os taxonomistas julgam serem dignas de nomeação pelo sistema binomial de Linnaeus (ver o quadro "Conceitos de espécie na prática").

Os taxonomistas concordam que linhagens populacionais historicamente distintas, as espécies do conceito de espécie filogenética, são organismos reais por natureza. Tais organismos existem como unidades indivisíveis do processo evolutivo e mudam independentemente de nosso conhecimento deles. Os defensores dos outros conceitos de espécie não negam essas alegações, mas consideram tais linhagens muito numerosas e efêmeras para serem reconhecidas com um nome binomial latino, principalmente quando as diferenças biológicas entre as linhagens forem consideradas superficiais. Dado o poder das informações genéticas moleculares para diagnosticar as linhagens de espécies, talvez não seja prático esperar que se forneça um *status* formal de espécie para cada uma delas. Um sistema taxonômico deve ser prático para nos servir bem, mas, quando cedemos à praticidade, arriscamos transformar nossas espécies reconhecidas em construções arbitrárias que perdem sua integridade como indivíduos naturais.

A atual controvérsia referente aos conceitos de espécie não deve ser considerada frustrante. Quando um campo de investigação científica está em crescimento dinâmico, conceitos antigos são refinados ou substituídos por conceitos novos e mais atuais. O debate ativo que ocorre dentro da sistemática demonstra que esse campo adquiriu atividade e importância sem precedentes na biologia. Assim como a época de Thomas Henry Huxley foi de enormes avanços na biologia, o tempo presente também o é. Ambos os momentos são marcados por reconsiderações fundamentais sobre o significado de espécie. Os pesquisadores interessados na ramificação de linhagens evolutivas, na evolução de barreiras reprodutivas entre populações (ver Seção 6.2) ou em propriedades ecológicas de espécies podem favorecer diferentes tipos de conceitos. Os conflitos entre os conceitos atuais levam-nos para o futuro. Em muitos casos, diferentes conceitos concordam sobre a localização das fronteiras entre espécies, e as discordâncias identificam casos particularmente interessantes da evolução em ação. Portanto, entender as perspectivas conflitantes, em vez de aprender um único conceito, é de suma importância para pessoas que se iniciam no estudo da zoologia.

Código de barras do DNA das espécies

O **código de barras do DNA** (*DNA barcoding*) é uma técnica que visa identificar os organismos, utilizando informação de sequências de um gene padrão presente em todos os animais. O gene mitocondrial que codifica a subunidade 1 da enzima citocromo *c* oxidase (*COI*), que contém cerca de 650 pares de bases de nucleotídios, é uma região de "código de barras" padrão para os animais. As sequências de DNA do *COI* geralmente variam entre animais da mesma espécie, porém não muito amplamente, de maneira que a variação dentro de uma espécie é muito menor que as diferenças entre as espécies. O código de barras é aplicado aos espécimes na natureza retirando uma pequena amostra de DNA do sangue ou de algum tecido. O método é útil também para espécimes em museus de história natural, zoológicos, aquários e coleções de tecidos congelados. As sequências de DNA dessas fontes são verificadas em uma biblioteca de referência pública de identificadores de espécies para associar os espécimes desconhecidos com as espécies conhecidas. O código de barras não resolve as controvérsias quanto ao uso de diferentes conceitos de espécie, mas geralmente permite identificar a origem de um espécime para uma população local, uma informação que é valiosa independentemente do *status* de espécie definido pelo taxonomista.

10.3 CARACTERES TAXONÔMICOS E RECONSTRUÇÃO FILOGENÉTICA

Um dos grandes objetivos da sistemática é inferir a árvore evolutiva ou **filogenia** que relaciona todas as espécies atuais e extintas. Essa tarefa é realizada identificando características ou atributos dos organismos, formalmente denominadas **caracteres**, que variam entre as espécies. Um caráter é qualquer característica que o taxonomista usa para estudar a variação dentro das espécies e entre elas. Os taxonomistas encontram caracteres observando padrões de similaridade entre organismos nas características morfológicas, cromossômicas e moleculares e, menos frequentemente, nas ecológicas ou comportamentais. A análise filogenética depende de encontrar entre os organismos características compartilhadas que são herdadas de um ancestral comum. A similaridade de caracteres que resulta de ancestralidade comum é chamada de **homologia** (ver Capítulo 6), mas nem sempre tal similaridade reflete ancestralidade comum. A origem evolutiva, independentemente de características similares, produz padrões de similaridade entre organismos que deturpam a descendência comum e essa ocorrência complica o trabalho dos taxonomistas. A similaridade de caracteres que não representa descendência comum é chamada de similaridade não homóloga ou **homoplasia**. A endotermia das aves e dos mamíferos é uma ilustração da homoplasia; essa condição surgiu separadamente em linhagens ancestrais de aves e mamíferos. A variação em outros caracteres mostra que as aves e os mamíferos não são parentes próximos (ver Figura 26.2). Para um exemplo de homoplasia molecular, ver a interpretação do caráter 41 no texto da caixa "Filogenias a partir de sequências de DNA".

Emprego da variação de caracteres para reconstruir a filogenia

Para inferir a filogenia de um táxon usando caracteres que variam entre suas espécies, o primeiro passo é determinar que forma variante de cada caráter estava presente no ancestral comum mais recente do táxon de interesse. Esse estado de caráter é denominado de **ancestral** para o táxon como um todo. Presumimos, então, que todas as outras formas variantes do caráter surgiram posteriormente no grupo, e essas são denominadas evolutivamente de **estados de caráter derivados**. Determinar a **polaridade** de um caráter quer dizer identificar qual de seus estados contrastantes é ancestral e quais são derivados. Por exemplo, se considerarmos como um caráter a dentição dos vertebrados amniotas (répteis, aves e mamíferos), a presença e ausência de dentes constituem estados de caráter alternativos. Os dentes estão ausentes nas aves modernas, porém presentes na maioria dos outros amniotas. Para avaliar a polaridade desse caráter, devemos determinar que estado de caráter, presença ou ausência de dentes caracteriza o ancestral em comum mais recente dos amniotas e que estado foi derivado subsequentemente neste grupo.

O método utilizado para examinar a polaridade de um caráter variável é chamado **comparação com grupo externo**. Consultamos então um grupo adicional de organismos, denominado **grupo externo**, que é filogeneticamente próximo, porém que não faz parte do táxon estudado. Inferimos que qualquer estado de caráter encontrado, tanto dentro do táxon estudado como no grupo externo, é ancestral para o táxon estudado. Os anfíbios e os diferentes grupos de peixes teleósteos constituem grupos externos apropriados para os amniotas a fim de polarizar a variação na dentição. Os dentes estão geralmente presentes em anfíbios e peixes ósseos; portanto, inferimos que a presença de dentes é ancestral para os amniotas e a ausência é derivada. A observação de muitos dentes nos crocodilos, os parentes vivos mais próximos das aves, fortalece essa inferência. A polaridade desse caráter indica que os dentes foram perdidos na linhagem ancestral de todas as aves modernas. A polaridade dos caracteres é avaliada mais efetivamente quando diversos grupos externos diferentes são utilizados. Todos os estados de caráter encontrados no grupo de estudo que estão ausentes nos grupos externos apropriados são considerados derivados.

Um **clado** (do grego *klados*, ramo) é a unidade fundamental de agrupamento filogenético das espécies. Um caráter derivado compartilhado unicamente pelos membros de um clado é formalmente denominado **sinapomorfia** (do grego *synapsis*, agrupando, + *morphe-*, forma) desse clado. O caráter derivado surgiu na linhagem do ancestral comum do clado e foi herdado por todos os descendentes daquele ancestral. Os taxonomistas utilizam caracteres derivados compartilhados como evidência de homologia para inferir que um grupo de espécies em particular forma um clado. Entre os vertebrados amniotas atuais, a ausência de dentes e a presença de penas são sinapomorfias que identificam as aves como um clado. Dentro do clado das aves, o palato flexível é um caráter morfológico derivado que marca os Neognathae como um clado aninhado e separado de Paleognathae. Nos Neognathae, as asas adaptadas à natação são um caráter derivado que indica a ordem Sphenisciformes dos pinguins como um clado aninhado dentro de Neognathae. O padrão formado pelos estados derivados de todos os caracteres dentro do táxon de estudo revela uma **hierarquia aninhada** de clados dentro de clados. O objetivo é identificar todos os clados diferentes aninhados dentro do táxon de estudo, o que revelaria a estrutura de descendência comum entre as espécies do táxon.

Os estados de caráter ancestrais para um táxon frequentemente são denominados **plesiomórficos**, e o compartilhamento de estados ancestrais entre espécies é denominado **simplesiomorfia**. No entanto, ao contrário das sinapomorfias, as simplesiomorfias não proporcionam informação útil quanto ao aninhamento de clados dentro de clados. No exemplo dado, descobrimos que a presença de dentes é uma característica plesiomórfica para os vertebrados amniotas. Se agrupássemos os grupos dos mamíferos e dos répteis, que possuem dentes, com a exclusão das aves modernas, não teríamos um clado válido. As aves também descendem de todos os ancestrais comuns aos répteis e mamíferos e, portanto, situam-se em qualquer clado que inclua todos os répteis e os mamíferos. Os erros na determinação da polaridade de caracteres podem claramente introduzir erros na inferência filogenética. No entanto, é importante notar que os estados de caráter que são plesiomórficos em um nível taxonômico podem ser sinapomorfias em um nível mais inclusivo. Por exemplo, a presença de maxilas portadoras de dentes é uma sinapomorfia de vertebrados gnatostomados (ver Figura 23.2), um grupo que inclui amniotas e anfíbios, peixes teleósteos e peixes cartilaginosos, apesar de os dentes terem sido perdidos nas aves e em alguns outros gnatostomados. O objetivo da análise filogenética pode ser, portanto, reformulado como o de encontrar o nível taxonômico apropriado, no qual qualquer estado de caráter é uma sinapomorfia. O estado de caráter é então utilizado para identificar um clado naquele nível.

Uma hierarquia aninhada é então apresentada como um diagrama ramificado chamado **cladograma** (Figura 10.2; ver também a Figura 6.13, tentando reconstruir esse cladograma utilizando apenas o compartilhamento de sinapomorfias numeradas entre as espécies de aves). Os taxonomistas frequentemente fazem uma distinção entre um cladograma e uma **árvore filogenética**. Os ramos de um cladograma são apenas um artifício formal que indica a hierarquia aninhada de clados dentro de clados. O cladograma não é estritamente equivalente a uma árvore filogenética, na qual os ramos representam linhagens reais que ocorreram no passado evolutivo. Para obtermos uma árvore filogenética, devemos adicionar ao cladograma importantes interpretações relativas a ancestrais, duração de linhagens evolutivas, ou quantidade de mudança evolutiva que ocorreu entre as linhagens. No entanto, um cladograma é frequentemente utilizado como uma primeira aproximação da estrutura ramificada da árvore filogenética correspondente.

Fontes de informação filogenética

Encontramos caracteres utilizados para construir cladogramas na morfologia comparada (incluindo embriologia), citologia comparada e bioquímica comparada. A **morfologia comparada** examina as formas variáveis e os tamanhos de estruturas de organismos, incluindo suas origens no desenvolvimento. Tanto caracteres macroscópicos como microscópicos são utilizados, incluindo os detalhes da estrutura celular revelados pela histologia. Como visto nos Capítulos 23 até 28, as estruturas variáveis de ossos do crânio, ossos dos membros e tegumento (escamas, pelos, penas) são particularmente importantes para reconstruir a filogenia dos vertebrados. A morfologia comparada utiliza espécimes obtidos tanto de organismos vivos quanto de restos fossilizados. A **bioquímica comparada** utiliza sequências de aminoácidos em

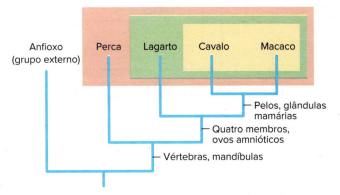

Figura 10.2 Um cladograma representado como uma hierarquia aninhada de táxons entre cinco grupos de cordados amostrados (anfioxo, perca, lagarto, cavalo, macaco). O anfioxo é o grupo externo, e o grupo de estudo é formado pelos quatro vertebrados. Geramos um cladograma simples a partir de quatro caracteres que variam entre os vertebrados: presença *versus* ausência de quatro membros, ovos amnióticos, pelos e glândulas mamárias. Para todos os quatro caracteres, ausência é o estado ancestral nos vertebrados porque esta é a condição do grupo externo, o anfioxo; para todo caráter, a presença é o estado derivado nos vertebrados. Por compartilhar a presença de quatro membros e ovos amnióticos como sinapomorfias, o lagarto, o cavalo e o macaco formam um clado em relação à perca. Esse clado é subdividido ainda mais em duas sinapomorfias (presença de pelos e glândulas mamárias) que unem o cavalo e o macaco em relação ao lagarto. Sabemos, por comparações que envolvem animais menos aparentados, que vértebras e mandíbulas constituem sinapomorfias de vertebrados, e que o anfioxo, por não ter essas características, está fora do clado dos vertebrados.

proteínas e as sequências de nucleotídios em ácidos nucleicos (ver Capítulo 5) para identificar caracteres variáveis para construção de um cladograma (Figura 10.3). O sequenciamento direto de DNA é aplicado rotineiramente aos estudos filogenéticos; no entanto, as comparações entre sequências de proteínas são em geral indiretas, envolvendo métodos imunológicos ou de aloenzimas (ver Figura 6.24), ou inferências a partir de sequências de DNA que codificam enzimas. Estudos recentes mostram que a bioquímica comparada pode ser aplicada a alguns fósseis, além de organismos atuais. A **citologia comparada** (também chamada de cariologia) utiliza a variação nos números, formas e tamanhos de cromossomos e suas partes (ver Capítulos 3 e 6: texto no boxe *O poder de uma teoria*) a fim de obter caracteres variáveis para construir cladogramas. A citologia comparada é utilizada quase exclusivamente em organismos atuais e não nos fossilizados.

Para adicionar uma escala de tempo evolutiva necessária para fazer uma árvore filogenética, devemos consultar o registro fóssil. Podemos procurar pelo registro mais antigo em fósseis com características morfológicas derivadas para estimar as idades dos clados definidos por aqueles caracteres. A idade de um fóssil que apresenta os caracteres derivados de determinado clado é determinada por datação radioativa (ver Seção 6.2). Um exemplo de árvore filogenética construída que utiliza esses métodos está na Figura 25.1.

Podemos utilizar dados da bioquímica comparada para estimar as idades de diferentes linhagens em uma árvore filogenética. Algumas proteínas e sequências de DNA divergem seguindo taxas aproximadamente lineares ao longo do tempo evolutivo. A idade do ancestral comum mais recente de duas espécies, portanto, é proporcional às diferenças medidas entre suas proteínas e sequências de DNA. Calibramos a evolução de proteínas e sequências de DNA medindo sua divergência entre as espécies cujos ancestrais comuns mais recentes foram datados utilizando fósseis. Utilizamos então a calibração molecular evolutiva para estimar as idades de outros ramos na árvore filogenética.

10.4 TEORIAS TAXONÔMICAS

Uma teoria taxonômica estabelece os princípios que utilizamos para reconhecer e classificar grupos taxonômicos. Existem duas teorias atualmente utilizadas em taxonomia: (1) a taxonomia evolutiva e (2) a sistemática filogenética (cladística). Ambas são baseadas em princípios evolutivos. Entretanto, essas duas teorias diferem segundo o modo como os princípios evolutivos são utilizados. Tais diferenças têm implicações importantes quanto ao modo como utilizamos a taxonomia para estudar os processos evolutivos. A taxonomia evolutiva antecede a sistemática filogenética e retém muitos aspectos da taxonomia lineana; por esse motivo, é algumas vezes chamada de "taxonomia evolutiva tradicional". A taxonomia evolutiva foi bem estabelecida na década de 1940; a sistemática filogenética surgiu na década de 1960 como uma substituição para a taxonomia evolutiva, que alguns sistematas consideravam arbitrária e enganosa.

A relação entre um grupo taxonômico e uma árvore filogenética ou cladograma é importante para ambas as teorias. Essa relação pode ter uma das três formas possíveis: **monofilia, parafilia** ou **polifilia** (Figura 10.4). Um táxon é monofilético se inclui o ancestral comum mais recente do grupo e todos os descendentes desse ancestral (ver Figura 10.4 A). Os termos "grupo monofilético" e "clado" são sinônimos. Um táxon é parafilético se inclui o ancestral comum mais recente de todos os membros de um grupo e alguns, mas não todos, os descendentes daquele ancestral (ver Figura 10.4 B). Um táxon é polifilético se não inclui o ancestral comum mais recente de todos os membros de um grupo; essa condição requer que o grupo tenha pelo menos duas origens evolutivas separadas, em geral tendo ocorrido aquisição de modo evolutivo, independentemente de características similares (ver Figura 10.4 C).

Os grupos monofiléticos e os parafiléticos compartilham a propriedade de **convexidade**, que os separa dos grupos polifiléticos. Um grupo é convexo se você consegue traçar um caminho entre quaisquer dois membros do grupo em um cladograma ou árvore filogenética sem sair do grupo. Por exemplo, na Figura 10.4 você poderia traçar uma conexão entre qualquer par de pontos nas áreas azuis das partes A ou B sem sair da área azul. Para o grupo polifilético na parte C da Figura 10.4, é impossível traçar um caminho completo conectando as espécies C e E sem sair da área azul. Na Figura 10.4 C, se um sistemata adicionar o caminho completo que conecta as espécies C e E até o grupo mostrado, mas continuar a omitir os caminhos que levam às espécies A, B e H, então o novo grupo seria convexo e parafilético, em vez de polifilético. A demonstração de que o grupo não é convexo é o critério formal para considerá-lo polifilético.

Tanto a taxonomia cladística como a taxonomia evolutiva aceitam grupos monofiléticos e rejeitam grupos polifiléticos. Contudo, elas diferem na aceitação dos grupos parafiléticos, e essa diferença tem importantes implicações evolutivas.

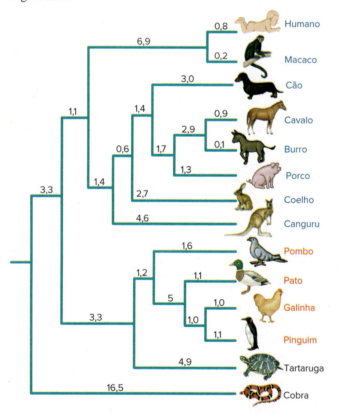

Figura 10.3 Uma árvore filogenética inicial de representantes de amniotas, baseada em sequências de DNA que codificam a proteína respiratória, o citocromo c. Os números nos ramos indicam número mínimo esperado de mudanças mutacionais necessárias para explicar as substituições de aminoácido ao longo de diferentes linhagens evolutivas. A publicação dessa árvore por Fitch e Margoliash, em 1967, foi fundamental para convencer os sistematas de que sequências moleculares continham informação filogenética. Os trabalhos subsequentes confirmaram algumas hipóteses, inclusive a de que mamíferos (em azul) e aves (em vermelho) formam clados que não se sobrepõem, mas rejeitaram outras; o canguru, por exemplo, deveria estar para fora de um ramo contendo todos os outros mamíferos representados.

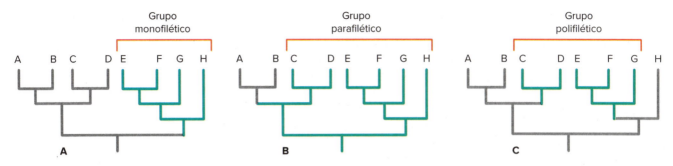

Figura 10.4 Relações entre filogenia e grupos taxonômicos, ilustradas para uma filogenia hipotética entre oito espécies (A a H). **A.** *Monofilia* – um grupo monofilético contém o ancestral comum mais recente de todos os membros do grupo e todos os seus descendentes. **B.** *Parafilia* – um grupo parafilético normalmente contém o ancestral comum mais recente de todos os membros de um grupo e alguns dos seus descendentes, mas não todos. **C.** *Polifilia* – um grupo polifilético normalmente não contém o ancestral comum mais recente de todos os membros do grupo; consequentemente, o grupo tem pelo menos duas origens filogenéticas separadas. Os grupos monofiléticos e parafiléticos são convexos, o que significa que se pode traçar um caminho de qualquer membro do grupo a outro membro sem sair do grupo; qualquer grupo que falhe no teste de convexidade é considerado polifilético.

Taxonomia evolutiva

A **taxonomia evolutiva** mantém a estrutura básica da taxonomia lineana; as espécies são agrupadas em uma hierarquia aninhada de táxons superiores cada vez mais inclusivos, cada um recebendo uma das classificações lineanas obrigatórias ou opcionais. A taxonomia é evolutiva porque todos os táxons precisam ter uma origem evolutiva comum, precisam incluir o ancestral comum mais recente de todos os membros do táxon e ser convexos na árvore filogenética. Ao contrário dos usos pré-evolutivos da taxonomia lineana, a taxonomia evolutiva exclui explicitamente grupos polifiléticos.

George Gaylord Simpson e Ernst Mayr foram altamente influentes no desenvolvimento e na formalização dos procedimentos da taxonomia evolutiva. De acordo com Simpson e Mayr, um ramo, em particular em uma árvore evolutiva, é considerado um táxon superior se representa uma **zona adaptativa** distinta. Simpson descreve uma zona adaptativa como "uma reação característica e relação mútua entre ambiente e organismo, um meio de vida e não um lugar onde se vive". Ao entrar em uma nova zona adaptativa por meio de uma modificação fundamental na estrutura e comportamento do organismo, uma população em evolução pode utilizar recursos ambientais de maneira nova.

Um táxon que constitui uma zona adaptativa distinta é denominado um **grado**. Simpson dá o exemplo dos pinguins como uma zona adaptativa distinta entre as aves. A linhagem imediatamente ancestral a todos os pinguins sofreu modificações fundamentais na forma do corpo e asas para mudar da locomoção aérea para locomoção aquática (Figura 10.5). As aves aquáticas que usam seu aparato de voo para se locomoverem tanto no ar quanto na água são um tanto quanto intermediárias em hábitat, morfologia e comportamento entre as zonas adaptativas aérea e aquática. De qualquer maneira, as óbvias modificações nas asas e no corpo dos pinguins para a natação representam um novo grado de organização. Os pinguins são então reconhecidos como um táxon distinto dentre as aves, a ordem Sphenisciformes. Quanto mais ampla a zona adaptativa quando completamente ocupada por um grupo de organismos, mais alta a classificação atribuída ao táxon correspondente.

Os táxons evolutivos podem ser monofiléticos ou parafiléticos. O reconhecimento de táxons parafiléticos requer, no entanto, que as taxonomias distorçam padrões de descendência comum. Um bom exemplo é dado com a taxonomia evolutiva dos primatas antropoides (Figura 10.6). Essa taxonomia posiciona os seres humanos (gênero *Homo*) e seus ancestrais fósseis imediatos na família Hominidae, e os chimpanzés (gênero *Pan*), gorilas (gênero

Figura 10.5 Pinguim. Os pinguins (ordem Sphenisciformes) foram reconhecidos por George G. Simpson como uma zona adaptativa distinta dentre as aves devido às suas adaptações para o voo submerso. Simpson acreditava que a zona adaptativa ancestral dos pinguins era semelhante àquela ocupada pelos petréis-mergulhadores, que apresentam adaptações combinadas para voo aéreo e aquático. As zonas adaptativas de petréis e pinguins são suficientemente distintas para serem reconhecidas taxonomicamente como ordens diferentes.

Gorilla) e orangotangos (gênero *Pongo*), na família Pongidae. No entanto, os gêneros pongídeos *Pan* e *Gorilla* compartilham uma ancestralidade comum mais recente com Hominidae do que com o gênero pongídeo remanescente, *Pongo*. Essa organização torna a família Pongidae parafilética porque não inclui os humanos, que também descendem do ancestral comum mais recente de todos os pongídeos (ver Figura 10.6). De qualquer maneira, os taxonomistas evolutivos reconhecem os gêneros pongídeos como um único grado ao nível de família de primatas arborícolas, herbívoros que não apresentam linguagem; em outras palavras, eles demonstram estar na mesma zona adaptativa no nível de família. Os seres humanos são primatas terrestres, onívoros com linguagem e culturas, portanto formando uma zona adaptativa distinta no nível taxonômico de família. Infelizmente, se quisermos que nossos táxons constituam zonas adaptativas, nossa taxonomia irá distorcer a descendência comum.

A taxonomia evolutiva enfrenta dois desafios opostos. A **taxonomia fenética** procura agrupar espécies em táxons superiores de acordo com medições quantitativas de similaridade geral entre as espécies, sem levar em conta a filogenia. A filogenia era considerada muito difícil de ser medida para ser a base de nosso sistema taxonômico. Trabalhos posteriores mostraram que a filogenia poderia ser medida com precisão e que a noção de similaridade geral era altamente ambígua. A taxonomia fenética contribuiu com alguns métodos analíticos úteis, mas não causou um forte impacto na taxonomia animal, e o interesse científico na abordagem diminuiu.

Sistemática filogenética/cladística

Um segundo e maior desafio à taxonomia evolutiva é chamado de **sistemática filogenética** ou **cladística**. Como o primeiro nome indica, essa abordagem enfatiza o critério de descendência comum e, como o segundo nome implica, baseia-se no cladograma do grupo que está sendo classificado. Essa abordagem para a taxonomia foi proposta inicialmente em 1950 pelo entomólogo alemão Willi Hennig, e por isso é chamada por vezes de "sistemática hennigiana". Todos os táxons reconhecidos pelo sistema cladístico de Hennig devem ser monofiléticos. Vemos na Figura 10.6 como o reconhecimento pelos taxonomistas evolutivos das famílias primatas Hominidae e Pongidae distorce as relações genealógicas para enfatizar a singularidade adaptativa de Hominidae. Como o ancestral comum mais recente da família parafilética Pongidae é também um ancestral da Hominidae, o reconhecimento de Pongidae é incompatível com a taxonomia cladística. Para evitar o parafiletismo, os taxonomistas cladísticos abandonaram o uso da tradicional família Pongidae, classificando chimpanzés, gorilas e orangotangos juntamente com humanos na família Hominidae. Adotamos a classificação cladística neste livro.

Em princípio, a controvérsia sobre a validade de grupos parafiléticos pode parecer simples, mas suas importantes consequências tornam-se claras quando discutimos evolução. Por exemplo, afirmações de que os anfíbios evoluíram dos peixes ósseos, as aves evoluíram dos répteis, ou os humanos evoluíram dos símios podem ser feitas por um taxonomista evolutivo, mas não significam nada para um cladista. A implicação nessas afirmações é a de que um grupo descendente (anfíbios, aves ou humanos) evoluiu de parte de um grupo ancestral (peixes ósseos, répteis e símios, respectivamente) ao qual o descendente não pertence mais. Esse uso automaticamente torna o grupo ancestral parafilético, e realmente peixes ósseos, répteis e símios são reconhecidos tradicionalmente como grupos parafiléticos. Como tais grupos parafiléticos são reconhecidos? Eles compartilham características distintivas não compartilhadas pelo grupo descendente?

Os grupos parafiléticos são geralmente definidos de maneira negativa. São distintos apenas por não possuírem características encontradas em um grupo específico de descendentes, pois quaisquer atributos que compartilhem da ancestralidade comum são simplesiomorfias presentes também no grupo de descendentes excluídos (a não ser que tenham sido perdidas secundariamente). Por exemplo, os símios são aqueles primatas "superiores" que não são humanos. De maneira semelhante, os peixes são os vertebrados que não

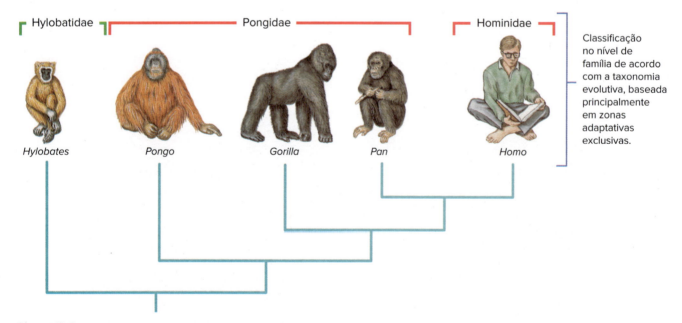

Figura 10.6 Filogenia e classificação no nível de família dos primatas antropoides. A taxonomia evolutiva agrupa os gêneros *Gorilla*, *Pan* e *Pongo* em uma família parafilética chamada Pongidae, pois eles compartilham a mesma zona adaptativa ou grado de organização. Os seres humanos (gênero *Homo*) são filogeneticamente mais próximos de *Gorilla* e *Pan* do que qualquer um dos dois o são de *Pongo*; porém, os humanos são colocados em uma família separada (Hominidae), pois representam um novo grado de organização. A taxonomia cladística não reconhece a família parafilética Pongidae, consolidando *Pongo*, *Gorilla*, *Pan* e *Homo* na família Hominidae.

apresentam as características distintas dos tetrápodes (anfíbios e amniotas). O que significa então dizer que os seres humanos evoluíram dos símios? Para um taxonomista evolutivo, humanos e símios representam zonas adaptativas ou grados de organização distintos; dizer que os humanos evoluíram dos símios é declarar que organismos bípedes e de alta capacidade cerebral evoluíram de organismos arborícolas e menor capacidade cerebral. No entanto, para um cladista, a declaração de que os humanos evoluíram de símios diz essencialmente que os humanos evoluíram de um agrupamento arbitrário de espécies que não apresenta as características distintas dos humanos, uma declaração trivial que não contém nenhuma informação útil. Para um cladista, qualquer declaração dizendo que um grupo monofilético em particular descende de um grupo parafilético é nada mais do que declarar que o grupo descendente evoluiu de algo que não é. Os grupos ancestrais extintos sempre são parafiléticos, pois excluem um descendente com o qual eles compartilham o ancestral comum mais recente. Apesar de muitos desses grupos serem reconhecidos pelos taxonomistas evolutivos, nenhum deles é reconhecido pelos cladistas.

Os zoólogos frequentemente constroem grupos parafiléticos, pois estão interessados em um grupo terminal e monofilético (como os humanos), e querem elaborar questões sobre sua ancestralidade. Em geral, é conveniente agrupar espécies cujas características são consideradas aproximadamente equidistantes do grupo de interesse e ignorar as características específicas dessas espécies. É significativo notar, a esse respeito, que os humanos nunca foram colocados em um grupo parafilético, enquanto a maior parte dos outros organismos o foi. Os símios, répteis, peixes e invertebrados são todos termos que tradicionalmente designam grupos parafiléticos formados pelos "ramos laterais", encontrados quando a ascendência humana é rastreada ao longo da árvore da vida. Tal taxonomia pode dar a impressão errônea de que toda a evolução é uma marcha progressiva em direção à humanidade ou, dentro de outros grupos, em direção a um ideal que humanos consideram mais "avançado". Esse tipo de pensamento é remanescente das visões pré-darwinistas que preconizavam uma escala linear da natureza com as criaturas "primitivas" na base e os humanos no topo, logo abaixo dos anjos. A teoria de Darwin dos estados da descendência comum, contudo, afirma que a evolução é um processo de ramificação não linear, sem nenhuma escala de aperfeiçoamento progressivo ao longo de um único ramo. Quase todo ramo individual contém sua própria combinação de características ancestrais e derivadas. Na cladística, essa perspectiva é enfatizada ao reconhecer os táxons apenas pelas suas propriedades singulares e não agrupando organismos somente porque eles carecem de propriedades únicas encontradas nos grupos aparentados.

Felizmente, existe um método conveniente para expressar a descendência comum de grupos sem construir táxons parafiléticos. Isso é feito encontrando o **grupo-irmão** do táxon de interesse. Dois táxons monofiléticos distintos são grupos-irmãos se compartilham descendência comum um com o outro mais recentemente do que qualquer um deles com algum outro táxon. O grupo-irmão dos humanos parece ser o gênero *Pan* (bonobos e chimpanzés), de tal maneira que os gorilas formam o grupo-irmão de bonobos, chimpanzés e humanos combinados. Os orangotangos são o grupo-irmão de um clado composto por humanos, bonobos, chimpanzés e gorilas; os gibões formam o grupo-irmão do clado que inclui orangotangos, bonobos, chimpanzés, gorilas e humanos (ver Figura 10.6).

Estado atual da taxonomia animal

A taxonomia formal dos animais que utilizamos hoje em dia foi estabelecida segundo os princípios da sistemática evolutiva e foi revisada recentemente, em parte utilizando os princípios da cladística. A introdução dos princípios cladísticos inicialmente substituiu os grupos parafiléticos pelos subgrupos monofiléticos, ao mesmo tempo deixando o restante da taxonomia sem muitas mudanças. Uma revisão detalhada da taxonomia seguindo os princípios cladísticos, no entanto, causaria profundas mudanças, e uma delas quase certamente seria o abandono das categorias lineanas. Um novo sistema taxonômico chamado *PhyloCode* está sendo desenvolvido como alternativa à taxonomia lineana; esse sistema substitui as categorias lineanas com os códigos que denotam a hierarquia aninhada de grupos monofiléticos representada por um cladograma. Quando abordamos a taxonomia animal, tentamos utilizar os táxons que são monofiléticos e, portanto, consistentes com os critérios tanto da taxonomia evolutiva quanto da cladística. Utilizamos categorias lineanas onde o sistema prevalente ainda é o lineano na taxonomia atual de um grupo de animais. Onde táxons não classificados ganharam uso comum, apresentamos uma taxonomia livre de classificação. Para os táxons familiares que são claramente grados parafiléticos, chamamos a atenção para esse fato e sugerimos esquemas taxonômicos alternativos que contêm apenas táxons monofiléticos.

Ao discutirmos padrões de descendência, evitamos declarações do tipo "mamíferos evoluíram dos répteis", que implicam parafiletismo. Utilizamos, no lugar destes, relações de grupo-irmão apropriadas. Evitamos chamar grupos de organismos atuais de primitivos, avançados, especializados ou generalistas, pois todos os grupos de animais contêm combinações de características primitivas, avançadas, especializadas e generalistas; esses termos são mais bem utilizados para descrever características e não grupos inteiros. De maneira semelhante, evitamos chamar uma espécie ou grupo de espécies atuais de "basal", pois nenhuma espécie ou grupo de espécies é mais basal do que o seu táxon-irmão. O termo "basal" é mais bem utilizado para descrever pontos de ramificação ou "nós" em uma árvore filogenética; o nó mais basal de uma árvore filogenética é aquele que está mais próximo da raiz da árvore.

A revisão da taxonomia de acordo com princípios cladísticos pode gerar confusão. Além de adicionar novos nomes taxonômicos, vemos os nomes antigos utilizados de maneira não familiar. Por exemplo, o uso cladístico de "peixes teleósteos" inclui os anfíbios e os amniotas (incluindo os grupos de répteis não aves, as aves e os mamíferos), além dos animais aquáticos com nadadeiras, que chamamos normalmente de "peixes". O uso cladístico de "répteis" inclui aves além de cobras, lagartos, tartarugas e crocodilianos; entretanto, exclui algumas formas fósseis como os sinápsidos, que eram tradicionalmente alocados em Reptilia (ver Capítulos 26 a 28). Os taxonomistas devem ser muito cuidadosos ao especificar se estão utilizando esses termos aparentemente familiares no sentido tradicional de táxons evolutivos ou no sentido mais atual de táxons cladísticos.

10.5 GRANDES DIVISÕES DA VIDA

Os eventos filogenéticos mais antigos na história da vida são obscuros porque as diferentes formas da vida compartilham muito poucos caracteres que permitem comparação entre si para a reconstrução de filogenias. No entanto, mais recentemente, uma classificação cladística para todas as formas de vida foi proposta baseada na informação filogenética obtida a partir de dados moleculares (a sequência de bases nucleotídicas do DNA que codifica o RNA ribossômico). De acordo com essa árvore (Figura 10.7), Woese, Kandler e Wheelis (1990) reconheceram três **domínios** monofiléticos acima do nível de reino: Eucarya (todos os eucariotos), Bacteria (bactérias verdadeiras) e Archaea (procariotos que diferem de bactérias em estrutura da membrana e sequências de RNA ribossômico). Animais multicelulares, plantas e fungos são tradicionalmente classificados no reino lineano. Como cada um desses táxons é um grupo monofilético, manter o reconhecimento desses três reinos é compatível com a sistemática filogenética. Antes da década de 1990, era comum também para agrupar eucariotos unicelulares no reino Protista e todos os procariotos no reino Monera em uma classificação lineana de cinco reinos. Monera e Protista são grupos parafiléticos e seu reconhecimento como táxons foi descontinuado. Os eucariotos unicelulares por vezes foram colocados dentro do reino animal no filo Protozoa, uma hipótese claramente rejeitada por todas as atuais análises filogenéticas de eucariotos (ver Capítulo 11). Chamar eucariotos unicelulares de "protozoários" ou "protistas" é arcaico e deve ser evitado. Da mesma forma, o termo "metazoário" é arcaico porque anteriormente denotava todos os membros não protozoários do reino animal. Na taxonomia atual, "metazoário" é um sinônimo redundante para "animal".

10.6 GRANDES SUBDIVISÕES DO REINO ANIMAL

Todas as espécies animais ocupam um dos 32 filos atualmente reconhecidos. Cada um deles é um grupo monofilético. Os ramos mais profundos na filogenia animal combinam dois ou mais filos em grupos monofiléticos mais inclusivos. As relações filogenéticas entre os filos animais são muito difíceis de resolver. No entanto, alguns agrupamentos de filos se repetem suficientemente em estudos filogenéticos e por isso são comumente utilizados.

O táxon Bilateria inclui todos os filos, exceto Placozoa. Porifera, Xenacoelomorpha, Cnidaria e Ctenophora. Todos os Bilateria apresentam simetria bilateral pelo menos no início dos estágios pós-embrionários (ver Capítulo 9). A primeira divisão filogenética dentro do táxon Bilateria o separa em dois táxons, Protostomia e Deuterostomia, embora o filo Chaetognatha (ver Seção 22.1) não se encaixe perfeitamente em nenhum desses táxons e possa ser uma terceira linhagem formada na base da divisão filogenética de Biateria. Esses táxons diferem no destino do blastóporo do embrião, que se torna o ânus em Deuterostomia e a boca na Protostomia (ver Capítulo 8). Deuterostomia compreende os filos Chordata, Echinodermata e Hemichordata; todos os filos Bilateria restantes, exceto Chaetognatha, estão em Protostomia. Estudos filogenéticos moleculares revelam que as primeiras divisões filogenéticas dentro de Protostomia separaram o táxon Ecdysozoa do táxon Lophotrochozoa. Os nomes Ecdysozoa e Lophotrochozoa foram escolhidos seguindo a evidência filogenética molecular de que cada um é um grupo monofilético, na tentativa de encontrar características morfológicas que separem claramente os dois grupos. Membros do filo Ecdysozoa apresentam ecdise, que é uma troca da superfície externa do corpo durante o desenvolvimento. A maioria dos Lophotrochozoa tem um lóforo (ver Capítulo 15) como uma estrutura de alimentação ou um trocóforo (ver Seção 16.2) como uma forma larval.

A ordenação taxonômica de Bilateria pode ser mostrada usando-se um sistema indentado, com o táxon mais à esquerda incluindo todos os táxons listados abaixo dele mais à direita. Bilateria é o mais táxon mais à esquerda nesta lista e inclui Protostomia e Deuterostomia como táxons mutuamente exclusivos no próximo nível de indentação à direita. O filo Chaetognatha se iguala a Protostomia e Deuterostomia em nível de aninhamento. Dentro da Protostomia, os táxons Ecdysozoa e Lophotrochozoa são equivalentes no aninhamento à direita.

Bilateria
  Protostomia:
    Lophotrochozoa: filos Platyhelminthes,
      Nemertea, Rotifera, Mesozoa,
      Gastrotricha, Acanthocephala, Mollusca, Annelida,
      Phoronida, Ectoprocta,
      Entoprocta, Cycliophora, Gnathostomulida, Micrognathozoa,
      Brachiopoda
    Ecdysozoa: filos Kinorhyncha, Nematoda, Nematomorpha,
      Priapulida, Arthropoda, Tardigrada, Onychophora,
      Loricifera
  Deuterostomia: phyla Chordata, Hemichordata, Echinodermata
Filo Chaetognatha

Em resumo, existem cinco táxons não classificados acima do nível de filo cujo uso é amplamente difundido e deve ser familiar aos estudantes de zoologia: Bilateria, Deuterostomia, Protostomia, Ecdysozoa e Lophotrochozoa. Apresentaremos os detalhes da taxonomia animal nos Capítulos 12 a 28.

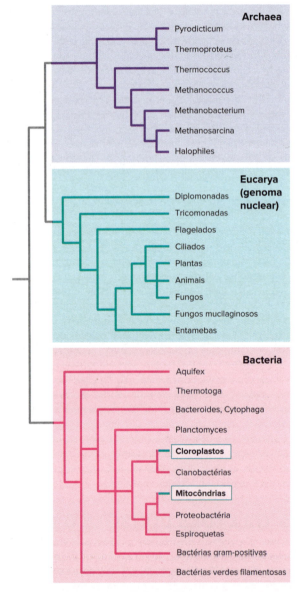

Figura 10.7 Visão geral filogenética dos três domínios da vida, Archaea, Eucarya e Bacteria, com base na análise de genes que codificam o RNA ribossômico. Devido à sua origem endossimbiótica (ver Seção 2.5), os genomas das organelas (mitocôndrias, cloroplastos) de membros do domínio Eucarya estão filogeneticamente dentro de Bacteria, em vez de no clado que inclui todos os genomas nucleares eucarióticos. Organismos de domínio Eucarya, portanto, incluem componentes celulares de origens evolutivas diferentes. Ver Figura 11.1 para uma filogenia mais detalhada de eucariotos.

RESUMO

Seção	Conceito-chave
10.1 Linnaeus e a taxonomia	• A sistemática animal tem três objetivos principais: (1) identificar todas as espécies de animais, (2) avaliar as relações evolutivas entre as espécies animais e (3) produzir uma taxonomia que agrupe as espécies animais em uma hierarquia de grupos taxonômicos (táxons) • Os táxons são tradicionalmente classificados para denotar a inclusão crescente da seguinte maneira: espécie, gênero, família, ordem, "classe", filo e reino. Todas essas classificações podem ser subdivididas para mostrar táxons intermediários entre elas • Em uma classificação, os táxons são definidos pela presença de caracteres essenciais. Sistematicamente, os táxons são definidos com base na ancestralidade comum, com caracteres servindo para diagnosticar ancestralidade comum em vez de definir o táxon • Os nomes das espécies são binomiais, com o primeiro nome designando o gênero ao qual a espécie pertence (maiúscula) seguido por um epíteto de espécie (minúsculo), ambos em itálico. Táxons em todas as classificações superiores recebem nomes em maiúscula, mas não em itálico.
10.2 Espécies	• Uma espécie biológica é definida como uma comunidade de populações reprodutivas (isolada reprodutivamente de outras) que ocupa um nicho específico na natureza • Como o conceito biológico de espécie pode ser difícil de aplicar em dimensões espaciais e temporais, e porque exclui formas de reprodução assexuada, conceitos alternativos são propostos. Essas alternativas incluem o conceito de espécie evolutiva, o conceito de coesão de espécie e o conceito de espécie filogenética • Uma espécie evolutiva é uma única linhagem de populações ancestrais-descendentes que mantém sua identidade distinta de outras linhagens e tem suas próprias tendências evolutivas e destino histórico • O conceito de coesão de espécies é uma revisão do conceito evolutivo de espécie que enfatiza mecanismos genéticos na população subjacentes à coesão evolutiva de uma linhagem: a população mais inclusiva de indivíduos com potencial para coesão fenotípica por meio de mecanismos de coesão intrínseca • Ao enfatizar as unidades mais inclusivas que manifestam ou têm o potencial para a coesão evolutiva, os conceitos evolutivos e de coesão às vezes agrupam em uma espécie linhagens populacionais que têm histórias evolutivas distintas identificáveis • O conceito de espécie filogenética trata cada uma dessas linhagens populacionais distintas como espécies separadas • Uma característica comum a esses conceitos é a de que espécie é um segmento de uma linhagem em nível de população, que é o conceito geral de linhagem de espécie.
10.3 Caracteres taxonômicos e reconstrução filogenética	• Os caracteres são homólogos se descendem, com ou sem modificação, de um caráter equivalente de um ancestral comum • Filogenia é a estrutura da descendência comum das espécies, com cada linhagem interna da árvore da vida sendo ancestral de um conjunto único de descendentes • Um clado compreende o ancestral comum mais recente de um grupo de espécies e todos os descendentes desse ancestral • Um cladograma mostra a hierarquia aninhada de clados dentro de clados diagnosticados por caracteres derivados compartilhados chamados de sinapomorfias • Nossa hipótese é a de que as sinapomorfias representam homologias que surgiram no ancestral comum mais recente do clado • A reconstrução da filogenia consiste em encontrar caracteres morfológicos, cromossômicos e moleculares que marcam cada ramo da árvore da vida • Com um exemplo simples, ilustramos como um sistemata infere uma árvore filogenética a partir de sequências de DNA alinhadas, usando os princípios de máxima parcimônia, máxima verossimilhança e estatística bayesiana • O registro fóssil fornece estimativas das idades das linhagens evolutivas.
10.4 Teorias taxonômicas	• A taxonomia evolutiva agrupa espécies em táxons superiores de acordo com os critérios conjuntos de descendência comum e evolução adaptativa; tais táxons têm origem evolutiva única e ocupam uma zona adaptativa distinta • Uma segunda abordagem, chamada de sistemática filogenética, ou cladística, enfatiza a descendência comum exclusivamente no agrupamento de espécies em táxons superiores. Apenas táxons monofiléticos (= clados, aqueles com uma única origem evolutiva e contendo todos os descendentes do ancestral comum mais recente do grupo) são usados na cladística • Além dos táxons monofiléticos, a taxonomia evolutiva reconhece alguns táxons que são parafiléticos (tendo uma única origem evolutiva, mas excluindo alguns descendentes do ancestral comum mais recente do grupo porque eles desenvolveram uma zona adaptativa distinta) • Ambas as escolas de taxonomia excluem táxons polifiléticos (aqueles que têm mais de uma origem evolutiva).

Seção	Conceito-chave
10.5 Grandes divisões da vida	• Os três táxons mais inclusivos de organismos vivos consistentes com a taxonomia cladística são os domínios Archaea, Bacteria e Eukarya, que inclui animais • Os domínios da filogenia da vida foram construídos usando sequências de genes que codificam RNA ribossômico • Embora o posicionamento da raiz da árvore da vida seja difícil, Archaea e Eukarya são frequentemente agrupados como um clado, com exclusão de Bacteria.
10.6 Grandes subdivisões do reino animal	• O táxon formal mais inclusivo dentro dos animais é o filo, mas os zoólogos geralmente usam alguns táxons mais inclusivos acima do nível do filo • O táxon Bilateria, diagnosticado por simetria bilateral primária, compreende os clados Deuterostomia e Protostomia, distinguidos pelo destino do blastóporo embrionário de se tornar o ânus *versus* a boca, respectivamente, mais o filo Chaetognatha • Protostomia compreende os clados Ecdysozoa e Lophotrochozoa, diagnosticados respectivamente pela presença de muda *versus* uma larva trocófora ou lóforo.

QUESTÕES DE REVISÃO

1. Liste em ordem, da mais inclusiva para a menos inclusiva, as principais categorias lineanas (táxons) atualmente aplicadas aos animais.
2. Explique por que o sistema para nomear espécies que se originou com Linnaeus é "binomial".
3. Como o conceito biológico de espécie se diferencia dos conceitos tipológicos iniciais de espécie? Por que os biólogos evolutivos preferem o conceito biológico aos conceitos tipológicos de espécie?
4. Que problemas foram identificados no conceito biológico de espécie? Como os outros conceitos de espécie tentam superar esses problemas?
5. Como são reconhecidos os caracteres taxonômicos? Como esses caracteres são utilizados para construir um cladograma?
6. Qual a diferença entre grupos monofiléticos, parafiléticos e polifiléticos? Como essas diferenças afetam a validade desses táxons para as taxonomias evolutiva e cladística?
7. Quantos clados diferentes de duas ou mais espécies são possíveis para as espécies A-H mostradas na Figura 10.4 A?
8. Qual é a diferença entre um cladograma e uma árvore filogenética? Dado um cladograma para um grupo de espécies, que tipo de interpretação adicional é necessário para transformá-lo em uma árvore filogenética?
9. Qual a diferença na interpretação de taxonomistas evolutivos e cladistas quanto à declaração de que os seres humanos evoluíram dos símios, os quais evoluíram dos outros macacos?
10. Que práticas taxonômicas baseadas no conceito tipológico de espécie ainda são atualmente utilizadas em sistemática? Como suas interpretações mudaram?
11. Quais são os cinco principais táxons não classificados acima do nível do filo na taxonomia animal?

Para reflexão. Se um taxonomista construir uma árvore filogenética para um grupo de espécies atuais, a estrutura da árvore em si pode ser utilizada para distinguir as hipóteses da monofilia e não monofilia de um subgrupo em particular. Se a monofilia for rejeitada para um subgrupo específico, a topologia da árvore por si só não pode diferenciar a parafilia da polifilia. Que informações adicionais são necessárias para as distinguir?

11 Eucariotos Unicelulares
Grupos de Protozoários

OBJETIVOS DE APRENDIZAGEM

Após leitura do capítulo, você será capaz de:

11.1 Descrever os três mecanismos locomotores dos eucariotos unicelulares e identificar as características usadas para diagnosticar clados.

11.2 Descrever os componentes da célula eucariótica e explicar suas funções.

11.3 Exemplificar a diversidade de estilos de vida e hábitos usados por eucariotos unicelulares e ilustrar o impacto desses organismos em seres humanos como agentes de doenças, endoparasitos e membros-chave da cadeia alimentar.

11.4 Explicar como o uso de caracteres moleculares na filogenia mudou nossa compreensão das relações evolutivas e levou a novos supergrupos taxonômicos.

Três ciliados, chamados de paramécios, com vacúolos alimentares coloridos.

iStock@micro_photo

Emergência dos eucariotos e de um novo padrão de vida

O primeiro indício razoável de vida na Terra data de aproximadamente 3,5 bilhões de anos. As primeiras células eram organismos procariotos cujos descendentes diversificaram-se muito ao longo de um enorme intervalo de tempo. Nós os conhecemos como Bacteria e Archaea. O ancestral comum dos eucariotos foi formado pela fusão de células por meio da simbiogênese. Diversos mecanismos foram propostos para essa fusão; um deles sugere que uma célula foi englobada por outra de maneira muito similar a uma ameba se alimentando de uma presa: cercando-a com a membrana plasmática do hospedeiro. Nesse caso, no entanto, o organismo engolfado não é digerido; em vez disso, os dois organismos tornam-se interdependentes. A célula englobada mantém seu próprio material genético, mas perde algumas de suas funções vitais e é agora uma organela da célula hospedeira. Organelas que se formaram por simbiogênese incluem as mitocôndrias e os plastídios.

A mitocôndria originou-se de uma alfaproteobactéria capaz de obter energia de compostos de carbono usando o oxigênio da atmosfera. Uma célula hospedeira anaeróbica que englobou essa forma aeróbica adquiriu a capacidade de crescer em um ambiente rico em oxigênio em uma época na qual as cianobactérias estavam transformando o mundo pela liberação de oxigênio como um subproduto da fotossíntese. Conhecemos a bactéria engolfada com o nome de mitocôndria. Ao longo do tempo evolutivo, a maioria dos genes da mitocôndria, mas nem todos, passaram a residir no núcleo da célula hospedeira. Praticamente todos os eucariotos existentes atualmente têm mitocôndrias e são aeróbicos.

Alguns eucariotos têm mitocôndrias, mas também organelas fotossintéticas chamadas de plastídios. Um tipo de plastídio chamado de cloroplasto se originou do englobamento de uma cianobactéria. Quando um procarioto se torna uma organela eucariótica, dizemos que a organela se desenvolve por endossimbiose primária. Os cloroplastos de algas vermelhas, bem como aqueles das algas verdes e das plantas multicelulares, surgiram dessa maneira. Entretanto, em alguns casos, uma célula eucariótica pode obter plastídios de outro eucarioto. Esse processo é denominado endossimbiose secundária. Assim, duas células similares podem ter origens muito distintas; portanto, desvendar as relações evolutivas da ampla gama de formas unicelulares não é tarefa simples.

O conjunto de organismos unicelulares eucarióticos é tradicionalmente denominado Protozoa. A inclusão de "zoa" no nome refere-se a duas características semelhantes aos animais: a ausência de uma parede celular e a presença de ao menos um estágio móvel no ciclo de vida. Entretanto, as formas unicelulares não são animais. As inúmeras maneiras de viver como organismo unicelular são fascinantes, cativantes, e um tanto desconcertantes.

Um eucarioto unicelular é um organismo completo no qual todas as atividades vitais ocorrem nos limites de uma única membrana plasmática. Os eucariotos unicelulares são encontrados onde quer que exista vida. Eles são altamente adaptáveis e espalham-se facilmente de um local para outro. Precisam de umidade e vivem em hábitats marinhos ou de água doce, no solo, ou em lugares com matéria orgânica em decomposição, plantas ou animais. Podem ser sésseis ou livre-nadantes e formam grande parte do plâncton. As mesmas espécies são frequentemente encontradas bastante separadas no tempo e no espaço. Algumas formas atravessaram eras geológicas superiores a 100 milhões de anos.

Apesar de sua ampla distribuição, muitos podem viver com sucesso somente em determinadas condições ambientais. A adaptação das espécies varia bastante, e as sucessões de espécies ocorrem frequentemente à medida que as condições ambientais mudam.

Os eucariotos unicelulares desempenham importante papel na economia da natureza. Seus números sensacionais são comprovados pelos gigantescos depósitos no sedimento oceânico, formados durante milhões de anos por seus esqueletos. Cerca de 10 mil espécies de eucariotos unicelulares vivem em simbiose sobre ou dentro do corpo de animais ou plantas e, às vezes, até com outros eucariotos unicelulares. Dependendo das espécies envolvidas, a relação pode ser de **mutualismo** (com benefício para os dois organismos da associação), **comensalismo** (um indivíduo da associação beneficia-se e não há efeito sobre o outro) ou **parasitismo** (um dos organismos da associação beneficia-se prejudicando o outro). As formas parasíticas causam algumas das mais importantes doenças em seres humanos e em animais domésticos.

11.1 NOMEAÇÃO E IDENTIFICAÇÃO DOS TÁXONS DE EUCARIOTOS UNICELULARES

Por muitos anos, todos os eucariotos unicelulares foram reunidos em um único filo, mas estudos filogenéticos demonstraram que esse grupo não era monofilético. As evidências sugerem que a origem do primeiro eucarioto foi seguida por uma grande diversificação, levando alguns biólogos a prever que mais de sessenta clados exclusivamente eucarióticos surgirão. Opisthokonta (Figura 11.1), um clado bem sustentado, inclui os coanoflagelados unicelulares, os animais multicelulares (metazoários) e os fungos, entre outros (ver Seção 11.3). Como os Opisthokonta, o clado Plantae reúne tanto membros unicelulares como multicelulares; esse grupo compreende as algas vermelhas, algas verdes, briófitas e plantas vasculares. Os clados eucarióticos restantes incluem organismos menos conhecidos pouco aparentados a plantas e animais (ver Figura 11.1)

Os dois conceitos, "semelhantes a plantas" e "semelhantes a animais", referem-se em parte ao modo como o alimento é obtido. As plantas são normalmente **autótrofas**, isto é, sintetizam seus próprios constituintes orgânicos a partir dos substratos inorgânicos. A fotossíntese é um tipo de autotrofia. Os animais são normalmente **heterótrofos**, isto é, obtêm moléculas orgânicas sintetizadas por outros organismos. Os eucariotos unicelulares heterótrofos podem ingerir seu alimento sob forma solúvel ou particulada. O alimento particulado é obtido por **fagocitose** (ver Seção 3.2), processo em que uma invaginação da membrana celular engloba uma partícula visível de alimento (Figura 11.2). Os heterótrofos que se alimentam de partículas visíveis podem ser **fagótrofos** ou **holozoicos**, enquanto os que ingerem alimento em forma solúvel são **osmótrofos** ou **saprozoicos**.

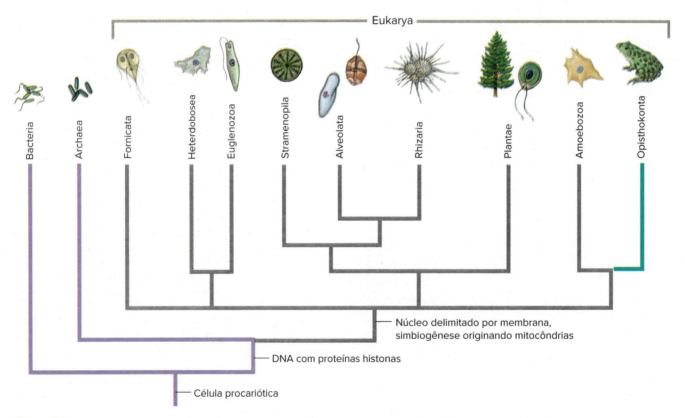

Figura 11.1 Cladograma exibindo dois ramos de procariotos principais e a diversificação dos eucariotos. Somente alguns dos clados de eucariotos a serem discutidos são mostrados aqui; mais detalhes são fornecidos na Figura 11.13. A ordem da ramificação ainda precisa ser determinada para a maioria dos clados. Os animais, coanoflagelados e fungos estão dentro do clado Opisthokonta.

CAPÍTULO 11 Eucariotos Unicelulares 211

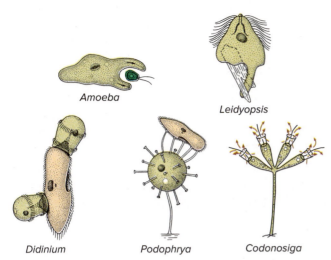

Figura 11.2 Alguns métodos de alimentação em eucariotos unicelulares. *Amoeba* envolve um pequeno flagelado com pseudópodes. *Leidyopsis*, um flagelado que vive no intestino dos cupins, forma pseudópodes e ingere fragmentos de madeira. *Didinium*, um ciliado, alimenta-se apenas de *Paramecium*, que ele engole por meio de um citóstoma temporário em sua extremidade anterior. Às vezes, mais de um *Didinium* alimenta-se do mesmo *Paramecium*; dois estão ilustrados na figura. *Podophrya* é um ciliado suctório. Seus tentáculos aderem à presa e sugam o citoplasma para dentro do corpo de *Podophrya*, formando os vacúolos alimentares. *Codonosiga*, um coanoflagelado séssil (ver Seção 12.1), que tem um colar de microvilosidades, alimenta-se de partículas suspensas na água, que são puxadas para o colar com os batimentos de seu flagelo. Todos esses métodos são tipos de fagocitose.

Os mixotróficos produzem alguns de seus próprios nutrientes, mas também se alimentam de outros organismos, combinando autotrofia e heterotrofia em um novo modo chamado de **mixotrofia**.

A distinção entre plantas e animais com base na nutrição funciona bem para as formas multicelulares, mas não é apropriada para os seres unicelulares. Formas autótrofas (fotoautótrofos) utilizam a energia da luz para sintetizar suas moléculas orgânicas, mas frequentemente também praticam a fagotrofia e a osmotrofia. Mesmo dentre os heterótrofos, poucos são exclusivamente fagótrofos ou osmótrofos. Uma única classe, Euglenoidea (filo Euglenozoa) contém algumas formas que são principalmente fotoautótrofas, outras que são principalmente osmótrofas e algumas principalmente fagótrofas. As espécies de *Euglena* têm muitas formas de alimentação. Algumas espécies, mesmo autótrofas, requerem certas moléculas orgânicas pré-formadas, e algumas perdem seus cloroplastos se forem mantidas no escuro, transformando-se assim permanentemente em osmótrofos. O modo de alimentação empregado por organismos unicelulares é oportunista e altamente variável, inclusive em uma mesma espécie; portanto, as características do modo de alimentação provarão ser inapropriadas para diagnosticar os grupos taxonômicos.

Originalmente, os meios de locomoção eram utilizados para distinguir eucariotos unicelulares: flagelados utilizam **flagelos**, ciliados nadam por meio de uma superfície ciliada do corpo e as amebas estendem seus **pseudópodes** para se mover.

Um flagelado normalmente tem poucos flagelos longos, enquanto um ciliado apresenta vários **cílios** curtos, embora não haja diferenciação morfológica real entre cílio e flagelo (ver Seção 3.1 e Seção 29.3). Alguns pesquisadores preferem chamar a ambos de undulipódios (do latim, diminutivo de *unda*, onda + gr. *podos*, pé). Entretanto, o cílio impulsiona a água paralelamente à superfície na qual ele está fixado, enquanto o flagelo impulsiona a água paralelamente ao seu eixo principal.

As amebas são capazes de assumir diversas formas, devido a um citoesqueleto flexível de microfilamentos de actina e um citoplasma celular fluido (ver Seção 3.1 e Seção 29.3). O citoesqueleto e o citoplasma estendem-se para fora em pseudópodes de várias formas: **lobópodes**, que são extensões de extremidade proeminente; **filópodes**, prolongamentos finos e pontiagudos; **rizópodes**, filamentos ramificados; e **reticulópodes**, filamentos ramificados que se fundem para formar uma estrutura semelhante a uma rede (Figura 11.3). Os **axópodes** são pseudópodes finos e pontiagudos com um eixo central longitudinal (axial) de microtúbulos denominado axonema (Figura 11.4).

As amebas com carapaça são denominadas **tecadas** (Figura 11.3). *Arcella* e *Difflugia* têm sua delicada membrana plasmática coberta por uma **testa** ou **carapaça** protetora, de secreção quitinosa ou sílica, que pode ser reforçada com grãos de areia. Locomovem-se por pseudópodes que se projetam de aberturas na carapaça (Figura 11.3). Algumas amebas tecadas muito abundantes incluem os foraminíferos (*Globigerina*, Figura 11.3), os radiolários e os heliozoários. As amebas desprovidas de carapaça são denominadas amebas nuas.

As relações entre eucariotos unicelulares são difíceis de serem identificadas em razão do número limitado de caracteres disponíveis para análises morfológicas e da probabilidade de ocorrer evolução convergente. No entanto, o uso recente de análises moleculares, utilizando sequências de bases de vários genes (para um exemplo de análise filogenética molecular, ver Seção 10.4), tem alterado radicalmente os conceitos de afinidades filogenéticas para os eucariotos e tem levado à descoberta de muitos outros grupos que podem ser considerados filos.

Atualmente, compreendemos melhor as relações filogenéticas entre os eucariotos unicelulares ou microbianos, mas elas são difíceis de se mostrar devido à proliferação de novos nomes de clados a cada nova análise filogenética. Alguns trabalhos científicos que versam

---

Características dos eucariotos unicelulares

1. **Unicelular**, alguns coloniais e alguns com estágios multicelulares em seus ciclos de vida. A colonialidade ocorre quando as células se dividem, mas permanecem juntas. As células podem se especializar em determinadas funções, mas todas são capazes de se reproduzir. A multicelularidade necessita das condições de colonialidade, além dos critérios adicionais de que apenas algumas células são capazes de reproduzir.
2. **Na sua maioria microscópicos**, apesar de alguns serem grandes o bastante para serem vistos a olho nu.
3. Todos os tipos de simetria estão representados no grupo; forma variável ou constante (oval, esférica ou outras).
4. **Não há camada germinativa**.
5. Não há órgãos nem tecidos, mas são encontradas **organelas especializadas**; núcleo único ou múltiplo.
6. Vida livre, mutualismo, comensalismo e parasitismo estão representados nos grupos.
7. Locomoção por **pseudópodes, flagelos, cílios** e movimentos celulares diretos; alguns sésseis.
8. Alguns têm **endoesqueleto simples** ou **exoesqueleto**, mas a maioria não tem nenhum esqueleto.
9. **Nutrição de todos os tipos**: autotrófica (fabricando seus próprios nutrientes por fotossíntese), heterotrófica (dependendo de outros organismos como alimento), saprozoica (usando nutrientes dissolvidos no meio circundante) e mixotrófica (capaz de fabricar nutrientes e comer outros organismos).
10. Hábitat aquático ou terrestre; simbiontes ou de vida livre.
11. Reprodução **assexuada** por fissão, brotamento e cistos; e **sexuada** por conjugação ou por singamia (união de gametas masculinos e femininos para formação de um zigoto).

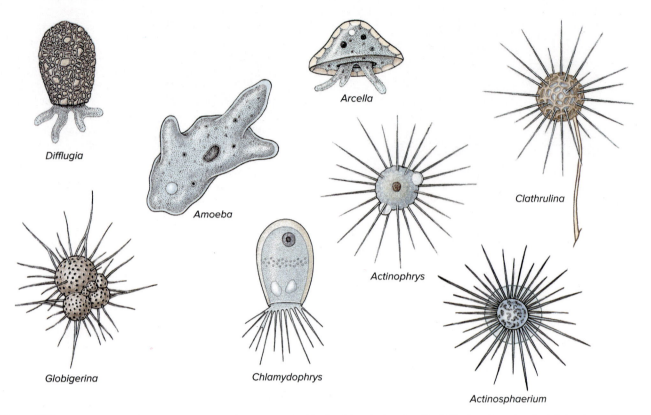

Figura 11.3 As amebas compõem um grupo muito diverso, constituído de vários clados: *Arcella*, *Difflugia* e *Amoeba* têm lobópodes e são exemplos de amoebozoários; *Globigerina*, um foraminífero, que apresenta uma carapaça e reticulópodes; e *Chlamydophrys* e *Clathrulina* são exemplos de cercozoários; enquanto *Actinosphaerium* e *Actinophrys* são considerados atualmente estramenópilos.

sobre formas unicelulares utilizam a nomenclatura tradicional, mas a manutenção dos nomes antigos tornaria impossível uma leitura esclarecedora das pesquisas recentes. Portanto, abordamos tanto os nomes antigos como os novos, vinculando-os sempre que possível. Alguns nomes tradicionais não mais representam grupos monofiléticos. As análises moleculares mostram que a forma ameboide evoluiu diversas vezes independentemente, portanto vários táxons ameboides foram trocados de grupos tradicionais ou alocados para táxons recém-criados. As amebas estão atualmente distribuídas em oito dos ramos de eucariotos que discutimos aqui. Alguns nomes de uso corrente, como radiolários e heliozoários, ainda são empregados, mas alguns membros desses grupos foram transferidos para outros táxons. A classificação dos eucariotos unicelulares é uma área de pesquisa muito produtiva.

Mais de 64 mil espécies foram nomeadas, sendo mais da metade fósseis. Alguns estudiosos estimam que deva haver 250 mil espécies de eucariotos unicelulares. Eles são organismos completos funcionalmente, com muitas estruturas microanatômicas complexas. As organelas específicas podem funcionar como esqueletos, estruturas sensoriais, mecanismos de locomoção, entre outras funções. Essas organelas são bem estudadas, devido à sua importância funcional e porque a investigação da sua estrutura são capazes de revelar caracteres homólogos, os quais podem servir de base para o estabelecimento de categorias taxonômicas.

11.2 FORMA E FUNÇÃO
Locomoção
Cílios e flagelos
O cílio e o flagelo têm uma estrutura interna considerável. Cada flagelo ou cílio possui nove pares de microtúbulos longitudinais dispostos em um círculo em torno de um par central (Figura 11.4), e isso é válido para todos os cílios e flagelos do reino animal, com algumas notáveis exceções. Esse tubo de microtúbulos organizado no padrão "9+2" de um flagelo ou cílio é o **axonema**; o axonema é coberto por uma membrana contínua com a membrana celular que reveste o resto do organismo. Mais ou menos no ponto onde um axonema entra na célula propriamente dita, o par central de microtúbulos termina em uma pequena placa dentro do círculo de nove pares (Figura 11.4). Também mais ou menos nesse ponto, um outro microtúbulo liga-se a cada um dos nove pares, formando um tubo curto que se estende da base do flagelo até dentro da célula. Esse tubo consiste em nove *tríades* de microtúbulos e é chamado de **cinetossomo** (ou **corpúsculo basal**). Os cinetossomos são exatamente iguais, em sua estrutura, aos **centríolos**, que organizam fusos mitóticos durante a divisão celular (ver Figura 3.10). Os centríolos de alguns flagelados podem dar origem a cinetossomos, ou os cinetossomos podem funcionar como centríolos. Todos os flagelos e cílios típicos de eucariotos têm um cinetossomo em sua base. Muitos metazoários pequenos usam cílios não apenas para locomoção, mas também para criar correntes de água para sua alimentação e respiração. O movimento ciliar é vital para muitas espécies, participando de funções como alimentação, reprodução, excreção e osmorregulação (como nas células-flama; ver Seção 14.3).

A explicação atual para o movimento ciliar e flagelar baseia-se na **hipótese do microtúbulo deslizante**. O movimento é mantido pela energia liberada das ligações químicas do ATP (ver Seção 4.4). Dois "braços" de proteínas dineínas são visíveis por meio de micrografia eletrônica em cada um dos pares de microtúbulos periféricos no axonema (nível *x* na Figura 11.4) e, nesses braços, existe a enzima adenosina trifosfatase (ATPase), que quebra o ATP. Quando a energia de ligação do ATP é liberada, as dineínas "caminham" ao

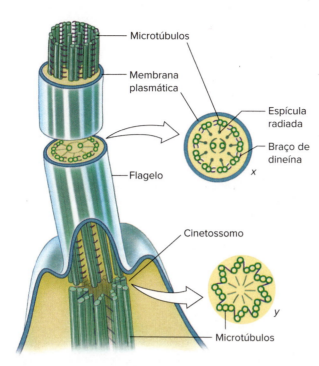

Figura 11.4 Esquema de um flagelo ilustrando o axonema central, que é composto de nove pares de microtúbulos, mais um par central. O axonema está embutido dentro da membrana celular. O par central de microtúbulos termina perto do nível da superfície celular, em uma placa basal (axossomo). Os microtúbulos periféricos prolongam-se interiormente por uma curta distância para compor duas de cada uma das tríades no cinetossomo (corpúsculo basal) (no nível y).

longo de um dos microtúbulos do par adjacente, fazendo com que ele deslize em relação ao outro microtúbulo do par. A resistência, que causa a flexão do axonema quando os filamentos deslizam uns sobre os outros, é dada por espículas radiantes (de outra proteína associada a microtúbulo), que partem de cada um dos pares em direção ao par de fibrilas centrais. Essas "traves" são visíveis em micrografias eletrônicas e são compostas por várias proteínas. Evidência direta para a hipótese do microtúbulo deslizante foi obtida aderindo diminutas esferas de ouro aos microtúbulos do axonema e observando seus movimentos ao microscópio.

Pseudópodes

Pseudópodes são extensões da membrana plasmática e do citoesqueleto e citoplasma subjacentes. Eles são utilizados na locomoção e alimentação (Figura 11.5). Os filamentos de actina são componentes-chave do citoesqueleto que atuam na mudança de conformação da célula. Os filamentos são muito dinâmicos: eles variam em tamanho e graus de ramificação e ligações cruzadas dependendo da forma da extensão celular. O esqueleto de actina localiza-se logo abaixo da membrana plasmática. O citoplasma não é homogêneo; às vezes, as áreas periféricas e centrais do citoplasma podem ser diferenciadas como **ectoplasma** e **endoplasma** (ver Figura 11.5). O endoplasma mostra-se mais granular e contém o núcleo e as organelas citoplasmáticas. O ectoplasma parece mais transparente (hialino) ao microscópio de luz e contém as bases dos cílios e flagelos. O ectoplasma é em geral mais rígido e se encontra no estado gel de um coloide, enquanto o endoplasma é mais fluido e se encontra no estado **sol** (ver quadro a seguir).

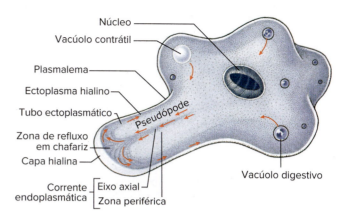

Figura 11.5 Ameba em locomoção ativa. As setas indicam a direção da corrente de endoplasma. O primeiro sinal de um novo pseudópode é o espessamento do ectoplasma, formando uma capa hialina clara, para onde flui o endoplasma. À medida que o endoplasma alcança a extremidade distal, ele reflui e é convertido em ectoplasma, formando um tubo externo rígido que se alonga à medida que o fluxo continua em direção à extremidade distal. Posteriormente, o ectoplasma é convertido em endoplasma fluido, realimentando o fluxo. O substrato é necessário para que ocorra o movimento ameboide.

Tema-chave 11.1
CIÊNCIA EXPLICADA

Partículas em suspensão

Os sistemas coloidais são suspensões permanentes de partículas finamente divididas que não se precipitam, tais como leite, sangue, amido, sabão, tinta e gelatina. Os coloides em sistemas vivos são comumente proteínas, lipídios e polissacarídeos suspensos no líquido aquoso das células (citoplasma). Tais sistemas podem sofrer transformações sol-gel, dependendo de os componentes fluidos ou particulados se tornarem contínuos. No estado de sol do citoplasma, os sólidos são suspensos em um líquido e, no estado de gel semissólido, o líquido é suspenso em um sólido.

Os pseudópodes podem ser de diversos tipos. Os mais conhecidos são os **lobópodes** (ver Figuras 11.3 e 11.5), que são extensões bem grandes do corpo celular, com extremidade proeminente que contém tanto endoplasma quanto ectoplasma. Filamentos de actina se ramificam e se intercruzam dando suporte a essa grande extensão. Os **filópodes** são prolongamentos finos, geralmente ramificados, que contêm somente ectoplasma. Eles são sustentados por um feixe de filamentos paralelos de actina e são encontrados em algumas amebas, como *Euglypha* (ver Figura 11.12 B). Os **reticulópodes** (Figura 11.3) diferenciam-se dos filópodes pelo fato de repetidamente reunirem-se para formar algo semelhante a uma malha de rede, embora alguns biólogos considerem que a distinção entre filópodes e reticulópodes seja artificial. Os **axópodes** são pseudópodes compridos e finos sustentados por feixes axiais de microtúbulos (Figura 11.6). Os microtúbulos estão dispostos em uma espiral ou matriz geométrica definida, dependendo da espécie, e constituem o axonema do axópode. Os axópodes podem ser estendidos ou retraídos, aparentemente pela adição ou remoção de material microtubular. Como as extremidades aderem ao substrato, o organismo pode progredir por um movimento de rolamento, encurtando os axonemas da frente e estendendo os de trás. O citoplasma flui pelos axonemas na direção do corpo de um lado e na direção inversa do outro lado.

Quando um lobópode típico começa a se formar, uma extensão do ectoplasma denominada **capa hialina** aparece, e o endoplasma começa a fluir em direção ao interior da capa hialina (ver Figuras 11.5 e 11.7). O endoplasma que está fluindo contém subunidades de actina unidas a proteínas reguladoras de adesão à actina (ABP), que impedem a polimerização da actina. À medida que o endoplasma flui para dentro da capa hialina, ele se dispersa para a periferia do pseudópode. A interação com os fosfolipídios da membrana celular libera as subunidades de actina de suas proteínas de ligação reguladoras e permite que elas sofram polimerização, formando os filamentos de actina. Os filamentos de actina unem-se uns aos outros de forma cruzada por meio de outra ABP, formando um gel semissólido e transformando o ectoplasma em um tubo, por onde o endoplasma flui, à medida que o pseudópode se estende. Na região proximal do pseudópode, íons cálcio ativam uma ABP que libera os filamentos de actina do gel e permite à miosina associar-se a esses filamentos e puxá-los, semelhante à forma com que ocorre a contração do músculo estriado esquelético nos vertebrados (ver Seção 29.3). Assim, a contração nessa região proximal do pseudópode cria uma pressão que força o endoplasma fluido, juntamente com as subunidades de actina que agora estão dissociadas, de volta à capa hialina.

Pseudópodes ocorrem em amebas de vida livre, em uma variedade de eucariotos unicelulares flagelados e em células ameboides de muitos animais. O corpo dos mamíferos depende de leucócitos ameboides para defesa contra doenças, e papéis semelhantes são desempenhados por células ameboides em muitos outros animais. No entanto, o movimento por pseudópodes ocorre em distâncias relativamente curtas. Para locomoção em distâncias mais longas, os estágios ameboides de um de mofo limoso de vida livre se agregam a fim de formar um grande corpo semelhante a uma lesma (uma forma límax) que desliza sobre as superfícies. Essa transição para um corpo multicelular é bastante incomum. No organismo ameboide Heterolobosea, *Naegleria*, a célula desenvolve um flagelo e nada para outro lugar quando o alimento no local acaba.

Componentes funcionais das células de eucariotos unicelulares

Núcleo

Como em outros eucariotos, o núcleo é uma estrutura delimitada por membrana cujo interior se comunica com o citoplasma por pequenos poros. No núcleo, o material genético (DNA) forma os cromossomos (ver Seção 3.2, para informações detalhadas sobre a estrutura do núcleo). Exceto durante a divisão celular, os cromossomos geralmente não estão condensados em uma forma que possa ser reconhecida, embora durante a fixação das células para microscopia de luz, o material cromossômico (cromatina) geralmente se agrupa irregularmente, deixando algumas áreas dentro do núcleo relativamente claras. Esse aspecto é descrito como **vesicular** e é característico de muitos núcleos de protozoários (Figura 11.8). A cromatina condensada pode ficar distribuída em torno da periferia do núcleo ou pode ficar internamente, em padrões distintos. Na maioria dos dinoflagelados (Seção 11.3), os cromossomos são visíveis durante a interfase com o mesmo aspecto que assumem durante a prófase da mitose (ver Seção 3.3).

Dentro do núcleo, um ou mais **nucléolos** também estão presentes, representando a transcrição ativa de RNA ribossômico (ver Figura 11.8). Caracteres tais como a persistência de nucléolos durante a mitose são úteis na identificação dos clados de eucariotos unicelulares.

Os ciliados possuem dois tipos de núcleo: um núcleo germinativo, denominado micronúcleo, e um somático, denominado macronúcleo. Apenas os genes do macronúcleo são transcritos (ver Seção 5.5). Os **macronúcleos** dos ciliados são descritos como **compactos** ou **condensados** porque o material da cromatina está disperso em pedaços muito pequenos, e áreas claras não podem ser observadas com o microscópio de luz.

Mitocôndrias

A mitocôndria é uma organela utilizada para recuperar energia das ligações de carbono das moléculas de combustível onde o

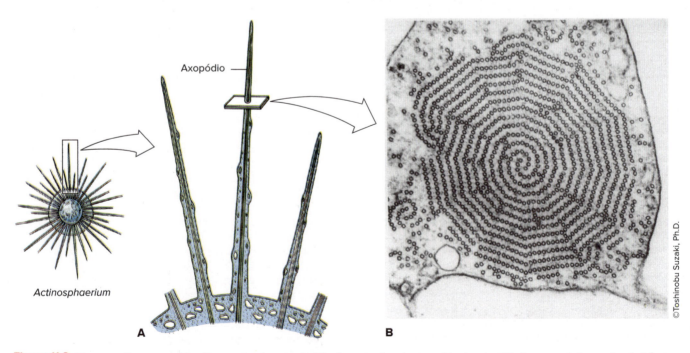

Figura 11.6 Diagrama de um axopódio. O axonema de um axopódio é composto por uma série de microtúbulos, que podem variar de três a muitos em número, dependendo da espécie. Algumas espécies podem estender ou retrair seus axópodes muito rapidamente. **B**. Micrografia eletrônica de axopódio (de *Actinosphaerium nucleofilum*) em seção transversal (99.000 ×).

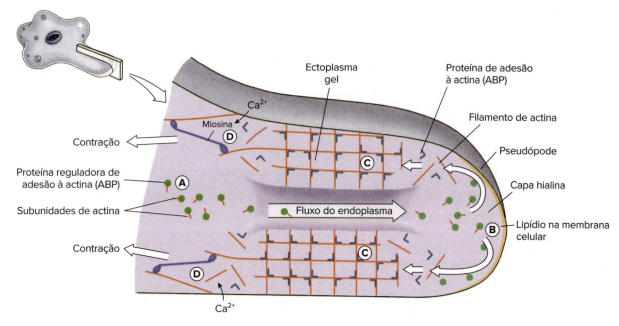

Figura 11.7 Mecanismo de movimento pseudopodial. **A.** No endoplasma, as subunidades do citoesqueleto de actina são ligadas às proteínas reguladoras de ligação da actina que as impedem de se montar. As subunidades de actina são liberadas das proteínas reguladoras pelos lipídios da membrana plasmática. **B.** As subunidades de actina estão dispersas por todo o citoplasma. **C.** As subunidades rapidamente se agrupam em filamentos e, após a interação com a proteína de ligação à actina (ABP), podem se reticular para formar o ectoplasma semelhante a um gel. **D.** Na extremidade posterior, os íons cálcio ativam uma ABP que desmonta as ligações cruzadas da actina, afrouxando a rede o suficiente para que as moléculas de miosina possam puxá-la. As subunidades desmontadas são reutilizadas.

oxigênio entra como o receptor final de elétrons (ver Seção 4.5). Ela contém DNA. Suas membranas internas, denominadas cristas (ver Figura 11.8), apresentam forma variável, podendo ser achatadas, tubulares, discoides ou ramificadas. A forma da crista é considerada um caráter homólogo e, em conjunto com outros características morfológicas, é utilizada para descrever os táxons particulares. Em células sem mitocôndria, **hidrogenossomos** podem estar presentes. Os hidrogenossomos são organelas que desempenham função respiratória na ausência de oxigênio e que se presume que evoluíram das mitocôndrias. Os hidrogenossomos e outras organelas derivadas de mitocôndrias e que não têm DNA são denominados coletivamente de mitossomos. Acredita-se que os **cinetoplastos** são derivados de mitocôndrias. Os cinetoplastos contêm massas de moléculas circulares de DNA e atuam em associação com o cinetossomo, uma organela localizada na base do flagelo.

Complexo de Golgi

O complexo de Golgi é parte do sistema endomembranoso que participa nos processos secretores da célula e na digestão intracelular nos vacúolos alimentares (ver Figuras 3.7, 3.8 e 3.16). Os complexos de Golgi são também denominados **dictiossomos**. Os corpos parabasais são estruturas semelhantes com funções potencialmente similares.

Plastídios

Os plastídios são organelas que contêm uma variedade de pigmentos fotossintéticos. A adição original de um plastídio às células eucarióticas possivelmente ocorreu quando uma cianobactéria foi englobada, mas não digerida. Os **cloroplastos** (Figura 11.9) contêm diferentes tipos de clorofilas (*a*, *b* ou *c*), mas outros plastídios apresentam outros tipos de pigmentos. Por exemplo, os plastídios

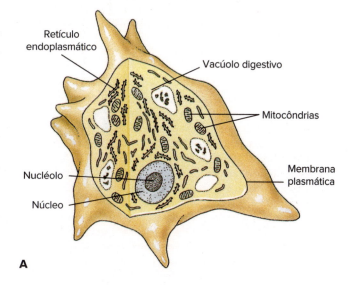

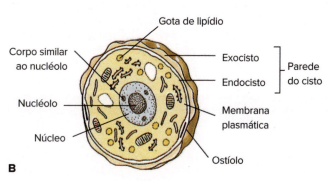

Figura 11.8 Estrutura de *Acanthamoeba palestinensis*. **A.** Forma ativa. **B.** Cisto.

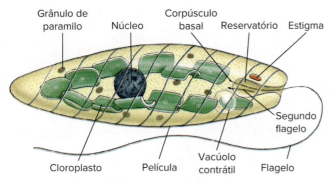

Figura 11.9 *Euglena viridis*. As características mostradas são uma combinação daquelas visíveis em preparações de espécimes vivos e corados.

de algas vermelhas contêm ficobilinas. O compartilhamento de alguns pigmentos em particular entre os eucariotos unicelulares pode indicar ancestralidade comum, embora plastídios possam também ser produto de endossimbiose secundária.

Extrussomos

Esse termo geral refere-se às organelas delimitadas por membrana nos eucariotos unicelulares e que são usadas para eliminar algo da célula. A grande variedade de estruturas eliminadas sugere que nem todos os extrussomos são homólogos. O **tricocisto** (ver Seção 11.3) dos ciliados é um extrussomo bem conhecido, mas um outro tipo, o **ancoracisto**, foi descoberto há pouco tempo dentro de um novo táxon de eucariotos unicelulares. *Ancoracysta twista*. *A. twista* parece usar um ancoracisto para imobilizar presas unicelulares.

Nutrição

A nutrição holozoica implica fagocitose, na qual uma dobra para dentro ou invaginação da membrana celular envolve uma partícula de alimento. À medida que a invaginação se estende para dentro da célula, ela é destacada da superfície (ver Figura 3.16). A partícula de alimento, portanto, fica contida em uma vesícula intracelular delimitada por membrana, formando o **vacúolo digestivo** ou **fagossomo**. Os lisossomos, pequenas vesículas contendo enzimas digestivas, se fundem ao fagossomo e liberam seu conteúdo dentro dele, dando início à digestão (ver Figura 3.16). Quando os produtos da digestão são absorvidos através da membrana vacuolar, o fagossomo torna-se menor. Qualquer material que não tenha sido digerido deve ser eliminado da célula por exocitose, e o vacúolo novamente se funde com a membrana da superfície da célula. Na maioria dos ciliados, em muitos flagelados e muitos apicomplexos, o local da fagocitose é uma estrutura definida que funciona como uma boca, o **citóstoma** (Figura 11.10). Nas amebas, a fagocitose pode acontecer em quase qualquer ponto, por meio do envolvimento da partícula pelos pseudópodes. Nas amebas tecadas, as partículas devem ser ingeridas pela abertura da carapaça ou testa. Os flagelados podem formar um citóstoma temporário, geralmente em uma posição característica, ou podem ter um citóstoma permanente, com estrutura especializada. Muitos ciliados possuem estrutura característica para a expulsão do material residual, o **citopígeo** ou **citoprocto**, encontrado em uma localização específica. Em alguns, o citopígeo também serve como local para a expulsão do conteúdo do vacúolo contrátil (ver próxima seção sobre excreção e osmorregulação).

A aquisição de sais e nutrientes dissolvidos, chamada de alimentação saprozoica, pode ocorrer por pinocitose ou pelo transporte de solutos diretamente através da membrana celular externa (ver Seção 3.2). O transporte direto através de uma membrana pode ser por difusão, difusão facilitada ou transporte ativo (ver Seção 3.2). A difusão provavelmente tem pouca ou nenhuma importância para a nutrição de unicelulares, exceto talvez em algumas espécies endossimbiontes. Algumas moléculas importantes de alimentos, como glicose e aminoácidos, podem penetrar na célula por difusão facilitada e transporte ativo.

Tema-chave 11.2

ADAPTAÇÃO E FISIOLOGIA

Pinocitose

Uma substância estimuladora, ou "indutora", deve estar presente no meio circundante para muitos eucariotos unicelulares iniciarem pinocitose. Diversas proteínas atuam como indutoras, assim como alguns sais e outras substâncias; parece que o indutor deve ser uma molécula carregada positivamente. A pinocitose ocorre na extremidade interna da citofaringe em unicelulares que possuem essa estrutura.

Excreção e osmorregulação

No citoplasma de muitos eucariotos unicelulares, os vacúolos podem ser vistos por microscopia de luz. Alguns desses vacúolos enchem-se periodicamente com uma substância fluida, que depois é expelida. Há forte evidência de que esses **vacúolos contráteis** (Figuras 11.5, 11.9 e 11.10) funcionam principalmente na osmorregulação. Eles são mais comuns e enchem-se e esvaziam-se mais frequentemente em eucariotos unicelulares de água doce do que nos marinhos e nas espécies endossimbiontes, onde o meio circundante é mais ou menos isosmótico (tem a mesma pressão osmótica) em relação ao citoplasma. As espécies pequenas, com uma razão área de superfície-volume grande, geralmente têm maiores taxas de captação e expulsão em seus vacúolos contráteis. A excreção de resíduos metabólicos, por outro lado, é quase totalmente feita por difusão. O principal produto final do metabolismo do nitrogênio é amônia, prontamente eliminada por difusão dos pequenos corpos dos eucariotos unicelulares.

Embora pareça claro que os vacúolos contráteis removam o excesso de água que entra no citoplasma por osmose, uma explicação razoável para tal mecanismo de remoção não foi ainda encontrada. Uma hipótese sugere que transportadores de prótons (ver Seção 4.5) localizados na superfície vacuolar e nos túbulos que dela irradiam transportam ativamente H^+ e cotransportam bicarbonato (HCO_3^-) (Figura 11.11), que são partículas osmoticamente ativas. Com o acúmulo dessas partículas dentro do vacúolo, a água seria drenada para dentro do vacúolo. O líquido dentro do vacúolo permaneceria, portanto, isosmótico ao citoplasma. Assim que o vacúolo finalmente unisse sua membrana, a membrana da superfície e esvaziasse seu conteúdo para fora, ele expulsaria água, H^+ e HCO_3^-. Esses íons podem ser prontamente repostos nas amebas pela ação da anidrase carbônica (presente no citoplasma) sobre CO_2 e H_2O.

Alguns ciliados, como *Blepharisma*, têm vacúolos contráteis com estrutura e mecanismos de enchimento aparentemente similares aos descritos para amebas. Outros, como *Paramecium*, têm vacúolos contráteis mais complexos. Tais vacúolos estão localizados em uma posição específica sob a membrana celular, com um poro "excretor" que se abre para fora da célula, e circundado por ampolas de cerca de seis canais coletores (ver Figura 11.10).

CAPÍTULO 11 Eucariotos Unicelulares   217

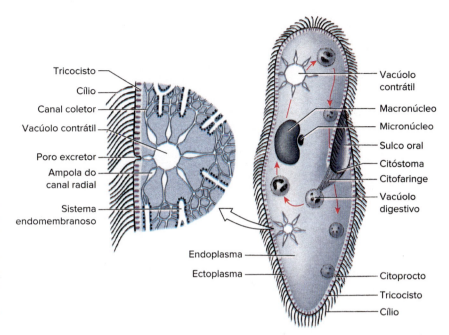

Figura 11.10 À esquerda, seção aumentada de um vacúolo contrátil (vesícula de expulsão da água) de *Paramecium*. Aparentemente, a água é coletada pelo sistema endomembranoso, esvaziada para dentro dos canais coletores e, em seguida, para dentro da vesícula. A vesícula se contrai para esvaziar seu conteúdo para o exterior, funcionando assim como uma organela osmorreguladora. À direita, *Paramecium*, que mostra citofaringe, vacúolos digestivos e núcleos.

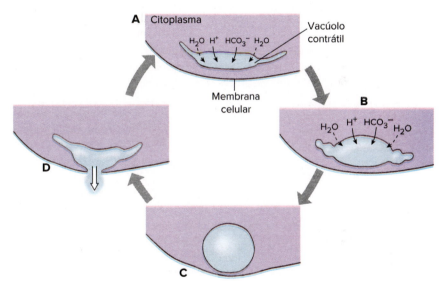

Figura 11.11 Mecanismo proposto para a operação dos vacúolos contráteis. **A e B.** Os vacúolos são compostos por um sistema de cisternas e túbulos. Bombas de prótons em suas membranas transportam H^+ e cotransportam HCO_3^- para dentro dos vacúolos. A água entra por difusão para manter uma pressão osmótica igual àquela no citoplasma. Quando o vacúolo está cheio (**C**) sua membrana funde-se com a membrana da superfície da célula, expelindo água, H^+ e HCO_3^-. **D.** Prótons e íons bicarbonato são substituídos prontamente pela ação da anidrase carbônica sobre o dióxido de carbono e a água.

Os canais coletores, por sua vez, são circundados por túbulos finos com cerca de 20 nm de diâmetro, os quais se conectam aos canais durante o enchimento da ampola e, nas suas extremidades inferiores, com o sistema tubular endomembranoso. As ampolas e os vacúolos contráteis são rodeados por feixes de fibrilas, que podem funcionar na contração dessas estruturas. A contração da ampola enche o vacúolo. Quando o vacúolo se contrai para descarregar seu conteúdo para fora, a ampola fica desconectada do vacúolo e o refluxo é impedido. Os túbulos, ampolas ou vacúolos podem ser equipados com bombas de prótons para drenar água para dentro de seus lumens por meio do mecanismo já descrito.

Reprodução

A reprodução sexuada ocorre na maioria dos eucariotos unicelulares. As células diploides passam por divisão reducional (meiose) para produzir gametas haploides ou simplesmente núcleos de gametas haploides (ver Seção 5.2). Os núcleos ou gametas haploides se fundem para gerar um estágio diploide ou um zigoto, não há embriões. O ciclo de vida varia consideravelmente no que se refere ao tempo gasto nos estágios haploide e diploide, e na presença ou ausência de multiplicação assexuada.

Fissão

Nos eucariotos unicelulares, o processo de multiplicação celular que produz mais indivíduos é chamado de fissão. O tipo mais comum de fissão é a **binária**, em que resultam dois indivíduos idênticos (Figura 11.12). Quando a célula gerada é consideravelmente menor que a célula inicial e cresce até o tamanho adulto, o processo é chamado de **brotamento**. O brotamento ocorre em alguns ciliados. Na **fissão múltipla**, a divisão do citoplasma (citocinese) é precedida por várias divisões nucleares, de modo que um grande número de indivíduos é formado quase que simultaneamente (ver Figura 11.24). A fissão múltipla, ou **esquizogonia**, é comum entre os Apicomplexa e entre algumas amebas. Se a fissão múltipla for precedida ou associada à união de gametas, ela é chamada de **esporogonia**.

Os tipos mencionados de divisão estão acompanhados de alguma forma de mitose (ver Seção 3.3). Porém, essa mitose é frequentemente diferente da que ocorre nos animais. Por exemplo, a membrana nuclear frequentemente persiste durante toda a mitose, e o fuso microtubular deve ser formado dentro dos limites da membrana nuclear. Não foram observados centríolos na divisão nuclear dos ciliados; a membrana nuclear persiste na mitose micronuclear, com o fuso dentro do núcleo. O macronúcleo dos ciliados parece simplesmente se alongar, sofrer constrição e se dividir sem nenhum fenômeno mitótico reconhecível; sendo assim, esse processo de divisão é amitótico.

Processos sexuados

Embora todos os eucariotos unicelulares se reproduzam de forma assexuada e alguns aparentem ser exclusivamente assexuados, a ampla ocorrência de reprodução sexuada mostra a sua importância como meio de recombinação genética. Os núcleos dos gametas, ou pronúcleos, que se fundem na fecundação para restabelecer o número diploide de cromossomos, geralmente são formados em células gaméticas especiais. Quando todos os gametas são parecidos, são chamados de **isogametas**, mas quase todas as espécies apresentam dois tipos diferentes, ou **anisogametas**.

Nos animais, a meiose geralmente ocorre durante ou exatamente antes da formação do gameta (a meiose é discutida detalhadamente na Seção 5.2). O mesmo processo ocorre em alguns eucariotos unicelulares tais como em Ciliophora e em alguns flagelados e grupos de amebas. Porém, em outros grupos de flagelados e em Apicomplexa, as primeiras divisões *após* a fecundação são meióticas (**meiose zigótica**), e todos os indivíduos produzidos assexuadamente (mitoticamente) no ciclo de vida até o próximo zigoto são haploides. A maioria dos eucariotos unicelulares que não se reproduz sexuadamente é provavelmente haploide, embora a demonstração de ploidia seja difícil na ausência de meiose. Em algumas amebas (foraminíferos), há alternância de gerações haploide e diploide (**meiose intermediária**), um fenômeno comum em plantas.

A singamia é a fecundação de um gameta por outro, mas nem todos os fenômenos sexuados nos eucariotos unicelulares envolvem singamia. Exemplos disso são a **autogamia**, em que núcleos gaméticos surgem por meiose e se fundem para formar um zigoto dentro do mesmo organismo que os produziu, e a **conjugação**, em que há troca de núcleos gaméticos entre organismos emparelhados (conjugantes). Descreveremos a conjugação mais adiante, quando discutirmos *Paramecium*.

Encistamento e desencistamento

Apesar de separadas de seu meio externo apenas por sua delicada membrana celular, as formas unicelulares são surpreendentemente bem-sucedidas em hábitats frequentemente sujeitos a condições extremamente difíceis. A sobrevivência em condições difíceis está certamente relacionada com a habilidade de formar **cistos**, formas dormentes caracterizadas por revestimentos externos resistentes e pela completa interrupção do metabolismo. A formação de cistos é importante também para muitas formas parasíticas que devem sobreviver em um ambiente adverso entre hospedeiros (ver Figura 11.8). Entretanto, alguns parasitos não formam cistos, aparentemente dependendo da transferência direta de um hospedeiro para outro. As fases reprodutivas, como fissão, brotamento e singamia, podem ocorrer nos cistos de algumas espécies. O encistamento não foi encontrado em *Paramecium*, e é raro ou ausente nas formas marinhas.

> **Tema-chave 11.3**
> ### ADAPTAÇÃO E FISIOLOGIA
> #### Sobrevivência de cistos
> Os cistos de alguns eucariotos unicelulares que vivem no solo e na água doce têm viabilidade surpreendente. Os cistos do ciliado *Colpoda*, que vive no solo, podem sobreviver 12 dias em nitrogênio líquido e 3 horas a 100°C. Demonstrou-se que a sobrevivência dos cistos de *Colpoda* em solo seco foi superior a 38 anos, e a de certos pequenos flagelados (*Podo*) pode chegar a 49 anos! Porém, nem todos os cistos são tão resistentes. Os cistos de *Entamoeba histolytica*, que causa a disenteria amebiana, toleram a acidez gástrica, mas não a dessecação, nem temperaturas superiores a 50°C ou luz solar.

As condições que estimulam o encistamento não estão totalmente esclarecidas, embora a formação de cistos seja cíclica em alguns casos, ocorrendo em determinados estágios do ciclo de vida. Para a maioria das formas de vida livre, alterações ambientais adversas favorecem o encistamento. Tais condições incluem deficiência de alimento, dessecação, aumento da pressão osmótica do meio, diminuição da concentração de oxigênio e mudanças de pH ou de temperatura.

Durante o encistamento, certas organelas, como cílios e flagelos, são reabsorvidas, e o complexo de Golgi secreta o material da parede do cisto, que é levado em vesículas até a superfície e expelido.

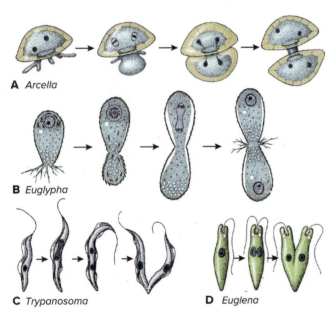

Figura 11.12 Fissão binária em algumas amebas e flagelados. **A.** Os dois núcleos de *Arcella* dividem-se à medida que uma parte de seu citoplasma extravasa e começa a secretar uma nova carapaça para a célula-filha. **B.** A carapaça de uma outra ameba, *Euglypha*, é formada por placas secretadas. A secreção dessas placas para a célula-filha é iniciada antes que o citoplasma comece a sair pela abertura. À medida que elas são usadas para construir a carapaça da célula-filha, o núcleo divide-se. **C.** *Trypanosoma* tem um cinetoplasto próximo ao cinetossomo de seu flagelo e próximo à sua extremidade posterior no estágio mostrado. Todas essas partes precisam ser duplicadas antes que a célula se divida. **D.** Divisão de *Euglena*. Compare **C** e **D** com a Figura 11.21, fissão em um cilióforo.

Embora o estímulo exato para o desencistamento (saída de dentro do cisto) seja geralmente desconhecido, o retorno das condições favoráveis inicia esse processo nos eucariotos unicelulares em que os cistos são um estágio resistente. Nas formas parasitas, o estímulo para o desencistamento pode ser mais específico, requerendo condições similares àquelas encontradas no hospedeiro.

11.3 PRINCIPAIS TÁXONS DE EUCARIOTOS UNICELULARES

A evolução da célula eucariótica foi seguida de grande diversificação, originando muitos clados (Figura 11.13), alguns dos quais contêm tanto formas unicelulares quanto multicelulares. Os clados desse tipo incluem Opisthokonta, Viridiplantae e o clado das algas vermelhas, o filo Rhodophyta. As algas vermelhas apresentam plastídios, não são heterótrofas e não têm estágios flagelados (espermatozoides móveis) no seu ciclo de vida; essas características as identificam como parte do clado das plantas (ver Figura 11.13). Discutimos Viridiplantae e Opisthokonta, mas Rhodophyta, não. Discutiremos esses clados na ordem em que aparecem nas Figuras 11.1 e 11.13, da esquerda para a direita.

Filo Retortamonada e os Diplomonadidos

Esse filo é dividido em dois clados exclusivos: Retortamonadida e Diplomonadida. Os retortamonadidos incluem formas unicelulares comensais e parasitos, como *Chilomastix* e *Retortamonas*. Eles não apresentam mitocôndrias nem complexos de Golgi e, por isso, os biólogos especulam se seus ancestrais se separaram da linhagem de eucariotos antes da simbiose mitocondrial ter evoluído.

Os diplomonadidos, que já foram um subgrupo de retortamonadidos, também não têm mitocôndrias, sendo proposto, ainda, que não pertencessem ao clado dos eucariotos que têm mitocôndria. Entretanto, um estudo mostrando que genes mitocondriais ocorrem no núcleo[1] celular faz com que seja muito mais provável que a ausência de mitocôndrias em Diplomonada seja uma perda secundária e não uma ausência primária.

Giardia, um diplomonadido, é um parasito bem estudado (Figura 11.14). Algumas espécies vivem no trato digestório humano, mas outras ocorrem em aves e anfíbios. Uma diarreia é frequentemente assintomática, mas pode causar um grande desconforto, embora não seja fatal. Os cistos são transmitidos pelas fezes, os novos hospedeiros sendo infectados pela ingestão dos cistos, frequentemente pelo consumo de água contaminada.

Tema-chave 11.4

CONEXÃO COM SERES HUMANOS

Infecção por *Giardia*

A *Giardia lamblia* é em geral transmitida por suprimentos de água contaminados com esgoto. A mesma espécie, entretanto, vive em diversos mamíferos, além dos seres humanos. Os castores parecem ser uma fonte importante de infecção nas montanhas do Oeste dos EUA. Quando se caminha por longas distâncias na natureza em um dia quente, pode ser muito tentador encher um cantil e beber da água cristalina represada por castores. Muitos casos de infecção têm sido adquiridos por essa via.

---

[1]Roger, A. J. 1999. Amer. Nat. 154 (supplement): S146-S163.

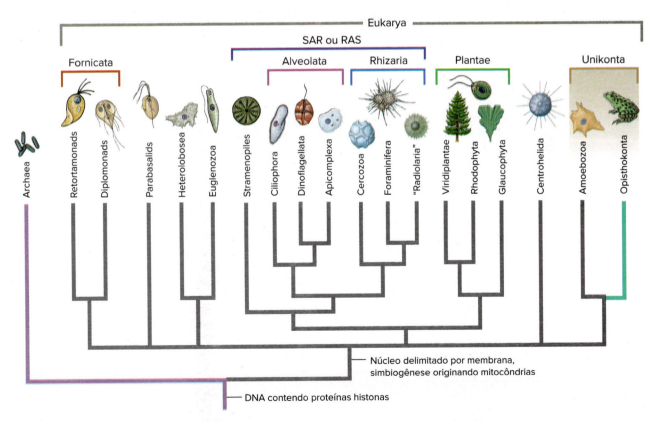

Figura 11.13 Cladograma que mostra os principais clados de eucariotos; na maioria dos casos, a ordem da ramificação filogenética carece de determinação. Opisthokonta é um clado enorme, compreendendo os coanoflagelados, os fungos e os animais multicelulares. Os termos "SAR" e "RAS" são intercambiáveis; SAR representa a primeira letra dos nomes Stramenopiles, Alveolates e Rhizaria, enquanto RAS representa os mesmos táxons listados na ordem inversa.

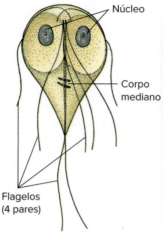
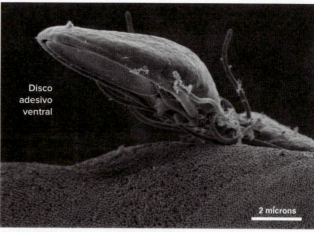

A Estrutura 3D de *Giardia lamblia* **B** Ilustração de *Giardia lamblia* **C** *Giardia* atacando a parede intestinal

Figura 11.14 *Giardia lamblia* causa diarreia em seres humanos infectados pelo consumo de água. **A** e **B**, fotografia e ilustração de *Giardia* em vista superior. **C**, fotografia que mostra o disco ventral usado para fixar cada célula à parede intestinal do hospedeiro.

Parabasalídeos

O clado de parabasalídeos contém aproximadamente 400 espécies do antigo filo Axostylata. Os membros desse filo têm **axóstilo**, uma organela bastoniforme rígida e composta por microtúbulos, que se estende ao longo do eixo longitudinal do corpo. Os parabasalídeos, tradicionalmente tratados como parte da classe Parabasalea, apresentam uma região modificada do complexo de Golgi denominada corpo parabasal, além de hidrogenossomos, um estágio flagelado característico e um tipo singular de mitose.

A maioria das pesquisas sobre a estrutura dos parabasalídeos foi realizada com espécies de *Trichomonas*, que reúne organismos causadores de doenças em seres humanos e em animais. Alguns *Trichomonas* são de importância médica ou veterinária (Figura 11.15). *Trichomonas vaginalis* infecta o trato urogenital dos seres humanos e é transmitido sexualmente. Embora não cause sintomas nos homens, é uma das causas mais comuns da vaginite nas mulheres. *Pentatrichomonas hominis* vive no ceco e no cólon de seres humanos e *Trichomonas tenax* vive na boca e aparentemente não causam nenhuma doença. Os Trichomodadida estão amplamente disseminados por todas as classes de vertebrados e de muitos invertebrados. Trichonympha, Eucomonympha, e Teranympha são simbiontes importantes no intestino de cupins e baratas relacionadas que se alimentam de madeira. Os parabasalídeos abrigam bactérias essenciais para a digestão da celulose, produzindo uma simbiose de três níveis.

Heterolobosea

Os Heterolobosea são amebas nuas cujos pseudópodes se formam abruptamente, ou de maneira "eruptiva", como às vezes denominada. O ciclo de vida de vários Heterolobosea inclui ambos os estágios ameboide e flagelado; portanto, membros desse grupo são algumas vezes chamados de ameboflagelados, ou de Schizopyrenida. Em *Naegleria gruberi*, o estágio ameboide alimenta-se de bactérias, mas, uma vez que todo o alimento local é exaurido, a ameba altera completamente seu citoesqueleto, transformando-se em um flagelado em 90 min. O estágio flagelado está mais apto a procurar por fontes de alimento distantes que o estágio ameboide. A maioria dos Heterolobosea alimenta-se de bactérias e é inofensiva, mas *Naegleria fowleri* causa algumas mortes a cada ano. Ela vive em piscinas naturais aquecidas e pode causar a meningoencefalite

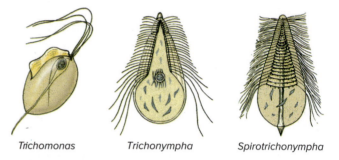

Trichomonas *Trichonympha* *Spirotrichonympha*

Figura 11.15 Esses três organismos pertencem ao clado dos Parabasalídeos. *Trichomonas vaginalis* é transmitido sexualmente, e é uma causa frequente da vaginite em seres humanos. *Trichonympha* e *Spirotrichonympha* são simbiontes mutualistas de cupins.

amebiana primária em seres humanos, quando a água que contém as amebas é inalada. As amebas entram nas vias nasais e migram pelos nervos olfatórios até o cérebro, cujo tecido é destruído.

Filo Euglenozoa

Euglenozoa (Figura 11.16) é geralmente considerado um grupo monofilético com base na persistência dos nucléolos durante a mitose e na presença de cristas mitocondriais discoides. Os membros desse filo têm uma série de microtúbulos longitudinais lobo abaixo da membrana celular que a ajudam a enrijecer, formando uma **película**. O filo está dividido em dois subfilos, Euglenida e Kinetoplasta. Os cinetoplastídeos recebem esse nome pela presença de uma organela singular, o cinetoplasto. Essa mitocôndria modificada, associada a um cinetossomo, contém grandes massas discoides de DNA. Os cinetoplastídeos são todos parasitos de plantas ou animais.

Subfilo Euglenida

Os euglenídeos têm cloroplastos contendo clorofila *b*. Esses cloroplastos são envoltos por uma membrana dupla, o que indica que se originaram provavelmente de endossimbiose secundária.

Euglena viridis (ver Figura 11.9) é um flagelado normalmente estudado nos cursos introdutórios de zoologia. Seu hábitat natural

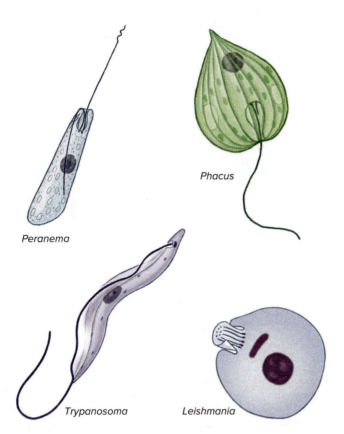

Figura 11.16 Exemplos do filo Euglenozoa. *Peranema* é fagótrofo de vida livre e sem cor, e *Phacus* é um fotoautótrofo, verde e de vida livre. *Trypanosoma* e *Leishmania* são parasitos, e algumas de suas espécies causam sérias doenças em seres humanos e em animais domésticos. *Leishmania* é mostrada em sua forma intracelular, sem um flagelo externo.

é em rios e lagos onde há vegetação considerável. Os organismos são fusiformes e têm aproximadamente 60 μm de comprimento, mas algumas espécies de *Euglena* são menores e algumas são maiores (*E. oxyuris* tem 500 μm de comprimento). Logo abaixo da membrana externa de *Euglena* existem fibras proteicas e microtúbulos que formam uma película. Em *Euglena*, a película é suficientemente flexível para permitir flexões do corpo, porém, em outros euglenídeos, ela pode ser mais rígida. Um flagelo prolonga-se a partir de um **reservatório** piriforme localizado na extremidade anterior, e um outro flagelo, curto, termina dentro do reservatório. Um cinetossomo é encontrado na base de cada flagelo e há um **vacúolo contrátil** que se esvazia dentro do reservatório. Uma mancha ocelar vermelha, ou estigma, aparentemente atua na orientação em direção à luz. Dentro do citoplasma, há cloroplastos ovais que contêm clorofila e que dão ao organismo a cor verde. Os **grânulos de paramilo** de vários formatos são massas de um material de armazenamento de alimento semelhante ao amido.

A nutrição de *Euglena* é normalmente autótrofa (holofítica), mas se o organismo for mantido no escuro, fará uso de alimentação saprozoica, absorvendo nutrientes através de sua superfície corpórea. Mutantes de *Euglena* podem ser produzidos quando há perda permanente de sua capacidade fotossintetizante. Embora *Euglena* não ingira alimentos sólidos, alguns euglenídeos são fagótrofos. *Peranema* apresenta um citóstoma que se abre ao lado de seu reservatório flagelar.

Euglena reproduz-se por fissão binária e pode encistar para sobreviver a condições ambientais adversas.

Subfilo Kinetoplasta

Alguns dos eucariotos unicelulares parasitos mais importantes são cinetoplastídeos. Muitos deles pertencem ao gênero *Trypanosoma* (do grego *trypanon*, broca + *soma*, corpo; ver Figura 11.16) e vivem no sangue de peixes, anfíbios, répteis, aves e mamíferos. Alguns não são patogênicos, mas outros produzem doenças sérias em seres humanos e em animais domésticos. *Trypanosoma brucei gambiense* e *T. brucei rhodesiense* causam a doença do sono em seres humanos, e *T. brucei brucei* causa uma doença semelhante em animais domésticos. Os tripanossomas são transmitidos pelas moscas tsé-tsé (*Glossina* spp.). *Trypanosoma b. rhodesiense*, o mais virulento dos tripanossomas que causam a doença do sono, e o *T. b. brucei* têm reservatórios naturais (antílope e outros mamíferos selvagens) que, aparentemente, não são afetados pelos parasitos. Cerca de 10 mil novos casos de doença do sono humana são diagnosticados a cada ano, dos quais 50% são fatais e muitos dos remanescentes causam danos cerebrais permanentes.

O *Trypanosoma cruzi* causa a doença de Chagas em seres humanos na América Central e na América do Sul. É transmitido pelo barbeiro (Triatominae), um nome que surgiu em função do hábito do inseto de picar a face de sua vítima adormecida. A doença de Chagas aguda é mais comum e grave em crianças com menos de 5 anos de idade, enquanto a doença crônica ocorre mais frequentemente em adultos. Os sintomas são principalmente resultado de disfunção nervosa central e periférica. De dois a três milhões de pessoas nas Américas do Sul e Central têm a doença de Chagas crônica e 45 mil delas morrem a cada ano.

Várias espécies de *Leishmania* (ver Figura 11.16) causam doenças em seres humanos. A infecção por algumas das espécies pode resultar em doenças viscerais graves, afetando especialmente o fígado e o baço; outras espécies podem causar lesões desfigurantes nas mucosas do nariz e da garganta, sendo o resultado menos sério uma ulceração na pele. *Leishmania* spp. são transmitidas pelo mosquito palha ou birigui. A leishmaniose visceral e a leishmaniose cutânea são comuns em algumas partes da África e da Ásia, e a forma mucocutânea é encontrada nas Américas do Sul e Central.

Stramenopila

Os membros do clado Stramenopila têm cristas mitocondriais tubulares. Os estramenópilos podem apresentar células flageladas, mas são flagelados heterocontes (gr. *hetero*, diferente + *kontos*, flagelo). Eles têm dois flagelos diferentes, ambos inseridos na região anterior da célula. Nos heterocontes, o flagelo direcionado para a frente é longo e tem cerdas, enquanto o outro é curto, liso e distendido para trás. Esse clado é às vezes chamado de Heterokonta; o nome estramenópilo (do latim *stramen*, palha + *pile*, pelo) refere-se às cerdas tubulares de três partes que revestem o flagelo. Esse clado inclui algas pardas, algas douradas e diatomáceas, todas obtendo energia dos plastídios, bem como de formas heterótrofas, nas quais os plastídios estão ausentes.

Os opalinídeos, comensais em animais como as rãs, estão agora inseridos nos estramenópilos. Pensava-se que eles eram ciliados modificados. Stramenopila inclui ainda Labirinthulida, Oomycetes e alguns organismos previamente denominados heliozoários. Os Labirinthulida algumas vezes denominados "teias viscosas", podem ser comensais ou mutualistas de plantas, mas alguns são parasitos de gramíneas aquáticas e terrestres, incluindo aquelas dos gramados dos campos de golfe. Os membros de Oomycetes já foram considerados fungos. Talvez os Oomycetes mais conhecidos pertençam ao gênero *Phytophthora*. *P. infestans* causa a requeima da batata e foi responsável pela Fome da Batata na Irlanda. Outra espécie de *Phytophthora* causa a "morte súbita dos carvalhos", que atualmente provoca danos a amplas áreas da Califórnia. O nome heliozoário refere-se às amebas tecadas com axópodes (ver Figura 11.6), mas análises filogenéticas moleculares mostraram que a forma do corpo dos heliozoários desenvolveu-se independentemente várias vezes. Os heliozoários do grupo Actinophryida, incluindo os gêneros *Actinosphaerium* e *Actinophrys* (ver Figura 11.3), são atualmente considerados estramenópilos.

Alveolata

O clado dos Alveolata, às vezes chamado de superfilo, compreende três filos tradicionais reunidos pela presença compartilhada de **alvéolos**, sáculos delimitados por membrana, dispostos abaixo da membrana externa da célula. Em Ciliophora (Figura 11.17), os alvéolos produzem películas; em Dinoflagellata, um grupo de flagelados tecados (ver Figura 11.23), os alvéolos produzem as placas da teca; nos Apicomplexa, que incluem espécies parasitos intracelulares antigamente denominados esporozoários (ver Figura 11.24), os alvéolos desempenham funções estruturais.

Filo Ciliophora

Os ciliados (ver Figura 11.17) são assim denominados porque a superfície de seu corpo é revestida com cílios, os quais batem de modo coordenado e rítmico. A disposição dos cílios pode variar dentro do filo, e as formas adultas de alguns ciliados podem não ter cílios, embora os cílios ocorram em outros estágios do ciclo de vida. Em geral, os ciliados são maiores que os outros eucariotos unicelulares, mas podem ter de 10 μm a 3 mm de comprimento. A maioria é de vida livre, ocorrendo em hábitats de água doce e marinhos, mas alguns são comensais ou parasitos. Geralmente são solitários e móveis, porém alguns são sésseis e outros, coloniais. Os ciliados são estruturalmente bastante complexos, exibindo uma gama de especializações.

A película dos ciliados pode consistir apenas em uma membrana celular ou, em algumas espécies, pode formar uma armadura espessa. Os cílios são curtos e geralmente dispostos em fileiras longitudinais ou diagonais. Podem cobrir a superfície do organismo ou estar restritos à região oral ou a certas faixas. Em algumas formas, os cílios são fundidos em uma bainha chamada de **membrana ondulante** ou em **membranelas** menores, sendo ambas usadas para impulsionar os alimentos para dentro da **citofaringe** (esôfago). Em outras formas, pode haver cílios fusionados formando tufos enrijecidos, chamados de **cirros**, que são frequentemente usados pelos ciliados rastejantes para locomoção (ver Figura 11.17).

Além dos cinetossomos, um sistema aparentemente estrutural de fibras (corpúsculo basal) compõe a **infraciliatura** logo abaixo da película (Figura 11.18). Cada cílio termina abaixo da película em seu cinetossomo, e de cada cinetossomo surge uma fibrila que segue por baixo da fileira de cílios, unindo-se a outras fibrilas da fileira. Os cílios, cinetossomos e outras fibrilas da fileira ciliar compõem o que chamamos de **sistema cinético** (ver Figura 11.18). Todos os ciliados parecem ter esse sistema, até mesmo aqueles que não têm cílios em algum estágio. Aparentemente, a infraciliatura

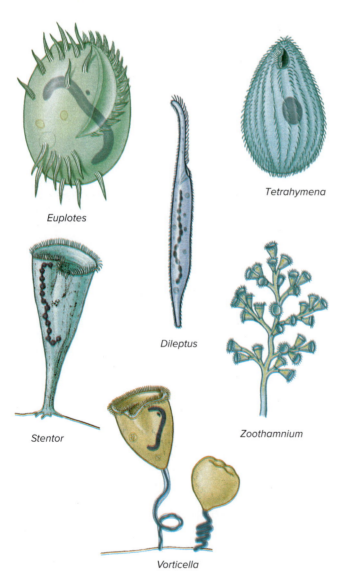

Figura 11.17 Alguns representantes dos ciliados. *Euplotes* tem cirros rígidos usados para rastejar no substrato. As fibrilas contráteis no ectoplasma de *Stentor* e no pedúnculo de *Vorticella* permitem grande expansão e contração. Note o macronúcleo, longo e curvado em *Euplotes* e *Vorticella*, e na forma de um colar de contas em *Stentor*.

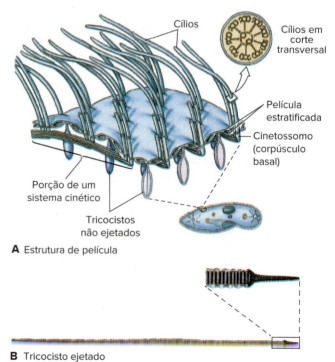

Figura 11.18 Infraciliatura e estruturas associadas em ciliados. **A.** Estrutura da película e sua relação com o sistema de infraciliatura. **B.** Tricocisto ejetado.

não coordena os batimentos ciliares, como anteriormente pensado. A coordenação dos movimentos ciliares parece ser por ondas de despolarização da membrana celular que se movem ao longo do organismo, de maneira similar ao impulso nervoso.

Os ciliados são sempre multinucleados, com no mínimo um **macronúcleo** e um **micronúcleo**, mas podem ter de um a vários de cada tipo. Os genes do micronúcleo nunca são transcritos, diferentemente daqueles do macronúcleo. Os macronúcleos são responsáveis pelas funções metabólicas e de desenvolvimento, além da manutenção de todos as características visíveis, como o sistema pelicular. As formas dos macronúcleos variam entre as diferentes espécies (ver Figuras 11.10 e 11.17). Os micronúcleos participam da reprodução sexuada e dão origem aos macronúcleos após a troca do material micronuclear entre indivíduos. Os micronúcleos dividem-se por mitose e os macronúcleos dividem-se amitoticamente (ver Seção 11.2).

Alguns ciliados têm pequenos corpos no ectoplasma entre as bases dos cílios. Exemplos desses extrussomos (ver Seção 11.2) são os **tricocistos** (ver Figuras 11.10 e 11.18) e os **toxicistos**. Mediante estimulação mecânica ou química, esses corpos expelem de maneira explosiva uma estrutura longa, semelhante a um fio. O mecanismo de expulsão não é conhecido. Imagina-se que a função dos tricocistos seja de defesa. Quando atacado por *Didinium*, um paramécio elimina seu tricocisto, porém sem proveito algum. Os toxicistos, no entanto, eliminam um veneno que paralisa a presa de ciliados carnívoros. Os toxicistos são estruturalmente muito distintos dos tricocistos. Muitos dinoflagelados também têm tricocistos.

A maioria dos ciliados é holozoica e apresenta um citóstoma (boca) que, em algumas formas, é uma abertura simples e em outras está conectada a um esôfago ou sulco ciliado. Em alguns, a boca é guarnecida por estruturas bastoniformes rígidas para ingestão de presas grandes; em outros, como os paramécios, as correntes de água causadas pelo batimento ciliar levam partículas microscópicas de alimento em direção à boca. *Didinium* tem uma probóscide para englobar os paramécios dos quais se alimenta (Figura 11.2). Os suctórios paralisam suas presas para então ingerir seus conteúdos por meio de tentáculos tubulares, empregando um complexo mecanismo de alimentação que, aparentemente, combina fagocitose com a ação de deslizamento dos filamentos dos microtúbulos nos tentáculos (ver Figura 11.2).

Suctórios

Os suctórios são ciliados nos quais a fase larval tem cílios, é livre-natante e os adultos desenvolvem um pedúnculo para fixação, tornam-se sésseis e perdem os cílios. Eles não têm citóstoma, mas se alimentam por tentáculos tubulares longos e finos. Os suctórios capturam presas vivas, geralmente ciliados, pela extremidade de um ou mais tentáculos e as paralisam. O citoplasma da presa então flui pelo tentáculo por meio de um complexo mecanismo de alimentação que, aparentemente, combina fagocitose com a ação de filamentos deslizantes de microtúbulos nos tentáculos (ver Figura 11.2). Os vacúolos alimentares são formados durante a alimentação dos suctórios.

Um dos melhores lugares para encontrar suctórios de água doce é em algas que crescem sobre carapaças de tartarugas. Os gêneros comuns de suctórios aí encontrados são *Anarma* (sem pedúnculo ou carapaça) e *Squalorophrya* (com pedúnculo e carapaça). Outros representantes de água doce são *Podophrya* (ver Figura 11.2) e *Dendrosoma*. *Acinetopsis* e *Ephelota* são formas de água salgada.

Suctórios parasitos incluem *Trichophrya*, cujas espécies são encontradas em diversos invertebrados e peixes de água doce; *Allantosoma*, que vive no intestino de certos mamíferos; e *Sphaerophrya*, que é encontrado em *Stentor*.

Ciliados simbiontes

Muitos ciliados simbiontes vivem como comensais, porém alguns podem ser prejudiciais a seus hospedeiros. *Balantidium coli* vive no intestino grosso de seres humanos, porcos, ratos e vários outros mamíferos (Figura 11.19). Algumas linhagens parecem ser hospedeiro-específicas e, assim, o organismo não é facilmente transmitido de uma espécie para outra. A transmissão é por contaminação fecal de alimentos e água. Geralmente, os organismos não são patogênicos, mas, nos seres humanos, às vezes eles invadem o revestimento intestinal e causam uma disenteria similar à causada por *Entamoeba histolytica* (ver Seção 11.3). Essa doença pode ser grave e até mesmo fatal. As infecções são comuns em partes da Europa, Ásia e África, porém raras nos EUA.

Outras espécies de ciliados vivem em outros hospedeiros. *Entodinium* (ver Figura 11.19) pertence a um grupo que apresenta estrutura muito complexa e que vive no trato digestório dos ruminantes, onde pode às vezes ser muito abundante. *Nyctotherus* vive no cólon de sapos e rãs. Em peixes de água doce, em aquários ou na natureza, *Ichthyophthirius* causa uma doença conhecida por muitos piscicultores como "*ick*". Se não for tratada, essa doença pode causar grande perda de peixes exóticos.

Ciliados de vida livre

Entre os ciliados mais fascinantes e familiares estão: *Stentor* (do grego, anunciar em voz alta), em forma de trombeta e solitário, com

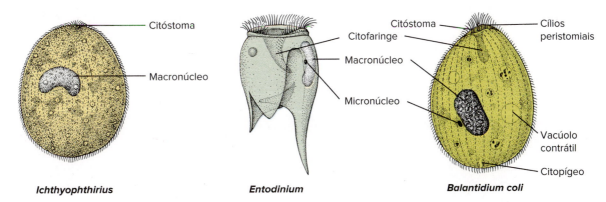

Figura 11.19 Alguns ciliados simbiontes. *Ichthyophthirius* causa uma doença comum em peixes de água doce em aquário e na natureza. *Entodinium* é encontrado no rúmen de vacas e ovelhas. *Balantidium coli* é um parasito de seres humanos e de outros mamíferos.

um macronúcleo em forma de contas de colar (ver Figura 11.17); *Vorticella* (do latim, diminutivo de *vortex*, vórtice), em forma de sino e que se fixa por meio de um pedúnculo contrátil (ver Figura 11.17); e *Euplotes* (do grego *eu*, verdadeiro, bom + *ploter*, nadador), com corpo achatado e grupos de cílios fusionados (cirros) que funcionam como pernas. Paramécios são geralmente abundantes em lagos e riachos com pouca correnteza e que contenham plantas aquáticas e matéria orgânica em decomposição. Discutiremos *Paramecium* detalhadamente, como um representante dos ciliados de vida livre.

Forma e função em *Paramecium*

Paramécios são descritos como tendo forma de chinelo (ver imagem na página de abertura do capítulo). *Paramecium caudatum* tem de 150 a 300 μm de comprimento, com extremidade anterior proeminente e posterior afilada (ver Figura 11.10). O organismo tem aparência assimétrica por causa do **sulco oral**, uma depressão que segue obliquamente em direção posterior, no lado ventral.

A **película** é uma membrana clara e elástica, que pode ser ornamentada por cristas ou projeções semelhantes a papilas (ver Figura 11.18), e toda a sua superfície é coberta por cílios dispostos longitudinalmente em fileiras. Logo abaixo da película está o fino e claro **ectoplasma**, que circunda a massa maior de **endoplasma** granular. No ectoplasma, logo abaixo da superfície, estão os **tricocistos** em forma de fuso (ver Figura 11.18), alternando-se com as bases dos cílios. A infraciliatura pode ser vista apenas com fixação especial e métodos de coloração.

Na extremidade final do sulco oral, o **citóstoma** leva a uma **citofaringe** tubular ou esôfago. Ao longo da citofaringe, uma membrana ondulante de cílios modificados mantém o alimento em movimento. O material fecal é descartado por um **citoprocto** localizado posteriormente ao sulco oral (ver Figura 11.10). Dentro do endoplasma estão vacúolos alimentares que contêm alimento em vários estágios de digestão. Há dois **vacúolos contráteis**, cada um deles composto de uma região central rodeada por diversos **canais radiais** (ver Figura 11.10), que coletam líquidos e que serão esvaziados dentro do vacúolo central. Descrevemos excreção e osmorregulação na Seção 11.2.

Paramecium caudatum tem dois núcleos: um **macronúcleo** grande e em forma de rim, e um **micronúcleo** menor e encaixado na depressão do primeiro. Geralmente, eles só podem ser vistos em espécimes corados. O número de micronúcleos varia nas diferentes espécies; por exemplo, *P. multimicronucleatum* pode chegar a ter sete.

Os paramécios são holozoicos, alimentando-se de bactérias, algas e outros pequenos organismos. Os cílios do sulco oral conduzem partículas de alimento presentes na água para dentro do citóstoma; desse ponto, elas são levadas para dentro da citofaringe por meio da membrana ondulante. A partir da citofaringe, o alimento é reunido em um vacúolo alimentar no endoplasma. Os vacúolos alimentares circulam em uma trajetória definida no citoplasma enquanto o alimento está sendo digerido. As partes não digeridas do alimento são expelidas pelo citoprocto.

O corpo é elástico, permitindo que ele se dobre e se comprima quando passa por lugares estreitos. Seus cílios podem bater para a frente ou para trás, possibilitando que o organismo nade nas duas direções. Os cílios batem obliquamente, fazendo o organismo girar em torno de seu eixo longitudinal. Os cílios do sulco oral são mais longos e batem com mais vigor do que os outros, de modo que a extremidade anterior se desvia em direção aboral. Como resultado desses fatores, o organismo move-se para a frente em uma trajetória em espiral (Figura 11.20 A).

Quando um ciliado como o paramécio depara-se com um obstáculo ou com um estímulo químico que o perturba, ele reverte o batimento ciliar, volta por uma pequena distância e desvia a extremidade anterior à medida que gira em relação à extremidade posterior. Esse comportamento é chamado de **reação de evitação** (ver Figura 11.20 B). Um paramécio pode continuar a mudar sua direção para se manter longe de um estímulo nocivo, e pode reagir de modo similar para manter-se dentro da zona de algum atrativo. O paramécio também pode mudar a velocidade de seu nado. Como ele "sabe" quando mudar de direção ou a velocidade de seu nado? Curiosamente, as reações do organismo dependem dos efeitos do estímulo sobre a diferença de potencial elétrico através de sua membrana celular (ver Seção 33.1). Os paramécios hiperpolarizam levemente na presença de algo atraente e despolarizam na presença de algo repelente, o que produz a reação de evitação. A hiperpolarização aumenta a taxa dos batimentos ciliares para a frente e a despolarização induz a reversão do batimento ciliar e a natação para trás.

Tema-chave 11.5
CIÊNCIA EXPLICADA

Taxia e cinese

O movimento em direção ao estímulo é uma taxia positiva; movimento para longe dele é uma taxia negativa. Alguns exemplos são: termotaxia, resposta ao calor; fototaxia, resposta à luz; timotaxia, resposta ao contato; quimiotaxia, resposta a substâncias químicas; reotaxia, resposta a correntes de ar ou água; galvanotaxia, resposta à corrente elétrica constante; e geotaxis, resposta à gravidade. Alguns estímulos causam uma mudança no movimento: movimento mais rápido, giro aleatório mais frequente ou desaceleração ou interrupção do movimento. Essas respostas são chamadas de cineses. A reação de evitação de um paramécio é uma taxia ou uma cinesia?

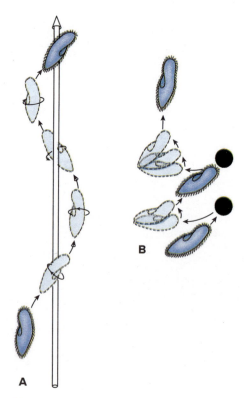

Figura 11.20 A. Trajeto em espiral de um *Paramecium* em natação. **B.** Reação de evitação do *Paramecium*.

Reprodução em Paramecium

Paramécios reproduzem-se somente por fissão binária transversal aos sistemas cinéticos (fileiras de cílios), mas apresentam certas formas de fenômenos sexuados, chamados de conjugação e autogamia.

Na **fissão binária**, o micronúcleo divide-se por mitose originando dois micronúcleos que se movem para extremidades opostas da célula (Figura 11.21). O macronúcleo alonga-se e divide-se amitoticamente.

A **conjugação** ocorre em intervalos nos ciliados. A conjugação é a união temporária de dois indivíduos para a troca de material cromossômico (Figura 11.22). Durante a união, o macronúcleo desintegra-se e o micronúcleo de cada indivíduo sofre meiose, dando origem a quatro micronúcleos haploides, sendo que três deles degeneram (ver Figura 11.22 A-C). O micronúcleo remanescente então se divide em dois pronúcleos haploides, e um deles é trocado com o outro conjugante. Os pronúcleos fundem-se para restabelecer o número diploide de cromossomos, e seguem-se vários outros eventos, que estão detalhados na Figura 11.22. Após esse complicado processo, os organismos podem continuar a se reproduzir por fissão binária sem que ocorra conjugação.

O resultado da conjugação é similar ao da formação de zigoto, pois cada ex-conjugante contém material hereditário de dois indivíduos. A reprodução sexuada permite recombinação gênica, aumentando assim a variabilidade genética na população. Embora os ciliados em culturas de clones possam aparentemente reproduzir-se repetida e indefinidamente sem conjugação, por fim o estoque parece perder vigor. A conjugação restabelece a vitalidade do estoque. Em geral, mudanças sazonais ou ambientes deteriorantes estimulam a reprodução sexuada.

Autogamia é um processo de autofecundação, similar à conjugação, com a diferença de não haver troca de núcleos. Após a desintegração do macronúcleo e das divisões meióticas do micronúcleo, dois pronúcleos haploides fundem-se, formando um sincárion que é completamente homozigoto (ver Seção 5.3).

Filo Dinoflagellata

Aproximadamente metade das espécies de dinoflagelados são fotoautótrofos e têm cromoplastos que contêm clorofila. O restante não possui cor e é heterótrofo. Os dinoflagelados ancestrais eram provavelmente heterótrofos, e alguns adquiriram cloroplastos por endossimbiose de uma variedade de grupos de algas. Em termos ecológicos, algumas espécies estão entre os mais importantes produtores primários em ambientes marinhos. Eles geralmente têm

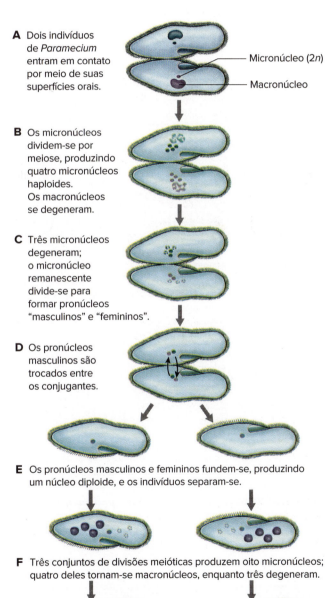

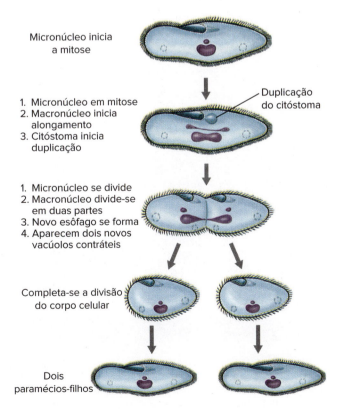

Figura 11.21 Fissão binária em um cilióforo (*Paramecium*). A divisão é transversal às fileiras de cílios.

Figura 11.22 Esquema de conjugação no *Paramecium*.

dois flagelos, um equatorial e um longitudinal, cada um abrigado, pelo menos parcialmente, em depressões no corpo (Figura 11.23). O corpo pode estar nu ou coberto por placas de celulose ou valvas. Muitas espécies podem ingerir presas por meio de uma região bucal entre as placas, próxima à área posterior do corpo. *Ceratium* (ver Figura 11.23), por exemplo, apresenta um espesso revestimento, com espinhos longos, para dentro dos quais o corpo se prolonga, mas ele pode capturar alimento com pseudópodes posteriores e ingeri-lo entre as placas flexíveis do sulco posterior. *Noctiluca* (ver Figura 11.23), um dinoflagelado sem cor, é um predador voraz com um tentáculo móvel e comprido próximo à base de onde emerge um único e curto flagelo. *Noctiluca* é um dos muitos organismos marinhos que podem produzir luz (bioluminescência).

Tema-chave 11.6
CONEXÃO COM SERES HUMANOS

Comer marisco na maré vermelha

Certas espécies de dinoflagelados produzem uma toxina que é prejudicial aos vertebrados quando em altas concentrações. Uma abundância dessas espécies é chamada de "maré vermelha". Embora esse nome tenha sido originalmente aplicado a situações em que os organismos se reproduziam em tal profusão (produzindo uma floração ou *bloom*) que a água ficava vermelha, qualquer instância de uma floração que produza níveis detectáveis de substâncias tóxicas é agora chamada de maré vermelha. A água pode ser vermelha, marrom, amarela ou não ter cor nenhuma. As toxinas não prejudicam os dinoflagelados, mas se estiverem presentes em altas concentrações podem prejudicar peixes ou outras formas de vida marinha. Em uma área de coleta de amêijoas, mexilhões, ostras ou outros filtradores para consumo humano, a praia fica fechada durante a maré vermelha. O fechamento dura até que os filtradores tenham digerido toda a toxina dos dinoflagelados que consumiram. As marés vermelhas causam consideráveis perdas econômicas para a indústria de moluscos. Vários tipos diferentes de dinoflagelados e uma espécie de cianobactéria têm sido responsáveis pelas marés vermelhas. Outro dinoflagelado produz uma toxina que se concentrada ao longo da cadeia alimentar, especialmente em grandes peixes de recife de coral. A doença humana ciguatera resulta do consumo de grandes peixes de recife de coral que se alimentam de peixes menores, que, por sua vez, alimentam-se de organismos filtradores.

Vários grupos de flagelados autótrofos são produtores primários do plâncton (ver Seção 38.4) em ambientes marinhos e de água doce; porém, os dinoflagelados são os mais importantes, especialmente no mar. Os zooxantelas são dinoflagelados que vivem em associação mutualística nos tecidos de certos invertebrados, incluindo anêmonas-do-mar, corais córneos e pétreos e bivalves. A associação com corais pétreos é de importância econômica e ecológica, pois somente corais com zooxantelas simbióticas podem formar recifes de coral (ver Capítulo 13).

A *Pfiesteria piscicida* é uma das espécies de dinoflagelados que podem afetar peixes em águas salobras ao longo da costa do Atlântico, ao sul da Carolina do Norte. Na maior parte do tempo, *Pfiesteria* alimenta-se de algas e bactérias, mas algo presente nas excretas de grandes cardumes de peixes faz com que libere uma toxina potente e de curta duração. A toxina pode atordoar ou matar peixes, frequentemente causando lesões na pele. *Pfiesteria* tem as formas flagelada e ameboide em seus mais de 20 tipos corporais; algumas formas alimentam-se de tecidos e sangue de peixes. Embora não apresente cloroplastos, *Pfiesteria* pode sequestrar cloroplastos de algumas de suas presas (algas), deles obtendo energia por um curto período de tempo. Esse grupo fascinante foi descoberto em 1988.

Filo Apicomplexa

Todos os Apicomplexa são endoparasitos e seus hospedeiros incluem muitos filos animais. A presença de determinada combinação de organelas, o **complexo apical**, distingue esse filo (Figura 11.24 A). Normalmente, o complexo apical está presente apenas em determinados estágios de desenvolvimento dos organismos; por exemplo, **merozoítos** e **esporozoítos** (Figura 11.25). Algumas estruturas, especialmente as **roptrias** e **micronemas**, aparentemente ajudam na penetração nas células ou nos tecidos dos hospedeiros.

As organelas locomotoras são menos evidentes nesse grupo do que em outros eucariotos unicelulares. Os pseudópodes ocorrem em alguns estágios intracelulares, e os gametas de algumas

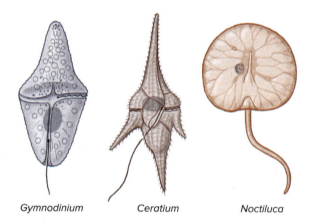

Gymnodinium   *Ceratium*   *Noctiluca*

Figura 11.23 Exemplos do filo Dinoflagellata. *Gymnodinium* não apresenta placas de celulose. Alguns membros de sua família são autótrofos e alguns são fagótrofos. *Ceratium* possui placas e é tanto autótrofo quanto fagótrofo. *Noctiluca* é inteiramente fagótrofo, pode atingir tamanho considerável (mais de 1 mm de largura) e apresenta um longo tentáculo envolvido na alimentação.

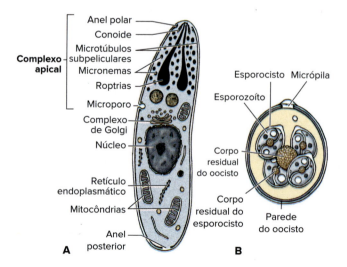

Figura 11.24 **A.** Diagrama de um esporozoíto ou merozoíto de Apicomplexa, com base em microscopia eletrônica, ilustrando o complexo apical. O anel polar, conoide, micronemas, roptrias, microtúbulos subpeliculares e microporo (citóstoma) são todos considerados componentes do complexo apical. **B.** Oocisto infeccioso de *Eimeria*. O oocisto é o estágio resistente e sofreu fissões múltiplas após a formação do zigoto (esporogonia).

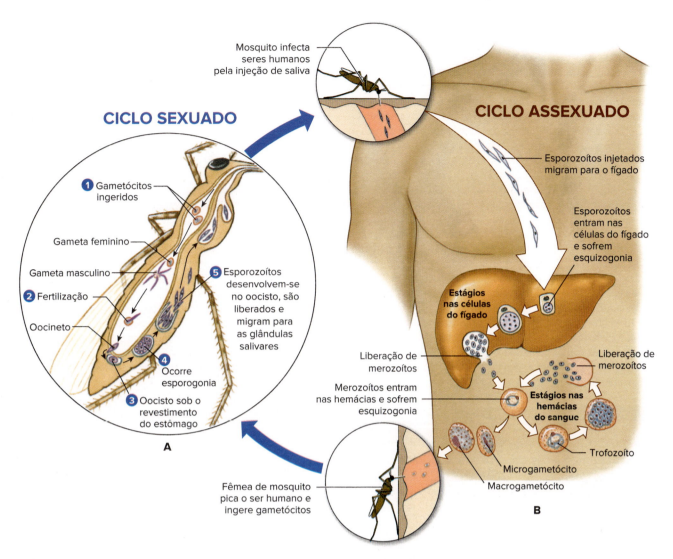

Figura 11.25 Ciclo de vida de *Plasmodium vivax*, um dos protozoários (classe Coccidia) que causam a malária nos seres humanos. **A.** O ciclo sexuado produz esporozoítos em um mosquito. A meiose ocorre logo após a formação do zigoto (meiose zigótica). **B.** Os esporozoítos infectam a pessoa e reproduzem-se assexuadamente, primeiro nas células do fígado e, depois, nas hemácias. A malária é disseminada pelo mosquito *Anopheles*, que ingere gametócitos junto com o sangue humano e, então, quando pica outra vítima, deixa os esporozoítos no local da picada.

espécies são flagelados. Pequenas fibrilas contráteis podem formar ondas de contração na superfície corporal para impulsionar o organismo em meio líquido.

O ciclo de vida geralmente inclui tanto reprodução assexuada quanto sexuada e, às vezes, um hospedeiro intermediário invertebrado. Em algum ponto do ciclo de vida, os organismos desenvolvem um **esporo (oocisto)**, que é infeccioso para o próximo hospedeiro, sendo frequentemente protegido por um revestimento resistente.

Classe Coccidia

Coccidia são parasitos intracelulares de vertebrados e invertebrados, e o grupo inclui espécies de grande importância médica e veterinária. Discutiremos três exemplos: *Eimeria*, que geralmente afeta as aves; *Toxoplasma*, que causa toxoplasmose, uma doença que afeta gatos e seres humanos; e *Plasmodium*, organismo causador da malária.

Espécies de Eimeria

O nome "coccidiose" é geralmente aplicado somente para infecções com *Eimeria* ou *Isospora*. Os seres humanos podem ser infectados com espécies de *Isospora*, mas raramente causa doença. Porém, infecções por *Isospora* podem ser muito sérias em pacientes com AIDS. Algumas espécies de *Eimeria* podem causar doenças sérias em alguns animais domésticos. Os sintomas geralmente incluem diarreia grave ou disenteria.

Eimeria tenella é frequentemente fatal para aves jovens, produzindo patogenias graves no intestino. Os organismos sofrem esquizogonia (ver Seção 11.2) nas células intestinais, para finalmente produzir gametas. Após a fecundação, o zigoto forma um oocisto que é eliminado juntamente com as fezes do hospedeiro (ver Figura 11.24 B). A esporogonia ocorre dentro do oocisto, mas fora do hospedeiro, produzindo oito esporozoítos em cada oocisto. A infecção acontece quando um novo hospedeiro acidentalmente ingere um oocisto onde ocorreu a esporogonia, e os esporozoítos são liberados pelas enzimas digestivas.

Toxoplasma gondii

Ciclo de vida semelhante ocorre em *Toxoplasma gondii*, parasito de gatos, mas essa espécie produz também estágios extraintestinais. Quando roedores, gado, ovelhas, seres humanos, vários outros mamíferos, ou até mesmo aves, ingerem esporozoítos, estes atravessam o intestino e começam rapidamente a reprodução assexuada em diversos tecidos. Conforme o hospedeiro desenvolve uma resposta imune, a reprodução dos zoítos diminui e eles ficam isolados em **cistos teciduais** resistentes. Os zoítos, agora chamados de **bradizoítos**, acumulam-se em grande número em cada cisto. Os bradizoítos são infecciosos para outros hospedeiros, incluindo gatos, nos quais podem iniciar o ciclo intestinal, no caso do gato se alimentar de uma presa infectada. Os bradizoítos podem permanecer viáveis e infecciosos por meses ou anos, sendo estimado que 33% da população humana mundial seja portadora desses cistos contendo bradizoítos. A rota normal de infecção em seres humanos é aparentemente o consumo de carne infectada malcozida.

Cerca de 16% ou mais dos adultos nos EUA estão infectados pelo *Toxoplasma gondii* e não têm sintomas porque o parasito é mantido sob controle pelo sistema imunológico. Entretanto, *T. gondii* é uma das infecções oportunistas mais importantes em pacientes com AIDS. A infecção latente é ativada em 5 a 15% dos pacientes com AIDS, frequentemente no cérebro, com graves consequências.

Em mulheres infectadas com *Toxoplasma* durante a gestação, principalmente no primeiro trimestre, tal infecção aumenta bastante as chances de um defeito congênito no bebê; talvez 2% de todos os casos de retardo mental nos EUA sejam resultantes de toxoplasmose congênita.

Tema-chave 11.7
CONEXÃO COM SERES HUMANOS

Infecções emergentes causadas por coccídios

O coccídeo *Cryptosporidium parvum* foi relatado pela primeira vez em pessoas em 1976. Agora o reconhecemos como uma das principais causas de doenças diarreicas em todo o mundo, especialmente em crianças de países tropicais. Surtos transmitidos pela água ocorreram nos EUA, e a diarreia pode ser fatal em pacientes imunocomprometidos (como aqueles com AIDS). As taxas de infecção em 2005 foram de cerca de três casos por 100 mil pessoas. O coccídio patógeno que surgiu mais recentemente foi *Cyclospora cayetanensis*. Nos EUA, os surtos ocorreram anualmente de 2013 a 2015, com 546 pessoas infectadas em 2015. A diarreia é o sintoma mais comum de infecção. A infecção geralmente ocorre pela ingestão de alimentos ou água contaminados.

Plasmodium: o organismo da malária

Plasmodium spp. são os mais conhecidos dos coccídios e os causadores da doença infecciosa mais importante que atinge os seres humanos: a **malária**. Esta é uma doença muito grave, comum e difícil de controlar, particularmente em países tropicais e subtropicais. Quatro espécies de *Plasmodium* infectam seres humanos: *P. falciparum*, *P. vivax*, *P. malariae* e *P. ovale*. Embora cada espécie produza um quadro clínico peculiar, todas as quatro têm ciclos de desenvolvimento similares dentro de seus hospedeiros (ver Figura 11.25).

O parasito é transmitido por mosquitos (*Anopheles*), sendo os esporozoítos injetados nos seres humanos por meio da saliva do inseto durante a sua picada. Os esporozoítos penetram nas células do fígado e iniciam a esquizogonia. Em *P. falciparum*, um único esporozoíto produz até 40 mil merozoítos por esquizogonia. Então, os produtos dessa divisão entram em outras células do fígado para repetir o ciclo esquizogônico ou, no caso de *P. falciparum*, penetram nas hemácias do sangue após um único ciclo no fígado. O período em que os parasitos estão no fígado é chamado de **período de incubação** e dura de 6 a 15 dias, dependendo da espécie de *Plasmodium*.

Os **merozoítos**, liberados como resultado da esquizogonia ocorrida no fígado, entram nas hemácias do sangue, onde iniciam uma série de ciclos esquizogônicos. Quando penetram nas hemácias, tornam-se **trofozoítos** ameboides, que se alimentam de hemoglobina. O produto final da digestão da hemoglobina realizada pelo parasito é um pigmento escuro e insolúvel: a **hemozoína**. Esta acumula-se na célula hospedeira, é liberada quando a próxima geração de merozoítos é produzida e, finalmente, acumula-se no fígado, baço ou outros órgãos. Um trofozoíto dentro de uma hemácia cresce e sofre esquizogonia, produzindo de 6 a 36 merozoítos que, dependendo da espécie, rompem-se para infectar novas células vermelhas. Quando uma célula vermelha que contém merozoítos se rompe, libera os produtos metabólicos do parasito que lá se acumularam. A liberação dessas substâncias estranhas na circulação do paciente resulta em calafrios e febre, característicos da malária.

Uma vez que a maturação das populações de esquizontes nas hemácias é mais ou menos sincronizada, os episódios de febre e calafrios têm periodicidade característica, que é típica para cada espécie de *Plasmodium*. Na malária causada por *P. vivax* (terçã benigna) e na causada por *P. ovale*, os episódios ocorrem a cada 48 horas; na malária causada pelo *P. malariae* (quartã), ocorrem a cada 72 horas; e, na malária causada pelo *P. falciparum* (terçã maligna), ocorrem mais ou menos a cada 48 horas, embora a sincronia não seja tão bem definida nessa espécie. Geralmente, as pessoas recuperam-se das infecções causadas pelas três primeiras espécies, mas a mortalidade é alta nos casos não tratados de infecção por *P. falciparum*. Às vezes ocorrem complicações graves, como a **malária cerebral**. Infelizmente, *P. falciparum* é a espécie mais comum, contabilizando 50% de toda a malária mundial. Certos genes como, por exemplo, o gene para anemia falciforme (ver Seção 6.4), conferem alguma resistência à malária para as pessoas que carregam esses genes.

Após alguns ciclos de esquizogonia nas hemácias, a infecção de novas células por alguns dos merozoítos causa a produção de **microgametócitos** e **macrogametócitos**, em vez de outra geração de merozoítos. Quando os gametócitos são ingeridos pelo mosquito que se alimentou do sangue de um doente, eles formam **gametas** e a fecundação ocorre. O zigoto torna-se um **oocineto** móvel, que penetra a parede do estômago do mosquito e transforma-se em **oocisto**. Dentro do oocisto ocorre esporogonia, e milhares de **esporozoítos** são produzidos. O oocisto rompe-se e os esporozoítos migram para as glândulas salivares, de onde são transferidos para seres humanos por meio da picada do mosquito. O desenvolvimento dentro do mosquito requer de 7 a 18 dias, embora o prazo possa ser maior em temperaturas baixas.

Cerca de 41% da população mundial vive em regiões afetadas pela malária. A eliminação dos mosquitos e seus locais de procriação com o uso de inseticidas, drenagem e outros métodos tem sido eficaz no controle da malária em algumas áreas. No entanto, as dificuldades em executar tais ações em áreas remotas ou com conflitos civis, bem como a aquisição de resistência a inseticidas pelos mosquitos e às drogas antimaláricas por *Plasmodium* (especialmente *P. falciparum*) indicam que a malária será uma doença grave por muito tempo. As estimativas globais para o ano de 2006 indicavam 247 milhões de pessoas infectadas, com uma estimativa de 1 milhão de mortes, a maioria delas de crianças africanas.

Outras espécies de *Plasmodium* parasitam aves, répteis e mamíferos. No caso das aves, a transmissão se dá, principalmente, por meio dos mosquitos *Culex*.

> **Tema-chave 11.8**
> **CIÊNCIA EXPLICADA**
>
> **Epidemiologia da malária**
>
> Uma *doença* é qualquer enfermidade ou distúrbio que pode ser reconhecido por um dado conjunto de sinais e sintomas. A epidemiologia é o estudo de todos os fatores que influenciam a transmissão, distribuição geográfica, incidência e prevalência de uma doença. A epidemiologia das doenças parasitárias frequentemente envolve saneamento deficiente e contaminação da água ou dos alimentos com estágios infecciosos. Esse não é o caso das doenças transmitidas por artrópodes, como a malária. A transmissão e distribuição da malária dependem da presença de uma espécie adequada de *Anopheles*, bem como de seus hábitos de reprodução, alimentação e repouso. O clima (se o mosquito pode se reproduzir e se alimentar durante todo o ano) é importante, assim como a prevalência de seres humanos infectados (especialmente indivíduos assintomáticos). Não tem nada a ver com eliminação inadequada de resíduos ou pobreza.

Cercozoa

Membros do filo Cercozoa não compartilham um plano corporal comum; alguns são flagelados e outros ameboides. Os membros ameboides do grupo podem ser nus ou tecados. As amebas tecadas incluem *Euglypha*, que forma a carapaça com partículas coletadas (ver Figura 11.12), *Clathrulina*, que tem uma cápsula silicosa (ver Figura 11.3), e alguns ex-membros de Radiolaria. Os radiolários são amebas marinhas com esqueletos de sílica. Os Phaeodaria, anteriormente considerados radiolários mas agora classificados em Cercozoa, têm um esqueleto amorfo de sílica adicionado de magnésio, cálcio e cobre. O esqueleto dessas formas unicelulares incomuns contém espinhos ocos e está presente em microfósseis datados do Cambriano. *Clathrulina* pertence a um grupo de organismos denominado Desmothoracida, que era classificado em Heliozoa (ver Seção 11.3). Os cercozoários ameboides variam nos tipos de pseudópodes formados: os axópodes são formados nos Phaeodaria e Desmothoracida, mas outros membros do grupo formam filópodes.

O clado Cercozoa surgiu a partir de análises filogenéticas com base em dados moleculares. Da breve descrição apresentada, fica claro que o grupo é heterogêneo em termos de morfologia. Cercozoa é igualmente heterogêneo nos modos de vida de seus representantes. Há membros fotossintetizantes, como os Chlorarachniophyta, amebas nuas e verdes que formam filópodes. Outros membros do grupo são heterótrofos de vida livre e outros ainda são como parasitos, como Plasmodiophorida e Haplosporidia. Plasmodiophorida são parasitos intracelulares obrigatórios responsáveis por danos agrícolas – eles já foram considerados fungos. Haplosporidia são parasitos de invertebrados marinhos; uma de suas espécies causa a MSX, doença que afeta adversamente populações comerciais da ostra *Crassostrea virginica* ao longo da costa do Atlântico nos EUA.

Foraminifera

Nesse clado de amebas, os pseudópodes finos prolongam-se a partir de aberturas na carapaça, ramificam-se e se reúnem novamente de modo a formar uma rede protoplasmática (**reticulópodes**), na qual irão aprisionar suas presas. Nessa rede, a presa é capturada e digerida, e os produtos da digestão são levados para o interior pelo fluxo de citoplasma. O fluxo citoplasmático é bidirecional ao longo do retículo.

Os foraminíferos compõem um grupo muito antigo de amebas com carapaça; são encontrados em todos os oceanos e, alguns poucos, em água doce e salobra. A maioria dos foraminíferos vive no solo oceânico em números incríveis e, talvez, representem uma biomassa maior do que qualquer grupo animal na Terra. Suas carapaças são de vários tipos (ver Figura 11.3). A maioria delas tem várias câmaras e é feita de carbonato de cálcio, embora às vezes sejam agregados de sílica, silte e outros materiais estranhos. Os ciclos de vida dos foraminíferos são complexos, pois eles têm fissões múltiplas e alternância de gerações haploide e diploide (meiose intermediária).

Os foraminíferos existem desde o Pré-Cambriano, deixando excelentes registros fósseis. Em muitos casos, suas carapaças foram preservadas sem alterações. Muitas espécies extintas parecem-se bastante com as dos dias de hoje. Eles eram especialmente abundantes durante os períodos Cretáceo e Terciário. Alguns medem até 100 mm de diâmetro, mas eram pequenos em comparação com os xenofióforos de águas profundas atuais. Essas gigantes formas bentônicas e multinucleadas chegam a 20 cm de diâmetro e agregam ampla variedade de partículas em uma carapaça frágil. Podem ser filtradores ou comedores de depósitos e são incomuns no fato de que seu citoplasma contém cristais de sulfato de bário e suas pelotas fecais, retidas no corpo, concentram metais pesados, como chumbo ou mercúrio.

Por incontáveis milhões de anos, as carapaças de foraminíferos mortos têm sido depositadas no fundo dos oceanos, formando vasas características, ricas em calcário e sílica. Cerca de 1/3 do fundo do mar é coberto por carapaças do gênero *Globigerina*. Esse tipo de vasa é especialmente abundante no Oceano Atlântico.

De igual interesse e de grande importância prática são os depósitos de calcário e calcita que se formaram pela acumulação de foraminíferos, quando o mar cobria o que agora é terra. Posteriormente, com a elevação do fundo oceânico e outras mudanças geológicas, essas rochas sedimentares emergiram como terras secas. Os depósitos calcários de diversas áreas da Inglaterra, incluindo a White Cliffs de Dover, foram assim formados. As grandes pirâmides do Egito foram feitas com rochas extraídas das camadas de calcário formadas por uma grande população de foraminíferos que prosperou durante o início do período Terciário.

Uma vez que fósseis de foraminíferos podem ser encontrados em perfurações, a sua identificação é frequentemente importante para geólogos que trabalham com prospecção de petróleo identificaremos estratos rochosos.

"Radiolaria"

Os radiolários são amebas marinhas com carapaça e axópodes. Com exceção dos Phaeodaria, que atualmente são considerados um subgrupo de Cercozoa (ver Seção 11.3), os organismos descritos como Radiolaria antes do advento das técnicas de filogenia molecular ainda são considerados radiolários. Muitos radiolários vivem em águas superficiais, mas há táxons que ocorrem em profundidades de até 1.000 m. Os radiolários têm o corpo dividido por uma cápsula central (carapaça ou esqueleto) que separa zonas interna e externa do citoplasma. A cápsula central, que pode ser esférica, ovoide ou ramificada, é perfurada para permitir a continuidade do citoplasma. Ao redor da cápsula, há uma massa de citoplasma vacuolado, na qual originam-se os axópodes (ver Figura 11.6). Axópodes pegajosos capturam presas, que são levadas à cápsula pelo fluxo protoplasmático. O ectoplasma de um dos lados do eixo axial move-se em direção à extremidade do axópode, enquanto do outro lado ele se move em direção à carapaça. Os radiolários solitários alimentam-se de bactérias, microalgas e microflagelados, enquanto os radiolários coloniais obtêm nutrientes de algas simbióticas.

As células dos radiolários podem ter um ou vários núcleos. Seus ciclos de vida são pouco conhecidos, mas a fissão binária, o brotamento e a esporulação já foram observados no grupo.

A composição química e a complexidade do esqueleto dos radiolários variam: os membros do subgrupo Acantharea têm um esqueleto composto de sulfato de estrôncio, enquanto os membros do subgrupo não monofilético Polycistinea têm esqueleto de sílica amorfa, que pode apresentar espículas ou a forma de capacete. O registro fóssil dos radiolários data do Jurássico, pois suas carapaças de sílica relativamente insolúveis contribuem para sua durabilidade. Os fósseis são geralmente encontrados em grandes profundidades (de 4.600 a 6.100 m), principalmente nos oceanos Pacífico e Índico. Vasas de radiolários cobrem cerca de 5 a 8 milhões de quilômetros quadrados, com uma espessura de 700 a 4 mil m. Sob certas condições, as vasas de radiolários formam rochas silicosas. A maioria dos fósseis de radiolários é encontrada em rochas terciárias da Califórnia. A identificação de algumas espécies de radiolários é importante para geólogos que trabalham com prospecção de petróleo interessados na determinação da idade de determinados estratos.

Plantae

O clado Plantae compreende três linhagens fotossintetizantes: glaucófitas, rodófitas (algas vermelhas) e Viridiplantae. Plantae é, às vezes, denominada Archaeplastida, em referência à simbiose primária ancestral com uma cianobactéria, que originou os cloroplastos dos eucariotos fotossintetizantes. Viridiplantae contém as algas verdes unicelulares, coloniais e multicelulares (antigamente reunidas no filo Chlorophyta), bem como as plantas vasculares e não vasculares. O filo Chlorophyta é um grupo não monofilético que contém apenas as algas verdes. Sabemos hoje que as plantas vasculares e não vasculares (coletivamente chamadas de plantas "terrestres") compartilham um ancestral comum com as algas verdes. Em termos evolutivos, os organismos que a maioria das pessoas chamaria de plantas são, na verdade, algas verdes terrestres. Viridiplantae inclui os ex-membros de Chlorophyta e as plantas vasculares e não vasculares. Seus cloroplastos contêm clorofilas *a* e *b*.

Viridiplantae

Discutiremos apenas alguns táxons flagelados que são normalmente considerados eucariotos microbianos. *Chlamydomonas* (Figura 11.26) é uma forma unicelular biflagelada. A formação de colônia em algas verdes ocorre quando os produtos da divisão celular mantêm pontes citoplasmáticas entre as células, que ficam imersas em uma matriz extracelular (MEC). A verdadeira multicelularidade requer uma divisão de trabalho entre as células: algumas se tornam a linhagem germinativa e outras, a linhagem somática. As mudanças genéticas necessárias para o estabelecimento dessa divisão foram elucidadas na linhagem de algas verdes que deu origem a *Volvox carteri*. Um plano corporal colonial é evidente em *Gonium*, *Eudorina* e *Pandorina* (ver Figura 11.26), mas *Volvox* foi uma de nove linhagens de algas verdes que evoluíram a multicelularidade de forma independente. Existem mais de 25 casos como este na história da vida.

Volvox (Figura 11.27) é uma esfera oca e verde que pode alcançar de 0,5 a 1 mm de diâmetro. Um único organismo contém milhares de células (até 50 mil) imersas na superfície gelatinosa de uma esfera com aspecto gelatinoso. Cada célula é muito

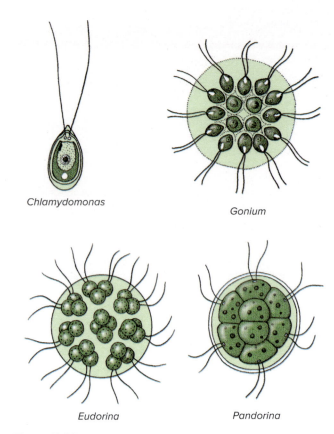

Figura 11.26 Exemplos de membros flagelados de Viridiplantae. Eles são todos fotoautótrofos.

semelhante a um euglenídeo (ver Seção 11.3), com um núcleo, um par de flagelos, um cloroplasto grande e um **estigma** vermelho. Um estigma é uma taça rasa de pigmento que permite que a luz oriunda de apenas uma direção atinja um receptor fotossensível. As células adjacentes são conectadas umas às outras por filamentos citoplasmáticos. Em um polo (geralmente o da frente, à medida que a colônia se move), os estigmas são um pouco maiores. A ação coordenada dos flagelos faz o esferoide se mover por rolamento.

O *Volvox carteri* contém uma divisão completa do trabalho: células somáticas, fotossintéticas, móveis, haploides e pequenas são incorporadas em uma matriz extracelular (ECM) para formar um corpo esferoide, e 16 células grandes reprodutivas, haploides e não móveis chamadas de gonídios são incorporadas abaixo das células somáticas. Os gonídios sofrem clivagem e inversão (ver tema-chave a seguir) para formar novos esferoides com ambas as células somáticas e reprodutivas. Como os 16 novos esferoides que se desenvolveram dos gonídios saem por digestão pelo ECM, os esferoides das células somáticas que antes os abrigavam morrem (ver Figura 11.27).

As linhagens masculina e feminina do *V. carteri* não são distinguíveis na fase assexuada, mas quando expostas a um feromônio específico, os sexos tornam-se distintos. Em esferoides femininos, os gonídios desenvolvem-se em esferoides que contêm 48 óvulos, enquanto os gonídios masculinos se desenvolvem em 64 a 128 pacotes de espermatozoides móveis. Após a fecundação, ocorre um estágio inativo de repouso diploide que tolera congelamento e secagem. Após a germinação, o estágio de repouso sofre meiose para produzir um único organismo haploide viável que sofre clivagem para formar um novo esferoide. A reprodução sexuada ocorre apenas periodicamente.

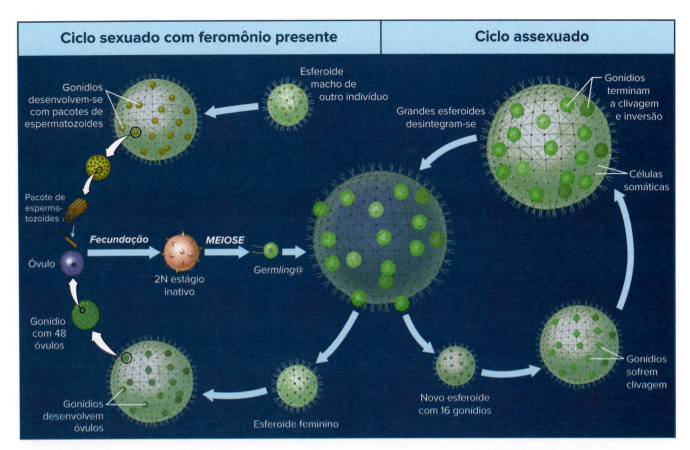

Figura 11.27 O ciclo de vida de *Volvox carteri* que mostra as fases assexuada e sexuada do ciclo de vida. Novos esferoides se desenvolvem a partir de células reprodutivas especializadas chamadas de gonídios. As células somáticas nos esferoides vivem apenas 48 horas.

Tema-chave 11.9
ADAPTAÇÃO E FISIOLOGIA
Inversão em Volvox e Esponjas

A polaridade original das células no *Volvox* é tal que seus flagelos se projetam para a cavidade interna do organismo em desenvolvimento. Para mover os flagelos para fora de modo que a locomoção seja possível, todo o esferoide deve virar-se ao avesso. Esse processo, chamado de inversão, é *muito incomum*. Apenas as esponjas (filo Porifera) têm um processo de desenvolvimento comparável.

Centrohelida (Centroheliozoa, "Heliozoa")

Antes do uso generalizado das técnicas moleculares em filogenéticas, Heliozoa compreendia um grande grupo de amebas tecadas que formavam axópodes. Todas as espécies antigamente classificadas em Heliozoa, exceto membros da ordem Centrohelida, foram transferidas para outros táxons, daí a alteração do nome. Ex-membros de Heliozoa foram transferidos para Stramenopila (Actinophryida) e Cercozoa (Desmothoracida). Centrohelida são amebas com cristas mitocondriais achatadas. A estrutura de seus axópodes é característica: os microtúbulos (ver Figura 11.6) do axonema são arranjados em hexágonos ou triângulos. Na maioria dos Centrohelida, os axópodes estendem-se por uma camada de escamas de sílica, de diversos formatos; em alguns táxons, essa camada pode estar ausente e substituída por uma camada de muco. A maioria dos Centrohelida vive em água doce, mas alguns de seus clados colonizaram ambientes de água salobra ou marinha. Esses adoráveis unicelulares são predadores.

Amoebozoa

Os amoebozoários incluem amebas nuas e tecadas, bem como as amebas que têm estágios flagelados no ciclo de vida. Os amoebozoários normalmente têm cristas mitocondriais tubulares e ramificadas, mas essa característica não é exclusiva do grupo. As formas ameboides do grupo incluem os fascinantes mixomicetos plasmodiais e celulares do subgrupo Mycetozoa (p. ex., *Physarum* e *Dictyostelium*, respectivamente); amebas tecadas com pseudópodes do tipo lobópode, como *Arcella* (ver Figuras 11.3 e 11.12); e amebas nuas e com lobópodes, como *Chaos carolinense*, *Amoeba proteus* ou membros do gênero *Acanthamoeba* (ver Figura 11.8). *C. carolinense* ou *A. proteus* é algumas vezes usada em aulas de Biologia, mas a *Acanthamoeba castellani* ganhou notoriedade por seu impacto na saúde humana. *A. castellani* causa a morte de células da córnea humana e é disseminada por lentes de contato que não são desinfetadas apropriadamente.

Amoebozoa inclui também as amebas endozoicas – aquelas que vivem dentro do corpo dos seres humanos e de outros animais. *Entamoeba histolytica* é um importante parasito do ser humano que vive no intestino grosso e se alimenta por um processo chamado de **trogocitose**, no qual o parasito morde e consome partes da membrana da célula do hospedeiro, bem como citoplasma e organelas. O mesmo processo é utilizado quando *Naegleria fowleri* ingere tecido cerebral (ver Seção 11.3).

Quando *E. histolytica* consome células da parede do intestino, uma disenteria amebiana séria e, às vezes, fatal pode ocorrer. As amebas podem ser levadas pelo sangue para o fígado e para outros órgãos, provocando abscessos. Muitas pessoas infectadas mostram pouco ou nenhum sintoma, mas são portadoras e transmitem os cistos por meio de suas fezes. O diagnóstico é complicado por causa da existência de espécies não patogênicas, como *E. dispar*, que é morfologicamente idêntica a *E. histolytica*. A infecção é transmitida por água contaminada ou por alimentos que contenham os cistos. *E. histolytica* é encontrada no mundo inteiro, embora a amebíase clínica prevaleça em áreas tropicais e subtropicais.

Outras espécies de *Entamoeba* encontradas em seres humanos são *E. coli*, no intestino, e *E. gingivalis*, na boca. Nenhuma dessas espécies causa doença.

Opisthokonta

Opisthokonta é um clado caracterizado pelas cristas mitocondriais achatadas e pela presença de um flagelo posterior, quando células flageladas estão presentes. O nome do grupo refere-se a um único (uni) flagelo (kont). Análises recentes que comparam sequências de proteínas entre táxons também identificaram uma curta sequência de aminoácidos de uma proteína (fator 1-alfa de elongação) que é compartilhada tanto pelos membros unicelulares como pelos multicelulares. As relações entre os membros desse clado, como sugeridas pelos dados de sequências de várias proteínas, são mostradas na Figura 11.28.

Os Opisthokonta compreendem os animais, os fungos e alguns táxons unicelulares divididos entre dois grandes clados: Holomycota e Holozoa. As formas unicelulares mais conhecidas desse grupo são os microsporídeos e os coanoflagelados. Os microsporídeos são parasitos intracelulares, hoje reconhecidos como fungos especializados. Os Holomycota são fungos e certas amebas relacionadas. Os Holozoa compreendem os animais e seu táxon-irmão de coanoflagelados, bem como Ichthyosporea (animais parasitos às vezes chamados de DRIPs,[a] Corallochytrea, e um grupo de amebas chamado de Filasterea (Ministeriida e *Capsaspora*). Estes táxons representam um grupo diverso em termos morfológicos e bioquímicos (nem todos estão mostrados na Figura 11.28). Os biólogos inferiram algumas características do último ancestral comum dos Opisthokonta e mapearam perdas de caracteres-chave. Por exemplo, nem todos os membros de Opisthokonta agora possuem um flagelo posterior; trabalhos recentes estimam cinco perdas independentes dessa característica. A alimentação por osmotrofia evoluiu duas vezes. Acredita-se que o ancestral comum dos Opisthokonta teve quatro tipos principais de quitina sintases, mas Holomycota e Holozoa retiveram conjuntos não sobrepostos.

Os coanoflagelados (ver Figura 11.28) são eucariotos solitários ou coloniais considerados o táxon irmão mais provável dos animais. Eles são usados para testar hipóteses sobre como a multicelularidade surgiu nos animais, especificamente para identificar características dos mais recentes ancestrais dos animais e seus parentes unicelulares mais próximos. Nós falaremos sobre eles juntamente com as esponjas (ver Seção 12.1) por causa da forte semelhança entre células coanoflageladas e os coanócitos das esponjas.

11.4 FILOGENIA E DIVERSIFICAÇÃO ADAPTATIVA

Filogenia

Evidências moleculares nos têm feito reconsiderar quase completamente nossos conceitos sobre a filogenia dos eucariotos unicelulares. Parece que o ancestral eucarioto se diversificou em vários clados morfologicamente distintos, apesar da ordem de ramificação dessa diversificação ser ainda pouco compreendida. Muitos caracteres utilizados em análises filogenéticas vêm de características estruturais

---

[a] N.T.: Corresponde ao acrônimo dos membros originais. Em inglês: ***D**ermocystidium*, ***R**osette agent*, ***I**chthyophonus*, and ***P**sorospermium*.

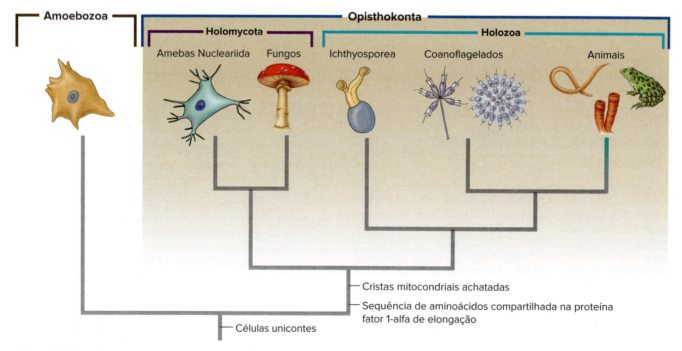

Figura 11.28 Hipótese sobre as relações de parentesco entre alguns membros de Opisthokonta, com os coanoflagelados como táxon-irmão de Metazoa. Os coanoflagelados ilustrados são *Codonosiga*, à esquerda, e *Proterospongia*, à direita.

das organelas. Entretanto, é preciso saber distinguir uma organela primária, formada por meio de simbioses entre procariotos, de uma adquirida mais recentemente, formada por meio de simbioses secundárias. A ausência de uma organela, como uma mitocôndria, pode ser informativa, mas apenas se tivermos uma maneira de distinguir se as mitocôndrias estavam presentes e foram posteriormente perdidas, ou se nunca estiveram presentes no grupo em questão. Estudos detalhados do genoma nuclear e dos produtos gênicos – por exemplo, enzimas mitocondriais codificadas por genes nucleares – podem distinguir entre a ausência primária de uma estrutura e sua perda secundária. Hoje, assume-se que todos os eucariotos unicelulares sem mitocôndria tiveram um ancestral com mitocôndria.

Os plastídios eram outro caráter variável considerado promissor no esclarecimento de relações filogenéticas. Entretanto, a presença de alguns plastídios particulares em uma ampla variedade de eucariotos unicelulares e multicelulares aparentemente não relacionados era confusa. Enfim, ficou claro que o evento de endossimbiose primária com uma cianobactéria foi seguido de eventos de endossimbiose secundária e terciária, que transferiram plastídios entre linhagens de eucariotos. O esclarecimento das vias de transferência endossimbiótica, em combinação com resultados de novos conjuntos de dados moleculares, sugere que muitas linhagens eucarióticas podem ser combinadas em poucos supergrupos.

Os membros de alguns desses supergrupos são mostrados na Figura 11.13. Retortamonada e Diplomonada estão reunidos no clado Fornicata. Algumas pesquisas sustentam a união de Fornicata com Parabasalea, Heterolobosea e Euglenozoa, bem como com outros táxons não discutidos neste livro, no supergrupo Excavata. As células de Excavata compartilham um sulco alimentar incomum. Entretanto, o suporte para Excavata varia de acordo com os genes utilizados nas análises e, portanto, não o discutiremos. Os membros do clado Alveolata compartilham uma característica morfológica, a presença de alvéolos, e esse grupo é bem sustentado em filogenias moleculares. A maioria das pesquisas posiciona Alveolata como táxon-irmão de Rhizaria, com este par de táxons formando um táxon-irmão dos Stramenopila.

O supergrupo Rhizaria une Cercozoa, Foraminifera, "Radiolaria" e alguns outros táxons em um clado em que muitos membros são amebas tecadas, alguns com rizópodes. Entretanto, membros de Cercozoa, em particular, têm uma gama de outras formas corporais; além disso, amebas tecadas ocorrem em outros grupos além de Rhizaria. Rhizaria também inclui um clado de amebas tecadas do gênero *Gromia*. *Gromia sphaerica* foi manchete quando descoberta rolando sobre o fundo oceânico à profundidade de 610 m, ao largo das Bahamas. Essa ameba tem o tamanho impressionante de alguns centímetros de diâmetro, mas a parte mais emocionante de tal descoberta é que seu rastro no fundo oceânico é muito semelhante a rastros fósseis atribuídos a organismos bilateralmente simétricos. Os paleontólogos estão reavaliando algumas evidências de rastros fósseis, indagando-se sobre o papel dessas amebas gigantes.

A união de Stramenopila, Alveolata e Rhizaria no grupo SAR foi proposta. O nome desse grupo é formado pelas letras iniciais de cada superclado; algumas vezes, o grupo é denominado RAS, pois os táxons são listados na ordem inversa. A validade do supergrupo Plantae, às vezes chamado de "Archaeplastida", não está em dúvida – esse grupo é sustentado tanto por caracteres moleculares como morfológicos, embora alguns estudos incluam ou excluam táxons menores, não discutidos neste livro. Um estudo recente colocou o Plantae como um táxon irmão do SAR. Há também forte sustentação para Unikonta. Esse grupo une Amebozoa e Opisthokonta com base na presença de apenas um flagelo quando células flageladas estão presentes. No entanto, alguns membros de Amebozoa produzem gametas biflagelados e por isso não está claro se um ancestral comum foi realmente um Unikonta.

Algumas filogenias baseadas em dados moleculares colocam a raiz da árvore de eucariotos entre os Unikonta e todos os outros táxons unicelulares, que são agrupados como "Bikonta" devido à presença compartilhada de dois flagelos, quando estes estão presentes. A filogenia dos eucariotos é de interesse para muitos biólogos e a pesquisa continua em ritmo acelerado nesses grupos. Parte desse interesse está relacionada com a posição filogenética de táxons que causam prejuízos aos seres humanos. Isso porque tratamentos efetivos contra algumas espécies patogênicas frequentemente funcionam em organismos aparentados. Por exemplo, não havia tratamentos efetivos contra microsporídeos até a descoberta de que esses organismos eram fungos altamente especializados, quando então medicamentos antifúngicos passaram a ser ministrados. Talvez o maior interesse na filogenia dos eucariotos esteja em poder descrever todas as vias da evolução desse enorme grupo, mas muito trabalho precisa ainda ser feito para que esse objetivo seja alcançado.

Diversificação adaptativa

Neste capítulo, descrevemos uma parte da ampla gama de adaptações dos grupos de eucariotos unicelulares. As amebas abrangem desde espécies sem carapaça que vivem sobre o fundo, até formas planctônicas, como os foraminíferos e os radiolários, que possuem carapaças lindas e complexas. Há muitas espécies de amebas que são simbiontes. Do mesmo modo, as formas flageladas apresentam adaptações para uma vasta gama de hábitats, além de variação na capacidade fotossintética em muitos grupos.

No plano corporal de uma célula única, a divisão de trabalho e a especialização de organelas é maior nos ciliados estruturalmente complexos. As especializações para o parasitismo intracelular foram adotadas pelos Apicomplexa, bem como por outros táxons.

Taxonomia de eucariotos unicelulares

A classificação a seguir não é exaustiva e, com poucas exceções, apenas os táxons discutidos neste capítulo estão listados.

Filo Retortamonada (do latim *retorqueo*, retorcer + *monas*, unidade). Mitocôndrias e complexos de Golgi ausentes; três flagelos anteriores e um flagelo distendido em direção posterior e localizado em um sulco; parasitos intestinais ou organismos de vida livre em ambientes anóxicos. Exemplo: *Retortamonas*.

Filo Diplomonada (do grego *diploos*, duplo + do latim *monas*, unidade). Um ou dois cariomastigontes (grupo de cinetossomos com um núcleo); mastigontes individuais com um a quatro flagelos; fuso mitótico dentro do núcleo; cistos presentes; organismos de vida livre ou parasitos. Exemplo: *Giardia*.

Filo Parabasala (do grego *para*, ao lado + *basis*, base). Complexos de Golgi muito grandes e associados ao sistema cariomastigonte; pode apresentar até milhares de flagelos. O Filo Parabasala compreende *Trichomonas* e outras duas formas.

Ordem Trichomonadida (do grego *trichos*, pelo + *monas*, unidade). Normalmente, pelo menos alguns cinetossomos estão associados a pequenos filamentos em forma de raiz característicos do grupo; corpo parabasal presente; fuso mitótico extranuclear; hidrogenossomos presentes; reprodução sexuada ausente; cistos verdadeiros são raros; todos parasitos. Exemplos: *Dientamoeba, Trichomonas*.

Filo Heterolobosea (do grego *heteros*, diferente + *lobos*, lóbulo). Amebas nuas com pseudópodes eruptivos; um ciclo de vida típico inclui tanto estágios ameboides quanto flagelados. Membros do grupo são às vezes chamados de ameboflagelados, ou de Schizopyrenida. Exemplos: *Naegleria fowleri, Naegleria gruberi*.

Filo Euglenozoa (do grego *eu*, bom, verdadeiro + *glēnē*, cavidade + *zōon*, animal). Com microtúbulos corticais; flagelos frequentemente com um bastão paraxial (estrutura de sustentação associada ao axonema no flagelo); mitocôndrias com cristas discoides; nucléolos persistentes durante a mitose. Esse filo corresponde ao clado Euglenozoa.

Classificação de eucariotos unicelulares
 Subfilo Euglenida. Com microtúbulos que enrijecem a película.
  Classe Euglenoidea (do grego *eu-*, bom, verdadeiro + *glēnē*, cavidade + *ōideos*, forma de). Dois flagelos heterocontes (flagelos com estruturas diferentes) partindo do reservatório apical; algumas espécies com estigmas fotossensíveis e cloroplastos. Exemplo: *Euglena*.
 Subfilo Kinetoplasta (do grego *kinētos*, movimento + *plastos*, moldado). Com uma mitocôndria singular que contém uma grande massa discoide de DNA; bastão paraxial.
  Classe Trypanosomatidea (do grego *trypanon*, broca + *sōma*, corpo). Um ou dois flagelos partindo da bolsa flagelar; flagelos tipicamente com bastão paraxial disposto paralelamente ao axonema; uma única mitocôndria (não funcional em algumas formas) que se estende ao longo do comprimento do corpo como um tubo, um arco ou uma rede de tubos ramificados, geralmente com um único cinetoplasto conspícuo que contém DNA, localizado próximo aos cinetossomos flagelares. Complexo de Golgi normalmente na região da bolsa flagelar, não conectado aos cinetossomos e flagelos; todos parasitos. Exemplos: *Leishmania, Trypanosoma*.

Filo Stramenopila (do latim *stramen*, palha + *pile*, pelo). Flagelados com dois flagelos diferentes, um longo e outro curto; o flagelo direcionado para frente é revestido por pelos tubulares tripartidos; mitocôndrias com cristas tubulares. Formas de vida livre e parasitária, semelhantes a plantas e outras a animais. Exemplos: *Phytophthora infestans, Actinosphaerium, Actinophrys*.

Filo Ciliophora (do latim *cilium*, pestana + *phora*, possuir). Cílios ou organelas ciliares em pelo menos um estágio do ciclo de vida; dois tipos de núcleos, com raras exceções; fissão binária transversal às fileiras de cílios, brotamento e fissão múltipla também ocorrem; reprodução sexuada envolvendo conjugação, autogamia e citogamia; nutrição heterotrófica; vacúolo contrátil normalmente presente; maioria das espécies é de vida livre, mas há muitas comensais e alguns parasitos. Esse é um grupo muito grande, que foi dividido pela Sociedade de Protozoólogos e classificado em três classes e inúmeras ordens e subordens; as classes são separadas com base em características técnicas dos padrões ciliares, especialmente relacionadas ao citóstoma, ao desenvolvimento do citóstoma e a outras características). Exemplos: *Paramecium, Colpoda, Tetrahymena, Balantidium, Stentor, Blepharisma, Epidinium, Euplotes, Vorticella, Carchesium, Trichodina, Podophrya, Ephelota*. Esse filo faz parte do clado Alveolata.

Filo Dinoflagellata (do grego *dinos*, girando, rodando + *flagellum*, pequeno chicote). Normalmente com dois flagelos, um transversal e um longitudinal; corpo geralmente com sulcos transversal e longitudinal, cada um contendo um flagelo; cromoplastos geralmente amarelos ou marrom-escuros, ocasionalmente verdes ou verde-azulados, portando clorofilas *a* e *c*; núcleo singular entre eucariotos por apresentar cromossomos que não têm histonas ou contêm baixos níveis destas; mitose intranuclear; forma do corpo às vezes unicelular e esférica colonial ou filamentosa simples; reprodução sexuada presente; representantes de vida livre, planctônicos, parasitos ou mutualistas. Exemplos: *Zooxanthella, Ceratium, Noctiluca, Ptychodiscus*. Esse filo faz parte do clado Alveolata.

Filo Apicomplexa (do latim *apex*, ponta, topo + *complex*, trançado). Característico conjunto de organelas (complexo apical) associado à extremidade anterior, presente em alguns estágios de desenvolvimento; ausência de cílios e flagelos, exceto por microgametas flagelados presentes em alguns grupos; cistos frequentemente presentes; todas as espécies são parasitas. Esse filo faz parte do clado Alveolata.
 Classe Gregarina (do latim *gregarius*, pertencente a um rebanho). Gamontes (indivíduos que produzem gametas) maduros são grandes, extracelulares; gametas geralmente semelhantes em tamanho e forma; zigotos formam oocistos dentro de gametocistos; parasitos do trato digestório ou cavidades corporais de invertebrados; ciclo de vida geralmente envolve apenas um hospedeiro. Exemplos: *Monocystis, Gregarina*.
 Classe Coccidia (do grego *kokkos*, semente, grão). Gamontes maduros são pequenos, normalmente intracelulares; ciclo de vida tipicamente com merogonia, gametogonia e esporogonia; a maioria das espécies é parasito de vertebrados. Exemplos: *Cryptosporidium, Cyclospora, Eimeria, Toxoplasma, Plasmodium, Babesia*.

Filo Cercozoa (do grego *kerkos*, cauda + *zōon*, animal). Um grupo diverso de formas unicelulares, heterogêneo com relação ao ciclo de vida e morfologia de seus representantes; monofiletismo sustentado por dados moleculares. Maioria é de vida livre, alguns são parasitos. Exemplos: *Euglypha, Clathrulina*.

Filo Foraminifera (do latim *foramin*, buraco + *fero*, possuir). Amebas com carapaça e cujos finos pseudópodes prolongam-se pelas aberturas na testa formando uma rede que aprisiona suas presas. Exemplos: *Vertebralina, Globigerina*.

Filo "Radiolaria" (do latim *radiolus*, pequeno raio de sol). Vários representantes são amebas com um esqueleto interno bem desenvolvido, composto por sulfato de estrôncio ou sílica, que forma lindas carapaças. Axópodes estão presentes. Exemplos: *Tetrapyle, Pterocorys*.

Filo Viridiplantae (do latim *viridis*, verde + planto, plantar). Formas fotoautótrofas unicelulares e multicelulares com clorofilas *a* e *b*; material de reserva é o amido. Exemplos: *Chlamydomonas, Volvox, Zea mays*.

Filo Centrohelida (do grego *kentron*, centro de um círculo + *hēlios*, sol). Amebas com cristas mitocondriais achatadas; axonema dos axópodes apresenta arranjo hexagonal ou triangular dos microtúbulos; na maioria, os axópodes estendem-se por uma camada de escamas de sílica, de diversos formatos. A maioria é de água doce, alguns são marinhos. Exemplos: *Acanthocystis, Pterocystis, Heterophrys*.

Filo Amoebozoa (do grego *amoibe*, mudar + *zōon*, animal). Amebas nuas e tecadas, várias com estágios flagelados no ciclo de vida; mitocôndrias, quando presentes, têm cristas tubulares e ramificadas. Formas de vida livre ou parasitos. Exemplos: *Entamoeba, Dictyostelium, Chaos*.

Filo Opisthokonta (do grego *opisthen*, atrás, na parte de trás + *kontos*, estaca, referindo-se ao flagelo). Muitos são flagelados com um flagelo posterior; o grupo inclui amebas do grupo Nucleariida, coanoflagelados, fungos e os animais. Exemplos: *Codonosiga, Penicillium*, animais.

RESUMO

Seção	Conceito-chave
11.1 Nomeação e identificação dos táxons de eucariotos unicelulares	• Os eucariotos unicelulares "semelhantes a animais" foram anteriormente atribuídos ao filo Protozoa. A distinção entre autótrofo e heterótrofos, que distingue plantas de animais, não funciona para organismos unicelulares, nem são o meio de locomoção ou a forma do corpo um caráter filogenético confiável • Estudos filogenéticos moleculares mostram que o "filo" era composto por numerosos táxons que não formavam um grupo monofilético. Os termos *protozoa* e *protozoários* ainda são usados informalmente para se referir a todos esses eucariotos unicelulares altamente diversos. Eles também são chamados, às vezes, de eucariotos microbianos • Discutimos 18 clados de eucariotos unicelulares que, juntos, demonstram o grande potencial adaptativo do plano corporal básico: uma única célula eucariótica • Os eucariotos unicelulares ocupam uma vasta gama de nichos e hábitats. Muitas espécies possuem organelas complexas e especializadas.
11.2 Forma e função	• Diversos eucariotos unicelulares têm organelas semelhantes às das células animais • O movimento pseudopodial ou ameboide é um mecanismo locomotor e de coleta de alimentos em eucariotos unicelulares e também ocorre em células animais. É realizado pela montagem de subunidades de actina em filamentos e pela interação de filamentos de actina com proteínas de ligação de actina e miosina. Requer gasto de energia do ATP • O movimento ciliar é importante tanto em eucariotos unicelulares quanto em animais. O mecanismo mais amplamente aceito para explicar o movimento ciliar é a hipótese do microtúbulo deslizante • A locomoção flagelar é importante tanto em eucariotos unicelulares quanto em animais. As células flageladas geralmente têm de um a oito flagelos • As mitocôndrias estavam presentes no eucarioto ancestral, mas foram perdidas ou reduzidas em alguns táxons • Todos os eucariotos unicelulares têm um ou mais núcleos, e estes frequentemente parecem vesiculares à microscopia de luz. Os macronúcleos dos ciliados são compactos e regulam a função celular básica, enquanto os micronúcleos são usados na reprodução sexuada. Os nucléolos são frequentemente evidentes nos núcleos • Vários eucariotos unicelulares se alimentam por meios holofíticos, holozoicos ou saprozoicos • Os unicelulares expelem o excesso de água que entra em seus corpos por vacúolos contráteis • A respiração e a eliminação de resíduos ocorrem em toda a superfície do corpo. Os eucariotos unicelulares se reproduzem assexuadamente por fissão binária, fissão múltipla e brotamento; processos sexuados são comuns • A formação de cistos para suportar condições ambientais adversas é uma adaptação importante em muitos eucariotos unicelulares.
11.3 Principais táxons de eucarióticos unicelulares	• A evolução de uma célula eucariótica foi seguida pela diversificação de linhagens para formar clados morfologicamente diferentes, alguns dos quais contêm formas unicelulares e multicelulares • Os principais táxons discutidos são identificados parcialmente com base em caracteres moleculares e contêm subconjuntos de espécies de filos tradicionais • Espécies fotoautótrofas ocorrem em vários filos, incluindo Viridiplantae, Euglenozoa e Dinoflagellata. Alguns deles são organismos planctônicos muito importantes • Euglenozoa inclui muitas espécies não fotossintéticas, e algumas delas causam doenças graves em seres humanos, como a doença do sono africana e a doença de Chagas • Os apicomplexos são parasitos, incluindo o *Plasmodium*, que causa a malária • Ciliophora se move por meio de cílios ou organelas ciliares. Eles são um grupo grande e diverso, e muitos apresentam estrutura complexa • As amebas se movem por pseudópodes e agora são atribuídas a vários filos • Opisthokonta compreende animais, fungos, coanoflagelados e formas unicelulares associadas.
11.4 Filogenia e diversificação adaptativa	• As mitocôndrias evoluíram por meio de endossimbiose primária de uma alfaproteobactéria e representam uma linhagem genética distinta da linhagem nuclear dentro das células • Os plastídios evoluíram por meio de uma endossimbiose primária com uma cianobactéria, mas foram posteriormente compartilhados entre os táxons por meio de endossimbioses secundária e terciária. Eles representam uma linhagem genética distinta das linhagens nucleares e das mitocondriais dentro das células • O supergrupo RAS une Rhizaria, Alveolates e Stramenopiles. Ambas as escolas de taxonomia excluem táxons polifiléticos (aqueles que têm mais de uma origem evolutiva) • Rhizaria compreende principalmente amebas testadas, incluindo Cercozoa, Foraminifera e Radiolaria • Alveolata é um grande grupo, que compreende apicomplexos, dinoflagelados e ciliados • A filogenia de todos os táxons dos eucariotos ainda está em revisão.

QUESTÕES DE REVISÃO

1. Como os eucariotos unicelulares adquiriram uma considerável complexidade estrutural mesmo sendo compostos por apenas uma célula?
2. Diferencie os seguintes grupos: Euglenozoa, Apicomplexa, Ciliophora e Dinoflagellata.
3. Quais eucariotos unicelulares compartilham cupins com bactérias no intestino?
4. Explique as transições do endoplasma e do ectoplasma no movimento ameboide. Qual é a hipótese atual sobre o papel da actina no movimento ameboide?
5. Diferencie lobópodes, filópodes, reticulópodes e axópodes.
6. Confronte a estrutura de um axonema de um cílio com a de um cinetossomo.
7. O que é a hipótese do microtúbulo deslizante?
8. Descreva as diferentes maneiras como os eucariotos unicelulares se alimentam.
9. Diferencie: fissão binária, brotamento, fissão múltipla e reproduções assexuada e sexuada.
10. Qual é o valor do encistamento para a sobrevivência?
11. Compare e dê um exemplo de um eucarioto unicelular autótrofo e de um heterótrofo.
12. Cite três tipos de amebas e descreva seus hábitats.
13. Esquematize o ciclo de vida geral dos organismos que causam a malária. O que poderia explicar o ressurgimento da malária nos últimos anos?
14. Qual é a importância do *Toxoplasma* para a saúde pública e como os seres humanos são infectados por ele? Qual é a importância de *Cryptosporidium* e *Cyclospora* para a saúde pública?
15. Defina o que se segue, com relação aos ciliados: macronúcleo, micronúcleo, película, membrana ondulante, cirro, infraciliatura, tricocistos e conjugação.
16. Esquematize os passos da conjugação dos ciliados.
17. Explique por que os eucariotos unicelulares não são plantas nem animais.
18. Diferencie endossimbiose primária de endossimbiose secundária.
19. *Leishmania* é um tripanossomo disseminado por insetos que picam. Os antibióticos seriam uma boa escolha de tratamento para uma infecção por *Leishmania*?

Para reflexão. Marque a distribuição dos táxons fotoautótrofos na Figura 11.13. Pesquisas sugerem que membros de Ciliophora contêm genes derivados de algas. Sob uma perspectiva evolutiva, como você explicaria a presença desses genes em Ciliophora?

12 Esponjas e Placozoários

OBJETIVOS DE APRENDIZAGEM

Após leitura do capítulo, você será capaz de:

12.1 Comparar e contrastar os coanoflagelados coloniais e os animais multicelulares.

12.2 Explicar como os coanócitos e outros componentes funcionais de uma esponja são organizados nas quatro classes de esponja.

12.3 Comparar as características de um placozoário com as esperadas para um animal diblástico típico.

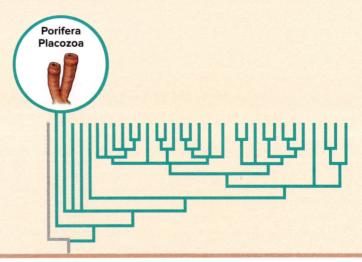

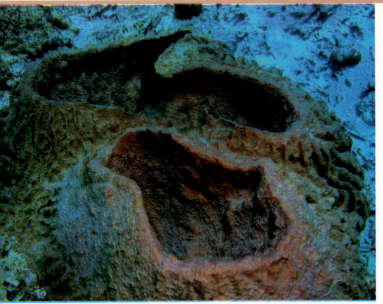

Uma Demospongiae.
iStock@plovets

Origens da multicelularidade

A evolução de uma célula eucariótica foi seguida pela diversificação em muitas linhagens, cujos descendentes podem ser unicelulares, coloniais ou multicelulares. Nos organismos coloniais, o corpo é feito de múltiplas células, mas não há especialização entre elas. Veremos esse plano corporal nos coanoflagelados, o táxon-irmão dos animais dentro do clado Opisthokonta. Para ser "multicelular", um organismo deve se especializar na função celular e limitar a função de reprodução sexual para certas células. A multicelularidade surgiu em linhagens unicelulares pelo menos 25 vezes. Eventos evolutivos independentes produziram multicelularidade em certas bactérias, algas marrons (*kelp*), plantas e, é claro, nos animais. Os animais eram tradicionalmente divididos em "animais" unicelulares, chamados de protozoários, e "animais" multicelulares, chamados de metazoários. Dado que os protozoários – agora distribuídos entre muitas linhagens de eucariotos unicelulares – estão fora do reino animal (ver Capítulo 11), a palavra "metazoário" passa a ser sinônimo de "animal".

As esponjas são o táxon-irmão de todos os outros animais. Esponjas adultas têm corpos aparentemente simples; são agregações de várias células de diferentes tipos mantidas unidas por uma matriz extracelular. Os corpos da maioria das esponjas não são simétricos, mas alguns parecem radiais. Um corpo de esponja não tem boca nem trato digestório, e a maioria delas é comedora de suspensão, embora algumas tenham evoluído sofisticados meios de captura de presas.

- **FILO PORIFERA | ESPONJAS**
- **FILO PLACOZOA**

12.1 ORIGEM DOS ANIMAIS (METAZOÁRIOS)

Os animais evoluíram dentro do clado Opisthokonta (ver Figura 11.13), com os fungos, os coanoflagelados e poucos outros grupos. O grupo-irmão dos animais são os coanoflagelados, de acordo com filogenias moleculares.

Os **coanoflagelados** são eucariotos aquáticos coloniais ou solitários, nos quais cada célula apresenta um flagelo envolto por um colarinho de tentáculos. O batimento do flagelo dirige a água para dentro do colarinho, onde os tentáculos coletam partículas diminutas, normalmente bactérias. Muitos coanoflagelados são sésseis e se fixam a substratos duros, embora uma espécie se fixe a colônias flutuantes de diatomáceas, o que lhe permite alimentar-se na coluna d'água, mesmo sem nadar. A natação ocorre em *Proterospongia*, uma forma colonial pouco comum que se propele pela água usando seus flagelos.

As células de coanoflagelados são notáveis porque lembram nitidamente as células de alimentação das esponjas, chamadas de coanócitos (ver Seção 12.2). É interessante encontrar células com colarinhos usadas na alimentação por filtração em um eucarioto colonial e em uma esponja, que pertence ao táxon-irmão de todos os outros animais (ver o cladograma dos filos animais, que consta no fim do livro). Teria o coanócito da esponja sido herdado de um ancestral comum com os coanoflagelados? Argumentos contrários a essa hipótese incluem a observação de que os coanócitos ocorrem apenas nos adultos das esponjas e não tomam parte de sua sequência inicial de desenvolvimento. Em vez disso, células flageladas sem colarinho desenvolvem-se em coanócitos após a metamorfose larval. As células com colarinho também ocorrem em alguns corais e alguns equinodermos. Então se elas formaram parte das primeiras linhagens de metazoários, essa morfologia foi perdida ou suprimida na maioria dos táxons. A despeito de tais objeções, existe outra ligação clara entre os coanoflagelados e os metazoários: as proteínas usadas pelos coanoflagelados coloniais para comunicação e adesão celular são homólogas àquelas que os metazoários usam para passar sinais de célula a célula.[1]

Será que o ancestral comum dos coanoflagelados e dos metazoários foi um organismo colonial? Os pesquisadores abordam essa questão perguntando se o ancestral dos coanoflagelados era solitário ou colonial. De maneira curiosa, a filogenia molecular mais recente mostra que os corpos coloniais evoluíram muito cedo na linhagem dos coanoflagelados, mas nós não estamos ainda seguros sobre o estado ancestral do grupo.

Abordagens recentes ao problema da origem dos metazoários envolvem inferir os componentes reguladores do primeiro genoma animal. As instruções genéticas para as proteínas sinalizadoras das células antecede a transição da forma unicelular para a forma multicelular.

Como as esponjas têm corpos simples, esperamos que tenham uma arquitetura genética simples, talvez reminiscente dos primeiros animais. Surpreendentemente, o genoma das esponjas contém muitos elementos que codificam para partes de vias reguladoras de animais mais complexos, incluindo as proteínas envolvidas no padrão espacial, como aquelas específicas dos polos anterior e posterior em uma larva. Alguns biólogos acreditam que animais mais complexos evoluíram por meio de padrões de expressão de genes mais complexos em vez de novos componentes genéticos. Uma variedade de organismos diferentes pode surgir como resultado de mudanças na cronologia e na localização da expressão gênica ao longo do desenvolvimento.

Outras pistas sobre a origem dos animais vêm da exploração dos arranjos celulares. As células animais podem formar coberturas, como vemos na pele, mas a resistência da pele humana indica que ela é mais do que uma cobertura simples de células. A pele do vertebrado é fortalecida por uma camada de proteínas chamada de lâmina basal, que fica abaixo da camada celular. A lâmina basal é um tipo de matriz extracelular (MEC) secretada por células dos animais para suporte estrutural. Cartilagem e osso também contêm MEC. A matriz extracelular animal é composta de colágeno e proteoglicanos.

Todas as camadas de células animais são fortalecidas pela lâmina basal? Os biólogos hipotetizam que os descendentes dos primeiros animais podem ter apresentado camadas de células menos complexas do que aquelas que evoluíram posteriormente. Eles investigaram como as células animais se conectam entre si e a uma MEC, quando ela está presente. Junções de ancoragem conectam células animais umas às outras e à MEC, mas existem tipos diferentes (ver Seção 3.2). Um tipo de junção de ancoragem, o desmossomo, conecta células a células vizinhas, mas outro, a junção aderente, conecta células a outras células ou à MEC. Um "verdadeiro epitélio tecidual" é uma camada de células que se conecta a uma lâmina basal e usa os dois tipos de junções.

Os verdadeiros epitélios teciduais ocorrem na maioria dos animais, mas não em esponjas. No entanto, os pesquisadores descobriram em um grupo de esponjas, o Homoescleromorfas, uma camada de células ligadas umas às outras e a uma lâmina basal. Junções de aderência anexavam as células à lâmina basal, mas as células não estavam ligadas umas às outras por desmossomos. Desse modo, essa camada de células tem a maioria, mas não todas as características de um epitélio tecidual verdadeiro, sendo então chamado de epitélio tecidual incipiente.

Vemos um epitélio incomum em outro grupo de animais simples cuja posição evolutiva é menos clara do que a das esponjas. Os placozoários (ver Seção 12.3) possuem uma camada de células com junções desmossômicas que normalmente é chamada de epitélio, mas não possui lâmina basal.

Os membros de Placozoa (ver adiante) têm os menores genomas nucleares e os maiores genomas mitocondriais em relação a qualquer outro animal. Eles apresentam características animais derivadas, mas seu genoma mitocondrial circular compartilha algumas características com o genoma mitocondrial de outros grupos externos aos animais, como os fungos quitrídeos e coanoflagelados

12.2 FILO PORIFERA: ESPONJAS

A maioria dos animais movimenta-se para buscar sua comida, mas uma esponja séssil (Figura 12.1), no entanto, dirige o alimento e a água para dentro de seu corpo. A entrada da água por uma miríade de poros diminutos reflete-se no nome do filo, Porifera (do latim

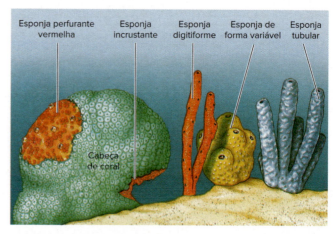

Figura 12.1 Algumas tendências de crescimento e forma das esponjas.

---
[1] Abedin M, N King. Trends in Cell Biology. 2010; 20:732-42.

> ### Características do Filo Porifera
>
> 1. Multicelular; o corpo é um agregado de vários tipos de células diferenciadas para várias funções, algumas das quais estão organizadas em **tecidos incipientes** com alguma integração. No entanto, a pinacoderme se aproxima de um verdadeiro epitélio tecidual em esponjas homoescleromorfas.
> 2. Corpo com poros (óstios), canais e câmaras que formam um sistema único de **corrente d'água** do qual as esponjas dependem para a alimentação e obtenção de oxigênio.
> 3. Maioria marinha, todas aquáticas.
> 4. Simetria radial ou sem simetria.
> 5. Superfície externa de pinacócitos achatados; a maior parte das superfícies interiores forrada por células flageladas com colarinho (coanócitos) que geram correntes d'água; uma matriz proteica gelatinosa chamada mesogleia contém amebócitos de vários tipos e elementos esqueléticos.
> 6. Estrutura esquelética do colágeno fibrilar (uma proteína) e espículas cristalinas calcárias ou silicosas, frequentemente combinadas com colágeno modificado de várias maneiras (espongina); o colágeno tipo IV, característico de outros animais, ocorre apenas em esponjas homoescleromorfas.
> 7. Sem órgãos ou tecidos verdadeiros; digestão intracelular; excreção e respiração por difusão.
> 8. Reações aos estímulos são aparentemente locais e independentes nas esponjas celulares, mas há sinais elétricos nas esponjas-de-vidro sinciciais; sistema nervoso provavelmente ausente.
> 9. Todos os adultos são sésseis e fixos a um substrato.
> 10. Reprodução assexuada por brotos ou gêmulas e sexuada por óvulos e espermatozoides; larva flagelada livre-natante na maioria.

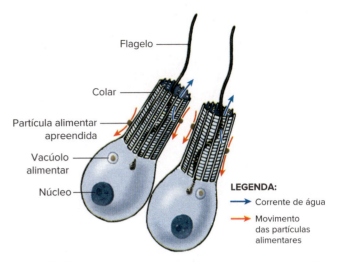

Figura 12.2 Os coanócitos das esponjas têm um colar de microvilosidades ao redor de um flagelo. O batimento do flagelo faz com que a água passe pelo colarinho (setas azuis), local em que o alimento é apreendido nas microvilosidades (setas vermelhas).

porus, poro + *fera*, portador de). Uma esponja usa uma "célula do colarinho" flagelada, o **coanócito**, para movimentar a água (Figura 12.2). O batimento de muitos flagelos diminutos, um por coanócito, faz a água passar em cada célula, trazendo para dentro alimento e oxigênio, bem como carregando os dejetos para fora. O corpo de uma esponja é projetado para uma filtragem eficiente que remove partículas suspensas da água circundante. As esponjas filtram muitos litros de água todos os dias e são consumidores primários importantes em seus ecossistemas. Os biólogos são frequentemente fascinados pelas esponjas porque elas funcionam tão bem com tão poucas partes corporais.

A maioria das mais de 8.600 espécies de esponja é marinha; umas poucas habitam águas **salobras** e cerca de 150 espécies vivem na água doce. As esponjas marinhas são abundantes em todos os mares e em todas as profundidades. As esponjas variam em tamanho desde alguns milímetros até 2 m de diâmetro; esta última dimensão é característica das grandes esponjas globosas. Estudos recentes do tamanho e taxas de crescimento da esponja de recife caribenha *Xestopongia muta* sugerem que esta pode ter impressionantes 2.300 anos. Muitas espécies de esponjas são de coloridos vivos devido à presença de pigmentos em suas células dérmicas. Esponjas vermelhas, amarelas, laranja, verdes e púrpuras não são incomuns.

Embora seus embriões sejam livre-natantes, os adultos são sempre fixos, normalmente sobre rochas, conchas, corais ou outros objetos submersos. Algumas ainda são perfuradoras de conchas ou rochas; outras crescem até mesmo sobre areia ou lama. Algumas esponjas, incluindo as mais simples, parecem ser radialmente simétricas, mas muitas são bastante irregulares em sua forma. Algumas se mantêm eretas, algumas são ramificadas ou lobadas, enquanto outras são pequenas e até mesmo são formas incrustantes (ver Figura 12.1). Seus padrões de crescimento dependem frequentemente da forma do substrato, direção e velocidade das correntes de água, bem como da disponibilidade de espaço, de tal modo que, sob condições ambientais diferentes, a mesma espécie pode também diferir de modo marcante em sua aparência. As esponjas de águas tranquilas podem crescer mais em altura e ser mais retilíneas que aquelas que vivem em águas mais turbulentas.

Muitos animais (caranguejos, nudibrânquios, ácaros, briozoários e peixes) vivem como comensais ou parasitos dentro das esponjas ou sobre elas. As esponjas maiores particularmente tendem a abrigar uma grande variedade de invertebrados **comensais**. Esponjas também crescem sobre muitos outros animais vivos, como moluscos, cracas, braquiópodes, corais ou hidroides. Alguns caranguejos prendem pedaços de esponja sobre suas carapaças para camuflagem e proteção contra predadores. Alguns peixes de recifes se alimentam de esponjas de águas rasas, e elas são uma parte importante na dieta das tartarugas-de-pente. É surpreendente que os nudibrânquios (ver Figura 16.1) comam esponjas-de-vidro.

> ### Tema-chave 12.1
> #### CONEXÃO COM SERES HUMANOS
>
> **Produtos químicos bioativos de esponjas**
>
> As esponjas e os microrganismos que vivem nelas ou sobre elas produzem uma grande variedade de produtos químicos bioativos. O estilo de vida séssil das esponjas as torna vulneráveis a predadores e a competidores por espaço, portanto, muitas têm um repertório diversificado de metabólitos secundários. Um extrato de uma esponja marinha parece eficaz contra a leishmaniose (ver Seção 11.3) e outro extrato se mostra promissor no tratamento de infecções herpéticas. Muitas bactérias isoladas de táxons marinhos também têm efeitos antimicrobianos ou antivirais: por exemplo, algumas inibem infecções por *Staphylococcus aureus* e outras são ativas contra *Escherichia coli*, algumas cepas das quais causam intoxicação alimentar. Também foram encontradas substâncias anticâncer, antifúngicas e imunossupressoras, mas um grande desafio para a produção comercial reside em encontrar quantidades suficientes de tecidos esponjosos específicos na natureza. A cultura marinha está sendo explorada para uma esponja, *Sarcotragus spinosulus*, então talvez a cultura em grande escala possa fornecer uma fonte de produtos farmacêuticos valiosos no futuro.

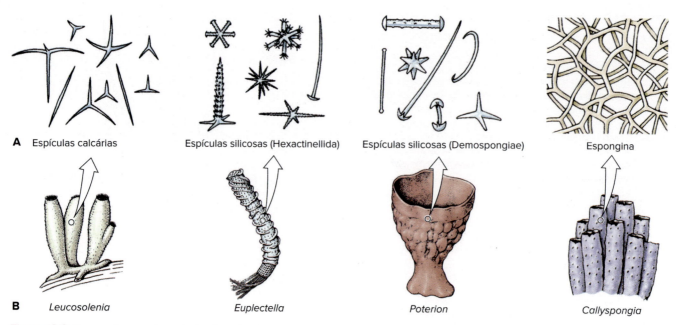

Figura 12.3 Formas diversas de espículas, **A.** muitas impressionantemente complexas e belas, sustentam o corpo da esponja. **B.** Fibras de espongina fornecem sustentação em algumas esponjas.

A estrutura do esqueleto de uma esponja pode ser fibrosa e/ou rígida. Quando presente, o esqueleto rígido consiste em estruturas de suporte calcárias ou silicosas chamadas **espículas** (Figura 12.3). A parte fibrosa do esqueleto vem de fibrilas proteicas de colágeno da matriz intercelular de todas as esponjas. O colágeno aparece em vários tipos diferentes no que se refere à composição química e forma (p. ex., fibras, filamentos ou massas que envolvem espículas). Uma forma de colágeno é tradicionalmente chamada **espongina** (Figura 12.3).

As esponjas hospedam microalgas e cianobactérias na superfície ou bastante internamente ao corpo. A presença de organismos fotossintéticos dentro delas levou alguns cientistas a propor que as espículas seriam capazes de transmitir luz para dentro do corpo. A fibra óptica das espículas silicosas já foi confirmada.

Essas propriedades têm suscitado o interesse dos cientistas e de engenheiros de materiais sobre a maquinaria enzimática necessária para formar as nanopartículas de sílica e fundi-las em espículas dentro ou fora das células da esponja. Em muitos casos, a simplicidade exterior de uma esponja mascara sua sofisticação química e funcional.

As esponjas são um grupo antigo, com um registro fóssil abundante, que se estende desde o Cambriano Inferior, ou, de acordo com alguns autores, até mesmo desde o Pré-Cambriano. Sua classificação é baseada na forma e na composição química das espículas. Os poríferos atuais são tradicionalmente atribuídos a três classes: Calcispongiae, Hexactinellida e Demospongiae (Figura 12.4). Os membros de Calcispongiae têm espículas tipicamente cristalinas de carbonato de cálcio com um, três ou quatro

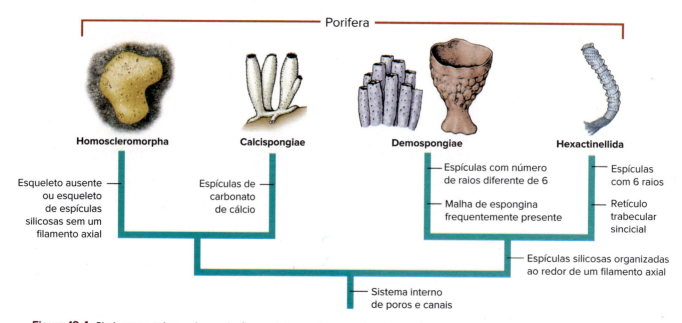

Figura 12.4 Cladograma esboçando as relações evolutivas entre as quatro classes de esponjas que contam com representantes atuais.

raios. Hexactinellida são esponjas-de-vidro com espículas silicosas de seis raios, os quais são organizados em três planos dispostos perpendicularmente entre si. Os membros de Demospongiae têm um esqueleto de espículas silicosas, fibras de espongina, ou ambas, que se desenvolvem ao redor de um filamento axial. Um quarto clado, Homoescleromorfas, contém esponjas que não têm um esqueleto ou têm espículas silicosas sem um filamento axial.

Forma e função

As esponjas alimentam-se primariamente coletando partículas suspensas na água bombeada pelo seu sistema interno de canais. A água entra por uma infinidade de minúsculos poros inalantes na camada externa de células, a **pinacoderme**. Poros inalantes, chamados de **óstios dérmicos** (Figura 12.5), têm um diâmetro médio de 50 μm. Dentro do corpo, a água é direcionada a passar pelos coanócitos, onde as partículas alimentares são coletadas no colarinho dos coanócitos (ver Figura 12.2). O colarinho compreende muitas projeções digitiformes, chamadas de microvilosidades, espaçadas cerca de 0,1 μm umas das outras. O uso de colarinhos como um filtro é uma forma de **alimentação de suspensão**. Alguns podem ficar surpresos em descobrir que esponjas maiores podem filtrar até 1.500 ℓ de água por dia.

As esponjas consomem partículas alimentares com dimensões entre 0,1 e 50 μm (pedaços de detritos, organismos planctônicos e bactérias), de maneira não seletiva. As partículas menores, que somam cerca de 80% do carbono orgânico particulado, são capturadas nos coanócitos por **fagocitose** (ver Seção 3.2). Coanócitos podem capturar moléculas proteicas por **pinocitose** (ver Seção 3.2). Dois outros tipos celulares, **pinacócitos** e **arqueócitos**, têm um papel na alimentação das esponjas (Seção 12.2). Elas também podem absorver da água os nutrientes dissolvidos.

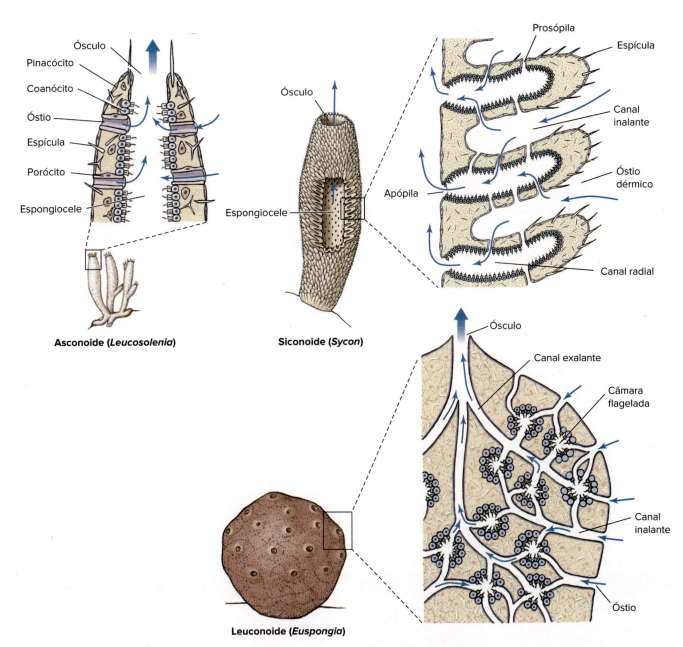

Figura 12.5 Três tipos de estrutura das esponjas. O grau de complexidade desde o simples asconoide até o complexo tipo leuconoide envolveu principalmente os sistemas esqueléticos e de canais de água, acompanhados por um dobramento para fora e ramificações da camada de coanócitos. O tipo leuconoide é considerado o plano principal para as esponjas por permitir maior tamanho e eficiência na circulação de água.

A captura de alimentos depende do movimento da água pelo corpo. Como o fluxo de água é controlado em um animal com um corpo tão simples? Existem três modelos principais do corpo de uma esponja, diferindo quanto à posição dos coanócitos. No sistema mais simples, o **asconoide**, os coanócitos ficam em um grande compartimento chamado **espongiocele**; no sistema **siconoide**, os coanócitos revestem canais; e no sistema **leuconoide**, os coanócitos ocupam câmaras distintas (ver Figura 12.5). Esses três modelos mostram um aumento de complexidade e eficiência no sistema de bombeamento de água, mas eles não significam uma sequência evolutiva. O tipo leuconoide de construção mostra claro valor adaptativo, uma vez que apresenta a maior proporção de área de superfície flagelada por volume de tecido celular, atendendo eficientemente às demandas alimentares. Esse tipo leuconoide evoluiu muitas vezes de modo independente nas esponjas.

Tipos de sistemas de canais

Asconoides. As esponjas asconoides apresentam a organização mais simples. A esponja movimenta a água para dentro de seus microscópicos poros dérmicos por meio do batimento do grande número de flagelos dos coanócitos. Esses coanócitos revestem a cavidade interna chamada espongiocele. Conforme os coanócitos filtram a água e extraem partículas alimentares desta, a água utilizada é expelida por meio do único ósculo maior (ver Figura 12.5). Essa forma estrutural tem claras limitações porque os coanócitos revestem a espongiocele e só podem coletar o alimento da água diretamente adjacente à parede dessa espongiocele. Caso as espongioceles fossem grandes, a maior parte da água e alimentos em sua cavidade central ficaria no "espaço morto", inacessível aos coanócitos. Portanto, esponjas asconoides são pequenas e tubulares. Como exemplo, examine *Leucosolenia* (do grego *leukos*, branco + *solen*, cano) em que indivíduos tubulares e afilados crescem em grupos, presos por um estolão comum, ou ramo, a objetos em águas marinhas rasas (ver Figura 12.5). *Clathrina* (do latim *clathri*, treliça), outra asconoide, tem tubos entrelaçados de coloração amarela luminosa (Figura 12.6). As asconoides são encontradas apenas na Classe Calcispongiae.

Siconoides. As esponjas siconoides se parecem de certa forma com as asconoides. Elas têm um corpo tubular e ósculo único, mas a parede do corpo, que é um revestimento de espongiocele, é mais espessa e mais complexa que aquela das asconoides. O revestimento foi dobrado para fora formando canais recobertos por coanócitos (ver Figura 12.5). O dobramento da parede do corpo em canais aumenta a área de superfície de parede e, assim, aumenta a área coberta por coanócitos. Os canais são de diâmetro pequeno, se comparados com a espongiocele das asconoides; então, a maior parte da água do canal é acessível aos coanócitos.

A água entra no corpo da siconoide pelos óstios dérmicos, que levam aos canais inalantes. A água então é filtrada por pequenas aberturas, ou **prosópilas nos canais radiais** (Figura 12.7). Nos canais radiais, o alimento é ingerido pelos coanócitos. O batimento dos flagelos dos coanócitos força a água por poros internos, ou **apópilas**, para dentro da espongiocele. Note que a captura do alimento não ocorre na espongiocele da esponja siconoide, a qual é então revestida por células do tipo epitelial, em vez das células flageladas presentes nas asconoides. Depois da água já utilizada chegar à espongiocele, ela sai do corpo por meio de um **ósculo**. Como um exemplo, examine a *Sycon* (do grego *sykon*, figo) da Figura 12.5.

Durante seu desenvolvimento, as esponjas siconoides passam por um estágio asconoide, seguindo, então, a formação dos canais flagelados por evaginação da parede do corpo. Esse padrão de desenvolvimento fornece evidências de que a condição siconoide das esponjas derivou de um ancestral com um plano corporal asconoide, mas a condição siconoide não é homóloga em todas as esponjas que a apresentam. As siconoides ocorrem na classe Calcispongiae e em alguns membros da classe Hexactinellida.

Leuconoides A organização leuconoide é a mais complexa dentre os tipos estruturais e permite um aumento no tamanho da esponja. No tipo leuconoide, a área de superfície das regiões com coanócitos e coletoras de alimento é enormemente aumentada; os coanócitos cobrem as paredes de pequenas câmaras onde eles efetivamente filtram toda a água presente (ver Figura 12.5). O corpo da esponja contém um grande número dessas diminutas câmaras. Os agrupamentos de câmaras flageladas são preenchidos por canais inalantes e descartam a água nos canais exalantes que, finalmente, conduzem ao ósculo.

Uma esponja bombeia uma quantidade considerável de água. *Leuconia* (do grego *leukos*, branco), por exemplo, é uma pequena esponja leuconoide, com cerca de 10 cm de altura e 1 cm de

Figura 12.6 *Clathrina canariensis* (classe Calcispongiae) é comum nas cavernas e sob substratos nos recifes caribenhos.

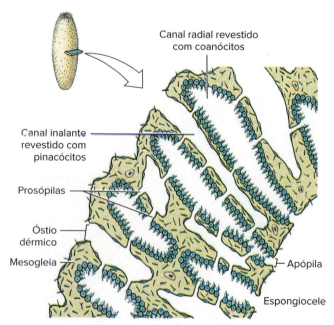

Figura 12.7 Corte transversal da parede da esponja *Sycon*, que mostra os coanócitos em sistemas de canais dentro da parede. Note que os coanócitos não revestem a espongiocele.

diâmetro. É estimado que a água entre por 81 mil canais inalantes a uma velocidade de 0,1 cm/s em cada canal. Entretanto, como a água passa pelas câmaras flageladas, que contam com uma área de seção transversal maior que aquelas dos canais de entrada, o fluxo de água pelas câmaras se reduz para 0,001 cm/s. Essa taxa de fluxo proporciona uma grande oportunidade de captura de alimentos pelos coanócitos. *Leuconia* tem mais de 2 milhões de câmaras flageladas nas quais ocorre a coleta de alimento.

Depois que o alimento é removido, a água utilizada é represada para formar uma corrente de saída. Essa corrente de saída, que contém o volume total da água que entrou na esponja por uma infinidade de canais inalantes, deixa a esponja por meio de um poro de saída cuja área de seção transversal é muitas vezes menor que a área total das seções transversais de todos os canais inalantes. O tamanho relativamente pequeno do poro de saída, junto com o grande volume de água utilizada, produz alta velocidade de saída. Em *Leuconia*, toda a água é expelida por um ósculo único à impressionante velocidade de 8,5 cm/s – uma força de jato capaz de levar água e dejetos longe o suficiente da esponja para evitar a refiltragem dessa água.

Algumas esponjas maiores podem filtrar 1.500 ℓ de água por dia, mas, diferentemente de *Leuconia*, a maioria das leuconoides forma grandes massas com ósculos numerosos (ver Figura 12.5), de tal maneira que a água sai por muitos locais da esponja. A maioria das esponjas é do tipo leuconoide; corpos leuconoides também ocorrem na maioria das espécies dentro da classe Calcispongiae e são os tipos mais comuns nas outras classes.

Tipos de células no corpo da esponja

As células das esponjas estão organizadas de maneira frouxa em uma matriz gelatinosa extracelular denominada **meso-hilo**, ou **mesênquima** (Figura 12.8). O meso-hilo é o tecido conjuntivo das esponjas; nele se encontram várias fibrilas, elementos esqueléticos e células ameboides. A ausência de órgãos significa que todos os processos fundamentais devem ocorrer no nível de células individuais. A respiração e a excreção ocorrem por difusão em cada célula e, nas esponjas de água doce, a água em excesso é expelida por vacúolos contráteis nos arqueócitos e coanócitos.

Além da propulsão da água, as demais atividades e as respostas visíveis nas esponjas são: alterações na forma, contrações locais, contrações propagadas e fechamento e abertura de poros inalantes e exalantes. Poros inalantes podem se fechar em resposta à presença de sedimento pesado na água ou em outras condições que reduzam a eficiência da alimentação. A resposta mais comum é o fechamento do ósculo. Esses movimentos são muito lentos, mas o fato de que essas são respostas do corpo como um todo, em animais que não apresentam organização além do nível celular, é enigmático. Aparentemente, o excitamento espalha-se de célula para célula por um mecanismo desconhecido; mecanismos sugeridos incluem estímulos mecânicos e moléculas de sinalização, possivelmente hormônios. A comunicação elétrica ao longo do tecido sincicial das esponjas hexactinélidas (ver Seção 12.2) já foi demonstrada, mas nada similar foi encontrado em esponjas celulares. Alguns zoólogos apontam a possibilidade de coordenação por meio de substâncias carreadas nas correntes de água, e outros pesquisadores tentaram, sem muito sucesso, demonstrar a presença de células nervosas. Embora células nervosas não tenham sido encontradas, ocorrem muitos outros tipos de células.

Coanócitos. Os coanócitos, que revestem os canais e câmaras flageladas, são células ovoides com uma extremidade embebida no meso-hilo e a outra exposta. Essa extremidade exposta apresenta um flagelo circundado por um colarinho (Figuras 12.8 e 12.9). O colarinho tem microvilosidades adjacentes, conectadas umas às outras por miofibrilas delicadas, formando um fino dispositivo de filtragem de partículas alimentares da água (Figura 12.9 B). O batimento do flagelo empurra a água pelo colarinho em forma de peneira, forçando-a a sair pela abertura superior desse colarinho. As partículas que são muito grandes para entrar no colarinho são aprisionadas em um muco secretado e deslizam na direção inferior dele até sua base, onde serão fagocitadas pelo corpo da célula. Partículas ainda maiores já teriam sido excluídas pelos tamanhos diminutos dos poros dérmicos e das prosópilas. O alimento engolfado pelas células é passado para os arqueócitos vizinhos para a digestão. Portanto, a digestão é inteiramente intracelular (ver Seção 32.2), e então não há nenhuma cavidade de aparelho digestório extracelular. Os coanócitos também apresentam um papel na reprodução sexuada.

Arqueócitos. Os arqueócitos são células ameboides que se deslocam no meso-hilo (Figuras 12.8 e 12.9) e executam diversas funções. Eles podem fagocitar partículas na pinacoderme e receber partículas dos coanócitos para digestão. Aparentemente, os arqueócitos podem diferenciar-se em qualquer um dos tipos celulares mais especializados de uma esponja. Alguns, chamados **esclerócitos**, secretam as espículas. Outros, chamados **espongiócitos**, secretam as fibras de espongina do esqueleto, e os **colêncitos** secretam o colágeno fibrilar (ver Figura 9.11 A). Os **lofócitos** secretam uma grande quantidade de colágeno, mas são distintos morfologicamente dos colêncitos.

Pinacócitos A maior aproximação de um tecido verdadeiro que ocorre em esponjas é a organização das células do pinacócito do pinacoderme (Figuras 12.8 e 12.9). Um tecido verdadeiro é um agrupamento de células especializadas para uma função; um epitélio tecidual verdadeiro consiste em uma camada de células especializadas com junções intercelulares particulares, apoiadas sobre uma membrana basal fibrosa. Os pinacócitos são células do tipo epitelial afiladas e achatadas, que recobrem a superfície exterior e parte das superfícies interiores de uma esponja. Algumas têm forma de T, com seus corpos celulares estendendo-se para dentro do meso-hilo. Uma camada de pinacócitos não constitui um epitélio, porque uma membrana basal está ausente na maioria das esponjas. No entanto, uma lâmina basal ocorre de fato nas esponjas do grupo Homoescleromorfa, juntamente com um tipo distinto de colágeno encontrado em outros animais. As células da

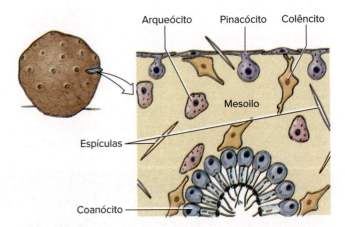

Figura 12.8 Pequeno corte da parede de uma esponja, que mostra os tipos de células. Pinacócitos são protetores e contráteis; coanócitos criam correntes d'água e apreendem partículas alimentares; arqueócitos apresentam uma variedade de funções; colêncitos secretam colágeno.

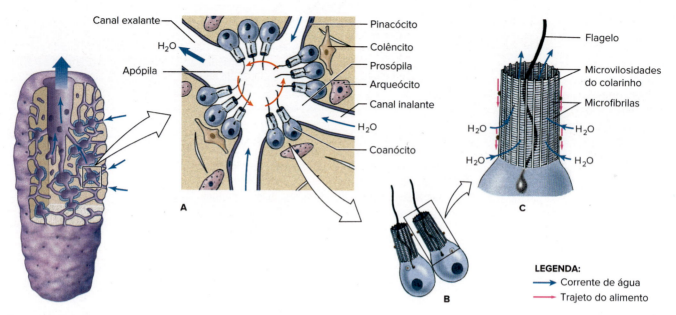

Figura 12.9 Captura de alimento por células da esponja. **A.** Corte em perspectiva dos canais da esponja, que mostra a estrutura celular e a direção da corrente d'água. **B.** Dois coanócitos. **C.** A estrutura dos colarinhos. Na parte C, as pequenas setas vermelhas indicam o movimento das partículas alimentares.

pinacoderme também têm uma variedade de junções intercelulares, fazendo-a suficientemente especializada para ser chamada de tecido incipiente por alguns autores (ver Seção 12.1), e um epitélio tissular verdadeiro para outros.

Os pinacócitos podem ingerir partículas alimentares por fagocitose na superfície da esponja. Os pinacócitos são um pouco contráteis e auxiliam a regular a área de superfície de uma esponja. Alguns pinacócitos são modificados em **miócitos** contráteis, que estão geralmente organizados em bandas circulares ao redor dos ósculos ou poros, onde auxiliam a regular a taxa de entrada de água.

Independência celular: regeneração e embriogênese somática

As esponjas têm uma extraordinária capacidade para reparar suas lesões e restabelecer as partes perdidas, em um processo chamado de regeneração. A regeneração não implica uma reorganização de todo o animal, mas apenas das partes feridas. No entanto, uma reorganização completa da estrutura e função das células participantes ou partes do tecido de fato ocorre na embriogênese somática. Se uma esponja é cortada em pequenos fragmentos, ou se as células são inteiramente dissociadas e se permite que se agrupem em pequenas porções ou agregados, novas esponjas inteiras podem se desenvolver desses fragmentos ou agregados de células. Esse processo tem sido denominado de **embriogênese somática**. A embriogênese somática envolve uma completa reorganização da estrutura e funções das células participantes ou partes de tecido. Isoladas da influência das células adjacentes, elas podem expressar seu potencial de mudança na forma ou função enquanto se desenvolvem em um novo organismo.

Uma grande quantidade de trabalhos experimentais foi realizada nesse campo. O processo de reorganização parece diferir nas esponjas de complexidades diferentes. Existe ainda algum nível de controvérsia a respeito dos mecanismos que causam a adesão das células e o papel que cada tipo de célula apresenta no processo de formação.

A regeneração que se segue à fragmentação é um dos modos de reprodução assexuada: na fragmentação, uma esponja divide-se em partes que são cada uma capaz de formar uma nova esponja. A reprodução assexuada pode também ocorrer por formação de brotos. Os **brotos externos**, após atingirem certo tamanho, podem destacar-se da esponja parental e flutuar para formar novas esponjas, ou podem persistir junto da esponja parental e formar colônias. Os **brotos internos** ou **gêmulas** (Figura 12.10) são formados nas esponjas de água doce e em algumas esponjas marinhas. Nesses, os arqueócitos juntam-se no meso-hilo e são envoltos por uma camada enrijecida de espongina incorporada com espículas silicosas. Quando a esponja parental morre, as gêmulas sobrevivem e persistem dormentes, preservando a espécie durante os períodos de congelamento ou secas graves. Posteriormente, as células nas gêmulas saem por aberturas especiais, as **micrópilas**, e se desenvolvem em novas esponjas. A gemulação nas esponjas de água doce (Spongillidae) é, portanto, uma adaptação às mudanças sazonais. As gêmulas são também um meio de colonizar novos hábitats,

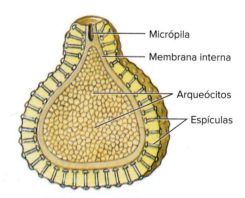

Figura 12.10 Corte de uma gêmula de uma esponja de água doce (Spongillidae). As gêmulas são um mecanismo de sobrevivência às condições adversas do inverno. Com o retorno das condições favoráveis, os arqueócitos saem da micrópila para formar uma nova esponja. Os arqueócitos da gêmula dão origem a todos os tipos de células da estrutura da nova esponja.

> ### Taxonomia do Filo Porifera
>
> **Classe Calcispongiae** (do latim *calcis*, calcário). Apresenta espículas de carbonato de cálcio que frequentemente formam uma franja ao redor do ósculo (saída principal de água); espículas aculeiformes ou com três ou quatro raios; todos os três tipos de sistemas de canais (asconoide, siconoide, leuconoide) estão representados; todas marinhas. Exemplos: *Sycon*, *Leucosolenia*, *Clathrina*.
>
> **Classe Hexactinellida** (do grego *hex*, seis + *aktis*, raio + do latim *–ellus*, sufixo diminutivo) (Hyalospongiae). Apresenta espículas silicosas de seis raios que se estendem em ângulos retos de um ponto central; espículas frequentemente unidas formando uma malha; corpo frequentemente cilíndrico ou em forma de funil; câmaras flageladas em arranjo siconoide simples ou leuconoide; maioria com hábitat de águas profundas; todas marinhas. Exemplos: a cesta-de-vênus (*Euplectella*), *Hyalonema*.
>
> **Classe Demospongiae** (do grego *demos*, povo + *spongos*, esponja). Apresenta espículas silicosas que não têm seis raios, ou espongina, ou ambos; sistema de canais do tipo leuconoide; uma família encontrada em água doce; todas as outras marinhas. Exemplos: *Amphimedon*, *Cliona*, *Spongilla*, *Myenia*, *Poterion*, *Callyspongia* e todas as esponjas-de-banho.
>
> **Classe Homoscleromorpha** (do grego *homos*, igual + *skleros*, duro + *morphe*, forma). Previamente considerado como um subgrupo de Demospongiae; espículas podem estar ausentes como em *Oscarella*; se presentes, as espículas são pequenas, simples em relação à sua forma, e não se formam ao redor de um filamento axial; pinacoderme com uma distinta membrana basal. Exemplos: *Oscarella*, *Corticium*.

uma vez que podem se espalhar por rios ou ser carregadas por animais. O que evita que as gêmulas eclodam durante sua estação de formação em vez de se manterem dormentes? Algumas espécies secretam uma substância que inibe a germinação precoce das gêmulas, e estas não germinam enquanto são mantidas dentro do corpo da esponja parental. Outras espécies sofrem maturação em baixas temperaturas (como no inverno) antes de germinarem. As gêmulas de esponjas marinhas também parecem ser uma adaptação para transpor o frio do inverno; elas são a única maneira pela qual *Haliclona loosanoffi* consegue sobreviver durante os períodos frios do ano nas regiões mais ao norte de sua área de distribuição.

Reprodução sexuada

Na **reprodução sexuada**, a maioria das esponjas é **monoica** (têm células sexuais femininas e masculinas em um único indivíduo). Algumas vezes, os espermatozoides surgem da transformação dos coanócitos. Nas Calcispongiae, e pelo menos em algumas Demospongiae, os oócitos também se desenvolvem de coanócitos; em outras Demospongiae, os gametas aparentemente são derivados dos arqueócitos. A maioria das esponjas é vivípara; depois da fertilização, o zigoto é retido e recebe nutrientes da esponja parental até que uma larva ciliada seja liberada. Nessas esponjas, os espermatozoides são liberados na água por um indivíduo e são capturados pelo sistema de canal de um outro indivíduo. Os coanócitos deste último indivíduo fagocitam o espermatozoide; então os coanócitos transformam-se em células portadoras, as quais levam o espermatozoide pelo meso-hilo até os oócitos. Outras esponjas são ovíparas e tanto os oócitos como os espermatozoides são expelidos na água ao redor. A larva livre-natante da maioria das esponjas é uma **parenquímula** de corpo sólido (Figura 12.11 A), embora existam seis outros tipos larvais e algumas esponjas apresentem desenvolvimento direto. As células flageladas da parenquímula, direcionadas para o exterior, migram para o interior quando a larva assenta, e se tornam os coanócitos nas câmaras flageladas.

As Calcispongiae e algumas poucas Demospongiae têm um padrão de desenvolvimento muito estranho. Uma blástula oca denominada estomoblástula (Figura 12.11 B) desenvolve-se com as células flageladas direcionadas para o interior. A blástula então se *invagina* (**inversão**), com as extremidades flageladas das células se direcionando para o exterior! As células flageladas (**micrômeros**) da larva anfiblástula estão na extremidade anterior e as células maiores não flageladas (**macrômeros**) estão na extremidade posterior. Em contraste com outros embriões de metazoários, os micrômeros invaginam e são rodeados pelos macrômeros na metamorfose durante o assentamento. Os micrômeros flagelados tornam-se os coanócitos, arqueócitos e colêncitos da nova esponja, e as células não flageladas dão origem à pinacoderme e aos esclerócitos.

Classe Calcispongiae

As Calcispongiae são esponjas calcárias, assim denominadas porque suas espículas são compostas de carbonato de cálcio. As espículas são retilíneas (monáxonas) ou têm três ou quatro raios. Essas esponjas tendem a ser pequenas – 10 cm ou menos em altura – e tubulares ou vasiformes. Sua estrutura pode ser asconoide, siconoide ou leuconoide. Embora muitas sejam de coloração pardacenta, algumas são de coloração amarela, vermelha, verde ou lilás brilhante. *Leucosolenia* e *Sycon* (frequentemente chamada *Scypha* ou *Grantia* por companhias de suprimentos biológicos) são formas marinhas de águas rasas frequentemente estudadas em laboratório (ver Figura 12.5). *Leucosolenia* é uma esponja asconoide pequena que cresce em colônias ramificadas, geralmente surgindo de uma malha de tubos estoloniformes horizontais (ver Figura 12.3). *Clathrina* é uma esponja pequena com os tubos entrelaçados (ver Figura 12.6). *Sycon* é uma esponja solitária que pode viver separadamente ou formar agrupamentos por brotamento. Esse animal vasiforme normalmente siconoide varia de 1 a 3 cm em comprimento, com uma franja de espículas retilíneas ao redor do ósculo para desencorajar que pequenos animais entrem.

Classe Hexactinellida (Hyalospongiae): esponjas-de-vidro

As esponjas-de-vidro constituem a classe Hexactinellida (ou Hyalospongiae). Quase todas são formas de mar profundo que são coletadas por dragagem. A maioria é radialmente simétrica, com corpos em forma de vaso ou funil, geralmente fixadas a um substrato por hastes de espículas da raiz (do grego *euplektos*, bem entrançado). Elas variam em tamanho desde 7,5 cm a mais de 1,3 m em comprimento. Suas características distintivas incluem um esqueleto de espículas silicosas de seis raios que estão geralmente fusionadas em uma malha, formando uma estrutura semelhante a vidro.

A estrutura de seu tecido sincicial difere nitidamente daquelas das outras esponjas – existem muitos núcleos dentro de uma única célula muito grande. Os sincícios são produzidos pela fusão de muitas células ou por divisões repetidas do núcleo celular sem a divisão do citoplasma da célula. O corpo da esponja Hexactinellida é composto por um único tecido sincicial contínuo, denominado de **rede trabecular**. Uma esponja-de-vidro de 1 m de diâmetro constitui o maior sincício registrado no reino animal.

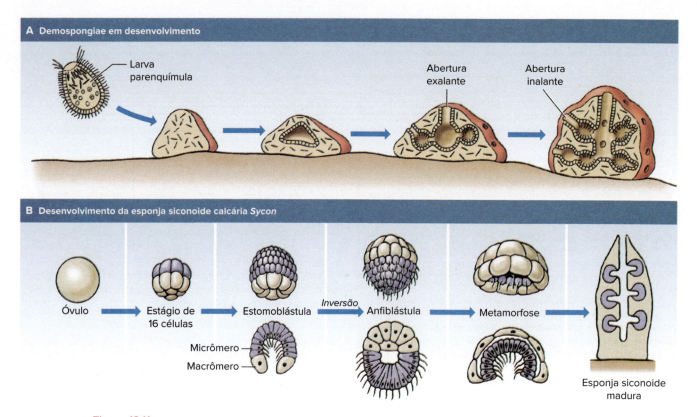

Figura 12.11 **A.** Desenvolvimento de Demospongiae. **B.** Desenvolvimento da esponja calcária siconoide *Sycon*.

O retículo trabecular tem duas camadas e pode ser laminar ou tubular. Entre as camadas das lâminas, ou dentro dos tubos, há um meso-hilo de colágeno fino nos quais as células, como arqueócitos ou coanoblastos, ocorrem (Figura 12.12). Os coanoblastos e outras células estão conectados uns aos outros, assim como ao retículo trabecular, por pontes citoplasmáticas. Os coanoblastos são células incomuns que apresentam duas ou mais expansões flageladas chamadas **corpos em colarinho**. O flagelo de um corpo do colarinho bate para direcionar a corrente de água na mesma direção que faria um coanócito.

Uma associação de corpos do colarinho forma a câmara flagelada. Nesta, o retículo trabecular ramifica-se para se tornar duas lâminas distintas: um retículo primário e um retículo secundário fino que não apresenta meso-hilo. As duas camadas fazem um sanduíche ao redor do centro do corpo do colarinho (Figura 12.12). Os corpos dos colarinhos estendem-se entre as aberturas de ambas as camadas, mas as aberturas envolvem os corpos de colarinho apertadamente. Existe um espaço entre as duas camadas. Para capturar comida, a água que entra é direcionada ao retículo primário, onde poros a levam para dentro do espaço entre as camadas reticulares primária e secundária. A água que entra nesse espaço deve sair por movimentação pela malha de microvilosidades dos corpos do colarinho; a água não pode ir a qualquer outro local por causa da presença do retículo secundário. As partículas alimentares capturadas nas microvilosidades são compartilhadas em todo o sincício.

A natureza sincicial dessas esponjas incomuns pode sugerir uma origem sincicial para os animais, mas os detalhes sobre seu desenvolvimento refutam essa ideia. O tecido do retículo é formado após uma clivagem embrionária típica e a formação de uma blástula. Seguindo-se o estágio de clivagem de 32 células, novas células permanecem conectadas por meio de pontes citoplasmáticas, e o sincício é formado pela combinação de fusão celular e envelopamento. Portanto, o animal é inicialmente celular.

A malha de espículas em forma de treliça, encontrada em muitas esponjas-de-vidro, é de uma beleza primorosa, como a de *Euplectella*, ou cesta-de-flor-de-vênus, um exemplo clássico de Hexactinellida.

Classe Demospongiae

Esse grupo contém 95% das espécies de esponjas atuais e inclui a maioria das esponjas maiores. As espículas são silicosas, mas não no formato de seis raios. As espículas podem estar ligadas umas às outras por espongina ou estar ausentes. As esponjas chamadas de esponjas-de-banho, *Spongia* e *Hippospongia*, pertencem ao grupo denominado de esponjas córneas, que possuem esqueletos de espongina e não carecem inteiramente de espículas silicosas. Todos os membros da classe são leuconoides e marinhos, exceto pelos membros de água doce da família Spongillidae.

Demospongiae marinhas são bastante variadas e podem ser impressionantes em cor e forma (Figura 12.13). Elas podem ser incrustantes; altas e digitiformes; baixas e esparramadas pelo substrato; podem perfurar conchas; e algumas apresentam forma de leque, vasos, almofadas, bolas (Figura 12.13). Esponjas globosas podem crescer até vários metros em diâmetro.

As esponjas de água doce estão distribuídas amplamente em lagoas e riachos bem oxigenados, onde elas se incrustam em talos de plantas e pedaços envelhecidos de madeira submersa. Elas podem assemelhar-se um pouco a uma lâmina enrugada, apresentar-se perfuradas com poros e ter coloração acastanhada ou esverdeada. Os gêneros comuns são *Spongilla* (do latim *spongia*, do grego *spongos*, esponja) e *Myenia*. As esponjas de água doce são muito comuns no alto verão, embora algumas sejam encontradas mais facilmente no outono. Elas se reproduzem sexuadamente, mas os genótipos existentes também podem reaparecer anualmente a partir de gêmulas. Elas morrem e se desintegram no fim do outono, formando gêmulas para sobreviver ao inverno e produzir a população do ano seguinte.

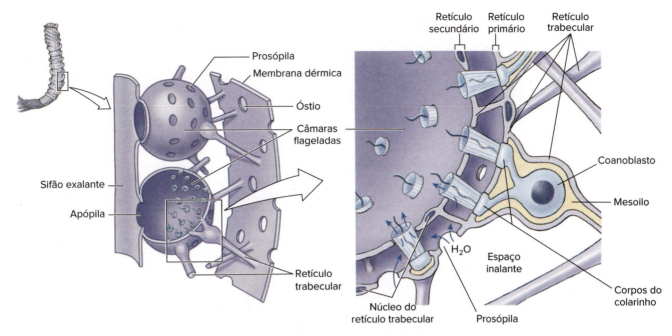

Figura 12.12 Diagrama de parte de uma câmara flagelada em uma esponja Hexactinellida. Os retículos primário e secundário são ramos do retículo trabecular, que é sincicial. Os corpos celulares dos coanoblastos e seus processos surgem do retículo primário e estão embebidos em um meso-hilo fino composto de colágeno. Os processos dos coanoblastos terminam nos corpos do colarinho, e os colarinhos estendem-se pelo retículo secundário. A ação flagelar impele a água (setas) a ser filtrada por meio da malha de microvilosidades do colarinho (ver Figura 12.9).

Classe Homoscleromorpha

As Homoscleromorpha são esponjas marinhas existentes em muitas cores diferentes, mas vivem em hábitats crípticos, e assim frequentemente não são percebidas. Apesar de serem comuns em hábitats costeiros, também são encontradas em águas profundas. As esponjas dessa classe eram originalmente consideradas como pertencentes à Classe Demospongiae, mas foram separadas por possuírem características únicas, como uma camada pinacoderme com uma membrana basal verdadeira ou MEC (ver Seção 12.1). As células dessa camada também diferem das células de outras esponjas, pois elas se unem umas às outras e à MEC com junções celulares especiais de aderência. Assim, alguns pesquisadores consideram a pinacoderme como um tecido verdadeiro. No entanto, em um tecido verdadeiro, as células se conectam umas às outras via proteínas chamadas caderinas em junções específicas conhecidas como desmossomos. Não há desmossomos na pinacoderme de Homoscleromorpha; assim, pode ser mais correto chamar a pinacoderme de tecido incipiente, e não de um tecido verdadeiro. A classe divide-se em dois clados, um cujos membros não apresentam qualquer espícula e outro com espículas que não se formam ao redor de um filamento longitudinal central (axial). Os gêneros representantes são: *Plakina*, *Oscarella* e *Corticium*.

Filogenia e diversificação adaptativa

Filogenia

As esponjas originaram-se antes do período Cambriano. Dois grupos de organismos calcários espongiformes ocuparam os recifes do início do Paleozoico. No período Devoniano houve um rápido desenvolvimento de muitas esponjas-de-vidro. As esponjas são o táxon-irmão de um grupo composto por todos os outros filos de animais, como mostrado no cladograma dos filos animais, que consta no fim do livro. Os planos corporais simples da maioria das esponjas, além das da classe Hexactinellida, poderiam sugerir que as esponjas compartilhassem algumas características com outros animais, mas esse não é o caso. Para formar um corpo multicelular, as células devem aderir umas às outras de maneira estável. As proteínas usadas na adesão e na sinalização celulares em esponjas são homólogas àquelas em outros animais; na verdade, muitas delas estão presentes nos coanoflagelados, evoluindo antes do ancestral comum de outros animais. O epitélio animal é uma estrutura única onde as células aderem umas às outras em uma camada única ligada a uma membrana basal que contém colágeno tipo IV. As junções de aderência, nas quais as moléculas de caderina funcionam como adesivos,[2] conectam as células em um epitélio à membrana basal, mas um epitélio verdadeiro também requer que as células se conectem umas às outras por meio de junções específicas chamadas desmossomos. Como as Homoscleromorpha não têm estas últimas junções, mas têm as junções adesivas comentadas anteriormente, há um debate sobre se as esponjas possuem epitélios teciduais verdadeiros que são elaborados em outros animais. O desenvolvimento das esponjas inclui o estágio animal característico de blástula, e algumas esponjas na verdade desenvolvem-se até o estágio de gástrula de duas camadas antes da reorganização de seus corpos em adultos assimétricos. É possível que o estilo de vida séssil dessas esponjas tenha favorecido um corpo que à primeira vista parece simples na maioria das espécies, e que um olhar mais atento para as esponjas revelaria mais características típicas dos animais.

Os estudos filogenéticos[3] usando dados da sequência da subunidade grande e pequena do RNAr e a proteinoquinase C indicam que as esponjas com espículas calcárias, da classe Calcispongiae, pertencem a um clado separado daquelas com espículas feitas de sílica nas classes Demospongiae e Hexactinellida. Duas posições

---

[2] Abedin M, N King. Diverse evolutionary paths to cell adhesion. Trends in Cell Biology. 2010; 20:734-42.
[3] Borchiellini, C., M. Manuel, E. Alivon, N. Boury-Esnault, J. Vacelet e Y. Le Parco. 2001. Sponge paraphyly and the origin of Metazoa. J. Evol. Biol. 14:171–179; Medina, M., A. G. Collins, J. D. Silberman, and M. L. Sogin. 2001. Evaluating hypotheses of basal animal phylogeny using complete sequences of large and small subunit rRNA. Proc. Nat. Acad. Sci., EUA 98:9707–9712.

potenciais emergem para as esponjas calcárias: em uma, as esponjas calcárias são um táxon-irmão do clado das esponjas silicosas, como observamos na Figura 12.4, e, na outra, o filo Porifera é parafilético, porque as "esponjas" calcárias são mais aparentadas a outros táxons de animais do que com as esponjas silicosas. No entanto, a filogenia animal mais recente coloca esponjas como a clado-irmão para os outros animais. Uma reconstrução recente da espícula ancestral da esponja, com base na morfologia da esponja fóssil, descreve uma espícula com um filamento axial interno de sílica e uma camada externa de calcita. Se essa é de fato a espícula ancestral, então vemos que alguns descendentes se especializaram em cada tipo de mineral para formar o esqueleto.

Diversificação adaptativa

Os Porifera constituem um grupo de grande sucesso, que inclui vários milhares de espécies e uma grande variedade de formas marinhas e de água doce. Sua diversificação centra-se amplamente em seu sistema de corrente de água singular e em seus vários graus de complexidade. No entanto, dentre as Demospongiae silicosas, uma nova estratégia alimentar evoluiu para uma família de esponjas que habitam cavernas submarinas profundas, localizadas em águas com poucos nutrientes. Essas esponjas de águas profundas têm uma cobertura fina de pequenas espículas em forma de gancho sobre seus corpos altamente ramificados. A camada de espículas faz um emaranhado com os apêndices de pequenos crustáceos que nadam próximos à superfície da esponja. Posteriormente, os filamentos do corpo da esponja crescem sobre a presa, envelopando-a e digerindo-a. Essas esponjas são carnívoras e não comedoras de suspensão, embora algumas delas possam potencializar suas dietas com nutrientes obtidos de bactérias simbióticas metanotróficas. A presença de típicas espículas silicosas claramente identifica esses animais como esponjas, mas elas não têm coanócitos e canais internos.

Sem dúvida, a perda de coanócitos nessas espécies dificulta a diferenciação das esponjas, mas os estudantes de evolução são fascinados por esse fato. O caminho complicado tomado por um ramo da linhagem das esponjas ilustra claramente a natureza não direcional da evolução. Para colonizar um hábitat tão pobre em nutrientes, os ancestrais desse grupo inicialmente devem ter tido pelo menos um sistema de alimentação alternativo, seja carnivoria ou quimioautotrofia. Presumivelmente, depois que o método alternativo de captura de alimento estava em uso, os coanócitos e canais internos já não eram mais formados. Se houvesse mais modificações corporais nessa linhagem, poderíamos em última instância não reconhecer seus descendentes como esponjas. Imagine como a linhagem se pareceria se as espículas fossem perdidas em favor de uma dependência maior de simbiontes bacterianos, e você vai começar a entender por que às vezes é difícil traçar a evolução morfológica ou identificar os parentes mais próximos de certos animais.

De fato, a descoberta de esponjas-harpa de águas profundas, *Chondrocladia lyra*, mostra a morfologia impressionante de uma esponja predatória. Esse animal possui várias palhetas, cada uma delas com um estolão basal de aproximadamente 40 cm de comprimento ancorado por rizoides. Acima dos estolões, estendem-se ramos verticais com cerca de 20 cm. Pequenas presas, normalmente copépodes (ver Seção 20.1), são capturadas em seus ramos e ingeridas por fagocitose. Esferas terminais em cada ramo contêm espermatóforos e óvulos ficam suspensos na metade superior dos ramos. A forma dos corpos nas outras 36 espécies desse gênero varia de pedunculado e esférico a ramificado.

12.3 FILO PLACOZOA

O filo Placozoa (do grego *plax, plakos*, tablete, placa + *zōon*, animal) foi proposto em 1971 por K. G. Grell para conter uma única espécie, *Trichoplax adhaerens* (Figura 12.14 A), uma minúscula (2 a 3 mm) forma marinha. O corpo é achatado e não tem simetria, órgãos, sistemas muscular ou nervoso. Ele também não apresenta uma lâmina basal sob a epiderme e uma matriz extracelular (MEC), duas características que foram consideradas marcas dos animais. Entretanto, seu genoma contém muitos genes que codificariam potencialmente as proteínas da MEC. O corpo de um placozoário é composto por um epitélio dorsal de células de revestimento e esferas brilhantes, um epitélio ventral espesso, o qual contém células monociliadas (células cilíndricas) e células glandulares aciliadas (Figura 12.14 B). O espaço entre os epitélios contém células fibrosas multinucleadas contráteis. Existem quatro tipos celulares que se distinguem morfologicamente, mas estudos de expressão gênica sugerem a presença de um quinto tipo.

Os placozoários deslizam sobre o seu alimento, secretam enzimas digestivas sobre este e, então, absorvem seus produtos. No laboratório, eles se alimentam de matéria orgânica e pequenas algas.

O ciclo de vida dos placozoários não é completamente conhecido. Eles se dividem assexuadamente e produzem estágios

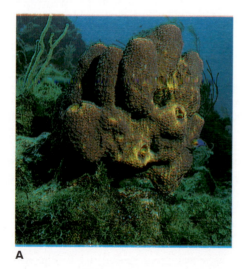 

Figura 12.13 Demospongiae marinhas nos recifes de corais do Caribe. **A**. *Pseudoqueratina crassa* é uma esponja colorida que cresce em profundidades moderadas. **B**. *Monanchora unguifera* com o ofiuroide comensal, *Ophiothrix suensoni* (filo Echinodermata, classe Ophiuroidea).

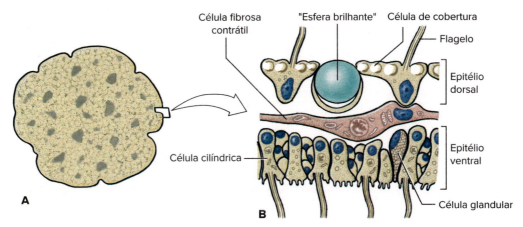

Figura 12.14 A. *Trichoplax adhaerens* é um animal marinho discoide de apenas 2 a 3 mm de diâmetro. **B.** Corte de *Trichoplax adhaerens*, que mostra sua estrutura histológica.

propagadores por brotamento. Embora a reprodução sexuada não tenha sido observada, ocorrem ovos em animais de laboratório. Estudos genéticos de placozoários do mundo todo mostram que há oito linhagens distintas que são equivalentes a espécies, embora estas não possam ser diferenciadas morfologicamente. A reprodução sexuada foi inferida a partir de evidências moleculares de diversidade genética dentro de um clado.

Grell considerou *Trichoplax* como diblástico (ver Seção 9.2), com um epitélio dorsal representando um ectoderma e o epitélio ventral representando um endoderma devido à sua função nutritiva. Estudos de expressão gênica suportam essas homologias. A origem da camada fibrosa mediana encontra-se atualmente em estudo. À medida que esse grupo se tornar mais bem compreendido, a ordem de ramificação para os Placozoa e os dois filos diblásticos (ver Capítulo 13) poderá ser esclarecida em breve. Atualmente, consideramos o aparecimento dos ramos dos placozoários, cnidários e ctenóforos como uma politomia (ver o cladograma dos filos animais, que consta no fim do livro).

RESUMO

Seção	Conceito-chave
12.1 Origem dos animais (Metazoários)	• A evolução de uma célula eucariótica foi seguida pela diversificação em muitas linhagens cujos descendentes podem ser unicelulares, coloniais ou multicelulares • Coanoflagelados, o táxon-irmão dos animais, são organismos coloniais. O corpo é feito de várias células, mas não há especialização entre as células • A multicelularidade requer função celular especializada e a restrição da reprodução sexuada para certas células. Ela surgiu em linhagens unicelulares pelo menos 25 vezes. Eventos evolutivos independentes produziram multicelularidade em certas bactérias, algas marrons (*kelp*), plantas e, é claro, animais.
12.2 Filo Porifera: esponjas	• Esponjas (filo Porifera) são um grupo marinho abundante com alguns representantes de água doce • Eles têm várias células especializadas, mas não formam órgãos • Eles dependem da batida flagelar de seus coanócitos para fazer a água circular pelos seus corpos para a coleta de alimentos e trocas gasosas respiratórias. O formato do corpo da esponja permite que o fluxo de água diminua próximo aos coanócitos, para permitir a captura de alimentos e aumentar em velocidade conforme sai, evitando a refiltração da água usada • As esponjas são sustentadas por esqueletos secretados de colágeno fibrilar, colágeno na forma de grandes fibras ou filamentos (espongina), espículas calcárias ou silicosas, ou uma combinação de espículas e esponginas na maioria das espécies • As esponjas se reproduzem assexuadamente por brotamento, fragmentação e gêmulas (botões internos). A maioria das esponjas é monoica, mas produz espermatozoides e ovócitos em momentos diferentes. A embriogênese é incomum, com migração de células flageladas da superfície para o interior (em larvas parenquímulas) ou a produção de uma larva de anfiblástula com inversão e crescimento de macrômeros sobre micrômeros. As esponjas têm grandes capacidades regenerativas • As esponjas e os microrganismos que vivem nelas ou sobre elas produzem ampla variedade de substâncias químicas bioativas, incluindo substâncias antiparasitárias, anticâncer, antifúngicas e imunossupressoras • As esponjas são um grupo antigo atualmente colocado como o táxon-irmão de todos os outros animais, com base em dados moleculares e morfológicos. Sua diversificação adaptativa está centrada na elaboração do processo de circulação de água e do sistema de alimentação por filtragem, exceto para uma família de esponjas cuja alimentação por filtragem foi substituída por carnivoria e há dependência de simbiontes bacterianos para nutrição extra • Os sistemas de suporte de espículas são baseados em cálcio ou sílica, então foi proposto que esponjas com elementos esqueléticos calcificados são mais aparentadas a outros animais do que a outras esponjas, mas uma reconstrução recente do elemento de suporte ancestral indica que ele continha tanto cálcio quanto sílica.

Seção	Conceito-chave
12.3 Filo Placozoa	• O filo Placozoa contém pequenos organismos marinhos semelhantes a placas. Possui apenas duas camadas de células, com uma camada de células sinciciais fibrosas entre elas. Alguns pesquisadores levantam a hipótese de que essas camadas sejam homólogas à ectoderme e à endoderme de animais mais complexos • Estudos genéticos indicam que existem oito espécies de placozoários.

QUESTÕES DE REVISÃO

1. O termo "metazoário" é sinônimo de "animal". Existe algum animal com apenas uma célula? Como são classificados os eucariotos com uma célula?
2. Contraste os planos corporais coloniais e multicelulares.
3. Descreva sucintamente os tipos corporais asconoide, siconoide e leuconoide das esponjas.
4. Qual é o tipo corporal das esponjas que parece mais eficiente e permite tamanhos corporais maiores?
5. Descreva como o formato das esponjas influencia a velocidade do movimento da água para maximizar a captura de alimentos e para minimizar a ingestão de água que já foi usada.
6. Defina: pinacócitos, coanócitos, arqueócitos, esclerócitos, espongiócitos e colêncitos.
7. Que material é encontrado no esqueleto de todas as esponjas?
8. Descreva os esqueletos de cada uma das classes de esponjas.
9. Descreva como ocorrem a alimentação, a respiração e a excreção das esponjas.
10. O que é uma gêmula?
11. Por que as esponjas-de-vidro são distintas das esponjas com corpos celulares?
12. Descreva o conteúdo mineral hipotetizado para a espícula da esponja ancestral e explique como ele varia entre as classes dos descendentes.
13. Descreva o plano corporal de Placozoa.
14. Que formas fazem os placozoários interessantes a partir de uma perspectiva filogenética?

Para reflexão. Os mutualismos são interações entre duas espécies em que ambas se beneficiam. Como a relação entre uma esponja com espículas vítreas e microalgas ou cianobactérias pode ser um mutualismo?

13 Cnidários e Ctenóforos

OBJETIVOS DE APRENDIZAGEM

Após leitura do capítulo, você será capaz de:

13.1 Descrever um cnidócito e explicar os componentes funcionais de pólipos e medusas, além de como esses estágios são integrados nos ciclos de vida das seis classes cnidárias.

13.2 Descrever o plano corporal do ctenóforo e as estruturas locomotoras.

13.3 Comparar e contrastar animais diblásticos e triblásticos no que diz respeito à simetria corporal e ao grau de complexidade.

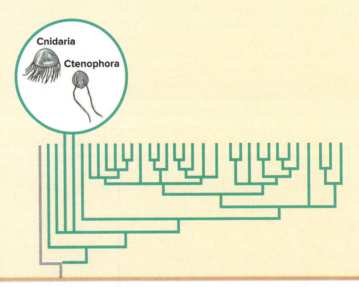

Um coral Tubastraea coccinea.
iStock@LeventKonuk

Uma arma minúscula aterrorizante

A maioria dos cnidários, com exceção dos corais, tem corpos moles. Anêmonas-do-mar e muitos outros estão presos a superfícies duras e, portanto, incapazes de fugir do perigo. As formas móveis de águas-vivas não sabem nadar contra as correntes oceânicas. A verdade é que, no entanto, muitos cnidários são predadores muito eficientes, aptos a matar e ingerir presas muito mais organizadas, ágeis e inteligentes do que eles próprios. Eles têm essa habilidade porque possuem tentáculos que se ouriçam com armas minúsculas, notavelmente sofisticadas, denominadas nematocistos.

À medida que é secretado na célula que o contém, um nematocisto é dotado de energia potencial para dar força ao seu disparo. Um nematocisto é como uma arma recém-fabricada que sai da linha de montagem engatilhada e pronta com uma bala em sua câmara. Como uma arma engatilhada, um nematocisto completo requer apenas um pequeno estímulo para disparar. Em vez de um projétil, um pequeno filamento sai do nematocisto. Atingindo uma velocidade de 2 m/s e uma aceleração de 40 mil vezes a da gravidade, ele instantaneamente penetra na presa e injeta uma toxina paralisante. Um animal pequeno, desafortunado o suficiente para se aproximar de um dos tentáculos, é subitamente perfurado por centenas ou mesmo milhares de nematocistos e rapidamente imobilizado. Alguns filamentos de nematocistos podem penetrar a pele humana, resultando em sensações desde pequenas irritações a uma grande dor, ou mesmo a morte, dependendo da espécie. Um nematocisto é uma arma minúscula assustadora, mas maravilhosa.

- **FILO CNIDARIA**
- **FILO CTENOPHORA**

Os dois filos discutidos neste capítulo são diblásticos (ver o cladograma dos filos animais, que consta no fim do livro), o que significa que eles têm duas camadas celulares embrionárias, o ectoderma e o endoderma, a partir das quais as estruturas do adulto se desenvolvem. As duas camadas são produzidas quando o embrião se desenvolve de uma blástula com apenas uma camada em uma gástrula (ver Capítulos 8 e 9). Nos animais diblásticos adultos, a epiderme desenvolve-se do ectoderma, e o revestimento da cavidade intestinal, ou gastroderme, desenvolve-se do endoderma; esse plano corporal está em contraste marcante com aquele das esponjas adultas, em que não há camadas celulares nem uma cavidade gástrica.

Um novo estágio de desenvolvimento, a gastrulação, caracteriza os diblásticos e produz as camadas de células dos animais adultos. As esponjas e placozoários estão normalmente excluídos dos animais diblásticos. Entretanto, como mencionado no Capítulo 12, trabalhos sobre o desenvolvimento de esponjas sugerem que as camadas celulares de fato se desenvolvem nas larvas das esponjas, mas desaparecem quando os adultos se tornam um agregado de tipos de células diferentes não organizados em camadas. A sequência de desenvolvimento para os placozoários não é conhecida, mas alguns biólogos consideram as duas camadas do adulto equivalentes aos derivados do ectoderma e endoderma. Assim, pode ser apropriado adicionar mais filos à categoria dos animais diblásticos se outros estágios, além do adulto, forem considerados, ou se novas homologias forem estabelecidas. Atualmente, os filos diblásticos são Cnidaria e Ctenophora, embora alguns possam argumentar que esses grupos contêm membros triblásticos (ver Seção 13.3). Os organismos adultos de ambos os grupos apresentam simetria radial ou birradial (ver Seção 9.2) e não se observa cefalização.

Cnidários conhecidos são as anêmonas-do-mar e águas-vivas, e alguns leitores podem conhecer os ctenóforos como nozes-do-mar ou águas-vivas-de-pente. Os animais gelatinosos estão virando notícia mais frequentemente nos últimos anos à medida que suas populações causam impacto nos seres humanos. Os problemas causados por águas-vivas em abundância incluem praias fechadas para banhistas, redução de pesca, redes de pesca bloqueadas, bem como bloqueio de válvulas de entrada de água para dessalinização e válvulas de usinas de energia, entre outros. A abundância desses organismos tem sido relacionada a fatores abióticos, como ciclos solares, bem como a efeitos antropogênicos, como aquecimento dos oceanos, adição de nutrientes, sobrepesca que reduz a abundância dos competidores e reduções diretas nas populações de predadores, como as tartarugas-de-couro.

13.1 FILO CNIDARIA

O filo Cnidaria (do grego *knide*, irritante + do latim *aria* [sufixo plural], como ou conectado com) é um grupo interessante, com mais de 9 mil espécies. O grupo inclui algumas das criaturas mais estranhas e encantadoras da natureza: hidroides ramificados parecidos com plantas; anêmonas-do-mar parecidas com flores; águas-vivas; os arquitetos do assoalho oceânico, os corais-córneos (gorgônias e outros) e os corais pétreos, cujos milhares de anos de construção de estruturas calcárias produziram os grandes recifes e ilhas de coral (ver Seção 13.1).

O nome do filo vem das células chamadas **cnidócitos**, as quais podem conter organelas (cnidas) características do filo. O tipo mais comum de cnida é o **nematocisto**, descrito no texto de abertura. Apenas os cnidários produzem os cnidócitos, mas alguns ctenóforos, moluscos e platelmintos ingerem os hidroides e passam a portar os nematocistos, estocando e usando essas células urticantes para a sua própria defesa.

Os cnidários são um grupo antigo, com a história fóssil mais antiga que qualquer outro animal, alcançando mais de 700 milhões de anos atrás. Eles estão distribuídos por todos os hábitats marinhos, e alguns poucos habitam a água doce. Os cnidários são encontrados abundantemente em hábitats marinhos de águas rasas, especialmente em temperaturas mais quentes e regiões tropicais. Não há nenhuma espécie terrestre. Os hidroides coloniais são normalmente encontrados presos às conchas de moluscos, rochas, pilastras e outros animais de águas costeiras rasas, mas algumas espécies vivem em grandes profundidades. As medusas flutuantes e livre-natantes são encontradas no mar aberto e em lagos, frequentemente longe da costa. Os animais como a caravela-do-mar e *Velella* (do latim *velum*, véu + *ellus*, sufixo diminutivo) têm flutuadores ou velas por meio dos quais são levadas pelo vento. Embora eles sejam principalmente sésseis ou, na melhor das possibilidades, de locomoção lenta ou de natação lenta, os cnidários são predadores bastante eficientes, inclusive de organismos muito mais rápidos e mais complexos.

Os cnidários às vezes vivem em simbiose com outros animais, frequentemente como comensais em conchas ou em outras superfícies de seus hospedeiros. Certos hidroides (Figura 13.1) e

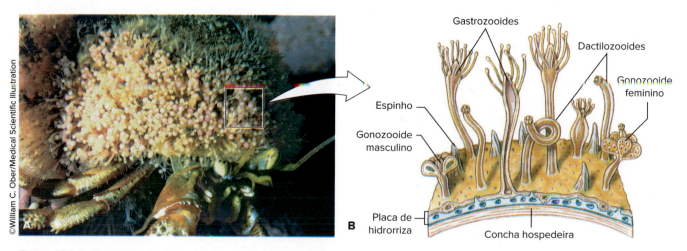

Figura 13.1 A. Um paguro ermitão com seus cnidários mutualísticos. A concha do paguro hospedeiro é coberta por pólipos do hidrozoário *Hydractinia symbiolongicarpus*. O paguro obtém dos cnidários um pouco de proteção contra a predação e os cnidários obtêm um transporte gratuito e pedaços de alimentos que sobram das refeições de seu hospedeiro. **B.** Porção de uma colônia de *Hydractinia* que mostra os tipos de zooides e o estolão (hidrorriza) do qual eles crescem.

anêmonas-do-mar geralmente vivem sobre conchas de gastrópodes, as quais são habitadas por paguros ermitões, provendo aos paguros alguma proteção contra os predadores. As algas frequentemente vivem como mutualistas em tecidos de cnidários, notavelmente em algumas hidras de água doce e corais construtores de recifes. A presença das algas em corais construtores de recifes limita a ocorrência dos recifes de coral a águas relativamente rasas e claras, onde há luz suficiente para as exigências fotossintéticas das algas. Esses tipos de corais são um componente essencial dos recifes de coral e os recifes são hábitats extremamente importantes para muitas outras espécies de invertebrados e vertebrados em águas tropicais. Os recifes de coral serão mais discutidos na Seção 13.1.

Embora muitos cnidários tenham pouca importância econômica, os corais construtores de recifes constituem uma exceção importante. Os peixes e outros animais associados aos recifes fornecem quantidades significativas de alimento para os seres humanos, e os recifes têm valor econômico como atração turística. O coral precioso é utilizado em joias e ornamentos, e as rochas coralíneas servem para construções.

Quatro classes de Cnidaria eram tradicionalmente reconhecidas (Figura 13.2): os Hydrozoa (a classe com maior variação, incluindo hidroides, corais-de-fogo, caravelas-do-mar e outros), os Scyphozoa (águas-vivas "verdadeiras"), os Cubozoa (águas-vivas cúbicas) e os Anthozoa (maior classe, incluindo as anêmonas-do-mar, corais pétreos, corais moles e outros). Uma quinta classe, a Staurozoa, foi proposta porque as filogenias recentes mostram que as estauromedusas não pertencem aos Scyphozoa. Esses animais estranhos não formam uma medusa livre-natante, mas o corpo do pólipo tem uma região na forma de medusa em seu ápice (Seção 13.1). Dados moleculares atualmente identificam uma sexta classe de cnidários de formas parasíticas altamente modificadas, a Myxozoa (Figura 13.2)

Forma e função
Dimorfismo e polimorfismo em cnidários

Um dos mais interessantes – e por vezes mais enigmáticos – aspectos desse filo é o dimorfismo exibido por muitos de seus membros. Todas as formas de cnidários se encaixam em um destes dois tipos morfológicos (**dimorfismo**): um **pólipo**, ou forma hidroide, o qual é adaptado a uma vida sedentária ou séssil, e uma **medusa**, ou forma de água-viva, que é adaptada para uma existência flutuante ou livre-natante (Figura 13.3). O nome comum "água-viva" está sendo amplamente substituído pelo termo "gelatinoso" ou "gelatina-do-mar".

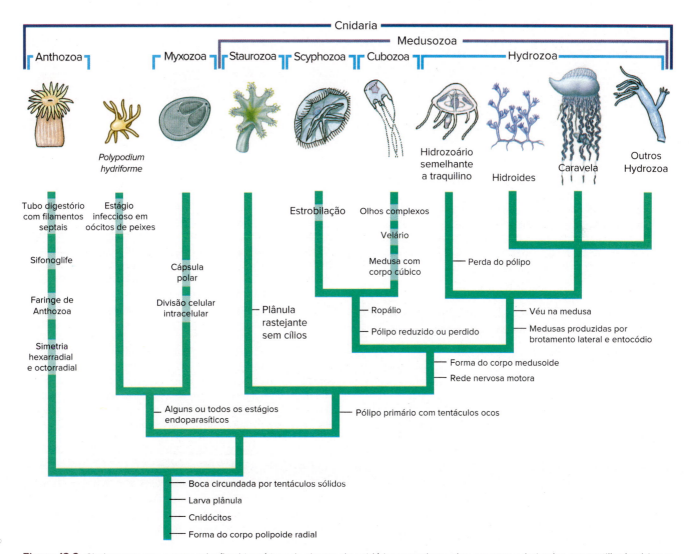

Figura 13.2 Cladograma que mostra relações hipotéticas de classes de cnidários com alguns dos caracteres derivados compartilhados (sinapomorfias) indicados.

Características do filo Cnidaria

1. **Cnidócitos** presentes, tipicamente abrigando organelas urticantes chamadas **nematocistos**.
2. Completamente aquáticos, alguns de água doce, mas a maioria marinha.
3. **Simetria radial** ou simetria birradial ao redor de um eixo longitudinal com extremidades oral e aboral, sem cabeça definida.
4. Dois tipos de indivíduos, **pólipos** e **medusas**
5. Corpo do adulto com duas camadas (**diblástico**), com a epiderme e a gastroderme derivadas do ectoderma e endoderma embrionários, respectivamente.
6. Mesogleia, uma matriz extracelular ("gelatinosa") localizada entre as camadas corporais; quantidade de mesogleia é variável; mesogleia com células e tecido conjuntivo originado do ectoderma em alguns.
7. Cavidade digestória incompleta chamada **cavidade gastrovascular**; frequentemente ramificada ou dividida por septos.
8. **Digestão extracelular** em uma cavidade gastrovascular e digestão intracelular nas células gastrodérmicas.
9. Tentáculos extensíveis geralmente ao redor da boca ou região oral.
10. Contrações musculares via **células epitélio-musculares**, as quais formam uma camada externa de fibras longitudinais na base da epiderme e uma camada interna de fibras circulares na base da gastroderme; modificações desse plano nas medusas de hidrozoários (fibras musculares ectodérmicas independentes) e outros cnidários complexos.
11. Órgãos dos sentidos incluem estatocistos bem desenvolvidos (órgão de equilíbrio) e ocelos (órgãos fotossensíveis); olhos complexos em membros de Cubozoa.
12. **Rede nervosa** com sinapses simétricas e assimétricas; condução difusa; dois anéis nervosos nas medusas de hidrozoários.
13. Reprodução assexuada por brotamento (em pólipos) forma clones e colônias; algumas colônias exibem **polimorfismo**[1] (tipos de pólipos diferentes em uma mesma colônia).
14. Reprodução sexuada por gametas em todas as medusas e alguns pólipos; monoicos ou dioicos; clivagem indeterminada holoblástica; forma larval plânula.
15. Sem sistema excretor ou respiratório.
16. Sem cavidade celomática.

---
[1] Note que o polimorfismo aqui se refere a mais de uma forma estrutural de indivíduo dentro de uma mesma espécie, em contraposição ao uso da palavra em genética (Ver Secção 6.4), na qual se refere às diferentes formas de alelo de um gene em uma população.

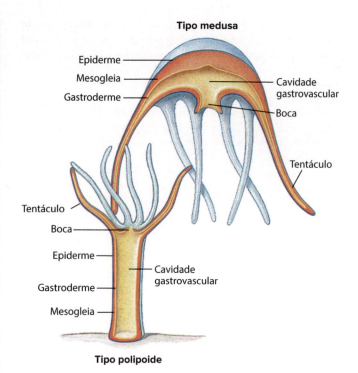

Figura 13.3 Comparação entre indivíduos do tipo pólipo e medusa.

Superficialmente, o pólipo e a medusa parecem ser muito diferentes, mas na realidade cada um reteve o plano corporal saculiforme básico para o filo (Figura 13.3). Uma medusa é essencialmente um pólipo solto, com a porção tubular alargada e achatada em uma forma de sino.

Pólipos. A maioria dos pólipos tem os corpos tubulares. Uma boca cercada por tentáculos define a extremidade oral do corpo. A boca leva a uma cavidade intestinal em fundo cego, a **cavidade gastrovascular** (Figura 13.3). A extremidade aboral está geralmente fixa a um substrato por um disco pedal ou outro dispositivo.

Os pólipos podem se reproduzir assexuadamente por brotamento, fissão ou laceração pedal. No **brotamento**, um botão de tecido forma-se na lateral de um pólipo existente e desenvolve uma boca funcional e tentáculos (ver Figura 13.12). Se um broto se separa do pólipo que o gerou, um clone é formado. Se um broto permanece ligado ao pólipo que o gerou, uma colônia se formará e os alimentos poderão ser compartilhados por meio de uma cavidade gastrovascular comum (ver Figuras 13.1 B e 13.7). Os pólipos que não exibem brotamento são solitários; os que mostram brotamento são clonais ou coloniais. A distinção entre colônias e clones é pouco clara quando uma colônia se fragmenta.

Uma cavidade gastrovascular compartilhada permite a especialização dos pólipos. Muitas colônias incluem vários pólipos morfologicamente distintos, cada um deles especializado em determinada função, como alimentação, reprodução ou defesa (ver Figura 13.1). Tais colônias exibem **polimorfismo** (não confundir com o uso em genética de populações desse termo, apresentado no Capítulo 6). O polimorfismo ocorre quando um único genótipo pode expressar mais do que uma forma do corpo; por exemplo, quando um indivíduo produz assexuadamente outros indivíduos com diferentes morfologias. Na classe Hydrozoa, pólipos de alimentação ou **hidrantes** são facilmente diferenciados dos pólipos reprodutivos ou **gonângios**, pela ausência de tentáculos nestes. Gonângios normalmente produzem medusas. Pólipos individuais dentro de uma colônia são chamados de zooides e podem ser especializados para funções específicas, como alimentação (gastrozooides) ou reprodução (gonozooides).

Outros métodos de reprodução assexuada nos pólipos são: a fissão, em que um indivíduo se divide ao meio como se um lado do pólipo se afastasse do outro lado; e laceração pedal, em que o tecido rasgado a partir do disco pedal se transforma em minúsculos pólipos novos. A laceração pedal e a fissão são comuns em anêmonas-do-mar na classe Anthozoa.

Medusas. As medusas são geralmente livre-natantes e têm o corpo em forma de guarda-chuva ou de sino (ver Figura 13.3).

Elas frequentemente exibem uma simetria tetrâmera, em que as partes do corpo estão organizadas em quartetos. A boca é, em regra, central no lado côncavo (subumbrelar), e pode ser projetada para baixo em lobos com babados que se estendem bem além do guarda-chuva ou sino. Os tentáculos se estendem para fora da borda do sino. As medusas têm estruturas sensoriais para orientação (estatocistos) e para a recepção luminosa (ocelos). As informações sensoriais são integradas com uma resposta motora por um anel nervoso na base do sino; dois desses anéis ocorrem nas medusas dos hidrozoários (ver Figura 13.10).

As medusas da classe Scyphozoa são, frequentemente, chamadas de cifomedusas, enquanto aquelas da classe Hydrozoa são hidromedusas. As hidromedusas diferem das cifomedusas pela presença de um véu, que consiste em uma dobra em forma de prateleira no tecido da superfície inferior do sino e que se estende para dentro dele. Ao reduzir a área de seção transversal da parte inferior do sino (ver Figura 13.10), o véu aumenta a velocidade de saída de água do sino, fazendo com que cada pulsação seja mais eficiente.

Ciclos de vida

No ciclo de vida dos cnidários, os pólipos e as medusas desempenham papéis diferentes. A sequência particular das formas no ciclo de vida varia entre as classes de cnidários, mas, de maneira geral, um zigoto desenvolve-se em uma larva plânula móvel. A plânula assenta-se sobre uma superfície dura e metamorfoseia-se em um pólipo. O pólipo pode produzir outros pólipos assexuadamente, mas em algum momento acaba por produzir uma medusa livre-natante por reprodução assexuada (ver Figuras 13.7 e 13.15). Os pólipos produzem as medusas por meio de brotamento, ou por outros métodos especializados, como a **estrobilação** (ver Seção 13.1, *Classe Scyphozoa*). As medusas se reproduzem sexuadamente e são dioicas.

Um ciclo de vida que contém tanto um pólipo fixo como uma medusa natante permite aos organismos ocupar tanto os ambientes pelágicos (águas abertas) quanto bentônicos (fundo). Esses ciclos de vida ocorrem em águas-vivas-verdadeiras da classe Scyphozoa, na qual a medusa é grande e conspícua e os pólipos são normalmente diminutos. A maioria dos hidroides da classe Hydrozoa também apresenta uma fase de pólipo séssil frequentemente colonial, e uma fase de medusa pelágica.

No entanto, existem muitas variações do padrão típico. Em alguns hidrozoários, a colônia de pólipos não é séssil, mas vagueia por toda a superfície do oceano. A caravela *Physalia* é um desses vagantes, utilizando um pólipo inflado como se fosse uma boia flutuante cheia de gás. Outras colônias são conjuntos de pólipos e medusas, nos quais os sinos pulsantes impulsionam a colônia pela água.

Em vários ciclos de vida, não há medusas. Os antozoários são uma linhagem que provavelmente se separou a partir de um ancestral dos cnidários antes que a forma de medusa evoluísse no outro ramo (ver Figura 13.2), mas outros cnidários, incluindo a *Hydra*, provavelmente perderam a medusa secundariamente. O mecanismo da perda na *Hydra* não é claro, mas, em outros hidrozoários, um padrão de perda pode ser inferido a partir de uma comparação das formas modernas. A maioria dos hidrozoários libera medusas que, mais tarde, produzem os gametas, mas algumas formas geram medusas sem liberá-las da colônia. Os gametas então se formam nas gônadas ou nessas medusas que ficam retidas nas colônias de pólipos. Em algumas espécies, apenas uma forma curta semelhante a um cálice rodeia as gônadas (ver Figura 13.9), enquanto em outras, as gônadas se desenvolvem na colônia de pólipos sem vestígios de um corpo medusoide. Esses organismos provavelmente representam uma forma extrema de retenção e redução da medusa.

Parede corporal

O corpo de um cnidário compreende uma epiderme externa, derivada do ectoderma, e uma gastroderme interna, derivada do endoderma, com uma mesogleia entre elas (ver Figura 13.3). A gastroderme reveste a cavidade gastrovascular e funciona principalmente na digestão. Nos pólipos do hidrozoário solitário *Hydra*, a camada epidérmica contém vários tipos celulares (Figura 13.4), incluindo células epitélio-musculares, intersticiais, glandulares, sensoriais e nervosas (Seção 13.1), bem como cnidócitos (Seção 13.1). O corpo dos cnidários estende-se, contrai-se, curva-se e pulsa, tudo isso

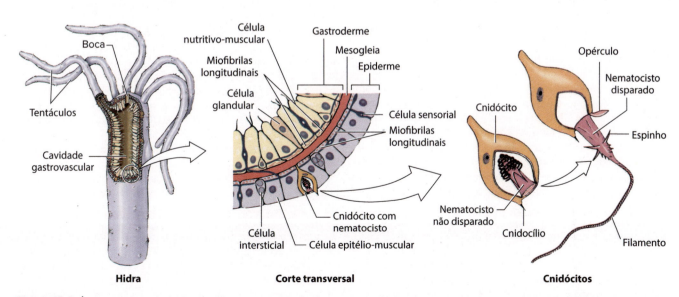

Figura 13.4 À direita, a estrutura de uma célula urticante. Ao centro, uma porção da parede do corpo de uma hidra. Os cnidócitos, que contêm os nematocistos, surgem na epiderme a partir das células intersticiais. À esquerda, um pólipo de *Hydra* que mostra seu revestimento gastrovascular.

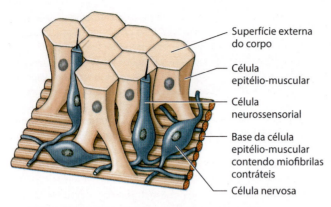

Figura 13.5 Células epitélio-musculares e nervosas em hidra.

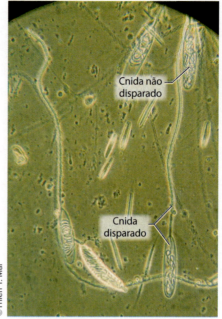
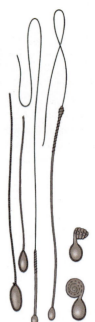

A Cnidas disparados e não disparados de *Corynactis californica*.

B Vários tipos de cnidas mostrados após disparados.

Figura 13.6 A. Cnidas disparados e não disparados de *Corynactis californica*. **B.** Vários tipos de cnidas mostrados após disparados. Na parte inferior estão duas representações de um tipo que não perfura a presa, mas, em vez disso, a envolve como uma mola, capturando qualquer pequena parte da presa que esteja no caminho do filamento que se enovela.

sem células musculares derivadas de um mesoderma verdadeiro. De outro modo, as células epitélio-musculares compõem a maior parte da epiderme e servem tanto como cobertura como para contração muscular (Figura 13.5). As bases da maioria dessas células se estendem paralelamente aos tentáculos ou ao eixo do corpo e contêm miofibrilas; elas formam o equivalente funcional de uma camada muscular longitudinal próxima à mesogleia. A contração dessas fibrilas encurta o corpo ou os tentáculos.

A mesogleia situa-se entre a epiderme e a gastroderme e é presa a essas duas camadas (ver Figura 13.3). Ela é gelatinosa ou é uma matriz extracelular semelhante à uma gelatina (MEC) e tanto as células epidérmicas como as gastrodérmicas têm seus processos passando por ela. Em pólipos, ela é uma camada contínua que se estende sobre o corpo e os tentáculos, mais espessa na porção do pedúnculo e mais delgada nos tentáculos. Esse arranjo permite à região pedal resistir a uma grande tensão mecânica e dá mais flexibilidade aos tentáculos.

A mesogleia ajuda a suportar o corpo e age como um tipo de esqueleto elástico. Na classe Anthozoa, a mesogleia é substancial e apresenta células ameboides. A camada da mesogleia também é muito espessa nas medusas de cifozoários e contém células ameboides e fibras. O sino da medusa tem uma consistência bem firme, apesar da mesogleia ter entre 95 e 96% de água. A massa flutuante da gelatinosa mesogleia proporciona a medusa o nome comum de água-viva. A mesogleia é muito mais fina nos sinos de hidromedusas, em que carece de células ameboides ou fibras.

Cnidócitos

Como ressaltado no ensaio de abertura deste capítulo, vários cnidários são predadores muito eficientes de presas maiores e mais inteligentes do que eles mesmos. Essa predação eficiente é possível graças aos tentáculos amplamente armados de um tipo celular único, os cnidócitos (ver Figura 13.4). Os cnidócitos originam-se de invaginações das células ectodérmicas (ver Figura 13.4) e, em algumas formas, das células endodérmicas. Cada cnidócito produz até 20 tipos de organelas distintas chamadas **cnidas** (Figura 13.6), que são disparadas a partir dessa célula. Durante o seu desenvolvimento, um cnidócito é mais apropriadamente denominado um **cnidoblasto**. Uma vez que a cnida foi disparada, um cnidócito é absorvido e reposto.

Um tipo de cnida, o **nematocisto** (ver Figura 13.4), é usado para injetar uma toxina visando capturar a presa ou agir como defesa. Os nematocistos são minúsculas cápsulas compostas por um material semelhante à quitina, e contém um tubo enrolado, o filamento, o qual é uma continuação da extremidade afilada da cápsula. Essa extremidade da cápsula é coberta por uma pequena tampa ou **opérculo**. O interior de um filamento não disparado pode conter dardos minúsculos, ou espinhos. Nem todas as cnidas têm espinhos ou injetam veneno. Alguns tipos, por exemplo, não penetram na presa, mas rapidamente se enovelam como uma mola após disparados, agarrando e segurando qualquer parte dela que seja capturada pela mola (ver Figura 13.6). Cnidas adesivas geralmente não disparam para a captura de alimento, mas são usadas para adesão e locomoção.

Exceto em Anthozoa, os cnidócitos são equipados com uma estrutura semelhante a um gatilho, o **cnidocílio**, que consiste em um cílio modificado. Os cnidócitos de antozoários têm um mecanorreceptor ciliar um pouco diferente. Em algumas anêmonas-do-mar e talvez em outros cnidários, as pequenas moléculas orgânicas da presa dão o sinal aos mecanorreceptores, sensibilizando-os à frequência de vibração causada pela natação da presa. A excitação tátil faz o nematocisto disparar.

O mecanismo de disparo do nematocisto é notável. As evidências indicam que o disparo é devido a uma combinação de forças tensionais geradas durante a formação do nematocisto e de uma pressão osmótica incrivelmente alta dentro do nematocisto: 140 atmosferas. Quando estimulados para o disparo, a alta pressão osmótica interna faz com que a água entre em alta velocidade na cápsula. O opérculo abre-se e a *pressão hidrostática* rapidamente crescente na cápsula força o filamento para o exterior com uma grande força, virando-o do avesso conforme se exterioriza. Na extremidade final do filamento evertido, os espinhos estão expostos para o exterior como pequenas lâminas de canivetes. Essa pequena, mas maravilhosa, arma então injeta seu veneno quando penetra na presa.

> **Tema-chave 13.1**
>
> **CIÊNCIA EXPLICADA**
>
> **Pressão hidrostática *versus* osmótica**
>
> Observe novamente a distinção entre pressão osmótica e hidrostática (ver Seção 3.2). Na verdade, o nematocisto nunca necessita ter 140 atmosferas de pressão hidrostática dentro dele; tal pressão hidrostática certamente o faria explodir. À medida que a água corre para dentro durante a descarga, a pressão osmótica cai rapidamente, enquanto a pressão hidrostática aumenta rapidamente.

Os nematocistos da maioria dos cnidários não são prejudiciais aos seres humanos e, na pior das hipóteses, são um incômodo. Porém, as lesões causadas por uma caravela e por certas águas-vivas são bastante dolorosas e, às vezes, perigosas (ver Tema-chave 13.3).

Alimentação e digestão

Os pólipos são normalmente carnívoros, capturam as presas com seus tentáculos e as ingerem pela boca para chegar à cavidade gastrovascular para a digestão. Na *Hydra*, os tentáculos são ocos e as cavidades dos tentáculos comunicam-se com a cavidade gastrovascular. No interior da cavidade gastrovascular, células glandulares descarregam enzimas sobre o alimento para começar a digestão extracelular, mas a digestão intracelular ocorre nas células da gastroderme (ver Seção 13.1).

Os pólipos de uma colônia de hidrozoários capturam uma presa e começam sua digestão na boca. Eles então passam um caldo digestivo para a cavidade gastrovascular comum, onde a digestão intracelular ocorre nas células que revestem essa cavidade gastrovascular (ver Seção 13.1). Nas hidromedusas, tanto os tipos de alimento como o sistema digestório são semelhantes aos dos pólipos. No entanto, seu corpo é orientado com a boca virada para baixo, posicionada no centro do sino; a boca encontra-se no final de um tubo chamado **manúbrio** (ver Figura 13.10).

As cifomedusas são geralmente maiores que as hidromedusas, mas suas formas básicas são semelhantes. A borda da boca é estendida como um manúbrio, geralmente com quatro braços orais com franjas, algumas vezes chamados lobos orais, que são usados na captura e ingestão de presas (ver Figura 13.15).

Os pólipos de antozoários, como as anêmonas-do-mar, são carnívoros e alimentam-se de peixes ou de praticamente qualquer outro animal de tamanho adequado. Eles podem expandir e estender os seus tentáculos em busca de pequenos vertebrados e invertebrados, os quais eles dominam com seus tentáculos e nematocistos e levam à boca. Algumas poucas espécies alimentam-se de formas diminutas capturadas por correntes ciliares, em vez de ingerirem presas grandes. Os corais complementam sua nutrição por meio da coleta de carboidratos de suas algas simbiontes (ver Seção 13.1).

Rede nervosa

A rede nervosa dos cnidários é um dos melhores exemplos de um sistema nervoso difuso. Esse plexo de células nervosas é encontrado tanto na base da epiderme como na base da gastroderme, formando duas redes nervosas interconectadas. Os processos dos nervos (axônios) terminam em outras células nervosas nas sinapses ou em junções com células sensoriais ou órgãos efetores (nematocistos ou células epitélio-musculares). Os potenciais de ação dos nervos movem-se de uma célula para outra por meio da liberação de um neurotransmissor por pequenas vesículas que estão em um lado da sinapse ou da junção (ver Seção 33.2). A transmissão em mão única entre células nervosas em animais mais complexos é assegurada porque essas vesículas ficam situadas somente em um dos lados da sinapse. Porém, as redes nervosas de cnidários são peculiares porque a maioria das sinapses tem vesículas de neurotransmissores em ambos os lados, permitindo a transmissão pela sinapse em qualquer direção. Outra peculiaridade dos nervos de cnidários é a ausência de qualquer material de isolamento (mielina) nos axônios.

As células da rede nervosa têm sinapses com células sensoriais afiladas que recebem os estímulos externos, e as células nervosas têm sinapses com as células epitélio-musculares e com os nematocistos. Juntamente com as fibras contráteis das células epitélio-musculares, a combinação com a rede de células nervosas sensoriais é frequentemente denominada como **sistema neuromuscular**, um importante marco na evolução do sistema nervoso. Essa rede nervosa surgiu cedo na evolução dos animais e nunca foi completamente perdida filogeneticamente. Os anelídeos a possuem no sistema digestório. No sistema digestório humano, ela aparece como plexos nervosos na musculatura. Os movimentos peristálticos rítmicos do estômago e do intestino são coordenados por essa rede nervosa equivalente dos cnidários (Seção 32.3).

Os cnidários não têm um local com concentração de células nervosas que se aproxime de um sistema nervoso central. Porém, alguns pesquisadores argumentam que a rede nervosa e o sistema de anéis nas medusas de cnidários são tão efetivos quanto um sistema nervoso central no processamento e nas respostas a estímulos que chegam de todas as direções. Nas cifomedusas e nas medusas de cubozoários, os nervos estão agrupados em órgãos sensoriais marginais chamados **ropálios** que abrigam quimiorreceptores, estatocistos e, frequentemente, ocelos. As redes nervosas formam dois ou mais sistemas, incluindo um sistema de condução rápida, para coordenar os movimentos natatórios, e um mais lento, para coordenar os movimentos dos tentáculos. Nas hidromedusas, dois anéis nervosos que estão na margem do sino são formados pela concentração da rede nervosa epidérmica. Os anéis nervosos processam a informação dos órgãos sensoriais e respondem mudando a direção da natação, taxa de pulsação e posição dos tentáculos.

Classe Hydrozoa

A maioria dos Hydrozoa são formas coloniais e marinhas, e um ciclo de vida típico inclui um pólipo assexuado e uma fase de medusa sexuada, como exemplificado pelos hidroides coloniais marinhos, como *Obelia* (do grego *obelias*, bolo arredondado).

Colônias de hidroides

Um hidroide típico tem uma base, um pedúnculo e um ou mais zooides terminais. A base pela qual o hidroide colonial se prende ao substrato é um estolão na forma de raiz ou **hidrorriza** (ver Figura 13.1), a qual origina uma ou mais hastes chamadas **hidrocaules**. A parte celular viva do hidrocaule é um **cenossarco** tubular (Figura 13.7), composto das três camadas típicas dos cnidários, que se estende ao redor do celêntero (cavidade gastrovascular). A cobertura protetora do hidrocaule é uma lâmina quitinosa não viva ou **perissarco**. Presos ao hidrocaule estão os pólipos individuais ou zooides. A maioria dos zooides são pólipos de alimentação, chamados **hidrantes** ou **gastrozooides**. Eles podem ser tubulares, na forma de garrafa ou vasiformes, mas todos têm uma boca terminal e um círculo de tentáculos. Em formas **tecadas**, como *Obelia*, o perissarco continua como uma taça protetora ao redor do pólipo, dentro do qual ele pode recolher-se para proteção (Figura 13.7). Em outros, o pólipo é **atecado** (nu) (Figura 13.8). Em algumas formas, o perissarco é um filme imperceptível e fino.

Os hidrantes capturam e ingerem presas, como crustáceos minúsculos, vermes e larvas, provendo, assim, a nutrição para toda a colônia. Depois da digestão extracelular parcial em um hidrante,

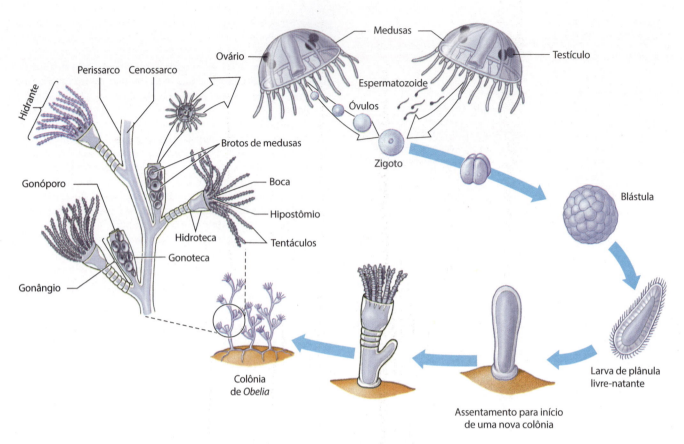

Figura 13.7 Ciclo de vida de *Obelia*, que mostra a alternância das fases de pólipo (assexuado) e de medusa (sexuada). *Obelia* é um hidroide tecado; seus pólipos, assim como suas hastes, são protegidos por continuações de uma cobertura não viva.

o conteúdo passa para a cavidade gastrovascular comum, onde é absorvido pelas células gastrodérmicas, ocorrendo assim a digestão intracelular.

A circulação dentro da cavidade gastrovascular é uma função da gastroderme ciliada, mas que também é auxiliada por contrações rítmicas e pulsações do corpo que acontecem nos hidroides.

Nos hidroides coloniais brotam novos indivíduos, aumentando assim o tamanho da colônia. Os novos pólipos de alimentação surgem por brotamento, e os brotos de medusa também surgem na colônia. Em *Obelia*, essas medusas brotam de um pólipo reprodutivo chamado **gonângio**. As medusas jovens deixam a colônia como indivíduos livre-natantes que amadurecem e produzem gametas (óvulos e espermatozoides) (ver Figura 13.7). Em algumas espécies, a medusa permanece fixa à colônia e aí libera seus gametas. Em outras espécies, as medusas nunca se desenvolvem e os gametas são liberados pelos gonóforos masculino e feminino (Figura 13.9). A embriogênese

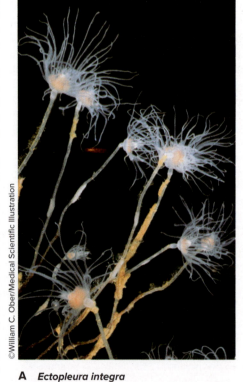

A *Ectopleura integra*

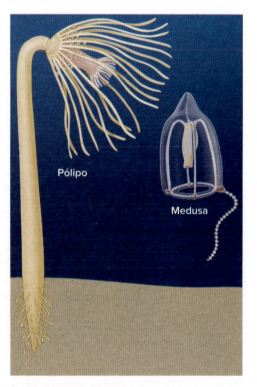

B *Corymorpha natans*

Figura 13.8 Hidroides atecados. **A.** *Ectopleura integra*, um pólipo solitário com hidrantes e gonóforos nus. **B.** *Corymorpha* é um hidroide solitário que produz medusas livre-natantes, cada uma com um único tentáculo presente.

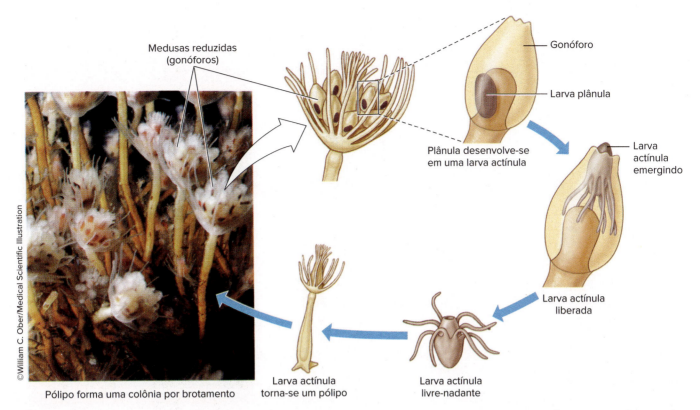

Figura 13.9 Em alguns hidroides, como essa *Tubularia crocea*, as medusas são reduzidas a um tecido gonadal e não se separam. Essas medusas reduzidas são conhecidas como gonóforos.

do zigoto resulta em uma larva plânula ciliada que nada durante um tempo. Então, essa larva se anexa a um substrato para desenvolver-se em um pequeno pólipo que dará origem, por brotamento assexuado, a uma colônia de hidroides, completando assim o ciclo de vida.

As medusas de hidroides são normalmente menores que as medusas de cifozoários, variando entre 2 mm até vários centímetros de diâmetro. A margem do sino projeta-se para dentro como uma prateleira chamada de **véu**, que fecha parcialmente o lado aberto do sino e é utilizado na natação (Figura 13.10). As pulsações musculares que alternadamente enchem e esvaziam o sino impelem o animal para a frente, com o lado aboral primeiro, por meio de uma fraca "propulsão a jato". Os tentáculos presos à margem do sino são ricos em nematocistos.

A abertura da boca na extremidade do **manúbrio** suspenso leva a um estômago e quatro canais radiais que se conectam com um canal anelar ao redor da margem. Esse canal anelar se conecta com os tentáculos ocos. Assim, a cavidade gastrovascular é contínua desde a boca até os tentáculos e a gastroderme reveste todo o sistema. A nutrição é semelhante àquela dos hidrantes.

A rede nervosa está normalmente concentrada em dois anéis nervosos localizados na base do véu. A margem do sino tem uma provisão de células sensoriais. Ela normalmente também tem dois tipos de órgãos sensoriais especializados: os **estatocistos**, que são pequenos órgãos de equilíbrio (ver Figura 13.10 B) (ver Seção 33.4), e os **ocelos**, que são órgãos fotossensíveis.

Os papéis desempenhados pelo ectoderma e o endoderma durante a formação das hidromedusas foram investigados em uma espécie (*Podocoryne carnea*). Nesta, como é típico para um hidrozoário, os brotos de medusa surgem nas laterais dos gonângios por brotamento lateral. Esses botões têm três camadas de células: ectoderma, endoderma e um derivado único do ectoderma chamado de **entocódio**. Porções do entocódio diferenciam-se em músculos estriados e lisos. Músculos lisos adicionais no véu e nos tentáculos se originam do ectoderma. O leitor deve se lembrar que os cnidários não têm músculos verdadeiros derivados do mesoderma, e que usam células epitélio-musculares para a contração dos pólipos e das medusas não hidrozoários. Assim, a presença de músculos lisos e estriados (ver Seção 29.3) nas medusas de hidrozoários é surpreendente, bem como é a origem ectodérmica desses músculos. Discutiremos a importância potencial desse achado na Seção 13.3.

Medusas de água doce

A medusa de água doce *Craspedacusta sowberii* (Figura 13.11) (ordem Hydroida) muito provavelmente evoluiu de ancestrais marinhos no Rio Yangtzé, China. Provavelmente introduzida juntamente com remessas de plantas aquáticas, essa interessante forma agora ocorre em muitas partes da Europa, por todos os EUA e em partes do Canadá. As medusas podem atingir um diâmetro de 20 mm.

A fase de pólipo desse animal é minúscula (2 mm) e tem uma forma muito simples, sem perissarco nem tentáculos. Ocorre em colônias com alguns pólipos. Por muito tempo não foi reconhecida a sua relação com a medusa, e o pólipo era assim determinado por um nome próprio, *Microhydra ryderi*. Com base em sua relação com a medusa e na lei da prioridade, tanto pólipo quanto medusa devem ser chamados de *Craspedacusta* (novo latim *craspedon*, véu + do grego *kystis*, bexiga).

O pólipo tem três métodos de reprodução assexuada, como mostrado na Figura 13.11.

Hidra: um hidrozoário de água doce

As hidras comuns de água doce vivem no lado inferior de folhas de plantas aquáticas em águas limpas e frias de lagos e pequenos

260 PARTE 3   Diversidade da Vida Animal

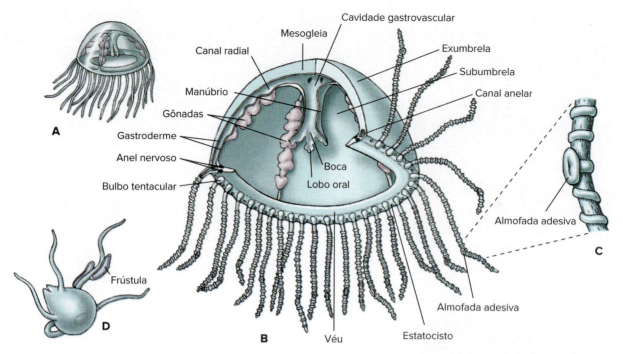

Figura 13.10 Estrutura de *Gonionemus*. **A.** Medusa com organização tetrâmera típica. **B.** Corte que mostra a morfologia. **C.** Porção de um tentáculo com sua almofada adesiva e cristas de nematocistos. **D.** Pólipo minúsculo, ou fase de hidroide, que se desenvolve a partir da larva plânula. Eles podem produzir mais pólipos por brotamento (frústulas) ou produzir brotos de medusa.

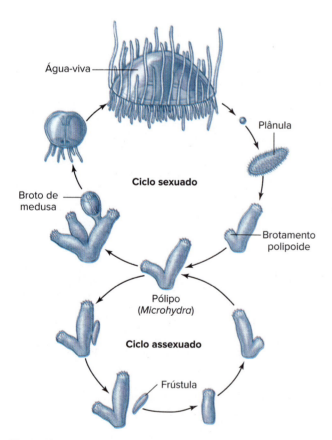

Figura 13.11 Ciclo de vida de *Craspedacusta*, um hidrozoário de água doce. O pólipo tem três formas de reprodução assexuada: por brotamento de novos indivíduos, que podem permanecer fixados ao indivíduo parental (formação de colônia); por constrição de larvas não ciliadas semelhantes às plânulas (frústulas), que podem deslocar-se e dar origem a novos pólipos; e pela produção de brotos de medusas que se desenvolvem em águas-vivas sexuadas.

riachos. A família da hidra é encontrada em todo o mundo, com 16 espécies ocorrendo na América do Norte. Os membros dessa família têm sido bem estudados, e muito é sabido sobre seus hábitos e plano corporal.

O corpo de uma hidra pode estender-se até um comprimento de 25 a 30 mm ou contrair-se em uma pequena massa gelatinosa. Trata-se de um tubo cilíndrico com a extremidade aboral projetada em um pedúnculo afilado, terminando em um **disco basal** (ou pedal) para fixação.

Alimentação e digestão. As hidras alimentam-se de uma variedade de pequenos crustáceos, larvas de insetos e vermes anelídeos. A boca, situada em uma elevação cônica denominada hipostômio, é cercada por 6 a 10 tentáculos ocos que, como o corpo, podem se estender enormemente quando o animal está faminto.

A boca abre-se na **cavidade gastrovascular**, que se comunica com as cavidades dos tentáculos. A hidra aguarda sua presa com os tentáculos estendidos. O organismo que é alimento e pode ser maior do que a hidra, ao encostar em seus tentáculos, pode ser arpoado por dezenas de nematocistos que o tornam impotente. Os tentáculos movem-se em direção à boca, que lentamente se amplia. A boca, bem umedecida com secreções mucosas, desliza sobre e ao redor da presa, engolindo-a totalmente.

No interior da cavidade gastrovascular, células glandulares despejam enzimas sobre o alimento. A digestão é extracelular, mas muitas partículas alimentares são envolvidas por pseudópodes de células nutritivo-musculares da gastroderme, onde a digestão intracelular ocorre.

As células nutritivo-musculares são geralmente células colunares altas e têm bases lateralmente estendidas que contêm miofibrilas. As miofibrilas estão dispostas em ângulo reto em relação ao corpo ou ao eixo do tentáculo, e assim formam uma camada muscular circular. No entanto, essa camada muscular em hidras é muito fraca, e a extensão longitudinal do corpo e tentáculos é alcançada, principalmente pelo aumento do volume de água na cavidade gastrovascular. A água é levada para dentro pela boca, por meio do batimento dos cílios das células nutritivo-musculares. Assim, a água na cavidade gastrovascular funciona como um **esqueleto hidrostático**. As células gastrodérmicas em hidras verdes (*Chlorohydra*) (do grego *chloros*, verde + *hydra*, um monstro mítico de nove cabeças morto por Hércules) têm algas verdes (zooclorelas), que dão a cor a essas hidras. Trata-se, provavelmente, de um mutualismo simbiótico, porque as algas usam o dióxido de carbono da respiração da hidra para formar compostos orgânicos úteis para o hospedeiro. As algas provavelmente recebem em troca abrigo e outros requerimentos fisiológicos.

As **células intersticiais** estão espalhadas entre as bases das células nutritivas. Elas se transformam em outros tipos de células, quando a necessidade surge. Os cnidócitos não estão presentes na gastroderme.

Epiderme. A camada epidérmica contém cnidócitos, bem como células epitélio-musculares, glandulares, sensoriais e nervosas. As células epitélio-musculares compõem a maior parte da epiderme e servem igualmente para cobertura e contração muscular (ver Figura 13.5). As bases da maioria dessas células estão estendidas paralelamente aos tentáculos ou ao eixo do corpo, e contêm miofibrilas, formando assim uma camada muscular longitudinal próxima à mesogleia. A contração dessas fibrilas encurta o corpo ou os tentáculos.

As **células intersticiais** são células-tronco indiferenciadas encontradas entre as bases das células epitélio-musculares. A diferenciação das células intersticiais produz cnidoblastos, células sexuais, brotos, células nervosas e outras, mas geralmente não produz células epitélio-musculares (as quais se reproduzem por si mesmas).

As **células glandulares** são células altas localizadas ao redor do disco basal e da boca que secretam uma substância adesiva para aderência e, às vezes, uma bolha de gás para flutuação (ver Figura 13.4).

Os **cnidócitos** ocorrem em toda a epiderme. As hidras têm três tipos funcionais de cnidas: aquelas que penetram na presa e injetam veneno (penetrantes, ver Figura 13.4), aquelas que envolvem e emaranham a presa (volventes) e aquelas que secretam uma substância adesiva utilizada para locomoção e adesão (glutinantes).

As **células sensoriais** espalham-se entre as outras células epidérmicas, especialmente próximas à boca e tentáculos e no disco basal. A extremidade livre de cada célula sensorial tem um flagelo que é o receptor sensorial para os estímulos químicos e táteis. A outra extremidade ramifica-se em processos finos que fazem sinapses com células nervosas.

As **células nervosas** da epiderme são geralmente multipolares (têm muitos processos), embora em alguns cnidários as células possam ser bipolares (com dois processos). Seus processos (axônios) formam sinapses com as células sensoriais, outras células nervosas, células epitélio-musculares e cnidócitos. Existem tanto sinapses de mão única (morfologicamente assimétricas) como de mão dupla com outras células nervosas.

Reprodução. As hidras reproduzem-se sexuada e assexuadamente. Na reprodução assexuada, brotos aparecem como extrusões da parede do corpo (Figura 13.12) e desenvolvem-se em hidras jovens que, por fim, se separam do indivíduo parental. A maioria das espécies é dioica. As gônadas temporárias normalmente aparecem no outono, estimuladas pelas temperaturas mais baixas e, talvez, também por uma aeração reduzida das águas paradas. Os testículos e ovários, quando presentes, aparecem como projeções arredondadas sobre a superfície do corpo. Os óvulos no ovário geralmente amadurecem um de cada vez e são fertilizados pelo espermatozoide liberado na água.

Os zigotos sofrem uma clivagem holoblástica para formar uma blástula oca. A parte interna da blástula se divide em camadas para formar o endoderma, e a mesogleia é formada entre o ectoderma e o endoderma. Um cisto forma-se ao redor do embrião antes de ele se desprender da mãe, permitindo que sobreviva durante o inverno. As hidras jovens eclodem na primavera quando o clima é favorável.

Outros hidrozoários

Os membros das ordens Siphonophora e Chondrophora estão entre os Hydrozoa mais especializados. Eles formam colônias polimórficas que nadam ou flutuam e contêm vários tipos de medusas e pólipos modificados.

Há vários tipos de indivíduos polipoides. Os gastrozooides são os pólipos de alimentação, com um único tentáculo longo que surge da base de cada um. Alguns desses tentáculos urticantes longos tornam-se separados do pólipo de alimentação e são chamados **dactilozooides**, ou tentáculos pescadores. Esses tentáculos paralisam as presas e as trazem aos pólipos de alimentação. Entre os indivíduos medusoides modificados estão os **gonóforos**, os quais são pouco mais que sacos que contêm ovários ou testículos.

Physalia (do grego *physallis*, bexiga), a caravela-do-mar, é uma colônia com um flutuador arco-íris em tons de azul e cor-de-rosa, que a transporta ao longo das águas de superfície dos mares tropicais. Muitas são empurradas pelo vento para as praias na costa oriental dos EUA. Os tentáculos longos e graciosos, na realidade zooides, estão carregados com nematocistos e são capazes de causar lesões dolorosas. Acredita-se que o flutuador, denominado **pneumatóforo**, tenha se expandido a partir do pólipo larval original. Ele contém um saco que surge da parede corporal e está preenchido por um gás semelhante ao ar. O flutuador age como um tipo de protetor que carrega gerações futuras de indivíduos que brotam dele e ficam nele pendurados, suspensos na água. Alguns sifonóforos, como *Stephalia* e *Nectalia*, têm sinos natatórios além de um flutuador.

Outros hidrozoários secretam esqueletos calcários maciços que se assemelham aos corais verdadeiros (Figura 13.13). Eles às vezes são denominados **hidrocorais**.

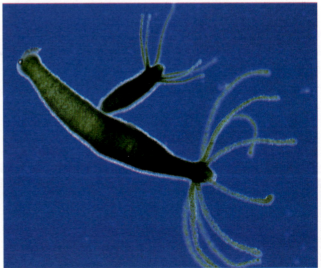

Figura 13.12 Hidra com broto em desenvolvimento e ovário.

> **Tema-chave 13.2**
>
> **ECOLOGIA**
>
> **Invasão de cnidários**
>
> As espécies invasoras criam problemas para os ecossistemas existentes em todo o mundo. Os invasores aquáticos, em geral, atingem novos hábitats por meio da descarga de água de lastro de navios transoceânicos. Os biólogos pensavam que poucos cnidários pelágicos invadiriam dessa maneira porque a captação da água de lastro e descarga prejudicaria as frágeis medusas. No entanto, *Turritopsis dohrnii*, um hidrozoário com uma distribuição mundial, demonstra um potencial surpreendente de evolução adaptativa do ciclo de vida. As medusas danificadas ou famintas dessa espécie não morrem; em vez disso, elas se transdiferenciam em cistos bentônicos altamente resistentes que contêm tecido vivo. Os cistos são depositados em novas localidades, abrindo-se para liberar pequenos pólipos, que começam o ciclo de vida de novo. Amostras genéticas mostram que populações estreitamente aparentadas dessa espécie agora ocorrem em locais bem distantes entre si.

Classe Scyphozoa

A classe Scyphozoa (do grego *skyphos*, taça) inclui a maioria das águas-vivas maiores. Alguns cifozoários, como *Cyanea* (do grego *kyanos*, substância azul-escura), podem atingir um diâmetro do sino que excede os 2 m e tentáculos com 60 a 70 m de extensão, mas a maioria varia de 2 a 40 cm de diâmetro. A maioria flutua ou nada no mar aberto, algumas até mesmo a profundidades de 3 mil metros. O movimento é provido por pulsações rítmicas do sino.

Os sinos das diferentes espécies variam desde uma forma rasa de pires até um capacete fundo ou forma de cuia, mas um véu nunca está presente. Os tentáculos ao redor do sino, ou umbrela, podem ser numerosos ou poucos, e curtos, como em *Aurelia* (do latim *aurum*, ouro; Figura 13.14), ou longos como em *Cyanea*. A margem da umbrela é lobada, normalmente com cada entalhe, ou nó, possuindo um par de **lóbulos** ou **abas**, e entre eles há um órgão dos sentidos denominado **ropálio** (tentaculocisto). *Aurelia* tem 8 desses entalhes. Alguns cifozoários têm 4, outros 16. Cada ropálio é arredondado e contém um estatocisto oco utilizado para equilíbrio, e um ou dois poros forrados com epitélio sensorial. Em algumas espécies, os ropálios também têm ocelos.

O **sistema nervoso** em cifozoários é uma rede nervosa, com uma rede subumbrelar, que controla as pulsações do sino, e outra rede mais difusa, que controla as reações locais como alimentação.

Os tentáculos, manúbrio e, frequentemente, toda a superfície do corpo são bem supridos de nematocistos que podem ocasionar lesões dolorosas. Porém, a função primária dos nematocistos dos cifozoários não é atacar os seres humanos, mas sim paralisar os animais que servem como presa, os quais são transportados aos lobos orais por outros tentáculos ou pelo dobramento da margem do sino.

A boca é centralizada no lado subumbrelar. O manúbrio normalmente forma quatro **braços orais** com frisos que são utilizados para captura e ingestão da presa. A boca leva a um estômago.

Internamente, estendendo-se para fora do estômago dos cifozoários, há quatro **bolsas gástricas** nas quais a gastroderme se estende para baixo em pequenas projeções semelhantes a tentáculos chamadas **filamentos gástricos**. Esses filamentos estão cobertos com nematocistos para paralisar qualquer presa que ainda possa estar ali se debatendo. Os filamentos gástricos estão ausentes nas hidromedusas. Um complexo sistema de **canais radiais** ramifica-se a partir das bolsas até um **canal anelar** na margem, e forma uma parte da cavidade gastrovascular.

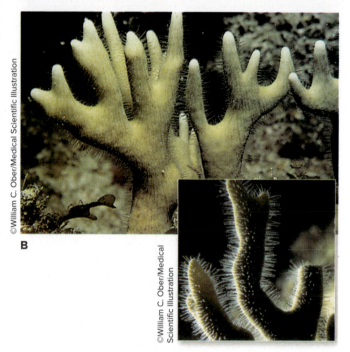

Figura 13.13 Esses hidrozoários formam esqueletos calcários que se assemelham aos dos corais verdadeiros. **A.** *Stylaster roseus* (ordem Stylasterina) geralmente acontece em cavernas e fendas nos recifes de coral. Essas frágeis colônias se ramificam em um único plano e podem ser brancas, rosa, roxas, vermelhas ou vermelhas com as pontas brancas. **B.** Espécies de *Millepora* (ordem Milleporina) formam colônias ramificadas ou flabeliformes e, frequentemente, crescem sobre o esqueleto córneo das gorgônias (ver Figura 13.26), como mostrado aqui. Elas têm uma quantidade generosa de nematocistos poderosos que produzem uma sensação de queimadura na pele humana, ganhando justamente o nome comum de coral-de-fogo. A fotografia inserida mostra os tentáculos estendidos.

Aurelia, a familiar "água-viva-de-lua" (Figura 13.14), alimenta-se de pequenos animais planctônicos. Suas medusas, de 7 a 10 cm de diâmetro, são comuns em águas ao largo das costas leste e oeste dos EUA. O sino tem tentáculos relativamente curtos, não utilizados para a captura de alimento. Os itens alimentares são capturados no muco da superfície do sino e são levados a "bolsas alimentares" na margem do sino por meio de cílios. Desse local, lobos orais ciliados levam o alimento à cavidade gastrovascular. Os cílios na camada da gastroderme mantêm uma corrente d'água em movimento, trazendo alimento e oxigênio ao estômago e expelindo os restos.

Figura 13.14 A medusa de *Aurelia aurita* (classe Scyphozoa) tem distribuição cosmopolita. Ela se alimenta de organismos planctônicos capturados pelo muco disposto sobre sua umbrela.

Os sexos são separados, com gônadas localizadas nas bolsas gástricas. A fertilização é interna, com os espermatozoides sendo levados por correntes ciliares até dentro da bolsa gástrica da fêmea. Os zigotos podem se desenvolver na água do mar ou podem ser incubados em dobras dos braços orais. A larva plânula ciliada adere e desenvolve-se em um **cifístoma**, uma forma semelhante à hidra (Figura 13.15) que pode produzir pólipos clonais por brotamento. Por um processo de **estrobilação**, o cifístoma de *Aurelia* produz uma série de brotos em forma de pratos, chamadas de **éfiras**, e é então denominada de **estróbilo** (Figura 13.15). Quando as éfiras se desprendem, elas crescem até se tornarem águas-vivas maduras.

O ciclo de vida que foi descrito é típico dos cifozoários, mas há alguma variação dentro da classe. Em algumas espécies, a larva se desenvolve diretamente em uma medusa, e o estágio de pólipo está ausente.

Os cifozoários *Cassiopeia* e *Rhizostoma* também exibem formas corporais diferentes. Os que visitam a Flórida frequentemente notam uma medusa que está de "cabeça para baixo". *Cassiopeia* (do latim, a rainha mítica da Etiópia) é normalmente encontrada deitada sobre suas "costas" em lagunas rasas, em contraste com o hábito nadador que é usual das medusas. Ela também tem uma incomum, bastante ramificada. Uma forma de boca semelhante pode ser vista em *Rhizostoma* (do grego *rhiza*, raiz + *stoma*, boca), de águas mais frias. Ambos os animais pertencem a um grupo de cifozoários que não têm tentáculos na margem da umbrela e têm uma estrutura de braços orais característica. Durante o desenvolvimento, as extremidades dos lobos orais dobram-se e fundem-se, formando canais (**canais braquiais** ou **braços**), que se tornam altamente ramificados. Esses canais abrem-se na superfície em intervalos frequentes em poros chamados de "bocas"; a boca original é obliterada na fusão dos lobos orais. Os organismos planctônicos aprisionados no muco dos braços orais com frisos são transportados por meio de cílios às bocas e, então, para cima nos canais braquiais até a cavidade gástrica. A margem da umbrela de *Cassiopeia* contrai-se aproximadamente 20 vezes por minuto, criando correntes de água para trazer o plâncton em contato com o muco e com nematocistos de seus lobos orais. Seus tecidos são abundantemente providos de dinoflagelados simbióticos chamados **zooxantelas** (ver Seção 11.3). Como elas ficam expostas ao sol nas águas rasas, *Cassiopeia* lembram, de várias maneiras, grandes flores.

Classe Staurozoa

Os animais dessa classe são comumente chamados de estauromedusas e eram anteriormente considerados como cifozoários incomuns, mesmo que seu ciclo de vida não incluísse uma fase de medusa. O corpo do pólipo solitário é peduncular (Figura 13.16) e utiliza um disco adesivo para fixar-se às algas e outros objetos do fundo do mar. A parte de cima do pólipo lembra uma medusa, embora interpretações anteriores tenham descrito que a parte inferior da "medusa" se assemelha a um pólipo. A parte de cima do pólipo tem oito extensões ("braços") que rodeiam a boca, e cada braço termina em conjuntos de tentáculos. Os pólipos se reproduzem sexuadamente. As plânulas não são nadadoras e desenvolvem-se diretamente em um novo pólipo.

Classe Cubozoa

Os Cubozoa foram considerados até recentemente uma ordem (Cubomedusae) de Scyphozoa. A medusa é a forma predominante (Figura 13.17); o pólipo é imperceptível e, na maioria dos casos, desconhecido. Algumas medusas de cubozoários podem atingir até 25 cm de altura, mas a maioria tem cerca de 2 a 3 cm. Os sinos são quase quadrados em um corte transversal. Um tentáculo ou um grupo de tentáculos é encontrado em cada canto do quadrado na margem do sino. A base de cada tentáculo é diferenciada em uma lâmina endurecida e achatada chamada **pedálio** (Figura 13.17). Os ropálios estão presentes, cada um com seis olhos e outros órgãos dos sentidos adicionais. Há duas cópias de cada um dos três tipos de olhos: duas formas de ocelos e um olho sofisticado na forma de uma câmera, com córnea e lentes celulares. A margem da umbrela não é lobulada, e a borda subumbrela dobra-se para dentro para formar um **velário**. O velário funciona como o véu das medusas dos hidrozoários, aumentando a eficiência natatória, mas é diferente estruturalmente. As cubomedusas são nadadoras vigorosas e predadoras vorazes, alimentando-se principalmente de peixes em áreas próximas à costa, como manguezais. As lesões causadas por algumas espécies são fatais para os seres humanos.

O ciclo de vida completo é conhecido apenas para uma espécie, *Tripedalia cystophora* (do latim *tri*, três + gr. *pedalion*, leme). O pólipo é minúsculo (1 mm de altura), solitário e séssil. Os novos pólipos brotam lateralmente, separam-se e saem rastejando. Os pólipos não produzem éfiras, mas se metamorfoseiam diretamente em medusas.

Tema-chave 13.3
CONEXÃO COM SERES HUMANOS

"Picadas" fatais

Chironex fleckeri (do grego *cheir*, mão + *nexis*, nadando) é uma grande cubomedusa conhecida como a vespa-do-mar. Suas "picadas" são bastante perigosas, às vezes fatais. A maioria das fatalidades foi relatada para as águas australianas tropicais, normalmente após picadas bastante maciças. As testemunhas descrevem as vítimas como estando cobertas com "metros e metros de um fio molhado e pegajoso". As lesões são muito dolorosas e a morte, se vier a ocorrer, acontece em uma questão de minutos devido a uma parada cardíaca. Foram propostos três mecanismos para danos ao coração: as proteínas do veneno atacam as células do músculo cardíaco; o fluxo de íons através das membranas é interrompido por bloqueadores de canal; ou certas proteínas do veneno danificam os glóbulos vermelhos, resultando na rápida liberação de potássio. A pesquisa está em andamento nas três frentes, e os biólogos não têm certeza do porquê apenas algumas pessoas são gravemente afetadas. Se não ocorrer a morte dentro de 20 min após as picadas, a completa recuperação é provável.

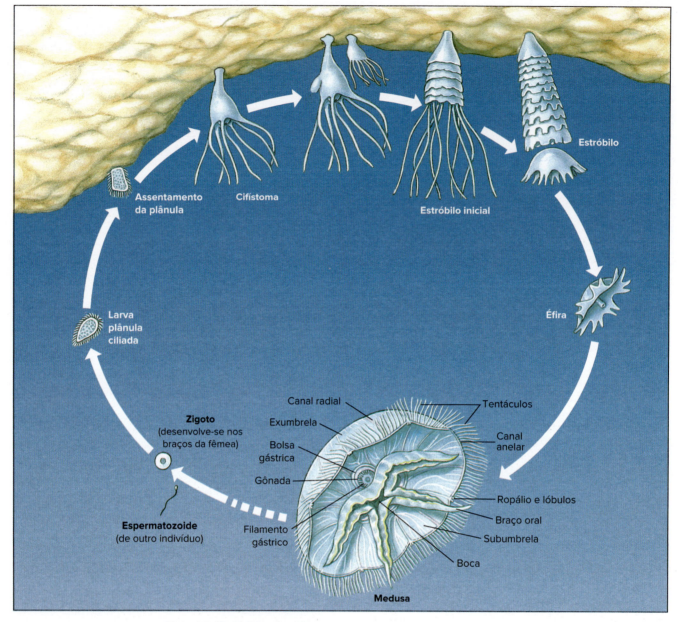

Figura 13.15 Ciclo de vida de *Aurelia*, uma medusa de cifozoários marinhos.

Classe Myxozoa

Os mixozoários são parasitas obrigatórios cujo ciclo de vida típico tem dois hospedeiros: um peixe e um verme anelídeo de água doce. Seu impacto econômico resulta de danos a peixes comercialmente valiosos, como o salmão e a truta. A doença giratória na truta se desenvolve quando os peixes jovens comem um anelídeo infectado ou quando a pele do peixe é penetrada por esporos espinhosos dos parasitos liberados de um anelídeo. Dentro da truta, as células do parasito se dividem e se espalham, colonizando a cartilagem no crânio e na coluna. A divisão celular ocorre de maneira particular: novas células crescem dentro de células mais velhas. Por fim, mixósporos muito resistentes se desenvolvem e deixam os peixes. Eles são ingeridos por vermes *Tubifex* (ver Figura 17.23). No intestino do verme, a cápsula polar do esporo expulsa um longo filamento que se liga ao revestimento do intestino. As células germinativas movem-se para os espaços entre as células do revestimento intestinal, onde se multiplicam. Mais tarde, os estágios sexuais se desenvolvem, produzindo por fim esporos espinhosos que saem do verme pelo ânus e encontram um novo peixe hospedeiro.

Peixes infectados com a doença do rodopio (*Myxobous cerebralis*) exibem deformidades esqueléticas e comportamentos estranhos, diminuindo a probabilidade de sobrevivência. A disseminação de mixozoários prejudica o comércio e a pesca esportiva em todo o mundo e representa uma nova ameaça para algumas espécies ameaçadas de extinção. A doença giratória é comum no oeste e centro dos EUA e nos estados do nordeste.

Em 2016, outro mixozoário, *Tetracapsuloides bryosalmonae*, devastou a população de peixes brancos em Yellowstone River, Montana, e houve um surto menor do mesmo organismo em 2017.

Os mixozoários são conhecidos desde a década de 1880, com mais de 2.180 espécies identificadas. No entanto, apenas recentemente estudos confirmaram que mixozoários são cnidários altamente reduzidos em tamanho. O táxon irmão de Myxozoa é o cnidário de água doce *Polypodium hydriforme*, que tem uma fase de vida livre semelhante a um aglomerado de medusas com

Classe Anthozoa

Os antozoários, ou "animais-flor", são pólipos com uma aparência de flor. Não há nenhuma fase de medusa. Os Anthozoa são todos marinhos e são encontrados em águas profundas e rasas, bem como em mares polares e em mares tropicais. Eles variam bastante em tamanho e podem ser solitários ou coloniais. Muitas formas são sustentadas por esqueletos.

A classe tem três subclasses: **Hexacorallia** (ou **Zoantharia**), que contém as anêmonas-do-mar, corais pétreos e outros; **Ceriantipatharia**, que contém somente anêmonas-de-tubo e corais-espinhosos; e **Octocorallia** (ou **Alcyonaria**), que contém corais moles e córneos, como penatuláceos, gorgônias e outros. Zoantários e Ceriantipatharia têm um plano **hexâmero** (de seis ou de múltiplos de seis), ou uma simetria polimérica, e têm tentáculos tubulares simples organizados em uma ou mais coroas no disco oral. Os Octocorallia são **octômeros** (construídos em um plano de oito) e sempre com oito tentáculos pinados (em forma de pena) organizados ao redor da margem do disco oral (Figura 13.18).

A cavidade gastrovascular é grande e dividida por septos, ou mesentérios, que são extensões dentro da parede do corpo. Onde um septo se estende para dentro da cavidade gastrovascular a partir da parede do corpo, outro se estende do lado diametralmente oposto; assim, eles são ditos **casados**. Em Hexacorallia, os septos não são somente casados; eles também são **pareados** (Figura 13.19). O arranjo muscular varia entre os diferentes grupos, mas normalmente apresentam os músculos circulares na parede do corpo e longitudinais e transversais nos septos.

A mesogleia é um mesênquima que contém células ameboides. Há uma tendência geral para uma simetria birradial no arranjo septal que também ocorre na forma da boca e da faringe. Não há nenhum órgão especial para respiração ou excreção.

Anêmonas-do-mar

Os pólipos de anêmonas-do-mar (ordem Actiniaria) são maiores e mais pesados que os pólipos de hidrozoários. A maioria varia em diâmetro de 5 mm ou menos até 100 mm, e de 5 mm até 200 mm de comprimento, mas alguns crescem muito mais.

Figura 13.16 *Thaumatoscyphus hexaradiatus* é um exemplo da classe Staurozoa.

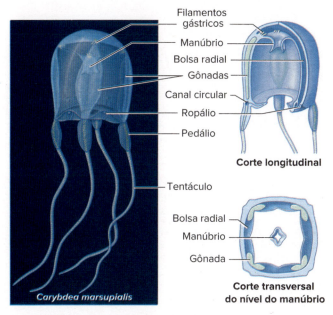

Figura 13.17 *Carybdea*, uma medusa dos cubozoários.

tentáculos distintos, mas produz um estágio sexuado infeccioso que entra nos oócitos de peixes como os esturjões e os da família Polyodontidae (*paddlefish*). Dentro dos oócitos, um estágio larval semelhante a plânula se alimenta de vitelo e se transforma em um estolão. Quando o peixe hospedeiro desova e os oócitos são liberados em água doce, o estolão se divide em seções semelhantes a medusa. Cada seção se multiplica por fissão longitudinal, eventualmente se reproduzindo sexuadamente para produzir novos estágios infecciosos. *P. hydriforme* é um cnidário endoparasítico que retém características corporais importantes e cnidócitos com nematocistos. As cápsulas polares de mixozoários são homólogas aos nematocistos, mas existem poucas outras características que indicam suas afinidades com cnidários. Mixozoários têm um dos menores genomas do reino animal.

Figura 13.18 A. O penatuláceo do Mar Branco *Pteroeides* sp. das Ilhas Salomão. Os penatuláceos são formas coloniais que habitam os substratos não consolidados, macios. A base do corpo carnudo do pólipo primário é enterrada no substrato. Ela dá origem a pólipos secundários numerosos e ramificados. **B.** Detalhe de uma gorgônia. É aparente a característica dos tentáculos pinados da subclasse Octocorallia.

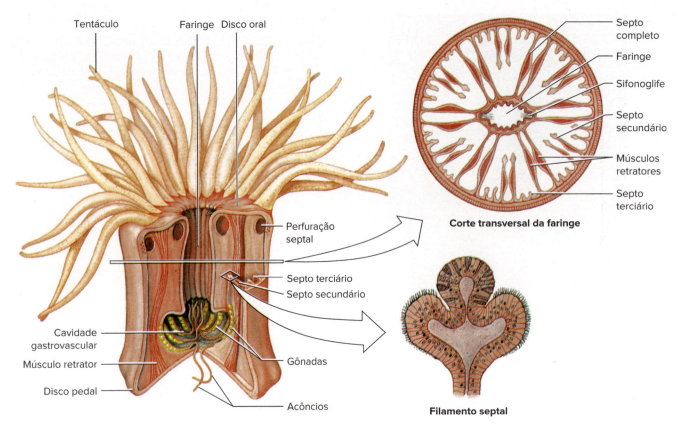

Figura 13.19 Estrutura de uma anêmona-do-mar. Os bordos livres dos septos e os filamentos dos acôncios estão equipados com nematocistos para completar a paralisação da presa, que foi iniciada pelos tentáculos.

Algumas anêmonas-do-mar são bastante coloridas. Elas são encontradas em áreas costeiras do mundo inteiro, sobretudo em águas mais quentes. Por meio de seus discos pedais, elas se prendem a conchas, pedras, madeira ou quaisquer substratos submersos que possam encontrar. Algumas escavam no lodo ou areia.

As anêmonas-do-mar têm formato cilíndrico, com uma coroa de tentáculos organizada em um ou mais círculos ao redor da boca do **disco oral** plano (ver Figura 13.19). A boca em forma de fenda conduz a uma **faringe**. Em uma ou ambas as extremidades da boca, há um entalhe ciliado chamado de **sifonoglife**, que se estende para dentro da faringe. A sifonoglife cria uma corrente de água que se direciona para dentro da faringe. Os cílios em outros locais da faringe direcionam a água para fora. As correntes assim criadas levam o oxigênio e removem os rejeitos. Elas também ajudam a manter uma pressão do fluido interno, fornecendo um esqueleto hidrostático funcional como um suporte de músculos opositores, em vez de um esqueleto verdadeiro.

A faringe conduz a uma **cavidade gastrovascular** grande, que é dividida em seis câmaras radiais por seis pares de **septos primários (completos)**, ou **mesentérios**, estendendo-se verticalmente da parede do corpo à faringe (ver Figura 13.19). As aberturas entre as câmaras (perfurações septais), na parte superior da região faríngea, ajudam na circulação da água. Os septos menores **(incompletos)** subdividem parcialmente as câmaras grandes e fornecem um meio de aumentar a área da superfície da cavidade gastrovascular. A extremidade livre de cada septo incompleto forma um tipo de cordão sinuoso denominado **filamento septal**, que possui nematocistos e células glandulares para a digestão. Em algumas anêmonas (como *Metridium*), as extremidades inferiores dos filamentos septais são prolongadas em **filamentos de acôncios**, também contando com nematocistos e células glandulares, que se projetam pela boca ou por poros na parede do corpo para auxiliar na captura da presa ou como meio de defesa. Os poros também ajudam na rápida descarga de água do corpo quando o animal se sente ameaçado e se contrai para ficar menor.

As anêmonas-do-mar são carnívoras, alimentando-se de peixes ou de quase qualquer animal vivo (e às vezes morto) de tamanho apropriado. Algumas espécies se alimentam de formas minúsculas capturadas pelas correntes ciliares.

O comportamento alimentar em muitos zoantários é controlado quimicamente. Alguns respondem à glutationa reduzida. Em alguns outros, dois compostos estão envolvidos: a asparagina, que é um ativador da alimentação, causa um dobramento dos tentáculos na direção da boca; então, a glutationa reduzida induz a ingestão do alimento.

Os músculos são bem desenvolvidos nas anêmonas-do-mar, mas o arranjo é bastante diferente daquele dos Hidrozoa. As fibras longitudinais da epiderme ocorrem somente nos tentáculos e no disco oral da maioria das espécies. Os fortes músculos longitudinais da coluna são gastrodérmicos e ficam situados nos septos (ver Figura 13.19). Os músculos gastrodérmicos circulares localizados na coluna são bem desenvolvidos.

A maioria das anêmonas-do-mar pode deslizar lentamente sobre seus discos pedais. Elas podem se expandir e estirar seus tentáculos à procura de pequenos vertebrados e invertebrados, os quais elas são capazes de dominar com seus tentáculos e nematocistos e levá-los à boca. Quando perturbadas, as anêmonas-do-mar contraem-se e recolhem seus tentáculos e discos orais. Algumas anêmonas podem nadar por uma extensão limitada por meio de movimentos rítmicos de torção que podem permitir escapar de inimigos como as estrelas-do-mar e os nudibrânquios. Por exemplo, *Stomphia*, ao toque de uma estrela-do-mar predadora, solta seu disco pedal do substrato e rasteja ou nada para escapar. Essa reação de fuga é suscitada não apenas pelo toque da estrela, mas também pela exposição aos líquidos eliminados pela estrela ou aos extratos crus fabricados com seus tecidos. A estrela-do-mar exsuda saponinas esteroides que são tóxicas e irritantes para a maioria dos invertebrados. Os extratos de nudibrânquios também podem provocar essa reação em algumas anêmonas-do-mar.

As anêmonas-do-mar formam algumas relações mutualísticas interessantes com outros organismos. Muitas espécies abrigam dinoflagelados simbióticos (zooxantelas) dentro de seus tecidos, semelhante à associação com zooxantelas dos corais pétreos (ver Seção 13.1), e as anêmonas-do-mar beneficiam-se do produto da fotossíntese da alga. Algumas anêmonas-do-mar habitualmente se prendem às conchas ocupadas por certos paguros ermitões. O paguro incentiva a relação e, encontrando suas espécies favoritas, as quais reconhece pelo toque, massageia a anêmona-do-mar até que ela se desprenda de seu substrato original e a move à concha. O paguro segura a anêmona-do-mar contra sua própria concha até que ela fique firmemente aderida, recebendo da anêmona-do-mar um pouco de proteção contra os predadores. Em contrapartida, a anêmona-do-mar ganha um transporte gratuito e partículas de alimento deixadas pelo paguro.

Certos peixes-donzelas (peixes-anêmona, família Pomacentridae) formam associações com anêmonas-do-mar grandes, especialmente nas águas tropicais do Indo-Pacífico (Figura 13.20). Uma propriedade desconhecida do muco da pele do peixe faz com que os nematocistos da anêmona não disparem, mas, se algum outro peixe for infeliz e esbarrar nos tentáculos da anêmona, é provável que se torne uma refeição. Experimentos mostram que a proteção fornecida pela anêmona-do-mar é essencial para a proteção do peixe-donzela contra predadores. Quando nadam, os peixes podem ajudar a ventilar a anêmona e a mantê-la livre de sedimentos. Uma nova pesquisa mostra que os peixes-donzelas dependem de corais de fogo (hidrozoários formadores de recife; (Figura 13.13) para alimento, abrigo e proteção contra predadores, de maneira parecida com a que os peixes-anêmonas dependem de anêmonas.

Os sexos são separados em algumas anêmonas-do-mar, enquanto outras são hermafroditas. As espécies monoicas são **protândricas** (produzem espermatozoide primeiro e, então, os óvulos). As gônadas são organizadas nas margens dos septos e a fertilização tem lugar externamente ou na cavidade gastrovascular.

O zigoto desenvolve-se em uma larva ciliada. A reprodução assexuada geralmente acontece por **laceração pedal** ou por fissão longitudinal, ocasionalmente por meio de fissão transversal ou brotamento. Na laceração pedal, pequenos pedaços do disco pedal fracionam-se quando o animal se move, e cada um desses pedaços regenera uma pequena anêmona-do-mar.

Corais Hexacorallia

Os corais Hexacorallia pertencem à ordem Scleractinia, às vezes conhecidos como os corais verdadeiros ou pétreos. Os corais pétreos poderiam ser descritos como anêmonas-do-mar em miniatura, vivendo em taças calcárias que eles próprios secretam (Figura 13.21). Assim como as anêmonas-do-mar, a cavidade gastrovascular de um pólipo de coral é subdividida por septos organizados em múltiplos de seis (hexâmero) e seus tentáculos ocos cercam a boca, mas não há nenhuma sifonoglife.

Em vez de um disco pedal, a epiderme na base da coluna secreta uma teca de esqueleto calcário, incluindo escleroseptos que se projetam para dentro do pólipo entre seus septos verdadeiros (Figura 13.21). Os pólipos vivos podem retrair-se na segurança de sua teca quando não estão se alimentando. Uma vez que o esqueleto é secretado abaixo do tecido vivo em vez de no seu interior, o material calcário é um exoesqueleto. Em muitos corais coloniais, o esqueleto pode ficar volumoso, construído ao longo de muitos anos, com o coral vivo formando uma lâmina de tecido por cima de sua superfície (Figura 13.22). As cavidades gastrovasculares dos pólipos estão todas conectadas por essa lâmina de tecido.

Três outras pequenas ordens são reconhecidas em Zoantharia.

Figura 13.20 Peixe-palhaço (*Amphiprion chrysopterus*) aninha-se nos tentáculos de sua anêmona-do-mar hospedeira. Os peixes-anêmona não sucitam as "picadas" de seus hospedeiros, mas podem atrair outros peixes que não desconfiam da situação e se tornam alimento para a anêmona.

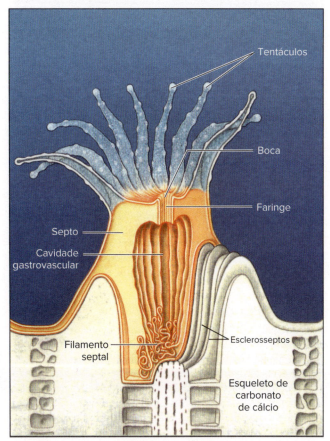

Figura 13.21 Pólipo de coral Hexacorallia (ordem Scleractinia) que mostra o coralito calcário (exoesqueleto), a cavidade gastrovascular, os escleroseptos, os septos e os filamentos do septo.

Figura 13.22 O coral *Montastrea annularis* (subclasse Hexacorallia, classe Anthozoa). As colônias podem crescer até 3 m de altura.

Figura 13.23 A. Colônia de *Antipathes*, um coral negro ou espinhoso (ordem Antipatharia, subclasse Ceriantipatharia, classe Anthozoa). Mais abundantes em águas mais profundas nos trópicos, os corais negros secretam um esqueleto duro proteico que pode ser trabalhado em joalherias. **B.** Os pólipos de Antipatharia têm seis tentáculos simples não retráteis. Os processos espinhosos no esqueleto são a origem do nome comum: corais espinhosos.

Anêmonas-de-tubo e corais espinhosos

Os membros da subclasse Ceriantipatharia têm os septos não pareados. As anêmonas-de-tubo (ordem Ceriantharia) são solitárias e vivem enterradas em sedimentos moles até o nível do disco oral. Elas ocupam tubos construídos a partir da secreção de muco e filamentos de organelas semelhantes aos nematocistos, nos quais podem se retrair. Os corais espinhosos, ou corais negros (ordem Antipatharia) (Figura 13.23) são coloniais e fixos a um substrato firme. Seu esqueleto é feito de um material córneo com espinhos. Ambas as ordens são pequenas em número de espécies e estão limitadas aos mares de águas mais quentes.

Corais Octocorallia

Os Octocorallia (Alcyonaria) têm estritamente uma simetria octômera, com oito tentáculos pinados e oito septos completos não pareados (ver Figura 13.18). Todos eles são coloniais e as cavidades gastrovasculares dos pólipos comunicam-se por um sistema de tubos gastrodérmicos chamado **solênios** (Figura 13.24). Na maioria dos Octocorallia, os solênios atravessam a extensa mesogleia (**cenênquima**), e a superfície de suas colônias é coberta por epiderme. O esqueleto é secretado no cenênquima e contém espículas calcárias, espículas fusionadas ou uma proteína córnea, frequentemente apresentando uma combinação destas. Assim, o suporte esquelético da maioria dos Octocorallia é um endoesqueleto. A variação

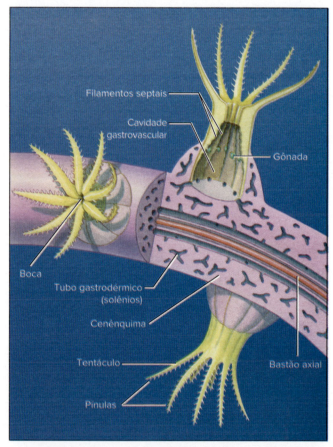

Figura 13.24 Pólipos de um coral Octocorallia. Note os oito tentáculos pinados, cenênquima e solênios. Eles têm um endoesqueleto de espículas calcárias, frequentemente com uma proteína córnea, a qual pode estar na forma de um bastão axial.

em padrão entre as espécies de Octocorallia dá a grande variedade de formas das colônias: dos corais moles como *Dendronephthya* (Figura 13.25), com suas espículas espalhando-se pelo cenênquima, para os suportes axiais duros de corais flabeliformes e outras gorgônias (Figura 13.26), até as espículas fusionadas do gênero *Tubipora*. A *Renilla* (do latim *ren*, rim + *illa*, sufixo) é uma colônia que lembra uma flor de violeta. Seus pólipos são embutidos no lado superior carnoso e um pedúnculo curto que suporta a colônia é enterrado no substrato marinho. *Ptilosarcus* (do grego *ptilon*, pena + *sarkos*, carne), uma gorgônia flabeliforme, é um membro da mesma ordem e pode alcançar um comprimento de 50 cm (ver Figura 13.18).

A graciosa beleza dos Octocorallia – em tons de amarelo, vermelho, laranja e roxo – ajuda a criar os "jardins submarinos" dos recifes de coral.

Recifes de coral

Os recifes de coral estão entre os ecossistemas mais produtivos que existem, com uma diversidade de formas de vida coloridas e belas que só encontra rival nas florestas úmidas tropicais. São grandes formações de carbonato de cálcio (calcário) em mares tropicais rasos depositadas por organismos vivos ao longo de milhares de anos; as plantas e os animais vivos são limitados à camada de cobertura dos recifes, onde eles acrescentam mais carbonato de cálcio àquele já depositado por seus antecessores. Os organismos mais importantes que precipitam carbonato de cálcio da água do mar para formar os recifes são os escleractíneos, **corais hermatípicos** (construtores de recifes) (ver Figura 13.21) e **algas coralíneas**. Não apenas as algas coralíneas contribuem para a massa total de carbonato de cálcio, mas a precipitação dessa substância ajuda a unir o recife. Alguns Octocorallia e hidrozoários (especialmente *Millepora* [do latim *mille*, mil + *porus*, poro] spp., o "coral-de-fogo") (ver Figura 13.13 B) contribuem em alguma medida para o material calcário, e uma variedade enorme de outros organismos contribui em pequenas quantidades. Porém, os corais hermatípicos (do grego *herma*, apoio, montículo + *typos*, tipo) parecem essenciais para a formação de grandes recifes, uma vez que tais recifes não ocorrem onde esses corais não possam viver.

Os corais hermatípicos requerem calor, luminosidade e água com maior salinidade. Essas exigências limitam os recifes de coral às águas rasas entre as latitudes de 30° norte e 30° sul, e os excluem das áreas com ressurgências de águas frias ou áreas próximas a desembocadura de rios maiores, que apresentam baixas salinidades e são altamente turvas. Esses corais requerem luz porque têm dinoflagelados mutualísticos (zooxantelas) vivendo em seus tecidos. As zooxantelas microscópicas são muito importantes para os corais; sua fotossíntese e fixação de gás carbônico fornecem as moléculas alimentares para seus hospedeiros; elas reciclam fósforo e restos de compostos nitrogenados que, caso contrário, seriam perdidos, e também aumentam a habilidade do coral em depositar carbonato de cálcio.

Essa simbiose altamente benéfica entre corais e zooxantelas é ameaçada pelo **branqueamento de corais**. O branqueamento de corais ocorre quando os corais perdem suas zooxantelas e tornam-se brancos e quebradiços. A perda das zooxantelas está

Figura 13.25 Um coral mole, *Dendronephthya* sp. (ordem Alcyonacea, subclasse Octocorallia, classe Anthozoa), em um recife de coral do Pacífico. As cores vistosas desse coral mole variam de cor-de-rosa e amarelo até um vermelho brilhante e contribuem muito para colorir os recifes do Indo-Pacífico.

Figura 13.26 Gorgônias coloniais, ou corais espinhosos (ordem Gorgonacea, subclasse Octocorallia, classe Anthozoa), são componentes conspícuos da fauna dos recifes. Esses exemplos são do Pacífico ocidental. **A.** A gorgônia vermelha *Melithaea* sp. **B.** Uma colônia flabeliforme, *Subergorgia mollis*. **C.** O coral chicote vermelho, *Ellisella* sp.

correlacionada com o aquecimento global e é resultante aumento da temperatura dos oceanos. À medida que as águas se aquecem, o calor danifica parte do mecanismo fotossintético das zooxantelas, levando ao acúmulo de oxidantes prejudiciais. Os oxidantes difundem-se pelos tecidos do coral destruindo a refinada relação entre os mutualistas. As zooxantelas morrem ou são expelidas, o que parece ser uma resposta imune dos corais. Uma redução inicial no número de simbiontes piora o problema porque o esqueleto altamente reflexivo dos corais resulta em ainda mais luz para as vias fotossintéticas já danificadas. Há pelo menos oito clados de simbiontes que diferem em tolerância térmica, mas nenhum parece capaz de sobreviver à escalada de aquecimento e resistir ao branqueamento. O branqueamento ocorria antes do aquecimento global, mas nunca na intensidade nem na escala observadas agora. Os níveis de branqueamento em 2002 na Grande Barreira de Corais da Austrália foram os piores já registrados na história, com 60% de todo o recife que mostra branqueamento; em algumas áreas, o branqueamento era visível em 90% dos corais presentes. Os recifes do Caribe também mostraram 90% de branqueamento, que foi acompanhado da morte de metade dos corais afetados.

Os recifes nas Maldivas sofreram um grave evento de branqueamento em 1998. O recrutamento no local foi percebido após 6 anos, e a cobertura de corais voltou aos níveis de pré-branqueamento após 15 anos. Porém, nem todas as espécies se recuperaram e as espécies com zooxantelas não retornaram; assim, a recuperação é na verdade uma reestruturação da comunidade.

Tema-chave 13.4
CIÊNCIA EXPLICADA

Recifes de corais antigos

Como as zooxantelas são vitais para os corais hermatípicos e uma vez que a água absorve luz, os corais hermatípicos raramente vivem a profundidades maiores que 30 m. Curiosamente, alguns depósitos calcários de recifes de coral, particularmente ao redor de ilhas e atóis do Pacífico, alcançam grandes espessuras — até milhares de metros. Claramente, os corais e outros organismos não poderiam ter crescido no substrato na escuridão abismal de mares profundos e ter alcançado águas rasas onde a luz pode penetrar. Charles Darwin foi o primeiro a perceber que esses recifes começaram seu crescimento em águas *rasas* ao redor de ilhas vulcânicas; então, enquanto as ilhas iam lentamente afundando no mar, o crescimento dos recifes manteve seu ritmo com a taxa de afundamento, produzindo assim depósitos profundos.

São geralmente reconhecidos vários tipos de recifes. **Recifes em franja** estão próximos a uma porção de terra, sem nenhuma laguna ou laguna estreita entre o recife e a costa. Um **recife em barreira** (Figura 13.27) dispõe-se aproximadamente paralelo à costa e tem uma laguna mais larga e funda que a dos recifes em franja. **Atóis** são recifes que cercam uma laguna, mas não uma ilha. Esses tipos de recifes normalmente se inclinam de maneira abrupta nas águas profundas em sua margem voltada para o mar. Os **recifes em bancos** ou **manchas** ocorrem em lagunas de barreiras de corais ou atóis, a certa distância depois do declive acentuado na margem voltada para o mar. A chamada Grande Barreira de Corais, que se estende por 2.027 km de comprimento e até 145 km distantes da costa nordeste da Austrália é, na realidade, um complexo de tipos de recifes.

Os recifes em franja, barreira e atol têm zonas distinguíveis, caracterizadas por grupos diferentes de corais e outros animais.

O lado do recife que está de frente para o mar é a **frente do recife** ou **declive dianteiro do recife** (Figura 13.27). A frente do recife é paralela à costa e perpendicular à direção predominante das ondas. Ela se inclina para baixo em águas mais profundas, às vezes suavemente no início, depois precipitadamente. Assembleias características de corais escleractíneos crescem no fundo do declive, bem como perto da crista e nas zonas intermediárias. Em águas rasas ou ligeiramente emergentes, no topo da frente do recife está a **crista do recife**. A frente superior e a crista suportam a maior força das ondas e têm que absorver uma grande energia durante as tempestades. Pedaços de coral e outros organismos são quebrados nessas ocasiões e lançados em direção à costa sobre a **plataforma do recife**, a qual se inclina para baixo na laguna. A plataforma do recife acumula então uma provisão de material calcário, que é por fim quebrado em areia de coral. A areia é estabilizada pelo crescimento de plantas, assim como gramíneas marinhas e algas coralíneas e, finalmente, torna-se cimentada na massa do recife por precipitação dos carbonatos. Um recife não é uma parede irrompível que está em frente ao mar, mas é altamente irregular, com ranhuras, cavernas, fendas, canais atravessando desde a plataforma do recife até a sua frente, os buracos profundos em forma de cálice ("buracos azuis"). Os Octocorallia crescem nessas áreas, que são mais protegidas da força das ondas, e também nas plataformas dos recifes e em áreas mais fundas do declive dianteiro do recife. Muitos outros tipos de organismos habitam locais ocultos como cavernas e fendas.

Um número enorme de espécies, indivíduos de grupos de invertebrados e peixes povoa o ecossistema recifal. Por exemplo, há 300 espécies *comuns* de peixes nos recifes do Caribe e mais de 1.500 no complexo da Grande Barreira de Corais da Austrália. É maravilhoso que tal diversidade e produtividade possam ser mantidas, uma vez que os recifes são lavados por ondas pobres em nutrientes advindas do oceano aberto. Embora relativamente

A Perfil de uma barreira de recife

B Parte de um atol por vista aérea

Figura 13.27 **A.** Perfil de um recife em barreira. **B.** Porção de um atol em vista aérea. O declive do recife mergulha em águas profundas à esquerda (azul-escuro); laguna à direita.

Classificação do filo Cnidaria

Classe Hydrozoa (do grego *hydra*, serpente d'água + *zōon*, animal). Solitários ou coloniais; pólipos assexuados e medusas sexuadas, embora um tipo possa estar suprimido; hidrantes sem mesentérios; medusas (quando presentes) com um véu; de água doce e marinhos. Exemplos: *Hydra, Obelia, Physalia, Tubularia*.

Classe Scyphozoa (do grego *skyphos*, taça + *zōon*, animal). Solitários; estágio de pólipo reduzido ou ausente; medusas campanuliformes sem véu; mesogleia gelatinosa muito aumentada; margem do sino ou umbrela normalmente com oito entalhes, providos com órgãos dos sentidos; todos marinhos. Exemplos: *Aurelia, Cassiopeia, Rhizostoma*.

Classe Staurozoa (do grego *stauros*, cruz + *zōon*, animal). Solitários; apenas pólipos; medusas ausentes; superfície do pólipo estendida em oito conjuntos de tentáculos que circundam a boca; aderência realizada por disco adesivo; todos marinhos. Exemplos: *Haliclystis, Lucernaria*.

Classe Myxozoa (do grego *myxa*, viscosa + *zōon*, animal). Endoparasitos aquáticos produtores de esporos, cujo ciclo de vida típico alterna entre peixes e hospedeiros anelídeos. O corpo é reduzido a algumas células sem características cnidárias óbvias, exceto uma cápsula polar com um filamento extrusível que é homólogo ao nematocisto. Exemplos: *Myxobolus, Buddenbrockia*.

Classe Cubozoa (do grego *kybos*, um cubo + *zōon*, animal). Solitários; estágio de pólipo reduzido; em corte transversal medusas campanuliformes quadradas, com tentáculos ou grupo de tentáculos que saem de um pedálio lamelar em cada aresta do sino; margem do sino inteiriça, sem véu, mas com velário; todos marinhos. Exemplos: *Tripedalia, Carybdea, Chironex, Chiropsalmus*.

Classe Anthozoa (do grego *anthos*, flor + *zōon*, animal). Todos pólipos; sem medusa; solitários ou coloniais; cavidade gastrovascular subdividida por pelo menos oito mesentérios ou septos com nematocistos; gônadas endodérmicas; todos marinhos.
   Subclasse Hexacorallia (do grego *hex*, seis + *korallion*, coral) **(Zoantharia)**. Com tentáculos simples não ramificados; mesentérios em pares; anêmonas-do-mar, corais pétreos e outros. Exemplos: *Metridium, Anthopleura, Tealia, Astrangia, Acropora*.
   Subclasse Ceriantipatharia (do novo latim, combinação de Ceriantharia e Antipatharia). Com tentáculos simples não ramificados; mesentérios não pareados; ceriantos e corais negros ou espinhosos. Exemplos: *Cerianthus, Antipathes, Stichopathes*.
   Subclasse Octocorallia (do latim *octo*, oito + do grego *korallion*, coral) **(Alcyonaria)**. Com oito tentáculos pinados; oito mesentérios completos não pareados; corais moles e córneos. Exemplos. *Tubipora, Alcyonium, Gorgonia, Plexaura, Renilla*.

---

poucos nutrientes entrem no ecossistema, quase nada é perdido, porque os organismos que interagem são muito eficientes na reciclagem. Os corais até mesmo se alimentam das fezes dos peixes que nadam sobre eles! Uma vez que os corais estruturam o ecossistema do recife, sua perda é catastrófica em muitas dimensões, incluindo a pesca, o turismo e os impactos econômicos resultantes.

Tema-chave 13.5
CONEXÃO COM SERES HUMANOS

Ameaças aos recifes de coral

Os recifes de coral estão atualmente ameaçados em muitas áreas devido a uma variedade de fatores, principalmente de origem humana. Esses fatores incluem a eutrofização (de esgoto e fertilizantes agrícolas que são provenientes do continente próximo) e sobrepesca de peixes herbívoros, ambos os fatores contribuindo para um crescimento excessivo de algas multicelulares. Os pesticidas agrícolas, sedimentos dos campos cultivados e dragagens, além de derramamentos de óleos, degradam os recifes. Tais estresses ambientais matam os corais diretamente, ou os fazem mais suscetíveis às numerosas doenças de corais que têm sido observadas nos anos recentes, bem como o branqueamento. Além disso, as altas concentrações de dióxido de carbono na atmosfera (oriundas da queima de combustíveis à base de hidrocarbonetos) tendem a acidificar a água dos oceanos, o que faz com que a precipitação de $CaCO_3$ por corais seja mais difícil em termos metabólicos.

13.2 FILO CTENOPHORA

Os Ctenophora (do grego *kteis, ktenos*, pente + *phora*, plural de portador) são compostos por cerca de 150 espécies. Todos são formas marinhas que ocorrem em todos os mares, mas especialmente em águas quentes. Eles têm seu nome devido às oito fileiras de placas ciliadas em forma de pente (ctenos), que eles usam para locomoção. Os nomes comuns para os ctenóforos são águas-vivas-de-pente (*comb jellyes*).

Com exceção de algumas formas rastejantes e sésseis, os ctenóforos são livre-natantes. Embora esses débeis nadadores sejam mais comuns nas águas superficiais, os ctenóforos às vezes ocorrem em profundidades consideráveis. Eles estão frequentemente à mercê das marés e correntes fortes, mas evitam as tempestades nadando para águas mais profundas. Em águas calmas, eles amiúde descansam verticalmente, exibindo pouco movimento, mas ao moverem-se usam suas placas de pentes ciliados para se propelir com a extremidade da boca voltada para a frente.

A partir do exame de *Pleurobrachia*, fica claro que a presença de dois tentáculos no corpo produz simetria birradial. Não há cabeça, mas um eixo oral-aboral está presente. A boca leva à faringe dentro do trato digestório ramificado que termina em dois poros anais funcionais. O corpo é transparente e tem uma camada gelatinosa, derivada do ectoderma e endoderma embrionários, que fica entre as duas camadas de tecidos do adulto. A camada gelatinosa contém um conjunto extenso de fibras musculares; o padrão das fibras é radial, bem como em bandas meridionais e latitudinais ao redor do corpo. As fibras musculares também estão presentes em tentáculos extensíveis.

Os tentáculos dos ctenóforos capturam pequenos organismos planctônicos das águas circundantes, geralmente crustáceos como os copépodes. Os tentáculos estendidos trilham a água, e as presas que passam são capturadas por células epidérmicas adesivas chamadas **coloblastos** (Figura 13.28 C). Os coloblastos contêm um material altamente adesivo, que se extravasa ao contato com a presa; o material adesivo adere à presa, e o resto da célula do coloblasto permanece ligado ao tentáculo. Os tentáculos carregados de alimentos são levados até a boca.

Os ctenóforos com tentáculos curtos podem recolher alimentos na superfície de seu corpo ciliado. Os ctenóforos sem tentáculos podem se alimentar de outros animais gelatinosos, como medusas, salpas ou outros ctenóforos. Presas inteiras podem ser consumidas ou pequenas partes, como os tentáculos, podem ser removidas. Alguns ctenóforos que se alimentam de cnidários coletam os cnidócitos não disparados de suas presas e os incorporam em tecidos epidérmicos, na forma de um mecanismo de defesa. O ctenóforo *Haekelia rubra* (nomeado em homenagem a Ernst Haeckel, zoólogo alemão do século XIX) consome tentáculos de hidromedusas dessa maneira.

Os ctenóforos foram previamente divididos em duas classes: Tentaculata e Nuda. Com base em evidências de que essas classes não são grupos monofiléticos, a maioria dos biólogos discute a diversidade dos ctenóforos utilizando sete ordens abaixo do nível de classe. As evidências morfológicas e moleculares sugerem que uma ordem comum (Cydippida) é polifilética. Uma família dentro de Cydippida parece estar relacionada com os membros da ordem Beroida (Figura 13.29), enquanto outras não podem ser colocadas inequivocamente nas classes atualmente reconhecidas. Assim, não é útil discutir os subgrupos dos ctenóforos.

A compreensão fundamental do plano do corpo de um ctenóforo pode ser adquirida a partir do estudo de *Pleurobrachia* e alguns outros exemplos.

Tipo representativo: *Pleurobrachia*

Pleurobrachia (do grego *pleuron*, lado + L. *brachia*, braços) tem aproximadamente de 1,5 a 2 cm de diâmetro. O polo oral tem a abertura da boca, e o polo aboral tem um órgão sensorial, o **estatocisto**.

Placas de pentes

Na superfície, há oito faixas igualmente espaçadas chamadas de **fileiras de pentes** (ou **fileiras ciliadas**), que se estendem como meridianos a partir do polo aboral e terminam antes de alcançar o polo oral (Figura 13.28). Cada faixa consiste em placas transversais de longos cílios fusionados chamados **placas de pentes** (ou **placas ciliadas**) (Figura 13.28 D). Os ctenóforos são impulsionados pelo batimento dos cílios das placas de pentes (ver Figura 29.12). O batimento de cada fileira começa na extremidade aboral e procede sucessivamente ao longo dos pentes até a extremidade oral. Todas as oito fileiras normalmente batem em harmonia. Assim, o animal avança com a boca para a frente. O animal pode nadar para trás invertendo a direção da onda de batimentos.

Tentáculos

Os dois **tentáculos** são longos, sólidos e muito extensíveis, e podem ser retraídos em um par de **bainhas tentaculares**. Quando

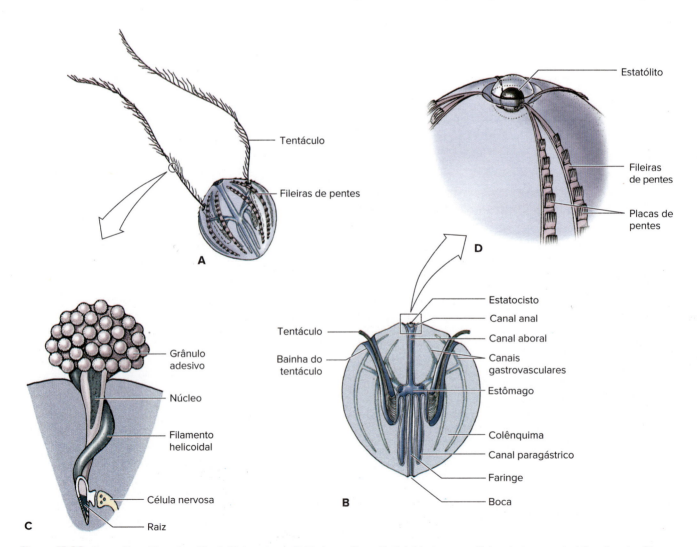

Figura 13.28 O ctenóforo *Pleurobrachia*. **A.** Vista externa. **B.** Corte mediano. **C.** Coloblasto, uma célula adesiva característica dos ctenóforos. **D.** Porção de fileiras de pente que mostra as placas de pente, cada uma composta por fileiras transversais de cílios longos fusionados.

completamente estendidos, eles podem medir 15 cm de comprimento. A superfície dos tentáculos tem **coloblastos**, ou células adesivas (ver Figura 13.28 C), que secretam uma substância pegajosa, utilizada para capturar e segurar animais pequenos.

Parede do corpo

As camadas celulares dos ctenóforos são geralmente semelhantes àquelas dos cnidários. Entre a epiderme e a gastroderme, há um **colênquima** gelatinoso que preenche a maioria do interior do corpo e contém fibras musculares e células ameboides. As células musculares são distintas e não são porções contráteis de células epitélio-musculares (em contraste com os Cnidaria).

Sistema digestório, alimentação e respiração

O **sistema gastrovascular** consiste em uma boca, uma faringe, um estômago e um sistema de canais gastrovasculares que se ramificam pela mesogleia até as placas de pentes, bainhas tentaculares e outras regiões (ver Figura 13.28). Há dois canais de fundo cego que terminam próximo da boca e um canal aboral que passa perto do estatocisto e, então, divide-se em dois **canais anais** pequenos pelos quais o material não digerido é eliminado. A digestão é extracelular e intracelular.

A respiração e a excreção ocorrem por difusão por meio da superfície de corpo.

Características do filo Ctenophora

1. Oito fileiras de pentes (ctenos) dispostos radialmente ao redor do corpo.
2. **Coloblastos**, células adesivas usadas na captura de presas, presentes na maioria.
3. Todos marinhos.
4. Simetria **birradial**; arranjo de canais internos e posição dos tentáculos pareados mudam a simetria radial para uma combinação de radial e bilateral.
5. Corpo de forma elipsoidal ou esférica com extremidades oral e aboral; sem cabeça definida.
6. Corpo do adulto com camada média gelatinosa contendo células musculares; derivação da camada celular média controversa (ectodérmica *versus* endodérmica), afetando a condição como diblástica ou triblástica.
7. Tubo digestório completo; a boca se abre para a faringe; intestino com uma série de **canais gastrovasculares** ramificados; o intestino termina no **poro anal**; os rejeitos saem pela boca e poro anal.
8. **Digestão extracelular** na faringe.
9. A maioria possui dois tentáculos extensíveis.
10. Contrações musculares via **fibras musculares** (células), não células epiteliomusculares.
11. Sistema nervoso constituído por um plexo subepidérmico concentrado ao redor da boca e abaixo das fileiras de placas do pente; um **órgão sensorial aboral** (estatocisto).
12. Reprodução monoica na maioria; gônadas (origem endodérmica) nas paredes dos canais digestórios, que ficam sob as fileiras das placas do pente; mosaico ou clivagem reguladora dentro dos embriões; larva cidípida.
13. Sem sistema respiratório.
14. Sem cavidade celômica.

Estruturas nervosas e sensoriais

Os ctenóforos têm uma rede nervosa semelhante àquela dos cnidários. Ela se caracteriza por um plexo subepidérmico concentrado abaixo das placas de pentes, mas não há um controle central.

O órgão dos sentidos no polo aboral é um estatocisto (ver Figura 13.28B e D). Os tufos de cílios sustentam um estatólito calcário, e todo o complexo está incluído em um recipiente na forma de sino. As alterações na posição do animal mudam a pressão do estatólito nos tufos de cílios (ver Seção 33.4). O órgão do sentido coordena o batimento das fileiras de pentes, mas não ativa seus batimentos.

A epiderme dos ctenóforos contém células sensoriais abundantes para detectar estímulos químicos e outros. Quando um ctenóforo entra em contato com um estímulo desfavorável, frequentemente inverte o batimento de suas placas de pentes e move-se para trás. As placas de pentes são muito sensíveis ao toque, o que frequentemente causa sua retirada para dentro do animal.

Reprodução e desenvolvimento

Pleurobrachia, como outros ctenóforos, é monoica. As gônadas ficam situadas no revestimento dos canais gastrovasculares abaixo das placas de pentes. Os ovos fertilizados são liberados na água pela epiderme.

A clivagem em ctenóforos varia entre as linhagens de células. Algumas linhagens são determinadas (mosaico), porque as partes do animal a serem formadas por cada blastômero são determinadas no início da embriogênese. Se um dos blastômeros for removido nas fases iniciais, o embrião resultante será deficiente. Outras linhagens de células são como aquelas dos cnidários, nos quais o desenvolvimento é regulador (indeterminado). A **larva cidípidia** livre-natante desenvolve-se gradualmente em um adulto, sem metamorfose.

Outros ctenóforos

Os ctenóforos são criaturas frágeis e lindas. Seus corpos transparentes cintilam como cristais finos, brilhantemente iridescentes durante o dia e luminescentes à noite.

Um dos ctenóforos mais notáveis é *Beroe* (do latim, uma ninfa), que pode ter mais de 100 mm de comprimento e 50 mm de largura (Figura 13.29 A). Ele é cônico ou em forma de dedal, sendo achatado no plano tentacular. O plano tentacular em *Beroe* é definido como onde os tentáculos existiriam, porque ele tem uma grande boca, mas nenhum tentáculo. O animal é rosa ou marrom-ferrugem. A parede do corpo é recoberta por uma rede extensa de canais formada pela união dos canais paragástricos e meridional.

Ctenóforos altamente modificados, como *Cestum* (do latim *cestus*, cinta) usam movimentos corporais sinuosos, bem como suas fileiras de pentes na locomoção. A cinta-de-vênus (*Cestum*, Figura 13.29 B) é altamente comprimida no plano tentacular. Na forma de uma faixa, pode ter mais de 1 m de comprimento, com uma aparência graciosa enquanto nada na direção oral. As *Ctenoplana* altamente modificadas (do grego *ktenos*, pente + latim *planus*, achatado) e *Coeloplana* (do grego *koilos*, oca + latim *planus*, achatado) (Figura 13.29 C) são raras, mas interessantes porque têm corpos discoides achatados no eixo oral-aboral e são adaptadas para rastejar em vez de nadar. Um ctenóforo comum no Atlântico e costas do Golfo é *Mnemiopsis* (do grego *mneme*, memória + *opsis*, aparência), que tem um corpo lateralmente comprimido, com dois lóbulos orais grandes e tentáculos sem bainhas.

Praticamente todos os ctenóforos emitem lampejos de luminescência à noite, especialmente formas como *Mnemiopsis*. Os lampejos vívidos de luz vistos à noite nos mares do sul são frequentemente causados por membros desse filo.

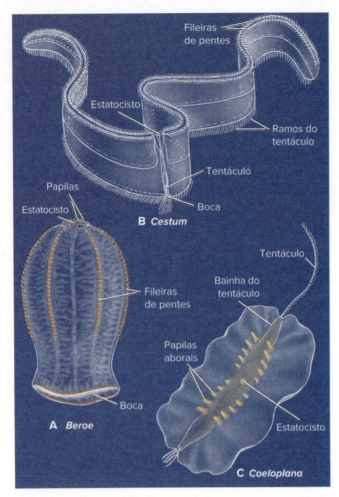

Figura 13.29 Diversidade no filo Ctenophora. **A.** *Beroe* sp. (ordem Beroida). **B.** *Cestum* sp. (ordem Cestida). **C.** *Coeloplana* sp. (ordem Platyctenea).

Tema-chave 13.6
ECOLOGIA

Ctenóforos invasores

Na década de 1980, as explosões das populações de *Mnemiopsis leidyi* nos Mares Negro e de Azov levaram a declínios catastróficos na pesca. Introduzidos inadvertidamente a partir da costa das Américas com a água de lastro dos navios, os ctenóforos alimentam-se de zooplâncton, incluindo pequenos crustáceos, ovos e larvas de peixes. O normalmente inofensivo *M. leidyi* era mantido sob controle no Atlântico por certos predadores especializados. Entretanto, a introdução acidental do ctenóforo predador *Beroe ovata* no Mar Negro parece ter causado o declínio de *M. leidyi* e, então, o desaparecimento de *B. ovata*.

13.3 FILOGENIA E DIVERSIFICAÇÃO ADAPTATIVA

Filogenia dos animais diblásticos

Os cnidários e ctenóforos foram tradicionalmente considerados como diblásticos radialmente simétricos, com os planos corpóreos distintos tanto em relação às esponjas como aos animais triblásticos bilateralmente simétricos que compõem o restante do reino animal. As distinções entre as condições diblástica e triblástica estão cada vez menos claras devido a estudos detalhados da morfologia e de expressão gênica. Tanto os cnidários como os ctenóforos têm uma camada gelatinosa mediana envolvida por uma camada externa derivada do ectoderma (epiderme) e por um revestimento interno do intestino derivado do endoderma. Esse plano corporal é claramente diblástico, mas a presença de células entremeadas na camada gelatinosa mediana é problemática. Se as células da camada intermediária derivam do endoderma, então elas representam uma camada mesodérmica verdadeira do tipo que é visto nos animais triblásticos. Se as células da camada intermediária derivam do ectoderma, a camada mediana não é a mesma que ocorre na maioria dos animais triblásticos; alguns pesquisadores chamam essa camada de ectomesoderma.

Esponjas, placozoários, cnidários e ctenóforos não são bilateralmente simétricos. Quais desses táxons são mais aparentados aos membros de Bilateria? A resposta ainda não está clara, mas se alguns desses quatro táxons compartilharam características (como músculos) com os Bilateria com a exclusão de outros táxons, podemos inferir uma ordem de ramificação filogenética. Esponjas e placozoários não têm músculos, enquanto cnidários e ctenóforos têm uma variedade de elementos contráteis que inclui células epiteliomusculares, músculos lisos e músculos estriados. As células epiteliomusculares (ver Figura 13.5) contêm filamentos grossos de miosina e filamentos finos de actina, estão contidas dentro de um tecido (epitélio) e se ancoram na matriz extracelular (MEC). As células musculares verdadeiras, lisas ou estriadas, contêm os mesmos dois filamentos, mas não formam um epitélio de tecido. Nos músculos estriados, as estrias resultam de unidades repetidas dos dois tipos de filamentos (chamados sarcômeros), delimitados por discos Z (ver Seção 29.2). Em células musculares lisas, os dois tipos de filamentos não estão em unidades repetidas. Se cnidários, ctenóforos e Bilateria têm músculos lisos e estriados, eles os herdaram de um ancestral comum? Os pesquisadores identificaram um conjunto-chave de proteínas motoras musculares e decidiram ver como essas proteínas estavam distribuídas entre táxons dentro e fora dos animais. Para surpresa dos pesquisadores, essas proteínas motoras estavam presentes fora de animais – elas ocorrem em outros membros de Opisthokonta e em outros eucariotos unicelulares, como amebozoários e Heterolobosea. Em organismos unicelulares, as proteínas motoras contráteis provavelmente agem no movimento celular e mudança de forma. Assim, as partes essenciais da função muscular são anteriores à existência dos músculos. Os pesquisadores também encontraram diferenças nas formas como as células musculares estriadas eram montadas em cnidários e bilaterais, sugerindo evolução, não homologia.

Os Bilateria são animais triblásticos (ver Capítulo 14) cujos músculos são derivados da camada mesodérmica. Cnidários e ctenóforos são animais diblásticos sem uma camada mesodérmica; então os biólogos se perguntaram se suas células musculares surgiram de ectoderma ou endoderma embrionários. Lembre-se de que o mesoderma se origina do endoderma, embora uma camada intermediária chamada de ectomesoderma às vezes ocorra. A maioria dos ctenóforos tem apenas músculo liso, mas uma espécie tem músculos estriados em seus tentáculos. As células musculares de ctenóforos surgem do endoderma. As células estão dentro da mesogleia e não são epiteliais, portanto são células musculares "verdadeiras". Contudo, não há sinal de uma camada mesodérmica nos ctenóforos, então parece que os ctenóforos desenvolveram músculos estriados independentemente, assim como os cnidários. As células musculares dos cnidários se desenvolvem a partir do ectoderma; na medusa, o ectoderma dá origem a uma camada de tecido chamada entocódio, que é separado do ectoderma e endoderma por MEC. A camada de entocódio produz células musculares estriadas, mas não há evidências de que essa camada seja homóloga ao mesoderma. Aparece apenas na fase de medusa do ciclo de vida. As células musculares estriadas também aparecem em um grupo altamente derivado de anêmonas-do-mar nadadoras (antozoários), mas, nesse caso, as células são epiteliais e estão dentro da epiderme. Os estudos mais recentes sugerem que os músculos estriados evoluíram independentemente pelo menos quatro vezes: nas altamente derivadas anêmonas nadadoras, em medusozoários, em ctenóforos e em organismos triploblásticos. Alguns resultados até sugerem que os músculos estriados dos organismos triblásticos evoluíram independentemente em protostômios e deuterostômios, mas isso é outra história.

Pode parecer que a designação de simetria do corpo como radial ou bilateral seria uma questão mais direta do que o número de camadas embrionárias. No entanto, essa questão também é muito debatida. Um cnidário adulto é claramente simétrico radialmente, e os ctenóforos adultos são birradialmente simétricos. No entanto, estudos mostram que a larva plânula dos cnidários nada com uma de suas extremidades constantemente para a frente. Se a extremidade à frente é designada como "anterior", então a larva tem um eixo anteroposterior distinto. A larva plânula assenta-se sobre um substrato duro com a extremidade dianteira. A extremidade posterior das larvas torna-se a extremidade oral do pólipo em desenvolvimento.

Lembre-se de que os genes *Hox* são altamente conservados ao longo de quase todos os animais e controlam a expressão de outros genes determinando o eixo do corpo e a morfogênese ao longo desse eixo corporal (ver Seção 8.6). Os cnidários não têm tantos genes *Hox* anteriores, centrais e posteriores, como ocorre com a maioria dos animais triblásticos, mas tem alguns genes que são homólogos aos genes *Hox* anteriores e posteriores (genes *Hox* centrais estão ausentes). Os genes homólogos aos genes *Hox* anteriores dos animais triblásticos são expressos na extremidade oral do pólipo. Esses resultados são intrigantes: será que os cnidários radialmente simétricos têm um ancestral com simétrica bilateral, ou o potencial genético para a simetria bilateral é anterior ao plano corporal bilateral? Até o presente, a resposta não está clara.

O leitor deve ter notado outra curiosidade na descrição acima: a extremidade dianteira da natação da larva anexa-se no substrato durante a metamorfose e se torna a extremidade aboral do pólipo. A extremidade aboral do pólipo é onde a expressão dos genes *Hox* posteriores ocorre. Será que isso significa que a orientação das larvas está inversamente relacionada com a orientação do pólipo? Ninguém sabe a resposta, mas em esponjas, nas quais o animal adulto não tem nenhum eixo corporal distinto, a larva também tem uma extremidade que está voltada para a frente na natação. Com qual extremidade ela se fixa ao substrato? Na esponja *Sycon raphanus*, as larvas normalmente aderem com a extremidade que é voltada para a frente durante a natação, mas por vezes, ocorresse aderir com a extremidade traseira e, ocasionalmente, com o lado da larva. Na maioria dos animais triblásticos com simetria bilateral, o eixo anteroposterior do adulto já está evidente no estágio larval, e, por isso, há pouca base para comparação com esponjas e cnidários.

Considerando a discussão anterior, talvez não seja surpresa que representemos uma politomia para os ramos dos cnidários, dos ctenóforos e dos placozoários. Diversas filogenias colocam os ctenóforos como táxon irmão de todos os outros animais, incluindo as esponjas, o que significaria que a simetria radial evoluiu independentemente em cnidários e ctenóforos.[1] No entanto, uma filogenia mais recente coloca esponjas como o táxon irmão de todos os outros animais, voltando à visão mais tradicional. Um artigo recente de revisão descreve as evidências de ambos os caminhos evolutivos, sugerindo que os biólogos aguardam mais estudos neste tópico.

Filogenia dos Cnidários

Os antecedentes potenciais dessas organelas que caracterizam os cnidários, os nematocistos, ocorrem entre alguns grupos unicelulares como, por exemplo, tricocistos e toxicistos em ciliados e tricocistos em dinoflagelados (ver Seção 11.3). Alguns dinoflagelados têm organelas que são notavelmente semelhantes em estrutura aos nematocistos.

As relações entre as classes de cnidários ainda são controversas. Uma área fascinante para a especulação é qual seria a estrutura do ciclo de vida ancestral dos cnidários: o que veio primeiro, o pólipo ou a medusa? Há duas hipóteses importantes: uma postula que o cnidário ancestral era um hidrozoário semelhante a um Trachylina com um estágio de medusa; a outra é a de que o cnidário ancestral era um pólipo antozoário, sem uma medusa no ciclo de vida.

Se os cnidários ancestrais tinham um ciclo de vida semelhante àqueles dos hidrozoários parecidos com os traquilinos, uma forma larval se metamorfosearia diretamente em medusa, sem a presença de um pólipo. Nessa hipótese, uma fase de pólipo foi adicionada mais tarde na história evolutiva dos cnidários, explicando por que alguns biólogos consideram o pólipo como um segundo estágio larval. No entanto, evidências moleculares sugerem que Anthozoa é o táxon-irmão do resto do filo Cnidaria (ver Figura 13.2). O desenvolvimento de medusas seria então uma sinapomorfia de outras classes, com uma perda subsequente do estágio de pólipo nos ancestrais dos Trachylina. Uma característica que se encaixa bem com essa hipótese é a posse compartilhada de um genoma mitocondrial linear nos grupos com medusa: os antozoários e todos os outros metazoários têm um genoma mitocondrial circular, que é considerado a condição ancestral. O táxon Medusozoa inclui todas as classes com medusas no ciclo de vida.

Diversificação adaptativa

Nos cnidários, tanto o pólipo quanto a medusa são construídos de forma semelhante, mas as medusas têm capacidades sensoriais e locomotoras expandidas. Os cnidários apresentam muitos indivíduos e espécies, demonstrando um grau surpreendente de diversidade. Eles são predadores eficientes, muitos se alimentando de presas bastante grandes em relação a seus próprios tamanhos. Alguns são adaptados para se alimentar de pequenas partículas. A forma de vida colonial é bem explorada, com algumas colônias crescendo a grandes tamanhos entre corais; outros, como sifonóforos, mostram polimorfismo e especialização surpreendentes de indivíduos dentro de uma colônia.

Todos os ctenóforos possuem oito placas de pente e simetria birradial, mas variam no formato do corpo e na presença ou ausência de tentáculos. Alguns adotaram o hábito rasteiro ou séssil.

---

[1] Dohrmann, M e G. Wörheide. Integr. Comp. Biol. 2013; 53: 503-511.

RESUMO

Seção	Conceito-chave
13.1 Filo Cnidaria	• Os cnidários têm dois tipos básicos de corpo (polipoide e medusoide), e, em muitos hidrozoários e cifozoários, o ciclo de vida envolve um pólipo de reprodução assexuada e uma medusa de reprodução sexuada • Os pólipos e as medusas apresentam simetria radial ou birradial; a simetria radial é uma vantagem para organismos sésseis ou de flutuação livre, porque os estímulos ambientais vêm igualmente de todas as direções • Os cnidários são predadores surpreendentemente eficientes porque possuem células únicas chamadas cnidócitos, que formam organelas chamadas cnídeos. Os cnídeos que "picam" são chamados de nematocistos. Quando disparados, os nematocistos penetram na presa e injetam veneno. A descarga ocorre por uma mudança na permeabilidade da cápsula e um aumento na pressão hidrostática interna devido à alta pressão osmótica dentro da cápsula • Os cnidários possuem corpos diblásticos, com uma parede corporal composta por epiderme e gastroderme separadas por uma mesogleia. Alguns cnidários desenvolveram músculos de maneiras que se aproximam da designação triblástica • A cavidade digestória-circulatória (gastrovascular) tem um intestino cego com uma abertura • A maioria dos hidrozoários são coloniais e marinhos, mas as hidras de água doce são comumente mostradas em aulas de laboratório. A hidra tem uma forma polipoide típica, mas não é colonial e não tem estágio medusoide. A maioria dos hidrozoários marinhos forma uma colônia ramificada de muitos pólipos (hidrantes). As medusas hidrozoárias podem nadar livremente ou permanecer presas à sua colônia • Os cifozoários são as típicas águas-vivas, das quais a medusa é a forma corporal dominante, e muitos apresentam um estágio polipoide imperceptível. Uma nova classe, Staurozoa, contém estauromedusas, anteriormente parte de Scyphozoa • Os cubozoários são predominantemente medusoides. Eles incluem as perigosas vespas-do-mar, cuja picada pode ser fatal • Todos os antozoários são marinhos e polipoides; não há estágio medusoide. As subclasses mais importantes são Hexacorallia (com simetria hexâmera ou polimérica) e Octocorallia (com simetria octomérica). As maiores ordens de Hexacorallia contêm anêmonas-do-mar, que são solitárias e não têm esqueleto, e corais rochosos, que são em sua maioria coloniais e secretam um exoesqueleto calcário. Os corais rochosos são um componente essencial nos recifes de coral, que são hábitats de grande beleza, produtividade e valor ecológico e econômico. Octocorallia contém os corais moles e córneos, muitos dos quais são componentes importantes e bonitos dos recifes de coral • Os mixozoários são parasitos obrigatórios com dois hospedeiros em seu ciclo de vida: peixes e vermes anelídeos. Eles causam doenças e, muitas vezes, a morte de peixes. Embora esse grupo seja conhecido desde 1880 e contenha mais de 2.100 espécies, só recentemente foi colocado dentro de Cnidaria. A cápsula polar, homóloga a um nematocisto, é a única semelhança morfológica com outros cnidários.
13.2 Filo Ctenophora	• Os membros adultos de Ctenophora apresentam simetria birradial • Ctenophora nada usando oito fileiras de pentes; cada linha do pente é feita de linhas transversais de cílios fusionados • Os ctenóforos são predadores; eles se alimentam de pequenos crustáceos e algumas espécies comem cnidários. Ao contrário dos cnidários, eles têm um tubo digestório completo e produzem tecido muscular • Coloblastos, com os quais capturam pequenas presas, caracterizam o filo • A maioria são nadadores, mas existem algumas espécies sésseis ou rastejantes.
13.3 Filogenia e diversificação adaptativa	• A descrição clássica de cnidários e ctenóforos como animais diblásticos é questionada pela morfologia de algumas formas altamente derivadas • Algumas espécies possuem músculos lisos ou estriados, em geral produzidos por mesoderma em outros organismos. O mesoderma verdadeiro em animais triblásticos é derivado do endoderma. Os músculos dos cnidários são feitos de derivados ectodérmicos, portanto não são triblásticos, mas as células musculares ctenóforas são derivadas do endoderma • A posição evolutiva de ambos os grupos está sujeita a debate.

QUESTÕES DE REVISÃO

1. Explique a utilidade da simetria radial para os animais sésseis e livre-natantes.
2. Que características do filo Cnidaria são muito importantes para distingui-los dos outros filos?
3. Dê os nomes e faça a distinção entre as classes do filo Cnidaria.
4. Faça a distinção entre as formas de pólipo e de medusa.
5. Explique o mecanismo de disparo dos nematocistos. Como a pressão hidrostática de uma atmosfera pode ser mantida dentro do nematocisto até que ele receba um estímulo para o disparo?
6. Qual é a característica incomum da rede nervosa dos cnidários?
7. Em que sentido a hidra é um hidrozoário atípico?
8. Dê o nome e as funções dos tipos celulares principais da epiderme e da gastroderme da hidra.
9. O que estimula o comportamento de alimentação das hidras?
10. Defina o seguinte com respeito aos hidroides: hidrorriza, hidrocaule, cenossarco, perissarco, hidrante, gonângio, manúbrio.
11. Dê um exemplo de um hidrozoário flutuante e colonial altamente polimórfico.
12. Faça a distinção entre os seguintes itens: estatocisto e ropálio; cifomedusas e hidromedusas; cifístoma, estróbilo e éfiras; véu, velário e pedálio; Hexacorallia e Octocorallia.
13. Defina os seguintes itens com relação às anêmonas-do-mar: sifonoglife; septos ou mesentérios primários; septos incompletos; filamentos septais; filamentos dos acôncios; laceração pedal.
14. Descreva três interações específicas de anêmonas com organismos que não sejam suas presas.
15. Contraste os esqueletos de corais Hexacorallia e os de Octocorallia.
16. Os recifes de coral estão geralmente limitados em distribuição geográfica às águas marinhas rasas. Como você explica essa observação?
17. Especificamente, que tipos de organismos são muito importantes na deposição de carbonato de cálcio nos recifes de coral?
18. Como as zooxantelas contribuem para o bem-estar dos corais hermatípicos?
19. Faça a distinção entre os seguintes itens: recifes em franja; recifes em barreira; atóis, recifes em mancha ou em bancos.
20. Que características de Ctenophora são muito importantes para a sua distinção em relação aos outros filos?
21. Como os ctenóforos nadam e como obtêm seu alimento?
22. Compare os cnidários e os ctenóforos fornecendo cinco aspectos nos quais eles se assemelham e cinco nos quais diferem.
23. Cnidários e ctenóforos são considerados diblásticos, mas por que alguns biólogos os rotulam de triblásticos?

Para reflexão. Qual seria a melhor maneira de fazer o público em geral ficar ciente dos custos econômicos e ecológicos do aquecimento global, na medida em que este afeta os recifes de corais e as populações de águas-vivas?

14 Xenacoelomorpha, Platyzoa e Mesozoa

OBJETIVOS DE APRENDIZAGEM

Após leitura do capítulo, você será capaz de:

14.1 Descrever os membros do filo Xenacoelomorpha.
14.2 Explicar a base para a formação de subgrupos dentro da Protostomia.
14.3 Descrever as morfologias de platelmintos dentro das classes de Platyhelminthes, citando adaptações ao parasitismo; ilustrar o impacto de trematódeos e cestódeos em seres humanos.
14.4 Descrever a forma e o hábitat dos gastrotríquios (ou gastrótricos).
14.5 Explicar a base para agrupar quatro filos dentro de Gnathifera.
14.6 Descrever a forma e o hábitat de gnatostomulídeos.
14.7 Descrever a forma e o hábitat dos Micrognathozoa.
14.8 Descrever a forma e o hábitat dos rotíferos.
14.9 Descrever a forma e o hábitat dos acantocéfalos, citando as adaptações ao parasitismo.
14.10 Descrever a forma e o hábitat dos mesozoários.
14.11 Discutir as evidências que apoiam o clado dos lofotrocozoários e a inclusão de táxons dentro dele.

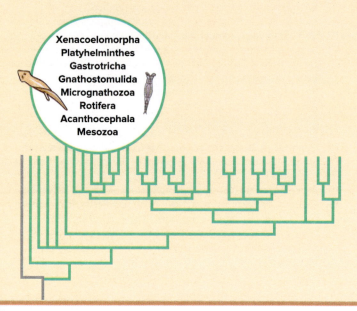

Prostheceraeus vittatus, um verme achatado marinho que vive na zona entremarés, sob pedras ou em lodo, na Europa Ocidental.

iStock@_jure

Avanços

Os cnidários e ctenóforos radialmente simétricos capturam as presas que se aproximam de qualquer direção, mas a simetria radial não tem muito uso para um animal que busca ativamente por alimento, proteção ou parceiros para a reprodução. A movimentação ativa e direcionada é mais eficiente em um corpo alongado provido de extremidades cefálica (anterior) e caudal (posterior). Adicionalmente, um lado do corpo é mantido para cima (dorsal) e o outro, especializado na locomoção, para baixo (ventral). O resultado é um animal com simetria bilateral cujo corpo pode ser dividido por um plano de simetria que o separa em duas metades, uma espelhada na outra. Ademais, como é melhor saber aonde se está indo do que de onde se veio, os órgãos sensoriais e os centros de controle nervoso concentram-se na cabeça. Esse processo é denominado cefalização. A cefalização e a simetria bilateral primária ocorrem concomitantemente em quase todos os animais triblásticos.

- **Filo XENACOELOMORPHA**
  - Subfilo Xenoturbellida
  - Subfilo Acoelomorpha
- **PLATYZOA**
  - Filo Platyhelminthes
  - Filo Gastrotricha
  - Filo Gnathostomulida
  - Filo Micrognathozoa
  - Filo Rotifera
  - Filo Acanthocephala
- **MESOZOA**
  - Filo Mesozoa

Neste capítulo, apresentamos dois filos de vermes e seis outros filos que não possuem uma cavidade corporal revestida por mesoderma. Todos, exceto um filo, contêm animais com **simetria bilateral** e corpos **triblásticos**. Esse plano corporal ocorre em formas ancestrais e modernas de todos os metazoários que serão discutidos. O corpo é triblástico porque contém uma camada germinativa intermediária, o mesoderma, derivada do endoderma. As três camadas germinativas – ectoderma, endoderma e mesoderma – produzem todas as estruturas corporais do adulto (ver Figura 8.24 para as derivações típicas dessas camadas).

Os membros de dois filos triblásticos bilateralmente simétricos têm o corpo **acelomado** (do grego *a*, não + koilōma, cavidade). O celoma é uma cavidade que se desenvolve *completamente dentro* do mesoderma (ver Figura 8.9). Os corpos dos acelomados não têm celoma. Os leitores podem lembrar que os animais diblásticos também carecem de celoma, mas não são denominados acelomados; o termo é empregado apenas para animais que têm mesoderma. Os táxons acelomados não constituem um grupo monofilético na grande maioria das análises; portanto, usaremos o termo para descrever um plano corporal particular.

Os acelomados típicos têm somente um espaço interno: a cavidade digestiva (Figura 14.1). A região situada entre a epiderme e o revestimento da cavidade digestiva é preenchida com um **parênquima celular** derivado do mesoderma. O parênquima é uma forma de revestimento tecidual que contém, em relação à mesogleia dos cnidários, mais células e fibras e menor quantidade de matriz extracelular (MEC). Os órgãos constituem outra derivação do mesoderma que aumenta a complexidade interna dos triblásticos. Vemos essa complexidade nos membros dos filos Xenacoelomorpha e Platyhelminthes.

Alguns membros dos Xenacoelomorpha são acelomados atípicos porque não têm uma cavidade digestiva. Nesses pequenos vermes, as partículas de alimento entram pela boca e penetram em uma massa celular ou sincicial derivada do endoderma. Uma cavidade digestiva temporária pode se formar dentro do endoderma.

Alguns filos descritos neste capítulo são acelomados típicos, com uma cavidade intestinal revestida com células derivadas do endoderma, circundadas por tecido derivado do mesoderma, mas outros possuem corpos pseudocelomados (do grego *pseudo*, falso + *koilōma*, cavidade). Um corpo pseudocelomado contém uma cavidade interna circundada pelo intestino, mas essa cavidade não está completamente preenchida com o mesoderma, como seria um animal celomado (Figura 14.1). Um pseudoceloma é uma blastocele embrionária que persiste ao longo do desenvolvimento, levando alguns a descreverem os animais com esse plano corporal como blastocelomados. Uma camada mesodérmica ocorre na borda exterior da cavidade, mas essa camada não se estende ao redor do intestino, não formando um mesentério. O revestimento endodérmico do intestino forma a fronteira interna do pseudocelomado (ver Figura 9.3). A pseudocele pode ser preenchida com fluido ou conter uma matriz gelatinosa com algumas células mesenquimais. Ele compartilha algumas funções com um celoma: um espaço para desenvolvimento e diferenciação dos sistemas digestório, excretor e reprodutor; um meio simples de circulação ou distribuição dos materiais pelo corpo; um local de armazenamento para que os resíduos sejam eliminados para fora pelos ductos excretores; e um suporte hidrostático.

Muitos animais pseudocelomados são bastante pequenos, então a função mais provável do pseudocelo nesses animais é permitir a circulação interna na ausência de um sistema circulatório verdadeiro.

Os animais que compartilham uma estrutura corporal específica não formam necessariamente um grupo monofilético. Entre os grupos pseudocelomados, estão: rotíferos e acantocéfalos, entre outros discutidos nos capítulos posteriores, enquanto os táxons celomados incluem: acelomorfos, platelmintos, gastrotríquios, gnatostomulídeos e provavelmente Micrognathozoa e mesozoários. Xenacoelomorpha é o táxon-irmão do grupo que contém protostômios e deuterostômios, que é algumas vezes chamado de Bilateria ou Nephrozoa. Investigue o cladograma dos filos animais, que consta no fim do livro, para visualizar este padrão de ramificação.

Note que os outros filos discutidos neste capítulo pertencem ao filo Protostomia e são colocados no subgrupo Lophotrocozoa (ver Seção 8.7).

14.1 FILO XENACOELOMORPHA

O Xenacoelomorpha é um novo filo que inclui dois táxons-irmãos: Xenoturbellida e Acoelomorpha. Os Xenoturbellida são animais ciliados e forma de verme que foram identificados pela primeira vez em 1949. Há apenas um gênero, *Xenoturbella*, mas a recente descoberta de quatro novas espécies aumenta o número de espécies para seis. Uma espécie descoberta recentemente, *Xenoturbella monstrosa*, atinge 20 cm de comprimento. Outra espécie, *X. profunda*, ocorre perto de uma fonte hidrotermal na costa do México a uma profundidade de 3.700 metros. Algumas novas espécies são roxas ou rosa, em contraste com as espécies amareladas descobertas pela primeira vez. Os corpos dos Xenoturbellida possuem um sulco ciliado externo, denominado sulco em anel, e um segundo sulco longitudinal chamado de sulco lateral. Eles têm uma epiderme

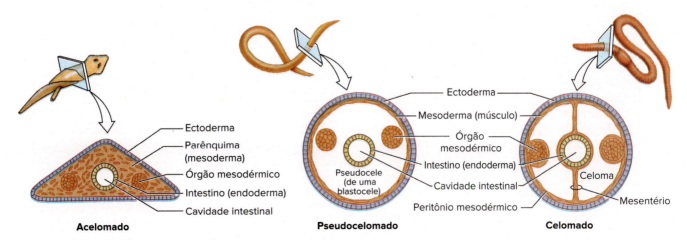

Figura 14.1 Planos corporais do acelomado, pseudocelomado e celomado.

relativamente espessa sustentada por uma lâmina basal, uma rede de nervos subepidérmicos, um poro frontal e uma rede glandular epitelial ventral recém-descoberta e de função desconhecida. Músculos circulares e longitudinais estão presentes. Há uma boca ventral que leva a um intestino cego. Os Xenoturbellida se alimentam de ovos e adultos de moluscos bivalves. Eles se reproduzem sexuadamente; tanto hermafroditismo simultâneo quanto sequencial já foram descritos. Zigotos passam por desenvolvimento direto sem um estágio larval de alimentação, de maneira semelhante à dos vermes acelomorfos.

Os acelomorfos são pequenos vermes achatados de menos de 5 mm de comprimento. A palavra "verme" aplica-se de forma pouco precisa a animais invertebrados bilaterais, alongados e desprovidos de apêndices. Os zoólogos chegaram a considerar os vermes (Vermes) como um táxon. Esse táxon incluía uma grande miscelânea de formas hoje espalhadas por vários filos, comumente denominados platelmintos, nemertinos, nematódeos e vermes segmentados.

Os vermes acelomorfos vivem normalmente em sedimentos marinhos, embora uns poucos sejam pelágicos. Algumas espécies vivem em águas salobras. A maioria dos Acoelomorpha tem vida livre, mas alguns são simbiontes e outros são parasitos. O grupo abriga aproximadamente 350 espécies.

Os membros do filo Acoelomorpha estavam anteriormente na classe Turbellaria, dentro do filo Platyhelminthes (ver Seção 14.3). Duas ordens antigas de turbelários, Acoela e Nemertodermatida, representam agora dois subgrupos de Acoelomorpha, embora alguns pesquisadores considerem que cada antiga ordem constitua um novo filo.

Os acelomorfos têm a epiderme celular ciliada. A camada parenquimática contém uma pequena quantidade de MEC e músculos circulares, longitudinais e diagonais.

O sistema digestório de alguns acelomorfos inclui uma boca que se comunica com uma faringe tubular seguida de um intestino em forma de saco cego. Não existe ânus. Em muitos acelomados, o intestino e a faringe estão ausentes, de maneira que a boca conduz a uma massa de células derivadas do endoderma ou a uma massa sincicial derivada do endoderma (Figura 14.2). Quando o alimento é conduzido aos espaços temporários, as células fagocitárias gastrodérmicas fazem uma digestão intracelular do alimento.

> ### Características do subfilo Acoelomorpha
>
> 1. As radículas dos cílios epidérmicos formam uma rede interconectada
> 2. Inteiramente aquáticos; alguns de águas salobras, mas a maioria vive em sedimentos marinhos
> 3. Maioria de vida livre, alguns comensais, outros parasitos
> 4. **Simetria bilateral**; células nervosas concentradas na região anterior; **corpo achatado dorsoventralmente**
> 5. Corpo dos adultos com três camadas (**triblásticos**).
> 6. Corpo acelomado; MEC reduzida.
> 7. Epiderme celular.
> 8. Intestino ausente ou, se presente, incompleto e sacular.
> 9. As células musculares mesodérmicas originam músculos longitudinais, circulares e diagonais.
> 10. Sistema difuso de neurônios anteriores conectado a cordões nervosos arranjados radialmente.
> 11. Os órgãos sensoriais incluem estatocistos (órgãos de equilíbrio) e ocelos.
> 12. Reprodução assexuada por fragmentação.
> 13. Reprodução sexuada monoica por meio de gônadas, ductos e órgãos acessórios bem desenvolvidos; fertilização interna; clivagem espiral.
> 14. Sem sistemas excretor ou respiratório.

Os acelomorfos são monoicos. O órgão reprodutivo feminino produz ao mesmo tempo gametas e nutrientes para os filhotes. Os ovos, preenchidos com vitelo, são denominados **endolécitos**. Após a fertilização, alguns ou todos os eventos de clivagem produzem um padrão espiral de díades de células novas. Esse padrão poderia ser uma característica de definição morfológica para os acelomorfos, mas há necessidade de novos estudos para confirmar tal aspecto.

Outras características determinantes propostas para os acelomorfos são bioquímicas (padrões dos neurotransmissores) ou se baseiam em detalhes da ultraestrutura celular, como a formação de uma rede interconectada de radículas dos cílios epidérmicos.

Os acelomorfos têm um eixo anteroposterior distinto, mas o conjunto difuso de células nervosas na extremidade anterior não apresenta os gânglios típicos de um encéfalo "verdadeiro". Os acelomorfos têm os nervos corporais arranjados radialmente em vez de um padrão em forma de escada evidenciado nos vermes achatados do filo Platyhelminthes. Os estatocistos dos acelomorfos diferem na sua estrutura daqueles dos platelmintos.

Filogenia de Xenacoelomorpha

A investigação do cladograma dos filos animais, que consta no fim do livro mostra um grande clado chamado Bilateria, que contém quase todos os animais triblásticos. De acordo com filogenias recentes, o táxon irmão de Bilateria é o filo Xenacoelomorpha. Os dois grupos dentro de Xenacoelomorpha são bastante diferentes entre si e, em comparação com Acoelomorpha, Xenoturbellida não é bem estudado. Xenoturbellida foi colocado em diferentes locais na árvore animal: dados moleculares iniciais sugeriram que eles eram moluscos, mas isso ocorreu devido à contaminação das amostras com as presas bivalves dos Xenoturbellida. Filogenias posteriores colocaram-nos com os deuterostômios, apesar das semelhanças morfológicas com vermes achatados que foram espelhadas no nome do táxon inicial: "turbelários" são um grupo de platelmintos de vida livre. Filogenias desenvolvidas em 2016 colocaram,

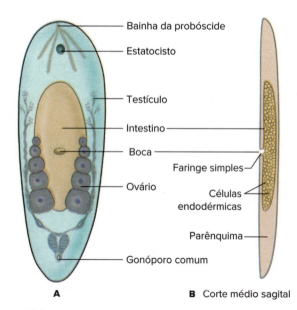

Figura 14.2 A. Verme acelomorfo generalizado. **B.** Seção mediana que mostra a cavidade intestinal preenchida com células endodérmicas.

de maneira convincente, os Xenoturbellida junto com vermes acelomorfos e fora da Bilateria. Trabalhos recentes sugerem que duas estruturas recém-descobertas, o poro frontal e a rede glandular ventral, podem ser sinapomorfias para os Xenoturbellida.

Estudos filogenéticos com marcadores moleculares (p. ex.: o genoma mitocondrial e o gene da miosina II) colocam os acelomorfos como triblásticos de simetria bilateral formando um táxon-irmão dos Xenoturbellida. Os acelomorfos têm apenas quatro ou cinco genes *Hox* (ver Seção 8.6), diferentemente dos membros de vida livre em Platyhelminthes, que têm sete ou oito desses genes. Acelomorfos diferem dos platelmintos do filo Platyhelminthes no que diz respeito a seus padrões de clivagem embrionária, na forma como seus mesodermas se formam, e na estrutura do sistema nervoso. No momento, não há sinapomorfias morfológicas para Xenacoelomorpha.

14.2 CLADOS DENTRO DE PROTOSTOMIA

A maior parte dos animais triblásticos é dividida em dois grandes clados ou superfilos: Protostomia e Deuterostomia (ver o Cladograma para todos os filos animais dentro da capa deste livro). A divisão desses dois grupos é baseada principalmente em características do desenvolvimento (ver Seção 8.7), embora os dois grupos também sejam observados na maioria das filogenias obtidas com dados moleculares.

Os Protostomia estão divididos em dois grandes clados: **Lophotrochozoa** e **Ecdysozoa**. Os Platyhelminthes constituem o primeiro filo de protostômios a ser abordado; este e os filos restantes incluídos neste capítulo pertencem aos Lophotrochozoa. O conjunto de filos que agora é considerado Lophotrochozoa apareceu primeiro como um clado nas filogenias moleculares. Antes da construção dessas filogenias, a divisão taxonômica principal dos protostômios incluía todos os filos acelomados em um grupo e todos os filos celomados em outro grupo.

As filogenias moleculares rejeitaram a hipótese de que acelomados e celomados formavam grupos monofiléticos separados; em vez disso dividiram os protostômios em dois com características moleculares distintas. Alguns caracteres morfológicos são compartilhados por membros de cada um dos subconjuntos. Os membros de **Ecdysozoa** apresentam uma cutícula que sofre mudança à medida que o corpo cresce. Os membros de **Lophotrocozoa** compartilham uma estrutura peculiar para a alimentação em forma de ferradura, o **lofóforo** (ver parágrafo introdutório do Capítulo 15), ou uma forma larval particular chamada **trocófora** (ver Figura 16.7).

As larvas trocóforas são diminutas, translúcidas e têm uma forma aproximada de cume (ver Figura 16.7). Apresentam um proeminente círculo de cílios e, algumas vezes, um ou dois círculos acessórios. As trocóforas ocorrem nos estágios iniciais de desenvolvimento de muitos membros de Annelida e Mollusca e são entendidas como ancestrais desses grupos. Larvas semelhantes às trocóforas encontram-se em alguns membros marinhos de Platyhelminthes, em Nemertea, Echiura e Sipunculida, entre outros.

Clado Platyzoa

O Platyzoa é um grupo do filo Lophotrochozoa de protostômios. As relações evolutivas no filo Lophotrochozoa ainda são discutidas porque combinações diferentes de caracteres moleculares e morfológicos produzem cladogramas distintos. Quando sequências de gene para determinados táxons não estão disponíveis, esses são excluídos do estudo. No entanto, tentativas recentes de ampliar o número e o tipo de caracteres, bem como o número de táxons em uma análise filogenética (ver Seção 10.3), aprofundaram nossa compreensão dos protostômios. Os Platyzoa aparecem como um clado em várias filogenias, mas os leitores devem ficar cientes de que relações contrastantes foram propostas para os filos que formam os Platyzoa. Conforme descrito aqui, os Platyzoa incluem: Platyhelminthes, Gastrotricha e quatro filos no Gnathifera (Figura 14.3).

14.3 FILO PLATYHELMINTHES

Os membros do filo Platyhelminthes (do grego *platys*, achatado + *helmins*, verme) são comumente denominados vermes achatados ou platelmintos. Variam de tamanho entre 1 mm ou menos até vários metros (algumas tênias), mas a maioria tem de 1 a 3 cm. Seus corpos podem ser finos e com forma foliácea ou alongados e com forma de fita. O filo contém formas de vida livre a exemplo da planária comum e espécies parasitas, como os trematódeos e as tênias.

Uma vez que não há uma característica única (sinapomorfia) para o filo como um todo, alguns pesquisadores argumentam que o filo não é um grupo monofilético válido. No entanto, Platyhelminthes aparece como um clado em filogenias moleculares recentes, e há uma característica definidora para um grande clado de parasitos dentro dos Platyhelminthes. Os parasitos compartilham uma cobertura externa do corpo, chamada de tegumento sincicial ou **neoderme**, que contrasta com a epiderme celular ciliada da maioria das formas de vida livre. Algumas características morfológicas das espécies de vida livre sugerem um ancestral comum com as formas parasíticas. Na ausência de resolução no momento para o intenso debate sobre a natureza desse grupo de vermes, continuamos a apresentá-lo como um filo.

Os Platyhelminthes são divididos em quatro classes: Turbellaria, Trematoda, Monogenea e Cestoda. A classe Turbellaria contém os vermes achatados de vida livre, juntamente com algumas formas simbiontes e parasíticas. A maioria dos turbelários vive no substrato de fundo em água doce e ambiente marinho, embaixo de pedras e outros objetos duros. As planárias de água doce habitam riachos, piscinas e até fontes termais. Os platelmintos terrestres estão limitados a locais úmidos sob pedras ou troncos. A classe Turbellaria é descrita como um táxon parafilético (ver Seção 10.4), mas uma revisão em grande escala foi publicada recentemente.

Todos os membros das classes Monogenea, Trematoda (trematódeos) e Cestoda (tênias) são parasitos. A maioria dos Monogenea é ectoparasito; todos os trematódeos e cestódeos são endoparasitos. Muitas espécies têm ciclos de vida indiretos com mais de um hospedeiro; o primeiro hospedeiro é frequentemente um invertebrado e o hospedeiro definitivo é geralmente um vertebrado. Os seres humanos são hospedeiros para várias espécies.

Tema-chave 14.1

CONEXÃO COM SERES HUMANOS

Infecções parasitárias

Muitas espécies abordadas neste capítulo e nos Capítulos 11, 17, 18, 19, 20 e 21 são parasitas. As pessoas têm sofrido muito ao longo dos séculos com seus parasitos e os de seus animais domésticos. Pulgas e bactérias conspiraram para destruir um terço da população europeia no século XVII, e a malária, a esquistossomose e a doença do sono africana enviaram milhões para o túmulo. Mesmo hoje, após campanhas bem-sucedidas contra febre amarela, malária e infecções por ancilostomídeos em muitas partes do mundo, as doenças parasitárias, em associação com deficiências nutricionais, são as principais causas de morte de pessoas. As guerras civis e as mudanças ambientais levaram ao ressurgimento da malária, tripanossomíase e leishmaniose, e as prevalências globais de nematódeos intestinais permaneceram inalteradas nos últimos 50 anos.

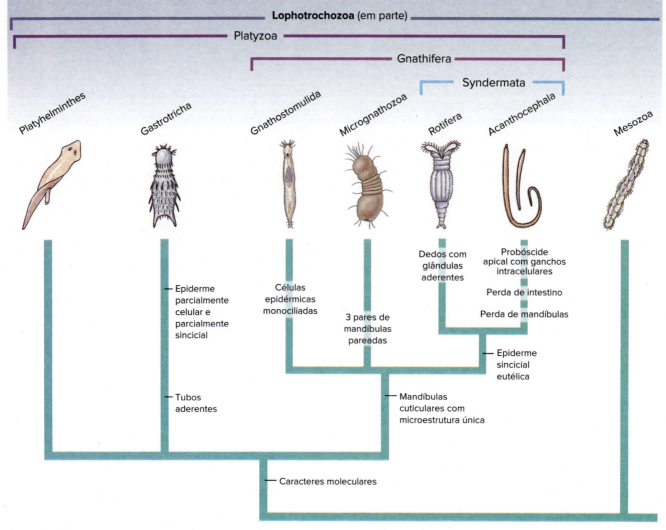

Figura 14.3 Relações hipotéticas entre membros do Platyzoa. Os caracteres são subconjuntos modificados daqueles no Kristensen (2002; ver citação na p. 318) e Brusca e Brusca (2003; ver citação na p. 330).

Características do filo Platyhelminthes

1. Sem características claras de definição.
2. Hábitats marinhos, de água doce e úmidos terrestres.
3. Os turbelários são na maioria de vida livre; classes Monogenea, Trematoda e Cestoda inteiramente parasíticas.
4. **Simetria bilateral**; polaridade definida em extremidades anterior e posterior; **corpo achatado dorsoventralmente**.
5. Corpo dos adultos com três camadas (**triblásticos**).
6. Corpo acelomado.
7. Epiderme celular ou sincicial (ciliada em alguns); **rabditos** na epiderme da maioria dos turbelários; a epiderme é um **tegumento** sincicial em quase todos os Monogenea, Trematoda, Cestoda e em alguns Turbellaria.
8. Tubo digestório incompleto, pode ser ramificado, ausente em cestódeos.
9. Sistema muscular principalmente em forma de bainha e de origem mesodérmica; camadas musculares de fibras circulares, longitudinais e, às vezes, oblíquas, abaixo da epiderme.
10. Sistema nervoso consiste em um **par de gânglios anteriores** com dois **cordões nervosos longitudinais** conectados por nervos transversais e localizado no mesênquima na maioria das formas.
11. Órgãos dos sentidos incluem estatocistos (órgãos de equilíbrio) e ocelos.
12. Reprodução assexuada por fragmentação e outros modos como parte dos complexos ciclos de vida dos parasitos.
13. Maioria das formas é monoica; sistema reprodutor complexo, geralmente com gônadas bem desenvolvidas, ductos e órgãos acessórios; fertilização interna; desenvolvimento direto nas formas livre-natantes e naquelas com um único hospedeiro; em muitos endoparasitos, o ciclo de vida é complicado frequentemente envolvendo vários hospedeiros.
14. Sistema excretor com dois canais laterais ramificados que apresentam **células-flama (protonefrídios)**; ausentes em algumas formas.
15. Sistemas respiratório, circulatório e esquelético ausentes; canais linfáticos com células livres em alguns trematódeos.

Forma e função
Epiderme, músculos

A maioria dos turbelários tem uma epiderme celular ciliada sobre uma membrana basal. A epiderme contém **rabditos** em forma de bastão que incham e formam uma camada de muco protetora ao redor do corpo quando são liberados. As glândulas mucosas unicelulares abrem-se na superfície da epiderme (Figura 14.4). A maioria das ordens de turbelários apresenta **órgãos adesivos duoglandulares** na epiderme. Esses órgãos consistem em células de três tipos: células glandulares viscosas, liberadoras e de ancoragem (Figura 14.5). As secreções viscosas das células glandulares aparentemente fixam as microvilosidades das células de ancoragem ao substrato, e as secreções das células glandulares liberadoras fornecem um mecanismo químico de liberação rápida.

Em contraste com a epiderme celular ciliada da maioria dos turbelários, os adultos das três classes de parasitos têm um revestimento corpóreo não ciliado denominado de **tegumento sincicial** (Figura 14.6). O termo **sincicial** exprime o fato de muitos núcleos estarem envolvidos por uma única membrana celular. Pode parecer que uma cobertura de corpo completamente nova surgiu nas classes de parasitos, mas existem alguns turbelários de vida livre com uma epiderme atípica que é sincicial ou "aprofundada".

Alguns turbelários têm uma epiderme sincicial e outros têm uma epiderme sincicial "aprofundada"; nesta, os corpos celulares (que contêm os núcleos) estão localizados sob a membrana basal da epiderme. Os corpos celulares comunicam-se com o citoplasma superficial (citoplasma distal) mediante extensões projetadas para cima. Essas extensões se fundem para formar o revestimento sincicial e participam da formação do tegumento sincicial. O termo "aprofundado" é impróprio porque a superfície citoplasmática forma-se por extensão da região distal dos corpos celulares, e não por aprofundamento desses corpos abaixo da membrana basal.

Os adultos de todos os membros de Trematoda, Monogenea e Cestoda possuem um revestimento sincicial completamente desprovido de cílios denominado tegumento (Figura 14.6). Muitas formas larvais desses grupos são ciliadas, mas o revestimento ciliado é perdido quando há contato com um hospedeiro. Tem sido sugerido que a perda da epiderme é uma solução para impedir a resposta imunológica do hospedeiro. O desenvolvimento do tegumento ocorre à medida que diversas camadas superficiais da epiderme são descartadas; as extensões citoplasmáticas dos corpos celulares que estão sob a membrana basal, extensões citoplasmáticas dos corpos das células abaixo da membrana basal que por fim se fusionam dos se tornam o revestimento superficial do corpo. O tegumento algumas vezes é denominado **neoderme**, e o compartilhamento desse tipo de tegumento pelos parasitos é um critério para reunir trematódeos, monogenéticos e cestódeos no clado **Neodermata**.

O tegumento dos endoparasitos é resistente ao sistema imunológico do hospedeiro, e resiste a seus sucos digestivos, como no caso das tênias e outros parasitos que habitam o intestino do hospedeiro. A natureza sincicial do tegumento pode fornecer maior resistência porque não existem junções entre as células que possam ser transpassadas. O tegumento pode ser absortivo e secretor. Foi mostrado que o tegumento de uma tênia libera enzimas que reduzem a efetividade do sistema digestório do hospedeiro. O tegumento das tênias absorve nutrientes da cavidade digestiva do hospedeiro – as tênias não apresentam boca nem ânus.

Na parede do corpo, abaixo da membrana basal dos platelmintos existem camadas de **fibras musculares** que correm em sentido circular, longitudinal e diagonal. Uma rede de células **parenquimáticas**, derivada do mesoderma, preenche os espaços entre os músculos e os órgãos viscerais. As células parenquimáticas de alguns platelmintos, talvez de todos, não são tipos celulares separados, mas sim as porções não contráteis de células musculares.

Nutrição e digestão

Em geral, o sistema digestório dos platelmintos é formado por boca, faringe e intestino (Figura 14.7). Nos turbelários, como a planária *Dugesia*, a faringe está alojada em uma **bolsa faríngea** (Figura 14.7) e abre-se na parte posterior interna da boca, de onde ela se estende. O intestino tem três troncos muito ramificados: um anterior e dois posteriores. O conjunto todo forma uma **cavidade gastrovascular** revestida de epitélio colunar (Figura 14.7).

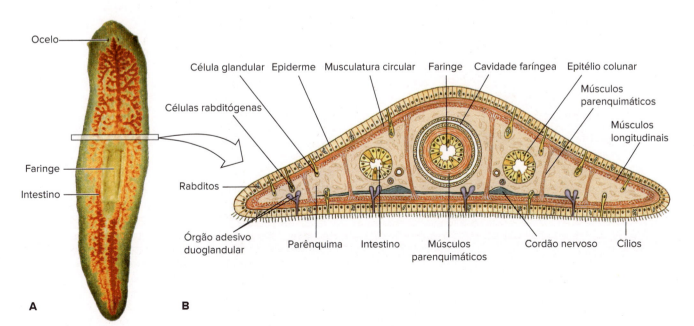

Figura 14.4 A. Uma planária inteira. **B**. Corte transversal de uma planária na região da faringe, que mostra as relações das estruturas corporais.

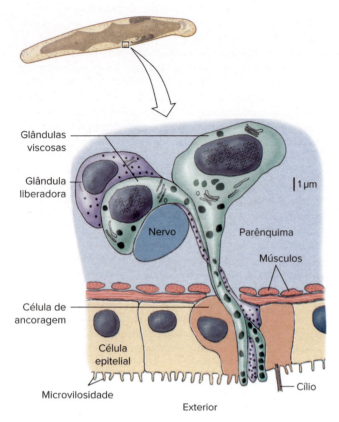

Figura 14.5 Reconstrução do órgão adesivo duoglandular do turbelário *Haplopharynx* sp. Existem duas glândulas viscosas e uma glândula liberadora que se situa embaixo da parede do corpo. A célula de ancoragem está localizada na epiderme e uma das glândulas viscosas e a glândula liberadora estão em contato com um nervo.

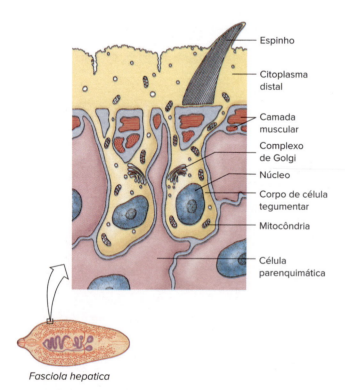

Figura 14.6 Esquema diagramático da estrutura do tegumento do trematódeo *Fasciola epatica*.

As planárias são predominantemente carnívoras, alimentando-se principalmente de pequenos crustáceos, nematódeos, rotíferos e insetos. Podem detectar o alimento à distância, com o auxílio de quimiorreceptores. Envolvem a presa com secreções de muco produzido pelas glândulas de muco e por rabditos. Uma planária apreende sua presa com a extremidade anterior, enrola o corpo ao redor da presa, estende a faringe e suga o alimento em pequenas quantidades.

As secreções intestinais contêm enzimas proteolíticas que fazem uma **digestão extracelular**. Pedaços de alimento são sugados para o intestino, onde as células fagocitárias da gastroderme completam a digestão (**intracelular**). O alimento não digerido é expelido pela faringe. Os monogenéticos e os trematódeos alimentam-se das células do hospedeiro, ingerindo restos celulares e fluidos corporais. A boca dos trematódeos e dos monogenéticos geralmente se abre na região anterior do corpo ou próximo a ela, em uma faringe muscular não extensível (Figuras 14.8 e 14.14). O esôfago comunica-se posteriormente com um intestino de fundo cego, normalmente em forma de Y, mas também pode ser altamente ramificado ou não, dependendo da espécie.

Como os cestódeos não têm tubo digestório, eles dependem da digestão do seu hospedeiro e a absorção é restrita a pequenas moléculas no tubo digestório do hospedeiro.

Excreção e osmorregulação

Os sistemas excretores retiram resíduos do corpo, enquanto os sistemas osmorreguladores controlam o balanço de água. Os sistemas osmorreguladores são muito frequentes em animais dulcícolas onde os gradientes de concentração entre os fluidos internos e o ambiente externo causam o inchamento à medida que a água atravessa as membranas permeáveis do corpo (ver Seção 30.1). O excesso de água normalmente é eliminado por meio de um sistema de osmorregulação. Às vezes, a osmorregulação e a excreção agem em conjunto quando os resíduos são eliminados dissolvidos na água que o corpo elimina. Os platelmintos têm um sistema de **protonefrídios** (Figura 14.7 A) que pode ser usado para a excreção ou para a osmorregulação (ver Seção 30.2). Embora uma pequena quantidade de amônia seja excretada via protonefrídios, a maior parte dos resíduos metabólicos é removida, principalmente por difusão através da parede do corpo.

Os **protonefrídios** (órgãos excretores ou osmorreguladores nas proximidades da extremidade anterior) dos platelmintos apresentam **células-flama** (Figura 14.7 A). Uma célula-flama é caliciforme e apresenta um tufo de flagelos que se estende a partir da parte interna do cálice. Em alguns turbelários e em todos os Neodermata, os protonefrídios formam uma **rede ou malha** (em inglês, *weir*; do inglês antigo *wer*, uma cerca colocada em um riacho para pescar); a borda do cálice alonga-se em projeções digitiformes que se estendem entre projeções semelhantes da célula do túbulo. O espaço (lúmen) envolvido pela célula do túbulo continua para dentro dos ductos coletores que finalmente se abrem para o exterior por meio de poros. O batimento dos flagelos (que lembra uma chama flamejante) direciona o fluido para os ductos coletores e cria uma pressão negativa, que o leva pelas projeções delicadas da rede. A parede do ducto para além da célula-flama geralmente apresenta dobras ou microvilosidades que provavelmente funcionam na reabsorção de certos íons ou moléculas.

Os ductos coletores das planárias se unem e voltam a juntar-se em uma rede ao longo de cada lado do animal (Figura 14.7) e podem esvaziar-se por meio dos inúmeros nefridióporos. Esse sistema é principalmente osmorregulador porque é reduzido ou

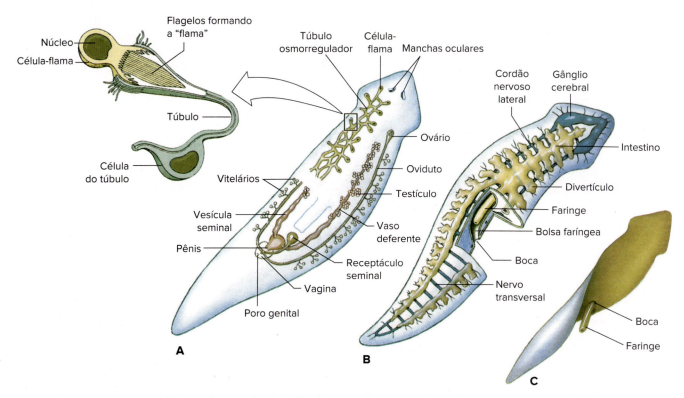

Figura 14.7 Estrutura de uma planária. **A.** Sistemas reprodutor e osmorregulador, mostrados em parte. Ampliada, no lado esquerdo, vê-se uma célula-flama. **B.** Tubo digestório e sistema nervoso do tipo escada. A faringe é mostrada em posição de repouso. **C.** Faringe estendida pela boca ventral.

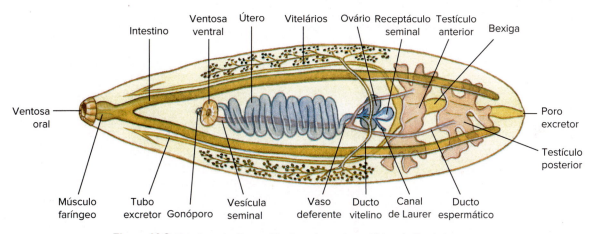

Figura 14.8 Estrutura de *Clonorchis sinensis*, um trematódeo do fígado humano.

ausente em turbelários marinhos, os quais não necessitam expelir o excesso de água.

Os protonefrídios de células-flama também existem nos táxons de parasitos. Os monogenéticos geralmente têm dois poros excretores que se abrem lateralmente perto da região anterior. Os ductos coletores dos trematódeos esvaziam-se em uma bexiga excretora que se abre para o exterior por meio de um poro terminal (Figura 14.8). Nos cestódeos, existem dois canais excretores principais que correm ao longo das margens de todo o corpo do verme (ver Figura 14.18). Eles unem-se no último segmento (proglótide, ver Seção 14.3) formando uma bexiga excretora que se abre por meio de um poro terminal. Quando a proglótide terminal é liberada, os dois canais se abrem separadamente.

Sistema nervoso

O mais primitivo sistema nervoso, encontrado em alguns turbelários, consiste em um **plexo nervoso subepidérmico** que lembra a rede nervosa dos cnidários. Além de um plexo nervoso, outros vermes achatados têm de um a cinco pares de **cordões nervosos longitudinais** sob a camada muscular (ver Seção 33.3). As planárias de água doce têm um par ventral (ver Figura 14.7 B). Os nervos conectores formam um padrão semelhante a uma escada. O cérebro consiste em uma massa bilobada de células ganglionares que se origina anteriormente a partir dos cordões nervosos ventrais. Os neurônios são organizados nos tipos sensorial, motor e de associação – um desenvolvimento importante na evolução dos sistemas nervosos.

Órgãos dos sentidos

A locomoção ativa nos platelmintos favoreceu não só a cefalização do sistema nervoso, mas também a evolução adicional de órgãos dos sentidos. Os **ocelos**, ou manchas sensíveis à luz, são comuns nos turbelários (ver Figura 14.7 A), monogenéticos e larvas de trematódeos.

As células táteis e as células quimiorreceptoras são abundantes na superfície corporal do animal e, em planárias, formam órgãos distintos nas aurículas (os lóbulos em forma de orelha nos lados da cabeça). Algumas espécies também têm estatocistos para equilíbrio e reorreceptores para perceber a direção da corrente de água. As extremidades sensoriais são abundantes ao redor da ventosa oral de trematódeos e no órgão de adesão (escólex, ver Seção 14.3) de cestódeos, bem como ao redor dos poros genitais de ambos os grupos.

Reprodução e regeneração

Muitos turbelários reproduzem-se tanto assexuadamente (por fissão) como sexuadamente. No modo assexuado, as planárias dulcícolas simplesmente constringem a região posterior à faringe, e cada região se separa em um animal que regenera as partes perdidas – uma maneira rápida de aumentar a população. Baixas densidades populacionais podem provocar um incremento da taxa de fissão. Em algumas formas nas quais ocorre a fissão, os indivíduos podem não se separar imediatamente, mas permanecer ligados formando cadeias de zooides (Figura 14.9).

O considerável poder de regeneração das planárias oferece um interessante sistema para estudos experimentais do desenvolvimento. Por exemplo, de um pedaço retirado do meio de uma planária podem-se regenerar uma cabeça e uma cauda novas. No entanto, o pedaço retém a polaridade original: a cabeça cresce na região anterior e a cauda, na posterior. Um extrato de cabeças acrescido a um meio de cultura contendo vermes sem cabeça impede a regeneração de novas cabeças, o que sugere que as substâncias presentes em uma região inibam a regeneração da mesma região em outra parte do corpo.

Os trematódeos apresentam reprodução assexuada em seus hospedeiros intermediários, os caramujos. Os detalhes dos seus surpreendentes ciclos de vida são descritos na Seção 14.3. Alguns cestódeos juvenis também apresentam reprodução assexuada por brotamento de centenas ou, em alguns casos, de até milhões de indivíduos (ver Seção 14.3).

Quase todos os platelmintos são monoicos (hermafroditas), mas praticam a fertilização cruzada. Em alguns turbelários, o vitelo para a nutrição do embrião em desenvolvimento é contido dentro da própria célula-ovo (ovos **endolécitos**) e a embriogênese apresenta clivagem espiral determinada, típica dos protostômios (ver Seção 8.7). A presença de ovos endolécitos é considerada a condição ancestral nos platelmintos. Os trematódeos, monogenéticos, cestódeos e muitos grupos de turbelários compartilham a condição derivada em que os gametas femininos contêm pouco ou nenhum vitelo, e esse vitelo é produzido por células liberadas de órgãos separados denominados **vitelários**. As células de vitelo são conduzidas pelos **ductos vitelinos** até a junção com o **oviduto** ou **ductos vitelínicos** (ver Figuras 14.7 e 14.8). Normalmente, existem inúmeras células de vitelo que envolvem o zigoto dentro do revestimento externo; portanto, esse desenvolvimento é denominado **ectolécito**. A clivagem é afetada de tal maneira que não é possível distinguir um padrão claro. O conjunto inteiro que está dentro da cápsula do ovo e que consiste nas células de vitelo e no zigoto passa ao **útero** e, finalmente, é liberado por um poro genital comum ou por um poro uterino separado (ver Figura 14.8).

O acesso ao vitelo em ovos ectolécitos é problemático para o embrião em desenvolvimento, mas as camadas epidérmicas mais externas de alguns embriões em desenvolvimento crescem para o exterior e envolvem o vitelo. Quando a camada epidérmica mais externa é desprendida durante o desenvolvimento, sucessivas camadas internas envolvem e utilizam o vitelo. Tem sido sugerido que o desprendimento das camadas epidérmicas, permitindo o consumo de vitelo em turbelários de ovos ectolécitos, representaria a base evolutiva do desprendimento das camadas epidérmicas larvais que ocorre quando se forma o tegumento sincicial.

Os órgãos reprodutores masculinos incluem um, dois ou mais **testículos** conectados a **vasos eferentes**. Estes se unem formando um **vaso deferente** único. Esse vaso deferente geralmente se dirige a uma **vesícula seminal** e, subsequentemente, a um **pênis** papiliforme ou a um órgão copulador extensível denominado **cirro**.

Durante a estação reprodutiva, os turbelários desenvolvem os órgãos masculino e feminino, que comumente se abrem ao exterior por meio de um poro genital comum (ver Figura 14.7 A). Após a cópula, um ou mais ovos fertilizados são envolvidos dentro de uma pequena cápsula junto com algumas células de vitelo. As cápsulas são presas no lado inferior de rochas ou plantas por pequenas hastes. Dos embriões, eclodem jovens que se assemelham aos adultos maduros. Os embriões de algumas formas marinhas desenvolvem-se como larvas ciliadas livre-natantes, muito parecidas com as larvas trocóforas de outros membros de Lophotrochozoa.

Os monogenéticos eclodem como larvas livre-natantes que infectam o próximo hospedeiro e desenvolvem-se em jovens. As larvas dos trematódeos emergem da casca do ovo como larvas ciliadas que penetram em um caramujo, o hospedeiro intermediário, ou eclodem somente após serem ingeridas por um caramujo. A maioria dos cestódeos eclode apenas depois de ter sido consumida por um hospedeiro intermediário. Muitos animais servem como hospedeiros e, dependendo da espécie, uma tênia pode necessitar de um ou mais hospedeiros intermediários específicos para completar seu ciclo de vida.

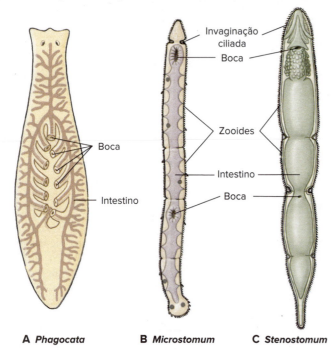

Figura 14.9 Alguns pequenos turbelários de água doce. **A.** *Phagocata* apresenta inúmeras faringes. **B** e **C**. A Por um certo tempo, a fissão incompleta resulta em uma série de zooides conectados.

Classe Turbellaria

Os turbelários são, na sua grande maioria, vermes de vida livre que variam de tamanho entre 5 mm ou menos até 50 cm. Podem ser encontrados embaixo de objetos em hábitats marinhos, de água doce e terrestres. Existem cerca de 6 espécies de turbelários terrestres nos EUA. A boca localiza-se no lado ventral e comunica-se com a cavidade intestinal, frequentemente por intermédio de uma faringe. Os turbelários geralmente se distinguem pelo tipo de intestino (presente ou ausente; simples ou ramificado; padrão de ramificação) e de faringe (simples, dobrada ou bulbosa). Com exceção da ordem Polycladida (do grego *poly*, muitos + *klados*, ramo), os turbelários que apresentam ovos endolécitos têm um intestino e uma faringe simples. Em uns poucos turbelários não existe uma faringe reconhecível. Os policládidos têm uma faringe preguegada e um intestino multirramificado (ver Figura 14.9). Os policládidos apresentam uma faringe dobrada e um intestino com muitas ramificações (Figura 14.10). Eles incluem inúmeras formas marinhas de tamanho moderado a grande (de 3 a mais de 40 mm), e um maior número de ramificações intestinais nos turbelários está correlacionado com maiores tamanhos corporais. Os membros da ordem Tricladida (do grego *treis*, três + *klados*, ramo), que são ectolécitos e incluem as planárias de água doce, têm um intestino trifurcado (Figura 14.10).

Os turbelários são formas normalmente rastejantes que, para o deslocamento, combinam a ação muscular e a ciliar. Planárias muito pequenas nadam com auxílio dos cílios. Outras locomovem-se por deslizamento, com a cabeça levemente erguida, sobre um caminho de muco secretado pelas glândulas adesivas marginais. O batimento dos cílios epidérmicos sobre o caminho de muco desloca o animal para a frente, enquanto ondas rítmicas musculares podem ser observadas partindo da cabeça para trás. Os policládidos grandes e os turbelários terrestres rastejam com auxílio de ondulações musculares, ao estilo dos caramujos.

Classe Trematoda

Todos os trematódeos são vermes parasitas e quase todas as formas adultas são endoparasitos de vertebrados. Têm forma predominantemente foliácea e são providos de uma ou mais ventosas, mas carecem do opistáptor presente nos trematódeos monogenéticos (ver Seção 14.3).

Outras adaptações estruturais ao parasitismo são evidentes: vários tipos de glândulas de penetração ou glândulas que produzem material de encistamento, órgãos de adesão como ventosas e ganchos e uma capacidade de reprodução incrementada. Por outro lado, os trematódeos compartilham várias características com os turbelários de ovos ectolécitos, como um canal alimentar bem desenvolvido (mas com a boca na região cefálica ou anterior) e sistemas reprodutor, excretor e nervoso, bem como uma musculatura e um parênquima levemente modificados em comparação com o dos turbelários. Os órgãos dos sentidos são pouco desenvolvidos.

Das subclasses de Trematoda, a subclasse Aspidogastrea é a menos conhecida. A maior parte dos parasitos desse grupo tem apenas um único hospedeiro, geralmente um molusco. Quando existe um segundo hospedeiro, este costuma ser um peixe ou uma tartaruga. A subclasse Digenea (do grego *dis*, dupla + *genos*, raça) é a maior e a mais bem conhecida, com muitas espécies de importância médica e econômica.

Subclasse Digenea

Com raras exceções, os digenéticos apresentam um ciclo de vida complexo, sendo o primeiro hospedeiro (**intermediário**) um molusco, e o **definitivo** (o hospedeiro no qual ocorre a reprodução sexuada, algumas vezes denominado hospedeiro **final**), um vertebrado. Em algumas espécies, há um segundo e até mesmo um terceiro hospedeiro intermediário. É um grupo bastante diversificado e seus membros parasitaram quase todos os tipos de vertebrados. Os digenéticos habitam, de acordo com a espécie, uma ampla gama de locais em seus hospedeiros: trato digestório, trato respiratório, sistema circulatório, o trato urinário e o trato reprodutor.

Entre os mais surpreendentes fenômenos biológicos, encontram-se os ciclos de vida dos digenéticos. Embora os detalhes do ciclo de vida das espécies variem bastante, um exemplo típico incluiria os estágios de adulto, ovo (embrião encapsulado), miracídio, esporocisto, rédia, cercária e metacercária (Figura 14.11). O embrião ou larva encapsulada geralmente deixa o hospedeiro definitivo em suas excretas e tem que alcançar a água para prosseguir com o seu desenvolvimento. Na água, eclode como uma larva ciliada livre-natante, o **miracídio**. O miracídio penetra nos tecidos de um caramujo, onde se transforma em um **esporocisto**. O esporocisto se reproduz assexuadamente para formar mais esporocistos ou várias **rédias**. As rédias, por sua vez, se reproduzem assexuadamente para produzir mais rédias ou então **cercárias**. Desse modo, um único ovo pode dar origem a uma enorme progênie. A cercária emerge do caramujo e pode penetrar diretamente o hospedeiro final (p. ex.: o trematódeo do sangue *Schistosoma mansoni*), um hospedeiro intermediário (p. ex., o trematódeo pulmonar *Paragonimus westermani*), ou pode encistar-se na vegetação aquática (p. ex., o trematódeo intestinal *Fasciolopsis buski*). Nessa etapa, as cercárias transformam-se em **metacercárias**, as quais são essencialmente trematódeos juvenis. Quando as metacercárias são ingeridas pelo hospedeiro final, os vermes juvenis migram para o local final da infecção e tornam-se adultos.

Alguns dos mais graves parasitos de seres humanos e de animais domésticos são digenéticos (Tabela 14.1). O primeiro ciclo de vida descoberto de um digenético foi o da *Fasciola hepatica* (do latim *fasciola*, pequeno feixe ou listra), que causa a fasciolose em ovelhas e outros ruminantes. Os trematódeos adultos vivem no ducto biliar do fígado e os ovos são eliminados com as fezes. Após a eclosão, o miracídio penetra em um caramujo e torna-se

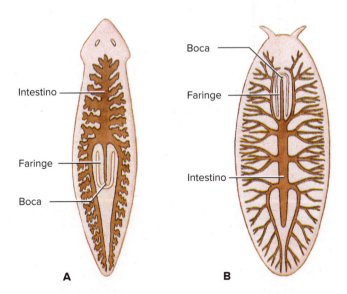

Figura 14.10 Padrão intestinal de duas ordens de turbelários. **A.** Tricladida. **B.** Polycladida.

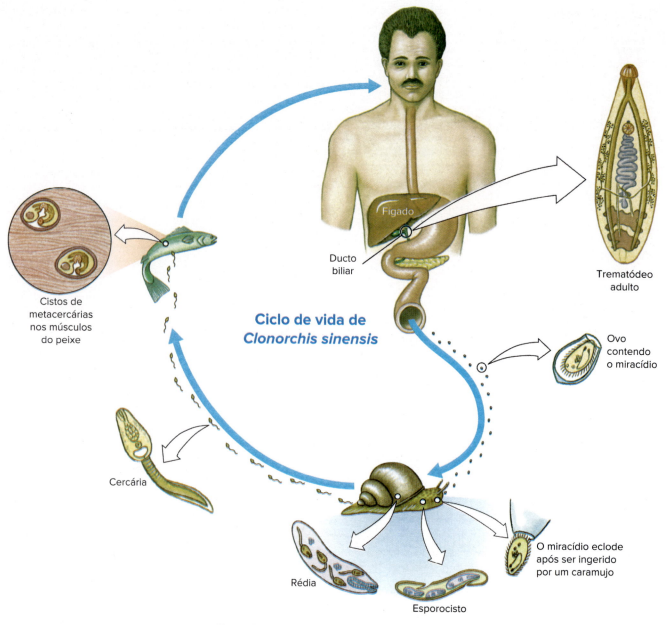

Figura 14.11 Ciclo de vida de *Clonorchis sinensis*.

Tabela 14.1	Exemplos de trematódeos que infectam seres humanos.
Nomes comuns e científicos	**Meios de infecção; distribuição e prevalência em seres humanos**
Trematódeos do sangue (*Schistosoma* spp.): três espécies amplamente prevalentes, outras registradas	Na água, as cercárias penetram na pele; 200 milhões de pessoas infectadas com uma ou mais espécies
S. mansoni	África, Américas do Sul e Central
S. haematobium	África
S. japonicum	Ásia oriental
Trematódeo chinês do fígado (*Clonorchis sinensis*)	Ingerindo metacercárias em peixes crus; em torno de 30 milhões de casos na Ásia oriental
Trematódeos pulmonares (*Paragonimus* spp.), sete espécies, sendo *P. westermani* a mais prevalente	Ingerindo metacercárias em caranguejos de água doce crus; Ásia e Oceania, África Subsaariana, Américas do Sul e Central, vários milhões de casos na Ásia
Trematódeo intestinal (*Fasciolopsis buski*)	Ingerindo metacercárias na vegetação aquática; 10 milhões de casos na Ásia oriental
Trematódeo do fígado de ovelha (*Fasciola hepatica*)	Ingerindo metacercárias da vegetação aquática; extensamente prevalente em ovelhas e gado; ocasionalmente em seres humanos

um esporocisto. Ocorrem duas gerações de rédias, e as cercárias encistam-se na vegetação. Quando a vegetação infestada é comida por uma ovelha ou outro ruminante (ou, às vezes, por seres humanos), as metacercárias desenvolvem-se em vermes jovens.

***Clonorchis sinensis*. Trematódeo do fígado em ser humano.** *Clonorchis* (do grego *clon*, ramo + *orchis*, testículo) é o mais importante trematódeo do fígado humano; é comum em muitas regiões da Ásia oriental, especialmente na China, no Sudeste Asiático e no Japão. Gatos, cachorros e porcos também são frequentemente infectados.

Estrutura. Os vermes variam de 10 a 20 mm de comprimento (ver Figura 14.8). Em muitos aspectos, sua estrutura é a típica de muitos trematódeos. Têm uma **ventosa oral** e uma **ventosa ventral**. O **sistema digestório** consiste em uma faringe, um esôfago muscular e dois longos cecos intestinais sem ramificações. O sistema excretor consiste em dois túbulos protonefridiais com ramificações providas de células-flama. Os dois túbulos são unidos, formando uma bexiga mediana única que se abre ao exterior. O sistema nervoso consiste, como nos outros platelmintos, em dois gânglios encefálicos conectados a cordões nervosos longitudinais, os quais apresentam conexões nervosas transversais.

Como é comum nos trematódeos, em torno de 80% do corpo está voltado para a reprodução. O **sistema reprodutor** é hermafrodita e complexo. O sistema masculino é formado por dois **testículos** ramificados que se unem formando um **vaso deferente** único, o qual se alarga em uma **vesícula seminal**. A vesícula comunica-se com um **ducto ejaculatório** que termina na abertura genital. O sistema feminino é formado por um **ovário** ramificado, um curto **oviduto**, que recebe os ductos vindos do **receptáculo seminal**, e um **oótipo**, que recebe os **vitelários**. O oótipo é cercado por uma massa glandular, a glândula de Mehlis, de função incerta. Dessa glândula surge o **útero**, com muitas circunvoluções, que se abre no poro genital. A fertilização cruzada entre indivíduos é habitual; o espermatozoide é armazenado no receptáculo seminal. Quando um ovócito é liberado do ovário, juntam-se a ele um espermatozoide e um grupo de células vitelinas, sendo então fertilizado. As células vitelinas liberam um material proteico que formará a casca e que é estabilizado mediante uma reação química; as secreções da glândula de Mehlis são adicionadas e o ovo passa para dentro do útero.

Ciclo de vida. O hábitat normal dos adultos são os ductos biliares dos seres humanos e de outros mamíferos que se alimentam de peixes (ver Figura 14.11). Os ovos, cada um contendo um miracídio completo, são liberados na água com as fezes, onde podem viver durante algumas semanas. Os ovos eclodem apenas quando são ingeridos pelo caramujo *Parafossarulus* ou animais de gêneros relacionados. No entanto, podem viver durante algumas semanas na água. Dentro dos caramujos, o miracídio penetra nos tecidos e transforma-se em um esporocisto, que produz uma geração de rédias. A rédia é alongada com um canal alimentar, um sistema nervoso, um sistema excretor e muitas células germinativas em processo de desenvolvimento. As rédias passam para o fígado do caramujo, onde as células germinativas continuam a embriogênese e dão lugar a cercárias com forma de girino. Esses dois estágios assexuados no hospedeiro intermediário permitem que um único miracídio produza até 250 mil cercárias infectantes.

As cercárias escapam para a água e nadam até encontrar um peixe da família Cyprinidae; então penetram, sob as escamas, nos músculos do peixe, onde perdem a cauda e encistam-se como metacercárias. Se um mamífero ingerir um peixe infectado cru ou malcozido, o cisto da metacercária dissolve-se no intestino e os vermes jovens migram, presumivelmente, para o ducto biliar, onde se tornam adultos. Nesse local, os trematódeos podem viver de 15 a 30 anos.

O efeito do trematódeo em uma pessoa depende principalmente da extensão da infecção, mas inclui dor e outros sintomas abdominais. Uma infecção maior pode causar uma cirrose pronunciada no fígado e a morte. Os casos são diagnosticados por exames fecais. A destruição dos caramujos portadores das larvas é um método de controle. No entanto, o método mais simples de evitar a infecção é certificar-se de que todo peixe consumido tenha sido completamente cozido.

***Schistosoma*: trematódeos do sangue.** A esquistossomose, uma infecção de trematódeos do sangue do gênero *Schistosoma* (do grego *schistos*, dividido + *soma*, corpo), figura entre as mais importantes doenças infecciosas do mundo, com 200 milhões de pessoas infectadas. A doença é extensamente prevalente em grande parte da África e em algumas regiões da América do Sul, das Índias Ocidentais, do Oriente Médio e do Extremo Oriente. O antigo nome do gênero dado aos vermes era *Bilharzia* (de Theodor Bilharz, parasitologista alemão que descobriu *Schistosoma haematobium*), e a infecção era denominada bilharziose, nome ainda usado em muitas áreas.

Os trematódeos do sangue diferenciam-se da maioria dos outros trematódeos por serem dioicos e por terem os dois ramos intestinais unidos em um único tubo na parte posterior do corpo. Os machos são mais largos e pesados, e têm um grande sulco ventral, o **canal ginecóforo**, posterior à ventosa ventral. A fêmea, mais alongada e fina, encaixa-se no canal ginecóforo (Figura 14.12).

Três espécies contribuem para a maioria das esquistossomoses de seres humanos: *S. mansoni*, que vive predominantemente nas veias que drenam o intestino grosso; *S. japonicum*, que habita nas veias do intestino delgado; e *S. haematobium*, que vive nas veias da bexiga urinária. *Schistosoma mansoni* é comum em algumas partes da África, Brasil, norte da América do Sul e Índias Ocidentais; espécies do caramujo *Biomphalaria* são os principais hospedeiros intermediários. O *Schistosoma haematobium*, amplamente prevalente na África, usam os caramujos dos gêneros *Bulinus* e *Physopsis* como os principais hospedeiros intermediários. O *Schistosoma japonicum* está confinado ao extremo oriente, e seus hospedeiros são várias espécies de *Oncomelania* (ver Seção 35.3, para uma discussão sobre imunidade em caramujos).

O ciclo de vida dos trematódeos do sangue é semelhante em todas as espécies. Os ovos são liberados nas fezes humanas ou na urina; se alcançarem a água, eclodem como miracídios ciliados, os quais devem entrar em contato com a espécie de caramujo exigida em um período de poucas horas. Dentro do caramujo, transformam-se em esporocistos, os quais produzem outra geração de esporocistos. A prole de esporocistos origina diretamente as cercárias, sem que haja formação de rédias. As cercárias abandonam o caramujo e nadam até encontrarem a pele nua de um ser humano. No processo de penetração na pele, perdem a cauda e alcançam um vaso sanguíneo do sistema circulatório. Não existe estágio de metacercária. Os esquistossomos jovens abrem caminho para os vasos sanguíneos do sistema porta-hepático e passam por um período de desenvolvimento no fígado antes de migrarem para seus locais característicos. À medida que os ovos são liberados pelas fêmeas adultas, eles são de alguma maneira impelidos através da parede dos vasos e do revestimento do intestino ou da bexiga, onde se misturam com as fezes ou com a urina, de acordo com a espécie. Muitos ovos não seguem esse difícil caminho e são transportados com o fluxo sanguíneo de volta ao

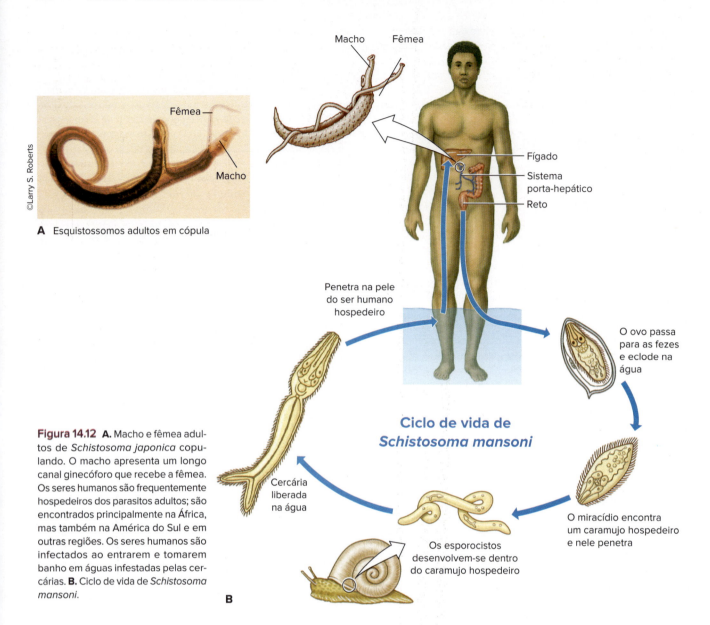

Figura 14.12 A. Macho e fêmea adultos de *Schistosoma japonica* copulando. O macho apresenta um longo canal ginecóforo que recebe a fêmea. Os seres humanos são frequentemente hospedeiros dos parasitos adultos; são encontrados principalmente na África, mas também na América do Sul e em outras regiões. Os seres humanos são infectados ao entrarem e tomarem banho em águas infestadas pelas cercárias. **B.** Ciclo de vida de *Schistosoma mansoni*.

fígado ou a outras áreas, onde se tornam centros de inflamação e de reação dos tecidos.

Os ovos do parasito provocam os principais efeitos da doença da esquistossomose. Os ovos de *S. mansoni* e *S. japonicum* causam ulceração, abscessos na parede intestinal e diarreia com sangue, acompanhada de dor abdominal. De maneira semelhante, *S. haematobium* causa ulceração da parede da bexiga e dor durante a micção. Os ovos levados para o fígado ou outros locais causam sintomas associados aos órgãos onde eles se alojam. Quando se detêm na rede capilar do fígado, impedem a circulação e causam cirrose, a qual é uma reação de fibrose que afeta as funções do fígado (Figura 14.13). Das três espécies, *S. haematobium* é considerada a menos séria e *S. japonicum*, a mais grave. O prognóstico é ruim em infecções pesadas por *S. japonicum* sem tratamento precoce.

O controle das doenças é mais efetivo quando as pessoas são educadas para a disposição adequadas dos rejeitos corpóreos e para evitar a exposição à água contaminada. Esses são problemas difíceis para populações pobres que vivem aglomeradas e em condições insalubres.

Tema-chave 14.2

CONEXÃO COM SERES HUMANOS

Controle da esquistossomose

Seres humanos infectados com esquistossomose podem ser tratados de forma eficaz com Praziquantel. O desenvolvimento de uma vacina é tema de muitas pesquisas, mas uma vacina eficaz ainda não está disponível. O descarte adequado de dejetos humanos, a erradicação de caramujos e o controle de vetores são importantes. Os controles biológicos incluem a introdução de espécies de caracóis, lagostins e peixes que atacam os caracóis vetores. No entanto, as tentativas de controle biológico para outras espécies muitas vezes foram repletas de impactos ecológicos inesperados. Em alguns casos, o controle biológico tem sido mais problemático a longo prazo do que as espécies de pragas que deveria controlar. Muitos biólogos consideram essas introduções um risco extremo que deve ser evitado.

Figura 14.13 Esse corte da superfície de um fígado mostra a fibrose hepática esquistossomótica associada à deposição de inúmeros ovos do esquistossomo na veia porta. A fibrose causa obstrução vascular, mas se desenvolve apenas em 5 a 10% das pessoas infectadas. Os pesquisadores suspeitam que exista um componente genético relacionado com a gravidade da resposta à presença dos ovos do esquistossomo. *Cortesia de A. W. Cheever/De H. Zaiman, A Pictorial Presentation of Parasites.*

Dermatite por esquistossomo (a coceira do nadador). Várias espécies de esquistossomos de diversos gêneros causam erupções ou dermatites quando suas cercárias penetram em hospedeiros que não são apropriados para continuar o desenvolvimento. As cercárias de vários gêneros cujos hospedeiros normais são aves da América do Norte causam dermatites em banhistas nos lagos do norte. A gravidade das erupções aumenta a sensibilização, ou seja, com o maior número de contatos com os organismos. Depois da penetração, as cercárias são atacadas e mortas pelos mecanismos do sistema imunológico do hospedeiro e liberam substâncias alergênicas que causam coceira. A condição é mais um incômodo do que uma ameaça real à saúde, mas pode ocasionar perdas econômicas para as pessoas que dependem do comércio de férias ao redor dos lagos infestados.

Paragonimus: **trematódeos dos pulmões.** Várias espécies de *Paragonimus* (do grego *para*, ao lado de + *gonimos*, gerador), um trematódeo que vive nos pulmões do seu hospedeiro, são conhecidas em uma variedade de mamíferos. *Paragonimus westermani*, da Ásia oriental e do sudeste do Pacífico, parasita vários carnívoros silvestres, seres humanos, porcos e roedores. Seus ovos são expelidos com a expectoração, engolidos e então eliminados com as fezes. Os zigotos desenvolvem-se na água e o miracídio penetra no caramujo hospedeiro. Dentro do caramujo, os miracídios originam os esporocistos, os quais, por sua vez, se desenvolvem como rédias. As cercárias formam-se dentro das rédias e, então, são liberadas na água ou diretamente ingeridas por caranguejos de água doce que predam caramujos infectados. As metacercárias desenvolvem-se nos caranguejos, e a infecção é adquirida mediante o consumo de carne crua, ou malcozida, desses crustáceos. A infecção provoca sintomas respiratórios, incluindo dificuldades para respirar e tosse crônica. Casos fatais são comuns. Uma espécie bem aparentada, *S. kellicotti*, ocorre em visons e animais semelhantes na América do Norte, mas há registro de apenas um caso em seres humanos. A metacercária vive em lagostins.

Alguns outros trematódeos. *Fasciolopsis buski* (do latim *fasciola*, pequeno feixe + do grego *opsis*, aparência) parasita o intestino de seres humanos e de porcos na Índia e na China. Os estágios larvais transcorrem em várias espécies de caramujos planorbídeos, e as cercárias encistam-se na "castanha-de-água" (*Eleocharis dulcis*), uma planta consumida crua por seres humanos e porcos.

O *Leucochloridium* é notável por seus incríveis esporocistos. Os caramujos (*Succinea*) comem a vegetação infectada com ovos provenientes das fezes de aves. Os esporocistos tornam-se muito grandes e ramificados, e as cercárias encistam-se dentro dos esporocistos. Os esporocistos entram na cabeça e nos tentáculos do caramujo, tornam-se brilhantes, com faixas de cores laranja e verdes, e pulsam a intervalos frequentes. As aves são atraídas pelos tentáculos aumentados e pulsantes, comem os caramujos e, desse modo, completa-se o ciclo.

Classe Monogenea

Os trematódeos monogenéticos eram tradicionalmente considerados uma ordem de Trematoda, mas dados morfológicos e moleculares embasam sua classificação em uma classe diferente. As análises cladísticas situam-nos mais próximo aos Cestoda, e alguns pesquisadores apontam agora que cestódeos e monogenéticos são grupos-irmãos, ambos com um órgão de fixação posterior provido de ganchos. Os monogenéticos são parasitos, principalmente de brânquias e superfícies externas dos peixes. Alguns são encontrados na bexiga urinária de rãs e tartarugas, e um deles parasita o olho de hipopótamos. Embora difundidos e comuns, os monogenéticos parecem causar poucos danos a seus hospedeiros em condições naturais. No entanto, como muitos outros patógenos de peixes, tornam-se uma séria ameaça quando seus hospedeiros estão em grandes aglomerações como, por exemplo, em fazendas de piscicultura.

Os ciclos de vida dos monogenéticos são diretos, com um único hospedeiro. Do ovo eclode uma larva ciliada, chamada **oncomiracídio**, que se fixa no hospedeiro. O oncomiracídio é provido de ganchos em sua parte posterior que, em muitas espécies, se tornam ganchos do grande órgão de fixação (**opistáptor**) do adulto (Figura 14.14). Pelo fato de os monogenéticos terem que

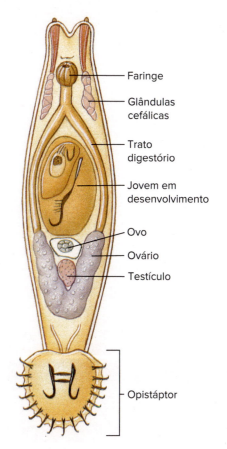

Figura 14.14 Um trematódeo monogenético, *Gyrodactylus cylindriformis*, em vista ventral.

se agarrar ao hospedeiro e resistir à força da corrente de água que circula pelas brânquias ou pele, a diversificação adaptativa produziu uma ampla gama de opistáptores em diferentes espécies. Os opistáptores podem apresentar ganchos grandes e pequenos, ventosas e âncoras e, frequentemente, também uma combinação deles.

Classe Cestoda

Os cestódeos, ou tênias, diferenciam-se em muitos aspectos das classes anteriores. Geralmente, têm corpo longo e achatado composto de um **escólex**, com o qual se fixam ao hospedeiro, seguido de uma série linear de unidades reprodutoras ou **proglótides** (Figura 14.15). O escólex, ou órgão de adesão, costuma ser provido de duas ventosas ou órgãos semelhantes a ventosas e, frequentemente, também com ganchos ou tentáculos espinhosos (Figura 14.15).

As tênias carecem por completo de sistema digestório, mas têm músculos bem desenvolvidos, e seus sistemas excretor e nervoso guardam algumas semelhanças com os dos outros platelmintos. Não têm órgãos sensoriais especiais, mas sim terminações nervosas – cílios modificados – no tegumento (Figura 14.16).

Assim como os Monogenea e os Trematoda, os cestódeos não apresentam cílios externos móveis, e o tegumento é formado por um citoplasma distal com corpos celulares aprofundados sob a camada muscular superficial (Figura 14.16). Porém, em contraste com os monogenéticos e os trematódeos, toda a superfície dos cestódeos é coberta de diminutas projeções semelhantes a microvilosidades do intestino delgado dos invertebrados (ver Seção 3.2). Esses microtríquios aumentam muito a área superficial do tegumento – uma adaptação vital para uma tênia, visto que os nutrientes devem ser absorvidos por meio do tegumento.

A subclasse Eucestoda acomoda a grande maioria das espécies de Cestoda. A parte principal do corpo das tênias, a cadeia de proglótides, é denominada **estróbilo** (Figura 14.15). Tipicamente, existe uma **zona germinativa** logo atrás do escólex onde as novas proglótides são formadas. À medida que as proglótides se diferenciam da zona germinativa, cada proglótide individual avança posteriormente no estróbilo, e suas gônadas amadurecem.

Diferentemente da maioria dos platelmintos, muitos eucestódeos autofertilizam-se, embora a fertilização cruzada mútua seja a regra quando os parceiros se encontram. Cada proglótide contém os sistemas reprodutores masculino e feminino completos e, durante a fertilização cruzada mútua, espermatozoides de cada estróbilo são transferidos para o outro. Entretanto, muitas tênias são conhecidas por sua capacidade de dobrar-se sobre si mesmas, de maneira que duas proglótides de um mesmo indivíduo podem praticar fertilização cruzada. Os embriões encapsulados se formam no útero das proglótides, e são expelidos por um poro uterino, ou a proglótide inteira é descartada do verme, sotando-se em zonas de músculos flácidos entre cada proglótide.

O corpo de uma tênia é incomum por conta da ausência de muitas características típicas. Não existe uma cabeça. O escólex, com função de fixação, é um vestígio da parte *posterior* do corpo ancestral. Os cestódeos e os monogenéticos compartilham então um órgão de fixação posterior provido de ganchos.

Alguns zoólogos referem-se à formação de proglótides em cestódeos como uma segmentação "verdadeira" (metameria), mas nós não concordamos com essa visão. A segmentação das tênias deve ser considerada uma replicação dos órgãos sexuais que incrementa a capacidade reprodutora (pseudometamerismo) e não é homóloga ao metamerismo encontrado em Annelida, Arthropoda e Chordata (ver Seção 9.2 e Seção 17.3).

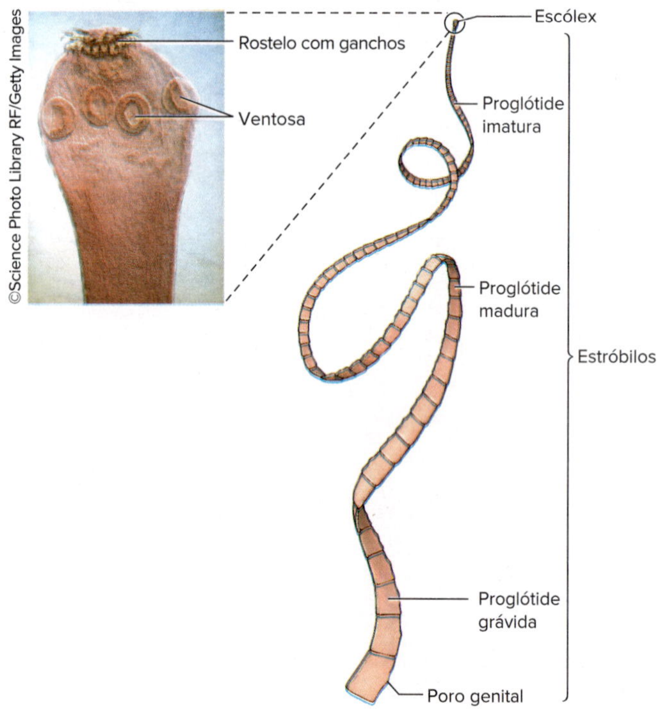

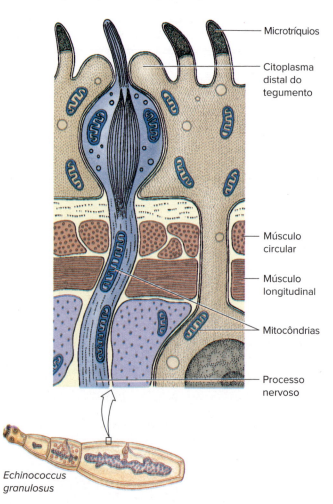

Figura 14.15 Uma tênia que mostra o estróbilo e o escólex. O escólex é o órgão de adesão.

Figura 14.16 Desenho esquemático de um corte longitudinal da extremidade sensorial do tegumento de *Echinococcus granulosus*.

Mais de mil espécies de tênias são conhecidas pelos parasitologistas. Com raras exceções, os cestódeos requerem ao menos dois hospedeiros; os adultos são parasitos do tubo digestório dos vertebrados. O hospedeiro intermediário frequentemente é um invertebrado. Em conjunto, esses animais são capazes de infectar quase todas as espécies de vertebrados. Normalmente, as tênias adultas causam poucos danos aos hospedeiros. As tênias mais comumente encontradas nos seres humanos estão listadas na Tabela 14.2.

Taenia saginata: a tênia da carne de gado

Estrutura. A *Taenia saginata* (do grego *tainia*, tira, fita) é denominada de tênia da carne do gado, mas vive no intestino de seres humanos quando adulta. As formas juvenis são encontradas principalmente no tecido intermuscular do gado. Um adulto maduro pode alcançar 10 m ou mais de comprimento. Seu escólex tem quatro ventosas para fixação na parede intestinal, mas não apresenta ganchos. Um curto pescoço conecta o escólex ao estróbilo, sendo este constituído por até 2 mil proglótides. As proglótides grávidas contêm ovos com larvas infectantes (Figura 14.17) que se desprendem e são liberadas nas fezes.

Embora as tênias careçam de metameria verdadeira, em cada proglótide repetem-se os sistemas reprodutor e excretor. Os canais excretores do escólex correm ao longo do corpo, um par dorsolateral e um par ventrolateral. Esses pares de canais são conectados por meio de um canal transversal perto da região distal de cada proglótide. Dois cordões nervosos longitudinais, vindos de um anel nervoso do escólex, também se dirigem para cada proglótide (Figura 14.18). As células-flama conectam-se aos canais excretores. Cada proglótide madura também tem músculos e parênquima e um conjunto completo de órgãos masculino e feminino semelhantes aos dos trematódeos.

Nesse grupo de tênias, os vitelários são constituídos tipicamente por uma única **glândula vitelina** compacta, localizada logo atrás dos ovários. Quando se soltam e saem com as fezes, as proglótides grávidas geralmente rastejam para fora da massa fecal e permanecem sobre a vegetação circundante, onde podem ser ingeridas pelo gado que está pastando. Uma proglótide rompe-se quando seca, espalhando os embriões sobre o solo e o capim. Os embriões podem permanecer viáveis sobre o capim por até 5 meses.

Ciclo de vida. As larvas encapsuladas (**oncosferas**), engolidas pelo gado, eclodem e usam seus ganchos para perfurar a parede intestinal, cair nos vasos sanguíneos ou linfáticos e, finalmente, alcançar a musculatura voluntária, onde se encistam e se tornam **vermes vesiculares** (vermes jovens denominados **cisticercos**).

Nesse local, os jovens desenvolvem um escólex invaginado, mas permanecem quiescentes. Quando a carne infectada, crua ou malcozida, é ingerida por um hospedeiro apropriado, a parede do cisto dissolve-se, o escólex evagina-se, fixa-se na parede intestinal e as novas proglótides começam a se desenvolver. Um verme leva de 2 a 3 semanas para atingir a maturidade. Quando uma pessoa é infectada com uma dessas tênias, inúmeras proglótides grávidas são expelidas diariamente, algumas vezes rastejando por si mesmas para fora do ânus. Os seres humanos são infectados comendo carne malpassada, bifes ou churrasco malpassados. Considerando que aproximadamente 1% do gado norte-americano está infectado, que 20% do gado abatido não é inspecionado pelo governo e que, até na carne inspecionada 25% das infecções não são detectadas, não é surpresa que a infecção por tênias seja bastante comum. A infecção é facilmente evitada cozinhando completamente a carne.

Algumas outras tênias

***Taenia solium*: tênia do porco.** Os adultos da *Taenia solium* (do grego *tainia*, tira, fita) usam os seres humanos como hospedeiro definitivo e porcos como hospedeiros intermediários. Os vermes adultos vivem no intestino delgado dos seres humanos e as pessoas infectadas liberam os ovos fertilizados da tênia nas fezes. Os porcos que consomem material fecal humano contaminado são colonizados pelos vermes. No porco, as larvas formam cistos no tecido muscular. Quando os seres humanos consomem carne de porco malcozida infectada, os cistos eclodem e se transformam em vermes adultos; este é o mais comum modo de infecção. No entanto, existe outra maneira pela qual os seres humanos se tornam infectados: pessoas que vivem em contato com outras pessoas infectadas com as tênias podem desenvolver cisticercose, uma doença grave causada pela ingestão direta de ovos fertilizados, sem qualquer hospedeiro intermediário. Quando os ovos fertilizados são ingeridos por um ser humano, em vez de por um porco, as larvas resultantes migram para tecidos como o cérebro, medula espinal, fígado, músculos ou olhos. A infecção do cérebro ou da medula espinal é muito grave e pode causar a morte. A infecção de outros órgãos é tratável.

***Diphyllobothrium latum*: tênia de peixe.** Os vermes adultos de *Diphyllobothrium* (do grego *dis*, duplo + *phyllon*, folha + *botrion*, buraco, trincheira) vivem nos intestinos de seres humanos, cães, gatos e outros mamíferos; os estágios imaturos se desenvolvem em crustáceos e peixes. Com um comprimento que pode atingir até 20 m, é o maior cestódeo que infecta seres humanos. As infecções pela tênia de peixe podem ocorrer em qualquer lugar do mundo em que as pessoas comumente comam peixe cru;

Tabela 14.2 Cestódeos comuns em seres humanos.

Nomes comuns e científicos	Meios de infecção; prevalência em seres humanos
Tênia da carne de boi (*Taenia saginata*)	Ingerindo carne malcozida; a mais comum de todas as tênias em seres humanos.
Tênia da carne de porco (*Taenia solium*)	Ingerindo carne de porco malcozida; menos comum que a *T. saginata*.
Tênia do peixe (*Diphyllobothrium latum*)	Ingerindo peixes crus ou malcozidos; relativamente comum na região dos Grandes Lagos nos EUA e em outras áreas do mundo em que o peixe é ingerido cru.
Tênia do cão (*Dipylidium caninum*)	Hábitos pouco higiênicos das crianças (vermes jovens em pulgas e piolhos); frequência moderada.
Tênia anã (*Hymenolepis nana*)	Vermes jovens em caruncheos de farináceos; comum.
Hidátide unilocular (*Echinococcus granulosus*)	Cistos dos jovens em seres humanos; infecção por meio de contato com cachorros; comum em lugares em que os seres humanos estão em contato próximo com cachorros e ruminantes.
Hidátide multilocular (*Echinococcus multilocularis*)	Cistos dos jovens em seres humanos; infecção por meio do contato com raposas; menos comum que a hidátide unilocular.

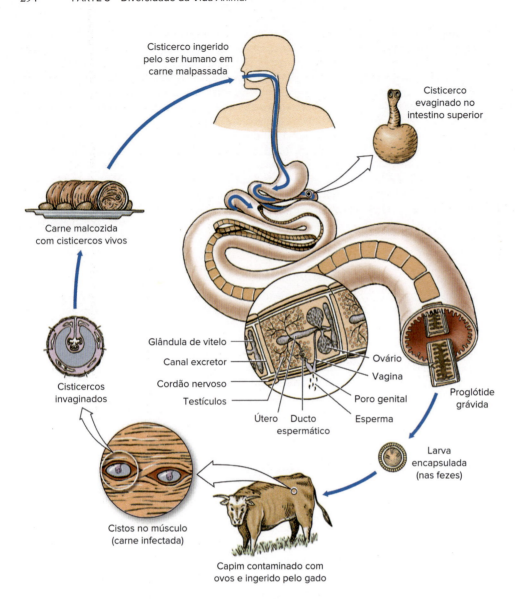

Figura 14.17 Ciclo de vida da tênia da carne de gado, *Taenia saginata*. As proglótides maduras soltam-se dentro do intestino de seres humanos, saem do corpo com as fezes, rastejam sobre o capim e são ingeridas pelo gado. Os ovos eclodem no intestino do gado, liberando as oncosferas; estas penetram no músculo e encistam-se, desenvolvendo-se como "vermes da bexiga". O ser humano ingere carne malcozida e o cisticerco é liberado no intestino, fixa-se na parede intestinal, onde forma um estróbilo e amadurece.

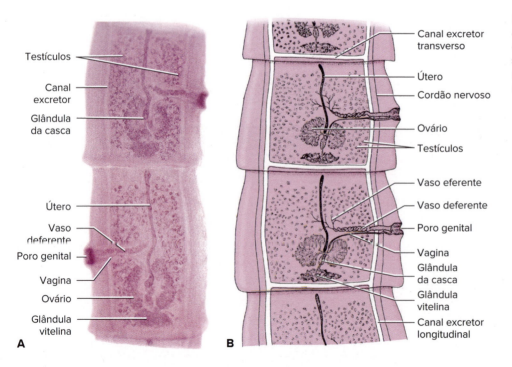

Figura 14.18 **A.** Proglótide madura de *Taenia pisiformis*, uma tênia do cão. **B.** Mais detalhes anatômicos são observados no desenho de duas proglótides completas; duas outras proglótides parciais são mostradas.

nos EUA, as infecções são mais comuns na Região dos Grandes Lagos. Na Finlândia, o verme pode causar uma anemia grave, não aparente em outras áreas.

Echinococcus granulosus: **hidátide unilocular.** *Echinococcus granulosus* (do grego *echinos*, ouriço + *kokkos*, núcleo) (Figura 14.19 B) é uma tênia de cães que causa a hidatidose, uma doença humana muito séria em várias partes do mundo. Os vermes adultos desenvolvem-se em canídeos, e as formas juvenis, em mamíferos de mais de 40 espécies, incluindo seres humanos, macacos, ovelhas, renas e gado. Assim, os seres humanos podem funcionar como hospedeiros não competentes ou *dead-end* ("sem saída"), ou seja, que não transmite o parasito. O estágio juvenil é uma forma especial de cisticerco denominada **cisto hidático** (do grego *hydatis*, vesícula aquosa). Ele cresce lentamente, mas por um longo tempo – até 20 anos – atingindo o tamanho de uma bola de basquete. Aloja-se em qualquer local, como o fígado. Se a hidátide crescer em um local essencial como, por exemplo, o coração ou o sistema nervoso central, sintomas sérios podem manifestar-se mais cedo. O cisto principal apresenta uma câmara única (ou unilocular), mas os cistos-filhos que brotam contêm milhares de escóleces. Cada escólex, após ingerido por um canídeo, dá origem a um verme. O único tratamento possível é a remoção cirúrgica da hidátide.

14.4 FILO GASTROTRICHA

Os Gastrotricha (novo latim, do grego *gaster, gastros*, estômago ou barriga + *thrix, trichos*, pelo) incluem animais pequenos, achatados ventralmente e geralmente menores que 1 mm de comprimento. A maior espécie de Gastrotricha pode atingir cerca de 3 mm. Superficialmente, os gastrótricos podem assemelhar-se um pouco aos rotíferos, embora não sejam dotados de corona nem de mástax e apresentem, caracteristicamente, um corpo cerdoso ou escamoso. Eles são normalmente encontrados deslizando, por meio de seus cílios ventrais, sobre o substrato, sobre a superfície de plantas ou animais aquáticos, ou compondo parte da meiofauna em espaços intersticiais entre as partículas do substrato.

Os gastrotricos são encontrados em água doce, salobra e salgada. As cerca de 450 espécies estão mais ou menos igualmente divididas entre esses ambientes. Muitas espécies são cosmopolitas, mas apenas algumas ocorrem tanto em água doce quanto no mar. Muito ainda há para aprender sobre sua distribuição e biologia.

Forma e função

Um gastrotrico (Figuras 14.20 e 14.21) é geralmente alongado, com uma superfície dorsal convexa apresentando um padrão de cerdas, espinhos ou escamas, e uma superfície ventral ciliada aplainada. As células da superfície ventral podem ser monociliadas ou multiciliadas. A cabeça é frequentemente lobulada e ciliada, e a extremidade caudal pode ser muito alongada ou ter forma de forquilha em algumas espécies.

Uma epiderme parcialmente sincicial é encontrada abaixo da cutícula e apresenta algumas regiões celulares. Os músculos longitudinais são mais desenvolvidos que os circulares e, na maioria dos casos, não são estriados. Tubos adesivos secretam uma substância para aderência. O sistema duoglandular para aderência e liberação assemelha-se àquele descrito para Turbellaria (ver Figura 14.5).

Não há estruturas respiratórias nem circulatórias especializadas nos gastrótricos; nesses animais diminutos, as trocas gasosas ocorrem por difusão simples. Pelo menos algumas espécies parecem capazes de realizar respiração anaeróbica. Seu sistema digestório é completo, sendo composto por uma boca, uma faringe muscular, um estômago-intestino e um ânus (Figura 14.20 C). O alimento é composto em grande parte por algas, protozoários, bactérias e detritos, os quais são direcionados à boca pelos cílios da cabeça. A digestão parece ser extracelular, embora pouco se saiba sobre os mecanismos exatos da digestão e absorção de nutrientes.

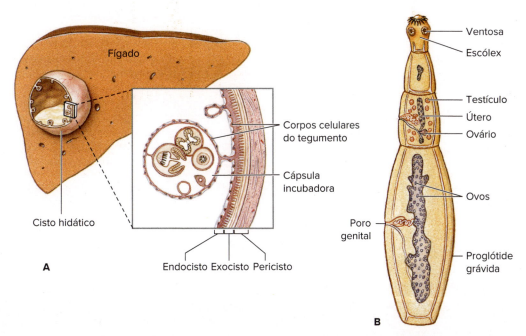

Figura 14.19 Echinococcus granulosus, uma tênia dos cães que pode ser perigosa para os seres humanos. **A.** O cisto hidático jovem ou estágio de cisticerco, encontrado em gado, ovelhas, porcos e, às vezes, em seres humanos, causa a hidatidose. Os seres humanos adquirem a doença tendo hábitos sanitários inadequados associados aos cachorros. Quando os ovos são ingeridos, as larvas liberadas geralmente se encistam no fígado, pulmões ou outros órgãos. As cápsulas incubadoras com escóleces no seu interior são formadas na camada interna de cada cisto. O cisto cresce, desenvolvendo outros cistos com bolsas incubadoras. Um cisto pode crescer por anos até o tamanho de uma bola de basquete, sendo necessária intervenção cirúrgica. **B.** A tênia adulta vive no intestino de um cão ou de outros carnívoros.

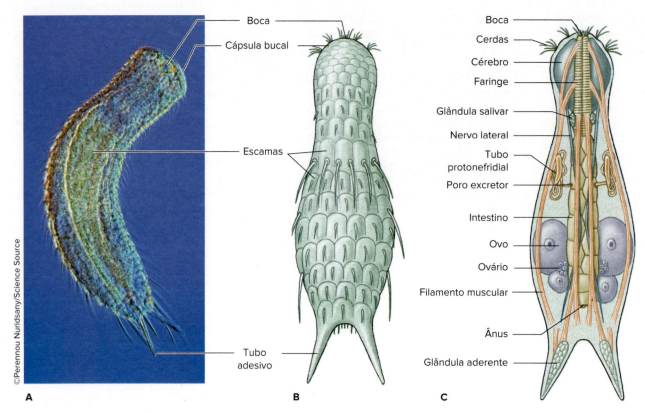

Figura 14.20 **A.** *Chaetonotus simrothic* vivo, um gastrótrico comum. **B.** Superfície dorsal. **C.** Estrutura interna, visão ventral.

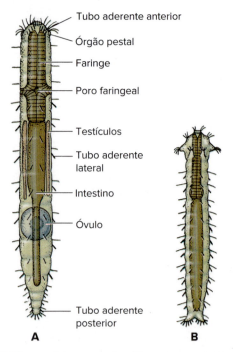

Figura 14.21 Gastrótricos na ordem Macrodasyida. **A.** *Macrodasys*. **B.** *Turbanella*.

Os protonefrídios são equipados com **solenócitos** em vez de células-flama (ver Seção 14.3). Os solenócitos apresentam um único flagelo envolvido por um cilindro de bastões citoplasmáticos, diferentemente dos vários flagelos presentes nos bulbos-flama. Nos gastrotricos não há cavidade corporal e os órgãos ficam justapostos dentro de seu compacto corpo.

O sistema nervoso inclui um cérebro próximo à faringe e um par de troncos nervosos laterais. As estruturas sensoriais são semelhantes àquelas dos rotíferos, exceto pelas manchas ocelares que geralmente estão ausentes, embora algumas espécies apresentem manchas pigmentares (ocelos) no cérebro. As cerdas sensoriais, frequentemente concentradas na cabeça, são cílios modificados com função principalmente tátil.

Os gastrotricos são tipicamente hermafroditas, embora o sistema masculino de alguns seja tão rudimentar que funcionalmente eles são fêmeas partenogenéticas. Como os rotíferos, alguns gastrotricos produzem ovos de desenvolvimento rápido com cascas finas e ovos dormentes de cascas espessas. Os ovos de casca espessa podem resistir a condições ambientais graves e sobreviver em dormência por alguns anos. Embora não tenha sido muito estudada, a clivagem parece ser radial. O desenvolvimento é direto e os jovens têm a mesma forma dos adultos. O crescimento e a maturação são frequentemente rápidos; os jovens recém-eclodidos atingem a maturidade sexual em poucos dias.

14.5 CLADO GNATHIFERA

Quatro filos de Lophotrochozoa pertencem a um pequeno clado cujos ancestrais possuem mandíbulas cuticulares complexas com uma microestrutura homóloga. O clado é chamado Gnathifera, e seus membros são Gnathostomulida, Micrognathozoa, Rotifera e Acanthocephala (ver Figura 14.3). Trabalhos recentes sugerem que um gânglio faríngeo ciliado é uma sinapomorfia dos Gnathifera. Os viventes, exceto os acantocéfalos, possuem mandíbulas, mas seu número varia de acordo com o clado. Membros do Gnathostomulida, Micrognathozoa e Rotifera são pequenos animais aquáticos e de vida livre. Acantocéfalos são endoparasitos vermiformes cujas formas adultas vivem em peixes ou outros vertebrados.

> ## Classificação do filo Platyhelminthes
>
> **Classe Turbellaria** (do latim *turbellae* [pl.], movimento, agitação + *aria*, como ou conectado a): **turbelários**. Geralmente formas de vida livre com corpos achatados e moles; revestidos de uma epiderme ciliada que contém células secretoras e corpos bastoniformes (rabditos); boca, via de regra, na superfície ventral, às vezes próxima do centro do corpo; sem cavidade do corpo exceto as lacunas intercelulares no parênquima; maioria hermafrodita, alguns com fissão assexuada. Táxon parafilético pendente de revisão taxonômica. Exemplos: *Dugesia* (planária), *Microstomum*, *Planocera*.
>
> **Classe Trematoda** (do grego *trema*, com furos + *eidos*, forma): **trematódeos digenéticos**. Corpo do adulto revestido de um tegumento sincicial sem cílios; corpo foliáceo ou cilíndrico; geralmente com ventosas oral e ventral, sem ganchos; canal alimentar comumente com duas ramificações principais; maioria monoica; desenvolvimento indireto, sendo o primeiro hospedeiro um molusco, e o definitivo, geralmente um vertebrado; parasitos de todas as classes de vertebrados. Exemplos: *Fasciola*, *Clonorchis*, *Schistosoma*.
>
> **Classe Monogenea** (do grego *mono*, simples + *gene*, origem, nascimento): **trematódeos monogenéticos**. Corpo do adulto revestido de um tegumento sincicial não ciliado; corpo geralmente com forma oval a cilíndrica. Órgão de fixação posterior com ganchos, ventosas ou grampos, geralmente uma combinação deles; monoicos; desenvolvimento direto, com um único hospedeiro, normalmente com uma larva ciliada livre-natante; todos parasitos, a maioria na epiderme ou brânquias de peixes. Exemplos: *Dactylogyrus*, *Polystoma*, *Gyrodactylus*.
>
> **Classe Cestoda** (do grego *kestos*, cintura + *eidos*, forma): **tênias**. Adultos com corpo revestido por um tegumento sincicial não ciliado; corpo com aspecto geral de fita; escólex com ventosas ou ganchos, às vezes ambos, para adesão; corpo geralmente dividido em uma série de proglótides; sem órgãos digestórios; geralmente monoicos; larva com ganchos; parasitos do tubo digestório de todas as classes de vertebrados; desenvolvimento indireto com dois ou mais hospedeiros; o primeiro hospedeiro pode ser vertebrado ou invertebrado. Exemplos: *Diphyllobothrium*, *Hymenolepis*, *Taenia*.

Rotifera e Acanthocephala são presumivelmente grupos-irmãos, juntos formando um clado denominado Syndermata. A estreita relação entre ambos foi evidenciada em princípio por filogenias moleculares, levando morfologistas a reexaminar os acantocéfalos e procurar por evidências de que esses parasitos fossem rotíferos altamente derivados. Há pouca semelhança externa entre os rotíferos, livre-natantes e vermes endoparasitos, mas membros de ambos os grupos apresentam uma epiderme sincicial **eutélica**. Eutelia refere-se à constância nos números de núcleos presentes, como ilustrado pelo número constante de núcleos em diversos órgãos de uma espécie de rotífero: E. Martini (1912) relatou que sempre encontrou 183 núcleos no cérebro, 39 no estômago e 172 no epitélio da corona.

14.6 FILO GNATHOSTOMULIDA

Os Gnathostomulida são animais vermiformes delicados com menos de 2 mm de comprimento (Figura 14.22). A primeira espécie conhecida de Gnathostomulida (do grego *gnathos*, mandíbula + *stoma*, boca + latim *ulus*, sufixo diminutivo) foi observada em 1928 no Báltico, mas sua descrição não foi publicada até 1956. Desde então, os gnatostomulídeos têm sido encontrados em muitas partes do mundo, inclusive na costa atlântica dos EUA, e foram descritas mais de 80 espécies em 18 gêneros.

Os gnatostomulídeos vivem em espaços intersticiais de sedimentos arenosos muito finos e lodosos dos litorais, desde a zona entremarés até profundidades de várias centenas de metros. Podem suportar concentrações muito baixas de oxigênio. Eles geralmente ocorrem em grandes números, frequentemente em associação com gastrótricos, nematódeos, ciliados, tardígrados e outras formas pequenas.

Os gnatostomulídeos podem deslizar, nadar em voltas e espirais e dobrar a cabeça de lado a lado. A epiderme é ciliada, mas cada célula epidérmica apresenta somente um cílio, condição raramente encontrada nos lofotrocozoários, exceto em alguns gastrótricos (ver Seção 14.4). O sistema nervoso foi descrito apenas parcialmente, mas parece estar principalmente associado a uma miríade de cílios sensoriais e poros sensoriais ciliados na cabeça.

Os gnatostomulídeos alimentam-se raspando bactérias e fungos do substrato com auxílio de um par de mandíbulas na faringe. A faringe conduz a um intestino cego simples. Alguns morfologistas sugeriram que uma faixa de tecido que conecta a região posterior do tubo digestório à epiderme seria um vestígio de um intestino completo ancestral, mas essa hipótese requer maior embasamento.

O corpo é acelomado com uma camada de parênquima pouco desenvolvida. Não há sistema circulatório e, portanto, os gnatostomulídeos provavelmente dependem de difusão para circulação, excreção e trocas gasosas.

A descrição dos sistemas reprodutivos e do comportamento de cópula desses vermes está longe de ser completa. Os gnatostomulídeos são primariamente protândricos ou hermafroditas simultâneos que realizam fertilização cruzada mútua, a qual ocorre internamente. Cada animal fertilizado parece produzir um único zigoto que se desenvolve por meio de clivagem espiral.

14.7 FILO MICROGNATHOZOA

A primeira e única espécie de Micrognathozoa, *Limnognathia maerski*, foi coletada na Groenlândia em 1994, mas formalmente descrita apenas em 2000. Os Micrognathozoa são pequenos animais intersticiais (que vivem entre grãos de areia) de cerca de 142 μm de comprimento. O corpo consiste em uma cabeça dividida

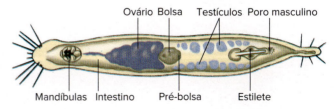

Figura 14.22 *Gnathostomula jenneri* (filo Gnathostomulida) é um membro minúsculo da fauna intersticial que vive entre grãos de areia ou lodo. As espécies desta família estão entre os Gnathostomulida mais comumente encontrados, vivendo em águas rasas e até várias centenas de metros de profundidade.

em duas partes, um tórax e um abdome com uma cauda curta (Figura 14.23). A epiderme celular apresenta placas dorsais, mas não há placas na região ventral. Esses animais movem-se por meio de cílios, além de apresentarem uma almofada exclusiva adesiva e ciliar que produz uma substância aderente.

Há três pares de mandíbulas complexas. A boca conduz a um tubo digestório relativamente simples. O ânus abre-se para o exterior apenas periodicamente. Há dois pares de protonefrídios.

O sistema reprodutivo não é completamente compreendido. Foram encontrados apenas órgãos reprodutores femininos; portanto, talvez esses animais se reproduzam partenogeneticamente. A clivagem e o desenvolvimento subsequente não foram ainda investigados.

14.8 FILO ROTIFERA

Os Rotifera (do latim *rota*, roda + *fera*, aqueles que possuem) têm seu nome derivado da **corona**, ou **coroa**, ciliada característica, que, ao bater, assemelha-se a rodas girando (Figura 14.24). Os rotíferos variam de 40 μm a 3 mm de comprimento, mas a maioria mede entre 100 e 500 μm. Há cerca de 2 mil espécies de rotíferos.

Os rotíferos são habitantes comuns de lagos e lagoas de água doce. Eles estão adaptados a diversas condições ecológicas. A maioria das espécies de água doce é bentônica, vivendo sobre o substrato, na vegetação ou ao longo da margem. Eles podem nadar ou rastejar sobre a vegetação. Algumas espécies vivem no filme de água entre os grãos de areia das praias (meiofauna). Formas pelágicas (Figura 14.25 B) são comuns em águas de superfície de lagos e lagoas de água doce. Alguns rotíferos são epizoicos (vivem sobre o corpo de outro animal) ou parasíticos.

Alguns deles têm formas bizarras (Figura 14.25). Suas formas estão frequentemente correlacionadas com seu modo de vida. Os flutuadores são normalmente globulares e saculiformes; os rastejadores e nadadores são um tanto alongados e vermiformes; e os tipos sésseis são geralmente vasiformes, com uma epiderme exterior espessada (lorica). Alguns são coloniais.

Muitas espécies de rotíferos podem suportar longos períodos de dessecação, durante os quais se assemelham a grãos de areia. Rotíferos dessecados são muito tolerantes a condições ambientais extremas. Por exemplo, determinadas espécies que vivem em musgos permanecem dessecadas por até 4 anos, revivendo após a adição de água. Outros rotíferos são capazes de sobreviver a temperaturas tão frias quanto –272°C antes de serem ressuscitados.

Forma e função
Características externas

O corpo de um rotífero compreende uma cabeça portando uma corona ciliada, um tronco e uma cauda posterior, ou pé. Com exceção da corona, o corpo é desprovido de cílios e coberto por uma cutícula. Um dos gêneros mais bem conhecidos é *Philodina* (do grego *philos*, gostar muito de + *dinos*, girando) (Figura 14.24).

A corona, ou coroa, ciliada envolve uma área central sem cílios na cabeça, a qual pode portar cerdas ou papilas sensoriais. O aspecto da cabeça depende de qual dos vários tipos de corona o indivíduo apresenta – normalmente, um anel de algum tipo, ou um par de discos trocais ou coronais (o termo *trocal* vem

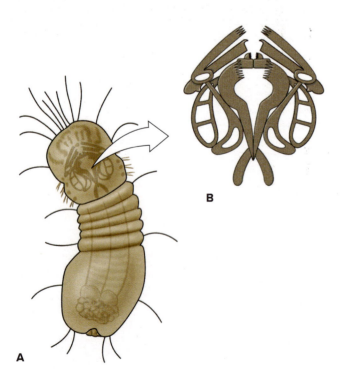

Figura 14.23 A. *Limnognathia maerski*, um Micrognathozoa. B. Detalhes das mandíbulas complexas.

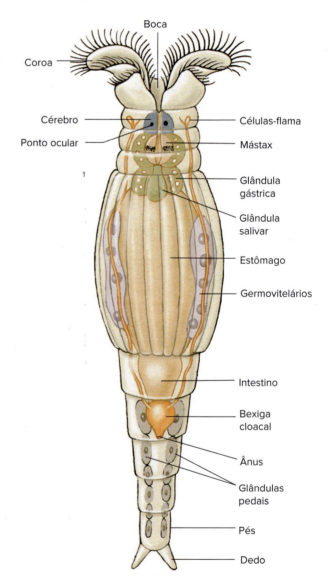

Figura 14.24 Estrutura da *Philodina*.

de uma palavra grega que significa roda). Os cílios na corona batem em sucessão, assemelhando-se a uma roda ou a um par de rodas girando. A **boca** situa-se na corona no lado medioventral. Os cílios coronais atuam tanto na locomoção como na alimentação.

O tronco pode ser alongado, como em *Philodina* (ver Figura 14.24), ou saculiforme (Figura 14.25). Ele contém os órgãos viscerais e, frequentemente, apresenta antenas sensoriais. A parede do corpo de muitas espécies é superficialmente anelada, dando a aparência de segmentação. Embora alguns rotíferos tenham uma verdadeira cutícula secretada, todos apresentam uma camada fibrosa dentro da epiderme. A camada fibrosa em alguns é bastante espessa e forma uma **lorica** capsular, a qual está frequentemente organizada em placas ou anéis.

O **pé** é mais estreito e normalmente tem de um a quatro **dedos**. Sua cutícula pode ser anelada de maneira a ser retrátil como um telescópio. O pé é um órgão de adesão e contém **glândulas pedais** que secretam um material adesivo utilizado tanto por formas sésseis como rastejantes. Ele é gradualmente afilado em algumas formas (ver Figura 14.24) e nitidamente mais destacado em outras (Figura 14.25). Em formas pelágicas que nadam, o pé está frequentemente reduzido. Os rotíferos podem se locomover rastejando em movimentos de mede-palmos com auxílio do pé, ou nadando com os cílios coronais, ou ambos.

Características internas

Abaixo da cutícula há uma **epiderme sincicial**, que secreta a cutícula, e faixas de **músculos subepidérmicos**, que incluem músculos circulares e longitudinais e músculos que atravessam a pseudocele em direção a órgãos viscerais. A **pseudocele** é ampla, ocupando o espaço entre a parede do corpo e as vísceras. Ela é preenchida por fluido, por algumas das faixas musculares e por uma rede de células mesenquimais ameboides.

O sistema digestório é completo. Alguns rotíferos alimentam-se captando diminutas partículas orgânicas ou algas e levando-as para a boca por meio do batimento dos cílios coronais. Os cílios descartam as partículas maiores inadequadas. A faringe (**mástax**) é provida com uma porção muscular, equipada com mandíbulas rígidas (**trofos**) para sucção e trituração de partículas alimentares. O mástax pode ser do tipo triturador e esmagador, como dentre os suspensívoros, ou do tipo apanhador e perfurador, como em espécies predadoras. O mástax, que está constantemente "mastigando", é uma característica frequentemente distintiva desses minúsculos animais. As espécies carnívoras alimentam-se de formas unicelulares e de pequenos animais que elas capturam ou agarram. Os rotíferos que capturam apresentam uma área em forma de funil ao redor da boca. Quando a pequena presa nada para dentro do funil, os lobos se dobram para capturá-la e a seguram até que ela seja passada à boca e à faringe. Os rotíferos "caçadores" que agarram suas presas apresentam trofos, que são projetados e utilizados como pinças para segurar a presa, trazê-la à faringe e, então, perfurá-la ou quebrá-la de tal modo que as partes comestíveis possam ser aproveitadas e o resto, descartado. As **glândulas salivares** e **gástricas** provavelmente secretam enzimas para a digestão extracelular. A absorção ocorre no estômago.

O sistema excretor normalmente consiste em um par de **túbulos protonefridiais**, cada um com várias **células-flama** (ver Figura 14.6) que se conectam a uma bexiga comum. A bexiga, por pulsação, esvazia-se em uma **cloaca** – na qual o intestino e os ovidutos também se abrem. A pulsação bastante rápida dos protonefrídios – 1 a 4 vezes por minuto – indica que os protonefrídios são importantes órgãos de osmorregulação. A água entra aparentemente pela boca, e não através da epiderme; mesmo espécies marinhas esvaziam suas bexigas a intervalos frequentes.

Um **cérebro** bilobado, localizado dorsalmente em relação ao mástax, na região do "pescoço" do corpo, envia nervos pareados para os órgãos sensoriais, mástax, músculos e vísceras. Os órgãos sensoriais incluem **ocelos** pareados (em algumas espécies como *Philodina*), cerdas e papilas sensoriais, poros ciliados e antenas dorsais.

Reprodução

Os rotíferos são dioicos, sendo os machos normalmente menores que as fêmeas. Entretanto, apesar de apresentarem sexos separados, os machos são completamente desconhecidos na classe Bdelloidea, e em Monogononta eles parecem ocorrer apenas durante algumas poucas semanas do ano.

O sistema reprodutivo feminino dos Bdelloidea e Monogononta consiste em ovários combinados e glândulas vitelinas (**germovitelários**) e ovidutos que se abrem na cloaca. O vitelo flui para dentro dos óvulos em desenvolvimento pelas pontes citoplasmáticas, em vez de ser armazenado como células vitelinas separadas, como nos Platyhelminthes ectolécitos.

Em Bdelloidea (p. ex., *Philodina*), todas as fêmeas são partenogenéticas e produzem ovos diploides que eclodem em fêmeas diploides. Essas fêmeas alcançam a maturidade em poucos dias.

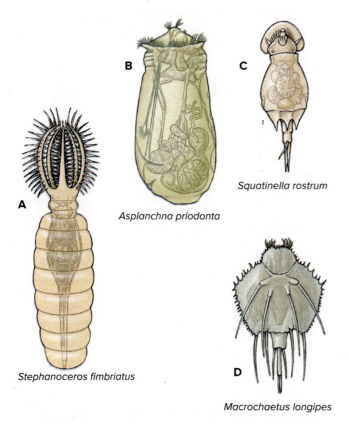

Figura 14.25 Variedade de formas dos rotíferos. **A.** Os *Stephanoceros* possuem cinco lóbulos coronais semelhantes a dedos com espirais de cerdas curtas. Capturam sua presa fechando o seu funil quando os organismos dos quais de alimenta nadam neste, enquanto os lóbulos com cerdas impedem que escapem. **B.** *Asplanchna* é um gênero predatório e pelágico sem pés. **C.** A *Squatinella* possui uma extensão semicircular semelhante a um capuz transparente e não retrátil que cobre sua cabeça. **D.** O *Macrochaetus* é dorsoventralmente achatado.

Na classe Seisonidea, as fêmeas produzem ovos haploides que precisam ser fertilizados e que podem desenvolver-se em machos ou fêmeas. Em Monogononta, porém, as fêmeas produzem dois tipos de ovos (Figura 14.26). Durante a maior parte do ano, as fêmeas diploides produzem **ovos diploides amíticos** de casca fina. Ovos amíticos desenvolvem-se partenogeneticamente em fêmeas diploides (amícticas). Entretanto, esses rotíferos frequentemente vivem em poças temporárias ou córregos e são cíclicos em seus padrões reprodutivos. Qualquer um de vários fatores ambientais – por exemplo, adensamento da população, dieta ou fotoperíodo (de acordo com a espécie) – pode induzir os ovos amíticos a se desenvolver em fêmeas diploides míticas que produzem **ovos haploides** de casca fina. Se esses ovos não forem fertilizados, eles se desenvolverão em machos haploides. Mas, se fertilizados, os ovos denominados ovos **míticos**, desenvolvem uma casca espessa e resistente e tornam-se dormentes. Eles sobrevivem durante todo o inverno ("ovos de inverno") ou até que as condições ambientais sejam novamente adequadas, quando eclodirão em fêmeas amícticas. Os ovos de dormência são frequentemente dispersos pelo vento ou por aves.

> **Tema-chave 14.3**
>
> **CIÊNCIA EXPLICADA**
>
> **Desenvolvimento de ovo haploide**
>
> Mítico (do grego *miktos*, misturado) refere-se à capacidade dos ovos haploides de serem fertilizados (*i. e.*: "misturados") com o núcleo do espermatozoide do macho para formar um embrião diploide. Os ovos amíticos ("sem mistura") são diploides e desenvolvem-se por partenogênese (sem fertilização).

O sistema reprodutivo masculino inclui um único testículo e um ducto espermático ciliado que se leva a um poro genital (os machos não apresentam uma cloaca). A extremidade do ducto espermático é especializada, apresentando a forma de um órgão copulador. A cópula ocorre por impregnação hipodérmica; o pênis pode penetrar qualquer parte da parede do corpo feminino e injetar os espermatozoides diretamente na pseudocele. O zigoto sofre clivagem espiral modificada.

As fêmeas eclodem de seus ovos com características de adulto, necessitando apenas de alguns poucos dias de crescimento para atingir a maturidade. Os machos não crescem e são sexualmente maduros já na eclosão.

Filogenia de Rotifera

Os rotíferos são um grupo cosmopolita com cerca de 2 mil espécies, algumas das quais ocorrem em todo o mundo. Entretanto, estudos moleculares recentes começaram a questionar a afinidade taxonômica de alguns desses grupos, sugerindo que a distribuição cosmopolita de alguns deles seja um artefato de sua semelhança morfológica em vez de proximidade taxonômica. Rotíferos são mais comuns em água doce, mas muitas espécies também vivem em água salobra ou mesmo em solos úmidos ou em musgos. Comparativamente, as espécies estritamente marinhas são bem poucas.

De acordo com o esquema tradicional de classificação aqui apresentado, Rotifera apresenta três classes, mas alguns autores consideram Seisonidea e Bdelloidea como ordens dentro de uma classe chamada Digonata. Outros dividem o filo em duas classes: uma que contém os Seisonidea e a outra contendo Bdelloidea e Monogononta, sob o nome Eurotatoria.

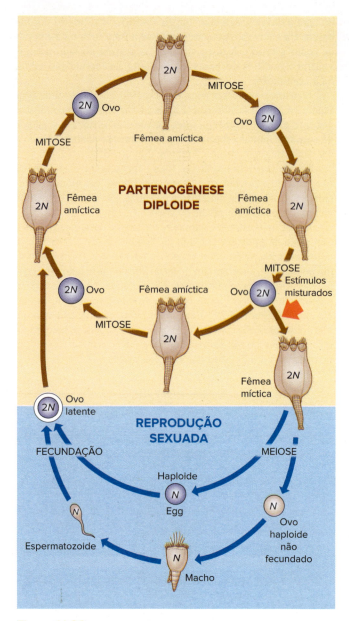

Figura 14.26 A reprodução de alguns rotíferos (classe Monogononta) ocorre por partogênese durante parte do ano, quando as condições ambientais são favoráveis. Em resposta a determinados estímulos, as fêmeas começam a produzir ovos haploides (*N*). Se estes não forem fecundados, eles dão origem a machos haploides. Os machos fornecem espermatozoide para fecundar outros ovos haploides, que então se desenvolvem em diploides (2*N*), ovos latentes que podem resistir a invernos rigorosos. Quando voltam as condições favoráveis, o ovo latente continua o seu desenvolvimento, dando origem a uma fêmea.

Em algumas filogenias moleculares, os "vermes de cabeça espinhosa", ou acantocéfalos (ver Seção 14.9), aparecem dentro de Rotifera. A ideia de que esses endoparasitos especializados seriam rotíferos altamente derivados[1] é controversa, mas se essa relação for corroborada por outros conjuntos de dados, o filo Acanthocephala será classificado como uma classe dentro de Rotifera. No momento, apresentamos Acanthocephala como grupo-irmão de Rotifera.

---

[1] Welch, M. D. B. Invert. Biol. 2000; 119:17-26.

> ### Classificação do filo Rotifera
>
> A classificação dos rotíferos ainda é debatida. Alguns autores consideram Seisonidea e Bdelloidea como ordens dentro da classe Digonata. Outros consideram o Filo Acanthocephala como uma classe dentro do Filo Rotifera. Até que esse debate esteja resolvido, continuamos a apresentar neste livro o esquema tradicional de classificação.
> **Classe Seisonidea** (do grego *seison*, vaso de barro + *eidos*, forma). Marinha; formas alongadas; corona vestigial; sexos semelhantes em tamanho e forma; fêmeas com um par de ovários e sem vitelários; um único gênero (*Seison*) com duas espécies; epizoicos das brânquias de um crustáceo (*Nebalia*).
> **Classe Bdelloidea** (do grego *bdella*, sanguessuga + *eidos*, forma). Formas nadantes ou rastejantes; extremidade anterior retrátil; corona normalmente com um par de discos trocais; machos desconhecidos; partenogenéticas; dois germovitelários. Exemplos: *Philodina* (Figura 14.24), *Rotaria*.
> **Classe Monogononta** (do grego *monos*, um + *gonos*, glândula sexual primária). Formas nadantes ou sésseis; um único germovitelário; machos de tamanho reduzido; ovos de três tipos (amíticos, míticos e dormentes). Exemplos: *Asplanchna* (ver Figura 14.25), *Epiphanes*.

14.9 FILO ACANTHOCEPHALA

Os membros do filo Acanthocephala (do grego *akantha*, espinho + *kephalē*, cabeça) são geralmente chamados "vermes de cabeça espinhosa". O filo tem seu nome derivado de uma de suas características mais distintas, uma probóscide cilíndrica invaginável que apresenta fileiras de espinhos curvos, com os quais o verme se prende ao intestino de seu hospedeiro (Figura 14.27). O filo é cosmopolita e mais de 1.100 espécies são conhecidas; a maioria delas parasita peixes, aves e mamíferos. Todos os acantocéfalos são endoparasitos, vivendo quando adultos no intestino de vertebrados. As larvas de acantocéfalos desenvolvem-se no corpo de artrópodes, tanto em crustáceos como em insetos, dependendo da espécie.

As diversas espécies do filo apresentam tamanhos que variam de menos de 2 mm a mais de 1 m de comprimento. As fêmeas são normalmente maiores que os machos. O corpo é geralmente achatado bilateralmente, com inúmeras pregas transversais. Os vermes normalmente apresentam coloração creme, mas podem absorver pigmentos amarelos ou marrons do conteúdo intestinal do hospedeiro.

Forma e função

Quando vivo, o corpo do acantocéfalo é um tanto achatado, embora em aulas práticas os estudantes possam se deparar com espécimes túrgidos e cilíndricos, que foram tratados com água de torneira antes da fixação (Figura 14.27).

A parede do corpo é sincicial e sua superfície é coberta por criptas diminutas de 4 a 6 μm de profundidade, as quais aumentam muito a área de superfície do tegumento. Cerca de 80% da espessura do tegumento é a zona fibrosa radial, que contém um **sistema lacunar** de canais ramificados preenchidos por fluido (Figura 14.27 D e E). A difusão através da parede corporal realiza as trocas gasosas, nutrientes e dejetos entre o fluido lacunar circulante e a água do exterior. Não há coração, mas os músculos da parede do corpo formam tubos conectados com o sistema lacunar. Tanto músculos longitudinais quanto circulares estão presentes na parede do corpo. Os músculos da parede corporal coletivamente funcionam como um coração, formando um sistema de tubos contráteis. Portanto, o fluido lacunar, o qual também permeia a maioria dos tecidos do corpo, parece funcionar como um sistema circulatório incomum.

A probóscide, a qual apresenta fileiras de ganchos curvos, é unida à região do pescoço (Figura 14.27) e pode ser invertida para o interior de um **receptáculo da probóscide** por meio de músculos retratores. Dois longos sacos hidráulicos com função ainda desconhecida (lemniscos) encontram-se também unidos à região de pescoço (mas não dentro da probóscide). Talvez eles auxiliem na troca gasosa entre o corpo e a probóscide, ou possam servir como reservatórios do fluido lacunar da probóscide quando este órgão é invaginado.

Não há sistema respiratório. Quando presente, o sistema excretor consiste em um par de **protonefrídios** com células-flama, que se unem para formar uma abertura tubular comum no ducto espermático ou útero.

O sistema nervoso apresenta um gânglio central dentro do receptáculo da probóscide e nervos que irradiam para a probóscide e para o corpo. Há terminações sensoriais na probóscide e na bolsa genital. Entretanto, como em muitos endoparasitos obrigatórios, o sistema nervoso e os órgãos sensoriais desses animais são bastante reduzidos.

Os acantocéfalos não apresentam trato digestório, absorvendo todos os nutrientes por meio de seu tegumento. Eles podem absorver várias moléculas por meio de mecanismos específicos de transporte de membrana, e outras substâncias podem cruzar a membrana do tegumento por pinocitose. O tegumento contém algumas enzimas, como peptidases, capazes de clivar diversos dipeptídios, e os aminoácidos são então absorvidos pelo verme. Assim como os cestódeos (ver Seção 14.3), os acantocéfalos necessitam do carboidrato da dieta do hospedeiro, mas seu mecanismo para absorção de glicose é diferente. Quando a glicose é absorvida, ela é rapidamente fosforilada e compartimentalizada, de tal modo que um "escoadouro" metabólico é criado, para dentro do qual a glicose do meio circundante pode fluir. A glicose difunde-se para o interior do verme devido ao gradiente de concentração, que é mantido à medida que a glicose é constantemente removida assim que ela entra.

Os acantocéfalos são dioicos. Os machos apresentam um par de testículos, cada um com vaso deferente e um ducto ejaculatório comum, o qual termina em um pênis pequeno. Durante a cópula, o esperma é lançado na vagina, viaja para cima no ducto genital e escapa para dentro da pseudocele da fêmea.

Nas fêmeas, o tecido ovariano no saco do ligamento divide-se em **esferas ovarianas** que são liberadas dos ligamentos genitais ou sacos do ligamento, e flutuam livremente na pseudocele. Um dos sacos do ligamento conduz a um **sino uterino**, na forma de funil, que recebe os embriões encapsulados em desenvolvimento e os passam para o útero (Figura 14.27). Um aparelho de seleção interessante e único opera aqui. Os embriões completamente desenvolvidos são ligeiramente maiores que os imaturos e são ativamente selecionados e passados para o útero, enquanto os ovos imaturos são rejeitados e retidos para uma maturação adicional. Os embriões encapsulados são liberados nas fezes do hospedeiro vertebrado e não eclodem até que sejam ingeridos por um hospedeiro intermediário.

Nenhuma espécie é normalmente um parasito de seres humanos, embora espécies que em geral ocorrem em outros hospedeiros infectem seres humanos ocasionalmente. *Macracanthorhynchus hirudinaceus* (do grego *makros*, longo, grande + *akantha*, espinho + *rhynchos*, bico) ocorre no mundo todo no intestino delgado de

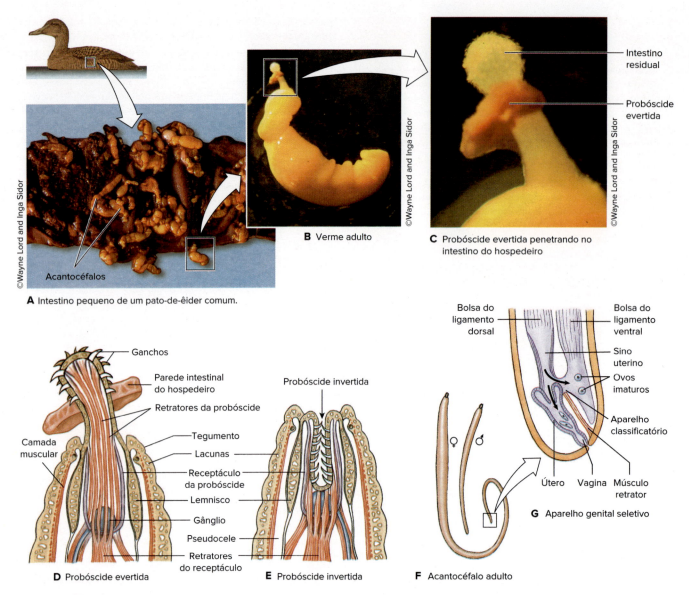

Figura 14.27 **A.** Uma quantidade letal de vermes, Polymorphus botulus, acumula-se no intestino de um pato-de-êider. Antes de morrer, o pato alimentou-se de caranguejos do litoral, um hospedeiro intermediário dos endoparasitos, devido à ausência de mexilhões azuis, que são a presa preferida desses patos em Cabo Cod. **B.** Um verme adulto. **C.** Uma probóscide evertida, que mostra a característica que dá nome aos vermes de cabeça espinhosa. A probóscide fica colada às paredes do intestino; os nutrientes são absorvidos pelo tegumento. **D.** Seção longitudinal diagramática de uma probóscide evertida que mostra os músculos. **E.** Seção longitudinal diagramática de uma probóscide evertida no pseudoceloma. **F.** O macho normalmente é menor que a fêmea. **G.** Esquema do aparelho genital seletivo de um acantocéfalo fêmea. É um dispositivo exclusivo para separar os ovos fecundados imaturos dos maduros. Os ovos larvados entram no sino uterino e são ovipostos. Os ovos imaturos são desviados para a bolsa do ligamento ventral ou para o pseudocelo para sofrer um desenvolvimento adicional.

porcos e às vezes em outros mamíferos. Para *M. hirudinaceus*, o hospedeiro intermediário é qualquer uma das várias espécies de larvas de besouros habitantes de solo, especialmente escarabeídeos. As larvas dos besouros *Phyllophaga* são hospedeiros frequentes. Nesse caso, a larva do parasito (**acântor**) perfura o intestino e desenvolve-se em um jovem (**cistacanto**) na hemocele do inseto. Os porcos se infectam ao comer as larvas. Os acantocéfalos penetram na parede intestinal com suas probóscides espinhosas para se anexarem ao hospedeiro. Em muitos casos há notavelmente pouca inflamação, mas em algumas espécies a resposta inflamatória do hospedeiro é intensa. A infecção por esses vermes pode causar muita dor, particularmente se a parede do intestino estiver completamente perfurada. As infecções múltiplas podem causar dano considerável ao intestino de um porco e podem ocorrer perfurações intestinais.

Filogenia de Acanthocephala

Com base principalmente na forma e organização dos espinhos da probóscide, os acantocéfalos são tradicionalmente divididos em três classes: Archiacanthocephala, Eoacanthocephala e Palaeacanthocephala. Estudos moleculares recentes sugerem que o *status* de filo desse grupo não está assegurado e que, na verdade, os acantocéfalos seriam uma classe de rotíferos altamente derivada, possivelmente o táxon-irmão de Bdelloidea. Essa descoberta provocou um debate considerável entre os zoólogos de invertebrados, mas trabalhos recentes[2] traçam alguns passos da evolução do parasitismo, desde um rotífero ancestral até um acantocéfalo.

[2] Wey-Fabrizius, A., H. Holger, B. Rieger, D. Rosenkranz, A. Witek, D. M. Welch, I. Ebersberger e T. Hankeln. 2014. PLoS ONE 9: e88618. doi:10.1371/journal. pone.0088618.

14.10 FILO MESOZOA

O nome Mesozoa (do grego *mesos*, no meio de + *zōon*, animal) foi cunhado por um antigo pesquisador (van Beneden, 1876) que pensava que o grupo seria um "elo perdido" entre eucariotos unicelulares e animais; tais grupos constituíam anteriormente os protozoários e metazoários, respectivamente. Esses diminutos animais vermiformes e ciliados representam um nível de organização extremamente simples. Todos os mesozoários vivem como parasitos ou simbiontes em invertebrados marinhos, a maioria deles com um comprimento de apenas 0,5 a 7 mm, sendo constituídos por apenas 20 a 30 células basicamente organizadas em duas camadas. As camadas não são homólogas aos folhetos germinativos dos outros animais.

As duas classes de mesozoários, Rhombozoa (também chamada de Dicyemida) e Orthonectida, diferem tanto entre si que alguns pesquisadores os colocam em filos separados, mas uma filogenia molecular recente os identificou como um clado de Mesozoa.

Os Rhombozoa (do grego *rhombos*, peão giratório + *zōon*, animal) vivem nos rins de cefalópodes bentônicos (polvos, lulas e sépias habitantes dos fundos oceânicos), sem aparentemente causar danos aos hospedeiros. Os adultos, denominados de **vermiformes** (ou nematógenos), são alongados e afilados (Figura 14.28). Em seu interior, células reprodutoras originam larvas vermiformes, as quais crescem e se reproduzem. Quando uma população atinge altas densidades, as células reprodutoras de alguns adultos se desenvolvem como estruturas em forma de gônada, as quais produzem gametas masculinos e femininos. Os zigotos crescem, tornando-se diminutas (0,04 mm) larvas infusoriformes ciliadas (Figura 14.28 B), bem diferentes do progenitor. Essas larvas são liberadas na água do mar a partir da urina do hospedeiro. Desconhece-se a etapa seguinte do ciclo de vida porque as larvas infusoriformes não são imediatamente infectivas a um novo hospedeiro.

Os Orthonectida (do grego *orhtos*, correto + *nektos*, nadante) (Figura 14.29) parasitam uma ampla variedade de invertebrados, como ofiuroides, moluscos bivalves, poliquetas e nemertinos. Seus ciclos de vida incluem fases sexuadas e assexuadas. Esta última fase é bastante diferente daquela dos Rhombozoa; consiste em uma massa multinucleada chamada **plasmódio** que, após experimentar divisões celulares, origina machos e fêmeas.

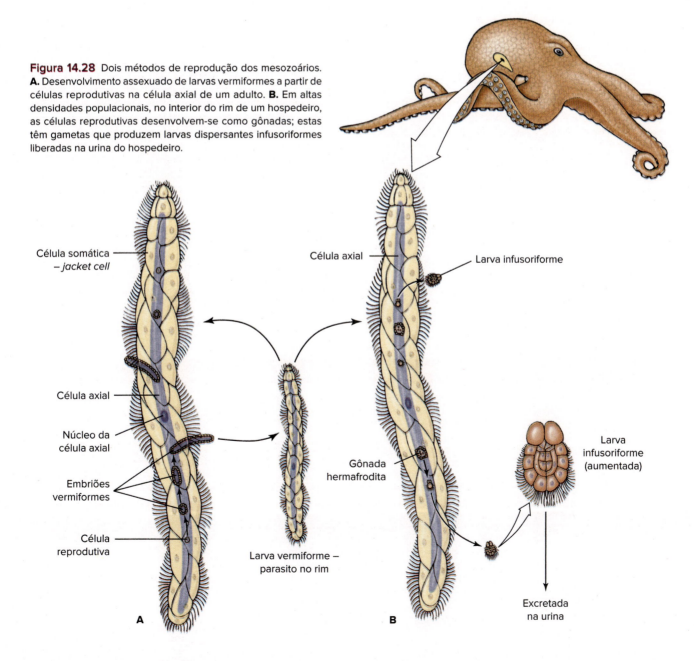

Figura 14.28 Dois métodos de reprodução dos mesozoários. **A.** Desenvolvimento assexuado de larvas vermiformes a partir de células reprodutivas na célula axial de um adulto. **B.** Em altas densidades populacionais, no interior do rim de um hospedeiro, as células reprodutivas desenvolvem-se como gônadas; estas têm gametas que produzem larvas dispersantes infusoriformes liberadas na urina do hospedeiro.

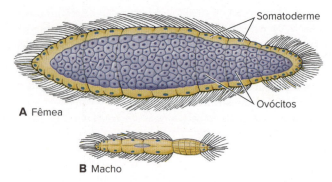

Figura 14.29 A. Uma fêmea. **B.** Um macho de Orthonectida (*Rhopalura*). Esse mesozoário parasita animais como platelmintos, moluscos, anelídeos e ofiuroides. Estruturalmente, são formados por uma única camada de células epiteliais ciliadas que circundam uma massa interna de células sexuais.

14.11 FILOGENIA

Uma análise do "cladograma de todos os filos animais" dentro da capa do livro mostra um grande clado chamado Bilateria que contém quase todos os animais triblásticos. A maioria das filogenias atuais classifica os membros do filo Xenacoelomorpha como táxon-irmão de todos os outros Bilateria. Os Xenacoelomorpha compreendem dois clados, os Xenoturbella e os Acoelomorpha. Os Acoelomorpha diferem das tênias no filo Platyhelminthes em seus padrões de clivagem embriônica, em como o mesoderma se forma e em sua estrutura do sistema nervoso.

Nos Bilateria, as evidências das análises sequenciais de genes ribossômicos sugerem que os protostômios ancestrais dividiram-se a partir dos deuterostômios ancestrais no período Pré-Cambriano. Posteriormente, os protostômios dividiram-se em dois grandes grupos, algumas vezes chamados de superfilos, Ecdysozoa e Lophotrochozoa. As relações evolutivas nos Lophotrochozoa ainda estão em análise. Descrevemos um clado chamado Platyzoa, mas nem todas as filogenias são compatíveis com esse agrupamento. Os Platyzoa incluem Platyhelminthes, Gastrotricha e Gnathifera. Algumas filogenias colocam os Platyhelminthes como o táxon-irmão do Gastrotricha, mas outros colocam o Gnathostomulida como o táxon-irmão do Gastrotricha; então, por enquanto, descrevemos uma politomia dentro dos Platyzoa.

As tênias no filo Platyhelminthes são membros provisórios do Platyzoa. Dentro dos Platyhelminthes, a classe Turbellaria é claramente parafilética, mas estamos conservando o táxon atual, pois uma análise cladística minuciosa requer mais táxons e características que ainda não são comuns na literatura zoológica. Por exemplo, os Turbellaria ectolécitos devem ser agrupados aos trematódeos, monogenéticos e cestódeos no grupo-irmão aos Turbellaria ectolécitos. Alguns Turbellaria ectolécitos compartilham algumas outras características derivadas com os Trematoda e Cestoda e foram colocados por Brooks (1989) em um grupo chamado Cercomeria. Várias sinapomorfias, como a estrutura exclusiva do tegumento e as características da sequência molecular, indicam que os neodermados (trematódeos, monogenéticos e cestódeos) formam um grupo monofilético.

O grupo Gnathifera emerge em diferentes filogenias, mas a maioria dos estudos moleculares não inclui sequências dos Micrognathozoa. Nos Gnathifera, é surpreendente a relação de táxons-irmãos entre Acanthocephala e Rotifera devido às diferenças em suas morfologias. Ambos os táxons são unidos como Syndermata, compartilhando uma epiderme sincicial eutélica. O Syndermata surge em estudos filogenéticos repetidas vezes, e diversos trabalhos recentes mostram que os acantocéfalos pertencem ao Rotifera. A classificação dos táxons de Rotifera está em constante mudança, mas um grupo chamado bdeloides é de interesse. Esses rotíferos são rastejantes ou nadadores e a maioria com discos trocais no ápice (ver *Philodina*, Figura 14.24). Não se tem conhecimento de bdeloides machos, e a reprodução é por partenogênese. Vários estudos filogenéticos recentes colocam os acantocéfalos como táxon-irmãos dos bdeloides, tornando os Rotifera parafiléticos como concebidos atualmente. Os acantocéfalos serão incluídos no filo Rotifera se esse resultado for confirmado. O nome do grupo Syndermata não seria mais necessário.

Os Mesozoa são identificados como protostômios lofotrocozoários com base nos dados moleculares, mas não são incluídos no Platyzoa. Eles não sofrem gastrulação, mas a ausência de ambos os estágios de desenvolvimento típicos e a estrutura corporal complexa associada aos lofotrocozoários podem ser devidas aos estilos de vida endosimbióticos e parasitários dos mesozoários modernos. Em uma filogenia molecular recente, os mesozoários foram colocados em um clado com Gastrotricha e Platyhelminthes, mas esses dois grupos juntos são o táxon-irmão dos anelídeos e moluscos, em vez do Gnathifera. Será interessante ver se esse padrão de relacionamento aparecerá em outros estudos.

RESUMO

Seção	Conceito-chave
14.1 Filo Xenacoelomorpha	• Filogenias recentes colocam o filo Xenacoelomorpha como o táxon-irmão de Bilateria. Xenacoelomorpha contém dois grupos: Acoelomorpha e Xenoturbellida • Acoelomorpha estão entre as formas mais simples de simetria bilateral. Eles são triblásticos acelomados no nível de organização do sistema de órgãos. Eles têm sistemas nervoso e digestório muito simples; alguns carecem inteiramente de intestino • A localização filogenética de Xenoturbellida tem variado: com moluscos; com deuterostômios; e agora com vermes acelomorfos fora da Bilateria • Xenoturbellida compreende seis espécies de animais semelhantes a vermes com intestino cego. Seus corpos possuem um sulco externo ciliado em forma de anel e um segundo sulco lateral longitudinal.
14.2 Clados dentro de Protostomia	• A maioria dos animais triblásticos é dividida em dois grandes clados ou superfilos, Protostomia e Deuterostomia, com base nas características de desenvolvimento, embora os dois grupos também apareçam na maioria das filogenias que usam caracteres moleculares • Os Protostomia são divididos em dois grandes clados: Lophotrochozoa e Ecdysozoa. Todos os táxons de protostômios neste capítulo pertencem a Lophotrochozoa, muitos dos quais têm um lofóforo como instrumento de alimentação ou uma larva de trocófora • As relações evolutivas dentro dos Lophotrochozoa ainda estão sendo definidas. Descrevemos um clado denominado Platyzoa compreendendo seis filos.

Seção	Conceito-chave
14.3 Filo Platyhelminthes	• O filo Platyhelminthes tem quatro classes taxonômicas: Turbellaria, Trematoda, Monogenea e Cestoda • A superfície corporal dos turbelários é geralmente um epitélio celular, pelo menos em parte ciliado, contendo rabditos em forma de bastonete, bem como células mucosas que funcionam na locomoção • Os membros fora da Classe Turbellaria são cobertos por um tegumento sincicial não ciliado, com corpos celulares abaixo das camadas musculares superficiais • A digestão é extracelular e intracelular na maioria; cestódeos devem absorver nutrientes pré-digeridos pelo seu tegumento porque eles não têm trato digestório • A osmorregulação é realizada pelas células-flama dos protonefrídios e a remoção dos resíduos metabólicos e da respiração ocorre por difusão através da parede corporal • Os platelmintos têm um sistema nervoso do tipo escada, com neurônios motores, sensoriais e de associação. A maioria dos platelmintos é hermafrodita, e a reprodução assexuada ocorre em alguns grupos • A Classe Turbellaria é um grupo parafilético que inclui principalmente membros de vida livre e carnívoros • Os trematódeos digenéticos possuem um hospedeiro intermediário molusco e quase sempre um hospedeiro definitivo vertebrado. A extensa reprodução assexuada que ocorre em seu hospedeiro intermediário ajuda a aumentar as chances de alguns de seus descendentes chegarem a um hospedeiro definitivo. Além do tegumento, os digenéticos compartilham muitas características estruturais básicas com os turbelários • Os Digenea incluem vários parasitos importantes de seres humanos e animais domésticos • Digenéticos contrastam com monogenéticos, que são ectoparasitos importantes de peixes e têm um ciclo de vida direto (sem hospedeiros intermediários) • Cestódeos (tênias) geralmente têm um escólex em sua extremidade posterior, seguido por uma longa cadeia de proglótides, cada uma das quais contém um conjunto completo de órgãos reprodutivos de ambos os sexos. A extremidade anterior do corpo foi evolutivamente perdida • Cestódeos vivem como adultos no trato digestório dos vertebrados. Eles têm microtríquios semelhantes a microvilosidades em seu tegumento, que aumentam sua área de superfície para absorção. Os ovos larvados são eliminados nas fezes e os juvenis se desenvolvem em um hospedeiro intermediário vertebrado ou invertebrado.
14.4 Filo Gastrotricha	• Gastrotríquios (ou gastrótricos) são pequenos animais aquáticos. Eles têm corpos achatados ventralmente com cerdas ou escamas. Eles se movem pelos cílios ou glândulas adesivas.
14.5 Clado Gnathifera	• O clado Gnathifera contém quatro filos e acredita-se que o ancestral comum possui mandíbulas cuticulares com microestrutura única. Os filos incluídos são Gnathostomulida, Micrognathozoa, Rotifera e Acanthocephala.
14.6 Filo Gnathostomulida	• Gnathostomulida é um filo peculiar que contém minúsculos animais semelhantes a vermes, que vivem entre grãos de areia e silte. Os animais não têm ânus.
14.7 Filo Micrognathozoa	• Micrognathozoa consiste em uma única espécie: um pequeno animal que vive entre grãos de areia. Esses animais têm três pares de mandíbulas complexas semelhantes às dos rotíferos e dos gnatostomulídeos.
14.8 Filo Rotifera	• O filo Rotifera é composto de espécies pequenas, principalmente de água doce, com uma coroa ciliada que cria correntes de água para atrair o alimento planctônico para a boca. Sua boca se abre em uma faringe muscular, ou mástax, que é equipada com mandíbulas • Os Bdellóidea são partenogenéticos obrigatórios e parece que não existem machos neste grupo.
14.9 Filo Acanthocephala	• Quando adultos, os acantocéfalos são todos parasitos no intestino dos vertebrados, e seus estágios juvenis se desenvolvem em artrópodes • Eles têm uma probóscide anterior invaginável armada com espinhos que inserem na parede intestinal de seu hospedeiro. Eles não têm um trato digestório e, portanto, devem absorver todos os nutrientes em seu tegumento • Evidências moleculares e uma epiderme sincicial eutélica compartilhada sugerem uma afinidade filogenética entre acantocéfalos e rotíferos e, portanto, uma origem de acantocéfalos em Gnathifera, que requer perda evolutiva de mandíbulas em uma linhagem ancestral de acantocéfalos.
14.10 Filo Mesozoa	• Os membros do filo Mesozoa são animais de organização simples, que são parasitos de rins de moluscos cefalópodes (classe Rhombozoa) e de vários outros grupos de invertebrados (classe Orthonectida) • Eles têm apenas duas camadas de células, mas não são homólogas às camadas germinativas de outros animais. Eles têm uma história de vida complicada, que ainda não é completamente conhecida. Sua organização simples pode ter derivado de um ancestral semelhante aos platelmintos, porém é mais complexa.

Seção	Conceito-chave
14.11 Filogenia	• Dentro do Bilateria, evidências da análise de sequência de genes ribossômicos sugerem que os protostômios ancestrais se separaram dos deuterostômios ancestrais no Pré-Cambriano • Os protostômios mais tarde se dividiram em dois grandes grupos, às vezes chamados de superfilos, Ecdysozoa e Lophotrochozoa. Descrevemos um clado de lofotrocozoários denominado Platyzoa, que compreende Platyhelminthes, Gastrotricha e Gnathifera • Algumas filogenias colocam Platyhelminthes como o táxon-irmão de Gastrotricha, mas outras colocam Gnathostomulida como o táxon-irmão de Gastrotricha; então, por agora, descrevemos uma politomia dentro de Platyzoa • Os mesozoários são identificados como protostômios lofotrocozoários com base em dados moleculares, mas não são colocados em Platyzoa

QUESTÕES DE REVISÃO

1. Por que a simetria bilateral tem valor adaptativo para os animais que se locomovem ativamente?
2. De que forma os Xenoturbellida são semelhantes aos platelmintos?
3. Associe os termos da coluna à direita com as classes da coluna à esquerda:
   _____ Turbellaria   a. Endoparasito
   _____ Monogenea   b. De vida livre e comensal
   _____ Trematoda   c. Ectoparasito
   _____ Cestoda
4. Descreva o plano corporal geral de um turbelário.
5. Faça a distinção entre os dois mecanismos mediante os quais os platelmintos fornecem vitelo aos seus embriões. Qual dos mecanismos é evolutivamente ancestral e qual é derivado?
6. O que comem as planárias (platelmintos Tricladida) e como digerem o alimento?
7. Descreva sucintamente o sistema osmorregulador, o sistema nervoso e os órgãos sensoriais dos turbelários, trematódeos e cestódeos.
8. Compare a reprodução assexuada entre os turbelários Tricladida, os Trematoda e os Cestoda.
9. Compare o ciclo de vida típico de um monogenético com o de um trematódeo digenético.
10. Descreva e compare o tegumento da maioria dos turbelários com o das outras classes de platelmintos. O tegumento oferece alguma evidência de que os trematódeos, os monogenéticos e os cestódeos formam um clado dentro dos Platyhelminthes? Por quê?
11. Responda às seguintes questões relativas a *Clonorchis* e *Schistosoma*: (a) Como os seres humanos são infectados? (b) Qual é a área de distribuição geográfica geral desses grupos? (c) Quais são as principais afecções produzidas?
12. Por que a *Taenia solium* causa uma infecção mais perigosa que a *Taenia saginata*?
13. Quais são os dois cestódeos que podem usar os seres humanos como hospedeiros intermediários?
14. Defina cada um dos seguintes termos relativos aos cestódeos: escólex, microtricos, proglótides e estróbilo.
15. Quais são algumas das vantagens adaptativas de um pseudocelomado em comparação com uma condição acelomada?
16. Algumas evidências recentes sugerem que os membros dos Acoelomorpha constituem o grupo-irmão de todos os outros Bilateria. Em que se diferenciam os membros desse grupo dos típicos protostômios?
17. Quais características unem os membros do clado Gnathifera?
18. Quais características unem os rotíferos e os acantocéfalos como membros do clado Syndermata?
19. Qual hábitat é compartilhado pelos Micrognathozoa e Gnathostomulida?
20. Qual é o tamanho normal de um rotífero, onde é encontrado e quais são suas características principais?
21. Explique a diferença entre os ovos míticos e amíticos dos rotíferos. Qual é o valor adaptativo de cada?
22. O que é eutélio?
23. Como os acantocéfalos obtêm alimentos?
24. O ancestral evolutivo dos acantocéfalos é desconhecido. Descreva algumas características dos acantocéfalos que demonstrem por que é surpreendente que sejam derivados dos rotíferos.
25. Quão grandes são os gastrótricos, gnatostomulídeos e Micrognathozoa?
26. Quantos tipos de mesozoários existem e onde são encontrados?

Para reflexão. Como um endoparasito poderia evoluir a partir de um ancestral de vida livre? Que outros modos de vida (p. ex., simbionte, comensal, ectoparasito) você poderia prever como parte da transição?

15 Polyzoa e Trochozoa

OBJETIVOS DE APRENDIZAGEM

Após leitura do capítulo, você será capaz de:

15.1 Explicar a base para o agrupamento dos três filos dentro do Clado Polyzoa.
15.2 Descrever a forma e o hábitat dos ciclióforos.
15.3 Descrever a forma e o hábitat dos entoproctos.
15.4 Descrever a forma e hábitat dos ectoproctos, distinguindo as formas de zooides individuais das formas de colônia.
15.5 Explicar a base para agrupar cinco filos dentro do Clado Trochozoa.
15.6 Descrever a característica morfológica que une dois filos dentro do Clado Braquiozoa.
15.7 Descrever a forma e o hábitat dos braquiópodes.
15.8 Descrever a forma e o hábitat dos foronídeos.
15.9 Descrever a forma e o hábitat dos vermes nemertinos e distingui-los dos platelmintos.
15.10 Comparar e contrastar o desenvolvimento embriológico entre os táxons dos lofoforados discutidos.

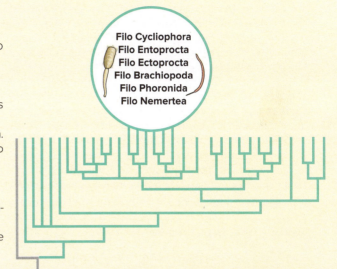

Ectoproctos (Bugula neritina) *crescendo no substrato duro do oceano.*
©Diane R. Nelson

Alguns experimentos em evolução

O início do Período Cambriano, há cerca de 570 milhões de anos, foi o período mais fértil da história evolutiva. Por 3 bilhões de anos antes daquele período, a evolução havia forjado nada mais do que algumas bactérias e algas cianofíceas. Então, em um espaço de alguns milhões de anos, todos os grandes filos, e provavelmente todos os filos menores, se estabeleceram. Essa foi a explosão cambriana, o maior "*bang*" evolutivo que o mundo já conheceu.[a] De fato, o registro fóssil sugere que existiram mais filos na Era Paleozoica do que existem agora, mas alguns desapareceram durante os grandes eventos de extinção que pontuaram a evolução da vida na Terra. A maior dessas rupturas foi a extinção do Permiano, há cerca de 230 milhões de anos. Assim, a evolução levou a muitos "modelos experimentais". Alguns desses modelos falharam porque não foram capazes de sobreviver as mudanças nas condições. Outros deram origem a espécies abundantes e dominantes e a indivíduos que habitam o mundo hoje. Alguns persistiram com pequenos números de espécies, vivendo em hábitats muito especializados – por exemplo, nos lábios das lagostas. As formas estranhas e as estruturas de alimentação incomuns de muitos desses animais parecem fazer parte da ficção científica.

Os três filos – Phoronida, Ectoprocta e Brachiopoda – possuem uma coroa de tentáculos ciliados, chamada de lofóforo, que usam para capturar alimentos e na respiração. Os braquiópodes eram abundantes na era Paleozoica, mas começaram a declinar a partir de então. O filo Ectoprocta surgiu no Período Cambriano, difundiu-se na era Paleozoica, e permanece um grupo prevalente até hoje. A homologia do lofóforo entre os três filos de lofoforados é assunto de intenso debate.

- **CLADO POLYZOA**
  - Filo Cycliophora
  - Filo Entoprocta
  - Filo Ectoprocta (Bryozoa)

- **CLADO TROCHOZOA**
  - Filo Nemertea (Rhynchocoela)
  - Clado Brachiozoa
    - Filo Brachiopoda
    - Filo Phoronida

---
[a]N.R.T.: O autor faz alusão ao *Big Bang* da criação do universo na sua conjectura mais aceita.

Os seis filos descritos neste capítulo são protostômios lofotrocozoários. O nome Lophotrochozoa foi desenvolvido pela fusão de termos referentes a duas características presentes em muitos animais desse grupo: o lofóforo e o trocóforo. Um **lofóforo** (do grego *lophas,* crista ou tufo + *phorein,* para carregar) é uma coroa de tentáculos coberta com cílios originada de uma crista ou dobra da parede do corpo. É um dispositivo de alimentação eficiente. A cavidade dentro do lofóforo é parte do celoma e é preenchida com fluido celômico. As paredes finas e ciliadas do lofóforo agem como uma superfície respiratória para troca de gases entre a água do ambiente e o fluido celômico. Um lofóforo normalmente pode ser estendido para alimentação e respiração e retraído para proteção.

Os três filos de animais possuem um lofóforo: Ectoprocta, Brachiopoda e Phoronida. Essa característica comum indica uma ancestralidade compartilhada? Uma análise detalhada da estrutura e função do lofóforo[1] indica que ele evoluiu duas vezes, uma vez em Ectoprocta e outra no ancestral comum de Brachiopoda e Phoronida, mas algumas filogenias bastante recentes unem os loforados como um grupo monofilético. Aqui, colocamos os Ectoprocta foram colocados no clado com dois outros táxons que possuem tentáculos ciliados (Cycliophora e Entoprocta). Esses três táxons formam um clado chamado Polyzoa (Figura 15.1). Brachiopoda e Phoronida são unidos em um clado chamado Brachiozoa (Figura 15.1). O táxon-irmão de Brachiozoa difere nas análises filogenéticas, mas representamos Nemertea nessa posição. Os nemertinos são vermes marinhos, elásticos e finos com uma forma incomum de capturar presas (ver Seção 15.9). Os três táxons formam um clado chamado Trochozoa (Figura 15.1). Os membros restantes do Trochozoa – Mollusca e Annelida – são abordados nos Capítulos 16 e 17. O termo "*troch*" do nome Trochozoa refere-se a uma parte de uma larva trocófora. Uma trocófora é um estágio larval livre-natante capaz de se alimentar e que possui um anel de grandes células ciliadas em frente à boca (ver Figura 16.7). Esse anel de células é chamado de prototroca[b] e é usado principalmente para locomoção, embora possa desempenhar um papel na alimentação. O estágio trocóforo é óbvio no desenvolvimento dos moluscos, anelídeos e sipunculídeos. Presumimos que o trocóforo seja homólogo, mas os padrões de desenvolvimento, características moleculares e morfologias dos animais abordados estão todos sendo estudados em detalhes; assim, as relações evolutivas dos lofotrocozoários podem mudar.

---

[1] Nielsen, C. 2002. Integ. e Comp. Biol. **42**: 685-691.

[b] N.T.: Em inglês, *prototroch*.

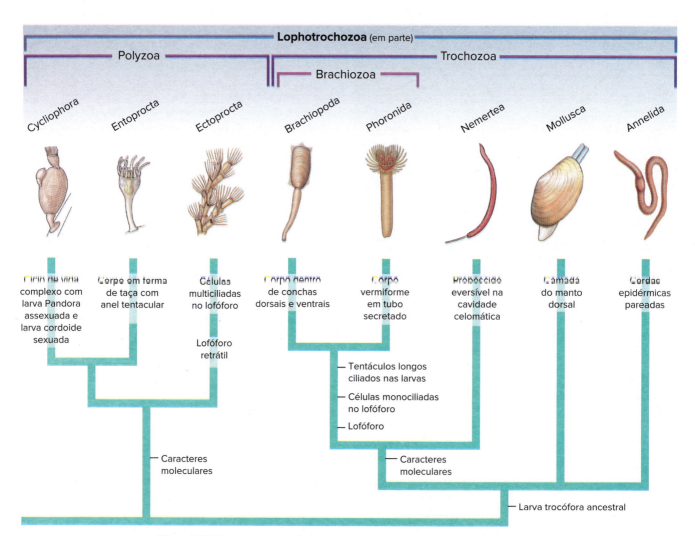

Figura 15.1 Proposta de relação entre membros dos grupos Polyzoa e Trochozoa.

> **Tema-chave 15.1**
> **CONEXÃO COM SERES HUMANOS**
>
> **Compostos anticâncer de invertebrados marinhos**
>
> Existem muitas maneiras de valorizar a diversidade biológica, mas aqueles que procuram por valores práticos ou econômicos não precisam ir além das propriedades e compostos anticancerígenos extraídos de uma ampla gama de invertebrados marinhos. O briozoário *Bugula neritina* (ver Figura 15.4 B) é a fonte da briostatina-1, um tratamento para tumores e linfomas. Na realidade, a briostatina é produzida por uma bactéria simbionte de *B. neritina*, chamada *Candidatus endobugula sertula*, mas a bactéria não pode ser cultivada fora do hospedeiro. Outros compostos anticancerígenos são derivados das esponjas (p. ex., discodermolida), corais (p. ex., análogos da eleuterobina), tunicados (p. ex., ecteinascidina), bivalves (p. ex., espisulosina) e pepinos-do-mar (p. ex., calcigerosídeo B). Esses organismos citados estão entre os invertebrados marinhos mais conhecidos; então nos perguntamos quais compostos sem igual serão descobertos nos animais discutidos neste capítulo. Muitos animais tratados aqui são estudados apenas por especialistas, e assim seu potencial pode estar inexplorado. Sabemos tão pouco a respeito de seu papel na manutenção da saúde dos oceanos (serviços ecossistêmicos) quanto sobre suas inovações bioquímicas.

15.1 CLADO POLYZOA

O Clado Polyzoa une os ciclióforos aos entoproctos e ectoproctos, também chamados de briozoários (ver Figura 15.1). Essa união é hoje embasada por estudos filogenéticos usando diversos genes, mas uma relação mais próxima entre os Ectoprocta e os Entoprocta foi proposta em bases morfológicas há 40 anos. Os Cycliophora não foram descobertos até 1995 e por isso não foram incluídos naqueles estudos iniciais, mas semelhanças com os entoproctos notaram-se quando os animais foram descritos pela primeira vez. Os animais pequeninos nesses três filos têm incríveis estruturas corporais e ciclos de vida.

15.2 FILO CYCLIOPHORA

Em dezembro de 1995, P. Funch e R. M. Kristensen informaram a descoberta de algumas pequenas criaturas muito estranhas, agarradas em partes da boca da lagosta da Noruega (*Nephrops norvegicus*). Os animais eram diminutos, medindo apenas 0,35 mm de comprimento e 0,10 mm de largura, e não se encaixavam em nenhum filo conhecido. Eles foram nomeados *Symbion pandora*, os primeiros membros do filo Cycliophora.

Os Cycliophora têm um hábitat muito especializado: eles vivem em partes da boca de crustáceos decápodes marinhos no Hemisfério Norte. Fixam-se às cerdas de partes bucais com um disco adesivo na extremidade de um pedúnculo acelular. Alimentam-se coletando bactérias ou partículas de alimento soltas pela lagosta hospedeira, em um anel de cílios compostos que circunda a boca.

O plano corporal é relativamente simples. A boca leva a um tubo digestório em forma de U, que termina em um ânus que se abre para fora do anel ciliado. O corpo é acelomado. A epiderme é celular e recoberta por uma cutícula.

O ciclo de vida apresenta fases sexuada e assexuada. Os animais que se alimentam produzem brotos internos, denominados larvas Pandora que, após serem liberadas, tornam-se novos indivíduos capazes de se alimentar. Os clones ocupam rapidamente as áreas livres nas peças bucais da lagosta. O brotamento interno é também utilizado para formar um novo sistema de alimentação e digestório para um animal que se alimenta – o sistema existente se degenera e é substituído por um novo a partir do broto interno.

Como um prelúdio à reprodução sexuada, as larvas macho ou fêmea são produzidas. A larva macho é liberada de um indivíduo que se alimenta e assenta-se sobre outro animal que abriga uma larva fêmea. A larva macho produz machos secundários contendo órgãos reprodutores; a fertilização interna ocorre à medida que um macho secundário copula com uma larva fêmea que deixa o corpo do animal do qual se alimenta. Uma vez que o óvulo da fêmea é fertilizado, uma larva cordoide desenvolve-se dentro do corpo do organismo-mãe, consumindo-o. A larva cordoide nada para uma nova lagosta hospedeira, onde forma, por brotamento interno, um animal capaz de se alimentar. Por sua vez, este último forma, por brotamento interno, um clone de animais capazes de se alimentar.

15.3 FILO ENTOPROCTA

O Entoprocta (do grego *entos*, dentro + *proktos*, ânus) é um pequeno filo com cerca de 150 espécies de animais diminutos e sésseis que superficialmente se assemelham aos cnidários hidroides, mas têm tentáculos ciliados que tendem a se curvar para dentro (Figura 15.2 B). A maioria dos entoproctos é microscópica, e nenhum deles ultrapassa 5 mm de comprimento. Podem ser solitários ou coloniais, mas todos são pedunculados e sésseis. Todos se alimentam por meio de mecanismos ciliares.

Com a exceção do gênero *Urnatella* (do latim *urna*, urna + *ellus*, sufixo diminutivo), que ocorre em água doce, todos os entoproctos são formas marinhas com ampla distribuição, ocorrendo de regiões polares até os trópicos. A maioria das espécies marinhas está restrita às águas costeiras e salobras e, frequentemente, cresce sobre conchas e algas. Alguns são comensais de vermes anelídeos marinhos. Os entoproctos ocorrem desde a zona entremarés até profundidades de cerca de 500 m. Os entoproctos de água doce ocorrem na face inferior de rochas em água corrente. *Urnatella gracilis* é a única espécie de água doce comum na América do Norte (Figura 15.2 A).

Forma e função

O corpo, ou **cálice**, de um entoprocto tem a forma de um cálice, com uma coroa ou círculo de tentáculos ciliados, e pode estar fixo ao substrato por um pedúnculo único e um disco de fixação com glândulas adesivas, como nos solitários *Loxosoma* e *Loxosomella* (do grego *loxos*, curvo + *soma*, corpo) (Figura 15.2 B), ou por dois ou mais pedúnculos nas formas coloniais. O movimento é geralmente restrito nos entoproctos, mas *Loxosoma*, que vive nos tubos de anelídeos marinhos, é bastante ativo, movendo-se livremente sobre o anelídeo e seu tubo.

A parede do corpo consiste em uma cutícula, uma epiderme celular e músculos longitudinais. Os tentáculos e o pedúnculo são prolongamentos da parede corporal. Os 8 a 30 tentáculos que compõem a coroa são ciliados em suas superfícies laterais e internas, e cada um pode mover-se individualmente. Os tentáculos podem enrolar-se para dentro, para cobrir e proteger a boca e o ânus, mas não podem ser retraídos para dentro do cálice. O sistema digestório tem forma de U e é ciliado, e tanto a boca como o ânus abrem-se dentro do círculo de tentáculos. Os entoproctos são suspensívoros que se alimentam por meio de mecanismos ciliares. Os longos cílios nas laterais dos tentáculos mantêm uma corrente de água que flui por entre os tentáculos e que contém

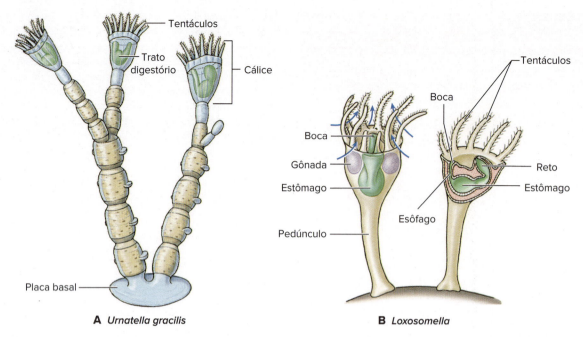

Figura 15.2 **A.** *Urnatella*, um entoprocto de água doce, forma colônias pequenas de dois ou três pedúnculos sobre uma placa basal. **B.** *Loxosomella*, um entoprocto solitário. As setas azuis indicam a direção do movimento da água; o fluxo acontece na direção oposta àquela que ocorre nos lofoforados, como os briozoários. Os entoproctos solitários e coloniais podem reproduzir-se assexuadamente por brotamento, assim como sexuadamente.

protozoários, diatomáceas e partículas de detrito. Os cílios curtos nas superfícies internas dos tentáculos capturam o alimento e o direcionam para baixo, em direção à boca. A digestão e a absorção ocorrem dentro do estômago e do intestino antes da eliminação dos dejetos pelo ânus.

A pseudocele é amplamente preenchida por um parênquima gelatinoso, no qual estão embebidos um par de protonefrídios (bulbos-flama) e seus tubos, que se unem e abrem-se próximos à boca. Há um **gânglio nervoso** bem desenvolvido na região ventral do estômago, e a superfície do corpo tem cerdas e poros sensoriais. Órgãos circulatórios e respiratórios estão ausentes. As trocas gasosas ocorrem por meio da superfície do corpo, provavelmente em grande parte nos tentáculos.

Algumas espécies são dioicas, mas muitas são monoicas, a maioria, hermafrodita protândrica, isto é, a gônada primeiramente produz espermatozoides e, posteriormente, óvulos. As formas coloniais podem apresentar zooides monoicos ou dioicos, e as colônias podem conter zooides de ambos os sexos. Os gonodutos abrem-se dentro do círculo de tentáculos.

Os ovos fertilizados desenvolvem-se em uma depressão, ou bolsa incubadora, entre o gonóporo e o ânus. Os entoproctos têm um padrão de clivagem espiral modificada, com blastômeros em mosaico. O embrião sofre gastrulação por invaginação. O mesoderma desenvolve-se a partir da célula 4 d (ver Seção 8.4). A larva, semelhante a uma trocófora (ver Figura 16.7), é ciliada e livre-natante. Ela apresenta um tufo apical de cílios na extremidade anterior e um cinturão ciliado ao redor da margem ventral do corpo. A larva acaba assentando-se no substrato e metamorfoseando-se em um zooide adulto.

15.4 FILO ECTOPROCTA (BRYOZOA)

Ectoprocta (do grego *ektos*, externo, + *proktos*, ânus) inclui animais aquáticos que formam incrustações sobre superfícies duras.

A maioria das espécies é séssil, embora algumas deslizem lentamente e outras rastejem ativamente sobre as superfícies que habitam. Com raríssimas exceções, são animais que formam colônias. Cada membro da colônia é pequeno, normalmente menor que 0,5 mm. Os membros da colônia, denominados **zooides**, alimentam-se distendendo seus lofóforos na água circundante para captar partículas diminutas de alimento. Os zooides secretam pequenas câmaras dentro das quais vivem, formando desse modo um exoesqueleto (Figura 15.3). Dependendo da espécie, o exoesqueleto, ou **zoécio**, pode ser gelatinoso, quitinoso ou enrijecido com cálcio, podendo estar impregnado com areia. Seu aspecto pode ser em forma de caixa ou vaso, oval ou tubular.

Os ectoproctos deixaram um rico registro fóssil desde o Período Ordoviciano e são diversos e abundantes atualmente. Há cerca de 4.500 espécies atuais, as quais ocupam tanto hábitats de água doce como marinhos, principalmente em águas rasas.

Algumas colônias formam incrustações viscosas sobre algas, conchas e rochas; outras formam aglomerados indistintos ou emaranhados, ou colônias ramificadas eretas que se assemelham a algas (Figura 15.4). Alguns ectoproctos podem ser facilmente confundidos com hidroides, mas podem ser diferenciados sob microscópio, acompanhando-se o movimento de partículas ou corante ao longo do lofóforo. Diferentemente dos tentáculos dos cnidários, o lofóforo tem cílios que geram uma corrente de água. Apesar de os zooides serem diminutos, frequentemente as colônias atingem vários centímetros de diâmetro; algumas colônias incrustantes podem ter 1 m ou mais de largura, e formas eretas podem atingir 30 cm ou mais de altura. As formas marinhas exploram todos os tipos de substratos firmes, como conchas, rochas, algas pardas de grandes dimensões, raízes de mangues, cascos de embarcações e até mesmo o fundo de *icebergs*! Uma das espécies, *Tricellaria inopinate*, está se espalhando pelo nordeste do Oceano Atlântico e pelo Mediterrâneo, deslocando briozoários nativos. Embora tenha começado a diminuir naturalmente em Veneza, os briozoários nativos não se restabeleceram. Como muitas espécies invasoras,

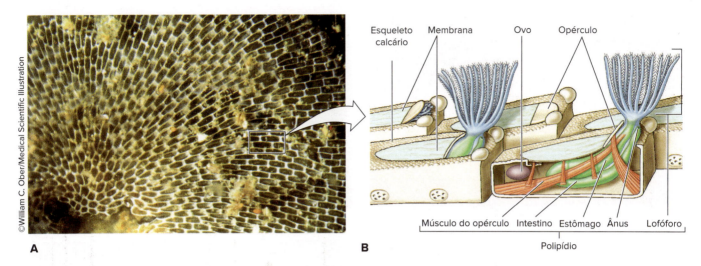

Figura 15.3 A. Uma colônia de *Membranipora*, um briozoário (Ectoprocta) marinho incrustante. Cada pequeno zoécio oblongo é o habitáculo calcário de um zooide. **B.** Porção de uma colônia de um briozoário incrustante. Dois zooides estão ilustrados com os lofóforos distendidos a partir de suas câmaras, os zoécios. Os diminutos zooides projetam-se para fora a fim de capturar o alimento com sua coroa de tentáculos, retraindo-se rapidamente ante à mínima perturbação. A boca localiza-se dentro do anel do lofóforo, mas o ânus situa-se externamente a ele.

T. inopinate se reproduz ao longo do ano e se dispersa bem. As temperaturas frias parecem limitar a sua distribuição mais ao norte.

Ectoproctos de água doce podem formar colônias com aspecto de musgo sobre talos de vegetais ou sobre rochas, geralmente em lagoas ou poças rasas. Em algumas formas de água doce, os indivíduos são sustentados por estolões finamente ramificados, que formam delicados traçados na face inferior de rochas ou vegetais. Outros ectoproctos de água doce encontram-se imersos em grandes massas de material gelatinoso.

Durante muito tempo, os ectoproctos foram chamados de briozoários, ou "animais-musgo" (do grego *bryon*, musgo + *zōon*, animal), uma denominação que originalmente incluía também os Entoprocta. Entretanto, devido ao fato de os entoproctos apresentarem o ânus localizado no interior da coroa de tentáculos, eles têm sido geralmente separados dos ectoproctos, os quais, à semelhança dos demais lofoforados, apresentam o ânus fora do círculo de tentáculos. Muitos autores continuam utilizando o nome "Bryozoa", mas excluem os entoproctos desse grupo.

Forma e função

Cada um dos membros da colônia vive em uma diminuta câmara, denominada zoécio, que é secretada pela epiderme (Figura 15.3). Cada **zooide** consiste em um polipídio captador de alimento e um cistídio, que forma a câmara. O **polipídio** inclui o lofóforo, o trato digestório, os músculos e os centros nervosos. Juntamente com o exoesqueleto secretado, ou zoécio, o **cistídio** constitui a parede do corpo do animal.

Os polipídios vivem uma existência do tipo caixa-surpresa (brinquedo de mola), saltando para se alimentar, mas, diante da perturbação, rapidamente retraem-se para dentro de sua pequena câmara, que frequentemente contém um diminuto alçapão (opérculo), que se fecha para esconder seu ocupante (Figura 15.3). Para estender a coroa de tentáculos, determinados músculos contraem-se causando um aumento da pressão hidrostática no interior da cavidade do corpo. Essa pressão empurra o lofóforo para fora por meio de um mecanismo hidráulico. Outros músculos podem se contrair para retrair a coroa em segurança com uma grande rapidez.

Quando está se alimentando, o animal projeta o lofóforo e distende os tentáculos formando um funil. Os cílios dos tentáculos criam um fluxo de água para dentro do funil e para fora, por entre os tentáculos. As partículas de alimento capturadas pelos cílios no funil são levadas para dentro da boca, tanto pela ação de um bombeamento muscular da faringe como pela ação dos cílios ao longo dos tentáculos e na própria faringe. As partículas indesejáveis podem ser rejeitadas pela reversão da ação dos cílios, pela aproximação entre tentáculos ou pela retração de todo o lofóforo para o interior do zoécio. A crista do lofóforo tende a ser circular nos ectoproctos marinhos e em forma de U nas espécies de água doce (Figura 15.5). A mesocele do lofóforo é dividida da metacele, que é maior e posterior, por um septo. A protocele e o epístoma (uma aba que se projeta sobre a boca; ver Figura 15.9) ocorrem apenas nos ectoproctos de água doce.

A digestão no interior do tubo digestório ciliado e em forma de U inicia-se extracelularmente no estômago e é concluída intracelularmente no intestino. O tubo digestório é completo. Não há órgãos respiratórios, vasculares e excretores. A troca de gases ocorre por meio da superfície do corpo e, visto que os ectoproctos são animais pequenos, o fluido celomático é suficiente para o transporte interno. Em alguns deles, poros nas paredes de zooides vizinhos permitem a troca de materiais por toda a colônia, por meio do fluido celomático, mas em outros, um sistema funicular transporta lipídios e outros nutrientes pela colônia. Os celomócitos englobam e armazenam os materiais a serem excretados. Uma massa ganglionar e um anel nervoso circundam a faringe, mas não há órgãos sensoriais especializados.

A maioria das colônias têm indivíduos que apenas se alimentam, mas em algumas espécies há zooides especializados incapazes de se alimentar (coletivamente chamados de heterozooides). Um tipo de zooide modificado (denominado de aviculário) assemelha-se a um bico de ave e ataca pequenos organismos invasores que podem se fixar sobre a colônia. Um outro tipo (denominado vibráculo) tem uma longa cerda que aparentemente auxilia a varrer para longe as partículas estranhas.

A maioria dos ectoproctos é hermafrodita. Algumas espécies liberam os ovos na água do mar, mas a maioria incuba os zigotos, alguns no interior do celoma e alguns externamente em uma câmara incubadora, denominada de ovicele, que é um zoécio modificado no qual o embrião se desenvolve. Em alguns casos, vários embriões proliferam-se assexuadamente a partir do embrião

Figura 15.4 Colônias de ectoproctos marinhos. **A.** Os zooides são incrustantes nessa colônia rendada de *Membranipora tuberculata*. **B.** *Bugula neritina* tem colônias verticais e ramificadas.

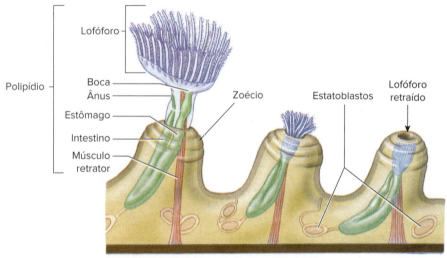

Pequena porção de uma colônia de *Plumatella*

Figura 15.5 Porção da colônia de um briozoário de água doce, *Plumatella*, que mostra a morfologia do polipídio.

inicial, em um processo chamado **poliembrionia**. A clivagem é radial, mas o desenvolvimento ocorre em mosaico. Pouco se sabe a respeito da derivação do mesoderma. As larvas das espécies não incubadoras têm um tubo digestório funcional e nadam por uns poucos meses antes do assentamento; as larvas das espécies incubadoras não se alimentam, fixando-se ao substrato após uma breve existência livre-natante. Elas aderem ao substrato por meio de secreções de um **saco adesivo**, sofrendo então metamorfose para a forma adulta.

Cada colônia origina-se a partir desse único zooide primário metamorfoseado, denominado **ancéstrula**. A ancéstrula sofre então um brotamento assexuado, produzindo os vários zooides de uma colônia. Os ectoproctos de água doce têm outro tipo de brotamento que produz **estatoblastos** (Figura 15.6), que são estruturas rígidas, resistentes e em forma de cápsulas e que contêm uma massa de células germinativas. Os estatoblastos são formados durante o verão e o outono. Quando a colônia morre ao final do outono, os estatoblastos permanecem e, na primavera, dão origem a novos polipídios e, por fim, a novas colônias.

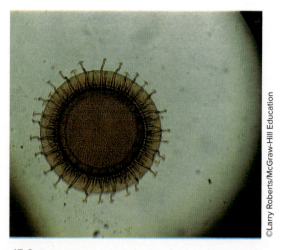

Figura 15.6 Estatoblasto de *Cristatella*, um ectoprocto de água doce. O estatoblasto tem cerca de 1 mm de diâmetro com espinhos em forma de gancho.

15.5 CLADO TROCHOZOA

O táxon Trochozoa é composto de animais com larva trocófora, conforme discutido na seção de abertura deste capítulo. Aqui, discutiremos um grupo de vermes marinhos finos chamados nemertinos e dois outros táxons que formam o clado Brachiozoa, mas moluscos e anelídeos, discutidos nos Capítulos 16 e 17, respectivamente, também são trocozoários.

15.6 CLADO BRACHIOZOA

O clado Brachiozoa une os braquiópodes e os foronídeos; ambos os caracteres moleculares e as características morfológicas embasam esse pareamento (ver Figura 15.1). Ambos os táxons possuem um lofóforo, embora um grupo tenha concha e o outro seja vermiforme.

15.7 FILO BRACHIOPODA

O Brachiopoda (do grego *brachion*, braço + *pous*, *podos*, pé) é um grupo antigo. Apesar de existirem cerca de 325 espécies atuais, foram descritas cerca de 12 mil espécies fósseis, que um dia prosperaram nos mares das eras Paleozoica e Mesozoica. As formas modernas mudaram pouco em relação às mais antigas. O gênero *Lingula* (do latim língua) (Figura 15.7 A) é considerado um "fóssil vivo", tendo existido praticamente sem alterações desde o Ordoviciano. A maioria das conchas dos braquiópodes modernos atinge entre 5 e 80 mm de comprimento, mas algumas formas fósseis chegaram a 30 cm.

Os braquiópodes são formas marinhas fixas e bentônicas que em sua maioria preferem águas rasas, embora ocorram em quase todas as profundidades oceânicas. Externamente, os braquiópodes assemelham-se aos moluscos bivalves porque possuem duas valvas de concha calcárias secretadas pelo manto. Na verdade, eles foram classificados como moluscos até meados do século XIX, e seu nome faz referência aos braços do **lofóforo**, considerados então homólogos ao pé dos moluscos. No entanto, os braquiópodes têm valvas dorsal e ventral, em vez de laterais direita e esquerda, como as dos moluscos bivalves. Além disso, diferentemente dos bivalves, a maioria ou se fixa diretamente ao substrato, ou o faz por meio de um pedúnculo carnoso denominado **pedicelo**. Alguns, como *Lingula*, vivem em tocas verticais escavadas na areia ou no lodo. Os músculos abrem e fecham as valvas, além de promoverem os movimentos do pedúnculo e dos tentáculos.

Na maioria dos braquiópodes, a valva ventral (pedicelar) é ligeiramente maior do que a dorsal (braquial), e uma das extremidades projeta-se na forma de um bico curto, pontudo e perfurado, por onde o pedúnculo carnoso passa pela concha para ancorar-se ao substrato (Figura 15.7 B). Em muitos, a valva pedicelar tem a forma de uma lamparina de óleo clássica da Grécia e da Roma antigas, de modo que, em alguns lugares, os braquiópodes são chamados de "conchas-lâmpada".

A estrutura da concha distingue as duas classes de braquiópodes. As valvas da concha dos Articulata têm uma dobradiça de conexão com um arranjo de encaixe do tipo dente-alvéolo, como em *Terebratella* (do latim *terebratus*, orifício + *ella*, sufixo diminutivo); as valvas dos Inarticulata não têm dobradiça e são unidas apenas pela musculatura, como em *Lingula* e *Glottidia* (do grego *glottidos*, abertura da glote).

O corpo ocupa apenas a parte posterior do espaço entre as valvas (Figura 15.8), e as extensões da parede do corpo formam os lobos do manto que revestem e secretam a concha. O grande lofóforo em forma de ferradura, localizado na cavidade anterior do manto, tem tentáculos longos e ciliados, utilizados na respiração e na captura de alimento. As correntes de água geradas pelos cílios transportam as partículas de alimento por entre as valvas entreabertas e por sobre o lofóforo. Os tentáculos capturam as

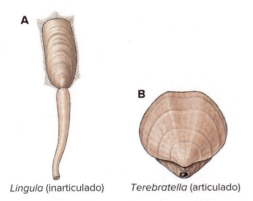

Figura 15.7 Braquiópodes. **A.** *Lingula*, um braquiópode não articulado que normalmente ocupa uma toca. O pedicelo contrátil pode retrair o corpo para o interior da toca. **B.** *Terebratella*, um braquiópode articulado. As valvas têm uma articulação do tipo dente-alvéolo, e um pedicelo curto projeta-se da valva pedicelar para ancorar-se ao substrato.

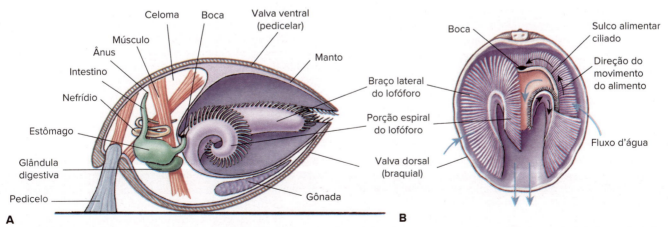

Figura 15.8 Filo Brachiopoda. **A.** Um braquiópode articulado (seção longitudinal). Note que o pedicelo se projeta a partir da valva ventral, de modo que quando está fixo a um substrato, o braquiópode articulado está "de cabeça para baixo", com sua valva ventral voltada para cima e a dorsal para baixo. **B.** Fluxos de água utilizados na captura de alimento e respiração. As setas maiores (*em azul*) mostram a água fluindo sobre o lofóforo; as setas menores (*em preto*) indicam o movimento do alimento em direção à boca no sulco alimentar ciliado.

partículas de alimento, e sulcos ciliados as conduzem ao longo dos braços do lofóforo até a boca. As vias de rejeição conduzem partículas indesejáveis ao lobo do manto, onde são carreadas por correntes ciliares. Os detritos orgânicos e certas algas constituem aparentemente as fontes principais de alimento. O lofóforo dos braquiópodes não produz apenas fluxos d'água para alimentação, como acontece nos outros lofoforados, mas também parece absorver nutrientes dissolvidos diretamente na água do mar circundante.

Há outras três cavidades celômicas, chamadas de protocele, mesocele e metacele, mas a cavidade posterior (metacele) contém as vísceras. Um ou dois pares de nefrídios abrem-se no celoma e esvaziam-se na cavidade do manto. Os celomócitos, que ingerem rejeitos particulados, são expelidos pelos nefrídios. Há um sistema circulatório aberto com um coração contrátil. O lofóforo e o manto são, provavelmente, os locais principais das trocas gasosas. Há um anel nervoso com um pequeno gânglio dorsal e um gânglio ventral maior.

A maioria das espécies tem sexos separados, e gônadas temporárias eliminam os gametas por meio dos nefrídios. A fertilização é externa na maior parte, mas algumas espécies incubam os zigotos e os jovens.

A clivagem é radial e, pelo menos em alguns braquiópodes, a formação do celoma e do mesoderma é enterocélica. O blastóporo se fecha, mas sua relação com a futura boca é incerta. Nos braquiópodes articulados, a metamorfose da larva ocorre após ela se fixar por meio do pedicelo. Nos inarticulados, os jovens assemelham-se a braquiópodes em miniatura, com um pedicelo espiralado na cavidade do manto. Não há metamorfose. Assim que a larva assenta, o pedicelo se fixa ao substrato e a vida como animal adulto tem início.

15.8 FILO PHORONIDA

O Filo Phoronida (do latim *Phoronis*, na mitologia, o sobrenome de Io, transformada em uma novilha branca) inclui aproximadamente 20 espécies de animais pequenos e vermiformes. A maioria vive sobre o substrato em águas costeiras rasas, principalmente nos mares temperados. Eles variam de uns poucos milímetros até 30 cm de comprimento. Cada verme secreta um tubo coriáceo ou quitinoso no interior do qual se move livremente, mas que nunca abandona. Esses tubos podem ser ancorados isoladamente ou em massas emaranhadas sobre rochas, conchas e estacarias, ou então enterrados na areia. Eles distendem os tentáculos do lofóforo para a captura do alimento, mas caso sejam perturbados, podem retrair-se completamente para dentro do tubo.

O lofóforo tem duas cristas paralelas em forma de ferradura, com a curvatura posicionada ventralmente e a boca localizada entre as duas cristas (Figura 15.9). Frequentemente, as projeções das cristas enrolam-se em espirais pares. Cada crista porta tentáculos ocos ciliados os quais, à semelhança das próprias cristas, constituem extensões da parede do corpo.

Os cílios dos tentáculos dirigem uma corrente de água para um sulco entre as duas cristas, que conduz à boca. O plâncton e os detritos capturados nesse fluxo são aglutinados em muco e transportados pelos cílios até a boca. O ânus localiza-se dorsalmente em relação à boca, fora do lofóforo, com um nefridióporo em cada lado. A água que deixa o lofóforo passa sobre o ânus e os nefridióporos, levando os rejeitos para fora. Os cílios que ficam na área do estômago do trato digestório em forma de U auxiliam na movimentação do alimento.

A parede do corpo é formada por uma cutícula, pela epiderme e ambas as musculaturas longitudinal e circular. A protocele está presente como uma pequena cavidade no epístoma; ela

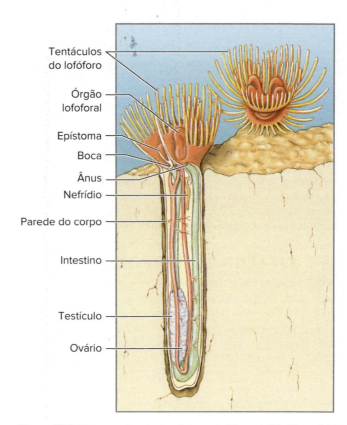

Figura 15.9 Diagrama da estrutura interna de *Phoronis* (Filo Phoronida) em seção vertical.

se conecta à mesocele por meio de prolongamentos laterais do epístoma (Figura 15.9). A metacele é separada da mesocele por um septo. Os foronídeos têm um extenso sistema de vasos sanguíneos contráteis em um sistema circulatório funcionalmente (mas não tecnicamente) fechado. Eles não têm coração. O sangue contém hemoglobina no interior de células nucleadas. Há um par de metanefrídios. Um anel nervoso envia nervos aos tentáculos e à parede do corpo, mas o sistema é difuso e não tem um gânglio distinto que pudesse ser considerado um cérebro. Uma única fibra motora gigante estende-se pela epiderme, e um plexo nervoso epidérmico supre a parede do corpo e a epiderme.

Há tantas espécies monoicas (a maioria) como dioicas de Phoronida, e pelo menos duas espécies se reproduzem assexuadamente. A fertilização pode ser interna ou externa, mas contrariamente a relatos iniciais, a clivagem é radial. A formação do celoma dá-se por meio de uma forma altamente modificada do padrão enterocélico, porém o blastóporo se torna a boca. Uma larva ciliada livre-natante, denominada actinotroca, desce para o fundo do oceano onde se metamorfoseia no animal adulto, secreta um tubo e torna-se séssil.

15.9 FILO NEMERTEA (RHYNCHOCOELA)

Os nemertinos são frequentemente chamados de vermes de fita. Seu nome (do grego *nemertes*, uma das Nereides, infalível) refere-se à pontaria infalível da probóscide, um longo tubo muscular (Figura 15.10) que pode ser estendido rapidamente para capturar a presa. O filo também é denominado Rhynchocoela (do grego *rhynchos*, bico, + *koilos*, furo) também em referência à probóscide. São vermes com forma de cordão ou de fita, bilateralmente simétricos e triblásticos. O grupo é formado por aproximadamente mil espécies, quase todas elas marinhas.

Geralmente, os vermes nemertinos têm um comprimento menor que 20 cm, embora uns poucos tenham vários metros de comprimento (Figura 15.11). *Lineus longissimus* (do latim *linea*, linha), com seus 60 m, é o animal mais comprido do mundo! Esse verme tem apenas de 5 a 10 mm de largura. Os nemertinos podem ter um colorido brilhante, mas a maioria tem cor escura ou pálida. Alguns secretam tubos gelatinosos dentro dos quais vivem.

Com poucas exceções, o plano corporal geral dos nemertinos é semelhante ao dos turbelários (ver Seção 14.3). A epiderme dos nemertinos é ciliada e tem inúmeras células glandulares. O sistema excretor é composto de células-flama. Vários nemertinos têm rabditos, incluindo *Lineus*, mas alguns trabalhos sugerem que não são homólogos aos rabditos dos platelmintos. Os nemertinos também diferem dos platelmintos quanto ao sistema reprodutor. Quase todos são dioicos. A larva ciliada das formas marinhas tem certa semelhança com as larvas trocóforas de anelídeos e moluscos.

Os nemertinos exibem algumas características derivadas que estão ausentes nos platelmintos. A mais evidente é a **probóscide** eversível e sua bainha, da qual não há contraparte em nenhum outro filo. No estranho gênero *Gorgonorhynchus* (do grego *Gorgo*, nome de um monstro feminino de aspecto horrível + *rhynchos*, bico), a probóscide é dividida em muitas probóscides, as quais adquirem forma de uma massa de estruturas vermiformes quando evertidas. Outra diferença é a presença de um **ânus** nos adultos, resultando em um **sistema digestório completo**. O sistema digestório com ânus é mais eficiente porque poupa a expulsão dos resíduos pela boca. A ingestão e a defecação podem ser realizadas simultaneamente. Os nemertinos também são os animais mais simples com um **sistema circulatório** fechado.

Alguns poucos nemertinos ocorrem em solos úmidos e em água doce. *Prostoma rubrum* (do grego *pro*, antes, em frente de + *stoma*, boca), que tem 20 mm ou menos de comprimento, é uma espécie bem conhecida de água doce. A maior parte dos nemertinos é marinha; durante a maré baixa, frequentemente permanecem enrolados embaixo de rochas. Parece provável que sejam ativos durante a maré alta e quiescentes durante a maré baixa. Alguns nemertinos, como *Cerebratulus* (do latim *cerebrum*, cérebro + *ulus*, sufixo diminutivo), vivem frequentemente dentro de conchas vazias de moluscos. As espécies pequenas geralmente vivem entre as algas ou podem ser encontradas nadando perto da superfície da água. Os nemertinos estão frequentemente protegidos na medida em que são encontrados revirando o substrato a profundidades de 5 a 8 m ou mais.

Embora algumas poucas espécies sejam comensais ou necrófagas, quase todos os nemertinos são predadores ativos de pequenos invertebrados. Poucas espécies são especializadas em predar ovos (consideradas ectoparasitos) em caranguejos braquiuros e, quando os animais se reúnem em grandes números, podem consumir todos os embriões da ninhada do seu hospedeiro.

Forma e função

Muitos nemertinos são difíceis de examinar em virtude de seu longo comprimento e fragilidade. *Amphiporus* (do grego *amphi*, a ambos os lados + *poros*, poro), um gênero de formas pequenas que variam entre 2 e 10 cm de comprimento, tem a estrutura típica de um nemertino (Figura 15.10). A parede do seu corpo consiste em uma epiderme ciliada e camadas de músculos circulares e longitudinais (Figura 15.12). Locomovem-se principalmente deslizando sobre um caminho de muco; as espécies maiores movem-se por contração muscular. Algumas espécies grandes são até capazes de nadar, ondulando o corpo, quando ameaçadas.

A boca é anterior e ventral; o tubo digestório é completo, estendendo-se ao longo de todo o corpo e terminando no ânus.

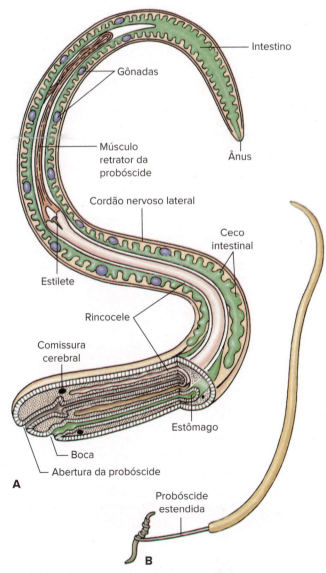

Figura 15.10 A. Estrutura de um verme nemertino fêmea *Amphiporus* (diagrama). A visão dorsal para mostrar o probóscide. **B.** *Amphiporus*, com probóscide estendida para capturar a presa.

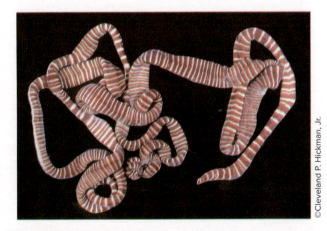

Figura 15.11 O *Baseodiscus* é um gênero de nemertino, cujos membros têm muitos metros de comprimento. Esse **(B)** *mexicanus* é das ilhas Galápagos.

Geralmente, o intestino em si não tem músculos; em vez disso, os cílios se encarregam de deslocar o alimento pelo intestino. A digestão é principalmente extracelular, no lúmen do trato digestório.

As presas favoritas da maioria dos nemertinos são os anelídeos e outros pequenos invertebrados. Suas dietas podem ser muito especializadas ou extremamente diversificadas, dependendo da espécie. Algumas espécies parecem capazes de detectar presas apenas quando esbarram nelas, enquanto outras são capazes de detectá-las a grandes distâncias. Quando encontram a presa, agarram-na com a probóscide, que fica alojada em uma cavidade própria, a **rincocele**, acima do tubo digestório (mas não conectada com ele). A probóscide em si é um tubo muscular longo e cego que se abre na extremidade anterior no poro da probóscide, acima da boca (ver Figura 15.10). A pressão muscular sobre o fluido da rincocele provoca a rápida eversão da longa probóscide tubular pelo poro da probóscide. A eversão da probóscide expõe um espinho pontudo, denominado estilete (ausente em alguns nemertinos). A pegajosa probóscide, recoberta de muco, enrola-se ao redor da presa, a qual é espetada com o estilete (frequentemente, repetidas vezes) enquanto verte uma secreção tóxica sobre a presa (ver Figura 15.10). A neurotoxina de algumas espécies foi recentemente identificada como tetrodoxina, comumente conhecida como o veneno dos baiacus. Após retrair, a probóscide conduz a presa subjugada para a boca e a engole inteira.

Os nemertinos têm um sistema circulatório verdadeiro, e o fluxo sanguíneo é mantido mediante a ação conjunta das paredes contráteis dos vasos e dos movimentos gerais do corpo. O resultado é um fluxo irregular que, com frequência, inverte o sentido nos vasos. De dois a muitos protonefrídios com células-flama estão intimamente associados ao sistema circulatório, de tal modo que parece funcionar como um sistema excretor verdadeiro (para eliminação de resíduos metabólicos), em contraste com o papel presumivelmente osmorregulador nos Platyhelminthes.

Os nemertinos têm um par de gânglios nervosos e um par ou mais de cordões nervosos longitudinais conectados entre si com nervos transversais. Algumas espécies se reproduzem assexuadamente por fragmentação e regeneração. Os nemertinos mostram uma surpreendente gama de estratégias reprodutivas. A maioria das

Características do filo Nemertea

1. Uma **probóscide eversível**, exclusiva dos nemertinos, alojada livremente dentro de uma cavidade (rincocele) sobre o canal alimentar.
2. Em hábitats marinhos, de água doce e terrestres úmidos.
3. Os nemertinos são em sua maioria de vida livre, com umas poucas espécies parasitas.
4. Simetria bilateral; corpo muito contrátil, cilíndrico na região anterior, achatado na posterior.
5. Corpo **triblástico**; parênquima dos adultos parcialmente gelatinoso.
6. A rincocele é uma cavidade celomática verdadeira, mas sua posição e função incomuns, associadas ao mecanismo da probóscide, suscitam dúvidas sobre a possibilidade de ser homóloga ao celoma de outros protostômios.
7. Epiderme com cílios e células glandulares; rabditos em alguns.
8. **Sistema digestório completo** (boca a ânus).
9. Musculatura da parede do corpo com camadas circular externa e longitudinal interna, e fibras diagonais entre elas; às vezes, camada adicional circular, interna à camada longitudinal.
10. Sistema nervoso geralmente com um cérebro de quatro lóbulos conectados a um par de troncos nervosos longitudinais ou, em alguns casos, troncos nervosos medianos dorsal e ventral.
11. **Fossetas ciliadas** ou **fendas cefálicas** sensoriais a cada lado do corpo que comunicam o meio externo com o cérebro; órgãos táteis e ocelos (em alguns).
12. Reprodução assexuada por fragmentação.
13. Sexos separados, com gônadas simples; poucos hermafroditas; **larva pilídio** em alguns.
14. Sistema excretor com dois canais espirais ramificados, com **células-flama**.
15. **Sistema circulatório fechado** com dois ou três troncos longitudinais.
16. Sem sistema respiratório.

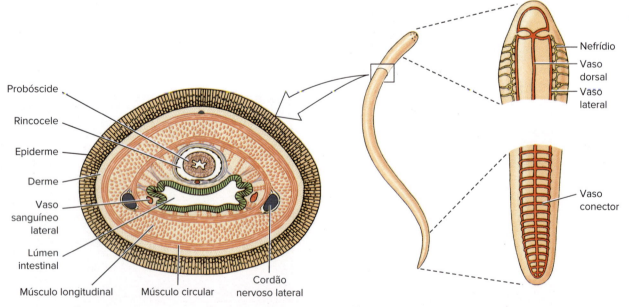

Figura 15.12 **A.** Diagrama de um verme nemertino fêmea em corte transversal. **B.** Sistemas circulatório e excretor de vermes nemertinos. Observe como os canais que ligam um nefrídio ao próximo estão intimamente relacionados com os vasos sanguíneos laterais.

espécies é dioica, e a fertilização é frequentemente externa, mas existem muitas exceções: algumas são hermafroditas; em outras, a fertilização é interna e algumas até mesmo são ovovivíparas.

Filogenia de Nemertea

Como muitos outros protostômios lofotrocozoários, os nemertinos apresentam clivagem espiral. A sequência do desenvolvimento varia no filo, com alguns estudos que mostra uma formação típica de mesoderma a partir do endoderma, bem como instâncias de formação mesodérmica a partir do ectoderma.

Os nemertinos produzem formas larvais variadas, e, em algumas espécies, todos os estágios de desenvolvimento ocorrem dentro da cápsula do ovo. As relações evolutivas entre as variadas formas larvais e a típica larva trocófora têm sido muito discutidas. Existem algumas semelhanças, mas não há um anel central de cílios (prototroco) diferenciado. No entanto, um novo estudo sobre o desenvolvimento de uma espécie de uma linhagem ancestral mostra a formação de uma faixa de cílios circundando a larva que posteriormente se degenera. A breve existência dessa faixa ciliar fornece uma evidência de que a larva trocófora estava presente nos nemertinos ancestrais, e justifica o seu posicionamento dentro dos Lophotrochozoa.

Uma segunda área de controvérsia é a natureza do plano corporal dos nemertinos. Eles são acelomados ou celomados? A rincocele é uma cavidade interna revestida de mesoderma que se forma por esquizocelia. Portanto, é um celoma verdadeiro. Por outro lado, um celoma típico (ver Seção 8.4) forma uma cavidade preenchida de fluido ao redor do trato digestório. Mas a rincocele é localizada acima do trato digestório, estendendo-se até cerca de ¾ do comprimento do corpo, a partir da extremidade anterior. A rincocele difere do típico celoma na posição e na função. Um celoma típico envolve, amortece e protege o trato digestório, mas ele também forma parte do esqueleto hidrostático, enrijecendo-o quando os músculos que o envolvem se contraem. A rincocele é preenchida de fluido e é rodeada por músculos; a contração muscular aumenta a pressão hidrostática e provoca a eversão da probóscide. Deixamos o leitor, na companhia das futuras gerações de biólogos, ponderar se o celoma dos protostômios e a rincocele são estruturas homólogas.

15.10 FILOGENIA

Como os Lophotrochozoa emergiram primeiramente de filogenias baseadas em caracteres moleculares, os biólogos têm se esforçado para compreender os padrões da mudança morfológica nesse grupo de diversos filos. Presume-se que o conjunto de atributos de desenvolvimento associados à clivagem espiral é ancestral para o clado. Tal conjunto inclui embriões de clivagem espiral; clivagem em mosaico onde o destino das células é determinado pelos fatores citoplasmáticos que elas possuem; e formação do mesoderma a partir de derivados de uma célula específica, chamada célula 4 d, que está presente em 64 estágios de clivagem da célula. O mesoderma é derivado tanto do endoderma (por meio da célula 4 d) quanto do ectoderma na maioria dos táxons com clivagem espiral. Se alguns ou todos esses caracteres são ancestrais, então deve haver uma perda de caracteres em vários táxons. Por exemplo, a clivagem espiral não ocorre em rotíferos, gastrótricos, briozoários, foronídeos ou braquiópodes; nem a mesoderma vem da célula 4 d na maioria desses táxons. A probabilidade de que esses caracteres tenham sido perdidos ao longo do tempo evolutivo, em oposição a nunca terem existido, não pode ser determinada até que haja uma boa compreensão do padrão de ramificação entre os Lophotrochozoa. A análise filogenética revelou-se desafiadora, porque os resultados variam de acordo com os genes avaliados. É provável que, nos próximos anos, encontre-se uma solução para esse problema, à medida que grandes conjuntos de dados de genes múltiplos sejam desenvolvidos para a maioria ou todos os táxons. Vários estudos apoiam um clado de lofoforados, que uniria os ectoproctos com os braquiópodes e os foronídeos.

Onde os Nemertea serão incluídos é uma questão controversa. Os nemertinos já foram colocados na mesma família dos platelmintos porque compartilham uma epiderme ciliada e estruturas excretoras de células-flama, mas a presença de um trato digestório completo e uma probóscide eversível em uma cavidade celômica sem igual nos nemertinos torna essa relação próxima improvável. No entanto, a posição da cavidade celômica acima do trato digestório, em vez de ao redor dele, separa os nemertinos de outros animais celomados.

Um estudo recente que tentou considerar erros sistemáticos em métodos filogenéticos corroborou fortemente os clados Trochozoa, Platyzoa (ver Capítulo 14) e Brachiozoa. Houve algum suporte para Polyzoa. A posição de Nemertea requer estudos adicionais.

Classificação do filo Nemertea

Classe Enopla (do grego *enoplos*, armado). Probóscide geralmente armada com estiletes; a boca abre-se em frente ao cérebro. Exemplos: *Amphiporus, Prostoma*.

Classe Anopla (do grego *anoplos*, desarmado). Probóscide sem estiletes; a boca abre-se abaixo ou posteriormente ao cérebro. Exemplos: *Cerebratulus, Tubulanus, Lineus*. A classe Anopla é controversa porque alguns autores consideram que o grupo é parafilético.

RESUMO

Seção	Conceito-chave
15.1 Clado Polyzoa	• O Clado Polyzoa compreende três filos de pequenos animais que usam cílios ou tentáculos ciliados para se alimentar • Os membros do grupo são ciclióforos, entoproctos e ectoproctos.
15.2 Filo Cycliophora	• Os ciclióforos são animais muito pequenos que vivem nas cerdas do aparelho bucal das lagostas ou outros crustáceos decápodes marinhos • Eles têm ciclos de vida complexos com fases sexuadas e assexuadas.
15.3 Filo Entoprocta	• Os entoproctos são pequenos animais aquáticos sésseis com um corpo em forma de taça em um pequeno pedúnculo • Uma única coroa de tentáculos ciliados para a alimentação envolve a boca e o ânus.

Seção	Conceito-chave
15.4 Filo Ectoprocta (Bryozoa)	• Um ectoprocto possui um lofóforo: uma coroa de tentáculos ciliados envolvendo a boca, mas não o ânus, e que inclui uma extensão da mesocele • O lofóforo funciona como uma estrutura respiratória e de alimentação; seus cílios criam correntes de água a partir das quais as partículas de comida são filtradas. Existe um trato digestório em forma de U • Os ectoproctos são sésseis quando adultos, mas têm larvas que nadam livremente • Os ectoproctos são coloniais. Cada indivíduo vive em uma câmara (zoécio), que é um exoesqueleto secretado, podendo ser de quitina, carbonato de cálcio ou material gelatinoso • Os ectoproctos são abundantes em hábitats marinhos, mas várias espécies são comuns em água doce.
15.5 Clado Trochozoa	• Esse grupo contém cinco filos, dos quais três – Brachiopoda, Phoronida e Nemertea – são discutidos neste capítulo.
15.6 Clado Brachiozoa	• Brachiopoda uniu braquiópodes e foronídeos • Ambos os táxons possuem um lofóforo: uma coroa de tentáculos ciliados circundando a boca, mas não o ânus, e contêm uma extensão da mesocele; mas os braquiópodes possuem conchas e superficialmente se parecem com bivalves, enquanto os foronídeos são semelhantes a vermes.
15.7 Filo Brachiopoda	• Os braquiópodes são animais com concha e um lofóforo interno: uma coroa de tentáculos ciliados ao redor da boca, mas não do ânus • O corpo e o lofóforo são ambos cobertos por um manto, que secreta uma concha. Os braquiópodes foram erroneamente identificados como moluscos devido à sua concha, que é superficialmente semelhante à dos moluscos; portanto, os mantos não são homólogos • Os braquiópodes geralmente se fixam a um substrato diretamente ou por meio de um pedicelo • Eles eram muito abundantes na era Paleozoica, mas têm diminuído em número e espécies desde o início da era Mesozoica.
15.8 Filo Phoronida	• Os foronídeos são animais semelhantes a vermes, que se alimentam por meio de um lofóforo: uma coroa de tentáculos ciliados ao redor da boca, mas não do ânus • A maioria vive dentro de tubos em águas costeiras rasas. O lofóforo pode ser retraído para dentro do tubo e empurrado para fora para alimentação • Os foronídeos são os menos comuns dos táxons de lofoforados.
15.9 Filo Nemertea (Rhynchocoela)	• Os nemertinos são vermes de vida livre longos, finos e extensíveis, encontrados predominantemente em hábitats marinhos • Eles capturam a presa com uma probóscide longa eversível e produzem uma neurotoxina. Têm um sistema digestório completo e um sistema circulatório fechado • Eles possuem um celoma verdadeiro, mas essa cavidade fica acima do trato digestório, não o envolvendo como em todos os outros animais celomados.
15.10 Filogenia	• Nem todos os membros de Lophotrochozoa possuem todas as características de desenvolvimento típicas de protostômios. Algumas características podem ter sido perdidas ou modificadas, mas os caminhos evolutivos ainda não estão claros. Em particular, as afinidades filogenéticas de nemertinos, e a homologia de sua cavidade celômica, são assuntos para pesquisas futuras.

QUESTÕES DE REVISÃO

1. Onde você procuraria se tivesse que encontrar um Cycliophora?
2. Em que um entoprocto difere de um ectoprocto?
3. Quais são as características distintivas dos Entoprocta?
4. Analise a Figura 15.1. Quantas vezes o lofóforo evoluiu e como ele difere entre os táxons?
5. Descreva como um ectoprocto se alimenta.
6. Defina cada um dos seguintes termos: lofóforo, zoécio, zooide, polipídio, cistídio e estatoblastos.
7. Como são as válvulas de um braquiópode em termos do eixo ventral dorsal?
8. Os braquiópodes assemelham-se superficialmente aos moluscos bivalves, como os mexilhões. Como você explicaria as diferenças na simetria e na estrutura interna para um leigo?
9. Onde você encontraria foronídeos nos ecossistemas marinhos? Que papel eles desempenham na cadeia alimentar?
10. Que fatores embasam foronídeos e braquiópodes como táxons-irmãos?
11. Que evidência morfológica sugere que os nemertinos são celomados típicos?
12. Como um nemertino captura e consome sua presa?
13. Como animais tão delicados quanto os nemertinos conseguem ser predadores?

Para reflexão. Como você defenderia mais pesquisas sobre os animais discutidos neste capítulo? Considere, em sua resposta, questões econômicas, aplicações práticas, valor estético e a importância de um ecossistema diversificado e saudável.

16 Moluscos

OBJETIVOS DE APRENDIZAGEM

Após leitura do capítulo, você será capaz de:

16.1 Explicar o impacto biológico e econômico da acidificação dos oceanos no crescimento e na colheita de moluscos.

16.2 Descrever as principais características do plano corporal do molusco.

16.3 Comparar e contrastar plano corporal ao longo de oito classes.

16.4 Discutir as evidências de um ancestral de molusco não segmentado e da evolução independente da segmentação em animais.

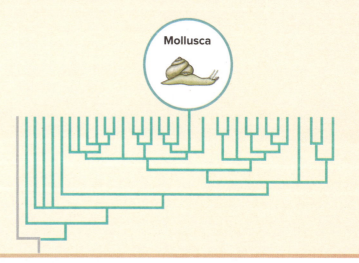

Um bivalve gigante canelado, Tridacna maxima.
©Larry Roberts/McGraw-Hill Education

O prazer de um colecionador de conchas

Há uma diversidade incrível de moluscos. Esse grupo inclui desde animais vermiformes a lulas gigantes, bem como animais com uma única concha, duas conchas, conchas com oito placas, ou sem concha alguma. Alguns se perguntam se os moluscos realmente formam um clado, mas há várias características presentes em quase todos os moluscos que sugerem uma ancestralidade compartilhada. A maioria apresenta uma fileira de dentes incomum chamada rádula que usam para comer, geralmente raspando as algas das superfícies rígidas. A maioria dos moluscos tem um grande pé muscular usado na locomoção e uma camada de tecido exclusiva chamada manto. Este último secreta a concha e compõe os órgãos respiratório e sensorial, entre outras funções. Essas características comuns aos moluscos são usadas de maneiras muito diferentes ao longo das oito classes de moluscos: por exemplo, os dentes radulares são usados para injetar um veneno paralisante em algumas espécies, enquanto outro grupo perde a rádula junto com a cabeça. Os caracóis rastejam; já os polvos apresentam braços preênseis musculares.

Essa diversidade foi explorada de maneiras diferentes pelos seres humanos. Em quase todos os continentes, as conchas foram usadas como dinheiro – o cauri é um caracol cuja concha foi amplamente usada como moeda. Há um debate sobre se o primeiro uso das conchas foi como moeda ou adorno, mas estas ainda são usadas como joias, botões e decoração em todo mundo. As pérolas são outro importante produto dos moluscos bivalves. Mas, com certeza, o uso mais comum dos moluscos é como comida. Nós comemos amêijoas, ostras, vieiras, mexilhões, caracóis, abalones, lulas e polvos, para nomear apenas alguns dos moluscos explorados comercialmente. Algumas vezes, consumimos o manto, em outras o pé e, em outras, o corpo todo. Nossa dependência desses animais reserva-nos um papel importante no manejo do ambiente dos moluscos, mantendo os hábitats costeiros, oceânicos e ribeirinhos despoluídos e desenvolvendo práticas exploratórias sustentáveis.

• FILO MOLLUSCA

16.1 MOLUSCOS

Mollusca (do latim *molluscus*, mole) é um dos maiores filos do Reino Animal depois dos Arthropoda. Existem mais de 90 mil espécies atuais e cerca de 70 mil fósseis. Os moluscos são protostômios lofotrocozoários celomados e, como tais, desenvolvem-se via clivagem espiral em mosaico, formando um celoma por esquizocelia. O estágio larval ancestral é uma trocófora, mas o desenvolvimento é amplamente modificado nas classes.

O nome Mollusca indica uma de suas características distintas, o corpo mole. Esse grupo muito diversificado (Figura 16.1) inclui os quítons, escafópodes ou dentes-de-elefante, caracóis, lesmas, nudibrânquios, pterópodes ou borboletas-do-mar, amêijoas, mexilhões, ostras, lulas, polvos e náutilos. O grupo varia desde organismos razoavelmente simples a alguns dos invertebrados mais complexos; em tamanho, variam do quase microscópico até a lula gigante do gênero *Architeuthis*. Esses gigantescos moluscos podem atingir cerca de 20 m de comprimento, incluindo seus tentáculos, e pesar até 900 kg. As conchas de alguns bivalves gigantes (p. ex., *Tridacna gigas*) que habitam os recifes de corais do Indo-Pacífico atingem 1,5 m de comprimento e pesam mais de 250 kg. Entretanto, esses são casos extremos, pois provavelmente 80% de todos os moluscos têm menos que 10 cm como dimensão máxima da concha. O filo inclui alguns dos invertebrados mais vagarosos e alguns dos mais velozes e ativos. Inclui, ainda, herbívoros pastadores, carnívoros predadores, filtradores, detritívoros e parasitos.

Os moluscos ocupam uma grande variedade de hábitats, desde os trópicos até os mares polares. Eles ocorrem a altitudes que excedem 7 mil m, em pequenos e grandes lagos, cursos d'água, em planícies lodosas litorâneas, em regiões sujeitas ao impacto de fortes ondas e em mar aberto, desde a superfície até profundidades abissais. Apresentam uma diversidade de hábitos de vida, incluindo aqueles que se alimentam no fundo de corpos d'água, cavadores, perfuradores e formas pelágicas.

De acordo com a evidência fóssil, os moluscos originaram-se no mar e a maioria deles ali permaneceu. Boa parte de sua evolução ocorreu ao longo das áreas costeiras, onde o alimento era abundante e os hábitats variados. Somente os bivalves e os gastrópodes invadiram hábitats de águas salobra e doce. Como se alimentam por filtração, os bivalves foram incapazes de deixar o ambiente aquático. As lesmas e os caracóis (gastrópodes) são os únicos que realmente invadiram o ambiente terrestre. Os caracóis terrestres têm distribuição limitada por suas necessidades de umidade, abrigo e presença de cálcio no solo.

Os moluscos são uma fonte alimentar extremamente importante para as pessoas em todo o mundo; em 2006, 450.687.000 toneladas de moluscos foram colhidos comercialmente na costa leste dos EUA, com a costa oeste e o Golfo do México adicionando 3.870.000 e 44.537.000 toneladas, respectivamente. O valor da colheita na costa leste sozinha foi de quase US$6,28 bilhões[1], então a importância econômica dos moluscos não está sendo exagerada. Uma exploração sustentável de moluscos depende de oceanos saudáveis, mas ameaças recentes às populações de moluscos vêm de uma direção inesperada: a acidificação do oceano.

Quantidades crescentes de CO_2 na atmosfera iniciam um conjunto de reações químicas nos oceanos que reduzem o pH. À medida que o oceano se torna mais ácido, os níveis de cálcio biologicamente disponíveis diminuem, tornando mais difícil para os organismos marinhos formarem esqueletos de cálcio. O cálcio é essencial para a fundação que fica abaixo do tecido vivo do coral (ver Seção 13.1), e é fundamental para a saúde das conchas de moluscos. Amêijoas, ostras, mexilhões e vieiras produzem conchas mais finas e fracas quando criadas em pH baixo. Da mesma forma, a larva de abalone não se desenvolve normalmente e muitos não conseguem criar conchas normais. A sobrevivência das larvas das ostras é reduzida quando a acidez do oceano aumenta, fazendo com que a indústria de ostras no noroeste do Pacífico se preocupe com o seu rendimento de US$278 milhões (dados de 2009). Uma fazenda de ostras no Oregon adiciona cloreto de cálcio e carbonato de sódio à água do mar para aumentar a quantidade de cálcio biologicamente disponível para os jovens animais.

---

[1] Fonte: http://www.seaaroundus.org

A

B

C

D

E

Figura 16.1 Moluscos: uma diversidade de formas de vida. O plano corporal básico desse grupo ancestral tornou-se adaptado de forma variada aos diferentes hábitats. **A.** Um quíton (*Tonicella lineata*), classe Polyplacophora. **B.** Um caramujo marinho (*Calliostoma*), classe Gastropoda. **C.** Um nudibrânquio (*Chromodoris* sp.) classe Gastropoda. **D.** As amêijoas-Geoduck, de Puget Sound, Washington, estendem seus grandes sifões, classe Bivalvia e **E.** O polvo (*Octopus briareus*), classe Cephalopoda, forrageia à noite sobre um recife de corais do Caribe.

A única esperança no futuro da exploração de moluscos está nos cefalópodes, como lulas e polvos. Eles parecem ser muito menos afetados pela acidificação do oceano do que seus parentes, presumivelmente porque não possuem conchas.

Pesquisas têm mostrado os efeitos adversos diretos da acidificação do oceano sobre o assentamento e o crescimento de corais, e sobre o desenvolvimento de larvas de peixes de recife tropical, mas os danos indiretos ao ecossistema do recife de coral são igualmente preocupantes. As complexas teias alimentares (ver Seção 13.1) presentes no recife irão mudar com a distribuição e a abundância de corais e algas coralinas. Se a acidificação levar ao aumento na abundância de tapetes de algas e bancos de fanerógamas marinhas, as mudanças na comunidade podem atuar sobre os moluscos e outros táxons não impactados diretamente pela acidificação de nossos oceanos.

Neste capítulo, exploramos os principais grupos de moluscos (Figura 16.2), incluindo aqueles com limitada diversidade (classes Caudofoveata, Solenogastres, Monoplacophora e Scaphopoda). Os membros da classe Polyplacophora (quítons) são animais marinhos comuns e abundantes, especialmente na zona entremarés. Os bivalves (classe Bivalvia) diversificaram-se em muitas espécies, tanto marinhas quanto de água doce. A classe Cephalopoda (lulas, sibas, polvos e organismos aparentados) incluem os maiores e mais inteligentes de todos os invertebrados. Entretanto, os moluscos mais abundantes e mais disseminados são os caramujos e seus parentes (classe Gastropoda). Embora imensamente diversificados, os moluscos têm em comum um plano corporal básico (ver Seção 16.2). O celoma nos moluscos está limitado a um espaço ao redor do coração, e talvez ao redor das gônadas e parte dos rins. Embora tenha um desenvolvimento embrionário similar à do celoma dos anelídeos (ver Capítulo 17), as consequências funcionais desse espaço são completamente diferentes, pois o celoma dos moluscos não é empregado na locomoção.

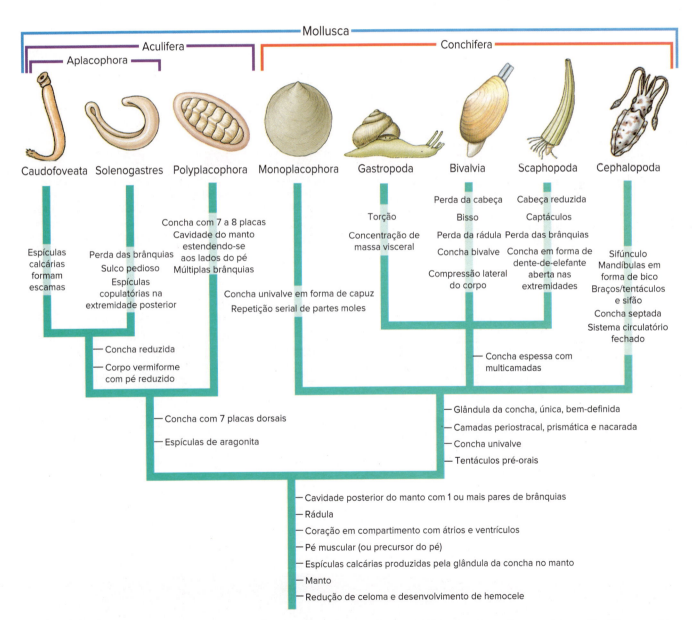

Figura 16.2 Cladograma que mostra relações hipotéticas entre as classes de Mollusca. São mostradas as sinapomorfias que identificam os vários clados, embora muitas dessas sinapomorfias tenham sido modificadas ou perdidas em alguns descendentes. Por exemplo, a concha univalve (bem como o enrolamento da concha) tornou-se reduzida ou perdeu-se por completo em muitos gastrópodes e cefalópodes, e muitos gastrópodes sofreram destorção. A concha bivalve de Bivalvia derivou-se de uma concha ancestral univalve. O bisso não está presente na maioria dos bivalves adultos, mas funciona na fixação larval em muitos deles; portanto, o bisso é considerado uma sinapomorfia de Bivalvia.

16.2 FORMA E FUNÇÃO

A enorme variedade, beleza exuberante e fácil disponibilidade de conchas de moluscos tornaram o hábito de colecioná-las um passatempo popular. Entretanto, muitos colecionadores amadores, ainda que capazes de mencionar os nomes de centenas de conchas que adornam nossas praias, conhecem muito pouco acerca dos animais que as produziram e que um dia ocuparam seu interior. Reduzido às suas dimensões mais simples, o plano corporal dos moluscos tem uma porção **cefalopediosa** e uma **massa visceral** (Figura 16.3). A porção cefalopediosa é a mais ativa, contendo os órgãos da alimentação, sensoriais cefálicos e locomotores. Ela depende primariamente da ação muscular para o seu funcionamento. A massa visceral é a região que contém os órgãos dos sistemas digestório, circulatório, respiratório e reprodutivo, e ela depende primariamente de tratos ciliares para o seu funcionamento. Duas pregas da epiderme projetam-se a partir da parede dorsal do corpo e formam um **manto** protetor, o qual envolve um espaço entre o manto e a parede corporal, chamada **cavidade do manto** (**cavidade palial**). A cavidade do manto abriga as **brânquias** (**ctenídios**) ou um pulmão e, em alguns moluscos, o manto secreta uma **concha** protetora sobre a massa visceral. As modificações das estruturas que formam a região cefalopediosa e a massa visceral são responsáveis pela grande diversidade de padrões observados em Mollusca. Maior ênfase na região cefalopediosa ou na massa visceral pode ser observada em várias classes de moluscos.

Cabeça-pé

A maioria dos moluscos tem uma cabeça bem desenvolvida, na qual se observam a boca e alguns órgãos sensoriais especializados. Os receptores fotossensoriais variam desde os mais simples até os complexos olhos dos cefalópodes. Os tentáculos estão frequentemente presentes. No interior da boca, situa-se uma estrutura exclusiva dos moluscos, a rádula e, geralmente posteriormente à boca, está o principal órgão locomotor ou pé.

Rádula

A rádula é um órgão linguiforme raspador, protrátil, encontrado em todos os moluscos, exceto os bivalves e na maioria dos solenogastres. Ela é uma membrana em forma de fita com fileiras de diminutos dentes direcionados para trás e usados na alimentação (Figura 16.4). Os músculos complexos movem a rádula e suas cartilagens de suporte (**odontóforo**) para dentro e para fora da boca, enquanto a membrana é parcialmente girada sobre as pontas das cartilagens. Pode haver de alguns a até 250 mil dentes os quais, quando protraídos, podem raspar, perfurar, rasgar ou cortar. A função usual da rádula é dupla: a de raspar, arrancando de superfícies duras as partículas finas de material alimentar, e a de servir como

---

Características do filo Mollusca

1. Parede dorsal do corpo forma um par de dobras chamadas **manto**, que envolve a **cavidade do manto**, é modificada em **brânquias** ou **pulmões** e secreta a **concha** (concha ausente em alguns); parede ventral do corpo especializada como um **pé** muscular, diversamente modificado, mas usado principalmente para a locomoção; rádula no interior da boca.
2. Vive em hábitats marinhos, de água doce e terrestres.
3. De vida livre ou, ocasionalmente, parasitos.
4. Corpo bilateralmente simétrico (assimetria bilateral em alguns); não segmentado; frequentemente com cabeça definida.
5. Corpo triblástico.
6. **Celoma** limitado principalmente ao redor do coração e talvez ao lúmen das gônadas, parte dos rins e, ocasionalmente, parte do intestino.
7. Epitélio da superfície geralmente ciliado e provido de glândulas de muco e terminações nervosas sensoriais.
8. Sistema digestório complexo; órgão raspador (**rádula**) geralmente presente; ânus geralmente localizado na cavidade do manto; **tratos ciliares** internos e externos frequentemente de grande importância funcional.
9. Músculos circulares, oblíquos e longitudinais presentes na parede do corpo; manto e pé altamente musculares em algumas classes (p. ex., cefalópodes e gastrópodes).
10. Sistema nervoso constituído de gânglios pares cerebral, pleural, pedioso e visceral, com cordões nervosos e plexo subepidérmico; gânglios centralizados em anel nervoso nos gastrópodes e cefalópodes.
11. Órgãos sensoriais do tato, olfato, paladar, equilíbrio e visão (em alguns); olho direto altamente desenvolvido dos cefalópodes (células fotossensoriais da retina voltadas para a fonte de luz) e é similar ao **olho** indireto (células fotossensoriais da retina voltadas contra a fonte de luz) dos vertebrados, mas tem origem como um derivado da epiderme, em contraste com o olho cerebral dos vertebrados.
12. Reprodução assexuada ausente.
13. Formas **monoicas** e **dioicas**; **clivagem espiral**; larva ancestral do tipo **trocófora**, muitos também com larva **véliger**, alguns com desenvolvimento direto.
14. Um ou dois rins (**metanefrídios**) que se abrem para dentro da cavidade pericárdica e geralmente drenam para dentro da cavidade do manto.
15. Troca gasosa por meio das **brânquias**, **pulmão**, **manto** ou **superfície corporal.**
16. **Sistema circulatório aberto** (secundariamente fechado nos cefalópodes) de coração (geralmente com três câmaras), vasos sanguíneos e seios; pigmentos respiratórios no sangue.

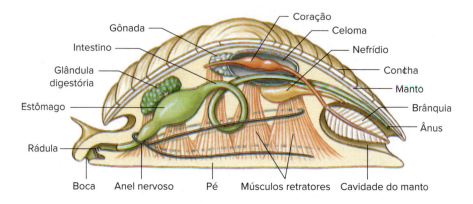

Figura 16.3 Molusco generalizado. Embora essa construção seja frequentemente apresentada como a de um "molusco ancestral hipotético (MAH)", muitos especialistas agora rejeitam essa interpretação. Tal diagrama é útil, entretanto, para facilitar a descrição do plano corporal geral dos moluscos.

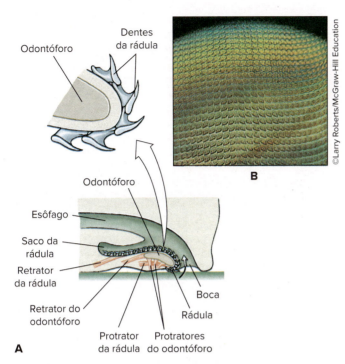

Figura 16.4 A. Seção longitudinal diagramática da cabeça de um gastrópode que mostra a rádula e o saco da rádula. A rádula move-se para trás e para a frente sobre o odontóforo cartilaginoso. À medida que o animal pasteja, a boca abre-se, o odontóforo é impelido para a frente, a rádula raspa vigorosamente, sendo movida para trás e trazendo alimento para dentro da faringe, e a boca se fecha. A sequência é repetida ritmicamente. À medida que a esteira radular se desgasta na extremidade anterior, é continuamente reposta na extremidade posterior. **B.** Rádula de um caracol preparada para exame ao microscópio.

uma esteira condutora para o transporte de partículas em um fluxo contínuo em direção ao trato digestório. À medida que a rádula se desgasta na extremidade anterior, novas fileiras de dentes são continuamente secretadas na extremidade posterior. O padrão e o número de dentes em uma fileira transversal são típicos para cada espécie e usados na classificação dos moluscos. Especializações radulares muito interessantes, como cavar em materiais duros ou arpoar presas, ocorrem em algumas formas.

Pé

O pé dos moluscos (ver Figura 16.3) pode estar diversamente adaptado para locomoção, para fixação a um substrato ou para uma combinação de funções. Geralmente é uma estrutura ventral, em forma de sola, na qual ondas de contração muscular promovem uma locomoção por rastejamento. Há, entretanto, muitas modificações, como o pé discoide das lapas usado para adesão, o pé lateralmente comprimido ou "pé em machadinha" dos bivalves, ou o sifão para a propulsão a jato em lulas e polvos. O muco secretado é frequentemente usado como um auxiliar para a adesão, ou como esteira viscosa por pequenos moluscos que deslizam por ação ciliar.

Nos caramujos, caracóis e bivalves, o pé é estendido hidraulicamente a partir do corpo, por ingurgitamento com sangue. As formas cavadoras podem estender o pé para dentro do lodo ou areia, expandi-lo com a pressão sanguínea e, então, usá-lo assim ingurgitado como uma âncora para puxar o corpo para a frente. Nas formas pelágicas (livre-natantes), o pé pode estar modificado em parapódios aliformes, ou nadadeiras delgadas e móveis para a natação.

Massa visceral
Manto e cavidade do manto

O manto é uma bainha de pele que se estende a partir da massa visceral e pende de cada lado do corpo, protegendo as partes moles e criando, entre ela própria e a massa visceral, um espaço denominado de cavidade do manto. A superfície externa do manto secreta a concha.

A cavidade do manto (ver Figura 16.3) desempenha um papel importantíssimo na vida de um molusco. Ela comumente abriga os órgãos respiratórios (brânquias ou pulmão), os quais se desenvolvem a partir do manto, e a própria superfície exposta do manto serve também para trocas gasosas. Os produtos dos sistemas digestórios, excretor e reprodutor são lançados na cavidade do manto. Nos moluscos aquáticos, uma contínua corrente de água mantida por cílios da superfície do corpo, ou por ação muscular bombeadora, traz oxigênio para dentro e, em algumas formas, alimento. Essa mesma corrente de água também arrasta dejetos para fora e carrega elementos reprodutivos para o ambiente externo. Nas formas aquáticas, o manto está geralmente equipado com receptores sensoriais para "analisar" a água do ambiente. Nos cefalópodes (lulas e polvos), o manto muscular e a respectiva cavidade palial geram jato-propulsão usada na locomoção. Para se protegerem, muitos moluscos podem recolher a cabeça ou o pé para dentro da cavidade do manto, a qual é circundada pela concha.

Nas formas mais simples, o ctenídio (brânquia) consiste em um eixo longo, achatado, prolongando-se a partir da parede da cavidade do manto (Figura 16.5). Muitos filamentos branquiais foliáceos projetam-se a partir do eixo central. A água é impelida por cílios entre os filamentos branquiais, e o sangue difunde-se pelo filamento advindo de um vaso aferente e passando para um vaso eferente, ambos situados no eixo central. A direção do movimento do sangue é oposta àquela da água, estabelecendo-se assim um mecanismo de troca em contracorrente (ver Seção 31.4). Os dois ctenídios estão localizados em lados opostos da cavidade do manto e dispostos de tal forma que a cavidade é dividida funcionalmente em uma câmara inalante e outra exalante. O arranjo básico das brânquias é modificado de várias maneiras em muitos moluscos.

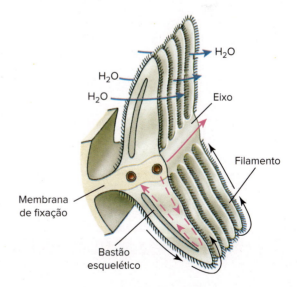

Figura 16.5 Condição primitiva da brânquia do molusco (ctenídio). A circulação da água entre os filamentos branquiais é promovida por cílios, e o sangue difunde-se pelo filamento advindo do vaso aferente e passando para o vaso eferente. As setas pretas indicam correntes ciliares limpadoras. As setas vermelhas indicam o fluxo sanguíneo.

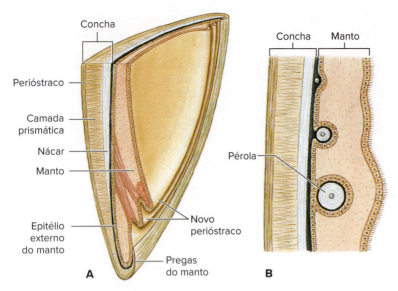

Figura 16.6 **A.** Seção vertical diagramática da concha e manto de um bivalve. O epitélio externo do manto secreta a concha; o epitélio interno é geralmente ciliado. **B.** Formação de pérola entre o manto e a concha à medida que um parasito ou fragmento de areia sob o manto torna-se coberto com nácar.

Concha

A concha dos moluscos, quando presente, é secretada pelo manto e revestida por ele. Normalmente existem três camadas (Figura 16.6 A). O **perióstraco** é a camada mais externa, composta de uma substância orgânica denominada conchiolina, a qual consiste em proteína associada a quinonas. O perióstraco ajuda a proteger as camadas calcárias subjacentes contra o desgaste causado por organismos perfuradores. Ele é secretado por uma prega da margem do manto e o crescimento ocorre somente na margem da concha. Nas partes mais velhas da concha, o perióstraco frequentemente torna-se desgastado. A **camada prismática** mediana é constituída de prismas densamente compactados de carbonato de cálcio (de aragonita ou de calcita) depositados em uma matriz proteica. Ela é secretada pela margem glandular do manto, e o aumento no tamanho da concha ocorre nas margens à medida que o animal cresce. A camada interna da concha, ou **camada nacarada**, fica em contato com o manto, sendo secretada continuamente pela superfície deste último, de tal forma que o nácar aumenta em espessura durante a vida do animal. O nácar calcário é depositado em lâminas finas. Lâminas muito finas e onduladas resultam na madrepérola iridescente encontrada nos abalones (*Haliotis*), nas conchas compartimentadas dos náutilos (*Nautilus*) e em muitos bivalves. Essas conchas podem ter de 450 a 5 mil camadas paralelas de carbonato de cálcio cristalino para cada centímetro de espessura.

Há muita variação na estrutura da concha dos moluscos. Os de água doce normalmente têm um perióstraco espesso que dá alguma proteção contra ácidos produzidos na água pela decomposição de detritos foliares. Em muitos moluscos marinhos, o perióstraco é relativamente fino e, em alguns, ausente. O cálcio necessário para a concha é obtido da água circundante, do solo ou do alimento. A primeira concha aparece durante o período larval e cresce continuamente por toda a vida.

Estrutura interna e função

As trocas gasosas ocorrem em órgãos respiratórios especializados, como nos ctenídios, brânquias e pulmão secundários, bem como pela superfície corporal, particularmente do manto. Há um **sistema circulatório aberto** com um coração propulsor, vasos e seios sanguíneos.

Em um sistema circulatório aberto, o sangue não fica inteiramente contido em vasos sanguíneos; em vez disso, flui por meio de vasos em algumas regiões do corpo e penetra em seios abertos em outras partes (ver Seção 31.3). Um sistema circulatório aberto é menos eficiente em prover oxigênio a todos os tecidos do corpo, sendo, portanto, comum encontrá-lo em animais vagarosos. Os insetos são uma notável exceção, mas nesses animais o oxigênio é distribuído pelo sistema traqueal, não pelo sistema circulatório. Em um sistema circulatório fechado, o sangue circula para os tecidos e a partir deles em vasos sanguíneos. A maioria dos cefalópodes tem sistema circulatório fechado, com vasos e capilares.

O trato digestório é complexo e altamente especializado, de acordo com os hábitos alimentares dos vários moluscos e, geralmente, provido com extensos tratos ciliares. A maioria dos moluscos tem um par de rins (**metanefrídios**, um tipo de nefrídio no qual a extremidade interna abre-se para dentro do celoma por um **nefróstoma**; ver Seção 30.2). Em muitos moluscos, os ductos dos rins também servem como via para a liberação de ovos e espermatozoides.

O **sistema nervoso** consiste em vários pares de gânglios com cordões nervosos conectivos, sendo geralmente mais simples que aquele dos anelídeos e artrópodes. O sistema nervoso é dotado de células neurossecretoras que, pelo menos em certos caracóis de respiração aérea, produzem um hormônio de crescimento e funcionam na osmorregulação. Há vários tipos de órgãos sensoriais altamente especializados.

Reprodução e história de vida

A maioria dos moluscos é dioica, embora alguns sejam hermafroditas. A larva **trocófora** livre-natante que emerge do ovo, em muitos moluscos, é notavelmente semelhante àquela dos anelídeos (Figura 16.7). A metamorfose direta de uma trocófora em um pequeno juvenil, como o dos quítons, é considerada como a condição ancestral para os moluscos. Entretanto, em muitos grupos (especialmente gastrópodes e bivalves) o estágio de trocófora dá origem a um estágio larval exclusivo dos moluscos, denominado **véliger**. A larva véliger livre-natante (Figura 16.8) tem os primórdios do pé, concha e manto. Em muitos moluscos, o estágio de trocófora ocorre no ovo, do qual eclode uma véliger que se torna o único estágio livre-natante. Nos cefalópodes, alguns bivalves e caramujos de água doce e alguns marinhos não se observam larvas livre-natantes; em vez disso, os juvenis eclodem diretamente dos ovos.

Tema-chave 16.1

GENÉTICA E DESENVOLVIMENTO

Larva trocófora

As larvas trocóforas (Figura 16.7) são diminutas, translúcidas, relativamente cônicas, dotadas de um cinturão ciliar proeminente (prototroca) e, algumas vezes, de um ou dois cinturões ciliares acessórios. Elas caracterizam os moluscos e os anelídeos apresentando um padrão de desenvolvimento embrionário ancestral e são, em geral, consideradas homólogas entre os dois filos. Alguma forma de larva semelhante a trocófora também caracteriza turbelários marinhos, nemertinos, braquiópodes, foronídeos, sipunculídeos e equiurídeos e, juntamente com a evidência molecular, suporta um grupo taxonômico chamado Trochozoa dentro do superfilo Lophotrochozoa.

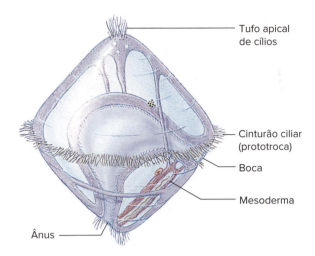

Figura 16.7 Modelo geral de larva trocófora. Moluscos e anelídeos com padrão ancestral de desenvolvimento embrionário têm larvas trocóforas, como ocorre em vários outros filos.

Figura 16.8 Véliger de um caramujo, *Pedicularia*, nadando. Os adultos são parasitos de corais. As projeções ciliadas (véu) desenvolvem-se da prototroca da trocófora (ver Figura 16.7).

16.3 CLASSES DE MOLUSCOS

Por mais de 50 anos, os taxonomistas reconheceram cinco classes de moluscos que existem hoje: Amphineura, Gastropoda, Scaphopoda, Bivalvia (também denominada de Pelecypoda) e Cephalopoda. A descoberta de *Neopilina* na década de 1950 acrescentou outra classe (Monoplacophora), e Hyman[2] sustentou que solenogastres e quítons constituíam classes separadas (Aplacophora e Polyplacophora), colocando em desuso o nome Amphineura. Subsequentemente, a Aplacophora foi dividida nos grupos-irmãos Caudofoveata e Solenogastres.[3] Os membros de ambos os grupos são vermiformes e desprovidos de concha, com **escleritos** calcários ou espículas no tegumento. Eles têm cabeça reduzida sem nefrídios. Apesar dessas similaridades, há diferenças importantes entre esses grupos.

Classe Caudofoveata

Os membros da classe Caudofoveata compreendem cerca de 120 espécies de organismos marinhos vermiformes, que variam de 2 a 140 mm de comprimento. Eles são em sua maioria cavadores que se posicionam verticalmente no interior do sedimento, com a extremidade posterior, onde estão a cavidade do manto e respectivas brânquias, situada à entrada da toca. Alimentam-se principalmente de microrganismos e detritos. Eles possuem um escudo oral, um órgão aparentemente associado à seleção e à obtenção de alimento, e uma rádula. Têm um par de brânquias e são dioicos. O plano corporal dos caudofoveatos pode ter mais características em comum com o ancestral dos moluscos do que qualquer outro grupo atual. Essa classe é por vezes denominada de Chaetodermomorpha.

Classe Solenogastres

Os solenogastres constituem um pequeno grupo de cerca de 250 espécies de animais marinhos muito similares aos caudofoveatos. Os solenogastres, entretanto, geralmente não têm rádula, nem brânquias (embora estruturas respiratórias secundárias possam estar presentes). O pé é representado por um estreito sulco mediano ventral, o sulco pedioso. Eles são hermafroditas. Os solenogastres são habitantes de fundo e frequentemente vivem em cnidários e deles se alimentam. Essa classe é por vezes denominada de Neomeniomorpha.

Classe Polyplacophora: quítons

Os quítons (do grego armadura, túnica) representam um grupo mais diversificado de moluscos, reunindo cerca de mil espécies descritas. São animais um tanto achatados dorsoventralmente, com a superfície dorsal convexa guarnecida com sete a oito placas calcárias articuláveis, ou valvas, daí o nome Polyplacophora ("portadores de muitas placas"). As placas se sobrepõem posteriormente e são geralmente de colorido fosco para combinar com o tom das rochas sobre as quais os quítons aderem. A cabeça e os órgãos sensoriais cefálicos são reduzidos, mas estruturas fotossensoriais (**estetos**) que penetram nas placas têm forma de olhos em alguns quítons.

Os quítons são em sua maioria pequenos (2 a 5 cm); a maior espécie, *Cryptochiton* (do grego *crypto*, escondido + *chiton*, armadura), raramente excede 30 cm. Esses moluscos preferem superfícies rochosas nas regiões entremarés, embora alguns vivam a grandes profundidades. Muitos quítons são organismos "caseiros", que vagueiam a curtas distâncias em torno de uma área restrita em busca de alimento. A maioria alimenta-se projetando a rádula a partir da boca e raspando algas das rochas. A raspagem é auxiliada pelos dentes radulares reforçados com magnetita, mineral que contém ferro. O quíton *Placiphorella velata*, entretanto, é uma espécie predadora incomum que captura pequenos invertebrados usando uma aba cefálica especializada. Um quíton fixa-se tenazmente à rocha com seu pé amplo e chato; se removido, pode enrolar seu corpo como um tatuzinho-de-jardim para se proteger.

O manto forma um cinturão ao redor da margem das placas e, em algumas espécies, as dobras do manto cobrem parcial ou completamente as placas. Comparada com outras classes de moluscos, a cavidade do manto dos poliplacóforos estende-se ao longo dos lados do pé e as brânquias são mais numerosas. As brânquias estão suspensas a partir do teto da cavidade do manto, ao longo de cada lado do amplo pé ventral (Figura 16.9). Com o pé e a margem do manto aderindo firmemente ao substrato, esses sulcos tornam-se câmaras fechadas, abertas apenas nas extremidades. A água entra pelos sulcos anteriormente, flui pelas brânquias trazendo um suprimento contínuo de oxigênio, e sai posteriormente. Na maré baixa, as margens do manto podem ser pressionadas fortemente contra o substrato para diminuir a perda d'água, mas em algumas circunstâncias essas margens podem ser mantidas abertas para uma limitada respiração aérea. Em muitos quítons, um par de

---

[2] Hyman, L. H. 1967. *The Invertebrates*, vol. VI. New York, McGraw-Hill Book Company.
[3] Boss, K. J. 1982. Mollusca. In S. P. Parker, ed., *Synopsis and Classification of Living Organisms*, vol. 1. New York.

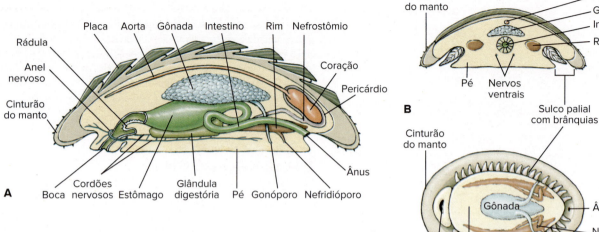

Figura 16.9 Anatomia de um quíton (classe Polyplacophora). **A.** Seção longitudinal. **B.** Seção transversal. **C.** Vista externa ventral.

osfrádios (órgãos sensoriais quimiorreceptores para "analisar" a água) ocupa os sulcos do manto, próximo ao ânus.

O sangue bombeado pelo coração dotado de três câmaras chega às brânquias por meio de uma aorta e dos seios. Um par de rins (metanefrídios) conduz excretas da cavidade pericárdica para o exterior. Dois pares de nervos longitudinais conectam-se na região bucal.

Na maioria dos quítons, os sexos são separados e as larvas trocóforas se metamorfoseiam diretamente em juvenis, sem um estágio intermediário de véliger.

Classe Monoplacophora

Por muito tempo, os monoplacóforos foram considerados extintos; eram conhecidos somente a partir de conchas da era Paleozoica. Entretanto, em 1952, espécimes vivos de *Neopilina* (do grego *neo*, novo + *pilos*, capuz de feltro) foram dragados do fundo do mar próximo à costa oeste da Costa Rica. São conhecidas, atualmente, cerca de 25 espécies de monoplacóforos. Esses moluscos são pequenos e têm uma concha baixa, de contorno arredondado, e pé em forma de sola rastejadora (Figura 16.10). A boca apresenta a rádula característica. Os monoplacóforos apresentam semelhanças superficiais com as lapas, mas ao contrário da maioria dos moluscos, alguns órgãos são repetidos serialmente. Esses animais têm de três a seis pares de brânquias, dois pares de átrios do coração, de três a sete pares de metanefrídios, um ou dois pares de gônadas e um sistema nervoso em forma de escada com dez pares de nervos pedais. A repetição serial de órgãos ocorre nos quítons, embora em grau mais limitado. Qual seria a explicação para a repetição de conjuntos de estruturas corporais nesses animais? Em um verme anelídeo, há repetição de estruturas do corpo em cada segmento (ver o texto de abertura do Capítulo 17). São as estruturas repetidas indicações de que os moluscos tinham um ancestral segmentado (metamérico)? A maioria das pesquisas atuais indica que *Neopilina* exibe pseudometamerismo e que os moluscos não tiveram um ancestral metamérico. A hipótese Serialia (ver Seção 16.4) sugere que os monoplacóforos e os poliplacóforos sejam táxons-irmãos, e que a repetição seriada de estruturas tenha surgido no ancestral desses dois grupos.

Classe Gastropoda

Entre os moluscos, a classe Gastropoda é, de longe, a maior e a mais diversa, reunindo mais de 70 mil espécies atuais e mais de

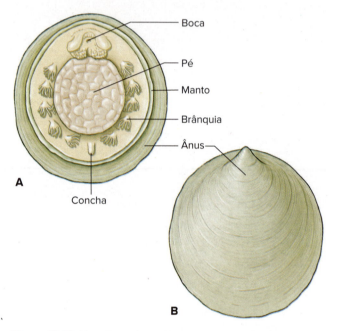

Figura 16.10 *Neopilina*, classe Monoplacophora. Espécimes vivos variam de 3 mm a cerca de 3 cm de comprimento. **A.** Vista ventral. **B.** Vista dorsal.

15 mil fósseis. Ela reúne tamanha diversidade que não existe em nosso idioma um termo geral único que possa ser aplicado para designá-la. A classe Gastropoda inclui caracóis, lapas, lesmas terrestres e marinhas, búzios, litorinas, lesmas-do-mar, lebres-do-mar e borboletas-do-mar. Os gastrópodes variam desde formas marinhas até os caracóis e as lesmas terrestres com respiração aérea. Eles são animais geralmente vagarosos e sedentários, porque a maioria tem uma concha pesada. Alguns são especializados para escalar, nadar ou cavar. As conchas são sua principal defesa.

A concha, quando presente, é sempre uma peça única (**univalve**) e pode ser enrolada ou não. Iniciando pelo **ápice**, o qual contém a **volta** menor e mais velha, as voltas da concha tornam-se sucessivamente maiores e enrolam-se ao redor do eixo central, ou **columela** (Figura 16.11). A concha pode ser **dextrógira**, quando o enrolamento ocorre para a direita, ou **sinistrógira**, quando para a esquerda. A direção do enrolamento é controlada geneticamente,

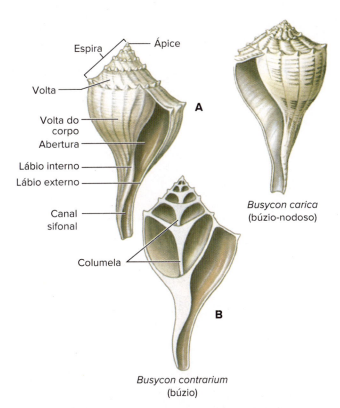

Figura 16.11 Concha do búzio *Busycon*. **A** e **B**. *Busycon carica*, uma espécie com concha dextrógira, ou enrolada para a direita. Uma concha dextrógira tem abertura no lado direito, quando mantida com o ápice para cima e a abertura voltada para o observador. **C**. *B. contrarium*, uma espécie sinistrógira, ou com a concha enrolada para a esquerda.

e as conchas dextrógiras são as mais comuns. Muitos caracóis têm um **opérculo**, uma placa composta por proteína associada a quinonas que fecha a **abertura** da concha quando o corpo é recolhido para o seu interior.

Os gastrópodes variam desde formas microscópicas até gigantes marinhos, como *Pleuroploca gigantea*, um caramujo com concha de até 60 cm de comprimento, e as lebres-do-mar *Aplysia* (Figura 16.18), das quais algumas espécies atingem 1 m de comprimento. A maioria dos gastrópodes, entretanto, varia entre 1 e 8 cm de comprimento. Alguns gastrópodes fósseis têm até 2 m de comprimento.

É grande a variação de hábitats dos gastrópodes. Os gastrópodes marinhos são comuns tanto na zona litorânea quanto a grandes profundidades, e alguns são até pelágicos. Alguns estão adaptados à água salobra e outros à água doce. No ambiente terrestre, são limitados por fatores como composição mineral do solo e extremos de temperatura, aridez e acidez. Assim mesmo, eles estão amplamente disseminados; alguns têm sido encontrados a grandes altitudes e mesmo em regiões polares. Os gastrópodes ocupam todos os tipos de hábitats: em pequenos lagos ou grandes corpos d'água, em florestas, pastagens, musgos, sob rochas, no subsolo, penhascos escarpados, sobre árvores e sobre os corpos de outros animais. Eles adotaram com sucesso todos os modos de vida, exceto a locomoção aérea.

Os gastrópodes podem ser protegidos por conchas, por secreções tóxicas ou por um sabor desagradável e/ou pelos hábitos discretos. Algumas espécies são inclusive capazes de utilizar, para sua própria defesa, as células urticantes de cnidários, suas presas. Uns poucos, como *Strombus*, podem desferir golpes ágeis com o pé, o qual é dotado de opérculo pontudo. Entretanto, esses moluscos são comidos por aves, besouros, pequenos mamíferos, peixes e outros predadores. Como são hospedeiros intermediários para muitas espécies de parasitos, especialmente trematódeos (Seção 14.3), os caracóis são frequentemente prejudicados pelas fases larvais dos parasitos.

Existem três subclasses de gastrópodes: Prosobranchia, Opisthobranchia e Pulmonata. Elas são descritas na Seção 16.3, mas os nomes dessas subclasses são comumente utilizados para se referir a alguns animais em particular. Exemplos familiares de prosobrânquios incluem as litorinas, as lapas, os bucinídeos, os preguaris, os abalones e os búzios. As lesmas marinhas, lebres-do-mar e nudibrânquios são frequentemente referidos como opistobrânquios. Os pulmonados incluem a maioria das lesmas e caracóis terrestres e de água doce.

Forma e função

Torção. O desenvolvimento embrionário dos gastrópodes varia dependendo do grupo em questão, mas geralmente há um estágio larval de trocófora seguido por um estágio de véliger, quando a concha é inicialmente formada. O véliger tem dois lobos velares ciliados, utilizados na natação, e um pé em desenvolvimento, já evidente (Figura 16.12). Inicialmente, a boca é anterior e o ânus, posterior, mas as posições relativas da concha, do trato digestório e do ânus, da cavidade do manto contendo as brânquias e dos nervos dispostos ao longo de ambos os lados do trato digestório são alteradas em um processo denominado de torção.

A torção é em geral descrita como um processo de dois passos. No primeiro passo, um músculo retrator assimétrico do pé se contrai e puxa a concha e as vísceras dentro dela (contendo os órgãos do corpo) em 90° no sentido anti-horário, em relação à cabeça. Esse movimento traz o ânus da região posterior para o lado direito do corpo (Figura 16.12). As descrições tradicionais afirmam que o movimento da concha acompanha o das vísceras, mas estudos detalhados recentes demonstraram que o movimento de ambas é independente. Durante os primeiros movimentos da torção, a concha pode ser girada entre 90 e 180° e assumir a posição que persistirá até o estágio adulto. Tradicionalmente, aceitava-se que a cavidade do manto, que abriga as brânquias e o ânus nos animais adultos, movia-se acompanhando o ânus nos primeiros 90° de torção. Entretanto, estudos mostraram que a cavidade do manto se desenvolve no lado direito do corpo próximo ao ânus, mas inicialmente isolada deste último. Durante o desenvolvimento, ânus e cavidade do manto geralmente se deslocam mais para a direita, e a cavidade do manto é então remodelada e passa a envolver o ânus. Em uma série mais lenta e variável de transformações, o trato digestório move-se tanto lateral quanto dorsalmente, ficando o ânus localizado dorsalmente à cabeça e no interior da cavidade do manto (Figura 16.12).

Após a torção, o ânus e a cavidade do manto abrem-se acima da boca e da cabeça. As estruturas do lado esquerdo, como brânquia, o rim e o átrio do coração, situam-se agora do lado direito, enquanto a brânquia, rim e o átrio, originalmente do lado direito, situam-se à esquerda, e os cordões nervosos, torcidos, formam a figura de um "8". Devido ao espaço disponível na cavidade do manto, a extremidade cefálica sensorial pode agora ser recolhida para dentro desse espaço e mantida sob a proteção da concha, com o robusto pé e, quando presente, o opérculo, formando uma barreira para o exterior.

A sequência de desenvolvimento descrita acima é denominada torção ontogenética. A torção evolutiva compreende a série de transformações que geraram o atual corpo torcido dos gastrópodes a partir de uma forma ancestral não torcida. Tradicionalmente, assume-se que o gastrópode ancestral hipotético apresentava uma

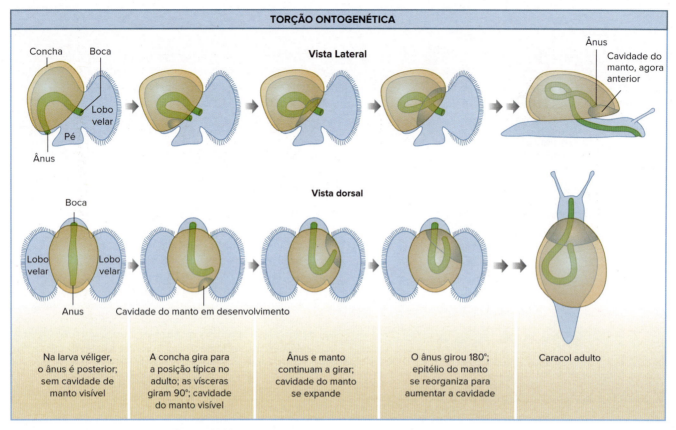

Figura 16.12 Torção ontogenética em uma larva véliger de gastrópode.

cavidade do manto posterior, de forma similar ao molusco ancestral hipotético (ver Figura 16.3). Por muito tempo, presumiu-se que as mudanças morfológicas na torção ontogenética representassem a sequência das mudanças evolutivas. Entretanto, novos estudos sobre o desenvolvimento de várias espécies de gastrópodes sugerem um cenário diferente; pesquisadores levantam a hipótese de que o gastrópode ancestral tinha duas cavidades laterais do manto, muito similares às de *Neopilina* (Figura 16.10) e quítons (Figura 16.9). Uma cavidade do manto única sobre a cabeça pode ter surgido quando a cavidade do manto lateral esquerda foi perdida e a cavidade direita se expandiu em direção ao meio do corpo após os primeiros 90° de torção. Um estudo minucioso da torção ontogenética demonstra que deslocamentos assincrônicos da concha, cavidade do manto, massa visceral e ânus são possíveis, embora algumas estruturas movam-se juntas em alguns táxons. Em vez de um processo conservado de mudança, a torção tem sido reinterpretada como um estágio anatômico conservado, onde a concha deslocou-se para a posição adulta e o ânus e a cavidade do manto estão do lado direito do corpo.[4]

Graus variáveis de **destorção** ocorrem em opistobrânquios e pulmonados, e o ânus se abre para o lado direito, ou mesmo para o lado posterior (ver Figura 16.18). Entretanto, esses dois grupos derivaram-se de ancestrais com torção completa.

O curioso arranjo resultante da torção, onde o ânus se abre sobre a cabeça e as brânquias, cria a possibilidade de dejetos serem arrastados para trás e sobre as brânquias (**incrustação** ou autopoluição) e nos faz pensar sobre quais pressões evolutivas fortes selecionaram tal realinhamento estranho de estruturas corporais. Várias explicações têm sido propostas, mas nenhuma delas é inteiramente satisfatória. Por exemplo, os órgãos sensoriais da cavidade do manto (osfrádios) amostrariam melhor a água quando voltados na direção do deslocamento do animal. Certamente, as consequências da torção e a necessidade decorrente de evitar a autopoluição da cavidade palial foram muito importantes na subsequente evolução dos gastrópodes. Essas consequências não podem ser exploradas, entretanto, até que tenhamos descrito outra característica incomum dos gastrópodes – o enrolamento.

Enrolamento. Enrolamento, ou enrolamento em espiral, da concha e massa visceral não é o mesmo que torção. O enrolamento pode acontecer no estágio larval simultaneamente com a torção, mas o registro fóssil mostra que o enrolamento é um evento evolutivo independente e que se originou nos gastrópodes antes da torção. Entretanto, todos os gastrópodes atuais descendem de ancestrais com corpo e concha enrolados e torcidos, embora alguns tenham perdido essas características.

Os primeiros gastrópodes tinham concha **planispiral**, bilateralmente simétrica, na qual todas as voltas situam-se em um único plano (Figura 16.13 A). Uma concha dessas não era muito compacta, uma vez que cada volta tinha que se situar completamente fora da volta precedente. O problema da reduzida compactação da concha planispiral foi solucionado pela adoção da forma espiral cônica (**conispiral**), na qual cada volta sucessiva situa-se unida lateralmente à precedente (Figura 16.13 B). Todavia, essa forma era claramente desbalanceada. Uma distribuição mais equitativa do peso foi alcançada pela mudança de posição da concha, colocando a espira para cima e para trás, com o eixo da concha mantendo-se oblíquo ao eixo longitudinal do pé (Figura 16.13 C). Entretanto, o peso e o grande volume da volta principal do corpo, que é a maior volta da concha, exerceram pressão sobre o lado

---

[4]Page, L. R. 2003. J. Exp. Zool. Part B: 297B:11-26.

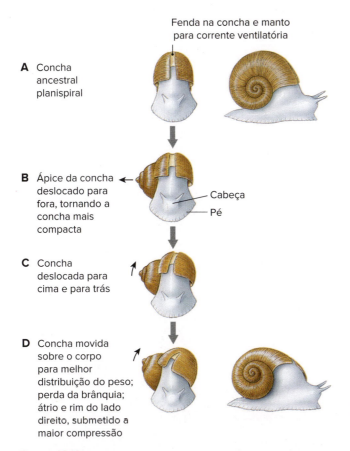

A Abalone-vermelho, *Haliotis rufescens*

B Caracol-lunar, *Naticarius orientalis*

Figura 16.13 Evolução da concha em gastrópodes. **A.** As conchas enroladas mais primitivas eram de forma planispiral, estando cada volta apoiada completamente no perímetro da volta anterior. **B.** Melhor compactação alcançada por gastrópodes nos quais cada volta apoia-se parcialmente ao lado da volta precedente. **C** e **D.** Melhor distribuição de peso resultou quando a concha foi deslocada para cima e para trás. Entretanto, algumas formas atuais retornaram secundariamente à forma planispiral da concha.

Figura 16.14 A. Abalone-vermelho, *Haliotis rufescens*. Esse enorme caramujo similar às lapas é apreciado como alimento e extensivamente comercializado. Os abalones são estritamente vegetarianos, alimentando-se especialmente das algas *kelp* e alfaces-do-mar. **B.** Caracol-lunar, *Naticarius orientalis*, de Sulawesi, Indonésia, é semelhante ao caracol-lua norte-americano, um predador de amêijoas e mexilhões. Ele usa sua rádula para fazer buracos perfeitos na concha de sua vítima, através dos quais a tromba é então estendida para comer o corpo carnudo do bivalve.

direito da cavidade do manto e, aparentemente, interferiram com os órgãos daquele lado. Consequentemente, a brânquia, o átrio e o rim do lado direito foram perdidos na maioria dos gastrópodes atuais, levando a uma condição de *assimetria bilateral*. Surpreendentemente, algumas espécies atuais retornaram secundariamente à forma planispiral da concha.

Embora a perda da brânquia direita seja provavelmente uma adaptação ao transporte de uma concha enrolada, essa condição, presente na maioria dos prosobrânquios atuais, tornou possível um meio de evitar a o problema da autopoluição, causado pela torção. A água é drenada para a cavidade do manto pelo lado esquerdo e expelida pelo lado direito, arrastando dejetos provenientes do ânus e do nefridióporo, que se situam próximo do lado direito. Mecanismos pelos quais a autopoluição é evitada em outros gastrópodes são mencionados conforme cada classe é discutida.

Hábitos alimentares. Os hábitos alimentares dos gastrópodes são tão variados quanto suas formas e hábitats, mas todos incluem o uso de alguma adaptação da rádula. A maioria dos gastrópodes é herbívora, raspando e removendo partículas de algas de substratos duros. Alguns herbívoros são pastadores não seletivos, outros são pastadores seletivos, e outros ainda são comedores de plâncton. *Haliotis*, o abalone (Figura 16.14 A), segura a alga marinha com o pé, da qual arranca pedaços com sua rádula. Caracóis terrestres forrageiam durante a noite.

Alguns caramujos, como *Bullia* e *Buccinum*, são necrófagos que sobrevivem de animais mortos ou em decomposição; outros são carnívoros que rasgam suas presas com os dentes da rádula. *Melongena* alimenta-se de bivalves, especialmente *Tagelus*, a unha-de-velha, introduzindo sua probóscide entre as valvas semiabertas da concha. *Fasciolaria* e *Polinices* (Figura 16.14 B) alimentam-se de uma variedade de moluscos, preferivelmente bivalves. *Urosalpinx cinerea*, perfuradores de ostras, abrem buracos em conchas de ostras. A rádula, dotada de três fileiras longitudinais de dentes, dá início à ação perfuradora; a seguir, esses gastrópodes movem-se para a frente, protraem um órgão perfurador acessório por meio de um poro na região anterior da sola do pé e o pressionam contra a concha da ostra, usando agora um agente químico para amolecer a concha. Curtos períodos de raspagem com a rádula alternam-se com longos períodos de atividade química, até que a valva da concha seja atravessada completamente por uma perfeita abertura circular. Com sua probóscide inserida pelo orifício, esse caramujo pode alimentar-se continuamente por horas ou dias, usando sua rádula para arrancar pedaços de carne. *Urosalpinx* é atraído para a sua presa a certa distância pela percepção de algum componente químico, provavelmente liberado nos resíduos metabólicos da presa.

A *Cyphoma gibbosum* (Figura 16.17) e as espécies aparentadas vivem sobre gorgônias (filo Cnidaria, ver Capítulo 13) e delas se alimentam, em recifes de corais de águas rasas nos trópicos. Esses caracóis são chamados línguas-de-flamingo. Durante as atividades normais, o manto de um colorido brilhante envolve completamente a concha, mas pode ser retraído rapidamente para dentro da abertura quando o gastrópode é perturbado.

Os membros do gênero *Conus* alimentam-se de peixes, vermes e moluscos. Sua rádula é altamente modificada para a captura de presas. Uma glândula impregna os dentes radulares com um veneno altamente tóxico. Quando *Conus* percebe a presença de sua presa, um único dente radular desliza e fica de prontidão na extremidade da probóscide. Tocando a presa, a probóscide expele o dente como um arpão, e o veneno paralisa a vítima imediatamente. Para predadores que se movem vagarosamente, essa é uma adaptação efetiva para prevenir o escape de presas ágeis. Algumas espécies de *Conus* podem desferir "picadas" muito dolorosas, e em várias espécies a picada é letal para os seres humanos. Cada espécie de *Conus* carrega um veneno de peptídeos tóxicos (**conotoxinas**) específicos para suas presas preferidas. Conotoxinas são ferramentas valiosas nas pesquisas sobre vários receptores e canais iônicos de células nervosas.

Alguns gastrópodes, como *Strombus gigas*, alimentam-se de depósitos orgânicos presentes na areia ou no lodo. Outros coletam o mesmo tipo de detritos orgânicos, mas podem digerir somente os microrganismos neles contidos. Alguns gastrópodes sésseis, como certas lapas, usam cílios branquiais para arrastar material particulado até esses órgãos respiratórios, englobá-lo em uma bola

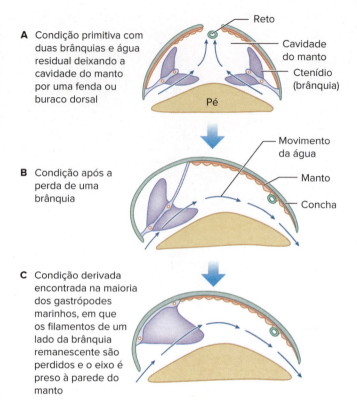

Figura 16.15 Evolução das brânquias nos gastrópodes. **A.** Condição primitiva com duas brânquias e corrente exalante de água deixando a cavidade do manto por uma fenda ou furo dorsal. **B.** Condição após a perda de uma brânquia. **C.** Condição derivada encontrada na maioria dos gastrópodes marinhos, na qual os filamentos de um dos lados da brânquia remanescente são perdidos e o eixo fixa-se à parede do manto. *Nota*: os termos *ctenídio* e *brânquia* referem-se à estrutura respiratória, mas a maioria dos biólogos limita o uso de ctenídio para se referir às brânquias amplamente expandidas nos bivalves.

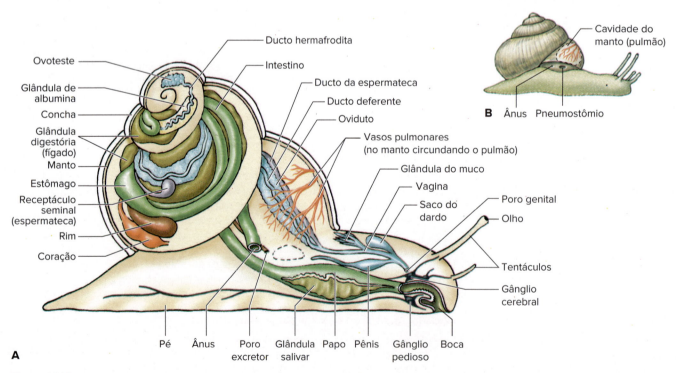

Figura 16.16 **A.** Anatomia de um caracol pulmonado. **B.** Posição da cavidade do manto servindo como pulmão. O ar entra e sai pelo pneumostômio.

Figura 16.17 As línguas-de-flamingo, *Cyphoma gibbosum*, são vistosas habitantes dos recifes de corais do Caribe, onde vivem associadas a gorgônias. Esses caramujos têm concha lisa, creme-alaranjada a rosa, normalmente coberta pelo manto brilhantemente ornamentado.

de muco e transportá-lo até a boca. Algumas borboletas-do-mar secretam uma rede mucosa para capturar pequenas formas planctônicas; em seguida, recolhem a rede para dentro da boca.

Naqueles que usam de mecanismos ciliares para obtenção do alimento, os estômagos têm áreas de seleção, e a maior parte da digestão é intracelular nas glândulas digestórias. Outras formas maceram o alimento usando a rádula e, algumas vezes, uma moela; em seguida, digerem-no fora da célula, no lúmen do estômago ou nas glândulas digestórias.

Forma e função interna. A respiração na maioria dos gastrópodes é realizada por um **ctenídio** (a condição primitiva, encontrada em alguns prosobrânquios, é a presença de duas **brânquias**), localizado na cavidade do manto. No entanto, algumas formas aquáticas são desprovidas de ctenídios e dependem do manto e da epiderme do corpo. Após a perda de uma das brânquias em algumas linhagens de prosobrânquios, a maioria perdeu também a metade da brânquia remanescente, e o eixo central tornou-se unido à parede da cavidade do manto (ver Figura 16.15). Assim, eles obtiveram o arranjo branquial mais eficiente para o modo pelo qual a água circula pelo interior da cavidade do manto (entrando por um lado e saindo pelo outro).

Os gastrópodes pulmonados não têm brânquias, mas têm uma área do manto altamente vascularizada, a qual serve como **pulmão** (ver Figura 16.16). A maior parte da margem do manto adere às costas do animal, e o pulmão abre-se para o exterior por meio de uma pequena abertura, denominada **pneumostômio**. A cavidade do manto enche-se de ar pela contração do assoalho do manto. Muitos pulmonados aquáticos precisam vir à tona para expelir uma bolha de ar do pulmão. Para inalar o ar, eles enrolam a borda do manto ao redor do pneumostômio para formar um sifão.

A maioria dos gastrópodes tem nefrídio (rim) único. Os sistemas circulatório e nervoso são bem desenvolvidos (ver Figura 16.16). Este reúne três pares de gânglios conectados por nervos. Os órgãos dos sentidos incluem olhos ou fotorreceptores simples, estatocistos, órgãos tácteis e quimiorreceptores. O tipo de olho mais simples nos gastrópodes é constituído de uma depressão em forma de taça no epitélio, revestida com células pigmentares fotorreceptoras. Em muitos gastrópodes, a taça ocular contém uma lente recoberta por uma córnea. Uma área sensorial denominada **osfrádio**, localizada na base do sifão inalante da maioria dos gastrópodes, é quimiorreceptora em algumas formas, embora sua função possa ser mecanorreceptora, ou mesmo desconhecida em outras espécies.

Há gastrópodes tanto dioicos quanto monoicos. Muitos realizam cerimônias de corte. Durante a cópula em espécies monoicas, há troca de espermatozoides ou espermatóforos (pacotes de espermatozoides). Muitos pulmonados terrestres lançam um dardo a partir de um saco do dardo (ver Figura 16.16), injetando-o no corpo do parceiro para aumentar a excitação antes da cópula. Após a cópula, cada parceiro deposita seus ovos em cavidades rasas no solo. Gastrópodes com características reprodutivas mais primitivas expelem óvulos e espermatozoides na água do mar, onde ocorre a fecundação, e os embriões eclodem brevemente como larvas trocóforas livre-natantes. Na maioria dos gastrópodes, a fertilização é interna.

Ovos fecundados e envolvidos isoladamente em cápsulas transparentes podem ser eliminados para flutuar entre o plâncton, ou podem ser postos em camadas gelatinosas aderidas ao substrato. Algumas formas marinhas colocam seus ovos em pequenos ou grandes grupos dentro de cápsulas ovígeras resistentes, ou em uma ampla variedade de cápsulas ovígeras. A prole geralmente emerge na fase de larva véliger (ver Figura 16.8), ou pode ficar retida na cápsula ovígera por todo o estágio de véliger e emergir como caracóis juvenis. Algumas espécies, incluindo muitos caramujos de água doce, são ovovivíparas, encubando seus ovos e a prole no oviduto.

Principais grupos de gastrópodes

A classificação tradicional da classe Gastropoda inclui três subclasses: Prosobranchia, a maior delas, com quase todas as espécies marinhas; Opisthobranchia, um agrupamento que inclui lesmas-do-mar, lebres-do-mar, nudibrânquios, conchas-canoa, sendo todos marinhos; e Pulmonata, que reúne a maioria das espécies de água doce e terrestres. Atualmente, a taxonomia dos gastrópodes está em transformação. As evidências sugerem que Prosobranchia é parafilética. Opisthobranchia pode ser parafilética, mas Opisthobranchia e Pulmonata, juntas, aparentemente formam um agrupamento monofilético. O número de subclasses de Gastropoda e as relações entre elas têm sido objeto de considerável controvérsia. Por conveniência e organização, continuamos a usar os termos "prosobrânquios" e "opistobrânquios", reconhecendo que eles podem não representar táxons válidos.

Prosobrânquios. Esse grupo reúne a maioria dos caramujos marinhos e alguns gastrópodes de água doce e terrestres. A cavidade do manto é anterior em decorrência da torção, com a brânquia ou brânquias situadas em posição anterior ao coração. A água entra pelo lado esquerdo e sai pelo lado direito, e a margem do manto frequentemente se prolonga em um longo sifão para separar a corrente inalante da exalante. Em prosobrânquios com duas brânquias (p. ex., o abalone *Haliotis*, ver Figura 16.14 A, e as lapas de concha perfurada *Diodora*), a incrustação (ver Seção 16.3) é evitada com o fluxo exalante da corrente de água dirigindo-se para o teto do manto e saindo de um ou mais furos na concha.

Os prosobrânquios têm um par de tentáculos. Os sexos são geralmente separados. Um opérculo está frequentemente presente. Eles variam em tamanho desde as litorinas e pequenas lapas (*Patella* e *Diodora*) até as enormes conchas de *Pleuroploca*, que crescem até 60 cm em comprimento, fazendo deles os maiores gastrópodes no Oceano Atlântico. Exemplos familiares de prosobrânquios são os abalones (*Haliotis*), os quais têm concha em forma de orelha; os búzios (*Busycon*), os quais depositam seus ovos em cápsulas discoides, com margens carenadas, unidas a um cordão de 1 m de comprimento; as comuns litorinas (*Littorina*); os caracóis-da-lua (*Polinices*); os perfuradores de ostras (*Urosalpinx*), que perfuram ostras e sugam seus conteúdos; conchas-de-rocha (*Murex*), uma espécie europeia usada para a obtenção da púrpura real dos antigos romanos; e algumas formas de água doce (*Goniobasis* e *Viviparus*).

Opistobrânquios. Os opistobrânquios constituem um agrupamento peculiar de moluscos que inclui as lesmas-do-mar, lebres-do-mar, borboletas-do-mar e os caramujos-bolha. Quase todos são marinhos; a maioria deles é de águas rasas, vivendo escondidos sob pedras e algas marinhas; uns poucos são pelágicos. Atualmente, nove ou mais ordens de opistobrânquios são reconhecidas. Os opistobrânquios exibem destorção parcial ou completa (Figura 16.18). Assim, o ânus e as brânquias (se presentes) estão deslocados para o lado direito ou para a traseira do corpo. Evidentemente, o problema da autopoluição da cavidade palial é prevenido se o ânus é deslocado para longe da cabeça, em direção posterior. Dois pares de tentáculos são geralmente encontrados, o segundo par frequentemente mais modificado (**rinóforos**, Figura 16.18), com pregas lamelares que aparentemente aumentam a área para a quimiorrecepção. A concha é normalmente reduzida ou ausente. Todos são monoicos.

As lebres-do-mar (*Aplysia*, Figura 16.18) têm tentáculos anteriores grandes e em forma de orelhas, bem como conchas vestigiais. Nos pterópodes ou borboletas-do-mar (*Corolla* e *Clione*), o pé é modificado em nadadeiras para a natação; eles são, portanto, pelágicos.

Os nudibrânquios são carnívoros e frequentemente de colorido brilhante (Figura 16.19). As lesmas-do-mar emplumadas (Aeolidae), que se alimentam principalmente de anêmonas-do-mar e hidroides, apresentam papilas alongadas (**ceratos**) cobrindo o dorso. As lesmas-do-mar ingerem os nematocistos de suas presas e transportam aqueles não descarregados para a extremidade dos seus ceratos. Nesse local, os nematocistos são armazenados no interior de cnidossacos que se abrem para o exterior, e o aeolídeo pode usar esses nematocistos roubados para sua própria defesa. *Hermissenda* é um dos nudibrânquios mais comuns da costa oeste dos EUA.

As lesmas-do-mar Sacoglossa são caracterizadas por conter um único dente por fileira transversal da rádula, que é usado para perfurar células de algas, permitindo sugar o seu conteúdo. De forma similar aos seus primos aeolídeos, alguns sacoglossos podem roubar organelas funcionais de suas presas para seu próprio benefício. De fato, várias espécies desenvolveram ramificações especiais no intestino que percorrem todo o corpo; plastídios fotossintéticos obtidos das algas são direcionados para essas ramificações em vez de serem digeridos, permanecendo funcionais por tempo considerável. Da mesma forma, alguns nudibrânquios carnívoros aproveitam-se das zooxantelas intactas de cnidários, suas presas (ver Seção 11.3). Essa habilidade de usurpar a maquinaria fotossintética das presas rendeu a algumas espécies o apelido de "lesmas marinhas movidas a energia solar" (p. ex., *Elysia crispata*).

Pulmonados. Os pulmonados incluem caracóis terrestres e a maioria dos caramujos de água doce e lesmas (e umas poucas formas marinhas e de água salobra). Eles perderam os ctenídios ancestrais, mas a parede vascularizada do manto tornou-se um pulmão, o qual se enche de ar por contração do assoalho do manto (algumas espécies aquáticas desenvolveram brânquias secundárias na cavidade do manto). O ânus e o nefridióporo abrem-se próximo ao pneumostômio, e dejetos são expelidos forçadamente com o ar ou a água que sai vigorosamente do pulmão. Os pulmonados exibem alguma destorção. Eles são

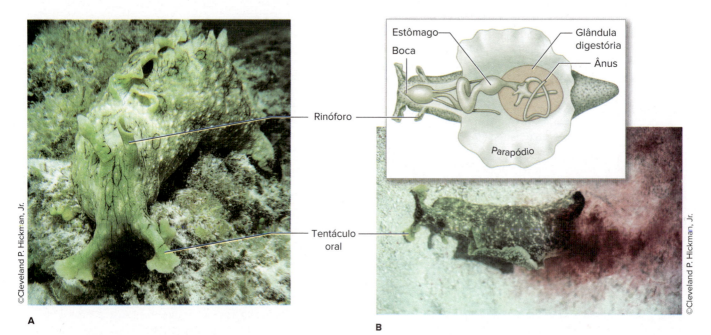

Figura 16.18 A. A lebre-do-mar, *Aplysia dactylomela*, rasteja e nada por um recife de coral, auxiliada por grandes parapódios aliformes, vistos aqui com bordas onduladas sobre o dorso do corpo. **B.** Quando atacadas, as lebres-do-mar esguicham copiosa quantidade de uma secreção protetora derivada de algas vermelhas, das quais se alimentam. Certas substâncias dessas algas passam da glândula digestória para a "glândula púrpura", onde são modificadas. Secreções da glândula púrpura deixam o corpo pela cavidade do manto, da mesma forma que os dejetos eliminados pelo ânus. Nas lebres-do-mar, o ânus e a cavidade do manto são posteriores porque esses animais sofrem destorção durante o desenvolvimento.

Figura 16.19 *Phyllidia ocellata*, um nudibrânquio. Como outras *Phyllidia* sp., essa espécie tem corpo firme, carregado de espículas calcárias densas, e apresenta brânquias ao longo dos lados, entre o manto e o pé.

monoicos. Espécies aquáticas têm um par de tentáculos não retráteis na base dos quais estão situados os olhos; formas terrestres têm dois pares de tentáculos, com o par posterior dotado de olhos (Figura 16.20).

Até recentemente, presumia-se que todas as lesmas terrestres tivessem evoluído de ancestrais caracóis terrestres cujas conchas impediam a dessecação, permitindo a colonização do ambiente terrestre. Esses primeiros caracóis colonizadores pertenciam a várias linhagens diferentes, cada uma perdendo independentemente a concha conforme se adaptavam a hábitats úmidos. No entanto, pesquisas em Palau, no Pacífico Ocidental, identificaram uma nova lesma terrestre, *Aiteng marefugitus*, cujo ancestral marinho de zona entremarés não tinha concha. Lesmas ancestrais de zonas entremarés foram capazes de invadir o hábitat da floresta tropical em Palau devido à alta umidade desse ambiente e à falta de competidores terrestres.

Classe Bivalvia (Pelecypoda)

Os Bivalvia também são chamados de Pelecypoda, ou animais com "pé em forma de machadinha", como seu nome sugere (do grego *pelekys*, machadinha + *pous*, *podos*, pé). São moluscos como mexilhões, vieiras, ostras, teredos que são dotados de duas valvas (Figuras 16.21 a 16.31). Variam em tamanho desde formas diminutas, com 1 a 2 mm de comprimento, até as gigantes *Tridacna* do Pacífico Sul, que podem atingir mais de 1 m de comprimento e pesar 225 kg (ver Figura 16.28). A maioria dos bivalves são **filtradores** sedentários que dependem das correntes produzidas pelos cílios das brânquias para recolher material alimentar. Diferente dos gastrópodes, os bivalves não têm cabeça, rádula e a cefalização é reduzida. A maioria dos bivalves é marinha, mas muitos vivem na água salobra, em cursos d'água e em pequenos e grandes lagos.

Tema-chave 16.2
CONEXÃO COM SERES HUMANOS

Bivalves ameaçados

Os bivalves de água doce já foram abundantes e muito diversificados em cursos d'água por todo o leste dos EUA, mas eles são agora o grupo de animais mais ameaçado no país. Das mais de 300 espécies outrora presentes, cerca de 2 dúzias estão extintas, mais de 60 estão em perigo de extinção e cerca de 100 ameaçadas de extinção. O represamento de rios provavelmente está entre as mais importantes ameaças a essas espécies. Poluição e sedimentação da mineração, indústria e agricultura são causas adicionais. A indústria de cultivo de pérolas usa conchas de bivalves de água doce moídas para estimular formação pérolas nas ostras, o que leva à exploração daqueles bivalves. Além disso, a introdução de espécies exóticas agrava o problema. Por exemplo, o prolífico mexilhão-zebra (ver Tema-chave 16.3) fixa-se em grande número sobre os bivalves nativos, exaurindo os suprimentos alimentares (fitoplâncton) na água circundante.

Forma e função

Concha. Os bivalves são lateralmente comprimidos e suas duas conchas (valvas) são mantidas unidas dorsalmente por um ligamento da charneira que faz as valvas se abrirem ventralmente. As valvas são trazidas uma de encontro à outra por músculos adutores que atuam em oposição ao ligamento da charneira (Figura 16.21 C e D). O umbo é a parte mais velha da concha, e o crescimento ocorre em linhas concêntricas ao seu redor (Figura 16.21 A).

A produção de pérolas é um subproduto de um dispositivo protetor usado pelos animais quando um objeto estranho (grão de areia, parasito ou outro) aloja-se entre a concha e o manto (ver Figura 16.6). O manto secreta muitas camadas de nácar ao redor do objeto irritante. As pérolas são cultivadas inserindo-se partículas de nácar, geralmente extraídas de conchas de bivalves de água doce, entre a concha e o manto de certa espécie de ostra, seguida da manutenção das ostras em cercados por vários anos. *Meleagrina* é uma ostra usada extensivamente pelos japoneses para o cultivo de pérolas.

Figura 16.20 A. Caracol pulmonado terrestre. Note os dois pares de tentáculos; o segundo par, maior, é dotado de olhos. **B.** Lesma banana, *Ariolimax columbianus*. Note o pneumostômio.

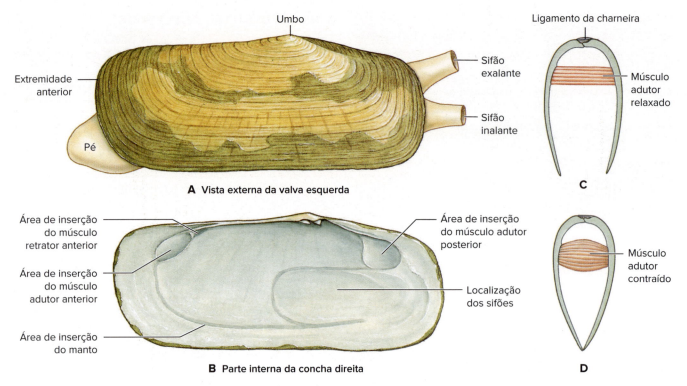

Figura 16.21 *Tagelus plebeius*, a unha-de-velha (classe Bivalvia). **A.** Vista externa da valva esquerda. **B.** Interior da valva direita que mostra cicatrizes onde os músculos estavam fixados. O manto estava fixado na sua área de inserção. **C** e **D.** Seções que mostram a função do músculo adutor e do ligamento da charneira. Em **C**, o músculo adutor está relaxado, permitindo ao ligamento da charneira manter as valvas separadas. Em **D**, o músculo adutor está contraído, mantendo as valvas juntas.

Corpo e manto. A massa visceral mantém-se suspensa a partir da linha mediana dorsal, e o pé muscular está unido anteroventralmente à massa visceral (Figura 16.22). Os ctenídios pendem de cada lado do corpo, cada um coberto por uma dobra do manto. As margens posteriores das dobras do manto estão modificadas para formar uma abertura exalante dorsal e uma inalante ventral (Figura 16.23 A). Em alguns bivalves marinhos, o manto é prolongado, formando longos sifões musculares que lhes permitem cavar para dentro do lodo ou areia e estender os sifões para a coluna d'água acima do sedimento (Figura 16.23 B a D).

Locomoção. Os bivalves iniciam o movimento estendendo o pé delgado e muscular entre as valvas (ver Figura 16.23 D). O sangue é impulsionado para dentro do pé, causando a sua dilatação, que age como uma âncora no interior do lodo ou areia; em seguida, músculos longitudinais contraem-se para encurtar o pé e puxar o animal para a frente.

As vieiras e as limas nadam com movimentos abruptos de abertura e fechamento das valvas, para gerar uma espécie de propulsão a jato. As bordas do manto direcionam de tal modo a corrente de água expelida (jato) que o bivalve pode nadar praticamente em qualquer direção (Figura 16.24).

Brânquias. As trocas gasosas ocorrem por meio do manto e das brânquias. As brânquias da maioria dos bivalves são altamente modificadas para a alimentação por filtração; elas são derivadas de ctenídios primitivos pelo alongamento dos filamentos de cada lado do eixo central (Figura 16.22). À medida que os longos filamentos dobraram-se levando suas extremidades livres a se aproximarem do eixo central, os filamentos ctenidiais desenvolveram a forma de um W ligeiramente alongado. Os filamentos situados uns ao lado dos outros tornaram-se unidos por junções ciliares ou fusões de tecidos, originando **lamelas** delgadas em forma de placas com muitos tubos aquíferos verticais internos. Assim, a água

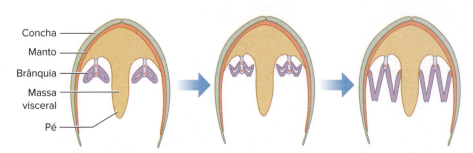

Figura 16.22 Seções transversais da concha e do corpo de um bivalve, que mostra as posições relativas da massa visceral e do pé. Evolução dos ctenídios bivalves: com uma grande extensão dos filamentos individuais de brânquias, os ctenídios tornaram-se adaptados para a filtração de alimento e separaram a câmara inalante da câmara suprabranquial exalante.

A Mexilhão-navalha, *Ensis*, sifões inalantes e exalantes.

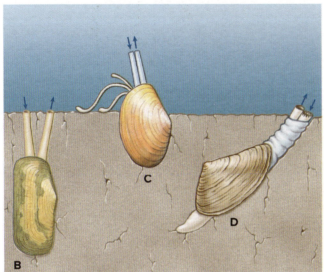

Figura 16.23 Adaptações dos sifões em bivalves. **A.** No mexilhão-navalha, *Ensis*, os sifões inalantes e exalantes são claramente visíveis acima da superfície do sedimento. **B** a **D.** Em muitas formas marinhas, o manto prolonga-se para formar longos sifões. Em **A**, **B** e **D**, o sifão inalante conduz para dentro tanto o alimento quanto o oxigênio. Em **C**, *Yoldia*, os sifões são respiratórios; os palpos longos e ciliados exploram a superfície do lodo e conduzem alimento para a boca.

entra pelo sifão inalante impelida por ação ciliar, passa para dentro dos tubos aquíferos por poros entre os filamentos nas lamelas, dirige-se dorsalmente para dentro de uma **câmara suprabranquial** comum (Figura 16.25) e, finalmente, sai para o ambiente externo via abertura exalante.

Alimentação. A maioria dos bivalves é filtradora (ver Seção 32.1). As correntes respiratórias trazem oxigênio e materiais orgânicos para as brânquias, onde os tratos ciliares dirigem as correntes para os diminutos poros das brânquias. As células glandulares nas brânquias e nos palpos labiais secretam copiosas quantidades de muco, que engloba partículas em suspensão na água filtrada pelos poros branquiais. Essas massas mucosas deslizam para baixo sobre a face externa das brânquias, sendo conduzidas para os sulcos alimentares na margem inferior das brânquias (Figura 16.26). Partículas de sedimento mais densas precipitam dos ctenídios, mas partículas menores são transportadas ao longo dos sulcos alimentares em direção aos palpos labiais. Os palpos, sendo também sulcados e ciliados, selecionam as partículas de interesse e as conduzem à boca, envoltas na massa de muco.

Figura 16.24 Representando um grupo que evoluiu de ancestrais cavadores, a vieira *Aequipecten irradians*, um bivalve habitante de superfície, desenvolveu órgãos sensoriais ao longo das bordas de seu manto (tentáculos e uma série de olhos azuis).

Alguns bivalves, como *Nucula* e *Yoldia*, são comedores de depósitos e têm longas probóscides unidas aos palpos labiais (ver Figura 16.23 C). Tais probóscides podem ser protraídas e inseridas na areia ou lodo para coletar partículas alimentares, além daquelas atraídas pelas correntes das brânquias.

Os teredos (Figura 16.27) cavam madeira e se alimentam das partículas dela removidas. Bactérias simbiontes vivem em um órgão especial do bivalve e produzem celulase para digerir a madeira. Outros bivalves, como as ostras gigantes, obtêm muito de sua nutrição a partir dos produtos da fotossíntese de dinoflagelados simbiontes que vivem nos tecidos do seu manto (Figura 16.28).

Os septibrânquios, um outro grupo de bivalves, arrastam pequenos crustáceos ou pequenas porções de detritos orgânicos para dentro da cavidade do manto por súbitos influxos de água criados pela ação bombeadora de um septo muscular na cavidade do manto.

Estrutura interna e função. O assoalho do estômago dos bivalves filtradores apresenta-se pregueado, formando tratos ciliares para a seleção de partículas que chegam em um fluxo contínuo. Na maioria dos bivalves, o **saco do estilete**, uma projeção cilíndrica que se abre no estômago, secreta um bastão gelatinoso denominado **estilete cristalino**. Esse bastão projeta-se para dentro do estômago, onde é mantido em rotação por meio de cílios no saco do estilete (Figura 16.29). A rotação do estilete contribui tanto para a dissolução de suas camadas superficiais, liberando enzimas digestivas (especialmente a amilase) nele contidas, quanto para enrolar a massa alimentar mucosa. As partículas deslocadas são selecionadas e as adequadas são direcionadas para as glândulas digestórias ou engolfadas por amebócitos. A digestão posterior é intracelular.

O coração é dotado de três câmaras e situa-se na cavidade pericárdica (ver Figura 16.26); tem dois átrios e um ventrículo e pulsa lentamente, de 0,2 a 30 vezes por minuto. Parte do sangue é oxigenada no manto e retorna ao ventrículo por meio dos átrios; o restante circula pelos seios e passa em uma veia para os rins, daí para as brânquias, para a oxigenação e retorna aos átrios.

Um par de rins em forma de U (túbulos nefridiais) situa-se adjacente ao coração, ventral e posterior a esse órgão (ver Figura 16.26 B). A porção glandular de cada túbulo abre-se para dentro do pericárdio; a porção vesical esvazia para dentro da câmara suprabranquial.

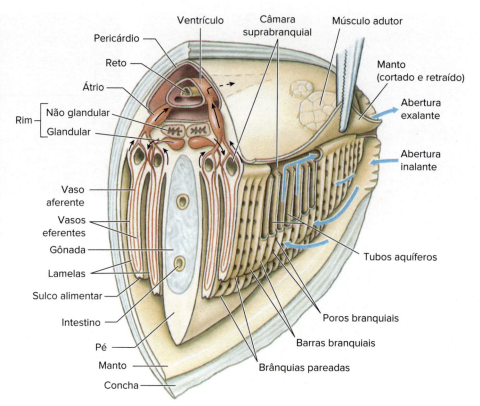

Figura 16.25 Seção da região cardíaca de um bivalve de água doce para mostrar a relação entre os sistemas circulatório e respiratório. Correntes de água para a respiração: a água é drenada para dentro da cavidade palial por ação ciliar, passa pelos poros nas brânquias, flui em direção dorsal pelos tubos aquíferos, alcança a câmara suprabranquial e sai por uma abertura exalante. O sangue no interior das brânquias troca o dióxido de carbono por oxigênio. Circulação sanguínea: o ventrículo bombeia o sangue em direção anterior para seios sanguíneos no pé e vísceras, e posteriormente para os seios do manto. O sangue retorna do manto para os átrios; aquele nas vísceras retorna para os rins, daí para as brânquias e, finalmente, para os átrios.

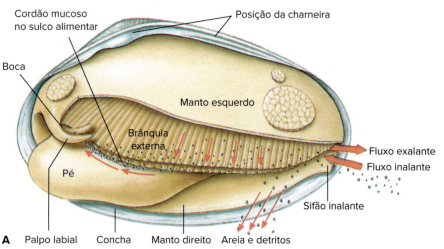

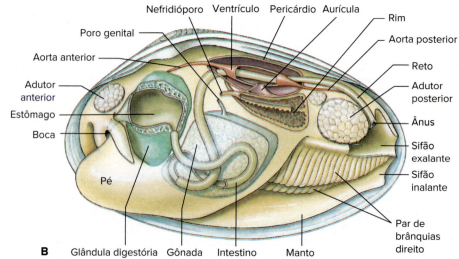

Figura 16.26 A. Mecanismo alimentar de um bivalve de água doce. A valva esquerda e o manto estão removidos. Água entra para a cavidade do manto posteriormente, sendo drenada para a frente em direção às brânquias e palpos por ação ciliar. À medida que a água atravessa os diminutos poros das brânquias, partículas alimentares são retidas e aglutinadas em cordões de muco, que são conduzidos por cílios até os palpos, e direcionadas para a boca. Areia e detritos precipitam dentro da cavidade do manto, de onde são removidos por cílios. **B.** Anatomia do bivalve.

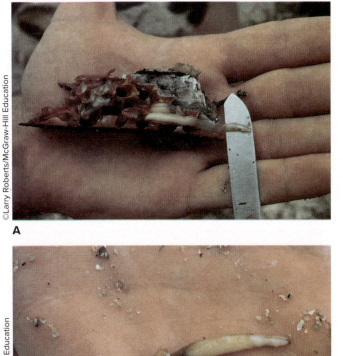
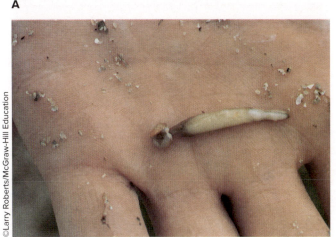

Figura 16.27 A. Teredos são bivalves que escavam madeira, causando grandes danos aos cascos de embarcações e cais construídos com madeira não tratada. São apelidados de "cupins-do-mar". **B.** As duas valvas pequenas, vistas na extremidade anterior à esquerda, são utilizadas como órgãos raspadores para prolongar a galeria no interior da madeira.

Figura 16.28 A ostra-gigante, *Tridacna gigas*, permanece imersa entre corais pétreos com sua enorme área sifonal exposta. Esses tecidos são ricamente coloridos e contêm um grande número de dinoflagelados simbióticos (zooxantelas) que fornecem açúcares e aminoácidos ao molusco.

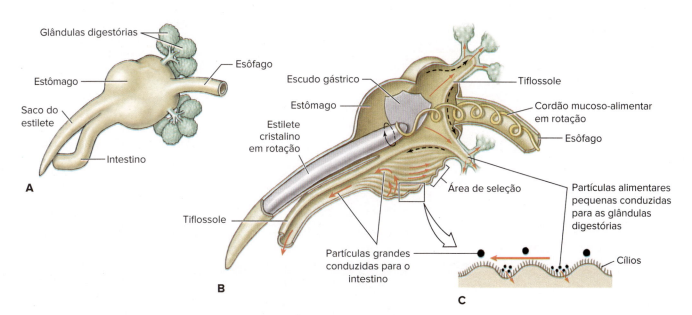

Figura 16.29 Estômago e estilete cristalino de um bivalve que se alimenta por mecanismos ciliares. **A.** Vista externa do estômago e saco do estilete. **B.** Seção transversal que mostra a trajetória do alimento. Partículas alimentares em suspensão na corrente de água inalante são capturadas em um cordão de muco que é mantido em rotação pelo estilete cristalino. Áreas de seleção pregueadas dirigem partículas grandes para o intestino e partículas alimentares pequenas para as glândulas digestórias. **C.** Ação seletiva dos cílios.

Tema-chave 16.3
ECOLOGIA

Bivalves invasores

Os mexilhões-zebra, *Dreissena polymorpha*, são uma desastrosa introdução biológica na América do Norte. Eles foram recolhidos aparentemente no estágio de véliger, junto à água de lastro por um ou mais navios em portos fluviais no norte da Europa, e então liberados entre o Lago Huron e o Lago Erie em 1986. Esse bivalve de 4 cm dispersou-se pelos Grandes Lagos por volta de 1990, e, por volta de 1994, sua dispersão atingia distâncias extremas, como Nova Orleans, ao Sul, pelo Rio Mississippi; Duluth, em Minnesota, ao norte; e o Rio Hudson, em Nova York, a leste. Eles se fixam em quaisquer superfícies firmes e se alimentam do fitoplâncton que filtram. As populações crescem rapidamente. Os espécimes entopem os aquedutos de instalações municipais e industriais, impedem a captação de água para o suprimento municipal e têm grande impacto sobre o ecossistema (ver Tema-chave 16.2). O mexilhões-zebra custarão bilhões de dólares para controlar, se é que podem realmente ser controlados.

Outro bivalve de água doce, *Corbicula fluminea*, de origem asiática, foi introduzido nos EUA há mais de 80 anos por vias desconhecidas. Apesar dos esforços para controlar a *Corbicula*, que custam mais de 1 bilhão de dólares ao ano, atualmente essa espécie é uma praga alastrada por quase toda a área continental dos EUA, infestando sistemas de água e entupindo ductos. O mexilhão invasor *Quagga* segue a mesma trajetória do mexilhão-zebra e de *C. fluminea*.

O sistema nervoso consiste em três pares de gânglios bastante afastados e conectados por comissuras e um sistema de nervos. Órgãos sensoriais são pouco desenvolvidos. Eles incluem um par de estatocistos no interior do pé, um par de osfrádios de função incerta na cavidade do manto, células tácteis e algumas vezes células pigmentares simples no manto. As vieiras (*Aequipecten*, *Chlamys*) têm uma fileira de pequenos olhos azuis ao longo da borda do manto (Figura 16.24). Cada olho tem córnea, lente, retina e camada pigmentar. Os tentáculos na margem do manto de *Aequipecten* e *Lima* têm células tácteis e quimiorreceptoras.

Reprodução e desenvolvimento. Os sexos são geralmente separados. Os gametas são liberados dentro da câmara suprabranquial para serem arrastados para fora com a corrente exalante de água. Uma ostra pode produzir 50 milhões de ovos em uma única temporada. Na maioria dos bivalves, a fecundação é externa. O embrião desenvolve-se em trocófora, véliger e estágio de ostra juvenil (forma larval da ostra) (Figura 16.30).

Na maioria dos moluscos de água doce, a fecundação é interna. Os ovos precipitam para dentro dos tubos aquíferos dos ctenídios, onde são fecundados por espermatozoides que entram com a corrente inalante de água (ver Figura 16.26). Nesses tubos, desenvolvem-se em um estágio de **larva gloquídio** bivalve, que é um véliger especializado (Figura 16.31 A). Os gloquídios necessitam fixar-se a peixes hospedeiros específicos e viver como parasitos durante várias semanas até completarem o seu desenvolvimento. Várias espécies de mexilhões têm táticas peculiares para garantir o contato de suas larvas com o hospedeiro adequado. Algumas simplesmente liberam os gloquídios na coluna d'água; se estes entrarem em contato com um peixe ou anfíbio adequado, fixam-se às suas brânquias ou epiderme, onde completam seu desenvolvimento. Em outras espécies, a dobra do manto de fêmeas em fase de incubação – onde os gloquídios são mantidos em um pacote gelatinoso denominado **conglutinado** – apresentam modificações na forma e tamanho que são exclusivos de cada espécie de mexilhão. Essa margem modificada do manto é frequentemente utilizada como uma isca para atrair potenciais espécies de hospedeiro, aproximando-as do contato com os gloquídios. Por exemplo, o conglutinado de uma fêmea grávida de *Lampsilis ovata* cresce para assemelhar-se a um pequeno peixe (Figura 16.31 B). A dobra do manto é então enrugada como uma isca de pesca para atrair uma perca que esteja próxima e que servirá de hospedeira para os gloquídios. Quando o faminto peixe ataca o manto do molusco, em vez de uma refeição, ele ganha um bocado de gloquídios, os quais prontamente se fixam às brânquias do hospedeiro.

Após encistarem-se em um hospedeiro adequado e completarem seu

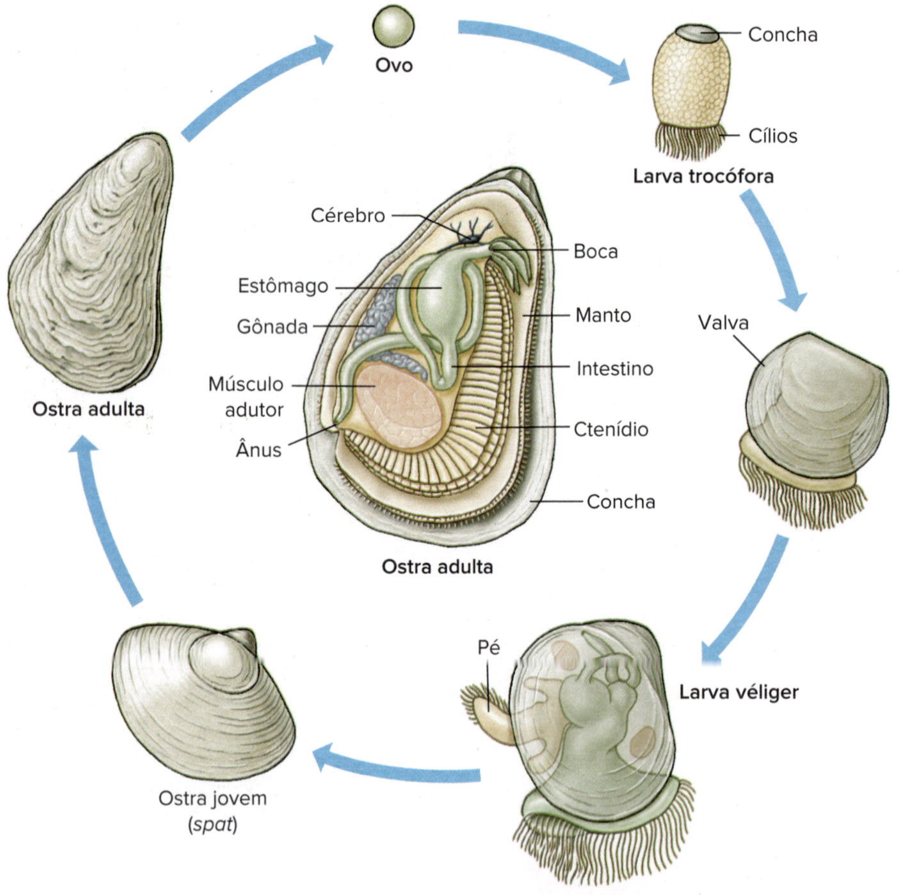

Figura 16.30 Ciclo de vida de ostras. Larvas de ostras nadam por aproximadamente 2 semanas antes de assentarem para fixação e transformação em uma ostra juvenil. Ostras levam cerca de 4 anos para atingir o tamanho comercial.

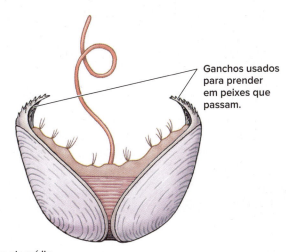

A Larva gloquídio   **B** *Lampsilis ovata*

Figura 16.31 **A.** Gloquídio, ou forma larval, para alguns moluscos de água doce. Quando as larvas são liberadas da bolsa incubadora materna, podem fixar-se às brânquias de um peixe fechando suas valvas e mantendo-as apertadas. As larvas permanecem como parasitos do peixe por várias semanas. Seu tamanho é de aproximadamente 0,3 mm. **B.** Alguns moluscos têm adaptações que ajudam seus gloquídios a encontrar um hospedeiro. A borda do manto dessa pequena fêmea de **Lampsilis ovata** imita um pequeno peixe ciprinídeo completo, com olho. Quando um achigã-boca-pequena chega para jantar, ele fica impregnado com gloquídios.

desenvolvimento, os juvenis soltam-se e precipitam para o substrato para iniciar uma existência independente. A fase larval que viaja "de carona" contribui para a dispersão dos organismos cuja locomoção é muito limitada, além de evitar que as larvas sejam carregadas por cursos d'água que drenam os lagos.

Perfuração. Muitos bivalves podem cavar no lodo ou na areia, mas alguns desenvolveram um mecanismo para escavar substratos mais duros, como madeira e rocha.

Teredo, *Bankia* e alguns outros gêneros são denominados genericamente teredos. Eles podem ser muito destrutivos para embarcações e ancoradouros de madeira. Esses pequenos e estranhos moluscos têm corpo longo, de aparência vermiforme, com um par de sifões esguios posteriores que mantêm a água fluindo sobre as brânquias, e um par de valvas pequenas e globulares na extremidade anterior, com as quais eles escavam (ver Figura 16.27). As valvas têm dentes microscópicos que funcionam como eficientes raspadores de madeira. O animal aumenta as suas tocas com um movimento incessante de raspagem com as valvas. Esse movimento envia um fluxo contínuo de partículas finas de madeira para o trato digestório, onde são atacadas pela celulase produzida por bactérias simbiontes. Curiosamente, essas bactérias também fixam nitrogênio, que é um complemento importante para seus hospedeiros que vivem de uma dieta rica em carbono (madeira), mas deficiente em nitrogênio.

Alguns moluscos escavam rochas. Os foladídeos (*Pholas*) perfuram rocha calcária, xisto, arenito e, algumas vezes, madeira ou turfa. Eles têm valvas fortes, dotadas de espinhos que usam para desgastar gradualmente a rocha enquanto se mantêm ancorados pelo pé. *Pholas* pode atingir até 15 cm de comprimento e escavar buracos de até 30 cm de comprimento em rochas.

Classe Scaphopoda

Os escafópodes, comumente denominados dentes-de-elefante ou dentálios, são moluscos marinhos bentônicos encontrados desde o infralitoral até profundidades superiores a 6 mil m. Têm corpo esguio, coberto com um manto e uma concha tubular aberta em ambas as extremidades. Nos escafópodes, o plano corporal dos moluscos seguiu um novo rumo, com as pregas de cada lado do manto envolvendo completamente as vísceras e fundindo-se para formar um tubo. Existem cerca de 900 espécies atuais de escafópodes; a maioria tem de 2,5 a 5 cm de comprimento, embora eles variem de 4 mm a 25 cm de comprimento.

O pé, que é protraído da extremidade da concha com maior diâmetro, é usado para cavar o lodo ou areia, sempre deixando a extremidade menor da concha exposta na coluna d'água (Figura 16.32). A corrente de água respiratória circula pela cavidade do manto por movimentos do pé e da ação ciliar. As brânquias estão ausentes e as trocas gasosas ocorrem, portanto, no manto. A maior parte do alimento é constituída de detritos e protozoários contidos no substrato. O alimento é capturado por cílios do pé ou por protuberâncias adesivas, ciliadas e cobertas por muco, presentes na extremidade de longos tentáculos (**captáculos**) que se prolongam a partir da cabeça, e conduzido para a boca. A rádula transporta o alimento para uma moela trituradora. Os captáculos podem exercer certa função sensorial, mas os olhos, tentáculos e osfrádios típicos de muitos outros moluscos estão ausentes. Os sexos são separados e a larva é trocófora.

Classe Cephalopoda

Os Cephalopoda (do grego *kephalē*, cabeça + *pous*, *podos*, pé) incluem lulas, polvos, náutilos e sibas. Todos são marinhos e predadores ativos. O pé modificado está concentrado na região cefálica. Ele toma a forma de um funil para expelir a água da cavidade do manto, e a margem anterior prolonga-se em um círculo ou coroa de braços ou tentáculos.

Os cefalópodes variam em tamanho a partir de 2 a 3 cm. A lula comum em mercados, *Loligo*, tem cerca de 30 cm de comprimento. As lulas gigantes, *Architeuthis*, que atingem aproximadamente 18 m de comprimento e pesam cerca de 1 tonelada, são os maiores invertebrados conhecidos.

Os registros fósseis de cefalópodes datam do Período Cambriano. As conchas mais antigas eram ortocônicas; outras eram curvas ou enroladas, culminado na concha enrolada similar àquela do atual *Nautilus*, o único membro remanescente dos outrora prósperos nautiloides (Figura 16.33). Os cefalópodes sem

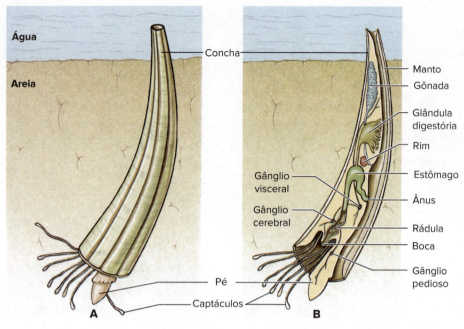

Figura 16.32 A concha dente-de-elefante, *Dentalium* (classe Scaphopoda). **A.** O animal enterra-se no lodo ou areia e se alimenta por meio de seus tentáculos preênseis (captáculos). Correntes de água para a respiração são promovidas por ação ciliar, entrando pela abertura na extremidade menor da concha e então expelida pela mesma abertura por ação muscular. **B.** Anatomia interna de *Dentalium*.

concha ou com concha interna (como polvos e lulas) aparentemente evoluíram a partir de um ancestral dotado de concha reta. Muitos amonoides, que estão extintos, tinham conchas muito elaboradas (Figura 16.33 B).

A história natural de alguns cefalópodes é razoavelmente bem conhecida. Eles são animais marinhos e parecem sensíveis à salinidade da água. Poucos são encontrados no Mar Báltico, onde a água tem baixo teor salino. Os cefalópodes são encontrados em várias profundidades. Os polvos são vistos frequentemente na zona entremarés, movendo-se furtivamente entre pedras e fendas, mas ocasionalmente são encontrados a grandes profundidades. Mais ativas, as lulas são raramente encontradas em águas muito rasas, e algumas têm sido capturadas a profundidades de 5.000 m. O *Nautilus* é geralmente encontrado perto do fundo, em águas de 50 a 560 m de profundidade, próximo a ilhas no sudoeste do Pacífico.

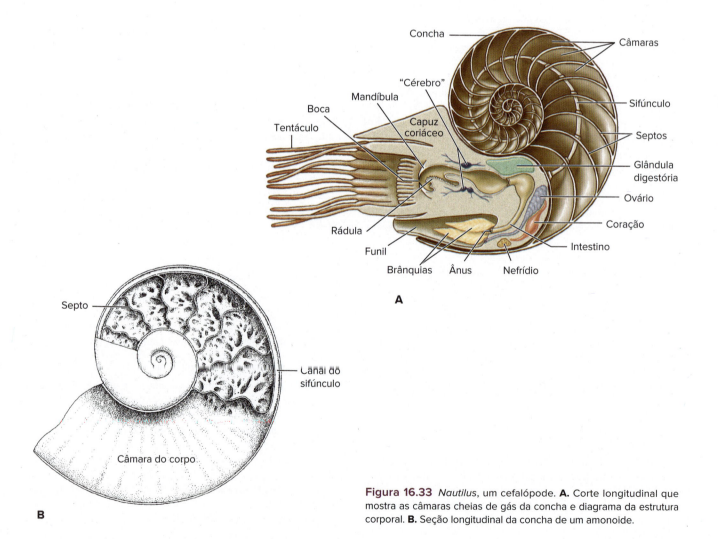

Figura 16.33 *Nautilus*, um cefalópode. **A.** Corte longitudinal que mostra as câmaras cheias de gás da concha e diagrama da estrutura corporal. **B.** Seção longitudinal da concha de um amonoide.

Tema-chave 16.4
ECOLOGIA

Predadores de lulas gigantes e baleias

A lula gigante, *Architeuthis*, é pouco conhecida porque ninguém jamais estudou um espécime vivo. A anatomia tem sido descrita a partir de animais encalhados, daqueles capturados em redes de pescadores e de espécimes encontrados no estômago de cachalotes. O comprimento do manto é de 5 a 6 m, e a cabeça chega até a 1 m.

As lulas são um item alimentar importante para os cachalotes, que detectam suas presas por meio de um sonar. A lula possui os maiores olhos entre todos os animais, alcançando 27 cm de diâmetro com uma pupila de 9 cm. Trabalhos recentes sobre sua estrutura ocular sugerem que esta é adaptada para visão de longo alcance. Assim, embora o sonar da baleia revele a presença da lula antes que esta possa vê-la, a visão de longo alcance permitiria que a lula tivesse tempo suficiente para uma ação evasiva.

Figura 16.34 Siba, *Sepia latimanus*, tem uma concha interna, conhecida como "osso-de-siba", familiar aos que mantêm aves em gaiolas.

Forma e função

Concha. Embora as primitivas conchas dos nautiloides e amonoides fossem pesadas, elas foram transformadas em elemento para a flutuação, por meio de uma série de **câmaras de gás**, como as da concha do *Nautilus* (ver Figura 16.33 A), possibilitando ao animal ter flutuabilidade neutra. A concha do *Nautilus*, embora seja enrolada, é completamente diferente daquela dos gastrópodes. A concha está dividida por septos transversais em câmaras internas (ver Figura 16.33 A) e somente a última é habitada pelo animal. À medida que cresce, a concha move-se para a frente, secretando atrás de si um novo septo. As câmaras são conectadas por um cordão de tecido vivo denominado **sifúnculo**, que se prolonga da massa visceral. As sibas (Figura 16.34) também têm uma concha pequena e curvada, mas que é completamente envolvida pelo manto. Nas lulas, a maior parte da concha desapareceu, permanecendo apenas uma lâmina proteica fina, denominada pena, que é envolvida pelo manto. Em *Octopus* (do grego *oktos*, oito + *pous*, *podos*, pé), a concha desapareceu por completo.

Tema-chave 16.5
ADAPTAÇÃO E FISIOLOGIA

Câmeras de gás em *Nautilus*

Após um membro do gênero *Nautilus* secretar um novo septo, a nova câmara é preenchida com um fluido de composição iônica similar àquela do sangue do *Nautilus* e à da água do mar. A remoção desse fluido envolve a secreção ativa de íons para dentro de diminutos espaços intercelulares no epitélio sifuncular, de modo que uma elevada pressão osmótica local é gerada, sendo a água puxada da câmara por osmose. O gás contido na câmara é o gás respiratório proveniente do tecido do sifúnculo que se difunde para dentro da câmara à medida que o líquido é removido. Assim, a pressão do gás na câmara é de 1 atmosfera ou menos, porque ele está em equilíbrio com os gases dissolvidos na água circundante ao *Nautilus*, gases esses, por sua vez, que estão em equilíbrio com o ar à superfície do mar, embora o *Nautilus* possa estar nadando a 400 m abaixo da superfície. O fato de a concha conseguir resistir à implosão pelas 41 atmosferas circundantes (41 kg por centímetro quadrado) e do sifúnculo conseguir remover água contra essa pressão constitui proezas incríveis da engenharia natural!

Locomoção. Os cefalópodes nadam expelindo água vigorosamente da cavidade do manto por meio de um **funil** (ou **sifão**) ventral – uma espécie de propulsão a jato. O funil é móvel e pode ser direcionado para a frente ou para trás para controlar a direção; a força do jato d'água controla a velocidade.

Lulas e sibas são excelentes nadadoras. O corpo da lula é hidrodinâmico e moldado para a natação veloz (Figura 16.35). Sibas nadam mais lentamente. As nadadeiras laterais das lulas e sibas servem como estabilizadores, mas elas são mantidas juntas ao corpo para a natação rápida.

O *Nautilus* é ativo à noite; suas câmaras preenchidas por gases mantêm a concha na vertical. Embora não tão rápido como as lulas, ele se move surpreendentemente bem.

O *Octopus* tem corpo um tanto globular e desprovido de nadadeiras (ver Figura 16.1 E). Um polvo pode nadar para trás lançando jatos d'água a partir de seu funil, mas é mais adaptado para rastejar sobre pedras e corais, usando os discos de sucção em seus braços para puxar ou ancorar a si próprio. Alguns polvos de águas profundas têm os braços interligados por uma membrana, lembrando um guarda-chuva, e nadam à semelhança de uma medusa (ver Seção 13.1).

Características internas. Os hábitos muito ativos dos cefalópodes refletem-se em sua anatomia interna, particularmente nos seus sistemas respiratório, circulatório e nervoso.

Respiração e circulação. Com exceção dos nautiloides, os cefalópodes têm um par de brânquias. Pelo fato de a propulsão ciliar não movimentar quantidade suficiente de água para atender à alta demanda desses animais por oxigênio, não há cílios nas brânquias. Em substituição, músculos radiais na parede do manto comprimem a parede e aumentam a cavidade do manto, puxando água para dentro. Fortes músculos circulares contraem e expelem vigorosamente a água por meio do funil. Um sistema de válvulas unidirecional impede que a água seja drenada para dentro da cavidade do manto pelo sifão ou expelida ao redor da margem do manto.

Igualmente, o sistema circulatório aberto dos moluscos ancestrais seria inadequado para os cefalópodes. Seu sistema circulatório é uma rede fechada de vaso e capilares que conduzem sangue pelos filamentos branquiais. Além disso, o plano de circulação típico dos moluscos faz com que toda a circulação sistêmica aconteça antes do sangue chegar às brânquias

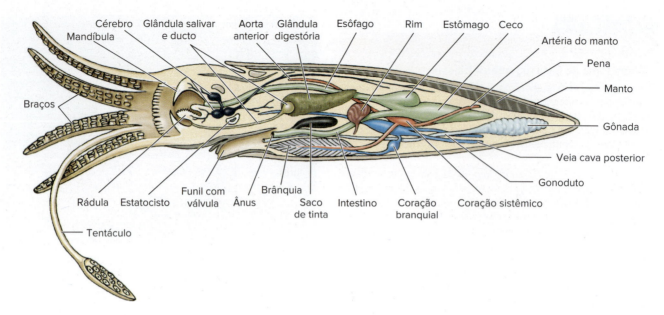

Figura 16.35 Anatomia da lula em vista lateral, com a metade esquerda do manto removida.

(em contraste com os vertebrados, nos quais o sangue deixa o coração e se dirige diretamente para as brânquias ou pulmões; ver Figura 31.9). Esse problema funcional foi resolvido com o desenvolvimento de **corações acessórios** ou **branquiais** (Figura 16.35) na base de cada brânquia, para aumentar a pressão do sangue que circula pelos capilares locais.

Sistemas nervoso e sensorial. Os sistemas nervoso e sensorial são mais elaborados nos cefalópodes do que nos outros moluscos. O cérebro, o maior dentre todos os dos invertebrados, consiste em vários lobos com milhões de células nervosas. As lulas têm fibras nervosas gigantes (entre as maiores conhecidas no reino animal), que são ativadas quando o animal é alarmado e dão início às maiores contrações possíveis dos músculos do manto para uma fuga veloz.

Tema-chave 16.6
ADAPTAÇÃO E FISIOLOGIA
Fibras nervosas da lula-gigante

O sistema nervoso das lulas teve importante papel nos primeiros estudos biofísicos. Nosso atual conhecimento acerca da propagação dos potenciais de ação ao longo e entre as fibras nervosas (ver Seção 33.1) é baseado principalmente nas pesquisas das fibras nervosas gigantes da lula *Loligo* sp. A. Hodgkin e A. Huxley receberam o Prêmio Nobel de Fisiologia/Medicina, em 1963, pelas conquistas nessa área.

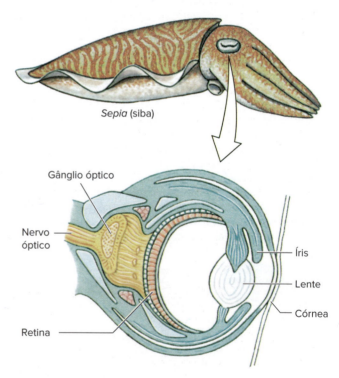

Figura 16.36 Olho de uma siba (*Sepia*). A estrutura dos olhos dos cefalópodes é muito similar àquela dos olhos dos vertebrados (ver Características do Filo Mollusca, item 11).

Os órgãos sensoriais são bem desenvolvidos. Exceto para o *Nautilus*, que tem olhos relativamente simples, os cefalópodes têm olhos altamente complexos, com córnea, lente, câmara e retina (Figura 16.36). A orientação dos olhos é controlada pelos estatocistos, que são maiores e mais complexos do que nos outros moluscos. Os olhos são mantidos em uma relação constante com a gravidade, de tal modo que as pupilas em forma de fenda estão sempre em posição horizontal.

Com exceção da bioluminescente lula, vaga-lume, quase todos os cefalópodes não enxergam cores, mas sua visão é excelente e sua acuidade visual embaixo d'água supera em muito a nossa. Eles podem inclusive aprender a discriminar formas – por exemplo, um quadrado de um retângulo – e lembrar-se da diferença por um tempo considerável. Os pesquisadores consideram fácil modificar os padrões de comportamento dos polvos por meio de artifícios de recompensa e punição. Os polvos são capazes de aprendizado por observação; quando um polvo observa um outro sendo recompensado por uma escolha correta, o observador aprende qual escolha é recompensada e consistentemente faz a mesma escolha quando lhe é dada a oportunidade.

> **Tema-chave 16.7**
>
> **CIÊNCIA EXPLICADA**
>
> **Genes homólogos sustentam os olhos**
>
> Quando estruturas semelhantes que não são herdadas de um ancestral comum evoluem por caminhos diferentes em animais não aparentados, damos o nome de **convergência** ou **evolução convergente**. Durante vários anos, os olhos dos cefalópodes e os dos vertebrados foram citados como exemplos maravilhosos de evolução convergente. Os olhos dos dois grupos são semelhantes em muitos detalhes estruturais, mas diferem no desenvolvimento. Os olhos compostos dos artrópodes (ver Figura 33.31), que diferem tanto em estrutura quanto em desenvolvimento, eram vistos como outro exemplo de olhos derivados independentemente nos animais. Hoje reconhecemos que todos os animais triblásticos com olhos, até mesmo aqueles com as manchas oculares mais simples, como os platelmintos, compartilham ao menos dois genes preservados: o da rodopsina, um pigmento visual, e o do *Pax 6*, por vezes chamado de "gene de controle mestre da morfogênese dos olhos". Uma vez originados esses dois genes, a seleção natural por fim produziu os órgãos especializados dos vertebrados, moluscos e artrópodes.

Os octópodes usam seus braços para exploração tátil e podem discriminar texturas, mas aparentemente não discriminam formas. Seus braços possuem muitas células tácteis e quimiorreceptoras. Os cefalópodes parecem não ter senso de audição.

Comunicação. Pouco se conhece acerca do comportamento social dos nautiloides ou dos cefalópodes de águas profundas, mas as formas litorâneas ou próximas à costa, como *Sepia*, *Sepioteuthis*, *Loligo* e *Octopus*, têm sido estudadas extensivamente. Embora seu senso tátil seja bem desenvolvido e tenham alguma sensibilidade química, os sinais visuais são o meio predominante de comunicação. Esses sinais consistem em um conjunto de movimentos dos braços, nadadeiras e corpo, bem como muitas mudanças de cores. Os movimentos podem variar desde movimentos corporais mínimos até uma expansão, enrolamento, elevação ou abaixamento exagerados de alguns ou todos os seus braços.

As mudanças de cores são efetuadas por **cromatóforos**, células na epiderme que contêm grânulos de pigmento (ver Figura 29.4). Diminutas células musculares circundam cada cromatóforo elástico, cujas contrações puxam a borda do cromatóforo para fora, fazendo-o se expandir grandemente. À medida que a célula se expande, o pigmento se dispersa, mudando o padrão de cor do animal. Quando os músculos relaxam, o cromatóforo retorna ao seu tamanho original e o pigmento se concentra novamente. Por meio dos cromatóforos, que estão sob controle nervoso e provavelmente hormonal, torna-se possível um elaborado sistema de mudanças de cores e padrões, incluindo escurecimento ou clareamento geral, variações para tons de rosa, amarelo ou lavanda, bem como a formação de barras, listras, pontos ou manchas irregulares. Essas cores podem ser utilizadas de forma variável como sinais de perigo, coloração protetora, nos rituais de corte e provavelmente para outros fins. Assumindo diferentes padrões de cores em diferentes partes do corpo, uma lula pode transmitir *simultaneamente* de três a quatro mensagens diferentes, para indivíduos em direções distintas, e pode mudar instantaneamente qualquer uma ou todas as mensagens. Provavelmente nenhum outro sistema de comunicação em invertebrados pode transmitir tanta informação tão rapidamente.

O grau no qual os cefalópodes são capazes de se combinar com as cores do ambiente torna difícil acreditar que eles não enxerguem as cores. No entanto, em um experimento onde as cores de fundo eram iguais em intensidade, os cefalópodes foram incapazes de imitar as cores. Esse resultado, juntamente com a fisiologia de seus olhos, torna improvável a visão de cores. Os fotorreceptores do cefalópode são células rabdômeras, e não hastes e cones, como nos vertebrados. Sua capacidade de ver as cores depende do número de pigmentos visuais presentes; quase todos os cefalópodes têm apenas um desses pigmentos e não podem detectar as cores. Uma exceção é a lula-vagalume bioluminescente, que possui três pigmentos visuais, o mesmo número encontrado nos seres humanos. Muitos cefalópodes de águas profundas evoluíram órgãos luminescentes elaborados.

Parece que os padrões maravilhosos de cores que vemos na pele dos cefalópodes são visíveis aos outros cefalópodes como padrões de luz polarizada; todos os cefalópodes detectam diferenças na luz polarizada. Eles também usam essa habilidade para aumentar o discernimento de presas translúcidas e peixes com escamas prateadas reflexivas, da mesma forma que os pescadores usam óculos polarizados para reduzir o brilho da água.

A maioria dos cefalópodes, exceto os nautiloides, usa tinta como um dispositivo de proteção. Um saco da tinta, que desemboca no reto, contém uma **glândula da tinta** que secreta a **sépia**, um fluido escuro contendo o pigmento melanina, para dentro do saco. Quando o animal é alarmado, libera uma nuvem de tinta, que pode ficar em suspensão na água como uma bolha, ou ser torcida por correntes de água. O animal desaparece rapidamente de cena, deixando a tinta como um engodo para o predador.

Reprodução. Os sexos são separados nos cefalópodes. Os espermatozoides são encapsulados em espermatóforos e armazenados em um saco que se abre para dentro da cavidade do manto. Um braço dos machos adultos é modificado como órgão intromitente, denominado **hectocótilo**. Este é usado para colher espermatóforo de sua própria cavidade do manto e introduzi-lo na cavidade do manto da fêmea, próximo à abertura do oviduto (Figura 16.37). Antes da cópula, os machos frequentemente apresentam uma exibição de cores, aparentemente direcionada contra os machos rivais. Os ovos são fecundados quando deixam o oviduto e são então fixados geralmente a pedras ou outros objetos. Alguns octópodes cuidam de seus ovos. As fêmeas do *Argonauta*, o náutilo-de-papel, secretam uma "concha", ou cápsula canelada, na qual os ovos se desenvolvem.

Os ovos grandes, ricos em vitelo, sofrem clivagem meroblástica. Durante o desenvolvimento embrionário, a cabeça e o pé tornam-se indistinguíveis. O anel ao redor da boca, que sustenta os braços ou tentáculos, pode ser derivado da parte anterior do pé. Os juvenis eclodem dos ovos; não existem larvas livre-natantes nos cefalópodes.

Principais grupos de cefalópodes

Há três subclasses de cefalópodes: Nautiloidea, que tem dois pares de brânquias; Ammonoidea, completamente extinta; e Coleoidea, a qual apresenta um par de brânquias. Nautiloidea povoou os mares durante o Paleozoico e Mesozoico, mas somente um único gênero sobreviveu, o *Nautilus* (ver Figura 16.33). Alguns pesquisadores consideram um segundo gênero, o *Allonautilus*, mas a classificação atual coloca as duas espécies desse gênero com o clado de *Nautilus* totalizando cinco espécies. A cabeça do *Nautilus*, com seus de 60 a 90 ou mais tentáculos, pode projetar-se da abertura do compartimento do corpo na concha. Seus tentáculos não têm

Figura 16.37 Cópula em cefalópodes. **A.** Sibas acasalando. **B.** O polvo macho usa um braço modificado para depositar espermatóforos na cavidade do manto da fêmea e fecundar seus ovos. Polvos frequentemente cuidam de suas desovas durante o desenvolvimento embrionário.

ventosas, mas tornam-se aderentes por meio de secreções. Eles são usados na procura, percepção e captura do alimento. Sob a cabeça há um funil. O manto, a cavidade do manto e a massa visceral estão protegidos pela concha.

Os amonoides predominaram na Era Mesozoica, mas tornaram-se extintos ao final do Período Cretáceo. Eles tinham conchas compartimentadas em câmaras, análogas às dos nautiloides, mas os septos eram mais complexos e as suas suturas (onde os septos estabelecem contato com a concha) eram pregueadas (compare as conchas na Figura 16.33 A e B). As razões para a sua extinção ainda permanecem um mistério. As evidências presentes sugerem que eles se extinguiram antes do bombardeamento por asteroide no final do Período Cretáceo (ver a linha do tempo dos principais eventos biológicos, que consta no fim do livro), ao passo que alguns nautiloides, com os quais determinados amonoides se assemelham bastante, sobreviveram até o presente.

A subclasse Coleoidea reúne todos os cefalópodes atuais, exceto *Nautilus*. A taxonomia dos cefalópodes atuais é objeto de debate, mas a maioria dos especialistas reúne os polvos e as lulas-vampiro na superordem Octopodiformes, enquanto as lulas, sibas e seus aparentados são agrupados na superordem Decapodiformes. Os membros da ordem Sepioidea (sibas e seus aparentados) têm corpo roliço ou comprimido, volumoso, dotado de nadadeiras (ver Figura 16.34). Eles têm oito braços e dois tentáculos. Tanto os braços quanto os tentáculos têm ventosas, mas os tentáculos as possuem somente nas extremidades. Os membros das ordens Myopsida e Degopsida (lulas, ver Figura 16.35) têm corpo mais cilíndrico, mas também têm oito braços e dois tentáculos. A ordem Vampyromorpha (lula-vampiro) está representada por uma única espécie de águas profundas. Os membros da ordem Octopoda têm oito braços e não apresentam tentáculos (ver Figura 16.1 E). Seus corpos são curtos, saculiformes e desprovidos de nadadeiras. As ventosas nas lulas são pedunculadas e guarnecidas com um anel córneo denteado; nos polvos, as ventosas são sésseis e sem anel.

16.4 FILOGENIA E DIVERSIFICAÇÃO ADAPTATIVA

Os primeiros moluscos provavelmente surgiram durante o Pré-Cambriano (Figura 16.38), uma vez que fósseis atribuídos aos Mollusca aparecem em estratos geológicos tão antigos quanto o início do Período Cambriano. O fóssil de uma rádula datando do Cambriano foi recentemente encontrado em Alberta, Canadá. Com base em características compartilhadas, como clivagem espiral, mesoderma derivado do blastômero 4 d e larva trocófora, os moluscos são protostômios, agrupados com os anelídeos em Lophotrochozoa, subgrupo Trochozoa (ver Figura 15.1). As opiniões diferem, entretanto, sobre as relações precisas entre os lofotrocozoários. Embora alguns caracteres sugiram que moluscos e anelídeos sejam táxons-irmãos, não apresentamos uma ordem de ramificação para esses táxons.

Os vermes anelídeos apresentam um padrão de desenvolvimento embrionário muito similar ao dos moluscos, mas seu corpo é metamerizado, ou seja, composto por segmentos repetidos serialmente, enquanto nos moluscos não há segmentos verdadeiros. Ambos são protostômios celomados, mas o celoma dos moluscos é muito reduzido quando comparado ao dos anelídeos. As opiniões diferem se os moluscos derivaram de um ancestral vermiforme independentemente dos anelídeos, se compartilham um ancestral com os anelídeos após o surgimento do celoma, ou se compartilham um ancestral comum com os anelídeos.

A hipótese de que anelídeos e moluscos compartilharam um ancestral segmentado é fortalecida se a repetição de órgãos observada em *Neopilina* (classe Monoplacophora) e em alguns quítons for considerada evidência de metamerismo. Entretanto, estudos morfológicos e de desenvolvimento indicam que essas partes não são remanescentes de um corpo metamérico ancestral. Uma perspectiva sobre a evolução de partes repetidas (brânquias e músculos) vem da análise de caracteres moleculares de ampla gama de moluscos, incluindo um monoplacóforo.[5] O cladograma desse estudo coloca os monoplacóforos como o táxon-irmão dos quítons, unindo os dois táxons que apresentam parte de corpos repetidas em um clado denominado Serialia. Além disso, o clado Serialia não é um táxon-irmão para outros moluscos, como seria esperado se o molusco ancestral fosse segmentado. Em vez disso, Serialia está filogeneticamente dentro de um clado contendo moluscos não segmentados, indicando que as estruturas repetidas são características derivadas dos Mollusca, e não características ancestrais. Porém, dois estudos mais recentes usando caracteres moleculares não embasam a hipótese de Serialia. Ambos os estudos encontraram embasamento para o clado Aculifera, unindo caudofoveados, solenogastres e quítons. Os dois táxons vermiformes parecem ser formas derivadas que perderam as placas de conchas e outras características. O táxon-irmão dos Aculifera é o Conchifera, um clado de moluscos com concha. No entanto, as relações entre os membros do Conchifera diferem de acordo com cada estudo. O posicionamento dos cefalópodes varia em especial. Os estudos anteriores colocavam os cefalópodes como irmãos dos gastrópodes, mas um novo trabalho os apresenta como táxon-irmão dos monoplacóforos. Um estudo inclui os cefalópodes fora de Conchifera, como o táxon-irmão dos Aculifera. Não representamos uma ordem de ramificação para algumas partes de Conchifera (ver Figura 16.2).

Os animais segmentados claramente não formam um grupo monofilético. Embora os artrópodes também tenham corpos segmentados, dados de sequências moleculares os agrupam em

---

[5] Giribet, G. *et al.* 2006. *Proc. Natl. Acad. Sci. EUA* 103:7723–7728.

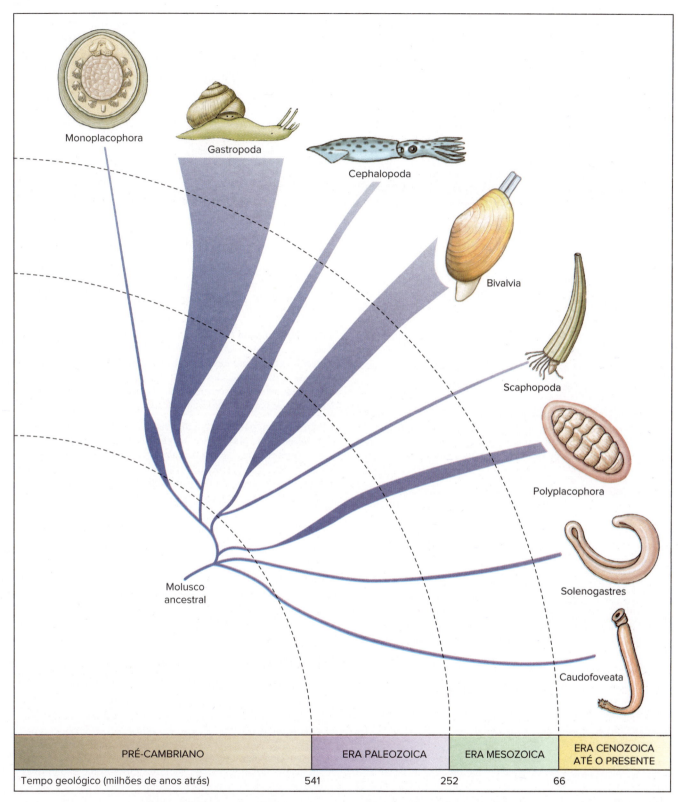

Figura 16.38 Classes de Mollusca, que mostra suas derivações e abundância relativa.

Ecdysozoa, e não no clado Lophotrochozoa com anelídeos e moluscos. Isso significa que os artrópodes são parentes mais distantes dos anelídeos e dos moluscos do que estes são um do outro. Cordados, que compõem o terceiro grupo segmentado, estão agrupados no clado deuterostômio. De acordo com nossa atual compreensão sobre a filogenia dos metazoários, os filos segmentados não são parentes próximos uns dos outros.

Teria a segmentação se originado independentemente nesses três táxons metaméricos? Embora isso pareça provável, há diferentes hipóteses em consideração. Uma delas sugere que os dois táxons de protostômios segmentados, anelídeos e artrópodes, são táxons-irmãos, mas isso é conflitante com a colocação recente dos anelídeos e artrópodes em clados diferentes dentro de Protostomia. Outra hipótese sugere que genes cujos produtos são necessários

Taxonomia do filo Mollusca

Classe Caudofoveata (do latim *cauda*, cauda + *fovea*, fossa, depressão). Vermiforme; concha, cabeça e órgãos excretores ausentes; rádula geralmente presente; manto com cutícula quitinosa e escleritos calcários; escudo pedal oral próximo à boca anterior; cavidade do manto com um par de brânquias, situada na extremidade posterior; sexos separados; anteriormente reunida com Solenogastres na classe Aplacophora. Exemplos: *Chaetoderma, Limifossor*.

Classe Solenogastres (do grego *solen*, tubo + *gaster*, estômago): **solenogastres**. Vermiforme; concha, cabeça e órgãos excretores ausentes; rádula presente ou ausente; manto geralmente coberto com escleritos ou espículas calcárias; cavidade do manto rudimentar e posterior, sem brânquias verdadeiras, mas algumas vezes com estruturas respiratórias secundárias; pé representado por um sulco pedioso ventral, estreito e longo; hermafroditas. Exemplo: *Neomenia*.

Classe Polyplacophora (do grego *polys*, muitas, várias + *plax*, placa + *phora*, portador): **quítons**. Corpo alongado, achatado dorsoventralmente, com cabeça reduzida; bilateralmente simétrico; rádula presente; concha de sete ou oito placas dorsais; pé amplo e achatado; múltiplas brânquias nas laterais do corpo entre o pé e a margem do manto; sexos geralmente separados, com larva trocófora, mas véliger ausente. Exemplos: *Mopalia, Tonicella* (ver Figura 16.1 A).

Classe Monoplacophora (do grego *monos*, um + *plax*, placa + *phora*, portador). Corpo bilateralmente simétrico com um pé achatado, amplo; concha única, similar à das lapas; cavidade do manto com três a seis pares de brânquias; grandes cavidades celomáticas; rádula presente; três a sete pares de nefrídios, dois dos quais servem de gonodutos; sexos separados. Exemplo: *Neopilina* (ver Figura 16.10).

Classe Gastropoda (do grego *gaster*, estômago + *pous*, *podos*, pé): **caramujos, caracóis e lesmas**. Corpo assimétrico demonstra os efeitos da torção; corpo geralmente abrigado em uma concha enrolada (concha não enrolada ou ausente em algumas formas); cabeça bem desenvolvida, com rádula; pé grande e achatado; uma ou duas brânquias, ou com o manto modificado em brânquias secundárias ou um pulmão; maioria com um único átrio e único nefrídio; sistema nervoso com gânglios cerebral, pleural, pedioso e visceral; dioicos ou monoicos, alguns com trocófora, normalmente véliger, alguns sem larva pelágica. Exemplos: *Busycon, Polinices* (ver Figura 16.14 B), *Physa, Helix, Aplysia* (ver Figura 16.18).

Classe Bivalvia (do latim *bi*, duplicado + *valva*, porta de duas folhas, valva) (**Pelecypoda**): **bivalves**. Corpo envolvido por um manto bilobado; concha de duas valvas laterais, de tamanho e forma variáveis, com charneira dorsal; cabeça muito reduzida, mas boca dotada de palpos labiais; sem rádula; sem olhos cefálicos, uns poucos com olhos nas margens do manto; pé geralmente em forma de machadinha; brânquias laminares; sexos geralmente separados, normalmente com larvas trocófora e véliger. Exemplos: *Anodonta, Venus, Tagelus* (ver Figura, 16.21), *Teredo* (ver Figura 16.27).

Classe Scaphopoda (do grego *skaphe*, bote + *pous*, *podos*, pé): **dente-de-elefante**. Corpo encerrado no interior de uma concha tubular, de peça única, aberta em ambas as extremidades; pé cônico; boca com rádula e tentáculos contráteis (captáculos); cabeça ausente; respiração por meio do manto; sexos separados; larva trocófora. Exemplo: *Dentalium* (ver Figura 16.32).

Classe Cephalopoda (do grego *kephale*, cabeça + *pous*, *podos*, pé): **lulas, sibas, náutilos e polvos**. Concha frequentemente reduzida ou ausente; cabeça bem desenvolvida com olhos e uma rádula; cabeça com braços ou tentáculos; pé modificado em sifão; sistema nervoso com gânglios bem desenvolvidos e centralizados, que formam um cérebro; sexos separados, desenvolvimento direto. Exemplos: *Sepioteuthis* (ver Figura 16.35), *Octopus* (ver Figura 16.1 E), *Sepia* (ver Figura 16.34).

---

para o desenvolvimento da segmentação emergiram no início da história evolutiva dos Bilateria, mas desempenharam outras funções. Mais tarde, a expressão desses genes teria sido então recrutada nas múltiplas origens independentes da metameria. Vários cientistas estão atualmente estudando detalhadamente as vias de desenvolvimento responsáveis pela formação de segmentos em anelídeos e artrópodes, bem como aqueles envolvidos na repetição de estruturas de partes do corpo em alguns moluscos. As diferenças nas etapas do desenvolvimento e nas vias bioquímicas que originam corpos segmentados em diferentes táxons segmentação sustentariam a hipótese de que a segmentação surgiu de forma independente diversas vezes.

A maior parte da diversidade de moluscos está relacionada com a adaptação a diferentes hábitats e modos de vida, bem como com uma ampla variedade de modos de alimentação, variando da alimentação sedentária por filtração à predação ativa. Existem diversas adaptações para a obtenção de alimento no filo e uma enorme variedade na estrutura e função da rádula, particularmente entre gastrópodes.

O versátil manto glandular provavelmente mostra mais capacidade de plasticidade adaptativa do que qualquer outra estrutura de moluscos. Além de secretar a concha e formar a cavidade do manto, o manto glandular é modificado de diferentes maneiras em brânquias, pulmões, sifões e aberturas, e às vezes atua na locomoção, nos processos de alimentação ou na capacidade sensorial.

A concha também passou por uma variedade de adaptações evolutivas. Um estudo recente mostra que a concha cônica de gastrópodes (como nas lapas) evoluiu independentemente 54 vezes entre os táxons fósseis e modernos.

Tema-chave 16.8

EXPLICAÇÃO DA CIÊNCIA

Moluscos fósseis contam uma história incompleta

Os fósseis são restos ou vestígios de seres descobertos na crosta terrestre e que viveram em épocas remotas (ver Seção 6.2). Eles podem ser partes componentes dos animais ou seus produtos (dentes, ossos, conchas, entre outros), partes de esqueletos petrificados, moldes, impressões, pegadas e outros. Partes moles e carnosas raramente deixam fósseis reconhecíveis. Por conseguinte, não temos bons registros de moluscos antes que estes adquirissem concha, e resta ainda alguma dúvida de que certas conchas fósseis das mais primitivas sejam realmente restos de moluscos, particularmente se o grupo que elas representam está extinto (p. ex., os Hyolitha). O problema sobre como definir um molusco baseando-se somente nas partes duras foi enfatizado por Yochelson (1978, Malacologia 17:165), que disse: "Se os escafópodes estivessem extintos e suas partes moles fossem desconhecidas, poderiam eles ser denominados moluscos? Eu penso que não".

RESUMO

Seção	Conceito-chave
16.1 Moluscos	• Mollusca é o maior filo de lofotrocozoários e um dos maiores e mais diversos de todos os filos. Os moluscos variam em tamanho, de organismos microscópicos aos maiores invertebrados • A maioria dos moluscos é marinha, mas alguns são de água doce e alguns são terrestres. Eles ocupam uma grande variedade de nichos • Muitos moluscos são economicamente importantes e alguns têm importância médica como hospedeiros de parasitos • A acidificação dos oceanos é uma séria ameaça aos moluscos, porque o aumento da acidez torna mais difícil a secreção de cálcio, o principal componente das conchas saudáveis. Bivalves, como ostras, são particularmente afetados, prejudicando algumas economias locais.
16.2 Forma e função	• As divisões corporais básicas dos moluscos são cabeça-pé e massa visceral, que geralmente é coberta por uma concha • O pé é geralmente um órgão locomotor ventral, parecido com uma sola, mas pode ser modificado de várias maneiras, como nos cefalópodes, onde se tornou braços e um funil • O manto secreta a concha e recobre uma parte da massa visceral para formar uma cavidade que abriga as brânquias. Em alguns deles, a cavidade do manto foi modificada em um pulmão • A rádula é um órgão protrátil, semelhante a uma língua, com dentes usados na alimentação. Ocorre em todos os moluscos, exceto bivalves e muitos solenogastres • O sistema circulatório dos moluscos é aberto, com coração e seios sanguíneos, exceto nos cefalópodes, que possuem sistema circulatório fechado • A principal larva dos moluscos é a trocófora; na maioria dos moluscos marinhos, a trocófora se desenvolve em um segundo estágio larval, a véliger • A maioria dos moluscos possui um sistema nervoso complexo com variedade de órgãos dos sentidos • Os moluscos geralmente têm um par de nefrídios conectando-se ao celoma • Os moluscos são celomados, embora seu celoma se limite à área ao redor do coração, gônadas e, ocasionalmente, parte do intestino. Em muitos animais, o celoma amortece e protege os órgãos viscerais e pode servir como um esqueleto hidrostático para a locomoção. No entanto, a concha externa dura da maioria dos moluscos impede o uso do celoma para amortecimento, mudança de forma ou locomoção.
16.3 Classes de moluscos	• As classes Caudofoveata e Solenogastres são pequenos grupos de moluscos semelhantes a vermes sem concha, mas que possuem escleritos ou espículas em faixas ao longo do corpo larval. Essas bandas podem ser homólogas às regiões do corpo que produzem as placas das conchas dos quítons • A classe Monoplacophora é um grupo marinho minúsculo e univalve que apresenta pseudometamerismo • A classe Polyplacophora é um grupo de herbívoros marinhos comuns, com uma série de sete ou oito placas que formam a concha e várias brânquias em cada lado do pé • A classe Gastropoda compreende o maior e mais diverso grupo de moluscos. Todos os gastrópodes apresentam torção, um estágio de desenvolvimento em que o ânus está diretamente sobre a cabeça. A maioria apresenta enrolamento, alongamento e espiralamento da massa visceral. A torção resulta em incrustação ou autopoluição, que é a liberação de resíduos digestórios sobre a cabeça e na frente das brânquias. Entre as soluções para a incrustação, estão: trazer água para um lado da cavidade do manto e transportar os resíduos pelo outro lado (abalone, lapas, muitos outros); algum grau de destorção (opistobrânquios); e conversão da cavidade do manto em um pulmão (pulmonados) • Nos membros da Classe Bivalvia, a concha é dividida em duas valvas unidas por um ligamento dorsal e mantidas juntas por um músculo adutor. A maioria são filtradores marinhos ou de água doce, puxando água por suas brânquias por ação ciliar. A rádula não está presente • Scaphopoda é uma classe pequena cujos membros possuem uma concha tubular, aberta em ambas as extremidades, e o manto enrolado em volta do corpo • Os membros da classe Cephalopoda são todos predadores e muitos podem nadar rapidamente. Seus braços ou tentáculos, derivados do pé, capturam as presas por secreções adesivas ou por ventosas. Eles nadam expulsando com força a água de sua cavidade do manto por um funil.
16.4 Filogenia e diversificação adaptativa	• Há evidências embriológicas e moleculares de que os moluscos compartilham um ancestral comum com anelídeos mais recentemente do que qualquer um desses filos com artrópodes ou deuterostômios • Resta um debate considerável sobre como os moluscos surgiram dentro dos Lophotrochozoa e sua relação com outros filos de protostômios • Moluscos com partes do corpo repetidas podem ser derivados de ancestrais moluscos não segmentados; as filogenias atuais suportam dois grandes clados de moluscos, com quítons segmentados superficialmente em um clado e monoplacóforos com órgãos internos repetidos em série no outro.

QUESTÕES DE REVISÃO

1. Explique como a acidificação do oceano afeta os moluscos. Descreva os efeitos a longo prazo desse processo nas economias humanas.
2. Como é o desenvolvimento embrionário do celoma dos moluscos? Por que foi importante o desenvolvimento evolutivo de um celoma?
3. Quais características de Mollusca o distinguem de outros filos?
4. Descreva brevemente as características do molusco ancestral hipotético e diga como cada uma das classes de moluscos (Caudofoveata, Solenogastres, Polyplacophora, Monoplacophora, Gastropoda, Cephalopoda, Bivalvia, Scaphopoda) difere da condição ancestral com respeito a cada um dos seguintes aspectos: concha, rádula, pé, cavidade do manto e brânquias, sistema circulatório e cabeça.
5. Descreva brevemente o hábitat e os hábitos de um quíton típico.
6. Defina o seguinte em relação aos gastrópodes: opérculo, assimetria bilateral, rinóforo, pneumostômio.
7. Que problema funcional resulta da torção? Como evoluíram os gastrópodes para contorná-lo?
8. Os gastrópodes sofreram uma enorme irradiação. Ilustre essa afirmação, descrevendo variações nos hábitos alimentares encontradas nos gastrópodes.
9. Diferencie os opistobrânquios dos pulmonados.
10. Use exemplos para explicar como a morfologia externa dos cefalópodes mudou ao longo do tempo evolutivo.
11. Descreva como os cefalópodes nadam e como eles se alimentam.
12. Descreva as adaptações nos sistemas circulatório e neurossensorial dos cefalópodes que são de particular importância para animais nadadores e predadores ativos.
13. Diferencie os amonoides dos nautiloides.
14. Descreva brevemente como se alimenta um bivalve típico e como ele se enterra.
15. Como o ctenídio de um bivalve típico é modificado em relação à forma ancestral desse órgão?
16. Descreva como uma concha é feita e explique como o manto é utilizado para produzir uma pérola.
17. Quais outros grupos de invertebrados são prováveis de se constituir em parentes mais próximos dos moluscos? Quais evidências sustentam e/ou contradizem essas relações?

Para reflexão. Leia as descrições da hipótese Serialia e compare a árvore filogenética de moluscos desenvolvida sob essa hipótese com aquela mostrada na Figura 16.1. Explique como as características ancestrais dos moluscos e o caminho evolutivo deles diferem, dependendo do cladograma.

17 Anelídeos

OBJETIVOS DE APRENDIZAGEM

Após leitura do capítulo, você será capaz de:

17.1 Descrever o plano corporal dos anelídeos poliquetas e oligoquetas e explicar como os corpos dos sipúnculos e dos Chaetopteridae diferem.

17.2 Explicar forma e função em anelídeos errantes, usando exemplos de táxons representativos.

17.3 Explicar a forma e a função de anelídeos sedentários, usando exemplos de táxons representativos.

17.4 Explicar a forma e a função em anelídeos que possuem um clitelo, citando minhocas e sanguessugas.

17.5 Discutir a evolução do celoma e do plano corporal metamérico.

17.6 Discutir o valor das cerdas e da segmentação como características-chave para anelídeos.

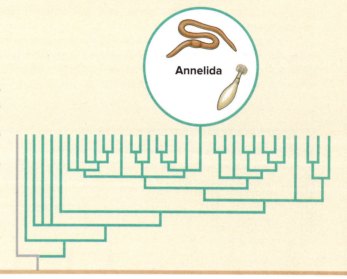

Um bivalve gigante canelado, Tridacna maxima.
iStock@Giorgio Cavallaro

Anelídeos ilustram o metamerismo

Cada segmento do corpo de um anelídeo é uma unidade repetida em série que contém componentes dos sistemas de órgãos circulatórios, nervosos e excretores. O plano corporal metamérico ocorre em dois outros filos animais: Arthropoda e Chordata. Se o nosso entendimento atual da filogenia animal estiver correto, o metamerismo evoluiu de forma independente em cada um desses filos. Por que o metamerismo é um plano corporal de sucesso?

Uma característica dominante dos anelídeos modernos é a cavidade celomática preenchida com fluido em cada segmento. A cavidade é circundada por músculos longitudinais e circulares. As contrações dos músculos circulares atuam sobre o fluido no espaço celômico fechado para tornar o segmento longo e fino. Em contraste, quando os músculos longitudinais se contraem, o segmento torna-se mais curto e mais largo. Divisões, chamadas septos, evitam que o fluido se mova de um segmento para o seguinte, de maneira que as contrações musculares mudam a forma de um segmento, mas não o seu volume. Para entender por que essa mudança de forma é importante, basta observar uma minhoca rastejar ou se enterrar. A minhoca usa segmentos curtos e largos como âncora e estende seu corpo para a frente a partir de um ponto de ancoragem quando se torna comprida e fina. A frente da minhoca então ancora em sua nova posição e o resto do corpo é puxado atrás do ponto de ancoragem; em seguida, a extensão para a frente começa novamente. Um escavador requer um celoma compartimentado.

O anelídeo ancestral era um escavador? Olhando para uma minhoca, é tentador imaginar o anelídeo ancestral como um animal metamérico simples com estruturas sensoriais mínimas. Pode-se supor que estruturas sensoriais aprimoradas e corpos expandidos são características derivadas. No entanto, filogenias recentes indicam que a morfologia da minhoca é derivada. O anelídeo ancestral tinha extensões em forma de aba nas laterais de seu corpo e palpos sensoriais em sua cabeça que também serviam para coletar alimento. O anelídeo ancestral era uma versão menos elaborada de alguns vermes marinhos que você verá neste capítulo. Os anelídeos descendentes divergiram, com alguns desenvolvendo caracteres adequados para rastejar ou nadar ativamente, e outros adaptando-se a um estilo de vida séssil ou escavador. Os descendentes deste último grupo colonizaram a água doce e o ambiente terrestre.

- **FILO ANNELIDA, INCLUINDO POGONÓFOROS (SIBOGLINÍDEOS), SIPÚNCULOS E ECHIUROS**

O filo de animais vermiformes protostômios e celomados descrito neste capítulo pertence ao subgrupo Lophotrochozoa. Eles desenvolvem-se por clivagem espiral em mosaico, seu mesoderma é formado por células derivadas da célula 4 d (ver Seção 8.7), seu celoma desenvolve-se por esquizocelia, e compartilham uma trocófora como a forma larval ancestral. Dois filos são discutidos: Annelida e Sipuncula.

A maioria dos membros do filo Annelida são vermes segmentados, que vivem em hábitats marinhos, de água doce e terrestres úmidos. Os poliquetas marinhos, as sanguessugas e as conhecidas minhocas pertencem a esse grupo. Annelida inclui atualmente os pogonóforos e vestimentíferos, anteriormente colocados em um único filo – Pogonophora – ou em filos individuais – Pogonophora e Vestimentifera. Esses vermes de oceano profundo pertencem ao clado Siboglinidae. Os membros do antigo filo Echiura foram incluídos no filo Annelida. Os "vermes-colher" em forma de salsinha não são segmentados, mas contêm partes do corpo repetidas que sugerem um ancestral segmentado. Os vermes anteriormente colocados no filo Sipuncula são animais marinhos bentônicos com corpos não segmentados, mas filogenias usando dados de sequência molecular colocam os sipúnculos dentro do filo Annelida, como mostrado na Figura 17.1.

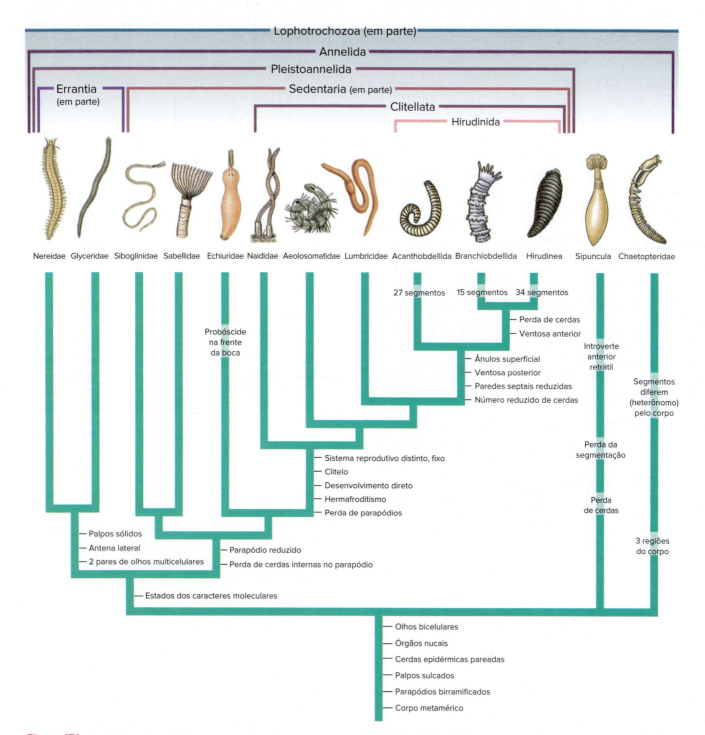

Figura 17.1 Cladograma dos anelídeos baseado na filogenia recente de Struck *et al.*, 2011. A maioria dos anelídeos pertence a dois grandes clados: Errantia e Sedentaria. Os anelídeos com um clitelo são agrupados nos Sedentaria.

17.1 FILO ANNELIDA, INCLUINDO POGONÓFOROS (SIBOGLINÍDEOS), SIPÚNCULOS E EQUIUROS

O filo Annelida (do latim *annelus*, pequeno anel + *ida*, sufixo plural) é composto por vermes segmentados. É um filo diverso, com aproximadamente 15 mil espécies, sendo as mais familiares as minhocas terrestres e de água doce (oligoquetos) e as sanguessugas (classe Hirudinida). No entanto, 2/3 do filo é composto por vermes marinhos (poliquetas), menos familiares para a maioria das pessoas. Alguns poliquetas têm aparência grotesca, enquanto outros são bonitos e graciosos. Eles incluem "vermes-pergaminho", "vermes-de-escamas", "vermes-arenícolas" e muitos outros.

A maioria dos membros de Annelida são vermes cujo corpo está dividido em **metâmeros** (ou **segmentos**) organizados em uma série linear e definidos externamente pela presença de **anéis** circulares chamados **annuli** (característica que origina o nome do filo). A segmentação do corpo (**metamerismo**) é a divisão do corpo em uma série de segmentos, cada um deles contendo componentes semelhantes de todos os principais sistemas de órgãos. Nos anelídeos, os segmentos estão limitados internamente por septos.

Os anelídeos são às vezes chamados de "vermes com cerdas" porque, com exceção das sanguessugas, a maioria dos anelídeos apresenta pequenas **cerdas** (do latim *setae*) quitinosas. As cerdas curtas e em forma de agulha auxiliam os segmentos a se ancorarem durante a locomoção, e cerdas longas na forma de pelos auxiliam na natação de formas aquáticas. Uma vez que muitos anelídeos vivem em galerias escavadas ou em tubos secretados, cerdas rígidas também evitam que esses organismos sejam arrancados de suas tocas.

Os anelídeos têm uma distribuição mundial e algumas espécies são cosmopolitas. Poliquetas são formas principalmente marinhas. A maioria é bentônica, mas alguns vivem na região pelágica em oceanos abertos. Os oligoquetos e as sanguessugas ocorrem predominantemente na água doce ou em solos terrestres. Algumas espécies de água doce escavam o lodo e a areia, e outras vivem associadas à vegetação submersa. Muitas sanguessugas são predadoras, especializadas em perfurar suas presas para se alimentar de sangue ou tecidos moles. Algumas poucas sanguessugas são marinhas, mas a maioria vive na água doce ou em regiões encharcadas. Ventosas são normalmente encontradas nas duas extremidades do corpo, permitindo que as sanguessugas se prendam ao substrato ou a suas presas.

Planos corporais

Normalmente, o corpo dos anelídeos tem uma cabeça dividida em duas partes, composta por um **prostômio** e um **peristômio**, seguida por um corpo segmentado e uma porção terminal, denominada **pigídio**, na qual se localiza o ânus (Figura 17.2). A cabeça e o pigídio não são considerados segmentos "verdadeiros". Os segmentos diferenciam-se durante o desenvolvimento e novos segmentos aparecem logo à frente do pigídio; desse modo, os segmentos mais antigos estão na região anterior do corpo e os segmentos mais novos estão na região posterior. Cada segmento normalmente contém estruturas

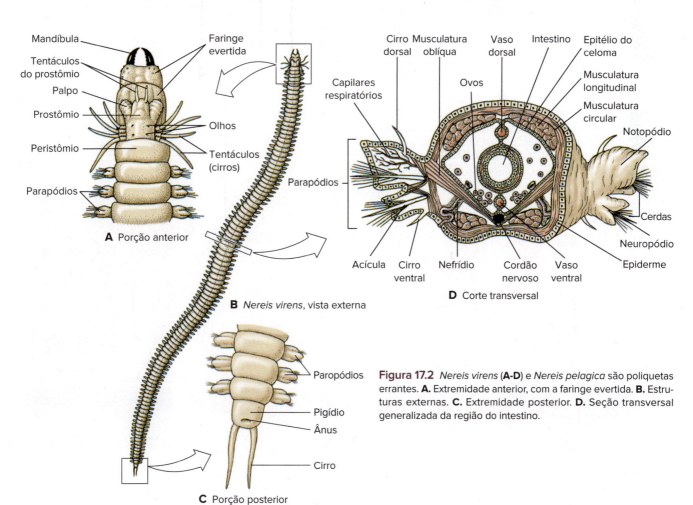

Figura 17.2 *Nereis virens* (**A-D**) e *Nereis pelagica* são poliquetas errantes. **A.** Extremidade anterior, com a faringe evertida. **B.** Estruturas externas. **C.** Extremidade posterior. **D.** Seção transversal generalizada da região do intestino.

respiratórias, nervosas e excretoras, assim como um celoma. Abas chamadas de **parapódio** podem estar presentes em cada segmento.

Na maioria dos anelídeos, o celoma desenvolve-se embriologicamente como uma fenda dentro do mesoderma de cada um dos lados do intestino (por **esquizocele**), formando um par de compartimentos celômicos em cada um dos segmentos. Um **peritônio** (uma camada de epitélio de origem mesodérmica) reveste a parede interna de cada compartimento, formando um **mesentério** dorsal e um ventral, que recobrem todos os órgãos (Figura 17.3). Os peritônios de segmentos adjacentes encontram-se para formar os **septos**, que são atravessados pelo intestino e pelos vasos sanguíneos longitudinais. A parede do corpo em torno do peritônio e do celoma contém músculos circulares e longitudinais fortes, adaptados para natação, rastejamento e escavação (Figura 17.3).

Exceto nas sanguessugas, o celoma da maioria dos anelídeos é preenchido com fluido e funciona como **esqueleto hidrostático**, como descrito no texto de abertura do capítulo. O rastejamento é produzido por ondas alternadas de contração dos músculos longitudinais e circulares, as quais passam da região anterior do corpo para a posterior (contrações peristálticas). Desse modo, podem ser geradas forças grandes o suficiente para uma escavação ou locomoção rápidas. As formas aquáticas usam ondulações em vez de movimentos peristálticos para a locomoção.

O corpo dos anelídeos apresenta uma fina camada externa de cutícula não quitinosa (ver Seção 29.1) em volta da epiderme (Figura 17.3). A presença de cerdas epidérmicas pareadas (ver Figuras 17.2 e 17.18) é uma condição ancestral de anelídeos, embora elas tenham se reduzido ou desaparecido em alguns grupos. O sistema digestório dos anelídeos não é segmentado: o trato digestório percorre todo o corpo, atravessando cada um dos septos (Figura 17.3). Os vasos sanguíneos longitudinais, dorsais e ventrais seguem o mesmo trajeto, assim como ocorre com o cordão nervoso ventral.

Historicamente, os anelídeos são divididos em três classes: Polychaeta, Oligochaeta e Hirudinida. Análises filogenéticas mostram que os poliquetas e os oligoquetos são grupos parafiléticos; as sanguessugas formam um clado. As sanguessugas surgem dos oligoquetos e esses dois grupos juntos formam um clado denominado Clitellata, caracterizado pela presença de uma estrutura reprodutiva denominada **clitelo** (ver Seção 17.4). Os oligoquetos surgiram dentro de Polychaeta; então, o termo "poliqueta" é descritivo, em vez de taxonômico.

"Poliqueta" é um termo usado para denotar qualquer uma das 80 famílias morfologicamente distintas de vermes, normalmente aquelas com muitas cerdas. As relações evolutivas entre essas famílias não são fáceis de discernir, mas as filogenias recentes baseadas em caracteres moleculares têm embasado dois grupos principais de anelídeos: Errantia e Sedentaria. A divisão de anelídeos nesses dois grupos, um errante (circula livremente; ver Figura 17.2) e o outro sedentário (passa a maior parte de sua vida em tubos ou tocas), foi proposta há muito tempo com base em morfologia e posteriormente rejeitada. Recentemente, esses dois grupos foram embasados por filogenias baseadas em caracteres moleculares. Os Sedentaria contêm alguns poliquetas, bem como oligoquetos e sanguessugas (Clitellata; ver Figura 17.1). A maioria dos outros poliquetas está nos Errantia (do latim *errare*, vagar). Muitos desses, como o verme amêijoa, *Nereis* (do grego, nome de uma nereida), são predatórios. Eles possuem uma faringe muscular eversível armada com mandíbulas ou dentes que podem ser lançados com uma velocidade surpreendente para capturar a presa.

Juntos, os Errantia e Sedentaria formam um novo grupo denominado Pleistoannelida. Há alguns poliquetas posicionados fora de Pleistoannelida (ver Figura 17.1); desses anelídeos excluídos, discutimos apenas os *Chaetopterus*.

Sipuncula

Sipuncula (do latim *sipunculus*, pequeno sifão) consiste em cerca de 250 espécies de vermes marinhos bentônicos, que vivem em profundidades que variam da zona entremarés até mais de 5.000 m. Eles vivem vidas sedentárias em tocas na lama ou areia, ocupando conchas de caracol vazias ou vivendo em fendas de coral ou entre a vegetação. Algumas espécies constroem suas próprias tocas de rocha por meios químicos e talvez mecânicos. A maioria das espécies está restrita às zonas tropicais. Alguns são vermes minúsculos e esguios, mas a maioria varia de 3 a 10 cm de comprimento. Alguns são comumente chamados de "vermes-do-amendoim" porque, quando perturbados, podem se contrair adotando uma forma de amendoim (Figura 17.4).

Os sipúnculos não têm segmentação ou cerdas. Eles são mais facilmente reconhecidos por uma **probóscide** ou **introverte** esguio e retrátil, que é contínua e rapidamente empurrado para dentro e

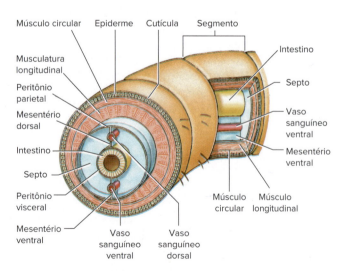

Figura 17.3 O plano corporal dos anelídeos.

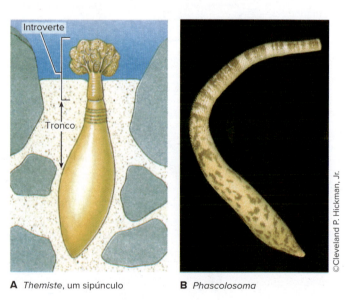

A *Themiste*, um sipúnculo **B** *Phascolosoma*

Figura 17.4 Sipuncula. *Themiste* (**A**) e *Phascolosoma* (**B**) são gêneros escavadores de distribuição cosmopolita.

para fora (evertido) da extremidade anterior. As paredes do **tronco** são musculosas. Quando o introverte é evertido, a boca pode ser vista na ponta, circundada por uma coroa de tentáculos ciliados. Pouco se sabe sobre os detalhes da alimentação dos sipúnculos. Algumas espécies parecem ser comedoras de depósitos ou detritívoros, enquanto outras parecem ser suspensívoras. Parte da nutrição pode também vir da absorção de compostos orgânicos dissolvidos diretamente da coluna de água. Quando não são perturbados, sipúnculos geralmente estendem sua parte anterior para fora da sua toca ou esconderijo e esticam seus tentáculos para explorar e se alimentar. Matéria orgânica coletada no muco dos tentáculos é movida para a boca por ação ciliar. O introverte é estendido pela pressão hidrostática produzida pela contração de músculos da parede corporal contra o fluido celômico. O lúmen dos tentáculos ocos está conectado, não ao celoma, mas a um ou dois sacos tubulares de compensação com fundo cego que se encontram ao longo do esôfago (Figura 17.5). Esses sacos recebem fluido dos tentáculos quando o introverte é retraído. A retração é efetuada por músculos retratores especiais. A superfície do introverte costuma ser áspera por causa de espinhos, ganchos ou papilas superficiais.

Há um grande celoma cheio de fluido atravessado por músculos e fibras do tecido conjuntivo. O trato digestório é um tubo longo que se dobra sobre si mesmo para ostentar uma forma de U e termina em um ânus perto da base de o introverte (Figura 17.5). Um par de grandes nefrídios se abre para o fora para expelir amebócitos celômicos cheios de resíduos; os nefrídios também servem como gonodutos. Não há sistemas circulatório e respiratório, mas o fluido celômico contém corpúsculos vermelhos que possuem um pigmento respiratório, a hemeritrina, usada no transporte de oxigênio. As trocas gasosas parecem ocorrer principalmente por meio dos tentáculos e introverte. O sistema nervoso tem um gânglio cerebral bilobado logo atrás dos tentáculos e um cordão nervoso ventral que se estende ao longo do corpo.

Com apenas algumas exceções, os sexos são separados. Faltam gônadas permanentes, e ovários ou testículos se desenvolvem sazonalmente no tecido conjuntivo que recobre a origem de um ou mais músculos retratores. As células sexuais são liberadas pelos nefrídios. A larva geralmente é trocófora. Em algumas espécies, a reprodução assexuada também ocorre por fissão transversal – 25% da extremidade posterior do progenitor se separa para se tornar um novo indivíduo.

Chaetopteridae

Os membros do Chaetopteridae são anelídeos incomuns que vivem em tubos e que apresentam três regiões corporais distintas (Figura 17.6). O verme-pergaminho, *Chaetopterus* (do grego *chaitē*, pelo longo + *pteron*, asa), alimenta-se de partículas suspensas (Figura 17.6). Eles vivem em um tubo coriáceo em forma de U que fica enterrado (exceto pelas extremidades afiladas), em areia ou lodo ao longo da costa. O animal prende-se à parede do tubo por meio de ventosas ventrais. Parapódios modificados em forma de leque, localizados nos segmentos 14 a 16, bombeiam a água pelo tubo por meio de movimentos rítmicos. Um par de parapódios grandes presentes no segmento 12 secreta uma longa rede de muco que se projeta para trás até atingir um pequeno cálice alimentar presente bem em frente aos leques. Toda a água que passa pelo tubo é filtrada por essa rede de muco, sendo o final dessa rede enrolado por cílios presentes no cálice, de maneira a formar uma bola. Quando a bola está com aproximadamente 3 mm de diâmetro, os parapódios em leque param de bater e a bola de alimento e muco é rolada para a frente por ação ciliar até a boca, sendo então engolida.

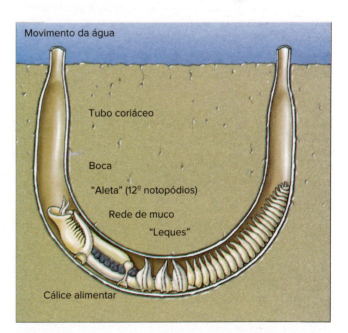

Figura 17.6 *Chaetopterus*, um poliqueta sedentário que vive em um tubo em forma de U no substrato oceânico. Ele bombeia água por um tubo coriáceo (do qual foi cortada uma metade nesta representação) por meio de seus três parapódios em leque que funcionam como um pistão. Esses leques batem 60 vezes por minuto, de modo a manter o fluxo das correntes de água. Os notopódios em forma de aletas do décimo segundo segmento secretam continuamente uma rede de muco que filtra as partículas alimentares. Quando a rede se enche de alimento, o cálice alimentar enrola essa rede de maneira a formar uma bola e, quando a bola está grande o suficiente (cerca de 3 mm), o cálice alimentar dobra-se para a frente e deposita a bola em um sulco ciliado para que seja carregada até a boca e engolida.

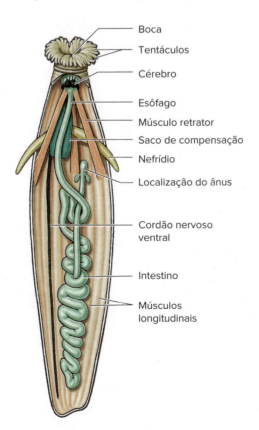

Figura 17.5 Estruturas internas de *Sipunculus*.

Pleistoannelida

Os Pleistoannelida abrangem dois grandes clados, conforme mencionado anteriormente. Forneceremos uma breve descrição do plano corporal dos poliquetas errantes e, a seguir, discutiremos os vermes errantes representativos. As descrições dos tipos principais de anelídeos sedentários, incluindo os membros do Clitellata, seguem-se à discussão sobre os táxons errantes.

17.2 ERRANTIA

Errantia é um dos grandes subgrupos de Pleistoannelida. Ele abrange os poliquetas errante. A maioria dos poliquetas errantes (do grego *polys*, muitos + *chaitē*, longo pelo) é marinha e, embora tenha entre 5 e 10 cm de comprimento, alguns são menores que 1 mm, e outros podem atingir 3 m de comprimento. Eles podem ter cores brilhantes, em vermelho e verde, ser iridescentes ou opacos.

Muitos poliquetas são eurialinos e podem tolerar uma ampla variedade de salinidade ambiental. A fauna de poliquetas de água doce é mais diversificada em regiões quentes do que em zonas temperadas.

Vários deles vivem sob rochas, entre fendas de corais ou dentro de conchas abandonadas. Alguns são planctônicos. Eles têm uma atuação significativa nas cadeias tróficas marinhas por serem consumidos por peixes, crustáceos, hidroides e muitos outros predadores.

Os poliquetas têm uma cabeça bem definida, com órgãos sensoriais especializados. Eles possuem apêndices pares, denominados **parapódios**, na maioria dos segmentos e não apresentam clitelo (ver Figura 17.2). Como seu nome indica, possuem muitas cerdas, em geral organizadas em feixes nos parapódios. Exibem a mais pronunciada especialização de órgãos sensoriais observadas dentre os anelídeos (ver Seção 17.2).

Forma e função

Um poliqueta normalmente tem um **prostômio**, que pode ou não ser retrátil, frequentemente com olhos, tentáculos e palpos sensoriais (ver Figura 17.2). O **peristômio** circunda a boca e pode ter cerdas, palpos ou, nas formas predadoras, mandíbulas quitinosas (ver Figura 17.2 A).

O tronco dos poliquetas é segmentado, e a maior parte dos segmentos tem parapódios que podem apresentar lobos, cirros, cerdas e outras partes (ver Figura 17.2). Os parapódios normalmente são usados para rastejar. Em geral, eles agem como os principais órgãos respiratórios, embora alguns poliquetas também tenham brânquias.

Nutrição

Os poliquetas errantes normalmente são predadores e carniceiros. O sistema digestório de um poliqueta consiste em porções anterior, mediana e posterior. A porção anterior inclui um estomodeu, uma faringe e um esôfago anterior. Ela é revestida por cutícula, e as mandíbulas, quando presentes, são compostas por uma proteína cuticular. A região mais anterior da porção mediana secreta enzimas digestivas, e a absorção ocorre em direção à região posterior. Uma porção posterior curta conecta a porção mediana ao exterior por meio de um ânus, o qual se localiza no pigídio.

Circulação e respiração

Os poliquetas têm considerável diversidade de estruturas circulatórias e respiratórias. Como mencionado previamente, parapódios e brânquias servem para trocas gasosas em várias espécies. No entanto, em alguns poliquetas não existe um órgão especial para respiração e as trocas gasosas ocorrem por meio da superfície do corpo.

O padrão circulatório varia bastante. Em *Nereis*, um vaso longitudinal dorsal carrega o sangue para a região anterior, e um vaso longitudinal ventral o conduz para a região posterior (ver Figura 17.2 D). O sangue flui entre esses dois vasos por meio de redes segmentares presentes nos parapódios e septos, e em volta do intestino. No poliqueta predador, *Glycera* (do grego *Glykera*, um nome próprio feminino), o sistema circulatório é reduzido e se funde ao celoma. Os septos são incompletos e, assim, o fluido celômico assume a função de circulação.

Muitos poliquetas têm pigmentos respiratórios, como hemoglobina, clorocruorina ou hemeritrina (ver Seção 31.4).

Excreção

Os órgãos excretores consistem em protonefrídios e uma mistura de protonefrídios e metanefrídios em alguns, mas a maioria dos poliquetas apresenta metanefrídios (ver Figura 17.2). Existe um par por segmento, cada extremidade com um **nefróstoma** que se abre no compartimento celômico. O fluido celômico entra pelo nefróstoma, e uma reabsorção seletiva ocorre ao longo do ducto nefridiano (ver Figura 17.21; ver Seção 30.2).

Sistema nervoso e órgãos dos sentidos

A organização do sistema nervoso central dos poliquetas segue o plano básico dos anelídeos (ver Figura 17.22). Gânglios cerebrais dorsais conectam-se a um gânglio subfaríngeo por meio de um conectivo circunfaríngeo. Um cordão nervoso ventral duplo percorre o comprimento do verme, com gânglios organizados metamericamente.

Os órgãos dos sentidos são muito desenvolvidos nos poliquetas e incluem olhos, órgãos nucais e estatocistos. Os olhos, quando presentes, podem variar desde ocelos simples até órgãos bem desenvolvidos. Olhos são mais conspícuos entre os poliquetas errantes. Geralmente, os olhos são compostos por uma taça retiniana com células fotorreceptoras que lembram bastonetes (revestindo a parede da taça) direcionadas para seu lúmen. O maior grau de desenvolvimento de olhos aparece na família Alciopidae, que apresenta olhos grandes, que formam imagem com resolução e possuem estrutura semelhante aos olhos de alguns moluscos cefalópodes (ver Figura 16.36), com córnea, lente, retina e pigmentos retinianos. Os olhos dos alciopídeos também têm retinas acessórias, uma característica que evoluiu independentemente em peixes e alguns cefalópodes habitantes do oceano profundo. As retinas acessórias de alciopídeos são sensíveis a diferentes comprimentos de onda. Os olhos desses animais pelágicos podem estar bem adaptados à sua função, uma vez que a penetração dos diferentes comprimentos de onda varia com a profundidade. Estudos com eletroencefalograma mostraram que são sensíveis à luz tênue das profundidades oceânicas. Os órgãos nucais são poros ou fendas sensoriais que parecem ser quimiorreceptoras, um fator importante na coleta de alimento. Alguns poliquetas escavadores e construtores de tubos têm estatocistos que atuam na orientação do corpo.

Reprodução e desenvolvimento

Os poliquetas não têm órgãos sexuais permanentes e, em geral, apresentam sexos separados. Os sistemas reprodutores são simples:

as gônadas aparecem como projeções temporárias do peritônio e liberam seus gametas no celoma. Os gametas são então transportados para o exterior por meio de gonodutos, pelos metanefrídios, ou pela ruptura da parede do corpo. A fecundação é externa e o estágio inicial de larva é uma trocófora (ver Figura 16.7).

> **Tema-chave 17.1**
>
> **ADAPTAÇÃO E FISIOLOGIA**
>
> **Enxameamento de estágios sexuais**
>
> Alguns poliquetas vivem a maior parte do ano como animais sexualmente imaturos denominados de átocos, mas, durante a estação reprodutiva, uma parte do corpo torna-se sexualmente madura e inchada, cheia de gametas (Figura 17.7). Um exemplo é o verme-palolo, que vive em galerias escavadas em recifes de coral. Durante o período reprodutivo, as partes sexualmente maduras, agora denominadas epítocos, se separam e nadam até a superfície. Logo antes do nascer do Sol, o mar está literalmente coberto por eles e, ao nascer do Sol, eles se rompem, liberando ovos e espermatozoides para a fecundação. As porções anteriores desses vermes regeneram novas seções posteriores. Esses enxameamentos têm um enorme valor adaptativo, uma vez que a maturação sincrônica de todos os epítocos garante o maior número de ovos fecundados. No entanto, essa estratégia reprodutiva é muito perigosa; muitos tipos de predadores se banqueteiam com os vermes enxameantes. Nesse meio tempo, o átoco permanece seguro em sua galeria e produz um novo epítoco no próximo ciclo. Em alguns poliquetas, os epítocos surgem dos átocos por meio de brotamento assexuado (Figura 17.8) e tornam-se vermes completos.

Membros representativos de Errantia

Vermes moluscos: Nereis

Os vermes moluscos (ver Figura 17.2) ou vermes de areia, como são às vezes chamados, são poliquetas errantes que vivem em galerias revestidas com muco na linha de maré baixa ou próximo dela. Às vezes são encontrados escondidos em abrigos temporários, como embaixo de pedras, onde ficam com seu corpo coberto e sua cabeça para fora. São mais ativos à noite, quando se esgueiram para fora de seus abrigos e nadam ou rastejam sobre a areia à procura de alimento.

O corpo, que contém cerca de 200 segmentos, pode atingir de 30 a 40 cm de comprimento. A cabeça é constituída por um prostômio e um peristômio. O prostômio tem um par de palpos curtos e grossos, sensíveis ao tato e ao paladar; um par de tentáculos sensoriais curtos; e dois pares de olhos dorsais pequenos, sensíveis à luz. O peristômio engloba a boca ventral, um par de mandíbulas quitinosas e quatro pares de tentáculos sensoriais (ver Figura 17.2 A).

Cada parapódio tem dois lobos: um **notopódio** dorsal e um **neuropódio** ventral (ver Figura 17.2 D) com cerdas e muitos vasos sanguíneos. Os parapódios são usados tanto para rastejar como para nadar, e são controlados por músculos oblíquos que se estendem desde a linha mediana até o parapódio em cada segmento do corpo. O verme nada por meio de movimentos ondulatórios laterais do corpo. Pode arremeter-se pela água com velocidade considerável. Esses movimentos ondulatórios também podem ser usados para mover a água para dentro ou para fora da galeria.

Nereidídeos alimentam-se de pequenos animais, de outros vermes e de uma grande variedade de formas larvais. Prendem suas presas com suas mandíbulas quitinosas, as quais são protraídas para fora da boca quando evertem sua faringe. O alimento é engolido quando o animal move a faringe para dentro. A movimentação do alimento no trato digestivo ocorre por peristaltismo.

Poliquetas-de-escamas

Esses poliquetas (Figura 17.9) são membros da família Polynoidae (do grego *polynoē*, filha de Nereus e Doris, deuses do mar), uma das famílias mais diversas, abundantes e bem distribuídas de poliquetas. Seu corpo achatado é coberto com escamas largas, que são modificações da parte dorsal dos parapódios. A maioria das espécies tem tamanho modesto, mas algumas são enormes (até 190 mm de comprimento e 100 mm de largura). São carnívoros e

Figura 17.7 *Eunice viridis*, o verme palolo de Samoa. Os segmentos posteriores formam a região epitocal, consistindo em segmentos repletos de gametas. Cada segmento possui uma mancha ocular no lado ventral. Uma vez por ano, os vermes enxameiam e os epítocos desprendem-se, sobem à superfície e liberam seus gametas maduros, deixando a água leitosa. Na estação seguinte de reprodução, os epítocos são regenerados.

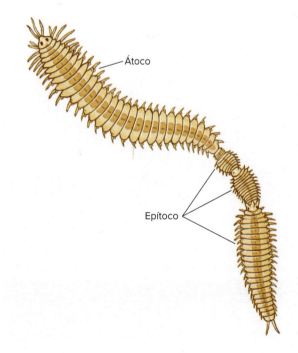

Figura 17.8 Em vez de transformar uma parte de seu corpo em um epítoco, *Autolytus prolife* forma assexuadamente vermes inteiros de sua extremidade posterior que se tornam epítocos sexuais.

Figura 17.9 Um verme-de-escama, *Hesperonoe adventor*, normalmente vive como um comensal nos tubos de *Urechis* (família Echiuridae).

alimentam-se de uma grande gama de animais. Muitos são comensais, vivendo em galerias de outros poliquetas ou em associação com cnidários, moluscos ou equinodermos.

Verme-de-fogo

Hermodice carunculata (do grego *herma*, recife + *dex*, um verme encontrado em madeira) (Figura 17.10) e espécies aparentadas são denominados vermes-de-fogo porque suas cerdas ocas e quebradiças contêm uma secreção venenosa. As cerdas perfuram uma mão que as toque e, então, quebram-se dentro do ferimento e causam irritação na pele. Poliquetas-de-fogo alimentam-se de corais, gorgônias e outros cnidários.

17.3 SEDENTARIA

Os Sedentaria contêm muitos poliquetas e oligoquetos que vivem em tubos ou tocas, incluindo membros dos antigos filos Pogonophora e Echiura. Também inclui os membros de Clitellata.

O plano corporal dos poliquetas sedentários é muito parecido com aquele dos poliquetas errantes, exceto pelo fato de a cabeça normalmente ser modificada pela adição de tentáculos usados para capturar o alimento.

Os parapódios normalmente são pequenos e algumas vezes modificados para ajudar a ancorar o verme no tubo; as cerdas podem ser semelhantes a um gancho para se prender na parede do tubo. Os parapódios podem funcionar na respiração, mas muitos dos tubícolas também têm brânquias. Os animais do gênero *Amphitrite* (do grego, uma nereida mítica), por exemplo, têm três pares de brânquias ramificadas e longos tentáculos extensíveis (Figura 17.11). Os animais do gênero *Arenicola* (do latim *arena*, areia + *colo*, habitar), conhecido como poliqueta-escavador (Figura 17.12) tem brânquias pares em certos segmentos. Outra modificação é o uso duplo de tentáculos na cabeça para capturar alimentos e para a respiração em alguns tubícolas. A área de superfície expandida garantida pela ramificação dos tentáculos é útil para ambas as funções.

Figura 17.10 Um verme de fogo, *Hermodice carunculata*, se alimenta de gorgônias e corais rochosos. Suas cerdas são como pequenas fibras de vidro e servem para afastar predadores.

Características do Filo Annelida

1. Cabeça típica de anelídeos e cerdas epidérmicas pareadas presentes (perdidas nas sanguessugas, sipúnculos e em alguns equiuros); parapódios presentes na condição ancestral.
2. Marinhos, de água-doce e terrestres.
3. A maioria de vida livre, alguns simbiontes, alguns ectoparasitos.
4. Corpo com simetria bilateral, **metamérico**, frequentemente com cabeça distinta; metamerismo reduzido ou perdido em alguns, principalmente nos equiuros.
5. Corpo triblástico.
6. Celoma (esquizocélico) bem desenvolvido e dividido por septos, exceto nas sanguessugas; fluido celômico atua como esqueleto hidrostático.
7. O epitélio secreta uma cutícula externa, transparente e úmida.
8. Sistema digestório completo e não segmentado.
9. Parede do corpo com uma camada muscular circular externa e uma camada longitudinal interna.
10. Sistema nervoso com um cordão nervoso ventral duplo e um par de gânglios com nervos laterais em cada segmento; cérebro constituído por um par de gânglios cerebrais dorsais que se ligam por conectivos até o cordão nervoso ventral.
11. Sistema sensorial constituído por órgãos táteis, botões gustativos, estatocistos (em alguns), células fotorreceptoras e olhos com lentes (em alguns); especialização da região cefálica em órgãos diferenciados, como tentáculos, palpos e ocelos de poliquetas.
12. Reprodução assexuada por fissão e fragmentação; capazes de uma regeneração completa.
13. Hermafroditas ou com sexos separados; as larvas, se presentes, são do tipo trocófora; reprodução assexuada por brotamento em alguns; clivagem espiral e desenvolvimento em mosaico.
14. Sistema excretor tipicamente constituído por um **par de nefrídios em cada segmento**; os nefrídios removem as excretas do sangue e também do celoma.
15. Trocas gasosas respiratórias por meio da pele, **brânquias** ou **parapódios**.
16. **Sistema circulatório fechado**, com vasos sanguíneos e arcos aórticos ("corações") musculosos para o bombeamento do sangue, organizados por segmento; pigmentos respiratórios (hemoglobina, hemeritrina ou clorocruorina) frequentemente presentes; amebócitos no plasma sanguíneo.

Membros representativos de Sedentaria

Poliquetas tubícolas

Poliquetas tubícolas secretam muitos tipos de tubos. Alguns são coriáceos; outros são tubos calcários firmes, aderidos a rochas ou a outras superfícies; e alguns são simplesmente grãos de areia ou pedaços de conchas ou algas cimentados juntamente com secreções mucosas. Muitas espécies escavam areia ou lodo, revestindo suas galerias com muco (Figura 17.12).

A maioria dos poliquetas sedentários que vivem em tubos e galerias é filtradora, usando os cílios ou muco para obter o alimento, normalmente plâncton e detrito. Alguns que se alimentam por atividade ciliar consomem partículas suspensas e podem carregar uma coroa de tentáculos que pode ser aberta como um leque ou recolhida para dentro do tubo. Os comedores de depósito coletam partículas dos sedimentos (ver Seção 32.1). Alguns comedores de depósito, como *Amphitrite* (Figura 17.11), projetam a cabeça para fora do lodo e estendem longos tentáculos sobre a superfície à procura de alimento. Os cílios e o muco presentes nos tentáculos aprisionam partículas encontradas na superfície do fundo dos oceanos e as transportam até a boca. Poliquetas do gênero *Arenicola* usam uma combinação interessante de alimentação de suspensão e de depósito. Eles vivem em uma galeria em forma de U, na qual, por meio de movimentos peristálticos, provocam o fluxo de água. As partículas de alimento são aprisionadas pela areia presente na frente da galeria, e *Arenicola* então ingere essa areia repleta de alimento (Figura 17.12).

Os sabelídeos ou "vermes-espanadores" são lindos animais tubícolas, fascinantes ao serem observados quando emergem de seus tubos secretados e desenrolam suas graciosas coroas de tentáculos para se alimentar. Uma pequena perturbação, às vezes até mesmo uma sombra passando, pode provocar sua retração rápida para dentro da proteção de seus tubos. O alimento que adere aos braços plumosos ou **radíolos** por ação ciliar é aprisionado em muco e transportado para baixo em canais alimentares ciliados até a boca (Figura 17.13). As partículas muito grandes para os canais alimentares passam ao longo das margens desses canais e caem para fora antes de atingirem a boca. Apenas partículas pequenas de alimento entram na boca; grãos de areia são armazenados em um saco e posteriormente utilizados para aumentar o tubo.

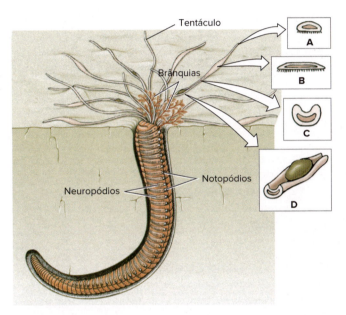

Figura 17.11 *Amphitrite*, que constrói seu tubo em lodo ou areia, estende longos tentáculos com canais para fora do lodo para capturar fragmentos de matéria orgânica. As partículas menores são deslocadas ao longo de canais alimentares por meio de cílios, e as partículas maiores, por movimentos peristálticos. Suas brânquias plumosas têm cor vermelho-sangue. **A.** Seção da porção exploratória do tentáculo. **B.** Seção do tentáculo em uma área que adere ao substrato. **C.** Seção que mostra o canal ciliado. **D.** Partícula sendo carregada para a boca.

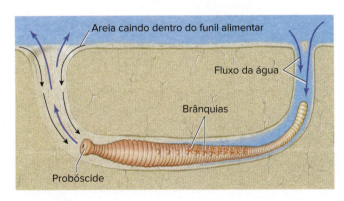

Figura 17.12 *Arenicola*, um verme que vive em uma galeria escavada em forma de U em baixios lodosos na região entremarés. Ele escava por eversões e retrações sucessivas de sua probóscide. Mediante movimentos peristálticos, mantém a filtração da água por meio da areia. O verme então ingere a areia repleta de alimento.

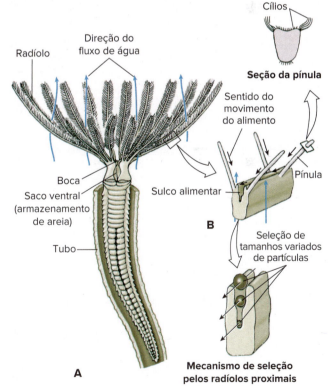

Figura 17.13 *Sabella*, um poliqueta com alimentação ciliar, estende sua coroa de radíolos alimentares desde seu tubo coriáceo secretado, o qual é reforçado com areia e detritos. **A.** Vista anterior da coroa. Os cílios direcionam partículas pequenas de alimento ao longo dos radíolos sulcados até a boca e descartam partículas maiores. Grãos de areia são direcionados para sacos de armazenamento e usados posteriormente na construção do tubo. **B.** Porção distal do radíolo, que mostra os tratos ciliares das pínulas e sulcos alimentares.

Família Siboglinidae (Pogonóforos)

Os membros do antigo filo Pogonophora (do grego *pōgōn*, barba + *phora*, portador) eram completamente desconhecidos até o século XX. Os primeiros indivíduos descritos foram coletados por dragagem em águas profundas na costa da Indonésia em 1900. A partir daí, têm sido descobertos em vários mares, incluindo o no oeste do Atlântico, na costa leste dos EUA. Cerca de 150 espécies foram descritas até o momento. Em sua maioria, as espécies têm menos de 1 mm de diâmetro, mas podem atingir de 10 a 75 cm de comprimento.

A maioria dos siboglinídeos vive no lodo no fundo dos oceanos, em profundidades de 100 a 10 mil m. Essa localização provocou sua descoberta tardia, uma vez que são obtidos somente por dragagem. São animais sésseis que secretam tubos quitinosos muito longos, dentro dos quais vivem e, provavelmente, estendem apenas a extremidade anterior do corpo para absorver nutrientes. Os tubos geralmente estão voltados para cima dentro dos fundos sedimentares. Um tubo pode ter 3 ou 4 vezes o comprimento do animal, que pode locomover-se para cima ou para baixo dentro de seu tubo, mas não pode mudar de direção.

Os pogonóforos têm um longo corpo cilíndrico coberto por cutícula. A parede do corpo é composta por cutícula, epiderme e musculatura circular e longitudinal. O corpo é dividido em uma **região anterior** curta; um **tronco** longo e muito delgado; e um pequeno **opistossoma** segmentado (Figura 17.14). Cerdas epidérmicas pares estão presentes no tronco e no opistossoma. Na extremidade anterior do corpo, um lobo cefálico contém 1 a 260 tentáculos longos (que lembram uma "barba"), dependendo da espécie. Os tentáculos são extensões ocas do celoma com minúsculas pínulas. Os tentáculos ficam paralelos entre si até um certo ponto ou por todo o seu comprimento, definindo um espaço intertentacular cilíndrico para dentro do qual se projetam as pínulas (Figura 17.15).

Os siboglinídeos destacam-se por não terem boca nem aparelho digestório, fazendo com que seu modo de nutrição seja intrigante. Eles absorvem alguns nutrientes dissolvidos na água do mar, como glicose, aminoácidos e ácidos graxos, por meio das pínulas e microvilosidades presentes em seus tentáculos. Entretanto, a maior parte da energia parece ser derivada de uma associação mutualística com bactérias quimioautótrofas. Essas bactérias

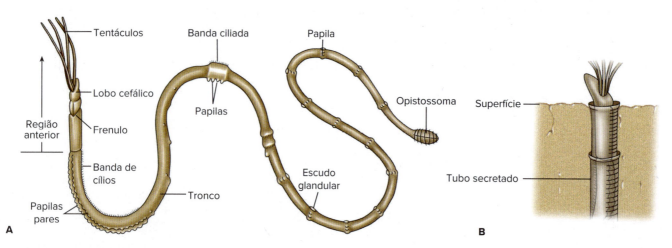

Figura 17.14 Diagrama de um siboglinídeo típico. **A.** Características externas. Em vida, o corpo é bem mais longo do que mostrado nesse diagrama. **B.** Posição no tubo.

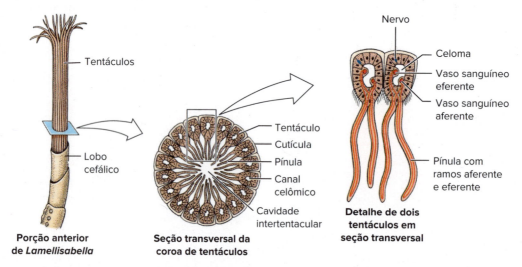

Figura 17.15 Seção transversal da coroa de tentáculos do siboglinídeo *Lamellisabella*. Tentáculos surgem do lado ventral da região anterior do corpo junto à base do lobo cefálico. Os tentáculos (que podem variar em número nas diferentes espécies) definem um espaço cilíndrico, dentro do qual as pínulas formam um tipo de rede de captura de nutrientes. Moléculas de alimento podem ser absorvidas no suprimento sanguíneo presente nos tentáculos e pínulas.

oxidam o sulfato de hidrogênio de modo a fornecer energia para produzir compostos orgânicos a partir de dióxido de carbono. Os siboglinídeos mantêm tais bactérias em um órgão denominado **trofossomo**, o qual deriva-se embriologicamente do mesentério (quaisquer traços das porções anterior e posterior do trato digestório estão ausentes nos adultos).

Existe um sistema circulatório fechado bem desenvolvido. Os fotorreceptores são semelhantes aos dos demais anelídeos.

Tema-chave 17.2
ADAPTAÇÃO E FISIOLOGIA
Hospedando bactérias simbiontes

Dentre os animais mais incríveis encontrados nas comunidades de fendas na crosta terrestre de águas oceânicas profundas do Pacífico (ver Capítulo 38: 'Vida sem o Sol') estão os vestimentíferos, *Rifia pachyptila*. Esses vermes gigantescos vivem em torno das fontes hidrotermais de águas profundas e podem atingir 3 m de comprimento e 5 cm de diâmetro. O trofossomo dos outros siboglinídeos é confinado à parte posterior do tronco, a qual fica enterrada em sedimentos ricos em sulfetos, mas o trofossomo de *Riftia* ocupa a maior parte de seu grande tronco. Esse trofossomo tem um suprimento muito maior de sulfeto de hidrogênio, o suficiente para nutrir seu grande corpo, no efluente das fontes hidrotermais

Os sexos são separados, com um par de gônadas e um par de gonodutos localizados no tronco. Poucos estudos sobre o desenvolvimento foram efetuados sobre esses vermes de oceano profundo, mas as pesquisas sugerem que a clivagem é desigual e atípica, parecendo ser mais próxima da espiral do que da radial. O desenvolvimento do aparente celoma é esquizocélico, e não enterocélico, como havia sido descrito originalmente. O embrião vermiforme tem cílios, mas não nada, provavelmente sendo carregado pelas correntes de água até assentar.

Tema-chave 17.3
ADAPTAÇÃO E FISIOLOGIA
Vermes que comem cadáveres de baleias

A descoberta em 2004 de vermes marinhos do gênero *Osedax* que se alimentam de osso foi muito emocionante. Esses poliquetas siboglinídeos perfuram ossos de carcaças de baleias por meio de um sistema de "raiz" e usam bactérias endossimbiontes para digerir o osso. O sistema de "raiz", que é verde, ramificado e vascularizado, desenvolve-se a partir da parte posterior do ovissaco e invade a medula óssea. Alguém poderia pensar se a quantidade de carcaças de baleias seria abundante o suficiente para que esse estilo de vida fosse bem-sucedido – surpreendentemente, tais carcaças estão normalmente separadas por apenas 5 a 15 km nas regiões costeiras onde ocorrem os vermes. As fêmeas desse verme não precisam se preocupar em encontrar machos; machos anões compartilham os tubos com as fêmeas. Como machos e fêmeas se encontram? A determinação do sexo parece ser ambiental, de forma que a larva que assentar sobre uma fêmea se tornará um macho. Os vermes comedores de ossos são apenas um componente de um ecossistema rico e dinâmico que se desenvolve nas carcaças das baleias à medida que as espécies que as colonizam inicialmente são sucedidas por outras espécies.

Echiuridae

A família Echiuridae (do grego *echis*, víbora, serpente + *oura*, cauda + *ida*, pℓ. sufixo) consiste em cerca de 140 espécies de vermes marinhos que escavam o lodo ou areia, vivem em conchas vazias ou carapaças de bolachas-da-praia, ou ocupam fissuras nas rochas. São encontrados em todos os oceanos – sendo mais comuns nas zonas litorâneas de águas mais quentes, mas alguns são encontrados em águas polares ou são dragados de profundidades de até 10.000 m. Variam de comprimento entre alguns milímetros até 40 ou 50 cm.

Os equiuros são cilíndricos e, algumas vezes, lembram a forma de uma salsicha (Figura 17.16). Na posição anterior à boca, existe uma probóscide achatada e extensível, a qual não pode ser retraída para dentro do corpo. Os equiuros podem ser chamados de "vermes-colher", por causa da forma da probóscide contraída em algumas espécies. O sistema nervoso dos equiuros é bem simples, com um cordão nervoso ventral que percorre o comprimento do tronco e continua dorsalmente para dentro da probóscide. A probóscide apresenta um sulco ciliado que leva à boca. Enquanto estão enterrados, a probóscide pode se estender por sobre o lodo para exploração e alimentação em depósitos (Figura 17.17). A maioria das espécies agrega partículas muito pequenas de detritos e as transporta ao longo da probóscide por meio de cílios; as partículas maiores são transportadas por uma combinação de ação ciliar e muscular ou apenas por ação muscular. As partículas indesejadas podem ser rejeitadas ao longo da rota até a boca. A probóscide é curta em algumas formas e longa em outras. *Bonellia*, que tem apenas 8 cm de comprimento, pode estender sua probóscide até 2 m.

Uma forma comum, *Urechis* (do grego *oura*, cauda + *echis*, víbora, serpente), tem uma probóscide muito curta e vive em uma galeria em forma de U, dentro da qual secreta uma rede mucosa em forma de funil. O organismo bombeia água por meio da rede, que captura bactérias e material particulado fino. *Urechis* engole periodicamente a rede repleta de alimento. *Lissomyema* (do grego *lissos*, liso + *mys*, músculo) vive em conchas vazias de gastrópodes, onde constrói galerias irrigadas pelo bombeamento rítmico

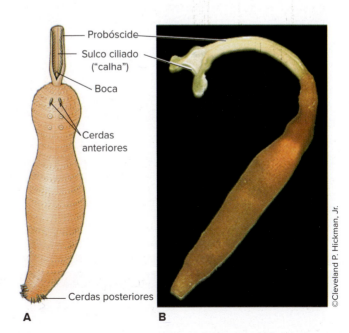

Figura 17.16 **A.** *Echiurus*, um equiuro comum nas costas Atlântica e Pacífica da América do Norte. **B.** *Anelassorhynchus*, um equiuro do Pacífico tropical. A forma de suas probóscides levou à sua denominação de "vermes-colher".

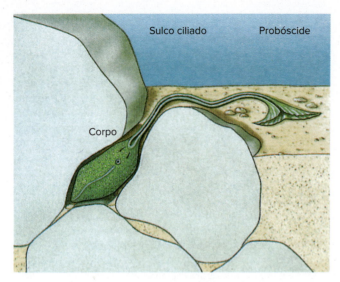

Figura 17.17 *Bonellia* alimenta-se de detrito. Vive em sua galeria e explora a superfície com sua longa probóscide, que coleta partículas orgânicas e as transporta ao longo de um sulco ciliado até a boca.

de água e se alimenta do detrito e do revestimento orgânico da areia e lodo acumulado durante o processo.

A cutícula e o epitélio, que podem ser lisos ou ornamentados com papilas, cobrem a parede musculosa do corpo. O celoma é amplo. O trato digestório é longo e enrolado e termina na extremidade posterior (Figura 17.18). Um par de sacos anais pode executar uma função excretora ou osmorreguladora. A maioria dos equiuros, com exceção de *Urechis*, tem um sistema circulatório fechado com sangue incolor, mas contém hemoglobina em corpúsculos celômicos e certas células do corpo. Eles têm de um a muitos pares de nefrídios, que funcionam principalmente como gonodutos em algumas espécies. As trocas gasosas provavelmente ocorrem principalmente na porção final do trato digestório, que é continuamente preenchida e esvaziada por uma irrigação cloacal. Os equiuros não são segmentados, mas presume-se que tenham um ancestral segmentado. Muitas espécies mantêm as cerdas epidérmicas pareadas ancestrais, seja na parte anterior ou como uma fila de cerdas ao redor da extremidade posterior (ver Figura 17.16).

Tema-chave 17.4
ADAPTAÇÃO E FISIOLOGIA

Determinação sexual

Em algumas espécies, o dimorfismo sexual é acentuado, sendo a fêmea muito maior que o macho. **Bonellia** tem um dimorfismo sexual extremo, e machos minúsculos vivem dentro do corpo da fêmea ou em seu nefrídio. A determinação do sexo em **Bonellia** é bem interessante. As larvas livre-natantes são indiferenciadas sexualmente. Aquelas que assentarem na probóscide de uma fêmea tornam-se machos (1 a 3 mm de comprimento). Cerca de 20 machos são encontrados em uma única fêmea. Larvas que não entrarem em contato com a probóscide de uma fêmea se metamorfosearão em fêmeas. O estímulo para o desenvolvimento de machos é aparentemente um hormônio produzido pela probóscide da fêmea.

Os sexos são separados, e as gônadas são produzidas em regiões especiais do peritônio em cada sexo. Células sexuais maduras soltam-se da região das gônadas e deixam a cavidade do corpo por meio dos nefrídios. A fecundação é geralmente externa.

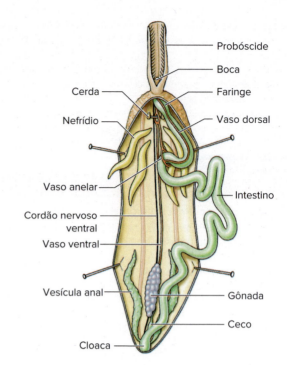

Figura 17.18 Anatomia interna de um equiuro.

A clivagem inicial e os estágios de trocófora são muito semelhantes aos dos anelídeos e sipúnculos. O estágio de trocófora, que de acordo com a espécie pode durar desde alguns poucos dias até 3 meses, é seguido de uma metamorfose gradual até a forma vermiforme de um adulto.

17.4 CLADO CLITELLATA

O clado Clitellata contém as minhocas e seus parentes, bem como as sanguessugas, pertencentes à classe Hirudinida. Os membros desse clado compartilham uma estrutura reprodutiva singular, denominada **clitelo**. O clitelo é um anel de células secretoras na epiderme que aparece na parte exterior no animal como uma faixa de gordura em volta do corpo, mais ou menos no terço anterior do corpo do animal. O clitelo está sempre visível nos oligoquetos, mas nas sanguessugas, aparece apenas na estação reprodutiva. Os membros de Clitellata não apresentam parapódios, que provavelmente foram evolutivamente perdidos a partir de um ancestral poliqueta. Os clitelados são animais hermafroditas (monoicos) com desenvolvimento direto. O jovem desenvolve-se dentro de um casulo secretado pelo clitelo, sem larva trocófora visível. Vermes em miniatura emergem dos casulos.

Oligochaeta

Os oligoquetos não formam um grupo monofilético. Mais de 3 mil espécies de vermes com um plano corporal oligoqueto ocorrem em uma grande variedade de tamanhos e hábitats. Incluem as minhocas e muitas espécies que vivem em água doce. A maioria é terrestre ou de água doce, mas alguns são parasitos e uns poucos vivem em águas marinhas ou salobras.

Com poucas exceções, os oligoquetos apresentam cerdas, que podem ser longas ou curtas, retas ou curvas, com a ponta romba ou afilada, ou organizadas em feixes ou individualmente. Qualquer que seja o tipo, as cerdas são menos numerosas em oligoquetos do que em poliquetas, como sugere o nome da classe, que significa "poucos pelos longos". As formas aquáticas geralmente apresentam cerdas mais longas que as minhocas terrestres.

Forma e função

As principais características do corpo de um oligoqueto são descritas com referência às conhecidas minhocas. As estruturas dos sistemas circulatório e excretor descritas em minhocas são típicas de anelídeos em geral, mas os sistemas digestório e nervoso apresentam aspectos específicos dos oligoquetos.

As minhocas escavam em solos úmidos e ricos, e em geral vivem em túneis ramificados interconectados. A espécie geralmente estudada em laboratório é *Lumbricus terrestris* (do latim *lubricum*, minhoca). Seu tamanho varia de 12 a 30 cm de comprimento (Figura 17.19), mas é pequena em comparação com formas gigantes tropicais cujos 4 m de corpo podem compreender de 150 até mais de 250 segmentos.

As minhocas normalmente emergem à noite, mas em tempo úmido e chuvoso; elas ficam próximas à superfície, frequentemente com a boca ou o ânus projetando-se para fora de sua galeria. Em climas muito secos, elas podem cavar vários metros para dentro da terra, enrolar-se em uma câmara viscosa e tornar-se dormentes.

As minhocas usam movimentos peristálticos: as contrações dos músculos circulares da extremidade anterior esticam o corpo, empurrando a extremidade anterior para a frente até que ela ancore. A ancoragem ocorre com a contração da musculatura longitudinal dos segmentos que estão avante – esses segmentos tornam-se

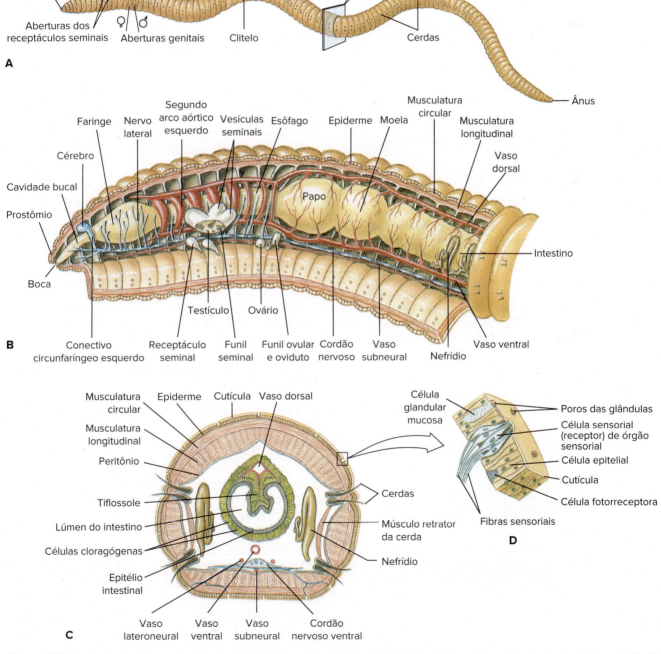

Figura 17.19 Anatomia da minhoca. **A.** Características externas, em vista lateral. **B.** Estrutura interna da porção anterior da minhoca. **C.** Seção transversal generalizada passando pela região posterior do clitelo. **D.** Porção da epiderme, que mostra células sensoriais, glandulares e epiteliais.

curtos e largos, empurrando-se contra as paredes laterais da galeria. Quando isso ocorre, as cerdas projetam-se para fora por meio de pequenos poros localizados na cutícula. As cerdas escavam as paredes da galeria de forma a ancorar os segmentos que estão à frente; então, contrações da musculatura longitudinal encurtam o resto do corpo, puxando a parte posterior para junto da parte anterior que estava ancorada. Conforme as ondas de extensão e contração passam pelo corpo inteiro, o animal desloca-se gradualmente para a frente.

As cerdas epidérmicas pareadas dos oligoquetos estão assentadas em um saco dentro da parede do corpo e são movimentadas por músculos (Figura 17.20), assim como ocorre em poliquetas. No entanto, os oligoquetos não têm parapódios; em vez disso, as cerdas estendem-se para fora diretamente da parede do corpo, em cada segmento. Na maioria das minhocas, cada segmento tem pares de cerdas quitinosas (ver Figura 17.19 C), embora possam ocorrer mais de 100 cerdas por segmento em alguns oligoquetos.

> **Tema-chave 17.5**
> **ECOLOGIA**
>
> **Minhocas beneficiam o solo**
>
> Aristóteles chamava as minhocas de "intestinos do solo". Uns 22 séculos depois, Charles Darwin publicou suas observações no clássico *The Formation of Vegetable Mould Through the Action of Worms* ("A Formação de Húmus Vegetal por Meio da Ação das Minhocas"). Ele mostrou como os vermes enriquecem o solo ao trazerem o subsolo para a superfície e misturá-lo ao solo de cima. Uma minhoca pode ingerir seu próprio peso de solo a cada 24 h, e Darwin estimou que 10 a 18 toneladas de terra seca por hectare passam pelos intestinos das minhocas anualmente, trazendo potássio e fósforo do subsolo e adicionando produtos nitrogenados ao solo por conta de seu próprio metabolismo. Elas também arrastam folhas, gravetos e substâncias orgânicas para dentro de suas galerias e para perto das raízes das plantas. Suas atividades têm uma grande importância para a aeração do solo. As visões de Darwin eram contrárias às de seus contemporâneos, que acreditavam que as minhocas eram danosas às plantas. Todas as pesquisas relevantes confirmaram amplamente as descobertas de Darwin, e o manejo de minhocas é hoje praticado em muitos países.

Nutrição

A maioria dos oligoquetos é detritívora. As minhocas alimentam-se principalmente de matéria orgânica em decomposição, pedaços de folhas e vegetação, dejetos e matéria animal. Depois de ser umedecido com secreções produzidas na boca, o alimento é levado para dentro por meio da ação de sucção de sua faringe muscular. O prostômio em forma de lábio auxilia a manipular e posicionar o alimento. O cálcio do solo ingerido junto com o alimento tende a produzir um nível elevado de cálcio no sangue. As **glândulas calcíferas** localizadas ao longo do esôfago secretam íons cálcio para dentro do trato digestório e, desse modo, diminuem a concentração de cálcio no sangue. As glândulas calcíferas também atuam na regulação do equilíbrio acido-básico dos fluidos corporais.

Ao deixar o esôfago, o alimento é armazenado temporariamente em um **papo** de paredes finas antes de passar para a **moela**, que mói o alimento em pequenos pedaços. Digestão e absorção ocorrem no **intestino**. A parede do intestino tem projeção dorsal, denominada **tiflossole**, que aumenta bastante a superfície de absorção e digestão (ver Figura 17.19 C).

Envolvendo o intestino e vasos dorsais e preenchendo grande parte do tiflosole, existe uma camada amarelada de **células cloragógenas** (do grego *chlōros*, verde + *agōgē*, via de transporte). Esse tecido atua como um centro de síntese de glicogênio e lipídios, uma função grosseiramente semelhante à das células do fígado. Quando estão cheias de gordura, as células cloragógenas são liberadas dentro do celoma, onde flutuam livremente como células denominadas **eleócitos** (do grego *elaio*, óleo + *kytos*, vaso oco [célula]), as quais transportam materiais até os tecidos do corpo. Os eleócitos podem passar de um segmento para outro e acumular-se em volta de ferimentos e áreas em regeneração, onde se rompem e liberam seu conteúdo no celoma. As células cloragógenas também atuam na excreção.

Circulação e respiração

Os anelídeos têm um sistema duplo de transporte: o fluido celômico e um sistema circulatório fechado. O alimento, as excretas e os gases respiratórios são transportados tanto pelo fluido celômico como pelo sangue em graus variáveis. O sangue circula em um sistema fechado de vasos, que inclui um sistema de capilares localizados nos tecidos. Cinco troncos sanguíneos principais percorrem o comprimento do corpo.

Um **vaso dorsal** único corre sobre o canal alimentar desde a faringe até o ânus. É um órgão bombeador, com válvulas, e funciona como um coração verdadeiro. Esse vaso recebe sangue de vasos localizados na parede corporal e no trato digestório e bombeia esse sangue em direção anterior para dentro de cinco pares de **arcos aórticos**. A função dos arcos aórticos é manter uma pressão sanguínea estável dentro do vaso ventral.

Um **vaso ventral** único funciona como uma aorta. Ele recebe o sangue dos arcos aórticos e o leva até o cérebro e para o resto do corpo. O vaso ventral concede vasos segmentares para as paredes do corpo, os nefrídios e trato digestório.

O sangue contém células ameboides incolores e o pigmento respiratório **hemoglobina** (ver Seção 31.4) dissolvido. O sangue de alguns anelídeos pode conter outros pigmentos respiratórios diferentes da hemoglobina, como dito anteriormente.

As minhocas não têm órgãos respiratórios especiais, e as trocas gasosas ocorrem por meio de sua pele úmida.

Excreção

Cada segmento (exceto os três primeiros e o último) apresenta um par de **metanefrídios**. Cada metanefrídio ocupa parte de dois segmentos adjacentes (Figura 17.21). Um funil ciliado, o **nefróstoma**, posiciona-se anteriormente a um septo intersegmentar e leva a um pequeno túbulo ciliado que atravessa o septo até o segmento logo atrás, onde se conecta com a parte principal do nefrídio. Várias

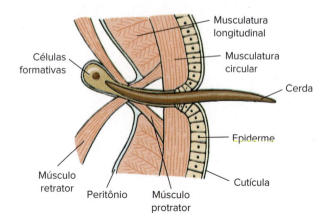

Figura 17.20 Cerdas com suas ligações musculares que mostra relação com estruturas adjacentes. As cerdas perdidas com o uso são substituídas por novas, que se desenvolvem a partir de células formativas.

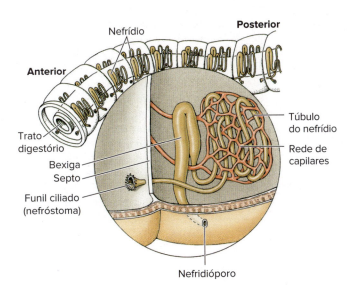

Figura 17.21 Nefrídio de uma minhoca. Os excretas são carregados para dentro do nefróstoma ciliado de um segmento, passam pelas voltas do nefrídio e são expelidos pelo nefridióporo do segmento seguinte.

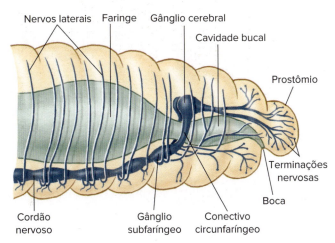

Figura 17.22 Porção anterior da minhoca e seu sistema nervoso. Observe a concentração de terminações sensoriais nessa região.

voltas complexas de tamanho progressivamente maior compõem o ducto nefridiano, que termina em uma estrutura em forma de bexiga, que leva a uma abertura, o **nefridióporo**. O nefridióporo se abre para fora perto da fileira ventral de cerdas. Por meio de cílios, as excretas do celoma são carregadas para dentro do nefróstoma e do túbulo, onde se juntam a sais e excretas orgânicas transportadas por capilares sanguíneos na parte glandular do nefrídio. As excretas são liberadas para o exterior pelos nefridióporos.

Os oligoquetos aquáticos excretam amônia; os terrestres geralmente excretam ureia, que é bem menos tóxica. *Lumbricus* produz as duas, sendo o nível de ureia dependente, de certo modo, das condições ambientais. Tanto a ureia como a amônia são produzidas pelas células cloragógenas, que podem soltar-se e entrar diretamente nos metanefrídios; ou seus produtos podem ser transportados pelo sangue. Algumas excretas nitrogenadas são eliminadas pela superfície do corpo. Os oligoquetos são principalmente animais de água doce e, mesmo as formas terrestres, como as minhocas, só conseguem existir em um ambiente úmido. A osmorregulação é uma função da parede do corpo e dos nefrídios, assim como pelo trato digestório e poros dorsais. *Lumbricus* ganhará peso se colocado em água e perderá peso se colocado novamente no solo. Sais e água podem passar pelo tegumento, e, aparentemente, os sais passam por transporte ativo.

Sistema nervoso e órgãos dos sentidos

O sistema nervoso das minhocas (Figura 17.22) consiste em um sistema central e nervos periféricos. O sistema central reflete o padrão típico dos anelídeos: um par de **gânglios cerebrais** (o "cérebro"), localizado sobre a faringe; um par de **conectivos**, que circundam a faringe e conectam o cérebro ao primeiro par de gânglios do cordão nervoso; um **cordão nervoso ventral** sólido, verdadeiramente duplo, percorre longitudinalmente o assoalho do celoma até o último segmento; e um par de gânglios fusionados no cordão nervoso em cada segmento. De cada par de gânglios fusionados saem nervos que se direcionam para as estruturas do corpo, que contêm tanto fibras sensoriais como motoras.

Células neurossecretoras foram encontradas no cérebro e nos gânglios de oligoquetos e em poliquetas. Elas têm função endócrina e secretam neurormônios relacionados com a regulação da reprodução, das características sexuais secundárias e da regeneração.

Para efetuar movimentos rápidos de fuga, a maior parte dos anelídeos tem de um a vários axônios muito longos, denominados **axônios gigantes** (Figura 17.23) ou fibras gigantes, localizados no cordão nervoso ventral. Seu grande diâmetro aumenta a velocidade de transmissão (ver Seção 33.1) e permite que ocorram contrações simultâneas da musculatura em vários segmentos.

Tema-chave 17.6
ADAPTAÇÃO E FISIOLOGIA

Fibras nervosas gigantes da minhoca

Na fibra gigante mediana dorsal de *Lumbricus*, que tem um diâmetro de 90 a 160 μm, foi estimada uma velocidade de condução de 20 a 45 m/s, muitas vezes mais rápido que nos neurônios normais dessa espécie. Isso também é muito mais rápido do que nas fibras gigantes de poliquetas, provavelmente porque, em minhocas, as fibras gigantes estão envoltas em uma camada de mielina, o que fornece um isolamento.

Órgãos dos sentidos simples estão distribuídos por todo o corpo. As minhocas não têm olhos, mas são dotadas de diversos fotorreceptores em forma de lente em sua epiderme. A maioria dos oligoquetos exibe fototaxia negativa à luz forte, mas fototaxia positiva à luz fraca. Muitos órgãos sensoriais unicelulares estão bem distribuídos na epiderme. No prostômio, o que se supõe serem quimiorreceptores, são mais numerosos. No tegumento, existem diversas terminações nervosas livres, as quais provavelmente apresentam função tátil.

Comportamento geral

As minhocas estão entre as criaturas mais indefesas que existem, mas, mesmo assim, sua abundância e ampla distribuição indicam que conseguem ser bem-sucedidas. Embora não tenham nenhum órgão sensorial especializado, são sensíveis a muitos estímulos. Reagem positivamente a um estímulo mecânico, quando esse estímulo é moderado, e negativamente a um estímulo forte (como uma pisada forte ao lado delas), que as faz recuar rapidamente para suas tocas. Reagem à luz, a qual evitam, a não ser que seja muito fraca. As respostas químicas auxiliam esses animais a escolherem o alimento.

As respostas químicas, assim como as respostas táteis, são muito importantes para as minhocas. Elas não necessitam apenas

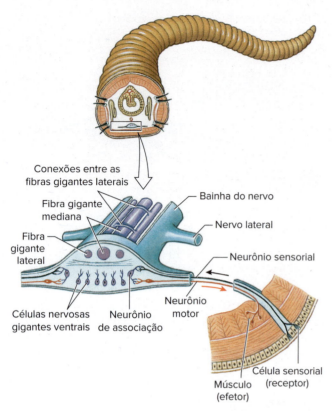

Figura 17.23 Porção do cordão nervoso de uma minhoca, que mostra o arranjo de arco reflexo simples (em primeiro plano; ver também Seção 33.3) e as três fibras dorsais gigantes adaptadas para a execução de reflexos rápidos e movimentos de fuga. O rastejamento regular envolve uma sucessão de ações reflexas, e o esticar de um segmento estimula o alongamento do próximo. Os impulsos são transmitidos muito mais rapidamente nas fibras gigantes do que nos nervos normais, de modo que todos os segmentos podem se contrair simultaneamente quando for necessário recolher-se rapidamente para dentro de uma galeria.

analisar o conteúdo orgânico do solo à procura de alimento, mas também devem sentir sua textura, acidez e conteúdo de cálcio.

Experimentos mostraram que as minhocas têm alguma capacidade de aprendizado. Podem ser ensinadas a evitar um choque elétrico e, assim, desenvolver um reflexo de associação. Darwin acreditava que as minhocas tinham uma grande inteligência, uma vez que elas puxavam folhas para dentro de suas galerias pela extremidade mais estreita, a forma mais simples de carregar um objeto em forma de folha para dentro de um buraco estreito. Darwin presumiu que a obtenção das folhas pelas minhocas não acontecia como resultado de uma manipulação ao acaso ou por sorte, mas era uma ação deliberada. No entanto, as investigações desde o tempo de Darwin mostraram que o processo está mais na linha da tentativa e erro, uma vez que as minhocas frequentemente agarram uma folha várias vezes antes de conseguirem pegá-la da forma correta.

Reprodução e desenvolvimento

As minhocas são monoicas (hermafroditas); cada animal possui tanto órgãos masculinos quanto femininos (ver Figura 17.19 B). Em *Lumbricus*, os sistemas reprodutores estão presentes nos segmentos 9 a 15. Dois pares de pequenos testículos e dois pares de funis espermáticos estão envoltos por três pares de grandes vesículas seminais. Os espermatozoides imaturos produzidos nos testículos amadurecem nas vesículas seminais, passam então para os funis espermáticos e daí, pelos ductos espermáticos, e atingem os poros genitais masculinos localizados no segmento 15, por onde são expulsos durante o acasalamento. Os óvulos são eliminados por um par de pequenos ovários na cavidade celomática, de onde são transportados pelos funis ciliados dos ovidutos até o exterior, saindo pelos poros genitais femininos localizados no segmento 14. Dois pares de receptáculos seminais, localizados nos segmentos 9 e 10, recebem e armazenam os espermatozoides recebidos do parceiro sexual durante o acasalamento.

A reprodução das minhocas pode ocorrer durante todo o ano desde que condições climáticas quentes e úmidas ocorram no decorrer da noite (Figura 17.24). Durante o acasalamento, as minhocas estendem sua extremidade anterior para fora de suas galerias, fazendo com que suas superfícies ventrais se encontrem (Figura 17.24). Suas superfícies são mantidas unidas por meio do muco secretado pelo **clitelo** (do latim *clitellae*, albarda) e por cerdas ventrais especiais, as quais penetram no corpo do parceiro nas regiões de contato. Depois de serem liberados, os espermatozoides se locomovem até os receptáculos seminais da outra minhoca pelos sulcos seminais. Depois do acasalamento, cada minhoca primeiramente secreta um tubo mucoso e, depois, uma forte cinta de aspecto quitinoso, formando um **casulo** em volta de seu clitelo. Conforme o casulo avança para a frente, os óvulos provenientes do oviduto, a albumina produzida por glândulas da pele e os espermatozoides do parceiro (que estavam armazenados nos receptáculos seminais) vão sendo lançados no casulo. Assim, a fecundação dos óvulos ocorre dentro do casulo. Quando o casulo escorrega para fora da extremidade anterior da minhoca, suas extremidades se fecham, produzindo um corpo selado com formato de limão. A embriogênese ocorre dentro do casulo e a forma que nasce do ovo é uma minhoca jovem semelhante ao adulto. Desse modo, o desenvolvimento é direto, sem metamorfose. Os jovens não desenvolvem um clitelo até que atinjam a maturidade sexual.

Oligoquetos representativos

Os oligoquetos de água doce são geralmente menores e com cerdas mais conspícuas do que as minhocas; são mais móveis que estas e tendem a apresentar órgãos sensoriais mais bem desenvolvidos. A maioria constitui formas bentônicas que rastejam sobre o substrato ou escavam no lodo mole. Os oligoquetos aquáticos são uma importante fonte de alimento para peixes. Uns poucos são ectoparasitos.

Alguns dos oligoquetos de água doce mais comuns incluem os representantes dos gêneros *Aeolosoma* (do grego *aiolos*, de rápido movimento + *soma*, corpo) (Figura 17.25 B), com 1 mm de comprimento; *Stylaria* (do grego *stylos*, pilar), com 10 a 25 mm de comprimento (Figura 17.25 A); e *Dero* (do grego *dere*, pescoço ou garganta), com 5 a 10 mm de comprimento (Figura 17.25 D). A comum *Tubifex* (do latim *tubus*, tubo + *faciens*, fazer) (Figura 17.25 C), com 30 a 40 mm de comprimento, é avermelhada e vive com sua cabeça no lodo no fundo de lagos e sua cauda ondulando na água. *Tubifex* é um hospedeiro necessário no ciclo de vida de *Myxobolus cerebralis*, um parasito que causa uma doença muito séria, denominada doença do corrupio, nas trutas-arco-íris da América do Norte (ver Seção 13.1). Alguns oligoquetos, como *Aeolosoma*, podem formar cadeias assexuadas de zooides originados por fissão transversa (Figura 17.25 B).

Classe Hirudinida: sanguessugas. A classe Hirudinida é dividida em três ordens: Hirudinea, as sanguessugas "verdadeiras" e duas outras ordens que merecem ser mencionadas aqui porque seus membros são intermediários morfológicos entre oligoquetos e as sanguessugas verdadeiras (ver Figura 17.1). Os oligoquetos têm um número variável de segmentos, os segmentos têm cerdas, e não há ventosas no corpo. As sanguessugas verdadeiras têm 34 segmentos, completamente sem cerdas, e uma ventosa anterior e uma posterior.

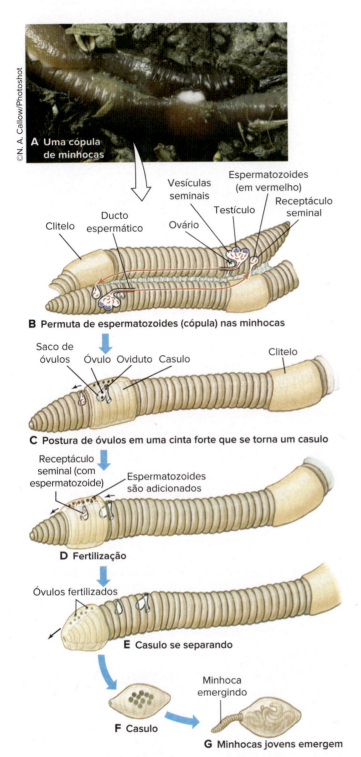

Figura 17.24 Acasalamento de minhocas e formação do casulo. **A.** Inseminação mútua; os espermatozoides vindos do poro genital (segmento 15) percorrem os sulcos seminais até chegarem nos receptáculos seminais (segmentos 9 e 10) de cada parceiro. **B** e **C.** Depois que as minhocas se separam, o clitelo primeiramente secreta um tubo mucoso e, depois, uma cinta forte, que forma o casulo. O casulo em desenvolvimento avança para a frente de modo a receber os óvulos do oviduto e os espermatozoides dos receptáculos seminais. **D.** Quando o casulo escorrega para fora da extremidade anterior do corpo, suas extremidades são fechadas e seladas. **E.** O casulo é depositado próximo da entrada da galeria. **F.** Minhocas jovens emergem em 2 a 3 semanas. **G.** Duas minhocas durante o acasalamento. Suas extremidades anteriores estão voltadas em sentidos opostos, enquanto suas superfícies ventrais são mantidas unidas por meio de faixas mucosas produzidas pelos clitelos.

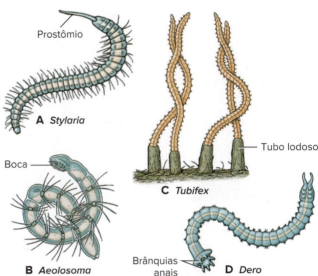

Figura 17.25 Alguns oligoquetos de água doce. **A.** *Stylaria* tem um prostômio que se projeta com uma longa tromba. **B.** *Aeolosoma* usa os cílios em volta de sua boca para varrer partículas alimentares para dentro, e pode gerar novos indivíduos assexuadamente, por brotamento. **C.** *Tubifex* vive de cabeça para baixo dentro de longos tubos. **D.** *Dero* apresenta brânquias anais ciliadas.

Os membros da ordem Acanthobdellida tem 27 segmentos, cerdas nos cinco primeiros segmentos e uma ventosa posterior. Os membros da ordem Branchiobdellida têm 14 ou 15 segmentos sem cerdas e uma ventosa anterior. Os branquiobdelídeos são comensais ou parasitos de lagostins. Daqui em diante, o termo "sanguessuga" será usado para nos referirmos aos membros da ordem Hirudinea.

As sanguessugas ocorrem preferencialmente em hábitats de água doce, umas poucas são marinhas, e algumas até mesmo adaptaram-se à vida terrestre em locais quentes e úmidos. São mais abundantes em países tropicais do que nas zonas temperadas.

A maioria das sanguessugas tem de 2 a 6 cm de comprimento, mas algumas, incluindo as espécies "medicinais", atingem 20 cm. A mais gigante de todas pertence ao gênero *Haementeria* (do grego *haimateros*, sanguínea), vive na Amazônia e atinge 30 cm.

As sanguessugas são geralmente achatadas dorsoventralmente e exibem uma grande variedade de padrões e coloridos: preto, marrom, vermelho ou verde-oliva. Muitas sanguessugas vivem como carnívoras e predam pequenos invertebrados; algumas são parasitos temporários e outras permanentes (que nunca abandonam seus hospedeiros). Algumas sanguessugas atacam os seres humanos e são um incômodo aos entusiastas de atividades externas.

As sanguessugas são hermafroditas e têm um clitelo, que aparece apenas durante a estação reprodutiva. O clitelo secreta um casulo para recepção dos ovos.

Forma e função

Ao contrário dos outros anelídeos, as sanguessugas têm um número fixo de segmentos, mas aparentam ter muito mais, uma vez que cada segmento tem sulcos transversais que formam anéis superficiais (Figura 17.26).

As sanguessugas não têm compartimentos celômicos distintos. Com exceção de uma espécie, os septos desapareceram e a cavidade celomática é preenchida com tecido conjuntivo e um sistema de espaços denominados **lacunas**. As lacunas celomáticas formam um sistema regular de canais preenchidos por fluido celômico, que pode servir como um sistema circulatório auxiliar em algumas sanguessugas.

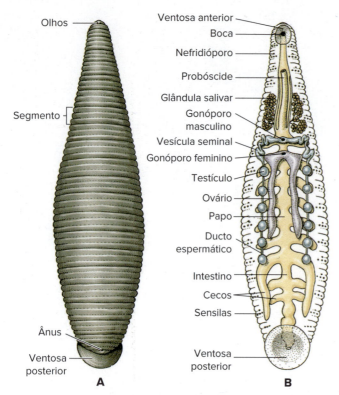

Figura 17.27 *Hirudo medicinalis* alimentando-se de sangue em um braço humano.

Figura 17.26 Estrutura de uma sanguessuga, *Placobdella*. **A.** Aparência externa, em vista dorsal. **B.** Estrutura interna, em vista ventral.

As sanguessugas são mais especializadas do que os oligoquetos. Elas perderam as cerdas usadas pelos oligoquetos na locomoção e desenvolveram ventosas usadas para se fixar enquanto sugam sangue (seu trato digestório é especializado no armazenamento de grandes quantidades de sangue). A maioria das sanguessugas rasteja executando movimentos de cambalhota com o corpo, aderindo uma das ventosas e depois a outra, puxando o corpo ao longo da superfície. As sanguessugas aquáticas nadam com um gracioso movimento ondulatório.

Nutrição

As sanguessugas são popularmente consideradas parasitos, mas muitas são predadoras. A maioria das espécies de água doce inclui predadores ativos ou detritívoros equipados com uma probóscide que pode estender-se para ingerir pequenos invertebrados ou tirar sangue de vertebrados de sangue frio. Algumas podem forçar a faringe ou probóscide para dentro de tecidos moles, como as brânquias de peixes. Algumas sanguessugas terrestres alimentam-se de larvas de insetos, minhocas e lesmas, as quais seguram com sua ventosa oral enquanto usam sua forte faringe sugadora para ingerir o alimento. Outras formas terrestres escalam arbustos ou árvores à procura de vertebrados de sangue quente, como aves ou mamíferos.

A maioria das sanguessugas alimenta-se de fluidos. Muitas preferem alimentar-se de fluidos teciduais e sangue que pulsa de feridas abertas. Algumas sanguessugas de água doce são verdadeiras sugadoras de sangue, alimentando-se em gado, cavalos, seres humanos e outros mamíferos. As sugadoras de sangue verdadeiras, que incluem a chamada a sanguessuga medicinal *Hirudo medicinalis* (do latim *hirudo*, uma sanguessuga) (Figura 17.27), têm placas cortantes ou "mandíbulas" quitinosas para cortar a pele rígida. As glândulas salivares secretam um anestésico, assim como enzimas anticoagulantes (ver Seção 32.3). Algumas sanguessugas parasitas deixam seus hospedeiros apenas durante a estação reprodutiva, e outras são parasitos permanentes de peixes, depositando seus casulos em seu hospedeiro. No entanto, mesmo as sanguessugas sugadoras de sangue raramente permanecem em seu hospedeiro por um longo período de tempo.

Respiração e excreção

As trocas gasosas ocorrem exclusivamente por meio da pele, exceto em algumas sanguessugas de peixes, que têm brânquias. Existem de 10 a 17 pares de nefrídios, além de celomócitos e certas células especializadas adicionais que também podem estar envolvidas em funções excretoras.

Sistema nervoso e sensorial

As sanguessugas têm dois "cérebros": um anterior, composto por seis pares de gânglios fusionados (que formam um anel em volta da faringe), e outro posterior, composto por sete pares de gânglios fusionados. Vinte e um pares adicionais de gânglios segmentares ocorrem ao longo do cordão nervoso duplo. Além das terminações nervosas sensoriais livres e células fotorreceptoras presentes na epiderme, existe uma linha de órgãos sensoriais, denominados **sensilas**, localizada no ânulo central de cada segmento. Ocelos em forma de taças pigmentares também estão presentes em muitas espécies.

Tema-chave 17.7
ADAPTAÇÃO E FISIOLOGIA

Atração de sanguessugas

Sanguessugas são altamente sensíveis a estímulos associados à presença de uma presa ou hospedeiro. Elas são atraídas e tentarão se prender a um objeto coberto com substâncias apropriadas do hospedeiro, como escamas de peixe, secreções de óleo ou suor. Aquelas que se alimentam de sangue de mamíferos são atraídas pelo calor; sanguessugas terrestres tropicais da família Haemadipsidae convergem para uma pessoa que estiver parada em um lugar.

Reprodução

As sanguessugas são hermafroditas, ocorrendo fecundação cruzada durante o acasalamento. Os espermatozoides são transferidos por um pênis ou por impregnação hipodérmica (um espermatóforo é eliminado por um animal e penetra a pele do outro). Depois do acasalamento, o clitelo secreta um casulo que recebe os óvulos e os espermatozoides.

Taxonomia do filo Annelida

Os anelídeos são formas vermiformes que compartilham um ancestral segmentado com cerdas epidérmicas pareadas. A taxonomia baseada na morfologia tem foco na presença de parapódios e muitas cerdas nos poliquetas, e na ausência de parapódios e uma redução das cerdas nos oligoquetos e nas sanguessugas. Filogenias usando caracteres moleculares e morfológicos distinguiram um grande clado chamado Pleistoannelida e várias linhagens, como Sipuncula e Chaetopteridae (exemplo: *Chaetopterus*) que se encontram fora de Pleistoannelida. Errantia e Sedentaria estão dentro de Pleistoannelida. Sedentaria inclui vermes com planos corporais típicos dos poliquetas e oligoquetos. Como os oligoquetos e hirudíneos (sanguessugas) têm clitelo, esses dois grupos são frequentemente posicionados sob a denominação Clitellata, e seus membros são chamados clitelados.

Pleistoannelida compreende Errantia e Sedentaria. Anelídeos marinhos, terrestres e de água doce; maioria com corpos segmentados.

Errantia. Poliquetas que circulam livremente (do grego *polys*, muitos + *chaitē*, longo pelo). Maioria marinha; cabeça distinta, com olhos e tentáculos; maioria dos segmentos com parapódios (apêndices laterais) com tufos compostos por muitas cerdas; clitelo ausente; geralmente com sexos separados; gônadas transitórias; brotamento assexuado em alguns; larva trocófora geralmente presente. Exemplos: *Nereis, Aphrodita, Glycera*.

Sedentaria. Anelídeos sedentários, incluindo os poliquetas que vivem em tubos e em tocas, bem como membros dos Clitellata (oligoquetos e sanguessugas com um clitelo em alguma fase do ciclo de vida). Exemplos com um plano corporal de poliqueta: *Arenicola, Amphitrite* e *Riftia*; exemplos com um plano corporal não segmentado: *Urechis* e *Bonellia*. Os animais dos Clitellata com um plano corporal típico dos oligoquetos têm segmentação conspícua; número variável de segmentos; poucas cerdas por segmento; sem parapódios; cabeça ausente; celoma amplo e geralmente dividido por septos intersegmentares; hermafroditas; desenvolvimento direto, sem larva; principalmente terrestres e de água doce. Exemplos: *Lumbricus, Stylaria, Aeolosoma, Tubifex*.

Classe hirudinida (do latim *hirudo*, sanguessuga + *ida*, sufixo plural): sanguessugas. Corpo com um número fixo de segmentos (normalmente 34; 15 ou 27 em alguns grupos) com muitos ânulos; ventosa oral e ventosa posterior geralmente presentes; clitelo presente; sem parapódios; cerdas ausentes (exceto em acanthobdellida); celoma firmemente preenchido com tecido conjuntivo e musculatura; desenvolvimento direto; hermafroditas; terrestres, de água doce e marinhos. Exemplos: *hirudo, placobdella, macrobdella*.

Tema-chave 17.8
ADAPTAÇÃO E FISIOLOGIA

Sanguessugas medicinais modernos

Durante séculos, as "sanguessugas medicinais" (*Hirudo medicinalis*) foram utilizadas para sangria devido à ideia equivocada de que uma série de doenças do corpo e febre eram causadas por excesso de sangue. Uma sanguessuga de 10 a 12 cm de comprimento pode se estender a um comprimento muito maior quando distendida com sangue, e a quantidade de sangue que ela pode sugar é considerável. A coleta e a cultura de sanguessugas em tanques eram praticadas na Europa em escala comercial durante o século XIX. O poema de Wordsworth "*The Leech-Gatherer*" foi baseado nesse uso de sanguessugas.

Sanguessugas estão mais uma vez sendo usadas na medicina. Quando os dedos das mãos e dos pés ou orelhas são cortados, os microcirurgiões podem reconectar artérias, mas não todas as veias mais delicadas. Sanguessugas são usadas para aliviar a congestão até que as veias possam crescer de volta no apêndice em processo de cicatrização.

As sanguessugas podem enterrar seus casulos no lodo, aderi-los a objetos submersos ou, em espécies terrestres, colocá-lo em solo encharcado. O desenvolvimento é semelhante ao de oligoquetos.

Circulação

O celoma das sanguessugas reduziu-se com a invasão de tecido conjuntivo e, em algumas espécies, com a proliferação do tecido cloragógeno, de maneira a formar um sistema de seios e canais celômicos. Algumas ordens de sanguessugas retêm um sistema circulatório típico de oligoquetos e, nesses casos, os seios celômicos atuam como um sistema sanguíneo vascular auxiliar. Em outras ordens, os vasos sanguíneos tradicionais estão ausentes e o sistema de seios celômicos forma o único sistema sanguíneo vascular. Nessas ordens, a contração de certos canais longitudinais provoca a propulsão do sangue (o equivalente do fluido celômico).

17.5 SIGNIFICADO EVOLUTIVO DE UM CELOMA E DO METAMERISMO

Os zoólogos clássicos levantaram a hipótese da homologia do celoma e do metamerismo nos animais e buscaram explicações gerais sobre cada caractere. A sistemática atual rejeitou a hipótese da homologia em ambos os casos. O celoma parece ter evoluído independentemente nos protostômios e deuterostômios – presumimos isso por causa de sua formação por diferentes métodos em cada grupo. Aparentemente, o metamerismo surgiu de forma isolada três vezes, uma nos deuterostômios, uma nos protostômios Ecdysozoa e uma nos protostômios Lophotrochozoa. Discutimos aqui o significado da evolução de um celoma e do metamerismo nos lofotrocozoários. Ainda não foi proposta nenhuma explicação plenamente satisfatória para a origem da segmentação e do celoma, embora o assunto tenha estimulado muita especulação e debate. Todas as explicações clássicas receberam argumentos importantes contrários a elas e mais de uma pode estar correta, ou nenhuma delas, como sugere R. B. Clark.[1] Clark ressaltou o significado evolutivo e funcional dessas características e argumentou enfaticamente que o valor adaptativo de um celoma era servir como um **esqueleto hidrostático** em um animal escavador. Desse modo, a contração muscular de uma parte do animal poderia atuar antagonicamente nos músculos de outra parte pela transmissão da força de contração de um volume constante de fluido no celoma fechado (ver o texto de abertura deste capítulo).

Embora a função original do celoma possa ter servido para facilitar a escavação no substrato, algumas outras vantagens surgiram para seus possuidores. Por exemplo, o fluido celômico pode ter atuado como um fluido circulatório para transporte de nutrientes e excretas, fazendo com que fosse desnecessário o animal apresentar um grande número de células-flama distribuídas por todos os tecidos. Os gametas poderiam ser armazenados em um celoma espaçoso, permitindo uma liberação simultânea por parte de todos os indivíduos da população (aumentando, dessa maneira, as chances de fecundação). Tal liberação sincrônica de gametas pode ter levado à seleção de um maior controle nervoso e endócrino. Nos lofotrocozoários, o tamanho do celoma varia e muitos táxons não são segmentados.

---

[1] Clark, R.B. 1964. *Dynamics in metazoan evolution. The origin of the coelom and segments*. Oxford, U.K., Clarendon Press.

Os anelídeos e os moluscos têm planos de desenvolvimento muito semelhantes que resultam em uma larva trocófora, mas a trocófora dos anelídeos desenvolve uma série de segmentos enquanto vai crescendo; já a trocófora dos moluscos não cresce desse modo (ver Seção 16.2).

É possível que todos os animais com simetria bilateral tenham compartilhado um ancestral segmentado e que os genes dessa segmentação tenham sido suprimidos na maioria das linhagens, mas estudos preliminares sobre os detalhes de como os segmentos se formam (controle genético e sinalização química) nos diferentes filos não dão suporte a essa hipótese.[2] Em vez disso, as evidências atuais dão suporte à hipótese de que a segmentação apareceu independentemente múltiplas vezes.

A vantagem seletiva de possuir um corpo segmentado nos anelídeos parece basear-se em uma eficiência de escavação propiciada pela mudança de forma dos compartimentos celômicos individuais do esqueleto hidrostático.

17.6 FILOGENIA E DIVERSIFICAÇÃO ADAPTATIVA

Filogenia

Os anelídeos e moluscos compartilham muitas características de desenvolvimento, de modo que muitos biólogos presumem que sejam intimamente relacionados, talvez táxons-irmãos. No entanto, as características de desenvolvimento compartilhadas têm grande chance de ser uma retenção das características ancestrais de protostômios lofotrocozoários.

Os vermes pogonóforos e vestimentíferos já foram colocados fora do filo Annelida, mas foram reinterpretados como membros dos Sedentaria e estão hoje no clado Siboglinidae. Somente uma pequena parte do corpo dos siboglinídeos é segmentada. Como os siboglinídeos, os equiuros são agora considerados membros de Sedentaria. As cerdas estão presentes, mas a segmentação foi perdida. Existem estruturas seriadas repetidas, como os gânglios do cordão nervoso e glândulas mucosas nas larvas de equiuros, e nefrídios repetidos de forma seriada nos equiuros adultos. Algumas espécies apresentam gânglios metaméricos na forma adulta. A presença de cerdas epidérmicas pares em algumas espécies de equiuros fortalece o posicionamento dos equiuros dentro de Annelida. Uma análise filogenética recente coloca os equiuros próximos dos poliquetas capitelídeos; os dois táxons vivem em sedimentos.

Caracteres moleculares têm sido usados para colocar Sipuncula dentro de Annelida, mas fora do grande clado Pleistoannelida. Os sipúnculos não são metaméricos e não têm cerdas. O desenvolvimento larval é semelhante ao dos anelídeos, moluscos e equiuros. A formação de nervos segue um padrão metamérico, mas se a segmentação esteve presente um dia, ela foi perdida muito cedo durante a evolução desse grupo. O registro fóssil dos sipúnculos começa há 520 milhões de anos, enquanto os anelídeos datam do início do Cambriano.

Diversificação adaptativa

Os anelídeos são um grupo antigo que passou por uma ampla diversificação adaptativa. A estrutura básica do corpo, particularmente de poliquetas, presta-se a inúmeras modificações. Como vermes marinhos, os poliquetas ocupam uma ampla gama de hábitats.

Uma característica adaptativa na evolução dos anelídeos é o seu arranjo septado de compartimentos celômicos preenchidos por fluido. A pressão de fluido nesses compartimentos é usada para criar um esqueleto hidrostático, que, por sua vez, permite que sejam efetuados movimentos precisos como a escavação e a natação. Músculos longitudinais e circulares potentes permitem que o corpo seja flexionado, encurtado e estendido.

As adaptações na alimentação mostram grande variação, desde uma faringe sugadora em oligoquetos e as mandíbulas quitinosas dos poliquetas carnívoros, até os tentáculos e radíolos especializados dos animais que se alimentam de partículas. A evolução de um trofossomo para abrigar bactérias quimioautótrofas que fornecem nutrientes para os siboglinídeos é uma adaptação à vida em grandes profundidades marinhas.

Nos poliquetas, os parapódios adaptaram-se de diversos modos a uma grande variedade de funções, principalmente locomoção e respiração. Nas sanguessugas, muitas adaptações (como as ventosas, as mandíbulas cortantes, a faringe sugadora, o trato digestório extensível, e os componentes na saliva que funcionam como anticoagulantes) estão relacionadas com seu hábito predador e sugador de sangue.

---

[2] Seaver, E. C. 2003. Int. J. Dev. Biol. **47**:583-595.

RESUMO

Seção	Conceito-chave
17.1 Filo Annelida, incluindo pogonóforos (siboglinídeos), sipúnculos e equiuros	• O filo Annelida é um grande grupo cosmopolita, que contém poliquetas marinhos, minhocas e oligoquetas de água doce, e sanguessugas, além de organismos uma vez colocados em filos separados: pogonóforos (siboglinídeos), equiuros e sipúnculos • A inovação estrutural mais importante subjacente à diversificação é o metamerismo (segmentação), uma divisão do corpo em uma série de segmentos semelhantes, em que cada um deles contém uma disposição repetida de muitos órgãos e sistemas • O celoma também é altamente desenvolvido e, com o arranjo septal dos compartimentos cheios de líquido e uma musculatura da parede corporal bem desenvolvida, compreende um esqueleto hidrostático eficaz para cavar, rastejar e nadar • Os siboglinídeos vivem em tubos no fundo do oceano e são metaméricos. Não possuem boca ou aparelho digestório, absorvendo alguns nutrientes pela coroa de tentáculos na região anterior. Grande parte de sua energia é devida à quimioautotrofia de bactérias em seu trofossomo • Equiuros são vermes marinhos escavadores, e a maioria são comedores de depósitos, com uma probóscide anterior à boca. Algumas espécies apresentam cerdas epidérmicas. *Equiurus* não têm segmentação • Sipúnculos são pequenos vermes marinhos escavadores com um introverte eversível em sua extremidade anterior. O introverte carrega tentáculos usados para alimentação de detritos nos sedimentos. Os sipúnculos não são segmentados e não possuem cerdas • A maioria dos anelídeos, exceto Chaetopteridae e sipúnculos, é colocada em um grande clado chamado Pleistoannelida.

Seção	Conceito-chave
17.2 Errantia	• Pleistoannelida é dividido em dois clados, Errantia e Sedentaria, ambos os quais incluem animais com um plano corporal típico dos poliquetas • Errantia contém poliquetas que se movem livremente, com diversas formas e hábitats.
17.3 Sedentaria	• Sedentaria é o segundo de dois clados em Pleistoannelida • Sedentaria contém animais com planos corporais típicos dos poliquetas que foram modificados para a vida em tubos ou tocas, como em siboglinídeos e equiuros, bem como animais com planos corporais de oligoquetas.
17.4 Clado Clitellata	• Dentro de Sedentaria, anelídeos com planos corporais de oligoquetas e sanguessugas são colocados dentro de Clitellata • O clitelo é importante para a reprodução: secreta muco para envolver os vermes durante a cópula e um casulo para receber óvulos e espermatozoides e no qual ocorre a embrionação • Minhocas e muitos anelídeos de água doce são oligoquetas; eles têm um pequeno número de cerdas por segmento (em comparação com poliquetas) e nenhum parapódio. Eles têm um sistema circulatório fechado e nefrídio pareado na maioria dos segmentos, são hermafroditas e praticam a fertilização cruzada • As minhocas têm o sistema nervoso típico dos anelídeos: gânglios cerebrais dorsais conectados a um cordão nervoso ventral duplo com gânglios segmentares percorrendo o comprimento do verme • Sanguessugas (classe Hirudinida) são principalmente animais de água doce, mas alguns são marinhos ou terrestres. A maioria se alimenta de fluidos; muitos são predadores, alguns são parasitos temporários e alguns são parasitos permanentes.
17.5 Significado evolutivo de um celoma e do metamerismo	• O celoma parece ter evoluído independentemente em protostômios e deuterostômios • O celoma de anelídeos funciona como um esqueleto hidrostático e é funcionalmente importante na escavação • Um plano corporal metamérico ou segmentado surgiu três vezes: nos anelídeos, nos artrópodes e nos cordados.
17.6 Filogenia e diversificação adaptativa	• Evidências embriológicas colocam anelídeos com moluscos e artrópodes em Protostomia. Evidências moleculares sugerem que anelídeos e moluscos estão mais intimamente relacionados entre si (em Lophotrochozoa) do que qualquer filo está com artrópodes (em Ecdysozoa) • O plano corporal anelídeo foi adaptado para uma ampla gama de estilos de vida, hábitats e modos de alimentação • A ausência de características metaméricas e cerdas em alguns táxons desafia a nossa capacidade de diagnosticar um anelídeo e traçar a evolução nesse filo.

QUESTÕES DE REVISÃO

1. Quais as características que distinguem o filo Annelida dos outros filos?
2. Como se distinguem os membros do clado Clitellata de outros anelídeos?
3. Descreva o plano corporal dos anelídeos, incluindo a parede do corpo, os segmentos, o celoma e seus compartimentos e o revestimento do celoma.
4. Explique como o esqueleto hidrostático ajuda os anelídeos a escavar. Como a eficiência na escavação aumenta com a segmentação?
5. Descreva três maneiras como diferentes poliquetas obtêm alimento.
6. Defina: prostômio, peristômio, pigídio, radíolos e parapódio.
7. Explique a função de cada uma dessas partes das minhocas: faringe, glândulas calcíferas, papo, moela, tiflosole e células cloragógenas.
8. Descreva a função do clitelo e do casulo.
9. De maneira geral, como os oligoquetos de água doce diferem das minhocas?
10. Descreva as maneiras pelas quais as sanguessugas obtêm alimento.
11. Qual é o maior siboglinídeo conhecido e como ele se nutre?
12. Que características tornam difícil para os biólogos reconhecer os equiuros, os sipúnculos e os siboglinídeos como membros de Annelida?
13. Onde vive um sipúnculo e como ele coleta alimento?
14. Qual foi o significado evolutivo da segmentação e do celoma para os primeiros lofotrocozoários?

Para reflexão. Reveja a extensão da segmentação em poliquetas, sanguessugas, siboglinídeos, equiuros e sipúnculos. Que características morfológicas devem ser modificadas para produzir uma cavidade corporal não segmentada? Existem evidências de estágios de transição para essas características?

18 Ecdisozoários Menores

OBJETIVOS DE APRENDIZAGEM

Após leitura do capítulo, você será capaz de:

18.1 Descrever o plano corporal e os hábitos dos nematódeos, com referência especial aos táxons parasitos.
18.2 Descrever o plano corporal dos vermes nematomorfos e discutir seu ciclo de vida e o uso do hospedeiro.
18.3 Identificar um loricífero e descrever seu hábitat e estilo de vida.
18.4 Identificar um quinorrinco e descrever seu hábitat e estilo de vida.
18.5 Identificar um priapulídeo e descrever seu hábitat e estilo de vida.
18.6 Identificar os táxons dentro do Panarthropoda e descrever a estrutura e a função do hemocele característico.
18.7 Descrever o plano corporal de um onicóforo, com especial referência a adaptações para alimentação, respiração e reprodução.
18.8 Identificar um tardígrado e descrever seu hábitat e estilo de vida, incluindo o uso de criptobiose.
18.9 Comparar e contrastar o desenvolvimento e as características morfológicas em ecdisozoários não artrópodes.

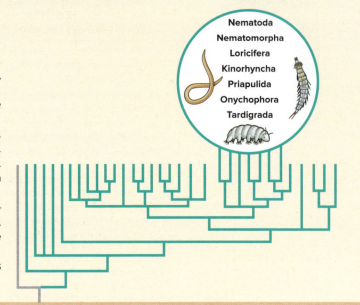

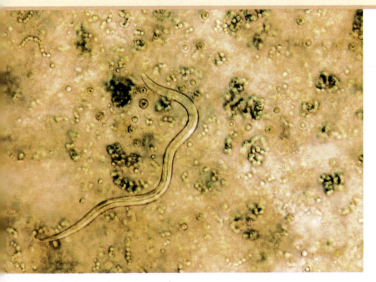

Trichinella spiralis macho, um nematódeo.
©McGraw-Hill Education/Don Rubbelke, fotógrafo

Um mundo de nematódeos

Sem dúvida nenhuma, os nematódeos são os mais importantes animais pseudocelomados, tanto em termos numéricos quanto em relação ao seu impacto sobre os seres humanos. Os nematódeos são abundantes na maior parte do mundo apesar de as pessoas só tomarem conhecimento deles ocasionalmente, quando parasitam seres humanos ou seus animais de estimação. Nós não temos ciência dos milhões desses vermes nos solos, nos oceanos e ambientes de água doce, nas plantas e em todos os tipos de animais. Sua abundância extraordinária levou N. A. Cobb[1] a escrever em 1914:

> "Se toda a matéria do universo fosse eliminada, exceto os nematódeos, nosso mundo ainda seria reconhecível; e se pudéssemos ainda, como espíritos desencarnados, investigar o mundo restante, encontraríamos suas montanhas, encostas, vales, rios, lagos e oceanos representados por uma fina camada de nematódeos. A localização das cidades seria decifrável, uma vez que para cada massa de seres humanos existiria uma correspondente massa de certos nematódeos. As árvores ainda estariam em pé, formando fileiras fantasmagóricas representando nossas ruas e avenidas. A localização de várias plantas e animais ainda seria decifrável e, se tivéssemos conhecimento suficiente, em vários casos suas espécies poderiam ser determinadas por meio do exame de seus outrora parasitos nematódeos."

- Filo Nematoda: vermes cilíndricos
- Filo Nematomorpha
- Filo Loricifera
- Filo Kinorhyncha
- Filo Priapulida

- **CLADO PANARTHROPODA**
- Filo Onychophora
- Filo Tardigrada

---

[1] De N. A. Cobb. 1914. Yearbook of the United States Department of Agriculture, p. 472.

Muitos protostômios, como os anelídeos, os vermes cilíndricos e os artrópodes, são portadores de **cutícula**, uma camada morta externa secretada pela epiderme. Uma cutícula rígida que reveste a parede do corpo, semelhante à dos vermes cilíndricos e artrópodes, restringe o crescimento. Em tais animais, a cutícula sofre muda conforme o corpo cresce, e a camada exterior é trocada via **ecdise**. Ecdysozoa (Figura 18.1) incluem táxons que fazem muda da cutícula conforme o corpo cresce. A muda é regulada pelo hormônio **ecdisona**; os biólogos presumem que um conjunto homólogo de passos bioquímicos regula a muda em todos os ecdisozoários. Os táxons ecdisozoários, exceto os loricíferos, foram primeiro unificados como em um clado em filogenias baseadas em caracteres moleculares.

Como nos filos lofotrocozoários, os ecdisozoários não compartilham um plano corporal comum. Os membros de Nematoda, Nematomorpha e Kynorhyncha têm corpos pseudocelomados. Os membros de Priapulida ainda não foram estudados detalhadamente, mas presume-se que sejam pseudocelomados. O pseudoceloma é utilizado como esqueleto hidrostático em nematódeos, quinorrincos e priapulídeos. Em Loricifera, as espécies aparentemente têm vários tipos de plano corporal: algumas são descritas como pseudocelomadas e outras aparecem como acelomadas. Os membros do clado Panarthropoda têm corpos celomados, porém seus celomas são muito reduzidos em tamanho quando comparados com o dos anelídeos. Panarthropoda constitui um enorme grupo de animais, com três filos: Onychophora, Tardigrada e Arthropoda. Arthropoda é o maior filo em número de espécies descritas e é o tema dos Capítulos 19, 20 e 21. Este capítulo descreve todos os outros filos ecdisozoários.

18.1 FILO NEMATODA: VERMES CILÍNDRICOS

Cerca de 25 mil espécies de Nematoda (do grego *nematos*, fio) foram nomeadas, porém muitos cientistas atualmente preferem Nemata como nome para o filo. Estima-se que, se todas as espécies fossem conhecidas, o número estaria perto dos 500 mil. Eles habitam mares, água doce e solo das regiões polares aos trópicos, e dos topos de montanhas ao fundo do mar. A região superior do solo de boa qualidade pode conter bilhões de nematódeos por hectare. Os nematódeos também parasitam praticamente todo tipo de animal e muitas plantas. Os efeitos da infecção por nematódeos nas plantações, em animais domésticos e em seres humanos fazem desse filo um dos mais importantes de todos os grupos de animais parasitos.

Os nematódeos de vida livre alimentam-se de bactérias, leveduras, hifas de fungos e algas. Eles podem ser saprozoicos ou coprozoicos (que vivem em matéria fecal). As espécies predadoras podem alimentar-se de rotíferos, tardígrados, pequenos anelídeos

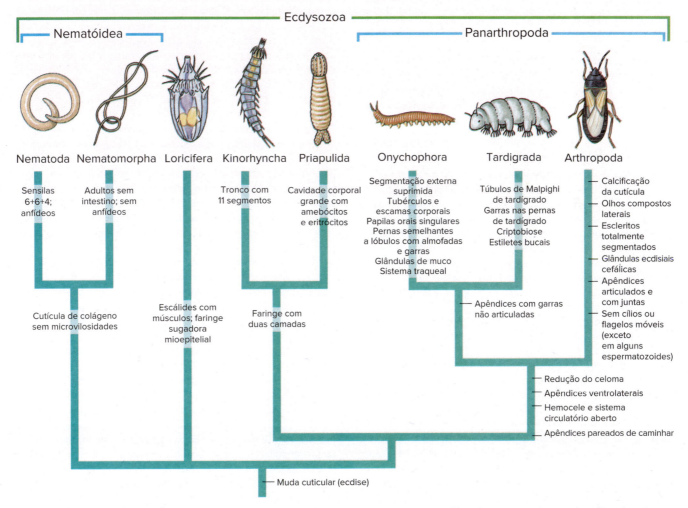

Figura 18.1 Cladograma que descreve uma hipótese para relações entre os filos de ecdisozoários. Os caracteres mostrados são subconjuntos daqueles em Nielsen (1995), Neuhaus e Higgins (2002) e Brusca e Brusca (2003); o caráter dos nematódeos "6 + 6 + 4 sensila" refere-se aos anéis anteriores das papilas sensoriais.

e outros nematódeos. Todas as partes de uma planta têm nematódeos parasitos especializados, que podem variar em estilo de vida de ectoparasitos a formas migratórias ou sedentárias de endoparasitos. Endoparasitos sedentários nas raízes das plantas causam danos agrícolas de grandes proporções. Os nematódeos podem ser predados por ácaros, larvas de insetos e, até mesmo, fungos que capturam nematódeos. *Caenorhabditis elegans*, um nematódeo de vida livre, é facilmente cultivado em laboratório e tornou-se um valioso modelo para estudos em biologia do desenvolvimento.

Tema-chave 18.1
CIÊNCIA EXPLICADA

C. elegans, um sistema modelo espetacular

Em 1963, Sydney Brenner começou a estudar um nematódeo de vida livre, *Caenorhabditis elegans*, o que deu início a algumas pesquisas extremamente frutíferas. Agora, esse pequeno verme se tornou um dos modelos experimentais mais importantes da biologia. A origem e a linhagem de todas as células em seu corpo (959) foram rastreadas do zigoto ao adulto, e o "diagrama elétrico" completo de seu sistema nervoso é conhecido – todos os neurônios e todas as conexões entre eles. Seu genoma foi completamente mapeado e os cientistas sequenciaram todo o seu genoma de 3 milhões de bases compreendendo 19.820 genes. Muitas descobertas básicas da função do gene, como genes que codificam proteínas essenciais para a morte celular programada, foram feitas e serão feitas usando *C. elegans*.

Praticamente todas as espécies de vertebrados e muitas das de invertebrados servem como hospedeiros para um ou mais tipos de nematódeos parasitas. Os parasitos nematódeos de seres humanos causam muito desconforto, doenças e morte e, em animais domésticos, eles são causa de grande perda econômica.

Forma e função

As características singulares desse grande grupo de animais são a sua eutelia; a forma cilíndrica; a cutícula de tecido morto flexível; a ausência de cílios ou flagelos móveis (exceto em uma espécie); e os músculos da parede corporal, com várias características incomuns sendo, por exemplo, apenas longitudinais. Em correlação com a ausência de cílios, os nematódeos não apresentam protonefrídios; seu sistema excretor consiste em uma ou mais células glandulares grandes, abertas por um poro excretor; ou um sistema de canais sem células glandulares, ou células e canais ao mesmo tempo. Sua faringe é caracteristicamente muscular, com um lúmen trirradiado semelhante à faringe de um gastrótrico ou quinorrinco.

A maior parte dos nematódeos tem menos de 5 cm de comprimento e muitos são microscópicos, porém alguns nematódeos parasitos têm mais de 1 m de comprimento.

O revestimento externo do corpo é uma **cutícula** relativamente grossa, não celular, secretada pela epiderme subjacente (**hipoderme**). A cutícula faz muda durante os estágios de crescimento juvenis, o que compreende os caracteres que permitem a classificação dos nematódeos dentro dos Ecdysozoa. A hipoderme é sincicial, os núcleos estão localizados em quatro **cordões hipodérmicos** que se projetam para dentro (Figura 18.2). Ambos os cordões hipodérmicos (dorsal e ventral) apresentam nervos longitudinais dorsais e ventrais, e os cordões laterais, canais excretores. A cutícula tem grande importância funcional para o verme, contendo a alta **pressão hidrostática** (turgescência) exercida pelo fluido no pseudoceloma e protegendo o verme dos ambientes hostis, como solos secos e o trato digestório de seus hospedeiros. As muitas camadas de cutícula são majoritariamente de **colágeno**, uma proteína estrutural também abundante no tecido conjuntivo de vertebrados. Três das camadas são compostas de fibras que se entrecruzam, o que confere elasticidade longitudinal para o verme, porém limita muito a sua capacidade para expansão lateral.

Os músculos da parede do corpo dos nematódeos são muito incomuns. Eles estão logo abaixo da hipoderme (sincício epidérmico) e se contraem apenas na direção longitudinal. A parede do corpo não apresenta músculos circulares. Os músculos estão organizados em quatro bandas, ou quadrantes, separados pelos quatro cordões hipodérmicos (Figura 18.2). Cada célula muscular tem uma porção contrátil **fibrilar** (ou **fuso**) e uma porção não contrátil **sarcoplasmática** (corpo celular). O fuso é distal e adjacente à hipoderme; o corpo celular projeta-se para dentro do pseudoceloma. O fuso é estriado com bandas de actina e miosina, semelhante aos músculos esqueléticos dos vertebrados (ver Figura 9.12). Os corpos celulares contêm os núcleos e representam o principal depósito de glicogênio do verme. De cada corpo celular, um processo ou **braço muscular** estende-se para o nervo dorsal ou ventral. Apesar de não ser exclusiva dos nematódeos, essa organização é bastante incomum; na maioria dos animais, os processos nervosos (axônios, ver Figura 33.1) estendem-se até o músculo, e não o contrário.

O pseudoceloma repleto de fluido, onde se encontram os órgãos internos, constitui um esqueleto hidrostático. Esqueletos hidrostáticos, encontrados em diversos invertebrados, conferem firmeza ao transmitir a força da contração muscular para o fluido não compressível. Normalmente, os músculos são organizados de maneira antagonista, para que o movimento inicial seja efetuado em uma direção pela contração de um grupo de músculos, e o movimento de retorno para a direção oposta é efetuado pelo grupo de músculos antagonista. Relembre como os músculos longitudinais e circulares atuam de maneira antagônica em cada segmento de um anelídeo. No entanto, os nematódeos não têm músculos circulares na parede do corpo para antagonizar os músculos longitudinais; portanto, a cutícula deve suprir essa função. Conforme os músculos de um lado do corpo se contraem, eles comprimem a cutícula no mesmo lado, e a força da contração é transmitida pelo fluido no pseudoceloma para o outro lado do nematódeo, esticando a cutícula daquele lado. Quando os músculos relaxam, a compressão e o estiramento da cutícula antagonizam o músculo e retornam o corpo à posição de repouso; essa ação produz a movimento sinuoso rápido característico da locomoção dos nematódeos quando em um meio fluido. No entanto, os movimentos de um nematódeo são muito mais diretos quando em sedimentos ou entre pequenos objetos. Para aumentar a eficiência desse sistema, é necessário aumentar a pressão hidrostática. Consequentemente, a pressão hidrostática no pseudoceloma dos nematódeos é muito mais alta do que a normalmente encontrada em outros tipos de animais com esqueletos hidrostáticos, mas que também possuem grupos musculares antagonísticos.

O canal alimentar dos nematódeos consiste em uma boca (Figura 18.2), uma faringe muscular, um intestino longo não muscular, um reto curto e um ânus terminal. Nematódeos parasitos de plantas apresentam um estilete para perfurar células. O alimento é sugado para dentro da faringe quando os músculos da porção anterior se contraem rapidamente e abrem o lúmen. O relaxamento dos músculos anteriores à massa alimentar fecha o lúmen da faringe, forçando o alimento para a região posterior em direção ao intestino. O intestino tem a espessura de uma única camada de células. A massa alimentar move-se em direção posterior por meio de movimentos corporais, e também é empurrada por alimento adicional enviado para o intestino pela faringe.

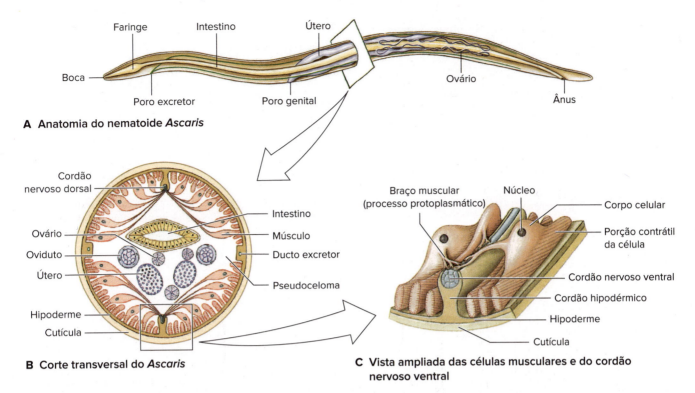

Figura 18.2 A. Estrutura de um nematódeo ilustrada por uma fêmea de *Ascaris*. *Ascaris* tem dois ovários e dois úteros que se abrem para o exterior por meio de um poro genital em comum. **B.** Corte transversal. **C.** Uma única célula muscular; o fuso é adjacente à hipoderme, o braço muscular estende-se ao nervo dorsal ou ventral.

A defecação é efetuada por músculos que simplesmente abrem o ânus, e a força para expulsão é fornecida pela alta pressão pseudocelômica que circunda o intestino.

Os adultos de muitos nematódeos parasitos têm um metabolismo energético anaeróbico; portanto, estão ausentes o ciclo de Krebs e o sistema de transporte de elétrons pelos citocromos, característicos de metabolismos aeróbicos. Eles obtêm energia por meio da glicólise e, provavelmente, de alguma cadeia de transporte de elétrons pouco conhecida. Curiosamente, alguns nematódeos de vida livre, assim como os estágios de vida livre de nematódeos parasitos, são aeróbios obrigatórios e apresentam o ciclo de Krebs e o sistema de transporte de elétrons por citocromos.

Um anel de tecido nervoso e gânglios ao redor da faringe dá origem a pequenos nervos para a região anterior e a dois **cordões nervosos**, um dorsal e um ventral. **Papilas sensoriais** estão concentradas ao redor da cabeça e da cauda. Os **anfídeos** (Figura 18.3) são um par de órgãos sensoriais de certa forma mais complexos que se abrem em ambos os lados da cabeça, aproximadamente no mesmo nível que o círculo cefálico de papilas. As aberturas dos anfídeos desembocam em uma profunda cavidade cuticular com terminações sensoriais de cílios modificados. Os anfídeos são normalmente reduzidos nos parasitos nematódeos de animais, porém a maioria dos nematódeos parasitos apresenta um par bilateral de **fasmídeos**, próximos à região posterior. Eles são muito similares estruturalmente aos anfídeos.

A maioria dos nematódeos é dioica. Os machos são menores que as fêmeas, e a região posterior geralmente apresenta um par de **espículas copulatórias** (Figura 18.4). A fertilização é interna e os ovos normalmente são armazenados no útero até a postura. O desenvolvimento das formas de vida livre geralmente é direto. Os quatro estágios juvenis são separados por uma muda da cutícula. Muitos nematódeos parasitas têm estágios juvenis de vida livre. Outros precisam de um hospedeiro intermediário para completar seus ciclos de vida.

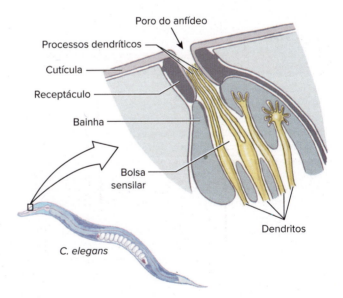

Figura 18.3 Diagrama de um anfídeo de *Caenorhabditis elegans*. Modificado de Wright, K. A. 1980. Nematode sense organs. In B. M. Zuckerman (ed.), Nematodes as biological models, Vol. 2, Aging and other model systems. Copyright © Academic Press, Nova York.

Nematódeos parasitos representativos

Como mencionado anteriormente, quase todos os vertebrados e muitos invertebrados são parasitados por nematódeos. Muitos destes são patógenos importantes para os seres humanos e os animais domésticos. Alguns nematódeos são comuns em seres humanos na América do Norte (Tabela 18.1), porém esses e muitos outros são normalmente abundantes nos países tropicais. As limitações de espaço permitem que apenas alguns sejam mencionados nesta discussão.

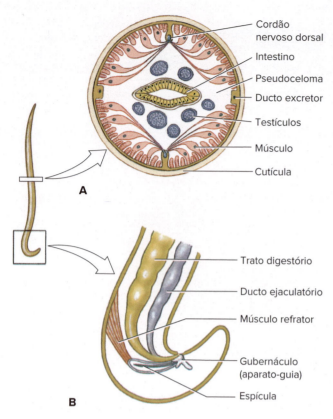

Figura 18.4 A. Seção transversal de um nematódeo macho. **B.** Extremidade posterior de um nematódeo macho.

Tema-chave 18.2
ADAPTAÇÃO E FISIOLOGIA

Acasalamento sob pressão

Espículas copulatórias de nematódeos machos não são verdadeiros órgãos intromitentes, uma vez que não conduzem espermatozoides; são na verdade outra adaptação para lidar com a alta pressão hidrostática interna. As espículas devem manter a vulva da fêmea aberta enquanto os músculos ejaculatórios superam a pressão hidrostática na fêmea e rapidamente injetam espermatozoides em seu trato reprodutivo. Além disso, os espermatozoides de nematódeos são únicos entre os estudados em animais, por não possuírem flagelo e acrossomo. Dentro do trato reprodutivo feminino, os espermatozoides se tornam ameboides e movidos por pseudópodes. Poderia ser esta outra adaptação à alta pressão hidrostática na pseudocele?

Ascaris lumbricoides: a lombriga dos seres humanos

Devido ao seu tamanho e disponibilidade, *Ascaris* (do grego *askaris*, verme intestinal) é normalmente escolhido como modelo para estudos em zoologia e trabalhos experimentais. Portanto, é provável que os parasitologistas saibam mais sobre estrutura, fisiologia e bioquímica de *Ascaris* do que de qualquer outro nematódeo. Esse gênero inclui muitas espécies. Uma das mais comuns, *Ascaris megalocephala*, vive no intestino de cavalos. *Ascaris lumbricoides* (Figura 18.5) é um dos parasitos nematódeos mais comuns nos seres humanos; a espécie ocorre em regiões quentes e úmidas do planeta e cerca de 1 bilhão de pessoas provavelmente estão infectadas mundialmente. Atualmente, a ocorrência da lombriga é incomum nos Estados Unidos. O grande verme cilíndrico dos suínos, *A. suum*, é morfologicamente semelhante à *A. lumbricoides*, e por muito tempo os dois foram considerados a mesma espécie.

O verme adulto de *Ascaris* vive no intestino delgado de seus hospedeiros. Uma fêmea de *Ascaris* pode depositar 200 mil ovos por dia. Os ovos fertilizados deixam o corpo do hospedeiro com suas fezes e são extremamente resistentes à dessecação e falta de oxigênio, mas morrem com a ação da luz solar direta e em altas temperaturas. Na ausência de um sistema de esgoto, a defecação no solo permite que o ciclo de vida continue. Dadas as condições propícias no solo, os embriões desenvolvem-se em juvenis infectantes em duas semanas. Juvenis dentro da casca do ovo podem permanecer viáveis no solo por muitos meses e, até mesmo, anos. A infecção geralmente ocorre quando os ovos são ingeridos com vegetais ou solo contaminados.

Quando um hospedeiro ingere ovos embrionados, os pequenos juvenis eclodem. Eles penetram pela parede intestinal e entram em veias e vasos linfáticos, sendo então carregados para o coração. Do coração, eles migram para os pulmões, movendo-se dos alvéolos para a traqueia. Quando abundantes, os vermes podem causar uma pneumonia séria nesse estágio. Os vermes, ainda juvenis, passam da traqueia para a faringe, onde são engolidos e chegam ao estômago para completar o seu desenvolvimento. Os vermes se alimentam de conteúdo intestinal e, 2 meses após serem ingeridos como ovos embrionados, eles atingem a maturidade. No intestino, os vermes causam sintomas abdominais e reações alérgicas e, quando em grandes números, podem causar bloqueio intestinal. O parasitismo por *Ascaris* é raramente fatal a não ser que ocorra bloqueio intestinal por infecção massiva. Porém, a perfuração do intestino resultando em peritonite, não é incomum, e vermes errantes podem ocasionalmente surgir do ânus ou garganta e entrar na traqueia ou trompas de Eustáquio e orelha média.

Tabela 18.1 Nematódeos parasitos comuns de seres humanos na América do Norte.

Nomes comuns e científicos	Modo de infecção; prevalência
Ancilostomídeo (*Ancylostoma duodenale* e *Necator americanus*)	Contato no solo com juvenis que penetram na pele; ocorre no sul dos Estados Unidos, mas menos prevalente do que antes. Estima-se que 650 milhões de pessoas estejam infectadas em todo o mundo.
Oxiúro (*Enterobius vermicularis*)	Inalação de poeira com ovos e contaminação pelos dedos; verme parasito mais comum nos Estados Unidos.
Lombriga (*Ascaris lumbricoides*)	Ingestão de ovos embrionados em alimentos contaminados.
Verme triquina (*Trichinella* spp.)	Ingestão de músculo infectado; ocasional em seres humanos em toda a América do Norte.
Tricurídeo (*Trichuris trichiura*)	Ingestão de alimentos contaminados ou por hábitos anti-higiênicos; geralmente comum onde quer que o *Ascaris* seja encontrado.

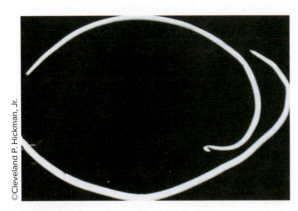

Figura 18.5 Lombriga *Ascaris lumbricoides*, macho e fêmea. O macho, acima, é menor e apresenta uma dobra característica ao final da cauda. As fêmeas desse grande nematódeo podem superar os 30 cm de comprimento.

Tema-chave 18.3
ADAPTAÇÃO E FISIOLOGIA

Filhotes parasitados antes do nascimento

Outros ascarídeos são comuns em animais silvestres e domésticos. As espécies de *Toxocara*, por exemplo, parasitam cães e gatos. Seu ciclo de vida é bastante similar ao de *Ascaris*, mas os juvenis em geral não completam sua migração pelos tecidos nos cães adultos, permanecendo no corpo em um estágio de desenvolvimento interrompido. A gravidez em uma cadela, no entanto, estimula os vermes juvenis a migrar e acabam por infectar os embriões no útero, fazendo com que os filhotes nasçam com vermes. Esses ascarídeos também sobrevivem em seres humanos, porém não completam seu desenvolvimento, levando a uma condição ocasionalmente grave em crianças conhecida como *larva migrans visceral*. Esse é um ótimo motivo para que donos de animais de estimação pratiquem o descarte imediato e higiênico de excrementos caninos!

Ancilostomídeos

Ancilostomídeos são chamados de *hookworms* em inglês porque a extremidade anterior se curva como um anzol (*hook* significa anzol em inglês). A espécie mais comum é o *Necator americanus* (do latim *necator*, matador), cujas fêmeas chegam até 11 mm de comprimento. Os machos podem alcançar 9 mm de comprimento. As grandes placas nas suas bocas cortam a mucosa intestinal do hospedeiro, de onde eles sugam sangue e o bombeiam para o intestino, realizando digestão parcial do sangue e absorvendo os nutrientes. Eles sugam muito mais sangue do que precisam; portanto, infecções por muitos vermes causam anemia nos pacientes. A ancilostomose em crianças pode retardar o desenvolvimento mental e físico, bem como causar esgotamento de energia.

Os ovos saem com as fezes e os juvenis eclodem no solo, onde se alimentam de bactérias (Figura 18.6). Quando a pele humana entra em contato com solo infectado, os juvenis penetram nela e atingem o sangue, de onde então chegam aos pulmões e, finalmente, ao intestino, de maneira similar a *Ascaris*.

Vermes trichina

Trichinella spiralis (do grego *trichinos*, pelos + *-ella*, diminutivo) é uma de várias espécies de pequenos nematódeos responsáveis pela doença potencialmente letal chamada **triquinose**. Os vermes adultos penetram na mucosa do intestino delgado, onde as fêmeas produzem vermes filhotes. Os juvenis penetram nos vasos sanguíneos e são carregados para todo o corpo, podendo ser encontrados praticamente em qualquer tecido ou espaço corporal. Finalmente, eles penetram em células de músculo esquelético, tornando-se um dos maiores parasitas intracelulares conhecidos. Os juvenis causam incrível redirecionamento de expressão gênica na célula do seu hospedeiro, que perde as estrias e torna-se uma **célula nutridora**, provendo nutrientes para o verme (Figura 18.7). Quando alimentos crus ou malcozidos que contêm juvenis encistados são ingeridos, os vermes são liberados no intestino, onde maturam.

Além dos seres humanos, *Trichinella* spp. pode infectar uma grande variedade de mamíferos, incluindo porcos, cães, ratos e gatos. Os porcos infectam-se ao comerem lixo contendo restos de carne suína com juvenis, ou ao comerem ratos infectados. Além de *T. spiralis*, sabemos que existem quatro outras espécies irmãs no gênero. Elas diferem em distribuição geográfica, capacidade de infectar diferentes espécies de hospedeiros e resistência ao congelamento.

Infecções severas (muitos vermes) podem causar a morte, porém infecções mais leves são comuns – cerca de 12 casos são descobertos anualmente nos EUA, porém a infecção ainda é comum em outras partes do mundo.

Tema-chave 18.4
CONEXÃO COM SERES HUMANOS

Infecção por vermes da Guiné

O verme da Guiné (causador da dracunculíase) é um parasito nematódeo dos mamíferos. Possui um estágio larval em um copépode (um artrópode aquático) e estágio adulto em um mamífero. Os hospedeiros mamíferos, como seres humanos, cães, gatos e cavalos, são infectados ao beberem água que contenha copépodes parasitados. Os vermes copulam nos mamíferos e, então, as fêmeas grávidas, com até um metro de comprimento, emergem de bolhas na pele. Quando as dolorosas bolhas são banhadas, as larvas são liberadas na água. O acesso à água potável impede a infecção humana, tornando possível a erradicação do verme. No entanto, as guerras e a turbulência social prejudicam os programas de saúde pública – 96% dos 521 novos casos em 2012 ocorreram no Sul do Sudão.

Oxiúros

Os oxiúros, *Enterobius vermicularis* (do grego *enteron*, intestino + *bios*, vida), causam sintomas relativamente brandos, porém são os nematódeos mais comuns nos EUA, infectando 30% de todas as crianças e 16% dos adultos. Os parasitos adultos vivem no intestino grosso e no ceco intestinal. As fêmeas, de até 12 mm em comprimento, migram para a região anal durante a noite para botar ovos (Figura 18.8). O ato de coçar a região contamina as mãos e roupas de cama. Os ovos desenvolvem-se rapidamente e tornam-se infectantes em 6 h, quando mantidos à temperatura do corpo. Quando engolidos, eles eclodem no duodeno, e os vermes maturam no intestino grosso.

Tema-chave 18.5
CONEXÃO COM SERES HUMANOS

Infecção por oxiúros

O diagnóstico da maioria dos nematódeos intestinais é geralmente feito pelo exame de uma pequena porção de fezes ao microscópio e pela descoberta de ovos característicos. No entanto, os ovos de oxiúros não são encontrados nas fezes, pois as fêmeas os depositam na pele ao redor do ânus. O método da "fita adesiva" é o mais eficiente. O lado colante da fita de celulose é aplicado ao redor do ânus para coletar os ovos e a fita é depois colocada em uma lâmina de vidro e examinada sob microscópio. Vários medicamentos são eficazes contra esses parasitos, porém todos os membros de uma família devem ser tratados ao mesmo tempo, pois os vermes se espalham facilmente pela casa.

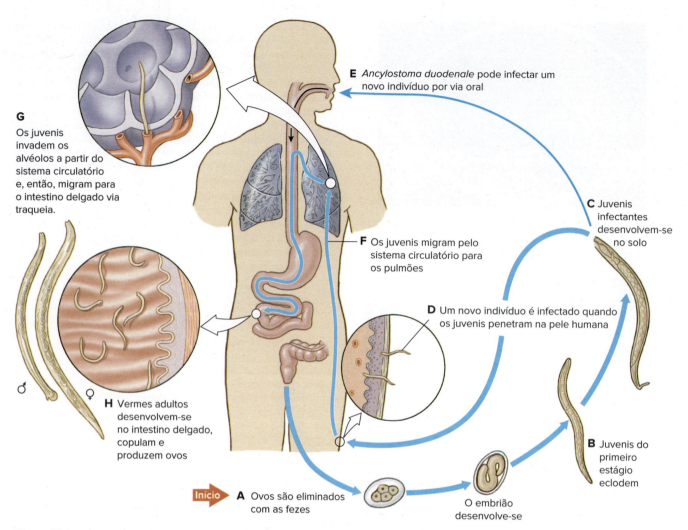

Figura 18.6 Ciclo de vida dos ancilostomídeos: um embrião ainda dentro da casca do ovo se desenvolve e torna-se um juvenil de primeiro estágio, que é seguido de duas mudas. O juvenil de terceiro estágio resultante entra em estado de desenvolvimento interrompido até encontrar um novo hospedeiro (**A** a **C**). A infecção humana pode ocorrer pela boca (**D**) ou pele (**E**). Os juvenis migram pelo sistema circulatório até os pulmões (**F**), entram nos alvéolos (**G**) e, então, alcançam o intestino, onde copulam (**H**).

Figura 18.7 Músculo infectado com verme da triquinose *Trichinella spiralis*. Os juvenis ficam dentro das células musculares que os vermes induziram a se transformar em células nutridoras (comumente chamados de cistos). Uma reação inflamatória ocorre ao redor das células nutridoras. Os juvenis podem viver de 10 a 20 anos, e as células nutridoras podem finalmente se calcificar.

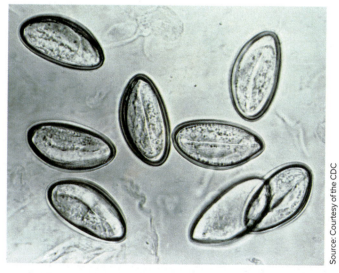

Figura 18.8 Oxiúros, *Enterobius vermicularis*. Grupo de ovos de oxiúros, que são geralmente liberados durante a noite ao redor do ânus do hospedeiro que, ao se coçar durante o sono, contamina as unhas e roupas.

Taxonomia do filo Nematoda

A taxonomia tradicional é baseada no trabalho de Kampfer *et al*.

Classe Secernentea (= Phasmida) Anfídeos ventralmente espiralados, ou derivados de tal forma; três glândulas esofágicas; alguns com fasmídeos; formas de vida livre ou parasito. Exemplos: *Caenorhabditis, Ascaris, Enterobius, Necator, Wuchereria*.

Classe Adenophorea (= Aphasmida) Anfídeos geralmente bem desenvolvidos, saculares; cinco ou mais glândulas esofágicas; fasmídeos ausentes; sistema excretor sem canais laterais, formados de uma única célula ventral glandular, ou completamente ausente; maioria de vida livre, porém inclui alguns parasitos. Exemplos: *Dioctophyme, Trichinella, Trichuris*.

A classificação dos nematódeos é mais satisfatória no nível de ordem e superfamília; a divisão em classes baseia-se em características que não são evidentes e são difíceis de serem reconhecidas por iniciantes. Existem discussões sobre a monofilia dos nematódeos, porém alguns estudos moleculares apoiam as classes tradicionais. Uma filogenia molecular recente divide os nematódeos em 12 clados.[2]

[2]Holterman, T., et al. 2006. *Mol. Biol. Evol.* **23**:1792–1800.

Filárias

Ao menos oito espécies de filárias[a] infectam os seres humanos, e algumas delas são causadoras de doenças graves. Cerca de 120 milhões de pessoas em países tropicais estão infectadas com *Wuchereria bancrofti* (nome em homenagem a Otto Wucherer) ou *Brugia malayi* (nomeada em homenagem a S. L. Brug), o que coloca essas espécies entre os grandes flagelos da humanidade. Esses vermes vivem no sistema linfático, e as fêmeas podem atingir 10 cm de comprimento. Os sintomas da doença estão associados à inflamação e à obstrução do sistema linfático. As fêmeas liberam pequenos juvenis vivos denominados **microfilárias** (Figura 18.9) no sangue e vias linfáticas. Conforme se alimentam, os mosquitos ingerem microfilárias, que se desenvolvem dentro dos mosquitos até o estágio infectante. Os vermes então escapam dos mosquitos quando estes se alimentam novamente em um ser humano e penetram na ferida provocada pela picada do mosquito.

As drásticas manifestações da elefantíase ocorrem, ocasionalmente, após exposição longa e repetida à reinfecção. Tal condição é caracterizada por um crescimento excessivo de tecido conjuntivo e grande inchaço das partes afetadas, como o escroto, braços, pernas e, mais raramente, a vulva e os seios (Figura 18.10).

[a]N.R.T.: Nematódeos da superfamília Filarioidea.

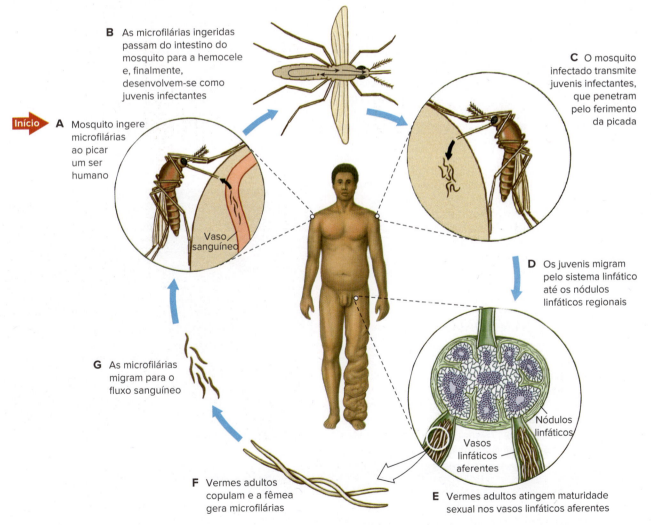

Figura 18.9 Ciclo de vida de *Wuchereria bancrofti*: o mosquito ingere microfilárias, que penetram na sua parede intestinal e se desenvolvem em juvenis infectantes. Os juvenis escapam pela probóscide do mosquito quando o inseto está se alimentando e penetram na ferida (**A** a **C**). Juvenis migram para linfonodos regionais e se desenvolvem até a maturidade sexual em vasos linfáticos aferentes. Vermes adultos produzem microfilárias, que entram na circulação sanguínea (**D** a **G**).

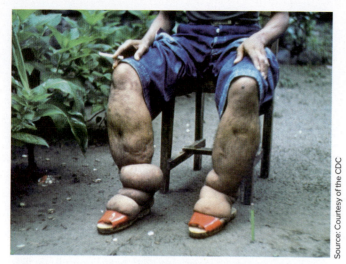

Figura 18.10 Elefantíase de perna causada por vermes filarioides adultos de *Wuchereria bancrofti*, que vivem em vias linfáticas e bloqueiam o fluxo de linfa.

Os pequenos juvenis, denominados microfilárias, são ingeridos com o sangue pelos mosquitos, onde se desenvolvem até o estágio infectante e são transmitidos para um novo hospedeiro.

Um outro verme filarioides causa a cegueira dos rios (oncocercose) e é transmitido simulídeos.[b] A doença afeta mais de 37 milhões de pessoas em partes da África, Arábia, América Central e América do Sul. Doenças causadas por filárias são categorizadas como "Doenças tropicais negligenciadas" pelo Centro de Controle e Prevenção de Doenças (CDC). Embora em grande parte eliminadas no mundo desenvolvido, essas doenças causam enorme sofrimento nos países mais pobres do mundo, onde as pessoas não podem pagar pelo tratamento.

A filária mais comum nos EUA é, provavelmente, o verme da dirofilariose *Dirofilaria immitis*. Transmitidos por mosquitos, esses vermes podem infectar canídeos, gatos, furões, leões-marinhos e, ocasionalmente, seres humanos. Ao longo dos estados da costa atlântica e do golfo nos EUA, e em direção norte ao longo do Rio Mississipi, pelos estados do meio-oeste, a prevalência em cães é de até 45%. Em outros estados, a filária ocorre com menor prevalência. Esse verme causa uma séria doença em cães, que, por isso, devem tomar o medicamento contra a dirofilariose.

18.2 FILO NEMATOMORPHA

O nome popular para os Nematomorpha (do grego *nema, nematos*, fio + *morphē*, forma) nos EUA é "vermes-crina-de-cavalo", baseado na velha superstição de que os vermes surgem de crinas de cavalos que caem na água. Os vermes realmente se assemelham a pelos da crina de um cavalo. Eles foram por muito tempo incluídos dentro de Nematoda, pois ambos os grupos compartilham a estrutura da cutícula, a presença de cordões epidérmicos, a presença de somente músculos longitudinais e o padrão do sistema nervoso. Atualmente, são classificados como táxon-irmão dos nematódeos.

Cerca de 320 espécies de nematomorfos foram descritas. Com distribuição mundial, são de vida livre na fase adulta e parasitas de artrópodes na fase juvenil. Os adultos vivem em quase qualquer lugar úmido ou molhado, se houver disponibilidade de oxigênio.

---

[b] N.R.T.: Insetos que lembram pequenas moscas; em inglês, *black flies*.

Forma e função

Os nematomorfos são extremamente longos e finos, de corpo cilíndrico. Têm geralmente de 0,5 a 3 mm de diâmetro, porém podem chegar a 1 m de comprimento. Sua região anterior é geralmente arredondada, e sua região posterior é arredondada ou apresenta três lobos caudais (Figura 18.11).

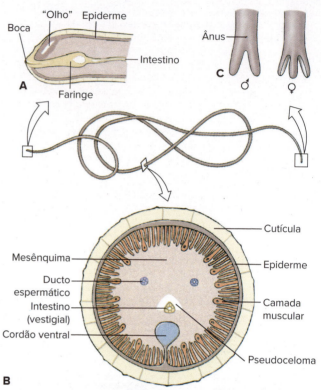

Figura 18.11 Estrutura de *Paragordius*, um nematomorfo. **A.** Corte longitudinal na região anterior. **B.** Corte transversal. **C.** A região posterior de vermes machos e fêmeas. Os nematomorfos são muito longos e muito finos. Sua faringe é, geralmente, um cordão sólido de células e parece não ser funcional. *Paragordius*, cuja faringe se abre para o intestino, é incomum sob este aspecto e também por possuir um órgão fotossensível ("olho"). **D.** *Paragordius tricuspidatus* emerge do corpo de um grilo europeu, *Nemobius sylvestris*.

A parede do corpo é bastante semelhante à dos nematódeos: uma cutícula secretada, uma hipoderme e musculatura exclusivamente de **músculos longitudinais**.

O sistema digestório é vestigial. A faringe é um cordão sólido de células, e o intestino não se abre na cloaca. As formas larvais absorvem comida dos hospedeiros artrópodes pela parede do corpo. Pensava-se que os adultos viviam apenas de reservas nutritivas, mas na verdade eles absorvem moléculas orgânicas por seu intestino vestigial e pela parede do corpo de maneira semelhante aos juvenis.

Os sistemas circulatório, respiratório e excretor estão ausentes, e suas funções provavelmente ocorrem principalmente no nível celular. No entanto, muito pouco se sabe sobre a fisiologia desses vermes. Existe um anel nervoso ao redor da faringe e um cordão nervoso medioventral.

Os ciclos de vida de nematomorfos são pouco conhecidos. No gênero cosmopolita *Gordius* (nomeado em homenagem a um antigo rei que amarrou um nó intrincado), os juvenis podem encistar na vegetação que pode ser comida por um gafanhoto ou outro artrópode. Os estágios larvais de gordiídeos também apresentam ganchos e estiletes que podem ser utilizados para penetrar em um hospedeiro, talvez pelo tegumento ou pela superfície do intestino. Em outros casos, o gordiídeo pode infectar o hospedeiro quando este bebe água. As larvas encistam no hospedeiro; em alguns casos, o desenvolvimento aparentemente só continua quando o primeiro hospedeiro é consumido por um segundo hospedeiro. No nematomorfo marinho *Nectonema* (do grego *nektos*, natante + *nema*, fio), os juvenis ocorrem em ermitões e outros caranguejos.

Depois de vários meses na hemocele (ver Seção 18.6) de um hospedeiro artrópode, os juvenis completam uma única muda e emergem na água como adultos maduros. Se o hospedeiro é um inseto terrestre, o parasito de alguma maneira estimula-o a procurar água. Os vermes não emergem dos hospedeiros sem água por perto.

Uma vez na água, os vermes contorcem-se lentamente. Agregações emaranhadas e densas durante o acasalamento desses vermes dioicos fizeram alguns biólogos lembrarem do famoso "nó Górdio", dando o nome ao gênero. Conforme os machos envolvem as fêmeas, os espermatozoides são depositados perto do poro genital. As fêmeas depositam seus ovos na água em forma de longos cordões.

18.3 FILO LORICIFERA

Os Loricifera (do latim *lorica*, corselete + gr. *phora*, portador) foi identificado em 1983 e atualmente tem 11 espécies descritas e cerca de 80 não descritas. Esses pequenos animais que variam de 0,1 a 0,5 mm de comprimento apresentam uma casca externa protetora (lorica) e vivem em espaços entre os grãos de cascalho marinho, aos quais eles se prendem fortemente. Apesar de terem sido descritos originalmente a partir de espécimes coletados na costa da França, eles estão mundialmente distribuídos. A maioria das espécies foi encontrada em sedimentos marinhos grossos a profundidades de 300 a 450 m, porém uma espécie foi recentemente coletada a 8.000 m.

Forma e função

O corpo de um loricífero apresenta cinco regiões: o cone bucal, a cabeça ou introverte, o pescoço, o tórax e o abdome. Existem nove círculos de escálides na introverte. As escálides são espinhos curvos e têm funções locomotora e sensorial. A cobertura do abdome, uma lorica, pode apresentar placas cuticulares grossas ou ser fina e dobrada. Toda a região anterior do corpo pode ser retraída para dentro da lorica. Sua dieta é desconhecida, porém a especulação é que se alimentem de bactérias. O cérebro ocupa quase toda a região da cabeça, e espinhos orais (escálides) são inervados por neurônios do cérebro e outros gânglios. A cavidade corporal foi descrita como pseudocelômica em algumas espécies, porém outras espécies são consideradas acelomadas.

Os loricíferos são dioicos, com dimorfismo sexual. A copulação ocorre, porém os ciclos de vida não são bem conhecidos. Existe uma fase larval distinta denominada larva de Higgins. Três espécies do gênero *Rugiloricus* têm ciclos de vida que diferem no número de estágios larvais. Em uma espécie, a larva de Higgins muda para um adulto; em outra, a larva de Higgins muda para um segundo estágio, que então muda para um adulto; e, em uma terceira espécie, o ciclo de vida é mais complexo, já que, após a larva de Higgins, vêm estágios partenogenéticos. As próprias larvas de Higgins também diferem em forma, sendo as larvas bentônicas providas de dedos e as larvas pelágicas desprovidas de dedos.

18.4 FILO KINORHYNCHA

Os quinorrincos (do grego *kinein*, mover + *rhynchos*, bico) são vermes marinhos pouco maiores que rotíferos e gastrótricos, porém em geral não ultrapassam 1 mm de comprimento. Esse filo também foi chamado de Echinodera, que significa pescoço espinhoso. Cerca de 179 espécies foram descritas até hoje.

Os quinorrincos são cosmopolitas que vivem de um polo a outro, desde as áreas entremarés até 8.000 m de profundidade. A maioria vive em lodo ou lodo arenoso, porém alguns já foram encontrados na estrutura de fixação de algas, esponjas e outros invertebrados.

Forma e função

O corpo dos quinorrincos é dividido em regiões: cabeça, pescoço e tronco. O tronco tem 11 segmentos, marcados externamente por espinhos e placas cuticulares (Figura 18.12). A cabeça retrátil, muitas vezes chamada de introverte, tem de cinco a sete círculos

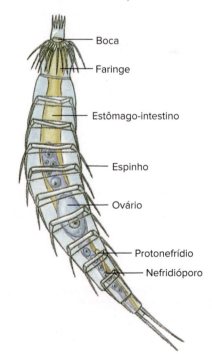

Figura 18.12 *Echinoderes*, um quinorrinco, é um pequeno verme marinho. A segmentação é superficial. A cabeça, com o círculo de espinhos, é retrátil.

de espinhos com uma pequena probóscide retrátil. Os espinhos, denominados escálides, funcionam para locomoção, quimiorrecepção e mecanorrecepção. Cada um contém 10 ou menos células sensoriais monociliadas. O corpo é achatado ventralmente e arqueado dorsalmente. A parede do corpo é composta por uma cutícula quitinosa, uma epiderme celular e cordões epidérmicos longitudinais, semelhantes aos dos nematódeos. A organização dos músculos está correlacionada com os segmentos e, diferentemente dos nematódeos, os quinorrincos apresentam bandas musculares longitudinais, circulares e diagonais.

Um quinorrinco não nada. No silte e no lodo, onde geralmente vive, ele se enterra ao estender a cabeça para dentro da argila, ao mesmo tempo ancorando com seus espinhos. A extensão da cabeça ocorre quando os músculos do tronco aumentam a pressão hidrostática no pequeno volume de fluido pseudocelômico. Após se estender, o quinorrinco puxa o corpo para a frente até a cabeça estar retraída dentro do corpo. Quando perturbado, ele puxa a cabeça para dentro e a protege com um aparato de fechamento formado por placas cuticulares do pescoço, ou do pescoço e do tronco.

O sistema digestório dos quinorrincos é completo, com boca no final de uma probóscide, seguida de faringe, esôfago, um intestino médio não ciliado e um intestino posterior revestido por cutícula, assim como o ânus. Os quinorrincos alimentam-se de diatomáceas ou digerem material orgânico da superfície de partículas de lodo pelas quais eles se enterram.

O pseudoceloma é repleto de amebócitos e órgãos, restando pouco espaço para o fluido. Seu sistema excretor é composto de um protonefrídio multinucleado, do tipo solenócito (ver Seção 14.4), localizado em cada lado do intestino, entre o oitavo segmento e o nono.

O sistema nervoso está em contato com a epiderme, com um cérebro multilobado que envolve a faringe, e com um cordão nervoso ganglionar ventral que se estende por todo o corpo. Os órgãos sensoriais são representados por cerdas sensoriais e ocelos em algumas espécies.

Os quinorrincos têm sexos separados, com gônadas e gonodutos pareados. Existe uma série de cerca de seis estágios juvenis e um adulto definitivo que não faz muda. Não foi descrito nenhum tipo de reprodução assexuada.

18.5 FILO PRIAPULIDA

O filo Priapulida (do grego. *priapos*, falo + *ida*, sufixo plural) é um pequeno grupo (apenas 16 espécies) de vermes marinhos encontrados majoritariamente em águas frias de ambos os hemisférios. Foram registrados ao longo da costa atlântica, desde Massachusetts até a Groenlândia e, ao longo da costa pacífica, desde a Califórnia até o Alasca. Habitam a argila e a areia no fundo oceânico e estendem-se desde a zona entremarés até profundezas de milhares de metros. O *Tubiluchus* (do latim *tubulus*, diminutivo de *tubus*, cano d'água) é um pequeno verme detritívoro adaptado à vida intersticial em sedimentos coralinos de água morna. *Maccabeus* (nome dado em homenagem a um patriota judeu que morreu em 160 a.C.) é um pequeno verme tubícola descoberto em substratos argilosos do Mediterrâneo.

Forma e função

Os priapulídeos têm corpos cilíndricos, geralmente com menos de 12 a 15 cm de comprimento, porém *Halicryptus bigginsi* pode atingir 39 cm de comprimento. A maioria são animais predadores e escavadores que se alimentam de invertebrados de corpo mole, como vermes poliquetas (ver Figura 17.2). No entanto, *Tubiluchus* se alimenta de detritos orgânicos nos sedimentos dos arredores de recifes de corais. Os priapulídeos usam contrações do corpo para se enterrar, mas podem permanecer eretos no lodo com suas bocas na superfície.

O corpo apresenta uma introverte, um tronco e, geralmente, um ou dois apêndices caudais (Figura 18.13). Sua introverte retrátil é ornamentada com papilas e termina em fileiras de escálides que circundam a boca. A extensão da introverte ocorre à medida que os músculos circulares aumentam a pressão hidrostática na cavidade interna repleta de fluido. A derivação da cavidade ainda não está clara. A faringe eversível é utilizada para capturar presas pequenas e de corpo mole. *Maccabeus* tem uma coroa de tentáculos braquiais ao redor da boca.

O tronco não é metamérico, porém é superficialmente dividido em 30 a 100 anéis, e recoberto de tubérculos e espinhos. Os tubérculos provavelmente têm uma função sensorial. O ânus e o poro urogenital estão localizados na extremidade posterior do tronco. Os apêndices caudais são caules ocos e acredita-se que tenham função respiratória e, provavelmente, quimiorreceptora. Uma cutícula quitinosa, que muda periodicamente ao longo da vida, recobre o corpo.

O sistema digestório consiste em uma faringe musculosa, um intestino linear e um reto (Figura 18.13). Um cordão nervoso localiza-se ao redor da faringe e dá origem a um cordão medioventral. Os amebócitos habitam os fluidos da cavidade corporal e, ao menos em algumas espécies, existem corpúsculos que contêm um pigmento respiratório denominado hemeritrina.

Os sexos são separados, porém machos de *Maccabeus* nunca foram encontrados. Os órgãos urogenitais pareados contêm, cada um, uma gônada e grupos de solenócitos, ambos conectados a um túbulo protonefridial, que carrega gametas e excretas para fora do corpo. A fertilização é externa. A embriologia é pouco conhecida. Em *Meiopriapulus*, o desenvolvimento é direto e as fêmeas incubam seus embriões em desenvolvimento. Na maior parte das espécies, o zigoto parece sofrer clivagem radial e desenvolve uma larva loricada. As larvas de *Priapulus* enterram-se no lodo e tornam-se detritívoras como *Tubiculus*.

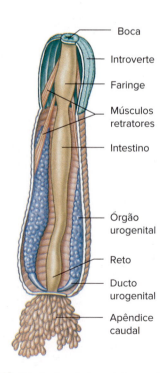

Figura 18.13 Principais estruturas internas de *Priapulus*.

18.6 CLADO PANARTHROPODA

Os Panarthropoda contêm Arthropoda e dois outros filos aparentados, Onychophora e Tardigrada. Nesses táxons, o celoma é reduzido e uma hemocele se desenvolve. Nos onicóforos e artrópodes, um celoma desenvolve-se por esquizocelia, porém a formação do celoma foi descrita como enterocélica nos tardígrados. Em todos os três filos, a cavidade celômica principal funde-se com a blastocele para formar uma nova cavidade, denominada **hemocele** ou mixocele. A hemocele é revestida por uma matriz extracelular, e não pelo peritônio de mesoderma que originalmente revestia o celoma. O sangue do sistema circulatório aberto penetra na hemocele e circunda os órgãos internos. Um coração muscular está presente, porém os vasos sanguíneos tubulares ocorrem apenas em uma parte do corpo; o sangue entra e sai da hemocele pelos vasos sanguíneos. Pode haver pequenas cavidades celômicas circundando alguns órgãos e outras partes do corpo.

18.7 FILO ONYCHOPHORA

Os membros do filo Onychophora (do grego *onyx*, garra + *pherein*, portar) são comumente denominados "vermes-aveludados" e "vermes-caminhantes". Existem cerca de 70 espécies desses animais semelhantes a lagartas, que variam de 0,5 cm até 15 cm de comprimento. Eles habitam florestas ombrófilas e outros hábitats úmidos e ricos em folhiço em regiões tropicais e subtropicais, e algumas regiões temperadas do Hemisfério Sul. A maioria dos onicóforos é predadora alimentando-se de lagartas, insetos, lesmas e vermes. Alguns onicóforos vivem em cupinzeiros e alimentam-se de cupins.

O registro fóssil indica que sofreram poucas modificações no decorrer de sua história de 500 milhões de anos. Uma forma fóssil, *Aysheaia* (ver Figura 6.6), descoberta em depósitos de Burgess Shale, na Colúmbia Britânica, Canadá, datando do Cambriano Médio, é bastante semelhante aos onicóforos modernos. Os onicóforos já foram provavelmente muito mais comuns do que o são hoje. Atualmente, são terrestres e extremamente reclusos, sendo ativos apenas à noite e quando a umidade do ar está próxima da saturação.

Forma e função

Características externas. Os onicóforos são aproximadamente cilíndricos e não mostram nenhuma segmentação externa, exceto pelos apêndices pareados (Figura 18.14). O tegumento é mole, aveludado e revestido de uma cutícula fina e flexível que contém proteínas e quitina. Com relação à estrutura e composição química, a cutícula é semelhante à dos artrópodes; no entanto, nunca endurece como a cutícula destes; e a muda não ocorre de uma vez, mas por partes. O corpo é recoberto por pequenos **tubérculos**, alguns com cerdas sensoriais. A cor pode ser verde, azul, laranja, cinza-escuro ou preta, e as pequenas escamas nos tubérculos dão ao corpo uma aparência aveludada e iridescente. A cabeça é provida de um par de **antenas** grandes, cada uma com um olho na base que é semelhante ao dos anelídeos. A boca ventral tem um par de **mandíbulas** semelhantes a garras e é flanqueada por um par de **papilas orais**, que podem expelir uma secreção viscosa de defesa (Figura 18.14).

Seus 14 a 43 pares de **pernas não articuladas** são curtas, atarracadas e com garras. Os onicóforos rastejam por meio de ondas de contração que se movimentam da região anterior para a posterior. Quando uma região do corpo se estende, a perna levanta-se e move-se para a frente. As pernas estão localizadas mais ventralmente do que nos parapódios dos anelídeos.

Características internas. A parede do corpo é musculosa como nos anelídeos. A cavidade corporal é a **hemocele**, imperfeitamente dividida em compartimentos, ou seios, de maneira semelhante à dos artrópodes (Figuras 31.5 e 31.6). As **glândulas de muco** em cada lado da cavidade corporal abrem-se nas papilas orais. Quando perturbado por um predador, o animal pode lançar dois jatos de fluido adesivo dessas glândulas a uma distância de até 30 cm. De endurecimento rápido, esse adesivo pode envolver o pretendente a predador e segurá-lo firmemente, permitindo que o onicóforo o consuma.

A boca, circundada por lobos de tegumento, contém um dente dorsal e um par de mandíbulas laterais para agarrar e cortar a presa. Existe uma faringe musculosa e um trato digestório linear (Figura 18.15).

Figura 18.14 *Peripatus*, um onicóforo semelhante a uma lagarta com características comuns tanto aos anelídeos quanto aos artrópodes. Vista ventral da cabeça.

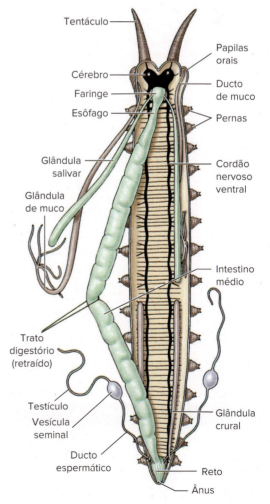

Figura 18.15 Anatomia interna de um onicóforo.

Cada segmento corporal com pernas contém um par de **nefrídios**, cada nefrídio com uma vesícula, funil e ducto ciliados e nefridióporo, que se abre na base de uma perna. As células absortivas no intestino médio excretam ácido úrico cristalino, e certas células pericárdicas funcionam como nefrócitos, armazenando excreções retiradas do sangue.

Para a respiração, existe um **sistema traqueal** (conjuntos de tubos internos ramificados que canalizam ar diretamente às células) que conecta todas as partes do corpo e se comunica com o exterior por muitas aberturas, ou **espiráculos**, espalhados pelo corpo. Os onicóforos não conseguem fechar seus espiráculos para impedir a perda de água; por isso, apesar de as traqueias serem eficientes, esses animais estão restritos a ambientes úmidos. Seu sistema traqueal é um pouco diferente do dos artrópodes (ver Seção 21.3), e possivelmente originou-se de maneira independente.

O sistema circulatório aberto apresenta, no seio pericárdico, um coração tubular dorsal com um par de óstios em cada segmento (ver Seção 31.3 para mais informações sobre sistemas circulatórios abertos).

O sistema nervoso dos onicóforos é organizado de maneira semelhante a uma escada, com cordões nervosos ventrais pareados ao longo do topo de cada fileira de pernas, conectados por comissuras dispostas paralelamente à largura do corpo (ver Figura 18.15). Nervos estendem-se do cérebro para as antenas (também chamadas de tentáculos) e para a região da cabeça, e os nódulos ganglionares na base de cada perna fornecem nervos para as pernas e para a parede do corpo. Os órgãos sensoriais incluem um olho relativamente bem desenvolvido, espinhos palatais ao redor da boca, papilas táteis no tegumento e receptores higroscópicos que orientam o animal em direção à umidade. Apesar de assumirmos que esses animais apresentam um repertório comportamental limitado, trabalhos recentes demonstraram um comportamento social e a caça em grupo em uma espécie australiana.

Com exceção de uma única espécie partenogenética conhecida, os onicóforos são dioicos, com órgãos reprodutivos pareados. Pouco se sabe sobre os costumes de acasalamento desses animais; porém, em algumas espécies, o útero é expandido como um receptáculo seminal, presumivelmente para a cópula. Em ao menos uma espécie, o macho deposita espermatóforos, aparentemente de maneira aleatória, no dorso da fêmea. Os leucócitos dissolvem então o tegumento sob os espermatóforos. Os espermatozoides podem então entrar na cavidade corporal e migrar pelo sangue para os ovários, onde fertilizam os óvulos. Os onicóforos podem ser ovíparos, ovovivíparos ou vivíparos. Apenas dois gêneros australianos são ovíparos e depositam ovos com casca em lugares úmidos. Em todos os outros, os ovos desenvolvem-se no útero e os juvenis saem vivos do corpo da mãe. Em algumas espécies, existe uma conexão placentária entre a mãe e o jovem (vivíparos); em outras, os jovens desenvolvem-se no útero sem conexão (ovovivíparos). As espécies não placentárias apresentam ovos normalmente com bastante vitelo; o zigoto sofre clivagem superficial, de maneira semelhante à dos artrópodes. Quando pouco vitelo está disponível, a clivagem é completa.

18.8 FILO TARDIGRADA

Os tardígrados (do latim *tardus*, lento + *gradus*, passo), ou "ursos-da-água", contêm organismos diminutos, geralmente com menos de 1 mm em comprimento. A maioria das 900 espécies descritas são formas terrestres que vivem no filme de água acumulado em musgos, liquens ou solo úmido. Alguns vivem em algas de água doce, em musgos ou em sedimentos, e alguns são marinhos, em geral habitando os espaços intersticiais entre os grãos de areia, tanto em águas rasas como profundas. Eles compartilham muitas características com os artrópodes.

Os tardígrados têm um corpo alongado e cilíndrico, ou longo e oval, sem segmentos. A cabeça é meramente a região anterior do tronco. O tronco tem quatro pares de pernas curtas, atarracadas e não articuladas, cada uma armada com quatro a oito garras. Eles são recobertos por uma cutícula não quitinosa que muda juntamente com as garras e o aparato bucal 4 vezes ou mais durante sua história de vida. Alguns, como *Echiniscus*, expelem fezes quando estão em muda, e deixam as fezes na cutícula descartada.

Alguns tardígrados se alimentam sugando fluidos corporais de nematódeos, rotíferos e outros pequenos animais, enquanto outros são parasitas de animais maiores, como pepinos-do-mar ou cracas. A boca dos tardígrados abre-se em um tubo bucal que se esvazia em uma faringe muscular adaptada para sugar (Figura 18.16). Dois estiletes aculiformes flanqueando o tubo bucal podem projetar-se pela boca. Esses estiletes perfuram células animais ou vegetais, e a faringe suga os conteúdos líquidos. Na junção do intestino e do reto, três glândulas presumivelmente excretoras e denominadas em geral de túbulos de Malpighi esvaziam-se no sistema digestório. Os cílios estão ausentes.

A maior parte da cavidade corporal é uma hemocele, com seu celoma verdadeiro restrito à cavidade da gônada. Não existe um sistema circulatório nem respiratório, e as trocas gasosas ocorrem por difusão pela superfície do corpo.

O sistema muscular consiste em várias bandas de músculos longos, em geral com uma ou mais células musculares grandes em cada banda. Os músculos circulares estão ausentes, porém a pressão hidrostática do fluido corporal pode atuar como esqueleto. Sendo incapazes de nadar (com uma única exceção), os tardígrados arrastam-se de maneira peculiar, prendendo-se ao substrato com suas garras.

O cérebro é relativamente grande e ocupa a maior parte da superfície dorsal da faringe. As conexões circunfaríngeas ligam o cérebro ao gânglio subfaríngeo, de onde o cordão nervoso ventral duplo se estende posteriormente como

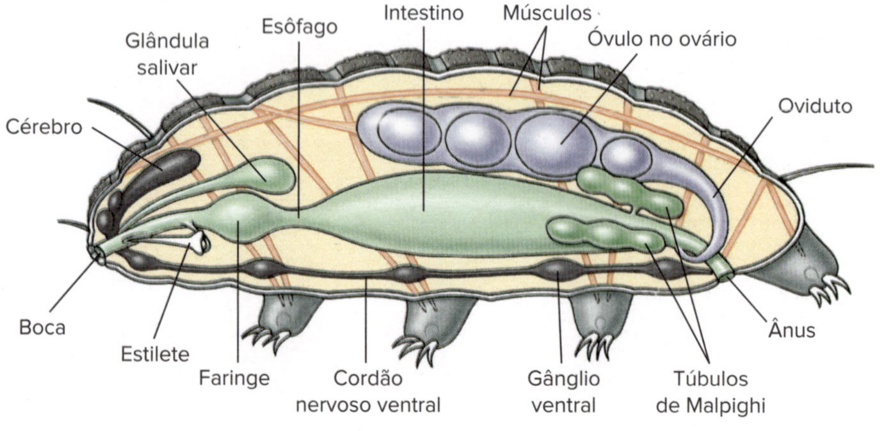

Figura 18.16 Anatomia interna de um tardígrado.

uma corrente de quatro gânglios que parecem controlar os quatro pares de pernas. Os olhos, ocelos com pigmentação invertida, estão presentes.

Nos tardígrados, os sexos são separados. Em algumas espécies de água doce e habitantes de musgo, os machos são desconhecidos e a partenogênese parece ser a regra. Algumas espécies têm também machos anões; porém, na maior parte dos estudos que incluíram machos e fêmeas, ambos parecem ocorrer com aproximadamente a mesma frequência. Em algumas espécies, os espermatozoides são depositados diretamente no receptáculo seminal ou cloaca da fêmea durante a cópula; em outras, são injetados na cavidade corporal após perfuração da cutícula. Os ovos de algumas espécies são bastante ornamentados. A postura de ovos, assim como a defecação, parece ocorrer no momento da muda, quando o volume do fluido celômico é reduzido. As fêmeas de algumas espécies cimentam seus ovos a um objeto submerso, enquanto outras os põem na cutícula descartada (Figura 18.17). Em alguns casos, a fertilização é indireta e os machos aglomeram-se ao redor da cutícula descartada e despejam seus espermatozoides nela.

Não existem pesquisas detalhadas sobre o desenvolvimento de tardígrados, porém a clivagem parece ser completa. Forma-se uma estereogástrula. Cinco pares de bolsas celômicas surgem, reminiscentes do desenvolvimento enterocélico de muitos deuterostômios. No entanto, todos os pares, menos o último que se funde para formar a gônada, desaparecem durante o desenvolvimento, e a gonocele é o único espaço celômico verdadeiro que persiste nos adultos. O desenvolvimento é direto e rápido. Depois de cerca de 14 dias, os juvenis utilizam suas garras para quebrar a casca do ovo e sair. Nesse momento, o número de células no corpo permanece relativamente fixo, e o crescimento ocorre primariamente pelo aumento de tamanho celular em vez de pelo número de células.

Uma das características mais intrigantes dos tardígrados terrestres é sua capacidade de entrar em um estado de animação suspensa, denominado criptobiose, durante o qual o metabolismo é virtualmente imperceptível; tais organismos conseguem suportar condições ambientais severas por períodos prolongados. Sob condições de dessecação gradual, o conteúdo de água do corpo cai de 85% para apenas 3%, o movimento cessa e o corpo adquire o formato de um barril. No estado criptobiótico, os tardígrados podem resistir a temperaturas extremas de +149 até −272°C, radiação ionizante, deficiência de oxigênio, conservantes como éter e álcool absoluto, além de outras condições adversas, e podem sobreviver por muitos anos. A atividade é retomada quando a umidade se torna disponível novamente. Alguns nematódeos e rotíferos também realizam criptobiose.

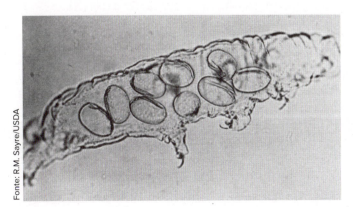

Figura 18.17 Cutícula descartada de um tardígrado, contendo uma série de ovos fertilizados.

> **Tema-chave 18.6**
> **CONEXÃO COM SERES HUMANOS**
>
> **Compreendendo a criptobiose**
> À medida que se desidratam, os nematódeos e artêmias produzem um açúcar chamado trealose, que preserva seu conteúdo celular e permite uma reidratação bem-sucedida. A trealose desde então tem sido usada para melhorar os períodos de armazenamento de plaquetas sanguíneas e alimentos. Os biólogos pensavam que os tardígrados também usavam trealose na criptobiose, mas agora sabemos que eles usam uma solução química diferente. Tardígrados dependem de TDPs – proteínas intrinsecamente desordenadas específicas do tardígrado – que se tornam rígidas e vítreas quando desidratadas. Os pesquisadores presumem que essa rigidez evita que proteínas vulneráveis se desdobrem ou se desintegrem. Assim, há a expectativa de se aplicar TDPs para aumentar o tempo de armazenamento de medicamentos e vacinas e talvez reduzir a necessidade de armazenamento refrigerado.

18.9 FILOGENIA E DIVERSIFICAÇÃO ADAPTATIVA

Filogenia

As relações evolutivas entre os Ecdysozoa não são bem compreendidas. Os membros desse clado não compartilham um padrão comum de clivagem. A clivagem nos nematódeos e nematomorfos é descrita como peculiar, ou não claramente espiral ou radial. Nos priapulídeos, ela é um tanto similar à clivagem radial. A clivagem não foi estudada nos quinorrincos, loricíferos e tardígrados. Em ovos de onicóforos que contêm grandes quantidades de vitelo, o citoplasma não cliva, mas os núcleos se dividem. O desenvolvimento é semelhante ao dos artrópodes com ovos centrolécitos (ver Seção 8.3). Nos ovos dos onicóforos com pouco vitelo, a clivagem é completa (holoblástica), porém o padrão de clivagem varia, parecendo ser espiral em algumas espécies e radial em outras.

Na ausência de caracteres do desenvolvimento, a ordem de ramificação não é definida para todos os ecdisozoários, porém os vermes cilíndricos (filo Nematoda), estão unificados com o filo Nematomorpha no clado Nematoides (ver Figura 18.1). Filogenias recentes colocam os dois filos como táxons-irmãos compartilhando uma cutícula de colágeno, porém outros trabalhos sugerem que Nematomorpha são relacionados aos Loricifera.

O filo Kinorhyncha é colocado como o táxon-irmão do filo Priapulida, com base no compartilhamento da faringe com duas camadas. Os quinorrincos têm peças bucais (estiletes orais em um cone bucal não invertível) semelhantes às dos loricíferos; porém, estes compartilham algumas características morfológicas com as larvas de Nematomorpha e Priapulida. Alguns pesquisadores criaram o clado Scalidophora para incluir Kinorhyncha, Priapulida e Loricifera, mas são necessários mais trabalhos sobre esses animais antes de se especificar uma ordem de ramificação. Os dados da sequência do genoma mitocondrial embasam uma relação de táxon-irmão entre os quinorrincos e os priapulídeos e entre esse clado e o Panarthropoda.

O clado Panarthropoda unifica três filos: os vermes de veludo, filo Onychophora; ursos d'água, filo Tardigrada; e Arthropoda. As características de onicóforos compartilhadas com os artrópodes incluem um coração tubular e uma hemocele com sistema circulatório aberto, a presença de traqueias (provavelmente não homólogas), ausência de cílios ectodérmicos e a presença de um cérebro grande. Os onicóforos também compartilham diversas características com os anelídeos: nefrídios organizados metamericamente, parede celular muscular, ocelos com receptáculo de pigmento e ductos reprodutivos ciliados. As características que só ocorrem no grupo incluem as papilas orais, glândulas de muco, tubérculos corporais e supressão da segmentação externa.

Os tardígrados têm algumas semelhanças com rotíferos, particularmente em termos de reprodução e de tendências criptobióticas, e alguns autores os identificaram como pseudocelomados. Sua embriogênese, no entanto, os colocaria dentre os celomados. A origem enterocélica do mesoderma é uma característica de deuterostômios, porém cinco bolsas se formam, algumas fundem-se e outras desaparecem, diferentemente do padrão de deuterostômios típicos. Outros autores identificam várias sinapomorfias importantes que sugerem o agrupamento deles com os artrópodes (ver Figura 18.1). Análises de sequências de DNA sustentam seu alinhamento com os artrópodes em Ecdysozoa. Os tardígrados e os artrópodes compartilham duas características morfológicas: cerdas do mesmo tipo e músculos que se inserem na cutícula (ver Figura 18.1). No entanto, os dados da sequência do genoma mitocondrial indicam que os onicóforos e os tardígrados são táxons-irmãos e esse par é táxon-irmão dos Arthropoda.

A reconstrução da história de vida evolutiva é uma busca fascinante, porém os biólogos não têm informação do desenvolvimento e da morfológica para muitos táxons, como fica claro a partir dos comentários apresentados aqui. No entanto, um estudo recente da faringe e aparelho bucal de um onicóforo ancestral chamado *Hallucigenia* (ver Figura 6.6) levou à descoberta de uma sinapomorfia morfológica dos ecdisozoários: elementos endurecidos semelhantes a dentes ao redor da boca e uma faringe forrada com dentes. Essas características estavam presentes nos primeiros artrópodes e nos outros ecdisozoários descritos aqui, mas não nos onicóforos modernos. Os pesquisadores se perguntaram se os onicóforos modernos perderam essas características-chave ou nunca as tiveram. A partir da morfologia de *Hallucigenia*, eles inferem uma perda em vermes de veludo modernos e concluem que as características são ancestrais para Ecdysozoa.

Diversificação adaptativa

Exceção feita aos artrópodes, certamente a diversificação adaptativa mais impressionante nesse grupo de filos é apresentada pelos nematódeos. Eles são, de longe, os mais numerosos em termos tanto de indivíduos quanto de espécies, e foram capazes de se adaptar a praticamente todos os hábitats disponíveis para a vida animal. Seu plano corporal básico pseudocelomado, com a cutícula, esqueleto hidrostático e músculos longitudinais, provou ser suficientemente generalizado e plástico para se adaptar a uma enorme variedade de condições físicas. Linhagens de vida livre deram origem a formas parasitas em várias ocasiões, e, praticamente, todos os potenciais hospedeiros foram explorados. Uma filogenia indica que as formas que parasitam plantas surgiram de ancestrais que se alimentavam de fungos em três eventos evolutivos independentes. Todos os tipos de ciclo de vida ocorrem: de simples e direto até o complexo, com hospedeiros intermediários; da reprodução normal dioica até partenogênese, hermafroditismo e alternância de gerações parasíticas e de vida livre. Um fator principal que contribuiu para o oportunismo evolutivo dos nematódeos foi sua extraordinária capacidade de sobreviver em condições subótimas, por exemplo, pelo desenvolvimento suspenso em muitas espécies parasíticas e de vida livre e da habilidade de entrar em criptobiose (sobrevivência em condições difíceis ao permitir uma taxa metabólica muito baixa) em muitas espécies de vida livre e parasitas de plantas.

RESUMO

Seção	Conceito-chave
18.1 Filo Nematoda: vermes cilíndricos	• Nematoda é um grande filo que impacta o mundo e a vida humana de várias maneiras • Apenas 25 mil espécies são descritas atualmente, mas as estimativas sugerem que pode haver até 500 mil espécies vivas hoje • Os nematódeos são mais ou menos cilíndricos, afilados nas extremidades e cobertos por uma cutícula secretada e resistente. Seus músculos da parede corporal são apenas longitudinais e, para funcionar bem na locomoção, tal arranjo deve envolver um volume de fluido na pseudocele sob alta pressão hidrostática • A alta pressão hidrostática interna tem um efeito profundo na maioria de suas outras funções fisiológicas – ingestão de alimentos, egestão de fezes, excreção, cópula etc. • A maioria dos nematódeos é dioica e existem quatro estágios juvenis, cada um separado por uma ecdise da cutícula • Alguns nematódeos vivem livremente no solo e em hábitats aquáticos. Quase todos os animais e muitas plantas têm parasitos nematódeos, alguns causando doenças graves em seres humanos e em outros animais • Alguns nematódeos parasitos vivem livremente durante parte de seu ciclo de vida; alguns passam por uma migração no tecido de seu hospedeiro; e alguns têm um hospedeiro intermediário em seu ciclo de vida.
18.2 Filo Nematomorpha	• Nematomorpha, ou vermes "crina-de-cavalo", assemelham-se superficialmente aos nematódeos e têm estágios juvenis de parasitos nos artrópodes, seguidos por um estágio adulto aquático de vida livre.
18.3 Filo Loricifera	• Loricifera é um pequeno filo de minúsculos pseudocelomados aquáticos • Os loriciferos podem recolher seus corpos em sua lorica, uma cobertura abdominal fina ou espessa.
18.4 Filo Kinorhyncha	• Kinorhyncha é um pequeno filo de minúsculos pseudocelomados aquáticos • Os quinorrincos se ancoram e então se puxam por espinhos em suas cabeças.

Seção	Conceito-chave
18.5 Filo Priapulida	• Os priapulídeos são vermes marinhos escavadores que variam em tamanho de alguns mm a 40 cm • Os priapulídeos podem ser predadores ou comedores de depósitos.
18.6 Clado Panarthropoda	• O clado Panarthropoda contém onicóforos, tardígrados e artrópodes • Esses animais têm sistema circulatório aberto com hemocele.
18.7 Filo Onychophora	• Onicóforos são animais semelhantes a lagartas encontrados em hábitats úmidos, principalmente tropicais • Eles são segmentados e rastejam por meio de uma série de apêndices não unidos e com garras.
18.8 Filo Tardigrada	• Tardígrados são animais diminutos, principalmente terrestres, que vivem na película d'água que cerca musgos e líquens • Eles têm oito pernas não articuladas e uma cutícula não quitinosa • Eles podem passar por criptobiose, resistindo a condições adversas por longos períodos.
18.9 Filogenia e diversificação adaptativa	• Os filos abordados neste capítulo possuem uma gama de planos corporais e padrões de desenvolvimento • A análise das semelhanças de nucleotídeos no gene para o rDNA de subunidade pequena 18S, e um grande volume de trabalhos posteriores, forneceram evidências de que eles pertencem ao superfilo Ecdysozoa • Quase todos os membros desse clado mudam suas cutículas.

QUESTÕES DE REVISÃO

1. O que é a cutícula?
2. Defina ecdise.
3. O que é um esqueleto hidrostático?
4. Discorra sobre as diferenças entre um solenócito e um protonefrídio do tipo célula-flama.
5. Explique duas características particulares dos músculos da parede do corpo de nematódeos.
6. Que característica dos músculos da parede do corpo de nematódeos requer alta pressão hidrostática do fluido pseudocelômico para funcionar de maneira eficiente?
7. Explique a interação entre a cutícula, os músculos da parede do corpo e o fluido pseudocelômico na locomoção dos nematódeos.
8. Explique como a pressão pseudocelômica alta afeta a alimentação e a defecação dos nematódeos.
9. Delineie o ciclo de vida de cada um dos seguintes: *Ascaris lumbricoides,* ancilostomídeo, *Enterobius vermicularis, Trichinella spiralis, Wuchereria bancrofti.*
10. Em que parte do corpo humano você encontraria os adultos de cada uma das espécies da Questão 9?
11. Esboce o ciclo de vida de um nematomorfo gordiídeo.
12. Quais são as semelhanças e as diferenças entre os nematódeos e os nematomorfos?
13. Onde vivem os quinorrincos?
14. Descreva a introverte de um loricífero e de um priapulídeo.
15. Como a hemocele difere de um verdadeiro celoma?
16. Explique como a hemocele é parte do sistema circulatório.
17. Em que hábitats podemos encontrar os tardígrados?
18. Como a criptobiose nos tardígrados aumenta seu potencial de sobrevivência?
19. Descreva os dois maiores clados de protostômios e dê uma característica diagnóstica para cada um.
20. Liste o plano corporal predominante (acelomado, pseudocelomado, celomado) para os membros de cada um dos filos de protostômios e discuta quanto o nosso entendimento da evolução de protostômios mudaria se cada plano corporal fosse um caráter homólogo.

Para reflexão. Os comentários de N. A. Cobb mencionados na parte inicial do capítulo deixam bem claro como os nematódeos são bem-sucedidos. Que características desses animais podem ser apontadas como responsáveis por sua extraordinária abundância?

19 Trilobitas, Quelicerados e Miriápodes

OBJETIVOS DE APRENDIZAGEM
Após leitura do capítulo, você será capaz de:

19.1 Caracterizar o plano corporal do artrópode e descrever a filogenia dos artrópodes de acordo com a hipótese dos mandibulados.

19.2 Identificar um trilobita e descrever seu hábitat e estilo de vida.

19.3 Identificar os membros das três classes de Chelicerata e distinguir membros das maiores ordens da classe Arachnida.

19.4 Comparar e contrastar a morfologia e os estilos de vida de centopeias, milípedes, paurópodes e sínfilos.

19.5 Prever a forma corporal do artrópode ancestral, levando em conta a morfologia de seus descendentes.

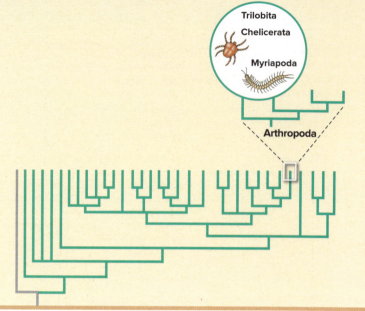

Um escorpião.
©Cleveland P. Hickman, Jr.

Uma armadura

Em algum momento e em algum lugar durante a era Pré-Cambriana, aconteceu um importante marco da evolução da vida na Terra. A cutícula macia do ancestral segmentado de animais que hoje denominamos artrópodes foi endurecida com a deposição adicional de proteína e de um polissacarídeo inerte denominado quitina. O exoesqueleto cuticular ofereceu proteção contra predadores e outros perigos ambientais, e conferiu a seu possuidor uma lista formidável de outras vantagens seletivas. Por exemplo, uma cutícula endurecida proporcionou um local mais seguro para a fixação da musculatura, permitiu que os segmentos adjacentes e as articulações funcionassem como alavancas e melhorou enormemente o potencial para locomoção rápida, incluindo o voo. Claro que uma armadura não poderia ser uniformemente rígida; o animal seria tão incapaz de se mover quanto o homem de lata enferrujado de *O Mágico de Oz*. As seções rígidas de cutícula estavam separadas entre si por seções finas e flexíveis, que formavam suturas e articulações. O exoesqueleto cuticular teve um potencial evolutivo enorme. As extensões articuladas de cada um dos segmentos tornaram-se apêndices.

À medida que a cutícula endurecida evoluía, ou talvez concomitantemente a isso, ocorreram muitas outras modificações nos corpos e nos ciclos de vida dos protoartrópodes. O crescimento exigiu uma sequência de mudas cuticulares controladas por hormônios. Os compartimentos celômicos reduziram sua função de esqueleto hidrostático, talvez causando uma regressão do celoma e sua substituição por um sistema aberto de seios (hemocele). Os cílios locomotores desapareceram. Essas modificações e outras são denominadas "artropodização". Elas resultaram em uma grande diversidade e abundância de animais, capazes de colonizar praticamente todos os hábitats na Terra.

- **FILO ARTHROPODA**
  - Subfilo Trilobita
  - Subfilo Chelicerata
  - Subfilo Myriapoda

19.1 FILO ARTHROPODA

O filo Arthropoda (do grego *arthron,* articulação + *pous, podos,* pé) é atualmente o filo com maior diversidade de espécies do Reino Animal, sendo composto por mais de 75% de todas as espécies conhecidas. Aproximadamente, 1.100.000 espécies de artrópodes foram registradas, e provavelmente o mesmo número ainda deve ser identificado e classificado (na realidade, com base no levantamento da fauna de insetos no dossel das florestas pluviais, muitas estimativas de espécies ainda não descritas são muito maiores). Os artrópodes incluem aranhas, escorpiões, carrapatos, ácaros, crustáceos, piolhos-de-cobra, centopeias, insetos, além de outros grupos menos conhecidos. Existe também um rico registro fóssil que se estende à porção mais antiga do período Pré-Cambriano.

Poucos artrópodes ultrapassam 60 cm de comprimento e a maioria é muito menor. Entretanto, os euriptéridos da era Paleozoica chegavam até 3 m, e alguns insetos precursores das libélulas (Protodonata) tinham envergadura de asas de cerca de 1 m. Atualmente, o maior artrópode, um caranguejo japonês do gênero *Macrocheira* (do grego *makros,* grande + *cheir,* mão), atinge aproximadamente 4 m; e o menor é o ácaro parasito do gênero *Demodex* (do grego *dēmos,* pessoa + *dex,* verme de madeira), que mede menos de 0,1 mm de comprimento.

Os artrópodes são animais em geral ativos, com muita energia. Eles usam todas as formas de alimentação – carnívoros, herbívoros e onívoros – embora a maioria seja herbívora. Muitos artrópodes aquáticos são onívoros ou dependem de algas para sua nutrição, e a maioria das formas terrestres alimenta-se principalmente de vegetais. Quanto à diversidade da distribuição ecológica, os artrópodes não têm rivais.

Embora muitos artrópodes terrestres exerçam competição por alimento com os seres humanos e transmitam doenças sérias, eles são essenciais na polinização de muitos dos vegetais utilizados na alimentação humana e também servem de alimento no ecossistema, produzem drogas e produtos como a seda, o mel, a cera de abelha e tinturas.

Os artrópodes estão distribuídos mais amplamente e mais densamente por todas as regiões da biosfera terrestre do que os membros de qualquer outro filo de eucariotos. Eles são encontrados em todos os tipos de ambiente, desde as profundezas oceânicas até altitudes bastante elevadas, e desde os trópicos até bem no interior das regiões polares do sul e do norte. Espécies diferentes estão adaptadas para a vida no ar; sobre a terra; em água doce, salobra e marinha; e sobre os corpos de plantas e outros animais ou dentro deles. Algumas espécies vivem em locais nos quais nenhum outro animal consegue sobreviver.

Relações entre os subgrupos de artrópodes

Os artrópodes são protostômios ecdisozoários pertencentes ao clado Panarthropoda (ver Figura 18.1). Eles têm corpos segmentados, uma cutícula quitinosa frequentemente contendo cálcio e apêndices articulados. O endurecimento crítico da cutícula formando um exoesqueleto articulado é chamado, algumas vezes, de "artropodização".

Os artrópodes diversificaram-se muito, porém é relativamente fácil identificar planos corporais específicos que caracterizam os subgrupos dos artrópodes. Por exemplo, as centopeias e os milípedes têm troncos compostos de segmentos semelhantes repetidos, enquanto as aranhas têm duas regiões do corpo distintas sem segmentos repetidos. O filo Arthropoda está dividido em diversos **subfilos**, com base em nosso conhecimento atual das relações entre os subgrupos.

Tradicionalmente, centopeias e milípedes e formas aparentadas, chamadas de paurópodes e sínfilos, estavam agrupados com os insetos no subfilo Uniramia. Todos os membros de Uniramia têm apêndices **unirremes** – aqueles com um único ramo – em oposição aos apêndices **birremes**, os quais apresentam dois ramos (Figura 19.1). As filogenias construídas utilizando dados moleculares não sustentam Uniramia como um grupo monofilético. Além disso, conforme as bases genéticas de apêndices unirremes *versus* birremes foram sendo mais bem compreendidas (ver Seção 20.3), tornou-se cada vez mais improvável que todos os apêndices unirremes tenham sido herdados de um único ancestral comum com tais apêndices.

Atualmente, são definidos cinco subfilos de artrópodes. Centopeias, milípedes, paurópodes e sínfilos são colocados no subfilo **Myriapoda**. Os insetos são colocados no subfilo **Hexapoda**. As aranhas, os carrapatos, os límulos e seus parentes formam o subfilo **Chelicerata**. As lagostas, os caranguejos, as cracas e muitos outros formam o subfilo **Crustacea**. Nós incluímos os "vermes-língua" do antigo filo Pentastomida em Crustacea. Os trilobitas, já extintos, foram agrupados no subfilo **Trilobita**.

As relações filogenéticas entre os subfilos são controversas. Uma hipótese sustenta que todos os artrópodes que apresentam uma peça bucal em particular, chamada de **mandíbula** (Figura 19.1), formam um clado chamado Mandibulata. Esse clado inclui membros de Myriapoda, Hexapoda e Crustacea. Os artrópodes que não têm mandíbulas possuem **quelíceras** (Figura 19.1), como exemplificado pelas aranhas. Assim, de acordo com a "hipótese dos mandibulados", os miriápodes, os hexápodes e os crustáceos são mais aparentados entre si do que qualquer um deles é com os quelicerados. Os críticos da hipótese dos mandibulados argumentam que as mandíbulas em cada grupo são tão diferentes entre si que poderiam não ser homólogas. As mandíbulas dos crustáceos são multiarticuladas com superfícies para mastigar e morder em suas bases (mandíbula do tipo gnatobásica), enquanto a das miriápodes e hexápodes tem uma única articulação, sendo a superfície mordedora localizada na margem distal (mandíbula inteira). Também existem algumas diferenças nos músculos que controlam os dois tipos. Os proponentes da hipótese dos mandibulados respondem que os 550 milhões de anos de história dos mandibulados permitiram a evolução de mandíbulas diversas a partir de um tipo ancestral. Diversas filogenias recentes, incluindo aquelas que se utilizam de caracteres do genoma mitocondrial, embasam a "hipótese dos mandibulados".

Consideramos o subfilo Trilobita como o táxon-irmão para todos os outros artrópodes e que a primeira divisão dentro deste último grupo separa os quelicerados de um ancestral comum de miriápodes, hexápodes e crustáceos. No entanto, uma filogenia coloca os trilobitas como o táxon-irmão dos Chelicerata e mostra os mandibulados formando um clado.[1] Assinalamos o subfilo Crustacea como o táxon-irmão do subfilo Hexapoda (Figura 19.2). As evidências de uma relação próxima entre hexápodes e crustáceos emergiram a partir de vários estudos filogenéticos que utilizam caracteres moleculares; esses estudos indicaram a necessidade de uma reavaliação dos caracteres morfológicos nos membros de ambos os táxons. Unimos o subfilo Crustacea com o subfilo Hexapoda no clado Pancrustacea. A natureza exata da relação de parentesco entre esses dois subfilos está sendo debatida e encontra-se discutida nos Capítulos 20 e 21.

Após uma introdução geral aos artrópodes, abordaremos três subfilos neste capítulo: Trilobita, Chelicerata e Myriapoda. O Capítulo 20 é dedicado ao subfilo Crustacea e o Capítulo 21, ao subfilo Hexapoda.

---

[1] Legg, D. A., M. D. Sutton, and G. D. Edgecombe. 2013. Arthropod fossil data increase congruence of morphological and molecular phylogenies. *Nature Communications* **4**:2485.

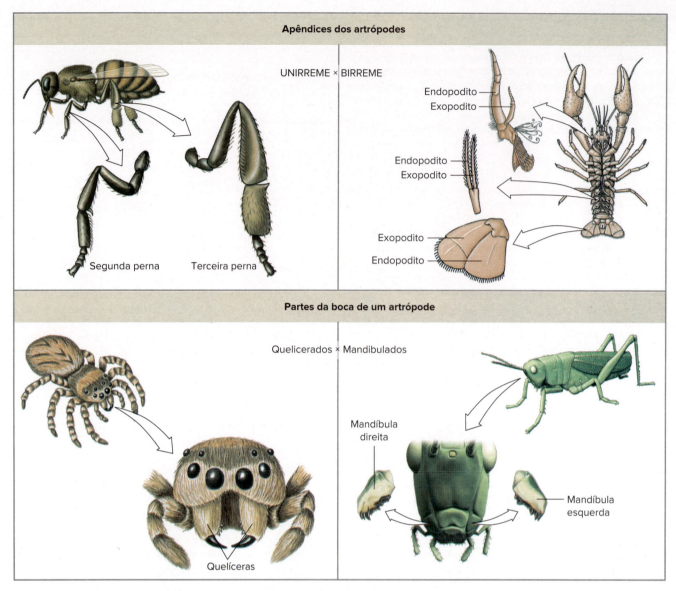

Figura 19.1 Dois caracteres importantes de artrópodes: os apêndices podem ser unirremes (perna de uma abelha melífera) ou birremes (membros de uma lagosta); as peças bucais podem incluir quelíceras (aranha) ou mandíbulas (gafanhoto). Observe que a presença ou ausência de brânquias não está relacionada à forma do apêndice.

Por que os artrópodes conseguiram atingir tamanha diversidade e abundância?

Os artrópodes têm grande diversidade (número de espécies), ampla distribuição e variedade de hábitats e hábitos alimentares, e uma fantástica predisposição genética para adaptação a condições variáveis. Na discussão que se segue, são resumidos os padrões estruturais e fisiológicos que auxiliaram os artrópodes a se tornarem dominantes.

1. **Um exoesqueleto versátil**. Os artrópodes possuem um exoesqueleto que tem alta capacidade de proteção sem prejudicar a flexibilidade ou a mobilidade. Esse esqueleto é a **cutícula**, um revestimento externo secretado pela epiderme subjacente. A cutícula é constituída de uma camada mais interna e mais grossa, a **procutícula**, e uma camada mais externa, relativamente fina, a **epicutícula** (Figura 19.3). Tanto a procutícula quanto a epicutícula consistem em várias camadas (lâminas).

A epicutícula externa é composta de proteína, frequentemente com lipídios. A proteína é estabilizada e endurecida por meio de um processo de ligações químicas, denominado **esclerotização**, que aumenta sua capacidade de proteção. Em muitos insetos, a camada mais externa da epicutícula é composta de ceras que reduzem a perda de água.

A procutícula está dividida em uma **exocutícula**, que é secretada antes de uma muda, e uma **endocutícula**, que é secretada após uma muda. Ambas as camadas da procutícula são compostas por **quitina** ligada a proteína. A quitina é um polissacarídeo nitrogenado rígido e resistente, que é e insolúvel em água, substâncias alcalinas e ácidos fracos. A procutícula não apenas é leve e flexível, mas também fornece proteção contra a desidratação e outros tipos de estresses biológicos e físicos. Nos insetos, a quitina forma até cerca de 50% da procutícula, sendo o restante, proteína. Em alguns crustáceos, a quitina pode formar de 60 a 80% da procutícula; além disso, a maioria dos crustáceos apresenta algumas áreas da procutícula impregnadas com **sais de cálcio**. A adição de sais de

CAPÍTULO 19 Trilobitas, Quelicerados e Miriápodes   389

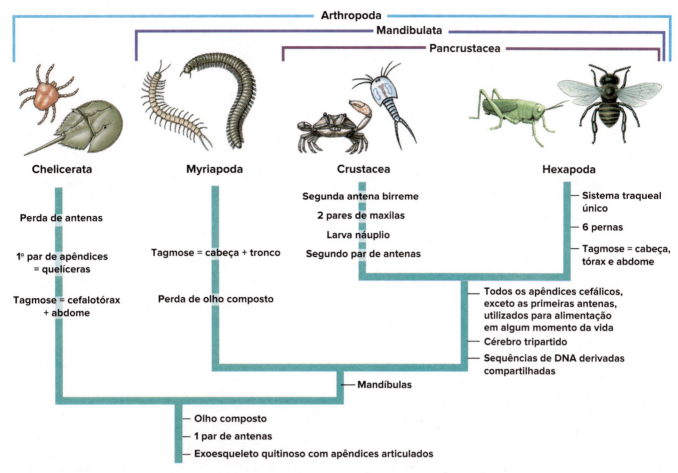

Figura 19.2 Cladograma de artrópodes existentes que mostra relações prováveis dos quatro subfilos. Apenas algumas sinapomorfias estão incluídas aqui. Crustáceos e hexápodes são apresentados como táxons-irmãos no clado Pancrustacea. Uma relação de táxon-irmão entre Pancrustacea e Myriapoda é baseada na posse compartilhada de mandíbulas e dados de filogenias moleculares.

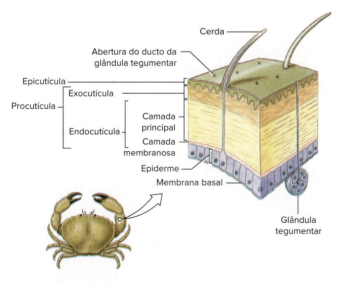

Figura 19.3 Estrutura da cutícula de crustáceos.

cálcio reduz a flexibilidade, mas aumenta a resistência. Na carapaça rígida de lagostas e caranguejos, por exemplo, essa calcificação é extrema.

A cutícula pode ser macia e permeável ou pode formar uma verdadeira armadura. Entre os segmentos do corpo e entre os segmentos dos apêndices, ela é fina e flexível, criando articulações móveis e permitindo liberdade de movimentos. Nos crustáceos e insetos, a cutícula forma invaginações (**apódemas**) que servem para a inserção da musculatura. A cutícula também pode revestir a parte anterior e a posterior do trato digestório, revestir e dar suporte à traqueia e estar adaptada para servir como peças bucais mastigatórias, órgãos sensoriais, órgãos copuladores e como propósito de ornamentação. Ela é, com certeza, um material versátil.

O exoesqueleto cuticular não expansível, entretanto, realmente impõe restrições importantes ao crescimento. Para crescer, um artrópode deve trocar seu revestimento externo em certos intervalos de tempo, e produzir um maior – em um processo denominado **muda**. O processo de muda termina com a efetiva eliminação da pele, ou **ecdise**. Os artrópodes podem sofrer muda diversas vezes antes de atingir o estágio adulto, e alguns continuam mudando após isso ter ocorrido. Mais detalhes do processo de muda são apresentados para os crustáceos (ver Seção 20.1) e para os insetos (ver Seção 21.4).

2. **A segmentação e os apêndices proporcionam uma locomoção mais eficiente**. O plano corporal ancestral dos artrópodes era provavelmente uma série linear de segmentos semelhantes, cada um com um par de apêndices articulados. Entretanto, os grupos atuais exibem ampla variedade de segmentos e apêndices. Tem havido tendência para os segmentos combinarem-se ou fundirem-se em grupos funcionais, chamados **tagmas**,

que têm propósitos especializados. O corpo das aranhas, por exemplo, tem dois tagmas. Os apêndices são frequentemente diferenciados e especializados para uma divisão marcante de trabalho. Os artículos dos apêndices são essencialmente constituídos por alavancas ocas movidas por músculos internos, em sua maioria estriados, permitindo uma ação rápida. Os apêndices têm pelos sensoriais (bem como cerdas e espinhos) e podem ser modificados e adaptados para exercer funções sensoriais, manipulação de alimento, locomoção eficiente, e muito rápida, e natação.

3. **Ar conduzido diretamente às células**. A maioria dos artrópodes terrestres tem um sistema traqueal altamente eficiente, constituído por tubos de ar que levam o oxigênio diretamente aos tecidos e células e permitem a existência de uma alta taxa metabólica durante períodos de atividade intensa. Esse sistema também tende a limitar o tamanho do corpo. Os artrópodes aquáticos respiram principalmente por meio de alguma forma de sistema de brânquias internas ou externas.

4. **Órgãos sensoriais altamente desenvolvidos**. É encontrada uma grande variedade de órgãos sensoriais, desde olhos compostos (em mosaico) até aqueles relacionados com o tato, o olfato, a audição, o equilíbrio e a recepção química. Os artrópodes têm uma percepção muito eficaz do que acontece em seu ambiente.

5. **Padrões comportamentais complexos**. Os artrópodes se sobressaem sobre a maior parte dos demais invertebrados quanto à complexidade e à organização de suas atividades. O comportamento inato (não aprendido) sem dúvida controla muito do que eles fazem, mas o aprendizado também tem papel importante na vida de muitas espécies.

6. **Uso de diferentes recursos por meio da metamorfose**. Muitos artrópodes passam por modificações metamórficas, incluindo uma forma larval que é muito diferente estruturalmente do adulto. As formas larvais são muitas vezes adaptadas para utilizar alimento diferente daquele usado pelos adultos, e ocupam um espaço diferente. O uso de diferentes recursos parece mais digno de menção porque a competição intraespecífica ocorrerá quando forem grandes os números da população; independentemente dos recursos usados, um se tornará limitador.

19.2 SUBFILO TRILOBITA

Os trilobitas provavelmente surgiram antes do período Cambriano. Eles estão extintos há 245 milhões de anos, mas foram abundantes durante os períodos Cambriano e Ordoviciano. Seu nome refere-se ao formato trilobado do corpo em uma seção transversal, causado por um par de sulcos longitudinais. Eram habitantes de fundo, achatados dorsoventralmente, e provavelmente se alimentavam de detritos. A maioria deles podia enrolar-se como tatuzinhos-de-jardim (isópodes) e mediam de 2 a 67 cm de comprimento.

O exoesqueleto dos trilobitas continha quitina, reforçada em algumas áreas com a impregnação de carbonato de cálcio. O corpo era dividido em três tagmas: céfalo (cabeça), tórax e pigídio. O céfalo tinha apenas uma peça, mas mostrava sinais de uma segmentação ancestral; o tórax tinha um número variável de segmentos; e os segmentos do pigídio, na extremidade posterior, eram fundidos em uma placa. A cabeça apresentava um par de antenas, olhos compostos, boca e quatro pares de apêndices locomotores. Não existiam peças bucais verdadeiras, mas o alimento podia ser esmagado com as porções basais das pernas e passado para a frente em direção à boca. Os trilobitas tinham uma cobertura

---

Características do filo Arthropoda

1. **Apêndices articulados**; ancestralmente, um par em cada segmento, mas com número frequentemente reduzido; apêndices frequentemente modificados para assumir funções especializadas.
2. Vivem em hábitats marinhos, de água doce e terrestres; muitos são capazes de voar.
3. Táxons de vida livre e parasitos.
4. Simetria bilateral; **corpo segmentado** dividido em grupos funcionais denominados tagmas: cabeça e tronco; cabeça, tórax e abdome; ou cefalotórax e abdome; cabeça definida.
5. Corpo triblástico.
6. **Celoma reduzido** nos adultos; a maior parte da cavidade corporal é constituída pela hemocele (seios, ou lacunas, entre os tecidos) preenchida por hemolinfa.
7. **Exoesqueleto cuticular** contendo proteínas, lipídios, quitina e, frequentemente, carbonato de cálcio. Esse exoesqueleto é secretado pela epiderme subjacente e é descartado (na muda) em intervalos; a quitina é menos difundida em alguns outros grupos.
8. **Sistema digestório completo**; peças bucais modificadas a partir de apêndices ancestrais, e adaptadas para os diferentes métodos de alimentação; o canal alimentar apresenta grande especialização por ter, em vários artrópodes, dentes quitinosos, compartimentos e ossículos gástricos.
9. **Sistema muscular complexo**, com exoesqueleto para sua inserção, **músculos estriados** para ações rápidas e músculos lisos para órgãos viscerais; sem cílios.
10. **Sistema nervoso** semelhante àquele dos anelídeos, com um gânglio cerebral dorsal conectado por um anel que circunda o tubo digestório a uma cadeia nervosa dupla de gânglios ventrais; fusão dos gânglios em algumas espécies.
11. Órgãos sensoriais bem desenvolvidos; padrões comportamentais bem mais complexos do que o da maioria dos invertebrados, com maior ocorrência de **organização social**.
12. Partenogênese em alguns táxons.
13. **Sexos geralmente separados**, com órgãos reprodutores e ductos pareados; em geral com fertilização interna; ovíparos, ovovivíparos ou vivíparos; frequentemente com **metamorfose**.
14. Glândulas excretoras pareadas denominadas **glândulas coxais, antenais ou maxilares** presentes em alguns; outros com órgãos excretores chamados **túbulos de Malpighi**.
15. Respiração por meio da **superfície corporal, brânquias, traqueias** (tubos aéreos) ou pulmões foliáceos.
16. **Sistema circulatório aberto**, com um **coração contrátil dorsal**, artérias e hemocele (seios sanguíneos).

---

convexa chamada hipostômio que cobria tanto a base das pernas mais perto da boca, bem como a própria boca e a base das antenas. A forma do hipostômio variava, com alguns tipos aparentemente caracterizando predadores e outros caracterizando necrófagos e consumidores de partículas. Com exceção do último, cada um dos segmentos do corpo tinha um par de apêndices birremes (ramificado em dois). Um dos ramos tinha uma franja de filamentos que pode ter servido como brânquias.

> **Tema-chave 19.1**
>
> **EVOLUÇÃO**
>
> **Especiação e extinção em trilobitas**
>
> Os fósseis de trilobitas são identificados no nível de espécie por sua morfologia. Os trilobitas calmonídeos são um grupo extremamente diversificado. Os membros do gênero *Metacryphaeus* eram abundantes no período Devoniano e tão bem preservados em estratos na Bolívia que a evolução e a extinção dos táxons puderam ser acompanhadas. Um excelente registro fóssil e boa informação sobre a biogeografia e níveis relativos do mar permitem o estudo da diversificação evolutiva em relação aos fatores abióticos. Parece que a especiação dos calmonídeos ocorreu depois que populações ficaram isoladas pela diminuição do nível do mar. Posteriormente, a elevação do nível do mar permitiu a dispersão de novas espécies. As taxas de extinção foram baixas na maior parte do tempo, mas o gênero inteiro desapareceu quando a extinção ultrapassou a especiação. A especiação diminuiu quando o nível do mar estava alto, presumivelmente porque não ocorreu o isolamento geográfico das populações.

19.3 SUBFILO CHELICERATA

Os artrópodes quelicerados são conhecidos desde o período Ordoviciano há mais de 445 milhões de anos e incluem euriptérideos (extintos), límulos, aranhas, carrapatos e ácaros, escorpiões, aranhas-do-mar e outros grupos menos conhecidos, como os solífugos e escorpiões-vinagre. Seus corpos são compostos por dois tagmas: um cefalotórax ou prossoma e um abdome ou opistossoma. São caracterizados por apresentarem seis pares de apêndices no cefalotórax, que incluem um par de quelíceras (peças bucais), um par de pedipalpos, e quatro pares de apêndices locomotores. Não têm antenas. A maioria dos quelicerados suga alimento líquido de suas presas. Existem três classes de quelicerados.

Classe Merostomata

A classe Merostomata é representada por euriptérideos, totalmente extintos, e xifosuros ou límulos, que são algumas vezes denominados de "fósseis vivos" porque as formas existentes parecem fósseis do Ordoviciano.

Subclasse Eurypterida

Os euriptérideos foram os maiores de todos os fósseis de artrópodes conhecidos, podendo atingir o comprimento de 3 m. Esses fósseis ocorrem em rochas datadas desde o período Ordoviciano até o Permiano. Eles têm grande semelhança com os límulos (Figura 19.4) e com os escorpiões. A cabeça tinha seis segmentos fundidos com olhos simples e compostos, bem como quelíceras e pedipalpos. Também tinham quatro pares de pernas locomotoras, e seu abdome apresentava 12 segmentos e um télson pontiagudo.

Os euriptérideos eram os predadores dominantes de seu tempo, e alguns tinham apêndices anteriores modificados em grandes garras esmagadoras. É possível que o desenvolvimento da armadura dérmica nos primeiros peixes (ver Seção 23.5) tenha resultado da pressão de seleção da predação pelos euriptérideos.

Subclasse Xiphosurida: límulos

Os xifosuros são um grupo marinho antigo, que tem sua origem no período Ordoviciano. *Limulus* (do latim *limus*, torto) (Figura 19.4) praticamente mantém a mesma forma desde o período Triássico. Somente três gêneros (quatro espécies) sobrevivem atualmente: *Limulus*, que vive em águas rasas ao longo da costa atlântica da América do Norte (incluindo a costa do Golfo até o Texas e o México); *Carcinoscorpius* (do grego *karkinos*, caranguejo + *skorpiōn*, escorpião), ao longo da costa sul do Japão; e *Tachypleus* (do grego *tachys*, rápido + *pleutēs*, marinheiro), nas Índias Orientais e ao longo da costa sul da Ásia. Geralmente vivem em águas rasas.

Os xifosuros têm uma **carapaça** não segmentada em forma de ferradura (escudo dorsal rígido) e um abdome largo, que termina em um longo **télson**, ou cauda. O cefalotórax tem um par de quelíceras, um par de pedipalpos e quatro pares de pernas locomotoras, enquanto o abdome tem seis pares de apêndices largos e delgados fundidos na linha média do corpo (Figura 19.4). Em cinco apêndices abdominais, aparecem **brânquias foliáceas** (brânquias achatadas e em forma de folha) sob o opérculo branquial. Há dois olhos laterais rudimentares e dois olhos simples na carapaça. Um límulo nada usando as placas abdominais e pode caminhar utilizando as pernas locomotoras. Alimenta-se à noite de vermes e pequenos moluscos, que captura com as quelíceras e pernas locomotoras.

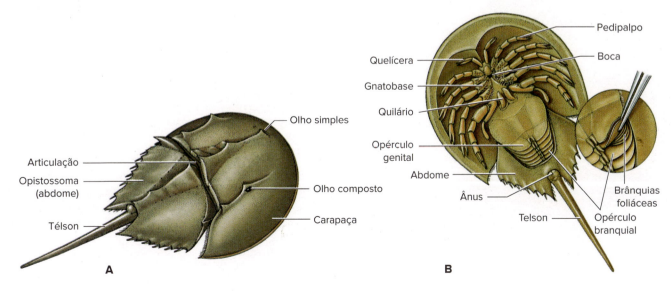

Figura 19.4 **A.** Vista dorsal de um *Limulus* (classe Merostomata). Esses animais podem atingir 0,5 m de comprimento. **B.** Vista ventral de uma fêmea.

Ao longo da época reprodutiva, os límulos se deslocam para a costa aos milhares durante a maré alta para acasalar. A fêmea escava a areia, onde deposita seus ovos, enquanto um ou mais machos, de tamanho menor, a acompanham de perto para liberar seus espermatozoides no ninho antes que a fêmea o cubra com areia. Os límulos americanos acasalam e depositam ovos durante as marés altas de lua cheia e nova na primavera e no verão. Os ovos são aquecidos pelo Sol e protegidos das ondas até as larvas emergirem e retornarem ao mar, carregadas por outra maré alta. As larvas são segmentadas e frequentemente denominadas "larvas trilobitas" devido à sua semelhança com os trilobitas.

Classe Pycnogonida: aranhas-do-mar

Cerca de mil espécies de aranhas-do-mar ocupam hábitats marinhos desde as águas rasas costeiras até as bacias do fundo oceânico. Algumas aranhas-do-mar têm apenas alguns milímetros de comprimento, mas outras são muito maiores, atingindo quase 0,75 m com as pernas esticadas. Elas têm um corpo pequeno e delgado e, em geral, quatro pares de pernas locomotoras estreitas e longas. Além disso, apresentam uma característica única dentre os artrópodes: os segmentos estão duplicados em alguns grupos, observando-se assim cinco ou seis pares de pernas, em vez dos quatro pares normalmente característicos dos aracnídeos. Os machos de muitas espécies têm um par de pernas auxiliares (**ovígeras**) (Figura 19.5) com as quais carregam os ovos em desenvolvimento. As pernas ovígeras em geral estão ausentes nas fêmeas. Muitas espécies também estão equipadas com quelíceras e palpos. As quelíceras algumas vezes são chamadas de quelíforos nesse grupo.

A pequena cabeça (céfalo) exibe uma elevação com dois pares de olhos simples posicionados para permitir uma visão de quase 360 graus. A boca está localizada no ápice de uma longa **probóscide**, que suga o fluido de cnidários e animais de corpo mole. O sistema circulatório é limitado a um coração dorsal simples, e os sistemas excretor e respiratório estão ausentes. O corpo e as pernas estreitos e longos promovem uma área de superfície extensa em relação ao volume, que é evidentemente suficiente para a difusão de gases e excretas. Por causa do tamanho reduzido do corpo, o sistema digestório e as gônadas apresentam prolongamentos para dentro das pernas.

As aranhas-do-mar ocorrem em todos os oceanos, mas são mais abundantes em águas polares. *Pycnogonum* (Figura 19.5 B) é um gênero comum da região entremarés encontrado nas costas atlântica e pacífica dos EUA que tem pernas relativamente curtas e fortes. *Nymphon* (Figura 19.5 A) é o maior gênero de picnogônidos, com mais de 200 espécies. Ocorre desde águas rasas até profundidades de 6.800 m, em todos os mares, com exceção dos mares Báltico e Negro.

Algumas pesquisas sugerem que os picnogônidos pertenceram a uma linhagem de artrópodes que divergiu cedo dos outros subfilos, mas evidências morfológicas e moleculares sustentam fortemente a localização de Pycnogonida em Chelicerata (ver Seção 19.5).

Classe Arachnida

Os aracnídeos (do grego *arachnē*, aranha) apresentam uma variação anatômica enorme. Além das aranhas, o grupo inclui escorpiões, pseudoscorpiões, escorpiões-vinagre, carrapatos, ácaros, opiliões, entre outros. Existem muitas diferenças entre esses táxons com relação à forma e aos apêndices. São, principalmente, animais de vida livre, predominando em regiões quentes e secas.

Os aracnídeos tornaram-se extremamente diversos: mais de 80 mil espécies foram descritas até o momento. Foram uns dos primeiros artrópodes a colonizar o ambiente terrestre. Por exemplo, fósseis de escorpiões estão registrados no período Siluriano, e aranhas e ácaros apareceram no final da era Paleozoica.

Todos os aracnídeos têm dois tagmas: um cefalotórax (cabeça e tórax) e um abdome, que pode ou não ser segmentado. O abdome aloja os órgãos reprodutivos e respiratórios, como as traqueias e os pulmões foliáceos. O cefalotórax geralmente exibe um par de quelíceras, um par de pedipalpos e quatro pares de pernas locomotoras (Figura 19.6). A maioria dos aracnídeos é predadora e tem ferrões, pinças, glândulas de veneno ou aguilhões; os ferrões são quelíceras modificadas, enquanto as pinças são pedipalpos modificados. Geralmente têm uma faringe sugadora potente com a qual ingerem os fluidos e tecidos moles dos corpos de suas presas. Dentre as adaptações interessantes que apresentam, estão as glândulas de seda das aranhas.

A maioria dos aracnídeos é inofensiva para os seres humanos e, na verdade, faz o bem ao destruir insetos prejudiciais. Os aracnídeos normalmente alimentam-se liberando enzimas digestivas sobre suas presas ou dentro delas e, depois, sugando o líquido pré-digerido. Alguns, como a viúva-negra e a aranha-marrom, podem administrar picadas perigosas. A picada do escorpião pode ser bastante dolorosa, e a de algumas poucas espécies pode ser fatal. Alguns carrapatos e ácaros são transmissores de doenças, além de causadores de irritações dolorosas. Alguns ácaros causam danos a um grande número de produtos alimentares e plantas ornamentais importantes por sugarem seus fluidos.

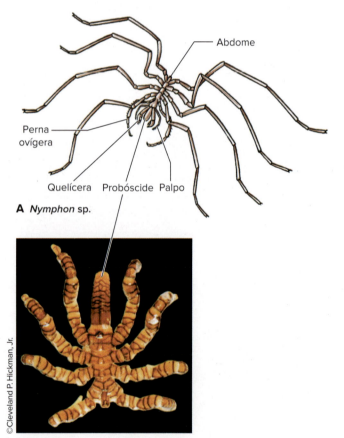

Figura 19.5 **A.** Um picnogônido, *Nymphon* sp. Nas espécies desse gênero, todos os apêndices anteriores (quelíceras, pedipalpos e pernas ovígeras) estão presentes em ambos os sexos, embora as pernas ovígeras estejam frequentemente ausentes em fêmeas de outros gêneros. **B.** *Pycnogonum hancockii*, uma aranha-do-mar com pernas relativamente curtas. As fêmeas desse gênero não têm nem quelíceras nem pernas ovígeras, e os machos têm as pernas ovígeras.

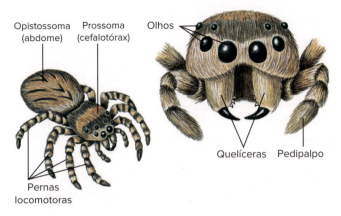

Figura 19.6 Anatomia externa de uma aranha papa-moscas, incluindo uma vista anterior da cabeça (à direita).

Várias ordens menores não estão incluídas na discussão a seguir.

Ordem Araneae: aranhas

As aranhas são um grande grupo de aracnídeos, compreendendo cerca de 40 mil espécies, distribuídas por toda a Terra e conhecidas desde o período Siluriano há aproximadamente 420 milhões de anos. O corpo da aranha é compacto: um **cefalotórax (prossoma)** e um **abdome (opistossoma)**, ambos não segmentados e unidos por um fino pedicelo. Algumas aranhas apresentam um abdome segmentado, o que é considerado um caráter ancestral.

Os apêndices anteriores são um par de **quelíceras** (ver Figura 19.6), com garras terminais, pelas quais passam os ductos provenientes das glândulas de veneno, e um par de **pedipalpos**, semelhantes a pernas, com função sensorial e também utilizados pelos machos para transferir espermatozoides. As partes basais dos pedipalpos podem ser utilizadas para manipular alimento (ver Figura 19.6). Quatro pares de **pernas locomotoras** terminam em garras.

Todas as aranhas são predadoras, alimentando-se principalmente de insetos, os quais elas imobilizam imediatamente com o veneno administrado pelas quelíceras. Algumas aranhas perseguem suas presas, outras caçam de tocaia, e muitas aprisionam suas presas em teias de seda. Depois que a aranha segura sua presa com as quelíceras e injeta o veneno, ela liquefaz os tecidos com um fluido digestivo e suga o caldo resultante para seu estômago. As aranhas que têm dentes na base das quelíceras quebram e trituram suas presas, auxiliando a digestão efetuada pelas enzimas eliminadas pela boca.

As aranhas respiram por meio de pulmões foliáceos ou por um sistema interno de tubos chamados traqueias. Algumas possuem tanto traqueias como pulmões foliáceos. Os pulmões foliáceos se abrem para o exterior por uma fenda no exoesqueleto. Dentro da fenda existem muitas câmaras que apresentam paredes finas e são preenchidas por sangue (Figura 19.7). Entre um par de câmaras existe uma cavidade por onde o ar entra no corpo. O oxigênio se move pelas paredes finas das câmaras e entra no sangue, enquanto o dióxido de carbono faz o caminho contrário. Um conjunto dessas câmaras assemelha-se às páginas de um livro.[a] O início das traqueias localiza-se no exoesqueleto, em uma abertura chamada de espiráculo. A partir do espiráculo, tubos se estendem para o interior, se ramificando em tubos progressivamente menores. Na interface entre os menores túbulos e o sangue, o oxigênio se move das traqueias para o sangue, e o dióxido de carbono se move do sangue para as traqueias. As traqueias são similares àquelas dos insetos (ver Seção 21.3), mas são muito menos extensas e evoluíram independentemente em aranhas e insetos.

As aranhas e os insetos também desenvolveram independentemente um **sistema excretor** singular, composto por **túbulos de Malpighi** (Figura 19.7), que trabalha em conjunto com células de reabsorção especializadas, localizadas no epitélio intestinal. Potássio e outros solutos e excretas são secretados dentro de túbulos que drenam o fluido, ou "urina", para dentro do intestino. As células de reabsorção recapturam a maior parte do potássio e da água, deixando passar apenas excretas na forma de ácido úrico. Por meio desse reaproveitamento de água e potássio, as espécies que vivem em ambientes secos podem conservar seus fluidos corporais, produzindo uma mistura quase seca de urina e fezes. Muitas aranhas também têm **glândulas coxais**, que são nefrídios modificados que se abrem nas coxas do primeiro e terceiro pares de pernas locomotoras.

As aranhas em geral têm oito **olhos simples**, cada um com uma lente, bastonetes ópticos e uma retina (ver Figura 19.6). Eles são usados principalmente para a percepção de objetos em movimento, mas alguns, como aqueles das aranhas-de-jardim e papa-moscas, podem formar imagem. Uma vez que a visão de uma aranha é em geral pobre, sua detecção do ambiente depende amplamente de mecanorreceptores cuticulares, como **cerdas sensoriais** (sensilas). Finas cerdas que recobrem as pernas podem detectar vibrações na teia, uma presa se debatendo ou mesmo correntes de ar.

---

[a] N.R.T.: Em inglês, *book lungs*, termo que significa "pulmões em livro".

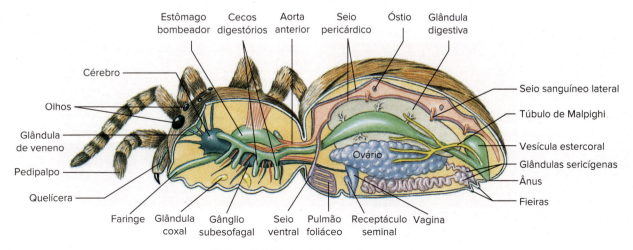

Figura 19.7 Anatomia interna de uma aranha.

Comportamento de tecer teia. A habilidade de produzir seda é importantíssima para a vida das aranhas, assim como ocorre em alguns outros aracnídeos, como ácaros tetraniquídeos. Dois ou três pares de fiandeiras, com centenas de tubos microscópicos, estão ligados a glândulas especiais localizadas no abdome, as glândulas sericígenas (ver Figura 19.7). Uma secreção escleroproteica, que é produzida em forma líquida pelas fiandeiras, endurece formando um fio de seda. Os fios de seda das aranhas são mais fortes que fios de aço do mesmo diâmetro, e são considerados os segundos fios mais fortes, só perdendo para fibras de quartzo fundido. Trabalhos recentes mostraram que essa resistência é devida à nanoestrutura do fio. O fio de uma aranha-marrom da espécie *Loxosceles reclusa* é na verdade um cabo em forma de fita composto de cerca de 2.500 nanofibrilas paralelas.

Muitas espécies de aranhas tecem teias. O tipo de teia varia entre as espécies. Algumas teias são simples e consistem meramente em alguns fios de seda irradiando de uma toca escavada no solo ou outro esconderijo. Algumas aranhas tecem teias orbiculares, que são geométricas e muito bonitas. Entretanto, as aranhas usam os fios de seda para muitas outras finalidades: para revestir seus abrigos; para produzir as teias espermáticas ou as ootecas; como fio-guia; para produzir pontes, fios de advertência, fios de muda, discos adesivos para prender a teia, ou teias comunitárias para desenvolvimento das crias; ou para enrolar suas presas com segurança. Nem todas as aranhas tecem teias de captura. Algumas aranhas jogam uma bola de seda viscosa para capturar suas presas. Outras, como as aranhas-lobo, as papa-moscas (ver Figura 19.6) e as aranhas-pescadoras, simplesmente perseguem e capturam suas presas. Essas aranhas provavelmente perderam a capacidade de produzir seda para captura de presas.

Reprodução. Um ritual de corte precede o acasalamento. Antes de acasalar, o macho tece uma pequena teia, deposita uma gota de esperma sobre ela e, então, pega o esperma e armazena-o em cavidades especiais em seus pedipalpos. Quando acasala, ele insere os pedipalpos na abertura genital da fêmea para armazenar o esperma nos receptáculos seminais da parceira. A fêmea deposita seus ovos em uma bolsa de seda, que ela pode carregar ou prender em uma teia ou em uma planta. Uma ooteca (ou ovissaco) pode conter centenas de ovos, que irão eclodir em aproximadamente 2 semanas. Os jovens em geral ficam no ovissaco por algumas semanas e passam por muda uma vez antes de começarem a dispersar. O número de mudas pode variar, mas normalmente ocorrem de 4 a 12 mudas antes da aranha atingir a vida adulta.

As aranhas são realmente perigosas? É realmente inacreditável que criaturas tão pequenas e indefesas como as aranhas pudessem gerar tamanho medo sem razão na mente humana. As aranhas são criaturas tímidas que, ao contrário de serem inimigos perigosos dos seres humanos, são na realidade aliadas na batalha contínua contra os insetos e outros artrópodes que são pragas. O veneno produzido para matar suas presas é geralmente inofensivo aos seres humanos. As aranhas mais venenosas picam apenas quando ameaçadas ou quando estão defendendo seus ovos ou filhotes. Mesmo as tarântulas-americanas (Figura 19.8), apesar de seu tamanho ameaçador, *não* são perigosas. Elas raramente picam, e sua picada tem uma gravidade semelhante à de uma abelha.

Entretanto, existem dois gêneros nos EUA que podem administrar picadas bem graves ou até mesmo letais:[b] *Latrodectus* (do latim *latro*, ladrão + *dectes*, picador; **viúva-negra**, cinco espécies) e *Loxosceles* (do grego *loxos*, não retilíneo + *skelos*, perna; **aranha-marrom**, 13 espécies). As viúvas-negras têm um tamanho de moderado a pequeno e coloração negra brilhante, normalmente com um ponto laranja ou vermelho vivo na região ventral do abdome, frequentemente na forma de ampulheta (Figura 19.9 A). Seu veneno é neurotóxico, agindo sobre o sistema nervoso. De cada mil casos registrados, aproximadamente quatro ou cinco são fatais.

As aranhas-marrons norte-americanas são marrons e apresentam uma marca dorsal em forma de violino (Figura 19.9 B). Seu veneno é hemolítico, em vez de neurotóxico, e produz a morte dos tecidos e pele em volta da picada. Sua picada pode ser de leve a grave e há alguns relatórios não confirmados de óbitos entre crianças e pessoas idosas.

Algumas aranhas de outras partes do mundo também são perigosas; por exemplo, as aranhas *Atrax* spp. da Austrália. As mais venenosas de todas são as aranhas do gênero *Phoneutria* das Américas do Sul e Central. Elas são grandes (10 a 12 cm de envergadura das pernas) e bastante agressivas. Seu veneno está entre os venenos de aranha mais tóxicos farmacologicamente, e sua picada causa dor intensa, efeitos neurotóxicos, sudorese, reações alérgicas agudas e um aumento (não sexual) do pênis. No entanto, a maioria das aranhas simplesmente usa seu veneno na captura de presas (Figuras 19.19 C e D).

Tema-chave 19.2
ADAPTAÇÃO E FISIOLOGIA

Acasalamento sob pressão

W. S. Bristowe (*The World of Spiders*. 1971, ed. rev., Londres, Collins) estimou que, em um campo em Sussex, na Inglaterra, que tinha permanecido sem nenhuma perturbação por vários anos, havia uma população de dois milhões de aranhas por hectare em certas estações do ano. Ele concluiu que tantas aranhas não poderiam ter sucesso na competição, a não ser pelas muitas adaptações especializadas que desenvolveram. Isso inclui adaptações ao frio e calor, condições úmidas e secas, bem como luz e escuridão.

Algumas aranhas capturam insetos grandes, enquanto outras apenas insetos pequenos; aranhas construtoras de teias capturam principalmente insetos voadores, enquanto as caçadoras perseguem aqueles que vivem sobre o solo. Algumas botam seus ovos na primavera, e outras, no final do verão. Algumas alimentam-se durante o dia, outras à noite, e algumas desenvolveram um gosto desagradável para aves e certos insetos predadores. Assim como aconteceu com as aranhas, as adaptações de outros artrópodes são tantas e tão diversas que contribuem significativamente para o duradouro sucesso desse grupo.

Figura 19.8 Uma tarântula da família Theraphosidae.

---

[b] N.R.T.: Os dois gêneros estão representados no Brasil, porém, com espécies diferentes e caracterização distinta.

A Aranha viúva-negra **B** Aranha-marrom **C** Aranha-caranguejo **D** Aranha-saltadora

Figura 19.9 A. Uma viúva-negra, *Latrodectus mactans*. Note a "ampulheta" vermelha na face ventral do abdome. **B.** Uma aranha-marrom, *Loxosceles reclusa*, que é uma aranha venenosa de pequeno porte. Há uma pequena marca em forma de violino no cefalotórax. Seu veneno é hemolítico e perigoso. **C.** Uma aranha-caranguejo camuflada, *Misumenoides formosipes*, espera sua presa, um inseto. Sua coloração permite a ela se misturar às flores enquanto espera por um inseto em busca de pólen ou néctar. **D.** Uma aranha-saltadora fêmea, *Phidippus regius*. Essa espécie possui excelente visão e persegue um inseto até que este esteja próximo o suficiente para ela saltar com uma precisão infalível e cravar sua quelícera na presa.

Ordem Scorpionida: escorpiões

Os escorpiões compreendem cerca de 1.400 espécies distribuídas por todo o mundo e, como as aranhas, são conhecidos desde o período Siluriano. Embora sejam mais comuns nas regiões tropicais e subtropicais, alguns ocorrem nas zonas temperadas. Os escorpiões em geral são crípticos, escondendo-se em tocas ou sob objetos durante o dia e alimentando-se durante a noite. Alimentam-se amplamente de insetos e aranhas, que capturam com seus pedipalpos e diláceram com as quelíceras.

Escorpiões que vivem em terrenos arenosos localizam suas presas sentindo as ondas na superfície que são geradas pelos movimentos dos insetos sobre ou dentro da areia. Essas ondas são detectadas por sensilas em fenda compostas localizadas no último segmento das pernas. Um escorpião pode localizar uma barata enterrando-se a 50 cm de distância e alcançá-la em três ou quatro movimentos rápidos.

Os tagmas dos escorpiões incluem um **cefalotórax** bem curto com quelíceras, pedipalpos, pernas, um par de olhos medianos grandes e de dois a cinco pares de olhos laterais pequenos; um **pré-abdome** (mesossomo) de sete segmentos; e um **pós-abdome** (metassomo) longo e delgado, de cinco segmentos, que termina em um aguilhão (Figura 19.10 A). As quelíceras são pequenas; os pedipalpos são grandes, quelados (terminando em forma de pinça); e os quatro pares de pernas locomotoras são longos e com oito artículos.

Na face ventral do abdome estão os pentes, ou **pécten**, que servem como órgão tátil utilizado para explorar o chão e para o reconhecimento sexual. O aguilhão do último segmento consiste em uma base bulbosa e uma ponta curva que injeta o veneno. O veneno da maioria das espécies é inofensivo aos seres humanos, mas pode provocar um inchaço doloroso. No entanto, a picada de certas espécies de *Androctonus* na África e *Centruroides* (do grego *kenteō*, picar + *oura*, cauda + *oides*, forma) no México pode ser fatal caso um antídoto não seja administrado. Em geral, as espécies maiores tendem a ser menos venenosas do que as menores e contam com sua maior força para dominar a presa.

Os escorpiões executam uma dança de acasalamento complexa, durante a qual o macho segura os pedipalpos da fêmea enquanto caminha para a frente e para trás. Ele massageia as quelíceras da fêmea com as suas e, em algumas espécies, dá ferroadas na fêmea, no pedipalpo ou na margem do cefalotórax. A ação de ferroar é lenta e deliberada, e o aguilhão permanece no corpo da fêmea por vários minutos. Ambos os indivíduos permanecem imóveis durante esse período. Finalmente, o macho deposita um espermatóforo no substrato e puxa a fêmea para cima dele, enquanto a massa de espermatozoides é capturada pelo orifício genital feminino. Os escorpiões são verdadeiramente vivíparos; os embriões desenvolvem-se dentro do trato reprodutor das fêmeas. Após vários meses ou 1 ano de desenvolvimento, algo entre 1 e 100 jovens são produzidos, dependendo da espécie. Os filhotes, que medem apenas alguns milímetros de comprimento, escalam a fêmea até chegar a seu dorso, onde permanecem até um pouco depois da primeira muda (Figura 19.10 A). Eles ficam maduros entre 1 e 8 anos e podem viver até 15 anos.

A **B** **C**

Figura 19.10 A. Um escorpião *Paninus imperator* (ordem Scorpionida), com os jovens que permanecem com sua mãe até que façam a primeira muda. **B.** Uma aranha-camelo. **C.** Um opilião *Mitopus* sp. (ordem Opiliones). Os opiliões correm rapidamente utilizando suas pernas longas e delgadas. Como são percebidos sobretudo durante as épocas de colheita [no Hemisfério Norte], seu nome em inglês *harvestmen* ("homens da colheita") deriva desse fato.

Ordem Solpugida: aranhas-camelo ou aranhas-do-sol

Os solífugos ou solpugídeos são aracnídeos não venenosos que rasgam as presas com suas grandes quelíceras (ver Figura 19.10 B). Eles variam em tamanho desde 1 cm até quase 15 cm. São comuns nos desertos tropicais e subtropicais nas Américas, no Oriente Médio, na Ásia e na África.

Ordem Opiliones: opiliões

Os opiliões (ver Figura 19.10 C) são comuns em todo o mundo e compreendem cerca de 5 mil espécies. São facilmente diferenciados das aranhas: o abdome e o cefalotórax são arredondados e amplamente fusionados, sem a constrição formada pelo pedicelo. O abdome apresenta segmentação externa. Os opiliões têm apenas dois olhos, posicionados em uma protuberância do seu cefalotórax. Eles são dotados de quatro pares de pernas, geralmente muito longas e finas, que terminam em minúsculas garras. Podem eliminar[c] uma ou mais dessas pernas sem um efeito negativo aparente, quando são agarradas por um predador (ou uma mão humana). As quelíceras terminam em uma pinça e, embora sejam carnívoros, os opiliões frequentemente também são detritívoros.

Os opiliões não são venenosos e são inofensivos para os seres humanos. As glândulas odoríferas que se abrem no cefalotórax podem dissuadir alguns predadores com suas secreções nocivas. Além de alguns ácaros, os opiliões são os únicos entre os aracnídeos que são dotados de um pênis para transferência direta de espermatozoides; todos são ovíparos.

Tradicionalmente unidos aos Acari, alguns estudos indicam que Opiliones formam um clado com os escorpiões e duas ordens menores. Eles são o grupo-irmão dos escorpiões.

Ordem Acari: ácaros e carrapatos

Os membros da ordem Acari (acarinos) são, sem dúvida, o grupo mais importante de aracnídeos do ponto de vista médico e econômico. Eles ultrapassam de longe as outras ordens em número de indivíduos e de espécies. Embora tenham sido descritas por volta de 40 mil espécies, alguns autores estimam que existam entre 500 mil e 1 milhão de espécies. Centenas de indivíduos de várias espécies de ácaros podem ser encontrados em uma pequena porção de folhiço em florestas. Os ácaros ocorrem por todo o mundo, nos ambientes terrestres e aquáticos, até mesmo estendendo-se por regiões muito inóspitas como desertos, regiões polares e fontes termais. Muitos ácaros são parasitos durante um ou mais estágios de seu ciclo de vida.

A maioria dos ácaros mede 1 mm de comprimento ou menos. Os carrapatos, que são apenas uma das subordens de Acari, têm tamanhos que variam de alguns milímetros até, ocasionalmente, 3 cm. Um carrapato pode ficar extremamente distendido, cheio de sangue, depois de se alimentar em seu hospedeiro.

Os acarinos diferem de todos os outros aracnídeos por apresentar uma fusão completa entre cefalotórax e abdome, sem nenhum sinal de divisão externa ou segmentação (Figura 19.11). Suas peças bucais estão localizadas em uma pequena projeção anterior, o **capítulo**. O capítulo consiste principalmente em apêndices usados para a alimentação posicionados em volta da boca. Em cada lado da boca, existe uma quelícera, que funciona para perfurar, dilacerar ou agarrar o alimento. A forma das quelíceras varia bastante entre as diferentes famílias. Ao lado das quelíceras existe um par de pedipalpos segmentados, que também variam bastante em forma e função com relação à alimentação. Ventralmente, as bases dos pedipalpos fundem-se dando origem ao **hipóstoma**, enquanto um **rostro**, ou **teto**, estende-se dorsalmente por cima da boca. Ácaros e carrapatos adultos têm, em geral, quatro pares de pernas, embora seja possível existir apenas de um a três pares em formas especializadas.

A maioria dos acarinos transfere seus espermatozoides diretamente, mas muitas espécies utilizam espermatóforos. Do ovo eclode uma larva de seis pernas, que é seguida de um ou mais estágios ninfais com oito pernas, antes de atingir a fase adulta.

Muitas espécies de ácaros são totalmente de vida livre. *Dermatophagoides farinae* (do grego *dermatos*, pele + *phag*, comer + *eidos*, forma parecida) e espécies aparentadas vivem na poeira domiciliar em todas as partes do mundo e às vezes causam alergias e dermatites. Existem alguns ácaros marinhos, mas a maioria das espécies aquáticas habita água doce. Os ácaros aquáticos têm cerdas longas em forma de pelo em suas pernas para natação, e suas larvas podem ser parasitos de invertebrados aquáticos.

Organismos tão abundantes geralmente são importantes em termos ecológicos, mas muitos acarinos têm efeitos mais diretos no nosso suprimento alimentar e saúde. Ácaros da família Tetranychidae são pragas agrícolas graves em árvores frutíferas, algodão, trevo e em muitas outras plantas. Esses ácaros sugam os conteúdos das células vegetais, causando uma aparência manchada nas folhas (Figura 19.12), e constroem uma teia de proteção

Figura 19.11 O carrapato *Ixodes pacificus* (ordem Acari) é o vetor para a bactéria *Borrelia burgdorferi* que causa a doença de Lyme.

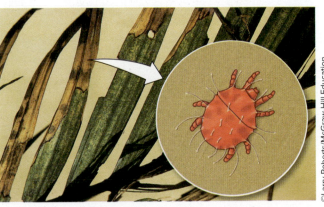

Figura 19.12 Dano causado às palmeiras *Chamaedorea* sp. por ácaros da família Tetranychidae (ordem Acari). Mais de 130 espécies dessa família ocorrem na América do Norte, e algumas são pragas graves na agricultura. Os ácaros perfuram as células vegetais e sugam seu conteúdo, deixando as folhas com a aparência manchada observada na foto.

---

[c] N.R.T.: Essa caracterização e capacidade de eliminação das pernas só ocorre em uma das subordens, que é mais comum no Hemisfério Norte. Os opiliões mais frequentes na região Neotropical não têm essa capacidade.

Figura 19.13 *Sarcoptes scabiei*, o ácaro da sarna humana.

Figura 19.14 *Rhipicephalus sanguine*, um carrapato comum em cães que ocorre no mundo todo.

utilizando seda produzida por glândulas que se abrem na base das quelíceras. As larvas do gênero *Trombicula* são chamadas **micuins**. Alimentam-se dos tecidos dérmicos de vertebrados terrestres, incluindo os seres humanos, e podem causar uma dermatite irritante, mas eles não escavam nem permanecem grudados no hospedeiro. Algumas espécies de micuins transmitem o chamado tifo rural (causado pelo parasito intracelular *Orientia tsutsugamushi*). Os ácaros dos folículos pilosos, *Demodex*, aparentemente não transmitem doenças aos seres humanos; eles infestam a maioria de nós, embora não tenhamos consciência disso. Em alguns casos eles podem produzir uma leve dermatite. Outras espécies de *Demodex* e de outros gêneros podem causar sarna em animais domésticos. Os ácaros da sarna humana, *Sarcoptes scabiei* (Figura 19.13), causam uma coceira intensa enquanto escavam sob a pele. O ácaro *Varroa* está envolvido na perda dramática de abelhas melíferas que começou nos EUA em 2006 (ver a discussão sobre o distúrbio do colapso da colônia, Seção 21.6). O ácaro carrega o "vírus da asa deformada" ou DWV. A reemergência global desse vírus está ligada à evolução viral, novos hospedeiros para o ácaro e movimento de abelhas infectadas pelos seres humanos.

> **Tema-chave 19.3**
> **CONEXÃO COM SERES HUMANOS**
>
> **Por que as mordidas dos ácaros coçam**
> A vermelhidão e a coceira intensa que segue a picada de um micuim não é o resultado do ácaro penetrando na pele, como popularmente aceito. Na verdade, um micuim perfura a pele com suas quelíceras e injeta uma secreção salivar contendo enzimas potentes que liquefazem as células da pele. A pele humana responde defensivamente, formando um tubo endurecido que a larva usa como um canudo de refresco para se encher de fluido e células do hospedeiro. O ato de coçar geralmente remove o ácaro, mas deixa o tubo, que permanece uma fonte de irritação por vários dias.

Além das doenças que eles mesmos provocam, os ácaros estão entre os principais transmissores de doenças em todo o mundo, só perdendo para os mosquitos. Eles superam os outros artrópodes por transmitir uma série de agentes infecciosos, incluindo apicomplexas, riquétsias, vírus, bactérias, fungos. Espécies do gênero *Ixodes* são vetores da mais comum das infecções transmitidas por artrópodes nos EUA, a doença de Lyme (ver Tema-chave 19.4). Espécies de *Dermacentor* e outros carrapatos transmitem a Febre Maculosa das Montanhas Rochosas, nome dado porque a maior parte dos casos ocorre no leste dos EUA. *Dermacentor* também transmite tularemia e agentes causadores de outras tantas doenças. A babesiose bovina, também chamada de "febre do gado do Texas" é causada por um parasito Apicomplexa transmitido pelo carrapato-do-boi, *Rhipicephalus annulatus* (Figura 19.14). O carrapato marrom de cães é um vetor de doenças para animais domésticos e seres humanos (Figura 19.14). Muitos outros exemplos poderiam ser citados.

> **Tema-chave 19.4**
> **CONEXÃO COM SERES HUMANOS**
>
> **Doença de Lyme**
> Nos anos 1970, aconteceu uma epidemia de artrite na cidade de Lyme, em Connecticut. Conhecida posteriormente como doença de Lyme, essa doença é causada por uma bactéria e transmitida por carrapatos do gênero *Ixodes*. Agora existem milhares de casos registrados por ano na Europa e na América do Norte, e novos casos vêm sendo registrados no Japão, na Austrália e na África do Sul. Muitas pessoas picadas pelos carrapatos infectados recuperam-se sem a necessidade de tratamento ou não contraem a doença. Outras, se não forem tratadas nos estágios iniciais com os antibióticos apropriados, desenvolvem uma doença crônica e incapacitante. Medidas de controle dos carrapatos ou da doença de Lyme não têm sido efetivas.

19.4 SUBFILO MYRIAPODA

O termo "miriápode", que significa "com muitos pés", descreve os membros de quatro classes do subfilo Myriapoda que evoluíram um padrão de dois tagmas – cabeça e tronco – com apêndices pareados na maioria ou em todos os segmentos do tronco. Os miriápodes incluem Chilopoda (lacraias, centopeias), Diplopoda (milípedes), Pauropoda e Symphyla (Figura 19.15).

Os miriápodes utilizam traqueias para transportar os gases respiratórios diretamente para todas as células do corpo de maneira semelhante aos onicóforos (ver Seção 18.7) e alguns aracnídeos, porém os sistemas traqueais provavelmente evoluíram independentemente em cada grupo.

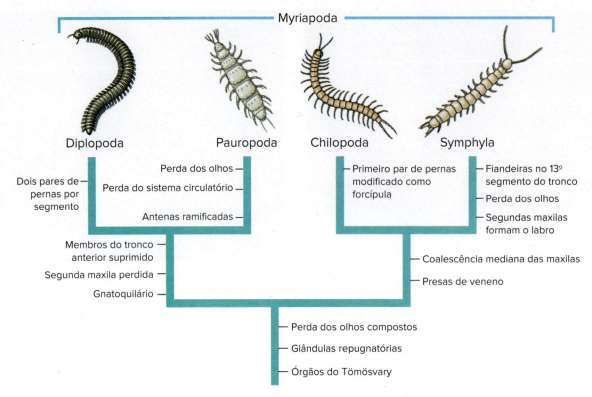

Figura 19.15 Cladograma que mostra as relações hipotéticas entre miriápodes. Os órgãos de Tömösvary são órgãos sensoriais únicos que se abrem nas bases das antenas, e as glândulas repugnatórias, localizadas em certos segmentos ou nas pernas, secretam uma substância repugnante para defesa. Nos diplópodes e paurópodes, o gnatoquilário é formado pela fusão das primeiras maxilas, e o colo é um tergito em forma de colar do primeiro segmento do tronco.

A excreção normalmente ocorre por meio de túbulos de Malpighi, mas estes evoluíram independentemente dos túbulos de Malpighi encontrados em Chelicerata.

Classe Chilopoda

Os Chilopoda (do grego *cheilos*, margem, lábio + *pous, podos*, pé), que compreendem as lacraias ou centopeias, são formas terrestres com corpos relativamente achatados. As centopeias preferem locais úmidos, como debaixo de troncos, casca de árvore e pedras. São animais carnívoros muito ágeis, vivendo à base de baratas e outros insetos, e de minhocas. Matam suas presas utilizando suas forcípulas com veneno e, então, maceram suas presas com as mandíbulas. A maior centopeia do mundo, *Scolopendra gigantea*, tem quase 30 cm de comprimento. As centopeias do gênero *Scutigera* (do latim *scutum*, escudo + *gera*, possuir), que têm 15 pares de pernas, são muito menores e são frequentemente observadas em banheiros e lugares úmidos, onde capturam insetos. A maioria das espécies de centopeias é inofensiva aos seres humanos, embora muitas espécies tropicais sejam perigosas. Existem cerca de 3 mil espécies espalhadas pelo mundo.

Os corpos das centopeias podem conter de alguns poucos até 177 segmentos (Figura 19.16). Cada segmento, com exceção daquele logo após a cabeça e dos dois últimos do corpo, tem um par de pernas articuladas. Os apêndices do primeiro segmento estão modificados e formam garras (forcípulas) com veneno. O último par de pernas é mais longo do que os outros com função sensorial.

Os apêndices da cabeça são semelhantes aos de um inseto (Figura 19.16 B). Existe um par de antenas, um par de mandíbulas e um ou dois pares de maxilas. O par de olhos no lado dorsal da cabeça consiste em grupos de ocelos.

O sistema digestório é um tubo reto, em cujo trecho anterior abrem-se as glândulas salivares. Dois pares de túbulos de Malpighi abrem-se na porção final do intestino. Existe um coração alongado com um par de artérias para cada segmento. O coração tem uma série de óstios que permitem o retorno do sangue para o coração a partir da hemocele. A respiração dá-se por meio de um sistema traqueal de tubos aéreos ramificados que se originam de um par de espiráculos em cada segmento. O sistema nervoso segue o modelo típico dos artrópodes, também existindo um sistema nervoso visceral.

Os sexos são separados, com gônadas não pareadas e ductos pareados. Algumas centopeias são ovíparas e outras são vivíparas. Os filhotes são semelhantes aos adultos quanto à forma do corpo e não sofrem metamorfose.

Classe Diplopoda

Os Diplopoda (do grego *diploo*, duplo, dois + *pous, podos*, pé) são geralmente denominados milípedes, o que significa literalmente "mil pés". Os milípedes não são tão ativos como as centopeias. Eles caminham com um movimento lento e gracioso, e não serpenteiam como as centopeias. Preferem locais escuros e úmidos, debaixo de troncos ou pedras. A maioria é herbívora, alimentando-se de matéria vegetal em decomposição, embora algumas vezes alimentem-se de vegetais vivos. Os milípedes são animais de movimentos lentos e podem se enrolar quando perturbados. Muitos milípedes também se protegem de predadores produzindo fluidos tóxicos ou repelentes, que às vezes contêm cianeto de hidrogênio, em glândulas especiais (**glândulas repugnatórias**) localizadas ao longo da lateral do corpo. Exemplos comuns dessa classe são *Spirobolus* e *Julus*, ambos com distribuição ampla. Existem mais de 10 mil espécies de milípedes por todo o mundo.

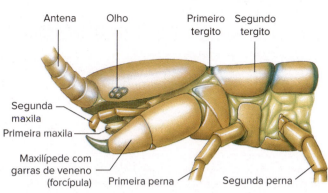

A *Scolopendra heros*

B Vista lateral da cabeça de uma centopeia

Figura 19.16 A. Uma centopeia, *Scolopendra heros*, em cima de uma pedra coberta por liquens. Ela ocorre na região central dos EUA, desde o Texas até o Colorado, e pode ter mais de 15 cm de comprimento. Como todas as centopeias, ela é carnívora e utiliza o par de forcípulas com veneno do primeiro segmento para matar a presa. **B.** Cabeça de uma centopeia.

O corpo cilíndrico de um milípede é formado por 25 a mais de 100 segmentos. Seu tórax curto consiste em quatro segmentos, cada um com um par de pernas. Cada segmento abdominal tem dois pares de pernas, dando a impressão de mil pés. O exoesqueleto dos milípedes é reforçado com carbonato de cálcio.

A cabeça tem dois grupos de olhos simples e um par de antenas, um par de mandíbulas e um de maxilas (Figura 19.17). A estrutura geral do corpo é semelhante à das centopeias. Dois pares de espiráculos, em cada segmento abdominal, abrem-se em câmaras de ar que se conectam aos tubos aéreos traqueais. Há duas aberturas genitais próximas da extremidade anterior.

Na maioria dos milípedes, os apêndices do sétimo segmento são especializados como órgãos copulatórios. Depois que os milípedes copulam, as fêmeas depositam seus ovos em um ninho e os guardam com cuidado. Curiosamente, as formas larvais têm apenas um par de pernas em cada segmento.

Classe Pauropoda

A Pauropoda (do grego *pauros*, pequeno + *pous, podos*, pés) é um grupo de diminutos miriápodes (2 mm ou menos), de corpo mole, que somam quase 500 espécies. Embora amplamente distribuídos, os paurópodes são os miriápodes menos conhecidos. Vivem em solo úmido, serapilheira ou matéria vegetal em decomposição e sob casca de árvore e detritos.

Os paurópodes têm uma pequena cabeça com antenas ramificadas sem olhos verdadeiros (Figura 19.18). Seus 12 segmentos do tronco geralmente têm nove pares de pernas (não existem pernas no primeiro nem nos dois últimos segmentos do corpo). Eles têm apenas uma placa tergal (dorsal) cobrindo cada dois segmentos.

Não existem traqueias, espiráculos e sistema circulatório. Os paurópodes são provavelmente parentes mais próximos dos diplópodes.

Classe Symphyla

Symphyla (do grego *sym*, junto + *phylon*, tribo) constituem animais pequenos (2 a 10 mm) com corpos semelhantes a centopeias. Vivem em húmus, folhas decompostas e detrito. *Scutigerella* (do latim diminutivo de *Scutigera*) são pragas frequentes de vegetais e flores, particularmente em estufas de plantas. Eles têm um corpo mole, com 14 segmentos, 12 deles com pernas, e um par de fiandeiras. As antenas são longas e não ramificadas.

Os sínfilos não têm olhos, mas sim poros sensoriais na base das antenas. O sistema traqueal é limitado a um par de espiráculos na cabeça e tubos traqueais apenas nos segmentos anteriores. Somente 160 espécies foram descritas.

Figura 19.17 Cabeça de um milípede.

Figura 19.18 Os paurópodes são miriápodes diminutos e esbranquiçados com nove pares de pernas e antenas com três ramificações. Vivem em serapilheira e sob pedras. Não possuem olhos, mas têm órgãos sensoriais que se assemelham a olhos.

> **Tema-chave 19.5**
> **ADAPTAÇÃO E FISIOLOGIA**
>
> **Acasalamento de sínfilo**
> O comportamento reprodutivo de *Scutigerella* é incomum. O macho coloca um espermatóforo no ápice de uma haste. Quando a fêmea acha o espermatóforo, ela o recolhe em sua boca e armazena os espermatozoides em bolsas especiais na boca. Então, ela remove os óvulos de seu gonóporo com a boca e adere-os a um musgo ou líquen, ou a paredes de fendas, cobrindo-os com um pouco de sêmen, enquanto manipula os óvulos, fazendo com que sejam fertilizados. Inicialmente, os filhotes apresentam apenas seis ou sete pares de pernas e o desenvolvimento é direto.

19.5 FILOGENIA E IRRADIAÇÃO ADAPTATIVA

Filogenia

Os artrópodes atuais estão divididos entre quatro subfilos. As relações entre os subfilos são controversas, porém o táxon Pancrustacea, que contém os hexápodes e crustáceos, é bem sustentado. Qual subfilo é o grupo-irmão de Pancrustacea? De acordo com a hipótese dos mandibulados, Myriapoda está agrupado com Pancrustacea.

Os biólogos consideram que o artrópode ancestral tinha um corpo segmentado com um par de apêndices por segmento. Ao longo da evolução, os segmentos adjacentes se fundiram formando as regiões do corpo (tagmas). Quantos segmentos contribuíram para a cabeça em cada grupo de artrópodes? Os estudos de genes *Hox* indicam que pelo menos os cinco primeiros segmentos fusionaram-se para formar o tagma da cabeça em todos os quatro subfilos atuais. É surpreendente encontrar o mesmo padrão de fusão nos quelicerados, assim como em outros subfilos, considerando que uma cabeça não é algo imediatamente óbvio em um quelicerado. O corpo das aranhas tem dois tagmas: prossoma ou cefalotórax, e opistossoma ou abdome. A cabeça é parte do prossoma? Comparações de genes *Hox* indicam que o prossoma inteiro corresponde à cabeça dos outros artrópodes.

Os estudos das cabeças dos picnogônidos foram utilizados para detectar a posição filogenética desses animais estranhos. As aranhas-do-mar têm um corpo delgado e quelíceras incomuns. Houve especulações de que os picnogônidos não seriam quelicerados, mas, em vez disso, o grupo-irmão de todos os outros artrópodes. Nos primeiros fósseis de artrópodes, os apêndices emergiam a partir do primeiro segmento da cabeça, mas nas aranhas e límulos, as quelíceras e os nervos que as controlam originam-se a partir do segundo segmento durante o desenvolvimento inicial. Os estudos iniciais dos padrões dos nervos em larvas de aranhas-do-mar indicam que suas quelíceras surgem, e são controladas, a partir do primeiro segmento. Se esse resultado for confirmado, os picnogônidos seriam considerados o grupo-irmão para todos os outros artrópodes. Entretanto, estudos subsequentes que utilizaram a expressão do gene *Hox* para definir os limites dos segmentos não corroboraram esse resultado. As aranhas-do-mar permanecem dentro do subfilo Chelicerata. Elas e todos os artrópodes atuais apresentam apêndices cefálicos que surgem a partir da região da cabeça que corresponde ao segundo segmento.

Outra área controversa da biologia dos artrópodes na qual os estudos genéticos demonstraram ser úteis enfoca a evolução e a idade dos apêndices unirremes e birremes. Os hexápodes e os miriápodes apresentam apêndices unirremes, mas os trilobitas e alguns crustáceos apresentam apêndices birremes. Se o apêndice ancestral era birreme, então a mudança para apêndices unirremes deve ter ocorrido em uma linhagem cujos descendentes agora têm essa característica. Tal raciocínio levou os biólogos a agrupar os hexápodes com os miriápodes, mas as filogenias utilizando caracteres moleculares repetidamente colocam os hexápodes com os crustáceos. Seria possível que o membro unirreme tenha evoluído mais de uma vez? Essa questão seria respondida mais facilmente se a base genética da estrutura do membro fosse compreendida. Estudos da determinação genética da ramificação dos membros mostram que a modulação da expressão de um gene (*Distal-less*, ou *Dll*) determina o número de ramos dos membros (ver Seção 20.3). A expressão gênica pode ser modificada dentro de uma linhagem, de forma que o número atual de ramificações de membros provavelmente não é homólogo.

O número de apêndices por segmento é outro caráter variável em Arthropoda. Considera-se que o artrópode ancestral tivesse um par por segmento. Os milípedes, da classe Diplopoda, apresentam dois pares de apêndices na maioria dos segmentos do tronco. Teria o padrão dos milípedes se originado pela repetida fusão de dois segmentos do ancestral? Talvez sim, mas a expressão do gene *Distal-less* também poderia ter um papel aqui. As larvas de milípedes apresentam apenas um par de apêndices por segmento.

Diversificação adaptativa

Os artrópodes demonstram múltiplas tendências evolutivas no sentido de apresentarem uma tagmose pronunciada resultante da diferenciação ou fusão dos segmentos, dando origem a combinações de diferentes tagmas, como cabeça e tronco; cabeça, tórax e abdome; ou cefalotórax (fusão entre cabeça e tórax) e abdome. A condição ancestral dos artrópodes é ter apêndices semelhantes em cada segmento. As formas mais derivadas têm apêndices especializados para funções específicas, ou alguns segmentos completamente sem apêndices.

Boa parte da incrível diversidade dos artrópodes parece ter evoluído por causa da especialização e modificação de seu exoesqueleto cuticular e de seus apêndices articulados, produzindo grande variedade de adaptações locomotoras e alimentares.

> ### Taxonomia do filo Arthropoda
>
> **Subfilo Trilobita** (do grego *tri*, três + *lobos*, lobo): **trilobitas**. Todas as formas extintas; do Cambriano ao Carbonífero; corpo dividido por duas depressões longitudinais em três lobos; cabeça, tórax e abdome distintos; apêndices birremes (com dois ramos).
>
> **Subfilo Chelicerata** (do grego *chele*, garra + *keras*, chifre + *ata*, sufixo de grupo): **euriptérides, límulos, aranhas, carrapatos**. Primeiro par de apêndices modificados, formando as quelíceras; um par de pedipalpos e quatro pares de pernas; sem antenas, sem mandíbulas; cefalotórax e abdome geralmente não segmentados.

Subfilo Myriapoda (do grego *myrias*, miríade + *pous*, podos, pé): **miriápodes**. Todos os apêndices são unirremes; apêndices da cabeça consistem em um par de antenas, um par de mandíbulas e um ou dois pares de maxilas.

Subfilo Crustacea (do latim *crusta*, concha + *acea*, sufixo de grupo): **crustáceos**. A maioria aquática, com brânquias; cefalotórax geralmente com uma carapaça dorsal; apêndices birremes, modificados para várias funções. Apêndices cefálicos constituídos por dois pares de antenas, um par de mandíbulas e dois pares de maxilas. O desenvolvimento apresenta primitivamente um estágio de náuplio (ver Seção 20:3).

Subfilo Hexapoda (do grego *hex*, seis + *pous*, podos, pé): **hexápodes**. Corpo com cabeça, tórax e abdome distintos; um par de antenas; peças bucais modificadas para diferentes hábitos alimentares; cabeça com seis segmentos fundidos; tórax com três segmentos; abdome com número variável de segmentos, normalmente 11 somitos; tórax com dois pares de asas (algumas vezes, um par ou nenhum) e três pares de pernas articuladas; sexos separados; normalmente ovíparos; metamorfose gradual ou abrupta.

Taxonomia do subfilo Chelicerata

Classe Merostomata (do grego *meros*, coxa + *stoma*, boca + *ata*, sufixo de grupo): **quelicerados aquáticos**. Cefalotórax e abdome; olhos compostos laterais; apêndices com brânquias; télson pontiagudo; subclasses Eurypterida (todos extintos) e Xiphosurida, os límulos. Exemplo: *Limulus*.

Classe Pycnogonida (do grego *pyknos*, compacto + *gony*, joelho, ângulo): **aranhas-do-mar**. Pequenos (3 a 4 mm), mas alguns alcançam 500 mm; corpo reduzido basicamente ao cefalotórax; abdome minúsculo; geralmente com quatro pares de longas pernas locomotoras (alguns com cinco ou seis pares); boca localizada em uma longa probóscide; quatro olhos simples; sem sistema respiratório nem excretor. Exemplo: *Pycnogonum*.

Classe Arachnida (do grego *arachne*, aranha): **escorpiões, aranhas, ácaros, carrapatos, opiliões**. Quatro pares de pernas; abdome segmentado ou não, com ou sem apêndices, e geralmente distinto do cefalotórax; respiração por meio de pulmões foliáceos ou traqueias; excreção por meio de túbulos de Malpighi e/ou glândulas coxais; cérebro bilobado dorsal conectado a uma massa ganglionar ventral com nervos, olhos simples; principalmente ovíparos; sem metamorfose verdadeira. Exemplos: *Argiope, Centruroides*.

Taxonomia do subfilo Myriapoda

Classe Diplopoda (do grego *diploos*, duplo + *pous*, podos, pé): **piolhos-de-cobra**. Corpo quase cilíndrico; cabeça com antenas curtas e olhos simples; corpo com um número variável de segmentos; pernas curtas, geralmente dois pares de pernas por segmento; ovíparos. Exemplos: *Julus, Spirobolus*.

Classe Chilopoda (do grego *cheilos*, lábio + *pous*, podos, pé): **centopeias**. Corpo achatado dorsoventralmente; número variável de segmentos, cada um com um par de pernas; um par de antenas longas; ovíparos. Exemplos: *Cermatia, Lithobius, Geophilus*.

Classe Pauropoda (do grego *pauros*, pequeno + *pous*, podos, pé): **paurópodes**. Minúsculos (1 a 1,5 mm); corpo cilíndrico constituído por segmentos duplos e apresentando 9 ou 10 pares de pernas; sem olhos. Exemplos: *Pauropus, Allopauropus*.

Classe Symphyla (do grego *syn*, junto + *phyle*, tribo): **centopeia**. Delgados (1 a 8 mm), com antenas longas e filiformes; corpo constituído por 15 a 22 segmentos com 10 a 12 pares de pernas; sem olhos. Exemplo: *Scutigerella*.

RESUMO

Seção	Conceito-chave
19.1 Filo Arthropoda	• Arthropoda é o maior, mais abundante e diverso filo de animais. Os artrópodes ocorrem em praticamente todos os hábitats capazes de sustentar a vida • Os artrópodes são protostômios segmentados, celomados e ecdisozoários com sistemas orgânicos bem desenvolvidos. A maioria mostra uma acentuada tagmatização • Talvez mais do que qualquer outro fator isolado, a prevalência de artrópodes é explicada por adaptações possibilitadas por seu exoesqueleto cuticular e tamanho reduzido. Outros elementos importantes são apêndices articulados, respiração traqueal, órgãos sensoriais eficientes, comportamento complexo e metamorfose • Os extintos trilobitas são provavelmente o subfilo mais antigo dos artrópodes • De acordo com a hipótese dos mandibulados, Crustacea e Hexapoda são táxons-irmãos formando o grupo Pancrustacea • Pancrustacea é o táxon-irmão de Myriapoda, juntos, formando o grupo Mandibulata • Chelicerata é o táxon-irmão de Mandibulata. As peças bucais dos quelicerados diferem significativamente das do Mandibulata.
19.2 Subfilo Trilobita	• Os trilobitas, agora extintos, eram um subfilo dominante durante o Paleozoico • Havia três tagmas no corpo: céfalo, tórax e pigídio.

Seção	Conceito-chave
19.3 Subfilo Chelicerata	• Os membros do subfilo Chelicerata não têm antenas e seus principais apêndices de alimentação são as quelíceras • Eles têm um par de pedipalpos (que podem ser semelhantes às pernas para locomoção) e quatro pares de pernas para a locomoção • A grande maioria dos quelicerados vivos está na classe Arachnida. Esse grupo é composto por aranhas (ordem Araneae), escorpiões (ordem Scorpiones), opiliões (ordem Opiliones), carrapatos e ácaros (ordem Acari) e outros • A classe Merostomata inclui os extintos euriptérides e os antigos, embora ainda existentes, límulos • A classe Pycnogonida compreende as aranhas-do-mar, que são pequenos animais estranhos com uma grande tromba suctorial e abdome vestigial • Os tagmas da maioria das aranhas (cefalotórax e abdome) não apresentam segmentação externa e são unidos por um pedicelo semelhante a uma cintura • As aranhas são predadoras, e suas quelíceras são dotadas de glândulas de veneno para paralisar ou matar as presas. Elas respiram pelos pulmões foliáceos, traqueias ou ambos • A maioria das aranhas tece seda, que usa para uma variedade de propósitos, incluindo teias para capturar suas presas • As características distintas dos escorpiões são seus grandes pedipalpos em forma de garras e seu abdome claramente segmentado, que carrega um ferrão terminal • Opiliões têm corpos pequenos e ovoides,[d] com pernas muito longas e delgadas. Seu abdome é segmentado e amplamente unido ao cefalotórax • Em carrapatos e ácaros, o cefalotórax e o abdome estão completamente fusionados, e as peças bucais são sustentadas em um capítulo anterior. Como as aranhas, alguns ácaros podem fiar seda • Os carrapatos são os aracnídeos mais numerosos; alguns são importantes transmissores de doenças, como a doença de Lyme e a febre maculosa das Montanhas Rochosas, e outros são pragas graves de plantas.
19.4 Subfilo Myriapoda	• Os membros do subfilo Myriapoda têm uma cabeça seguida por uma série de segmentos do tronco • Os miriápodes mais conhecidos são as centopeias predadoras e as centopeias herbívoras • Paurópodes e sínfilos são habitantes do solo.
19.5 Filogenia e irradiação adaptativa	• O artrópode ancestral é hipotetizado como tendo um corpo segmentado com um par de apêndices por segmento • A tagmatização, que consiste na fusão evolutiva de segmentos para formar regiões corporais denominadas tagmas, deu origem a corpos com dois ou três tagmas • Trabalho com o gene *Distal-less* levaram à descoberta de que os apêndices unirreme e birreme são modulados pela expressão de um único gene e provavelmente não constituem um caráter filogenético robusto • Os artrópodes se adaptaram à vida em quase todas as partes do mundo – na terra, na água doce e no mar – e se alimentam de inúmeras maneiras. Seu plano corporal flexível e cutícula endurecida possibilitam essa diversidade.

[d] N.R.T.: Esse tipo de corpo é característico dos opiliões do Hemisfério Norte. Embora existam opiliões assim na América do Sul, os mais comuns têm um corpo mais robusto e trapezoidal ou retangular.

QUESTÕES DE REVISÃO

1. Quais são as características mais importantes que distinguem os artrópodes?
2. Dê o nome dos subfilos dos artrópodes e apresente alguns exemplos de cada um.
3. Discuta sucintamente a contribuição da cutícula no sucesso dos artrópodes e dê o nome de outros fatores que contribuíram para esse sucesso.
4. Como os tagmas são formados?
5. O que é um trilobita?
6. Quais são os apêndices característicos de quelicerados?
7. Descreva sucintamente as características morfológicas distintivas de cada um dos seguintes grupos: euriptérides, límulos e picnogônidos.
8. Por que os límulos estão no mesmo subfilo das aranhas?
9. Quais são os tagmas dos aracnídeos, e quais desses tagmas apresentam apêndices?
10. Descreva o mecanismo de cada uma das seguintes características das aranhas: alimentação, excreção, percepção sensorial, tecedura de teias e reprodução.
11. É verdade que a teia das aranhas é mais forte que o aço?
12. Quais são as aranhas mais importantes dos EUA por serem perigosas para os seres humanos? Como o veneno delas atua?
13. Como as aranhas podem ser benéficas para os seres humanos?
14. Descreva como distinguir cada uma das seguintes ordens entre si: Araneae, Scorpiones, Opiliones e Acari.
15. Discuta qual é a importância econômica e médica dos membros da ordem Acari para a saúde dos seres humanos.
16. Que tipo de artrópodes são os micuins?
17. Como as centopeias capturam e dominam suas presas?
18. Quais os miriápodes que ocorrem em solo úmido ou na serapilheira?

Para reflexão. A alimentação por filtração é um meio muito comum para coletar alimento da água, porém esse método é raramente utilizado no meio terrestre. Por que as aranhas que tecem teias poderiam ser consideradas animais filtradores?

20 Crustáceos

OBJETIVOS DE APRENDIZAGEM

Após leitura do capítulo, você será capaz de:

20.1 Caracterizar o plano corporal dos crustáceos, incluindo os sistemas circulatório, respiratório e excretor: descrever resumidamente como os crustáceos se alimentam, reproduzem-se e fazem muda.

20.2 Identificar os membros dos três subgrupos de crustáceos (Oligostraca, Xenocarida, Vericrustacea), concentrando-se nos tipos mais comuns, como copépodes, cracas e decápodes.

20.3 Explicar por que os apêndices birremes e unirremes podem não ser caracteres úteis para a inferência filogenética, devido a seu modo de desenvolvimento.

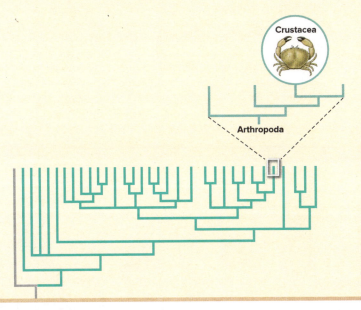

Um caranguejo Sally Lightfoot *("caranguejo-das-rochas-vermelho"),* Grapsus grapsus, *das Ilhas Galápagos.*
©Cleveland P. Hickman, Jr.

"Insetos do mar"

Os crustáceos (do latim *crusta*, concha) são assim denominados porque a maioria porta um revestimento endurecido. Mais de 67 mil espécies foram descritas e, provavelmente, as existentes correspondam a várias vezes esse número. As espécies comestíveis são as mais familiares às pessoas como, por exemplo, lagostas, lagostins, camarões e caranguejos. Além desses crustáceos com exoesqueleto bastante calcificado, há uma fantástica quantidade de formas pouco familiares, como copépodes, ostrácodes, pulgas-d'água, anfípodes ectoparasitos de baleias, notóstracos e o *krill*. Eles preenchem uma ampla variedade de papéis ecológicos e mostram enorme variação em suas características morfológicas, tornando difícil uma descrição satisfatória desse grupo como um todo.

Vivemos na Idade dos Artrópodes, a despeito de nosso apego antropocêntrico ao termo "Idade dos Mamíferos", uma denominação tradicional da era atual. Insetos e crustáceos juntos compõem mais de 80% de todas as espécies animais descritas. Tal como os insetos se espalham pelos hábitats terrestres (mais de um milhão de espécies descritas e incontáveis bilhões de indivíduos), os crustáceos abundam nos oceanos, lagos e rios. Alguns caminham, arrastam-se ou enterram-se no fundo, enquanto outros, como as cracas, são sésseis. Alguns nadam próximo à superfície, outros em camadas inferiores e muitos são formas microscópicas, delicadas, que flutuam como parte do plâncton nos oceanos ou lagos. De fato, é provável que os animais mais abundantes do mundo sejam os copépodes do gênero *Calanus*. Em reconhecimento à sua dominância nos hábitats marinhos, é compreensível que os crustáceos tenham sido chamados "insetos do mar".

- **FILO ARTHROPODA**
  - Subfilo Crustacea

Os artrópodes atuais são divididos em quatro subfilos (ver Figura 19.2). Crustacea e Hexapoda compartilham cinco características derivadas e estão unidos no clado Pancrustacea (Figura 20.1). Descrevemos os crustáceos e hexápodes como táxons-irmãos, mas algumas filogenias baseadas em caracteres moleculares suportam a hipótese de que os hexápodes surgiram *internamente* ao ramo dos crustáceos, talvez dentro de Remipedia. Se o mesmo padrão emergir dos estudos com outros genes, será filogeneticamente correto referir-se aos insetos como "crustáceos terrestres". Nossa descrição dos crustáceos como "insetos do mar" no prólogo deste capítulo descreve apenas o papel ecológico desses animais.

Os crustáceos estão divididos em três subgrupos (Figura 20.1). Um desses, o Oligostraca, inclui membros do antigo filo Pentastomida. Os pentastomídeos, frequentemente chamados de vermes-língua, são parasitos dos vertebrados e vivem em pulmões ou fossas nasais. Eles são mais aparentados aos piolhos de peixes da subclasse Branchiura.

As características das classes e subclasses dos crustáceos são discutidas após uma introdução geral à sua biologia.

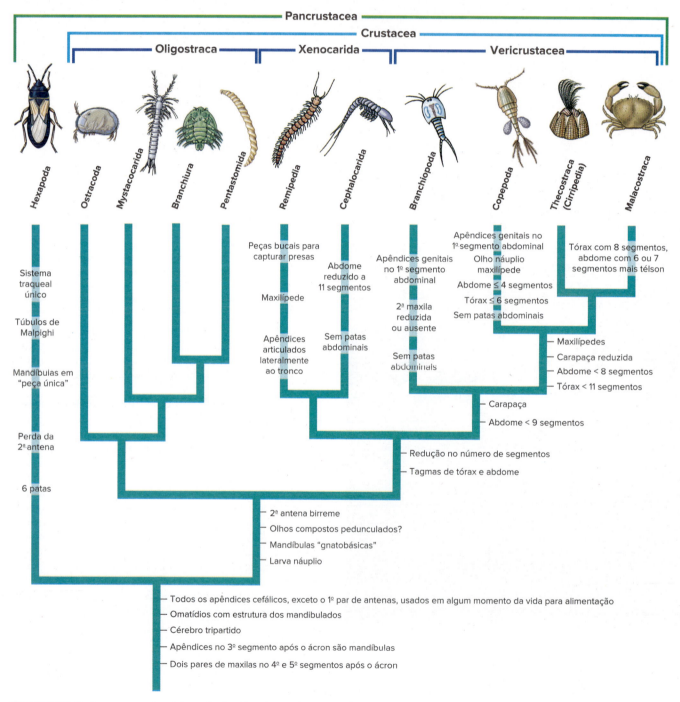

Figura 20.1 Cladograma que mostra as relações hipotéticas entre os hexápodes e as classes dos crustáceos. Hexápodes e crustáceos formam um clado diagnosticado pelo compartilhamento de inúmeras características derivadas. Os caracteres seguidos de ponto de interrogação podem ser características ancestrais e não características compartilhadas derivadas. O ácron é a região anterior da cabeça e não é contada como segmento.

20.1 SUBFILO CRUSTACEA
Natureza geral de um crustáceo

Basta olhar para a Figura 20.1 para apreciar a diversidade de formas dos crustáceos. No entanto, existem características-chave que ajudam a identificar esses animais. Os crustáceos são principalmente marinhos; entretanto, há muitos de água doce e uns poucos terrestres. Os crustáceos diferem de outros artrópodes de várias formas, mas a característica distintiva consiste em que são os únicos artrópodes com **dois pares de antenas**. Eles têm na cabeça, além dos dois pares de antenas, um par de **mandíbulas** e dois pares de **maxilas**, seguindo-se um par de apêndices em cada segmento do corpo. Em alguns crustáceos, nem todos os segmentos apresentam apêndices. Todos os apêndices, exceto talvez a primeira antena, são ancestralmente **birremes** (dois ramos) e apresentam essa condição em pelo menos alguns dos adultos atuais. Se presentes, órgãos respiratórios especializados funcionam como brânquias nas espécies aquáticas.

A maioria dos crustáceos tem entre 16 e 20 segmentos, mas algumas formas têm 60 ou mais segmentos. Um número grande de segmentos é uma característica ancestral. A condição mais derivada é ter menos segmentos e elevada tagmatização (ver Seção 19.1). Os principais tagmas são cabeça, tórax e abdome. Na maioria dos Crustacea, um ou mais segmentos torácicos estão fundidos à cabeça para formar um **cefalotórax**. Os tagmas não são homólogos no subfilo (ou mesmo entre algumas classes) porque, em diferentes grupos, segmentos diferentes fusionaram-se para formar o que atualmente chamamos cabeça ou cefalotórax.

O maior grupo de crustáceos é, de longe, a classe Malacostraca, que reúne lagostas, caranguejos, camarões, saltões-de-praia, tatuzinhos-de-jardim e muitos outros. Essas espécies mostram uma constância surpreendente na organização dos segmentos do corpo e tagmas, considerada como o plano ancestral dessa classe (Figura 20.2). Esse plano corporal típico é formado por uma cabeça com cinco (seis no embrião) segmentos fusionados, um tórax com oito segmentos e um abdome com seis (sete em poucas espécies). Na extremidade anterior, há um **rostro** não segmentado e, na posterior, um **télson** não segmentado, o qual, com o último segmento abdominal e suas formas **urópodes**, constitui um leque caudal em várias formas.

Em muitos crustáceos, a cutícula dorsal da cabeça pode se estender posteriormente e ao redor das laterais do animal para cobrir os segmentos torácicos e abdominais ou fundir-se com alguns ou todos eles. Essa cobertura é denominada **carapaça** (Figura 20.2). Em alguns grupos, a carapaça forma valvas similares às dos moluscos bivalves, recobrindo a maior parte ou todo o corpo. Nos decápodes (que congregam lagostas, camarões, caranguejos e outros), a carapaça cobre totalmente o cefalotórax, mas não o abdome.

Forma e função

Crustáceos grandes como os lagostins, em virtude do tamanho grande e da coleta fácil, têm sido bem estudados mais do que outros grupos, e sua inclusão nos programas de cursos laboratoriais introdutórios é comum. Por essa razão, muitos comentários a seguir aplicam-se especificamente aos lagostins e seus parentes próximos.

Morfologia externa

Os corpos dos crustáceos são cobertos por uma cutícula secretada, composta de quitina, proteína e material calcário. As placas pesadas e mais duras dos crustáceos de grande porte são particularmente ricas em depósitos calcários. A dura cobertura calcária torna-se mole e fina nas articulações entre os segmentos, proporcionando flexibilidade aos movimentos. A carapaça, se presente, cobre a maior parte ou todo o cefalotórax; nos decápodes, como os lagostins, todos os segmentos cefálicos e torácicos estão encobertos dorsalmente pela carapaça. Cada segmento não coberto pela carapaça apresenta uma placa dorsal cuticular, ou **tergito** (Figura 20.3 A), e duas placas de cobertura laterais chamadas **pleuritos** que formam o pleuron. Uma placa ventral transversal, o **esternito**, situa-se entre os apêndices de cada segmento (Figura 20.3 B). O abdome termina em um télson, no qual se localiza o ânus.

A posição dos **gonóporos** varia de acordo com o sexo e o grupo de crustáceos. Eles podem estar sobre ou no basipodito de um par de apêndices, na extremidade terminal do corpo ou em segmentos ápodes. Nos lagostins, por exemplo, as aberturas dos vasos deferentes estão na porção mediana dos basipoditos do quinto par de apêndices ambulacrais, e as dos ovidutos ficam nos basipoditos do terceiro par de pereópodes. Uma abertura para o receptáculo seminal nas fêmeas é geralmente localizada na linha mediana ventral, entre o quarto e o quinto par de patas ambulacrais.

Apêndices. Os membros das classes Malacostraca (p. ex.: os lagostins) e Remipedia normalmente apresentam um par de apêndices articulados em cada segmento (Figura 20.3 B), embora os segmentos abdominais nas outras classes não apresentem apêndices. Especialização considerável ocorre como uma condição derivada em alguns crustáceos, como os lagostins. O plano birreme básico é ilustrado pelo apêndice de um lagostim, como o maxilípede, que é uma pata torácica modificada em apêndice alimentar (Figura 20.4). A porção basal, ou protópode, tem um **exópode** lateral e um **endópode** medial. O **protópode** é constituído de duas partes (**basípode** e **coxópode**), enquanto o exópode e o endópode ostentam de um a vários artículos cada um. Ocorrem variações do plano básico (Figura 20.5). Alguns apêndices, como as patas ambulacrais dos lagostins, tornaram-se unirremes secundariamente. Os processos laterais ou mediais, chamados **enditos** e **exitos**, respectivamente, ocorrem algumas vezes nos apêndices dos crustáceos. Um exito sobre o protópode é denominado **epípode**, frequentemente modificado como brânquia. A Tabela 20.1 mostra como vários apêndices sofreram modificações do plano birreme ancestral presumido e desempenham, atualmente, funções diferentes.

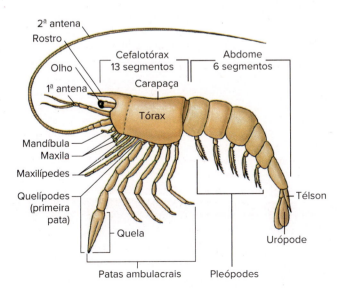

Figura 20.2 Plano arquetípico dos Malacostraca. As duas maxilas e os três maxilípedes foram separados no diagrama para ilustrar o plano geral.

406 PARTE 3 Diversidade da Vida Animal

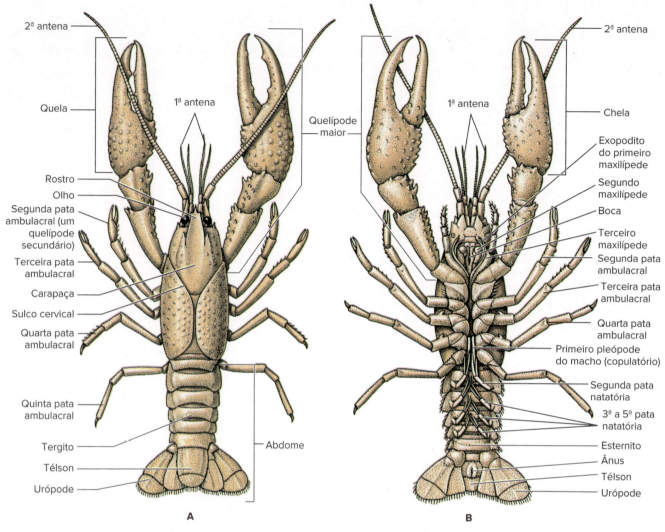

Figura 20.3 Morfologia externa dos lagostins. **A.** Vista dorsal. **B.** Vista ventral.

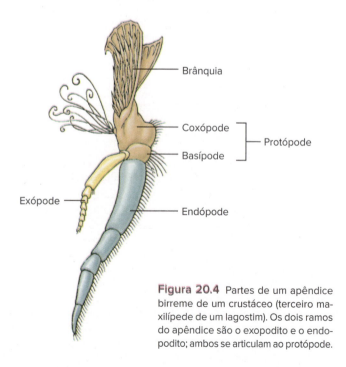

Figura 20.4 Partes de um apêndice birreme de um crustáceo (terceiro maxilípede de um lagostim). Os dois ramos do apêndice são o exopodito e o endopodito; ambos se articulam ao protópode.

Tema-chave 20.1
CIÊNCIA EXPLICADA

Nomeação dos apêndices dos crustáceos

A terminologia aplicada por vários pesquisadores aos apêndices dos crustáceos não é uniforme. Pelo menos dois sistemas são de uso amplo. Os termos alternativos àqueles que temos usado, por exemplo, são protopodito, endopodito, exopodito, basipodito, coxipodito e epipodito. O primeiro e o segundo pares de antenas podem ser denominados antênulas e antena, e o primeiro e segundo pares de maxilas são frequentemente chamados maxílulas e maxilas.

Estruturas com um plano básico similar e descendentes de uma forma ancestral comum são ditas homólogas, tenham ou não a mesma função. Uma vez que os apêndices ambulacrais especializados, peças bucais, quelípodes e pleópodes desenvolveram-se de um tipo birreme comum, mas modificaram-se para realizar funções diferentes, são considerados homólogos entre si – condição conhecida como **homologia seriada**. Primitivamente, todos os apêndices eram muito similares, mas durante a evolução, por

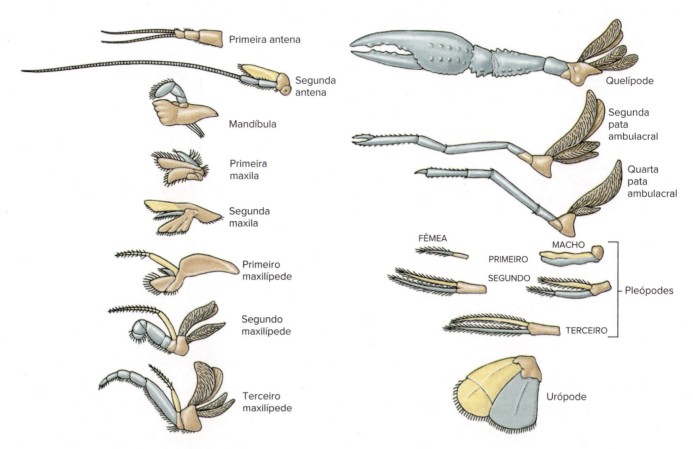

Figura 20.5 Apêndices de um lagostim que mostra suas variações a partir do plano birreme básico, como encontradas em um pleópode. Protópode: marrom; endópode: azul; exópode: amarelo.

modificações estruturais, alguns ramos foram sendo reduzidos, outros perdidos, alguns muito alterados e novas partes foram adicionadas. Os lagostins e seus parentes apresentam a homologia seriada mais elaborada no Reino Animal, possuindo 17 tipos distintos de apêndices em homologia seriada (Tabela 20.1). Compare, por exemplo, o tamanho da quela do quelípode com a pequenina garra (quela) da segunda pata ambulacral na Figura 20.5.

Características internas

O sistema muscular e o sistema nervoso no tórax e no abdome mostram claramente segmentação, mas há modificações notáveis em outros sistemas. A maioria das mudanças envolve concentração de partes em uma região particular, ou, ainda, redução ou completa perda de partes.

Hemocele. O principal espaço corporal nos artrópodes não é um celoma, mas um blastocele persistente que se torna uma **hemocele** preenchida por sangue (ver Seções 18.3 e 31.3). Os únicos compartimentos celomáticos remanescentes nos crustáceos são as bolsas terminais dos órgãos excretores e o espaço ao redor das gônadas.

Sistema muscular. Os músculos estriados perfazem uma parte considerável do corpo da maioria dos Crustacea. Os músculos são em geral arranjados em grupos antagônicos: os **flexores**, que trazem uma região em direção ao corpo, e os **extensores**, os quais a movem para a direção oposta. O abdome de um lagostim tem flexores poderosos (Figura 20.6), usados quando o animal nada para trás em uma explosão de velocidade, para escapar de predadores.

Sistema respiratório. A troca de gases respiratórios nos crustáceos pequenos ocorre nas áreas mais finas da cutícula (p. ex., nos apêndices) ou em toda a superfície do corpo, e estruturas especializadas para trocas gasosas podem estar ausentes. Os crustáceos maiores têm brânquias que são delicadas, similares a plumas, com cutícula muito fina (ver Seção 31.4). Em decápodes como caranguejos, lagostins, camarões e lagostas, as laterais da carapaça envolvem a cavidade branquial, que é aberta anterior e ventralmente (Figura 20.7). As brânquias podem se projetar da parede pleural para dentro da cavidade branquial, a partir da articulação dos apêndices torácicos com o corpo ou dos coxópodes torácicos. Os dois últimos tipos são característicos dos lagostins. A "lâmina", uma parte da segunda maxila, bombeia água sobre os filamentos branquiais, para dentro da cavidade branquial na base das patas, e para fora, na porção anterior da cavidade branquial.

Sistema circulatório. Os crustáceos e outros artrópodes têm um sistema circulatório "aberto" ou lacunar (ver Seção 31.3). Isso significa que não há veias, nem separação entre o sangue e o fluido intersticial, como nos animais com sistemas circulatórios fechados. A hemolinfa (sangue e fluido intersticial) deixa o coração pelas artérias, circula pela hemocele e retorna aos **seios**, ou espaços venosos (em vez de veias), antes de entrar novamente no coração.

Tabela 20.1 Apêndices dos lagostins.

Apêndice	Protópode	Endópode	Exópode	Funções
Primeira antena (antênula)	3 segmentos, estatócito no base	Filamento multiarticulado	Filamento multiarticulado	Tato, paladar, equilíbrio
Segunda antena (antena)	2 segmentos, poro excretor na base	Filamento longo multiarticulado	Lâmina delgada afilada	Tato, paladar
Mandíbula	2 segmentos, mandíbula forte e base do palpo	2 segmentos distais do palpo	Ausente	Triturar alimento
Primeira maxila (maxílula)	2 segmentos com dois enditos delgados	Lamela pequena não articulada	Ausente	Manipular alimento
Segunda maxila (maxila)	2 segmentos com dois enditos e um escafognatito (epípode)	1 segmento pequeno afilado	Parte do escafognatito (leque)	Dirigir correntes de água para as brânquias
Primeiro maxilípede	2 placas mediais e epípode	2 segmentos pequenos	1 segmento basal mais filamento multiarticulado	Tato, paladar, manipular alimento
Segundo maxilípede	2 segmentos mais brânquia (epípode)	5 segmentos pequenos	2 segmentos delgados	Tato, paladar, manipular alimento
Terceiro maxilípede	2 segmentos mais brânquia (epípode)	5 segmentos maiores	2 segmentos delgados	Tato, paladar, manipular alimento
Primeira pata ambulacral (quelípode)	2 segmentos mais brânquia (epípode)	5 segmentos com uma quela forte	Ausente	Defesa e ataque
Segunda pata ambulacral	2 segmentos mais brânquia (epípode)	5 segmentos com uma quela pequena	Ausente	Ambulacral e preênsil
Terceira pata ambulacral	2 segmentos mais brânquia (epípode); poro genital na fêmea	5 segmentos com uma quela pequena	Ausente	Ambulacral e preênsil
Quarta pata ambulacral	2 segmentos mais brânquia (epípode)	5 segmentos, sem quela	Ausente	Ambulacral
Quinta pata ambulacral	2 segmentos; poro genital no macho; sem brânquia	5 segmentos, sem quela	Ausente	Ambulacral
Primeira pleópode	Reduzida ou ausente nas fêmeas; nos machos, é fusionada com o endópode para formar um tubo			Nos machos, transferir esperma para a fêmea
Segunda pleópode				
Machos	Estrutura modificada para transferência do esperma para a fêmea	Estrutura modificada para transferência de esperma para a fêmea		
Fêmeas	2 segmentos	Filamento articulado	Filamento articulado	Criar correntes de água; transportar ovos e jovens
Terceiro, quarto e quinto pleópodes	2 segmentos pequenos	Filamento articulado		Criar correntes de água; nas fêmeas, carregar ovos e jovens
Urópode	1 segmento pequeno e largo	Placa oval achatada	Placa oval achatada; dividida em 2 partes com carena	Natatória; proteção dos ovos nas fêmeas

Um coração dorsal é o órgão propulsor principal. É um saco de músculo estriado com uma câmara única. A hemolinfa entra no coração a partir do **seio pericárdico** circundante e dos óstios pareados, que possuem válvulas para prevenir o refluxo para o seio (Figura 20.7). A hemolinfa sai do coração por uma ou mais artérias. Válvulas nas artérias impedem o retorno da hemolinfa para o coração. Pequenas artérias desembocam nos seios teciduais, os quais frequentemente descarregam a hemolinfa em um grande **seio esternal** (Figura 20.7). A partir do seio esternal, canais aferentes conduzem a hemolinfa até as brânquias (quando presentes) para trocas de oxigênio e dióxido de carbono. A hemolinfa retorna então ao seio pericárdico por canais eferentes (Figura 20.7).

A hemolinfa nos artrópodes pode ser incolor, avermelhada ou azulada, como em muitos Crustacea. Pigmentos respiratórios contendo cobre, como a hemocianina, e ferro, como a hemoglobina, podem estar em solução. A hemolinfa tem propriedade de coagulação, o que previne perdas em ferimentos pouco importantes. Algumas células ameboides liberam um coagulante semelhante à trombina, substância que ativa a coagulação.

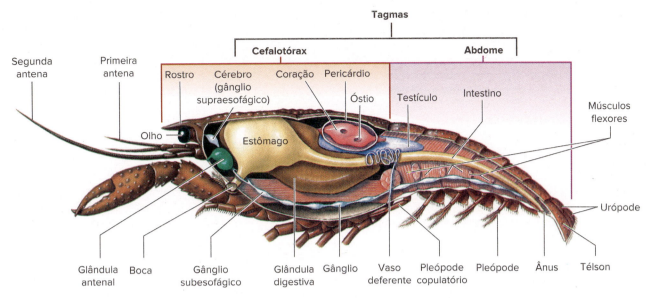

Figura 20.6 Estrutura interna de um lagostim macho.

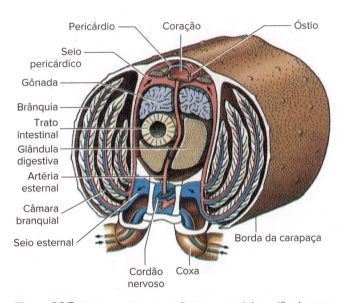

Figura 20.7 Diagrama de uma seção transversal da região do coração de um lagostim que mostra a direção do fluxo sanguíneo nesse sistema circulatório "aberto". O coração bombeia o sangue para os tecidos por meio das artérias, conduzindo-o aos seios. O sangue retorna até o seio esternal, vai para as brânquias, efetua trocas gasosas e, finalmente, volta ao seio pericárdico por canais eferentes. Note a ausência de veias.

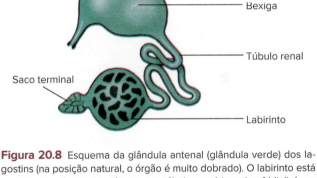

Figura 20.8 Esquema da glândula antenal (glândula verde) dos lagostins (na posição natural, o órgão é muito dobrado). O labirinto está ausente em alguns crustáceos, e o túbulo renal (canal nefridial) é um tubo bastante enovelado.

Sistema excretor. Os órgãos excretores dos crustáceos adultos são um par de estruturas tubulares localizadas na porção ventral da cabeça, anterior ao esôfago (Figura 20.6). São denominadas **glândulas antenais** ou **glândulas maxilares**, conforme a abertura se localize na base da antena ou da segunda maxila, respectivamente (ver Seção 30.2). Poucos crustáceos adultos têm as duas. Os órgãos excretores dos decápodes são glândulas antenais, nesse grupo também chamadas glândulas verdes. Os crustáceos não têm túbulos de Malpighi, que são os órgãos excretores das aranhas e dos insetos.

O **saco terminal** da glândula antenal consiste em uma pequena vesícula (**sáculo**) e uma massa esponjosa denominada **labirinto**.

O labirinto conecta-se, por meio de um **túbulo excretor**, a uma **bexiga** dorsal, que se abre ao exterior por um poro na superfície ventral do segmento antenal basal (Figura 20.8). A força para a filtração do fluido para dentro do saco terminal é fornecida por pressão hidrostática da hemocele. O filtrado é excretado como urina após reabsorção de sais, aminoácidos, glicose e alguma quantidade de água.

A excreção de resíduos nitrogenados (principalmente amônia) ocorre por difusão por áreas finas da cutícula, especialmente as brânquias. Os chamados "órgãos excretores" funcionam principalmente na regulação da composição iônica e osmótica dos fluidos corporais. Os crustáceos de água doce, como os lagostins, são constantemente ameaçados pela diluição excessiva do seu sangue por ação da água difundida pelas brânquias e por outras superfícies permeáveis. As glândulas antenais, pela formação de uma urina com baixo teor de sal, atuam como um aparato controlador efetivo da entrada de água. Uma certa quantidade de Na^+ e Cl^- é perdida com a urina, mas essa perda é compensada pela absorção ativa de sais dissolvidos, pelas brânquias. Em crustáceos marinhos, como lagostas e caranguejos, as glândulas antenais funcionam no ajuste da composição de sais da hemolinfa, por modificação seletiva do conteúdo salino da urina. Nessas formas, a urina permanece isosmótica com o sangue.

Sistemas nervoso e sensorial. Os sistemas nervosos dos crustáceos e anelídeos têm muito em comum, embora o dos crustáceos apresente um grau mais alto de fusão ganglionar (ver Figura 20.6). O cérebro é um par de **gânglios supraesofágicos** que enviam nervos aos olhos e aos dois pares de antenas. Ele se une por conectivos ao **gânglio subesofágico**, uma fusão de pelo menos cinco pares de gânglios de onde partem nervos para boca, apêndices, esôfago e glândulas antenais. O cordão nervoso ventral duplo tem um par de gânglios em cada segmento, de onde partem nervos para os apêndices, os músculos e outras partes. Além desse sistema nervoso central, pode haver um sistema nervoso simpático associado ao sistema digestório.

Os crustáceos têm órgãos sensoriais bem desenvolvidos. Os maiores órgãos sensoriais nos lagostins são os olhos e os estatocistos. **Cerdas táteis**, projeções delicadas da cutícula, especialmente abundantes nas quelas, peças bucais e télson, são amplamente distribuídas pela superfície do corpo. Sensores químicos para olfato e paladar são encontrados em receptores das antênulas, antenas, peças bucais e outras estruturas.

Um **estatocisto** em formato similar a uma bolsa e que se abre para a superfície por um poro dorsal é encontrado no segmento basal de cada primeira antena dos lagostins (ver Figura 33.28). Esse órgão de equilíbrio contém uma quilha com cerdas sensoriais formadas a partir do revestimento quitinoso e grãos de areia que servem como **estatólitos**. Sempre que o animal modifica sua posição, mudanças correspondentes na posição dos grãos sobre as cerdas sensoriais são transformadas em estímulos ao cérebro, permitindo ao animal ajustar a posição do corpo. Cada muda (ecdise) do exoesqueleto resulta na perda do revestimento cuticular do estatocisto e dos grãos de areia. Novos grãos são obtidos pelo poro dorsal, após a ecdise.

Muitos crustáceos têm olhos compostos, constituídos por muitas unidades fotorreceptoras denominadas **omatídios** (Figura 20.9). Cobrindo a superfície arredondada de cada olho, encontra-se a **córnea**, uma área transparente da cutícula, dividida em inúmeros pequenos hexágonos ou quadrados conhecidos como facetas. Essas facetas são o revestimento externo dos omatídios. Cada omatídio comporta-se como um pequeno olho e contém vários tipos de células dispostas em coluna (Figura 20.9). As células com pigmento negro são encontradas entre omatídios adjacentes, e o movimento dos pigmentos permite o ajuste a quantidades diferentes de luz nos olhos compostos dos artrópodes. Há três conjuntos de células pigmentares em cada omatídio: retinais distais, retinais proximais e refletoras; elas estão arranjadas de tal maneira que podem formar um envoltório mais ou menos completo ao redor de cada omatídio. Para a luz forte (adaptação à luz diurna), os pigmentos das células retinais distais movem-se em direção ao interior do omatídio, sobrepondo-se aos pigmentos das células retinais proximais, os quais se moverão na direção oposta, de modo que uma cobertura completa de pigmentos se forma em torno do omatídio (Figura 20.9). Nessa condição, somente os raios que atingem a

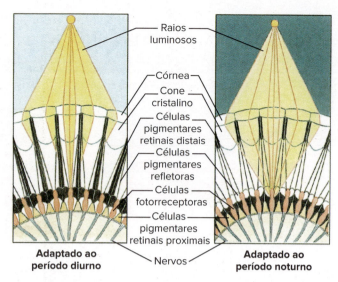

Figura 20.9 Porção do olho composto de um artrópode mostrando a migração de pigmentos nos omatídios para visão noturna e diurna. Cada diagrama mostra cinco omatídios. Durante o período diurno, um envoltório de pigmento escuro circunda cada omatídio, de maneira que apenas os raios luminosos que entram em sua própria córnea estimulam o omatídio (visão em mosaico); durante o período noturno, os pigmentos formam envoltórios incompletos e os raios luminosos podem atingir omatídios adjacentes (imagem contínua ou de superposição).

córnea diretamente chegam às células fotorreceptoras (retinulares), pois cada omatídio está isolado dos outros. Dessa maneira, cada omatídio verá apenas uma área limitada do campo de visão (imagem em mosaico ou por **aposição**). Sob luz fraca, os pigmentos das células distais e proximais se separam de maneira que os raios solares, com a ajuda das células pigmentares refletoras, têm a chance de se espalhar para omatídios adjacentes e formar uma imagem contínua ou de **sobreposição**. A acuidade desse segundo tipo de visão é baixa, mas tira a máxima vantagem da quantidade limitada de luz recebida.

Reprodução, ciclos de vida e função endócrina

A maioria dos crustáceos tem sexos separados, e há várias especializações para cópula entre os diferentes grupos. As cracas são monoicas, mas praticam fertilização cruzada como regra geral. Os machos são raros em alguns ostrácodes e copépodes harpacticoides, e a reprodução é em geral partenogenética. Os crustáceos, na sua maioria, incubam os seus ovos de alguma maneira: os branquiópodes e cracas são dotados de câmaras incubadoras especiais, os copépodes têm sacos ovígeros anexados às laterais do seu abdome (ver Figura 20.18) e muitos malacóstracos carregam ovos e jovens aderidos aos seus apêndices abdominais.

O desenvolvimento dos lagostins é direto: não há formas larvais. Um filhote com a mesma forma do adulto e com um conjunto completo de apêndices e segmentos eclode do ovo. Entretanto, o desenvolvimento é indireto na maioria dos crustáceos e a larva que eclode do ovo é muito diferente do adulto em estrutura e aparência. A larva sofre **metamorfose** para se tornar adulto. A larva ancestral e com ocorrência mais ampla em Crustacea é a larva **náuplio** (Figura 20.10; ver Figura 20.19). Os náuplios têm apenas três pares de apêndices: primeira antena unirreme, antenas birremes e mandíbulas birremes. Todos funcionam como apêndices natatórios nesse estágio. O desenvolvimento subsequente pode envolver uma mudança gradual para a forma adulta do corpo, e os

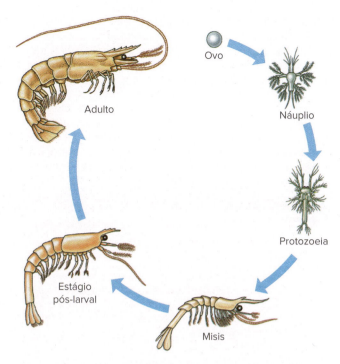

Figura 20.10 Ciclo de vida do camarão-do-golfo, *Farfantepenaeus*. Os peneídeos desovam em águas de profundidade entre 40 e 90 m. As formas larvais são planctônicas e movem-se em direção à costa para alcançar águas com salinidades mais baixas do que as do mar para se desenvolverem como jovens e adultos bentônicos. Os adultos retornam para águas mais profundas longe da costa.

apêndices e os segmentos são adicionados por meio de séries de mudas. Não obstante, a transformação para a forma adulta pode envolver mudanças mais abruptas. Por exemplo, a metamorfose de uma craca ocorre a partir de um náuplio livre-natante para uma larva com uma carapaça bivalve, chamada cipris e, finalmente, para um adulto séssil com placas calcárias.

Muda e ecdise. A muda, que é processo fisiológico de elaborar uma cutícula maior do que a anterior, e a ecdise (do grego *ekdyein*, despir-se), que consiste no descarte da cutícula, são necessárias para o crescimento do corpo, pois o exoesqueleto não é vivo e não acompanha o crescimento do animal. Muito do funcionamento dos crustáceos, incluindo sua reprodução, seu comportamento e vários processos metabólicos, é diretamente afetado pela fisiologia do ciclo de muda.

A **cutícula**, que é secretada pela epiderme subjacente, tem várias camadas (Figura 20.11; ver também Figura 19.3). A mais externa é a **epicutícula**, uma camada proteica muito fina impregnada de lipídios. A maior parte da cutícula é constituída pelas múltiplas camadas da **procutícula**: (1) **exocutícula**, logo abaixo da epicutícula, há proteína, sais de cálcio e quitina; (2) **endocutícula**, que é em si composta por uma **camada principal** que contém mais quitina, menos proteína e é bastante calcificada, e uma **camada membranosa**, relativamente delgada de quitina e proteína, não calcificada.

Animais que sofrem muda crescem durante o período **intermuda** ou *instars*, com os tecidos moles aumentando em tamanho até não haver mais espaços no interior da cutícula. Quando o corpo preenche a cutícula, o animal entra na fase **pré-muda**. O crescimento ocorre em um período de tempo bem mais longo do que mostra o exame do tamanho externo do animal. O crescimento dos tecidos do corpo é contínuo, mas o processo de muda é episódico.

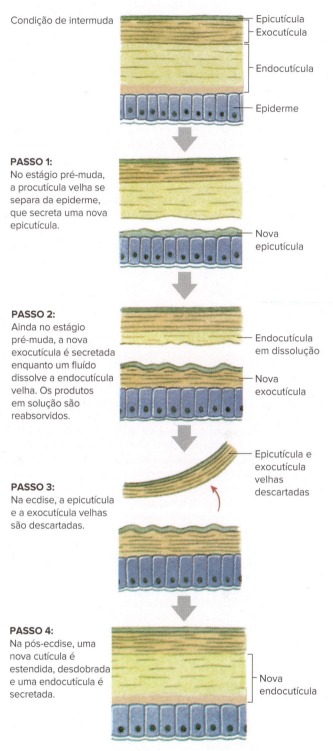

Figura 20.11 Secreção e reabsorção da cutícula na ecdise. A exocutícula e a endocutícula juntas formam a protocutícula. As camadas visivelmente distintas da endocutícula consistem na camada principal no topo da camada membranosa.

Durante o processo de muda e algum tempo antes da ecdise efetiva, as células epidérmicas aumentam consideravelmente. Elas se separam da camada membranosa, secretam uma nova epicutícula e começam a secretar uma nova exocutícula (Figura 20.11). Há liberação de enzimas na área acima da nova epicutícula. Essas enzimas dissolvem a velha endocutícula, e os produtos solúveis são reabsorvidos e armazenados no interior do corpo do crustáceo.

Alguns sais de cálcio são estocados como **gastrólitos** (acreções minerais) nas paredes do estômago. Finalmente, apenas a exocutícula e a epicutícula da velha cutícula permanecem e, subjacente a elas, estão as novas epicutícula e exocutícula. O animal engole água, que é absorvida pelo seu sistema digestório e há um aumento considerável no seu volume sanguíneo. A pressão interna faz a cutícula romper-se ao longo de linhas pré-formadas e menos resistentes na cutícula, e o animal sai do seu velho exoesqueleto (Figura 20.12). Segue-se a isso o estiramento da nova cutícula ainda mole, deposição da nova endocutícula, redeposição dos sais inorgânicos armazenados e outros constituintes e o endurecimento da cutícula. Durante o período da muda, o animal fica indefeso e permanece escondido e quiescente.

Quando um crustáceo é jovem, a ecdise precisa acontecer com frequência alta para permitir o crescimento, e o ciclo de muda é relativamente curto. Conforme o animal aproxima-se da maturidade, o período intermuda torna-se progressivamente mais longo e, em algumas espécies, a muda cessa completamente. Durante os períodos de intermuda, a massa tecidual aumenta conforme a água é substituída por tecido vivo pouco antes da muda.

Controle hormonal do ciclo de muda. O ciclo é iniciado com frequência por estímulo ambiental percebido pelo sistema nervoso central, embora a ecdise seja controlada por hormônios. Os estímulos podem incluir temperatura, comprimento do dia e umidade (no caso de caranguejos terrestres) ou uma combinação de sinais ambientais. O sinal do sistema nervoso central causa um decréscimo na produção de um **hormônio inibidor de muda** pelo **órgão X** (grupo de células neurossecretoras da *medulla terminalis* do cérebro). Nos lagostins e outros decápodes, a *medulla terminalis* é encontrada no pedúnculo ocular. O hormônio é transportado por axônios do órgão X até a **glândula do seio** (que, provavelmente, não exerce função glandular), e também pelo pedúnculo ocular, de onde é liberado na hemolinfa.

Uma queda no nível de hormônio inibidor de muda promove a liberação de um **hormônio de muda** pelos **órgãos Y**. Estes se localizam sob a epiderme em região próxima aos músculos adutores das mandíbulas, são homólogos às glândulas protorácicas dos insetos, que também produzem o hormônio ecdisona. A ação do hormônio de muda é iniciar os processos que levam a ecdise. Uma vez iniciado, o ciclo progride automaticamente, sem a necessidade de ação adicional de hormônios dos órgãos X ou Y.

Outras funções endócrinas. A remoção dos pedúnculos oculares acelera a muda; além disso, os crustáceos cujos pedúnculos oculares foram removidos não conseguem ajustar a coloração do corpo às condições do substrato onde se encontram. Descobriu-se, há muito tempo, que o problema não era causado pela perda da visão, mas pela perda dos hormônios dos pedúnculos oculares. A cor do corpo dos crustáceos resulta, em grande parte, de pigmentos em células especiais ramificadas (cromatóforos) na epiderme. A concentração de grânulos de pigmento no centro da célula causa um efeito de clareamento, e sua dispersão nas células, de escurecimento. O comportamento dos pigmentos é controlado por hormônios das células neurossecretoras do pedúnculo ocular, como a migração de pigmentos retinais para a adaptação dos olhos à claridade ou escuridão (ver Figura 20.9).

> **Tema-chave 20.2**
> **ADAPTAÇÃO E FISIOLOGIA**
>
> **Seleção hormonal**
> As células neurossecretoras são células nervosas modificadas para secreção de hormônios. Elas ocorrem amplamente nos invertebrados e também ocorrem nos vertebrados. As células do hipotálamo e pituitária posterior dos vertebrados são bons exemplos (ver Seção 34.2).

A liberação de material neurossecretor dos órgãos pericárdicos na parede do pericárdio causa um aumento na taxa e amplitude dos batimentos cardíacos.

As **glândulas androgênicas**, encontradas pela primeira vez em um anfípode (*Orchestia*, um saltão-de-praia comum), ocorrem em machos dos malacóstracos. Diferente da maioria de outros órgãos endócrinos dos crustáceos, não há órgãos neurossecretores. Sua secreção estimula a expressão de características sexuais masculinas. Jovens malacóstracos têm glândulas androgênicas rudimentares, mas essas glândulas não se desenvolvem em fêmeas. Se elas são implantadas artificialmente em uma fêmea, os ovários transformam-se em testículos, começando a produzir espermatozoides, e seus apêndices passam a apresentar características masculinas na próxima muda. As glândulas androgênicas dos isópodes são encontradas nos testículos; em todos os outros malacóstracos, elas estão entre os músculos dos coxópodes do último par de patas torácicas e parcialmente associadas às extremidades distais dos vasos deferentes. Embora as fêmeas não tenham órgãos similares às glândulas androgênicas, seus ovários produzem um ou dois hormônios que exercem influência sobre características sexuais secundárias.

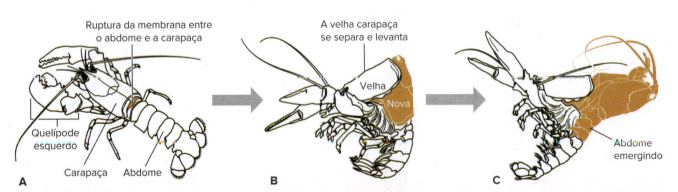

Figura 20.12 Sequência da muda na lagosta *Homarus americanus*. **A.** Ruptura da membrana entre a carapaça e o abdome e o início de uma lenta elevação da carapaça. Esse passo pode consumir 2 h. **B e C.** Liberação da cabeça, tórax e, finalmente, do abdome. Esse processo geralmente leva não mais do que 15 min. Imediatamente após a ecdise, os quelípodes estão desidratados e o corpo é muito mole. A lagosta continua a absorver água rapidamente de maneira que, em 12 h, o corpo aumenta 20% em comprimento e 50% em peso. A água dos tecidos será substituída por proteínas nas semanas subsequentes.

Podem ocorrer hormônios que influenciam outros processos corporais em Crustacea, e há evidências sugerindo que uma substância neurossecretora produzida nos pedúnculos oculares regule o nível de açúcar no sangue.

Hábitos alimentares

Os hábitos alimentares e adaptações para alimentação apresentam grande variação entre os crustáceos. Muitas formas podem mudar de um tipo de alimentação para outro, dependendo do ambiente e da disponibilidade de alimento, mas todas usam o mesmo conjunto fundamental de peças bucais. As mandíbulas e as maxilas funcionam para ingestão; os maxilípedes apanham e trituram alimentos. Nos predadores, as patas ambulacrais, particularmente os quelípodes, servem para a captura do alimento.

Muitos crustáceos, grandes e pequenos, são predadores, e alguns têm adaptações interessantes para matar presas. Uma espécie de tamburutaca tem, em uma de suas patas ambulacrais, um dígito especializado que, alojado em um sulco, pode ser liberado abruptamente e fisgar uma presa de passagem. O camarão-de-estalo (*Alpheus* spp.) tem uma quela muito grande; esta pode ser disparada rapidamente como o gatilho de uma pistola e estalar em grande velocidade, formando uma bolha por cavitação, que explode com força suficiente para atordoar uma presa.

O alimento dos **comedores de partículas em suspensão** vai de plâncton e detritos a bactérias. Os **predadores** consomem larvas, vermes, crustáceos, moluscos e peixes. **Saprófagos** comem animais e vegetais mortos. Os comedores de partículas em suspensão, como as artêmias, pulgas-d'água e cracas, usam seus apêndices com espessas fileiras de cerdas para criar correntes de água e reter partículas alimentares entre as cerdas. O "camarão-da-lama" *Upogebia* sp. usa as cerdas longas dos dois primeiros pares de apêndices torácicos para extrair o material alimentar da água, mantida em circulação na sua toca pelo batimento dos seus pleópodes. Caranguejos-Yeti de fontes hidrotermais abrigam bactérias oxidantes de enxofre em cerdas especiais, e cultivam de proteobactérias quimiossintéticas que se ligam a metano e a sulfeto. Esse novo método de alimentação depende da **simbiose**.

Os lagostins têm um estômago com duas câmaras (Figura 20.13). A primeira parte contém o **moinho gástrico**, no qual o alimento, já triturado pelas mandíbulas, pode ser novamente triturado por três dentes calcários, resultando em partículas suficientemente finas para ultrapassar o filtro de cerdas que conduz à segunda câmara; as partículas de alimento então passam ao intestino para digestão química.

20.2 UMA BREVE REVISÃO SOBRE CRUSTÁCEOS

Os crustáceos são um grupo vasto com mais de 67 mil espécies em todo o planeta, com muitas subdivisões. Eles exibem uma grande variedade de tamanho, comportamento, estrutura, hábitat e modo de vida.

Os leitores devem perceber que o texto sobre os crustáceos apresentado a seguir é reduzido. A classificação dos crustáceos está em evolução e as classes tradicionais e as subclasses não são embasadas por filogenias moleculares. Os crustáceos são divididos em três grupos: Oligostraca, Xenocarida e Vericrustacea. Nós apresentaremos os táxons na ordem mostrada na Figura 20.1. Dentro da Vericrustacea, o maior e mais familiar grupo de crustáceos é Malacostraca. Malacostraca incluem tatuzinhos-de-jardim e muitos crustáceos colhidos comercialmente, como caranguejos, camarões, lagostas e lagostins.

Oligostraca

Ostracoda

Os membros de Ostracoda são cobertos por uma carapaça bivalve e assemelham-se a pequeninos mariscos, com 0,25 a 10 mm de comprimento (Figura 20.14 A). Eles distribuem-se mundialmente e são importantes nas teias alimentares aquáticas. Os ostrácodes mostram uma considerável fusão de segmentos do tronco, mascarando a divisão entre tórax e abdome. O tronco tem de um a três pares de membros, com o número de apêndices torácicos reduzido a dois ou nenhum. Alimentação e locomoção são realizadas principalmente pelo uso dos apêndices cefálicos. A maioria dos ostrácodes é bentônica ou vive sobre plantas, mas alguns são planctônicos ou enterram-se no fundo e poucos são parasitos. Os hábitos alimentares são diversificados; há detritívoros, herbívoros, saprófagos e predadores. Distribuem-se amplamente em hábitats marinhos e dulcícolas. A maioria das 6 mil espécies conhecidas é dioica, mas algumas são partenogenéticas. Alguns machos bizarros de espécies de ostrácodes emitem luz e podem sincronizar os lampejos para atrair as fêmeas. O desenvolvimento ocorre por metamorfose gradual. Há milhares de espécies existentes e mais de 10 mil espécies de ostrácodes fósseis, cuja presença em determinados estratos rochosos serve como indicadores importantes de depósitos de petróleo.

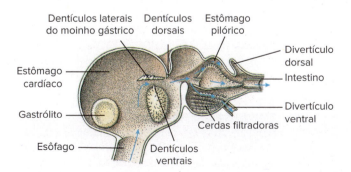

Figura 20.13 Estômago de malacóstraco que mostra o "moinho" gástrico e a direção dos movimentos do bolo alimentar. O moinho tem quilhas quitinosas, ou dentículos, para mastigação e cerdas para reter o alimento antes de sua passagem ao estômago pilórico.

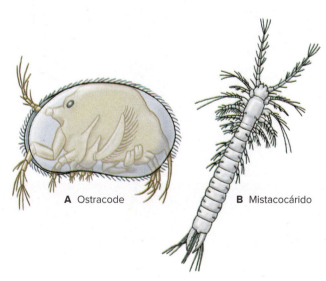

Figura 20.14 **A.** Um ostracode. **B.** Um mistacocárido.

Mystacocarida

Mystacocarida é uma classe de pequeninos crustáceos (menos de 0,5 mm de comprimento) que vivem na água intersticial entre os grãos de areia de praias marinhas (ver Figura 20.14 B). Apenas 10 espécies foram descritas, mas os mistacocáridos estão amplamente distribuídos em várias partes do mundo.

Branchiura

Os braquiúros são um grupo pequeno principalmente de ectoparasitos de peixes cujas peças bucais são modificadas para sucção. Os membros desse grupo geralmente medem entre 5 e 10 mm de comprimento e podem ocorrer em peixes marinhos e de água doce. Eles normalmente têm uma carapaça larga semelhante a um escudo, olhos compostos, quatro apêndices torácicos birremes natatórios e um abdome pequeno não segmentado (Figura 20.15 A). A segunda maxila modificou-se como ventosa, permitindo movimento ao longo do corpo do hospedeiro, ou mesmo de um peixe para outro. Peixes com grande infestação podem ser infectados por fungos e morrer. Não há náuplio e os jovens assemelham-se aos adultos, exceto quanto ao tamanho e ao grau de desenvolvimento dos apêndices.

Pentastomida

Os membros do antigo filo Pentastomida (do grego *pente*, cinco + *stoma*, boca) ou vermes-língua incluem cerca de 130 espécies de parasitos vermiformes do sistema respiratório de vertebrados. Os pentastomídeos adultos vivem, em sua maioria, nos pulmões de répteis, como serpentes, lagartos e crocodilos, mas uma espécie, *Reighardia sternae*, vive nos sacos aéreos de andorinhas-do-mar e gaivotas e outro, *Linguatula serrata* (do grego *lingua*, língua), na nasofaringe de caninos e felinos (ocasionalmente, na de seres humanos). Embora mais comuns em áreas tropicais, eles também ocorrem na América do Norte, na Europa e na Austrália.

Os adultos medem entre 1 e 13 cm de comprimento. Seu corpo é coberto por uma cutícula não quitinosa e muito porosa na forma de anéis transversais (Figura 20.15 B e C) que muda periodicamente durante os estágios larvais. A extremidade anterior pode apresentar cinco protuberâncias pequenas (origem do nome Pentastomida), quatro delas com ganchos quitinosos e a quinta com a boca (Figura 20.15). Um sistema digestório reto e simples é adaptado para processar o sangue do hospedeiro. O sistema nervoso, similar ao de outros artrópodes, tem gânglios pareados ao longo do cordão nervoso ventral. Os únicos órgãos sensoriais parecem ser papilas. Não há órgãos circulatórios, excretores nem respiratórios.

Os sexos são separados e as fêmeas são geralmente maiores que os machos. Uma fêmea pode produzir vários milhões de ovos, que sobem pela traqueia dos hospedeiros, são engolidos e lançados no ambiente com as fezes. As larvas eclodem como criaturas ovais com quatro patas robustas e curtas. A maioria dos ciclos de vida de pentastomídeos requer um hospedeiro intermediário vertebrado como um peixe, um réptil ou raramente um mamífero, que é comido pelo hospedeiro definitivo vertebrado. Após ingestão por um hospedeiro intermediário, as larvas penetram o intestino, migram ao acaso pelo corpo e, finalmente, sofrem metamorfose para ninfa. Após crescer e sofrer várias mudas, a ninfa finalmente se torna encapsulada e inativa. Quando comido por um hospedeiro definitivo, um jovem é capaz de atingir um pulmão, alimentar-se de sangue e tecidos e amadurecer.

Várias espécies foram encontradas encistadas em seres humanos; a mais comum é *Armillifer armillatus* (do latim *armilla*, anel + *fero*, apresentar), mas em geral causa poucos sintomas. *Linguatula serrata* é a causa de uma pentastomíase nasofaríngea, ou *halzoun*, uma doença de seres humanos do Oriente Médio e da Índia.

Xenocarida

Remipedia

Remipedia (Figura 20.16 A) é um grupo muito pequeno dentro de Crustacea. As 10 espécies descritas até o momento são provenientes de cavernas conectadas ao mar. Os membros de Remipedia trazem algumas características ancestrais dos crustáceos. Há de 25 a 38 segmentos no tronco (tórax e abdome), todos com apêndices natatórios pareados, birremes e essencialmente iguais. As antênulas são birremes. Os dois pares de maxilas e um par de maxilípedes são preênseis, aparentemente uma adaptação à função de alimentação. A forma dos apêndices natatórios é similar à encontrada em Copepoda, mas diferente dos copépodes e dos cefalocáridos, as patas natatórias são orientadas lateralmente em vez de ventralmente.

Cephalocarida

Cephalocarida (Figura 20.16 B) é também um pequeno grupo, com apenas nove espécies conhecidas. Os cefalocáridos ocorrem nas costas dos EUA, nas Índias Ocidentais e no Japão. Eles têm de 2 a 3 mm de comprimento e vivem em sedimentos da zona entremarés até 300 m de profundidade. Algumas de suas características são ancestrais: os apêndices torácicos são muito similares entre si e as segundas maxilas são muito semelhantes aos membros torácicos.

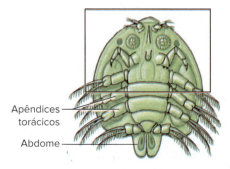

A Um piolho-de-peixe, *Argulus*

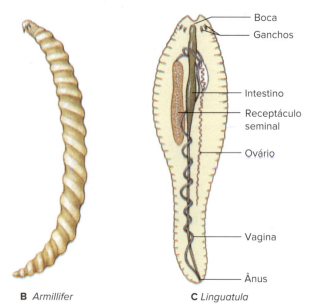

B *Armillifer*   **C** *Linguatula*

Figura 20.15 **A.** Piolhos-de-peixe (Branchiura), estão intimamente relacionados aos pentastomídeos (**B** e **C**).

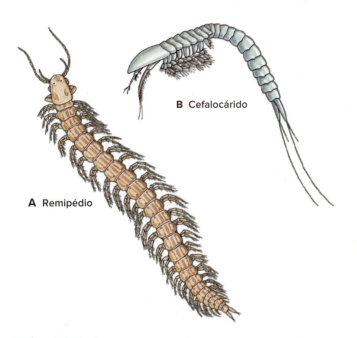

Figura 20.16 **A.** Crustáceo da classe Remipedia. **B.** Crustáceo da classe Cephalocarida.

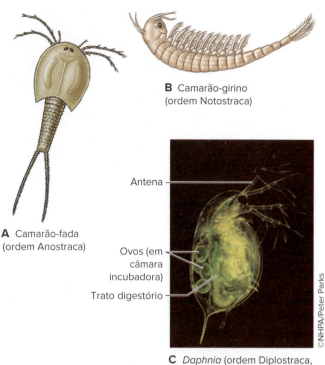

Figura 20.17 Os animais em **A**, **B** e **C** são membros da classe Branchiopoda.

Os cefalocáridos não têm olhos, carapaça nem apêndices abdominais. São hermafroditas verdadeiros e os únicos entre os Arthropoda a eliminarem óvulos e espermatozoides por um ducto comum.

Vericrustacea

Branchiopoda

Existem mais de 10 mil espécies de Branchiopoda, que representam uma forma de crustáceo com alguns caracteres ancestrais. Três ordens são reconhecidas: **Anostraca** (artêmias, Figura 20.17 B), sem carapaça; **Notostraca** (camarão-girino, Figura 20.17 A), cuja carapaça forma um grande escudo dorsal; e **Diplostraca** (pulgas-d'água, Figura 20.17 C), que normalmente possuem uma carapaça que envolve o corpo todo (camarões-ameijoa) ou exceto a região cefálica. Os Diplostraca lembram os ostrácodes. Em geral, os branquiópodes têm **filopódios** achatados similares a folhas – patas que servem como seus principais órgãos respiratórios (daí o nome branquiópodes). Em sua maioria, os branquiópodes também usam apêndices para filtrar partículas em suspensão e, em outros grupos, exceto os cladóceros, também os usam para locomoção.

A maioria dos branquiópodes vive em água doce. Os mais importantes e abundantes são as pulgas-d'água (cladóceros), que frequentemente formam uma grande proporção do zooplâncton de água doce. A reprodução é muito interessante e lembra a de alguns rotíferos (ver Capítulo 14). Durante o verão, os cladóceros frequentemente produzem só fêmeas por partenogênese, aumentando rapidamente sua população. Ocorrendo condições desfavoráveis, alguns machos são produzidos e óvulos para fertilização são produzidos normalmente por meiose (ovos fertilizados para sobrevivência durante o inverno são chamados de efípios). Os ovos fertilizados são altamente resistentes ao frio e à dessecação, o que é muito importante para a sobrevivência da população durante o inverno e para a transferência passiva a novos hábitats. A maioria dos cladóceros tem desenvolvimento direto, enquanto outros branquiópodes têm metamorfose gradual.

Copepoda

Esse grupo só é menor em número de espécies do que os Malacostraca, e sua biomassa total excede bilhões de toneladas nas águas marinhas e doces ao redor do mundo. Os copépodes são pequenos (em geral, possuem poucos milímetros ou menos de comprimento), e um tanto alongados e afilados na direção posterior. Eles não possuem carapaça e retêm o olho náuplio maxilópode mediano simples (Figura 20.18A). Eles têm um único par de maxilípedes uniremes e quatro pares de apêndices torácicos natatórios bastante achatados e biremes. O quinto par de patas é reduzido. A parte posterior do corpo é, em geral, separada da porção anterior apendiculada por uma articulação principal. As antênulas são frequentemente mais longas dos que os outros apêndices e são usadas para nadar. Os Copepoda tornaram-se muito diversificados e evolutivamente engenhosos, com grande número de espécies simbióticas e de vida livre. Muitos copépodes parasitos são altamente modificados, e os adultos podem ser tão modificados (bastante diferentes da descrição geral do grupo) que dificilmente são reconhecidos como artrópodes e muito menos como crustáceos.

Os copépodes de vida livre são de extrema importância ecológica e é frequente dominarem o nível trófico de consumidores (ver Seção 38.4) em comunidades aquáticas. Em muitos sistemas marinhos, o copépode *Calanus* é o organismo mais abundante do zooplâncton e compõe a porcentagem mais elevada da biomassa total (ver Seção 38.4). Em outros locais, sua biomassa só é menor do que a dos eufausiáceos (malacóstracos especializados chamados de *Krill*). *Calanus* forma a maior parte da dieta de peixes de grande importância ecológica e econômica, como arenques, savelhas e sardinhas. Esse gênero é também importante para as larvas de peixes maiores e, juntamente com os eufausiáceos, forma um item alimentar importante para algumas baleias e tubarões filtradores. Outros gêneros são de ocorrência comum no zooplâncton marinho e algumas formas, como *Cyclops* e *Diaptomus*, podem

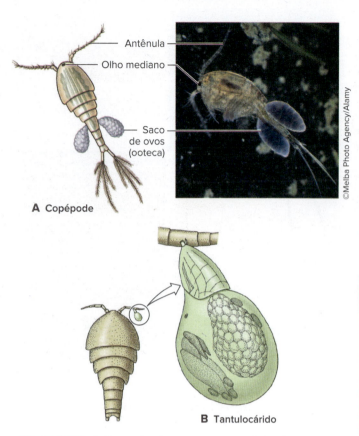

Figura 20.18 **A.** Um copépode com ootecas acopladas. **B.** Um tantulocárido. Esse pequeno parasito bizarro é mostrado aderido à primeira antena do seu copépode hospedeiro à esquerda.

formar um importante segmento do plâncton de água doce. Muitas espécies de copépodes são parasitos de uma grande variedade de outros invertebrados marinhos e de peixes marinhos e de água doce e podem ter elevada importância econômica. Algumas espécies de copépodes de vida livre são hospedeiros intermediários de parasitos de seres humanos, como *Diphyllobothrium* (uma tênia) e *Dracunculus* (um nematódeo), bem como de outros animais.

O desenvolvimento dos Copepoda é indireto, e alguns parasitos muito modificados sofrem metamorfoses impressionantes.

Tantulocarida

Tantulocarida (Figura 20.18 B) é um grupo de crustáceos descritos pela primeira vez em 1983. Só foram descritas 12 espécies até o presente. São pequeninos (0,15 a 0,2 mm) ectoparasitos semelhantes a copépodes, e infestam outros crustáceos bentônicos de mar profundo. Não têm apêndices cefálicos reconhecíveis, exceto um par de antenas nas fêmeas sexuadas. O ciclo de vida não é conhecido com certeza, mas as evidências atuais sugerem a ocorrência de um ciclo partenogenético e um ciclo com sexos separados e fertilização. A larva **tântulo** penetra na cutícula dos seus hospedeiros pela boca. O abdome e todas as suas patas torácicas são perdidos durante a metamorfose em adultos. Os jovens têm de seis a sete segmentos abdominais.

Thecostraca (Cirripedia)

Os Thecostraca incluem as cracas (ordem Thoracica) – animais em geral envolvidos por uma concha de placas calcárias – bem como três ordens menores de formas parasíticas ou que se enterram no sedimento. As cracas são sésseis quando adultas e podem estar aderidas ao substrato por meio de um pedúnculo (lepadomorfos) ou diretamente (cracas). Sua forma típica mostra uma carapaça (manto) que envolve o corpo e secreta uma concha de placas calcárias. A cabeça é reduzida, sem abdome e os apêndices torácicos são cirros longos multiarticulados e com cerdas semelhantes a cabelo. Os cirros são estendidos por uma abertura entre as placas calcárias para filtrar pequenas partículas em suspensão na água, utilizadas como alimento. Embora todas as cracas sejam marinhas, frequentemente são encontradas na zona entremarés; portanto, às vezes ficam expostas por determinados períodos à dessecação e à ação da água doce. Por exemplo, *Semibalanus balanoides* pode tolerar temperaturas abaixo do ponto de congelamento na região entremarés do Ártico e sobreviver exposto ao ar no seu substrato rochoso por mais do que 9 h no verão. Durante esses períodos, a abertura entre as placas fica reduzida a uma fenda muito estreita.

> **Tema-chave 20.3**
> **CONEXÃO COM SERES HUMANOS**
>
> **Cracas impactam passeios de barco**
>
> As cracas com frequência aderem ao casco de navios, onde se estabelecem e crescem. O seu número pode aumentar em tal escala, que a velocidade do navio pode ser reduzida em 30 a 40%, precisando aportar em diques secos para removê-las. As cracas podem viver também sobre baleias (ver Figura 20.23A), onde também afetam negativamente a hidrodinâmica de seus hospedeiros. Vastas somas de dinheiro foram gastas em tintas e revestimentos destinados a evitar o assentamento e a fixação de larvas de cracas em barcos. Algumas tintas contêm metais, como cobre e, outros materiais de revestimento incorporam biocidas. Alguns desses revestimentos anti-incrustantes agora são proibidos internacionalmente porque espalham produtos químicos tóxicos pelos oceanos, danificando ecossistemas.

A maioria das cracas não parasitas é hermafrodita e sofre uma metamorfose impressionante durante o desenvolvimento. A maioria eclode como náuplio, que logo se torna uma larva cipris, assim chamadas pela sua semelhança com um ostracode do gênero *Cypris*. Elas têm uma carapaça bivalve e olhos compostos. As larvas cipris fixam-se ao substrato pelas primeiras antenas possuidoras de glândulas adesivas, e iniciam sua metamorfose. Esta envolve várias mudanças dramáticas, incluindo a secreção de placas calcárias, perda de olhos e transformação dos apêndices natatórios em cirros. Como as cracas adultas são sésseis e não se assemelham a crustáceos típicos, foram originalmente classificadas como moluscos e as partes de seu corpo receberam nomes de partes de moluscos. É por isso que o tecido dentro das placas das cracas é chamado de "manto", sendo que normalmente esse termo é limitado ao tecido do molusco que reveste e forma a concha. A descoberta da larva náuplio da craca levou à classificação correta.

Os membros da ordem Rhizocephala, como *Sacculina*, são parasitos altamente modificados de caranguejos. Essas cracas são dioicas. Como os outros cirripédios, elas começam a vida como náuplios e depois se tornam larvas cipris, mas quando encontram um hospedeiro, as fêmeas da maioria das espécies se metamorfoseiam em um **quentrogon** (do grego *kentron*, ponta, espinho + *gonos*, progênie) que injeta células do parasito na hemocele do seu hospedeiro caranguejo (Figura 20.19). Finalmente, estruturas de absorção semelhantes a raízes crescem pelo corpo do caranguejo e estruturas de reprodução do parasito tornam-se externalizadas entre o cefalotórax e o abdome entreaberto do caranguejo. Machos no estágio cipris aderem à câmara incubadora externa das fêmeas.

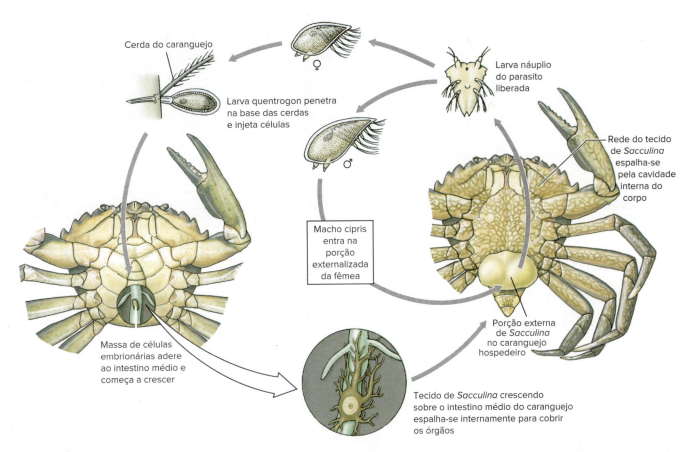

Figura 20.19 Ciclo de vida de *Sacculina* (ordem Rhizocephala, subclasse Cirripedia; classe Maxillopoda), parasito de caranguejos (*Carcinus*).

Tema-chave 20.4
ADAPTAÇÃO E FISIOLOGIA

Cracas parasitas induzem cuidados aos progenitores do hospedeiro

A posição exata onde as estruturas reprodutivas irrompem a superfície no corpo do caranguejo é de grande valor adaptativo para os rizocéfalos parasitos. Como a massa de ovos de um caranguejo seria carregada nessa posição, um caranguejo trata o parasito como se fosse uma massa de seus ovos. Ele protege, ventila e aloja seu parasito e de fato auxilia na reprodução deste, realizando o comportamento de desova no momento apropriado. A preparação do caranguejo é necessária para uma boa saúde contínua do parasito. Mas e se a larva do rizocéfalo tiver o azar de infectar um caranguejo macho? Durante o crescimento interno do parasito no caranguejo macho, o parasito castra seu hospedeiro, e o caranguejo passa a se comportar como uma fêmea em termos de cuidado com o parasito. As gônadas não se desenvolvem em caranguejos parasitados de nenhum dos sexos.

Malacostraca

Malacostraca, com mais de 20 mil espécies em todo o mundo, apresenta grande diversidade. Limitaremos nossa exposição a alguns dos grupos mais importantes. Descrevemos o plano corporal característico dos malacóstracos nas Figuras 20.2 a 20.8.

Ordem Isopoda. Os isópodes são um dos poucos grupos de crustáceos que invadiram com sucesso os hábitats terrestres, além de ocuparem ambientes marinhos e de água doce. São os únicos crustáceos que se tornaram verdadeiramente terrestres.

Os isópodes são normalmente achatados dorsoventralmente, sem carapaça, e apresentam olhos compostos sésseis; os maxilípedes são o primeiro par de apêndices torácicos; as outras patas torácicas não apresentam exópodes e são similares entre si. Os apêndices abdominais apresentam brânquias ou órgãos similares a pulmões, chamados de pseudotraqueias, e, com exceção dos urópodes, também são similares entre si (por isso denominados isópodes). Muitas espécies, por proteção, são capazes de enrolar o corpo formando uma bola.

As formas terrestres comuns são os tatuzinhos ou tatuzinhos-de-jardim (*Porcellio* e *Armadillidium*, Figura 20.20 A), que vivem sob pedras e em ambientes úmidos. Embora terrestres, eles não têm uma cobertura cuticular eficiente e outras adaptações para conservação de água como os insetos; portanto, precisam viver em ambientes úmidos (p. ex.: sob troncos ou pedras úmidas). De certa forma, os isópodes imitam os insetos ao usar recortes da cutícula, chamados pseudotraqueias, para a respiração, mas essas reentrâncias são muito menos complexas do que a traqueia de inseto. *Caecidotea* (Figura 20.20 B) é uma forma comum de água doce encontrada sob pedras e entre plantas aquáticas. *Ligia* é uma forma marinha comum que ocupa costões rochosos ou praias. Alguns isópodes são parasitos de peixes (Figura 20.21 A) ou crustáceos.

Alguns isópodes gigantes no fundo do mar chegam a 40 cm de comprimento (Figura 20.21 B). Eles habitam profundidades de até 2.100 m e são comuns entre 300 e 600 m. Eles se alimentam dos corpos de animais mortos que afundam ou capturam pequenas presas. O desenvolvimento é essencialmente direto, mas pode ser fortemente metamórfico em parasitos especializados.

A Bicho-de-conta ou tatuzinho-de-jardim, *Armadillidium vulgare*

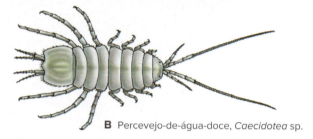

B Percevejo-de-água-doce, *Caecidotea* sp.

Figura 20.20 **A.** Quatro tatuzinhos-de-jardim, *Armadillidium vulgare* (ordem Isopoda, Malacostraca), forma terrestre comum. **B.** *Caecidotea* sp., um isópode aquático.

Figura 20.22 Anfípodes marinhos. *Phronima*, um anfípode marinho pelágico que se alimenta da porção interna de salpas (subfilo Urochordata, ver Capítulo 23), apoderando-se de sua túnica. O anfípode projeta suas nadadeiras abdominais da túnica em forma de barril para manobrar seu novo lar pela água e capturar presas. Apenas o anfípode é mostrado nesta foto.

Ordem Amphipoda. Os anfípodes assemelham-se aos isópodes no sentido de que não têm uma carapaça, presença de olhos compostos sésseis e um par de maxilípedes (Figura 20.22). Entretanto, seu corpo é comprimido lateralmente, e suas brânquias ficam em posição torácica. Além disso, seus apêndices torácicos e abdominais são arranjados em dois ou mais grupos que diferem em forma e função. Por exemplo, um grupo de patas abdominais pode ser natatória e outro saltadora. Há muitos anfípodes marinhos, incluindo formas praianas (p. ex., *Orchestia*, um saltão-de-praia), inúmeros gêneros de água doce (*Hyalella* e *Gammarus*) e poucos parasitos (Figura 20.23 B). O desenvolvimento é direto e sem uma metamorfose verdadeira.

Ordem Euphausiacea. Euphausiacea é um grupo com apenas 90 espécies, mas são importantes como plâncton oceânico conhecido como *krill* (Figura 20.24). Medem aproximadamente 3 a 6 cm de comprimento, e têm uma carapaça fusionada com todos os segmentos torácicos, mas que não encobre totalmente as brânquias. Eles não têm maxilípedes, mas apresentam exópodes nas patas torácicas. A maioria é bioluminescente, devido à presença de uma substância produtora de luz em órgãos chamados fotóforos. Algumas espécies podem ocorrer em enormes aglomerações, capazes de cobrir áreas de mais de 45 m², estendendo-se por 500 m em uma direção. Eles formam a maior parte da dieta de baleias e muitos peixes. Os ovos eclodem como náuplios e o desenvolvimento é indireto e metamórfico.

Ordem Decapoda. Os decápodes têm três pares de maxilípedes e 5 pares de patas ambulacrais. Nos caranguejos, o primeiro par é modificado para formar pinças (**quelas**), mas o segundo e o terceiro pares podem também ser quelados, como nos lagostins, lagostas e maioria dos camarões. Seu tamanho varia de poucos milímetros até o maior de todos os artrópodes, o caranguejo-aranha-japonês, cuja

A

B

Figura 20.21 **A.** Um isópode parasito (*Anilocra* sp.) sobre um peixe (*Cephalopholis fulvus*) habitante de um recife de coral caribenho (ordem Isopoda, Malacostraca). **B.** Um isópode gigante, *Bathynomus giganteus*, das profundezas do Oceano Atlântico.

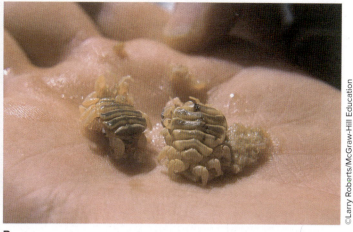

Figura 20.23 A. Cabeça e boca de uma baleia cinza saudável da Califórnia, *Eschrichtius robustus*, que mostra o seu recobrimento característico por cracas (Thecostraca) e anfípodes parasitos da família Cyamidae (ordem Amphipoda, Malacostraca) (*setas*). Note as barbatanas amareladas na boca (ver Figura 32.1). **B.** Parasitos da família Cyamidae da baleia cinza. Ao contrário da maioria dos anfípodes, estes têm o corpo comprimido dorsoventralmente. Eles têm quelas preênseis e afiadas nas patas.

Figura 20.24 *Meganyctiphanes* (ordem Euphausiacea, Malacostraca), "*krill*-do-norte".

envergadura atinge 4 m de uma extremidade a outra. Lagostins, lagostas, siris, caranguejos e camarões "verdadeiros" pertencem a esse grupo (Figuras 20.25 e 20.26). Há cerca de 18 mil espécies de decápodes, e a ordem é bastante diversificada. Há muitas espécies de grande importância ecológica e econômica, e inúmeras apreciadas como alimento.

Os caranguejos, em especial, exibem grande variedade de formas. Apesar de sua semelhança com os lagostins, eles diferem destes por um cefalotórax relativamente mais largo e abdome reduzido. Exemplos familiares ao longo da costa são: os ermitões, que vivem em conchas de moluscos (porque seus abdomes não são protegidos pelo mesmo exoesqueleto pesado como suas partes anteriores); os caranguejos *Uca* (Figura 20.25 B), que fazem tocas na areia logo abaixo do nível da maré alta e delas saem para percorrer a areia quando a maré baixa; os caranguejos *Libinia*; os interessantes *Dromidia* e outros, cujas carapaças são cobertas com esponjas e anêmonas-do-mar como camuflagem protetora (Figura 20.26).

20.3 FILOGENIA E DIVERSIFICAÇÃO ADAPTATIVA

Filogenia

As filogenias dos crustáceos que usam caracteres moleculares diferem de maneira significativa daquelas com base nos caracteres morfológicos. A Figura 20.1 descreve um novo arranjo dos táxons dos crustáceos, com pentastomídeos, braquiúros, mistacocáridos e ostrácodes formando um clado que divergiu dos outros crustáceos na base da árvore. Os morfologistas consideram que os membros de Remipedia ocuparam essa posição. Os remipédios possuem um corpo alongado, sem tagmatização posterior à cabeça, cordão nervoso ventral duplo e arranjo serial dos cecos digestivos. Os fósseis de um artrópode enigmático do Período Missipiano parecem ser de um grupo-irmão dos remipedios, e sua morfologia sugeriu um mecanismo para a origem dos apêndices birremes. Eles têm *dois pares* de apêndices unirremes em cada segmento. Assim, foi apontado que cada segmento dos crustáceos represente dois segmentos ancestrais que se fusionaram ("condição diplópode", como o visto em Diplopoda, milípedes) e que os apêndices birremes derivaram da fusão das duas patas em um segmento diplópode ancestral. Entretanto, sabe-se agora que a modulação na expressão do gene *Distal-less (Dll)* determina a localização das extremidades distais das patas dos artrópodes. Em cada apêndice primordial birreme (embrionário), o gene *Dll* pode ser observado em dois grupos de células, cada um dos quais será um ramo da pata. Nos primórdios da pata unirreme, há apenas um grupo dessas células, e, nos primórdios dos membros filópodes (como na classe Branchiopoda), há tantos grupos expressando *Dll* quanto ramificações de membros. Assim, os membros unirremes não são necessariamente ancestrais aos membros birremes. Os crustáceos birremes ocorrem em ambos os lados da divisão filogenética mais profunda no grupo, sugerindo que o crustáceo ancestral era provavelmente birreme.

Crustacea agora é o táxon dos pentastomídeos vermiformes. Os pentastomídeos vermiformes foram colocados em Ecdysozoa próximo aos artrópodes porque suas formas larvais pareciam larvas de tardígrados, sua cutícula sofre muda e há outras similaridades na morfologia dos espermatozoides e apêndices larvais. As filogenias baseadas nas sequências de genes de RNA ribossômico indicam que os pentastomídeos são crustáceos. Um estudo dos arranjos de genes e de sequências de bases do DNA mitocondrial confirmaram esse resultado. Os pentastomídeos são agora considerados crustáceos altamente derivados e são colocados próximos aos parasitos braquiúros de peixes (Branchiura).

Algumas vezes, as filogenias moleculares incluem os insetos (Hexapoda) nos Crustacea, mas não há um consenso geral em relação ao grupo a que pertencem. Em alguns casos, eles são incluídos próximos aos Branchiopoda, mas um estudo recente os incluiu próximos aos Remipedia.

Figura 20.25 Crustáceos decápodes. **A.** Um caranguejo de rocha tropical vermelho-brilhante, *Grapsus grapsus*, é uma exceção conspícua à regra de que a maioria dos caranguejos mostra coloração críptica. **B.** Um caranguejo macho *Uca* sp. mexe seu quelípode grande para sinalizar territorialidade, defesa e combate. **C.** Um camarão *Rhynchocinetes rigens* caça em cavernas e recifes de coral, mas somente à noite. **D.** A lagosta *Panulirus argus* (mostrada na foto) e a lagosta-do-norte, *Homarus americanus*, são apreciadas para o consumo por muitas pessoas (ordem Decapoda, Malacostraca).

Figura 20.26 O caranguejo-de-esponja *Dromidia antillensis*. Esse caranguejo é uma das várias espécies que executam camuflagem deliberada com material do seu ambiente (ordem Decapoda, Malacostraca).

Diversificação adaptativa

O nível de diversificação adaptativa demonstrado pelos crustáceos é alto, com exploração de praticamente todos os tipos de recursos aquáticos. São, inquestionavelmente, o grupo de artrópodes dominantes nos ambientes marinhos e compartilham com os insetos a dominância nos ambientes de água doce. As invasões de ambientes terrestres têm sido muito mais limitadas e o único sucesso notável é o dos isópodes. São poucos os outros exemplos, como os caranguejos terrestres. No entanto, se os insetos surgiram dentro dos crustáceos, os crustáceos são responsáveis por uma invasão terrestre verdadeiramente espetacular.

A classe mais diversificada é a dos Malacostraca e os grupos mais abundantes são os Copepoda e os Ostracoda. Os membros dos dois táxons incluem filtradores planctônicos e inúmeros detritívoros. Os pequenos copépodes herbívoros estão na base de quase todas as teias alimentares marinhas e são essenciais para os processos ecológicos nos oceanos. Os copépodes são particularmente bem-sucedidos como parasitos de vertebrados e invertebrados, e está claro que os copépodes parasitas atuais são produtos de inúmeras invasões desses nichos.

Características do subfilo Crustacea

A classificação dos táxons superiores de Crustacea é complexa e sujeita a mudanças conforme novos dados tornam-se disponíveis. Mencionamos os grupos a seguir apoiados em diversas fontes, omitindo muitos táxons pequenos.

Ostracoda (do grego *ostrakodes*, com concha): **ostrácodes**. Carapaça bivalve envolvendo inteiramente o corpo; corpo não segmentado ou com segmentação indistinta; não mais do que dois pares de apêndices no tronco. Exemplos: *Cypris, Cypridina, Gigantocypris*.

Mystacocarida (do grego *mystax*, bigode + *karis*, camarão + *ida*, sufixo plural): **"camarões-de-bigode"**. Carapaça ausente; corpo com cabeça e tronco com dez segmentos; télson com ramos caudais semelhantes a garras; apêndices cefálicos quase idênticos, mas as antenas e mandíbulas são birremes, enquanto outros apêndices cefálicos são unirremes; apêndices pequenos e uniarticulados do segundo ao quinto segmentos do tronco. Exemplo: *Derocheilocaris*.

Branchiura (do grego *branchia*, brânquias + *ura*, cola): **"piolho-de-peixe"**. Corpo oval, cabeça e a maior parte do tronco cobertos por uma carapaça achatada, parcialmente fusionada com o primeiro segmento torácico; tórax com quatro pares de apêndices birremes; abdome não segmentado e bilobado; olhos compostos; antenas e antênulas reduzidas; maxílulas frequentemente formam ventosas. Exemplos: *Argulus, Chonopeltis*.

Pentastomida (do grego *pente*, cinco + *stoma*, boca): **pentastomídeos**. Corpo vermiforme não segmentado com cinco protuberâncias anteriores pequenas, quatro com garras e a quinta com boca com ventosas. Exemplos: *Armillifer, Linguatula*.

Remipedia (do latim *remipedes*, pés em forma de remo). Carapaça ausente; protópodes unisegmentados; antênulas e antenas birremes; todos os apêndices do tronco são similares; apêndices cefálicos grandes e raptoriais; segmento do maxilípede fusionado aos segmentos cefálicos; tronco não regionalizado. Exemplo: *Speleonectes*.

Cephalocarida (do grego *kephalē*, cabeça + *karis*, camarão + *ida*, sufixo indicativo de plural). Carapaça ausente; filopódios, protópodes uniarticulados; antênulas unirremes e antenas birremes; olhos compostos ausentes; apêndices abdominais ausentes; maxilípede similar aos apêndices torácicos. Exemplo: *Hutchinsoniella*.

Branchiopoda (do grego *branchia*, brânquia + *pous, podos*, pés). Filopódios; carapaça presente ou ausente; maxilípedes ausentes; antênulas reduzidas; olhos compostos presentes; apêndices abdominais ausentes; maxila reduzida.

Ordem Anostraca (do grego *an-*, prefixo significando sem + *ostrakon*, concha): **artêmias**. Carapaça ausente; apêndices abdominais ausentes; antena unirreme. Exemplos: *Artemia, Branchinecta*.

Ordem Notostraca (do grego *nōtos*, parte posterior + *ostrakon*, concha). **"Camarão-girino"**. Carapaça formando um escudo dorsal grande; apêndices abdominais presentes, os posteriores reduzidos; antenas vestigiais. Exemplos: *Triops, Lepidurus*.

Ordem Diplostraca (do grego *diploos*, duplo + *ostrakon*, concha) **pulgas-d'água** (cladóceros) e **conchóstracos**. Carapaça dobrada, em geral envolvendo o tronco, mas não a cabeça (cladóceros) ou envolvendo o corpo inteiro (conchóstracos); antenas birremes. Exemplos: *Daphnia, Leptodora, Lynceus*.

Copepoda (do grego *kope*, remo + *pous, podos*, pé): copépodes. Carapaça ausente; tórax normalmente com sete segmentos, dos quais o primeiro, e às vezes o segundo, está fusionado com a cabeça para formar um cefalotórax; antênulas unirremes; antenas unirremes ou birremes; quatro a cinco pares de apêndices natatórios; formas parasíticas frequentemente muito modificadas. Exemplos: *Cyclops, Diaptomus, Calanus, Ergasilus, Lernaea, Salmincola, Caligus*.

Tantulocarida (do latim *tantulus*, pequeno + *caris*, camarão). Apêndices cefálicos não reconhecíveis, exceto as antenas da fêmea sexuada; um estilete sólido mediano cefálico; seis segmentos torácicos livres, todos com um par de apêndices, os cinco anteriores birremes; seis segmentos abdominais; são ectoparasitos diminutos semelhantes aos copépodes. Exemplos: *Basipodella, Deoterthron*.

Thecostraca (Cirripedia) (do latim *cirrus*, anel de cabelo + *pes, pedis*, pé): **cracas**. Sésseis ou parasitos quando adultos; cabeça reduzida e abdome rudimentar; olhos pares compostos ausentes; corpo com segmentação indistinta; em geral, hermafroditas; nas formas de vida livre, a carapaça torna-se um manto que secreta placas calcárias; as antênulas tornam-se órgãos de fixação e então desaparecem. Exemplos: *Balanus, Policipes, Sacculina*.

Malacostraca (do grego *malakos*, mole + *ostrakon*, concha). Em geral com oito segmentos no tórax e seis segmentos mais télson no abdome; apêndices em todos os segmentos; antênulas frequentemente birremes; do primeiro até o terceiro apêndice torácico frequentemente maxilípede; a carapaça cobre a cabeça e parte do tórax ou todo ele, algumas vezes ausente; brânquias são, em geral, epípodes torácicos.

Ordem Isopoda (do grego *isos*, igual + *pous, podos*, pé): **isópodes**. Carapaça ausente; antênulas em geral unirremes, às vezes vestigiais; olhos sésseis (sem pedúnculo); brânquias nos apêndices abdominais; corpo em geral achatado dorsoventralmente; o segundo par de apêndices torácicos em geral não é preênsil. Exemplos; *Armadillidium, Caecidotea, Ligia, Porcellio*.

Ordem Amphipoda (do grego *amphis*, em ambos os lados + *pous, podos*, pés): **anfípodes**. Carapaça ausente; antênulas frequentemente birremes; olhos em geral sésseis, brânquias nos coxópodes torácicos; o segundo e o terceiro membros torácicos em geral preênseis; forma do corpo normalmente comprimida bilateralmente. Exemplos: *Orchestia, Hyalella, Gammarus*.

Ordem Euphausiacea (do grego *eu*, bem + *phausi*, brilho radiante + do latim *acea*, sufixo: pertence a): **krill**. Carapaça fusionada a todos os segmentos torácicos, mas sem recobrir inteiramente as brânquias, ausência de maxilípedes; todos os apêndices torácicos com exópodes. Exemplo: *Meganyctiphanes*.

Ordem Decapoda (do grego *deka*, dez + *pous, podos*, pés): **camarões**, **caranguejos** e **lagostas**. Todos os segmentos torácicos fundidos e recobertos pela carapaça; olhos pedunculados; os três primeiros pares de apêndices torácicos modificados como maxilípedes. Exemplos: *Farfantepenaeus* (= Penaeus), *Cancer, Pagurus, Grapsus, Homarus, Panulirus*.

RESUMO

Seção	Conceito-chave
20.1 Subfilo Crustacea	• Crustacea é um subfilo grande, principalmente aquático • Os crustáceos têm um par de mandíbulas, dois pares de antenas e dois pares de maxilas. Seus tagmas são uma cabeça e tronco ou cabeça, tórax e abdome. Muitos têm carapaça. Os apêndices dos crustáceos são ancestralmente birremes • Os hábitos de alimentação variam muito nos crustáceos; existem predadores, necrófagos, comedores de suspensão e parasitos. Alguns até obtêm nutrição de bactérias quimiossintetizantes • A respiração é feita pela superfície do corpo ou por brânquias, e os órgãos excretores assumem a forma de glândulas maxilares ou antenais • A circulação, como em outros artrópodes, ocorre por meio de um sistema aberto de seios (hemocele), e um coração tubular dorsal é o principal órgão de bombeamento • A maioria dos crustáceos tem olhos compostos de unidades chamadas omatídios • Os artrópodes devem, periodicamente, descartar sua cutícula antiga (ecdise) e crescer em tamanho antes que a cutícula recém-secretada endureça. Os períodos de pré e pós-muda são controlados hormonalmente, assim como vários outros processos, como mudança na cor do corpo e expressão de características sexuais
20.2 Uma breve revisão sobre crustáceos	• Os crustáceos são divididos em três grupos: Oligostraca, Xenocarida e Vericrustacea. Discutimos apenas alguns membros do grupo • Os membros de Oligostraca discutidos são Ostracoda, Mystacocarida, Branchiura e Pentastomida • Branchiura contém os piolhos-de-peixe. Intimamente relacionados aos piolhos-de-peixe estão os vermes-língua (ex-membros do filo Pentastomida); eles são parasitos nos pulmões e nas cavidades nasais dos vertebrados • Os membros da Xenocarida discutidos são Remipedia e Cephalocarida. Remipedios são pequenos habitantes de cavernas com corpos simples e segmentados • Os membros de Vericrustacea discutidos são Branchiopoda, Copepoda, Tantulocarida, Thecostraca e Malacostraca • Branchiopoda é caracterizada por filopódios e contém, entre outras, a ordem Diplostraca, ecologicamente importante como zooplâncton • Os copépodes não têm carapaça e apêndices abdominais. Eles são abundantes e estão entre os mais importantes consumidores primários em muitos ecossistemas de água doce e marinhos. Muitos são parasitos • A maioria dos membros de Thecostraca (cracas) são sésseis quando adultos, secretam uma concha de placas calcárias e se alimentam por meio de seus apêndices torácicos • Malacostraca é um grupo diverso e conhecido cujas ordens importantes são Isopoda, Amphipoda, Euphausiacea e Decapoda. Todos têm apêndices abdominais e torácicos • Os isópodes não têm carapaça e geralmente são achatados dorsoventralmente • Os anfípodes não têm carapaça, mas geralmente são achatados lateralmente • Eufausídeos são importantes plânctons oceânicos chamados *krill* • Os decápodes incluem caranguejos, camarões, lagostas, lagostins e outros; eles têm cinco pares de pernas ambulacrais (incluindo quelípedes) em seu tórax
20.3 Filogenia e diversificação adaptativa	• Oligostraca forma o táxon-irmão de um clado que compreende Xenocarida e Vericrustacea. Eles têm um par de pedipalpos (que podem ser semelhantes às pernas ambulacrais) e quatro pares de pernas ambulacrais • Filogenias de crustáceos baseadas na morfologia erroneamente mostraram Remipedia ramificando-se na base da árvore devido à simplicidade de seus corpos, composto essencialmente de uma cabeça com um tronco sem tagmas, com segmentos idênticos repetidos • Um grupo fóssil, presumivelmente relacionado aos remipedios, tinha dois pares de apêndices unirremes por segmento, levando à ideia de que a fusão dos apêndices resultou na condição birreme dos crustáceos • Crustáceos birremes ocorrem em ambos os lados da divisão filogenética mais profunda dentro do grupo, sugerindo que o crustáceo ancestral provavelmente era birreme • A base genética para o número de ramos por apêndice surpreendeu os cientistas devido à relativa facilidade de mudança; isso sugere que os ramos por apêndice podem não ser um bom caráter filogenético

QUESTÕES DE REVISÃO

1. Liste os apêndices cefálicos dos crustáceos. Que outras características importantes distinguem os Crustacea de outros artrópodes?
2. Defina os seguintes termos: tergito, esternito, télson, protópode, exópode, endópode, epípode, endito e exito.
3. O que significa estruturas homólogas? O que significa homologia serial e como ocorre nos crustáceos?
4. O que é uma carapaça?
5. Descreva brevemente a respiração e a circulação nos lagostins.
6. Resuma as funções das glândulas antenais e maxilares em Crustacea.
7. Como um lagostim detecta suas mudanças de posição?
8. Qual é a unidade de fotorrecepção do olho composto? Como essa unidade se ajusta às variações da quantidade de luz?
9. O que é um náuplio? Qual a diferença entre desenvolvimento direto e indireto em Crustacea?
10. Descreva o processo de muda em Crustacea, incluindo a ação hormonal e o processo de ecdise.
11. Quais características distinguem Branchiopoda, Ostracoda, Copepoda, Thecostraca e Malacostraca?
12. Explique por que se pensava que os Remipedia se assemelhavam aos crustáceos ancestrais.
13. Explique a importância ecológica dos copépodes para os ecossistemas marinhos e de água doce.
14. Explique resumidamente a determinação genética para os apêndices unirremes e birremes.
15. O que é um pentastomídeo e onde pode ser encontrado?

Para reflexão. A flexibilidade inerente ao plano corporal segmentado foi claramente importante para a evolução dos crustáceos, mas por que os crustáceos são muito mais diversificados do que os anelídeos, que é outro táxon segmentado?

21 Hexápodes

OBJETIVOS DE APRENDIZAGEM

Após leitura do capítulo, você será capaz de:

21.1 Distinguir classes Insecta e Entognatha dentro de Hexapoda e explicar por que os insetos são um grupo tão diverso.
21.2 Descrever os três insetos que possuem tagmas e explicar como os apêndices são modificados para a locomoção, em particular para o voo; explicar o controle neuronal dos músculos de voo.
21.3 Explicar os aspectos essenciais da fisiologia dos insetos: alimentação, circulação, respiração, excreção, reprodução e sistemas sensoriais.
21.4 Comparar e contrastar o desenvolvimento direto e o indireto, e explicar como a metamorfose é realizada.
21.5 Discutir as várias maneiras pelas quais os insetos se defendem e se comunicam, incluindo o comportamento social em sua discussão.
21.6 Discutir as maneiras pelas quais os insetos melhoram a vida humana, bem como as áreas em que causam danos, incluindo os métodos de controle humano na discussão.
21.7 Explicar a relação evolutiva entre Crustacea e Hexapoda, cobrindo todas as áreas de controvérsia.

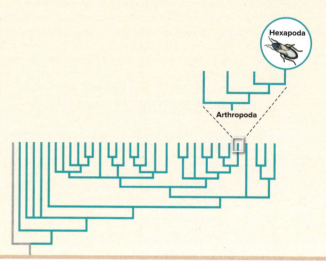

Surtos de insetos

Os seres humanos sofrem perdas econômicas irremediáveis por causa dos insetos. As infestações por gafanhotos na África parecem coisa do passado para muitos hoje em dia, mas isso está longe de ser verdade. As populações de gafanhotos flutuam entre fases calmas, quando eles ocupam apenas 16 milhões de quilômetros quadrados em 30 países africanos, e fases de praga, quando ocupam 29 milhões de quilômetros quadrados de terra em 60 países. Um enxame de gafanhotos, *Schistocerca gregaria*, contém de 40 a 80 milhões de insetos por quilômetro quadrado. Nas fases de pico, eles recobrem 20% da superfície terrestre e comprometem o sustento de 10% da população da Terra. A última fase de epidemia ocorreu entre 1986 e 1989, mas a Organização de Alimentos e Agricultura (FAO – Food and Agriculture Organization) da ONU monitora e mapeia os tamanhos das populações continuamente, a fim de responder rapidamente a infestações (http://www.fao.org/ag/locusts/en/info/faq/index.html). Na Argélia, 130 acres foram tratados contra gafanhotos em 2018.

No oeste dos EUA e do Canadá, infestações de besouros escolitíneos nas décadas de 1980 e 1990 dizimaram pinheiros em áreas extremamente extensas e um surto atual tem prejudicado florestas em Wyoming e Colorado. Árvores de espruce na mesma área foram danificadas por um novo surto de mariposas tortricídeas, *Choristoneura fumiferana*, que matou milhões de coníferas entre 1973 e 1985. Desde a sua introdução, na década de 1920, um fungo que causa a doença holandesa do ulmeiro, principalmente transmitido por besouros escolitíneos, praticamente destruiu os ulmeiros na América do Norte. Outro invasor estrangeiro, o besouro-minador-do-freixo, cujas larvas consomem a madeira dos bordos e outras árvores, ameaça os freixos do continente. Recentemente, o besouro-asiático *Anoplophora glabripennis*, que é tão destrutivo quanto os supracitados, estabeleceu populações nas florestas de Massachusetts.

Os insetos excedem de longe, em número de espécies, todas as outras espécies de animais do mundo em conjunto, e o número de indivíduos é igualmente enorme. Alguns cientistas estimam que existem 200 milhões de insetos para cada ser humano vivo hoje! Felizmente, muitos desses insetos são benéficos, incluindo aqueles que consomem insetos que são prejudiciais. As joaninhas consomem afídeos e podem prevenir surtos em jardins. Abelhas e mariposas polinizam muitas plantas de cultivos importantes. Muitos pássaros e outros animais silvestres dependem de insetos para se alimentar. Apesar do dano potencial de surtos, nosso mundo seria irreconhecível sem insetos. O recente declínio mundial nas populações de abelhas representa apenas um exemplo de quanto contamos com insetos em nosso dia a dia.

A maioria das espécies animais é composta por insetos.
iStock@Ale-ks

- **PHYLUM ARTHROPODA**
  - Subfilo Hexapoda

O subfilo Hexapoda é assim chamado pela presença de **seis pernas** nos membros do grupo. Todas as pernas são **unirremes**. Os hexápodes têm **três tagmas** – cabeça, tórax e abdome – com apêndices na cabeça e no tórax. Os apêndices abdominais são bastante reduzidos ou ausentes. Existem duas classes dentro de Hexapoda: Entognatha e Insecta (Figura 21.1).

21.1 CLASSES ENTOGNATHA E INSECTA

Entognatha é um pequeno grupo cujos membros têm as bases das peças bucais encerradas dentro de uma cápsula cefálica. Existem três ordens de entognatos. Os membros de Protura e Diplura são diminutos, sem olhos, e habitam o solo ou locais escuros e úmidos, onde são raramente percebidos. Os membros de Collembola são comumente chamados, em inglês, de *springtails* (cauda-de-mola), devido à sua habilidade de saltar: um animal com 4 mm de comprimento pode saltar 20 vezes seu comprimento de corpo. Os colêmbolos vivem no solo, em matéria vegetal em decomposição, em superfícies de lagoas de água doce e ao longo da costa. Eles podem ser muito abundantes, chegando a milhões por hectare em alguns solos; porém, assim como os outros entognatos, seu tamanho pequeno torna-os menos visíveis para um observador casual.

Insecta é uma classe enorme cujos membros apresentam peças bucais ectognatas, em que as bases das peças bucais ficam fora da cápsula cefálica. Os insetos alados são chamados pterigotos, e os sem asas, apterigotos. A classe Insecta contém um grupo cujos membros divergiram dos ancestrais da ordem áptera Thysanura (Zygentoma), a qual forma o grupo-irmão de todos os demais insetos. As asas dos insetos evoluíram em um ancestral comum desse clado (Figura 21.1). Os tisanuros são chamados de primitivamente ápteros para distingui-los das ordens cujos membros não têm asas agora, mas cujos ancestrais eram alados.

Insecta (do latim *insectus*, cortado, segmentado) é o mais diverso e mais abundante de todos os grupos de artrópodes. Existem mais espécies de insetos do que as espécies de todos os outros animais em conjunto. O número de espécies classificadas atualmente é de 1,1 milhão, porém os especialistas estimam que podem existir cerca de 30 milhões de espécies. Também existem evidências marcantes de uma evolução contínua e às vezes rápida entre os insetos atuais.

É difícil avaliar completamente a importância ecológica, médica e econômica desse enorme grupo. O estudo dos insetos (**entomologia**) ocupa tempo e recursos de homens e mulheres experientes em todo o mundo. A batalha entre os seres humanos e seus competidores insetos parece ser interminável, embora, paradoxalmente, os insetos possuam tantos papéis importantes na economia da natureza que a maioria dos ecossistemas terrestres entraria em colapso sem eles.

Os insetos diferem dos outros artrópodes por terem peças bucais ectognatas e, geralmente, **dois pares de asas** na região torácica do corpo, embora alguns tenham apenas um par ou nenhum. O tamanho dos insetos varia desde menos de 1 mm até 20 cm de comprimento, sendo a maioria menor que 2,5 cm de comprimento. Alguns dos maiores insetos vivem nas áreas tropicais.

Distribuição

Os insetos estão entre os animais terrestres mais abundantes e amplamente distribuídos. Eles espalharam-se por praticamente todos os hábitats que conseguem suportar a vida, com exceção dos mares. Relativamente poucos insetos são de fato marinhos, mas alguns são comuns em zonas entremarés. Os hemípteros marinhos (*Halobates*), que vivem sobre a *superfície* dos oceanos, são os únicos invertebrados marinhos que vivem na interface entre o ar e a água do mar. Os insetos são comuns em água salobra, em alagados salgados e em praias arenosas. Eles são abundantes em água doce, no solo, em florestas (especialmente no dossel das florestas tropicais), e são encontrados até mesmo em desertos e regiões devastadas, no topo das montanhas e como parasitos em plantas e animais.

Sua larga distribuição foi possibilitada por seu poder de voo e por sua natureza amplamente adaptativa. Os insetos desenvolveram asas e invadiram o ar 250 milhões de anos antes dos répteis, aves e mamíferos voadores. Na maioria dos casos, podem ultrapassar facilmente barreiras que são praticamente impossíveis para muitos outros animais. Seu tamanho reduzido possibilita que sejam carregados pelas correntes de ar e de água para regiões distantes. Seus ovos bem-protegidos podem resistir a condições rigorosas e podem ser carregados por longas distâncias por aves e outros animais. Sua agilidade e dinamismo ecológicos permitem que ocupem qualquer nicho disponível em um dado hábitat. Nenhum padrão simples de adaptação biológica pode ser aplicado aos insetos.

Adaptabilidade

Os insetos mostram uma adaptabilidade inacreditável, o que pode ser evidenciado pela sua ampla distribuição e enorme diversidade de espécies. A maioria das suas modificações estruturais ocorreu nas asas, nas pernas, nas antenas, nas peças bucais e no trato digestório. Essa ampla diversidade permite que tal grupo vigoroso utilize todo alimento e abrigo disponível. Alguns são parasitos; outros sugam a seiva de plantas; há os que mastigam a folhagem; há os predadores; e alguns vivem do sangue de vários animais. Dentre esses diferentes grupos, ocorrem especializações, de modo que uma espécie de insetos venha a comer, por exemplo, as folhas de um só tipo de vegetal. Essa especificidade de hábitos alimentares diminuiu a competição com outras espécies e contribuiu sobremaneira para sua diversidade biológica.

Os insetos estão bem adaptados a regiões áridas e desérticas. A proteção de seu exoesqueleto rígido limita a evaporação. Alguns insetos também extraem a maior parte da água dos alimentos que ingerem, da matéria fecal e de subprodutos do metabolismo celular.

21.2 FORMA E FUNÇÃO EXTERNAS

Os insetos apresentam uma variedade marcante de características morfológicas, mas, como em outros artrópodes, o exoesqueleto é composto por um sistema complexo de placas, conhecidas como **escleritos**, que se conectam por meio de articulações laminares flexíveis e ocultas. Os músculos entre os escleritos permitem que os insetos executem movimentos precisos. O exoesqueleto do inseto é à prova d'água e sua leveza possibilita o voo. Sua rigidez é atribuída à presença de escleroproteínas únicas, e não à sua composição de quitina. Por outro lado, a cutícula dos crustáceos é endurecida principalmente por minerais.

Os insetos são muito mais homogêneos quando consideramos a tagmatização do que os crustáceos. Os tagmas dos insetos são cabeça, tórax e abdome. A cutícula de cada segmento do corpo é composta normalmente por quatro placas (escleritos): um noto (tergito) dorsal, um esternito ventral e um par de pleuritos laterais. Os pleuritos dos segmentos abdominais são em geral

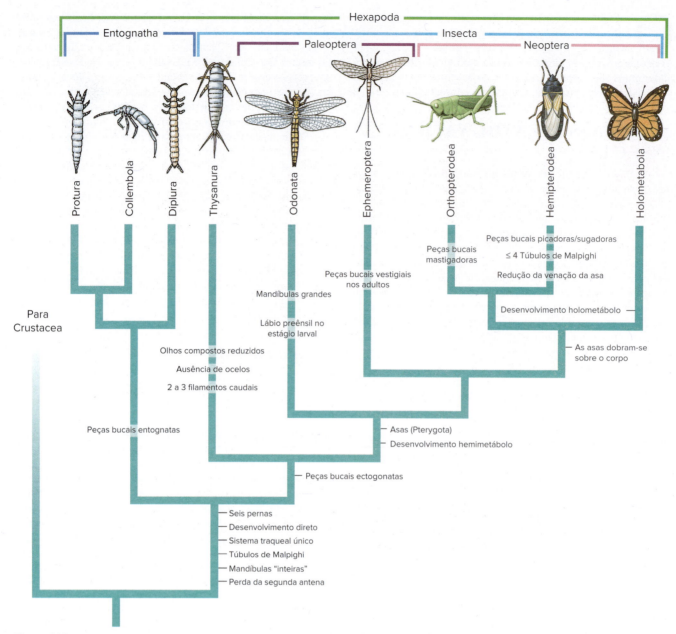

Figura 21.1 Cladograma mostrando as relações hipotéticas entre os Hexapoda. Muitas sinapomorfias foram omitidas. As ordens Protura, Collembola e Diplura são entognatas. Essas ordens, mais Thysanura, originaram-se antes dos primeiros ancestrais alados. As ordens Odonata e Ephemeroptera formam Paleoptera, nas quais as asas ficam estendidas lateralmente. As demais ordens apresentam asas que podem se dobrar para trás sobre o abdome (Neoptera). A superordem Orthopterodea inclui as ordens Orthoptera, Blattodea, Phasmatodea, Mantodea, Isoptera, Plecoptera, Embiidina e Dermaptera. Hemipterodea inclui as ordens Zoraptera, Psocoptera, Hemiptera, Thysanoptera e Phthiraptera; e a superordem Holometabola compreende todas as ordens holometábolas. Relações um tanto diferentes foram propostas a partir de um conjunto de dados filogenômicos (ver Misof et. al., 2014).

parcialmente membranosos, em vez de esclerotizados. Alguns insetos têm a estrutura do corpo bastante generalizada, enquanto outros são altamente especializados. Os gafanhotos são um tipo generalizado frequentemente usado em laboratórios para demonstrar as características gerais dos insetos (Figura 21.2).

A cabeça geralmente tem um par de olhos compostos relativamente grandes, um par de antenas e, em geral, três ocelos (Figura 21.2). As antenas, que podem variar amplamente em forma e tamanho (Figura 21.3), atuam como órgãos táteis, olfatórios e, em alguns casos, auditivos. As peças bucais, formadas a partir de uma cutícula especialmente endurecida, consistem normalmente de um labro, um par de mandíbulas e um de maxilas, um lábio e uma hipofaringe com forma de língua. O tipo das peças bucais de um inseto vai determinar como ele se alimenta. Discutiremos algumas dessas modificações mais adiante.

O tórax é composto por três segmentos, protórax, mesotórax e metatórax, e cada um deles com um par de pernas (Figura 21.2). Na maioria dos insetos, o mesotórax e o metatórax também têm um par de asas cada. As asas são prolongamentos cuticulares formados pela epiderme. Elas consistem em uma dupla membrana que contém veias compostas por uma cutícula mais grossa, servindo para expandir as asas após a emergência da pupa e para dar maior resistência aerodinâmica às asas. Embora os padrões dessas veias variem entre os diferentes táxons, são relativamente constantes dentro de uma mesma família, gênero ou espécie, e servem como um meio para classificação e identificação.

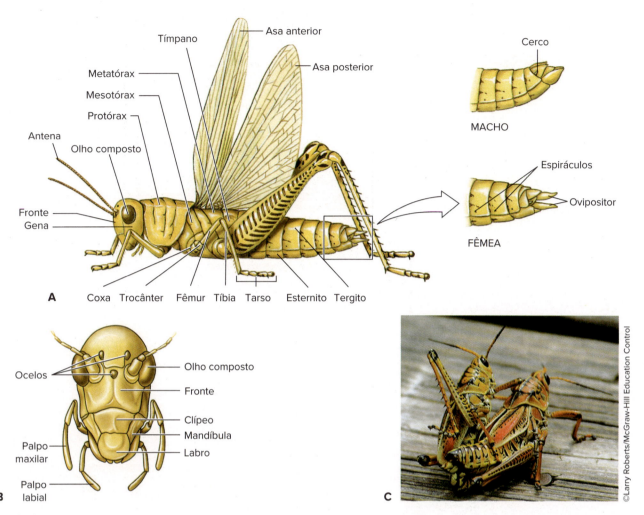

Figura 21.2 A. Características externas de uma fêmea de gafanhoto. O segmento terminal de um macho, com a genitália externa, no detalhe. **B.** Vista frontal da cabeça. **C.** Um casal de gafanhotos da espécie *Romalea guttata* (ordem Orthoptera) em cópula.

As pernas dos insetos são frequentemente modificadas para propósitos especiais. As formas terrestres têm pernas ambulacrais que terminam com almofadas e garras. Essas almofadas podem ser adesivas, permitindo que caminhem de cabeça para baixo, como as moscas domésticas. As pernas posteriores dos gafanhotos e grilos estão adaptadas para o salto (Figura 21.4). Os grilos-toupeira têm o primeiro par de pernas modificado para escavar o solo. Vários hemípteros e besouros aquáticos têm apêndices em forma de remo para natação. Para agarrar as presas, as pernas anteriores dos louva-a-deus são longas e fortes. As pernas das abelhas têm adaptações complexas para a coleta de pólen (ver Figura 21.5).

O abdome dos insetos é composto por 9 a 11 segmentos; o décimo primeiro, quando presente, é dotado de um par de **cercos** (apêndices da extremidade posterior do corpo). As formas imaturas (larvas ou ninfas) têm uma grande variedade de apêndices abdominais, mas esses apêndices não existem nos adultos. A genitália emerge a partir dos segmentos 8 e 9 do abdome (ver Figura 21.2 A) e, frequentemente, é útil para identificação e classificação.

Existem inúmeras variações na forma do corpo dos insetos. Os besouros são geralmente grossos e arredondados; libélulas, formigas-leão e bichos-pau são longos e delgados; muitos insetos aquáticos são hidrodinâmicos; as borboletas têm as asas mais largas; e as baratas são achatadas, adaptadas para viver em fendas. O ovipositor da fêmea das vespas icneumonídeas é extremamente longo (Figura 21.6), enquanto os cercos anais formam pinças duras

Figura 21.3 Alguns tipos de antenas de insetos.

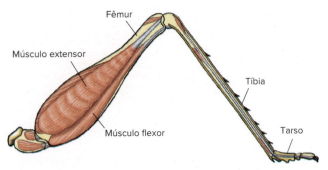

Figura 21.4 Perna posterior de um gafanhoto. Os músculos que efetuam os movimentos da perna ficam dentro de um cilindro oco do exoesqueleto. Nesse local, os músculos estão presos à parede interna, e atuam na movimentação dos segmentos do apêndice utilizando o princípio da alavanca. Note a articulação pivotante e a inserção dos tendões da musculatura extensora e flexora, que age reciprocamente para extensão e flexão do apêndice.

nas tesourinhas, mas são alongados e multiarticulados nas efêmeras e plecópteros. O ferrão dos himenópteros é um ovipositor modificado. As antenas são longas nas baratas e nas esperanças, curtas nas libélulas e na maioria dos besouros, clavada em borboletas e plumosas em algumas das mariposas. Existem muitas outras variações significativas (ver Figura 21.3). Talvez o mais surpreendente seja o fato de que peças bucais, antenas, pernas, cercos e ovipositores são todos apêndices modificados.

Locomoção

Andar

Ao se locomover, a maioria dos insetos usa um triângulo de pernas que envolve a primeira e a última perna de um lado e a perna mediana do lado oposto. Desse modo, os insetos terrestres mantêm pelo menos três de suas seis pernas no chão todo o tempo, um arranjo trípode que melhora a estabilidade.

Alguns insetos, como o hemíptero aquático *Gerris* (do latim *gero*, possuir, carregar), têm a capacidade de caminhar sobre a superfície da água. Esse inseto possui, nas almofadas de suas pernas, cerdas hidrófobas que não rompem o filme superficial, mas apenas recortam-no. Conforme ele patina com seus dois pares de pernas posteriores, *Gerris* usa o par de pernas protorácicas reduzidas e dentadas para capturar e segurar a presa. Os hemípteros aquáticos têm um comportamento de limpeza incomum e podem dar cambalhotas completas na superfície da água, tentando remover resíduos dos seus tergitos torácicos. O corpo dos hemípteros marinhos do gênero *Halobates* (do grego *halos*, mar + *bātes*, aquele que caminha), que são excelentes surfistas sobre as ondas oceânicas, são adicionalmente protegidos por uma cobertura que repele a água, composta por pelos em forma de ganchos grossos dispostos bem juntos entre si.

Poder de voo

Os insetos são os únicos invertebrados que podem voar e compartilham essa capacidade com as aves e os mamíferos voadores. Entretanto, suas asas evoluíram de um modo diferente dos membros de aves e mamíferos, e não são homólogas a eles. As asas dos insetos são formadas por projeções da parede do corpo dos segmentos meso e metatorácicos e são compostas por cutícula. A evidência fóssil sugere que os insetos possam ter desenvolvido asas totalmente funcionais há mais de 400 milhões de anos.

A maioria dos insetos tem dois pares de asas, mas os Diptera (moscas verdadeiras) têm apenas um par, sendo as asas posteriores representadas por um par de pequenos **halteres** (balancins) que vibram e são responsáveis pelo equilíbrio durante o voo. Os machos da ordem Strepsiptera têm apenas o par posterior de asas e um par anterior de halteres. Os machos das cochonilhas também têm um par de asas, mas não têm halteres. Alguns insetos não possuem asas, seja por ancestralidade (p. ex., as traças) ou secundariamente (p. ex., as pulgas). As fêmeas reprodutivas de formigas perdem suas asas após o voo nupcial (os machos morrem), e os machos e fêmeas reprodutivos de cupins têm asas, porém as operárias de ambos os sexos são ápteras. Os piolhos e as pulgas nunca têm asas.

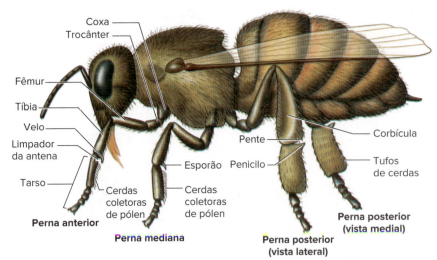

Figura 21.5 Pernas adaptadas da abelha operária. Na perna anterior, o recorte denteado coberto pelo velo penteia a antena. O esporão da perna mediana retira cera das glândulas de cera do abdome. As cerdas coletoras de pólen nas pernas anteriores e medianas penteiam o pólen coletado por pelos do corpo e depositam esse pólen nos tufos de cerdas das pernas posteriores. Os pelos longos do pente de pólen da perna posterior retiram o pólen do pente da perna oposta; então, o penicilo (empacotador de pólen) pressiona o pólen na corbícula quando a perna é dobrada para trás. Uma abelha carrega sua carga nas duas corbículas até a colmeia e empurra o pólen dentro de uma célula, para ser tratado por outras operárias.

Figura 21.6 Uma vespa icneumonídea com o final do abdome levantado, possibilitando-lhe assim inserir seu longo ovipositor na madeira para encontrar um túnel feito por uma larva de vespa ou besouro. Ela pode penetrar 13 mm ou mais na madeira para depositar seus ovos em uma dessas larvas, que se tornará o hospedeiro da larva de icneumonídeo. Outras espécies de icneumonídeos atacam aranhas, mariposas, moscas, grilos, lagartas e outros insetos.

As asas podem ser finas e membranosas, como nas moscas e em muitos outros grupos; grossa e dura, como as asas anteriores dos besouros; coriáceas, como as asas anteriores de gafanhotos; cobertas por finas escamas, como em borboletas e mariposas; ou cobertas por pelos, como nos tricópteros.

Os movimentos das asas são controlados por um complexo de músculos no tórax. Os músculos **diretos de voo** estão ligados diretamente a uma parte da asa. Os músculos **indiretos de voo** não estão ligados à asa, e provocam o movimento da asa ao alterar a forma do tórax. A asa está articulada ao tergito torácico e também lateralmente a um processo pleural, que age como ponto de apoio (Figura 21.7). Na maioria dos insetos, o movimento da asa para cima ocorre pela contração da musculatura indireta, que puxa o tergito para baixo em direção ao esternito (Figura 21.7 A). As libélulas e as baratas promovem o movimento para baixo contraindo a musculatura direta que está ligada às asas lateralmente ao processo pleural supracitado. Em Hymenoptera e Diptera (ver Seção 21.6), toda a musculatura principal de voo é indireta. O movimento para baixo ocorre quando a musculatura que liga esternito e tergito relaxa e a musculatura longitudinal do tórax arqueia o tergito (Figura 21.7 B), fazendo com que as articulações do tergito subam em relação à pleura. O movimento das asas para baixo em besouros e gafanhotos envolve ambas as musculaturas, direta e indireta.

A contração da musculatura de voo dos insetos apresenta dois tipos básicos de controle nervoso: **sincrônico** e **assincrônico**. Os insetos maiores, como libélulas e borboletas, têm asas com músculos sincrônicos, na qual um único impulso nervoso estimula uma contração muscular, provocando assim um batimento de asa. As asas com musculatura assincrônica ocorrem em Hymenoptera, Diptera, Coleoptera e alguns Hemiptera (ver Seção 21.6). Seu mecanismo de ação é complexo e depende do armazenamento de energia potencial em porções resilientes da cutícula torácica. Conforme um conjunto de músculos se contrai (movendo a asa em uma direção), eles também esticam o conjunto antagônico de músculos, fazendo-os se contraírem (e mover a asa na outra direção). Uma vez que as contrações da musculatura não estão em fase com o estímulo nervoso, apenas impulsos nervosos esparsos são necessários para manter os músculos se contraindo e relaxando. Desse modo, são possíveis batimentos de asa extremamente rápidos. Por exemplo, as borboletas (com musculatura sincrônica) podem bater suas asas apenas 4 vezes por segundo. Entretanto, os insetos com musculatura assincrônica, como as moscas e as abelhas, podem vibrar suas asas com frequência de 100 vezes por segundo ou mais. As moscas-da-fruta, do gênero *Drosophila* (do grego *drosos*, sereno, umidade + *philos*, amante), podem voar com até 300 batimentos por segundo, e foi registrado que a frequência dos dípteros quironomídeos pode atingir mais de mil batimentos por segundo.

Obviamente, o voo engloba mais do que o simples bater das asas; é necessário um impulso para a frente. Enquanto a musculatura indireta de voo alterna ritmicamente o levantar e o abaixar das asas, a musculatura direta de voo altera o ângulo das asas de forma que elas ajam como aerofólio que se levantam tanto durante o batimento das asas para cima como durante o batimento para baixo, torcendo a borda anterior das asas para baixo, durante o batimento para baixo, e para cima, durante o batimento para cima. Isso resulta um movimento em forma de "8" (Figura 21.7 C), fazendo com que o ar flua a partir das bordas traseiras das asas. A qualidade do impulso para a frente depende, é claro, de vários fatores, como a variação na venação da asa, a carga na asa (gramas de peso corporal dividido pela área total da asa), a inclinação da asa, bem como o comprimento e a forma da asa.

A velocidade do voo varia extraordinariamente. Os voadores mais rápidos geralmente têm asas mais estreitas, de movimentos rápidos, com uma inclinação forte e um movimento em forma de "8" bastante acentuado. As mariposas esfingídeas e mutucas podem atingir 48 km/h, e libélulas, aproximadamente 40 km/h. Alguns insetos são capazes de efetuar voos contínuos bem longos. As borboletas monarcas migratórias, *Danaus plexippus* (do grego Danaus, rei mítico da Arábia), viajam de centenas a milhares de milhas para o sul no outono, voando a uma velocidade aproximada de 10 km/h, para chegar aos seus abrigos de inverno no México e na Califórnia.

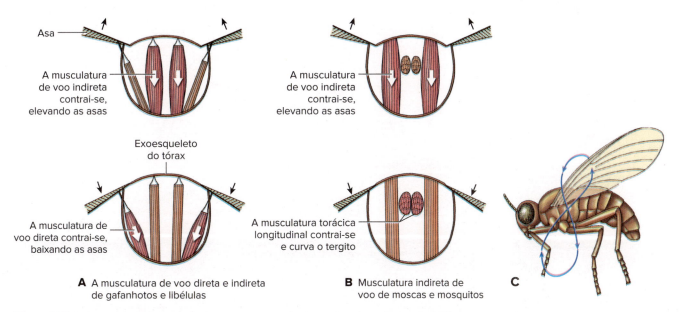

Figura 21.7 A. Musculatura de voo de insetos como a barata, nos quais a elevação das asas dá-se por meio da musculatura indireta e o abaixamento pela musculatura direta. **B.** Em insetos como moscas e abelhas, tanto o movimento para cima como o movimento para baixo é dado pela musculatura indireta. **C.** O padrão de figura em "8" seguido pela asa de um inseto em voo durante a elevação e o abaixamento das asas.

21.3 FORMA E FUNÇÃO INTERNAS

Nutrição

O sistema digestório (ver Figura 21.8 e 32.8) consiste em um estomodeu (boca com glândulas digestivas, esôfago, papo para armazenagem e moela para maceração em alguns insetos); um mesentério (estômago e cecos gástricos); e um proctodeu (intestino, reto e ânus). Parte da digestão pode ocorrer no papo enquanto o alimento se mistura com as enzimas da saliva, mas não ocorre absorção nesse local. O principal local para digestão e absorção é o mesentério, e os cecos podem aumentar a área de digestão e absorção. Pouca absorção de nutrientes acontece no proctodeu (com certas exceções, como nos cupins que comem madeira), mas essa é a principal área para reabsorção de água e alguns íons (ver Figura 21.15 B).

A maioria dos insetos alimenta-se de fluidos e tecidos vegetais (**fitófagos** ou **herbívoros**). Alguns insetos alimentam-se de plantas específicas; outros, como os gafanhotos, podem comer quase qualquer planta. As lagartas de muitas mariposas e borboletas comem a folhagem somente de determinadas plantas. Certas espécies de formigas e cupins cultivam jardins de fungos como fonte de alimento.

Muitos besouros e as larvas de muitos insetos vivem de animais mortos (**saprófagos**). Alguns insetos são **predadores**, capturando e comendo outros insetos, assim como outros tipos de animais. No entanto, o besouro mergulhador *Cybister fimbriolatus* (do grego *kybistēr*, mergulhador) não é um predador como se supunha anteriormente, mas é principalmente um detritívoro.

Muitos insetos são **parasitas** na fase adulta, na larval ou, em alguns casos, em ambas as fases. Por exemplo, as pulgas (Figura 21.9) vivem do sangue de mamíferos quando adultos, mas suas larvas são detritívoras, de vida livre. Os piolhos (Figuras 21.10 e 21.11) são parasitos por todo seu ciclo de vida. Muitos insetos parasitas são, por sua vez, parasitados por outros insetos, condição essa conhecida como **hiperparasitismo**. As larvas de diversos tipos de vespas vivem e completam grande parte da sua metamorfose dentro do corpo de aranhas ou outros insetos (Figura 21.12), consumindo seus hospedeiros e acabando por matá-los. Uma vez que sempre matam seus hospedeiros, são conhecidos como **parasitoides** (um tipo letal de parasito). Os insetos parasitoides são extremamente importantes no controle das populações de outros insetos.

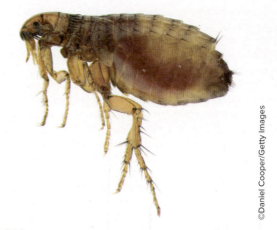

Figura 21.9 Uma pulga-comum de gato, *Ctenocephalides felis* (ordem Siphonaptera).

Figura 21.10 *Linognathus vituli*, um piolho de gado, preso a pelos. Também são visíveis cinco casulos, aderidos aos pelos. As larvas estão emergindo de dois dos casulos.

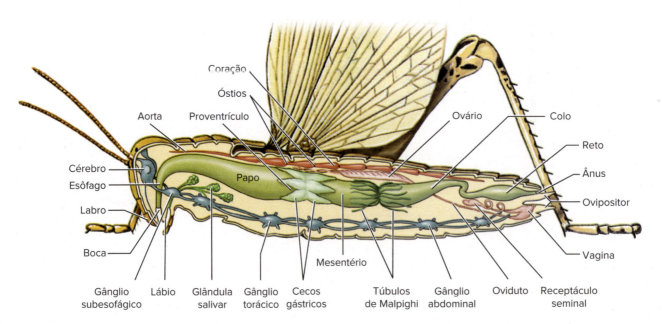

Figura 21.8 Estrutura interna de uma fêmea de gafanhoto.

CAPÍTULO 21 Hexápodes 431

Figura 21.11 *Pediculus humanus* var. *corporis* é o piolho do corpo humano; habita o corpo, as roupas ou roupas de cama de algumas pessoas e é disseminado por contato humano. **A.** Piolho fêmea com sangue ingerido. **B.** Piolho macho mostrando as garras.

Figura 21.12 Uma lagarta, estágio larval da mariposa esfingídea, *Manduca sexta* (ordem Lepidoptera). As mais de 100 espécies de mariposas esfingídeas da América do Norte são voadoras potentes e alimentam-se principalmente à noite. Suas larvas são chamadas de "vermes-de-chifre", por causa do espinho posterior corpulento e grande.

Para cada tipo de alimentação, as peças bucais são adaptadas de uma forma especializada. **Peças bucais sugadoras** geralmente formam um tubo e podem facilmente perfurar os tecidos de plantas e animais. Os mosquitos (ordem Diptera) demonstram bem esse arranjo. Suas mandíbulas, maxilas, hipofaringe e labroepifaringe são alongadas, formando estiletes em forma de agulha, juntas compondo um **fascículo** (Figura 21.13 C), o qual perfura a pele de sua presa para chegar até um vaso sanguíneo. A hipofaringe apresenta um ducto salivar e a labroepifaringe forma um canal alimentar. O labro forma uma bainha para o fascículo curvar-se para trás durante a alimentação (Figura 21.13 C). Nas abelhas, o lábio forma uma "língua" flexível e contrátil coberta por muitas cerdas. Quando uma abelha mergulha sua probóscide no néctar, o ápice da língua dobra-se para cima e move-se para a frente e para trás rapidamente. O líquido penetra no tubo por capilaridade e é carregado para dentro continuamente, por uma faringe bombeadora. Nas borboletas e mariposas adultas, as mandíbulas estão geralmente ausentes (estão sempre presentes nas larvas), e as maxilas formam uma longa probóscide sugadora (Figura 21.13 D) para coletar néctar das flores. Em repouso, a probóscide enrola-se em uma espiral achatada. Durante a alimentação, ela se estende, e o fluido é bombeado para dentro, pela ação de músculos faríngeos.

As moscas domésticas, varejeiras e drosófilas têm **peças bucais esponjosas** e **lambedoras** (Figura 21.13 E). No ápice do lábio, existe um par de lobos grandes e macios com ranhuras na superfície ventral que servem como canais alimentares. Essas moscas lambem o alimento líquido ou o liquefazem primeiro com as secreções salivares. As mutucas não apenas sugam os líquidos superficiais, mas também perfuram a pele com mandíbulas delgadas e afiladas, e então absorvem o sangue.

As peças bucais mastigadoras, como as dos gafanhotos e muitos outros insetos herbívoros, estão adaptadas para agarrar e macerar o alimento (Figura 21.13 A); as da maioria dos insetos carnívoros são pontiagudas e afiadas, servindo para perfurar sua presa. As mandíbulas dos insetos mastigadores são placas fortes e denteadas, cujas bordas podem morder ou arrancar pedaços, enquanto as maxilas seguram o alimento, passando-o para a boca. As enzimas secretadas pelas glândulas salivares proporcionam uma ação química a fim de ajudar o processo de mastigação.

Circulação

Um coração tubular cria uma onda peristáltica (ver Figura 21.8) que movimenta a hemolinfa (sangue) para a frente pelo único vaso sanguíneo existente, a aorta dorsal. Os órgãos pulsáteis acessórios ajudam a movimentar a hemolinfa para dentro das asas e pernas, e a circulação também é facilitada pelos vários movimentos do corpo. O coração faz parte de um sistema circulatório aberto (ver Seção 31.3) e possui óstios por meio dos quais o sangue é devolvido da hemolinfa. A hemolinfa é constituída por plasma e amebócitos e, aparentemente, tem pouco a ver com o transporte de oxigênio na maioria dos insetos, porém ocorre hemoglobina na hemolinfa de algumas espécies (especialmente estágios imaturos aquáticos que ocupam ambientes de baixa tensão de oxigênio) e atua no transporte de oxigênio.

Trocas gasosas

Animais terrestres necessitam de sistemas respiratórios eficientes que permitam uma troca rápida de oxigênio e gás carbônico, mas que, ao mesmo tempo, restrinjam a perda de água. Nos insetos, essa é a função do **sistema traqueal**, uma rede extensa de tubos de parede fina que se ramificam a todas as partes do corpo

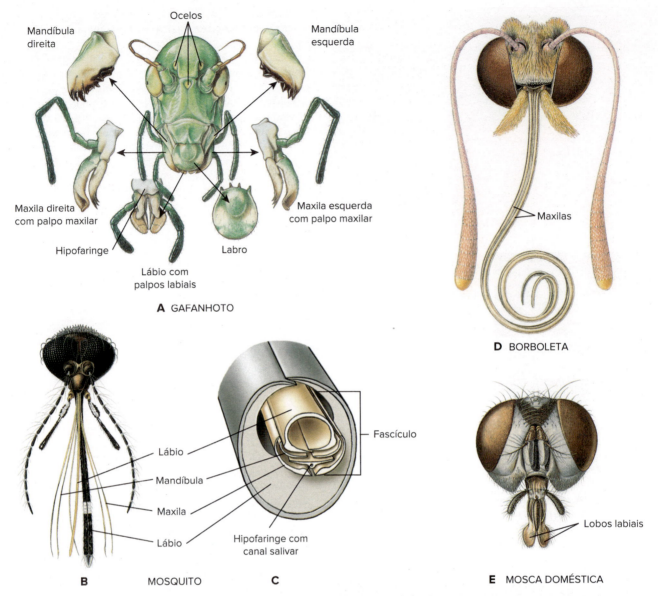

Figura 21.13 Quatro tipos de aparelhos bucais de insetos. **A.** Peças bucais mastigadoras de um gafanhoto. **B** e **C.** Peças bucais sugadoras de um mosquito. As partes do fascículo perfurante estão mostradas em corte (**C**). **D.** Peças bucais sugadoras de uma borboleta. As mandíbulas são ausentes e as maxilas formam uma longa espirotromba. **E.** Peças bucais esponjosas de uma mosca doméstica. Na extremidade do lábio existe um par de grandes lobos com ranhuras na superfície ventral.

do animal (Figura 21.14). O sistema traqueal dos insetos evoluiu independentemente daquele de outros grupos de artrópodes como as aranhas. Os troncos traqueais abrem-se para o exterior por **espiráculos**, existindo geralmente dois pares no tórax e sete ou oito pares no abdome. Um espiráculo pode ser meramente uma abertura no tegumento, como ocorre nos insetos primariamente sem asas, mas em geral existe uma válvula ou algum tipo de mecanismo de fechamento que reduz a perda de água. A evolução de um sistema traqueal com válvulas deve ter sido muito importante por permitir aos insetos ocuparem hábitats mais secos. Um espiráculo também pode apresentar uma estrutura filtradora, como uma placa crivada ou um conjunto de cerdas interconectantes, que previne a entrada de água, parasitos ou poeira nas traqueias.

As **traqueias** são compostas por uma camada simples de células e são revestidas com cutícula, que é trocada junto com a cutícula externa durante as mudas. Os espessamentos espirais de cutícula (chamados **tenídias**) dão suporte às traqueias e evitam que colapsem. As traqueias ramificam-se em tubos menores, que terminam em túbulos muito finos, preenchidos por líquido e chamados **traquéolas** (revestidas com cutícula, mas que não é trocada durante a ecdise); estas se ramificam em uma rede muito fina que envolve as células (Figura 31.16). Nos insetos maiores, as maiores traqueias podem ter vários milímetros de diâmetro, mas diminuem até atingir 1 a 2 μm. As traquéolas, por sua vez, diminuem até o diâmetro de 0,5 a 0,1 μm. Em determinado estágio da lagarta da seda, estima-se que haja 1,5 milhão de traquéolas! Algumas larvas de lepidópteros (mariposas e borboletas) apresentam uma massa abdominal de traquéolas que forma o equivalente estrutural e fisiológico do pulmão dos vertebrados. É improvável uma célula viva estar a mais que alguns micrômetros de uma traquéola. De fato, as extremidades de algumas traquéolas na realidade recortam as membranas das células para as quais fornecem oxigênio, de modo que terminem próximo a mitocôndrias. O sistema traqueal permite um transporte eficiente, normalmente sem o uso de pigmentos para carregar o oxigênio na hemolinfa, embora a hemoglobina esteja presente em alguns insetos.

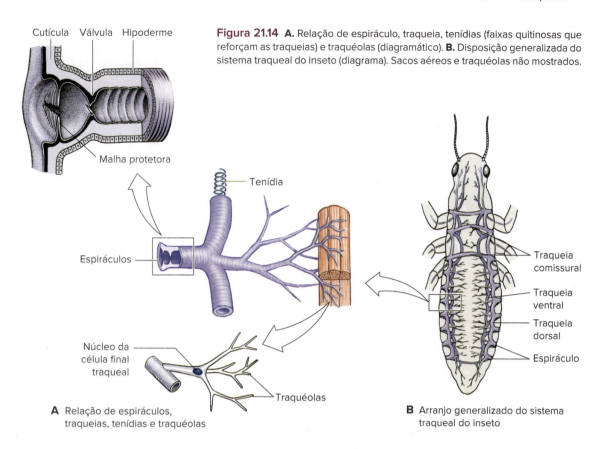

Figura 21.14 A. Relação de espiráculo, traqueia, tenídias (faixas quitinosas que reforçam as traqueias) e traquéolas (diagramático). **B.** Disposição generalizada do sistema traqueal do inseto (diagrama). Sacos aéreos e traquéolas não mostrados.

O sistema traqueal também pode incluir **sacos aéreos**, que aparentemente são traqueias dilatadas sem tenídias (Figura 21.14 A). Estes têm parede fina, são flexíveis e estão localizados principalmente na cavidade do corpo, mas podem ocorrer nos apêndices. Os sacos aéreos podem permitir que os órgãos internos mudem de volume durante o crescimento, sem provocar mudança na forma do corpo do inseto, e reduzem o peso de insetos grandes. No entanto, em muitos insetos, os sacos aéreos aumentam o volume de ar inspirado e expirado. Os movimentos musculares do abdome fazem com que o ar penetre nas traqueias e expanda os sacos, os quais colapsam com a expiração. Em alguns insetos – gafanhotos, por exemplo –, um bombeamento adicional é proporcionado por um abdome telescópico, bombeando com o protórax, ou movimento da cabeça para a frente e para a trás.

Os estudos da respiração dos insetos utilizando raios X mostraram que o movimento de expansão e compressão traqueal também ocorre em resposta aos movimentos dos músculos das maxilas ou dos membros. A contração desses músculos aumenta a pressão dentro do exoesqueleto, e essa pressão elevada causa a contração das traqueias, efetivamente permitindo que o inseto exale. Quando os músculos envolvidos na compressão traqueal relaxam, a traqueia expande-se devido à ação elástica das tenídias. Se a traqueia se contrai quando os espiráculos estão fechados, o aumento na pressão interna melhora a difusão de oxigênio para as células.

Em alguns insetos bem pequenos, o transporte de gases ocorre inteiramente por difusão por um gradiente de concentração. O consumo de oxigênio causa uma redução de pressão nas suas traqueias, que puxam o ar para dentro por meio dos espiráculos.

O sistema traqueal é uma adaptação para a respiração aérea, mas muitos insetos (ninfas, larvas e adultos) vivem na água. Em ninfas aquáticas pequenas e de corpo mole, a troca de gases pode ocorrer por difusão pela parede do corpo, geralmente para dentro e para fora de uma rede traqueal localizada logo abaixo do tegumento. As ninfas aquáticas de plecópteros e efemerópteros têm **brânquias traqueais**, que são prolongamentos delgados da parede do corpo que contêm um rico suprimento de traqueias. As brânquias das ninfas de libélulas são cristas localizadas no reto (brânquias retais), nas quais a troca gasosa ocorre enquanto a água entra e sai.

> **Tema-chave 21.1**
> **ADAPTAÇÃO E FISIOLOGIA**
>
> **Respiração debaixo d'água**
>
> Embora os besouros do gênero *Dytiscus* (do grego *dytikos*, capaz de nadar) possam voar, eles passam a maior parte de sua vida na água como excelentes nadadores. Como eles (e outros insetos aquáticos) respiram? Eles usam uma "brânquia artificial" na forma de uma bolha de ar (um plastrão) mantida sob o primeiro par de asas. A bolha mantém-se estável por meio de uma camada de pelos localizada sobre o abdome, e está em contato com os espiráculos do abdome. O oxigênio da bolha difunde-se para dentro das traqueias e é substituído por difusão pelo oxigênio dissolvido na água circundante. Entretanto, o nitrogênio da bolha difunde-se para a água, fazendo com que o tamanho da bolha diminua lentamente; assim, esses besouros mergulhadores precisam voltar à superfície a cada intervalo de algumas horas para substituir o ar. As "larvas rabo-de-rato" de certas moscas sirfídeas têm uma cauda extensível que pode estender-se até 15 cm até a superfície da água. As larvas de mosquitos não são boas nadadoras, mas vivem logo abaixo da superfície, colocando para fora pequenos tubos respiratórios, como *snorkels*, atingindo a superfície a fim de obter ar. O procedimento de espalhar óleo sobre a água, que é um método favorito no controle de mosquitos, obstrui as traqueias com óleo e, dessa forma, sufoca as larvas.

Excreção e balanço hídrico

Os insetos e as aranhas evoluíram independentemente um sistema excretor singular, consistindo em **túbulos de Malpighi** que operam em conjunto com glândulas especializadas localizadas na parede do reto. Os túbulos de Malpighi, que ocorrem em número variável, são túbulos finos, elásticos, de fundo cego, ligados à junção entre o mesentério e o proctodeu (Figuras 21.8 e 21.15 A). A extremidade livre dos túbulos repousa na hemocele e é banhada pela hemolinfa.

O mecanismo da formação da urina nos túbulos de Malpighi dos insetos herbívoros parece depender de uma bomba de prótons que adiciona íons hidrogênio ao lúmen do túbulo. Os íons hidrogênio são então trocados por íons potássio (Figura 21.15 B). Essa secreção primária de íons puxa água consigo por osmose e produz um fluido rico em potássio. Outros solutos e rejeitos também são secretados ou difundem-se para dentro do túbulo. O rejeito predominante do metabolismo do nitrogênio na maioria dos insetos é o ácido úrico, que é praticamente insolúvel em água (ver Seção 30.2). O ácido úrico entra na extremidade superior dos túbulos, onde o pH é ligeiramente alcalino, na forma de potássio e urato relativamente solúveis (abreviado como KHUr na Figura 21.15). À medida que a urina em formação passa para a parte inferior dos túbulos, o potássio se combina com o dióxido de carbono e é reabsorvido como bicarbonato de potássio ($KHCO_3$). Como resultado, o pH do fluido torna-se ácido (pH 6,6) e o ácido úrico insolúvel (HUr) se precipita. À medida que a urina drena para dentro do intestino e passa pelo proctodeu, as glândulas retais especiais reabsorvem cloretos, sódio (e, em alguns casos, potássio) e água.

Como a necessidade de água varia entre os diferentes tipos de insetos, essa capacidade de reciclar água e sais é muito importante. Os insetos que vivem em ambientes secos podem reabsorver praticamente toda a água que passa pelo reto, produzindo uma mistura quase seca de urina e fezes. No entanto, as larvas de água doce precisam excretar água e conservar sais. Os insetos que se alimentam de grãos secos precisam conservar água e excretar sais. Por outro lado, os insetos que se alimentam de folhas ingerem e excretam fluidos. Por exemplo, os afídeos (ver Seção 21.6) eliminam o excesso de fluido na forma de uma substância adocicada (chamada, em inglês, de ***honeydew***), que é apreciada por outros insetos, especialmente as formigas (Figura 21.21). Essa substância adocicada promove o crescimento de um bolor escuro (fungo) nas folhas de plantas infestadas e pinga nos carros estacionados debaixo de árvores infestadas.

Sistema nervoso

De maneira geral, o sistema nervoso assemelha-se ao dos maiores crustáceos, com uma tendência similar de fusão dos gânglios (ver Figura 21.8). Muitos insetos têm um sistema de fibras gigantes. Também existe um sistema nervoso estomodeano que corresponde em função ao sistema nervoso autônomo de vertebrados. As células neurossecretoras localizadas em várias partes do cérebro têm uma função endócrina, mas, exceto por seu papel na muda e na metamorfose, pouco se sabe sobre sua atividade.

Órgãos dos sentidos

Em conjunto com a coordenação neuromuscular, os insetos são dotados de uma percepção sensorial incomumente aguçada. Seus órgãos sensoriais são, na maioria, microscópicos e estão localizados principalmente na parede do corpo. Cada tipo geralmente responde a um estímulo específico, incluindo estímulos mecânicos, auditivos, químicos, visuais e outros.

Mecanorrecepção

Os estímulos mecânicos (aqueles que envolvem tato, pressão ou vibração) são detectados por **sensilas**. Uma sensila pode ser uma simples **cerda** ou um processo piloso, conectada a uma célula nervosa; um nervo que termina logo abaixo da cutícula sem cerda; ou um órgão mais complexo (órgão escolopóforo) consistindo em células sensoriais cujas terminações estão aderidas à parede do corpo. Tais órgãos estão amplamente distribuídos pelas antenas, pernas e corpo.

Recepção auditiva

Cerdas muito sensíveis (sensilas em forma de pelo) ou órgãos timpânicos podem detectar frequências de sons no ar. Nos órgãos timpânicos, várias células sensoriais (desde poucas até centenas) estendem-se até uma membrana timpânica muito fina que engloba uma bolsa de ar na qual as vibrações são detectadas. Os órgãos timpânicos ocorrem em certos Orthoptera (ver Figura 21.2), Hemiptera e Lepidoptera. A maioria dos insetos é razoavelmente insensível aos sons transmitidos pelo ar, mas pode detectar vibrações transmitidas pelo substrato. Os órgãos nas pernas geralmente detectam vibrações do substrato. Algumas mariposas noturnas (p. ex.,

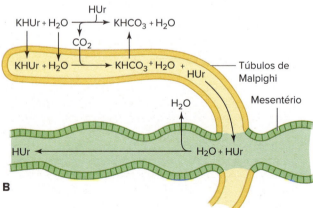

Figura 21.15 Os túbulos de Malpighi dos insetos. **A.** Os túbulos de Malpighi estão localizados na junção entre o intestino médio e o intestino grosso (reto), como mostrado na vista em corte de uma vespa. **B.** Função dos túbulos de Malpighi. Íons hidrogênio são trocados ativamente por íons potássio na porção distal dos túbulos. Água e urato ácido de potássio (KHUr) seguem. O potássio é reabsorvido com a água e outros solutos no reto.

a família Noctuidae) podem detectar pulsos emitidos pelos morcegos para ecolocalização (ver Tema-chave 28.6 e Figura 33.23) e mergulham para o chão quando detectam os morcegos.

Quimiorrecepção

Os quimiorreceptores (para paladar ou olfato) são geralmente um pacote de processos de células sensoriais frequentemente localizados em poros sensoriais. Eles se localizam frequentemente nas peças bucais, mas em muitos insetos estão também nas antenas e, nas borboletas, mariposas e moscas, também ocorrem nos tarsos das pernas. O sentido químico é geralmente aguçado, e alguns insetos conseguem detectar certos odores a vários quilômetros de distância. Os feromônios são detectados em concentrações extremamente baixas (ver Seção 33.4). Muitos dos padrões de comportamento dos insetos, como alimentação, acasalamento, produção de casta, seleção de hábitat e relação hospedeiro-parasito são mediados por sentidos químicos. Esses sentidos também desempenham um papel crucial nas respostas dos insetos a repelentes e atrativos artificiais. Por exemplo, um aumento na concentração de dióxido de carbono, tal como a causada por um potencial hospedeiro nas proximidades, faz com que um mosquito em repouso comece a voar; depois, ele segue gradientes de calor e umidade e outras pistas para encontrar seu hospedeiro. O repelente dietil-toluamida (DEET) aparentemente bloqueia a capacidade do mosquito de perceber o ácido láctico, evitando dessa forma a localização do hospedeiro.

Recepção visual

Os olhos dos insetos podem ser de dois tipos: simples e compostos. Os **olhos simples** são encontrados em algumas ninfas e larvas e em muitos adultos. A maioria dos insetos tem três ocelos na cabeça. As abelhas de mel provavelmente utilizam os ocelos para monitorar a intensidade luminosa e o fotoperíodo (duração do dia), mas não formam imagens.

A maioria dos insetos adultos tem **olhos compostos**, que podem cobrir grande parte da cabeça. Eles são constituídos por milhares de omatídios – 6.300 no olho de uma abelha, por exemplo. A estrutura do olho composto é semelhante à dos crustáceos (Figura 21.16). Um inseto como a abelha pode ver simultaneamente em quase todas as direções ao redor de seu corpo, mas é mais míope do que os seres humanos, e as imagens, mesmo de objetos próximos, são borradas. No entanto, a maioria dos insetos voadores atinge pontuações muito maiores que os seres humanos em testes de fusão de impulsos luminosos. Os impulsos de luz fundem-se nos olhos humanos a uma frequência de 45 a 55 por segundo, mas abelhas e moscas varejeiras podem distinguir por volta de 200 a 300 impulsos luminosos distintos por segundo. Isso é indubitavelmente vantajoso para analisar uma paisagem que muda muito rapidamente durante o voo.

Uma abelha pode distinguir cores, mas sua sensibilidade começa na faixa ultravioleta, que os olhos humanos não podem ver. Embora sejam uniformemente coloridas na nossa percepção, as flores polinizadas por abelhas frequentemente têm pétalas com linhas e formas angulares que diferem na absorção e na reflexão da luz ultravioleta (UV). Essas linhas e formas que absorvem UV atuam como um "guia de néctar", levando as abelhas até o néctar nas flores. Muitos insetos, como as borboletas, também têm visão sensível aos comprimentos de onda do vermelho, porém as abelhas não enxergam o vermelho.

Outros sentidos

Os insetos também têm sentidos bem desenvolvidos para temperatura, especialmente nas antenas e pernas, e para umidade, bem como para propriocepção (sensação do estiramento da musculatura e da posição do corpo), gravidade e outras propriedades físicas.

Coordenação neuromuscular

Os insetos são criaturas ativas com excelente coordenação neuromuscular. Os músculos dos artrópodes são normalmente estriados, assim como é o caso dos músculos esqueléticos dos vertebrados. Uma pulga pode pular a distâncias 100 vezes maiores que seu próprio comprimento, e uma formiga consegue carregar em suas mandíbulas uma carga maior que seu próprio peso. Isso soa como se a musculatura dos insetos fosse mais forte que a de outros animais. Na verdade, entretanto, a força que um músculo pode exercer está diretamente relacionada com a sua área transversal, e não seu comprimento. Baseado na carga máxima movimentada por centímetro quadrado de área transversal, a força da musculatura dos insetos é relativamente a mesma da musculatura dos vertebrados. A ilusão de que os insetos (e outros pequenos animais) são dotados de uma grande força é uma simples consequência do reduzido tamanho do corpo.

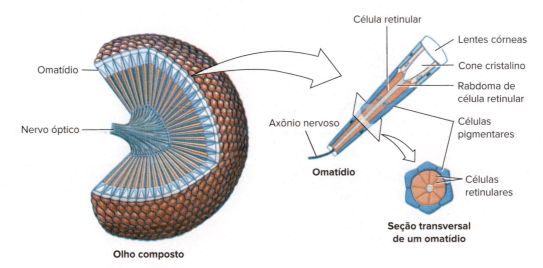

Figura 21.16 Olho composto de um inseto. Um único omatídio é mostrado ampliado à direita.

> **Tema-chave 21.2**
>
> **ADAPTAÇÃO E FISIOLOGIA**
>
> **Como as pulgas saltam tão alto**
>
> Em termos de proporção em relação ao tamanho do corpo, o salto de uma pulga seria o equivalente a um ser humano de 1,80 m executar um salto em altura, sem correr, de 180 m. Na realidade, a musculatura da pulga não é totalmente responsável por esse salto, porque ela não pode contrair tão rapidamente para atingir a aceleração necessária. As pulgas dependem de almofadas de resilina, uma proteína que apresenta propriedades elásticas extraordinárias, e que também é encontrada no ligamento entre as asas e o corpo de muitos outros insetos. A resilina libera 97% da energia acumulada ao retornar de uma posição de estiramento, comparado com apenas 85% liberado pela maioria dos elásticos comerciais. Quando uma pulga se prepara para saltar, ela gira seus fêmures posteriores e comprime as almofadas de resilina; em seguida, aciona um mecanismo de "trava". Assim, é como se estivesse "engatilhada" para o pulo. Para saltar, a pulga precisa exercer uma ação muscular relativamente pequena para liberar o travamento, permitindo a expansão da resilina.

Figura 21.17 Cópula em insetos (ver também Figura 21.2 C). **A.** *Omura congrua* (ordem Orthoptera) é um tipo de gafanhoto encontrado no Brasil. **B.** Libélulas azuis do gênero *Enallagma* (ordem Odonata) são comuns por toda a América do Norte. Na figura, o macho continua agarrado na fêmea depois da cópula. A fêmea (com abdome branco) deposita os ovos na água.

Reprodução

A partenogênese ocorre predominantemente nos ciclos de vida de alguns Hemiptera e Hymenoptera (ver Taxonomia da classe Entognatha e classe Insecta), mas a reprodução sexuada é a norma para os insetos. Os sexos são separados e vários meios são usados para atrair o parceiro sexual. Uma fêmea de mariposa libera um feromônio potente que pode ser detectado pelo macho a grandes distâncias. Os vaga-lumes usam pulsos luminosos; alguns insetos encontram-se por meio de sons ou sinais de cor e de vários tipos de comportamento de corte.

Uma vez que o parceiro tenha sido atraído, a fertilização normalmente é interna. Os espermatozoides podem ser liberados diretamente ou acondicionados em espermatóforos. Durante a transição evolutiva dos insetos ancestrais de uma vida marinha para a terrestre, os espermatóforos foram amplamente usados. Eles podem ser transferidos sem cópula, como nas traças, nas quais o macho deposita um espermatóforo sobre o chão, depois espalha linhas de sinalização para guiar a fêmea até o espermatóforo. Alternativamente, os espermatóforos podem ser depositados na vagina das fêmeas durante a cópula (ver Figura 21.8); em muitos casos, especialmente nas borboletas, também são passados nutrientes para a fêmea pelo espermatóforo. O processo de cópula (Figura 21.17) surgiu muito depois da transferência indireta de espermatozoides utilizando espermatóforos.

Em geral, os espermatozoides são armazenados na espermateca de uma fêmea em número suficiente para fertilizar mais de um conjunto de ovos. Muitos insetos acasalam-se apenas 1 vez durante sua vida, mas outros, como os machos de libélulas, copulam várias vezes por dia.

Os insetos geralmente põem muitos ovos. Uma rainha de abelha, por exemplo, pode colocar mais de um milhão de ovos durante sua vida. Por outro lado, algumas moscas são vivíparas e geram um único filhote por vez. Os insetos que não apresentam cuidado parental podem colocar muito mais ovos do que os que proporcionam cuidado com os filhotes ou que têm um ciclo de vida muito curto.

A maioria das espécies coloca seus ovos em hábitats específicos, para os quais sinais visuais, químicos ou de outro tipo os guiam. As borboletas e as mariposas põem seus ovos em um tipo particular de planta da qual a lagarta deverá se alimentar. Uma mariposa-gitana deve procurar uma anserina (amarantácea), uma mariposa esfingídea, um tomateiro ou pé de tabaco, e uma borboleta monarca, uma erva-de-rato (planta do gênero *Asclepias*) (Figura 21.18). Os insetos cujos estágios imaturos são aquáticos põem tipicamente seus ovos na água. Uma minúscula vespa braconídea coloca seus ovos na lagarta da mariposa esfingídea, no interior da qual as larvas se alimentarão. Depois de se alimentarem e crescerem dentro da lagarta, as larvas braconídeas emergem do hospedeiro e empupam externamente em minúsculos casulos (Figura 21.12). Com uma precisão certeira, uma vespa icneumonídea procura por determinado tipo de larva na qual seus filhotes vão viver como parasitoides. Seu longo ovipositor poderá penetrar de 1 a 2 cm na madeira até encontrar uma larva de vespa ou de besouro para depositar seus ovos (Figura 21.6).

21.4 METAMORFOSE E CRESCIMENTO

O desenvolvimento inicial ocorre dentro do ovo. Uma vez fora do ovo, uma larva ou jovem ametábolo de inseto pode crescer apenas até atingir os limites de seu exoesqueleto. Nesse ponto, ele deve fabricar uma cutícula maior, em um processo chamado muda, e descartar sua cutícula existente em um processo chamado ecdise. Uma vez que a muda produz um aumento gradual no tamanho, os insetos devem mudar muitas vezes. O estágio que ocorre entre as mudas no processo até a pupação ou idade adulta é chamado de **instar**.

Em insetos ametábolos, os jovens têm a mesma morfologia que adultos, mas as larvas têm pouca semelhança com os adultos em insetos que sofrem **metamorfose** (Figura 21.18). Embora a metamorfose ocorra em muitos animais, ela é ilustrada nos insetos mais dramaticamente do que em qualquer outro grupo. A transformação, por exemplo, de uma lagarta-de-chifre-de-diabo-de-nogueira em uma bela borboleta representa uma mudança morfológica impressionante. Nos insetos, a metamorfose está associada à evolução das asas, que estão restritas ao estágio reprodutivo. Os adultos, de fato, tornaram-se os estágios de reprodução e dispersão para aquelas espécies que voam.

Desenvolvimento ametábolo (direto)

Alguns poucos insetos, como as traças da ordem Thysanura e os colêmbolos, passam por um desenvolvimento direto. Os jovens, ou juvenis, são semelhantes aos adultos, com exceção do tamanho e da maturação sexual. Os estágios são ovo, jovem e adulto. Esses animais incluem os insetos primitivamente sem asas.

Metamorfose hemimetábola (incompleta)

Alguns insetos passam por uma metamorfose **hemimetábola** (do grego *hemi*, metade + *metabolē*, mudança) ou gradual (incompleta). Nesses incluem-se os gafanhotos, as cigarras, os louva-a-deus e os hemípteros terrestres, que possuem juvenis terrestres; bem como as efêmeras, plecópteros, libélulas e insetos aquáticos, que colocam seus ovos na água e cujos juvenis são aquáticos. Os jovens são chamados de **ninfas**, e suas asas desenvolvem-se externamente como brotos nos estágios iniciais e aumentam de tamanho à medida que o animal cresce ao longo de mudas sucessivas, tornando-se por fim um **adulto** alado (Figura 21.19). As ninfas aquáticas de algumas ordens têm brânquias traqueais ou outras modificações para a vida aquática (Figura 21.20). Os estágios são ovo, ninfa (vários instares) e adulto (Figura 21.19).

Tema-chave 21.3
CIÊNCIA EXPLICADA

O que é um inseto?

No caso da língua inglesa, o significado biológico da palavra "*bug*" é muito mais restrito do que o uso comum. Em geral, as pessoas de língua inglesa referem-se a todos os insetos como *bugs*, até mesmo estendendo seu uso para incluir bactérias, vírus e defeitos em programas de computador. Entretanto, estritamente falando, um *bug* é um membro da ordem Hemiptera e nada mais que isso.

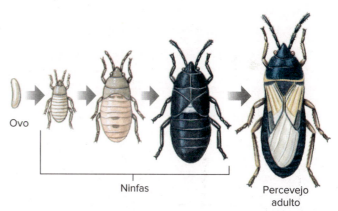

Figura 21.19 Ciclo de vida de um inseto hemimetábolo.

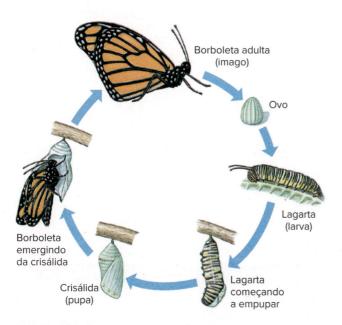

Figura 21.18 Metamorfose completa (holometábola) de uma borboleta, *Danaus plexippus*. Os ovos eclodem para produzir o primeiro de vários instares larvais. O último instar larval sofre muda e torna-se uma pupa. O adulto emerge da muda da pupa.

Figura 21.20 **A.** Exemplar do gênero *Perla* (ordem Plecoptera). **B.** Uma libélula (ordem Odonata). **C.** Ninfa de uma libélula. Plecópteros e libélulas têm ninfas aquáticas que passam por uma metamorfose gradual.

Metamorfose holometábola (completa)

Aproximadamente 88% dos insetos passam por uma metamorfose **holometábola** (do grego *holo*, completo + *metabolē* mudança), a qual separa os processos fisiológicos do crescimento (larva) daqueles de diferenciação (pupa) e reprodução (adulto) (ver Figura 21.18). De fato, cada estágio funciona eficientemente sem competição com os outros estágios, uma vez que as larvas frequentemente vivem em ambientes completamente diferentes e comem alimentos diferentes daqueles utilizados pelos adultos. As **larvas**, que geralmente têm peças bucais mastigadoras, podem receber diversos nomes, como lagartas, corós ou brocas. Depois de uma série de instares, a larva entra em um estágio de transição chamado de **pupa**. As pupas normalmente são inativas e apresentam um casulo ou envelope ao seu redor, que pode ter várias formas diferentes. A pupa é um estágio que não se alimenta, sendo nessa forma que muitos insetos passam o inverno. O **adulto** emerge da pupa na primavera, originando um inseto com as asas amarrotadas, em miniatura. Em pouco tempo, as asas expandem e endurecem, e o inseto está pronto para voar. Então, os estágios são ovo, larva (vários instares), pupa e adulto (ver Figura 21.18). Os adultos não passam mais por muda.

Fisiologia da metamorfose

Os hormônios regulam a metamorfose nos insetos (ver Seção 34.2). Os principais órgãos endócrinos envolvidos no desenvolvimento são o **cérebro**, as **glândulas protorácicas (ecdesial)**, os *corpora cardiaca* e os *corpora allata* (ver Figura 34.6).

A porção intercerebral do cérebro e os gânglios do cordão nervoso contêm vários grupos de células neurossecretoras que produzem um hormônio cerebral denominado **hormônio protoracicotrófico (PTTH)**. Essas células neurossecretoras enviam seus axônios para órgãos pareados localizados atrás do cérebro, os *corpora cardiaca*, que servem como um órgão armazenador e liberador de PTTH (e também produzem outros hormônios). O PTTH é carregado pela hemolinfa até a glândula protorácica, um órgão glandular localizado na cabeça ou no protórax e que produz o **hormônio da muda**, ou **ecdisona**, como resposta ao PTTH. A ecdisona põe em movimento certos processos que levam à muda e à eliminação da cutícula antiga (ecdise).

A muda larval persiste enquanto o **hormônio juvenil**, produzido pelos *corpora allata*, persistir em quantidade suficiente, junto com o hormônio da muda na hemolinfa. Nessas condições, cada muda irá produzir uma larva maior (ver Figura 34.3).

Em instares mais tardios, os *corpora allata* liberam cada vez menos hormônio juvenil. Quando o hormônio juvenil se encontra em um nível muito baixo, a larva muda dando origem a uma pupa (em vez de uma larva *maior*) e, da mesma forma, o encerramento da produção de hormônio juvenil na pupa leva ao aparecimento do adulto na muda seguinte (metamorfose). O controle do desenvolvimento é o mesmo entre os insetos hemimetábolos, exceto pelo fato de não haver uma pupa, e o encerramento da produção do hormônio juvenil ocorre no último instar ninfal. Os *corpora allata* voltam a ficar ativos nos insetos adultos, nos quais o hormônio juvenil é importante para a reprodução sexual normal e a formação de gametas. As glândulas protorácicas degeneram nos adultos da maioria dos insetos, e os adultos não sofrem novas mudas.

Os hormônios dos insetos foram o foco de experimentos fascinantes. Por exemplo, se os *corpora allata* (e, portanto, o hormônio juvenil) forem removidos cirurgicamente de uma larva, a muda seguinte resultará em metamorfose. Inversamente, se os *corpora allata* de uma larva forem transplantados para uma larva de último instar, essa acabará originando uma larva gigante, uma vez que a metamorfose para uma pupa não poderá ocorrer.

Diapausa

Muitos animais, incluindo muitos tipos de insetos, passam por um período de dormência durante seu ciclo anual de desenvolvimento. Nas zonas temperadas, pode haver um período de dormência durante o inverno, chamado de hibernação, ou um período de dormência durante o verão, chamado de estivação, ou ambos. Existem períodos do ciclo de vida de muitos insetos durante os quais os ovos, as larvas, as pupas ou mesmo os adultos permanecem dormentes por um longo tempo porque as condições externas são muito graves ou desfavoráveis para a sobrevivência nos estados de atividade normal. Assim, o ciclo de vida é sincronizado com períodos com condições ambientais adequadas e abundância de alimento. A maioria dos insetos entra em um estado de dormência quando algum fator do ambiente, como a temperatura, torna-se desfavorável, e a dormência continua até que as condições se tornem favoráveis novamente.

Entretanto, algumas espécies apresentam uma interrupção prolongada do crescimento que ocorre a despeito do ambiente, com condições favoráveis ou não. Esse tipo de dormência é chamado de **diapausa** (do grego *dia*, através, dividindo em duas partes + *pausis*, uma parada) e é uma adaptação importante para a sobrevivência em condições ambientais adversas. A diapausa é controlada internamente em cada espécie e algumas vezes varia entre as subespécies de uma mesma espécie, mas é geralmente iniciada por um sinal particular. No ambiente de um inseto, tais sinais são uma previsão de que condições adversas vão surgir; por exemplo, o aumento ou o encurtamento dos dias. Assim, o fotoperíodo, ou o comprimento do dia, é frequentemente o sinal que inicia a diapausa. Uma vez que a diapausa é iniciada, outro sinal ambiental é geralmente necessário para finalizá-la. Tal sinal pode ser o retorno a uma temperatura favorável depois de um longo período de frio ou um evento de chuva após um período seco, como em um deserto.

A diapausa sempre ocorre no final de um estágio de crescimento ativo do ciclo de mudas, de forma que, quando o período de diapausa acabar, o inseto estará pronto para sofrer nova muda. Uma espécie de formiga do gênero *Myrmica* alcança o terceiro instar no final do verão. Muitas larvas não se desenvolvem além desse ponto até a primavera, mesmo que as temperaturas sejam amenas ou que as larvas sejam mantidas em um laboratório aquecido. Dependendo da espécie, os insetos podem entrar em diapausa em qualquer estágio do seu ciclo de vida.

21.5 COMPORTAMENTO E DEFESA

Defesa

Os insetos têm muitos meios para se defender. O exoesqueleto cuticular fornece uma boa proteção para muitos deles. Alguns, como as marias-fedidas, apresentam odores e gostos repulsivos; outros defendem-se utilizando um bom ataque, uma vez que muitos são bastante agressivos e lutam (p. ex., abelhas e formigas); e outros ainda são rápidos ao fugirem para um esconderijo quando ameaçados.

Muitos insetos praticam guerra química em uma grande variedade de formas engenhosas. Alguns repelem um ataque em virtude de seu sabor ou odor desagradável, ou de propriedades venenosas; outros usam exsudatos químicos que impedem mecanicamente o ataque de um predador. As lagartas de algumas borboletas monarcas assimilam glicosídeos cardíacos de certas espécies de plantas do gênero *Asclepias*; essa substância deixa as larvas e adultos não palatáveis e induz vômito em algumas (mas não em todas) as aves

> **Tema-chave 21.4**
> **ADAPTAÇÃO E FISIOLOGIA**
>
> **Extensões de asa antipredatórias**
>
> As mariposas lunares são insetos adoráveis com suas longas extensões nas asas traseiras. São ativas à noite, assim como os morcegos, seus predadores, que usam a ecolocalização para encontrar presas. As extensões de suas asas produzem um desvio acústico, direcionando ataques predatórios para as extensões e para longe do corpo da mariposa, permitindo que muitas mariposas sobrevivam a um ataque.

> **Tema-chave 21.5**
> **ADAPTAÇÃO E FISIOLOGIA**
>
> **Os insetos aprendem!**
>
> Alguns insetos podem memorizar e efetuar em sequência tarefas que envolvem sinais múltiplos em várias áreas sensoriais. Abelhas operárias foram treinadas para caminhar por labirintos que envolviam cinco viradas em sequência, usando como pistas a cor de um marcador, a distância entre dois locais determinados ou o ângulo de uma virada. O mesmo ocorre com formigas. Operárias de uma espécie de *Formica* aprenderam um labirinto de seis pontos em uma velocidade apenas 2 ou 3 vezes mais lenta do que a de ratos de laboratório. As trilhas de forrageamento de formigas e abelhas frequentemente contêm muitas voltas e curvas, mas, uma vez que a forrageira encontrou alimento, a viagem de volta é relativamente direta. Um pesquisador sugere que a série contínua de cálculos necessários para determinar tais ângulos, direções, distâncias e velocidade da viagem e convertê-los em um retorno direto poderia envolver o uso de cronômetro, bússola e cálculo integral vetorial. Ainda não se sabe como os insetos fazem isso.

que são suas predadoras. Os besouros-bombardeiros, por sua vez, produzem um jato irritante que direcionam com precisão nas formigas ou em outros inimigos que os estão atacando.

Algumas formas de corpo e padrões de cor nos insetos são altamente adaptativas na evasão da predação, como **coloração aposemática** (coloração de advertência para anunciar qualidades nocivas) e **cripse** (camuflagem na forma ou coloração para não ser notado). A coloração aposemática está sujeita ao mimetismo, em que duas ou mais espécies nocivas compartilham a coloração aposemática para evitar um predador comum (mimetismo mülleriano) ou uma espécie de sabor agradável adota a coloração aposemática de uma espécie nociva para enganar um predador comum (mimetismo batesiano).

Comportamento e comunicação

As percepções sensoriais aguçadas dos insetos fazem com que respondam extremamente bem a muitos estímulos. Esses estímulos podem ser internos (fisiológicos) ou externos (ambientais), e as respostas são governadas tanto pelo estado fisiológico do animal quanto pelo padrão dos caminhos nervosos percorridos pelos impulsos. Muitas respostas são simples, como a orientação em direção ou contrariamente ao estímulo, como, por exemplo, a evitação de luz pelas baratas, ou a atração de algumas moscas pelo odor de carne podre.

No entanto, uma grande parte do comportamento dos insetos não é simplesmente uma questão de orientação, mas envolve uma série complexa de respostas. Um par de besouros rola-bosta arranca um pedaço de material fecal, enrola-o até formar uma bola e em seguida a rola trabalhosamente até o local onde pretende enterrá-la, para depois depositar seus ovos dentro dela. As cigarras cortam a casca de um galho e, então, colocam um ovo em cada um dos cortes feitos. As fêmeas das vespas do gênero *Eumenes* coletam pelotas de argila, carregando-as uma a uma até o local da construção e, com estilo, constroem pequenos e graciosos potes de argila de gargalo estreito, dentro dos quais colocam um ovo em cada um. A seguir, a mãe-vespa caça e paralisa um bom número de lagartas, empurra-as para dentro da abertura dos potes e fecha as aberturas com argila. Cada ovo, protegido individualmente por seu próprio pote, emerge e acaba encontrando um suprimento de comida bem provido.

Grande parte desse comportamento é inato; entretanto, está envolvida uma parte muito maior de aprendizado do que se pensava anteriormente. A vespa do gênero *Eumenes*, por exemplo, precisa aprender onde ela construiu seus potes, já que precisa voltar para preenchê-los com lagartas, um de cada vez. Os insetos sociais, que foram estudados extensamente, são capazes de executar a maioria das formas básicas de aprendizado utilizadas pelos mamíferos. Uma exceção é o aprendizado por intuição. Aparentemente, quando estão em face de um novo problema, os insetos não conseguem reorganizar suas memórias para desenvolver uma nova resposta.

Os insetos comunicam-se entre si por meio de sinais químicos, visuais, auditivos e táteis. Sinais **químicos** tomam a forma de **feromônios**, que são substâncias secretadas por um indivíduo que afetam o comportamento ou os processos fisiológicos de outro indivíduo. Muitos feromônios foram descritos. Como os hormônios, os feromônios são eficientes em quantidades ínfimas. Os feromônios são usados em diversas situações. Eles podem atrair o sexo oposto, sinalizar um alarme ou iniciar comportamentos, como hibernar (no caso das joaninhas), ou se agregar, como no caso dos besouros-de-pinheiro. Também podem ser usados para marcar caminhos, definir territórios ou estimular respostas de defesa. Insetos sociais, como abelhas, formigas, vespas e cupins podem reconhecer um companheiro de ninho – ou um invasor no ninho – por meio de feromônios de identificação. Os parasitos sociais evitam a detecção – e certa destruição – ao imitar ou duplicar os feromônios produzidos pelos membros de sua colônia hospedeira. Os feromônios determinam a casta em cupins e, até certo ponto, em formigas e abelhas. Eles são a força principal integradoras das populações de insetos sociais.

Muitos feromônios de insetos foram isolados e identificados. As armadilhas que utilizam iscas de feromônio têm sido usadas por vários anos no monitoramento de insetos de importância econômica. Elas podem ser usadas para detectar a presença de um inseto, como um novo invasor que veio de uma área vizinha (mapeamento da dispersão da mariposa europeia *Porthetria dispar* nos EUA, ou a presença das lagartas da borboleta europeia *Heliothis zea* em uma plantação), ou para monitorar as mudanças nos níveis da população. O uso de armadilhas de feromônio tornou-se uma ferramenta importante para detectar infestações potenciais, dando tempo suficiente para que possam ser planejadas medidas para remediar a situação.

A **produção** e a **recepção de sons** (fonoprodução e fonorrecepção) dos insetos têm sido estudadas extensamente e, embora o sentido da audição não esteja presente em todos os insetos, esse meio de comunicação é muito significativo entre os insetos que o utilizam. Os sons servem como mecanismos de aviso, informação sobre a propriedade de territórios, ou cantos de acasalamento. Os sons de gafanhotos e grilos parecem estar envolvidos com a corte ou com agressão. Os grilos machos esfregam as bordas modificadas de suas asas anteriores entre si para produzir seu som característico. O canto bem alongado dos machos de cigarras, que é um chamado para atrair fêmeas, é produzido por membranas vibratórias localizadas em um par de órgãos situados no lado ventral do segmento abdominal basal.

Existem muitas formas de **comunicação tátil**, como tapas, batidas, agarramentos, e o tocar entre antenas, que provocam respostas que vão desde o reconhecimento até o recrutamento e o alarme. Alguns tipos de moscas, colêmbolos e besouros produzem seus próprios **sinais visuais** na forma de **bioluminescência**. Os mais bem conhecidos são os vaga-lumes, ou pirilampos (que não são moscas nem hemípteros, mas besouros), nos quais o pulso luminoso ajuda a localizar um parceiro sexual. Cada espécie apresenta um ritmo de pulsos característico, que é produzido na face ventral dos últimos segmentos abdominais. As fêmeas piscam em resposta ao padrão específico de sua espécie para atrair os machos. A fêmea do *Photuris* algumas vezes pisca o padrão de outras espécies para atrair machos dessa espécie como presa.

Comportamento social

Alguns grupos são temporários e descoordenados, como as associações de joaninhas para hibernação, ou agrupamentos de pulgões para alimentação. Outros são coordenados apenas por curtos períodos de tempo e alguns cooperam completamente, como é o caso das lagartas do gênero *Malacosoma*, que se juntam na construção de uma rede que serve de abrigo e local de alimentação. No entanto, todos esses são coletividades abertas com comportamento social limitado.

Nos Hymenoptera **eussociais** (abelhas e formigas) e Isoptera (cupins), uma vida social complexa é regulada pela comunicação química e tátil. As interações sociais ocorrem em todos os estágios do ciclo de vida, as coletividades são geralmente permanentes, todas as atividades são coletivas, e existe uma comunicação recíproca e divisão de trabalho. A sociedade geralmente demonstra um polimorfismo, ou diferenciação de **castas**.

As abelhas têm uma das mais complexas organizações dentro do mundo dos insetos. Um total de 60 mil a 70 mil abelhas pode ocupar uma mesma colmeia. Existem três castas: uma única fêmea madura sexualmente, ou **rainha**; algumas centenas de **zangões**, que são machos sexualmente maduros; e o resto é composto por **operárias**, que são fêmeas sexualmente inativas.

As operárias tomam conta dos jovens, secretam cera com a qual constroem as células hexagonais do favo, coletam néctar das flores, manufaturam o mel, coletam pólen, ventilam e tomam conta da colônia. Um zangão, às vezes mais de um, fertiliza a rainha durante o voo nupcial, quando uma quantidade suficiente de esperma é armazenada na espermateca da fêmea para durar por toda a sua vida. Os zangões morrem após o acasalamento, e aqueles que permanecem na colônia no final do verão são empurrados para fora pelas operárias e morrem de fome.

As castas são determinadas parcialmente pela fertilização e parcialmente pelo que é oferecido como alimento para as larvas. Os zangões desenvolvem-se partenogeneticamente a partir de ovos não fertilizados (e, consequentemente, são haploides); as rainhas e as operárias desenvolvem-se de ovos fertilizados (sendo, portanto, diploides; ver haplodiploidia, Figura 36.14). As larvas de fêmeas que vão se tornar rainhas são alimentadas com geleia real, uma secreção das glândulas salivares das operárias. Tanto a quantidade de geleia real ingerida como a duração da alimentação afetam a formação da rainha. Metabólitos induzidos pela dieta afetam a expressão gênica e sinalizam a transdução na larva em desenvolvimento, direcionando assim o fenótipo para operárias ou rainhas. As rainhas vivem 1 ou 2 anos enquanto as operárias apenas alguns meses. O mel e o pólen são adicionados à dieta da operária a partir do terceiro dia de vida larval. Os feromônios existentes na "substância da rainha", que são produzidos pelas glândulas mandibulares da rainha, impedem que as operárias amadureçam sexualmente. As operárias produzem geleia real apenas quando o nível de feromônio da "substância da rainha" decresce na colônia, normalmente devido à superpopulação. Essa mudança também ocorre quando a rainha se torna muito velha, morre ou é removida. Então, o ovário das operárias desenvolve-se e elas passam a aumentar uma célula larval e a alimentar uma larva com geleia real a fim de produzir uma nova rainha. A produção de uma nova rainha pode ser seguida pelo enxameamento, quando a antiga rainha sai com parte da colônia.

As abelhas desenvolveram um eficiente sistema de comunicação com o qual, por meio de certos movimentos do corpo, as escoteiras informam às operárias a localização e a quantidade das fontes de alimento (ver Figura 36.16).

As colônias de cupins contêm várias castas que consistem em indivíduos férteis, incluindo machos e fêmeas, e indivíduos imaturos. Alguns dos indivíduos férteis podem ter asas e abandonar a colônia, acasalar, perder suas asas e, como **rei** e **rainha**, iniciar uma nova colônia. Os indivíduos férteis sem asas podem, sob certas condições, substituir o rei ou a rainha. Os membros imaturos não têm asas e tornam-se **operárias** ou **soldados**. Os soldados são dotados de cabeças e mandíbulas grandes e fazem a defesa da colônia. Assim como entre as abelhas e as formigas, fatores extrínsecos causam a diferenciação das castas. Os indivíduos reprodutores e os soldados secretam feromônios inibidores que são passados pela colônia às ninfas por meio de um processo de alimentação mútua, chamado de **trofalaxia**, de modo que se tornem operários estéreis. Os operários também produzem feromônios e, se o nível da "substância das operárias" ou da "substância dos soldados" cair, o que pode ocorrer após o ataque de predadores saqueadores, por exemplo, a próxima geração irá produzir proporções compensatórias das castas apropriadas.

As formigas são bastante aparentadas às abelhas e vespas (ordem Hymenoptera) e também apresentam sociedades altamente organizadas. Superficialmente, elas se assemelham aos cupins, mas podem ser distinguidas facilmente. Em contraposição aos cupins, as formigas têm geralmente cor escura, corpo duro e uma constrição posterior ao seu primeiro somito abdominal. As antenas das formigas têm uma dobra, como um cotovelo, enquanto as antenas dos cupins são filiformes ou lembram um cordão de contas (moniliforme).

Nas colônias de formigas, os machos morrem logo depois do acasalamento e a rainha funda sua própria colônia ou junta-se a alguma colônia já estabelecida e efetua a postura de ovos. As operárias e os soldados são fêmeas estéreis sem asas que fazem o trabalho da colônia: recolhem alimento, tomam conta dos jovens e protegem a colônia. Em muitas grandes colônias, pode haver dois ou três tipos de indivíduos em cada casta.

As formigas evoluíram alguns padrões marcantes de comportamento "econômico", como fazer escravos, produzir fazendas de fungos, criar "gado de formiga" (pulgões e outros membros de Sternorrhyncha), tecer seus ninhos com seda (Figura 21.21) e usar ferramentas.

21.6 INSETOS E BEM-ESTAR HUMANO

Insetos benéficos

Embora a maioria de nós pense nos insetos principalmente como pragas, toda a vida terrestre, incluindo a dos seres humanos, teria grande dificuldade para existir se todos os insetos desaparecessem de repente. Alguns produzem materiais úteis: mel e cera de abelhas, seda do bicho-da-seda e goma laca de uma cera produzida por uma cochonilha. Mais importante, no entanto, é que os insetos são necessários para a fertilização de muitas plantações. As abelhas polinizam plantações de itens alimentícios em um total

Figura 21.21 Um ninho de formigas tecelãs na Austrália.

que equivaleria a quase 14 bilhões de dólares por ano somente nos EUA, e esse quadro não inclui a polinização de forrageiras para o gado nem a polinização por outros insetos. As populações de abelha estão em declínio em muitos lugares do mundo, inclusive nos EUA. Elas têm oscilado nos tempos antigos e modernos, mas o desaparecimento recente de colmeias inteiras que começou em torno de 2006 tem tido um impacto significativo na agricultura. Na síndrome do colapso das colônias, as abelhas operárias desaparecem e deixam a rainha presa com pouco ou nenhum cuidado com sua prole. As operárias provavelmente são vítimas do "vírus das asas deformadas" DWV, que é transportado por ácaros *Varroa* e provavelmente disseminado pelo tráfico de colônias de abelhas pelos seres humanos (ver Seção 19.3).

A evolução de angiospermas levou a uma grande irradiação de insetos. Os insetos e as plantas codesenvolveram um surpreendente volume de adaptações que envolvem tanto recompensa como trapaça. A morfologia floral, a cor e o aroma atraem polinizadores específicos e guiam seus movimentos; como exemplo, veja os guias de néctar (Seção 21.3).

Muitos insetos predadores, como os besouros cicindelíneos, larvas de moscas sirfídeas, formigas-leão, louva-a-deus e joaninhas, destroem insetos daninhos (Figura 21.22). Por sua vez, os insetos servem como importantes fontes de alimento para muitos outros animais. Os insetos parasitoides são muito importantes no controle de populações de muitos insetos que são pragas. Os animais mortos são rapidamente consumidos por larvas que emergem de ovos depositados em carcaças. A entomologia forense utiliza a sucessão de insetos em um corpo morto para estimar a idade de um cadáver e, dessa forma, proporcionar informações valiosas para os investigadores sobre a hora da morte.

Tema-chave 21.6
EVOLUÇÃO
Uma defesa comportamental contra ácaros *Varroa* e a síndrome do colapso das colônias

Quatro populações de abelhas (na França, Noruega e Suécia) desenvolveram de modo independente uma forma de melhorar a sobrevivência das abelhas operárias em desenvolvimento. Os parasitos do ácaro *Varroa* infectam operárias em desenvolvimento nas câmaras de procriação e também infectam abelhas adultas. Nas quatro populações, as operárias abriram as câmaras incubadoras das abelhas operárias em desenvolvimento e, em seguida, as fecharam. Mudanças na umidade e outros fatores durante a fase aberta prejudicam os ácaros, mas o recapeamento protege a abelha operária em desenvolvimento. Esse comportamento é uma forma de "imunidade social", um fenômeno que ocorre em insetos eussociais quando companheiros de ninho cooperam para reduzir o sucesso do parasito. A evolução paralela desse comportamento em quatro populações distintas oferece esperança para as abelhas em todo o mundo.

Insetos prejudiciais

Os insetos prejudiciais incluem aqueles que comem e destroem plantas e frutos, como os gafanhotos, as marias-fedidas, mariposas piralídeas, gorgulhos, carunchos, cochonilhas, e centenas de outros (Figura 21.23). Praticamente toda plantação cultivada contém vários insetos que são pragas. Os seres humanos gastam enormes quantidades de recursos em todas as atividades de agricultura, na silvicultura e na indústria de alimentos, para conter os insetos e os danos que provocam. As infestações de besouros escolitíneos ou insetos desfolhadores, como as mariposas *Choristoneura fumiferana* e *Porthetria dispar*, geraram perdas econômicas enormes e tornaram-se um elemento principal na determinação da composição das florestas nos EUA. *Porthetria dispar*, introduzida nos EUA em 1869 em uma tentativa mal assessorada para procriar um bicho-da-seda melhor, espalhou-se por

A

B

C

Figura 21.22 Alguns insetos benéficos. **A.** Um percevejo predador (ordem Hemiptera) alimenta-se de uma larva de besouro mexicano. Note a probóscide sugadora do inseto. Esses besouros-do-feijão mexicanos são pragas das culturas de feijão e soja. **B.** Uma joaninha (ordem Coleoptera). Os adultos (e larvas da maioria das espécies) alimentam-se vorazmente de pragas de plantas, como ácaros, pulgões, cochonilhas e tripes. **C.** Uma vespa parasita (*Aleiodes indiscretus*) que insere ovos fertilizados em uma lagarta da mariposa-cigana (*Lymantria dispar*). Depois que a vespa deposita seus ovos, a lagarta se recupera e retoma uma vida ativa – até ser morta pelo desenvolvimento de larvas de vespa.

Figura 21.23 Alguns insetos-praga. **A.** O besouro *Popillia japonica* (ordem Coleoptera) é uma praga séria de árvores frutíferas e arbustos ornamentais. Eles foram introduzidos nos EUA em 1917, sendo originários do Japão. **B.** Cochonilhas cítricas, *Planococcus citri* (ordem Hemiptera, subordem Sternorrhyncha). Muitas cochonilhas são pragas de plantas com valor comercial. **C.** Lagarta-do-milho *Heliothis zea* (ordem Lepidoptera). Uma praga ainda mais séria do milho é a infame broca-do-milho, uma importação da Europa em 1908 ou 1909.

todo o Nordeste norte-americano atingindo a Virginia ao sul e, ao oeste, até Minnesota. Elas desfolham florestas em questão de anos, quando ocorrem infestações. Em 2013, o Serviço Florestal dos EUA estimou que 2.323,5 km² de florestas foram destruídos nos estados americanos do nordeste.

Dez por cento de todas as espécies de artrópodes são insetos parasitas, ou insetos que são essencialmente "micropredadores" porque atacam, mas não permanecem em seus hospedeiros. Os piolhos, as moscas e os mosquitos sugadores de sangue, moscas oestrídeas e gasterofilídeas, além de muitos outros, atacam os seres humanos ou os animais, domésticos ou ambos. A malária, transmitida por mosquitos do gênero *Anopheles* (Figura 21.24), é ainda uma das principais doenças no mundo, infectando centenas de milhões de pessoas a cada ano e causando milhões de mortes. Os mosquitos também transmitem febre amarela e filariose linfática e o vírus da Zika. As pulgas transmitem a peste bubônica que, em vários momentos da história, eliminou porções significativas da população humana. As moscas domésticas são vetores da febre tifoide, assim como os piolhos transmitem o tifo; moscas tsé-tsé transmitem a doença do sono africana; e percevejos sugadores de sangue, do gênero *Rhodnius* e gêneros aparentados, transmitem a doença de Chagas. O vírus do Nilo Ocidental (em inglês, *West Nile virus*) é transmitido por mais de 40 espécies de mosquitos, especialmente *Culex*, e infecta os seres humanos, alguns outros mamíferos e mais de 75 espécies de aves, algumas das quais atuam como reservatórios para o vírus. O vírus da Zika também é transmitido por mosquitos (*Aedes aegypti* e *A. albopictus*). O vírus está atualmente limitado ao México, América do Sul e Central e parte da África).

Figura 21.24 A. Um mosquito do gênero *Aedes* (ordem Diptera) da África do Sul. Membros desse gênero disseminam a dengue e a febre amarela, entre outras doenças. **B.** O percevejo, *Cimex lectularius*, é um comum parasito humano.

Tema-chave 21.7
CONEXÃO COM SERES HUMANOS

Vírus do Nilo Ocidental

O vírus do Nilo Ocidental, cujo agente transmissor são mosquitos, afeta mamíferos e aves em todo o mundo. Identificado pela primeira vez em Uganda em 1937, ele se espalhou pela América do Norte em 1999. As aves servem como um reservatório para o vírus: uma ave picada por um mosquito infectado funciona como um hospedeiro para o vírus durante 1 a 4 dias, período durante o qual o vírus pode ser adquirido por outros mosquitos e espalhado para novos hospedeiros. As respostas humanas à infecção variam, com cerca de 80% dos infectados não exibindo qualquer sintoma, quase 20% exibindo sintomas semelhantes aos de um resfriado, como febre e dores no corpo e, menos de 1% desenvolvendo encefalite com risco de morte ou outros efeitos neurológicos possivelmente permanentes. Evitar a picada do mosquito é a melhor forma de prevenir a infecção; dessa maneira, estudos sobre o comportamento do mosquito são úteis. Por exemplo, os pesquisadores questionaram-se se os mosquitos que inicialmente alimentaram-se do sangue das aves infectadas tendem a escolher outra ave para a próxima picada ou simplesmente alimentam-se de qualquer animal que for mais fácil. Compreender a transmissão do vírus torna possíveis aos modelos matemáticos prever como e quando a doença se espalhará.

> ### Taxonomia do subfilo Hexapoda
>
> **Classe Entognatha** (do grego *entos*, dentro + *gnathos*, maxila): **entognatos**. A base das peças bucais fica dentro da cápsula cefálica; as mandíbulas apresentam uma articulação. Exemplo: *Entomobrya*.
>
> **Classe Insecta** (do latim *insectus*, recortado): insetos. As bases das peças bucais são expostas, fora da cápsula cefálica; as mandíbulas normalmente têm duas regiões de articulação. Exemplos: *Drosophila, Bombus, Anopheles* (as ordens de insetos estão listadas na Seção 21.6: Taxonomia da classe Entognatha e classe Insecta).

Existe uma extraordinária destruição de alimentos, vestuário e propriedades pelos besouros curculionídeos e dermestídeos, baratas, formigas, traças-de-roupa e cupins. Também entre os insetos-praga estão os percevejos do gênero *Cimex* (ver Figura 21.24 B), hemípteros sugadores de sangue que foram contraídos pelos seres humanos provavelmente cedo em sua evolução, a partir de morcegos que compartilhavam suas cavernas. A infestação por esses hemípteros está aumentando em todo o mundo desenvolvido, por motivos desconhecidos. Algumas explicações propostas incluem o aumento do transporte de insetos por viajantes e a relutância em utilizar inseticidas.

Controle dos insetos

Considerando que todos os insetos são uma parte integrante das comunidades ecológicas em que estão inseridos, sua total destruição provavelmente faria mais mal do que bem. Todas as teias alimentares terrestres seriam seriamente perturbadas ou destruídas. O papel benéfico dos insetos em nosso ambiente é frequentemente subestimado, e em nosso entusiasmo para controlar as pragas, pulverizamos indiscriminadamente a paisagem com inseticidas de "amplo espectro" extremamente efetivos, que erradicam tanto os insetos bons como os prejudiciais. Também descobrimos, para nossa consternação, que muitos dos inseticidas químicos persistem no ambiente e acumulam-se como resíduos nos animais dos níveis mais altos nas cadeias alimentares, incluindo nós mesmos. Além disso, muitos insetos desenvolveram resistência aos inseticidas de uso comum. As abelhas são especialmente suscetíveis aos inseticidas, e a resistência desenvolve-se principalmente nos insetos prejudiciais.

Métodos de controle distintos dos inseticidas químicos têm estado sob intensa investigação, experimentação e desenvolvimento por muitos anos. Economia, preocupação com o ambiente e demanda dos consumidores estão fazendo com que milhares de fazendeiros dos EUA usem alternativas à dependência estrita em produtos químicos.

Muitos organismos úteis no controle biológico dos insetos estão sendo usados atualmente ou estão sob investigação científica. Esses organismos incluem patógenos bacterianos, virais e micóticos. Por exemplo, uma bactéria, *Bacillus thuringiensis*, produz uma toxina que é bastante eficiente no controle de diversas pragas causadas por lepidópteros (como as causadas por *Trichoplusia ni, Pieris rapae, Manduca quinquemaculata* e *Lymantria dispar dispar*). Outras cepas de *B. thuringiensis* têm toxinas que matam insetos de outras ordens, e a diversidade de insetos-alvo está sendo ampliada com o uso de técnicas de engenharia genética. Os genes que codificam a toxina produzida pelo *B. thuringiensis* também foram introduzidos em outras bactérias e, até mesmo em próprias plantas, tornando-as resistentes ao ataque de insetos. Muitos dos nossos grãos cultivados, especialmente o milho, agora contêm genes que expressam proteínas tóxicas para as pragas, evitando assim a necessidade de pesticidas. Entretanto, alguns insetos agora desenvolveram resistência à toxina de *B. thuringiensis*.

Muitos vírus e fungos que apresentam potencial como inseticidas foram isolados. As dificuldades e os custos na criação e manutenção desses agentes estão sendo superados em certos casos, e alguns já são produzidos comercialmente.

A introdução de predadores ou parasitoides naturais dos insetos-praga alcançou certo sucesso. Nos EUA, a joaninha *Rodolia cardinalis*, originária da Austrália, ajuda a controlar as cochonilhas de plantas cítricas, e inúmeros casos de controle pelo uso de parasitoides têm sido registrados.

Outra abordagem de controle biológico é interferir na reprodução ou no comportamento das pragas com machos estéreis ou com compostos orgânicos existentes na natureza que agem como hormônios ou feromônios. Tal pesquisa, embora bastante promissora, é lenta por causa de nossa compreensão limitada sobre o comportamento dos insetos e dos problemas em isolar e identificar compostos complexos que são produzidos em quantidades tão ínfimas. No entanto, os feromônios provavelmente desempenharão um papel importante no controle biológico de pragas no futuro.

> ### Taxonomia da classe Entognatha e da classe Insecta
>
> Os entomólogos não concordam com os nomes das ordens nem com os limites de cada ordem. Alguns preferem combinar e outros preferem dividir os grupos. Entretanto, a seguinte sinopse de ordens é uma que é bastante aceita.
>
> I. Classe Entognatha
>
> **Ordem Protura** (do grego *protos*, primeiro + *oura*, cauda): **proturos**. Diminutos (1 a 1,5 mm); sem olhos nem antenas; apêndices no abdome e no tórax; vivem no solo e em locais escuros e úmidos; desenvolvimento direto.
>
> **Ordem Diplura** (do grego *diploos*, duplo + *oura*, cauda): **dipluros, japigídeos, campodeídeos**. Têm geralmente menos de 10 mm; claros, sem olhos; um par de filamentos terminais longos ou um par de pinças caudais; vivem em húmus encharcado ou troncos em decomposição; desenvolvimento direto.
>
> **Ordem Collembola** (do grego *kolla*, cola + *embolon*, pino, cunha): **colêmbolos**. Pequenos (5 mm ou menos); sem olhos compostos; conjuntos de olhos com um a vários ocelos laterais; respiração pelas traqueias ou pela parede do corpo; um órgão elástico dobrado sob o abdome usado para saltar; abundantes no solo; às vezes aglomeram-se sobre o filme superficial de lagos ou bancos de neve durante a primavera; desenvolvimento direto.
>
> II. Classe Insecta
>
> Subclasse Apterygota
>
> **Ordem Thysanura** (do grego *thysanos*, franja + *oura*, cauda): **tisanuro**. Tamanho pequeno a médio; olhos grandes; antenas longas; três cercos terminais longos; vivem sob pedras e folhas e próximo a habitações humanas; desenvolvimento direto.

Taxonomia da classe Entognatha e da classe Insecta

Subclasse Pterygota

1. Infraclasse Paleoptera

Ordem Ephemeroptera (do grego *ephēmeros*, "durando apenas um dia" + *pteron*, asa): **efêmeras** (Figura 21.25). Asas membranosas; asas anteriores maiores do que as asas posteriores; aparelho bucal adulto vestigial; ninfas aquáticas, com brânquias traqueais laterais.

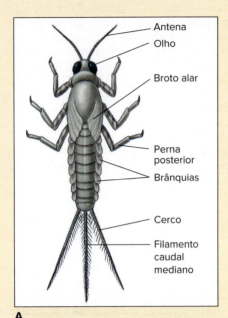

A

B

Figura 21.25 Uma efêmera (ordem Ephemeroptera). **A**. Ninfa. **B**. Adulto.

Ordem Odonata (do grego *odontos*, dentes + *ata*, caracterizado por): **libélulas, donzelinhas** (ver Figuras 21.17 B e 21.20 B). Grandes; as asas membranosas são longas, estreitas, com veias reticuladas e de tamanho semelhante; corpo longo e esguio; ninfas aquáticas com brânquias e lábio preênsil para captura de presas.

2. Infraclasse Neoptera

Ordem Orthoptera (do grego *orthos*, reto + *pteron*, asa): **gafanhotos** (ver Figura 21.2), **grilos, catídeos, esperanças**. Quando presentes, asas anteriores espessa e asas posteriores dobradas em leque sob as anteriores; peças bucais mastigadoras.

Ordem Blattodea (do latim *blatta*, barata + do grego *eidos*, forma + *ea*, caracterizado por): **baratas**. Insetos comuns nas áreas tropicais, frequentes em casas; com corpo oval e achatado que pode exceder 5 cm de comprimento; tarsos com 5 artículos; asas normalmente presentes, em geral reduzidas.

Ordem Phasmatodea (do grego *phasma*, fantasma + *eidos*, forma + *ea*, caracterizado por): **bichos-pau** e **bichos-folha**. Corpos alongados e em forma de graveto ou achatados e expandido lateralmente; herbívoros; formas tropicais podem ser muito grandes (até 30 cm).

Ordem Mantodea (do grego *mantis*, adivinhador + *eidos*, forma + *ea*, caracterizado por): **louva-a-deus**. Corpo alongado com pernas dianteiras raptoriais; predadores; podem chegar até 10 cm em comprimento.

Ordem Mantophasmatodea (uma fusão dos nomes das ordens dos louva-a-deus [Mantodea] e dos bichos-pau [Phasmatodea]): **gladiadores**. Secundariamente ápteros; peças bucais mastigadoras; lembram uma combinação de um louva-a-deus com um bicho-pau; predadores noturnos de insetos e aranhas; descritos em 2002; raros, encontrados na África; seis a oito espécies.

Ordem Dermaptera (do grego *derma*, pele + *pteron*, asa): **tesourinhas**. Asas anteriores bem curtas; asas posteriores amplas e membranosas dobradas sob as anteriores quando em repouso; peças bucais mastigadoras; cercos em forma de pinças.

Ordem Plecoptera (do grego *plekein*, torcer + *pteron*, asa): **plecópteros** (ver Figura 21.20 A). Asas membranosas; asas posteriores maiores e em forma de leque; ninfas aquáticas com tufos de brânquias traqueais.

Ordem Isoptera (do grego *isos*, igual + *pteron*, asa): **cupins**. Pequenos; asas membranosas e estreitas, semelhantes em tamanho e com poucas veias; asas são perdidas com a maturidade; organização social complexa. Na língua inglesa, são erroneamente chamados de "*white ants*" (formigas-brancas); são distintos das formigas por ampla união entre tórax e abdome; organização social complexa.

Ordem Embiidina (do grego *embios*, vividamente + *eidos*, forma + *ina*, parecido): **embiídeos**. Pequenos; asas dos machos membranosas e estreitas, e semelhantes em tamanho; fêmeas ápteras; peças bucais mastigadoras; coloniais; produzem canais revestidos de seda em solos tropicais.

Ordem Psocoptera (do grego *psoco*, piolho + *pteron*, asa) (**Corrodentia**): **psocídeos, piolhos-de-livro, piolhos-da-casca**. Corpo geralmente pequeno, podendo atingir até 10 mm; asas estreitas e membranosas com poucas veias, geralmente mantidas fechadas como um telhado triangular sobre o abdome quando em repouso; algumas espécies ápteras; encontrados em livros, cascas de árvore, ninhos de aves, sobre a folhagem.

Ordem Zoraptera (do grego *zōros*, puro + *apteryos*, sem asa): **zorápteros**. Atingem 2,5 mm; asas membranosas e estreitas, geralmente perdidas na maturidade; coloniais e parecidos com cupins.

Ordem Phthiraptera (do grego *phteir*, piolho + *apteros*, áptero): **piolhos**. Ectoparasitos ápteros adaptados para se agarrar em hospedeiros de sangue quente. **Piolhos sugadores** (ver Figura 21.11), anteriormente na ordem Anoplura, agora constituem a subordem Anoplura, peças bucais adaptadas para perfurar e sugar; inclui os piolhos de seres humanos (piolho de cabeça e o de corpo) e os chatos. **Piolhos mastigadores** (ver Figura 21.10), anteriormente na ordem Mallophaga, agora divididos em três subordens.

Taxonomia da classe Entognatha e da classe Insecta

Ordem Thysanoptera (do grego *thysanos*, franja + *pteron*, asa): lacerdinhas ou tripes. Comprimento 0,5 a 5 mm (alguns maiores); se presentes, asas longas, muito estreitas, com poucas veias e com uma franja de pelos longos; peças bucais sugadoras; herbívoros destrutivos, mas alguns alimentam-se de insetos.

Ordem Hemiptera (do grego *hemi*, metade + *pteron*, asa). Os membros apresentam peças bucais singulares, especializadas para perfurar e sugar. Os hemípteros são divididos em três subordens: Heteroptera, Auchenorrhyncha e Sternorrhyncha. Heteroptera contém os **percevejos**; comprimento de 2 a 100 mm; asas presentes ou ausentes; asas anteriores com porção basal espessada e parcialmente esclerotizada, porção apical membranosa; asa posterior membranosa; em repouso, asas mantidas achatadas sobre o abdome; muitos com glândulas de cheiro; inclui as baratas-d'água, aranhas-d'água, percevejos-de-cama, marias-fedidas, barbeiros, percevejos fitófagos, percevejos-de-renda e muitos outros. Auchenorrhyncha contém as **cigarrinhas** (Figura 21.26) e **cigarras**; quatro asas típicas se estiverem presentes. Sternorrhyncha contém os **pulgões, psilídeos, jequitiranaboia** e **cochonilhas** (ver Figura 21.23 B); quatro asas típicas se estiverem presentes; frequentemente com história natural complexa; muitas espécies são pragas de plantas.

Figura 21.26 *Platycotis vittata* (ordem Hemiptera).

Ordem Neuroptera (do grego *neuron*, nervo + *pteron*, asa): **formigas-leão, bichos-lixeiros** etc. Tamanho médio a grande; asas membranosas semelhantes com muitas veias; peças bucais mastigadoras; coridalídeos apresentam mandíbulas muito aumentadas nos machos e larvas aquáticas; larvas de formigas-leão fazem funis na areia para capturar formigas.

Ordem Coleoptera (do grego *koleos*, bainha + *pteron*, asa): **besouros** (ver Figura 21.23 A), incluindo os **vaga-lumes** e os **gorgulhos**. A maior ordem animal do mundo com 250 mil espécies descritas; asas anteriores (élitros) espessas, duras, opacas; asas posteriores membranosas dobradas sob as anteriores, quando em repouso; peças bucais mastigadoras; incluem joaninhas, vaquinhas, serra-paus, carunchos, bicudos, rola-bostas, escaravelhos e muitos outros.

Ordem Strepsiptera (do grego *strepsis*, uma volta + *pteron*, asa): estrepsíptero. Fêmeas sem asas, olhos e antenas; machos com asas anteriores vestigiais e asas posteriores em forma de leque; fêmeas e larvas são parasitos em abelhas, vespas e outros insetos.

Ordem Mecoptera (do grego *mekos*, comprimento + *pteron*, asa): **mecópteros**. Tamanho pequeno a médio; asas longas, delgadas, com muitas veias; quando em repouso, as asas são mantidas sobre o dorso com um telhado triangular; órgão copulador do macho em forma de cauda de escorpião localizado no final do abdome; carnívoros; vivem na maioria das florestas.

Ordem Lepidoptera (do grego *lepidos*, escama + *pteron*, asa): **borboletas** e **mariposas**. Asas membranosas cobertas por escamas sobrepostas, asas acopladas na base; peças bucais em forma de um tubo sugador, que se enrola quando não está em uso; larvas (lagartas) com peças bucais mastigadoras, para comer plantas, falsas pernas curtas e grossas no abdome, e glândulas de seda para tecer casulos; antenas clavadas em borboletas e geralmente filamentosas (algumas vezes plumosas) em mariposas.

Ordem Diptera (do grego *dis*, dois + *pteron*, asa): **moscas verdadeiras**. Um único par de asas membranosas e estreitas; asas posteriores reduzidas a balancins inconspícuos (halteres); peças bucais sugadoras ou adaptadas para encharcar como esponja, lamber ou perfurar; larvas ápodes; incluem moscas-das-frutas, moscas-domésticas, pernilongos, mosquitos, borrachudos, piuns, mutucas, varejeiras, moscas-do-berne e muitos outros.

Ordem Trichoptera (do grego *trichos*, pelo + *pteron*, asa): **tricópteros**. Corpo pequeno e mole; asas com muitas veias e parcialmente com escamas, pilosas, dobradas como em telhado sobre corpo piloso; peças bucais mastigadoras; mandíbulas muito reduzidas; larvas aquáticas de várias espécies constroem abrigos de folhas, areia, cascalho, pedaços de conchas ou matéria vegetal, aderidos entre si por meio de cimento ou seda que secretam; algumas constroem redes de seda para alimentação que são presas a pedras na correnteza.

Ordem Siphonaptera (do grego *siphon*, sifão + *apteros*, sem asa): **pulgas** (ver Figura 21.9). Pequenos; sem asas; corpo comprimido lateralmente; pernas adaptadas para o salto; ectoparasitos de aves e mamíferos; larvas ápodes, vermiformes e detritívoras.

Ordem Hymenoptera (do grego *hymen*, membrana + *pteron*, asa): **formigas, abelhas** e **vespas** (Figura 21.27). Bem pequenos a grandes; asas membranosas e estreitas acopladas distalmente; asas posteriores secundárias; peças bucais para morder e lamber líquidos; ovipositor às vezes modificado para picar, perfurar ou serrar (ver Figura 21.6); tanto espécies sociais como solitárias, a maioria das larvas é ápode, cega e vermiforme.

Figura 21.27 Vespas (ordem Hymenoptera) atendendo a suas pupas e larvas.

Uma abordagem de sistemas chamada **controle integrado de pragas** é praticado em muitas culturas. Essa abordagem envolve misturar todas as possíveis técnicas práticas para conter infestações de pragas em um nível tolerável; por exemplo, técnicas de cultivo (variedades de plantas resistentes, rotação de culturas, técnicas de lavoura, período de semeadura, plantação ou colheita, entre outras), uso de controle biológico e uso esparso de inseticidas.

> **Tema-chave 21.8**
> **CONEXÃO COM SERES HUMANOS**
>
> **Controle de insetos usando machos estéreis**
> O método do macho estéril tem sido usado eficientemente na erradicação de moscas-da-bicheira, uma praga do gado. Um grande número de insetos machos, esterilizados por irradiação na fase de pupa, são introduzidos na população natural; as fêmeas que acasalam com as moscas estéreis põem ovos inférteis.

21.7 FILOGENIA E DIVERSIFICAÇÃO ADAPTATIVA

Nossa compreensão sobre as relações evolutivas entre os subfilos de artrópodes mudou muito na última década. O subfilo Uniramia, que unia miriápodes e hexápodes, estava baseado no pressuposto de que os apêndices uniremes eram um caráter derivado compartilhado (sinapomorfia) que unia esses grupos, excluindo todos os demais artrópodes. No entanto, Uniramia não apareceu como um táxon monofilético nas filogenias com base em caracteres moleculares, que agruparam hexápodes e crustáceos como um clado. Os crustáceos têm apêndices birremes, de modo que uma diferença assim significativa na forma dos apêndices foi considerada inicialmente uma forte evidência contra a hipótese de uma relação de grupo-irmão entre hexápodes e crustáceos. Entretanto, uma vez que a base genética dos apêndices ramificados foi mais bem compreendida, ficou claro que mudanças no número de ramificações em um apêndice poderiam surgir por meio de uma mudança relativamente simples na expressão gênica. Os membros do subfilo original Uniramia foram então divididos entre o subfilo Myriapoda e Hexapoda.

Agora, os hexápodes estão unidos com membros do subfilo Crustacea no clado Pancrustacea. Ambos os táxons apresentam mandíbulas e várias filogenias recentes indicam que os pancrustáceos estão mais relacionados com os miriápodes, um táxon mandibulado, do que com os quelicerados, os quais não têm mandíbulas.

Embora o clado Pancrustacea seja bem sustentado, a natureza da relação entre os subgrupos de crustáceos e hexápodes está sujeita a debate. Algumas filogenias indicam uma relação de táxons-irmãos entre os crustáceos e os hexápodes, como mostramos na Figura 19.2, mas outras indicam que os hexápodes surgiram *dentro* dos crustáceos. Se esse resultado for sustentado por estudos futuros, o subfilo Crustacea será parafilético, a não ser que seja redefinido para incluir os hexápodes. Nas filogenias nas quais os hexápodes se originam dentro dos crustáceos, eles aparecem mais próximos aos crustáceos branquiópodes, cefalocáridos ou remipedios. A próxima década de pesquisa deve esclarecer a posição evolutiva de Hexapoda dentro de Pancrustacea.

Dentro de Hexapoda, a classe Entognatha é apresentada como grupo-irmão da classe Insecta na Figura 21.1, mas algumas pesquisas indicam que as peças bucais entognatas podem ter evoluído diversas vezes, e que alguns entognatos podem estar mais próximos dos insetos do que dos demais entognatos.

Fósseis datam a origem dos insetos no final do período Devoniano, mas estudos moleculares e filogenômicos sugerem que os insetos evoluíram no início do período Ordoviciano, há cerca de 479 milhões de anos. O estudo filogenômico apoia os remipedios como os parentes vivos mais próximos dos hexápodes. A filogenia desse estudo difere daquela na Figura 21.1 em Ephemeroptera e Odonata como táxons-irmãos e nas posições relativas de Psocoptera, Phthirapera, Thysanoptera e Hemiptera, entre outros. Alguns novos táxons de ordem superior também são apresentados.

É provável que o ancestral dos insetos tivesse uma cabeça e um tronco formado por muitos somitos semelhantes, com a maioria ou todos apresentando membros. Os primeiros fósseis de insetos tinham pequenos apêndices abdominais (e, aparentemente, alguns apêndices multirremes, Figura 21.28), e algumas ordens apterigotas atuais (primitivamente ápteras) apresentam estiletes abdominais que são considerados pernas vestigiais. Sabe-se atualmente que a ausência de pernas abdominais na maioria dos insetos resulta de um padrão de expressão de certos genes *Hox* que inibe a expressão do gene *Distal-less* no abdome dos insetos, mas não no de crustáceos e onicóforos.[1,2]

A origem evolutiva das asas dos insetos tem permanecido um mistério por muito tempo. As evidências baseadas em mandíbulas de fósseis de insetos sugerem que os insetos alados existiam há cerca de 400 milhões de anos. No período Carbonífero, diversas ordens de insetos alados (Paleoptera), a maioria delas agora extinta, surgiram. O valor adaptativo das asas para o voo é claro, mas tais estruturas não passam à existência completamente desenvolvidas. Uma hipótese é que as asas se desenvolveram a partir de expansões torácicas laterais que eram úteis para planar. Entretanto, essa hipótese não explica a origem nem a função das articulações e da neuromusculatura nas protoasas que representariam a matéria-prima sobre as quais atuaria a seleção, levando à evolução de asas que pudessem bater e sustentar o voo. Uma hipótese alternativa é que os insetos voadores ancestrais derivaram de insetos aquáticos ou com juvenis aquáticos dotados de brânquias externas no tórax, a partir das quais as asas poderiam ter derivado. As brânquias torácicas e abdominais de insetos do Paleozoico aparentemente eram articuladas e móveis, capazes de movimentos de ventilação e de natação. Elas podem ter proporcionado as estruturas morfológicas para as "pró-asas". A evolução de pró-asas amplamente fixadas ao tórax (incapazes de proporcionar o voo) nos insetos semiaquáticos teria aumentado a temperatura do corpo desses insetos durante o aquecimento no Sol. A expansão subsequente dessas pró-asas torácicas para a regulação comportamental da temperatura poderia facilmente ter proporcionado o estágio morfológico necessário para a evolução de asas verdadeiramente funcionais (Figura 21.29), grandes o suficiente para sustentar o voo.

O ancestral alado de inseto deu origem a três linhagens que diferiam na capacidade de dobrar suas asas. Duas delas (Odonata e Ephemeroptera) têm asas que se mantêm abertas ou se juntam verticalmente acima do abdome. A outra linhagem apresenta asas que podem ser dobradas horizontalmente para trás sobre o abdome. Essa linhagem ramificou-se em três grupos, todos presentes no período Permiano. Um grupo com metamorfose hemimetábola,

---

[1] Galant, R. e S.B. Carroll. 2002. Evolution of a transcriptional repression domain in an insect Hox protein. Nature **415**:910–913.
[2] Ronshaugen, M., N. McGinnis, and W. McGinnis. 2002. Hox protein mutation and macroevolution of the insect body plan. Nature **415**:914–917.

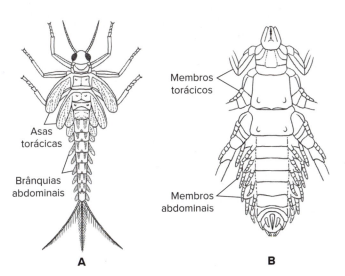

Figura 21.28 A. Uma ninfa de "efêmera" da Era Paleozoica, com diminutas asas torácicas e brânquias abdominais. Os brotos alares torácicos poderiam ter sido precursores das asas. **B.** Um inseto do Paleozoico com pernas torácicas multirremes e membros abdominais multirremes vestigiais.

peças bucais mastigadoras e cercos inclui Orthoptera, Dermaptera, Isoptera e Embiidina; outro grupo com metamorfose hemimetábola e tendência a apresentar peças bucais sugadoras inclui Thysanoptera, Hemiptera e, talvez, também Psocoptera, Zoraptera e Phthiraptera, embora exista alguma falta de concordância entre autores com relação ao último grupo. Os insetos com metamorfose holometábola têm a história de vida mais especializada, e aparentemente formam um clado que inclui as demais ordens neópteras (p. ex., Lepidoptera, Diptera, Hymenoptera).

As propriedades adaptativas dos insetos foram enfatizadas durante todo este capítulo. As direções e a amplitude de sua radiação adaptativa, tanto em termos estruturais quanto morfológicos, têm sido extremamente variadas. Seja em relação à área de hábitat, adaptações para alimentação, meios de locomoção, reprodução, ou ao modo geral de vida, as conquistas adaptativas dos insetos são verdadeiramente notáveis.

Figura 21.29 Um antigo inseto paleóptero, *Homolaneura joannae*, do Carbonífero Superior, ilustrando dois pares de asas funcionais, bem como um par de aletas protorácicas amplamente anexadas ao tórax e articuladas, como as asas mesotorácicas e metatorácicas de alguns insetos recentes. Antes do desenvolvimento de asas completamente funcionais, expansões alares móveis e articuladas nos três segmentos torácicos podem ter servido para a termorregulação e, finalmente, permitiram a evolução de expansões alares grandes o suficiente para sustentar o voo.

RESUMO

Seção	Conceito-chave
21.1 Classes Entognatha e Insecta	• Hexapoda compreende as classes Entognatha e Insecta • Em Entognatha, a base do aparelho bucal está dentro da cápsula cefálica • Os insetos possuem aparelhos bucais cujas bases se estendem para fora da cápsula cefálica • Insecta é a maior classe do maior filo do mundo • O sucesso evolutivo dos insetos em hábitats terrestres é amplamente explicado por características como asas (presentes na maioria), impermeabilização de sua cutícula e outros mecanismos para minimizar a perda de água e a capacidade de se tornarem inativos durante condições adversas • Existe uma grande variação nos apêndices
21.2 Forma e função externas	• Os insetos têm três tagmas: cabeça, tórax e abdome • A maioria dos insetos tem dois pares de asas no tórax, embora alguns tenham um par e alguns sejam primitiva ou secundariamente sem asas • Em alguns insetos, os movimentos das asas são controlados por músculos de voo direto, que se inserem diretamente na base das asas no tórax, enquanto outros insetos têm músculos de voo indiretos, que movem as asas mudando a forma do tórax • Cada contração dos músculos de voo síncrono requer um impulso nervoso, enquanto os músculos de voo assíncrono contraem muitas vezes para cada impulso nervoso

Seção	Conceito-chave
21.3 Forma e função internas	• Os hábitos alimentares variam muito entre os insetos, e há uma enorme variedade de especializações do aparelho bucal, refletindo os hábitos alimentares específicos de determinado inseto • Os insetos respiram por meio de um sistema traqueal, que é um sistema de tubos que leva oxigênio diretamente para cada célula. As traqueias se abrem por espiráculos no tórax e abdome • Existe um sistema circulatório aberto • Órgãos excretores são túbulos de Malpighi flutuando livremente no hemocele • Os sexos são separados em insetos e a fertilização geralmente é interna • Os insetos percebem o mundo ao redor visualmente, quimicamente, por meio de sons, pela produção de sinais visuais e por meio de estruturas mecano-sensoriais.
21.4 Metamorfose e crescimento	• Quase todos os insetos sofrem metamorfose durante o desenvolvimento • Na metamorfose hemimetábola (incompleta), os instares larvais são chamados de imaturos ou ninfas e se assemelham a pequenos adultos de muitas maneiras. Adultos sexualmente maduros emergem na última muda de ninfa • Na metamorfose holometábola (completa), as larvas costumam ser semelhantes a lagartas ou vermes e não se parecem com os adultos. A última muda larval dá origem a uma fase sem alimentação (pupa). Um adulto alado (sexualmente maduro) emerge na muda pupal final • Ambos os tipos de metamorfose são controlados por hormônios
21.5 Comportamento e defesa	• Os insetos têm excelentes mecanismos sensoriais. Eles respondem às informações ambientais com comportamentos complexos, como cortar e rolar esterco ou construir pequenos potes de barro para colocar os ovos • Os insetos são capazes de aprender e assimilar rotas eficientes até alimentos ou outros recursos • Os insetos se comunicam quimicamente, por meio de sons, pela produção de sinais visuais e por meio do toque • O comportamento social pode ser extremamente complexo. Nas colônias eussociais, as castas são criadas por meio do controle químico durante o desenvolvimento larval
21.6 Insetos e bem-estar humano	• Os insetos são importantes para o bem-estar humano, principalmente porque polinizam plantas alimentícias e forrageiras • Os insetos controlam populações de outros insetos prejudiciais, por predação e parasitismo • Os insetos servem de alimento para outros animais e são peças-chave em muitas teias alimentares • A entomologia forense faz uso da sucessão de insetos em cadáveres para estimar a hora da morte • Muitos insetos são prejudiciais aos interesses humanos, porque danificam plantações, alimentos, florestas, roupas e propriedades • Muitos insetos transmitem doenças importantes que afetam seres humanos e animais domésticos • Os insetos são controlados por meio de pesticidas químicos, bem como por agentes de controle biológico, como bactérias, outros insetos, ou uso de esterilização para reduzir o tamanho da população
21.7 Filogenia e diversificação adaptativa	• Hexapoda são unidos com crustáceos no clado Pancrustacea • Os entognatos formam ou incluem o táxon-irmão dos insetos. Eles, como alguns insetos, não têm asas • Nos insetos, pernas foram perdidas do abdome e agora estão confinadas a cada um dos três segmentos torácicos • As asas de insetos alados ancestrais podem ter sido derivadas de brânquias externas de ninfas aquáticas ou adultos • As expansões tergais (ou pró-asas), articuladas ou não, podem ter funcionado para aumentar a eficiência da termorregulação comportamental; por fim, as asas se tornaram grandes o suficiente para serem asas verdadeiramente funcionais • A diversidade adaptativa e o número de espécies e indivíduos em Insecta são enormes

QUESTÕES DE REVISÃO

1. Quais as características que distinguem os hexápodes de *todos* os outros artrópodes?
2. Como os insetos se distinguem dos outros hexápodes?
3. Explique por que a musculatura indireta de voo pode bater muito mais rapidamente que a direta.
4. Como os insetos se locomovem?
5. Quais são as partes principais do trato digestório dos insetos e quais as funções de cada parte?
6. Descreva três tipos diferentes de peças bucais encontradas nos insetos e diga como são adaptadas para o consumo de diferentes tipos de alimento.

7. Descreva o sistema traqueal de um inseto típico e explique por que consegue funcionar eficientemente sem pigmentos para transportar oxigênio na hemolinfa. Por que um sistema traqueal não seria adequado a seres humanos?
8. Descreva o sistema excretor singular que ocorre em insetos. Como o ácido úrico é formado?
9. Descreva os receptores sensoriais que os insetos utilizam para os vários estímulos.
10. Explique a diferença entre a metamorfose holometábola e a hemimetábola nos insetos, incluindo os estágios que ocorrem em cada uma.
11. Descreva o controle hormonal da metamorfose nos insetos, incluindo a ação de cada hormônio e onde cada um é produzido.
12. O que é diapausa e qual é seu valor adaptativo?
13. Descreva sucintamente três características dos insetos para evitar predação.
14. Descreva e dê um exemplo de cada uma das quatro maneiras pelas quais os insetos se comunicam uns com os outros.
15. Quais são as castas encontradas nas abelhas e nos cupins, e quais as funções de cada uma?
16. Quais são os mecanismos de determinação de castas nas abelhas e nos cupins?
17. O que é trofalaxia? Que função(ões) exerce nos cupins?
18. Dê o nome de várias formas pelas quais os insetos são benéficos aos seres humanos e várias formas pelas quais são danosos.
19. O que é a síndrome do colapso das colônias e por que é tão preocupante em todo o mundo?
20. De que maneiras os insetos prejudiciais podem ser controlados? O que é controle integrado de pragas?
21. Quais são as características mais prováveis do ancestral comum mais recente dos insetos? Que linhagens principais descendem desse ancestral?
22. Qual é o cenário plausível para a evolução das asas e do voo nos insetos?

Para reflexão. Sob que circunstância a seleção natural favoreceria a posse de um ciclo de vida holometábolo em vez de um ciclo de vida ametábolo ou hemimetábolo? Em sua resposta, faça considerações sobre a disponibilidade de alimento, partes do corpo especializadas e capacidade de dispersão.

22 Quetognatos, Equinodermos e Hemicordados

OBJETIVOS DE APRENDIZAGEM

Após leitura do capítulo, você será capaz de:

22.1 Identificar um quetognato e descrever seu hábitat.
22.2 Descrever a anatomia de um quetognato e explicar por que esse grupo é colocado fora de protostômios e deuterostômios em uma filogenia.
22.3 Descrever as características que unem os membros do clado Ambulacraria.
22.4 Descrever a anatomia funcional dos cinco grupos de equinodermos: estrelas-do-mar, ofiuroides, ouriços-do-mar, pepinos-do-mar e crinoides.
22.5 Descrever a simetria dos primeiros equinodermos e explicar o estilo de vida e os fatores de seleção associados que favorecem a simetria radial nos ancestrais das formas modernas.
22.6 Descrever a anatomia funcional dos dois tipos de hemicordados: enteropneustos e pterobrânquios.
22.7 Identificar a posição filogenética dos hemicordados.

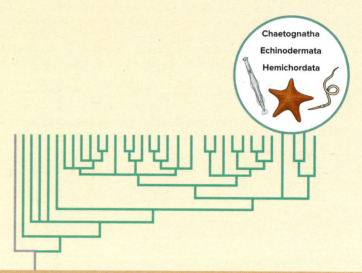

Estrelas-do-mar (Pisaster ochraceus) *rodeadas por algas verdes, durante a maré baixa.*
iStock@Andy Graham

- **PHYLUM CHAETOGNATHA**
- **CLADE AMBULACRARIA**
  - Phylum Echinodermata
  - Phylum Hemichordata

Um *design* intrigante para o zoólogo

Libbie Hyman, uma notável zoóloga americana, uma vez referiu-se aos equinodermos como um "grupo nobre especialmente desenhado para intrigar o zoólogo". Com uma combinação de características que deleitariam o mais ávido leitor de ficção científica, os equinodermos parecem confirmar a observação de Lorde Byron de que

*É estranho – mas verdadeiro;
pois a verdade é sempre estranha;
Mais estranha que a ficção.*

O registro fóssil de equinodermos contém formas bilateralmente simétricas. Esse fato, em conjunto com suas larvas bilateralmente simétricas, indica que a simetria radial atual é derivada, apesar do valor adaptativo da bilateralidade para animais que se movem livremente e os méritos da simetria radial para animais sésseis.

A maioria das larvas de equinodermos desenvolve um endoesqueleto calcário rudimentar e usa tratos ciliares para alimentação e natação, mas uma vez que se metamorfoseiam em formas sésseis, seus corpos mudam radicalmente. Um compartimento do celoma desenvolve-se em um sistema vascular-aquoso singular que usa a pressão hidráulica para operar uma multitude de diminutos pés tubulares, usados para obter alimento e se locomover. O endoesqueleto pode ser reduzido, como em um pepino-do-mar de corpo mole, ou rígido, como em uma estrela-do-mar ou um ouriço-do-mar. Muitos equinodermos têm diminutas pinças em formato de mandíbula (pedicelárias) espalhadas na superfície do corpo, muitas vezes pedunculadas e às vezes equipadas com glândulas de veneno.

Essa enorme gama de características é única no reino animal. A despeito da grande quantidade de pesquisas devotada a eles, estamos ainda longe de compreender muitos dos aspectos da biologia dos equinodermos. Mesmo a posição do eixo corporal anteroposterior, uma característica tão óbvia na maioria dos outros animais, é difícil discernir nos equinodermos.

CAPÍTULO 22 Quetognatos, Equinodermos e Hemicordados 451

Os metazoários triblásticos são divididos em dois grandes clados: Protostomia e Deuterostomia. Os clados são diagnosticados por uma combinação de caracteres morfológicos e moleculares, com conjuntos de características morfológicas observáveis já no início do desenvolvimento. Os caracteres clássicos relativos ao desenvolvimento associados aos protostômios são clivagem espiral em mosaico; formação da boca a partir do blastóporo embrionário (Protostomia); e a formação de um celoma por esquizocelia, quando este é presente (ver Seção 8.7). As características clássicas do desenvolvimento deuterostômio são clivagem regulativa radial; formação da boca a partir de uma segunda abertura (Deuterostomia); e formação do celoma por enterocelia (ver Seção 8.7). Todos os deuterostômios são celomados.

Os membros de alguns filos apresentam todos os caracteres de desenvolvimento em cada grupo: anelídeos e moluscos marinhos são protostômios clássicos, e equinodermos são deuterostômios clássicos. Contudo, leitores dos capítulos anteriores precisam estar atentos para o fato de que alguns táxons, como os problemáticos lofoforados, não mostram todas as características de protostômios.

Apesar do progresso feito em traçar a evolução dos animais, há alguns filos cujos planos corporais parecem representar uma estratégia de "misturar e combinar"; eles têm tanto características dos protostômios como dos deuterostômios. Os lofoforados já foram mencionados, e agora incluímos outro filo, Chaetognatha, cuja posição evolutiva tem sido muito debatida. Os quetognatos são predadores marinhos pelágicos comumente chamados de "vermes-seta". Eles são um grupo ancestral, com representantes entre os fósseis de *Burgess Shale*, portanto com mais de 500 milhões de anos. As formas fósseis são notavelmente similares às formas modernas quanto à aparência externa. Esse filo fascinante tem sido colocado em Deuterostomia, em Protostomia, e até fora desses dois grupos.

Consideramos Chaetognatha como um grupo externo aos clados dos protostômios e deuterostômios (ver o cladograma dos filos animais mostrado no fim do livro, e a Figura 22.1), na dependência de novos estudos. Os quetognatos são discutidos neste capítulo, seguidos pelos dois filos deuterostômios, Echinodermata e Hemichordata, que são táxons-irmãos no clado Ambulacraria (Figura 22.1).

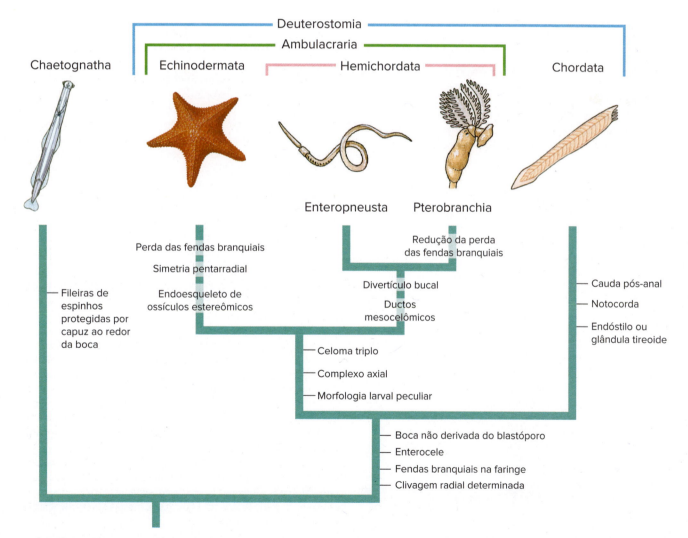

Figura 22.1 Cladograma mostrando relações hipotéticas entre os filos de deuterostômios. Com base nessa hipótese, o deuterostômio ancestral era uma forma bentônica marinha, com fendas branquiais, possivelmente similar ao Enteropneusta. As fendas branquiais aparentemente estavam presentes no ramo dos equinodermos, mas foram perdidas nos equinodermos modernos. Embora essa relação seja amplamente aceita nos dias de hoje, alguns autores preferem a hipótese alternativa segundo a qual hemicordados e cordados formam um clado com base no compartilhamento de fendas branquiais e tubo nervoso dorsal oco.

22.1 FILO CHAETOGNATHA

Um nome comum para os quetognatos é "vermes-seta". Eles são todos animais marinhos e a maior parte deles é altamente especializada para a vida planctônica. O nome Chaetognatha (do grego *chaitē*, cabelo solto longo + *gnathos*, mandíbula) refere-se às cerdas curvas sobre cada lado da boca. O grupo não é grande, conhecendo-se apenas cerca de 130 espécies conhecidas. Seus corpos pequenos e retilíneos lembram miniaturas de torpedos ou dardos, variando de menos de 1 a cerca de 12 cm de comprimento (Figura 22.2).

Com exceção de *Spadella* (do grego *spadix*, fronde de palmeira + *ella*, sufixo diminutivo), que é um gênero bentônico, e umas poucas espécies que vivem próximo ao leito do mar profundo, os quetognatos são todos adaptados à vida planctônica. Geralmente, eles nadam para a superfície à noite e retornam para o fundo de dia. Grande parte do tempo, eles afundam passivamente, mas podem arrancar velozmente para a frente, usando a nadadeira caudal e músculos longitudinais – um fator que, sem dúvida, contribui para o seu sucesso como predadores planctônicos. As nadadeiras horizontais que margeiam o tronco servem basicamente como estabilizadores e são usadas na flutuação mais que na natação ativa.

22.2 FORMA E FUNÇÃO

Os quetognatos não são segmentados e seu corpo diferencia-se em cabeça, tronco e cauda pós-anal (Figura 22.2). Abaixo da cabeça, há uma grande depressão, o vestíbulo, que leva à boca. O vestíbulo tem dentes e é flanqueado em ambos os lados por espinhos quitinosos curvos, usados para agarrar a presa. Um par de olhos localiza-se dorsalmente. Um capuz peculiar formado a partir de uma dobra do pescoço pode ser distendido para a frente, cobrindo a cabeça e os espinhos. Ao capturar a presa, o quetognato retrai o capuz; os dentes e os espinhos de captura se abrem afastando-se uns dos outros e, em seguida, se fecham com uma velocidade surpreendente. Os quetognatos são predadores vorazes, alimentando-se de animais planctônicos, especialmente copépodes, mas incluem uma variedade de outros crustáceos planctônicos, pequenos peixes e mesmo outros quetognatos. Quando abundantes, como costuma acontecer, eles podem ter um impacto ecológico considerável. Muitas espécies são altamente móveis e quase transparentes, características provavelmente de valor adaptativo à sua condição de predadores planctônicos.

Uma fina cutícula reveste o corpo e a epiderme é formada por uma única camada, exceto lateralmente, onde é estratificada, formando uma camada espessa. Os quetognatos são os únicos invertebrados com epiderme estratificada.

Os quetognatos têm um aparelho digestório completo e celoma bem desenvolvido. O celoma é usado como um esqueleto hidrostático. Há um sistema nervoso com um anel nervoso que conecta o gânglio cerebral acima do esôfago a vários gânglios laterais e a um grande gânglio ventral. Os órgãos sensoriais incluem olhos, cerdas sensoriais e, possivelmente, uma alça ciliada em forma de U peculiar que se estende sobre o pescoço a partir da parte posterior da cabeça. A função exata dessa alça permanece desconhecida, mas talvez detecte vibrações ou correntes de água, ou seja, quimiossensorial. Os quetognatos usam vibrações das cerdas sensoriais para detectar a presa. Não há sistemas respiratórios nem excretores e tais processos acontecem apenas por difusão. Um sistema hemal frouxamente organizado foi descrito no grupo.

Os quetognatos são hermafroditas com autofecundação ou fecundação recíproca. Os ovos de *Sagitta* (do latim *seta*) têm uma cobertura gelatinosa e são planctônicos. Os ovos de outros quetognatos podem ser liberados para afundar até o substrato durante seu desenvolvimento, anexados a objetos estacionários, ou presos à superfície do corpo do progenitor, sendo dessa forma carregados enquanto se desenvolvem. O desenvolvimento é direto, sem metamorfose.

A embriogênese dos quetognatos sugere afinidades com os deuterostômios. A boca não se origina a partir do blastóporo e o celoma se desenvolve por enterocelia. Contudo, a exata natureza da formação do celoma continua discutível. Alguns autores consideram a formação embrionária do celoma como claramente enterocélica; outros argumentam que ela difere daquela dos deuterostômios típicos porque seu celoma é formado por uma extensão para trás a partir do arquêntero, em vez de por pinçamento dos sacos celômicos. Não há peritônio verdadeiro revestindo o celoma.

Os quetognatos foram descritos como tendo um celoma tripartido, como aquele presente nos integrantes de Ambulacraria, mas aparentemente a terceira parte do celoma é meramente uma partição entre as gônadas masculinas e femininas nesses hermafroditas.

As descrições antigas da clivagem de Chaetognatha referem-se a ela como radial, completa e igual, mas estudos mais recentes contestam tal descrição, sugerindo, ao contrário, que os planos de clivagem em embriões na fase de quatro células são semelhantes àqueles de crustáceos e nematódeos (ver Capítulo 8 para uma discussão sobre clivagem).

Ambos os quetognatos e os nematódeos não têm músculos circulares e têm um arranjo semelhante de músculos longitudinais. Algumas filogenias baseadas em sequências de nucleotídeos colocam os quetognatos em Ecdysozoa, mas não há evidências de que a fina cutícula sofra mudas.

Um estudo filogenético usando genes *Hox* como caracteres sugeriu que os quetognatos derivaram de uma linhagem animal anterior à separação entre protostômios e deuterostômios. Algumas filogenias colocam os quetognatos dentre os protostômios como o táxon-irmão de todos os outros membros do grupo.

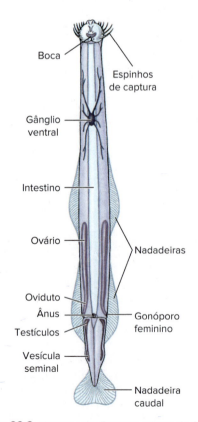

Figura 22.2 Vermes-seta. Estrutura interna de *Sagitta*.

As características de protostômios mostradas nos animais adultos incluem um cordão nervoso ventral. Os caracteres dos adultos e os dados de sequências de nucleotídeos contrapõem-se aos dados de desenvolvimento, de modo que a posição evolutiva dos quetognatos permanece incerta. Uma filogenia recente indicou que os táxons modernos compartilham muitas características convergentes, dificultando a identificação plano-corporal ancestral.

22.3 CLADO AMBULACRARIA

Ambulacraria é um superfilo que contém dois filos de deuterostômios: Echinodermata e Hemichordata (ver Figura 22.1). Os equinodermos, incluindo as estrelas-do-mar, os ofiuroides e os pepinos-do-mar, são animais familiares a muitas pessoas, mas os hemicordados, incluindo enteropneustos e pterobrânquios, são muito menos familiares. Além das características de deuterostômios clássicos, os membros de Ambulacraria compartilham celoma dividido em três partes (tripartido), formas larvais similares e um complexo axial (um metanefrídio altamente-especializado).

22.4 FILO ECHINODERMATA

Os equinodermos são formas marinhas e incluem as estrelas-do-mar, ofiuroides, ouriços-do-mar, pepinos-do-mar e os lírios-do-mar. Eles representam um grupo estranho, bastante distinto dos demais animais. O nome Echinodermata (do latim *echinatus*, espinhoso + do grego *derma*, pele + *ata*, caracterizado por) é derivado da presença de espinhos ou protuberâncias externos. Os equinodermos apresentam uma combinação de características que não são encontradas em nenhum outro filo: (1) um endoesqueleto de grandes placas ou pequenos ossículos espalhados, (2) um sistema hidrovascular, (3) pedicelárias, (4) brânquias dérmicas e (5) simetria pentarradial básica nos adultos. Nenhum outro grupo, com tal sistema de órgãos complexo, tem simetria radial.

Os equinodermos são um grupo antigo de animais conhecidos desde o período Cambriano. A descoberta recente dos equinodermos adultos bilateralmente simétricos a partir da metade do início do Cambriano (Europa) indica que a simetria pentarradial é derivada. Por muito tempo, os biólogos presumiram que o ancestral era bilateral devido às larvas dos equinodermos serem bilateralmente simétricas, mas não havia evidência fóssil disso. As formas bilaterais antigas que foram recentemente descobertas eram saprófitos bentônicos. A maioria dos fósseis dos equinodermos era de formas fixas (sésseis) com simetria radial. Assim, o plano corporal dos equinodermos atuais parece ter sido derivado daquele que era fixo ao fundo do mar, tinha simetria radial e sulcos radiais (ambulacros) para a coleta de alimento e uma superfície oral voltada para cima. Os equinodermos fixos provavelmente foram uma vez dominantes, mas somente cerca de 80 espécies, todas da classe Crinoidea, ainda existem (Figura 22.3). Alternativamente, seus descendentes de movimento livre tornaram-se bastante abundantes e a maioria manteve simetria radial. Contudo, na exceção que confirma a regra (que a bilateralidade é adaptativa para animais de vida livre), ao menos três grupos de equinodermos (pepinos-do-mar e dois grupos de ouriços-do-mar) evoluíram secundariamente uma organização bilateral superficial (embora permaneça neles a organização pentarradial do esqueleto e da maior parte dos sistemas de órgãos).

A maior parte dos equinodermos não osmorregula (ver Seção 30.1) e, assim, raramente se aventura para dentro de águas salobras. Eles ocorrem em todos os oceanos do mundo e em todas as profundidades, desde a região entremarés até a região abissal. Frequentemente, os animais mais comuns no mar profundo são equinodermos. A espécie mais abundante encontrada na fossa das Filipinas (10.540 m) era um pepino-do-mar. Os equinodermos são praticamente todos habitantes do fundo, embora algumas espécies sejam pelágicas.

Nenhum equinodermo é parasito, mas alguns são comensais. Por outro lado, uma ampla variedade de outros animais vive dentro ou sobre equinodermos, incluindo algas parasitas ou comensais, eucariotos unicelulares, ctenóforos, turbelários, cirripédios, copépodes, decápodes, gastrópodes, bivalves, poliquetas, peixes e outros equinodermos.

Os asteroides, ou estrelas-do-mar (Figura 22.4), são geralmente encontrados sobre superfícies duras, rochosas, mas inúmeras espécies vivem na areia ou em substratos moles. Algumas espécies comem partículas, mas muitas são predadoras, alimentando-se particularmente de presas sésseis ou sedentárias, visto que o deslocamento das estrelas-do-mar é relativamente lento.

Os ofiuroides – estrelas quebradiças ou estrelas-serpentes – são de longe os mais ativos dentre os equinodermos; movem-se contorcendo seus braços musculares articulados, em vez de caminhar com pés tubulares. Umas poucas espécies foram relatadas como sendo capazes de nadar e outras de cavar. Podem pastar, comer carniça e/ou depósitos, filtrar a água ou ainda ser predadoras. Algumas são comensais de grandes esponjas, em cujos canais aquíferos podem viver em grandes números.

Os holoturoides ou pepinos-do-mar (ver Figura 22.18) são amplamente prevalentes em todos os mares. Muitos habitam fundos arenosos ou ricos em matéria orgânica, onde se escondem. Comparados com outros equinodermos, os holoturoides são bastante alongados no eixo oral-aboral. Eles ficam com esse eixo orientado mais ou menos paralelamente ao substrato, deitados sobre um dos lados. A maior parte deles é comedora de suspensões ou de depósito.

Os equinoides, ou ouriços-do-mar, estão adaptados a viver no substrato oceânico e sempre têm sua superfície oral em contato com o substrato. Os ouriços regulares, que são radialmente simétricos, alimentam-se principalmente de algas ou detritos, enquanto os irregulares, que são secundariamente bilaterais, comem partículas pequenas. Os ouriços "regulares" preferem substratos duros; já as bolachas-da-praia e os ouriços Spatangoida (ouriços "irregulares") são geralmente encontrados na areia.

Os crinoides (ver Figura 22.23) distendem seus braços para fora e para cima como pétalas de uma flor, e alimentam-se de plâncton e partículas em suspensão. A maioria das espécies vivas passa a maior parte do tempo no substrato, presas por apêndices aborais chamados de cirros.

Devido ao aspecto espinhoso de sua estrutura, os equinodermos não são frequentemente comidos por outros animais – exceto outros equinodermos (estrelas-do-mar). Alguns peixes têm dentes fortes e outras adaptações que os capacitam a predar equinodermos. Uns poucos mamíferos, como as lontras marinhas, alimentam-se de ouriços. Ao redor do mundo, os seres humanos apreciam gônadas de ouriços-do-mar, cruas ou assadas sobre metade da carapaça. A trepang, a parede do corpo cozida e rica em proteínas de certas espécies grandes de pepinos-do-mar, é uma especialidade em muitos países do leste asiático. Infelizmente, a pesca intensiva dos pepinos, frequentemente ilegal, tem diminuído suas populações em muitas áreas tropicais. No entanto, métodos de aquacultura estão sendo desenvolvidos e a criação de pepinos-do-mar tem se tornando cada vez mais comum pelo mundo. Há criações no Alasca, na Austrália, na China, no Japão, nas Filipinas, na Nova Caledônia, na Nova Zelândia e no México, bem como em outros lugares.

As estrelas-do-mar comem uma variedade de moluscos, crustáceos e outros invertebrados. Em algumas áreas, elas têm papel

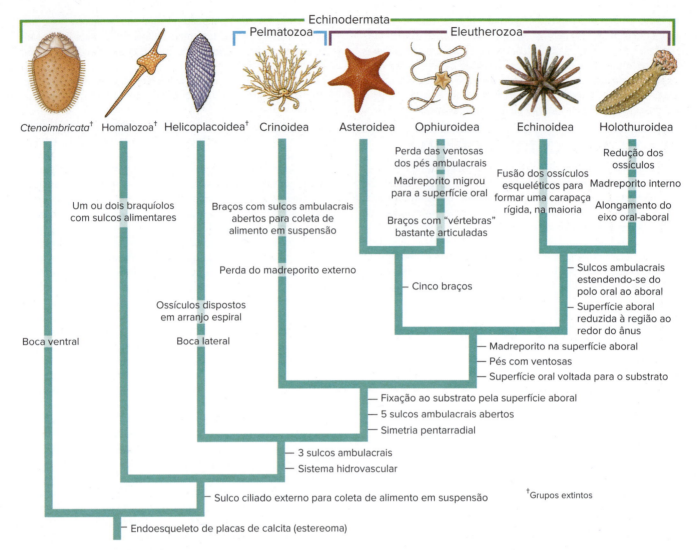

Figura 22.3 Cladograma mostrando as relações hipotéticas entre grupos de equinodermos. O extinto *Ctenoimbricata* do Cambriano era bilateral, com um endoesqueleto (estereoma) de ossículos de calcita e uma boca direcionada para baixo, presumivelmente para alimentação de depósitos. Os extintos Homalozoa (carpoides) eram assimétricos, principalmente as formas sésseis. Os extintos helicoplacoides eram radiais, com três sulcos ambulacrais que rodeavam seus corpos em forma espiral, e supostamente são o grupo-irmão dos equinodermos modernos. A evolução da simetria pentarradial foi uma adaptação à existência séssil e é uma sinapomorfia para equinodermos modernos. O cladograma apresentado aqui descreve ofiuroides em um clado com asteroides, com cinco braços como uma sinapomorfia. Um cenário alternativo une Ophiuroidea, Echinoidea e Holothuroidea em um clado com sulcos ambulacrais fechados como uma sinapomorfia.

Figura 22.4 Algumas estrelas-do-mar (classe Asteroidea) do Pacífico. **A.** *Culcita navaeguineae* preda pólipos de corais e come outros pequenos organismos e detritos. **B.** *Choriaster granulatus* procura por animais mortos em recifes de águas rasas do Pacífico. **C.** *Tosia queenslandensis* do Sistema da Grande Barreira de Corais pasta organismos incrustantes.

> ### Características do filo Echinodermata
>
> 1. **Sistema hidrovascular singular**, derivado do celoma, estende-se a partir da superfície do corpo como uma série de projeções em forma de tentáculos (**pódios ou pés tubulares**), protraídos pelo aumento da pressão sobre o fluido existente dentro deles; abertura para o exterior (**madreporito** ou **hidroporo**) geralmente presente.
> 2. Vivem em hábitats marinhos.
> 3. Táxons de vida livre.
> 4. Corpo sem segmentação (não metamerizado), com **simetria pentarradial**; corpo arredondado, cilíndrico ou em forma de estrela, com cinco ou mais áreas radiais, ou **ambulacros**, alternando-se com áreas interambulacrais; cabeça ausente.
> 5. Corpo triblástico
> 6. Celoma amplo, formando a cavidade perivisceral e a cavidade do sistema hidrovascular; celoma do tipo enterocélico; fluido celômico com amebócitos.
> 7. **Endoesqueleto** de **ossículos calcários dérmicos** com **espinhos** ou de **espículas** calcárias na derme; coberto com epiderme (ciliada, na maioria); **pedicelárias** (em alguns).
> 8. Sistema digestório geralmente completo; axial ou convoluto; ânus ausente em ofiuroides.
> 9. Elementos esqueléticos conectados por ligamentos de tecido colagenoso mutável sob controle nervoso, ligamentos podem ser travados em uma postura rígida ou relaxados para permitir movimento livre à vontade; locomoção por **pés tubulares**, que se projetam de **áreas ambulacrais**, por movimento de espinhos ou dos braços, os quais se projetam a partir do disco central do corpo.
> 10. Sistema nervoso composto de anel circum-oral e nervos radiais; geralmente duas ou três redes localizadas em diferentes níveis no corpo, variando em graus de desenvolvimento de acordo com o grupo.
> 11. **Sem cérebro**; poucos órgãos sensoriais especializados; sistema sensorial de receptores químicos e táteis, pés ambulacrais, tentáculos terminais, fotorreceptores e estatocistos.
> 12. Autotomia e regeneração de peças perdidas conspícuas; reprodução assexuada por fragmentação em alguns.
> 13. Sexos separados (exceto uns poucos hermafroditas) com gônadas grandes, ímpares em holoturoides, mas múltiplas na maioria; ductos simples, sem aparelho copulador elaborado nem estruturas sexuais secundárias. Fertilização geralmente externa; ovos incubados em alguns; desenvolvimento que passa por **estágios larvais bilaterais livre-natantes** (alguns com desenvolvimento direto); metamorfose para forma adulta ou subadulta radial; clivagem radial e desenvolvimento regulativo.
> 14. **Órgãos excretores ausentes.**
> 15. Respiração por meio de **pápulas, pés tubulares, árvore respiratória** (holoturoides) e **bursas** (ofiuroides).
> 16. Sistema circulatório (**sistema hemal**) muito reduzido, participando pouco ou nada da circulação, e envolto por extensões celomáticas (**seios periemais**); circulação principal dos fluidos corporais (fluidos celômicos) por cílios peritoneais.

ecológico importante em comunidade, como um carnívoro de topo de cadeia alimentar. Seu impacto econômico importante é sobre ostras e outros bivalves. Uma única estrela pode comer até 1 dúzia deles em 1 dia.

Os equinodermos têm sido amplamente usados em estudos de desenvolvimento porque seus gametas são geralmente abundantes e fáceis de obter e criar em laboratório. Os cientistas podem seguir os estágios embrionários com grande acurácia. Nós sabemos mais a respeito da biologia molecular do desenvolvimento do ouriço-do-mar do que da maioria de qualquer outro sistema embrionário. A partenogênese artificial foi observada pela primeira vez em ovos de ouriço-do-mar, quando foi descoberto que, por tratar ovos com água do mar hipertônica ou submetê-los a diversos outros estímulos, o desenvolvimento acontecia sem esperma.

Classe Asteroidea

As estrelas-do-mar ilustram muito bem as características básicas da estrutura e função dos equinodermos. Assim, trataremos delas primeiro e, depois, comentaremos sobre as diferenças principais mostradas pelos outros grupos.

Há cerca de 1.500 espécies atualmente. As estrelas-do-mar são comuns ao longo da linha da costa, onde grandes números podem agregar-se sobre rochas. Às vezes, elas se prendem de forma tão firme ao substrato que são difíceis de desalojar sem arrebentar alguns pés tubulares. Elas também vivem em substratos lamosos ou arenosos e entre recifes de coral. Elas apresentam cores vivas, com tamanhos variando de 1 cm até quase 1 m em diâmetro. *Asterias* (do grego *asteros*, uma estrela, ver foto na abertura deste Capítulo) é um gênero comum na costa leste dos EUA, assim como é *Dermasterias* (do grego *dermastes*, pele, couro + *asteros*, estrela).

Forma e função

Características externas. As estrelas-do-mar têm um disco central que se funde gradualmente com os braços, os quais se afilam em direção a suas extremidades (raios). O corpo é um tanto quanto achatado, flexível e coberto com uma epiderme pigmentada e ciliada. A boca localiza-se no lado inferior ou oral do centro do disco, rodeada por uma membrana peristomial flácida. Um **ambulacro** (do latim *ambulacrum*, caminho coberto, beco, caminho ladeado por árvores plantadas), ou **área ambulacrária**, percorre a superfície oral de cada braço desde a boca até a extremidade do braço. As estrelas-do-mar normalmente têm cinco braços, mas podem ter mais, e, por conseguinte, há tantas áreas ambulacrais quanto forem os braços. Existe um **sulco ambulacral** ao longo do meio de cada área ambulacrária, o qual é ladeado por fileiras de **pés ambulacrais** (Figura 22.5). Estes, por sua vez, são geralmente protegidos por **espinhos** móveis. Um **nervo radial** grosso está presente no centro de cada sulco (Figura 22.6 C), entre as fileiras de pés. O nervo está localizado bem superficialmente, coberto apenas pela fina epiderme. Internamente ao nervo, estão uma extensão do celoma e o canal radial do sistema hidrovascular, todos eles externos aos ossículos subjacentes (Figura 22.6 C). Em todas as outras classes de equinodermos atuais, exceto crinoides, essas estruturas são cobertas por ossículos ou outros tecidos dérmicos; assim, sulcos ambulacrais em asteroides e crinoides são ditos *abertos*, e aqueles dos outros grupos são considerados *fechados*.

A superfície aboral é geralmente rugosa e espinhosa, embora os espinhos de muitas espécies sejam achatados, de modo que a superfície pareça lisa (ver Figura 22.4 C). Ao redor das bases dos espinhos, posicionam-se grupos de **pedicelárias** diminutas semelhantes a pinças, com minúsculas mandíbulas movimentadas por músculos (Figura 22.7). Essas mandíbulas mantêm a superfície do corpo livre de detritos, protegem as pápulas e, às vezes, ajudam na captura de alimento. As **pápulas (brânquias dérmicas)** são projeções flácidas e delicadas da cavidade celômica, cobertas apenas com epiderme e revestidas internamente por peritônio; projetam-se para fora, por espaços entre os ossículos, e participam da respiração (Figuras 22.6 C e 22.7 F). Ainda na superfície

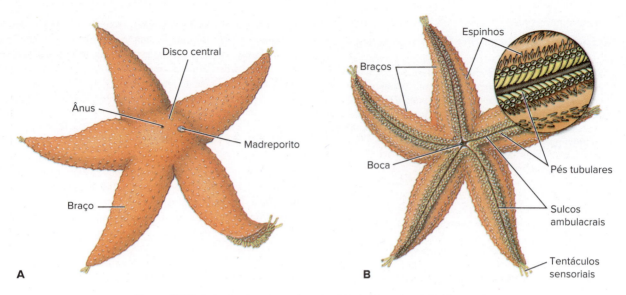

Figura 22.5 A. Anatomia externa de asteroide. **A.** Vista aboral. **B.** Vista oral.

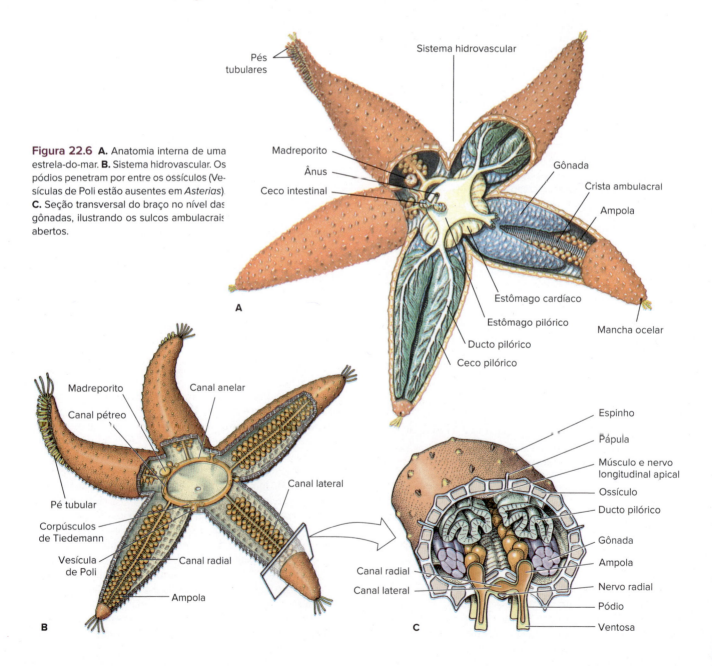

Figura 22.6 A. Anatomia interna de uma estrela-do-mar. **B.** Sistema hidrovascular. Os pódios penetram por entre os ossículos (Vesículas de Poli estão ausentes em *Asterias*). **C.** Seção transversal do braço no nível das gônadas, ilustrando os sulcos ambulacrais abertos.

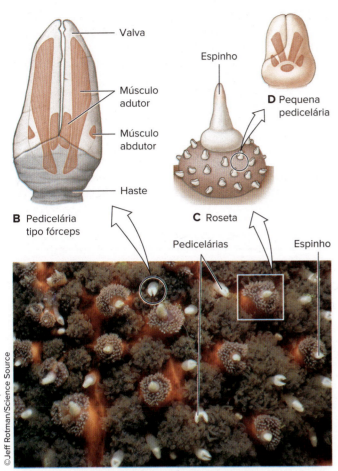

Figura 22.7 Pedicelárias de estrelas-do-mar. **A.** Vista ampliada da superfície aboral da estrela-do-mar *Pycnopodia helianthoides*. Observe as grandes pedicelárias, bem como grupos de pequenas pedicelárias ao redor dos espinhos. Muitas pápulas de paredes finas podem ser vistas. **B.** Pediceláría tipo fórceps com músculos associados. **C.** Uma roseta de pequenos pedicelários é mostrada na base de um espinho; observe o tamanho relativo do espinho. **D.** Estrutura de uma pequena pediceláría.

aboral, há um ânus quase imperceptível e um **madreporito** circular bastante evidente (ver Figura 22.5 A), que é uma placa calcária perfurada que leva ao sistema hidrovascular.

Endoesqueleto. Abaixo da epiderme das estrelas-do-mar, há um endoesqueleto mesodérmico de pequenas placas calcárias, ou **ossículos**, unidas por tecido conjuntivo. Tal tecido é uma forma incomum de colágeno mutável, chamado **tecido conjuntivo mutável**, que está sob controle neurológico. O tecido conjuntivo mutável pode passar da forma "líquida" para a "sólida" muito rapidamente, quando estimulado pelo sistema nervoso. Tal característica dá aos equinodermos algumas propriedades mecânicas únicas, talvez a mais importante capacidade para o animal manter várias posturas sem esforço muscular. A partir dos ossículos, projetam-se espinhos e tubérculos que resultam na superfície espinhosa. Os ossículos são penetrados por uma malha de espaços, geralmente preenchidos por fibras e células dérmicas. Essa estrutura interna reticular é descrita como **estereoma** e é própria dos equinodermos. Os músculos da parede do corpo movem os braços e podem fechar os sulcos ambulacrais parcialmente ao aproximar suas margens. Os músculos da parede do corpo movem os braços e podem fechar os sulcos ambulacrais parcialmente ao aproximar suas margens.

Celoma, excreção e respiração. Compartimentos celômicos de larvas de equinodermos originam várias estruturas nos adultos, uma das quais é um espaçoso celoma visceral preenchido por líquido. Tal líquido contém amebócitos (celomócitos), banha órgãos internos e projeta-se para dentro das pápulas. Os cílios do revestimento peritoneal do celoma promovem a circulação do líquido na cavidade corporal bem como para o interior das pápulas. A troca dos gases respiratórios e a excreção de compostos nitrogenados, principalmente amônia, ocorrem por difusão através das finas paredes das pápulas e pés tubulares. Alguns produtos de excreção podem ser engolfados por celomócitos, os quais, por sua vez, migram para o meio externo pelo epitélio das pápulas e/ou dos pés tubulares.

Sistema hidrovascular. Um segundo compartimento celômico em equinodermos origina o sistema hidrovascular. É um conjunto de canais e pés especializados que, junto com os ossículos dérmicos, formam um sistema hidráulico. Nas estrelas-do-mar, as funções primárias do sistema hidrovascular são locomoção e coleta de alimento, em adição à respiração e excreção.

Estruturalmente, o sistema hidrovascular abre-se para o meio externo por pequenos poros do madreporito. O madreporito dos asteroides localiza-se na superfície aboral (ver Figura 22.5 A) e leva ao **canal pétreo**, que desce para o **canal circular** ao redor da boca (ver Figura 22.6 B). Os **canais radiais** partem do canal circular, cada um percorrendo o sulco ambulacral de cada braço. Também ligados ao canal circular existem quatro ou cinco pares de **corpúsculos de Tiedemann**, e de uma a cinco **vesículas de Poli** (tais vesículas estão ausentes em algumas estrelas, como *Asterias*). Os corpúsculos de Tiedemann podem produzir celomócitos e as vesículas de Poli são aparentemente para o armazenamento de líquido celômico e regulação da pressão interna dentro do sistema hidrovascular.

Uma série de pequenos **canais laterais**, cada um com uma válvula unidirecional, conecta o canal radial aos pés tubulares cilíndricos ao longo das laterais do sulco ambulacral de cada braço. Cada pé é um tubo muscular oco, com a extremidade interna constituindo um saco muscular, ou **ampola**, que fica dentro do celoma visceral (ver Figura 22.6 A e 22.6 C), e a extremidade externa geralmente tem uma **ventosa**. Algumas espécies são destituídas de ventosas. Os pés passam para o meio externo entre os ossículos do sulco ambulacral.

O sistema hidrovascular opera hidraulicamente e é um eficiente mecanismo locomotor. A pressão muscular é aplicada sobre o líquido celômico do interior dos pés tubulares, enrijecendo-os para a locomoção. A ampola no topo do pé serve como um reservatório de líquido. Cada pé tem tecido conjuntivo em suas paredes que mantém o cilindro em um diâmetro relativamente constante. A contração dos músculos da ampola força líquido para dentro do pé, estendendo-o. As válvulas dos canais laterais impedem o refluxo do fluido para dentro dos canais radiais. Por outro lado, a contração dos músculos longitudinais do pé o retrai, forçando o líquido de volta à ampola. A contração de músculos de um dos lados do pé dobra-o para esse lado. Os pequenos músculos da extremidade do pé tubular podem levantar a área central da ventosa, criando uma sucção quando a extremidade é aplicada a um substrato firme. Estima-se que, combinando adesão por muco e sucção, um único pé pode exercer uma força que varia de 0,25 a 0,3 newtons. A ação coordenada da totalidade ou de muitos dos pés tubulares é suficiente para manter o animal em uma superfície vertical ou sobre rochas. A capacidade de se locomover, enquanto firmemente aderido ao substrato, é uma clara vantagem para um animal que vive em um ambiente agitado pelas ondas.

Sobre uma superfície mole, como lodo ou areia, ventosas são ineficientes (várias espécies que vivem sobre areia não têm ventosas), de modo que os pés tubulares são usados como pernas. A locomoção torna-se principalmente um processo de dar passadas. A maior parte das estrelas-do-mar pode deslocar-se apenas uns poucos centímetros por minuto, mas algumas muito ativas – *Pycnopodia* (do grego *pyknos*, compacto, denso + *pous*, *podos*, pé), por exemplo – podem se deslocar 75 a 100 cm por minuto. Quando invertida, uma estrela-do-mar curva seus braços até alguns pés tocarem o substrato e funcionarem como âncora; então ela lentamente rola o corpo.

Os pés tubulares são inervados pelo sistema nervoso central (sistemas ectoneural e hiponeural). A coordenação nervosa permite aos pés tubulares moverem-se em uma única direção, embora não em harmonia, de modo que a estrela-do-mar pode se locomover. Se o nervo radial de um braço for cortado, os pódios desse braço perdem a coordenação, embora ainda possam funcionar. Se o anel do nervo circumoral for cortado, os pódios podem ficar descoordenados em todos os braços e o movimento cessa.

Alimentação e sistema digestório. A boca na superfície oral leva a um grande estômago no disco central por meio de um curto esôfago. A parte inferior (cardíaca) do estômago pode ser evertida para a boca durante a alimentação (Figura 22.8), e a eversão excessiva é impedida por ligamentos gástricos. A parte superior (pilórica) é menor e se conecta por ductos a um par de grandes **cecos pilóricos (glândulas digestivas)** em cada braço (ver Figura 22.6 A). A digestão é principalmente extracelular, embora alguma digestão intracelular possa ocorrer no ceco. Um intestino curto parte aboralmente do estômago pilórico, e geralmente há poucos pequenos **cecos intestinais** saculiformes (ver Figura 22.6 A). O ânus é muito pequeno e, em algumas estrelas, faltam intestino e ânus.

Muitas estrelas-do-mar são carnívoras e alimentam-se de moluscos, crustáceos, poliquetas, equinodermos, outros invertebrados e, às vezes, pequenos peixes. As estrelas consomem uma ampla variedade de itens alimentares, mas muitas mostram ter preferências. Algumas selecionam estrelas-quebradiças, ouriços-do-mar ou bolachas-da-praia, as engolem inteiros e, depois, regurgitam ossículos e espinhos não digeríveis. Algumas predam outras estrelas e, caso sejam pequenas comparativamente às suas presas, podem atacá-las e começar a comê-las pela extremidade de um dos braços.

Alguns asteroides alimentam-se bastante de moluscos, e *Asterias* é um predador significativo de ostras e outros bivalves de importância comercial. Ao comer um bivalve, uma estrela-do-mar enrola-se em torno da presa, aderindo seus pés às valvas para então exercer uma força ininterrupta, revezando o uso dos pés. Uma força de 12,75 newtons pode ser exercida. Isso equivaleria, *grosso modo*, a um homem tentando levantar um peso de aproximadamente 450 kg com uma das mãos. Em meia hora, os músculos adutores do bivalve fatigam e relaxam. Com uma pequena fresta disponível, a estrela intromete seu estômago flácido evertido para dentro do espaço entre as valvas e com ele envolve as partes moles do bivalve para começar a digestão. Após alimentar-se, a estrela recolhe seu estômago para dentro, por contração dos músculos do estômago e relaxamento dos músculos da parede do corpo.

Algumas estrelas alimentam-se de pequenas partículas, seja inteiramente ou complementando a dieta carnívora. O plâncton e outras partículas orgânicas que entram em contato com a superfície do animal são transportados por cílios epidérmicos até os sulcos ambulacrais e de lá para a boca.

Tema-chave 22.1
ECOLOGIA

Estrela-do-mar-coroa-de-espinhos como predadores de coral

Desde 1963, tem havido diversos registros do crescimento em números da estrela-do-mar *Acanthaster planci* (do grego *akantha*, espinho + *asteros*, estrela), danificando grandes áreas de recife de coral no oceano Pacífico. Estrelas-do-mar-coroa-de-espinhos alimentam-se de pólipos de coral e, às vezes, formam grandes aglomerações. Há alguma evidência de que explosões populacionais dessa espécie tenham ocorrido no passado, mas um aumento na sua frequência durante os últimos 40 anos sugere que alguma atividade humana pode estar afetando essas estrelas-do-mar, talvez por meio do aumento do escoamento rico em nutrientes, o que aumenta o alimento planctônico para larvas de estrelas-do-mar. Pesquisas recentes indicam que os ciclones tropicais, o branqueamento de corais e a abundância de estrelas-do-mar afetam as populações dos recifes de corais. Quando o número de estrelas-do-mar é reduzido, os recifes se recuperam em 10 a 20 anos.

Sistema hemal. O assim chamado sistema hemal não é muito bem desenvolvido em asteroides, e sua função em todos os equinodermos não é clara. O sistema hemal tem pouco envolvimento com a circulação dos líquidos corporais. É um sistema de filamentos teciduais envolvendo seios sem revestimento e é, ele próprio, incluso em outro compartimento celômico ou **canais periemais** (Figura 22.8). Uma pesquisa com ao menos uma estrela-do-mar mostra que nutrientes absorvidos aparecem no sistema hemal dentro de poucas horas após a alimentação e, finalmente, concentram-se nas gônadas e pódios. Assim, o sistema hemal parece atuar na distribuição de nutrientes digeridos. Ele também inclui um **complexo axial**, que filtra, por pressão, líquidos vasculares sanguíneos (Figura 22.8).

Sistema nervoso. Os equinodermos não possuem um cérebro ou gânglios distintos. O sistema nervoso consiste em três unidades dispostas em diferentes níveis dentro do disco e dos braços. O principal deles é o sistema **oral (ectoneural)**, composto de um **anel nervoso** ao redor da boca e um **nervo radial** em cada braço. Ele

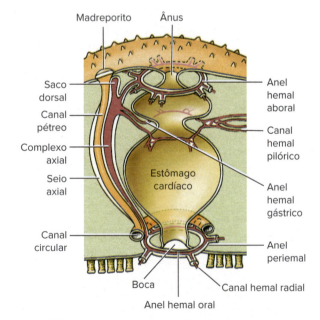

Figura 22.8 Sistema hemal de asteroides. O principal canal periemal é o seio axial de parede fina que envolve tanto o órgão axial como o canal pétreo. Outras características do sistema hemal são mostradas.

parece coordenar os pés tubulares. Um sistema **profundo (hiponeural)** situa-se aboralmente ao sistema oral, e um sistema **aboral** consiste em um anel ao redor do ânus do qual partem nervos radiais ao longo do teto de cada braço. Um **plexo nervoso epidérmico**, ou rede nervosa, conecta livremente esses sistemas com a parede do corpo e estruturas relacionadas. O plexo epidérmico coordena respostas das brânquias dérmicas a estímulos táteis – o único caso conhecido em equinodermos em que a coordenação acontece por uma rede nervosa.

Os órgãos sensoriais não são bem desenvolvidos, mas os equinodermos respondem a mudanças na temperatura, composição química do ambiente circunvizinho e intensidade de luz. Os órgãos táteis e outras células sensoriais estão espalhados pela superfície do corpo, e um ocelo ocorre na extremidade de cada braço. Suas reações são principalmente ao tato, temperatura, agentes químicos e diferenças de intensidade luminosa. As estrelas-do-mar são geralmente mais ativas à noite.

Sistema reprodutor, regeneração e autotomia. A maior parte das estrelas-do-mar tem sexos separados. Um par de gônadas situa-se em cada espaço inter-radial (ver Figura 22.6 A). A fertilização é externa e ocorre no início do verão, quando óvulos e espermatozoides são liberados na água. Uma secreção de células neurossecretoras localizadas sobre os nervos radiais estimula a maturação e a postura dos ovos de asteroides.

Os equinodermos podem regenerar partes perdidas. Os braços de estrelas-do-mar podem regenerar-se prontamente, mesmo se todos forem perdidos. As estrelas também têm o poder de autotomia e podem amputar um braço lesado próximo à base. A regeneração de um novo braço pode levar vários meses.

Algumas espécies podem regenerar uma nova estrela completa (Figura 22.9) a partir de um braço destacado do corpo. Para muitos asteroides regenerarem, o braço separado do corpo deve conter uma parte (cerca de 20%) do disco central. Contudo, em algumas espécies como em *Linckia*, nenhum resquício do disco central é necessário para a regeneração. Algumas estrelas reproduzem-se assexuadamente sob condições normais clivando o seu disco central, quando então cada parte regenera o resto do disco e os braços perdidos.

Desenvolvimento. O desenvolvimento é bastante variado nas diferentes linhagens das estrelas-do-mar. Algumas espécies produzem massas de ovos bentônicas nas quais os jovens desenvolvem-se. Outras espécies produzem ovos que são incubados, ou sob a superfície oral do animal, ou em estruturas aborais especializadas, e o desenvolvimento é direto. Algumas espécies são vivíparas, incubando os jovens na gônada dos adultos. Contudo, a maior parte das estrelas produz larvas planctônicas livre-natantes. Mesmo aqui há variação e algumas espécies proveem seus jovens com suficiente vitelo para se desenvolverem sem alimentação na coluna d'água, enquanto outras requerem um período prolongado de alimentação para ganhar energia suficiente e metamorfosearem em adulto.

A embriogênese mostra inicialmente um padrão deuterostômio ancestral típico (ver Figuras 8.6 A e 8.16 B). A gastrulação é por invaginação e a extremidade anterior do arquêntero é separada para formar uma cavidade celômica que se expande em forma de U e preenche a blastocele. Cada perna do U, na parte posterior, é estreitada para formar uma vesícula separada, consequentemente originando os principais compartimentos celômicos do corpo (metaceles, chamadas **somatoceles** nos equinodermos). A porção anterior do U sofre subdivisão e forma as protoceles e mesoceles (chamadas **axoceles** e **hidroceles**, nos equinodermos) (Figura 22.10). A hidrocele esquerda dará origem ao sistema hidrovascular, e a axocele esquerda originará o canal pétreo e canais periemais. A axocele e a hidrocele direitas desaparecerão. A larva livre-natante tem cílios arranjados em bandas e é chamada **bipinária** (Figura 22.11 A). Tais tratos ciliados estendem-se para os braços larvais. Logo, a larva desenvolve três braços adesivos e uma ventosa na sua extremidade anterior e passa a ser chamada de **braquiolária** (Figura 22.11 B). Então, prende-se ao substrato, forma um pedúnculo temporário de fixação e sofre metamorfose.

A metamorfose envolve uma dramática reorganização de uma larva bilateral em um jovem radial. O eixo anteroposterior da larva é perdido, e o *que era o lado esquerdo torna-se a superfície oral e o lado direito da larva torna-se a superfície aboral* (Figura 22.10). De forma correspondente, a boca e o ânus larvais desaparecem

Figura 22.9 A estrela-do-mar do Pacífico, *Echinaster luzonicus*, pode reproduzir-se por divisão do disco seguida pela regeneração dos braços faltantes. O indivíduo mostrado aqui sem dúvida regenerou seis braços a partir do mais longo, visto no lado superior esquerdo.

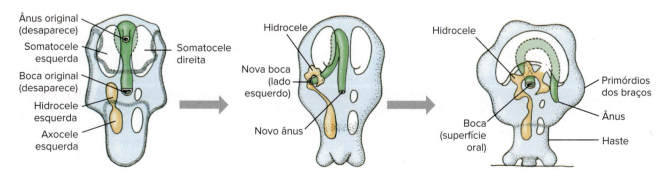

Figura 22.10 Metamorfose de asteroide. A somatocele esquerda transforma-se no celoma oral, e a somatocele direita, no celoma aboral. A hidrocele esquerda transforma-se no sistema hidrovascular, e a axocele esquerda, no canal pétreo e canais periemais. Axocele e hidrocele direitas são perdidas.

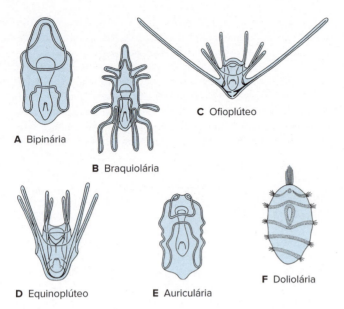

Figura 22.11 Larvas de equinodermos. **A.** Bipinária de asteroides. **B.** Braquiolária de asteroides. **C.** Ofioplúteo de ofiuroides. **D.** Equinoplúteo de equinoides. **E.** Auricularia de holoturoides. **F.** Doliolária de crinoides.

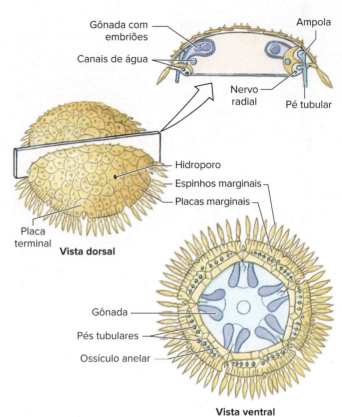

Figura 22.12 *Xyloplax* spp. são equinodermos discoides bizarros. Com seus pés tubulares ao longo da margem, são os únicos equinodermos em que essas estruturas não se distribuem ao longo de áreas ambulacrais.

e novos se formam no que era originalmente os lados esquerdo e direito, respectivamente. A porção do compartimento celômico anterior do lado esquerdo expande-se para formar o canal anelar circular do sistema hidrovascular ao redor da boca, então ele desenvolve ramos para formar os canais radiais. À medida que os primeiros braços curtos e grossos e os primeiros pódios aparecem, o animal destaca-se de seu pedúnculo e começa a vida como uma jovem estrela-do-mar. Diversos genes regulatórios encontrados nos animais bilaterais são conservados nos equinodermos e têm funções surpreendentemente similares. Por exemplo, o *Distal-less* e seu homólogo nos vertebrados regulam o crescimento de membros nesses animais; seu homólogo nos equinodermos é ativo no desenvolvimento dos pés tubulares.

Margaridas-do-mar. Esses animais diminutos e estranhos (menos de 1 cm de diâmetro) (Figura 22.12) foram descobertos vivendo em águas de mais de 1.000 m de profundidade ao largo da Nova Zelândia. Eles foram originalmente descritos (1986) como uma nova classe de equinodermos denominada Concentricycloidea. Somente três espécies são conhecidas até hoje. A maioria dos zoólogos atualmente concorda que as margaridas-do-mar são asteroides Spinulosida altamente derivados. A análise filogenética do DNAr coloca-as em Asteroidea.

As margaridas-do-mar são pentarradiais em simetria, mas sem braços. Seus pés tubulares dispõem-se na periferia do disco em vez de ao longo de áreas ambulacrais, como nos outros equinodermos. Seu sistema hidrovascular inclui dois canais circulares concêntricos; o externo pode representar canais radiais, visto que pódios se originam deles. Um hidroporo, homólogo ao madreporito, conecta o canal circular interno à superfície aboral. Uma espécie é desprovida de trato digestório e sua superfície oral é coberta por um **véu** membranoso, por meio do qual parece absorver nutrientes. A outra espécie tem um estômago saquiforme raso, mas carece de intestino ou ânus.

Classe Ophiuroidea

As estrelas-quebradiças e estrelas-cesta formam o maior grupo de equinodermos, com mais de 2 mil espécies viventes. Elas ocorrem em todos os tipos de hábitats bentônicos marinhos, chegando mesmo a formar verdadeiros "tapetes" em profundidades marinhas abissais de muitas áreas. Estrelas-quebradiças têm apenas 5 braços, mas as estrelas-cesta tais como *Astrophyton* (do grego asteros, estrela + *phyton*, criatura, animal) e *Gorgonocephalus* (do grego Gorgo, nome de uma mulher monstro de aspecto terrível + *kephalē*, uma cabeça) tem braços que se ramificam repetidamente.

Forma e função

Apesar de terem cinco braços, as estrelas-quebradiças são surpreendentemente diferentes dos asteroides. Os braços das estrelas-quebradiças são afilados e bastante discerníveis em relação ao disco central. Eles não têm pedicelárias nem pápulas, e seus sulcos ambulacrais são fechados e cobertos com ossículos braquiais. Os pés tubulares são desprovidos de ventosas; eles ajudam na alimentação e têm um uso limitado na locomoção. Ao contrário dos asteroides, o madreporito dos ofiuroides localiza-se na superfície oral, sobre um dos escudos orais (Figura 22.13). Os pés tubulares são desprovidos de ampolas, e a força para a protrusão de um pé é gerada por uma porção muscular proximal do pé.

Cada braço articulado consiste em uma coluna de ossículos articulados (chamados de **vértebras**), conectados por músculos e cobertos por placas. A locomoção é feita pelo movimento dos braços. Estes são movimentados para a frente em pares e apoiados no substrato, enquanto um (qualquer um) é estendido para a frente ou rebocado atrás, e o animal é puxado ou empurrado de modo espasmódico.

Cinco placas móveis que servem como mandíbulas dispõem-se ao redor da boca (Figura 22.13). Não existe ânus. Sua pele é

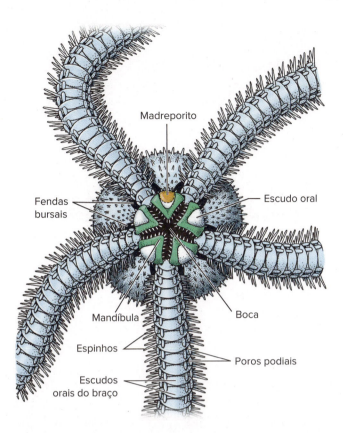

Figura 22.13 Vista oral da estrela-quebradiça *Ophiothrix*.

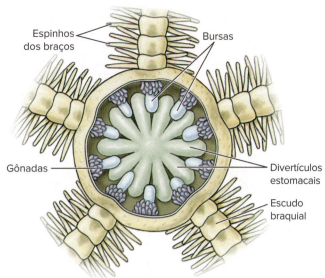

Figura 21.14 Ofiuroide com a parede do disco aboral removida para mostrar as estruturas internas principais. As bursas são vesículas cheias de líquidos nas quais, constantemente, circula água para promover a respiração. Elas também servem como câmaras incubadoras. As bases dos braços são mostradas.

coriácea, com placas dérmicas e espinhos arranjados em padrões característicos. Os cílios da superfície são pouco frequentes.

Os órgãos viscerais estão confinados ao disco central, visto que os raios são demasiadamente delgados para contê-los (Figura 22.14). O estômago é saquiforme e não há intestino. O material não digerível é dispensado pela boca.

Cinco pares de invaginações chamadas **bursas** abrem-se na superfície oral pelas fendas genitais localizadas junto às bases dos braços. A água circula para dentro e para fora dessas bolsas para troca de gases. Na parede celômica de cada bursa há pequenas gônadas que descarregam suas células sexuais maduras dentro da bursa. Os gametas passam das fendas genitais para a água, onde ocorre a fertilização.

Os sexos são geralmente separados; uns poucos ofiuroides são hermafroditas. Alguns incubam seus jovens nas bursas; os jovens deixam-nas pelas fendas genitais ou pela ruptura da parede aboral do disco. Muitas espécies produzem uma larva livre-natante chamada ofioplúteo, e suas bandas ciliadas estendem-se por sobre os belos e delicados braços larvais (ver Figura 22.11 C). Durante a metamorfose para a forma jovem, não há uma fase temporariamente fixa, como acontece em asteroides.

Os sistemas hidrovascular, nervoso e hemal são semelhantes àqueles das estrelas-do-mar. Cada braço contém um celoma reduzido, um nervo radial e um canal radial do sistema hidrovascular.

Comportamento e ecologia

As estrelas-quebradiças tendem a ser furtivas, vivendo sobre substratos duros em locais onde pouca ou nenhuma luz penetra. Elas são organismos frequentemente fototrópicos negativos e entram em pequenas frestas entre rochas, tornando-se mais ativas à noite. Normalmente, ficam inteiramente expostas na escuridão permanente do mar profundo. Os ossículos dos braços de ao menos alguns ofiuroides fotossensíveis apresentam uma adaptação notável à fotorrecepção. As estruturas diminutas e arredondadas na sua superfície aboral servem como microlentes, focando a luz sobre feixes de nervos logo abaixo. As espécies aparentadas que são indiferentes à luz não têm tais estruturas.

Os ofiuroides alimentam-se de diversas pequenas partículas, quer coletando alimento do fundo do mar, quer comendo suspensão. Os pés tubulares são importantes para levar o alimento à boca. Alguns ofiuroides distendem seus braços para dentro da água e capturam partículas em suspensão que aderem a fios de muco secretados entre os espinhos braquiais. As estrelas-cesto posicionam-se sobre corais, estendendo seus braços ramificados para capturar plâncton.

Alguns ofiuroides são carnívoros e ao menos uma espécie é especialista em predar peixes, assumindo uma postura de emboscada com o disco central afastado do substrato. Quando um peixe entra no "abrigo" sob o disco central, a estrela se torce abruptamente para prender o peixe em um cilindro espiral formado pelos braços espinhosos.

A regeneração e a autotomia são inclusive mais pronunciadas em estrelas-quebradiças que em estrelas-do-mar. Muitas parecem muito frágeis, destacando um braço ou mesmo dispensando parte do disco na mais leve provocação. Algumas podem reproduzir-se assexuadamente por fissão do disco; cada novo indivíduo então regenera as partes faltantes.

Alguns ofiuroides comuns ao longo da costa dos EUA são *Amphipholis* (do grego *amphi*, ambos os lados de + *pholis*, escama córnea) (vivíparos e hermafroditas), *Ophioderma* (do grego *ophis*, serpente + *dermatos*, pele), *Ophiothrix* (do grego *ophis*, serpente + *thrix*, cabelo) e *Ophiura* (do grego *ophis*, serpente + *oura*, cauda). A maioria dos ofiuroides é desbotada, mas alguns são atraentes, com padrões de cores brilhantes.

Classe Echinoidea

Há cerca de 950 espécies atuais de equinoides, as quais geralmente têm um corpo compacto encerrado em uma testa ou carapaça de endoesqueleto composto de ossículos dérmicos bem ajustados entre si. Aos equinoides faltam braços, mas a testa reflete o plano pentâmero típico dos equinodermos com suas cinco áreas ambulacrais. Essas áreas podem ser difíceis de visualizar nos ouriços-do-mar, que possuem muitos espinhos, mas a Figura 22.15 A mostra 4 das 5 fileiras de pés tubulares e os poros externos para os pés tubulares podem ser vistos na Figura 22.15 B. Nos equinoides, a modificação mais notável do plano corporal ancestral é que a superfície oral, que tem os pés tubulares e está toda voltada para o substrato nas estrelas-do-mar, expandiu-se em direção à superfície aboral, de modo que as áreas ambulacrais estendem-se até uma área próxima ao ânus **(periprocto)**.

A maioria das espécies atuais de ouriços-do-mar é "regular"; têm forma hemisférica, simetria radial e espinhos de comprimento médio a longo. As bolachas-da-praia e os ouriços-coração (Spatangoida) (Figura 22.16) são "irregulares" porque os membros de suas ordens tornam-se secundariamente bilaterais; seus espinhos são geralmente muito curtos. Os ouriços regulares movem-se por meio de seus pés tubulares, com alguma ajuda dos espinhos, e os irregulares movem-se principalmente por meio de seus espinhos curtos. Alguns equinoides são bastante coloridos, e alguns têm testas bastante reduzidas, deixando-os moles. Esses ouriços frequentemente têm coloração de advertência brilhante e suas pedicelárias descarregam toxinas dolorosas.

Os equinoides têm uma ampla distribuição em todos os oceanos, desde as regiões entremarés até o mar profundo. Os ouriços regulares frequentemente preferem substratos duros ou rochosos, enquanto as bolachas-da-praia e os ouriços-coração (ordem Spatangoida) preferem cavar substratos arenosos. Ao longo de uma ou de ambas as costas da América do Norte distribuem-se gêneros comuns de ouriços regulares (*Arbacia* [do grego *Arbakēs*, primeiro rei de Media], *Strongylocentrotus* [do grego *strongylos*, redondo, compacto + *kentron*, ponta, espinho], e *Lytechinus* [do grego *lytos*, dissolvível, quebrado + *echinos*, ouriço-do-mar]) e bolachas-da-praia (*Dendraster* [do grego *dendron*, árvore, pau + *asteros*, estrela] e *Echinarachnius* [do grego *echinos*, ouriço-do-mar + *arachnē*, aranha]). A região das Índias Ocidentais – Flórida é rica em equinodermos, incluindo equinoides, dentre os quais *Diadema* (do grego *diadeō*, vendar) com seus longos espinhos delgados e afiados é um exemplo notável (ver Tema-chave 22.2).

Tema-chave 22.2
ECOLOGIA

O ouriço-do-mar *Diadema*: perda e recuperação

Diadema antillarum está se recuperando lentamente de uma epidemia que ocorreu em janeiro de 1983, que varreu a área do Caribe e ao longo da Florida Keys. A causa da epidemia nunca foi determinada, mas ela dizimou a população de *Diadema*, restando menos de 5% dos números originais. Outras espécies de ouriços não foram afetadas. Contudo, vários tipos de algas anteriormente consumidas intensamente por *Diadema* aumentaram muito sobre os recifes, e as populações de *Diadema* não se recuperaram. Essa abundância de algas tem tido um efeito desastroso sobre os recifes de coral ao redor da Jamaica. Os peixes herbívoros ao redor da ilha têm sido cronicamente sobrexplorados, nada restando para controlar o crescimento das algas após o declínio de *Diadema*. Em 2016, as populações de *Diadema* eram apenas 12% de seus números anteriores.

Forma e função

Em geral, uma testa de equinoide é um esqueleto compacto de 10 fileiras duplas de placas dotadas de espinhos rígidos e móveis (Figura 22.15). As placas estão firmemente suturadas por fibras de colágeno, mas durante os períodos de crescimento, as suturas se afrouxam para que cada placa possa adicionar cálcio em suas margens. As cinco áreas ambulacrais são homólogas aos cinco braços das estrelas-do-mar e têm poros (Figura 22.15 B) pelos quais longos pés tubulares se distendem. As placas têm pequenos tubérculos nos quais as extremidades arredondadas dos espinhos articulam-se. Os espinhos são movimentados por pequenos músculos posicionados ao redor das bases.

Há vários tipos de pedicelárias, as mais comuns sendo aquelas com duas ou três mandíbulas sobre longos pedúnculos. As pedicelárias ajudam a manter o corpo limpo, especialmente por impedir que larvas marinhas se assentem na sua superfície. As pedicelárias de muitas espécies têm glândulas de veneno e suas toxinas paralisam pequenas presas.

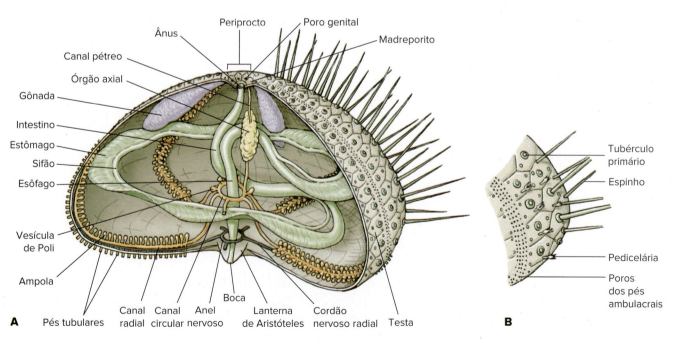

Figura 22.15 A. Estrutura interna de um ouriço-do-mar; sistema hidrovascular em marrom-claro. **B.** Detalhes da porção do endoesqueleto.

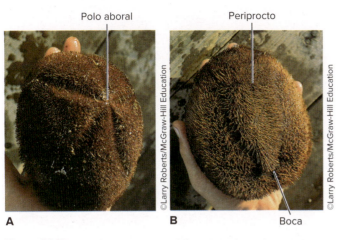

Figura 22.16 Um equinoide irregular, *Meoma*, um dos maiores ouriços-coração (diâmetro de até 18 cm). O *Meoma* ocorre nas Índias Ocidentais e do Golfo da Califórnia às Ilhas Galápagos. **A.** Visão aboral. A área ambulacral anterior não é modificada como petaloide em ouriços-coração, embora seja em bolachas-da-praia. **B.** Visão oral. Observe a boca curvada na extremidade anterior e o periprocto na extremidade posterior.

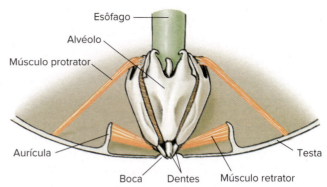

Figura 22.17 Lanterna-de-Aristóteles, um mecanismo complexo usado pelos ouriços-do-mar para mastigar o alimento. Cinco pares de músculos retratores puxam a lanterna e os dentes para dentro da testa; cinco pares de músculos protratores empurram a lanterna para baixo e expõem os dentes. Os outros músculos produzem uma variedade de diferentes movimentos. Somente as partes esqueléticas e os músculos mais importantes são mostrados nesse diagrama.

Em alguns ouriços-do-mar, brânquias ramificadas (pódios modificados) circundam o peristômio (região ao redor da boca). Poros genitais e madreporito estão localizados aboralmente, na região do periprocto que circunda o ânus (ver Figura 22.15). Há cinco dentes convergentes controlados por músculos e mantidos em uma estrutura complexa denominada **Lanterna de Aristóteles** (Figura 22.17). As bolachas-da-praia também têm dentes e a boca localiza-se aproximadamente no centro da superfície oral, mas o ânus mudou para a margem posterior, ou mesmo para a superfície oral do disco, de modo que um eixo anteroposterior e uma simetria bilateral podem ser reconhecidos. A simetria bilateral é mais acentuada nos ouriços-coração, com o ânus posicionado próximo à extremidade posterior na superfície oral e a boca afastada do polo oral em direção à extremidade anterior (Figura 22.16).

Dentro da testa (ver Figura 22.15), encontra-se o sistema digestório convoluto. Um **sifão** ciliado conecta o esôfago ao intestino e permite desviar a água do estômago para concentrar o alimento para digestão no intestino. Os ouriços-do-mar são onívoros em sua maioria, mas sua dieta primária consiste na maior parte de algas e outro material orgânico, que eles pastam com os dentes. As bolachas-da-praia têm espinhos claviformes curtos que movem a areia, junto com o material orgânico a ela misturado, por sobre a superfície aboral e para baixo nas laterais. As partículas alimentícias diminutas caem por entre os espinhos, e os tratos ciliados da superfície oral as levam para a boca.

Os sistemas hemal e nervoso são basicamente similares àqueles dos asteroides. Os sulcos ambulacrais são fechados, e os canais radiais ambulacrais correm logo abaixo da carapaça, um em cada área ambulacral (ver Figura 22.15). As ampolas dos pés estão adentro da testa, e cada ampola geralmente se comunica com seu respectivo pé por *dois* canais pelos poros da placa ambulacral; consequentemente, tais poros são pareados nas placas.

As brânquias peristomiais, se presentes, são de pouca importância na troca gasosa respiratória, com essa função sendo realizada principalmente por outros pódios. Embora as brânquias pareçam prover algum oxigênio para os músculos associados à lanterna de Aristóteles, elas parecem funcionar primariamente para acomodar mudanças de pressão no celoma da faringe durante os movimentos de alimentação do complexo da lanterna. Nos ouriços irregulares, os pódios respiratórios têm paredes finas, são achatados ou lobulados, e arranjados em áreas ambulacrais chamadas **petaloides** na superfície aboral. Os petaloides formam o que parece ser uma flor no topo das bolachas-da-praia. Os ouriços irregulares também têm pódios curtos com ventosas, que passam por poros únicos nas áreas ambulacrais e, às vezes, nas áreas interambulacrais; esses pódios atuam na manipulação do alimento.

Os sexos são separados, e ambos, óvulos e espermatozoides, são liberados no mar para fertilização externa. Alguns, como certos ouriços Cidaroida, incubam sua prole em depressões entre os espinhos. **Larvas equinoplúteas** (ver Figura 22.11 D) de ouriços não incubadores podem viver no plâncton por vários meses e, então, sofrem uma metamorfosc tornando-se jovens ouriços (ver Figura 8.8).

Classe Holothuroidea

Em um filo caracterizado por animais singulares, a classe Holothuroidea (ver pepinos-do-mar) contém membros que, tanto do ponto de vista estrutural como fisiológico, estão entre os mais estranhos. Esses animais têm uma semelhança notável com os vegetais dos quais receberam o nome (Figura 22.18). Comparados com outros equinodermos, os holoturoides são bastante alongados no eixo oral-aboral e os ossículos são bastante reduzidos na maioria; consequentemente, esses animais têm corpo mole. Algumas espécies rastejam sobre o fundo, outras são encontradas sob rochas e algumas são cavadoras.

Há aproximadamente 1.150 espécies atuais de holoturoides. As espécies comuns existentes ao longo da costa leste da América do Norte são *Cucumaria frondosa* (do latim *cucumis*, pepino), *Sclerodactyla briareus* (do grego *skleros*, duro + *daktylos*, dedo) (Figura 22.20) e a translúcida e cavadora *Leptosynapta* (do grego *leptos*, delgada + *synapsis*, agregada). Ao longo da costa do Pacífico, há várias espécies de *Cucumaria* (Figura 22.18 C) e *Parastichopus* (do grego *para*, ao lado + *ticos*, linha ou fileira + *pous*, *podos*, pé) (Figura 22.18 A) de um extraordinário marrom, avermelhado e com papilas muito grandes.

Forma e função

A parede do corpo é coriácea, com ossículos diminutos embutidos nela (Figura 22.19), embora umas poucas espécies tenham ossículos grandes, formando uma armadura dérmica

A *Stichopus horrens*, um pepino-do-mar noturno das Galápagos.

B *Psolus chitonoides*, com ossículos desenvolvidos em placas como armaduras.

C *Cucumaria miniata*.

Figura 22.18 Pepinos-do-mar (classe Holothuroidea). **A.** *Stichopus horrens*, um pepino-do-mar das Galápagos, é noturno. Antes do amanhecer, ele desliza para baixo de uma pedra ou saliência, retrai-se para esvaziar a água do mar de sua árvore respiratória e repousa ao longo do dia. **B.** Em acentuado contraste com a maior parte dos pepinos-do-mar, os ossículos da superfície de *Psolus chitonoides* formam uma armadura de placas. A superfície ventral é uma sola achatada, mole e rastejante, e a boca (circundada por tentáculos) e o ânus voltam-se para o lado dorsal. **C.** Pés tubulares são encontrados em todas as áreas ambulacrais de *Cucumaria miniata*, mas são mais bem desenvolvidos no seu lado ventral, mostrado aqui.

(Figura 22.18 B). Devido à sua forma corporal alongada os pepinos-do-mar normalmente se deitam sobre um dos lados. A parede corporal contém músculos circulares e longitudinais ao longo dos ambulacros.

Em algumas espécies, os pés tubulares locomotores estão restritos a cinco áreas ambulacrais (Figura 22.18 C) ou estão espalhados por todo o corpo, mas muitas têm pés tubulares bem desenvolvidos apenas nas áreas ambulacrais normalmente voltadas para o substrato (Figura 22.18A e B). Assim, uma simetria bilateral secundária está estabelecida, muito embora de origem bem diferente daquela dos ouriços irregulares. O lado voltado para o substrato tem três áreas ambulacrais e é denominado **sola**; pés tubulares nas áreas ambulacrais dorsais, se presentes, geralmente são desprovidos de ventosas e podem ser modificados em papilas sensoriais. Todos os pés tubulares, exceto os tentáculos orais, podem faltar em espécies cavadoras. Os tentáculos orais constituem de 10 a 30 pés tubulares modificados e retráteis, dispostos ao redor da boca.

A cavidade celomática dos pepinos-do-mar é espaçosa, preenchida de líquido e com muitos celomócitos. O celoma cheio de líquido agora serve como um esqueleto hidrostático. Os ossículos dérmicos são pequenos e não conectados uns aos outros, de modo que não mais formam um endoesqueleto.

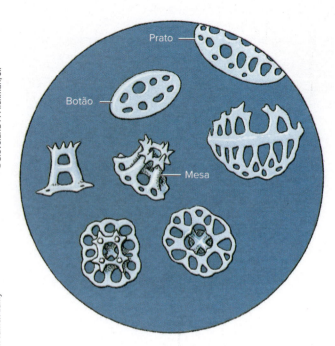

Figura 22.19 Ossículos de pepinos-do-mar são geralmente corpúsculos microscópicos enterrados na derme coriácea. Eles podem ser extraídos desse tecido com água sanitária e são características taxonômicas importantes. Os ossículos mostrados aqui, em forma de placas e botões, são de *Holothuria difficilis*. Eles ilustram a estrutura reticulada (estereoma) observada nos ossículos de todos os equinodermos em algum estágio de seu desenvolvimento (250×).

O sistema digestório esvazia-se posteriormente em uma **cloaca** muscular (Figura 22.20). Uma **árvore respiratória** composta de dois tubos longos altamente ramificados também se abre na cloaca, que bombeia água do mar para dentro da árvore. A árvore respiratória serve tanto para a respiração como para a excreção e não está presente em nenhum outro grupo de equinodermos atuais. As trocas gasosas também ocorrem por meio da parede do corpo e dos pés tubulares.

O sistema hemal é mais desenvolvido em holoturoides que em outros equinodermos. O sistema hidrovascular é peculiar pelo fato de o madreporito situar-se livre dentro do celoma.

Os sexos são geralmente separados, mas alguns holoturoides são hermafroditas. Entre os equinodermos, apenas os pepinos têm uma única gônada. A gônada é geralmente na forma de um ou dois conjuntos de túbulos que se unem ao gonoduto. A fertilização é externa, e a larva livre-natante é chamada de **auricularia** (Figura 22.11 E). Algumas espécies incubam sua prole dentro ou em algum lugar da superfície do corpo.

Comportamento e ecologia

Os pepinos-do-mar são animais vagarosos, deslocando-se em parte por meio dos pés tubulares ventrais e em parte por ondas de contração da musculatura da parede do corpo. Muitas espécies sedentárias capturam partículas de alimento em suspensão que aderem ao muco produzido pelos tentáculos orais ou coletam-nas da superfície ao seu redor. Eles então enfiam seus tentáculos dentro da faringe, um após o outro, ingerindo a comida capturada (Figura 22.21). Outros rastejam sobre o substrato, explorando o fundo do mar com seus tentáculos (Figura 22.21).

Os pepinos-do-mar têm uma habilidade peculiar que parece ser uma automutilação, mas na verdade é um mecanismo de defesa.

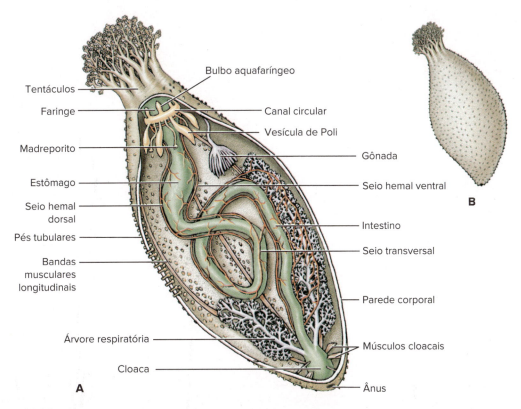

Figura 22.20 Anatomia do pepino-do-mar *Sclerodactyla*. **A.** Vista interna. Em vermelho, sistema hemal. **B.** Vista externa.

Figura 22.21 A. *Eupentacta quinquesemita* estende seus tentáculos para coletar material particulado na água, depois os coloca, um a um, dentro da boca e retira o alimento aderido a eles. **B.** Tentáculos peltados de *Parastichopus californicus* são usados para coletar depósitos do fundo. **C.** *Bohadschia argus* expele seus túbulos de Cuvier, partes modificadas de sua árvore respiratória, quando é perturbado. Esses filamentos pegajosos, contendo toxina, desencorajam potenciais predadores.

Quando irritados ou submetidos a condições desfavoráveis, muitas espécies podem expulsar parte de suas vísceras com uma forte contração muscular, que pode ou romper a parede do corpo ou everter seu conteúdo pelo ânus. As partes perdidas são logo regeneradas. Certas espécies têm os túbulos cuvierianos anexados à parte posterior da árvore respiratória e, quando expelidos, podem emaranhar um inimigo (Figura 22.21 C). Esses túbulos tornam-se longos e pegajosos após sua expulsão, e alguns contêm toxinas.

Uma relação comensal interessante existe entre certos pepinos-do-mar e o peixe *Carapus*, que usa a cloaca e a árvore respiratória do pepino como abrigo.

Classe Crinoidea

Os crinoides incluem aproximadamente 625 espécies de lírios-do-mar e penas-do-mar (comatulídeos). Como os registros fósseis revelam, os crinoides já foram muito mais numerosos do que atualmente. Eles diferem dos outros equinodermos por permanecerem presos ao substrato durante grande parte de suas vidas. Os lírios-do-mar têm um corpo em forma de flor no alto de um pedúnculo afixado (Figura 22.22). As penas-do-mar têm braços longos e bastante ramificados, e os adultos são de vida livre, embora possam permanecer no mesmo local por longos períodos (Figura 22.23). Durante a metamorfose, as penas-do-mar tornam-se

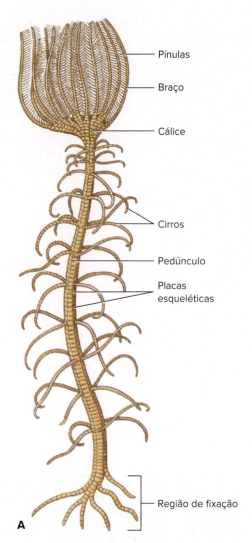
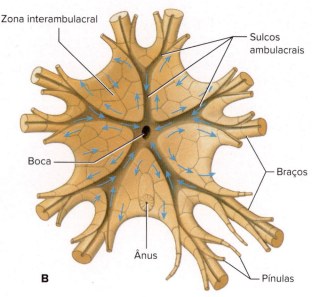

Figura 22.22 Estrutura de crinoide. **A.** Lírio-do-mar (crinoide pedunculado), com parte do pedúnculo. Crinoides atuais têm pedúnculos que raramente excedem 60 cm, mas nas formas fósseis atingiam até 20 m de comprimento. **B.** Vista oral do cálice de um crinoide, *Antedon*, mostrando a direção das correntes ciliares de alimentação. Os sulcos ambulacrais com pódios partem da boca e percorrem os braços e as pínulas ramificadas. As partículas de alimento que tocam os pódios são lançadas para dentro dos sulcos ambulacrais e conduzidas à boca, aderidas ao muco, por correntes ciliares poderosas. As partículas que caem sobre as áreas interambulacrais são, inicialmente, conduzidas por cílios em direção à boca, e depois para fora até cair da borda, mantendo o disco oral limpo.

Figura 22.23 *Comantheria briareus* são crinoides encontrados nos recifes de coral do Pacífico. Eles estendem seus braços na água para coletar partículas de alimento, tanto durante o dia como à noite.

Forma e função

O disco corporal, ou **cálice**, é coberto com uma pele grossa e flexível **(tégmen)** que contém placas calcárias. A epiderme é muito pouco desenvolvida. Cinco braços flexíveis ramificam-se para formar muitos outros braços, cada um com muitas **pínulas** laterais arranjadas como barbelas de uma pena de ave (Figura 22.22). Um cálice e braços formam a **coroa**. As formas sésseis têm um **pedúnculo** articulado longo, ligado à superfície aboral do corpo. Esse pedúnculo é composto de placas de aparência articulada e pode apresentar **cirros**. O madreporito, os espinhos e as pedicelárias estão ausentes.

Sua superfície superior (oral) contém uma boca, que se abre para dentro em um curto esôfago, do qual um longo intestino com divertículos continua aboralmente por uma certa distância, e então faz uma volta completa para um **ânus**, que pode estar na ponta de um cone elevado (Figura 22.22 B). Os **sulcos ambulacrais** são abertos e ciliados, e servem para levar o alimento à boca (Figura 22.22 B). Alguns pés tubulares sem ventosas margeiam os sulcos ambulacrais, que se estendem até as pínulas. Com a ajuda dos pés tubulares e de filamentos mucosos, os crinoides coletam pequenos organismos das águas circundantes.

O sistema hidrovascular segue o plano básico de equinodermos. Contudo, o sistema funciona inteiramente usando o líquido celômico existente. Não há madreporito para permitir a troca de líquido com o meio externo. O sistema nervoso tem um anel oral

sésseis e pedunculadas, mas após alguns meses destacam-se e tornam-se de vida livre. Muitos crinoides são de águas profundas, mas as penas-do-mar podem habitar águas rasas, especialmente nas regiões Indo-pacífica e do Caribe e Índias Ocidentais, onde os maiores números de espécies ocorrem.

e um nervo radial que corre ao longo de cada braço. As redes nervosas aboral e entoneural são bem mais desenvolvidas em crinoides que em muitos outros equinodermos. O sistema inerva os pés, que proliferam ao longo das pínulas, executando tanto a tomada de alimento como funções sensoriais. Os órgãos sensoriais adicionais são escassos e simples.

Os sexos são separados. As gônadas são massas simples de células na cavidade genital dos braços e pínulas. Os gametas são eliminados sem ductos por uma ruptura nas paredes pinulares. A incubação ocorre em algumas formas. As larvas **doliolárias** (ver Figura 22.11 F) são livre-natantes por um certo tempo antes de se anexarem e se metamorfosearem.

22.5 FILOGENIA E DIVERSIFICAÇÃO ADAPTATIVA DOS EQUINODERMOS

Filogenia

Os equinodermos deixaram um extenso registro fóssil e evoluíram cerca de 26 formas anatomicamente distintas de corpo, que representam as 20 classes reconhecidas atualmente. Muitas delas foram extintas pelo final da Era Paleozoica, e apenas cinco sobrevivem até hoje. Baseado nas larvas bilaterais e nas formas fósseis bilateralmente simétricas recentemente descobertas como *Ctenoimbricata*, parece que os equinodermos ancestrais eram comedores de depósitos com simetria bilateral e que seu celoma tinha três pares de compartimentos (trimérico ou tripartido). Dois clados principais de equinodermos antigos desenvolveram-se, um bilateral e comedor de depósitos e o outro simétrico radialmente e comedor de suspensão.

A simetria bilateral foi perdida no início da evolução dos equinodermos. Essa mudança é observada em homalozoários extintos, também chamados de carpoides (Figura 22.24 A), que eram assimétricos e principalmente formas sésseis. Os primeiros equinodermos radiais foram os extintos helicoplacoides, que eram semelhantes a fusos (Figura 22.24 B). Eles eram trirradiais, com três ambulacros arranjados em espiral e com sulcos para pés tubulares e uma boca do lado de seu corpo.

A anexação a um substrato por uma superfície aboral teria selecionado para simetria radial, explicando a origem do subfilo Pelmatozoa, cujos membros vivos são crinoides. Ambos Cystoidea (extinto) e Crinoidea foram primitivamente anexados a um substrato por um pedúnculo aboral. Um ancestral que passou a locomover-se livremente e que colocava a sua superfície oral voltada para o substrato teria dado origem ao subfilo Eleutherozoa.

Taxonomia do filo Echinodermata

Há cerca de 7 mil espécies atuais e 20 mil espécies extintas ou fósseis de Echinodermata. A classificação tradicional inclui todas as formas que se deslocam e que tinham a superfície oral voltada para o substrato no subfilo Eleutherozoa, o qual contém a maior parte das espécies atuais. O outro subfilo, Pelmatozoa, acomodava principalmente formas pedunculadas e com superfície oral voltada para cima; a maioria das classes extintas e os Crinoidea atuais pertencem a esse grupo. Embora outras classificações tenham sustentação consistente, a análise cladística fornece evidência de que os dois subfilos tradicionais são monofiléticos. A lista aqui apresentada inclui apenas os grupos com espécies atuais.

Subfilo Pelmatozoa (do grego *pelmatos*, um pedúnculo + *zēon*, animal). Corpo em forma de taça ou cálice com a superfície aboral conectada a um pedúnculo durante parte da vida ou toda a vida; superfície oral voltada para cima; sulcos ambulacrais abertos; madreporito ausente; boca e ânus sobre a superfície oral; várias classes fósseis mais a classe Crinoidea atual.

    Classe Crinoidea (do grego *krinon*, lírio + *eidos*, forma + *ea*, caracterizado por): **lírios-do-mar e penas-do-mar**. Cinco braços que se ramificam junto à base e com pínulas; sulcos ambulacrais ciliados na superfície oral com pés tubulares tentaculiformes para coleta de alimento; espinhos, madreporito e pedicelárias ausentes. Exemplos: *Antedon, Comantheria* (ver Figura 22.23).

Subfilo Eleutherozoa (do grego *eleutheros*, livre, não preso + *zōon*, animal). Corpo em forma de estrela, globular, discoide, ou de pepino; superfície oral voltada para o substrato ou eixo oral-aboral paralelo ao substrato; corpo com ou sem braços; sulcos ambulacrais abertos ou fechados.

    Classe Asteroidea (do grego *aster*, estrela + *eidos*, forma + *ea*, caracterizado por): **estrelas-do-mar**. Forma de estrela, com braços não muito diferenciados do disco central; sulcos ambulacrais abertos, com pés tubulares no lado oral; pés tubulares frequentemente com ventosas; ânus e madreporito aborais; pedicelárias presentes. Exemplos: *Orthasterias, Pisaster*. Esse grupo inclui os membros anteriormente colocados na **classe Concentricycloidea** (do latim *cum*, juntos + *centrum*, centro [com um centro comum] + do grego *kyklos*, círculo + *eidos*, forma + *ea*, caracterizado por): **margaridas-do-mar**. Corpo discoide, com espinhos marginais, porém sem braços; placas esqueléticas concentricamente arranjadas; anel de pés sem ventosas, próximo à margem do corpo; hidroporo presente; trato digestório presente ou ausente, sem ânus. Exemplo: *Xyloplax* (ver Figura 22.12).

Classe Ophiuroidea (do grego *ophis*, serpente + *oura*, cauda + *eidos*, forma + *ea*, caracterizado por): **estrelas-quebradiças e estrelas-cesta**. Forma de estrela, com braços nitidamente demarcados em relação ao disco central; sulcos ambulacrais fechados, cobertos por ossículos; pés tubulares sem ventosas e não usados para locomoção; pedicelárias ausentes; ânus ausente. Exemplos: *Ophiura, Gorgonocephalus*.

Classe Echinoidea (do grego *echinos*, ouriço-do-mar, ouriço + *eidos*, forma + *ea*, caracterizado por): **ouriços-do-mar, bolachas-do-mar, bolachas-da-praia**. Corpo mais ou menos globular ou discoide, sem braços; esqueleto compacto, ou testa, com placas que se encaixam firmemente; espinhos móveis; sulcos ambulacrais fechados; pés tubulares com ventosas; pedicelárias presentes. Exemplos: *Arbacia, Strongylocentrotus, Lytechinus, Mellita*.

Classe Holothuroidea (do grego *holothourion*, pepino-do-mar + *eidos*, forma + *ea*, caracterizado por): **pepinos-do-mar**. Forma de pepino, sem braços; espinhos ausentes; ossículos microscópicos embutidos na parede muscular espessa; ânus presente; sulcos ambulacrais fechados; pés tubulares com ventosas; tentáculos circum-orais (pés tubulares modificados); pedicelárias ausentes; madreporito interno. Exemplos: *Sclerodactyla, Parastichopus, Cucumaria* (ver Figura 22.18 C).

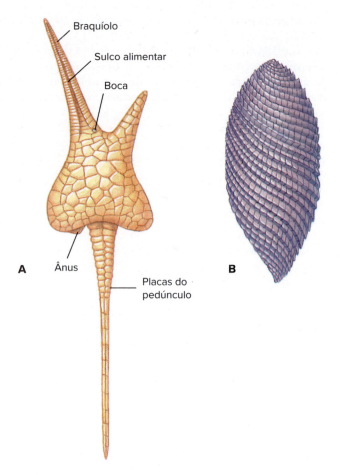

Figura 22.24 A. *Dendrocystites*, um carpoide (subfilo Homalozoa) com um braquíolo. Braquíolos são assim chamados para distinguir-se dos braços mais robustos dos asteroides, ofiuroides e crinoides. Os carpoides apresentavam alguns caracteres interpretados como sendo de cordados. **B.** *Helicoplacus*, um helicoplacoides, tinha três áreas ambulacrais e, aparentemente, um sistema hidrovascular. É o grupo-irmão dos equinodermos atuais.

A filogenia dentro de Eleutherozoa é controversa. A maioria dos pesquisadores concorda que equinoides e holoturoides formam um clado, mas as opiniões divergem no que diz respeito à relação entre ofiuroides e asteroides. A Figura 22.3 ilustra a visão de que esses dois grupos formam um clado, com evolução independente de sulcos ambulacrais fechados em ofiuroides e no clado equinoide-holoturoide.

Diversificação adaptativa

A diversificação dos equinodermos tem sido limitada por seus caracteres mais importantes: simetria radial, sistema hidrovascular e endoesqueleto dérmico. Se seus ancestrais tinham um cérebro e órgãos sensoriais especializados, estes foram perdidos na adoção da simetria radial. Só recentemente os estudos de expressão gênica começaram a ajudar os pesquisadores a identificar estruturas como o eixo anteroposterior nos equinodermos adultos. A melhor evidência disponível atualmente sugere que a superfície oral é anterior e a aboral, posterior. Segundo essa hipótese, os braços representam zonas laterais de crescimento.

Os equinodermos diversificaram-se no hábitat bentônico. Há muitas formas rastejantes que são filtradoras, herbívoras e comedoras de depósitos e saprófitas; formas pelágicas são muito raras. O sucesso relativo dos asteroides como predadores é impressionante e, provavelmente, atribuível ao quão eles exploraram o mecanismo hidráulico de seus pés tubulares.

22.6 FILO HEMICHORDATA

Hemichordata (do grego *hemi*, metade + *chorda*, corda) incluem os animais marinhos que, antigamente, eram considerados como um subfilo dos cordados devido à presença de fendas faríngeas e de uma notocorda rudimentar. Entretanto, a assim chamada "notocorda" dos hemicordados é, na verdade, um divertículo bucal homólogo à notocorda dos cordados. Os hemicordados possuem um celoma em três partes típico dos deuterostômios.

Os hemicordados são criaturas bentônicas vermiformes, que vivem geralmente em águas rasas. Algumas espécies coloniais vivem em tubos que elas mesmas secretam. A maioria é sedentária ou séssil. Sua distribuição é praticamente cosmopolita, porém seus hábitos pouco conspícuos e corpo frágil dificultam sua coleta.

Existem duas classes. Os membros da classe Enteropneusta (do grego *enteron*, intestino + *pneustikos*, relativo à ou para a respiração) atingem de 20 mm a 2,5 cm de comprimento. Os membros da classe Pterobranchia (do grego *pteron,* asa + *branchia*, brânquias) são menores, geralmente de 1 a 12 mm, excluindo seu pedúnculo. Cerca de 75 espécies de enteropneustos e três pequenos gêneros de pterobrânquios são reconhecidos.

Os hemicordados têm o celoma tripartido.

Classe Enteropneusta

Os enteropneustos são animais vermiformes lentos que geralmente vivem em galerias e sob pedras nos baixios lodosos das regiões entremarés. Os gêneros *Balanoglossus* (do grego *balanos*, fruto do carvalho + *glōssa*, língua) e *Saccoglossus* (do grego *sakkos*, saco + *glōssa*, língua) são gêneros comuns (Figura 22.25).

Forma e função

O corpo revestido por muco é dividido em três regiões distintas: uma probóscide em forma de língua, um colarinho curto e um tronco longo (protossomo, mesossomo e metassomo). Muitos enteropneustos são comedores de depósitos, extraindo componentes orgânicos de sedimentos. Outros são comedores de suspensão, capturando plâncton e detritos.

Probóscide. A probóscide é a parte ativa do animal. Ela vasculha o lodo, examina o ambiente circundante e coleta o alimento por meio de filamentos de muco na sua superfície. Cílios carregam partículas para o sulco na borda do colarinho e depois para a boca. O muco com comida continua a ser direcionado pelos cílios ao longo da parte ventral da faringe e esôfago até o intestino. Partículas capturadas são transportadas por cílios até a borda do colarinho (Figura 22.26). Os enteropneustos coletores de depósitos usam um órgão ciliado pré-oral e fendas branquiais para a alimentação. Eles podem atuar simultaneamente como comedores de depósito e como filtradores.

Os habitantes de galerias usam suas probóscides para escavar, introduzindo-a no lodo ou na areia, deixando para os cílios e o muco o trabalho de empurrar a areia para trás. Eles também podem ingerir a areia e o lodo conforme cavam, extraindo o seu conteúdo orgânico. Constroem galerias em forma de U revestidas por muco, geralmente com duas aberturas entre 10 e 30 cm de distância, com a base do U a 50 ou 75 cm abaixo da superfície. Podem projetar a

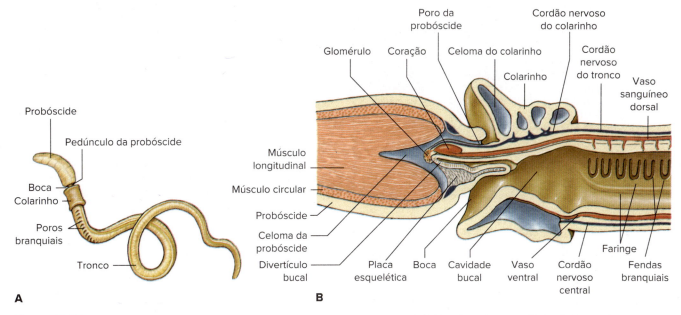

Figura 22.25 *Saccoglossus*, um enteropneusto (Hemichordata, classe Enteropneusta). **A.** Vista lateral externa. **B.** Seção longitudinal da extremidade anterior.

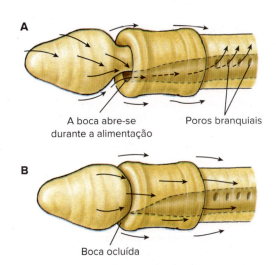

Figura 22.26 Correntes alimentares de hemicordados enteropneustos. **A.** Vista lateral de um enteropneusto com a boca aberta, mostrando a direção das correntes geradas pelos cílios na probóscide e no colarinho. As partículas do alimento são direcionadas para a boca e o tubo digestório. Partículas rejeitadas movem-se para a parte externa do colarinho. A água sai pelas fendas faríngeas. **B.** Quando a boca está fechada, todas as partículas são rejeitadas e passam pelo colarinho. Hemicordados não cavadores e alguns cavadores utilizam esse método alimentar.

probóscide para fora da abertura anterior a fim de capturar o alimento. A defecação é feita pela abertura posterior e evidenciada pelo acúmulo de fezes na forma de característicos montículos espiralados, uma pista certa para denunciar a localização das galerias.

Na região posterior da probóscide existe um pequeno saco celômico (a protocele), no qual se estende o **divertículo bucal**, uma evaginação estreita em fundo cego do tubo digestório, que se estende para a frente, na direção da região da boca, e que foi anteriormente considerada uma notocorda. Um canal estreito liga a protocele a um **poro na probóscide** e ao meio externo (Figura 22.25 C). As cavidades celômicas pareadas, no colarinho, também se abrem em poros. A probóscide e o colarinho podem ser enrijecidos para auxiliar na escavação por meio da entrada de água pelos poros nos sacos celômicos. A contração da musculatura do corpo força, então, o excesso de água para fora pelas fendas branquiais, reduzindo a pressão hidrostática e permitindo ao animal mover-se para a frente.

Sistema branquial. Uma fileira de **poros branquiais** localiza-se dorsolateralmente em cada lado do tronco, logo atrás do colarinho (Figura 22.26 A). Os poros abrem-se a partir de uma série de câmaras branquiais que, por sua vez, conectam-se a uma série de **fendas** branquiais em forma de U nas laterais da faringe (Figura 22.25 C). Não há brânquias nas fendas branquiais, mas alguma troca de gases respiratórios ocorre no epitélio branquial vascular, bem como na superfície do corpo. As correntes ciliares mantêm um suprimento fresco de água que se move da boca pela faringe, e das fendas e câmaras branquiais para o exterior.

Alimentação e sistema digestório. Hemicordados, em grande parte, alimentam-se por meio da ação dos cílios e do muco, como descrito anteriormente.

Sistemas circulatório e excretor. Um vaso mediano dorsal transporta o sangue incolor para a frente por sobre o intestino. No colarinho, esse vaso expande-se em um seio e uma vesícula cardíaca, acima do divertículo bucal. O sangue penetra, então, em uma rede de seios sanguíneos denominada **glomérulo**, que circunda parcialmente essas estruturas (Figura 22.25 B). O glomérulo tem função excretora e é homólogo ao complexo axial dos equinodermos. O sangue segue para a região posterior por um vaso ventral localizado abaixo do intestino, passando por extensos seios para o intestino e para a parede do corpo.

Sistemas nervoso e sensorial. O sistema nervoso é formado, principalmente, por uma rede subepitelial, ou plexo, de células nervosas e fibras, ao qual os processos das células epiteliais se conectam. Os espessamentos dessa rede formam os cordões nervosos dorsal e ventral, que se unem posteriormente ao colarinho por um anel conectivo. O cordão dorsal prossegue para o interior do colarinho, suprindo o plexo da probóscide com numerosas fibras.

Características do filo Hemichordata

1. Corpo dividido em **probóscide**, **colarinho** e **tronco**; **divertículo bucal** na parte posterior da probóscide
2. Hábitos vágil e escavador nos Enteropneusta; pterobrânquios sésseis, a maioria colonial, vivendo em tubos secretados
3. Vida livre
4. Simétricos bilateralmente, corpo mole; vermiforme ou pequeno e compacto com estolão para fixação
5. Triblástico
6. Bolsa celomática única na probóscide, mas bolsas pareadas no tronco e no colarinho
7. Epiderme ciliada
8. Sistema digestório completo
9. Músculos longitudinais e circulares na parede corporal em alguns
10. Plexo nervoso subepidérmico que se espessa para formar os cordões nervosos dorsal e ventral, com um anel conectivo no colarinho; algumas espécies com **cordão nervoso dorsal** oco
11. Neurônios sensoriais da probóscide que provavelmente funcionam na quimiorrecepção
12. Formam colônias por brotamento assexuado nos pterobrânquios; reprodução assexuada por fragmentação nos enteropneustos
13. Sexos separados em Enteropneusta, com gônadas que se projetam para o interior da cavidade do corpo; larva tornária em alguns Enteropneusta
14. Um único **glomérulo** conectado aos vasos sanguíneos pode ter funções excretoras e é considerado um metanefrídio
15. Sistema respiratório e de alimentação por filtração de **fendas faríngeas** (poucas ou nenhuma nos pterobrânquios) liga a faringe ao meio externo
16. Sistema circulatório formado por vasos dorsal e ventral e um coração dorsal.

O cordão nervoso dorsal (**neurocorda**) é oco em algumas espécies. A neurocorda contém células nervosas gigantes com processos que correm para o tronco. Esse sistema de plexos nervosos é muito similar àquele dos cnidários e equinodermos.

Os receptores sensoriais incluem as células neurossensoriais por toda a epiderme (especialmente na probóscide, onde existe um órgão ciliado pré-oral que pode ser quimiorreceptor) e células fotorreceptoras.

Sistema reprodutor e desenvolvimento. Nos enteropneustos, os sexos são separados. Embora a maioria das espécies tenha apenas reprodução sexuada, ao menos uma espécie passa por reprodução assexuada. Uma fileira de gônadas dorsolaterais localiza-se em cada lado da porção anterior do tronco. A fecundação é externa e, em algumas espécies, desenvolve-se uma larva **tornária** ciliada. Em certos estágios, essa larva é tão parecida com a larva bipinária dos equinodermos que, no passado, foi considerada uma larva equinoderma (Figura 22.27). *Saccoglossus*, comum nas águas americanas, apresenta desenvolvimento direto sem o estágio de tornária.

Classe Pterobranchia

O plano básico da classe Pterobranchia é semelhante àquele do Enteropneusta, mas determinadas diferenças estruturais refletem o modo de vida sedentário dos pterobrânquios. O primeiro pterobrânquio registrado foi coletado pela famosa expedição *Challenger* realizada entre 1872 e 1876. Apesar de ter sido incluído em Polyzoa (Entoprocta e Ectoprocta), posteriormente suas afinidades com os hemicordados foram reconhecidas. São conhecidos apenas três gêneros (*Atubaria*, *Cephalodiscus* e *Rhabdopleura*).

Os pterobrânquios são animais pequenos, geralmente entre 1 e 7 mm de comprimento, embora o pedúnculo possa ser mais longo. Muitos espécimes de *Cephalodiscus* (do grego *kephalē*, cabeça + *diskos*, disco) (Figura 22.28) vivem juntos em tubos de colágeno que, frequentemente, formam um sistema anastomosado. No entanto, os zooides não se comunicam e vivem independentemente nos tubos. Por meio de aberturas nesses tubos, eles distendem suas coroas de tentáculos. Eles se fixam às paredes dos tubos por pedúnculos extensíveis que podem puxar o animal de volta para o interior quando necessário.

O corpo de *Cephalodiscus* é dividido nas três regiões características dos hemicordados – probóscide, colarinho e tronco. Existe apenas um par de fendas branquiais e o canal alimentar é em forma de U, com o ânus próximo à boca. A probóscide é em forma de escudo. Na base da probóscide, existem de cinco a nove pares de braços ramificados com tentáculos, os quais, à semelhança do que ocorre em um lofóforo, contêm um prolongamento do compartimento celômico do mesossomo. Os sulcos ciliados nos tentáculos e braços coletam o alimento. Algumas espécies são dioicas e outras monoicas. A reprodução assexuada por brotamento também pode ocorrer.

Em *Rhabdopleura* (do grego *rhabdos*, bastão + *pleura*, costela, flanco), que é menor do que *Cephalodiscus*, os indivíduos permanecem agrupados para formar uma colônia de zooides conectados por um estolão e protegidos no interior de tubos secretados (Figura 22.29). Nessas formas, o colarinho tem dois braços ramificados. Não existem fendas branquiais ou glomérulos. Os novos indivíduos são produzidos por brotamento a partir de um estolão basal rastejante que se ramifica no substrato. Não há um cordão nervoso tubular no colarinho, mas em todos os demais aspectos, seu sistema nervoso é similar ao dos Enteropneusta.

Os graptólitos fósseis da Era Paleozoica Média são incluídos frequentemente em uma classe extinta de Hemichordata. Eles são importantes fósseis indicadores dos estratos geológicos

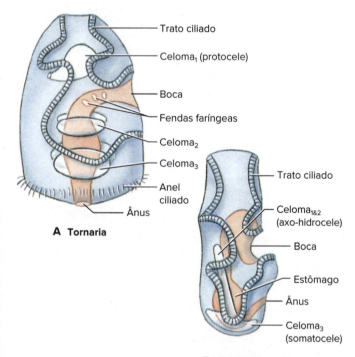

Figura 22.27 Comparação entre (**A**), uma tornária de hemicordado e (**B**), uma bipinária de equinodermo.

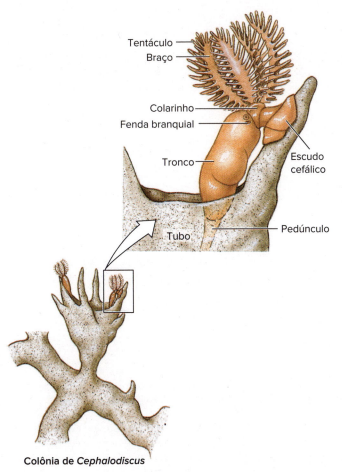

Figura 22.28 *Cephalodiscus*, um hemicordado pterobrânquio. Essas formas diminutas (5 a 7 mm) vivem em tubos onde podem deslocar-se livremente. Tentáculos ciliados direcionam as correntes de alimento e água para a boca.

Ordoviciano e Siluriano. A inclusão dos graptólitos com os hemicordados tem sido muito controversa, mas a descoberta de um organismo que parece ser um graptólito vivo confere um forte apoio a tal hipótese. Essa nova espécie de pterobrânquio é denominada *Cephalodiscus graptolitoides*.

22.7 FILOGENIA E DIVERSIFICAÇÃO ADAPTATIVA DOS HEMICORDADOS

Há muito tempo, a filogenia dos hemicordados é tida como enigmática. Os hemicordados compartilham características tanto com os equinodermos como com os cordados. Com os cordados, eles compartilham as fendas faríngeas. Se os hemicordados são o táxon-irmão dos equinodermos, como descrito pela hipótese Ambulacraria (ver Figura 22.1), então as fendas branquiais são uma característica ancestral dos deuterostômios. Presume-se que as fendas branquiais foram perdidas nos hemicordados pterobrânquios e na linhagem ancestral de todos os equinodermos, embora alguns pesquisadores encontrem evidência de fendas branquiais nos equinodermos carpoides extintos. Assim, a perda dessas fendas ocorreu antes de linhagens com membros atuais se ramificarem a partir daquelas de outros equinodermos (ver Figura 22.3).

A hipótese Ambulacraria une os equinodermos e hemicordados com base no compartilhamento de um sistema nervoso epidérmico

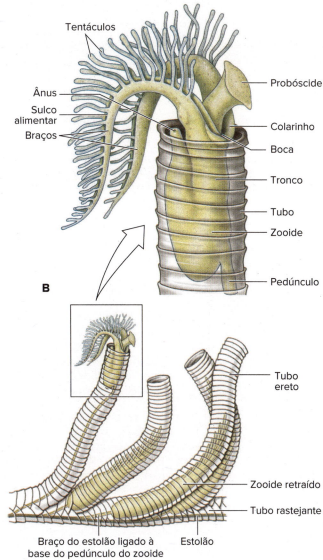

Figura 22.29 **A.** *Rhabdopleura*, um hemicordado pterobrânquio em seu tubo. Os indivíduos habitam tubos ramificados conectados por estolões e protraem os tentáculos ciliados para se alimentar. **B.** Porção de uma colônia.

difuso e uma estrutura de filtração chamada de complexo axial. Outro caractere filogenético importante é o compartilhamento de um celoma tripartido nos hemicordados e equinodermos. O divertículo bucal na cavidade da boca de hemicordados, que por muito tempo acreditou-se ser homólogo à notocorda dos cordados, é atualmente considerado uma sinapomorfia dos próprios hemicordados.

A embriogênese inicial dos hemicordados é notavelmente semelhante àquela dos equinodermos, e a larva tornária, nos seus estágios iniciais, é quase idêntica à larva bipinária dos asteroides, sugerindo que os equinodermos formam o grupo-irmão dos hemicordados (ver Figura 22.1). Trabalhos filogenéticos recentes apoiam a monofilia de hemicordados e equinodermos, bem como a posição deles como táxon-irmão dentro de Ambulacraria. Presume-se que fendas branquiais na faringe sejam um caráter de deuterostômios. Uma reconstrução do modo de alimentação ancestral indica que as fendas branquiais eram usadas na alimentação por filtração e não na respiração.

RESUMO

Seção	Conceito-chave
22.1 Filo Chaetognatha	• Os vermes-seta (filo Chaetognatha) são um grupo pequeno, mas são componentes importantes do plâncton marinho • Chaetognatha são predadores eficazes, capturando outros organismos planctônicos com os dentes e espinhos quitinosos ao redor da boca
22.2 Forma e função	• Chaetognatha têm uma cutícula fina que não sofre muda, e um sistema digestório completo e órgãos dos sentidos bem desenvolvidos, incluindo os olhos • Eles são hermafroditas • Eles têm um celoma bem desenvolvido, mas sua formação não corresponde aos padrões de deuterostômio ou protostômio • Chaetognatha são atualmente colocados fora dos clados de protostômios e do deuterostômios nas filogenias animais
22.3 Clado Ambulacraria	• Ambulacraria une equinodermos e hemicordados com base em características deuterostômicas compartilhadas, formas larvais semelhantes e um complexo axial compartilhado (metanefrídio filtrador)
22.4 Filo Echinodermata	• Os equinodermos são um importante grupo marinho nitidamente distinto de outros filos de animais. Eles têm simetria pentarradial, mas derivaram de ancestrais bilaterais • Os membros de Echinodermata possuem muitas características típicas de Deuterostomia, mas o sistema hidrovascular é uma sinapomorfia • O sistema hidrovascular dos equinodermos é um sistema hidráulico elaborado derivado embriologicamente de um de seus compartimentos celômicos. Ao longo das áreas ambulacrais, ramos do sistema hidrovascular (pés tubulares) são importantes na locomoção, coleta de alimentos, respiração e excreção • Estrelas-do-mar (classe Asteroidea) ilustram a morfologia geral do equinodermo. As estrelas-do-mar geralmente têm cinco braços, que se fusionam gradualmente com um disco central. Como outros equinodermos, elas não têm cabeça e têm poucos órgãos sensoriais especializados. Sua boca é direcionada para o substrato. Elas têm ossículos dérmicos compondo o estereoma, pápulas respiratórias e sulcos ambulacrais abertos. Muitas estrelas-do-mar têm pedicelárias. Os sexos são separados, com uma larva livre-natante bilateral que se torna uma estrela-do-mar móvel • As margaridas-do-mar (antiga classe Concentricycloidea) são um grupo enigmático agora colocado na classe Asteroidea. Elas apresentam forma circular, têm pés tubulares marginais e dois canais de anéis concêntricos em seu sistema vascular • Os braços das estrelas-quebradiças (classe Ophiuroidea) são delgados e bem destacados do disco central. Os ofiuroides não têm pedicelárias. Seus pés tubulares não têm ventosas e seu madreporito está no lado oral. Eles rastejam por meio de movimentos dos braços e seus pés tubulares funcionam na coleta de alimentos • Para a maioria dos ouriços-do-mar (classe Echinoidea), os ossículos dérmicos se encaixam perfeitamente, formando uma testa esférica rígida em torno da qual estão cinco áreas ambulacrais. As áreas ambulacrais são fechadas e não há braços. Os ouriços-do-mar movem-se por meio de pés tubulares ou por meio de seus espinhos. Alguns ouriços (bolachas-da-praia e ouriços-coração) voltaram à simetria bilateral no adulto • Nos pepinos-do-mar (classe Holothuroidea), os ossículos dérmicos são muito pequenos e frouxamente conectados, de modo que a parede corporal é macia. Suas áreas ambulacrais também são fechadas e se estendem em direção ao polo aboral. Os holoturoides são muito alongados no eixo oral-aboral e ficam de lado. Como certas áreas ambulacrais estão caracteristicamente contra o substrato, os pepinos-do-mar também retornaram à simetria bilateral. Os pés tubulares ao redor da boca são modificados em tentáculos, com os quais se alimentam. Eles têm uma árvore respiratória interna e seu madreporito fica solto no celoma • Lírios-do-mar e penas-do-mar (classe Crinoidea) são o único grupo de equinodermos vivos, além dos asteroides, que possuem sulcos ambulacrais abertos. Eles se alimentam de partículas utilizando os cílios e o muco, e ficam com o lado oral para cima
22.5 Filogenia e diversificação adaptativa dos equinodermos	• Os ancestrais dos equinodermos eram bilateralmente simétricos, conforme indicado pelas formas fósseis recém-descobertas • A evidência fóssil sugere que eles evoluíram por meio de um estágio séssil que se tornou radialmente simétrico e então deu origem a formas livre-natantes

Seção	Conceito-chave
22.6 Filo Hemichordata	• O corpo dos hemicordados tem três partes (probóscide, colarinho, tronco) e são celomados • A classe Enteropneusta contém formas que se alimentam de suspensão e de depósito. O alimento é capturado usando muco e cílios na probóscide • Membros da classe Pterobranchia escavam tubos e também usam muco e cílios para se alimentar, mas capturam alimento utilizando os tentáculos
22.7 Filogenia e diversificação adaptativa dos hemicordados	• Os hemicordados mostram algumas afinidades com equinodermos; evidências recentes sustentam o seu agrupamento com equinodermos no clado Ambulacraria • Equinodermos e hemicordados compartilham um complexo axial, padrões de desenvolvimento e formas larvais semelhantes, bem como um sistema nervoso semelhante • As fendas branquiais da faringe são agora consideradas uma sinapomorfia de deuterostômios

QUESTÕES DE REVISÃO

1. Como os quetognatos se alimentam?
2. Qual o conjunto de características que os equinodermos têm e que não ocorrem em nenhum outro filo?
3. Como se sabe que equinodermos derivam de um ancestral com simetria bilateral?
4. Diferencie os seguintes grupos de equinodermos entre si: Crinoidea, Asteroidea, Ophiuroidea, Echinoidea, Holothuroidea.
5. O que é um ambulacro, e o que diferencia o sulco ambulacral aberto do fechado?
6. Sucintamente, explique o mecanismo de ação do pé tubular de uma estrela-do-mar.
7. Quais estruturas estão envolvidas nas seguintes funções nas estrelas-do-mar? Descreva resumidamente a ação da: respiração, alimentação e digestão, excreção, reprodução.
8. Compare as estruturas e funções da pergunta 7 conforme ocorrem em estrelas-quebradiças, ouriços-do-mar, pepinos-do-mar e crinoides.
9. Descreva sucintamente o desenvolvimento em estrelas-do-mar, incluindo a metamorfose.
10. Relacione grupos da coluna da esquerda com *todas* as respostas corretas presentes na coluna da direita:

    ____ Crinoidea   a. Sulcos ambulacrais fechados
    ____ Asteroidea   b. Superfície oral geralmente para cima
    ____ Ophiuroidea   c. Com braços
    ____ Echinoidea   d. Sem braços
    ____ Holothuroidea   e. Aproximadamente globulares ou discoides
                            f. Alongados no eixo oral-aboral
                            g. Com pedicelárias
                            h. Madreporito interno
                            i. Madreporito sobre a placa oral

11. Defina o seguinte: pedicelárias, madreporito, árvore respiratória, lanterna de Aristóteles, pápulas, túbulos de Cuvier.
12. Que evidência sugere que equinodermos ancestrais seriam sésseis?
13. Dê quatro exemplos para mostrar como os equinodermos são importantes para os seres humanos.
14. Qual é a principal diferença funcional do celoma de holoturoides em relação àquele de outros equinodermos?
15. Que características Hemichordata compartilha com Echinodermata, e como diferem os dois filos?
16. Diferencie Enteropneusta de Pterobranchia.

Para reflexão. A posição filogenética dos quetognatos é muito incerta. Quais são duas outras possíveis posições desse grupo e o que você precisaria saber para decidir sobre qual seria o melhor posicionamento desse grupo?

23 Cordados

OBJETIVOS DE APRENDIZAGEM

Após leitura do capítulo, você será capaz de:

23.1 Descrever a evolução inicial dos cordados.
23.2 Listar e explicar o significado das cinco características dos cordados.
23.3 Descrever a anatomia funcional dos urocordados.
23.4 Descrever a anatomia funcional dos cefalocordados, distinguindo-os dos urocordados.
23.5 Descrever resumidamente as características dos vertebrados que os distinguem de outros cordados e resumir as mudanças evolutivas de *Haikouella* e *Pikaia* para ostracodermos e gnatostomados.

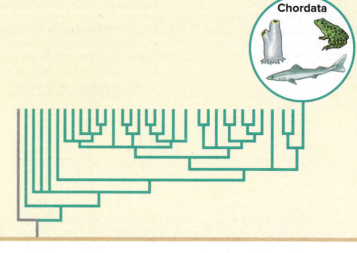

Um anfioxo.
iStock@ 7activestudio

Um longo caminho desde o anfioxo

Ao longo das costas do sul da América do Norte, meio enterrado na areia do fundo do mar, vive um pequeno animal translúcido em forma de peixe, sossegadamente filtrando partículas orgânicas da água do mar. Sem ser notado, sem valor comercial e bastante desconhecido, essa criatura é, no entanto, um dos animais famosos da zoologia clássica. É o anfioxo, um animal que maravilhosamente apresenta as cinco marcas características do filo Chordata: (1) um cordão nervoso tubular dorsal; (2) uma notocorda de suporte; (3) bolsas ou fendas faríngeas; (4) um endóstilo, produtor de muco, para filtrar a alimentação; e (5) uma cauda pós-anal para a propulsão. O anfioxo é um animal que poderia ter sido projetado por um zoólogo para a sala de aula. Durante o século XIX, com o crescimento rápido do interesse pela ancestralidade dos vertebrados, muitos zoólogos pensavam que o anfioxo se assemelhava muito aos vertebrados primitivos. Essa honrada posição foi mais tarde reconhecida por Philip Pope em uma canção de poema para a música de "Tipperary".[a] Ela termina com o refrão:

> É um longo caminho desde o anfioxo
> É um longo caminho até nós
> É um longo caminho desde o anfioxo
> Para a mais malvada maldição humana
> Bem, é um adeus para barbatanas e guelras
> E é um olá para os pulmões e pelos
> É um longo, longo caminho desde o anfioxo
> Mas nós todos viemos de lá.[b]

O lugar do anfioxo ao Sol não durou muito. O anfioxo não tem uma das mais importantes características dos vertebrados: uma cabeça diferenciada com órgãos sensoriais especiais, uma adaptação para a transição para um modo predador ativo. A ausência de uma cabeça, junto com várias características especializadas, sugere hoje aos zoólogos que o anfioxo divergiu do ancestral dos vertebrados. Nós estamos de fato a uma longa distância do anfioxo. Entretanto, mais do que qualquer outro animal vivo, o anfioxo provavelmente se assemelha à condição dos cordados imediatamente anterior à origem dos vertebrados.

- **PHYLUM CHORDATA**
  - Subphylum Urochordata
  - Subphylum Cephalochordata
  - Subphylum Vertebrata

[a] N. R.T.: Nome de uma cidade da Irlanda dado a uma música.
[b] N. R.T.: No original: *It's a long way from anphioxus; it's a long way to us; It's a long way from anphioxus; To the meanest human cuss; Well, it's good-bye to fins and gills slits; And it's welcome lungs and hair; It's a long, long way from anphioxus; But we all came from there.*

23.1 ANCESTRALIDADE E EVOLUÇÃO DOS CORDADOS

Os animais mais familiares para a maioria das pessoas pertencem ao filo Chordata (do latim *chorda*, corda). Os seres humanos são membros e compartilham a característica da qual deriva o nome o filo – a **notocorda** (do grego *noton*, dorso + do latim *chorda*, corda) (Figura 23.1). Todos os membros do filo possuem essa estrutura, seja restrita a um estágio inicial do desenvolvimento ou presente por toda a vida. A notocorda é um tudo em forma de bastão semirrígido de células preenchidas de fluido e envolvidas por uma bainha fibrosa que se estende, na maioria dos casos, por todo o comprimento do corpo, ventralmente ao sistema nervoso central. Desse modo, a notocorda é um órgão hidrostático, semelhante ao esqueleto hidrostático dos nematódeos (ver Capítulos 17 e 18). Sua principal finalidade é dar rigidez ao corpo, fornecendo uma estrutura esquelética para a fixação dos músculos da natação.

O plano estrutural dos cordados compartilha características comuns com muitos invertebrados não cordados, como a simetria bilateral, o eixo anteroposterior, o celoma, a organização de "um tubo dentro de outro tubo", o metamerismo e a cefalização. No entanto, apenas os membros do grupo hemicordado-equinodermo (ramo Deuterostomia) merecem consideração como um grupo-irmão dos cordados. Os cordados compartilham com outros deuterostômios várias características importantes: a clivagem radial (ver Figura 8.15), um ânus derivado da primeira abertura embrionária (blastóporo), uma boca derivada de uma abertura de origem secundária e um celoma formado pela fusão de bolsas enterocélicas (embora, na maioria dos vertebrados, a formação do celoma seja esquizocélica, mas derivada independentemente daquela dos protostômios, como uma acomodação para seus vitelos maiores). Essas características exclusivas compartilhadas indicam uma unidade natural entre Deuterostomia.

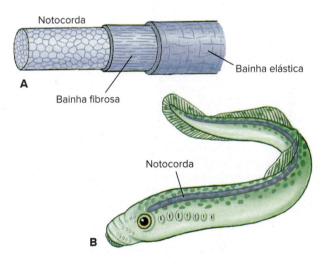

Figura 23.1 A. Estrutura da notocorda e suas bainhas. As células da notocorda propriamente dita têm paredes espessas pressionadas firmemente entre si e preenchidas com líquido semifluido. A rigidez é causada principalmente pela turgescência das células preenchidas com fluido e pelas bainhas dos tecidos conjuntivos adjacentes. Esse tipo de endoesqueleto é característico de todos os cordados em algum estágio da vida. A notocorda proporciona rigidez longitudinal ao principal eixo corporal, uma base para músculos do tronco e um eixo em torno do qual se desenvolve a coluna vertebral. **B.** Nas feiticeiras e lampreias, a notocorda persiste durante toda a vida, mas, em outros vertebrados, ela é amplamente substituída por vértebras. Nos mamíferos, alguns remanescentes da notocorda são encontrados nos núcleos *pulposi* dos discos intervertebrais.

Os cordados estão entre os organismos mais diversos em termos morfológicos, ocupando praticamente todos os tipos de hábitats. Os processos evolutivos básicos de origem de novas estruturas, estratégias adaptativas e diversificação adaptativa estão claramente presentes entre as cerca de 60 mil espécies de cordados.

Classificação tradicional e cladística dos cordados

A classificação lineana tradicional dos cordados fornece um modo conveniente para indicar os táxons incluídos em cada grande grupo. Todavia, no uso cladista, alguns dos táxons tradicionais, como Agnatha e Reptilia, não são mais reconhecidos e foram redefinidos. Esses táxons não satisfazem os requisitos da cladística de que somente grupos (clados) **monofiléticos**, os que contêm todos os descendentes conhecidos de um único ancestral comum, são taxonomicamente válidos. Por exemplo, os tradicionalmente chamados de répteis (tartarugas, lagartos, cobras e crocodilianos) são considerados um agrupamento **parafilético**, porque esse grupo não contém todos os descendentes de seu mais recente ancestral comum. O ancestral comum dos répteis reconhecido tradicionalmente é também um ancestral de aves (Figura 23.2). Os Reptilia seria um clado se aves fossem incluídas aos grupos dos animais atuais tradicionalmente chamados de répteis.

O cladograma dos cordados (Figura 23.2) mostra uma hierarquia aninhada de táxons reunidos pela posse de caracteres derivados compartilhados. Tais caracteres podem ser morfológicos, fisiológicos, embriológicos, comportamentais, cromossômicos ou moleculares. Por outro lado, os ramos de uma árvore filogenética procuram representar as linhagens reais que ocorreram no passado evolutivo (Figura 23.3). A informação geológica com respeito às idades das linhagens é adicionada à informação do cladograma, para gerar uma árvore filogenética para os mesmos táxons.

Em nossa descrição dos cordados, utilizamos uma classificação cladística porque tal uso é necessário para reconstruir a evolução de caracteres nos cordados. No momento, considerando o elevado número de aninhamentos de níveis dos clados, a utilização de ordenação lineana, particularmente de classe e subclasse de vertebrados, é incompatível com alguns táxons. Por exemplo, a classificação lineana tradicional reconhecia Actinopterygii (peixes ósseos com nadadeiras raiadas), Reptilia, Mammalia e Aves como classes. No entanto, Reptilia e Mammalia são na verdade subgrupos de Actinopterygii, e Aves é um subgrupo de Reptilia. O uso contínuo desse sistema de classificação em nível de classe não descreve com precisão as relações evolutivas desses grupos.

Várias divisões tradicionais do filo Chordata utilizadas nas classificações lineanas são mostradas na Tabela 23.1. Uma separação fundamental é a de Protochordata de Vertebrata. Os vertebrados podem ser subdivididos em grupos de diferentes maneiras, com base nas características compartilhadas. Duas dessas subdivisões são mostradas na Tabela 23.1: (1) Agnatha, vertebrados sem mandíbulas (lampreias, feiticeiras e peixes fósseis sem mandíbulas) e Gnathostomata, vertebrados com mandíbulas (todos os outros vertebrados); e (2) Amniota, vertebrados cujos embriões desenvolvem-se no interior de um saco preenchido por líquido, o âmnio (répteis, aves e mamíferos), e Anamniota, vertebrados que não têm essa adaptação (peixes e anfíbios). Os Gnathostomata, por sua vez, podem ser subdivididos em Pisces, vertebrados mandibulados com apêndices (se existirem) em forma de nadadeiras; e Tetrapoda (do grego *tetras*, quatro + *podos*, pé), vertebrados com mandíbulas e apêndices (se existirem) em forma de membros. Note que vários desses agrupamentos são parafiléticos (Protochordata,

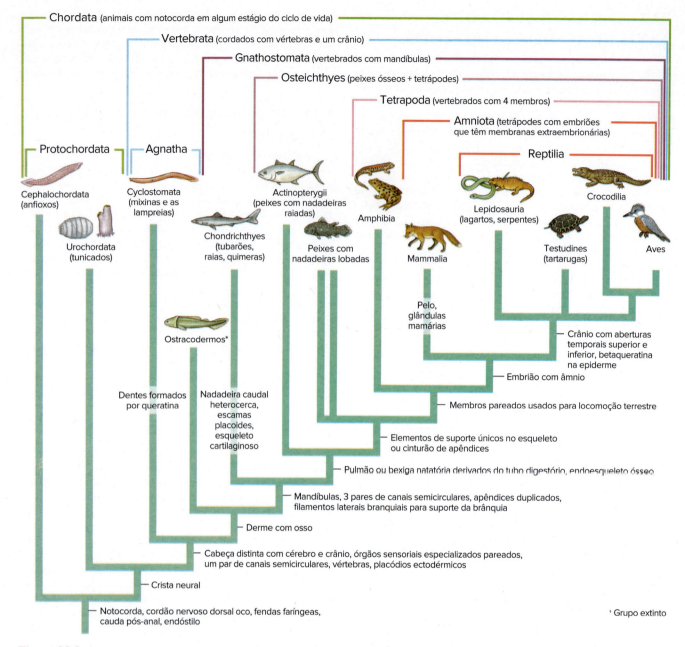

Figura 23.2 Cladograma dos membros atuais do filo Chordata, evidenciando prováveis relacionamentos entre grupos monofiléticos que compõem o filo. As linhas coloridas aninhadas na parte de cima do cladograma identificam os grupos monofiléticos dentro do filo. O termo Craniata, embora comumente equiparado a Vertebrata, é preferido por muitos pesquisadores porque ele reconhece que alguns dos vertebrados sem mandíbulas (Agnatha) têm crânio, mas não vértebras. O grupo inferior de linhas grossas identifica os agrupamentos tradicionais de Protochordata, Agnatha, Osteichthyes e Reptilia. Tais grupos parafiléticos não são reconhecidos pela cladística, mas mostrados por causa de seu amplo uso.

Agnatha, Anamniota, Pisces) e, consequentemente, não são aceitos nas classificações cladistas. Os táxons monofiléticos aceitos (Chordata, Vertebrata, Gnathostomata, Osteichthyes, Tetrapoda, Amniota, Reptilia) são mostrados no topo do cladograma da Figura 23.2 como uma hierarquia aninhada de agrupamentos cada vez mais inclusivos.

Ancestralidade e evolução

Desde meados do século XIX, quando a teoria de Darwin da descendência comum tornou-se o ponto focal para investigar as relações entre os grupos de organismos atuais, os zoólogos têm debatido a questão da origem dos cordados. Tem sido muito difícil reconstruir a história evolutiva dos primeiros cordados porque eles eram, provavelmente, criaturas de corpo mole, que tiveram poucas chances de serem preservadas como fósseis. Embora tenham sido descobertos cordados do Cambriano, o registro fóssil é escasso. Consequentemente, essas reconstruções originam-se, basicamente, do estudo de organismos atuais, especialmente a partir da análise dos estágios iniciais do desenvolvimento que, evolutivamente, tendem a ser mais conservados que as formas adultas diferenciadas.

CAPÍTULO 23 Cordados 477

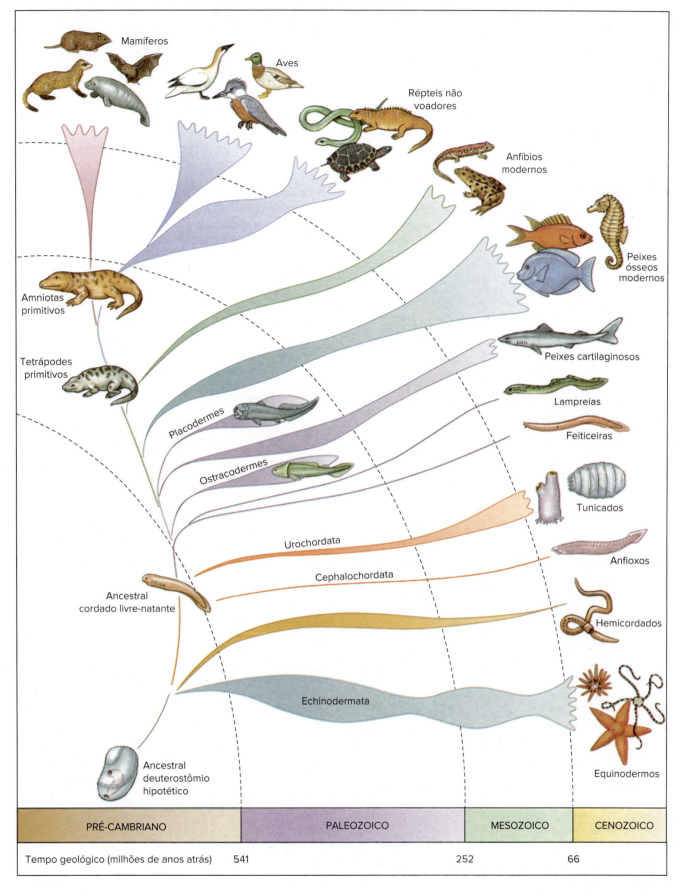

Figura 23.3 Árvore filogenética dos cordados, sugerindo uma provável origem e relações. Outros esquemas foram sugeridos e são possíveis. O número relativo de espécies em cada grupo, ao longo do tempo geológico, como indicado pelo registro fóssil, é sugerido pela largura das linhas desenhadas entre os grupos e seus descendentes.

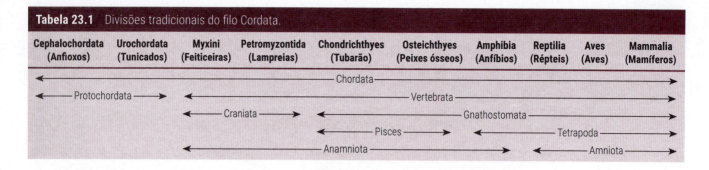

Tabela 23.1 Divisões tradicionais do filo Cordata.

Tema-chave 23.1
EVOLUÇÃO

Analogia e homologia

A maioria dos esforços iniciais para identificar relações dos cordados baseava-se em semelhanças devido à analogia em vez de homologia. Estruturas análogas desempenham funções semelhantes, mas têm origens diferentes (como asas das aves e borboletas). As estruturas homólogas, por outro lado, compartilham uma origem comum, mas podem parecer diferentes (pelo menos superficialmente) e desempenhar funções diferentes. Por exemplo, todos os membros anteriores de vertebrados são homólogos porque são derivados de um membro pentadáctilo do mesmo ancestral, embora possam ser modificados de forma tão diferente quanto o braço de um ser humano e a asa de uma ave. Estruturas homólogas compartilham uma herança genética; estruturas análogas não. Obviamente, apenas semelhanças homólogas revelam ancestralidade comum.

Inicialmente, os zoólogos especularam que os cordados teriam evoluído no clado de protostômios (anelídeos e artrópodes), mas descartaram tal ideia quando perceberam que as supostas similaridades morfológicas não eram homólogas. No início do Século XX, quando mais teorias passaram a enfocar nos padrões de desenvolvimento dos animais, tornou-se claro que os cordados eram deuterostômios. Os Deuterostomia, um grupo que também inclui os equinodermos e hemicordados (ver Figura 22.1), têm várias características embrionárias importantes, assim como compartilham sequências gênicas, que claramente os separam dos Protostomia e estabelecem seu monofiletismo. Os cordados compartilham com outros deuterostômios a clivagem radial (ver Figura 8.15), um ânus derivado da primeira abertura embrionária (blastóporo), uma boca derivada de uma abertura de origem secundária e um celoma formado pela fusão de bolsas enterocélicas (embora, na maioria, a formação do celoma de vertebrados seja esquizocélica, mas derivada independentemente daquela dos protostômios, como uma acomodação para seus grandes vitelos). Essas características compartilhadas com exclusividade indicam uma unidade natural entre Deuterostomia. Os deuterostômios provavelmente surgiram nos antigos mares pré-Cambrianos, provavelmente como formas bentônicas e bilateralmente simétricas. Um pouco mais tarde, no início do período Cambriano, cerca de 540 milhões anos atrás, surgiram os primeiros cordados distintos, possuindo características que permitiam um estilo de vida relativamente ativo (ver Figura 23.3).

23.2 CINCO CARACTERÍSTICAS DOS CORDADOS

As cinco características distintivas que, juntas, diferenciam os cordados de todos os outros filos são: a **notocorda**, o **cordão nervoso tubular dorsal**, as **bolsas** ou **fendas faríngeas,** o **endóstilo** e a **cauda pós-anal**. Essas características são sempre encontradas pelo menos em algum estágio embrionário, embora possam mudar ou desaparecer nos estágios posteriores da vida. Tais características, exceto as bolsas ou fendas faríngeas, são únicas dos cordados; os hemicordados também têm fendas faríngeas e presume-se que sejam ancestrais para os deuterostômios. Incluímos as fendas faríngeas como um caractere cordado porque elas são particularmente distintas nos cordados e uma parte importante do plano corporal deles. Um cordão nervoso dorsal rudimentar está presente em alguns hemicordados, mas provavelmente não é homólogo àquele dos cordados.

Notocorda

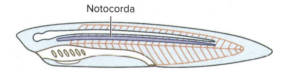

A notocorda é uma estrutura flexível, cilíndrica, que se estende ao longo do corpo. É a primeira parte do endoesqueleto a surgir em um embrião. A notocorda é um órgão hidrostático, mas diferentemente daqueles dos nematódeos que contêm fluido em uma cavidade grande, o fluido da notocorda está contido dentro das células ou em pequeninos compartimentos entre elas. Os músculos se prendem à notocorda e, como ela pode se dobrar lateralmente sem se encurtar, isso possibilita movimentos ondulatórios do corpo. Nos anfioxos e vertebrados sem mandíbulas, a notocorda persiste durante toda a vida (ver Figura 23.1). Em todos os vertebrados, uma série de vértebras cartilaginosas ou ósseas forma-se a partir de células mesenquimais, derivadas de blocos de células mesodérmicas (**somitos**) nas laterais da notocorda. Na maioria dos vertebrados, a notocorda é substituída por vértebras, embora remanescentes da notocorda possam persistir entre as vértebras ou dentro delas.

Cordão nervoso dorsal

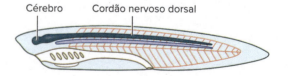

Na maioria dos filos de invertebrados que têm um cordão nervoso, ele é sólido e ventral ao tubo digestório, mas nos cordados o único cordão nervoso é tubular e dorsal ao trato digestório (embora seu centro possa ser quase obliterado durante o crescimento). A extremidade anterior aumenta para formar o cérebro nos vertebrados. O cordão oco é produzido no embrião pelo dobramento de células ectodérmicas no lado dorsal do corpo, acima da notocorda. Dentre os vertebrados, o cordão nervoso passa pelos arcos neurais das vértebras e o cérebro é envolvido por um crânio cartilaginoso ou ósseo.

Tema-chave 23.2
GENÉTICA E DESENVOLVIMENTO

Cordados invertidos

Os cordados e outros bilatérios usam os mesmos genes, *Bmp* e *Chordin*, para estabelecer seus eixos dorsoventrais. No entanto, os cordados aparentemente sofreram uma inversão corporal durante sua evolução, resultando em seus cordões nervosos dorsais característicos (ver Seção 8.8).

Fendas e bolsas faríngeas

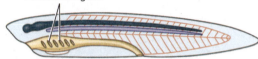

As fendas faríngeas são aberturas que levam da cavidade faríngea até o exterior. Elas são formadas pela invaginação do ectoderma externo (sulcos faríngeos) e pela evaginação do endoderma que reveste a faringe (bolsas faríngeas). Nos cordados aquáticos, as duas bolsas rompem-se na cavidade faríngea, onde se encontram para formar a fenda faríngea. Nos amniotas, tais bolsas podem não romper a cavidade faríngea e formam-se apenas bolsas, em vez de fendas. Nos vertebrados tetrápodes (terrestres), as bolsas faríngeas dão origem a várias estruturas distintas, incluindo a trompa de Eustáquio (tuba auditiva), a cavidade da orelha média, as amígdalas e as glândulas paratireoides.

A faringe perfurada evoluiu como um aparelho de alimentação por filtração, sendo usada como tal nos protocordados. A água com partículas de alimento em suspensão é conduzida por ação ciliar para a boca e, então, para fora por meio das fendas faríngeas, onde o alimento é retido por muco. Nos vertebrados, a ação ciliar foi substituída pelas contrações faríngeas musculares, que conduzem a água pela faringe. Os arcos aórticos, que conduzem sangue pela faringe, também foram modificados. Nos protocordados, esses arcos aórticos são vasos simples circundados por tecido conjuntivo. Os peixes apresentam uma rede de capilares com paredes finas e permeáveis a gases, melhorando a eficiência da transferência de gases entre o sangue e a água exterior. Essas adaptações conduziram à evolução de **brânquias internas**, aperfeiçoando a conversão da faringe de um aparelho de alimentação por filtração nos protocordados para um órgão respiratório nos vertebrados aquáticos.

Endóstilo ou glândula tireoide

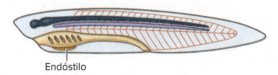

Até recentemente, o endóstilo não era reconhecido como um caráter de cordados. Entretanto, ele ou seu derivado, a glândula tireoide, ocorre em todos os cordados, mas não em outros animais. O endóstilo, situado no assoalho faríngeo, secreta muco que retém pequenas

Características do filo Chordata

1. **Cauda pós-anal; notocorda; endóstilo** ou **glândula tireoide; osso** e **cartilagem** nos vertebrados.
2. Vivem em hábitats terrestres, marinhos e de água doce; muitos podem voar.
3. Livre-natantes, mas uns poucos peixes são ectoparasitos.
4. Simetria bilateral; segmentado, mas segmentação imperceptível em muitos.
5. Triblástico
6. **Celoma bem-desenvolvido**
7. Epiderme presente em todos; derme nos vertebrados; estruturas ósseas ou queratinizadas normalmente presentes no tegumento vertebrado; glândulas frequentemente diversificadas e abundantes nos vertebrados.
8. Sistema digestório completo; intestino muscular nos vertebrados; **bolsas faríngeas** presentes no início do desenvolvimento, irrompendo como fendas branquiais nas formas aquáticas.
9. Tecidos musculares cardíaco, esquelético e liso presentes; miômeros segmentados em peixes e anfíbios.
10. **Cordão nervoso oco e dorsal; cérebro de três lobos** distintos presente nos vertebrados.
11. Protocordados com fotorreceptores e estatocistos não duplicados simples; vertebrados com órgãos sensoriais duplicados bem-desenvolvidos para visão, quimiorrecepção; audição; equilíbrio; eletrorrecepção e sensibilidade à vibração.
12. Uma reprodução assexuada por partenogênese em alguns peixes, anfíbios e lagartos.
13. Sexos normalmente separados; hermafroditismo nas ascídias e em alguns peixes; fertilização interna ou externa; ovíparos ou vivíparos; estágio larval distinto em alguns; crocodilos; aves; mamíferos e alguns peixes e anfíbios com cuidado parental dos filhotes.
14. Rins glomerulares duplicados e ductos nos vertebrados.
15. Respiração via brânquias, pulmões e pele, principalmente; bexiga natatória presente em muitos peixes, funcionando de forma dinâmica.
16. Circulação fechada; **coração com câmaras** e glóbulos vermelhos em vertebrados; arcos aórticos distintos em todos, exceto ascídias.

partículas de alimento levadas ao interior da cavidade faríngea. O endóstilo ocorrem nos protocordados e larvas de lampreias. Algumas de suas células secretam proteínas iodadas. Elas são homólogas à glândula tireoide, que secreta hormônio com iodo, dos adultos de lampreias e de todos os outros vertebrados. Nos protocordados e larvas de lampreias, o endóstilo e a faringe perfurada trabalham juntos para criar um eficiente aparelho filtrador de alimento.

Cauda pós-anal

A cauda pós-anal, com a musculatura somática e a rigidez da notocorda, permite a mobilidade que as larvas de tunicados e anfioxo necessitam para a sua existência livre-natante. **Miômeros** (músculos segmentados) também parecem ser uma inovação dos cordados, mas foram perdidos na linhagem dos urocordados. A cauda evoluiu, claramente, para propulsão na água como uma estrutura adicionada ao corpo atrás da extremidade do trato digestório. Sua eficiência é posteriormente aumentada nos peixes com o incremento das nadadeiras. Nos seres humanos, a cauda é evidente apenas como um vestígio (o cóccix, uma série de pequenas vértebras no fim da coluna espinal), mas a maioria de outros mamíferos tem uma cauda móvel quando adultos.

Os cordados são divididos em três subfilos, Urochordata, Cephalochordata e Vertebrata. Os primeiros dois subfilos são discutidos neste capítulo. Vertebrata é apresentado neste capítulo e seus subgrupos são abordados em detalhes nos Capítulos 24 a 28.

23.3 SUBFILO UROCHORDATA (TUNICATA)

Os urocordados ("cordados na cauda"), mais comumente denominados tunicados, incluem cerca de 1.600 espécies. Eles vivem em todos os mares desde as regiões entremarés até grandes profundidades. Na fase adulta, a maioria é séssil, embora alguns sejam livre-natantes. O nome "tunicado" é sugerido devido à **túnica** resistente, de material inerte, que circunda o animal e contém celulose (Figura 23.4). Os tunicados são cordados altamente especializados na fase adulta, pois, na maioria das espécies, apenas a forma larval, a qual lembra um girino microscópico, tem todos os marcos característicos dos cordados. Durante a metamorfose para a fase adulta, a notocorda (que na larva é restrita à cauda, daí o nome Urochordata) e a cauda desaparecem, enquanto o cordão nervoso dorsal reduz-se a um simples gânglio.

Urochordata é subdividido em três classes: **Ascidiacea** (do grego *askiolion*, pequena bolsa + *acea*, sufixo), **Appendicularia** (do latim *appendic*, anexo + *acea*, sufixo) e **Thaliacea** (do grego *thalia*, luxúria + *acea*, sufixo). Os membros de Ascidiacea são de longe os mais comuns, diversificados e conhecidos. Eles são normalmente conhecidos como "esguichos-do-mar", porque algumas espécies, quando irritadas, soltam um jato de água pelo sifão exalante. Todas as espécies, exceto algumas ascídias, são sésseis e se fixam a rochas ou outros substratos duros, como estacas ou cascos de navios. Em muitas áreas, estão entre os animais mais abundantes na região entremarés.

As ascídias podem ser solitárias, coloniais ou compostas. Cada forma colonial e solitária tem a sua própria túnica, mas entre as formas compostas muitos indivíduos podem compartilhar a mesma túnica (Figura 23.5). Em algumas ascídias compostas, cada membro tem seu próprio sifão inalante, mas a abertura exalante é comum ao grupo.

As ascídias solitárias (Figura 23.4) são formas normalmente cilíndricas ou esféricas. Revestindo a túnica, observa-se uma membrana interna, o **manto**. Externamente, existem duas projeções: o **sifão inalante**, ou sifão oral, que corresponde à porção anterior do corpo, e o **sifão exalante**, ou sifão atrial, o qual delimita a porção dorsal do animal. A água entra pelo sifão inalante e passa para uma **faringe** ciliada, perfurada por diminutas fendas, que forma uma cesta elaborada. A água passa pelas fendas da faringe para a **cavidade atrial** e para fora do corpo pelo sifão exalante.

A alimentação depende da formação de uma rede de muco secretado por um sulco glandular, o **endóstilo**, localizado ao longo da superfície mediana ventral da faringe. Os cílios nas barras branquiais da faringe deslocam o muco em uma faixa que se espalha dorsalmente sobre a face interna da faringe. As partículas de alimento, trazidas pelo sifão inalante, são retidas na rede de muco, que é enrolada em um cordão e carregada em seguida pelos cílios para o esôfago. Os nutrientes são absorvidos no intestino médio, e os produtos não digeridos são eliminados pelo ânus, localizado próximo ao sifão exalante.

O sistema circulatório consiste em um coração ventral e dois grandes vasos, um de cada lado do coração; tais vasos conectam-se a um sistema difuso de vasos menores e espaços que irrigam a cesta faríngea (onde ocorrem trocas respiratórias), os órgãos do sistema digestório, as gônadas e outras estruturas. Uma característica incomum não encontrada em nenhum outro cordado é que o coração dirige o sangue primeiro em uma direção durante uns poucos batimentos, então pausa, inverte sua ação e dirige o sangue na direção oposta durante uns poucos batimentos. Outra

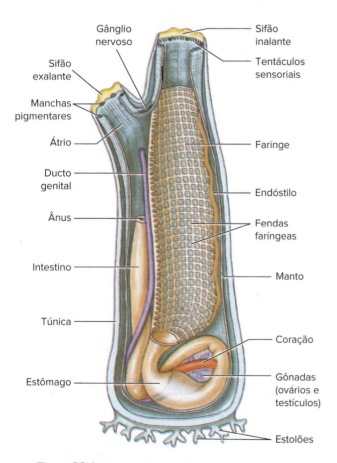

Figura 23.4 Estrutura de um tunicado comum, *Ciona* sp.

Figura 23.5 Sete colônias de tunicados compostas, *Atriolum robustum*, em um recife do Pacífico. Os indivíduos de uma colônia compartilham uma túnica comum (amarela), mas cada um deles tem um sifão inalante (oral) próprio. Cada colônia tem apenas um grande sifão exalante (atrial) no topo. Classe Ascidiacea.

característica notável é a presença marcante de altas concentrações de elementos raros no sangue, como vanádio e nióbio. A concentração de vanádio na ascídia *Ciona* pode atingir 2 milhões de vezes sua concentração na água do mar. A função desses metais raros na corrente sanguínea é um mistério.

O sistema nervoso é restrito a um **nervo ganglionar** e a um plexo nervoso localizados na superfície dorsal da faringe. Órgãos sensoriais distintos estão ausentes em ascídias adultas, embora as larvas tenham um ocelo e um otocisto (órgão de equilíbrio).

As ascídias são hermafroditas, e normalmente o mesmo animal tem apenas um testículo e um ovário. Os gametas são conduzidos por ductos para a cavidade atrial e daí seguem para o meio externo, onde ocorre a fertilização.

Das cinco características principais dos cordados, as ascídias adultas apresentam apenas duas: fendas faríngeas e endóstilo. Todavia, a forma larval revela o segredo de suas verdadeiras relações filogenéticas. A larva "girino" (Figura 23.6) é alongada e transparente, com todas as cinco características dos cordados: notocorda, cordão nervoso dorsal oco, cauda pós-anal propulsora e uma ampla faringe com endóstilo e fendas faríngeas. A larva não se alimenta, mas nada por algumas horas ou dias antes de fixar-se verticalmente a um objeto sólido por meio de suas papilas adesivas. Ela então sofre uma metamorfose radical (Figura 23.6) para se tornar um adulto séssil, tão modificado que se torna quase irreconhecível como um cordado.

Os tunicados da classe Thaliacea, conhecidos como taliáceos ou salpas, são animais pelágicos em forma de barril ou de um limão, com corpos gelatinosos e transparentes que, apesar do tamanho considerável alcançado por algumas espécies, são quase invisíveis nas águas superficiais ensolaradas. Eles ocorrem de forma solitária ou em cadeias coloniais, que podem atingir vários metros de comprimento. O corpo cilíndrico de um taliáceo é tipicamente circundado por faixas circulares de músculo, com sifões inalantes e exalantes em extremidades opostas. A água bombeada pelo corpo, por meio de contração muscular (em vez de cílios, como nas ascídias), é usada para locomoção por um tipo de jato-propulsão, para a respiração e como fonte de alimento particulado que é filtrado em superfícies mucosas. Muitos têm órgãos luminosos e produzem uma luz brilhante à noite. O corpo da maioria é oco e as vísceras formam uma massa compacta no lado ventral.

As histórias de vida dos taliáceos são frequentemente complexas e eles estão adaptados para responder a aumentos repentinos em seu suprimento de alimentos. O aparecimento de *bloom* do fitoplâncton, por exemplo, é acompanhado por um aumento explosivo da população de taliáceos, levando a densidades extremamente altas. As formas mais comuns incluem *Doliolum* e *Salpa*, que se reproduzem por alternância de gerações assexuada e sexuada.

A terceira classe de tunicados, Appendicularia (Larvacea em algumas classificações), contém pequenas criaturas pelágicas em forma de larva semelhantes a um girino curvo. O nome Larvacea refere-se à semelhança com os estágios larvais de outros tunicados. Eles se alimentam por um método único no mundo animal. Cada um deles constrói uma delicada casa, uma esfera oca transparente de muco entrelaçado com filtros e passagens, pelos quais a água penetra (Figura 23.7). O minúsculo fitoplâncton e bactérias são capturados no filtro de alimentação situado no interior da casa e levados à boca do animal por meio de um tubo semelhante a um canudo. Quando os filtros ficam entupidos por sujeira,

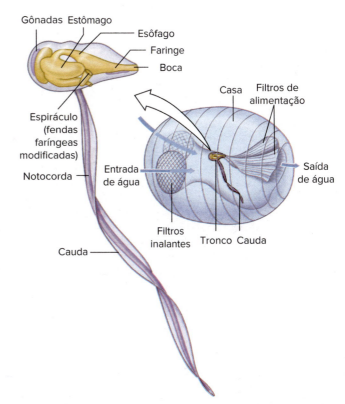

Figura 23.7 Apendiculária (Larvacea) adulta (esquerda) e como ela aparece dentro de sua casa transparente (direita), que tem aproximadamente o tamanho de uma noz. Quando os filtros de alimentação se tornam entupidos com alimento, o tunicado abandona sua casa e constrói uma nova.

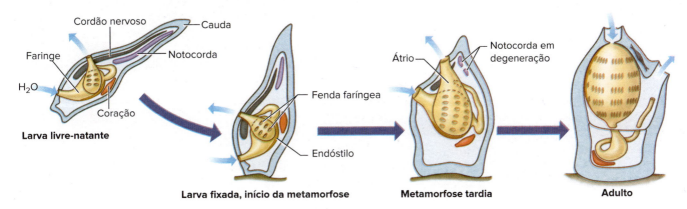

Figura 23.6 Metamorfose de uma ascídia solitária a partir de um estágio larval livre-natante.

o que ocorre a cada 4 h aproximadamente, a apendiculária abandona a sua casa e constrói uma nova, um processo que leva apenas alguns minutos. Como acontece com os taliáceos, as apendiculárias aumentam rapidamente a sua população quando o alimento é abundante. Em tais períodos, mergulhar entre essas "casas", que têm aproximadamente o tamanho de uma noz, seria como nadar em uma tempestade de neve!

23.4 SUBFILO CEPHALOCHORDATA

Os cefalocordados são os anfioxos: animais delgados, compressos lateralmente e translúcidos com cerca de 3 a 7 cm de comprimento (Figura 23.8), que habitam os fundos arenosos de águas costeiras em todo o mundo. Os anfioxos originalmente ostentaram o nome genérico *Amphioxus* (do grego *amphi*, ambas as extremidades + *oxys*, pontuda), que mais tarde foi substituído por *Branchiostoma* (do grego *branchia*, brânquia + *stoma*, boca), por questões de prioridade. No entanto, "anfioxo" é ainda utilizado como um nome popular e conveniente para todas as cerca de 32 espécies desse diminuto subfilo. Em águas costeiras da América do Norte são encontradas cinco espécies de anfioxos.

O anfioxo nada usando seus músculos segmentados (**miômeros**), que se ligam à notocorda. Nadadeiras medianas (não emparelhadas) ajudam-no a se impulsionar na água. Não há nadadeiras pareadas, embora duas abas longas, as **dobras metapleurais**, situem-se ao longo da área ventrolateral do corpo, na mesma posição das nadadeiras peitorais e pélvicas da maioria dos peixes. Um anfioxo passa a maior parte do tempo parcialmente enterrado em sedimentos finos, com apenas sua extremidade anterior exposta (Figura 23.8). Durante a alimentação, a água entra pela boca direcionada por cílios localizados na cavidade bucal e faringe, e então passa por inúmeras fendas faríngeas, onde o alimento é capturado pelo muco secretado pelo endóstilo e então transportado pelos cílios para o intestino. Nele, as partículas alimentares menores são separadas do muco e passam para o **ceco hepático**, onde são fagocitadas e digeridas intracelularmente. O alimento é deslocado pelo intestino por meio de cílios, que são concentrados em uma área corada de escuro e chamada de anel ileocólico (Figura 23.8), e não por contrações musculares como nos vertebrados. Como nos tunicados, a água filtrada passa primeiramente para um **átrio** para depois deixar o corpo por um **atrióporo** (equivalente ao sifão exalante dos tunicados).

O sistema circulatório fechado é notavelmente semelhante ao dos peixes, embora não haja coração. O sangue é bombeado para a frente na **aorta ventral** por meio de contrações do tipo peristálticas da parede do vaso; em seguida, o sangue se dirige dorsalmente pelas artérias branquiais (arcos aórticos) nas barras faríngeas para encontrar as **aortas dorsais** pareadas, que se unem posteriormente para formar uma aorta dorsal única. A partir desse ponto, o sangue é distribuído para os tecidos do corpo por microcirculação e então coletado em veias que o retornam para a aorta ventral. O sangue tem como papel principal o transporte de nutrientes; como não possui eritrócitos e hemoglobina, acredita-se que o sangue não atue no transporte de gases respiratórios, mas somente de nutrientes. Não existem brânquias especializadas na faringe para a respiração; as trocas gasosas ocorrem na superfície do corpo, especialmente pelo revestimento do átrio.

O sistema nervoso é centralizado em torno de um cordão nervoso oco situado acima da notocorda. Pares de **raízes nervosas espinais** emergem em cada segmento miomérico (músculo) do tronco. Os órgãos dos sentidos são simples, incluindo um **ocelo** ímpar anterior, que funciona como fotorreceptor. Embora a extremidade anterior do cordão nervoso não seja dilatada como o cérebro característico dos vertebrados, aparentemente ela é homóloga a partes do cérebro de vertebrados.

Os sexos são separados. Os gametas são libertados na cavidade atrial e passam pelo atrióporo para o meio externo, onde ocorre a fertilização. As larvas eclodem logo após a deposição dos ovos e gradualmente assumem a forma dos adultos.

Figura 23.8 Anfioxo. Esse cefalocordado habitante do substrato ilustra as cinco características de cordados (notocorda, cordão nervoso dorsal, fendas faríngeas, endóstilo e cauda pós-anal). Esse plano corporal é considerado ancestral para os cordados. **A**. Anfioxo vivo em posição típica para filtração de alimento. Notar o capuz oral com cirros circundando a abertura pré-oral. **B**. Estrutura interna.

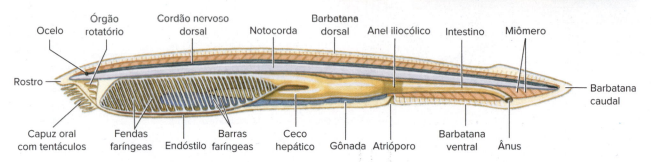

Nenhum outro cordado exibe as características diagnósticas básicas dos cordados de forma tão clara quanto o anfioxo. Além dos cinco marcos anatômicos dos cordados, o anfioxo tem várias características estruturais que se assemelham ao plano dos vertebrados. Entre elas, pode-se citar o ceco hepático, um divertículo que lembra o pâncreas de um vertebrado ao secretar enzimas digestivas e o fígado por estocar glicogênio, a **musculatura segmentada do tronco** e o plano circulatório básico dos vertebrados.

23.5 SUBFILO VERTEBRATA (CRANIATA)

O terceiro subfilo dos cordados é o grande e diversificado Vertebrata, assunto dos Capítulos 24 ao 28. Esse grupo monofilético compartilha as características básicas dos cordados com os outros dois subfilos, mas, além disso, exibe um número de novos caracteres que os demais não compartilham. A denominação alternativa para esse subfilo, Craniata, descreve mais precisamente o grupo, pois todos têm um crânio (caixa craniana óssea ou cartilaginosa), enquanto alguns peixes sem mandíbulas não têm vértebras.

Adaptações que nortearam a evolução inicial dos vertebrados

Os primeiros vertebrados eram substancialmente maiores e consideravelmente mais ativos que os protocordados. As modificações das estruturas esqueléticas e dos músculos permitiram aumentar a velocidade e a mobilidade. O nível de atividade mais alto e o tamanho dos vertebrados também requereram estruturas especializadas para localização, captura e digestão do alimento, além de adaptações destinadas a suportar uma alta taxa metabólica.

Modificações musculoesqueléticas

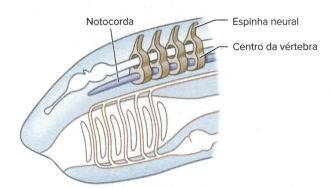

A maioria dos vertebrados possui um endoesqueleto de **cartilagem** ou **osso**. O endoesqueleto permite um tamanho corporal praticamente ilimitado, com muito maior economia de materiais estruturais que o exoesqueleto dos artrópodes. Alguns vertebrados tornaram-se os organismos mais pesados da Terra. Todos os vertebrados têm **crânio** protegendo o cérebro e pelo menos **vértebras** rudimentares ao longo do cordão espinal. Na maioria dos vertebrados, os centros vertebrais, em forma de disco, substituíram a notocorda e neles existem projeções dorsais, denominadas **espinhos neurais**, que fornecem maior área para os músculos segmentares se prenderem. Os músculos segmentados do corpo (miômeros) transformaram-se, a partir daqueles em forma de V dos cordados ancestrais, em músculos em forma de W dos vertebrados. Esse aumento na complexidade de dobras dos miômeros fornece um poderoso controle sobre um comprimento do corpo maior. As nadadeiras raiadas de origem dérmica, que auxiliam na natação, são também únicas dos vertebrados.

O endoesqueleto provavelmente era composto inicialmente por cartilagem e posteriormente por osso. A cartilagem, com crescimento rápido e flexibilidade, é ideal para a construção da primeira estrutura esquelética de todos os embriões de vertebrados. O endoesqueleto de feiticeiras, lampreias, tubarões e seus parentes atuais, e mesmo de alguns peixes "ósseos", como os esturjões, é composto principalmente por cartilagem. O osso pode ter tido valor adaptativo de diferentes formas nos primeiros vertebrados. Certamente, as placas de ossos na pele dos ostracodermes e outros peixes primitivos forneceram proteção contra predadores, embora existam alguns benefícios mais importantes. A resistência estrutural do osso é superior àquela da cartilagem, tornando-o ideal para a fixação dos músculos em áreas de alto estresse mecânico. A função original mais importante provavelmente era o armazenamento de minerais e a homeostase. O fósforo e o cálcio, que são os principais componentes minerais do osso, são usados para muitos processos fisiológicos e têm, particularmente, alta demanda nos organismos com altas taxas metabólicas.

Alguns vertebrados têm um amplo exoesqueleto (que se desenvolve a partir da pele), embora seja altamente modificado em muitas formas. Muitos dos peixes primitivos, incluindo ostracodermes e placodermes (ver Figuras 23.13 e 23.16), eram parcialmente recobertos por uma armadura dérmica óssea. Essa armadura é modificada em escamas nos demais peixes. Ainda, a maioria dos vertebrados terrestres é protegida por estruturas queratinizadas derivadas da epiderme, como escamas reptilianas, pelos e penas.

Aprimoramento da fisiologia

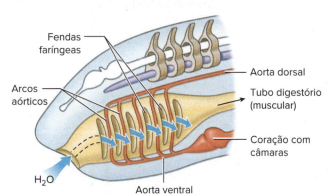

Os sistemas digestório, respiratório, circulatório e excretor dos vertebrados são modificados para atender a maior demanda metabólica. A faringe perfurada evoluiu como um dispositivo de alimentação por filtração nos primeiros cordados, usando cílios e muco para movimentar a água e para capturar pequenas partículas de alimento em suspensão. Nos vertebrados, a adição de músculos à faringe criou uma poderosa bomba para movimentar a água. Com o surgimento de brânquias altamente vascularizadas, a função da faringe mudou para trocas gasosas, principalmente. Os primeiros cordados moviam o alimento pelo tubo digestório com cílios, mas os vertebrados movem o alimento pelo tubo digestório usando músculos. Essa substituição, juntamente com a aquisição de duas glândulas digestivas, o fígado e o pâncreas, permitiram que os vertebrados administrassem o aumento da quantidade de alimento ingerido. O coração ventral com câmaras e eritrócitos com hemoglobina aumentaram o transporte de gases, nutrientes e outras substâncias. Os protocordados não têm rins distintos, mas os vertebrados têm rins glomerulares duplicados que removem resíduos metabólicos e regulam os fluidos e íons corporais.

Nova cabeça, cérebro e sistemas sensoriais

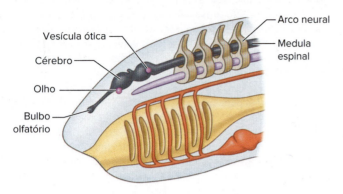

Quando os vertebrados ancestrais mudaram de uma alimentação por filtração para a predação ativa, novos controles integrativos, sensoriais e motores tornaram-se essenciais para localização e captura de presas maiores. A extremidade anterior do cordão nervoso tornou-se dilatada como um **cérebro tripartido** (prosencéfalo, mesencéfalo e metencéfalo) protegido por um crânio ósseo ou cartilaginoso. Os órgãos sensoriais especiais duplicados evoluíram para a captação de sinais à distância. Tais órgãos incluem olhos duplicados com cristalinos e retinas invertidas; mecanorreceptores, como ouvidos pares, projetados para equilíbrio e recepção do som; quimiorreceptores do paladar e órgãos olfatórios especializados intensamente sensíveis; receptores na linha lateral para detectar vibrações na água; e eletrorreceptores capazes de detectar correntes elétricas que sinalizam a presa (ver Capítulo 33).

Crista neural, placódios ectodérmicos e genes hox

O desenvolvimento da cabeça e órgãos sensoriais especiais nos vertebrados foi o resultado incontestável de duas inovações embrionárias, presentes apenas nos vertebrados: a **crista neural** e os **placódios ectodérmicos**. A crista neural, um conjunto de células ectodérmicas localizadas ao longo do comprimento do tubo neural embrionário (ver Figura 8.25), contribui para a formação de muitas estruturas diferentes, incluindo a maior parte do crânio, esqueleto faríngeo, dentina dos dentes, algumas glândulas endócrinas e outras estruturas. Além disso, a crista neural regula o desenvolvimento de tecido adjacente, como o esmalte dos dentes e os músculos faríngeos (branquioméricos). Os placódios ectodérmicos (do grego *placo*, placa) são espessamentos ectodérmicos em forma de placa que surgem anteriormente em ambos os lados do tubo neural. Eles originam o epitélio olfatório, o cristalino do olho, o epitélio da orelha interna, alguns gânglios e nervos cranianos, os mecanorreceptores da linha lateral e os eletrorreceptores. Assim, a cabeça de um vertebrado, com suas estruturas sensoriais localizadas próximo à boca (mais tarde equipada com mandíbulas para a captura de presas), originou-se de novos tecidos embrionários.

A busca pelo vertebrado ancestral

A maior parte dos primeiros vertebrados fósseis do Paleozoico, os ostracodermes (ver Figura 23.13) sem mandíbulas, compartilham muitas características novas com os vertebrados atuais no que diz respeito ao desenvolvimento de sistemas de órgãos. Tais sistemas de órgãos devem ter-se originado em um vertebrado primitivo ou linhagem dos cordados invertebrados. Os cordados invertebrados fósseis são raros e conhecidos principalmente a partir de dois estratos fósseis – o bem conhecido de *Burgess Shale* (ver Figura 6.6), Canadá, Cambriano Médio; e os recentemente descobertos de Chengjiang e Haikou, China, do Cambriano Inferior. Um desses cordados é o *Pikaia*, uma criatura em forma de fita, um tanto semelhante a um peixe, com cerca de 5 cm de comprimento, descoberta em *Burgess Shale* (Figura 23.9). A presença de notocorda e de miômeros identifica claramente *Pikaia* como um cordado. A semelhança superficial de *Pikaia* com o anfioxo atual sugere que ele possa ser um cefalocordado primitivo.

Informações adicionais acerca da origem dos vertebrados é fornecida por *Haikouella lanceolata*, uma pequena criatura em forma de peixe, conhecida a partir de mais de 300 espécimes fósseis descobertos recentemente em sedimentos de 530 milhões de anos de idade, próximo de Haikou. Ela apresenta vários caracteres que a identificam como um cordado, incluindo notocorda, faringe e cordão nervoso dorsal. Estruturas adicionais dos fósseis que foram interpretadas como músculos faríngeos, olhos duplicados e cérebro dilatado, são características de vertebrados (Figura 23.10). No entanto, ela não é um vertebrado porque nos fósseis faltam evidências de várias características diagnósticas de vertebrados, como crânio, ouvido e um telencéfalo distinto (região anterior do prosencéfalo). John Mallatt, Jun-yuan-Chen e colaboradores, que têm estudado extensivamente esses fósseis, supõem que *Haikouella* seja táxon-irmão dos vertebrados, embora isso não seja universalmente aceito. Apesar das recentes descobertas fósseis de cordados primitivos, muitas especulações sobre a ancestralidade dos vertebrados têm se concentrado nos protocordados atuais, em parte por eles serem mais bem conhecidos que as formas fósseis.

> **Tema-chave 23.3**
> **GENÉTICA E DESENVOLVIMENTO**
>
> **Origem dos olhos pareados**
> Butler e Hodos forneceram uma explicação de como os olhos pareados dos vertebrados evoluíram a partir do ocelo ímpar mediano de um ancestral semelhante ao anfioxo. O gene homeótico *Pax 6* é responsável pela formação de uma região geradora do olho, próxima ao mesencéfalo. Os produtos de um outro gene, *Sonic hedgehog*, suprimem a expressão do *Pax 6* na linha média, formando assim olhos duplicados laterais. As manipulações genéticas em camundongos que causam a ausência do *Sonic hedgehog* produzem um olho mediano não pareado.

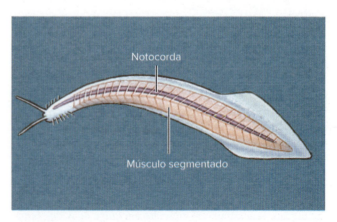

Figura 23.9 *Pikaia*, um cordado primitivo oriundo de *Burgess Shale* da Colúmbia Britânica, Canadá.

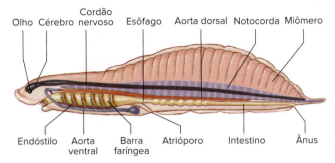

Figura 23.10 *Haikouella*, um cordado com várias características de vertebrado, encontrado em xistos do Cambriano Inferior de Haikou, China. Há a hipótese de ele ser o táxon-irmão dos vertebrados (Craniata).

Evolução dos cordados e a posição do anfioxo

Alguns cordados, como as ascídias, são sedentários, enquanto outros, como os anfioxos e os vertebrados, são ativos e móveis. Qual representa a forma ancestral? Em 1928, na Inglaterra, Walter Garstang postulou que o ancestral cordado era um filtrador sedentário, como as ascídias adultas. Garstang lançou a hipótese de que o ciclo de vida ancestral dos cordados permanecia o mesmo dos tunicados e que um ancestral dos vertebrados perdeu a capacidade de se metamorfosear em adulto séssil e, em vez disso, desenvolveu gônadas e reproduziu-se, mantendo outra morfologia larval. Essa forma, agora livre-natante como um adulto, teria sido o ancestral dos cefalocordados e vertebrados. Com a continuação da evolução, enfatizando a cefalização, teriam surgido os primeiros vertebrados (Figura 23.11). Garstang chamou esse processo de **pedomorfose** (do grego *pais*, *paidós*, criança + *morphe*, forma), um termo que descreve a retenção evolutiva dos atributos juvenis ou larvais no corpo do adulto. A pedomorfose é um fenômeno bem conhecido em vários grupos de animais diferentes (ver Seção 25.4).

Tema-chave 23.4
EVOLUÇÃO

Pedomorfose

Pedomorfose, a retenção de características juvenis ou larvais ancestrais no descendente adulto, pode ser produzida por três diferentes processos evolutivos do desenvolvimento: neotenia, progênese e postergação. Na neotenia, a taxa de crescimento da forma corporal é reduzida de tal modo que o animal não atinge a forma adulta ancestral quando alcança a maturidade. A progênese é uma maturação precoce de gônadas no corpo de uma larva (ou juvenil) que, então, interrompe o crescimento e nunca atinge a forma corporal ancestral. No pós-deslocamento, o início de um processo de desenvolvimento é retardado em relação à maturidade reprodutiva, de tal sorte que a forma adulta ancestral não é atingida ao mesmo tempo que a maturidade reprodutiva. Assim, a neotenia, a progênese o pós-deslocamento descrevem diferentes caminhos pelos quais pode ocorrer pedomorfose. Os biólogos usam o termo "pedomorfose" para descrever os resultados desses processos evolutivos do desenvolvimento.

As evidências genéticas e de desenvolvimento obtidas recentemente permitiram testar a hipótese de Garstang. Inúmeras reconstruções filogenéticas, com evidências fósseis, posicionam os cefalocordados como o táxon-irmão de um clado que consiste em urocordados e vertebrados, sugerindo que os cefalocordados e vertebrados retêm a condição ancestral de cordado e que as ascídias sésseis representam uma condição derivada (ver Figura 23.2). Além disso, recentemente foi identificado um tecido incipiente de crista neural nos urocordados, sustentando um parentesco de grupo-irmão com vertebrados. Assim, a maioria dos zoólogos atualmente rejeita a hipótese de Garstang e considera o cordado ancestral como uma criatura livre-natante (ver Figura 23.3), talvez semelhante aos anfioxos modernos.

Embora os urocordados agora sejam considerados os parentes vivos mais próximos dos vertebrados, a forma de seu corpo séssil evoluiu em uma linhagem ancestral somente para os urocordados e não em um ancestral vertebrado. A maioria dos zoólogos vê os anfioxos como mantendo muito da estrutura corporal dos cordados ancestral e os pré-vertebrados. Os cefalocordados compartilham várias características com os vertebrados que estão ausentes nos tunicados, incluindo miômeros segmentados, aortas ventral e dorsal, arcos aórticos ou branquiais e podócitos, que são células excretoras especializadas. Considerando a semelhança do anfioxo com o suposto arquétipo vertebrado, ele continua a ser um organismo de referência popular em estudos sobre a evolução dos primeiros vertebrados.

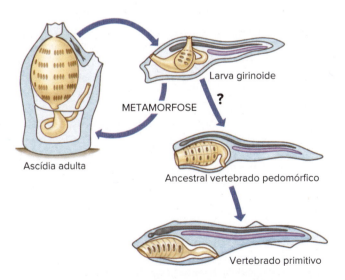

Figura 23.11 Hipótese de Garstang sobre a evolução larval. De acordo com essa hipótese (atualmente rejeitada), o ancestral dos cordados era um filtrador de alimento sedentário, como a maioria dos tunicados adultos. Há mais de 540 milhões de anos, algumas larvas tornaram-se pedomórficas, alcançando a maturidade reprodutiva na forma do corpo larval. Estas se tornaram cefalizadas, evoluindo para se tornarem os primeiros vertebrados.

Larva amocete das lampreias como um modelo para o plano corporal vertebrado ancestral

As lampreias (peixes sem mandíbulas da classe Petromyzontida, discutida no Capítulo 24) têm um estágio larval de água doce conhecido como **amocete** (Figura 23.12). Na forma do corpo, aparência, modo de vida e em muitos detalhes anatômicos, a larva amocete lembra o anfioxo. De fato, o gênero *Ammocoetes* (do grego *ammos*, areia + *koite*, cama, referindo-se ao hábito preferido da larva) foi atribuído às larvas de lampreia no século XIX, quando se pensava erroneamente que se tratava de adultos de um

Taxonomia dos membros atuais do filo Chordata

A classificação a seguir representa uma abordagem cladística para descrever as relações dentro do filo Chordata. As classificações lineanas são omitidas para táxons dentro de Vertebrata, porque um sistema de classificação cladístico baseado em ordenação para todos os vertebrados não foi estabelecido. Relações aninhadas são mostradas por recuos.

Filo Chordata

Subfilo Urochordata (do grego *oura*, cauda + do latim *chorda*, corda + *ata*, caracterizado por). (**Tunicata**): **tunicados**. Notocorda e cordão nervoso apenas nas larvas livre-natantes; ascídias adultas sésseis, protegidas por uma túnica. Cerca de 3 mil espécies.

Subfilo Cephalochordata (do grego *kephalē*, cabeça + do latim *chorda*, corda): **lanceletas (anfioxos)**. Notocorda e cordão nervoso dispostos ao longo de toda a extensão do corpo e persistentes por toda a vida do animal; forma pisciforme. 32 espécies.

Subfilo Vertebrata (do latim *vertebratus*, vertebrado). **Vertebrados**. Crânio cartilaginoso ou ósseo envolvendo um cérebro tripartido; cabeça bem desenvolvida, com órgãos sensoriais duplicados; normalmente com vértebras; coração com várias câmaras; trato digestório com paredes musculares; par de rins.

Cyclostomata (do grego *cyclos*, círculo, *stoma*, boca): **peixes-bruxa, lampreias**. Sem mandíbulas verdadeiras ou apêndices emparelhados.

Myxini (do grego *Myxa*, limo): **peixes-bruxa**. Quatro pares de tentáculos ao redor da boca; funil bucal ausente; 1 a 16 pares de fendas branquiais; glândulas de muco; vértebras vestigiais. Cerca de 78 espécies.

Petromyzontida (do grego *petros*, pedra + *myzon*, sugador): **lampreias**. Funil oral com dentes queratinizados; bolsa nasal não conectada à faringe; vértebras presentes apenas como arcos neurais; 41 espécies.

Gnathostomata (do grego *gnathos*, mandíbulas + *stoma*, boca): **peixes mandibulados, tetrápodes**. Com mandíbulas e (normalmente) com apêndices pareados.

Chondrichthyes (do grego *chondros*, cartilagem + *ichthys*, peixe): **tubarões, raias, quimeras**. Esqueleto cartilaginoso; intestino com válvula espiral; clásper presente nos machos; sem bexiga natatória. Cerca de 1.200 espécies.

Actinopterygii (do grego *aktis*, raio + *pteryx*, nadadeira, asa): **peixes com nadadeiras raiadas**. Esqueleto ossificado; uma única abertura branquial coberta por um opérculo; nadadeiras pareadas sustentadas primariamente por raios dérmicos; musculatura dos apêndices dentro do corpo; bexiga natatória, quando presente, é um órgão principalmente hidrostático; átrio e ventrículo não divididos. Cerca de 29.650 espécies.

Sarcopterygii (do grego *sarkos*, carne + *pteryx*, nadadeira, asa): **peixes de nadadeiras lobadas**. Esqueleto ossificado; apêndices pareados com ossos e musculatura internos robustos; átrio e ventrículo pelo menos parcialmente divididos. 8 espécies.

Dipnoi (do grego *Di*, duplo + *pnoi*, respiração): **peixes pulmonados**. Hábitat de água doce; dentes maceradores semelhantes a placas; nadadeira caudal unida às nadadeiras anal e dorsal; bexiga natatória modificada como 1 ou 2 pulmões. 6 espécies.

Actinistia (do grego *actino*, raio + *istia*, uma desinência superlativa): **celacantos**. Hábitat marinho; nadadeira caudal trilobada; bexiga natatória cheia de gordura. 2 espécies.

Amphibia (do grego *amphi*, duplo ou ambos + *bios*, vida): **anfíbios**. Tetrápodes ectotérmicos; respiração por pulmões, brânquias ou pele; desenvolvimento por estágios larvais; pele úmida com glândulas mucosas e sem escamas. Cerca de 7.935 espécies.

Reptilia (do latim *repere*, rastejar): **aves, tartarugas, lagartos, cobras, crocodilianos**. Tetrápodes com membrana amniótica em embriões; pulmões ventilados por aspiração; pele seca e coberta com escamas ou penas compostas de betaqueratina.

Lepidosauria (do grego *lepidos*, escala + *saurus*, lagarto): **cobras, lagartos e tuataras**. Postura extensa; crânio diápsido frequentemente modificado pela perda de um ou ambos os arcos temporais; fenda cloacal transversal; muda inteira da pele. Cerca de 9.200 espécies.

Testudines (do latim *testudo*, tartaruga): **tartarugas**. Corpo envolvido por placas ósseas fundidas formando uma concha; mandíbulas com placas queratinizadas em vez de dentes; aberturas temporais do crânio perdidas. Cerca de 325 espécies.

Crocodilia (do latim *crocodilus*, crocodilo): **crocodilianos**. Crânio diápsido, alongado e maciço; palato secundário presente; presença de moela; ventrículo completamente dividido. Cerca de 25 espécies.

Aves (do latim *de avis*, ave): **aves**. Vertebrados endotérmicos com membros anteriores modificados para o voo; corpo coberto de penas. Cerca de 10.500 espécies.

Mammalia (do latim *mamma*, seio): **mamíferos**. Tetrápodes endotérmicos possuindo glândulas mamárias; membrana amniótica em embriões; corpo mais ou menos coberto de pelos; cérebro grande, com neocórtex; três ossos do ouvido médio. Cerca de 5.400 espécies.

---

cefalocordado aparentado ao anfioxo. As larvas amocetes são tão diferentes das lampreias adultas que o erro é compreensível; a relação não fora compreendida até ser observada a metamorfose completa da larva para uma lampreia adulta.

Uma larva amocete tem o corpo comprido e delgado, com um capuz oral circundando a boca, de maneira semelhante ao anfioxo (Figura 23.12). Os amocetes são filtradores de alimento, mas em vez de puxarem água para o interior da faringe por meio da ação de cílios como faz o anfioxo, eles produzem um fluxo alimentar pelo bombeamento muscular como os peixes modernos. A organização dos músculos do corpo em miômeros, a presença da notocorda que serve como principal eixo esquelético e o plano do sistema circulatório lembram todas as características do anfioxo.

Os amocetes têm várias características homólogas àquelas de vertebrados e que estão ausentes no anfioxo. Tais características incluem coração com câmaras, cérebro tripartido, órgãos sensoriais especiais pareados (e derivados em parte de placódios ectodérmicos), glândula pituitária e rins distintos. Os amocetes também possuem um fígado verdadeiro que substitui o ceco hepático do anfioxo, uma vesícula biliar e tecido pancreático (mas nenhuma glândula pancreática distinta). Em vez das inúmeras fendas faríngeas, como no anfioxo, no amocete há apenas sete pares de bolsas

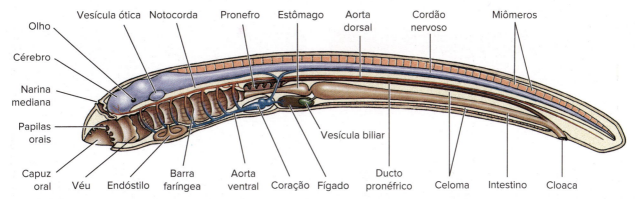

Figura 23.12 *Amocete*, estágio larval de água doce de uma lampreia. Embora lembre o anfioxo em muitos aspectos, os amocetes têm um cérebro bem desenvolvido, um par de olhos, rins distintos, coração e outras características que faltam no anfioxo, mas que são específicas do plano corporal vertebrado.

e fendas faríngeas. A partir das barras faríngeas que separam as fendas faríngeas, projetam-se filamentos branquiais dotados de lamelas secundárias muito semelhantes às brânquias mais extensas típicas dos peixes ósseos (ver Figura 24.20). Assim, a função da faringe evoluiu de uma forma para filtração de partículas nos protocordados para uma que também inclui trocas gasosas nos amocetes e outros vertebrados aquáticos.

Os amocetes exibem a condição mais ancestral para essas características, quando comparados a qualquer vertebrado atual. Eles claramente ilustram muitos caracteres derivados compartilhados de vertebrados que não são claros durante o desenvolvimento de outros vertebrados. Os amocetes podem representar melhor o arranjo corporal do ancestral vertebrado.

Os primeiros vertebrados

Os mais primitivos vertebrados fósseis conhecidos são formas pequenas e de corpo mole do início do Cambriano, entre 530 e 500 milhões de anos atrás: *Myllokunmingia* e *Haikouichthys* de depósitos de Chengjiang na China e *Metaspriggina* de Burgess Shale. Esses fósseis parecidos com peixes têm muitas características de vertebrados, incluindo olhos e outros órgãos dos sentidos dispostos em pares, músculos de natação complexos, brânquias proeminentes e o que foi interpretado como vértebras rudimentares.

Muito mais bem conhecidos são os **ostracodermes** (do grego *ostraco*, concha + *derma*, pele) do período Ordoviciano ao Devoniano. Esses peixes sem mandíbulas eram protegidos com armadura óssea dérmica e não tinham nadadeiras pareadas que, nos peixes, foram posteriormente muito importantes para a estabilidade (Figura 23.13). Os movimentos natatórios dos representantes de um dos grupos primitivos, os **heterostracos** (do grego *heteros*, diferente + *ostrakon*, concha), devem ter sido desajeitados, mas suficientes para propeli-los pelo substrato do oceano, onde procuravam por alimento. Com as aberturas da boca fixas e em formato circular ou em fenda, eles podem ter filtrado pequenas partículas de alimento da água ou sedimentos oceânicos. No entanto, diferentemente da forma de filtração de partículas com a ação de cílios dos protocordados, os ostracodermes sugavam a água para a faringe por bombeamento muscular, uma inovação importante que, para alguns pesquisadores, sugere que os ostracodermes podem ter sido predadores ativos que se alimentavam de animais de corpo mole.

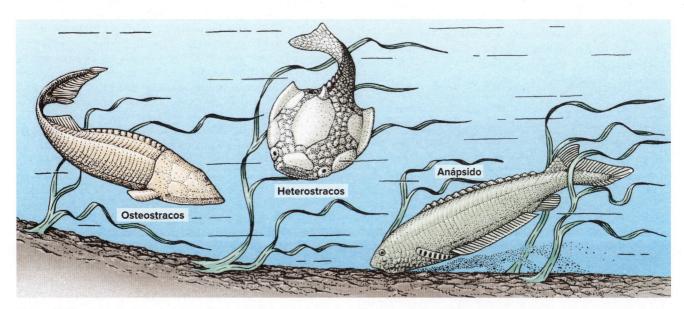

Figura 23.13 Três ostracodermes, peixes sem mandíbulas dos períodos Siluriano e Devoniano. Eles são representados como deveriam se parecer, enquanto buscavam alimento no substrato do mar durante o Devoniano. Empregavam uma bomba faríngea poderosa para fazer circular água, em vez de utilizar o modo muito mais limitado de ação por batimento ciliar e que era usado pelos seus ancestrais protocordados (supostamente se assemelhando a um anfioxo nesse sentido).

Tema-chave 23.5
CIÊNCIA EXPLICADA

Ostracodermos

O termo **ostracodermo** não denota um conjunto evolutivo natural, mas, em vez disso, é um termo de conveniência para descrever vários grupos de peixes extintos sem mandíbula e com armaduras.

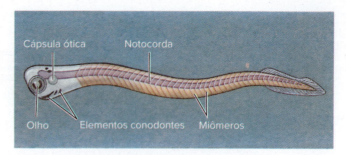

Figura 23.14 Restauração de um conodonte. Os conodontes assemelhavam-se superficialmente ao anfioxo, mas tinham um grau muito maior de cefalização (tanto olhos pareados como, possivelmente, também cápsulas auditivas) e elementos mineralizados similares a osso – tudo indicando que os conodontes provavelmente eram vertebrados. Os elementos conodontes são considerados como parte de um aparelho de captura de alimento.

Durante o período Devoniano, os heterostracos sofreram uma grande diversificação que resultou no aparecimento de muitas formas peculiares. Sem jamais terem desenvolvido nadadeiras pareadas ou mandíbulas, esses primeiros vertebrados prosperaram por 150 milhões de anos até se tornarem extintos próximo ao fim do período Devoniano.

Os **osteostracos** (do grego *osteon*, osso + *ostrakon*, concha) coexistiram com os heterostracos por quase todo o período Devoniano. Os osteostracos tinham nadadeiras peitorais pareadas, uma inovação que funcionou para aperfeiçoar a eficiência da natação, controlando movimentos e desvios bruscos e rotação. Tal inovação permitiu um movimento para a frente bem direcionado. Um osteostraco típico, como *Cephalaspis* (do grego *kephale*, cabeça + *aspis*, escudo) (ver Figura 23.13), era um animal pequeno que raramente excedia 30 cm de comprimento. Ele era coberto por uma pesada armadura dérmica de osso, incluindo o escudo da cabeça como uma só peça. A investigação das características internas da caixa craniana revela um sofisticado sistema nervoso e órgãos dos sentidos, semelhantes àqueles das lampreias modernas.

Outro grupo de ostracodermes, os **anaspídeos** (ver Figura 23.13) eram mais hidrodinâmicos do que alguns ostracodermes. Não apenas estes ostracodermes sofreram uma diversificação impressionante nos períodos Siluriano e Devoniano. Todavia, todos os ostracodermes tornaram-se extintos no fim do período Devoniano.

Durante décadas, os geólogos usaram fósseis estranhos e microscópicos, em forma de dentes, denominados **conodontes** (do grego *kōnos*, cone + *odontos*, dente) para datar sedimentos marinhos do Paleozoicos, sem saber que tipo de criatura apresentava originalmente tais elementos. No início dos anos de 1980, a descoberta de animais conodontes completos mudou essa situação. Com seus elementos fosfatados em forma de dente, miômeros, notocorda, olhos e cápsulas óticas pareadas, os conodontes pertenciam claramente ao clado Vertebrata (Figura 23.14), embora sua posição exata nesse clado não esteja clara.

Tema-chave 23.6
CIÊNCIA EXPLICADA

Vendo por dentro dos crânios

O paleozoólogo sueco Erik Stensiö (1891-1984) foi o primeiro pesquisador a abordar a anatomia fóssil com a mesma atenção incansável aos mínimos detalhes que os morfologistas têm aplicado, há longo tempo, ao estudo anatômico de peixes atuais. Ele desenvolveu métodos novos e exatos para, gradualmente, perfurar um fóssil, poucos micrômetros a cada vez, para revelar as estruturas internas. Ele foi capaz de reconstruir não apenas a anatomia óssea, mas também os nervos, os vasos sanguíneos e os músculos em inúmeros grupos de peixes da era Paleozoica e do início da era Mesozoica. Seus métodos inovadores continuam a ser utilizados hoje pelos paleozoólogos, mas são complementados por novas tecnologias de imagem, incluindo tomografia computadorizada (TC).

Vertebrados primitivos com mandíbulas[c]

Todos os vertebrados com mandíbulas, extintos ou atuais, são chamados coletivamente de **gnatostomados** ("boca com mandíbulas") em contraste aos vertebrados sem mandíbulas, os **agnatos** ("sem mandíbulas"). Os gnatostomados são um grupo monofilético; a presença de mandíbulas é um estado derivado de caráter compartilhado por todos os peixes com mandíbulas e tetrápodes. Entretanto, os agnatos são definidos principalmente pela ausência de mandíbulas, uma característica que não é exclusiva dos peixes sem mandíbulas, já que elas estavam ausentes nos ancestrais dos vertebrados. Assim, Agnatha é parafilético.

A origem das mandíbulas foi um dos mais importantes eventos na evolução dos vertebrados. É óbvia a utilidade das mandíbulas: elas permitem predar formas grandes e ativas de alimento, não disponíveis para os vertebrados sem mandíbulas. Evidências amplas sugerem que as mandíbulas surgiram por meio da modificação do primeiro ou do segundo arco branquial cartilaginoso de uma série. Como esse arco mandibular substituiu funções de sustentar e ventilação da brânquia para a de alimentação como mandíbulas? A expansão desse arco e evolução de novos músculos associados podem ter primeiro auxiliado na ventilação branquial, talvez para atender ao aumento nas demandas metabólicas dos vertebrados primitivos. Uma vez ampliado e equipado com músculos mais fortes, o primeiro arco faríngeo pôde facilmente ser modificado para funcionar como mandíbulas. As evidências dessa transformação admirável incluem: primeiro, que ambos os arcos branquiais e as mandíbulas formam-se a partir das barras superiores e inferiores que se dobram para a frente e são articuladas na região mediana (Figura 23.15); segundo, que ambos os arcos branquiais e as mandíbulas são derivados de células da crista neural; terceiro, a musculatura da mandíbula é homóloga àquela que sustenta originalmente a brânquia, como evidenciado pela distribuição dos nervos cranianos. Quase tão notável quanto essa drástica remodelagem morfológica é o subsequente destino evolutivo dos elementos ósseos das mandíbulas – sua transformação em ossículos da orelha média de mamíferos (ver Figura 28.3).

---

[c] N.R.T.: Anatomicamente, o termo *mandíbula* refere-se somente à maxila inferior. No entanto, o texto original diz respeito aqui às maxilas superiores e inferiores.

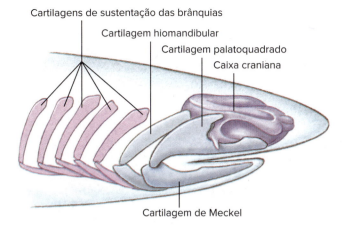

Figura 23.15 Como os vertebrados adquiriram suas mandíbulas. A semelhança entre as mandíbulas e os suportes de brânquias dos peixes primitivos, como esse tubarão do Carbonífero, sugere que a mandíbula superior (palatoquadrado) e a mandíbula inferior (cartilagem de Meckel) evoluíram a partir de estruturas que, originalmente, funcionavam como suportes das brânquias. Os suportes branquiais imediatamente atrás das mandíbulas são articulados como as mandíbulas e serviam para ligá-las à caixa craniana. As lembranças dessa transformação são vistas durante o desenvolvimento dos tubarões modernos.

Tema-chave 23.7
GENÉTICA E DESENVOLVIMENTO

Fazendo uma cabeça

Um crescente grupo de zoólogos usa caracteres de desenvolvimento para descobrir a história evolutiva de estruturas ou organismos, uma área de pesquisa chamada "evo-devo". Estudos recentes documentam que a expressão de vários genes homeóticos, incluindo *Hox* e *Dlx*, estabelece os limites dorsoventral e anteroposterior durante o desenvolvimento de várias estruturas da cabeça. O padrão dorsoventral do arco mandibular, arco hioide e arcos posteriores são todos guiados por padrões semelhantes de expressão de *Dlx*.

Uma característica adicional de todos os gnatostomados é a presença de apêndices peitorais e pélvicos pareados, sob a forma de nadadeiras ou membros. Tais apêndices provavelmente originaram-se como estabilizadores para impedir a mudança de direção, inclinação e rotação geradas durante a natação ativa. De acordo com a hipótese da "nadadeira dobrada", as nadadeiras pareadas surgiram a partir de dobras ventrolaterais contínuas ou zonas formadoras de nadadeiras pareadas. A adição de suportes esqueléticos às nadadeiras aumentou a sua capacidade de fornecer estabilidade durante a natação. Essas dobras pareadas podem ter sido semelhantes às dobras metapleurais do anfioxo ou ao par de abas dos extintos *Myllokunmingia* e anapsidas (Figura 23.13). Nadadeiras peitorais e pélvicas distintas surgiram a partir das dobras, permitindo melhor controle da direção durante a natação. Em uma linhagem de peixe, os suportes esqueléticos e musculares das nadadeiras pareadas tornaram-se reforçados, permitindo-lhes que se tornassem adaptados à locomoção na terra como membros. Os biólogos do desenvolvimento descobriram que a expressão diferencial de vários genes homeóticos define os limites dos flancos e apêndices pareados nos gnatostomados atuais. Tanto as mandíbulas quanto as nadadeiras pareadas foram grandes inovações na evolução dos vertebrados, estando entre as razões principais para as importantes diversificações subsequentes dos vertebrados, que originaram os peixes modernos e todos os tetrápodes, incluindo você, o leitor deste livro.

Entre os primeiros vertebrados com mandíbulas estavam os **placodermes** (do grego *plax*, placa + *derma*, pele), com armaduras externas pesadas. Eles inicialmente surgiram no registro fóssil do começo do período Siluriano (Figura 23.16). Os placodermes evoluíram em uma grande variedade de formas, algumas muito grandes (uma tinha 10 m de comprimento!). Eram peixes com armaduras cobertas de escamas losangulares ou com grandes placas ósseas. Todos extinguiram-se no fim do período Devoniano e parece que não deixaram descendentes. Os placodermes provavelmente são parafiléticos; um grupo de placodermes provavelmente deu origem a todos os outros gnatostomados (ver Figura 24.2). Os **acantódios**, outro grupo de peixes primitivos com mandíbulas, conhecidos do período Siluriano ao Permiano e caracterizados por olhos grandes situados anteriormente e nadadeiras com grandes espinhos (Figura 23.16), estão incluídos em um clado que sofreu grande diversificação para formar os peixes cartilaginosos e os ósseos que atualmente dominam as águas do mundo.

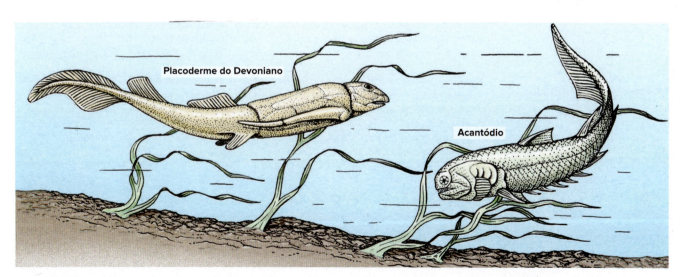

Figura 23.16 Peixes primitivos sem mandíbulas do período Devoniano, de 400 milhões de anos atrás. As mandíbulas e os suportes branquiais, a partir dos quais evoluíram as mandíbulas, desenvolveram-se de células das cristas neurais, um caráter diagnóstico dos vertebrados. A maioria dos placodermes era habitante do fundo e alimentava-se de animais bentônicos, embora alguns fossem predadores ativos. Os acantódios sustentavam armaduras menores que os placodermes, tinham olhos grandes situados anteriormente e espinhos proeminentes nas nadadeiras pareadas. A maioria era marinha, mas muitas espécies viveram em água doce.

RESUMO

Seção	Conceito-chave
23.1 Ancestralidade e evolução dos cordados	• Os cordados são assim nomeados por causa da notocorda, uma haste esquelética cheia de fluido que fornece uma âncora para os músculos utilizados na natação • Os cordados são deuterostômios, compartilhando com equinodermos e hemicordados várias características de desenvolvimento • Chordata é composto de três subfilos: Urochordata, Cephalochordata e Vertebrata • O ancestral cordado era provavelmente uma criatura que nadava livremente e se alimentava por filtração
23.2 Cinco características dos cordados	• Os cordados têm cinco características que os distinguem de todos os outros filos animais: (1) notocorda; (2) cordão nervoso oco dorsal; (3) bolsas ou fendas faríngeas; (4) cauda muscular pós-anal; (5) endóstilo. Essas características são exclusivas dos cordados, exceto as fendas faríngeas, para as quais uma forma simples é encontrada em alguns outros deuterostômios
23.3 Subfilo Urochordata (Tunicata)	• Os membros do subfilo Urochordata são comumente chamados de tunicados, ascídias ou salpas • A maioria é sedentária na idade adulta, com estágio larval livre-natante. O estágio larval natante tem todas as cinco características dos cordados, mas os adultos possuem apenas duas das cinco características: fendas faríngeas e um endóstilo • Eles são cobertos por uma túnica resistente e filtram a alimentação circulando a água por meio de sifões, prendendo a comida em sua faringe em forma de rede
23.4 Subfilo Cephalochordata	• Os membros do Cephalochordata, comumente chamados de anfioxos, são pequenas criaturas semelhantes a peixes que se enterram parcialmente no substrato e filtram o alimento usando sua faringe • Anfioxos, com seus músculos segmentados (miômeros) e suas nadadeiras, são nadadores mais vigorosos do que os urocordados • Ao contrário dos urocordados, os cefalocordados mantêm todas as cinco características dos cordados ao longo da vida
23.5 Subfilo Vertebrata (Craniata)	• Os vertebrados são caracterizados por vértebras (reduzidas em alguns), cabeça bem desenvolvida, tamanho comparativamente grande e alto grau de motilidade • Os vertebrados têm endoesqueleto de osso e cartilagem, proporcionando uma estrutura robusta para a fixação dos músculos e armazenamento de cálcio e fósforo • A demanda metabólica mais alta é atendida por uma série de estruturas, incluindo uma faringe muscular, equipada com brânquias de alta área superficial. O oxigênio captado nas brânquias circula em um coração dividido em câmaras, outra característica distinta dos vertebrados • Os complexos sistemas sensoriais e o cérebro distinto fornecem aos vertebrados informações excelentes sobre o seu ambiente • *Pikaia* e *Haikouella* são cordados extintos de corpo mole, com *Haikouella* possivelmente semelhante ao ancestral vertebrado • Lampreias, um grupo de peixes viventes, possuem larvas chamadas de amocetes, que são consideradas modelos para o plano corporal dos vertebrados ancestrais • O osso é abundante nos primeiros vertebrados bem conhecidos, os ostracodermes, um grupo de peixes extintos sem mandíbula • Mandíbulas e nadadeiras pareadas apareceram pela primeira vez em dois grupos de peixes extintos, placodermes e acantódios. A evolução das nadadeiras pareadas e das mandíbulas foram eventos evolutivos importantes, permitindo movimentos natatórios precisos e maior manipulação de alimentos, respectivamente • Alguns dos primeiros vertebrados com mandíbulas foram os placodermes e acantódios, peixes extintos no meio do Paleozoico

QUESTÕES DE REVISÃO

1. Que características compartilhadas pelos três filos de deuterostômios indicam um grupo monofilético de animais inter-relacionados?
2. Explique como a classificação cladística para os vertebrados resulta em importantes reagrupamentos dos tradicionais táxons de vertebrados (refere-se à Figura 23.2). Por que alguns agrupamentos tradicionalmente reconhecidos, como Agnatha e Reptilia, são inconsistentes com os princípios cladísticos?
3. Nomeie cinco características compartilhadas por todos os cordados e explique a função primária de cada uma.
4. No debate sobre a questão da origem dos cordados, os zoólogos finalmente concordam que eles devem ter evoluído dentro do grupo deuterostômio e não de um grupo protostômio, como inicialmente defendido. Quais evidências embriológicas sustentam esse ponto de vista?

5. Faça a descrição de um tunicado adulto que o identificaria como um cordado e, ainda, diferencie-o de outros grupos de cordados.
6. Há muito tempo, o anfioxo tem sido de interesse de muitos zoólogos que buscam um ancestral para os vertebrados. Explique por que o anfioxo desperta tal interesse e como ele é diferente do hipotético ancestral comum mais recente de todos os vertebrados.
7. Tanto as ascídias (urocordados) como os cefalocordados (anfioxos) são organismos filtradores de alimento. Descreva o aparelho de filtração de alimento de uma ascídia e explique em que sentido o seu modo de alimentação é similar, ou distinto, daquele do anfioxo.
8. Explique por que é necessário saber a história de vida de um tunicado para entender o motivo pelo qual os tunicados são cordados.
9. Liste três grupos de adaptações que guiaram a evolução dos vertebrados e explique como cada uma delas contribuiu para o sucesso dos vertebrados.
10. Em 1928, Walter Garstang sugeriu que os tunicados pareciam ser o grupo ancestral dos vertebrados. Explique essa hipótese e avalie sua validade com dados filogenéticos, fósseis, de desenvolvimento recentes.
11. Quais são as posições filogenéticas de *Haikouella* e *Pikaia*, e quais evidências apoiam seus respectivos posicionamentos?
12. Diferencie ostracodermes de placodermes. Quais características evolutivas importantes apareceram primeiro em cada grupo? O que são conodontes?
13. Qual é a explicação atualmente preferida para a evolução das mandíbulas dos vertebrados?

Para reflexão. Atualmente, urocordados, em vez de anfioxos, são considerados um grupo-irmão dos vertebrados. Por que o anfioxo ainda é, em vez dos urocordados, considerado um melhor modelo para o plano corporal dos primeiros vertebrados?

24

Peixes

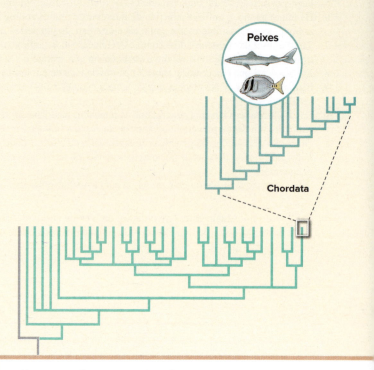

OBJETIVOS DE APRENDIZAGEM

Após leitura do capítulo, você será capaz de:

24.1 Identificar os cinco grupos principais de peixes atuais e fazer um diagrama de suas relações filogenéticas.

24.2 Comparar e contrastar a anatomia e a ecologia dos peixes-bruxa e lampreias.

24.3 Descrever a anatomia funcional de tubarões, raias e quimeras, especialmente os sistemas sensoriais e reprodutivos.

24.4 Identificar e contrastar os dois principais clados contendo peixes ósseos.

24.5 Descrever, usando terminologia apropriada, como os peixes (1) nadam, (2) mantêm a flutuabilidade, (3) osmorregulam, (4) obtêm oxigênio e (5) se reproduzem. Explicar por que os peixes migram, comparando a anadromia com a catadromia.

Um tubarão-martelo, Sphyrna lewini.
iStock@Nicolas Sanchez-Biezma

- **PHYLUM CHORDATA**
  - Myxini
  - Petromyzontida
  - Chondrichthyes
  - Actinopterygii
  - Sarcopterygii

O que é um peixe?

No uso comum (e, especialmente, mais antigo), o termo "peixe" designa um conjunto misto de animais aquáticos. Falamos de águas-vivas, chocos, estrelas-do-mar, lagostins e moluscos, sabendo muito bem que, quando usamos a palavra "peixes" para esses grupos, não estamos nos referindo a um peixe verdadeiro. Nos tempos antigos, mesmo os biólogos não faziam essa distinção. Os historiadores naturais do século XVI classificaram as focas, baleias, anfíbios, crocodilos e até mesmo hipopótamos, bem como uma porção de invertebrados aquáticos, como peixes. Posteriormente, os biólogos foram mais discriminantes, eliminando primeiro os invertebrados e depois os anfíbios, répteis e mamíferos do conceito restrito de um peixe. Atualmente, reconhecemos um peixe como um vertebrado aquático com brânquias, membros na forma de nadadeiras (quando presentes) e, normalmente, com uma pele com escamas de origem dérmica.

Mesmo esse conceito moderno do termo "peixe" é utilizado por conveniência, não como uma unidade taxonômica. Os peixes não compõem um grupo monofilético porque o ancestral dos vertebrados terrestres (tetrápodes) está incluído em um grupo de peixes (os sarcopterígios). Consequentemente, os peixes podem ser definidos em termos evolutivos como todos os vertebrados que não são tetrápodes. Pelo fato de viverem em hábitats que são menos acessíveis aos seres humanos do que os terrestres, as pessoas raramente apreciam a marcante diversidade desses vertebrados. Não obstante, os peixes do mundo se diversificaram em mais de 31 mil espécies atuais – aproximadamente o mesmo número de todas as outras espécies de vertebrados combinadas – com adaptações para quase todo ambiente aquático concebível. Nenhum outro grupo animal se iguala aos peixes no seu domínio dos mares, dos lagos e dos rios do mundo.

O corpo do peixe tem um formato hidrodinâmico para a locomoção em meio aquático. Suspenso em um meio que é 800 vezes mais denso que o ar, uma truta ou lúcio podem permanecer imóveis, variando sua flutuabilidade neutra ao adicionar ou remover ar de sua bexiga natatória. Eles podem disparar para a frente ou em ângulos, utilizando as nadadeiras como freios e lemes para manobras. Com excelentes órgãos para troca de sais e água, os peixes podem ajustar finamente sua composição de fluidos corporais em seu ambiente, seja água doce ou marinha. Suas brânquias são as estruturas respiratórias mais eficientes do reino animal para extrair oxigênio de um meio que contém menos de 1/20 de oxigênio que o ar. Os peixes são dotados de excelentes sentidos olfatório e visual, além de um sistema da linha lateral com extraordinária sensibilidade às vibrações e correntes da água. Desse modo, ao dominarem os problemas físicos de seu meio, os primeiros peixes evoluíram um plano corporal básico e um conjunto de estratégias fisiológicas que moldaram e direcionaram a evolução de seus descendentes.

24.1 ANCESTRALIDADE E RELAÇÕES DOS PRINCIPAIS GRUPOS DE PEIXES

Os peixes constituem um vasto conjunto de vertebrados aquáticos pouco aparentados, com nadadeiras e que respiram por brânquias. Eles representam cerca de metade das aproximadamente 64 mil espécies de vertebrados. Os cinco principais grupos de peixes vivos são (1) feiticeiras ou peixes-bruxa, (2) lampreias, (3) peixes cartilaginosos, (4) peixes de nadadeiras raiadas e (5) peixes de nadadeiras lobadas.

Os primeiros peixes são do início do Paleozoico, há cerca de 550 milhões de anos (hipóteses sobre a origem dos cordados e vertebrados são discutidas no Capítulo 23). Os primeiros vertebrados eram um grupo de peixes **agnatos** (sem mandíbulas),[a] incluindo os ostracodermes (ver Figura 23.13). Um grupo de ostracodermes deu origem aos **gnatostomados** (com mandíbulas).

Os agnatos (sem mandíbulas) incluem, juntamente com os ostracodermes, as **feiticeiras** e **lampreias** atuais, peixes saprófagos ou parasitos. Apesar de as feiticeiras e lampreias serem muito semelhantes superficialmente, elas divergiram entre si há 450 milhões de anos e são colocadas em grupos distintos, chamados Myxini e Petromyzontida, respectivamente.

Todos os demais peixes têm apêndices pareados e maxilares, sendo incluídos no grupo monofilético dos **Gnathostomata**, juntamente com os tetrápodes (vertebrados terrestres). Eles aparecem no registro fóssil no final do período Siluriano, com maxilares totalmente formadas, e formas intermediárias entre agnatos e gnatostomados são desconhecidas. No período Devoniano, a "Era dos Peixes", diversos grupos distintos de peixes gnatostomados eram comuns. Um desses, os placodermes (ver Figura 23.16), tornou-se extinto no período subsequente, o Carbonífero, não deixando descendentes. Um segundo grupo, os **peixes cartilaginosos** da classe Chondrichthyes (tubarões, raias e quimeras), perdeu a pesada armadura dérmica dos primeiros peixes com mandíbulas e adotou a cartilagem no endoesqueleto. A maioria é de predadores ativos com formas corporais do tipo tubarões ou raias, que sofreram poucas modificações ao longo do tempo. Como grupo, os condrictes prosperaram durante os períodos Devoniano e Carbonífero da Era Paleozoica, mas declinaram perigosamente até próximo de se extinguirem no fim dessa era. Eles se recuperaram no início da Era Mesozoica e diversificaram-se até originar tubarões e raias modernas (Figura 24.1).

Os outros dois grupos de peixes gnatostomados, **acantódios** (ver Figura 23.16) e Osteichthyes (peixes ósseos e tetrápodes), foram abundantes e diversos no período Devoniano. Os acantódios distinguiam-se por apresentarem espinhos robustos em todas as nadadeiras, exceto a caudal. Seus fósseis são conhecidos do período Siluriano até o início do Permiano. Embora haja muito debate sobre as afinidades filogenéticas dos acantódios, o grupo é provavelmente parafilético em relação a Chondrichthyes (Figura 24.2). Existem dois clados distintos de Osteichthyes. Os Actinopterygii são os **peixes de nadadeiras raiadas** que incluem a maioria dos peixes ósseos conhecidos. Já os Sarcopterygii consistem nos peixes com nadadeiras lobadas e nos tetrápodes. Os peixes de nadadeiras lobadas são representados hoje por peixes pulmonados e celacantos – remanescentes de linhagens importantes que prosperaram no período Devoniano (Figura 24.1). Uma taxonomia dos principais táxons de peixes é mostrada no final deste capítulo.

24.2 PEIXES ATUAIS SEM MANDÍBULAS

Os peixes sem maxilares atuais são representados por cerca de 119 espécies divididas entre duas classes: Myxini (feiticeiras) e Petromyzontida (lampreias). Os representantes de ambos os grupos não têm mandíbulas, ossificação interna, escamas ou nadadeiras pares, e os dois grupos compartilham aberturas branquiais em forma de poros e corpo anguiliforme.

Com base na similaridade morfológica entre feiticeiras e lampreias, esses dois grupos foram previamente unidos sob o nome **Cyclostomata**. Tal agrupamento caiu em desuso na década de 1990, quando a análise cladística de caracteres morfológicos colocou as lampreias com os gnatostomados, tornando Cyclostomata parafilético. Inúmeros caracteres, incluindo um cerebelo, lentes dos olhos e, aparentemente, vértebras, são compartilhados entre lampreias e gnatostomados, mas ausentes em feiticeiras. No entanto, as análises filogenéticas subsequentes de dados moleculares apoiam consistentemente o grupo Cyclostomata formado por feiticeiras e lampreias, sugerindo que a morfologia aparentemente "simples" das feiticeiras representa uma degeneração considerável (perda de caracteres), em vez de uma condição ancestral de vertebrados. Em 2006, Kinya Ota e Shigeru Kuratani desenvolveram um método para criar embriões de feiticeiras e vários artigos sobre o desenvolvimento e evolução delas logo se seguiram. Esses estudos também apoiam a hipótese Cyclostomata e estão fornecendo uma grande quantidade de novas informações sobre a evolução inicial dos vertebrados. Agora sabemos que vértebras, anteriormente consideradas ausentes em feiticeiras, aparecem como estruturas rudimentares em alguns embriões, sugerindo que estavam presentes no ancestral comum de todos os vertebrados vivos! Tratamos Cyclostomata como um grupo monofilético de vertebrados que inclui as feiticeiras e lampreias (Figura 24.2).

Classe Myxini: feiticeiras

As feiticeiras constituem um grupo inteiramente marinho que se alimenta de anelídeos, moluscos, crustáceos e animais mortos ou moribundos. Existem cerca de 78 espécies de feiticeiras das quais as mais conhecidas na América do Norte são a feiticeira do Atlântico, *Myxine glutinosa* (do grego *Myxa*, muco) (Figura 24.3) e a feiticeira do Pacífico, *Eptatretus stoutii* (do novo latim *ept*, do grego *hepta*, sete + *tretos*, perfurada). Embora quase completamente cegas, as feiticeiras são rapidamente atraídas por alimento,

---

[a] N.R.T.: Anatomicamente, o termo *mandíbula* refere-se somente à maxila inferior. No entanto, o texto original se refere aqui às maxilas superiores e inferiores.

494 PARTE 3 Diversidade da Vida Animal

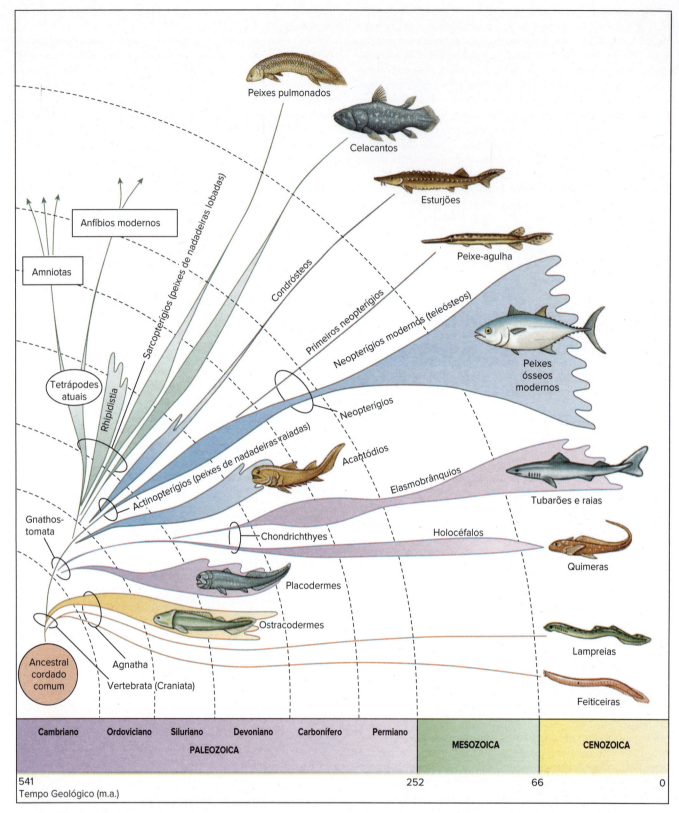

Figura 24.1 Representação gráfica da árvore genealógica dos peixes, mostrando a evolução dos principais grupos ao longo do tempo geológico. As inúmeras linhagens de peixes extintos não são mostradas. As áreas expandidas nas linhas de descendência indicam períodos de diversificação adaptativa e número relativo de espécies em cada grupo. Os peixes de nadadeiras lobadas (sarcopterígios), por exemplo, prosperaram no período Devoniano, mas declinaram e são atualmente representados por apenas quatro gêneros sobreviventes (peixes pulmonados e celacantos). Os tubarões e as raias se diversificaram durante o período Carbonífero, declinaram durante o Permiano e se diversificaram novamente na Era Mesozoica. Os representantes recentes na evolução dos peixes são os espetacularmente diversos peixes modernos ou teleósteos, que incluem a maioria dos peixes atuais.

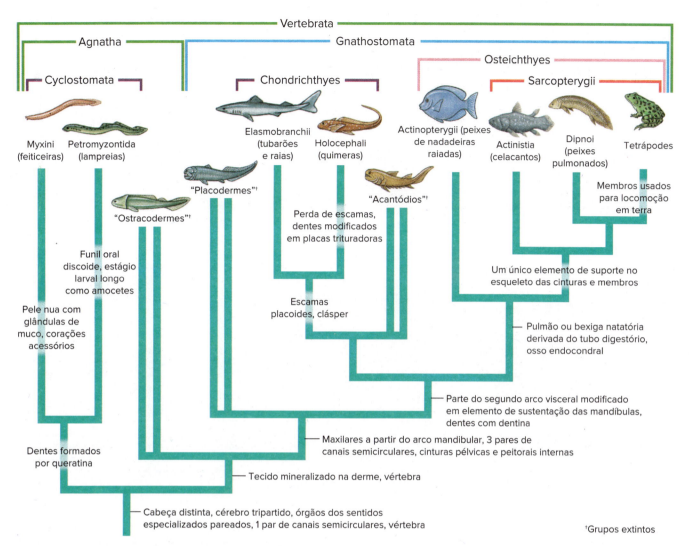

Figura 24.2 Cladograma dos peixes, mostrando as relações prováveis dos principais táxons. Agnatha é parafilético em relação aos gnatostomados. A localização dos acantódios não é clara; nós os mostramos como parafiléticos em relação a Chondrichthyes.

especialmente peixes mortos ou moribundos, devido aos sentidos olfatório e tátil bem desenvolvidos. Uma baleia que morre e vai para o fundo do oceano atrai milhares de feiticeiras, que se alimentam da carcaça por vários anos. Uma feiticeira penetra no animal morto ou moribundo por um orifício ou cavando. Utilizando duas placas queratinizadas com dentes, situadas na sua língua e que se dobram juntas como em um torquês, a feiticeira raspa, retirando pedaços de carne da presa. Para aumentar a força de alavanca, a feiticeira frequentemente faz um nó em sua cauda e o transfere anteriormente até que esteja pressionado firmemente contra o corpo da presa (Figura 24.3D).

As feiticeiras são conhecidas pela sua capacidade de produzir enormes quantidades de muco. Se perturbada ou manipulada agressivamente, a feiticeira libera um fluido leitoso de glândulas especiais posicionadas ao longo de seu corpo. Em contato com a água do mar, o fluido forma um muco tão escorregadio, que é praticamente impossível segurar o animal.

Diferentemente de qualquer outro vertebrado, os fluidos corporais das feiticeiras estão em equilíbrio osmótico com a água do mar, como os fluidos corporais da maioria dos invertebrados marinhos (ver Seção 30.1). As feiticeiras têm várias outras peculiaridades anatômicas e fisiológicas, incluindo um sistema circulatório de baixa pressão servido por três corações acessórios, além do coração principal situado logo atrás das brânquias.

A biologia reprodutiva das feiticeiras ainda é relativamente misteriosa. A reprodução tem sido muito pouco documentada; nos casos estudados, as fêmeas produzem um número reduzido de ovos surpreendentemente grandes, que levam 5 meses para eclodir. Aparentemente, não há estágio larval. Pouco se sabe sobre períodos, locais e comportamentos de desova e idade de maturação sexual.

> **Tema-chave 24.1**
> **CONEXÃO COM SERES HUMANOS**
>
> **Conservação das feiticeiras**
> Embora as características estranhas das feiticeiras fascinem muitas pessoas, elas não atraíram pescadores comerciais. No passado, a pesca comercial era realizada principalmente com redes de malha e espinhéis; as feiticeiras frequentemente mordiam os corpos dos peixes capturados e devoravam o conteúdo, deixando para trás apenas uma carcaça de pele e osso. Mas quando redes de arrasto grandes e eficientes passaram a ser utilizadas, as feiticeiras deixaram de ser pragas importantes. A indústria da pesca comercial "virou a mesa", e as feiticeiras passaram a ser alvo da pesca como fonte de couro para sacos e botas de golfe. A pressão de pesca tem sido tão intensa que algumas espécies tiveram um grande declínio.

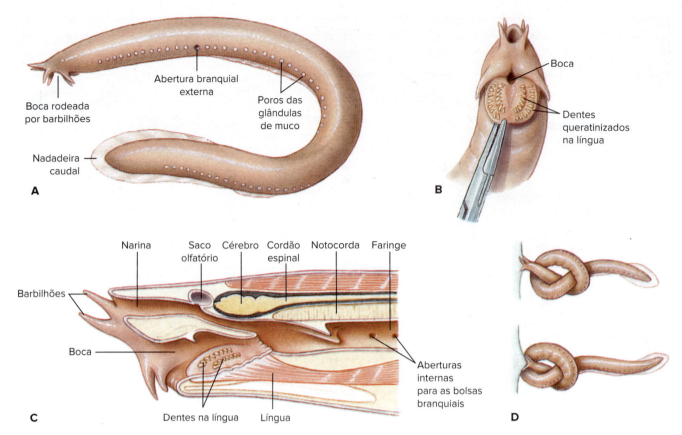

Figura 24.3 As feiticeiras do Atlântico, *Myxine glutinosa* (Myxini). **A.** Anatomia externa. **B.** Vista ventral da cabeça mostrando dentes queratinizados usados para segurar o alimento durante a alimentação. **C.** Corte sagital da região da cabeça (note a posição retraída da língua raspadora e aberturas internas para uma fileira de bolsas branquiais). **D.** A feiticeira fazendo um nó, mostrando como obtém força para cortar a carne da presa.

Petromyzontida: lampreias

O nome do grupo Petromyzontidae (do grego *petros*, pedra + *myzon*, sugador) refere-se ao hábito da lampreia de agarrar-se a uma pedra com a boca para manter sua posição em uma correnteza. A maioria das lampreias fica no Hemisfério Norte, incluindo a bem conhecida e destruidora lampreia marinha, *Petromyzon marinus*, que ocorre no lado do Oceano Atlântico na América e Europa e pode atingir 1 m de comprimento (Figura 24.4). Existem 24 espécies de lampreias na América do Norte, das quais cerca de metade são parasitas; o resto, frequentemente chamadas de "lampreias de riacho", são espécies que nunca se alimentam após a metamorfose e morrem logo depois da desova. A maioria das espécies parasitas não têm grande influência nas populações de suas espécies hospedeiras.

Todas as lampreias sobem rios para se reproduzir. As formas marinhas são **anádromas** (do grego *anadromos*, que corre para cima); isto é, elas saem do mar, onde passam a vida adulta, para subir os rios e desovar. Na América do Norte, todas as lampreias desovam na primavera ou no início do verão. Os machos iniciam a construção de um ninho e são posteriormente auxiliados pelas fêmeas. Utilizando seus discos orais para levantar pedras e seixos e vigorosas vibrações do corpo para afastar detritos leves, eles formam uma depressão oval (Figura 24.4). Durante a desova, com a fêmea fixa a uma rocha para manter sua posição sobre o ninho, o macho agarra-se ao lado dorsal da cabeça dela. À medida que os ovos são depositados no ninho, eles são fertilizados pelo macho. Os ovos pegajosos aderem aos seixos no ninho e são levemente cobertos por areia. Os adultos morrem logo após a desova.

Os ovos eclodem em aproximadamente 2 semanas, liberando pequenas larvas chamadas **amocetes** (ver Figura 23.11), tão distintas de seus progenitores que no passado os biólogos pensaram tratar-se de uma outra espécie. A larva tem semelhança marcante com um anfioxo e possui as características básicas dos cordados em uma forma tão simplificada e facilmente perceptível que chegou a ser considerada um arquétipo dos cordados (Seção 23.5). Quando a larva alcança cerca de 1 cm de comprimento, ela abandona o ninho e deriva passivamente rio abaixo para enterrar-se em uma área arenosa conveniente e com correnteza fraca. As larvas passam a ingerir alimentos em suspensão enquanto crescem lentamente por 3 a 7 ou mais anos, e depois se metamorfoseiam rapidamente para a forma adulta. Essa mudança envolve a erupção dos olhos, a substituição do capuz pelo disco oral com dentículos queratinizados, o aumento das nadadeiras, a maturação das gônadas e a modificação das aberturas branquiais.

As lampreias parasitas migram para o mar, se forem marinhas, ou permanecem em água doce, onde se fixam a um peixe com sua boca em forma de ventosa e, com seus dentículos queratinizados afiados, raspam a carne, alimentando-se dela, ou sugam os fluidos corporais (Figura 24.5). Para promover o fluxo de sangue, a lampreia injeta um anticoagulante no ferimento. Quando satisfeita, ela libera seu hospedeiro, mas deixa o peixe com um ferimento grande e profundo que pode ser fatal. Os adultos parasitas de água doce vivem de 1 a 2 anos antes da reprodução e, depois, morrem; formas anádromas vivem de 2 a 3 anos.

As lampreias não parasitas não se alimentam após a metamorfose e o trato digestório degenera, formando uma camada de tecido não funcional. Em poucos meses elas desovam e morrem.

Características dos grupos de peixes

Cyclostomata (Myxini e Petromyzontida)	Chondrichthyes	Actinopterygii	Sarcopterygii (apenas peixes)
1. Corpo delgado, anguiliforme; **sem apêndices pares**	Corpo fusiforme ou achatado dorsoventralmente, com uma nadadeira caudal **heterocerca** (tubarões e raias) ou dificerca (quimeras) (ver Figura 24.13); **nadadeiras peitorais e pélvicas pareadas** sustentadas por raios cartilaginosos	Nadadeira caudal heterocerca (condição ancestral) ou **homecerca**; nadadeiras pélvicas e peitorais pareadas normalmente presentes, sustentadas por **raios ósseos**; músculos que controlam o movimento da nadadeira dentro do corpo	Nadadeira caudal heterocerca (formas fósseis) ou **dificerca**; nadadeiras pélvicas e peitorais pareadas normalmente presentes sustentadas por **raios ósseos e ossos fortes**; músculos que controlam o movimento da nadadeira dentro da nadadeira
2. **Com pele nua** (sem escamas)	Pele com **escamas placoides** (ver Figura 24.16) de origem dérmica ou **nua**	Pele com escamas **cicloides, ctenoides** ou **ganoides** (condição ancestral) de origem dérmica ou nua	Pele com escamas elasmoides (em espécies viventes) com osso denso e alguma dentina
3. **Esqueleto fibroso e cartilaginoso**; notocorda persistente; **vértebras reduzidas ou ausentes**	**Esqueleto cartilaginoso**; notocorda presente, mas reduzida; **vértebras** distintas	**Esqueleto ósseo**; notocorda normalmente ausente; **vértebras** distintas	**Esqueleto ósseo**; notocorda ausente ou quase; **vértebras** distintas
4. **Maxilares ausentes**; boca com placas queratinizadas (feiticeira) ou dentes (lampreias); sem estômago distinto	**Maxilares presentes** com **dentes polifiodontes**; estômago grande (ausente nas quimeras); intestino com **válvula espiral** (ver Figura 24.9); fígado normalmente grande e preenchido por óleo	**Maxilares presentes**, normalmente com **dentes polifiodontes, enameloides**; válvula espiral presente (condição ancestral) ou ausente	**Maxilares presentes**, dentes como placas trituradoras cobertas de esmalte em peixes pulmonados; intestino com válvula espiral
5. Cérebro pequeno, mas distinto; 10 pares de nervos cranianos	Cérebro bem desenvolvido: 10 pares de nervos cranianos	Cérebro bem desenvolvido, mas relativamente pequeno; 10 pares de nervos cranianos	Cérebro bem desenvolvido, mas relativamente pequeno; 10 pares de nervos cranianos
6. Olhos pouco desenvolvidos (feiticeiras) ou moderadamente desenvolvidos (lampreias); **um par** (feiticeiras) ou **dois pares** (lampreias) de canais **semicirculares**	Sentidos de olfato, recepção de vibração (linha lateral), visão e **eletrorrecepção** bem desenvolvidos; **três pares de canais semicirculares**	Sentidos de visão, audição, olfato e recepção de vibração geralmente bem desenvolvidos; **três pares de canais semicirculares**	Sentidos de visão, audição e olfato geralmente bem desenvolvidos, mas altamente variáveis; **três pares de canais semicirculares**
7. Sexos separados; fertilização externa	Sexos separados; **fecundação interna com cláspers**	Sexos normalmente separados; alguns hermafroditas; alguns se reproduzem assexuadamente por partenogênese; fertilização normalmente externa e interna em alguns	Sexos separados; muitos hermafroditas; fertilização externa (peixes pulmonados) ou interna (celacantos)
8. Ovos grandes e nenhum estágio larval nas feiticeiras; ovos pequenos e um longo estágio larval (**amocete**) nas lampreias	Ovíparo ou vivíparo; embrião da espécie de vivíparo nutrido por **placenta, saco vitelino (ovoviviparidade) ou canibalismo**; nenhum estágio larval	Ovíparos ou vivíparos; embriões das espécies vivíparas nutridos pela placenta ou saco vitelino (oviviparidade); estágio larval normalmente muito diferente do adulto	Ovíparos (peixes pulmonados) ou ovovivíparos (celacantos)
11. Sistema excretor de rins **pronéfricos** e **mesonéfricos** (feiticeiras) ou **opistonéfricos**; os rins drenam pelo ducto arquinéfrico para a cloaca; **amônia**, principal resíduo nitrogenado	Sistema excretor de **rins opistonéfricos**, que drenam por meio do **ducto arquinéfrico** para a cloaca; **alta concentração de ureia e óxido de trimetilamina no sangue; glândula retal** presente	Sistema excretor com **rins opistonéfricos**; que drenam pelo ducto arquinéfrico para a cloaca; **amônia**, principal resíduo nitrogenado	Sistema excretor com **rins opistonéfricos**; que drenam pelo ducto arquinéfrico para a cloaca; **amônia e ureia**, principais resíduos nitrogenados
10. Feiticeiras com 5 a 16 pares de brânquias; lampreias com 7 pares de brânquias	**Cinco a sete pares de brânquias** levando a fendas branquiais nas raias e nos tubarões ou cobertas por um opérculo nas quimeras; **sem bexiga natatória ou pulmão**	**Brânquias cobertas por um opérculo ósseo; bexiga natatória presente** normalmente funcionando para flutuação; às vezes usada para respiração	**Brânquias cobertas por um opérculo ósseo**; bexiga natatória presente, usada principalmente para respiração (preenchida por gordura nos celacantos)
11. Coração com seio venoso, átrio e ventrículo; **circulação única**; corações acessórios nas feiticeiras	Coração com seio venoso, átrio, ventrículo e cone arterial; **circulação única**; hemácias nucleadas	Coração com um seio venoso, átrio e ventrículo; **circulação única**; hemácias nucleadas	Coração com um seio venoso, átrio e ventrículo parcialmente dividido; **circuitos sistêmicos e pulmonares incompletamente separados**; hemácias nucleadas

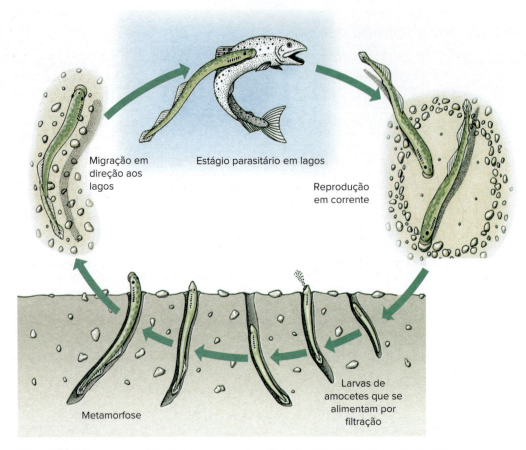

Figura 24.4 Lampreia marinha, *Petromyzon marinus*. Ciclo de vida da forma "que se enterra".

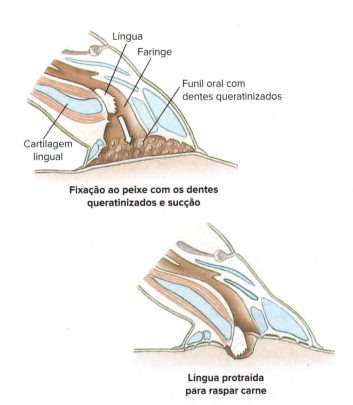

Figura 24.5 Como uma lampreia utiliza sua língua queratinizada para alimentar-se. Após fixar-se firmemente a um peixe com seu funil oral, a língua protrátil rapidamente cava uma abertura no tegumento do peixe. Os fluidos corporais, a pele retirada ou músculo são ingeridos.

A invasão dos Grandes Lagos pela lampreia marinha *Petromyzon marinus*, no século passado, teve um efeito devastador para a pesca. Não havia lampreias nos Grandes Lagos a oeste das Cataratas do Niágara até o aprofundamento do canal de navegação de Welland, nos anos de 1910, que permitiu que as lampreias contornassem as cataratas. Movendo-se primeiro do Lago Erie para o Lago Huron, Michigan e Superior, as lampreias marinhas, aliadas à sobrepesca, causaram o colapso total de uma indústria pesqueira multimilionária de trutas no início da década de 1950. As trutas arco-íris e outros salmonídeos foram destruídos na sequência. Após atingirem um pico de abundância, em 1951, nos Lagos Huron e Michigan e, em 1961, no Lago Superior, as lampreias marinhas começaram a declinar, em parte devido à depleção de alimento e em parte devido às medidas de controle caras (principalmente larvicidas químicos colocados em riachos de desova selecionados). A truta-do-lago, auxiliada por um programa de repovoamento, está atualmente se recuperando, mas as taxas de ferimentos ainda são altas em alguns lagos.

24.3 CHONDRICHTHYES: PEIXES CARTILAGINOSOS

Existem aproximadamente, 1.200 espécies viventes em Chondrichthyes, um grupo antigo que apareceu no período Devoniano. Embora seja um grupo muito menor e menos diverso que o dos peixes ósseos, a impressionante combinação de órgãos sensoriais bem desenvolvidos; às vezes poderosos, musculatura para natação e hábitos predadores garante-lhes um lugar seguro e duradouro na comunidade aquática. Uma das características que os distinguem é o esqueleto cartilaginoso, fortalecido com sais de cálcio. O osso difere da cartilagem por ter fosfato na matriz mineral. No entanto, os tecidos mineralizados de fosfato são retidos nos dentes, nas escamas e nos espinhos de Chondrichthyes. Quase todos os condrictes são marinhos; apenas 28 espécies vivem principalmente em água doce. Chondrichthyes é composto por dois subgrupos, Elasmobranchii, que compreendem os tubarões e as raias, e Holocephali, as quimeras.

Elasmobranchii: tubarões e raias

As 12 ordens atuais de elasmobrânquios contém aproximadamente 1.150 espécies. O maior tubarão (e também o maior peixe), o tubarão-baleia, comedor de plâncton, pode atingir 15 m de comprimento. Os tubarões da família Squalidae (cação-bagre) normalmente estudados em aulas práticas de zoologia, raramente ultrapassam 1 m.

As águas costeiras são dominadas pelos tubarões da ordem Carcharhiniformes, que inclui os tubarões com as características mais típicas, como o tubarão-tigre e o cabeça-chata, bem como formas mais bizarras como os tubarões-martelo (Figura 24.6). A ordem Lamniformes inclui diversos tubarões pelágicos grandes e perigosos para os seres humanos, incluindo o tubarão-branco e o tubarão-mako ou anequim. Os cações-bagre, familiares para gerações de estudantes de anatomia comparada, estão na ordem Squaliformes. Os tubarões da família Scyliorhinidae e da ordem Orectolobiformes são pequenos e esguios e vivem próximo ao fundo do mar. As raias formam as ordens Rajiformes e Myliobatiformes.

Embora os tubarões sejam, em sua maioria, tímidos e cautelosos por natureza, alguns deles são perigosos para os seres humanos. Existem inúmeros casos de ataques por tubarões-brancos (alcançando 6 m); anequins, tubarões-tigre, cabeças-chatas e tubarões-martelo. Mais fatalidades com tubarões são registradas nas águas tropicais e temperadas da região australiana do que em qualquer outra região. Durante a Segunda Guerra Mundial, houve vários registros de ataques em massa de tubarões a vítimas de naufrágios de navios em águas tropicais.

Forma e função

Embora para a maioria das pessoas os tubarões tenham uma aparência sinistra e uma reputação amedrontadora, eles estão, ao mesmo tempo, entre os peixes mais graciosamente hidrodinâmicos. O corpo de um cação-bagre (Figura 24.7) é fusiforme. A **cauda heterocerca** assimétrica, em que a coluna vertebral se curva para cima e estende-se pelo lobo dorsal da nadadeira caudal, proporciona impulso e sustentação enquanto se movimenta de um lado para outro. Há nadadeiras pareadas, **peitorais** e **pélvicas**, sustentadas pelo esqueleto apendicular, uma ou duas nadadeiras **dorsais** medianas (cada uma com um espinho em *Squalus* [do latim um tipo de peixe marinho]) e uma nadadeira **caudal** mediana. Uma nadadeira **anal** mediana está presente na maioria dos tubarões, incluindo *Mustelus* (do latim *mustela*, doninha). Nos machos, a parte medial da nadadeira pélvica é modificada em um **clásper**, que é usado para introduzir esperma no trato reprodutivo da fêmea durante a cópula. As **narinas** pareadas estão associadas ao olfato. Os olhos laterais não têm pálpebras e atrás de cada olho geralmente há um espiráculo (remanescente da primeira fenda branquial). Há cinco (raramente, seis ou sete) fendas branquiais anteriores a cada nadadeira peitoral. A pele resistente e coriácea é coberta por **escamas placoides**, dérmicas, semelhantes a dentes, que reduzem a turbulência da água que flui ao longo da superfície do corpo durante a natação.

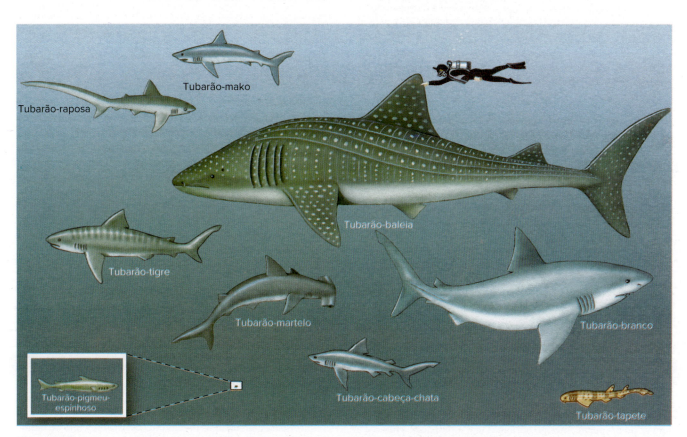

Figura 24.6 Diversidade de tubarões do clado Elasmobranchii: tubarão-martelo, *Sphyrna*; tubarão-cabeça-chata, *Carcharhinus leucas*; tubarão-mako, *Isurus oxyrinchus*; tubarão-branco, *Carcharodon carcharias*; tubarão-baleia, *Rhincodon typus*; tubarão-tigre, *Galeocerdo cuvier*; tubarão-raposa, *Alopias vulpinus*; tubarão-pigmeu-espinhoso, *Squaliolus laticaudus*; e tubarão-tapete, *Parascyllium collare*.

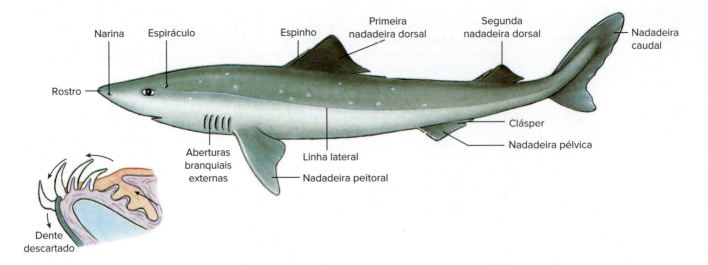

Figura 24.7 Tubarão-galhudo, *Squalus acanthias*. Detalhe: corte da mandíbula (maxila) inferior mostrando dentes novos desenvolvendo-se no interior da mandíbula. Estes se movem para a frente a fim de substituir os dentes perdidos. A taxa de substituição varia nas espécies.

Tema-chave 24.2

CONEXÃO COM SERES HUMANOS

"Barbatana" de tubarão

A pesca mundial de tubarões está sofrendo uma pressão sem precedentes, impulsionada pelo alto preço das nadadeiras de tubarão, uma iguaria asiática que é vendida por até US$ 100 a tigela. As populações costeiras de tubarões sofreram um declínio tão rápido, que o corte de nadadeiras se tornou ilegal nos EUA; outros países também estão instituindo cotas para proteger populações ameaçadas de tubarões. Mesmo na Reserva de Recursos Marinhos das Ilhas Galápagos, um dos lugares selvagens excepcionais do mundo, dezenas de milhares de tubarões foram mortos ilegalmente para o comércio asiático de nadadeiras de tubarões. Contribuindo para a ameaça de colapso da pesca mundial de tubarões estão a baixa fecundidade e o longo tempo que a maioria dos tubarões requer para alcançar a maturidade sexual; algumas espécies levam até 35 anos.

Os tubarões são bem equipados para uma vida predatória. Eles localizam suas presas utilizando sentidos muito sensíveis em uma sequência ordenada. Os tubarões podem detectar inicialmente as presas a 1 km ou mais de distância, com seus grandes órgãos olfatórios, capazes de detectar substâncias químicas a concentrações tão baixas quanto 1 parte em 10 bilhões. As narinas posicionadas lateralmente dos tubarões-martelo (ver Figura 24.6) provavelmente amplificam a localização de odores por olfação "em estéreo". As presas também podem ser localizadas a longas distâncias pela percepção de vibrações de baixa frequência com os mecanorreceptores do **sistema da linha lateral**. Esse sistema é composto por órgãos receptores especiais (**neuromastos**) em tubos interconectados e poros que se estendem ao longo das laterais do corpo e sobre a cabeça (Figura 24.8). O tubarão usa a visão como método principal para localizar presas a curta distância. Contrariamente à crença popular, a maioria dos tubarões tem visão excelente, mesmo em águas mal iluminadas. Durante a fase final de ataque, os tubarões são guiados até suas presas pelo campo bioelétrico que circunda todos os animais. Os eletrorreceptores, as **ampolas de Lorenzini** (Figura 24.8), localizam-se primariamente na cabeça do tubarão. Os tubarões também podem utilizar eletrorrecepção para encontrar presas enterradas na areia.

Ambos os maxilares (maxilas), superior e inferior, são providas de muitos dentes afiados. A fileira anterior de dentes funcionais na margem da mandíbula é seguida posteriormente por fileiras de dentes em desenvolvimento que substituem os dentes gastos ao longo da vida do tubarão (Figura 24.7). A cavidade bucal abre-se em uma ampla **faringe** que contém aberturas para fendas branquiais separadas e espiráculos. Um esôfago curto e largo estende-se até um estômago em forma de J. Um **fígado** e um **pâncreas** descarregam seus conteúdos em um **intestino** curto e reto; este contém a **válvula espiral**, que retarda a passagem do alimento e aumenta a superfície de absorção (Figura 24.9). Ligada ao curto reto está a **glândula retal**, única dos Chondrichthyes, que secreta um fluido incolor contendo alta concentração de cloreto de sódio. A glândula retal auxilia o **par de rins** (ver Figura 30.8) na regulação da concentração salina no sangue. As câmaras do **coração** estão dispostas em *tandem*, e o sangue circula no mesmo padrão visto em outros vertebrados que respiram por brânquias (ver Figura 24.9). O sangue que sai do coração pela aorta ventral entra em redes capilares nas brânquias, onde o oxigênio é absorvido e depois circula para o resto do corpo pela aorta dorsal, sem reentrar no coração primeiro (ver Figura 31.06).

Todos os condrictes têm fecundação interna, mas a assistência maternal ao embrião é altamente variável. Alguns tubarões e todas as e raias da ordem Rajiformes[b] põem ovos grandes, com bastante vitelo, logo após a fertilização; essas espécies são denominadas **ovíparas**. Algumas depositam seus ovos em uma cápsula queratinizada chamada de "bolsa-de-sereia", frequentemente provida de prolongamentos que se enrolam ao redor do primeiro objeto firme com o qual entram em contato, muito semelhantes às gavinhas das videiras. Os embriões alimentam-se de vitelo por um longo período – 6 a 9 meses em algumas, até 2 anos em uma espécie – antes de eclodirem como réplicas em miniatura dos adultos. Raias da ordem Myliobatiformes e muitos tubarões são **vivíparos** e retêm os embriões no útero, dando à luz a filhotes completamente formados. Muitas espécies são **ovovivíparas** (vivíparas lecitotróficas) que retêm os jovens em desenvolvimento no útero, enquanto eles são nutridos pelo conteúdo do saco vitelino até o

---

[b] N.R.T.: Em inglês, chamadas de *skates*.

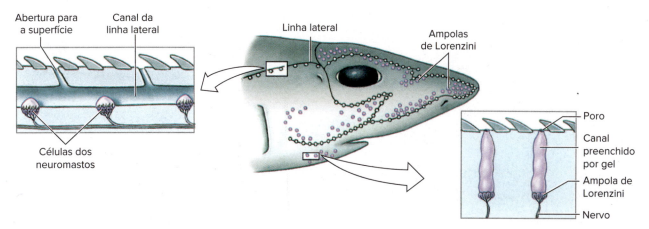

Figura 24.8 Canais sensoriais e receptores em um tubarão. As ampolas de Lorenzini respondem a campos elétricos fracos. Os sensores da linha lateral, chamados células dos neuromastos, são sensíveis a perturbações na água, capacitando um tubarão a detectar objetos próximos por meio das ondas refletidas na água.

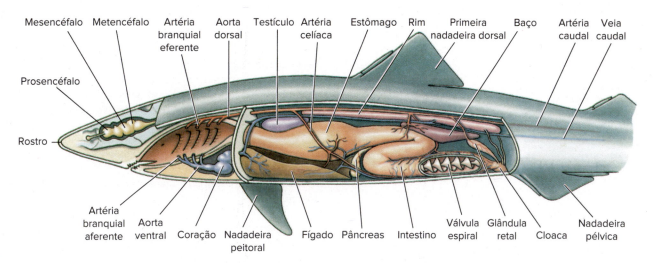

Figura 24.9 Anatomia interna de um tubarão-galhudo, *Squalus acanthias*.

nascimento. Em outras espécies **vivíparas**, os embriões recebem a nutrição da corrente sanguínea materna por uma **placenta** (ver Seção 8.9), ou de secreções nutritivas, "leite uterino", produzidas pela mãe. O filhote em desenvolvimento de algumas espécies vivíparas, incluindo tubarões-mangona, consomem seus irmãos ou ovos enquanto no útero. A evolução da retenção dos embriões por muitos elasmobrânquios foi uma inovação importante que contribuiu para o sucesso desses peixes. Independentemente da intensidade inicial de assistência materna, todo o cuidado parental termina assim que os ovos são depositados ou os filhotes nascem.

Os elasmobrânquios marinhos desenvolveram uma solução interessante para o problema fisiológico de viver em um meio salino. Para impedir que água seja eliminada osmoticamente do corpo, os elasmobrânquios retêm compostos nitrogenados, especialmente ureia e óxido de trimetilamina (TMAO), em seu fluido extracelular. Esses solutos, combinados com os sais do sangue, aumentam a concentração de solutos sanguíneos de maneira a exceder ligeiramente a da água do mar, eliminando a desigualdade osmótica entre seus corpos e a água do mar circundante (ver Seção 30.1).

Mais da metade de todos os elasmobrânquios são raias, um grupo que inclui *skates*, raias-elétricas, peixes-serra, raias-de-espinho e jamantas. Na maioria, são especializadas para uma vida bentônica, com um corpo achatado dorsoventralmente e nadadeiras peitorais muito desenvolvidas, movimentadas de modo ondulatório para propulsionar o animal. As aberturas branquiais situam-se no lado inferior da cabeça, mas os grandes **espiráculos** estão no topo. A água para respiração entra por esses espiráculos para impedir o entupimento das brânquias, pois a boca está frequentemente enterrada na areia. Os dentes são adaptados para triturar presas: moluscos, crustáceos e, ocasionalmente, pequenos peixes.

As raias-de-espinho têm uma cauda alongada e em forma de chicote, que é armada com um ou mais espinhos serrilhados com glândulas de veneno na base. Os ferimentos causados por esses espinhos (ferrão) são extremamente dolorosos, e podem cicatrizar lentamente e com complicações. As raias-elétricas são peixes lentos com órgãos elétricos desenvolvidos de cada lado da cabeça (Figura 24.10). Cada órgão é composto por inúmeras pilhas verticais de células discoides conectadas em paralelo, de modo que, quando ocorre uma descarga simultânea de todas as células, uma corrente de alta amperagem é produzida e conduzida para a água circundante. A tensão elétrica produzida é relativamente baixa (50 volts), mas a potência pode chegar a quase 1 kW – quase suficiente para paralisar uma presa ou desencorajar predadores. As raias-elétricas foram usadas pelos antigos egípcios como uma forma de eletroterapia, no tratamento de problemas como artrite e gota.

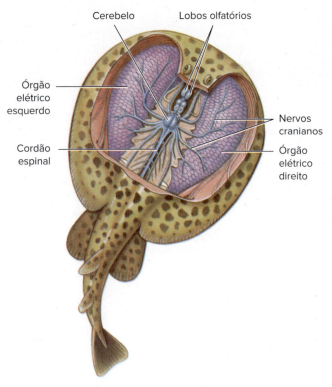

Figura 24.10 Raia-elétrica *Torpedo*, com órgãos elétricos expostos. Os órgãos são formados por células discoides multinucleadas, chamadas eletrócitos. Quando as células são descarregadas simultaneamente, uma corrente de alta amperagem propaga-se para a água circundante e atordoa presas ou desencoraja predadores. A informação eletrossensorial é processada no grande cerebelo.

Holocephali: quimeras

Os membros do pequeno clado Holocephali, também chamados de peixes-rato (Figura 24.11), são remanescentes de uma linhagem que divergiu da linhagem dos tubarões há no mínimo 380 milhões de anos. As quimeras fósseis ocorreram pela primeira vez no período Mississipiano, atingiram seu auge nos períodos Cretáceo e início do Terciário (120 a 50 milhões de anos) e depois declinaram. Atualmente, existem apenas cerca de 48 espécies.

Anatomicamente, as quimeras têm muitas características que as unem aos elasmobrânquios, mas elas também possuem um conjunto de caracteres únicos. Em vez de dentes distintos, seus maxilares exibem grandes placas achatadas. A maxila é completamente fusionada ao crânio, uma característica mais incomum nos peixes. Suas brânquias são cobertas por um opérculo cartilaginoso, criando uma abertura respiratória externa única. Seu alimento inclui moluscos, equinodermos, crustáceos e peixes – uma dieta surpreendentemente variada para uma dentição especializada para trituração. As quimeras não são espécies comerciais e são raramente capturadas. Apesar de sua aparência bizarra, elas são lindamente coloridas com uma iridescência perolada.

24.4 OSTEICHTHYES: PEIXES ÓSSEOS

Origem, evolução e diversidade

No período Siluriano, uma linhagem de peixes com endoesqueleto ósseo deu origem a um clado de vertebrados que contém 96% dos peixes e todos os tetrápodes atuais. Os peixes desse clado têm sido tradicionalmente chamados de "peixes ósseos" (**Osteichthyes**). Os peixes ósseos e tetrápodes são unidos pela presença de **osso endocondral** (osso que substitui a cartilagem durante o desenvolvimento, ver Seção 29.2), presença de pulmões ou uma bexiga natatória derivada do tubo digestório, e diversos caracteres cranianos e dentários. O uso tradicional de "Osteichthyes" incluía apenas peixes, tornando-o parafilético. Aqui nós o consideramos como um clado, incluindo também os tetrápodes (ver Figura 24.2).

Por volta do Devoniano Médio, os peixes ósseos já haviam se diversificado extensivamente em dois grupos principais, com adaptações que os ajustavam para todos os hábitats aquáticos, exceto os mais inóspitos. Um desses clados, os peixes de nadadeiras raiadas (classe Actinopterygii), inclui os peixes ósseos modernos (Figura 24.12), o grupo de vertebrados atuais mais rico em espécies. Um segundo grupo, os peixes de nadadeiras lobadas (classe Sarcopterygii) é representado atualmente por somente oito espécies de peixes – os peixes pulmonados e os celacantos (ver Figura 24.17 e 24.18) – e os vertebrados terrestres (tetrápodes).

Várias adaptações-chave contribuíram para a diversificação dos peixes ósseos. Eles têm um **opérculo** sobre as brânquias composto por placas ósseas ligadas a uma série de músculos. Essa característica aumenta a eficiência respiratória, pois a rotação do opérculo para fora cria uma pressão negativa, que impulsiona a água pelas brânquias, bem como pela bomba bucal (ver Figura 31.16). Um divertículo do esôfago preenchido por gás fornece um modo adicional de troca gasosa em águas hipóxicas e um modo eficiente para atingir a flutuabilidade neutra. Nos peixes que usam essas bolsas primariamente para trocas gasosas, elas são denominadas pulmões, enquanto nos peixes que usam essas bolsas primariamente para flutuação, elas são chamadas bexigas natatórias (ver Figura 24.18). A especialização progressiva da musculatura das mandíbulas e dos elementos esqueléticos envolvidos na alimentação é outra característica-chave adicional na evolução dos peixes ósseos.

Actinopterygii: peixes de nadadeiras raiadas

Os peixes de nadadeiras raiadas constituem um enorme conjunto que contém todos os nossos familiares peixes ósseos – mais de 31 mil espécies. Os primeiros actinopterígeos, conhecidos como **paleoniscídeos** (do grego *palae*, antigo, 1 *oniskos*, peixe do mar), eram peixes pequenos, com olhos grandes, nadadeira caudal heterocerca (Figura 24.13) e escamas grossas e imbricadas, com

Figura 24.11 Quimera, *Hydrolagus collei*, da costa oeste da América do Norte. Essa espécie é uma das quimeras mais belas, que tendem a ter uma aparência bizarra.

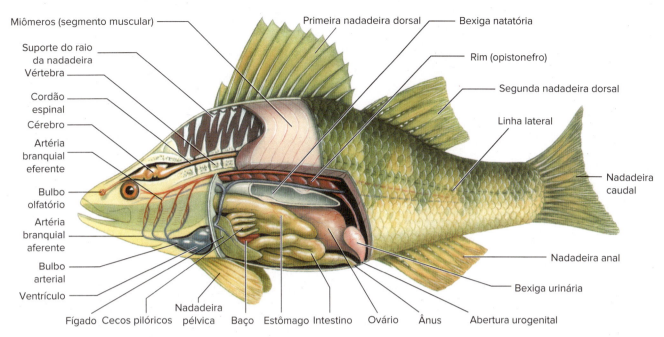

Figura 24.12 Anatomia da perca-amarela, *Perca flavescens*, um peixe teleósteo de água doce.

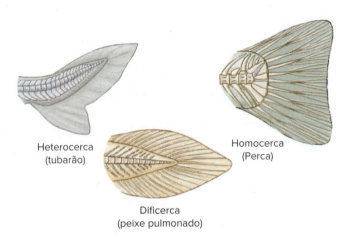

Figura 24.13 Tipos de nadadeira caudal de peixes.

uma camada externa de um tipo de esmalte chamado **ganoína** (Figura 24.14). Esses peixes tinham uma única nadadeira dorsal e inúmeros raios ósseos derivados de escamas sobrepostas pela extremidade, bem diferentes na aparência dos peixes de nadadeiras lobadas com os quais eles compartilhavam as águas do Devoniano. Os paleoniscídeos são representados por fragmentos fósseis desde o período Siluriano tardio e prosperaram durante o final do Paleozoico, no mesmo período em que ostracodermes, placodermes e acantódios desapareceram e os sarcopterígios declinaram em abundância (ver Figura 24.1).

Daqueles primeiros peixes de nadadeiras raiadas surgiram vários clados. Os bichires, no clado Cladistia, têm pulmões, escamas ganoides robustas e outras características semelhantes às dos paleoniscídeos (Figura 24.15). As 16 espécies de bichires habitam as águas doces da África. Um segundo grupo são os **condrósteos** (do grego *chondros*, cartilagem + *osteon*, osso), representados por

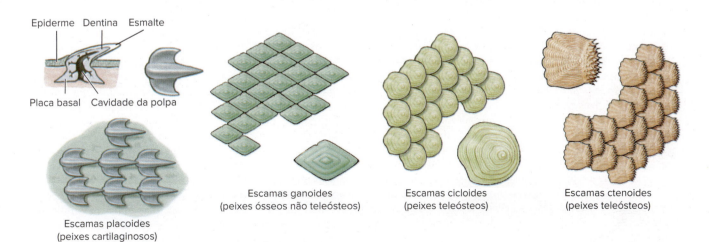

Figura 24.14 Tipos de escamas de peixes. As escamas placoides são estruturas cônicas pequenas, semelhantes a dentes, características dos Chondrichthyes. As escamas ganoides em forma de diamantes, presentes nos primeiros peixes ósseos e "gar" atuais (ordem (Lepisosteiformes), são compostas por camadas de esmalte prateado (ganoína) na superfície superior e osso na inferior. Os teleósteos têm escamas cicloides ou ctenoides, contendo ossos, mas são delgadas e flexíveis e estão organizadas em fileiras sobrepostas.

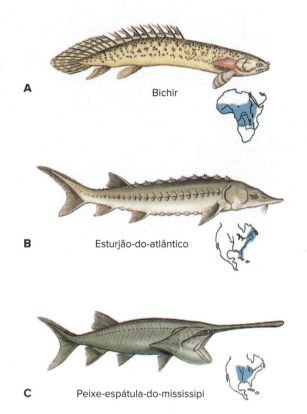

Figura 24.15 Peixes de nadadeiras raiadas não teleósteos, da classe Actinopterygii. **A.** Bichir, *Polypterus bichir*, da África Ocidental Equatorial. É um predador noturno. **B.** Esturjão-do-atlântico, *Acipenser oxyrhynchus* (atualmente incomum), dos rios da costa do Atlântico. **C.** Peixe-espátula-do-mississipi, *Polyodon spathula*, da bacia do rio Mississippi, atinge 2 m e 80 kg.

27 espécies de esturjões de água doce e anádromos e peixes-espátula (Figura 24.15). As populações de quase todos os condrósteos sofreram graves declínios devido à construção de barragens, sobrepesca e poluição.

O terceiro grupo principal de peixes de nadadeiras raiadas que emergiu do estoque paleoniscídeo foram os **neopterígios** (do grego *neos*, nova + *pteryx*, nadadeira). Os neopterígios apareceram no Permiano Superior e se diversificaram extensivamente durante a Eras Mesozoica e Cenozoica (ver Figura 24.1) quando uma linhagem deu origem aos peixes ósseos modernos, os teleósteos. Existem três gêneros sobreviventes de neopterígios antigos: *Amia* (do grego peixe semelhante ao atum), que habitam as águas rasas e ricas em algas dos Grandes Lagos e da bacia do Rio Mississippi; e *Lepisosteus* (do grego *lepidos*, escama + *osteon*, osso) e *Atratosteus* (do grego *atraktos*, fuso + *osteon*, osso), ambos nativos do leste e do sul da América do Norte. As sete espécies conhecidas são grandes predadores de emboscada com corpos alongados e maxilares providos de dentes pontiagudos. *Amia*, *Lepisosteus* e *Atratosteus* podem subir à superfície para ingerir ar, enchendo suas bexigas natatórias vascularizadas, para suplementar o oxigênio obtido nas brânquias.

O maior clado de neopterígios é o de **teleósteos** (do grego *teleos*, perfeito + *osteon*, osso), os peixes ósseos modernos (ver Figura 24.12). A diversidade dos teleósteos é surpreendente, com cerca de 30 mil espécies descritas e até 10 mil espécies não descritas, representando aproximadamente 96% de todos os peixes atuais e cerca de metade de todos os vertebrados. Embora a maioria das cerca de 200 espécies novas de teleósteos descritas anualmente seja de áreas pouco amostradas, como a América do Sul ou

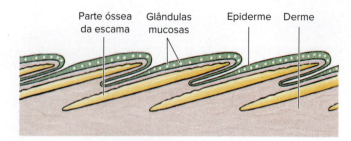

Figura 24.16 Corte da pele de um peixe ósseo, mostrando as escamas sobrepostas (*amarelo*). As escamas ficam na derme e são cobertas por epiderme.

águas oceânicas profundas, várias espécies novas são anualmente descritas de áreas bem conhecidas como as águas doces da América do Norte. Os teleósteos variam em tamanho desde 7 mm, como alguns ciprinídeos, até o peixe-remo com 17 m e o marlim-azul de 900 kg e 4,5 m. Esses peixes ocupam quase todos os hábitats concebíveis, desde altitudes de 5.200 m no Tibet a 8.000 m abaixo do nível do mar. Algumas espécies vivem em fontes termais a 44°C, enquanto outras vivem sob o gelo antártico a –2°C. Eles podem viver em lagos com concentrações salinas 3 vezes superiores às da água do mar, em cavernas totalmente escuras, em pântanos com pouco oxigênio, ou até mesmo realizar longas jornadas em terra, como alguns gobiídeos.

Várias tendências morfológicas na linhagem dos teleósteos permitiram-lhes diversificar para essa verdadeiramente incrível variedade de hábitats e formas. A pesada armadura dérmica dos peixes de nadadeiras raiadas primitivos foi substituída por escamas **cicloides** e **ctenoides**, leves, delgadas e flexíveis (ver Figura 24.14). Alguns teleósteos, como a maioria das enguias e os bagres, carecem totalmente de escamas. O aumento da mobilidade e velocidade que resultou da perda da pesada armadura melhorou a fuga de predadores e a obtenção de alimento. As modificações nas nadadeiras dos teleósteos aumentaram a manobrabilidade e a velocidade e possibilitaram que as nadadeiras assumissem várias outras funções. O formato simétrico da cauda **homocerca** (ver Figura 24.13) da maioria dos teleósteos concentrou as contrações musculares na cauda, possibilitando assim maior velocidade. Outras nadadeiras funcionam principalmente como quilhas fixas em tubarões, mas são mais flexíveis e funcionalmente versáteis em teleósteos (ver Figura 24.12). Além de fornecer estabilidade e controle de movimentos complexos, as nadadeiras dos teleósteos podem funcionar na camuflagem ou comunicação. Modificações bizarras na nadadeira dorsal incluem a isca dos peixes pescadores, os espinhos venenosos dos peixes-escorpião e a ventosa das rêmoras. As linhagens de teleósteos demonstram um refinamento crescente no controle da reabsorção e secreção de gás na bexiga natatória. O controle da flutuação provavelmente coevoluiu com as modificações nas nadadeiras para melhorar a locomoção. Muitas modificações anatômicas resultaram em maior eficiência na alimentação. Quase todos os teleósteos capturam alimentos por sucção, onde a rápida expansão da cavidade orobranquial cria uma baixa pressão dentro da cavidade, puxando água e presas para dentro. As modificações na suspensão das mandíbulas possibilitaram que os teleósteos utilizassem esse método de maneira mais eficiente do que seus ancestrais. Os arcos branquiais de muitos teleósteos diversificaram-se em poderosos **maxilares faríngeos** para mastigar, triturar e moer. Com tantas inovações, não é de surpreender que os teleósteos se tornaram os mais diversos dentre os peixes.

Sarcopterygii: peixes de nadadeiras lobadas e tetrápodes

O ancestral dos tetrápodes encontra-se em um grupo de sarcopterígios extintos chamados de **ripidístios**, o qual incluía diversas linhagens que prosperaram em água doce e áreas costeiras rasas no final da Era Paleozoica. Os ripidístios, como *Eusthenopteron* (ver Figura 25.3), eram peixes cilíndricos, cabeçudos, com nadadeiras carnosas e, provavelmente, pulmões. A evolução dos tetrápodes a partir dos ripidístios é discutida no Capítulo 25.

Todos os primeiros sarcopterígios tinham pulmões, assim como brânquias, e uma cauda do tipo **heterocerca**. Contudo, durante a Era Paleozoica, a orientação da coluna vertebral modificou-se de tal forma que a cauda se tornou simétrica, **dificerca** (ver Figura 24.13). Esses peixes tinham maxilares poderosos, escamas robustas com esmalte e nadadeiras parcadas lobadas, fortes e carnosas, que podiam ser usadas como pernas para sustentar o corpo ou movê-lo sobre os substratos bentônicos. Atualmente, o clado dos sarcopterígios é representado por somente oito espécies de peixes: seis espécies de peixes pulmonados e duas espécies de celacantos (Figuras 24.17 e 24.18).

Dos três gêneros sobreviventes de peixes **pulmonados**, o mais semelhante às formas antigas é o *Neoceratodus* (do grego *neos*, novo + *cerato*, corno + *odes*, forma), o peixe pulmonado australiano atual, que pode atingir 1,5 m de comprimento. Esse peixe pulmonado, ao contrário de seus parentes atuais, normalmente depende de respiração branquial e não consegue sobreviver por muito tempo fora d'água. O peixe pulmonado sul-americano *Lepidosiren* (do grego *lepido*, com escamas + *siren*, sereia mítica) e os peixes pulmonados africanos *Protopterus* (do grego *protos*, primeiro + *pteron*, asa) podem viver fora d'água por longos períodos de tempo (Figura 24.17). *Protopterus* vive em rios e lagoas africanos que secam com regularidade e seus leitos de lama ficam endurecidos pelo calor do sol tropical. O peixe cava o fundo e enterra-se com a aproximação da estação seca, secretando um muco abundante que se mistura com a lama para formar um envoltório rígido dentro do qual repousa até o retorno das chuvas. Ele obtém o oxigênio da atmosfera com seus pulmões, distribuindo-o de maneira eficaz para os tecidos com circuitos cardiovasculares pulmonares e sistêmicos parcialmente separados.

Os **celacantos** também surgiram no período Devoniano, se diversificaram com certo grau e atingiram o pico da diversidade na Era Mesozoica. No fim dessa era, eles quase desapareceram, mas deixaram um extraordinário gênero sobrevivente, *Latimeria* (Figura 24.18). Como se acreditava que os últimos celacantos estivessem extintos há 70 milhões de anos, a comunidade científica ficou impressionada quando um celacanto foi encontrado em uma rede de arrasto, na costa da África do Sul, em 1938. Uma busca intensa para localizar mais exemplares foi bem-sucedida na costa das Ilhas Comoro. Os pescadores ocasionalmente os capturam a grandes profundidades com pesca manual com linha, fornecendo exemplares para pesquisa. Esta foi a única população de *Latimeria* conhecida até 1998, quando o mundo científico foi novamente surpreendido pela captura de uma nova espécie de celacanto nas Ilhas Celebes, Indonésia, a 10.000 km das Ilhas Comoros.

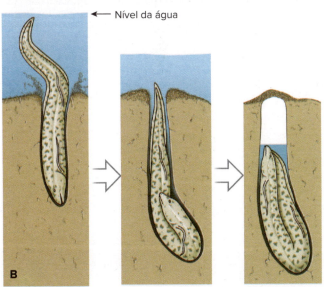

Figura 24.17 **A.** Um peixe pulmonado africano, *Protopterus annectens*, de Sarcopterygii. **B.** Um peixe pulmonado africano se enterra nos sedimentos de um lago enquanto a água seca. Lá, ele secreta um casulo mucoso e entra em um estado de dormência (estivação) por vários meses a 4 anos, quando as chuvas devolvem a água ao seu reservatório.

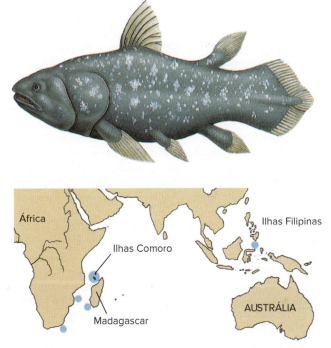

Figura 24.18 O gênero de celacanto *Latimeria* é um relicto marinho sobrevivente de um grupo de peixes com nadadeiras lobadas que prosperou há cerca de 350 milhões de anos.

Os celacantos marinhos "modernos" são descendentes de um estoque de espécies de água doce do Devoniano. A cauda é dificerca (ver Figura 24.13), mas tem um pequeno lobo entre os lobos superior e inferior, formando uma estrutura de três pontas (ver Figura 24.18). Suas bexigas natatórias são preenchidas por gordura e não são usadas para respiração.

Os celacantos são de um azul metálico profundo, com manchas brancas ou cor de bronze que fornecem camuflagem nos recifes escuros de lava onde habitam. Os jovens nascem completamente formados após a eclosão interna de ovos de 9 cm de diâmetro – os maiores entre os peixes ósseos.

24.5 ADAPTAÇÕES ESTRUTURAIS E FUNCIONAIS DOS PEIXES

Locomoção na água

Para o olho humano, alguns peixes parecem capazes de nadar a velocidades extremamente altas, mas o nosso julgamento é inconscientemente moldado por nossa própria experiência de que a água é um meio altamente resistente ao movimento. A maioria dos peixes, como uma truta ou um lambari, pode nadar no máximo o equivalente a 10 comprimentos do próprio corpo por segundo, obviamente um desempenho impressionante para os padrões humanos. Quando essas velocidades são traduzidas em quilômetros por hora, isso significa que uma truta de 30 cm pode nadar somente a cerca de 10,4 km/h. Como regra geral, quanto maior o peixe, mais rápido pode nadar.

> **Tema-chave 24.3**
> **ADAPTAÇÃO E FISIOLOGIA**
>
> **Peixes rápidos**
>
> As velocidades de natação de peixes são mais bem medidas em uma "roda de peixe", um grande canal em forma de anel, cheio de água que é girada a uma velocidade igual e em sentido oposto àquele do peixe. Mais difíceis de medir são as explosões repentinas de velocidade que a maioria dos peixes pode fazer para capturar presas ou para evitar que seja capturado. Um atum-azul fisgado foi certa vez cronometrado a 66 km/h; o espadarte e o marlim são capazes de explosões de velocidade incríveis, chegando ou até ultrapassando os 110 km/h. Essas altas velocidades não podem ser mantidas por mais que 1 a 5 segundos.

O mecanismo de propulsão de um peixe é a musculatura de seu tronco e cauda. A musculatura axial locomotora é composta de faixas em ziguezague, chamadas **miômeros**. As fibras musculares em cada miômero são relativamente curtas e conectam os septos de tecido conjuntivo resistente que separam cada miômero do seguinte.

Na superfície, os miômeros adquirem a forma de um W, virado de lado (Figura 24.19) mas, internamente, as bandas são dobradas e alojadas de forma complexa, de modo que a ação de cada miômero estende-se por várias vértebras. Esse arranjo produz mais força e um controle mais refinado do movimento, pois muitos miômeros estão envolvidos na flexão de um dado segmento do corpo.

A compreensão sobre como os peixes nadam pode ser abordada estudando-se o movimento de um peixe muito flexível, como uma enguia (Figura 24.20). O movimento é serpentino, não muito distinto do de uma serpente, com ondas de contração movendo-se para trás ao longo do corpo pela contração alternada dos miômeros de cada lado. A extremidade anterior do corpo flexiona-se menos do que a posterior, de modo que cada ondulação aumenta em amplitude à medida que progride pelo corpo. Enquanto as ondulações movem-se para trás, a flexão do corpo empurra lateralmente a água, produzindo uma **força de reação** direcionada à frente, mas em ângulo. Ela pode ser analisada como possuindo dois componentes: **impulso** que é utilizado para vencer a resistência e propelir o peixe para a frente, e **força lateral**, que tende a fazer a cabeça do peixe desviar do curso na mesma direção da cauda. Esse movimento lado a lado da cabeça é óbvio na natação de uma enguia ou tubarão, mas muitos peixes têm cabeça grande e rígida com uma superfície suficiente para minimizar a guinada.

O movimento de uma enguia é razoavelmente eficiente em baixa velocidade, mas a forma de seu corpo gera muito arrasto para a natação rápida. Os peixes que nadam rapidamente, como a truta, são menos flexíveis e limitam as ondulações do corpo principalmente à região da cauda (ver Figura 24.20). A força muscular gerada na grande massa muscular anterior é transferida dos tendões para o pedúnculo caudal, que é relativamente desprovido de músculos, e à nadadeira caudal, onde o impulso é gerado. Essa forma de natação alcança seu maior desenvolvimento nos atuns, cujos corpos mal se flexionam. Praticamente todo impulso é derivado de poderosas batidas da nadadeira caudal (Figura 24.21). Muitos peixes oceânicos rápidos, como o marlim, o espadarte, alguns carangídeos e a cavala-aipim têm nadadeiras caudais em forma de foice. Tais nadadeiras são a contraparte aquática das asas de alta velocidade das aves mais velozes (ver Figura 27.18).

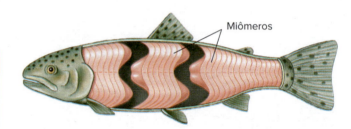

Figura 24.19 Musculatura do tronco de um peixe teleósteo parcialmente dissecado para mostrar o arranjo interno dos feixes musculares (miômeros). Os miômeros são dobrados em um agrupamento complexo e seriado, um arranjo que favorece uma natação mais forte e controlada.

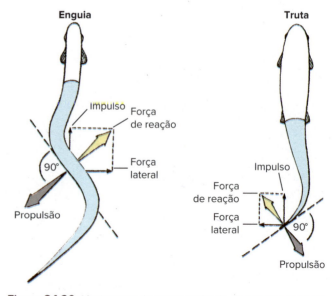

Figura 24.20 Movimentos de peixes nadando, mostrando as forças desenvolvidas por um peixe anguiliforme e por um fusiforme.

> **Tema-chave 24.4**
>
> **ADAPTAÇÃO E FISIOLOGIA**
>
> **Peixes endotérmicos**
>
> A temperatura corporal da maioria dos peixes é a mesma do ambiente em que estão, porque todo calor gerado internamente é rapidamente perdido para a água circundante. Contudo, alguns peixes, como os atuns (ver Figura 24.20), makos e grandes tubarões brancos (ver Figura 24.6), mantêm a temperatura de seus músculos e vísceras elevada – até 10°C mais quente que a água circundante. Os marlins e outros agulhões aumentam a temperatura do seu cérebro e da retina. Uma pesquisa conduzida por F. G. Carey e outros explica como esses peixes realizam esse tipo de termorregulação, chamada de endotermia regional. O calor é gerado como um subproduto de várias atividades, incluindo digestão e natação, ou nos agulhões, por um órgão gerador de calor especializado que fica abaixo do cérebro. O calor é conservado por uma *rete mirabile*, um feixe paralelo de vasos sanguíneos organizados de forma a proporcionar um fluxo contracorrente de sangue (ver Figura 30.17). As temperaturas elevadas aparentemente promovem uma natação mais potente e aceleram os sistemas digestório e nervoso. Os peixes com endotermia regional são os mais rápidos no mundo.

A natação é a forma mais econômica de locomoção animal, em grande parte porque os animais aquáticos são quase perfeitamente sustentados pelo meio onde se encontram e gastam pouca energia para superar a força da gravidade. Se compararmos o custo energético por quilograma de peso corporal gasto em uma viagem de 1 km por distintas formas de locomoção, encontraremos custos de natação de apenas 0,39 kcal (salmão), comparados a 1,45 kcal para o voo (gaivota) e 5,43 kcal para a caminhada (esquilo terrestre).

Flutuabilidade neutra e a bexiga natatória

Todos os peixes são ligeiramente mais densos que a água porque os seus esqueletos e outros tecidos contêm elementos pesados presentes em quantidades mínimas em águas naturais. Para evitar afundar, os tubarões, que não têm bexiga natatória, precisam estar sempre se deslocando para a frente na água. A cauda assimétrica (heterocerca) de um tubarão fornece sustentação enquanto oscila, e a cabeça larga e nadadeiras peitorais achatadas atuam como planos em ângulo para fornecer sustentação adicional. Os tubarões também são auxiliados na flutuação por fígados grandes contendo um lipídio chamado de **esqualeno** com densidade de apenas 0,86 g/m (a densidade da água é de cerca de 1 g/m). O fígado atua como uma grande bolsa de óleo flutuante que ajuda a compensar o peso do corpo do tubarão.

A estrutura mais eficiente para flutuação é, sem dúvida, um espaço preenchido por gás. A **bexiga natatória** serve a esse propósito nos peixes ósseos (Figura 24.22). Ela surgiu do par de pulmões dos peixes ósseos primitivos do Devoniano. Os pulmões provavelmente foram muito comuns em peixes de água doce do Devoniano, quando hábitats quentes e pantanosos tornaram vantajosa tal estrutura respiratória acessória (ver Seção 25.1). As bexigas natatórias estão presentes na maioria dos peixes ósseos pelágicos, mas ausentes em atuns e na maioria dos peixes abissais e bentônicos, como linguados e peixes da família Cottidae. Embora seu nome assim sugira, a bexiga natatória não serve para nadar.

Sem bexiga natatória, os peixes ósseos afundam porque seus tecidos são mais densos que a água. Para conseguir uma flutuabilidade neutra, eles deslocam água adicional por um volume de gás em uma bexiga natatória, ajustando assim sua densidade total para igualar aquela da água circundante. Esse ajuste possibilita aos peixes com bexiga natatória manterem-se suspensos indefinidamente, em qualquer profundidade, sem esforço muscular. Ao contrário de osso, sangue e outros tecidos, o gás é compressível e muda de volume quando o peixe muda de profundidade. Se um peixe descer a uma profundidade maior, o aumento de pressão exercida pela água circundante comprime o gás na bexiga natatória e o peixe tende a afundar. O volume de gás na bexiga natatória deve ser aumentado para estabelecer um novo equilíbrio de flutuação. Quando o peixe nada para cima, o gás na bexiga

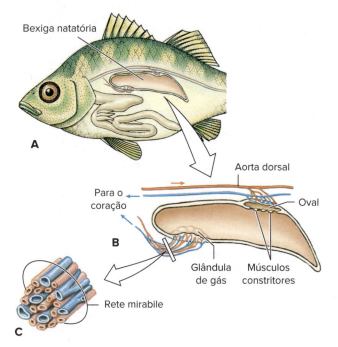

Figura 24.22 A. Bexiga natatória de um peixe teleósteo. A bexiga natatória fica no celoma, logo abaixo da coluna vertebral. **B.** Gás (primariamente o oxigênio) difunde-se para dentro da bexiga natatória na glândula de gás. O gás do sangue move-se para a glândula de gás pela *rete mirabile*, uma complexa rede de capilares firmemente compactados que atua como um multiplicador de contracorrente para aumentar a concentração de oxigênio. O arranjo de capilares venosos e arteriais na rede é mostrado em **C.** Para liberar o gás durante a subida, uma válvula muscular abre-se, permitindo que o gás entre no oval e seja difundido para o sangue.

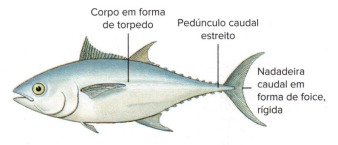

Figura 24.21 Atum-rabilho, *Thunnus thynnus*, apresentando adaptações, para nadar rápido. Os poderosos músculos do tronco puxam o pedúnculo caudal delgado. Como o corpo não se curva, todo o impulso vem de batidas da nadadeira rígida caudal em forma de foice.

expande por causa da menor pressão da água circundante, tornando-o peixe menos denso. A menos que o gás seja removido, o peixe continuará a subir com velocidade crescente enquanto a bexiga natatória continuar a se expandir.

O gás pode ser removido da bexiga natatória de duas maneiras. A condição **fisóstoma** (do grego *phys*, bexiga + *stoma*, boca), mais ancestral (p. ex., truta), consiste em um ducto pneumático que conecta a bexiga natatória ao esôfago, por meio do qual o peixe pode expelir o ar. O estado derivado é o **fisoclisto** (do grego *phys*, bexiga + *clist*, fechado), condição na qual o ducto pneumático é perdido nos adultos. Nos peixes fisoclistos, o gás é difundido para o sangue no **oval**, uma área vascularizada da bexiga natatória (ver Figura 24.22). Ambos os tipos de peixes requerem que o gás seja secretado na bexiga natatória pelo sangue, embora alguns poucos fisóstomos de águas rasas possam engolir ar para encher suas bexigas natatórias.

Os fisiologistas que inicialmente ficaram confusos com o mecanismo de secreção, agora entendem como ele funciona. Resumidamente, a **glândula de gás** secreta ácido láctico, o qual entra no sangue, causando uma alta acidez local na *rete mirabile* (do latim rede maravilhosa), forçando a hemoglobina a liberar sua carga de oxigênio. Os capilares na rede estão organizados em paralelo, criando um sistema multiplicador de contracorrente (ver Figura 30.17), possibilitando que o oxigênio atinja altas concentrações na glândula de gás e sua difusão para a bexiga natatória. A pressão final do gás na bexiga natatória depende do comprimento da rede de capilares; ela é relativamente curta em peixes que vivem próximo à superfície, mas extremamente longa em peixes marinhos de profundidade.

A surpreendente eficiência dessa estrutura é exemplificada por um peixe que vive a uma profundidade de 2.400 m. Para manter a bexiga inflada nessa profundidade, o gás em seu interior (principalmente oxigênio) precisa ter uma pressão maior que 240 atm, o que é muito mais que a pressão de um cilindro metálico de gás totalmente carregado. No entanto, a pressão do oxigênio no sangue do peixe não pode exceder 0,2 atm – em equilíbrio com a pressão do oxigênio atmosférico na superfície do oceano.

Audição e ossículos de Weber

Os peixes, como outros vertebrados, detectam sons a partir de vibrações na orelha interna. A detecção dessas vibrações é difícil para vertebrados aquáticos, pois seus corpos têm quase a mesma densidade que a água circundante, fazendo com que as ondas sonoras passem pelo corpo do peixe praticamente despercebidas.

Uma solução particularmente elegante para esse problema é encontrada nos ostariofíseos, um grupo de teleósteos que inclui carpas, lambaris e bagres. Os ostariofíseos incluem aproximadamente 8 mil espécies e são geralmente os peixes dominantes em hábitats de água doce, tanto em diversidade quanto em abundância. Seu sucesso pode ser devido, em parte, aos **ossículos de Weber**, uma série de pequenos ossos que lhes permite ouvir sons de baixa intensidade em uma amplitude de frequência muito maior que a dos outros teleósteos. A recepção do som se inicia na bexiga natatória, que vibra facilmente, pois é preenchida por ar. As vibrações sonoras são transmitidas da bexiga natatória para a orelha interna pelos ossículos de Weber (Figura 24.23). Esse sistema tem semelhanças com o tímpano e ossículos da orelha média dos mamíferos (Figura 33.25), mas evoluiu independentemente. As adaptações para melhorar a audição não estão restritas aos ostariofíseos. Por exemplo, os arenques e as anchovas têm expansões anteriores da bexiga natatória que estão em contato direto com o crânio.

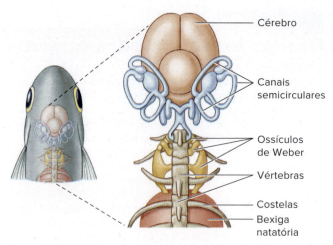

Figura 24.23 Ossículos de Weber são pequenos ossos que transmitem vibrações sonoras recebidas na bexiga natatória para a orelha interna. Os teleósteos com esse dispositivo podem detectar sons de baixa intensidade em uma amplitude de frequência muito maior que outros peixes.

Respiração

As brânquias dos peixes são compostas por filamentos delgados, cada qual coberto por uma membrana epidérmica fina, dobrada repetidamente em **lamelas** achatadas (Figura 24.24). Elas são ricamente supridas por vasos sanguíneos. As brânquias estão localizadas no interior da cavidade faríngea e são cobertas por uma aba óssea móvel, o **opérculo**. Esse arranjo protege os delicados filamentos branquiais, confere uma característica hidrodinâmica ao corpo e possibilita um sistema de bombeamento para mover água para a boca, para as brânquias e para fora pelo único par de aberturas branquiais. Em vez de abas operculares como nos peixes ósseos, os elasmobrânquios têm uma série de **fendas branquiais** (ver Figura 24.7) pelas quais a água flui para o meio externo. Tanto nos elasmobrânquios como nos peixes ósseos, o mecanismo branquial está disposto de tal modo a bombear água contínua e suavemente sobre as brânquias, embora para um observador pareça que a respiração nos peixes seja pulsátil. O fluxo de água é na direção oposta ao fluxo sanguíneo (fluxo contracorrente), o melhor arranjo para extrair a maior quantidade possível de oxigênio da água. Alguns peixes ósseos conseguem remover até 85% do oxigênio dissolvido na água que passa pelas brânquias. Os peixes muito ativos, como os arenques ou cavalas, conseguem obter água suficiente para atender às suas altas demandas de oxigênio apenas nadando continuamente, de modo a forçar a água a entrar pela boca aberta e passar pelas brânquias. Esse processo é chamado de ventilação hidráulica. Esses peixes ficariam asfixiados se colocados em um aquário que restringisse sua livre natação, mesmo com a água saturada de oxigênio.

Um número surpreendente de peixes pode viver fora d'água por períodos variáveis, por respirarem ar. Diversos mecanismos são utilizados por diferentes peixes. Já descrevemos os pulmões dos peixes pulmonados, *Lepisosteus* e os Rhipidistia extintos. As enguias de água doce frequentemente realizam incursões terrestres durante tempo chuvoso, utilizando a pele como superfície respiratória. As enguias, *Electrophorus* (do grego *ēlektron*, algo brilhante + *phoros*, que porta) têm brânquias degeneradas e precisa suplementar a respiração branquial pela difusão de oxigênio pelo revestimento vascular da cavidade oral. Um dos melhores respiradores de ar de todos é a perca-escaladora-indiana, *Anabas* (do grego *anabainō*, que sobe), que passa a maior parte do seu tempo em terra, próximo à margem da água, respirando pelas câmaras especiais situadas sobre as brânquias muito reduzidas.

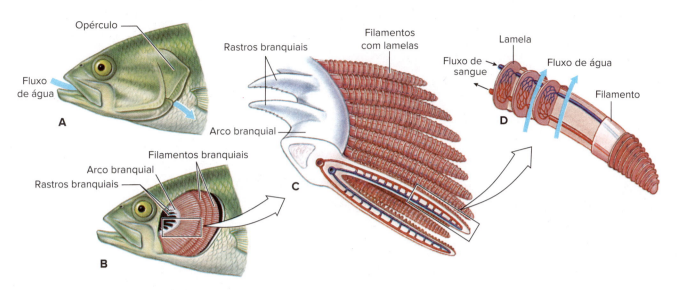

Figura 24.24 Brânquias de peixes. Os músculos fixados ao opérculo (**A**) bombeiam água pelas brânquias e para fora pela fenda branquial. A aba óssea protetora que cobre as brânquias (opérculo) foi removida (**B**) para expor a câmara branquial que contém as brânquias. Há quatro arcos branquiais de cada lado, cada um com inúmeros filamentos branquiais. A porção de um arco branquial (**C**) mostra rastros branquiais que se projetam para a frente a fim de filtrar comida e detritos, e filamentos branquiais que se projetam para trás. Um único filamento branquial (**D**) é dissecado para mostrar os capilares sanguíneos nas lamelas achatadas. A direção do fluxo de água (setas azuis) é oposta à direção do fluxo sanguíneo.

Regulação osmótica

A água doce é um meio extremamente diluído com concentração salina (0,001 a 0,005 mol por grama por litro [M]) muito abaixo daquela do sangue dos peixes de água doce (0,2 a 0,3 M). Consequentemente, a água tende a entrar em seus corpos por osmose e o sal é perdido por difusão para o meio externo. Embora a superfície do corpo coberta por escamas e muco seja quase totalmente impermeável à água, o ganho de água e a perda de sal de fato ocorrem pelas paredes delgadas das brânquias. Os peixes de água doce são **reguladores hiperosmóticos** (ver Seção 30.1) com vários mecanismos contra esses problemas (Figura 24.25). Em primeiro lugar, o excesso de água é bombeado para fora pelos rins, que são capazes de formar urina muito diluída. Em segundo, **células de absorção de sal** especiais, localizadas no epitélio branquial, mobilizam ativamente íons de sal, sobretudo sódio e cloreto, da água para o sangue. Essa absorção, juntamente com o sal presente no alimento do peixe, repõe o sal perdido por difusão. Esses mecanismos são tão eficientes que um peixe de água doce gasta apenas uma pequena parte de sua energia total para manter-se em equilíbrio osmótico.

Tema-chave 24.5
ADAPTAÇÃO E FISIOLOGIA

Peixes endotérmicos

Talvez 90% de todos os peixes ósseos esteja restrito a um hábitat de água doce ou marinho por ser incapaz de realizar osmorregulação no hábitat "errado". A maioria dos peixes de água doce morre rapidamente se colocada em água do mar, como os peixes marinhos se colocados em água doce. Contudo, cerca de 10% de todos os teleósteos conseguem passar com facilidade de um hábitat para outro. Esses **peixes eurialinos** (do grego *eurys*, amplo + *hals*, sal) são de dois tipos: aqueles, como muitos linguados, escorpinídeos e guarus, que vivem em estuários ou em algumas áreas entremarés onde a salinidade oscila ao longo do dia; e outros, como o salmão, a savelha e enguias, que passam parte do seu ciclo de vida em água doce e parte no mar.

Muitos peixes ósseos marinhos são **reguladores hiposmóticos** que se defrontam com um problema completamente diferente. Por terem uma concentração salina no sangue muito mais baixa (0,3 a 0,4 M) que a da água do mar ao seu redor (aproximadamente 1 M), eles perdem água e ganham sal. Um peixe teleósteo marinho quase corre o risco de literalmente desidratar-se, semelhante a um mamífero de deserto, privado de água. Para compensar a perda de água, o teleósteo marinho bebe água do mar (Figura 24.25). O excesso de sal que acompanha a água é descartado de muitas maneiras. Os principais íons de sal marinho (sódio, cloro e potássio) são levados pelo sangue até as brânquias, onde são secretados para fora por **células secretoras de sal** especiais. Os íons salinos remanescentes, magnésio, sulfato e cálcio, são eliminados com as fezes ou excretados pelos rins. Ao contrário dos rins de um peixe de água doce, que formam urina pela sequência usual de filtração e reabsorção, típica da maioria dos rins dos vertebrados (ver Seção 30.3), os rins de um peixe marinho excretam íons divalentes por secreção tubular. Como muito pouco ou nada de filtrado é formado, os glomérulos perderam sua importância e desapareceram em alguns teleósteos marinhos.

Comportamento alimentar

Para qualquer peixe, a alimentação é um dos aspectos mais importantes na vida diária. Embora um pescador desafortunado possa jurar o contrário, um peixe dedica mais tempo e energia para alimentar-se ou para procurar por alimento do que para qualquer outra coisa. Durante a longa evolução dos peixes, tem havido uma pressão seletiva inexorável por aquelas adaptações que capacitam um peixe a vencer a luta entre comer ou ser comido. Certamente, o evento singular de maior alcance foi a evolução dos maxilares (ver Figura 23.15). Os maxilares tornaram os peixes livres de uma existência em que a alimentação era feita basicamente por filtração passiva e os capacitaram a adotar um modo de vida predatório. Os mecanismos aprimorados para a captura de presas maiores demandam músculos mais fortes, movimentos mais ágeis, melhor equilíbrio e sentidos especiais aperfeiçoados. Mais do que qualquer outro aspecto de seu hábito de vida, o comportamento alimentar dá forma ao peixe.

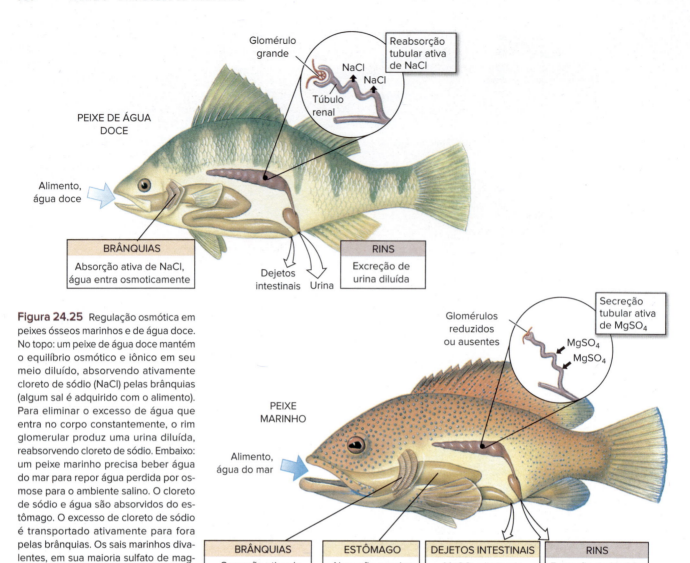

Figura 24.25 Regulação osmótica em peixes ósseos marinhos e de água doce. No topo: um peixe de água doce mantém o equilíbrio osmótico e iônico em seu meio diluído, absorvendo ativamente cloreto de sódio (NaCl) pelas brânquias (algum sal é adquirido com o alimento). Para eliminar o excesso de água que entra no corpo constantemente, o rim glomerular produz uma urina diluída, reabsorvendo cloreto de sódio. Embaixo: um peixe marinho precisa beber água do mar para repor água perdida por osmose para o ambiente salino. O cloreto de sódio e água são absorvidos do estômago. O excesso de cloreto de sódio é transportado ativamente para fora pelas brânquias. Os sais marinhos divalentes, em sua maioria sulfato de magnésio ($MgSO_4$), são eliminados com as fezes e secretados pelos rins.

A maioria dos peixes é **carnívora** e preda grande quantidade de alimentos de origem animal, desde zooplâncton e larvas de insetos até grandes vertebrados. Alguns peixes marinhos de profundidade são capazes de ingerir vítimas com quase o dobro de seu próprio tamanho – uma adaptação para a vida em um mundo onde as refeições são raras. Os peixes de nadadeiras raiadas não podem mastigar o alimento como nós, porque, se o fizessem, a corrente de água que passa pelas brânquias seria bloqueada. Alguns, no entanto, como os peixes da família Anarhichadidae, têm dentes molariformes nos maxilares para triturar presas, que podem incluir crustáceos de carapaças duras. Outros, que esmagam seu alimento, utilizam poderosos dentes faríngeos na sua garganta. A maioria dos peixes carnívoros engole a presa inteira, utilizando dentes pontudos e afiados nos maxilares e no palato para segurar a presa. A incompressibilidade da água facilita muitos predadores com bocas amplas a capturar presas. Quando a boca é aberta subitamente, a água é impelida, carregando a vítima para dentro.

Um segundo grupo de peixes é de **herbívoros**, que comem plantas e algas. Embora comedores de plantas sejam relativamente pouco comuns entre os peixes, eles são intermediários cruciais na cadeia alimentar de alguns hábitats. Os comedores de plantas são mais comuns em recifes de coral (peixes-papagaio; pomacentrídeos e cirurgiões) e em hábitats de água doce tropicais (alguns ciprinídeos, caracídeos e bagres).

Os **comedores de suspensão**, que colhem os microrganismos abundantes do oceano, formam um terceiro e diverso grupo de peixes que vão desde larvas de peixes até o tubarão-peregrino. Contudo, o grupo mais característico de comedores de plâncton são os peixes semelhantes aos arenques (savelha, arenque, anchova e outros), maioria **pelágicos** (habitantes do mar aberto) que se deslocam em grandes cardumes. Tanto o fitoplâncton quanto organismos menores do zooplâncton são filtrados da água com rastros branquiais semelhantes a uma peneira (ver Figura 32.1). Pelo fato de comedores de plâncton serem os mais abundantes dentre os peixes marinhos, eles constituem um importante recurso alimentar para inúmeros carnívoros maiores, porém menos abundantes. Muitos peixes de água doce também dependem de plâncton para se alimentarem.

Outros grupos de peixes incluem os **saprófagos**, como as feiticeiras, que consomem animais mortos ou moribundos, e os **detritívoros**, como alguns ciprinídeos, que consomem matéria orgânica particulada. Alguns peixes utilizam um modo **parasita** de alimentação e consomem partes de outros peixes vivos. Exemplos destes últimos incluem as lampreias (ver Figura 24.4) e o candiru, *Vandellia*, um peixe muito pequeno e alongado que se alimenta no epitélio branquial dos peixes hospedeiros. Finalmente, é importante salientar que, embora os peixes, em sua maioria, sejam especializados para uma dieta mais restrita, eles podem utilizar outros tipos de alimento quando disponível.

A **digestão** na maioria dos peixes segue o plano dos vertebrados (ver Figura 32.8). Com exceção de vários peixes que não têm estômago, o alimento segue do estômago para o intestino tubular, que tende a ser mais curto nos carnívoros (ver Figura 24.12), mas pode ser extremamente longo e enrolado em formas herbívoras e detritívoras. Por exemplo, na carpa-capim herbívora, o intestino pode ter 9 vezes o comprimento do corpo, uma adaptação para a longa digestão requerida pelos carboidratos vegetais. Nos carnívoros, um pouco da digestão de proteínas pode se iniciar no meio ácido do estômago, mas a principal função do estômago é armazenar refeições geralmente grandes e raras, enquanto aguardam sua recepção pelo intestino.

A digestão e a absorção ocorrem simultaneamente no intestino. Uma característica dos peixes de nadadeiras raiadas, especialmente os teleósteos, é a presença de inúmeros **cecos pilóricos** (ver Figura 24.12), não encontrados em nenhum outro grupo vertebrado. Sua função primária parece ser a absorção de lipídios, embora todas as classes de enzimas digestivas (que quebram proteína, carboidratos e lipídios) sejam secretadas ali.

Migração

Enguias de água doce

Durante séculos, os naturalistas têm se intrigado com a história de vida das enguias de água doce, *Anguilla* (do latim enguia), uma espécie comum e comercialmente importante de rios costeiros do Atlântico Norte. As enguias são **catádromas** (do grego *kata*, abaixo + *dromos*, correr), o que significa que elas passam a maior parte de suas vidas em água doce, mas migram para o mar para desovar. A cada outono, muitas enguias eram vistas nadando rio abaixo, em direção ao mar, mas nenhum adulto jamais retornava. A cada primavera, inúmeras enguias jovens (Figura 24.26), cada uma do comprimento de um palito de fósforo, apareciam em rios costeiros e começavam a nadar rio acima. Além da suposição de que as enguias deveriam desovar em algum lugar no mar, a localização dos seus sítios de reprodução era completamente desconhecida.

A primeira pista foi fornecida por dois cientistas italianos, Grassi e Calandruccio, que, em 1896, registraram que o que se pensava ser larvas de enguias na verdade eram estágios juvenis avançados. As larvas verdadeiras de enguias, como descobriram, eram criaturas pequenas, em forma de folha e completamente transparentes, que tinham pouca semelhança com uma enguia adulta. Elas foram chamadas de **leptocéfalos** (do grego *lepto*, delgada + *cephal*, cabeça) por antigos naturalistas, que nunca suspeitaram de sua verdadeira identidade. Em 1905, Johann Schmidt iniciou um estudo sistemático sobre a biologia das enguias, examinando milhares de leptocéfalos nas redes de plâncton fornecidas por capitães de embarcações marítimas pescando no Oceano Atlântico. Ao observar onde larvas de diferentes estágios de desenvolvimento eram capturadas, Schmidt e seus colegas por fim reconstruíram as migrações reprodutivas.

Quando as enguias adultas partem dos rios costeiros da Europa e da América do Norte, elas nadam sem cessar e, aparentemente, a grande profundidade por 1 a 2 meses, até alcançarem o Mar dos Sargassos, uma vasta área de água oceânica morna, a sudeste das

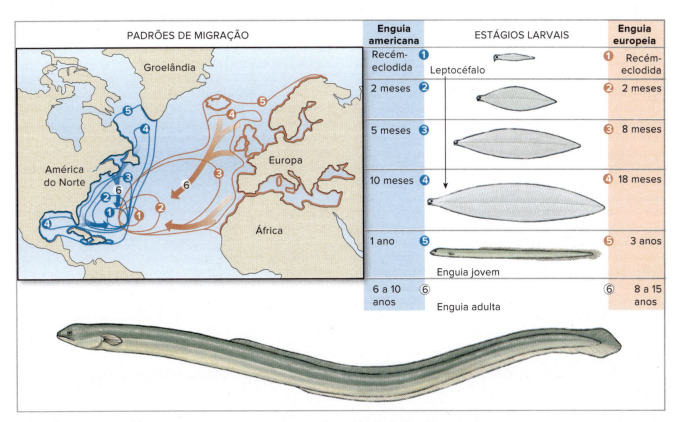

Figura 24.26 História de vida das enguias americanas, *Anguilla rostrata*, e enguias europeias, *Anguilla anguilla*. Os padrões de migração das enguias americanas são mostrados em azul, enquanto os das enguias europeias são mostrados em vermelho. Os números circulados referem-se aos estágios de desenvolvimento. Note que as enguias americanas completam sua metamorfose larval e jornada no mar em 1 ano, enquanto 3 anos são necessários para as enguias europeias completarem sua jornada, muito mais longa.

Bermudas. Aqui, a profundidades de 300 m ou mais, as enguias desovam e morrem. As larvas diminutas iniciam então uma incrível jornada de volta aos rios da Europa e da América do Norte. Como o Mar dos Sargassos é muito mais próximo da costa americana, as larvas da enguia americana completam sua jornada em cerca de apenas 1 ano, comparado aos 3 anos levados pelas larvas da enguia europeia. Os machos normalmente permanecem em água salobra de rios costeiros, enquanto as fêmeas migram rio acima, até várias centenas de quilômetros. Depois de 6 a 15 anos de crescimento, as fêmeas, agora com 1 m de comprimento, retornam para o oceano para se unirem aos machos, menores, na jornada de retorno aos sítios de reprodução no Mar dos Sargassos.

Retorno do salmão para casa

A história de vida do salmão é quase tão notável quanto a das enguias de água doce e certamente recebe uma atenção popular muito maior. A maioria dos salmões é de **anádromos** (do grego *anadromos*, que corre para cima); eles passam a vida adulta no mar, mas retornam para a água doce para desovar. O salmão do Atlântico, *Salmo salar* (do latim *salmo*, salmão + *salar*, sal), pode realizar corridas rio acima repetidas vezes. As sete espécies de salmão do Pacífico [do grego *onkos*, gancho + *rhynchus*, focinho] realizam, cada uma, uma única migração reprodutiva, depois da qual morrem.

O instinto de retornar ao local de nascimento praticamente infalível das espécies do Pacífico é lendário. Depois de migrar rio abaixo como um *smolt* (um estágio juvenil; Figura 24.27), um salmão-vermelho vagueia muitas centenas de quilômetros no Pacífico por quase 4 anos, cresce de 2 a 5 kg em peso, e então retorna para desovar nas cabeceiras do riacho onde nasceu. Alguns indivíduos desviam-se de suas rotas, o que é um meio importante de aumentar o fluxo gênico e povoar novos riachos.

Os experimentos realizados por A. D. Hasler e outros mostram que os salmões que retornam ao lar são guiados rio acima por um odor característico de seu rio de origem. Quando o salmão finalmente chega aos locais de desova de seus pais (onde eles próprios eclodiram), eles desovam e morrem. Na primavera seguinte, larvas recém-eclodidas transformam-se em jovens antes e no curso da migração rio abaixo. Nessa fase, eles sofrem **estampagem** – processo de aprendizado denominado de *imprinting* em inglês (ver Seção 36.2) do odor característico do rio, o qual é aparentemente um mosaico de compostos liberados pela vegetação e pelo solo característicos da bacia de drenagem do rio de origem. Eles também parecem estampar odores de outros rios pelos quais passam, enquanto migram rio abaixo e os usam em sequência inversa, como um mapa, quando retornam como adultos.

Como um salmão encontra sua rota para a foz do rio, a partir do oceano aberto? Os salmões deslocam-se por centenas de quilômetros de distância da costa, muito mais longe para poder detectar o odor do seu rio de origem. Os experimentos sugerem que alguns peixes migratórios, assim como aves, podem navegar orientando-se pela posição do Sol (ver Figura 27.20). Contudo, salmões em migração podem navegar em dias nublados e à noite, indicando que a navegação solar, se usada, não pode ser a única forma de navegação dos salmões. Assim como as aves, os peixes também parecem ser capazes de detectar e navegar pelo campo magnético da Terra. Finalmente, biólogos sustentam que salmões talvez não necessitem de habilidades precisas para navegação, mas utilizem correntes oceânicas, gradientes de temperatura e disponibilidade de alimento para chegar à área costeira mais ampla, onde "seu" rio está localizado. A partir desse ponto, eles navegam pelo mapa de odor que memorizaram, fazendo as curvas corretas a cada confluência de rios, até atingirem seu rio de origem.

> **Tema-chave 24.6**
> **CONEXÃO COM SERES HUMANOS**
>
> **Salmão e barragens**
> O salmão que ocorre ao longo da costa do Pacífico da América do Norte foi devastado por uma combinação letal de aumento de assoreamento devido à exploração madeireira, poluição e, especialmente, a presença de mais de 50 barragens hidrelétricas, que obstruem a migração rio acima do salmão adulto e matam migrantes rio abaixo à medida que passam pelas turbinas de geração de energia das barragens. O resultado é que a produção anual de salmão selvagem é hoje menos de 10% dos 10 a 16 milhões de peixes que subiam os rios há 150 anos. Alguma esperança vem das remoções de barragens, que estão ocorrendo em um ritmo crescente nos EUA. Os "novos" fluxos formados estão se recuperando rapidamente. Apenas alguns dias após a remoção de uma barragem de 62 m de altura no rio Elwha em Washington em 2012, salmões Chinook foram detectados movendo-se rio acima da antiga barragem.

Reprodução e crescimento

Em um grupo tão diversificado como o dos peixes, não é surpresa encontrar variações extraordinárias do tema básico da reprodução sexuada. A maioria dos peixes segue um tema simples: eles são **dioicos**, com fertilização externa e desenvolvimento externo de seus ovos e embriões (oviparidade). Contudo, como é do conhecimento de entusiastas de peixes tropicais, os sempre populares *guppy* e o *molly* ovovivíparos dos aquários domésticos, e muitos outros teleósteos, desenvolvem-se na cavidade ovariana materna, e depois nascem (Figura 24.28). Como descrito anteriormente neste capítulo (ver Seção 24.3), alguns tubarões vivíparos desenvolvem um tipo de ligação placentária, por meio da qual os filhotes são nutridos durante a gestação.

A oviparidade é o modo de reprodução mais comum em peixes. Muitos peixes marinhos são produtores de ovos extraordinariamente prolíficos. Machos e fêmeas se reúnem em grandes cardumes e liberam um grande número de gametas na água que flutuam com as correntes. Uma grande fêmea de bacalhau pode liberar de 4 a 6 milhões de ovos em uma única desova. Menos de um em um milhões de ovos sobreviverão aos inúmeros perigos do oceano para alcançar maturidade reprodutiva.

Diferentemente dos diminutos ovos flutuantes e transparentes dos teleósteos marinhos pelágicos, aqueles de muitas espécies costeiras e de fundo (bentônicas) são maiores, normalmente possuem bastante vitelo, não flutuam e são adesivos. Alguns peixes enterram seus ovos, muitos os fixam na vegetação, alguns os depositam em ninhos e outros os incubam na boca. Muitos peixes de desova bentônica tomam conta de seus ovos. Os intrusos, esperando uma refeição fácil de ovos, podem deparar-se com uma exibição vívida e frequentemente beligerante do guardador, que quase sempre é um macho.

Os peixes de água doce geralmente produzem ovos não flutuantes. Alguns, como a perca-amarela, não fornecem cuidado parental e simplesmente espalham miríades de ovos entre as plantas ou no sedimento. Os peixes de água doce que protegem os ovos, como alguns bagres da família Ictaluridae (*Ameiurus*) e peixes da família Percidae, produzem menos ovos e de tamanhos maiores, com chance melhor de sobrevivência.

Os peixes de água doce geralmente mostram comportamentos elaborados antes do acasalamento. Uma fêmea de

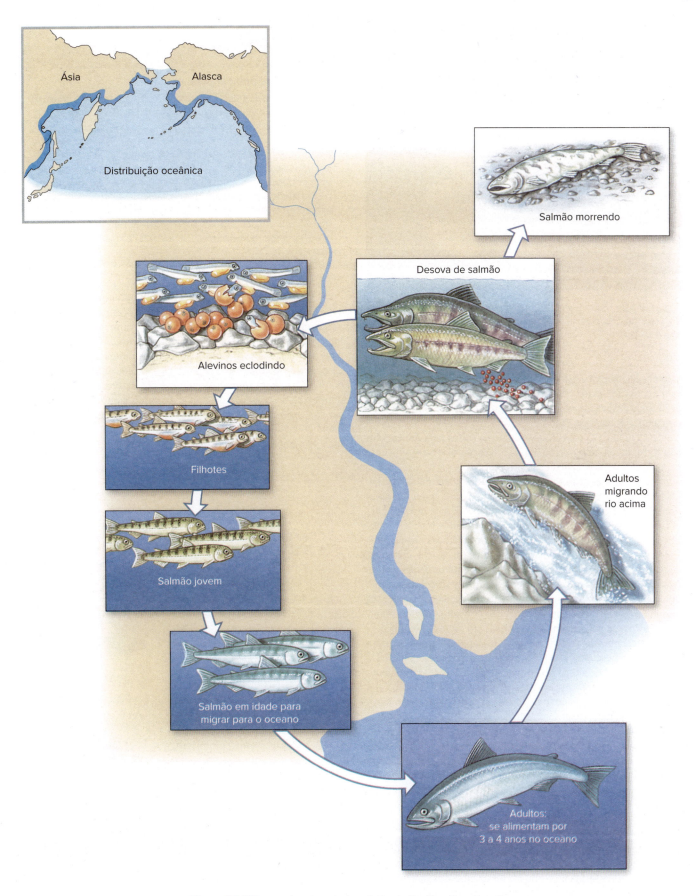

Figura 24.27 A história de vida do salmão-do-Pacífico, *Oncorhynchus*.

Figura 24.28 Peixe teleósteo, *Hypsurus caryi*, dando à luz. Todas as espécies da Costa Oeste da América do Norte (família Embiotocidae) são ovovíparas.

> **Tema-chave 24.7**
> **CIÊNCIA EXPLICADA**
> **Três tipos de peixes? Não, só um**
> A diferença na aparência entre larvas e adultos e entre machos e fêmeas às vezes torna difícil a determinação de limites taxonômicos. Até recentemente, três peixes de mar profundo, muito diferentes morfologicamente entre si, eram incluídos em três famílias taxonômicas diferentes. As comparações de exemplares em transformação coletados recentemente e os dados genéticos permitiram aos cientistas determinar que esses três grupos na realidade representam juvenis, machos e fêmeas, respectivamente, de uma única espécie! Essa incrível variação ontogenética e sexual, que está correlacionada com diferentes mecanismos alimentares, é a mais extrema entre os vertebrados.

salmão-do-Pacífico, por exemplo, executa uma "dança" de acasalamento ritualizada com seu parceiro reprodutivo, após chegar ao sítio de desova em um riacho de águas rápidas e com fundo de cascalho. Ela então se vira sobre o flanco e cava um ninho com a cauda. À medida que os óvulos são depositados pela fêmea, eles são fertilizados pelo macho. Após a fêmea cobrir os ovos com cascalho, os peixes, exaustos, morrem.

Alguns peixes utilizam estratégias reprodutivas pouco usuais. Os **hermafroditas sequenciais** são espécies que, primeiro, amadurecem sexualmente como um dos sexos e depois mudam para o outro sexo. Em algumas espécies, como muitos budiões e peixes-papagaio, os indivíduos começam como fêmeas, mas depois se tornam machos. Os peixes-palhaço fazem o oposto, iniciando como machos, mas depois se tornam fêmeas. Muitos peixes pequenos da família Serranidae são **hermafroditas sincrônicos**, que apresentam ambos os testículos e ovários funcionais ao mesmo tempo (mas realizam apenas fertilização cruzada). Algumas poucas espécies de peixes consistem apenas em fêmeas. Muitas destas, como a molinésia, *Poecillia formosa*, apresentam uma forma de partenogênese ameiótica, chamada de **ginogênese**, na qual o espermatozoide de uma espécie distinta inicia o desenvolvimento do ovo, mas não contribui com material genético (ver Seção 7.1).

Pouco tempo após um ovo de uma espécie ovípara ser depositado e fertilizado, ele absorve água e a camada externa endurece. Em seguida, ocorre a clivagem e forma-se uma blastoderme, ao redor de uma massa relativamente grande de vitelo. Logo, a massa de vitelo é envolvida pela blastoderme em desenvolvimento, que começa então a assumir um formato de peixe. A maioria dos peixes eclode como uma larva, carregando uma bolsa semitransparente de vitelo, que fornece suprimento alimentar até a boca e o trato digestório estarem desenvolvidos e a larva poder alimentar-se por conta própria (ver Figura 8.21). Após um período de crescimento, a larva passa por uma metamorfose, que é particularmente dramática em muitas espécies marinhas, incluindo as enguias (ver Figura 24.26). A forma do corpo é remodelada, as nadadeiras e os padrões de colorido mudam e o animal torna-se um juvenil com o formato corporal inconfundível de sua espécie.

O crescimento é dependente da temperatura. Assim, os peixes que vivem em regiões temperadas crescem rapidamente no verão, quando as temperaturas são altas e o alimento é abundante, mas praticamente param de crescer no inverno. Os anéis anuais nas escamas, chamados **otólitos**, e outras partes ósseas refletem esse crescimento sazonal (Figura 24.29), um registro distintivo conveniente para biólogos que desejam determinar a idade de um peixe. Ao contrário de aves e mamíferos que param de crescer após atingirem a maturidade, a maioria dos peixes reprodutivamente maduros continua a crescer durante toda a vida, embora mais lentamente.

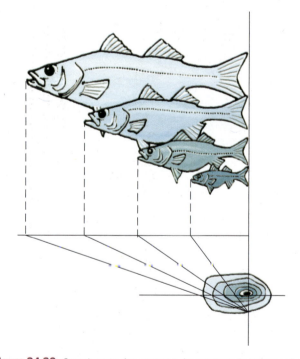

Figura 24.29 Crescimento das escamas. As escamas de peixes sofrem mudanças sazonais nas taxas de crescimento. O crescimento é interrompido durante o inverno, produzindo marcas anuais (ânulos). Cada incremento anual no crescimento da escama é uma proporção para o aumento anual no comprimento do corpo. Os otólitos (concreções calcárias do ouvido) e certos ossos também podem ser utilizados para determinar a idade e a taxa de crescimento em algumas espécies.

Classificação dos peixes atuais

A taxonomia a seguir acolhe principalmente a de Nelson (2006). As prováveis relações desses agrupamentos tradicionais, juntamente com os principais grupos de peixes extintos, são mostradas no cladograma da Figura 24.2. Devido à dificuldade de determinar as relações entre as inúmeras espécies atuais e as fósseis, a classificação dos peixes sofreu, e continuará a sofrer, uma revisão contínua. Como no Capítulo 23, aqui não mostramos as classificações lineana abaixo de subfilo porque uma classificação cladística usando classe e as classificações associadas não foi estabelecida. As hierarquias aninhadas de grupos monofiléticos são mostradas por recuo.

Subfilo Vertebrata

Cyclostomata (do grego *Cyclos*, círculo + *estoma*, boca). Sem maxilares verdadeiros ou apêndices pareados; dentes de queratina; notocorda persistente; vértebras reduzidas ou ausentes em adultos.

Myxini (do grego *myxa*, muco): **feiticeiras**. Boca com quatro pares de tentáculos; funil bucal ausente; 1-16 pares de aberturas de brânquia externas; vértebras rudimentares, apenas em embriões; glândulas de muco presentes. Exemplos: *Myxine*, *Epaptretus*; cerca de 78 espécies, marinhas.

Petromyzontida (do grego *petros*, pedra + *myzon*, sugar): **lampreias**. Boca rodeada por dentes queratinizados, mas sem barbilhões; funil oral presente; sete pares de aberturas branquiais externas; vértebras presentes apenas como arcos neurais. Exemplos: *Petromyzon*, *Ichthyomyzon*, *Lampetra*; 41 espécies, de água doce e anádromo.

Gnathostomata (do grego *gnathos*, mandíbula + *stoma*, boca). Maxilares presentes; apêndices pareados presentes (perdidos secundariamente em algumas formas); três pares de canais semicirculares; notocorda parcial ou completamente substituída por centros vertebrais.

Chondrichthyes (do grego *chondros*, cartilagem + *ichthys*, peixe): **peixes cartilaginosos**. Esqueleto cartilaginoso; dentes não fusionados aos maxilares e geralmente substituídos; sem bexiga natatória; intestino com válvula espiral; clásper presente nos machos.

Elasmobranchii (do grego *elasmos*, achatado + *branchia*, brânquias): **tubarões e raias**. Escamas placoides ou derivados (escudos e espinhos) geralmente presentes; cinco a sete arcos branquiais e fendas branquiais em câmaras separadas ao longo da faringe; mandíbula superior não fusionada ao crânio. Exemplos: *Squalus*, *Raja*, *Sphyrna*; aproximadamente 1.150 espécies, a maior parte marinha.

Holocephali (do grego *holos*, inteiro + *kephale*, cabeça): **quimeras, peixes-rato**. Escamas ausentes; quatro fendas branquiais cobertas por um opérculo; maxilares com placas de dentes; órgão acessório para segurar (tentáculo) nos machos; mandíbula superior fundida ao crânio. Exemplos: *Chimaera*, *Hydrolagus*; 48 espécies, marinhas.

Actinopterygii (do grego *aktis*, raio + *pteryx*, nadadeira, asa): **peixes de nadadeiras raiadas**. Esqueleto ossificado; brânquias cobertas por opérculo ósseo; nadadeiras pareadas suportadas principalmente por raios dérmicos; musculatura da nadadeira dentro do corpo; bexiga natatória principalmente para flutuação, se houver; átrio e ventrículo não divididos; dentes com cobertura esmaltada.

Cladistia (do grego *cladi*, ramo): **bichires**. Escamas ganoides romboides; pulmões; espiráculo presente; nadadeira dorsal consistindo em 5 a 18 pínulas. Exemplos: *Polypterus*; aproximadamente 16 espécies, de água doce.

Chondrostei (do grego *chondros*, cartilagem + *osteon*, osso): **Peixes-espátula, esturjões**. Esqueleto essencialmente cartilaginoso; nadadeira caudal heterocerca; escudos grandes ou escamas ganoides diminutas presentes; espiráculo geralmente presente; raios das nadadeiras em maior número do que seus elementos de suporte. Exemplos: *Polyodon*, *Acipenser*; 29 espécies, de água doce e anádromo.

Neopterygii (do grego *neo*, novo + *pteryx*, nadadeira, asa): **"gars", âmia, teleósteos**. Esqueleto primariamente ósseo; nadadeira caudal geralmente homocerca; escamas cicloides, ctenoides, ausentes ou raramente ganoides. Exemplos: *Amia, Lepisosteus, Anguilla Oncorhynchus, Perca*; aproximadamente 29.600 espécies; praticamente todos os hábitats aquáticos.

Sarcopterygii (do grego *sarkos*, carne + *pteryx*, nadadeira, asa): **peixes de nadadeiras lobadas, tetrápodes**. Esqueleto ossificado; brânquias cobertas por opérculo ósseo; nadadeiras pareadas com esqueleto interno robusto e musculatura dentro dos membros; nadadeira caudal dificerca; geralmente com pulmões; átrio e ventrículo pelo menos parcialmente divididos; dentes com cobertura de esmalte. Exemplos: *Latimeria* (celacantos); *Neoceratodus, Lepidosiren, Protopterus* (peixes pulmonados); 8 espécies, marinhos e de água doce.

RESUMO

Seção	Conceito-chave
24.1 Ancestralidade e relações dos principais grupos de peixes	• Os peixes são vertebrados aquáticos que respiram por brânquias, com nadadeiras como apêndices • Os primeiros peixes surgiram no período Cambriano e não tinham maxilas • Existem cinco clados principais mutuamente excludentes contendo os peixes atuais: Myxini (feiticeiras ou peixes-bruxa), Petromyzontida (lampreias); Chondrichthyes (peixes cartilaginosos); Actinopterygii (peixes ósseos com nadadeiras raiadas); e Sarcopterygii (peixes ósseos com nadadeiras lobadas)
24.2 Peixes atuais sem mandíbula	• As feiticeiras e as lampreias são peixes sem mandíbula (maxilas), semelhantes a enguias e sem nadadeiras pareadas que formam o clado Cyclostomata • Feiticeiras são peixes marinhos que produzem muco como defesa. Elas se alimentam de invertebrados e carcaças usando dentes queratinizados em sua boca • As lampreias são anádromas ou de água doce. Elas têm um estágio larval de alimentação por filtração chamado amocete. Os adultos não se alimentam ou se alimentam de outros peixes utilizando suas bocas semelhantes a discos

Seção	Conceito-chave
24.3 Chondrichthyes: peixes cartilaginosos	• Chondrichthyes incluem tubarões, raias e quimeras • Eles são caracterizados por maxilares fortes, nadadeiras pareadas, um esqueleto de cartilagem e órgãos sensoriais bem desenvolvidos, incluindo uma linha lateral para detectar vibrações de água e eletrorreceptores para detectar campos elétricos de suas presas • Todos são predadores e têm dentes com esmalte duro • A reprodução em tubarões e raias é diversa, embora todos usem fertilização interna. Alguns são ovíparos (postura de ovos) e outros são vivíparos, com desenvolvimento ocorrendo no útero da mãe. As necessidades nutricionais de embriões vivíparos podem ser supridas exclusivamente por seu saco vitelino (ovoviviparidade) ou por uma conexão placentária com a mãe
24.4 Osteichthyes: peixes ósseos	• Os peixes Osteichthyes têm endoesqueletos ósseos, e são divididos em Sarcopterygii e Actinopterygii • Sarcopterygii inclui os peixes de nadadeiras lobadas (peixes pulmonados e celacantos) e os tetrápodes (vertebrados terrestres) • Actinopterygii é composto pelos peixes com nadadeiras raiadas, a maioria dos quais são os teleósteos, um enorme grupo caracterizado por adaptações que aprimoram movimentos precisos e alimentação por sucção • Os primeiros peixes ósseos tinham escamas pesadas, geralmente ganoides, enquanto os peixes posteriores (teleósteos) tinham escamas ctenoides ou cicloides mais leves
24.5 Adaptações estruturais e funcionais de peixes	• A maioria dos peixes nada por meio de contrações ondulatórias dos músculos do corpo, gerando impulso contra a água. Peixes semelhantes a enguias oscilam o corpo todo, mas peixes mais rápidos, como a truta e o atum, limitam o movimento à região caudal (cauda) do corpo • Os peixes ósseos alcançam flutuabilidade neutra na água com uma bexiga natatória cheia de gás. O gás (oxigênio) é adicionado à bexiga natatória à partir da corrente sanguínea na glândula gasosa, e o gás é removido da bexiga natatória para a corrente sanguínea no ovale. Os tubarões não têm bexiga natatória, mas alcançam flutuabilidade quase neutra devido à presença de óleos leves em seu corpo • A sensibilidade aos sons é aprimorada pelos ossículos de Weber que transmitem sons da bexiga natatória para a orelha interna • As brânquias dos peixes, tendo fluxo contracorrente eficiente entre a água e o sangue, facilitam altas taxas de troca de oxigênio • Em peixes ósseos, a regulação osmótica ocorre principalmente nas brânquias e nos rins. Os peixes marinhos, que são hiposmóticos em relação à água do mar, bebem água e bombeiam íons para fora nas brânquias e nos rins. Os peixes de água doce, que são hiperosmóticos em relação à água circundante, bombeiam íons para dentro nas brânquias e excretam urina diluída nos rins • Os peixes ósseos têm uma variedade de modos de alimentação. Os carnívoros são os mais comuns, mas também existem muitos herbívoros, planctívoros e necrófagos • Oviparidade e ausência de cuidado parental é o modo reprodutivo mais comum, embora viviparidade seja comum em alguns grupos e alguns peixes exibam cuidado parental com seus ovos ou filhotes. Alguns peixes são hermafroditas • Os peixes catádromos (como as enguias) migram da água doce para a salgada para desovar; enquanto os anádromos (como o salmão) migram da água salgada ou de lagos para riachos de água doce para desovar

QUESTÕES DE REVISÃO

1. Forneça uma breve descrição dos peixes, citando características que os diferenciem de todos os outros animais.
2. Quais as características que diferenciam feiticeiras e lampreias de todos os outros peixes? Como elas divergem morfologicamente umas das outras?
3. Descreva o comportamento alimentar de feiticeiras e lampreias. Como elas se diferenciam nesse aspecto?
4. Descreva o ciclo de vida das lampreias marinhas, *Petromyzon marinus*, e a história de sua invasão nos Grandes Lagos.
5. Por que os tubarões estão bem equipados para um hábito de vida predatório?
6. Qual é a função do sistema da linha lateral? Onde os receptores estão localizados?
7. Explique como os peixes ósseos diferem de tubarões e raias nos seguintes sistemas ou características: esqueleto, escamas, flutuação, respiração e reprodução.
8. Associe os peixes de nadadeiras raiadas da coluna da direita ao grupo ao qual cada um pertence na coluna da esquerda:

 — condrósteos   a. perca
 — neopterígio não teleósteo   b. esturjão
 — teleósteo   c. "gar"
            d. salmão
            e. peixe-espátula
            f. *Amia*

9. Faça um cladograma que inclua os seguintes grupos de peixes: quimeras, feiticeiras, lampreias, salmões, tubarões e esturjões. Inclua as seguintes sinapomorfias no diagrama: clásper, osso endocondral, nadadeiras com ossos fortes, maxilares, dentes queratinizados e vértebras.
10. Liste quatro características dos teleósteos que contribuíram para sua incrível diversidade e abundância.
11. Quais características morfológicas distinguem os peixes de nadadeiras lobadas? Qual é o significado literal de Sarcopterygii, o táxon que compreende peixes com nadadeiras lobadas e tetrápodes?
12. Explique como os peixes pulmonados são adaptados para sobreviver fora d'água.
13. Descreva as descobertas dos celacantos atuais. Qual o significado evolutivo do grupo ao qual eles pertencem?
14. Compare os movimentos de natação das enguias com os da truta e explique por que o último é mais eficiente para locomoção rápida.
15. Tubarões e peixes ósseos conseguem a flutuabilidade neutra de modos distintos. Descreva os métodos que evoluíram em cada grupo. Por que um peixe teleósteo precisa ajustar o volume de gás em sua bexiga natatória quando nada para cima ou para baixo? Como o volume de gás é ajustado?
16. O que significa "fluxo contracorrente" e como isso se aplica às brânquias dos peixes?
17. Como os ossículos de Weber aumentam a sensibilidade dos peixes aos sons?
18. Compare o problema osmótico e o mecanismo de regulação osmótica em peixes de água doce e marinhos.
19. Dois principais grupos de peixes, com respeito ao comportamento alimentar, são os carnívoros e os comedores de suspensão. Como esses dois grupos estão adaptados para seu comportamento alimentar?
20. Descreva o ciclo de vida de enguias de água doce.
21. Como os salmões-do-Pacífico adultos encontram o caminho de volta a seu rio de origem para desovar?
22. Qual modo de reprodução em peixes é descrito pelos seguintes termos: "ovíparos", "ovovivíparos", "vivíparos placentados"?
23. As reproduções de peixes marinhos pelágicos e de peixes bentônicos de água doce são nitidamente distintas. Como e por que elas diferem?

Para reflexão. Em relação à osmorregulação, que mudanças fisiológicas e comportamentais ocorreriam quando um peixe migrasse de um riacho de água doce para o oceano?

25 Tetrápodes Primitivos e Anfíbios Modernos

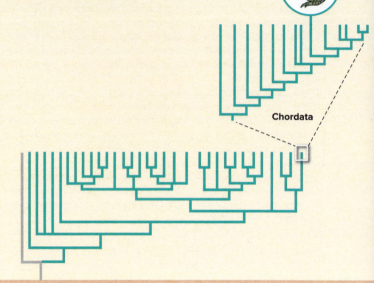

OBJETIVOS DE APRENDIZAGEM

Após leitura do capítulo, você será capaz de:

25.1 Explicar a hipótese favorecida para a origem evolutiva dos tetrápodes.

25.2 Explicar as principais características e hipóteses de origem evolutiva dos anfíbios modernos.

25.3 Explicar as principais características das cecílias, da ordem Gymnophiona dos anfíbios.

25.4 Explicar as principais características das salamandras, da ordem Urodela dos anfíbios, incluindo ciclos de vida, respiração e pedomorfose.

25.5 Explicar as principais características das rãs, da ordem Anura dos anfíbios, incluindo seus principais sistemas corporais.

Um girino de rã em metamorfose.
iStock@Napat_Polchoke

Da água para a terra na ontogenia e na filogenia

Um coro de rãs ao lado de uma lagoa, na primavera, anuncia o início de um novo ciclo de vida. As rãs produzem massas de ovos dos quais mais tarde eclodem girinos muito semelhantes a peixes, desprovidos de membros e com respiração branquial, que se alimentam e crescem. Então uma transformação fantástica acontece. As pernas posteriores aparecem e gradualmente crescem. A cauda encurta e, finalmente, desaparece. Os dentes típicos da larva e as brânquias são perdidos. As pálpebras se desenvolvem. Os membros anteriores emergem. Em poucas semanas, o girino aquático completou sua metamorfose em uma rã adulto.

A transição evolutiva da água para a terra não ocorreu em semanas, mas ao longo de milhões de anos. Uma extensa série de alterações cumulativamente adaptou o plano corporal dos vertebrados para a vida na terra. A origem dos vertebrados terrestres é uma conquista notável – uma conquista que não ocorreria novamente porque os competidores bem estabelecidos excluiriam as formas transicionais pouco adaptadas.

Os anfíbios incluem os únicos vertebrados vivos que têm uma transição da água para a terra tanto em sua ontogenia quanto em sua filogenia. Mesmo depois de 350 milhões de anos de evolução, os anfíbios não chegaram a atingir uma existência plenamente terrestre, e permanecem transitando entre ambientes aquáticos e terrestres. Essa vida dupla está expressa em seu nome. Mesmo os anfíbios mais bem adaptados à vida terrestre não podem afastar-se muito de condições mínimas de umidade. Muitos, entretanto, desenvolveram formas de manter seus ovos na água, onde suas larvas estariam expostas a inimigos.

- **PHYLUM CHORDATA**
- **CLASS AMPHIBIA**

A vida na terra é um tema importante relacionado com os demais grupos de vertebrados, que compõem um clado denominado superclasse Tetrapoda. Os anfíbios e os amniotas (incluindo os répteis não aves, aves e mamíferos) são os dois ramos principais da filogenia dos **tetrápodes**, que têm origem no período Devoniano. Muitas linhagens de tetrápodes perderam um ou ambos os pares de apêndices que conferem o nome ao grupo; alguns exemplos dentro dos anfíbios são os sinerídeos, um grupo de salamandras, e cecílias (ver Seção 25.3). Os anfíbios são tetrápodes ectotérmicos (ver Seção 30.4), que dependem do contexto ambiental em vez de energia metabólica para regular a temperatura corporal. Muitos dependem de riachos ou de lagoas para a reprodução. Neste capítulo, revisaremos as origens dos vertebrados terrestres e discutiremos o ramo dos anfíbios em detalhe. Os grandes grupos de amniotas serão discutidos nos Capítulos 26 a 28.

A transição da água para a terra é talvez o evento mais dramático da evolução animal porque envolve a invasão de um hábitat fisicamente perigoso. A vida teve origem na água. Os animais são predominantemente compostos de água e todas as atividades celulares ocorrem em meio aquoso. No entanto, os organismos invadiram a terra, levando consigo sua composição aquosa. As plantas vasculares, gastrópodes pulmonados e artrópodes traqueados completaram essa transição muito antes dos vertebrados, e assim constituíram o suprimento alimentar que, finalmente, seria utilizado pelos vertebrados terrestres. Embora a invasão da terra tenha exigido modificações em quase todos os sistemas de órgãos, os vertebrados aquáticos e terrestres conservam muitas similaridades estruturais e funcionais. Observamos a transição entre vertebrados aquáticos e terrestres mais claramente hoje em muitos anfíbios atuais, que fazem essa transição durante as suas próprias histórias de vida.

As diferenças físicas importantes com as quais os animais devem conviver na transição da água para a terra incluem (1) disponibilidade de oxigênio, (2) densidade, (3) termorregulação e (4) diversidade de hábitat. O oxigênio é pelo menos 20 vezes mais abundante no ar e difunde-se muito mais rapidamente nesse ambiente do que na água. Assim, ele estará prontamente acessível a animais com pulmões e/ou superfície de pele adequada para a troca gasosa respiratória. Em comparação com a água, o ar tem densidade de flutuação mil vezes menor e 50 vezes menos viscosidade. Assim, o ar oferece relativamente pouca sustentação contra a gravidade, exigindo que os animais terrestres desenvolvam membros fortes e remodelem seu esqueleto em busca de um suporte estrutural adequado. A temperatura do ar varia mais rapidamente do que a da água, e os ambientes terrestres passam por ciclos discrepantes e imprevisíveis de congelamento, degelo, secas e inundações. Os animais terrestres dependem de estratégias comportamentais e fisiológicas para se protegerem dos extremos de temperatura.

25.1 ORIGEM DOS TETRÁPODES NO DEVONIANO

No período Devoniano, que teve início cerca de 416 milhões de anos atrás, os peixes ósseos já tinham se diversificado e incluíam muitas formas características de água doce. Uma combinação importante de características que evoluíram originalmente em hábitats aquáticos permitiu o acesso aos hábitats terrestres (Figura 25.1). Entre tais características, estão duas estruturas conectadas à faringe: uma vesícula de ar que funcionava como uma bexiga natatória, e narinas internas duplicadas (origem evolutiva mostrada na Figura 25.2) que atuavam na quimiorrecepção. Em terra, essa combinação de estruturas captaria ar rico em oxigênio, pelas narinas, para dentro da cavidade preenchida de ar, cuja superfície permitiria alguma troca de gases respiratórios com os fluidos corporais. Os elementos ósseos das nadadeiras pareadas, modificados para sustentação e movimento sobre as superfícies subaquáticas (origem evolutiva mostrada na Figura 25.2), ganharam força suficiente para sustentação e movimentação do corpo na terra.

Portanto, as narinas internas, a cavidade cheia de ar e os membros pareados de um ancestral tetrápode possibilitaram a evolução da respiração e sustentação terrestres. A cavidade com ar ilustra o princípio evolutivo importante da exaptação (ver Seção 6.2), em que uma estrutura que evoluiu por meio de seleção natural para determinada função inicial mais tarde passa a ser empregada em uma nova função. É importante notar que as cavidades preenchidas com ar denominadas "pulmões" e "bexigas natatórias" são estruturas homólogas, e os nomes empregados distinguem seu papel de respiração aérea (nos peixes pulmonados) ou de flutuabilidade (nos peixes de nadadeiras raiadas). Os zoólogos continuam a debater se a função original da cavidade de ar era a de atuar como pulmão ou como bexiga natatória.

Os hábitats de água doce são inerentemente instáveis, suscetíveis à evaporação ou ao esgotamento do oxigênio dissolvido necessário para a manutenção da vida dos vertebrados. Portanto, não surpreende o fato de muitos grupos de peixes dotados de uma combinação de estruturas que pudesse ser alternativamente empregada na respiração e na locomoção terrestres evoluíssem algum grau de terrestrialidade. Os peixes pulmonados e actinopterígeos da família Gobiidae são exemplos ilustrativos de evolução da terrestrialidade entre os peixes; entretanto, apenas uma dessas transições, ocorrida no período Devoniano inferior, levou à linhagem ancestral de todos os vertebrados tetrápodes. Essa linhagem evoluiu em última instância as adaptações características dos tetrápodes para respiração aérea, incluindo um aumento da vascularização da cavidade de ar com uma rica rede de capilares para formar um pulmão eficiente, e uma **circulação dupla** para direcionar o sangue desoxigenado no sentido dos pulmões e o sangue oxigenado dos pulmões para os outros tecidos corporais (ver Seção 31.3).

Os tetrápodes evoluíram seus membros em um hábitat aquático ancestral durante o período Devoniano, antes de ocuparem a terra de fato. Embora as nadadeiras dos peixes possam parecer muito diferentes dos membros articulados dos tetrápodes, um exame dos elementos ósseos das nadadeiras dos peixes de nadadeiras lobadas mostra que elas se assemelham amplamente às estruturas homólogas dos membros dos anfíbios. Em *Eusthenopteron*, um peixe sarcopterígio do Devoniano, podem-se reconhecer um elemento ósseo proximal (úmero) e dois elementos distais (rádio e ulna) do membro anterior, bem como outros elementos homólogos aos ossos do pulso dos tetrápodes (Figura 25.3). *Eusthenopteron* podia rastejar pelo fundo lodoso dos charcos com auxílio de suas nadadeiras, mas não era capaz de caminhar em postura ereta porque os movimentos para a frente e para trás das nadadeiras eram limitados a cerca de 20 a 25°. O gênero fóssil *Tiktaalik*, que viveu há aproximadamente 375 milhões de anos, é morfologicamente intermediário entre peixes sarcopterígios e tetrápodes. *Tiktaalik* provavelmente habitava correntezas ou pântanos rasos, pobres em oxigênio, utilizando seus apêndices para sustentar o corpo e manter o focinho acima da superfície da água para respirar. Esses animais podem também ter cruzado pequenas distâncias em terra.

Acanthostega, um dos primeiros tetrápodes conhecidos do Devoniano, tinha membros tetrápodes bem desenvolvidos com dígitos claramente formados, tanto nos membros anteriores quanto nos

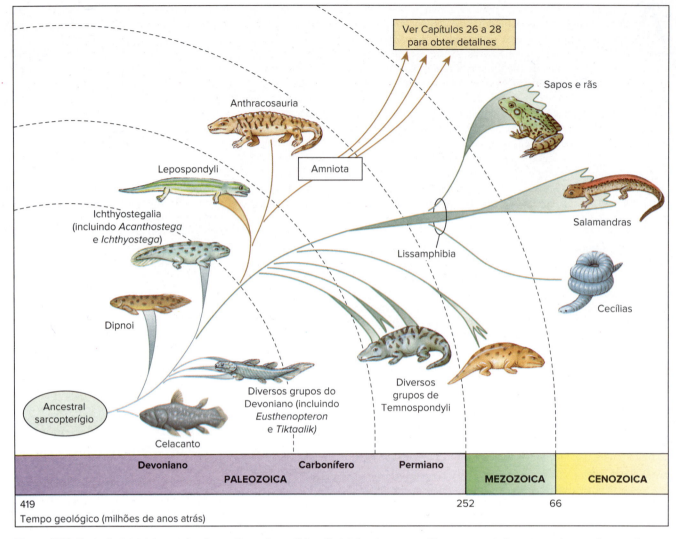

Figura 25.1 Evolução inicial dos tetrápodes e origem dos anfíbios. Os tetrápodes compartilham o ancestral comum mais recente com diversos grupos do Devoniano. Os anfíbios compartilham o ancestral comum mais recente com diversos temnospôndilos dos períodos Carbonífero e Permiano da Era Paleozoica e do período Triássico da Era Mesozoica.

posteriores, mas esses membros eram de construção frágil para suspender o corpo e caminhar em terra. *Acanthostega* e *Ichthyostega*, ambos de aproximadamente 365 milhões de anos atrás, revelam que os primeiros tetrápodes tinham mais de cinco dígitos por membro e que o padrão pentadáctilo mais característico das formas vivas se estabilizou posteriormente na evolução do grupo.

Ichthyostega (do grego *ichthys*, peixe + *stegē*, teto, ou cobertura, em referência ao teto do crânio que era semelhante ao dos peixes) apresentava várias adaptações, além dos membros articulados, que o equipavam para a vida na terra. Entre elas incluem-se vértebras mais fortes, músculos associados à sustentação do corpo no ar e à elevação da cabeça, cinturas pélvica e escapular reforçadas, caixa torácica protetora, estrutura do ouvido modificada para a detecção do som disperso no ar, encurtamento da região anterior do crânio e alongamento do focinho. Não obstante, *Ichthyostega* se assemelhava às formas aquáticas por ainda apresentar uma cauda completa com raios de nadadeiras, além de ossos operculares bem desenvolvidos cobrindo as brânquias.

As relações evolutivas dos primeiros grupos de tetrápodes permanecem controversas. Apresentamos um cladograma provisório (Figura 25.2), que quase certamente passará por revisão à medida que novos dados forem relatados.

Tema-chave 25.1

CIÊNCIA EXPLICADA

Ichthyostega

Os ossos de *Ichthyostega*, o mais minuciosamente estudado dentre todos os primeiros tetrápodes, foram primeiramente descobertos nas encostas montanhosas do leste da Groenlândia em 1897, por cientistas suecos que procuravam três exploradores que tinham então se perdido na região 2 anos antes, durante uma tentativa fracassada de chegar ao Polo Norte em um balão. As expedições posteriores realizadas por Gunar Säve-Söderberg descobriram crânios de *Ichthyostega*, mas Säve-Söderberg faleceu aos 38 anos, antes de poder estudar os crânios. Após o retorno de paleontólogos suecos a essa área da Groenlândia, restos do esqueleto de *Ichthyostega* foram encontrados e Erik Jarvik, um dos assistentes de Säve-Söderberg, examinou o esqueleto em detalhe. Essa investigação tornou-se o trabalho de sua vida, resultando na descrição de *Ichthyostega*, que ainda é a mais detalhada dentre as de todos os tetrápodes do Paleozoico. Jarvik sofreu um sério AVC aos 88 anos, em 1994, quando já havia praticamente concluído uma extensa monografia sobre *Ichthyostega*, que foi publicada em 1996.

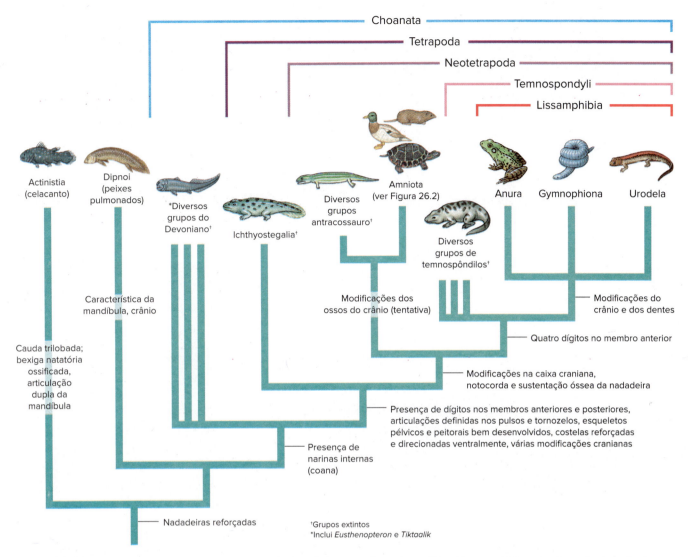

Figura 25.2 Tentativa de um cladograma dos Tetrapoda com ênfase na origem dos anfíbios. Entre os Ichthyostegalia estão *Acanthostega* e *Ichthyostega*.

25.2 TEMNOSPÔNDILOS E OS ANFÍBIOS MODERNOS

Várias linhagens extintas, além de **Lissamphibia** (anfíbios modernos), formam um grupo denominado **temnospôndilos**. Os lissanfíbios surgiram durante o Carbonífero e diversificaram-se, resultando em mais de 25 famílias extintas. Entre os temnospôndilos, apenas os anfíbios atuais sobreviveram à extinção em massa do fim do Cretáceo. As hipóteses de que os anfíbios vivos surgiram dentro dos temnospôndilos e de que todos os temnospôndilos estão mais próximos dos anfíbios do que dos amniotas não são universalmente aceitas. Alguns paleontólogos consideram que os temnospôndilos extintos formam um clado fora tetrápodes atuais. No entanto, a grande semelhança da estrutura dentária de alguns temnospôndilos com os de sapos e salamandras dá suporte à hipótese de origem de anfíbios modernos dentro de temnospôndilos.

Esse é o arranjo mostrado na Figura 25.2, com linhagens de temnospôndilos todas localizadas mais próximas dos anfíbios do que dos amniotas. Os temnospôndilos geralmente têm apenas quatro dígitos no membro anterior, em vez dos típicos cinco dígitos da maioria dos tetrápodes.

Os lissanfíbios provavelmente surgiram durante o final do período Carbonífero e mais tarde diversificaram-se, provavelmente no início do período Triássico, originando os ancestrais dos três grandes grupos de anfíbios atuais, **sapo** (Anura ou Salientia), **salamandras** (Caudata ou Urodela) e **cecílias** (Apoda ou Gymnophiona).

Os primeiros fósseis atribuíveis aos anfíbios modernos aparecem no período Permiano Médio.

Lepospôndilos e **antracossauros**, dois outros grupos de tetrápodes do Carbonífero e do Permiano, geralmente reconhecidos, mas ainda discutidos, são considerados mais próximos aos amniotas do que aos temnospôndilos (Figura 25.2), com base na estrutura do crânio. Abordaremos o ramo dos Amniota na filogenia dos tetrápodes nos Capítulos 26 a 28.

As três ordens de anfíbios atuais compreendem mais de 7.935 espécies. A maioria compartilha adaptações à vida na terra, incluindo um esqueleto reforçado.

Na história de vida ancestral dos anfíbios, os ovos são aquáticos e eclodem dando origem a uma larva aquática que utiliza brânquias para sua respiração. Uma metamorfose se segue, quando as brânquias se perdem. Os anfíbios metamorfoseados utilizam respiração cutânea em terra, e muitos têm pulmões que existem

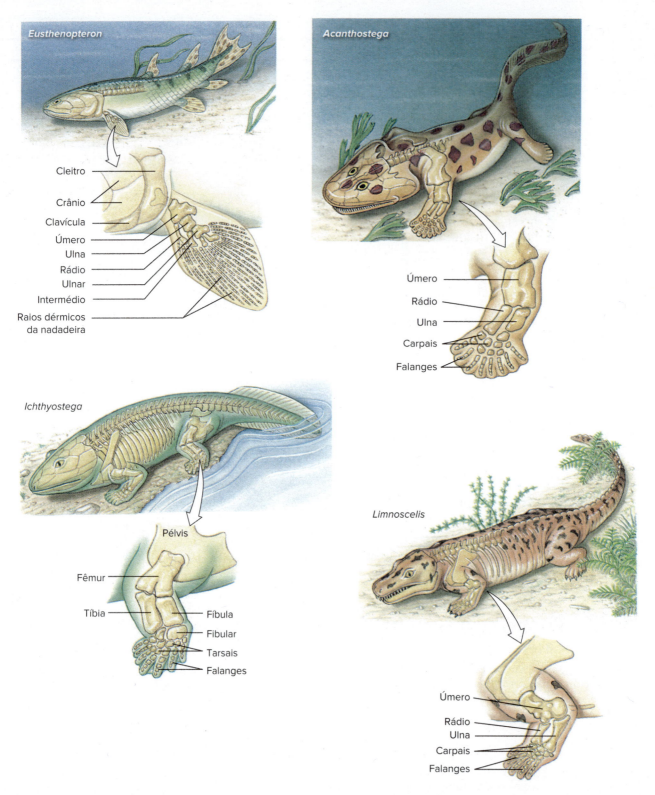

Figura 25.3 Evolução dos membros locomotores dos tetrápodes. Os membros dos tetrápodes evoluíram a partir das nadadeiras de peixes do Paleozoico. *Eusthenopteron* (Rhipidistia), um peixe de nadadeiras lobadas do Devoniano Superior, tinha nadadeiras musculares pareadas sustentadas por elementos ósseos que precederam os ossos dos membros tetrápodes. A nadadeira anterior continha um osso proximal (úmero), dois ossos distais (rádio e ulna) e elementos menores homólogos aos ossos do pulso dos tetrápodes. Como é típico nos peixes, a cintura escapular, consistindo em cleitro, clavícula e outros ossos, era firmemente conectada ao crânio. Em *Acanthostega*, um dos primeiros tetrápodes conhecidos do Devoniano (aparecendo há cerca de 360 milhões de anos), os raios dérmicos das nadadeiras anteriores foram substituídos por oito dedos totalmente desenvolvidos. É provável que *Acanthostega* fosse uma forma exclusivamente aquática porque seus membros eram muito frágeis para o deslocamento em terra. *Ichthyostega*, um fóssil contemporâneo de *Acanthostega*, tinha membros tetrápodes totalmente formados e deve ter sido capaz de caminhar sobre a terra. O membro posterior tinha sete dedos (desconhece-se o número de dígitos do membro anterior). *Limnoscelis*, um antracossauro do período Carbonífero (cerca de 300 milhões de anos atrás), tinha cinco dígitos, tanto nos membros anteriores quanto nos posteriores, que consistem no plano básico pentadáctilo que se tornou o padrão tetrápode.

durante a fase larval, sendo ativados para respiração aérea na metamorfose. Muitos anfíbios retêm esse padrão geral, mas exceções importantes incluem algumas salamandras que não sofrem metamorfose completa e mantêm uma morfologia de larva aquática ao longo de toda a vida. Algumas cecílias, algumas rãs e outras salamandras vivem integralmente na terra e não apresentam uma fase larval aquática. Ambas as alternativas são condições evolutivamente derivadas. Algumas rãs, salamandras e cecílias que passam por metamorfose completa podem permanecer aquáticas quando adultas, em vez de se tornarem gradativamente terrestres durante a metamorfose.

Mesmo os anfíbios mais adaptados ao ambiente terrestre permanecem dependentes de ambientes muito úmidos. Sua pele é delgada e requer umidade como forma de proteção contra a dessecação decorrente da exposição ao ar. Os anfíbios também requerem ambientes moderadamente frescos. Como são animais ectotérmicos, sua temperatura corporal varia de acordo com a temperatura ambiental e é determinada por ela, restringindo muito os lugares onde podem viver. Os ambientes úmidos e frescos são especialmente importantes para a reprodução. Os ovos não são bem protegidos contra a dessecação e podem ser depositados diretamente na água ou em superfícies terrestres úmidas.

25.3 CECÍLIAS: ORDEM GYMNOPHIONA (APODA)

A ordem Gymnophiona (do grego *gymnos*, nu + *opineos*, de cobra) contém aproximadamente 210 espécies de animais alongados fossoriais e sem membros, comumente chamados de **cecílias** (Figura 25.4). Elas ocorrem em florestas tropicais da América do Sul (sua principal área de distribuição), África, Índia e Sudeste Asiático. As cecílias possuem um corpo longo e esguio, muitas vértebras, costelas longas e um ânus terminal; algumas possuem pequenas escamas dérmicas na pele. Os olhos são pequenos e as formas adultas de muitas espécies são totalmente cegas. Tentáculos sensoriais especiais estão presentes no focinho. Por serem quase totalmente fossoriais ou aquáticas, as cecílias raramente são observadas.

Seu alimento consiste predominantemente em minhocas e pequenos invertebrados encontrados em galerias.

A fecundação é interna e os machos têm um órgão de cópula eversível para a transferência de espermatozoides para os óvulos. As cecílias frequentemente depositam seus ovos no solo úmido, próximo à água. Algumas espécies têm larvas aquáticas; em outras espécies, o desenvolvimento da larva ocorre todo dentro do ovo. Algumas cecílias protegem seus ovos cuidadosamente em dobras do próprio corpo. A viviparidade também é comum em algumas espécies, nas quais os embriões obtêm nutrientes consumindo a parede do oviduto.

25.4 SALAMANDRAS: ORDEM URODELA (CAUDATA)

A ordem Urodela (do grego *oura*, cauda + *delos*, evidente) compreende os anfíbios com cauda, aproximadamente 725 espécies de salamandras. As salamandras ocorrem em quase todas as regiões temperadas do Hemisfério Norte, sendo abundantes e diversas na América do Norte. Elas também ocorrem em áreas tropicais da América Central e do norte da América do Sul. As salamandras são tipicamente pequenas; a maioria das espécies norte-americanas tem comprimento menor do que 15 cm. Algumas formas aquáticas são consideravelmente maiores, como as salamandras gigantes japonesas, que chegam a comprimentos maiores que 1,5 m.

A maioria das salamandras tem membros anteriores e posteriores de tamanhos semelhantes e posicionados em ângulos retos em relação ao tronco. Em algumas formas aquáticas e fossoriais, os membros são rudimentares ou ausentes.

As salamandras são carnívoras, tanto na fase larval quanto na fase adulta, capturando minhocas, pequenos artrópodes e moluscos. Uma vez que seu alimento é rico em proteínas, elas não armazenam grandes quantidades de gordura ou glicogênio. Como todos os anfíbios, as salamandras são ectotérmicas e apresentam baixa taxa metabólica.

Ciclos de vida

Algumas salamandras são aquáticas ou terrestres ao longo de toda a vida, mas a condição ancestral é metamórfica, incluindo as larvas aquáticas e os adultos terrestres que ocupam locais úmidos sob rochas e troncos em decomposição. Os óvulos da maioria das salamandras são fertilizados internamente; a fêmea captura com sua cloaca um pacote de esperma (**espermatóforo**) previamente depositado por um macho sobre uma folha ou um ramo da vegetação. As espécies aquáticas depositam seus ovos em massas filamentosas ou aglomerados na água. Seus ovos eclodem produzindo uma larva aquática, com brânquias externas e uma cauda em forma de nadadeira. As espécies plenamente terrestres depositam seus ovos agrupados em pequenos blocos semelhantes a cachos de uva sob troncos ou em galerias escavadas no solo úmido; em muitos casos, os adultos protegem seus ovos (Figura 25.5). As espécies terrestres apresentam **desenvolvimento direto**: elas simplesmente não passam pelo estágio larval e eclodem como miniaturas dos pais. Um ciclo de vida particularmente complexo ocorre em alguns tritões americanos, cujas larvas aquáticas sofrem metamorfose para formar juvenis terrestres que, mais tarde, voltam a se metamorfosear produzindo adultos reprodutivos secundariamente aquáticos (Figura 25.6). Entretanto, muitas populações de tritões não passam por um estágio terrestre intermediário, permanecendo plenamente aquáticas.

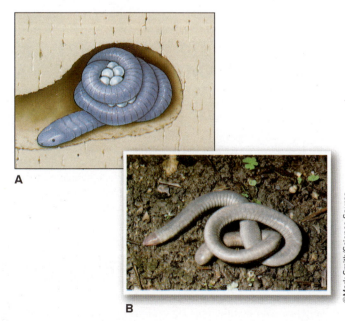

Figura 25.4 **A.** Fêmea de cecília enrolada em torno de seus ovos, dentro da toca. **B.** Cecília-de-cabeça-rosada (*Herpele multiplicata*), nativa da África Ocidental.

Características dos anfíbios modernos

1. **Geralmente quatro membros (quadrúpedes)** organizados em dois pares com ombro/cintura pélvica associados, embora algumas salamandras apresentem apenas membros anteriores e as cecílias não apresentem quaisquer membros; sem unhas verdadeiras; pés normalmente membranosos; **membros anteriores geralmente com quatro dígitos** e membros posteriores com cinco. **Esqueleto em grande parte ósseo**, com número variável de vértebras; salamandras normalmente têm cabeça, pescoço, tronco e cauda bem delimitados; as rãs adultas têm cabeça e tronco fusionados e normalmente não têm cauda; as cecílias têm tronco alongado, não fortemente demarcado a partir da cabeça, e um ânus terminal; **ectodérmico**.
2. **Pele lisa, úmida e glandular**; tegumento modificado para **respiração cutânea**; células pigmentares (cromatóforos) comuns e variáveis; **glândulas granulares** associadas à secreção de compostos de defesa.
3. Crânio relativamente mais leve, menos ossificado, achatado de perfil e com menos ossos do que os vertebrados.
4. Boca geralmente grande com pequenos dentes nas maxilas ou em ambas e no vômer/palato.
5. **Cérebro tripartido** inclui o prosencéfalo (telencéfalo) coordenando o olfato, o mesencéfalo coordenando a visão e o rombencéfalo coordenando a audição e o equilíbrio; dez pares de nervos cranianos.
6. Ouvido com **membrana timpânica** (tímpano) e **estribo** (columela) para transmissão de vibrações à orelha interna; para visão no ar, a córnea em vez do cristalino é a principal superfície de refração da luz; **pálpebras** e **glândulas lacrimais** protegem e lubrificam os olhos; **narinas internas** pareadas se abrem em uma cavidade nasal revestida de **epitélio olfatório** na parte anterior da cavidade bucal.
7. Sexos separados; fertilização externa na maioria das rãs e sapos, mas interna na maioria das salamandras e cecílias por meio de um espermatóforo; predominantemente ovíparos, alguns ovovivíparos ou vivíparos.
8. **Ovos com quantidade moderada de vitelo (mesolécitos) recobertos por membrana gelatinosa**; larva aquática normalmente presente com metamorfose para uma forma adulta mais terrestre.
9. Sistema excretor composto por um par de rins mesonéfricos ou opistonéfricos; ureia é a principal excreta nitrogenada.
10. Respiração cutânea e em algumas formas branquiais e/ou pulmonares; a presença de brânquias e pulmões varia entre as espécies e de acordo com o estágio de desenvolvimento de algumas espécies; formas de rãs com larvas aquáticas perdem as brânquias durante a metamorfose; muitas salamandras retêm as brânquias e um hábitat aquático ao longo de toda a vida; narinas pareadas possibilitam a respiração pelos pulmões; cordas vocais presentes entre os pulmões e os sacos vocais, principalmente em rãs.
11. **Coração com um seio venoso**, dois átrios, um ventrículo, um cone arterial; **circulação dupla**, em que as veias e artérias pulmonares irrigam os pulmões (quando presentes) e retornam sangue oxigenado ao coração; pele fartamente irrigada por vasos sanguíneos.

Figura 25.5 Fêmea de salamandra-acinzentada (*Desmognathus* sp.) cuidando dos seus ovos. Algumas salamandras apresentam cuidado parental, o que inclui girar os ovos e protegê-los de infecções por fungos e do ataque predatório de vários artrópodes e de outras salamandras.

Respiração

As salamandras demonstram uma diversidade incomum de mecanismos respiratórios. Elas compartilham a condição geral dos anfíbios de apresentar uma extensa rede de vascularização na pele que provê trocas respiratórias de oxigênio e dióxido de carbono. Em vários estágios de sua história de vida, as salamandras podem também ter brânquias externas, pulmões, ambos ou mesmo nenhuma dessas estruturas. As salamandras com um estágio larval aquático eclodem com brânquias, mas as perdem se a metamorfose ocorre. Muitas linhagens de salamandras evoluíram formas permanentemente aquáticas que deixam de completar a metamorfose, retêm suas brânquias e uma cauda em forma de nadadeira ao longo de toda a vida. Os pulmões, que representam os órgãos respiratórios mais frequentes em todos os grupos de vertebrados terrestres, são observados desde o nascimento nas salamandras que os possuem, e tornaram-se o principal meio respiratório após a metamorfose.

Embora normalmente os pulmões sejam associados aos organismos terrestres e as brânquias aos aquáticos, a evolução das salamandras produziu formas aquáticas com respiração primariamente pulmonar, bem como formas terrestres totalmente desprovidas de pulmões. As salamandras da família Amphiumidae desenvolveram uma história de vida completamente aquática com uma metamorfose bastante reduzida. Não obstante, essas salamandras perdem suas brânquias antes de atingirem a idade adulta, passando a respirar principalmente pelos pulmões. Esses animais posicionam suas narinas acima da superfície da água para inspirar o ar.

Ao contrário das salamandras da família Amphiumidae, todas as espécies da família Plethodontidae são desprovidas de pulmões, e muitas de suas espécies são estritamente terrestres. Essa grande família inclui mais de 470 espécies, dentre as quais estão muitas salamandras norte-americanas bastante conhecidas (Figura 25.5). A eficiência da respiração cutânea é incrementada por um aumento da penetração de uma rede de capilares na epiderme, ou pela diminuição da espessura da epiderme sobre capilares dérmicos superficiais. A respiração cutânea é suplementada pelo bombeamento de ar pela boca, onde os gases respiratórios são trocados

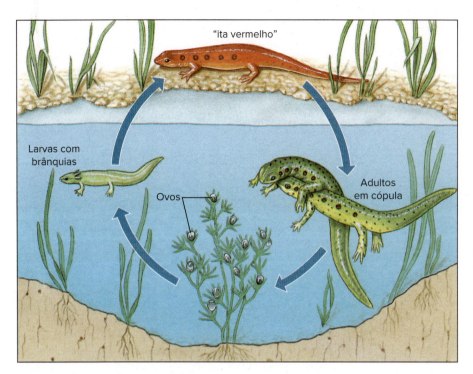

Figura 25.6 História de vida de um tritão-de-pintas-vermelhas, *Notophthalmus viridescens*, da família Salamandridae. Em muitas populações, a larva aquática sofre metamorfose em um estágio "*eft* vermelho" (juvenil) brilhantemente colorido, que permanece em terra entre 1 e 3 anos antes de se transformar em um adulto secundariamente aquático.

por meio das membranas vascularizadas da cavidade bucal (respiração bucofaríngea). A perda evolutiva dos pulmões provavelmente ocorreu em uma linhagem ancestral de pletodontídeos que ocupava rios de correntezas rápidas, onde os pulmões levariam a uma flutuabilidade excessiva. Nesse ambiente, a água deveria ser tão fria e oxigenada que a sobrevivência seria perfeitamente possível apenas com a respiração cutânea. Alguns pletodontídeos têm larvas aquáticas cujas brânquias se perdem na metamorfose. Outros retêm uma forma permanentemente larval com brânquias durante toda a vida. Muitos outros são completamente terrestres e são os únicos vertebrados que não têm nem brânquias, nem pulmões, durante todo o seu ciclo de vida. É curioso que as salamandras mais plenamente adaptadas à vida terrestre tenham evoluído a partir de um grupo que não tinha pulmões.

Pedomorfose

Uma tendência filogenética persistente na evolução das salamandras é a de espécies descendentes reterem na fase adulta características que ocorreram apenas nos estágios pré-adultos de seus ancestrais. Algumas características ancestrais de uma morfologia adulta são consequentemente eliminadas. Essa condição é denominada **pedomorfose** (do grego "forma de criança"). A forma mais dramática de pedomorfose ocorre em espécies que atingem a maturidade sexual ainda conservando as brânquias e o hábito aquático, entre outras características larvais. Essas espécies não metamórficas são **perenibranqueadas** ("permanentemente branquiadas"). As espécies do gênero *Necturus* (Figura 25.7), que habitam substratos submersos em poças e lagos, são um exemplo extremo. Essas e muitas outras salamandras são obrigatoriamente perenibranqueadas; elas não sofrem metamorfose sob nenhuma condição.

Algumas outras espécies de salamandras atingem a maturidade sexual ainda com morfologia larval, mas, diferentemente de *Necturus*, sofrem metamorfose produzindo formas terrestres sob determinadas condições ambientais. As espécies do gênero *Ambystoma* do México e dos EUA incluem formas que se metamorfoseiam naturalmente, bem como formas que não se transformam naturalmente, mas que podem ser induzidas a se metamorfosear por indução experimental com o hormônio da tireoide, tiroxina (T_4). Os indivíduos com brânquias são denominados **axolotles** (Figura 25.7). Seu hábitat típico inclui pequenas lagoas que podem desaparecer pela evaporação da água nos períodos de estiagem. Quando isso acontece, um axolotle sofre metamorfose em uma forma terrestre, perdendo suas brânquias e respirando por meio de pulmões. O animal pode se deslocar por terra à procura de novas fontes de água onde possa se reproduzir. Os axolotles são induzidos a se metamorfosearem artificialmente quando tratados com tiroxina (T_4). Os hormônios da tireoide (T_3 e T_4) são essenciais para a metamorfose dos anfíbios. A glândula pituitária parece não se tornar plenamente ativa em formas que não sofrem metamorfose, não liberando assim o hormônio estimulante da tireoide

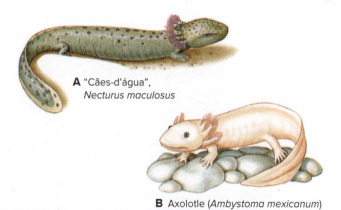

Figura 25.7 Pedomorfose em salamandras. **A.** *Necturus* sp. é uma forma aquática com brânquias durante toda a vida (perenibranquiada). **B.** Um axolotle (*Ambystoma mexicanum*) pode permanecer indefinidamente com brânquias ou, se a água de seu hábitat evaporar completamente, pode também sofrer metamorfose, originando uma forma terrestre que perde as brânquias e respira por pulmões. O axolotle desta figura é uma forma albina muito utilizada em experimentos, mas incomum em populações naturais.

(TSH, ver Seção 34.3), que estimula a produção de hormônios por essa glândula.

A pedomorfose assume muitas formas distintas nas diferentes salamandras. Ela altera a história de vida e a forma de todo o corpo em algumas espécies, enquanto em outras ela altera somente uma ou algumas poucas estruturas. As espécies da família Amphiumidae perdem as brânquias e ativam seus pulmões antes de atingirem a maturidade, mas retêm características da forma corporal típicas de estágios larvais. A pedomorfose é importante mesmo entre os pletodontídeos terrestres, que nunca apresentam um estágio larval aquático. Seus efeitos podem ser vistos, por exemplo, no formato das patas anteriores e posteriores dos pletodontídeos tropicais do gênero *Bolitoglossa*. A morfologia ancestral de *Bolitoglossa* exibe dígitos bem formados que crescem para fora das superfícies plantares das mãos e dos pés durante o desenvolvimento. Algumas espécies aperfeiçoaram sua capacidade de escalar a vegetação lisa, como o tronco de bananeiras, interrompendo o crescimento dos dígitos e retendo pés palmados durante toda a vida. Esses pés conferem sucção, possibilitando a adesão do animal a superfícies verticais lisas, representando assim uma função adaptativa importante.

25.5 SAPOS E RÃS: ORDEM ANURA (SALIENTIA)

As aproximadamente 7 mil espécies de sapos e rãs que compõem a ordem Anura (do grego *an*, sem + *oura*, cauda) são, para a maioria das pessoas, os anfíbios mais familiares. Anura é um grupo antigo, conhecido do início do período Triássico, há quase 250 milhões de anos. Os sapos e rãs ocupam uma grande diversidade de hábitats. Entretanto, sua reprodução no meio aquático e sua pele permeável à água os impedem de se afastar muito das fontes de água, e a ectotermia os restringe de hábitats polares e subárticos. O nome da ordem Anura denota uma característica óbvia do grupo, que é a ausência da cauda nos adultos. Embora todos tenham um estágio larval com cauda durante o desenvolvimento embrionário ou larval, apenas o gênero *Ascaphus* tem estrutura similar a uma cauda na vida adulta. Os sapos e as rãs são especializados para a locomoção aos saltos, como sugere o nome alternativo da ordem, Salientia, que significa saltar.

Podemos observar mais diferenças entre as ordens Anura e Caudata na aparência e nos hábitos de suas larvas. Os ovos da maioria das rãs eclodem na forma de um girino que tem uma cauda longa e em forma de nadadeira, brânquias internas e externas, ausência de membros, partes da boca especializadas à dieta herbívora (larvas e alguns girinos de salamandras são carnívoros) e uma anatomia interna altamente especializada. Assemelha-se muito pouco às rãs adultas. A metamorfose de um girino em uma rã adulta é uma transformação impressionante. A condição perenibranquiada nunca ocorre em sapos e rãs, ao contrário das salamandras.

Os taxonomistas reconhecem 56 famílias de sapos e rãs. As mais conhecidas na América do Norte são as famílias Ranidae, que contém a maioria das rãs que conhecemos (Figura 25.8A), e Hylidae, que inclui as pererecas arborícolas (Figura 25.8B). Os sapos verdadeiros, pertencentes à família Bufonidae, têm pernas curtas, corpos robustos e pele espessa, geralmente com verrugas proeminentes (Figura 25.9). Entretanto, o termo "sapo" é utilizado informalmente também para designar alguns membros terrestres de várias outras famílias.

O maior anuro conhecido é o *Conraua goliath*, da África Ocidental, que mede mais de 30 cm de comprimento entre a ponta do focinho e o ânus (Figura 25.10). Esse gigante se alimenta de animais do tamanho de ratos e patos. As menores rãs já registradas são *Eleutherodactylus iberia* e *Psyllophryne didactyla*, que medem menos de 1 cm de comprimento e representam os menores tetrápodes conhecidos. Essas pequenas rãs são menores do que uma moeda de dez centavos e vivem, respectivamente, em Cuba e nas florestas tropicais do Brasil. A maior rã norte-americana é a rã-touro, *Lithobates catesbeianus* (Figura 25.8A), que pode atingir um comprimento total de 20 cm.

Hábitats e distribuição

Provavelmente, as rãs mais familiares são as espécies da família Ranidae (do grego rã), encontradas por todas as regiões temperadas e tropicais de todo o mundo, exceto na Nova Zelândia, nas ilhas oceânicas e no Sul da América do Sul. Elas geralmente vivem nas proximidades de corpos d'água, embora algumas, como *Lithobates sylvatica*, permaneçam a maior parte do tempo no solo úmido das florestas. Essas rãs provavelmente retornam às lagoas apenas para se reproduzirem no início da primavera. As maiores rãs-touro, *Lithobates catesbeianus*, e as rãs-verdes, *Lithobates*

Figura 25.8 Anuros comuns na América do Norte. **A.** Rã-touro, *Lithobates catesbeianus*, a maior rã americana e prato principal do mercado culinário de pernas de rã (família Ranidae). **B.** Perereca-verde, *Hyla cinerea*, uma habitante comum dos pântanos do Sudeste dos EUA (família Hylidae). Note os discos adesivos nos dígitos.

Figura 25.9 Sapo norte-americano, *Bufo americanus* (família Bufonidae). Esse anfíbio principalmente noturno, mas que nos é familiar, alimenta-se de grandes quantidades de insetos daninhos, bem como de caramujos e minhocas. A pele rugosa contém inúmeras glândulas que produzem um líquido leitoso surpreendentemente venenoso, fornecendo excelente proteção contra muitos potenciais predadores.

Figura 25.10 *Conraua (Gigantorana) goliath* (família Petropedetidae), da África Ocidental, o maior anuro do mundo. Esse exemplar pesou 3,3 kg.

> **Tema-chave 25.2**
> ### ECOLOGIA
> **Declínio dos anfíbios**
>
> As populações de anfíbios estão em declínio em várias partes do mundo, embora muitas espécies continuem prosperando. As infecções epidêmicas por fungos quitrídeos e a perda de hábitat podem explicar muitos desses declínios. As mudanças climáticas, que reduzem a profundidade da água em locais de postura, aumentam a exposição dos embriões à radiação ultravioleta e torna-os mais suscetíveis a infecções por fungos. Os declínios na sobrevivência das populações podem incluir um aumento de indivíduos portadores de malformação, como rãs com membros adicionais. Os membros defeituosos são geralmente associados a infecções por trematódeos (ver Seção 14.3).
>
> Em oposição a esses declínios, pelo menos duas populações de anfíbios introduzidas prosperaram ao ponto de serem consideradas pragas. As rã-de-unhas-africana, *Xenopus laevis* (Figura 25.11), após soltura por laboratórios biomédicos, estão agora bem estabelecidas no sul da Califórnia. O grande sapo marinho *Rhinella marina*, introduzido em Queensland, Austrália, para controlar pragas agrícolas, agora se espalhou para além dos campos agrícolas e é considerado uma praga.

clamitans, são quase sempre encontradas em águas ou pântanos permanentes ou em suas imediações. As rãs-leopardo, *Lithobates pipiens* e espécies aparentadas, têm uma variedade ampla de hábitats e são as rãs com distribuições mais abrangentes da América do Norte; são frequentemente utilizadas em laboratórios de biologia e pesquisas clássicas de eletrofisiologia. São encontradas em praticamente todos os estados dos EUA e se estendem bastante até o norte do Canadá e bem ao sul até o Panamá.

Uma parte predominante das maiores rãs é solitária, exceto durante a estação reprodutiva. Nesse período, a maioria delas, especialmente os machos, é muito barulhenta. Cada macho geralmente ocupa um local elevado específico próximo à água, onde pode permanecer por horas ou mesmo dias, na tentativa de atrair uma fêmea para o local. Em outros períodos, as rãs são silenciosas e sua presença não é detectada até que sejam perturbadas. Quando entram na água, mergulham rapidamente para o fundo, revolvendo o substrato para se esconderem em uma nuvem de água turva. Durante a natação, mantém os membros anteriores junto ao corpo e se impulsionam para a frente empurrando a água com as patas traseiras. Quando emergem para respirar, apenas a cabeça e parte anterior do corpo ficam expostas, e elas utilizam a vegetação disponível como refúgio.

Durante os meses de inverno, a maioria das rãs de climas temperados hiberna nas águas ricas em oxigênio dos lagos e córregos. Seus processos vitais permanecem em um ritmo muito baixo de atividade durante a hibernação, mantidos pela difusão do oxigênio pela pele e pela energia derivada dos estoques de glicogênio e da gordura armazenados pelo corpo durante a primavera e o verão. Muitos anuros terrestres, como as pererecas, hibernam no húmus do solo das florestas. Eles toleram baixas temperaturas e muitas realmente sobrevivem ao congelamento dos fluidos extracelulares, que representam 35% da água do corpo. Essas espécies tolerantes ao congelamento se preparam para o inverno acumulando glicose e glicerol nos fluidos corporais, protegendo assim os tecidos da formação de cristais que normalmente podem provocar lesões.

As rãs adultas têm muitos inimigos, incluindo serpentes, aves aquáticas, tartarugas, guaxinins e seres humanos; diversos peixes são predadores de girinos, fazendo com que poucos deles sobrevivam até a maturidade. Embora a maioria das rãs e dos sapos seja indefesa, muitos dos que ocorrem nas regiões tropicais e

Figura 25.11 A rã-de-unhas-africana *Xenopus laevis*, da África Ocidental. As unhas, uma característica incomum em rãs, encontram-se nos membros posteriores. A espécie foi introduzida na Califórnia, onde é considerada uma praga grave.

subtropicais são agressivos, saltando e mordendo os predadores. Alguns se defendem fingindo-se de mortos. A maioria dos anuros pode inflar seus pulmões de forma a dificultar a deglutição por parte de predadores. Quando perturbados junto à margem de uma lagoa ou de um riacho, uma rã permanece imóvel ou salta na vegetação em busca de refúgio. Quando capturada, pode deixar de resistir por alguns instantes, mas saltando de repente logo em seguida e expelindo urina. A proteção mais eficaz dos sapos reside em sua capacidade de saltar e, em algumas espécies, nas glândulas de veneno. As espécies da família Dendrobatidae utilizam toxinas potentes como forma de defesa.

Tegumento e coloração

A pele de uma rã é fina, úmida e frouxamente conectada ao corpo. Histologicamente, a pele compreende duas camadas: uma **epiderme** externa estratificada e uma **derme** esponjosa mais interna (Figura 25.12). A camada epidérmica, que é perdida periodicamente quando um sapo ou rã fazem "muda", contém depósitos de **queratina**, uma proteína fibrosa rígida que limita a abrasão da pele, bem como a perda de água por ela. A maioria dos anfíbios terrestres como os sapos têm depósitos densos de queratina. Entretanto, a queratina dos anfíbios é mais flexível do que a queratina que forma escamas, garras, penas, cornos e pelos dos amniotas.

A epiderme dá origem a dois tipos de glândulas tegumentares que se desenvolvem mergulhadas na camada frouxa subjacente de tecidos dérmicos. Umas pequenas glândulas **mucosas** produzem um muco protetor insolúvel em água sobre a pele, enquanto grandes glândulas granulares produzem um veneno aquoso e geralmente de coloração esbranquiçada que é altamente irritante para os predadores. Todos os anfíbios produzem veneno na epiderme, mas sua eficiência varia entre as espécies e conforme seus diferentes predadores. O veneno de três espécies de *Phyllobates*, um gênero de pequenos dendrobatídeos sul-americanos, é extremamente tóxico e é utilizado na ponta das flechas dos índios de uma tribo do oeste da Colômbia. A maioria das espécies da família Dendrobatidae produz secreções cutâneas tóxicas, algumas das quais estão entre as secreções animais mais letais que se conhecem. Esses venenos são mais perigosos do que, por exemplo, os venenos das serpentes marinhas ou dos aracnídeos mais venenosos.

A cor da pele dos sapos é produzida, como em outros anfíbios, por células pigmentares especiais, **cromatóforos**, localizados principalmente na derme. Os cromatóforos dos anfíbios, como os de muitos outros vertebrados, são células ramificadas contendo pigmento. Esse pigmento pode ser concentrado em uma pequena área ou disperso pelos prolongamentos para controlar a coloração da pele (Figura 25.13). A maioria dos anfíbios tem três tipos de cromatóforos: os mais superficiais da derme são **xantóforos**, que contêm pigmento amarelo, laranja ou vermelho; logo abaixo destes estão os **iridóforos**, que contêm um pigmento prateado que reflete a luz; e na camada mais profunda da derme estão os **melanóforos**, que contêm melanina, de coloração negra ou marrom. Os iridóforos atuam como pequenos espelhos, que refletem a luz por meio dos xantóforos para produzir as cores brilhantes de muitas de rãs tropicais. Surpreendentemente, os tons esverdeados, tão comuns em espécies de rãs da América do Norte, não são produzidos por pigmentos verdes, mas por uma interação entre xantóforos que contêm um pigmento amarelo e iridóforos subjacentes que refletem e dispersam a luz (Efeito Tyndall) produzindo uma cor azul. A luz azul é filtrada pelo pigmento amarelo logo acima, e assim parece a cor verde. Muitas rãs podem ajustar sua coloração com a coloração do fundo, para diminuir os contrastes com o ambiente e, assim, camuflar-se.

Sistemas esquelético e muscular

Os anfíbios, como outros vertebrados, têm um **endoesqueleto** bem desenvolvido formado por ossos e cartilagens para fornecer sustentação ao corpo e aos movimentos dos músculos. A conquista da terra exigiu a presença de membros que fossem capazes de suportar o peso do corpo, culminando em um novo conjunto de problemas mecânicos. Todo o sistema musculoesquelético de um sapo adulto é especializado para saltar e para nadar pela extensão simultânea dos membros posteriores.

A coluna vertebral dos anfíbios assume um novo papel como estrutura de sustentação do abdome e os membros encontram-se ligados a ela. Ela é uma estrutura rígida que transmite as forças dos membros posteriores para o corpo. Os anuros são ainda caracterizados por um encurtamento extremo do corpo. Sapos têm apenas nove vértebras e um **uróstilo** cilíndrico, que representa as várias vértebras caudais fusionadas em uma única estrutura (cóccix) (Figura 25.14). As cecílias, que não compartilham essas especializações de locomoção, podem ter até 285 vértebras.

O crânio de um sapo é muito diferente do crânio de outros vertebrados; é muito mais leve, tem formato achatado, tem menos ossos e menor ossificação. A região anterior do crânio, que compreende o focinho, os olhos e o encéfalo, é mais desenvolvida, enquanto a região posterior, que nos peixes contém o aparato branquial, é muito reduzida (Figura 25.14).

Os membros apresentam o padrão típico dos tetrápodes, com três articulações principais (quadril, joelho e tornozelo; ombro, cotovelo e pulso). O pé é tipicamente pentarradiado (pentadáctilo) e

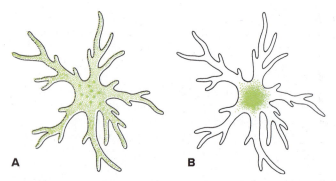

Figura 25.13 Células pigmentares (cromatóforos). **A.** Pigmento disperso. **B.** Pigmento concentrado. A célula pigmentar não se contrai nem se expande; os efeitos de cor são produzidos por fluxos de citoplasma que carregam grânulos de pigmento no sentido das ramificações celulares para produzir um efeito de coloração máxima, ou para a região central da célula para um efeito mínimo. O controle sobre a dispersão ou concentração do pigmento dá-se, principalmente, por estímulos luminosos, que atuam por meio do hormônio da glândula pituitária.

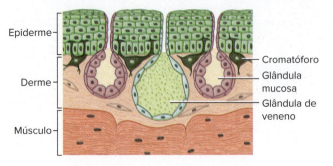

Figura 25.12 Corte da pele de um sapo.

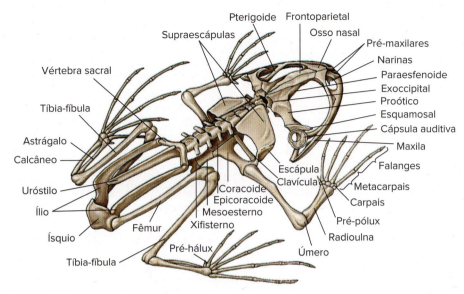

Figura 25.14 Esqueleto de uma rã-touro, *Lithobates catesbeiana*.

a mão é tetrarradiada, com quatro dígitos. Tanto as mãos quanto os pés têm muitas articulações em cada um dos dígitos (Figura 25.14). Esse sistema repetitivo lembra a estrutura das nadadeiras lobadas, que são muito similares aos membros dos anfíbios (ver Figura 25.3). Não é difícil imaginar como as pressões seletivas remodelaram as nadadeiras lobadas ancestrais até atingir a estrutura de membros locomotores terrestres.

Os músculos dos membros são presumivelmente homólogos aos músculos radiais que movimentam as nadadeiras dos peixes, mas o arranjo muscular tornou-se tão complexo nos membros dos tetrápodes que é difícil traçar seus correspondentes exatos na musculatura das nadadeiras. Apesar da complexidade, podemos identificar dois grandes grupos de músculos em qualquer membro: um anterior e ventral, que puxa o membro para a frente e na direção do eixo do corpo (protração e adução), e um segundo grupo de músculos posteriores e dorsais, que puxa o membro para trás e o afasta do eixo do corpo (retração e abdução).

A musculatura do tronco, que nos peixes é organizada em poderosos segmentos musculares (miômeros, ver Seção 24.5) voltados à locomoção por flexão lateral, foi muito modificada durante a evolução dos anfíbios. Os músculos dorsais (epaxiais) estão organizados para sustentar a cabeça e envolver a coluna vertebral. Os músculos ventrais (hipaxiais), que nos peixes, cecílias e salamandras são voltados quase que exclusivamente para a locomoção, nos sapos servem principalmente para comprimir o abdome durante a respiração e flexionar o tronco.

Respiração e vocalização

Os anfíbios utilizam três superfícies respiratórias para realizar trocas gasosas no ar: a pele (respiração cutânea), a boca (respiração bucal) e os pulmões. Os sapos e rãs são mais dependentes da respiração pulmonar do que as salamandras; não obstante, a pele fornece um importante complemento durante as trocas gasosas dos anuros, especialmente durante a hibernação, no inverno. Mesmo quando a respiração pulmonar predomina, o dióxido de carbono é eliminado principalmente pela pele, enquanto o oxigênio é primariamente absorvido pelos pulmões.

Os pulmões são supridos por artérias pulmonares (derivadas do sexto par de arcos aórticos), e o sangue retorna diretamente para o átrio esquerdo pelas veias pulmonares. Os pulmões das rãs são vesículas ovoides elásticas, com suas superfícies internas divididas em redes de septos, que se subdividem em pequenas câmaras de ar terminais chamadas favéolos. Os favéolos dos pulmões das rãs são muito maiores do que os alvéolos de vertebrados amniotas, e, consequentemente, os pulmões apresentam menor superfície relativa para trocas gasosas: a superfície respiratória de *Lithobates pipiens* é de cerca de 20 cm^2 por centímetro cúbico de ar contido nos pulmões, comparada a 300 cm^2 de área respiratória nos seres humanos. O principal desafio na evolução dos pulmões não foi o desenvolvimento de uma superfície vascular interna eficiente, mas sim o mecanismo de movimentação do ar. Uma rã respira por pressão positiva, exercendo uma força para deslocar o ar para dentro do corpo, inflando os pulmões; esse sistema contrasta com o sistema de pressão negativa dos amniotas (ver Seção 31.4, ver Figura 31.19). A respiração de uma rã está explicada na Figura 25.15. Em uma rã viva em repouso, é possível acompanhar os seguintes eventos: movimentos rítmicos da região gular (garganta) ocorrem continuamente antes que os movimentos dos flancos indiquem que os pulmões estejam sendo esvaziados e novamente preenchidos.

As **cordas vocais**, localizadas na **laringe** ou caixa vocal, são muito mais desenvolvidas nos machos do que nas fêmeas. Uma rã produz som pela passagem de ar para a frente e para trás pelas cordas vocais, localizadas entre os pulmões e um par de grandes sacos vocais no assoalho da boca. Estes últimos também atuam como caixas de ressonância nos machos, que se utilizam da voz para atrair parceiras. A maioria das espécies tem padrões de som exclusivos.

Circulação

A circulação dos anfíbios é um sistema fechado de artérias e veias que servem uma vasta rede periférica de capilares, por meio da qual o sangue é propelido por uma única bomba, o coração (ver Seção 31.3). Em relação aos peixes, as principais diferenças de circuito envolvem a mudança da respiração branquial para a pulmonar. A perda das brânquias representou a eliminação de um importante obstáculo ao fluxo do sangue no circuito arterial, mas a respiração pulmonar implica dois novos desafios evolutivos. O primeiro é o surgimento de um circuito sanguíneo para os pulmões. Como já vimos, esse problema foi solucionado pela conversão do sexto arco aórtico em artérias pulmonares para abastecer os pulmões e pelo desenvolvimento de novas veias que reconduzem o sangue oxigenado para o coração. O segundo desafio evolutivo foi a separação da circulação pulmonar do restante da circulação corporal, de forma que o sangue oxigenado pelos pulmões seja enviado para o corpo (circuito sistêmico) e o sangue venoso desoxigenado retorne dos tecidos para os pulmões (circuito pulmonar). Os tetrápodes resolveram esse problema desenvolvendo uma subdivisão na região central do coração, originando uma bomba de pressão dupla que abastece cada um desses circuitos. Entretanto, essa subdivisão é apenas parcial nos anfíbios e na maioria dos répteis não aves; aves e mamíferos têm o coração completamente subdividido em dois átrios e dois ventrículos.

O coração das rãs (Figura 25.16) apresenta dois átrios distintos e um único ventrículo. O sangue oriundo do corpo (circuito

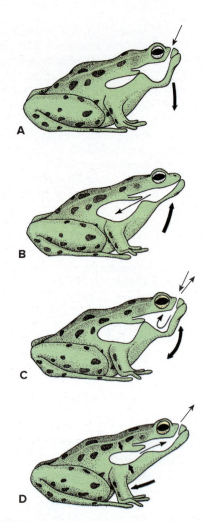

Figura 25.15 A respiração de uma rã. As rãs respiram por pressão positiva que infla seus pulmões, forçando o ar para dentro deles. **A.** O assoalho da boca é abaixado, puxando o ar para dentro, pelas narinas. **B.** Com as narinas fechadas e a glote aberta, a rã força o ar para dentro dos pulmões elevando o assoalho da boca. **C.** Com a glote fechada, a cavidade da boca pode ventilar ritmicamente por algum tempo. **D.** Os pulmões são esvaziados por meio da contração da musculatura da parede do corpo e pela retração elástica dos pulmões.

sistêmico) penetra primeiramente em uma grande câmara, o seio venoso, a partir da qual é aspirado para dentro do átrio direito. O átrio esquerdo recebe sangue oxigenado proveniente dos pulmões e da pele. Os átrios direito e esquerdo contraem-se assincronicamente; dessa forma, mesmo sendo o **ventrículo** uma câmara simples (não dividida), o sangue oxigenado e o sangue venoso praticamente não se misturam ao serem impulsionados para essa câmara. Quando o ventrículo se contrai, o sangue pulmonar oxigenado mergulha dentro do circuito sistêmico, enquanto o sangue sistêmico desoxigenado é lançado no circuito pulmonar. Tal separação sanguínea é auxiliada pela **válvula espiral**, que divide as correntes sistêmica e pulmonar no **cone arterial** (Figura 25.16), e pela diferença de pressão nos vasos pulmonares e sistêmicos que emergem do cone arterial.

Alimentação e digestão

Como a grande maioria dos anfíbios, as rãs adultas são carnívoras, alimentando-se de insetos, aranhas, minhocas, lesmas, caramujos, centopeias e tudo mais que se movimente e seja pequeno

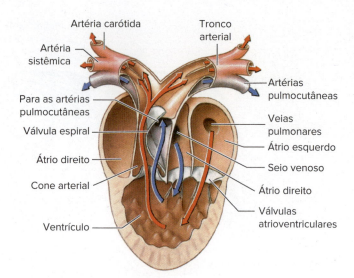

Figura 25.16 Estrutura do coração de uma rã. *Setas vermelhas*, sangue oxigenado. *Setas azuis*, sangue desoxigenado.

o suficiente para ser engolido inteiro. Elas abocanham as presas em movimento com sua língua protrátil, que é presa à região anterior da boca e tem a extremidade posterior livre. Essa extremidade livre é altamente glandular, produzindo uma secreção pegajosa que adere à presa. Quando os dentes estão presentes no pré-maxilar, no maxilar e no vômer, estes não têm o papel de mastigação, mas sim de prender a vítima. O trato digestório de anfíbios adultos é relativamente curto, uma característica da maioria dos carnívoros, e produz uma variedade de enzimas voltadas à digestão de proteínas, carboidratos e gorduras.

As larvas dos anuros (girinos) são geralmente herbívoras, alimentando-se de algas de água doce e outros nutrientes de origem vegetal; elas têm um trato digestório relativamente longo, já que a digestão de matéria vegetal requer fermentações demoradas para que as substâncias úteis sejam absorvidas.

Sistema nervoso e sentidos especiais

Três partes fundamentais do encéfalo – o telencéfalo, que coordena o olfato, o mesencéfalo, que coordena a visão, e o rombencéfalo, que coordena a audição e o equilíbrio – demonstram tendências evolutivas dramáticas nos tetrápodes (ver Seção 33.3). A cefalização aumenta com ênfase no processamento de informação pelo encéfalo e a correspondente perda da independência dos gânglios espinais, capazes apenas de comportamentos estereotipados de reflexo. Não obstante, uma rã com o encéfalo lesionado, mas com a medula espinal intacta, mantém uma postura corporal normal e consegue perfeitamente levantar a pata para se livrar de uma eventual irritação na pele. Ela até usa a perna oposta se a perna mais próxima for segurada.

O telencéfalo (Figura 25.17) contém o centro do olfato, que assume importância mais significativa na terra para a detecção de partículas odoríferas diluídas no ar. O olfato é um dos sentidos especiais dominantes entre as rãs. O restante do telencéfalo, o cérebro, é pouco importante nos anfíbios; em contrapartida, as atividades integrativas mais complexas das rãs ocorrem nos lóbulos ópticos do mesencéfalo. O rombencéfalo é dividido em um cerebelo anterior e em um bulbo posterior. O cerebelo (Figura 25.17), que coordena o equilíbrio e os movimentos, não é bem desenvolvido nos anfíbios. Todos os neurônios sensoriais, exceto os relacionados com a visão e o olfato, passam pelo bulbo, localizado

> ### Taxonomia da classe Amphibia
>
> **Ordem Gymnophiona** (do grego *gymnos,* nu + *ophioneos,* de cobra) **(Apoda): cecílias.** Corpo alongado, desprovido de membros e cinturas escapular e pélvica; escamas dérmicas presentes na pele de alguns representantes; cauda curta ou ausente; 95-285 vértebras; pantropical; 10 famílias, 32 gêneros, aproximadamente 210 espécies.
>
> **Ordem Urodela** (do grego *oura,* cauda + *delos,* evidente) **(Caudata): salamandras.** Corpo com cabeça, tronco e cauda bem definidos; escamas ausentes; geralmente dois pares de membros de tamanhos semelhantes; 10-60 vértebras; predominantemente Holártica; 9 famílias atuais, 68 gêneros, aproximadamente 725 espécies.
>
> **Ordem Anura** (do grego *an,* sem + *oura,* cauda) **(Salientia): sapos e rãs.** Cabeça e tronco fusionados; cauda e escamas ausentes; dois pares de membros; boca grande; pulmões; 6-10 vértebras incluindo o uróstilo (cóccix); cosmopolitas, predominantemente tropicais; 56 famílias, 445 gêneros, aproximadamente 7 mil espécies.

na extremidade anterior da medula espinal. Ali se encontram os centros dos reflexos auditivos, da respiração, da deglutição e do controle vasomotor.

A evolução de uma existência semiterrestre pelos anfíbios exigiu uma reorganização das prioridades dos receptores sensoriais com vistas ao ambiente terrestre. O sistema de linha lateral (acústico-lateral) sensível à pressão, característico dos peixes, permanece somente nas larvas aquáticas dos anfíbios, bem como em algumas espécies de hábito estritamente aquático. Esse sistema não é eficiente no ambiente terrestre, pois foi desenvolvido para detectar objetos por meio de ondas de pressão refletidas no meio aquático.

O ouvido de uma rã é uma estrutura simples, em comparação com os padrões dos amniotas: uma orelha média fechada externamente por uma **membrana timpânica** (tímpano) e contendo uma **columela** (homóloga ao estribo dos mamíferos) que transmite vibrações para a orelha interna (Figura 25.18). Esta última contém um **utrículo**, a partir do qual emergem três canais semicirculares, e um **sáculo** contendo um divertículo, ou **lagena**. A lagena é parcialmente recoberta por uma **membrana tectorial**, cuja estrutura lembra muito a cóclea dos mamíferos (ver Seção 33.4). Na maioria das rãs, essa estrutura é sensível a sons de baixa frequência que não excedem 4.000 Hz (ciclos por segundo); nas rãs-touro, a frequência de resposta principal situa-se na faixa de 100 a 200 Hz, que corresponde à energia do chamado grave de um macho.

A visão é o sentido especial dominante de muitos anfíbios (a maior parte das cecílias cegas são exceções). Muitas modificações do padrão ancestral de olhos aquáticos ocorreram para o seu uso no meio aéreo. As glândulas lacrimais e as pálpebras mantêm os olhos úmidos, livres da poeira e protegidos de lesões. Como a córnea está exposta ao ar, ela representa uma superfície de refração importante, assumindo boa parte da função do cristalino no direcionamento dos raios luminosos e focalização da imagem na retina. Como nos peixes, a acomodação (ajuste do foco para objetos próximos e distantes) se dá pela movimentação do cristalino. Quando em descanso, ao contrário da maioria dos peixes, os olhos dos anfíbios estão ajustados para objetos distantes e o cristalino é movimentado para a frente a fim de focalizar objetos próximos.

A **retina** contém **cones** e **bastonetes,** os últimos sendo responsáveis pela distinção de cores (ver Seção 33.4). A íris contém músculos circulares e radiais bem desenvolvidos, e pode expandir ou contrair sua abertura (a pupila) rapidamente para ajustar-se às alterações de luminosidade. A pálpebra superior do olho é fixa, mas a inferior dobra-se em uma **membrana nictitante** capaz de mover-se pela superfície ocular (Figura 25.19). Os sapos e rãs são geralmente dotados de boa visão, o que é crucial para animais que dependem de uma fuga rápida para evitar seus vários predadores, bem como de movimentos acurados para capturar presas que se movem rapidamente.

Outros receptores sensoriais incluem receptores táteis e químicos na pele, papilas gustativas na língua e no palato, além de um epitélio olfatório bem desenvolvido revestindo a cavidade nasal.

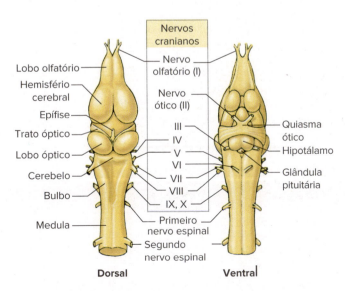

Figura 25.17 O cérebro de uma rã, em vistas dorsal e ventral.

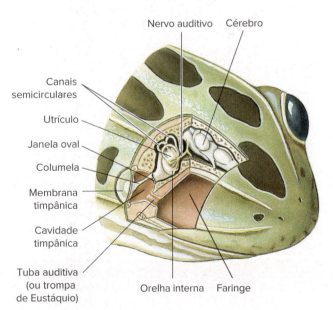

Figura 25.18 Corte da cabeça de uma rã expondo a estrutura do ouvido. As vibrações sonoras são transmitidas a partir da membrana timpânica para a orelha interna por intermédio da columela. A tuba auditiva permite o equilíbrio da pressão entre a cavidade timpânica e a faringe.

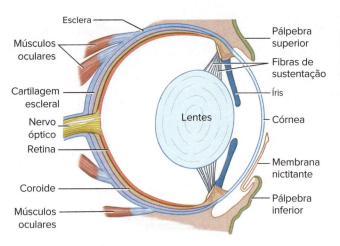

Figura 25.19 Olho de anfíbio.

Tema-chave 25.3
ADAPTAÇÃO E FISIOLOGIA

Acomodação virtual em vertebrados

A manutenção de uma imagem nítida na retina para objetos em aproximação ou afastamento requer acomodação, um processo que ocorre de várias formas diferentes entre os vertebrados. Os olhos dos peixes ósseos e das lampreias, em estado de descanso, são ajustados para visão próxima; para focalizar objetos distantes, o cristalino é deslocado para trás. Nos anfíbios, tubarões e serpentes, o olho em estado de relaxamento está ajustado para objetos distantes e o cristalino é movimentado *para a frente* para focalizar objetos próximos. Em aves, mamíferos e todos os répteis não aves, exceto serpentes, o cristalino acomoda-se pela alteração de sua *curvatura*, em vez de movimentar-se no sentido anterior ou posterior. Em repouso, o olho desses animais está ajustado para a visão a distância e, para focalizar objetos próximos, a curvatura do cristalino é aumentada por compressão (ou, em alguns casos, por relaxamento), assumindo uma forma arredondada.

Reprodução

Como os sapos e as rãs são animais ectotérmicos, eles se reproduzem, se alimentam e crescem somente durante as estações quentes. Um dos primeiros instintos após o período de dormência é a reprodução. Na primavera, os machos vocalizam de forma intensa e ruidosa para atrair as fêmeas. Quando seus óvulos estão maduros, as fêmeas entram na água e são agarradas pelos machos em um processo denominado **amplexo** (Figura 25.20), em que os óvulos são fertilizados externamente (após serem expelidos pela fêmea). Enquanto a fêmea libera os óvulos, o macho expele espermatozoides sobre eles para fertilizá-los. Após a fertilização, as camadas gelatinosas absorvem água e incham. Os ovos são depositados em grandes massas, que geralmente permanecem ancoradas na vegetação.

Um ovo já fertilizado (zigoto) inicia seu desenvolvimento quase imediatamente (Figura 25.21). Por divisões celulares repetitivas (clivagens), um zigoto se transforma em uma esfera oca de células (blástula). A blástula sofre gastrulação (ver Seção 8.4) e continua a diferenciar-se até formar um embrião dotado de um primórdio de cauda. Entre 2 e 21 dias, dependendo da temperatura, um girino eclode das membranas gelatinosas protetoras que envolviam o zigoto.

Figura 25.20 Um macho de perereca-verde, *Hyla cinerea*, agarra uma fêmea, de tamanho maior, durante a estação reprodutiva em um pântano na Carolina do Sul. O amplexo é mantido até que a fêmea libere seus óvulos. Como a maioria das pererecas, estas podem mudar de cor de forma rápida; aqui, o macho, que é normalmente verde, escureceu durante o amplexo.

No momento da eclosão, um girino apresenta uma cabeça distinta, tronco e uma cauda comprimida. Sua boca encontra-se na superfície ventral da cabeça e conta com maxilares queratinizados para raspar a vegetação associada ao substrato duro. Posteriormente à boca, encontra-se um disco adesivo para aderir ao substrato. Na sua frente existem duas depressões profundas, que mais tarde darão origem às narinas. Mais tarde, as protuberâncias em ambos os lados da cabeça se converterão em brânquias externas. Há três pares de brânquias externas, que mais tarde se tornarão brânquias internas cobertas por uma aba de pele (opérculo) em cada lado. Do lado direito, o opérculo funde-se totalmente com a parede do corpo; entretanto, do lado esquerdo, uma pequena abertura, o espiráculo (do latim *spiraculum*, orifício de ar), permanece. A água flui pelo espiráculo depois de entrar pela boca e passar pelas brânquias internas. Os membros posteriores aparecem primeiro durante a metamorfose, enquanto os membros anteriores permanecem temporariamente ocultos por dobras do opérculo. A cauda é reabsorvida. O intestino sofre um sensível encurtamento. A boca passa por transformações até atingir a estrutura da boca de um adulto. Os pulmões desenvolvem-se e as brânquias são reabsorvidas (Figura 25.21). As rãs-leopardo geralmente completam sua metamorfose em 3 meses, enquanto as rãs-touro levam 2 ou 3 anos para completar o processo.

A história de vida recém-descrita é típica da maioria dos anuros de zonas temperadas, mas apenas um dos vários padrões alternativos exibidos por anuros tropicais. Algumas estratégias reprodutivas notáveis estão ilustradas na Figura 25.22. Algumas espécies depositam seus ovos em massas de espuma que flutuam na superfície da água; outras depositam os ovos em folhas pendendo

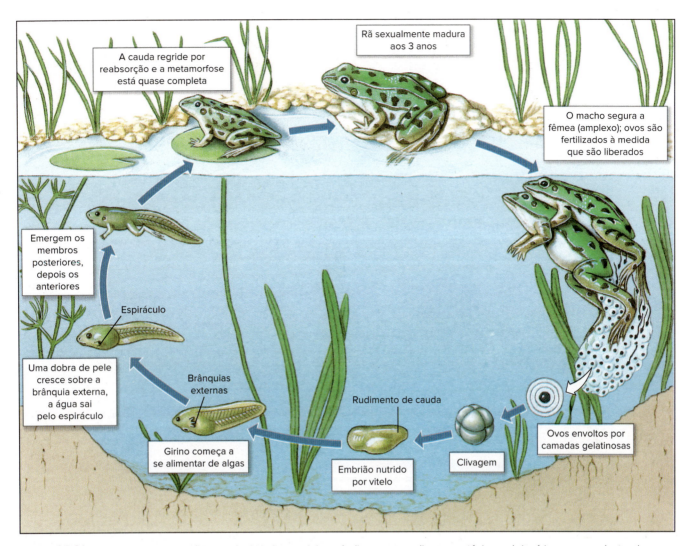

Figura 25.21 Ciclo de vida de uma rã-leopardo, *Lithobates pipiens*. A clivagem e os diversos estágios embrionários ocorrem dentro dos ovos revestidos por uma camada gelatinosa e organizados em blocos ou massas, como ilustrado no lado direito da figura. A clivagem e os estágios embrionários são ilustrados individualmente e em escala desproporcionalmente grande para enfatizar detalhes estruturais.

sobre lagoas e riachos, nos quais os girinos caem naturalmente ao eclodirem; algumas, ainda, desovam em tocas úmidas ou na água acumulada nas câmeras de algumas bromélias (plantas epífitas no dossel das florestas tropicais).

Enquanto a maioria dos anuros abandona os ovos, alguns, como os dendrobatídeos tropicais (uma família que inclui espécies muito venenosas), cuidam de seus ovos. Quando os girinos eclodem, eles rastejam sobre o dorso dos pais e são carregados por estes por períodos variáveis (Figura 25.22 C). Os girinos das rãs-de-Darwin desenvolvem-se em pequenas rãs no saco vocal de seus progenitores (Figura 25.22 D), enquanto as rãs australianas de incubação gástrica desenvolvem-se no estômago de suas mães. Os sapos marsupiais carregam seus ovos em desenvolvimento dentro de uma bolsa de pele localizada no dorso (ver Figura 25.22 A). Em uma espécie do Suriname (Figura 25.22 B), o macho e a fêmea realizam cambalhotas para trás durante o acasalamento, de forma que os óvulos e espermatozoides são acomodados no pequeno espaço que permanece entre o dorso da fêmea e o ventre do macho; assim, o macho pressiona os ovos fertilizados contra o dorso da fêmea, que desenvolve uma camada incubadora esponjosa que, finalmente, se dissolve logo após a eclosão dos juvenis.

No diversificado gênero tropical *Eleutherodactylus*, o acasalamento ocorre em terra e pequenas rãs completamente formadas eclodem dos ovos; o estágio larval aquático é eliminado, libertando essas rãs de uma associação obrigatória com lagoas ou riachos. Uma espécie porto-riquenha *E. jasperi* evoluiu uma fertilização interna e dá à luz à sua prole.

Nos anuros, a migração está correlacionada com os hábitos reprodutivos. Os machos geralmente retornam a uma lagoa ou a um riacho em um momento anterior à chegada das fêmeas, que eles atraem por vocalização (canto). Algumas salamandras também têm forte instinto ligado à sua área de origem, voltando a cada ano para se reproduzirem na mesma lagoa, guiadas por sinais olfatórios. O estímulo inicial para a migração é, em muitos casos, atribuível a um ciclo sazonal das gônadas combinado a alterações hormonais que aumentam a sensibilidade às mudanças de temperatura e umidade.

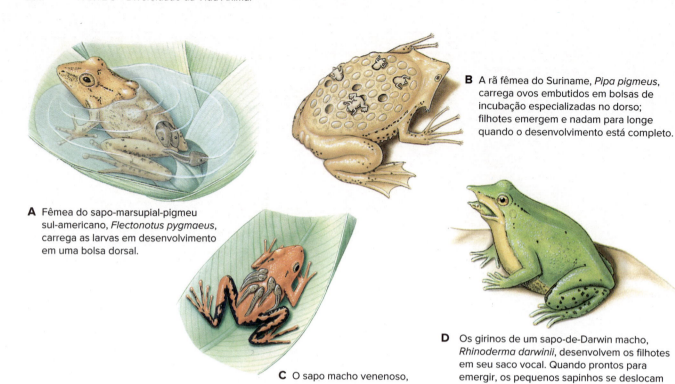

Figura 25.22 Estratégias reprodutivas incomuns de algumas espécies de anuros. **A.** As fêmeas do sapo-marsupial-pigmeu da América do Sul, *Flectonotus pygmaeus*, carrega as larvas em desenvolvimento em uma bolsa dorsal. **B.** Fêmea de uma espécie sapo do Suriname, *Pipa pipa*, carrega os ovos imersos no tecido esponjoso especializado que desenvolve em seu dorso; os juvenis emergem e se afastam nadando, quando termina o desenvolvimento. **C.** O sapo venenoso macho, *Phillobates bicolor*, carrega girinos aderidos ao seu dorso. **D.** Girinos de um sapo-de-Darwin macho, *Rhinoderma darwinii*, desenvolvem-se dentro do saco vocal do macho; quando estão completamente metamorfoseados, as pequenas rãs jovens rastejam para fora da boca do pai, que se abre, permitindo que eles saiam.

RESUMO

Seção	Conceito-chave
25.1 Origem dos tetrápodes no Devoniano	• Narinas internas, uma cavidade cheia de ar e membros pareados em um ancestral tetrápode aquático possibilitaram a evolução da respiração e sustentação em terra • Cavidades cheias de ar chamadas "pulmões" e "bexigas natatórias" são estruturas homólogas, com o termo "pulmão" denotando o papel da estrutura para a respiração de ar em peixes pulmonados e tetrápodes • *Eusthenopteron*, um peixe devoniano de nadadeiras lobadas que viveu aproximadamente 385 milhões de anos atrás, tem um osso do braço (úmero) e dois ossos do antebraço (rádio e ulna), bem como outros elementos homólogos aos ossos do punho dos tetrápodes • O gênero fóssil *Tiktaalik*, que viveu aproximadamente 375 milhões de anos atrás, é morfologicamente intermediário entre peixes de nadadeiras lobadas e tetrápodes • *Acanthostega*, um dos primeiros tetrápodes conhecidos do Devoniano, tinha membros tetrápodes bem formados com dedos claramente formados em ambos os membros anteriores e posteriores
25.2 Temnospôndilos e os anfíbios modernos	• Os anfíbios modernos, também chamados de Lissamphibia, provavelmente se originaram no final do período Carbonífero e se diversificaram, possivelmente no início do período Triássico, para produzir ancestrais dos três principais grupos de anfíbios viventes: sapos, salamandras e cecílias • No ciclo de vida dos anfíbios ancestrais, os ovos aquáticos eclodem para produzir uma forma larval aquática que respira usando brânquias. Na metamorfose, as brânquias são perdidas e os anfíbios metamorfoseados usam respiração cutânea em terra; muitos têm pulmões, que existem ao longo da vida larval e são ativados para respirar o ar na metamorfose • Algumas salamandras não apresentam uma metamorfose completa e mantêm uma morfologia larval permanentemente aquática ao longo da vida • Algumas cecílias, rãs e salamandras vivem inteiramente na terra e não têm fase larval aquática • Mesmo os anfíbios mais terrestres permanecem dependentes de ambientes muito úmidos porque sua pele é fina e requer umidade para proteção contra a dessecação • Para evitar a dessecação, os ovos devem ser eliminados diretamente na água ou em superfícies terrestres úmidas.

Seção	Conceito-chave
25.3 Cecílias: ordem Gymnophiona (Apoda)	• A Ordem Gymnophiona contém aproximadamente 210 espécies de criaturas alongadas, sem membros e escavadoras, chamadas cecílias • Os cecílias possuem um corpo longo e esguio, muitas vértebras, costelas longas e um ânus terminal; elas não possuem membros e algumas espécies apresentam escamas dérmicas na pele • Os olhos são pequenos, e a maioria das espécies torna-se cega na idade adulta • Tentáculos sensoriais especiais ocorrem no focinho • A fertilização dos óvulos ocorre dentro do corpo da fêmea, e os machos têm um órgão copulador protrátil para levar os espermatozoides aos óvulos • As cecílias geralmente depositam seus ovos em solo úmido próximo à água • Algumas espécies possuem larvas aquáticas; o desenvolvimento larval em outras espécies ocorre dentro do ovo • A viviparidade também ocorre em algumas cecílias, com os embriões obtendo nutrientes se alimentando da parede do oviduto.
25.4 Salamandras: ordem Urodela (Caudata)	• A ordem Urodela compreende anfíbios com cauda, aproximadamente 725 espécies de salamandras • Algumas salamandras são aquáticas ou terrestres ao longo de toda a vida, mas a condição ancestral é metamórfica, possuindo larvas aquáticas e adultos terrestres que ocupam lugares úmidos sob pedras e troncos podres • Os ovos da maioria das salamandras são fertilizados internamente; uma fêmea recupera em sua cloaca um pacote de esperma (espermatóforo) depositado por um macho em uma folha ou graveto • As salamandras compartilham a condição geral dos anfíbios de terem em sua pele extensas redes vasculares que servem para a troca respiratória de oxigênio e dióxido de carbono • Em vários estágios de sua história de vida, as salamandras também podem ter brânquias externas, pulmões ou ambos, ou nem brânquias nem pulmões • A respiração cutânea é complementada pelo bombeamento de ar pela boca, onde os gases respiratórios são trocados por meio das membranas vascularizadas da cavidade bucal (boca) (respiração bucofaríngea) • Alguns pletodontídeos são completamente terrestres e os únicos vertebrados que não têm pulmões nem brânquias em qualquer estágio de sua história de vida • Uma tendência filogenética na evolução da salamandra é que os descendentes retenham na idade adulta características que ocorreram apenas nos estágios pré-adultos de seus ancestrais. Algumas características da morfologia ancestral dos adultos são eliminadas. Essa condição é chamada de pedomorfose • A pedomorfose mais dramática ocorre em espécies perenibranqueadas, que se tornam sexualmente maduras enquanto retêm suas brânquias, hábitos de vida aquática e outras características larvais. As salamandras do gênero *Necturus*, que habitam substratos submersos em lagoas e lagos, são um exemplo extremo.
25.5 Sapos e Rãs: ordem Anura (Salientia)	• Aproximadamente 7 mil espécies de rãs e sapos compõem a ordem Anura, normalmente sem cauda em adultos, embora todos tenham um estágio com cauda durante o desenvolvimento embrionário ou larval • Os anuros adultos são especializados em pular por impulsos extensores simultâneos dos membros posteriores • Os anuros são ainda mais especializados por um encurtamento extremo do corpo. As rãs típicas têm apenas nove vértebras no tronco e um uróstilo em forma de bastonete, que representa várias vértebras caudais fusionadas (cóccix) • O crânio de uma rã difere muito daqueles de outros vertebrados por ser muito mais leve, menos ossificado, de perfil achatado e conter menos ossos • A pele de uma rã é fina e úmida e se fixa folgadamente ao corpo apenas em alguns pontos • Como em outros anfíbios, a cor da pele de uma rã é produzida por células pigmentares especiais, chamadas de cromatóforos, que se localizam principalmente na derme • Os anuros dependem mais da respiração pulmonar do que as salamandras; no entanto, a pele fornece uma via importante para as trocas gasosas, especialmente na hibernação durante o inverno • As artérias pulmonares (derivadas do sexto arco aórtico) irrigam os pulmões e o sangue retorna diretamente ao átrio esquerdo pelas veias pulmonares • Os anuros produzem som ao conduzir o ar para a frente e para trás sobre as cordas vocais entre os pulmões e um grande par de sacos (sacos vocais) no assoalho da boca. Os sacos vocais servem como ressonadores nos machos, que usam suas vozes para atrair parceiras • Na primavera, os machos chamam ruidosamente para atrair as fêmeas • Quando seus óvulos estão maduros, as fêmeas entram na água e os machos as prendem em um processo chamado amplexo, fertilizando os óvulos que saem do corpo da fêmea • Rãs totalmente terrestres se acasalam na terra, e os ovos eclodem diretamente em filhotes; o estágio larval aquático é eliminado, libertando essas rãs de uma associação obrigatória com corpos d'água • As rãs são carnívoras quando adultas, mas os girinos são geralmente herbívoros, alimentando-se de algas e outras substâncias vegetais

QUESTÕES DE REVISÃO

1. Como as diferenças entre os ambientes aquático e terrestre influenciaram na evolução inicial dos tetrápodes?
2. Descreva os diferentes modos de respiração dos anfíbios. Que paradoxo as salamandras da família Amphiumidae e os pletodontídeos terrestres enfrentam com relação à associação dos pulmões à vida terrestre?
3. A evolução dos membros em tetrápodes foi um dos eventos mais importantes na história dos vertebrados. Descreva a suposta sequência de sua evolução.
4. Compare os padrões gerais do ciclo de vida das salamandras com os das rãs. Qual desses grupos tem a maior variedade de mudanças evolutivas de um padrão ancestral representado por um ciclo de vida bifásico?
5. Dê o significado literal do nome Gymnophiona. Que animais se incluem nessa ordem de anfíbios, qual a sua aparência e onde eles vivem?
6. Quais são os significados literais dos nomes Urodela e Anura? Quais as principais características que distinguem os membros dessas duas ordens?
7. Descreva o comportamento reprodutivo de uma salamandra típica de florestas.
8. Como a pedomorfose foi importante para a diversificação evolutiva das salamandras?
9. Descreva o tegumento de uma rã. Como são produzidas as várias cores desses animais?
10. Descreva a circulação nos anfíbios.
11. Explique como o telencéfalo, o mesencéfalo, o rombencéfalo e suas estruturas sensoriais associadas se desenvolveram para atender às demandas sensoriais para a vida dos anfíbios em terra.
12. Descreva brevemente o comportamento reprodutivo das rãs. De que formas importantes as rãs-leopardos (*Lithobates pipiens*) e as salamandras-pigmeus (*Desmognathus wrighti*) diferem em sua reprodução?

Para reflexão. Na noção do século XIX de uma "escala da natureza", os anfíbios atuais eram considerados remanescentes de vertebrados terrestres arcaicos amplamente suplantados por formas "superiores", como as aves e os mamíferos. Não obstante, espécies de anfíbios são frequentemente mais abundantes e apresentam duração evolutiva maior do que espécies de aves e mamíferos. De que formas os anfíbios são excepcionalmente adequados para a persistência evolutiva?

26 Origem dos Amniota e os Répteis não Voadores

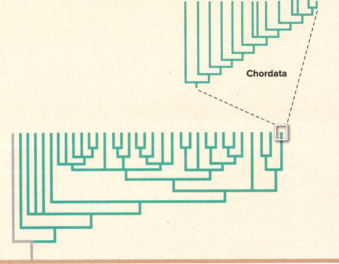

OBJETIVOS DE APRENDIZAGEM

Após leitura do capítulo, você será capaz de:

26.1 Descrever a evolução inicial e as características dos amniotas.

26.2 Descrever a morfologia e o comportamento de tartarugas, lagartos, serpentes, tuataras, crocodilos e dinossauros.

Lagartixa-diurna-de-Madagascar, **Phelsuma madagascariensis.**
iStock@marima-design

"Encapsulamento do líquido"

Os anfíbios, com membros bem desenvolvidos, sistemas respiratório e sensorial reprojetados e modificações do esqueleto pós-craniano para sustentar o corpo no ar, realizaram uma conquista notável da vida em terra. Entretanto, seus ovos sem casca, sua pele delgada e úmida, e suas larvas geralmente branquiadas mantiveram seu desenvolvimento perigosamente ligado à água. Um ancestral de um clado contendo tartarugas, lagartos, serpentes, tuataras, crocodilianos, aves e mamíferos evoluiu um ovo mais bem adaptado às condições secas terrestres. Esse ovo com casca envolveu os primeiros estágios de desenvolvimento que anteriormente eram aquáticos. Na realidade, os estágios de "habitante de poça" não foram eliminados, mas encapsulados dentro de uma série de membranas extraembrionárias, que proporcionaram um suporte completo ao desenvolvimento do embrião. Uma membrana, o âmnio, envolve uma cavidade cheia de líquido, a "poça", que protege o embrião em desenvolvimento. Outro saco membranoso, o alantoide, serve tanto como uma superfície respiratória quanto como uma câmara para armazenar os resíduos nitrogenados. Envolvendo essas duas membranas existe uma terceira, o córion, pela qual o oxigênio e o dióxido de carbono passam livremente. Finalmente, envolvendo e protegendo tudo isso, há uma casca porosa.

Com os últimos laços com a reprodução aquática rompidos, a conquista da terra pelos vertebrados ficou assegurada. Os tetrápodes do Paleozoico que desenvolveram esse padrão reprodutivo eram ancestrais de um único conjunto monofilético denominado Amniota, nomeado em alusão à mais interna das três membranas embrionárias, o âmnio. Antes do fim da Era Paleozoica, os amniotas já tinham divergido em múltiplas linhagens que deram origem a todos os répteis não aves, às aves e aos mamíferos.

- **PHYLUM CHORDATA**
  - Reptilia

O clado Reptilia (do latim *repto*, rastejar) inclui aves (Aves), tartarugas, cobras, lagartos, tuataras e crocodilianos. As espécies não aves de Reptilia têm pele de escamas de queratina e são ectotérmicos. Elas incluem quase 9.500 espécies (aproximadamente 320 espécies nativas dos EUA e do Canadá) que ocupam uma grande variedade de hábitats aquáticos e terrestres, em muitos dos quais são diversos e abundantes. Não obstante, talvez os répteis sejam mais bem lembrados pelo que já foram uma vez, especialmente os inspiradores dinossauros, répteis de estatura gigante que se diversificaram durante a era Mesozoica. A "idade dos répteis" na era Mesozoica, durou 165 milhões de anos, finalmente terminando no final do período Cretáceo, quando muitas linhagens reptilianas se extinguiram. Os descendentes vivos dos primeiros répteis incluem tartarugas, lagartos, serpentes, tuataras, crocodilianos e aves.

Os répteis, incluindo as aves, são membros do clado Amniota, como são os mamíferos. Na Seção 26.1, discutiremos a origem dos amniotas, sua diversificação em vários grupos e suas adaptações para a vida na terra. A Seção 26.2 aborda os quatro grupos de répteis atuais mais semelhantes aos primeiros amniotas: tartarugas, escamados (serpentes e lagartos), tuataras e crocodilianos, bem como os extintos dinossauros. Aves e mamíferos são discutidos nos Capítulos 27 e 28, respectivamente.

26.1 ORIGEM E EVOLUÇÃO INICIAL DOS AMNIOTAS

Como mencionado no prólogo deste capítulo, os amniotas constituem um grupo monofilético que surgiu e se diversificou no final da Era Paleozoica. A maioria dos zoólogos concorda que os amniotas são mais aparentados aos antracossauros, um grupo de **anamniotas** (vertebrados desprovidos de âmnio) do início do período Carbonífero. Os antracossauros eram mais bem adaptados à vida terrestre do que a grande maioria dos demais anamniotas, e por vezes chegaram a ser confundidos com os répteis primitivos. É provável que sua dieta fosse principalmente constituída de insetos, que tiveram grande diversificação durante o Carbonífero. O grupo *Diadectes* é o candidato mais provável a grupo-irmão dos amniotas; curiosamente, esses animais podem ter sido os únicos tetrápodes anamniotas herbívoros que já existiram. Os primeiros amniotas eram pequenos e semelhantes a lagartos, mas no início do Permiano se diversificaram em formas numerosas, diversas em morfologia, biologia alimentar e no uso do hábitat (Figura 26.1).

A diversificação inicial dos amniotas resultou em três padrões de aberturas (fenestras) na região temporal do crânio. Os crânios **anápsidos** (do grego *an*, sem + *apsis*, arco) não têm aberturas na região temporal atrás da **órbita** (abertura no crânio para o olho); assim, a região temporal do crânio é completamente recoberta por ossos dérmicos (Figura 26.2). Essa morfologia craniana estava presente nos primeiros amniotas. Ela também ocorre em um grupo atual, as tartarugas. Embora a condição anapsida nas tartarugas provavelmente tenha evoluído de forma secundária, a partir de ancestrais dotados de fenestras temporais. Dois outros clados de amniotas, Diapsida e Synapsida, representam derivações evolutivas independentes da condição ancestral anapsida.

O crânio **diápsido** (do grego *di*, duplo, *apsis*, arco) tem duas aberturas temporais: um par localizado na região lateral inferior e um segundo par localizado sobre o par inferior, no teto do crânio e separado do primeiro par por um arco ósseo (Figura 26.2). Os crânios diápsidos caracterizam as aves e todos os amniotas tradicionalmente conhecidos como "répteis", à exceção das tartarugas (Figura 26.1). Em muitos diápsidos atuais (lagartos, serpentes e aves), um ou ambos os arcos ósseos e suas respectivas aberturas se perderam, talvez para favorecer a cinese craniana (ver Figura 26.11). Os primeiros diápsidos deram origem a quatro clados morfologicamente distintos. Os **lepidossauros** incluem os lagartos, as serpentes e os tuataras. Os **arcossauros** incluem os dinossauros, pterossauros, aves e crocodilianos. Um terceiro e menor clado, representado pelos **sauropterígios**, inclui vários grupos aquáticos extintos, cujos representantes mais famosos são os grandes plesiossauros, dotados de pescoços longos (Figura 26.1). Os **ictiossauros**, representados por formas aquáticas fósseis semelhantes a golfinhos (Figura 26.1), formam um quarto clado de diápsidos. O posicionamento do quinto clado, as **tartarugas**, é controversa, em parte por causa da forma "anapsida" de seus crânios. Todas as tartarugas, inclusive as primeiras formas fósseis, não tinham fenestras temporais e têm sido consideradas as únicas descendentes dos Parareptilia, um grupo primitivo de anápsidos. Entretanto, outras evidências morfológicas e moleculares publicadas ao longo dos últimos 20 anos posicionam as tartarugas dentro do clado dos diápsidos, sugerindo que os dois pares de fenestras temporais característicos desse grupo teriam sido perdidos precocemente na evolução das tartarugas. As relações das tartarugas com os demais diápsidos ainda estão sendo investigadas, embora a maior parte das evidências genéticas apontem para um relacionamento mais próximo com os arcossauros (Figura 26.2).

A terceira condição de fenestração craniana é a **sinapsida** (do grego *syn*, junto, *apsis*, arco), caracterizada por um único par de aberturas temporais localizadas na região laterodorsal do crânio e margeadas por um arco ósseo (Figura 26.2). Essa conformação ocorre em um clado que inclui os mamíferos (Capítulo 28) e seus parentes fósseis, os terápsidos e os pelicossauros (ver Figura 26.1). Os sinápsidos foram o primeiro grupo de amniotas a passar por uma extensa diversificação adaptativa e foram os grandes amniotas dominantes no final do Paleozoico

Qual teria sido o significado funcional das aberturas temporais para os primeiros amniotas? Nas formas atuais, essas aberturas são ocupadas por grandes músculos que elevam (fecham) a mandíbula. As modificações na musculatura mandibular poderiam refletir uma mudança na modalidade de alimentação por sucção, presente em vertebrados aquáticos (ver Seção 24.4), para a alimentação em meio terrestre, que requer músculos mais poderosos capazes de exercer maior pressão estática empregada em determinadas funções mecânicas, como cortar matéria vegetal com os dentes anteriores ou macerar o alimento com os dentes posteriores. Os amniotas apresentam uma variação muito maior em sua biologia alimentar do que os anamniotas, e a herbivoria é comum em muitas de suas linhagens. Embora não se saiba ao certo o significado funcional da evolução das aberturas temporais dos amniotas, está claro que a expansão da musculatura dos maxilares representou um evento importante. Mesmo entre as tartarugas, que não têm fenestras temporais, projeções e reentrâncias na região temporal do crânio fornecem espaço para acomodação de grandes músculos dos maxilares

Adaptações dos amniotas

Os caracteres derivados dos amniotas incluem um ovo amniótico, ventilação por meio de contrações da musculatura intercostal, pele resistente à dessecação, além de características esqueléticas da cabeça, da cintura escapular e do tornozelo. Essas e outras características morfológicas e fisiológicas permitiram que os amniotas fossem mais enérgicos e tivessem um maior sucesso ao explorar hábitats terrestres secos do que os anamniotas (especialmente os anfíbios modernos).

CAPÍTULO 26 Origem dos Amniota e os Répteis não Voadores 539

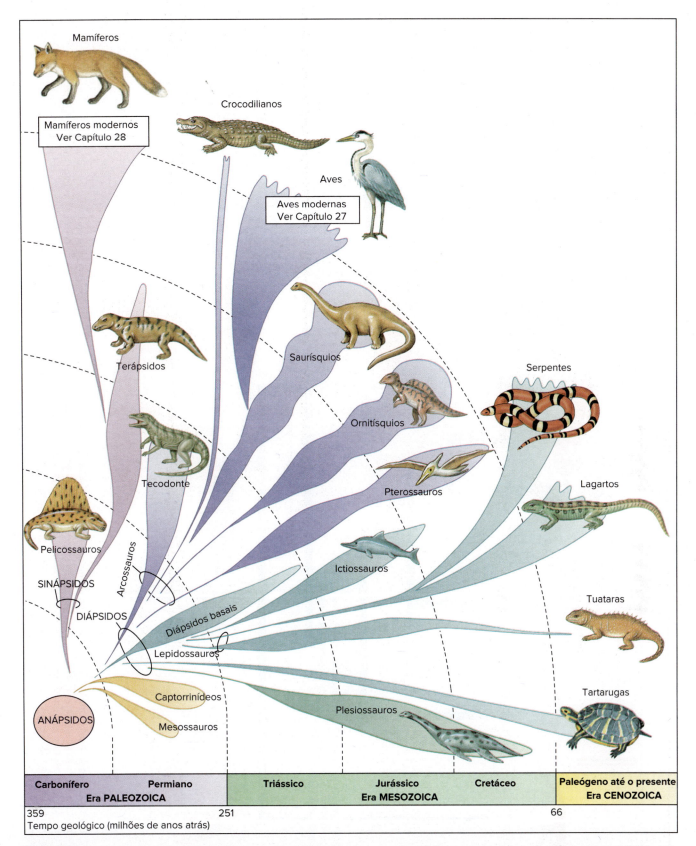

Figura 26.1 Evolução dos amniotas. Os primeiros amniotas desenvolveram um ovo amniótico, que permitiu aos amniotas explorar hábitats mais secos do que seus ancestrais. Os amniotas atuais, que incluem tartarugas, serpentes, lagartos, tuataras, crocodilianos, aves e mamíferos, evoluíram de uma linhagem de pequenas formas semelhantes a lagartos que mantinham o padrão de crânio anápsido dos primeiros tetrápodes anamniotas. Uma linhagem que descendeu dos primeiros amniotas tinha padrão craniano sinapsida e deu origem aos mamíferos modernos. As aves, os escamados e os crocodilianos tinham padrão craniano diápsido. As tartarugas têm um crânio anápsido, embora provavelmente tenham evoluído de um ancestral diápsido.

540 PARTE 3 Diversidade da Vida Animal

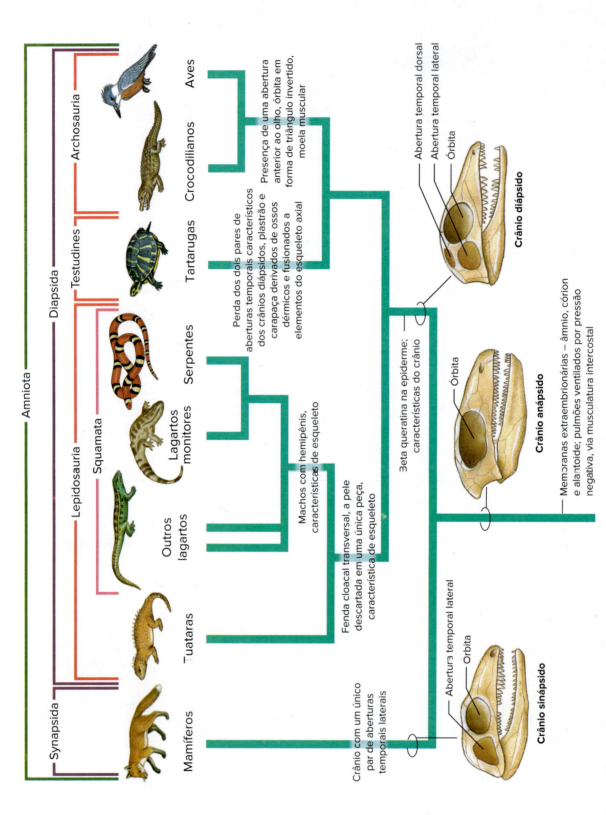

Figura 26.2 Cladograma dos Amniota atuais que mostra os grupos monofiléticos. Os crânios representam a condição ancestral anápsida, sinápsida e diápsida. Os crânios dos diápsidos e sinápsidos atuais são frequentemente muito modificados pela perda ou fusão de ossos cranianos, o que obscurece a condição ancestral. O crânio representativo dos anápsidos é o de *Nyctiphruetus* do período Permiano Superior; para os diápsidos, de *Youngina*, do Permiano Superior; para os sinápsidos, de *Aerosaurus*, um pelicossauro do período Permiano Inferior. As relações entre as tartarugas e os demais répteis são controversas, embora evidências genéticas recentes indiquem a aproximação com arcossauros, como demonstrado aqui.

1. **Ovo amniótico.** Todos os amniotas caracterizam-se por ovos dotados de quatro membranas extraembrionárias, o **âmnio**, o **alantoide**, o **córion** e o **saco vitelino** (Figura 26.3). O âmnio envolve o embrião em fluido, proporcionando um meio aquoso para seu crescimento. As excretas metabólicas são armazenadas em uma estrutura saculiforme representada pelo alantoide. O córion envolve todos os elementos que compõem o ovo e, assim como o alantoide, é altamente vascularizado. Por isso, tanto o córion quanto o alantoide compreendem eficientes superfícies respiratórias para eliminação do dióxido de carbono e absorção de oxigênio. A maioria dos ovos amnióticos tem uma casca mineralizada, mas frequentemente flexível, embora muitos lagartos, serpentes e a grande maioria dos mamíferos não depositem ovos com casca. A casca forma um suporte mecânico importante e, especialmente para as aves, uma barreira semipermeável que permite a passagem de gases, mas limita a perda de água. Como os ovos dos anamniotas, ovos amnióticos têm um saco vitelino para armazenamento de nutrientes (ver Figura 8.21). Nos mamíferos marsupiais e placentários, o saco vitelino não armazena vitelo, mas pode formar uma placenta temporária ou persistente para transferência de nutrientes, gases e excretas entre a mãe e o embrião. Em muitas espécies de amniotas, o desenvolvimento do embrião ocorre no interior do trato reprodutivo da fêmea, fornecendo maior proteção contra predadores e desidratação, bem como maior potencial para a mãe controlar as principais necessidades nutricionais e fisiológicas do embrião.

   Como o ovo amniótico evoluiu? É tentador considerar o ovo amniótico como o ovo terrestre. Entretanto, muitos anfíbios depositam seus ovos no meio terrestre e muitos ovos amnióticos, como os das tartarugas, devem ser enterrados em solo úmido ou depositados em lugares de grande umidade. Mesmo assim, os ovos amnióticos podem permanecer em locais de aridez insuportável para qualquer espécie de anfíbio e está claro que essa inovação evolutiva representou um fator fundamental para o sucesso dos tetrápodes no ambiente terrestre. É possível que a maior vantagem do ovo amniótico seja que ele permitiu o desenvolvimento de embriões maiores e de crescimento mais rápido. O suporte dos ovos dos anamniotas é fornecido por uma camada gelatinosa espessa. Essa camada não é adequada à sustentação de ovos grandes e limita a difusão do oxigênio para dentro do ovo. Uma hipótese sugere que o primeiro passo na evolução do ovo amniótico consistiu na substituição do revestimento gelatinoso pela casca, que forneceu melhor suporte e maior eficiência de difusão do oxigênio. Adicionalmente, o cálcio da casca pode ser absorvido pelo embrião em desenvolvimento, abastecendo-o de um elemento fundamental para a formação do esqueleto. Essa hipótese é sustentada por estudos de fisiologia que demonstram que os embriões das espécies com os menores ovos amnióticos conhecidos exibem taxas metabólicas cerca de 3 vezes superiores às de embriões de anamniotas com ovos de tamanho semelhante.

   Todos os amniotas têm fecundação interna e suas larvas são desprovidas de brânquias. Uma vez que a casca constitui uma barreira física que impede a fertilização pelos espermatozoides, a presença do ovo amniótico depende da fecundação interna em um momento anterior à formação da casca. Entre os amniotas, a fecundação interna se dá com o auxílio de um órgão copulador (hemipênis ou pênis). Exceções a essa regra são os tuataras e a maioria das aves, em que a transferência de esperma do macho para a fêmea se faz por contato cloacal.

2. **Pele mais grossa e impermeável.** Os anfíbios precisam manter sua pele delgada constantemente umedecida para permitir trocas gasosas eficientes. Entretanto, essa pele os torna vulneráveis à desidratação e a traumas físicos. Nos amniotas, nota-se uma mudança radical na morfologia da pele, que abandona a função respiratória. Embora a pele tenha estrutura extremamente variável entre os amniotas atuais e os tetrápodes anamniotas, a pele dos primeiros tende a ser muito mais espessa, queratinizada e menos permeável à água. Uma grande variedade de estruturas compostas de **queratina**, como escamas (Figura 26.4), pelos, penas e garras, projetam-se da pele dos amniotas. A queratina protege a pele de traumas físicos; a perda de água por meio da pele é limitada pela presença de lipídios hidrofóbicos. Uma característica única no clado Reptilia (aves e répteis não aves) consiste em uma epiderme dotada de uma forma dura de queratina denominada **betaqueratina**. As escamas características dos répteis não aves, formadas principalmente por betaqueratina, oferecem proteção contra o desgaste em ambientes terrestres. Essas escamas epidérmicas não são homólogas às escamas dos peixes, que são estruturas dérmicas, predominantemente ósseas (ver Figura 24.16).

   Nos crocodilianos, as escamas permanecem durante toda a vida, crescendo gradualmente para compensar o desgaste. Em lagartos e serpentes, uma nova camada de epiderme

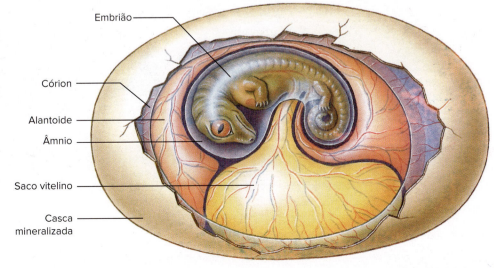

Figura 26.3 Ovo amniótico. O embrião se desenvolve internamente ao âmnio, enquanto o líquido amniótico o amortece e protege. O alimento provém do vitelo contido no saco vitelino, enquanto os resíduos metabólicos são armazenados no alantoide. Ao longo do desenvolvimento, o alantoide funde-se ao córion, uma membrana que reveste a superfície interna da casca; ambas as membranas são supridas por vasos sanguíneos que auxiliam nas trocas gasosas respiratórias por meio da casca porosa. Por constituir um sistema fechado e autossuficiente, esse tipo de ovo é também frequentemente chamado de ovo "cledoico" (do grego *kleidoun*, fechar).

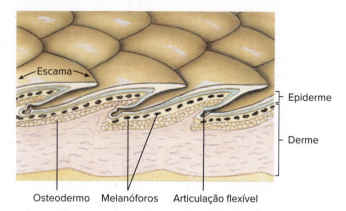

Figura 26.4 Corte da pele de um réptil que mostra escamas queratinizadas sobrepostas na epiderme, além de osteodermos ósseos na derme. Um melanóforo é um tipo de cromatóforo, uma célula com pigmento.

queratinizada se forma abaixo da camada antiga, que é então descartada periodicamente. As tartarugas adicionam novas camadas de queratina sob as camadas antigas dos escudos placoides, que são escamas modificadas. Os crocodilianos e muitos lagartos (como os sincídeos, por exemplo) têm placas ósseas, denominadas osteodermos (Figura 26.4), localizadas na derme, subjacentes às escamas queratinizadas. A derme possui **cromatóforos**, células dotadas de pigmentos que conferem a muitos lagartos e serpentes suas tonalidades coloridas. Essa camada é convertida em couro de jacarés e serpentes utilizado na fabricação de bolsas e sapatos caros.

A queratina e os lipídios da pele limitam sua capacidade como superfície de trocas gasosas; assim, poucos amniotas utilizam a pele como principal órgão respiratório. As trocas gasosas dos amniotas se processam principalmente nos pulmões.

3. **Ventilação pulmonar por meio de contrações da musculatura intercostal.** Em comparação aos anfíbios, os pulmões dos amniotas são muito maiores (Figura 26.5), têm maior área de superfície (ver Figura 31.17) e são ventilados por um mecanismo diferente. Essas mudanças refletem a alta demanda metabólica dos amniotas e a capacidade reduzida da pele como superfície de trocas gasosas.

Os anfíbios, assim como os peixes que realizam respiração aérea, inflam seus pulmões *empurrando* o ar para dentro destes a partir das cavidades oral e da faringe (**bomba bucal**). Em contraste com esse sistema, os amniotas *puxam* o ar para dentro dos pulmões (**aspiração**) por meio da expansão da caixa torácica utilizando a musculatura intercostal (associada às costelas) ou empurrando o diafragma ou o fígado (utilizando outros músculos) no sentido posterior. Embora os pulmões sejam o principal órgão envolvido nas trocas gasosas para quase todos os amniotas, outras áreas do corpo podem ser utilizadas. Muitas tartarugas aquáticas suplementam a respiração pulmonar com trocas gasosas realizadas na faringe e na cloaca, e muitas serpentes marinhas realizam trocas gasosas por meio da pele.

4. **Maxilares mais fortes.** Os maxilares da maioria dos peixes são projetados para sucção e fechamento rápido, mas geralmente são capazes de imprimir pouca força estática após a captura da presa. A alimentação por sucção não é viável para os vertebrados terrestres, e o esqueleto e os músculos dos maxilares dos primeiros tetrápodes adaptaram-se para segurar a presa. Nos amniotas, a expansão da musculatura mandibular, frequentemente incrementada pela presença das fenestras temporais (ver Figura 26.2) ou reentrâncias, ofereceram uma vantagem mecânica melhor. Ao contrário dos peixes, a língua dos tetrápodes é muscular e móvel, atuando na movimentação do alimento dentro da boca durante a mastigação e o ato de engolir.

5. **Sistema cardiovascular de alta pressão.** Todos os amniotas têm circulações pulmonar e sistêmica funcionalmente separadas: o lado direito do coração recebe sangue desoxigenado, enquanto o lado esquerdo do coração recebe sangue oxigenado. Nos mamíferos, aves e crocodilianos, a separação completa

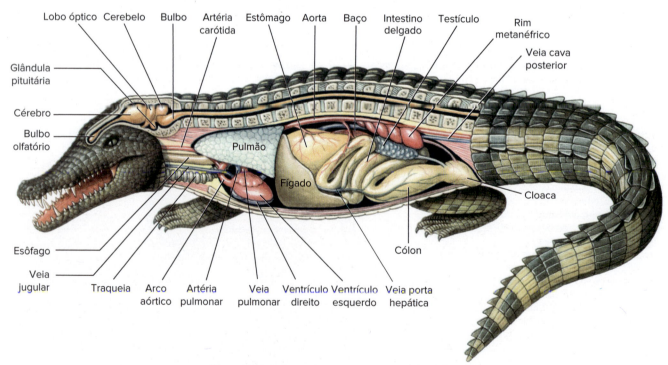

Figura 26.5 Estrutura interna de um crocodilo macho.

desses circuitos de circulação é permitida pelos ventrículos direito e esquerdo (ver Figura 26.5); outros répteis exibem um único ventrículo dividido de forma incompleta em várias câmaras. Mesmo entre as espécies com septos ventriculares incompletos, os padrões de fluxo sanguíneo dentro do coração limitam a mistura entre o sangue arterial e o sangue venoso; essa separação dos circuitos circulatórios permite uma pressão sanguínea sistêmica mais alta em amniotas; peixes e anfíbios normalmente têm pressões sistêmicas de 15 a 40 mmHg, em comparação com cerca de 80 mmHg em varanídeos (um grupo de lagartos grandes e ativos; ver Figura 26.16). A pressão mais alta representa uma adaptação de organismos terrestres ativos, em virtude de suas necessidades metabólicas mais elevadas, além do fato de que o coração deve sobrepujar a gravidade para bombear o sangue para cima.

Seria a separação incompleta, que caracteriza o coração da maioria dos répteis não aves, um estágio meramente transicional na rota evolutiva que levou ao coração "avançado" das aves e mamíferos? Não; a separação incompleta é adaptativa para esses vertebrados, uma vez que permite que o sangue não passe pelos pulmões durante atividades em que a respiração é interrompida (p. ex.: mergulho ou estivação). Assim, durante essas atividades, não há gasto de energia para bombear o sangue pelas redes de capilares dos pulmões.

6. **Excreção de compostos nitrogenados com economia hídrica.** A maioria dos anfíbios elimina seus rejeitos metabólicos na forma de amônia ou ureia. A amônia é tóxica em concentrações relativamente baixas e deve ser eliminada em uma solução diluída. A excreção de amônia demanda grandes quantidades de água e por isso não é adaptativa para vertebrados que ocupem hábitats terrestres e secos. Os mamíferos eliminam seus rejeitos nitrogenados sob a forma de ureia, que se concentra nos rins (ver Seção 30.3), reduzindo a perda de água na excreção. As aves e os outros répteis eliminam esses rejeitos principalmente na forma de ácido úrico. Por não ser significativamente tóxico, o ácido úrico pode ser concentrado, requerendo pouquíssima água para sua excreção. As aves e outros répteis têm capacidades limitadas para concentrar a urina nos rins, de forma que a bexiga urinária recebe urina diluída. Na bexiga, água e muitos sais são reabsorvidos, e a "urina" é eliminada como uma massa semissólida de ácido úrico.

7. **Cérebro e órgãos sensoriais expandidos.** Em todos os amniotas, o cérebro inclui um telencéfalo e um cerebelo relativamente grandes, embora esse padrão seja mais notável em aves e mamíferos. O aumento do telencéfalo está correlacionado com a integração das informações sensoriais e o controle dos músculos durante a locomoção. Os amniotas, especialmente as aves, têm visão particularmente acurada, processada no lobo óptico (ver Figura 26.5) e muitas espécies de aves exibem coloração brilhante e vistosa. O olfato é altamente desenvolvido em mamíferos, serpentes e lagartos, muitos dos quais suplementam a detecção de odores com órgãos vomeronasais, que são câmaras olfatórias especializadas localizadas no teto da cavidade oral.

Mudanças na classificação tradicional dos répteis

Com a utilização crescente da metodologia cladística em Zoologia, e devido à sua ênfase na organização hierárquica de grupos monofiléticos (ver Seção 10.4), a classificação dos amniotas tem sofrido modificações bastante relevantes. Na definição tradicional, "répteis" inclui serpentes, lagartos, tuataras, crocodilianos e tartarugas, além de vários grupos extintos, como dinossauros, plesiossauros,

pterossauros e muitos outros amniotas primitivos. Todavia, os répteis e as aves (excluindo certos amniotas sinápsidos primitivos chamados de "répteis mamaliformes") compartilham vários caracteres derivados, como detalhes da morfologia craniana e do tornozelo, além da presença de betaqueratina na pele, que os unem em um grupo monofilético (ver Figura 26.2). Portanto, o conceito tradicional associado de "répteis" refere-se a um grupo **parafilético**, já que não inclui todos os descendentes de seu ancestral comum mais recente.

Aves e crocodilianos são grupos irmãos; ambos são os descendentes mais recentes de um ancestral comum, sendo, portanto, mais relacionados entre si do que com qualquer linhagem reptiliana atual. Em outras palavras, as aves e os crocodilianos formam um grupo monofilético à parte dos demais répteis e, de acordo com as regras da cladística, devem ser taxonomicamente atribuídos a um clado independente dos outros répteis. De fato, esse clado é reconhecido pelo nome de Archosauria (ver Figuras 26.1 e 26.2), um grupo que também inclui os dinossauros e pterossauros extintos. Os arcossauros, juntamente com seu grupo irmão, os lepidossauros (tuataras, lagartos e serpentes), além das tartarugas, formam um grupo monofilético, designado pelos cladistas como Reptilia. Aqui nós usamos Reptilia e répteis em um conceito cladístico, para incluir os grupos atuais de amniotas tradicionalmente chamados de "répteis", juntamente com as aves e todos os grupos extintos mais aparentados a esses do que aos mamíferos. O termo "répteis não aves" é utilizado para fazer referência ao grupo parafilético que inclui as tartarugas, lagartos, serpentes, tuataras e crocodilianos atuais, além de alguns grupos extintos que incluem os plesiossauros, ictiossauros, pterossauros e dinossauros. Os répteis não aves representam o tema principal do restante deste capítulo; as aves, que completam o clado Reptilia, serão tratadas no Capítulo 27. Quatro clados (muitas vezes especificados como ordens nas classificações lineanas) de répteis não aves atuais são reconhecidos: (1) Testudines: tartarugas; (2) Squamata: lagartos e serpentes; (3) Sphenondonta: tuataras; (4) Crocodilia: crocodilianos.

26.2 CARACTERÍSTICAS E HISTÓRIA NATURAL DOS GRUPOS DE RÉPTEIS

Testudines: tartarugas

As tartarugas aparecem no registro fóssil no período Triássico, há cerca de 240 milhões de anos. As primeiras tartarugas eram dotadas de dentes e suas carapaças eram reduzidas, mas no restante de sua morfologia eram animais muito semelhantes às formas atuais. Sem dentes, os maxilares das tartarugas modernas têm placas queratinizadas rígidas formando um bico córneo para morder o alimento (Figura 26.6). As tartarugas são envolvidas por uma armadura (casco) que consiste em uma **carapaça** (Fr. *carapace*, a partir do espanhol *carapacho*, cobertura) dorsal e um **plastrão** (Fr. *plastron*, escudo peitoral) ventral. A carapaça é de osso, recoberta por escamas de queratina. A parte óssea se forma a partir da expansão e fusão de costelas, vértebras e muitos elementos ossificantes dérmicos (Figura 26.7). Uma característica única das tartarugas entre os vertebrados consiste no fato de que seus membros e cinturas situam-se em uma posição *interna* às costelas! Fósseis descobertos recentemente esclarecem a evolução inicial das tartarugas. Um Amniota de 260 milhões de anos, o *Eunotosaurus*, tinha costelas alargadas, mas nenhuma carapaça; um Amniota de 240 milhões de anos, o *Pappochelys*, tinha costelas alargadas e um plastrão parcial, mas sem carapaça. Esses fósseis indicam que a primeira etapa na evolução do casco da tartaruga foi

Figura 26.6 Tartaruga-mordedora, *Chelydra serpentina*, que mostra a ausência de dentes. Em seu lugar, as bordas dos maxilares são recobertas por placas queratinizadas.

o alargamento das costelas. Então, um plastrão evoluiu, seguido por uma carapaça. Além disso, *Pappochelys* tinha duas fenestras temporais, fornecendo evidência adicional da posição das tartarugas no clado Diapsida.

Como evoluiu o casco das tartarugas? A carapaça das tartarugas é parcialmente formada por costelas que envolvem a escápula. Esse padrão destoa de todos os outros amniotas, nos quais a escápula posiciona-se externamente às costelas. Estudos recentes sobre desenvolvimento revelaram que as tartarugas seguem o padrão ancestral dos amniotas nos estágios iniciais do desenvolvimento das costelas, mas, a partir de determinado momento, o crescimento dessas estruturas é redirecionado lateralmente (em vez de ventralmente) na direção da crista da carapaça (que contorna um disco que precursor da carapaça) (Figura 26.8). Adicionalmente, a parede lateral do corpo se dobra para dentro em um ponto imediatamente abaixo da crista da carapaça, deslocando a escápula para uma posição subjacente às costelas. Nesse estágio, a carapaça ainda não está totalmente formada, apresentando uma conformação semelhante à do fóssil *Odontochelys* há 220 milhões de anos. Em seguida, um processo de ossificação dérmica completa a formação da carapaça da maioria das tartarugas modernas.

> **Tema-chave 26.1**
> **CIÊNCIA EXPLICADA**
>
> **Tartaruga, jabuti ou cágado?**
> Os termos "tartaruga", "jabuti" e "cágado" são aplicados de forma variável a diferentes membros da ordem Testudines. No uso norte-americano, todos eles são corretamente chamados de tartarugas. O termo "jabuti" é frequentemente aplicado às tartarugas terrestres, especialmente às de grande porte. Muitas espécies de água doce são conhecidas como "cágados", enquanto o termo "tartaruga" é frequentemente aplicado a espécies marinhas e a alguns representantes típicos de água doce.

Como suas costelas são fusionadas à estrutura da carapaça, uma tartaruga não pode expandir a caixa torácica para respirar, como fazem os outros amniotas. Alternativamente, as tartarugas empregam determinados músculos abdominais e peitorais como um "diafragma". O ar é puxado para dentro dos pulmões por meio da contração da musculatura apendicular lateral, que resulta no aumento da cavidade do corpo. A expiração também é um processo ativo que se faz pela retração da cintura escapular para dentro do casco, comprimindo as vísceras e expulsando o ar dos pulmões. A respiração é visível pelo movimento de fole das dobras de pele localizadas entre os membros e o casco. A movimentação dos membros durante a locomoção também auxilia na ventilação pulmonar. Muitas tartarugas aquáticas podem obter oxigênio pelo bombeamento de água para dentro e para fora da cavidade da boca e da cloaca, regiões densamente vascularizadas; quando estão inativas, essa atividade permite que elas permaneçam submersas por longos períodos.

Embora o cérebro das tartarugas seja pequeno, nunca ultrapassando 1% do peso do corpo, o telencéfalo desses animais é maior

---

Características dos répteis não aves

1. Dois pares de membros, geralmente com cinco dedos em cada; membros vestigiais ou ausentes em muitos; **ectotérmicos**.
2. Corpo recoberto por **escamas epidérmicas queratinizadas** e às vezes placas dérmicas ósseas; tegumento com poucas glândulas.
3. Crânio com **um côndilo occipital** (saliência óssea que se conecta à primeira vértebra); mandíbula (maxilar inferior) formada por vários ossos; atlas e áxis distintas; normalmente com duas vértebras sacrais.
4. Dentes **polifiodontes** (substituídos muitas vezes) ou ausentes (tartarugas); quando presentes, dentes normalmente **homodontes** (todos semelhantes em função e forma) com um único ponto; **moela** nos crocodilianos.
5. Cérebro moderadamente bem desenvolvido com cerebelo expandido; 12 pares de nervos cranianos.
6. Olhos com visão de cores em alguns; serpentes e alguns lagartos com quimiorrecepção altamente desenvolvida usando epitélios olfatórios e o **órgão de Jacobson**; algumas serpentes com **fosseta loreal**, órgão sensível ao calor; orelha média com um único osso.
7. Sexos normalmente separados; mas alguns lagartos se reproduzem assexuadamente por partenogênese; fertilização interna; o órgão copulatório pode ser um **pênis**, **hemipênis** ou (raramente) estar ausente; sexo determinado pelos cromossomos ou pelo ambiente.
8. Membranas fetais do **âmnio, cório e alantoide**; ovíparos ou vivíparos; ovos com cascas coriáceas ou calcárias; embriões das espécies vivíparas nutridos pela **placenta** ou **saco vitelino** (ovoviviparidade); cuidado parental ausente, exceto em crocodilianos; nenhum estágio larval.
9. Sistema excretório de **rins metanéfricos** (ver Figura 30.9) e ureteres que se abrem em uma cloaca; o ácido úrico é normalmente o principal resíduo nitrogenado.
10. Pulmões preenchidos por **aspiração** (ventilação negativa); **sem brânquias**; alguma troca gasosa complementada pela cloaca, faringe ou pele.
11. Coração com um seio venoso, dois átrios e um ventrículo dividido de forma incompleta em três câmaras; coração crocodiliano com um seio venoso, dois átrios e dois ventrículos; **circuitos pulmonar e sistêmico separados de forma incompleta** (embora a mistura de sangue seja limitada); hemácias nucleadas.

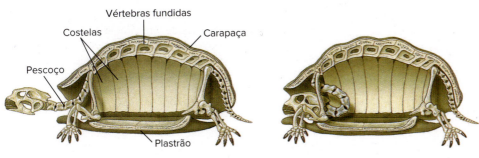

Figura 26.7 Esqueleto e casco de uma tartaruga, que mostra a fusão das vértebras e das costelas com a carapaça. O pescoço longo e flexível permite ao animal recolher a cabeça para o interior do casco como forma de proteção.

da reprodução das tartarugas é que, como nos crocodilianos e alguns lagartos, a temperatura do ninho determina o sexo dos filhotes. Nas tartarugas, baixas temperaturas durante a incubação produzem machos, enquanto temperaturas altas geram fêmeas (Figura 26.10).

As tartarugas marinhas, cuja sustentação da massa corporal se faz pelo próprio meio aquático, podem atingir tamanhos enormes. As tartarugas-de-couro são as maiores tartarugas atuais, chegando a comprimentos de 2 m e pesando até 900 kg. As tartarugas-verdes, assim chamadas devido à coloração esverdeada da gordura de seu corpo (que adquire sua cor a partir da alimentação herbívora do animal), podem ultrapassar 300 kg, embora a maioria seja menor do que isso. Algumas tartarugas terrestres podem pesar várias centenas de quilos, como as tartarugas gigantes das Ilhas Galápagos (Figura 26.9) que tanto intrigaram Darwin durante a sua visita em 1835. A maioria dos jabutis se move muito vagarosamente; durante cerca de 1 h de marcha constante, um jabuti de Galápagos desloca-se 300 m (embora sejam capazes de caminhar muito mais rapidamente por distâncias curtas). Seu baixo metabolismo é provavelmente a melhor explicação para sua longevidade; estima-se que alguns indivíduos vivam por mais de 150 anos.

do que o dos anfíbios; uma tartaruga é capaz de aprender a sair de um labirinto quase tão rapidamente quanto um camundongo. As tartarugas têm uma orelha média e uma orelha interna, mas a sensibilidade aos sons é incipiente. Não surpreende, portanto, que as tartarugas sejam mudas, embora muitos jabutis emitam grunhidos ou sons guturais durante o acasalamento (Figura 26.9). Um bom olfato e a visão aguçada com percepção de cores são sentidos que compensam a audição deficiente.

As tartarugas são ovíparas e a fecundação é interna, empregando um pênis como órgão de cópula. Todas as tartarugas, inclusive as marinhas, enterram seus ovos no solo. Elas frequentemente demonstram um cuidado considerável na construção de seus ninhos, mas, uma vez depositados e recobertos com substrato, a fêmea abandona os ovos. Uma característica interessante

O casco, como o colete de uma armadura medieval, oferece vantagens óbvias. Em muitas espécies, a cabeça e os membros podem ser retraídos como forma de proteção. A espécie norte-americana *Terrapene carolina* (em inglês, *box turtle*), bastante familiar, tem um plastrão articulado, formando duas partes móveis que podem ser puxadas contra o casco quase hermeticamente, tornando difícil até mesmo forçar a lâmina de uma faca pela fenda que permanece entre a carapaça e o plastrão. Algumas tartarugas aquáticas, como a grande tartaruga-de-couro e a tartaruga-mordedora (ver Figura 26.6), têm cascos reduzidos, impossibilitando

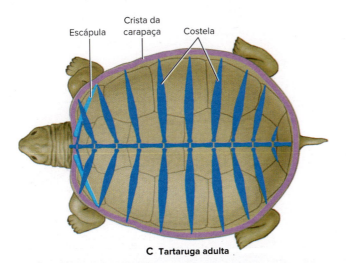

Figura 26.8 Desenvolvimento da carapaça das tartarugas. **A.** Na maioria dos amniotas, o crescimento das costelas ocorre no sentido ventral, deixando a escápula para fora (na lateral) das costelas. **B.** Nas tartarugas, o crescimento das costelas se dá no sentido lateral, na direção de uma crista da carapaça (em rosa), envolvendo a escápula, que assume uma posição interna às costelas. **C.** Na maioria das tartarugas modernas, as costelas se expandem e se fundem, para formar uma carapaça óssea sólida.

Figura 26.9 Acasalamento de jabutis das ilhas Galápagos, *Geochelone elephantopus*. O macho tem um plastrão côncavo que se encaixa na carapaça convexa da fêmea, fornecendo estabilidade durante a cópula. Os machos emitem sons guturais durante o acasalamento, único momento em que vocalizam.

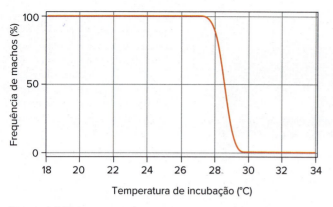

Figura 26.10 Determinação do sexo pela temperatura na tartaruga aquática europeia, *Emys orbicularis*. Os ovos incubados em temperaturas altas produzem fêmeas, enquanto os ovos incubados em temperaturas baixas produzem machos.

Os crânios dos escamados são modificados em relação à condição ancestral dos diápsidos em virtude da perda de um osso dérmico posicionado ventral e posteriormente à abertura temporal inferior. Para a maioria dos lagartos e das serpentes, essa modificação permitiu a evolução de um crânio com articulações móveis denominado **crânio cinético**. O quadrado, que nos demais répteis está fusionado ao crânio, possui uma articulação em sua extremidade dorsal, além de sua articulação normal com a mandíbula (maxilar inferior) e articulações no palato e em todo o assoalho do crânio que permitem que o focinho seja elevado (Figura 26.11). Essa mobilidade especializada do crânio possibilita aos escamados apreender e manipular suas presas, além de proporcionar um

a retração completa dos membros e da cabeça. As mordedoras, entretanto, têm outra defesa formidável, como sugere seu próprio nome. Elas são carnívoras, alimentando-se de carniça, anfíbios, peixes, crustáceos ou tudo mais que se aproxime de seus poderosos maxilares. A espécie *Macroclemys temmincki* atrai peixes desavisados utilizando uma extensão rosada e vermiforme de sua língua, que serve como isca. Essa espécie é totalmente aquática, subindo à terra firme somente para a desova.

Squamata: lagartos e serpentes

Os escamados representam os répteis (exceto as aves) atuais mais diversos, compreendendo aproximadamente 95% das espécies de répteis conhecidas. Os lagartos surgiram no registro fóssil durante o período Jurássico, mas não se diversificaram até o período Cretáceo da Era Mesozoica, quando os dinossauros chegaram ao clímax de sua diversidade. As serpentes surgiram no final do período Jurássico, provavelmente a partir de um grupo de lagartos cujos descendentes incluem o monstro-de-Gila e os lagartos-monitores. As serpentes são caracterizadas por duas especializações em particular: (1) extremo alongamento do corpo, acompanhado pelo deslocamento e reorganização dos órgãos internos; e (2) especializações do crânio voltadas para engolir presas grandes.

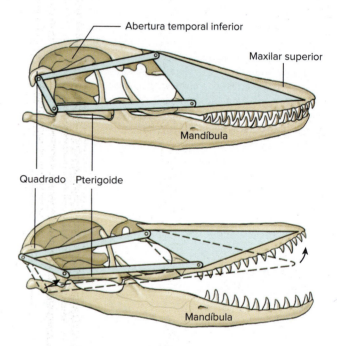

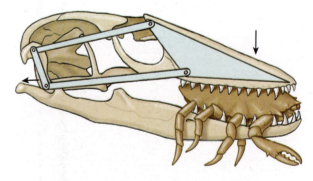

Figura 26.11 Crânio diápsido cinético de um lagarto-monitor, *Varanus*, que mostra as articulações que permitem que o focinho e o maxilar superior se movam independentemente do restante do crânio. O quadrado tem mobilidade em suas extremidades dorsal e ventral, bem como em relação ao maxilar e ao osso pterigoide. O focinho também pode ser elevado para aumentar a abertura da boca, ou pressionado para baixo, garantindo uma força de mordedura paralela entre os maxilares. Note que a abertura temporal inferior é muito ampla e que não é delimitada por uma barra inferior; essa modificação da condição diapsida presente nos lagartos atuais permite a expansão dos grandes músculos dos maxilares. A abertura temporal superior situa-se dorsomedialmente à abertura inferior e não é visível nesse esquema.

Tema-chave 26.2
ADAPTAÇÃO E FISIOLOGIA

Viviparidade em escamados

A viviparidade entre os répteis não aves atuais é restrita aos escamados e evoluiu independentemente cerca de 100 vezes dentro desse clado. A viviparidade normalmente ocorre por meio do aumento do período em que os ovos são mantidos no oviduto. Os embriões em desenvolvimento obtêm nutrientes a partir dos sacos vitelínos (**lecitotrofia** ou ovoviviparidade), ou da própria mãe (**placentotrofia**), ou mesmo por uma combinação de ambos. As serpentes e os lagartos vivíparos estão mais frequentemente associados a climas frios. A viviparidade pode representar uma adaptação que permite aos escamados regular a temperatura de seus embriões e garantir melhores condições para seu desenvolvimento ideal utilizando a **ectotermia** (ver Figura 30.14). As fêmeas grávidas podem procurar ambientes favoráveis para manter seus corpos e seus embriões aquecidos e a temperaturas estáveis, assegurando um desenvolvimento rápido. Adicionalmente, os embriões mantidos dentro do corpo da mãe estão mais protegidos contra predadores do que ovos depositados no ambiente.

aumento efetivo da força de oclusão da musculatura dos maxilares. O crânio das serpentes é ainda mais cinético do que o dos lagartos. Essa mobilidade craniana excepcional é considerada um dos fatores principais que resultaram na diversificação de lagartos e serpentes.

Os escamados copulam com uma estrutura pareada chamada hemipênis que é mantida dentro da cloaca quando não está em uso. A maioria dos escamados são espécies ovíparas que depositam seus ovos elípticos e com casca embaixo de troncos ou pedras, ou em buracos no solo. O restante é vivíparo, dando a luz a filhotes totalmente desenvolvidos. Muitos desses, incluindo lagartixas, lagartos-monitores e quase todas as víboras, são ovovivíparos dos quais os filhotes recebem nutrição apenas por meio de seu saco vitelino. Outros escamados vivíparos, incluindo alguns lagartos sincídeos, nutrem seus filhotes com placenta. A maioria das espécies abandona seus filhotes ou ovos imediatamente, mas determinados, incluindo pítons e determinados lagartos sincídeos, exibem cuidado parental, protegendo os ovos de predadores.

Tradicionalmente, os escamados são subdivididos em três subgrupos: Lacertilia (lagartos), Serpentes (serpentes) e Amphisbaenia (anfisbenas ou cobras-de-duas-cabeças). As anfisbenas são atualmente consideradas lagartos modificados e serão discutidas aqui em conjunto com estes. As serpentes formam um grupo monofilético, mas evoluíram dentro de um subgrupo de lagartos, o que resulta no parafiletismo de Lacertilia. Aqui, os termos "lagarto" e "Lacertilia" serão utilizados para descrever todos os escamados, à exceção das serpentes.

Lacertilia: lagartos

Os lagartos compõem um grupo extremamente diverso, incluindo formas terrestres, fossoriais, arborícolas, aquáticos e até planadoras. Muitos grupos são bastante conhecidos; as **lagartixas** (Gekkonidae) são formas geralmente pequenas, ágeis e predominantemente noturnas, frequentemente apresentando lamelas adesivas nos dedos que lhes permitem se deslocar de cabeça para baixo e na vertical. Os **iguanídeos** (Iguanidae) incluem lagartos do Novo Mundo que frequentemente apresentam cores brilhantes, além de ornamentações em forma de cristas, franjas e pregas gulares; esse grupo também inclui a notável iguana-marinha das ilhas Galápagos (Figura 26.12); outro grupo conhecido de lagartos, as **bribas** (Scincidae) têm corpos alongados, uma armadura de osteodermos firmemente conectados (ver Figura 26.4) e membros reduzidos em muitas espécies. Os **lagartos-monitores** (Varanidae) são em geral predadores ativos de porte grande, incluindo aí o maior lagarto conhecido, o dragão-de-komodo, *Varanus komodensis* (Figura 26.13), e os **camaleões** (Chamaeleonidae), que representam um grupo de lagartos arborícolas, em sua maioria da África e Madagascar. Os camaleões são criaturas que capturam insetos com a língua pegajosa, que pode ser projetada rapidamente e com precisão a uma distância maior do que o comprimento do seu corpo. A maioria dos lagartos tem quatro membros e o corpo relativamente curto, mas muitos podem exibir reduções de membros, havendo casos extremos de espécies totalmente desprovidas de patas, como os lagartos-de-vidro (Figura 26.14).

A maior parte dos lagartos têm pálpebras móveis, enquanto os olhos das serpentes são recobertos por uma membrana transparente. Os lagartos têm uma boa visão diurna (retinas ricas em cones e bastonetes; para uma discussão sobre a visão em cores, ver Seção 33.4), embora um grupo, o das lagartixas noturnas, tenha as retinas compostas unicamente por bastonetes. A maior parte dos lagartos possui um ouvido externo, que está ausente nas serpentes. A orelha interna dos lagartos tem estrutura variável, mas

assim como em outros répteis não aves, a audição não tem papel de destaque em suas vidas. As lagartixas são exceções porque os machos utilizam frequentemente a vocalização (como comportamento territorial, desencorajando a aproximação de outros machos), que evidentemente devem ser capazes de ouvir.

Muitos lagartos habitam regiões áridas e de clima quente do planeta com o auxílio de adaptações que permitem a vida nos desertos. Sua pele grossa contém lipídios que minimizam a perda de água. Perde-se também pouca água na urina, uma vez que esses animais, assim como outros grupos bem-sucedidos em hábitats áridos (aves, insetos e caramujos pulmonados), excretam principalmente ácido úrico. Alguns, como é o caso do monstro-de-Gila dos desertos do Sudoeste dos EUA, armazenam

Figura 26.12 Um grande macho de iguana-marinha, *Amblyrhynchus cristatus*, das Ilhas Galápagos, submerso e alimentando-se de algas. Trata-se do único lagarto marinho do mundo. Essa espécie apresenta glândulas removedoras de sal especiais localizadas na região das órbitas, além de garras longas que permitem sua fixação ao substrato enquanto se alimentam de pequenas algas vermelhas e verdes, principais itens de sua dieta. A iguana-marinha é capaz de mergulhar a profundidades superiores a 10 m e permanecer submersa por mais de 30 min.

Figura 26.13 O dragão de Komodo, *Varanus komodoensis*, é o maior lagarto, podendo atingir até 3 m de comprimento. Alimenta-se de porcos, veados e carcaças e, como outros lagartos-monitores, é moderadamente peçonhento.

Figura 26.14 Lagarto-de-vidro europeu, *Pseudopus apodus*. Este lagarto sem pernas é rígido e tem uma cauda extremamente longa e frágil que se quebra facilmente quando o animal é atacado ou agarrado. A maioria dos espécimes tem apenas uma ponta parcialmente regenerada para substituir uma cauda muito mais longa anteriormente perdida. Os lagartos-de-vidro podem ser facilmente diferenciados das serpentes por um sulco profundo e flexível ao longo de cada lado do corpo. Eles se alimentam de vermes, insetos, aranhas, ovos de aves e pequenos répteis não aves.

gordura na cauda, que será utilizada na obtenção de energia e água metabólica durante a seca.

Os lagartos, como quase todos os répteis não aves, são **ectotérmicos**, e ajustam a sua temperatura corporal deslocando-se entre locais com diferentes microclimas (ver Figura 30.14). Uma vez que climas frios oferecem oportunidades limitadas para que animais ectotérmicos elevem suas temperaturas corporais, existem relativamente poucas espécies não aves habitando regiões frias. Os organismos ectotérmicos utilizam consideravelmente menos energia que os endotérmicos; portanto, os répteis não aves são bem-sucedidos em ecossistemas de baixa produtividade e climas quentes, como desertos tropicais, matas abertas e secas, e campos. Assim, a ectotermia não é uma característica "inferior" dos répteis, mas é uma estratégia bem-sucedida para enfrentar desafios ambientais específicos.

As anfisbenas ou cobras-de-duas-cabeças (em inglês, *worm lizards*) são lagartos altamente especializados à vida **fossorial** (escavação). O termo "Amphisbaenia" significa "andar duplo", em referência à habilidade peculiar desses animais em mover-se para trás com a mesma eficiência com que se deslocam para a frente. As anfisbenas têm corpos alongados e cilíndricos, com diâmetro aproximadamente uniforme; a maioria das espécies é totalmente desprovida de membros. Os olhos estão frequentemente ocultos sob a pele e não há aberturas externas dos ouvidos. Seu crânio é compacto e reforçado, com formato de cone ou de pá, o que auxilia na escavação de galerias. A pele é formada por numerosos anéis que se movem independentemente uns dos outros e ancoram-se no solo, produzindo um movimento semelhante ao das minhocas. As anfisbenas têm ampla distribuição na América do Sul e na África tropical. Nos EUA, uma espécie, *Rhineura floridana*, ocorre na Flórida.

Serpentes: *serpentes*

As serpentes são um grupo monofilético de escamados. As serpentes não apresentam nenhum rudimento de membros anteriores nem de cintura escapular, sendo também frequentemente desprovidas de cintura pélvica (esta persiste de forma vestigial em pítons, jiboias e algumas outras serpentes). As numerosas vértebras das serpentes, mais curtas e mais largas do que as dos demais tetrápodes, permitem uma rápida ondulação lateral pela vegetação e sobre o solo áspero ou irregular. As costelas aumentam a rigidez da coluna vertebral, fornecendo maior resistência às pressões laterais. Os **espinhos neurais** alongados fornecem mais sustentação aos músculos. Muitas linhagens de lagartos apresentam redução ou perda dos membros, mas nenhuma delas experimentou uma diversificação tão marcante quanto a da linhagem das serpentes.

O crânio das serpentes é mais cinético que o dos lagartos, permitindo que as serpentes engulam presas muito maiores. Essa especialização notável pode ter sido o principal alicerce para o sucesso do grupo. Diferentemente dos lagartos, as duas partes da mandíbula (maxilar inferior) estão conectadas apenas por músculos e pele, o que permite que elas se abram e se separem amplamente. A articulação entre vários ossos do crânio é frouxa, de forma que o crânio pode sofrer flexões assimétricas para acomodar presas de tamanho bastante grande (Figura 26.15). A presa é lentamente envolvida enquanto os maxilares e os ossos do palato (palatinos e pterigoides), todos dotados de dentes curvados para trás, são movimentados para a frente, sobre a presa. Enquanto um dos lados dos maxilares e do palato se fixa à presa, o outro lado avança, deslocando a presa mais profundamente para dentro da boca. Como a serpente precisa manter a respiração durante o lento processo de deglutição, sua abertura traqueal (glote) é impulsionada para a frente entre as duas metades da mandíbula.

A córnea das serpentes, que não tem pálpebras móveis, encontra-se permanentemente protegida por uma membrana transparente chamada **escama corneal** (em inglês, *spectable*), que, juntamente com a mobilidade reduzida do globo ocular, confere às serpentes o olhar fixo que muitas pessoas consideram desagradável. A maioria das serpentes tem uma visão pouco acurada, mas serpentes arborícolas possuem excelente visão binocular que as auxilia a localizar a presa entre os ramos da vegetação, onde os rastros olfatórios são mais difíceis de serem seguidos (Figura 26.16).

As serpentes são desprovidas de ouvido externo ou membranas timpânicas. Essa condição, juntamente com a ausência de reações evidentes ao som propagado no ar, levou à disseminação

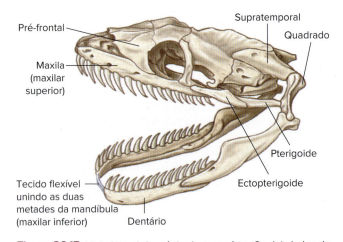

Figura 26.15 Vista lateral do crânio de uma píton. Os dois lados do crânio extremamente cinético apresentam ossos extremamente móveis (indicados na figura) que permitem movimentação extraordinária dos maxilares durante a alimentação. Os dois lados da mandíbula (maxilar inferior) são conectados por tecidos flexíveis, permitindo que se separem amplamente e se movimentem de forma independente.

Figura 26.16 A cobra-cipó, *Leptophis ahaethula*. O corpo esguio dessa espécie arborícola da América Central é uma adaptação para que a serpente deslize entre os galhos.

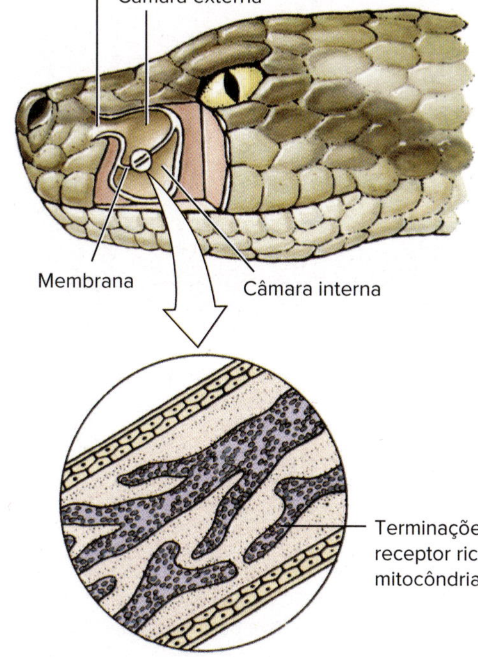

Figura 26.17 Fosseta loreal de uma cascavel, um viperídeo. O corte mostra a localização de uma membrana profunda que divide a fosseta em duas câmaras, uma externa e outra interna. As terminações nervosas sensíveis ao calor estão concentradas nesta membrana.

da ideia de que as serpentes seriam completamente surdas. Não obstante, as serpentes têm uma orelha interna e estudos recentes têm demonstrado claramente que, dentro de uma amplitude de baixas frequências (100 a 700 Hz), a capacidade auditiva das serpentes é superior à da maioria dos lagartos. As serpentes são também bastante sensíveis a vibrações transmitidas pelo solo.

No entanto, a maioria das serpentes se vale de sentidos químicos, em vez da visão e da audição, para caçar suas presas. Além das áreas olfatórias das narinas, que não são bem desenvolvidas, as serpentes têm um par de **órgãos de Jacobson** (órgãos vomeronasais; ver Seção 33.4) no assoalho da boca. Esses órgãos são revestidos por epitélio quimiossensorial densamente inervado. A língua bífida é projetada no ar, captando partículas odoríferas e conduzindo-as para o interior da boca; a língua é então colocada em contato com os órgãos de Jacobson. Em seguida, a informação é transmitida ao cérebro, onde os odores são identificados.

Os boídeos (pítons e jiboias) e os viperídeos da subfamília Crotalinae têm **fossetas loreais** sensíveis ao calor na cabeça, geralmente localizadas entre os olhos e as narinas (Figura 26.17). Essas terminações nervosas respondem à energia radiante (infravermelho de ondas longas, 5.00 a 15.000 nm) e são especialmente sensíveis ao calor emitido pelo corpo de aves e mamíferos que compõem os itens mais frequentes de sua dieta (comprimentos de onda infravermelha de cerca de 10.000 nm). Algumas medições sugerem que as fossetas seriam capazes de distinguir diferenças e temperatura de apenas 0,003°C de uma superfície radiante. As fossetas loreais são utilizadas para rastrear presas de sangue quente e para direcionar seus botes, que são tão efetivos no escuro quanto em plena luz do dia. A anatomia dos receptores de calor é bastante diferente entre os boídeos e os crotalíneos, o que indica que essas estruturas evoluíram independentemente.

As serpentes desenvolveram diversas soluções para o óbvio problema da movimentação sem membros. O padrão de locomoção mais típico é a **ondulação lateral** (Figura 26.18 A). O movimento segue uma trajetória em forma de "S", em que a serpente é propelida por forças laterais exercidas contra as irregularidades da superfície. Uma serpente parece "flutuar", porque as voltas do corpo parecem estacionárias em relação ao solo. O movimento ondulatório lateral é rápido e eficiente na maioria das circunstâncias, mas não em todas. O **movimento em concertina** (Figura 26.18 B) permite que uma serpente se movimente em uma passagem estreita, como quando escala uma árvore utilizando as ranhuras irregulares da casca. A serpente estende-se para a frente enquanto escora as voltas do corpo contra as laterais das ranhuras. Já para progredir em linha reta, como quando se aproximam sorrateiramente de suas presas, muitas serpentes robustas empregam o **movimento retilíneo**. Duas ou três seções do corpo permanecem apoiadas sobre o solo, sustentando o peso do animal; os segmentos situados entre eles se elevam erguidos do solo e são então puxados para a frente pelos músculos (mostrados em vermelho na Figura 26.18 C) que se originam nas costelas e se inserem na pele do ventre. O movimento retilíneo é lento, mas é uma forma eficiente de se deslocar de forma discreta na direção das presas, mesmo quando não existem irregularidades na superfície. O deslocamento por **alças laterais** é uma quarta forma de movimento que permite que as víboras do deserto se desloquem com surpreendente velocidade sobre substratos soltos e arenosos com mínimo contato possível (Figura 26.18 D). Essas serpentes se movem projetando o corpo para a frente em alças, formando um ângulo de 60° em relação à direção do movimento.

A maioria das serpentes captura suas presas abocanhando-as e engolindo-as ainda vivas. Engolir um animal que luta, morde e se debate é perigoso, de forma que a maioria das serpentes que engolem presas vivas tende a se especializar em presas de menor porte, como minhocas, insetos, anfíbios, peixes e, em menor frequência, pequenos mamíferos. Muitas dessas serpentes, que podem ser muito rápidas, localizam suas presas forrageando ativamente. As serpentes que matam suas presas por constrição (Figura 26.19) são normalmente especializadas em presas de grande porte, geralmente mamíferos. As maiores constritoras são capazes de matar e de engolir presas tão grandes quanto antílopes, leopardos e crocodilianos. Entretanto, como o desenvolvimento da musculatura para constrição também reduz a capacidade de movimentação rápida, as serpentes constritoras são também geralmente predadoras de emboscada.

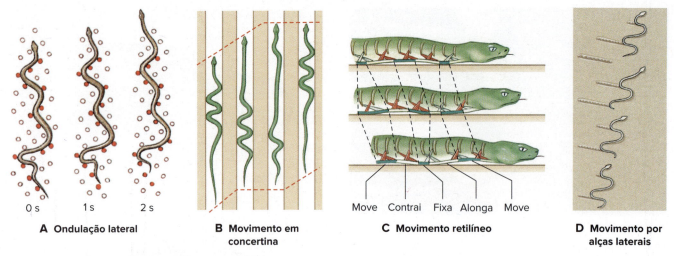

Figura 26.18 Locomoção das serpentes. **A.** Ondulação lateral. **B.** Movimento em concertina. **C.** Movimento retilíneo. **D.** Movimento por alças laterais. Consulte o texto para a explicação.

Outras serpentes matam suas presas inoculando peçonha. Menos de 20% de todas as serpentes são peçonhentas, embora na Austrália o número de espécies peçonhentas supere o das não peçonhentas em uma proporção de 4 para 1. As serpentes peçonhentas são geralmente divididas em cinco famílias, em parte com base no tipo de presa (dente inoculador da peçonha).

As víboras (família Viperidae) têm presas tubulares, móveis e altamente desenvolvidas na parte da frente da boca (Figura 26.20). Tais dentes permanecem em uma bainha membranosa quando a boca do animal está fechada. Quando uma víbora ataca, um músculo e um sistema de alavanca ósseo especiais projetam as presas à medida que a boca se abre. As presas são direcionadas para o alimento pelo impulso do bote, e a peçonha é injetada com a picada por meio de um canal interno ao dente. Após a picada a serpente solta imediatamente o animal, seguindo-o até que esteja paralisado ou morto. As víboras do Velho Mundo não têm fosseta loreal. Entre elas, estão as biútas (*Bitis arietans*, África), as víboras-serrilhadas (*Echis carinatus*, África e Ásia do Sul) e as víboras europeias comuns (*Vipera berus*). A víbora do Gabão (*Bitis gabonica*), na África, tem as maiores presas de todas as serpentes, medindo cerca de 5 cm. As serpentes da subfamília Crotalinae na família Viperidae, por sua vez, são chamadas de víboras de fosseta, porque possuem fossetas especiais sensíveis ao calor (as fossetas loreais) em suas cabeças (ver Figura 26.17). Todas as serpentes peçonhentas bem conhecidas da América do Norte têm fossetas loreais, incluindo a boca-de-algodão (*Agkitrodon piscvorus*), a cabeça-de-cobre (*Agkistrodon contortrix*), e as cascavéis (gêneros *Crotalus* e *Sistrurus*). Nos EUA são registradas aproximadamente 3.500 picadas por víboras que possuem fossetas por ano, causando cerca de cinco mortes.

Uma segunda e grande família de serpentes peçonhentas (família Elapidae) tem presas curtas e fixas na região anterior da boca.[a] Este grupo inclui as najas, as mambas (*Dendroaspis*), as cobras-corais (*Micrurus*, *Erythrolamprus*, *Oxyrhopus* e *Anilius*) e as *kraits* (gênero *Bungarus*). Todas as serpentes peçonhentas terrestres na Austrália são da família Elapidae. A maioria delas tem uma peçonha extremamente tóxica. As serpentes marinhas altamente peçonhentas são normalmente colocadas em uma terceira família (Hydrophiidae). As víboras-toupeiras e serpentes-estileto (Atractaspididae) são espécies pequenas, peçonhentas, com fosseta loreal e que apresentam dentes injetores de peçonha (presas) variados. A grande família Colubridae, que inclui a maioria das serpentes não peçonhentas mais conhecidas, também contém numerosas espécies moderadamente peçonhentas, todas com presas pequenas e fixas na parte de trás da boca. Umas poucas, incluindo a cobra-árvore (*Dispholidus typus*) e as "cobras-cipó" africanas (gêneros *Dispholidus* e *Telothornis*) são muito perigosas e já causaram fatalidades humanas.

Mesmo a saliva de serpentes inofensivas tem propriedades tóxicas – embora limitadas – o que provavelmente é um estado ancestral do qual as peçonhas altamente tóxicas evoluíram. Tradicionalmente, as peçonhas das serpentes são divididas em dois tipos. O tipo **neurotóxico** age principalmente no sistema nervoso, afetando os nervos ópticos (causando cegueira) ou o nervo frênico do diafragma (causando paralisia respiratória). O tipo **hemotóxico** destrói as hemácias provocando hemorragias extensas nos tecidos. Na realidade, a maioria das peçonhas das serpentes são misturas complexas de substâncias que não são facilmente associáveis a um desses tipos. Adicionalmente, todas as peçonhas possuem enzimas que aceleram a digestão.

Figura 26.19 Serpente africana não peçonhenta, *Boaedon fuliginosus*, constringindo um rato antes de engoli-lo.

---

[a] N.R.T. Em inglês chama-se este grupo de "*cobra*" (principalmente as najas), o que dá origem a confusões de tradução para o português.

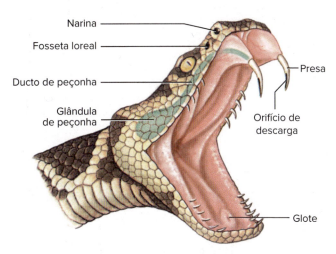

Figura 26.20 Cabeça de uma cascavel que mostra o aparato de peçonha. A glândula de peçonha, uma glândula salivar modificada, conecta-se à presa oca por meio de um ducto.

A toxicidade de uma peçonha se mede por meio da dose letal mediana em animais de laboratório (DL_{50}). Segundo esses padrões, a peçonha da "taipan-do-interior" (*Oxyuranus microlepidotus*) da Austrália e a de algumas serpentes marinhas parecem ser as mais letais. Entretanto, várias serpentes maiores injetam mais peçonha em uma mordida e são mais perigosas. As mambas-negras são grandes, agressivas e rápidas, e injetam uma grande quantidade de toxina de ação rápida durante uma mordida. Ela é uma das serpentes mais temidas na África, visto que mordidas não tratadas são sempre fatais; algumas vezes, em até 1 hora. Estima-se que em todo o mundo pelo menos 20 mil (e, possivelmente, até 90 mil pessoas) sejam mortas por picadas de serpentes por ano. A maioria das mortes ocorre na Índia, no Paquistão, em Bangladesh e países vizinhos, onde a população pobre tem contato mais frequente com serpentes peçonhentas e não dispõe de socorro médico imediato após uma mordida. As principais espécies responsáveis por mortes nessas regiões são as víboras-de-Russell (*Daboia*), as víboras-serrilhadas (*Echis carinatus*) e várias espécies de najas (*Naja*).

Tema-chave 26.4
CONEXÃO COM SERES HUMANOS

Determinando a toxicidade da peçonha

O DL_{50} (dose letal média) tem sido o procedimento padronizado para avaliar a toxicidade de medicamentos; foi originalmente desenvolvido na década de 1920 por farmacologistas. Na prática, pequenas amostras de animais de laboratório, geralmente camundongos, são expostas a uma série graduada de doses da droga ou toxina. A dose que mata 50% dos animais no período de teste é registrada como DL_{50}. Caro e demorado, esse procedimento clássico está sendo substituído por métodos alternativos que reduzem muito o número de animais necessários. Entre tais alternativas estão os testes de citotoxicidade que avaliam a capacidade das substâncias em teste de matar células e os procedimentos toxicinéticos que medem a interação de uma droga ou toxina com um sistema vivo.

Um dos dinossauros mais antigos que se conhece, atualmente considerado um saurísquio basal

Sphenodonta: tuataras

Os Sphenodonta são representados por duas espécies vivas do gênero *Sphenodon* (do grego *sphenos*, lâmina + *odontos*, dente) da Nova Zelândia. Tuataras são formas semelhantes a lagartos, com até 80 cm de comprimento, que vivem em tocas frequentemente compartilhadas com aves marinhas chamadas petréis (Figura 26.21). Os tuataras são os únicos sobreviventes da linhagem dos esfenodontídeos que tiveram uma modesta diversificação durante o início da era Mesozoica, mas declinaram ao fim daquela era. Os tuataras já foram muito comuns nas duas principais ilhas da Nova Zelândia, embora estejam hoje restritos a pequenas ilhotas do estreito de Cook e ao longo da costa nordeste da Ilha Norte, bem como a uma pequena reserva na Ilha do Norte, onde foram recentemente reintroduzidos. A perda das populações de tuataras nas principais ilhas da Nova Zelândia se deve à introdução intencional ou acidental de espécies de animais exóticos pelos seres humanos, incluindo roedores, gatos, cães e cabras, que predaram intensamente os tuataras e seus ovos, ou destruíram seu hábitat. Os tuataras são particularmente vulneráveis porque são animais de crescimento lento e de baixas taxas reprodutivas.

Os tuataras têm uma das menores taxas reprodutivas entre os répteis: demoram de 10 a 20 anos para se tornarem sexualmente maduros e normalmente produzem ovos somente a cada 4 anos, que levam 7 meses para eclodir. Os tuataras são animais de crescimento lento e de vida longa; um macho em cativeiro chamado "Henry" tinha 121 anos em 2018 e se reproduziu com sucesso aos 111 anos.

Os tuataras despertam o interesse dos zoólogos em virtude das várias características desses animais idênticas às de répteis diápsidos do início da Era Mesozoica que viveram há 200 milhões de anos.

Figura 26.21 Tuatara, *Sphenodon punctatus*, um representante atual da ordem Sphenodonta. Esse "fóssil vivo" apresenta, na região dorsal da cabeça, um olho parietal bem desenvolvido dotado de retina, cristalino e conexões nervosas com o cérebro. Embora recoberto por escamas, este terceiro olho é sensível à luz. Os tuataras são principalmente restritas a certas ilhas ao largo da costa da Nova Zelândia.

O mundo dos dinossauros na Era Mesozoica

Em 1842, quando o anatomista inglês Richard Owen cunhou o termo *dinossauro* ("lagarto grande e terrível") para descrever os gigantescos répteis da Era Mesozoica, somente três gêneros pouco conhecidos haviam sido reconhecidos. Novas e notáveis descobertas rapidamente se sucederam, e, em torno de 1887, os zoólogos foram capazes de distinguir dois grupos de dinossauros com base em diferenças na estrutura da cintura pélvica. Os Saurischia ("pelve-de-lagarto") têm uma pélvis simples, trirradiada, com os ossos do quadril arranjados à semelhança de outros répteis não aves. O ílio grande e laminar é conectado a uma ou duas vértebras sacrais. O púbis e o ísquio se estendem anterior e ventralmente. O Ornithischia ("quadril de ave") tinha uma pelve um pouco mais complexa. O ílio e o ísquio eram arranjados de forma semelhante em ornitísquios e saurísquios, mas o púbis ornitísquio era um osso estreito em forma de bastonete com processos direcionados anterior e posteriormente ao longo do ísquio. Estranhamente, enquanto a pelve ornitísquia, como o nome sugere, era semelhante à das aves atuais, as aves são do clado saurísquio. Análises cladísticas recentes sugerem que o grupo Saurischia não é monofilético, então um arranjo taxonômico diferente é necessário. Embora essa descoberta seja bastante controversa, ela ilustra a pesquisa ativa na sistemática dos dinossauros.

Os dinossauros e seus descendentes vivos – as aves – são arcossauros ("répteis dominantes"), um grupo que inclui os crocodilos e os pterossauros (ver Figura 26.1). Como tradicionalmente reconhecido, os dinossauros são um grupo parafilético porque não inclui as aves.

Entre as várias irradiações de arcossauros do período Triássico, surgiu uma linhagem com membros abaixo do corpo, para proporcionar uma postura ereta. Essa linhagem deu origem aos primeiros dinossauros do final do Triássico. *Herrerasaurus*, um dinossauro bípede da Argentina, possui uma das características mais marcantes dos dinossauros: o andar ereto sobre pernas semelhantes a pilares, em vez de pernas estendidas a partir das laterais do corpo, como a dos anfíbios atuais e répteis não aves. Esse arranjo possibilitou às pernas sustentar o grande peso do corpo e proporcionar uma passada rápida e eficiente.

Dois grupos de dinossauros saurísquios foram propostos com base nas diferenças de hábitos alimentares e de locomoção: os terópodes carnívoros e bípedes, que incluem as aves, e os saurópodes herbívoros e quadrúpedes. *Coelophysis* foi um terópode primitivo com uma forma corporal típica: pernas posteriores poderosas com pés tridáctilos; uma cauda longa e pesada de contrapeso; membros anteriores delgados capazes de agarrar, pescoço flexível e uma cabeça grande com maxilares com dentes em forma de punhal. Os grandes predadores como o *Allosaurus*, comuns no período Jurássico, foram substituídos pelos carnívoros ainda mais robustos do período Cretáceo, como *Tyrannosaurus*, que atingia um comprimento de 12,2 m, ereto a quase 6 m de altura e que pesava mais de 7.200 kg (7,2 toneladas). Nem todos os saurísquios predadores eram enormes; muitos eram rápidos e ágeis, como o *Velociraptor* ("predador veloz") do final do período Cretáceo.

Os saurísquios herbívoros, que são saurópodes quadrúpedes, surgiram no final do Triássico. Embora os primeiros saurópodes fossem dinossauros de pequeno e médio portes, os dos períodos Jurássico e Cretáceo atingiram proporções gigantescas, os maiores vertebrados terrestres jamais existentes. *Brachiosaurus* chegava a 25 m de comprimento e pode ter pesado mais de 30 mil kg (30 toneladas). Saurópodes ainda maiores foram descobertos; *Argentinosaurus* tinha 40 m de comprimento e pesava pelo menos 80 mil kg. Com longos pescoços e longas pernas anteriores alongadas, os saurópodes foram os primeiros vertebrados adaptados para se alimentarem das árvores.

O segundo grupo de dinossauros, os Ornithischia, eram todos herbívoros. Embora mais variados na aparência do que os saurísquios, os ornitísquios são agrupados por várias características derivadas do esqueleto que indicam um ancestral comum. O enorme *Stegosaurus* de costas plaqueadas do período Jurássico é um exemplo bem conhecido de ornitísquio "blindado", que constitui dois dos cinco principais grupos de ornitísquios. Ainda mais protegidos por placas ósseas do que os estegossauros, eram os corpulentos anquilossauros, os "tanques-de-guerra" do mundo dos dinossauros. À medida que o período Jurássico deu lugar ao Cretáceo, vários grupos de ornitísquios sem carapaça surgiram, embora muitos portassem chifres impressionantes. O contínuo aumento da diversidade de ornitísquios no período Cretáceo deu-se paralelamente a um declínio gradual dos grandes saurópodes, que tinham prosperado no período Jurássico. O *Triceratops* é um representante dos dinossauros com cornos que eram comuns no final do período Cretáceo Superior. Ainda mais proeminentes nesse período eram os hadrossauros, como *Parasaurolophus*, que provavelmente viviam em grandes manadas. Muitos hadrossauros tinham crânios elaborados com cristas que provavelmente funcionavam como caixas de ressonância para produzir chamados específicos da espécie. O quinto grupo, os paquicefalossauros bípedes do final do período Cretáceo, tinham crânios grossos possivelmente usados em combates.

Os dinossauros provavelmente forneciam cuidados parentais consideravelmente mais complexos do que a maioria dos outros répteis não aves. Como tanto os crocodilianos (ver Figura 26.22) quanto as aves, membros do clado Archosauria, compartilham o cuidado parental bem desenvolvido, é provável que os dinossauros exibissem um comportamento semelhante. Foram descobertos ninhos fossilizados para vários grupos. Em um dos casos, um fóssil adulto do pequeno terópode *Oviraptor* foi encontrado com um ninho de ovos. Originalmente, foi levantada a hipótese de que o adulto era um predador dos ovos (*Oviraptor* significa "caçador de ovos"). Mais tarde, um embrião em ovos semelhantes foi encontrado e identificado como *Oviraptor*, indicando que o adulto provavelmente estava com seus próprios ovos! Jovens de *Maiasaura* (um hadrossauro) encontrados em um ninho eram muito grandes para serem filhotes e apresentavam desgaste considerável nos dentes, sugerindo que os filhotes permaneceram no ninho e possivelmente foram alimentados por adultos durante parte de seu início de vida.

Há 65 milhões de anos, os últimos dinossauros da Era Mesozoica foram extintos, deixando as aves e os crocodilianos como as únicas linhagens sobreviventes dos arcossauros. O fim dos dinossauros coincidiu com o impacto de um grande asteroide na região da península de Yucatán, que teria produzido uma perturbação ambiental em escala mundial. Embora o evento do impacto normalmente seja aceito como a principal causa das extinções, outros eventos, incluindo uma erupção vulcânica maciça no Planalto de Deccan, na Índia, a redução do nível do mar e a mudança climática foram sugeridos para contribuir com o fim dos dinossauros e de outros animais. Continuamos fascinados pelas criaturas inspiradoras e muitas vezes incrivelmente grandes que dominaram a era Mesozoica por 165 milhões de anos – um período incompreensivelmente longo. Hoje, inspirados pelas pistas dos fósseis e pelas pegadas de um mundo perdido, os cientistas continuam a montar o quebra-cabeças de como vários grupos de dinossauros surgiram, se comportavam e se diversificaram.

Taxonomia dos primeiros amniotas e dos répteis não aves atuais

A seguinte taxonomia cladística lista os membros atuais dos Amniotas e vários grupos extintos do clado Reptilia. Não há consenso de um sistema de atribuição de classificações lineanas consistente com uma taxonomia cladística para esses grupos e, portanto, as classificações não são atribuídas aqui. Em vez disso, os grupos aninhados são mostrados por recuo (ver Seção 10.6 para um exemplo de uma taxonomia sem classificação e utilizando-se recuos nas linhas). No entanto, deve-se notar que os quatro principais clados de répteis vivos (Testudines, Squamata, Sphenodonta e Crocodilia) são classificados como ordens em muitas referências. As relações das tartarugas com outros diápsidos são controversas. Os grupos extintos são indicados por uma cruz.

Anapsida[†] (do grego *an*, sem + *apsis*, arco): **anápsidos**. Amniotas portadores de um crânio desprovido de aberturas temporais.

Diapsida (do grego *di*, duplo + *apsis*, arco): **diápsidos**. Amniotas com crânio com duas aberturas temporais.

    Testudines (do latim *testudo*, tartaruga): **tartarugas.** Corpo envolvido por uma armadura composta de uma carapaça dorsal e um plastrão ventral; maxilares com placas queratinizadas em vez de dentes; vértebras e costelas fusionadas à carapaça; perda das aberturas temporais; aproximadamente 325 espécies.

    Lepidosauria (do grego *lepidos*, escama + *sauros*, lagarto). Caracterizados pelo direcionamento lateral dos membros e pelo ventre próximo ao solo; sem especializações bípedes; crânio diápsido geralmente modificado pela perda de um ou dos dois arcos temporais; fenda cloacal transversal; a pele é trocada de uma só vez como uma peça única.

        Squamata (do latim *squamatus*, escamado + *ata*, caracterizado por): **serpentes** e **lagartos**. Pele recoberta por escamas ou placas epidérmicas queratinizadas, que são substituídas; osso quadrado móvel; crânio cinético (exceto nas anfisbenas); superfície de articulação anterior das vértebras côncava; órgãos de cópula pareados. cerca de 5.810 espécies de lagartos e 3.370 espécies de serpentes.

        Sphenodonta (do grego *Sphen*, cunha + *odontos*, dente): **tuataras**. O crânio retém ambos os pares de aberturas temporais; vértebras bicôncavas; osso quadrado imóvel; olho parietal proeminente; órgão copulador ausente; duas espécies existentes em *Sphenodon*.

    Ichthyosauria[†] (do grego *ichthys*, peixe + *sauros*, lagarto). Diápsidos marinhos mesozoicos semelhantes a golfinhos, com olhos grandes e caudas verticais.

    Sauropterygia[†] (do grego *sauros*, lagarto + *pteryginos*, alado, com asas). Diápsidos marinhos carnívoros do Mesozoico com grandes membros semelhantes a remos. Isso inclui "plesiossauros" de pescoço longo e "pliosiossauros" de pescoço curto.

    Archosauria (do grego *archon*, dominante + *sauros*, lagarto). Órbita em forma de um triângulo invertido; fenestra anteorbital (abertura no crânio anterior à órbita) e moela presente; ventrículo do coração totalmente dividido; cuidado parental presente; muitas formas bípedes.

        Crocodilia (do latim *crocodilus*, crocodilo): **jacarés, caimãs, crocodilos e gaviais.** Crânio alongado e robusto; narinas terminais; palato secundário presente; vértebras geralmente côncavas na frente; membros anteriores geralmente com cinco dígitos; membros posteriores com quatro dígitos; osso quadrado imóvel; 25 espécies.

        Pterosauria[†] (do grego *pteron*, alado + *sauros*, lagarto). Arcossauros voadores da Era Mesozoica dotados de asas membranosas.

        Saurischia (do grego *sauros*, lagarto + *ischia*, pelve). Dinossauros da Era Mesozoica; os bípedes eram carnívoros e os quadrúpedes eram herbívoros; padrão ancestral da cintura pélvica (semelhante aos demais répteis).

            Sauropodomorpha[†] (do grego *sauros*, lagarto + *podos*, pé + *morphē*, forma). Saurísquios herbívoros incluindo gigantes mesozoicos, como *Brachiosaurus*, *Apatosaurus* e *Diplodocus*.

            Theropoda (do grego *ther*, animal selvagem + *podos*, pé). Saurísquios carnívoros, incluindo enormes predadores como o tiranossauro e pequenos predadores ágeis como o *Deinonychus* e o *Velociraptor*. As aves também fazem parte deste clado.

        Ornithischia[†] (do grego *ornis*, ave + *ischion*, pelve). Dinossauros da Era Mesozoica; herbívoros bípedes e quadrúpedes, como *Stegosaurus*, *Triceratops* e *Parasaurolophus*; padrão derivado de estrutura da cintura pélvica (semelhante ao das aves).

Synapsida (do grego *syn*, junto + *apsis*, arco). Amniotas com crânio com um par de aberturas temporais laterais. Este clado contém numerosas formas extintas do período Carbonífero ao Triássico, chamadas de "pelicossauros" e "terapsídeos", e os mamíferos atuais.

Essas características incluem um crânio diápsido com duas aberturas temporais delimitadas por arcos ósseos completos. Os tuataras também têm um olho parietal mediano bem desenvolvido com elementos de córnea, cristalino e retina (ainda que esteja recoberto pela pele opaca, esse "terceiro olho" é capaz de registrar alterações na intensidade luminosa). Os olhos parietais, que também estão presentes em muitos anamniotas, desempenham um papel importante na regulação dos ritmos comportamentais diários e sazonais. *Sphenodon* apresenta uma das taxas mais lentas de evolução morfológica entre os vertebrados.

Crocodilia: crocodilos, jacarés e gaviais

Os crocodilianos e as aves atuais são os únicos remanescentes da linhagem de arcossauros que deu origem à grande diversificação de dinossauros e seus parentes no Mesozoico. Embora os crocodilianos atuais pertençam a um clado que iniciou sua diversificação no final do período Cretáceo, a anatomia desses animais difere muito pouco da dos crocodilianos do início da Era Mesozoica. Por terem permanecido praticamente imutáveis ao longo de aproximadamente 200 milhões de anos, os crocodilianos enfrentam um futuro incerto em um mundo dominado por seres humanos. Os crocodilianos modernos são divididos em três famílias: os jacarés e caimãs, que representam um grupo predominantemente do Novo Mundo; os crocodilos, que têm uma ampla distribuição e incluem uma forma que se aventura em águas salgadas e é um dos maiores répteis atuais; e os gaviais, representados por uma única espécie encontrada somente em áreas da Índia e Nepal.

Todos os crocodilianos têm um crânio alongado, robusto e bem reforçado, além de uma musculatura potente associada aos maxilares no sentido de permitir uma grande abertura e um fechamento rápido e poderoso. Os dentes são inseridos em alvéolos, caracterizando um tipo de dentição denominado de **tecodonte**, típico de arcossauros da Era Mesozoica, incluindo as primeiras aves. Outra adaptação, compartilhada apenas com os mamíferos, é a presença de um palato secundário completo. Essa inovação empurrou as narinas internas para a parte posterior, permitindo aos crocodilianos respirar quando sua boca está preenchida com água ou alimento (ou ambos). Os crocodilianos, assim como as aves e os mamíferos, têm um coração dividido em quatro câmaras, com átrios e ventrículos completamente divididos.

Os crocodilos estuarinos, como *Crocodylus porosus*, do Sul da Ásia, e o crocodilo-do-Nilo, *C. niloticus* (Figura 26.22 A), atingem tamanhos muito grandes (já foram registrados adultos pesando mais de 1.000 kg) e são rápidos e agressivos. Sabe-se que os crocodilos atacam animais tão grandes quanto bovinos, antílopes e até seres humanos. Os jacarés (*alligators*, em inglês) são geralmente menos agressivos do que esses crocodilos e muito menos perigosos para os seres humanos. Nos EUA, *Alligator mississippiensis* (Figura 26.22 B) é a única espécie de jacaré; *Crocodylus acutus*, que está restrito ao extremo Sul da Flórida, por sua vez, é a única espécie de crocodilo. Crocodilianos de grande porte são animais poderosos e os adultos quase não têm inimigos não humanos. No entanto, durante o início da vida, são vulneráveis a muitos predadores. Ninhos desguarnecidos da proteção materna serão quase certamente descobertos e atacados por mamíferos que se alimentam dos ovos, enquanto os filhotes recém-eclodidos podem ser devorados por peixes grandes ou por garças e outras aves aquáticas.

Os jacarés machos fazem sons altos durante a estação reprodutiva. Os crocodilianos são ovíparos. Uma fêmea normalmente deposita entre 20 e 90 ovos em ninhos feitos de folhas ou enterrados na areia, permanecendo nas redondezas, cuidando da ninhada. Diferentemente da maioria dos demais répteis não aves, os crocodilianos têm um comportamento de cuidado parental bastante elaborado. A mãe ouve as vocalizações dos filhotes no momento da eclosão e responde abrindo o ninho e auxiliando-os a sair. Os filhotes são protegidos pela mãe durante 2 anos ou mais anos após sua eclosão. Embora os filhotes sejam capazes de capturar seu próprio alimento imediatamente após sua saída do ovo, eles também se alimentam de restos da comida da própria mãe. Como acontece com muitas tartarugas e alguns lagartos, a temperatura de incubação dos ovos determina a proporção entre os sexos da ninhada.

Figura 26.22 Crocodilianos. **A.** Crocodilo-do-Nilo, *Crocodylus niloticus*, aquecendo-se ao sol. O quarto dente da mandíbula se encaixa em uma reentrância do maxilar superior delgado; os jacarés não têm essa característica. **B.** Jacaré norte-americano, *Alligator mississippiensis*, um habitante cada vez mais abundante nos rios, igarapés e pântanos do Sudeste dos EUA.

Entretanto, em contraposição às tartarugas (ver Figura 26.10), baixas temperaturas produzem somente fêmeas, enquanto temperaturas elevadas produzem somente machos.

Os crocodilos são diferenciados dos jacarés com base na morfologia da cabeça. Os crocodilos têm um focinho relativamente estreito, e, quando a boca está fechada, o quarto dente do maxilar é visível quando ele se encaixa em uma reentrância do maxilar superior (Figura 26.22 A). Os jacarés (e caimãs) geralmente têm um focinho mais largo (Figura 26.22 B), e o quarto dente da mandíbula permanece oculto quando a boca está fechada. Os gaviais têm focinhos extremamente delgados, a boca repleta de dentes muito finos, alimentando-se principalmente de peixes.

RESUMO

Seção	Conceito-chave
26.1 Origem e evolução inicial dos amniotas	• Amniota é dividida em dois clados com membros viventes: Mammalia (mamíferos) e Reptilia (tartarugas, serpentes, lagartos, tuataras, crocodilianos e aves) • Os amniotas divergiram de um grupo de tetrápodes primitivos durante o final da Era Paleozoica, cerca de 300 milhões de anos atrás, e se diversificaram em diversas formas, ocupando uma variedade de hábitats aquáticos e terrestres • Antes do fim da Era Paleozoica, os amniotas se diversificaram para formar três grupos diferenciados pela estrutura do crânio: anápsidos, que não possuem fenestras temporais; sinápsidos, que têm um par de aberturas temporais; e diápsidos, que possuem dois pares de aberturas temporais • Os mamíferos evoluíram dos primeiros sinápsidos. Os primeiros diápsidos deram origem a todos os répteis não aves vivos (lagartos, cobras, tuataras, crocodilianos e, provisoriamente, às tartarugas) e às aves. Nenhum amniota vivo retém a condição anapsida do Paleozoico • Durante a era Mesozoica, um clado de diápsidos, os arcossauros, passou por uma grande diversificação mundial em formas grandes e morfologicamente diversas, incluindo os ictiossauros, plesiossauros, pterossauros e dinossauros. Embora a maioria dessas linhagens esteja extinta, os descendentes de alguns dinossauros sobreviveram à grande extinção no final da Era Mesozoica e passaram por sua própria diversificação como aves • Os dois grupos principais de dinossauros, Saurischia e Ornithischia, são diferenciados por sua estrutura de quadril. Pelo menos alguns dinossauros cuidavam de seus filhotes, talvez de maneira semelhante à dos crocodilianos e aves. Os dinossauros apareceram no início da Era Mesozoica e foram os grandes vertebrados terrestres dominantes, até que todos se extinguiram no final daquela era • "Reptilia", como tradicionalmente concebida, é parafilética porque não inclui as aves. A inclusão das aves em Reptilia o torna um grupo monofilético. Reptilia inclui quatro clados com membros viventes: Testudines (tartarugas), Squamata (lagartos e cobras), Sphenodonta (tuataras) e Archosauria (crocodilianos e aves) • O sucesso dos amniotas como vertebrados terrestres pode ser atribuído a várias adaptações, incluindo ao ovo amniótico. O ovo amniótico, com sua casca e quatro membranas extraembrionárias – o âmnio, o alantoide, o córion e o saco vitelino –, permite o rápido desenvolvimento de embriões em ambientes terrestres. As adaptações amnióticas adicionais que suportam a ocupação de ambientes secos e um estilo de vida relativamente ativo incluem uma pele espessa e resistente à água, excreção de ureia ou ácido úrico, pulmões de alta superfície ventilados pelos músculos do tronco, musculatura dos maxilares expandida e um sistema cardiovascular eficiente.
26.2 Características e história natural dos grupos de répteis	• As tartarugas (Testudines), com suas carapaças distintas, mudaram pouco na anatomia desde o período Triássico. As tartarugas são um pequeno grupo de espécies terrestres, semiaquáticas e aquáticas de vida longa. Elas não têm dentes, apresentando placas queratinizadas em seus maxilares. Todas são ovíparas e enterram seus ovos, incluindo as formas marinhas • Lagartos e serpentes (Squamata) representam 95% de todos os répteis não aves atuais. Ambos os grupos são diversificados e bem-sucedidos, principalmente em climas quentes. Os lagartos se distinguem das serpentes por terem as hemimandíbulas unidas, as pálpebras móveis e as aberturas externas das orelhas. Lagartos e serpentes são ectotérmicos, regulando sua temperatura ao mover-se entre diferentes microambientes. A maioria dos lagartos e serpentes são ovíparos, embora a viviparidade não seja incomum, especialmente em climas mais frios. As anfisbenas são um pequeno grupo de lagartos tropicais especializados em escavar. Eles têm corpos anelados, geralmente sem membros, e um crânio sólido • As cobras, que evoluíram de um grupo de lagartos, são caracterizadas por corpos alongados e sem membros, e um crânio altamente cinético que lhes permite engolir presas várias vezes maiores que o seu diâmetro. A maioria das serpentes depende dos sentidos químicos, incluindo o órgão de Jacobson, para caçar a presa, em vez dos sentidos visuais e auditivos. Dois grupos de serpentes (víboras e boídeos) têm órgãos sensores infravermelhos exclusivos para rastrear presas. Algumas serpentes engolem suas presas vivas, enquanto outras matam-nas por constrição ou por causa da peçonha. Diferenças entre grupos de serpentes peçonhentas ocorrem pela anatomia de seus dentes injetores de peçonha • Os tuataras da Nova Zelândia (Sphenodonta) são relíquias e os únicos sobreviventes de um grupo que desapareceu há 100 milhões de anos. Eles apresentam várias características, incluindo dois pares de aberturas temporais e um olho parietal proeminente, que são quase idênticas aos dos primeiros diápsidos do Mesozoico. Esses répteis raros são particularmente vulneráveis porque têm crescimento lento e baixas taxas reprodutivas • Crocodilos, jacarés, caimãs e gaviais (Crocodilia) são membros do clado Archosauria, que também inclui os extintos dinossauros e as aves atuais. Os crocodilianos têm várias adaptações para uma vida carnívora e semiaquática, incluindo um crânio enorme com maxilares poderosos e um palato secundário. Eles exibem o cuidado parental mais complexo entre os répteis não aves atuais

QUESTÕES DE REVISÃO

1. Quais são as quatro membranas associadas aos ovos amnióticos? Qual é a função de cada uma dessas membranas?
2. De que maneiras a pele e o sistema respiratório diferem entre os amniotas e seus ancestrais tetrápodes primitivos?
3. Os amniotas são divididos em três grupos com base em sua morfologia craniana. Que três grupos são esses e quais são as diferenças entre seus crânios? Quais amniotas vivos, se houver, originaram-se de cada um desses três grupos?
4. Por que os "répteis", como definidos tradicionalmente, representam um grupo parafilético? Como a taxonomia cladística revisou Reptilia para torná-la monofilética?
5. Descreva de que formas os amniotas são funcionais ou estruturalmente mais bem adaptados ao ambiente terrestre do que os anamniotas.
6. Descreva as principais características estruturais das tartarugas que as distinguem de outros répteis não aves.
7. Como a temperatura do ninho pode afetar o desenvolvimento dos ovos das tartarugas? E a dos crocodilianos?
8. O que significa a expressão "crânio cinético" e que vantagens ele oferece? Como as serpentes são capazes de se alimentar de presas grandes?
9. A maioria dos lagartos e das serpentes é ovípara, mas algumas são ovovivíparas ou têm viviparidade placentária. Compare esses métodos de reprodução nos escamados. Em que tipo de clima a viviparidade é mais frequente?
10. De que formas os sentidos especiais das serpentes são semelhantes aos dos lagartos e como esses sentidos evoluíram para estratégias alimentares especializadas?
11. O que são anfisbenas? Quais as adaptações morfológicas que esses animais apresentam para auxiliar na escavação?
12. Qual é a função do órgão de Jacobson das serpentes?
13. Qual é a função da fosseta loreal dos viperídeos?
14. Descreva como uma serpente se move por ondulação lateral. Por que essa forma de locomoção seria ineficiente sobre uma superfície instável (como a areia) ou uma superfície sem irregularidades? Em condições como essas, que formas de locomoção seriam eficientes para uma serpente?
15. Qual é a diferença, em estrutura e localização das presas (dentes injetores de peçonha), entre uma cascavel, uma naja e uma cobra-cipó africana?
16. Como a peçonha das serpentes pode levar suas presas à morte? Como é medida a toxicidade das peçonhas?
17. Por que os tuataras (*Sphenodon*) são animais especialmente interessantes para os biólogos? Por que são raros?
18. Diferencie os dinossauros saurísquios e os ornitísquios com base na anatomia de sua cintura pélvica.
19. O cuidado parental de um dinossauro foi mais parecido com o de um lagarto ou de um crocodilo? Explique.
20. De que subgrupo de diápsidos descendem os crocodilianos? Que outros grandes grupos de vertebrados fósseis e atuais descendem desse mesmo subgrupo? De que maneiras estruturais e comportamentais os crocodilianos diferem dos demais répteis não aves atuais?

Para reflexão. Como as mudanças ambientais poderiam afetar as populações de espécies cujo sexo é determinado pela temperatura?

27 Aves

OBJETIVOS DE APRENDIZAGEM

Após leitura do capítulo, você será capaz de:

- **27.1** Descrever a evolução inicial das aves.
- **27.2** Identificar como as penas e os sistemas de órgãos das aves são adaptados para o voo.
- **27.3** Explicar como as aves geram sustentação e impulso para o voo.
- **27.4** Explicar como as aves navegam durante a migração e como a migração pode ser adaptativa.
- **27.5** Descrever os diferentes sistemas de acasalamento nas aves.
- **27.6** Identificar as principais ameaças humanas às populações de aves.

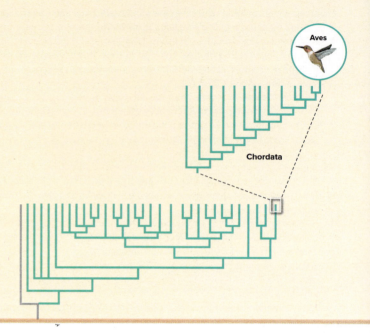

Gansos-da-neve, Chen caerulescens, *durante a migração.*
iStock@Sundry Photography

Longa viagem até o lar de verão

Algumas aves, tendo dominado o voo, usam esse poder para fazer as longas migrações sazonais. O deslocamento entre regiões de invernada ao sul e de reprodução ao norte, com longos dias de verão e abundância de insetos, fornece aos pais grande quantidade de alimento para criar seus filhotes. Os predadores de aves não são tão abundantes no extremo norte, e uma breve aparição 1 vez por ano de aves jovens vulneráveis não favorece o crescimento de populações de predadores. A migração também aumenta imensamente o espaço disponível para a procriação e reduz o comportamento territorial agressivo. Finalmente, a migração favorece a homeostase – o equilíbrio de processos fisiológicos que mantêm a estabilidade interna –, permitindo às aves evitar os extremos climáticos.

O cenário migratório inspira admiração e os mecanismos fisiológicos da migração são igualmente desafiadores aos pesquisadores. O que determina o momento da migração e como cada ave estoca energia suficiente para essa jornada? Como se originaram as rotas migratórias eventualmente difíceis, e quais as pistas as aves usam na navegação? Como o instinto dirige as ondas migratórias na primavera e no outono, levando com êxito, a maioria, as aves a seus ninhos no norte, enquanto outras incontáveis falham e morrem durante essa tarefa sempre desafiadora?

- **PHYLUM CHORDATA**
  - Aves

Dos vertebrados, as Aves (classe, do latim plural de *avis*, aves) são as mais notáveis, as mais melodiosas e, segundo alguns, as mais belas. Com mais de 10.500 espécies, coletivamente distribuídas por quase toda a Terra, as aves superam em número qualquer outro grupo de vertebrados exceto os peixes. Elas habitam florestas e desertos, montanhas e pradarias, e todos os oceanos. É sabido que quatro espécies visitam o Polo Norte e uma, um mandrião, foi vista no Polo Sul. Algumas aves vivem em total escuridão nas cavernas, encontrando seus caminhos por ecolocalização, e outras mergulham a profundidades maiores que 45 m para predar organismos aquáticos. As aves viventes variam em tamanho desde o avestruz, pesando até 145 kg, até o beija-flor-abelha, de Cuba (*Mellisuga helenae*), pesando apenas 1,8 g e que é um dos menores vertebrados endotérmicos.

A única característica específica que distingue as aves dos outros animais vivos são suas penas. Se um animal tem penas, é uma ave; se não tem penas, não é uma ave. Todavia, notamos que as penas não eram tão diagnósticas no passado; alguns dinossauros terópodes que não eram aves tinham penas.

Há uma grande uniformidade estrutural entre as aves. Apesar de cerca de 150 milhões de anos de evolução durante os quais proliferaram e se adaptaram a modos especializados de vida, nós não temos dificuldade em reconhecer uma ave atual. Além das penas, todas as aves têm os membros anteriores modificados em asas (embora nem sempre usadas para o voo); todas têm os membros posteriores adaptados para andar, nadar ou empoleirar-se; todas têm bicos queratinizados sem dentes; e todas põem ovos. A razão para essa grande uniformidade estrutural e funcional é que as aves evoluíram para animais voadores, o que as força a manter tais características diagnósticas.

Toda a anatomia das aves é projetada para o voo. A conquista do ar para um vertebrado grande é um desafio evolutivo altamente exigente. Uma ave deve, é claro, ter asas para sustentação e propulsão. Os ossos devem ser leves e devem ainda servir como uma estrutura rígida. O sistema respiratório precisa ser muito eficiente para atender às intensas demandas metabólicas do voo. Uma ave tem de ter um sistema digestório eficiente para processar dietas ricas em energia rapidamente; ela deve ter uma taxa metabólica alta e tem de ter um sistema circulatório de alta pressão. Acima de tudo, as aves devem ter um sistema nervoso finamente sintonizado e sentidos aguçados, especialmente uma soberba visão para gerenciar os problemas complexos de voos de cabeça ("mergulhos") em alta velocidade.

27.1 ORIGEM E RELAÇÕES

Há cerca de 147 milhões de anos, um animal voador morreu e depositou-se no fundo de uma laguna marinha rasa onde é hoje a Baviera, na Alemanha. Ele foi rapidamente coberto por silte fino e por fim fossilizado. Lá permaneceu até ser descoberto em 1861 por um trabalhador que cortava ardósia em uma pedreira calcária. O fóssil tinha aproximadamente o tamanho de um corvo, com um crânio não diferente do das aves modernas, exceto que os maxilares semelhantes a um bico continham pequenos dentes ósseos inseridos em alvéolos como os dos dinossauros. O esqueleto era decididamente reptiliano, com uma cauda óssea longa, dedos com garras e costelas abdominais. Ele poderia ser considerado um dinossauro terópode típico, exceto por possuir uma marca inconfundível de **penas**. Denominado *Archaeopteryx lithographica* (do grego, significando "asa antiga inscrita sobre pedra"), o fóssil foi uma descoberta especialmente feliz porque o registro fóssil de aves era decepcionantemente raro. A descoberta foi também dramática porque demonstrou a relação filogenética entre as aves e os dinossauros terópodes extintos.

Os zoólogos há muito já reconheceram a similaridade entre as aves e outros répteis. O crânio das aves e dos répteis conecta-se com a primeira vértebra cervical por um único côndilo occipital (uma pequena rótula óssea: mamíferos têm duas dessas rótulas). As aves e outros répteis têm um único osso na orelha média, o estribo (os mamíferos têm três ossos na orelha média). Ambos têm maxilar consistindo em cinco ou seis ossos, enquanto o maxilar dos mamíferos tem somente um osso, o dentário. Ambos excretam seus resíduos nitrogenados na forma de ácido úrico, enquanto os mamíferos o fazem como ureia. As aves e a maioria dos outros répteis põem ovos grandes com muito vitelo e o embrião desenvolve-se inicialmente por clivagem superficial.

O renomado zoólogo inglês Thomas Henry Huxley ficou tão impressionado com essas e muitas outras afinidades anatômicas e fisiológicas que chamou as aves de "répteis glorificados" e classificou-as em um grupo de dinossauros denominados terópodes (ver "O mundo dos dinossauros na Era Mesozoica" no Capítulo 26), que apresentavam diversas características semelhantes às aves (Figuras 27.1 e 27.2). Os dinossauros terópodes compartilham muitos caracteres derivados com as aves, e o mais óbvio deles é um pescoço alongado, móvel e em forma de "S". Na abordagem filogenética à classificação, as aves são agrupadas com várias linhagens de dinossauros bípedes no clado Theropoda (Figura 27.2). Nessa visão, os dinossauros não estão extintos – eles estão hoje conosco como pássaros!

A evolução inicial das aves a partir de seus ancestrais dinossauros não aves ilustra a **evolução em mosaico**. Os numerosos caracteres das aves modernas (Aves) não apareceram todos de uma vez; em vez disso, apareceram um de cada vez, de modo que as formas de transição se apresentassem como uma mistura de caracteres ancestrais e derivados, assim como o *Archaeopteryx* (ver Figura 27.5). Aves (Avialae), como usado aqui, são terópodes com asas emplumadas capazes de voo por propulsão, e incluem *Archaeopteryx* e vários outros formas extintas do Mesozoico, juntamente com as aves modernas (Aves). Os dromeossauros, como o *Velociraptor*, claramente não são aves, mas compartilham com elas uma fúrcula (clavículas fusionadas) e ossos do pulso semilunar que permitem movimentos giratórios usados em voo (Figura 27.2).

As penas precederam ambas as aves e o voo. Muitas das evidências que documentam a evolução inicial das aves vêm de inúmeros fósseis do final do Jurássico e início do Cretáceo recentemente descobertos em depósitos na província de Liaoning, China. Esses fósseis espetaculares incluem alguns com filamentos, como *Sinosauropteryx*, e alguns com penas, como *Caudipteryx* (Figura 27.2). Os filamentos eram estruturas ocas, semelhantes a um estágio inicial de desenvolvimento das penas modernas (ver Figura 27.4). No entanto, *Caudipteryx* não podia voar porque tinha patas dianteiras curtas e penas simétricas e desgrenhadas (as penas de voo das aves modernas capazes de voar são assimétricas). Claramente, esses primeiros filamentos e penas serviram a um propósito diferente, talvez fornecendo ou termorregulação ou **cripsis**, ou usado na exibição durante a corte. *Archaeopteryx* e aves posteriores apresentam penas assimétricas e membros anteriores alongados, **exaptações** para voo por propulsão.

No período Cretáceo, as aves se diversificaram amplamente, com várias formas se alimentando de peixes, invertebrados, folhas ou sementes. Essas Aves do Cretáceo, com suas caudas curtas, esterno em quilha e massa corporal anteriormente colocada, teriam se parecido muito mais com aves do que seus ancestrais. No entanto, ao contrário das aves modernas (Aves), a maioria das aves do Cretáceo tinham dentes. Aves é o clado que contém o último ancestral comum de todas as aves viventes e seus descendentes. A diversificação das aves modernas ocorreu rapidamente no final do período Cretáceo e do Paleógeno, produzindo a incrível diversidade de aves que nos é familiar (Figura 27.1). Um dos primeiros pássaros modernos, *Vegavis*, era uma forma semelhante a um pato com uma **siringe** distinta, sugerindo que era capaz de "buzinar" como seus parentes vivos

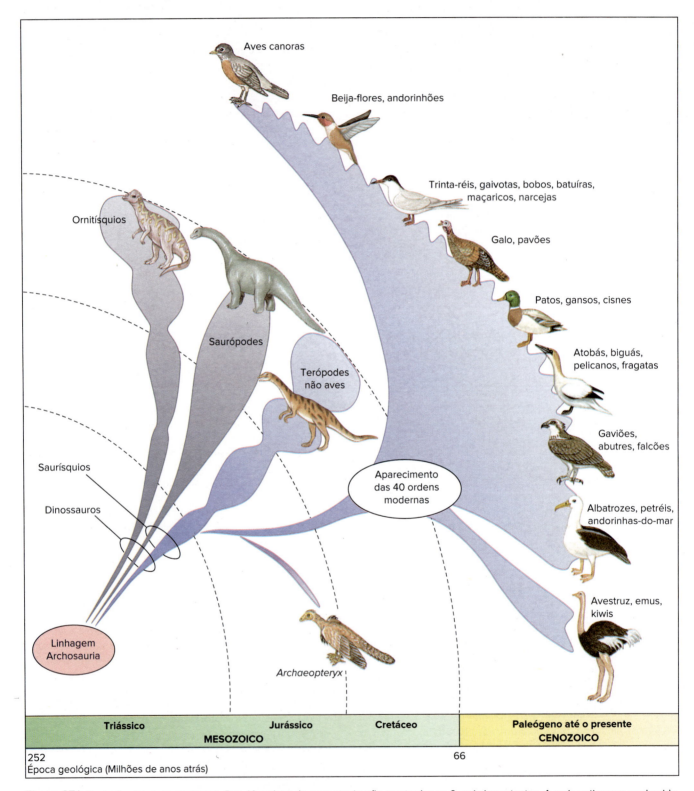

Figura 27.1 Evolução das aves modernas. Das 40 ordens de aves atuais, são mostradas as 9 mais importantes. A mais antiga ave conhecida, *Archaeopteryx*, viveu no período Jurássico Superior, há cerca de 147 milhões de anos. A *Archaeopteryx* compartilha muitos caracteres especializados do seu esqueleto com os menores dinossauros terópodes, e é considerada como tendo evoluído dentro do clado dos terópodes. A evolução das ordens das aves modernas ocorreu rapidamente durante o período Cretáceo e início do Paleógeno.

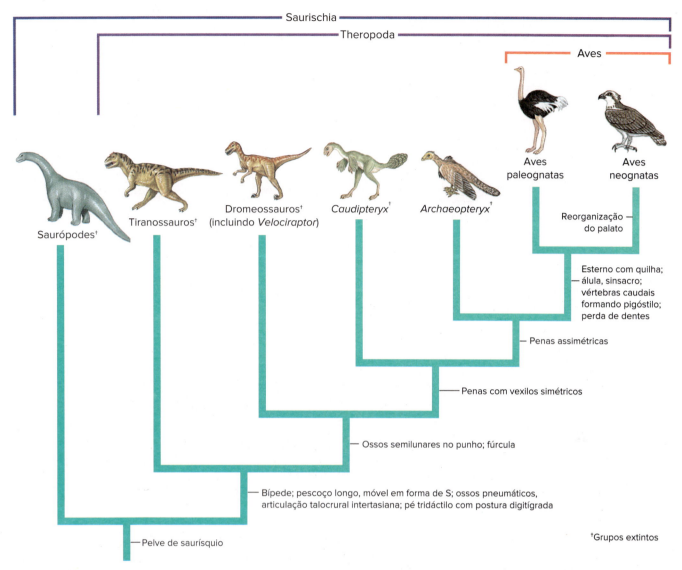

Figura 27.2 Cladograma de Saurischia, mostrando as relações de vários táxons com as aves modernas. São mostrados poucos caracteres derivados compartilhados, principalmente relacionados com o voo. Os ornitísquios são o grupo-irmão de todos os saurísquios e todos são membros do clado Archosauria (ver Figura 26.1).

As aves atuais (Neornithes) são divididas em dois grupos: (1) **Paleognathae** (do grego *palaios*, antigo + *gnathos*, maxila), que são os tinamídeos, as grandes aves não voadoras similares aos avestruzes, e os kiwis, frequentemente chamados de aves **ratitas**, que têm o esterno achatado com músculos peitorais pouco desenvolvidos; e (2) **Neognathae** (do grego *neos*, novo + *gnathos*, maxila), que compreende todas as outras aves, quase todas voadoras que possuem um esterno com quilha, ao qual se fixam poderosos músculos de voo. Existem várias aves neognatas não voadoras, algumas das quais sem quilha no esterno (Figura 27.3). A incapacidade de voar surgiu independentemente em muitos grupos de aves; o registro fóssil revela corruíras, pombas, papagaios, grous, alcas e patos e até mesmo uma coruja não voadores. Os pinguins não voam, embora utilizem suas asas para "voar" na água (ver Figura 10.5). Geralmente, a incapacidade de voar evoluiu em ilhas sem grandes predadores terrestres. As aves não voadoras que atualmente habitam os continentes são os grandes paleognatas (avestruz, ema, casuar, emu), que podem correr rápido o suficiente para escapar de predadores. O avestruz é capaz de alcançar 70 km por hora, sendo mais rápido do que outro animal bípede. A evolução e a geografia histórica das aves não voadoras são discutidas nas Figuras 6.13 e 37.3, respectivamente.

Tema-chave 27.1
EVOLUÇÃO

Aves gigantes extintas de ilhas

Os corpos das aves não voadoras foram drasticamente reprojetados, por causa da inexistência das restrições do voo. A quilha do esterno e os pesados músculos de voo foram perdidos (cerca de 17% do peso corporal das aves voadoras), e outros dispositivos específicos de voo desapareceram. Como o peso do corpo não é uma restrição, as aves não voadoras tendem a se tornar maiores. Várias aves não voadoras extintas eram enormes: os moas gigantes da Nova Zelândia pesavam mais de 225 kg, e as aves-elefante de Madagascar, as maiores aves já existentes, pesavam quase 450 kg e atingiam quase 3 m de altura.

Figura 27.3 Uma das mais estranhas aves em uma terra estranha, o cormorão que não voa, *Phalacrocorax harrisi*, das ilhas Galápagos, seca suas asas após forragear peixes. Ele é um excelente nadador e, para apanhar peixes e polvos, se impulsiona pela água com os pés. O cormorão não voador é um exemplo de ave carenada (tem um esterno com quilha) que possui a quilha reduzida e perdeu a habilidade de voar. Ordem Suliformes.

27.2 ADAPTAÇÕES ESTRUTURAIS E FUNCIONAIS PARA O VOO

Assim como uma aeronave deve ser projetada e construída de acordo com rígidas especificações aerodinâmicas para voar, as aves também devem satisfazer requisitos estruturais estritos se pretendem permanecer no ar. O voo humano se tornou possível quando desenvolvemos um motor de combustão interna e aprendemos como reduzir a relação peso-potência até um ponto crítico. As aves conseguiram voar milhões de anos atrás. Ao contrário dos aviões, as aves devem também se alimentar e converter o alimento em energia metabólica, escapar de predadores, reparar suas próprias lesões, manter uma temperatura corporal constante e se reproduzir.

Penas

As penas são muito leves e ainda possuem uma extraordinária dureza e resistência a tensão. As mais típicas das penas das aves são as **penas de contorno**, penas com vexilos que recobrem e dão forma ao corpo da ave. Uma pena de contorno consiste em um **eixo oco**, ou **cálamo**, emergindo de um folículo da pele, e uma **haste**, ou **raque**, que é continuação do cálamo e sustenta numerosas **barbas** (Figura 27.4). As barbas são arranjadas de maneira paralela e próximas, dispostas diagonalmente para ambos os lados da haste central, formando uma superfície plana, expandida e entrelaçada, o **vexilo**. Podem existir várias centenas de barbas em um vexilo.

Quando uma barba é examinada ao microscópio, ela parece ser uma réplica em miniatura de uma pena, com numerosos filamentos paralelos denominados **bárbulas**, distribuídas em cada lado da barba, abrindo-se lateralmente a ela. Podem existir 600 bárbulas em um lado de uma barba, com mais de 1 milhão de bárbulas por pena. As bárbulas de uma barba se sobrepõem às bárbulas da barba vizinha, em um padrão de zigue-zague, que são mantidas unidas com grande tenacidade por minúsculos ganchos. Se duas barbas adjacentes se separarem – e uma força considerável é necessária para separar um vexilo –, elas podem instantaneamente se entrelaçar novamente apenas passando-se a ponta dos dedos pela pena. Uma ave faz isso com seu bico e gasta bastante tempo alisando-as para manter suas penas em perfeitas condições.

Tipos de penas

Diferentes tipos de penas das aves cumprem funções distintas. As **penas de contorno** (Figura 27.4 E) dão à ave sua forma externa, e são do tipo que já descrevemos. As penas de contorno que se projetam para além do corpo e são utilizadas no voo denominam-se **penas de voo**. As **filoplumas** (Figura 27.4 G) são penas "degeneradas" similares a pelos; cada uma é um eixo delgado com um tufo de barbas curtas na extremidade. Elas são os "pelos" de uma ave depenada e não têm função conhecida. As cerdas ao redor do bico de tiranídeos e curiangos são provavelmente filoplumas modificadas. As **plumas** (Figura 27.4 H) são tufos macios, sem uma raque proeminente, ocultas sob as penas de contorno. Elas são macias porque suas bárbulas não têm ganchos. São especialmente abundantes no peito e no abdome das aves aquáticas, e em jovens de codornas e tetraonídeos, funcionando principalmente para conservar calor. Um quarto tipo de pena altamente modificada, a **pena de pó,** caracteriza as garças, socós, gaviões e papagaios; as suas extremidades desintegram-se quando crescem, liberando um pó semelhante a talco que aumenta a impermeabilidade das penas e confere a elas um aspecto metálico.

Origem e desenvolvimento

Assim como a escama de um réptil, as quais são homólogas, uma pena se desenvolve de um espessamento da epiderme que recobre um núcleo dérmico nutridor (Figura 27.4 A). Entretanto, em vez de se achatar como uma escama, o botão de uma pena forma um cilindro oco e penetra parcialmente no folículo do qual cresce. O cilindro oco tem duas camadas epidérmicas, uma externa que forma uma bainha protetora, e uma interna que forma uma crista destinada a se tornar a raque e as barbas. Conforme a pena aumenta e seu crescimento aproxima-se do fim, a raque e barbas macias são transformadas em estruturas duras pela deposição de queratina. A bainha de proteção rompe-se, permitindo que a extremidade apical da pena se projete e que as barbas se desenvolvam.

Muda

Tal como um pelo de mamífero, quando completamente desenvolvida uma pena é uma estrutura morta. A troca, ou muda, das penas é um processo altamente ordenado. Exceto nos pinguins, que trocam todas de uma vez, as penas são descartadas gradualmente, o que evita o surgimento de áreas nuas. As penas de voo das asas e da cauda são perdidas aos pares, uma de cada lado, mantendo o equilíbrio. As substituições surgem antes que o próximo par seja descartado e a maioria das aves pode continuar a voar sem os pares durante a muda. Entretanto, muitas aves aquáticas (patos, gansos, gávias e outras) perdem todas as suas principais penas de uma vez e ficam presas no solo durante a muda. Muitas preparam-se para a muda, deslocando-se para corpos isolados de água onde podem encontrar alimento e escapar mais facilmente de inimigos. Quase todas as aves mudam no mínimo 1 vez por ano, normalmente no fim do verão após a estação de nidificação.

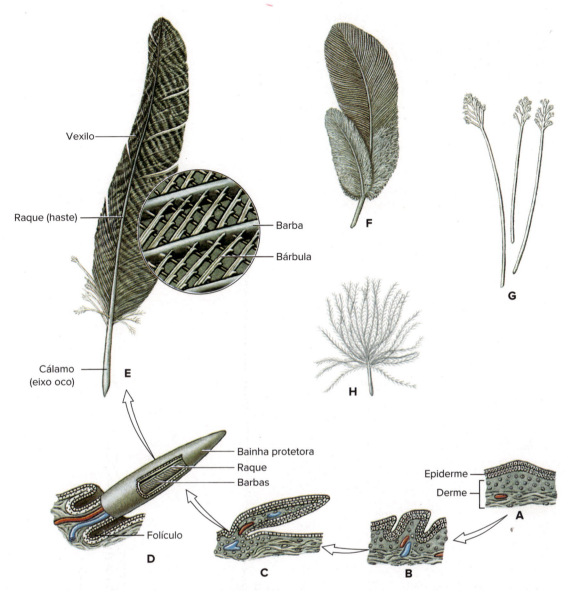

Figura 27.4 Tipos de penas e seu desenvolvimento. De **A** para **E**, são estágios sucessivos no desenvolvimento dos vexilos ou da pena de contorno. O crescimento ocorre dentro de uma bainha protetora (**D**), que se rompe quando termina o crescimento, permitindo que a pena madura se expanda. De **F** para **H**, são outros tipos de penas, incluindo uma pena de faisão com hipopena (**F**); filoplumas (**G**); e pluma do adulto (**H**).

Características da classe Aves

1. **Pescoço alongado em forma de S;** membros anteriores modificados em **asas**; **endotérmicos**.
2. Epiderme recoberta de **penas** e **escamas nas pernas**; glândulas sudoríparas delgadas da epiderme e derme; glândula de óleo na base da cauda.
3. Crânio com **um côndilo occipital**; muitos **ossos com cavidades aéreas**; costelas com processos uncinados reforçados; cauda curta, parte das vértebras caudais reduzidas ao **pigóstilo**; cintura pélvica, **sinssacro**; esterno, em geral, bem desenvolvido com **quilha**.
4. **Sem dentes**; cada maxilar coberto por uma camada córnea formando o **bico**; **moela** presente.
5. Cérebro bem desenvolvido com **cerebelo e lobos ópticos grandes**; 12 pares de nervos cranianos.
6. Olhos grandes, com **pécten** (ver Figura 27.13); apenas um osso na orelha média
7. Sexos separados; fertilização interna; órgão copulador (pênis) em patos, gansos, paleognatas e em algumas outras aves; **fêmeas apenas com ovário e oviduto esquerdo funcionais**; determinação sexual por cromossomos (fêmeas heterogaméticas).
8. Membranas fetais **do âmnio, córion e alantoide**; **ovíparos**; **ovos amnióticos com cascas calcárias duras e muito vitelo**; cuidado parental extenso dos filhotes.
9. Sistema excretor com **rim metanéfrico** (ver Figura 30.8) e ureteres que se abrem na cloaca; o ácido úrico é a principal excreta nitrogenada.
10. Pulmões de parabrônquios com **fluxo de ar contínuo**; **siringe** (caixa vocal) presente; **sacos aéreos** entre os órgãos viscerais e o esqueleto.
11. Coração com dois átrios e dois ventrículos; **circuitos pulmonar e sistêmico separados**; **persistência do arco aórtico direito**; hemácias nucleadas.

> **Tema-chave 27.2**
>
> **ADAPTAÇÃO E FISIOLOGIA**
>
> **Cores das penas das aves**
>
> A cor vívida das penas é de dois tipos: pigmentar e estrutural. As penas vermelhas, laranjas e amarelas são coloridas por pigmentos, chamados de lipocromos, depositados nas bárbulas das penas à medida que são formadas. As cores preta, marrom, marrom-avermelhada e cinza são provenientes de um pigmento diferente, a melanina. As penas azuis das gralhas-azuis e irenídeos não dependem de pigmento, mas do espalhamento de comprimentos mais curtos de ondas de luz por partículas no interior das penas; estas são cores estruturais. As penas azuis têm melanina subjacente, que absorve certos comprimentos de onda, intensificando assim o azul. Essas penas parecem iguais de qualquer ângulo de vista. As cores verdes são quase sempre uma combinação de pigmento amarelo com a cor azul estrutural. Um outro tipo de cor estrutural é a linda cor iridescente de muitas aves, que varia desde vermelho, laranja, cobre e ouro até verde, azul e violeta. A cor iridescente é baseada na interferência que faz as ondas luminosas se reforçarem, se atenuarem ou se eliminarem. As cores iridescentes podem mudar de acordo com o ângulo de observação; os quetzais, por exemplo, parecem azuis de um ângulo e verdes de outro. Entre os vertebrados, apenas os peixes de recifes tropicais podem rivalizar com as aves na intensidade e vivacidade das cores.

Esqueleto

Um requisito estrutural importante para o voo é um esqueleto leve, porém firme (Figura 27.5 A). Comparado com os da primeira ave conhecida, *Archaeopteryx* (Figura 27.5 B), os ossos das aves modernas são extraordinariamente leves, delicados e entremeados por cavidades ocas. Contudo, esses ossos **pneumáticos** (Figura 27.6) são fortes. O esqueleto de uma fragata com 2,1 m de envergadura pesa apenas 114 g, menos do que o peso de todas as suas penas juntas.

Como os arcossauros, as aves evoluíram de ancestrais com crânios diápsidos (ver Figura 26.2). Entretanto, os crânios das aves modernas são tão especializados que é difícil ver qualquer traço da condição diapsida original. O crânio das aves é construído de forma a ser leve e a maioria dos ossos é fusionada em uma só peça. A caixa craniana e as órbitas são grandes para acomodar um encéfalo saliente e olhos grandes, necessários para uma coordenação motora rápida e uma visão superior. O crânio de um pombo pesa apenas 0,21% de seu peso total; para comparação, o crânio de um rato pesa 1,25% de seu peso. Entretanto, o esqueleto de uma ave não é mais leve do que o de um mamífero de tamanho similar. A diferença está na distribuição da massa: enquanto o crânio e os ossos pneumáticos das asas são especialmente leves, os ossos das pernas são mais pesados do que os dos mamíferos. Isso rebaixa o centro de gravidade das aves, o que melhora a estabilidade aerodinâmica.

Em *Archaeopteryx*, ambas os maxilares continham conjuntos de dentes em alvéolos, uma característica arcossauriana. As aves modernas não têm dentes, mas sim um bico queratinizado moldado ao redor dos maxilares, o que reduz o peso de seu crânio. A mandíbula é um complexo de vários ossos articulados para fornecer uma ação de dupla articulação que permite abrir a boca amplamente. A maioria das aves tem crânios cinéticos (os crânios cinéticos dos lagartos são descritos na Figura 26.11), com uma anexação flexível entre o maxilar superior e o crânio.

A característica mais distinta da coluna vertebral é sua rigidez. A maioria das vértebras, exceto as **cervicais** (vértebras do pescoço), é fusionada. A maioria das vértebras caudais é fusionada em um **pigóstilo** (Figura 27.5 A), enquanto muitas das vértebras remanescentes do tronco fundem-se formando o **sinsacro.** Essas vértebras fusionadas e a cintura pélvica formam uma estrutura firme, porém leve para sustentar as pernas e fornecer rigidez para o voo. Para auxiliar nessa rigidez, as costelas são apoiadas umas às outras com processos uncinados (Figura 27.5 A). Exceto nas aves não voadoras, o esterno ostenta uma quilha grande e delgada, denominada **carena**, que proporciona uma fixação para os poderosos músculos de voo. As clavículas fusionadas formam uma **fúrcula** elástica que aparentemente armazena energia quando se flexiona durante as batidas das asas. As penas assimétricas e a fúrcula grande de *Archaeopteryx*, juntamente com a anatomia do encéfalo e orelha interna, sugerem que o animal tinha alguma habilidade de voo. Todavia, ele teria sido um voador fraco, porque seu esterno pequeno oferecia pouca área para a fixação dos músculos de voo (Figura 27.5 B).

Os ossos dos membros anteriores são altamente modificados para o voo. Eles são reduzidos em número e vários são fusionados entre si. Apesar dessas alterações, a asa de uma ave é claramente um rearranjo do membro tetrápode vertebrado do qual se originou (ver Figura 25.3), e todos os elementos – braço, antebraço, pulso e dedos – estão representados na forma modificada (Figura 27.5).

Sistema muscular

Os músculos locomotores das asas são relativamente maciços para suprir as demandas do voo. O maior desses é o **peitoral**, que abaixa as asas em voo. Seu antagonista é o músculo **supracoracóideo**, que eleva a asa (Figura 27.7). Surpreendentemente, talvez, o supracoracóideo não está localizado na coluna vertebral (qualquer um que já tenha comido o dorso de uma galinha sabe que ele tem pouca carne), mas abaixo do peitoral, no peito. Ele é ligado por um tendão à parte superior do úmero e puxa a asa por um engenhoso arranjo de "corda-e-roldana". Ambos, peitoral e supracoracóideo, ancoram-se na quilha do esterno. O posicionamento da principal massa muscular mais baixo no corpo aumenta a estabilidade aerodinâmica.

Na perna, a principal massa muscular localiza-se na coxa e os tendões finos, porém fortes, estendem-se para baixo por uma bainha semelhante a uma luva até os dedos. Consequentemente, os pés são praticamente destituídos de músculos, explicando a aparência fina e delicada das pernas das aves. Esse arranjo coloca a principal massa muscular próxima ao centro de gravidade da ave e, ao mesmo tempo, possibilita grande agilidade aos pés esbeltos e leves. Como os pés são compostos principalmente de ossos, tendões e pele dura e escamosa, eles são altamente resistentes a danos por congelamento. Quando uma ave se empoleira em um ramo, é ativado um engenhoso mecanismo de fechamento dos artelhos (Figura 27.8), o que evita que a ave caia do seu poleiro quando adormecida. O mesmo mecanismo faz, automaticamente, com que as garras de um gavião ou de uma coruja penetrem profundamente em suas presas, quando flexionam as pernas sob o impacto do choque. O ato possante de agarrar de uma ave de rapina foi descrito por L. Brown.[1]

> Quando uma águia agarra com determinação, a nossa mão fica dormente, sendo quase impossível soltá-la ou relaxar o aperto de seus dedos com a outra mão. Devemos esperar até que a ave afrouxe e, enquanto se espera, temos tempo suficiente para perceber que um animal como um coelho ficaria rapidamente paralisado, incapaz de inspirar e, talvez, totalmente perfurado pelas garras com tal aperto.

---

[1] De Brown, L. 1970. *Eagles*, Nova York, Arco Publishing.

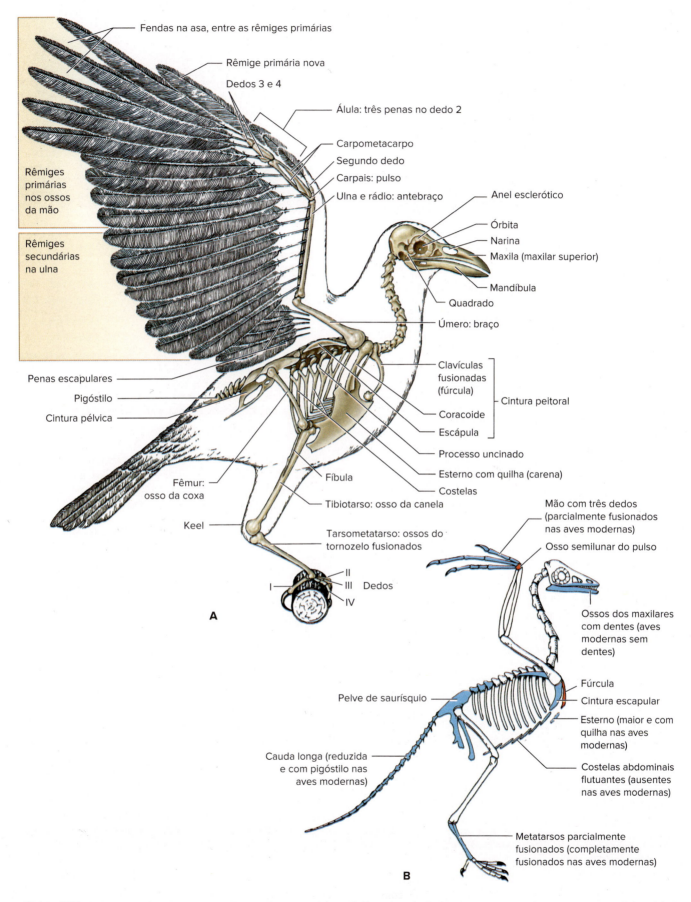

Figura 27.5 **A.** Esqueleto de corvo, mostrando parte das penas de voo. **B.** Esqueleto de *Archaeopteryx*, mostrando as estruturas reptilianas (*azul*) que são mantidas, modificadas ou perdidas nas aves modernas. A fúrcula e o osso semilunar do pulso (vermelho) eram caracteres novos para aves e seus ancestrais dromeossauros.

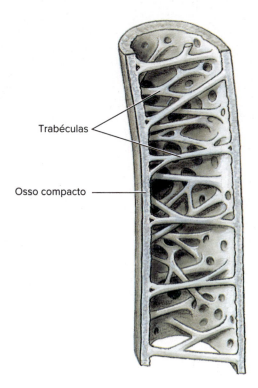

Figura 27.6 Osso oco da asa de uma ave, mostrando as trabéculas ósseas e os espaços com ar que substituem a medula óssea. Tais ossos pneumáticos são, notavelmente, leves e resistentes.

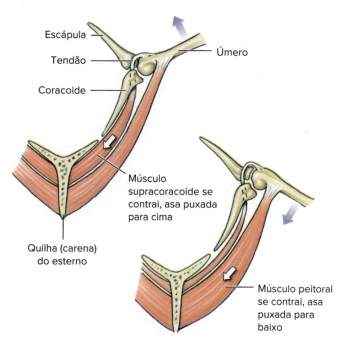

Figura 27.7 Músculos de voo de uma ave são dispostos para manter o centro de gravidade baixo no corpo. Os dois principais músculos de voo estão ancorados na quilha do esterno. A contração do músculo peitoral puxa a asa para baixo. Então, quando o músculo peitoral relaxa, o músculo supracoracóideo contrai-se e puxa a asa para cima, atuando como um sistema de roldana.

As aves perderam a longa cauda ancestral, ainda evidente em *Archaeopteryx*, que foi substituída por uma musculatura proeminente em forma de "almofada", na qual se inserem as penas da cauda. Ela contém um arranjo de minúsculos músculos, cerca de mil em algumas espécies, que controlam as cruciais penas da cauda. O sistema muscular mais complexo é o do pescoço das aves; os músculos delgados e filamentosos, elaboradamente entrelaçados e subdivididos, proporcionam grande flexibilidade vertebral ao pescoço da ave.

Alimento, alimentação e digestão

As primeiras aves eram carnívoras, alimentando-se principalmente de insetos, já bem estabelecidos na superfície da Terra, tanto em variedade quanto em número, antes do surgimento delas. Com a vantagem do voo, as aves podiam caçar insetos no ar e atacar refúgios de insetos inacessíveis, principalmente aos tetrápodes que habitavam o ambiente terrestre. Atualmente, há uma ave para caçar quase cada tipo de inseto; elas investigam o solo, pesquisam as cascas das árvores, inspecionam cada folha ou ramo e perfuram galerias de insetos escondidos nos troncos das árvores.

Na dieta das aves são encontrados outros alimentos de origem animal (vermes, moluscos, crustáceos, peixes, sapos, répteis, mamíferos, assim como outras aves). Um grupo muito grande, cerca de 20% de todas as aves, alimenta-se de néctar. Algumas são onívoras (geralmente, denominadas **eurifágicas**, ou espécies "de nutrição ampla"), que comerão aquilo que for sazonalmente abundante. Outras são especialistas (chamadas de **estenofágicas**, ou espécies "de nutrição restrita") e têm a própria dispensa – mas por um preço. A sobrevivência dessas aves pode ser posta em perigo se a fonte alimentar for reduzida ou destruída por alguma razão (p. ex., doenças, clima adverso).

Os **bicos** das aves são fortemente adaptados para hábitos alimentares específicos – desde tipos generalizados, como o forte e pontiagudo bico do corvo, para os altamente especializados dos flamingos, pelicanos e alfaiates (Figura 27.9). O bico de um pica-pau é reto, duro, com estrutura semelhante a um cinzel. Ancorado ao tronco da árvore, com sua cauda servindo como suporte, ele dispara golpes fortes e rápidos para escavar cavidades para ninho ou expor insetos que perfuram madeira. Então, ele usa sua língua longa, flexível e com rebarbas para retirar insetos de suas galerias. O crânio do pica-pau é especialmente espesso para absorver o impacto.

Quanto as aves comem? O ditado "comer como um passarinho" supõe um apetite reduzido, mas isso é uma peculiar distorção da realidade. Na verdade, as aves são comedoras vorazes devido a seu metabolismo intenso. As aves pequenas, com sua taxa metabólica alta, ingerem mais alimento em relação a sua massa corporal do que as aves grandes. Isso ocorre porque o consumo de oxigênio aumenta somente cerca de 75% em relação ao aumento em peso corporal. Por exemplo, a taxa metabólica em repouso (oxigênio consumido por grama de massa corporal) de um beija-flor é 12 vezes a de um pombo e 25 vezes a de uma galinha. Um beija-flor de 3 g pode comer 100% de seu peso corporal por dia; um chapim-azul de 11 g come cerca de 30%; e uma galinha doméstica de 1.880 g, come 3,4%. Obviamente, o peso do alimento consumido também depende do conteúdo de água, já que a água não tem valor nutritivo. Foi estimado que uma tagarelha-europeia de 57 g comeu em 1 dia 170 g de frutos de *Cotoneaster* ricos em água – o que equivale a 3 vezes seu peso corporal! Os comedores de sementes de pesos equivalentes podem ingerir apenas 8 g de sementes secas por dia.

As aves processam seu alimento rapidamente e são dotadas de um eficiente sistema digestório. Uma ave da família Laniidae pode digerir um camundongo em 3 h, e os frutos podem passar

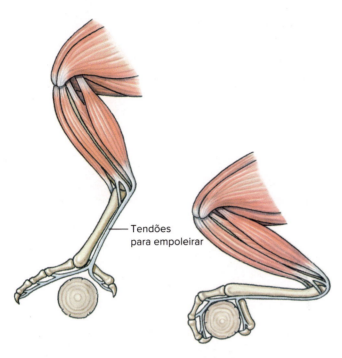

Figura 27.8 Mecanismo de empoleiramento de uma ave. Quando a ave pousa em um galho, os tendões encolhem automaticamente, fechando os dedos ao redor do poleiro.

completamente pelo trato digestório de um sabiá em exatos 30 min. Devido à ausência de dentes nas aves, os alimentos que precisam ser moídos são reduzidos na moela. Muitas aves têm uma dilatação (**papo**) na extremidade inferior do esôfago, que serve como câmara de estocagem.

Em rolinhas, pombos e alguns papagaios, o papo não apenas armazena alimento, como também produz um fluido, rico em proteínas e lipídios, composto por células epiteliais do revestimento do papo. Alguns dias após a eclosão, o filhote desamparado é alimentado com o fluido do papo regurgitado por ambos os pais.

O estômago propriamente dito consiste em dois compartimentos: o **proventrículo**, que secreta suco gástrico; e a **moela** muscular, que tem um forte revestimento queratinizado para triturar o alimento. As aves engolem objetos ou seixos ásperos que ficam alojados na moela para auxiliar o processo de trituração. A moela de um peru é especialmente forte e pode quebrar bolotas, semente de nogueira e nozes. Certas aves de rapina, como as corujas, formam pelotas (*pellets*) de materiais indigeríveis no proventrículo, principalmente ossos e pelos, e os eliminam pela boca. Na junção entre o intestino delgado e o reto, localiza-se um par de **cecos**, que são bem desenvolvidos nas aves herbívoras, nas quais servem como câmaras de fermentação. Na porção terminal do sistema digestório localiza-se a **cloaca**, que recebe também os ductos genitais e ureteres. Nas aves jovens, a **bursa de Fabricius**, situada na parede dorsal da cloaca, processa linfócitos B, que são importantes na resposta imunológica (ver Figura 35.1).

Sistema circulatório

A organização geral da circulação das aves não é muito diferente daquela dos mamíferos, embora tenha evoluído independentemente. O coração com quatro câmaras é grande, com uma parede ventricular robusta; assim, as aves compartilham com os mamíferos a completa separação das circulações sistêmica e respiratória. Entretanto, é o arco aórtico direito, em vez do esquerdo como nos mamíferos, que conduz à aorta dorsal. As duas veias jugulares no pescoço são conectadas entre si por uma comunicação, consistindo em uma adaptação para a condução sanguínea de uma jugular para a outra quando a cabeça gira. As artérias braquial e peitoral das asas e do peito são, em geral, grandes.

O batimento cardíaco das aves é extremamente rápido e, como nos mamíferos, há uma relação inversa entre a taxa cardíaca e o peso corporal. Por exemplo, um peru em repouso tem uma taxa cardíaca de cerca de 93 bpm; uma galinha em repouso tem uma taxa de 250 bpm; e um chapim-de-cabeça-preta tem 500 bpm enquanto dorme, podendo aumentar para fenomenais 1.000 bpm durante exercícios. A pressão sanguínea das aves é aproximadamente equivalente à dos mamíferos de mesmo tamanho.

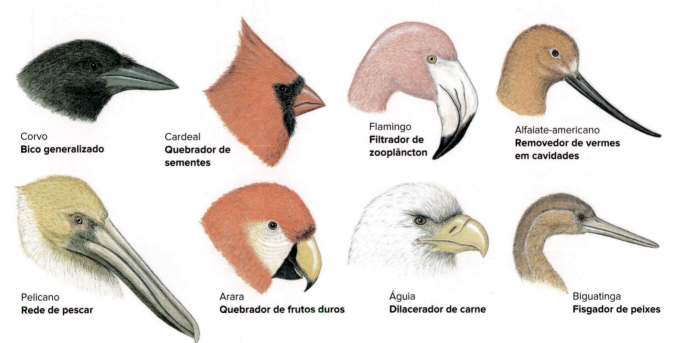

Figura 27.9 Alguns bicos de aves mostrando uma diversidade de adaptações.

O sangue das aves contém **eritrócitos nucleados biconvexos** (os mamíferos, os únicos outros vertebrados endotérmicos, têm eritrócitos anucleados bicôncavos, que são um pouco menores que os das aves). Os **fagócitos,** ou células ameboides móveis do sangue, são particularmente eficientes nas aves, reparando lesões e destruindo micróbios.

Sistema respiratório

O sistema respiratório das aves difere radicalmente dos pulmões dos demais répteis e mamíferos e é muito bem adaptado para satisfazer as altas demandas metabólicas do voo. Nas aves, as ramificações mais finas dos brônquios, em vez de terminarem em alvéolos de fundo cego como nos mamíferos, desenvolveram **parabrônquios** tubulares, pelos quais o ar flui continuamente. Os parabrônquios formam os pulmões das aves. Também único é o sistema extensível de nove **sacos aéreos** interconectados, que se localizam em pares no tórax e no abdome e até se estendem por finos tubos no interior dos ossos longos (Figura 27.10). Os sacos aéreos conectam-se aos pulmões, de tal modo que a maior parte do ar inspirado evita os pulmões e flui diretamente para o interior dos sacos aéreos posteriores, que servem de reservatório de ar fresco. Na expiração, esse ar oxigenado passa pelos pulmões e é coletado nos sacos aéreos anteriores. A partir daí, ele flui diretamente para o exterior. Assim, são necessários dois ciclos respiratórios para uma simples inspiração de ar passar pelo sistema respiratório (Figura 27.10). A vantagem de tal sistema é que um fluxo quase contínuo de ar oxigenado passa pelos parabrônquios ricamente vascularizados. Claramente, é o sistema respiratório mais eficiente de qualquer vertebrado terrestre.

Tema-chave 27.3
ADAPTAÇÃO E FISIOLOGIA

Voo em alta altitude

A eficiência notável do sistema respiratório das aves é enfatizada pelos gansos (*Anser indicus*) que rotineiramente migram sobre as montanhas do Himalaia em altitudes acima de 7.300 m, em condições que são hipóxicas para os seres humanos. Eles alcançam essas altitudes em menos de um dia, sem a aclimatação que é absolutamente essencial para uma pessoa, mesmo para se aproximar do topo do Himalaia.

Além de realizar sua principal função respiratória, o sistema de sacos aéreos auxilia na resfriação da ave durante exercícios vigorosos. Por exemplo, um pombo em voo produz cerca de 27 vezes mais calor do que quando está em repouso. Os sacos aéreos têm numerosos divertículos que se estendem no interior dos ossos pneumáticos maiores (ver Figura 27.6) das cinturas escapular e pélvica, das asas e pernas. Por conterem ar aquecido, eles fornecem considerável flutuação à ave.

Sistema excretor

A urina é formada em rins metanéfricos pares relativamente grandes (ver Figura 30.8) por filtração glomerular, seguida por modificação seletiva do filtrado no túbulo. A urina passa pelos **ureteres** até a **cloaca**. Não há bexiga urinária.

As aves, como os demais répteis, excretam seus resíduos nitrogenados na forma de ácido úrico. Nos ovos com casca, com o crescimento do embrião, todos os produtos da excreção devem permanecer no interior da casca do ovo. O ácido úrico cristaliza-se a partir da solução e pode ser estocado no interior do saco alantoico sem causar prejuízos ao embrião (ver Figura 26.3). Devido à baixa solubilidade do ácido úrico, uma ave pode excretar 1 g de ácido úrico em apenas 1,5 a 3 mℓ de água, enquanto um mamífero pode precisar de 60 mℓ de água para excretar 1 g de ureia. A concentração do ácido úrico ocorre quase inteiramente na cloaca, onde ele é combinado com o material fecal e a água é reabsorvida.

Os rins das aves são muito menos eficientes que os rins dos mamíferos na remoção de sais, especialmente sódio, potássio e cloreto. A maioria dos mamíferos pode concentrar solutos de 4 a 8 vezes aquela concentração do sangue, e alguns roedores do deserto podem concentrar a urina quase 25 vezes a concentração do sangue. Por comparação, a maioria das aves concentra solutos só ligeiramente acima daqueles do sangue (o máximo que alguma ave pode concentrar é próximo a 6 vezes a do sangue).

Para compensar a baixa capacidade dos rins de concentrar solutos, algumas aves, especialmente as marinhas, usam mecanismos extrarrenais para excretar sal do corpo obtido a partir do alimento que elas comem e da água do mar que elas bebem. As **glândulas de sal**, localizadas acima de cada olho das aves marinhas (Figura 27.11), excretam soluções altamente concentradas de cloreto de sódio, 2 vezes superior à concentração da água do mar. A solução salina escorre das narinas internas ou externas, dando a

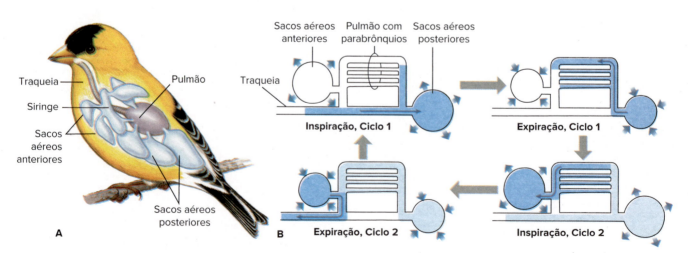

Figura 27.10 Sistema respiratório de uma ave. **A.** Pulmões e sacos aéreos. É mostrado um lado do sistema bilateral de sacos aéreos. **B.** Movimento de um só volume de ar pelo sistema respiratório da ave. Dois ciclos respiratórios completos são necessários para mover o ar pelo sistema.

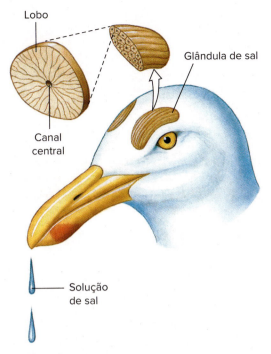

Figura 27.11 Glândulas de sal de uma ave marinha (gaivota). Uma glândula de sal está localizada acima de cada olho. Cada glândula compõe-se de vários lobos dispostos paralelamente. É mostrado um lobo em corte transversal, muito aumentado. O sal é secretado pelos muitos túbulos, arranjados radialmente, e então flui para o canal central que o conduz à narina.

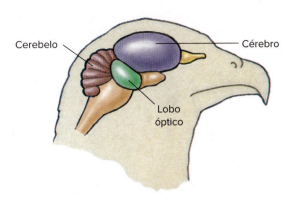

Figura 27.12 Cérebro das aves mostrando as divisões principais.

gaivotas, petréis e outras aves marinhas a aparência permanente de "nariz escorrendo". O tamanho das glândulas de sal em algumas aves depende de quanto sal elas ingerem. Por exemplo, uma população de patos-reais que têm uma vida parcialmente marinha na Groenlândia, tem glândulas de sal 10 vezes maiores que as dos patos comuns de água doce.

Sistemas nervoso e sensorial

O projeto dos sistemas nervoso e sensorial das aves reflete os complexos problemas do voo e uma existência altamente evidente, na qual ela deve obter alimento, acasalar-se, defender o território, incubar e criar os filhotes, além de distinguir corretamente um amigo de um inimigo. O encéfalo de uma ave tem **hemisférios cerebrais, cerebelo** e **teto do mesencéfalo (lobos ópticos)** bem desenvolvidos (Figura 27.12). Nas aves, o **córtex cerebral** – principal centro de coordenação do encéfalo dos mamíferos – é delgado, sem fissuras e pouco desenvolvido. Mas no núcleo do cérebro, a **crista ventricular dorsal** ampliou-se, formando o principal centro integrativo do encéfalo, que controla atividades como comer, cantar, voar e todos os comportamentos reprodutivos complexos. As aves relativamente inteligentes, como corvos e papagaios, têm hemisférios cerebrais maiores do que aves menos inteligentes, como galinhas e pombos. O **cerebelo** é muito maior em aves do que nos demais répteis e coordena posição muscular, equilíbrio e informação visual, usados no movimento e no equilíbrio. Os **lobos ópticos**, estruturas salientes lateralmente no mesencéfalo e comparáveis ao córtex visual dos mamíferos, organizam informações visuais.

Os sentidos do olfato e do paladar de algumas aves são pouco desenvolvidos, mas em outras são relativamente bem desenvolvidos, como nas aves carnívoras, nas não voadoras e nas aves aquáticas. As aves têm audição boa e visão excelente, sendo a mais aguçada do Reino Animal. Como nos mamíferos, o ouvido das aves tem três regiões: (1) **orelha externa**, um canal condutor que se estende até o **tímpano**; (2) **orelha média**, que contém a **columela** em forma de bastão, que transmite vibrações; e (3) **orelha interna**, que contém a **cóclea**, o órgão da audição. A cóclea das aves é muito mais curta que aquela dos mamíferos, ainda que as aves possam ouvir aproximadamente a mesma variação de frequências de sons que os seres humanos. Todavia, elas não ouvem tão bem sons de alta frequência como os mamíferos de tamanhos similares. Na realidade, o ouvido das aves supera muito o dos seres humanos no que diz respeito à capacidade de distinguir diferenças na intensidade e responder às flutuações rápidas na modulação do som.

Os olhos das aves assemelham-se àqueles de outros vertebrados quanto à estrutura geral, mas eles são relativamente maiores, menos esféricos e quase imóveis; para vasculhar o campo visual, em vez de girar os olhos, as aves giram a cabeça com seu pescoço longo e flexível. A **retina** fotossensível (Figura 27.13) é equipada com muitos bastonetes (para visão com pouca luz) e cones (para boa acuidade visual e visão em cores). Predominam os cones em aves diurnas, enquanto os bastonetes são mais numerosos nas aves noturnas. O **pécten**, órgão altamente vascularizado ligado à retina, próximo ao nervo óptico e que se projeta para dentro do humor vítreo, é uma estrutura distinta do olho das aves (Figura 27.13). Acredita-se que o pécten promova a nutrição e a oxigenação do olho. No lado anterior do olho, há um **anel esclerótico** de ossos em forma de placas que serve para reforçar e focalizar o grande olho (ver Figura 27.5).

A posição do olho na cabeça das aves é correlacionada com seus hábitos de vida. As herbívoras, que devem evitar predadores, têm os olhos localizados lateralmente para garantir visão ampla do mundo; aves predadoras, como gaviões e corujas, têm os olhos direcionados para a frente, que permitem maior visão binocular para melhor percepção de profundidade. Nas aves de rapina e em algumas outras, a **fóvea**, ou região de maior acuidade visual da retina, situa-se em uma fossa profunda, que se faz necessária para a ave focar exatamente a fonte da imagem. Além disso, muitas aves têm duas fóveas na retina (Figura 27.13): uma central, para a visão monocular aguçada, e uma posterior, para a visão binocular. Galinholas-pequenas (*Scolopax minor*) podem ver binocularmente para a frente e para trás. A acuidade visual de um gavião é cerca de 8 vezes a dos seres humanos (possibilitando-lhe ver claramente um coelho movimentando-se a mais de 1,5 km de distância), e a habilidade da coruja para ver com pouca luz é 10 vezes maior. As aves têm boa visão de cores, especialmente na direção do vermelho no final do espectro.

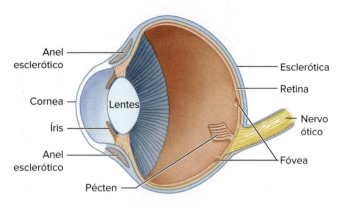

Figura 27.13 O olho de gavião tem todos os componentes estruturais do olho dos mamíferos, mais uma estrutura peculiar pregueada, o pécten, que se acredita prover nutrição à retina. A extraordinária visão aguçada dos gaviões é atribuída à extrema densidade de cones na fóvea: 1,5 milhão por fóvea, comparado com 0,2 milhão nos seres humanos.

Tema-chave 27.4

ADAPTAÇÃO E FISIOLOGIA

Visão ultravioleta

Muitas aves podem ver comprimentos de onda ultravioleta, permitindo a visão de características ambientais inacessíveis para nós, mas acessíveis aos insetos (como flores com "guias de néctar" que refletem o ultravioleta e atraem insetos polinizadores). Várias espécies de patos, beija-flores, martins-pescadores e passeriformes (aves-canoras) podem ver comprimentos de ondas próximo ao ultravioleta (UV), até 370 nm (o olho humano filtra a luz ultravioleta abaixo de 400 nm). Para que as aves utilizam sua sensibilidade ao UV? Algumas, como os beija-flores, podem ser atraídas pelas flores com guias de néctar, como os insetos. Mas, para outras, o benefício advindo da sensibilidade ao UV é desconhecido.

27.3 VOO

O que propiciou a evolução do voo das aves, esta habilidade de ascender livre dos limites terrestres como quase todo ser humano sonha ser capaz?

Duas hipóteses concorrentes sobre a origem do voo foram propostas: as aves começaram a voar escalando em direção a locais altos e planando para baixo; ou batendo suas asas para se lançar no ar, a partir do solo. A primeira hipótese, denominada arbórica, ou "de árvores para baixo", foi por longo tempo a mais aceita. Os defensores dessa opinião pressupõem um ancestral arbórico de *Archaeopteryx* planando de árvore em árvore, ou talvez "lançando-se" para baixo sobre a presa, usando as asas para controlar seu ataque. As modificações que permitem alçar voo e o voo por propulsão seriam muito vantajosas para esse tipo de vida. De fato, há muitos esquilos e lagartos arbóricos que planam para se deslocar entre as árvores. Talvez o tipo de locomoção imaginada pelos proponentes da hipótese arbórica seja mais bem exibido pelo kakapo, uma espécie "não voadora" vivente de papagaio da Nova Zelândia, que escala árvores usando seus membros posteriores e plana até um local mais baixo, algumas vezes aprimorando seu planeio ao bater as asas. Uma fragilidade dessa hipótese é que poucos dromeossauros com penas eram arbóreos, embora alguns dos menores, como o *Microraptor*, fossem provavelmente escaladores e arbóreos.

Os proponentes da hipótese cursora, ou "de baixo para cima", sugerem que as asas com penas dos ancestrais bípedes terrícolas podem ter sido usadas como armadilha para capturar insetos, ou para aperfeiçoar o controle aerodinâmico durante os saltos para capturar insetos voadores. Assim, quando as asas se tornaram maiores, elas teriam sido capazes de propelir o voo. Todavia, a decolagem a partir do solo requer trabalhar contra a gravidade, em vez de recrutar sua ajuda! Nenhum planador atual lança-se a partir do solo. Cenário um pouco mais convincente é sugerido pelos filhotes de uma perdiz asiática, *Alectoris chukar*, que batem asas para auxiliar a corrida acima em inclinações acentuadas. Embora a evidência pese mais para a hipótese arbórea, o debate sobre a origem do voo não foi encerrado. Curiosamente, as penas foram certamente necessárias para o voo das aves, mas não para o voo por propulsão em duas outras linhagens de vertebrados, os morcegos e os extintos pterossauros, que não têm penas.

Asa de ave como um dispositivo para ascensão

Para voarem, as aves precisam se sustentar no ar e avançar para a frente. Para decolar, elas devem gerar forças de ascensão maiores que sua própria massa e para avançarem devem gerar propulsão a fim de se moverem contra as forças de resistência de arrasto. Elas usam as asas para ambos. Uma asa é aerodinâmica em corte transversal, com uma discreta superfície côncava inferior (**arqueada**) com penas pequenas, encaixadas firmemente, na qual o bordo de ataque entra em contato com o ar. O ar desliza suavemente sobre a asa, gerando ascensão com um mínimo de arrasto. Em geral, a parte externa da asa, formada pelos ossos modificados das mãos com as **penas primárias** anexadas (ver Figura 27.5 A), fornece a propulsão necessária para mover a ave para a frente contra as forças de resistência de fricção. A parte interna da asa, altamente abaulada, com as **penas secundárias** e o antebraço associado, possui menos movimento vertical do que a asa externa e age principalmente como um aerofólio, produzindo elevação.

As asas criam sustentação desviando o ar para baixo e ao mesmo tempo criando maior pressão de ar abaixo da asa do que acima dela. Uma ave que voa mantém sua asa em um ângulo de maneira que o bordo de ataque da asa esteja mais elevado que o bordo de fuga (Figura 27.14 A). O movimento do ar pela asa, da frente para trás, curva-se para baixo. De acordo com a Terceira Lei de Newton (para cada ação, há sempre uma reação igual, mas contrária), a asa (e a ave) desloca-se para cima. Você pode testar isso movendo sua mão, mantida inclinada, em uma piscina. Durante o voo, a inclinação da asa e, em menor extensão, a sua forma arqueada criam uma área de alta pressão na frente e abaixo da asa, e uma área de baixa pressão acima e atrás da asa. O ar se move mais rapidamente pela área de baixa pressão, consistente com a dinâmica de fluido descrita pelo Princípio de Bernoulli: o aumento da velocidade de um fluido está associado com uma diminuição em sua pressão. Assim, as diferenças na velocidade do ar acima e abaixo da asa contribuem para direcionar o ar para baixo, criando sustentação.

Voo por batimento das asas

Durante a batida para baixo, a asa externa da ave move-se para baixo e ligeiramente para a frente e gira de maneira que o bordo de ataque esteja mais abaixo do bordo de fuga (Figura 27.14 B). Conforme a asa se move para baixo, as rêmiges primárias cortam o ar como uma hélice, deslocando o ar para trás e impulsionando a ave para a frente. O movimento do ar sobre a asa cria as mesmas forças como no voo planado, mas a posição angulada da asa gira as forças líquidas resultantes para a frente. A asa dobra-se suavemente durante o movimento ascendente e volta para a posição original com o mínimo de arrasto (Figura 27.15). Na maioria das aves, pouca sustentação é gerada durante o movimento ascendente das asas, mas algumas aves maiores podem girar suas asas para produzir sustentação adicional durante o movimento ascendente de suas asas. As aves que pairam produzem um movimento ascendente especialmente potente e orientam o movimento de suas asas de maneira a produzir a sustentação, mas não a propulsão (Figura 27.16).

Dinâmicas da asa em baixas e altas velocidades

A relação sustentação/arrasto de um aerofólio é determinada pelo ângulo de ataque (ângulo de inclinação) e pela velocidade do ar (Figura 27.17 A). Em altas velocidades, é gerada sustentação suficiente de maneira que a asa é mantida com um pequeno ângulo de ataque, criando menos arrasto. Quando a velocidade diminui, a sustentação pode ser aumentada com o aumento do ângulo de ataque, mas as forças de arrasto também aumentam. Quando o ângulo de ataque se torna demasiado excessivo, em geral em torno de 15°, aparece turbulência na superfície superior, a sustentação é perdida

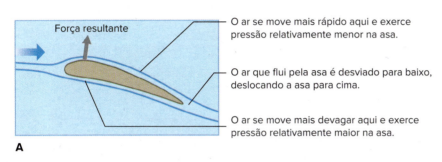
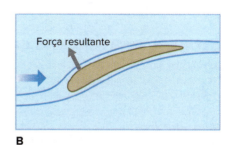

Figura 27.14 As seções transversais da asa de uma ave. **A.** A sustentação é gerada quando o ar é desviado para baixo e ocorre uma pressão maior abaixo da asa do que acima dela. **B.** Uma propulsão para a frente é produzida durante uma batida da asa para baixo. O bordo de ataque da asa está abaixo do bordo de fuga, girando a força resultante para a frente.

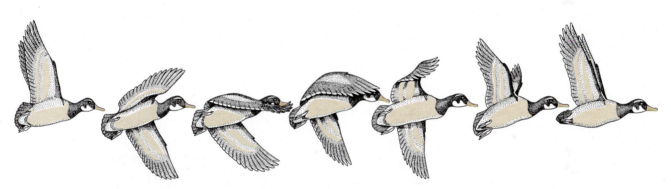

Figura 27.15 No voo batido normal de voadores potentes como os patos, as asas se movem para baixo e para a frente totalmente estendidas. As rêmiges primárias nas pontas da asa fornecem a propulsão. Para iniciar a batida para cima, a asa é dobrada, movendo-se para cima e para trás. A asa em seguida é estendida, pronta para a próxima batida para baixo.

Figura 27.16 O segredo da habilidade dos beija-flores para mudar de direção instantaneamente ou pairar no ar sem movimento enquanto sugam néctar das flores deve-se à estrutura de sua asa. A asa é quase rígida, mas liga-se à cintura escapular por uma articulação giratória que é acionada mecanicamente pelo músculo supracoracóideo (ver Figura 27.7) que, em geral, é incomumente grande para o tamanho da ave. Quando em voo pairado, a asa executa um movimento em giro. O bordo de ataque da asa move-se para a frente na batida para a frente, então gira cerca de 180° no nível da cintura escapular para mover-se para trás na batida para trás. O efeito é fornecer sustentação sem propulsão em *ambas* as batidas da asa, para a frente e para trás.

e ocorre estol (Figura 27.17 B). O estol pode ser retardado ou evitado por meio de uma **fenda na asa**, que direciona uma camada de ar que se desloca rapidamente pela superfície superior da asa (Figura 27.17 C). As fendas nas asas são utilizadas em aeronaves que viajam em velocidade baixa. Nas aves, ocorrem dois tipos de fendas nas asas: (1) a **álula**, ou grupo de penas pequenas no polegar (ver Figura 27.5), que fornece uma fenda no meio da asa; e (2) **fendas entre as rêmiges primárias**, que produzem fendas na ponta da asa. Os vórtices de ar que se formam nas pontas das asas, chamados **vórtices de ponta de asa**, são especialmente problemáticos em altas velocidades pois criam arrasto (Figura 27.17 D). Esse arrasto é reduzido nas asas com extremidades afiladas e é efetivamente reduzido em asas longas com pontas amplamente separadas (**asas de elevado alongamento**), o que aumenta a área das asas livre de vórtices de ponta de asa.

Formas básicas das asas de aves

As asas das aves variam em tamanho e forma porque a exploração com sucesso dos diferentes hábitats impôs necessidades aerodinâmicas especiais. São facilmente reconhecidos quatro tipos de asas de aves.

Asas elípticas

As aves que precisam manobrar em hábitats florestais ou arbustivos, como pardais, parulídeos, rolinhas, pica-paus e gralhas (Figura 27.18 A), têm asas elípticas. Esse tipo tem um **baixo alongamento** (em inglês, *aspect ratio*, que é a relação entre o comprimento e a largura média). As asas dos caças britânicos *Spitfire* da Segunda Guerra Mundial e altamente manobráveis correspondiam aproximadamente ao esboço da asa dos pardais. As asas elípticas têm tanto uma álula quanto fendas entre as rêmiges primárias; esse arranjo auxilia a prevenir o estol durante mudanças bruscas de direção, voos de baixa velocidade e aterrissagem e decolagem frequentes. Cada pena primária separada comporta-se como uma asa estreita, com elevado ângulo de ataque, fornecendo alta sustentação em baixa velocidade. A alta capacidade de manobrar da asa elíptica é exemplificada pelos pequenos parídeos, que podem mudar de direção em 0,03 segundo.

Asas de alta velocidade

As aves que se alimentam em voo, tais como andorinhas, falcões e andorinhões, ou que fazem longas migrações, como batuíras, maçaricos, trinta-réis e gaivotas (Figura 27.18 B), têm asas curvadas para trás e com extremidades afiladas. Elas são relativamente achatadas em um corte transversal, têm um **alongamento alto** e faltam-lhes fendas na ponta, características das asas elípticas. A curvatura para trás e a ampla separação das pontas das asas reduzem o "vórtice da ponta" (Figura 27.17 D). Esse tipo de asa é aerodinamicamente eficiente para voos de alta velocidade, mas não pode facilmente sustentar uma ave no ar em baixas velocidades, exceto no caso do beija-flor, que move suas asas rapidamente, de maneira peculiar, com o propósito de pairar (ver Figura 27.16). Pertencem a esse grupo as aves mais velozes, tais como os maçaricos, que registram até 175 km por hora.

Asas de planagem ativa

As aves oceânicas planadoras, incluindo albatrozes, petréis e atobás (Figura 27.18 C), também têm asas com alongamento alto, lembrando aquelas dos planadores. Essas asas longas e estreitas não têm fendas e são adaptadas para **voo planado ativo (dinâmica)**. O voo planado ativo pode ser executado apenas sobre oceanos, com confiáveis ventos fortes, e explora diferentes velocidades do vento próximo à superfície oceânica (lenta) e bem acima dela (rápida).

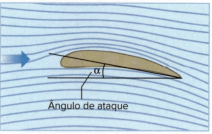

A Fluxo de ar em torno da asa

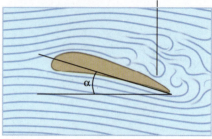

B Estol em velocidade baixa

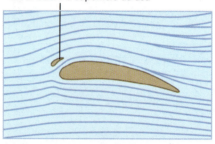

C Prevenção do estol com fendas na asa

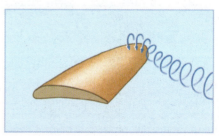

D Formação de vórtice na ponta da asa

Figura 27.17 A. Padrões aéreos formados por um aerofólio ou asa, movendo-se da direita para a esquerda. **B.** Em baixa velocidade, o ângulo de ataque (a) deve aumentar para manter a sustentação, mas isso aumenta o risco de estol. **C.** O estol em baixa velocidade pode ser impedido com fendas na asa. **D.** O vórtice de ponta de asa (*imagem inferior*), uma turbulência que tende a se desenvolver em altas velocidades, reduz a eficiência do voo. O efeito é reduzido nas asas que se curvam para trás e têm extremidades afiladas.

A planagem passiva, por outro lado, ocorre quando uma ave usa colunas ascendentes de ar quente para a ascender, conforme descrito a seguir. Uma ave que usa o voo planado ativo começa a planar a favor do vento de uma posição elevada, ganhando velocidade enquanto desce. Próximo à superfície do oceano ela vira contra o vento e ascende em ventos mais fortes. Embora a sua velocidade diminua em relação à dos ventos oceânicos, os ventos fortes sobre suas asas fornecem sustentação para conservá-la no alto.

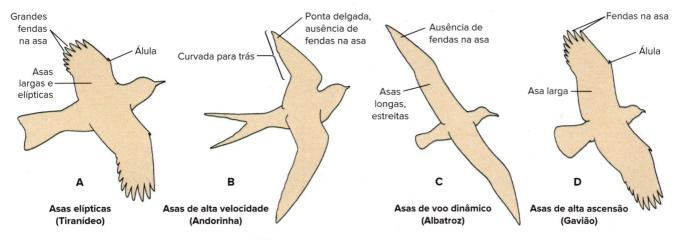

Figura 27.18 Quatro formas básicas das asas das aves.

Asas de planagem passiva

Urubus, gaviões, águias, corujas e águias-pescadoras (Figura 27.18 D) – predadores que carregam cargas pesadas – têm asas muito arqueadas, que promovem alta sustentação. Suas asas têm álulas e fendas nas rêmiges, que previnem o estol em baixas velocidades. As asas dessas aves têm alongamento intermediário entre aquele das asas elípticas e os de alta velocidade. Muitas delas são planadoras terrestres, com asas amplas e com fendas que permitem uma resposta sensível e manobrabilidade necessária para planar estaticamente nas inconstantes correntes de ar sobre a terra.

27.4 MIGRAÇÃO E NAVEGAÇÃO

Nós descrevemos as vantagens da migração no prólogo deste capítulo. É claro que não são todas as aves que migram, mas a maioria das espécies norte-americanas e europeias o faz e as jornadas bianuais de algumas delas são tarefas verdadeiramente extraordinárias.

Rotas de migração

A maioria das aves migratórias tem rotas bem estabelecidas com tendência norte e sul. A maioria das 4 mil espécies de aves migratórias migra para o sul no inverno boreal, e em direção ao norte para se reproduzir durante o verão boreal. As exceções incluem muitas petréis, que são aves marinhas que se reproduzem no hemisfério sul e migram para o norte durante o inverno austral. Algumas aves utilizam diferentes rotas no outono e na primavera (Figura 27.19). Algumas completam suas rotas migratórias em um tempo muito curto. O fuselo, *Limosa lapponica*, voa 11 mil km sem escala, do Alasca à Nova Zelândia, contando com estoques grandes de gordura corporal como combustível para sua jornada de 9 dias. Outras espécies, entretanto, fazem a viagem vagarosamente, geralmente parando ao longo do percurso para se alimentar. Alguns parulídeos são conhecidos por levar de 50 a 60 dias para migrar de seus abrigos de inverno na América Central até as áreas de reprodução no Canadá. Muitas espécies pequenas migram à noite e alimentam-se durante o dia; outras migram principalmente durante o dia; e muitas aves aquáticas e limícolas migram tanto de dia quanto à noite.

Muitas aves seguem os marcos terrestres, como rios ou linhas costeiras, mas outras não hesitam em voar diretamente sobre grandes extensões de água durante suas rotas. Algumas aves têm rotas de migração muito amplas; entretanto, outras, como certos maçaricos, são restritas a rotas estreitas, mantendo-se na linha da costa devido a suas necessidades de alimento.

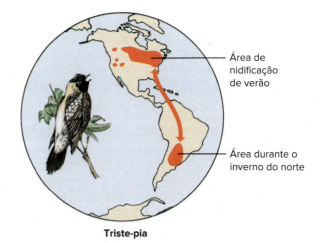

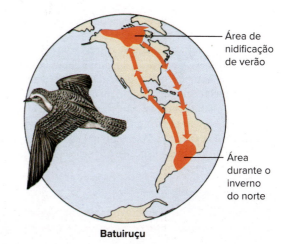

Figura 27.19 Migrações da triste-pia, *Dolichonyx oryzivorus*, e do batuiruçu, *Pluvialis dominica*. A triste-pia viaja 22.500 km a cada ano entre os locais de nidificação na América do Norte e suas áreas de invernada na Argentina, onde ela passa os invernos boreais, uma peripécia fenomenal para uma ave tão pequena. Embora as áreas de reprodução tenham sido expandidas para colônias em áreas a oeste, essas aves não pegam atalhos, mas seguem a rota costeira ancestral. O batuiruçu faz duas rotas durante a migração: voa sobre o Atlântico na sua migração de outono em direção ao sul; e retorna na primavera por um caminho ao longo da América Central e do Vale do Mississipi, pois nesse período as condições ecológicas são mais favoráveis.

Algumas espécies têm migrações ao longo de distâncias extremamente grandes. O trinta-réis do Ártico (*Sterna paradisaea*) é o que percorre a maior distância do globo; ele procria ao norte no Círculo Ártico durante o verão boreal, e então migra para a Região Antártica durante o inverno boreal. Essa espécie faz uma rota tortuosa a partir da América do Norte, passando sobre as costas da Europa e da África e, então, segue para seus abrigos de inverno; uma viagem que pode exceder 18 mil km.

Muitos passarinhos, tais como parulídeos, vireonídeos, tiranídeos, turdídeos e passerídeos, também fazem longas viagens migratórias (ver Figura 27.19). As aves migratórias que nidificam na Europa ou Ásia Central passam o inverno boreal na África.

Estímulos para migração

Há séculos, os seres humanos sabem que o início do ciclo reprodutivo das aves está estreitamente relacionado com as estações do ano. Foi demonstrado que o prolongamento dos dias no final do inverno e início da primavera estimula o desenvolvimento das gônadas e o acúmulo de gordura – ambas modificações internas importantes que predispõem as aves a migrarem para o norte. O aumento no comprimento do dia estimula o lobo anterior da hipófise a entrar em atividade. A liberação do hormônio gonadotrófico da hipófise, por sua vez, coloca em andamento uma complexa série de mudanças fisiológicas e comportamentais, estimulando o crescimento das gônadas, depósito de gordura, migração, comportamentos de corte e acasalamento e cuidado com os filhotes.

Encontrando a direção na migração

Inúmeros experimentos sugerem que a maioria das aves navega orientando-se principalmente pela visão. As aves reconhecem marcos topográficos e seguem rotas migratórias familiares – um comportamento auxiliado pelos bandos em migração, durante o qual podem ser somados recursos de navegação e experiência de aves mais velhas. Além da navegação visual, as aves usam uma variedade de pistas de orientação. Elas têm uma acuradíssima percepção do tempo. Inúmeros estudos sustentam uma antiga e muito debatida hipótese de que as aves podem detectar e navegar por meio dos campos magnéticos da Terra. Suas habilidades de navegação são primariamente instintivas, embora possam requerer calibração a partir de marcos de navegação existentes. Além disso, a aprendizagem pode ter um papel, pois as habilidades de navegação das aves podem se aperfeiçoar com a experiência.

Tema-chave 27.5
ADAPTAÇÃO E FISIOLOGIA

Navegação e magnetismo

No início da década de 1970, W. T. Keeton demonstrou que a capacidade de voo dos pombos-correios fica significativamente perturbada por ímãs fixados nas cabeças das aves, ou por flutuações mínimas do campo geomagnético. Os depósitos de uma substância magnética chamada magnetita (Fe_3O_4) foram descobertos nos bicos de pombos. Experimentos recentes mostraram que um pombo podia discriminar entre a presença e a ausência de anomalia magnética, mas não quando o bico superior estava anestesiado, nem quando fora rompido o nervo trigêmeo, que inerva a parte superior do bico.

Os experimentos dos ornitólogos alemães G. Kramer e E. Sauer e do americano S. Emlen convincentemente demonstraram que as aves podem navegar por orientação celestial, utilizando o Sol durante o dia e as estrelas à noite. Usando gaiolas circulares especiais, Kramer concluiu que as aves mantêm a direção orientando-se pelo Sol (Figura 27.20). Esse tipo de orientação é chamado de **orientação azimute solar** (*azimute*, bússola orientada para o Sol). Para usar o Sol como bússola, as aves devem conhecer a hora do dia, porque a posição do Sol muda ao longo do dia. Expondo-as a ciclos de luz alterados para modificar sua percepção da aurora, os pesquisadores mostraram que elas de fato usam um relógio interno dessa maneira. Os experimentos planetários engenhosos de Sauer e Emlen sugerem com veemência que provavelmente muitas aves podem detectar e navegar pelo eixo da Estrela Polar, ao redor da qual as constelações parecem girar.

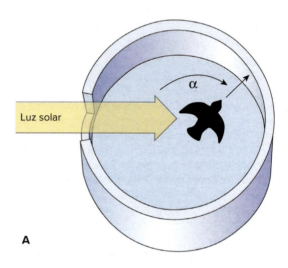

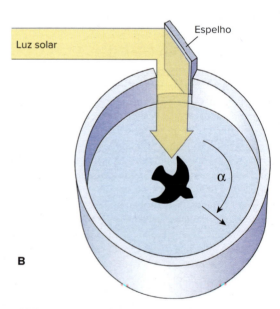

Figura 27.20 Experimentos realizados por Gustav Kramer em estorninhos com navegação por bússola solar. **A.** Na gaiola circular com uma janela, a ave adejou para alinhar-se com a direção que normalmente seguiria se estivesse livre. **B.** Quando o ângulo verdadeiro do Sol é desviado com um espelho, a ave mantém a posição relativa ao Sol. Isso mostra que essas aves utilizam o Sol como bússola. As aves navegam corretamente durante o dia, modificando sua orientação para o Sol quando ele se move pelo céu.

Tema-chave 27.6
ADAPTAÇÃO E FISIOLOGIA

Navegação das aves usando as estrelas

Em um elegante ensaio experimental delineado para determinar se os migrantes noturnos têm uma percepção inata de direção, ou se aprendem quando filhotes, Stephen Emlen submeteu *Passerina cyanea* a três conjuntos de condições em um planetário, cujos padrões estelares podiam ser modificados. A um grupo de filhotes era permitido ver as estrelas de um céu noturno normal, girando ao redor da Estrela Polar. Um segundo grupo de filhotes viu um padrão equivalente que girava ao redor da Betelgeuse, uma estrela brilhante da constelação de Orion, como se a Betelgeuse fosse a Estrela Polar. O terceiro grupo de filhotes de aves foi criado vendo apenas pontos de luz à noite que não giravam.

Quando as aves estavam em idade para migrar, elas foram colocadas em gaiolas sob um céu noturno normal que permitia o registro da direção em que elas tentavam migrar. As aves que tinham visto apenas pontos de luz sem a rotação do céu durante o seu desenvolvimento, não foram capazes de detectar a direção e moveram-se aleatoriamente. As aves que se desenvolveram vendo o céu normal girando ao redor da Estrela Polar orientaram-se corretamente para a migração; e o grupo que cresceu vendo o céu girar em torno de Orion demonstrou consistente orientação como se Betelgeuse fosse a Estrela Polar, mesmo quando expostas a um céu noturno normal girando ao redor da Estrela Polar. Assim, Emlen demonstrou elegantemente que essas aves não nascem com percepção inata de direção e devem então aprender a direção vendo a rotação celeste ao redor de uma estrela "polar".

27.5 REPRODUÇÃO E COMPORTAMENTO SOCIAL

O ditado diz "cada qual com seu igual", e muitas aves de fato são criaturas altamente sociais. Especialmente durante a estação reprodutiva, as aves marinhas agrupam-se, frequentemente em enormes colônias, para nidificar e criar os jovens. As aves terrestres, com algumas exceções conspícuas, como estorninhos e corvos, tendem a ser menos gregárias que as aves marinhas durante a procriação e procuram isolamento para criar a prole. Mas espécies que se separam de seus coespecíficos durante a reprodução podem se agregar para a migração ou alimentação. A união oferece vantagens: proteção mútua contra inimigos, maior facilidade de encontrar parceiros, menor oportunidade de uma ave desviar-se durante a migração, e as massas aglomeradas oferecem proteção contra temperaturas noturnas baixas durante a migração. Certas espécies, como pelicanos, podem usar um comportamento cooperativo para se alimentar. Em nenhum momento as interações sociais bem organizadas são mais evidentes do que na estação reprodutiva, quando demarcam territórios, selecionam parceiros, constroem ninhos, incubam os ovos e criam os filhotes.

Sistema reprodutor

Durante a maior parte do ano, os **testículos** dos machos são corpos minúsculos em forma de feijão. Durante a estação reprodutiva, eles se tornam muito maiores, cerca de 300 vezes em relação à estação não reprodutiva. Já que os machos da maioria das espécies não têm pênis, a cópula ocorre colocando as superfícies cloacais em contato, normalmente enquanto o macho posiciona-se sobre o dorso da fêmea (Figura 27.21). Alguns andorinhões e gaviões copulam durante o voo.

Nas fêmeas da maioria das aves, desenvolvem-se apenas o **ovário e o oviduto esquerdos**. Aqueles do lado direito reduzem-se a estruturas vestigiais (Figura 27.22). Os óvulos liberados pelo ovário são conduzidos até a porção final expandida do oviduto, onde ocorre a fertilização. Várias horas depois, enquanto os ovos estão passando pelo oviduto, a **albumina**, ou clara do ovo, proveniente de glândulas especiais, é adicionada a eles; mais adiante no oviduto são também secretados sobre os ovos a membrana da casca, a casca e os pigmentos da casca. Os espermatozoides permanecem vivos no oviduto da fêmea por muitos dias após um único acasalamento. Os ovos de galinha mostram boa fertilidade durante 5 ou 6 dias após o acasalamento, mas depois a fertilidade cai rapidamente. Contudo, ocasionalmente, os ovos podem ser férteis até 30 dias após a galinha separar-se do galo.

Figura 27.21 Cópula do albatroz *Diomeda irrorata*. Na maioria das espécies de aves, o macho não tem pênis. O macho transfere seu esperma colocando-se no dorso da fêmea e pressionando sua cloaca contra a dela. Ordem Procellariiformes.

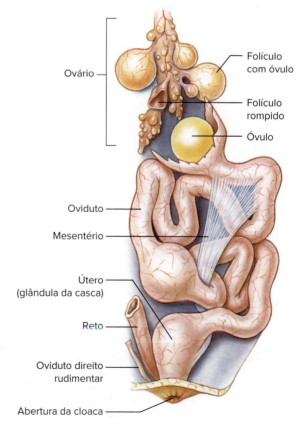

Figura 27.22 Sistema reprodutor de uma ave fêmea. Na maioria das aves, apenas ovário e trato reprodutor esquerdos são funcionais. As estruturas da direita são vestigiais.

Sistemas de acasalamento

Os dois tipos mais comuns de sistemas de acasalamento nos animais são **monogamia**, no qual os indivíduos têm apenas um parceiro, e **poligamia**, no qual os indivíduos têm mais de um parceiro durante o período reprodutivo. A monogamia é rara na maioria dos grupos animais, porém comum nas aves: mais de 90% delas são monogâmicas. Em poucas espécies de aves, como cisnes e gansos, os parceiros são escolhidos para a vida toda e frequentemente permanecem juntos ao longo do ano. A monogamia sazonal é mais comum, tanto que a grande maioria das aves migratórias se une durante a estação reprodutiva, vivendo vidas independentes o resto do ano e, talvez, escolha um parceiro diferente na próxima estação reprodutiva.

Tema-chave 27.7
CONEXÃO COM SERES HUMANOS
O DDT e o afinamento da casca dos ovos

Os carnívoros de níveis tróficos superiores (espécie no topo da cadeia alimentar; ver Figura 38.11) são vulneráveis ao declínio populacional em decorrência da biomagnificação de toxinas. Depois da Segunda Guerra Mundial, o DDT foi amplamente utilizado nos EUA para controlar as populações de insetos, principalmente mosquitos que transmitem a malária. Os pelicanos-pardos, falcões, águias, águias-pescadoras e outras aves de rapina consumiram presas que continham DDT, que então ficou concentrado nos corpos das aves. Um efeito primário nessas aves foi o afinamento das cascas dos ovos, provavelmente porque o DDT (ou seu metabólito, DDE) interfere no movimento do cálcio do sangue para as glândulas da casca. Os ovos frágeis normalmente quebravam-se antes de chocarem e essas aves sofreram um grande declínio por volta da metade do século 20. Devido a protestos públicos, o uso do DDT foi banido em 1972, em parte promovido pelo livro "Primavera Silenciosa", de Rachel Carson, que alertou sobre os perigos do DDT. Posteriormente, a maioria das populações de rapina aumentou, incluindo águias-carecas, levando à sua remoção da Lista de Espécies Ameaçadas de Extinção. No entanto, o DDT é persistente no ambiente e continua a afetar algumas aves. Em 2013, o afinamento das cascas ainda era um problema em algumas populações de condor-da-califórnia que se alimentam de leões-marinhos que forrageiam na altamente contaminada Plataforma de Palo Verdes.

Uma razão para que a monogamia seja muito mais comum entre as aves do que entre os mamíferos é que tanto o macho como a fêmea são igualmente competentes na maioria dos aspectos do cuidado parental. Como as fêmeas de mamíferos geram os filhotes durante uma gestação e em seguida os amamentam, elas fornecem importantes tipos de cuidados parentais que os machos não proporcionam. A fêmea e o macho de aves podem alternar cuidados com o ninho e a prole, o que permite a um dos pais estar no ninho o tempo todo. Para muitas espécies, a fêmea permanece no ninho por meses e é alimentada pelo macho. Essa atenção constante com o ninho pode ser particularmente importante para espécies que sofreriam alta perda de ovos ou filhotes para predadores ou aves rivais, se o ninho fosse deixado desprotegido. Em muitas espécies de aves, as altas exigências para o macho cuidar dos filhotes ou de sua parceira impedem o estabelecimento de ninhos com fêmeas adicionais.

Embora a maioria das aves tenha sistema de acasalamento monogâmico (monogamia social), cada membro do casal pode também acasalar com um indivíduo que não é seu parceiro. As análises recentes de **DNA** mostraram que a maioria das espécies de aves canoras é "infiel" e frequentemente se envolve em cópulas extraconjugais. Como resultado, os ninhos de muitas dessas espécies monogâmicas contêm uma proporção considerável (30% ou mais) de filhotes de outros pais que não o macho acompanhante. Um possível benefício das cópulas extraconjugais é uma maior diversidade genética dos filhotes. Em segundo lugar, as cópulas extraconjugais permitem ao macho aumentar o número de filhotes gerados, aumentando assim o seu sucesso reprodutivo. Em terceiro lugar, ao acasalar com um indivíduo de melhor qualidade genética do que o parceiro atual, a aptidão dos filhotes pode ser melhorada. Isso pode ser benéfico principalmente para as fêmeas que não podem aumentar com facilidade o número de filhotes porque, quanto maior for o tamanho do ovo, menor será o número de ovos (e de filhotes) que a ave pode produzir. Assim, as cópulas extraconjugais permitem que os machos aumentem o número de seus filhotes e podem permitir que as fêmeas melhorem a qualidade genética de sua prole. A diversidade genética da prole produzida é aumentada por cópulas extraconjugais tanto do macho quanto da fêmea.

A forma mais comum de poligamia nas aves, quando ela ocorre, é a **poliginia** ("muitas fêmeas"), na qual um macho acasala-se com mais de uma fêmea. Em muitas espécies de tetraonídeos, os machos reúnem-se em um terreno de exibição coletiva, a **arena**, que é dividido em territórios individuais, cada um defendido vigorosamente por um macho em exibição. Não há nada de valor para a fêmea na arena, exceto o macho, e tudo o que ele pode oferecer à fêmea são seus genes, já que apenas as fêmeas cuidam dos filhotes. Geralmente há um macho dominante e muitos outros subordinados na arena. A competição entre os machos por fêmeas é intensa, mas elas parecem escolher o dominante para o acasalamento provavelmente porque o *status* social correlaciona-se com a qualidade genética.

A **poliandria** ("muitos machos"), na qual a fêmea acasala-se com vários machos e o macho incuba os ovos, é relativamente rara em aves. Ela é praticada por várias espécies de aves limícolas, incluindo o maçarico-pintado, *Actitis macularia*. A fêmea desse maçarico defende o território e acasala-se com vários machos que incubam os ovos no território da fêmea e fornecem a maior parte do cuidado parental. Essa estratégia reprodutiva incomum e o agrupamento de indivíduos podem ser uma resposta à alta predação de ninhos do maçarico-pintado.

Nidificação e cuidado com os filhotes

Algumas aves simplesmente põem seus ovos em solos descobertos ou rochas. Outras constroem ninhos elaborados, como os ninhos pendentes construídos pelos icterídeos, os ninhos delicados feitos de barro e recobertos por liquens dos beija-flores e tiranídeos, os ninhos de barro em forma de chaminé das andorinhas (*Petrochelidon* spp.), os ninhos flutuantes dos mergulhões (*Podiceps griseigena*) e os enormes morros de areia e vegetação dos perus-do-mato-australianos. A maioria das aves esforça-se consideravelmente para esconder seus ninhos dos inimigos. Os pica-paus, chapins, irenídeos e muitos outros colocam seus ninhos em buracos de árvores ou outras cavidades; martins-pescadores escavam túneis nas margens de rios para seus ninhos; e aves de rapina os constroem no alto, em árvores imponentes ou penhascos inacessíveis. Os parasitos de ninhos, como os chopins-do-mato e cucos europeus, não constroem ninhos, mas simplesmente põem seus ovos naqueles de aves menores que eles próprios. Quando os ovos eclodem, os pais adotivos cuidam dos filhotes de chopins ou de cucos, que competem com os do próprio hospedeiro.

O estado de desenvolvimento da ave recém-eclodida varia entre as espécies. O filhote **precoce**, como o de codorna, galinha, pato e da maioria das aves aquáticas, é recoberto com penugem quando eclode e pode correr ou nadar tão logo sua penugem esteja seca (Figura 27.23). As aves mais precoces são perus-do-mato-australianos ou Megapodiidae, que podem voar após a eclosão. Todavia, a maioria dos filhotes precoces, mesmo aqueles capazes de deixar o ninho logo após a eclosão, ainda é alimentada e protegida contra predadores pelos progenitores por algum tempo. Os filhotes **altriciais**, que nascem nus e incapazes de ver ou andar, permanecem no ninho por 1 semana ou mais. Os progenitores devem fornecer alimento a seus filhotes altriciais quase que constantemente, pois aves jovens podem comer mais que seu próprio peso a cada dia. Alguns filhotes não são facilmente classificados como precoces ou altriciais, pois mostram uma condição intermediária de desenvolvimento ao nascer. Por exemplo, gaivotas e trinta-réis nascem cobertos com penugem e olhos abertos, mas são incapazes de deixar o ninho por algum tempo.

Embora possa parecer que o filhote precoce tenha todas as vantagens, com sua maior habilidade de encontrar alimento e escapar de predadores, as aves altriciais também têm algumas vantagens. Pelo fato de as aves altriciais porem ovos relativamente pequenos, com suprimento mínimo de vitelo, a mãe investe relativamente menos em seus ovos e pode mais facilmente substituir aqueles perdidos por predação ou condições climáticas extremas. O filhote altricial também cresce mais rápido, talvez devido ao crescimento potencialmente mais elevado de tecidos imaturos.

27.6 POPULAÇÕES DE AVES E SUA CONSERVAÇÃO

As populações de aves, como aquelas de outros animais, variam em tamanho de ano para ano. As corujas-da-neve (*Nyctea scandiaca*), por exemplo, estão sujeitas a ciclos populacionais que estão estreitamente relacionados com ciclos de oferta de alimento, principalmente de roedores. Os ratos-do-campo, os camundongos e lemingues no norte têm ciclos de abundância razoavelmente regulares de 4 anos. Nesses picos, as populações de predadores, como raposas, doninhas e gaviões, além de corujas-da-neve, aumentam porque existe abundância de alimento para criar os filhotes. Após uma queda na população de roedores, as corujas-da-neve deslocam-se para o sul à procura de suprimento alimentar alternativo. Elas ocasionalmente aparecem em grande número no Sul do Canadá e Norte dos EUA, atraindo grupos de observadores de aves ansiosos por ver uma ave incomum e fascinante.

As atividades humanas podem causar mudanças espetaculares na distribuição das aves. Os estorninhos comuns e pardais foram ambos introduzidos em inúmeros países por acidente ou deliberadamente, tornando-se as duas espécies de aves mais abundantes da Terra, com exceção da galinha doméstica.

Os seres humanos também são responsáveis pela extinção de muitas espécies de aves. Mais de 140 espécies foram extintas desde 1681, após o desaparecimento do último dodô. A maioria foi vítima de mudanças em seus hábitats ou competição com espécies introduzidas. A sobrecaça contribuiu para a extinção de algumas espécies, entre elas os pombos-passageiros (*Ectopistes migratorius*) que, há 150 anos, escureciam os céus da América do Norte em números inacreditáveis, estimados em bilhões.

Atualmente, a caça esportiva de aves é um recurso renovável e bem-gerenciado nos EUA e Canadá; embora caçadores matem milhões de aves de caça por ano, nenhuma das espécies legalmente caçadas está ameaçada. Os interesses da caça, ao adquirir grandes áreas de terras alagadas para refúgios e santuários de aves migratórias, têm contribuído para a recuperação de aves de caça e outras.

Uma preocupação especial é o declínio acentuado dos passeriformes nos EUA e Sul do Canadá. Observadores amadores de aves e ornitólogos registraram que muitas espécies de pássaros que eram abundantes há apenas 40 anos agora são raras. Há muitas razões para esse declínio. A intensificação da agricultura, permitida pelo uso de herbicidas, pesticidas e fertilizantes, tem privado aves de nidificarem no solo dos campos que anteriormente não eram cultivados. A excessiva fragmentação das florestas por todo o território dos EUA tem aumentado a exposição dos ninhos das espécies que habitam florestas a predadores de ninhos, como gaios-azuis, guaxinins e gambás, além de parasitos de ninhos, como os chopins-mulatos (*Molothrus ater*). Os gatos domésticos também matam milhões de aves pequenas todo ano. A partir de um estudo sobre gatos que foram equipados com rádio-colar em fazendas de Wisconsin, os pesquisadores estimaram que, só nesse estado, os gatos podem matar 19 milhões de pássaros em um único ano.

A rápida perda das florestas tropicais – aproximadamente 120 mil km^2 por ano, uma área quase igual à do estado de Louisiana – está privando cerca de 390 espécies de pássaros migratórios neotropicais de seus lares de inverno. Estudos indicam que fatores estressantes nos locais de invernada estão diminuindo drasticamente a condição fisiológica das aves, principalmente das canoras, antes da migração para o norte. De todas as sérias ameaças que afetam os pássaros, a devastação das florestas tropicais é a mais grave e difícil de mudar.

Algumas aves, como tordos, pardais e estorninhos, podem se adaptar a essas mudanças, podendo até prosperar com elas, mas para a maioria as mudanças são adversas. A menos nós tomemos a iniciativa de manejar nossos recursos naturais com sabedoria, logo poderemos enfrentar a "primavera silenciosa" que Rachel Carson imaginou em 1962.

Tema-chave 27.8
CONEXÃO COM SERES HUMANOS

Intoxicação de aves por chumbo

O envenenamento por chumbo de aves aquáticas é um efeito colateral da caça e pesca. Antes das regulamentações federais entrarem em vigor em 1991 exigindo o uso de projéteis sem chumbo para todas as caças de aves aquáticas costeiras e do interior, as espingardas espalharam mais de 3 mil toneladas de chumbo por ano só nos EUA. Quando as aves aquáticas comem os chumbinhos (que são confundidos com sementes ou grãos), eles são desgastados e moídos na moela, facilitando a absorção do chumbo no sangue. A principal ameaça às populações do interior do ameaçado condor-da-califórnia é o envenenamento por chumbo, que ocorre quando a munição de chumbo é ingerida durante o consumo de carcaças pelos condores. Embora o uso de munição de cobre seja obrigatório em áreas com condores, o uso ilegal de chumbo continua. O envenenamento por chumbo paralisa e enfraquece as aves, levando-as à morte por inanição. Embora o envenenamento de aves por projéteis de chumbo tenha diminuído, as chumbadas usadas na pesca ainda envenenam um grande número de aves aquáticas. Recentemente, vários estados baniram as chumbadas, exigindo dos pescadores o uso de alternativas não tóxicas.

Altricial
Ave-do-campo com 1 dia

Precocial
Tetraz-de-colar com 1 dia

Figura 27.23 Comparação entre um filhote altricial de 1 dia e um precoce. Uma ave-do-campo altricial (à *esquerda*) nasce quase nua, cega e desprotegida. O tetraz-de-colar precoce (à *direita*) é ativo, coberto por penugem, tem pernas fortes e é capaz de alimentar-se sozinho.

Taxonomia de aves

O clado Aves contém cerca de 10.500 espécies distribuídas em 40 ordens de aves viventes. Compreender as relações das aves atuais e, consequentemente, colocá-las em uma classificação tem sido difícil por causa da diversificação aparentemente rápida das aves no Cretáceo e Paleógeno. As relações entre os grupos de aves ainda estão sendo avaliadas, levando a refinamentos nos esquemas de classificação. Apresentamos uma taxonomia das 40 ordens de aves, que segue a Lista Mundial de Aves da União Internacional de Ornitólogos de 2015. A classificação lineana de ordem é usada aqui para aves, devido ao seu uso rotineiro.

Aves (do latim *avis*, aves)

Paleognathae (do grego *palaios*, antigo + *gnathos*, maxilar). Aves modernas com o palato ancestral dos arcossauros. Ratitas, que incluem avestruz, emas, casuares, kiwis (com esterno sem quilha) e tinamídeos (com esterno com quilha).

Ordem Struthioniformes (do latim *struthio*, avestruz + *forma*, forma): **avestruz**. O avestruz, *Struthio camelus* (Figura 27.24), é a maior ave atual, e chega a 2,4 m de altura e 145 kg. Os pés têm só dois dedos de tamanhos desiguais e cobertos por coxins, o que permite às aves andar rapidamente em terreno arenoso. Duas espécies na África.

Ordem Rheiformes (do grego *rhea*, mãe de Zeus + forma): **emas**. Duas espécies de aves não voadoras encontradas nas áreas abertas da América do Sul.

Figura 27.24 Avestruz, *Struthio camelus*, a maior de todas as aves atuais. Ordem Struthioniformes.

Ordem Casuariiformes (Mal. *casuar*, casuar + forma): **casuares** e **emu**. As quatro espécies de casuar ocupam florestas do Norte da Austrália e Nova Guiné. O emu é a segunda maior espécie de ave atual e é confinado à Austrália. Todos não voadores.

Ordem Apterygiformes (do grego *a*, sem + *pteryg*, asa + forma): **kiwis**. Os kiwis têm o tamanho aproximado de um galo doméstico, são singulares por ter um mero vestígio de asa. Cinco espécies, todas na Nova Zelândia.

Ordem Tinamiformes (no latim *Tinamus*, gênero tipo + forma): **macucos, inhambus** e **codornas**. Aves terrícolas das Américas Central e do Sul, semelhantes aos tetraonídeos. 47 espécies.

Neognathae (do grego *neos*, novo + *gnathos*, maxila). Aves modernas com palato flexível.

Ordem Anseriformes (do latim *anser*, ganso + forma): **cisnes, gansos** e **patos**. Os membros dessa ordem têm bicos largos com sulcos filtradores em suas margens, pé com membrana interdigital restrita aos três artelhos frontais e um esterno longo com uma quilha baixa. 177 espécies, ampla distribuição.

Ordem Galliformes (do latim *gallus*, galo + forma): **codornizes, perdizes, faisões, lagópodes, perus** e **galo-doméstico**. Herbívoros que nidificam no solo, semelhantes a galinhas, com bicos fortes e pés pesados. A codorniz-da-Virgínia, *Colinus virginianus*, ocorre na metade leste dos EUA. O tretraz-de-colar, *Bonasa umbellus*, é encontrado na mesma região, mas em florestas em vez de pastagens abertas e campos de gramíneas, frequentados pelas codornizes. 298 espécies, ampla distribuição.

Ordem Sphenisciformes (do grego *spheniskos*, diminutivo de *sphen*, cunha, devido à pequenez das asas + forma): **pinguins**. Nadadores marinhos com pés palmados dos oceanos ao sul, da Antártica até as Ilhas Galápagos. Embora os pinguins sejam aves carenadas, eles usam suas asas como remos para nadar em vez de voar. 18 espécies.

Ordem Gaviiformes (do latim *gavia*, ave, provavelmente gaivota marinha + forma): **gavia**. As cinco espécies de gavias são notáveis nadadoras e mergulhadoras, com pernas curtas e corpos pesados. Elas se alimentam exclusivamente de peixes e suplementam a alimentação com anfíbios e lagostins. O grande e familiar mergulhão-do-norte, *Gavia immer*, ocorre principalmente nas águas ao Norte da América do Norte e Eurásia.

Ordem Podicipediformes (do latim *podex*, nádega + *pes, pedis*, pé): **mergulhões**. Mergulhadores com pernas curtas e artelhos lobados. O mergulhão-caçador, *Podilymbus podiceps*, se distribui amplamente pela América do Norte. Os mergulhões são comuns em lagoas antigas, onde constroem seus ninhos flutuantes como jangadas. 23 espécies, ampla distribuição.

Ordem Phoenicopteriformes (do grego *phoenico*, vermelho-púrpura + *pter*, asa + forma): **flamingos** (Figura 27.25). Aves pernaltas grandes, coloridas, que usam as lamelas nos seus bicos para peneirar zooplâncton da água. Seis espécies.

Ordem Procellariiformes (do latim *procella*, tempestade + forma): **albatrozes, petréis, pardelas, bobos** e **andorinhas-do-mar**. Todas são aves marinhas com bicos curvos e narinas tubulares. Os albatrozes são as maiores aves voadoras quanto à envergadura (mais que 3,6 m em alguns). 143 espécies, ampla distribuição.

Ordem Pelecaniformes (do grego *pelekan*, pelicano + forma): **pelicanos, íbis** e **garças**. A maioria das espécies piscívoras coloniais habita costas, lagos, pântanos e córregos. 118 espécies, ampla distribuição, especialmente nos trópicos.

Taxonomia de aves (*continuação*)

Figura 27.25 Flamingos, *Phoenicopterus ruber*, em um lago alcalino da África Oriental. Ordem Phoenicopteriformes.

Ordem Charadriiformes (do grego *charadri*, um maçarico + forma): **gaivotas** (Figura 27.26), **piru-pirus, batuíras, maçaricos, trinta-réis, pernilongos, pisa-n'água, mandriões, talha-mares, alcas** e **papagaios-do-mar**. Quase todas aves litorâneas. Elas são voadoras potentes e normalmente coloniais. 384 espécies, ampla distribuição.

Figura 27.26 Gaivotas, *Larus atricilla*, em voo. Ordem Charadriiformes.

Ordem Phaethontiformes (do grego *phaethont*, brilhante + forma): **Rabos-de-palha.** As três espécies nesta ordem são grandes aves marinhas tropicais com plumagem branca.

Ordem Suliformes (Ice. *sul,* ganso-patola + forma): **fragatas, gansos-patola, atobás e cormorões**. Aves mergulhadoras de médio a grande porte que se alimentam principalmente de peixes. 60 espécies, distribuição mundial.

Ordem Ciconiiformes (do latim *ciconia*, cegonha + forma): **cegonhas**. De pescoço comprido, pernas compridas, limícolas com bicos longos e robustos. 19 espécies em todo o mundo, distribuição principalmente tropical.

Ordem Accipitriformes (do latim *accipiter*, falcão + forma): **abutres, condores, águias, urubus e falcões**. A maioria são aves de rapina diurnas com visão aguçada e garras afiadas e curvas. 265 espécies, distribuição mundial.

Ordem Falconiformes (do latim *falco*, falcão + forma): **falcões**. Aves de rapina muito rápidas que comem principalmente outras aves. O falcão-peregrino, *Falco peregrinus*, mergulha a velocidades de até 320 km/h. 67 espécies, distribuição mundial.

Ordem Otidiformes (do grego *otid*, abertarda + forma): **abetardas.** Grandes aves terrestres de pernas longas; em sua maioria de hábitats áridos. 26 espécies na África, Ásia e Europa.

Ordem Mesitornithiformes (do grego *mesit*, mediador + *ornith*, ave + forma): **mesitos**. Pequenas aves terrestres que habitam florestas e savanas. 3 espécies, restritas a Madagascar.

Ordem Cariamiformes (do Tupi *cariama*, seriema 1 forma): **seriemas**. Pequenas aves terrestres de pernas longas, que habitam pastagens e florestas abertas. 2 espécies, restritas à América do Sul.

Ordem Eurypygiformes (do grego *eury*, amplo + *pyg*, traseiro + forma): **cagu e pavãozinho-do-Pará**. As duas aves nessa ordem habitam florestas tropicais, o cagu na Nova Caledônia e o pavãozinho-do-Pará na América Central e do Sul. 2 espécies.

Ordem Gruiformes (do latim *grus*, grou + forma): **grous, frangos-d'água, saracuras** e **carquejas**. Procriam principalmente em pradarias e pântanos. 190 espécies, ampla distribuição.

Ordem Pterocliformes (do grego *Ptero*, asa + *clid*, chave + forma): **cortiçol, ganga**. Aves gregárias semelhantes a pombos, comedoras de sementes. 16 espécies, ocorrendo na África, Ásia e sul da Europa.

Ordem Columbiformes (do latim *columba*, pomba + forma): **pombas, rolas e dodô**. Todas têm pescoço e pernas curtos e bico curto e delgado. O dodô, ave não voadora das Ilhas Maurício, tornou-se extinto em 1681. 334 espécies, ampla distribuição.

Ordem Psittaciformes (do latim *psittacus,* papagaio + forma): **papagaios** e **periquitos**. Aves com língua carnosa e o bico superior articulado e móvel. 395 espécies, distribuição pantropical.

Ordem Opisthocomiformes (do grego *opistho*, dorso + do latim *comos*, com "pelos" longos + forma): **cigana**. O filhote dessa ave herbívora sul-americana usa suas grandes garras das asas para escalar árvores. 1 espécie na América do Sul.

Ordem Musophagiformes (do latim *musa*, banana + do grego *phago*, comer + forma): **turacos**. Aves de porte médio a grande, de florestas densas ou bordas de mata; conspícua mancha vermelha quando com a asa aberta, bico de colorido brilhante, asas curtas e arredondadas. 23 espécies restritas à África.

Ordem Cuculiformes (do latim *cuculus*, cuco + forma): **cucos, anus** e **papa-léguas**. O cuco comum, *Cuculus canorus*, põe seus ovos em ninhos de aves menores, que criam os jovens cucos. Os cucos americanos normalmente criam seus próprios filhotes. 149 espécies, distribuição mundial.

Ordem Strigiformes (do latim *strix*, mocho + forma): **corujas**. Predadores noturnos com olhos grandes, bicos e pés fortes e voo silencioso. 240 espécies, distribuição mundial.

Taxonomia de aves (*continuação*)

Ordem Caprimulgiformes (do latim *caprimulgus*, curiango + forma): **bacuraus** e **urutaus**. Caçadores noturnos ou crepusculares, com pernas pequenas e fracas, boca grande com cerdas na borda. Os curiangos, *Antrostomus vociferus*, são comuns nas florestas dos estados do Leste dos EUA e o bacurau-norte-americano, *Chordeiles minor*, é frequentemente visto e ouvido quando voa durante a noite. 122 espécies, distribuição mundial.

Ordem Apodiformes (do grego *apous*, sem pés + forma): **andorinhões** e **beija-flores**. Aves pequenas de pernas curtas, com batimento rápido das asas. O familiar andorinhão migratório, *Chaetura pelagia*, fixa seus ninhos nas chaminés por meio de sua saliva. O andorinhão encontrado na China constrói seus ninhos de saliva usados para fazer sopas. A maioria das espécies de beija-flores é encontrada nos trópicos, mas há 24 espécies nos EUA, das quais apenas uma, o beija-flor-de-garganta-rubi, ocorre na parte leste do país. 469 espécies, distribuição mundial.

Ordem Coliiformes (do grego *kolios*, pica-pau-verde + forma): **coliídeos (aves-rato)**. Aves pequenas, com topete. Seis espécies restritas ao Sul da África.

Ordem Trogoniformes (do grego *trogon*, roedor + forma): **surucuás**. Aves muito coloridas, de caudas longas. 43 espécies, distribuição pantropical.

Ordem Leptosomiformes (do grego *lepto*, delgado + *som*, corpo + forma): *Leptosomus discolor*. A única espécie desta ordem que habita as florestas de Madagascar.

Ordem Coraciiformes (do latim *coracii* proveniente do grego *korakias*, um tipo de corvo + forma): **martins-pescadores** e **abelharucos**. Aves com bicos fortes e proeminentes, que nidificam em cavidades. Na metade Leste dos EUA, o martim-pescador-grande, *Megaceryle alcyon*, é comum ao longo dos cursos d'água. 156 espécies, distribuição mundial.

Ordem Bucerotiformes (do grego *bu*, boi + *cerat*, chifre, referindo-se à forma de bico dos calaus + forma): **poupas** e **calaus**. A maioria nidifica em cavidades de árvores e tem um grande bico curvo. 74 espécies, a maioria na Ásia tropical e África.

Ordem Piciformes (do latim *picus*, pica-pau + forma): **pica-paus, tucanos, joões-bobos** e **indicatorídeos**. Aves com bicos altamente especializados e com dois dedos direcionados para a frente e dois para trás. Todos nidificam em cavidades. A maior espécie na América do Norte é o pica-pau-pilado, comumente encontrado em florestas maduras. 443 espécies, distribuição mundial.

Ordem Passeriformes (do latim *passer*, pássaro + forma): **pássaros-canoros**. Esta é a maior ordem de aves, contendo 106 famílias e 60% de todas as aves. A maioria apresenta siringe (órgão de vocalização) bem desenvolvida. Seus pés são adaptados para empoleirar em troncos e galhos finos. Os filhotes são altriciais. A essa ordem pertencem muitas aves com belos cantos, como tordos, corruíras, tentilhões, fringilídeos (Figura 27.27), mimídeos, cotovias, pardais, vireos, chapins e hospedeiros de outras aves. Outras espécies dessa ordem, como andorinhas, corvos, gralhas e "trepadeiras", não têm cantos chamativos. 6.390 espécies, distribuição mundial.

Figura 27.27 Tentilhão-da-terra, *Geospiza fuliginosa*, um dos famosos tentilhões de Darwin das Ilhas Galápagos. Ordem Passeriformes.

RESUMO

Seção	Conceito-chave
27.1 Origem e relações	• As mais de 10.500 espécies de aves viventes são vertebradas endotérmicos com penas, ovíparos e com os membros anteriores modificados em asas • *Archaeopteryx*, uma espécie fóssil bem conhecida do período Jurássico da Era Mesozoica, tem os traços diápsidos ancestrais de cauda longa e dentes, mas tem asas bem desenvolvidas e penas (de voo) assimétricas que o identificam como uma ave (Avialae). Sua morfologia claramente coloca as aves dentro de um grupo de dinossauros extintos bípedes chamados de terópodes • Penas ou filamentos, presentes em muitos terópodes, precederam o voo. Sua função original nos ancestrais das aves provavelmente era termorregulação ou exibição • A diversificação das aves modernas (Aves) nas 40 ordens que existem atualmente ocorreu principalmente nos períodos Cretáceo e Paleógeno • A incapacidade de voar em aves não é incomum e evoluiu independentemente em várias ordens, geralmente em ilhas onde predadores terrestres estavam ausentes. Todas as aves que não voam são derivadas de ancestrais voadores

Seção	Conceito-chave
27.2 Adaptações estruturais e funcionais para voo	• As adaptações das aves para o voo são de dois tipos básicos: as que reduzem o peso corporal e as que promovem mais força para o voo • As penas, feitas de queratina, combinam leveza com resistência, repelem a água e possuem um alto valor isolante • O peso corporal é ainda mais reduzido pela eliminação de alguns ossos, fusão de outros (o que também fornece estabilidade estrutural no voo) e espaços cheios de ar em muitos ossos. O bico leve e queratinizado que substitui os maxilares e os dentes pesados dos répteis não aves serve tanto como boca quanto mão para as aves e é adaptado de várias maneiras para diferentes hábitos alimentares • As adaptações que fornecem força para o voo incluem uma alta taxa metabólica e temperatura corporal, juntamente com uma dieta rica em energia, um sistema respiratório altamente eficiente que consiste em um sistema de sacos de ar dispostos para fornecer um fluxo de ar constante e unilateral pelos pulmões, músculos de voo poderosos dispostos para colocar a massa muscular perto do centro de gravidade da ave, e uma circulação de alta pressão eficiente • As aves têm uma visão aguçada (devido aos seus olhos grandes e ao pécten que fornece nutrientes), boa audição e um cérebro adaptado para uma coordenação precisa dos músculos de voo. Os rins produzem ácido úrico como o principal resíduo nitrogenado
27.3 Voo	• Foram propostas hipóteses arbóreas e cursoriais para a origem do voo. A hipótese arbórea, atualmente defendida pela maioria dos zoólogos, propõe que as asas foram usadas primeiro para planar a partir das árvores e depois modificadas para um voo poderoso • As aves geram sustentação durante o voo quando o ar passa pelas asas anguladas ou curvadas. O ar desviado para baixo empurra a asa (e a ave) para cima • As aves voam aplicando os mesmos princípios aerodinâmicos de um avião e usando equipamentos semelhantes: asas para sustentação e propulsão, cauda para controle de direção e pouso e fendas nas asas para controle na baixa velocidade de decolagens e pousos • A anatomia da asa da ave reflete o estilo de voo delas. Em geral, as aves que voam mais devagar e que são altamente manobráveis têm asas curtas e arredondadas com alta curvatura e fendas proeminentes. As aves mais rápidas têm asas longas e pontiagudas com perfis planos e sem fendas
27.4 Migração e navegação	• A migração de aves se refere a movimentos regulares entre os locais de nidificação no verão e as regiões de inverno. Como a massa de terra está concentrada no hemisfério norte, a maioria das aves migra para o norte na primavera e para o sul no outono • As aves usam muitas dicas para navegar durante a migração, incluindo o uso de marcos geográficos, a posição do Sol ou das estrelas e o campo magnético da Terra
27.5 Reprodução e comportamento social	• O comportamento social altamente desenvolvido das aves se manifesta em vivas exibições de corte, seleção de parceiros, comportamento territorial e incubação de ovos e cuidado com os filhotes • A maioria das aves é monogâmica durante a estação reprodutiva, quando um macho e uma fêmea formam um vínculo. Muitas dessas aves são apenas socialmente monogâmicas – o casal é mantido, mas o acasalamento não se restringe ao parceiro • Algumas aves praticam a poliginia, onde um macho acasala com várias fêmeas, ou poliandria, onde uma fêmea acasala com vários machos • A maioria das aves constrói um ninho para incubar seus ovos. Para algumas espécies, apenas a mãe cuida dos ovos e filhotes; mas em muitas espécies, ambos os progenitores participam do cuidado • Os jovens nascem com vários níveis de desenvolvimento: os jovens altriciais são nus e indefesos, enquanto os filhotes precoces têm penugem e são capazes de andar e se alimentar
27.6 Populações de aves e sua conservação	• Algumas espécies de aves introduzidas, incluindo o estorninho comum e o pardal, aumentaram muito em tamanho populacional, tornando-se as aves silvestres mais abundantes na América do Norte • Muitas aves passaram por grande declínio em suas populações ou até mesmo se extinguiram. As principais causas do declínio das aves incluem a perda de hábitat à medida que as áreas de nidificação e hibernação são convertidas em terras agrícolas e em áreas urbanizadas ou, menos comumente, a caça excessiva

QUESTÕES DE REVISÃO

1. Explique o significado da descoberta de *Archaeopteryx*. Por que esse ser demonstra que as aves estão agrupadas filogeneticamente com os dinossauros?
2. Adaptações especiais das aves contribuem para as duas características fundamentais para o voo: mais potência e menos peso. Explique como cada uma das adaptações a seguir contribui para uma ou ambas dessas duas características fundamentais: penas, esqueleto, distribuição muscular, sistema digestório, sistema circulatório, sistema respiratório, sistema excretor e sistema reprodutor.
3. Como as aves marinhas eliminam o excesso de sal?
4. De que maneira os ouvidos e os olhos das aves são especializados para as necessidades do voo?

5. Explique como a asa das aves produz sustentação? Quais características ajudam a evitar o estol em voos de baixas velocidades? Quais recursos auxiliam a diminuir o arrasto?
6. Descreva quatro formas básicas de asas das aves. Como se correlaciona a forma da asa com velocidade do voo e capacidade de manobra?
7. Compare as hipóteses arbórea e cursorial sobre a origem do voo das aves.
8. Quais são as vantagens da migração sazonal para as aves?
9. Descreva os diferentes recursos de navegação que as aves podem utilizar nas migrações de longas distâncias.
10. Quais são algumas das vantagens da agregação social entre as aves?
11. Mais de 90% de todas as espécies de aves são monogâmicas. Explique por que a monogamia é muito mais comum entre as aves do que entre os mamíferos.
12. Descreva, brevemente, exemplos de poliginia e de poliandria entre as aves.
13. Por que uma ave "monogâmica" pode procurar cópula extraconjugal?
14. Defina os termos precoce e altricial e como eles se relacionam com as aves.
15. Forneça alguns exemplos de como as atividades humanas têm afetado as populações de aves.

Para reflexão. As estratégias e os comportamentos reprodutivos são mais bem conhecidos nas aves do que em qualquer outro grupo de vertebrados. Por quê?

28 Mamíferos

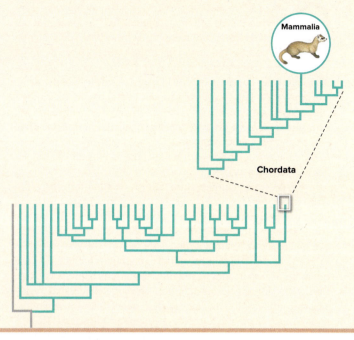

OBJETIVOS DE APRENDIZAGEM

Após leitura do capítulo, você será capaz de:

28.1 Descrever a evolução dos mamíferos a partir de seus ancestrais amniotas.

28.2 Descrever (1) o tegumento dos mamíferos, incluindo as adaptações para a endotermia; (2) as adaptações dos mamíferos para uma dieta insetívora, carnívora, herbívora ou onívora; (3) a biologia reprodutiva de monotremados, marsupiais e placentários.

28.3 Explicar por que as populações de mamíferos flutuam.

28.4 Descrever a evolução dos seres humanos a partir de seus ancestrais primatas.

Um urso-pardo jovem, Ursus arctos horribilis.
iStock@MihaiDancaescu

Pelos reveladores

Os pelos surgiram em um ancestral comum a todos os mamíferos e estão presentes com diferentes graus em todas as espécies que descendem daquele ancestral. Portanto, os pelos são uma característica que identifica os mamíferos; salvo em algumas condições patológicas, todos os mamíferos têm pelos em alguma fase de suas vidas e eles não ocorrem em nenhum outro organismo atual. Mesmo os mamíferos atuais aparentemente sem pelos, como as baleias, geralmente têm alguns pelos no corpo. Os pelos dos mamíferos têm passado por inúmeras modificações adaptativas para usos diversos. Os mamíferos os usam para camuflagem, para sinalizar comportamentos, como impermeabilizante para flutuar; seus pelos podem servir como vibrissas sensoriais no focinho ou espinhos pontiagudos. Talvez sua função mais importante seja o isolamento térmico, que ajuda a manter uma temperatura corporal alta e constante em todos os climas, e, assim, a sustentar os altos níveis de atividade.

Os mamíferos estão entre os animais mais ativos, exibindo velocidade e capacidade de manter esforço por longos períodos em hábitats aquáticos, aéreos e terrestres. Eles mantêm essa atividade em quase todas as condições ambientais, inclusive em baixas temperaturas da noite, desertos escaldantes, oceanos polares e invernos gélidos. Embora os pelos sejam talvez a característica mais óbvia dos mamíferos, uma série de outras inovações evolutivas sustentam sua diversificação. Essas inovações únicas incluem um conjunto de ossos da orelha média para a transmissão de sons à orelha interna, glândulas mamárias para alimentar os filhotes, um cérebro grande com revestimento único do encéfalo (o neocórtex), um diafragma para ventilação eficiente dos pulmões e adaptações para um sentido de olfato altamente desenvolvido. A maioria dos mamíferos tem uma placenta intrauterina vascular para alimentar o embrião, dentes e músculos dos maxilares especializados para processar o alimento, e um modo de andar ereto para locomoção rápida e eficiente.

- **FILO CHORDATA**
  - Mammalia

Os mamíferos, com seu sistema nervoso altamente desenvolvido e suas inúmeras adaptações, ocupam praticamente todos os ambientes da Terra capazes de sustentar a vida. Embora não constituam um grupo grande (cerca de 5.700 espécies, em comparação às mais de 10 mil espécies de aves, 28 mil espécies de peixes e 1.100.000 espécies de insetos), a classe Mammalia (do latim *mamma*, seio) está entre os grupos biologicamente mais diferenciados no reino animal. Os mamíferos são extraordinariamente diversos quanto a tamanho, forma e função. Seu peso pode variar de apenas 2 g, peso do pequeno morcego *Craseonycteris thonglongyai* da Tailândia, a mais de 170 toneladas nas baleias azuis.

Mais do que qualquer outro animal, os mamíferos são alvo da atividade humana. Nós domesticamos vários mamíferos para que nos servissem de alimento e vestimenta, para utilizá-los como animais de carga e mantê-los como animais de estimação. A cada ano, usamos milhões de mamíferos em pesquisas biomédicas. Introduzimos mamíferos em novos hábitats e exterminamos as populações de mamíferos em seus hábitats nativos. Em 2016, 643 espécies de mamíferos foram consideradas "criticamente ameaçadas" ou "ameaçadas" pela União Internacional para Conservação da Natureza e Recursos Naturais (IUCN – *International Union for Conservation of Nature*), incluindo muitos morcegos, cetáceos, felinos e primatas. Como o nosso bem-estar tem sido e continua a ser estreitamente relacionado com o dos outros mamíferos, devemos lutar para preservar suas populações e ambientes naturais.

28.1 ORIGEM E EVOLUÇÃO DOS MAMÍFEROS

Mammalia é um dos dois clados de amniotas atuais; o segundo clado, Reptilia, inclui tartarugas, lepidossauros (serpentes, lagartos e tuataras), crocodilianos (ver Capítulo 26) e aves (ver Capítulo 27). A descendência evolutiva dos mamíferos desde seus primeiros amniotas ancestrais é talvez a bem documentada na história dos vertebrados. A partir do registro fóssil, podemos seguir a evolução de mamíferos endotérmicos com pelos ao longo de 150 milhões de anos, desde os seus pequenos ancestrais ectotérmicos e sem pelos. As estruturas cranianas e, em particular, os dentes são os fósseis mais abundantes e é principalmente a partir dessas estruturas que podemos identificar os ancestrais evolutivos dos mamíferos.

Os mamíferos e seus parentes próximos extintos têm um par de aberturas temporais no crânio. Essa condição os identifica como sinápsidos, um dos três principais grupos de amniotas que se diversificaram durante o final da era Paleozoica (ver Figura 26.2). Os sinápsidos foram o primeiro grupo de amniotas a diversificar-se amplamente em hábitats terrestres.

Os primeiros sinápsidos diversificaram-se amplamente em formas herbívoras e carnívoras, denominadas em conjunto **pelicossauros** (Figuras 28.1 e 28.2). Esses primeiros sinápsidos eram os maiores e mais comuns amniotas do início do Permiano. Os pelicossauros assemelham-se aos lagartos quanto à aparência externa geral, mas essa semelhança é enganosa. Os pelicossauros não são parentes próximos dos lagartos, que são diápsidos (ver Figura 26.2), e também não formam um grupo monofilético. De um grupo inicial de pelicossauros carnívoros surgiram os **terápsidos** (Figura 28.2), o único grupo de sinápsidos que sobreviveu após o Período Permiano e até a Era Mesozoica. Os terápsidos desenvolveram um modo de andar ereto e eficiente, com os membros verticalmente posicionados abaixo do corpo, em vez de estendidos ao lado do corpo, como nos lagartos e primeiros pelicossauros.

Com a menor estabilidade causada pelo distanciamento do corpo do solo, o centro de coordenação muscular do cérebro, o cerebelo, assumiu um papel mais importante. As mudanças na morfologia do crânio e nos músculos adutores mandibulares aumentaram a eficiência alimentar. Os terápsidos diversificaram-se em várias formas herbívoras e carnívoras; entretanto, a maioria dessas primeiras formas desapareceu durante a grande extinção que ocorreu no final do período Permiano. Os pelicossauros e os terápsidos foram anteriormente chamados "répteis semelhantes a mamíferos", mas esse termo é inapropriado porque esses animais não fazem parte do clado Reptilia (ver Seção 26.1).

Um grupo de terápsidos que sobreviveu até a Era Mesozoica foi o dos **cinodontes** (Figuras 28.1 e 28.2). Os cinodontes tinham várias características associadas a uma taxa metabólica alta: musculatura dos maxilares forte e especializada, permitindo uma mordida mais forte; dentes **heterodontes**, possibilitando melhor processamento dos alimentos e uso de alimentos diversos (Figura 28.3); **ossos turbinados** na cavidade nasal, auxiliando na retenção do calor corporal (Figura 28.4); e um **palato secundário** (Figura 28.4), possibilitando que o animal respire e, ao mesmo tempo, segure uma presa na boca ou mastigue o alimento. O palato secundário foi importante para a subsequente evolução dos mamíferos por permitir que os filhotes respirem enquanto mamam. A perda das costelas lombares nos cinodontes está correlacionada com o desenvolvimento de um **diafragma** e pode também ter proporcionado maior flexibilidade dorsoventral da coluna vertebral. Entre os diversos clados de cinodontes (Figura 28.2), um pequeno grupo de carnívoros, denominado tritelodontídeos, é o que mais se assemelha aos mamíferos, compartilhando com eles várias características derivadas do crânio e dos dentes.

Os primeiros mamíferos do final do período Triássico eram animais pequenos do tamanho de um camundongo ou musaranho, com crânios grandes, maxilares redesenhados e um novo tipo de dentição, denominada **difiodonte**, em que os dentes são trocados apenas 1 vez (dentição decídua e dentição permanente). Esse padrão é distinto do padrão ancestral amniota de troca contínua dos dentes ao longo da vida (dentição polifiodonte). Uma das transformações evolutivas mais impressionantes envolveu os três ossos da orelha média, o martelo, a bigorna e o estribo, que têm como função transmitir vibrações sonoras nos mamíferos (ver Seção 33.4). O estribo, homólogo à columela ou hiomandíbula de outros vertebrados, já exercia uma função na audição nos primeiros sinápsidos. O martelo e a bigorna originaram-se do articular e do quadrado, respectivamente, dois ossos que anteriormente serviram para articulação dos maxilares, mas reduziram-se em tamanho (melhor para transmitir vibrações sonoras) e foram realocados na orelha média (Figura 28.3). Uma nova articulação entre os maxilares formou-se entre os ossos dentário e esquamosal (temporal). Essa articulação dentário-esquamosal é a característica diagnóstica para os mamíferos fósseis.

Os primeiros mamíferos eram quase certamente endotérmicos, embora sua temperatura corporal deva ter sido mais baixa que a dos mamíferos placentários atuais (Eutheria). Os pelos foram essenciais para o isolamento térmico, e sua presença implica que glândulas sebáceas e sudoríparas devam ter surgido na mesma época para lubrificar a pelagem e facilitar a termorregulação. O registro fóssil nada nos diz sobre o aparecimento das glândulas mamárias, mas essas glândulas devem ter surgido antes do fim do período Triássico. Os filhotes dos primeiros mamíferos provavelmente eclodiam de ovos, imaturos e totalmente dependentes do leite, do calor e da proteção da mãe. Essa forma de reprodução ocorre atualmente apenas nos **monotremados** (um subgrupo de mamíferos que abrange as equidnas e o ornitorrinco).

CAPÍTULO 28 Mamíferos 585

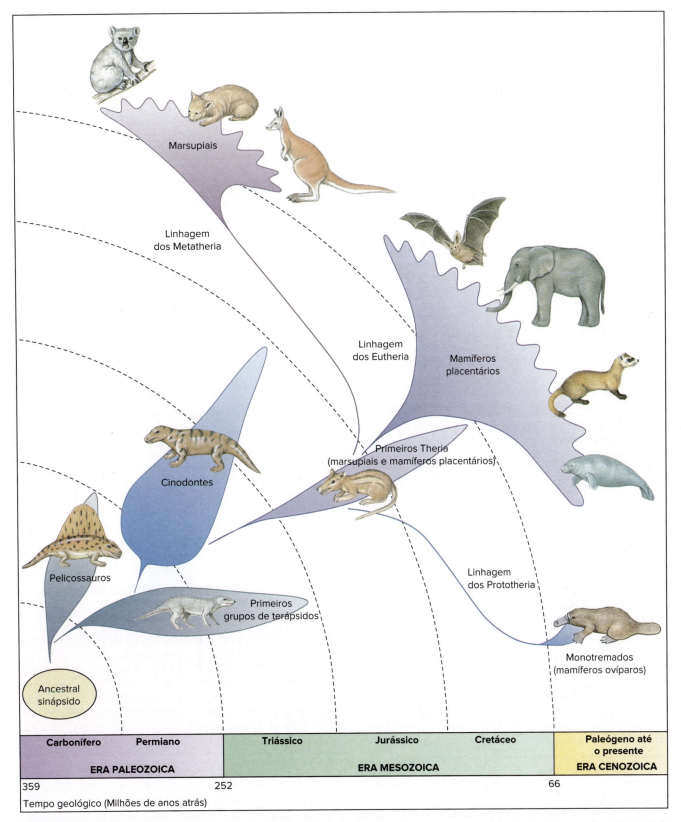

Figura 28.1 Evolução dos principais grupos de sinápsidos. A linhagem dos sinápsidos, caracterizada por aberturas temporais nas laterais do crânio, teve início com os pelicossauros, os primeiros amniotas do período Permiano. Os pelicossauros diversificaram-se amplamente e sofreram modificações nos maxilares, dentes e forma do corpo, que prenunciaram diversas características dos mamíferos. Essas tendências continuaram em seus sucessores, os terápsidos, especialmente nos cinodontes. Uma linhagem de cinodontes deu origem aos primeiros mamíferos no período Triássico. As evidências fósseis indicam que todos os três grupos de mamíferos atuais – monotremados, marsupiais e placentários – derivaram da mesma linhagem cinodonte. A grande diversificação das ordens atuais de mamíferos placentários ocorreu durante os períodos Cretáceo e Paleógeno.

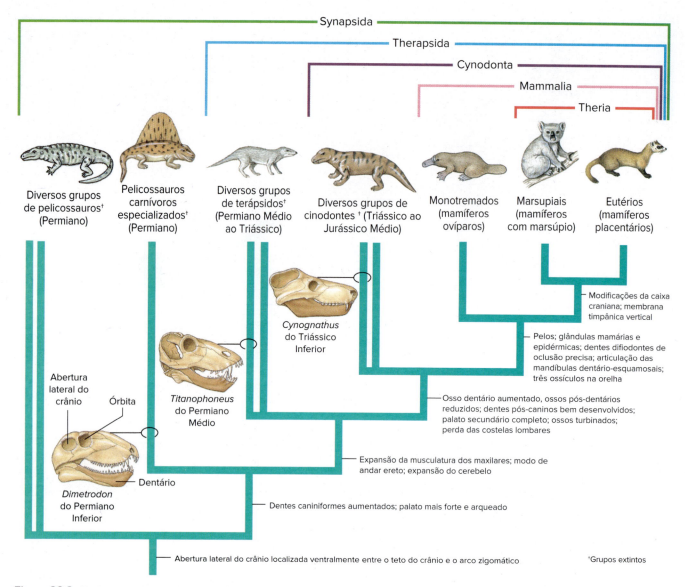

Figura 28.2 Cladograma simplificado dos sinápsidos, enfatizando as origens de características importantes dos mamíferos. Os crânios mostram aumento progressivo do tamanho do osso dentário em relação a outros ossos do maxilar e maior heterodontia.

Estranhamente, os primeiros mamíferos do final do Triássico, apesar de terem desenvolvido quase todos os novos atributos dos mamíferos atuais, tiveram que aguardar outros 150 milhões de anos para atingir sua grande diversidade. Enquanto os dinossauros tornaram-se diversos e abundantes, todos os grupos de sinápsidos, com exceção dos mamíferos, extinguiram-se. Os mamíferos sobreviveram inicialmente como criaturas semelhantes a musaranhos, provavelmente noturnas. Então, durante os períodos Jurássico e Cretáceo, os mamíferos diversificaram-se rapidamente em inúmeras formas, incluindo carnívoros semelhantes a felídeos, espécies aquáticas semelhantes a lontras, onívoros do tamanho de guaxinins e animais planadores. A grande diversificação de mamíferos na Era Cenozoica foi equivalente à de insetos e à de angiospermas (plantas com flores); a diversidade das dentições bem como sua oclusão precisa provavelmente permitiram que os mamíferos explorassem essas novas fontes de alimento. O sucesso dos primeiros mamíferos certamente foi muito promovido pelo cuidado maternal, incluindo a alimentação dos filhotes por meio da lactação.

A diversificação dos mamíferos continuou na era Cenozoica, em parte por causa da ausência de dinossauros não aves, mas também porque as mudanças climáticas trouxeram maior diversidade de ecossistemas. Na época do Eoceno, cerca de 45 milhões de anos atrás, muitas áreas da Terra tornaram-se mais frias e secas, encolhendo o que na época era uma cobertura quase global de florestas tropicais. Quase todas as ordens de mamíferos vivos apareceram no final do Eoceno. Cerca de 4 milhões de anos atrás, havia áreas espalhadas de deserto, tundra, pastagem e floresta aberta e espécies de mamíferos adaptadas a cada um desses hábitats.

O resfriamento continuou na época do Pleistoceno (começando em 2,6 milhões de anos atrás), resultando em repetidos avanços glaciais durante as idades do gelo. Muitas das áreas sem glaciação da América do Norte, Europa e o norte da Ásia tornaram-se tundra e pastagens e, nesses ecossistemas, comunidades de grandes mamíferos (megafauna) prosperaram. A espetacular **megafauna** dessas áreas, incluindo mamutes e mastodontes peludos, camelos, antas, rinocerontes, preguiças gigantes terrestres, cavalos, bisões, tigres-dente-de-sabre, lobos horríveis e gliptodontes semelhantes a tatus-canastra, desapareceu abruptamente no fim da última glaciação, cerca de 12 mil anos atrás. Certamente o abrupto aquecimento contribuiu para a perda de diversidade (cerca de 90 gêneros

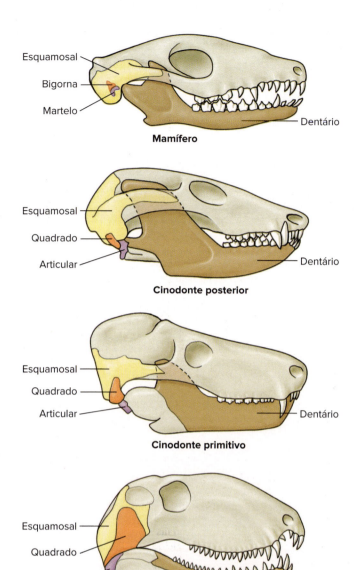

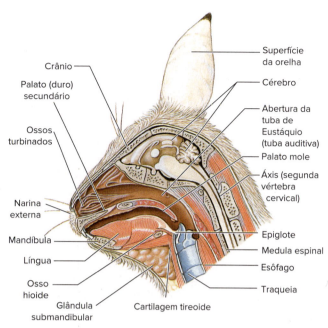

Figura 28.4 Seção sagital da cabeça de um coelho. O palato secundário, que é composto por regiões ósseas (duras) e não ósseas (moles), separa as rotas do ar (dorsal) e do alimento (ventral).

Figura 28.3 Evolução da articulação dos maxilares e dos ossos da orelha média nos ancestrais dos mamíferos. A articulação dos maxilares nos primeiros sinápsidos, os pelicossauros, dava-se entre os ossos articular e quadrado. Uma nova articulação entre os ossos dentário e esquamosal surgiu na linhagem cinodonte relacionada com os mamíferos. Nos mamíferos, o articular e o quadrado não mais funcionam na articulação dos maxilares, em vez disso transmitem vibrações sonoras na orelha média como o martelo e a bigorna.

Tema-chave 28.1
EVOLUÇÃO

Origem das baleias

Recentes descobertas de fósseis e análises cladísticas lançaram luz sobre a origem das baleias (cetáceos) e ilustram a importância do uso de evidências fósseis e moleculares ao responder perguntas filogenéticas. Embora a visão tradicional associasse as baleias a um grupo extinto de criaturas semelhantes a lobos, chamadas mesoniquídeos, análises de espécies vivas colocaram as baleias como o grupo-irmão dos hipopótamos, dentro da ordem dos mamíferos com cascos e dois dedos (Artiodactyla). Recentes descobertas de fósseis no Paquistão e em outros lugares fornecem um registro quase ininterrupto da evolução inicial das baleias. Particularmente, importantes são os restos dos ossos do tornozelo, que são diagnósticos para artiodáctilos. As primeiras baleias têm osso astrágalo (um osso do tornozelo) em forma de polia, que claramente associa-as ao artiodáctilos. Análises cladísticas recentes de fósseis e dados de DNA combinados apoiam a colocação de baleias como grupo irmão de hipopótamos.

---

de "megafauna" foram perdidos apenas na América do Norte), mas o principal culpado parece ter sido a caça excessiva pelos seres humanos modernos. A fauna de marsupiais da Austrália experimentou uma tendência semelhante, uma vez que cangurus gigantes, leões marsupiais e herbívoros de 2.000 kg chamados diprotodontes desapareceram logo após os seres humanos modernos colonizarem o continente.

Os mamíferos atuais são divididos em dois clados: os monotremados e os Theria (ver Figura 28.2). O clado Theria engloba os marsupiais (metatérios) e os placentários (eutérios). Existem 29 ordens de mamíferos atuais: uma ordem de monotremados, sete ordens de marsupiais e 21 ordens de placentários. Uma classificação completa é apresentada ao final deste capítulo.

28.2 ADAPTAÇÕES ESTRUTURAIS E FUNCIONAIS DOS MAMÍFEROS

Tegumento e seus derivados

A pele dos mamíferos e suas modificações os distinguem como um grupo. Em geral, a pele é mais espessa em mamíferos do que em outras classes de vertebrados, embora como em todos os vertebrados seja composta por **epiderme** e **derme** (Figura 28.5). A epiderme é mais fina onde está bem protegida por pelo, mas em lugares que são sujeitos a muito contato e uso, como palmas ou solas, suas camadas externas tornam-se espessas com **queratina**, uma proteína fibrosa que também compõe unhas, garras, cascos e pelo.

Pelos

Os pelos são particularmente característicos dos mamíferos, embora os seres humanos não sejam criaturas com muitos pelos e os pelos nas baleias estejam restritos a poucas cerdas sensoriais no focinho. O pelo cresce de um folículo piloso que, embora tenha origem na epiderme, está imerso na camada dérmica da pele (Figura 28.5). O pelo cresce continuamente por meio da rápida proliferação de células no folículo. À medida que a haste do pelo é empurrada para cima, novas células são afastadas de sua fonte de nutrição e morrem preenchidas com queratina. Desse modo, os pelos verdadeiros, encontrados apenas nos mamíferos, são compostos por células epidérmicas mortas cheias de queratina.

Os mamíferos têm caracteristicamente dois tipos de pelos formando sua **pelagem**: (1) os **subpelos**, densos e macios, que proporcionam isolamento térmico, e (2) os **pelos-guarda**, ásperos e mais longos, que protegem contra o desgaste e são responsáveis pela coloração. Os subpelos retêm uma camada isolante de ar. Nos mamíferos aquáticos, como focas, lontras e castores, são tão densos que é quase impossível molhá-los. Na água, os pelos-guarda se tornam molhados e aderem uns aos outros, formando um cobertor de proteção sobre os subpelos.

Quando o pelo atinge determinado comprimento, para de crescer. Normalmente, o pelo permanece no folículo até que o crescimento de um novo pelo tenha início, quando então cai. Na maioria dos mamíferos, há trocas periódicas da pelagem inteira. Nos seres humanos, o cabelo cai e é reposto durante toda a vida (embora homens calvos sirvam de confirmação de que essa reposição nem sempre é garantida!).

Tema-chave 28.2
ADAPTAÇÃO E FISIOLOGIA

Os cabelos não são todos iguais

O pelo é mais do que um fio de queratina. Ele é composto por três camadas: a medula ou cerne em seu centro, o córtex com grânulos de pigmento próximos à medula e a cutícula externa composta por escamas sobrepostas. Os pelos de diferentes mamíferos variam consideravelmente em sua estrutura. Eles podem ter córtex pouco desenvolvido, como os pelos frágeis dos veados, ou podem ter a medula pouco desenvolvida, como os pelos ocos e cheios de ar do carcaju. Os pelos dos coelhos e de alguns outros mamíferos se entrelaçam quando pressionados juntos. Os pelos ondulados, como o dos carneiros, crescem de folículos recurvados.

Alguns mamíferos, como raposas e focas, trocam de pelagem a cada verão. A maioria dos mamíferos tem duas mudas anuais, uma na primavera e uma no outono. As pelagens de verão são sempre muito mais finas do que as de inverno e, em alguns mamíferos, podem ter cor diferente. Diversos carnívoros mustelídeos do norte, como doninhas, têm pelagem branca de inverno e pelagem marrom de verão. Acreditava-se que a pelagem interna branca dos animais árticos conservava o calor corporal reduzindo a sua perda por radiação; na verdade, pelagens escuras e brancas irradiam calor igualmente bem. A pelagem branca de inverno dos animais árticos é simplesmente camuflagem em um ambiente coberto de neve. A lebre-americana da América do Norte tem três eventos anuais de muda: a pelagem branca de inverno é substituída por

---

Características de Mammalia

1. Orelhas externas carnosas (*pinnae*); **endotérmico.**
2. Corpo em grande parte recoberto por **pelos**, embora em quantidade reduzida em alguns casos; **glândulas sudoríparas, odoríferas, sebáceas** e **mamárias** presentes; pele coberta por uma espessa camada de gordura.
3. Crânio com **dois côndilos occipitais**; mandíbula formada por um **único osso (dentário)**; articulação dos maxilares entre os ossos esquamosal e dentário; **sete vértebras cervicais** (exceto em algumas preguiças e em peixes-boi); **ossos pélvicos fusionados.**
4. Boca com **dentição difiodonte**; dentição **heterodonte** na maioria.
5. Cérebro altamente desenvolvido, especialmente o **córtex cerebral** (camada superficial do cérebro); 12 pares de nervos cranianos.
6. Olfato muito desenvolvido; orelha média com **três ossículos** (martelo, bigorna, estribo).
7. Sexos separados; fertilização interna; órgãos reprodutivos constituídos por **pênis**, testículos em um **escroto**; determinação sexual por cromossomos (macho é heterogamético).
8. Membranas fetais de **âmnio, córion** e **alantoide;** a maioria dos **vivíparos** possuem **embriões** que se desenvolvem no **útero** por meio de **ligação placentária**, exceto nos monotremados, que são **ovíparos**; filhotes alimentados com o **leite** produzido pelas **glândulas mamárias.**
9. Sistema excretor com **rins metanéfricos** e ureteres que, em geral, se abrem em uma bexiga; ureia é o principal resíduo nitrogenado.
10. Pulmões com área de superfície elevada dos **alvéolos** e ventilados por **aspiração**; laringe presente; **palato secundário** separa a passagem do ar e do alimento (ver Figura 28.4); **diafragma muscular** ventila os pulmões; **ossos turbinados** convolutos na cavidade nasal para aquecer e umidificar o ar inspirado.
11. Coração com dois átrios e dois ventrículos; **circuitos sistêmico e pulmonar separados; arco aórtico esquerdo persistente**; e hemácias anucleadas bicôncavas.

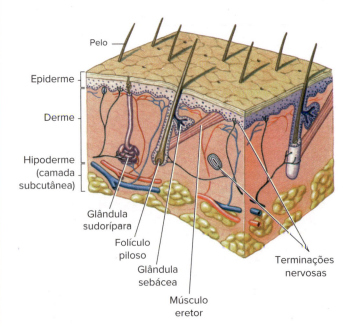

Figura 28.5 Estrutura da pele humana (epiderme e derme) e hipoderme, que mostra cabelo e glândulas.

uma de verão cinza-acastanhada, e esta é substituída no outono por uma pelagem mais cinza, que logo é perdida para revelar a pelagem branca de inverno. A pelagem branca de mamíferos do Ártico no inverno (leucemismo) não deve ser confundida com albinismo, que é causado por um gene recessivo que bloqueia a formação de pigmento (melanina). Os albinos têm olhos vermelhos e pele rosada, enquanto os animais do Ártico com suas pelagens de inverno têm olhos escuros, bem como pontas das orelhas, nariz e cauda geralmente escuras.

A maioria dos mamíferos tem colorações escuras que ajudam a disfarçar sua presença. Frequentemente, eles apresentam uma coloração salpicada ou um padrão disruptivo que os tornam inconspícuos em seu ambiente. São exemplos as manchas dos leopardos e dos filhotes de veados e as listras dos tigres. Já o cangambá anuncia a sua presença com uma coloração conspícua de aviso.

Os pelos dos mamíferos sofreram modificações para atender a diferentes propósitos. As cerdas dos porcos selvagens, os espinhos dos porcos-espinhos e espécies aparentadas e as vibrissas nos focinhos da maioria dos mamíferos são exemplos dessas modificações. As **vibrissas**, comumente chamadas de "bigodes", são na verdade pelos sensoriais que proporcionam um sentido tátil a muitos mamíferos. O mais leve movimento de uma vibrissa gera impulsos em terminações nervosas que chegam a áreas sensoriais especiais no encéfalo. As vibrissas são particularmente longas nos mamíferos noturnos e fossoriais.

Porcos-espinhos, ouriços, equidnas e alguns outros mamíferos desenvolveram uma armadura de espinhos efetiva e perigosa. Quando acuado, o porco-espinho-norte-americano vira de costas para seu perseguidor e o ataca com sua cauda recoberta por espinhos. Esses espinhos, presos frouxamente, quebram-se na base quando penetram na pele e, com a ajuda de ganchos de pontas viradas para trás, penetram profundamente nos tecidos. Os cães são vítimas frequentes, mas a marta pescadora, o carcaju e o lince conseguem virar o porco-espinho de barriga para cima, expondo a parte inferior vulnerável.

Cornos e chifres

Vários tipos de cornos ou estruturas semelhantes são encontrados nos mamíferos. Os **cornos verdadeiros**, encontrados em membros da família Bovidae (p. ex., carneiros e vacas), são revestimentos ocos de epiderme queratinizada envolvendo uma parte central óssea que se projeta do crânio (ver Figura 29.3). Os cornos verdadeiros não são trocados, não são ramificados (embora possam ser muito recurvados), crescem continuamente e ocorrem em ambos os sexos.

Os **chifres** dos cervos e veados da família Cervidae são ramificados e compostos por ossos sólidos quando maduros. Durante seu crescimento anual na primavera, desenvolvem-se sob uma cobertura de pele macia altamente vascularizada denominada **veludo** (Figura 28.6). Excetuando-se os caribus (ver Figura 28.10 A), apenas os machos das espécies produzem chifres. Quando o crescimento dos chifres está completo, um pouco antes da estação reprodutiva de outono, os vasos sanguíneos contraem-se e o macho adulto remove o veludo esfregando seus chifres contra árvores. Os chifres caem após a estação reprodutiva. Os novos brotos aparecem alguns meses mais tarde para formar um novo par. No decorrer de vários anos, cada novo par de chifres é maior e mais elaborado do que o anterior. O crescimento anual dos chifres requer o metabolismo de minerais, porque durante a estação de crescimento, um alce ou cervo mais velho precisa acumular cerca de 25 kg de sais de cálcio de sua dieta herbívora.

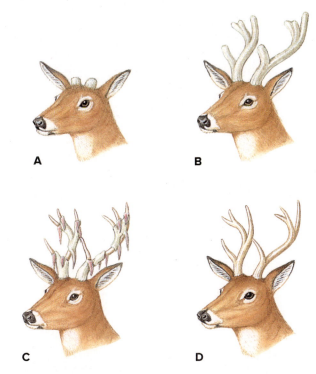

Figura 28.6 Crescimento anual dos chifres de veados machos. **A.** Os chifres iniciam seu crescimento no final da primavera, sob estímulo das gonadotropinas da hipófise. **B.** Os ossos crescem rapidamente até que um rápido aumento na produção de testosterona pelos testículos interrompa o crescimento. **C.** A pele (veludo) morre e se desprende. **D.** Os níveis de testosterona atingem o pico durante a estação reprodutiva no outono. Os chifres caem em janeiro, assim que decrescem os níveis de testosterona.

Tema-chave 28.3

CONEXÃO COM SERES HUMANOS

Comércio de cornos de rinoceronte

O comércio de partes do rinoceronte, em especial de seu corno, tem levado os rinocerontes asiáticos e africanos à beira da extinção. O corno do rinoceronte é considerado valioso na China para reduzir a febre, para tratar doenças do coração, do fígado e da pele e como afrodisíaco no Norte da Índia. Esses supostos valores medicinais são totalmente desprovidos de bases farmacológicas. Até recentemente, os cornos de rinoceronte, no entanto, eram usados principalmente para confeccionar cabos de adagas cerimoniais, as "*jambiyas*", no Oriente Médio. Entre 1970 e 1997, cornos provenientes de 22.350 rinocerontes foram importados apenas pelo Iêmen do Norte. Graças a esforços na educação, o corno do rinoceronte não é mais usado no Iêmen, mas ainda é usado ilegalmente na China e no Vietnã. A proibição internacional tem reduzido, mas não eliminado, o comércio de corno de rinoceronte, que agora é ilegal, mas as populações dessa espécie continuam sofrendo.

Os chifres dos antilocapras (família Antilocapridae) são semelhantes aos cornos verdadeiros dos bovídeos, a não ser pelo fato de que a porção queratinizada é bifurcada e descartada anualmente. Os cornos das girafas são semelhantes a chifre, porém retêm sua cobertura tegumentar e não são trocados. O corno dos rinocerontes consiste em filamentos queratinizados semelhantes a pelos, que nascem de papilas dérmicas e são cimentados uns aos outros; tais estruturas não se prendem ao crânio.

Glândulas

Dentre todos os vertebrados, os mamíferos têm a maior variedade de glândulas do tegumento. A maioria enquadra-se em uma das quatro classes: sudorípara, odorífera, sebácea e mamária. Todas são derivadas da epiderme (ver Figura 28.5).

As **glândulas sudoríparas** são glândulas tubulares, altamente espiraladas, que ocorrem em grande parte da superfície do corpo na maioria dos mamíferos (ver Figura 28.5). Elas não estão presentes em outros vertebrados. Há dois tipos de glândulas sudoríparas: écrinas e apócrinas. As **glândulas écrinas** secretam um fluido aquoso que, quando evapora da superfície da pele, leva consigo calor e a refresca. Na maioria dos mamíferos, as glândulas écrinas ocorrem em áreas sem pelos, especialmente nas almofadas plantares, embora, nos cavalos e em muitos primatas, estejam espalhadas por todo o corpo. Estão reduzidas ou ausentes nos roedores, coelhos e baleias. As **glândulas apócrinas** são maiores do que as glândulas écrinas e têm ductos mais longos e convolutos. Sua porção secretora enovelada encontra-se na derme, estendendo-se profundamente para dentro da hipoderme. Elas sempre se abrem em um folículo piloso ou em um lugar onde existia um pelo. As glândulas apócrinas desenvolvem-se por volta da puberdade e restringem-se (nos seres humanos) às axilas, púbis, seios, prepúcio, escroto e canais auditivos externos. Diferentemente das secreções aquosas das glândulas écrinas, as secreções apócrinas são fluidos leitosos, de cor esbranquiçada ou amarela, que secam sobre a pele formando um filme. As glândulas apócrinas não estão envolvidas na regulação de temperatura em seres humanos, mas são utilizadas para resfriamento em alguns mamíferos. Sua atividade está correlacionada com o ciclo reprodutivo.

As **glândulas odoríferas** ocorrem em quase todos os mamíferos, mas sua localização e função são bastante variadas. São usadas para comunicação com membros da mesma espécie, para marcar limites de territórios, para aviso ou para defesa. As glândulas produtoras de odores situam-se nas regiões orbital, metatarsal e interdigital (nos veados); atrás dos olhos e nas bochechas (lebres-assobiadoras e marmotas); no pênis (ratos-almiscarados, castores e muitos canídeos); na base da cauda (lobos e raposas); na parte de trás da cabeça (dromedário); e na região anal (cangambás, visons e doninhas). Este último tipo, a mais odorífera de todas as glândulas, abre-se por meio de canais para dentro do ânus, e suas secreções podem ser descarregadas vigorosamente até 2 ou 3 m de distância. Durante a estação de acasalamento, muitos mamíferos liberam odores fortes para atrair o sexo oposto. Os seres humanos também são dotados de glândulas odoríferas. Entretanto, tendemos a não gostar de nosso próprio odor, uma preocupação que estimulou a indústria lucrativa de desodorantes a fabricar uma gama infinita de sabonetes e outros produtos para disfarçar odores.

As **glândulas sebáceas** (ver Figura 28.5) estão geralmente associadas aos folículos pilosos, embora algumas delas sejam independentes e abram-se diretamente na superfície da pele. As células glandulares são secretadas em sua totalidade e são continuamente renovadas por divisão celular. Essas células ficam distendidas por meio do acúmulo de gorduras, em seguida morrem, sendo expelidas como uma mistura gordurosa, o **sebo**, para dentro do folículo piloso. Essa gordura não se torna rançosa e serve como revestimento para manter a pele e os pelos flexíveis e lustrosos. A maioria dos mamíferos tem glândulas sebáceas por todo o corpo; nos seres humanos, são mais numerosas no couro cabeludo e na face.

As **glândulas mamárias**, que dão nome aos mamíferos, estão presentes em todas as fêmeas e, de forma rudimentar, em todos os machos. No embrião, desenvolvem-se por meio do espessamento da epiderme, que forma uma linha de leite ao longo de cada lado do abdome. Em algumas regiões dessas linhas aparecem as mamas, enquanto as demais partes desaparecem. As glândulas mamárias aumentam de tamanho na maturidade, tornando-se consideravelmente maiores durante a gestação e o subsequente aleitamento dos filhotes. Nas fêmeas humanas, o tecido adiposo começa a se acumular ao redor das glândulas mamárias na puberdade, formando o seio. Na maioria dos mamíferos, o leite é secretado das glândulas mamárias pelo mamilo. Os monotremados, porém, não têm mamilos e o leite é simplesmente secretado sobre os pelos do ventre da mãe, onde os filhotes vão sugá-lo.

Alimento e alimentação

Os mamíferos exploram uma enorme variedade de fontes de alimentos; alguns requerem dietas altamente especializadas, ao passo que outros são oportunistas e prosperam com dietas diversificadas. As adaptações fisiológicas e anatômicas de um mamífero para encontrar, capturar, mastigar, engolir e digerir alimento estão intimamente ligadas à sua dieta.

Os dentes, talvez mais do que qualquer outra característica física, revelam os hábitos de vida de um mamífero (Figura 28.7). Com algumas exceções (monotremados, tamanduás e certas baleias), todos os mamíferos têm dentes e suas modificações estão relacionadas com o que o animal come.

Ao longo da evolução dos mamíferos durante a Era Mesozoica, grandes modificações ocorreram em seus dentes e maxilares. Diferentemente da dentição uniforme **homodonte** dos primeiros sinápsidos, os dentes dos mamíferos tornaram-se diferenciados para executar funções especializadas, como cortar, apanhar, roer, fragmentar, triturar e mastigar. A dentição assim diferenciada é denominada **heterodonte**. Os dentes dos mamíferos diferenciam-se em quatro tipos: **incisivos (I)**, com coroas simples e bordas afiadas, usados principalmente para pequenos cortes; **caninos (C)**, com coroas longas e cônicas, especializados para perfurar; **pré-molares (PM)** e **molares (M)**, com coroas comprimidas e uma ou mais cúspides, adaptados para cortar, esmagar e triturar. A fórmula dentária ancestral, que expressa o número de cada um dos tipos de dentes em metade dos maxilares superior e inferior, é I 3/3, C 1/1, PM 4/4, M 3/3 = 44. Os musaranhos, alguns onívoros e os carnívoros são os que mais se aproximam desse padrão ancestral (Figura 28.7).

Diferentemente da maioria dos outros vertebrados, os mamíferos não repõem continuamente seus dentes ao longo da vida. A maioria dos mamíferos tem apenas dois conjuntos de dentes: um conjunto temporário, a dentição denominada **decídua** ou de **leite**, que é substituída pela dentição permanente quando o crânio já tiver crescido o suficiente para acomodar um conjunto completo. Apenas os incisivos, os caninos e os pré-molares são decíduos, os molares nunca são substituídos, e o conjunto único permanente deve durar por toda a vida.

Especializações alimentares

O aparato alimentar, ou trófico, de um mamífero – dentes e maxilares, língua e trato digestório – é adaptado a seus hábitos alimentares específicos. Os mamíferos são em geral divididos em quatro categorias tróficas básicas – insetívoros, carnívoros, onívoros e herbívoros. Contudo, muitas outras especializações alimentares surgiram entre os mamíferos, como em outros organismos atuais, e os hábitos alimentares de muitos mamíferos desafiam uma classificação exata. As principais especializações alimentares dos mamíferos são apresentadas na Figura 28.7.

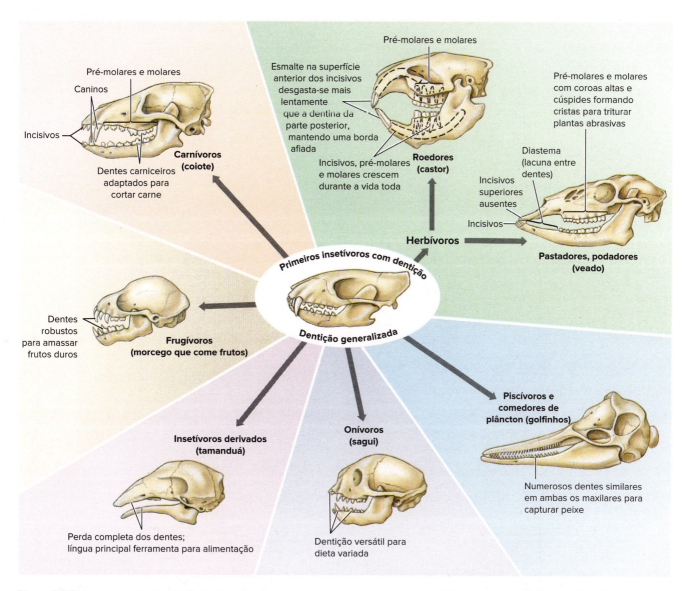

Figura 28.7 Especializações ligadas à alimentação nos principais grupos tróficos de mamíferos placentários (eutérios). Os primeiros placentários eram insetívoros; todos os outros tipos descendem deles.

Os mamíferos **insetívoros**, como os musaranhos, as toupeiras, os tamanduás e a maioria dos morcegos, são geralmente pequenos. Alimentam-se de insetos, além de uma variedade de outros pequenos invertebrados. Os insetívoros comem pouca matéria vegetal fibrosa que exige fermentação prolongada; portanto, seu trato intestinal tende a ser curto (Figura 28.8). São dotados de dentes com cúspides pontiagudas, o que lhes permite perfurar o exoesqueleto ou a pele da presa. Alguns mamíferos insetívoros grandes, como os tamanduás e pangolins, não possuem dentes (Figura 28.7). Visto que muitos onívoros e carnívoros também consomem insetos, a dieta dos insetívoros distingue-se principalmente pela falta de material vegetal e de vertebrados.

Os mamíferos **herbívoros**, que se alimentam de gramíneas e de outros tipos de vegetação, formam dois grupos principais: (1) **podadores** e **pastadores**, incluindo os ungulados (mamíferos com cascos como cavalos, veados, antílopes, bois, carneiros e cabras); e (2) os **roedores**, incluindo muitos ratos e camundongos, coelhos e lebres. Nos herbívoros, os caninos estão ausentes ou são de tamanho reduzido, enquanto os molares e pré-molares, adaptados para triturar os alimentos, são largos, rugosos e geralmente com coroas altas. Os roedores, como os castores, têm incisivos afiados como cinzéis, que crescem durante toda a vida, devendo ser desgastados para compensar seu crescimento contínuo (Figura 28.7).

Os mamíferos herbívoros dispõem de diversas adaptações para processar sua dieta fibrosa de alimentos vegetais. A **celulose**, o carboidrato estrutural das plantas, é composta por longas cadeias de moléculas de glicose, sendo, portanto, um recurso alimentar potencialmente nutritivo. Entretanto, as moléculas de glicose na celulose estão unidas por ligações químicas que poucas enzimas podem quebrar. Nenhum vertebrado sintetiza enzimas que quebrem a celulose (**celulases**). Em vez disso, os vertebrados herbívoros abrigam bactérias anaeróbicas e ciliados (ver Figura 11.19) que produzem celulases em câmaras de fermentação em seu trato digestório. **Fermentação** aqui se refere a um processo no qual o ATP é gerado, sem oxigênio, pela quebra enzimática da celulose. Os carboidratos simples, as proteínas e os lipídios produzidos por esses microrganismos podem ser absorvidos pelo hospedeiro, que pode também digerir os microrganismos.

A fermentação em alguns herbívoros, como cavalos, zebras, coelhos, elefantes, alguns primatas e muitos roedores, ocorre

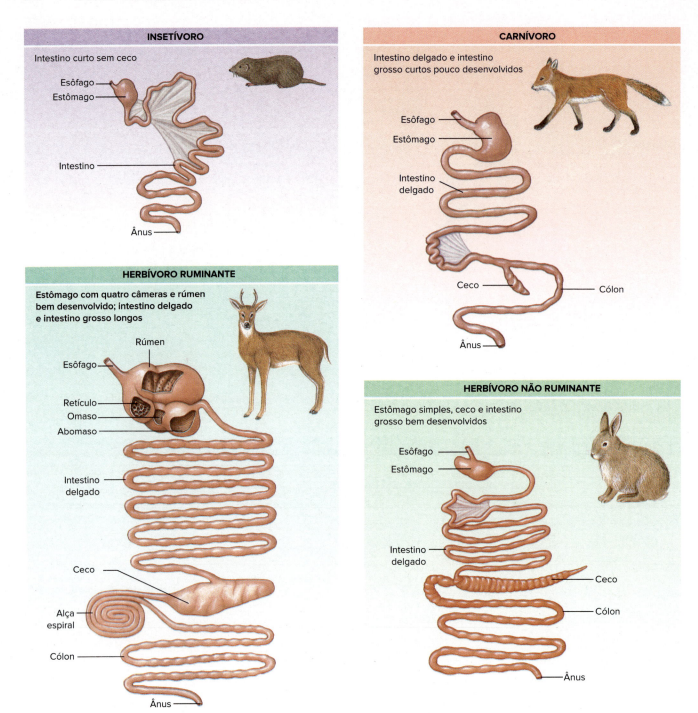

Figura 28.8 Sistemas digestório de mamíferos, que mostra morfologias distintas associadas a dietas diferentes.

primariamente no cólon e em um saco lateral espaçoso, ou divertículo, denominado **ceco** (Figura 28.8). Embora parte da absorção ocorra no cólon e no ceco, a maior parte da fermentação ocorre depois da área primária de absorção (intestino delgado) e, assim, muitos nutrientes acabam se perdendo nas fezes. Os coelhos e muitos roedores frequentemente comem as próprias pelotas fecais (**coprofagia**), de tal maneira que o alimento passa uma segunda vez pelo trato digestório para extração de nutrientes adicionais.

Os **ruminantes** (boi, bisão, búfalo, cabras, antílopes, carneiros, veados, girafas e ocapis) têm um enorme **estômago com quatro câmaras** (Figura 28.8). Quando um ruminante se alimenta, as gramíneas passam pelo esôfago até o **rúmen**, onde são digeridas por microrganismos e transformadas em pequenas bolas de alimento. O ruminante traz de volta uma bola de alimento para a boca, onde é intencionalmente mastigada por longo tempo, a fim de esmagar e triturar a fibra. Engolido novamente, o alimento retorna ao rúmen, onde os microrganismos celulolíticos dão continuidade à fermentação. A polpa passa ao **retículo** e, posteriormente, ao **omaso**, onde água, alimentos solúveis e produtos microbianos são absorvidos. O restante segue para o **abomaso** (o estômago químico "verdadeiro") e intestino delgado, onde enzimas proteolíticas são secretadas e a digestão normal ocorre.

Os herbívoros geralmente têm tratos digestórios grandes e longos e precisam ingerir uma quantidade considerável de alimento vegetal para sobreviver. Um elefante africano pesando 6 t precisa consumir entre 135 e 150 kg de vegetais por dia para obter nutrição suficiente para viver.

Os mamíferos **carnívoros**, que incluem raposas, cachorros, doninhas, carcajus, focas, cetáceos e felídeos, alimentam-se principalmente de vertebrados e grandes crustáceos e moluscos aquáticos. Os carnívoros são bem equipados com grandes dentes caninos e membros com garras poderosas para matar suas presas. Seus pré-molares e molares costumam ser semelhantes a lâminas (carniceiros; Figura 28.7), e usados como tesoura para cortar músculos e tendões. Sendo sua dieta proteica mais facilmente digerida do que o alimento fibroso dos herbívoros, seu trato digestório é mais curto e o ceco é menor ou ausente (Figura 28.8). Ao contrário da maioria dos herbívoros, que se alimentam continuamente, a alimentação dos carnívoros concentra-se em refeições distintas e discretas, e assim esses animais têm muito mais tempo livre.

> **Tema-chave 28.4**
> **CIÊNCIA EXPLICADA**
>
> **Alguns carnívoros não são carnívoros**
> Note que o termo "carnívoro" tem dois usos distintos nos mamíferos: para descrever a dieta e para denotar uma ordem taxonômica específica de mamíferos. Por exemplo, nem todos os carnívoros pertencem à ordem Carnivora (muitos marsupiais e cetáceos são carnívoros), e nem todos os membros da ordem Carnivora são carnívoros. A ordem Carnivora contém muitos onívoros, e alguns, como os pandas, são estritamente vegetarianos.

Em geral, os carnívoros levam uma vida mais ativa e, pelos padrões humanos, também mais interessante do que os herbívoros. Por ter que encontrar e capturar suas presas, há uma recompensa pela inteligência entre os carnívoros; diversos carnívoros, como os felídeos, são conhecidos pela estratégia e astúcia ao caçar suas presas. Isso levou à seleção de herbívoros capazes tanto de defender-se quanto de detectar e escapar de carnívoros. Desse modo, entre os herbívoros há uma recompensa por sentidos aguçados, velocidade e agilidade. Alguns herbívoros, entretanto, sobrevivem em virtude simplesmente de seu tamanho (rinocerontes, elefantes) ou por comportamento defensivo de grupo (bois almiscarados).

Os seres humanos têm alterado o equilíbrio na disputa entre carnívoros e herbívoros. Os carnívoros, apesar de sua inteligência, têm sofrido muito com as atividades humanas e foram praticamente exterminados em algumas áreas. Os pequenos herbívoros, por outro lado, com sua alta capacidade reprodutiva, têm constantemente frustrado nossos mais inventivos esforços para eliminá-los de nosso ambiente. O problema de pragas de roedores na agricultura vem se intensificando; removemos os carnívoros, que serviam de controle natural das populações de herbívoros, mas não fomos capazes de inventar um substituto adequado.

Os mamíferos **onívoros** – porcos, guaxinins, diversos roedores, ursos e a maioria dos primatas, incluindo os seres humanos – alimentam-se tanto de plantas quanto de animais. Os onívoros têm uma dentição versátil, com molares largos e arredondados para esmagar alimentos. Por causa de uma quantidade limitada de material fibroso em sua dieta, o ceco é pouco desenvolvido na maioria dos onívoros.

A maioria dos mamíferos é notavelmente oportunista em suas dietas; muitos são difíceis de classificar em uma guilda de alimentação. Por exemplo, raposas, frequentemente consideradas carnívoras, geralmente se alimentam de roedores, coelhos e pássaros, mas consomem frutas, grãos, nozes e insetos quando seu alimento mais comum está escasso.

Muitos mamíferos armazenam reservas de alimento em esconderijos durante os períodos de abundância. Esse hábito é mais pronunciado em roedores, como esquilos, tâmias, roedores Geomyidae e certos camundongos. Os esquilos, por exemplo, coletam nozes, sementes de coníferas e fungos, que armazenam em esconderijos para utilizar no inverno. É comum que cada item seja escondido em um lugar diferente, marcado com odores que auxiliam a localização no futuro. Alguns dos depósitos das tâmias e dos esquilos-vermelhos podem ser bastante grandes.

Peso corporal e consumo de alimentos

Como nas aves, quanto menor o mamífero maior a sua taxa metabólica, e ele deve consumir mais em relação ao tamanho do seu corpo (Figura 28.9). Isso ocorre porque a taxa metabólica de um mamífero – e, portanto, a quantidade de alimento que deve comer para sustentar essa taxa metabólica – é aproximadamente proporcional à área de superfície relativa, e não ao peso corporal. A área de superfície é proporcional ao peso corporal elevado a aproximadamente 0,7, e a quantidade de alimento que um mamífero (ou ave) consome também é aproximadamente proporcional ao seu peso corporal elevado a 0,7. Por exemplo, um camundongo que pese 3 g vai consumir 5 vezes mais alimento *por grama de peso corporal* do que um cachorro de 10 kg, e cerca de 30 vezes mais alimento do que um elefante de 5.000 kg. Desse modo, pequenos mamíferos (musaranhos, morcegos e camundongos) precisam gastar muito mais tempo procurando e consumindo alimento em comparação aos grandes. Os menores musaranhos, que pesam apenas 2 g, podem comer mais do que seu peso a cada dia, e morrem de fome em poucas horas se privados de alimento. Por outro lado, os grandes carnívoros podem permanecer robustos e saudáveis com apenas uma refeição no intervalo de alguns dias. Os pumas matam, em média, um veado por semana.

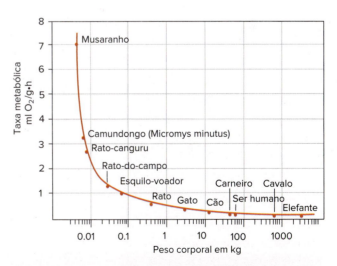

Figura 28.9 Relação entre peso corporal e taxa metabólica em mamíferos. Essa relação, frequentemente denominada de curva "camundongo-elefante", mostra que a taxa metabólica é alta para pequenos mamíferos como musaranhos e camundongos e declina à medida que aumenta o peso corporal da espécie.

Fonte: Eckert Animal Physiology: Mechanisms and Adaptations, 4/e by D. Randall, W. Burggren, K. French. © 1978, 1983, 1988, 1997 e 2000 by W. H. Freeman and Company.

Migração

A migração é uma tarefa mais difícil para os mamíferos do que para as aves e os peixes, porque a locomoção terrestre é energeticamente mais cara do que nadar ou voar. Não é surpresa que poucos mamíferos terrestres façam migrações sazonais regulares, preferindo em vez disso centralizar suas atividades em uma área de vida definida e limitada. Entretanto, há casos notáveis de migração de mamíferos terrestres, especialmente no norte da América do Norte.

Os caribus do Canadá e do Alasca realizam migrações em massa com um objetivo definido, percorrendo um trajeto de 160 a 1.100 km duas vezes por ano (Figura 28.10). Das áreas de inverno nas florestas boreais (taiga), eles migram rapidamente no fim do inverno e início da primavera, para as áreas de reprodução das terras nuas (tundra). Os filhotes nascem no meio do mês de junho. À medida que o verão avança, os caribus são progressivamente incomodados por moscas cujas larvas penetram em seus tecidos; pelos mosquitos que sugam seu sangue (estimado em 1 ℓ por caribu por semana durante o pico da estação de mosquitos); e pelos lobos que predam seus filhotes. Eles deslocam-se para o sul em julho e agosto, se alimentando pouco ao longo do trajeto. Em setembro atingem a taiga, e se alimentam lá quase continuamente de vegetação rasteira. O acasalamento (o cio) ocorre em outubro.

As focas oceânicas e baleias realizam as maiores migrações entre os mamíferos. As baleias cinzentas, por exemplo, migram do Alasca no verão até a Baja Califórnia, no México, no inverno, um trajeto anual de mais de 18.000 km. Uma das mais notáveis migrações é a do lobo-marinho-do-norte, que se reproduz nas Ilhas Pribilof, a aproximadamente 300 km da costa do Alasca e norte das Ilhas Aleutas. Das áreas de inverno ao largo do sul da Califórnia, as fêmeas migram até 2.800 km pelo oceano aberto, para chegar na primavera nas Ilhas Pribilof, onde se reúnem em grupos imensos (Figura 28.11). Os filhotes nascem dentro de poucas horas ou dias após a chegada das fêmeas. Os machos, que já haviam chegado e estabelecido territórios, conquistam um harém de fêmeas, que cuidam e vigiam atentamente durante o período de acasalamento. Após um período de amamentação de cerca de 3 meses, as fêmeas e os jovens partem para sua longa migração em direção ao sul. Os machos não os acompanham, permanecendo no Golfo do Alasca durante o inverno.

Tema-chave 28.5
CONEXÃO COM SERES HUMANOS

Populações de Caribus

Os caribus vêm sofrendo um declínio drástico em números desde outrora quando sua população chegava a vários milhões. No ano de 1958, restavam menos de 200 mil no Canadá. O declínio é atribuído a diversos fatores, incluindo a alteração do hábitat pela exploração e ocupação das regiões do norte, mas especialmente à caça excessiva. Por exemplo, a manada do Ártico Ocidental chegava a 242 mil caribus em 1970. Após 5 anos de caça intensa e sem regulamentação, um censo em 1976 revelou que restavam apenas cerca de 75 mil animais. Após as restrições à caça, a manada aumentou para cerca de 490 mil em 2003, então declinou para cerca de 235 mil em 2013. Os caribus também estão ameaçados pela proposta de expansão da extração de petróleo em vários refúgios de vida selvagem do Alasca e pela extração generalizada de petróleo de areias betuminosas, que produzem grandes poços e reservatórios de rejeitos.

Embora se pudesse esperar que os morcegos, os únicos mamíferos alados, usassem sua capacidade de voo para migrar, poucos deles o fazem. A maioria passa o inverno hibernando. Quatro espécies de morcegos norte-americanos migratórios passam o verão nos estados do Norte ou do Oeste e os invernos no Sul dos EUA ou no México.

Voo e ecolocalização

Muitos mamíferos movimentam-se pelas árvores com agilidade impressionante; alguns podem planar de uma árvore à outra; e um grupo, o dos morcegos, tem capacidade plena de voo. A capacidade de planar ou voar evoluiu independentemente nos vários grupos de

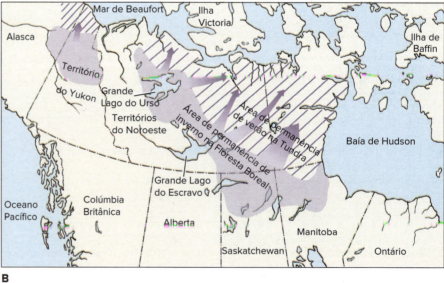

Figura 28.10 O caribu, *Rangifer tarandus*, do Canadá e do Alasca. **A.** Caribu adulto macho com pelagem de outono e chifres com veludo. **B.** Áreas de permanência de verão e de inverno de algumas das principais manadas de caribus no Canadá e no Alasca (outras manadas não representadas ocorrem na ilha Baffin e no Alasca Ocidental e Central). As principais rotas de migração da primavera são indicadas por setas; as rotas variam consideravelmente de ano para ano. A mesma espécie é conhecida como rena na Europa. Ordem Artiodactyla, família Cervidae.

Figura 28.11 Migração anual da lobo-marinho-do-norte *Callorhinus ursinus*, que mostra as áreas de permanência de inverno distintas de machos e fêmeas. Tanto os machos quanto as fêmeas da maior população das Ilhas Pribilof migram no início do verão para as ilhas Pribilof, onde as fêmeas dão à luz seus filhotes e, depois, acasalam com os machos. Ordem Carnivora, família Otariidae.

mamíferos, incluindo os marsupiais, roedores, lêmures-voadores e morcegos. Os esquilos-voadores na realidade planam mais do que voam, usando sua "pele de planeio" (patágio) que se estende nas laterais do corpo.

Os morcegos são, em sua maioria, noturnos ou crepusculares (ativos durante as transições entre o dia e a noite), ocupando assim um nicho diferente da maioria das aves. Isso é possível devido a duas características: a capacidade de voar e a de navegar por ecolocalização. Juntas, essas adaptações permitem que os morcegos voem e evitem obstáculos na escuridão absoluta, localizem e capturem insetos com precisão, e se orientem dentro de cavernas (um hábitat em geral não explorado por outros mamíferos e aves), onde dormem durante o período diurno.

As pesquisas têm se concentrado nos membros da família Vespertilionidae, que inclui os morcegos norte-americanos mais comuns. Durante o voo, os morcegos emitem, pela boca ou pelo nariz, pulsos curtos de 5 a 10 milissegundos de duração em um feixe estreito e direcionado (Figura 28.12). Cada pulso tem frequência modulada, sendo mais alto no início, até 100.000 Hz (Hertz, ciclos por segundo), e diminuindo para cerca de 30.000 Hz no final. Os sons dessa frequência são ultrassônicos para o ouvido humano, que tem um limite superior de cerca de 20.000 Hz. Quando estão em busca de presas, os morcegos produzem cerca de 10 pulsos por segundo. Se a presa é detectada, a taxa aumenta rapidamente para 200 pulsos por segundo na fase final de aproximação e captura. Os pulsos são espaçados, de modo que o eco de um é recebido antes que o seguinte seja emitido, uma adaptação que impede que haja falha no recebimento dos ecos. Como o intervalo entre transmissão e recepção diminui à medida que um morcego se aproxima de um objeto, a frequência do pulso pode ser aumentada de modo a obter mais informações sobre o objeto. Um morcego diminui o comprimento do pulso à medida que se aproxima de um objeto. Algumas mariposas noturnas desenvolveram detectores ultrassônicos utilizados para pressentir e evitar a aproximação de morcegos (ver Figura 33.23).

As orelhas externas dos morcegos são grandes como trombetas e apresentam formas variadas em diferentes espécies. A partir de uma varredura dos ecos sonoros, morcegos constroem uma imagem mental de seu entorno de resolução visual semelhante à produzida pelos olhos de animais diurnos.

Alguns morcegos, incluindo as cerca de 185 espécies de morcegos frugívoros do Velho Mundo da subordem Megachiroptera, não têm capacidade de ecolocalização. Ainda assim, são principalmente noturnos, embora várias espécies sejam diurnas. Alimentam-se de frutos, flores e néctar, usando seus grandes olhos e olfato para encontrar alimento. As flores das plantas que são polinizadas por morcegos abrem-se à noite, são brancas ou claras, e emitem um odor almiscarado que atrai os morcegos que se alimentam de néctar.

Os famosos morcegos-vampiros da América Central e da América do Sul têm incisivos afiados usados para cortar a epiderme de um mamífero ou de uma grande ave, expondo os capilares abaixo dela. Após aplicar um anticoagulante para facilitar o fluxo sanguíneo, os morcegos recolhem o sangue com a língua e armazenam sua refeição no estômago especialmente modificado. O morcego-vampiro não fere gravemente a vítima ao atacá-la, a menos que transmita raiva, que ocorre em menos de 1% dos morcegos.

Reprodução

Ciclos reprodutivos

A maioria dos mamíferos apresenta estações de acasalamento bem-definidas, geralmente no inverno ou na primavera, de modo que o nascimento e a criação dos filhotes ocorram no período do ano mais favorável. Muitos machos de mamíferos são férteis em qualquer época, enquanto a fertilidade das fêmeas restringe-se a uma época específica durante um ciclo periódico, chamado **ciclo estral**. As fêmeas copulam com os machos somente durante um período relativamente breve desse ciclo, conhecido como cio ou **estro**.

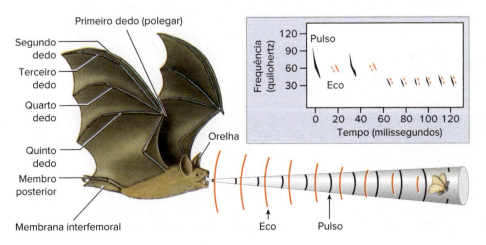

Figura 28.12 Ecolocalização de um inseto por *Myotis lucifugus*. Pulsos de frequência modulada são direcionados em um feixe estreito pela boca do morcego. Ao se aproximar de sua presa, o morcego emite sinais cada vez mais curtos e mais baixos, a uma taxa mais rápida. Ordem Chiroptera, família Vespertilionidae.

Tema-chave 28.6
ADAPTAÇÃO E FISIOLOGIA

Ecolocalização nas baleias

Muitos insetívoros (p. ex., musaranhos e tenreque) utilizam ecolocalização, embora esta seja menos desenvolvida em comparação aos morcegos. As baleias dentadas, no entanto, têm capacidade bem desenvolvida de localizar objetos por ecolocalização. Cachalotes totalmente cegos, mas saudáveis, foram capturados com alimento no estômago. Embora o mecanismo de produção e recepção de som ainda não seja totalmente compreendido, acredita-se que estalidos sejam produzidos nas cavidades nasais à medida que o ar é deslocado por válvulas e sacos nasais enquanto o espiráculo está fechado. Os estalidos são direcionados e focados pelo melão, uma estrutura gordurosa em forma de lente localizada na testa. Em função de certas propriedades físicas da água, os odontocetos precisam emitir pulsos de frequência muito alta, chegando a 220.000 Hz. Os ecos, ao retornarem, são recebidos principalmente pela mandíbula, canalizados pelos seios cheios de óleo no osso dentário até a orelha interna. A orelha interna é envolta por uma cápsula óssea que inclui uma mistura gordurosa que bloqueia os sons, exceto aqueles transmitidos por meio da mandíbula. As baleias dentadas aparentemente conseguem determinar o tamanho, a forma, a velocidade, a direção e a densidade de objetos na água e saber a posição de cada animal em seu grupo.

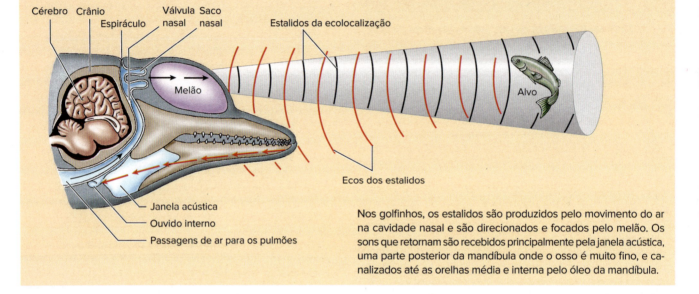

Nos golfinhos, os estalidos são produzidos pelo movimento do ar na cavidade nasal e são direcionados e focados pelo melão. Os sons que retornam são recebidos principalmente pela janela acústica, uma parte posterior da mandíbula onde o osso é muito fino, e canalizados até as orelhas média e interna pelo óleo da mandíbula.

A frequência com a qual as fêmeas entram em estro varia muito entre os mamíferos. Animais que têm um único estro durante sua estação reprodutiva são chamados **monoestrais**; aqueles que têm recorrência de estro durante sua estação reprodutiva são chamados **poliestrais**. Cães, raposas e morcegos pertencem ao primeiro grupo; camundongos e esquilos são todos poliestrais, assim como muitos mamíferos, incluindo leões, que vivem nas regiões tropicais. Os macacos e os grandes primatas têm um ciclo um pouco diferente, no qual o período pós-ovulatório é encerrado pela **menstruação**, durante a qual o endométrio (revestimento uterino) descama. Na maioria dos primatas, ele é reabsorvido; mas, nos seres humanos e nos chimpanzés, a maior parte dele é eliminada junto com sangue pela vagina. Esse **ciclo menstrual** está descrito na Seção 7.5.

Tema-chave 28.7
GENÉTICA E DESENVOLVIMENTO

Implantação tardia

A implantação tardia estende o período de gestação de muitos mamíferos. O blastocisto permanece dormente enquanto sua implantação na parede uterina é adiada por períodos que vão de poucas semanas até alguns meses. Para muitos mamíferos (p. ex., ursos, focas, doninhas, texugos, morcegos e muitos cervos), o retardo na implantação do embrião é um recurso para estender a gestação de modo que os filhotes nasçam no período do ano mais favorável para sua sobrevivência.

Padrões reprodutivos

Existem três padrões de reprodução distintos nos mamíferos. Os **monotremados** são mamíferos que põem ovos (ovíparos). O ornitorrinco tem uma estação reprodutiva a cada ano. Depois da ovulação, os óvulos (geralmente dois) são fecundados no oviduto. Os embriões se desenvolvem no útero durante 10 a 12 dias, onde são nutridos por vitelo depositado antes da ovulação e por secreções produzidas pela mãe. Uma casca fina e coriácea é secretada em volta dos embriões, antes que os ovos sejam postos. O ornitorrinco põe seus ovos em uma toca, e os filhotes nascem em um estado relativamente pouco desenvolvido após cerca de 12 dias. As equidnas incubam seus ovos em uma bolsa abdominal. Depois da eclosão, os filhotes alimentam-se do leite produzido pelas glândulas mamárias da mãe. Como os monotremados não têm mamilos, os filhotes sugam o leite secretado sobre o ventre coberto de pelos da mãe.

Os **marsupiais** são mamíferos vivíparos que apresentam bolsas ou marsúpios e exibem um segundo padrão de reprodução. Embora apenas os eutérios sejam denominados "mamíferos placentários", os marsupiais também têm um tipo transitório de placenta, a **placenta coriovitelina** (ou saco vitelino). Um embrião (blastocisto) de um marsupial é inicialmente encapsulado por membranas da casca do ovo, flutuando livre por vários dias no fluido uterino. Após "eclodir" dessas membranas, os embriões da maioria dos marsupiais não se implantam nem se "enraízam" no útero, como ocorre com os eutérios, mas escavam depressões rasas na parede uterina, nas quais se mantêm absorvendo secreções nutritivas da mucosa por meio do saco vitelino vascularizado. A gestação (o período intrauterino de desenvolvimento) é breve nos marsupiais, e assim todos eles dão à luz filhotes diminutos que são efetivamente ainda embriões, tanto em termos anatômicos quanto fisiológicos. Contudo, o nascimento é seguido de um intervalo prolongado de lactação e cuidado parental (Figura 28.13).

Nos cangurus vermelhos (Figura 28.14), a primeira gravidez da estação começa com uma gestação de 33 dias, após a qual o filhote nasce, rasteja até o marsúpio sem auxílio da mãe e se prende a um mamilo. A mãe engravida novamente em seguida, mas a presença de um lactente no marsúpio suspende o desenvolvimento do novo embrião no estágio de aproximadamente 100 células. Esse período de suspensão do desenvolvimento, denominado **diapausa embrionária**, dura cerca de 235 dias, tempo em que o primeiro filhote está crescendo no marsúpio. Quando esse filhote deixa o marsúpio, o embrião retoma seu desenvolvimento, nascendo cerca de 1 mês depois. A mãe engravida novamente, mas como o segundo filhote está sendo amamentado, mais uma vez o desenvolvimento do novo embrião é suspenso. Nesse ínterim, o primeiro filhote ocasionalmente retorna ao marsúpio para mamar, e a mãe tem três filhotes de diferentes idades que dependem dela para nutrição: um filhote em pé fora do marsúpio, um filhote no marsúpio e um embrião em diapausa no útero. Existem variações nessa sequência notável – nem todos os marsupiais têm suspensão do desenvolvimento como os cangurus, e alguns nem sequer têm marsúpios – mas, de modo geral, os filhotes nascem em um estágio bastante inicial de desenvolvimento e passam por período prolongado durante o qual são dependentes de amamentação.

O terceiro padrão de reprodução é o dos **mamíferos placentários** vivíparos, os eutérios. Nos placentários, o investimento reprodutivo está associado principalmente à gestação prolongada, ao contrário dos marsupiais, nos quais o investimento reprodutivo está vinculado principalmente à lactação prolongada (Figura 28.13). Como nos marsupiais, muitos embriões placentários recebem inicialmente nutrientes por meio de uma placenta coriovitelina, que é transitória nos placentários e rapidamente substituída por uma placenta alantocórica (ver Figura 8.22). A duração da gestação é maior nos placentários do que nos marsupiais e, nos grandes mamíferos, é muito mais longa (Figura 28.13). Por exemplo, os camundongos têm um período de gestação de 21 dias; os coelhos e as lebres, de 30 a 36 dias; gatos e cães, de 60 dias; vacas, de 280 dias; e elefantes, de 22 meses (a mais longa). Há, no entanto, importantes exceções como as baleias da subordem Mysticeti, os maiores mamíferos, cujo período de gestação é de apenas 12 meses, e os morcegos, pequenos como camundongos, cujo período de gestação se estende de 4 a 5 meses. A condição dos filhotes ao nascer também varia. Um antílope dá à luz filhotes precoces recobertos de pelos, olhos abertos e capazes de correr. Os camundongos recém-nascidos, entretanto, são altriciais: cegos, sem pelos e indefesos. Todos sabemos quanto tempo um bebê humano leva para aprender a andar. O crescimento humano é de fato mais lento do que o de qualquer outro mamífero, e esse é um dos atributos que nos diferenciam dos demais mamíferos.

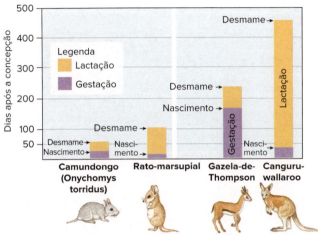

Figura 28.13 Comparação dos períodos de gestação e lactação entre pares de espécies de mamíferos marsupiais e placentários ecologicamente semelhantes. Os gráficos mostram que marsupiais têm intervalos de gestação mais curtos e intervalos de lactação muito mais longos do que espécies ecologicamente semelhantes de placentários.

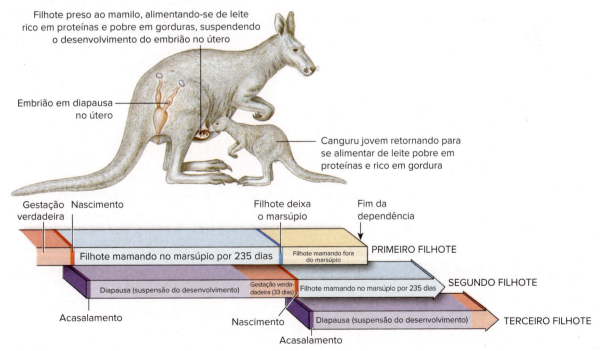

Figura 28.14 Os cangurus têm um padrão reprodutivo complicado, em que a mãe pode ter três filhotes em diferentes estágios de desenvolvimento dependendo dela ao mesmo tempo. Ordem Diprotodontia, família Macropodidae.

Será que o modo placentário de reprodução é superior ao dos marsupiais? O ponto de vista tradicional sustenta essa tese, com base na baixa diversidade de espécies e na pequena área geográfica ocupada pelos marsupiais, assim como no sucesso, à custa de alguns marsupiais, dos mamíferos placentários introduzidos na Austrália. Parece claro que os placentários têm a vantagem de uma taxa reprodutiva mais elevada, e manter filhotes em marsúpios não é possível em formas completamente aquáticas. No entanto, o padrão reprodutivo dos marsupiais também pode apresentar algumas vantagens. Como os marsupiais investem menos energia nos recém-nascidos, haveria mais energia disponível para investir na substituição de filhotes perdidos. Os padrões reprodutivos dos placentários e marsupiais são dois métodos bem-sucedidos que evoluíram independentemente. Os marsupiais têm tido sucesso ao lado dos placentários na América do Sul e América Central, onde passaram por uma diversificação modesta que resultou em cerca de 80 espécies atuais. Além disso, quem poderia pôr em dúvida a tenacidade do gambá norte-americano?

O número de filhotes que os mamíferos produzem em uma estação depende da taxa de mortalidade que, para alguns mamíferos, como os camundongos, pode ser elevada em todas as faixas etárias. Em geral, quanto maior o animal, menor o número de filhotes em uma ninhada. Pequenos roedores, que servem de presa para muitos carnívoros, em geral produzem mais de uma ninhada com vários filhotes a cada estação. O rato-do-campo *Microtus pennsylvanicus* produz até 17 ninhadas por ano de quatro a nove filhotes. A maioria dos carnívoros tem uma ninhada de três a cinco filhotes por ano. Os grandes mamíferos, como os elefantes e os cavalos, dão à luz um único filhote a cada gestação. Uma fêmea de elefante produz, em média, quatro filhotes durante sua vida reprodutiva de aproximadamente 50 anos.

Território e área de vida

Muitos mamíferos têm territórios – áreas das quais indivíduos da mesma espécie são excluídos. Muitos mamíferos silvestres, assim como alguns seres humanos, são basicamente hostis à sua própria espécie e particularmente a indivíduos do mesmo sexo durante a estação reprodutiva. Se um mamífero habita uma toca ou recanto, essa área constitui o centro de seu território. O tamanho dos territórios varia muito, dependendo do tamanho do animal e de seus hábitos alimentares. Os ursos-cinzentos têm territórios de muitos quilômetros quadrados, que protegem com zelo contra todos os demais ursos da mesma espécie.

Os mamíferos demarcam os limites de seus territórios com secreções de suas glândulas odoríferas, urina ou fezes. Quando um intruso invade intencionalmente o território demarcado de outro indivíduo, é imediatamente colocado em desvantagem psicológica. Se houver uma disputa, o intruso quase invariavelmente interrompe o conflito adotando uma postura de submissão característica para a espécie. A territorialidade e demonstrações de agressividade e de submissão são descritas com maiores detalhes na Seção 36.3.

Uma colônia de castores é uma unidade familiar, e os castores estão entre as diversas espécies de mamíferos cujos machos e fêmeas formam laços monogâmicos fortes que duram a vida inteira. Como os castores investem tempo e energia consideráveis construindo um abrigo e uma represa, e armazenando alimento para o inverno (Figura 28.15), a família, e especialmente o macho adulto, defende vigorosamente sua propriedade contra castores invasores. A maior parte do trabalho de construção das represas e abrigos é realizada pelos castores machos, mas as fêmeas auxiliam quando não estão ocupadas com os filhotes.

Uma exceção interessante à natureza fortemente territorial de muitos mamíferos é o cão-da-pradaria,[a] que vive em grandes

---
[a] N.R.T.: Apesar do nome, a espécie é um roedor do gênero *Cynomys*.

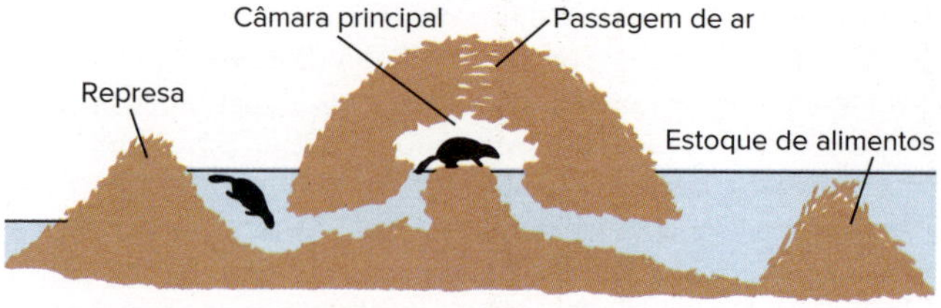

Figura 28.15 Cada colônia de castores constrói seu próprio abrigo em um pequeno lago criado pelo represamento de um curso d'água. Todo ano, a mãe dá luz a quatro ou cinco filhotes; quando nasce a terceira ninhada, os filhotes com 2 anos de idade são afastados da colônia para estabelecer novas colônias em outros lugares. Ordem Rodentia, família Castoridae.

comunidades amigáveis denominadas "cidades". Quando uma nova ninhada já não precisa mais de cuidados, os adultos deixam a antiga moradia para os filhotes e mudam-se para os limites da comunidade para estabelecer um novo lar. Essa é uma prática oposta à da maioria dos mamíferos, que expulsam seus filhotes quando se tornam autossuficientes.

A **área de vida** de um mamífero é uma área de forrageamento muito maior em torno do território defendido. As áreas de vida não são defendidas da mesma maneira como os territórios; áreas de vida podem, de fato, se sobrepor, produzindo uma zona neutra na qual os donos de vários territórios usam em busca de alimento.

Populações de mamíferos

Uma população animal inclui todos os membros de uma espécie que compartilham determinado espaço e potencialmente reproduzem-se entre si (ver Capítulo 38). As populações de mamíferos estão sujeitas a mudanças causadas por fatores independentes e dependentes da densidade (ver Seção 38.1). Estas últimas, frequentemente associadas a densidades elevadas, são as mais espetaculares.

Tema-chave 28.8
ECOLOGIA

Explosões populacionais de lemingues

Em seu livro *O Ártico* (1974, Montreal, Infacor, Ltda.) o naturalista canadense Fred Bruemmer descreve o crescimento de populações de lemingues na região ártica do Canadá:

"Após o colapso de uma população, veem-se poucos sinais de lemingues; pode haver apenas 1 em cada 4 hectares. No ano seguinte, eles são evidentemente numerosos; suas trilhas serpenteiam pela vegetação da tundra, e pilhas frequentes de fezes do tamanho de grãos de arroz indicam que os lemingues passam bem. No terceiro ano, veem-se lemingues por toda parte. No quarto ano, em geral o ano de pico de seu ciclo, as populações explodem. Agora mais de 60 lemingues podem habitar cada hectare de terra, que eles perfuram com até 4 mil túneis. Os machos encontram-se com frequência e brigam imediatamente. Eles perseguem as fêmeas e acasalam-se após uma breve, mas intensa, corte. Por toda parte, ouvem-se os guinchos e o bater de dentes dos animais excitados, irritáveis e amontoados. Nesses períodos, podem espalhar-se pela terra em migrações enlouquecidas."

Os ciclos de abundância são comuns entre muitas espécies de roedores. Entre os exemplos mais conhecidos estão as migrações em massa de lemingues escandinavos e árticos da América do Norte após picos populacionais. Lemingues se reproduzem durante todo o ano, embora mais no verão do que no inverno. O período de gestação é de apenas 21 dias; filhotes nascidos no início do verão são desmamados em 14 dias e podem se reproduzir no final do verão. No pico de sua densidade populacional, tendo devastado a vegetação escavando túneis e pastando, os lemingues iniciam longas migrações em massa para encontrar novos hábitats intactos para obter alimentos e espaço. Eles nadam por riachos e pequenos lagos enquanto caminham, mas não conseguem distingui-los de grandes lagos, rios e do mar, nos quais às vezes se afogam. Uma vez que os lemingues são a dieta principal de muitos mamíferos carnívoros e pássaros, qualquer mudança na densidade populacional de lemingues afeta também os seus predadores.

As lebres-da-neve da América do Norte apresentam ciclos de abundância de 10 anos. A bem conhecida fecundidade das lebres as torna capazes de produzir ninhadas de três ou quatro filhotes até 5 vezes por ano. Sua densidade pode aumentar para 4 mil indivíduos que competem por alimento a cada quilômetro quadrado de florestas do norte. A densidade de predadores (corujas, visons, raposas e, especialmente, linces) também aumenta (Figura 28.16). Então, a população colapsa abruptamente por motivos que há muito tempo têm sido um enigma para os cientistas. A melhor evidência disponível sugere que a escassez de alimento vegetal no inverno poderia explicar esses declínios. As populações de lebres seguem o padrão de atividade das manchas solares, que pode afetar a produção de vegetais. Quaisquer que sejam as causas, o colapso populacional que ocorre após a superabundância, embora grave, permite que a vegetação se recupere, possibilitando aos sobreviventes melhores chances de reproduzir-se com sucesso.

28.3 SERES HUMANOS E OUTROS MAMÍFEROS

Pelo menos há 15 mil anos, os cães foram domesticados, a primeira de muitas espécies a serem domesticadas pelos seres humanos. Como os gatos, os cães provavelmente submeteram-se voluntariamente a uma relação mutuamente benéfica com os seres humanos. O cão é uma espécie extremamente adaptável e geneticamente plástica derivada dos lobos, *Canis lupus*. Os gatos domésticos foram domesticados a partir de uma população africana de gatos silvestres, *Felis sylvestris,* que ainda ocorre na África e na Ásia. A domesticação das ovelhas e dos porcos, cabras, gado, burros, cavalos, camelos e lhamas ocorreu entre 10 mil e 2.500 anos atrás, quando a agricultura estava sendo desenvolvida no mundo. Certas espécies domésticas não existem mais como animais silvestres; por exemplo, o dromedário do Norte da África, a lhama e a alpaca da América do Sul. Todos os animais verdadeiramente domésticos reproduzem-se em cativeiro; muitos deles foram moldados por reprodução seletiva, para produzir características desejáveis para os propósitos humanos.

Os elefantes asiáticos são considerados semidomesticados, pois raramente se reproduzem em cativeiro. Na Ásia, elefantes adultos são capturados e se submetem a uma vida de trabalho pesado com impressionante docilidade. As renas do Norte da Escandinávia são domésticas apenas pelo fato de os povos nômades, que as seguem em suas migrações sazonais, as considerarem sua "propriedade" (Figura 28.17). Tentativas recentes de domesticação de outros grandes mamíferos, incluindo o elande gigante da África, o bisão e o alce, tiveram um sucesso modesto.

Os mamíferos podem nos causar danos, consumindo nosso alimento e sendo portadores de doenças. Roedores, coelhos e outros mamíferos podem infligir danos surpreendentes a plantações, bem como a alimentos armazenados. Vários roedores, incluindo as ratazanas e os cães-da-pradaria, são portadores de tifo e peste bubônica. Algumas espécies de carrapatos transmitem a tularemia (febre dos coelhos) para pessoas a partir dos coelhos, marmotas, ratos almiscarados e outros roedores. Os carrapatos também podem transmitir para pessoas a febre maculosa, a partir de espécies de esquilos de hábitos terrestres e cães, e a doença de Lyme, a partir do veado-da-cauda-branca. Vermes nematódeos do gênero *Trichinella* e solitárias (Cestoda) podem infectar pessoas que comem carne infectada de boi, porco ou outros mamíferos.

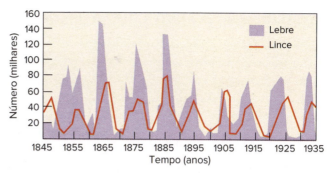

Figura 28.16 Mudanças no tamanho populacional da lebre-da-neve e do lince no Canadá, indicadas pelas peles recebidas pela Companhia Hudson's Bay ao longo de um período de 90 anos. A abundância do lince (predador) segue a da lebre (presa).

Figura 28.17 Rebanho de renas, *Rangifer tarandus*, durante o reencontro anual pelos lapões no norte da Suécia. A mesma espécie é chamada de caribu na América do Norte. Ordem Artiodactyla, família Cervidae.

28.4 EVOLUÇÃO HUMANA

Darwin dedicou um livro inteiro, *A Descendência do Homem e Seleção em Relação ao Sexo* (1871), em grande parte à evolução humana. A ideia de que os seres humanos compartilham um ancestral comum com os grandes primatas e outros animais era repugnante para o mundo vitoriano, que reagiu com a indignação previsível (ver Figura 6.15). Quando as visões de Darwin foram debatidas pela primeira vez, poucos fósseis humanos haviam sido desenterrados, mas a atual acumulação de fósseis e a evidência de DNA justificaram fortemente a hipótese de Darwin de que os seres humanos descendem de outros grandes primatas.

A busca por fósseis, especialmente por um "elo perdido" que proporcionasse uma conexão entre grandes primatas e seres humanos, teve início quando dois esqueletos de neandertais foram encontrados na década de 1880. Então, em 1891, Eugene Dubois descobriu o famoso homem de Java (*Homo erectus*). Algumas das descobertas mais espetaculares, entretanto, foram feitas na África, especialmente entre 1967 e 1977 e novamente entre 1995 e 2013. Durante os últimos 30 anos, estudos bioquímicos comparativos demonstraram que os seres humanos e os chimpanzés são tão semelhantes geneticamente quanto muitas espécies irmãs. A citologia comparada forneceu evidências de que os cromossomos dos grandes primatas e dos seres humanos são homólogos (ver boxe *O poder de uma teoria*, no Capítulo 6). A hipótese de Darwin de que os seres humanos descendem de outros grandes primatas foi confirmada.

Diversificação evolutiva dos primatas

Os seres humanos são primatas, um fato que até o pré-evolucionista Linnaeus reconhecia. Todos os primatas compartilham certas características significativas: dedos preênseis em todos os quatro membros, unhas planas em vez de garras e olhos voltados para a frente, com visão binocular e excelente percepção de profundidade.

Os primeiros primatas eram provavelmente animais pequenos e noturnos, de aparência semelhante aos musaranhos arborícolas. Essa linhagem ancestral de primatas se dividiu em duas linhagens, uma das quais deu origem aos lêmures e lóris (Strepsirrhini); e a outra aos társios, macacos e grandes primatas. Tradicionalmente, os lêmures, lóris e társios têm sido denominados **prossímios**, um grupo parafilético, e os grandes primatas e os macacos têm sido denominados **símios** ou **antropoides**. Os prossímios e muitos dos símios são arborícolas, provavelmente o estilo de vida ancestral para ambos os grupos. Os membros flexíveis são essenciais para animais ativos que se movem por entre as árvores. Mãos e pés preênseis, em contraste com os pés com garras dos esquilos e outros roedores, permitem aos primatas agarrar-se aos ramos, pendurar-se em galhos, pegar e manipular alimentos e, o mais importante, utilizar ferramentas. Os primatas têm sentidos altamente desenvolvidos, particularmente visão binocular aguçada e coordenação adequada dos músculos dos membros e dos dedos para auxiliar em sua vida ativa e arborícola. Claro que os órgãos dos sentidos não são melhores do que a capacidade do cérebro de processar as informações sensoriais. Um **córtex cerebral** grande sustenta a sincronia precisa de movimentos, a avaliação de distância e a percepção do ambiente.

Os primeiros fósseis de símios apareceram na África em depósitos que datam do final do Eoceno, há cerca de 55 milhões de anos. Muitos desses primatas tornaram-se diurnos, fazendo da visão o sentido dominante, agora acentuado pela percepção de cores. Reconhecemos três clados principais de símios. São eles: (1) os macacos do Novo Mundo, das Américas do Sul e Central, incluindo os bugios, os macacos-aranha e os micos e saguis; (2) os macacos do Velho Mundo, incluindo os babuínos, o mandril e os macacos do gênero *Colobus*; e (3) os grandes primatas. Os macacos do Velho Mundo e os grandes primatas (incluindo os seres humanos) são táxons-irmãos, e juntos formam o grupo-irmão dos macacos do Novo Mundo. Além da separação geográfica, os macacos do Velho Mundo diferem daqueles do Novo Mundo pela ausência de cauda preênsil, narinas mais próximas, polegares opositores mais eficientes e apenas dois pré-molares em cada metade dos maxilares.

Os grandes primatas, que diferem dos macacos do Velho Mundo por terem um cérebro maior e ausência da cauda, incluem os gibões, orangotangos, gorilas, chimpanzés, bonobos e seres humanos. Com exceção dos gibões, todos os grandes primatas fazem parte da família Hominidae e são aqui denominados **hominídeos**. Os chimpanzés e os bonobos, que fazem parte do gênero *Pan*, constituem o grupo atual irmão dos seres humanos (ver Figura 10.9). Todas as espécies fósseis de hominídeos que são filogeneticamente mais próximas dos seres humanos atuais do que dos chimpanzés são aqui denominadas de **humanos** ou de **hominíneos**. Os fósseis de grandes primatas mais antigos conhecidos são de rochas de 23 milhões de anos no Leste da África. Esses primeiros hominídeos habitantes de florestas mais tarde diversificaram-se em várias formas, que se espalharam pela África e pela Eurásia.

Os primeiros seres humanos e a origem do bipedismo

As tendências na evolução de diferenças no esqueleto entre seres humanos e outros hominídeos estão frequentemente associadas a mudanças na dieta e na postura. Os maxilares dos seres humanos são menos robustos e têm caninos menores do que os de outros hominídeos, refletindo uma dieta mais onívora. A posição do **forame magno** (um orifício no crânio pelo qual passa a medula espinal) mudou para estar diretamente abaixo da caixa craniana nos seres humanos, sinal indicativo de bipedismo e de postura ereta. Outras mudanças no esqueleto na linhagem humana associadas ao bipedismo incluem ossos pélvicos mais curtos, coluna vertebral em forma de S, ossos dos membros posteriores mais longos e um alinhamento paralelo de todos os cinco dígitos do pé (ver Figura 29.9). O bipedismo proporcionou uma visão melhor do entorno e liberou as mãos para usar ferramentas, defender-se dos predadores, carregar os filhotes e coletar alimento.

Evidências genéticas sugerem que os seres humanos divergiram dos chimpanzés entre 7 e 10 milhões de anos atrás. Indícios de fósseis humanos desse período são poucos e controversos. Em 2001, nas areias do deserto de Chad, foi encontrado um crânio notavelmente completo de um hominídeo, *Sahelanthropus tchadensis*, datado de cerca de 6,5 milhões de anos atrás (Figura 28.18). Apesar de seu cérebro não ser maior do que aquele de um chimpanzé (320 a 380 cm^3), o tamanho relativamente pequeno de seus dentes caninos e a posição ventral do forame magno sugerem que o crânio poderia ser humano.

O primeiro ser humano bem conhecido foi *Ardipithecus ramidus* da Etiópia, datado de cerca de 4,4 milhões de anos atrás (Figura 28.18). Até recentemente, essa espécie era conhecida apenas por dentes, mas em 2009 vários outros fósseis foram descritos, incluindo um esqueleto 45% completo, denominado "Ardi". O *Ardipithecus* tinha cerca de 120 cm de altura e era bípede, embora mantivesse muitas adaptações ancestrais para a vida arborícola, incluindo braços e dedos longos nas mãos e nos pés. Tanto *Sahelanthropus* quanto *Ardipithecus* eram provavelmente habitantes de florestas, como indicam os fósseis de vertebrados e invertebrados provenientes dos mesmos depósitos. Hipóteses anteriores sugeriam que o bipedismo teria surgido como uma adaptação aos ambientes secos africanos, à medida que as florestas foram substituídas por savanas abertas. Entretanto, uma vez que a formação das savanas na África só ocorreu há cerca de 3 milhões de anos, hoje está claro que o bipedismo surgiu primeiro nos hominíneos moradores de florestas.

Outro fóssil humano famoso é um esqueleto 40% completo de uma fêmea de *Australopithecus afarensis*. Desenterrado em 1974 e denominado "Lucy" por seu descobridor Donald Johanson, *A. afarensis* era um ser humano bípede, de baixa estatura, com a face e o cérebro (380 a 450 cm^3) pouco maiores do que aqueles de um chimpanzé. Essa espécie apresentava dimorfismo sexual quanto ao tamanho; as fêmeas tinham cerca de 1 m (Figura 28.19) e os machos tinham cerca de 1,5 m de altura. Seus dentes sugerem que se alimentavam principalmente de frutos e folhas, mas é provável que incorporassem carne em sua dieta. Os vários fósseis de *A. afarensis* datam de 3,7 a 3 milhões de anos atrás.

Uma explosão de descobertas de fósseis de australopitecíneos ao longo das últimas 3 décadas documenta pelo menos oito espécies. Muitas das formas mais antigas são consideradas australopitecíneos gráceis, dada a constituição física mais leve, especialmente quanto ao crânio e dentes (embora todos fossem mais robustos do que os seres humanos modernos). O mais antigo destes é o *Australopithecus anamensis* do Quênia e da Etiópia, que viveu entre 4,2 e 3,9 milhões de anos atrás. Essa espécie é morfologicamente intermediária entre *Ardipithecus* e *A. afarensis*; alguns pesquisadores o consideram o ancestral ou grupo-irmão dos seres humanos modernos e de todos os outros australopitecíneos. Duas das espécies mais recentes de *Australopithecus* gráceis, ambos da

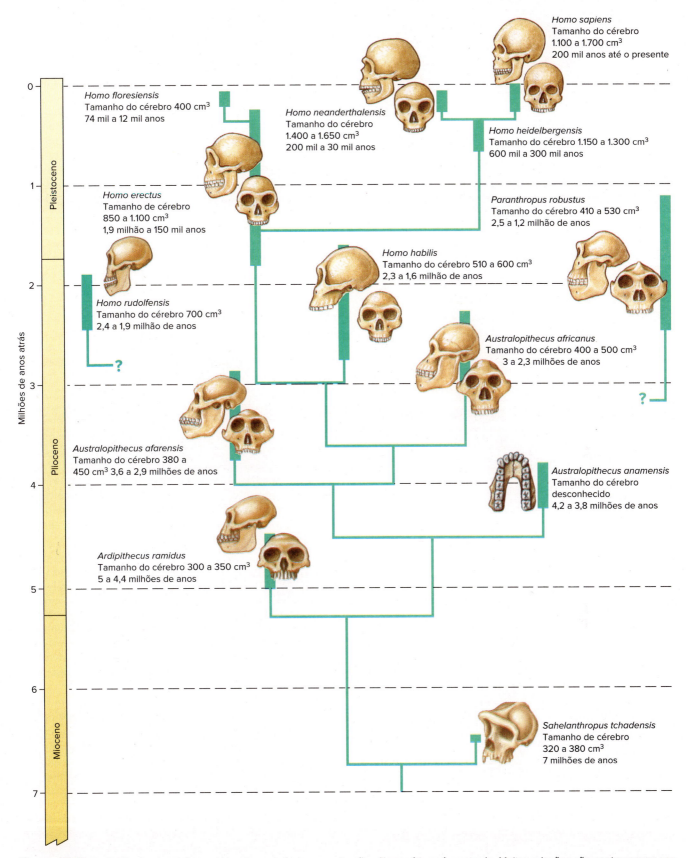

Figura 28.18 Evolução dos hominíneos. Uma das possíveis reconstruções filogenéticas é mostrada. Muitas relações são controversas; por exemplo, alguns dividem *H. erectus* e *H. heidelbergensis* em várias espécies, enquanto outros consideram cada uma delas como linhagens de espécies únicas. Note que, nessa reconstrução, *Australopithecus* e o *Homo erectus* são parafiléticos. Linhas verticais espessas denotam durações conhecidas de formas fósseis no registro estratigráfico.

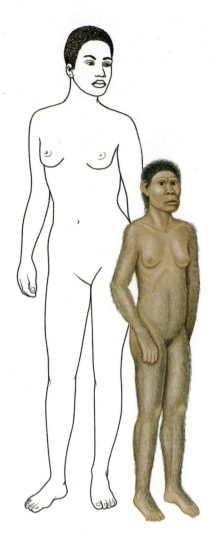

Figura 28.19 Uma reconstrução da aparência de Lucy (*à direita*) em comparação a um ser humano moderno (*à esquerda*).

África do Sul, são *A. africanus*, de 3,3 a 2,1 milhões de anos, e *A. sediba*, de cerca de 2 milhões de anos.

Pelo menos três australopitecíneos "robustos" coexistiram com as primeiras espécies de *Homo* e as espécies mais recentes de *Australopithecus* gráceis. Uma dessas era *Paranthropus robustus* (Figura 28.18), com cerca de 1 a 1,2 m de altura e pesando 40 a 55 kg. Os australopitecíneos robustos, que viveram entre 2,5 e 1,2 milhão de anos atrás, eram especializados, com cristas cranianas, maxilares robustos e molares grandes. Sua dieta incluía sementes ásperas, raízes e nozes, além de frutas, plantas macias e invertebrados típicos de outros primatas hominídeos. Eles representam um ramo extinto na evolução dos hominídeos e não fazem parte de nossa ancestralidade.

Homo primitivo: fabricação de ferramentas e migração para fora da África

Os primeiros fósseis de *Homo* datam de cerca de 2,8 milhões de anos atrás. Uma vez que o registro fóssil humano durante esse tempo é esparso, a evolução de *Homo* não é clara, embora muitos pesquisadores considerem *Homo habilis* ("homem hábil") como representativa dos primeiros *Homo*. Essa espécie apresentava uma forma semelhante à de *Australopithecus*, com cerca de 111 a 135 cm de altura, braços longos e pernas curtas. Como seus ancestrais, *H. habilis* estava adaptado tanto para a vida arborícola quanto bipedal. Entretanto, tinha cérebro maior (500 a 600 cm^3) do que *Australopithecus*, que pode ter sido utilizado em uma nova característica cultural do *H. habilis* – a fabricação de ferramentas de pedra. Essa capacidade de fazer ferramentas de pedra pode ser o atributo que define o gênero *Homo*. Os chimpanzés e os bonobos não fazem ferramentas de pedra e não podem ser ensinados a fazer ferramentas simples de pedras, apesar dos esforços de pesquisadores em ensiná-los. *Homo habilis* compartilhou, na África, a paisagem árida em expansão do início do Pleistoceno com muitos outros hominídeos, incluindo espécies de *Paranthropus*, *Australopithecus*, *Homo rudolfensis* e, posteriormente, *Homo erectus*. *Homo rudolfensis*, uma espécie ligeiramente mais robusta do que *H. habilis*, tem relação de parentesco incerta com outros hominídeos. Embora a expansão das savanas não esteja mais ligada à origem do bipedismo, talvez tenha contribuído para a propagação de *Homo*.

Há cerca de 1,9 milhão de anos, surgiu *Homo erectus*, um hominídeo alto que media de 150 a 190 cm de altura, com uma testa baixa, mas distinta, e cristas supraorbitais proeminentes. Essa espécie é conhecida na África e Eurásia; os da África são às vezes considerados uma espécie diferente, *H. ergaster*. Fósseis primitivos tinham uma capacidade craniana de 850 cm^3, um pouco maior do que a de *H. habilis*, mas posteriormente os *H. erectus* passaram a apresentar uma capacidade craniana de 1.100 cm^3, apenas um pouco menor do que os seres humanos modernos (Figura 28.18). A tecnologia de *H. erectus* caracteriza-se por ferramentas mais avançadas, bem como possivelmente uso do fogo, como indicam os depósitos de carvão. *Homo erectus* se espalhou pelo sul da Europa e leste da Ásia, até a China e Java, onde sobreviveu até cerca de 150 mil anos atrás. Uma das descobertas mais incomuns de hominídeos foi anunciada em 2004: *Homo floresiensis*, uma espécie de apenas 1 m de altura, da ilha de Flores, Indonésia. Essa espécie provavelmente divergiu de *H. erectus*, e foi extinta há apenas 13 mil anos.

Seres humanos modernos

Os seres humanos modernos divergiram de *H. erectus* da África há pelo menos 800 mil anos. Esses primeiros seres humanos, anteriormente considerados "*Homo sapiens*" arcaicos", são agora normalmente designados como *H. heidelbergensis*. Fósseis dessa espécie são conhecidos da África, Europa e Oriente Médio. O cérebro de *H. heidelbergensis* (cerca de 1.250 cm^3) era maior do que o de seus ancestrais, e as cristas supraorbitais e os dentes eram reduzidos (embora não tão reduzidos como em *Homo sapiens*). À época de *H. heidelbergensis*, o clima da Terra esfriou e predominaram longos períodos glaciais. Há aproximadamente 300 mil a 200 mil anos, *Homo heidelbergensis* foi substituído por dois hominínios, *H. neanderthalensis*, na Europa, e *H. sapiens*, na África. Acredita-se que as populações de *H. heidelbergensis* do Norte (europeias) tornaram-se mais robustas, adaptando-se a condições de frio e a uma dieta basicamente de origem animal, dando origem a *H. neanderthalensis*, enquanto as populações do Sul (africanas) mantiveram sua aparência mais grácil e, presumivelmente, sua dieta generalizada, dando origem a *H. sapiens*. Os **neandertais** (*H. neanderthalensis*) ocuparam a maior parte da Europa e do Oriente Médio. Tinham um cérebro de tamanho semelhante ao dos seres humanos modernos e desenvolveram ferramentas de pedra mais sofisticadas do que aquelas de *H. erectus*. Corpos robustos, bastante musculosos, permitiam-lhes sobreviver nos climas frios da Idade do Gelo e caçar os grandes mamíferos do Pleistoceno, incluindo rinocerontes, bisões e mamutes lanudos. A julgar por seus inúmeros ferimentos na região superior do corpo, os neandertais atacavam animais grandes enfrentando-os de perto, provavelmente apunhalando-os em vez de atirar lanças contra eles. O enterro de mortos foi primeiro registrado entre os neandertais, e eles possivelmente mostravam rituais complexos ou religião. Entretanto, não desenvolveram arte, tecnologia e cultura complexas de seus sucessores.

As evidências fósseis indicam que as características de *H. sapiens*, como são definidas hoje, surgiram na África há cerca de 200 mil anos (Figura 28.18). Há cerca 39 mil anos, os neandertais desapareceram, aproximadamente 3 mil anos após o primeiro aparecimento de *H. sapiens* na Europa e na Ásia. Os primeiros seres humanos modernos eram altos e tinham uma cultura muito diferente daquela dos neandertais. A confecção artesanal de utensílios desenvolveu-se rapidamente, e a cultura humana tornou-se rica com a estética, a criação artística e a linguagem sofisticada.

Quando se desenvolveu a fala? Muitos animais, incluindo o chimpanzé, podem produzir sons, mas isso não tem comparação com a complexidade da linguagem humana. Ambos, *Homo sapiens* e neandertais, exibem modificações no crânio (p. ex., aberturas nervosas hipoglossais aumentadas, associadas a movimentos da língua) que sustentam a fala e versões modernas do gene *FOXP2* (necessário para a fala). Isso sugere que a capacidade para fala evoluiu antes de sua divergência, pelo menos há 200 mil anos.

O que aconteceu com os neandertais? Não existe evidência direta, mas a maioria dos antropólogos arrisca dizer que *H. sapiens*, dadas as vantagens tecnológicas e culturais, venceram a competição com outros seres humanos. Evidências recentes demonstram algum cruzamento com *H. sapiens* há cerca de 50 mil anos. Isso ocorreu, aparentemente, logo após os *H. sapiens* saírem da África, visto que alguns genes dos neandertais são comuns em asiáticos e europeus de hoje, mas não em africanos. Neandertais e *H. sapiens* também cruzaram com um grupo pouco conhecido de primeiros seres humanos na Ásia, conhecido como Denisovanos. Pequenas quantidades de DNA Denisovanos são encontradas em algumas populações de seres humanos modernos da Australásia.

Ao encerrarmos nossa discussão sobre a evolução humana, é importante notar que ela se caracteriza pelos mesmos processos evolutivos evidentes em outros grupos animais, incluindo a especiação e a extinção. Um modelo referente à evolução humana chamado de "hipótese multirregional" considerou que todas as populações *Homo* do último 1,7 milhão de anos formaria uma linhagem única. Esse modelo considera que, seguindo a dispersão inicial dos seres humanos da África para a Ásia e Europa, a troca de genes ocorreu principalmente entre populações vizinhas, permitindo a divergência de caracteres morfológicos, mas sem total isolamento genético. O modelo alternativo, a "hipótese da origem africana recente", vê as espécies de *Homo* reconhecidas como espécies geneticamente isoladas que foram substituídas por outras espécies de *Homo*. Defensores dessa hipótese sugerem que os seres humanos que emigraram a partir da África substituíram os *H. neanderthalensis* da Europa e os *H. erectus* da Ásia, com o mínimo de fluxo gênico. Análises recentes dos dados do DNA nuclear e mitocondrial resultaram na maioria dos antropólogos assumindo uma visão intermediária entre os dois modelos. Uma visão consensual sustenta que, anatomicamente, os seres humanos modernos apareceram na África, há cerca de 200 mil anos, e se reproduziram com outros seres humanos na Europa e na Ásia. A quantidade de cruzamentos parece ter sido baixa, já que menos de 5% do genoma das populações não africanas de seres humanos modernos provêm dessas outras populações *Homo*. Ressaltamos que, tal qual a evolução de outros hominínios, a evolução de *Homo* é altamente controversa, e que pesquisas nessa área continuam testando essas hipóteses alternativas. Atualmente, há apenas uma espécie humana viva, uma situação incomum quando se considera que de três a cinco espécies de seres humanos estiveram presentes durante quase todo o período dos últimos 4 milhões de anos e que pelo menos três hominínios reconhecidamente viveram há 40 mil anos: *H. floresiensis*, *H. neanderthalensis* e *H. sapiens*!

A posição única do ser humano

Nós somos singulares, com uma evolução cultural não genética que proporciona uma retroalimentação constante entre a experiência passada e a futura. Nossas linguagens simbólicas, capacidade de pensamento conceitual, conhecimento de nossa história e poder de manipular nosso ambiente emergem desse dote cultural não genético. Por fim, devemos muito de nossas realizações culturais e intelectuais à nossa ancestralidade arborícola, que nos deu visão binocular, uma magnífica discriminação visual e tátil e o uso manipulativo de nossas mãos. Se os cavalos (que têm um só dedo) tivessem a capacidade mental humana, poderiam ter realizado o que seres humanos conseguiram?

Classificação das ordens de mamíferos atuais

A classificação segue Wilson e Reeder (2005). As 29 ordens reconhecidas de mamíferos atuais incluem uma ordem de monotremados, sete ordens de marsupiais e 21 ordens de placentários. Uma análise filogenética recente de sequências de DNA levou a muitas mudanças na classificação dos mamíferos. Por exemplo, ficou demonstrado que a antiga ordem Insectivora é polifilética e seus membros estão agora inseridos em três ordens, Afrosoricida, Soricomorpha e Erinaceomorpha.

Mammalia

Prototheria (do grego *protos*, primeiro + *ther*, animal selvagem). Mamíferos monotremados.

Ordem Monotremata (do grego *monos*, único + *trema*, orifício): **mamíferos que põem ovos (ovíparos): ornitorrinco, equidnas**. Cinco espécies dessa ordem são da Austrália, Tasmânia e Nova Guiné. O membro mais notável dessa ordem é o ornitorrinco, *Ornithorhynchus anatinus*. Echidnas, *Zaoglossus* e *Tachyglossus*, têm um focinho longo e estreito adaptado para se alimentar de formigas, seu principal alimento.

Theria (do grego *ther*, animal selvagem).

Metatheria (do grego *meta*, depois + *ther*, animal selvagem). Mamíferos marsupiais.

Ordem Didelphimorphia (do grego *di*, dois + *delphi*, útero + *morph*, forma): **gambás e cuícas americanas**. Esses mamíferos, como outros marsupiais, caracterizam-se por uma bolsa abdominal, ou marsúpio, onde criam seus filhotes. A maioria das espécies está na América Central e do Sul, mas uma espécie, o gambá da Virgínia, *Didelphis virginiana*, é comum na América do Norte; 87 espécies.

Classificação das ordens de mamíferos atuais (*continuação*)

Ordem Paucituberculata (do latim *pauci*, poucos + *tuberculum*, protuberância): **musaranhos marsupiais**. Marsupiais diminutos, do tamanho de musaranhos, que ocorrem no Oeste da América do Sul; seis espécies.

Ordem Microbiotheria (do grego *micro*, pequeno + *bio*, vida + *ther*, animal selvagem): **"Monito del Monte"** (em espanhol). Um marsupial sul-americano do tamanho de um camundongo que pode estar mais relacionado com os marsupiais australianos; uma espécie.

Ordem Dasyuromorphia (do grego *dasy*, peludo + *uro*, cauda + *morph*, forma): **mamíferos carnívoros australianos**. Além de vários grandes carnívoros, essa ordem inclui vários "camundongos" marsupiais, todos eles carnívoros. Restritos à Austrália, Tasmânia e Nova Guiné; 71 espécies.

Ordem Peramelemorphia (do grego *per*, bolsa + *mel*, texugo + *morph*, forma): **"bandicoots"**. Assim como os placentários, os membros desse grupo têm uma placenta alantocórica e uma alta taxa reprodutiva. Restritos a Austrália, Tasmânia e Nova Guiné; 22 espécies.

Ordem Notoryctemorphia (do grego *not*, atrás + *oryct*, escavador + *morph*, forma): **toupeiras marsupiais**. Bizarros marsupiais semifossoriais na Austrália; duas espécies.

Ordem Diprotodontia (do grego *di*, dois + *pro*, frente + *odont*, dentes): **coalas, vombates, "gambás" (da subordem Phalangeriformes), cangurus**. Grupo diverso que inclui alguns dos maiores e mais conhecidos marsupiais. Presente na Austrália, Tasmânia, Nova Guiné e em muitas ilhas do Sudeste Asiático e Oceania; 143 espécies.

Eutheria (do grego *eu*, verdadeiro + *ther*, animal selvagem). Mamíferos placentários.

Ordem Afrosoricida (*afro*, da África + do latim *soric*, musaranho): **tenrecs** e **toupeiras douradas**. Pequenos mamíferos insetívoros da África e de Madagascar; 51 espécies.

Ordem Macroscelidea (do grego *makros*, grande + *skelos*, perna): **musaranhos-elefante**. São mamíferos furtivos, com pernas longas, focinho longo adaptado para forragear insetos, e olhos grandes. Bem distribuídos na África; 15 espécies.

Ordem Tubulidentata (do latim *tubulus*, tubo + *dens*, dentes): **oricteropo** (*aardvark*). "Aardvark" em holandês, significa porco-da-terra, um animal peculiar, com um corpo semelhante ao do porco encontrado na África; uma espécie.

Ordem Proboscidea (do grego *proboskis*, tromba de elefante, de *pro*, antes + *boskein*, alimentar-se): **elefantes**. O maior dos animais terrestres vivos, com dois incisivos superiores alongados como presas e dentes molares bem desenvolvidos. Os elefantes asiáticos, *Elephas maximus*, há muito foram parcialmente domesticados e treinados para fazer tarefas pesadas. A domesticação de elefantes africanos, *Loxodonta africana*, é mais difícil, mas foi conseguida pelos antigos cartagineses e romanos, que os utilizavam em seus exércitos; três espécies.

Ordem Hyracoidea (do grego *hyrax*, musaranho): **hírax**. Os híraxes são herbívoros restritos à África e à Síria. Parecem-se um pouco com coelhos de orelhas curtas, mas têm dentes como os dos rinocerontes, cascos nos artelhos e almofadas plantares bem desenvolvidas nas mãos e nos pés. Eles têm quatro dedos nas mãos e três dedos nos pés; quatro espécies.

Ordem Sirenia (do grego *seiren*, ninfa do mar): **peixes-boi, dugongos**. Mamíferos aquáticos de grande porte, de cabeça grande, sem membros posteriores e com membros anteriores modificados em nadadeiras. Os dugongos das costas tropicais do Leste da África, Ásia e Austrália, assim como três espécies de peixes-boi da região do Caribe e Flórida, Rio Amazonas e Oeste da África, são as únicas espécies atuais. Uma quinta espécie, a grande vaca-marinha-de-Steller, foi caçada pelo homem até a extinção na metade do século XVIII; quatro espécies.

Ordem Cingulata (do latim *cingul*, cinto): **tatus**. Mamíferos insetívoros com dentes pequenos em forma de pino (braquiodontes) e a carapaça composta por faixas semelhantes a cintos. Habitam as Américas do Sul e Central; o tatu-galinha está expandindo sua distribuição geográfica para o norte, nos EUA; 21 espécies.

Ordem Pilosa (do latim *pilos*, peludo): **preguiças, tamanduás**. Tamanduás são mamíferos desprovidos de dentes que usam suas línguas longas para alimentar-se de formigas e cupins; as preguiças são arborícolas e alimentam-se de folhas. Ambos estão restritos às Américas Central e do Sul; 10 espécies.

Ordem Dermoptera (do grego *derma*, pele + *pteron*, asa): **lêmures-voadores**. Estes consistem em um único gênero *Galeopithecus*. Eles não são lêmures (que são primatas) e não podem voar, mas planam como esquilos voadores. Eles ocorrem na península malaia nas Índias Orientais; duas espécies.

Ordem Scandentia (do latim *scandentis*, que escala): **musaranhos-arborícolas**. Pequenos mamíferos que se assemelham a esquilos e que são encontrados nas florestas tropicais do Sul e do Sudeste Asiático. Apesar de seu nome, muitos não estão particularmente bem adaptados para a vida nas árvores e alguns são quase completamente terrestres; 20 espécies.

Ordem Primates (do latim *prima*, primeiro): **prossímios, macacos, grandes macacos**. Primeiro entre os animais no que diz respeito ao desenvolvimento do cérebro, com córtex cerebral especialmente grande. A maioria das espécies são arborícolas, com olhos grandes, visão binocular, mãos que agarram e cinco dedos (geralmente com unhas planas) em ambos os membros anteriores e posteriores. Acredita-se que seus hábitos arborícolas e agilidade em capturar alimentos ou evitar inimigos foram os grandes responsáveis por seus avanços na estrutura do cérebro. Existem duas subordens; 376 espécies.

Subordem Strepsirrhini (do grego *strepso*, virar, torcer + *rhinos*, nariz): **lêmures, lóris, potos, gálagos**. Sete famílias de primatas arborícolas concentrados em Madagascar, mas com espécies na África, Sudeste Asiático e península da Malásia. Todos têm uma região úmida e sem pelos (o rinário) ao redor das narinas em forma de vírgula, uma longa cauda não preênsil e o segundo dedo do pé provido de garra. Sua alimentação inclui tanto vegetais quanto animais; 88 espécies.

Classificação das ordens de mamíferos atuais (continuação)

Subordem Haplorhini (do grego *haploos*, único, simples + *rhinos*, nariz): **társios, micos, saguis, macacos do Novo e do Velho Mundo, gibões, gorilas, chimpanzés, bonobos, orangotangos, seres humanos**. Seis famílias, e todas, com exceção daquela dos társios, estão no clado Anthropoidea. Os primatas haplorrinos têm nariz (rinário) seco e com pelos, narinas arredondadas e diferenças na morfologia do crânio que os distinguem dos primatas estrepsirrinos. A família **Tarsiidae** contém társios crepusculares e noturnos, com olhos grandes voltados para a frente e focinho reduzido (cinco espécies). Os macacos do Novo Mundo, às vezes chamados de macacos platirrinos porque as narinas são amplamente separadas, estão contidos em cinco famílias: **Callitrichidae** (saguis e micos; 42 espécies), **Cebidae** (macacos-prego e macacos-esquilo; 14 espécies), **Atelidae** (macacos bugios e aranhas; 29 espécies), **Pithecidae** (titis, sakis e ukaris; 54 espécies) e **Aotidae** (macacos-da-noite; 11 espécies). Macacos bugios e macacos-aranha têm caudas preênseis usadas como mão adicional.

Os macacos do Velho Mundo, denominados macacos catarrinos porque suas narinas estão próximas e se abrem para frente, fazem parte da família **Cercopithecidae**, com 122 espécies. Incluem o mandril, *Mandrillus*, babuínos, *Papio*, macacos do gênero *Macaca*, e lângures, *Presbytis*. O polegar da mão e o do pé são opositores. Alguns têm bolsas internas nas bochechas e nenhum tem cauda preênsil. A família **Hylobatidae** contém os gibões (17 espécies), com braços muito mais longos do que as pernas, mãos preênseis, com polegares inteiramente opositores e locomoção por braquiação verdadeira. A família **Hominidae** contém quatro gêneros e oito espécies atuais: *Gorilla* (duas espécies), *Pan* (duas espécies, chimpanzé e bonobo), *Pongo* (três espécies, orangotango) e *Homo* (uma espécie, ser humano).

Ordem Lagomorpha (do grego *lagos*, lebre + *morph-*, forma): **coelhos, lebres, pikas** (Figura 28.20). Como os roedores, possuem incisivos longos e em constante crescimento, mas ao contrário dos roedores, possuem quatro incisivos superiores em vez de dois. Todos os lagomorfos são herbívoros com distribuição cosmopolita; 92 espécies.

Figura 28.20 Uma pika-de-coleira, *Ochotona collaris*, sobre uma rocha no Alasca. Este mamífero, que é do tamanho de um rato, não hiberna, mas se prepara para o inverno armazenando capim seco embaixo de pedras. Os pikas enfrentam um futuro incerto porque suas tundras alpinas estão encolhendo devido ao aquecimento do clima. Ordem Lagomorpha, família Ochotonidae.

Ordem Rodentia (do latim *rodere*, roer): **mamíferos que roem**: **esquilos, ratos, marmotas**. Os mais numerosos de todos os mamíferos, tanto em abundância quanto em espécies. Caracterizados por dois pares de incisivos afiados como cinzéis que crescem ao longo de toda a vida e estão adaptados para roer. Com sua impressionante taxa reprodutiva, adaptabilidade e capacidade de invadir quase todos os hábitats terrestres, são de grande importância ecológica. Famílias importantes dessa ordem são **Sciuridae** (esquilos e marmotas), **Muridae** (ratos e camundongos), **Castoridae** (castores), **Erethizontidae** (porcos-espinhos do Novo Mundo), **Geomyidae** (*gophers*) e **Cricetidae** (*hamsters*, lemingues, gerbis, ratos e camundongos do Novo Mundo); 2.277 espécies.

Ordem Soricomorpha (do latim *soric*, musaranho + *morph*, forma): **musaranhos, toupeiras**. Pequenos animais com focinho pontudo, que se alimentam principalmente de pequenos invertebrados e passam a maior parte de suas vidas embaixo do solo ou encobertos. Os musaranhos estão entre os menores mamíferos. São encontrados em todo o mundo, exceto na Nova Zelândia e Austrália; 428 espécies.

Ordem Erinaceomorpha (do grego *erin*, ouriço + *morph*, forma): **ouriços** e **gimnuros**. Os ouriços da Eurásia e África são noturnos e onívoros, habitam tocas subterrâneas e são recobertos por numerosos pelos modificados em espinhos. Os gimnuros são semelhantes a musaranhos na aparência, mas são maiores; vivem no Sudeste Asiático; 24 espécies.

Ordem Chiroptera (do grego *cheir*, mão + *pteron*, asa): **morcegos**. As asas dos morcegos, os únicos mamíferos verdadeiramente voadores, são membros anteriores modificados. Os dígitos, do segundo ao quinto, são alongados para sustentar uma fina membrana tegumentar que permite o voo. O primeiro dígito (polegar) é curto, com uma garra. A maioria dos morcegos, incluindo todas as espécies norte-americanas, são comedores de insetos noturnos. Nos trópicos do Velho Mundo, os morcegos conhecidos como "raposas-voadoras", *Pteropus*, são os maiores entre todos os morcegos, com envergadura das asas de até 1,7 m; alimentam-se principalmente de frutos; 1.116 espécies.

Ordem Pholidota (do grego *pholis*, escama córnea): **pangolins**. Um grupo curioso de mamíferos que tem o corpo recoberto por escamas queratinizadas sobrepostas e formadas pela fusão de tufos de pelos. Vivem na Ásia tropical e na África; oito espécies.

Ordem Carnivora (do latim *caro*, carne + *vorare*, devorar): **mamíferos comedores de carne: cães, lobos, gatos, ursos, doninhas, pinípedes – focas, leões-marinhos e morsas**. Todos, exceto o panda gigante, têm hábitos predatórios, e seus dentes são especialmente adaptados para consumir carne. Eles são distribuídos pelo mundo todo, mas apenas as focas ocorrem nas regiões australianas e antárticas. Entre as famílias mais próximas estão **Canidae** (cães), contendo lobos, raposas e coiotes; **Felidae** (gatos), cujos membros incluem tigres, leões, pumas e linces; **Ursidae** (ursos); **Procyonidae** (guaxinins); Mustelidae (doninhas), contendo martas, cangambás, doninhas, lontras, texugos, martas e carcajus; e **Otariidae**, contendo lobos-marinhos e leões-marinhos (Figura 28.21); 280 espécies.

Classificação das ordens de mamíferos atuais (*continuação*)

Figura 28.21 Um leão-marinho de Galápagos, *Zalophus californianus*, vocaliza para indicar a posse de seu território. Ordem Carnivora, família Otariidae.

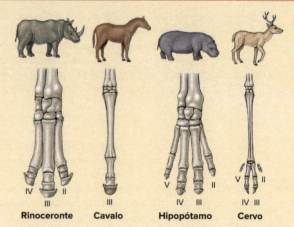

Figura 28.22 Ungulados com número de dedos ímpares e dedos pares. Rinocerontes e cavalos (ordem Perissodactyla) têm número de dedos ímpar; hipopótamos e veados (ordem Artiodactyla) têm número par de dedos. Mamíferos mais leves e rápidos correm com apenas um ou dois dedos.

Ordem Perissodactyla (do grego *perissos*, ímpar + *daktylos*, dedo): **mamíferos com casco e número ímpar de dedos: cavalos, asnos, zebras, antas, rinocerontes.** Esses mamíferos têm um número ímpar de dedos (um ou três), cada um com um casco queratinizado (Figura 28.22). Perissodactyla e Artiodactyla são frequentemente chamados de **ungulados** (do latim *ungula*, casco) ou mamíferos com cascos, com dentes adaptados para macerar plantas. A família dos cavalos (Equidae), que também inclui asnos e zebras, tem apenas um dedo funcional. As antas têm uma tromba curta formada a partir do lábio superior e do nariz. O rinoceronte inclui várias espécies encontradas na África e no Sudeste Asiático. Todos são herbívoros; 17 espécies.

Ordem Artiodactyla (do grego *artios*, par + *daktylos*, dedo): **mamíferos com caso e número par de dedos: suínos, camelos, cervos e afins, girafas, hipopótamos, antílopes, bois, carneiros, cabras.** A maioria tem dois dedos, embora o hipopótamo e alguns outros tenham quatro (Figura 28.22). Cada dedo do pé é coberto por um casco queratinizado. Muitos, como boi, veado e ovelha, têm cornos ou chifres. Muitos são ruminantes. A maioria são estritamente herbívoros, mas algumas espécies, como porcos, são onívoras. O grupo inclui alguns dos animais domésticos mais valiosos; 240 espécies.

Ordem Cetacea (do latim *cetus*, baleia): **baleias, golfinhos, toninhas.** Os membros anteriores dos cetáceos são modificados em largas nadadeiras; membros posteriores estão ausentes. Alguns possuem uma nadadeira dorsal carnuda e a cauda é dividida em projeções planas carnosas transversais. As narinas são representadas por uma abertura simples ou dupla no topo da cabeça. Os pelos são limitados ao rostro e as glândulas da pele estão ausentes, exceto as das mamárias e as do olho. A ordem é dividida em **baleias dentadas** (subordem Odontoceti), representadas por golfinhos, botos e cachalotes; e **baleias de barbatanas** (subordem Mysticeti), representadas por rorquals, baleias-franca e baleias-cinzentas. A baleia-azul, um rorqual, é o animal mais pesado que já existiu. Em vez de dentes, as baleias de barbatanas têm um dispositivo tensor feito de queratina, chamado barbatana, usado para filtrar o plâncton. Os cetáceos são o grupo-irmão dos hipopótamos; assim, alguns taxonomistas colocam cetáceos dentro da ordem Artiodactyla; 84 espécies.

RESUMO

Seção	Conceito-chave
28.1 Origem e evolução dos mamíferos	• Os mamíferos são vertebrados endotérmicos que amamentam seus filhotes com leite e cujos corpos têm pelo • As aproximadamente 5.700 espécies de mamíferos descendem da linhagem de amniotas sinápsidos que surgiu durante o período Carbonífero da Era Paleozoica. Pode-se seguir sua evolução desde os pelicossauros do período Permiano aos terápsidos do final do Permiano e do Triássico da Era Mesozoica. Um grupo de terápsidos, os cinodontes, deu origem aos mamíferos durante o período Triássico • A evolução dos mamíferos foi acompanhada pelo aparecimento de muitas características derivadas importantes, entre elas um cérebro ampliado com maior integração sensorial, alta taxa metabólica, endotermia, dentes heterodontes, três ossos da orelha média e muitas mudanças no esqueleto, incluindo uma posição das pernas sob o tronco (em vez de ao lado do tronco). A maioria dessas mudanças deu suporte a um estilo de vida relativamente ativo • A diversificação dos mamíferos começou durante o período Cretáceo; na época do Eoceno da era Cenozoica, a maioria das ordens modernas havia aparecido • Durante a idade do gelo do Pleistoceno, muitas regiões tiveram uma grande diversidade de mamíferos de grande porte (megafauna). A maioria deles foi extinta no final da época do Pleistoceno, provavelmente devido a uma combinação de alteração de hábitat e caça por seres humanos • Os mamíferos atuais estão em três clados: Monotremata (mamíferos que põem ovos), Metatheria (marsupiais) e Eutheria (placentários)

Seção	Conceito-chave
28.2 Adaptações estruturais e funcionais dos mamíferos	• Os mamíferos são nomeados em homenagem aos órgãos glandulares secretores de leite das fêmeas (rudimentares nos machos), uma adaptação única que, combinada com o cuidado parental prolongado, poupa os filhotes da necessidade de obterem alimentos sozinhos e facilita a transição para a idade adulta • O pelo, que cresce a partir do tegumento e recobre a maioria dos mamíferos, serve de várias formas para proteção mecânica, isolamento térmico, coloração protetora e impermeabilização • Muitos mamíferos herbívoros têm cornos (compostos principalmente de queratina) ou chifres (compostos de ossos) • A pele dos mamíferos é rica em glândulas: glândulas sudoríparas que funcionam no resfriamento evaporativo, glândulas odoríferas usadas em interações sociais e glândulas sebáceas que secretam óleo condicionador. As glândulas mamárias, que dão nome aos mamíferos, secretam leite para alimentar os filhotes • Os mamíferos placentários possuem dentes decíduos que são substituídos por dentes permanentes (dentição difiodonte). Os mamíferos têm dentição diversa (heterodonte), incluindo quatro tipos de dentes – incisivos, caninos, pré-molares e molares. Os dentes são altamente modificados em diferentes mamíferos para tarefas de alimentação especializadas, ou podem estar ausentes • Os hábitos alimentares dos mamíferos influenciam fortemente sua forma corporal e fisiologia. Mamíferos insetívoros têm dentes pontiagudos para perfurar o exoesqueleto de insetos e o tegumento de outros pequenos invertebrados. Os mamíferos herbívoros têm molares e pré-molares especializados para moer celulose e plantas ricas em sílica e têm regiões especializadas do intestino para abrigar microrganismos que digerem a celulose. Mamíferos carnívoros têm tanto músculos dos maxilares quanto dentes especializados para matar e remover a carne de suas presas, principalmente mamíferos herbívoros. Os mamíferos onívoros se alimentam de vegetais e animais e têm uma variedade de tipos de dentes • Alguns mamíferos marinhos, terrestres e aéreos migram; migrações de alguns, como baleias, lobos-marinhos e caribus, são extensas. As migrações geralmente são feitas em direção a condições climáticas favoráveis para encontrar comida, acasalar ou criar filhotes • Os mamíferos com voo verdadeiro, os morcegos, são principalmente noturnos e, portanto, evitam a competição direta com as aves. A maioria emprega ecolocalização ultrassônica para navegar e se alimentar na escuridão • Os monotremados, da região australiana, são os únicos mamíferos que mantêm a característica ancestral da postura de ovos. Após a eclosão, os jovens são alimentados com o leite materno. Todos os outros mamíferos (térios) são vivíparos • Os embriões dos marsupiais têm breves períodos de gestação, nascem subdesenvolvidos e completam seu crescimento inicial na bolsa da mãe, nutridos por leite • Os mamíferos restantes são eutérios ("placentárias"), mamíferos que desenvolvem uma sofisticada ligação placentária entre a mãe e o embrião, por meio da qual um embrião é nutrido por um período prolongado • As populações de mamíferos flutuam devido a causas dependentes e independentes da densidade, e alguns mamíferos, particularmente roedores, podem experimentar ciclos extremos de abundância na densidade populacional
28.3 Seres humanos e outros mamíferos	• Os seres humanos domesticaram cães há cerca de 15 mil anos. A domesticação de espécies adicionais, como animais de estimação, burros de carga ou rebanhos de criação, ocorreu mais tarde; essas espécies incluíam gado, cavalos, cabras, gatos e camelos, entre outros • Algumas espécies de mamíferos afetam negativamente os seres humanos, devorando nossa comida ou servindo como vetores de doenças
28.4 Evolução humana	• Os seres humanos são primatas, um grupo de mamíferos que descende de um ancestral musaranho. O ancestral comum de todos os primatas modernos era arborícola e tinha dedos que agarravam e olhos voltados para a frente com capacidade de visão binocular • Os primatas se diversificaram para formar dois grupos: (1) lêmures e lóris; e (2) társios, macacos e símios (incluindo seres humanos). Chimpanzés e bonobos juntos formam o grupo irmão dos seres humanos • Os primeiros seres humanos apareceram na África de 7 a 10 milhões de anos atrás e deram origem a vários gêneros de humanos primitivos, incluindo *Ardipithecus*, *Australopithecus* e *Paranthropus*, que persistiram por cerca de 3 milhões de anos. Esses primeiros seres humanos eram mais baixos e com cérebro menor que os seres humanos modernos, mas eram bípedes • *Homo habilis*, o primeiro a fabricar ferramentas de pedra, surgiu há cerca de 2,8 milhões de anos e coexistiu com alguns dos primeiros seres humanos • *Homo erectus* surgiu há cerca de 1,9 milhão de anos e se espalhou pela África, Europa e Ásia. Acabou sendo substituído pelos neandertais, *Homo neanderthalensis*, e pelos seres humanos modernos, *Homo sapiens*

QUESTÕES DE REVISÃO

1. Descreva a evolução dos mamíferos por toda a linhagem sinapsida, desde os primeiros ancestrais amniotas até os mamíferos verdadeiros. Como você distinguiria pelicossauros, primeiros terápsidos, cinodontes e mamíferos?
2. Descreva as adaptações estruturais e funcionais que surgiram nos primeiros amniotas e prenunciaram o plano corporal dos mamíferos. Quais atributos dos mamíferos você considera especialmente importantes para a sua diversificação bem-sucedida?
3. Foi levantada a hipótese de que os pelos tenham evoluído nos terápsidos como uma adaptação para o isolamento térmico, mas nos mamíferos atuais, os pelos têm outras funções. Descreva-as.
4. O que é diferente em cada um dos seguintes: cornos de bovídeos, chifres de veado e cornos de rinoceronte? Descreva o ciclo de crescimento dos chifres.
5. Descreva a localização e a principal função ou funções de cada uma das seguintes glândulas da pele: glândulas sudoríparas, glândulas odoríferas, glândulas sebáceas e glândulas mamárias.
6. Defina "difiodonte" e "heterodonte" e explique por que ambos os termos se aplicam à dentição dos mamíferos.
7. Descreva os hábitos alimentares dos mamíferos insetívoros, herbívoros, carnívoros e onívoros. Cite nomes populares de alguns mamíferos que pertencem a cada grupo.
8. A maioria dos mamíferos herbívoros depende da celulose como fonte principal de energia; entretanto, nenhum mamífero sintetiza enzimas que quebrem a celulose. Como os tratos digestórios dos mamíferos se especializaram para a digestão simbiótica da celulose?
9. Como a fermentação difere entre cavalos e bois?
10. Qual é a relação da massa corporal com a taxa metabólica nos mamíferos?
11. Descreva as migrações anuais dos caribus e dos lobos-marinhos.
12. Explique o que é característico dos hábitos de vida e modo de navegação dos morcegos.
13. Descreva e diferencie os padrões reprodutivos nos mamíferos monotremados, marsupiais e placentários. Quais aspectos da reprodução dos mamíferos caracterizam *todos* os mamíferos, mas nenhum outro vertebrado?
14. Diferencie território e área de vida nos mamíferos.
15. Descreva o ciclo populacional de lebres e linces, considerado um exemplo clássico de uma relação presa-predador (ver Figura 28.16). A partir de seu exame do ciclo, formule uma hipótese para explicar as oscilações.
16. O que significam os termos Theria, Metatheria, Eutheria, Monotremata e Marsupialia? Liste os mamíferos que estão agrupados em cada táxon.
17. Quais características anatômicas separam os primatas dos outros mamíferos?
18. Que papel desempenham os fósseis apelidados de "Ardi" e "Lucy" na reconstrução da história da evolução humana?
19. Em que diferem os gêneros *Australopithecus* e *Homo*?
20. Quando surgiram as diferentes espécies de *Homo* e como sua cultura difere?

Para reflexão. Muitos zoólogos consideram os dentes, em vez da endotermia, os pelos ou a lactação, como a característica mais importante para o sucesso dos mamíferos. Explique por que esse ponto de vista poderia ser verdadeiro.

PARTE 4

29 Suporte, Proteção e Movimento

OBJETIVOS DE APRENDIZAGEM

Após leitura do capítulo, você será capaz de:

- **29.1** Descrever a estrutura e a função dos tegumentos de invertebrados e vertebrados.
- **29.2** Relacionar a estrutura com a função do esqueleto hidrostático e do esqueleto rígido. Descrever a microanatomia do osso e o plano do esqueleto dos vertebrados.
- **29.3** Descrever os tipos de movimento dos animais. Relacionar estrutura com função ao descrever o movimento muscular.

Uma formiga carrega com facilidade uma folha que é mais pesada que seu próprio peso corporal.
iStock@Kevin Wells

Sobre gafanhotos e o super-homem

Galileu, no século XVII, comentou: "Um cão provavelmente poderia carregar dois ou três cães semelhantes sobre o dorso; mas acredito que um cavalo não poderia carregar no dorso outro de tamanho igual ao seu." Galileu estava se referindo ao princípio da escala, um procedimento que nos permite entender as consequências físicas de mudar o tamanho do corpo. Um gafanhoto pode saltar a uma altura de 50 vezes o comprimento de seu corpo; já o homem em um salto em pé não pode transpor um obstáculo maior que sua própria altura. Sem um entendimento do princípio da escala, tal comparação poderia facilmente nos conduzir a conclusões errôneas de que há algo muito especial sobre a musculatura dos insetos. Para os autores dos textos de entomologia do século XIX, pareceu que "essa maravilhosa força dos insetos é, sem dúvida, o resultado de algo peculiar na estrutura e arranjo de sua musculatura e, principalmente, do seu extraordinário poder de contração". Mas os músculos dos gafanhotos não são mais poderosos que os do ser humano, porque *músculos de pequenos e grandes animais exercem a mesma força por área de seção transversal*. Os gafanhotos saltam alto em proporção ao seu tamanho porque eles são pequenos, e não porque sejam dotados de músculos extraordinários.

Os autores desses textos do século XIX sugeriram que, se os vertebrados tivessem os poderes dos insetos, eles teriam com certeza "causado a primeira devastação do mundo". Para os mortais terrestres, seria necessário muito mais que músculos de super-homem para que saltassem em proporções iguais aos gafanhotos. Eles necessitariam de tendões, ligamentos e ossos de super-homem para resistirem às pressões de poderosas contrações, sem mencionar as forças de esmagamento na aterrissagem terrestre com velocidade máxima. As façanhas do super-homem seriam quase impossíveis se ele fosse construído a partir de materiais terrestres em vez dos materiais magníficos disponíveis aos habitantes do mitológico planeta Krypton.

29.1 TEGUMENTO

O tegumento é a cobertura externa do corpo, um revestimento de proteção que inclui a pele e todas as suas estruturas derivadas ou associadas, como pelos, cerdas, escamas, penas e cornos. Na maioria dos animais, o tegumento é resistente e flexível, proporcionando proteção mecânica contra desgaste e perfurações, e formando ainda uma barreira efetiva contra a invasão de bactérias. Adicionalmente, ele proporciona uma proteção úmida contra perda e ganho de fluidos. A pele ajuda a proteger as células da camada superficial contra a ação prejudicial dos raios solares ultravioletas. Além de ser um revestimento de proteção, a pele realiza diversas e importantes funções reguladoras. Assim, por exemplo, nos animais endotérmicos, a pele é de vital importância na regulação da temperatura, pois é por meio dela que a maior parte do calor corporal é eliminada; a pele contém mecanismos que resfriam o corpo quando ele está muito quente e diminuem a perda de calor quando ele está muito frio. Ela contém receptores sensoriais que fornecem informações indispensáveis sobre o ambiente externo. Tem também funções excretoras e, em alguns animais, também funções respiratórias. Em certos animais, a pele possui, ainda, a capacidade de absorver nutrientes, como ocorre por exemplo com muitos endoparasitos. Pela pigmentação da pele, alguns organismos podem se tornar mais ou menos conspícuos. As secreções da pele, potencialmente, tornam o animal sexualmente atrativo ou repugnante, ou fornecem indícios olfatórios e/ou feromonais que influenciam as interações comportamentais entre os indivíduos.

Tegumento dos invertebrados

Muitos eucariotos unicelulares têm somente uma delicada membrana plasmática para revestimento externo; outros, assim como *Paramecium*, desenvolveram uma película de proteção (ver Figura 11.18). No entanto, a maioria dos invertebrados tem um tecido de revestimento mais complexo. O principal revestimento é a **epiderme**, uma camada única de células. Alguns invertebrados acrescentaram uma **cutícula** acelular sobre a epiderme como proteção adicional.

Os membros de um grande clado de animais parasitos do filo Platyhelminthes (vermes achatados) têm um **tegumento sincicial** resistente às respostas imunológicas e à digestão pelas enzimas do hospedeiro. Foi levantada a hipótese de que a ausência de delimitação entre as células proporcionou tal proteção ao parasito (ver Seção 14.3).

A epiderme dos moluscos é delicada e macia e contém glândulas mucosas, algumas das quais secretam o carbonato de cálcio da concha (ver Figura 16.6). Alguns moluscos cefalópodes (lulas e polvos) desenvolveram um tegumento mais complexo, constituído de cutícula, epiderme simples, camada de tecido conjuntivo, camada de células refletoras (iridócitos) e uma camada mais densa de tecido conjuntivo.

O tegumento invertebrado mais complexo é o dos artrópodes, que proporciona não apenas proteção, mas também suporte esquelético. O desenvolvimento de um exoesqueleto firme e de apêndices articulados apropriados para inserção muscular tem sido uma característica-chave para a extraordinária diversidade desse filo, o maior dos grupos animais. O tegumento dos artrópodes consiste em uma **epiderme** simples (também denominada, mais precisamente, de **hipoderme**), que secreta uma cutícula complexa com duas camadas (Figura 29.1 A). A camada interna mais densa, a **procutícula**, é composta de proteína e quitina (um polissacarídeo) disposta em camadas (lamelas). A camada externa da cutícula, disposta na superfície externa da procutícula, é a delgada **epicutícula**. A epicutícula é um complexo não quitinoso de proteínas e lipídios que proporciona uma barreira para o tegumento à prova de umidade.

A cutícula dos artrópodes pode ser uma camada resistente, mas também macia e flexível, como em muitos microcrustáceos (ver Figura 20.11), e larvas de insetos ou pode ser endurecida de uma ou duas maneiras. Nos crustáceos decápodes, caranguejos e lagostas, por exemplo, a cutícula é enrijecida pela **calcificação**, deposição de carbonato de cálcio nas camadas externas da procutícula (ver Figura 20.11). Nos insetos, o endurecimento ocorre quando as moléculas de proteínas se unem em ligações cruzadas permanentes dentro e entre as lamelas adjacentes da procutícula. O resultado desse processo, chamado de **esclerotização**, é a formação de uma proteína altamente resistente e insolúvel, a **esclerotina**. A cutícula dos artrópodes é um dos materiais mais resistentes sintetizados pelos animais; ela é muito resistente à pressão e ao rompimento e pode resistir à fervura em álcalis concentrados; apesar disso, é leve e tem massa específica de apenas 1,3 (1,3 × o peso da água).

Por causa da cutícula resistente, os artrópodes precisam trocar o tegumento para crescer. Quando trocam o tegumento, as células epidérmicas dividem-se primeiro por mitose. As enzimas secretadas pela epiderme digerem a maior parte da procutícula. Os materiais digeridos são então absorvidos e, consequentemente, aproveitados. Posteriormente, no espaço imediatamente abaixo da cutícula velha, formam-se novas epicutícula e procutícula. Após a perda da cutícula velha, a nova cutícula torna-se espessa e calcificada ou esclerotizada (ver Figura 20.11).

Tegumento e derivados dos vertebrados

O plano básico do tegumento dos vertebrados, como exemplificado em uma rã e na pele humana (Figura 29.1 B e C), é formado por uma camada epitelial estratificada externa e fina derivada do ectoderma chamada **epiderme**, e por uma camada mais interna e espessa, a **derme** ou pele verdadeira, de origem mesodérmica (o ectoderma e o mesoderma são camadas germinativas, descritas na Figura 8.24).

Embora a epiderme seja delgada e pareça estruturalmente simples, ela origina a maioria dos anexos do tegumento, como pelos, penas, garras e cascos. A epiderme consiste em um epitélio escamoso estratificado (ver Figura 9.9), sendo composta normalmente por várias camadas de células. As células da camada epidérmica basal frequentemente sofrem mitose para renovar as camadas superiores. Como as camadas externas de células são deslocadas para cima por novas gerações de células de camadas inferiores, uma proteína fibrosa extremamente dura, chamada **queratina**, acumula-se no interior das células – um processo denominado **queratinização**. Gradualmente, a queratina substitui todo o citoplasma metabolicamente ativo e as células morrem à medida que se tornam **cornificadas**. As células cornificadas, altamente resistentes a desgaste e à passagem da água, constituem o **estrato córneo** mais externo. Essa camada epidérmica torna-se particularmente mais espessa em áreas expostas a atritos ou uso contínuo, como observado em calos, nas solas dos pés de mamíferos e nas escamas de répteis e aves. Finalmente, as células do estrato córneo morrem e são trocadas, inertes e em forma de escamas. Assim é a origem da caspa e de grande parte da poeira caseira.

A derme é uma camada de tecido conjuntivo denso (ver Figura 9.11) e contém vasos sanguíneos, fibras colágenas, nervos, células pigmentares, células adiposas e células do tecido conjuntivo denominadas fibroblastos. Esses elementos sustentam, amortecem e alimentam a epiderme, que é destituída de vasos sanguíneos. Adicionalmente, outras células presentes nessa camada de tecido conjuntivo (macrófagos, mastócitos e linfócitos, ver Tabela 35.2), proporcionam a primeira linha de defesa, caso a camada epidérmica externa seja rompida.

CAPÍTULO 29 Suporte, Proteção e Movimento 611

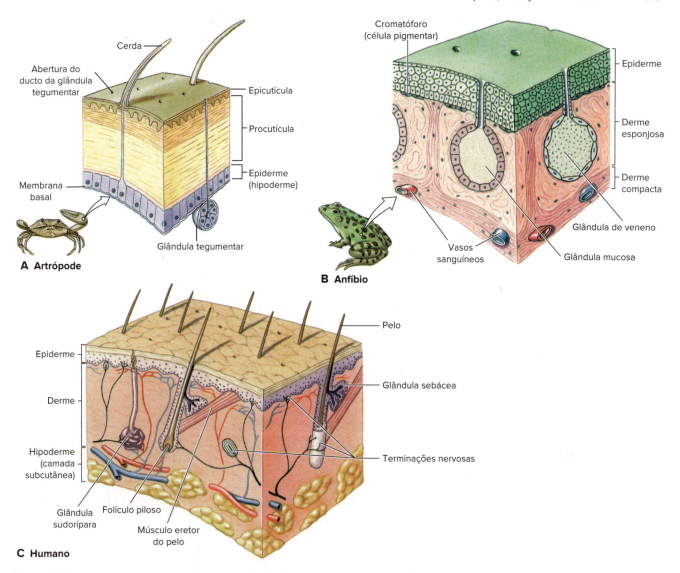

Figura 29.1 Sistemas tegumentares de animais, evidenciando as principais camadas. **A.** Estrutura da parede corporal de artrópode (crustáceo), destacando a cutícula e a epiderme. **B.** Estrutura tegumentar de um anfíbio (rã). **C.** Estrutura do tegumento humano.

Tema-chave 29.1

EVOLUÇÃO

Virtudes da queratina

Os lagartos, as cobras, as tartarugas e os crocodilianos foram os primeiros a explorar as possibilidades adaptativas da extraordinária resistência da proteína queratina. A escama epidérmica dos répteis que se desenvolve a partir da queratina é uma estrutura muito mais delgada e flexível que a escama óssea dérmica dos peixes, proporcionando ainda excelente proteção contra desgaste e dessecamento (Figura 29.2). As escamas podem ser estruturas sobrepostas, como encontrado nas cobras e em alguns lagartos, ou se desenvolver em placas, como em tartarugas e crocodilianos. Nas aves, a queratina tem novas funções. As penas, bicos e garras, como também as escamas, são todas estruturas epidérmicas compostas de queratina densa. Os mamíferos continuaram a explorar as vantagens da queratina transformada em pelos, cascos, garras e unhas. Como resultado do conteúdo de queratina nos mamíferos, o pelo é de longe o material mais forte do corpo. Ele tem uma resistência à tensão comparável àquela de uma chapa de alumínio e é quase 2 vezes tão forte, peso por peso, quanto o osso mais forte.

A derme pode também conter estruturas ósseas verdadeiras de origem dérmica. As pesadas placas ósseas eram comuns nos ostracodermes e placodermes da Era Paleozoica (ver Figura 23.16) e ainda persistem em alguns peixes atuais, como nos esturjões (ver Figura 24.15 B). As escamas dos peixes modernos são estruturas ósseas dérmicas que evoluíram da armadura óssea dos peixes do Paleozoico, mas são muito menores e mais flexíveis. Elas são lâminas ósseas delgadas cobertas com uma epiderme secretora de muco (Figura 29.2; ver Figura 24.14). A maioria dos anfíbios não tem ossos dérmicos na pele, exceto vestígios de escamas dérmicas encontrados em algumas espécies de cecílias tropicais. Nos répteis, os ossos dérmicos fornecem a armadura dos crocodilianos e a pele frisada de muitos lagartos, bem como contribuem para a formação da carapaça das tartarugas. Os ossos dérmicos também dão origem aos chifres, bem como ao osso central dos cornos.

Estruturas como as garras, os bicos, as unhas e os cornos são formadas a partir de uma combinação de componentes epidérmicos (queratinizados) e dérmicos. A estrutura básica é a mesma, um osso central coberto por uma camada nutritiva vascularizada da derme e uma camada epitelial externa. Esta última apresenta um componente germinativo responsável pelo crescimento dos cornos, cascos, garras e bicos. A camada epitelial externa é queratinizada. O crescimento excessivo dessas estruturas é impedido pelo uso contínuo e por desgastes naturais (Figura 29.3).

Coloração animal

As cores dos animais podem ser vivas e brilhantes quando funcionam como importantes marcas de reconhecimento (para atrair um parceiro, por exemplo) ou como coloração de advertência, ou podem ser tênues ou crípticas, quando usadas para camuflagem.

A coloração tegumentária é comumente produzida por pigmentos, mas, em muitos insetos e em alguns vertebrados, especialmente nas aves, certas cores são produzidas pela estrutura física do tecido superficial, que reflete certos comprimentos de ondas de luz e elimina outros. As cores assim produzidas são chamadas **cores estruturais** e são responsáveis pelos mais belos tons iridescentes e metálicos encontrados no reino animal. Muitas borboletas e besouros e alguns peixes compartilham com as aves a distinção de serem os animais mais resplandecentes da Terra. Certas cores estruturais de penas são causadas por diminutos espaços ou poros preenchidos com ar que refletem a luz branca (penas brancas) ou algumas porções do espectro (p. ex., a coloração azul Tyndall produzida pela dispersão da luz [ver Tema-chave 27.2]). As cores iridescentes que mudam de tom com a mudança de ângulo dos animais em relação ao observador são produzidas quando a luz é refletida de várias camadas de uma película delgada e transparente (como a cor rubi do pescoço de um colibri; ver Figura 27.14). Por interferência de fase, ondas de luz reforçam, enfraquecem ou eliminam umas às outras para produzir algumas das cores mais puras e brilhantes que conhecemos.

Os **pigmentos** (biocromos), um grupo extremamente variado de grandes moléculas que refletem os raios de luz, são muito mais comuns nos animais que as cores estruturais. Nos crustáceos e vertebrados ectotérmicos, esses pigmentos estão contidos em células grandes com processos ramificados, denominadas de **cromatóforos** (ver Figura 29.1 B e 29.4 A). O pigmento pode se concentrar no centro da célula em um agregado muito pequeno para ser visível, ou pode se espalhar pela célula e por seus processos, proporcionando máxima exposição. Os cromatóforos dos moluscos cefalópodes são totalmente diferentes (Figura 29.4 B). Cada cromatóforo é uma pequena célula saculiforme preenchida com pigmentos granulares e circundada por células musculares que, quando contraídas, expandem toda a célula em uma camada pigmentada. Quando os músculos relaxam, o cromatóforo elástico reduz-se rapidamente a uma pequena esfera. Com essas células pigmentares, lulas e polvos podem alterar suas cores muito mais rápido que qualquer outro animal.

Os pigmentos animais mais comuns são as melaninas, um grupo de polímeros de cor preta ou marrom que são responsáveis pelas diversas tonalidades terracota que a maioria dos animais possui; as melaninas estão contidas em células pigmentares denominadas melanóforos ou melanócitos. Mamíferos são um grupo

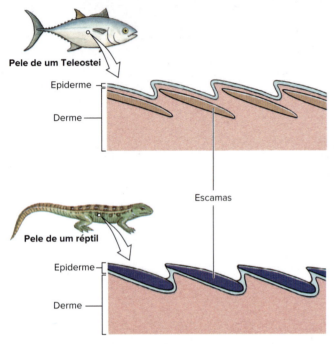

Figura 29.2 Tegumento de peixes ósseos e lagartos. Os peixes ósseos (teleósteos) têm escamas ósseas dérmicas e os lagartos têm escamas epidérmicas queratinizadas. Assim, as escamas dos peixes e lagartos não são estruturas homólogas. As escamas dérmicas dos peixes são conservadas por toda a vida. Já que um novo anel de crescimento é adicionado a cada escama anualmente, os ictiólogos usam as escamas para determinar a idade dos peixes. As escamas epidérmicas dos répteis são trocadas periodicamente.

Figura 29.3 Similaridade de estruturas dos derivados do tegumento. Todos os bicos, garras e cornos são formados a partir de combinações semelhantes de componentes epidérmicos (queratinizados) e dérmicos. Um centro ossificado é revestido por uma camada nutritiva vascularizada da derme. Uma camada epitelial externa tem um componente germinativo basal que se prolifera para permitir que essas estruturas cresçam continuamente. O epitélio superficial enrijecido é queratinizado ou cornificado. Note que a espessura relativa de cada componente não está desenhada em escala.

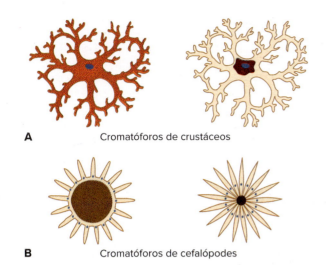

Figura 29.4 Cromatóforos. **A.** O cromatóforo de um crustáceo, evidenciando o pigmento disperso (*esquerda*) e concentrado (*direita*). Os cromatóforos dos vertebrados são semelhantes. **B.** O cromatóforo de um cefalópode é uma cápsula elástica circundada por fibras musculares que, quando contraídas (*esquerda*), expandem a cápsula para expor o pigmento.

com cores escuras (ver Figuras 28.5, 28.8, 28.9, 28.12), e que em sua maioria não apresentam visão em cores, uma deficiência associada com falta de cores vivas no grupo. As manchas brilhantes e coloridas na pele de alguns babuínos e mandris são exceções. Particularmente, os primatas têm visão de cores e, portanto, podem apreciar ornamentos que chamam a atenção e que estão associados à aptidão reprodutiva dessas espécies. As cores suaves dos mamíferos são causadas pela melanina, que é depositada no pelo em crescimento pelos melanóforos da derme.

As cores amarelas e vermelhas são frequentemente produzidas pelos pigmentos **carotenoides**, que comumente estão contidos dentro de células pigmentares especiais chamadas **xantóforos**. A maioria dos vertebrados é incapaz de sintetizar seus próprios pigmentos carotenoides, mas necessitam obtê-los direta ou indiretamente das plantas. Duas classes totalmente diferentes de pigmentos chamados de homocromos e pteridinas comumente são responsáveis pelos pigmentos amarelos de moluscos e artrópodes. As cores verdes são raras; quando elas ocorrem, frequentemente são produzidas pelo pigmento amarelo, que se sobrepõe à cor estrutural azul. Os **iridóforos**, um terceiro tipo de cromatóforos, contêm cristais de guanina ou alguma outra purina, em vez de pigmento. Os iridóforos produzem um efeito prateado ou metálico pela reflexão da luz.

Efeitos nocivos da luz do Sol

A conhecida vulnerabilidade da pele humana a queimaduras do Sol lembra-nos dos efeitos potencialmente prejudiciais da radiação ultravioleta sobre o protoplasma. Muitos animais, como os vermes achatados, se expostos ao Sol em águas rasas são feridos ou mortos pela radiação ultravioleta. A maioria dos animais terrestres é protegida de tal perigo pela ação protetora de uma cobertura corporal especial, como, por exemplo, a cutícula dos artrópodes, as escamas dos répteis e as penas e pelos, respectivamente, de aves e mamíferos. Os seres humanos, no entanto, são "primatas nus", faltando-lhes a proteção da pele observada na maioria dos demais mamíferos. Nós dependemos da espessura da epiderme (particularmente, do estrato córneo, mas externo) e da pigmentação epidérmica para proteção. A maior parte da radiação ultravioleta é absorvida na epiderme, mas aproximadamente 10% penetram na derme. As células danificadas, tanto na epiderme quanto na derme, liberam histamina e outras substâncias vasodilatadoras que causam um aumento dos vasos sanguíneos na derme e a característica coloração avermelhada da queimadura de Sol. As peles claras bronzeiam-se por meio da formação dos pigmentos **melanina** na epiderme mais profunda e pelo "escurecimento do pigmento" que é o escurecimento foto-oxidativo do pigmento presente na epiderme. Infelizmente, o bronzeamento não oferece uma proteção perfeita. A luz do Sol ainda envelhece prematuramente a pele, e o próprio bronzeamento torna-a seca e coriácea. Atualmente, há fortes evidências de que mutações causadas por altas doses de luz solar recebidas durante os anos pré-adultos são responsáveis por cânceres de pele que aparecem mais tarde na vida. Nos Estados Unidos, todos os anos, de 2010 a 2014, houve um aumento da taxa de incidência de melanoma maligno entre 2,3% e 1,2% em homens e mulheres, respectivamente.

29.2 SISTEMAS ESQUELÉTICOS

Os esqueletos são sistemas de suporte que proporcionam rigidez ao corpo, superfície para inserção muscular e proteção para os órgãos do corpo. O conhecido osso do esqueleto dos vertebrados é somente um dos vários tipos de tecidos de suporte e de conjuntivo que servem a várias funções de apoio e sustentação, que estão descritas nesta seção.

Esqueletos hidrostáticos

Nem todos os esqueletos são rígidos; muitos grupos de invertebrados usam seus fluidos corporais como um esqueleto hidrostático interno. Os músculos da parede corporal das minhocas, por exemplo, não apresentam um apoio firme para inserção, mas desenvolveram força muscular por contração contra os fluidos celomáticos incompressíveis, contidos dentro de um espaço limitado.

As contrações alternadas dos músculos circulares e longitudinais da parede corporal capacitam o verme a se contrair e distender-se, provocando movimentos ondulares posteriores que propulsionam o animal para a frente (Figura 29.5). As minhocas

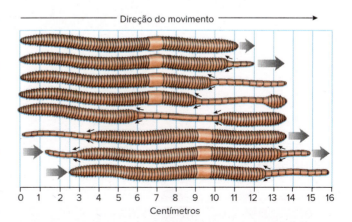

Figura 29.5 Movimento de uma minhoca. Quando os músculos circulares se contraem, os músculos longitudinais relaxam e aquela parte do corpo se estende pela pressão interna do fluido e o verme se alonga. Por contração alternada dos músculos longitudinais e circulares, uma onda de contração desloca-se da região anterior para a posterior. As cerdas semelhantes a pelos são estendidas para ancorar o animal e evitar o deslizamento.

e outros anelídeos são auxiliados por septos que dividem o corpo em compartimentos relativamente independentes (ver Figura 17.3) e por pequeninas cerdas que ancoram os segmentos enquanto a minhoca se locomove (ver Figura 17.17). Obviamente, uma das vantagens de ter um corpo compartimentado é que, se o verme for perfurado ou, ainda, cortado em pedaços, cada parte pode ainda desenvolver pressão e se mover. Os vermes que não apresentam compartimentos internos como, por exemplo, o verme cavador *Arenicola* (ver Figura 17.10), tornam-se indefesos se o fluido celomático for perdido por uma ferida.

Há muitos exemplos no reino animal de músculos que não apenas produzem movimentos, mas também proporcionam uma forma única de suporte esquelético. A tromba dos elefantes é um excelente exemplo de estrutura que não apresenta nenhuma evidência de suporte esquelético, sendo ainda capaz de dobrar, torcer, alongar e levantar objetos pesados (Figura 29.6). A tromba dos elefantes, a língua dos mamíferos e répteis e os tentáculos de moluscos cefalópodes são exemplos de **hidrostatos musculares** (em inglês, *muscular hydrostats*). Semelhantes ao esqueleto hidrostático dos vermes, os hidrostatos musculares funcionam porque são formados por tecidos incompressíveis que permanecem com volume constante. A sua extraordinária diversidade de movimentos depende do arranjo muscular em padrões complexos.

Esqueletos rígidos

Os esqueletos rígidos diferem dos esqueletos hidrostáticos em um ponto fundamental: os esqueletos rígidos são formados por elementos rígidos, comumente articulados, nos quais os músculos podem se inserir. Como os músculos podem apenas se contrair e não se alongar ativamente, os esqueletos rígidos proporcionam os pontos de apoio necessários pelos conjuntos opostos de músculos, como os flexores e extensores, que permitem movimentos em mais de uma direção.

Há dois tipos principais de esqueletos rígidos: **exoesqueleto**, típico de moluscos, artrópodes e muitos outros invertebrados; e **endoesqueleto**, característico dos equinodermos, vertebrados e alguns cnidários. O exoesqueleto dos invertebrados serve principalmente como proteção, mas também pode ser de vital importância na locomoção. Um exoesqueleto pode adquirir a forma de uma concha, de uma espícula ou de uma placa calcária, proteinácea ou quitinosa. Pode também ser rígido, como nos moluscos, ou articulado e móvel, como nos artrópodes. Diferentemente do endoesqueleto, que cresce com o animal, o exoesqueleto frequentemente não cresce e deve ser trocado periodicamente para proporcionar a substituição por um exoesqueleto maior (a muda e ecdise nos crustáceos está descrita na Seção 20.1). Alguns exoesqueletos de invertebrados, como as conchas de caracóis e bivalves, crescem com o animal.

> **Tema-chave 29.2**
> **ADAPTAÇÃO E FISIOLOGIA**
>
> **Os prós e os contras de um exoesqueleto**
>
> O tipo de exoesqueleto dos artrópodes talvez seja melhor arranjo para os pequenos animais do que o tipo de endoesqueleto dos vertebrados, pois um tubo cilíndrico oco pode suportar muito mais peso sem desabar do que um cordão cilíndrico sólido de mesmo material e peso. Assim, os artrópodes podem desfrutar tanto de proteção como de suporte estrutural de seus exoesqueletos. Para os grandes animais, o tubo cilíndrico oco seria completamente inútil. Se ele tivesse espessura suficiente para suportar o peso corporal, seria muito pesado para carregar; mas, se mantido fino e leve, seria extremamente sensível a torções ou à fragmentação em um impacto. Finalmente, você poderia imaginar a triste situação de um animal do tamanho de um elefante quando ele sofresse muda?

O endoesqueleto vertebrado é formado no interior do corpo e é composto por osso e cartilagem, que são formas especializadas de tecido conjuntivo (ver Figura 9.11 D). Além de conferir suporte e proteção, o osso também é a maior reserva corporal de cálcio e fósforo. Nos vertebrados amniotas, as hemácias, plaquetas e leucócitos são formados na medula óssea situada dentro do osso.

Notocorda e cartilagem

A **notocorda** (ver Figura 23.1) é um bastão axial semirrígido de suporte dos protocordados e de todas as larvas e embriões de vertebrados. Ela é composta de células grandes e vacuoladas, sendo circundada por bainhas de colágeno elásticas e fibrosas. A notocorda é uma estrutura semirrígida que preserva a forma corporal durante a locomoção. Exceto nos vertebrados sem maxilares (lampreias e feiticeiras, ver Figuras 24.3 e 24.4), a notocorda é circundada ou substituída pela coluna vertebral durante o desenvolvimento embrionário.

A cartilagem é o principal elemento esquelético de alguns vertebrados. Os peixes sem maxilares (p. ex., lampreias) e os elasmobrânquios (tubarões, cações e raias, ver Seção 24.3) têm esqueletos completamente cartilaginosos. Outros vertebrados adultos têm esqueleto ósseo com pequena quantidade de cartilagem. A cartilagem é um tecido mole, flexível, que resiste à compressão. A forma básica, a **cartilagem hialina**, tem uma aparência clara e cristalina (ver Figura 9.11). É composta de células de cartilagem (**condrócitos**) circundadas por um firme complexo de gel proteico entrelaçado por uma rede de fibras colágenas. Os vasos sanguíneos estão praticamente ausentes – razão pela qual os ferimentos, durante práticas esportivas, cicatrizam com dificuldade. Além de formar o esqueleto cartilaginoso de alguns vertebrados e daquele de todos os embriões vertebrados, a cartilagem hialina constitui

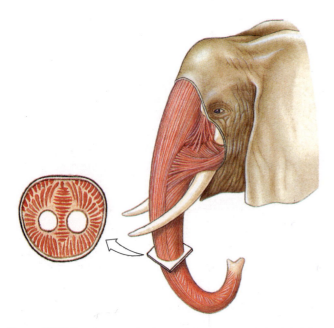

Figura 29.6 Tromba muscular de um elefante, um exemplo de hidróstato muscular.

as superfícies articulares de muitas junções ósseas da maioria dos vertebrados adultos e dos anéis de suporte traqueais, laríngeos e bronquiais pertencentes ao sistema respiratório (ver Figura 31.20). Outros dois tipos de cartilagem, elástica e fibrosa, são similares à cartilagem hialina, exceto no caso em que, na cartilagem elástica, o tipo de fibra é predominantemente elástico, enquanto no caso da cartilagem fibrosa, numerosos feixes de fibras colágenas estão presentes, muitas vezes organizadas em padrões de espinha.

Um tipo de cartilagem semelhante à cartilagem hialina ocorre em alguns invertebrados como, por exemplo, na rádula de moluscos gastrópodes (ver Figura 16.4) e no lofóforo de braquiópodes (ver Figuras 15.8 e 15.9). A cartilagem dos moluscos cefalópodes é de um tipo especial, com longos processos ramificados que se parecem com as células ósseas dos vertebrados.

Osso

O osso é um tecido vivo que difere de outros tecidos conjuntivos e de suporte por conter depósitos expressivos de sais de cálcio inorgânico, organizados em uma matriz extracelular composta de fibras colágenas em um gel formado por carboidratos e proteínas. Diferentemente da cartilagem, ele é altamente vascularizado, sendo capaz de crescer e de se recuperar de forma rápida. Essa organização estrutural óssea é tal que o osso tem aproximadamente a mesma resistência do ferro fundido, ainda que tenha somente 33% de seu peso.

O osso nunca é formado em cavidades, mas é sempre depositado por substituição em áreas ocupadas por algum tipo de tecido conjuntivo. A maioria dos ossos desenvolve-se a partir da cartilagem e são chamados de **endocondrais** ("dentro da cartilagem")

ou ossos de substituição. A cartilagem embrionária é degastada gradativamente, deixando-a inutilizada; então, as células formadoras de ossos invadem essas áreas e começam a depositar a matriz óssea extracelular, que se torna calcificada, ao redor das camadas remanescentes de cartilagem. Um segundo tipo de osso é o **osso intramembranoso**, que se desenvolve diretamente das camadas de células embrionárias. O osso dérmico (ver Figura 29.2) é um tipo de osso intramembranoso. Nos vertebrados tetrápodes, o osso intramembranoso está restrito principalmente aos ossos da face, crânio e clavícula; o restante do esqueleto é osso endocondral. Uma vez totalmente formados e qualquer que seja a origem embrionária, os ossos endocondral e intramembranoso são similares.

O osso completamente formado, no entanto, pode variar de densidade. O **osso esponjoso** consiste em uma rede aberta de tecido ósseo entrelaçado orientada para conferir resistência máxima sob pressões e tensões normais que o osso recebe. O osso normalmente desenvolve-se primeiramente como osso esponjoso, mas alguns ossos, devido a novas deposições de matriz óssea, tornam-se **compactos**. O osso compacto é denso, parecendo sólido a olho nu. Tanto os ossos esponjosos como os compactos são encontrados nos ossos longos típicos de tetrápodes (Figura 29.7).

Estrutura microscópica do osso. O osso compacto é composto de matriz óssea calcificada disposta em anéis concêntricos (ver Figura 9.11 D). Entre os anéis há cavidades (**lacunas**) preenchidas com células ósseas (**osteócitos**), cujas extensões se estendem por inúmeras e diminutas passagens (**canalículos**). Essas extensões conectam as células ósseas e permitem a comunicação entre elas por junções comunicantes (ver Figura 3.11), e servem para distribuir nutrientes e fatores de crescimento pelo osso. Essa completa

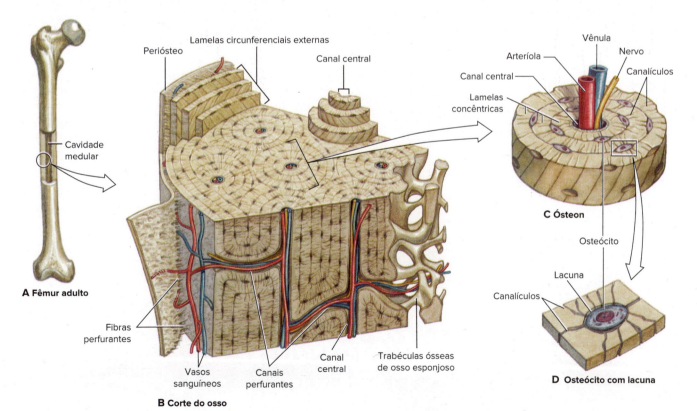

Figura 29.7 Estrutura do osso compacto. **A.** Osso longo adulto com um corte na cavidade medular. **B.** Seção ampliada evidenciando os ósteons, a unidade histológica básica do osso. **C.** Vista ampliada de um ósteon, que mostra as lamelas concêntricas e os osteócitos (células ósseas) dispostos no interior das lacunas. **D.** Um osteócito dentro de uma lacuna. As células ósseas recebem nutrientes e fatores de crescimento do sistema circulatório por minúsculos canalículos que entrelaçam a matriz calcificada. As células ósseas são conhecidas como osteoblastos quando são formadoras de ossos, mas no osso adulto mostrado aqui elas se tornam osteócitos inativos. O osso é revestido com um tecido conjuntivo compacto chamado periósteo.

organização de lacunas e canalículos é disposta em um cilindro alongado chamado de **ósteon** (também chamado de **Sistema de Havers**) (ver Figura 29.7). O osso consiste em feixes de ósteons unidos entre si e interligados por vasos sanguíneos e nervos, embora predomine uma matriz acelular. Como resultado da presença de vasos sanguíneos e nervos, os ossos quebrados podem cicatrizar de forma rápida e as doenças ósseas podem ser tão dolorosas quanto as de qualquer outro tecido.

O osso é um tecido dinâmico, sendo a remodelação e o crescimento ósseo processos de reestruturação complexos, envolvendo tanto sua destruição pelas células que reabsorvem ossos (**osteoclastos**) quanto sua deposição pelas células formadoras de ossos (**osteoblastos**). Os dois processos ocorrem simultaneamente de maneira que os novos ósteons formam-se enquanto os velhos são reabsorvidos. O interior da cavidade medular amplia-se por meio da reabsorção na superfície interna do osso, enquanto novo osso é formado externamente por meio da deposição óssea. O crescimento ósseo responde a vários hormônios, em particular ao **paratormônio** da glândula paratireoide, que estimula a reabsorção óssea, e o hormônio **calcitonina** da glândula tireoide (ou da glândula ultimobranquial em vertebrados não mamíferos), o qual inibe a reabsorção óssea. Esses dois hormônios, junto com um derivado da vitamina D_3, **1,25-di-hidroxivitamina D_3**, são responsáveis pela manutenção do nível constante de cálcio no sangue. O efeito dos hormônios no crescimento e reabsorção óssea está descrito mais detalhadamente na Seção 43.3.

Tema-chave 29.3
ADAPTAÇÃO E FISIOLOGIA

Uso e desuso ósseo

Semelhante ao músculo, o osso está sujeito ao "uso e desuso". Quando exercitamos nossos músculos, nossos ossos respondem com a produção de novo tecido ósseo a fim de conferir resistência adicional. Na verdade, as cristas e processos nos quais os músculos se inserem são produzidos pelo osso em resposta à ação da força muscular. Ao contrário, quando os ossos não estão sujeitos a tensões, como em um voo espacial, o corpo reabsorve o mineral e os ossos tornam-se fracos. Os astronautas que passam muitos meses no espaço necessitam exercitar-se muito mais que na Terra para prevenir tal reabsorção e fraqueza óssea.

Plano do esqueleto dos vertebrados

O esqueleto dos vertebrados é composto de duas partes principais: **esqueleto axial**, incluindo o crânio, a coluna vertebral, o esterno e as costelas, e **esqueleto apendicular** que compreende os membros (ou nadadeiras, ou asas) e as cinturas peitoral e pélvica (Figuras 29.8 e 29.9). Não surpreende que o esqueleto tenha sofrido uma transformação considerável no curso da evolução dos vertebrados. A passagem da água para a terra exigiu mudanças consideráveis na forma corporal. Com o aumento da cefalização, concentração adicional do cérebro, dos órgãos dos sentidos e dos sistemas de captação de alimento na cabeça, o crânio tornou-se a porção mais complexa do esqueleto. Alguns peixes primitivos tiveram aproximadamente 180 ossos cranianos (uma fonte de frustração para os paleontólogos), mas, por meio da perda de alguns ossos e fusão de outros, os ossos cranianos tornaram-se muito reduzidos em número durante a evolução dos tetrápodes. Os anfíbios e os lagartos têm de 50 a 95 ossos cranianos, e os mamíferos, 35 ossos ou menos. Os seres humanos têm 29 ossos cranianos.

A coluna vertebral é o principal eixo de rigidez do esqueleto pós-craniano. Nos peixes, a coluna vertebral exerce a mesma função da notocorda, isto é, a coluna vertebral proporciona pontos para a inserção muscular e previne a desarticulação corporal durante a contração muscular. Com a evolução dos anfíbios e tetrápodes terrestres, o corpo do vertebrado não foi mais sustentado pelo ambiente aquático. A coluna vertebral tornou-se estruturalmente adaptada para suportar as novas pressões locais transmitidas à coluna pelos dois pares de apêndices. Nos tetrápodes amniotas (répteis, aves e mamíferos), as vértebras são diferenciadas em **cervicais** (pescoço), **torácicas** (peito), **lombares** (costas), **sacrais** (pélvica) e **caudais** (cauda). Em anfíbios, aves e nos seres humanos, as vértebras caudais estão reduzidas em número e tamanho e as vértebras sacrais estão fusionadas. O número de vértebras varia entre os diferentes vertebrados. As serpentes pítons parecem liderar a lista de animais com mais de 400 vértebras. Uma criança tem 33 vértebras, enquanto nos seres humanos adultos cinco vértebras são fusionadas para formar o **sacro** e quatro para formar o **cóccix** (Figura 29.9). Além do sacro e do cóccix, os seres humanos têm sete vértebras cervicais, 12 torácicas e cinco lombares. O número de vértebras cervicais (sete) é constante em quase todos os mamíferos, embora o pescoço seja curto nos golfinhos ou longo nas girafas.

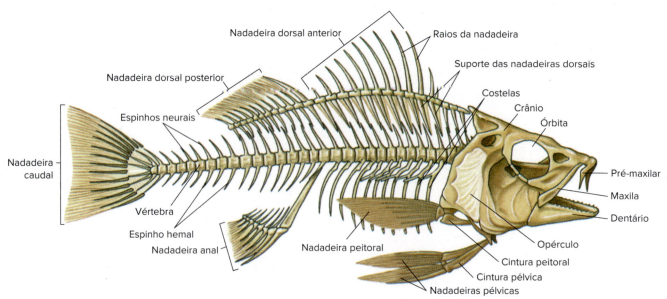

Figura 29.8 Esqueleto de uma perca.

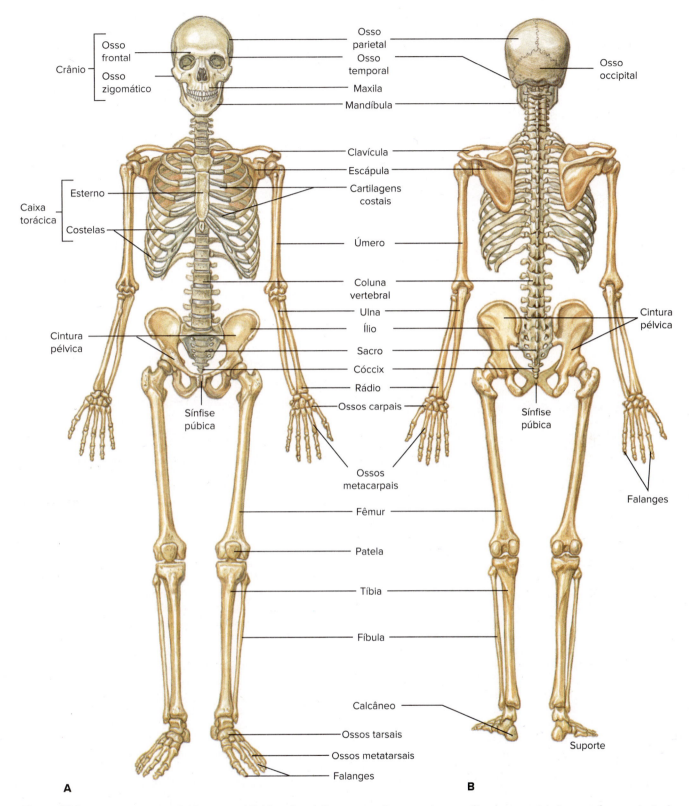

Figura 29.9 Esqueleto humano. **A.** Vista ventral. **B.** Vista dorsal. Em comparação com outros mamíferos, o esqueleto humano é um conjunto de partes primitivas e derivadas. A postura ereta, conferida pelas mudanças especializadas nas pernas e pélvis, capacitou o arranjo primitivo de braços e mãos (adaptação arborícola do ancestral humano) para serem usados na manipulação de ferramentas. O desenvolvimento do crânio e do cérebro surgiu como consequência da seleção natural que conferiu destreza e habilidade para avaliar o ambiente.

As duas primeiras vértebras cervicais, **atlas** e **áxis**, estão presentes em todos os amniotas, mas são modificadas nos mamíferos para conferir suporte ao crânio e permitir movimentos essenciais. A atlas confere suporte à esfera da cabeça como o mitológico Atlas suportou a Terra em seus ombros. A áxis, a segunda vértebra, permite que a cabeça gire de um lado para o outro.

> **Tema-chave 29.4**
>
> **CONEXÃO COM SERES HUMANOS**
>
> **Perda óssea em seres humanos**
>
> Após a menopausa, a mulher perde 5 a 6% de sua massa óssea anualmente, muitas vezes levando ao desenvolvimento de osteoporose e aumentando o risco de fraturas ósseas. A suplementação dietética com cálcio e vitamina D_3 tem sido defendida para prevenir essas perdas e, juntamente com os exercícios, pode retardar a desmineralização após a menopausa. A terapia com o hormônio sexual feminino estrogênio (ver Figura 7.15) é frequentemente usada em mulheres na pós-menopausa, porque a produção ovariana de estrogênio cai significativamente após a menopausa. Mais frequentemente, no entanto, baixas doses de estrogênio são geralmente acompanhadas por baixas doses do hormônio feminino progesterona, uma vez que essa combinação diminui o risco de câncer de mama e útero, que são efeitos colaterais significativos da terapia estrogênica isolada. Os bisfosfonatos são uma terapia alternativa à terapia de reposição hormonal (TRH) para mulheres com histórico de câncer de mama ou de útero na família. Esta classe de drogas não é hormonal e atua diminuindo a atividade de degradação óssea dos osteoclastos. Finalmente, moduladores seletivos do receptor de estrogênio (SERMs) são outro tipo de tratamento para a osteoporose. São drogas de reposição hormonal sintética que simulam os efeitos do estrogênio nos ossos, mas não parecem aumentar o risco de câncer de mama ou de útero. Entre os animais, apenas os seres humanos sofrem de osteoporose, talvez uma consequência da longa vida pós-produtiva da espécie humana. A osteoporose é tradicionalmente considerada um problema feminino, mas atualmente estima-se que um em cada cinco homens corre risco de desenvolver osteoporose (http://www.iofbonehealth.org/).

As costelas são estruturas esqueléticas longas ou curtas que se articulam medialmente com as vértebras e se estendem na parede corporal. Os peixes têm costelas únicas ou pareadas que se prendem a cada vértebra (ver Figura 29.8); elas funcionam como elementos de suporte nos septos de tecido conjuntivo que separam os segmentos musculares e, assim, melhoram a eficácia das contrações musculares. Muitos peixes têm tanto costelas dorsais como ventrais, e alguns têm numerosos ossos intramusculares semelhantes às costelas. Outros vertebrados têm um número reduzido de costelas e alguns, como por exemplo a conhecida rã-leopardo, não possuem nenhuma costela. Nos mamíferos, o conjunto de costelas forma a caixa torácica, a qual sustenta a parede peitoral e impede o colapso dos pulmões. As preguiças têm 24 pares de costelas, enquanto os cavalos, 18 parcs. Primatas não humanos têm 13 pares de costelas; os seres humanos têm 12 pares, embora aproximadamente 1 em cada 20 pessoas apresente o 13º par.

A maioria dos vertebrados, incluindo os peixes, tem apêndices pareados. Todos os peixes, exceto os Agnatha, têm nadadeiras peitorais e pélvicas finas que são sustentadas, respectivamente, pelas cinturas peitorais e pélvicas (ver Figura 29.8). Algumas enguias não têm nadadeiras peitorais ou pélvicas e nas moreias não possuem nadadeiras. Os tetrápodes (exceto as cecílias, algumas salamandras, cobras e lagartos ápodes) têm dois pares de membros **pentadáctilos** (cinco dedos), também sustentados pelas cinturas. O membro pentadáctilo é semelhante em todos os tetrápodes vivos e extintos; mesmo quando altamente modificados para os diferentes modos de vida, pode-se reconhecer facilmente a homologia nesses elementos (a evolução do membro pentadáctilo está ilustrada na Figura 25.3).

As modificações do membro pentadáctilo básico para a vida em diferentes ambientes envolvem com mais frequência a perda ou fusão óssea do que a adição de um novo osso. As extremidades dos apêndices são mais prováveis de serem modificadas, como as estruturas ósseas dos pés e das mãos. Os cavalos e seus parentes evoluíram uma estrutura do pé para corrida pelo alongamento do terceiro dedo. Na realidade, um cavalo posiciona-se na sua terceira unha (casco), muito semelhante a uma bailarina que se posiciona na ponta dos dedos. A asa de uma ave é um bom exemplo de modificação distal. O embrião de uma ave tem 13 ossos distintos do pulso e da mão (carpais e metacarpais), mas a maioria deles, bem como os ossos dos dedos (falanges), regride durante o desenvolvimento, permanecendo quatro ossos em três dedos na ave adulta (ver Figura 27.5). Todavia, os ossos proximais (úmero, rádio e ulna) são apenas levemente modificados na asa de uma ave.

Em quase todos os tetrápodes, a cintura pélvica é fortemente presa ao esqueleto axial, já que as maiores forças locomotoras transmitidas ao corpo se originam nos membros posteriores. Entretanto, a cintura peitoral está mais frouxamente presa no esqueleto axial, conferindo aos membros anteriores grande liberdade para movimentos manipuladores.

Efeito do tamanho corporal na pressão exercida sobre os ossos

Como Galileu observou em 1638, a capacidade dos membros dos animais de sustentar uma carga diminui com o aumento do tamanho do animal (texto de abertura do capítulo). Imagine dois animais, um com o dobro do tamanho do outro, mas proporcionalmente idênticos. O animal maior tem o dobro do comprimento, da largura e da altura do animal menor. O volume (e o peso) do animal maior será 8 vezes o volume do animal menor ($2 \times 2 \times 2 = 8$). No entanto, a resistência das pernas do animal maior será de apenas 4 vezes a resistência do animal menor, porque a força do osso, do tendão e do músculo é proporcional à área em seção transversal. Então, como notou Galileu, o peso de 8 vezes teria que ser carregado por uma força de apenas 4 vezes. Em virtude de a força máxima do osso de um mamífero ser um tanto uniforme por unidade de área em seção transversal, como os animais podem se tornar maiores sem que pressões insuportáveis atuem nos ossos longos dos membros? Uma solução óbvia foi produzir ossos mais sólidos e mais fortes. Todavia, em todas as suas séries de tamanho, a forma óssea não muda muito nos mamíferos de diferentes tamanhos. Em vez disso, os mamíferos adotaram uma postura dos membros para que as pressões sejam transferidas para alinhar-se ao eixo horizontal dos ossos, em vez de transversalmente. Os pequenos mamíferos, do tamanho de uma tâmia ou de um esquilo, correm agachados, ao passo que um mamífero grande como um cavalo adota uma postura ereta (Figura 29.10). Os ossos e músculos são capazes de carregar muito mais peso quando alinhados de maneira próxima com a força de reação do solo, como ocorre nas pernas de um cavalo. Dessa forma, o auge do estresse ósseo durante uma atividade desgastante não é maior no galope do cavalo que na corrida de um esquilo ou de um cachorro.

Para animais maiores que cavalos, a mudança de postura do membro não confere nova vantagem mecânica em virtude de os membros estarem totalmente eretos. Em vez disso, os ossos longos de um elefante que pesa 2,5 toneladas, e os do enorme dinossauro *Apatosaurus* que pesava aproximadamente 34 toneladas, são (eram) extremamente espessos e robustos (Figura 29.10), proporcionando o fator de segurança que esses enormes animais exigem (exigiam). Contudo, a velocidade máxima da corrida dos

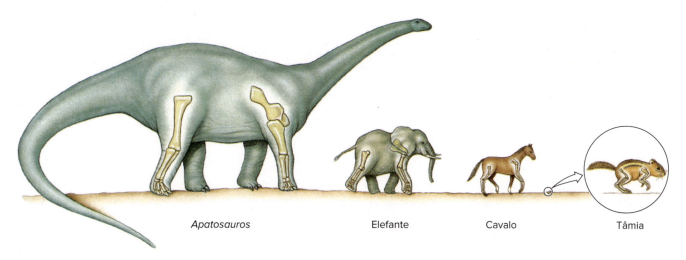

Figura 29.10 Comparação de posturas em pequenos e grandes mamíferos, que mostra o efeito de escala. Por causa de sua postura mais ereta, os estresses ósseos no cavalo são semelhantes àqueles na tâmia. Nos mamíferos maiores que os cavalos (acima de aproximadamente 300 kg), estresses muito maiores requerem que os ossos se tornem extremamente robustos e que o animal perca agilidade.

maiores animais terrestres diminui com o aumento do tamanho; uma análise utilizando simulação computacional de um dos dinossauros mais formidáveis, *Tyrannosaurus*, concluiu que ele podia correr até 29 km/hora.

29.3 MOVIMENTO ANIMAL

O movimento é uma característica importante dos animais. O movimento animal ocorre de diversas formas nos tecidos animais, alcançando desde os quase imperceptíveis fluxos do citoplasma até os movimentos consideráveis dos poderosos músculos estriados. A maior parte do movimento depende de um único mecanismo fundamental: **proteínas contráteis**, que permitem contração e relaxamento. Essa máquina contrátil também é composta por fibrilas ultrafinas organizadas para se contraírem quando movidas por **ATP**. O sistema proteico contrátil mais importante é o **sistema actomiosina**, composto de duas proteínas: **actina** e **miosina**. Esse é um sistema biomecânico quase universal, encontrado desde eucariotos unicelulares até vertebrados; esse sistema desempenha diversos papéis funcionais. Entretanto, cílios e flagelos são compostos de proteínas que não a actina e miosina e, assim, são exceções à regra. Nesta seção, iremos examinar os três principais tipos de movimento animal: o ameboide; o ciliar e flagelar; e o muscular.

Movimento ameboide

O movimento ameboide é uma forma de movimento especialmente característico de amebas e outras formas unicelulares; ele também é encontrado em muitas células errantes de animais, como macrófagos, leucócitos, mesênquima embrionário e muitas outras células móveis que se deslocam pelos espaços teciduais.

Pesquisas com diversas células ameboides, incluindo os fagócitos que combatem patógenos presentes no sangue, têm produzido um modelo consensual para explicar a projeção e a retração de **pseudópodes** (falsos pés) e o deslocamento ameboide. Os estudos ópticos de uma ameba em movimento sugerem que a camada externa do **ectoplasma** gelatinoso agranular circunda o **endoplasma** central mais líquido (ver Figura 11.5). Os movimentos dependem de actina, proteínas ligadas à actina (ABP), bem como de outras proteínas reguladoras. De acordo com tal hipótese (Stossel, 1994), quando os pseudópodes se estendem, as pressões hidrostáticas forçam as subunidades de actina do endoplasma fluido para o pseudópode, onde elas se dissociam das ABPs que inibem a polimerização da actina; assim, ficam aptas para se reunirem em uma rede de polímeros de filamentos de actina para formar um ectoplasma gelatinoso. Na extremidade posterior do gel onde a rede se desfaz, os filamentos de actina interagem com a miosina na presença de íons cálcio, criando uma força contrátil que puxa a célula para a frente, por trás do pseudópode projetado. A locomoção é auxiliada por proteínas de adesão de membrana que se prendem temporariamente ao substrato para proporcionar tração, permitindo que a célula se arraste firmemente para a frente (ver Figura 11.7).

Movimento ciliar e flagelar

Os **cílios** são estruturas minúsculas, móveis e semelhantes a pelos que se estendem da superfície das células de muitos animais. Eles são uma característica particularmente distinta dos eucariotos unicelulares ciliados, mas são encontrados em todos os grandes grupos animais, exceto em nematódeos, nos quais os cílios móveis estão ausentes, e artrópodes, nos quais eles são raros. Os cílios realizam diversas funções no movimento de pequenos organismos, como ciliados unicelulares e ctenóforos (Figura 29.11 B), por seu ambiente aquático ou na propulsão de fluidos e materiais sobre as superfícies epiteliais de animais maiores.

> **Tema-chave 29.5**
>
> **CONEXÃO COM SERES HUMANOS**
>
> **Cílios humanos**
>
> Uma pesquisa recente sugere que a presença de cílios nas células do corpo humano é mais uma regra que uma exceção. Os cílios estão envolvidos na comunicação celular, particularmente durante o desenvolvimento e, aparentemente, desempenham um papel no posicionamento dos órgãos no embrião em desenvolvimento.

Os cílios são de uma uniformidade extraordinária em seu diâmetro (0,2 a 0,5 μm), onde quer que sejam encontrados. A microscopia eletrônica tem revelado que cada cílio contém em sua base um **corpo basal** (cinetossomo), estruturalmente similar a um centríolo (ver Figura 3.10). Cada corpo basal origina um círculo periférico de nove microtúbulos duplos dispostos ao redor de dois microtúbulos centrais (Figura 29.11) formando o suporte estrutural e o maquinário para movimentação em cada cílio. Cada microtúbulo é composto de várias subunidades proteicas em espiral denominadas **tubulina** (ver Figura 3.9). Os microtúbulos duplos periféricos são conectados uns aos outros e ao par central de microtúbulos por um complexo sistema de **proteínas associadas aos microtúbulos (MAP)**. Estendendo-se também de cada microtúbulo duplo, há um par de braços compostos de MAP, a **dineína**. Os braços de dineína, que agem como pontes transversas entre os microtúbulos duplos, funcionam para produzir uma força de deslizamento entre os microtúbulos. Durante o movimento ciliar, os microtúbulos comportam-se como "filamentos deslizantes" que se movem de forma semelhante ao deslizamento de filamentos do músculo esquelético estriado dos vertebrados, descritos na discussão sobre a hipótese do filamento deslizante e na Figura 29.15. Durante a flexão ciliar, os braços da dineína unem-se aos microtúbulos adjacentes e, então, giram e dissociam-se em ciclos repetidos, provocando o deslizamento dos microtúbulos entre os lados côncavos e convexos. Esse processo aumenta a curvatura dos cílios. Durante o movimento de recuperação da flexão ciliar, os microtúbulos do lado oposto deslizam para fora até atingir a condição anterior, trazendo os cílios à sua posição inicial.

O **flagelo** é uma estrutura em forma de chicote mais longa que um cílio e que geralmente se apresenta isoladamente ou em pequeno número na extremidade de uma célula. Os flagelos são encontrados em muitos eucariotos unicelulares, nos espermatozoides e nas esponjas. Têm a mesma estrutura interna básica dos cílios, embora existam várias exceções à organização 9 + 2; por exemplo, as caudas de espermatozoides de planárias possuem um único microtúbulo central, e as caudas de espermatozoides de efemérias não têm um microtúbulo central. A principal diferença entre um cílio e um flagelo está no padrão de batimento e não em sua estrutura. Um flagelo bate simetricamente com ondulações em serpentina para que a água seja propelida paralelamente ao eixo longo do flagelo. Ao contrário, um cílio bate assimetricamente com um golpe rápido e forte em uma direção, seguida por uma lenta recuperação durante a qual o cílio se curva para retornar à sua posição de origem (Figura 29.12 A). A água é propelida paralelamente à superfície ciliada (ver Figura 29.12 A e B).

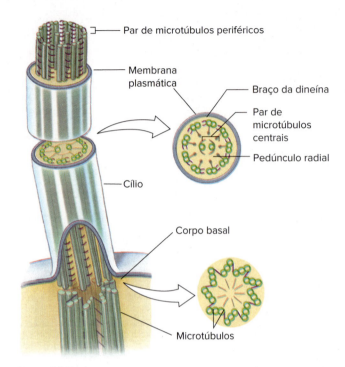

Figura 29.11 Corte longitudinal e transversal de um cílio evidenciando os microtúbulos e proteínas associadas aos microtúbulos (MAP) do arranjo 9 + 2 típicos de cílios e flagelos. O par central de microtúbulos estende-se até próximo do nível da superfície celular. Os microtúbulos periféricos continuam para dentro por uma curta distância para compor dois de cada três tríades no corpo basal (cinetossomo).

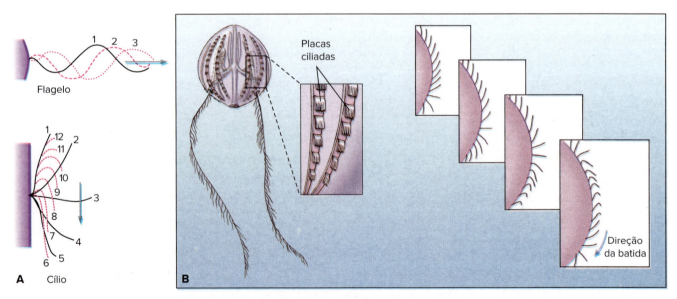

Figura 29.12 A. Batimento flagelar em ondulações, propelindo a água paralelamente ao eixo principal do flagelo. O cílio propele a água em direção paralela à superfície celular. **B.** Movimento de cílios nas placas ciliadas de um ctenóforo. Note como as ondas de batimento nas placas ciliadas passam sob uma fileira de cílios em direção oposta ao movimento rítmico dos cílios individuais. O movimento de uma placa ciliada levanta uma placa abaixo dela e, então, ativa a próxima placa ciliada inferior, e assim sucessivamente.

Movimento muscular

O tecido contrátil é altamente desenvolvido em células musculares denominadas **fibras**. Embora as próprias fibras musculares possam trabalhar somente por contração e não possam alongar-se ativamente, elas podem ser arranjadas em diferentes configurações e combinações que possibilitam qualquer movimento.

Tipos de músculos dos vertebrados

O músculo vertebrado geralmente é classificado com base na aparência das células musculares (fibras) quando observadas em microscópio óptico. Tanto o **músculo esquelético** quanto o **cardíaco** contêm faixas transversais (**estrias**), com bandas claras e escuras alternadas, embora, diferentemente do músculo esquelético, no músculo cardíaco as células sejam uninucleadas e ramificadas. Um terceiro tipo de músculo vertebrado é o **músculo liso** (ou visceral), no qual faltam as características bandas alternadas do tipo estriado.

O músculo esquelético é tipicamente organizado em feixes sólidos e compactos ou em bandas. Ele é chamado de músculo esquelético porque se prende aos elementos esqueléticos e é responsável pelos movimentos do tronco, apêndices, órgãos respiratórios, olhos, partes da boca e outras estruturas. As fibras musculares esqueléticas são células extremamente longas, cilíndricas e multinucleadas que normalmente alcançam de uma extremidade a outra do músculo. Elas são organizadas em feixes chamados **fascículos** (do latim *fasciculus*, pequeno feixe), que são envoltos por um tecido conjuntivo resistente (Figura 29.13). Os fascículos são, por sua vez, agrupados em um **músculo** discreto circundado por uma espessa camada de tecido conjuntivo. A maioria dos músculos esqueléticos afila-se em suas extremidades, onde eles se conectam aos ossos por meio de tendões. Outros músculos, como os músculos abdominais ventrais, são lâminas achatadas.

Na maioria dos peixes, anfíbios e alguns lagartos e serpentes, há uma organização segmentada dos músculos alternados com as vértebras. Os músculos esqueléticos de outros vertebrados, por divisão, fusão ou derivação, se desenvolveram em músculos especializados mais adaptados para a manipulação dos apêndices articulados que evoluíram para a locomoção terrestre. O músculo esquelético apresenta uma poderosa e rápida contração, mas entra em fadiga muito mais facilmente que o músculo liso. Algumas vezes, o músculo esquelético também é chamado de **músculo voluntário,** por ser estimulado por neurônios motores (ver Figura 33.1) sob controle consciente.

> **Tema-chave 29.6**
> ### ADAPTAÇÃO E FISIOLOGIA
> **Músculos antagonísticos**
> Os músculos podem apenas se contrair ou encurtar-se e requerem forças externas para restaurar seu comprimento original a cada contração. Eles fornecem movimento somente em uma direção e são, por esse motivo, muitas vezes agrupados em conjuntos de músculos antagônicos. Os músculos antagonistas são funcionalmente opostos à ação um do outro. Por exemplo, a ação do bíceps braquial no lado superior do braço é oposta à ação do tríceps braquial situado no lado inferior do braço. Ao se contraírem, eles equilibram e suavizam movimentos rápidos em duas direções diferentes.

O **músculo cardíaco**, o aparentemente incansável músculo do coração dos vertebrados, possui algumas características do músculo esquelético. Ele tem ação rápida e é estriado da mesma forma que o músculo esquelético e tem mecanismo de contração similar, mas a contração está sob o controle do sistema nervoso autônomo involuntário e hormonal (semelhante ao músculo liso). Os mecanismos externos de controle servem apenas para

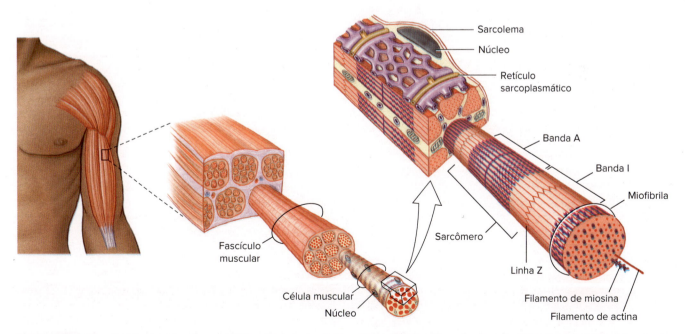

Figura 29.13 Organização do músculo esquelético desde o geral até o nível molecular. Um músculo esquelético (*esquerdo*) é composto de milhares de fibras musculares multinucleadas (*centro*), e cada uma contém milhares de miofibrilas (*direita*). Cada miofibrila contém numerosos filamentos de miosina e actina que interagem de um lado a outro durante a contração, para encurtar o músculo. O retículo sarcoplasmático é uma rede de túbulos reticulares endoplasmáticos modificados que circundam as miofibrilas e servem como reservatório de cálcio que é liberado durante cada despolarização de membrana, iniciando o deslizamento dos filamentos de actina e miosina durante a contração muscular.

modular a taxa intrínseca e a força da contração; o batimento cardíaco inicia-se dentro do músculo cardíaco especializado, e o coração ainda continua a bater mesmo se removido do corpo (a excitação cardíaca é descrita na Seção 31.3). O músculo cardíaco é composto de fibras celulares uninucleadas intimamente opostas, mas distintas, que são unidas uma à outra de ponta a ponta por complexos juncionais (ver Capítulo 3) chamados de **discos intercalares**. No **músculo liso**, faltam as típicas estriações do músculo esquelético. As células são muito menores e em forma de fitas afiladas, sendo constituídas por feixes longos e estreitos, cada uma contendo um único núcleo central. Essas células entrelaçam-se de tal forma que a porção afilada de uma se situa próxima à região central nuclear da seguinte. As células do músculo liso são organizadas em lâminas de músculos que circundam as cavidades e as estruturas tubulares do corpo, como as paredes do canal alimentar, dos vasos sanguíneos, das passagens respiratórias e dos ductos urinário e genital. O músculo liso é tipicamente de ação lenta e pode manter contrações prolongadas com baixo gasto energético. Ele está sob o controle do sistema nervoso autônomo (ver Figura 33.17) e por hormônios, além de ser controlado por mecanismos regulatórios localizados; assim, diferentemente dos músculos esqueléticos, suas contrações são involuntárias e inconscientes. O músculo liso age por contração e relaxamento sustentados. Por exemplo, os músculos lisos empurram material em um tubo, como no intestino, por meio de contrações ativas, ou mudam o diâmetro de um tubo para regular um fluido ou um fluxo de ar, como em um vaso sanguíneo ou em passagens aéreas.

Tipos de músculos dos invertebrados

Músculos lisos e estriados também são característicos dos animais invertebrados, assim como outro tipo denominado músculo estriado oblíquo. Existem muitas variações desses três tipos, e há ainda exemplos nos quais são combinadas as características estruturais e funcionais dos músculos lisos e estriados de vertebrados. Esses tipos de músculos estão presentes em grupos diversos de invertebrados como cnidários e artrópodes. A evolução dos músculos estriado e liso em cnidários e ctenóforos, em relação a organismos bilaterais, é discutido na Seção 13.3. As fibras musculares mais espessas conhecidas, de aproximadamente 3 mm de diâmetro e 6 cm de comprimento, são aquelas das cracas gigantes e dos caranguejos-rei do Alasca que vivem ao longo da costa do Oceano Pacífico da América do Norte. Essas células musculares grandes representam bons exemplos para estudos fisiológicos e são populares entre fisiologistas que trabalham com músculos.

Ilustramos o intervalo de tipos de músculos de invertebrados com dois extremos funcionais: os músculos adutores especializados dos moluscos e os músculos de voo rápido dos insetos.

Os músculos dos moluscos bivalves contêm dois tipos de fibras. Um tipo é o músculo estriado que pode contrair-se rapidamente, capacitando o molusco bivalve a fechar rapidamente suas valvas quando perturbado. As vieiras usam essas fibras de músculo "rápido" para nadar. O segundo tipo muscular é o músculo liso, capaz de contrações lentas e tempos de contração mais longos. Utilizando essas fibras, um bivalve pode manter suas valvas fechadas firmemente durante horas ou mesmo dias (ver Figura 16.21). Esses músculos adutores usam pouca energia metabólica e recebem, extraordinariamente, poucos impulsos nervosos para manter seu estado ativo. O estado contraído tem sido associado ao "mecanismo de captura" envolvendo uma baixa taxa de ciclos de pontes cruzadas (ver Figura 29.17) entre proteínas contráteis dentro da fibra muscular com um pequeno gasto energético. Mecanismos similares têm sido descobertos em alguns tipos de músculos lisos de vertebrados.

Os músculos do voo dos insetos são praticamente a antítese funcional das contrações lentas, de maior duração, observadas nos músculos adutores dos bivalves. As asas de algumas moscas pequenas funcionam em frequências acima de mil batidas por segundo. O **músculo fibrilar**, que se contrai nessas frequências – maior ainda que o mais ativo dos músculos de vertebrados – apresenta características únicas. Ele tem capacidade de extensão muito limitada, ou seja, o sistema de alavanca da asa é organizado de tal forma que os músculos se encurtam somente um pouco durante cada batimento das asas para baixo. Além disso, os músculos e as asas funcionam como um sistema de oscilação rápida em um tórax elástico (ver Figura 21.7). Como os músculos ricocheteiam elasticamente e são ativados por estiramento durante o voo, eles recebem impulsos nervosos periodicamente e não a cada contração; um impulso de reforço a cada 20 ou 30 contrações é suficiente para manter o sistema ativo. Os músculos do voo dos insetos estão descritos na Seção 21.1.

Estrutura do músculo estriado

O músculo estriado é assim denominado por causa das estrias, claramente visíveis sob a luz do microscópio que passa transversalmente pelas células musculares. Cada célula ou **fibra** é multinucleada e em forma de tubo, contendo numerosas **miofibrilas**, empacotadas e envoltas pela membrana celular, o **sarcolema** (ver Figura 29.13). As miofibrilas contêm dois tipos de **miofilamentos**, compostos pelas proteínas **miosina** e **actina**. Essas são as proteínas contráteis do músculo. A actina estende-se em filamentos paralelos a partir de um denso complexo proteico denominado estria Z. A unidade funcional da miofibrila, chamada de **sarcômero**, estende-se entre linhas Z sucessivas. A Figura 29.13 esquematiza essas relações anatômicas.

Cada filamento de miosina é composto de muitas moléculas de miosina agrupadas em um feixe alongado (Figura 29.14). Cada molécula de miosina é composta de duas cadeias de polipeptídios, cada uma formando uma cabeça globular (Figura 29.14 A) e alinhadas em dois feixes para formar um filamento de miosina. Os dois feixes de miosina são mantidos de ponta a ponta no centro de cada sarcômero tal que as cabeças duplas de cada molécula de miosina apontam na direção das linhas Z, às quais os filamentos de actina se anexam (ver Figura 29.14 B). As cabeças da miosina agem como sítios de ligação para ATP de alta energia e, durante a contração muscular, formam pontes moleculares cruzadas que interagem com os filamentos de actina.

Os filamentos de actina compõem-se de um suporte principal formado por uma fita dupla de actina enrolada em dupla-hélice. Adicionalmente, duas proteínas de ligação com a actina, a tropomiosina e a troponina, participam do complexo filamentar da actina. Elas são importantes na regulação das interações da actina com miosina durante a contração muscular. Dois filamentos delgados de **tropomiosina** localizam-se próximo dos sulcos entre os filamentos de actina. Cada filamento de tropomiosina compõe-se de uma dupla-hélice, como mostrado na Figura 29.14 C. A **troponina** é um complexo de três proteínas globulares localizadas em intervalos ao longo dos filamentos de actina. A troponina funciona como um interruptor dependente de cálcio que controla o processo de contração, e age movendo as moléculas de tropomiosina que cobrem o sítio de ligação para miosina na actina quando o músculo está em repouso.

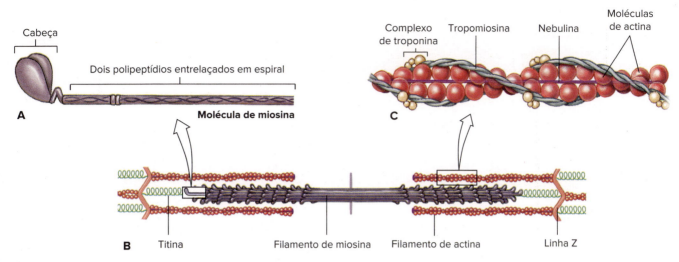

Figura 29.14 Estrutura molecular dos filamentos de actina e miosina do músculo esquelético. **A.** A molécula de miosina é composta de dois polipeptídios enrolados e dilatados em suas extremidades em duas cabeças globulares. **B.** O filamento de miosina é composto de um feixe de moléculas de miosina com as cabeças globulares estendidas para fora em direção aos filamentos de actina em ambos os lados. A proteína titina percorre cada filamento de miosina e se fixa na Linha M no centro do sarcômero e na Linha Z. **C.** O filamento de actina consiste em uma fita dupla de actina rodeada por duas fitas de tropomiosina. A proteína nebulina forma um núcleo em forma de bastonete em torno do qual os filamentos de actina se alinham. Um complexo proteico globular, a troponina, ocorre aos pares a cada sétima unidade de actina. A troponina é uma chave dependente do cálcio que controla a interação entre a actina e a miosina.

Tema-chave 29.7
CONEXÃO COM SERES HUMANOS

Exercícios e tipos de músculos

O tecido muscular humano desenvolve-se antes do nascimento, e o complemento das fibras musculares esqueléticas em um recém-nascido é similar ao do adulto. Embora um halterofilista adulto e um garoto tenham um número semelhante de fibras musculares, o halterofilista pode ser várias vezes mais forte do que o garoto por causa dos exercícios repetidos de curta duração e alta intensidade que induzem a síntese de filamentos adicionais de actina e miosina. Cada fibra se torna hipertrofiada, maior e mais forte. Esse tipo de exercício favorece a hipertrofia de fibras glicolíticas rápidas (Seção 29.3) que dependem da glicólise como fonte de energia, e que se fatigam rapidamente. O exercício de resistência, tal como a corrida de longa distância, produz uma resposta muito diferente. Tipos de fibras musculares de oxidação rápida e fibras intermediárias são estimulados (Seção 29.3) e desenvolvem mais mitocôndrias e mioglobinas e, por isso, tornam-se adaptadas para uma alta taxa de fosforilação oxidativa. Essas mudanças, juntamente com o desenvolvimento de mais capilares sanguíneos irrigando as fibras, levam a um aumento da capacidade de atividades de longa duração, em vez da força de contração.

Os complexos dos filamentos de actina estendem-se para a borda externa de ambos os lados da Linha Z e sobrepõem-se aos feixes de miosina em direção ao centro de cada sarcômero (ver Figuras 29.14 B e 29.15). A nebulina e titina são proteínas estruturais no músculo estriado dos vertebrados que interagem com a actina (nebulina) e a miosina (titina) (ver Figura 29.14 B e C). A nebulina regula o comprimento dos filamentos de actina, enquanto a titina, que é uma proteína elástica, fornece suporte para a miosina e a ancora no meio do sarcômero na Linha M.

A hipótese de filamento deslizante da contração muscular

Na década de 1950, os fisiologistas ingleses A. F. Huxley e H. E. Huxley propuseram, independentemente, a hipótese do **filamento deslizante** para explicar a contração do músculo estriado. De acordo com essa hipótese, os filamentos de actina e miosina unem-se por pontes moleculares cruzadas que atuam como alavancas para puxar os filamentos uns dos outros. Durante a contração, as cabeças dos filamentos de miosina formam as pontes cruzadas, que se movem rapidamente para a frente e para trás, prendendo-se e libertando-se alternativamente de sítios receptores nos filamentos de actina e puxando os filamentos contra os de miosina como uma cremalheira. À medida que a contração continua, as linhas Z são aproximadas (Figura 29.15). Assim, o sarcômero encurta-se. Como todas as unidades dos sarcômeros encurtam-se juntas, o músculo contrai-se. O relaxamento é um processo passivo. Quando as pontes cruzadas entre os filamentos de actina e miosina separam-se, os sarcômeros ficam livres para se distenderem. Isso requer alguma força, que é comumente fornecida pelo recolhimento das fibras elásticas dentro das camadas de tecido conjuntivo do músculo (Seção 9.3) e por músculos antagonistas ou pela força da gravidade.

Controle da contração

Os músculos contraem-se em resposta à estimulação nervosa. Se o nervo que supre um músculo for rompido, o músculo **atrofia-se** ou definha. As fibras musculares esqueléticas são inervadas por neurônios motores, cujos corpos celulares estão localizados no sistema nervoso central (encéfalo e medula espinal) (ver Seção 33.3). Cada corpo celular dá origem ao axônio motor que deixa o sistema nervoso central para seguir por um tronco nervoso periférico até um músculo, onde ele se ramifica repetidamente em muitos ramos terminais. Cada ramo terminal inerva uma única fibra muscular. Dependendo do tipo de músculo, um único axônio motor pode inervar três ou quatro fibras musculares (onde é requerido um

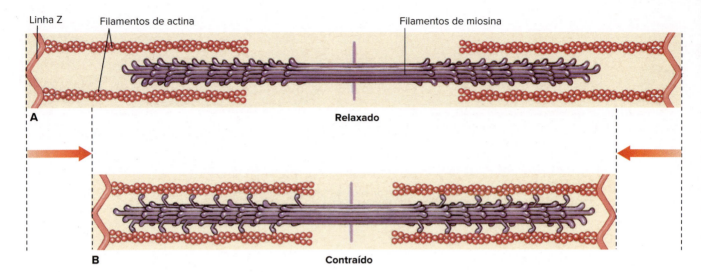

Figura 29.15 Hipótese do filamento deslizante, que mostra como a actina e a miosina interagem durante a contração. **A.** Músculo relaxado. **B.** Músculo contraído. Nebulina, titina, tropomiosina e troponina foram omitidas desta figura a fim de facilitar a visualização do mecanismo de contração.

controle motor muito preciso, como os músculos que controlam os movimentos dos olhos) ou até 2 mil fibras musculares (onde não se requer um controle muito preciso, como os grandes músculos da perna). O neurônio motor e todas as fibras musculares por ele inervadas são chamados de **unidade motora**. A unidade motora é a unidade funcional do músculo esquelético. Quando um neurônio motor desfere um impulso nervoso, o potencial de ação transfere-se para todas as fibras da unidade motora e cada uma é estimulada a se contrair simultaneamente. A força total exercida pelo músculo depende do número de unidades motoras ativadas. O controle preciso do movimento é conseguido pela variação do número de unidades motoras ativadas de uma só vez. Um aumento no número de unidades motoras colocadas em ação produz um aumento suave e constante na tensão muscular; isso é chamado de **recrutamento** de unidade motora.

Junção neuromuscular

O local onde um axônio motor termina em uma fibra muscular é chamado de **junção neuromuscular** (ou **mioneural**) (Figura 29.16). Na junção tem um espaço estreito ou **junção sináptica**, que separa levemente uma fibra nervosa de uma fibra muscular. Dentro de cada terminal nervoso e nas proximidades da junção sináptica, o neurônio armazena uma substância química, a **acetilcolina**, em vesículas minúsculas conhecidas como **vesículas sinápticas**. As vesículas de acetilcolina são liberadas na junção sináptica quando um impulso nervoso ou um potencial de ação alcança a sinapse (ver Capítulo 33.7). A acetilcolina é um mediador químico ou **neurotransmissor** que se difunde pela estreita junção e atua na membrana da fibra muscular, ou sarcolema, para se ligar aos receptores e assim gerar uma despolarização elétrica (ver Figura 29.6; ver Figura 33.8). A despolarização difunde-se rapidamente pela fibra muscular, levando-a a se contrair. Assim, a sinapse é uma ponte química especial que une as atividades elétricas das fibras nervosas e musculares. O mecanismo de transmissão de um sinal elétrico do feixe nervoso para o músculo é similar à transmissão de sinais entre duas fibras nervosas descritas nas Seções 33.7 e 33.8.

No músculo esquelético dos vertebrados está presente um sistema condutor elaborado, que transmite a despolarização da junção neuromuscular para os filamentos densamente empacotados dentro da fibra. Ao longo da superfície do sarcolema, localizam-se numerosas invaginações da membrana que se projetam para dentro das fibras musculares na forma de um sistema de túbulos, denominado de **túbulo-T** (Figura 29.16). A despolarização da membrana a partir da junção neuromuscular passa por esses túbulos-T em direção ao interior fibra muscular. Os túbulos-T estão intimamente associados ao **retículo sarcoplasmático**, um sistema do retículo endoplasmático modificado (ver Figura 3.6) e que corre paralelamente aos filamentos de actina e miosina. Esse sistema sarcoplasmático armazena cálcio e sua liberação nos filamentos de actina e miosina possibilita a contração muscular.

Acoplamento excitação-contração

Como a despolarização elétrica do sarcolema e dos túbulos-T ativa o mecanismo contrátil? A despolarização não ocorre no músculo em repouso, não estimulado, porque os finos filamentos de tropomiosina que circundam os filamentos de actina encontra-se em uma posição que impede que as cabeças da miosina se associem à actina. Quando o músculo é estimulado e o potencial de ação é transmitido aos túbulos-T, a despolarização elétrica estimula o retículo sarcoplasmático que circunda as fibrilas, para liberar íons cálcio (Figura 29.17). O cálcio liga-se à proteína que faz a ligação com a actina, a troponina. Imediatamente, a troponina sofre mudanças na forma, o que permite à tropomiosina sair de sua posição de bloqueio, expondo os locais ativos nos filamentos de actina. Então, as cabeças de miosina associam-se a esses locais, formando pontes cruzadas entre os filamentos de miosina e actina adjacentes. Isso dá início a um ciclo liga-puxa-libera, ou **ciclo de pontes cruzadas,** que ocorre em uma série de passos, como mostrado na Figura 29.17. A liberação de energia proveniente da hidrólise do ATP (ver Capítulo 4) ativa a cabeça da miosina, que oscila em 45°, ao mesmo tempo que libera uma molécula de ADP. Esse é o poderoso golpe que puxa o filamento de actina a uma distância de quase 10 nm e termina quando fosfato inorgânico é liberado. Outra molécula de ATP em seguida se liga à cabeça da miosina, liberando a miosina do sítio ativo na actina. Assim, cada ciclo requer consumo de energia na forma de ATP (Figura 29.17).

O encurtamento continuará enquanto os potenciais de ação nervosos chegarem à junção neuromuscular e o cálcio livre permanecer disponível ao redor dos filamentos de actina e miosina. O ciclo de pontes cruzadas pode se repetir de 50 a 100 vezes por

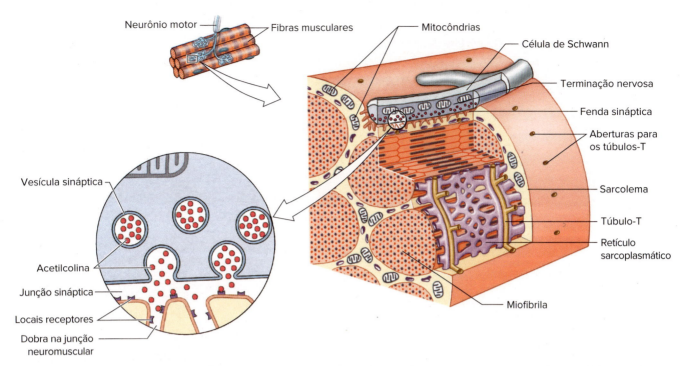

Figura 29.16 Seção de um músculo esquelético de vertebrado evidenciando uma sinapse neuromuscular (junção neuromuscular ou mioneural), o retículo sarcoplasmático e a os túbulos transversos conectantes (túbulos-T). A chegada de um impulso nervoso ou de um potencial de ação na sinapse desencadeia a liberação da acetilcolina na fenda sináptica (*detalhe à esquerda*). As moléculas transmissoras que se ligam aos receptores geram a despolarização da membrana. Essa despolarização se espalha pelo sarcolema, para os túbulos T e para o retículo sarcoplasmático, onde a liberação repentina de cálcio põe em movimento o mecanismo contrátil da miofibrila.

segundo, puxando os filamentos de actina e miosina uns contra os outros. Embora a distância que cada sarcômero pode se encurtar seja muito pequena, essa distância é multiplicada pelos milhares de sarcômeros que ocupam a fibra muscular de ponta a ponta. Consequentemente, uma poderosa contração pode encurtar o músculo em até 33% de seu comprimento de repouso.

Quando a estimulação cessa, o cálcio é rapidamente bombeado de volta ao retículo sarcoplasmático. A troponina retoma a sua configuração inicial; a tropomiosina retorna à sua posição de bloqueio sobre a actina, e o músculo relaxa.

Energia para contração

A contração muscular requer grande quantidade de energia. O ATP é uma fonte imediata de energia e seu nível no músculo é mantido quase constante devido à reposição imediata a partir de três fontes principais: glicose, glicogênio e fosfocreatina. A glicose é transportada para o músculo na circulação, onde é catabolizada durante o **metabolismo aeróbico** (ver Figura 4.16) para produzir ATP.

O **glicogênio** armazenado no músculo pode também suprir moléculas de glicose para a produção de ATP. Ele é formado por uma cadeia de polissacarídeos de moléculas de glicose (ver Figuras 2.5 e 2.6) armazenadas tanto no fígado quanto no músculo. Os músculos contêm a maior reserva – 75% de todo o glicogênio do corpo são armazenados nos músculos. Como um suprimento energético para contração, o glicogênio apresenta três vantagens importantes: é relativamente abundante, pode ser rapidamente mobilizado e fornece energia durante condições anaeróbicas e aeróbicas. As enzimas convertem glicogênio em moléculas de glicose-6-fosfato, o primeiro estágio de glicólise que leva à produção de ATP (ver Figura 4.12).

Finalmente, os músculos têm uma reserva energética na forma de **fosfocreatina**, que é um composto fosfato altamente energético e que armazena energia durante períodos de repouso. Conforme o ADP é produzido durante a contração, a fosfocreatina libera sua reserva de energia para converter ADP em ATP. Essa reação pode ser resumida como:

$$\text{Fosfocreatina} + \text{ADP} \rightarrow \text{ATP} + \text{Creatina}$$

Alguns tipos de músculos (**fibras oxidativas lentas** ou **rápidas**, próxima seção) dependem substancialmente de suprimentos de glicose e oxigênio transportados para o músculo pelo sistema circulatório. Se a contração muscular não for muito vigorosa nem muito prolongada, a glicose sanguínea ou aquela liberada do glicogênio pode ser completamente oxidada em dióxido de carbono e água pelo metabolismo aeróbico. Entretanto, durante exercícios prolongados ou pesados, o sangue flui para os músculos e, embora com fluxo bem acima do nível de repouso, não consegue fornecer oxigênio rapidamente às mitocôndrias para a completa oxidação da glicose. Então, o mecanismo de contração muscular recebe grande parte de sua energia da **glicólise anaeróbica**, um processo que não requer oxigênio (ver Figura 4.17). Essa via anaeróbica, embora não seja tão eficiente quanto a aeróbica, é de grande importância; sem ela, todas as formas de esforço muscular pesado seriam impossíveis. De fato, as **fibras glicolíticas rápidas** (próxima seção) dependem quase que exclusivamente da glicólise anaeróbica para produzir energia para a contração.

Durante a glicólise anaeróbica, a glicose é degradada a ácido láctico com liberação de energia. O ácido láctico acumula-se nos músculos e se difunde rapidamente na circulação geral. Se o esforço muscular continuar, ocorre a fadiga muscular. Isso foi originariamente atribuído à produção do ácido láctico, bem como de um decréscimo do pH, causando inibição enzimática. No entanto, dados mais recentes sugerem que o acúmulo de fosfatos inorgânicos também pode causar fadiga muscular, pelo menos nos músculos

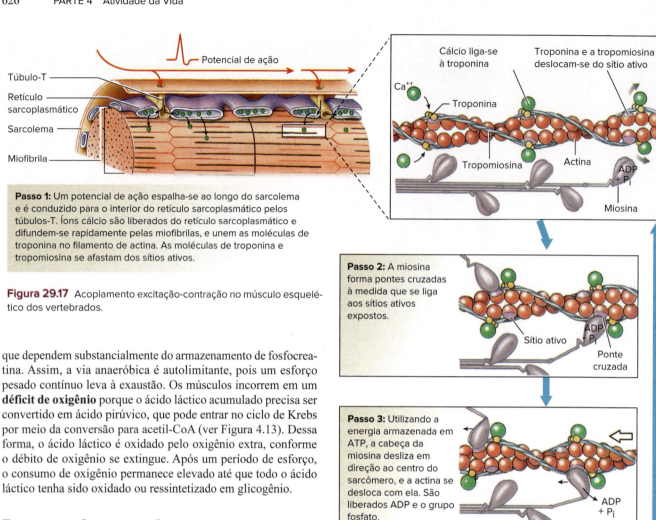

Figura 29.17 Acoplamento excitação-contração no músculo esquelético dos vertebrados.

que dependem substancialmente do armazenamento de fosfocreatina. Assim, a via anaeróbica é autolimitante, pois um esforço pesado contínuo leva à exaustão. Os músculos incorrem em um **déficit de oxigênio** porque o ácido láctico acumulado precisa ser convertido em ácido pirúvico, que pode entrar no ciclo de Krebs por meio da conversão para acetil-CoA (ver Figura 4.13). Dessa forma, o ácido láctico é oxidado pelo oxigênio extra, conforme o débito de oxigênio se extingue. Após um período de esforço, o consumo de oxigênio permanece elevado até que todo o ácido láctico tenha sido oxidado ou ressintetizado em glicogênio.

Desempenho muscular

Fibras rápidas e lentas

Os músculos esqueléticos dos vertebrados consistem em mais de um tipo de fibra. As **fibras oxidativas lentas** que são especializadas para contrações lentas e contínuas sem fadiga são importantes na manutenção da postura nos vertebrados terrestres. Esses músculos são frequentemente chamados de **músculos vermelhos** porque contêm um suprimento sanguíneo considerável, uma alta densidade de mitocôndrias para fornecimento de ATP por meio de mecanismos aeróbicos e uma reserva abundante de mioglobinas que fornecem reservas de oxigênio, todos conferindo ao músculo uma cor vermelha.

São conhecidos dois tipos de **fibras rápidas**, capazes de contrações rápidas e poderosas. Um tipo de fibra rápida (**fibra glicolítica rápida**) não tem um suprimento sanguíneo eficiente, e apresenta uma baixa densidade de mitocôndrias e mioglobinas. Os músculos constituídos dessas fibras (frequentemente chamados de **músculos brancos**) em geral são de coloração pálida, de função anaeróbica e se cansam rapidamente. A "carne branca" do peito do frango é um exemplo conhecido. Os felídeos têm músculos de corrida formados quase exclusivamente por fibras glicolíticas rápidas, que operam por via anaeróbica. Durante uma perseguição, eles acumulam um considerável débito de oxigênio, que é reposto após a caçada. Por exemplo, após uma rápida perseguição de menos de 1 min, um guepardo ficará ofegante entre 30 e 40 min antes que o seu débito de oxigênio seja restaurado. Os halterofilistas favorecem a ativação e o desenvolvimento dessas fibras musculares e, portanto, não podem sustentar muito peso por longos períodos. O outro tipo de fibra rápida (**fibra oxidativa rápida**) tem suprimento sanguíneo considerável e alta densidade de mitocôndrias e de mioglobina, além de funções em grande parte aeróbicas. Alguns animais utilizam essas fibras para atividades rápidas e contínuas. A maioria das aves migratórias, como gansos e cisnes, assim como cães e ungulados (mamíferos com casco), por exemplo, têm músculos dos membros (ou das asas) com alta porcentagem de fibras oxidativas rápidas e são capazes de locomoção ativa por longos períodos. A maioria dos músculos possui uma mistura desses tipos diferentes de fibras para realizar uma série de atividades.

Importância dos tendões no armazenamento de energia

Quando os mamíferos andam ou correm, grande quantidade de energia cinética é armazenada, passo a passo, como energia de tensão elástica nos tendões. Por exemplo, durante uma corrida, o tendão de Aquiles é alongado por uma combinação da força descendente do corpo sobre o pé e contração do músculo da panturrilha. Então, o tendão retrai-se estendendo o pé enquanto o músculo ainda está contraído, impulsionando a perna para a frente (Figura 29.18). Um exemplo extremo desse princípio elástico é o salto do canguru (Figura 29.18). Esse tipo de movimento usa muito menos energia do que a requerida se cada passo exigisse unicamente uma contração muscular alternada com relaxamento.

Há muitos exemplos de armazenamento elástico no reino animal. Ele é usado nos saltos balísticos de gafanhotos e pulgas, nas articulações das asas de insetos voadores, nos ligamentos articulados dos moluscos bivalves e em grandes ligamentos dorsais altamente elásticos (ligamentos da nuca) que auxiliam a sustentação da cabeça dos mamíferos ungulados.

Tema-chave 29.8
ADAPTAÇÃO E FISIOLOGIA

Irisina

O músculo esquelético tem demonstrado secretar um hormônio chamado **irisina**. Estudos mostraram que, durante o exercício em seres humanos e em camundongos, os níveis de irisina no sangue aumentam e causam muitos dos efeitos benéficos do exercício no corpo. Os principais benefícios incluem um aumento no gasto de energia sem alteração na ingestão de alimentos e melhor controle da glicose. Curiosamente, o tecido adiposo branco, que armazena energia, foi convertido em tecido adiposo marrom, que consome energia. Assim, os benefícios da irisina na obesidade em seres humanos podem ser consideráveis.

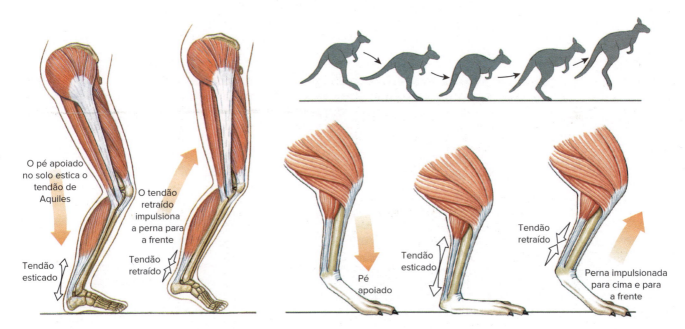

Figura 29.18 Armazenamento de energia no tendão de Aquiles nas pernas dos seres humanos e dos cangurus. Durante a corrida, o tendão de Aquiles estica-se quando o pé toca o solo, armazenando assim energia cinética que é liberada para impulsionar a perna para a frente.

RESUMO

Seção	Conceito-chave
29.1 Tegumento	• Um animal é envolto em uma cobertura protetora, o tegumento, que pode ser tão simples quanto a epiderme de uma única camada de muitos invertebrados ou tão complexo quanto a pele de um mamífero • O exoesqueleto de artrópodes é o mais complexo dos tegumentos dos invertebrados, consistindo de uma cutícula secretada por uma epiderme de camada única. Pode ser endurecido por calcificação ou esclerotização e deve ser mudado em intervalos para permitir o crescimento do corpo • O tegumento dos vertebrados consiste em duas camadas: a epiderme, que dá origem a vários derivados, como pelo, penas e garras; e a derme, que sustenta e nutre a epiderme. Também é a origem de derivados ósseos, como escamas de peixes e chifres de veado • A cor do tegumento é de dois tipos: cor estrutural, produzida por refração ou espalhamento de luz por partículas no tegumento; e cor pigmentar, produzida por pigmentos que geralmente estão confinados a células pigmentares especiais (cromatóforos)

Seção	Conceito-chave
29.2 Sistemas esqueléticos	• Esqueletos são sistemas de suporte que podem ser hidrostáticos ou rígidos • Os esqueletos hidrostáticos de vários grupos de invertebrados de paredes moles dependem dos músculos da parede do corpo que se contraem contra um fluido interno não compressível de volume constante • De maneira semelhante, os hidrostatos musculares, como as línguas de mamíferos e répteis e a tromba dos elefantes, dependem de feixes de músculos dispostos em padrões complexos para produzir movimento sem suporte esquelético ou cavidade cheia de líquido • Esqueletos rígidos evoluíram com músculos fixos que agem com o esqueleto de suporte para produzir movimento • Os artrópodes possuem um esqueleto externo, que deve ser removido periodicamente para possibilitar uma substituição por um maior • Os vertebrados desenvolveram um esqueleto interno, uma estrutura formada por cartilagem e/ou osso, que pode crescer com o animal; no caso do osso, a estrutura serve adicionalmente como reservatório de cálcio e fosfato
29.3 Movimento animal	• O movimento animal, seja na forma de movimento ameboide de células errantes, como leucócitos, seja na forma de contração de uma massa muscular organizada, depende de proteínas contráteis especializadas • As proteínas contráteis mais importantes são encontradas no sistema da actomiosina, que geralmente é organizado em filamentos alongados de actina e miosina que deslizam um sobre o outro durante a contração • Quando um músculo é estimulado, uma despolarização elétrica é conduzida nas fibras musculares pelos túbulos T até o retículo sarcoplasmático, causando a liberação de cálcio • O cálcio se liga a um complexo de troponina associado ao filamento de actina. Essa ligação faz com que a tropomiosina saia de sua posição de bloqueio e permita que as cabeças de miosina formem pontes cruzadas com o filamento de actina. Alimentado por ATP, as cabeças de miosina giram para a frente e para trás para puxar os filamentos de actina e miosina um sobre o outro • A energia da ligação de fosfato para a contração é, em última análise, fornecida por combustíveis de carboidratos • O músculo esquelético dos vertebrados consiste em porcentagens variáveis de ambas as fibras lentas, usadas principalmente para contrações posturais sustentadas, e fibras rápidas, usadas na locomoção • Os tendões são importantes na locomoção porque a energia cinética armazenada nos tendões esticados em determinado estágio do ciclo de locomoção é liberada em um estágio subsequente

QUESTÕES DE REVISÃO

1. O exoesqueleto dos artrópodes é o tegumento mais complexo dos invertebrados. Descreva sua estrutura e explique a diferença na forma do endurecimento da cutícula nos crustáceos e nos insetos.
2. Diferencie a epiderme da derme no tegumento dos vertebrados e descreva os derivados estruturais dessas duas camadas.
3. Qual é a diferença entre cores estruturais e cores baseadas em pigmentos? Como os cromatóforos de vertebrados e dos moluscos cefalópodes se diferenciam em estrutura e função?
4. Considerando que "primatas nus" humanos não possuem o revestimento protetor de pelo que protege outros mamíferos dos efeitos nocivos da luz solar, como a pele dos seres humanos responde à irradiação ultravioleta a curto prazo e com exposição contínua?
5. O esqueleto hidrostático tem sido definido como uma massa de fluidos dentro de uma parede muscular. Como você modificaria essa definição para torná-la aplicável a um hidróstato muscular? Dê exemplos de um esqueleto hidrostático e um hidróstato muscular.
6. Uma das qualidades especiais do osso de vertebrados é que ele é um tecido vivo que permite o remodelamento contínuo. Explique como a estrutura do osso permite que esse remodelamento aconteça.
7. Qual é a diferença entre osso endocondral e osso membranoso? E entre osso esponjoso e compacto?
8. Discuta o papel dos osteoclastos, dos osteoblastos, do paratormônio e da calcitonina no crescimento ósseo.
9. As leis das proporções nos dizem que os osteoblastos, dobrando o comprimento de um animal, seu peso aumentará em 8 vezes, enquanto a força de seus ossos pode suportar um aumento de apenas 4 vezes. Que soluções para esse problema têm evoluído para permitir que o animal se torne maior enquanto mantém os estresses ósseos dentro das margens de segurança?
10. Nomeie os grandes componentes esqueléticos incluídos no esqueleto axial e no apendicular.
11. Uma descoberta inesperada de estudos de movimentos ameboides mostrou que as mesmas proteínas encontradas no sistema contrátil de um músculo de animal – actina e miosina – estão presentes nas células ameboides. Explique como essas e outras proteínas interagem durante o movimento ameboide.
12. Um arranjo "9 + 2" de microtúbulos é típico de cílios e flagelos. Explique como esse sistema funciona para produzir um movimento de dobramento. Qual é a diferença entre um cílio e um flagelo?
13. Quais as características funcionais do músculo liso de moluscos e do músculo fibrilar de insetos que os distinguem de qualquer músculo típico de vertebrado?
14. O modelo do filamento deslizante da contração do músculo esquelético assume um deslizamento de filamentos inter-relacionados de actina e miosina. A microscopia eletrônica mostra que, durante a contração, os filamentos de actina e miosina permanecem com comprimento constante, enquanto a distância entre as linhas Z se encurta. Explique, nos termos da estrutura molecular dos filamentos musculares, como isso acontece. Qual é o papel das proteínas reguladoras (troponina e tropomiosina) na contração?
15. Enquanto o retículo sarcoplasmático foi inicialmente descrito por microscopistas no século XIX, seu verdadeiro significado não foi compreendido até que sua complexa estrutura fosse revelada, muito tempo depois, pelo microscópio eletrônico. O que você poderia dizer

a um microscopista do século XIX para informá-lo sobre a estrutura do retículo sarcoplasmático e seu papel no acoplamento da excitação e contração?

16. Os filamentos do músculo esquelético são movidos por energia livre derivada da hidrólise de ATP. Durante o movimento de contração muscular sustentado, os níveis de ATP permanecem quase constantes, enquanto os níveis de fosfocreatina diminuem. Explique por que isso ocorre. Sob que circunstâncias o débito de oxigênio ocorre durante a contração muscular?

17. Durante a evolução, o músculo esquelético adaptou-se às demandas funcionais, variando desde os movimentos súbitos de um verme às contrações contínuas requeridas para manter a postura dos mamíferos para suportar uma longa e rápida perseguição na savana africana. Quais são os tipos de fibras nos músculos de vertebrados que evoluíram para suportar esses tipos de atividades?

Para reflexão. Um halterofilista decide correr com um amigo. Explique por que o halterofilista não consegue correr por muito tempo, em termos de estrutura e função de seu músculo da perna.

30 Homeostase: Regulação Osmótica, Excreção e Regulação da Temperatura

OBJETIVOS DE APRENDIZAGEM

Após leitura do capítulo, você será capaz de:

30.1 Comparar o equilíbrio de água e de sais entre os animais de água doce e salgada. Explicar os problemas de se viver na terra em termos de equilíbrio de água e sais.

30.2 Descrever as principais estruturas excretórias encontradas em animais invertebrados e comparar sua função.

30.3 Descrever a estrutura e função do rim dos vertebrados quanto a filtração, reabsorção e secreção. Explicar como o equilíbrio de água e sais é alcançado no rim dos vertebrados.

30.4 Fazer a distinção entre ectotermia e endotermia. Descrever as adaptações que existem em ectotérmicos para alcançar a independência de temperatura. Explicar as adaptações aos ambientes quentes e frios que ocorrem nos endotérmicos.

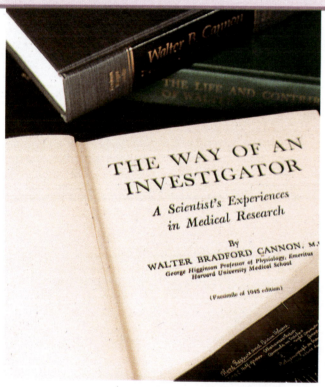

Uma página de rosto da autobiografia de Walter B. Cannon.
©Cleveland P. Hickman, Jr.

Homeostase: o nascimento de um conceito

A tendência à estabilização interna do corpo animal foi reconhecida pela primeira vez por Claude Bernard, um grande fisiólogo francês do século XIX, que descobriu as primeiras secreções internas através de seus estudos sobre a glicose sanguínea e o glicogênio hepático. Depois de uma vida de estudos e experimentações, Bernard desenvolveu gradualmente o princípio pelo qual é lembrado, o da constância do meio interno, um princípio que, com o tempo, iria permear a fisiologia e a medicina.

Anos depois, na Universidade de Harvard, o fisiologista americano Walter B. Cannon remodelou e redefiniu a ideia de Bernard. A partir de seus estudos sobre o sistema nervoso e as reações ao estresse, ele descreveu o equilíbrio e reequilíbrio incessante dos processos fisiológicos, que mantêm a estabilidade e restauram o estado normal interno do corpo após uma perturbação. Ele também deu um nome a isso: a **homeostase**. O termo difundiu-se na literatura médica a partir da década de 1930. Os médicos falavam em trazer seus pacientes de volta à homeostase. Até os políticos e sociólogos perceberam nele profundas implicações não fisiológicas. Cannon aproveitou essa implicação ampliada do conceito e sugeriu mais tarde que a democracia era uma forma de governo que seguia um curso homeostático mediano. Apesar da importância solidificada do conceito da homeostase, Cannon nunca recebeu o Prêmio Nobel – uma das inúmeras omissões reconhecidas pelo Comitê do Nobel.

O conceito de homeostase, descrito no texto de abertura do capítulo, permeia todo o pensamento da fisiologia e é o tema deste e do Capítulo 31. Embora tal conceito tenha sido desenvolvido pela primeira vez a partir de estudos com mamíferos, ele se aplica a todos os organismos. As potenciais mudanças do ambiente interno surgem de duas fontes. Em primeiro lugar, as atividades metabólicas requerem um suprimento constante de materiais, como oxigênio, nutrientes e sais, que as células retiram do meio circundante e que precisam ser repostos continuamente. A atividade celular também produz resíduos que devem ser eliminados. Em segundo lugar, o meio interno responde às mudanças no meio externo do organismo. Mudanças a partir de ambas as fontes precisam ser estabilizadas pelos mecanismos fisiológicos de homeostase.

Nos animais, a homeostase celular é mantida por atividades coordenadas de todos os sistemas do corpo, exceto o reprodutivo. As várias atividades homeostáticas são coordenadas pelos sistemas circulatório, nervoso e endócrino e pelos órgãos que atuam como locais de troca com o meio externo. Estes incluem rins, pulmões ou brânquias, trato digestório e tegumento. Através desses órgãos, o oxigênio, os nutrientes, os minerais e outros componentes dos fluidos corporais entram, a água é trocada, o calor é perdido e os rejeitos metabólicos são eliminados.

Assim, os sistemas de um organismo funcionam de modo integrado para manter um meio interno constante para todas as células próximo a um valor predefinido ("ponto de ajuste"). Os pequenos desvios desse ponto no pH, na temperatura, na pressão osmótica, nos combustíveis metabólicos (p. ex.: glicose ou ácidos graxos), nos níveis de dióxido de carbono e de oxigênio ativam mecanismos fisiológicos que trazem a variável de volta ao seu ponto de ajuste através de um processo chamado de **retroalimentação negativa** (Figura 34.2).

Em primeiro lugar, iremos considerar os problemas de se controlar o meio interno fluido dos animais aquáticos. Em seguida, examinaremos brevemente como os animais terrestres regulam o seu estado interno. Finalmente, focalizaremos as estratégias para regular a temperatura corporal.

30.1 REGULAÇÃO HÍDRICA E OSMÓTICA

A regulação hídrica e osmótica proporciona um meio de manter as concentrações internas de solutos dentro de limites que possibilitem que as funções celulares aconteçam. Como discutido na Seção 3.2, a permeabilidade seletiva das membranas celulares implica que as mudanças nas concentrações iônicas em qualquer dos lados da membrana irão alterar drasticamente o fluxo iônico e hídrico através dela. O volume celular aumentará ou diminuirá se as células forem expostas a ambientes hiposmóticos (hipotônicos) ou hiperosmóticos (hipertônicos), e ambas as alterações produzirão efeitos negativos no metabolismo celular. O conceito de regulação hídrica e osmótica se aplica aos eucariotos unicelulares e animais semelhantes; contudo, os animais multicelulares podem controlar o equilíbrio iônico e hídrico das células regulando o conteúdo de íons e de água dos fluidos que as banham.

Como os invertebrados marinhos mantêm o equilíbrio de água e sais

A maioria dos invertebrados marinhos está em equilíbrio osmótico com seu ambiente de água do mar. Com a superfície corporal permeável aos sais e à água, suas concentrações de fluidos corporais aumentam ou diminuem de acordo com as mudanças nas concentrações da água do mar. Como esses animais são incapazes de regular a pressão osmótica de seus fluidos corporais, eles são chamados **osmoconformadores**. Os invertebrados que vivem em mar aberto raramente estão expostos a flutuações osmóticas porque o oceano é um ambiente altamente estável. Realmente, os invertebrados oceânicos têm capacidade muito limitada para resistir a mudanças osmóticas. Se forem expostos à água do mar diluída, absorvem água por osmose e morrem rapidamente porque as células do seu corpo não podem tolerar a diluição e não conseguem evitá-la. Esses animais estão restritos a uma faixa estreita de salinidade e são chamados **estenoalinos** (do grego *stenos*, estreito + *hals*, sal). Um exemplo é o caranguejo-aranha, *Maia* (Figura 30.1).

As condições ao longo da costa e nos estuários e deltas dos rios são muito menos constantes do que aquelas do oceano aberto. Aqui, os animais devem lidar com mudanças grandes e frequentemente abruptas na salinidade à medida que as marés sobem e descem, ou quando ocorre mistura com a água doce trazida pelos rios. Esses animais são denominados de **eurialinos** (do grego *eurys*, amplo + *hals*, sal), significando que eles podem sobreviver a uma grande variação de mudanças de salinidade, principalmente por demonstrarem diferentes capacidades de **regulação osmótica**. Por exemplo, o caranguejo *Eriocheir* de água salobra pode resistir à diluição dos fluidos corporais causada por água do mar diluída (salobra) (Figura 30.1). Embora a concentração dos sais nos fluidos corporais diminua, isso ocorre menos rapidamente do que na concentração da água do mar. Esse caranguejo é um **regulador hiperosmótico**, significando que ele mantém seus fluidos corporais mais concentrados (portanto, *hiper*) do que a água ao redor.

Por evitar a diluição excessiva e assim proteger as células de mudanças extremas, os caranguejos de água salobra podem viver com sucesso no ambiente costeiro fisicamente instável, mas

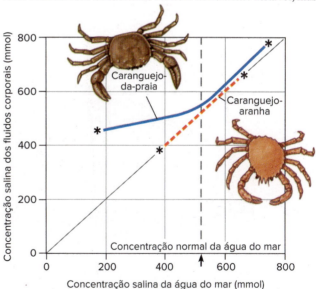

Figura 30.1 Concentração salina dos fluidos corporais de dois caranguejos conforme os efeitos das variações na concentração da água do mar. A reta de 45° representa uma mesma concentração entre os fluidos do corpo e a água do mar. Como o caranguejo-aranha, *Maia* sp., não consegue regular a concentração salina de seus fluidos, ele se ajusta a quaisquer alterações que ocorram na água do mar (*linha tracejada vermelha*). Entretanto, o caranguejo de água salobra, *Eriocheir* sp., é capaz de regular a concentração osmótica de seus fluidos até certo grau em água do mar diluída (*linha azul sólida*). As cruzes no final das linhas indicam os limites de tolerância para cada espécie além das quais o animal morre.

biologicamente rico. No entanto, com uma capacidade limitada para regulação osmótica, eles morreriam se expostos a uma água do mar muito diluída. Como os fluidos corporais do caranguejo são osmoticamente mais concentrados do que a água do mar externa diluída, a água flui para dentro do seu corpo principalmente através das finas membranas permeáveis de suas brânquias (ver Figura 20.7, que mostra as brânquias de crustáceo). Assim como as hemácias colocadas em água pura (ver Figura 3.12), a água difunde-se para dentro por causa da maior concentração interna de solutos. Para o caranguejo, se essa entrada de água continuasse sem parar, seus fluidos corporais logo se tornariam diluídos. Esse problema é resolvido pelos rins (glândulas antenais localizadas na cabeça do caranguejo; ver Figura 30.6 que mostra glândulas semelhantes em um lagostim), que excretam o excesso de água como uma urina diluída.

O segundo problema é a perda de sais. De novo, como o animal é mais salino do que o ambiente, ele não pode evitar a perda de íons por difusão através de suas brânquias. Os sais também são perdidos pela urina. Para compensar a perda de soluto, as células secretoras de sal nas brânquias removem ativamente os íons da água do mar diluída e os transportam para o sangue, mantendo constante assim a concentração osmótica interna. Esse é um processo de **transporte ativo** (ver Seção 3.2), que consome energia porque os íons precisam ser transportados contra um gradiente, de uma concentração salina mais baixa (na água do mar diluída) para uma mais alta (no sangue).

Equilíbrio de água e sais na água doce

Durante o período Siluriano e o período Devoniano Inferior, os principais grupos de peixes mandibulados começaram a penetrar nos estuários de água salobra e, depois, gradualmente, nos rios de água doce. Diante deles estava um novo hábitat inexplorado, já abastecido com alimento na forma de insetos e outros invertebrados, que os precederam na água doce. Entretanto, as vantagens que esse novo hábitat oferecia eram contrabalançadas por um desafio fisiológico difícil: a necessidade de osmorregulação.

Os animais de água doce enfrentam desafios semelhantes, porém mais extremos, àqueles do caranguejo de água salobra que descrevemos. Eles precisam manter a concentração de sais de seus fluidos corporais maior do que a da água na qual vivem. A água entra em seus corpos osmoticamente e o sal é perdido por difusão. Diferente do hábitat do caranguejo de água salobra, a água doce é muito mais diluída do que os estuários costeiros, e não há nenhum abrigo, nenhum refúgio salino no qual um animal de água doce possa se refugiar para um alívio osmótico. Os organismos de água doce mantêm sua concentração osmótica interna mais baixa do que os organismos marinhos. Isso representa um equilíbrio entre as demandas dos solutos e o trabalho necessário para manter a água do lado de fora. Assim, os organismos de água doce se tornaram reguladores hiperosmóticos permanentes e altamente eficientes.

A superfície corporal escamada e coberta de muco de um peixe é praticamente impermeável, embora permaneça flexível. Além disso, os peixes de água doce têm diversas defesas contra os problemas de ganho de água e perda de sais. Primeiro, a água que inevitavelmente entra no corpo por osmose é bombeada para fora pelo rim, que é capaz de gerar uma urina

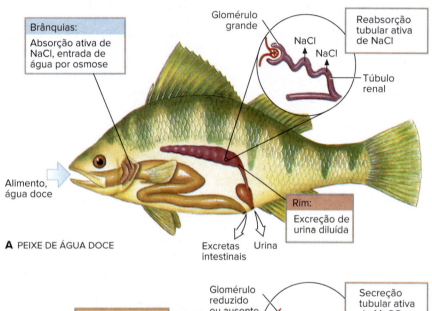

A PEIXE DE ÁGUA DOCE

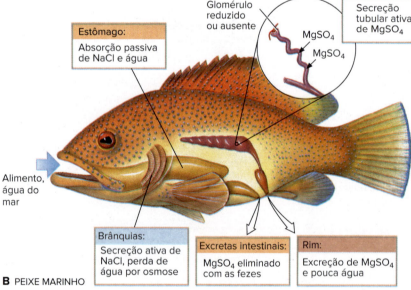

B PEIXE MARINHO

Figura 30.2 Regulação osmótica em peixes ósseos de água doce e marinhos. **A.** Um peixe de água doce mantém o equilíbrio osmótico e iônico no seu ambiente diluído pela absorção ativa de cloreto de sódio através das brânquias (um pouco de sal entra com o alimento). Para eliminar o excesso de água que entra constantemente no corpo, o rim glomerular produz uma urina diluída reabsorvendo o cloreto de sódio. **B.** Um peixe marinho precisa beber água do mar para repor a água perdida osmoticamente para o ambiente salino. O cloreto de sódio e a água são absorvidos no estômago. O excesso de cloreto de sódio é secretado para o meio externo pelas brânquias. Os sais marinhos bivalentes, principalmente sulfato de magnésio, são eliminados com as fezes e secretados pelo rim tubular.

muito diluída pela reabsorção de cloreto de sódio (Figura 30.2 A). Em segundo lugar, as células absorvedoras de sal localizadas nas brânquias transportam íons de sal, principalmente os de sódio e cloro (presentes em pequenas quantidades, mesmo na água doce), da água para o sangue. Esse processo, junto com o sal presente no alimento do peixe, repõe os sais perdidos por difusão. Tais mecanismos são tão eficientes que um peixe de água doce destina apenas uma pequena parte de sua energia total para a osmorregulação.

Os lagostins, larvas de insetos aquáticos, moluscos e outros animais de água doce também são reguladores hiperosmóticos e enfrentam os mesmos perigos que os peixes de água doce: eles tendem a ganhar muita água e a perder muitos sais. Assim como os peixes de água doce, eles excretam o excesso de água na forma de urina e repõem os sais perdidos por transporte ativo de íons através das brânquias.

Os anfíbios que vivem na água também precisam compensar a perda de sais absorvendo-os ativamente da água (Figura 30.3). Para esse propósito, usam sua pele. Há alguns anos, os fisiologistas aprenderam que partes da pele da rã continuavam a transportar sódio e cloro ativamente por horas depois de removidos e colocados em uma solução salina especialmente equilibrada. A pele de rã tornou-se o sistema de membrana favorito para estudos de fenômenos de transporte iônico.

Equilíbrio de água e sais em peixes marinhos

Os peixes ósseos que vivem hoje nos oceanos são descendentes dos primeiros peixes ósseos de água doce que se mudaram novamente para o mar durante o período Triássico, há cerca de 230 milhões de anos. Ao longo de milhões de anos, os peixes de água doce estabeleceram uma concentração iônica no fluido corporal equivalente a cerca de 1/3 daquela da água do mar. O fluido corporal dos vertebrados terrestres é também notavelmente semelhante à água doce diluída, um fato que está indubitavelmente relacionado com as concentrações osmóticas mais baixas dos fluidos corporais de seus ancestrais da água doce.

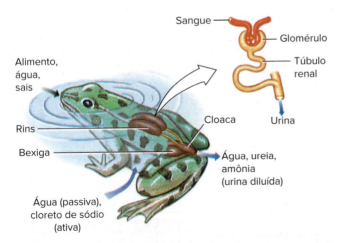

Figura 30.3 Trocas de água e solutos em uma rã. A água entra através da pele altamente permeável e é excretada pelos rins. A pele também transporta íons (cloreto de sódio) ativamente a partir do ambiente. Os rins produzem uma urina diluída através da reabsorção de cloreto de sódio. A urina flui para o interior da bexiga urinária na qual, durante o armazenamento temporário, a maior parte do cloreto de sódio restante é removida e devolvida ao sangue.

> **Tema-chave 30.1**
> **CIÊNCIA EXPLICADA**
>
> **Soluções biológicas e osmolaridade**
>
> Expressando a concentração de sais da água do mar ou de fluidos corporais em molaridade, queremos dizer que a pressão osmótica é equivalente à concentração molar de um soluto ideal que apresente a mesma pressão osmótica. Na verdade, a água do mar e os fluidos corporais de um animal não são soluções ideais porque contêm eletrólitos que se dissociam na solução. Uma solução de cloreto de sódio de 1 M (que se dissocia em solução) tem uma pressão osmótica muito maior do que uma solução 1 M de glicose, um soluto ideal (não eletrólito) que não se dissocia em solução. Consequentemente, os biólogos normalmente expressam a pressão osmótica de uma solução biológica em osmolaridade em vez de molaridade. Uma solução 1 osmolar exerce a mesma pressão osmótica que uma solução 1 M de um não eletrólito.

Quando alguns peixes ósseos de água doce do Triássico aventuraram-se de volta ao mar, eles teriam que ter uma concentração osmótica interna muito menor do que a água do mar circundante, causando a perda de água e o ganho de sal. De fato, um peixe ósseo marinho literalmente tem o risco de se desidratar, como um mamífero do deserto privado de água.

Os peixes ósseos marinhos atuais mantêm a concentração de sais de seus fluidos corporais semelhante à dos peixes de água doce, em aproximadamente um terço daquela da água do mar (fluidos corporais = 0,3 a 0,4 g.mol/ℓ [M]; água do mar = 1 mol). Eles são **reguladores hiposmóticos** porque mantêm seus fluidos corporais em uma concentração menor (portanto *hipo*) do que a do ambiente marinho. Para compensar a perda de água, um peixe ósseo marinho bebe água do mar (ver Figura 30.2 B). Essa água do mar é absorvida no intestino e o principal sal marinho, cloreto de sódio, é transportado pelo sangue até as brânquias, onde células secretoras de sal devolvem-no para o mar. Os íons remanescentes no resíduo intestinal, especialmente magnésio, sulfato e cálcio, são expelidos com as fezes ou excretados pelos rins. Dessa forma indireta, os peixes marinhos se livram do excesso de sais e repõem a água perdida por osmose. O velho marinheiro de Samuel Taylor Coleridge,[a] cercado por "água, água por toda parte, e nenhuma gota para beber", sem dúvida teria sido ainda mais atormentado se soubesse da engenhosa solução dos peixes marinhos para matar a sede. Um peixe marinho regula a quantidade de água do mar que bebe, consumindo apenas o suficiente para repor a água perdida e nada mais.

Os tubarões e as raias (elasmobrânquios) são quase totalmente marinhos e conseguem o equilíbrio osmótico de modo diferente. A composição salina do sangue do tubarão é semelhante àquela do sangue dos peixes ósseos, porém o sangue também transporta uma grande quantidade dos compostos orgânicos ureia e óxido de trimetilamina (TMAO). A ureia é um produto residual metabólico que a maioria dos animais excreta rapidamente. Entretanto, o rim do tubarão conserva ureia, permitindo que se acumule no sangue e nos tecidos do corpo, elevando a osmolaridade do sangue para valores iguais ou ligeiramente superiores àqueles da água do mar. Como a diferença osmótica entre o sangue e a água do mar é eliminada, o equilíbrio hídrico não é um problema para os tubarões e outros elasmobrânquios; eles estão em equilíbrio osmótico com seu ambiente.

---

[a] N.R.T.: Poeta romântico inglês, autor de *A balada do velho marinheiro*, de 1798.

> **Tema-chave 30.2**
> **ADAPTAÇÃO E FISIOLOGIA**
>
> **Ureia e TMAO em elasmobrânquios**
>
> A alta concentração de ureia no sangue e tecidos corporais de tubarões e raias – mais de 100 vezes maior do que aquela dos mamíferos – não poderia ser tolerada pela maioria dos demais vertebrados. Nestes últimos, concentrações de ureia tão altas quanto estas quebrariam as ligações peptídicas das proteínas, alterando as configurações proteicas. Isso também ocorreria nos tubarões e nas raias; no entanto, o TMAO tem o efeito oposto e atua estabilizando as proteínas na presença de altos níveis de ureia. Os elasmobrânquios estão tão adaptados à ureia que seus tecidos não podem funcionar sem ela e seu coração pararia de bater na sua ausência.

Equilíbrio de água e sais em animais terrestres

Os problemas de viver em um ambiente aquático parecem de fato pequenos quando comparados com os problemas da vida na terra. Embora o corpo dos animais seja composto principalmente por água, todas as atividades metabólicas aconteçam na água e a própria vida tenha sido concebida na água, muitos animais, assim como as plantas que os precederam, transferiram-se para a terra. Uma vez na terra, os animais terrestres desenvolveram mecanismos fisiológicos para evitar a dessecação, por fim tornando-se abundantes até mesmo em algumas das partes mais áridas do planeta.

Os animais terrestres perdem água por evaporação das superfícies respiratórias e corporais, por excreção da urina e pela eliminação nas fezes. Eles repõem tais perdas consumindo água nos alimentos, bebendo água quando disponível e retendo a **água metabólica** formada nas células pela oxidação das moléculas de combustível metabólico, como carboidratos e gorduras (ver Figura 4.1). A gordura armazenada torna-se uma fonte importante de água metabólica em mamíferos que mergulham. Certos artrópodes – por exemplo, as baratas do deserto, alguns carrapatos e ácaros e larvas de tenébrios – absorvem vapor de água diretamente do ar atmosférico.

Em alguns roedores do deserto, o ganho de água metabólica pode constituir a maior parte da assimilação de água do animal. Particularmente reveladora é a comparação do equilíbrio hídrico nos seres humanos com o dos ratos-canguru, roedores do deserto que podem não consumir nenhuma água. Além de conservar água, os ratos-canguru obtêm toda a sua água dos alimentos: 90% são de água metabólica derivada da oxidação de moléculas de combustível (ver Figura 4.10) e 10% de umidade livre presente no alimento. Embora comamos alimentos com uma quantidade muito maior de água do que as secas sementes da dieta do rato-canguru, ainda precisamos beber metade da nossa necessidade total de água.

A excreção de produtos residuais representa um problema especial para a conservação de água. O produto final primário da degradação das proteínas é a amônia, uma substância extremamente tóxica. Os peixes excretam amônia facilmente por difusão através de suas brânquias, já que existe água abundante para levá-la embora. Os insetos terrestres, os répteis e as aves não dispõem de uma forma conveniente para livrar-se da tóxica amônia; em vez disso, eles a convertem em ácido úrico, um composto atóxico quase insolúvel. Essa conversão permite que eles excretem uma urina semissólida com pouca perda de água. O ácido úrico como um produto final tem outro benefício importante. Os répteis e as aves põem ovos amnióticos contendo seus embriões (ver Figura 26.3), junto com seus estoques de alimento e água, bem como de produtos residuais que se acumulam ao longo do desenvolvimento. Convertendo a amônia em ácido úrico, as excretas de um embrião em desenvolvimento podem ser precipitadas como cristais sólidos, que são armazenados sem riscos dentro do saco amniótico no interior do ovo até a eclosão.

> **Tema-chave 30.3**
> **ADAPTAÇÃO E FISIOLOGIA**
>
> **Seres humanos em climas desérticos**
>
> Desde que haja muita água para beber, os seres humanos podem suportar temperaturas ambientais extremamente altas por evitarem a elevação da temperatura do corpo. A nossa capacidade de resfriamento por evaporação foi demonstrada de modo impressionante há mais de 200 anos por um cientista britânico que permaneceu, por 45 min, em uma sala aquecida a 126°C. Um bife que ele levou consigo foi completamente cozido; ele, porém, permaneceu incólume e sua temperatura corporal não subiu. As taxas de transpiração podem exceder 3 ℓ de água por hora sob tais condições e não são toleradas, a não ser que a água perdida seja reposta por ingestão. Sem água, um ser humano continua a transpirar sem parar até que o déficit hídrico ultrapasse 10% do peso do corpo, quando ocorre o colapso. Com um déficit hídrico de 12%, uma pessoa não consegue engolir mesmo quando lhe oferecem água, e a morte ocorre quando o déficit hídrico chegar a cerca de 15 a 20%. Poucas pessoas podem sobreviver mais do que 1 ou 2 dias em um deserto sem água. Portanto, os seres humanos não são fisiologicamente bem adaptados a climas desérticos.

As aves e tartarugas marinhas desenvolveram uma solução efetiva para excretar as grandes cargas de sal que ingerem junto com seu alimento. Localizada acima de cada olho, há uma **glândula de sal** capaz de excretar uma solução altamente concentrada de cloreto de sódio – chegando até 2 vezes a concentração da água do mar. Nas aves, a solução salina escorre pelas narinas (ver Figura 27.13). Os lagartos e tartarugas marinhas, como a falsa-tartaruga de *Alice no País das Maravilhas*, eliminam as secreções da glândula de sal na forma de lágrimas salgadas. As glândulas de sal são órgãos acessórios importantes de excreção de sal nesses animais, pois seus rins não conseguem produzir uma urina concentrada, como fazem os rins dos mamíferos.

30.2 ESTRUTURAS EXCRETORAS DOS INVERTEBRADOS

Muitos eucariotos unicelulares e algumas esponjas de água doce apresentam organelas excretoras especiais chamadas de vacúolos contráteis. Outros invertebrados têm órgãos excretores que são estruturas tubulares simples formadoras de urina, produzindo, primeiramente, um ultrafiltrado ou uma secreção fluida a partir do sangue. Esse ultrafiltrado entra na extremidade proximal do túbulo e é modificado continuamente conforme flui pelo túbulo. O produto final é a urina.

Vacúolo contrátil

O minúsculo vacúolo esférico intracelular dos eucariotos unicelulares e esponjas de água doce não é um órgão excretor verdadeiro, já que a amônia e outras excretas nitrogenadas do metabolismo se difundem prontamente para a água circundante. O vacúolo contrátil de eucariotos unicelulares de água doce é um órgão de equilíbrio hídrico que elimina o excesso de água absorvido por osmose. Conforme a água entra na célula, um vacúolo cresce e por fim se contrai e esvazia seu conteúdo através de um poro na superfície. O ciclo é repetido ritmicamente. Embora o mecanismo para o enchimento do vacúolo não seja totalmente compreendido, pesquisas recentes sugerem que os vacúolos contráteis têm numerosas bombas de prótons dentro de sua membrana (as bombas de prótons estão descritas juntamente com a produção de ATP durante a respiração celular na Seção 4.5). As bombas de prótons criam gradientes de H^+ e HCO^- que puxam a água para dentro do vacúolo, formando uma solução isosmótica. Esses íons são excretados quando o vacúolo se esvazia (ver Figura 11.12).

Os vacúolos contráteis são comuns nos eucariotos unicelulares, esponjas e animais radiados de água doce (como a hidra), mas são raros ou ausentes nas formas marinhas desses grupos, que são isosmóticos em relação à água do mar e, consequentemente, não perdem nem ganham muita água.

Nefrídio

O tipo mais comum de órgão excretor dos invertebrados é o nefrídio, uma estrutura tubular, projetada para manter um equilíbrio osmótico apropriado. Um dos modelos mais simples é o sistema de células-flama (ou **protonefrídio**) dos acelomados (p. ex., platelmintos) e de alguns pseudocelomados (p. ex., rotíferos).

Nas planárias e outros platelmintos, o sistema de protonefrídios compreende dois sistemas de ductos altamente ramificados e distribuídos por todo o corpo, com cada ramo terminando em uma "célula-flama" (Figura 30.4). O fluido entra nesse sistema através das células-flama, nas quais o batimento rítmico do tufo de flagelos, que lembra uma minúscula chama tremeluzente, cria uma pressão negativa que puxa o fluido para dentro da porção tubular do sistema. À medida que o fluido se desloca no túbulo, a água e os metabólitos importantes para o corpo são recuperados através da reabsorção, deixando para trás os resíduos; estes serão eliminados através de poros excretores que se abrem ao longo da superfície do corpo. As excretas nitrogenadas (principalmente amônia) difundem-se através de toda a superfície do corpo.

O sistema de células-flama é extremamente ramificado por todo o corpo de um platelminto. Portanto, esses animais não necessitam de um sistema circulatório para conduzir as excretas até um sistema excretor centralizado (como os rins dos vertebrados e de muitos invertebrados).

O protonefrídio aqui já descrito é um sistema **fechado**. Os túbulos são fechados na extremidade interna e a urina é formada a partir de um fluido que precisa, primeiramente, entrar nos túbulos sendo transportado através das células-flama. Um tipo mais avançado é o nefrídio **aberto** ou "verdadeiro" (**metanefrídio**), encontrado em vários filos celomados, como os anelídeos (Figura 30.5), moluscos e diversos filos menores. Um metanefrídio difere de um protonefrídio em dois aspectos importantes. Em primeiro lugar, o túbulo é aberto em *ambas* as extremidades, permitindo que o fluido seja conduzido para o interior do túbulo através de uma abertura em forma de funil ciliado, o **nefróstoma**. Em segundo lugar, um metanefrídio é circundado por uma rede de vasos sanguíneos que ajuda na reabsorção da água e de substâncias valiosas, como sais, açúcares e aminoácidos.

Apesar dessas diferenças, o processo básico da formação da urina é o mesmo nos protonefrídios e nos metanefrídios: o fluido entra e flui continuamente ao longo de um túbulo onde é seletivamente modificado (1) reabsorvendo solutos valiosos dele e devolvendo-os ao corpo, e (2) pela adição de solutos de rejeitos a ele (secreção). A sequência assegura a remoção de rejeitos do corpo sem a perda de substâncias úteis. Os rins dos vertebrados funcionam basicamente da mesma forma.

Rins dos artrópodes

As **glândulas antenais** pareadas dos crustáceos, localizadas na parte ventral da cabeça (Figura 30.6), são uma elaboração do órgão nefridial básico. No entanto, elas não apresentam nefróstomas abertos. Em vez disso, a pressão hidrostática do sangue forma um filtrado do sangue sem proteínas (ultrafiltrado) no saco terminal. Na porção tubular da glândula, a reabsorção seletiva de certos sais e a secreção ativa de outros modifica o filtrado conforme ele se move para a bexiga. Dessa forma, os crustáceos são dotados de órgãos excretores basicamente semelhantes aos dos vertebrados na sequência funcional de formação da urina.

Os insetos e as aranhas apresentam um sistema excretor único, formado por **túbulos de Malpighi** que operam em conjunto com glândulas especializadas localizadas na parede do

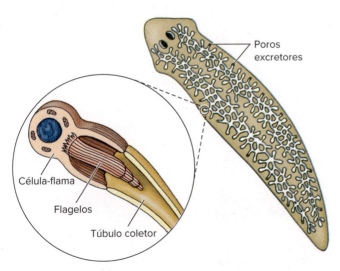

Figura 30.4 Sistema de células-flama de um platelminto. Os fluidos corporais coletados pelas células-flama (protonefrídios) são transferidos para um sistema de ductos até poros excretores na superfície do corpo.

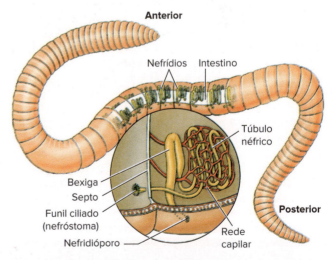

Figura 30.5 Sistema excretor de uma minhoca. Cada segmento apresenta um par de grandes nefrídios suspensos em uma cavidade celomática preenchida por fluido. Cada nefrídio ocupa dois segmentos porque o funil ciliado (nefróstoma) drena o segmento anterior ao segmento que contém o resto do nefrídio. O túbulo néfrico reabsorve as substâncias importantes do fluido tubular para o interior da rede capilar.

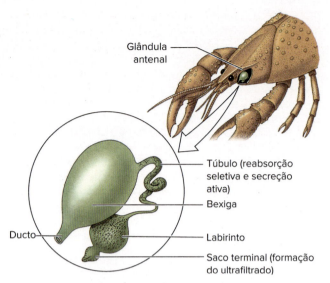

Figura 30.6 Glândulas antenais dos crustáceos, mostradas em um lagostim. Elas são rins filtradores nos quais um filtrado do sangue é formado no saco terminal. O ultrafiltrado é convertido em urina conforme passa pelo túbulo em direção à bexiga.

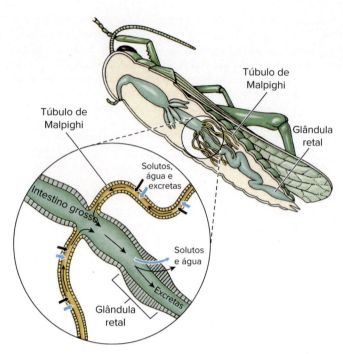

Figura 30.7 Túbulos de Malpighi dos insetos. Os túbulos de Malpighi estão localizados na junção do intestino médio e do intestino posterior (reto). Os solutos, especialmente o potássio, são secretados ativamente nos túbulos a partir da hemolinfa (sangue) circundante, seguidos por água, ácido úrico e outros resíduos. Esse fluido é drenado para o reto, onde os solutos (incluindo o potássio) e a água são reabsorvidos ativamente, deixando as excretas para serem eliminadas.

reto (Figura 30.7). Esses finos e elásticos túbulos de Malpighi são fechados e não contêm um suprimento arterial. A formação da urina não ocorre pela filtração dos fluidos corporais como no caso do nefrídio, mas é produzida por mecanismos de secreção tubular pelas células que revestem os túbulos de Malpighi que são banhadas pela hemolinfa (sangue dentro da hemocele; ver Figura 31.5). Esse processo é iniciado por transporte ativo (ver Seção 3.2) de íons hidrogênio para dentro do lúmen do túbulo. Posteriormente, esses íons hidrogênio são transportados de volta para as células que revestem o túbulo utilizando transportadores de proteína (ver Seção 3.2) que trocam íons hidrogênio com íons sódio ou potássio e os íons cloro seguem passivamente. Os insetos herbívoros e onívoros secretam principalmente potássio no lúmen tubular. Os insetos carnívoros, como os mosquitos sugadores de sangue, inicialmente secretam um fluido com alta concentração de sódio que reflete o alto teor de sal de uma refeição de plasma sanguíneo (ver Seção 31.2). Conforme as hemácias são digeridas, a quantidade de sódio no fluido cai e este se torna rico em íons potássio. A secreção de íons cria uma pressão osmótica que puxa a água, os solutos e as excretas nitrogenadas, especialmente ácido úrico, para dentro do túbulo. O ácido úrico entra no segmento distal em fundo cego do túbulo na forma de urato de potássio solúvel, que se precipita na forma de ácido úrico insolúvel na extremidade proximal do túbulo. Uma vez que a urina em formação tenha sido drenada para o interior do reto, a água e os sais podem ser reabsorvidos por glândulas retais especializadas, deixando para trás o ácido úrico, o excesso de água, sais e outros resíduos, que são eliminados nas fezes. As glândulas retais de estágios larvais aquáticos de insetos absorvem soluto e pouca água, enquanto insetos que se alimentam de sangue podem alterar a quantidade de sal e água reabsorvidos durante e entre as refeições. As fezes de insetos que se alimentam de sangue são ricas em água e têm excesso de sais durante e imediatamente após se alimentarem, porém passam a ter pouca água e sais entre as refeições. O sistema excretor dos túbulos de Malpighi adapta-se perfeitamente à vida em ambientes secos e contribuiu para a diversificação adaptativa dos insetos no meio terrestre.

30.3 RIM DOS VERTEBRADOS
Ancestralidade e embriologia

A partir de estudos comparados de desenvolvimento, os biólogos acreditam que o rim dos primeiros vertebrados se estendia por toda a extensão da cavidade celomática e era constituído por túbulos arranjados de forma segmentada, cada um lembrando um nefrídio de invertebrado. Cada túbulo se abria para o celoma em uma das extremidades através de um nefróstoma, e para um **ducto arquinéfrico** comum na outra extremidade. Esse rim ancestral é chamado de **arquinefro** ("rim antigo"), e encontramos um rim segmentado muito semelhante a um arquinefro nos embriões de feiticeiras e de cecílias (Figura 30.8). Praticamente desde o início, o sistema reprodutivo, que se desenvolve ao lado do sistema excretor dos mesmos blocos de segmentos do tronco mesodérmico, usou os ductos néfricos como um sistema condutor conveniente para produtos reprodutivos. Portanto, embora os dois sistemas não tenham funcionalmente nada em comum, eles estão intimamente associados por usarem os mesmos ductos (Figura 30.8).

Os rins dos vertebrados atuais desenvolveram-se desse plano ancestral. Durante o desenvolvimento embrionário dos vertebrados amniotas, os rins desenvolvem-se em três estágios sucessivos: **pronefro**, **mesonefro** e **metanefro** (Figura 30.8). Alguns desses estágios, mas não todos, são observados em outros grupos de vertebrados. Em todos os embriões de vertebrados, o pronefro é o primeiro rim a aparecer. Ele está localizado na região anterior do corpo e torna-se parte do rim definitivo apenas nas feiticeiras adultas e em algumas poucas espécies de peixes ósseos. Em todos os demais vertebrados, o pronefro se degenera durante o desenvolvimento e é substituído por um mesonefro localizado mais centralmente. O mesonefro é o rim funcional dos embriões

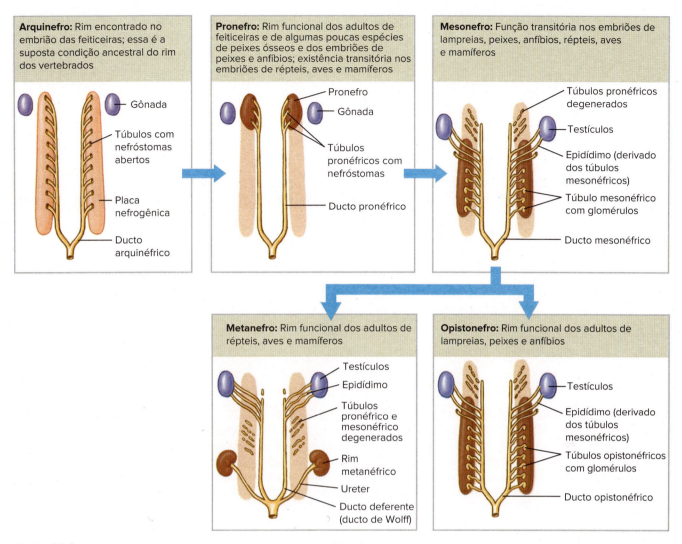

Figura 30.8 Desenvolvimento comparado do rim dos vertebrados machos. Em *vermelho* – estruturas funcionais. Em *vermelho-claro* – partes degeneradas ou não desenvolvidas.

dos amniotas (répteis não aves, aves e mamíferos). O mesonefro e o metanefro juntos são chamados de **opistonefro** (Figura 30.8) e formam o rim dos adultos da maioria dos peixes e anfíbios.

O metanefro, característico dos amniotas adultos, distingue-se do pronefro e do mesonefro em vários aspectos. Ele tem uma localização mais caudal e é uma estrutura muito maior e mais compacta, contendo um número muito grande de túbulos néfricos. Ele é drenado por um novo ducto, o **ureter**, que se desenvolve quando o antigo ducto arquinéfrico foi relegado ao sistema reprodutivo do macho para o transporte do esperma. Portanto, três tipos sucessivos de rins – pronefro, mesonefro e metanefro – sucedem-se embrionariamente e, de certa forma, filogeneticamente nos amniotas.

Função do rim dos vertebrados

O rim dos vertebrados é parte de diversos mecanismos interligados que mantêm a homeostase celular, e é o principal órgão que regula o volume e a composição do fluido do ambiente interno. Embora descrevamos o rim dos vertebrados como um órgão de excreção, a remoção dos produtos metabólicos de excreção é incidental em relação à sua função osmorreguladora.

A organização dos rins difere um pouco nos diferentes grupos de vertebrados, mas em todos a unidade funcional básica é o **néfron**, e a urina é formada por meio de três processos fisiológicos bem definidos: **filtração**, **reabsorção** e **secreção**. Essa discussão focaliza principalmente o rim dos mamíferos, que é o órgão osmorregulador conhecido de forma mais completa.

Os dois rins dos seres humanos são pequenos órgãos que constituem menos de 1% do peso do corpo. Embora recebam de 20 a 25% da produção cardíaca total – de 1.440 a 1.800 ℓ de sangue por dia. Esse enorme fluxo sanguíneo é canalizado para aproximadamente 2 milhões de néfrons, que formam a maior parte dos dois rins. Cada néfron começa com uma câmara expandida, a **cápsula de Bowman**, que contém um tufo de capilares, os **glomérulos**, que juntos formam o **corpúsculo renal**. A pressão sanguínea nos capilares glomerulares força um **filtrado** praticamente sem proteínas para dentro da cápsula de Bowman e ao longo de um **túbulo renal**, que consiste em vários segmentos que desempenham as funções de reabsorção e secreção no processo de formação da urina. O filtrado passa, primeiramente, para o interior de um **túbulo convoluto proximal** e, depois, para uma longa **alça de Henle** com paredes finas, que pode estender-se profundamente na porção interna do rim (a **medula**) antes de retornar à parte externa (o **córtex**), onde se torna um **túbulo convoluto distal**. Desse túbulo distal, o fluido é conduzido para um **ducto coletor**, que se esvazia na **pélvis renal**. Aqui a urina é armazenada antes de ser transportada pelo **ureter** até a **bexiga urinária**. Essas relações anatômicas estão mostradas na Figura 30.9.

A urina que deixa o ducto coletor é muito diferente do filtrado produzido no corpúsculo renal. Durante seu trajeto através do túbulo renal e ducto coletor, tanto a composição quanto a concentração do filtrado original mudam. Alguns solutos, como toda a glicose e aminoácidos, bem como a maior parte do sódio, foram reabsorvidos, enquanto outros, como os íons hidrogênio e a ureia, foram concentrados na urina.

O néfron, com sua pressão de filtração e túbulos, está intimamente relacionado com a circulação sanguínea (Figura 30.9). O sangue proveniente da aorta entra em cada um dos rins através de uma grande **artéria renal**, a qual se divide em um sistema ramificado de artérias menores. O sangue arterial chega até o glomérulo através de uma **arteríola aferente** e sai através de uma **arteríola eferente**. Da arteríola eferente, o sangue viaja para uma extensa rede capilar que envolve e alimenta os túbulos convolutos proximais e distais e a alça de Henle. Essa rede capilar proporciona o meio para troca das substâncias que são reabsorvidas ou secretadas pelos túbulos renais. Desses capilares, o sangue é reunido em veias que se unem formando a **veia renal**. Essa veia retorna o sangue para a veia cava posterior.

Filtração glomerular

O processo de formação da urina começa no glomérulo. O glomérulo atua como um filtro mecânico especializado, que produz um filtrado quase isento de proteínas do plasma no espaço cheio de fluido da cápsula de Bowman como resultado da alta pressão sanguínea através das parecos dos capilares do glomérulo. O diâmetro da arteríola aferente que entra no glomérulo é maior do que o da eferente, proporcionando uma alta pressão hidrostática que permite a formação do filtrado glomerular. As moléculas de soluto, pequenas o bastante para passar através das fendas de filtração da parede capilar, são carreadas com a água na qual estão dissolvidas. No entanto, as hemácias e quase todas as proteínas plasmáticas são retidas porque elas são muito grandes para passar através desses poros (Figura 30.10). As hemácias e proteínas no sangue criam uma pressão osmótica coloide que se opõe à filtração do fluido na cápsula de Bowman devido à pressão hidrostática do sangue. Um desequilíbrio entre essas duas pressões pode resultar em edema no fluido intersticial ou aumento da pressão arterial, dependendo de suas forças relativas (ver Figura 31.14).

O filtrado continua através do sistema tubular renal, onde sofre uma extensa modificação antes de se tornar urina. Os rins humanos formam aproximadamente 180 ℓ de filtrado por dia, um volume que excede muitas vezes o volume sanguíneo total. Se esse volume de água e os valiosos nutrientes e sais que contém fossem perdidos, rapidamente ocorreria um esgotamento desses compostos no corpo. O esgotamento não acontece porque quase todo o filtrado é reabsorvido. O volume final de urina nos seres humanos é em média de 1,2 ℓ/dia.

A conversão de filtrado em urina envolve dois processos: (1) a modificação da composição do filtrado através de reabsorção e secreção tubular; e (2) mudanças na concentração osmótica total da urina através da regulação da excreção de água.

Reabsorção tubular

Cerca de 60% do volume do filtrado e praticamente toda a glicose, aminoácidos, vitaminas e outros nutrientes valiosos são reabsorvidos no túbulo convoluto proximal. Grande parte dessa reabsorção ocorre através de **transporte ativo**, no qual é usada energia celular para transportar substâncias do fluido tubular para a rede capilar circundante e, portanto, para a circulação sanguínea. Os eletrólitos como o sódio, potássio, cálcio, bicarbonato e fosfato são reabsorvidos pelas bombas iônicas, proteínas transportadoras ativadas pela hidrólise do ATP (as bombas iônicas são descritas na Seção 3.2). Como uma função essencial do rim é regular as concentrações plasmáticas de eletrólitos, todos são individualmente reabsorvidos por bombas iônicas específicas para cada eletrólito. O grau de reabsorção depende da capacidade do corpo de conservar

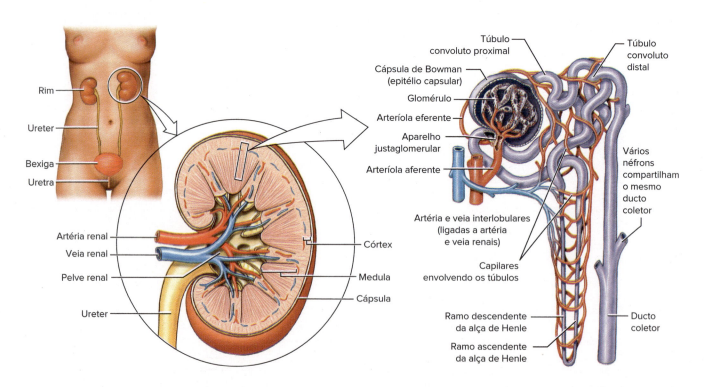

Figura 30.9 Sistema urinário de seres humanos, com ampliações mostrando detalhes do rim e de um único néfron.

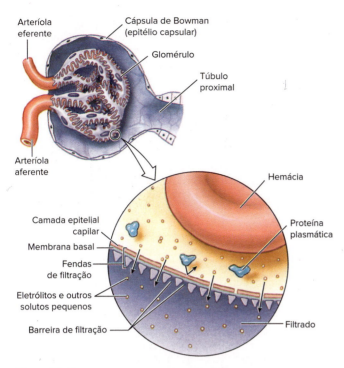

Figura 30.10 Corpúsculo renal, que mostra a filtração do fluido através da membrana capilar do glomérulo (*ampliação*). A água, os eletrólitos e outras moléculas pequenas passam pela barreira porosa de filtração, mas quase todas as proteínas do plasma são grandes demais para passarem por tal barreira. Dessa forma, o filtrado não tem proteínas.

Tema-chave 30.4
CONEXÃO COM SERES HUMANOS

Diabetes melito

Na doença denominada diabetes melito, a glicose aumenta a níveis de concentração anormalmente altos no plasma sanguíneo (hiperglicemia) porque o hormônio insulina, que permite às células absorver a glicose, não está presente em quantidades suficientes (ver Seção 34.3). À medida que a glicose se eleva no sangue e ultrapassa o nível normal de cerca de 100 mg/100 mℓ de plasma, a concentração de glicose no filtrado também aumenta e mais glicose precisa ser reabsorvida pelo túbulo proximal. No fim, chega-se ao ponto (cerca de 300 mg/100 mℓ de plasma) no qual a capacidade de reabsorção das células tubulares fica saturada. Acima desse transporte máximo da glicose, ela verte para a urina. A urina de um paciente com diabetes melito não tratado é doce, a sede é insaciável e o corpo se debilita mesmo com grande quantidade de alimento ingerida. Na Inglaterra, há séculos essa doença é apropriadamente chamada de "mal da urina" (*pissing evil*).

cada mineral. Algumas substâncias são reabsorvidas passivamente. Por exemplo, os íons cloro negativamente carregados fluem passivamente por difusão através de canais proteicos (ver Seção 3.2) específicos para esses íons, seguindo a reabsorção ativa dos íons sódio positivamente carregados no túbulo convoluto proximal. A água também se difunde passivamente do túbulo através de canais de proteína abertos, à medida que se segue osmoticamente a reabsorção ativa dos solutos.

Para a maioria das substâncias, há um limite superior para a quantidade de substância que pode ser reabsorvida. Esse limite superior é denominado **transporte máximo** (limiar renal) para a substância. Por exemplo, a glicose, via de regra, é completamente reabsorvida pelo rim porque o transporte máximo para a glicose está bem acima da quantidade de glicose em geral presente no filtrado glomerular. Se a glicose no plasma exceder esse limiar, como no diabetes melito, ela aparece na urina (Figura 30.11).

Ao contrário da glicose ou aminoácidos, a maioria dos eletrólitos é excretada na urina em quantidades variáveis. A reabsorção do sódio, o cátion predominante no plasma, ilustra a flexibilidade do processo de reabsorção. O rim humano filtra aproximadamente 600 g de sódio a cada 24 h. Quase todo o sódio é reabsorvido, porém a quantidade exata é equiparada precisamente à quantidade ingerida. Com uma ingestão normal diária de 4 g de sódio, o rim excreta 4 g e reabsorve 596 g a cada dia. Uma pessoa submetida a uma dieta com pouco sal, com 0,3 g de sódio por dia, ainda mantém o equilíbrio salino porque apenas 0,3 g escapa da reabsorção. Porém, com uma ingestão muito alta de sal, acima de 20 g por dia, o rim não consegue excretar sódio tão rápido quanto é ingerido. O cloreto de sódio não excretado causa a retenção adicional de água nos fluidos corporais e a pessoa ganha peso (a ingestão de sal de um norte-americano médio é de cerca de 6 a 18 g por dia, aproximadamente 20 vezes mais do que o corpo necessita e 3 vezes mais do que é considerado aceitável para aqueles com predisposição a alta pressão arterial).

Os túbulos convolutos distais fazem ajustes adicionais na composição do filtrado. O sódio reabsorvido pelo túbulo convoluto proximal – cerca de 85% do total filtrado – é de reabsorção obrigatória; essa quantidade é reabsorvida independentemente da ingestão de sódio. Entretanto, no túbulo convoluto distal, a reabsorção do sódio é controlada pela **aldosterona**, um hormônio esteroide secretado pela glândula adrenal (ver Figura 34.11). A aldosterona aumenta tanto a reabsorção ativa de sódio quanto a secreção de potássio

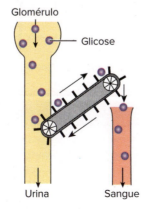
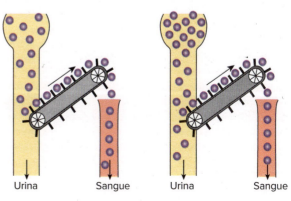

Figura 30.11 O mecanismo de reabsorção tubular da glicose pode ser comparado a uma esteira rolante correndo a uma velocidade constante. **A.** Quando a concentração de glicose no filtrado glomerular é baixa, ela é totalmente reabsorvida. **B.** Quando a concentração de glicose no filtrado atinge o nível de transporte máximo, todos os sítios transportadores para glicose ficam ocupados. **C.** Se os níveis de glicose aumentarem ainda mais, como no diabetes melito, um pouco de glicose escapa dos transportadores e aparece na urina.

A Nível baixo de glicose **B** Capacidade máxima de transporte **C** Nível alto de glicose

pelos túbulos distais; portanto, o hormônio diminui a perda de sódio e aumenta a perda de potássio na urina. A secreção da aldosterona é regulada (1) pela enzima **renina**, produzida pelo **aparelho justaglomerular**, um complexo de células localizado na junção da arteríola aferente com o glomérulo (ver Figura 30.9); e (2) por elevados níveis sanguíneos de potássio. A renina é liberada em resposta a um baixo nível sanguíneo de sódio, a uma pressão arterial muito baixa (o que pode ocorrer se o volume sanguíneo diminuir muito) ou a um baixo nível de sódio no filtrado glomerular. A renina, então, inicia uma série de eventos enzimáticos que culminam com a produção de **angiotensina**, um hormônio transportado pelo sangue que tem diversos efeitos conjugados. Em primeiro lugar, ele estimula a liberação de aldosterona, que por sua vez aumenta a reabsorção de sódio e a secreção de potássio pelo túbulo distal. Em segundo lugar, ele aumenta a secreção do **hormônio antidiurético** (vasopressina, discutida na Seção 30.3), que promove a conservação de água pelo rim. Em terceiro lugar, ele aumenta a pressão sanguínea. Finalmente, ele estimula a sede, que também é estimulada pelo menor volume sanguíneo ou maior osmolaridade do sangue. Essas ações da angiotensina tendem a reverter as circunstâncias (baixo teor de sódio no sangue e baixa pressão arterial e/ou volume sanguíneo) que dispararam a secreção de renina. O sódio e a água são conservados, e o volume sanguíneo e a pressão arterial são restituídos aos valores normais.

A flexibilidade da reabsorção distal de sódio varia consideravelmente nos diferentes animais: é restrita nos seres humanos, mas muito ampla em muitos roedores. Essas diferenças surgiram porque pressões de seleção durante a evolução adaptaram os roedores aos ambientes secos. Eles precisam conservar a água e, ao mesmo tempo, excretar uma quantidade considerável de sódio. Os seres humanos, no entanto, não são projetados para acomodar os grandes apetites por sal que muitos têm. Nossos parentes mais próximos, os grandes primatas, são vegetarianos com uma ingestão média de sal de menos de 0,5 g/dia.

Tema-chave 30.5
ADAPTAÇÃO E FISIOLOGIA
Excreção de sal

Um rim humano pode adaptar-se para excretar grandes quantidades de sal (cloreto de sódio) sob condições de alta ingestão de sal. Nas sociedades acostumadas a uso indiscriminado de alimentos excessivamente salgados para conservação (p. ex.: carne de porco e arenque salgados), o consumo diário pode aproximar-se, ou mesmo exceder, 100 g. Sob tais condições, o peso do corpo permanece normal. No entanto, a ingestão repentina de 20 a 40 g/dia por voluntários não adaptados a tais ingestões altas de sal causou inchaço nos tecidos, aumento do peso corporal e aumento na pressão arterial.

Secreção tubular

Além de reabsorver materiais do filtrado glomerular, o néfron pode secretar materiais através do epitélio tubular e *para dentro* do filtrado. Nesse processo, o inverso da reabsorção tubular, as proteínas transportadoras nas células epiteliais tubulares seletivamente transportam substâncias do sangue nos capilares fora do túbulo para o filtrado no interior do túbulo. A secreção tubular possibilita ao rim aumentar as concentrações de materiais a serem excretados na urina, como os íons hidrogênio e potássio, fármacos e várias substâncias orgânicas estranhas. O epitélio tubular é capaz de reconhecer substâncias orgânicas estranhas, como drogas farmacêuticas ingeridas, porque elas são metabolizadas pelo fígado para formar moléculas catiônicas ou aniônicas. Essas moléculas são transportadas pelo epitélio tubular, que tem transportadores catiônicos e aniônicos na sua membrana. O túbulo convoluto distal é o local da maior parte da secreção tubular.

Nos rins dos peixes ósseos marinhos, répteis não aves e aves, a secreção tubular é um processo diferente do que ocorre nos rins dos mamíferos. Os peixes ósseos marinhos secretam ativamente grandes quantidades de magnésio e sulfato, sais marinhos que são subprodutos de seu modo de osmorregulação (ver Figura 30.2). As aves e outros répteis excretam ácido úrico em vez de ureia como principal excreta nitrogenada (ver Figura 4.19). Essa substância é ativamente secretada pelo epitélio tubular. Como o ácido úrico é quase insolúvel, ele forma cristais na urina e requer pouca água para sua excreção. Desse modo, a excreção de ácido úrico é uma importante adaptação para conservação de água.

Excreção de água

Os rins fazem um controle vigilante da pressão osmótica do sangue. Quando a ingestão de fluido é alta, o rim excreta urina diluída, preservando os sais e excretando a água. Quando a ingestão é baixa, os rins conservam a água formando uma urina concentrada. Uma pessoa desidratada pode concentrar a urina até aproximadamente 4 vezes a concentração osmótica do sangue. Essa capacidade importante de concentrar urina nos capacita a excretar os rejeitos com uma perda mínima de água.

A capacidade dos rins de alguns mamíferos e de algumas aves para produzir uma urina concentrada envolve uma interação entre a alça de Henle e os ductos coletores. Essa interação produz um gradiente osmótico no rim, como mostrado na Figura 30.12. No córtex, o fluido intersticial é isosmótico em relação ao sangue; porém, mais profundamente na medula, a concentração osmótica é 4 vezes maior do que a do sangue (em roedores e em mamíferos do deserto que podem produzir uma urina altamente concentrada, o gradiente osmótico é muito maior do que nos seres humanos). As altas concentrações osmóticas na medula são produzidas pela troca de íons na alça de Henle através da **multiplicação contracorrente**. "Contracorrente" se refere a direções opostas do movimento do fluido nos dois ramos da alça de Henle: para baixo, no ramo descendente, e para cima no ramo ascendente. "Multiplicação" descreve a concentração osmótica crescente na medula, ao redor das alças de Henle e ductos coletores, resultante da troca iônica entre os dois ramos da alça.

As características funcionais desse sistema são como se segue. O ramo descendente da alça de Henle é permeável à água, mas impermeável aos solutos. O ramo ascendente é quase impermeável à água. O cloreto de sódio movimenta-se passivamente da parte inferior do ramo ascendente para o fluido do tecido circundante e é ativamente transportado da porção espessa do ramo ascendente para o fluido do tecido circundante (Figura 30.12). À medida que o interstício ao redor da alça se torna mais concentrado com soluto, a água é puxada do ramo descendente por osmose. O fluido tubular na base da alça, agora mais concentrado, desloca-se para cima pelo ramo ascendente, onde ainda mais cloreto de sódio se difunde ou é bombeado para fora. Dessa maneira, o efeito do movimento iônico no ramo ascendente é multiplicado à medida que mais água é retirada do ramo descendente e um fluido mais concentrado está disponível para o ramo ascendente (ver Figuras 30.12 e 30.13). Os capilares sanguíneos que circundam as alças de Henle, chamados *vasa recta*, também estão dispostos de modo contracorrente. Portanto, o sal que se difunde para o sangue dos *vasa recta* próximos ao ramo ascendente da alça de Henle não deixará a medula, mas se difundirá daqui para o sangue que está entrando na medula nos *vasa recta*, de modo que muito pouco sal é perdido dessa região. Esse arranjo de vasos sanguíneos é importante para manter o gradiente de concentração osmótica da medula e do córtex.

CAPÍTULO 30 Homeostase: Regulação Osmótica, Excreção e Regulação da Temperatura 641

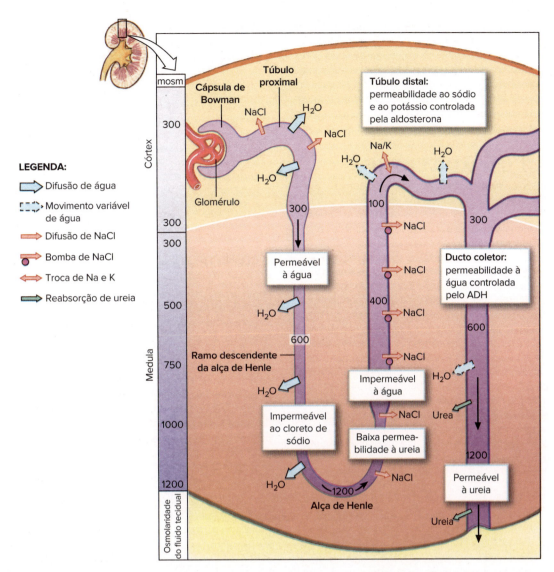

Figura 30.12 Mecanismo de concentração de urina nos mamíferos. O sódio e o cloro se difundem ou são bombeados do ramo ascendente da alça de Henle, e a água é puxada passivamente do ramo descendente, que é impermeável ao cloreto de sódio. O cloreto de sódio reabsorvido do ramo ascendente da alça de Henle e a ureia reabsorvida do ducto coletor aumentam a concentração osmótica na medula renal, criando um gradiente osmótico para a reabsorção controlada de água do ducto coletor.

Um ajuste final da concentração de urina não ocorre nas alças de Henle, mas nos ductos coletores. A urina em formação que entra no túbulo distal a partir da alça de Henle é diluída (por causa dos sais retirados) e pode ser ainda mais diluída por reabsorção ativa de mais cloreto de sódio no túbulo distal. A urina em formação, pobre em solutos, porém contendo ureia, agora flui para baixo no ducto coletor. Devido à alta concentração de solutos no fluido intersticial ao redor do ducto coletor, a água é retirada da urina. Conforme a urina torna-se mais concentrada, a ureia também se difunde para fora do ducto. As regiões inferiores do ducto coletor são permeáveis à ureia e, até agora, quatro transportadores diferentes de ureia foram descobertos. Um pouco dessa ureia flui de volta para a porção inferior do ramo ascendente da alça de Henle, mas como a alça é menos permeável à ureia, sua concentração aumenta no fluido dos tecidos da medula. Esse acúmulo de ureia contribui significativamente para a alta concentração osmótica da medula e para o mecanismo de multiplicação contracorrente (Figura 30.13).

A quantidade de água reabsorvida e a concentração final da urina dependem da permeabilidade das paredes do túbulo convoluto distal e do ducto coletor. Esse processo é controlado pelo **hormônio antidiurético** (ADH, ou vasopressina), liberado pela região posterior da glândula pituitária (neuro-hipófise, ver Figura 34.5). Os receptores especializados do encéfalo que monitoram constantemente a pressão osmótica dos fluidos corporais regulam a liberação desse hormônio. Quando a pressão osmótica sanguínea aumenta ou o volume sanguíneo diminui, como durante uma desidratação, a glândula pituitária libera mais ADH. O ADH aumenta a permeabilidade do ducto coletor, elevando a quantidade de canais de água nas células epiteliais do ducto coletor. Então, à medida que o fluido do ducto coletor passa pela região hiperosmótica da medula renal, a água difunde-se pelos canais para o fluido intersticial circundante e é carreada pela circulação sanguínea. Assim, a urina perde água e se torna mais concentrada. Dada essa sequência de eventos no caso de desidratação, não é difícil antecipar como o sistema responde à super-hidratação: a pituitária para de liberar ADH, os canais de água nas células epiteliais do ducto coletor diminuem em número e um grande volume de urina diluída é excretado.

A capacidade variável de diferentes mamíferos em produzir uma urina concentrada relaciona-se intimamente com o comprimento das alças de Henle. Os castores, que não têm necessidade de conservar água no seu ambiente aquático, têm alças curtas e podem concentrar urina apenas cerca de duas vezes a osmolaridade do sangue. Os seres humanos, com alças de Henle relativamente mais longas, podem concentrar a urina 4,2 vezes mais que a do sangue. Como esperado, os mamíferos do deserto têm um poder muito maior de concentrar urina. Um camelo pode produzir urina com 8 vezes a concentração do plasma, um gerbil, 14 vezes, e um rato-saltador australiano, 22 vezes. Nesse animal, o maior concentrador de todos, as longas alças de Henle estendem-se até a ponta de uma longa papila renal que se prolonga até a abertura do ureter.

30.4 REGULAÇÃO TÉRMICA

Vimos que um dos problemas fundamentais que um animal enfrenta é manter seu meio interno em um estado que permita a função celular normal. As atividades bioquímicas são sensíveis ao meio químico e, até o momento, nossa discussão tem examinado como o ambiente químico é estabilizado. As reações bioquímicas também são extremamente sensíveis à temperatura. Todas as enzimas apresentam uma temperatura ótima; em valores acima ou abaixo desse ótimo, o funcionamento das enzimas é prejudicado. Portanto, a temperatura é um limitador grave para todos os animais, pois eles precisam manter uma estabilidade bioquímica. Quando a temperatura corporal cai demais, os processos metabólicos ficam mais lentos, reduzindo a quantidade de energia que o animal consegue reunir para sua atividade e reprodução. Se a temperatura corporal aumentar muito, as reações metabólicas tornam-se desequilibradas e a atividade enzimática é dificultada ou mesmo interrompida. Portanto, os animais podem ser bem-sucedidos apenas em limites muito restritos de temperatura, normalmente entre 0 e 40°C. Os animais devem encontrar um *hábitat* onde não tenham que lidar com temperaturas extremas ou precisam desenvolver meios de estabilizar seu metabolismo independentemente dos extremos de temperatura.

> **Tema-chave 30.6**
> **CIÊNCIA EXPLICADA**
>
> **Medição da sensibilidade à temperatura**
> Uma diferença de 10°C na temperatura tem sido usada como padrão para medir a sensibilidade térmica de uma função biológica. Esse valor, chamado de Q_{10}, é determinado (para intervalos de temperatura de exatamente 10°C) simplesmente dividindo o valor da taxa de uma função (como a taxa metabólica ou a taxa de uma reação enzimática) na temperatura mais elevada pelo valor dessa taxa na temperatura mais baixa. Em geral, reações metabólicas têm valores de Q_{10} de cerca de 2,0 a 3,0. Os processos puramente físicos, como a difusão, têm valores de Q_{10} muito mais baixos, normalmente próximos a 1,0.

Ectotermia e endotermia

Os termos "sangue-frio" e "sangue-quente" têm sido usados há muito tempo para dividir os animais em dois grupos: invertebrados e vertebrados que parecem frios ao toque e aqueles que não fornecem essa sensação, como os seres humanos, outros mamíferos e aves. É verdade que a temperatura corporal dos mamíferos e aves é, normalmente (embora não sempre), mais quente do que a temperatura do ar, mas um animal de "sangue-frio" não é necessariamente frio. Os peixes tropicais, insetos e répteis não aves aquecendo-se ao Sol podem ter temperaturas corporais equivalentes ou superiores àquelas dos mamíferos. Ao contrário, muitos mamíferos de "sangue-quente" hibernam, permitindo que sua temperatura corporal se aproxime do ponto de congelamento da água. Desse modo, os termos "sangue-quente" e "sangue-frio" são demasiadamente subjetivos e imprecisos, porém estão tão fortemente enraizados em nosso vocabulário, que a maioria dos biólogos acha mais fácil usá-los do que mudá-los.

Os zoólogos frequentemente usam os termos **pecilotérmico** (temperatura corporal que varia conforme a temperatura ambiental) e **homeotérmico** (temperatura corporal constante, regulada independentemente da temperatura ambiental) como alternativa aos termos "sangue-frio" e "sangue-quente", respectivamente. Esses termos, que se referem à variabilidade da temperatura do corpo, são mais precisos e mais informativos, porém ainda oferecem dificuldades. Por exemplo, os peixes de profundidade vivem em um ambiente que não apresenta variações térmicas perceptíveis. Apesar da sua temperatura sanguínea ser absolutamente estável, chamar tais peixes de homeotérmicos sugere que eles tenham a capacidade de regular sua temperatura corporal se a temperatura ambiental mudar – mas isso seria improvável. Ademais, muitas aves e mamíferos homeotérmicos permitem que sua temperatura corporal varie entre o dia e a noite ou durante a hibernação sazonalmente induzida (ver Figura 30.18).

Os fisiologistas preferem, ainda, outra maneira de distinguir os mecanismos termorreguladores, uma que

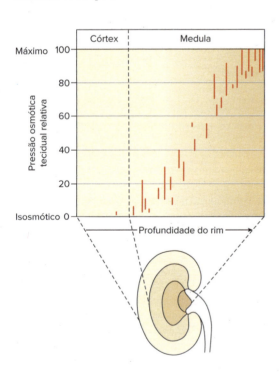
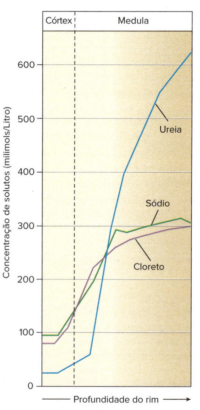

Figura 30.13 Concentração osmótica do fluido tecidual do rim de mamífero. O fluido tecidual é isosmótico no córtex renal (*lado esquerdo no diagrama*), mas a concentração osmótica aumenta continuamente em direção à medula, atingindo o máximo na papila, onde a urina drena para o ureter.

reflita o fato de a temperatura corporal de um animal ser um equilíbrio entre ganho e perda de calor. Todos os animais produzem calor do metabolismo celular, porém, na maioria, o calor é perdido para o meio tão rápido quanto é produzido. Nesses animais, chamados de **ectotérmicos** (a esmagadora maioria dos animais pertence a esse grupo), a temperatura corporal é determinada unicamente pelo ambiente. Muitos ectotérmicos exploram seu ambiente em termos de comportamento, selecionando áreas com temperatura mais favorável (como aquecer-se ao Sol), porém a fonte de energia empregada para aumentar a temperatura corporal vem do ambiente e não de dentro do corpo. Alternativamente, alguns animais podem gerar e manter calor metabólico suficiente para elevar sua própria temperatura a um nível alto, porém estável. Como a fonte do seu calor corporal é interna, eles são chamados de **endotérmicos**. Esses poucos favorecidos no reino animal são as aves e os mamíferos, bem como alguns répteis não aves e peixes de natação rápida e certos insetos que são, pelo menos parcialmente, endotérmicos. A endotermia permite às aves e aos mamíferos estabilizar sua temperatura interna, possibilitando que os processos bioquímicos e o funcionamento do sistema nervoso prossigam em níveis altos e estáveis de atividade. Desse modo, os endotérmicos podem permanecer ativos no inverno e explorar *hábitats* inacessíveis aos ectotérmicos. Na realidade, os endotérmicos que têm uma grande razão superfície/volume (animais pequenos) com subsequentemente grande perda de calor e/ou disponibilidade limitada de alimento, tendem a diminuir a atividade e hibernar ou cavar sob uma camada isolante de neve em climas mais frios, enquanto os endotérmicos maiores podem tolerar temperaturas mais frias.

Como os ectotérmicos adquirem independência térmica

Ajustes comportamentais

Embora os ectotérmicos não consigam controlar sua temperatura corporal fisiologicamente, muitos conseguem regular a temperatura interna através do comportamento com considerável precisão. Os ectotérmicos frequentemente têm a opção de procurar áreas em seu ambiente onde a temperatura seja favorável às suas atividades. Alguns ectotérmicos, como os lagartos do deserto, exploram as mudanças da radiação solar a cada hora para manter sua temperatura corporal relativamente constante (Figura 30.14). No começo da manhã, eles expõem sua cabeça para absorver o calor do Sol. No meio da manhã, eles emergem de suas tocas e se aquecem ao Sol com o corpo achatado (próximo ao substrato) para absorver calor. Conforme o dia esquenta, eles se voltam a ficar de frente para o Sol a fim de reduzir a exposição e afastam o corpo do substrato quente. Na parte mais quente do dia, eles podem se retirar para suas tocas ou deslocar-se para a sombra. Mais tarde, eles emergem para se aquecerem conforme o Sol se põe e a temperatura do ar cai.

Esses padrões comportamentais ajudam a manter a temperatura do corpo relativamente estável, de 36 a 39°C, enquanto a temperatura do ar varia entre 29 e 44°C. Alguns lagartos podem tolerar o intenso calor do meio-dia sem abrigar-se. A iguana-do-deserto do Sudoeste dos EUA prefere uma temperatura corporal de 42°C quando ativa e pode tolerar o aumento desta até 47°C, uma temperatura que é letal para todas as aves e mamíferos e para a maioria dos outros lagartos. O termo "sangue-frio" certamente não se aplica a esses animais!

Ajustes metabólicos

Mesmo sem os ajustes comportamentais já descritos, a maioria dos ectotérmicos pode ajustar suas taxas metabólicas à temperatura predominante, de forma que a intensidade do metabolismo permaneça praticamente inalterada. Isso é chamado de **compensação térmica** e envolve complexos ajustes bioquímicos e celulares. Tais ajustes possibilitam a um peixe ou uma salamandra, por exemplo, beneficiar-se de um nível de atividade praticamente igual em ambientes quentes e frios. Portanto, enquanto os endotérmicos conseguem a homeostase metabólica mantendo a temperatura corporal independente da temperatura ambiental, os ectotérmicos conseguem quase a mesma coisa mantendo seu metabolismo independente da temperatura corporal. Tal regulação metabólica também é uma forma de homeostase.

Regulação térmica em endotérmicos

A maioria dos mamíferos tem temperaturas corporais entre 36 e 38°C, um pouco inferior àquela das aves, que apresentam variação entre 40 e 42°C. A temperatura é mantida constante através de um delicado equilíbrio entre a produção e a perda de calor – o que não é uma tarefa simples quando esses animais estão alternando entre períodos de descanso e momentos de atividade intensa produtora de calor.

O calor é produzido pelo metabolismo do animal. Isso inclui a oxidação dos alimentos, metabolismo celular basal e contração muscular. Como grande parte da aquisição diária de calorias de um endotérmico é necessária para gerar calor, especialmente em clima frio, um endotérmico precisa ingerir mais alimentos do que um ectotérmico de mesmo tamanho. O calor é perdido por radiação, condução e convecção (movimento do ar) para um ambiente mais frio, e através da evaporação da água (Figura 30.15). Uma

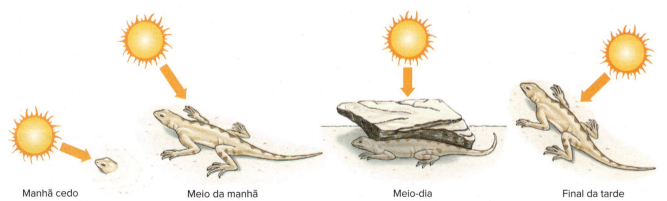

Figura 30.14 Como um lagarto regula sua temperatura corporal através do comportamento. De manhã, o lagarto absorve o calor do Sol aquecendo a cabeça, enquanto mantém o resto do corpo protegido do frio ar matinal. Mais tarde, ele emerge para se aquecer ao Sol. Ao meio-dia, quando sua temperatura corporal está alta, ele procura sombras. Quando a temperatura do ar cai no final da tarde, ele emerge para absorver os raios finais de Sol.

ave ou um mamífero podem controlar ambos os processos de produção e perda de calor dentro de limites bastante amplos. Se o animal se torna muito frio, pode gerar calor aumentando a atividade muscular (exercício ou tremores) e diminuir a perda de calor aumentando seu isolamento térmico. Se ele se torna muito quente, diminui a produção de calor e aumenta a perda de calor. Examinaremos esses processos com exemplos.

Adaptações para ambientes quentes

A despeito das condições graves dos desertos (calor intenso durante o dia, frio à noite e escassez de água, vegetação e abrigo), muitos animais vivem com sucesso nesses ambientes. Os menores mamíferos de deserto são, na maioria, **fossoriais** (que vivem principalmente no solo) e/ou **noturnos** (ativos à noite). A temperatura mais baixa e a umidade mais alta das tocas ajudam a reduzir a perda de água por evaporação. Como explicado na Seção 30.1, os animais do deserto, como o rato-canguru e os esquilos-terrestres-de-cauda-redonda, podem, se necessário, obter a água de que necessitam do metabolismo de seu alimento seco, sem beber nenhuma água. Esses animais produzem uma urina altamente concentrada e formam fezes quase completamente secas.

Os grandes ungulados do deserto (mamíferos com cascos que regurgitam e mastigam seu alimento parcialmente digerido) obviamente não podem escapar do calor vivendo em tocas. Os animais como o camelo e os antílopes do deserto (gazela, órix e elande) possuem uma série de adaptações para lidar com o calor e a desidratação. A Figura 30.16 mostra as adaptações do elande. Os mecanismos para controlar a perda de água e evitar o superaquecimento estão intimamente ligados. O pelo claro e brilhante reflete a luz solar direta e a própria pelagem constitui um excelente isolamento que resiste ao calor. O calor é perdido por convecção e condução da região ventral do elande, onde a pelagem é bem fina. O tecido adiposo, uma reserva alimentar essencial, está concentrado em uma única corcova no dorso, em vez de estar distribuído uniformemente sob a pele, onde poderia impedir a perda de calor por radiação. Os elandes evitam a perda de água por evaporação – o único modo que um animal tem para se resfriar quando a temperatura ambiental é maior do que a do corpo – deixando que sua temperatura corporal caia durante as noites frias e, depois, eleve-se lentamente durante o dia, conforme o corpo armazena calor. Apenas quando a temperatura do corpo chega a 41°C, os elandes precisam evitar que aumente ainda mais através do **resfriamento por evaporação**, transpirando e ofegando. A umidade da respiração é condensada e reabsorvida nas passagens nasais conforme o ar é exalado. Eles economizam água produzindo uma urina concentrada e fezes secas. Os camelos têm todas essas adaptações desenvolvidas em um grau semelhante ou superior; talvez eles sejam os mais perfeitamente adaptados de todos os grandes mamíferos do deserto.

Adaptações para ambientes frios

Em ambientes frios, os mamíferos e as aves utilizam dois mecanismos principais para manter a homeotermia: (1) **condutância reduzida**, a redução da perda de calor através do aumento da eficácia do isolamento térmico; e (2) **aumento na produção de calor**.

Em todos os mamíferos que vivem em regiões frias da Terra, a espessura da pelagem aumenta no inverno, algumas vezes em até 50%. Uma camada inferior espessa de subpelos constitui a principal camada de isolamento, enquanto os pelos-guarda, mais longos e visíveis, servem como proteção contra o desgaste e proporcionam uma coloração protetora. Nas aves, as plumas atuam de modo

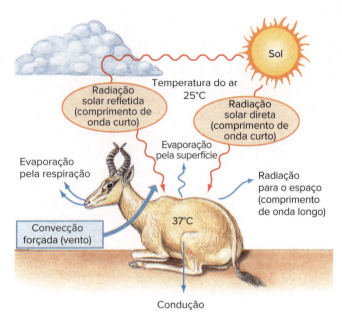

Figura 30.15 Troca de calor entre um grande mamífero e o ambiente em um dia quente. As *setas vermelhas* indicam as fontes de ganho líquido de calor pelo animal (radiação total); as *setas azuis* representam as vias de perda líquida de calor (resfriamento por evaporação, condução para o solo, radiação de ondas longas para o espaço e convecção forçada pelo vento). Se as temperaturas do ar e do solo forem maiores do que as do animal, as setas de convecção forçada, condução e radiação deverão ser invertidas. Desse modo, o animal poderia perder calor apenas através do resfriamento por evaporação.

semelhante para conservar o calor (ver Seção 27.2). Ao contrário do tronco, com bom isolamento, as extremidades do corpo (pernas, cauda, orelhas, narina) das aves e mamíferos do Ártico têm pouco isolamento e estão expostas a um rápido congelamento. Para evitar que essas partes se tornem as principais vias de perda de calor, elas são resfriadas a baixas temperaturas, frequentemente aproximando-se do ponto de congelamento. Entretanto, o calor presente no quente sangue arterial não é perdido pelo corpo. Em vez disso, um mecanismo de **troca de calor contracorrente** entre o sangue quente que vai para a periferia do corpo e o sangue frio que retorna evita a perda de calor. O sangue arterial da perna de um mamífero ou ave do Ártico passa muito próximo a uma rede de pequenas veias. Como o fluxo do sangue arterial é oposto àquele do sangue venoso que está retornando das extremidades, o calor é trocado eficientemente das artérias para as veias. Quando o sangue arterial chega ao pé, ele transferiu quase todo o seu calor para as veias, que trazem de volta o sangue para o interior do corpo (Figura 30.17). Portanto, pouco calor é perdido das regiões distais pouco isoladas da perna para o frio ar circundante. As trocas de calor contracorrente em apêndices também são comuns nos mamíferos aquáticos como focas e baleias, as quais apresentam nadadeiras pouco isoladas que poderiam ser vias de perda excessiva de calor na ausência desse arranjo para economia de calor.

Uma consequência da troca de calor periférica é que as pernas e os pés dos mamíferos e das aves que vivem em ambientes frios devem funcionar em baixas temperaturas. As temperaturas dos pés das raposas do Ártico e dos caribus estão um pouco acima do ponto de congelamento; de fato, a temperatura pode estar abaixo de 0°C nas almofadas dos pés e nos cascos. Para manter os pés ágeis e flexíveis em temperaturas tão baixas, as gorduras nessas extremidades apresentam ponto de fusão muito baixo, talvez 30°C abaixo das gorduras comuns do corpo.

Em condições extremamente frias, todos os mamíferos podem produzir mais calor pelo **aumento da atividade muscular** através

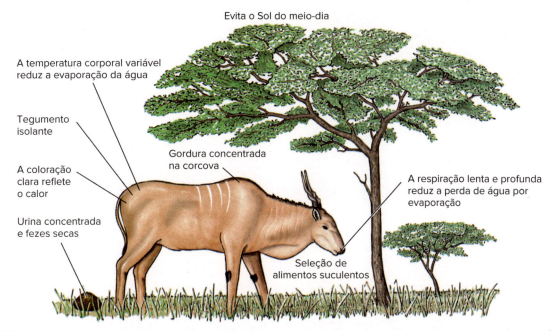

Figura 30.16 Adaptações fisiológicas e comportamentais do elande-comum para regular a temperatura na savana quente e árida da África Central.

de exercício ou tremores. Uma pessoa pode aumentar a produção de calor em até 18 vezes tremendo violentamente quando atinge o estresse máximo pelo frio, embora não indefinidamente. Outra fonte de calor é o aumento da oxidação dos alimentos, especialmente dos estoques de gordura marrom (descrita na Seção 32.4, Tema-chave 32.4). Esse mecanismo é chamado de **termogênese sem tremores**.

Os pequenos mamíferos do tamanho de lemingues, ratos-do-campo e camundongos enfrentam os desafios dos ambientes frios de outra maneira. Os mamíferos de pequeno porte não são tão bem isolados quanto os grandes mamíferos porque a espessura da pelagem é limitada pela necessidade de manter a mobilidade. Por isso, além dos mecanismos já descritos aqui, esses animais exploram as excelentes qualidades isolantes da neve vivendo abaixo dela, em túneis no chão da floresta onde, incidentalmente, seu alimento também está localizado. Nesse **ambiente subníveo (sob a neve)**, a temperatura raramente cai abaixo de –5°C, mesmo quando a temperatura do ar acima caia para –50°C. O isolamento da neve diminui a condutância térmica dos pequenos mamíferos da mesma forma que a pelagem espessa dos mamíferos de grande porte. Viver sob a neve é, na verdade, um tipo de resposta para evitar o frio.

Hipotermia adaptativa em aves e mamíferos

A endotermia é energeticamente dispendiosa. Enquanto um ectotérmico pode sobreviver durante semanas sem comer em um ambiente frio, um endotérmico sempre precisa ter fontes de energia para suprir sua alta taxa metabólica. O problema é especialmente crítico para aves e mamíferos pequenos que, devido a seu intenso metabolismo, podem necessitar de um consumo diário de alimento de cerca de seu próprio peso corporal, a fim de manter a homeotermia (o consumo de alimento pelas aves é discutido na Seção 27.2, e, pelos mamíferos, na Seção 28.2). Não é de se surpreender, portanto, que alguns mamíferos e aves pequenos tenham desenvolvido formas de abandonar a homeotermia por períodos que variam desde algumas horas por dia até vários meses, permitindo que a temperatura de seu corpo caia até que se aproxime ou se iguale à temperatura do ambiente ao seu redor.

Alguns mamíferos muito pequenos, como os morcegos, mantêm a temperatura corporal alta quando estão ativos, mas permitem que sua temperatura corporal diminua bastante quando estão inativos ou dormindo. Isso é chamado de **torpor diário**, uma hipotermia adaptativa que proporciona enorme economia de energia para os pequenos endotérmicos que nunca estão mais do que algumas horas longe da inanição em temperaturas corporais normais. Os beija-flores também podem diminuir sua temperatura corporal durante a noite, quando os suprimentos de alimento são baixos (Figura 30.18).

Nas regiões temperadas do Hemisfério Norte, muitos mamíferos de pequeno e médio portes resolvem o problema da escassez de alimento e das baixas temperaturas durante o inverno entrando em

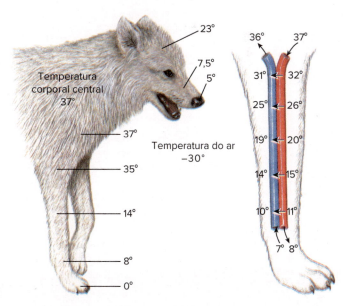

Figura 30.17 Troca de calor contracorrente na perna de uma raposa-do-Ártico. O diagrama à esquerda mostra como as extremidades se resfriam quando o animal é exposto a baixas temperaturas ambientais. O diagrama à direita ilustra uma parte da artéria e da veia da perna dianteira, que mostra como o calor é trocado entre os sangues arterial e venoso. Desse modo, o calor é desviado de volta para o interior do corpo e conservado.

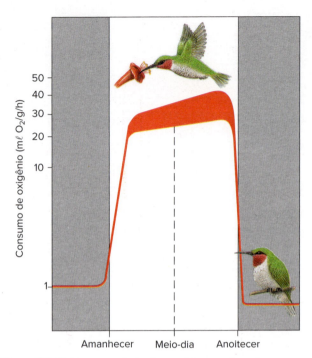

Figura 30.18 Torpor em beija-flores. A temperatura do corpo e o consumo de oxigênio (*linha vermelha*) são altos quando o beija-flor está ativo durante o dia, mas podem cair a 5% desses níveis durante os períodos de escassez de alimento. O torpor diminui consideravelmente o consumo das limitadas reservas de energia da ave.

um estado controlado e prolongado de dormência: a **hibernação**. Os hibernantes verdadeiros, como os esquilos-terrestres, ratos-saltadores e marmotas e os arganazes, preparam-se para a hibernação armazenando gordura no corpo. A entrada em hibernação é gradual. Depois de uma série de "testes de queda", durante os quais a temperatura corporal diminui alguns poucos graus e depois volta ao normal, o animal resfria-se até um intervalo de 1 grau ou menos da temperatura ambiente. O metabolismo cai a uma fração do nível normal. Nos esquilos-terrestres, por exemplo, a taxa respiratória diminui de uma taxa normal de 200 movimentos respiratórios por minuto para 4 ou 5 movimentos respiratórios por minuto e o coração de 150 para 5 pulsações por minuto. Durante o despertar, um hibernante treme violentamente e usa a termogênese sem tremores para produzir calor.

Alguns mamíferos, como ursos, texugos, guaxinins e gambás, entram em um estado de sono prolongado no inverno, com pouca ou nenhuma diminuição na temperatura corporal. O sono prolongado não é uma hibernação verdadeira. Os ursos das florestas do Hemisfério Norte dormem por vários meses. A taxa de batimentos cardíacos pode cair de 40 para 10 pulsações por minuto, mas a temperatura do corpo permanece em níveis normais e o urso desperta se for suficientemente incomodado.

Alguns invertebrados e vertebrados podem entrar em um estado de dormência durante o verão, chamado de **estivação** ou "sono do verão". Nesse estado, as taxas respiratórias e o metabolismo diminuem quando a temperatura é alta, o alimento é escasso ou existe o risco de desidratação. Alguns exemplos de animais que estivam são os caracóis terrestres, o guaiamu, os peixes pulmonados africanos, o jabuti do deserto, uma espécie de roedor africano da família Muridae e alguns esquilos.

RESUMO

Seção	Conceito-chave
30.1 Regulação hídrica e osmótica	• Ao longo da vida, matéria e energia passam pelo corpo, potencialmente perturbando o estado fisiológico interno • A homeostase, a capacidade de um organismo de manter a estabilidade interna apesar dos desafios, é uma característica de todos os sistemas vivos. A homeostase envolve a atividade coordenada de vários mecanismos fisiológicos e bioquímicos, e é possível relacionar alguns eventos importantes na evolução animal com o aumento da independência interna em relação às consequências das mudanças ambientais
30.2 Estruturas excretoras dos invertebrados	• A maioria dos invertebrados marinhos depende da estabilidade osmótica do oceano ao qual se conformam, ou precisam tolerar grandes flutuações na salinidade ambiental • Alguns que são capazes de tolerar grandes flutuações na salinidade têm capacidade limitada de regulação osmótica, que é a capacidade de resistir à mudança osmótica interna por meio da evolução de órgãos reguladores especializados • Todos os animais que vivem em água doce são hiperosmóticos em relação ao meio ambiente e desenvolveram mecanismos para recuperar o sal do ambiente e eliminar o excesso de água que entra no corpo por osmose
30.3 Rim dos vertebrados	• Todos os animais vertebrados apresentam excelente homeostase osmótica • Os peixes marinhos ósseos mantêm seus fluidos corporais distintamente hiposmóticos em relação ao meio ambiente, bebendo água do mar e destilando-a fisiologicamente • Os peixes de água doce mantêm seus fluidos corporais hiperosmóticos em relação ao ambiente, produzindo urina muito diluída e absorvendo o sal tanto de seus alimentos como através da absorção ativa pelas brânquias • Elasmobrânquios (tubarões e raias) adotaram uma estratégia de homeostase osmótica ao reter ureia e óxido de trimetilamina (TMAO) no sangue • O rim é o órgão mais importante para regular a composição química e osmótica do sangue ou fluido intersticial • Todos os rins de animais são variações de um tema básico: uma estrutura tubular que forma a urina pela introdução de uma secreção fluida, filtrado do sangue ou fluido intersticial em um túbulo, no qual tal fluido é seletivamente modificado para formar urina • Os vertebrados terrestres têm rins especialmente sofisticados, porque devem ser capazes de regular com precisão o conteúdo de água do sangue através do equilíbrio entre ganhos e perdas • A unidade excretora básica é o néfron, composto por um glomérulo, no qual se forma um ultrafiltrado do sangue; e um longo túbulo néfrico, no qual a urina em formação é modificada seletivamente pelo epitélio tubular • Água, sais e outros materiais valiosos são reabsorvidos para a circulação, e certos resíduos são secretados a partir da circulação para a urina no túbulo • Todos os mamíferos e algumas aves podem produzir urina mais concentrada que o sangue por meio de um sistema multiplicador de contracorrente localizado nas alças de Henle, especialização não encontrada em outros vertebrados

Seção	Conceito-chave
30.4 Regulação térmica	• A temperatura tem um efeito profundo na taxa de reações bioquímicas e, consequentemente, no metabolismo e na atividade de todos os animais • Os animais podem ser classificados dependendo de a temperatura corporal variar com a temperatura ambiente (pecilotérmico) ou manter-se estável (homeotérmico); ou pela fonte de calor corporal, seja externa (ectotérmica) ou interna (endotérmica) • Os ectotérmicos se libertam parcialmente das restrições térmicas buscando hábitats com temperaturas favoráveis, por termorregulação comportamental ou ajustando seu metabolismo à temperatura prevalecente por meio de alterações bioquímicas • As aves e os mamíferos endotérmicos diferem dos ectotérmicos por apresentarem uma produção muito maior de calor metabólico e uma condutância muito menor de calor do corpo. Eles mantêm a temperatura corporal constante equilibrando a produção de calor com a perda • Os grandes mamíferos empregam várias estratégias para lidar com a exposição direta ao calor, incluindo isolamento reflexivo, armazenamento de calor pelo corpo e resfriamento evaporativo • Endotérmicos em ambientes frios mantêm a temperatura corporal diminuindo a perda de calor com uma pelagem ou plumagem espessa, por resfriamento periférico e aumentando a produção de calor por meio de tremores ou termogênese sem tremores. Endotérmicos pequenos também podem evitar a exposição a baixas temperaturas por viverem sob a neve • A hipotermia adaptativa é uma estratégia usada por pequenos mamíferos e aves para reduzir as demandas de energia durante os períodos de inatividade (torpor diário) ou períodos de frio prolongado e disponibilidade mínima de alimento (hibernação) • Alguns vertebrados e invertebrados entram em um estado semelhante de inatividade durante o verão, quando as temperaturas são altas, os alimentos são escassos ou há risco de desidratação (estivação)

QUESTÕES DE REVISÃO

1. Defina homeostase. Quais vantagens evolutivas a manutenção bem-sucedida da homeostase interna pode resultar para uma espécie?
2. Descreva os desafios fisiológicos que os invertebrados marinhos enfrentaram ao invadir a água doce e, usando os crustáceos como exemplo, sugira soluções para esses desafios.
3. Faça a distinção entre os seguintes pares de termos: conformidade e regulação osmótica, estenoalino e eurialino, hiperosmótico e hiposmótico.
4. Os salmões jovens, migrando dos seus riachos natais de água doce para o mar, deixam um ambiente quase livre de sais para entrar em outro 3 vezes mais salino do que seus próprios fluidos corporais. Descreva os desafios osmóticos de cada ambiente e sugira os ajustes fisiológicos que o salmão deve fazer ao mudar da água doce para o mar.
5. A maioria dos invertebrados marinhos é composta por osmoconformadores. Como seu fluido corporal difere daquele dos tubarões e raias, que estão quase em equilíbrio osmótico com seu ambiente?
6. Qual a estratégia usada pelo rato-canguru que o torna capaz de viver no deserto sem beber água?
7. Em quais animais você esperaria encontrar uma glândula de sal? Qual a sua função?
8. Relacione a função dos vacúolos contráteis às seguintes observações experimentais: para eliminar uma quantidade de fluido equivalente ao seu próprio volume, alguns eucariotos unicelulares de água doce precisaram de 4 a 53 minutos e algumas espécies marinhas, de 2 a 5 horas.
9. De que forma um protonefrídio difere estrutural e funcionalmente de um nefrídio verdadeiro (metanefrídio)? Sob quais aspectos eles são semelhantes?
10. Descreva os estágios de desenvolvimento dos rins dos amniotas. Como essa sequência de desenvolvimento nos amniotas difere daquela nos anfíbios e peixes?
11. Qual o paralelismo entre o nefrídio de uma minhoca e o néfron humano em termos de estrutura e função?
12. Descreva o que ocorre durante as seguintes etapas da formação da urina no néfron dos mamíferos: filtração, reabsorção tubular e secreção tubular.
13. Explique como a circulação do cloreto de sódio entre os ramos ascendente e descendente da alça de Henle no rim dos mamíferos, e a permeabilidade especial desses túbulos, produzem altas concentrações osmóticas nos fluidos intersticiais na medula renal. Explique o papel da ureia na produção de altas concentrações osmóticas nos fluidos intersticiais da medula.
14. Explique como o hormônio antidiurético (vasopressina) controla a excreção de água nos rins dos mamíferos.
15. Defina os seguintes termos e comente as respectivas limitações (se existirem) ao descrever as relações térmicas entre os animais e seu ambiente: pecilotermia, homeotermia, ectotermia e endotermia.
16. Mamíferos de grande porte vivem com sucesso em desertos e no Ártico. Descreva as diferentes adaptações que esses animais usam para manter a homeotermia em cada ambiente.
17. Explique por que é vantajoso para algumas aves e mamíferos pequenos abandonar a homeotermia por breves ou prolongados períodos de suas vidas.

Para reflexão. Se a temperatura corporal de alguns ectotérmicos for medida durante o dia, os valores são praticamente constantes. Dê uma explicação para tais observações, apresentando alguns mecanismos que poderiam estar envolvidos.

31 Homeostase: Fluidos Internos e Respiração

OBJETIVOS DE APRENDIZAGEM

Após leitura do capítulo, você será capaz de:

31.1 Explicar a subdivisão dos fluidos corporais e o que é notável em suas composições.

31.2 Escrever os principais componentes do sangue e explicar o processo de coagulação que ocorre nos vertebrados.

31.3 Fazer a distinção entre sistema circulatório aberto e fechado. Descrever as principais características e mecanismos de ação do coração. Explicar as funções de artérias, capilares, veias e vasos linfáticos do sistema circulatório.

31.4 Descrever as várias estruturas respiratórias usadas em animais aquáticos e aéreos. Explicar como a estrutura está relacionada à função no sistema respiratório dos mamíferos. Explicar como os gases respiratórios são transportados.

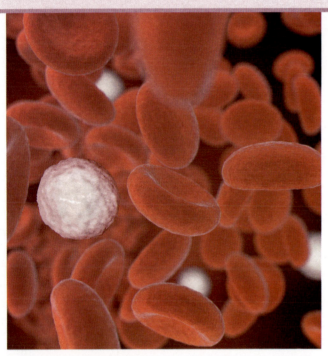

Uma micrografia eletrônica de varredura colorida de hemácias.
iStock@ClaudioVentrella

A descoberta de William Harvey

Incessantemente, durante toda uma vida humana, o coração bombeia sangue pelas artérias, capilares e veias: a cerca de 5 ℓ/min, até que, ao fim de uma vida natural, o coração se contraiu cerca de 2,5 bilhões de vezes e bombeou 300 mil toneladas de sangue. Quando o coração cessa suas contrações, a vida também termina.

O papel crucial das contrações cardíacas para a vida humana é conhecido desde a antiguidade; no entanto, o circuito do fluxo sanguíneo, a noção de que o coração bombeia sangue nas artérias por meio da circulação, recebendo-o de volta pelas veias, tornou-se conhecido apenas algumas centenas de anos atrás. A primeira descrição correta do fluxo sanguíneo pelo médico inglês William Harvey teve uma oposição vigorosa quando publicada pela primeira vez em 1628.

Séculos antes, o anatomista grego Galeno ensinava que o ar entrava no coração pela traqueia e que o sangue era capaz de passar de um ventrículo para o outro por meio de "poros" no septo interventricular. Galeno também pensava que o sangue fluía primeiramente do coração para todos os vasos e, depois, retornava – uma espécie de afluência e vazante de sangue. Embora não tenha quase nada correto nesse conceito, ainda se acreditava nele obstinadamente na época da publicação de Harvey.

As conclusões de Harvey eram baseadas em sólidas evidências experimentais. Ele utilizou diversos animais em seus experimentos e censurou os anatomistas que estudavam o ser humano, dizendo que, se eles tivessem se familiarizado com a anatomia dos outros vertebrados, teriam compreendido o circuito sanguíneo. Ao fazer ligaduras nas artérias, ele percebeu que a região entre o coração e a ligadura inchava. Quando as veias eram ligadas, o inchaço ocorria depois da ligadura. Quando os vasos sanguíneos eram cortados, o sangue fluía da extremidade cortada mais próxima ao coração em artérias; o inverso ocorria nas veias. Com tais experimentos, Harvey descobriu o esquema correto da circulação sanguínea, embora ele não pudesse ver os capilares que conectavam os fluxos arterial e venoso.

Os organismos unicelulares vivem com a superfície celular em contato direto com seu ambiente e obtêm nutrientes e oxigênio, liberando resíduos, diretamente por essa superfície. Esses organismos são tão pequenos que não necessitam de um sistema interno especial de transporte, além das correntes citoplasmáticas normais. Exceto por algumas formas multicelulares simples, como esponjas, cnidários e platelmintos, a maioria dos organismos multicelulares, devido a seu maior tamanho, atividade e complexidade, precisa de um sistema circulatório especializado para transportar nutrientes, produtos de rejeitos e gases respiratórios para todos os tecidos de seu corpo. Os sistemas circulatórios também transportam hormônios (ver Capítulo 34) desde as glândulas ou células que os produzem até tecidos-alvo, onde eles atuam em conjunto com o sistema nervoso (ver Capítulo 33) para fazer a integração da função do organismo. A água, os eletrólitos e muitos outros constituintes dos fluidos corporais são distribuídos e trocados entre os diferentes órgãos e tecidos. Uma resposta eficaz para doenças e ferimentos é expressivamente acelerada por um sistema circulatório eficiente. As aves e os mamíferos homeotérmicos dependem muito da circulação sanguínea para manter ou dissipar o calor, conforme o necessário para manter a temperatura corporal constante.

A troca gasosa unicamente por difusão por membranas superficiais é possível apenas para organismos muito pequenos, com menos de 1 mm de diâmetro. Por exemplo, nos organismos unicelulares, o oxigênio é adquirido e o dióxido de carbono é eliminado desse modo, porque as vias de difusão são curtas e a área superficial do organismo é relativamente grande em relação ao volume. Conforme os animais foram se tornando maiores e desenvolveram um revestimento impermeável, surgiram aparelhos especializados, como os pulmões e as brânquias, a fim de aumentar a superfície efetiva para troca gasosa. Como os gases se difundem muito lentamente pelos tecidos vivos, foi necessário um sistema circulatório para distribuir os gases para os tecidos mais profundos do corpo. Mesmo essas adaptações eram inadequadas para animais complexos com altas taxas de respiração celular. A solubilidade do oxigênio no plasma sanguíneo é tão baixa que apenas o plasma não transportaria oxigênio suficiente para sustentar as demandas metabólicas. A capacidade de transporte de oxigênio do sangue aumentou muito com a evolução de proteínas especiais do sangue transportadoras de oxigênio, como a hemoglobina, a qual parece ter surgido em conjunto com o sistema circulatório.

31.1 O MEIO FLUIDO INTERNO

O fluido corporal de um organismo unicelular é o citoplasma, uma substância líquida gelatinosa que circunda os vários sistemas de membranas e organelas. Nos animais multicelulares, os fluidos corporais estão divididos nos compartimentos **intracelular** e **extracelular**. O compartimento intracelular (também chamado fluido intracelular) é formado pelo conjunto dos fluidos contidos no interior de todas as células do corpo. O compartimento extracelular (ou fluido extracelular) é o fluido que circunda as células (Figura 31.1 A). O fluido extracelular protege as células das mudanças físicas e químicas que ocorrem fora do corpo. A importância do fluido extracelular foi enfatizada pela primeira vez pelo grande fisiologista francês Claude Bernard. Nos animais com sistema circulatório fechado (vertebrados, anelídeos e alguns poucos grupos de invertebrados; Figura 31.3), o fluido extracelular é adicionalmente subdividido em **plasma sanguíneo** e **fluido intersticial (intercelular)** (Figura 31.1 A). Os vasos sanguíneos de um sistema circulatório fechado contêm plasma, enquanto o fluido intersticial, também chamado fluido tecidual, circunda as células do corpo. Os nutrientes e os gases que passam entre o plasma vascular e as células precisam atravessar essa estreita separação de fluidos. O fluido intersticial é constantemente formado do plasma pelo movimento do fluido por vasos microscópicos chamados capilares que estão muito próximos a cada célula (ver Figura 31.12).

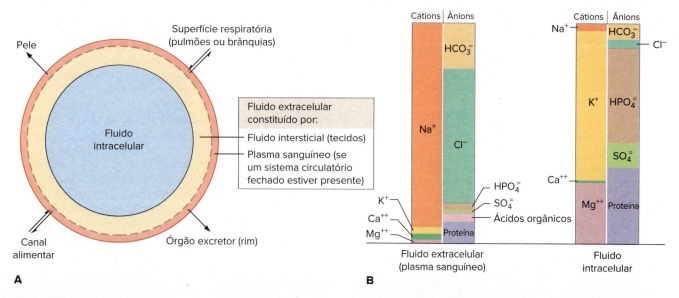

Figura 31.1 Compartimentos fluidos do corpo de um animal. **A.** Todas as células do corpo podem ser representadas como pertencentes a um grande compartimento fluido único que é completamente circundado e protegido pelo fluido extracelular (*milieu intérieur* – meio interno). Nos animais que têm um sistema circulatório fechado, esse fluido é adicionalmente subdividido em plasma e fluido intersticial. Todas as trocas com o ambiente ocorrem pelo compartimento do plasma. **B.** Composição típica de eletrólitos dos fluidos extracelular e intracelular. A concentração total equivalente de cada constituinte principal é mostrada. Quantidades iguais de ânions (íons negativamente carregados) e cátions (íons positivamente carregados) existem em cada compartimento fluido. Note que o sódio e o cloreto, os principais eletrólitos do plasma, estão praticamente ausentes no fluido intracelular (na verdade, eles estão presentes em baixas concentrações). Note a concentração muito maior de proteínas no interior das células.

Composição dos fluidos corporais

Todos esses espaços fluidos – plasmático, intersticial e intracelular – diferem entre si na composição dos solutos, porém todos têm uma característica em comum: são compostos principalmente por água. A despeito da sua aparência sólida, os animais são constituídos por 70 a 90% de água. Os seres humanos, por exemplo, têm aproximadamente 70% de seu peso em água. Desses, 50% correspondem à água celular, 15% à água do fluido intersticial e os restantes 5% ao plasma sanguíneo. O plasma atua como a via para as trocas entre as células do corpo e o mundo exterior. Essa troca de gases respiratórios, nutrientes e resíduos é realizada por meio de órgãos especializados (p. ex., rim, pulmão, brânquia, canal alimentar), bem como pela pele (ver Figura 31.1 A).

Os fluidos corporais contêm muitas substâncias inorgânicas e orgânicas em solução. Entre elas, as mais importantes são os eletrólitos inorgânicos e as proteínas. Os principais eletrólitos extracelulares são íons de sódio, cloreto e bicarbonato, enquanto íons de potássio, magnésio e fosfato e as **proteínas** são os principais eletrólitos intracelulares (ver Figura 31.1 B). Essas diferenças são consideráveis e são mantidas por bombas iônicas de transporte ativo (ver um exemplo na Figura 3.15), apesar do fluxo contínuo de substâncias para dentro e para fora das células do corpo. As duas subdivisões do fluido extracelular – plasma e fluido intersticial – têm composição semelhante, porém o plasma tem mais proteínas, que são grandes demais para se moverem dos capilares para o fluido intersticial.

31.2 COMPOSIÇÃO DO SANGUE

Os invertebrados que não têm um sistema circulatório (como os platelmintos e cnidários) também não têm um "sangue" verdadeiro, mas sim um tecido fluido aquoso e claro que contém algumas células fagocitárias, um pouco de proteína e uma mistura de sais semelhante à água do mar. O "sangue" dos invertebrados com sistema circulatório aberto (Figuras 31.4 e 31.5) é mais complexo e frequentemente é chamado de hemolinfa (do grego *haimo*, sangue + do latim *lympha*, água). Os invertebrados com sistema circulatório fechado (Figuras 31.4 e 31.5) mantêm clara separação entre o sangue contido nos vasos sanguíneos e o fluido tecidual (intersticial) que circunda os vasos sanguíneos e as células.

Nos vertebrados, o sangue é uma forma líquida complexa de tecido conjuntivo (ver Seção 9.3) composto de plasma e componentes celulares em suspensão no plasma (Figura 31.2).

A composição do sangue dos mamíferos é a seguinte:

Plasma – 55% do sangue

1. Água 90%
2. Sólidos dissolvidos, que consistem em proteínas plasmáticas (albumina, globulinas, fibrinogênio), glicose, aminoácidos, eletrólitos, várias enzimas, anticorpos, hormônios, resíduos metabólicos e vestígios de muitas outras substâncias orgânicas e inorgânicas
3. Gases dissolvidos, especialmente oxigênio, dióxido de carbono e nitrogênio

Componentes celulares – 45% do sangue

1. Hemácias (eritrócitos), contendo hemoglobina para o transporte de oxigênio e dióxido de carbono
2. Leucócitos, que atuam como necrófagos e células de defesa
3. Fragmentos de células (plaquetas nos mamíferos) ou células (trombócitos nos demais vertebrados) que funcionam na coagulação do sangue.

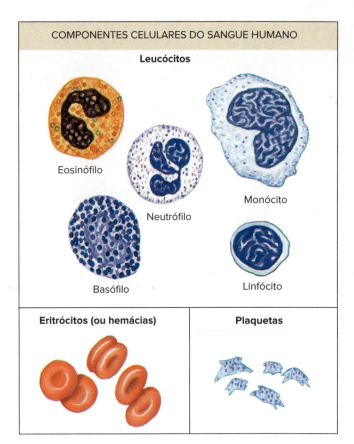

Figura 31.2 Componentes celulares do sangue humano. No sangue dos seres humanos e de outros mamíferos, os eritrócitos ou hemácias, que contêm hemoglobina, não têm núcleo, mas os de todos os demais vertebrados têm núcleo. Os vários leucócitos proporcionam um sistema de proteção para o corpo. As plaquetas são fragmentos de células que participam do mecanismo de coagulação sanguínea.

As proteínas plasmáticas são um grupo diversificado de proteínas grandes e pequenas que desempenham inúmeras funções. Os principais grupos de proteínas são (1) **albuminas**, o grupo mais abundante, constituindo 60% do total, que ajudam a manter o plasma em equilíbrio osmótico com as células do corpo; (2) **globulinas**, um grupo diversificado de proteínas de alto peso molecular (35% do total), incluindo as imunoglobulinas, as quais funcionam na imunidade adquirida (ver Seção 35.4), e várias proteínas que se ligam a metais; e (3) **fibrinogênio**, uma proteína muito grande que atua na coagulação do sangue. O **soro** sanguíneo é o plasma sem as proteínas envolvidas na formação do coágulo.

As hemácias ou **eritrócitos** ocorrem em números enormes no sangue, aproximadamente 5,4 milhões por mℓ de sangue em um homem adulto e 4,8 milhões por mℓ em uma mulher adulta. Nos mamíferos e aves, as hemácias são formadas continuamente a partir de grandes **eritroblastos** nucleados na medula óssea vermelha (em outros vertebrados, os rins e o baço são os principais locais de produção das hemácias). Durante a formação dos eritrócitos, a hemoglobina é sintetizada e as células precursoras dividem-se várias vezes. Nos mamíferos, o núcleo encolhe durante o desenvolvimento e torna-se não funcional, sendo por fim eliminado da célula por exocitose (ver Figura 3.16). A maioria das organelas celulares, como os ribossomos, as mitocôndrias e a maioria dos sistemas enzimáticos, também é perdida. O que resta é um disco bicôncavo, constituído por uma membrana em forma de saco, cheio de cerca de 280 milhões de moléculas do pigmento transportador do sangue, a hemoglobina. Aproximadamente 33% do peso de um eritrócito devem-se à hemoglobina. A forma bicôncava (ver Figura 31.2) é uma inovação dos mamíferos que proporciona maior superfície para a difusão de gases do que a forma achatada ou esférica. Outros vertebrados têm eritrócitos tipicamente nucleados que, normalmente, possuem forma elíptica.

Um eritrócito entra na circulação por um tempo médio de vida de aproximadamente 4 meses. Durante esse tempo, ele pode percorrer 11.000 km, espremendo-se repetidamente pelos menores vasos sanguíneos, os capilares, que às vezes são tão estreitos que o eritrócito precisa se dobrar para atravessá-lo. No fim, ele se fragmenta e é rapidamente englobado por grandes necrófagos chamados de **macrófagos**, localizados no fígado, na medula óssea e no baço. O ferro do componente heme da hemoglobina é recuperado para ser reutilizado; o restante do componente heme é convertido em **bilirrubina**, um pigmento biliar. Estima-se que o corpo humano produza 10 milhões de eritrócitos e destrua outros 10 milhões a cada segundo.

Os **leucócitos** formam parte do sistema imunológico do corpo (ver Capítulo 35). Nos adultos, eles somam apenas 50 mil a 100 mil por mililitro de sangue, uma proporção de um leucócito para 500 a 1.000 hemácias. Existem diversos tipos de leucócitos: **granulócitos** (subdivididos em **neutrófilos, basófilos** e **eosinófilos**) e **agranulócitos**, os **linfócitos** e **monócitos** (ver Figura 31.2).

Hemostasia: a prevenção da perda do sangue

É essencial que os animais tenham meios de evitar a perda rápida de fluidos corporais após uma lesão. Nos animais com sistema circulatório fechado (Figura 31.3), o sangue flui sob uma considerável pressão hidrostática. Portanto, é especialmente vulnerável à perda por hemorragia.

Quando um vaso sanguíneo é danificado, a musculatura lisa (ver Figura 9.12) da parede desse vaso contrai-se causando o estreitamento do lúmen, às vezes tão forte que o fluxo sanguíneo é completamente interrompido. Esse meio simples, porém altamente eficiente, de evitar hemorragias é utilizado tanto pelos invertebrados como pelos vertebrados. Além dessa primeira defesa contra a perda de sangue, todos os vertebrados, bem como alguns invertebrados grandes e ativos que apresentam altas pressões sanguíneas, têm componentes celulares e proteínas especiais no sangue, capazes de formar tampões, ou coágulos, no local do ferimento.

Nos crustáceos (ver Figura 20.3), a hemolinfa contém um fator coagulante semelhante ao fibrinogênio, bem como células ameboides que liberam fatores coagulantes de modo explosivo, iniciando o processo de coagulação e a subsequente formação do coágulo em resposta a ferimentos menores.

Nos vertebrados, a **coagulação sanguínea** ocorre como uma série complexa de reações químicas que produzem uma rede entrelaçada de fibras de uma das proteínas plasmáticas, o **fibrinogênio**. A enzima trombina catalisa a transformação de fibrinogênio em uma malha de **fibrina** na qual se enroscam células sanguíneas, formando um coágulo gelatinoso. A trombina normalmente está presente no sangue em uma forma inativa chamada **protrombina**, que precisa ser ativada para que a coagulação ocorra.

Nesse processo, as plaquetas (ver Figura 31.2) e as células danificadas dos vasos sanguíneos têm papel fundamental. As plaquetas são formadas na medula óssea vermelha, a partir de grandes células multinucleadas que, regularmente, destacam pequenas porções de seus citoplasmas; portanto, as plaquetas são fragmentos de células. Existem cerca de 150 mil a 300 mil plaquetas por milímetro cúbico de sangue. Quando a superfície interna normalmente lisa de um vaso sanguíneo é danificada, seja devido a um rompimento ou a depósitos de substâncias lipídicas como o colesterol, as plaquetas aderem rapidamente à superfície e liberam **tromboplastina** e outros fatores coagulantes. Esses fatores derivados das plaquetas, além de íons cálcio e tromboplastina e outros fatores liberados das células danificadas dos vasos sanguíneos e do tecido subjacente, dão início à conversão da protrombina em trombina ativa.

A sequência catalítica nesse esquema envolve uma série de fatores proteicos do plasma, cada um normalmente inativo até ser ativado por um fator prévio na sequência. A sequência forma uma "cascata" amplificada, e cada reagente leva a um grande aumento na quantidade do reagente seguinte. Pelo menos treze fatores de coagulação plasmáticos diferentes foram identificados. A deficiência de apenas um único fator pode retardar ou impedir o processo de coagulação. Por que um mecanismo de coagulação tão complexo teria evoluído? Uma vantagem é que a amplificação do sinal ocorre a cada passo da cascata; assim, mesmo ferimentos pequenos causam uma resposta rápida e efetiva. Provavelmente, essas proteínas evoluíram por meio de múltiplas mutações gênicas, já que as proteínas plasmáticas na cascata são todas proteases serina estreitamente relacionadas.

Ocorrem diversos tipos de anomalias na coagulação em seres humanos. Uma delas, a hemofilia, é uma condição caracterizada pela falha na coagulação do sangue, de modo que, mesmo ferimentos insignificantes, podem causar graves sangramentos contínuos e até a morte. Uma rara mutação (a condição ocorre em cerca de 1 em cada 10 mil homens) no cromossomo sexual X (ver Seção 5.3) causa a falta de um dos fatores formadores de plaquetas nos homens e em mulheres homozigotas. Conhecida como "doença dos reis", ela foi transmitida a diversas famílias reais europeias aparentadas, provavelmente tendo se originado de uma mutação em um dos pais da rainha Vitória.

> **Tema-chave 31.1**
> **CONEXÃO COM SERES HUMANOS**
>
> **Deficiência de coagulação do sangue**
> A hemofilia é um dos casos mais bem conhecidos de herança ligada ao sexo em seres humanos (ver Seção 5.3). Na verdade, estão envolvidos dois locos diferentes no cromossomo X. A hemofilia clássica (hemofilia A) é responsável por cerca de 80% dos afetados por essa anomalia; o restante é afetado pela doença de Christmas (hemofilia B). O alelo recessivo em cada loco causa a deficiência de um fator formador de plaquetas diferente.

31.3 CIRCULAÇÃO

A maioria dos animais desenvolveu mecanismos para transportar substâncias entre várias regiões de seu corpo. Para as esponjas (ver Figura 12.5), cnidários e ctenóforos (ver Capítulo 13), a água na qual vivem proporciona o meio para o transporte. A água, impulsionada por movimentos dos cílios, flagelos ou do corpo, passa por canais ou compartimentos para facilitar o transporte do alimento, de gases respiratórios e de excretas. A forma do animal obviamente é importante. Os platelmintos acelomados, achatados ou em forma de folha (ver Capítulo 14), sobrevivem porque a distância de qualquer parte do corpo em relação à superfície é curta; os gases respiratórios e as excretas metabólicas são transferidos por simples difusão, mesmo que muitos deles sejam animais relativamente grandes. Os sistemas circulatórios verdadeiros

– contendo vasos pelos quais o sangue flui – são essenciais para animais tão grandes ou tão ativos que apenas os processos de difusão não conseguem suprir as necessidades de oxigênio.

Um sistema circulatório que apresente um conjunto completo de componentes – bomba, sistema de distribuição arterial, capilares que fazem interface com as células, sistema venoso de reserva e retorno – é totalmente reconhecível nos anelídeos (ver Capítulo 17). Nas minhocas (Figura 31.3) existem dois vasos principais, um vaso dorsal, que carrega o sangue anteriormente, e um vaso ventral, que distribui o sangue posteriormente por todo o corpo por meio de vasos segmentados e uma densa rede de capilares. O vaso dorsal conduz o sangue para a região anterior por peristaltismo (ver Figura 32.7B) e, portanto, funciona como um coração. Cinco arcos aórticos, que conectam os vasos dorsal e ventral lateralmente, são contráteis e atuam como corações acessórios para manter um fluxo constante de sangue para o vaso ventral e para a região cefálica, a qual tem seus próprios vasos sanguíneos aferentes e eferentes (Figura 31.3). Muitos vasos segmentares menores, que transportam o sangue para os capilares dos tecidos, também são efetivamente contráteis. Não há uma bomba localizada impulsionando o sangue por um sistema de tubos passivos; ao contrário, a força de contração está amplamente distribuída por todo o sistema vascular.

Circulação aberta e fechada

O sistema que acabamos de descrever é o de uma **circulação fechada** porque o fluido circulante, o **sangue**, está confinado em vasos por todo o seu caminho pelo sistema vascular. Muitos invertebrados têm uma **circulação aberta**, na qual não há pequenos vasos sanguíneos ou capilares fazendo interface com as células ou conectando as artérias com as veias. Nos insetos e outros artrópodes (ver Seções 20.1 e 21.1), na maioria dos moluscos e em muitos pequenos grupos de invertebrados menores, os seios sanguíneos, coletivamente chamados de **hemocele**, substituem as redes capilares. Nesses grupos, durante o desenvolvimento da cavidade do corpo, a blastocele não é completamente obliterada pelo mesoderma (Figura 31.4) e se funde com as cavidades celomáticas embrionárias. Desse modo, a hemocele compreende a cavidade primária do corpo (blastocele persistente) e as cavidades celomáticas secundárias pelas quais o sangue (também chamado de **hemolinfa**) circula livremente (diagrama inferior da Figura 31.4). Uma vez que não há separação do fluido extracelular em plasma sanguíneo e linfa (como ocorre em uma circulação fechada), o volume sanguíneo é grande e pode constituir de 20 a 40% do volume corporal. Em contraste, o volume sanguíneo em um animal com circulação fechada (vertebrados, por exemplo) representa apenas de 5 a 10% do volume corporal.

Nos artrópodes, o coração e todas as vísceras ficam na hemocele, banhados pelo sangue (Figura 31.4). O sangue entra no coração por aberturas com válvulas, óstios, e contrações cardíacas, que lembram uma onda peristáltica movendo-se para a frente, impulsionam o sangue para dentro de um sistema arterial limitado. O sangue vai para a cabeça e outros órgãos, depois flui para dentro da hemocele. Ele é conduzido pelo corpo e apêndices por um sistema de membranas longitudinais (septos) antes de voltar para o coração (Figura 31.5). Como a pressão sanguínea é muito baixa nos sistemas abertos, raramente excedendo 4 a 10 mmHg, muitos artrópodes têm corações acessórios ou vasos contráteis para aumentar o fluxo sanguíneo.

Os insetos e muitos outros artrópodes terrestres não utilizam seu sistema circulatório para o transporte de gases respiratórios. Em vez disso, um sistema respiratório separado evoluiu para esse propósito: um sistema traqueal nos insetos (ver Figura 31.15) e

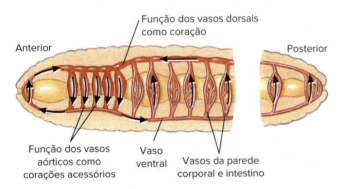

Figura 31.3 Fluxo de sangue pelo sistema vascular fechado de uma minhoca.

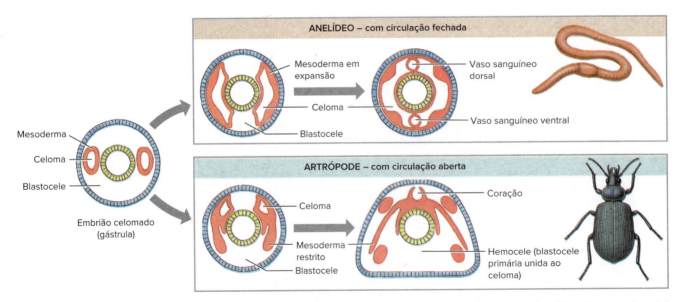

Figura 31.4 Diagramas que mostram como se desenvolvem os sistemas circulatórios aberto e fechado. A principal cavidade do corpo dos artrópodes é a hemocele, a qual é formada pela fusão da blastocele primária com o celoma.

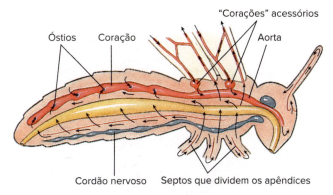

Figura 31.5 Sistema circulatório de um inseto. Embora o sistema circulatório seja aberto, o sangue é direcionado pelos apêndices em canais formados por septos longitudinais. As setas indicam a direção da circulação.

alguns outros artrópodes terrestres (centopeias, diplópodes e algumas aranhas, ver Seção 19.1), pseudotraqueias nos tatuzinhos de jardim e pulmões foliáceos em algumas aranhas.

Nos animais com sistema circulatório fechado (a maioria dos anelídeos, moluscos cefalópodes e todos os vertebrados), o celoma aumenta de tamanho durante o desenvolvimento embrionário, obliterando a blastocele e formando uma cavidade corporal secundária (diagrama superior na Figura 31.4). Um sistema de vasos sanguíneos continuamente conectados desenvolve-se no mesoderma. Os sistemas fechados têm certas características em comum. Um **coração** bombeia o sangue para as **artérias**, que se ramificam e se estreitam formando as **arteríolas** e, depois, em um vasto sistema de **capilares**, que fazem interface com as células dos tecidos do corpo. O sangue que sai dos capilares flui para dentro de **vênulas** e, depois, para **veias** que devolvem o sangue para o coração. As paredes dos capilares são finas (com a espessura de apenas uma célula), permitindo a transferência rápida de substâncias entre o sangue e os tecidos. Os sistemas fechados são mais apropriados para animais grandes e ativos porque o sangue movimenta-se rapidamente para os tecidos mais ativos. Além disso, o fluxo para os vários órgãos pode ser reajustado para se adequar às diferentes necessidades por meio da variação no diâmetro dos vasos sanguíneos.

Como as pressões sanguíneas são muito maiores nos sistemas fechados em relação aos sistemas abertos, o fluido movimenta-se constantemente pelas paredes dos capilares para os espaços do tecido circundante. A maior parte desse fluido é conduzida de volta para dentro dos capilares por osmose (ver Seção 3.1). O restante é recuperado por um **sistema linfático** (Figura 31.4), o qual evoluiu separadamente, mas em combinação com o sistema de alta pressão dos vertebrados.

Organização dos sistemas circulatórios dos vertebrados

Nos vertebrados, as principais diferenças no sistema vascular sanguíneo envolvem a separação gradual do coração em duas bombas separadas conforme os vertebrados evoluíram da vida

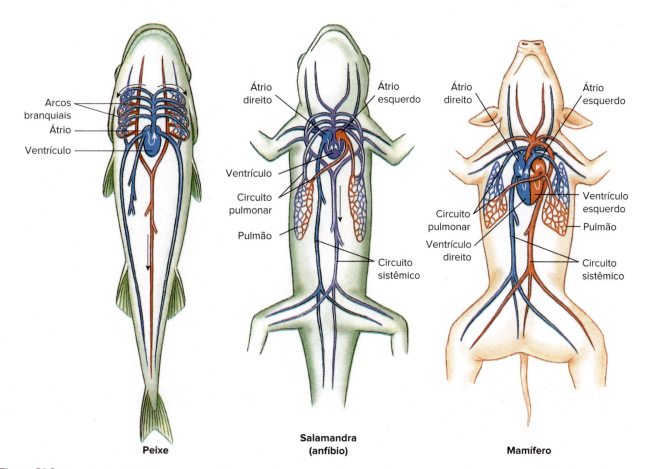

Figura 31.6 Sistemas circulatórios de peixe, anfíbio e mamífero, que mostram a evolução da separação dos circuitos sistêmico e pulmonar nos vertebrados com respiração pulmonar. Todos esses são sistemas circulatórios fechados – a rede capilar que une os sistemas arterial e venoso não é mostrada.

aquática com respiração branquial para a vida completamente terrestre com respiração pulmonar. Essas mudanças são mostradas na Figura 31.6, que compara a circulação de peixes, anfíbios e mamíferos.

O coração dos peixes contém duas câmaras principais em série, um **átrio** e um **ventrículo**. O átrio é precedido por uma câmara dilatada, o **seio venoso**, o qual recolhe o sangue do sistema venoso e assegura uma transferência suave do sangue para o coração. Os elasmobrânquios têm uma quarta câmara, o **cone arterial**, que atenua as oscilações da pressão sanguínea antes de o sangue fluir para dentro dos delicados capilares sanguíneos. Os peixes teleósteos têm um **bulbo arterial** que desempenha a mesma função (ver Figura 24.12). O sangue faz um circuito único pelo sistema vascular do peixe: ele é bombeado do coração para as brânquias, onde é oxigenado; depois flui para a aorta dorsal, para ser distribuído para os órgãos do corpo; e finalmente retorna para o coração pelas veias. Nesse circuito, o coração precisa fornecer pressão suficiente para empurrar o sangue por dois sistemas consecutivos de capilares: primeiro, o das brânquias e, depois, o do restante do corpo. A principal desvantagem do sistema de circuito único é que os capilares das brânquias oferecem tanta resistência ao fluxo sanguíneo que a pressão sanguínea para os tecidos do corpo fica muito reduzida

Com a evolução dos pulmões em vez de brânquias entre o coração e a aorta, os vertebrados desenvolveram uma **circulação dupla** de alta pressão: um **circuito sistêmico**, que proporciona sangue oxigenado para as redes capilares dos órgãos do corpo; e um **circuito pulmonar**, que serve os pulmões. O início dessa importante mudança evolutiva provavelmente se assemelhou com a condição vista nos peixes pulmonados e anfíbios. Nos anfíbios modernos (rãs, sapos, salamandras), o átrio é completamente separado em dois por uma divisão (Figura 31.7). O átrio direito recebe sangue venoso do corpo, enquanto o átrio esquerdo recebe sangue oxigenado dos pulmões e da pele. O ventrículo não é dividido, mas o sangue arterial e o sangue venoso permanecem em grande parte separados devido à dobra espiral do cone arterial, que compreende um arranjo de septos ou dobras em vasos que deixam o coração (Figura 31.7), bem como as pressões sanguíneas diferenciais nos vasos de saída. Um septo divide parcialmente o ventrículo na maioria dos répteis e é completo nos crocodilianos, aves e mamíferos (Figuras 31.6 e 31.8). Os circuitos sistêmico e pulmonar agora são circulações separadas, cada qual servido por uma das metades de um coração duplo (Figuras 31.6 e 31.8).

O coração dos mamíferos

O coração dos mamíferos com quatro câmaras (Figura 31.8) é um órgão muscular localizado no tórax e revestido por um saco fibroso resistente, o **pericárdio**. O sangue que volta dos pulmões flui pelas **veias pulmonares** e é recebido no **átrio esquerdo**, passa para o **ventrículo esquerdo** e é bombeado para a circulação do corpo (sistêmica) pela **aorta**. O sangue que volta do corpo flui da **veia**

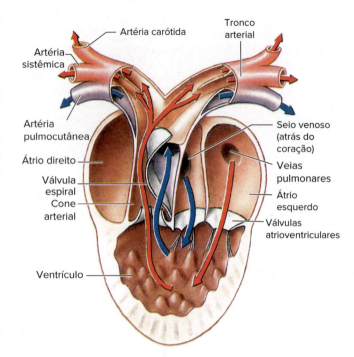

Figura 31.7 Percurso do sangue pelo coração de uma rã. Os átrios são completamente separados e a dobra espiral no cone arterial ajuda a direcionar o sangue para os pulmões e para a circulação sistêmica.

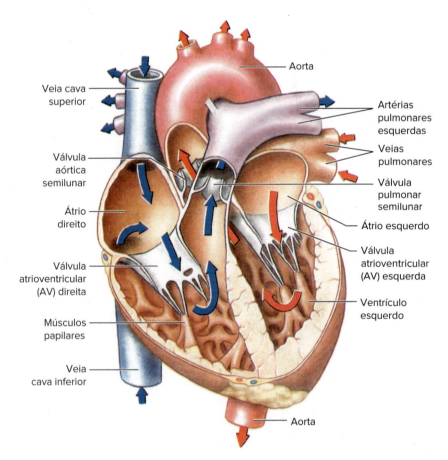

Figura 31.8 Coração humano. O sangue não oxigenado entra pelo lado direito do coração e é bombeado para os pulmões. O sangue oxigenado que volta dos pulmões entra no lado esquerdo do coração e é bombeado para o corpo. A parede ventricular direita é mais fina do que aquela do ventrículo esquerdo, resultado da menor força muscular para bombear o sangue para estruturas tão próximas como os pulmões.

cava inferior (posterior) e pela superior (anterior) para o átrio direito, e passa para o ventrículo direito, que o bombeia para os pulmões por meio das artérias pulmonares. O refluxo do sangue de volta para o coração é evitado por dois conjuntos de válvulas formadas como extensões da parede interna do coração e que se abrem e se fecham passivamente em resposta às diferenças de pressão entre as câmaras do coração. A válvula atrioventricular esquerda (bicúspide) e a válvula atrioventricular direita (tricúspide) separam as cavidades do átrio e do ventrículo em cada uma das metades do coração. Nos locais em que as grandes artérias saem do coração, a pulmonar do ventrículo direito e a aorta do ventrículo esquerdo, as válvulas semilunares impedem o refluxo do sangue dessas artérias para os ventrículos.

A contração é chamada **sístole** e o relaxamento, **diástole** (Figura 31.9). Quando os átrios se contraem (sístole atrial), os ventrículos relaxam (diástole ventricular) e se enchem com sangue.

A sístole ventricular é acompanhada pelo enchimento atrial durante a diástole atrial, embora um grande volume de sangue retorne ao coração devido à pressão torácica negativa durante a inspiração que puxa sangue para o coração. A taxa de contrações ou batimentos cardíacos depende de idade, sexo e, especialmente, exercícios. O exercício pode aumentar o **rendimento cardíaco** (volume de sangue que flui de cada ventrículo por minuto) em mais de 5 vezes devido ao aumento tanto na **frequência cardíaca** quanto no **volume sistólico** (volume de sangue que flui de cada ventrículo por batimento). Entre os vertebrados, as frequências cardíacas variam com o nível de metabolismo e tamanho corporal. O bacalhau, que é ectotérmico, tem uma frequência cardíaca de aproximadamente 30 batidas/min; os coelhos, endotérmicos com aproximadamente o mesmo peso, apresentam frequência cardíaca de cerca de 200 bpm. Os animais pequenos têm frequências cardíacas maiores do que os grandes, refletindo o aumento na taxa metabólica que ocorre com uma diminuição no tamanho do corpo (ver Figura 28.8). Por exemplo, a frequência cardíaca de um elefante é de 25 bpm; de um ser humano, 70 bpm; de um gato, 125 bpm; e de um rato, 400 bpm. No minúsculo musaranho, o menor dos mamíferos, com apenas 4 g, a frequência cardíaca aproxima-se de 800 bpm.

Estimulação e controle do coração

O coração dos vertebrados é uma bomba muscular composta de **músculo cardíaco**. O músculo cardíaco lembra o músculo esquelético – ambos são tipos de músculos estriados – porém as células cardíacas são ramificadas e unidas nas extremidades por um complexo de conexões (discos intercalares), formando uma rede ramificada. Ao contrário do músculo esquelético, o músculo cardíaco dos vertebrados não depende da atividade nervosa para iniciar uma contração. Em vez disso, as contrações regulares são estabelecidas por células especializadas do músculo cardíaco, chamadas **células marca-passo**. No coração dos répteis, aves ou mamíferos, o marca-passo está no **nódulo sinoatrial (SA)**, um vestígio do ancestral seio venoso encontrado nos peixes e anfíbios (ver Figura 31.7). A atividade elétrica iniciada no marca-passo espalha-se pela musculatura dos dois átrios e, então, após um breve retardo, para o marca-passo secundário, o nódulo atrioventricular (AV), na parte superior dos ventrículos. Nesse ponto, a atividade elétrica é conduzida rapidamente por meio do **feixe de His** e dos feixes que se ramificam para a esquerda e para a direita até o ápice do ventrículo, e depois continua pelas fibras especializadas (**fibras de Purkinje**) para o ápice ou "topo" dos ventrículos (Figura 31.10). A estimulação e a contração das células do músculo cardíaco começam nas células cardíacas no ápice dos ventrículos e se propagam para cima para impulsionar o sangue da maneira mais eficiente; isso também assegura que ambos os ventrículos se contraiam simultaneamente e com um atraso suficiente para permitir que os átrios se encham antes que a atividade elétrica se inicie novamente no nódulo SA. As especializações estruturais nas fibras de Purkinje, como discos intercalares bem desenvolvidos, e inúmeras junções comunicantes facilitam a rápida condução por essas fibras.

O **centro cardíaco**, localizado no bulbo (*medulla oblongata*), proporciona um controle externo para o coração (ver Figura 33.13). Ele se conecta ao coração por meio de dois conjuntos de nervos, o nervo **vago** parassimpático, o qual exerce uma ação de diminuir a frequência cardíaca quando ativado pelo encéfalo, e os nervos simpáticos, que aumentam a frequência cardíaca quando ativados. Ambos os conjuntos de nervos terminam no nódulo SA, regulando dessa maneira a taxa do marca-passo. Os nervos simpáticos

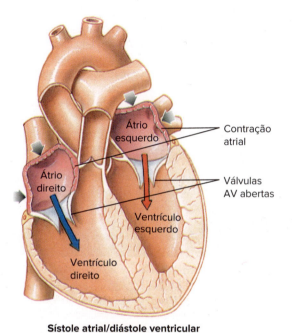

Figura 31.9 Coração humano em sístole e diástole.

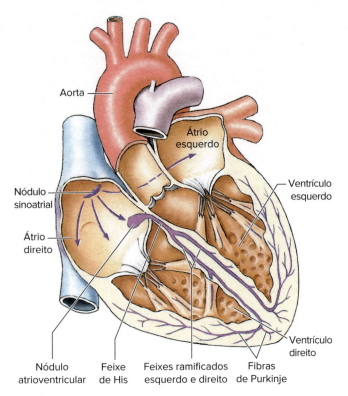

Figura 31.10 Mecanismos que controlam o batimento cardíaco. As setas indicam a propagação da excitação a partir do nódulo sinoatrial, por meio dos átrios, para o nódulo atrioventricular. A onda de excitação é, então, conduzida muito rapidamente para a musculatura ventricular por meio de feixes condutores especializados e pelo sistema das fibras de Purkinje.

também inervam fibras musculares ventriculares e, quando ativados, além do aumento da frequência cardíaca, causam um aumento no volume sistólico.

O centro cardíaco, por sua vez, recebe informação sensorial sobre diversos estímulos. Os receptores de pressão (sensíveis à pressão sanguínea) e receptores químicos (sensíveis principalmente ao dióxido de carbono e ao pH) ocorrem em pontos estratégicos no sistema vascular. O centro cardíaco utiliza informação desses receptores sensoriais para ajustar o batimento cardíaco e o volume sistólico em resposta à atividade ou mudanças na posição do corpo. Portanto, mecanismos de retroalimentação controlam o coração e mantêm sua atividade constantemente em sintonia com as necessidades do corpo.

Como os batimentos cardíacos são iniciados em células musculares especializadas, o coração dos vertebrados, juntamente com o coração de moluscos e vários outros invertebrados, é chamado de coração **miogênico** ("origem muscular"). Embora o sistema nervoso realmente altere a atividade do marca-passo, variando a frequência cardíaca, um coração miogênico bate espontânea e involuntariamente, mesmo se for removido completamente do corpo. Um coração isolado de tartaruga ou de rã bate durante horas, se colocado em uma solução balanceada de sais. A atividade miogênica de um coração humano permite que transplantes de coração sejam feitos com sucesso mesmo se o coração tiver sido removido do corpo há várias horas, especialmente se a atividade cardíaca tiver sido diminuída por resfriamento. Alguns invertebrados, como crustáceos decápodes, por exemplo, têm corações **neurogênicos** ("origem nervosa"). Nesses corações, um gânglio cardíaco (grupo de corpos de células nervosas) localizado no coração atua como um marca-passo. Se esse gânglio for separado do coração, ele para de bater, embora o próprio gânglio continue ritmicamente ativo.

Circulação coronária

Na maioria dos vertebrados, um órgão tão ativo como o coração necessita de um generoso suprimento particular de sangue. O coração de pequenos peixes e rãs é pequeno, e o músculo é tão extensamente ocupado por canais, constituídos por espaços entre as fibras musculares, que a própria ação de bombeamento do coração proporciona sangue oxigenado suficiente para o músculo. Entretanto, nos peixes e rãs maiores, bem como nos répteis não aves, nas aves e nos mamíferos, o maior tamanho do coração e a espessura do músculo cardíaco requerem que o coração tenha seu próprio suprimento vascular: a **circulação coronária**. As artérias coronárias são os primeiros ramos da aorta. Elas se dividem formando as artérias coronárias direita e esquerda, as quais alimentam uma extensa rede capilar que envolve as fibras musculares e fornecem oxigênio e nutrientes. O músculo cardíaco tem uma demanda de oxigênio extremamente alta. Mesmo durante o repouso, o coração retira 70% do oxigênio do sangue, ao contrário da maioria dos demais tecidos do corpo, que retiram apenas cerca de 25%. Portanto, um aumento no nível de atividade do coração precisa ser acompanhado por um aumento maciço no fluxo sanguíneo coronário – do nível em repouso para até 9 vezes durante um exercício vigoroso. Qualquer redução na circulação coronária devido a um bloqueio parcial ou total (doenças arteriocoronárias) pode resultar em um ataque cardíaco (infarto do miocárdio), no qual as células cardíacas morrem devido à falta de oxigênio.

> **Tema-chave 31.2**
> **CONEXÃO COM SERES HUMANOS**
>
> **Doença arterial coronariana**
>
> A doença arterial coronariana (CAD; do inglês *coronary artery disease*) é atualmente a primeira causa de morte nos EUA. Os fatores de risco podem ser divididos em fatores que não podem ser modificados e aqueles que podem ser modificados. Os fatores de risco que não podem ser modificados incluem um histórico familiar de doenças cardíacas, ser homem, ser mulher na pós-menopausa e ter mais de 45 anos. Os fatores de risco que podem ser modificados incluem o tabagismo, altos níveis de colesterol, pressão sanguínea alta, diabetes não controlado, estar com sobrepeso ou obeso, estresse, dietas ricas em gorduras saturadas e colesterol, e um estilo de vida sedentário. A redução dos fatores de risco modificáveis pode reduzir significativamente o risco de doença arterial coronariana.

Artérias

Todos os vasos que saem do coração são chamados de artérias, quer transportem sangue oxigenado (aorta), quer não oxigenado (artéria pulmonar). Para suportar as altas pressões dos batimentos geradas durante a sístole ventricular, as grandes artérias mais próximas do coração (**artérias elásticas**) são revestidas por camadas espessas de fibras elásticas, pouca musculatura lisa (ver Figura 9.12 C) e tecido conjuntivo resistente não elástico (Figura 31.11). A elasticidade dessas artérias permite que elas se estiquem conforme a onda de sangue deixa o coração durante a sístole ventricular e depois se encolham, comprimindo a coluna de fluido durante a diástole ventricular. Tal elasticidade mantém a alta pressão sanguínea gerada por cada batimento cardíaco, e o sangue movimenta-se sempre para a frente, devido às válvulas semilunares presentes nas aberturas dessas artérias que impedem o fluxo reverso (ver Figura 31.8). Portanto, a pressão arterial normal nos seres humanos varia apenas entre 120 mmHg (sístole) e 80 mmHg (diástole) (normalmente expresso como 120/80), em vez de cair a zero durante a diástole, como esperaríamos em um sistema fluido com uma bomba intermitente. As artérias que se encontram mais longe do coração têm mais músculos lisos e menos fibras elásticas. Essas artérias, chamadas de **artérias musculares**, podem aumentar ou diminuir seu diâmetro, o que atenua a alta pressão associada ao batimento e às oscilações do fluxo antes que o sangue chegue aos órgãos do corpo.

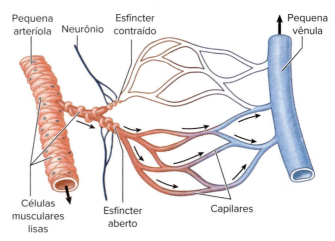

Figura 31.12 Rede capilar. Esfíncteres pré-capilares (músculos lisos que circundam uma abertura) controlam o fluxo de sangue pelos capilares.

Tema-chave 31.3
CONEXÃO COM SERES HUMANOS

Arteriosclerose e a formação de trombos

A *arteriosclerose* é a condição de espessamento e perda da elasticidade nas artérias. Quando a arteriosclerose é caracterizada por depósitos lipídicos de colesterol nas paredes das artérias, a condição é conhecida como *aterosclerose*. A inflamação precede o acúmulo de gordura nas artérias. Irregularidades nas paredes dos vasos sanguíneos frequentemente fazem com que o sangue coagule ao seu redor, formando um *trombo*. Quando um fragmento do trombo se destaca (agora chamado de *êmbolo*) e é carregado pelo sangue, alojando-se em outro local, ocorre o embolismo. Se o embolismo bloquear uma das artérias coronárias, a pessoa vai sofrer um ataque cardíaco ("coronário"). A região do músculo cardíaco suprida pelo ramo bloqueado da artéria coronária fica sem suprimento de oxigênio. Se a pessoa sobreviver, as células musculares mortas serão substituídas por tecido de cicatrização. Um trombo também pode se formar dentro de uma artéria coronária, e essa é a causa mais comum de ataques cardíacos.

À medida que as artérias se ramificam e estreitam-se, formando as **arteríolas**, as paredes são compostas principalmente por apenas uma ou duas camadas de músculo liso ao redor de uma camada epitelial (Figura 31.12). A contração desse músculo estreita as arteríolas e reduz o fluxo de sangue para alguns órgãos, enquanto o relaxamento simultâneo do músculo liso arteriolar aumenta o fluxo sanguíneo para outros órgãos, desviando o sangue para onde for mais necessário. O sangue precisa ser bombeado com uma pressão hidrostática suficiente para superar a resistência das estreitas passagens por onde ele tem de fluir. Consequentemente, animais maiores tendem a apresentar pressões sanguíneas mais elevadas do que os menores.

A pressão sanguínea foi medida pela primeira vez em 1733 por Stephan Hales, um clérigo inglês com criatividade e curiosidade incomuns. Ele amarrou sua égua, a qual deveria "ser sacrificada por não mais prestar-se ao trabalho" pelo dorso e expôs a artéria femoral. Ele passou uma cânula na artéria com um tubo de latão conectado a um longo tubo de vidro, utilizando a traqueia de um ganso. A utilização da traqueia foi tanto criativa como prática; ela conferiu flexibilidade ao aparelho "para evitar as inconveniências que poderiam surgir caso a égua se debatesse". O sangue subiu por 8 pés (234,84 cm) no tubo de vidro, oscilando para cima e para baixo de acordo com os movimentos de sístole e diástole do coração. O peso da coluna de sangue de 8 pés era equivalente à pressão sanguínea. Atualmente, expressamos a pressão sanguínea como a altura de uma coluna de mercúrio (Hg), que é 13,6 vezes mais pesado do que a água. Os dados de Hales, expressos em milímetros de mercúrio, indicam que ele mediu uma pressão sanguínea de 180 a 200 mmHg, próxima da normal para um cavalo.

Hoje, a pressão sanguínea é medida nos seres humanos com um instrumento chamado de **esfigmomanômetro**. Uma braçadeira é inflada com ar no antebraço até atingir uma pressão suficiente para fechar as artérias do braço. Mantendo um estetoscópio sobre a artéria braquial (na curva do cotovelo) e liberando vagarosamente o ar da braçadeira, podemos ouvir os primeiros esguichos de sangue passando pela artéria à medida que ela se abre ligeiramente. Isso equivale à pressão sistólica. Conforme a pressão na braçadeira diminui, o som turbulento acaba por desaparecer à medida que o sangue flui suavemente pela artéria. A pressão na qual o som desaparece equivale à pressão diastólica. Os esfigmomanômetros digitais atualmente são mais comumente utilizados.

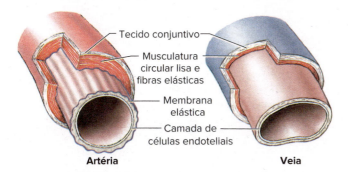

Figura 31.11 Artéria e veia, que mostram as camadas de tecido. Note a maior espessura da camada muscular na artéria. Essa camada tem mais fibras elásticas nas artérias elásticas e mais músculo liso nas artérias musculares.

Tema-chave 31.4
CONEXÃO COM SERES HUMANOS

Hipertensão

Pressão alta ou hipertensão podem ter consequências graves se não forem tratadas. As principais preocupações incluem danos aos minúsculos capilares dos rins e olhos, levando à doença renal e retinopatia, respectivamente. Esses tipos de doenças costumam estar associados ao diabetes não controlado (ver Seção 34.3). De acordo com os Centros de Controle e Prevenção de Doenças, em 2016 cerca de 1 em cada 3 adultos norte-americanos tinha hipertensão e apenas cerca de metade tinha a pressão arterial controlada.

Capilares

O italiano Marcello Malpighi foi o primeiro a descrever os capilares em 1661, dessa maneira confirmando a existência das diminutas ligações entre os sistemas arterial e venoso que Harvey sabia que deveriam existir, mas não conseguia ver. Malpighi estudou os capilares do pulmão de uma rã viva, o que ainda é uma das preparações mais simples e vívidas para a demonstração do fluxo sanguíneo capilar.

Os capilares estão presentes em grande número, formando extensas redes em quase todos os tecidos (Figura 31.12). Nos músculos, existem mais de 2 mil por mm², mas não permanecem abertos ao mesmo tempo. Na verdade, talvez menos de 1% deles fiquem abertos no músculo esquelético em repouso. Porém, quando o músculo está ativo, todos os capilares podem se abrir para trazer oxigênio e nutrientes para as fibras musculares em atividade e levar os resíduos metabólicos.

Os capilares são extremamente estreitos, apresentando em média cerca de 8 μm de diâmetro nos mamíferos, o que é apenas um pouco mais largo do que as hemácias que devem passar por eles. Suas paredes são formadas por uma única camada de finas células **endoteliais**, ou células epiteliais pavimentosas simples (ver Figura 9.8 A), mantidas unidas por uma delicada membrana basal e poucas fibras de tecido conjuntivo.

Trocas capilares

Os capilares são bastante permeáveis a íons pequenos, nutrientes e água. A pressão sanguínea no interior de um capilar tende a forçar os fluidos através das células endoteliais, ou entre elas, para dentro do espaço intersticial circundante (ver Figura 31.1 A). O fluido pode passar entre as células endoteliais por fendas preenchidas por água (aproximadamente 4 nm de largura) ou através das células endoteliais em vesículas de pinocitose (ver Figura 3.16) que transportam substâncias de um lado para o outro da célula epitelial. As substâncias solúveis em lipídios podem se difundir facilmente através das membranas plasmáticas das células endoteliais para dentro do fluido intersticial. As moléculas maiores no sangue, como as proteínas plasmáticas, contribuem para a pressão osmótica coloidal do sangue. Como essas proteínas não podem passar pelas fendas das células endoteliais, um filtrado praticamente sem proteínas é forçado para fora. Esse movimento do fluido é importante na irrigação do espaço intersticial, abastecendo as células dos tecidos com oxigênio, glicose, aminoácidos e outros nutrientes. Para que as trocas realizadas nos capilares sejam efetivas, os fluidos que deixam os capilares precisam entrar novamente na circulação em algum ponto e trazer com eles os resíduos metabólicos celulares. Caso contrário, o fluido se acumularia rapidamente nos espaços teciduais, causando inchaço ou edema. O delicado equilíbrio das trocas de fluidos pelas paredes dos capilares é alcançado por duas forças opostas: a pressão hidrostática (do sangue) e a pressão osmótica coloidal (Figura 31.13).

Em um capilar, a pressão osmótica que força as moléculas de água e solutos pelas fendas das células endoteliais dos capilares é maior na extremidade onde o capilar se une a uma arteríola e diminui ao longo de sua extensão conforme a pressão sanguínea cai (Figura 31.13). Em oposição à pressão hidrostática do sangue, há uma pressão osmótica (ver Seção 3.2) criada pelas proteínas que não podem passar pelas fendas das células endoteliais. Essa **pressão osmótica coloidal**, com cerca de 25 mmHg no plasma dos mamíferos, tende a puxar a água de volta do fluido tecidual para o interior dos capilares. O resultado dessas duas forças opostas é que a água e os solutos tendem a ser filtrados para fora da extremidade do capilar próximo à arteríola, onde a pressão hidrostática excede a pressão osmótica coloidal, e a ser reconduzidos para seu interior na extremidade venosa, onde a pressão osmótica coloidal excede a pressão hidrostática.

A quantidade de fluido filtrado pelas células endoteliais dos capilares varia muito entre os diferentes capilares. Normalmente, o efluxo excede o influxo, e o excesso de fluido permanece nos espaços intersticiais entre as células, onde é chamado de fluido intersticial (intercelular). Esse excesso de fluido intersticial é recolhido e removido pelos **capilares linfáticos** do **sistema linfático** e, por fim, esse fluido denominado **linfa** retorna ao sistema circulatório por meio dos vasos linfáticos maiores.

Veias

As vênulas e veias para as quais o sangue dos capilares se dirige na sua viagem de volta para o coração têm paredes mais finas, menos elásticas e de diâmetro consideravelmente maior do que as

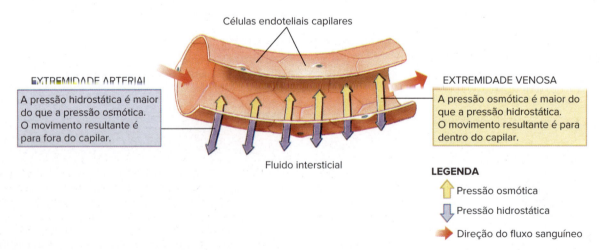

Figura 31.13 Movimento dos fluidos pelas fendas das células endoteliais de um capilar. Na extremidade arterial do capilar, a pressão hidrostática (do sangue) excede a pressão osmótica coloidal, para a qual contribuem as proteínas plasmáticas, e um filtrado do plasma é forçado para fora do capilar. Na extremidade venosa, a pressão osmótica coloidal excede a pressão hidrostática e o fluido é drenado para o interior do capilar. Desse modo, os nutrientes plasmáticos são carregados para o espaço intersticial de onde eles podem entrar nas células, e os resíduos metabólicos das células são transportados para o plasma e levados embora.

artérias e arteríolas correspondentes (ver Figura 31.11). A pressão sanguínea no sistema venoso é baixa, variando de aproximadamente 10 mmHg, onde os capilares drenam para as vênulas, até quase zero no átrio direito. Como a pressão sanguínea é tão baixa, o retorno venoso precisa ser auxiliado por válvulas nas veias, por músculos esqueléticos corporais que circundam as veias, pela sucção criada durante a diástole do coração e pela ação rítmica dos pulmões durante a respiração. Sem esses mecanismos, o sangue poderia acumular-se nas extremidades inferiores de um animal parado em pé. As veias que trazem o sangue desde as extremidades até o coração contêm válvulas que dividem a longa coluna de sangue em segmentos. As válvulas são formadas como dobras internas da camada de células endoteliais subjacente ao tecido conjuntivo. Quando os músculos esqueléticos se contraem, mesmo quando em uma atividade leve, as veias são comprimidas e o sangue dentro delas se move em direção ao coração porque as válvulas presentes dentro das veias evitam que o sangue flua para trás. O risco bem conhecido de desmaios, quando alguém fica em pé em uma posição rígida em dias quentes, normalmente pode ser evitado contraindo-se deliberadamente a musculatura das pernas. A pressão negativa no tórax, criada pelos movimentos de inspiração dos pulmões e pela sístole ventricular, também acelera o retorno venoso ao "puxar" o sangue para o coração pela grande veia cava.

Sistema linfático

O sistema linfático dos vertebrados é uma rede extensa de vasos de paredes finas que surgem como capilares linfáticos de fundo cego na maioria dos tecidos do corpo. Eles se unem para formar uma estrutura arborescente de vasos linfáticos cada vez maiores, que finalmente drenam para o interior de veias na região inferior do pescoço (Figura 31.14). Uma função do sistema linfático é devolver ao sangue o excesso de fluido (linfa) filtrado pelas células endoteliais dos capilares para os espaços intersticiais. Esse filtrado do fluido, chamado de linfa, é semelhante ao plasma, porém tem uma concentração muito menor de proteínas. As moléculas grandes, especialmente as gorduras absorvidas no intestino, também chegam ao sistema circulatório por meio do sistema linfático quando passam pelos ductos lácteos presentes nas vilosidades do intestino delgado (ver Figura 32.10). A taxa do fluxo linfático é muito baixa, uma fração diminuta do fluxo sanguíneo, e os vasos linfáticos maiores possuem válvulas semelhantes em estrutura e função àqueles encontrados nas veias.

O sistema linfático também desempenha um papel central nas defesas do corpo. Localizados a intervalos ao longo dos vasos linfáticos estão os **nódulos linfáticos** (Figura 31.14) que exercem diversas funções relacionadas com a defesa (ver Capítulo 35). As células das glândulas linfáticas, como os macrófagos, removem partículas estranhas, especialmente bactérias que, de outra forma, poderiam entrar na circulação geral. Elas também atuam (juntamente com a medula óssea e o timo) como centros de produção, manutenção e distribuição de linfócitos – componentes essenciais dos mecanismos de defesa do corpo.

31.4 RESPIRAÇÃO

A energia presente nos alimentos é liberada por meio de processos oxidativos, normalmente com o oxigênio molecular atuando como receptor final de elétrons. Os fisiologistas distinguem dois processos respiratórios separados, porém inter-relacionados: a **respiração celular**, o processo oxidativo que ocorre dentro das células (ver Seção 4.5) e a **respiração externa**, a troca de oxigênio e dióxido de carbono entre o organismo e seu ambiente por

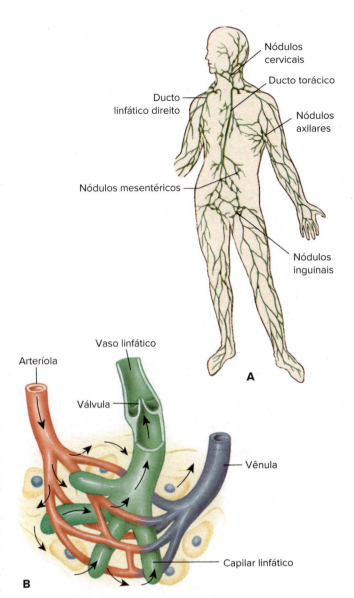

Figura 31.14 Sistema linfático humano, que mostram os vasos principais (**A**), e um detalhe da associação próxima entre os capilares sanguíneos e linfáticos (**B**).

meio de uma superfície respiratória. Nesta seção, descrevemos a respiração externa e o transporte de gases das superfícies respiratórias para os tecidos do corpo.

Problemas da respiração aquática e aérea

O mecanismo de respiração externa de um animal é determinado, em grande parte, pela natureza de seu ambiente. As duas grandes arenas da evolução animal – a água e a terra – são muito diferentes quanto às suas características físicas. A diferença mais óbvia é que o ar contém muito mais oxigênio do que a água – pelo menos 20 vezes mais. Por exemplo, a água totalmente saturada de ar a 5°C contém aproximadamente 9 mℓ de oxigênio por litro (0,9%); em comparação, o ar contém 209 mℓ de oxigênio por litro (21%). A densidade e a viscosidade da água são aproximadamente 800 e 50 vezes maiores, respectivamente, do que aquelas do ar. Além disso, as moléculas de gás difundem-se 10 mil vezes mais rápido no ar do que na água. Essas diferenças significam que os animais aquáticos tiveram que evoluir mecanismos muito eficientes para retirar o oxigênio da água – ainda assim, peixes com brânquias altamente eficazes e mecanismos bombeadores podem gastar até 20% da sua energia apenas para extrair o oxigênio da água. Em comparação, o custo respiratório dos mamíferos é apenas 1 a 2% da energia produzida durante o metabolismo de repouso.

As superfícies respiratórias devem ser finas e mantidas umedecidas por um delgado filme de fluido para permitir a difusão dos gases em uma fase líquida entre o ambiente e a circulação subjacente. Isso dificilmente é um problema para os animais aquáticos, uma vez que permanecem imersos na água, mas é um desafio para aqueles que respiram ar. Para manter as membranas respiratórias úmidas e protegidas contra ferimentos, os animais que respiram ar desenvolveram, em geral, invaginações da superfície do corpo e, depois, adicionaram mecanismos bombeadores de modo a movimentar o ar para dentro e para fora da região respiratória. O pulmão é o melhor exemplo de uma estrutura adaptada para a respiração em terra. Em geral, as **evaginações** da superfície do corpo, como as brânquias, são mais adequadas para a respiração aquática; as **invaginações**, como pulmões e traqueias, são melhores para a respiração aérea.

Órgãos respiratórios

Troca gasosa por difusão direta

Os eucariotos unicelulares, esponjas, cnidários e muitos vermes respiram por difusão direta dos gases entre o organismo e o ambiente. Como mencionamos no começo deste capítulo, esse tipo de **respiração cutânea** não é adequado quando a massa celular excede, aproximadamente, 1 mm de diâmetro. Entretanto, aumentando muito a superfície do corpo em relação à sua massa, muitos animais multicelulares podem suprir parcial ou totalmente sua necessidade de oxigênio por difusão direta. Os platelmintos ilustram essa estratégia (ver Seção 14.3).

A respiração cutânea frequentemente complementa a respiração branquial ou pulmonar em animais maiores, como os anfíbios e peixes. Uma enguia, por exemplo, pode trocar 60% do oxigênio e dióxido de carbono por meio da sua pele altamente vascularizada. Durante a hibernação de inverno, rãs e mesmo tartarugas trocam todos os gases respiratórios por meio de sua pele enquanto estão submersas em lagoas e riachos. A maioria das espécies de salamandras não apresenta pulmões. Algumas salamandras sem pulmões têm larvas com brânquias, e estas persistem nos adultos de algumas espécies (ver Figura 25.9), porém os adultos da maioria das espécies não têm nem pulmões nem brânquias.

Trocas gasosas por meio de tubos: sistemas traqueais

Os insetos e alguns outros artrópodes terrestres (centopeias, diplópodes e algumas aranhas) têm um tipo altamente especializado de sistema respiratório, o qual, sob muitos aspectos, é o mais simples, direto e eficiente sistema respiratório de animais ativos. Ele consiste em um sistema ramificado de tubos (**traqueias**) que se estendem para todas as partes do corpo (Figura 31.15). As menores terminações desses canais são **traquéolas** preenchidas por fluido, com menos de 1 μm de diâmetro, as quais terminam em associação próxima com as membranas plasmáticas das células. O ar entra e sai do sistema traqueal por aberturas em forma de válvulas (**espiráculos**) que podem ser fechadas para reduzir a perda de água. Um filtro também pode reduzir a entrada de água, sedimentos ou parasitos (ver Figura 21.14). Alguns insetos podem ventilar o sistema traqueal com movimentos do corpo; o familiar movimento telescópico do abdome das abelhas em dias quentes de verão é um exemplo. Ocorrem pigmentos respiratórios no sangue dos insetos; porém, como as células têm acesso direto ao oxigênio vindo do exterior por meio do sistema traqueal, e podem liberar dióxido de carbono para fora por esse sistema, a respiração do inseto é independente de seu sistema circulatório. Consequentemente, o sangue dos insetos desempenha um papel menor no transporte de oxigênio.

Trocas eficientes na água: brânquias

Brânquias de vários tipos são estruturas respiratórias eficientes para a vida na água. As brânquias podem ser simples extensões **externas** da superfície do corpo, como as **papilas dérmicas** das estrelas-do-mar (ver Figura 22.4) ou os **tufos branquiais** (brânquias) dos vermes marinhos (ver Figura 17.10) e anfíbios aquáticos (ver Figura 25.7). O lobo dorsal de apêndices em forma de remo, chamados **parapódios**, também atua como uma superfície respiratória externa para alguns poliquetas marinhos cujos vasos sanguíneos ramificam-se pela superfície do parapódio para aumentar a troca gasosa (ver Figura 17.2). As **brânquias internas** dos peixes (ver Figura 24.24), moluscos (ver Figuras 16.5 e 16.15) e artrópodes são mais eficientes. As brânquias dos peixes e moluscos são estruturas filamentosas delgadas, ricamente irrigadas com vasos sanguíneos, dispostos de tal forma que o fluxo sanguíneo é oposto ao fluxo de água pelas brânquias. Esse arranjo, denominado de **fluxo contracorrente** (ver Figura 24.24 e Seção 30.3), proporciona a maior extração possível de oxigênio da água. Nos moluscos, a água é movimentada sobre os filamentos branquiais por meio de cílios. Nos peixes, a água flui sobre as brânquias em um fluxo constante, empurrada e puxada por uma eficiente bomba branquial com duas válvulas, composta pela boca e cavidades operculares (Figura 31.16). A ventilação das brânquias frequentemente é auxiliada pelo movimento do peixe para a frente através da água com sua boca aberta (ventilação ram).

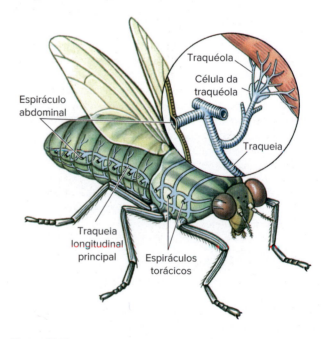

Figura 31.15 Sistema traqueal dos insetos. O ar entra pelos espiráculos e depois percorre as traqueias atingindo os tecidos por meio das traquéolas.

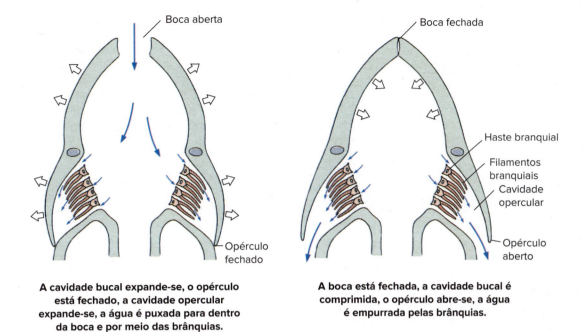

Figura 31.16 Como um peixe ventila suas brânquias. Por meio da ação de duas bombas de musculatura esquelética, uma na cavidade bucal e a outra na cavidade opercular, a água é puxada para dentro da boca, passa sobre as brânquias e sai pelos opérculos (fendas operculares).

Pulmões

As brânquias não são adequadas para a vida aérea porque, quando retiradas do meio aquático que as faz flutuar, os filamentos branquiais colapsam, secam e aderem uns aos outros; um peixe fora da água asfixia-se rapidamente, apesar da abundância de oxigênio ao seu redor. Consequentemente, a maioria dos vertebrados com respiração aérea possui cavidades internas altamente vascularizadas chamadas de pulmões. As estruturas chamadas de pulmões ocorrem nos invertebrados, como os gastrópodes pulmonados, escorpiões, algumas aranhas (ver Figura 19.7) e alguns crustáceos pequenos, mas essas estruturas não são homólogas aos pulmões dos vertebrados e, normalmente, não são ventiladas de maneira eficiente.

Os pulmões que podem ser ventilados por movimentos musculares para produzir uma troca rítmica de ar caracterizam a maioria dos vertebrados terrestres. Os pulmões mais rudimentares dos vertebrados são aqueles dos peixes pulmonados (ver Figura 24.17A), que os utilizam para complementar, ou mesmo substituir, a respiração branquial durante períodos de seca. Apesar da construção simples, o pulmão de um peixe pulmonado tem uma rede capilar que percorre suas paredes praticamente lisas, uma conexão em forma de tubo com a faringe, e um sistema de ventilação primitivo que movimenta o ar para dentro e para fora do pulmão.

Os pulmões dos anfíbios variam desde os pulmões mais simples, com paredes lisas e em forma de saco, de algumas salamandras, até os pulmões subdivididos das rãs e sapos (Figura 31.17). A superfície total disponível para as trocas gasosas é bastante aumentada nos pulmões dos répteis, subdivididos em numerosos sacos interconectados. Os mais elaborados de todos são os pulmões dos mamíferos, contendo milhões de pequenos sacos denominados **alvéolos** (ver Figuras 31.17 e 31.19), cada um intimamente associado a uma rica rede vascular. Os pulmões dos seres humanos têm uma área superficial total de 50 a 90 m² – 50 vezes a área da superfície da pele – e contém 1.000 km de capilares. Uma grande área superficial é essencial para uma alta assimilação de oxigênio necessário para suprir a elevada taxa metabólica dos mamíferos endotérmicos.

Uma desvantagem dos pulmões é que o gás é trocado entre o sangue e o ar apenas nos alvéolos e ductos alveolares, localizados nas extremidades de uma árvore ramificada de tubos aéreos (traqueias, brônquios e bronquíolos [ver Figuras 31.17 e 31.19]). O volume de ar presente nas vias pulmonares onde a troca gasosa não ocorre é chamado de "espaço morto". Diferentemente do eficiente fluxo unidirecional da água pelas brânquias dos peixes, o ar precisa entrar e sair do pulmão pelo mesmo canal. Após a expiração, os tubos aéreos são preenchidos por ar "usado" proveniente dos alvéolos, o qual, durante a inalação seguinte, é novamente puxado para o interior dos pulmões junto com o ar fresco. Esse ar viaja para a frente e para trás a cada respiração, diminuindo a eficiência da troca gasosa. A ventilação pulmonar é tão ineficiente nos seres humanos que, em uma respiração normal, apenas aproximadamente 16% do ar nos pulmões é substituído a cada inspiração. Mesmo após uma inspiração forçada, 20 a 35% do ar permanece nos pulmões.

Nas aves, a eficiência pulmonar é muito aumentada pela aquisição de um extenso sistema de sacos aéreos (ver Figuras 31.17 e 27.10) que atuam como reservatórios de ar durante a ventilação. Na inspiração, cerca de 25% do ar inalado passa pelos **parabrônquios** pulmonares (capilares aéreos com espessura de uma célula), onde a troca gasosa ocorre. Os restantes 75% do ar inalado são desviados dos pulmões entrando nos sacos aéreos (a troca gasosa não ocorre aqui). Na expiração, uma parte desse ar fresco passa diretamente pelas vias pulmonares para o interior dos parabrônquios pulmonares. Dessa forma, os parabrônquios recebem ar praticamente renovado tanto na inspiração quanto na expiração. O belo projeto do pulmão das aves atende às altas demandas metabólicas do voo.

Os anfíbios e peixes pulmonados empregam uma ação de **pressão positiva** para forçar o ar para dentro de seus pulmões, ao contrário da maioria dos répteis não aves, aves e mamíferos, que ventilam seus pulmões com a **pressão negativa**, na qual a expansão da cavidade torácica puxa o ar para dentro dos pulmões. As rãs ventilam os pulmões aspirando o ar primeiramente para dentro da boca, por meio das **narinas** (aberturas nasais externas). Depois,

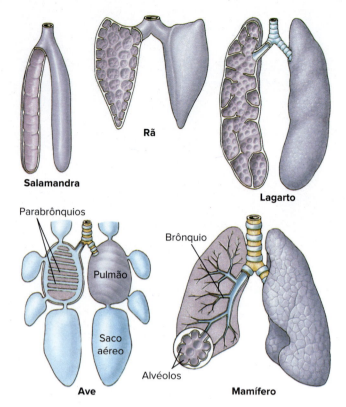

Figura 31.17 Variações das estruturas internas dos pulmões entre os grupos de vertebrados, desde sacos simples com pouca superfície de troca entre o sangue e os espaços aéreos nos anfíbios, até as estruturas lobulares, cada qual com complexas divisões e extensas superfícies de troca nas aves e nos mamíferos.

fechando as narinas e elevando o assoalho da boca, ou cavidade bucal, elas conduzem o ar para os pulmões (Figura 31.18). Na maior parte do tempo, no entanto, as rãs ventilam ritmicamente apenas a cavidade bucal, uma superfície respiratória bem vascularizada que complementa a respiração cutânea e pulmonar.

Estrutura e função do sistema respiratório dos mamíferos

O ar entra no sistema respiratório dos mamíferos pelas narinas (aberturas nasais externas) e passa por uma **câmara nasal** revestida por um epitélio secretor de muco e, depois, pelas **narinas internas**, aberturas nasais conectadas à **faringe**. Nesse ponto, onde as vias respiratória e digestiva se cruzam, o ar inalado deixa a faringe passando por uma abertura estreita, a **glote**, enquanto o alimento vai para o esôfago para chegar ao estômago (ver Figura 32.9). A glote abre-se na **laringe**, ou aparelho vocal, e depois na **traqueia**. A traqueia divide-se em dois **brônquios**, um para cada pulmão (Figura 31.19 A). Nos pulmões, cada brônquio divide-se e subdivide-se em tubos menores (**bronquíolos**), que levam aos sacos aéreos (**alvéolos**), por meio dos **ductos alveolares** (Figura 31.19 B). As paredes endoteliais uniestratificadas dos alvéolos e ductos alveolares são finas e úmidas a fim de facilitar as trocas gasosas entre o ar e os capilares sanguíneos adjacentes. As vias respiratórias são revestidas tanto por células secretoras de muco como por epitélio ciliado que desempenha importante papel na limpeza do ar antes que ele atinja os alvéolos. Os anéis parciais de cartilagem presentes nas paredes da traqueia, brônquios e até mesmo em alguns dos bronquíolos maiores fornecem um suporte flexível e evitam que tais estruturas colapsem.

No seu percurso até os sacos aéreos, o ar tem a maior parte da poeira e de outras substâncias estranhas filtrada, é aquecido até a temperatura do corpo e saturado de umidade.

Uma grande parte do pulmão contém tecido conjuntivo elástico. Os pulmões são revestidos por fina camada de epitélio duro chamado de **pleura visceral**. Contínua a essa camada, existe uma camada semelhante, a **pleura parietal**, que reveste a superfície interna das paredes do tórax (Figura 31.19 A). As duas camadas pleurais estão em contato, são lubrificadas por tecido fluido e deslizam uma sobre a outra conforme os pulmões expandem-se e contraem-se. O espaço entre as pleuras, chamado de **cavidade pleural**, mantém um vácuo parcial, ou **pressão intrapleural** negativa, que ajuda a manter os pulmões expandidos. A cavidade torácica é delimitada pela coluna vertebral, pelas costelas e pelo esterno e tem como assoalho o **diafragma**, um músculo em forma de cúpula que separa a cavidade torácica do abdome. O diafragma muscular ocorre apenas nos mamíferos.

A ventilação dos pulmões

A cavidade torácica é uma câmara hermética. Durante a inspiração, as costelas são puxadas para cima pela contração dos músculos intercostais externos, e o diafragma contrai-se e achata-se. O aumento resultante no volume da cavidade torácica (Figura 31.20) faz a pressão intrapleural cair para um valor ainda mais negativo. Como resultado, a pressão do ar nos pulmões, chamada **pressão intrapulmonar**, cai abaixo da pressão atmosférica e o ar entra velozmente pelas vias respiratórias para igualar a pressão. O **volume corrente** é a quantidade de ar (mℓ) movimentado durante esse processo. A **expiração** normal é um processo menos ativo do

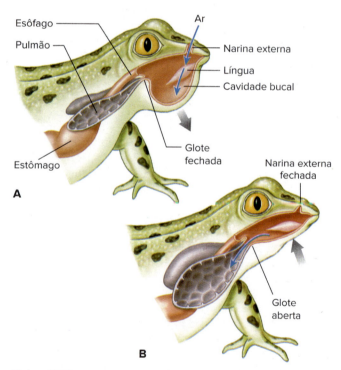

Figura 31.18 Respiração em rãs. As rãs, que utilizam o mecanismo de pressão positiva, enchem os pulmões forçando o ar para o seu interior. **A.** O assoalho da cavidade bucal é rebaixado, puxando o ar para dentro pelas narinas. **B.** Com as narinas fechadas e a glote aberta, as rãs forçam o ar para dentro dos pulmões por meio da elevação do assoalho da cavidade bucal. A cavidade bucal pode ser ventilada ritmicamente por certo período antes de os pulmões serem esvaziados pela contração da musculatura da parede do corpo e pela retração elástica dos pulmões.

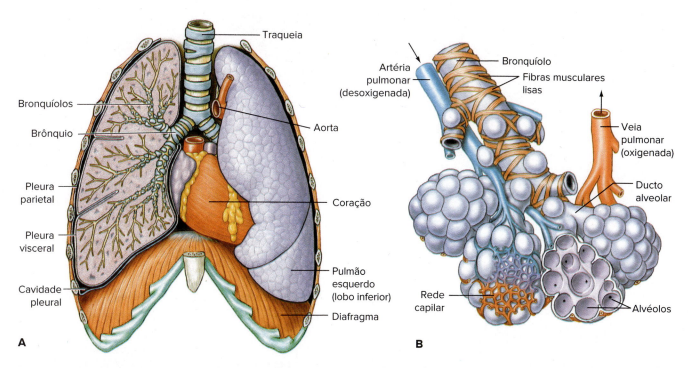

Figura 31.19 **A.** Pulmões de um ser humano, com o pulmão direito mostrado em corte. **B.** Porção terminal do bronquíolo que mostra os sacos aéreos com seu suprimento de sangue. As setas indicam a direção do fluxo sanguíneo.

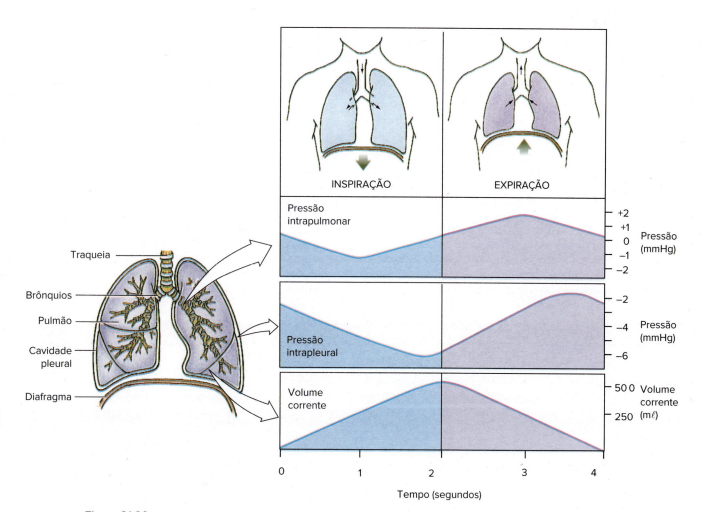

Figura 31.20 Mecanismo de respiração nos seres humanos. As pressões (mmHg) se referem à pressão atmosférica.

que a inspiração, ocorrendo principalmente pela retração elástica de tecidos conjuntivos e pelo relaxamento dos músculos. Quando isso ocorre, as costelas e o diafragma voltam à posição original, a cavidade torácica diminui de tamanho, as pressões intrapulmonar e intrapleural aumentam, os pulmões elásticos desinflam e o ar sai (Figura 31.20). Durante a expiração forçada, que ocorre durante exercício, as costelas são puxadas para baixo e para dentro mais fortemente do que durante a expiração normal por um conjunto adicional de músculos localizados entre as costelas (músculos intercostais internos). A contração simultânea dos músculos abdominais força o diafragma para cima em um grau maior, conforme ele relaxa devido à pressão para cima causada pelos órgãos abdominais abaixo dele, especialmente o fígado. Em conjunto, esses mecanismos expelem mais ar e aumentam o volume inspiratório durante a próxima respiração.

Coordenação da respiração

Normalmente, a respiração é involuntária e automática, mas pode ser controlada voluntariamente. Os neurônios localizados no bulbo (*medulla oblongata*) (ver Figura 33.13) regulam a respiração normal de repouso. Eles produzem espontaneamente surtos rítmicos que estimulam a contração do diafragma e dos músculos intercostais externos durante a inspiração. No entanto, a respiração precisa se ajustar às mudanças nas necessidades do corpo por oxigênio. O dióxido de carbono, em vez do oxigênio, tem efeito maior na taxa respiratória porque receptores químicos (**quimiorreceptores**) localizados centralmente no bulbo e perifericamente no sistema vascular são mais sensíveis a níveis elevados de dióxido de carbono do que a níveis baixos de oxigênio. Mesmo um pequeno aumento no nível de dióxido de carbono no sangue tem efeito poderoso na atividade respiratória. De fato, o efeito estimulante do dióxido de carbono é devido, em parte, ao aumento na concentração do íon hidrogênio no líquido cefalorraquidiano que banha o encéfalo ou no plasma sanguíneo que banha os receptores periféricos.

$$CO_2 + H_2O \leftrightarrow H_2CO_3 \leftrightarrow H^+ + HCO_3^-$$

A reação acima mostra que o dióxido de carbono se combina com a água formando ácido carbônico. O ácido carbônico então dissocia-se, liberando íons hidrogênio, tornando o líquido cefalorraquidiano mais ácido e estimulando os quimiorreceptores respiratórios no bulbo. Tanto a taxa quanto a intensidade da respiração aumentam. Os quimiorreceptores vasculares periféricos, localizados próximo ao coração e na região do pescoço, monitoram alterações periféricas nos níveis sanguíneos de dióxido de carbono e íons hidrogênio e enviam sinais de estimulação para os centros respiratórios no bulbo se esses níveis aumentarem.

Tema-chave 31.5
ADAPTAÇÃO E FISIOLOGIA

Os perigos da hiperventilação

Os mergulhadores podem permanecer submersos por muito mais tempo sem respirar se eles, primeiramente, hiperventilarem vigorosamente para eliminar o dióxido de carbono dos pulmões, diminuindo os níveis de dióxido de carbono no sangue e adiando, dessa forma, o poderoso impulso de respirar. Tal prática é perigosa porque o oxigênio do sangue é consumido durante a natação tão rapidamente quanto antes da hiperventilação, porém isso não irá estimular os centros respiratórios, e o nadador pode perder a consciência quando o suprimento de oxigênio do cérebro cair abaixo de um ponto crítico. Diversos afogamentos documentados entre nadadores que tentavam recordes de longa permanência debaixo d'água foram causados por essa prática.

Trocas gasosas nos pulmões e nos tecidos corporais: difusão e pressão parcial

O ar (a atmosfera) é uma mistura de gases: cerca de 71% de nitrogênio, 20,9% de oxigênio, além de porcentagens fracionadas de outros gases, como dióxido de carbono (0,03%). A gravidade atrai os gases atmosféricos para a Terra. No nível do mar, a atmosfera exerce uma pressão devido à gravidade igual a 760 mmHg (pressão atmosférica: 1 atm). Como o ar é uma mistura de gases, *parte* da pressão de 760 mmHg é devida a cada um dos gases e é denominada **pressão parcial**. Por exemplo, a pressão parcial do oxigênio é 0,209 × 760 = 159 mm, e a do dióxido de carbono é 0,0003 × 760 = 0,23 mm, no ar seco (o ar atmosférico nunca está completamente seco, e a quantidade variável de vapor de água presente exerce uma pressão proporcional à sua concentração, tal como ocorre com os outros gases).

Assim que o ar entra nas vias respiratórias, sua composição muda (Tabela 31.1, Figura 31.21). O ar inspirado torna-se saturado com vapor de água conforme percorre as vias respiratórias em direção aos alvéolos. Quando o ar inspirado chega nos alvéolos, ele se mistura com o ar residual remanescente do ciclo respiratório anterior. A pressão parcial de oxigênio cai e a do dióxido de carbono sobe. Na expiração, o ar dos alvéolos mistura-se com o ar no espaço morto, produzindo uma mistura diferente (Tabela 31.1). Embora não ocorra uma troca gasosa significativa no espaço morto, o ar que ele contém é o primeiro ar a sair do corpo quando começa a expiração.

Como a pressão parcial de oxigênio no alvéolo pulmonar é maior (100 mmHg) do que a do sangue que entra nos

Tabela 31.1 Pressões parciais e concentrações dos gases no ar e nos fluidos corporais.

	Nitrogênio (N₂)	Oxigênio (O₂)	Dióxido de carbono (CO₂)	Vapor de água (H₂O)
Ar inspirado (seco)	600 (79%)	159 (20,9%)	0,2 (0,03%)	–
Ar alveolar (saturado)	573 (75,4%)	100 (13,2%)	40 (5,2%)	47 (6,2%)
Ar expirado (saturado)	569 (74,8%)	116 (15,3%)	28 (3,7%)	47 (6,2%)
Sangue arterial	573	100	40	
Tecidos periféricos	573	0 a 30	45 a 68	
Sangue venoso	573	40	46	

Nota: Valores expressos em milímetros de mercúrio (mmHg). As porcentagens indicam a proporção em relação à pressão atmosférica total no nível do mar (760 mmHg). O ar inspirado é apresentado como seco, embora o ar atmosférico sempre contenha quantidades variáveis de água. Se, por exemplo, o ar atmosférico a 20°C estiver meio saturado (50% de umidade relativa), as pressões parciais e porcentagens seriam N₂ 593,5 (78,1%); O₂ 157 (20,6%); CO₂ 0,2 (0,03%); e H₂O 8,75 (1,1%).

capilares pulmonares (40 mmHg), o oxigênio difunde-se para os capilares. De modo semelhante, o dióxido de carbono no sangue dos capilares pulmonares tem uma concentração maior (46 mmHg) do que nos alvéolos pulmonares (40 mmHg); portanto, o dióxido de carbono difunde-se dos capilares sanguíneos para os alvéolos.

Nos tecidos, os gases respiratórios também se movimentam de acordo com o gradiente de concentração (Figura 31.21). As células continuamente utilizam oxigênio e produzem dióxido de carbono, de tal forma que a pressão parcial de oxigênio no sangue arterial (100 mmHg) que entra no leito tecidual é maior do que a existente nos tecidos (0 a 30 mmHg), e a pressão parcial do dióxido de carbono nos tecidos (45 a 68 mmHg) é maior do que aquela do sangue (40 mmHg). Em cada caso, os gases difundem-se de um ponto onde a concentração é maior para outro onde ela é menor.

Tema-chave 31.6
ADAPTAÇÃO E FISIOLOGIA
Doença da descompressão

Devido ao peso da água, a pressão aumenta o equivalente a 1 atm para cada 10 m de profundidade na água do mar, e a pressão do ar fornecida a um mergulhador deve aumentar de forma correspondente a fim de possibilitar a entrada de ar nos pulmões. Sob a pressão aumentada, ar adicional dissolve-se no sangue; a quantidade depende da profundidade e do tempo de permanência naquela profundidade. Se um mergulhador subir lentamente, o gás sai da solução imperceptivelmente e é eliminado pelos pulmões. Entretanto, se a ascensão for muito rápida, o ar sai da solução e forma bolhas no sangue e em outros tecidos, uma condição chamada *doença descompressiva* ou *mal dos mergulhadores*. O resultado é doloroso e, se grave, pode causar paralisia ou morte.

Como os gases respiratórios são transportados

Em alguns invertebrados, os gases respiratórios são simplesmente transportados dissolvidos nos fluidos corporais. No entanto, a solubilidade do oxigênio na água é tão baixa que esse modo de transporte é adequado apenas para animais com baixas taxas metabólicas. Por exemplo, apenas cerca de 1% do oxigênio necessário para um ser humano pode ser transportado dessa maneira. Consequentemente, em muitos invertebrados e em praticamente todos os vertebrados, quase todo o oxigênio e uma quantidade significativa do dióxido de carbono são transportados por proteínas pigmentadas chamadas **pigmentos respiratórios**. Em todos os vertebrados, esses pigmentos respiratórios estão contidos em hemácias.

O pigmento respiratório mais difundido no reino animal é a **hemoglobina**, uma proteína vermelha que contém ferro presente em todos os vertebrados e muitos invertebrados. Cada molécula de hemoglobina é constituída por 5% de **heme**, um composto que contém ferro e que confere ao sangue a cor vermelha, e 95% de **globina**, uma proteína incolor. A porção heme da hemoglobina tem uma grande afinidade pelo oxigênio; cada grama de hemoglobina pode carregar um máximo de aproximadamente 1,3 mℓ de oxigênio. Como há aproximadamente 15 g de hemoglobina em cada 100 mℓ de sangue, o sangue completamente oxigenado contém aproximadamente 20 mℓ de oxigênio por 100 mℓ. É claro que, para a hemoglobina ser útil ao organismo, ela deve manter o oxigênio em uma combinação química reversível, de modo que o oxigênio seja liberado para os

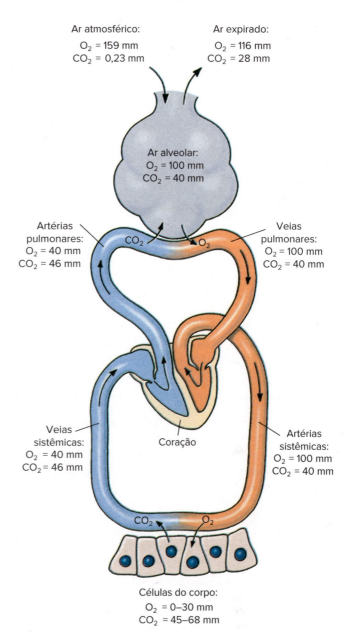

Figura 31.21 Troca gasosa no pulmão e nas células dos tecidos. Os números representam a pressão parcial em milímetros de mercúrio (mmHg).

tecidos. A quantidade real de oxigênio que se combina com a hemoglobina depende da forma ou conformação da molécula de hemoglobina, a qual é afetada por diversos fatores, incluindo a própria concentração de oxigênio. Quando a concentração de oxigênio é alta, como nos capilares dos alvéolos pulmonares, a hemoglobina liga-se ao oxigênio; nos tecidos, onde a pressão parcial de oxigênio predominante é baixa, a hemoglobina libera suas reservas de oxigênio (Figura 31.22).

Nós expressamos a capacidade de transporte de oxigênio pela hemoglobina em relação à concentração de oxigênio circundante como **curvas de saturação de hemoglobina** (também chamadas de curvas de dissociação do oxigênio [Figura 31.22]). Como mostram essas curvas, quanto menor a pressão parcial de oxigênio circundante, maior a quantidade de oxigênio liberada da hemoglobina. Essa importante característica da hemoglobina permite que mais oxigênio seja liberado para aqueles tecidos que

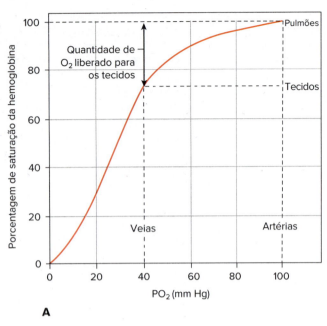
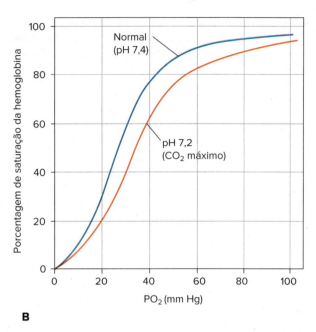

Figura 31.22 Curvas de saturação da hemoglobina. As curvas mostram a relação entre a pressão parcial de oxigênio (P_O2) e a quantidade de oxigênio que pode combinar-se à hemoglobina. **A.** Em uma pressão parcial mais alta, nos pulmões, a hemoglobina pode se ligar a mais oxigênio. Nos tecidos, a concentração de oxigênio é menor, portanto a hemoglobina liga-se menos e, assim, descarrega mais oxigênio. **B.** A hemoglobina também é sensível à pressão parcial de dióxido de carbono (efeito Bohr) e ao pH. Conforme o dióxido de carbono entra no sangue a partir dos tecidos, ele desloca a curva para a direita, diminuindo a afinidade da hemoglobina por oxigênio. Portanto, a hemoglobina descarrega mais oxigênio nos tecidos, onde a concentração de dióxido de carbono é mais alta ou onde o pH é menor.

têm um nível maior de respiração celular aeróbica (ver Seção 4.5) e, por conseguinte, necessitam mais dele (aqueles que têm a menor pressão parcial de oxigênio).

Tema-chave 31.7
CONEXÃO COM SERES HUMANOS

Anemia falciforme

A anemia falciforme é uma doença hereditária sem cura até o momento (ver Seção 5.6), na qual um único aminoácido (ácido glutâmico) da hemoglobina normal (HbA) é substituído por uma valina na hemoglobina das hemácias falciformes (HbS). A capacidade da HbS de transportar oxigênio é gravemente comprometida, e os eritrócitos tendem a se dobrar durante períodos de demandas altas de oxigênio (p. ex., durante exercícios). Os capilares ficam entupidos por hemácias deformadas; a área afetada é muito dolorida, e o tecido pode morrer. Cerca de 1 em 10 afro-americanos é portador da característica (heterozigoto). Os heterozigotos não têm anemia falciforme e têm vidas normais; porém, se ambos os pais forem heterozigotos, cada filho tem 25% de chances de herdar a doença.

Um outro fator que afeta as curvas de saturação de hemoglobina e, portanto, de liberação de oxigênio para os tecidos é a sensibilidade da **oxi-hemoglobina** (hemoglobina ligada ao oxigênio) ao dióxido de carbono. O dióxido de carbono desloca a curva de saturação da hemoglobina para a direita (Figura 31.22 B), um fenômeno chamado de **efeito Bohr**, em homenagem ao cientista dinamarquês que primeiro o descreveu. Conforme o dióxido de carbono entra no sangue, vindo da respiração tecidual, ele faz com que a hemoglobina descarregue mais oxigênio. O evento oposto ocorre nos pulmões; conforme o dióxido de carbono difunde-se do sangue para o espaço alveolar, a curva de saturação da hemoglobina desloca-se novamente para a esquerda, permitindo que a hemoglobina seja carregada com mais oxigênio. Maior quantidade de dióxido de carbono no sangue abaixa o pH sanguíneo, assim como também o faz a adição de um ácido ao sangue (p. ex., o ácido láctico dos músculos em exercício; ver Seção 29.3). Um pH mais baixo também desloca a curva de saturação da hemoglobina para a direita e causa a liberação de oxigênio para os tecidos ativos (Figura 31.22B).

Tema-chave 31.8
CIÊNCIA EXPLICADA

Outros pigmentos respiratórios

Embora a hemoglobina seja o único pigmento respiratório dos vertebrados, vários outros pigmentos respiratórios ocorrem entre os invertebrados. A *hemocianina*, uma proteína azul que contém cobre, ocorre nos crustáceos e na maioria dos moluscos. Entre outros pigmentos está a *clorocruorina*, um pigmento verde que contém ferro, encontrado em quatro famílias de poliquetas tubícolas. Sua estrutura e capacidade de transportar oxigênio são muito semelhantes àquelas da hemoglobina, mas é transportada livremente no plasma, em vez de estar dentro de células sanguíneas. A *hemeritrina* é um pigmento vermelho encontrado em alguns poliquetas. Embora contenha ferro, esse metal não está presente em um grupo heme (apesar do nome do pigmento!) e sua capacidade de transportar oxigênio é bem menor comparada à da hemoglobina.

O mesmo sangue que transporta oxigênio dos pulmões para os tecidos precisa transportar dióxido de carbono de volta para os pulmões na sua viagem de volta. Entretanto, ao contrário do oxigênio, que é transportado quase exclusivamente combinado com a hemoglobina, o dióxido de carbono é transportado de três formas diferentes. Uma pequena fração do dióxido de carbono presente no sangue, apenas cerca de 5%, ocorre como gás fisicamente dissolvido no plasma. O restante difunde-se para dentro das hemácias. Na hemácia, a maior parte do dióxido de carbono, aproximadamente 70%, torna-se ácido carbônico pela ação da enzima anidrase carbônica. O ácido carbônico dissocia-se imediatamente em íons hidrogênio e bicarbonato. Podemos resumir a reação inteira da seguinte forma:

$$\text{anidrase carbônica}$$
$$CO_2 + H_2O \rightleftarrows H_2CO_3 \rightleftarrows H^+ + HCO_3^-$$

Os íons hidrogênio combinam-se com a hemoglobina formando a **desoxi-hemoglobina**, evitando, portanto, uma séria diminuição do pH sanguíneo e liberando, simultaneamente, oxigênio. Os íons bicarbonato são transportados para fora das hemácias em troca por íons cloreto (o **desvio de cloreto**). Os íons bicarbonato permanecem em solução no plasma porque, ao contrário do dióxido de carbono, o bicarbonato é extremamente solúvel (Figura 31.23).

Outra fração do dióxido de carbono, aproximadamente 25%, combina-se de modo reversível com a hemoglobina. O dióxido de carbono não se combina com o grupo heme, mas com grupos amina de diversos aminoácidos, formando um composto chamado de **carbamino-hemoglobina**.

Todas essas reações são reversíveis. Quando o sangue venoso chega nos pulmões, o bicarbonato é transportado de volta para dentro das hemácias (o transportador do desvio de cloreto inverte a direção), ele reage com os íons hidrogênio, que são liberados da hemoglobina conforme o oxigênio é preferencialmente carregado, e é convertido de volta em dióxido de carbono. O dióxido de carbono difunde-se do interior das hemácias para o plasma, junto com o dióxido de carbono liberado da hemoglobina conforme ela se combina com o oxigênio. Esse dióxido de carbono difunde-se, enfim, do plasma para o ar dos alvéolos.

> **Tema-chave 31.9**
> **CONEXÃO COM SERES HUMANOS**
>
> **Carboxi-hemoglobina**
>
> Infelizmente, para os seres humanos e muitos outros animais, a hemoglobina tem uma afinidade por monóxido de carbono, um poluente atmosférico devido à industrialização, que é cerca de 200 vezes maior do que sua afinidade por oxigênio. Consequentemente, mesmo quando o monóxido de carbono ocorre na atmosfera em concentrações menores do que o oxigênio, ele tende a deslocar o oxigênio da hemoglobina, formando um composto estável chamado de carboxi-hemoglobina. O ar que contém apenas 0,2% de monóxido de carbono pode ser fatal. Devido à sua taxa respiratória mais elevada, as crianças e os animais pequenos são envenenados mais rapidamente do que adultos.

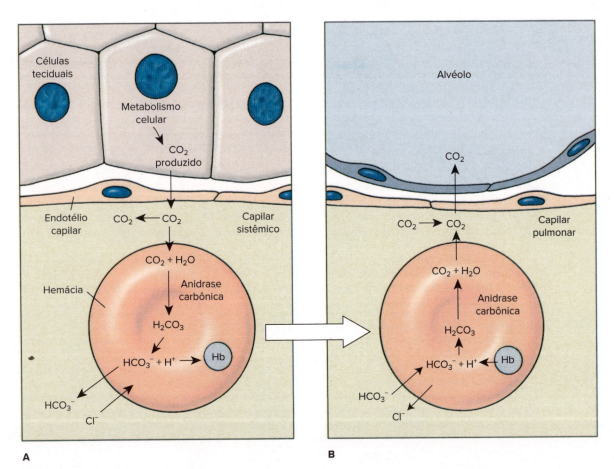

Figura 31.23 O transporte do dióxido de carbono no sangue. **A.** O dióxido de carbono produzido pela respiração celular difunde-se dos tecidos para dentro do plasma e das hemácias. A presença de anidrase carbônica nas hemácias catalisa a conversão de dióxido de carbono em ácido carbônico e, depois, bicarbonato e íons hidrogênio. O bicarbonato difunde-se para fora das células, e a difusão de íons cloreto para dentro mantém o equilíbrio elétrico. Os íons hidrogênio associam-se com a hemoglobina. **B.** A menor pressão parcial de dióxido de carbono nos alvéolos dos pulmões favorece a reversão dessas reações.

RESUMO

Seção	Conceito-chave
31.1 O meio fluido interno	• O fluido do corpo, seja intracelular, plasmático ou intersticial, é principalmente composto de água, mas contém muitas substâncias dissolvidas, incluindo eletrólitos e proteínas
31.2 Composição do sangue	• O sangue dos vertebrados consiste em plasma fluido e componentes celulares, incluindo hemácias, leucócitos e plaquetas • O plasma tem muitos sólidos dissolvidos, bem como gases dissolvidos • As hemácias dos mamíferos perdem o núcleo durante o desenvolvimento e contêm o pigmento que transporta o oxigênio, a hemoglobina. Os leucócitos são importantes na função imunológica • As plaquetas são vitais no processo de coagulação, necessárias para prevenir a perda excessiva de sangue quando um vaso sanguíneo é danificado • As plaquetas liberam uma série de fatores que convertem a protrombina em trombina, uma enzima que faz com que o fibrinogênio se transforme em uma forma insolúvel, a fibrina, formando as fibras de um coágulo sanguíneo
31.3 Circulação	• Em sistemas circulatórios abertos, como os dos artrópodes e da maioria dos moluscos, o sangue se move das artérias para uma hemocele, que é uma cavidade corporal derivada da blastocele e das cavidades celômicas embrionárias • Em sistemas circulatórios fechados, como os de anelídeos, vertebrados e moluscos cefalópodes, o coração bombeia sangue para as artérias e, em seguida, para as arteríolas de menor diâmetro, para um leito de capilares finos, para vênulas e, finalmente, para as veias, que levam o sangue de volta ao coração • Em peixes, que têm um único átrio e um único ventrículo, o sangue é bombeado para as brânquias e, em seguida, diretamente para os capilares sistêmicos de todo o corpo, sem antes retornar ao coração • Com a evolução dos pulmões, os vertebrados desenvolveram uma dupla circulação que consiste em um circuito sistêmico que atende ao corpo e um circuito pulmonar que atende aos pulmões • Para ser totalmente eficiente, essa mudança exigia a partição do átrio e do ventrículo a fim de formar uma bomba dupla; a partição parcial ocorre em peixes pulmonados, anfíbios, tartarugas e escamados, que têm dois átrios, mas um ventrículo não dividido, e é completa em crocodilianos, aves e mamíferos, que têm dois ventrículos • O fluxo sanguíneo unilateral durante a contração do coração (sístole ventricular) e relaxamento (diástole ventricular) é assegurado por válvulas entre os átrios e os ventrículos e entre os ventrículos e as artérias pulmonares e aorta • Embora o coração possa bater espontaneamente, devido à presença de células marca-passo, sua frequência é controlada por hormônios e por nervos do sistema autônomo • O músculo cardíaco usa muito oxigênio e tem uma circulação sanguínea coronária bem desenvolvida • As paredes das artérias são mais espessas do que as das veias, e o tecido conjuntivo elástico nas paredes das artérias maiores permite que elas se expandam durante a sístole ventricular e recuem durante a diástole ventricular • A pressão arterial normal (hidrostática) de seres humanos na sístole é de 120 mmHg; na diástole, é de 80 mmHg • Como as células endoteliais capilares possuem fendas estreitas cheias de água entre elas, um filtrado sem proteína atravessa as paredes capilares, seu movimento determinado por um equilíbrio entre as forças opostas da pressão osmótica hidrostática e das proteínas • As substâncias também saem e entram no sangue por meio de vesículas pinocíticas e difusão (moléculas lipossolúveis) através das células endoteliais • O fluido do tecido que não entra novamente no sistema capilar é coletado pelo sistema linfático e chamado de linfa, retornando ao sangue pelos ductos linfáticos
31.4 Respiração	• Animais muito pequenos podem depender da difusão entre o ambiente externo e seus tecidos ou citoplasma para o transporte de gases respiratórios, mas animais maiores requerem órgãos especializados, como brânquias, traqueias ou pulmões, para essa função • As brânquias e os pulmões fornecem uma área de superfície maior para as trocas gasosas entre o sangue e o meio ambiente. Os grandes mamíferos empregam várias estratégias para lidar com a exposição direta ao calor, incluindo isolamento reflexivo, armazenamento de calor pelo corpo e resfriamento evaporativo • Muitos animais têm pigmentos respiratórios especiais e outros mecanismos para ajudar no transporte de oxigênio e dióxido de carbono no sangue • O pigmento respiratório mais difundido no reino animal, a hemoglobina, tem alta afinidade pelo oxigênio em altas concentrações, mas o libera em concentrações mais baixas • A hemoglobina dos vertebrados, que fica dentro das hemácias, combina-se prontamente com o oxigênio nas brânquias ou nos pulmões e, em seguida, libera-o nos tecidos do corpo que necessitam de oxigênio, onde a pressão parcial deste é baixa • O sangue transporta dióxido de carbono dos tecidos para os pulmões como íon bicarbonato e gás dissolvido no plasma e, em combinação com a hemoglobina, nas hemácias sanguíneas

QUESTÕES DE REVISÃO

1. Nomeie os principais eletrólitos intracelulares e os principais eletrólitos extracelulares.
2. Qual é o destino dos eletrólitos utilizados no corpo?
3. Esquematize ou descreva brevemente a sequência de eventos que leva à coagulação sanguínea.
4. Dois estilos diferentes de sistemas circulatórios evoluíram entre os animais: aberto e fechado. O que se entende por "aberto" em um sistema circulatório aberto? Sistemas fechados, às vezes, são citados como uma adaptação para animais que se movem ativamente com altas demandas metabólicas (pelo menos, em parte do tempo). Você pode sugerir possíveis razões para essa afirmação?
5. Coloque os seguintes termos na ordem correta a fim de descrever o circuito do sangue pelo sistema vascular de um peixe: ventrículo, capilares branquiais, seio venoso, capilares teciduais, átrio, aorta dorsal.
6. Trace o fluxo do sangue pelo coração de um mamífero, nomeando as quatro câmaras e suas válvulas e explicando de onde vem o sangue que entra em cada átrio e para onde vai o sangue que sai de cada ventrículo. Quando o ventrículo se contrai, o que impede o sangue de entrar novamente no átrio? Que fatores fazem o sangue movimentar-se para a frente em alta pressão na aorta?
7. Explique a origem e a condução do estímulo que leva à contração cardíaca. Por que o coração dos vertebrados é chamado de miogênico? Se o coração é miogênico, a que você atribui as alterações na frequência de batimento cardíaco?
8. Defina os termos "sístole" e "diástole". Diferencie sístole atrial e ventricular e diástole atrial e ventricular.
9. Explique o movimento dos fluidos pelas células endoteliais dos capilares. De que forma o equilíbrio da pressão hidrostática e da pressão osmótica coloidal determina a direção do fluxo total de fluido?
10. A pressão sanguínea na extremidade arterial dos capilares é de cerca de 40 mmHg nos seres humanos. Se a pressão sanguínea na extremidade venosa for de cerca de 15 mmHg e a pressão osmótica coloidal for uniforme e de cerca de 25 mmHg, qual será o efeito resultante no movimento de fluido entre os capilares e os espaços teciduais?
11. Faça uma breve descrição do sistema linfático. Quais são suas principais funções? Por que o movimento da linfa pelo sistema linfático é muito lento?
12. Descreva uma vantagem da brânquia de um peixe para a respiração aquática e uma desvantagem para a respiração terrestre.
13. Descreva o sistema traqueal dos insetos. Qual é a vantagem de um sistema como esse para um animal pequeno?
14. Trace o caminho do ar inspirado nos seres humanos desde as narinas até as menores câmaras dos pulmões. O que é o "espaço aéreo morto" do pulmão dos mamíferos e como ele afeta a pressão parcial de oxigênio que chega nos alvéolos? Como esse problema é parcialmente resolvido pelo sistema respiratório das aves?
15. O tempo durante o qual um mergulhador autônomo pode permanecer submerso é limitado por diversos fatores, incluindo o tempo necessário para consumir o suprimento de ar de seus tanques. Para fazer com que eles durem mais tempo, mergulhadores novatos podem ser instruídos a respirar lentamente e exalar tanto quanto possível a cada respiração. Você pode sugerir uma razão pela qual esse comportamento poderia aumentar o suprimento de ar de um mergulhador?
16. De que forma uma rã ventila seus pulmões? Compare a respiração por pressão positiva de uma rã com a respiração por pressão negativa de um mamífero.
17. Qual o papel do dióxido de carbono no controle da taxa e da intensidade da respiração de um mamífero?
18. A pressão do ar fornecido a um mergulhador autônomo precisa ser igual àquela exercida pela água do mar circundante e, para cada aumento de 10 m na profundidade, a pressão da água do mar circundante aumenta 1 atm. Considerando que a pressão parcial de oxigênio no ar no nível do mar (1 atm) seja 0,209 × 760 mmHg (= 159 mmHg), qual a pressão parcial de oxigênio que um mergulhador estaria respirando a 30 m de profundidade?
19. Explique como o oxigênio é transportado no sangue, incluindo especificamente o papel da hemoglobina. Responda à mesma pergunta com relação ao transporte de dióxido de carbono.
20. A capacidade da hemoglobina de se combinar com o oxigênio diminui com a queda na concentração do oxigênio, bem como com o aumento na concentração de dióxido de carbono. Que efeitos tais fenômenos têm na liberação do oxigênio para os tecidos?

Para reflexão. Em altas altitudes, a pressão parcial de oxigênio é baixa. De que forma você esperaria que esse nível de oxigênio menor fosse afetar a capacidade do sangue de transportar gases respiratórios, e qual seria o efeito nos tecidos ativos?

Digestão e Nutrição

OBJETIVOS DE APRENDIZAGEM

Após leitura do capítulo, você será capaz de:

32.1 Descrever a grande variedade de métodos usados para obter alimentos.

32.2 Descrever os processos responsáveis pela digestão dos alimentos.

32.3 Explicar como cada uma das cinco principais regiões dos canais alimentares contribui para a digestão dos alimentos.

32.4 Compreender o papel do cérebro na regulação da ingesta de alimentos. Discutir a contribuição dos hormônios gastrointestinais na coordenação da digestão.

32.5 Explicar a importância de uma dieta balanceada para os animais.

Topis (antílopes) e zebras na savana africana.
©Cleveland P. Hickman, Jr.

Uma cornucópia consumidora

Sir Walter Raleigh observou que a diferença entre um homem rico e um pobre é que o primeiro come quando quer, enquanto o segundo come quando consegue comida. Ao contrário dos opulentos, para quem a aquisição de alimentos requer apenas a escolha de itens pré-embalados em um supermercado bem abastecido, os pobres do mundo percebem que, para eles, assim como para o resto do reino animal, a busca por alimento é o principal desafio para a sobrevivência.

O alimento em potencial está em todo lugar e pouca coisa resta sem ser explorada. Os animais mordem, mastigam, mordiscam, trituram, pastam, rasgam, raspam, filtram, engolem, enredam, sugam e absorvem uma variedade incrível de alimentos. O que um animal come, e como ele o faz, afeta profundamente a especialização alimentar dele, seu comportamento, fisiologia e anatomia externa e interna – em resumo, tanto a forma do seu corpo como seu papel na teia da vida. O interminável confronto evolutivo entre predador e presa produziu adaptações para comer e para evitar ser comido. Seja qual for o modo de conseguir alimento, existe muito menos variação entre os animais no que se refere à subsequente digestão dos alimentos em produtos úteis mais simples. Tanto vertebrados quanto invertebrados utilizam enzimas digestivas semelhantes. Ainda mais parecidas são as vias bioquímicas finais para a utilização dos nutrientes e para a transformação em energia (ver Capítulo 4). A alimentação dos animais é como uma cornucópia na qual os alimentos fluem para dentro em vez de para fora. Uma grande diversidade de alimentos, obtidos por incontáveis adaptações alimentares, entra pela abertura dessa cornucópia, é simplificada e, finalmente, utilizada para a sobrevivência e reprodução do organismo.

Todos os organismos necessitam de energia para manter suas estruturas altamente organizadas e complexas. Essa energia é energia de ligação química, liberada com a transformação de compostos complexos adquiridos do ambiente em compostos mais simples.

A fonte final de energia para a vida na Terra é o Sol. A luz do Sol é capturada pelas moléculas de clorofila presentes nas plantas verdes, que transformam parte dessa energia em energia de ligação química (energia trófica). As plantas verdes são organismos **autótrofos**, que precisam apenas de compostos inorgânicos absorvidos do meio circundante que proporcionam a matéria-prima para a síntese e o crescimento. A maioria dos organismos autótrofos é constituída de **fotótrofos** portadores de clorofila, embora alguns, como as bactérias quimiossintetizantes, sejam **quimiotróficos** que obtêm energia das reações químicas inorgânicas.

Quase todos os animais são **organismos heterótrofos** que dependem de compostos orgânicos já sintetizados, das plantas e de outros animais, para obter as substâncias que eles irão utilizar para crescimento, manutenção e reprodução. Normalmente, os alimentos de um animal são os complexos tecidos de outros organismos, que precisam ser digeridos em moléculas solúveis suficientemente pequenas para serem absorvidas como nutrientes por suas células corporais.

Os animais são divididos em categorias com base nos seus hábitos alimentares. Os **herbívoros** alimentam-se principalmente de vegetais. Os **carnívoros** alimentam-se principalmente de outros animais. Os **onívoros** comem plantas e animais. Os **saprófagos** alimentam-se de matéria orgânica em decomposição.

A **ingesta** do alimento e sua redução dada pela **digestão** são apenas os passos iniciais da nutrição. Os alimentos reduzidos pela digestão a formas moleculares solúveis mais simples são **absorvidos** e **transportados** para os tecidos do corpo. Lá eles são **assimilados** na estrutura das células, **oxidados** para produzir energia e calor ou, se não forem usados imediatamente, **armazenados** para a utilização futura. Os resíduos produzidos pela oxidação precisam ser **excretados**. Os produtos alimentares que não são digeridos e absorvidos são **evacuados** como fezes.

32.1 MECANISMOS DE ALIMENTAÇÃO

Poucos animais conseguem absorver nutrientes diretamente do meio externo. As exceções são alguns parasitos do sangue (ver Figura 11.25), os platelmintos (ver Figuras 14.14 e 14.16) e os acantocéfalos (ver Figura 14.26) que se nutrem de moléculas orgânicas primárias absorvidas diretamente pela superfície do corpo. Esses nutrientes já foram digeridos pelo organismo hospedeiro. A maioria dos animais precisa trabalhar por suas refeições. Eles se alimentam ativamente e evoluíram inúmeras especializações para obter alimento. Sendo a procura por alimento uma das forças motrizes mais poderosas na evolução animal, a seleção natural atribuiu uma grande prioridade às adaptações relacionadas com a exploração de novos recursos alimentares e aos meios necessários para captura e ingesta de alimento.

Alimentação baseada em particulado

As partículas microscópicas à deriva são abundantes nos oceanos até 100 m de profundidade. A maior parte dessa massa é formada por **plâncton**, organismos pequenos demais que se deixam levar pelas correntes oceânicas. O restante são detritos orgânicos, restos de plantas e animais mortos em desintegração. Embora essa agregação oceânica de plâncton forme um rico domínio vivo, ela não é uniformemente distribuída. A mais intensa proliferação de plâncton ocorre nos estuários e nas áreas de ressurgência, onde há um abundante suprimento de nutrientes. Ele é consumido por muitos animais maiores, invertebrados e vertebrados, que utilizam grande diversidade de mecanismos de alimentação.

Um dos métodos mais importantes e amplamente empregados para obtenção de alimento é a **alimentação de suspensão** (Figura 32.1). A maioria dos comedores de suspensão utiliza superfícies ciliadas para produzir correntes que arrastam partículas de alimento à deriva para dentro de sua boca. A maioria dos invertebrados suspensívoros, como os poliquetas sedentários, moluscos bivalves, hemicordados (ver Figuras 22.28 e 22.29) e a maioria dos protocordados (ver Figuras 23.4 e 23.7), capturam o alimento particulado em lâminas de muco que levam o alimento para dentro do trato digestório. Outros, como as artêmias (ver Figura 20.17), as pulgas-d'água e as cracas usam movimentos de varredura das suas pernas franjadas com cerdas para criar correntes de água e capturar alimento, que é transferido para sua boca. Os estágios de desenvolvimento na água doce de certas ordens de insetos usam arranjos de cerdas em forma de leque ou tecem redes de seda para capturar o alimento.

Uma forma de se alimentar de partículas em suspensão, muitas vezes chamada de **alimentação por filtração**, frequentemente evoluiu como uma modificação secundária entre os representantes de grupos que eram, originalmente, seletivos quanto à alimentação. Esses animais são dotados de aparelhos para filtração que coam o alimento da água conforme ela passa por eles. Exemplos incluem muitos microcrustáceos, peixes, como os arenques, manjubas e tubarões-peregrinos, algumas aves, como os flamingos, e o maior de todos os animais: as baleias de barbatana (misticetos) (Figura 32.1). A grande importância de um dos componentes do plâncton, as diatomáceas, em sustentar uma grande pirâmide de animais suspensívoros é enfatizada por N. J. Berrill:[1]

> Uma baleia-jubarte... precisa de 1 tonelada de arenque no estômago para sentir-se confortavelmente satisfeita – cerca de 5 mil peixes. Cada arenque, por sua vez, pode ter entre 6 mil e 7 mil pequenos crustáceos no seu próprio estômago, cada um dos quais contém até 130 mil diatomáceas. Em outras palavras, cerca de 400 bilhões de diatomáceas amarelo-esverdeadas sustentam uma única baleia de tamanho médio por, no máximo, umas poucas horas.

Outro tipo de alimentação de material particulado explora os depósitos de material orgânico desintegrado (detritos) que se acumulam sobre ou no substrato; esses animais são chamados de **detritívoros**. Alguns detritívoros, como muitos anelídeos e alguns hemicordados, simplesmente fazem com que o substrato passe por seus corpos, retirando os nutrientes dele (ver Figura 17.17). Outros, como os moluscos escafópodes, certos moluscos bivalves e alguns poliquetas tubícolas sedentários, usam os apêndices para recolher detritos orgânicos a alguma distância do corpo e movê-los em direção à boca (Figura 32.2).

Alimentação baseada em alimentos sólidos

Entre as adaptações animais mais interessantes estão aquelas que evoluíram para a procura e manipulação de alimento sólido. Tais adaptações e os animais que as apresentam são moldados principalmente por aquilo que é comido.

---
[1] Berrill, N. J. 1958. You and the universe. New York, Dodd, Mead & Co.

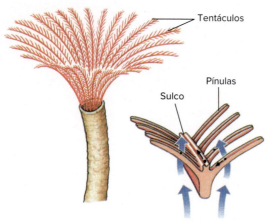
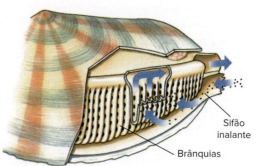

A Vermes marinhos com estruturas em forma de leque (classe Sedentaria, filo Annelida) têm uma coroa de tentáculos. Inúmeros cílios presentes nas margens dos tentáculos puxam a água (*setas azuis*) entre as pínulas, onde as partículas de alimento são capturadas pelo muco; as partículas são então transportadas por uma "canaleta" no centro do tentáculo até a boca (*setas pretas*).

B Os moluscos bivalves (classe Bivalvia, filo Mollusca) utilizam suas brânquias como estruturas alimentares, bem como para a troca de gases respiratórios. Correntes de água criadas pelos cílios das brânquias transportam as partículas alimentares para dentro do sifão inalante e entre as fendas branquiais, onde são retidas em uma lâmina de muco que recobre a superfície da brânquia. Os sulcos alimentares ciliados transportam então as partículas para a boca (não mostrado). As setas indicam a direção do movimento da água.

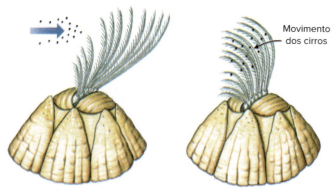
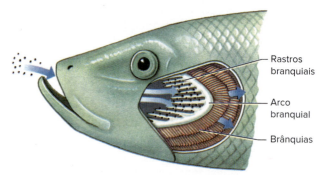

C As cracas (classe Maxillopoda, subfilo Crustacea, filo Arthropoda) movimentam seus apêndices torácicos (cirros) estendidos pela água para capturar plâncton e outras partículas orgânicas em finas cerdas que margeiam os cirros. O alimento é transferido para a boca da craca pelos primeiros e menores cirros.

D Os arenques e outros peixes filtradores (classe Actinopterygii, filo Chordata) utilizam rastros branquiais, que se projetam para a frente a partir dos arcos branquiais para dentro da cavidade faríngea, a fim de filtrar o plâncton. Os arenques nadam quase constantemente, forçando a água e o alimento suspenso para dentro de sua boca; o alimento é filtrado pelos rastros branquiais, e a água passa pelas aberturas branquiais.

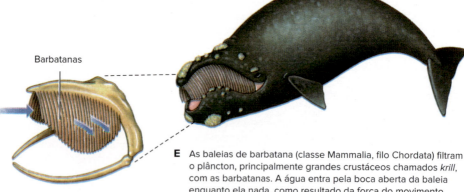

E As baleias de barbatana (classe Mammalia, filo Chordata) filtram o plâncton, principalmente grandes crustáceos chamados *krill*, com as barbatanas. A água entra pela boca aberta da baleia enquanto ela nada, como resultado da força do movimento do animal para a frente, e é filtrada pelas mais de 300 placas de barbatanas queratinizadas que pendem como uma cortina do céu da boca. O *krill* e demais organismos planctônicos capturados nas barbatanas são periodicamente recolhidos pela enorme língua e deglutidos.

Figura 32.1 Alguns animais suspensívoros e filtradores e seus mecanismos de alimentação.

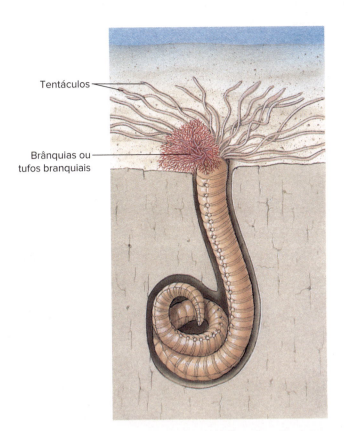

Figura 32.2 O anelídeo *Amphitrite* é um detritívoro que vive em uma toca revestida por muco e estende longos tentáculos alimentares em todas as direções pela superfície. O alimento capturado pelo muco é recolhido ao longo dos tentáculos até a boca.

A mastigação verdadeira, ou seja, a ação de triturar ou esmagar o alimento em vez de rasgá-lo, é praticamente restrita aos mamíferos. Em geral, os mamíferos têm quatro tipos diferentes de dentes, cada um adaptado para funções específicas. Os **incisivos** são projetados para morder e cortar; os **caninos** servem para segurar, perfurar e rasgar; os **pré-molares** e **molares**, na parte de trás dos maxilares, são para moer e esmagar (Figura 32.3). Frequentemente, esse padrão básico é bastante modificado em animais com hábitos alimentares especializados (Figuras 32.4; ver Figura 28.6). Os herbívoros normalmente não têm caninos, mas têm molares bem desenvolvidos com cristas de esmalte para triturar. Os incisivos bem desenvolvidos e sempre afiados dos roedores crescem durante toda a vida e precisam ser desgastados pela ação de roer para compensar o crescimento. Alguns dentes tornaram-se tão modificados que não são mais úteis para morder ou mastigar o alimento. As presas de um elefante (Figura 32.5) são os incisivos superiores modificados usados para defesa, ataque e para arrancar plantas, e o macho do javali tem caninos modificados para serem usados como armas. Muitas especializações alimentares dos mamíferos estão mostradas na Figura 28.6.

Os herbívoros, ou animais que se alimentam de plantas, desenvolveram estruturas especiais para cortar e esmagar matéria vegetal. Alguns invertebrados têm peças bucais raspadoras, como a rádula dos caracóis (ver Figura 16.4). Os insetos, como os gafanhotos, têm mandíbulas cortantes e trituradoras; mamíferos herbívoros, como os cavalos e bois, utilizam molares largos e ondulados para triturar. Todos esses mecanismos rompem a resistente parede de celulose das células vegetais, a fim de acelerar a digestão efetuada por microrganismos intestinais, bem como para liberar o conteúdo dessas células para a quebra enzimática direta. Portanto, os herbívoros digerem alimentos que os carnívoros não conseguem e, fazendo isso, convertem matéria vegetal em componentes orgânicos para seu próprio uso e, em última instância, para o consumo dos carnívoros e onívoros.

Os predadores devem localizar, capturar, segurar e engolir as presas. Muitos animais carnívoros simplesmente agarram o alimento e o engolem intacto, enquanto alguns empregam toxinas que paralisam ou matam a presa no momento da captura. Embora não apareçam dentes verdadeiros entre os invertebrados, muitos têm estruturas semelhantes a bicos ou dentes para morder e segurar. Um exemplo familiar é o poliqueta errante e carnívoro *Nereis*, dotado de uma faringe muscular com maxilas quitinosas que podem everter-se velozmente para agarrar a presa (ver Figura 17.2). Uma vez que a captura tenha sido feita, a faringe é retraída e a presa deglutida. Os peixes, anfíbios e répteis não-aves utilizam seus dentes principalmente para agarrar a presa e impedir que ela escape até que consigam engoli-la inteira. As serpentes e alguns peixes podem engolir refeições enormes. A ausência de membros indica que métodos alternativos para capturar e engolir presas evoluíram. Os dentes curvos agarram e seguram a presa, e os maxilares e estômagos distensíveis acomodam as grandes e raras refeições. As aves não têm dentes, porém seus bicos frequentemente dispõem de margens serrilhadas, ou a parte superior do bico tem a forma de um gancho para agarrar e dilacerar a presa (ver Figura 27.9).

Muitos invertebrados diminuem o tamanho do alimento com estruturas que o fragmentam em pedaços (como as peças bucais de muitos crustáceos) ou por meio de estruturas que o rasgam em pedaços (como o bico dos moluscos cefalópodes; ver Figuras 16.33-A e 16.35-B). Os insetos têm três pares de apêndices na cabeça que desempenham funcionam como mandíbulas, dentes quitinosos, cinzéis, língua ou tubos sugadores. Normalmente, o primeiro par atua como dentes para esmagar; o segundo, como maxilares para agarrar; e o terceiro, como uma língua para sondar e experimentar.

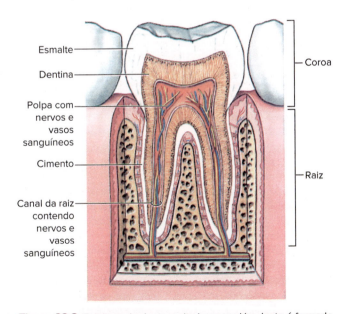

Figura 32.3 Estrutura do dente molar humano. Um dente é formado por três camadas de tecido calcificado de revestimento: o esmalte, que é 98% mineral e o material mais duro do corpo; a dentina, que compõe a maior parte do dente e é aproximadamente 75% mineral; e o cimento, que forma uma fina camada de revestimento sobre a dentina na raiz do dente e é muito semelhante aos ossos densos na composição. A cavidade da polpa contém tecido conjuntivo frouxo, vasos sanguíneos, nervos e células formadoras do dente.

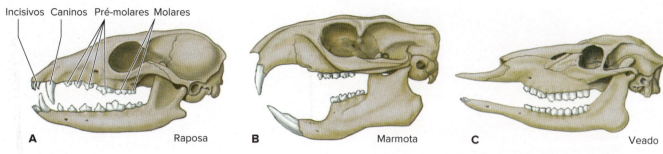

Figura 32.4 Dentição dos mamíferos. **A.** Dentes de uma raposa-cinzenta, um carnívoro, mostrando os quatro tipos de dentes. **B.** As marmotas (*Marmota monax*), incluídas entre os roedores, com incisivos em forma de cinzel que crescem continuamente por toda a vida conforme se desgastam. **C.** O veado-de-cauda-branca, um ungulado pastador, com pré-molares e molares achatados com cristas complexas, apropriadas para moer.

Figura 32.5 Um elefante africano revirando o solo com as presas em um depósito de sal. Os elefantes utilizam seus poderosos e modificados incisivos de muitas maneiras para conseguir alimento e água: cavando o solo em busca de raízes, rompendo os galhos para atingir o câmbio vascular comestível e perfurando leitos secos de rios em busca de água.

Alimentação baseada em fluidos

A alimentação à base de fluidos é especialmente característica nos parasitos, porém também é praticada por muitas formas de vida livre. Alguns parasitos internos (endoparasitos) simplesmente absorvem os nutrientes circundantes, oferecidos involuntariamente pelo hospedeiro. Outros mordem e rasgam o tecido do hospedeiro, sugam o sangue e alimentam-se do seu conteúdo intestinal. Os parasitos externos (ectoparasitos), como as sanguessugas, lampreias (ver Figura 24.5), crustáceos parasitos e insetos, utilizam diversas peças bucais perfuradoras e sugadoras eficientes para alimentarem-se de sangue ou outros fluidos corporais. Existem muitos artrópodes que se alimentam de fluidos como, por exemplo, pulgas, mosquitos, piolhos, percevejos, carrapatos e ácaros. Muitos são vetores de sérias doenças da espécie humana e, portanto, podem ser considerados mais do que um incômodo.

Infelizmente, para os seres humanos e outros animais de sangue quente, o onipresente mosquito sobressai no seu hábito de sugar sangue. Pousando delicadamente, o mosquito perfura sua presa com um conjunto de seis peças bucais em forma de agulha (Figura 21.13 B e C). Uma delas injeta uma saliva anticoagulante, que causa a irritante coceira que se segue à "mordida" e serve de vetor para os microrganismos causadores da malária, febre amarela, encefalite, dengue, Zika, febre do Nilo Ocidental e outras doenças. Outra peça bucal é um canal pelo qual o sangue é sugado. Apenas as fêmeas alimentam-se de sangue para obter os nutrientes necessários para formar seus ovos.

32.2 DIGESTÃO

No processo de digestão, que significa literalmente "carregando em pedaços", os alimentos orgânicos são degradados mecânica e quimicamente em unidades menores para posterior absorção. Embora o alimento sólido consista principalmente em carboidratos, proteínas, gorduras e ácidos nucleicos, que são os verdadeiros componentes formadores do corpo do consumidor, esses componentes devem primeiramente ser reduzidos às suas unidades moleculares mais simples antes que possam ser assimilados. Cada animal reagrupa algumas dessas unidades digeridas e absorvidas em compostos orgânicos do seu próprio padrão único.

Nos eucariotos unicelulares e esponjas, a digestão é completamente **intracelular** (Figura 32.6). Uma partícula alimentar é englobada em um vacúolo digestivo por fagocitose (ver Figura 3.16). As enzimas digestivas são adicionadas, e os produtos da digestão, os açúcares, aminoácidos e outras moléculas simples são absorvidos no citoplasma onde podem ser usados diretamente ou, no caso dos animais multicelulares, podem ser transferidos para outras células. Os resíduos alimentares são simplesmente eliminados da célula por exocitose (ver Seção 3.2).

Existem limitações importantes para a digestão intracelular. Apenas as partículas suficientemente pequenas para serem fagocitadas podem ser englobadas, e cada célula deve ser capaz de secretar todas as enzimas necessárias e de absorver os produtos em seu citoplasma. Essas limitações foram resolvidas com a evolução de um **sistema alimentar** no qual ocorre a digestão **extracelular** de grandes quantidades de alimento. Na digestão extracelular, certas células que revestem o **lúmen** (cavidade) de um canal alimentar especializaram-se para produzir várias secreções digestivas, como as enzimas, enquanto outras células funcionam em sua maioria ou inteiramente na absorção. Muitos animais simples, como os radiados, platelmintos turbelários e nemertinos, utilizam tanto a digestão intracelular como a extracelular. Com a evolução de maior complexidade e o surgimento de sistemas alimentares completos da boca ao ânus, a digestão extracelular foi enfatizada, junto com uma maior especialização de regiões do intestino. Para os artrópodes e vertebrados, a digestão é quase completamente extracelular. O alimento ingerido é exposto a vários tratamentos mecânicos, químicos e bacterianos, a diferentes regiões ácidas e alcalinas, e a sucos digestivos que são adicionados em estágios apropriados, conforme o alimento passa pelo canal alimentar.

CAPÍTULO 32 Digestão e Nutrição 675

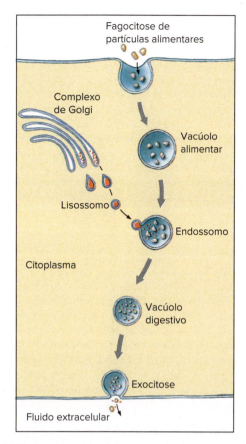

Figura 32.6 Digestão intracelular. Lisossomos contendo enzimas digestivas (lisozimas) são produzidos no interior da célula pelo complexo de Golgi. Lisossomos fundem-se aos vacúolos digestivos e liberam enzimas que digerem o alimento encapsulado. Os produtos úteis da digestão são absorvidos no citoplasma e os resíduos não digeridos são expelidos.

Ação das enzimas digestivas

Os processos mecânicos de cortar e triturar com os dentes e a ação de misturar o alimento pelos músculos do intestino são importantes para a digestão. No entanto, a redução dos alimentos em unidades menores e absorvíveis requer, principalmente, a degradação química feita pelas **enzimas**, discutida no Capítulo 4 (ver Seção 4.2). As enzimas digestivas são enzimas **hidrolíticas**, ou **hidrolases**, assim chamadas porque as moléculas de alimento são separadas pelo processo de **hidrólise**, ou seja, a quebra da ligação química pela adição de água ao longo do processo:

$$R-R + H_2O \xrightarrow{\text{enzima digestiva}} R-OH + H-R$$

Nessa reação enzimática geral, R–R representa uma molécula maior de alimento dividida em dois produtos, R–OH e H–R. Normalmente, os produtos dessa reação devem, por sua vez, dividir-se repetidamente até que a molécula original seja reduzida às suas múltiplas subunidades. As proteínas, por exemplo, são compostas por centenas ou milhares de aminoácidos interligados, que precisam ser separados antes que cada aminoácido ou dipeptídio (dois aminoácidos interligados) possa ser absorvido. Similarmente, os carboidratos complexos precisam ser reduzidos a açúcares simples. As gorduras (lipídios) são reduzidas a moléculas de glicerol, ácidos graxos e monoglicerídios. Os ácidos nucleicos são reduzidos a açúcares ribose e desoxirribose, bem como purinas e pirimidinas (ver Seção 32.2). Existem enzimas específicas para a digestão de cada classe de composto orgânico. Essas enzimas estão localizadas em regiões específicas do canal alimentar em uma "cadeia enzimática", na qual uma enzima pode completar a digestão iniciada por enzimas anteriores na cadeia. Algumas gorduras, ao contrário das proteínas e carboidratos, podem ser absorvidas sem antes ser completamente hidrolisadas, uma vez que elas podem se difundir pela membrana plasmática das células que revestem o canal alimentar.

Mobilidade no canal alimentar

O alimento é deslocado ao longo do intestino por meio de **cílios** ou por uma **musculatura** especializada e, frequentemente, por ambos. Normalmente, o movimento é realizado por cílios nos animais acelomados e pseudocelomados, que não têm musculatura intestinal derivada do mesoderma encontrada nos celomados (ver Figura 9.4 para relembrar esses planos corporais). Os cílios também movimentam os fluidos e materiais intestinais em alguns celomados, como a maioria dos moluscos, nos quais o celoma é pouco desenvolvido. Nos animais com celoma bem desenvolvido, o canal alimentar geralmente é revestido por duas camadas opostas de musculatura lisa: uma camada longitudinal, na qual as fibras musculares lisas correm paralelas à extensão do canal alimentar, e uma camada circular, na qual as fibras musculares circundam o canal (ver Figura 32.10). Um movimento intestinal característico é a **segmentação**, a constrição alternada dos anéis de musculatura lisa do intestino que constantemente dividem e comprimem o conteúdo para a frente e para trás (Figura 32.7 A). Walter B. Canon, famoso pelo termo homeostase, enquanto ainda era um estudante de medicina em Harvard em 1900, foi o primeiro a utilizar raios X para observar a segmentação em animais de laboratório alimentados com uma suspensão de sulfato de bário. A segmentação atua misturando o alimento, mas não o desloca ao

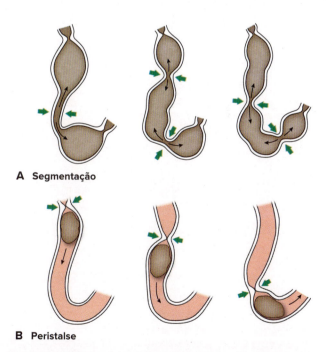

Figura 32.7 Movimento do conteúdo intestinal por segmentação e peristalse. **A.** Movimentos de segmentação do alimento, mostrando como as contrações comprimem o alimento para a frente e para trás, misturando-o com as enzimas. Os movimentos sequenciais de mistura ocorrem a intervalos de cerca de 1 s. **B.** Movimento peristáltico, mostrando como o alimento é impulsionado pelo canal alimentar por uma onda de contração, em deslocamento, localizada atrás da massa de alimento (bolo alimentar).

longo do canal alimentar. Outro tipo de ação muscular, chamado de **peristalse** ou peristaltismo, movimenta o alimento para a frente no canal alimentar por meio de ondas de contração da musculatura circular por trás da massa de alimento (bolo alimentar) e de relaxamento à frente desta (Figura 32.7 B).

32.3 ORGANIZAÇÃO E FUNÇÃO REGIONAL DOS CANAIS ALIMENTARES

Os canais alimentares podem ser divididos em cinco regiões principais: (1) recepção; (2) condução e armazenamento; (3) trituração e digestão inicial; (4) digestão terminal e absorção; e (5) absorção da água e concentração dos sólidos. O alimento progride de uma região para a outra, permitindo que a digestão prossiga em estágios sequenciais (Figuras 32.8 e 32.9).

Região de recepção

A primeira região de um canal alimentar consiste em estruturas para a tomada de alimento e a deglutição. Estas incluem as **peças bucais** (p. ex., mandíbulas, maxilas, dentes, rádulas e bicos), a **cavidade bucal** ou boca, e a **faringe** muscular ou garganta. A maioria dos animais que não são suspensívoros tem **glândulas salivares** (glândulas bucais) que produzem secreções lubrificantes contendo muco para auxiliar na deglutição (Figura 32.8). Frequentemente, as glândulas salivares têm outras funções especializadas, como a secreção de substâncias químicas tóxicas para imobilizar presas que se debatem, e a secreção de enzimas salivares para iniciar a digestão. As secreções salivares das sanguessugas, por exemplo, são misturas complexas que contêm uma substância anestésica (tornando sua mordida quase indolor) e diversas enzimas que impedem a coagulação do sangue e aumentam o fluxo sanguíneo dilatando as veias e dissolvendo as moléculas de adesão das células que as mantêm unidas.

A **amilase** salivar é uma enzima para a quebra dos carboidratos que começa a hidrólise dos amidos de origem vegetal e animal tão logo tenham sido ingeridos. Ela ocorre apenas em certos moluscos herbívoros, alguns insetos e nos mamíferos primatas, incluindo os seres humanos. Os amidos são longos polímeros de glicose e a amilase salivar não os hidrolisa completamente, mas quebra a maior parte em fragmentos com duas glicoses chamados de **maltoses**. Também são produzidos fragmentos mais longos de amido e algumas glicoses livres. Quando o bolo alimentar é engolido, a amilase salivar continua agindo por algum tempo, provavelmente digerindo metade do amido antes de ser inativada pelo meio ácido do estômago. Depois do estômago, a digestão posterior do amido é retomada no intestino, conforme o pH do lúmen intestinal aumenta.

A língua, normalmente presa ao assoalho da boca, é uma inovação dos vertebrados que auxilia na manipulação e deglutição do alimento. As línguas também são utilizadas como quimiorreceptores e são dotadas de papilas gustativas utilizadas para determinar a palatabilidade do alimento (ver Seção 33.4). No entanto, elas podem ser utilizadas para outros propósitos, como a captura do alimento (p. ex., rãs, camaleões, pica-paus e tamanduás), ou como sensores olfatórios (muitos lagartos e cobras).

Nos seres humanos, a deglutição começa com a língua empurrando o alimento umedecido por saliva em direção à faringe. A cavidade nasal fecha-se por reflexo pela elevação do palato mole. À medida que o alimento desliza para a faringe, a epiglote inclina-se sobre a traqueia até quase fechá-la (Figura 32.9). Algumas partículas de alimento podem entrar pela abertura da traqueia, mas a contração dos músculos da laringe impede que elas penetrem mais. Quando o alimento chega ao esôfago, as contrações peristálticas dos músculos esofágicos empurram-no suavemente em direção ao estômago. O terço superior do esôfago é circundado por musculatura esquelética e por musculatura lisa; portanto, o ato de engolir é voluntário até que o alimento tenha atravessado essa região superior.

Região de condução e armazenamento

O **esôfago** dos vertebrados e de muitos invertebrados serve para transferir alimento para a região digestiva. Em muitos invertebrados (anelídeos, insetos, octópodes), o esôfago é expandido em um **papo** (Figura 32.8), utilizado para armazenar o alimento antes da digestão. Entre os vertebrados, apenas as aves têm um papo, que atua armazenando e amolecendo o alimento (p. ex., grãos) antes de passar para o estômago, ou para permitir uma leve fermentação antes de ser regurgitado para alimentar os filhotes.

Região de trituração e digestão inicial

Na maioria dos vertebrados e em alguns invertebrados, o **estômago** promove a digestão inicial, bem como armazena e mistura o alimento com os sucos digestivos. A quebra mecânica do alimento, sobretudo alimentos de origem vegetal com suas resistentes paredes de celulose, frequentemente continua no estômago dos animais herbívoros em estruturas para triturar e moer. A **moela** muscular dos oligoquetos terrestres e das aves é auxiliada por pequenas pedras e areia engolidas junto com o alimento ou, como nos artrópodes, por revestimentos endurecidos (p. ex., dentes quitinosos do proventrículo dos insetos [Figura 32.8] e dentes calcários do moinho gástrico dos crustáceos [ver Figura 20.13]).

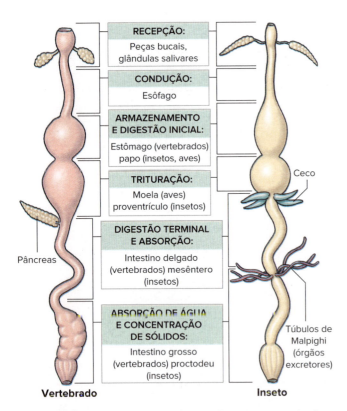

Figura 32.8 Visão geral dos tratos digestórios de um vertebrado e de um inseto, mostrando as principais regiões funcionais dos sistemas digestórios dos animais.

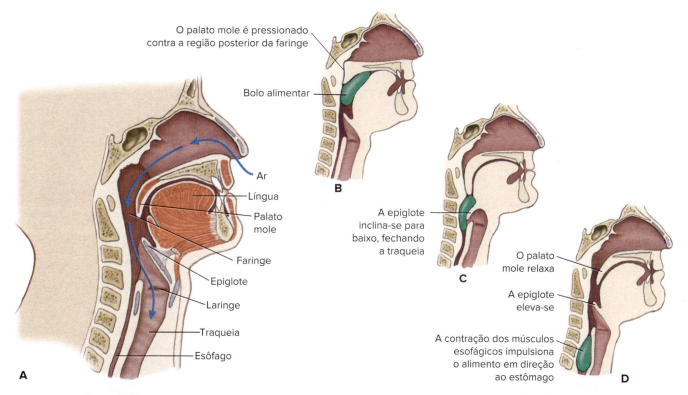

Figura 32.9 Cavidade oral e garganta de um ser humano em corte sagital (**A**) e a sequência da deglutição (**B** a **D**).

Os divertículos digestivos – túbulos ou bolsas em fundo cego que surgem do ducto principal – muitas vezes complementam o estômago de muitos invertebrados. Eles são normalmente revestidos por um epitélio multifuncional com células especializadas para secretar muco ou enzimas digestivas, para absorção ou para armazenamento. Exemplos incluem os cecos dos poliquetas e insetos, as glândulas digestivas de moluscos bivalves (ver Figura 16.26), o hepatopâncreas dos crustáceos e os cecos pilóricos das estrelas-do-mar.

Os vertebrados herbívoros desenvolveram diversas estratégias para explorar os micro-organismos capazes de quebrar a celulose para obter uma máxima nutrição da matéria vegetal. A despeito da sua abundância na Terra, a celulose que envolve as células vegetais só pode ser digerida por uma enzima, a **celulase**, que tem uma distribuição limitada entre os seres vivos. Nenhum animal consegue produzir celulase intestinal para a digestão direta da celulose. Entretanto, muitos animais herbívoros alojam microrganismos (bactérias e eucariotos unicelulares) em seu intestino que produzem celulase. Esses microrganismos fermentam a celulose em condições anaeróbicas no intestino, produzindo ácidos graxos e açúcares que os herbívoros podem aproveitar. Embora a mais perfeita máquina de fermentação seja o estômago com múltiplas câmaras dos ungulados ruminantes, descrito na Seção 28.2, muitos outros animais alojam microrganismos em outras partes do canal alimentar, tais como no próprio intestino ou no ceco (ver Figura 28.7).

Os estômagos dos vertebrados carnívoros e onívoros normalmente são um tubo muscular em forma de J cuja camada epitelial interna contém glândulas que produzem enzimas proteolíticas e fortes ácidos. Quando o alimento chega ao estômago, o **esfíncter cardíaco** abre-se por reflexo, permitindo sua entrada, e depois se fecha para evitar que seja regurgitado de volta ao esôfago. Nos seres humanos, ondas peristálticas passam pelo estômago repleto em uma taxa de aproximadamente três por minuto. A agitação é mais vigorosa na extremidade que se liga ao intestino, onde o alimento é constantemente liberado para o **duodeno**, a primeira região do intestino delgado. Um **esfíncter pilórico** regula o fluxo de alimento para o intestino e evita a regurgitação de volta ao estômago. As glândulas tubulares profundas na parede estomacal secretam o **suco gástrico**, aproximadamente 2L/dia nos seres humanos. Três tipos de células revestem essas glândulas: as **células caliciformes**, que secretam muco; as **células principais**, que secretam **pepsinogênio**; e as **células parietais** ou **oxínticas**, que secretam **ácido hidroclorídrico**. O pepsinogênio é o precursor da **pepsina**, uma **protease** (enzima que degrada proteínas) produzida a partir do pepsinogênio apenas em meio ácido (pH 1,6 a 2,4). A incapacidade da pepsina em funcionar até a acidificação pelo suco gástrico ajuda a proteger o revestimento do estômago da digestão por essa protease. Essa enzima altamente específica quebra proteínas grandes na hidrólise preferencial de certas ligações peptídicas distribuídas ao longo da cadeia de peptídios de uma molécula de proteína. Embora a pepsina não consiga degradar completamente as proteínas devido à sua especificidade, ela as hidrolisa efetivamente em polipeptídios menores. Outras proteases completam a digestão da proteína no intestino. A pepsina ocorre no estômago de quase todos os vertebrados.

A **renina** (não confundir com a enzima homônima produzida pelo rim dos vertebrados, ver Seção 30.3) é uma enzima encontrada no estômago dos mamíferos ruminantes que coalha o leite. Ela provavelmente ocorre em muitos outros mamíferos. Ao coalhar e precipitar as proteínas do leite, ela retarda seu deslocamento pelo estômago. A renina extraída do estômago de bezerros é utilizada para a fabricação de queijos. As crianças, que não possuem renina, digerem as proteínas do leite com a pepsina ácida, da mesma maneira que os adultos.

A secreção de suco gástrico é intermitente. Embora um pequeno volume de suco gástrico seja secretado continuamente, mesmo durante longos períodos de inanição, a secreção normalmente aumenta quando estimulada pela visão ou pelo aroma do alimento, pela sua presença no estômago e por estados emocionais, como ansiedade e raiva.

> **Tema-chave 32.1**
>
> **ADAPTAÇÃO E FISIOLOGIA**
>
> **Um revestimento protetor mucoso**
>
> A mucosa estomacal não é digerida pelas suas próprias e poderosas secreções ácidas porque é protegida por outra secreção gástrica, o muco, que é composto de água, sais e mucina, um composto orgânico altamente viscoso. O muco reveste e protege a mucosa dos danos químicos e mecânicos. É preciso notar que, apesar do falso conceito popular de que um "estômago ácido" não é saudável, uma ideia reforçada pelas propagandas comerciais, a acidez estomacal é normal e essencial. No entanto, algumas vezes, o revestimento mucoso protetor falha. Essa falha é frequentemente associada a uma infecção causada por bactérias (*Helicobacter pylori*) secretoras de toxinas que causam a inflamação do revestimento estomacal. Essa inflamação pode levar a uma úlcera estomacal.

O cirurgião William Beaumont do exército norte-americano realizou um estudo clássico notável sobre a digestão durante os anos de 1825-1833. Seu objeto de estudo foi um jovem viajante franco-canadense, chamado Alexis St. Martin, que vivia em ambientes selvagens. Em 1822, ele acidentalmente atirou em si mesmo no abdome com um mosquete. Milagrosamente, o ferimento cicatrizou, mas uma abertura permanente, ou fístula, foi formada, permitindo a Beaumont olhar diretamente para dentro do estômago de St. Martin, que se tornou um paciente permanente sob os cuidados de Beaumont. Por um período de 8 anos, Beaumont observou e registrou como o revestimento do estômago alterava-se sob diferentes condições psicológicas e fisiológicas, como os alimentos transformavam-se durante a digestão, os efeitos de estados emocionais na movimentação estomacal e muitos outros fatos sobre o processo da digestão de seu famoso paciente.

Região de digestão terminal e absorção: o intestino

A importância de um intestino varia muito entre os grupos animais. Nos invertebrados, cujo estômago tem extensos divertículos digestivos nos quais o alimento é digerido e fagocitado, um intestino pode servir apenas como uma via para conduzir os resíduos para fora do corpo. Em outros invertebrados com estômago simples, e em todos os vertebrados, o intestino está preparado tanto para a digestão quanto para a absorção.

Estruturas para aumentar a área superficial interna de um intestino são altamente desenvolvidas nos vertebrados, porém normalmente estão ausentes entre os invertebrados. Talvez a forma mais direta de aumentar a superfície de absorção de um intestino seria aumentar seu comprimento. O enovelamento do intestino é comum em todos os grupos de vertebrados e atinge o mais alto grau de desenvolvimento nos mamíferos, nos quais o comprimento do intestino pode exceder 8 vezes o comprimento do corpo. Embora um intestino enovelado seja raro entre os invertebrados, outras estratégias para aumentar a área superficial ocorrem em alguns casos. Por exemplo, o **tiflossole** dos oligoquetos terrestres (ver Figura 17.17 C), uma dobra interna da parede dorsal do intestino que corre ao longo de todo o comprimento, aumenta efetivamente a área superficial interna do intestino em um corpo estreito que não tem espaço para um intestino enovelado.

As lampreias e tubarões têm dobras longitudinais ou espirais no intestino (ver Figura 24.9). Outros vertebrados desenvolveram dobras elaboradas (anfíbios, répteis não aves, aves e mamíferos) e minúsculas projeções em forma de dedos denominadas **vilosidades** (aves e mamíferos). A microscopia eletrônica revela que cada célula que reveste a cavidade intestinal tem, adicionalmente, centenas de processos curtos e delicados chamados **microvilosidades** (Figura 32.10 C e D) nas bordas. Esses processos, juntamente com as vilosidades maiores e as dobras intestinais, podem aumentar a área superficial interna do intestino mais de mil vezes, se comparada a um cilindro liso do mesmo diâmetro. Essa superfície elaborada facilita muito a absorção das moléculas de alimento.

Digestão no intestino delgado dos vertebrados

O alimento é liberado no intestino delgado por meio de um **esfíncter pilórico**, que relaxa de tempos em tempos, a fim de permitir a entrada do conteúdo estomacal ácido em seu segmento inicial, o **duodeno**. Duas secreções são liberadas nessa região: o **suco pancreático** e a **bile** (Figura 32.11). Ambas as secreções têm um alto teor de bicarbonato, especialmente o suco pancreático, que neutraliza efetivamente o ácido gástrico, elevando o pH da massa alimentar liquefeita, agora chamada de **quimo**, de 1,5 para 7, à medida que ela entra no duodeno. Essa mudança no pH é essencial porque todas as enzimas intestinais são eficazes apenas em um meio neutro ou ligeiramente alcalino.

> **Tema-chave 32.2**
>
> **ADAPTAÇÃO E FISIOLOGIA**
>
> **Renovação celular no intestino**
>
> As células da mucosa intestinal (Figura 32.10 A), assim como aquelas da mucosa estomacal, estão sujeitas a um desgaste considerável, sendo constantemente substituídas. As células mais profundas na cavidade, localizadas entre as vilosidades, dividem-se rapidamente e migram para a parte superior das vilosidades. Nos mamíferos, as células chegam até a ponta das vilosidades em cerca de 2 dias. Aí são liberadas, junto com as enzimas das membranas, para o interior do lúmen em uma taxa de cerca de 17 bilhões de células por dia ao longo do comprimento do intestino humano. Entretanto, antes de serem descartadas, essas células diferenciam-se em células de absorção que atuam transportando nutrientes desde o lúmen intestinal até a rede de vasos sanguíneos e linfáticos, uma vez completada a digestão.

Bile. O fígado secreta bile no **ducto biliar**, que se abre na porção superior do intestino (duodeno). Entre as refeições, a bile é armazenada na **vesícula biliar**, um saco de armazenamento dilatável que a libera quando estimulada pela presença de alimentos gordurosos no duodeno. A bile contém água, sais biliares e pigmentos, mas nenhuma enzima (Figura 32.11). Os **sais biliares** (principalmente taurocolato de sódio e glicocolato de sódio) são essenciais para a digestão das gorduras. As gorduras são particularmente resistentes à digestão enzimática porque tendem a permanecer na forma de grandes glóbulos insolúveis em água. Os sais biliares reduzem a tensão superficial dos glóbulos de gordura, permitindo que a agitação forte que ocorre no intestino quebre essas gorduras em gotículas minúsculas (emulsificação). Com o grande aumento da exposição da superfície total das partículas de gordura, as lipases tornam-se capazes de atingir e hidrolisar as moléculas de triglicerídios. A coloração amarelo-esverdeada da bile é produzida pelos **pigmentos biliares**, resultantes da degradação da hemoglobina de hemácias. Os pigmentos biliares também conferem às fezes a sua coloração característica.

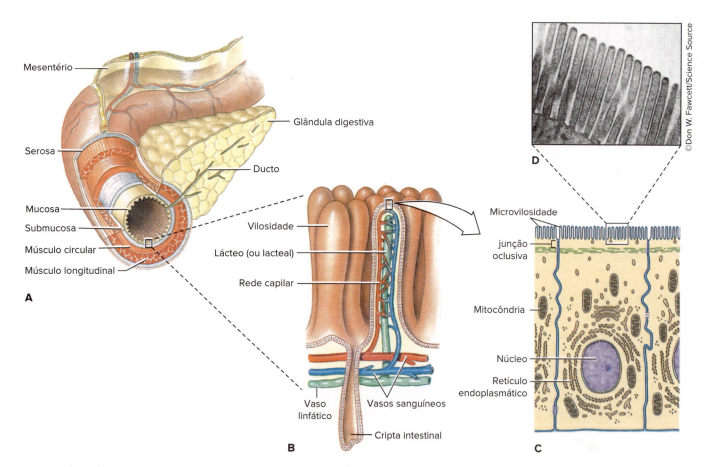

Figura 32.10 Organização do intestino dos vertebrados. **A.** As camadas sucessivas mucosa, submucosa, muscular e a serosa envoltória; uma glândula digestiva secretora de enzimas (p. ex., pâncreas) e o fino mesentério que posiciona o intestino dentro da cavidade do corpo. **B.** Porção do revestimento mucoso do intestino, mostrando as vilosidades digitiformes. **C.** Corte de uma única célula do revestimento mucoso. **D.** Microvilosidades na superfície da célula mucosa do intestino de um rato (16.400×)

REGIÃO	SECREÇÃO	pH	COMPOSIÇÃO
Glândulas salivares	Saliva	6,5	Amilase Bicarbonato
Estômago	Suco gástrico	1,5	Pepsinogênio HCl Renina nos mamíferos ruminantes
Fígado e vesícula biliar	Bile	7–8	Sais e pigmentos biliares Colesterol
Pâncreas	Suco pancreático	7–8	Tripsina, quimotripsina Carboxipeptidase Lipase, amilase Nucleases Bicarbonato
Intestino delgado	Enzimas da membrana	7–8	Aminopeptidase Maltase Lactase Sacarase Fosfatase alcalina Nucleotidase Nucleosidade

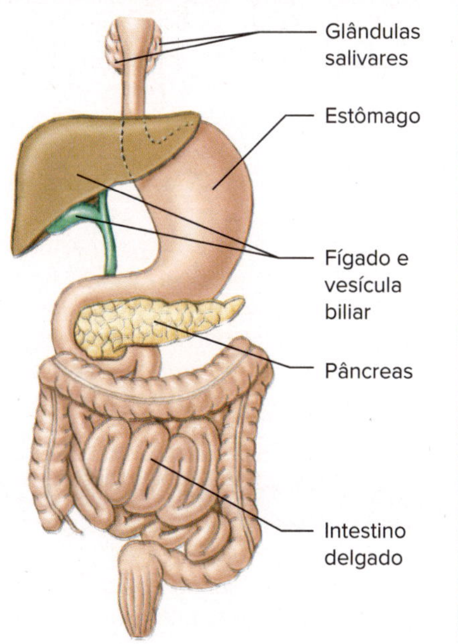

Figura 32.11 Secreções do canal alimentar de um mamífero com os principais componentes e o pH de cada secreção.

A produção de bile é apenas uma das muitas funções do fígado. Esse órgão altamente versátil é o local de armazenamento de glicogênio, centro de produção de proteínas plasmáticas, local de síntese de proteínas e desintoxicação de resíduos proteicos, sítio de destruição de hemácias senescentes e centro do metabolismo de gorduras, aminoácidos e carboidratos.

Suco pancreático. A secreção pancreática dos vertebrados contém diversas enzimas de grande importância na digestão (Figura 32.11). Duas poderosas proteases, a **tripsina** e a **quimotripsina**, continuam a digestão enzimática das proteínas, iniciada pela pepsina, a qual foi, nesse estágio, inativada pela alcalinidade do intestino. A tripsina e a quimotripsina, assim como a pepsina, são proteases altamente específicas que quebram as ligações peptídicas de uma molécula de proteína. A hidrólise de uma ligação peptídica pode ser mostrada da seguinte maneira:

O suco pancreático também contém **carboxipeptidase**, que remove os aminoácidos das extremidades carboxila dos polipeptídios; **lipase pancreática**, que hidrolisa as gorduras em ácidos graxos e glicerol; **amilase pancreática**, uma enzima que degrada o amido, com ação idêntica à amilase salivar em sua ação; e **nucleases**, que degradam RNA e DNA em nucleotídios.

Enzimas de membrana. As células que revestem o intestino contêm enzimas digestivas, imersas como proteínas transmembrana na membrana plasmática, que continuam a digestão de carboidratos, proteínas e compostos fosfatados (Figura 32.11). Essas enzimas das membranas das microvilosidades (Figura 32.10 D) incluem a **aminopeptidase**, que quebra os aminoácidos terminais da extremidade amina de peptídios curtos, e diversas **dissacaridases**, enzimas que quebram moléculas de açúcar com 12 carbonos em unidades de seis carbonos. As dissacaridases incluem a **maltase**, que divide a maltose em duas moléculas de glicose; a sacarase, que divide a **sacarose** em frutose e glicose; e a lactase, que divide a **lactose** (o açúcar do leite) em glicose e galactose. Também estão presentes a **fosfatase alcalina**, uma enzima que ataca diversos compostos fosfatados, e as **nucleotidases** e **nucleosidases**, que continuam a quebra dos nucleotídios em nucleosídios e, finalmente, nos açúcares ribose e desoxirribose, e purinas e pirimidinas.

Absorção

Pouco alimento é absorvido no estômago porque a digestão ainda está incompleta e a área superficial para absorção é limitada. No entanto, algumas substâncias, como fármacos solúveis em lipídios e o álcool, são absorvidas principalmente nesse local, o que contribui para o seu rápido aparecimento na corrente sanguínea. A maior parte do alimento digerido é absorvido no intestino delgado, onde inúmeras vilosidades e microvilosidades digitiformes proporcionam uma enorme área superficial pela qual os materiais podem passar do lúmen intestinal para a circulação.

Os carboidratos são absorvidos quase exclusivamente como açúcares simples (monossacarídeos como, por exemplo, glicose, frutose e galactose) porque o intestino é praticamente impermeável a polissacarídios. As proteínas são absorvidas principalmente como suas subunidades de aminoácidos, embora uma quantidade limitada de pequenas proteínas ou fragmentos peptídicos possa ser absorvida. Os processos de transporte ativo e passivo transferem os açúcares simples e os aminoácidos pelo epitélio intestinal (ver Seção 3.2).

Tema-chave 32.3
CONEXÃO COM SERES HUMANOS

Digestão de leite

Embora o leite seja o alimento universal dos mamíferos recém-nascidos e um dos alimentos mais completos do ser humano, muitos adultos não conseguem digeri-lo porque não têm lactase, a enzima que hidrolisa a lactose (o açúcar do leite). A intolerância à lactose é geneticamente determinada. Ela é caracterizada por inchaço abdominal, cólicas, flatulência e diarreia líquida, todos esses sintomas aparecendo entre 30 e 90 min após a ingesta do leite ou de seus subprodutos não fermentados (laticínios fermentados, como iogurte e queijo, não criam problemas de intolerância).

Os europeus do norte e seus descendentes, que incluem a maioria dos americanos descendentes de europeus, são bem tolerantes ao leite. Muitos outros grupos étnicos são geralmente intolerantes à lactose, incluindo japoneses, chineses, esquimós, índios sul-americanos e a maioria dos africanos. Apenas cerca de 30% dos americanos descendentes de africanos são tolerantes; aqueles que são tolerantes são descendentes de povos das regiões leste e central da África, onde a fabricação de laticínios é tradicional e a tolerância à lactose é alta.

Imediatamente após uma refeição, essas substâncias estão em uma concentração tão alta no intestino, que passam facilmente por difusão, por meio de transporte facilitado, para o sangue (ver Seção 3.2), em que sua concentração é inicialmente menor. No entanto, se a difusão fosse apenas passiva, seria esperado que a transferência cessasse tão logo as concentrações de uma substância se tornassem iguais em ambos os lados do epitélio intestinal. A transferência passiva por si só permitiria a perda de nutrientes valiosos nas fezes. Na verdade, muito pouco é perdido porque a transferência passiva é complementada por um mecanismo de **transporte ativo** (ver Seção 3.2), localizado nas células epiteliais, que transfere moléculas de alimento digerido para o sangue. As substâncias são movimentadas *contra* o seu gradiente de concentração, um processo que requer energia. Embora nem todos os produtos alimentares sejam transportados ativamente, aqueles que o são, como a glicose, a galactose e a maioria dos aminoácidos, são carregados por transportadores proteicos específicos para cada tipo de molécula.

Como mencionado anteriormente, as gotículas de gordura são emulsificadas pelos sais biliares e em seguida digeridas pela lipase pancreática. Os triglicerídios são quebrados em ácidos graxos e monoglicerídios, que se combinam com os sais biliares formando gotículas minúsculas chamadas **micelas**. Quando as micelas entram em contato com as microvilosidades do epitélio intestinal, os ácidos graxos e os monoglicerídios são absorvidos por difusão simples. Eles entram, então, no retículo endoplasmático das células de absorção, onde são sintetizados novamente como triglicerídios, antes de passarem para os ductos **lácteos** ou lacteais (Figura 32.10 B). Dos lácteos, as gotículas de gordura entram no sistema linfático (ver Figura 31.14) e, no fim, passam para a circulação sanguínea pelo ducto torácico. Depois de uma refeição gordurosa, mesmo um sanduíche de pasta de amendoim, a presença de inúmeras gotículas de gordura no sangue confere uma aparência leitosa ao plasma sanguíneo. A digestão, absorção e metabolismo dos triglicerídios são, atualmente, um importante foco de pesquisa que levou ao desenvolvimento de diversos fármacos antiobesidade usados para controlar nosso peso.

Região de absorção da água e concentração de sólidos

O intestino grosso consolida os restos não digeridos por meio da reabsorção de água a fim de formar fezes sólidas ou semissólidas, que serão removidas do corpo pela defecação. A reabsorção da água tem uma importância especial nos insetos, principalmente aqueles que vivem em ambientes secos, que precisam (e de fato conseguem) conservar quase toda a água que passa pelo reto. As **glândulas retais** especializadas absorvem a água e os íons conforme a necessidade, resultando em pelotas fecais quase completamente secas. Nos répteis não aves e nas aves, que também produzem fezes praticamente secas, a maior parte da água é reabsorvida na cloaca. São formadas fezes pastosas esbranquiçadas, que contêm tanto os resíduos alimentares não digeridos quanto o ácido úrico.

O cólon da maioria dos vertebrados contém um número enorme de bactérias, que entram, pela primeira vez, no cólon estéril de um recém-nascido, junto com o alimento. Nos seres humanos adultos, aproximadamente um terço do peso seco das fezes é formado por bactérias; essas incluem tanto bactérias inofensivas quanto aquelas que podem causar sérias doenças, caso escapem para o abdome ou para a corrente sanguínea. Normalmente, as defesas do corpo evitam a invasão de tais bactérias. As bactérias degradam os resíduos nas fezes e proporcionam algum benefício nutricional por sintetizarem certas vitaminas (vitamina K e pequenas quantidades de algumas vitaminas do complexo B), que são absorvidas pelo corpo.

32.4 REGULAÇÃO DA INGESTA DE ALIMENTO

A maioria dos animais controla a ingesta de alimento inconscientemente, a fim de equilibrar o gasto de energia. Se o gasto de energia for aumentado por maior atividade física, mais alimento é consumido. A maioria dos vertebrados, dos peixes aos mamíferos, seleciona o alimento mais pelas calorias do que pelo volume porque, se a dieta for rica em fibras, eles respondem comendo mais. De modo semelhante, a ingesta é diminuída depois de um período de vários dias de ingesta calórica muito alta.

Um **centro da fome no cérebro**, localizado no hipotálamo e na medula oblonga (ver Figura 33.1), regula a ingesta de alimento. Uma queda no nível de glicose sanguínea estimula o desejo de comer. Enquanto a maioria dos animais parece ser capaz de estabilizar seu peso em níveis normais sem esforço, muitos seres humanos não o conseguem. A obesidade tem aumentado em todo o mundo industrializado e é, atualmente, um importante problema de saúde em muitos países. De acordo com pesquisas recentes, 40% dos adultos e 18% das crianças (2015-2016) nos EUA estão obesos. No Canadá, a obesidade infantil parece ter estabilizado em 12% a 14%, enquanto a obesidade em adultos está em cerca de 25%. A avaliação do excesso de peso baseia-se no índice da massa corporal (IMC, peso em quilogramas dividido pelo quadrado da altura em metros), na circunferência da cintura e no fator de risco para as doenças associadas a obesidade, como diabetes tipo 2, doenças cardiovasculares e alguns cânceres. Um IMC de 25 ou mais é considerado sobrepeso, enquanto um IMC de 30 ou mais determina obesidade.

Muitas pessoas obesas não comem significativamente mais comida do que pessoas magras, mas têm estabelecido um ponto de ajuste mais alto para peso corporal. O aumento de refeições tipo *fast-food*, tamanhos maiores de porções e um estilo de vida mais sedentário, entretanto, estão associados ao predomínio da obesidade nos países desenvolvidos. Há também uma alta correlação entre o aumento no consumo de frutose (encontrada em alimentos processados), juntamente com dietas ricas em gordura, e o aumento da obesidade. A ingesta de calorias líquidas de frutose parece diminuir a regulação da ingesta de alimento e, consequentemente, provocar mais ganho de peso do que a ingesta das calorias sólidas da frutose. As evidências sugerem que o aumento no consumo de frutose nas dietas leva à insensibilidade ou resistência à insulina (ver Seção 34.3), ao subsequente ganho de peso e à diabetes tipo 2. Algumas pessoas obesas também podem ter uma capacidade reduzida para queimar o excesso de calorias por meio da "termogênese induzida pela dieta". Os mamíferos placentários são os únicos a apresentar um tecido adiposo escuro denominado **gordura marrom**, especializado para a geração de calor. Os mamíferos recém-nascidos, incluindo os bebês humanos, têm muito mais gordura marrom por peso corporal do que os adultos. Nas crianças, a gordura marrom está localizada no peito e na parte superior das costas e na região próxima aos rins. As abundantes mitocôndrias da gordura marrom contêm uma proteína chamada **proteína de desacoplamento**, que atua no desacoplamento da produção de ATP durante a fosforilação oxidativa para produzir mais calor do que ATP (ver Seção 4.5). A termogênese na gordura marrom é estimulada por excesso de alimento e por temperaturas frias (**termogênese sem tremores**, ver Seção 30.4) e é ativada pelo sistema nervoso simpático (ver Figura 33.13), que responde aos sinais do hipotálamo e tronco encefálico. Nas pessoas com peso médio, um aumento na ingesta de calorias induz a gordura marrom a dissipar o excesso de energia na forma de calor, pela ação da proteína de desacoplamento. Os índios Pima do Arizona têm uma baixa atividade do sistema nervoso simpático, e isso pode contribuir para o predomínio de obesidade nessa população. As pesquisas atuais sobre essa ligação entre termogênese induzida pela dieta e obesidade podem proporcionar novas terapias para as pessoas obesas.

Tema-chave 32.4

ADAPTAÇÃO E FISIOLOGIA

Tecido adiposo

Muitos mamíferos têm dois tipos de tecido adiposo que desempenham funções completamente diferentes. O **tecido adiposo branco**, que constitui a maior parte da gordura corporal, está adaptado ao armazenamento de gordura derivada, principalmente do excesso de gorduras e de carboidratos da dieta. Ele está distribuído por todo o corpo, particularmente nas camadas profundas da pele. O **tecido adiposo marrom** é altamente especializado em mediar a termogênese sem tremores induzida pela dieta, mais do que pelo armazenamento de gordura. A gordura marrom, exclusiva dos mamíferos placentários, está especialmente bem desenvolvida nas espécies de morcegos e roedores que hibernam, porém também ocorre em muitas espécies que não hibernam, como os coelhos, artiodáctilos, carnívoros e primatas (incluindo os seres humanos). Ela é marrom porque está repleta de mitocôndrias contendo grandes quantidades de moléculas de citocromo portadoras de ferro. Nas células comuns do corpo, o ATP é produzido por um fluxo de elétrons ao longo da cadeia de transporte de elétrons (ver Seção 4.5). Depois, esse ATP ativa diversos processos celulares. Nas células da gordura marrom é gerado calor em vez de ATP. Um hormônio recém-descoberto, chamado irisina, é secretado no músculo esquelético durante a atividade física. Esse hormônio parece estimular a conversão de tecido adiposo branco em tecido adiposo marrom, aumentando assim o consumo de energia.

Existem outras razões para a obesidade além do fato de que muitas pessoas simplesmente comem demais e fazem muito pouco exercício. As reservas de gordura são supervisionadas pelo hipotálamo e tronco encefálico e podem ser estabilizadas em um nível acima ou abaixo do padrão. Um nível alto pode ser rebaixado até certo ponto com exercícios; porém, como as pessoas que fazem regime estão dolorosamente cientes, o corpo defende com uma notável tenacidade as suas reservas de gordura. Em 1995, foi descoberto um hormônio produzido pelas células adiposas que curou a obesidade em ratos mutantes que não tinham o gene produtor desse hormônio. O hormônio, denominado de **leptina**, parece operar por meio de um sistema de retroalimentação que informa ao hipotálamo e tronco encefálico quanta gordura o corpo carrega (ver Seção 34.3). Se os níveis forem altos, a liberação da leptina pelas células adiposas leva a uma redução no apetite e aumento na termogênese. A descoberta da leptina desencadeou uma avalanche de pesquisas sobre a obesidade e ressuscitou o interesse comercial na produção de um medicamento para a perda de peso à base desse hormônio. Infelizmente, a maioria das pessoas obesas não responde a infusões de leptina e, na verdade, produzem por si mesmas quantidades maiores do que as normais. Seu cérebro parece ter se tornado resistente a esses níveis altos de leptina e não responde diminuindo o apetite. Agora foi demonstrado que as células adiposas secretam diversos hormônios que induzem uma resposta inflamatória em vários tecidos associados ao metabolismo. Essa resposta parece ser responsável, pelo menos parcialmente, pela mudança na regulação de ingesta de alimentos quando um indivíduo está com sobrepeso. Muitas pesquisas se concentram em entender como esses múltiplos sinais interagem com sinais de saciedade a curto prazo produzidos durante o processo de digestão (discutido na próxima seção) a fim de controlar a ingesta de alimentos e, subsequentemente, o peso corporal.

Regulação da digestão

O processo de digestão é coordenado por uma família de hormônios (ver Capítulo 34) produzida pelo tecido endócrino mais difuso do corpo, chamado sistema enteroendócrino, encontrado no trato gastrintestinal (GI). Os hormônios desse sistema são exemplos das muitas substâncias produzidas pelo corpo dos vertebrados e que têm uma função hormonal, embora não sejam necessariamente produzidas por glândulas endócrinas distintas.

Entre os principais hormônios GI estão a gastrina, a colecistoquinina (CCK) e a secretina (Figura 32.12). A **gastrina** é um hormônio polipeptídico pequeno, produzido pelas células endócrinas da região pilórica do estômago. A gastrina é secretada em resposta à estimulação pelas terminações nervosas parassimpáticas (nervo vago) e quando alimentos proteicos entram no estômago. Suas ações principais são estimular a secreção de ácido clorídrico das células parietais ou oxínticas e aumentar a mobilidade gástrica. A gastrina é um hormônio incomum, pois exerce sua ação no mesmo órgão no qual é secretado. A **CCK** também é um hormônio polipeptídico e tem impressionante semelhança estrutural com a gastrina, sugerindo que ambas tenham surgido pela duplicação de genes ancestrais. A CCK é secretada por células endócrinas presentes nas paredes da região superior do intestino delgado em resposta à presença de ácidos graxos e aminoácidos no duodeno. Ela tem pelo menos três funções distintas: estimula a contração da vesícula biliar e, portanto, aumenta o fluxo de sais biliares para o intestino; estimula uma secreção do pâncreas rica em enzimas e atua no tronco encefálico, contribuindo para a sensação de saciedade depois de uma refeição particularmente rica em gorduras. O primeiro hormônio a ser descoberto, a **secretina** (ver o ensaio de abertura do Capítulo 34), é produzido pelas células endócrinas da parede do duodeno. Ela é secretada em resposta ao alimento e a ácidos fortes no estômago e intestino delgado, e

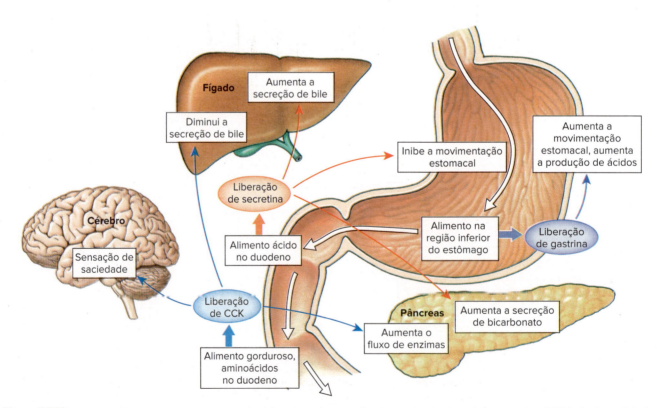

Figura 32.12 Três hormônios importantes da digestão. São mostradas as ações principais dos hormônios gastrina, CCK (colecistoquinina) e secretina.

sua ação principal é estimular a liberação de um fluido pancreático alcalino que neutraliza o ácido estomacal à medida que ele penetra no intestino. Ela também ajuda na digestão da gordura inibindo a movimentação gástrica e aumentando a produção de uma secreção biliar alcalina do fígado.

Os hormônios GI continuam a ser isolados, e suas estruturas, determinadas. Até agora, todos são peptídios e muitos ocorrem tanto no trato GI quanto no sistema nervoso central. Um desses é a CCK, que ocorre em altas concentrações no córtex cerebral e no hipotálamo dos mamíferos. Por proporcionar uma sensação de saciedade após uma refeição (mencionada antes), ela pode desempenhar um papel na regulação do apetite. Muitos outros peptídios GI, por exemplo, o peptídio intestinal vasoativo (VIP), o peptídio semelhante ao glucagon 1 (GLP-1), o polipeptídio pancreático (PP), o peptídio inibidor gástrico (GIP), a grelina e o peptídio YY (PYY) parecem ser neurotransmissores no cérebro. Por exemplo, grelina, PP e PYY também parecem ser reguladores a curto prazo da ingesta de alimento. Os níveis de grelina aumentam antes de uma refeição e parecem estimular o apetite, enquanto os níveis de PP e PYY aumentam durante a refeição e induzem saciedade. Muitas pesquisas enfocam os peptídios recém-descobertos na esperança de encontrar uma "pílula mágica" para resolver a crise atual de obesidade.

32.5 NECESSIDADES NUTRICIONAIS

O alimento dos animais precisa incluir **carboidratos, proteínas, gorduras, água, sais minerais** e **vitaminas**. Carboidratos e gorduras são combustíveis necessários para gerar energia e para a síntese de várias substâncias e estruturas. As proteínas (na verdade, os aminoácidos que as compõem) são necessárias para a síntese de proteínas específicas a cada espécie e outros compostos que contêm nitrogênio. Os ácidos nucleicos são digeridos em seus grupos componentes de açúcares, bases e fosfato e devem ser sintetizados em ácidos nucleicos para uso dentro do animal. A água é necessária como o solvente para a química do corpo e como o principal componente de todos os fluidos corporais. Os sais inorgânicos são necessários como fonte dos ânions e cátions dos fluidos e dos tecidos corporais, constituindo importantes componentes estruturais e fisiológicos em todo o corpo. As vitaminas são fatores acessórios retirados dos alimentos e que, frequentemente, fazem parte da estrutura de muitas enzimas.

Uma **vitamina** é um composto orgânico relativamente simples, necessário em quantidades muito pequenas na dieta para algumas funções celulares específicas. As vitaminas não são fonte de energia, mas funcionam como coenzimas (Seção 4.2) que estão frequentemente associadas à atividade de importantes enzimas de papéis metabólicos vitais. As plantas e muitos microrganismos sintetizam todos os compostos orgânicos de que necessitam; os animais, entretanto, perderam certas habilidades de síntese durante sua evolução e dependem, basicamente, das plantas para fornecer esses compostos. As vitaminas, portanto, representam lacunas sintéticas no mecanismo metabólico dos animais.

As vitaminas são normalmente classificadas como lipossolúveis (solúveis em solventes lipídicos, como o éter) ou hidrossolúveis. As **vitaminas hidrossolúveis** incluem o complexo B e a vitamina C (Tabela 32.1). As vitaminas do complexo B, assim agrupadas porque se descobriu, posteriormente, que a vitamina B original compreendia uma série de moléculas diferentes, tendem a ser encontradas juntas na natureza. Quase todos os animais, vertebrados e invertebrados, precisam de vitaminas B; elas são vitaminas "universais". A necessidade da vitamina C e das **vitaminas lipossolúveis** A, D_3, E e K na dieta é praticamente restrita aos vertebrados, embora algumas sejam necessárias para determinados invertebrados. Mesmo para grupos com próximo parentesco, as necessidades de ingesta de vitaminas são relativas e não absolutas. Um coelho não precisa de vitamina C, mas os porquinhos-da-índia e os seres humanos precisam. Alguns pássaros canoros precisam de vitamina A, enquanto outros não.

O reconhecimento, anos atrás, de que muitas doenças dos seres humanos e dos animais domésticos eram causadas por, ou associadas a, deficiências na alimentação levou os biólogos a procurarem por nutrientes específicos que prevenissem tais doenças. Essas pesquisas produziram, enfim, uma lista de **nutrientes essenciais** para as pessoas e para as outras espécies animais estudadas. Os nutrientes essenciais são aqueles necessários para o crescimento normal e a manutenção e que *precisam* fazer parte da dieta. É "essencial" que esses nutrientes estejam na dieta porque um animal não consegue sintetizá-los a partir dos outros constituintes consumidos. Quase 30 compostos orgânicos (aminoácidos e vitaminas) e 21 elementos são essenciais para os seres humanos (ver Tabela 32.1). Considerando que o corpo contém milhares de compostos orgânicos diferentes, a lista da Tabela 32.1 é notavelmente

Tabela 32.1 Necessidades nutricionais humanas.

Vitaminas hidrossolúveis

Tiamina (B_1)	Folacina (ácido fólico)
Riboflavina (B_2)	Vitamina B_{12} (cobalamina)
Niacina (ácido nicotínico)	Biotina
Piridoxina (B_6)	Ácido ascórbico (C)
Ácido pantotênico	

Vitaminas lipossolúveis

A, D_3, E e K

Minerais

Principais	*Traços*
Cálcio	Ferro
Fósforo	Flúor
Enxofre	Zinco
Potássio	Cobre
Cloro	Silício
Sódio	Vanádio
Magnésio	Estanho
	Níquel
	Selênio
	Manganês
	Iodo
	Molibdênio
	Cromo
	Cobalto

Aminoácidos

Fenilalanina	Metionina
Lisina	Triptofano
Isoleucina	Treonina
Leucina	Arginina*
Valina	Histidina*

Ácidos graxos poli-insaturados

Araquidônico
Linoleico
Linolênico

*Necessários para o crescimento normal das crianças.

curta. As células animais podem sintetizar compostos de uma variedade e complexidade enormes a partir de um grupo pequeno e seleto de materiais brutos.

Na dieta de um norte-americano, aproximadamente 50% das calorias totais (conteúdo energético) vêm dos carboidratos e 40% dos lipídios. As proteínas, essenciais como são para as necessidades estruturais, representam apenas um pouco mais de 10% do total de calorias. Os carboidratos são amplamente consumidos porque são mais abundantes e mais baratos do que as proteínas e lipídios. De fato, os seres humanos e muitos outros animais podem sobreviver com dietas destituídas de carboidratos, desde que uma quantidade suficiente de calorias e de nutrientes essenciais esteja presente. Antes do declínio da sua cultura nativa, os Inuítes (esquimós) viviam com uma dieta que era rica em gordura e proteína e muito pobre em carboidratos.

Os lipídios são necessários principalmente para fornecer energia. Entretanto, pelo menos três ácidos graxos são essenciais para os seres humanos porque não conseguimos sintetizá-los. Muito interesse e pesquisas têm sido dedicados aos lipídios presentes em nossas dietas por causa da associação entre dietas gordurosas, obesidade e a **aterosclerose**. O assunto é complexo, mas as evidências sugerem que a aterosclerose pode ocorrer quando a dieta é rica em lipídios saturados (lipídios sem ligações duplas nas cadeias de carbono dos ácidos graxos) e pobre em lipídios poli-insaturados (duas ou mais ligações duplas nas cadeias de carbono).

Tema-chave 32.5
CONEXÃO COM SERES HUMANOS

Doença arterial

A aterosclerose (do grego *Atheroma*, um tumor contendo material pastoso + *sclerosis*, endurecimento) é uma doença degenerativa na qual substâncias lipídicas acumulam-se no revestimento das artérias, causando um estreitamento da passagem e eventual endurecimento e perda da elasticidade. As evidências atuais sugerem que a inflamação da parede das artérias precede a deposição da gordura. Níveis elevados de colesterol podem estimular tais inflamações. Os fármacos que diminuem o colesterol são utilizados por muitas pessoas em um esforço de diminuir o risco de doenças cardiovasculares, como a aterosclerose e condições relacionadas.

As proteínas são alimentos caros e limitados na dieta. As proteínas, obviamente, não são elas próprias os nutrientes essenciais, mas contêm os aminoácidos essenciais. Dos 20 aminoácidos comumente encontrados nas proteínas, oito, e possivelmente 10, são essenciais aos seres humanos (ver Tabela 32.1). Podemos sintetizar o restante a partir de outros aminoácidos. Geralmente, as proteínas animais têm mais aminoácidos essenciais do que as proteínas de origem vegetal. Todos os oito aminoácidos essenciais precisam estar presentes simultaneamente na dieta para a síntese de proteínas. Na ausência de um ou mais, a utilização dos outros aminoácidos é reduzida proporcionalmente; eles não podem ser armazenados e são metabolizados para obtenção de energia. Portanto, contar predominantemente com uma única fonte de alimento vegetal na dieta levará, sem dúvida, à deficiência de proteína. Esse problema pode ser solucionado se dois tipos de proteína vegetal, que apresentem intensidades complementares em relação aos aminoácidos essenciais, forem ingeridos simultaneamente. Por exemplo, uma dieta equilibrada de proteínas pode ser preparada misturando-se farinha de trigo, deficiente apenas em lisina, com um legume (ervilhas ou feijões), que são boas fontes de lisina, mas são deficientes em metionina e cisteína. Cada planta complementa a outra por ter quantidades adequadas daqueles aminoácidos que são deficientes na outra.

Como as proteínas animais são ricas nos aminoácidos essenciais, elas estão em grande demanda em todos os países. Os norte-americanos ingerem muito mais proteína animal do que os asiáticos e africanos. Em 2011, 13% das calorias na dieta dos norte-americanos derivavam de carne. Em comparação, na Somália apenas 7% das calorias tinham origem em carne

Tema-chave 32.6
CONEXÃO COM SERES HUMANOS

Desnutrição

São reconhecidos dois tipos diferentes de deficiências alimentares: o marasmo ou desnutrição seca, isto é, a desnutrição generalizada devido a uma dieta pobre tanto em calorias quanto em proteínas; e a desnutrição úmida ou *kwashiorkor*, isto é, a desnutrição proteica em uma dieta adequada em calorias, mas pobre em proteínas. O marasmo (do grego *marasmos*, definhar) é comum em crianças desmamadas cedo demais e submetidas a uma dieta pobre em calorias e proteínas. Essas crianças são letárgicas e seus corpos definham. O *kwashiorkor* é uma palavra do oeste africano que descreve uma doença que a criança adquire quando a amamentação é interrompida pela chegada de um irmão recém-nascido. Essa doença caracteriza-se por um retardo no crescimento, anemia, músculos fracos, corpo inchado com a típica barriga d'água, diarreia aguda, suscetibilidade a infecções e alta taxa de mortalidade.

A subnutrição e a desnutrição são classificadas como dois dos problemas mais antigos do mundo e continuam a ser os principais problemas de saúde hoje, afligindo 12,5% da população humana. Crianças em crescimento e mulheres grávidas e lactantes são especialmente vulneráveis aos efeitos devastadores da desnutrição. A proliferação e crescimento celulares no cérebro humano são mais rápidos nos meses terminais de gestação e no primeiro ano após o nascimento. Para prevenir a disfunção neurológica, são necessárias proteínas adequadas para o desenvolvimento de neurônios durante este momento crucial. Cérebros de crianças que morrem por desnutrição proteica durante o primeiro ano de vida tem 15% a 20% menos células cerebrais em relação a crianças normais (Figura 32.13). Crianças desnutridas que sobrevivem a esse período podem sofrer danos cerebrais permanentes que não podem ser tratados e corrigidos mais tarde.

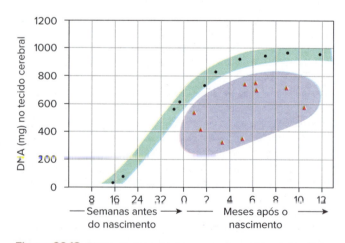

Figura 32.13 Efeito da desnutrição precoce no número de células (medido como a quantidade total de DNA) no cérebro humano. O gráfico mostra que crianças desnutridas (*em roxo*) apresentam muito menos células cerebrais do que crianças normais (*curva de crescimento verde*).

RESUMO

Seção	Conceito-chave
32.1 Mecanismos de alimentação	• Organismos autótrofos (principalmente plantas verdes e cianobactérias), usando compostos inorgânicos como matéria-prima, capturam a energia da luz solar por meio da fotossíntese e produzem moléculas orgânicas complexas • Organismos heterótrofos (bactérias, fungos e animais) usam compostos orgânicos sintetizados por plantas, e energia de ligação química armazenada neles, para suas próprias necessidades nutricionais e energéticas • Um grande grupo de animais com níveis muito diferentes de complexidade se alimenta filtrando organismos minúsculos e outras partículas suspensas na água. Estes são os comedores de suspensão ou suspensívoros, que ingerem todas as partículas de alimentos, ou filtradores, que são mais seletivos para filtrar partículas de alimentos de determinado tamanho da água. Outros se alimentam de detritos orgânicos depositados no substrato • Os consumidores desenvolveram mecanismos para manipular grandes massas de alimentos, incluindo vários dispositivos para agarrar, raspar, furar, rasgar, morder e mastigar • A alimentação baseada em líquidos caracteriza os endoparasitos, que podem absorver alimentos por toda a superfície geral do corpo, e certos ectoparasitos, herbívoros e predadores que desenvolveram aparelhos bucais especializados para perfurar e sugar
32.2 Digestão	• A digestão é um processo de quebra mecânica e química dos alimentos em subunidades moleculares para a posterior absorção • A digestão é intracelular nos grupos de eucariotos unicelulares e esponjas. Em animais mais complexos, a digestão intracelular é suplementada, e finalmente substituída inteiramente pela digestão extracelular, que ocorre em estágios sequenciais em uma cavidade tubular ou canal alimentar
32.3 Organização e função regional dos canais alimentares	• Os canais alimentares podem ser divididos em cinco regiões funcionais principais: (1) recepção, (2) condução e armazenamento, (3) trituração e digestão inicial, (4) digestão terminal e absorção e (5) absorção de água e concentração de sólidos • A boca recebe o alimento, mistura-o com a saliva lubrificante e o passa pelo esôfago para regiões onde pode ser armazenado (quimo), moído (moela) ou acidificado e submetido à digestão inicial (estômago de vertebrado) • Entre os vertebrados, a maior parte da digestão ocorre no intestino delgado • As enzimas do pâncreas e da mucosa intestinal hidrolisam proteínas, carboidratos, gorduras, ácidos nucleicos e vários compostos de fosfato. O fígado secreta bile, contendo sais que emulsificam as gorduras • Uma vez que os alimentos são digeridos, seus produtos são absorvidos como subunidades moleculares (monossacarídios, aminoácidos, ácidos graxos, glicerol, ribose, desoxirribose, purinas e pirimidinas) nos vasos sanguíneos ou linfáticos das vilosidades do intestino delgado • O intestino grosso (cólon) atua principalmente na absorção de água e minerais dos resíduos alimentares, conforme passam por sua extensão. Ele também tem bactérias simbiontes que produzem determinadas vitaminas
32.4 Regulação da ingesta de alimentos	• A maioria dos animais equilibra a ingesta de alimento com o gasto de energia. A ingesta de alimento é controlada principalmente por centros da fome localizados no hipotálamo e na medula oblonga • Nos mamíferos, se a ingesta de calorias exceder a necessidade energética, o excesso de calorias normalmente é dissipado como calor no especializado tecido adiposo marrom • Diversos hormônios gastrintestinais coordenam as funções digestivas. Eles incluem a gastrina, que estimula a secreção de ácido pelo estômago; a CCK, que estimula as secreções da vesícula biliar e do pâncreas e leva à saciedade; e a secretina, que estimula a secreção de bicarbonato pelo pâncreas e inibe a movimentação gástrica • Novos hormônios GI estão sendo adicionados a essa lista conforme estão sendo descobertos. Por exemplo, a grelina estimula o apetite, enquanto o PP e o PYY induzem a saciedade
32.5 Necessidades nutricionais	• Todos os animais necessitam de uma dieta equilibrada, contendo tanto os combustíveis (principalmente carboidratos e lipídios), como os componentes estruturais e funcionais (proteínas, minerais e vitaminas) • Para cada animal, certos aminoácidos, lipídios, vitaminas e minerais são fatores "essenciais" provenientes da dieta e que, portanto, não podem ser produzidos pelo próprio maquinário de síntese de um animal • As proteínas de origem animal são fontes mais equilibradas de aminoácidos do que as de origem vegetal, nas quais um ou mais aminoácidos essenciais tendem a estar ausentes • A subnutrição e a desnutrição proteicas estão entre os principais problemas de saúde do mundo, afligindo milhões de pessoas • Ironicamente, a obesidade e as doenças associadas a essa condição são um dos principais problemas nos países desenvolvidos

QUESTÕES DE REVISÃO

1. Faça a distinção dos termos nos seguintes pares: autótrofo e heterótrofo; fotótrofo e quimiotrófico; herbívoros e carnívoros; onívoros e insetívoros.
2. A ingesta de material em suspensão é um dos métodos mais importantes de alimentação entre os animais. Explique as características, as vantagens e limitações da alimentação por suspensão e cite três grupos diferentes de animais que são suspensívoros.
3. As adaptações em relação à alimentação de um animal são parte integrante do seu comportamento e, normalmente, moldam sua própria aparência. Discuta as adaptações alimentares contrastantes dos carnívoros e herbívoros.
4. Explique como o alimento é impulsionado ao longo do intestino.
5. Compare a digestão intracelular com a extracelular e sugira a razão para haver uma tendência filogenética em alguns animais favorecendo a mudança da digestão intracelular para a extracelular.
6. Quais as modificações estruturais que aumentam enormemente a área da superfície interna do intestino (tanto dos invertebrados como dos vertebrados) e por que essa grande área superficial é importante?
7. Esquematize a digestão e a absorção final de um carboidrato (amido) no intestino de um vertebrado, citando o nome das enzimas que quebram os carboidratos, onde são encontradas, os produtos finais da digestão do amido e sob que forma eles são finalmente absorvidos.
8. Tal como na questão 7, esquematize a digestão e a absorção final de uma proteína.
9. Explique como as gorduras são emulsificadas e digeridas no intestino dos vertebrados. Explique como a bile auxilia no processo digestivo, mesmo não contendo enzimas. Dê uma explicação para a seguinte observação: as gorduras são quebradas em ácidos graxos e monoglicerídios no lúmen intestinal, mas aparecem posteriormente no sangue na forma de gotículas de gordura.
10. Explique a frase "termogênese induzida pela dieta" e relacione ao problema da obesidade em algumas pessoas. Que outros fatores podem contribuir para a obesidade nos seres humanos?
11. Cite três hormônios do trato gastrintestinal e explique como eles auxiliam a coordenação das funções gastrintestinais.
12. Cite as categorias básicas de alimento que atuam principalmente como (a) combustíveis e (b) componentes estruturais e funcionais.
13. Se as vitaminas não são nem compostos bioquimicamente semelhantes nem fontes de energia, que características as diferenciam como um grupo distinto de nutrientes? Quais são as vitaminas hidrossolúveis e quais são as lipossolúveis?
14. Por que alguns nutrientes são considerados "essenciais" e outros, "não essenciais", embora ambos sejam utilizados no crescimento e no reparo dos tecidos?
15. Explique a diferença entre lipídios saturados e insaturados, e comente sobre o interesse atual por essas substâncias em relação à saúde humana.
16. O que quer dizer "complementação proteica" entre alimentos de origem vegetal?

Para reflexão. Explique por que uma dieta balanceada de vegetais, uma fonte de amido (arroz, massa ou batatas) e uma porção menor de carne seria apropriada para a saúde humana.

33 Coordenação Nervosa: Sistema Nervoso e Órgãos Sensoriais

OBJETIVOS DE APRENDIZAGEM

Após leitura do capítulo, você será capaz de:

33.1 Explicar como a estrutura está relacionada à função para que um neurônio possa produzir um potencial de membrana em repouso, bem como um potencial de ação.

33.2 Compreender o papel que uma sinapse desempenha na transmissão de informações de um neurônio para o outro.

33.3 Descrever como a organização do sistema nervoso se desenvolveu por meio dos filos de invertebrados. Explicar como a encefalização aumentou a complexidade e a flexibilidade do comportamento em vertebrados. Delinear as regiões funcionais dos sistemas nervosos central e periférico em vertebrados.

33.4 Descrever os vários órgãos dos sentidos que permitem que um animal responda às mudanças em seu ambiente.

Um carrapato em uma folha de grama aguardando seu hospedeiro.
iStock@Dzurag

O mundo particular dos sentidos

A informação proveniente dos sentidos de visão, audição, paladar, olfato e tato assedia-nos continuamente. Esses cinco sentidos clássicos são complementados por informações sensoriais de frio, calor, vibração e dor, bem como por informações provenientes de inúmeros receptores sensoriais internos que operam silenciosa e automaticamente a fim de manter nosso domínio interior funcionando corretamente.

O mundo revelado por nossos sentidos é unicamente humano, mesmo que nossos sentidos individuais não o sejam. Nós não compartilhamos esse mundo exclusivo com nenhum outro animal, nem podemos nos aventurar no mundo sensorial de nenhum outro animal, exceto como uma abstração da nossa imaginação.

A ideia de que cada animal desfruta de um mundo sensorial não compartilhado foi concebida pela primeira vez por Jakob von Uexküll, um biólogo alemão raramente citado do início do século passado. Von Uexküll convida-nos a entrar no mundo de um carrapato usando a imaginação, complementada pelo que conhecemos da biologia dos carrapatos. É um mundo de temperatura, de luz e escuridão, e do odor de ácido butírico, uma substância química comum a todos os mamíferos. Insensíveis a todos os demais estímulos, a fêmea de carrapato escala uma folha de grama para esperar durante anos, se necessário, pelas pistas que irão denunciar a presença de um potencial hospedeiro sobre o qual ela subirá. Posteriormente, inchada de sangue, ela se solta para o solo, deposita seus ovos e morre. O empobrecido mundo sensorial do carrapato, desprovido de luxos sensoriais e finamente ajustado pela seleção natural para o mundo que encontrará, garantiu seu único objetivo: a reprodução.

Uma ave e um morcego podem compartilhar, por um momento, precisamente o mesmo ambiente. Os mundos de suas percepções, no entanto, são extremamente diferentes, estruturados pelas limitações das janelas sensoriais que cada um emprega, e pelo cérebro que armazena e processa o que é necessário para a sobrevivência. Para um, é um mundo dominado pela visão; para o outro, pela ecolocalização. O mundo de cada um é estranho ao outro, assim como seus mundos o são para nós.

O sistema nervoso originou-se de uma propriedade fundamental da vida: a **irritabilidade**, ou seja, a capacidade de responder aos estímulos ambientais (ver Seção 1.1). A resposta pode ser simples, como um eucarioto unicelular movendo-se para evitar uma substância nociva, ou bem complexa, como um animal vertebrado respondendo a sinais elaborados de corte. Um eucarioto unicelular recebe um estímulo e responde a ele, tudo dentro dos limites de uma única célula. A evolução da multicelularidade e de níveis mais complexos da organização animal exigiu mecanismos cada vez mais complexos de comunicação entre as células e os órgãos. A comunicação relativamente rápida é feita por **mecanismos neurais** e envolve sinais eletroquímicos propagados pelas membranas celulares e entre elas. O esquema básico de um sistema nervoso é receber informação dos ambientes externo e interno, codificar essa informação e transmiti-la e processá-la, visando à ação adequada. Nós examinaremos essas funções neste capítulo. Os ajustes relativamente menos rápidos ou de longa duração nos animais são governados por **mecanismos hormonais**, o assunto do Capítulo 34.

33.1 NEURÔNIOS: UNIDADES FUNCIONAIS DOS SISTEMAS NERVOSOS

Um **neurônio** ou célula nervosa pode ter muitas formas, dependendo de sua função e localização; um neurônio típico é mostrado esquematicamente na Figura 33.1. A partir do corpo celular nucleado, estendem-se processos citoplasmáticos de dois tipos: um ou mais **dendritos** em todos os neurônios, exceto os mais simples, e um único **axônio**. Como o nome dendrito sugere (do grego *dendron*, árvore), esses processos frequentemente são muito ramificados. Eles, assim como toda a superfície do corpo celular, são o aparelho receptor da célula nervosa, projetados para receber informações provenientes de várias fontes ao mesmo tempo. Alguns desses sinais são de estimulação, fazendo com que um sinal seja gerado e propagado; outros são de inibição, tornando a geração e a propagação de sinais algo menos provável.

O axônio único (do grego *axon*, eixo), frequentemente uma longa fibra que pode ter metros de comprimento nos maiores mamíferos, tem um diâmetro relativamente uniforme e normalmente transporta os sinais para longe do corpo celular. Nos vertebrados e alguns invertebrados complexos, o axônio frequentemente é revestido por uma bainha isolante de **mielina**, o que acelera a propagação do sinal.

Os neurônios são comumente classificados como **aferentes**, ou **sensoriais**; **eferentes**, ou **motores**; e **interneurônios**, que não são nem sensoriais nem motores, mas conectam neurônios entre si. Os neurônios aferentes e eferentes localizam-se principalmente fora do **sistema nervoso central** (encéfalo e medula espinal), no **sistema nervoso periférico**, enquanto os interneurônios, que representam 99% de todos os neurônios do corpo humano, estão inteiramente dentro do sistema nervoso central. Os neurônios aferentes estão conectados aos **receptores**. Os receptores funcionam convertendo os estímulos ambientais externos e internos em sinais nervosos, que são conduzidos pelos neurônios sensoriais aferentes para o sistema nervoso central. Alguns desses sinais podem ser percebidos como sensações conscientes, mas muitos não o são. Os sinais nervosos também são conduzidos para os neurônios motores eferentes, que os conduzem pelo sistema nervoso periférico para os **efetores**, como músculos ou glândulas, que respondem aos sinais.

Nos vertebrados, os processos nervosos (normalmente axônios) no sistema nervoso periférico são frequentemente agrupados em um envoltório de tecido conjuntivo formando um **nervo** (Figura 33.2). Os corpos celulares desses processos nervosos estão localizados tanto no sistema nervoso central quanto em **gânglios**, que são feixes discretos de corpos celulares de neurônios localizados fora do sistema nervoso central.

Ao redor dos neurônios estão **células da neuróglia** não nervosas (muitas vezes chamadas simplesmente de **"glia"**) que mantêm uma relação especial com os neurônios. As células da glia são extremamente inúmeras no encéfalo dos vertebrados, onde superam os neurônios em uma proporção de 10 para 1, podendo constituir quase 50% do volume de encéfalo. Algumas células da glia formam bainhas internas isolantes de uma substância lipídica denominada **mielina** em torno das fibras nervosas. A mielina é basicamente composta de várias camadas de membrana plasmática de células gliais que envolvem o axônio em anéis concêntricos, formando a bainha de mielina (Figura 33.3). Os nervos dos vertebrados são frequentemente envolvidos por mielina, produzida por células da glia especiais denominadas **células de Schwann** (Figura 33.3), quando

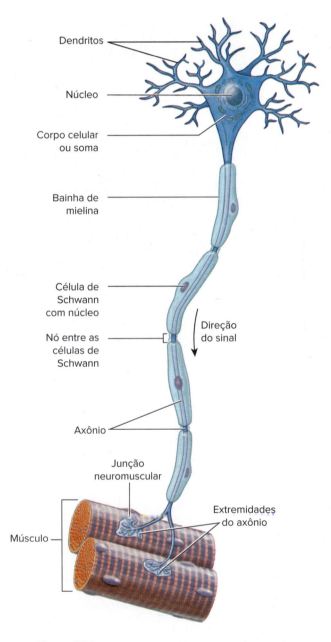

Figura 33.1 Estrutura de um neurônio motor (eferente).

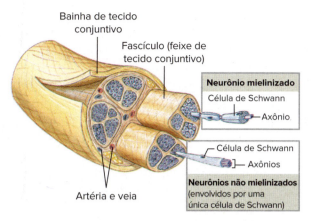

Figura 33.2 Estrutura de um nervo periférico, que mostra as fibras nervosas envolvidas por várias camadas de tecido conjuntivo. Um nervo pode conter milhares de fibras tanto eferentes quanto aferentes. Diversos neurônios não mielinizados são mantidos dentro do nervo por uma única célula de Schwann, que fornece suporte. Os neurônios mielinizados individuais são rodeados por múltiplas camadas de mielina produzidas por uma única célula de Schwann, que envolve cada neurônio.

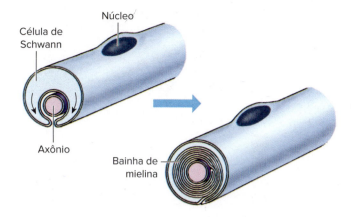

Figura 33.3 Desenvolvimento da bainha de mielina em um neurônio mielinizado do sistema nervoso periférico. Toda a célula de Schwann cresce em torno de um axônio e, em seguida, gira em torno dele, envolvendo o axônio em uma bainha compacta de várias camadas. A bainha de mielina isola o axônio e facilita a transmissão de impulsos nervosos ou potenciais de ação.

estão no sistema nervoso periférico, ou **oligodendrócitos**, quando estão no sistema nervoso central. Certas células da glia, chamadas **astrócitos** devido à sua forma radiada semelhante a uma estrela, atuam como reservatórios de nutrientes e de íons para os neurônios, bem como estrutura de suporte durante o desenvolvimento encefálico, permitindo que os neurônios migrantes encontrem seus destinos finais a partir dos pontos de origem. Os astrócitos e as células menores da **micróglia** são essenciais para os processos regenerativos que ocorrem após danos cerebrais. As células da micróglia pertencem ao **sistema mononuclear fagocitário** (ver Seção 35.2) e são importantes no sistema imunológico do cérebro. Após uma lesão cerebral, ativam-se para fagocitar os restos celulares. Infelizmente, os astrócitos também participam em diversas doenças do sistema nervoso, incluindo o mal de Parkinson, a esclerose múltipla e o desenvolvimento de tumores cerebrais.

Natureza de um potencial de ação nervoso

Um impulso nervoso ou **potencial de ação** é uma mensagem eletroquímica dos neurônios, o denominador funcional comum de toda a atividade do sistema nervoso. A despeito da incrível complexidade dos sistemas nervosos de muitos animais, os potenciais de ação são basicamente semelhantes em todos os neurônios e em todos os animais. Um potencial de ação é um fenômeno do tipo "tudo ou nada": ou a fibra está conduzindo um potencial de ação, ou não está. Como todos os potenciais de ação são semelhantes, a única forma pela qual uma fibra nervosa pode variar seu sinal é alterando a frequência da sua condução. A mudança da frequência é a linguagem de uma fibra nervosa. Uma fibra nervosa pode não conduzir nenhum potencial de ação ou conduzir poucos por segundo até um máximo de cerca de mil por segundo. Quanto maior a frequência (ou taxa) de condução, maior o nível de excitação.

Potencial de repouso da membrana

As membranas dos neurônios, como todas as membranas celulares, apresentam uma permeabilidade seletiva que cria desequilíbrios iônicos através da membrana. Esse desequilíbrio iônico é a base do potencial de repouso da membrana, e uma mudança nesse desequilíbrio gera um impulso. Portanto, é importante considerar a base iônica do potencial de repouso da membrana antes de considerar a geração de impulso. O fluido intersticial que circunda os neurônios contém concentrações relativamente altas de íons sódio (Na^+) e cloro (Cl^-), mas baixa concentração de íons potássio (K^+) e de grandes ânions impermeáveis com carga negativa, como as proteínas. Dentro do neurônio, a relação é inversa: as concentrações de K^+ e de ânions impermeáveis são altas, mas as concentrações de Na^+ e de Cl^- são baixas (Figura 33.4; ver Figura 31.1 B). Essas diferenças são marcantes: existe aproximadamente 10 vezes mais Na^+ fora do que dentro, assim como 25 a 30 vezes mais K^+ dentro do que fora.

Quando em repouso, a membrana de um neurônio é seletivamente permeável ao K^+, que pode atravessar a membrana por meio de canais de potássio que estão abertos na membrana em repouso (ver Seção 3.2). A permeabilidade ao Na^+ é quase zero porque os canais de sódio estão fechados em uma membrana em repouso. Os íons potássio tendem a difundir-se para fora através da membrana, seguindo o gradiente de concentração de potássio. Muito rapidamente, a carga positiva externa atinge um nível que evita a difusão de mais K^+ para fora do axônio (porque cargas iguais se repelem) e, como os grandes ânions não podem passar pela membrana, os íons potássio positivamente carregados são atraídos volta para dentro da célula. Assim, a membrana está em equilíbrio para o K^+ (o potencial de equilíbrio), com um gradiente elétrico que equilibra exatamente o gradiente de concentração (aproximadamente –90 mV [milivolts]). O **potencial de repouso da membrana** normalmente é –70 mV, com o interior da membrana negativo em relação ao exterior. Esse valor é um pouco maior do que o potencial de equilíbrio de K^+. A diferença entre o potencial de repouso da membrana (–70 mV) e o potencial de equilíbrio de potássio (–90 mV) deve-se à permeabilidade muito baixa ao Na^+, que entra na célula pelos canais abertos de potássio, mesmo na condição de repouso. Essa entrada de Na^+ deve-se ao alto gradiente de concentração e à atração elétrica do Na^+.

Bomba de sódio

Com o Na^+ passando para dentro da célula, ocorre também uma tendência de os íons K^+ saírem da célula em repouso, porque não estão em equilíbrio. Portanto, os gradientes iônicos que passam

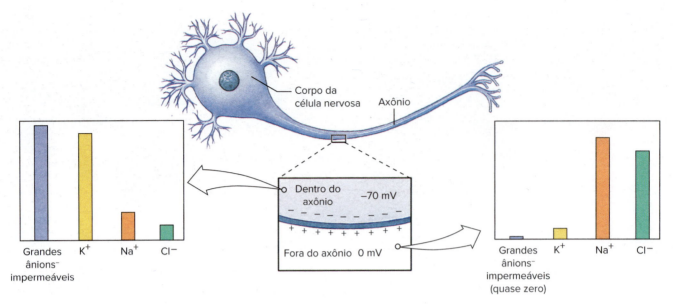

Figura 33.4 Composição iônica dentro e fora de uma célula nervosa em repouso. Uma bomba de troca ativa de sódio e potássio, localizada na membrana celular, conduz o sódio para fora da célula, mantendo sua concentração interna baixa e a concentração de potássio alta no interior da célula. A membrana é permeável ao potássio, mas esse íon é mantido no interior da célula pela carga positiva repelente do lado de fora da membrana; pela atração aos grandes ânions negativamente carregados, como as proteínas, que não podem sair da célula; e pelo influxo constante de potássio graças à bomba de sódio e potássio.

por uma membrana em repouso tendem a diminuir com o tempo. Essa diminuição é evitada pelas **bombas de sódio**, cada qual constituída por um complexo de subunidades proteicas imersas na membrana plasmática do axônio (ver Figura 3.15). Cada bomba de sódio usa a energia da hidrólise de ATP para transportar sódio do interior para o exterior da membrana. As bombas de sódio dos axônios, assim como em muitas outras membranas celulares, também movimentam o K^+ para dentro do axônio enquanto transporta o Na^+ para fora. Portanto, é uma **bomba de troca de sódio-potássio** que ajuda a restaurar os gradientes iônicos tanto de Na^+ quanto de K^+. Além disso, no sistema nervoso central, os astrócitos ajudam a manter o equilíbrio correto de íons ao redor dos neurônios, armazenando o excesso de potássio produzido durante a atividade neuronal.

Potencial de ação

Um **potencial de ação** nervoso é uma mudança muito rápida e breve no potencial elétrico da membrana (Figura 33.5) que resulta da **despolarização** da membrana da fibra nervosa. Isso significa que o potencial de membrana muda do estado de repouso (aproximadamente −70 mV) tendendo a um valor positivo e excedendo 0 mV até cerca de +35 mV. O potencial de membrana, portanto, inverte-se por um instante, de forma que o exterior se torna negativo em relação ao interior. Depois, conforme o potencial de ação desloca-se adiante, a membrana retorna ao seu potencial de repouso normal, pronta para conduzir outro impulso. O evento inteiro dura aproximadamente 1 ms. Talvez a propriedade mais importante do potencial de ação nervoso seja sua **autopropagação**: uma vez iniciado, o potencial de ação desloca-se ao longo da fibra nervosa automaticamente e não muda de intensidade, bem parecido com um estopim.

O que causa a inversão de polaridade na membrana celular durante a passagem de um potencial de ação? Vimos que o potencial de repouso da membrana depende da alta permeabilidade da membrana ao K^+, cerca de 50 a 70 vezes maior do que a permeabilidade ao Na^+. Quando o potencial de ação chega em determinado ponto da membrana do neurônio, a mudança no potencial da membrana faz com que **canais de Na^+ controlados por voltagem** (ver Figura 3.12 B) abram-se repentinamente, permitindo a difusão de Na^+ de fora para dentro do axônio, movendo-se a favor do gradiente de concentração de Na^+. Os canais de Na^+ controlados por voltagem permanecem abertos por menos de 1 ms. Apenas uma quantidade muito pequena de Na^+ desloca-se através da membrana – menos de um milionésimo da quantidade de Na^+ do lado externo, porém essa entrada repentina de íons positivos cancela o potencial de repouso local da membrana e esta é **despolarizada**. Então, conforme os canais de Na^+ são inativados e fechados, a membrana rapidamente recobra suas propriedades de repouso conforme os íons K^+ difundem-se rapidamente pelos canais de K^+ controlados por voltagem que se abrem brevemente em resposta à despolarização da membrana. Novamente, a membrana torna-se praticamente impermeável ao Na^+ e permeável principalmente ao K^+, conforme o potencial de repouso da membrana é restabelecido. A atividade contínua das bombas de sódio-potássio também ajuda a restabelecer os gradientes iônicos de Na^+ e K^+.

Dessa forma, a fase crescente de um potencial de ação está associada ao rápido influxo (movimento para dentro) de Na^+ (Figura 33.5). Quando o potencial de ação atinge seu pico, a permeabilidade ao Na^+ volta ao normal e a permeabilidade ao K^+ aumenta brevemente acima do nível de repouso e os íons K^+ saem. A maior permeabilidade ao potássio faz o potencial de ação cair rapidamente no sentido do potencial de repouso da membrana durante a fase de **repolarização**. Os canais de K^+ controlados por voltagem fecham-se lentamente durante a repolarização e, por isso, a maioria dos potenciais de ação tem uma fase de **hiperpolarização posterior**, durante a qual o potencial de membrana apresenta valores inferiores ao potencial de repouso conforme mais íons K^+ saem da célula. Quando esses canais de K^+ finalmente se fecham, o potencial de repouso da membrana é rapidamente alcançado. Agora, a membrana está pronta para transmitir outro potencial de ação. Esses eventos ocorrem a cada ponto ao longo da membrana da fibra nervosa, à medida que o potencial de ação é conduzido desde o cone de implantação do axônio, onde se originou, até a extremidade terminal deste (Figuras 33.5 e 33.6 A).

Condução de alta velocidade

Embora os eventos iônicos e elétricos associados aos potenciais de ação sejam praticamente os mesmos por todo o Reino Animal, as velocidades de condução variam enormemente de nervo para nervo e de animal para animal – desde tão lento quanto 0,1 m/s nas anêmonas até tão rápido quanto 120 m/s em alguns axônios motores dos mamíferos. A velocidade de condução está altamente relacionada com o diâmetro do axônio. Os axônios pequenos conduzem lentamente porque a resistência interna ao fluxo da corrente é alta. Na maioria dos invertebrados, nos quais velocidades rápidas de condução são importantes para respostas rápidas, como na locomoção para capturar presas ou para escapar da captura, os diâmetros dos axônios são maiores. Os axônios gigantes das lulas têm quase 1 mm de diâmetro e transportam impulsos 10 vezes mais rápidos do que os axônios comuns do mesmo animal. O axônio gigante de uma lula inerva a musculatura do manto do animal, a qual é utilizada para contrações fortes do manto quando o animal nada por jato-propulsão. Axônios gigantes semelhantes permitem às minhocas, que normalmente são animais lentos, recolher-se quase instantaneamente em suas tocas quando perturbadas.

Embora os vertebrados não tenham axônios gigantes, eles alcançam altas velocidades de condução por meio de uma relação cooperativa entre os axônios e as camadas de mielina que os revestem, depositadas pelas células de Schwann ou pelos oligodendrócitos descritos anteriormente. As camadas isolantes de mielina são interrompidas em intervalos de cerca de 1 mm ou menos por nódulos (chamados **nódulos de Ranvier**), onde a superfície do axônio é exposta ao fluido intersticial ao redor do nervo (ver Figura 33.2). Nessas **fibras mielinizadas**, os potenciais de ação despolarizam a membrana do axônio apenas nos nódulos porque a bainha de mielina impede a despolarização em outra parte (Figura 33.6 B). Os canais e bombas de íons que os movimentam pela membrana concentram-se em cada nódulo. Uma vez que um potencial de ação começa a descer por um axônio, a despolarização do primeiro nódulo inicia uma corrente elétrica que flui por dentro do axônio até o nódulo vizinho, fazendo-o despolarizar e disparar um potencial de ação. Desse modo, o potencial de ação

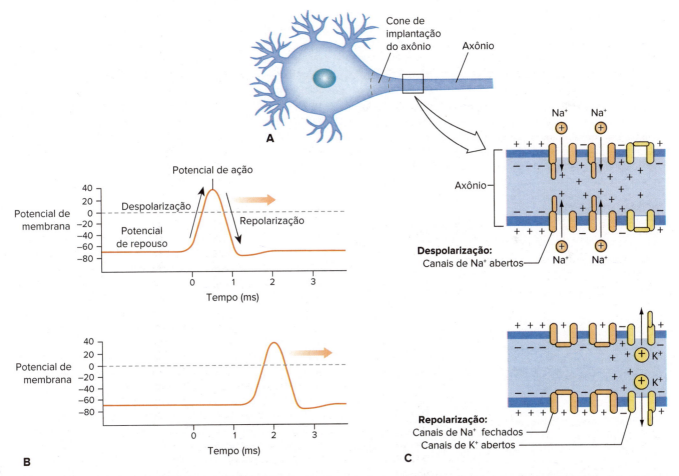

Figura 33.5 Condução de um potencial de ação ou impulso nervoso. O potencial de ação origina-se no cone de implantação do axônio no neurônio (**A**) e desloca-se para a direita. **B** e **C** mostram o evento elétrico e as associadas mudanças localizadas na permeabilidade da membrana ao sódio e ao potássio, medida em dois pontos diferentes conforme o potencial de ação se move ao longo da membrana. O segundo potencial de ação em **B** é registrado cerca de 4 milímetros mais longe ao longo do axônio do primeiro. **C.** Durante a despolarização, quando o potencial de ação chega a determinado ponto da membrana, canais de sódio controlados por voltagem abrem-se, permitindo a entrada dos íons sódio. O influxo de sódio inverte a polaridade da membrana, tornando a superfície interna do axônio positiva e a externa negativa. Durante a repolarização, os canais de sódio fecham-se e os canais de potássio controlados por voltagem abrem-se. Os íons potássio movimentam-se para fora e restauram o potencial de repouso normal depois de uma breve fase posterior de hiperpolarização. Esses eventos ocorrem repetidamente ao longo da membrana até que a extremidade final do axônio seja alcançada.

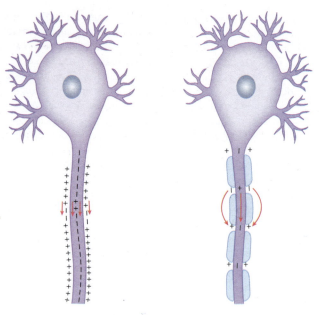

A Neurônio não mielinizado **B** Neurônio mielinizado

Figura 33.6 Condução do potencial de ação em fibras mielinizadas e não mielinizadas. **A.** Nas fibras não mielinizadas, a difusão do potencial de ação é contínua e precisa despolarizar toda a extensão da membrana do axônio. **B.** Nas fibras mielinizadas, o potencial de ação salta de nódulo para nódulo, pulando as porções isoladas da fibra. Essa é a condução saltatória, que é muito mais rápida do que a contínua.

"salta" de um nódulo para outro, um tipo de condução denominada **saltatória** (do latim *salto*, pular). O ganho de eficiência, quando comparado com axônios não mielinizados, é impressionante. Por exemplo, o axônio mielinizado de uma rã de apenas 12 μm de diâmetro conduz impulsos nervosos na mesma velocidade do axônio não mielinizado de lula de 350 μm de diâmetro.

Tema-chave 33.1
ADAPTAÇÃO E FISIOLOGIA

Condução rápida em invertebrados

Alguns invertebrados, incluindo os camarões e os insetos, também têm axônios rápidos revestidos por múltiplas camadas de uma substância parecida com a mielina interrompidas por nódulos em intervalos, bem semelhante aos axônios mielinizados dos vertebrados. A velocidade de condução, embora não tão rápida quanto a condução saltatória dos vertebrados, é muito mais rápida do que nos axônios não mielinizados do mesmo diâmetro de outros invertebrados.

A temperatura também controla a velocidade de condução nos animais. Os endotérmicos normalmente têm alta velocidade de condução, porque mantêm uma temperatura corporal constante (cerca de 36,7°C nos seres humanos), enquanto a velocidade de condução nos ectotérmicos flutua de acordo com as temperaturas ambientais.

33.2 SINAPSES: JUNÇÕES ENTRE OS NERVOS

Quando um potencial de ação desce pelo axônio até sua extremidade, ele deve passar por uma pequena fenda, ou **sinapse** (do grego *synapsis*, contato, união), que o separa de outro neurônio ou de um órgão efetor. São conhecidos dois tipos distintos de sinapses: elétrica e química.

Embora muito menos comuns do que as sinapses químicas, as **sinapses elétricas** foram demonstradas tanto em grupos de invertebrados quanto de vertebrados. As sinapses elétricas são pontos nos quais as correntes iônicas fluem por estreitas junções comunicantes (ver Figura 3.15) de um neurônio para outro. As sinapses elétricas não apresentam nenhum lapso de tempo e, consequentemente, são importantes para as reações de fuga. Os sinais são bidirecionais em muitas sinapses elétricas, porém sinais unidirecionais foram encontrados em Crustacea. As sinapses elétricas também foram observadas em outros tipos de células excitáveis, e formam um importante método de comunicação no coração entre as células musculares cardíacas (ver Figura 31.1) e entre as células no tecido muscular liso (p. ex., o útero, Figura 7.11).

Muito mais complexas do que as sinapses elétricas são as **sinapses químicas**, que contêm vesículas de substâncias químicas especializadas denominadas **neurotransmissores**. Os neurônios que trazem os potenciais de ação em direção às sinapses químicas são chamados **neurônios pré-sinápticos**; aqueles que conduzem os potenciais de ação adiante são os **neurônios pós-sinápticos**. Em uma sinapse, as membranas são separadas por uma estreita fenda, ou **fenda sináptica**, que tem uma largura de aproximadamente 20 nm.

O axônio da maioria dos neurônios divide-se em muitos ramos na sua extremidade, cada um dos quais tem um botão ou terminal sináptico que está sobre os dendritos ou sobre o corpo celular do neurônio seguinte (Figura 33.7 A). Como um único potencial de ação propagado pelo axônio é transmitido ao longo desses vários ramos e extremidades sinápticas, muitos impulsos podem convergir para o corpo celular em um mesmo momento ou podem divergir para mais de um neurônio pós-sináptico. Além disso, as extremidades do axônio de muitos neurônios podem quase recobrir o corpo celular e os dendritos de um neurônio com milhares de sinapses.

A fenda interstícial de 20 nm preenchida por fluido entre as membranas pré e pós-sináptica impede que os potenciais de ação se propaguem diretamente até o neurônio pós-sináptico. Em vez disso, os botões sinápticos secretam um ou mais neurotransmissores específicos que se comunicam quimicamente com a célula pós-sináptica. Um dos neurotransmissores mais comuns do sistema nervoso periférico é a **acetilcolina**, a qual ilustra a transmissão sináptica típica. No interior das extremidades sinápticas dos neurônios pré-sinápticos estão inúmeras **vesículas sinápticas** minúsculas, cada uma contendo vários milhares de moléculas de acetilcolina. Quando um potencial de ação chega à extremidade sináptica, ocorre uma sequência de eventos, como descrito nas Figuras 33.7 e 33.8. Um potencial de ação causa um movimento de entrada de íons cálcio (Ca^+) por canais dependentes de voltagem na membrana da extremidade sináptica, e isso induz a exocitose de algumas vesículas sinápticas cheias de neurotransmissores. As moléculas de acetilcolina difundem-se para a fenda em uma fração de milissegundo e ligam-se brevemente a moléculas receptoras de canais iônicos na membrana pós-sináptica. Esses canais **controlados quimicamente** (Figura 3.12 A) abrem-se e os íons fluem por eles enquanto permanecem abertos. Esse fluxo de íons produz uma mudança de voltagem na membrana pós-sináptica. Se esse potencial excitatório pós-sináptico é forte o suficiente para disparar um potencial de ação vai depender de quantas moléculas de acetilcolina foram liberadas e quantos canais foram abertos. A acetilcolina é rapidamente destruída pela enzima **acetilcolinesterase**, a qual converte acetilcolina em acetato e colina. Enquanto o neurotransmissor estiver presente na fenda sináptica, ele continuará a estimular a membrana pós-sináptica, ligando-se aos sítios receptores dos canais iônicos, estimulando indefinidamente a abertura dos canais iônicos. Os inseticidas organofosforados (como o malation), bem como certos gases de origem militar e que afetam os nervos, são venenosos precisamente por essa razão; eles bloqueiam a acetilcolinesterase. O passo final na sequência é a reabsorção da colina na extremidade pré-sináptica, a nova síntese de acetilcolina e o seu armazenamento nas vesículas sinápticas, prontas para responder a outro potencial de ação.

Os sistemas nervosos dos vertebrados e invertebrados têm muitos neurotransmissores químicos diferentes. Aqueles que despolarizam as membranas pós-sinápticas são liberados nas **sinapses excitatórias**, enquanto os que deslocam o potencial de repouso da membrana em uma direção mais negativa **(hiperpolarização)**, dessa forma estabilizando-as contra uma despolarização, são liberados nas **sinapses inibitórias**. Se um neurotransmissor causará um potencial pós-sináptico excitatório ou inibitório, vai depender de quais íons específicos fluem pelos canais controlados quimicamente aos quais eles se ligam. Portanto, os neurotransmissores podem ser tanto excitatórios quanto inibitórios. Exemplos disso incluem a acetilcolina, a norepinefrina, a dopamina e a serotonina. Entretanto, alguns neurotransmissores parecem ser sempre inibitórios (p. ex., glicina e ácido gama-aminobutírico [GABA]), enquanto outros parecem ser sempre excitatórios (p. ex., glutamato). Os neurônios no sistema nervoso central têm ambas as sinapses excitatórias e inibitórias entre as centenas ou milhares de terminais sinápticos nos dendritos e no corpo celular de cada neurônio.

O equilíbrio final líquido entre todos os impulsos excitatórios e inibitórios recebidos por uma célula pós-sináptica determina se ela irá gerar um potencial de ação (Figura 33.8). Esse processamento de informação pós-sináptica, para determinar se um potencial de ação é gerado, ocorre no cone de implantação do axônio

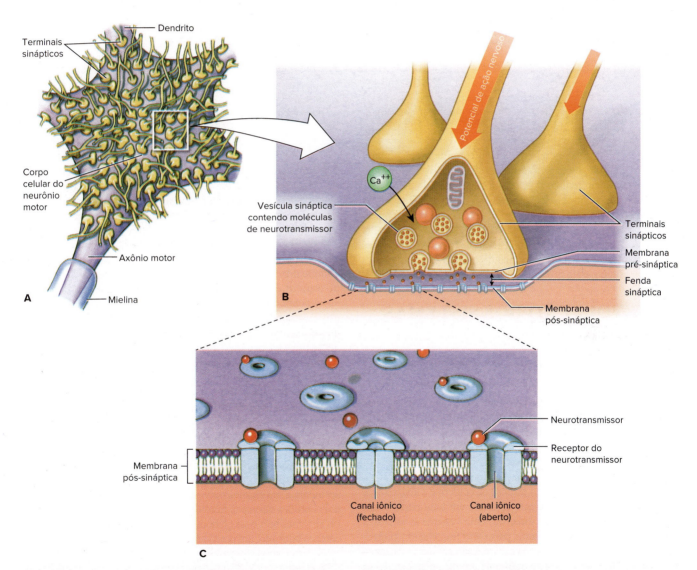

Figura 33.7 Transmissão de potenciais de ação por meio de sinapses nervosas. **A.** O corpo celular de um nervo motor é mostrado com as extremidades dos axônios dos interneurônios. Cada terminação tem um botão sináptico na extremidade; milhares de extremidades sinápticas podem estar sobre um único corpo celular e seus dendritos. **B.** Uma extremidade sináptica aumentada 60 vezes a mais do que em **A**. Um potencial de ação propagando-se pelo axônio causa o movimento de vesículas sinápticas até a membrana pré-sináptica onde ocorre a exocitose, liberando as moléculas de neurotransmissor na fenda sináptica. **C.** Diagrama de uma fenda sináptica no nível ultraestrutural. Com a exocitose das vesículas, as moléculas de neurotransmissor deslocam-se rapidamente pela fenda para se ligarem brevemente a canais iônicos controlados quimicamente presentes na membrana pós-sináptica. A ligação de um neurotransmissor ao seu receptor produz uma mudança no potencial da membrana pós-sináptica, neste caso causada pela abertura dos canais iônicos.

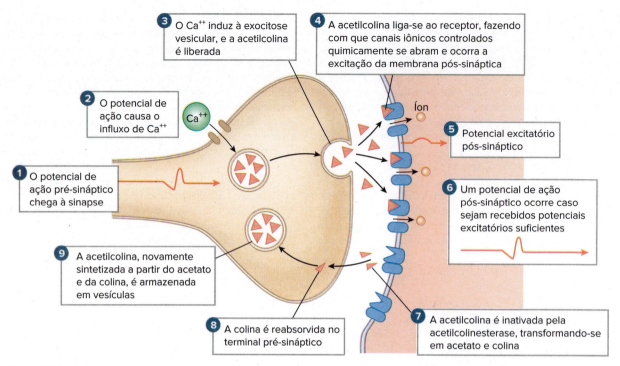

Figura 33.8 Sequência de eventos na transmissão sináptica em uma sinapse excitatória, na qual a acetilcolina é o neurotransmissor.

(ver Figura 33.5), encontrado na junção entre o corpo celular e o axônio. Se muitos sinais excitatórios são recebidos ao mesmo tempo, eles podem reduzir o potencial de repouso da membrana pós-sináptica o suficiente para iniciar um potencial de ação. Os sinais inibitórios, no entanto, estabilizam a membrana pós-sináptica, tornando menos provável que um potencial de ação seja gerado. A sinapse é uma parte crucial do sistema de tomada de decisões do sistema nervoso central, modulando o fluxo de informações de um neurônio para o próximo.

33.3 EVOLUÇÃO DOS SISTEMAS NERVOSOS

Invertebrados: desenvolvimento de sistemas nervosos centralizados

Vários filos de animais revelam um aumento progressivo de complexidade dos sistemas nervosos, o que provavelmente reflete de modo geral os estágios da evolução dos sistemas nervosos. O padrão mais simples dos sistemas nervosos de invertebrados é a rede nervosa dos animais com simetria radial, como as anêmonas, águas-vivas, hidras e ctenóforos (Figura 33.9 A). Uma rede nervosa forma uma trama extensa na epiderme e abaixo dela por todo o corpo. Um sinal que se inicia em uma parte dessa rede espalha-se em todas as direções, uma vez que as sinapses na maioria dos animais radiados permitem transmissão bidirecional do sinal. Há evidências de organização em **arcos reflexos** (Figura 33.10) com ramos de uma rede nervosa conectando-se a receptores sensoriais na epiderme e a células epiteliais com propriedades contráteis. Embora a maioria das respostas tenda a ser generalizada, muitas são surpreendentemente complexas para um sistema nervoso tão simples. Uma parte da rede nervosa está concentrada em dois anéis nervosos nas formas medusa dos cnidários (ver Figura 13.10 B) e recebe impulsos sensoriais de **estatocistos**, que são órgãos de equilíbrio (Figura 33.11), **ocelos**, que são órgãos sensíveis à luz, bem como de células sensoriais que detectam estímulos químicos e táteis. Nos vertebrados, as redes nervosas ocorrem nos plexos nervosos localizados, por exemplo, na parede intestinal; esses plexos nervosos governam os movimentos intestinais generalizados, como o peristaltismo e a segmentação (ver Figura 32.7).

Os sistemas nervosos bilaterais, dos quais o mais simples ocorre nos platelmintos, representam um aumento distinto na complexidade da rede nervosa dos animais radiados. Evidências de estudos dos mecanismos genéticos que controlam o desenvolvimento do encéfalo de insetos e de embriões de camundongos mostram homologia de famílias de genes reguladores. Esses dados sugerem que um encéfalo ancestral comum utilizando esses genes deve ter evoluído antes da divergência entre protostômios e deuterostômios. Os platelmintos têm dois gânglios anteriores, formados por grupos de corpos celulares de células nervosas, dos quais saem dois troncos nervosos principais na direção posterior, com ramificações laterais estendendo-se por todo o corpo (Figura 33.9 B). Esse é o sistema nervoso mais simples que mostra uma diferenciação em um **sistema nervoso periférico** (uma rede de comunicação que se estende para todas as partes do corpo) e um **sistema nervoso central** (concentração de corpos celulares nervosos) que coordena tudo. Os invertebrados mais complexos apresentam um sistema nervoso mais centralizado (encéfalo), com dois cordões nervosos fundidos longitudinais e muitos gânglios. Os sistemas nervosos elaborados dos anelídeos consistem em um cérebro bilobado, um cordão nervoso duplo com gânglios segmentares e neurônios **aferentes** (sensoriais) e **eferentes** (motores) distintos (Figura 33.9 C). Os gânglios segmentares são estações de retransmissão para coordenar atividades regionais.

O plano básico dos sistemas nervosos dos moluscos é uma série de três pares de gânglios bem definidos, porém os cefalópodes (como polvos e lulas) têm gânglios aumentados que se desenvolveram em centros nervosos estruturados de grande complexidade; os dos polvos contêm mais de 160 milhões de células. Os órgãos sensoriais também são altamente desenvolvidos.

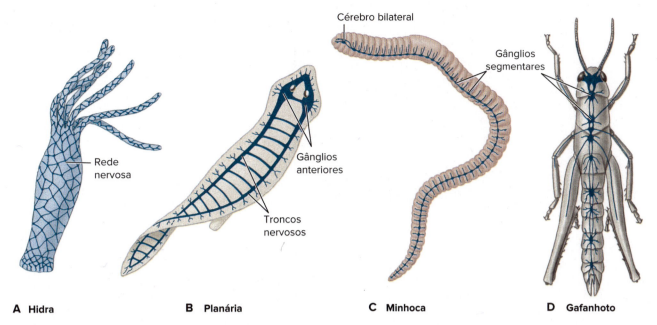

Figura 33.9 Sistema nervoso dos invertebrados. **A.** Rede nervosa dos radiados, a organização neural mais simples. **B.** Sistema dos platelmintos, o sistema nervoso do tipo linear mais simples, com dois nervos conectados a uma rede neuronal complexa. **C.** Sistema nervoso dos anelídeos, organizado como um cérebro bilobado e um cordão ventral com gânglios segmentares. **D.** Sistema nervoso dos artrópodes, também segmentar, com grandes gânglios e órgãos sensoriais mais elaborados.

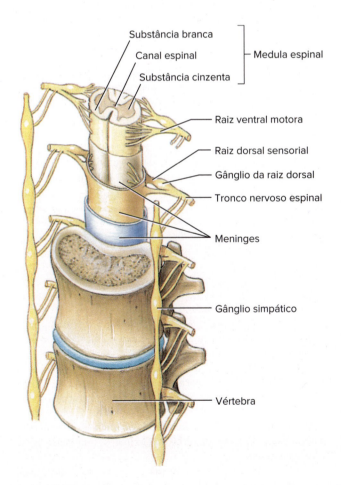

Figura 33.10 Medula espinal humana e sua proteção. Duas vértebras mostram a posição da medula espinal, dos nervos espinais emergentes e da cadeia de gânglios simpáticos. A medula é envolta por três camadas de membranas (meninges) e, entre duas delas, encontra-se um banho protetor de fluido cefalorraquidiano.

Consequentemente, o comportamento dos cefalópodes sobrepuja, de longe, o de qualquer outro invertebrado, e eles são capazes de aprender (ver Seção 16.3).

O plano básico do sistema nervoso dos artrópodes (Figura 33.9 D) se assemelha ao dos anelídeos, porém os gânglios são maiores e os órgãos sensoriais muito mais bem desenvolvidos. O comportamento social é em geral elaborado, particularmente nos insetos himenópteros (abelhas, vespas e formigas), e a maioria dos artrópodes é capaz de manipulação considerável de seu ambiente. A despeito do tamanho reduzido do encéfalo de um inseto, foram documentados exemplos de aprendizado em abelhas, vespas, formigas, moscas e gafanhotos. A região do encéfalo associada ao aprendizado parece ser de áreas chamadas de **corpos pedunculares**, que são maiores nos insetos sociais, e experimentos têm demonstrado mudanças nessas estruturas com a idade e a experiência.

Vertebrados: o aparecimento da encefalização

O plano básico do sistema nervoso vertebrado consiste em um cordão nervoso *dorsal*, oco, terminando anteriormente em uma grande massa neural, ou encéfalo. Esse padrão contrasta com o cordão nervoso dos invertebrados bilatérios fora do filo Chordata, que é sólido e em posição ventral em relação ao canal alimentar. De longe, a tendência mais importante na evolução dos sistemas nervosos dos vertebrados é aumento em tamanho, configuração e capacidade funcional do encéfalo, um processo chamado de **encefalização**. A encefalização dos vertebrados levou à realização completa de diversas capacidades funcionais, incluindo respostas rápidas, grande capacidade de armazenamento de informação, complexidade intensificada e flexibilidade de comportamento. Outra consequência da encefalização é a capacidade de formar associações entre eventos passados, presentes e futuros (pelo menos nos seres humanos).

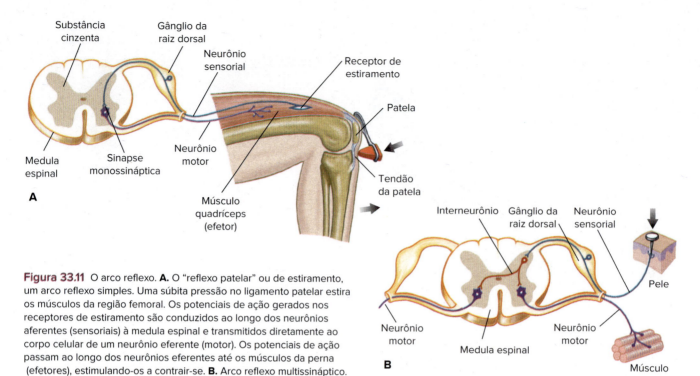

Figura 33.11 O arco reflexo. **A.** O "reflexo patelar" ou de estiramento, um arco reflexo simples. Uma súbita pressão no ligamento patelar estira os músculos da região femoral. Os potenciais de ação gerados nos receptores de estiramento são conduzidos ao longo dos neurônios aferentes (sensoriais) à medula espinal e transmitidos diretamente ao corpo celular de um neurônio eferente (motor). Os potenciais de ação passam ao longo dos neurônios eferentes até os músculos da perna (efetores), estimulando-os a contrair-se. **B.** Arco reflexo multissináptico. Um arco reflexo mais comum inclui interneurônios entre os neurônios sensoriais e motores. Uma alfinetada é sentida por receptores de dor na pele e o impulso é conduzido por fibras aferentes até a medula espinal, onde são feitas conexões sinápticas com interneurônios. Aqui, é mostrado um interneurônio fazendo conexões com neurônios motores em ambos os lados da medula espinal, de forma que a estimulação de fibras musculares em mais de uma parte do corpo (p. ex., em ambas as pernas) permita a coordenação das respostas musculares à alfinetada.

Medula espinal

O **encéfalo** e a **medula espinal** compõem o sistema nervoso central. Durante o início do desenvolvimento embrionário, a medula espinal e o encéfalo começam como um sulco neural ectodérmico que, dobrando-se e aumentando de tamanho, transforma-se em um longo tubo neural oco (ver Figura 8.28). A extremidade encefálica alarga-se, formando as vesículas encefálicas, e o restante torna-se a medula espinal. Ao contrário de qualquer cordão nervoso dos invertebrados, os nervos segmentares da medula espinal dos vertebrados (31 pares nos seres humanos) são separados em raiz dorsal sensorial e raiz ventral motora. Os corpos celulares dos nervos sensoriais são reunidos em gânglios da raiz dorsal (espinal). Tanto a raiz dorsal (sensorial) quanto a raiz ventral (motora) encontram-se além da medula espinal, para formar um nervo espinal misto (Figura 33.10).

A medula espinal possui um canal espinal central e é envolvida, adicionalmente, por três camadas de membranas, chamadas de **meninges** (do grego *meningos*, membrana). Em um corte transversal, a medula tem duas zonas (Figura 33.10): uma zona interna de substância cinzenta, com formato de asas de uma borboleta, que contém os corpos celulares dos neurônios motores e dos interneurônios; e uma zona externa de substância branca, que contém os feixes dos axônios e dendritos e que liga diferentes níveis da medula entre si e com o encéfalo.

Arco reflexo

Muitos neurônios trabalham em grupos denominados **arcos reflexos**, uma unidade fundamental da operação neural que permaneceu conservada durante a evolução do sistema nervoso. Um arco reflexo contém pelo menos dois neurônios, mas normalmente existem mais. As partes de um arco reflexo típico são (1) um **receptor**, um órgão sensorial na pele, no músculo ou em outro órgão; (2) um neurônio **aferente**, ou sensorial, que conduz os impulsos em direção ao sistema nervoso central; (3) o **sistema nervoso central**, onde são feitas as conexões sinápticas entre os neurônios sensoriais e os interneurônios; (4) um neurônio **eferente**, ou motor, que faz a conexão sináptica com o interneurônio e conduz os impulsos que partem do sistema nervoso central; e (5) um **efetor**, por meio do qual um animal responde às mudanças ambientais. Exemplos de efetores são os músculos, as glândulas, as células ciliadas, os cnidócitos dos cnidários, os órgãos elétricos dos peixes e as células pigmentadas denominadas cromatóforos (ver Figura 29.4).

Nos vertebrados, um arco reflexo na sua forma mais simples contém apenas dois neurônios – um neurônio sensorial (aferente) e um neurônio motor (eferente) (p. ex., o "reflexo patelar", ou reflexo de estiramento, Figura 33.11 A). Entretanto, normalmente existem interneurônios entre os neurônios sensoriais e os motores (Figura 33.11 B). Um interneurônio pode conectar neurônios aferentes e eferentes no mesmo lado da medula espinal ou em lados opostos, ou ele pode conectá-los em diferentes níveis anteroposteriores da medula espinal, tanto no mesmo lado como em lados opostos.

Um **ato reflexo** é a resposta a um estímulo que atua sobre um arco reflexo. Ele é involuntário, ou seja, frequentemente não está sob o controle da vontade. Por exemplo, muitos processos vitais do corpo, como o controle da respiração, os batimentos cardíacos, o diâmetro dos vasos sanguíneos e a secreção de suor, são atos reflexos. Alguns atos reflexos são inatos; outros são adquiridos pelo aprendizado.

Em quase todos os atos reflexos, uma série de arcos reflexos estão envolvidos. Por exemplo, um único neurônio sensorial aferente pode fazer conexões sinápticas com muitos neurônios motores eferentes. De modo semelhante, um neurônio motor eferente pode receber impulsos de muitos neurônios sensoriais aferentes. Os neurônios aferentes também fazem conexões com neurônios sensoriais ascendentes, que passam pela substância branca da medula espinal, trazendo informações sobre reflexos periféricos para o encéfalo. A atividade reflexa pode, então, ser modificada pelos impulsos do encéfalo que passam ao longo dos neurônios motores descendentes, que encontram os neurônios motores eferentes finais antes de eles deixarem a medula espinal em direção à periferia do corpo.

Encéfalo

Ao contrário da medula espinal, que mudou pouco em estrutura durante a evolução dos vertebrados, o encéfalo mudou extraordinariamente. O encéfalo ancestral dos peixes e dos primeiros tetrápodes expandiu-se, formando um encéfalo profundamente sulcado e enormemente intrincado na linhagem que leva aos mamíferos (Figura 33.12). Ele atinge sua máxima complexidade no encéfalo humano, com cerca de 35 bilhões de neurônios, cada um capaz de receber informações de dezenas de milhares de sinapses ao mesmo tempo. A razão entre o peso do encéfalo e o da medula espinal proporciona um bom critério para determinar a inteligência de um animal. Nos peixes e anfíbios, essa razão é aproximadamente 1:1; nos seres humanos, a razão é 55:1 – em outras palavras, o encéfalo é 55 vezes mais pesado do que a medula espinal. Embora o encéfalo humano não seja o maior (o dos cachalotes é 7 vezes mais pesado) nem o mais convoluto (o dos golfinhos é ainda mais dobrado), ele é o melhor no desempenho geral.

O encéfalo dos primeiros vertebrados tinha três divisões principais: um encéfalo anterior, ou **prosencéfalo**; um encéfalo mediano, ou **mesencéfalo**; e um encéfalo posterior, ou **rombencéfalo** (Figura 33.13). Cada parte estava relacionada com um ou mais sentidos especiais: o prosencéfalo com o olfato, o mesencéfalo com a visão e o rombencéfalo com a audição e com o equilíbrio. Essas relações primitivas, porém muito fundamentais do encéfalo, foram em alguns casos amplificadas e, em outros, reduzidas ou obscurecidas durante a contínua evolução, conforme as prioridades sensoriais eram moldadas pelo hábitat e modo de vida do animal.

Rombencéfalo. O **bulbo** ou **medula oblonga**, a divisão mais posterior do encéfalo é, na verdade, uma continuação cônica da medula espinal (Figuras 33.13 e 33.14 A e B). O bulbo, juntamente com o mesencéfalo mais anterior, constitui o "tronco encefálico", uma área que controla inúmeras atividades vitais e, em grande parte, subconscientes, como o batimento cardíaco, a respiração, o tônus vascular, as secreções gástricas e a deglutição. O tronco encefálico também contém centros que parecem integrar a informação que chega da periferia em relação à saciedade e aos estímulos alimentares. A **ponte**, também parte do rombencéfalo, contém um espesso feixe de fibras que conduzem impulsos de um lado a outro do cerebelo, e também conecta o bulbo e o cerebelo às outras regiões do encéfalo (Figura 33.14 A e B).

O **cerebelo**, localizado dorsalmente em relação ao bulbo, controla o equilíbrio, a postura e o movimento (Figura 33.14 A e B). Seu desenvolvimento está diretamente relacionado com o modo de locomoção do animal, agilidade de movimento do membro e equilíbrio. Normalmente, ele é pouco desenvolvido nos anfíbios e répteis não aves, formas que vivem próximo ao solo, e bem desenvolvido nos peixes ósseos mais ágeis. Ele atinge seu apogeu nas aves e nos mamíferos, nos quais é muito expandido e com muitas dobras. O cerebelo não inicia o movimento, mas opera como um centro de controle preciso de erros, ou um servomecanismo, que programa um movimento iniciado em algum outro lugar, como o córtex motor do cérebro (Figura 33.14 A). Os primatas, e especialmente os seres humanos, dotados de uma destreza manual que

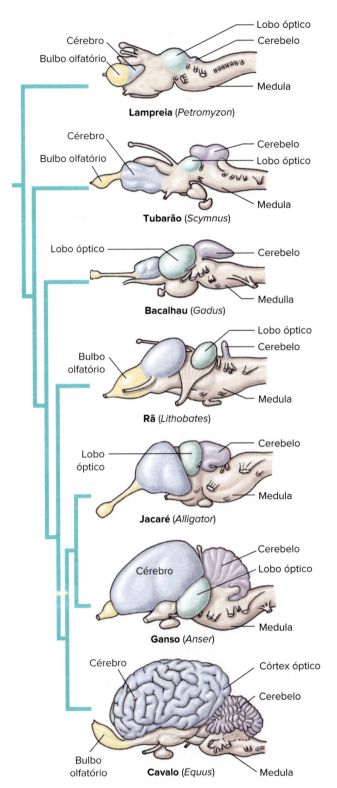

Figura 33.12 Evolução do cérebro dos vertebrados. Note o aumento progressivo de tamanho do cérebro. O cerebelo, relacionado com o equilíbrio e com a coordenação motora, é maior nos animais cujo equilíbrio e movimentos motores precisos são bem desenvolvidos (peixes, aves e mamíferos).

ultrapassa muito a dos outros animais, têm o cerebelo mais complexo. Os movimentos das mãos e dos dedos envolvem a coordenação cerebelar de contrações e relaxamentos simultâneos de centenas de músculos individuais.

Divisões do cérebro dos vertebrados

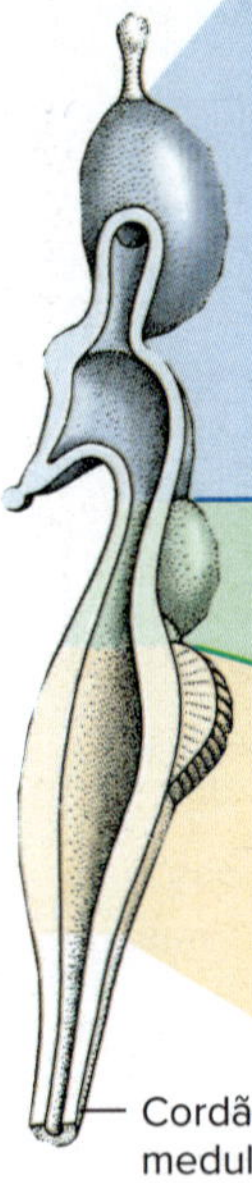

Vesícula embrionária		Principais componentes em adultos	Função
Embrião precoce	Embrião tardio		
Encéfalo frontal (Prosencéfalo)	Telencéfalo	Cérebro	A área motora controla os movimentos musculares voluntários; o córtex sensorial é o centro da percepção consciente do toque, pressão, vibração, dor, temperatura e paladar; áreas de associação integram e processam dados sensoriais.
	Diencéfalo	Tálamo	Parte do sistema límbico; integra informações sensoriais que chegam ao tálamo, projeta para lobos cerebrais frontais.
		Hipotálamo	Controla funções autônomas; define impulsos relacionados às vontades (sede, fome, desejo sexual) e comportamento reprodutivo; participa de respostas emocionais; secreta ADH, ocitocina; secreta hormônios de liberação para a regulação da hipófise anterior.
Encéfalo medial (Mesencéfalo)	Mesencéfalo	Lobos óticos (teto)	Integra a informação visual com outras informações sensoriais; transmite a informação auditiva.
		Núcleos do mesencéfalo	Controle involuntário do tônus muscular; processamento das sensações que chegam e dos comandos motores que saem.
Encéfalo posterior (Rombencéfalo)	Metencéfalo	Cerebelo	Coordenação involuntária e controle dos movimentos necessários para equilíbrio, tônus muscular e postura
		Ponte	Liga o cerebelo com outros centros encefálicos e com o bulbo e a medula espinal; modifica a saída dos centros respiratórios no bulbo
	Mielencéfalo	Bulbo	Controla a frequência e a força de contração cardíaca; controle vasomotor; estabelece a frequência respiratória; retransmite informação para o cerebelo; integra os estímulos de alimentação e saciedade

Cordão ou medula espinal

Figura 33.13 Divisões do cérebro dos vertebrados.

Mesencéfalo. O mesencéfalo (Figura 33.13) é formado principalmente pelo **teto** (incluindo os **lobos ópticos**), que contém núcleos que atuam como centros para reflexos visuais e auditivos (na linguagem neurofisiológica, um núcleo é um pequeno agregado de corpos celulares de neurônios, dentro do sistema nervoso central). O mesencéfalo sofreu pouca alteração evolutiva na sua estrutura entre os vertebrados, porém mudou significativamente na função. Ele atua como mediador dos comportamentos mais complexos de peixes e anfíbios, integrando a informação visual, tátil e auditiva. Tais funções foram gradualmente assumidas pelo prosencéfalo nos amniotas. Nos mamíferos, o prosencéfalo é principalmente um centro de retransmissão para a informação que vai para os centros encefálicos superiores.

Prosencéfalo. Logo à frente do mesencéfalo estão o **tálamo** e o **hipotálamo**, os elementos mais posteriores do prosencéfalo (Figura 33.14 B). O tálamo, em forma de ovo, é uma importante estação de retransmissão que analisa e transfere informação sensorial para os centros encefálicos superiores. No hipotálamo estão diversos centros "domésticos" que regulam a temperatura do corpo, o equilíbrio hídrico, o apetite e a sede – todas as funções relacionadas com a manutenção da constância interna (homeostase). As células neurossecretoras localizadas no hipotálamo produzem diversos neurormônios (descritos na Seção 34.3). O hipotálamo também contém centros para a regulação da função reprodutiva e do comportamento sexual, e participa nos comportamentos emocionais.

A região anterior do prosencéfalo ou **cérebro** (Figura 33.14 A e B) pode ser dividida em duas áreas anatomicamente distintas, o **paleocórtex** e o **neocórtex**. Originalmente relacionada com o olfato, ela se tornou bem desenvolvida nos peixes modernos e nos primeiros vertebrados terrestres, que dependiam desse sentido especial. Nos mamíferos, e especialmente nos primatas, o paleocórtex é uma área localizada profundamente e denominada rinencéfalo ("encéfalo nasal"), pois muitas de suas funções dependem da olfação. Mais conhecido como **sistema límbico**, ele atua como mediador de diversos comportamentos específicos de cada espécie, relacionados com o suprir das necessidades como alimentação e sexo. Uma região do sistema límbico, o **hipocampo**, tem sido extensamente estudada como um local envolvido com o aprendizado espacial e a memória. O hipocampo adquiriu notoriedade porque seus neurônios têm capacidade mitótica nos adultos, uma propriedade anteriormente desconhecida dos neurônios dos mamíferos.

Embora tenha surgido tardiamente na evolução dos vertebrados, o neocórtex obscurece completamente o paleocórtex e tornou-se tão expandido que envolve grande parte do prosencéfalo e todo o mesencéfalo (Figura 33.14). Quase todas as atividades de integração primitivamente atribuídas ao mesencéfalo foram transferidas para o neocórtex, ou **córtex cerebral**, que forma a matéria cinzenta da superfície do cérebro.

As funções do cérebro foram localizadas por estimulação direta de encéfalos expostos de pessoas e de animais experimentais, de exames pós-morte de pessoas que sofriam de lesões diversas e da remoção cirúrgica de áreas específicas do encéfalo em animais experimentais. O córtex contém áreas motoras e sensoriais individualizadas (Figuras 33.14 e 33.15). As áreas motoras controlam os movimentos musculares voluntários, enquanto o córtex sensorial é o centro da percepção consciente de toque, pressão, dor, temperatura e paladar. A visão, o olfato, a audição e a fala são regiões puramente sensoriais ou motoras localizadas em áreas específicas nos lobos cerebrais. Além disso, existem grandes áreas "silenciosas", denominadas **áreas de associação**, relacionadas com memória, julgamento, raciocínio e outras funções integrativas. Essas regiões não estão diretamente conectadas a órgãos sensoriais ou músculos.

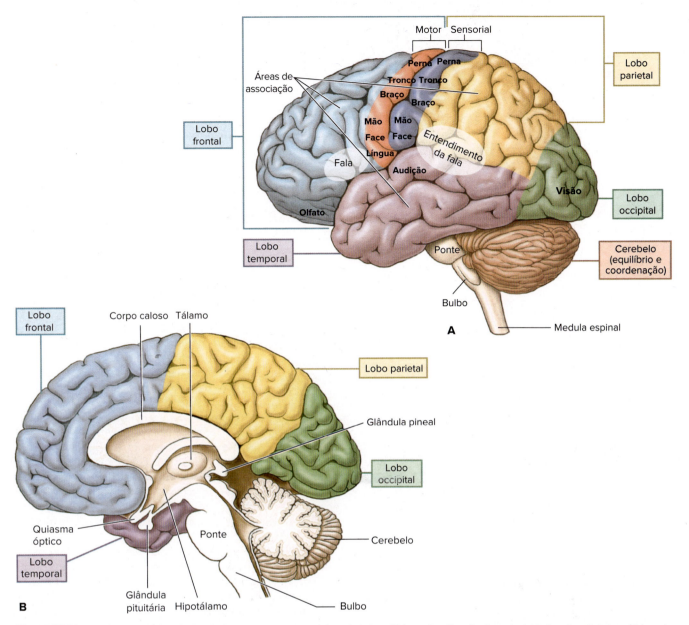

Figura 33.14 A. Vista externa do cérebro humano que mostra os lobos do telencéfalo e a localização das principais funções do telencéfalo e do cerebelo. **B.** Seção da linha mediana do encéfalo humano que mostra um hemisfério cerebral do telencéfalo, o tálamo e o hipotálamo do prosencéfalo, e a ponte, o bulbo e o cerebelo do rombencéfalo.

Portanto, nos mamíferos, e especialmente nos seres humanos, partes distintas do encéfalo atuam como mediadoras das funções conscientes e inconscientes. A mente inconsciente – todo o encéfalo, exceto o córtex cerebral – governa inúmeras funções vitais que foram excluídas do controle consciente: respiração, pressão sanguínea, frequência cardíaca, fome, sede, equilíbrio térmico, equilíbrio de sais, estímulo sexual e as emoções básicas (algumas vezes, irracionais). O encéfalo é, também, uma glândula endócrina complexa que regula e recebe retroalimentação do sistema endócrino do corpo (ver Capítulo 34). A mente consciente, ou córtex cerebral, é o local das atividades mentais superiores (p. ex., planejamento e raciocínio), memória e integração de informações sensoriais. A memória parece transcender todas as partes do encéfalo em vez de ser propriedade de uma região particular dele, como se acreditava anteriormente.

Os hemisférios direito e esquerdo do córtex cerebral são ligados por meio do corpo caloso (Figura 33.14 B), uma conexão neural pela qual os dois hemisférios são capazes de transferir informações e coordenar as atividades mentais. Nos seres humanos, os dois hemisférios são especializados em funções diferentes: o hemisfério esquerdo para o desenvolvimento da linguagem, capacidades matemáticas e de aprendizado e processos de pensamento sequencial; e o hemisfério direito para as atividades espaciais, musicais, artísticas, intuitivas e de percepção. Além disso, cada hemisfério controla o lado oposto do corpo. Sabe-se, há muito tempo, que mesmo danos extensos no hemisfério direito podem causar diversos graus de paralisia no lado esquerdo, mas têm pouco efeito sobre o intelecto e a fala. Ao contrário, danos causados no hemisfério esquerdo geralmente causam a perda da fala e podem acarretar efeitos desastrosos sobre o intelecto. Como essas diferenças na simetria e na função cerebral existem desde o nascimento, elas parecem ser inatas, em vez de serem resultado de efeitos causados pelo desenvolvimento ou pelo ambiente, como se acreditava anteriormente.

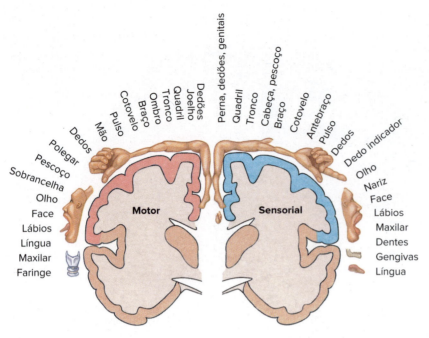

Figura 33.15 Arranjo dos córtices sensorial e motor mostrado em seção transversal (ver Figura 33.14 para uma vista da superfície). A localização das terminações sensoriais de diferentes partes do corpo é mostrada à direita; as origens das vias motoras descendentes são mostradas à esquerda. O córtex motor fica à frente do córtex sensorial; portanto, os dois não se sobrepõem. Esses mapas foram produzidos a partir do trabalho do neurocirurgião canadense Wilder Penfield, na década de 1930. Pesquisas mostram que o córtex motor não é tão ordenado como o mapa sugere; ao contrário, a correspondência entre as áreas corticais e as áreas do corpo que elas controlam é mais difusa.

A especialização dos hemisférios foi considerada por muito tempo uma característica unicamente humana, porém foi descoberta recentemente nos encéfalos de pássaros canoros, nos quais um lado do encéfalo é especializado para a produção do canto.

Tema-chave 33.2
CONEXÃO COM SERES HUMANOS

Hidrocefalia e função cerebral

Embora o grande tamanho de seu cérebro faça com que os seres humanos sejam, sem dúvida, os mais inteligentes dos animais, é evidente que podem continuar inteligentes mesmo sem boa parte do cérebro. As varreduras dos encéfalos de pessoas com hidrocefalia mostram que, embora muitas delas sejam funcionalmente deficientes, outras são quase normais. A hidrocefalia é o aumento exacerbado da cabeça em relação ao seu tamanho normal; ela é resultante de distúrbios de pressão que causam o aumento de tamanho dos ventrículos cerebrais, que são cavidades preenchidas por fluido presentes dentro do encéfalo. O crânio de um jovem com hidrocefalia era quase totalmente preenchido por fluido cefalorraquidiano, e o único córtex cerebral remanescente era uma fina camada de tecido, com 1 mm de espessura, pressionado contra o crânio. Ainda assim, esse jovem, com apenas 5% do seu encéfalo, obteve uma das melhores notas em matemática em uma universidade britânica e era socialmente normal. Esta e outras observações igualmente notáveis sugerem que há uma enorme redundância e capacidade de reserva na função corticocerebral. Elas sugerem, ainda, que as estruturas profundas do encéfalo, as quais foram relativamente poupadas nos hidrocefálicos, podem desempenhar funções que antes eram atribuídas apenas ao córtex.

Sistema nervoso periférico

O sistema nervoso periférico inclui todos os tecidos nervosos localizados fora do sistema nervoso central. Ele tem duas divisões funcionais: **divisão sensorial** ou **aferente**, a qual traz a informação sensorial para o sistema nervoso central, e **divisão motora** ou **eferente**, a qual conduz os comandos motores para os músculos e glândulas. A divisão eferente tem dois componentes: (1) **sistema nervoso somático**, que inerva a musculatura esquelética (ver Figura 33.11), e (2) **sistema nervoso autônomo**, que inerva os músculos lisos, os cardíacos e as glândulas.

Sistema nervoso autônomo. O sistema autônomo controla as funções internas involuntárias do corpo que, normalmente, não afetam a consciência, como os movimentos do canal alimentar e do coração, a contração da musculatura lisa dos vasos sanguíneos, da bexiga urinária, da íris dos olhos e outras, além das secreções de várias glândulas.

Os nervos autônomos originam-se no encéfalo ou na medula espinal, assim como os nervos do sistema nervoso somático, porém, ao contrário destes últimos, as fibras autônomas são formadas não por um, mas por dois neurônios motores (Figura 33.16). Eles fazem sinapse uma vez antes de deixar a medula e antes de chegar ao órgão efetor. Essas sinapses estão localizadas fora da medula espinal, em gânglios. Os axônios que passam da medula para os gânglios são denominados neurônios *pré-ganglionares*; aqueles que passam dos gânglios para os órgãos efetores são denominados neurônios *pós-ganglionares*.

As subdivisões do sistema autônomo são o **sistema simpático** e o **sistema parassimpático**. A maioria dos órgãos no corpo é inervada tanto por neurônios simpáticos quanto parassimpáticos, cujas ações são antagônicas (Figura 33.17). Se um neurônio estimula uma atividade, o outro a inibe. Entretanto, nenhum dos dois tipos de nervos é exclusivamente excitatório ou inibitório. Por exemplo, os neurônios parassimpáticos inibem o batimento cardíaco, mas excitam os movimentos peristálticos do intestino; os neurônios simpáticos aumentam o batimento cardíaco, mas inibem o movimento peristáltico intestinal.

Os neurônios parassimpáticos emergem do sistema nervoso central, tanto em nervos cranianos do tronco encefálico quanto em nervos espinais que emergem da região sacral (pélvica) da medula espinal (Figuras 33.16 e 33.17). Na divisão simpática, os corpos celulares de todos os neurônios pré-ganglionares estão localizados nas áreas torácica e lombar superior da medula espinal. Seus neurônios saem pelas raízes ventrais dos nervos espinais, separam-se deles e dirigem-se para os gânglios simpáticos (Figura 33,17; ver Figura 33.10), que são pareados e formam uma cadeia em cada um dos lados da coluna espinal.

Os gânglios normalmente estão distantes do órgão efetor no sistema simpático (p. ex., o gânglio simpático mostrado na Figura 33.10) e frequentemente estão imersos nas camadas de tecido próximas aos órgãos efetores no sistema parassimpático (Figura 33.16).

Todos os neurônios pré-ganglionares, sejam simpáticos ou parassimpáticos, liberam acetilcolina em suas sinapses com as

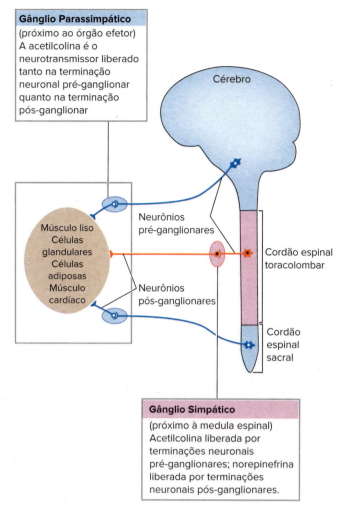

Figura 33.16 Organização geral do sistema nervoso autônomo.

células pós-ganglionares. Entretanto, os neurônios pós-ganglionares parassimpáticos liberam acetilcolina em suas terminações, enquanto os neurônios pós-ganglionares simpáticos, com poucas exceções, liberam norepinefrina (também chamada norepinefrina). Essa diferença é uma outra característica importante que distingue as duas partes do sistema nervoso autônomo.

De maneira geral, a divisão parassimpática está associada a atividades não estressantes, como o repouso, a alimentação, a digestão e a micção. A divisão simpática é ativada sob condições de estresse físico ou emocional. Sob tais condições, a frequência cardíaca aumenta, os vasos sanguíneos dos músculos esqueléticos dilatam-se, os vasos sanguíneos viscerais contraem-se, a atividade do trato intestinal diminui e a taxa metabólica aumenta. A importância dessas respostas nas reações de emergência (às vezes chamadas de respostas de medo, luta ou fuga) está descrita na Seção 34.3. No entanto, é importante salientar que a divisão simpática também está ativa, em certo grau, durante as condições de repouso, mantendo normal a pressão sanguínea e a temperatura do corpo.

33.4 ÓRGÃOS DOS SENTIDOS

Os animais necessitam de um influxo constante de informação do ambiente a fim de regularem suas vidas. Os órgãos dos sentidos são receptores sensoriais especializados projetados para detectar a condição e as mudanças ambientais. Os órgãos dos sentidos de um animal constituem o primeiro nível de percepção ambiental; eles trazem a informação para o sistema nervoso central.

Um **estímulo** é uma forma de energia – elétrica, mecânica, química ou radiante. Os receptores sensoriais presentes em um órgão do sentido transformam a energia do estímulo em potenciais de ação nervosos, a linguagem comum do sistema nervoso. Em um sentido bem real, portanto, os órgãos dos sentidos são transdutores biológicos. Um microfone, por exemplo, é um transdutor que converte energia mecânica (som) em energia elétrica. Assim como um microfone, que é sensível apenas ao som, os receptores sensoriais são, em geral, específicos para um tipo de estímulo. Dessa forma, os olhos respondem apenas à luz, as orelhas apenas ao som, os receptores de pressão apenas à pressão e os quimiorreceptores às substâncias químicas, convertendo todas as formas de energia em potenciais de ação que podem ser transmitidos para o sistema nervoso central. Uma resposta ocorre por meio do arco reflexo descrito anteriormente e que é fundamental para todos os sistemas nervosos, ou por uma resposta muito mais complexa envolvendo várias regiões cerebrais e efetores.

Considerando que todos os potenciais de ação são qualitativamente semelhantes, como os animais percebem e distinguem diferentes sensações de estímulos variados? A resposta é que a verdadeira percepção da sensação ocorre em regiões particulares do encéfalo, onde os receptores sensoriais de cada órgão sensorial têm sua própria conexão. Esse conceito de "linhas rotuladas" de comunicação com regiões específicas do encéfalo foi descrito pela primeira vez nos anos de 1830 por Johannes Müller, que o chamou de **lei das energias nervosas específicas**. Os potenciais de ação que chegam a determinada área sensorial do encéfalo podem ser interpretados apenas de uma maneira. Por exemplo, a pressão sobre os olhos faz-nos ver "estrelas" ou outros padrões visuais; distorções mecânicas no olho desencadeiam potenciais de ação nas fibras do nervo óptico, que são percebidas como sensações luminosas.

Classificação dos receptores

Os receptores são tradicionalmente classificados de acordo com sua localização. Aqueles que estão próximos à superfície externa, denominados **exorreceptores**, mantêm o animal informado sobre seu ambiente externo. As partes internas do corpo têm **endorreceptores**, que recebem estímulos dos órgãos internos. Os músculos, tendões e articulações têm **proprioceptores**, que são sensíveis às mudanças nas tensões dos músculos e proporcionam ao organismo um senso de posição do corpo. Algumas vezes, os receptores são classificados de acordo com a forma de energia à qual respondem, como, por exemplo, **química**, **mecânica**, **luminosa** ou **térmica**.

Quimiorrecepção

A quimiorrecepção é o sentido mais antigo e mais universal no Reino Animal e nos eucariotos unicelulares. Ela provavelmente orienta o comportamento do organismo mais do que qualquer outro sentido. As formas unicelulares utilizam **receptores químicos de contato** para localizar alimento e água adequadamente oxigenada e para evitar substâncias perigosas. Esses receptores estimulam um comportamento de orientação, denominado **quimiotaxia**, em direção a uma fonte química ou para longe dela. A maioria dos animais é dotada de **receptores químicos a distância** especializados que são frequentemente desenvolvidos com um grau de sensibilidade extraordinário. A quimiorrecepção a distância, normalmente chamada de olfação ou olfato, orienta o

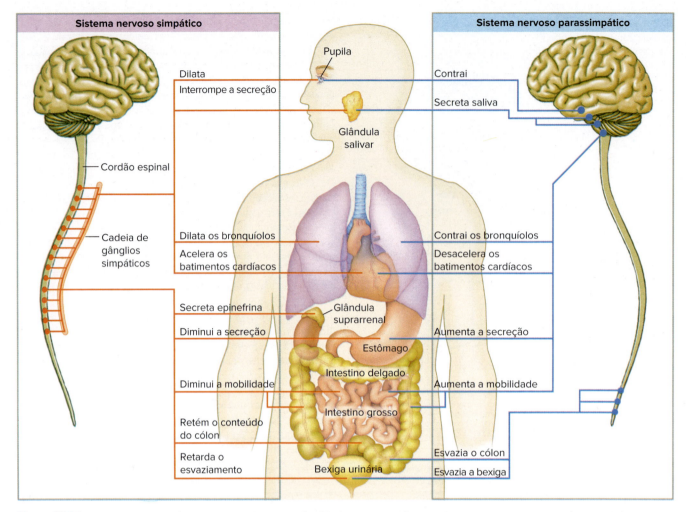

Figura 33.17 Sistema nervoso autônomo em seres humanos. A saída dos nervos autônomos do sistema nervoso central é mostrada à esquerda. O fluxo simpático (vermelho, à esquerda) provém das áreas torácica e lombar da medula espinal por meio de uma cadeia de gânglios simpáticos. O fluxo parassimpático (azul, à direita) origina-se das regiões craniana e sacral do sistema nervoso central. Gânglios parassimpáticos (não mostrados) estão localizados em ou adjacentes aos órgãos inervados. A maioria dos órgãos é inervada por fibras das divisões simpática e parassimpática.

comportamento alimentar, a localização e a seleção de parceiros sexuais, a marcação de trilhas e de território e as reações de alarme de muitos animais.

Em todos os vertebrados e nos insetos, os sentidos do **paladar** e do **olfato** são claramente distintos. Apesar de haver semelhanças entre os receptores do paladar e do olfato, em geral o paladar é mais limitado nas respostas e menos sensível do que o olfato. Os centros do paladar e do olfato no sistema nervoso central estão localizados em diferentes regiões do encéfalo.

Os quimiorreceptores dos insetos estão localizados em pelos sensoriais denominados sensilas. As sensilas gustativas ocorrem nas peças bucais, nas pernas, nas margens das asas e no ovipositor das fêmeas. Elas têm um único poro na ponta e reconhecem quatro classes de compostos: açúcares (atrativo), amargor (repelente), sais e água. As sensilas olfatórias ocorrem na cabeça em dois pares de órgãos olfatórios: as antenas e os palpos maxilares (ver Figura 21.17). Os poros presentes nas paredes cuticulares dessas sensilas permitem que as moléculas odoríferas e de feromônios provenientes do ambiente entrem em contato com os neurônios receptores olfatórios.

Os insetos sociais e muitos outros animais, incluindo os mamíferos, produzem compostos específicos para a espécie, chamados de **feromônios**, que constituem uma linguagem química altamente desenvolvida. Os feromônios são um grupo diverso de compostos

orgânicos que um animal libera para afetar a fisiologia ou o comportamento de outro indivíduo da mesma espécie. As informações a respeito de território, hierarquia social, sexo e estado reprodutivo são transmitidas por esse sistema. As formigas, por exemplo, possuem glândulas que produzem inúmeros sinais químicos (Figura 33.18), incluindo as glândulas liberadoras de feromônios, como os feromônios de alarme e de trilha, e feromônios primários, que alteram os sistemas endócrino e reprodutivo das diferentes castas em uma colônia.

Nos vertebrados, os receptores do paladar ocorrem na cavidade bucal e especialmente na língua (Figura 33.19), onde proporcionam um meio para avaliar os alimentos antes de serem deglutidos. Uma **papila gustativa** consiste em um agrupamento de células receptoras circundadas por células de suporte; ela tem um pequeno poro externo, pelo qual se projetam as delgadas terminações das células sensoriais. As substâncias químicas que estão sendo provadas interagem com sítios receptores específicos nas microvilosidades das células receptoras. As sensações gustativas são categorizadas como doce, salgada, azeda, amarga e *umami* (uma palavra japonesa que poderia ser traduzida como "saborosa"). Embora os mecanismos sejam diferentes para cada sensação gustativa básica, as células receptoras são despolarizadas pela substância química específica e são gerados potenciais de ação. Ao contrário do que se pensava anteriormente, os receptores gustativos podem responder a diferentes tipos de categorias gustativas, embora possam responder mais fortemente a um tipo em particular. Esses potenciais de ação são transmitidos pelas sinapses químicas (ver Seção 33.2), sendo conduzidos ao longo de neurônios sensoriais até regiões específicas do encéfalo. A discriminação gustativa depende da avaliação da atividade relativa de cinco subtipos diferentes de receptores gustativos pelo encéfalo. Essa avaliação é semelhante à visão em cores dos vertebrados, onde um arco-íris inteiro de cores pode ser diferenciado pela excitação relativa de apenas três tipos de fotorreceptores de cor (ver Figura 33.3). Como as células receptoras estão sujeitas à abrasão pelos alimentos, as papilas gustativas têm vida curta (5 a 10 dias nos mamíferos) e são continuamente substituídas.

Embora o olfato seja o sentido principal para muitos animais, utilizado para a identificação de alimentos, de parceiros sexuais e de predadores, ele é mais desenvolvido nos mamíferos. Mesmo os seres humanos, apesar de não serem uma espécie muito famosa pela identificação de cheiros, podem discriminar talvez 20 mil odores diferentes. O nariz humano é capaz de detectar 1/25 de um milionésimo de 1 mg de mercaptana, a substância odorífera dos gambás norte-americanos. Ainda assim, nossas capacidades olfatórias são mínimas, comparadas com aquelas de outros mamíferos que dependem do olfato para a sobrevivência. Um cachorro explora novos arredores com seu nariz da mesma forma que fazemos com nossos olhos. A competência olfatória dos cães é auxiliada pelo fato de terem um nariz localizado próximo ao chão, onde tendem a ficar os odores das criaturas que passaram por lá. Muitos cães também têm focinho alongado que oferece espaço para um número maior de receptores de odores.

As terminações olfatórias estão localizadas em um epitélio especial recoberto por uma fina camada de muco, posicionado no fundo da cavidade nasal (Figura 33.20). Dentro desse epitélio estão milhões de neurônios olfatórios, cada um deles com diversos cílios em forma de pelos projetando-se das extremidades livres. As moléculas de odores que entram no nariz ligam-se a proteínas receptoras localizadas nos cílios; essa ligação gera potenciais de ação que são conduzidos ao longo de axônios até o bulbo olfatório no encéfalo. A partir daí, a informação olfatória é enviada para o córtex olfatório, onde os odores são analisados. A informação sobre os odores é então projetada para os centros superiores do encéfalo que influenciam as emoções, os pensamentos e o comportamento.

Utilizando técnicas de genética molecular (ver Seção 5.5), os pesquisadores descobriram uma grande família de genes que parece codificar a recepção olfatória nos mamíferos (incluindo nos seres humanos). Cerca de setenta genes da mesma família foram identificados na mosca-das-frutas, *Drosophila*, e alguns também no nematódeo *C. elegans*. A família de genes para o olfato é, portanto, antiga e altamente conservada ao longo da evolução. Cada um dos cerca de mil genes descobertos nos mamíferos codifica um tipo diferente de receptor olfatório. Uma vez que os mamíferos podem detectar pelo menos 20 mil odores diferentes, cada receptor deve responder a várias moléculas de odor, e cada molécula odorífera deve ligar-se a diversos tipos de receptores, cada um dos quais respondendo a uma parte da estrutura da molécula. Técnicas de mapeamento cerebral mostraram que cada neurônio olfatório se projeta até um local característico no bulbo olfatório, proporcionando um mapa bidimensional que identifica quais receptores foram ativados no nariz. Além disso, os neurônios olfatórios que expressam o mesmo gene receptor de odor convergem para uma região fixa no bulbo olfatório, o que pode proporcionar uma explicação para a sensibilidade extremamente alta do olfato. Projetada para o encéfalo, a informação olfatória é reconhecida como um aroma específico.

Como o sabor do alimento depende dos odores que chegam até o epitélio olfatório pela passagem da garganta, o paladar e o olfato são facilmente confundidos. Todos os "sabores", além dos cinco básicos (doce, azedo, amargo, salgado e *umami*), resultam de moléculas de sabor que atingem o epitélio olfatório desse modo. O alimento perde seu atrativo durante um resfriado comum porque um nariz entupido bloqueia os aromas que sobem da boca.

Muitos vertebrados terrestres têm um órgão olfatório adicional, o **órgão vomeronasal (VNO** ou **órgão de Jacobson)**. O VNO também é revestido por epitélio olfatório e está localizado em passagens pareadas de fundo cego que se abrem na cavidade nasal ou oral. As células receptoras olfatórias do VNO respondem aos sinais químicos representados por várias substâncias químicas, incluindo odores alimentares (em cobras) e feromônios (em mamíferos). O exemplo mais bem estabelecido de comunicação feromonal nos seres humanos é aquele da sincronização do ciclo menstrual que ocorre em mulheres que vivem juntas em grande associação, como em dormitórios.

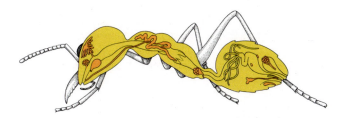

Figura 33.18 Glândulas produtoras de feromônios em uma formiga (*mostradas em laranja*).

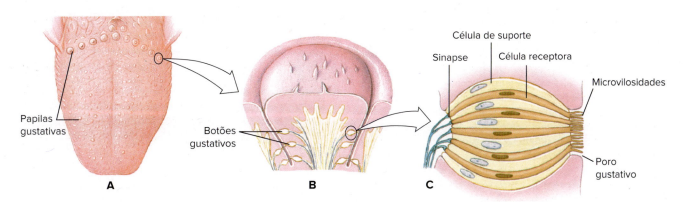

Figura 33.19 Receptores do paladar. **A.** Superfície da língua humana que mostra a localização das papilas gustativas. **B.** Posição dos botões gustativos em uma papila gustativa. **C.** Estrutura de um botão gustativo.

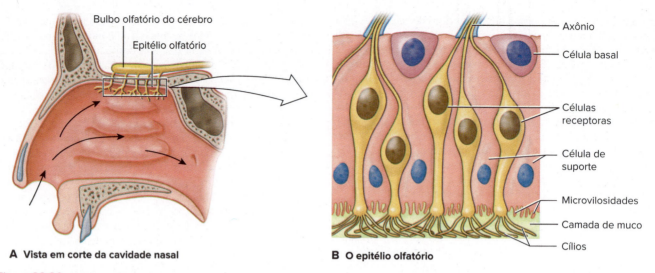

Figura 33.20 Epitélio olfatório humano. **A.** O epitélio é um pedaço de tecido localizado no teto da cavidade nasal. **B.** Ele é composto por células de suporte, células basais e células receptoras olfatórias com cílios projetando-se das extremidades livres.

Mecanorrecepção

Os mecanorreceptores são sensíveis a forças quantitativas como o toque, a pressão, o estiramento, o som, a vibração e a gravidade – em resumo, respondem ao movimento. Os animais interagem com seus ambientes, alimentam-se, mantêm posturas normais, e andam, nadam ou voam, utilizando um fluxo constante de informação dos mecanorreceptores.

Tato

Os invertebrados, especialmente os insetos, têm muitos tipos de receptores sensíveis ao tato. Tais receptores são bem dotados com cerdas táteis sensíveis ao toque e às vibrações. Os receptores superficiais de tato dos vertebrados são distribuídos pelo corpo, mas tendem a estar concentrados em áreas especialmente importantes para explorar e interpretar o ambiente. Na maioria dos vertebrados, essas áreas são o rosto e as extremidades dos membros. Dos mais de meio milhão de pontos isolados sensíveis ao toque existentes na superfície do corpo humano, a maioria ocorre na língua e nas pontas dos dedos, como seria esperado com base na grande porção de córtex sensorial que recebe informação dessas regiões (ver Figura 33.15). Os receptores de tato mais simples são terminações nervosas expostas na pele, porém os receptores de tato assumem várias formas e tamanhos. Cada folículo piloso está repleto de receptores sensíveis ao tato.

Os **corpúsculos de Pacini**, mecanorreceptores relativamente grandes que registram o tato profundo e a pressão na pele dos mamíferos, ilustram as propriedades gerais dos mecanorreceptores. Esses corpúsculos são comuns nas camadas profundas da pele, no tecido conjuntivo que circunda os músculos e os tendões, e no mesentério abdominal. Cada corpúsculo consiste em uma terminação neural envolta por uma cápsula de inúmeras camadas concêntricas de tecido conjuntivo, como uma cebola (Figura 33.21). A pressão em qualquer ponto da cápsula distorce a terminação nervosa, produzindo um **potencial receptor** graduado, um fluxo local de corrente elétrica semelhante a um potencial excitatório pós-sináptico (ver Figura 33.8). Os estímulos progressivamente mais fortes levam a potenciais receptores correspondentemente mais fortes até que uma **corrente limiar** seja produzida; essa corrente inicia um potencial de ação em uma fibra nervosa sensorial. Um segundo potencial de ação é iniciado quando a pressão é retirada, mas não durante a pressão. Essa resposta é chamada de adaptação (não confundir com o significado evolutivo desse termo [ver Seção 6.2]) e caracteriza muitos receptores táteis, admiravelmente apropriados para detectar uma mudança mecânica repentina, mas que se adaptam prontamente às novas condições. Nós percebemos novas pressões quando colocamos os sapatos e as roupas pela manhã, mas não somos lembrados dessas pressões o dia todo.

Dor

Os receptores da dor são terminações de fibras nervosas relativamente não especializadas que respondem a uma série de estímulos que sinalizam danos potenciais ou reais nos tecidos. Essas terminações nervosas livres também respondem a outros estímulos, como movimentos mecânicos de um tecido e mudanças de temperatura. As fibras de dor respondem a pequenos peptídeos, como a substância P e as bradiquininas, liberadas por células danificadas. Esse tipo de resposta é denominado *dor lenta*. As respostas de *dor rápida* (p. ex., uma espetada de alfinete, estímulos frios ou quentes) são uma resposta mais direta das terminações nervosas a estímulos mecânicos ou térmicos.

Tema-chave 33.3

ADAPTAÇÃO E FISIOLOGIA

Analgésicos do próprio corpo

A dor é um sinal de alarme do corpo, sinalizando algum estímulo nocivo ou um problema interno. Embora não haja um centro cortical para a dor, áreas isoladas foram localizadas no tronco encefálico onde chegam as mensagens de dor periféricas. Essas áreas contêm dois tipos de pequenos peptídeos, as endorfinas e as encefalinas, que são opiáceos endógenos com atividade semelhante à morfina e ao ópio. Quando liberadas, elas ligam-se a receptores específicos para os opiáceos no mesencéfalo. Elas são os analgésicos próprios do corpo.

Assim como a dor é um sinal de perigo, a sensação de prazer é um sinal de um estímulo útil ao organismo. O prazer depende do estado interno do animal e é julgado em relação à homeostase e a determinada situação fisiológica. Os estados de prazer podem ser produzidos pela liberação de opioides endógenos no sistema nervoso central.

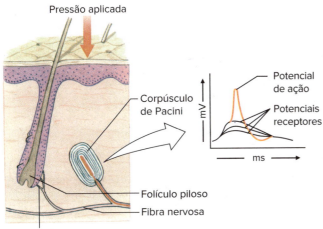

Figura 33.21 Resposta do corpúsculo de Pacini à pressão. A pressão progressivamente mais forte produz potenciais receptores cada vez mais fortes. Quando o estímulo limiar é atingido, um potencial de ação do tipo tudo ou nada é gerado na fibra nervosa aferente.

Sistema da linha lateral dos peixes e anfíbios

A linha lateral é um sistema de recepção de tato a distância para detectar a vibração das ondas e correntes d'água. As células receptoras, denominadas **neuromastos**, estão localizadas na superfície do corpo nos anfíbios aquáticos e alguns peixes, mas, em muitos peixes, elas estão localizadas no interior de canais que correm abaixo da epiderme; esses canais abrem-se para a superfície a intervalos (Figura 33.22). Cada neuromasto é um conjunto de **células ciliadas** com terminações sensoriais, ou cílios, imersos em uma massa gelatinosa em forma de cunha, a **cúpula**. A cúpula projeta-se para o centro do canal da linha lateral de forma a inclinar-se em resposta a qualquer distúrbio da água na superfície do corpo. O sistema da linha lateral é um dos principais sistemas sensoriais que orientam os peixes em seus movimentos e na localização de predadores, presas e parceiros sociais (Figura 24.8).

Tema-chave 33.4
ADAPTAÇÃO E FISIOLOGIA

Sinais bioelétricos

A linha lateral tem outra função em alguns peixes, a recepção de pequenos sinais bioelétricos (produzidos durante a atividade cardíaca e muscular) de outros membros da sua espécie ou de uma espécie invasora ou presa. As **células eletrorreceptoras** são encontradas em poros, intimamente associadas ao sistema da linha lateral e, em algumas espécies, como os tubarões, concentradas principalmente na cabeça (ver Figura 24.8). Além de receber sinais elétricos, alguns peixes são capazes de gerar campos elétricos fracos ou fortes produzidos por **órgãos elétricos**, que são músculos modificados localizados próximos à cauda (p. ex., em alguns peixes de água doce, como os bagres e as enguias elétricas). Os invasores ou presas podem ser localizados conforme produzem uma perturbação no campo elétrico. Potenciais parceiros são reconhecidos em algumas espécies porque a frequência de descargas é diferente entre os sexos. Os peixes com campos elétricos fortes podem utilizar a eletrolocalização tanto para localizar quanto para atordoar sua presa (enguias elétricas). Outros não têm eletrorreceptores, mas possuem órgãos elétricos em ambos os lados da cabeça (p. ex., nas raias elétricas marinhas, ver Figura 24.12) e usam uma corrente elétrica para atordoar a presa.

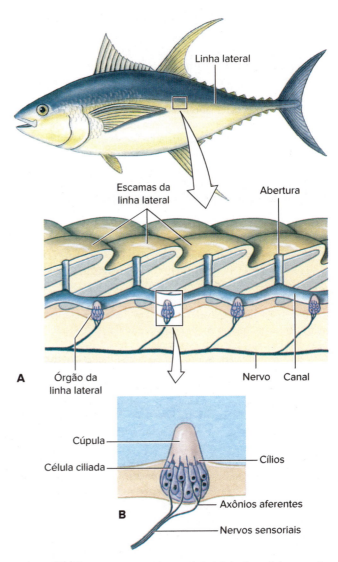

Figura 33.22 Sistema da linha lateral. **A.** A linha lateral de um peixe ósseo com neuromastos expostos. **B.** Estrutura de um neuromasto (órgão da linha lateral).

As células ciliadas formam um importante componente sensorial de diversos mecanorreceptores encontrados nos órgãos de equilíbrio tanto dos invertebrados (estatocistos) quanto dos vertebrados (órgão vestibular), discutidos na Seção 33.4.

Audição

Uma orelha é um receptor especializado para detectar ondas sonoras no ambiente circundante. Como a comunicação e a recepção sonora são parte integrante da vida dos vertebrados terrestres, poderíamos ficar surpresos ao descobrir que a maioria dos invertebrados habita um mundo silencioso. Apenas certos grupos de artrópodes – crustáceos, aranhas e insetos – desenvolveram órgãos receptores de som verdadeiros. Mesmo entre os insetos, apenas os gafanhotos, cigarras, grilos e a maioria das mariposas têm orelhas, e são projetos simples: um par de sacos aéreos, cada qual envolvido por uma membrana timpânica que conduz as vibrações sonoras às células sensoriais. Apesar da construção espartana, as orelhas dos insetos são projetadas maravilhosamente para detectar o som de um parceiro potencial, um macho rival ou um predador.

De especial interesse são os detectores ultrassônicos de certas mariposas noturnas. Eles evoluíram especificamente para detectar a aproximação de morcegos, e assim diminuir sua chance de se transformar em presa de um morcego (a ecolocalização nos morcegos é descrita na Seção 28.2). Cada orelha da mariposa tem apenas dois receptores sensoriais, A_1 e A_2 (Figura 33.23). O receptor A_1 responde aos sibilados ultrassônicos de um morcego quando ele ainda está muito longe para detectar a mariposa. À medida que o morcego se aproxima e seus sibilados aumentam de intensidade, o receptor dispara mais rápido, informando à mariposa que o predador está chegando perto. Como a mariposa tem duas orelhas, seu sistema nervoso pode determinar a posição do morcego pela comparação das frequências de disparo das duas orelhas. A estratégia da mariposa é voar para longe antes que o morcego a detecte. Porém, se o predador continua a se aproximar, o segundo receptor (A_2) de cada orelha, que responde apenas a sons de alta intensidade, irá disparar. A mariposa responde imediatamente com uma manobra evasiva, em geral um poderoso mergulho na direção de um arbusto ou para o solo, onde estará segura porque o morcego não consegue distinguir entre o eco da mariposa e aqueles dos seus arredores (ver Tema-chave 21.4, para ver como uma mariposa-luna sobrevive ao ataque de um morcego redirecionando-o para as suas asas caudais, que não são essenciais ao voo).

Na sua evolução, as orelhas dos vertebrados originaram-se como um órgão de equilíbrio, ou **labirinto**, cuja função de manter o equilíbrio é descrita na próxima seção. Em todos os vertebrados mandibulados, de peixes a mamíferos, o labirinto tem uma estrutura semelhante, consistindo em duas pequenas câmaras denominadas **sáculo** e **utrículo**, e três **canais semicirculares** (Figura 33.24). Nos peixes, a base do sáculo estende-se em uma diminuta bolsa (a **lagena**) que, durante a evolução dos vertebrados, desenvolveu-se em um receptor auditivo dos tetrápodes. Com o contínuo aperfeiçoamento e alongamento nas aves e nos mamíferos, a lagena digitiforme foi modificada, formando a **cóclea**.

Uma orelha humana (Figura 33.25) é representativa das orelhas dos mamíferos. A orelha externa, ou aurícula, recolhe as ondas sonoras e as canaliza por meio de um **canal auditivo** até um tímpano ou **membrana timpânica**, localizado próximo à orelha

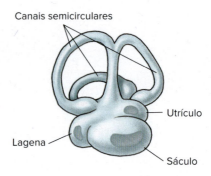

Figura 33.24 Dispositivo vestibular de um peixe teleósteo, contendo três canais semicirculares que respondem à aceleração angular; dois órgãos de equilíbrio (utrículo e sáculo), que são receptores estáticos que sinalizam a posição do peixe em relação à gravidade; e uma câmara pequena, a lagena, a qual é especializada para a recepção do som.

média. A orelha média é uma câmara com ar contendo uma notável cadeia de três minúsculos ossos, ou ossículos, o **martelo**, a **bigorna** e o **estribo**, nomeados devido à imaginária semelhança com esses objetos. Esses ossos conduzem as ondas sonoras pela orelha média (Figura 33.25 B) e estão dispostos de tal forma que a força das ondas sonoras empurrando a membrana timpânica é amplificada em até 90 vezes no local onde o estribo entra em contato com a **janela oval** da orelha interna. Os músculos ligados aos ossos da orelha média contraem-se quando a orelha recebe ruídos muito altos, proporcionando à orelha interna certa proteção contra danos. A orelha média conecta-se à faringe por meio da **tuba auditiva**, que permite a equalização de pressão em ambos os lados da membrana timpânica.

Tema-chave 33.5
EVOLUÇÃO

Origem dos ossículos da orelha

A origem dos três minúsculos ossos da orelha média dos mamíferos – o martelo, a bigorna e o estribo – é uma das transições mais extraordinárias e bem documentadas na evolução dos vertebrados. Os anfíbios e os répteis – incluindo as aves – têm um único ossículo em forma de bastonete na orelha, o estribo (também chamado de columela), que se originou como um suporte para o maxilar (o hiomandibular), tal qual é visto nos peixes (ver Figura 23.16). Com a evolução dos primeiros tetrápodes, o neurocrânio tornou-se firmemente unido ao crânio, e o hiomandibular, agora não mais necessário para apoiar o maxilar, foi convertido no estribo. De forma semelhante, os dois outros ossículos da orelha média dos mamíferos – o martelo e a bigorna – originaram-se de partes do maxilar dos primeiros vertebrados. O osso quadrado do maxilar superior dos primeiros vertebrados transformou-se na bigorna, e o osso articular do maxilar transformou-se no martelo. A homologia dos ossos dos maxilares dos primeiros vertebrados com os ossos da orelha dos mamíferos está claramente documentada no registro fóssil e no desenvolvimento embriológico dos mamíferos.

Dentro da orelha interna está o órgão da audição, ou **cóclea** (do grego *cochlea*, concha de caracol), que é enrolada nos mamíferos, fazendo duas voltas e meia nos seres humanos (Figura 33.25 B). A cóclea está dividida longitudinalmente em três canais tubulares preenchidos por fluido que correm paralelamente entre si. Tal relação está indicada na Figura 33.26. Esses canais tornam-se

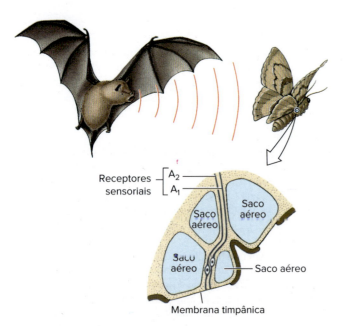

Figura 33.23 Orelha de uma mariposa utilizado para detectar a aproximação de morcegos. Ver o texto para explicações.

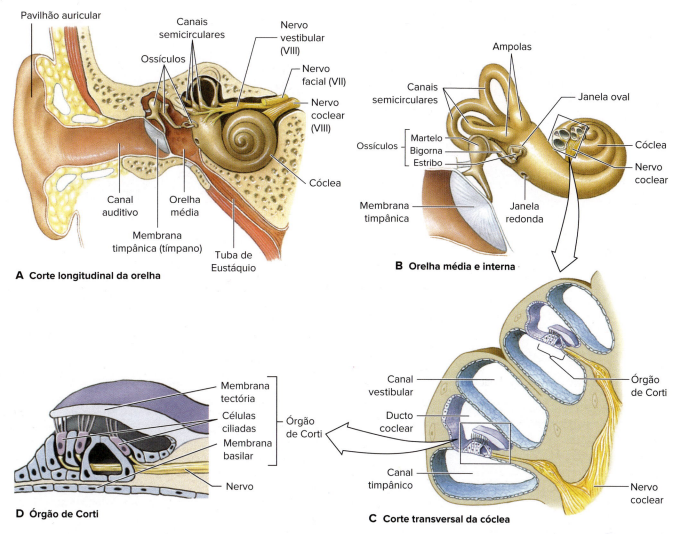

Figura 33.25 A orelha humana. **A.** Corte longitudinal que mostra as orelhas externa, média e interna. **B.** Ampliação da orelha média e orelha interna. A cóclea da orelha interna foi aberta para mostrar a disposição dos canais em seu interior. **C.** Seção transversal ampliada da cóclea que mostra o órgão de Corti. **D.** Detalhe da ultraestrutura do órgão de Corti.

progressivamente menores da base da cóclea até o ápice. Um deles é chamado de **canal vestibular**; sua base é fechada pela janela oval. O **canal timpânico**, que está em comunicação com o canal vestibular na ponta da cóclea, tem sua base fechada pela **janela redonda**. Entre esses dois canais há um **ducto coclear**, que contém o **órgão de Corti**, o dispositivo sensorial de fato (Figura 33.25 C e D). Dentro do órgão de Corti, existem finas fileiras de células ciliadas que se estendem por todo o comprimento da cóclea, da base até a ponta. Pelo menos 24 mil células ciliadas estão presentes no ouvido humano. Na realidade, os 80 a 100 "cílios" de cada célula são microvilosidades e um único cílio grande (ver Figuras 3.11 e 29.12), que se projeta para dentro da endolinfa do canal coclear. Cada uma das células está conectada a neurônios do nervo auditivo. As células ciliadas repousam na **membrana basilar**, que separa o canal timpânico do ducto coclear, sendo recobertas pela **membrana tectória**, localizada diretamente acima deles (Figura 33.25 D).

Quando uma onda sonora atinge o ouvido, a energia é transmitida pelos ossículos da orelha média para a janela oval, a qual oscila para a frente e para trás, movendo o fluido dos canais vestibular e timpânico (Figura 33.26). Como esses fluidos não são compressíveis, um movimento da janela oval para dentro produz um movimento correspondente da janela redonda para fora.

As oscilações do fluido também fazem a membrana basilar e suas células ciliadas vibrarem simultaneamente.

De acordo com a **hipótese do local de distinção da altura tonal**, formulada por Georg von Békésy, áreas diferentes da membrana basilar respondem a diferentes frequências; para cada frequência sonora, existe um "lugar" específico na membrana basilar onde as células ciliadas respondem àquela frequência (Figura 33.26). O deslocamento inicial da membrana basilar cria uma onda que se propaga para baixo pela membrana, assim como o ato de sacudir uma corda por uma das extremidades cria uma onda que se desloca por toda a sua extensão (Figura 33.27). A onda de deslocamento aumenta em amplitude à medida que se desloca da janela oval em direção ao ápice da cóclea, atingindo o máximo na região da membrana basilar, onde a frequência natural da membrana corresponde à frequência do som. Nesse ponto, a membrana vibra com tanta facilidade que a energia da onda propagada se dissipa completamente. As células ciliadas do órgão de Corti nessa região são estimuladas, gerando potenciais receptores graduados (semelhantes a um potencial excitatório pós-sináptico; ver Figura 33.8) que irão disparar potenciais de ação nos axônios do nervo auditivo. Foi demonstrado que células ciliadas isoladas respondem a faixas específicas de frequências dependendo de sua localização no interior da cóclea. Dessa maneira, potenciais de

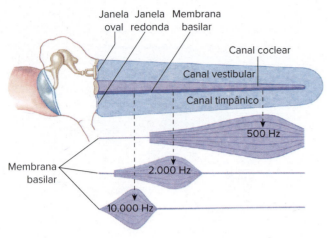

Figura 33.26 Localização das frequências na cóclea da orelha dos mamíferos como apareceria na cóclea estendida. As ondas sonoras transmitidas à janela oval produzem ondas de vibração que percorrem a membrana basilar. Vibrações de alta frequência fazem a membrana ressonar próximo à janela oval. Tons de baixa frequência são conduzidos mais posteriormente na membrana basilar.

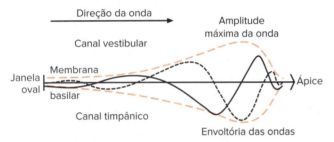

Figura 33.27 Ondas conduzidas ao longo da membrana basilar. A janela oval está à esquerda e o ápice coclear à direita. As duas formações de ondas (linhas sólidas e tracejadas) ocorrem em diferentes momentos. As curvas coloridas representam os deslocamentos extremos da membrana pelas ondas em propagação conforme elas atingem sua amplitude máxima, onde a frequência natural da membrana basilar corresponde à frequência do som. Nesse ponto, ao longo da membrana basilar, as células ciliadas no órgão de Corti são estimuladas.

ação que são transportados por certos axônios do nervo auditivo são interpretados pelo centro da audição como tons específicos. A **altura** (amplitude) de um tom depende do número de células ciliadas estimuladas, enquanto o **timbre**, ou qualidade, de um som é produzido pelo padrão de células ciliadas estimuladas pela vibração. Esta última característica de tom nos possibilita distinguir vozes humanas diferentes e instrumentos musicais diferentes, embora as notas em cada caso possam ser do mesmo tom e altura.

As pesquisas sobre a audição têm enfocado um papel mais ativo das células ciliadas dentro do órgão de Corti. Experimentos demonstraram que as células ciliadas mais externas podem responder a ondas sonoras modificando seu comprimento, e assim alterando mecanicamente a posição das membranas basilar e tectória. Embora a função de tais movimentos ainda não tenha sido estabelecida *in vivo*, uma hipótese é que tal resposta ativa dessas células receptoras no órgão de Corti poderia aumentar tanto a sensibilidade quanto a seletividade da audição.

Equilíbrio

Nos invertebrados, os órgãos sensoriais especializados para o monitoramento da gravidade e de vibrações de baixa frequência

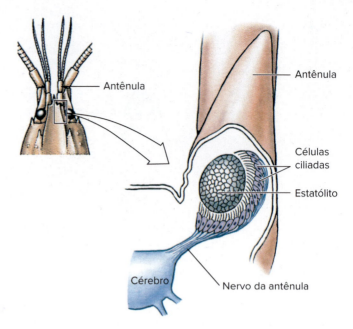

Figura 33.28 Estatocisto de um camarão, o órgão de equilíbrio estático dos invertebrados.

em geral aparecem como **estatocistos**. Cada um deles é um saco simples revestido por células ciliadas e contendo uma pesada estrutura calcária, o **estatólito** (Figura 33.28). Os delicados filamentos ciliados das células sensoriais são ativados pela mudança de posição do estatólito quando o animal muda de posição. Os estatocistos ocorrem em muitos filos de invertebrados, de cnidários a artrópodes. Todos são construídos com princípios semelhantes.

O órgão do equilíbrio dos vertebrados é o **labirinto**, ou **órgão vestibular**. Ele consiste em duas pequenas câmaras (**sáculo** e **utrículo**) e três **canais semicirculares** (ver Figura 33.25 B). O sáculo e o utrículo são órgãos de equilíbrio estático que, como os estatocistos dos invertebrados, fornecem informação sobre a posição da cabeça ou corpo em relação à força da gravidade. À medida que a cabeça se inclina em uma direção ou em outra, os estatólitos pressionam grupos diferentes de células ciliadas; essas células enviam potenciais de ação nervosos para o encéfalo, que interpreta essa informação em relação à posição da cabeça.

Os canais semicirculares dos vertebrados são projetados para responder à **aceleração rotacional** e são relativamente insensíveis à aceleração linear. Os três canais semicirculares estão posicionados em ângulo reto entre si, um para cada eixo de rotação. Eles são preenchidos por fluido (endolinfa) e, dentro de cada canal, há um alargamento em forma de bulbo, a **ampola**, a qual contém células ciliadas. As células ciliadas estão imersas em uma membrana gelatinosa, a **cúpula**, que se projeta para dentro do fluido. A cúpula tem a estrutura semelhante àquela do sistema da linha lateral dos peixes (ver Figura 33.22). Quando a cabeça gira, o fluido do canal tem a tendência inicial de não se mover devido à inércia. Uma vez que a cúpula está fixa, sua extremidade livre é empurrada na direção oposta à direção do movimento (Figura 33.29). A inclinação da cúpula distorce e excita as células ciliadas nela imersas, aumenta a frequência de disparos das fibras nervosas sensoriais aferentes que vão da ampola até o encéfalo e produz uma sensação de rotação. Uma vez que os três canais de cada orelha estão em diferentes planos, a aceleração em qualquer direção estimula pelo menos uma ampola.

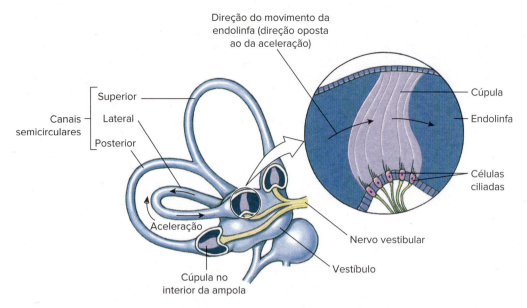

Figura 33.29 Modo como os canais semicirculares respondem à aceleração rotacional. Devido à inércia, a endolinfa no canal semicircular correspondente ao plano de movimento move-se sobre a cúpula na direção oposta àquela da aceleração rotacional. O movimento da cúpula estimula as células ciliadas.

Fotorrecepção: visão

Receptores sensíveis à luz são chamados de **fotorreceptores**. Esses receptores variam desde células simples sensíveis à luz e dispersas aleatoriamente na superfície do corpo de muitos invertebrados (sensibilidade dérmica à luz) até os olhos perfeitamente desenvolvidos dos vertebrados e cefalópodes, semelhantes a câmeras. As manchas ocelares, com uma organização extraordinariamente avançada, aparecem até mesmo em algumas formas unicelulares. As do dinoflagelado *Nematodinium* têm uma lente, uma câmara captadora de luz e uma taça de pigmento fotorreceptor – tudo desenvolvido dentro de um organismo unicelular (Figura 33.30). Os receptores dérmicos de luz de muitos invertebrados têm um projeto muito simples. Eles são muito menos sensíveis do que os receptores ópticos, mas são importantes na orientação locomotora, distribuição de pigmentos nos cromatóforos, ajustes fotoperiódicos dos ciclos reprodutivos e outras mudanças comportamentais.

Olhos mais bem organizados, muitos capazes de uma excelente formação de imagem, estão baseados em um de dois princípios diferentes: ou uma lente única, um olho do tipo câmera, como o dos moluscos cefalópodes e dos vertebrados, ou um olho multifacetado (composto) como o dos artrópodes. Os **olhos compostos** dos artrópodes têm muitas unidades visuais independentes denominadas **omatídeos** (Figura 33.31). A luz entra por cada lente da córnea e é absorvida pelos pigmentos visuais no rabdoma das células retinulares. Essas células receptoras despolarizam-se e geram potenciais de ação no axônio que sai de cada omatídeo. Os olhos das abelhas contêm cerca de 15 mil dessas unidades, cada uma das quais enxerga um estreito setor separado do campo visual. Esses olhos formam um mosaico de imagens de brilho variável a partir das unidades separadas. Muitos insetos têm visão em cores; as abelhas podem usar a luz ultravioleta para ver os guias de néctar nas flores. Muitos insetos voadores também detectam luz polarizada e a usam para navegar pelo seu ambiente. A resolução (a capacidade de ver os objetos com definição) é fraca em comparação com aquela do olho dos vertebrados. Uma mosca-da-fruta, por exemplo, deve estar a menos de 3 cm para ver outra mosca de sua espécie como alguma coisa além de um ponto isolado. No entanto, um olho composto é especialmente apropriado para detectar movimentos, como qualquer pessoa que tenha tentado matar uma mosca sabe.

Os olhos de certos anelídeos, moluscos e de todos os vertebrados são construídos como uma câmera – ou talvez devamos dizer que uma câmera é projetada mais ou menos como esses olhos. Um olho do tipo câmera apresenta, na parte da frente, uma câmara para a entrada e a concentração de luz e um sistema de lentes que focalizam a imagem do campo visual em uma superfície sensível à luz (a retina), localizada no fundo (Figura 33.32; ver Figura 16.36).

O globo ocular esférico é formado por três camadas: (1) uma rígida **esclerótica** externa branca, para suporte e proteção; (2) uma **coroide** contendo vasos sanguíneos para a nutrição; e (3) uma **retina** sensível à luz (Figura 33.32). A **córnea** é uma modificação anterior transparente da esclerótica. Uma "cortina" pigmentada, ou **íris**, regula o tamanho da abertura de luz, a **pupila**. A pupila geralmente é uma abertura circular ou em forma de fenda vertical nos vertebrados, mas é uma abertura em forma de fenda horizontal nos cefalópodes. Logo atrás da íris está o **cristalino**, um disco oval elástico transparente que causa a inclinação dos raios de luz para focar a imagem sobre a retina. Os **músculos ciliares** estão ligados ao cristalino, circundando-o. Nos vertebrados, eles podem alterar a curvatura do cristalino de modo que imagens em diferentes distâncias do olho possam ser focadas na retina. Nos cefalópodes, os músculos ciliares movimentam o rígido cristalino para perto ou para longe da retina a fim de focar as imagens. Nos vertebrados terrestres, a córnea é que faz realmente a maior parte do desvio dos raios de luz, enquanto o cristalino encarrega-se do foco dos objetos próximos ou distantes. Entre a córnea e o cristalino existe uma **câmara externa** preenchida pelo **humor aquoso**;

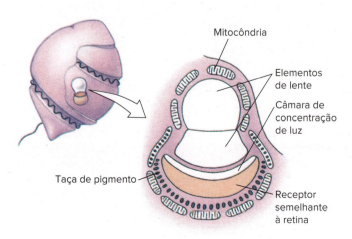

Figura 33.30 Mancha ocelar do dinoflagelado *Nematodinium*.

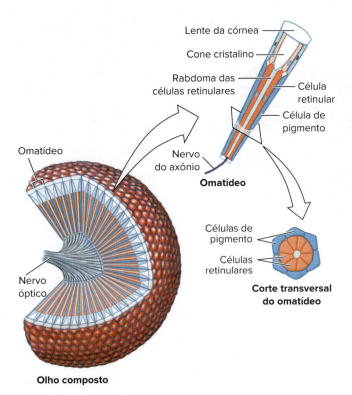

Figura 33.31 Olho composto de um inseto. Um único omatídeo é mostrado na ampliação à direita.

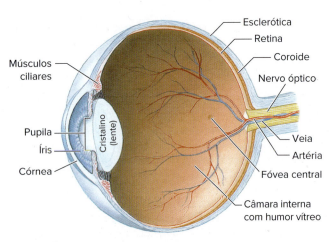

Figura 33.32 Estrutura do olho humano.

entre o cristalino e a retina existe uma **câmara interna** muito maior, preenchida pelo viscoso **humor vítreo**.

Nos cefalópodes, as células fotorreceptoras da retina apontam para a frente e absorvem diretamente a luz que entra; nos vertebrados, as células fotorreceptoras apontam para trás e absorvem a luz após ela ter passado pelos **neurônios intermediários** do olho. Nos vertebrados, a retina é formada por várias camadas de células (Figura 33.33). A camada mais externa, mais próxima à esclerótica, é formada por células pigmentares ou **cromatóforos**. Adjacente a essa camada estão os fotorreceptores, **bastonetes** e **cones**. Aproximadamente 125 milhões de bastonetes e um milhão de cones estão presentes em cada olho humano. Os cones estão relacionados principalmente com a visão em cores sob luz intensa, e os bastonetes, com a visão sem cores sob

intensidades luminosas reduzidas. Em seguida, há uma rede de neurônios intermediários (células bipolares, horizontais e amácrinas) que processam e transmitem a informação visual dos fotorreceptores para células ganglionares cujos axônios formam o nervo óptico. A rede permite uma alta convergência, especialmente para os bastonetes. A informação proveniente de muitas centenas de bastonetes pode convergir para uma única célula ganglionar, uma adaptação que aumenta muito a eficácia dos bastonetes sob luminosidade reduzida. Os cones apresentam muito pouca convergência. A coordenação das atividades entre diferentes células ganglionares, e o ajuste das sensibilidades das células bipolares, horizontais e amácrinas melhoram o contraste geral e a qualidade da imagem visual.

A **fóvea central**, ou **fóvea** é a região de maior acuidade visual e localiza-se no centro da retina (Figura 33.32), em linha direta com o centro do cristalino e da córnea. Ela contém apenas cones, uma especialização dos vertebrados para a visão diurna. A acuidade do olho de um animal depende da densidade de cones na fóvea. A fóvea humana e a de um leão têm aproximadamente 150 mil cones por milímetro quadrado, mas muitas aves aquáticas e do campo têm até um milhão de cones por milímetro quadrado. Seus olhos são tão bons quanto seriam os nossos com o auxílio de um binóculo de 8x de magnificação.

Apenas os bastonetes ocupam as regiões periféricas da retina. Os bastonetes são receptores com alta sensibilidade para intensidades luminosas baixas. À noite, a fóvea repleta de cones não responde aos baixos níveis de luminosidade e nos tornamos funcionalmente cegos para cor ("à noite, todos os gatos são pardos"). Em condições noturnas, a posição de maior acuidade visual não é no centro da fóvea, mas nas suas margens. Por isso, à noite, é mais fácil ver uma estrela não muito brilhante desviando o olhar ligeiramente para um de seus lados.

Tema-chave 33.6

ADAPTAÇÃO E FISIOLOGIA

Compressão de intensidade de luz pelo olho do vertebrado

Uma das várias maravilhas do olho dos vertebrados é a sua capacidade de concentrar o enorme espectro de intensidades luminosas apresentado a ele em um estreito espectro com o qual as fibras do nervo óptico conseguem lidar. A intensidade luminosa ao meio-dia de um dia ensolarado e de uma noite estrelada difere em mais de 10 bilhões para um. Os bastonetes saturam-se rapidamente com a alta intensidade luminosa, mas os cones, não; eles mudam sua faixa de atuação de acordo com as alterações na intensidade luminosa do ambiente, de modo que uma imagem de alto contraste pode ser percebida em uma ampla gama de condições luminosas. Essa mudança é possível por meio de interações complexas entre a rede de células nervosas que ficam entre os cones e as células ganglionares que geram as informações enviadas ao encéfalo pela retina.

Química da visão

Tanto os bastonetes quanto os cones contêm pigmentos sensíveis à luz chamados **rodopsinas**. Cada molécula de rodopsina é formada por uma grande proteína (uma enzima) chamada **opsina**, e por uma pequena molécula de caroteno derivada da vitamina A chamada **retinal**. Quando um *quantum* de luz incide sobre o fotopigmento e é absorvido pela molécula de rodopsina, o retinal é isomerizado, alterando a forma da molécula.

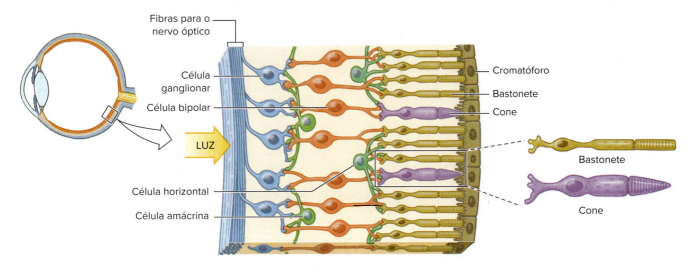

Figura 33.33 Estrutura da retina de um primata, que mostra a organização dos neurônios intermediários que conectam as células fotorreceptoras às células pigmentares do nervo óptico.

Essa mudança molecular dispara a atividade enzimática da opsina, a qual desencadeia uma sequência bioquímica de diversos passos. Tal sequência complexa comporta-se como uma cascata excitatória que amplifica enormemente a energia de um único fóton causando a hiperpolarização (ver Seção 33.2) de um bastonete ou cone. Esse sinal de hiperpolarização é transmitido pelos neurônios intermediários e leva à despolarização e à geração de um potencial de ação em uma célula ganglionar. É interessante notar que a recepção de luz nos olhos dos invertebrados leva à *despolarização* das células receptoras, enquanto sinais luminosos semelhantes induzem a *hiperpolarização* nas células receptoras dos vertebrados.

A quantidade de rodopsina intacta em uma retina depende da intensidade de luz que atinge o olho. Um olho adaptado ao escuro contém muita rodopsina e é muito sensível à luz fraca. Ao contrário, em um olho adaptado à luz, grande parte da rodopsina está dividida em retinal e opsina. É preciso aproximadamente meia hora para que um olho adaptado à claridade se acomode ao escuro, enquanto o nível de rodopsina aumenta gradualmente.

Visão em cores

Os cones atuam na percepção das cores e precisam de 50 a 100 vezes mais luz para sua estimulação do que os bastonetes. Consequentemente, a visão noturna é quase totalmente uma visão feita por bastonetes. Diferentemente dos seres humanos, que têm visão diurna e noturna, alguns vertebrados especializaram-se em uma ou outra. Os animais estritamente noturnos, como morcegos e corujas, têm retinas formadas apenas por bastonetes. Os exclusivamente diurnos, como os esquilos-cinzentos e algumas aves, têm apenas cones e são virtualmente cegos à noite.

Em 1802, um médico e físico inglês, Thomas Young, postulou a hipótese de que nós enxergamos as cores pela excitação relativa de três tipos de fotorreceptores: um para o vermelho, um para o verde e um para o azul. Na década de 1960, a hipótese precursora de Young foi finalmente corroborada pelo trabalho combinado de vários grupos de pesquisadores. Os seres humanos têm três tipos de cones, cada qual contendo um pigmento visual que responde a um comprimento de onda da luz em particular (Figura 33.34).

Os cones azuis absorvem a maior parte da luz com 430 nm, os verdes com 540 nm e os vermelhos com 575 nm. A variação na estrutura da opsina produz os diferentes pigmentos visuais encontrados nos bastonetes e os três tipos de cones. As cores são percebidas pela comparação dos níveis de excitação dos três diferentes tipos de cones. Por exemplo, uma luz que contém um comprimento de onda de 530 nm excitaria os cones verdes em 95%, os cones vermelhos em cerca de 70% e não excitaria os cones azuis. Essa comparação é feita tanto nos circuitos nervosos da retina quanto no córtex visual do encéfalo, e nosso encéfalo interpreta essa combinação como verde.

A visão em cores ocorre em alguns membros de todos os grupos de vertebrados com a possível exceção dos anfíbios. Os peixes ósseos e as aves têm uma visão em cores particularmente boa. Surpreendentemente, a visão em cores da maioria dos mamíferos é inferior àquela dos primatas e algumas outras espécies, como os esquilos.

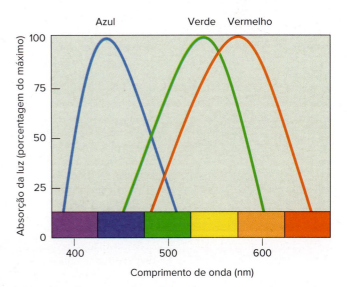

Figura 33.34 O espectro de absorção da visão humana. Três tipos de pigmentos visuais nos cones apresentam o máximo de absorção em 430 nm (cones azuis), 540 nm (cones verdes) e 575 nm (cones vermelhos).

RESUMO

Seção	Conceito-chave
33.1 Neurônios: unidades funcionais dos sistemas nervosos	• O sistema nervoso é um sistema de comunicação rápida que interage continuamente com o sistema endócrino para controlar a coordenação da função corporal • A unidade básica de integração nervosa em todos os animais é o neurônio, uma célula altamente especializada projetada para conduzir eventos elétricos autopropagados, chamados de potenciais de ação, para outras células
33.2 Sinapses: junções entre os nervos	• Os potenciais de ação são transmitidos de um neurônio para outro por meio das sinapses, que podem ser tanto elétricas quanto químicas • A estreita separação entre os neurônios nas sinapses químicas é preenchida por uma molécula neurotransmissora química, liberada do botão sináptico, e que pode ser tanto estimuladora quanto inibidora
33.3 Evolução dos sistemas nervosos	• A organização mais simples dos neurônios em um sistema é a rede nervosa dos cnidários, basicamente um plexo de células nervosas que, com alguns complementos, forma a base do sistema nervoso de diversos filos de invertebrados • Com o surgimento dos gânglios (centros nervosos) nos platelmintos bilatérios, o sistema nervoso diferenciou-se nas divisões central e periférica • Os moluscos e artrópodes têm um alto nível de complexidade cerebral em relação a outros invertebrados e são capazes de aprendizado. Nos vertebrados, o sistema nervoso central consiste em um encéfalo e uma medula espinal • Os peixes e anfíbios têm um encéfalo dividido em três partes, enquanto, nos mamíferos, o córtex cerebral tornou-se uma estrutura enormemente aumentada e com muitos componentes, que assumiu as atividades mais importantes de integração do sistema nervoso • O cérebro dos mamíferos ofusca completamente o cérebro ancestral, que tem o papel de centro de retransmissão e de monitoramento das várias funções inconscientes, mas ainda assim vitais, como respiração, pressão sanguínea e frequência cardíaca • Nos seres humanos, o hemisfério cerebral esquerdo normalmente é especializado para a linguagem e as habilidades matemáticas, enquanto o hemisfério direito é especializado para as habilidades visuais – espaciais e musicais.
33.4 Órgãos dos sentidos	• O sistema nervoso periférico conecta o sistema nervoso central aos receptores e órgãos efetores • O sentido mais antigo e onipresente é a quimiorrecepção • Os quimiorreceptores podem ser receptores de contato como o sentido do paladar dos insetos e dos vertebrados, ou receptores a distância, como o olfato, que detecta moléculas dispersas no ar • Tanto em quimiorreceptores de contato como a distância, uma substância química específica interage com um receptor em particular, produzindo impulsos transmitidos para o cérebro e interpretados por ele. A despeito das semelhanças entre eles, o sentido do olfato é muito mais sensível e complexo • Os receptores para toque, dor, equilíbrio e audição são todos receptores de forças mecânicas • Os receptores de tato e dor são estruturas caracteristicamente simples, mas a audição e o equilíbrio são sentidos altamente especializados que se baseiam em células ciliadas especiais que respondem à deformação mecânica • As ondas sonoras recebidas pela orelha são mecanicamente amplificadas e transmitidas para a orelha interna, onde diferentes áreas da cóclea respondem a diferentes frequências sonoras • Os receptores de equilíbrio, também localizados na orelha interna nos vertebrados, consistem em dois órgãos do equilíbrio estático em forma de saco e em três canais semicirculares que detectam aceleração rotacional • Os invertebrados monitoram a gravidade e a posição utilizando estatocistos • Os receptores visuais (fotorreceptores) estão associados a moléculas especiais de pigmento que se decompõem fotoquimicamente na presença de luz e, assim, disparam potenciais de ação nervosos em fibras ópticas • O desenvolvido olho composto dos artrópodes é especialmente apropriado para detectar movimentos no campo visual • Os cefalópodes e os vertebrados têm um olho do tipo câmera com lentes para focalização • As células fotorreceptoras da retina são de dois tipos: os bastonetes, projetados para alta sensibilidade sob baixa intensidade luminosa, e os cones, projetados para a visão em cores à luz do dia. Os cones predominam na fóvea central dos olhos humanos, a área de maior acuidade visual. Os bastonetes são mais abundantes na área periférica da retina

QUESTÕES DE REVISÃO

1. Defina os seguintes termos: neurônio, axônio, dendrito, bainha de mielina, neurônio aferente, neurônio eferente, interneurônio.
2. As células da glia excedem muito em número os neurônios e correspondem, de maneira geral, à metade do peso do sistema nervoso dos mamíferos. Que funções as células da glia desempenham no sistema nervoso periférico e no sistema nervoso central?
3. A concentração de íons potássio no interior da membrana de uma célula nervosa é maior do que a concentração de íons sódio fora dela; ainda assim, o interior da membrana (onde a concentração de cátions é maior) é negativo em relação ao exterior. Explique essa observação em termos das propriedades de permeabilidade da membrana.
4. Que mudanças iônicas e elétricas ocorrem durante a passagem de um potencial de ação ao longo de um axônio?
5. Explique diferentes formas pelas quais os invertebrados e os vertebrados conseguiram altas velocidades de condução de potenciais de ação. Você consegue sugerir por que a solução dos invertebrados não seria adequada para as aves e para os mamíferos homeotérmicos?
6. Por que a bomba de sódio e potássio é *indiretamente* importante para o potencial de ação e para manter o potencial de repouso da membrana?
7. Descreva a microestrutura de uma sinapse química. Resuma o que acontece quando um potencial de ação chega a uma sinapse.
8. Descreva o sistema nervoso de um cnidário (radiado). Como se manifestou a tendência à centralização do sistema nervoso nos platelmintos, anelídeos, moluscos e artrópodes?
9. Como a medula espinal dos vertebrados difere morfologicamente dos cordões nervosos dos invertebrados?
10. O reflexo patelar é frequentemente chamado de reflexo de estiramento porque uma pancada rápida no ligamento patelar distende o quadríceps femoral, que é o músculo extensor da perna. Descreva os componentes e a sequência de eventos que levam ao "reflexo patelar". Por que esse reflexo é mais simples do que a maioria dos arcos reflexos? Qual a diferença entre um arco reflexo e um ato reflexo?
11. Nomeie as principais funções associadas às seguintes estruturas encefálicas: bulbo, cerebelo, teto, tálamo, hipotálamo, telencéfalo e sistema límbico.
12. Quais as atividades funcionais que estão associadas aos hemisférios esquerdo e direito do córtex cerebral?
13. O que é o sistema nervoso autônomo e que atividades o distinguem do sistema nervoso somático? Por que o sistema nervoso autônomo pode ser descrito como um sistema de "dois neurônios"?
14. Explique o significado da afirmação: "A ideia de que todos os órgãos sensoriais se comportam como transdutores biológicos é um conceito unificador na fisiologia sensorial."
15. A quimiorrecepção nos vertebrados e nos insetos é mediada pelos sentidos, claramente distintos, de paladar e olfato. Compare esses dois sentidos nos seres humanos em termos de localização anatômica e da natureza dos receptores e da sensibilidade às moléculas químicas.
16. O que é o órgão vomeronasal e que atividade ele desempenha? Por que seu funcionamento é frequentemente considerado distinto do sentido do olfato, embora seja considerado um componente do sistema olfatório dos vertebrados?
17. Explique como os detectores ultrassônicos de certas mariposas noturnas são adaptados para ajudá-las a escapar de um morcego que se aproxima.
18. Resuma a teoria do local de distinção da altura tonal como uma explicação para a capacidade da orelha humana de distinguir sons de diferentes frequências.
19. Explique de que forma os canais semicirculares da orelha são projetados para detectar a rotação da cabeça de um ser humano em qualquer plano direcional.
20. Compare a estrutura e o funcionamento do olho composto dos artrópodes com o olho do tipo câmera dos moluscos cefalópodes e vertebrados.
21. Explique o que acontece quando a luz incide em um bastonete adaptado ao escuro, levando à geração de um impulso nervoso. Qual a diferença entre bastonetes e cones quanto à sua sensibilidade à luz?
22. Em 1802, Thomas Young propôs a hipótese de que nós enxergamos em cores porque a retina contém três tipos de receptores. Que evidências sustentam a hipótese de Young? De que modo percebemos qualquer cor do espectro de luz visível se as nossas retinas têm apenas três classes de cones sensíveis à cor?

Para reflexão. Os animais são constantemente bombardeados por uma enorme quantidade de estímulos ambientais. Faça considerações sobre o modo pelo qual os animais com o sistema nervoso bilateral mais simples e aqueles com o sistema mais complexo (platelmintos e mamíferos, respectivamente) filtram e respondem, preferencialmente, a esses estímulos ambientais.

34 Coordenação Química: Sistema Endócrino

OBJETIVOS DE APRENDIZAGEM

Após leitura do capítulo, você será capaz de:

34.1 Explicar os vários mecanismos de ação dos hormônios. Descrever como a retroalimentação negativa mantém os níveis de hormônio relativamente constantes no corpo.

34.2 Explicar os papéis que os peptídios e os neuropeptídios desempenham na regulação dos processos fisiológicos em invertebrados. Descrever a regulação endócrina da muda em uma mariposa.

34.3 Descrever o papel do hipotálamo na função endócrina em vertebrados. Explicar como a glândula pineal regula direta ou indiretamente os ritmos circadianos e anuais nos animais. Demonstrar uma compreensão de como o metabolismo é regulado por hormônios da glândula tireoide, da glândula adrenal, das células das ilhotas do pâncreas, do tecido adiposo e do músculo esquelético.

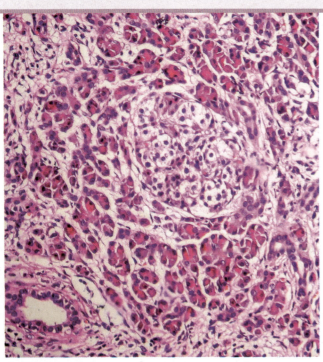

Uma ilhota de Langerhans endócrina, local de síntese de insulina e glucagon no pâncreas humano.
iStock@Dr_Microbe

O nascimento da endocrinologia

O ano de nascimento da endocrinologia como ciência normalmente é 1902, quando dois fisiólogos ingleses, W. H. Bayliss e E. H. Starling, demonstraram a ação de um hormônio em um experimento clássico, que ainda é considerado um modelo do método científico. Bayliss e Starling estavam interessados em determinar como o pâncreas secreta seu suco digestivo no intestino delgado no momento certo do processo digestivo. Eles testaram a hipótese de que um alimento ácido entrando no intestino dispara um reflexo nervoso que libera o suco pancreático. Para testar essa hipótese, Bayliss e Starling cortaram todos os nervos ligados a uma alça isolada do intestino delgado de um cachorro anestesiado, deixando a alça isolada conectada ao corpo apenas pela circulação. Injetando ácido na alça sem inervação, eles detectaram um fluxo marcante de suco pancreático. Portanto, em vez de um reflexo nervoso, algum mensageiro químico tinha circulado pelo sangue do intestino até o pâncreas, fazendo-o produzir a secreção. Entretanto, apenas a acidez não poderia ser o fator, porque ela não produzia efeito quando injetada diretamente na circulação.

Bayliss e Starling planejaram, então, o experimento crucial que deu início à nova ciência da endocrinologia. Suspeitando que o mensageiro químico se originava no revestimento mucoso do intestino, eles prepararam um extrato com raspagem da mucosa, injetaram-no na circulação do cachorro e foram recompensados com um fluxo abundante de suco pancreático. Eles denominaram o mensageiro presente na mucosa intestinal de *secretina*. Mais tarde, Starling cunhou o termo **hormônio** para descrever todos esses mensageiros químicos, pois ele corretamente supôs que a secretina era apenas o primeiro de muitos hormônios a serem descobertos.

O sistema endócrino, o segundo grande sistema de integração que controla as atividades de um animal, comunica-se por meio de mensageiros químicos denominados **hormônios** (do grego *hormōn*, excitar). A definição clássica de hormônios estabelece que eles são compostos químicos liberados no sangue em pequenas quantidades e transportados pelo sistema circulatório por todo o corpo até **células-alvo** distantes, onde desencadeiam respostas fisiológicas.

Muitos hormônios são secretados pelas **glândulas endócrinas**, pequenas glândulas bem vascularizadas e sem ductos, formadas por grupos de células dispostas em cordões ou placas. Como as glândulas endócrinas não têm ductos, sua única conexão com o resto do corpo se dá pelo sangue ou por outro fluido corporal; nos vertebrados, elas recebem sua matéria-prima do seu extenso suprimento sanguíneo e nele secretam seu produto hormonal final. As **glândulas exócrinas**, ao contrário, têm ductos para descarregar suas secreções em uma superfície livre. Exemplos de glândulas exócrinas são as glândulas sudoríparas e sebáceas da pele, as glândulas salivares e as várias glândulas secretoras de enzimas presentes na parede do estômago e do intestino (ver Capítulo 32).

Essas definições clássicas de hormônios e glândulas endócrinas supracitadas, assim como muitas outras generalizações na biologia, estão mudando à medida que novas informações surgem. Alguns hormônios, como certas neurossecreções, podem nunca entrar na circulação geral. Além disso, as evidências sugerem que muitos hormônios, como os da digestão (ver Figura 32.12), são sintetizados em quantidades diminutas por células altamente difusas do **sistema enteroendócrino**, alguns são transportados para o encéfalo, onde atuam nos neurônios e células da glia (p. ex., insulina e leptina), e outros, como as citocinas, são secretados pelas células do sistema imune (ver Tabela 35.3). Hormônios podem atuar como **neurotransmissores** no encéfalo ou como fatores locais nos tecidos (**para-hormônios**), que estimulam o crescimento celular ou algum processo bioquímico. A maioria dos hormônios, no entanto, é transportada pelo sangue e dessa forma difunde-se por todos os espaços dos tecidos do corpo.

Comparados aos sistemas nervosos, os sistemas endócrinos são de ação lenta devido ao tempo necessário para um hormônio chegar até o tecido apropriado, atravessar o endotélio capilar e difundir-se pelo fluido dos tecidos até as células e, às vezes, para dentro delas. O tempo mínimo de resposta é de segundos, podendo ainda ser muito maior. As respostas hormonais são, em geral, de longa duração (de minutos a dias), enquanto as sob o controle nervoso são de curta duração (de milissegundos a minutos). Esperamos encontrar controle endócrino onde é necessário um efeito sustentável, como em muitos processos metabólicos, de crescimento e reprodutivos. Apesar dessas diferenças, os sistemas nervoso e endócrino atuam sem uma separação nítida, como um sistema único interdependente. As glândulas endócrinas frequentemente recebem orientações do encéfalo. Inversamente, muitos hormônios atuam no sistema nervoso e afetam significativamente uma grande gama de comportamentos dos animais.

Todos os hormônios são sinais de baixo nível. Mesmo quando uma glândula endócrina está no máximo da atividade secretora, seu hormônio é tão diluído pelo grande volume de sangue no qual ele entra que sua concentração plasmática raramente excede 10^{-9} M (ou um bilionésimo da concentração de 1 M). Algumas células-alvo respondem a concentrações plasmáticas de hormônios tão baixas quanto 10^{-12} M. Uma vez que os hormônios exercem uma influência de longo alcance e frequentemente poderosa sobre as células, é evidente que seus efeitos são enormemente amplificados no nível celular.

> **Tema-chave 34.1**
> **ADAPTAÇÃO E FISIOLOGIA**
>
> **Um sinal transmitido pelo sangue**
>
> O primeiro experimento formal na endocrinologia foi executado em 1849 pelo Professor Arnold Adolph Berthold, na Universidade de Gottingen. Ele demonstrou conclusivamente que um sinal transportado pelo sangue era produzido pelos testículos e que essa substância química era responsável pela produção das características tanto físicas quanto comportamentais que distinguiam um galo macho adulto de frangos imaturos e dos galos adultos castrados (capões). Berthold castrou frangos e dividiu-os em três grupos. Ele deixou um grupo controle, crescendo normalmente sem os testículos. No segundo grupo, ele reimplantou os testículos nos animais castrados. No terceiro grupo, ele implantou testículos de outros frangos. À medida que os frangos cresciam, ele observou que o grupo castrado se desenvolvia em capões sem nenhum interesse pelas galinhas e que não apresentavam a plumagem dos galos nem o comportamento agressivo dos machos. O segundo e o terceiro grupos de aves eram indistinguíveis um do outro, com a plumagem completa dos machos, comportamento agressivo normal e interesse pelas galinhas. Berthold, então, matou as aves e as dissecou. Ele descobriu que os testículos transplantados haviam desenvolvido seu próprio suprimento sanguíneo e funcionavam normalmente. Desse experimento clássico, Berthold concluiu que, como não havia inervação até os testículos, eles deviam secretar um sinal transportado pelo sangue que produzia todas as características masculinas.

34.1 MECANISMOS DE AÇÃO HORMONAL

A ampla distribuição dos hormônios em um animal permite que alguns deles, como o hormônio do crescimento da glândula pituitária dos vertebrados, afetem a maior parte das células ou talvez todas elas, durante estágios específicos da diferenciação celular. Se os hormônios vão produzir respostas amplas ou respostas altamente específicas apenas em certas células e em certos momentos depende da presença de **moléculas receptoras** nas células-alvo ou dentro delas. Um hormônio liga-se apenas às células com o receptor que, graças à sua forma molecular específica, combina-se às moléculas deste. Outras células são insensíveis à presença do hormônio porque não têm os receptores específicos. Os hormônios atuam por meio de **receptores de membrana**: **receptores nucleares** e **receptores citoplasmáticos**.

Receptores de membrana e o conceito de segundo mensageiro

Muitos hormônios, como a maioria dos derivados de aminoácidos e os hormônios peptídicos que são muito grandes ou muito polares para passar pela membrana plasmática, ligam-se a proteínas transmembrana (ver Figura 3.6) que atuam como sítios receptores na superfície das membranas das células-alvo. O hormônio e o receptor formam um complexo que desencadeia uma cascata de eventos moleculares dentro da célula. Portanto, o hormônio comporta-se como um **primeiro mensageiro** que causa a ativação de um sistema de **segundo mensageiro** no citoplasma. Pelo menos seis moléculas diferentes foram identificadas como segundos mensageiros. Cada uma atua por meio de uma **quinase** específica, que causa a ativação ou inativação de enzimas limitantes (ver Seção 4.3) que modificam a direção e a taxa de processos citoplasmáticos (Figura 34.1). Uma vez que muitas moléculas são

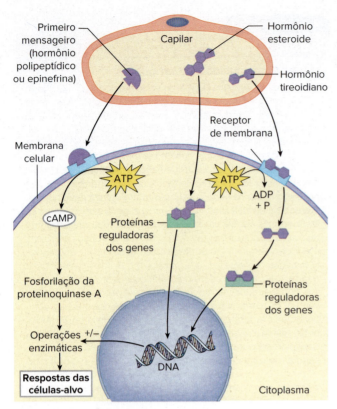

Figura 34.1 Mecanismos da ação hormonal. Hormônios peptídicos e a epinefrina atuam por meio do sistema de segundo mensageiro como, por exemplo, o AMP cíclico, mostrado aqui. A combinação do hormônio com o receptor de membrana estimula a enzima adenilato-ciclase a catalisar a formação do AMP cíclico (segundo mensageiro). Os hormônios tireoidianos ligam-se a um receptor de membrana e são transportados para dentro da célula por transporte ativo. Nesse ambiente, eles se combinam a receptores citoplasmáticos que são transportados para o núcleo a fim de alterar a transcrição gênica. Os hormônios esteroides difundem-se pela membrana celular, combinando-se com os receptores citoplasmáticos ou nucleares que alteram a transcrição gênica.

ativadas a cada nível da cascata do sistema de segundo mensageiro após a ligação de uma única molécula de hormônio, a mensagem é amplificada, talvez muitos milhares de vezes.

Os sistemas de segundo mensageiro conhecidos que participam nas ações hormonais são o **AMP cíclico (cAMP)**, o **GMP cíclico (GMPc)**, a **Ca^{++}/calmodulina**, o **inositol-trifosfato (IP$_3$)** e o **diacilglicerol (DAG)**. O AMP cíclico foi o primeiro a ser investigado e foi demonstrado como mediador da ação de muitos hormônios peptídicos, incluindo o hormônio da paratireoide, o glucagon, o hormônio adrenocorticotrófico (ACTH – *adrenocorticotropic hormone*), o hormônio tireotrófico (TSH – *thyrotropic hormone*), o hormônio estimulador dos melanócitos (MSH – *melanophore-stimulating hormone*) e a vasopressina. Ele também atua como mediador da ação da epinefrina (também chamada de epinefrina), que é um derivado de aminoácido. É interessante que o mesmo hormônio pode ativar diferentes sistemas de segundo mensageiro em cada tipo de célula-alvo, de tal modo que um único hormônio produz múltiplas ações dentro de um animal.

Outros receptores ligados à membrana têm sua própria atividade de quinase e são ativados quando o hormônio se combina ao receptor como, por exemplo, os receptores de membrana para insulina e para o fator de crescimento semelhante à insulina.

Tema-chave 34.2
CIÊNCIA EXPLICADA

Receptores acoplados à proteína G

Em 2012, o Prêmio Nobel de Química foi concedido a Brian Kobilka (Stanford) e Robert Lefkowitz (Duke) por seu trabalho sobre outra classe de receptores de membrana, os chamados **receptores acoplados à proteína G** (GPCRs, do inglês *G protein coupled receptors*). Trata-se de uma grande classe de receptores importantes não somente para os hormônios proteicos e peptídicos, mas também para os neurotransmissores (ver Seção 33.2). Os GPCRs podem ser acoplados a qualquer um dos sistemas de segundo mensageiro citados anteriormente, produzindo respostas diversas de um hormônio que interage com várias células-alvo. Os GPCRs podem produzir respostas excitatórias e inibidoras nas células-alvo, dependendo do subtipo de GPCR presente na membrana. Esses receptores estão se tornando extremamente importantes na medicina como alvos farmacológicos.

Receptores nucleares

Ao contrário dos hormônios peptídicos e da epinefrina, que são muito grandes para passar pelas membranas plasmáticas, os **hormônios esteroides** (p. ex., estrogênio, testosterona e aldosterona) são moléculas lipossolúveis que se difundem prontamente pelas membranas plasmáticas. Uma vez dentro do citoplasma das células-alvo, os hormônios esteroides ligam-se seletivamente a moléculas receptoras. Embora essas moléculas receptoras possam estar localizadas tanto no citoplasma quanto no núcleo, seu local final de atividade é nuclear. O complexo hormônio-receptor, agora chamado de **proteína reguladora do gene**, ativa ou inibe genes específicos. Como resultado, a transcrição gênica é alterada (ver Seção 5.5), já que as moléculas de RNA mensageiro são sintetizadas de acordo com sequências específicas do DNA. A estimulação ou a inibição da formação de mRNA modificam a produção de enzimas-chave, desencadeando assim o efeito observado do hormônio (Figura 34.1). Os hormônios da tireoide e o hormônio da muda dos insetos, a ecdisona (um esteroide, ver Seção 2.2), também agem por meio de receptores nucleares. Os hormônios tireoidianos ligam-se primeiro a uma molécula de transporte, que consiste em uma proteína transmembrana (ver Seção 3.3) que usa o ATP para transferir os hormônios para o interior da célula.

Comparados aos hormônios peptídicos, que atuam *indiretamente*, por meio de sistemas de segundo mensageiro, os hormônios esteroides e tireoidianos têm um efeito *direto* na síntese de proteínas porque se ligam a um receptor nuclear que modifica a atividade de um gene específico.

Receptores citoplasmáticos

Hoje se sabe que os hormônios lipossolúveis, como o estrogênio, interagem não somente com os receptores nucleares, mas também com os receptores citoplasmáticos ligados ou não à membrana dentro do citoplasma. Uma vez ativados, esses complexos de hormônio-receptor interagem com os sistemas de segundo mensageiro no interior do citoplasma (como ocorre com os hormônios peptídicos) ou por meio de uma cadeia de eventos que ativam fatores que entram no núcleo para estimular ou inibir os processos de transcrição (ver Seção 5.5). Desse modo, os hormônios lipossolúveis fornecem um controle múltiplo e complexo das células-alvo.

Controle das taxas de secreção dos hormônios

Os hormônios influenciam as funções celulares alterando as taxas de muitos processos bioquímicos diferentes. Muitos afetam a atividade enzimática e, portanto, alteram o metabolismo celular; alguns modificam a permeabilidade da membrana; alguns regulam a síntese de proteínas celulares; e alguns estimulam a liberação de hormônios de outras glândulas endócrinas. Como todos esses são processos dinâmicos que precisam adaptar-se às demandas metabólicas em mudança, eles precisam ser controlados, e não simplesmente ativados, pelos hormônios apropriados. Esse controle é realizado pela liberação precisamente controlada de um hormônio no sangue. A concentração de um hormônio no fluido corporal depende de dois fatores: sua taxa de secreção e a taxa na qual ele é desativado e removido da circulação. Consequentemente, se a secreção deve ser controlada corretamente, uma glândula endócrina precisa de informações sobre o nível de seu(s) próprio(s) hormônio(s) no plasma.

A maioria dos hormônios é controlada por **sistemas de retroalimentação negativa** que operam entre as glândulas que secretam os hormônios e os produtos ou efeitos das células-alvo (Figura 34.2). Um padrão de retroalimentação é aquele no qual a produção é sempre comparada a um ponto de referência, como um termostato. Por exemplo, o CRH (*corticotropin-releasing hormone* – hormônio liberador de corticotrofina), secretado pelo hipotálamo, estimula a hipófise (que contém as células-alvo) a liberar ACTH. O ACTH estimula a glândula suprarrenal (que contém as células-alvo) a secretar cortisol. À medida que o nível de ACTH eleva-se no plasma, ele atua ou "retroalimenta" o hipotálamo, para inibir a liberação do CRH. De modo semelhante, à medida que o nível de cortisol sobe no plasma, ele "retroalimenta" o hipotálamo e a hipófise para inibir a liberação tanto do CRH quanto do ACTH, respectivamente. Assim, qualquer desvio do ponto de referência (um nível específico de cada hormônio no plasma) leva a uma ação corretiva no sentido oposto (Figura 34.3). Esse sistema de retroalimentação negativa é altamente eficaz para impedir oscilações extremas na produção hormonal. No entanto, os sistemas de retroalimentação hormonal são mais complexos do que um rígido sistema de "circuito-fechado" como um termostato que controla o sistema de aquecimento central de uma casa, porque a retroalimentação hormonal pode ser alterada por informações do sistema nervoso, por metabólitos ou por outros hormônios.

Oscilações extremas na produção hormonal podem ocorrer algumas vezes em condições naturais. Entretanto, como elas têm o potencial de perturbar os mecanismos homeostáticos precisamente ajustados, essas oscilações extremas, que são resultantes de uma **retroalimentação positiva**, são muito bem reguladas e possuem um mecanismo bem marcado de interrupção.

Durante a retroalimentação positiva, o sinal (ou a saída do sistema) retroalimenta o sistema de controle e causa um aumento no sinal inicial. Dessa forma, o sinal inicial torna-se progressivamente amplificado a fim de produzir um evento explosivo. Por exemplo, os hormônios que controlam o parto elevam-se do seu ponto de referência normal e são interrompidos pelo nascimento da prole a partir do útero (ver Seção 7.5).

34.2 HORMÔNIOS DOS INVERTEBRADOS

Todos os táxons de invertebrados produzem hormônios, e os cnidários, nematódeos e anelídeos têm células endócrinas que agem de maneira autônoma e não estão organizadas em glândulas. As glândulas endócrinas aparecem nos moluscos e artrópodes, e são mais complexas nestes últimos. Na maioria dos filos de invertebrados, esses sinais químicos devem se mover da fonte para as células-alvo por meio dos fluidos intersticiais e não pelo sangue em circulação. Os hormônios dos invertebrados são peptídios (frequentemente neuropeptídios), esteroides ou terpenoides (moléculas orgânicas lipossolúveis), porém os peptídios e neuropeptídios são os mais comuns entre diferentes grupos de invertebrados. Alguns hormônios são parecidos com os dos vertebrados em estrutura e função (p. ex., os esteroides), mas existe uma diversidade muito maior na função endócrina dos invertebrados do que na dos vertebrados. Os hormônios dos invertebrados controlam mudanças de cor, crescimento, reprodução e mecanismos homeostáticos internos, como o metabolismo, os níveis de combustíveis metabólicos e a osmorregulação.

Em muitos filos de animais, a principal fonte de hormônios são as **células neurossecretoras**, células nervosas especializadas capazes de sintetizar e secretar hormônios. Seus produtos, chamados de neurossecreções, são descarregados diretamente nos fluidos corporais e atuam como uma ligação crucial entre os sistemas nervoso e endócrino.

Tem sido demonstrado que peptídios e neuropeptídios controlam muitos processos fisiológicos nos invertebrados. Nos crustáceos, o **peptídio cardioativo** aumenta a taxa cardíaca. Os hormônios que regulam o metabolismo dos carboidratos, gorduras e aminoácidos pertencem à família dos **hormônios hiperglicêmicos de crustáceos** (CHH – *crustacean hyperglycaemic hormone*) e à família dos **hormônios adipocinéticos** nos insetos. Os **hormônios diuréticos** estimulam a secreção de fluido nos túbulos de Malpighi dos insetos (ver Figura 30.7). Uma família de pequenos neuropeptídios chamados de **peptídios relacionados à FMRFamida** (FaRPs – *FMRFamide-related peptides*) parece ter evoluído junto com a simetria bilateral, e suas funções parecem ter sido conservadas por todos os filos. Sabe-se que os peptídios dessa família controlam os tecidos musculares do corpo e os processos digestivos e reprodutivos em muitos invertebrados, bem como processos de osmorregulação nos nematódeos, anelídeos, moluscos e insetos, além do fluxo de hemolinfa arterial nos crustáceos. Agora, eles têm sido isolados e caracterizados nos vertebrados. Um processo neurossecretor extensivamente estudado

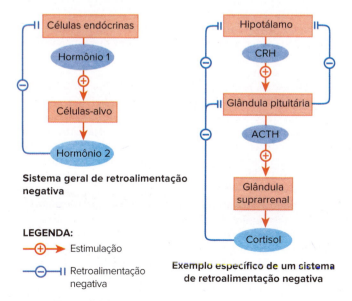

Figura 34.2 Sistemas de retroalimentação negativa.

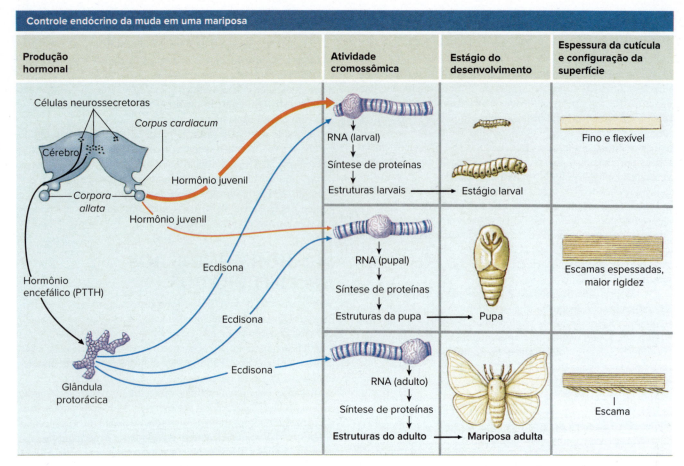

Figura 34.3 Controle endócrino da muda em uma mariposa, típico dos insetos que sofrem metamorfose completa. Muitas mariposas acasalam na primavera ou no verão, e os ovos logo eclodem no primeiro de vários estágios larvais denominados instares. Após a última muda larval, a última e maior larva (taturana) tece um casulo no qual empupa. A pupa hiberna durante o inverno, e um adulto emerge na primavera para começar uma nova geração. O hormônio juvenil e a ecdisona interagem a fim de controlar a muda e a formação da pupa. Muitos genes são ativados durante a metamorfose, como se observa nas regiões descondensadas de cromossomos politênicos (em inglês, *puffing*; coluna central). As regiões descondensadas se formam em sequência durante as sucessivas mudas. Mudanças na espessura da cutícula e nas características superficiais são mostradas à direita.

nos invertebrados é o controle do desenvolvimento e metamorfose dos insetos. Nos insetos, assim como em outros artrópodes, o crescimento é decorrente de uma série de passos nos quais o rígido exoesqueleto não expansível é periodicamente descartado e substituído por um novo exoesqueleto maior. A maioria dos insetos passa por um processo de metamorfose (ver Seção 21.1), no qual uma série de estágios juvenis, cada qual exigindo a formação de um novo exoesqueleto, termina com uma muda.

Os fisiologistas que estudam insetos descobriram que a muda e a metamorfose (ver Seção 21.1) são controladas principalmente pela interação de dois hormônios: um que favorece o crescimento e a diferenciação das estruturas do adulto; outro que favorece a retenção das estruturas juvenis. Esses dois hormônios são o **hormônio da muda** ou **ecdisona** um esteroide produzido pela glândula protorácica, e o **hormônio juvenil**, um terpenoide produzido pelos *corpora allata* (Figura 34.3).

A ecdisona é controlada pelo **hormônio protoracicotrópico** ou **PTTH** (*prothoracicotropic hormone*). Esse hormônio é um polipeptídio (peso molecular de cerca de 5 mil) produzido por células neurossecretoras do cérebro e transportado por axônios para os *corpora cardiacum*, onde é armazenado. Periodicamente, durante o crescimento juvenil, a liberação de PTTH no sangue estimula a glândula protorácica a secretar ecdisona. A ecdisona ligada ao seu receptor nuclear atua diretamente nos cromossomos como uma proteína reguladora dos genes (ver Figura 34.1) para causar a muda e o subsequente desenvolvimento das estruturas adultas. No entanto, ela é mantida sob controle pelo hormônio juvenil, que favorece a manutenção de características juvenis. Durante os estágios juvenis, predomina o hormônio juvenil e cada muda produz outro jovem maior (Figura 34.3). Finalmente, a produção de hormônio juvenil diminui, permitindo a metamorfose final para o estágio adulto.

Pelo menos para alguns insetos, o hormônio juvenil parece ser importante durante a **diapausa** (ou desenvolvimento interrompido), que pode ocorrer em qualquer estágio da metamorfose. A diapausa normalmente ocorre devido a mudanças sazonais nas condições ambientais, como temperaturas frias ou mudanças no comprimento do dia. Em alguns insetos, os altos níveis de hormônio juvenil inibem a liberação de PTTH, e assim os níveis de ecdisona permanecem baixos e o desenvolvimento para o próximo estágio é interrompido. Em outros insetos, a diapausa é devida a uma diminuição na atividade neurossecretora cerebral e a uma redução direta de PTTH, ou a um efeito direto da temperatura nas glândulas protorácicas, causando a diminuição da secreção de ecdisona. O hormônio juvenil também está presente nos insetos adultos, onde está envolvido na regulação do desenvolvimento dos óvulos nas fêmeas. Além disso, níveis baixos causam uma diminuição da função reprodutiva durante a diapausa do adulto (ou dormência), que ocorre durante os meses de inverno em alguns insetos.

Baseados em extensos estudos sobre todos os aspectos da regulação endócrina nos insetos, os cientistas sintetizaram muitos disruptores endócrinos diferentes projetados para controlar as populações de insetos, como potentes análogos do hormônio juvenil, que induzem mudas finais anormais, prolongam ou bloqueiam o desenvolvimento. Ao contrário dos inseticidas químicos, eles são altamente específicos; porém, considerando a semelhança das funções dos hormônios entre os diversos grupos de invertebrados, eles são ecologicamente menos benignos do que originalmente se pensava.

34.3 GLÂNDULAS ENDÓCRINAS E HORMÔNIOS DOS VERTEBRADOS

Descreveremos alguns dos hormônios vertebrados mais bem compreendidos e importantes, incluindo um breve resumo dos mecanismos hormonais nos mamíferos (porque os mamíferos de laboratório e os seres humanos sempre foram objeto de pesquisas mais intensas) e uma discussão de algumas diferenças importantes nos papéis funcionais dos hormônios nos diferentes grupos de vertebrados.

Hormônios do hipotálamo e da hipófise

A **hipófise**, ou glândula pituitária, é uma pequena glândula (0,5 g nos seres humanos) localizada em uma depressão na base do crânio (Figura 34.4). É uma glândula de duas partes com uma origem embrionária dupla. A **adeno-hipófise** (hipófise anterior) é derivada embriologicamente do céu da boca. A **neuro-hipófise** (hipófise posterior) surge de uma porção ventral do encéfalo, o **hipotálamo**, e está conectada a ele por meio de um pedúnculo, o **infundíbulo**. Embora a adeno-hipófise não tenha qualquer conexão anatômica com o encéfalo, está conectada funcionalmente por um sistema circulatório portal especial (porta-hipofisário). Uma circulação portal transporta sangue de uma rede capilar para outra (Figuras 34.4 e 34.5). Nesse caso, a circulação portal fornece uma conexão entre as células neurossecretoras do hipotálamo e as células endócrinas da adeno-hipófise.

Hipotálamo e neurossecreção

Devido à importância estratégica da hipófise, influenciando a maioria das atividades hormonais do corpo, ela já foi chamada de "glândula mestre". Entretanto, essa descrição não é apropriada porque os hormônios da adeno-hipófise são controlados por uma instância superior, os centros neurossecretores do hipotálamo. O próprio hipotálamo é em última instância controlado por outras regiões do encéfalo. O hipotálamo contém grupos de células neurossecretoras, que são células nervosas especializadas (Figuras 34.4 e 34.5) que produzem neuro-hormônios. Os que regulam a adeno-hipófise são denominados **hormônios liberadores** ou **hormônios de inibição** (ou "fatores"). Esses neuro-hormônios percorrem os axônios nervosos até suas terminações na eminência média. Aqui, eles entram em uma rede capilar para completar sua jornada até a adeno-hipófise pelo sistema porta-hipotalâmico-hipofisário. Os hormônios hipotalâmicos então estimulam ou inibem a liberação de vários hormônios da adeno-hipófise. Diversos hormônios hipotalâmicos liberadores e inibidores foram descobertos, caracterizados quimicamente e isolados em estado puro (Tabela 34.1), embora a identificação e a ação de alguns hormônios hipotalâmicos listados na Tabela 34.1 ainda sejam definitivas. Outras células neurossecretoras

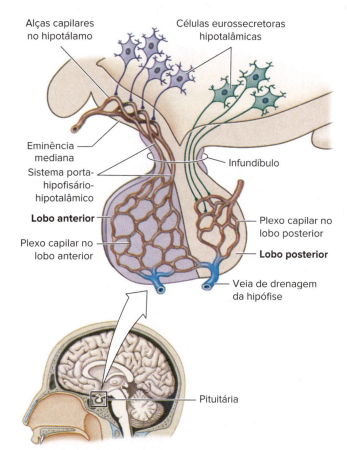

Figura 34.4 Hipotálamo e hipófise humanos. O lobo posterior (ou neuro-hipófise) está conectado diretamente ao hipotálamo por axônios das células neurossecretoras. O lobo anterior (ou adeno-hipófise) está conectado indiretamente ao hipotálamo por uma circulação portal (mostrada em vermelho), começando na base do hipotálamo e terminando na adeno-hipófise.

hipotalâmicas possuem axônios que viajam pelo infundíbulo e têm suas terminações nervosas na neuro-hipófise. Elas secretam os neuro-hormônios diretamente na circulação sanguínea geral, e não no sistema porta-hipotalâmico-hipofisário (Figura 34.4).

Adeno-hipófise

A adeno-hipófise consiste em um **lobo anterior** (*pars distalis*), conforme mostrado na Figura 34.4, e um **lobo intermediário** (*pars intermedia*), ausente em alguns animais (incluindo os seres humanos). A adeno-hipófise produz sete hormônios e, nos animais com um lobo intermediário, todos, exceto um, são liberados pelo lobo anterior.

A adeno-hipófise produz quatro hormônios, coletivamente chamados de **hormônios tróficos** (do grego *tropē*, virar-se na direção), que regulam outras glândulas endócrinas (ver Tabela 34.1). O **hormônio tireoestimulante** (**TSH** – *thyroid-stimulating hormone*) ou **tireotrofina** estimula a produção de hormônios pela tireoide. Dois hormônios tróficos, comumente chamados de **gonadotrofinas**, atuam nas gônadas (ovários das fêmeas, testículos dos machos). Estes são o **hormônio foliculoestimulante** (**FSH** – *follicle-stimulating hormone*) e o **hormônio luteinizante** (**LH** – *luteinizing hormone*). O FSH promove a produção de óvulos e a secreção de estrogênio nas fêmeas, e sustenta a produção de espermatozoides nos machos. O LH induz à ovulação, à produção do corpo lúteo e à secreção dos esteroides sexuais femininos:

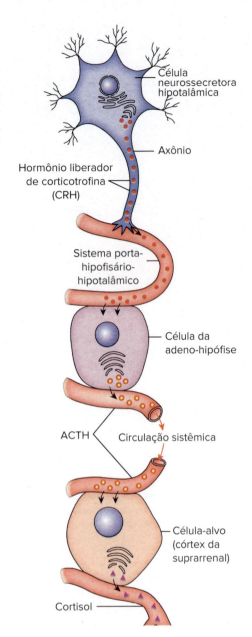

Figura 34.5 Relação entre os hormônios hipotalâmicos, hipofisários e das glândulas-alvo. A sequência hormonal que controla a liberação do cortisol do córtex da suprarrenal é usada como um exemplo.

a progesterona e o estrogênio. Nos machos, o LH promove a produção dos esteroides sexuais masculinos (principalmente testosterona). Ele já foi chamado de hormônio estimulador das células intersticiais (ICSH) nos machos, antes de se descobrir que era idêntico ao LH das fêmeas. O controle hormonal da reprodução é detalhadamente discutido na Seção 7.5. O quarto hormônio trófico, **hormônio adrenocorticotrófico** (**ACTH** – *adrenocorticotropic hormone*), aumenta a produção e a secreção dos hormônios esteroides do córtex da suprarrenal.

A **prolactina** e o estruturalmente relacionado **hormônio do crescimento** (**GH** – *growth hormone*) são proteínas. A prolactina é essencial para preparar as glândulas mamárias para lactação; depois do nascimento, é necessária para a produção de leite. A prolactina também está envolvida no comportamento parental em uma grande diversidade de vertebrados. Além do seu papel mais tradicional nos processos reprodutivos, ela regula o equilíbrio hídrico e de eletrólitos em muitas espécies. Foi demonstrado que a prolactina é um mediador químico do sistema imunológico e importante na formação de novos vasos sanguíneos (angiogênese). Diferentemente dos hormônios tróficos, a prolactina age diretamente nos tecidos-alvo, em vez de agir por meio de outros hormônios.

O **GH** (também chamado de somatotrofina) desempenha um papel vital no controle do crescimento do corpo por meio de seu efeito estimulador na mitose celular, na síntese de RNA mensageiro e proteínas, e no metabolismo, especialmente nos tecidos novos dos vertebrados jovens. O hormônio do crescimento atua diretamente no crescimento e no metabolismo, bem como indiretamente, por meio de um hormônio polipeptídico, o **fator de crescimento semelhante à insulina** (**IGF** – *insulin-like growth factor*) ou somatomedina, produzido pelo fígado.

O único hormônio da adeno-hipófise produzido pelo lobo intermediário é o **hormônio estimulador dos melanócitos** (**MSH** – *melanocyte-stimulating hormone*). Nos peixes cartilaginosos e ósseos, anfíbios e répteis não ave, o MSH é um hormônio de ação direta que promove a dispersão do pigmento melanina no interior dos melanócitos, causando o escurecimento da pele. Nas aves e mamíferos, o MSH é produzido por células no interior da adeno-hipófise, em vez de no lobo intermediário, mas sua função fisiológica permanece incerta. O MSH não parece relacionado com a pigmentação nos endotérmicos, apesar de causar o escurecimento da pele em seres humanos se injetado na circulação. O MSH foi isolado de regiões específicas do hipotálamo, onde está ligado à regulação do comportamento de ingestão de alimento e metabólico em mamíferos adultos. O MSH e o ACTH são derivados de uma molécula precursora (pro-opiomelanocortina ou POMC), que é transcrita e traduzida de um único gene.

Neuro-hipófise

O hipotálamo é a fonte de dois hormônios do lobo posterior da hipófise (ver Tabela 34.1). Eles são formados em células neurossecretoras no hipotálamo, cujos axônios se estendem para baixo pelo pedúnculo infundibular e para dentro do lobo posterior. Os hormônios são secretados de terminais axônios que terminam próximo a capilares sanguíneos, nos quais os hormônios entram quando liberados (ver Figura 34.4). De certa maneira, o lobo posterior não é uma glândula endócrina verdadeira, mas um centro de armazenamento e liberação para hormônios produzidos inteiramente no hipotálamo. Os dois hormônios do lobo posterior dos mamíferos, a ocitocina e a vasopressina, são muito parecidos quimicamente. Ambos são polipeptídios consistindo em oito aminoácidos (octapeptídios, Figura 34.6). Esses hormônios estão entre os de ação mais rápida, pois podem produzir uma resposta em segundos após sua liberação pelo lobo posterior.

A **ocitocina** tem duas importantes funções reprodutivas especializadas nas fêmeas adultas dos mamíferos. Ela estimula a contração da musculatura lisa uterina durante o parto (nascimento de filhote). Na prática clínica, a ocitocina é utilizada para induzir as contrações durante um trabalho de parto prolongado e para evitar a hemorragia uterina após o nascimento. Uma segunda ação da ocitocina é a da ejeção do leite pelas glândulas mamárias em resposta à sucção. Trabalhos recentes também estabeleceram um papel para a ocitocina no comportamento de formação de casais, em ambos os sexos, em algumas espécies monógamas de ratos do campo. Também é frequentemente chamada de "Hormônio do amor" porque é liberada durante interações sociais positivas e sexo, e parece aumentar os níveis de confiança. Interessantemente, a ocitocina está sendo investigada como um potencial tratamento

Tabela 34.1 Hormônios da hipófise dos vertebrados.

	Hormônio	Natureza química	Principal (s) ação (s)	Controle (s) hipotalâmico
Adeno-hipófise (Lobo anterior)	Hormônio tireoestimulante (TSH)	Glicoproteína	Estimula a síntese e a secreção do hormônio da tireoide	Hormônio liberador do TSH (TRH)
	Hormônio foliculoestimulante (FSH)	Glicoproteína	Fêmeas: estimulação do folículo e síntese de estrogênio. Machos: estimula a síntese de espermatozoides	Hormônio liberador da gonadotrofina (GnRH)[1]
	Hormônio luteinizante (LH)	Glicoproteína	Fêmeas: estimula a ovulação, a formação de corpo lúteo e a síntese de estrogênio e de progesterona. Machos: secreção de testosterona	Hormônio liberador da gonadotrofina (GnRH)[1] Hormônio liberador/inibidor da gonadotrofina (GnIH)[2]
	Prolactina (PRL)	Proteína	Crescimento das glândulas mamárias, produção de leite nas fêmeas, resposta imunológica e angiogênese em mamíferos, comportamento parental e equilíbrio eletrolítico e hídrico nos vertebrados inferiores	Dopamina (hormônio liberador/inibidor da prolactina, ou PIH) Fator liberador da prolactina (PRF)?
	Hormônio do crescimento (somatotrofina)	Proteína	Estimula o crescimento de tecidos moles e ossos, a síntese de proteínas, a mobilização do glicogênio e das reservas lipídicas	Hormônio liberador do hormônio de crescimento (GHRH) Hormônio liberador/inibidor do hormônio de crescimento (GHIH), ou somatostatina
	Hormônio adrenocorticotrófico (ACTH)	Polipeptídio	Estimula a síntese de glicocorticoides pelo córtex da suprarrenal	Hormônio liberador da corticotrofina (CRH)
Lobo intermediário[3]	Hormônio estimulador dos melanócitos (MSH)	Polipeptídio	Aumenta a síntese de melanina pelos melanócitos na epiderme dos ectotérmicos, função não esclarecida nos endotérmicos	Hormônio inibidor do hormônio estimulador dos melanócitos (MSHIH)
Neuro-hipófise (Lobo posterior)	Ocitocina	Octapeptídio	Ejeção do leite e contrações uterinas nas fêmeas, comportamento sexual e formação de pares nas espécies monógamas	
	Vasopressina[4] (hormônio antidiurético ou ADH)	Octapeptídio	Reabsorção de água nos rins dos mamíferos	
	Vasotocina[5]	Octapeptídio	Aumenta a reabsorção de água	

[1] Um único hormônio, GnRH, controla tanto o FSH quanto o LH, porém alguns estudos sugerem a existência de um hormônio liberador do FSH (FSH-RH) diferente.
[2] GnIH foi descoberto em aves e mamíferos.
[3] As aves e alguns mamíferos não têm o lobo intermediário. Nesses animais, o MSH é produzido pelo lobo anterior.
[4] Nos mamíferos.
[5] Em todas as classes de vertebrados, exceto mamíferos, têm sido identificados hormônios relacionados.

para melhorar as habilidades sociais em seres humanos diagnosticados com transtornos no espectro do autismo.

A **vasopressina**, o segundo hormônio do lobo posterior, atua nos ductos coletores do rim a fim de aumentar a reabsorção de água e assim restringir o fluxo urinário, conforme já descrito na Seção 30.3. É, portanto, frequentemente chamado de **hormônio antidiurético** ou **ADH**. A vasopressina também aumenta a pressão sanguínea por meio de seu efeito vasoconstritor generalizado nos músculos lisos das arteríolas, e atua centralmente aumentando a sede e, portanto, o comportamento de beber. Por fim, a vasopressina tem sido associada ao comportamento de formação de casais em algumas espécies monógamas de roedores. Como a ocitocina, a vasopressina também foi associada ao comportamento social em seres humanos. No caso da vasopressina, parece que o hormônio aumenta a probabilidade de seres humanos participarem em comportamento cooperativo que envolva risco associado a outros seres humanos, mas que pode ser benéfico a ambos.

Todos os vertebrados com maxilares secretam dois hormônios do lobo posterior que são muito semelhantes àqueles dos mamíferos. Todos são octapeptídios, porém sua estrutura varia devido às substituições de aminoácidos em três das suas oito posições na molécula.

De todos os hormônios do lobo posterior, a **vasotocina** (ver Tabela 34.1) tem a mais ampla distribuição filogenética e é considerada o hormônio "ancestral" do qual outros octapeptídios evoluíram. Ele ocorre em todas as classes de vertebrados, exceto nos mamíferos. É um hormônio de equilíbrio hídrico nos anfíbios, especialmente nos sapos, nos quais atua na conservação de água (1) aumentando a permeabilidade da pele (para favorecer a absorção de água do ambiente), (2) estimulando a reabsorção de

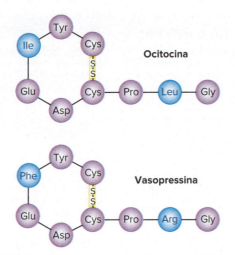

Figura 34.6 Hormônios da neuro-hipófise dos mamíferos. Tanto a ocitocina quanto a vasopressina consistem em oito aminoácidos (as duas moléculas de cisteína ligadas ao enxofre são consideradas um único aminoácido, a cistina). A ocitocina e a vasopressina são idênticas, exceto pela substituição de aminoácidos nas posições em azul. As abreviações representam os aminoácidos.

água da bexiga urinária e (3) diminuindo o fluxo urinário. A ação da vasotocina é mais bem compreendida nos anfíbios, mas parece desempenhar algum papel na conservação de água também nas aves e répteis não aves.

Tema-chave 34.3

ADAPTAÇÃO E FISIOLOGIA

O coração é uma glândula endócrina

Outro hormônio que regula o equilíbrio de sal e água é o peptídio natriurético atrial (ANP), que é produzido pelas células do músculo cardíaco do átrio direito do coração. É liberado quando a parede atrial fica estressada pela hipertensão arterial sistêmica. O ANP causa aumento da excreção de água e sal pelos rins e diminui a pressão arterial e, portanto, o volume do líquido extracelular.

Glândula pineal

Em todos os vertebrados, a parte dorsal do encéfalo, o diencéfalo (ver Figura 33.13), origina uma evaginação saculiforme chamada de complexo pineal, que se localiza logo abaixo do crânio, em uma posição mediana. Nos vertebrados ectotérmicos, o complexo pineal contém tecido glandular e um órgão sensorial fotorreceptor envolvido nas respostas de pigmentação e nos ritmos biológicos relacionados com o ciclo luz/escuro. Nas lampreias, muitos anfíbios, lagartos e tuataras (*Sphenodon*, ver Figura 26.21), o órgão fotorreceptor mediano é tão bem desenvolvido, contendo estruturas análogas às lentes e córnea dos olhos laterais, que é frequentemente chamado de terceiro olho. Nas aves e mamíferos, o complexo pineal é uma estrutura completamente glandular chamada de **glândula pineal**. A glândula pineal produz o hormônio **melatonina**. A secreção de melatonina é fortemente afetada pela exposição à luz. Sua produção é menor durante o dia e maior à noite. Nos vertebrados não mamíferos a glândula pineal é responsável por manter os **ritmos circadianos** – ritmos autogerados (endógenos) que têm cerca de 24 horas de duração. Um ritmo circadiano serve como um relógio biológico para muitos processos fisiológicos que seguem um padrão regular.

Nos mamíferos, uma área do hipotálamo denominada **núcleo supraquiasmático** tornou-se o principal marca-passo circadiano, embora a glândula pineal ainda produza melatonina à noite e atue reforçando o ritmo circadiano do núcleo supraquiasmático. Nas aves e nos mamíferos nos quais os ritmos sazonais da reprodução são regulados pelo **fotoperíodo**, a melatonina desempenha um papel essencial na regulação temporal da atividade das gônadas. Nos animais que se reproduzem em dias longos, como os cavalos, furões, *hamsters* e camundongos *Peromyscus*, uma redução na estimulação luminosa, devido a um encurtamento do dia no outono, aumenta a secreção de melatonina, e nessas espécies a atividade reprodutiva é suprimida durante os meses de inverno. O aumento da duração dos dias na primavera tem efeito oposto, e as atividades reprodutivas são retomadas. Os reprodutores de dias curtos, como o veado-de-cauda-branca (*Odocoileus virginianus*), a raposa-prateada (*Vulpes vulpes*), os cangambás do gênero *Spilogale* e as ovelhas, são estimulados pelo comprimento reduzido do dia no outono; o aumento dos níveis de melatonina nessa época estão associados com o aumento da atividade reprodutiva. O papel da melatonina é indireto em ambos os casos porque ela própria não estimula nem inibe o ciclo reprodutivo.

A glândula pineal produz efeitos sutis nos ritmos circadianos e anuais de mamíferos que não apresentam regulação por fotoperíodo (como os seres humanos). Por exemplo, a secreção de melatonina tem sido relacionada com uma doença de alterações no sono e na alimentação em humanos, chamada de transtorno afetivo sazonal (SAD – *seasonal affective disorder*). Algumas pessoas que vivem em latitudes mais ao norte, onde os dias são bem curtos no inverno e a produção de melatonina aumenta, ficam deprimidas durante essa estação, dormem longos períodos e podem comer descontroladamente. Em geral, essa depressão de inverno pode ser tratada via exposição a lâmpadas que emitem luz semelhante à do Sol, abrangendo todo o espectro luminoso. Essa exposição diminui a secreção de melatonina pela glândula pineal. Os ritmos fisiológicos alterados, associados à mudança de fuso horário, trabalho em turnos e envelhecimento, também estão relacionados com ritmos inadequados de melatonina. Estudos recentes sugerem que os problemas de ritmos circadianos também podem estar relacionados com distúrbios psiquiátricos, síndromes metabólicas (ocorrência simultânea de pressão sanguínea alta, altos níveis de insulina, excesso de gordura corporal ao redor da cintura ou elevados níveis de colesterol) e riscos de câncer aumentados.

Neuropeptídios encefálicos

A distinção pouco clara entre os sistemas endócrino e nervoso é ainda mais evidente na lista crescente de neuropeptídios semelhantes a hormônios que têm sido descobertos no sistema nervoso central e periférico dos vertebrados e dos invertebrados. Os neuropeptídios e os GPCRs associados (ver Tema-chave 34.2) foram identificados nos cnidários, assim como nos protostômios e deuterostômios. Nos mamíferos, aproximadamente 40 neuropeptídios (cadeias curtas de aminoácidos) foram localizados usando marcação imunológica com anticorpos e visualizados em cortes histológicos sob o microscópio, e a lista ainda está aumentando. Muitos levam uma vida dupla – comportam-se como hormônios, levando sinais das células glandulares até seus alvos, e como neurotransmissores, retransmitindo sinais entre células nervosas. Por exemplo, tanto a ocitocina quanto a vasopressina foram localizadas em locais dispersos no encéfalo por métodos imunológicos. Essa descoberta está relacionada com a fascinante observação de que pessoas e animais de laboratório injetados com diminutas quantidades de vasopressina experimentaram um aumento no aprendizado e na memória.

Esse efeito da vasopressina no tecido encefálico não está relacionado com a sua bem conhecida função antidiurética no rim (ver Seção 30.3). Diversos hormônios, como a gastrina e a colecistoquinina (ver Figura 32.12) (considerados anteriormente como apenas parte do sistema enteroendócrino do trato gastrintestinal), foram descobertos no córtex cerebral, hipocampo e hipotálamo. Além das suas ações gastrintestinais, a colecistoquinina controla o comportamento de alimentação e a saciedade e pode ter outras funções como a neurorregulação cerebral. As endorfinas e encefalinas, neuropeptídios que se ligam a receptores opioides e influenciam a percepção de prazer e de dor (ver Tema-chave 33.3), também funcionam em circuitos encefálicos que modulam diversas outras funções não relacionadas com o prazer e a dor, como o controle da pressão sanguínea, temperatura corporal, movimentos do corpo, alimentação e reprodução. Ainda mais intrigante é o fato de as endorfinas serem derivadas do mesmo pró-hormônio (POMC) que origina os hormônios ACTH e MSH da adeno-hipófise.

Tema-chave 34.4
CIÊNCIA EXPLICADA

Medição dos níveis de hormônios no sangue

A técnica do radioimunoensaio, desenvolvida por Solomon Berson e Rosalyn Yalow por volta de 1960, revolucionou a endocrinologia e a neuroquímica. Em primeiro lugar, os anticorpos do hormônio de interesse (p. ex., insulina) são preparados injetando-o em um mamífero, como porquinhos-da-índia ou coelhos. Depois, uma quantidade fixa de insulina marcada radioativamente e anticorpos de insulina não marcados são misturados a uma amostra do plasma sanguíneo a ser medido. A insulina nativa no plasma sanguíneo e a insulina radioativa competem pelos anticorpos de insulina. Quanto mais insulina estiver presente na amostra, menos insulina radioativa se combinará aos anticorpos. As insulinas combinadas e não combinadas são separadas e suas radioatividades medidas, juntamente com as de soluções padrão apropriadas que contêm quantidades conhecidas de insulina, para determinar a quantidade de insulina presente na amostra de sangue.

Prostaglandinas e citocinas

Prostaglandinas

As **prostaglandinas** são derivadas de ácidos graxos insaturados de cadeia longa e foram descobertas no fluido seminal na década de 1930. Em princípio, pensou-se que eram produzidas apenas pela glândula da próstata (por isso o nome), mas agora têm sido encontradas em praticamente todos os tecidos dos mamíferos. As prostaglandinas frequentemente atuam como hormônios locais e têm ações diversas em muitos tecidos diferentes, tornando difíceis generalizações sobre seus efeitos. Muitos de seus efeitos, no entanto, envolvem os músculos lisos. Em alguns tecidos, as prostaglandinas regulam a vasodilatação ou a vasoconstrição pela sua ação nos músculos lisos das paredes dos vasos sanguíneos. Sabe-se que elas estimulam a contração do músculo liso do útero durante o trabalho de parto. Também existem evidências de que a superprodução de prostaglandinas uterinas é responsável pelos sintomas dolorosos da menstruação (dismenorreia) experimentados por muitas mulheres. Vários inibidores das prostaglandinas que proporcionam alívio para esses sintomas foram aprovados como medicamentos. Entre outras ações das prostaglandinas estão a intensificação da dor em tecidos danificados, a mediação da resposta inflamatória (ver Seção 35.2) e o envolvimento na febre.

Citocinas

Já há algum tempo sabemos que as células do sistema imunológico se comunicam entre si e que essa comunicação é crucial para a resposta imunológica. Agora, compreendemos que um grande grupo de hormônios polipeptídicos, chamados de **citocinas** (ver Seção 35.4), media a comunicação de uma ampla variedade de células e pode afetar as células que as secretam, células próximas e, assim como outros hormônios, até células em locais distantes. Suas células-alvo têm receptores específicos para as citocinas, ligados à superfície da membrana. As citocinas coordenam uma rede complexa, com algumas células-alvo sendo ativadas, estimuladas a se dividir e, frequentemente, a secretar suas próprias citocinas. As mesmas citocinas que ativam algumas células podem suprimir a divisão de outras células-alvo. As citocinas também estão envolvidas na produção do sangue e na regulação do balanço energético pelo sistema nervoso central. Muitas citocinas que são secretadas pelo tecido adiposo, denominadas **adipocinas**, tornaram-se foco de pesquisa da regulação do equilíbrio energético e da obesidade. Parece que a secreção desses hormônios desencadeia uma resposta inflamatória (ver Seção 35.2) dentro do tecido adiposo e de outros órgãos que servem como mediadores para muitos dos sintomas associados à obesidade.

Hormônios do metabolismo

Um importante grupo de hormônios ajusta o delicado equilíbrio das atividades metabólicas. As taxas das reações químicas dentro das células são frequentemente reguladas por longas sequências de enzimas (ver Seção 4.2). Os hormônios podem alterar a atividade de enzimas essenciais em um processo metabólico, acelerando ou inibindo assim todo o processo. Os hormônios mais importantes do metabolismo são os da tireoide, da paratireoide, da glândula suprarrenal, do pâncreas e do tecido adiposo branco, bem como o hormônio do crescimento da adeno-hipófise, anteriormente mencionado. Mais recentemente, o músculo esquelético foi acrescentado a essa lista.

Hormônios da tireoide

A glândula tireoide é uma grande glândula endócrina localizada no pescoço de todos os vertebrados. Ela é composta por milhares de minúsculas unidades em forma de esfera, chamadas de folículos, onde dois hormônios, a **triiodotironina** e a **tiroxina** (T_3 e T_4, respectivamente) são sintetizados, armazenados e liberados na corrente sanguínea quando necessários. O tamanho dos folículos e as quantidades de T_3 e T_4 neles armazenadas dependem da atividade da glândula (Figura 34.7). Um terceiro hormônio, a **calcitonina**, também é secretado pelas células C da glândula tireoide dos mamíferos; esse hormônio é discutido na próxima seção, sobre metabolismo do cálcio.

Uma característica única da glândula tireoide é a sua capacidade de concentrar altos níveis de **iodo**; na maioria dos animais, essa única glândula contém bem mais da metade do estoque de iodo do corpo. As células epiteliais dos folículos da tireoide capturam o iodo ativamente do sangue, combinando-o com o aminoácido tirosina, criando os dois hormônios tireoidianos. O T_3 contém três átomos de iodo, e o T_4 quatro átomos. O T_4 é formado em quantidades muito maiores do que o T_3, porém, em muitos animais, o T_3 é o hormônio fisiologicamente mais ativo. Atualmente, o T_4 é considerado precursor do T_3. As ações mais importantes do T_3 e do T_4 são: (1) promover o crescimento e o desenvolvimento normais do sistema nervoso dos animais em crescimento; e (2) estimular a taxa metabólica.

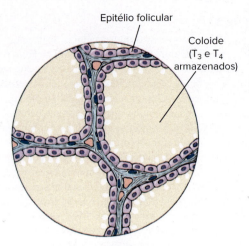

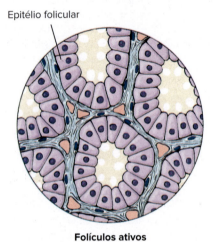

Figura 34.7 Aparência dos folículos da glândula tireoide, vistos em um microscópio (aproximadamente 350x). Quando inativos, os folículos ficam distendidos com coloide, a forma de armazenamento dos hormônios tireoidianos, e as células epiteliais ficam achatadas. Quando ativos, o coloide desaparece à medida que os hormônios tireoidianos são secretados na circulação e as células epiteliais tornam-se bastante aumentadas.

A secreção deficiente de hormônios tireoidianos em peixes, aves e mamíferos prejudica dramaticamente o crescimento, especialmente do sistema nervoso. Em seres humanos, o mau funcionamento da tireoide devido a uma não tratada deficiência hormonal materna da tireoide leva a uma doença chamada síndrome de deficiência congênita de iodo. Indivíduos com essa síndrome são gravemente atrofiados, tanto fisicamente quanto mentalmente. Por outro lado, uma secreção exacerbada dos hormônios da tireoide causa um desenvolvimento precoce em todos os vertebrados, apesar de seus efeitos serem particularmente notáveis nos peixes e anfíbios. Nas rãs e nos sapos, a transformação de um girino aquático herbívoro sem pulmões ou pernas em um adulto carnívoro semiterrestre ou terrestre com pulmões e quatro pernas, ocorre quando a glândula tireoide se torna ativa no fim do desenvolvimento larval. Estimulado pelos crescentes níveis de hormônios tireoidianos no sangue, a metamorfose e o clímax ocorrem (Figura 34.8). O crescimento das rãs depois da metamorfose é dirigido pelo hormônio do crescimento. Salamandras permanentemente não transformadas, como o axolote, resultam de defeitos na produção do hormônio da tireoide ou em receptores (ver Figuras 6.15 e 25.7).

Nas aves e mamíferos, as ações mais bem conhecidas dos hormônios tireoidianos são o controle do consumo de oxigênio e da produção de calor. A tireoide mantém a atividade metabólica dos homeotérmicos (aves e mamíferos) em um nível normal. A secreção exacerbada dos hormônios tireoidianos acelera os processos corporais em até 50%, causando irritabilidade, nervosismo, alta frequência cardíaca, intolerância a ambientes quentes e perda de peso, a despeito de um apetite maior. A secreção abaixo do normal dos hormônios tireoidianos reduz as atividades metabólicas, causando perda de atenção mental, diminuição da frequência cardíaca, fraqueza muscular, sensibilidade aumentada ao frio e aumento de peso. Uma função importante da glândula tireoide é promover a adaptação a ambientes frios com o aumento da produção de calor. Os hormônios da tireoide estimulam as células a produzir mais calor e armazenar menos energia química (ATP); em outras palavras, os hormônios tireoidianos *reduzem* a eficiência da fosforilação oxidativa celular (ver Figura 4.16). Consequentemente, muitos mamíferos adaptados ao frio têm maior apetite e comem mais alimentos no inverno do que no verão, embora seu nível de atividade seja aproximadamente o mesmo em ambas as estações. No inverno, uma grande parte do alimento está sendo convertida diretamente em calor para aquecer o corpo.

A síntese e a liberação dos hormônios da tireoide são controladas pelo hormônio tireotrófico (TSH – *thyrotropic hormone*) da adeno-hipófise (ver Tabela 34.1). O TSH é controlado, por sua vez, pelo hormônio liberador de tireotrofina (TRH – *thyrotropin-releasing hormone*) do hipotálamo. Como mencionado anteriormente nesta seção, o TRH é parte de uma instância reguladora superior que controla os hormônios tróficos da adeno-hipófise. O TRH e o TSH controlam a atividade tireoidiana em um exemplo excelente de retroalimentação negativa (ver Figura 34.2). No entanto, esse mecanismo pode ser sobrepujado por estímulos neurais, como exposição ao frio, que estimula diretamente um aumento de TRH e, portanto, de TSH.

Na década de 1930, uma doença chamada de bócio era comum entre as pessoas que viviam na região dos Grandes Lagos dos EUA e Canadá, bem como em outras partes do mundo, como nos Alpes Suíços. Esse tipo de bócio é um aumento da glândula tireoide causado pela deficiência de iodo na dieta. Portanto, os níveis de TSH aumentavam devido a uma diminuição na retroalimentação negativa do hormônio na tireoide. A superestimulação da glândula tireoide pelo TSH para produzir hormônios tireoidianos sem iodo suficiente faz a glândula hipertrofiar, às vezes tanto que toda a região do pescoço se torna inchada. O bócio causado por deficiência de iodo raramente ocorre na América do Norte por causa do uso disseminado de sal iodado. Entretanto, estima-se que ainda hoje cerca de 200 milhões de pessoas em todo o mundo sofram de bócio em vários graus, principalmente nas altas montanhas da América do Sul, Europa e Ásia.

Regulação hormonal do metabolismo do cálcio

As **glândulas paratireoides** são intimamente associadas à glândula tireoide e, em alguns animais, inseridas dentro delas. Essas minúsculas glândulas ocorrem como dois pares nos seres humanos, mas variam em número e posição em outros vertebrados. Nas aves e mamíferos, incluindo os seres humanos, a remoção das paratireoides rapidamente reduz o nível de cálcio no sangue, levando a um grave aumento na excitabilidade do sistema nervoso, espasmos musculares graves, tetania e finalmente à morte. As glândulas paratireoides secretam um hormônio, o **hormônio da paratireoide** (**PTH** – *parathyroid hormone*), essencial para a manutenção da homeostase do cálcio. Os íons cálcio são

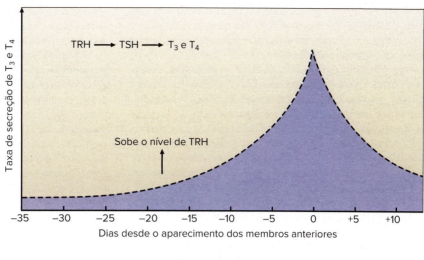

Figura 34.8 Efeito dos hormônios tireoidianos (T_3 e T_4) no crescimento e na metamorfose de uma rã. A liberação de TRH pelo hipotálamo no fim da pré-metamorfose inicia mudanças hormonais (aumento do TRH, T_3 e T_4) que levam à metamorfose. Os níveis dos hormônios da tireoide atingem seu máximo no momento em que surgem os membros anteriores.

extremamente importantes para a formação de ossos saudáveis. Além disso, são necessários para inúmeras funções, como a liberação de neurotransmissores e hormônios, contração muscular, sinalização intracelular e coagulação sanguínea.

Antes de considerar como os hormônios mantêm a homeostase do cálcio, seria útil resumir o metabolismo mineral no osso, um depósito denso e compacto de cálcio e fósforo (ver Seção 29.2). O osso contém aproximadamente 98% do cálcio e 80% do fósforo nos seres humanos. Embora os ossos estejam em segundo lugar, atrás apenas dos dentes, como o material mais durável no corpo (como evidenciado pela preservação de ossos fósseis por milhões de anos), ele está em um processo de constante substituição nos vertebrados vivos. As células formadoras dos ossos (**osteoblastos**) sintetizam as fibras orgânicas e as glicoproteínas da matriz óssea, que se torna mineralizada na forma de um fosfato de cálcio, denominado hidroxiapatita. As células que reabsorvem os ossos (**osteoclastos**) são células multinucleadas gigantes que dissolvem a matriz óssea, liberando o cálcio e o fósforo no sangue. Essas atividades opostas permitem ao osso se remodelar constantemente, especialmente em um animal em desenvolvimento, produzindo aprimoramentos estruturais para lidar com novas tensões mecânicas sobre o corpo. Ainda, os ossos proporcionam um reservatório vasto e acessível de minerais que podem ser requisitados conforme as necessidades gerais das células. Uma das ideias mais proeminentes sobre a evolução dos ossos em peixes foi a de que eles podem ter servido como um reservatório de cálcio para dar suporte às contrações musculares do coração em peixes que colonizaram água doce

O nível de cálcio no sangue é mantido por três hormônios que coordenam a absorção, o armazenamento e a excreção dos íons cálcio. Se o cálcio no sangue diminuir ligeiramente, a glândula paratireoide aumenta sua secreção de PTH. Esse aumento estimula os osteoclastos a dissolverem os ossos próximos a elas, liberando, dessa forma, cálcio e fosfato na corrente sanguínea e retornando os níveis de cálcio sanguíneos ao normal. O PTH também reduz a taxa de excreção de cálcio pelo rim e aumenta a produção do hormônio 1,25-di-hidroxivitamina D_3. Os níveis de PTH variam de modo inverso aos níveis de cálcio no sangue, conforme mostra a Figura 34.9.

Um segundo hormônio envolvido no metabolismo do cálcio de todos os tetrápodes é derivado da vitamina D_3. Como todas as vitaminas, ela é um requisito na dieta. Mas, diferentemente das outras vitaminas, a vitamina D_3 também pode ser sintetizada na pele, a partir de um precursor, por meio da irradiação da luz ultravioleta do Sol. A vitamina D_3 é então convertida em uma forma hormonal, o **1,25-di-hidroxivitamina D_3** por meio de uma oxidação de dois passos. Esse hormônio esteroide é essencial para uma absorção ativa do cálcio pelo intestino (Figura 34.10). A produção de 1,25-di-hidroxivitamina D_3 é estimulada por baixa concentração de fosfato no plasma, bem como por um aumento na secreção de PTH.

Nos seres humanos, uma deficiência de vitamina D_3 causa raquitismo, que é uma doença caracterizada por baixo cálcio no sangue e ossos fracos, pouco calcificados, que tendem a se curvar

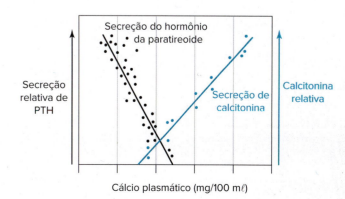

Figura 34.9 Como as taxas de secreção do hormônio da paratireoide (PTH) e da calcitonina respondem às mudanças no nível de cálcio no sangue de um mamífero.

sob estresses posturais e gravitacionais. O raquitismo tem sido chamado de doença dos invernos do norte, quando a luz solar é mínima. Ela já foi comum nas cidades escurecidas pela fumaça da Inglaterra e Europa continental.

Um terceiro hormônio regulador do cálcio, a **calcitonina**, é secretado por células especializadas (células C) na glândula tireoide dos mamíferos e nas glândulas ultimobranquiais dos outros vertebrados. A calcitonina é liberada em resposta a níveis elevados de cálcio no sangue. Ela suprime rapidamente a retirada de cálcio do osso, diminui a sua absorção intestinal e aumenta a excreção dele pelos rins. Desse modo, a calcitonina protege o corpo contra um aumento no nível de cálcio no sangue, assim como o hormônio da paratireoide protege o corpo contra uma diminuição do cálcio no sangue (Figura 34.10). A calcitonina foi identificada em todos os grupos de vertebrados, porém sua importância é incerta porque a reposição da calcitonina não é necessária para a manutenção da homeostase do cálcio, pelo menos nos seres humanos, se a glândula tireoide for removida cirurgicamente (removendo-se, também, as células C). A calcitonina parece ser bastante importante em peixes, porque os peixes não têm glândulas paratireoides individualizadas e portanto, utilizam a calcitonina principalmente para a regulação do cálcio.

Hormônios do córtex da suprarrenal

A glândula suprarrenal dos mamíferos é uma glândula dupla composta por dois tipos não relacionados de tecido glandular: uma região externa de células adrenocorticais, ou **córtex**, e uma região interna de células especializadas, a **medula** (Figura 34.11). Nos vertebrados não mamíferos, células homólogas às adrenocorticais e medulares estão organizadas de modo muito diferente; elas podem estar misturadas ou separadas, porém nunca dispostas em um arranjo córtex-medula como nos mamíferos.

Pelo menos 30 compostos diferentes foram isolados do tecido adrenocortical, todos eles esteroides estreitamente relacionados. Apenas alguns poucos desses compostos são hormônios esteroides verdadeiros; a maioria são diversos intermediários na síntese dos hormônios esteroides do **colesterol** (Figura 34.12). Os hormônios corticosteroides são comumente classificados em dois grupos, de acordo com sua função: glicocorticoides ou mineralocorticoides.

Os **glicocorticoides**, como o **cortisol** (Figura 34.12) e a **corticosterona**, influenciam o metabolismo dos alimentos, a inflamação e o estresse. Eles promovem a síntese de glicose a partir de outros compostos além do carboidrato, particularmente aminoácidos e gorduras. O efeito geral desse processo, chamado de **gliconeogênese**, é o aumento do nível de glicose no sangue, proporcionando dessa forma uma rápida fonte de energia para os tecidos muscular e nervoso. Os glicocorticoides também são importantes para diminuir a resposta imunológica a várias condições inflamatórias. Como diversas doenças dos seres humanos são inflamatórias (p. ex., alergias, hipersensibilidade e artrite reumatoide), esses corticosteroides têm importantes aplicações médicas.

A síntese e a secreção dos glicocorticoides são controladas principalmente pelo ACTH da adeno-hipófise (ver Figura 34.5), enquanto o ACTH, por sua vez, é controlado pelo hormônio liberador de corticotrofina (CRH – *corticotropin-releasing hormone*) do hipotálamo (ver Tabela 34.1). Assim como no controle hipofisário da tireoide, existe uma retroalimentação negativa entre CRH, ACTH e o córtex da suprarrenal (ver Figura 34.2). Um aumento na liberação de glicocorticoides suprime a produção de CRH e ACTH; o declínio resultante nos níveis de CRH e ACTH no sangue inibe então a liberação adicional de glicocorticoides pelo córtex da suprarrenal. Uma sequência oposta de eventos acontece caso o nível de glicocorticoides no sangue caia: a produção de CRH e ACTH aumentam e, por sua vez, estimulam a secreção dos glicocorticoides. Sabe-se que o CRH atua como mediador em estímulos estressantes por meio do eixo da suprarrenal.

Tema-chave 34.5
CONEXÃO COM SERES HUMANOS

Terapia esteroide anti-inflamatória

Os hormônios esteroides da suprarrenal, especialmente os glicocorticoides, são notavelmente efetivos no alívio de sintomas de artrite reumatoide, alergias e várias doenças do tecido conjuntivo, da pele e do sangue. A partir do relatório, em 1948, de P. S. Hench e colegas na Clínica Mayo, de que a cortisona aliviava intensamente a dor e os efeitos deformadores da artrite avançada, os hormônios esteroides foram saudados pela mídia como "drogas maravilhosas". No entanto, esse otimismo logo diminuiu quando ficou evidente que efeitos colaterais graves sempre acompanhavam o uso prolongado de esteroides anti-inflamatórios. A terapia com esteroides induz o córtex da suprarrenal à inatividade e pode prejudicar permanentemente a capacidade do organismo de produzir seus próprios esteroides. Toda terapia com esteroides é aplicada com cautela, porque a resposta inflamatória (ver Seção 35.2) é uma parte necessária das defesas do corpo.

Os **mineralocorticoides**, o segundo grupo de corticosteroides, são aqueles que regulam o equilíbrio salino. A **aldosterona** (Figura 34.12) é de longe o esteroide mais importante desse grupo. A aldosterona promove a reabsorção tubular de sódio e a secreção tubular de potássio pelos rins. Uma vez que o sódio normalmente tem baixo suprimento nas dietas de muitos animais, enquanto o potássio se apresenta em excesso, os mineralocorticoides desempenham papéis vitais na preservação do equilíbrio correto dos eletrólitos do sangue. A ação reguladora da aldosterona sobre os sais é controlada pelo sistema renina-angiotensina e pelos níveis de potássio no sangue, descrito na Seção 30.3.

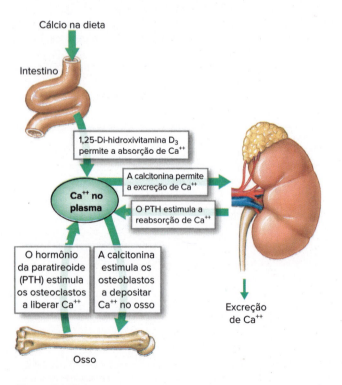

Figura 34.10 Regulação do cálcio no sangue de aves e mamíferos.

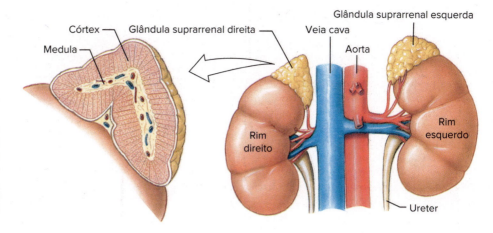

Figura 34.11 Par de glândulas suprarrenais dos seres humanos, que mostra a estrutura geral e a posição nos polos superiores dos rins. Os hormônios esteroides são produzidos pelo córtex. Os hormônios simpáticos, epinefrina e norepinefrina, são produzidos pela medula.

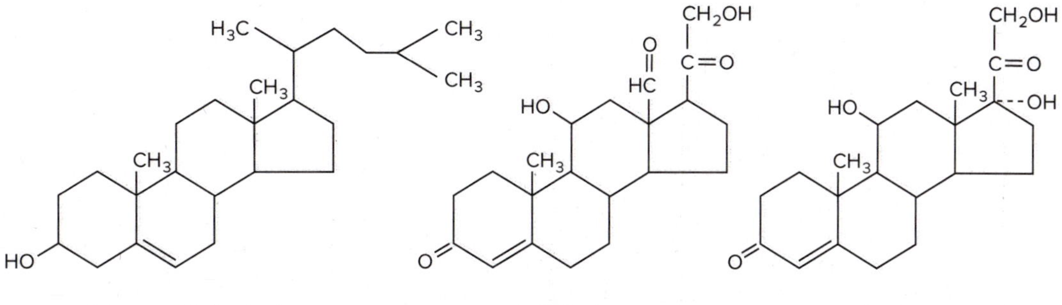

Figura 34.12 Hormônios do córtex da suprarrenal. O cortisol (um glicocorticoide) e a aldosterona (um mineralocorticoide) são dois dos vários hormônios esteroides sintetizados do colesterol no córtex da suprarrenal.

Colesterol   **Aldosterona**   **Cortisol**

O tecido adrenocortical também produz os **androgênios** (do grego *andros*, homem + *genesis*, origem) que, como o nome indica, são semelhantes em efeito ao hormônio sexual masculino, a testosterona. Os androgênios da suprarrenal promovem algumas mudanças no desenvolvimento, como o estirão de crescimento que ocorre logo antes da puberdade nos seres humanos machos e fêmeas. O desenvolvimento de **esteroides anabolizantes**, hormônios sintéticos semelhantes à testosterona, tem levado a um abuso generalizado dos esteroides entre os atletas.

Tema-chave 34.6
CONEXÃO COM SERES HUMANOS
Uso de esteroides anabolizantes em atletas

A despeito da condenação quase universal das autoridades esportivas olímpicas, médicas e das faculdades, um programa não científico e clandestino de experimentos com esteroides anabolizantes tornou-se popular entre muitos atletas amadores e profissionais em muitos países. Esses sintéticos (e a testosterona e seus precursores) causam a hipertrofia dos músculos esqueléticos e melhoram o desempenho que dependa de força. Infelizmente, eles também têm sérios efeitos colaterais, incluindo a atrofia testicular (e infertilidade), períodos de irritabilidade, anormalidade das funções hepáticas, bem como doenças cardiovasculares. A maioria dos usuários é do sexo masculino e, em 2017, nos EUA, as estimativas de uso (por autorrelato) ao longo da vida foram de 1,1% na oitava série (equivalente a estudantes de 13 a 14 anos), 1,2% na décima série (estudantes de 14 a 15 anos) e 1,6% na décima segunda série (estudantes de 16 a 17 anos) (https://www.drugabuse.gov/drug-topics/trends-statistics/monitoring-future/monitoring-future-study-trends-in-prevalence-various-drugs). O uso entre atletas profissionais está bem documentado na mídia, embora o uso de esteroides seja proibido em muitos esportes.

Hormônios da medula da suprarrenal

As células medulares da suprarrenal secretam dois hormônios estruturalmente semelhantes: a **epinefrina (adrenalina)** e a **norepinefrina (noradrenalina)**. A medula da suprarrenal é derivada embriologicamente do mesmo tecido que origina os neurônios pós-ganglionares simpáticos do sistema nervoso autônomo (ver Seção 33.3). A norepinefrina atua como neurotransmissor nas terminações dos axônios neurais simpáticos. Assim, tanto funcionalmente como embriologicamente, a medula da suprarrenal pode ser considerada um gânglio simpático muito grande.

Não é surpreendente, portanto, que os hormônios da medula da suprarrenal e o sistema nervoso simpático tenham os mesmos efeitos gerais no corpo. Esses efeitos se concentram nas respostas a emergências, como medo e fortes estados emocionais, fuga do perigo, luta, falta de oxigênio, perda de sangue e exposição à dor. Walter B. Cannon, famoso pelo termo homeostase (ver Figura 30.1), denominou essas respostas apropriadas para a sobrevivência de "lutar ou fugir". Estamos familiarizados com o aumento nos batimentos cardíacos, o aperto no estômago, a boca seca, o tremor muscular, o sentimento geral de ansiedade e o aumento no estado de alerta que acompanham o medo súbito ou outros estados emocionais intensos. Esses efeitos são atribuídos a uma maior atividade do sistema nervoso simpático e uma rápida liberação de epinefrina e norepinefrina no sangue pela medula da suprarrenal. A ativação da medula da suprarrenal pelo sistema nervoso simpático prolonga os efeitos da ativação do sistema simpático.

A epinefrina e a norepinefrina têm muitos outros efeitos aos quais não estamos tão cientes, incluindo a constrição das arteríolas (que, juntamente com o aumento da frequência cardíaca, aumenta a pressão sanguínea), a mobilização das reservas de glicogênio e de lipídios do fígado a fim de liberar glicose e ácidos graxos para o aumento da disponibilidade de energia, o aumento do consumo de oxigênio e da produção de calor, a aceleração da coagulação sanguínea e a inibição do trato gastrintestinal. Essas mudanças preparam o corpo para emergências e são ativadas em situações de estresse.

Hormônios das células das ilhotas pancreáticas

O pâncreas é tanto um órgão exócrino como endócrino (Figura 34.13). A porção exócrina produz o suco pancreático, uma mistura de enzimas digestivas e íons bicarbonato conduzida por um ducto (ou ductos) ao trato digestório (ver Seção 32.2). Espalhadas entre a extensa porção exócrina do pâncreas estão pequenas e numerosas ilhotas de tecido, chamadas de **ilhotas de Langerhans** (Figura 34.13). Essa porção endócrina do pâncreas representa apenas 1 a 2% do peso total do órgão. As ilhotas não têm ductos e secretam seus hormônios diretamente nos vasos sanguíneos que se estendem por todo o pâncreas.

Diversos hormônios polipeptídicos são secretados por diferentes tipos de células dentro das ilhotas: a **insulina** e a **amilina** produzidas pelas **células beta**; o **glucagon** produzido pelas **células alfa**; a **somatostatina** produzida pelas **células delta**; e o **polipeptídio pancreático (PP)** produzido pelas **células gama**. A insulina e o glucagon têm ações antagonistas de grande importância no metabolismo dos carboidratos e lipídios. As refeições ricas em carboidratos estimulam a liberação de insulina e a amilina à medida que os níveis de glicose no sangue se elevam após a digestão e absorção da refeição (ver Seção 32.3). A insulina é essencial para que as células retirem a glicose presente no sangue, especialmente as células da musculatura esquelética. A insulina promove a entrada da glicose nas células do corpo por meio de sua ação sobre uma molécula transportadora de glicose encontrada nas membranas celulares. As ações da amilina parecem intensificar as ações da insulina. Embora tenha sido demonstrada a presença de moléculas transportadoras de glicose dependentes de insulina nos neurônios do sistema nervoso central, os neurônios não precisam de insulina para absorver glicose. Essa independência da insulina é muito importante porque, ao contrário de outras células do corpo, os neurônios usam quase exclusivamente a glicose como fonte de energia. Não se sabe ao certo qual o papel exato dos transportadores de glicose dependentes de insulina no encéfalo, porém a insulina é importante na regulação central da assimilação de alimento e peso corporal. As células do resto do corpo, no entanto, necessitam da insulina para usar a glicose; sem a insulina, o nível de glicose no sangue sobe a um patamar anormal, uma condição denominada hiperglicemia. Quando esse nível excede a capacidade máxima de transporte pelos rins (ver Tema-chave 30.4), o açúcar (a glicose) aparece na urina. A deficiência de insulina também inibe a assimilação de aminoácidos pelos músculos esqueléticos, e as gorduras e proteínas são metabolizadas para proporcionar energia nos músculos. As células do corpo entram em inanição, enquanto na urina há uma abundância da mesma substância de que o corpo necessita. A doença de deficiência de insulina, chamada de **diabetes melito tipo 1**, aflige cerca de 5% dos seres humanos em vários graus de gravidade. Se não tratada, ela pode levar a danos graves nos rins, olhos e vasos sanguíneos, e pode diminuir muito a expectativa de vida. Os seres humanos também podem desenvolver uma insensibilidade à insulina ou **diabetes melito tipo 2**, com sintomas semelhantes ao diabetes melito tipo 1. Essa doença tem ocorrido com frequência crescente à medida que mais indivíduos ficam com sobrepeso ou obesos (ver Seção 32.4). Em 2000, a estimativa global de seres humanos com diabetes tipo 2 era de 171 milhões, com uma projeção de aumento para 366 milhões até 2030. Um aumento na quantidade de exercícios e uma mudança na dieta podem ajudar a diminuir os níveis de insulina e a aliviar os sintomas nesses indivíduos.

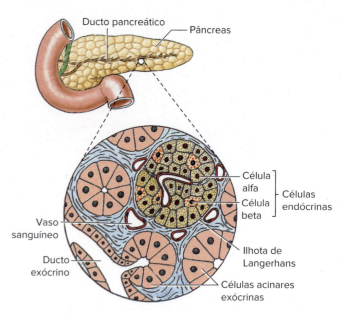

Figura 34.13 O pâncreas é composto por dois tipos de tecido glandular: células acinares exócrinas, secretoras de sucos digestivos que entram no intestino pelo ducto pancreático, e ilhotas de Langerhans endócrinas. As ilhotas de Langerhans secretam os hormônios insulina, amilina, glucagon, somatostatina e polipeptídio pancreático diretamente na circulação sanguínea.

Tema-chave 34.7

CONEXÃO COM SERES HUMANOS

Engenharia dos hormônios

Em 1982, a insulina tornou-se o primeiro hormônio produzido por engenharia genética (tecnologia do DNA recombinante; ver Seção 5.5) para ser comercializado para uso humano. A insulina recombinante tem a estrutura exata da insulina humana e, dessa forma, não estimula uma resposta imunológica (ver Seção 35.4), o que frequentemente é um problema para os diabéticos que recebem insulina purificada do pâncreas suíno ou bovino.

A primeira extração de insulina em 1921 por dois canadenses, Frederick Banting e Charles Best, foi um dos mais dramáticos e importantes eventos na história da medicina. Muitos anos antes, dois cientistas alemães, J. Von Mering e O. Minkowski, descobriram que a remoção cirúrgica do pâncreas em cachorros invariavelmente causava sintomas graves de diabetes, levando à morte do animal em poucas semanas. Muitas tentativas foram feitas para isolar o fator que impedia o diabetes, mas todas falharam porque poderosas enzimas digestivas que degradam proteínas, presentes na porção exócrina do pâncreas, destruíam o hormônio durante os procedimentos de extração. Seguindo a intuição, Banting, em colaboração com Best e seu professor de fisiologia J. J. R. Macleod, amarrou os ductos pancreáticos de diversos cachorros. Isso fez com que a porção exócrina da glândula com a enzima que destruía o hormônio degenerasse, mas deixou os tecidos das ilhotas saudáveis por tempo suficiente para que Banting e Best extraíssem a insulina dessas glândulas com sucesso. Injetada em outro cachorro, a insulina reduziu imediatamente o nível de açúcar no sangue. Esse experimento abriu caminho para a extração comercial de insulina de animais de abate. Isso significou que milhões de pessoas com diabetes, anteriormente condenadas à invalidez ou à morte, poderiam ter esperança de uma vida mais normal.

O glucagon, outro hormônio do pâncreas, exerce diversos efeitos no metabolismo dos carboidratos e lipídios que são opostos aos efeitos da insulina. Baixos níveis de glicose no sangue e a absorção de aminoácidos para o sangue depois da digestão (ver Seção 32.3) estimulam a secreção de glucagon. Por exemplo, o glucagon eleva o nível de glicose no sangue (convertendo o glicogênio do fígado em glicose), enquanto a insulina diminui o nível de glicose. O glucagon e a insulina não têm os mesmos efeitos em todos os vertebrados e, em alguns, o glucagon está completamente ausente.

A somatostatina, secretada pelas células delta do pâncreas, inibe a secreção de outros hormônios pancreáticos, reduz a taxa de esvaziamento gástrico e inibe a secreção exócrina pancreática. A somatostatina também é secretada pelo hipotálamo (aqui denominada hormônio liberador-inibidor do hormônio do crescimento) e inibe a liberação do hormônio do crescimento pela adeno-hipófise (ver Tabela 34.1).

Um hormônio pancreático recentemente descoberto, PP, é liberado após uma refeição e reduz o apetite. Esse hormônio parece ter um papel fisiológico na regulação de secreções gástricas, diminui as secreções da glândula exócrina pancreática e da vesícula biliar e inibe a motilidade intestinal. Quando administrado a camundongos e a seres humanos, ele tem o efeito de reduzir a ingestão de alimento, razão pela qual tornou-se foco de pesquisas na luta contra a obesidade.

Hormônio do crescimento e metabolismo

O **hormônio do crescimento (GH)** é um hormônio metabólico particularmente importante durante o crescimento e o desenvolvimento dos animais jovens. Ele atua diretamente nos ossos longos, promovendo o crescimento da cartilagem e a formação dos ossos por meio da divisão celular e da síntese de proteínas, produzindo, dessa maneira, um aumento no comprimento e na densidade do osso. O GH também atua indiretamente no crescimento com a estimulação da liberação do **fator de crescimento semelhante à insulina (IGF – *insulin-like growth factor*)** ou somatomedina do fígado. Esse hormônio polipeptídico promove a mobilização de glicogênio das reservas hepáticas e a liberação de lipídios armazenados no tecido adiposo, necessários para os processos de crescimento. Portanto, o GH é considerado um **hormônio diabetogênico**, uma vez que a secreção excessiva leva a um aumento da glicose no sangue e pode causar insensibilidade à insulina ou diabetes melito tipo 2. Se for produzido em excesso, o GH causa gigantismo. Uma deficiência desse hormônio em uma criança leva ao nanismo.

Tecido adiposo branco como um órgão endócrino

A descoberta em 1994 do gene *ob* que codifica o hormônio **leptina** (do grego *leptos*, magro), produzido pelo tecido adiposo branco, iniciou um período de intensas pesquisas sobre o tecido adiposo como um possível regulador da obesidade humana (ver Seção 32.4). Até agora, foram descritos muitos hormônios derivados do tecido adiposo com funções autócrinas, parácrinas e endócrinas.

A leptina é um importante hormônio que regula o comportamento alimentar e o equilíbrio energético a longo prazo como parte de um sistema de retroalimentação que informa o encéfalo, particularmente o hipotálamo e o tronco encefálico, da situação energética da periferia. As evidências sugerem que a leptina é mais importante durante períodos de baixa disponibilidade de alimento e energia, uma vez que reservas lipídicas reduzidas secretam menos leptina. Nesses momentos, o encéfalo responde desviando a energia disponível de processos não essenciais, como a reprodução, e estimula o aumento do comportamento de forragear e de alimentação. Os níveis de leptina no plasma sanguíneo refletem aqueles da insulina, que também proporciona um importante sinal de retroalimentação para o encéfalo com relação aos estoques do tecido adiposo.

Da longa lista dos hormônios recentemente descobertos e derivados do tecido adiposo, existem vários, além da leptina, que parecem estar envolvidos na regulação do equilíbrio energético. A **adiponectina** tende a diminuir os níveis de glicose do sangue, por meio do aumento dos efeitos da insulina sobre o fígado e músculo esquelético. Diversos estudos também sugerem que baixos níveis de adiponectina no sangue estão ligados à incidência de obesidade e de diabetes tipo 2. Além disso, altos níveis de adiponectina no sangue estão associados a um menor risco de doenças coronárias, o que é em parte resultado da adiponectina diminuindo a probabilidade de depósitos colesterol nas paredes das artérias (ver Tema-chave 31.2). O **fator de necrose tumoral alfa (TNF alfa – *tumor necrosis factor*-α)**, bem como outras citocinas, é secretado pelo tecido adiposo (denominado adipocinas), e altos níveis estão associados à insensibilidade à insulina relacionada com a obesidade (ver Seção 32.4).

Músculo esquelético como um tecido endócrino

O músculo esquelético foi recentemente adicionado ao conjunto cada vez maior de tecidos que secretam hormônios. O hormônio recém-descoberto, **irisina**, é secretado quando o músculo esquelético se ativa durante o exercício. A irisina parece aumentar o gasto de energia sem que se aumente a ingestão de alimentos, além de melhorar os mecanismos de regulação da glicose. Além disso, converte o tecido adiposo branco, que armazena energia, em tecido adiposo marrom, que libera a energia em forma de calor (ver Seção 32.4). Até o momento, esses efeitos têm sido observados em camundongos e em seres humanos. Ao que parece, os benefícios da atividade física sobre o corpo podem ser em parte mediados pela irisina.

RESUMO

Seção	Conceito-chave
34.1 Mecanismos de ação hormonal	• Os hormônios são mensageiros químicos sintetizados por células endócrinas especiais e outras células, e transportados pelo sangue ou por outro fluido corporal até células-alvo, nas quais eles afetam a função celular, alterando processos bioquímicos específicos • A especificidade da resposta é assegurada pela presença de receptores proteicos nas células-alvo, ou dentro delas, que se ligam apenas a determinados hormônios • Os efeitos dos hormônios são vastamente amplificados nas células-alvo pela ação de um dos dois mecanismos básicos • Muitos hormônios, incluindo a epinefrina, o glucagon, a vasopressina e alguns hormônios da adeno-hipófise, causam a produção de um "segundo mensageiro", como o AMP cíclico, que transmite a mensagem do hormônio a partir de um receptor de superfície para a maquinaria bioquímica da célula • Os hormônios esteroides e os hormônios da tireoide operam principalmente por meio de receptores citoplasmáticos ou nucleares. Um complexo de hormônio-receptor é formado e altera a síntese de proteínas por meio da estimulação ou da inibição da transcrição gênica

Seção	Conceito-chave
34.2 Hormônios dos invertebrados	• A maioria dos hormônios dos invertebrados é produto de células neurossecretoras, embora ocorram células endócrinas nos cnidários, nematódeos e anelídeos, assim como glândulas endócrinas nos moluscos e artrópodes • Hormônios peptídicos, neuropeptídicos, esteroides e terpenoides regulam muitos processos fisiológicos • O sistema endócrino mais bem compreendido dos invertebrados é aquele que controla a muda e a metamorfose nos insetos. Um inseto imaturo cresce passando por uma série de mudas controladas por dois hormônios: um que favorece a muda para o adulto (ecdisona) e outro que favorece a retenção das características juvenis (hormônio juvenil) • A ecdisona é controlada por um hormônio neurossecretor (PTTH) do cérebro. O hormônio juvenil, a ecdisona e o PTTH desempenham um papel importante na regulação da diapausa (desenvolvimento interrompido) que pode ocorrer em qualquer estágio da metamorfose, bem como no adulto (dormência)
34.3 Glândulas endócrinas e hormônios dos vertebrados	• O sistema endócrino dos vertebrados é regido pelo hipotálamo • A liberação de todos os hormônios da adeno-hipófise é regulada primariamente pelos produtos da neurossecreção hipotalâmica, chamados hormônios liberadores (ou liberadores-inibidores) • O hipotálamo também produz duas neurossecreções, que são armazenadas e liberadas no lobo posterior da hipófise • Nos mamíferos, esses dois hormônios são a ocitocina, que estimula a produção de leite e as contrações uterinas durante o trabalho de parto, e a vasopressina (hormônio antidiurético), que atua no rim restringindo a produção de urina, causa constrição dos vasos sanguíneos e aumenta a sede. Nos anfíbios, répteis não aves e aves, a vasotocina substitui a vasopressina como o hormônio do equilíbrio hídrico • Acredita-se que tanto a ocitocina quanto a vasopressina estejam envolvidas na formação de casais e nas interações sociais positivas • Quatro hormônios da hipófise anterior são hormônios tróficos que regulam as glândulas endócrinas subordinadas: o hormônio tireotrófico (TSH), que controla a secreção dos hormônios da tireoide; hormônio adrenocorticotrófico (ACTH), que estimula a liberação de hormônios esteroides pelo córtex adrenal, principalmente os glicocorticoides, cortisol ou corticosterona; e o hormônio foliculestimulante (FSH) e o hormônio luteinizante (LH), que atuam nos ovários e testículos • Os três hormônios de ação direta são: (1) a prolactina, que desempenha diversos papéis diferentes, incluindo a produção de leite durante a lactação; (2) o hormônio do crescimento, que governa o crescimento e o metabolismo do corpo; e (3) o hormônio estimulador dos melanócitos (MSH), que controla a dispersão de melanina nos melanócitos dos vertebrados ectotérmicos • A glândula pineal, derivada do complexo pineal do diencéfalo, produz o hormônio melatonina. Em muitos vertebrados, a melatonina, que é liberada em resposta ao escuro, mantém os ritmos circadianos. Nas aves e mamíferos que se reproduzem sazonalmente, o nível de melatonina proporciona informação em relação ao comprimento do dia e, assim, controla indiretamente a atividade reprodutiva sazonal • Muitos neuropeptídios se comportam como neurotransmissores no cérebro, mas em outras partes do corpo se comportam como hormônios. A definição clássica de um hormônio foi modificada para incluir outros mensageiros químicos, como prostaglandinas e citocinas, que se originam em fontes diferentes das glândulas endócrinas claramente definidas • Dois hormônios tireoidianos, a triiodotironina (T_3) e a tiroxina (T_4), controlam o crescimento, o desenvolvimento do sistema nervoso e o metabolismo celular • O metabolismo do cálcio é regulado principalmente por três hormônios: o hormônio da paratireoide, produzido por essas glândulas; um derivado hormonal da vitamina D_3, 1,25-di-hidroxivitamina D_3; e a calcitonina, produzida pelas células C da glândula tireoide ou pelas glândulas ultimobranquiais. O hormônio da paratireoide e a 1,25-di-hidroxivitamina D_3 aumentam os níveis plasmáticos de cálcio; a calcitonina diminui esses níveis • Os principais hormônios esteroides do córtex da suprarrenal são os glicocorticoides, que estimulam a formação de glicose de fontes não glicólicas (gliconeogênese), e os mineralocorticoides, que regulam o equilíbrio eletrolítico do sangue • A medula da suprarrenal é a fonte de epinefrina e norepinefrina, que produzem muitos efeitos, inclusive auxiliar o sistema nervoso simpático nas respostas de emergência. Elas também aumentam os substratos energéticos no sangue para o uso em situações de emergência • O metabolismo da glicose é controlado pela ação antagonista de três hormônios pancreáticos. A insulina é necessária para o uso da glicose do sangue pelas células; ela também aumenta o armazenamento de lipídios no tecido adiposo e a captação de aminoácidos pelos músculos. A amilina intensifica as ações da insulina. O glucagon opõe-se à ação da insulina e da amilina. A somatostatina pancreática inibe a secreção exócrina e endócrina pancreática e inibe o esvaziamento gástrico. O polipeptídio pancreático é liberado após as refeições e reduz o apetite • O tecido adiposo branco agora é considerado um órgão endócrino e secreta muitos peptídios. A leptina tem um efeito de retroalimentação sobre o hipotálamo para modular a ingestão de alimento e o equilíbrio energético a longo prazo. A adiponectina tende a baixar os níveis sanguíneos de glicose e diminui o risco de doenças cardiovasculares, enquanto o fator de necrose tumoral alfa parece aumentar o risco de insensibilidade à insulina relacionada com a obesidade • Recentemente, foi demonstrado que o músculo esquelético secreta o hormônio irisina, que parece regular o metabolismo energético de forma benéfica

QUESTÕES DE REVISÃO

1. Resuma o primeiro experimento endócrino, de Berthold. Qual era a sua hipótese?
2. Dê as definições para os seguintes termos: hormônio, glândula endócrina, glândula exócrina, molécula receptora de hormônio.
3. As moléculas receptoras de hormônios são a chave para entender a especificidade da ação hormonal nas células-alvo. Descreva e diferencie os receptores localizados na superfície da célula e aqueles localizados no núcleo das células-alvo. Dê o nome de dois hormônios cujas ações sejam mediadas por cada tipo de receptor.
4. Qual é a importância dos sistemas de retroalimentação no controle da produção hormonal? Dê um exemplo de um padrão de retroalimentação hormonal.
5. Dê dois exemplos de hormônios que regulam o metabolismo nos invertebrados.
6. Explique de que modo os três hormônios envolvidos no crescimento dos insetos – ecdisona, hormônio juvenil e PTTH – interagem na muda e na metamorfose.
7. Dê o nome de sete hormônios produzidos pela adeno-hipófise. Por que quatro desses sete hormônios são denominados "hormônios tróficos"? Explique como as células neurossecretoras do hipotálamo controlam a secreção dos hormônios da adeno-hipófise.
8. Descreva a natureza química e o funcionamento de dois hormônios da neuro-hipófise – a ocitocina e a vasopressina. O que há de diferente na forma pela qual esses dois hormônios neurossecretores são secretados quando comparados com os hormônios neurossecretores liberadores e liberadores-inibidores que controlam os hormônios da adeno-hipófise?
9. Qual é a origem evolutiva da glândula pineal das aves e dos mamíferos? Explique o papel do hormônio da pineal, a melatonina, na regulação dos ritmos reprodutivos sazonais das aves e mamíferos. A melatonina tem alguma função nos seres humanos?
10. O que são as endorfinas e as encefalinas? O que são prostaglandinas?
11. Quais são algumas funções dos hormônios denominados citocinas?
12. Quais são as duas funções mais importantes dos hormônios da tireoide?
13. Explique de que forma você interpretaria o gráfico da Figura 34.9 para mostrar que o PTH e a calcitonina atuam de modo complementar para controlar o nível de cálcio no sangue.
14. Descreva as principais funções dos dois maiores grupos de esteroides adrenocorticais, os glicocorticoides e os mineralocorticoides. Até que ponto esses nomes oferecem pistas para suas funções?
15. Onde são produzidos os hormônios epinefrina e norepinefrina e qual a sua relação com o sistema nervoso simpático e com a resposta em situações de emergência?
16. Explique as ações dos dois hormônios das ilhotas de Langerhans sobre o nível de glicose do sangue. Qual é a consequência da insuficiência de insulina ou a insensibilidade a ela, como ocorre na doença diabetes melito?
17. Qual é a função do hormônio leptina? Por que sua descoberta provou ser importante na área de regulação da alimentação?
18. Por que o tecido adiposo é considerado um órgão endócrino?

Para reflexão. Geralmente, o controle endócrino do corpo é significativamente mais lento do que os mecanismos neurais de regulação. Considere os benefícios acarretados por tal controle lento que poderiam estar relacionados ao desenvolvimento desse sistema.

35 Imunidade

OBJETIVOS DE APRENDIZAGEM

Após leitura do capítulo, você será capaz de:

35.1 Fazer a distinção entre imunidade inata e adquirida.
35.2 Descrever as várias linhas de defesa inata de um animal contra um organismo invasor.
35.3 Descrever a evidência de que os invertebrados possuem respostas imunes inatas e adquiridas.
35.4 Explicar as respostas imunológicas adquiridas humoral e mediadas por células de um vertebrado.
35.5 Descrever os tipos de sangue ABO e o fator Rh e seu papel na compatibilidade sanguínea.

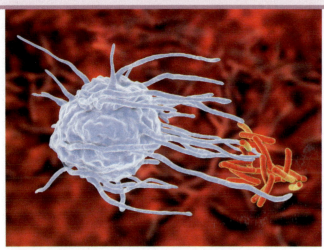

Um leucócito (em branco) se prendendo a bacilos (em vermelho) para engolfá-los. O leucócito usará enzimas para digerir as bactérias. O processo inteiro é denominado fagocitose.

iStock@Dr_Microbe

Linguagem das células na imunidade

As células do sistema imunológico comunicam-se entre si por meio de mecanismos semelhantes àqueles utilizados por um hormônio peptídico (ver Capítulo 34). As células-alvo têm receptores em sua membrana plasmática que se ligam especificamente às moléculas sinalizadoras e apenas a elas. A ligação de uma molécula sinalizadora causa modificações na molécula receptora (ou na proteína de membrana associada), e isso inicia uma cascata de ativações envolvendo proteínas quinases e fosforilases (enzimas que transferem grupos fosfato). Como resultado, os fatores de transcrição são mobilizados e, no núcleo, iniciam a transcrição de genes anteriormente inativos, levando à síntese de proteínas necessárias para uma resposta imunológica (ver Capítulo 5).

As moléculas sinalizadoras do sistema imunológico incluem as *citocinas*. As citocinas e seus receptores executam um balé intricado e elaborado de ativação e regulação, fazendo algumas células proliferarem, suprimindo a proliferação de outras e estimulando a secreção de citocinas adicionais ou outras moléculas de defesa. A sinalização precisa entre as células e a execução exata de seus deveres é essencial para a manutenção da saúde e defesa contra vírus, bactérias e parasitas invasores, e para a prevenção de uma divisão celular descontrolada, como no câncer. O estabelecimento bem-sucedido de invasores em nosso corpo depende de evasão ou subversão do nosso sistema imunológico, e uma resposta inadequada das células imunológicas pode ela mesma produzir doença. Nós aprendemos a manipular a resposta imunológica, de forma que podemos transplantar órgãos entre indivíduos; porém, uma falha progressiva na comunicação entre as células imunológicas causa doenças graves, como a AIDS.

O sistema imunológico está distribuído por todo o corpo de um animal e é essencial para a sobrevivência, como qualquer outro sistema corporal. Todos os ambientes de qualquer animal estão repletos de parasitos e potenciais parasitos: platelmintos, nematódeos, artrópodes, eucariotos unicelulares, bactérias e vírus. Se um parasito infectar um animal, chamado de **hospedeiro**, a gravidade resultante da doença depende em grande parte do sistema de defesa do hospedeiro.

35.1 SUSCETIBILIDADE E RESISTÊNCIA

Um hospedeiro é **suscetível** a um parasito se não conseguir eliminá-lo antes se estabelecer. O hospedeiro é **resistente** se o seu estado fisiológico evita o estabelecimento e a sobrevivência do parasito. Do ponto de vista do parasito, os termos correspondentes seriam **contagioso** e **não contagioso**.

Esses termos denotam apenas o sucesso ou fracasso da infecção, não os mecanismos subjacentes. Os mecanismos que aumentam a resistência (e correspondentemente reduzem a suscetibilidade e a infectividade) podem envolver tanto os atributos de um hospedeiro, não relacionados com os mecanismos de defesa ativa, quanto os mecanismos específicos de defesa estabelecidos pelo hospedeiro em resposta a um invasor. É importante lembrar que esses termos são relativos, não absolutos; um organismo pode ser mais ou menos resistente do que outro, por exemplo, e sua resistência pode variar dependendo da idade, estado de saúde e exposição ambiental.

O termo **imunidade** é frequentemente utilizado como sinônimo para resistência. Uma afirmação mais precisa é que *um animal demonstra imunidade se ele tem células ou tecidos capazes de reconhecer e protegê-lo contra invasores externos*. A maioria dos animais demonstra algum grau de **imunidade inata**, uma defesa que não depende da exposição prévia ao invasor. Além de apresentarem uma imunidade inata, os vertebrados desenvolveram uma **imunidade adquirida**, que é específica a determinado material invasor, requer tempo para o seu desenvolvimento e ocorre mais rápida e vigorosamente em uma exposição subsequente.

Com frequência, a resistência conferida por mecanismos imunológicos não é completa. Em alguns casos, o hospedeiro pode se recuperar clinicamente e tornar-se resistente a um agressor específico, mas alguns parasitos são capazes de permanecer e reproduzir-se vagarosamente, como na toxoplasmose (ver Seção 11.3, *Toxoplasma gondii*), na doença de Chagas (ver Seção 11.3, *Subfilo Kinetoplasta*) e na malária (ver Seção 11.3, *Plasmodium: o organismo da malária*). Essa condição é denominada **premunição**.

35.2 MECANISMOS DE DEFESA INATA

Os mecanismos de defesa inata enquadram-se em diversas categorias: (1) barreiras físicas e defesas químicas, (2) defesas celulares, como a fagocitose, e (3) resposta inflamatória. Discutiremos cada uma dessas categorias.

Barreiras físicas e defesas químicas

A superfície íntegra da maioria dos animais proporciona uma barreira para os organismos invasores. Ela pode ser rígida e queratinizada, como em muitos vertebrados terrestres, ou esclerotizada, como nos artrópodes (ver Figura 29.1). As superfícies externas moles normalmente são protegidas por uma camada de muco, que lubrifica a superfície e ajuda a expelir partículas ou parasitos em potencial aderidos a ela.

Uma diversidade de substâncias antimicrobianas está presente nas secreções dos animais. Nos insetos, patógenos como os ovos de vespas parasitas, induzem a liberação de substâncias químicas que formam melanina para encapsular os ovos. As defesas químicas presentes em muitos vertebrados incluem um baixo pH no estômago e na vagina, e enzimas hidrolíticas nas secreções do trato alimentar. Muco é produzido pelas membranas mucosas que revestem os tratos digestório e respiratório dos vertebrados e contém substâncias parasiticidas, como o **IgA** e a **lisozima**. O IgA é uma classe de anticorpo (ver Seção 35.4) que pode atravessar as barreiras celulares facilmente e é um agente importante de proteção no muco do epitélio intestinal. Ele é secretado na superfície das células que revestem o canal alimentar em resposta à invasão de bactérias específicas. Assim, a parte da resposta imunológica adquirida de um animal (ver Seção 35.4). O IgA também está presente na saliva e no suor. A lisozima é uma enzima que ataca a parede celular de muitas bactérias.

Várias células, incluindo aquelas envolvidas na resposta imunológica adquirida, liberam compostos protetores. Uma família de glicoproteínas de baixo peso molecular, os **interferons**, é liberada por diversas células eucarióticas em resposta à invasão de parasitos intracelulares (incluindo vírus) e outros estímulos. O **fator de necrose tumoral** (**TNF** – *tumor necrosis factor*) é um membro da família de moléculas proteicas sinalizadoras chamadas de **citocinas** (ver Tabela 35.3) e é produzido por muitas células, inclusive **macrófagos** (Figura 35.1), alguns **linfócitos T** ou leucócitos (Figura 35.1) e tecido adiposo branco (ver Tema-chave 32.4). O TNF é um importante mediador da inflamação (ver Seção 35.2) e, em concentrações suficientes, causa **febre**. Nos mamíferos, a febre é um dos sintomas mais comuns de infecção. O papel protetor da febre, caso exista, permanece obscuro, mas uma alta temperatura do corpo pode desestabilizar certos vírus e bactérias.

O intestino da maioria dos animais aloja uma população de bactérias que parece não ser atacada pelas defesas do hospedeiro, nem desencadeia nenhuma resposta de defesa protetora, embora iniba o estabelecimento de micróbios patogênicos. Dados recentes sugerem que essas bactérias são mantidas no intestino por secreções de citocina das células linfoides inatas (Figura 35.1). Tal microbioma intestinal está sendo intensamente estudado em seres humanos e modelos animais, pois parece ser alterado pela obesidade. Essas mudanças podem até contribuir para a progressão da obesidade e os distúrbios associados.

As substâncias no leite humano normal são capazes de matar parasitos intestinais como a *Giardia lamblia* e a *Entamoeba histolytica* (ver Capítulo 11), podendo ser importantes para proteger as bebês contra essas e outras infecções. Os elementos antimicrobianos no leite materno humano incluem a lisozima, as defensinas (ver Defesas celulares: seção de fagocitose), o IgA, o IgG (outra classe de anticorpo), os interferons e os leucócitos (ver Capítulo 31).

Algumas espécies de mamíferos são suscetíveis a infecções por parasitos como o *Schistosoma mansoni* (ver Capítulo 14), e outras são parcialmente ou completamente resistentes. Os macrófagos (Figura 35.1) das espécies mais resistentes (ratos, porquinhos-da-índia, coelhos) matam as fases jovens do esquistossomo, mas os macrófagos das espécies suscetíveis não.

O **complemento** é uma série de proteínas ativadas em sequência como uma resposta do hospedeiro a organismos invasores. A ativação do complemento pela **via clássica** (assim chamada apenas porque foi descoberta primeiro) depende de o anticorpo (ver Seção 35.4) ligar-se à superfície do organismo invasor e, assim, é um mecanismo efetor na resposta imunológica adquirida

(Seção 35.4). O complemento ativado pela **via alternativa** é uma defesa inata importante contra a invasão por bactérias e alguns fungos. A ativação dessa via ocorre pela interação das proteínas complementares, produzidas no início da sequência em cascata, com os polissacarídios do revestimento externo do microrganismo. Ambas as vias se baseiam na ativação do terceiro componente na cascata complementar (C3) e, desse ponto em diante, são iguais. O C3 ativo inicia a cascata que resulta em última instância na lise (dissolução) da célula invasora. As próprias células do hospedeiro não são dissolvidas porque as proteínas reguladoras rapidamente desativam o primeiro componente ativo do complemento quando ele se liga às células do hospedeiro, mas não às células estranhas. O componente C3 ativo também se liga às células-alvo invasoras, marcando-as efetivamente para **fagocitose** (ver Figura 3.16). O processo de marcar patógenos para uma subsequente fagocitose é denominado **opsonização**; as moléculas marcadas são chamadas de **opsoninas**. Finalmente, o C3 ativo atrai os linfócitos (Figura 35.1) para o local da infecção e intensifica a inflamação (Seção 35.2). As proteínas semelhantes aos complementos, denominadas Teps (do inglês *thioester-containing proteins*, que significa proteínas que contêm tioéster) foram descobertas em insetos e parecem funcionar de modo semelhante à via alternativa do sistema complementar.

Os insetos tendem a ser resistentes à infecção por muitos patógenos microbianos. Na década de 1980, experimentos mostraram que a inoculação de larvas de mariposa com bactérias causou a liberação de agentes antimicrobianos que matavam as bactérias, mesmo sem uma exposição prévia a esses invasores. Desde então, centenas de **peptídios antimicrobianos** foram descritos para diversos animais, invertebrados e vertebrados. Eles são especialmente importantes nas superfícies de interface entre o organismo e o ambiente, como a pele ou as membranas mucosas. Por exemplo, as glândulas epiteliais na pele das rãs secretam altas concentrações de peptídios antimicrobianos em locais irritados ou machucados. Os peptídios antimicrobianos não têm alta especificidade como a resposta imunológica adquirida dos vertebrados; em vez disso, cada peptídio é eficaz contra uma categoria diferente de micróbios; por exemplo, bactérias gram-positivas (bactérias que são coradas por "corante gram"), bactérias gram-negativas e fungos. A liberação dos peptídios é imediata ao contato com o organismo entranho e não está sujeita a uma experiência prévia de imunização com o micróbio. Os antibióticos convencionais normalmente funcionam bloqueando uma proteína essencial no micróbio invasor, mas esses peptídios interferem na sinalização interna do micróbio ou perfuram sua superfície.

Os peptídios antimicrobianos em mamíferos são chamados de **defensinas**. Eles não causam danos às células do organismo do qual se originam. As defensinas são secretadas por macrófagos, neutrófilos, eosinófilos (Tabela 35.2), bem como por células próximas ao revestimento dos tratos intestinal, respiratório e urogenital, em resposta à estimulação causada por moléculas presentes na superfície dos micróbios ou, em alguns casos, a seus produtos metabólicos. Essas moléculas existem em uma gama de micróbios, mas não nas células dos hospedeiros. As defensinas podem ser quimiotóxicas para os neutrófilos, ou podem intensificar a resposta inflamatória (Seção 35.2), ou a resposta imunológica adquirida (Seção 35.4). Diversos neuropeptídios (ver Seção 34.3) e citocinas (Tabela 35.3) demonstram atividade antimicrobiana.

A liberação dos peptídios começa quando os receptores na superfície da célula reconhecem uma molécula microbiana. Muitos desses receptores são proteínas **Toll** ou receptores **tipo Toll** (**TLRs** – *Toll-like receptors*), assim chamados porque ocorrem em uma membrana celular onde recebem sinais do exterior. Pelo menos nove TLRs foram descritos em seres humanos, cada um dos quais reconhece um padrão específico de moléculas de uma classe de micróbios. A ativação de um TLR específico sinaliza o núcleo para sintetizar um peptídio contra o micróbio específico. Novas descobertas incluem uma lista crescente de não TLRs que também funcionam como sistemas de receptores de imunidade inata.

Defesas celulares: fagocitose

Para se defenderem contra um invasor, as células de um animal devem reconhecer quando uma substância não lhe pertence; elas devem reconhecer tanto o que é parte delas como o que *não* é parte delas (ver Seção 35.4). A **fagocitose** ilustra o processo do reconhecimento de invasores e serve como um processo para remover as células senescentes e resíduos celulares do hospedeiro. A fagocitose ocorre em quase todos os animais e é um mecanismo de alimentação em muitos eucariotos unicelulares (ver Seção 11.3). Uma célula que tem essa habilidade é um **fagócito**. Os fagócitos engolfam ou englobam uma partícula em uma invaginação da sua membrana celular (ver Figura 3.16). A invaginação é destacada e a partícula fica presa dentro de um vacúolo intracelular. Outras vesículas citoplasmáticas chamadas de **lisossomos** (ver Figura 32.6) unem-se ao vacúolo que contém a partícula e fornecem enzimas digestivas para destruí-la. Os lisossomos de muitos fagócitos também contêm enzimas que catalisam a produção de **intermediários de oxigênio reativo** (**ROI** – *reactive oxygen intermediates*) e **de nitrogênio** (**RNI** – *reactive nitrogen intermediates*) citotóxicos. Os ROIs incluem o radical superóxido (O_2^-), o peróxido de hidrogênio (H_2O_2), o oxigênio singlete ($^1O_2$) e o radical hidroxila (OH•). Os RNIs incluem o óxido nítrico (NO) e suas formas oxidadas, nitrito (NO_2^-) e nitrato (NO_3^-). Todos esses intermediários são potencialmente tóxicos a microrganismos invasores e parasitos.

Fagócitos e outras células de defesa

Muitos invertebrados têm células especializadas que vasculham o organismo englobando ou encapsulando substâncias estranhas (Tabela 35.1) e agindo no reparo de ferimentos. Elas são chamadas, de maneira geral, de amebócitos, hemócitos ou celomócitos em diferentes animais. Se a partícula estranha é pequena, ela é engolfada por fagocitose; porém, se for maior do que 10 μm, ela normalmente é encapsulada. Os artrópodes podem encapsular um objeto estranho por deposição de melanina ao seu redor, proveniente das células da cápsula, ou pela precipitação da hemolinfa (sangue).

Nos vertebrados, diversas categorias de células executam fagocitose (Tabela 35.2). Os **monócitos** surgem de células-tronco da medula óssea (Figura 35.1) e originam os **macrófagos**. Essas células são membros do **sistema fagocitário mononuclear** (anteriormente chamado de **sistema reticuloendotelial**), que são células fagocitárias da família dos macrófagos distribuídas por todo o corpo. O sistema fagocitário mononuclear inclui os macrófagos presentes no tecido conjuntivo, nos nódulos linfáticos, no baço e nos pulmões; as **células de Kupffer** presentes nos sinusoides do fígado; os **osteoclastos** do osso; as **células de Langerhans (células dendríticas)** da pele; e as **células da micróglia** no sistema nervoso central. Os macrófagos também desempenham um papel importante na resposta imunológica adquirida dos vertebrados (ver Seção 35.3) porque, além da fagocitose, eles são **células apresentadoras de antígeno** (**APCs** – *antigen-presenting cells*). As APCs são células que ativam as respostas imunológicas adquiridas e incluem os macrófagos, as células de Kupffer, as células de Langerhans, as células da micróglia e os linfócitos B (Figura 35.1).

Tabela 35.1 Alguns leucócitos de invertebrados e suas funções.

Grupo	Tipos de células e funções	Fagocitose	Encapsulação	Rejeição de heterotransplante	Rejeição de xenotransplante
Esponjas	Arqueócitos (células móveis que se diferenciam em outros tipos de células e que podem atuar como fagócitos)	+	+	+*	+*
Cnidários	Amebócitos; "linfócitos"	+		+	+
Nemertinos	Leucócitos agranulares; células granulares semelhantes a macrófagos	+		−	±
Anelídeos	Amebócitos basofílicos (acumulam-se como "corpos marrons"), granulócitos acidófilos	+	+	+	+
Sipúnculos	Diversos tipos	+	+	±	+
Insetos	Diversos tipos, dependendo da família; por exemplo, plasmócitos, granulócitos, células esferoides, coagulócitos (coagulação sanguínea)	+	+	−	±
Crustáceos	Fagócitos granulares, células refratárias que se rompem e liberam o conteúdo	+	+	−	+
Moluscos	Amebócitos	+	+		
Equinodermos	Amebócitos, células esferoides, células pigmentares, células vibráteis (coagulação sanguínea)	+	+	+	+
Tunicados	Muitos tipos, incluindo fagócitos; "linfócitos"	+	+	+	+

Dados de Lackie, A.M. 1980. Parasitology 80:393–412.
*Reações ao transplante ocorrem, mas o grau de envolvimento dos leucócitos é desconhecido.

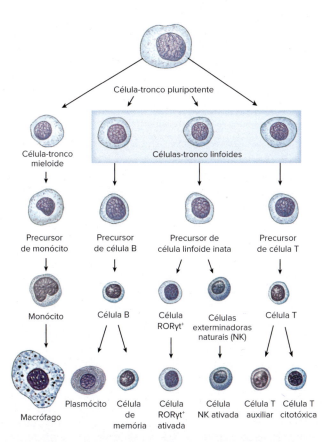

Figura 35.1 A linhagem de algumas células ativas na resposta imunológica. Essas células, bem como as hemácias (ou eritrócitos) e os leucócitos, são derivadas de células-tronco pluripotentes presentes na medula óssea. As células B (ou linfócitos B) amadurecem na medula óssea e são liberadas no sangue ou na linfa. Os precursores das células T (ou linfócitos T) completam seu desenvolvimento na glândula timo. Os precursores dos macrófagos circulam no sangue como monócitos.

Leucócitos polimorfonucleares (**PMN** – *polymorphonuclear leukocytes*), um nome que denota a forma altamente variável de seus núcleos (ver Figuras 31.2 e 35.3), compreendem alguns fagócitos que circulam no sangue (Tabela 35.2). **Granulócitos** é outro nome dado a esses leucócitos, aludindo aos inúmeros pequenos grânulos visíveis em seu citoplasma. Os granulócitos são subdivididos em **neutrófilos, eosinófilos** e **basófilos**; estes dois últimos são assim chamados de acordo com as propriedades de coloração de seus grânulos. Os neutrófilos são os mais abundantes (60 a 70% do total de leucócitos) e proporcionam a primeira linha de defesa fagocitária em uma infecção. Seus lisossomos catalisam a produção de ROI que são tóxicos aos organismos invasores. Normalmente, os eosinófilos correspondem a cerca de 2 a 5% do total de leucócitos, e os basófilos são os menos numerosos, com cerca de 0,5%. Os eosinófilos destroem ativamente os parasitos invasores liberando seus grânulos no local da infecção. Eles também limitam a resposta inflamatória (ver seção sobre inflamação). Os basófilos liberam seus grânulos durante uma resposta inflamatória.

Diversos outros tipos de células, incluindo os basófilos e eosinófilos, não são importantes como fagócitos, mas são componentes celulares importantes do sistema de defesa. Os **mastócitos** são células parecidas com basófilos encontradas na derme e outros tecidos conjuntivos (ver Figura 9.11) e, assim como os basófilos, liberam seus grânulos (degranulação) durante a inflamação (ver seção sobre inflamação). Os **linfócitos** (Figura 35.1), incluindo os **linfócitos T (células T)** e os **linfócitos B (células B)**, são essenciais na resposta imunológica adquirida dos vertebrados (Tabela 35.2). As **células exterminadoras naturais** (NK, do inglês *natural killer*) são células semelhantes a linfócitos que pertencem a uma classe de células imunológicas chamadas células linfoides inatas (ILC). As células NK podem matar células com vírus ou células tumorais mesmo sem anticorpos. Elas liberam interferons (Tabela 35.3), citocinas que ativam outras células de defesa, bem como substâncias que provocam a lise da célula-alvo. Outra ILC, chamada **ILC RORγt$^+$**, ocorre no lúmen intestinal, na superfície epitelial ou no tecido linfático subjacente do intestino.

Tabela 35.2 Células do sistema imunológico dos vertebrados.

Células da imunidade inata	Funções
Sistema fagocitário mononuclear:	
Macrófagos	Os monócitos são células precursoras; fagocitam substâncias ou bactérias estranhas, células apresentadoras de antígenos (APCs) no tecido conjuntivo; secretam citocinas
Células de Kupffer	Fagocitam substâncias ou bactérias estranhas, APCs no fígado; secretam citocinas
Células da micróglia	Fagocitam substâncias ou bactérias estranhas, APCs no sistema nervoso central; secretam citocinas
Células de Langerhans (células dendríticas)	Fagocitam substâncias ou bactérias estranhas, APCs na pele; secretam citocinas
Leucócitos polimorfonucleares (PMN) ou granulócitos:	
Neutrófilos	Fagocitam substâncias ou bactérias estranhas
Eosinófilos	Defendem contra vermes parasitos e limitam a resposta inflamatória
Basófilos	Participam na resposta inflamatória e nas reações alérgicas
Mastócitos	Participam na resposta inflamatória e nas reações alérgicas
Células exterminadoras naturais (NK)	Células linfoides inatas (ILC) que se tornam células assassinas ativadas por linfocina (LAK) e matam células infectadas por vírus e tumores causando sua lise; secretam citocinas
ILC RORγt$^+$	ILC presentes no intestino que limitam as bactérias comensais e estimulam peptídios antimicrobianos quando patógenos invadem o intestino
Células da imunidade adquirida	
Linfócitos T (células T):	Atuam na imunidade humoral e mediada por células
Linfócitos T auxiliares:	
Células T$_H$1	Atuam na imunidade mediada por células e ativam linfócitos T citotóxicos (CTL); secretam citocinas
Células T$_H$2	Atuam na imunidade humoral e ativam linfócitos B para dividirem-se e produzir plasmócitos que secretam anticorpos específicos; secretam citocinas
Linfócitos T citotóxicos (CTL)	Matam células na imunidade mediada por células; atacam e destroem células-alvo que expressam certos antígenos
Linfócitos T supressores	Acabam inibindo a resposta imunológica por inibição da atividade das células T e B
Linfócitos T de memória	Proporcionam memória contra antígenos, para ativação durante respostas imunológicas futuras
Linfócitos B (células B):	Atuam na imunidade humoral; células apresentadoras de antígenos
Linfócito B sensibilizado	Têm antígenos para células T$_H$2, as quais ativam linfócitos B sensibilizados
Linfócito B ativado	Crescem e diferenciam-se em plasmócitos e linfócitos B de memória
Plasmócito	Secretam anticorpos específicos a um antígeno em particular
Linfócitos B de memória	Linfócitos B de vida longa com anticorpos específicos de um antígeno em particular na sua superfície, que podem multiplicar-se rapidamente produzindo plasmócitos se os antígenos invadem novamente

Essas células secretam a citocina denominada **interleucina-22 (IL-22)** (Tabela 35.3), que mantém as bactérias comensais restritas ao intestino e estimula a produção de peptídios antimicrobianos em resposta à invasão de patógenos intestinais.

Inflamação

A inflamação é um processo essencial na resposta imunológica inata envolvida na mobilização das defesas do corpo contra um organismo invasor ou outro dano tecidual, bem como no reparo dos danos decorrentes. O curso dos eventos no processo inflamatório é influenciado, em grande parte, pela exposição prévia do corpo ao invasor e pela duração da presença do invasor ou sua persistência no corpo. Os processos inatos pelos quais um invasor é realmente destruído, no entanto, não são eles mesmos específicos, mas geralmente levam à ativação da resposta imunológica adquirida (Seção 35.4).

Durante uma resposta inflamatória, há uma fase inicial na qual o tecido danificado libera substâncias químicas, como a histamina, que causa a dilatação dos capilares sanguíneos e o aumento da permeabilidade, permitindo que os leucócitos se desloquem dos capilares até a região danificada. O plasma sanguíneo também flui para a região, e a área incha (e torna-se vermelha), ajudando a isolar a região de potenciais invasores estranhos. As bradicininas também são liberadas pelas células danificadas e isso causa a sensação de dor. Os leucócitos são atraídos até a região por substâncias quimiotáticas secretadas pelas células danificadas, basófilos desgranulados e mastócitos. Os mastócitos e os basófilos têm receptores para as porções Fc dos anticorpos IgE (Figura 35.2). Uma explicação mais clássica para sua ativação envolve os linfócitos B: na primeira exposição ao antígeno, que normalmente é uma substância estranha específica, os linfócitos B ativados liberam IgEs específicos (**plasmócitos**, ver Figura 35.4). Esses IgEs ligam-se aos receptores Fc dos mastócitos e basófilos, e as células tornam-se sensibilizadas. Se ocorrer uma exposição subsequente ao antígeno específico, então esse antígeno liga-se ao complexo do receptor Fc-IgE na membrana do mastócito ou basófilo e estimula a degranulação das células. Evidências mais

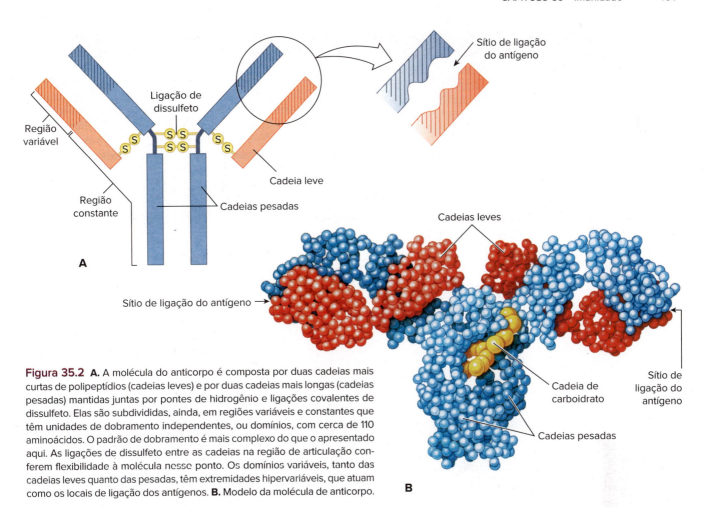

Figura 35.2 A. A molécula do anticorpo é composta por duas cadeias mais curtas de polipeptídios (cadeias leves) e por duas cadeias mais longas (cadeias pesadas) mantidas juntas por pontes de hidrogênio e ligações covalentes de dissulfeto. Elas são subdivididas, ainda, em regiões variáveis e constantes que têm unidades de dobramento independentes, ou domínios, com cerca de 110 aminoácidos. O padrão de dobramento é mais complexo do que o apresentado aqui. As ligações de dissulfeto entre as cadeias na região de articulação conferem flexibilidade à molécula nesse ponto. Os domínios variáveis, tanto das cadeias leves quanto das pesadas, têm extremidades hipervariáveis, que atuam como os locais de ligação dos antígenos. **B.** Modelo da molécula de anticorpo.

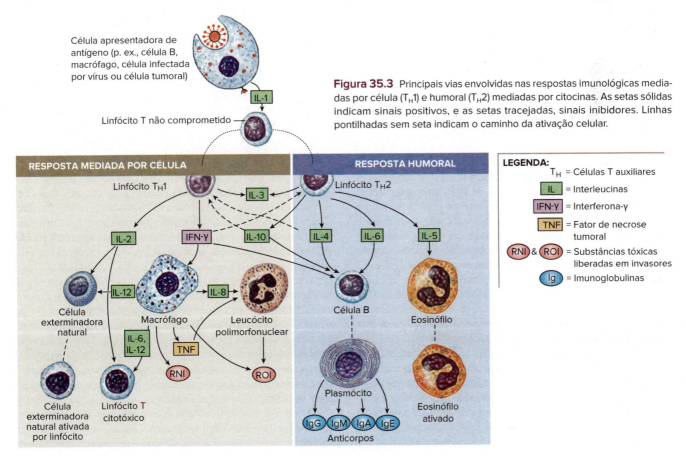

Figura 35.3 Principais vias envolvidas nas respostas imunológicas mediadas por célula (T_H1) e humoral (T_H2) mediadas por citocinas. As setas sólidas indicam sinais positivos, e as setas tracejadas, sinais inibidores. Linhas pontilhadas sem seta indicam o caminho da ativação celular.

Tabela 35.3 Algumas citocinas importantes.

Citocina	Principal fonte	Funções
Interleucina-1 (IL-1)	Macrófagos ativados	Atua mediando a inflamação; ativa as células T e B e macrófagos
Interleucina-2 (IL-2)	Células T_H1	Principal fator de crescimento para as células T e B, potencializa a atividade citolítica das células exterminadoras naturais, causando a proliferação e tornando-as células ativadas por linfocina (LAK)
Interleucina-3 (IL-3)	Células B e T ativadas	Fator de estimulação de colônia multilinhagem; promove o crescimento e a diferenciação de todos os tipos de células na medula óssea
Interleucina-4 (IL-4)	Principalmente por células T_H2	Fator de crescimento para células B, algumas células T e mastócitos; promove a secreção de anticorpos
Interleucina-5 (IL-5)	Células T_H2	Ativa os eosinófilos; atua com a IL-2 e IL-4 estimulando o crescimento e a diferenciação das células B
Interleucina-6 (IL-6)	Macrófagos, células endoteliais, fibroblastos e células T_H2	Importante fator de crescimento para as células B no final da sua diferenciação; ativa as CTLs
Interleucina-8 (IL-8)	Células T ativadas por antígeno, macrófagos, células endoteliais, fibroblastos e plaquetas	Fator ativador e quimiotátil para neutrófilos e, em menor grau, para outros PMN
Interleucina-10 (IL-10)	Células T_H2	Inibe T_H1, NK e a síntese de citocinas pelos macrófagos; promove a proliferação de células B
Interleucina-12 (IL-12)	Macrófagos e células B	Ativa as células NK e T; induz, de forma potente, a produção de IFN-γ; muda a resposta imunológica para T_H1
Interleucina-22 (IL-22)	ILC RORγt$^+$	Mantém as bactérias comensais dentro do intestino e aumenta a produção de peptídios microbianos em resposta à invasão de patógenos intestinais
Fator de transformação do crescimento-β (TGF-β)	Macrófagos, linfócitos e outras células	Inibe a proliferação de linfócitos, a geração de células CTL e LAK, bem como a produção de citocinas pelos macrófagos
Interferona-α (IFN-α)	Células corporais atacadas por vírus	Ativa as células NK e os macrófagos
Interferona-β (IFN-β)	Células corporais atacadas por vírus	Ativa as células NK e os macrófagos
Interferona-γ (IFN-γ)	Células T_H1 e células LAK	Forte fator ativador de macrófagos; faz com que diversas células expressem moléculas MHC classe II; promove a diferenciação de células T e B; ativa os neutrófilos; ativa as células endoteliais, permitindo aos linfócitos passar pelas paredes dos vasos; atividade antimicrobiana
Fator de necrose tumoral (TNF)	Macrófagos ativados e células T_H1	Principal mediador de inflamação; baixas concentrações ativam as células endoteliais, ativam PMN, estimulam macrófagos e a produção de citocinas (incluindo IL-1, IL-6, IL-12 e o próprio TNF); altas concentrações causam o aumento da síntese de prostaglandinas, resultando em febre

recentes sugerem que os mastócitos (e os basófilos, em menor grau, devido ao seu número reduzido) são ativados por uma grande quantidade de substâncias químicas imunológicas. Eles expressam receptores para diversas citocinas (Seção 35.4), proteínas complemento, superóxidos, neuropeptídios, proteínas Toll e linfócitos T. Portanto, os mastócitos parecem estar envolvidos tanto na resposta imunológica inata quanto na adquirida. Uma vez que a degranulação ocorreu, há uma rápida liberação de diversos mediadores, um dos quais é a histamina, que dilata ainda mais os capilares locais e aumenta a permeabilidade vascular. Outros mediadores incluem o fator quimiotático de neutrófilo, o fator quimiotático de eosinófilo e vários mediadores de ação mais lenta que tanto podem aumentar os efeitos da histamina quanto começar a limitar a resposta inflamatória.

A primeira linha de defesa fagocitária são os neutrófilos, que podem permanecer ativos por vários dias. Depois, os macrófagos, tanto aqueles já presentes no tecido quanto os monócitos recém-diferenciados, começam a fagocitose e a apresentação de antígenos para os linfócitos que foram atraídos para a região. A resposta inflamatória local aumenta a presença de moléculas de adesão para leucócitos na superfície das células endoteliais dos capilares (ver Seção 31.3), de modo que os leucócitos em circulação aderem a essas células e saem do sangue, passando entre as células endoteliais para o interior da região danificada/infectada do tecido. Uma vez que os macrófagos comecem a fagocitar as substâncias estranhas, eles expressam uma parte do antígeno digerido (denominada epítopo) na sua superfície, que "apresentam" para os linfócitos T – daí o termo **células apresentadoras de antígeno** (**APCs** – *antigen presenting cells*). Portanto, inicia-se uma resposta imunológica adquirida (Seção 35.4), que é uma resposta celular secundária que ocorre cerca de 24 a 72 h depois da reação imediata não específica.

Certo grau de morte celular (**necrose**) sempre ocorre na inflamação, mas a necrose pode não ser proeminente caso a inflamação seja pequena. Quando o resíduo necrótico fica confinado a uma área localizada, o pus (leucócitos e fluido tecidual utilizados) pode causar um aumento na pressão hidrostática, formando um **abscesso**. Uma área de inflamação que se abre na pele ou em uma superfície mucosa é uma **úlcera**.

Uma hipersensibilidade imediata pode ocorrer quando os mastócitos e os basófilos tornam-se sensibilizados a substâncias estranhas, como pólen ou veneno de abelha, e sua resposta é exagerada. Nos seres humanos, esta é a base das **alergias** e da **asma**, condições bastante indesejáveis, levando-nos a imaginar por que elas evoluíram. Alguns cientistas propõem que a resposta alérgica evoluiu, originalmente, para ajudar o corpo a defender-se contra parasitos porque apenas os alergênicos e os antígenos de parasitos estimulam a produção de grandes quantidades de IgE. Evitar ou reduzir os efeitos de um parasito teria conferido uma vantagem seletiva na evolução humana. A hipótese é a de que, na ausência de grandes desafios causados por parasitos, o sistema imunológico fica livre para reagir contra outras substâncias, como o pólen de plantas do gênero *Ambrosia*. As pessoas que hoje vivem onde os parasitos ainda são abundantes são menos perturbadas por alergias do que aquelas que vivem em áreas relativamente livres de parasitos. Se a hipersensibilidade imediata ocorrer de maneira mais ampla pelo corpo, ela é chamada de **anafilaxia**, podendo ser fatal se não for tratada rapidamente.

35.3 IMUNIDADE NOS INVERTEBRADOS

Um dos principais testes para a capacidade dos tecidos dos invertebrados em reconhecer um corpo estranho, tal como um patógeno em potencial, é pelo enxerto de um pedaço de tecido de outro indivíduo da mesma espécie (**heterotransplante**) ou de uma espécie diferente (**xenotransplante**) para um receptor. Se o enxerto crescer no local sem resposta do receptor, o tecido receptor estará considerando o enxerto como material próprio; porém, se ocorrer resposta celular e rejeição do enxerto, o receptor estará exibindo reconhecimento imunológico. A maioria dos invertebrados, testados dessa maneira, mesmo simples esponjas (ver Seção 12.2), rejeitam os xenotransplantes, e quase todos podem rejeitar heterotransplantes em algum grau (Tabela 35.1). É interessante notar que os nemertinos e os moluscos aparentemente não rejeitam heterotransplantes. Mesmo alguns animais com organização do corpo bem simples, como os Porifera e Cnidaria, podem recusar heterotransplantes; essa resposta pode ser uma adaptação para evitar a perda da integridade da esponja individual ou de uma colônia sob condições de superpopulação com o consequente risco de outro indivíduo crescer por cima do primeiro ou de ocorrer fusão entre eles. É interessante que esponjas, cnidários, anelídeos e insetos (p. ex., as baratas americanas *Periplaneta americana*) rejeitam os heterotransplantes da mesma fonte mais rapidamente em uma segunda exposição; portanto, eles apresentam pelo menos uma memória imunológica de curta duração.

Os hemócitos dos moluscos liberam enzimas de degradação durante a fagocitose e o encapsulamento, e substâncias antimicrobianas ocorrem nos fluidos corporais de diversos invertebrados. As substâncias que atuam como opsoninas ocorrem em anelídeos, insetos, crustáceos, equinodermos e moluscos, o que sugere que elas marquem patógenos para a subsequente fagocitose.

Em alguns insetos, infecções bacterianas, virais e fúngicas estimulam a produção de peptídios antimicrobianos que exibem uma atividade de amplo espectro e não são específicos para um único agente infeccioso. As respostas específicas induzidas que demonstram memória quando acionadas, anteriormente consideradas como marca registrada da imunidade adquirida dos vertebrados, ocorrem nos copépodes e nas baratas americanas. A injeção de uma proteína específica da cápsula viral em camarões produz proteção contra o vírus do qual a proteína da cápsula foi isolada. Além disso, estudos em pulgas-d'água (um microcrustáceo) e mamangavas mostram que a imunidade pode ser passada de uma geração para outra. Os insetos sociais, como as formigas, promovem resistência a infecções fúngicas em toda a colônia ao limpar intensamente as formigas infectadas, transferindo assim o patógeno fúngico para os membros saudáveis da colônia. Os experimentos sugerem que a infecção de baixo grau induz ao aumento na secreção de peptídios antimicrobianos nos membros da colônia, em oposição ao compartilhamento de peptídios antimicrobianos entre companheiros de ninho.

O contato com organismos infectantes pode fazer com que o sistema imunológico de caracóis fique mais bem preparado contra invasores por até 2 meses ou mais. A suscetibilidade do caracol hospedeiro ao trematódeo *Schistosoma mansoni* (ver Figura 14.11) depende muito do genótipo do caracol. Os produtos de excreção/secreção do trematódeo estimulam a mobilidade dos hemócitos em caracóis resistentes, mas inibe a mobilidade das células do sangue de hospedeiros suscetíveis. Os hemócitos dos caracóis resistentes encapsulam a larva do trematódeo e, aparentemente, matam-na com superóxido e H_2O_2, subsequentemente destruindo-a por fagocitose. Parece que a citocina interleucina-1 ocorre nos caracóis resistentes e é responsável pela ativação dos hemócitos.

Evidências a partir de estudos de imunidade inata nos invertebrados começaram a obscurecer a distinção entre os sistemas imunológicos inato e adquirido. Embora muitos dos mecanismos sejam bem diferentes, fenômenos análogos de memória e especificidade de resposta agora têm sido encontrados nos invertebrados. Esses critérios sempre foram utilizados para distinguir a imunidade inata e adquirida. Uma diferença-chave que ainda é reconhecida, entretanto, é a amplificação da resposta imunológica por exposições secundárias por meio da proliferação de células imunológicas específicas ao patógeno. Esse fenômeno é central para a resposta imunológica adquirida dos vertebrados.

35.4 RESPOSTA IMUNOLÓGICA ADQUIRIDA EM VERTEBRADOS

O sistema especializado de reconhecimento de corpo estranho que os vertebrados têm produz uma resistência maior a substâncias estranhas ou invasores *específicos* após exposições repetidas.

A resposta imunológica é estimulada por uma substância estranha específica chamada de **antígeno**, e um antígeno é qualquer substância que consegue estimular uma resposta imunológica. Os antígenos podem ser qualquer uma de diversas substâncias com peso molecular acima de 3 mil. Eles geralmente são proteínas, e normalmente (embora nem sempre) são estranhos ao hospedeiro. A resposta imunológica adquirida tem dois mecanismos de defesa, chamados de **humoral** e **celular**. A imunidade humoral é baseada em **anticorpos**, tanto presentes na superfície da célula quanto liberados no sangue e na linfa, enquanto a imunidade celular é inteiramente associada às superfícies das células. Existe uma extensa comunicação e interação entre as células desses dois mecanismos de defesa.

A seção seguinte aborda como o corpo reconhece o que lhe é próprio ou não, os tipos de moléculas de reconhecimento envolvidas e os mediadores químicos, as citocinas, que proporcionam comunicação entre as células da imunidade humoral e celular. Em seguida, discutiremos a geração de uma resposta humoral e uma resposta mediada pelas células, bem como as consequências da destruição das células de imunidade adquirida na AIDS (*acquired immune deficiency syndrome* – síndrome da imunodeficiência adquirida).

Bases do reconhecimento de material próprio e alheio

Complexo principal de histocompatibilidade

Sabemos há muitos anos que o reconhecimento de um corpo estranho é muito específico. Se o tecido de um indivíduo for transplantado para outro da mesma espécie, o enxerto crescerá por um tempo e depois morrerá, à medida que a resposta imunológica contra ele aumentar. Na ausência de medicamentos que modifiquem a resposta imunológica, o tecido enxertado cresce com sucesso apenas se o transplante for feito entre gêmeos idênticos ou entre indivíduos de linhagens de animais com alto índice de endocruzamento. A base molecular para o reconhecimento de corpo estranho envolve um grupo específico de proteínas imersas na superfície das células. Nos vertebrados, essas proteínas são codificadas por certos genes, agora denominados **complexo principal de histocompatibilidade** (**MHC** – *major histocompatibility complex*). As proteínas do MHC estão entre as mais variáveis e indivíduos não aparentados quase sempre apresentam genes diferentes. Existem dois tipos de proteínas MHC: classe I e classe II. As proteínas da classe I ocorrem na superfície de praticamente todas as células, enquanto as proteínas MHC da classe II estão presentes apenas em determinadas células que participam das respostas imunológicas, como os linfócitos e os macrófagos.

Tema-chave 35.1
ADAPTAÇÃO E FISIOLOGIA

Falha de autorreconhecimento

Uma resposta imunológica adquirida desenvolve-se em determinado período durante o desenvolvimento inicial de um organismo. Todas as substâncias presentes quando a capacidade se desenvolve são reconhecidas posteriormente como próprias do corpo. Infelizmente, o sistema de reconhecimento de substâncias próprias e alheias às vezes falha, e um animal pode começar a produzir anticorpos contra alguma parte de seu próprio corpo. Essa condição leva a uma das diversas *doenças autoimunes* conhecidas, como a artrite reumatoide, a esclerose múltipla, o lúpus e o diabetes melito tipo 1.

Moléculas de reconhecimento

Não são as próprias proteínas MHC as moléculas que reconhecem as substâncias estranhas. Essa tarefa recai sobre dois tipos básicos de moléculas; os **anticorpos** e os **receptores das células T**, cujos genes provavelmente evoluíram de um ancestral comum. Cada vertebrado tem uma enorme variedade de anticorpos e receptores de células T, e *cada um deles se liga especificamente* a um antígeno (ou parte de um antígeno) em particular, mesmo que este nunca tenha estado presente no corpo.

Anticorpos

Os anticorpos são proteínas denominadas **imunoglobulinas**. Elas são transportadas na superfície dos linfócitos B ou secretadas por células derivadas das células B (**plasmócitos** ou **células plasmáticas**). A molécula básica do anticorpo consiste em quatro cadeias de polipeptídios: duas cadeias leves idênticas e duas cadeias longas pesadas e idênticas, unidas na forma de Y por ligações de dissulfeto e pontes de hidrogênio (ver Figura 35.2). A sequência de aminoácidos em direção às duas extremidades de cima do Y varia tanto nas cadeias leves como nas pesadas, de acordo com a molécula de anticorpo específica (a **região variável**), e essa variação determina com qual antígeno o anticorpo pode se combinar. Cada uma das extremidades do Y forma uma fenda, que atua como o sítio de ligação do antígeno (ver Figura 35.2), e a especificidade da molécula depende da forma da fenda e das propriedades dos agrupamentos químicos que revestem suas paredes. O restante do anticorpo é conhecido como **região constante.** A extremidade variável da molécula de anticorpo é frequentemente chamada de **Fab** (*antigen-binding fragment* – fragmento de ligação do antígeno), e a extremidade constante é chamada de **Fc** (**f**ragmento **c**ristalizável) (ver Figura 35.2). A assim chamada região constante não é realmente constante: as cadeias leves podem ser de dois tipos e as cadeias pesadas podem ser de cinco tipos. O tipo de cadeia pesada determina a **classe** dos anticorpos: **IgM, IgG** (comumente chamada *gamaglobulina*), **IgA, IgD** e **IgE**. A classe do anticorpo determina seu papel específico na resposta imunológica (p. ex., se o anticorpo é secretado ou mantido na superfície da célula), mas não o seu antígeno.

Tema-chave 35.2
CIÊNCIA EXPLICADA

Genes de anticorpo

Um grande problema da imunologia é entender como o genoma dos mamíferos pode conter a informação necessária para produzir pelo menos um milhão de anticorpos diferentes. A resposta parece ser que os genes dos anticorpos ocorrem em pedaços, em vez de em trechos contínuos de DNA, e que os sítios reconhecedores de antígenos (regiões variáveis) das cadeias leves e pesadas das moléculas dos anticorpos são reunidos a partir da informação fornecida por sequências separadas de DNA, que podem ser misturadas por genes ativadores recombinantes (RAGs) para aumentar a diversidade dos produtos gênicos. O imenso repertório de anticorpos é obtido, em parte, por rearranjos gênicos complexos e em parte pelas frequentes mutações somáticas que produzem uma variação adicional na estrutura proteica das regiões variáveis das cadeias pesadas e leves dos anticorpos. Processos análogos ocorrem na produção de genes que codificam os receptores das células T.

Funções do anticorpo na defesa do hospedeiro Os anticorpos podem mediar a destruição de um invasor (antígeno) de diversas maneiras. Um antígeno, por exemplo, é revestido com moléculas de anticorpos à medida as regiões Fab destes ligam-se ao antígeno, imobilizando-o efetivamente e marcando-o para fagocitose. Os macrófagos reconhecem as regiões Fc que se projetam e são estimulados a fagocitar o complexo antígeno-anticorpo (opsonização). Os anticorpos também são capazes de neutralizar toxinas secretadas pelo invasor.

Outro processo importante, particularmente na destruição de células bacterianas, é a interação dos anticorpos com um complemento ativado pela via clássica. Como visto na Seção 35.2, o primeiro componente na via clássica é ativado por um anticorpo ligado à superfície do organismo invasor. O resultado final nas vias clássica e alternativa do complemento é o mesmo, a lise de uma célula estranha. Ambas as vias também levam à opsonização ou ao aumento da inflamação. A ligação do complemento aos complexos antígeno-anticorpo pode facilitar a remoção dessas massas potencialmente prejudiciais por células fagocitárias.

O anticorpo ligado à superfície de um invasor pode desencadear a morte por contato do invasor pelas células exterminadoras naturais do hospedeiro no que é chamado de **citotoxicidade celular dependente de anticorpo** (**ADCC** – *antibody-dependent, cell-mediated cytotoxicity*). Os receptores para Fc do anticorpo ligado a um microrganismo ou célula tumoral fazem as células exterminadoras aderirem a eles e secretarem os conteúdos citotóxicos de seus vacúolos.

Receptores das células T

Os receptores das células T são proteínas transmembrana presentes na superfície das células T. Como os anticorpos, os receptores das células T têm uma região constante e uma região variável. A região constante estende-se ligeiramente para o interior do citoplasma, e a região variável, que se liga a antígenos específicos, estende-se para fora da célula. A maioria das células T também tem outras proteínas transmembrana estreitamente ligadas aos receptores de célula T, que atuam como moléculas **acessórias** ou **correceptoras**. Existem cerca de 200 **moléculas** ou **marcadores CD** (*clusters of differentiation proteins* – proteínas de agrupamentos de diferenciação) conhecidos (Figura 35.5), um dos quais, o CD3, associa-se com a região constante dos receptores de células T. As outras moléculas CD ligam-se a ligantes específicos nas células-alvo.

Subgrupos de células T

Os linfócitos são **ativados** quando estimulados a mudar de uma fase de reconhecimento, na qual eles simplesmente se ligam a um antígeno em particular, para uma fase na qual proliferam e diferenciam-se em células que atuam na eliminação dos antígenos. Também falamos em ativação de células efetoras, como os macrófagos, quando elas são estimuladas a desempenhar sua função protetora.

A comunicação entre as células na resposta imunológica, a regulação dessa resposta e certas funções efetoras são desempenhadas por diferentes tipos de células T (ver Figura 35.3 e Tabela 35.2). Embora morfologicamente similares, os subgrupos de células T podem ser diferenciados por proteínas características presentes em suas superfícies membranosas. Por exemplo, as células com a proteína correceptora CD4 ou CD28 são **células T auxiliares** (ou T_H – *T-helper*). Essas células secretam citocinas que modulam a atividade de outros tipos de linfócitos e macrófagos durante uma resposta imunológica. Algumas células T_H (designadas $T_H 1$) ativam a imunidade mediada por célula contra o ataque bacteriano e viral, e outras (chamadas $T_H 2$) ativam a imunidade humoral e a liberação de anticorpos (ver Figura 35.3 e Tabela 35.2).

Os **linfócitos T citotóxicos** (**CTL** – *cytotoxic T lymphocytes*) são células com as proteínas correceptoras $CD8^+$ que matam células-alvo que expressam determinados antígenos. Um CTL liga-se firmemente à célula-alvo e secreta uma proteína que leva à formação de poros na membrana celular, causando a lise. Finalmente, as **células T supressoras** suprimem uma resposta imunológica inibindo a atividade de outras células T e B, e as **células T de memória** proporcionam a memória de antígenos para ser ativada em futuras respostas imunológicas.

Citocinas

A década de 1980 presenciou o rápido avanço no nosso conhecimento sobre como as células imunológicas comunicam-se entre si. Elas o fazem por meio de hormônios proteicos denominados **citocinas** (Tabela 35.3; ver Seção 34.3). As citocinas incluem as interleucinas (IL), interferons (INF) e o fator de necrose tumoral (TNF). Elas podem agir nas mesmas células que as produzem, em células próximas, ou em células distantes do seu local de produção no corpo. Recentemente, demonstrou-se que diversas citocinas, incluindo a interferona-γ, apresentam atividade antimicrobiana.

> **Tema-chave 35.3**
> **ADAPTAÇÃO E FISIOLOGIA**
>
> **Interleucinas (ILs)**
> Essas citocinas foram assim chamadas originalmente porque são sintetizadas por leucócitos e exercem seus efeitos sobre eles. Hoje sabemos que outros tipos de células podem produzir interleucinas e que as interleucinas produzidas por leucócitos podem afetar outros tipos de células.

Geração de uma resposta humoral: $T_H 2$

Quando um antígeno é introduzido em um corpo, ele se liga a um anticorpo específico na superfície de uma célula B apropriada, porém essa ligação normalmente não é suficiente para ativar a multiplicação da célula B. A célula B internaliza o complexo antígeno-anticorpo e em seguida incorpora porções do antígeno na sua própria superfície, ligado à fenda da proteína MHC II (Figuras 35.4 e 35.5). A porção do antígeno exibida na superfície da célula B (**célula apresentadora de antígeno** ou **APC** – *antigen-presenting cell*) é denominada **epítopo** (ou **determinante**). As células $T_H 2$ com um receptor de célula T específico para aquele epítopo em particular o reconhecem ligado à proteína MHC II. A ligação do receptor da célula T ao complexo epítopo-MHC II é intensificada pelo correceptor CD4, que se liga à porção constante da proteína MHC II (Figura 35.5). O CD4 ligado também transmite um sinal de estimulação para o interior da célula T. A ativação da célula T requer, ainda, a interação de sinais coestimuladores adicionais (p. ex., a molécula e o receptor CD40) provenientes de outras proteínas na superfície das células B e T. Os correceptores CD8 funcionam de forma semelhante nos linfócitos T citotóxicos (CTLs): eles intensificam a ligação do receptor da célula T e transmitem um sinal estimulador para dentro da célula T.

As células $T_H 2$ ativadas secretam IL-4, IL-5, IL-6 e IL-10 (Tabela 35.3), que ativam a célula B que tem o mesmo epítopo e a proteína MHC II na sua superfície (Figura 35.4; ver Figura 35.3). As células B multiplicam-se rapidamente e muitas diferenciam-se em plasmócitos, que secretam grandes quantidades de anticorpo. O anticorpo liga-se ao antígeno, e os macrófagos reconhecem esse complexo, sendo estimulados a englobá-lo (opsonização) (Figura 35.4). O anticorpo é secretado por algum tempo; depois, as células plasmáticas morrem. Portanto, se medirmos a concentração de anticorpos (**título**) logo após o antígeno ser injetado, podemos detectar poucos deles ou mesmo nenhum. O título, então, aumenta rapidamente à medida que os plasmócitos secretam os anticorpos, podendo diminuir um pouco à medida que as células morrem e os anticorpos são degradados (Figura 35.6). No entanto, se aplicarmos outra dose de antígeno (**reforço**), a demora para a resposta é pequena ou inexistente, e o título de anticorpos aumenta mais rapidamente até um nível maior do que aquele alcançado após a primeira dose. Essa é a resposta **secundária** ou **anamnésica**, que ocorre porque algumas das células B ativadas originaram **células de memória** de vida longa. Existem muito mais células de memória presentes no corpo do que o linfócito B original com o anticorpo apropriado na sua superfície, e elas se multiplicam rapidamente a fim de produzir plasmócitos adicionais. A existência da resposta anamnésica é de grande valor prático porque é a base para as vacinas protetoras.

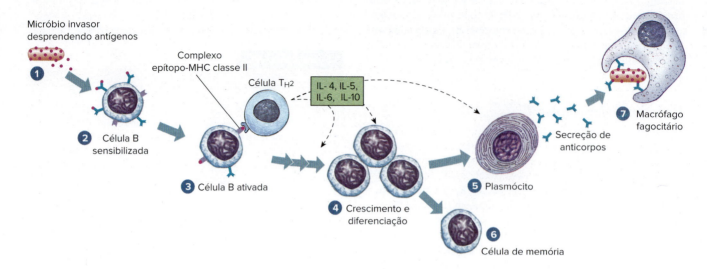

Figura 35.4 Resposta imunológica humoral. (1) Os anticorpos presentes na superfície da célula B ligam-se ao antígeno. (2) A célula B internaliza o complexo antígeno-anticorpo, digere-o parcialmente e apresenta porções dele na superfície (epítopo), junto com proteínas MHC classe II. (3) A célula T_H2 reconhece o antígeno e a proteína classe II na célula B, é ativada e secreta interleucinas (ver a Tabela 35.3). Em seguida, a T_H2 estimula a proliferação da célula B que contém o antígeno e a proteína classe II na sua superfície. (4) As interleucinas promovem a ativação e a diferenciação das células B em (5) muitos plasmócitos que secretam anticorpos. (6) Algumas descendentes das células B tornam-se células de memória. (7) Os anticorpos produzidos pelos plasmócitos ligam-se aos antígenos e estimulam os macrófagos a consumir os antígenos (opsonização).

Tema-chave 35.4
CIÊNCIA EXPLICADA

Anticorpos monoclonais

Muitos aspectos da imunologia foram extremamente auxiliados pela descoberta de um método para a produção de clones estáveis de células que produzem apenas um tipo de anticorpo. Tais anticorpos monoclonais ligam-se apenas a *um tipo* de epítopo antigênico (a maioria das proteínas tem muitos epítopos antigênicos diferentes e, portanto, estimulam o corpo a produzir misturas complexas de anticorpos). Os anticorpos *monoclonais* são formados pela fusão de plasmócitos normais que produzem anticorpos com uma linhagem de plasmócitos que se multiplica continuamente, produzindo um híbrido da célula normal com outra capaz de dividir-se indefinidamente em cultura. Essa linhagem de células é denominada *hibridoma*. São selecionados clones entre os híbridos, que são então cultivados para se tornarem "fábricas" que produzem quantidades quase ilimitadas de um anticorpo específico. As técnicas de hibridomas, descobertas em 1975, tornaram-se uma das ferramentas de pesquisa mais importantes para a produção de anticorpos utilizados pelos imunologistas.

Resposta mediada por célula: T_H1

Muitas respostas imunológicas envolvem poucos ou nenhum anticorpo e dependem apenas da ação de células. Na imunidade mediada por células, o epítopo de um antígeno também é apresentado pelas APCs, mas o ramo T_H1 da resposta imunológica é ativado (ver Figura 35.3). Nesse caso, as APCs podem ser células infectadas por vírus, células tumorais ou macrófagos infectados que fagocitaram bactérias. As células T_H1 reconhecem o complexo epítopo-MHC II e tornam-se ativadas, liberando IL-2, TNF e interferona-γ (INF-γ) (ver Tabela 35.3). A IL-2 promove a atividade das células B e T ativadas e aumenta a atividade citotóxica das células NK, causando sua proliferação e tornando-as **células exterminadoras ativadas por linfocina** (**LAK** – *lymphocyte-activated killer cells*) (Tabela 35.2). As células LAK também liberam INF-γ, que é um potente fator ativador de macrófagos. Ela promove a diferenciação das células B e T e a proliferação de células B, e ativa as células endoteliais dos capilares, de forma que os linfócitos podem passar pelos vasos sanguíneos para o interior das áreas infectadas dos tecidos. O INF-γ é também um importante indutor de inflamação. O TNF ativa PMN e estimula os macrófagos e a produção de citocinas. As células T citotóxicas também interagem com os receptores da superfície das APCs e isso, juntamente com a estimulação da IL-2 e do INF-γ (secretado por células T_H1 ativadas), faz com que elas proliferem e secretem proteínas que causam a formação de poros nas células infectadas, levando à lise.

Tema-chave 35.5
CONEXÃO COM SERES HUMANOS

Ciclosporina e os transplantes de órgão

O transplante de órgãos de uma pessoa para outra requer imunossupressão adequada do receptor, de modo que o novo órgão não seja rejeitado e o paciente não fique indefeso contra infecções. Desde a descoberta de um medicamento derivado de um fungo e denominado de ciclosporina, muitos órgãos (p. ex., rim, coração, pulmão e fígado), podem ser transplantados. A ciclosporina inibe a IL-2 e afeta os CTLs mais do que os linfócitos T_H2. Ela não tem nenhum efeito sobre outros leucócitos ou sobre os mecanismos de cicatrização, de modo que o paciente ainda pode desencadear uma resposta imunológica sem rejeitar o transplante. Entretanto, o paciente deve continuar a tomar a ciclosporina porque, se o medicamento for retirado, o corpo reconhecerá o órgão transplantado como estranho e então o rejeitará.

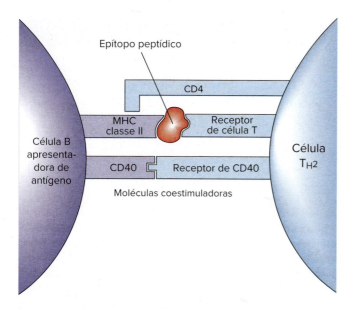

Figura 35.5 Moléculas que interagem durante a ativação de uma célula T_H2 auxiliar por uma célula B apresentadora de antígeno.

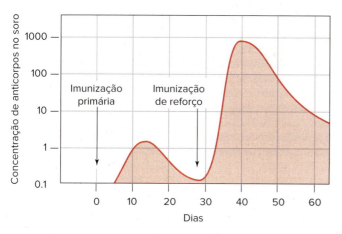

Figura 35.6 Resposta típica dos anticorpos após as imunizações primária e de reforço. A resposta secundária é resultado do grande número de células de memória produzidas após a ativação primária das células B.

Como a imunidade humoral, a imunidade mediada por células tem uma resposta secundária devido ao grande número de células T de memória produzidas da ativação original. Por exemplo, um segundo enxerto de tecido (reforço) entre o mesmo doador e receptor é rejeitado muito mais rapidamente do que o primeiro.

Síndrome da imunodeficiência adquirida (AIDS)

A AIDS é uma doença extremamente grave na qual a capacidade de desencadear uma resposta imunológica é seriamente prejudicada. Ela é causada pelo **vírus da imunodeficiência humana (HIV)**. O HIV invade e destrói, preferencialmente, os linfócitos T_H porque o vírus expressa a proteína CD4 como um importante receptor de superfície. Normalmente, as células T_H constituem entre 60 e 80% da população de células T mas, na AIDS, seus níveis podem cair até serem indetectáveis; portanto, a resposta imunológica humoral é destruída e a resposta mediada pelas células é comprometida.

O primeiro caso de AIDS foi reconhecido em 1981. No final de 2017, cerca de 36,9 milhões de pessoas estavam vivendo com o HIV. No mundo, 1,8 milhão de pessoas foram infectadas em 2017, o que representa uma taxa de infecção menor do que a de 2011.

Em 2017, 59% das pessoas com HIV estavam em tratamento. A infecção pelo HIV quase sempre progride para AIDS após um período de latência de alguns anos. Uma vez que as populações de células T_H são praticamente destruídas pelo HIV, os pacientes com AIDS são continuamente acometidos por infecções causadas por micróbios e parasitos que causam problemas insignificantes em pessoas com resposta imunológica normal. A AIDS é uma doença letal se não for tratada. Embora caros, já existem medicamentos altamente eficazes, que podem retardar a progressão da doença. Alguns (p. ex., o AZT) atacam a enzima necessária para o vírus produzir seu DNA, enquanto outros (p. ex., inibidores de proteases) inibem as enzimas necessárias para produzir um novo vírus. Como o vírus sofre mutação (ver Seção 5.6), produzindo muitas cepas diferentes durante o progresso de uma infecção, os esforços para produzir uma vacina têm sido infrutíferos até o momento.

35.5 ANTÍGENOS DOS GRUPOS SANGUÍNEOS

Tipos sanguíneos ABO

As células do sangue diferem quimicamente de pessoa para pessoa e, quando dois tipos de sangue incompatíveis são misturados, ocorre a **aglutinação** (agrupamento) das hemácias. A base dessas diferenças químicas é a ocorrência natural de antígenos na membrana das hemácias. O sistema imunológico herdado mais bem conhecido é o dos grupos sanguíneos ABO (ver Seção 6.4). Os antígenos A e B são herdados como alelos codominantes de um único gene. Os homozigotos para um alelo recessivo no mesmo gene apresentam sangue tipo O, no qual estão ausentes os antígenos A e B. Assim, conforme mostra a Tabela 35.4, um indivíduo com genes I^A/I^A ou I^A/i, por exemplo, desenvolve o antígeno A (tipo sanguíneo A). A presença de um gene I^B produz antígenos B (tipo sanguíneo B) e, para o genótipo I^A/I^B, tanto o antígeno A quanto o B desenvolvem-se nos eritrócitos (tipo sanguíneo AB). Os epítopos de A e B também ocorrem nas superfícies de muitas células epiteliais e da maioria das células endoteliais.

Há uma característica curiosa no sistema ABO. Normalmente, esperaríamos que um indivíduo tipo A desenvolvesse anticorpos contra as células do tipo B apenas se as células portadoras do epítopo B fossem, antes, introduzidas no corpo. Na verdade, pessoas do tipo A adquirem anticorpos anti-B logo após o nascimento, mesmo sem exposição prévia a células do tipo B. Do mesmo modo, indivíduos do tipo B tornam-se portadores de anticorpos anti-A muito cedo. O sangue do tipo AB não apresenta anticorpos anti-A nem anti-B (porque, se os tivesse, iria destruir suas próprias células sanguíneas), e o sangue do tipo O tem ambos os anticorpos, anti-A e anti-B. Há evidências de que os anticorpos se desenvolvem como uma resposta aos epítopos A e B dos microrganismos intestinais ou alimentos em uma idade precoce.

Vimos, portanto, que os nomes dos grupos sanguíneos identificam o seu conteúdo *antigênico*. As pessoas com sangue do tipo O são chamadas doadores universais porque, por não apresentarem antígenos, seu sangue pode ser transferido para outra pessoa com qualquer tipo sanguíneo. Mesmo que ele contenha anticorpos anti-A e anti-B, eles estarão em uma concentração tão diluída durante a transfusão que não reagirão com os antígenos A e B do sangue do receptor. Pessoas com sangue do tipo AB são

Tabela 35.4 Principais grupos sanguíneos.

Tipo de sangue	Genótipo	Antígenos nas hemácias	Anticorpos no soro	Pode doar sangue para	Pode receber sangue de	Frequência nos EUA (%) Brancos	Negros	Asiáticos
O	i/i	Nenhum	Anti-A e anti-B	Todos	O	45	48	31
A	I^A/I^A, I^A/i	A	Anti-B	A, AB	O, A	41	27	25
B	I^B/I^B, I^B/i	B	Anti-A	B, AB	O, B	10	21	34
AB	I^A/I^B	AB	Nenhum	AB	Todos	4	4	10

receptores universais porque não apresentam anticorpos para os antígenos A e B. Entretanto, na prática, os clínicos insistem em fazer a transfusão com o mesmo tipo sanguíneo para evitar qualquer risco de incompatibilidade.

Fator Rh

Karl Landsteiner, um médico austríaco – naturalizado americano, descobriu os tipos sanguíneos ABO em 1900. Em 1940, 10 anos após ter recebido o Prêmio Nobel, ele fez ainda outra grande descoberta: um grupo sanguíneo denominado fator Rh, assim chamado por causa do macaco *rhesus*, no qual foi encontrado pela primeira vez. Aproximadamente 85% dos indivíduos de pele branca dos EUA apresentam esse fator (positivo), ausente nos restantes 15% (negativo). O fator Rh é codificado por um alelo dominante em um único gene. Os sangues Rh-positivo e Rh-negativo são incompatíveis; choque, ou mesmo a morte, segue-se à sua mistura quando um sangue Rh-positivo é introduzido em uma pessoa com sangue Rh-negativo que tenha sido sensibilizada por uma transfusão anterior de sangue Rh-positivo. A incompatibilidade de Rh é responsável por uma doença peculiar e frequentemente fatal, a **doença hemolítica do recém-nascido (eritroblastose fetal)**. Se uma mãe com sangue Rh-negativo tiver um bebê Rh-positivo (o pai é Rh-positivo), ela pode desenvolver anticorpos anti-Rh para o sangue fetal ao qual ela foi exposta durante o processo de nascimento. Os anticorpos anti-Rh são predominantemente IgG e podem atravessar a placenta durante uma gravidez posterior e aglutinar o sangue do feto. Normalmente, a eritroblastose fetal não é um problema nos casos de incompatibilidade ABO entre a mãe e o feto porque os anticorpos para os antígenos ABO são principalmente IgM, incapazes de atravessar a placenta. A eritroblastose fetal agora pode ser evitada dando à mãe com sangue Rh-negativo anticorpos anti-Rh logo após o nascimento do primeiro filho. Esses anticorpos permanecem por tempo suficiente para neutralizar qualquer célula sanguínea fetal Rh-positivo que tenha entrado na circulação materna, evitando, dessa forma, que seu próprio mecanismo de produção de anticorpos seja estimulado a produzir os anticorpos Rh-positivos. A imunidade ativa e permanente é bloqueada. A mãe deve ser tratada após cada gravidez subsequente (assumindo que o pai seja Rh-positivo). No entanto, se a mãe já desenvolveu a imunidade, o bebê pode ser salvo por uma transfusão imediata e maciça de sangue livre de anticorpos.

RESUMO

Seção	Conceito-chave
35.1 Suscetibilidade e resistência	• Uma infinidade de vírus procariotos e eucariotos parasitas existe no ambiente de cada animal, e um sistema de defesa (imunológico) é crucial para a sobrevivência. A especificidade da resposta é assegurada pela presença de receptores proteicos nas células-alvo, ou dentro delas, que se ligam apenas a determinados hormônios • A imunidade pode ser definida resumidamente como a posse de tecidos capazes de reorganizar e proteger o animal contra corpo estranho invasor • A maioria dos animais tem algum grau de imunidade inata e os vertebrados desenvolveram imunidade adquirida
35.2 Mecanismos de defesa inata	• A superfície da maioria dos animais proporciona uma barreira física contra a invasão, e contém substâncias antimicrobianas nas secreções do seu corpo • A exposição a microrganismos por vários animais, tanto vertebrados quanto invertebrados, estimula a resposta imunológica inata desses animais. Essa resposta é baseada na liberação de peptídios antimicrobianos, é imediata, não requer uma exposição prévia imunizante e é inespecífica, mas está relacionada com a categoria do micróbio invasor • Os fagócitos englobam partículas e, normalmente, as digerem ou matam com enzimas e secreções citotóxicas • Muitos invertebrados têm células especializadas que podem desempenhar a fagocitose defensiva • Muitos tipos de células dos vertebrados, especialmente os macrófagos e neutrófilos, são fagócitos importantes, e as células do sistema fagocitário mononuclear estão presentes em diversos locais do corpo. Os eosinófilos são importantes nas alergias e em muitas infecções parasitárias. Basófilos, mastócitos, linfócitos T e B, e ILCs (células exterminadoras naturais e ILCs RORγ_t+) não são fagocitárias, mas desempenham papéis vitais na defesa • A inflamação é uma parte importante da defesa do corpo; ela é amplamente influenciada por uma experiência prévia com um antígeno imunizante

Seção	Conceito-chave
35.3 Imunidade nos invertebrados	• Muitos invertebrados, incluindo esponjas, cnidários, anelídeos e artrópodes, reconhecem corpos estranhos, que mostram por exemplo rejeição de xenotransplantes, heterotransplantes ou ambos. Em alguns casos, eles apresentam respostas potencializadas após exposições repetidas • Infecções bacterianas, virais e fúngicas estimulam a liberação de enzimas de degradação e peptídios antimicrobianos, ativando os fagócitos. • Respostas adquiridas que demonstram memória e especificidade foram demonstradas em alguns filos de invertebrados, incluindo artrópodes e moluscos
35.4 Resposta imunológica adquirida em vertebrados	• Uma resposta imunológica adquirida é desencadeada por um antígeno. Os vertebrados demonstram maior resistência a substâncias estranhas específicas (antígenos) em exposições repetidas, e a resistência baseia-se em um vasto número de moléculas de reconhecimento específico: anticorpos e receptores de células T • O reconhecimento de substâncias alheias depende de marcadores nas superfícies das células chamados de complexos principais de histocompatibilidade (MHC) • Os anticorpos são carregados nas superfícies de linfócitos B (células B) e em solução no sangue após a secreção pelas descendentes das células B, os plasmócitos (células plasmáticas). Os receptores de células T ocorrem apenas nas superfícies dos linfócitos T (células T) • As células do sistema imunológico comunicam-se entre si e com outras células do corpo por meio de hormônios proteicos denominados citocinas, como as interleucinas, o fator de necrose tumoral e a interferona-γ • Os dois mecanismos de defesa da resposta imune dos vertebrados são a resposta humoral (T_H2), envolvendo anticorpos, e a resposta mediada por células (T_H1), envolvendo apenas superfícies celulares • Quando um dos mecanismos é ativado ou estimulado, suas células produzem citocinas que tendem a suprimir a atividade do outro mecanismo • A ativação de qualquer um dos mecanismos requer que o antígeno seja fagocitado por uma APC (célula apresentadora de antígeno, como, por exemplo, um macrófago ou uma célula B), que digere parcialmente o antígeno e apresenta seu determinante (epítopo) na superfície da APC junto com uma proteína MHC classe II • Células infectadas por vírus e células tumorais também têm o antígeno para as células T_H1 • A extensa comunicação por meio das citocinas e a ativação (e supressão) de várias células na resposta levam à produção de anticorpos específicos ou à proliferação de células T com receptores específicos que reconhecem um epítopo antigênico • Depois da resposta inicial, células de memória permanecem no corpo e são responsáveis pela resposta potencializada em uma próxima exposição ao antígeno • O dano à resposta imunológica causado pelo HIV (vírus da imunodeficiência humana) na produção da AIDS (síndrome da imunodeficiência adquirida) é devido, primariamente, à destruição de um conjunto crucial de células T auxiliares, que têm o correceptor CD4 na sua superfície
35.5 Antígenos dos grupos sanguíneos	• As pessoas têm antígenos geneticamente determinados na superfície de suas hemácias (grupos sanguíneos ABO e outros); os tipos de sangue devem ser compatíveis nas transfusões ou o sangue transfundido é aglutinado pelos anticorpos no receptor

QUESTÕES DE REVISÃO

1. Diferencie suscetibilidade de resistência e imunidade inata de adquirida. Por que esses tipos de imunidade tradicionalmente reconhecidos são agora mais difíceis de distinguir?
2. Cite alguns exemplos de mecanismos de defesa inata que sejam de natureza química. O que é um complemento?
3. O que normalmente acontece com uma partícula depois que ela é englobada por um fagócito?
4. Cite alguns fagócitos importantes dos vertebrados.
5. Qual é a base molecular para o reconhecimento do que é próprio do corpo e alheio a ele nos vertebrados?
6. Qual a diferença entre as células T e as células B?
7. O que é uma citocina? Quais são as funções das citocinas?
8. Descreva a sequência de eventos em uma resposta imunológica humoral, desde a introdução do antígeno até a produção do anticorpo.
9. Defina os seguintes termos: plasmócito, resposta secundária, célula de memória, opsonização, título, reforço, citocina, célula exterminadora natural, interleucina-2.
10. Quais são as funções das proteínas CD4 e CD8 na superfície das células T?
11. Em geral, quais são as consequências da ativação do ramo T_H1 da resposta imunológica? E da ativação do ramo T_H2?
12. Diferencie as proteínas MHC classe I e classe II.
13. Descreva uma resposta inflamatória típica.
14. Qual é o principal mecanismo pelo qual o HIV causa danos ao sistema imunológico na AIDS?
15. Dê o genótipo de cada um dos seguintes tipos sanguíneos: A, B, O, AB. O que acontece quando uma pessoa do tipo A doa sangue para uma pessoa do tipo B? E do tipo AB? E do tipo O?

16. O que causa a doença hemolítica do recém-nascido (eritroblastose fetal)? Por que essa condição não surge nos casos de incompatibilidade de ABO?
17. Dê alguma evidência de que as células de muitos invertebrados têm moléculas na superfície específicas para a espécie e mesmo para determinado animal em particular.
18. Dê um exemplo de memória imunológica nos invertebrados.

Para reflexão. Tradicionalmente, a imunidade adquirida é considerada uma característica do sistema imunológico dos vertebrados. Forneça um argumento de que ela provavelmente também é encontrada nos invertebrados.

36 Comportamento Animal

OBJETIVOS DE APRENDIZAGEM

Após leitura do capítulo, você será capaz de:

36.1 Explicar a natureza previsível e programada dos comportamentos animais, incluindo comportamento estereotipado e síndromes comportamentais.

36.2 Explicar os papéis da genética e da aprendizado no controle do comportamento animal.

36.3 Explicar o comportamento social e os fatores evolutivos subjacentes aos comportamentos sociais.

Um perdiz-grande macho, Centrocercus urophasianus, *exibindo seu comportamento reprodutivo.*
iStock@Kerry Hargrove

A sombra alongada de uma pessoa

Ralph Waldo Emerson disse que uma instituição é a sombra alongada de uma pessoa. A sombra de Charles Darwin é longa, e cobre todas as áreas da evolução, ecologia e, finalmente, após uma longa gestação, do comportamento animal. Cada uma dessas áreas altera o modo como pensamos sobre nós mesmos, sobre a Terra que habitamos e os animais que a compartilham conosco.

Charles Darwin mostrou com grande perspicácia como a seleção natural favoreceria diversos padrões comportamentais para a sobrevivência e a reprodução. O livro pioneiro de Darwin, *A expressão das emoções no homem e nos animais*, publicado na Inglaterra em 1872, mapeou uma estratégia para a pesquisa comportamental usada até hoje. Entretanto, em 1872, a ciência não estava preparada para a visão central de Darwin de que os padrões comportamentais, não menos do que as estruturas corporais, têm suas histórias de evolução pela seleção natural. Outros 60 anos se passariam antes que esses conceitos prosperassem na ciência comportamental.

Em 1973, o Prêmio Nobel de Fisiologia ou Medicina foi concedido a três zoólogos pioneiros: Karl von Frisch, Konrad Lorenz e Niko Tinbergen. A nomeação afirmava que esses três eram os principais arquitetos de uma nova ciência, a Etologia, o estudo científico do comportamento animal, particularmente sob condições naturais. Foi a primeira vez que qualquer pesquisador das ciências comportamentais recebeu tal honraria. A disciplina de comportamento animal nascia.

Os biólogos comportamentais se perguntam *como* os animais se comportam e *por que* se comportam dessa forma. As questões "como" enfocam as **causas proximais** ou imediatas, e são estudadas experimentalmente (ver Seção 1.3). Por exemplo, um biólogo pode explicar o canto de um macho de tico-tico (*Zonotrichia albicollis*) na primavera por mecanismos hormonais ou neurais. Essas causas fisiológicas ou mecanicistas de comportamento são fatores proximais. Examinamos os fatores proximais subjacentes ao comportamento animal nos Capítulos 33 e 34, enfatizando o funcionamento dos sistemas nervosos e a coordenação hormonal. Alternativamente, um biólogo poderia perguntar que função o canto serve ao tico-tico, e então identificar os eventos na ancestralidade das aves que levaram ao canto na primavera. Essas são as questões "por quê", que focalizam as **causas finais**, a origem evolutiva e o propósito de um comportamento. As questões da causa final são respondidas pelo uso de metodologia comparativa (ver Seção 1.3), aplicando-se análises filogenéticas (ver Seção 10.3) para identificar as mudanças evolutivas no comportamento e os contextos morfológicos e ambientais associados. Este capítulo apresenta as explicações evolutivas do comportamento animal e os desafios da evolução comportamental para a teoria de Darwin da seleção natural (ver Seção 6.2).

O estudo do comportamento animal tem várias raízes históricas diferentes e não existe um termo universalmente aceito para todo o assunto. A **psicologia comparativa** surgiu do empenho em se estabelecerem leis gerais de comportamento que se aplicassem a várias espécies, inclusive a humana. Os psicólogos comparam resultados de experimentos em laboratório com ratos brancos, pombos, cães e, ocasionalmente, primatas para identificar similaridades e diferenças neurológicas e comportamentais. A partir das críticas de que a disciplina não apresentava uma perspectiva evolutiva e enfocava muito limitadamente em ratos brancos como um modelo para outros organismos, muitos psicólogos comparativos começaram a desenvolver pesquisas com base filogenética, algumas delas conduzidas sob condições naturais.

O objetivo de uma segunda abordagem, a **etologia**, é descrever o comportamento de um animal em seu *hábitat natural*. A maior parte dos etólogos são zoólogos que coletam dados de observações e experimentos de campo. A natureza fornece as variáveis que são manipuladas, utilizando-se de abordagens tais como a apresentação de modelos animais, de gravações de vocalizações animais e alteração de *hábitats*. Os etólogos também testam suas hipóteses em condições controladas de laboratório. Os resultados de laboratório frequentemente direcionam testes posteriores das hipóteses usando observações de animais silvestres em ambientes naturais não perturbados.

A etologia enfatiza a importância de fatores finais que afetam o comportamento. Uma das grandes contribuições de von Frisch, Lorenz e Tinbergen foi demonstrar que os atributos comportamentais são entidades mensuráveis, assim como os anatômicos ou fisiológicos. O tema central da etologia é que os atributos comportamentais podem ser identificados e medidos, homologias determinadas e suas histórias evolutivas investigadas para proporcionar explicações causais.

O trabalho de psicólogos e etólogos comparativos deu origem à disciplina da **ecologia comportamental**. Os ecólogos comportamentais estudam os contextos evolutivos e ambientais dos comportamentos dos animais e como determinados comportamentos servem para maximizar o sucesso reprodutivo e evolutivo. Os ecólogos comportamentais frequentemente se concentram em um aspecto particular do comportamento, como a escolha de parceiros, o forrageamento ou o investimento parental. A **sociobiologia**, o estudo etológico do comportamento social, foi formalizada com a publicação de 1975 de E. O. Wilson, *Sociobiologia: uma nova síntese*. Wilson define o comportamento social como uma comunicação recíproca de natureza cooperativa (que transcende a mera atividade sexual), que permite a um grupo de organismos da mesma espécie se organizar de maneira cooperativa. Em um sistema complexo de interações sociais, os indivíduos são altamente dependentes dos outros para a vida diária. Embora o comportamento social apareça em muitos grupos de animais, Wilson identificou quatro "pináculos" de comportamento social complexo. São eles (1) os invertebrados coloniais, como a caravela portuguesa, que é uma composição de organismos individuais interdependentes; (2) os insetos sociais, como formigas, abelhas e cupins, que desenvolveram sistemas de comunicação sofisticados; (3) os mamíferos não humanos, como golfinhos, elefantes e primatas, que têm sistemas sociais altamente desenvolvidos; e (4) os seres humanos.

A inclusão por Wilson do comportamento humano na sociobiologia, e suas premissas em relação ao fundamento genético para a variação entre muitos comportamentos sociais humanos, foram duramente criticadas. Os sistemas complexos de interações sociais humanas, incluindo a religião, os sistemas econômicos e tantas características questionáveis como o racismo, o sexismo e a guerra são explicadas mais facilmente como propriedades emergentes (ver Tabela 1.1) da cultura humana e sua história. Tem sentido procurar por uma base genética específica ou uma justificativa para esses fenômenos? Muitos respondem "não", e se voltam para o campo da sociologia, em vez da sociobiologia, para explicar as propriedades emergentes complexas das sociedades humanas. Por esse motivo, a maioria dos pesquisadores que estudam o comportamento social animal tem rejeitado "sociobiologia" como o nome de sua disciplina em favor de "ecologia comportamental".

36.1 DESCRIÇÃO DO COMPORTAMENTO: PRINCÍPIOS DA ETOLOGIA CLÁSSICA

Os primeiros etólogos procuraram identificar e explicar os componentes relativamente invariantes do comportamento compartilhados por diversas espécies animais. Desses estudos, emergiram vários conceitos popularizados primeiramente no influente livro de Tinbergen *The Study of Instinct* (1951).

A resposta do ganso-bravo *Anser anser* de resgatar seus ovos (Figura 36.1), descrita por Lorenz e Tinbergen em um famoso artigo de 1938, ilustra alguns conceitos básicos do comportamento animal. Se Lorenz e Tinbergen oferecessem a uma fêmea de ganso-bravo um ovo a uma pequena distância do ninho, ela se levantava, estendia o pescoço até que o bico estivesse em cima do ovo, e então dobrava o pescoço, puxando o ovo cuidadosamente para o ninho.

Embora esse comportamento parecesse racional, Tinbergen e Lorenz observaram que, se removessem o ovo depois de a fêmea iniciar o resgate, ou se o ovo que estivesse sendo recolhido escorregasse para longe, a fêmea continuaria o movimento de resgate sem o ovo, até que estivesse novamente instalada confortavelmente no ninho. Então, vendo que o ovo não tinha sido recuperado, ela repetiria o movimento de resgate.

A ave executou, portanto, o comportamento de buscar o ovo como um programa que, uma vez iniciado, tivesse de ser completado de modo padrão. Lorenz e Tinbergen consideraram o resgate do ovo como um padrão "fixo" de comportamento: um padrão motor em grande parte invariável na sua execução. Um comportamento desse tipo, executado em uma sequência ordenada e previsível,

Figura 36.1 Comportamento de recuperação de ovos do ganso-bravo, *Anser anser*, conforme estudado por Lorenz e Tinbergen. Nesse comportamento estereotipado, o ovo fora do ninho (1) é um sinal que estimula o ganso a se aproximar dele (2) e puxar o ovo em direção ao ninho (3 e 4). A posição mostrada no quadro 4 é usada para rolar o ovo em direção ao ninho. O ganso completa o seu retorno ao ninho dessa maneira, mesmo se o ovo que está sendo resgatado rolar para longe.

é chamado de **comportamento estereotipado**. Naturalmente, o comportamento estereotipado pode não ocorrer de modo idêntico em todas as ocasiões, mas ele deve ser reconhecível, mesmo quando executado de modo inapropriado. Os experimentos posteriores de Tinbergen esclareceram que a fêmea do ganso-bravo não estava particularmente identificando o que recolhia. Quase qualquer objeto liso e arredondado colocado fora do ninho dispararia o comportamento de recuperação do ovo; até um pequeno cachorro de brinquedo e um grande balão amarelo foram zelosamente recolhidos. Quando a fêmea se sentava sobre esses objetos, eles obviamente não se adequavam, e ela os descartava.

Lorenz e Tinbergen perceberam que a presença de um ovo fora do ninho deve agir como um estímulo ou gatilho que libera o comportamento de resgate do ovo. Lorenz denominou o estímulo disparador de **liberador**; um estímulo simples no ambiente que dispararia um certo comportamento inato. Como o animal geralmente respondeu a algum aspecto específico do liberador (som, forma ou cor, por exemplo), o estímulo efetivo foi chamado de **estímulo sinal**. Os etólogos já descreveram centenas de estímulos sinais. Em todos os casos, a resposta é extremamente previsível. Por exemplo, o grito de alarme de gaivotas-prateadas adultas sempre libera uma resposta de aninhamento e paralisação em seus filhotes. Certas mariposas noturnas adotam manobras evasivas ou mergulham para o solo quando ouvem os trinados ultrassônicos dos morcegos que se alimentam delas (ver Figura 33.23); a maior parte dos outros sons não libera essa resposta.

Tais exemplos ilustram a natureza previsível e programada de muitos comportamentos animais. Isso é ainda mais evidente quando um comportamento estereotipado é liberado inapropriadamente. Na primavera, o macho do esgana-gato, *Gasterosteus aculeatus*, um pequeno peixe, seleciona um território que defende vigorosamente dos outros machos. A parte inferior do macho torna-se vermelho-brilhante, e a aproximação de outro macho com barriga vermelha ocasiona uma postura de ameaça ou mesmo um ataque agressivo pelo primeiro macho. A suspeita de Tinbergen de que a barriga vermelha do macho funcionava como um liberador para a agressão foi reforçada quando um caminhão vermelho do correio passando despertou um comportamento de ataque dos machos no seu aquário. Então, Tinbergen realizou experimentos, utilizando uma série de modelos apresentados aos machos. Ele descobriu que os machos atacavam furiosamente qualquer modelo que apresentasse uma listra vermelha, mesmo um pedaço roliço de cera com a parte inferior vermelha, e que um modelo bem semelhante a um macho de esgana-gato, mas sem o ventre vermelho, era menos frequentemente atacado (Figura 36.2). Tinbergen descobriu outros exemplos de comportamentos estereotipados liberados por estímulos de sinais simples. Os machos de piscos-de-peito-ruivo europeus, *Erithacus rubecula*, atacavam furiosamente um feixe de penas vermelhas colocado no seu território, mas ignoravam um pisco-de-peito-ruivo jovem empalhado sem penas vermelhas (Figura 36.3).

Sob condições que são relativamente constantes e previsíveis, as respostas automáticas pré-programadas podem ser eficientes. Liberadores têm a vantagem de focar a atenção de um animal no sinal relevante, e a liberação de um comportamento estereotipado pré-programado permite que um animal responda rapidamente quando a velocidade de resposta é essencial para a sobrevivência ou o sucesso reprodutivo.

Ao estudar a variação comportamental intraespecífica, os ecólogos comportamentais observaram que os indivíduos frequentemente diferem uns dos outros por um conjunto de comportamentos correlacionados, e que essas diferenças são consistentemente expressas em situações diferentes. Por exemplo, nas moscas *D. melanogaster* (ver Figura 5.9), algumas larvas são "andarilhas" no seu comportamento de forrageamento, percorrendo longas distâncias e explorando diferentes áreas de alimento, enquanto

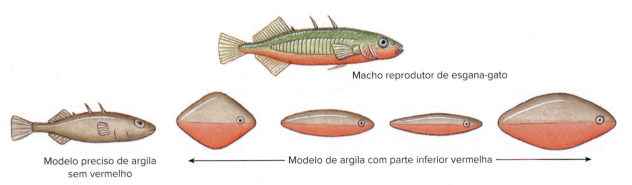

Figura 36.2 Modelos do peixe esgana-gato usados para estudar o comportamento territorial. O modelo cuidadosamente feito de um esgana-gato, *Gasterosteus aculeatus* (à esquerda), sem barriga vermelha, é atacado com muito menos frequência por um esgana-gata territorial do que os quatro modelos simples de barriga vermelha.

Figura 36.3 Dois modelos de um pisco-de-peito-ruivo europeu, *Erithacus rubecula*. O tufo de penas vermelhas é atacado por tordos machos, enquanto a ave juvenil empalhada (à direita) sem o peito vermelho é ignorada.

Fonte: Modificada de D. Lack, *The Life of the Robin*, H. F. & G. Witherby Ltd., London, England, 1943.

outras são "sedentárias", movendo-se somente por curtas distâncias, concentrando seu forrageamento na área local de alimento. As larvas andarilhas e sedentárias não diferem entre si no nível total de atividade de forrageamento, somente em relação às distâncias que percorrem durante essa atividade. Os dois tipos de larvas ilustram padrões comportamentais contrastantes existentes em uma **síndrome comportamental**, definida por Andrew Sih e colaboradores como "um conjunto de comportamentos correlatos que refletem consistência entre indivíduos de comportamento em múltiplas (duas ou mais) situações". As síndromes comportamentais podem ter uma base genética, e assim estar sujeitas à evolução pela seleção natural. Por exemplo, o tipo larval andarilho de *D. melanogaster* é geneticamente dominante em relação ao tipo sedentário na forma de alelos alternativos em um loco autossômico.

36.2 CONTROLE DO COMPORTAMENTO

O comportamento estereotipado sugeriu aos etólogos que eles observavam um comportamento herdado, ou **inato**. Muitos tipos de comportamentos pré-programados aparecem subitamente na ontogenia de um animal e são indistinguíveis de comportamentos similares desempenhados por indivíduos mais velhos e experientes. As aranhas Araneidae tecem teias orbitais sem aprendizado, e os grilos machos cortejam as fêmeas sem lições dos mais experientes e sem aprendizado por tentativa e erro. Chamamos esses comportamentos de inatos ou instintivos.

Como a morfologia dos organismos, comportamentos instintivos são dependentes de interações entre um organismo e seu ambiente durante a ontogenia. Embora um instinto pareça rígido e fixo, instintos são produtos de mudança evolutiva e permanecem sujeitos a mudanças evolutivas posteriores, por seleção. Por exemplo, raças de cães frequentemente apresentam tendências comportamentais diferentes, de acordo com a seleção imposta por criadores anteriores. Os criadores de *sheepdogs*, por exemplo, constroem combinações genéticas que reforçam comportamentos úteis ao pastoreio de ovelhas e suprimem comportamentos destrutivos para essa tarefa. O treinamento dos indivíduos aumenta seu desempenho comportamental.

Em raras ocasiões, cães de outra raça expressariam comportamentos que contribuíssem para o pastoreio de ovelhas, embora todos os cães compartilhem um ancestral comum muito recente, em termos evolutivos. Talvez seja mais fácil conceber a evolução de instintos como uma redução de repertórios comportamentais, em que o sistema nervoso reforça um subconjunto particular de comportamentos e limita o uso de alternativos. Conforme os ambientes e as forças seletivas mudam, diferentes formas de comportamento são geneticamente estabilizadas.

Em animais invertebrados, muitas sequências complexas de comportamento são executadas de modo muito invariável e parecem seguir regras precisas, sem aprendizado. O comportamento programado é importante para a sobrevivência, especialmente para os animais que nunca conheceram seus pais. Eles devem responder imediatamente e de maneira correta aos estímulos logo que aparecem. Os animais de vida longa e com cuidado parental, ou que apresentam outras oportunidades de interações sociais, no entanto, podem ainda melhorar ou mudar seu comportamento por aprendizagem.

Genética do comportamento

A transmissão hereditária da maior parte do comportamento inato é complexa, com muitos genes interagindo e fatores ambientais que influenciam cada atributo comportamental. Entretanto, alguns poucos exemplos de diferenças comportamentais intraespecíficas mostram uma transmissão mendeliana simples de progenitores para a progênie. Talvez o exemplo mais convincente seja a herança do comportamento higiênico em abelhas, *Apis mellifera*. Essas abelhas são suscetíveis a uma doença bacteriana, a cria pútrida americana (*Bacillus larvae*). Uma larva de abelha que pega a doença morre. Se as abelhas removerem as larvas mortas do ninho, reduzirão as chances de a infecção se espalhar.

Algumas linhagens de abelhas, chamadas de "higiênicas", abrem as células do ninho que contêm larvas podres e carregam-nas para fora do ninho. W. C. Rothenbuhler descreveu dois componentes nesse comportamento: primeiro, a remoção dos opérculos das células e, segundo, a remoção das larvas. As abelhas higiênicas têm genótipos homozigotos recessivos para dois genes diferentes. O comportamento de abertura é executado por indivíduos homozigotos para o alelo recessivo *u* em um gene, e o comportamento de remoção é executado por indivíduos homozigotos para o alelo recessivo *r* em um segundo gene (pelo fato de os comportamentos estudados serem expressos apenas nas fêmeas diploides, caracterizamos as linhagens utilizando genótipos diploides; machos são haploides, como indica a Figura 36.4). Quando Rothenbuhler cruzou abelhas higiênicas (*u/u r/r*) com a linhagem não higiênica (*U/U R/R*), verificou que todos os híbridos (*U/u R/r*) eram não higiênicos. Assim, somente as operárias que tinham ambos os genes em condição homozigota recessiva apresentavam o comportamento completo. Em seguida, Rothenbuhler cruzou os híbridos com indivíduos da linhagem parental higiênica ("retrocruzamento"). Como era esperado, se o comportamento higiênico fosse transmitido por variação de alelos em dois genes, quatro tipos diferentes de abelhas resultariam (Figura 36.4). Aproximadamente 1/4 das abelhas eram homozigotas recessivas tanto para *u* como para *r* e apresentavam o comportamento completo: abriam as células e removiam as abelhas. Outro 1/4 da progênie (*u/u R/r* ou *u/u R/R*) abria as células, mas não removia as abelhas mortas. Outro 1/4 (*U/u r/r* ou *U/U r/r*) não abria as células, mas removia as larvas se outra operária abrisse. As operárias heterozigotas para o alelo dominante em ambos os genes (*U/u R/r*) não executavam nenhuma parte do comportamento de limpeza (Figura 36.4). Os resultados mostram claramente que cada componente do comportamento de limpeza está associado a

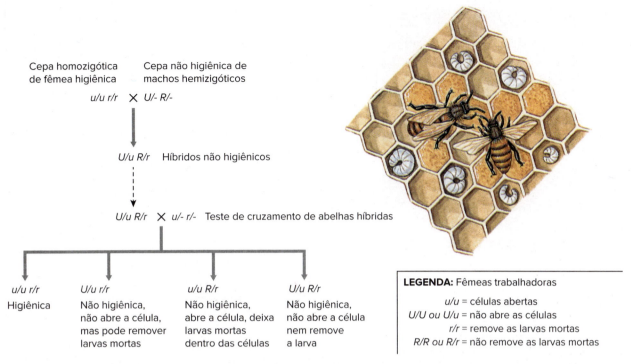

Figura 36.4 A genética do comportamento higiênico em abelhas operárias, conforme demonstrado por W. C. Rothenbuhler. Os resultados revelam dois genes de classificação independente, um associado à retirada da cobertura das células contendo larvas doentes na colmeia e o outro associado à remoção de larvas doentes das células. A progênie masculina hemizigótica não é mostrada. Veja o texto para mais explicações.

um gene que segrega independentemente do gene que influencia o outro componente comportamental.

Às vezes, os híbridos produzem comportamentos intermediários entre os de seus pais. Um estudo clássico de W. C. Dilger sobre o comportamento de nidificação em diferentes espécies de periquitos-namorados revelou esse resultado. Os periquitos-namorados são pequenos "papagaios" do gênero *Agapornis* (Figura 36.5). Cada uma das espécies tem seu próprio método de corte e técnica para carregar material de nidificação. Os periquitos-namorados-de-Fischer (*A. personata fischeri*) cortam tiras compridas da vegetação para usar como material de nidificação, e carregam-nas para o ninho, uma tira por vez. Os periquitos-namorados *A. roseicollis* carregam várias tiras de material de nidificação despedaçado simultaneamente enfiando-as no meio das penas da parte inferior do dorso. Dilger, que cruzou com sucesso as duas espécies, descobriu que os híbridos exibiam um conflito confuso entre a tendência de carregar material nas penas (herdada de *A. roseicollis*) e a tendência de carregar material no bico (herdada dos periquitos-namorados-de-Fischer) (Figura 36.5). Os híbridos tanto tentavam colocar o material entre as penas como carregá-lo no bico, sem desempenhar corretamente nenhum dos comportamentos. Os híbridos herdaram um comportamento intermediário entre aqueles apresentados pelos pais. Com a experiência, os híbridos melhoraram a sua capacidade de carregar, tendendo a carregar material no bico, como os periquitos-namorados-de-Fischer. Nesse caso, a interrupção do comportamento geneticamente programado por hibridização fez com que as aves dependessem do aprendizado por tentativa e erro para reunir material e fazer o ninho.

Aprendizagem e diversidade de comportamento

Outro aspecto do comportamento é a aprendizagem, que definimos como a modificação do comportamento por experiência.

Excelente sistema de modelo para estudar os processos de aprendizagem é o molusco opistobrânquio marinho *Aplysia* (Figura 36.6), alvo de intensa experimentação por E. R. Kandel e colegas. As brânquias de *Aplysia* são parcialmente cobertas pela cavidade do manto e ligadas ao exterior por um sifão (Figura 36.7). Se alguém tocar o sifão, a *Aplysia* retrai seu sifão e brânquias, envolvendo-os na cavidade do manto. Essa resposta protetora simples, chamada de reflexo de retração das brânquias, é repetida quando a *Aplysia*

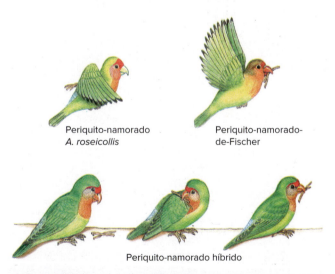

Figura 36.5 Comportamento intermediário em periquitos-namorados híbridos, *Agapornis* sp. O periquito-namorado *A. roseicollis* carrega material de construção para o ninho enfiado entre suas penas; o periquito-namorado-de-Fischer carrega material de construção do ninho em seu bico. Os híbridos tentaram ambos os métodos de transporte; nenhum dos métodos foi inicialmente realizado com sucesso, mas as aves híbridas por fim aprenderam a carregar material em seus bicos, como o periquito-de-Fischer.

752 PARTE 4 Atividade da Vida

Figura 36.6 A lebre-do-mar, *Aplysia* sp., um gastrópode opistobrânquio usado em muitos estudos neurofisiológicos e comportamentais.

estende novamente seu sifão. Entretanto, se o sifão for tocado repetidamente, a *Aplysia* diminui a resposta de retração da brânquia e ignora o estímulo. Essa modificação comportamental ilustra uma forma muito difundida de aprendizagem denominada **habituação**. Se um estímulo nocivo (p. ex., um choque elétrico) for dado na cabeça, ao mesmo tempo que o sifão é tocado, a *Aplysia* torna-se **sensibilizada** ao estímulo e retrai suas brânquias completamente, como o fazia antes de ocorrer a habituação. A sensibilização pode assim reverter a habituação prévia.

As rotas nervosas de habituação e sensibilização são conhecidas em *Aplysia*. Os receptores no sifão conectam-se, por meio de neurônios sensoriais (rotas negras na Figura 36.7), aos neurônios motores (rota azul na Figura 36.7), que controlam os músculos de retração das brânquias e os músculos da cavidade do manto. Kandel verificou que a estimulação repetida do sifão diminuía a liberação do neurotransmissor sináptico dos neurônios sensoriais. Os neurônios sensoriais continuam a disparar quando o sifão é tocado, mas com um número menor de neurotransmissores liberados na sinapse, o sistema torna-se menos receptivo.

A sensibilização necessita da ação de um tipo diferente de neurônio, chamado de interneurônio facilitador. Esses interneurônios fazem conexões entre os neurônios sensoriais, na cabeça do animal, e os neurônios motores, que controlam os músculos da brânquia e do manto (Figura 36.7). Quando os neurônios sensoriais na cabeça são estimulados por um choque elétrico, eles acionam interneurônios facilitadores posicionados nos terminais sinápticos dos neurônios sensoriais (rotas vermelhas na Figura 36.7). Por sua vez, essas terminações *aumentam* a quantidade de neurotransmissor liberado pelos neurônios sensoriais do sifão. Essa liberação aumenta a excitação dos interneurônios excitatórios e dos neurônios motores que conduzem à brânquia e aos músculos do manto. Os neurônios motores agora disparam mais prontamente do que antes. O sistema está agora sensibilizado, porque qualquer estímulo no sifão produz uma resposta intensa de retração das brânquias.

Os estudos de Kandel indicam que a intensificação ou o enfraquecimento do reflexo de retração das brânquias envolvem mudanças nos níveis de neurotransmissores nas sinapses existentes. Entretanto, tipos mais complexos de aprendizagem podem implicar a formação de novas rotas e conexões neurais, assim como mudanças em circuitos existentes.

Estampagem

Outro tipo de comportamento aprendido é a **estampagem**, a imposição de um comportamento estável em um animal jovem, por exposição a estímulos específicos, durante um período crítico de seu desenvolvimento. Assim que um ganso ou um pato recém-nascido se torna forte o suficiente para andar, ele segue a mãe quando esta se afasta do ninho. Depois de seguir a mãe por algum tempo, ele não segue nenhum outro animal. Entretanto, se os ovos eclodirem em uma incubadora, ou se a mãe for separada dos ovos tão logo eclodam, os jovens gansos seguem o primeiro objeto grande que veem. À medida que crescem, preferem a "mãe" artificial a qualquer outra coisa, inclusive à mãe verdadeira. Diz-se que os jovens gansos foram estampados pela mãe artificial.

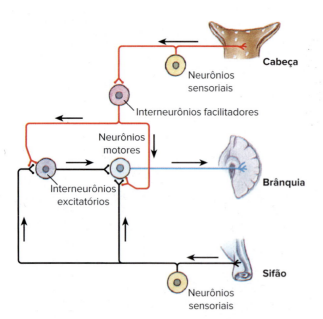
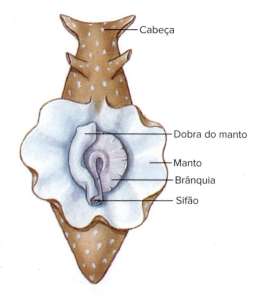

Figura 36.7 Circuito neural relacionado com a habituação e sensibilização do reflexo de retração das brânquias no lebre-do-mar, *Aplysia*. Veja o texto para explicação.

A estampagem já havia sido observada no século I D.C., quando o naturalista romano Plínio, o Velho, escreveu sobre "um ganso que seguia Lacydes como um cão fiel". Konrad Lorenz foi o primeiro a estudar a estampagem sistematicamente. Ao criar artificialmente gansos jovens, estes formaram um vínculo imediato e permanente com Lorenz e o seguiam, gingando ou nadando, aonde quer que Lorenz fosse. Não era mais possível induzi-los a seguir a própria mãe ou outro ser humano. Lorenz descobriu que o período de estampagem é restrito a um breve período sensível, no início da vida de um indivíduo, e que, uma vez estabelecido, o vínculo estampado geralmente persiste por toda a vida.

A estampagem mostra que o cérebro de um ganso (ou o cérebro de inúmeras outras aves e mamíferos, que têm comportamento parecido com estampagem) adota a experiência de estampagem. Em algumas espécies, a seleção natural favorece a evolução de um cérebro que estampa de tal modo que seguir a mãe e obedecer a seus comandos são importantes para a sobrevivência. O fato de um jovem ganso poder ser estampado por um pato mecânico de brinquedo ou por uma pessoa sob condições artificiais é um custo tolerável, porque raramente jovens gansos encontrarão esses estímulos em seus ambientes naturais. As desvantagens da simplicidade do sistema são sobrepujadas pelas vantagens de sua confiabilidade.

Um último exemplo completa nossa reflexão sobre aprendizagem. Aves canoras demostram sólidas diferenças sexuais em muitos comportamentos. Os machos de muitas espécies de aves têm cantos territoriais característicos, que identificam os cantores para outras aves e anunciam os direitos territoriais para outros machos da espécie. Como muitas outras aves canoras, o macho do tico-tico-de-coroa-branca, *Zonotrichia leucophrys*, deve aprender o canto de sua espécie ouvindo o canto de seu pai. Se um tico-tico for criado em laboratório, sob isolamento acústico, ele desenvolve um canto anormal (Figura 36.8); se uma ave isolada ouvir gravações de cantos normais desses tico-ticos durante um período crítico de 10 a 50 dias após a sua eclosão, ela aprenderá o canto normalmente. Ela até copiará o dialeto local que ouvir.

As características do canto não são determinadas somente pela aprendizagem. Se, durante o período crítico de aprendizagem, um macho isolado de *Zonotrichia leucophrys* ouvir uma gravação de outra espécie de tico-tico, mesmo de uma bastante relacionada, ele não aprende o canto. Ele só aprende o canto adequado à sua própria espécie. Portanto, embora o canto deva ser aprendido, o cérebro é compelido a reconhecer e a aprender somente as vocalizações produzidas por machos de sua espécie. O aprendizado de um canto errado poderia resultar em caos comportamental, e a seleção natural favorece um sistema que elimina esses erros. A navegação de aves migratórias sazonais (Seção 27.4) ilustra outro exemplo de interações complexas entre fatores aprendidos e inatos.

36.3 COMPORTAMENTO SOCIAL

Quando pensamos em animais "sociais", tendemos a pensar nas colônias extremamente estruturadas de abelhas melíferas (*Apis mellifera*), em manadas de antílopes pastando nas planícies africanas (Figura 36.9), em cardumes de arenques ou em bandos de estorninhos. O comportamento social de animais *da mesma espécie* e que vivem juntos não se limita, de forma alguma, a esses exemplos óbvios. Um comportamento social é qualquer interação que resulte da resposta de um animal a outro da mesma espécie. Mesmo um par de machos rivais, lutando pela posse de uma fêmea, está exibindo uma interação social.

As agregações sociais representam somente um tipo de comportamento social e, na verdade, nem todas as agregações de animais são sociais. As nuvens de mariposas atraídas por uma luz à noite, cracas atraídas por um objeto flutuante ou trutas reunidas no fundo mais frio de uma correnteza constituem agrupamentos de animais que estão respondendo a sinais ambientais. As agregações sociais dependem de sinais dos próprios animais, que os fazem permanecer juntos e influenciar uns aos outros.

Nem todos os animais que exibem socialidade são sociais no mesmo grau. Embora todas as espécies que se reproduzam sexualmente devam cooperar, pelo menos o suficiente para completar a fertilização, alguns animais limitam sua socialidade adulta ao acasalamento. Alternativamente, cisnes, gansos, albatrozes e castores, para citar somente alguns, formam fortes vínculos monógamos, que perduram por toda a vida. Geralmente, os vínculos sociais mais persistentes formam-se entre mães e seus filhotes e, para aves e mamíferos, esses vínculos em geral terminam com o aparecer das penas ou com o desmame.

Consequências seletivas da socialidade

O etólogo Tim Clutton-Brock diferencia o **comportamento coordenado socialmente**, em que um indivíduo adequa suas ações na presença de outros para melhorar seu próprio sucesso reprodutivo

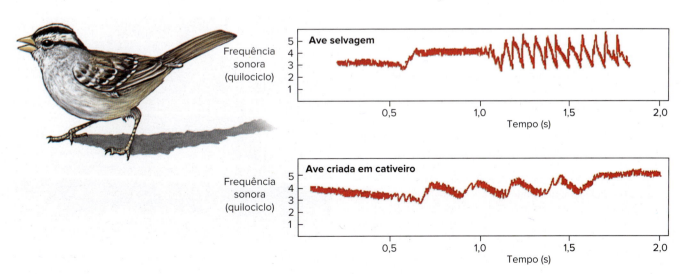

Figura 36.8 Espectrogramas sonoros de cantos do tico-tico-de-coroa-branca *Zonotrichia leucophrys*. *Acima*, cantos naturais de aves selvagens; *abaixo*, canto anormal de ave isolada.

Figura 36.9 Manada mista de topi e zebra-comum pastando em uma savana da África tropical.

diretamente do **comportamento cooperativo**, em que um indivíduo executa atividades que beneficiam outros porque tal comportamento acabará por beneficiar as contribuições genéticas desse indivíduo para futuras gerações. A primeira categoria inclui comportamentos competitivos e agonísticos, territorialidade e formação de vários sistemas de acasalamento. A última categoria inclui comportamentos de reprodução e coleta cooperativa e, principalmente, comportamentos que possam beneficiar os parentes próximos do indivíduo ou que fazem com que os outros retribuam com um comportamento benéfico. Se a presença de um indivíduo em um grupo beneficiar a sua sobrevivência e o seu sucesso reprodutivo, a seleção deverá favorecer a evolução de estratégias cooperativas.

As agregações sociais são benéficas para a defesa, passiva ou ativa, contra predadores. Os bois almiscarados formam um círculo de defesa passivo, quando são ameaçados por uma alcateia, ficando muito menos vulneráveis do que um indivíduo que enfrenta os lobos sozinho.

Como exemplo de defesa ativa, uma colônia de gaivotas-de-cabeça-preta, *Chroicocephalus ridibundus*, em época de acasalamento, alertada pelos gritos de alarme de algumas delas, ataca os predadores *em massa*; esse ataque coletivo desencoraja de maneira mais eficiente um predador do que os ataques individuais. Embora divididos em unidades sociais denominadas colônias, os membros de uma cidade de cães-da-pradaria, *Cynomys ludovicianus* (ver Figura 28.16), cooperam quando um perigo os ameaça, avisando-se mutuamente com um "latido" especial. Assim, cada indivíduo em uma organização social beneficia-se dos olhos, ouvidos e narinas de todos os outros membros do grupo. Testes experimentais que utilizaram uma ampla variedade de predadores e de presas apoiam a noção de que quanto maior o grupo, menor a probabilidade de um indivíduo dentro do grupo ser comido.

A socialidade oferece vários benefícios potenciais para a reprodução. Ela facilita encontros entre machos e fêmeas, o que é uma atividade que pode consumir muito tempo e energia para animais solitários. A socialidade também sincroniza o comportamento reprodutivo por meio da estimulação mútua dos indivíduos. Além disso, o cuidado parental que animais sociais fornecem aos filhotes aumenta a sobrevivência da cria (Figura 36.10). A vida social fornece aos indivíduos oportunidade de ajudar e compartilhar alimento com filhotes que não sejam os seus. Essas interações dentro de uma rede social produziram alguns comportamentos cooperativos complicados entre os pais, seus filhotes e seus parentes.

Das muitas outras vantagens da socialidade observadas pelos etólogos, mencionamos somente algumas nessa breve introdução: cooperação na caça; aconchego para proteção mútua durante condições climáticas graves; oportunidades para divisão de trabalho, que é particularmente bem desenvolvida nos insetos sociais; e o potencial para aprendizagem e transmissão de informação útil em uma sociedade.

No Japão, observadores de uma colônia seminatural de macacos do gênero *Macaca* narraram um exemplo interessante de aquisição e transmissão de tradição em uma sociedade. Em um alimentador na praia, colocaram batatas-doces e trigo para os macacos de uma colônia que vivia em uma ilha. Um dia, observaram uma jovem fêmea, chamada Imo, lavando a areia de uma batata-doce na água do mar. O comportamento foi rapidamente imitado pelos companheiros da mesma idade de Imo e, depois, pela mãe. Mesmo mais tarde, quando as jovens do grupo se tornaram mães, elas entravam no mar para lavar suas batatas; sua cria as imitava sem hesitação. A tradição tornou-se firmemente estabelecida na tropa (Figura 36.11).

Alguns anos mais tarde, quando Imo já era adulta, descobriu que podia separar o trigo da areia, jogando um punhado de trigo com areia na água; ao deixar a areia afundar, ela podia apanhar os grãos flutuantes para comer. Novamente, em poucos anos, a peneiração do trigo tornou-se uma tradição no grupo.

Os companheiros da mesma idade de Imo e os indivíduos socialmente inferiores copiaram suas inovações mais prontamente. Os machos adultos, superiores de Imo na hierarquia social, não adotaram a prática, continuando a tirar laboriosamente grãos úmidos de areia de suas batatas-doces e a explorar a praia atrás de grãos de trigo soltos.

A aquisição das habilidades de limpeza de alimento por Imo e seus companheiros mostrou que um ambiente social fornece

Figura 36.10 Um filhote de babuíno-amarelo (*Papio cynocephalus*) monta como um jóquei em sua mãe. Mais tarde, à medida que o filhote vai sendo desmamado, o vínculo entre a mãe e o filhote enfraquece e ela se recusa a carregá-lo.

Figura 36.11 Macaco-japonês lavando batata-doce. A tradição começou quando uma jovem fêmea chamada Imo começou a lavar a areia das batatas antes de comê-las. Os membros mais jovens do grupo aprenderam rapidamente o comportamento.

oportunidades de aquisição e partilha de comportamentos aprendidos complexos que transcendem a simples estampagem e habituação. Os comportamentos de limpeza de alimento de Imo revelam uma resposta condicionada, o aprendizado de certos métodos que conduzem repetidamente ao resultado esperado, somado ao raciocínio e perspicácia para avaliar quais os métodos úteis para a limpeza de vários itens alimentares.

A vida social também tem algumas desvantagens, se comparada com a existência solitária. As espécies que sobrevivem a predadores potenciais, por meio da camuflagem, ganham por serem dispersas. Os grandes predadores beneficiam-se de uma existência solitária por uma razão diferente: sua necessidade de um grande suprimento de presa. Assim, não existe uma vantagem adaptativa dominante para a socialidade que inevitavelmente desfavoreça o modo de vida solitário. As vantagens e desvantagens dependem da situação ecológica.

Comportamento agonístico ou competitivo

Os animais podem competir por alimento, água, parceiros sexuais ou abrigo, quando esses recursos são limitados e, portanto, valem uma luta. Muito do que os animais fazem para resolver a competição é chamado de **agressão**, que podemos definir como uma ação física ofensiva, ou ameaça, para forçar outros a abandonar alguma coisa que possuam ou poderiam conseguir. Muitos etólogos consideram a agressão como parte de uma interação um pouco mais abrangente, chamada de comportamento **agonístico** (do grego luta), que se refere a qualquer atividade relacionada com a luta, seja ela agressão, defesa, submissão ou fuga.

A maior parte dos encontros agressivos é desprovida da violência que geralmente associamos à luta. Muitas espécies têm armas especializadas, como dentes, bicos, garras ou chifres afiados, usadas para se proteger ou predar outras espécies. Embora sejam potencialmente perigosas, essas armas raramente são usadas de modo a infligir danos graves a membros *de sua própria espécie*.

A agressão animal intraespecífica raramente resulta em dano ou morte, porque os animais evoluíram muitas **exibições de ameaça ritualizadas** simbólicas, que carregam significados mutuamente compreensíveis para estabelecer uma hierarquia de dominância na população. Uma exibição ritualizada é um comportamento que foi modificado pela evolução, para se tornar cada vez mais efetivo como função comunicativa. Por meio da **ritualização**, movimentos ou características simples tornam-se mais intensos, conspícuos ou precisos, e adquirem uma função como sinal que reduz os equívocos. As lutas por parceiros, alimento ou território transformam-se em torneios ritualizados, em vez de infindáveis batalhas sangrentas. Quando caranguejos do gênero *Uca* (ver Figura 20.25 C) disputam um território reprodutivo nas porções de areia na região entremarés, suas grandes pinças ficam apenas ligeiramente abertas. Mesmo durante lutas intensas, quando as pinças são usadas, os caranguejos agarram-se de modo a evitar um dano recíproco. Ao competir por uma fêmea, machos de mambas negras, *Dendroaspis polylepis*, empregam ataques estilizados enroscando-se uns nos outros; cada um tenta cabecear o outro, até que uma das cobras se cansa e foge. Os rivais não se mordem. Os machos de muitas espécies de peixes disputam limites territoriais exibindo o flanco, inflando-se para se tornarem o mais ameaçadores possível. O conflito geralmente acaba quando um dos animais percebe sua inferioridade óbvia na hierarquia social e se retira. As girafas rivais travam disputas altamente simbólicas, nas quais dois machos ficam de lado enroscando e desenroscando seus pescoços. Nenhum deles usa seus cascos potencialmente letais no outro e ninguém sai machucado.

Assim, os animais lutam como se fossem programados por regras que evitam danos sérios. As lutas entre carneiros das montanhas rivais são espetaculares para se assistir, e o som dos cornos se chocando pode ser ouvido a centenas de metros, mas o crânio é tão bem protegido pelos cornos compactos, que só acidentalmente ocorre algum dano. Entretanto, apesar dessas restrições, ocasionalmente os combates agressivos podem se transformar em lutas verdadeiras até a morte do rival. Quando machos de elefantes africanos, *Loxodonta africana*, não conseguem resolver conflitos de dominância com posturas rituais e sem usar força, podem recorrer a batalhas incrivelmente violentas, em que cada um tenta afundar suas presas nas partes mais vulneráveis do corpo do oponente.

Entretanto, mais comumente, o perdedor de um combate ritualizado pode simplesmente fugir ou sinalizar a derrota por meio de um ritual de subordinação especializado. Um provável perdedor ganha ao comunicar sua submissão o mais rapidamente possível, evitando assim uma surra. Essas exibições de submissão que sinalizam o fim de uma luta podem ser quase que o oposto das exibições de ameaça (Figura 36.12). Em seu livro *A expressão das emoções no homem e nos animais*, de 1872, Charles Darwin descreveu a natureza aparentemente oposta das exibições de ameaça e de apaziguamento como o "princípio da antítese". Até hoje, o princípio é aceito pelos etólogos.

O vencedor de uma competição agressiva é dominante em relação ao perdedor, o subordinado. Para o vitorioso, a dominância significa maior acesso a todos os recursos disputados, que contribuem para o sucesso reprodutivo: alimento, cópulas e território. Em uma espécie social, as interações de dominância frequentemente formam uma **hierarquia de dominância**. Um animal no topo da hierarquia vence os combates com todos os outros membros do grupo social; o segundo na hierarquia vence todos, menos o indivíduo do topo da hierarquia.

Essa hierarquia simples e ordenada, mediada por bicadas, foi observada pela primeira vez em galinhas, *Gallus gallus*, por Schjelderup-Ebbe, que a denominou hierarquia da "ordem das bicadas". Galinhas normalmente vivem em bandos, e os

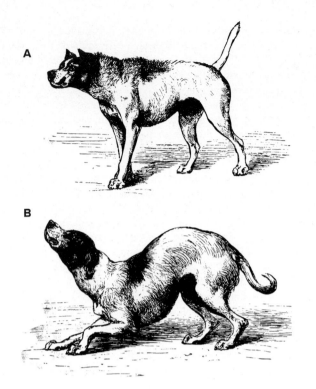

Figura 36.12 O princípio da antítese de Darwin exemplificado pelas posturas dos cães. **A.** Um cão se aproxima do outro com intenções hostis, agressivas. **B.** O mesmo cão em postura humilde e conciliatória. Os sinais de exibição agressiva foram revertidos.
Fonte: C. Darwin, *Expression of the Emotions in Man and Animals*, Apesento and Co., Newyork, 1872.

filhotes se bicam agressivamente quando competem por acesso a comida ou água. As galinhas aprendem sua força relativa dentro do bando, e a bicada de um indivíduo mais forte faz com que um mais fraco entregue um recurso sendo disputado. Galinhas no alto da hierarquia da "ordem de bicadas" expulsam galinhas mais fracas de um local de nidificação preferido. O galo superior na hierarquia domina o chamado e a reprodução. As melhores galinhas e galos têm acesso inquestionável a comida e água. O sistema funciona porque reduz as tensões sociais que surgiriam com frequência se os animais tivessem que lutar constantemente pelos recursos.

Nem todas as hierarquias de dominância têm indivíduos claramente dominantes e claramente subordinados. Em algumas hierarquias, os animais dominantes são frequentemente desafiados por subordinados. Em qualquer ordem social, os subordinados podem nunca se reproduzir e, em épocas de escassez de alimento, frequentemente são os primeiros a morrer.

Territorialidade

A posse de um território é outra faceta da socialidade em populações animais. Um território é uma área fixa cujos ocupantes excluem intrusos *da mesma espécie* e às vezes indivíduos de outras espécies. Essa exclusão implica na defesa da área contra intrusos e em se fazer notado nela. A defesa territorial ocorre em inúmeros animais: insetos, crustáceos, peixes, anfíbios, lagartos, aves e mamíferos, incluindo seres humanos. Algumas vezes, o espaço defendido move-se com o indivíduo. A distância individual, por exemplo, pode ser observada no espaçamento entre andorinhas ou pombos em um fio elétrico, gaivotas na praia ou pessoas em uma fila de ônibus.

Geralmente, a territorialidade é uma alternativa ao comportamento de dominância, embora ambos os sistemas possam operar na mesma espécie. Um sistema territorial pode funcionar bem quando a população é pequena, mas pode falhar com o aumento da densidade populacional e ser substituído por hierarquias de dominância, quando todos os animais ocupam um espaço comum.

Como qualquer outra tentativa competitiva, a territorialidade tem custos e vantagens. É benéfica quando assegura acesso a recursos limitados, *a não ser* que os limites territoriais não possam ser mantidos com pouco esforço. Os supostos benefícios de um território são inúmeros: acesso incontestado à área de forrageamento; aumento da atratividade para as fêmeas, reduzindo assim os problemas de formação de pares, acasalamento e criação dos filhotes; redução da transmissão de doenças; redução da vulnerabilidade a predadores. As vantagens de possuir um território começam a diminuir se o indivíduo tiver que passar a maior parte do tempo em disputas acerca das fronteiras do território com os vizinhos e outros intrusos.

A maior parte do tempo e da energia necessários para a territorialidade é despendida no início do estabelecimento do território. Uma vez determinadas, as fronteiras tendem a ser respeitadas e o comportamento agressivo diminui à medida que os vizinhos territoriais começam a se reconhecer. Na verdade, os vizinhos podem parecer tão pacíficos, que um observador que não estava presente quando os territórios foram estabelecidos pode concluir erroneamente que os animais não são territoriais. Nos leões-marinhos de Galápagos, *Zalophus wollebaeki*, os machos dominantes com muitas fêmeas raramente brigam com seus vizinhos, que possuem seus próprios territórios para defender. Entretanto, eles devem permanecer constantemente vigilantes contra machos solteiros que desafiam seus privilégios de acasalamento, e um deles por fim o acabará substituindo, normalmente em uns poucos meses.

As aves são conspicuamente territoriais. Por exemplo, um pardal macho *Melospiza melodia* tem um território de aproximadamente 0,30 ha. Em uma dada área, o número de pardais permanece aproximadamente o mesmo todo ano. A população permanece estável porque os jovens ocupam os territórios dos adultos que morrem. Qualquer excedente na população de pardais é excluído dos territórios e, portanto, incapaz de se acasalar.

As aves marinhas, como gaivotas, atobás e albatrozes, ocupam colônias divididas em territórios muito pequenos, apenas grandes o suficiente para a nidificação (Figura 36.13). Os territórios dessas aves não podem incluir seus locais de pesca, pois todas forrageiam no mar, onde o alimento está sempre mudando de lugar e é compartilhado por todas.

O comportamento territorial não é tão proeminente nos mamíferos como nas aves. Os mamíferos são menos móveis do que aves, tornando mais difícil para eles patrulhar um território contra intrusos. Em vez disso, muitos mamíferos têm **áreas de vida**. Uma área de vida é a área total que um indivíduo percorre durante suas atividades. Não é uma reserva exclusiva e defendida, mas se sobrepõe às áreas de vida de outros indivíduos da mesma espécie.

Por exemplo, as áreas de vida de tropas de babuínos se sobrepõem extensivamente, embora uma pequena parte de cada área torne-se o território reconhecido para uso exclusivo de cada tropa. As áreas de vida podem mudar consideravelmente de acordo com as estações do ano. Uma tropa de babuíno pode ter que se mudar para uma nova área durante a estação seca, para obter água e melhores pastagens. Antes de os seres humanos restringirem seus movimentos, os elefantes realizavam grandes migrações sazonais pela savana africana, em busca de novas áreas de alimentação. Entretanto, em cada estação, as áreas de vida estabelecidas são notavelmente consistentes em tamanho.

Figura 36.13 Colônia de nidificação de atobás do norte, *Morus bassanus*. Note o espaçamento preciso dos ninhos, com cada ocupante a uma distância de um pouco mais de uma bicada de seus vizinhos.

Sistemas de acasalamento

Os animais apresentam sistemas de acasalamento diversos. Geralmente, os ecólogos comportamentais classificam os sistemas de acasalamento, de acordo com os modos de associação entre machos e fêmeas durante o acasalamento. A **monogamia** é uma associação entre um macho e uma fêmea por vez. A **poligamia** é um termo geral, que incorpora todos os sistemas de acasalamento múltiplos, em que fêmeas e machos podem ter mais de um parceiro. A **poliginia** refere-se a um macho que se acasala com mais de uma fêmea. Existem tipos específicos de poliginia. A **poliginia de defesa de recurso** ocorre quando machos obtêm indiretamente acesso a fêmeas por possuírem recursos essenciais. Por exemplo, as fêmeas de rãs-touro americanas, *Lithobates catesbeianus* (ver Figura 25.8), preferem se acasalar com machos maiores e mais velhos. Esses machos defendem territórios de qualidade superior aos defendidos por machos menores, porque seus territórios têm temperaturas favoráveis ou porque não têm sanguessugas. A **poliginia de defesa das fêmeas** ocorre quando elas se agregam e, consequentemente, são defensáveis. Assim, quando fêmeas de elefantes-marinhos residem em uma ilha pequena, os machos dominantes podem defendê-las e se acasalar com elas com relativa facilidade. Essa situação era anteriormente conhecida como um "harém". A **poliginia de dominância dos machos** ocorre quando as fêmeas selecionam os parceiros nas agregações em que os machos competem por uma oportunidade de acasalamento. Por exemplo, alguns animais estabelecem **arenas**. Uma arena é um local de exibição compartilhado, onde machos se congregam para atrair e cortejar fêmeas. As fêmeas escolhem e se acasalam com o macho que tem as qualidades mais atrativas. As arenas são características para algumas aves, incluindo o galo-das-pradarias-grande e o tetraz-das-artemísias. Nesses sistemas, a seleção sexual é frequentemente intensa, resultando na evolução de rituais de corte bizarros e características morfológicas exageradas.

A **poliandria** é um sistema no qual uma fêmea se acasala com mais de um macho. No gavião-das-Galápagos, *Buteo galapagoensis*, todos os machos dentro do território de uma fêmea acasalam-se igualmente com ela e cooperam em fornecer cuidados parentais para a prole coletiva, fornecendo comida, e defendê-los de qualquer mal. O número de machos por grupo normalmente varia de 2 a 8 indivíduos.

Comportamento cooperativo, altruísmo e seleção de parentesco

Se, como Darwin sugeriu, os animais devem se comportar de maneira egoísta e esforçar-se para produzir o maior número de filhotes possível, por que alguns animais se arriscam a ajudar outros? Como observado anteriormente, as vantagens gerais de um contexto de grupo podem explicar a seleção do comportamento cooperativo; entretanto, algumas formas de comportamento cooperativo são tão extremas que necessitariam de explicações adicionais. Por que alguns indivíduos deixam de se acasalar em favor do sucesso reprodutivo de outros? Por que alguns indivíduos parecem se sacrificar para que outros membros do seu grupo possam sobreviver? Até meados da década de 1960, os cientistas tinham dificuldade em explicar, em termos darwinianos, como esse **comportamento altruístico** poderia persistir em uma população.

A maioria dos comportamentos altruísticos era explicada pelo uso do argumento da **seleção de grupo**. Os defensores da seleção de grupo argumentavam que os animais que ajudavam outros, ou que fracassavam em se acasalar, o faziam para beneficiar o grupo como um todo. Portanto, esses comportamentos produziam um aumento da sobrevivência dos grupos cujos membros se comportavam altruisticamente. De acordo com os proponentes desse argumento, a seleção ocorre no nível do grupo, e não no nível do indivíduo como Darwin sugeriu. Entretanto, por uma série de razões, o argumento da seleção de grupo, como proposto originalmente por V. C. Wynne-Edwards em 1962, foi rejeitado pela maior parte dos ecólogos comportamentais.

Por exemplo, se alelos associados a um comportamento altruísta arriscado, como gritar para avisar outros sobre predadores, fossem distribuídos ao acaso em um grupo social, aqueles que não apresentassem esses genes prosperariam. Eles seriam avisados sem correr nenhum risco; suas chances de reprodução seriam maiores e, com o tempo, os alelos "egoístas" eliminariam os altruístas do *pool* gênico do grupo.

Em 1964, W. D. Hamilton, baseando-se principalmente em seus estudos sobre insetos, propôs uma maneira nova de explicar o comportamento altruísta ao modificar o conceito de Ronald Fischer sobre aptidão de um alelo. Na formulação original da teoria genética da seleção natural de Fisher, um alelo em particular tem alta aptidão se seus possuidores contribuírem em média com mais descendentes para a próxima geração do que indivíduos com alelos contrastantes no loco. O modelo de Fisher presume herança aditiva, na qual um indivíduo homozigoto para um alelo favorável terá mais descendentes em média do que um indivíduo homozigoto para um alelo diferente, e a aptidão de indivíduos heterozigotos seria a média dos genótipos homozigotos contrastantes. A seleção aumentaria a frequência do alelo favorável no *pool* gênico com base nos efeitos diretos do alelo na aptidão de seus possuidores. Hamilton argumentou que um alelo também pode ter efeitos indiretos que aumentariam sua frequência no *pool* gênico. Os efeitos indiretos ocorrem se o possuidor de um alelo atua para aumentar a aptidão de outros indivíduos que carregam o mesmo alelo. Um alelo que promove o comportamento social direcionado preferencialmente para o bem-estar de parentes próximos poderia aumentar sua frequência no *pool* gênico por meio de efeitos indiretos, porque parentes próximos provavelmente têm o mesmo alelo. Comportamentos parentais que beneficiam a sobrevivência da prole, conforme estudado em pássaros (ver Seção 27.5), são um exemplo óbvio. Assim, se todo o resto for igual, irmãos que em média compartilham 50% dos seus alelos estariam mais predispostos a se ajudarem do que a ajudar um primo que possui em média somente 25% de seus alelos. A hipótese de Hamilton, baseada nessa explicação genética para o altruísmo e a cooperação, é chamada de **seleção de parentesco**. Essencialmente, a seleção de parentesco opera por meio de indivíduos que ajudam a sobrevivência e a reprodução de outros indivíduos que têm os mesmos genes por descendência comum. Em um caso extremo, um indivíduo que morre em um ato que salva um grande número de irmãos pode favorecer a presença de seus alelos no *pool* gênico, apesar de ter se sacrificado. Nesse caso, os efeitos indiretos na aptidão de um alelo que promove tal comportamento superam seus efeitos diretos na aptidão.

A hipótese de Hamilton revolucionou a biologia evolutiva e comportamental. O principal critério da aptidão darwiniana em modelos genéticos de seleção natural é o número relativo de alelos de um indivíduo que são passados para as gerações futuras. Hamilton, entretanto, desenvolveu o conceito da **aptidão inclusiva**, que é o número relativo de alelos de um indivíduo que são passados para as gerações futuras como resultado do sucesso reprodutivo do próprio indivíduo *ou de indivíduos aparentados*. Assim, a seleção de parentesco e a aptidão inclusiva podem explicar inúmeros comportamentos altruístas que, por inúmeros anos, deixaram os biólogos perplexos.

Na natureza, um bom exemplo de altruísmo e seleção de parentesco é a cooperação e a coordenação extraordinárias entre os insetos eussociais, como formigas, abelhas e vespas. Por meio da haplodiploidia, na qual os machos são haploides e as fêmeas diploides, as irmãs apresentam em média 75% de grau de parentesco, em vez de 50% (Figura 36.14). As irmãs são mais aparentadas entre si do que com suas próprias filhas! Portanto, cooperam com os outros membros de seu grupo social, deixam de se reproduzir e ajudam a rainha a produzir mais irmãs, que são mais aparentadas (grau de parentesco de 75%) do que uma progênie em potencial (grau de parentesco de 50%). Essa explicação é desafiada pelas descobertas genéticas moleculares de que, em muitos insetos haplodiploides, as fêmeas reprodutivas têm diversos parceiros. As fêmeas não reprodutivas, que indiscriminadamente cuidam da cria de sua mãe, provavelmente não cuidarão somente de suas irmãs bilaterais (irmãs de pai e mãe). Seria necessário um parentesco médio superior a 50% entre operárias não reprodutivas e tal cria para que a seleção de parentesco explicasse de modo convincente a divisão reprodutiva de trabalho (frequentemente denominada **eussocialidade**) em Hymenoptera.

Os esquilos-terrestres-de-Belding, *Spermophilus beldingi*, encontrados na Serra Alta (*High Sierra*), na Califórnia, emitem chamados de alarme quando um predador se aproxima. Os chamados de alarme avisam outros membros do grupo social, mas são arriscados para o emissor do alarme. Entretanto, os benefícios da emissão de chamados de alarme sobrepujam os riscos, porque os emissores estão avisando indivíduos *aparentados*. Desse modo, mesmo sendo arriscado, o comportamento de alarme pode ser favorecido pela seleção, se aumentar a aptidão inclusiva de um emissor.

Por meio de vários estudos experimentais, sabemos agora que animais de várias espécies discriminam parentes e não parentes: isópodes, insetos, peixes, girinos, sapos, aves, esquilos e

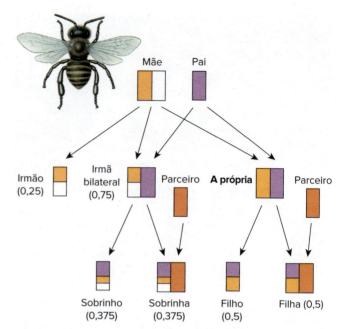

Figura 36.14 Haplodiploidia em abelhas, que mostra graus de parentesco de uma abelha operária (rotulada como **a própria**) com os indivíduos que ela pode criar. Nas abelhas, como em outros animais haplodiploides, as fêmeas diploides se desenvolvem a partir de ovos fertilizados e os machos a partir de ovos não fertilizados. Cada filha de um macho recebe todos os seus genes (barra roxa), e as irmãs bilaterais (filhas do mesmo pai e mãe) recebem uma metade idêntica de seu genoma do mesmo pai. Barras abertas representam outros alelos não relacionados. Como as irmãs bilaterais também compartilham metade dos genes que recebem de sua mãe em comum (barra laranja), o parentesco da **própria** com uma irmã bilateral é de 0,75, a média de 0,5 e 1,0. Em um sistema diploide-diploide como em seres humanos, o parentesco dos irmãos é 0,5 porque os genes herdados tanto do pai quanto da mãe têm 50% de chance de estarem presentes em um irmão. Observe que o parentesco das trabalhadoras com um irmão é de apenas 0,25, porque os irmãos não têm pai. Se a abelha-mãe acasalou com mais de um macho, a relação média de uma abelha-operária com as filhas imaturas de sua mãe variará entre 0,5 e 0,75.

macacos. Os indivíduos de algumas espécies podem até discriminar irmãos de meio-irmãos, bem como diferenciar primos de indivíduos não aparentados. Assim, algumas espécies têm uma capacidade precisamente ajustada para identificar parentes com vários graus de parentesco. Os sinais utilizados no reconhecimento de parentesco variam entre as espécies. As aves frequentemente utilizam vocalizações, enquanto outros grupos usam pistas químicas.

Pelo fato de o comportamento altruístico ocorrer entre indivíduos não relacionados em muitas populações naturais, a teoria de seleção de parentesco não explica todo comportamento altruísta. A teoria de **altruísmo recíproco**, formulada inicialmente por Robert Trivers, fornece um fundamento darwiniano adicional para explicar comportamentos altruístas entre indivíduos, inclusive daqueles que não são parentes próximos. De acordo com essa teoria, um indivíduo é selecionado para desempenhar atos altruístas se isso aumentar suas chances de receber favores iguais ou mais valiosos de outros. É mais provável que o altruísmo recíproco evolua em espécies que formem agrupamentos sociais estáveis, cujos membros são mutuamente interdependentes para defesa, nutrição ou reprodução, com oportunidades frequentes de interação altruísta.

> ### Tema-chave 36.1
> #### EVOLUÇÃO
>
> **Estratégia evolutiva estável (ESS)**
>
> Explicações da seleção de Darwin para o comportamento social têm sido investigadas extensivamente usando a teoria matemática dos jogos, modelos construídos inicialmente para avaliar as consequências econômicas da cooperação entre indivíduos nos negócios. Ecólogos comportamentais adaptaram esses modelos para determinar quais comportamentos podem ser qualificados como uma **estratégia evolutiva estável** ou **ESS**. Espera-se que uma ESS persista por longos períodos evolutivos porque prevalece na competição com estratégias alternativas que possam surgir. Um comportamento altruísta não seria uma ESS se estivesse sujeito a trapaceiros que pudessem obter preferencialmente comportamentos altruístas de outras animais não relacionados, sem dar em troca. Como o comportamento altruísta é difícil de se estudar na natureza, os resultados da teoria ESS ajudam a concentrar as investigações em populações e comportamentos que têm maior probabilidade de mostrar estabilidade evolutiva. As exibições ritualizadas de agressão animal são consideradas fortes exemplos de estratégias evolutivas estáveis porque evitam que os indivíduos intensifiquem os conflitos ao ponto de resultarem em ferimentos graves e, assim, aumentam a sobrevivência. A seleção deve favorecer exibições ritualizadas em vez de comportamentos alternativos que sujeitariam o indivíduo à violência. Um importante tópico de pesquisa é determinar quão verdadeiras são as exibições usadas por animais para evitar conflitos violentos ou para obter parceiros. A evolução de exibições que exageram enganosamente sua força real ou desejo de acasalamento seria uma estratégia evolutiva estável para os organismos?

> ### Tema-chave 36.2
> #### EVOLUÇÃO
>
> **Estudo filogenético do comportamento**
>
> Os estudos filogenéticos são importantes para testar hipóteses da evolução dos caracteres comportamentais e morfológicos de acasalamento por seleção sexual. Estudos filogenéticos e comportamentais de espécies de peixe-espada por Alexandra Basolo mostram que a preferência da fêmea pelo prolongamento da cauda do macho evoluiu antes da evolução de tal prolongamento no gênero *Xiphophorus*, consistente com a hipótese de que a formação inicial e o alongamento da cauda em machos ocorreram por meio de seleção sexual ditada pela preferência da fêmea. Outro importante estudo filogenético do comportamento de acasalamento revela a evolução das exibições masculinas em coortes de pássaros neotropicais da família Pipridae, que incluem os tangarás. Richard Prum identificou 44 caracteres comportamentais que foram usados para desenvolver exibições comportamentais específicas de espécies nessas aves, e ele reconstruiu a sequência histórica pela qual essas exibições evoluíram. Seus resultados mostram uma tendência evolutiva geral em direção ao aumento da complexidade das exibições e uma tendência para as mudanças comportamentais antecederem as mudanças na plumagem. Uma nova exibição comportamental que destaca uma área particular de plumagem faz com que aquela plumagem seja sujeita à seleção sexual para elaboração morfológica. Esses estudos revelam que a evolução comportamental pode ser um fator importante na determinação da ação da seleção sobre os caracteres morfológicos. Alguns evolucionistas propuseram que a evolução comportamental geralmente acelera a evolução morfológica e que uma mudança no comportamento é frequentemente um fator essencial que permite a evolução de novas zonas adaptativas.

Os estudos de Gerald Wilkinson a respeito de partilha de alimento pelos morcegos-vampiros mostram que os indivíduos retribuem o comportamento altruísta. Os morcegos-vampiros, *Desmodus rotundus*, agregam-se em áreas de descanso e, à noite, saem para obter sangue de grandes mamíferos, que são frequentemente difíceis de encontrar. Um morcego-vampiro que obtém sangue pode executar o comportamento altruísta de regurgitar sangue para outros membros famintos de seu grupo. Wilkinson utilizou experimentos de laboratório para mostrar que morcegos famintos não eram alimentados ao acaso, mas que eram mais provavelmente alimentados por aqueles aos quais eles previamente haviam proporcionado o mesmo serviço. Os resultados confirmam que os morcegos-vampiros reconhecem-se como indivíduos, lembram-se dos indivíduos que executaram comportamentos altruístas e retornam os favores. Apesar desses resultados encorajadores, o altruísmo recíproco é difícil de se estudar na natureza, porque geralmente requer observações a longo prazo de indivíduos marcados e pode ocorrer simultaneamente com a seleção de parentesco.

Comunicação animal

Somente por meio da comunicação um animal pode influenciar o comportamento de outro. Entretanto, comparada ao enorme potencial comunicativo da linguagem humana, a comunicação não humana é muitíssimo restrita. Os animais podem se comunicar por sons, odores, toque (incluindo sinais elétricos e térmicos), feromônios (percebidos pelas antenas em insetos e por órgãos vomeronasais em mamíferos) e movimento. Na verdade, qualquer canal sensorial, ou combinação de canais, pode ser usado, tornando a comunicação animal rica e variada.

Diferentemente de nossa linguagem, que é composta por palavras com significados definidos que podem ser rearranjadas para gerar um conjunto quase infinito de novos significados e imagens, a comunicação dos outros animais consiste em um repertório limitado de sinais. Normalmente, cada sinal transmite uma única mensagem. Essas mensagens não podem ser divididas nem rearranjadas para construir *novos tipos* de informação. Entretanto, uma única mensagem de um emissor pode conter vários segmentos de informação relevante para um receptor.

O canto de um grilo comunica para uma fêmea não fertilizada a espécie do emissor (machos de espécies diferentes exibem cantos diferentes), seu sexo (somente os machos cantam), sua localização (fonte do canto) e condição ou *status* social (somente um macho capaz de defender a área ao redor de sua toca é que canta). Essa informação é crucial para a fêmea e cumpre uma função biológica. Entretanto, não existe maneira de um macho alterar seu canto para fornecer informação adicional, acerca de alimento, predadores ou hábitat, que poderia melhorar as chances de sobrevivência de seu parceiro e, assim, aumentar sua própria aptidão.

Atração sexual química em mariposas

A atração entre parceiros na mariposa do bicho-da-seda ilustra um caso extremo de comunicação de uma única mensagem estereotipada, que evoluiu para servir a uma função biológica: acasalamento. As mariposas fêmeas virgens do bicho-da-seda têm glândulas especiais que produzem um atrativo sexual químico ao qual os machos são sensíveis. Os machos adultos usam suas grandes antenas densamente ramificadas, cobertas por milhares de cerdas sensoriais, que funcionam como receptores (Figura 36.15) para detectar o atrativo químico **bombicol** (um álcool complexo, assim denominado por causa do bicho-da-seda, *Bombyx mori*).

Para atrair os machos, as fêmeas sentam-se quietas e emitem uma quantidade diminuta de bombicol, que é levada pelo vento. Quando algumas poucas moléculas alcançam as antenas do macho, ele é estimulado a voar contra o vento à procura da fêmea.

No início, a sua procura é aleatória, mas, quando por acaso ele se aproxima algumas poucas centenas de metros da fêmea, ele se defronta com um gradiente de concentração do feromônio. Guiado pelo gradiente, ele voa em direção à fêmea, encontra-a e copula.

Nesse exemplo de comunicação química, o feromônio atrativo bombicol (ver Seção 33.4) serve como um sinal para juntar os sexos. Sua efetividade é assegurada porque a seleção natural favorece a evolução de machos com receptores de antena sensíveis o suficiente para detectar o feromônio a grandes distâncias (vários quilômetros). Os machos com um genótipo que produza um sistema sensorial menos sensível falham na localização da fêmea, e assim são reprodutivamente eliminados da população.

Linguagem das abelhas melíferas

Um dos mais sofisticados e complexos sistemas de comunicação não humanos é a linguagem simbólica das abelhas. Colônias de abelhas constroem uma colmeia, que é uma superfície vertical de células hexagonais de cera contendo larvas e estoques de mel e pólen trazidos para a colmeia por fêmeas trabalhadoras. Se o néctar e o pólen forem abundantes no entorno da colmeia, as trabalhadoras não precisam comunicar às outras a localização do alimento que encontram. Quando o alimento é escasso, uma forrageira trazendo néctar ou pólen para a colmeia direciona outras para o recurso alimentar por meio de padrões de marcha ritualizados que são executados na superfície da colmeia, entre as outras trabalhadoras.

Se o alimento estiver próximo à colmeia (menos que 50 m), a abelha forrageadora emprega uma dança chamada de **dança circular**. A forrageadora simplesmente realiza um círculo completo no sentido horário, gira e completa outro círculo no sentido anti-horário, uma apresentação que é repetida muitas vezes. A dança circular sinaliza a outras operárias para voar da colmeia, procurando por néctar e pólen em áreas próximas. Se o recurso alimentar estiver mais longe, a forrageadora usa um conjunto mais complexo de movimentos de marcha chamado de **dança do requebrado** (Figura 36.16). A dança do requebrado fornece

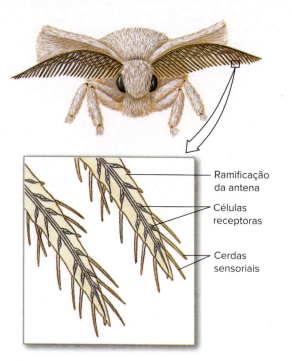

Figura 36.15 Grandes antenas de uma mariposa macho do bicho-da-seda, *Bombyx mori*; elas são especialmente sensíveis ao feromônio (atrativo sexual) liberado pela mariposa fêmea.

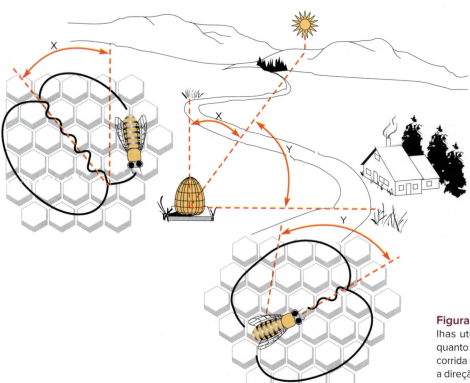

Figura 36.16 A dança do requebrado das abelhas utilizada para comunicar tanto a direção quanto a distância de uma fonte de alimento. A corrida retilínea durante a dança do balanço indica a direção onde o alimento se encontra de acordo com a posição do Sol (ângulos X e Y).

informações de distância e direção para guiar outras operárias em direção ao alimento. A dança do requebrado é realizada em um padrão que se parece com a figura do oito, e é constituída por três partes a cada ciclo: (1) um círculo com um diâmetro de cerca de 3 vezes o comprimento da abelha; (2) uma corrida retilínea, em que a operária balança o abdome de um lado para outro e emite um som de baixa frequência, em pulsos; e (3) outro círculo, na direção oposta ao primeiro. Essa dança é repetida muitas vezes. A corrida retilínea com o balanço do abdome (parte 2 do ciclo) comunica a direção da fonte de alimento usando o Sol como ponto de referência. Danças do requebrado, portanto, exigem tempo claro. Se o alimento está na direção do Sol, a forrageadora fará a corrida em direção à parte de cima da colmeia sobre a superfície vertical do favo. Se o alimento estiver localizado a 60° à direita do Sol, ela irá desempenhar a corrida a 60° à direita da vertical. Vemos, então, que a dança do requebrado aponta para o mesmo ângulo, em relação à vertical, que o alimento forma em relação ao Sol.

A dança do requebrado informa a distância do alimento de acordo com a variação de seu ritmo. Se o alimento estiver a cerca de 100 m, o ciclo de dança em que a figura do oito é formada dura cerca de 1,25 s; se estiver a 1.000 m, dura cerca de 3 s; e, se estiver a cerca de 8 km, dura 8 s.

Tema-chave 36.3
CIÊNCIA EXPLICADA

Hipóteses da comunicação em abelhas

Os estudos da comunicação de forrageamento em abelhas fornecem um excelente exemplo de como controvérsias impulsionam as descobertas científicas. A informação precisa comunicada por meio das danças das abelhas sobre a localização das fontes de alimento foi descoberta em 1943 por Karl von Frisch. Essa descoberta foi fortemente contestada no início de 1967 por Adrian Wenner e Patrick Wells, cujos experimentos indicaram que a dança de uma abelha não era necessária para comunicar a posição das fontes de alimento, e que os odores poderiam explicar melhor as comunicações de forrageamento de uma abelha. O conflito resultante estimulou muitos pesquisadores a planejar novos experimentos para testar essas hipóteses, em última análise, revelando que cada lado da controvérsia original havia revelado uma estratégia diferente entre um grande repertório de mecanismos de comunicação que as abelhas usam em diferentes contextos ambientais. Entre os experimentos que demonstram que as abelhas comunicam informações precisas por meio de danças, há aqueles em que uma abelha robô com asas de metal vibrantes foi utilizada durante a dança do balanço e seus sons associados. Quando operado em uma colmeia, o robô dirigido por computador recrutou com sucesso abelhas assistentes para visitar pratos pré-selecionados de alimento fora da colmeia que não haviam sido visitados anteriormente. Esse trabalho mostrou que os sons associados à dança são tão importantes quanto a sua aparência visual. A dança é usada, entretanto, principalmente quando o alimento perto da colmeia é limitado e as fontes de alimento distantes são efêmeras; quando uma fonte percebida de alimento está pronta e continuamente disponível nas proximidades, as abelhas se comunicam principalmente usando os sinais de odor relatados por Wenner e Wells. Uma mensagem importante do trabalho de James e Carol Gould sobre as abelhas é que elas usam vários sistemas sensoriais para navegar e que um sistema primário tem *backups*, caso falhe. A descoberta de toda essa gama de mecanismos de comunicação sensorial e das circunstâncias que levam ao uso de cada um por uma abelha deve muito à controvérsia gerada pelas descobertas aparentemente conflitantes, mas em última instância consolidadas, de von Frisch, Wenner e Wells.

Comunicação por exibições

Uma exibição ou *display* é um tipo de comportamento, ou série de comportamentos, que serve para comunicação. A liberação do feromônio sexual pela fêmea de mariposa e as danças das abelhas, descritas acima, são exemplos de exibições; também o são os chamados de alarme das gaivotas-prateadas, os cantos do tico-tico-de-coroa-branca, as danças de corte do tetraz-cauda-de-faisão e os "sinais em forma de olhos" nas asas posteriores de certas mariposas, usados para assustar predadores potenciais.

As exibições de acasalamento elaboradas de atobás-de-pés-azuis, *Sula nebouxii* (Figura 36.17), são executadas com intensidade máxima quando as aves se reúnem novamente, após um período de separação. O macho, à direita na figura, aponta para o céu: a cabeça e o rabo apontam para o céu e as asas estão giradas de modo a exibir suas superfícies superiores lustrosas para a fêmea. A exibição é acompanhada por um assobio alto. A fêmea, à esquerda, está marchando. Ela pisa exagerada e vagarosamente e levanta cada pé azul brilhante, como se o estivesse segurando no ar, para que o macho o admire. Para um observador, essas exibições muito personalizadas e executadas com curiosa solenidade parecem cômicas ou mesmo fúteis. Na verdade, os atobás-de-pés-azuis, cujo nome é derivado da palavra espanhola "bobo", que significa palhaço, foram chamados em inglês de *boobies*, provavelmente por causa de seu comportamento engraçado.

A natureza exagerada dos *displays* assegura que a mensagem não seja perdida nem mal interpretada. Essas exibições são essenciais para estabelecer e sustentar um vínculo forte entre o macho e a fêmea. Tal necessidade também explica a natureza repetitiva das exibições, que se sucedem ao longo do processo de corte até a postura dos ovos. Os *displays* repetitivos mantêm um estado de estimulação mútua entre macho e fêmea, assegurando a cooperação necessária para a cópula e a subsequente incubação e o cuidado com os filhotes.

Cognição animal

Um dos assuntos mais fascinantes do comportamento animal é a inteligência e a consciência. A cognição animal é um termo geral para a função mental, que inclui percepção, pensamento e memória. Muitos biólogos acreditam que alguns processos mentais dos animais sejam similares àqueles dos seres humanos. Os estudos sobre cognição animal, com primatas não humanos e papagaios cinzentos africanos, produziram resultados fascinantes.

No fim dos anos de 1960, Beatrix e Allen Gardner, da Universidade de Nevada no Reno, começaram a usar a Linguagem Americana de Sinais (LAS) para treinar uma chimpanzé, chamada Washoe, para se comunicar com as mãos, do mesmo modo que pessoas surdas. Com 5 anos, Washoe podia sinalizar 132 palavras, que ela conseguia colocar em sucessão, formando sentenças e frases. Ela podia responder a perguntas, fazer sugestões e exprimir seu humor. Em uma sessão, quando perguntaram o que era um cisne, Washoe respondeu que era uma "ave aquática". Ela também ensinou os sinais para outros chimpanzés. No início, os sinais eram utilizados como diversão, mas logo os chimpanzés começaram a usá-los para fazer pedidos espontâneos para os treinadores, como "bebida", "cócegas" e "abraço". Um trabalho parecido foi feito com outros primatas, incluindo gorilas, orangotangos e bonobos.

Irene Pepperberg, da Universidade do Arizona, trabalhou por anos com um papagaio-cinzento-africano chamado Alex. Pelo fato de os papagaios poderem vocalizar como seres humanos, Pepperberg podia comunicar-se com Alex utilizando a

Figura 36.17 Um casal de atobás-de-pés-azuis de Galápagos, *Sula nebouxii*, exibe-se mutuamente. O macho (*à direita*) aponta para o céu; a fêmea (*à esquerda*) está marchando. Essas exibições de comunicação vívidas e estereotipadas servem para manter a estimulação recíproca e o comportamento cooperativo durante a corte, o acasalamento, a nidificação e o cuidado com os filhotes.

linguagem vocal humana. Ao longo dos anos, Alex aprendeu uma série de características, incluindo cores, formas e materiais de mais de 100 objetos. Alex podia identificar objetos pelas cores, tamanho e formas. Assim, se fossem dados a ele dois objetos da mesma cor, mas um maior que o outro, ele podia afirmar que a diferença entre eles era "tamanho". Alex podia também contar e relatar ao treinador quantos objetos de cada categoria estavam presentes.

Percepção consciente também faz parte de cognição. Donald Griffin escreveu dois livros sugerindo que muitos animais são capazes de autopercepção, e que podem pensar e raciocinar. A capacidade dos macacos, papagaios e outros animais de usar habilidades relacionadas com a linguagem é digna de nota, pois nos revela suas capacidades cognitivas e, assim, podemos começar a nos comunicar com eles. Em um livro recente, o ecólogo comportamental Marc Bekoff e a bióloga Jessica Pierce discutem evidências de que os animais têm emoções reconhecíveis e inteligência moral. As interpretações a respeito da cognição animal permanecem ainda muito controversas.

O ecólogo comportamental Irven DeVore descreveu como o fato de escolher o canal apropriado para o diálogo pode ir além do interesse acadêmico:[1]

> Um dia, na savana, eu estava do lado de fora do meu caminhão, observando uma tropa de babuínos, quando um jovem babuíno se aproximou e pegou meu binóculo. Eu sabia que o perderia se ele desaparecesse no meio da tropa, e então o peguei de volta. O jovem gritou. Imediatamente, todos os machos adultos da tropa correram em minha direção – entendi como deve se sentir um leopardo encurralado. O caminhão estava a 8 ou 10 m dali. Tive que enfrentar os machos. Comecei a estalar os lábios bem alto, um gesto que assevera "Não quero machucá-los". Os machos chegaram correndo, grunhindo, rosnando e mostrando os dentes. Bem na minha frente, eles pararam, viraram a cabeça para um lado – e começaram também a estalar os lábios. Eles estalavam. Eu estalava: "Não quero machucá-los". Em retrospectiva, foi uma conversa maravilhosa. Mas, enquanto meus lábios falavam com os babuínos, meus pés se dirigiam para o caminhão, até que pude saltar para dentro e fechar a porta.

---

[1] DeVore, Irven. The marvels of animal behavior. 1972. Washington, D. C., National Geographic Society.

RESUMO

Seção	Conceito-chave
36.1 Descrição do comportamento: princípios da etologia clássica	• Etologia é o estudo do comportamento, inato e aprendido, dos animais em seus hábitats naturais. Ecólogos comportamentais mostraram que características comportamentais têm histórias evolutivas e podem evoluir por seleção natural • Os ecólogos comportamentais distinguem os mecanismos fisiológicos do comportamento (causa proximal) da evolução do comportamento (causa final) • Comportamentos estereotipados são altamente previsíveis e quase invariáveis na exibição. Estímulos ambientais simples, chamados de estímulos sinais, desencadeiam ou "liberam" esses comportamentos. Embora tais comportamentos formalizados às vezes possam ser liberados inadequadamente, eles são eficientes e permitem que o animal responda rapidamente • Uma síndrome comportamental é um conjunto de comportamentos correlacionados que mostram consistência interindividual em várias (duas ou mais) situações. As síndromes comportamentais podem ter uma base genética e, portanto, estar sujeitas à evolução por seleção natural. O tipo de larva andarilha em *D. melanogaster*, por exemplo, é geneticamente dominante sobre o tipo de larva sedentária como alelos alternativos em um loco autossômico

Seção	Conceito-chave
36.2 Controle do comportamento	• O desenvolvimento de padrões de comportamento depende de uma interação entre um organismo e seu ambiente. Chamar comportamentos formalizados de "instintivos" ou "inatos" implica estabilidade de componentes ambientais cruciais dos comportamentos. No entanto, muitos comportamentos apresentam variação genética simples, assim como o comportamento higiênico em abelhas • O comportamento pode ser modificado pelo aprendizado por meio da experiência. Dois tipos simples de aprendizagem são a habituação, que é a redução ou eliminação de uma resposta comportamental na ausência de qualquer recompensa ou punição; e sensibilização, em que um estímulo repetido aumenta uma resposta comportamental. O reflexo de retração das brânquias da *Aplysia* é uma resposta protetora que pode ser modificada experimentalmente para mostrar habituação ou sensibilização. A modificação da resposta de alarme de filhotes de gaivota é outro exemplo de habituação • Outra forma de aprendizagem é a estampagem, o vínculo duradouro que se forma no início da vida entre os filhotes de muitos animais sociais e suas mães
36.3 Comportamento social	• O comportamento social surge de interações entre membros de uma espécie. Em organizações sociais, os animais tendem a permanecer juntos, comunicar-se uns com os outros e geralmente resistir à intromissão de "estranhos" • As vantagens da sociabilidade incluem a defesa cooperativa contra predadores, a busca cooperativa por alimento, melhor desempenho reprodutivo e cuidado dos progenitores com os filhotes, bem como a transmissão de informações úteis • Como os animais sociais competem uns com os outros por recursos (como alimento, parceiros sexuais e abrigo), os conflitos costumam ser resolvidos por meio de uma forma manifestação de hostilidade chamada de agressão. Os encontros mais agressivos entre coespecíficos são combates estilizados envolvendo mais blefe do que intenção de ferir ou matar • As hierarquias de dominação, nas quais a agressão estabelece uma prioridade de acesso aos recursos, são comuns nas organizações sociais • A territorialidade é uma alternativa ao domínio. Um território é uma área defendida da qual um indivíduo exclui intrusos geralmente da mesma espécie • Os sistemas de acasalamento incluem monogamia, o acasalamento de um indivíduo com apenas um parceiro do sexo oposto em cada estação reprodutiva, e poligamia, o acasalamento de um indivíduo com dois ou mais parceiros em uma estação reprodutiva • Duas formas de poligamia são a poliginia, o acasalamento de um macho com mais de uma fêmea, e a poliandria, o acasalamento de uma fêmea com mais de um macho. A poliginia pode ocorrer diretamente, pelos machos defendendo seu acesso às fêmeas, ou indiretamente, pelos machos defendendo um recurso • Um comportamento em que um animal arrisca sua própria aptidão para aumentar a aptidão de outros é chamado de comportamento altruísta. Exemplos de comportamentos altruístas incluem um membro de um grupo social alertando os outros sobre um predador e comportamento cooperativo entre insetos sociais, em que um indivíduo renuncia à reprodução para criar seus irmãos mais novos • Uma explicação comum para o altruísmo é a seleção de parentesco, em que o receptor de um ato altruísta é relacionado o suficiente ao altruísta, de maneira que a sobrevivência do receptor beneficiaria os genes compartilhados com o altruísta. Uma explicação alternativa é o altruísmo recíproco, no qual os indivíduos realizam comportamentos altruístas em relação a outros de quem receberam atos altruístas • A comunicação, muitas vezes considerada a essência da organização social, é o meio pelo qual os animais influenciam o comportamento de outros animais, usando sons, sinais químicos, exibições visuais, toque ou outros sinais sensoriais • Em comparação com a riqueza da linguagem humana, os animais se comunicam utilizando um repertório de sinais muito limitado • Um dos exemplos mais famosos de comunicação animal é a dança simbólica das abelhas. As aves se comunicam por meio de chamados e canções e, especialmente, por meio de exibições visuais. Por ritualização, movimentos simples evoluíram para se tornarem sinais conspícuos com significados definidos

QUESTÕES DE REVISÃO

1. Como as abordagens experimentais da psicologia comparada e da ecologia comportamental diferem? Comente sobre os objetivos e métodos empregados por cada uma delas.
2. O comportamento de recuperação de ovos dos gansos-bravos é um excelente exemplo de comportamento altamente previsível. Interprete esse comportamento dentro da estrutura da etologia clássica usando estes termos: liberador, estímulo sinal e comportamento estereotipado. Interprete o comportamento de defesa territorial do macho do esgana-gato *Gasterosteus aculeatus* no mesmo contexto.
3. A ideia de que o comportamento deve ser inato ou aprendido foi chamada de controvérsia "natureza *versus* criação". Que razões existem para acreditar que tal dicotomia estrita não existe?
4. Dois tipos de aprendizado simples são habituação e estampagem. Diferencie esses dois tipos de aprendizado e ofereça um exemplo de cada um.

5. Algumas linhagens de abelhas mostram comportamento higiênico ao destampar células contendo larvas infectadas com uma doença bacteriana chamada de "cria pútrida" (*foulbrood*) e remover as larvas mortas da colmeia. Que evidência mostra que esse comportamento é transmitido por dois genes que se segregam independentemente?
6. Discuta algumas vantagens da sociabilidade para os animais. Se a vida social tem tantas vantagens, por que muitos animais vivem sozinhos com sucesso?
7. Sugira por que a agressão, que pode parecer pouco produtiva, existe entre os animais sociais.
8. Qual é a vantagem seletiva para os vencedores, bem como para os perdedores, de que os encontros agressivos dentro das espécies para estabelecer domínio social são geralmente exibições ritualizadas ou lutas simbólicas, em vez de lutas desenfreadas até a morte?
9. Qual a utilidade de um território para um animal, e como um território é estabelecido e mantido? Qual é a diferença entre território e área de vida?
10. A poliginia é uma forma de poligamia em que um macho acasala com mais de uma fêmea. Explique como três formas de poliginia diferem entre si: poliginia de defesa de recursos, poliginia de defesa das fêmeas e poliginia de dominância dos machos.
11. Dê um exemplo de comportamento altruísta e explique como tal comportamento conflita com a expectativa de Darwin de que os animais deveriam agir de forma egoísta para produzir o maior número possível de descendentes.
12. Explicações anteriores do comportamento altruísta como uma forma de seleção de grupo foram suplantadas pela hipótese de Hamilton de seleção de parentesco. O que distingue a seleção de parentesco e como ela está de acordo com a noção de aptidão inclusiva, o número relativo de alelos de um indivíduo que passam para a próxima geração?
13. Como o altruísmo recíproco contrasta com a seleção de parentesco como uma explicação para o comportamento aparentemente altruísta? Que evidência de morcegos-vampiros apoia o altruísmo recíproco?
14. Comente as limitações da comunicação animal em comparação com as da comunicação humana.
15. A linguagem da dança usada pelo retorno das abelhas forrageadoras para especificar a localização dos alimentos é um exemplo de comunicação extremamente complexa entre animais "simples". Como as informações de direção e distância são codificadas na dança do requebrado das abelhas? Qual é o objetivo da dança circular?
16. O que significa "ritualização" na comunicação de exibição? Qual é o significado adaptativo da ritualização?
17. Os primeiros esforços dos seres humanos para se comunicarem vocalmente com os chimpanzés foram um fracasso quase total; no entanto, os pesquisadores aprenderam como se comunicar com sucesso com os grandes primatas. Como essa tarefa foi realizada?

Para reflexão. Nos capítulos anteriores, aplicamos o conceito crucial de homologia a caracteres moleculares, cromossômicos e morfológicos. Como a homologia é aplicada aos estudos do comportamento animal?

PARTE 5

37 Distribuição de Animais

OBJETIVOS DE APRENDIZAGEM

Após leitura do capítulo, você será capaz de:

- **37.1** Explicar os papéis da dispersão e da vicariância na teoria da biogeografia histórica.
- **37.2** Descrever as principais subdivisões da biosfera e os principais biomas terrestres e marinhos da vida animal.

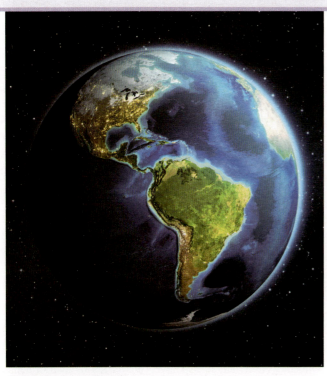

A espaçonave Terra.
iStock@RomoloTavani

A espaçonave Terra

Toda a vida está confinada à biosfera, uma fina camada sobre a superfície da Terra. Desde as primeiras fotografias notáveis da Terra tiradas da espaçonave *Apollo*, revelando um lindo globo azul e branco em um fundo infinito do espaço, a frase "espaçonave Terra" tornou-se parte de nosso vocabulário. Todos os recursos necessários à manutenção da vida, exceto a energia solar, estão restritos a uma fina camada de terra e mar e a um estreito véu de atmosfera sobre eles. Se pudéssemos encolher a Terra e todas as suas dimensões a uma esfera de 1,0 m, não seríamos capazes mais de perceber as dimensões verticais da superfície da Terra. As montanhas mais altas não ultrapassariam uma fina camada de tinta aplicada à nossa Terra encolhida; um arranhão com a unha excederia a profundidade das fossas oceânicas mais profundas.

A biosfera da Terra e os organismos nela evoluem juntos. Cerca de 5 bilhões de anos atrás, a Terra era estéril, tempestuosa e vulcânica, com uma atmosfera redutora de amônia, metano e água, mas sustentava as sínteses pré-bióticas que levaram ao início da vida. O surgimento do oxigênio livre na atmosfera, produzido em grande parte, se não inteiramente pela vida, ilustra a reciprocidade entre organismo e ambiente. Embora o oxigênio fosse tóxico para as primeiras formas de vida, seu acúmulo gradual pela fotossíntese levou algumas formas a evoluírem o metabolismo do oxigênio, do qual a maioria dos organismos agora depende. À medida que os organismos vivos se adaptam e evoluem, eles mudam seus ambientes. Ao fazer isso, precisam mudar a si próprios.

37.1 PRINCÍPIOS DA BIOGEOGRAFIA HISTÓRICA

Os zoogeógrafos descrevem os padrões da distribuição animal e a diversidade de espécies procurando explicar por que as espécies e sua diversidade estão distribuídas dessa maneira. A zoogeografia é uma subárea da biogeografia que inclui as teorias evolutivas e ecológicas que explicam a distribuição espacial de todas as formas de vida. A maioria das espécies ocupa áreas geográficas limitadas. A razão pela qual os animais estão distribuídos do jeito que estão nem sempre é óbvia, uma vez que hábitats semelhantes em continentes separados podem abrigar animais um tanto diferentes. Uma determinada espécie pode estar ausente de uma região que suporta animais semelhantes porque as barreiras à dispersão evitam que ela chegue lá, ou porque as populações estabelecidas de outros animais impedem a sua colonização. Portanto, objetivamos descobrir por que os animais ocorrem onde ocorrem e não onde se imagina que deveriam ocorrer.

As explicações para as distribuições geográficas dos animais jazem na história natural. O registro fóssil mostra amplamente quais animais uma vez já floresceram em regiões que já não ocupam. A extinção tem um papel importante, mas muitos grupos deixaram descendentes que migraram para outras regiões e sobreviveram. Por exemplo, os camelos se originaram na América do Norte, onde seus fósseis mais antigos ocorrem. Os camelos espalharam-se durante o Pleistoceno do Alasca até a Eurásia e África, onde os camelos verdadeiros vivem atualmente, e até a América do Sul, onde seus descendentes vivos incluem lhamas, alpacas, guanacos e vicunhas (o Pleistoceno começou há 2,6 milhões de anos e terminou há cerca de 11 mil anos; ver a tabela de tempo geológico, que consta no fim do livro). Então os camelos extinguiram-se na América do Norte há cerca de 10 mil anos, no fim da Era Glacial. Assim, a história da espécie de um animal e seus ancestrais deve ser documentada antes que se possa entender por que ele vive onde vive. A superfície da Terra sofre mudanças enormes. Muitas áreas que hoje são terrestres já foram mar. As planícies férteis foram invadidas por desertos em expansão; barreiras intransponíveis de montanhas se formaram onde nenhuma existia antes; e campos de gelo inóspitos retrocederam em um clima mais quente, sendo substituídos por florestas. As mudanças geológicas são responsáveis por muitas das alterações na distribuição animal e vegetal, sendo poderosas na modelagem da evolução orgânica.

A sistemática filogenética nos permite reconstruir as histórias das distribuições dos animais (ver Capítulo 10). Um cladograma apresenta a estrutura da descendência evolutiva comum entre as espécies. As distribuições geográficas de espécies mais aparentadas são mapeadas em um cladograma da mesma maneira que alguém mapearia as características da morfologia do organismo, como a presença de vértebras, para gerar hipóteses sobre as histórias geográficas daquelas espécies. As salamandras gigantes aquáticas do Leste da América do Norte são diferentes de qualquer outra salamandra, à exceção de duas espécies do Leste Asiático. A calibração molecular de sua filogenia (ver Seção 10.2) sugere que as salamandras gigantes se separaram de seus parentes do Leste Asiático há cerca de 28 milhões de anos, quando uma conexão temporária unia as florestas e rios do Leste Asiático e do Leste da América do Norte pelo Alasca e do Norte do Canadá, áreas que posteriormente se tornaram inóspitas para as salamandras. Como os parentes vivos mais próximos das salamandras gigantes da América e da Ásia são as salamandras menores Hynobiidae da Ásia, a melhor hipótese é a de que as salamandras gigantes se originaram na Ásia e a linhagem americana se dispersou para a América do Norte há 28 milhões de anos. Muitas outras populações de plantas e animais deslocaram-se entre o Leste Asiático e o Leste da América do Norte, mais ou menos na mesma época, e ficaram isoladas em diferentes continentes quando climas mais frios destruíram as florestas do Norte.

Distribuições disjuntas

Os zoogeógrafos são desafiados a explicar inúmeras descontinuidades ou **distribuições disjuntas:** espécies mais aparentadas vivendo em áreas bastante separadas de um continente ou mesmo no mundo (Figura 37.1). Como um grupo de animais pode tornar-se tão disperso geograficamente? Ou uma população se move de seu lugar de origem para um novo local (**dispersão**), cruzando um território inadequado para a colonização a longo prazo, ou o ambiente se modifica, dividindo em populações geograficamente separadas uma população única que já foi distribuída continuamente (**vicariância**). As mudanças climáticas podem reduzir e fragmentar áreas de hábitat favorável para uma espécie, ou um movimento físico de massas de terra ou de água podem transportar populações diferentes de uma espécie para longe uma da outra.

Distribuição por dispersão

Por meio da dispersão, os animais entram em novos locais a partir de suas áreas de origem. A dispersão envolve *emigração* a partir de uma região e *imigração* para outra. A dispersão é um movimento de *mão única* (sem retorno), um movimento em direção à outra área, distinto do movimento *periódico* de idas e voltas entre duas localidades, como a migração sazonal de muitas aves (ver Seção 27.4). Os animais em dispersão podem se mover por meio de sua própria força ou ser passivamente dispersos pelo vento, flutuando ou sendo arrastados por rios, lagos ou mar, ou pegando carona em outros animais. As espécies animais ampliam suas distribuições geográficas dessa maneira por todos os hábitats favoráveis acessíveis a elas. À medida que as últimas geleiras pleistocênicas se retraíram para o Norte, os hábitats favoráveis para muitas espécies temperadas tornaram-se disponíveis nos territórios anteriormente congelados na América do Norte, Europa e Ásia. As espécies que se originaram imediatamente ao Sul do território glacial, antes da retração glacial, se expandiram para o Norte à medida que novos hábitats surgiam. Como a taxa reprodutiva das populações animais é alta, uma pressão contínua forçou as populações a se expandirem por todos os hábitats favoráveis.

Isso explica a dispersão das populações de animais para hábitats favoráveis que estão geograficamente adjacentes a seus locais de origem. Esse movimento produz uma distribuição em expansão, mas geograficamente contínua. Pode a expansão explicar também a origem das distribuições geograficamente disjuntas? Por exemplo, as aves ratitas que não voam (ver Figura 6.13) habitam terras disjuntas primariamente no Hemisfério Sul, incluindo África, Austrália, Madagascar, Nova Guiné, Nova Zelândia e América do Sul. Essas porções de terra estão separadas umas das outras pelos oceanos, uma barreira muito forte para a dispersão das ratitas. Para explicar tal distribuição via dispersão, deve-se postular um **centro de origem**, do qual o grupo se dispersou para alcançar todas as terras amplamente separadas nas quais elas ocorrem atualmente. Como as ratitas formam um clado, uma das massas de terra seria o local de origem do grupo, e novas populações nas outras massas de terra teriam sido estabelecidas por raros eventos de dispersão, inicialmente, a partir do centro de origem do grupo. Populações isoladas em diferentes massas de terra iriam então

Figura 37.1 Distribuições disjuntas na América do Norte. **A**. As toupeiras da família Talpidae provavelmente entraram na América do Norte pela ponte de terra de Bering (estreito de Bering), que uma vez unia a América do Norte à Ásia durante o período Terciário. As populações do Leste e do Oeste estão agora separadas pelas Montanhas Rochosas. **B**. Os jabutis-de-Gopher do gênero *Gopherus* ocupam três áreas isoladas.

evoluir separadamente, por fim resultando em espécies diferentes. Como as ratitas não voam, uma hipótese de dispersão exige um transporte passivo intermitente de indivíduos pelo oceano. Essa hipótese é razoável? Sabemos pelos estudos nas Ilhas Galápagos e no Havaí (ver Capítulo 6) que a dispersão ocasional de animais e plantas terrestres por longas distâncias pelos oceanos, de fato, ocorre. Essa é a única maneira pela qual animais terrestres podem colonizar ilhas formadas por vulcões oceânicos. Para as aves que não voam e muitos outros animais descontinuamente distribuídos, entretanto, uma explicação alternativa para as distribuições disjuntas é a hipótese de vicariância (do latim *vicarius*, um substituto).

Distribuição por vicariância

As distribuições disjuntas de animais podem ser criadas por mudanças físicas no ambiente que fazem com que hábitats anteriormente contínuos tornem-se disjuntos. As áreas antes contíguas podem se separar por barreiras impenetráveis para muitos animais. O estudo da fragmentação das biotas dessa maneira é chamado de **biogeografia de vicariância**. Lembre-se que "vicariância" é um exemplo de "alopatria", que é simplesmente uma distribuição das populações em áreas geograficamente separadas (ver Seção 6.2). O fluxo de lava de um vulcão pode fazer com que uma floresta antes contínua se separe em manchas geograficamente descontínuas, dessa forma separando muitas espécies de plantas e animais em populações geograficamente isoladas.

Talvez o fenômeno vicariante mais drástico esteja à deriva continental, em que as massas de terra, antes contínuas, são sequencialmente divididas em continentes e em ilhas separadas por oceanos. Todas as populações de espécies de animais terrestres e de água doce que tinham se espalhado pela massa de terra inicialmente contínua foram sequencialmente fragmentadas em muitas populações em diferentes ilhas e continentes separados pelo oceano. A vicariância por deriva continental nos fornece outra hipótese para explicar a distribuição disjunta das aves não voadoras; elas podem descender de uma espécie ancestral que estava dispersa pelo Hemisfério Sul quando África, Austrália, Madagascar, Nova Guiné, Nova Zelândia e América do Sul ainda estavam ligadas (Figura 37.2). Quando essas massas de terra foram separadas pelos oceanos, a espécie ancestral teria se fragmentado em populações disjuntas que evoluíram independentemente, produzindo a diversidade de formas observada hoje.

Suponha que diferentes espécies de aves não voadoras evoluíram alopatricamente à medida que a deriva continental progressivamente dividia o ambiente terrestre em partes isoladas. Se construirmos um cladograma (ver Figura 10.2) ou árvore filogenética dessas aves como mostrado na Figura 37.3, a primeira divergência deve corresponder à primeira divisão geológica da massa de terra ancestral em duas partes, cada um carregando parte da espécie ancestral de ratitas. Todos os eventos subsequentes de ramificação na árvore devem corresponder sequencialmente às divisões subsequentes de massas de terra que fragmentaram ainda mais as linhagens principais. Nossa árvore hipoteticamente reconstrói a história dos eventos vicariantes para o grupo. Se apagarmos os nomes das espécies dos ramos terminais da árvore e os substituirmos pelas áreas geográficas em que cada espécie é encontrada, teremos uma hipótese para a separação sequencial das diferentes áreas geográficas.

Podemos testar novamente essa hipótese de vicariância identificando outros grupos de organismos terrestres que tinham espécies diferentes em cada uma das mesmas áreas geográficas das aves não voadoras. Se nossa hipótese estiver correta, esses grupos foram

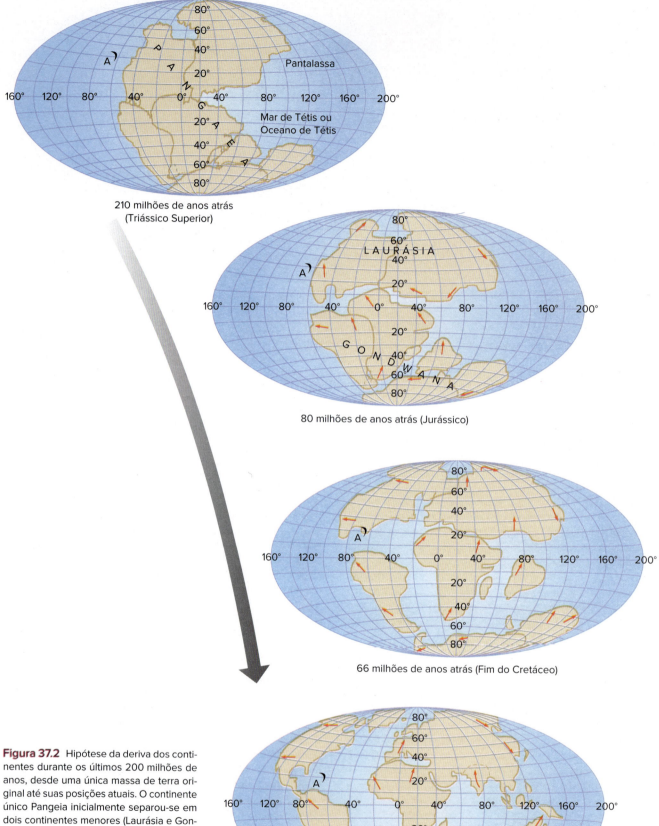

Figura 37.2 Hipótese da deriva dos continentes durante os últimos 200 milhões de anos, desde uma única massa de terra original até suas posições atuais. O continente único Pangeia inicialmente separou-se em dois continentes menores (Laurásia e Gondwana). Estes últimos se separaram em continentes menores. As setas indicam os vetores de movimentos dos continentes. A letra A com uma lua crescente é um ponto de referência geográfica moderno que representa o arco das Antilhas nas Índias Ocidentais.

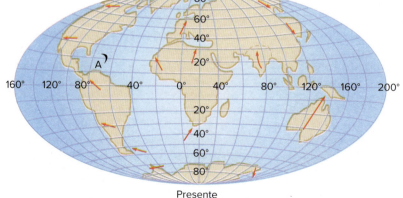

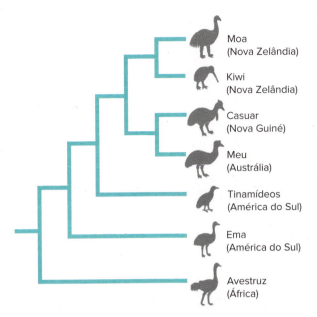

Figura 37.3 Relações filogenéticas inferidas para as aves não voadoras usando dados de genética molecular (e morfologia, para o moa extinto) (ver Figura 6.13). A biogeografia de vicariância propõe que as espécies não voadoras descendem de uma espécie ancestral antes dispersa no Hemisfério Sul quando a África, a Austrália, a Nova Guiné, a Nova Zelândia e a América do Sul estavam conectadas. Ao se separarem, essas massas de terra fragmentaram a si mesmas e às populações de aves não voadoras que elas continham. Se a hipótese de vicariância estiver correta, a sequência de ramificação filogenética inferida para as espécies alopátricas refletirá a sequência de separação das massas de terra que as continham. Substitua os nomes das espécies pelos nomes de suas áreas geográficas para produzir um cladograma de área. Os cladogramas de área para outros grupos de animais e plantas cujas populações ancestrais teriam sido fragmentadas pelos mesmos eventos geológicos devem coincidir com o cladograma de área para as aves não voadoras.

fragmentados geograficamente pelos mesmos eventos vicariantes que fragmentaram as aves não voadoras. Nós, portanto, presumimos que os cladogramas ou as árvores filogenéticas construídas para as espécies nos outros grupos apresentarão o mesmo padrão de ramificação da árvore das aves não voadoras quando substituirmos os nomes das espécies pelos das áreas que habitam. Se essa hipótese for confirmada, teremos um **cladograma geral de área** que ilustra a história de fragmentação das diferentes áreas geográficas estudadas. Essa hipótese geral de vicariância pode ser investigada ainda mais usando estudos geológicos e climáticos para identificar os mecanismos da fragmentação geográfica.

Na maioria dos grupos de organismos, os eventos recorrentes de vicariância e dispersão contribuíram para a evolução dos padrões de distribuição disjunta. Os métodos de biogeografia de vicariância são úteis para identificar tais casos. De fato, o cladograma das aves não voadoras não é apenas um agrupamento simples de aves que habitam áreas próximas. Podemos perguntar se qualquer ramo do cladograma para determinado grupo de espécies é inconsistente com o cladograma geral de área para as áreas geográficas que essas espécies habitam. Suponha que um cladograma para um dado táxon seja consistente com o cladograma de área exceto pela posição de um único ramo. Explicamos a maioria das disjunções geográficas em um táxon por meio da vicariância, mas consideraremos a dispersão para explicar o ramo único não compatível com o cladograma geral. Dessa maneira, podemos focalizar nosso estudo de dispersão em casos específicos, nos quais é mais provável que tenha ocorrido.

Teoria da deriva continental

Não é por acaso que o entusiasmo pela biogeografia de vicariância tenha acompanhado a aceitação da teoria da deriva continental pelos geólogos. A teoria da deriva continental não é nova (foi proposta em 1912 pelo meteorologista alemão Alfred Wegener), mas permaneceu amplamente desfavorecida até que a teoria da **tectônica de placas** proporcionou um mecanismo para explicar a deriva continental. De acordo com a teoria da tectônica de placas (tectônica significa "movimento deformador"), a superfície da Terra é composta por 6 a 10 placas rochosas, com cerca de 100 km de espessura, que se movem sobre uma camada subjacente mais maleável. Wegener propôs que os continentes terrestres vinham deslizando como flutuadores depois da quebra da uma única grande massa de terra denominada Pangeia ("toda a terra"). A quebra original de Pangeia ocorreu há aproximadamente 200 milhões de anos. Formaram-se dois grandes supercontinentes: Laurásia ao Norte e Gondwana ao Sul, separados um do outro pelo Mar de Tétis (Figura 37.2). No fim do Período Jurássico, cerca de 146 milhões de anos atrás, os supercontinentes começaram a fragmentar-se e separar-se. A Laurásia dividiu-se em América do Norte, maior parte da Eurásia e Groenlândia. A Gondwana separou-se em América do Sul, África, Madagascar, Arábia, Índia, Austrália, Nova Guiné, Antártica e inúmeros fragmentos menores que formam atualmente o Sudeste Asiático. Os fragmentos da Arábia, Índia e Sudeste Asiático atravessaram gradualmente o Mar de Tétis, e finalmente colidiram com a Laurásia, à qual estão agora conectados. Essa teoria é sustentada pelo aparente ajuste entre os continentes, por levantamentos paleomagnéticos aéreos, estudos sísmicos, pelas cristas oceânicas localizadas onde as placas tectônicas surgiram e por uma profusão de dados biológicos.

A deriva continental explica diversas distribuições de animais que de outro modo seriam enigmáticas, como a semelhança de fósseis de invertebrados da África e da América do Sul, bem como certas semelhanças entre as faunas atuais das mesmas latitudes nos dois continentes. No entanto, os continentes estiveram separados durante toda a Era Cenozoica e, provavelmente, por também boa parte da Era Mesozoica, um período longo demais para explicar a distribuição de alguns organismos modernos como os mamíferos placentários. A teoria da deriva continental é, entretanto, extremamente útil para explicar as interconexões entre as floras e as faunas do passado.

A distribuição atual dos mamíferos marsupiais é um excelente exemplo da influência da separação dos continentes. Os marsupiais apareceram na metade do Cretáceo, há cerca de 100 milhões de anos, provavelmente na América do Sul. Como, nesse período, a América do Sul estava conectada à Austrália por meio da Antártida (então muito mais quente do que hoje), os marsupiais espalharam-se por todos esses três continentes. Eles também se deslocaram para a América do Norte, mas, lá, encontraram os mamíferos placentários que haviam se dispersado para aquele continente a partir da Ásia. Os marsupiais evidentemente não puderam coexistir com os placentários, e assim se extinguiram na América do Norte (os marsupiais norte-americanos atuais, os gambás, são invasores relativamente recentes, provenientes da América do Sul). Os placentários seguiram os marsupiais para a América do Sul, mas, nesse tempo, os marsupiais já tinham se expandido e estavam firmemente estabelecidos para serem substituídos. Nesse ínterim, há cerca de 50 milhões de anos, a Austrália separou-se da Antártida, bloqueando a entrada dos placentários. A Austrália permaneceu isolada, permitindo que os marsupiais se diversificassem, dando origem à atual fauna rica e variada.

Tema-chave 37.1
EVOLUÇÃO

Linha de Wallace

Muitas pessoas consideram Alfred Russel Wallace (ver Figura 6.1) o fundador da biogeografia histórica moderna. Wallace conduziu extensos estudos de campo no arquipélago malaio, onde descobriu uma mudança abrupta da fauna entre os elementos faunísticos asiáticos e os australianos/da Nova Guiné. Faisões, papagaios, macacos, inúmeros grupos de lagartos e até invertebrados marinhos estão entre os elementos faunísticos cujas distribuições geográficas mostram limites abruptos nesta linha. Tal fronteira biogeográfica é chamada de "Linha de Wallace" e divide o atual país da Indonésia (Figura 37.4). A linha de Wallace tem sido um mistério biogeográfico desde que ele a descreveu, porque não há mudanças ambientais óbvias ou barreiras que explicariam o deslocamento abrupto de faunas por ela. A tectônica de placas oferece a melhor explicação da linha de Wallace. Embora atualmente próximas, as placas do Sudeste Asiático se separaram da placa australiana/da Nova Guiné durante o rompimento do Gondwana, e essas placas diferentes passaram muitos milhões de anos cruzando o Mar de Tétis isoladas umas das outras antes de encontrar suas localizações atuais. A linha de Wallace marca o limite aproximado entre o Sudeste Asiático e as placas australianas e da Nova Guiné, cujas faunas divergiram muito durante sua longa separação evolutiva. Estudos filogenéticos moleculares comparando grupos de lagartos distribuídos em lados opostos da Linha de Wallace apoiam a interpretação de que esses grupos eram anteriormente isolados por uma grande extensão do oceano e só recentemente se tornaram vizinhos geográficos no Arquipélago Malaio.

Figura 37.4 A enigmática fronteira descrita por Alfred Russel Wallace marcando a separação geográfica das faunas asiáticas (canto superior esquerdo) e australianas (ao centro e abaixo à direita) no Arquipélago Malaio. Uma colisão de placas tectônicas trouxe massas de terra anteriormente distantes e suas faunas em estreita proximidade geográfica, formando assim a "Linha de Wallace".

Pontes terrestres temporárias

As **pontes de terra temporárias** também têm sido importantes vias de dispersão. Uma ponte de terra importante e bem estabelecida, que não existe mais, conectava a Ásia e a América do Norte por meio do estreito de Bering. Foi por esse corredor que os placentários foram da Ásia para a América do Norte.

Atualmente, uma ponte de terra conecta as Américas do Norte e do Sul no Istmo do Panamá, mas desde a metade do Eoceno (50 milhões de anos atrás) até o fim do Plioceno (3,5 milhões de anos atrás), a água separava completamente os dois continentes. Durante esse longo intervalo, os principais grupos de mamíferos evoluíram em direções diferentes em cada continente. Quando a ponte de terra se restabeleceu no fim da época do Plioceno, os mamíferos atravessaram-na em ambas as direções (Figura 37.5). Essa dispersão é chamada de "Grande Intercâmbio Faunístico Americano", uma das mais importantes misturas de faunas continentais distintas da história da Terra.

Inicialmente, ambos os continentes ganharam diversidade de mamíferos, mas uma extinção de um grande número deles em ambos os continentes se seguiu logo. Os carnívoros norte-americanos, como os guaxinins, doninhas, canídeos, felídeos (incluindo os dentes-de-sabre) e ursos começaram a predar os mamíferos sul-americanos. Outros invasores norte-americanos incluíram os mamíferos ungulados (cavalos, antas, queixadas, camelídeos, cervos, antílopes e mastodontes), coelhos e diversas famílias de roedores. Esses mamíferos substituíram muitas espécies nativas sul-americanas que ocupavam hábitats semelhantes. Hoje, quase metade dos mamíferos sul-americanos descendem de invasores norte-americanos que chegaram nos últimos 3,5 milhões de anos.

Apenas uns poucos invasores sul-americanos sobreviveram na América do Norte: porcos-espinhos, tatus e gambás. Diversos outros grupos sul-americanos, incluindo as preguiças gigantes, gliptodontes, tamanduás, capivaras aquáticas gigantes, toxodontes (herbívoros do tamanho de rinocerontes) e tatus gigantes entraram na América do Norte, mas logo se extinguiram.

Ciclos climáticos e vicariância

Nos últimos 3 milhões de anos, ocorreram ciclos globais de temperatura média mundial com durações típicas de 20 mil a 100 mil anos. Sem dúvida, tais ciclos também ocorreram no passado evolutivo mais distante, porém são mais difíceis de mensurar. Esses ciclos são chamados ciclos glaciais porque, à medida que as temperaturas globais caem, as geleiras se expandem geograficamente a partir dos polos Norte e Sul e das montanhas mais altas em outros locais. Os níveis do mar normalmente caem por todo o mundo quando grandes quantidades de água congelam nas geleiras. Nas fases mais quentes de cada ciclo, as geleiras recuam, revelando massas de terra habitáveis, e os níveis do mar sobem, às vezes inundando terras anteriormente expostas. Atualmente, a Terra está em uma fase relativamente quente, entre máximos glaciais.

Os ciclos climáticos têm enorme influência nas distribuições geográficas dos animais. Os ciclos de temperatura interagem com as necessidades de hábitat dos animais para gerar episódios alternados nos quais o hábitat favorável é geograficamente contínuo e amplo ou fragmentado em manchas isoladas. Por exemplo, as salamandras do grupo *Plethodon jordani* de espécies (incluindo *Plethodon shermani*, ver Figura 6.16) são adaptadas ao frio e ocupam apenas os picos ao Sul das montanhas dos Apalaches, e não as áreas interpostas baixas e mais quentes. Nos momentos mais frios dos ciclos glaciais, as condições ambientais favoráveis para essas salamandras ampliam-se até as partes mais baixas, permitindo uma distribuição contínua desse grupo de espécies entre os picos das montanhas e nas áreas entre eles. À medida que ocorre

CAPÍTULO 37 Distribuição de Animais 771

Figura 37.5 A grande troca entre as faunas americanas. O Istmo do Panamá emergiu há 3,5 milhões de anos, permitindo a vasta troca de representantes de muitas famílias de mamíferos. Acima estão os representantes de 38 gêneros sul-americanos que atravessaram o istmo para o Norte. Embaixo estão os representantes dos 47 gêneros norte-americanos que migraram para a América do Sul. Os imigrantes norte-americanos diversificaram-se rapidamente depois de entrarem na América do Sul. Os imigrantes sul-americanos na América do Norte diversificaram-se pouco e a maioria se extinguiu. Adaptado de Marshall 1988, *American Scientist*, 76, 380-88.

um episódio glacial, as distribuições das espécies se expandem e fazem contato geográfico entre si. Quando o clima se aquece no ciclo seguinte, essas salamandras novamente recuam em populações geograficamente isoladas nos picos das montanhas. Se as populações dos topos das montanhas se diferenciarem no nível de espécie durante o isolamento geográfico, elas não cruzarão entre si quando fizerem contato geográfico no próximo episódio frio. As espécies vizinhas bloqueiam a expansão umas das outras quando se encontram geograficamente; cada espécie guarda seu território e impede que as espécies aparentadas entrem nele. As espécies do grupo *Plethodon jordani*, que ocupam picos de montanhas diferentes, ilustram esse processo.

Poderiam outros grupos de espécies, como as aranhas cavernícolas adaptadas ao frio, com distribuição semelhante à do grupo *P. jordani*, apresentar um cladograma de áreas análogas a esses grupos isolados dos topos de montanhas? A teoria de biogeografia de vicariância prediz que a ordem de ramificação filogenética para ambos os grupos deveria corresponder à ordem na qual os vários picos de montanhas se isolaram em "ilhas" desconectadas de hábitats favoráveis para espécies adaptadas ao frio.

O aspecto cíclico das mudanças climáticas desfaz a expectativa de um cladograma geral de área. Os clados das espécies de salamandras e aranhas que compartilham hoje a mesma distribuição fragmentada de topos de montanhas provavelmente entraram no Sul dos Apalaches em diferentes momentos do passado e vindos de diferentes direções geográficas. Um momento frio em qualquer dos ciclos passados pode ter permitido a uma espécie adaptada ao frio se dispersar por essas montanhas, sendo fragmentada somente nos topos das montanhas no próximo ciclo de aquecimento. Essa questão foi inicialmente denominada "problema histórico profundo" para a biogeografia de vicariância. Agora, reconhecemos que os táxons que compartilham as mesmas áreas de endemismo, como os picos de montanhas, contraditoriamente diferem muito em idade evolutiva e no padrão de ramificação filogenética. A expectativa de um cladograma geral de área é ainda mais reduzida se uma população de cume de montanha se extingue em um episódio de aquecimento, e o cume é recolonizado a partir de outra montanha em um episódio frio posterior.

Embora a hipótese de um cladograma geral de área tenha falhado na maioria dos estudos biogeográficos, a especiação por vicariância (ver Seção 6.2) permanece um princípio central na biogeografia histórica. Quando os biogeógrafos alegam que o paradigma da biogeografia de vicariância falhou, eles se referem especificamente à rejeição da hipótese do cladograma geral de área, o que não diminui a importância evolutiva da vicariância.

37.2 DISTRIBUIÇÃO DA VIDA NA TERRA

A partir dos princípios gerais de biogeografia histórica, seguiremos com uma descrição das principais fronteiras físicas que delimitam a evolução animal, incluindo as dimensões da biosfera e as principais descontinuidades entre ambientes terrestres, águas continentais e ambientes oceânicos.

Biosfera e suas subdivisões

A biosfera é normalmente definida como a fina camada externa da Terra capaz de sustentar a vida. É um sistema global que inclui toda a vida na Terra e os ambientes físicos nos quais os organismos vivos existem e interagem. As subdivisões físicas da biosfera incluem a litosfera, a hidrosfera e a atmosfera.

A **litosfera** é o material rochoso da camada externa da Terra, a fonte última de todos os elementos minerais demandados pelos organismos vivos. A **hidrosfera** é a água sobre ou próxima da superfície da Terra, e se estende para dentro da litosfera e da atmosfera. Um ciclo hidrológico global de evaporação, precipitação e escoamento superficial distribui a água por toda a Terra. Cerca de 80% da evaporação provêm do oceano, e mais água evapora dos oceanos do que retorna a eles por precipitação. Dessa forma, a evaporação oceânica proporciona grande parte da chuva que sustenta a vida na Terra. O componente gasoso da biosfera, a **atmosfera**, estende-se até cerca de 3.500 km acima da superfície da Terra, porém toda a vida está restrita aos primeiros 8 a 15 km (a troposfera). A camada de "triagem" de oxigênio-ozônio da atmosfera concentra-se principalmente entre 20 e 25 km. Os principais gases da troposfera são (em volume) nitrogênio, 78%; oxigênio, 21%; argônio, 0,93%; dióxido de carbono, 0,03%; e vapor de água (quantidades variáveis).

O oxigênio atmosférico originou-se quase inteiramente da fotossíntese. Desde o meio da Era Paleozoica, o oxigênio consumido pelos organismos vivos na respiração equivale aproximadamente à sua produção. O excedente atual de oxigênio livre da Terra provavelmente não será esgotado porque as reservas de oxigênio na atmosfera e nos oceanos são tão grandes que o suprimento poderia durar milhares de anos, mesmo se todo o reabastecimento pela fotossíntese acabasse repentinamente.

A rápida entrada de dióxido de carbono na atmosfera, a partir da queima de combustíveis fósseis, pode alterar significativamente o equilíbrio térmico da Terra. Grande parte da energia luminosa de ondas curtas do Sol absorvida pela superfície da Terra é irradiada sob a forma de energia térmica infravermelha de comprimento de onda longo (Figura 37.6). As substâncias presentes na atmosfera, especialmente o dióxido de carbono e o vapor de água, impedem a perda do calor e aumentam a temperatura atmosférica. Esse aquecimento da atmosfera é chamado de "efeito estufa", uma vez que a atmosfera retém o calor irradiado da Terra, como o vidro de uma estufa retém o calor irradiado pelas plantas e pelo solo em seu interior. Embora o efeito estufa proporcione condições essenciais para toda a vida na Terra, o acúmulo gradual de dióxido de carbono pode aumentar a temperatura da biosfera como um todo e elevar o nível do mar pelo derretimento das calotas polares (Figura 37.7).

Influências climáticas globais nos ambientes dos animais

Os ambientes da Terra variam enormemente conforme determinado pelo clima, correntes oceânicas, precipitação e temperaturas características de cada região e quantidade de radiação solar. Esses fatores impõem fortes limites nas áreas geográficas favoráveis para a ocupação por cada espécie animal. A variação global do clima surge do aquecimento desigual da atmosfera pela luz solar. Como os raios solares incidem nas latitudes maiores em um ângulo menor, o aquecimento atmosférico é menor ali do que em latitudes tropicais (Figura 37.8). O ar aquecido nos trópicos (latitudes entre 23° Norte e 23° Sul) eleva-se e desloca-se em direção aos polos, sendo substituído pelo ar frio que sai dos polos em níveis mais baixos da atmosfera. A rotação da Terra complica esse padrão, produzindo um efeito de Coriolis que desvia o ar em movimento para a direita no Hemisfério Norte e para a esquerda no Hemisfério Sul. A circulação do ar em cada hemisfério forma três zonas latitudinais, denominadas células (Figura 37.9). No Hemisfério Norte, o ar quente e

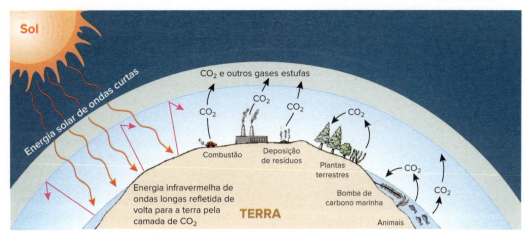

Figura 37.6 "Efeito estufa". O dióxido de carbono e o vapor de água na atmosfera são atravessados pela luz solar, mas absorvem as ondas de calor refletidas pela Terra, levando ao aquecimento do ar na atmosfera. Na bomba marinha de carbono, o dióxido de carbono fixado pelas plantas marinhas (especialmente o fitoplâncton) e transportado na forma iônica (HCO_3^-) pela água fria tende a afundar até grandes profundidades e, dessa maneira, é removido da atmosfera até que correntes oceânicas profundas tragam-no de volta para a superfície do oceano nas regiões tropicais.

úmido proveniente dos trópicos resfria-se e condensa-se conforme sobe, proporcionando uma precipitação para a viçosa vegetação das florestas tropicais equatoriais. O ar quente flui então para o Norte em níveis mais elevados da atmosfera, resfriando-se e descende entre 20 e 30° de latitude. Esse ar é muito seco, tendo perdido sua umidade nos trópicos. À medida que o ar se aquece, absorve ainda mais umidade, causando uma intensa evaporação na superfície da Terra e produzindo um cinturão subtropical de desertos concentrados entre 15 e 30° de latitude Norte ou Sul (desertos do Sudoeste Americano, o Saara Africano, a Península Arábica e a Austrália). O ar flui, então, para o Sul, em direção ao Equador, ganhando umidade à medida que se desloca sobre o oceano, sendo desviado para a direita pelos ventos alísios do Nordeste. O ciclo nessa célula é completado quando o ar, agora úmido, chega ao Equador.

Uma segunda célula de circulação entre 30 e 60° Norte surge quando o ar resfriado que desce próximo aos 30° desloca-se para o Norte na superfície. Entre 50 e 60° Norte, ele encontra o ar frio que vem do Polo Norte movendo-se para o Sul, produzindo uma área instável de tempestades com precipitação abundante. O ar mais quente vindo do Sul desvia-se para cima e volta-se para o Sul em uma altitude maior, completando a segunda célula. Uma terceira célula polar forma-se quando o ar frio do Ártico, que se movimenta para o Sul, retorna para o polo nas altitudes mais altas.

As correntes oceânicas influenciam tanto os ambientes marinhos quanto os ambientes terrestres próximos (Figura 37.10). As correntes globais causam uma mistura das águas superficiais mais quentes com as águas profundas mais frias. As correntes quentes que saem da Costa Oeste da Europa mantêm os ambientes terrestres do Oeste Europeu mais quentes do que seriam e, também, mais quentes do que as áreas continentais do interior a Leste.

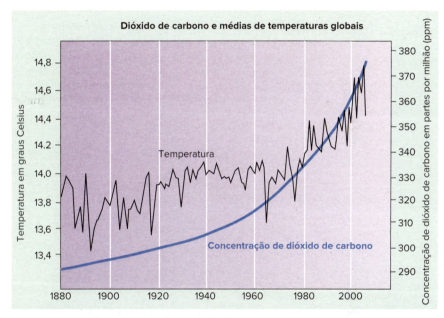

Figura 37.7 Elevação do dióxido de carbono atmosférico global e temperaturas médias globais nos últimos 126 anos. Os dados pontuais anteriores a 1958 são provenientes de análises do ar aprisionado em bolhas no gelo glacial de diversos locais ao redor do mundo. O dióxido de carbono atmosférico tem aumentado em média por mais de 1 século, enquanto a temperatura da Terra tem seguido uma tendência de elevação mais irregular.

Tema-chave 37.2
ECOLOGIA
Dióxido de carbono e temperatura global

O dióxido de carbono atmosférico aumentou de cerca de 280 partes por milhão (ppm) antes da Revolução Industrial a uma média de 400 ppm hoje. No século passado, a temperatura global aumentou 0,4°C e a maioria dos especialistas concorda que terá aumentado de 2 a 6°C quando o dióxido de carbono e outros gases de efeito estufa que retêm o calor dobrarem no próximo século. O dióxido de carbono atmosférico e as temperaturas têm sido muito mais altos do que esses níveis projetados em vários momentos da longa história da Terra, como partes da era Paleozoica (do Devoniano ao Carbonífero), durante a qual o mundo inteiro era quente e úmido.

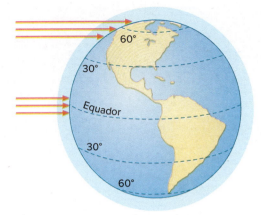

Figura 37.8 O clima da Terra é determinado pela radiação solar diferencial entre as latitudes mais altas e as latitudes tropicais (entre 23° Norte e 23° Sul). A energia solar em altas latitudes se espalha por uma área de superfície muito maior e inclinada do que uma quantidade equivalente de energia nos trópicos. Este diagrama mostra os raios do Sol conforme atingiriam a Terra durante o equinócio de outono ou vernal, quando o Equador está mais perpendicular ao Sol e, portanto, recebe a radiação mais concentrada. Como o eixo Norte-Sul da Terra não é perpendicular ao Sol, as latitudes que recebem os raios mais concentrados variam entre 23° ao Norte (o Trópico de Câncer) e 23° ao Sul (o Trópico de Capricórnio) conforme a Terra orbita o Sol. Os raios solares estão mais concentrados no Trópico de Câncer durante o solstício de verão e mais concentrados no Trópico de Capricórnio durante o solstício de inverno. Latitudes entre os trópicos de Câncer e Capricórnio são chamadas coletivamente de trópicos.

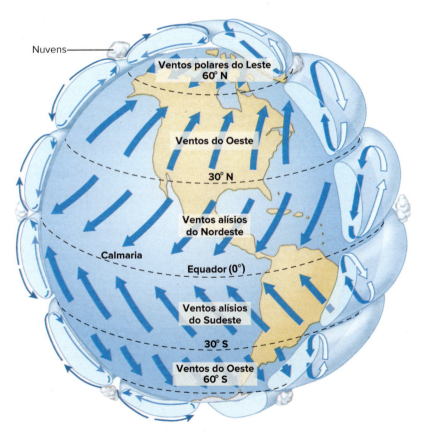

Figura 37.9 A Terra como uma máquina térmica. Como resultado de um aquecimento desigual da superfície da Terra, juntamente com outros fatores como o movimento de rotação, a circulação dos oceanos e a presença de massas de terra, o planeta atua como um aquecedor gigante que impõe uma complexa miscelânea de climas na Terra. Ver texto para mais explicações.

Ambientes terrestres: biomas

Um bioma é uma grande unidade biótica que tem um conjunto de vida vegetal característico e facilmente reconhecível. Os botânicos reconheceram, há muito tempo, que o ambiente terrestre poderia ser dividido em grandes unidades com uma vegetação particular, como florestas, pradarias e desertos. A distribuição de animais sempre foi mais difícil de mapear porque as distribuições de plantas e de animais não coincidem exatamente. Os zoogeógrafos usam as distribuições de plantas como unidades bióticas básicas e reconhecem os biomas como combinações características de plantas e animais. Um bioma é, portanto, identificado pela sua formação vegetal predominante (Figura 37.11), mas, como os animais dependem das plantas, cada bioma sustenta uma fauna característica.

Cada bioma é distinto, mas as comunidades vegetais misturam-se entre si ao longo de grandes áreas. Conforme uma pessoa desloca-se em direção ao Oeste, pela América do Norte, as florestas decíduas úmidas dos Apalaches mudam gradualmente para as florestas de carvalho mais secas da parte superior do Vale do Rio Mississippi, e então aos bosques de carvalho com sub-bosque de gramíneas, que dão lugar às pradarias altas e mistas (agora campos de milho e trigo), depois a campos desérticos e, finalmente, aos desertos arbustivos. Os limites não definidos, onde as plantas dominantes de biomas adjacentes se misturam, formam um gradiente quase contínuo denominado **ecoclina**. Portanto, os biomas são abstrações, um modo conveniente de organizar nossos conceitos sobre diferentes comunidades. Contudo, qualquer um pode distinguir um campo, uma floresta decídua, uma floresta de coníferas, ou um deserto arbustivo, pelas plantas dominantes em cada um deles, e podemos predizer, a partir da vegetação, quais animais vivem em cada bioma.

Os principais biomas terrestres são a floresta temperada decídua, a floresta temperada de coníferas, a floresta tropical, os campos, a tundra e o deserto. Nessa breve descrição, vamos nos referir especialmente aos biomas da América do Norte, considerando as características predominantes de cada um.

Floresta temperada decídua

A floresta temperada decídua, mais bem desenvolvida no Leste da América do Norte, abrange diversos tipos de florestas que se modificam gradualmente do Nordeste para o Sul. Nela predominam as árvores de folhas amplas e decíduas, como o carvalho, o bordo e a faia. As estações são mais distintas entre si nesse bioma. O hábito decíduo é uma adaptação de dormência para os baixos níveis de energia solar e as temperaturas muito baixas do inverno. No verão, essas florestas relativamente densas formam um dossel fechado e um intenso sombreamento. Consequentemente, as plantas do sub-bosque crescem rapidamente na primavera e florescem cedo antes que o dossel se desenvolva. A precipitação média anual é relativamente alta (750 a 1.250 mm), e a chuva cai periodicamente por todo o ano. As temperaturas médias anuais ficam entre 5 e 18°C.

As comunidades de animais nas florestas decíduas respondem ao início do inverno de várias formas. Alguns, como os pássaros insetívoros, migram. Outros, como as marmotas, hibernam

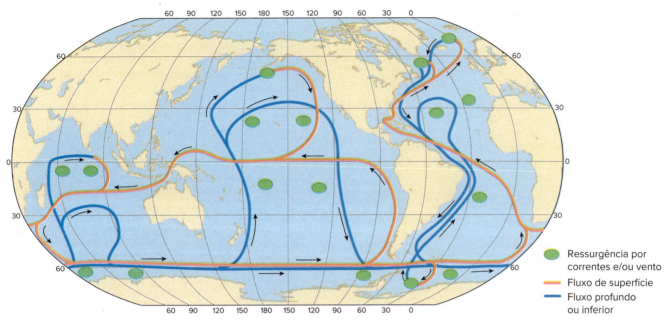

Figura 37.10 Correntes oceânicas e locais de ressurgência de nutrientes que sustentam a abundante vida animal no ambiente pelágico.

durante os meses de inverno. Outros sobrevivem usando o alimento disponível (como os cervos) ou depósitos de alimentos armazenados (como fazem os esquilos). A caça e a destruição de hábitats eliminaram amplamente os grandes carnívoros (pumas, linces e lobos) das florestas do Leste. Os cervos, entretanto, multiplicaram-se nas florestas secundárias. As comunidades de insetos e invertebrados são abundantes nas florestas decíduas onde troncos em decomposição e os detritos no chão proporcionam um excelente abrigo.

A exploração intensa das florestas decíduas da América do Norte começou no século XVII e atingiu seu máximo no século XIX. A extração da madeira removeu os outrora magníficos bosques de espécies de árvores de folhas largas temperadas. Com o início da utilização das pradarias para agricultura, muitas fazendas do Leste foram abandonadas e gradualmente voltaram a ser florestas decíduas.

Floresta de coníferas

Na América do Norte, as florestas de coníferas formam um cinturão amplo, contínuo, de escala continental, estendendo-se do Canadá ao Alasca e ao Sul pelas Montanhas Rochosas até o México. Esse bioma continua pelo Norte da Eurásia, constituindo uma das maiores formações vegetais da Terra. As árvores perenes, incluindo pinheiros, abetos, espruces e cedros, dominam esse bioma, estando adaptados para resistir às temperaturas congelantes do inverno e às estações curtas de crescimento do verão. As árvores cônicas de galhos flexíveis descartam facilmente a neve. A área ao Norte é a **floresta boreal**, frequentemente denominada **taiga** (uma palavra russa). A taiga é dominada por espruces brancos e negros, bálsamos, abetos subalpinos, lariços e bétulas. A precipitação média anual fica abaixo de 1.000 mm, e as temperaturas médias variam de –5 até +3°C.

Na América do Norte central, a taiga se funde com a floresta decídua temperada formando uma **floresta temperada mista**, que combina árvores coníferas e decíduas. Ela é dominada por bordos-de-açúcar, pinheiros brancos e vermelhos e cicutas de leste. Grande parte dessa floresta foi destruída pela exploração da madeira e substituída por uma floresta secundária, que tem uma proporção maior de árvores decíduas, incluindo bordos-de-açúcar,

Figura 37.11 Principais biomas da América do Norte. As fronteiras entre os biomas não são distintas, mas mudam gradativamente ao longo de grandes áreas.

faias e bétulas-amarelas. Os carvalhos e as nogueiras dominam as florestas temperadas mistas mais ao Sul e ocorrem menos frequentemente nas **florestas perenes do Sul**, dominadas por pinheiros, que recobrem boa parte do Sudeste dos EUA. As últimas florestas maduras de coníferas do Noroeste do Pacífico estão desaparecendo rapidamente devido à extração comercial de madeira.

Os mamíferos das florestas boreais incluem cervos, alces (Figura 37.12), renas; lebres; vários roedores; carnívoros como lobos, raposas, carcajus, linces, doninhas e martas; e os onívoros ursos. Eles têm adaptações fisiológicas ou comportamentais para os longos e frios invernos com neve, como ilustrado pela hibernação dos ursos durante os meses mais frios. As aves comuns incluem chapins, sitídeos, parulídeos e gralhas. Uma das aves, o cruza-bico, tem um bico especializado para pegar as sementes das coníferas. Os mosquitos e moscas são pragas para os seres humanos e animais nesse bioma. As florestas de coníferas do Sul não têm muitos dos mamíferos encontrados no Norte, mas têm mais serpentes, lagartos e anfíbios.

Floresta tropical

O cinturão equatorial mundial de florestas tropicais tem alta precipitação (mais de 2.000 mm por ano), alta umidade, temperaturas relativamente altas e constantes, com médias acima de 17°C, e pouca variação sazonal na duração do dia. Essas condições nutrem um crescimento luxuriante e ininterrupto, que atinge sua máxima intensidade nas florestas pluviais. Em contraste acentuado com as florestas decíduas temperadas, dominadas por relativamente poucas espécies de árvores, as florestas tropicais contêm milhares de espécies, nenhuma delas dominante. Um único hectare contém normalmente de 50 a 70 espécies de árvores contra 10 a 20 espécies em uma área equivalente de floresta de árvores de folhas largas no Leste dos EUA. As trepadeiras e as epífitas ocorrem entre troncos e galhos.

Uma característica marcante das florestas tropicais é a estratificação da vida em seis a oito estratos de alimentação (Figura 37.13). As aves e os morcegos insetívoros voam acima do dossel; abaixo dele, aves, morcegos frugívoros e outros mamíferos se alimentam de folhas e frutos. Nas zonas intermediárias estão os mamíferos arborícolas (como macacos e preguiças), inúmeras aves, morcegos insetívoros, insetos e anfíbios. Os animais escansoriais, como os esquilos e civetas, movimentam-se ao longo dos troncos das árvores, alimentando-se em todos os estratos. No solo estão os grandes mamíferos, como os grandes roedores da América do Sul (p. ex., capivara, paca e cutia) e membros da família dos porcos. Finalmente, pequenos animais insetívoros, carnívoros e herbívoros buscam por alimento na serapilheira e nos galhos mais baixos. Nenhum outro bioma se compara à incrível variedade de espécies animais das florestas tropicais. As teias alimentares (ver Figura 38.10) são intricadas e notoriamente difíceis de serem elucidadas.

As florestas tropicais, especialmente a enorme extensão centrada na Bacia Amazônica, são os ecossistemas florestais mais seriamente ameaçados. Grandes áreas são desmatadas para a agricultura por métodos de derrubada e queimada, mas as fazendas são rapidamente abandonadas porque a fertilidade do solo é baixa. Pode parecer paradoxal que um bioma tão luxuriante quanto as florestas tropicais tenha um solo pobre; entretanto, os nutrientes liberados pela decomposição são rapidamente reciclados pelas plantas, micróbios e fungos, não deixando nenhuma reserva de húmus. Em muitas áreas, o solo rapidamente se torna uma crosta dura, quebradiça denominada **laterita** após a remoção da vegetação. As plantas tropicais não recolonizam tais áreas. Outras pressões sobre as florestas tropicais incluem a exploração de madeira por madeireiras multinacionais e o desmatamento para criação de gado.

Campos

O bioma das pradarias norte-americanas está entre os campos mais extensos do mundo, estendendo-se desde a borda das Montanhas Rochosas, a Oeste, até as florestas decíduas no Leste e no Norte do México, ao Sul, até as províncias canadenses de Alberta, Saskatchewan e Manitoba, ao Norte. As associações originais de plantas e animais dos campos foram amplamente transformadas nas regiões de maior produtividade agrícola do mundo, dominadas por monoculturas de cereais. Nos pastos, virtualmente todas as principais gramíneas nativas foram substituídas por espécies exóticas. Do outrora herbívoro dominante, o bisão, muito poucos sobreviveram; porém, lebres, cães-da-pradaria, esquilos terrestres e antílopes persistem. Os mamíferos predadores incluem coiotes, furões e texugos, embora apenas os coiotes sejam comuns. Vastas áreas de pradarias abertas com gramíneas altas ainda existem nos montes Flint do Kansas e Norte de Oklahoma, e grandes áreas de pradarias de gramíneas baixas ocorrem no Oeste do Kansas e Nebraska. Essas regiões conservam uma vegetação e animais predadores nativos, incluindo as aves de rapina, os pumas e os linces-vermelhos. A precipitação na pradaria norte-americana varia de 800 mm no Leste a 400 mm no Oeste. As temperaturas médias anuais variam entre 10 e 20°C.

Figura 37.12 Um alce macho alimenta-se de um abeto-anão na floresta boreal de coníferas ou bioma taiga. Note a perda da pele que recobre a galhada (o "veludo"), significando que o crescimento da galhada está completo e que a estação reprodutiva se aproxima.

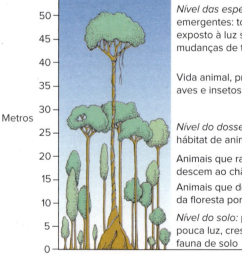

Figura 37.13 Perfil de uma floresta tropical, que mostra a diferenciação vertical da vida animal e vegetal em seis estratos. A biomassa animal é pequena em comparação com a biomassa vegetal.

Tundra

A tundra caracteriza as regiões de frio intenso, especialmente as regiões árticas sem árvores e os topos das altas montanhas. A vida vegetal precisa se adaptar a uma estação de crescimento curta de cerca de 60 dias e a um solo que normalmente está congelado. A precipitação média anual é menor que 250 mm, e a temperatura anual média, cerca de –10°C.

A maioria das regiões de tundra está coberta por pântanos temperados, charcos, poças (pequeninas lagoas) e uma camada esponjosa de vegetação em decomposição, embora as tundras mais altas possam estar cobertas apenas por liquens e gramíneas. Apesar do solo fino e uma curta estação de crescimento, plantas lenhosas anãs, gramíneas, ciperáceas e liquens podem prosperar. Os animais característicos da tundra ártica são os lemingues, o caribu (Figura 37.14), o boi-almiscarado, a raposa-do-ártico, a lebre-do-ártico, os lagópodes-brancos e (durante o verão) muitas aves migratórias.

O gregário caribu viaja em grandes manadas, alimentando-se de gramíneas, salgueiro-anão e bétula no verão, e quase exclusivamente de liquens no inverno.

Deserto

Os desertos são regiões áridas onde a precipitação é baixa (menos de 250 mm por ano) e a evaporação de água é alta. O deserto norte-americano tem duas partes, os desertos quentes do Sudoeste (Mojave, Sonora e Chihuahua) e o frio e alto deserto na sombra de chuva da Alta Sierras e das Montanhas Cascade. As plantas de deserto, como os arbustos e cactos espinhosos, têm folhagem reduzida, sementes resistentes à seca e outras adaptações para conservar a água. Muitos animais grandes de deserto têm adaptações anatômicas e fisiológicas notáveis para manterem-se frios e conservarem água (ver Seção 30.4). A maioria dos animais pequenos evita as condições extremas vivendo em tocas ou adotando hábitos noturnos. Os mamíferos incluem veados-mula, javali-americano, coelhos-de-cauda-de-algodão, lebres, ratos-cangurus e esquilos-terrestres. Os mecanismos fisiológicos que permitem que um mamífero preserve a água do corpo em condições áridas são particularmente bem estudados nos ratos-canguru (ver Tabela 30.1). As aves típicas são o papa-léguas, a carriça-de-cacto, o urubu-de-cabeça-vermelha e a coruja-buraqueira. Os lagartos, cobras e jabutis são numerosos, e umas poucas espécies de sapos são comuns. Os artrópodes incluem grande variedade de insetos e aracnídeos.

Águas continentais

Apenas 2,5% da água do mundo é água doce. A maior parte da água doce ocorre nas calotas polares ou em aquíferos e solos subterrâneos, deixando apenas 0,01% das águas continentais do mundo disponíveis como hábitat para a vida aquática. Um quarto dos vertebrados do planeta e quase metade dos peixes vivem nessas "ilhas" frágeis de água, que devem suprir também as necessidades humanas de irrigação, água potável, energia hidroelétrica e eliminação de dejetos.

As águas continentais existem como águas correntes, ou hábitats **lóticos** (do latim, *lotus*, ação de lavar) e águas paradas, ou hábitats **lênticos** (do latim *lentus*, lento). Os hábitats lóticos seguem um gradiente desde os córregos das montanhas até os riachos e rios. Os riachos e córregos com fluxo de água rápido contêm muito oxigênio dissolvido devido à sua turbulência. Os nutrientes são principalmente detritos orgânicos carreados das áreas terrestres adjacentes. Os rios de fluxo mais lento têm menos oxigênio dissolvido e mais algas e plantas flutuantes. Sua fauna tolera concentrações de oxigênio mais baixas.

Os hábitats lênticos, como poças e lagos, têm concentrações de oxigênio ainda mais baixas, particularmente nas áreas mais profundas. Os animais que vivem nos sedimentos ou na vegetação submersos (**bentos**) incluem caramujos, mexilhões, crustáceos e uma grande variedade de insetos. Muitas formas natantes, chamadas de **nécton**, ocorrem nos lagos e lagoas maiores. Dependendo da disponibilidade de nutrientes, uma grande massa de pequenas plantas e animais flutuantes pode ocorrer (**plâncton**). As lagoas e lagos têm vida curta, de algumas centenas a milhares de anos, dependendo do tamanho e da taxa de sedimentação, e sofrem grandes mudanças físicas com o passar do tempo. Por exemplo, os Grandes Lagos da América do Norte, que ocupam depressões escavadas pelos avanços glaciais do Pleistoceno, degelaram há cerca de 5.000 anos.

Tema-chave 37.3
ECOLOGIA

Lago Baikal

Uma exceção notável para a curta vida dos lagos é o Lago Baikal, no Sul da Sibéria. Esse lago enorme, com 1.741 m de profundidade, é de longe o lago mais antigo do mundo, datando pelo menos do Paleoceno – mais de 60 milhões de anos atrás. A especiação dos peixes Cottoidea do lago Baikal está ilustrada na Figura 6.17.

Muitos hábitats de água doce estão gravemente alterados pela poluição humana, como o despejo de rejeitos industriais tóxicos e enormes quantidades de esgoto. Dos Grandes Lagos, o lago Erie é o mais seriamente afetado pelo despejo de nitratos e fosfatos. Esses nutrientes fertilizam os lagos, criando grandes florações algais (em inglês, *blooms*), que afundam e se decompõem, produzindo condições anóxicas que prejudicam a vida aquática.

Tema-chave 37.4
CONEXÃO COM SERES HUMANOS

Aquecimento global e a água doce

O aquecimento global desafia nosso suprimento de água doce. As geleiras e calotas polares armazenam mais de 68% do suprimento de água doce da Terra, mas as mudanças climáticas têm causado um recente derretimento rápido. A maioria dos principais aquíferos (reservatórios subterrâneos) do mundo está diminuindo. Os principais aquíferos da Califórnia perderam cerca de 16 milhões de acres por ano entre 2011 e 2016. Nos três primeiros meses de 2017 choveu mais do que o dobro do normal, mas seriam necessários 4 anos de chuvas acima da média para a Califórnia repor as perdas anteriores.

A demanda por água doce aumenta à medida que a população humana cresce. E 70% do uso global de água doce é para a agricultura. A água necessária para o resfriamento de usinas térmicas (carvão, gás natural, nuclear) também aumenta com o tamanho da população, embora as fontes renováveis de energia (solar e eólica) aliviem a demanda por água como refrigerante.

As tecnologias para aumentar o suprimento de água doce utilizável incluem captação de água da chuva, irrigação eficiente, recuperação de água de drenagem e dessalinização da água do mar. O eficiente sistema de tratamento de água de Israel recupera 86% da água de esgotamento, e mais da metade da água potável de Israel vem da dessalinização, embora esse método seja energeticamente caro e produza resíduos de sal. Onde a chuva é abundante, a captação da água da chuva é mais simples e barata. O maior tanque de coleta de água da chuva de Melbourne armazena até quatro milhões de litros.

Figura 37.14 Um grande caribu macho na tundra do Alasca.

Ambientes oceânicos

Os oceanos ocupam, de longe, a maior parte da biosfera terrestre, recobrindo 71% da superfície da Terra a uma profundidade média de 3,75 km, com suas maiores profundidades atingindo mais de 11,5 km abaixo do nível do mar. A monotonia da superfície do oceano esconde a diversidade de vida abaixo. Os oceanos são o berço da vida, refletido na diversidade de organismos que vivem lá – mais de 200 mil espécies de formas unicelulares, plantas e animais. Cerca de 98% dessas formas vivem no solo oceânico (**bentônicos**); apenas 2% vive na coluna d'água no oceano aberto (**pelágicos**). Das formas bentônicas, a maior biomassa ocorre na zona entremarés ou em partes rasas dos oceanos, porém a diversidade de espécies aumenta a partir das águas rasas até um máximo de 2.000 a 3.000 m de profundidade, e então volta a cair nas profundidades maiores.

As áreas mais produtivas estão concentradas ao longo das margens continentais e em algumas poucas áreas onde as águas são enriquecidas por nutrientes e detritos orgânicos carregados por correntes de ressurgência (do fundo para a superfície) até a região iluminada pelo Sol, ou zona **fótica**, onde a atividade fotossintética acontece. Com certas exceções notáveis (ver Tema-chave 38.4), toda a vida abaixo da zona fótica é sustentada por uma leve "chuva" de partículas orgânicas proveniente da superfície oceânica.

Um **estuário** é uma zona de transição semifechada onde a água doce entra no mar. Apesar da salinidade instável causada pela entrada variável de água doce, um estuário é um hábitat rico em nutrientes que sustenta uma fauna diversa.

As comunidades bentônicas do solo oceânico ocupam províncias geológicas classificadas por topografia, substrato e distância da costa (Figura 37.15). Próximo à costa estão as **margens continentais**, que contêm (1) uma **plataforma continental**, que se estende das águas rasas junto à costa até uma profundidade de 120 a 400 m; (2) um **talude continental**, marcando um declive abrupto da região mais externa da plataforma até uma profundidade de 3.000 a 5.000 m; e (3) a **elevação** (ou **sopé**) **continental**, constituída por sedimentos grossos acumulados na base do talude continental. Para além dessa margem continental está a bacia do mar profundo, ou **planície abissal**, uma planície longe da costa com canais e elevações submarinos, em uma média de 4.000 m de profundidade, mas chegando até 11.000 m. A planície abissal apresenta pouca variação sazonal de temperatura e iluminação e, portanto, é relativamente estável, apesar da considerável heterogeneidade espacial.

Zona entremarés rochosa

A **zona entremarés** é a porção da plataforma continental exposta ao ar durante as marés baixas; os animais das comunidades entremarés sofrem flutuações diárias entre os ambientes marinho e terrestre. Fixados aos substratos entremarés rochosos estão caramujos, cracas, mexilhões e outras formas cujo exoesqueleto os protege da dessecação e da abrasão física pelas ondas. Os gastrópodes marinhos e as estrelas-do-mar consomem essas formas sésseis. As interações entre os estresses físicos, a predação e a competição interespecífica (ver Seção 38.1) frequentemente produzem faixas visivelmente distintas; os caramujos dominam as rochas mais expostas, as cracas, as áreas intermediárias e os mexilhões, as superfícies mais submersas. As depressões nas superfícies rochosas frequentemente formam poças isoladas durante a maré baixa na costa exposta. Essas poças de maré sustentam anêmonas, corais, tunicados e outras formas que não se adaptam às superfícies totalmente expostas. As algas fixas frequentemente ficam espalhadas entre a fauna da zona entremarés rochosa. A fauna da zona entremarés é abundante nas costas do Atlântico e do Pacífico Norte da América do Norte.

Zona infralitoral rochosa

As florestas de kelps,[a] dominadas por algas-marrons, ocupam as águas rasas de infralitoral por todo o mundo, chegando até mesmo nos Círculos Ártico e Antártico. As kelps fixam-se a um substrato firme por meio de ganchos e crescem para cima, algumas chegando à superfície, formando um dossel análogo ao de

---

[a] N.R.T.: algas marinhas de grande porte que formam florestas submarinas (ordem Laminariales).

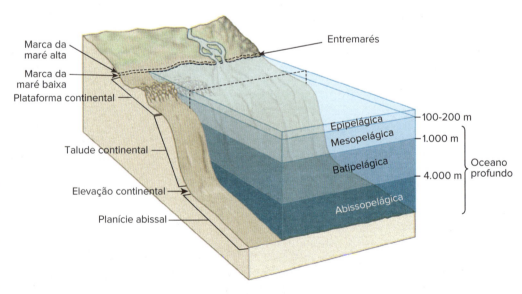

Figura 37.15 Principais zonas marinhas. A plataforma, o talude e a elevação continental formam, coletivamente, a margem continental.

uma floresta tropical. O pastejo por ouriços-do-mar e os danos causados por tempestades alteram muito a estrutura de uma floresta de kelps. Inúmeras espécies de abalones, ouriços-do-mar e lapas pastam nas florestas das algas kelps da costa do Pacífico na América do Norte. Essas florestas de kelps sustentam uma vida animal diversa, incluindo mexilhões que se alimentam de material em suspensão e seus predadores crustáceos. As populações de lontras marinhas, que consomem os moluscos, os ouriços-do-mar e os peixes das florestas de kelps, aumentam a densidade destas removendo os ouriços-do-mar, que são poderosos pastadores.

Recifes de coral ocorrem na costa de ilhas continentais e vulcânicas, e incluem os atóis, uma série de recifes ao redor de uma ilha vulcânica submersa. Os recifes protegem uma comunidade de infralitoral particularmente diversa contra os danos causados pelas ondas, e seu substrato é uma estrutura topograficamente complexa formada por crescimentos mutualísticos de corais e algas unicelulares (ver Seção 13.1). Um único recife pode conter 50 ou mais espécies de coral com diferentes espécies dominando diferentes profundidades. A topografia complexa de um recife divide sua superfície em inúmeras subcomunidades associadas a níveis variáveis de iluminação e orientação física, sustentando, assim, centenas de espécies de peixes e caramujos, além de cnidários, crustáceos, esponjas, poliquetas, moluscos, equinodermos, tunicados e outros invertebrados. Como as relações simbióticas complexas caracterizam uma comunidade de recife de coral, nenhuma espécie domina a sua estrutura. Portanto, os recifes são menos perturbados por mudanças em uma espécie do que as florestas de kelps do Pacífico, cujas estruturas de comunidade alteram-se muito com a densidade local de populações de lontras. Entretanto, as comunidades de recifes são muito suscetíveis aos danos causados por poluição química e pelo aumento da temperatura da água.

Muitas espécies competindo por um espaço limitado em um recife de coral têm interações agonísticas. Os ectoproctos clonais (ver Seção 15.4) competem crescendo por cima de outros, fazendo com que alguns grupos desenvolvam brotamento clonal rapidamente e estruturas eretas resistentes à sobreposição. Alguns corais de crescimento lento destroem seus vizinhos utilizando tentáculos com espinhos e secreções digestivas. As relações mutualísticas também existem, incluindo a proteção de peixes-palhaço por anêmonas que em outra situação seriam predadoras, fixadas em recifes de corais (ver Figura 13.20). Portanto, a aparente estabilidade dos recifes de coral é estabelecida por interações dinâmicas entre muitas espécies.

Sedimentos moles próximos à costa

Os ambientes infralitoral e entremarés próximos à costa com sedimentos moles sustentam diversos biomas marinhos, incluindo praias, alagadiços, lamaçais, **marismas, bancos de fanerógamas marinhas** e **comunidades de manguezal**. Um substrato arenoso que é exposto ao ar durante a maré baixa pode ser colonizado por fanerógamas, seguidas por mexilhões, caranguejos e camarões de pântano que vivem em tocas, e poliquetas que se alimentam de depósitos, formando as características de um marisma. Os pequenos córregos nos marismas são hábitats particularmente favoráveis para muitos poliquetas, mexilhões, caramujos, crustáceos e peixes. Os pequenos peixes, como os ciprinodontídeos, atraem predadores como trinta-réis e martins-pescadores. Esses pântanos são fontes importantes de matéria orgânica e proporcionam berçários para muitas espécies de peixes marinhos.

Ambientes de infralitoral costeiros rasos incluem os prados de fanerógamas marinhas, as quais em geral colonizam sedimentos recentemente depositados e tornam-se densas ao longo das costas do Atlântico, da Europa e da América do Norte. Os hidroides, esponjas e briozoários ocorrem entre as fanerógamas, que também sustentam larvas de bivalves.

Nas águas calmas das costas marinhas tropicais e subtropicais, as árvores de manguezais crescem em sedimentos moles submersos, formando densas florestas ao longo da costa. As raízes submersas do manguezal sustentam uma rica comunidade marinha de comedores de detritos, incluindo ostras, caranguejos e camarões. Os peixes também são abundantes. Os manguezais talvez sejam únicos por manter uma comunidade marinha em suas raízes e, simultaneamente, uma comunidade terrestre em seus ramos expostos.

Sedimentos do fundo oceânico

O fundo oceânico inclui o talude continental, a elevação continental e a planície abissal (ver Figura 37.15). Nessas regiões, predominam os sedimentos moles, compostos de areia clara, onde fluem correntes fortes, e um fino lodo, onde as correntes são fracas. Os invertebrados comedores de suspensão (ver Seção 32.1) dominam os substratos arenosos, porém são raros nos lodosos. Os experimentos realizados com mariscos comedores de suspensão mostram que a alta turbidez nas áreas lodosas danifica os sistemas de filtração. Os animais que se alimentam de depósitos são abundantes nos substratos lodosos, produzindo um mosaico de comunidades de animais na planície abissal correspondente ao tipo de substrato. Os animais que se alimentam de depósitos, como os pepinos-do-mar, poliquetas e equiuros, produzem acúmulos fecais que proporcionam substratos localizados para comedores de suspensão menores, como bivalves, poliquetas e crustáceos, em uma área que, de outra forma, seria inapropriada para a alimentação de suspensão. Os peixes e as plantas mortos caem no fundo oceânico, sustentando bactérias e comedores de depósitos.

Fontes hidrotermais

Ocorrências esporádicas de fontes hidrotermais (ver Tema-chave 38.4) contribuem ainda mais para o mosaico dos ambientes e das comunidades de animais do fundo oceânico. As fontes hidrotermais ocorrem na planície abissal onde a atividade vulcânica submarina joga água quente e rica em sulfeto para cima por meio de uma fenda na rocha no fundo do mar. As arqueobactérias que obtêm sua energia da oxidação dos sulfetos formam tapetes nas superfícies rochosas próximas às fontes, onde são consumidas por bivalves, lapas e caranguejos. Os outros bivalves contêm arqueobactérias simbiontes em suas brânquias que são capazes de oxidar enxofre. Os pogonóforos gigantes ou vermes siboglinídeos (ver Seção 17.1) também alojam arqueobactérias simbiontes para obter nutrição. As fontes hidrotermais são efêmeras; a frequente colonização de fontes recém-formadas propaga essas comunidades.

Ambiente pelágico

O vasto oceano aberto é denominado ambiente **pelágico** (Figura 37.17). Apesar do seu tamanho (90% da área oceânica total), o ambiente pelágico é relativamente pobre em termos biológicos porque, à medida que os organismos morrem, eles afundam da zona fótica, carregando os nutrientes para a zona batipelágica.

Áreas de **ressurgência** e de convergência de correntes oceânicas (ver Figura 37.10) são fontes vitais de renovação de nutrientes para a zona fótica da superfície. O fitoplâncton é abundante nas ressurgências no Mar Antártico e a fotossíntese por esses fitoplânctons introduz um amplo suprimento de nutrientes orgânicos para essas águas. Os principais predadores do fitoplâncton incluem um pequeno crustáceo chamado *krill* (ver Figura 20.25), que é a principal fonte de alimento para as baleias de barbatanas. Estima-se que,

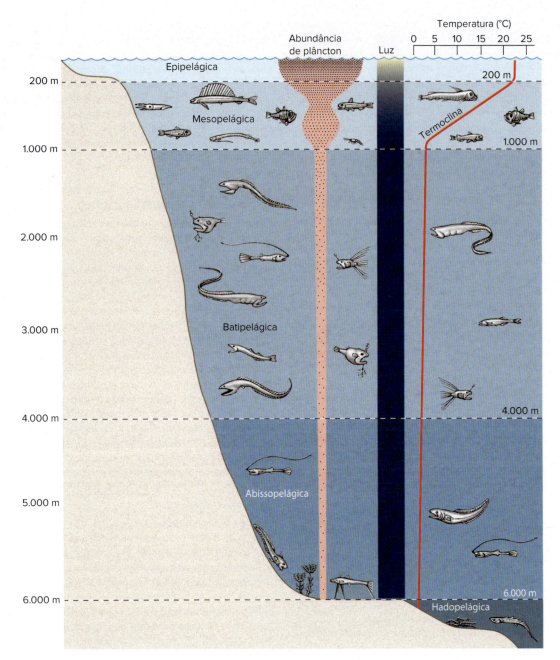

Figura 37.16 A vida nas zonas pelágicas. Cada zona sustenta uma comunidade diferente de organismos. Os animais que vivem abaixo da zona mesopelágica dependem da escassa comida que afunda das zonas epipelágica e mesopelágica.

quando eram abundantes, as populações de baleias de barbatanas poderiam consumir mais de 70 milhões de toneladas de *krill* por ano.

As áreas de pesca mais produtivas do mundo estão concentradas em regiões de ressurgência. Antes do seu colapso em 1972, a pesca de anchovas no Peru, que dependia da corrente do Peru, proporcionava 22% de toda a pesca mundial! A atividade se recuperou mais tarde, embora sua produtividade varie com as flutuações climáticas e a regulamentação sobre a pesca. Antes disso, a pesca de sardinhas na Califórnia e a de arenques no Japão, ambas em regiões de ressurgência, foram intensamente realizadas até o ponto de colapso dos recursos pesqueiros, que nunca se recuperaram. Atualmente, os recursos pesqueiros do mundo estão seriamente ameaçados pela exploração excessiva, degradação dos hábitats dos peixes por redes de arrasto, métodos de pesca perdulários e poluição marinha. Algumas das maiores regiões de pesca do mundo, como o Grand Banks e o George Banks no Leste da América do Norte, foram destruídas.

Abaixo da superfície, ou zona **epipelágica**, estão as grandes profundezas oceânicas, caracterizadas por uma pressão enorme, escuro permanente e uma temperatura constante próxima a 0°C. O fundo do mar permanecia um mundo desconhecido para os seres humanos até que câmeras com iscas, batiscafos e redes de arrasto para altas profundidades foram baixadas para ver e amostrar o fundo dos oceanos. Existem diversos hábitats distintos nas profundezas oceânicas (Figura 37.16). A zona **mesopelágica** é a "zona de penumbra", que recebe uma luz difusa e sustenta uma comunidade de animais variada. Abaixo da zona mesopelágica está um mundo de escuridão permanente, dividido em três zonas de profundidade, como mostrado na Figura 37.16: batipelágica, abissopelágica e hadopelágica. As formas que habitam o fundo dos oceanos dependem da escassa "chuva" de detritos orgânicos que cai a partir das zonas acima, escapando do consumo pelos organismos da coluna d'água.

CAPÍTULO 37 Distribuição de Animais 781

RESUMO

Seção	Conceito-chave
37.1 Princípios da biogeografia histórica	• A zoogeografia é o estudo da distribuição animal na Terra e sua história, utilizando evidências das distribuições atuais das espécies animais, fósseis e análises de sistemática filogenética • Os animais se distribuíram por dispersão, que consiste na propagação das populações a partir do seu centro de origem, e por vicariância, que é a separação das populações por barreiras • A deriva continental, agora fortemente sustentada pela teoria de tectônica de placas, explica como alguns grupos de animais tornaram-se geograficamente separados de forma que sua diversificação evolutiva pudesse ocorrer. Também explica como determinados grupos, como os mamíferos marsupiais, tornaram-se isolados dos demais • As pontes temporárias de terra funcionaram como importantes rotas para a dispersão animal • Os ciclos climáticos globais interagem com as características topográficas locais gerando histórias complexas de expansão populacional e vicariância para muitos táxons animais
37.2 Distribuição da vida na Terra	• A biosfera é um fino lençol que contém a vida, envolvendo toda a Terra • A vida no planeta é possível devido ao suprimento estável de energia proveniente do Sol, presença de água, uma variação apropriada de temperaturas, a proporção correta de elementos principais e secundários e a filtragem da radiação ultravioleta letal pela camada de ozônio da atmosfera • O ambiente terrestre e os organismos evoluíram juntos, cada um influenciando o outro de modo marcante • A biosfera compreende a litosfera, que é a camada rochosa da Terra; a hidrosfera, que é a distribuição global de água; e a atmosfera, que é a camada de gases que circunda a Terra • O ambiente terrestre do planeta compreende vários biomas, cada um apresentando um conjunto distinto de espécies de plantas e de animais • Nas florestas decíduas do Leste, as estações são bem marcadas e há queda de folhas durante o outono • Ao Norte das florestas decíduas está a floresta de coníferas, cuja faixa mais ao Norte denomina-se taiga, uma área dominada por árvores com folhas em forma de agulha, adaptadas a fortes nevascas. Os animais da taiga estão adaptados para longos invernos com neve • A floresta tropical é o bioma mais rico, caracterizado em parte por uma grande diversidade de espécies vegetais e pela estratificação vertical dos hábitats animais. A maioria dos solos das florestas tropicais deteriora-se rapidamente quando a floresta é removida • O bioma mais modificado são os campos ou pradarias, que foram convertidos em grande parte para agricultura ou pastos • O bioma da tundra, situado mais ao Norte, e o bioma de deserto, são os ambientes mais austeros para a vida animal, mas mesmo assim são habitados por organismos que desenvolveram adaptações apropriadas • Os hábitats de água doce incluem rios e córregos (hábitats lóticos), e lagoas e lagos (hábitats lênticos). Todos são hábitats geologicamente efêmeros, fortemente influenciados pela entrada de nutrientes • Os oceanos ocupam 71% da superfície da Terra. A zona fótica ou iluminada sustenta a atividade fotossintética do fitoplâncton • As comunidades oceânicas de animais são classificadas de acordo com características topográficas, substrato e distância da costa • As comunidades bentônicas com substratos rochosos incluem as regiões entremarés com poças de maré, recifes de coral e florestas de algas (*kelps*), e as comunidades de fontes hidrotermais do fundo do oceano • Comunidades bentônicas em sedimentos moles incluem marismas próximos à costa, leitos de fanerógamas marinhas e comunidades de manguezais • Comunidades bentônicas de mares profundos formam um mosaico de comedores de suspensão em substratos arenosos e comedores de depósito em substratos lodosos. Os recifes de coral são os mais ecologicamente diversos dessas comunidades bentônicas • As comunidades pelágicas incluem uma zona de águas rasas (nerítica) situada sobre a plataforma continental. Essa zona é o local dos grandes recursos pesqueiros mundiais, especialmente produtivos em áreas de ressurgência onde os nutrientes são constantemente renovados • As águas mais profundas do oceano aberto ocupam a maior parte da área oceânica, mas têm baixa produtividade biológica

QUESTÕES DE REVISÃO

1. Por que motivos uma espécie pode estar ausente em um hábitat ou região em que deveria se adaptar bem?
2. Defina e faça a distinção entre as explicações alternativas para as distribuições disjuntas dos animais por meio de dispersão e vicariância.
3. Quem propôs a teoria da deriva continental? Quais as três fontes de evidências que convenceram os geólogos de que ela estava correta?

4. Como a teoria da deriva continental ajuda a explicar a distribuição disjunta dos mamíferos marsupiais na Austrália e na América do Sul?
5. O que foi o Grande Intercâmbio Faunístico Americano? Quando ocorreu e quais foram seus resultados?
6. Quais são as consequências dos ciclos climáticos para a vicariância? Que dificuldades eles introduzem para a metodologia tradicional de biogeografia de vicariância?
7. Como a Terra e a vida que nela se desenvolveu evoluíram juntas, influenciando profundamente uma à outra?
8. O que é a biosfera? Como se distinguem as seguintes subdivisões da biosfera: litosfera, hidrosfera e atmosfera?
9. Qual é a origem do oxigênio da Terra? O que aconteceria com as reservas de oxigênio do planeta se toda a fotossíntese cessasse subitamente?
10. Qual é a evidência de que o aumento de dióxido de carbono na atmosfera é responsável pelo aumento do "efeito estufa"?
11. O que é um bioma? Descreva brevemente seis exemplos de biomas.
12. Descreva três tipos de comunidades marinhas bentônicas que utilizam substratos duros e três que utilizam substratos moles. Quais são os principais fatores físicos que separam os tipos de comunidades dentro de cada categoria de substrato?
13. Quais são alguns dos ambientes marinhos mais produtivos e por que o são?
14. Qual é a fonte de nutrientes para os animais que vivem nos hábitats do fundo dos oceanos?

Para reflexão. Que consequências os ciclos climáticos teriam para a vicariância em uma ilha oceânica que apresentasse tanto montanhas quanto vales, com alguns vales sendo inundados quando o nível do mar estivesse alto?

38

Ecologia Animal

OBJETIVOS DE APRENDIZAGEM

Após leitura do capítulo, você será capaz de:

38.1 Explicar a estrutura hierárquica da ecologia e o importante conceito de nicho.
38.2 Explicar a demografia da população e como o crescimento populacional é regulado.
38.3 Explicar os papéis do parasitismo, da competição e da predação na estruturação de uma comunidade ecológica.
38.4 Definir um ecossistema e explicar o fluxo de matéria e energia por meio de um ecossistema.
38.5 Explicar como as taxas de extinção têm variado ao longo do tempo geológico.

O nicho ecológico de um louva-a-deus inclui outros insetos como recurso alimentar.
iStock@artas

Nicho ecológico e diversidade de espécies animais

A diversidade da vida forma uma hierarquia de unidades que interagem entre si: um organismo individual, uma população, uma comunidade e, na maioria das vezes, inclusive um ecossistema. O hábitat é uma questão central no estudo ecológico da diversidade animal no espaço onde um animal vive. O que um animal faz em seu hábitat constitui o seu nicho: como obtém comida, como atinge perpetuidade reprodutiva – em resumo, como ele sobrevive e permanece adaptado em um sentido darwiniano.

O "princípio da exclusão competitiva" estabelece que duas espécies não podem ocupar o mesmo nicho se coabitarem uma comunidade ecológica estável. Portanto, espécies diferentes podem formar uma comunidade ecológica na qual cada uma tem um papel diferente em seu ambiente compartilhado.

Em meados do século XIX, o zoólogo alemão Ernst Haeckel introduziu o termo **ecologia**, definido como a "relação do animal com seu ambiente orgânico e inorgânico". O ambiente aqui inclui tudo que é externo ao animal, mas, o mais importante, o seu nicho. Embora não restrinjamos mais a Ecologia somente aos animais, a definição de Haeckel continua basicamente válida. A Ecologia Animal é hoje uma ciência que incorpora e sintetiza conhecimentos sobre comportamento, fisiologia, genética e evolução dos animais para estudar as interações entre as populações de animais e seus ambientes.

O objetivo principal dos estudos ecológicos é explicar como essas interações diversas influenciam a distribuição e a abundância geográficas das populações. A medição dos requisitos de nicho de cada espécie é essencial para a compreensão da diversidade animal e para assegurar a sobrevivência contínua de muitas populações.

38.1 HIERARQUIA DA ECOLOGIA
Organismos, populações e comunidades

Estudamos a ecologia como uma hierarquia dos sistemas biológicos em interação com seus ambientes. Na base da hierarquia ecológica está um **organismo**, tal como um animal individual. Para entender por que os animais vivem onde vivem, os ecólogos devem examinar os diversos mecanismos fisiológicos e comportamentais que usam para sobreviver, crescer e reproduzir-se. Os animais endotérmicos, incluindo as aves e os mamíferos, devem manter um equilíbrio fisiológico quase perfeito entre a produção e a perda de calor sob temperaturas extremas, como ocorre no Ártico ou em um deserto. Outras espécies foram bem-sucedidas nessas situações escapando das condições mais extremas via migração ou hibernação. Os insetos, os peixes e outros ectotérmicos (animais cuja temperatura corporal depende do calor do ambiente) respondem a variações nas temperaturas alterando o comportamento e os processos bioquímicos e celulares. Assim, a capacidade fisiológica de um animal permite a ele viver em ambientes que mostram variação e que frequentemente são adversos. As respostas comportamentais também são importantes para obter alimento, encontrar abrigo, escapar de inimigos e de ambientes desfavoráveis, encontrar um parceiro e cuidar da prole. Os mecanismos fisiológicos e comportamentais que melhoram a adaptabilidade ao ambiente contribuem para a sobrevivência do organismo. Os ecólogos que focalizam seus estudos no nível do organismo são chamados de ecofisiologistas ou ecólogos comportamentais.

Na natureza, os animais coexistem com outros da mesma espécie; os animais da mesma espécie formam comunidades reprodutivas chamadas de **populações** (ver Seção 38.2). As propriedades mensuráveis de populações incluem a variabilidade genética entre os indivíduos (polimorfismo), o crescimento da população ao longo do tempo e os fatores que limitam a densidade de indivíduos em cada área. Os estudos ecológicos dessas propriedades ajudam-nos a prever o sucesso futuro de espécies ameaçadas e a descobrir como controlar espécies de pragas.

Assim como os indivíduos não vivem sozinhos na natureza, as populações das diferentes espécies coexistem em associações mais complexas denominadas **comunidades ecológicas**. Uma medida da complexidade de uma comunidade é a **diversidade de espécies**, o número de espécies diferentes que coexistem para formá-la. As populações de espécies em uma comunidade interagem umas com as outras de várias formas; as formas mais comuns de interação são a **predação**, o **parasitismo** e a **competição**. Os **predadores** obtêm energia e nutrientes matando e comendo outros animais, chamados de presas. Os **parasitos** retiram benefícios similares de seus organismos hospedeiros, mas vivem sobre ou no interior do hospedeiro e, em geral, não o matam. Um **parasitoide** vive sobre ou no interior de um organismo hospedeiro, mas no fim mata o mata. A competição ocorre quando o alimento ou o espaço são limitados e os membros da mesma espécie, ou de espécies diferentes, interferem no uso de recursos partilhados com os demais. As comunidades são complexas porque todas essas interações ocorrem simultaneamente e seus efeitos individuais na comunidade raramente podem ser isolados.

As comunidades ecológicas são componentes biológicos de entidades ainda maiores e mais complexas chamadas de **ecossistemas**. Um ecossistema consiste em todas as populações de uma comunidade ecológica juntamente com seu ambiente físico. O estudo dos ecossistemas revela dois processos principais na natureza: o fluxo de energia e a ciclagem de materiais através de canais biológicos. O maior ecossistema é a **biosfera**, a camada fina de solo, água e atmosfera que envolve a Terra e sustenta toda a vida (ver Capítulo 37).

Ambiente e nicho

O ambiente de um animal compreende todas as condições que afetam diretamente sua sobrevivência e reprodução. Esses fatores incluem espaço; formas de energia como a luz do Sol, calor e as correntes de vento e água; e também materiais como solo, ar, água e inúmeras substâncias químicas. O ambiente compreende também outros organismos, que podem ser o alimento de um animal, ou seus predadores, competidores, hospedeiros ou parasitos. Assim, o ambiente inclui tanto os fatores abióticos (inanimados) quanto os bióticos (vivos). Os **recursos**, como espaço e alimento, são fatores ambientais que um animal usa diretamente.

Um recurso pode ser esgotável ou inesgotável, dependendo de como o animal o utiliza. O alimento é esgotável, porque uma vez comido não está mais disponível. Portanto, o alimento deve ser reposto continuamente. O espaço – seja a área de vida total ou apenas uma parte dela, como a quantidade de locais favoráveis para ninhos – não é esgotável ao ser usado, e assim é inesgotável.

O espaço físico onde um animal vive é o seu **hábitat**. O tamanho de um hábitat varia. Um tronco podre é um hábitat comum para as formigas-carpinteiras. Esses troncos ocorrem em hábitats maiores chamados de florestas. Os cervos também habitam florestas, mas como forrageiam em campos abertos, seu hábitat é maior do que uma floresta. Em uma escala maior, algumas aves migratórias ocupam florestas da região temperada norte durante o verão e deslocam-se para os trópicos no inverno setentrional. Portanto, o hábitat é definido pela atividade típica de um animal e não por limites físicos arbitrários.

Os animais de qualquer espécie estão sujeitos aos limites ambientais de temperatura, umidade e alimento nos quais podem crescer, se reproduzir e sobreviver. Um ambiente favorável deve, portanto, atender a todos os requisitos da vida. Um marisco de água doce que habita um lago tropical poderia tolerar a temperatura de um oceano tropical, mas a salinidade do oceano o mataria. Uma estrela-do-mar que vive no Oceano Ártico poderia tolerar a salinidade de um oceano tropical, mas não a sua temperatura. Portanto, temperatura e salinidade são duas dimensões distintas dos limites ambientais de um animal. Se adicionarmos outra variável, como o pH (ver Tema-chave 2.1), ampliaremos nossa descrição para três dimensões (Figura 38.1).

Se considerarmos todas as condições ambientais que permitem aos membros de uma espécie sobreviver e se multiplicar, distinguiremos o papel daquela espécie de todas as outras na natureza. Essa relação única e multidimensional de uma espécie com o seu ambiente é chamada de **nicho** (ver ensaio na abertura do capítulo). As dimensões do nicho variam entre os membros de uma mesma espécie, tornando o nicho sujeito à evolução pela seleção natural. O nicho de uma espécie sofre mudanças evolutivas ao longo de gerações sucessivas.

Os animais podem ser generalistas ou especialistas com respeito à tolerância de condições ambientais. Por exemplo, a maioria dos peixes está adaptada à água doce ou à salgada, mas não a ambas. Porém, aqueles que ocupam estuários salobros, como o fúndulo *Fundulus heteroclitus*, são generalistas quanto à salinidade, e toleram facilmente as mudanças na salinidade durante os ciclos de maré nesses hábitats estuarinos, em que a água doce do continente se mistura com a água do mar. De modo similar, embora a maioria das serpentes coma uma grande variedade de presas animais, outras têm necessidades restritas de dieta; por exemplo, a serpente africana *Dasypeltis scaber* é especializada em comer ovos de aves.

Por mais amplos que possam ser os limites de tolerância de um animal, ele experimenta apenas um conjunto simples de condições

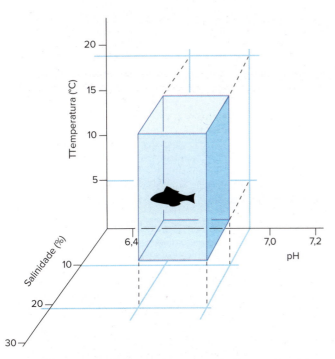

Figura 38.1 O volume tridimensional do nicho de um animal hipotético indicando três faixas de tolerância. Essa representação gráfica é um meio de mostrar uma parte da natureza multidimensional das relações ambientais.

a cada vez. É provável que ao longo de sua vida um animal não experimente todas as condições ambientais que poderia tolerar. Portanto, podemos distinguir o **nicho fundamental** de um animal, que descreve o seu papel potencial, do seu **nicho realizado**, o subconjunto de ambientes potencialmente favoráveis que o animal realmente vivencia. Do mesmo modo, devemos diferenciar o nicho fundamental do nicho realizado nos níveis de população e espécie. A competição em uma comunidade pode limitar o nicho realizado de uma espécie para uma gama muito menor de condições do que aquela prevista pelo seu nicho fundamental. Por exemplo, a salamandra *Plethodon teyahalee* ocupa hábitats do solo de florestas no sul das montanhas dos Apalaches. Ela ocupa as florestas mais frias dos topos de montanhas somente onde as espécies do grupo de *Plethodon jordani* estão ausentes (ver Figura 6.16). Os requisitos climáticos restringem as espécies do grupo *P. jordani* aos topos isolados e frios das montanhas, dos quais elas excluem *P. teyahalee* através de encontros agressivos. Assim, a competição com as espécies do grupo *P. jordani* restringe o nicho realizado de algumas populações de *P. teyahalee* a um intervalo médio menor e maior de temperatura do que o seu nicho fundamental permitiria.

38.2 POPULAÇÕES

Um animal existe na natureza como um membro de uma população, um grupo reprodutivamente interativo de animais de uma única espécie (ver Seção 10.2). Uma espécie pode constituir uma população única e coesa, ou pode conter muitas populações geograficamente disjuntas, denominadas **demes**. Como os membros de uma deme se cruzam, eles compartilham um *pool* gênico comum (ver Seção 6.4). Uma deme de peixes ciclídeos em Cuatro Cienegas no México foi identificada erroneamente como duas espécies separadas porque alguns indivíduos tinham fortes maxilares "molariformes" capazes de quebrar caramujos, enquanto outros possuíam maxilares "papiliformes" mais fracos, capazes de processar apenas itens alimentares macios. Os estudos de genética molecular mostraram que, apesar de suas diferenças morfológicas, esses peixes cruzavam entre si e compartilhavam um *pool* gênico comum, dessa forma constituindo uma única deme da espécie *Cichlasoma minckleyi*.

Para estudar a ecologia espacial de uma espécie que possui múltiplas populações geográficas, os ecólogos usam um modelo chamado de **metapopulação**. Uma metapopulação compreende duas ou mais demes geograficamente distintas, cada uma das quais mantém a continuidade em tempo e espaço. A maioria das interações entre individuais, incluindo a reprodução, ocorre dentro de uma deme, mas alguns indivíduos mudam de uma deme para outra diferente. Esse movimento entre demes é chamado de migração, se a mudança de demes for permanente. Os movimentos de indivíduos entre as demes de uma espécie podem conferir uma coesão evolutiva à espécie como um todo. Em uma escala local, os ambientes podem variar de modo imprevisível, reduzindo consideravelmente ou eliminando uma deme local. Portanto, a migração é uma fonte crucial de reposição entre as demes em uma região. Uma espécie pode evitar a extinção se esse risco for distribuído entre várias demes, uma vez que a destruição simultânea dos ambientes de todas essas demes é pouco provável, a menos que ocorra uma catástrofe de grandes proporções geográficas. Essa interação entre as demes é chamada de **dinâmica de metapopulação**. Em algumas espécies, a migração e a recolonização entre as demes são quase simétricas. Se algumas demes são estáveis e outras são mais suscetíveis à extinção, as demes mais estáveis, denominadas **fontes**, fornecem mais emigrantes do que recebem das demes menos estáveis, chamadas de **sumidouros**.

Suponha que *Cichlasoma minckleyi* esteja subdividida geograficamente em várias demes que diferem entre si quanto à proporção relativa de indivíduos molariformes e papiliformes. Uma deme que contenha majoritariamente indivíduos molariformes deve ser mais estável em períodos de falta de alimento do que demes que contém a maioria de indivíduos "papiliformes", porque os maxilares molariformes permitem que o peixe coma caramujos quando os itens mais moles e favoritos estiverem em falta. Essa deme pode funcionar como uma fonte após um declínio nas espécies de presas preferenciais.

Demografia

Cada população ou deme tem **estrutura etária**, **razão sexual** e **taxa de crescimento** características. O estudo dessas propriedades e dos fatores que as influenciam é chamado de demografia. As características demográficas variam de acordo com o modo de vida da espécie estudada. Por exemplo, alguns animais (e muitas plantas) são **modulares**. Os animais modulares, como esponjas, corais e ectoproctos, consistem em colônias de organismos geneticamente idênticos. A reprodução ocorre por **clonagem** assexuada, como descrita para os hidrozoários no Capítulo 13 (ver Figura 13.11). As colônias propagam-se também por fragmentação, como ocorre nos recifes de coral durante tempestades graves. Pedaços de coral podem ser espalhados pela ação de ondas sobre um recife, formando propágulos para recifes novos. Para esses animais modulares, a estrutura etária e a razão sexual são difíceis de determinar. As mudanças na área que uma colônia ocupa são usadas para medir a taxa de crescimento, mas a contagem de indivíduos é difícil e faz menos sentido do que em animais **unitários**, que vivem independentemente.

Populações de organismos unitários que se reproduzem por **partenogênese** (ver Seção 7.1) compartilham algumas características com clones assexuados. As espécies estritamente partenogenéticas contêm apenas fêmeas, que depositam ovos não

Crescimento logístico e exponencial

Descrevemos a curva de crescimento sigmoidal (ver Figura 38.4) por um modelo simples denominado equação logística. A inclinação em qualquer ponto da curva de crescimento é a taxa de crescimento, a rapidez com que o tamanho da população muda com o tempo. Se N representa o número de organismos e t o tempo, podemos expressar o crescimento na linguagem do cálculo como uma taxa instantânea:

$$dN/dt = \text{taxa de mudança no número de organismos por unidade de tempo, em um dado instante}$$

Quando as populações estão sujeitas a recursos ilimitados (alimento e espaço ilimitados, bem como nenhuma competição com outros organismos), o crescimento é limitado apenas pela capacidade inerente da população de se reproduzir. Nessas condições ideais, o crescimento é expresso pelo símbolo r, definido como a taxa intrínseca de crescimento populacional per capita. O índice r é na verdade a diferença entre a taxa de natalidade e a taxa de mortalidade por indivíduo na população por unidade de tempo. A taxa de crescimento da população como um todo é então:

$$dN/dt = rN$$

Essa expressão descreve o rápido crescimento exponencial ilustrado pela porção inicial da curva de crescimento sigmoidal (ver Figura 38.4).

A taxa de crescimento das populações no mundo real diminui à medida que o limite superior se aproxima e, por fim, para. Nesse ponto, N alcançou sua densidade máxima porque o espaço em estudo está "saturado" de animais. Este limite é chamado de capacidade de suporte do ambiente e é expresso pelo símbolo K. A curva de crescimento sigmoidal da população é descrita pela equação logística como:

$$dN/dt = rN([K-N]/K)$$

Esta equação afirma que a taxa de aumento por unidade de tempo (dN/dt) = taxa de crescimento per capita (r) × tamanho da população (N) × liberdade não utilizada para o crescimento ($[K - N]/K$). Vemos a partir da equação que quando a população se aproxima da capacidade de suporte, $K - N$ se aproxima de 0, dN/dt também se aproxima de 0 e a curva se achata.

As populações ocasionalmente excedem a capacidade de suporte do ambiente de modo que N excede K. A população então esgota um recurso (geralmente alimento ou abrigo). A taxa de crescimento, dN/dt, torna-se então negativa e a população declina.

---

fertilizados dos quais eclodem filhas cujo genótipo provém inteiramente de suas mães. O louva-a-deus *Bruneria borealis*, comum no Sudeste dos EUA, é um animal unitário partenogenético, assim como alguns peixes, salamandras e lagartos.

A maioria dos animais é biparental (ver Seção 7.1), e a reprodução ocorre após um período de crescimento e maturação do organismo. Cada nova geração começa com uma **coorte** de indivíduos nascidos ao mesmo tempo. Naturalmente, nem todos os indivíduos de uma coorte sobrevivem até a reprodução. Para uma população manter seu tamanho constante de geração a geração, cada fêmea adulta deve repor a si mesma, em média, com uma filha que sobreviva até a reprodução. Se as fêmeas produzem em média mais do que uma filha viável, a população cresce; se produzem menos, a população declina.

As espécies de animais têm diferentes padrões de **sobrevivência** desde o nascimento até a morte do último membro da coorte. Os três tipos de sobrevivência principais são ilustrados na Figura 38.2. Na curva I, a maioria dos indivíduos morre com idades avançadas em decorrência de senescência. Populações humanas que dispõem de recursos para sustentar a expansão de seus tamanhos populacionais e prevenir a mortalidade infantil se aproximam da curva tipo I. A curva II, na qual a taxa de mortalidade, expressa como proporção dos sobreviventes, é constante em todas as idades, caracteriza alguns animais que cuidam de seus filhotes, como fazem muitas aves, prevenindo assim uma alta mortalidade de filhotes. Em contraste com a curva I, no entanto, as populações na curva II têm fontes importantes de mortalidade além da senescência. A predação ou a falta de comida, por exemplo, mataria indivíduos de qualquer idade. A curva III caracteriza as populações cuja mortalidade infantil ou juvenil é muito alta em relação à de adultos jovens.

A sobrevivência da maioria dos invertebrados e de vertebrados, como os peixes, que produzem muitos filhotes, se assemelha à curva III. Por exemplo, uma fêmea madura do caramujo prosobrânquio marinho *Ilyanassa obsoleta* produz milhares de ovos a cada período reprodutivo. Os zigotos tornam-se larvas véliger planctônicas livre-natantes (ver Seção 16.2), que se dispersam para longe da mãe via correntes oceânicas. Elas fazem parte do plâncton e têm mortalidade alta imposta por vários animais planctófagos. Além disso, as larvas precisam de um substrato arenoso específico para sua fixação e para sua metamorfose em caramujos adultos. A probabilidade de uma larva sobreviver até encontrar um hábitat favorável é muito baixa, e a maioria da coorte morre durante o estágio de véliger. Assim, vemos uma queda brusca da sobrevivência na primeira parte da curva. As poucas larvas que resistem até se tornarem caramujos têm uma chance maior de sobreviver depois, como mostra a declividade suave da curva para

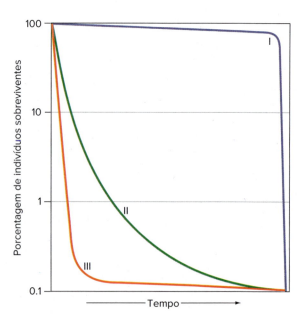

Figura 38.2 Três tipos principais de curvas de sobrevivência teóricas. Ver explicação no texto.

caramujos mais velhos. Logo, a taxa reprodutiva elevada compensa a mortalidade juvenil intensa.

A maioria dos animais não sobrevive até a idade reprodutiva, e aqueles que o fazem podem se reproduzir uma única vez antes de morrer, como ocorre com várias espécies de insetos da zona temperada. Nesse caso, os adultos reproduzem-se antes do início do inverno e morrem, deixando somente seus ovos para repovoar o hábitat na primavera seguinte. De modo similar, o salmão do Pacífico retorna do oceano para a água doce, após vários anos, para desovar uma única vez, com todos os adultos de uma coorte morrendo em seguida. Porém, outros animais sobrevivem o suficiente para produzir coortes múltiplas de filhotes, que podem amadurecer e se reproduzir enquanto seus progenitores ainda vivem e estão ativos reprodutivamente.

As populações de animais com coortes múltiplas, como os sabiás norte-americanos, as tartarugas e os humanos apresentam **estrutura etária**. A análise da estrutura etária revela se a população está estável, crescendo ou declinando. A Figura 38.3 mostra perfis etários (pirâmide) para a população do México conforme avaliado em 1975 e 2005. O primeiro perfil mostra uma população que cresce ativamente, enquanto o último mostra uma população que mantém um tamanho estável.

Crescimento populacional e regulação intrínseca

O crescimento populacional é a diferença entre as taxas de natalidade e mortalidade. Como Darwin percebeu de um ensaio de Thomas Malthus (ver Seção 6.1), todas as populações têm uma capacidade inerente para crescer exponencialmente. Essa capacidade é chamada de **taxa intrínseca de crescimento**, indicada pelo símbolo **r**. A curva com inclinação acentuada para cima na Figura 38.4 mostra esse tipo de crescimento. Se as espécies continuassem a crescer desse modo, os recursos da Terra logo seriam exauridos. Após 38 h, uma bactéria dividindo-se 3 vezes a cada hora produziria uma colônia com mais de 30 cm de espessura, envolvendo todo o planeta. Essa massa estaria acima de nossas cabeças apenas 1 h mais tarde. As taxas de crescimento potenciais das populações de bactérias ultrapassam consideravelmente a dos animais, mas as populações de animais poderiam atingir o mesmo resultado após um período maior, sob a condição de recursos ilimitados. Muitos insetos põem milhares de ovos por ano. Um único bacalhau do Atlântico, *Gadus morhua*, pode depositar 6 milhões de ovos em uma estação e o roedor *Microtus pennsylvanicus* pode produzir 17 ninhadas de 5 a 7 filhotes por ano.

Obviamente, o crescimento irrestrito é incomum na natureza. Mesmo no ambiente mais benigno, uma população em crescimento acaba exaurindo alimento ou espaço. O crescimento exponencial cessa quando se esgotam o alimento ou o espaço, como ocorre no caso dos enxames de gafanhotos ou das explosões demográficas do plâncton em lagos. Na verdade, dentre todos os recursos que podem limitar uma população, aquele que está menos disponível em relação à necessidade dessa população é esgotado antes dos demais. Ele é chamado de **recurso limitante**. A maior população que um recurso limitante pode suportar em um hábitat é chamada de **capacidade de suporte** do ambiente, simbolizada por **K**. Idealmente, uma população irá retardar sua taxa de crescimento em resposta à diminuição na oferta de recursos até que atinja K, como representado pela curva sigmoidal na Figura 38.4. O quadro mais adiante compara as expressões matemáticas das curvas de crescimento exponencial e sigmoidal (ou logístico).

O crescimento sigmoidal ocorre quando a densidade populacional exerce uma retroalimentação negativa sobre a taxa de crescimento. Esse fenômeno é denominado dependência da densidade, sendo um mecanismo de regulação intrínseca do tamanho populacional por retroalimentação negativa. Se o recurso limitante é esgotável, como o alimento, a capacidade de suporte é atingida quando a taxa de reposição do recurso iguala-se à sua taxa de consumo pela população; então, a população atingiu o K para aquele recurso limitante. De acordo com o modelo logístico, quando a densidade populacional atinge K, as taxas de natalidade e mortalidade são iguais e o crescimento da população cessa. Se o alimento

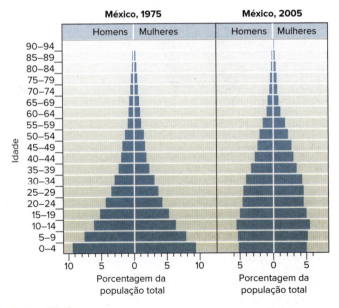

Figura 38.3 Os perfis de estrutura etária das populações humanas do México em 1975 e 2005 mostram o contraste entre a população jovem e em rápido crescimento de 1975 com a população estável de 2005, na qual a taxa de fertilidade se aproxima da reposição. Essa **transição demográfica** de altas taxas de natalidade e mortalidade para taxas baixas frequentemente ocorre à medida que um país se desenvolve economicamente, se tornando mais industrializado. As referências populares à "transição demográfica" nas sociedades humanas referem-se especificamente a esse tipo de mudança.

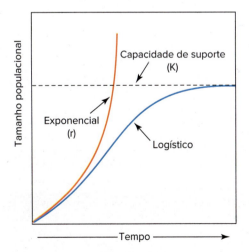

Figura 38.4 Crescimento populacional, que mostra o crescimento exponencial de uma espécie em um ambiente sem restrições e o crescimento logístico em um ambiente limitado. K = tamanho da população na capacidade de suporte, r = taxa intrínseca de crescimento populacional.

é reposto a uma taxa que sustenta somente a população atual, sem excedentes, uma população de gafanhotos em um campo verdejante pode estar em sua capacidade de suporte, mesmo que haja um grande quantidade de alimento não consumido.

Embora as populações experimentais de eucariotos unicelulares ajustem-se razoavelmente à curva de crescimento logístico, a maioria das populações naturais oscila acima e abaixo da capacidade de suporte. Por exemplo, após a introdução de carneiros na Tasmânia por volta nos idos de 1800, seu número variou logisticamente, com pequenas oscilações ao redor de um tamanho populacional médio de 1,7 milhão; inferimos então que a capacidade de suporte desse ambiente estaria nesse valor (Figura 38.5 A). Os faisões (*Phasianus colchicus*) introduzidos em uma ilha em Ontário, Canadá, exibiram oscilações mais amplas (Figura 38.5 A). Faisões da espécie *Phasianus colchicus* introduzidos em uma ilha em Ontário, Canadá, exibiam oscilações mais amplas (Figura 38.5 B).

Por que as populações reguladas intrinsecamente oscilam desse modo? Primeiro, a capacidade de suporte de um ambiente pode variar ao longo do tempo, provocando mudanças na densidade populacional ditadas por um recurso limitante. Segundo, os animais sempre apresentam um intervalo de tempo entre o momento em que um recurso passa a ser limitante e o momento em que a população responde com a redução de sua taxa de crescimento. Terceiro, fatores **extrínsecos** podem, ocasionalmente, limitar o crescimento de uma população abaixo da capacidade de suporte. Consideramos os fatores extrínsecos na próxima seção.

Em uma escala global, os humanos detêm o recorde de maior crescimento exponencial de uma população (Figura 38.5 C). Embora a fome e as guerras tenham restringido localmente o crescimento de populações, o crescimento humano global só declinou quando a peste bubônica ("peste negra") dizimou boa parte da Europa no século XIV. Então, qual é a capacidade de suporte para a população humana? A resposta não é simples, porque os avanços tecnológicos vêm aumentando nossa capacidade de extrair recursos do ambiente.

A agricultura elevou a capacidade de suporte do ambiente e a população humana manteve um crescimento de 5 milhões, quando a agricultura foi introduzida por volta de 8000 a.C., para 16 milhões em 4000 a.C. Apesar do dano causado pela fome, doenças e guerras, a população atingiu 500 milhões em 1650. Com a Revolução Industrial na Europa no século XVIII, seguida de uma revolução na Medicina, descobertas de terras novas para colonização e práticas agrícolas aprimoradas, a capacidade de suporte humana aumentou dramaticamente. A população dobrou, atingindo 1 bilhão em 1850. Dobrou novamente para 2 bilhões em 1927, para 4 bilhões em 1974, ultrapassou 6 bilhões em outubro de 1999 e atualmente está em cerca de 6,7 bilhões. Assim, o crescimento tem sido exponencial e continua sendo alto (Figura 38.5 C). Não se sabe qual é a produtividade agrícola máxima sustentável, embora a produção de alimento não possa aumentar para dar suporte a um crescimento populacional exponencial indefinidamente.

Tema-chave 38.1

CONEXÕES COM SERES HUMANOS

Crescimento populacional humano

Entre 1970 e 2017 a taxa de crescimento anual da população humana diminuiu de 1,9% para 1,1%, mas o tamanho total da população dobrou. A diminuição na taxa de crescimento é creditada a uma melhor educação para as mulheres e ao planejamento familiar. As Nações Unidas preveem que a população humana aumentará de 7,6 bilhões de pessoas em 2017 para 11,2 bilhões até o final deste século.

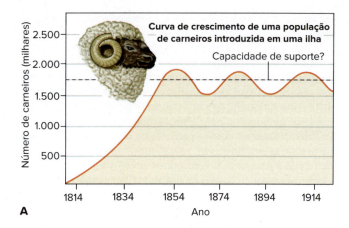

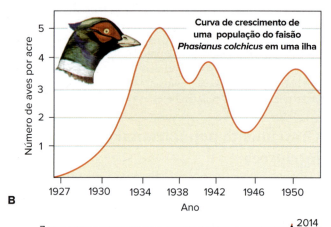

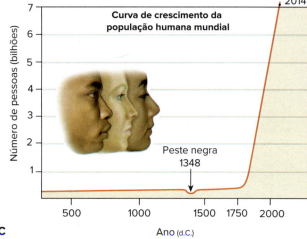

Figura 38.5 Curvas de crescimento populacional para o carneiro, *Ovis aries* (**A**), o faisão *Phasianus colchicus* (**B**) e a população humana mundial (**C**) ao longo da história. Note que a população do carneiro em uma ilha é estável devido ao controle humano, mas a população do faisão oscilou muito, provavelmente acompanhando a variação na capacidade de suporte. Onde você situaria a capacidade de suporte da população humana?

Limites extrínsecos do crescimento

Vimos que a capacidade de suporte intrínseca de uma população em um ambiente impede o crescimento exponencial ilimitado. O crescimento populacional também pode ser limitado por fatores bióticos extrínsecos, que envolvem predação, parasitismo (incluindo os agentes patogênicos), competição interespecífica, ou por influências abióticas, como enchentes, queimadas e tempestades. Embora os fatores abióticos certamente reduzam as populações naturais, eles não podem exercer uma regulação verdadeira do crescimento populacional porque seu efeito é totalmente independente do tamanho da população; portanto, esses fatores limitantes são chamados de **independentes da densidade**. Uma única tempestade de granizo pode matar a maioria das aves pernaltas jovens, e um incêndio na floresta pode eliminar populações inteiras de vários animais, independentemente de quantos indivíduos existam.

Alternativamente, os fatores bióticos atuam de modo **dependente da densidade**. Os predadores e os parasitos respondem a mudanças de densidade de suas presas e hospedeiros, respectivamente, para manter suas populações em tamanhos praticamente constantes. Esses tamanhos estão abaixo da capacidade de suporte, pois as populações reguladas por predação e parasitismo não são limitadas por seus recursos. A competição entre espécies pelo mesmo recurso limitante reduz a capacidade de suporte efetiva de cada uma delas para um valor abaixo do que seria esperado caso estivessem sozinhas. As salamandras da espécie *Plethodon teyahalee* ocorrem junto com outra espécie do grupo *P. jordani* em alguns locais com altitudes intermediárias espalhados pela região sul dos Apalaches; onde as espécies se sobrepõem, ambas têm densidades menores que as densidades típicas fora da área de sobreposição. A remoção experimental de uma das espécies de um local de sobreposição resulta em um aumento da densidade populacional da espécie presente.

38.3 ECOLOGIA DE COMUNIDADES
Interações entre populações nas comunidades

As populações de animais que formam uma **comunidade** interagem de um modo que pode ser prejudicial (−), benéfico (+) ou neutro (0) para cada espécie, dependendo da interação. Por exemplo, consideramos o efeito do predador sobre a presa como (−), porque a sobrevivência da presa é reduzida. Contudo, a mesma interação beneficia o predador (+) porque o alimento obtido da presa aumenta a capacidade do predador para sobreviver e reproduzir-se. Portanto, a interação predador-presa é + −. Os ecólogos usam essa notação abreviada para caracterizar as relações interespecíficas porque ela mostra a forma com que cada espécie é afetada.

Vejamos outros tipos de interações + −. Uma delas é o **parasitismo**, na qual o parasito beneficia-se ao usar o hospedeiro como moradia e fonte de nutrientes, prejudicando o hospedeiro.

A **herbivoria**, em que um animal come uma planta, é outra relação + −. O **comensalismo** é uma interação que beneficia uma espécie sem afetar a outra (+ 0). Normalmente, a maioria das bactérias que habitam nosso trato intestinal não nos afeta (0), mas elas são beneficiadas (+) por terem alimento e espaço. Um exemplo clássico de comensalismo é a associação de peixes-pilotos e rêmoras com tubarões. Esses peixes ficam com as sobras de alimento quando o tubarão hospedeiro faz sua vítima.

Ambas as espécies envolvidas no mutualismo se beneficiam de sua interação ecológica (+ +, Figura 38.6). Na prática, é difícil distinguir entre comensalismo e mutualismo. Por exemplo, se as bactérias inofensivas do intestino humano impedem a entrada de bactérias prejudiciais, o comensalismo aparente passa a ser um mutualismo. Do mesmo modo, se as rêmoras removem parasitos de seu tubarão hospedeiro (Figura 38.6), então esse comensalismo também passa a ser um mutualismo.

Algumas relações mutualísticas não são somente benéficas, mas necessárias para a sobrevivência de uma ou de ambas as espécies. Um exemplo é a relação entre o cupim e os parabasais (ver Seção 11.3) que habitam seu intestino. As bactérias simbiontes dos parabasalídeos consomem a madeira ingerida pelo cupim, pois elas produzem uma enzima ausente no inseto que digere celulose. O cupim vive dos dejetos do metabolismo parabasalídeo-bacteriano. Em contrapartida, os parabasalídeos e suas bactérias ganham um hábitat e suprimento alimentar.

A **competição** entre espécies reduz a aptidão de ambas (− −). Muitos biólogos, incluindo Darwin, consideraram a competição como a interação mais comum e importante na natureza. Os ecólogos construíram a maioria de suas teorias sobre a estrutura de comunidades partindo da premissa de que a competição é o fator principal na organização dos conjuntos de espécies. Algumas vezes o efeito sobre uma espécie em uma relação de competição é desprezível. Essa condição é chamada de **amensalismo** ou **competição assimétrica** (0 −). Por exemplo, duas espécies de cracas da zona entremarés de costões rochosos, *Chthamalus stellatus* e *Balanus balanoides*, competem por espaço. Um experimento famoso de Joseph Connell[1] demonstrou que *B. balanoides* excluiu *C. stellatus* de uma parte do hábitat, enquanto *C. stellatus* não tem efeito sobre *B. balanoides*.

Tratamos as interações como ocorrências entre pares de espécies. Contudo, nas comunidades naturais que incluem populações de várias espécies, um predador pode ter mais de uma presa e

---

[1] Connell, J. H. 1961. The influence of interspecific competition and other factors on the distribution of the barnacle *Chthamalus stellatus*. Ecology **42**:710-723.

Figura 38.6 Dentre os vários tipos de mutualismo na natureza, há o que ocorre entre a acácia, *Acacia drepanolobium*, da savana africana e as formigas, *Crematogaster mimosae*, e outras espécies, que fazem seus ninhos nas galhas da planta. A acácia dá proteção e secreções adocicadas para as larvas de formiga (*foto da galha aberta abaixo*). Em troca, as formigas protegem a árvore dos herbívoros, formando um enxame tão logo ela seja tocada. As girafas, *Giraffa camelopardalis*, que apreciam as folhas tenras de acácia, parecem ser imunes às ferroadas das formigas.

vários animais podem competir pelo mesmo recurso (ver Seção 38.1). Assim, as comunidades ecológicas são complexas e dinâmicas, um desafio para os ecólogos que estudam esse nível de organização natural.

Competição e partição de recursos

A competição ocorre quando duas ou mais espécies compartilham um **recurso limitante**. A simples divisão de alimento e espaço com outra espécie não resulta em competição a menos que o recurso esteja reduzido em relação às necessidades das espécies que o compartilham. Assim, não podemos apresentar a competição entre duas espécies simplesmente demonstrando que elas compartilham o mesmo recurso. No entanto, encontramos evidências de competição ao investigarmos os diferentes modos pelos quais uma espécie explora um recurso.

Espécies competidoras podem minimizar o conflito reduzindo a sobreposição entre seus nichos. A **sobreposição de nichos** é a parte dos recursos compartilhados pelo nicho de duas ou mais espécies. Por exemplo, se duas espécies de aves comem sementes exatamente do mesmo tamanho, a competição acabará por excluir a espécie menos capaz de explorar esse recurso. Esse exemplo ilustra o princípio da **exclusão competitiva**: espécies que competem fortemente não podem coexistir indefinidamente. Esse princípio foi descoberto em 1932 pelo microbiologista soviético G. F. Gause, que realizou experimentos sobre o mecanismo de competição entre duas espécies de ciliados (*Paramecium aurelia* e *P. caudatum*) e duas espécies de leveduras (*Saccharomyces cerevisiae* e *S. kefir*). Para coexistir no mesmo hábitat, elas precisam especializar-se repartindo um recurso em comum e usando diferentes partes dele. A especialização desse tipo é chamada de **deslocamento ecológico de caracteres**.

Normalmente, o deslocamento de caracteres aparece como diferenças na morfologia e no comportamento do organismo relacionadas com a exploração de um recurso. Por exemplo, em seu estudo clássico sobre os tentilhões de Galápagos (ver Figura 6.19), o ornitólogo inglês David Lack reparou que o tamanho do bico desses pássaros variava dependendo de as espécies terem ocorrido juntas em uma mesma ilha ou não (Figura 38.7). Nas ilhas Daphne e Los Hermanos, onde *Geospiza fuliginosa* e *G. fortis* terem ocorrido separadamente e, portanto, não competem entre si, os tamanhos de bico são quase idênticos; na ilha Santa Cruz, *G. fuliginosa* e *G. fortis* coexistem e os tamanhos de seus bicos não se sobrepõem. Esses resultados sugerem partição de recursos, pois o tamanho do bico determina o tamanho das sementes ingeridas. O trabalho do ornitólogo americano Peter Grant confirmou o que Lack suspeitava: *G. fuliginosa*, com seu bico menor, seleciona sementes menores que as escolhidas por *G. fortis*, que tem bico maior. Onde essas duas espécies coexistem, a disputa levou a um deslocamento evolutivo dos tamanhos de bicos, resultando na diminuição da competição entre elas. A atual ausência da competição é chamada de "fantasma da competição passada".

O **deslocamento ecológico de caracteres** é o mecanismo de partição de recursos ilustrado por esses tentilhões de Galápagos; a coocorrência na mesma comunidade faz com que as espécies desenvolvam (por evolução) nichos com dimensões mais restritas do que as de seus ancestrais. Um meio alternativo e talvez mais comum de desenvolver a partição de recursos é através da **seleção de micro-hábitats**, formação de uma comunidade por espécies cujos microhábitats preferidos diferem suficientemente para impedi-las de competir pelo que de outra forma seria um recurso limitante compartilhado. Quando várias espécies partilham o

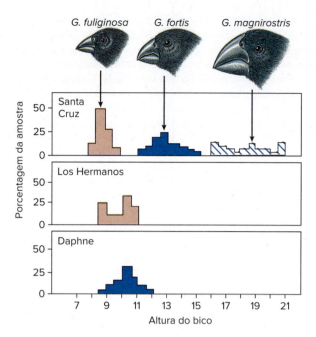

Figura 38.7 Deslocamento do tamanho do bico em tentilhões-de-Darwin em Galápagos. São apresentadas as alturas dos bicos dos tentilhões *Geospiza fuliginosa* (barras em rosa) e *G. fortis* (barras em azul) onde ocorrem juntos (em simpatria), na ilha Santa Cruz, e onde ocorrem separadamente, nas ilhas Daphne e Los Hermanos. *Geospiza magnirostris* é outro tentilhão grande que vive em Santa Cruz. Conforme observado no Capítulo 6, os tentilhões citados aqui com nomes de espécies diferentes são considerados por algumas autoridades como variedades de uma única espécie.

mesmo recurso desse modo, elas formam uma **guilda**. Assim como uma guilda dos tempos medievais constituía-se em um grupo de homens com a mesma profissão, as espécies em uma guilda ecológica têm funções similares. O termo "guilda" foi introduzido na Ecologia por Richard Root em seu trabalho de 1967 sobre os padrões de nicho do pássaro *Polioptila caerulea*.[2]

A teoria da exclusão competitiva prevê que, quando diferentes espécies de uma guilda ocorrem na mesma área geográfica, o estudo detalhado irá revelar a partição de recursos entre as espécies da guilda. Um exemplo clássico de partição de recursos entre espécies de uma guilda de aves é dado pelo estudo de Robert MacArthur sobre uma guilda trófica formada por cinco espécies de mariquitas nas florestas de espruces do Nordeste dos EUA.[3] À primeira vista, questionaríamos como cinco espécies de pássaros muito similares em tamanho e aparência podem coexistir alimentando-se dos insetos de uma mesma árvore. Contudo, a inspeção apurada de MacArthur mostrou diferenças sutis quanto aos sítios de forrageio entre essas aves (Figura 38.8). Uma espécie procura alimento somente nos galhos mais externos da copa; a segunda usa 60% da árvore, representados pelos ramos externos e internos superiores, mais longe do tronco; a terceira concentra-se nos galhos mais internos da árvore e próximos ao tronco; a quarta usa o setor intermediário da periferia do tronco; e a última espécie forrageia nos ramos mais baixos, que representam 20% da árvore. Essas observações sugerem que diferenças estruturais no hábitat separam os nichos das mariquitas dessa guilda.

---

[2] Root, R. B. 1967. The niche exploitation pattern of the blue-gray gnatcatcher. Ecological Monograph 37:317-350.
[3] MacArthur, R. H. 1958. Population ecology of some warblers of northeastern coniferous forests. Ecology 39:599-619.

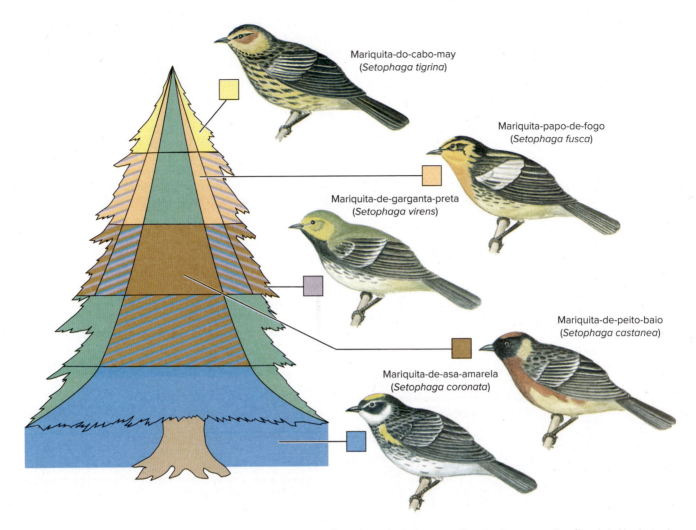

Figura 38.8 Distribuição do esforço de forrageio entre cinco espécies de mariquitas em uma floresta de espruces (coníferas) do Nordeste dos EUA. As mariquitas formam uma guilda alimentar. A partição de recursos pela seleção de diferentes microhábitats entre as espécies permite que elas coexistam nas mesmas árvores, apesar de compartilharem um número limitado de espécies de insetos como presas.

Predadores e parasitos

A guerra ecológica travada entre predadores e presas promove a coevolução: os predadores aprimoram-se na captura da presa, e a presa aprimora-se na fuga do predador. Essa é uma corrida evolutiva na qual o predador não pode dar-se ao luxo de vencer. Se um predador se torna tão eficiente a ponto de exterminar sua presa, ele deve encontrar um alimento alternativo ou será extinto. Como a maioria dos predadores alimenta-se de mais de uma espécie, a especialização em uma única presa ao ponto do extermínio é incomum.

Quando o predador depende essencialmente de uma única espécie de presa, ambas as populações tendem a oscilar de maneira cíclica. Primeiro, a densidade da presa aumenta e, então, a do predador, até que a presa se torne escassa. Nesse ponto, os predadores precisam reduzir seu tamanho populacional abandonando a área, limitando a reprodução ou morrendo. Quando a densidade da população do predador cai o suficiente para permitir que a reprodução da presa supere a mortalidade por predação, o ciclo é reiniciado. Assim, predadores e presas exibem ciclos de abundância ligeiramente defasados, devido a um intervalo de resposta da população do predador em relação à densidade variante da presa. Experimentos laboratoriais com ciliados revelam esse

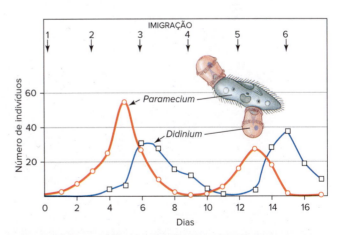

Figura 38.9 O experimento clássico realizado pelo biólogo russo G. F. Gause em 1934 mostra a relação cíclica entre o predador (*Didinium*) e a presa (*Paramecium*) em uma cultura em laboratório. Quando os *Didinium* encontram e comem todos os *Paramecium*, os *Didinium* morrem de fome. Gause só conseguia manter as duas espécies em coexistência quando adicionava, ocasionalmente, um *Didinium* e um *Paramecium* à cultura (setas). Essas introduções simulavam a migração a partir de uma fonte externa.

processo (ver Figura 38.9). É possível que o registro mais longo de um ciclo natural predador-presa seja o das populações canadenses de lebres e linces (ver Figura 28.16). A abundância de linces (predador) segue a de lebres-da-neve (presa) em um ciclo de 10 anos. De maneira interessante, a sincronização desses ciclos predador-presa parece acompanhar os ciclos de 10 anos em abundância de manchas solares, que aumentam a energia solar que chega à Terra e, possivelmente, também o crescimento de matéria vegetal da qual se alimentam as lebres. Assim, uma variável climática global influencia na ocorrência dos ciclos dependentes da densidade de predador-presa.

A guerra entre predadores e presas atinge o ápice de seu refinamento na evolução das defesas por presas em potencial. A presa em potencial pode escapar da detecção camuflando-se com seu ambiente ou assemelhando-se a algo não palatável em seu ambiente (como um galho). Tais defesas são chamadas de crípticas. Em contraste com as defesas crípticas, os animais tóxicos ou impalatáveis anunciam sua condição com cores vivas e comportamento conspícuo. Essas defesas são denominadas de aposemáticas. As espécies estão protegidas porque os predadores aprendem a reconhecê-las e a evitá-las depois de um encontro desagradável.

Quando presas de sabor desagradável adotam uma coloração de alerta, surgem vantagens para presas palatáveis. Estas últimas podem enganar os potenciais predadores ao mimetizarem as presas impalatáveis, um fenômeno que é chamado de **mimetismo batesiano**. As cobras corais e as vespas-jaqueta-amarela são presas nocivas com cores vivas. As cobras corais têm uma mordida peçonhenta, e as vespas-jaqueta-amarela, um poderoso ferrão. Ambas as espécies servem de **modelo** para outras espécies, chamadas de **mímicos** – que são inofensivas, mas se parecem com aquelas espécies nocivas que utilizam como modelo. Um predador pode usar o mimetismo de maneira agressiva, quando se assemelha a outro organismo no processo de atrair a sua presa. A aranha-caranguejo mostrada na Figura 19.9 C se assemelha a pétalas de flor; ela se esconde entre as pétalas e come o inseto atraído pelas flores em busca de néctar ou pólen.

Em outra forma de mimetismo, conhecida por **mimetismo mülleriano**, duas ou mais espécies que são tóxicas ou nocivas têm aparência similar. O que um animal que tem as próprias toxinas ganha ao se assemelhar a outro animal venenoso? A resposta é que um predador só precisa experimentar a toxicidade de uma das espécies para evitar todas as presas similares. Um predador pode aprender um sinal de alerta mais facilmente do que vários deles! Os benefícios que duas espécies não palatáveis obtêm do mimetismo mútuo nem sempre são iguais; por exemplo, quando uma espécie moderadamente tóxica mimetiza outra altamente tóxica. Esses casos ilustram um *continuum* entre o mimetismo batesiano e o mülleriano. Por exemplo, o mimetismo entre as borboletas monarca e vice-rei normalmente é apresentado como mimetismo batesiano pela borboleta palatável vice-rei a partir da borboleta monarca não palatável; no entanto, alguns dados sugerem que a vice-rei também é não palatável, o que tornaria a coloração de advertência compartilhada das monarcas e vice-reis um caso de mimetismo mülleriano.

Às vezes, a influência de uma população sobre outras é tão intensa que sua ausência modifica drasticamente toda a comunidade. Chamamos tais populações de **espécies-chave**.[4] Na zona entremarés de costões rochosos do oeste da América do Norte, a estrela-do-mar *Pisaster ochraceus* é uma espécie-chave. As estrelas-do-mar são os principais predadores do mexilhão *Mytilus californianus*. Quando as estrelas-do-mar foram removidas experimentalmente de um trecho costeiro no estado de Washington, EUA, os mexilhões aumentaram em número, ocupando todo o espaço usado previamente por outras 25 espécies de invertebrados e algas (Figura 38.10). As espécies-chave predadoras atuam reduzindo as populações de presa a um nível mais baixo do que aquele em que os recursos, como espaço, seriam limitantes. A noção original de que todas as espécies-chave são predadoras foi ampliada para incluir qualquer espécie cuja remoção resulte na extinção de outras.

Ao reduzirem a competição, as espécies-chave permitem que um número maior de espécies coexista usando um mesmo recurso.

---

[4]Paine, R. T. 1969. A note on trophic complexity and community stability. American Naturalist **103**:91-93.

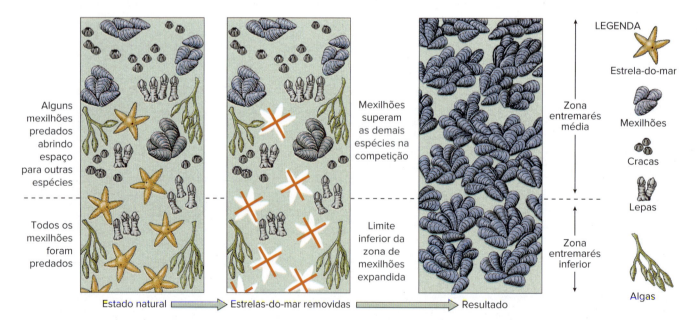

Figura 38.10 A remoção experimental de uma espécie-chave da zona entremarés, a estrela-do-mar predadora *Pisaster ochraceus*, muda completamente a estrutura da comunidade. Na ausência de seu predador principal, os mexilhões superam as demais espécies de entremarés na competição, tomando seu lugar e formando leitos densos.

Consequentemente, elas contribuem para manter a diversidade em uma comunidade. As espécies-chave ilustram um fenômeno mais geral, a perturbação. As perturbações naturais periódicas, como queimadas e furacões, também podem impedir a monopolização de recursos e a exclusão competitiva por parte de alguns competidores adaptados a amplas condições. As perturbações permitem que mais espécies coexistam em comunidades muito diversificadas, como nos recifes de coral e nas florestas pluviais.

Frequentemente, os parasitos são considerados como aproveitadores porque parecem obter benefícios de seus hospedeiros sem custo algum. Os ectoparasitos, como carrapatos e piolhos, infestam muitos tipos diferentes de animais. O hospedeiro fornece nutrição de seu corpo e auxilia na dispersão do parasito. No entanto, devemos considerar que o caminho evolutivo para o parasitismo a partir de formas de vida livre frequentemente tem custos e benefícios. Os endoparasitos, como tênias (ver Capítulo 14), perderam sua capacidade de escolher hábitats. Além disso, uma vez que precisam se mover entre hospedeiros para completar seu ciclo de vida, a chance de um indivíduo viver para se reproduzir é muito baixa. Quanto maior o número de hospedeiros intermediários envolvidos no ciclo de vida de um parasito, menor é a probabilidade de sucesso e maior precisará ser a produção da prole para compensar a mortalidade.

A complexidade das relações parasito-hospedeiro costuma intrigar os biólogos. Por exemplo, um parasito trematódeo (ver Seção 14.3) do gastrópode marinho *Ilyanassa obsoleta* na verdade muda o comportamento de seu hospedeiro para completar o seu ciclo de vida. Esses caramujos vivem em substratos arenosos na zona entremarés no leste da América do Norte. Se os caramujos forem expostos ao ar quando a maré está baixa, eles normalmente se enterram na areia para evitar a dessecação. Se, no entanto, um caramujo está infectado com o trematódeo *Gynaecotyla adunca*, ele se move em direção à costa durante as marés altas que precedem as marés baixas noturnas a fim de ser deixado na praia no recuo da maré. Então, como na história do Cavalo de Troia da mitologia grega, o caramujo lança as larvas do parasito, chamados de cercárias, na areia, onde podem infectar o próximo hospedeiro intermediário, um crustáceo que vive na praia. O hospedeiro definitivo para esse trematódeo é uma gaivota ou outra ave marinha, que o adquire ao comer um crustáceo infectado. O ciclo de vida é concluído quando a ave defeca na água, liberando os ovos do trematódeo, dos quais eclodem as larvas que infectarão mais caramujos.

A virulência de um parasito está correlacionada, ao menos parcialmente, com a disponibilidade de novos hospedeiros. Espera-se que a coevolução entre parasito e hospedeiro gere uma relação cada vez mais benigna e menos virulenta se os hospedeiros forem raros e/ou difíceis de infectar. A seleção favorece a relação benigna porque a aptidão darwiniana do parasito é reduzida se seu hospedeiro morre. A evolução para alta virulência ocorre apenas se o parasito puder mover-se facilmente para um novo hospedeiro depois de matar um anterior.

38.4 ECOSSISTEMAS

A transferência de energia e matéria entre os organismos de um ecossistema ocorre neste que é o maior nível de organização da natureza. A energia e a matéria são necessárias para construir e para manter a vida; sua incorporação aos sistemas biológicos é chamada de **produtividade**. Os ecólogos subdividem a produtividade m seus **níveis tróficos** componentes, com base no modo como os organismos obtêm energia e matéria. Os níveis tróficos estão ligados entre si nas **cadeias alimentares**, que indicam os movimentos da energia desde os compostos vegetais até os organismos que comem as plantas e, então, possivelmente para outros organismos que comem estes últimos, avançando por uma série linear de organismos que consomem e são consumidos por outros. Uma **teia alimentar** mostra a ramificação das vias de transferência de energia e matéria. A Figura 38.11 resume uma teia alimentar para um marisma, com cada grupo de espécies ordenada verticalmente de acordo com o seu nível na cadeia trófica correspondente, mostrada à esquerda da figura, entre os organismos de um ecossistema.

Os **produtores primários** são organismos que iniciam a produtividade, fixando carbono e nitrogênio e armazenando energia normalmente adquirida a partir da luz solar como energia química em ligações covalentes entre átomos de carbono. A "fixação" consiste em adquirir os gases dióxido de carbono e nitrogênio do ar e utilizá-los para montar moléculas orgânicas, tais como açúcares (ver Seção 2.2) e aminoácidos (ver Seção 2.2). Normalmente, os produtores primários são as plantas verdes que capturam energia solar através da **fotossíntese** (ver uma exceção no quadro "A Vida sem o Sol"). Alimentadas pela energia solar, as plantas assimilam e organizam sais minerais, água e dióxido de carbono em tecido vivo. Todos os demais organismos sobrevivem ao consumirem esse tecido ou ao consumirem organismos que consumiram esse tecido. Os **consumidores** incluem os **herbívoros**, que se alimentam diretamente das plantas, e os **carnívoros**, que comem outros animais. Os consumidores mais importantes são os **decompositores**, principalmente as bactérias e os fungos, que quebram a matéria orgânica morta em seus componentes minerais, tornando-a novamente disponível para as plantas em uma forma solúvel, no início da ciclagem de nutrientes.

Os ecossistemas da Terra têm um suprimento finito de matéria que deve ser reciclado para que a vida continue. Substâncias químicas importantes, como carbono e nitrogênio, são reutilizadas infinitamente à medida que os organismos morrem, e sua decomposição retorna essas substâncias ao meio ambiente, das quais as plantas constroem nova matéria viva. Ao contrário da matéria, a energia, em última instância, se dissipa do ecossistema como calor e não é reciclada. Assim, nenhum ecossistema é realmente fechado; todos requerem uma nova entrada de energia do Sol ou de fontes hidrotermais.

Fluxo de energia e produtividade

Todo organismo na natureza tem seu **balanço energético**. Da mesma maneira que devemos dividir nossos ganhos com moradia, alimentação, serviços e impostos, cada organismo deve obter energia suficiente para suprir seus custos metabólicos, para crescer e se reproduzir.

Os ecólogos dividem esse balanço em três componentes principais: **produtividade bruta, produtividade líquida** e **respiração**. A produtividade bruta equivale ao ganho bruto: é o total de energia assimilada, análoga ao seu salário antes dos descontos. Quando um animal come, ele digere o alimento e absorve os nutrientes. A maior parte da energia assimilada desses nutrientes supre as demandas metabólicas do animal, que incluem o metabolismo celular e a regulação da temperatura corporal nos endotérmicos. A energia usada para manutenção metabólica constitui-se na respiração que, ao ser subtraída da produtividade bruta, origina a produtividade líquida – o "pagamento" que o animal efetivamente embolsa. A produtividade líquida é a energia armazenada pelo animal em seus tecidos como **biomassa**. Os animais usam parte dessa energia para o seu próprio crescimento e reprodução, o que resulta no crescimento da população.

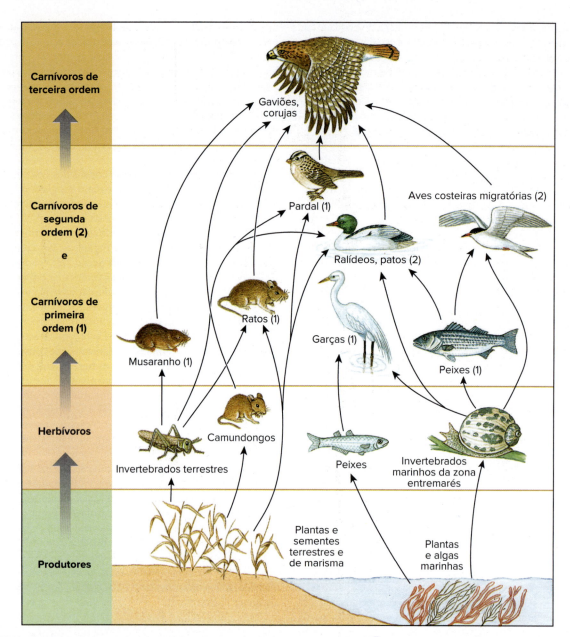

Figura 38.11 Teia alimentar de inverno no marisma de *Salicornia* na área da Baía de São Francisco, Califórnia (EUA). Os níveis tróficos conectados mostrados à esquerda constituem uma cadeia alimentar para esta comunidade. As conexões entre as espécies que ocupam esses níveis tróficos, resumidas no restante da figura, constituem uma teia alimentar para ela.

O balanço energético de um animal é expresso por uma equação simples em que as produtividades bruta e líquida são representadas, respectivamente, por P_b e P_l e a respiração, por R:

$$P_l = P_b - R$$

Essa equação estabelece a primeira lei da termodinâmica (ver Seção 1.1) em termos ecológicos. Seu significado principal é que o montante energético de cada animal é limitado e que a energia só está disponível para o crescimento dos indivíduos e das populações depois de garantida a manutenção do indivíduo. A energia para a manutenção, R, normalmente constitui 90% da energia assimilada (P_b) pelos consumidores.

Quando estudamos a transferência de energia entre níveis tróficos nas teias alimentares, precisamos relembrar a partir da segunda lei da termodinâmica (ver Seção 1.1) que um sistema molecular tende a desordem crescente e que, portanto, um predador não irá recuperar toda a energia das ligações químicas presentes em sua presa de maneira que possa ser utilizável. Mais de 90% da energia do alimento de um animal são perdidos como calor e menos de 10% são armazenados como biomassa. Portanto, cada nível trófico contém apenas 10% da energia do nível trófico imediatamente inferior. Assim, a maioria dos ecossistemas está limitada a cinco níveis tróficos ou menos.

Nossa capacidade para alimentar uma população humana crescente é influenciada profundamente pela segunda lei da termodinâmica. Os humanos, que estão no topo da cadeia alimentar, podem comer sementes, frutos e folhas de plantas que fixam a energia solar em ligações químicas. Essa cadeia bastante curta representa um uso eficiente da energia potencial. As pessoas também podem comer a carne de animais, que por sua vez comem o capim que fixa a energia solar. A inclusão de um nível trófico reduz a energia disponível por um fator de 10 vezes. Contudo, o gado e outros animais usados na produção agrícola podem converter matéria vegetal inadequada para consumo humano direto, como gramíneas, em carne, e/ou leite e ovos. Como o capim é abundante e inacessível à nutrição humana, os animais de criação que a convertem em carne ou em outro alimento nos dão acesso a uma importante fonte de energia, apesar de adicionar um nível trófico à cadeia alimentar.

Quando examinamos a cadeia alimentar em termos da biomassa em cada nível, podemos construir **pirâmides ecológicas** de números, energia ou biomassa. Uma pirâmide de números (Figura 38.12 A), também chamada de **pirâmide eltoniana**, indica o número de organismos "transferidos" entre cada nível trófico. Essa pirâmide fornece uma percepção nítida da grande diferença no número de organismos envolvidos em cada parte da cadeia, o que embasa a observação de que os grandes predadores são mais raros que os animais menores dos quais eles se alimentam. Contudo, a pirâmide de números não indica a massa dos organismos em cada nível.

Tema-chave 38.2
ECOLOGIA

Charles Elton

Em 1923, o ecólogo de Oxford, Charles Elton, criou os conceitos de cadeia alimentar e pirâmide ecológica. Trabalhando durante um verão em uma ilha do Ártico desprovida de árvores, Elton observou raposas-do-ártico ativas, e anotou o que elas comiam e, por sua vez, o que suas presas comiam, até descrever o ciclo complexo do nitrogênio através do alimento na comunidade animal. Elton percebeu que a vida em uma cadeia alimentar vem em tamanhos discretos, porque cada forma evoluiu de modo a ser muito maior do que aquilo que ela come. Desse modo, ele explicou a observação trivial de que animais grandes são raros, mas suas presas pequenas são comuns. Hoje, as pirâmides ecológicas que ilustram esse fenômeno são chamadas de pirâmides de Elton.

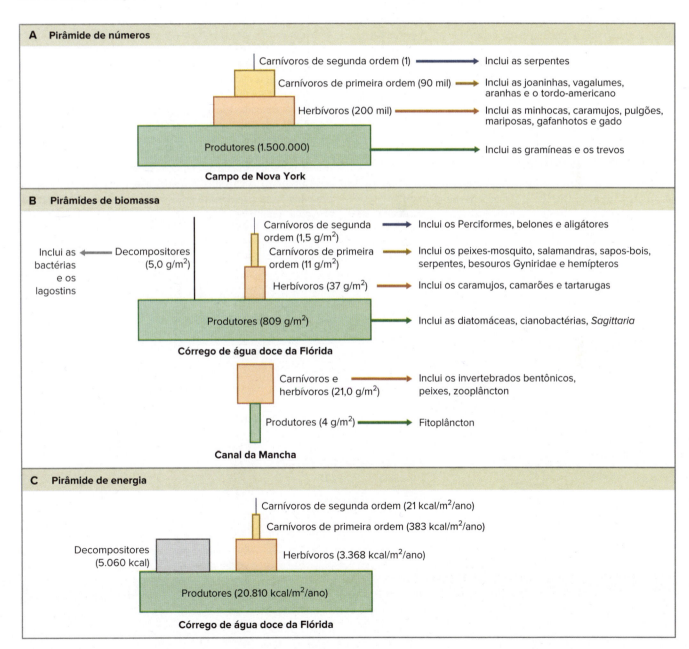

Figura 38.12 Pirâmides ecológicas com organismos representativos de cada nível trófico. **A.** Pirâmide de números de organismos contados em 100 pés quadrados (9,30 m²) de um campo em Nova York (EUA). **B.** Pirâmides de biomassa para um córrego na Flórida (acima) e para o plâncton do Canal da Mancha (pirâmide invertida abaixo). **C.** Pirâmide de energia para o mesmo córrego exibido em **B** (*Extraído do trabalho de E. P. Odum e H. T. Odum.*).

As pirâmides de biomassa são mais instrutivas (ver Figura 38.12 B) e representam a massa total de organismos em cada nível trófico, em uma área (ou volume), em determinado intervalo de tempo (em inglês, *standing crop*). Geralmente, tais pirâmides estreitam-se em direção ao topo porque energia é perdida a cada transferência e, portanto, há menos energia disponível para sustentar produção de biomassa em cada nível trófico sucessivamente mais alto. No entanto, em ecossistemas aquáticos cujos produtores são algas que têm vida curta e reposição rápida, a pirâmide se inverte. As algas toleram uma exploração intensa pelo zooplâncton que as consome. Assim, a base da pirâmide (biomassa de fitoplâncton) é menor que a biomassa de zooplâncton que ela sustenta. Essa pirâmide invertida é análoga a uma pessoa que pesa muito mais que a comida na geladeira, mas é sustentada por esse alimento, reposto continuamente.

Um terceiro tipo é a pirâmide de energia, que mostra a taxa de fluxo de energia entre os níveis (ver Figura 38.12 C). Uma pirâmide de energia nunca é invertida, porque a energia transferida de um nível é menor que a que ingressou naquele nível. A pirâmide de energia fornece a melhor ideia geral da estrutura da comunidade porque representa a perda de energia à medida que esta flui ao longo da teia alimentar, desde os produtores primários. No Canal da Mancha, a energia do fitoplâncton excede a do zooplâncton, ainda que a biomassa do primeiro seja menor que a do segundo (devido ao pastejo intenso pelo zooplâncton (consumidores).

Ciclos de nutrientes

Todos os elementos essenciais para a vida provêm do ar, do solo, das rochas e da água. Quando as plantas e os animais morrem e seus corpos apodrecem, ou quando substâncias orgânicas são queimadas ou oxidadas, os elementos e compostos inorgânicos essenciais para a vida (nutrientes) retornam ao ambiente. Os decompositores desempenham papel essencial nesse processo, ao se alimentarem de restos de plantas, animais e material fecal. O resultado é que os nutrientes fluem em um ciclo perpétuo entre os componentes bióticos e abióticos do ecossistema. Os ciclos de nutrientes são comumente chamados de **ciclos biogeoquímicos** porque envolvem trocas entre organismo vivo (bio), rochas, ar e água da crosta terrestre (geo). O aporte contínuo de energia do Sol mantém os nutrientes fluindo e o ecossistema funcionando (Figura 38.13).

Muitos produtos químicos orgânicos produzidos industrialmente que entram no ecossistema como resíduo desafiam o ciclo de nutrientes da natureza porque, ao longo da evolução, os decompositores não desenvolveram formas de degradá-los. Provavelmente, os pesticidas são o maior perigo aos processos ecossistêmicos. Os pesticidas podem ser danosos às teias alimentares naturais por três motivos. Primeiramente, muitos pesticidas concentram-se à medida que passam para níveis tróficos superiores sucessivos. As maiores concentrações ocorrem na biomassa dos carnívoros de topo de cadeia, como gaviões e corujas, reduzindo suas capacidades de reprodução. Em segundo lugar, muitas espécies eliminadas pelos pesticidas não são pragas, mas meros figurantes chamados de espécies não alvo. Os efeitos em espécies não alvo ocorrem quando os pesticidas são levados para fora do campo agrícola onde foram aplicados, através do escoamento superficial, lixiviamento através do solo ou dispersos pelo vento. O terceiro problema é a persistência: alguns pesticidas têm uma grande longevidade no ambiente, de modo que os efeitos permanecem por muito tempo após o seu uso. A engenharia genética de plantas cultivadas visa aumentar a sua resistência a pragas para reduzir a necessidade de pesticidas químicos.

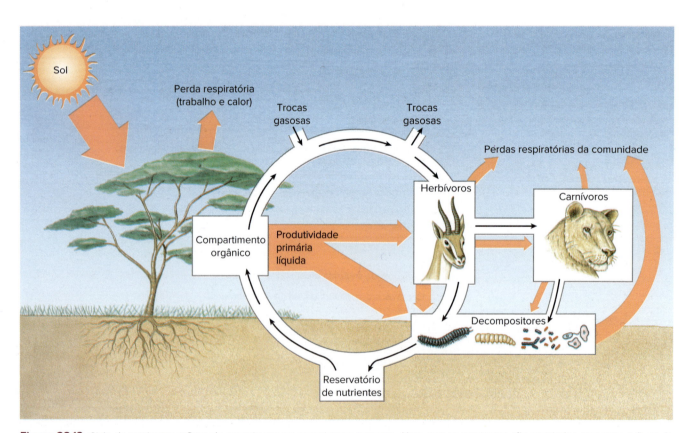

Figura 38.13 Ciclo de nutrientes e fluxo de energia em um ecossistema terrestre. Note que os nutrientes são reciclados enquanto o fluxo de energia (*em laranja*) é unidirecional.

A vida sem o Sol

Por muitos anos, os ecólogos pensavam que os animais dependiam direta ou indiretamente da produção primária da energia solar. Porém, em 1977 e 1979, comunidades densas de animais foram descobertas vivendo no fundo do mar, próximas a fontes de água quente vindas de falhas (de Galápagos e do Pacífico Oriental), locais onde as placas tectônicas afastam-se lentamente. Essas comunidades (fotografia) incluem várias espécies de moluscos, alguns caranguejos, vermes poliquetas, enteropneustos e pogonóforos gigantes ou vermes siboglinídeos. Onde é aquecida por intrusões basálticas, a temperatura da água do mar adjacente às fontes é de 7 a 23°C, enquanto a água normal do entorno está a 2°C.

Os produtores nessas comunidades de fontes hidrotermais são bactérias quimioautótrofas que obtêm energia a partir da oxidação do sulfeto de hidrogênio, abundante na água da fonte, e fixam gás carbônico sob a forma de carbono orgânico. Alguns animais das comunidades de fontes hidrotermais, como os moluscos bivalves, são filtradores que ingerem arqueobactérias. Outros, como os pogonóforos tubícolas gigantes (ver Seção 17.2), que não têm boca e trato digestório, abrigam colônias de arqueobactérias simbiontes em seus tecidos e usam o carbono orgânico que elas sintetizam.

Uma população de pogonóforos gigantes ou vermes siboglinídeos tubícolas cresce em densa profusão perto de *Sully Vent*, uma fonte hidrotermal no *Main Endeavour Vent Field* de Juan de Fuca Ridge, a Nordeste do Oceano Pacífico, fotografado a 2.250 m abaixo do nível do mar.

Source: NOAA PMEL Vents Program

38.5 EXTINÇÃO E BIODIVERSIDADE

A biodiversidade existe porque as taxas de especiação superaram ligeiramente, em média, as taxas de extinção ao longo da história evolutiva da Terra. Cerca de 99% de todas as espécies que já viveram estão extintas. As taxas de especiação representam um processo contínuo de expansão geográfica das populações por dispersão seguida de fragmentação geográfica (ver Seção 37.1), responsável pela multiplicação de espécies. As taxas de especiação variam muito entre os táxons animais e as áreas geográficas: valores típicos estão entre 0,2 e 0,4 evento de especiação por espécie por milhão de anos, como medido para os gastrópodes marinhos do Cretáceo da costa do Atlântico. A duração média dessas espécies foi de 2 a 6 milhões de anos.

Na história evolutiva da Terra, as taxas de extinção picos e quedas episódicos. O paleontólogo David Raup analisou a ocorrência de picos de extinção dividindo os 600 milhões de anos[5] do registro fóssil marinho em intervalos sucessivos com duração de 1 milhão de anos. Então, calculou a porcentagem de espécies que sofreram extinção a cada período. As taxas de extinção de espécies nos 600 intervalos variaram de quase zero até 96%, com média ao redor de 25% (Figura 38.14 A). Nós medimos a periodicidade da extinção perguntando quanto tempo devemos esperar, em média, por um pico de extinção que elimine no mínimo 30% das espécies presentes, ou talvez 65%. As respostas são mostradas pela "curva de mortalidade" de Raup (Figura 38.16 B). Os eventos de extinção eliminando pelo menos 5% das espécies existentes ocorreram quase que continuamente ao longo do tempo geológico.

Os eventos capazes de eliminar ao menos 30% das espécies viventes ocorreram a cada 10 milhões de anos, em média. Os eventos que exterminaram no mínimo 65% das espécies ocorreram, em média, a cada 100 milhões de anos. Estes são claramente qualificados como extinções em massa (ver Seção 6.5). A Figura 38.14 A revela uma distribuição contínua das taxas de extinção, desde os valores mais altos até os mais baixos. As taxas intermediárias entre extinção em massa e extinção "de fundo" ocorrem principalmente na era Paleozoica, com o contraste entre picos e vales de extinção mais acentuados no registro fóssil após a era Paleozoica. Assim, o contraste entre "extinção em massa" e "extinção de fundo" permanece útil, apesar da continuidade aparente das taxas de extinção alta e baixa na análise de Raup.

Os estudos dos fósseis mostram que as espécies cuja abrangência geográfica é grande têm taxas de extinção médias menores que aquelas com distribuição geográfica restrita, embora as extinções em massa possam eliminar esse contraste. Durante o Cretáceo, as espécies de gastrópodes do Atlântico diferiam muito em abrangência geográfica, dependendo do modo de alimentação das larvas. Algumas espécies tinham larvas pelágicas planctófagas ("planctotróficas") que eram carregadas por longas distâncias pelas correntes oceânicas. Essas espécies mantinham grandes amplitudes geográficas, com médias de 2.000 km ao longo da costa do Oceano Atlântico. Outras espécies tinham larvas pesadas que se fixavam ao fundo do oceano como bentos, imediatamente após a eclosão. Essas espécies não planctotróficas tinham, em média, menos de 25% da amplitude geográfica de suas equivalentes planctotróficas. Uma espécie não planctotrófica é cerca de 3 vezes mais suscetível à extinção que as do outro grupo, mas a fragmentação espacial dessas populações duplica a chance de especiação das espécies não planctotróficas.

Um paradoxo da biodiversidade é que a **fragmentação de hábitat** de uma espécie aumenta simultaneamente as taxas locais de extinção e de especiação. Os antílopes africanos mostrados na Figura 6.11 ilustram um contraste similar: nos últimos 6 milhões de anos, um grupo (*Alcelaphus*, *Damaliscus*, *Connochaetes*) passou

---

[5] Após a análise de Raup, a idade estimada do registro fóssil da era Fanerozoico (ver Linha do tempo dos principais eventos biológicos, na contracapa interna) foi reduzida de 600 milhões de anos para 542 milhões de anos. Essa revisão não deve alterar as principais conclusões da análise de Raup, mas os números não são mais consistentes com a datação geológica. Ao descrever os resultados de Raup, continuamos a nos referir à figura de 600 milhões de anos usadas nessas análises, embora usando as novas estimativas no restante desse livro.

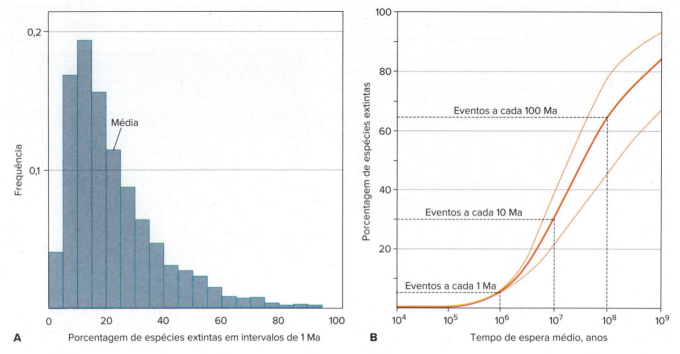

Figura 38.14 A. Variação na taxa de extinção para espécies no registro fóssil. Nessa análise, David Raup dividiu o registro fóssil em 600 intervalos consecutivos, cada um com a duração de um milhão de anos (Ma), começando há 600 milhões de anos. A porcentagem de espécies extintas a cada intervalo foi calculada. Quase 20% dos intervalos tiveram taxas de extinção entre 10 e 15% (a barra mais alta do gráfico). A taxa média de extinção de espécies é de 25% por Ma e a duração média de uma espécie é de 4 Ma. **B.** "Curva de mortalidade" de espécies para os dados apresentados em **A**. Tempo de espera é o intervalo médio entre eventos superiores ou iguais a uma dada intensidade de extinção. A curva de mortalidade indica uma distribuição episódica de picos de extinção nos últimos 600 Ma. Se as taxas de extinção fossem distribuídas aleatoriamente ao longo do tempo, a curva de mortalidade seria indistinguível do eixo x. As curvas mais claras ao lado da curva mais escura indicam o erro de medição estatístico. A curva real pode estar em qualquer lugar entre as mais claras, mas a linha escura fornece a estimativa mais provável.
Fonte: *David Raup (1995)*.

por eventos múltiplos de especiação e extinção com sete espécies remanescentes, enquanto outra linhagem (os impalas) persistiram como uma única espécie (*Aepyceros melampus*) ao longo do mesmo período. Hoje, os impalas igualam-se em número de indivíduos vivos à soma das outras sete espécies. Esse contraste mostra que o aumento na diversidade de espécies evolui sob um risco de extinção maior para cada uma delas.

Os táxons mais elevados, tais como ordens, famílias e gêneros (ver Seção 10.1) também obtêm alguma proteção contra extinção por possuírem amplitudes geográficas maiores. Raup aponta que táxons superiores com várias espécies coletivamente distribuídas em uma área geográfica maior são menos propensos a serem extintos. Quando tais extinções ocorrem, como para muitos táxons de dinossauros e amonites marinhos do fim do período Cretáceo (Tabela 38.1), condições catastróficas incomuns parecem ser as responsáveis. O choque de um asteroide no fim do Cretáceo (ver Figura 6.27) parece ter causado, em um intervalo de tempo pequeno, extensas queimadas, escuridão e frio extremos, seguidos de aquecimento intenso. Todas essas condições estariam bem além da tolerância evolutiva de muitos táxons animais originalmente abundantes. Somente por acaso um táxon poderia conter espécies capazes de superar um desafio sem precedentes na história evolutiva do grupo.

Darwin explicou as extinções de táxons superiores pela competição interespecífica, mas os estudos paleontológicos atuais refutam essa ideia. O paleontólogo Michael Benton estima que menos de 15% das famílias extintas de tetrápodes podem ter sido eliminadas pela competição com outras famílias. Os estudos ecológicos e de fósseis de ectoproctos demonstram que as espécies de uma ordem (Cheilostomatida) venceram as espécies de outra ordem (Tubuliporata) na competição ecológica através de crescimento excessivo de suas colônias por vários milhões de anos, sem que isso levasse à extinção dos Tubuliporata.

Frequentemente, o declínio ou a extinção de um dado táxon libera recursos para os quais outro táxon adapta-se após algum tempo, levando à proliferação evolutiva de espécies neste último grupo. Os recursos disponibilizados com a extinção de táxons de dinossauros ao fim do período Cretáceo são considerados importantes para a proliferação posterior da diversidade adaptativa das espécies de mamíferos na era Cenozoica.

Os estudos fossilíferos de extinção ajudam-nos a visualizar as consequências de mudanças ecológicas para a biodiversidade em um contexto evolutivo. A fragmentação de populações, especialmente como verificada em ilhas, produz localmente taxas altas

Tabela 38.1 Comparação entre níveis de extinção para os cinco maiores eventos de extinção em massa*.

Eventos de extinção	Tempo (Ma Atrás)	Porcentagem de extinção
Cretáceo	66	76
Triássico	200	76
Permiano	251	96
Devoniano	359	82
Ordoviciano	443	85

*Baseado em David Raup (1995), com as datas revisadas para essas extinções.

de formação e de endemismo de espécies (ver Seção 10.2), mas essas novas espécies são predispostas à extinção devido à sua distribuição geográfica restrita. Cerca de 50% de todas as áreas do mundo que contêm ao menos duas espécies endêmicas de aves são insulares, embora as ilhas formem menos de 10% dos hábitats terrestres do planeta. As espécies insulares são particularmente propensas a desaparecer pela introdução de espécies exóticas invasoras. Por exemplo, os caracóis terrícolas do gênero *Partula*, da ilha de Moorea, no Taiti, eram um sistema de estudo importante para especiação em ilhas até que a introdução de caracóis exóticos desalojasse essas espécies nativas. Os hábitats continentais como as florestas são fragmentados em ilhas quando o desmatamento elimina áreas extensas de hábitat e quando espécies introduzidas invadem essas áreas. Como as regiões tropicais têm níveis elevados de endemismo, a fragmentação de origem antrópica desses ambientes predispõe à extinção de espécies.

Um dos principais desafios à conservação dos animais é a obtenção de um inventário da diversidade de espécies da Terra. As estimativas do número total de espécies do globo situam-se normalmente na faixa de 10 milhões, mas o número real pode ser 10 vezes maior. Os taxonomistas fazem essas estimativas calculando razões entre os números de espécies descritas e não descritas em uma amostra de uma região geográfica, baseando-se na taxa de descrição de novas espécies ao longo do tempo e julgando o quão confiável é a medida de diversidade em vários táxons. As estimativas atuais da diversidade de espécies são menos satisfatórias para os microrganismos. A imprecisão dessas estimativas reflete problemas práticos e conceituais. Um levantamento geográfico minucioso da variação genética das populações naturais requer análises genético-moleculares dispendiosas (ver Capítulo 6) e é essencial para a aplicação de qualquer conceito de espécie estabelecido (ver Capítulo 10). Essa análise é plausível apenas para táxons com número relativamente pequeno de indivíduos grandes, como aqueles no topo da cadeia alimentar ou da pirâmide ecológica. Os besouros e nematódeos constituem em dois táxons com grande número de organismos pequenos, o que dificulta a expectativa por um levantamento taxonômico abrangente. Mesmo com dados apropriados em mãos, visões discrepantes sobre o que deve constituir uma espécie (discutidas no Capítulo 10) impedem o cômputo preciso do número de espécies. Esses conflitos podem ser particularmente intensos em grupos de animais que não têm um modo de reprodução bissexuada simples. Obviamente, os esforços conservacionistas não podem aguardar um inventário minucioso de todas as populações animais. A manutenção de ecossistemas diversos, como aqueles identificados no Capítulo 37, é prioritária para prevenirmos uma ampla extinção de espécies.

Espera-se que o impacto humano sobre os ambientes naturais não seja igualado às cinco grandes extinções em massa da Tabela 38.1. A atividade humana nitidamente resultou em um grande número de espécies extintas, e devemos evitar que os tempos atuais situem-se na parte mais alta da curva de mortalidade de Raup (ver Figura 38.14 B). Entretanto, estudos evolutivos sugerem que os táxons superiores distribuídos amplamente têm probabilidade menor de serem extintos, mesmo durante episódios de extinção maciça. Na ausência de um inventário da diversidade de espécies animais, devemos impedir a criação de condições que possam destruir seletivamente qualquer táxon superior específico.

RESUMO

Seção	Conceito-chave
38.1 Hierarquia da ecologia	• A ecologia é o estudo das relações entre os organismos e seus ambientes, que explica a distribuição e a abundância das espécies na Terra • O espaço físico que contém o ambiente de um animal é seu hábitat • No hábitat, há condições físicas e biológicas satisfatórias para a sobrevivência e a reprodução, as quais constituem o nicho de um animal, população ou espécie
38.2 Populações	• As populações animais são compostas por demes, com membros que cruzam entre si e partilham um conjunto genético • As coortes de animais têm padrões característicos de sobrevivência que representam demandas conflitantes entre cuidado parental e número de filhotes • As populações animais que consistem em coortes sobrepostas têm uma estrutura etária que indica se elas estão crescendo, declinando ou em equilíbrio • Na natureza, todas as espécies têm uma taxa intrínseca de crescimento que, potencialmente, permite o crescimento exponencial • O crescimento populacional pode ser regulado intrinsecamente – pela capacidade de suporte do ambiente – ou extrinsecamente – por predadores, parasitos ou pela competição entre espécies por um recurso limitante • Os fatores abióticos independentes da densidade podem limitar o crescimento populacional, sem efetivamente regulá-lo
38.3 Ecologia de comunidades	• A comunidade consiste no conjunto de populações que interagem por meio de competição, predação, parasitismo, comensalismo e mutualismo • Essas relações resultam na coevolução entre as populações • As guildas de espécies evitam a exclusão competitiva através da partição de recursos limitantes, frequentemente acompanhada por especialização morfológica • As espécies-chave predadoras são aquelas que controlam a estrutura da comunidade e reduzem a competição entre as presas, aumentando a diversidade de espécies • Os parasitos e seus hospedeiros podem desenvolver evolutivamente uma relação benigna que permite a coexistência

Seção	Conceito-chave
38.4 Ecossistemas	• Os ecossistemas consistem em comunidades e seus ambientes abióticos • Os animais ocupam os níveis tróficos de consumidores herbívoros e carnívoros dentro do ecossistema • Todos os organismos têm um balanço energético que inclui a produtividade bruta, a produtividade líquida e a respiração • Para os animais, a respiração envolve cerca de 90% desse montante. Portanto, a transferência de energia de um nível trófico para outro não ultrapassa 10%, o que, por sua vez, limita o número de níveis tróficos em um ecossistema • As pirâmides ecológicas indicam como a produtividade decresce nos níveis tróficos sucessivamente mais altos das teias alimentares • A produtividade do ecossistema é descrita medindo-se os ciclos de matéria e fluxos de energia nos ecossistemas. Toda a energia é perdida como calor, mas os nutrientes e outros materiais são reciclados • Nenhum ecossistema é fechado, pois todos dependem de trocas de energia e matéria com fontes externas
38.5 Extinção e biodiversidade	• A biodiversidade existe porque as taxas de especiação superam ligeiramente as taxas de extinção na história evolutiva da Terra • Aproximadamente 99% de todas as espécies que já viveram estão extintas • As taxas de extinção no passado geológico são altamente episódicas, com a extinção de espécies variando de quase zero a 96% • As espécies com distribuição geográfica ampla experimentam taxas médias mais baixas de extinção do que espécies com áreas menores, e a mesma relação se aplica a táxons superiores na classificação • Os estudos paleontológicos de extinção fornecem perspectivas importantes para a avaliação de potenciais consequências evolutivas da extinção de espécies mediada pelo homem

QUESTÕES DE REVISÃO

1. O termo "ecologia" é derivado do grego, significando "casa" ou "lugar para viver". Entretanto, como usado pelos cientistas, o termo "ecologia" não é o mesmo que "ambiente". Como esses termos diferem?
2. Diferencie os conceitos de ecossistema, comunidade e população.
3. Qual é a diferença entre hábitat e ambiente?
4. Defina o conceito de *nicho*. Como o "nicho realizado" de uma população difere de seu "nicho fundamental"? Como o conceito de nicho difere do conceito de guilda?
5. Populações de animais de vida independente (unitários) têm estrutura etária, razão sexual e taxa de crescimento características. Porém, essas propriedades são difíceis de medir em animais modulares. Por quê?
6. Explique qual das três curvas de sobrevivência da Figura 38.2 tem o melhor ajuste para: (a) uma população cuja mortalidade, representada como proporção dos sobreviventes, é constante; (b) uma população com mortalidade precoce baixa e a maioria dos indivíduos atingindo idades avançadas; (c) uma população com mortalidade precoce alta, mas com os sobreviventes atingindo idades avançadas. Dê exemplos reais para cada padrão de sobrevivência.
7. Compare os crescimentos exponencial e logístico (=sigmoidal) de uma população. Sob quais condições você pode esperar uma população com crescimento exponencial? Por que o crescimento exponencial não pode perpetuar-se?
8. O crescimento de uma população pode ser limitado por mecanismos dependentes da densidade ou independentes da densidade. Defina e compare esses dois mecanismos. Dê exemplos de como o crescimento da população humana pode ser limitado por esses agentes.
9. A herbivoria é benéfica para o animal (+), mas prejudicial para a planta que ele come (–). Quais são algumas das interações + – entre populações animais? Qual é a diferença entre comensalismo e mutualismo?
10. Explique como o deslocamento de caracteres pode reduzir a competição entre espécies coexistentes.
11. Defina *predação*. Como a relação predador-presa difere da relação parasito-hospedeiro? Por que o predador não pode dar-se ao luxo de vencer a corrida evolutiva entre predador e presa?
12. O mimetismo de vespas-jaqueta-amarela por mariposas *Pennisetia marginata* é um exemplo de uma espécie inofensiva semelhante a uma nociva. Qual é a vantagem desse tipo de mimetismo para a mariposa? Qual é a vantagem para uma espécie nociva mimetizar outra espécie nociva?
13. Espécie-chave é aquela cuja remoção de uma comunidade causa a extinção de outras espécies. Como ocorre essa extinção?
14. O que é um nível trófico e qual sua relação com uma teia alimentar?
15. Defina *produtividade* da maneira como o termo é usado em ecologia. O que é um produtor primário? Qual é a diferença entre produtividade bruta, produtividade líquida e respiração? Como a produtividade líquida está relacionada com a biomassa (*standing crop*)?
16. O que é uma cadeia alimentar? Como uma cadeia alimentar difere de uma teia alimentar?
17. Que condições produzem uma pirâmide de biomassa invertida na qual os consumidores têm biomassa maior que os produtores? Você pode dar um exemplo de uma pirâmide de *números* invertida na qual haja mais herbívoros do que plantas das quais eles se alimentam?
18. A pirâmide de energia é usada como exemplo da segunda lei da termodinâmica (ver Seção 1.1). Por quê?
19. As comunidades animais ao redor das fontes hidrotermais aparentam ser totalmente independentes da luz solar. Como essa existência é possível?
20. O que os estudos paleontológicos mostram sobre a relação entre a distribuição geográfica de uma espécie e sua probabilidade de especiação ou extinção? Como essa relação representa um paradoxo para a biodiversidade?

Para reflexão. Os processos naturais de formação e extinção de espécies emergem em uma escala temporal de milhões de anos, enquanto as extinções mediadas pelos seres humanos são medidas em uma escala de anos a décadas. Como essa discrepância dificulta nossos esforços para conservar a biodiversidade?

GLOSSÁRIO

Este glossário lista a etiologia e as definições de termos técnicos, unidades e nomes (excluindo táxons) mais importantes e recorrentes utilizados neste livro.

A

abdome. Porção do corpo de um vertebrado entre o tórax (peito) e a pélvis; porção do corpo de um artrópode posterior ao tórax ou cefalotórax.

abertura (do latim *apertura*, de *aperire* = abrir). Orifício; o orifício na primeira espira de uma concha de gastrópode.

abiótico (do grego *a* = sem + *biōtos* = vida). Caracterizado pela ausência de vida.

abomaso (do latim *ab* = de + *omasum* = bolsa). Quarta e última câmara do estômago dos mamíferos ruminantes.

aboral (do latim *ab* = de + *os* = boca). Em um animal, região que se situa em posição oposta à boca.

abscesso (do latim *abscessus* = partindo). Células mortas e tecido fluido, confinados em uma área localizada, causando inchaço.

absorver. Em uma célula ou tecido, o ato de adquirir nutrientes através de poros e a partir do sangue.

acantódios (do grego *akantha* = espinhoso, cheio de espinhos). Um grupo primitivo de peixes com maxilas, caracterizados por um espinho grande nas nadadeiras e conhecido do Siluriano Inferior ao Permiano Inferior.

acântor (do grego *akantha* = espinho + *or*). Primeira forma larval dos acantocéfalos no hospedeiro intermediário.

acasalamento seletivo positivo. Tendência de indivíduos de uma população de acasalar-se com outros que se assemelham a eles por uma ou mais características.

acelomado (do grego *a* = não + *koilōma* = cavidade). Desprovido de celoma, como os vermes platelmintos e nemertinos.

acetilcoenzima A (= acetil-CoA). Uma molécula, formada na mitocôndria durante a respiração celular, por meio da qual os produtos da glicólise entram no ciclo do ácido cítrico para posterior oxidação; também é um precursor químico para a síntese do neurotransmissor acetilcolina.

acetilcolina. Um neurotransmissor químico do sistema nervoso animal.

acetilcolinesterase. Enzima que degrada o neurotransmissor acetilcolina e, em consequência, limita a transmissão do sinal por meio das sinapses neurais e junções neuromusculares.

ácido desoxirribonucleico (DNA). Material genético de todos os organismos, organizado caracteristicamente em sequências lineares de genes.

ácido graxo insaturado. Subunidade das moléculas de gordura que contém um grupo carboxila e uma cadeia de carbono na qual dois ou mais carbonos estão unidos por ligações duplas e são, portanto, capazes de formar ligações adicionais com outros átomos, como o hidrogênio.

ácido graxo. Qualquer um dos vários ácidos orgânicos saturados que apresentam a fórmula geral $C_nH_{2n}O_2$, ou moléculas insaturadas nas quais o número de átomos de hidrogênio é menor do que $2n$; ocorre nas gorduras naturais de animais e vegetais.

ácido graxo saturado. Uma subunidade de gorduras que contém um grupo carboxila e uma cadeia de carbonos no qual todos os carbonos estão ligados por ligações simples e cada um deles é ligado a dois átomos de hidrogênio.

ácido nucleico (do latim *nucleus* = núcleo). Uma das classes de moléculas compostas por nucleotídios ligados; tipos principais são: ácidos desoxirribonucleicos (DNA), encontrados no núcleo celular (cromossomos) e mitocôndria, e ácido ribonucleico (RNA), encontrado tanto no núcleo celular (cromossomos e nucléolo) como em ribossomos citoplasmáticos.

ácido ribonucleico (RNA). Polímero linear de nucleotídios que contém um açúcar ribose, muitas vezes dobrado para formar estruturas espaciais complexas, estabilizadas por pontes de hidrogênio entre bases de nucleotídios não adjacentes. O RNA funciona na expressão gênica e síntese proteica em todas as formas vivas, e a hipótese de ele ter sido a base da vida pré-celular é considerada.

ácido úrico (do grego *uri* = urina). Produto nitrogenado residual que requer pouca água para ser excretado; o principal produto excretado em insetos, aves, e répteis não aves.

ácido. Molécula que se dissocia em solução, para produzir um íon de hidrogênio (H^+).

ácino (do latim *acinus* = uva). Pequeno lobo de uma glândula composta, ou uma cavidade em forma de saco na extremidade de um ducto.

aclimatação (do latim + do grego *klima* = clima). Adaptação fisiológica gradual de um organismo em resposta a mudanças ambientais duradouras.

acôncio (do grego *akontion* = flecha, dardo). Estrutura filiforme que apresenta nematocistos, localizada no mesentério da anêmona-do-mar.

acrocêntrico (do grego *akros* = extremidade + *kentron* = centro). Cromossomo com o centrômero próximo à extremidade.

ácron (do grego *akron* = pico de montanha, do fr *akros* = extremidade). Região pré-oral de um inseto.

acrossomo. Organela contendo enzimas digestivas e situada na cabeça do espermatozoide, o que lhe possibilita penetrar a membrana celular de um óvulo para a fecundação.

actina (do grego *aktis* = raio). Proteína que faz parte do citoesqueleto e é encontrada em todas as células envolvidas nos processos de endocitose e exocitose. Nos tecidos contráteis, forma finos filamentos das células musculares estriadas.

actinotroca (do grego *aktis* = raio, suporte + *trochos* = gira). Forma larval dos Phoronida.

açúcar. A subunidade fundamental de carboidratos e que contém carbono, hidrogênio e oxigênio a uma razão incomum de 1:2:1, respectivamente. Dois açúcares (desoxirribose e ribose) formam parte da estrutura do nucleotídio dos ácidos nucleicos.

adaptação (do latim *adaptatus* = adaptado). Estrutura anatômica, processo fisiológico ou atributos comportamentais que evoluíram por seleção natural e aperfeiçoam a habilidade do organismo para sobreviver e deixar descendentes; contrasta-se com **exaptação**.

adenina (do grego *adēn* = glândula + *ine* = sufixo). Uma base purina; componente de nucleotídios e ácidos nucleicos.

adenosina (di-, tri-) fostato (ADP e ATP). Nucleotídio composto de adenina, ribose e duas (ADP) ou três (ATP) unidades fosfato; ATP é um composto rico em energia que, com ADP, serve como um sistema de transferência de energia ligada ao fosfato nas células.

adipocina. Uma citocina, hormônio peptídico, secretada pelo tecido adiposo branco.

adiponectina. Hormônio secretado pelo tecido adiposo que tende a diminuir os níveis de glicose no sangue, aumentando os efeitos da insulina na captação de glicose pelo fígado e músculo esquelético.

adiposo (do latim *adeps* = gordura). Tecido adiposo; gorduroso.

adrenalina *ver* **epinefrina**

adsorção (do latim *ad* = para + *sorbeo* = absorver). Adesão de moléculas a corpos sólidos.

adulto. Estágio no ciclo de vida de um animal desde o início da maturidade reprodutiva até a morte.

adutor (do latim *ad* = para + *ducere* = conduzir). Músculo que puxa uma parte em direção ao eixo mediano, ou um músculo que aproxima as duas valvas da concha de um molusco.

aeróbica (do grego *aēr* = ar + *bios* = vida). Forma de respiração dependente de oxigênio.

aeróbio. Organismo que utiliza oxigênio para a respiração.

aferente (do latim *ad* = para + *ferre* = carregar). Adjetivo que significa aquele que conduz ou carrega em direção a algum órgão; por exemplo, os nervos que conduzem impulsos em direção ao encéfalo, ou vasos sanguíneos que levam sangue aos órgãos; oposto a eferente.

aglutinação. Agrupamento de eritrócitos, como ocorre quando tipos sanguíneos incompatíveis se misturam.

agnato (do grego *a* = sem + *gnathos* = maxila). Um peixe sem maxilas, da superclasse parafilética Agnatha, do filo Chordata.

agranulócito. Leucócito sem a presença de grânulos no seu citoplasma; inclui linfócitos e monócitos.

agressão (do latim *agressus* = ataque). Ação ou comportamento de ataque.

alado (do latim *alatus* = asa). Com asas.

alantoide (do grego *allas* = tripa + *eidos* = forma). Uma das membranas embrionárias dos amniotas que funciona na respiração e na excreção em aves e demais répteis, além de ter papel importante no desenvolvimento da placenta na maioria dos mamíferos.

albumina (do latim *albumen* = clara do ovo). Algumas proteínas simples, de uma grande classe de proteínas, que são importantes constituintes do plasma sanguíneo dos vertebrados, fluidos do corpo, bem como do leite, da clara dos ovos e de outras substâncias animais.

aldosterona. Hormônio que induz os rins a reabsorverem sódio e água, bem como a liberarem potássio, aumentando o volume e a pressão sanguíneos.

alelo (do grego *allēlōn* = de um a outro). Forma alternativa do código genético para a mesma característica e situado no mesmo loco em cromossomos homólogos.

alergia. Desordem adquirida pelo sistema imunológico na qual uma substância do ambiente (alergênico), normalmente inofensiva, causa uma resposta inflamatória extrema.

alfa-hélice (do grego *alpha* = primeiro + latim *helix* = espiral). Arranjo espiral da molécula de DNA genético; arranjo regular espiralado da cadeia de polipeptídios nas proteínas; estrutura secundária das proteínas.

algas coralinas. Algas que precipitam carbonato de cálcio nos seus tecidos; contribuintes expressivos da massa dos recifes de coral.

Alimentação por filtração. Qualquer processo alimentar no qual as partículas de alimento são filtradas da água na qual estão suspensas.

alimentar (do latim *alimentum* = comida, alimento). Relacionado com nutrição ou alimentação.

aloenxerto (do grego *allos* = outro, + enxerto). Um pedaço de tecido ou um órgão transferido de um indivíduo para outro indivíduo da mesma espécie e que não são gêmeos idênticos; também chamado de homoenxerto.

alometria (do grego *allos* = outro + *metry* = medida). Crescimento relativo de uma parte do corpo em comparação ao organismo inteiro.

alopátrico (do grego *allos* = outro + *patra* = pátria). Em regiões geográficas separadas e mutuamente exclusivas.

alta capacidade de calor específico. Denota uma grande quantidade de energia necessária para aumentar a temperatura da água líquida (1°C por grama).

alta tensão superficial. Denota a elevada pressão necessária para romper a superfície da água líquida, quando comparada àquela necessária para os outros líquidos, exceto o mercúrio.

alto calor de vaporização. Denota a grande quantidade de energia necessária para converter água líquida a 100°C para a fase gasosa (mais de 500 quilocalorias por grama).

altricial (do latim *altrices* = nutridores). Refere-se aos animais jovens (especialmente aves) que eclodem em condição imatura e dependente.

altruísmo recíproco. Evolução de um repertório comportamental no qual um organismo realiza comportamentos que beneficiam outros membros da população (possivelmente com aumento de seu próprio risco), uma vez que tais comportamentos são retribuídos pelos indivíduos que receberam seus benefícios.

álula (do latim diminutivo de *ala* = asa). O primeiro dígito ou polegar da asa de uma ave, muito reduzido em tamanho.

alvéolo (do latim, diminutivo de *alveus* = cavidade, buraco). Uma pequena cavidade ou fossa, à semelhança de um microscópico compartimento aéreo dos pulmões; a parte terminal de uma glândula alveolar; ou a cavidade óssea onde se implanta um dente. Sacos membranosos sob a membrana plasmática de certos protozoários.

ambulacros (do latim *ambulare* = caminhar). Sulcos radiais dos equinodermos, nos quais os pés ambulacrais do sistema hidrovascular projetam-se para fora do organismo.

amensalismo. Interação competitiva assimétrica entre duas espécies em uma comunidade ecológica, na qual apenas uma das espécies é afetada.

amilase (do latim *amylum* = amido + *ase* = sufixo que significa enzima). Enzima que quebra o amido em unidades menores.

amilase pancreática. Enzima do suco pancreático que hidrolisa amido em polímeros de amido mais curtos e em maltose e glicose.

aminoácido (amina = um composto orgânico). Um ácido orgânico com um grupo amina (–NH$_2$). Uma subunidade fundamental de proteínas e peptídios.

aminoacilação. Na síntese de proteínas, uma reação catalisada por tRNA sintetase, em que um aminoácido é ligado à sua molécula de tRNA específica.

aminopeptidase. Uma enzima encontrada na membrana plasmática das células que revestem o intestino e que divide os aminoácidos terminais da extremidade amino de peptídios curtos.

amítico(a) (do grego *a* = sem + *miktos* = misto ou misturado). Relativo à fêmea dos rotíferos, a qual produz apenas óvulos diploides que não podem ser fecundados, ou aos ovos produzidos por tais fêmeas. Contrasta com **mítico(a)**.

amitose (do grego *a* = não + *mitos* = filamento). Forma de divisão celular na qual o núcleo e o citoplasma se dividem sem formação de fuso nem condensação dos cromossomos.

âmnio (do grego *amnion* = membrana em torno do feto). Membrana embrionária mais interna que forma uma bolsa cheia de fluido em torno do embrião dos amniotas.

amniocentese (do grego *amnion* = membrana em torno do feto + *centes* = puncionar). Procedimento para retirar uma amostra de fluido que circunda o embrião em desenvolvimento para exame dos cromossomos das células embrionárias e outros testes.

amniota. Que apresenta âmnio; como substantivo, um animal que desenvolve o âmnio na vida embrionária; refere-se coletivamente a répteis não voadores, aves e mamíferos.

amocetes (do grego *ammo* = areia + *coet* = leito). Estágio larval filtrador das lampreias.

amplexo (do latim *amplexus* = abraço). O abraço de cópula dos sapos e rãs, quando então o macho fertiliza os ovos à medida que eles deixam o corpo da fêmea.

ampola (do latim *ampulla* = frasco). Vesícula membranosa; dilatação em uma das extremidades de cada canal semicircular que contém epitélio sensorial; vesícula muscular situada acima dos pés ambulacrais no sistema hidrovascular dos equinodermos.

ampolas de Lorenzini (Lorenzini, médico e ictiólogo do século 17). Canais minúsculos, preenchidos com gel, que funcionam como eletrorreceptores na superfície da pele dos membros de Chondrichthyes.

anabolismo (do grego *ana* = para cima, ascendente + *bol* = empurrar, atirar, lançar, arremessar + *ism* = sufixo que significa estado da condição). Metabolismo construtivo.

anádromo (do grego *anadromos* = correr para cima). Refere-se aos peixes que migram riacho acima, a partir do oceano, para desovar.

anaeróbico (do grego *an* = não + *aēr* = ar + *bios* = vida). Não dependente de oxigênio para a respiração.

anafilática (do grego *ana* = para cima + *phylax* = defesa). Reação sistêmica (de todo o corpo) imediata à hipersensibilidade.

analogia (do latim *analogus* = relação). Similaridade de função, mas não de origem.

anamniota. Vertebrado que não apresenta a membrana amniótica que envolve o embrião. Inclui peixes e anfíbios.

anápsido (do grego *an* = sem + *apsis* = arco). Amniotas extintos nos quais o crânio não apresenta aberturas temporais.

anastomose (do grego *ana* = outra vez + *stoma* = boca). União de dois ou mais vasos sanguíneos, fibras ou outras estruturas para formar uma rede ramificada.

ancestral. Significa o estado de um caráter, inferido como presente na população ancestral comum mais recente de um grupo de organismos.

ancéstrula (do neolatim *ancestor*). Primeiro indivíduo (zooide) de uma colônia de briozoários e que se origina a partir da metamorfose de uma larva livre-natante (nas formas marinhas) ou de um estatoblasto (nas formas de água doce).

ancoracisto (do grego *ancora* = âncora + *kystis* = bexiga). Um tipo recém-descoberto de extrusão que pode funcionar para imobilizar a presa.

androgênio (do grego *anēr, andros* = homem + *genēs* = nascer). Qualquer um dos hormônios sexuais masculinos do grupo dos esteroides.

Anel de tecido conjuntivo. Em equinodermos, um tecido colagenoso variável e sob controle neuronal que pode ser alterado muito rapidamente.de um "líquido" para uma forma "sólida".

anemia falciforme. Condição em indivíduos homozigotos para a hemoglobina-S (HbS) que provoca o colapso das células sanguíneas vermelhas, fazendo com que adquiram a forma de foice em condições de falta de oxigênio.

aneuploidia (do grego *an* = sem, não + *eu* = bom, verdadeiro + *ploid* = múltiplo de). Perda ou ganho de um cromossomo; as células do organismo têm menor número de cromossomos que o normal, ou um cromossomo extra como, por exemplo, a trissomia 21 (síndrome de Down).

anfiblástula (do grego *amphi* = dos dois lados + *blastos* = germe + do latim *ula* = pequeno). Estágio larval livre-natante de certas esponjas marinhas; semelhante à blástula, mas com células flageladas apenas no polo animal; aquelas do polo vegetativo não são flageladas.

anfídeo (do grego *amphidea* = algo que salta em torno). Cada unidade do par de órgãos sensoriais anteriores de certos nematódeos.

anfifílico (do grego *amphi* = dos dois lados + *philia* = afinidade, atração). Sinônimo de **anfipático**.

anfipática (do grego *amphi* = dos dois lados + *pathos* = sofrimento, paixão). Adjetivo para descrever uma molécula com uma parte solúvel em água (polar) e outra insolúvel (não polar). Tais compostos têm a tendência natural de agregar-se em membranas semipermeáveis.

angiotensina (do grego *angeion* = vaso + do latim *tensio* = esticar). Proteína sanguínea formada a partir da interação da renina com uma proteína do fígado, angiotensinogênio, que causa aumento da pressão sanguínea e estimula a liberação de aldosterona e ADH.

angstrom (de Ångström, físico sueco). Unidade de um décimo milionésimo de milímetro (um décimo centésimo de um micrômetro); ele é representado pelo símbolo Å.

anidrase (do grego *an* = não + *hydōr* = água + *ase* = sufixo de enzima). Enzima envolvida na remoção de água de um composto. A anidrase carbônica promove a conversão do ácido carbônico em água e dióxido de carbono.

anisogametas (do grego *anisos* = desigual + *gametēs* = cônjuge). Gametas de uma espécie que diferem quanto a forma ou tamanho.

anlage (termo alemão que significa disposição, fundação). Forma rudimentar; primórdio.

anomalia de densidade da água. Refere-se à maior densidade da água na fase líquida do que na sólida.

antena (do latim *antenna* = mastro). Apêndice sensorial situado na cabeça dos artrópodes, ou o segundo dos dois pares de tais estruturas nos crustáceos.

anterior (do latim *anterior, -ius*, comparativo de *ante* = antes). A extremidade da cabeça de um organismo ou em direção à extremidade (adjetivo).

anticódon. Uma sequência de três nucleotídios do RNA transportador que é complementar a um códon do RNA mensageiro.

anticorpos. Proteínas (imunoglobulinas) na superfície das células e dissolvidas no sangue ou fluidos teciduais, capazes de se ligarem aos antígenos que estimularam sua produção. A formação de complexos antígeno-anticorpos imobiliza os organismos invasores (**opsonização**), que assim podem ser reconhecidos e removidos pela fagocitose do complexo.

antígeno. Qualquer substância capaz de estimular uma resposta imunológica, mais frequentemente uma proteína.

antiparalela. Designa a orientação dos filamentos pareados de DNA na dupla-hélice, no qual a terminação 3' de um filamento é oposta à terminação 5' do outro filamento.

antracossauro (do grego *anthrax* = carvão, carbono + *sauros* = lagarto). Grupo de tetrápodes labirintodontes da Era Paleozoica.

antropoide (do grego *anthrōpos* = homem + *eidos* = forma). Semelhante aos humanos: especialmente os grandes primatas.

ânulo (do latim *anulus* = anel). Toda estrutura em forma de anel, tal como os anéis superficiais das sanguessugas.

AP. Antes do presente.

aparelho justaglomerular (do latim *juxta* = próximo à + *glomus* = esfera, bola). Complexo de três tipos de células sensoriais formadas a partir da especialização da arteríola aferente (células granulares), de glomérulos (células mesangiais) e do túbulo distal (células da mácula densa), e localizado adjacente ao glomérulo, onde tais regiões do néfron estão em íntima aposição. As células granulares desse aparelho produzem a enzima renina.

apendicular (do latim *ad* = para + *pendere* = pendurar). Pertencente aos apêndices; pertencente ao apêndice vermiforme.

ápice (do latim *apex* = ponta). O ponto mais alto ou mais acima; a extremidade inferior do coração. Adj., **apical**.

apócrina (do grego *apo* = fora + *krinein* = separar). Aplica-se a um tipo de glândula sudorípara de mamíferos que produz uma secreção viscosa pela eliminação de parte do citoplasma das células secretoras.

apódema. Uma protrusão no interior da cutícula de certos artrópodes (insetos e crustáceos) à qual se fixam os músculos.

apópila (do grego *apo* = longe de + *pylē* = porta). Abertura do canal radial na espongiocele das esponjas.

apoptose (do grego *apo-* = longe de + *ptōsis* = morrendo). Morte celular geneticamente determinada, ou morte celular "programada".

aposemática. Uma condição conspícua que serve como advertência: por exemplo, as cores vivas das asas de uma borboleta monarca advertem potenciais predadores de que a borboleta tem gosto desagradável.

aptidão inclusiva. Modificação do conceito genético de aptidão para incluir não apenas os números médios de descendentes produzidos por organismos de determinado genótipo particular (aptidão direta), mas também o efeito dos atos desses organismos para o rendimento reprodutivo de seus parentes próximos. Uma vez que parentes próximos têm genes idênticos por descendência, um organismo que deixa de se reproduzir para aumentar o sucesso reprodutivo de numerosos parentes próximos ainda contribui com cópias de seus genes para as gerações futuras; desse modo, um organismo pode apresentar aptidão inclusiva alta apesar de aptidão direta nula.

aptidão relativa. Uma comparação entre dois ou mais diferentes genótipos nos números médios de prole produzida por um indivíduo em uma população. Com base em medições de aptidões relativas em genótipos diploides alternativos, as aptidões relativas podem ser atribuídas analiticamente a alelos individuais.

aptidão. Grau de adequação a determinado ambiente. Aptidão genética é a contribuição relativa de organismos de determinado genótipo para a próxima geração; organismos com alta aptidão genética são selecionados naturalmente e suas características genéticas tornam-se dominantes em uma população.

aquaporinas. Poros ou canais de água compostos de proteínas transmembrana que permitem deslocamento da água por meio da membrana plasmática. Eles podem permanecer abertos permanentemente ou abrir/fechar mediante um sinal específico.

arborícola (do latim *arbor* = árvore). Que vive nas árvores.

arcossauro (do grego *archōn* = domínio + *sauros* = lagarto). Clado de vertebrados diápsidos que inclui as aves atuais e os crocodilos, bem como pterossauros e dinossauros extintos.

área de vida. A área na qual um animal movimenta-se para realizar suas atividades. Ao contrário dos territórios, áreas de vida não são defendidas.

arena (*lek*) (Sw. *play*, jogo). Área onde os animais se reúnem para exibição de coorte comum e acasalamento.

arquêntero (do grego *archē* = início + *enteron* = intestino). A cavidade principal de um embrião no estágio de gástrula; ele é revestido pelo endoderma e representa a futura cavidade digestiva.

arqueócitos (do grego *archaios* = início + *kytos* = compartimento vazio). Células ameboides das esponjas com diversas funções.

arquinefros (do grego *archaios* = antigo + *nephros* = rim). Rim ancestral dos vertebrados e que existe atualmente apenas no embrião dos peixes-bruxa.

artéria (do latim *arteria* = artéria). Vaso sanguíneo que conduz sangue do coração para outras partes do corpo.

arteríola (do latim *arteria* = artéria). Pequeno ramo arterial que conduz sangue para uma rede de capilares.

árvore filogenética. Um diagrama de árvore no qual os ramos representam linhagens evolutivas atuais ou passadas e que demonstra os padrões hipotéticos de ancestralidade comum entre as linhagens.

asconoide (do grego *askos* = saco). Forma mais simples de esponjas com canais que conduzem diretamente do exterior para uma cavidade interior.

aspiração. Puxar um fluido para uma cavidade por sucção, como quando o ar é puxado para os pulmões dos amniotas.

assexuada. Sem a distinção de órgãos sexuais; não envolve a formação de gametas.

assimilação (do latim *assimilatio* = tornar semelhante). Absorção de nutrientes digeridos para a formação de materiais orgânicos protoplasmáticos complexos.

associado à ovulação. Tempo de máxima receptividade sexual. Adj. **estral**.

atecado (do grego *a* = sem, ausência de algo + *thēkē* = estojo, caixa). Significa um organismo desprovido de uma teca.

aterosclerose (do grego *athērōma* = tumor com material de aparência espumosa + *sklērōs* = duro). Doença caracterizada pela presença de placas lipídicas formadas na superfície interna das artérias.

atmosfera. Composto gasoso da biosfera que se estende da superfície da Terra até uma altitude de 3.500 km.

átoco (do grego *a* = sem + *tokos* = parto). Porção anterior não reprodutiva de um poliqueta marinho, distinta da porção posterior que é reprodutiva (epítoco), durante a estação reprodutiva.

atol (do maldívio *atolu* = atol). Recife de coral ou ilha que circunda uma laguna.

átomo. A menor unidade de um elemento, composto por um denso núcleo de prótons e (em geral) nêutrons, circundados por um sistema de elétrons.

ATP (do inglês, *Adenosine triphosphate*). Trifosfato de adenosina. Em bioquímica, um éster de adenosina e ácido trifosfórico.

átrio (do latim *atrium* = vestíbulo). Uma das câmaras do coração; ou a cavidade timpânica da orelha; ou, ainda, a grande câmara que contém a faringe em tunicados e cefalocordados.

aurícula (do latim *auricula*, diminutivo de *auris* = orelha). Uma das câmaras do coração; átrio; orelha externa ou pavilhão auditivo; qualquer lobo ou processo similar à orelha.

auriculária (do latim *auricula* = pequena orelha). Tipo de larva encontrada em Holothuroidea.

autogamia (do grego *autos* = próprio + *gamos* = casamento). Condição na qual os núcleos gaméticos produzidos por meiose fundem-se no mesmo organismo que os produziu para restaurar o número diploide.

autossomo (do grego *autos* = próprio + *sōma* = corpo). Qualquer cromossomo que não seja sexual.

autotomia (do grego *autos* = próprio + *tomos* = cortar). Amputação de uma parte do corpo pelo próprio organismo.

autótrofo (do grego *autos* = próprio + *trophos* = nutrição). Organismo que produz seus nutrientes orgânicos a partir de substâncias inorgânicas.

avicularia (do latim *avicula* = pequena ave + *aria* = como, ou conectado a). Zooide modificado e preso à superfície de um zooide de alimentação de Ectoprocta, cuja forma é semelhante ao bico de uma ave.

axial (do latim *axis* = eixo). Relativo ao eixo ou tronco; sobre ou ao longo do eixo.

axocele (do grego *axon* = eixo + *koilos* = cavidade). O espaço celomático mais anterior dentre os três que surgem durante o desenvolvimento larval dos equinodermos.

axolotle (do náuatle *atl* = água + *xolot* = boneca, servo, fantasma). Salamandras da espécie *Ambystoma mexicanum* que não sofrem metamorfose e que retêm as características do estágio larval aquático durante a fase adulta.

axonema (do latim *axis* = eixo + do grego *nēma* = fio, filamento). Microtúbulos de um cílio ou flagelo, em geral organizados em forma de círculo com nove pares de microtúbulos que envolvem um par central; também, microtúbulos de um axópode.

axônio (do grego *axōn* = eixo). Extensão alongada de um neurônio que conduz impulsos a partir do corpo celular para os terminais sinápticos.

axópode (do grego *axōn* = eixo + *podium* = pequeno pé). Pseudópode longo e fino, mais ou menos permanente, encontrado em certas amebas.

axóstilo. Organela em forma de tubo de alguns protozoários flagelados, que se estende da área dos cinetossomos até a extremidade posterior, na qual ela se protrai.

B

baixa viscosidade. Refere-se à habilidade da água no estado líquido em fluir fácil e rapidamente em recipientes de tamanhos variáveis, tais como vasos dos sistemas circulatórios de animais.

balanço energético. Uma análise econômica da energia usada por um organismo, repartida entre **produtividade bruta**, **produtividade líquida** e **respiração**.

banco de fanerógamas marinhas. Comunidade marinha costeira no infralitoral que compreende agregados de fanerógamas marinhas e invertebrados associados, incluindo hidroides, esponjas, entoproctos e larvas de bivalves marinhos.

barreira de recife. Recife de coral que se estende quase paralelamente à praia, sendo separado dela por uma laguna.

barreira reprodutiva (do latim re + *producere* = levar adiante + do francês medieval *barriere* = barreira). Chamado também de isolamento reprodutivo. Presença de barreiras biológicas que impedem que indivíduos de sexos diferentes se reproduzam sexuadamente e realizem trocas genéticas com outra população.

base nitrogenada. A subunidade molecular de um nucleotídio ligada ao carbono 1' da desoxirribose ou ribose e que participa da ligação de nitrogênio entre cadeias de nucleotídios. Inclui adenina, citosina, guanina, timina e uracila.

base, basipodito (do grego *basis* = base + *pous, podos* = pé). O segundo artículo ou o artículo distal do protopodito de um apêndice de crustáceo.

base. Uma molécula que se dissocia em solução para produzir um íon hidróxido.

bastonete. Uma das células da retina do olho dos vertebrados que serve para a visão sob baixa luminosidade.

batipelágico (do grego *bathys* = profundo, + *pelagos* = mar aberto). Relativo a ou que habita águas marinhas profundas.

bentos (do grego *benthos* = profundeza do mar). Organismos que habitam o fundo de um oceano ou lago; adj., **bentônico**. Também, o próprio substrato submerso.

beta queratina. Forma endurecida de queratina que compõe penas e escamas de pássaros e outros répteis.

bexiga natatória. Bolsa preenchida por gás presente em diversos peixes ósseos e usada para flutuar e, em alguns casos, para a troca de gases respiratórios.

biblioteca genômica (*library*). Em biologia molecular, um conjunto de clones contendo DNA recombinante. Obtido a partir do genoma de um organismo.

bigorna (do latim *incus* = bigorna). Osso intermediário da cadeia de três ossos do ouvido médio de mamífero; homólogo ao osso quadrado dos primeiros vertebrados.

bilateria (do latim *bi-* = dois + *latus* = lado). Animais bilateralmente simétricos.

bilirrubina (do latim *bílis* = bile + *rúbeo* = ser vermelho). Um produto da quebra do grupo heme da hemoglobina, excretado na bile.

biogeografia de vicariância. Um método de biogeografia histórica que enfatiza a localização de barreiras físicas que simultaneamente separaram espécies antes distribuídas juntamente em áreas locais de endemismo geográfico; explica padrões compartilhados de cladogênese em táxons conjuntamente distribuídos geograficamente.

bioluminescência. Método de produção de luz por organismos vivos no qual certas proteínas (luciferinas), na presença de oxigênio e de uma enzima (luciferase), são convertidas em oxiluciferinas com a liberação de luz.

bioma (do grego *bios* = vida, + *ōma* = sufixo abstrato). Complexo de comunidades de plantas e animais que se caracteriza pelas condições climáticas e de solo; a maior unidade ecológica.

biomassa (do grego *bios* = vida + *maza* = monte ou massa). Peso total de organismos vivos ou da população de uma espécie por unidade de área.

bioquímica comparada. Estudos de estrutura das macromoléculas biológicas, especialmente proteínas e ácidos nucleicos, e sua variação dentro e entre as espécies para revelar homologias de estruturas macromoleculares.

biosfera (do grego *bios* = vida + *sphaira* = globo). Parte do planeta Terra que contém organismos vivos.

bipinária (do latim *bi* = duplo, + *pinna* = asa, + *aria* = semelhante ou conectado a). Larva livre-natante, ciliada e de simetria bilateral de equinodermos asteroides; desenvolve-se em uma larva braquiolária.

birreme (do latim *bi* = duplo + *ramus* = ramo). Adjetivo que descreve apêndices com dois ramos distintos; contrasta com unirreme, sem ramificação.

bivalente (do latim *bi* = duplo + *valen* = válido). Pares de cromossomos homólogos na sinapse, na primeira divisão meiótica; uma tétrade.

blastocele (do grego *blastos* = rebento + *koilos* = cavidade). Cavidade da blástula.

blastocisto (do grego *blastos* = rebento + *kystis* = saco). Embrião de mamíferos no estágio de blástula.

blastômero (do grego *blastos* = rebento + *meros* = parte). Célula do estágio inicial de clivagem.

blastóporo (do grego *blastos* = rebento + *poros* = passagem, poro). Abertura externa do arquêntero na gástrula.

blástula (do grego *blastos* = rebento + do latim *ula*, diminutivo). Estágio embrionário inicial de muitos animais; consiste em uma massa oca de células.

blefaroplasto (do grego *blepharon* = pálpebra + *plastos* = formado). Ver **corpo basal**.

blending. Ver **herança poligênica**.

bolsas faríngeas. Evaginações emparelhadas, ou bolsas, que se desenvolvem no interior da faringe em cordados. Em peixes e protocordados, elas se abrem para o exterior do corpo como fendas faríngeas.

bombeamento bucal. Um método de ventilação no qual o ar é empurrado da boca para os pulmões, como ocorre nos anfíbios e peixes que respiram ar.

bombicol. Substância química volátil produzida pela fêmea virgem da mariposa do bicho-da-seda para atrair machos.

boreal (do latim *bóreas* = vento do norte). Relativo à uma área biótica no norte caracterizada pela predominância de florestas de coníferas e de tundra.

bradizoíto. Coccídio (parasito unicelular), como *Toxoplasma gondii*, que é encapsulado em cistos teciduais e divide-se lentamente.

branqueamento de coral. Processos em que corais normalmente de cores brilhantes perdem ou expelem suas algas simbiontes (zooxantelas), tornando-se brancos e quebradiços. Devido ao aumento da temperatura do oceano, os sistemas fotossintéticos dos simbiontes liberam oxidantes prejudiciais, que interrompem a simbiose alga-cnidário.

brânquia foliácea. Estrutura respiratória de quelicerados aquáticos (Arthropoda), na qual muitas brânquias delgadas e preenchidas por sangue são dispostas como as páginas de um livro. A troca gasosa ocorre conforme a água do mar passa entre cada par de brânquias.

branquial (do grego *branchia* = brânquia). Referente às brânquias.

braquiação (do latim *brachium* = braço). Locomoção baseada no balançar dos braços de um ponto de apoio a outro.

braquial (do latim *brachium* = braço). Referente ao braço.

braquiolária (do latim *brachiola* = pequeno braço + *aria* = pertencente a). Larva de asteroide desenvolvida a partir de uma larva bipinária e que apresenta três prolongamentos pré-orais com ventosas.

briófitas (do grego *bryō* = brotar + *phyta* = plantas). Plantas não vasculares que compreendem os musgos, antóceros e hepáticas.

brônquio pl. brônquios (do grego *bronchos* = tubo de ar). Cada uma das duas divisões primárias da traqueia que conduz aos pulmões direito e esquerdo.

bronquíolo (do grego *bronchion*, diminutivo de *bronchos* = tubo de ar). Pequena ramificação do brônquio com paredes delgadas.

brotamento. Tipo de reprodução na qual o descendente surge por meio do crescimento a partir de um progenitor, sendo inicialmente menor que este. Uma falha na separação dos descendentes do seu progenitor leva à formação de uma colônia.

bucal (do latim *bucca* = bochecha). Relativo à cavidade da boca.

bursa, pl. bursas (do latim medieval *bursa* = saco, bolsa feita de pele). Cavidade sacular. Em equinodermos ofiuroides, compreendem bolsas que se abrem na base dos braços e que funcionam na respiração e na reprodução (bursas genitorrespiratórias).

C

cadeia alimentar. Transferência de energia de compostos vegetais para organismos que se alimentam de plantas, e então para outros organismos que se alimentam destes que ingeriram plantas e, possivelmente além, por meio de uma série linear de organismos que comem outros organismos e por sua vez são também comidos. Cadeias alimentares conectam-se e ramificam-se para formar teias alimentares.

calcitonina. Hormônio secretado pelas células C na glândula tireoide de mamíferos e nas glândulas ultimobranquiais de outros vertebrados. É liberado em resposta a níveis elevados de cálcio no sangue e causa diminuição da absorção intestinal de cálcio, aumento da excreção de cálcio pelos rins e diminuição da liberação de cálcio dos ossos.

cálice (do latim, taça de uma flor). Qualquer uma das diversas estruturas zoológicas com forma de taça.

caloria (do latim *calere* = calor). Unidade de calor definida como a quantidade de calor necessária para aquecer 1 g de água de 14,5 para 15,5°C; 1 cal = 4,184 joules no Sistema Internacional de Unidades.

camada germinativa. Em um embrião animal, uma das três camadas básicas (ectoderma, endoderma, mesoderma) das quais os vários órgãos e tecidos surgem no animal multicelular.

canais controlados por comportas. Poros na membrana plasmática, criados por proteínas transmembrana, que se abrem ou fecham em resposta a um sinal específico, como a ligação a uma substância química (**barreira química**), uma mudança de potencial na membrana (**barreira de voltagem**) ou distorção da membrana (**barreira mecânica**). Esses canais, quando se abrem, permitem que íons e água se desloquem através da membrana plasmática por difusão.

canais peri-hemais. Compartimentos celômicos que podem auxiliar na distribuição de nutrientes pelos corpos dos equinodermos.

canais. Poros criados pelas proteínas transmembrana que permitem aos íons e à água deslocarem-se através da membrana plasmática por difusão. Eles podem ficar sempre abertos ou acionados por sinais específicos para abri-los ou fechá-los (p. ex., canais acionados quimicamente ou por voltagem).

canais radiais. Canais ao longo dos ambulacros e que partem do canal circular dos equinodermos; também, os canais revestidos de coanócitos das esponjas siconoides.

canal alimentar. Tubo digestório.

canal ginecóforo (do grego *gynē* = mulher + *pherein* = portar). Sulco presente em esquistossomos masculinos (certos trematódeos), onde são carregadas as fêmeas.

capacidade de suporte. Número máximo de indivíduos que podem resistir a condições ambientais específicas.

capilar. Vaso sanguíneo extremamente fino (em média, nos mamíferos, tem cerca de 8 μm de diâmetro) que liga os sistemas arterial e venoso dentro dos tecidos e é composto apenas por uma camada de células endoteliais. Os capilares estabelecem uma interface entre o sistema circulatório e as células, permitindo a filtração de oxigênio, nutrientes e moléculas de sinalização (p. ex., hormônios) para as células e absorvem delas os restos metabólicos.

capitulum (do latim *capitulum* = pequena cabeça). Termo aplicado a estruturas diminutas e com forma de cabeça, presentes em vários organismos, incluindo projeções do corpo portadoras de peças bucais de ácaros e carrapatos.

captáculos (do latim *captare* = prender). Tentáculos que se estendem a partir da cabeça de moluscos escafópodes, utilizados na alimentação.

carapaça (do francês, a partir do espanhol *carapacho* = concha). Placa em forma de escudo que cobre o cefalotórax de certos crustáceos; porção dorsal da cobertura de uma tartaruga.

caráter. Componente do fenótipo (incluindo características morfológicas, moleculares e comportamentais específicas, dentre outras) utilizado por sistematas para diagnosticar espécies ou táxons superiores; para avaliar relacionamento filogenético entre diferentes espécies ou entre táxons superiores; ainda, para averiguar relacionamento entre populações de uma mesma espécie.

carbaminohemoglobina. Forma de hemoglobina produzida quando o dióxido de carbono se combina com grupos de aminoácidos da hemoglobina nas hemácias de vertebrados ou no plasma sanguíneo de invertebrados.

carboidrato (do latim *carbo* = carvão + do grego *hydōr* = água). Compostos de carbono, hidrogênio e oxigênio que têm a fórmula geral $(CH_2O)_n$; aldeído ou cetona derivados de álcoois poli-hídricos, com átomos de hidrogênio e oxigênio unidos na razão 2:1.

carboxila (Carbono + oxigênio + *ila* = sufixo de radical químico). Grupo ácido de moléculas orgânicas (–COOH).

carboxipeptidase. Enzima do suco pancreático que remove aminoácidos da extremidade carboxila dos polipeptídios.

cardíaco (do grego *kardia* = coração). Pertencente ou relativo ao coração.

carenada (do latim *carina* = quilha ou carena). Que apresenta uma quilha; em particular, aves voadoras com uma quilha (ou carena) no esterno para inserção de músculos de voo; contrasta com ratita.

carnívoro (do latim *carnivorous* = comedor de carne). Mamífero pertencente à ordem Carnivora. Também, qualquer organismo que se alimenta de outros animais (adjetivo).

caroteno (do latim *carota* = cenoura + *ene* = carboidrato insaturado de cadeia reta). Pigmento vermelho, amarelo ou laranja, pertencente ao grupo dos carotenoides; precursor da vitamina A.

cartilagem (do latim *cartilago*, similar ao latim *cratis* = feito de vime). Tecido conjuntivo especializado, translúcido, que compõe a maior parte do esqueleto de embriões e de vertebrados jovens, bem como de peixes cartilaginosos adultos, como tubarões e raias; em outros vertebrados adultos, esse tecido é, em grande parte, substituído por osso.

casal. Associação entre um macho e uma fêmea adultos para reprodução. Característico de espécies monogâmicas.

casta (do latim *castus* = puro, separado). Uma das formas polimórficas dentro de uma sociedade de insetos, com cada casta tendo tarefas específicas, como rainha, operária e soldado.

casulo (do francês *cocon* = concha). Envoltório protetor de estágios de desenvolvimento ou repouso; às vezes referente ao invólucro e seu conteúdo: por exemplo, o casulo de uma mariposa ou a cobertura protetora dos embriões em desenvolvimento de alguns anelídeos.

catabolismo (do grego *kata* = para baixo + *bol* = lançar + *ism* = sufixo que significa estado de uma condição). Metabolismo destrutivo; processo pelo qual moléculas complexas são reduzidas a moléculas mais simples.

catádromo (do grego *kata* = para baixo + *dromos* = corredor). Refere-se aos peixes que migram da água doce para o oceano, para desovar.

catalisador (do grego *kata* = para baixo + *lysis* = quebra, perda). Substância que acelera uma reação química, mas não se torna parte do produto final.

caudal (do latim *cauda* = cauda). Constituir a, pertencer à ou relativo à cauda.

causa final (do latim *ultimatus* = último + *causa* = causa). Os fatores evolutivos responsáveis pela origem, condição ou função de um sistema biológico.

causa imediata. Ver **causa proximal**.

causa proximal (do latim *proximus* = mais próximo + causa). Explicações sobre o funcionamento de um sistema biológico em determinado momento e local; por exemplo, como um animal realiza suas atividades metabólicas, fisiológicas e comportamentais (= causa imediata).

caveolas (do latim *cavea* = caverna + sufixo diminutivo). Vesículas invaginadas e cavidades na pinocitose.

caveolina. Revestimento de proteína encontrado no lado citoplasmático de uma caveola ou invaginações de membrana em forma de fossa. Caveolas são formadas durante o processo de pinocitose.

cavidade gastrovascular (do grego *gastēr* = estômago + do latim *vasculum* = pequeno vaso). Cavidade do corpo de alguns invertebrados inferiores que atua tanto na digestão como na circulação e que apresenta uma abertura única, que funciona como boca e ânus.

cDNA. Ver **DNA complementar**.

cecília. Qualquer anfíbio membro da ordem Gymnophiona (também denominada Apoda).

ceco (do latim *caecus* = ceco). Divertículo em fundo cego que se inicia no intestino grosso; qualquer bolsa ou divertículo similar.

cefalização (do grego *kephale* = cabeça). Processo evolutivo pelo qual órgãos sensoriais e apêndices especializados passam a se localizar na extremidade da cabeça dos animais.

cefalotórax (do grego *kephale* = cabeça + tórax). Divisão corpórea encontrada em muitos Arachnida e crustáceos superiores, nos quais a cabeça funde-se com alguns ou todos os segmentos torácicos.

celacanto (do grego *Coel*, oco + *acanto*, espinha, em referência aos raios da barbatana caudal ocos). Um peixe ósseo com barbatanas semelhantes a lóbulos, do clado Sarcopterygii.

celêntero (do grego *koilos* = espaço + *enteron* = intestino). Cavidade interna de um cnidário; cavidade gastrovascular; arquêntero.

celoma (do grego *koilōma* = cavidade). Cavidade do corpo dos animais triblásticos e revestida por peritônio mesodérmico.

celomado. Animais que apresentam celoma; também chamados eucelomados.

celomócito (do grego *koilōma* = cavidade + *kytos*, compartimento vazio). Outra denominação para amebócito; célula primitiva ou indiferenciada do celoma e do sistema hidrovascular dos equinodermos.

celomoduto (do grego *koilos* = espaço + do latim *ductus* = direção). Ducto condutor de excretas, gametas (ou ambos) do celoma ao exterior.

célula apresentadora de antígeno. Célula do sistema imunológico que fagocita o antígeno e ativa as respostas imunes adquiridas.

célula B. Tipo de linfócito que é o mais importante na resposta imunológica humoral.

célula ciliada. Importante componente sensorial de vários tipos de receptores mecânicos e auditivos encontrados em órgãos de equilíbrio e de audição, tanto de invertebrados (estatocistos) como de vertebrados (órgão vestibular, órgão de Corti). Os "cílios" são estereocílios, ou terminações sensoriais que se projetam a partir da superfície celular e, quando se curvam pela ação de estímulos mecânicos, geram impulsos nervosos ou potenciais de ação, comunicando um sinal ao sistema nervoso central.

célula dendrítica. Uma célula do sistema fagocitário mononuclear que realiza fagocitose; também é uma célula da pele apresentadora de antígenos; secreta citocinas. Também chamada de célula de Langerhans.

célula germinativa. Célula haploide (óvulo ou espermatozoide) cuja fertilização por outra do tipo oposto produz um zigoto diploide; também denominada **gameta**.

célula neurossecretora. Qualquer célula (neurônio) do sistema nervoso que produz um hormônio.

célula plasmática (do grego *plasma* = forma, molde). Produzida a partir de uma célula B que foi ativada durante uma resposta imunológica humoral; funciona para secretar anticorpos.

célula T. Também chamado **determinante antigênico**.

célula T. Tipo de linfócito importante na resposta imune celular e na regulação da maior parte das respostas imunológicas.

célula-flama. Estrutura oca especializada, com função excretora ou osmorreguladora, de uma ou várias células pequenas que contém um tufo de flagelos (a "flama") situados na extremidade de um pequeno túbulo; túbulos conectados que, por fim, se abrem para o exterior. Ver **solenócito, protonefrídio**.

células cloragógenas (do grego *chlōros* = verde-claro + *agōgos* = um líder, um guia). Células peritoniais modificadas, esverdeadas ou acastanhadas, agregadas ao redor do tubo digestório de certos anelídeos; aparentemente auxiliam na eliminação de resíduos nitrogenados e no transporte de alimento.

células de Kupffer. Células fagocitárias e células apresentadoras de antígenos no fígado; parte do sistema fagocitário mononuclear.

células de memória. População de linfócitos B e T de vida longa, que permanecem ativos após a resposta imunológica e que proporcionam uma resposta secundária.

células de Sertoli. Células de suporte que recobrem os túbulos seminíferos do testículo dos machos e que nutrem o espermatozoide em desenvolvimento. Também denominadas de **células sustentaculares**.

células em colarinho. Células com um único flagelo rodeado por um anel de microvilosidades. Os coanócitos dos espongiários são células em colarinho, como em coanoflagelados, mas também podem ocorrer em outros táxons.

células exterminadoras naturais. Células semelhantes aos linfócitos que podem eliminar células infectadas por vírus e células tumorais na ausência de anticorpo.

células microgliais. Células fagocitárias e apresentadoras de antígenos do sistema nervoso central e que secretam citocinas; parte do sistema mononuclear fagocitário.

células nutridoras. Células individuais ou camadas de células que circundam ou estão adjacentes a outras células ou estruturas, para as quais as células nutridoras proveem nutrientes e moléculas (p. ex., para os oócitos dos insetos ou jovens de *Trichinella* spp.).

células sustentaculares. Células de suporte que recobrem os túbulos seminíferos nos testículos de um macho e que nutrem o espermatozoide em desenvolvimento. Também chamadas de **células de Sertoli**.

células T citotóxicas (do grego *kytos* = compartimento vazio + toxina). Células T especiais, ativadas durante respostas imunológicas por mediação celular, que reconhecem e destroem células infectadas por vírus.

celulase (do latim *cella* = câmara). Enzima que quebra a celulose; sintetizada apenas por bactérias e alguns protozoários.

celulose (do latim *cella* = câmara). Principal polissacarídio presente nas membranas celulares de vegetais e de alguns fungos; carboidrato insolúvel $(C_6H_{10}O_5)n$ que é convertido em glicose por hidrólise.

cenécio (do grego *koinos* = comum + *oikion* = casa). Secreção dos indivíduos de uma colônia de ectoproctos; pode ser quitinosa, gelatinosa ou calcária.

cenênquima (do grego *koinos* = compartilhado + *enchyma* = algo que preenche). Tecido de mesogleia que se estende entre os pólipos de octocorais (filo Cnidaria).

cenossarco (do grego *koinos* = compartilhado + *sarkos* = carne). Parte interna, viva, do hidrocaule dos hidroides.

centríolo (do grego *kentron* = centro de um círculo + do latim *ola* = pequeno). Organela citoplasmática diminuta, em geral encontrada no centrossomo e considerada o centro ativo de divisão da célula animal; organiza as fibras do fuso durante a mitose e a meiose. A mesma estrutura de um corpo basal ou cinetossomo.

centro de origem. Área geográfica ocupada por uma espécie ou táxon de categoria mais elevada, durante sua evolução inicial; contrasta com áreas colonizadas por dispersão depois da origem evolutiva da espécie.

centrolécito (do grego *kentron* = centro de um círculo + *lekithos* = vitelo). Tipo de ovo dos insetos cujo vitelo concentra-se no centro.

centrômero (do grego *kentron* = centro de um círculo + *meros* = parte). Constrição localizada em posição característica de um dado cromossomo; carrega o cinetocoro.

centrossomo (do grego *kentron* = centro de um círculo + *sōma* = corpo). Centro de organização do microtúbulo durante a divisão nuclear da maioria das células eucariotas; também, o centro organizador para a porção do microtúbulo do citoesqueleto; em animais e em muitos organismos unicelulares, o centrossomo circunda os centríolos.

ceratos (do grego *keras* = corno). Processos dorsais para trocas gasosas de alguns nudibrânquios.

cercária (do grego *kerkos* = cauda + do latim *aria* = pertencente a). Larva girinoide de trematódeos.

cerda (do latim *seta* = cerda). Estrutura quitinosa em forma de agulha presente no tegumento de anelídeos e artrópodes, entre outros.

cerebelo (do latim *cerebrum*, cérebro). Região posterior do cérebro que controla a coordenação muscular.

cérvice (do latim *cervix* = pescoço). Abertura ou canal do útero de um mamífero. Adj., cervical, refere-se também às vértebras localizadas no pescoço dos vertebrados.

chaminé hidrotermal. Fonte ou nascente submarina de águas quentes; águas marinhas profundas infiltram-se pelo fundo do oceano, são aquecidas pelo magma e expelidas para o mar através de chaminés hidrotermais.

chifre (do Frances *andouiller* = chifre). Projeção de osso craniano em membros da família dos veados; geralmente encontrado apenas em machos e frequentemente caem anualmente.

cianobactérias (do grego *kianos* = substância azul-escura + *bakterion* = diminutivo de *baktron*, um conjunto). Procariotos fotossintéticos, também denominados algas azuis, cianófitas.

ciclina. Proteína importante no controle do ciclo de divisão celular mitótica.

ciclo biogeoquímico. Descrição do fluxo de elementos químicos, tais como carbono ou fósforo, por meio das partes que compõem um ecossistema e seu ambiente **abiótico**, incluindo a quantidade de um elemento presente nos vários níveis da uma **teia alimentar**.

ciclo estral. Episódios periódicos de estro ou cio, quando as fêmeas da maioria das espécies tornam-se sexualmente receptivas.

ciência evolutiva. Investigações empíricas que utilizam o método comparativo e são referentes às causas principais em biologia.

ciência experimental. Investigações empíricas em biologia, de princípios imediatos, e que utilizam o **método experimental**.

cifístoma (do grego *skyphos* = copo + *stoma* = boca). Forma polipoide de um cifozoário.

cílio (do latim *cilium* = cílio). Estrutura vibrátil, filamentosa, de uma organela encontrada em muitas células animais. Os cílios podem ser usados para mover partículas ao longo da superfície celular ou para locomoção de formas unicelulares ciliadas. Alguns cílios são sensoriais, como os da orelha interna e da linha lateral de órgãos.

cínclides (do grego *kinklis* = abertura em treliça ou divisão). Pequenos poros na parede externa do corpo das anêmonas-do-mar, para extrusão dos acôncios.

cinese (do grego *kinēsis*, movimento). Movimentos de um organismo em resposta a um estímulo.

cinetocoro (do grego *kinein* = mover + *choris* = separado, à parte). Disco de proteínas localizado no centrômero e especializado em interagir com as fibras do fuso durante a mitose.

cinetodesmo (do grego *kinein* = mover + *desma* = ponte). Fibrila que se origina no cinetossomo de um cílio em um protozoário ciliado e que se estende ao longo dos cinetossomos dos cílios naquela mesma fileira.

cinetoplasto (do grego *kinətos* = mover + *plastos* = moldado, formado). Organela celular que funciona em associação com um cinetossomo na base de um flagelo; presumivelmente derivado de uma mitocôndria.

cinetossomo (do grego *kinētos* = mover + *sōma* = corpo). Estrutura autoduplicável localizada na base de um flagelo ou cílio e similar ao centríolo; também denominado de corpo basal ou blefaroplasto.

cinina (do grego *kinein* = mover + *in* = sufixo de hormônios). Tipo de hormônio liberado próximo de seu local de origem; também denominado **paratormônio** ou **hormônio tecidual**.

cinodontes (do grego *kynodo–n* = dente canino). Grupo de sinápsidos carnívoros mamaliformes do Permiano Superior e do Triássico.

circadiano (do latim *circa* = ao redor + *dies* = dia). Ocorrência em um período de aproximadamente 24 h.

circulação dupla. Sistema para distribuição do sangue em dois circuitos separados nos vertebrados tetrápodes. Um circuito transporta sangue desoxigenado do coração para os pulmões para oxigenação e de volta para o coração com sangue oxigenado; um circuito separado transporta sangue oxigenado para os tecidos onde o oxigênio é liberado e, então, de volta ao coração na forma desoxigenada. A circulação dupla apresenta vários mecanismos para separar os circuitos alternativos.

cirro (do latim *cirrus*). Estrutura similar a um tufo de cabelos em um apêndice de inseto; organela locomotora formada pela fusão de cílios; órgão copulatório masculino de alguns invertebrados. Cirros podem referir-se a tufos de cílios fusionados em membros dos Ciliophora.

cirtócito (do grego *kyrtē* = cesta de peixes, cesta + *kytos* = compartimento vazio). Célula protonefridial com flagelo único envolto em um cilindro de bastões citoplasmáticos.

cistacanto (do grego *kystis* = vesícula, bolsa + *akantha* = espinho). Estágio juvenil de um acantocéfalo, capaz de infectar o hospedeiro definitivo.

cisterna (do latim *cista* = caixa). Espaço entre as membranas do retículo endoplasmático dentro de células.

cisticerco (do grego *kystis* = vesícula, bolsa + *kerkos* = cola). Tênia jovem que consiste em uma vesícula com um escólex retraído e invaginado; contrasta com **cisticercoide**.

cisticercoide (do grego *kystis* = vesícula, bolsa + *kerkos* = cola + *eidos* = forma). Larva de tênia que consiste em um **cisto** sólido com um escólex invaginado; contrasta com **cisticerco**.

cistídio (do grego *kystis* = bexiga). Nos ectoproctos, o exoesqueleto secretado mais a cobertura de camadas vivas aderentes.

cisto. Estágio quiescente e resistente de um organismo, em geral envolto em uma parede secretada.

cisto hidático (do grego *hydatis* = vesícula aquosa). Tipo de cisto formado pelas formas imaturas de certos cestódeos (*Echinococcus*) em seus hospedeiros vertebrados.

cístron (do latim *cista* = caixa). Série de códons do DNA, codificadora de uma cadeia polipeptídica inteira.

citocina (do grego *kytos* = compartimento vazio + *kinein* = mover). Hormônio polipeptídico envolvido na comunicação entre células participantes de uma resposta imunológica e secretado pelo encéfalo como um neurotransmissor. Muitas citocinas diferentes têm sido isoladas, e elas podem afetar as células que as secretaram, células vizinhas ou células em locais distantes. Incluem as **adipocinas**.

citocinese (do grego *kytos* = compartimento vazio + *kinesis* = movimento). Divisão do citoplasma de uma célula.

citocromos (do grego *kytos* = compartimento vazio + *chrōma* = cor). Vários pigmentos ricos em ferro que atuam como transportadores de elétrons na respiração aeróbica.

citofaringe (do grego *kytos* = compartimento vazio + *pharynx* = garganta). Esôfago pequeno tubular de eucariotos unicelulares flagelados.

citologia comparada. Estudos sobre a variação intra e interespecífica na estrutura dos cromossomos, com o objetivo de revelar homologias nessa estrutura.

citopígio (do grego *kytos* = compartimento vazio + *pyge* = ancas ou nádegas). Local especializado na expulsão de resíduos em alguns protozoários.

citoplasma (do grego *kytos* = compartimento vazio + *plasma* = forma). O material vivo da célula, exceto o núcleo.

citoprocto (do grego *kytos* = compartimento vazio + *prōktos* = ânus). Local, em protozoários, onde material não digerido é expelido.

citosol (do grego *kytos* = compartimento vazio + do latim *sol*, de *solutus* = soltar-se). Porção não estruturada do citoplasma em que as organelas estão suspensas.

citossomo (do grego *kytos* = compartimento vazio + *sōma* = corpo). Corpo celular no interior da membrana plasmática.

citóstoma (do grego *kytos* = compartimento vazio + *stoma* = boca). Boca celular de muitos protozoários.

cladística (do grego *klados* = ramo, broto). Sistema de ordenar táxons a partir da análise de caracteres derivados evolutivamente de maneira que o arranjo reflita relações filogenéticas.

clado (do grego *klados* = ramo). Um táxon, ou outro grupo, constituído por uma espécie ancestral e todos os seus descendentes, compondo um ramo distinto em um cladograma ou em uma árvore filogenética.

cladograma (do grego *klados* = ramo + *gramma* = carta). Diagrama ramificado que exibe o padrão pelo qual espécies, ou táxons superiores, compartilham caracteres derivados evolutivamente.

cladograma geral de área. Um cladograma que representa a sequência de fragmentação histórica entre várias áreas geográficas de endemismo; representa os padrões compartilhados das ramificações de cladogramas individuais de muitos táxons, que compartilham áreas comuns de endemismo.

clásper. Projeção digitiforme situada na região medial das nadadeiras pélvicas dos machos de condrictes e alguns placodermos; órgão usado para penetrar no sistema reprodutivo da fêmea e transferir esperma.

classificação taxonômica. A categoria lineana (reino, filo, classe, ordem, família, gênero, espécie e variações dos mesmos) na qual um táxon reconhecido é colocado.

clatrina (do latim *chathri* = treliça). Proteína formadora do revestimento reticulado de invaginações da membrana celular nas endocitoses mediadas por receptores.

clímax (do grego *klimax* = escada). Estágio de estabilidade relativa que é atingido por uma comunidade de organismos no ápice do desenvolvimento de uma sucessão ecológica; termo também utilizado para orgasmo.

clitelo (do latim *clitellae* = albarda). Região do corpo com alguns segmentos espessados, em forma de sela, de muitos oligoquetos e sanguessugas. Produz o casulo no qual os ovos são depositados durante a reprodução sexuada.

clivagem (do inglês antigo *cleofan* = cortar). Processo de divisão celular e nuclear do zigoto de animais.

clivagem bilateral. No início do desenvolvimento embrionário, o primeiro plano de divisão celular divide o zigoto em lados esquerdo e direito, que são mantidos ao longo das clivagens subsequentes.

clivagem determinada. Tipo de clivagem, frequentemente em espiral, na qual o destino dos blastômeros é determinado muito cedo no desenvolvimento; clivagem em mosaico.

clivagem discoidal. Divisão celular no embrião inicial que ocorre em um pequeno disco de citoplasma localizado sobre uma grande massa de vitelo.

clivagem espiral. Tipo de clivagem embrionária na qual os planos de clivagem são diagonais ao eixo polar, e células desiguais são produzidas por clivagens alternadas nos sentidos horário e anti-horário em torno do eixo de polaridade; ocorre normalmente com uma clivagem em mosaico.

clivagem holoblástica (do grego *holo* = completo + *blastos* = rebento). A divisão completa e aproximadamente igual das células nos estágios iniciais do embrião; ocorre em mamíferos, anfioxos e em muitos invertebrados aquáticos cujos ovos contêm uma pequena quantidade de vitelo.

clivagem indeterminada. Tipo de clivagem na qual o destino dos blastômeros não está, no início do desenvolvimento, determinado em tecidos ou órgãos, como ocorre, por exemplo, em equinodermos e vertebrados; clivagem reguladora.

clivagem radial. Tipo de clivagem na qual os primeiros planos de divisão celular são simétricos ao eixo polar, com cada blastômero de uma camada situado diretamente sobre o blastômero da camada seguinte; ocorre, tipicamente, em clivagem reguladora.

clivagem reguladora. Ver **clivagem radial**.

clivagem rotacional. Tipo de clivagem característica da maioria dos mamíferos, no qual, na segunda divisão celular, um blastômero divide-se segundo um plano equatorial, e o outro, segundo um plano meridional.

clivagem superficial. Clivagem na qual a divisão nuclear ocorre sem a divisão do citoplasma durante os primeiros estágios. Posteriormente, a membrana celular invagina-se para envolver os núcleos e formar células.

cloaca (do latim *cloaca* = esgoto). Câmara posterior do sistema digestório e receptora de fezes e produtos urogenitais de muitos vertebrados. Em certos invertebrados, porção terminal do sistema digestório que também desempenha funções respiratória, excretora e reprodutiva.

clonagem. Produção de organismos geneticamente idênticos por meio de reprodução assexuada.

clone (do grego *klōn* = rebento). Todos os descendentes derivados por reprodução assexuada de um único indivíduo.

clorocruorina (do grego *chlōros* = verde-claro + do latim *cruor* = sangue). Pigmento respiratório esverdeado contendo ferro e dissolvido no plasma sanguíneo de certos poliquetas marinhos.

clorofila (do grego *chlōros* = verde-claro + *phyllōn* = folha). Pigmento verde fotossintético de cianobactérias, plantas e eucariotos unicelulares.

cloroplasto (do grego *chlōros* = verde-claro + *plastos* = modelado). Organela presente nas células das plantas que contém clorofila e é o local físico da fotossíntese; ocorre também em eucariotos unicelulares fotossintéticos.

cnida (do grego *knidē* = agulha). Espinho ou organela adesiva formada no interior dos cnidócitos no filo Cnidaria; um tipo comum de cnidas são os nematocistos.

cnidoblasto (do grego *knidē* = urtiga + *blastos* = germe). Ver **cnidócito**.

cnidocílio (do grego *knidē* = urtiga + do latim, *cilium* = cabelo). Cílio modificado dos cnidócitos portadores de nematocistos; ativa o nematocisto.

cnidócito (do grego *knidē* = urtiga + *kitos* = compartimento vazio). Célula intersticial modificada que contém o nematocisto durante o desenvolvimento do nematocisto, o cnidócito é um cnidoblasto.

coacervato (do latim *coacervatus* = amontoado). Agregado de gotas coloidais unidas por forças eletrostáticas.

coagulação. Processo no qual enzimas são ativadas para produzir coagulação do sangue.

coanoblasto (do grego *choanē* = funil + *blastos* = germe). Um dos vários elementos celulares no interior de um tecido sincicial de uma esponja hexactinelídea; os coanoblastos carregam extensões flageladas denominadas corpos com colar.

coanócito (do grego *choanē* = funil + *kytos* = compartimento vazio). Células com uma região em forma de colarinho, flageladas, que revestem as cavidades e canais das esponjas.

coanoflagelado. Qualquer membro do clado de protozoários que apresenta um flagelo simples circundado por uma coluna de microvilosidades; alguns formam colônias e todos estão incluídos em um grande clado de opistocontes.

coccídio (do grego *kokkis* = semente, grão). Protozoário parasito intracelular pertencente a uma classe do filo Apicomplexa; um exemplo é o organismo causador da malária.

cóclea (do inglês *snail* = caramujo, a partir do grego *kochlos* = caramujo). Cavidade tubular da orelha interna que contém os órgãos essenciais da audição; ocorre em crocodilos, aves e mamíferos; é espiralada em mamíferos.

código de barras de DNA. Técnica para identificar organismos até o nível de espécie usando a sequência de informação de um gene padrão presente em todos os animais. O gene mitocondrial que codifica a citocromo *c* oxidase I (*COI*) é usado frequentemente.

código genético. A correspondência entre a sequência de bases em uma molécula de DNA ou RNA mensageiro e a sequência de aminoácidos de uma proteína codificada.

codominância. Condição pela qual cada alelo mantém sua expressão homozigota distinguível na condição heterozigota, não combinando fenótipos homozigotos separados (contrasta com herança intermediária). Genes para os grupos sanguíneos A e B apresentam codominância.

códon (do latim *code* = código + *on*). No mRNA, uma sequência de três nucleotídios codificadora de um aminoácido.

coenzima (do latim, prefixo, *co* = com + do grego *enzymos* = fermentado, de *en* = em + *zymē* = fermento). Substância necessária à ativação de uma enzima; constituinte prostético, não proteico, de uma enzima.

coespecífico (do latim *com* = junto + *species*). Um membro da mesma espécie.

colágeno (do grego *kolla* = cola + *genos* = descendente). Proteína estrutural, a mais abundante no reino animal, caracterizada por um alto teor dos aminoácidos glicina, alanina, prolina e hidroxiprolina.

colêncito (do grego *kolla* = cola + *en* = em + *kytos* = compartimento vazio). Tipo de célula, em forma de estrela, das esponjas e aparentemente contrátil.

colênquima (do grego *kolla* = cola + *enchyma* = infusão). Mesênquima gelatinoso que contém células indiferenciadas; ocorre em cnidários e ctenóforos.

colinérgica (do grego *chōle* = bile + *ergon* = trabalho). Tipo de fibra nervosa que libera acetilcolina a partir do axônio terminal.

coloblasto (do grego *kolla* = cola + *blastos* = germe). Célula dos tentáculos dos ctenóforos secretora de substância adesiva.

coloide (do grego *kolla* = cola + *eidos* = forma). Sistema bifásico no qual as partículas de uma fase estão suspensas na outra.

columela (do latim *columella* = coluna pequena). Coluna central da concha dos gastrópodes; também um osso transmissor de som de anfíbios.

comedor de suspensão (= suspensívoro). Organismo aquático que coleta partículas de alimento em suspensão na água ao seu redor; tais partículas são filtradas ou ingeridas por algum outro método.

comedores de depósitos. Organismos aquáticos que consomem detritos, pequenos organismos em sedimentos submersos.

comensalismo (do latim *cum* = junto + *mensa* = mesa). Relação na qual um indivíduo vive junto, ou sobre outro, e é beneficiado sem afetar o hospedeiro; frequentemente simbiótica.

comparação com grupo externo. Método para determinar a polaridade de um caráter em análise cladística de um grupo taxonômico. Os estados do caráter encontrados dentro de um grupo que está sendo estudado são julgados como ancestrais se eles também ocorrerem em táxons relacionados encontrados fora do grupo estudado (= grupo externo); estados do caráter encontrados dentro do grupo que está sendo estudado, mas não nos grupos externos, são julgados como evolutivamente derivados dentro do grupo estudado.

competição. Algum grau de sobreposição em nichos ecológicos de duas populações na mesma comunidade, de modo que ambas dependem da mesma fonte de alimento, abrigo ou outros recursos e afetam negativamente a sobrevivência uma da outra.

competição assimétrica. Ver **amensalismo**.

complementar. Descreve uma relação entre duas hélices de DNA ou RNA, cuja sequência de bases permite a formação de uma molécula híbrida com dupla-hélice pela ação de pontes de hidrogênio entre as bases de cada hélice.

complemento. Denominação de uma série de proteínas do sangue. As proteínas do complemento são ativadas por ligações com anticorpos para invadir organismos e levar à ruptura de células estranhas ao organismo. Algumas proteínas do complemento também se ligam a complexos antígeno-anticorpo, aumentando a fagocitose pelas células fagocitárias do sistema imunológico.

complexo apical. Certa combinação de organelas encontradas em protozoários do filo Apicomplexa.

complexo axial. Um sistema de filtragem por pressão para fluidos circulatórios em equinodermos.

complexo de Golgi (de Golgi, histologista italiano). Organela citoplasmática que atua como um centro coletor e empacotador de proteínas e polipeptídios secretados. Também chamado de aparelho de Golgi.

complexo principal de histocompatibilidade (**MHC**, do inglês *major histocompatibility complex*). Complexo de genes que codificam proteínas inseridas na membrana celular; tais proteínas são a base do reconhecimento próprio (*self*) e do alheio (*nonself*) pelo sistema imunológico.

complexo sinaptonêmico (do grego *synapsis* = uma união + *nēma* = cordão). Estrutura que mantém cromossomos homólogos unidos durante a sinapse na prófase I da meiose.

comportamento agonístico (do grego *agōnistēs* = combatente). Ação ofensiva ou ameaça dirigida a outro organismo.

comportamento altruístico. Um termo usado inicialmente por Darwin para designar um comportamento desempenhado por um indivíduo para auxiliar outros e aparentemente aumentando o seu próprio risco. A menos que tais comportamentos tenham benefícios indiretos ao favorecer o indivíduo que o realiza, a evolução desses comportamentos não pode ser explicada por seleção natural. Explicações neodarwinistas desses comportamentos incluem seleção de parentesco e altruísmo recíproco.

comportamento cooperativo. Participação de um organismo em uma atividade de grupo que aumenta a contribuição genética de cada participante às gerações futuras. Inclui forrageamento coletivo e comportamento reprodutivo.

comportamento coordenado socialmente. Qualquer atividade na qual um organismo ajusta suas ações de acordo com a presença de outros indivíduos de forma a aumentar seu próprio sucesso reprodutivo. Inclui tanto comportamentos cooperativos como agonísticos.

comportamento estereotipado. Padrão de comportamento repetido com pouca variação na sua execução.

composto. Substância cujas moléculas são compostas de átomos de dois ou mais elementos.

comunidade (do latim *communitas* = comunidade, irmandade). Ver **comunidade ecológica** e **comunidade reprodutiva**.

comunidade clímax (do grego *klimax* = escada, clímax). Comunidade final de uma sucessão ecológica, mais ou menos estável, autoperpetuante, cuja continuidade depende da persistência das condições ambientais associadas ao seu desenvolvimento.

comunidade de manguezal. Comunidade submarina rica em organismos que se alimentam de material depositado (caranguejos, ostras e camarões) e associada a raízes submersas de árvores do manguezal em algumas costas tropicais.

comunidade ecológica. Grupo de espécies associado a uma área comum e interagindo em relações autossustentáveis e autorreguladoras.

comunidade reprodutiva. Conceito de que uma espécie constitui uma população ou linhagem de populações reprodutivamente isolada, a qual não se mistura livremente com outras na natureza. Esse conceito é um dos critérios gerais utilizados para a categoria de espécie e compartilhado, até certo grau, por todos os conceitos formais de espécie.

conceito biológico de espécie. Define espécie como um conjunto de populações reprodutivas (isoladas reprodutivamente de outras) que ocupam um nicho específico na natureza.

conceito de coesão de espécie. Define espécie como a população mais inclusiva de indivíduos com potencial para coesão fenotípica por meio de mecanismos de coesão intrínseca; um refinamento do **conceito evolutivo de espécie** enfatizando processos genéticos populacionais.

conceito de linhagem geral de espécies. Alegação de Kevin de Queiroz de que todos os conceitos contemporâneos de espécie compartilham a definição primária de que uma espécie é um segmento de uma linhagem em nível populacional. Os conceitos alternativos (**conceito biológico de espécie, conceito de coesão de espécie, conceito evolutivo de espécie, conceito filogenético de espécie** e outros não abordados neste texto) diferem em propriedades secundárias usadas para orientar o reconhecimento taxonômico de espécies (comunidade reprodutiva, permutabilidade demográfica e genética, tendências e função evolutiva única, linhagem diagnosticável sem ramificação).

conceito evolutivo de espécie. Define espécie como uma linhagem única de populações ancestral-descendentes, que mantém uma identidade própria, quando comparada a outras linhagens semelhantes, e que apresenta suas próprias tendências evolutivas e destino histórico; difere do conceito biológico de espécie por incluir, explicitamente, uma dimensão temporal e linhagens assexuadas.

conceito filogenético de espécie. Define espécie como um agrupamento irredutível (basal) de organismos, diagnosticamente distinto de outros agrupamentos, e dentro do qual há um padrão parental de ancestralidade e descendência.

conceito morfológico de espécie. Ver **conceito tipológico de espécie**.

conceito tipológico de espécie. A noção pré-darwiniana, já desacreditada, de que as espécies eram classes definidas pela presença de características fixas e imutáveis ("essenciais") compartilhadas por todos os membros.

côndilo (do grego *kondylos* = ressalto). Um processo arredondado em um osso usado para articulação.

cone arterial. Extensão do ventrículo por onde o sangue deixa o coração em anfíbios e em alguns peixes; em mamíferos, constitui uma extensão do ventrículo direito que alimenta o circuito pulmonar.

cone. Um dos tipos de células presentes na retina do olho de vertebrados usado para perceber cor e formar imagens em ambientes bem iluminados.

cone de fertilização. Uma estrutura semelhante a um vulcão que se forma na superfície dos óvulos de alguns animais no qual o esperma encarregado da fertilização será extraído. A superfície do óvulo responde a produtos químicos liberados pela entrada do espermatozoide.

conjugação (do latim *conjugare* = enlaçar-se). União temporária entre dois protozoários ciliados, enquanto ocorrem troca de material cromático e outros fenômenos nucleares, anterior a uma divisão celular por fissão binária. Também a formação de pontes citoplasmáticas, entre bactérias, para transferência de plasmídios.

conjunto [de cromossomos]. Todo o material cromossômico presente em um óvulo ou espermatozoide haploides; a composição exata de um conjunto de cromossomos varia entre as espécies.

conodontes (do grego *con* = cone + *odont* = dente). Fósseis microscópicos similares a dentes pertencentes a um grupo extinto, aparentemente de vertebrados primitivos, conhecidos do período Cambriano ao Triássico.

consumidor. Organismo cuja energia e materiais são adquiridos pela ingestão de outros organismos, que podem ser **consumidores primários, herbívoros ou carnívoros.**

controle. A parte de um experimento científico à qual a variável em estudo não é aplicada, mas é similar ao grupo experimental em todos os outros aspectos.

convexidade. A propriedade de um grupo taxonômico na qual um trajeto pode ser traçado entre quaisquer dois membros em um cladograma ou árvore filogenética sem deixar o grupo. Os grupos **monofiléticos** e **parafiléticos** são convexos, enquanto grupos **polifiléticos** não são.

coorte. Todos os organismos de uma população nascidos dentro de um intervalo de tempo específico.

coprofagia (do grego *kopros* = excremento + *phagein* = comer). Ingestão de excrementos como comportamento normal entre os animais; reingestão de fezes.

cópula (do francês, a partir do latim *copulare* = parear). União sexual que facilita a recepção do esperma pela fêmea.

coração acessório (branquial). Um músculo arterial dos moluscos cefalópodes que aumenta a pressão sanguínea nos capilares de uma brânquia.

cordas vocais. Músculos pareados cuja vibração na laringe (caixa vocal) de diversos vertebrados terrestres produz som.

cório (do latim *corium*, couro). A camada mais profunda da pele; derme (do latim *corium* = couro).

córion (do grego *chorion* = pele). A mais externa das duas membranas que envolvem o embrião de aves, demais répteis e mamíferos; nos mamíferos, contribui para a formação da placenta.

córnea (do latim *corneus* = córneo). A cobertura mais externa e transparente do olho.

córneo (do latim *corneus* = córneo). Camada do epitélio formada por células mortas queratinizadas. Estrato córneo.

cornificada (do latim *corneus* = córneo). Qualidade das células epiteliais convertidas em células mortas queratinizadas.

corno verdadeiro. Uma projeção pontiaguda na cabeça de alguns mamíferos, consistindo em uma bainha oca de queratina que envolve um núcleo ósseo, como em ovelhas, gado e cabras (Bovidae). Compare com **chifre**.

coroa (do latim *corona* = coroa). Cabeça ou porção superior de uma estrutura; disco ciliado na extremidade anterior dos rotíferos.

coroide (do grego *chorion* = pele + *eidos* = forma). Membrana delicada e altamente vascularizada do olho dos vertebrados; camada entre a retina e a esclerótica.

corpo basal. Denominado também cinetossomo e blefaroplasto; um cilindro que contém nove trios de microtúbulos situados na base de um flagelo ou cílio; a mesma estrutura de um centríolo.

corpo parabasal. Organelas celulares semelhantes a Corpúsculos de Golgi e que se acredita que funcionem como parte do sistema secretor no retículo endoplasmático.

corpora allata (do latim *corpus* = corpo + *allatum* = junto). Glândulas endócrinas secretoras do hormônio juvenil dos insetos.

corpora cardiaca (do latim *corpus* = corpo + do grego *kardiakos* = pertencente ao coração). Órgãos pares, localizados posteriormente ao cérebro dos insetos, que atuam na armazenagem e liberação do hormônio protoracicotrópico (HTTP).

corpos brunos. Vestígios do lofóforo e do trato digestivo em degeneração de um ectoprocto adulto, descartados quando são formados novos lofóforos e trato digestório.

corpos cogumelares. Região do protocérebro de um inseto associada ao aprendizado.

corpos de Tiedemann (de F. Tiedemann, anatomista alemão). Quatro ou cinco pares de corpos em forma de bolsa presos ao canal do anel de estrelas-do-mar, aparentemente funcionando na produção de celomócitos.

corpos em colarinho. Extensões dos coanoblastos de esponjas hexactinélidas que apresentam colarinhos flagelados.

córtex (do latim *cortex* = casca). Camada mais externa de uma estrutura.

córtex cerebral (do latim *cerebro*, cérebro). A camada exterior (superficial) do cérebro, a maior parte do prosencéfalo. Em mamíferos, é exclusivamente organizado em seis camadas e também é conhecido como neocórtex.

cosmopolita. Termo usado para descrever uma espécie ou um táxon mais elevado que tem uma ampla distribuição geográfica, como a distribuição mundial de humanos.

coxa, coxópode (do latim *coxa* = quadril + do grego *pous, podos* = pés). O artículo proximal do apêndice de um inseto ou de um aracnídeo; nos crustáceos, o artículo proximal do protopodito.

crânio. (do grego *Cranium*, crânio). Uma cobertura esquelética protetora do cérebro, geralmente de cartilagem ou osso.

crepuscular (do latim *crepusculum*, crepúsculo). Ativo ao amanhecer e ao anoitecer, nos níveis do crepúsculo.

crescimento exponencial. Refere-se ao aumento do número de indivíduos em uma população pelo menos por um fator de 2 em cada geração.

crescimento neoplásico. Proliferação de células até uma taxa alta anormal dentro do corpo de um organismo multicelular, que leva a tumores e metástases cancerosas.

cretino (do francês *crétin* [dialeto] = cretino, do francês, a partir do latim *christianus* = cristão, para indicar que os idiotas mais aflitos também são humanos). Ser humano com retardo mental, somático e sexual grave, causado por hipotireoidismo nos primeiros estágios do desenvolvimento.

cripse. A capacidade para evitar ser detectado usando camuflagem, mimetismo ou entocando-se. Adj. Críptico.

crisálida (do latim, originado do grego, *chrysos* = ouro). A pupa de uma borboleta.

crista (do latim *crista* = crista). Crista ou nervura em um órgão do corpo ou organela; projeção em forma de placa formada pelas membranas internas da mitocôndria.

crista neural. Populações de células embrionárias derivadas do ectoderma que se diferenciam em muitas estruturas esqueléticas, neurais e sensoriais exclusivas dos vertebrados.

cromátide (do grego *chromato*, de *chrōma* = cor + do latim *id* = ramo feminino para partícula de um tipo específico). Qualquer um dos pares de cromossomo replicado unido pelo centrômero; na anáfase da mitose ou anáfase da segunda divisão meiótica, o centrômero se divide e cada uma das cromátides anteriormente ligadas torna-se um cromossomo separado e não replicado.

cromatina (do grego *chrōma* = cor). A nucleoproteína do cromossomo; o material hereditário que contém DNA.

cromatóforo (do grego *chrōma* = cor + *pherein*, apresentar). Célula pigmentar, geralmente localizada na derme, na qual o pigmento pode estar disperso ou concentrado.

cromossomo (do grego *chrōmachrōma* = cor + *sōmasōma* = corpo). Um corpo complexo, esférico ou em forma de bastão, que se torna visível após a condensação do material nuclear durante a mitose, e carrega uma parte da informação genética do organismo na forma de genes compostos de DNA associado a proteínas; compreende um único centrômero e toda a cromatina fisicamente conectada a esse centrômero.

cromossomos politênicos (do grego *polys* = muitos + *tainia* = banda). Cromossomos das células somáticas de alguns insetos, nos quais a cromatina sofre várias replicações sem que ocorra mitose.

cromossomos sexuais. Cromossomos que determinam o sexo de um animal. Podem apresentar poucos ou muitos genes.

crossing over. Troca de partes entre cromátides não irmãs na sinapse, durante a primeira divisão meiótica.

cruzamento monoíbrido (do grego *monos* = único + do latim *hybrida* = híbrido). Produção de prole híbrida de pais que apresentam diferença para um dado caráter específico.

cruzamento-teste. Cruzamento genético utilizado para determinar o genótipo (homozigoto *versus* heterozigoto) de um indivíduo que apresenta um fenótipo geneticamente dominante. O indivíduo testado é cruzado com um indivíduo recessivo homozigoto. Indivíduos homozigotos testados produzem apenas descendentes com o fenótipo dominante, enquanto indivíduos heterozigotos produzem descendentes em números aproximadamente iguais de fenótipos dominantes e recessivos.

ctenídios (do grego *kteis* = pente). Estruturas em forma de pente, particularmente as brânquias de moluscos; termo também aplicado às placas ciliadas dos Ctenophora.

cúpula (do latim pequena cuba). Estrutura pequena, em forma de cone invertido, que recobre outra; matriz gelatinosa que cobre os filamentos das células na linha lateral e nos órgãos de equilíbrio.

cutícula (do latim *cutis* = pele). Camada orgânica protetora, acelular, secretada pelo epitélio externo (hipoderme) de muitos invertebrados. Em vertebrados, o termo refere-se à epiderme ou revestimento externo.

D

dactilozooide (do grego *dakos* = mordida, ferroada + *tylos* = saliência + *zōon* = animal). Pólipo de um hidroide colonial, especializado em autodefesa ou em matar presas.

dados (do grego *dateomai* = dividir, cortar em pedaços). Os resultados ou observações descritivas de um experimento científico, sobre os quais uma conclusão é baseada.

dança circular. Um comportamento realizado por uma abelha para notificar outros membros da colmeia que uma fonte de alimento está próxima.

dança do requebrado. Um comportamento complexo realizado por uma abelha na colmeia e que serve para direcionar outros da colmeia para uma fonte distante de alimento.

darwinismo. Teoria sobre evolução que enfatiza a descendência dos organismos vivos a partir de um ancestral comum, mudança gradual, multiplicação de espécies e seleção natural.

de reações que levam à divisão celular, quando um fator de crescimento está ligado à superfície celular. O gene que codifica a Ras torna-se um oncogene quando uma mutação produz uma forma de proteína Ras que inicia as reações na ausência do fator de crescimento.

de uma população; a diferença entre os componentes independentes de densidade das taxas de nascimentos e mortes em uma população natural com distribuição estável de idade.

de vida livre. Organismo que não é estreitamente associado a um hospedeiro.

decíduo (do latim *decidere* = cair). Aquilo que se desprende e cai ao final de um período de crescimento.

decompositor. Um **consumidor** que quebra a matéria orgânica em componentes solúveis disponíveis às plantas na base da cadeia alimentar; bactérias e fungos constituem a maioria desses organismos.

dedução (do latim *deductus* = manter apartado, rachar, separado). Raciocínio construído do geral para o específico, a partir de determinadas premissas até a obtenção de uma necessária conclusão.

defensinas. Peptídios antimicrobianos produzidos abundantemente pelas células das camadas internas e externas do intestino, do sistema urogenital e do sistema respiratório dos mamíferos, bem como pelos neutrófilos.

deleção. Corte e perda de material de um cromossomo.

deme (do grego *populace*). População local de animais estreitamente relacionados.

demografia (do grego *demos* = povo + *graphy* = campo de estudo). Propriedades da taxa de crescimento e da **estrutura etária** das populações.

dendrito (do grego *dendron* = árvore). Qualquer prolongamento da célula nervosa condutor de impulsos para o corpo celular.

dependente da densidade. Referente a fatores bióticos, tais como predadores e parasitos, cujos efeitos sobre uma população variam de acordo com o número de organismos da população.

deriva genética. Mudança aleatória na frequência dos alelos de uma população. Em populações pequenas, a variação genética em um loco pode ser perdida pela fixação ao acaso de uma única variante alélica.

derme. Camada mesodérmica, sensorial, interna da pele; córion.

dérmico (do grego *derma*, pele). Pertencente à derme; cutâneo.

descendência comum. Teoria darwiniana de que todas as formas de vida são derivadas de uma população ancestral comum por meio da ramificação de linhagens evolutivas.

desenvolvimento direto. Sequência do ciclo de vida, do zigoto ao adulto, sem ocorrência de estágios larvais.

desenvolvimento em mosaico. Desenvolvimento embrionário caracterizado pela diferenciação independente de cada parte do embrião; clivagem determinada.

desenvolvimento indireto. Sequência do ciclo de vida desde o zigoto até o adulto com estágios larvais intermediários.

desenvolvimento regulador. Desenvolvimento embrionário determinado por interações entre células vizinhas; o destino das células não é determinado pelo conteúdo citoplasmático; o mesmo que clivagem indeterminada.

deslocamento de caracteres. Diferenças morfológicas ou comportamentais dentro de uma espécie, originadas por competição com outra espécie; características típicas de uma espécie diferem conforme a outra espécie esteja presente ou ausente na comunidade local.

deslocamento ecológico de caracteres. Diferenças morfológicas ou comportamentais em uma espécie originadas por competição com outra espécie; características típicas de uma espécie diferem conforme a outra espécie esteja presente ou ausente na comunidade local.

desmossomo (do grego *desmos* = ligação + *soma* = corpo). Placa em forma de botão que atua como conexão intercelular.

desoxi-hemoglobina. Forma de hemoglobina produzida quando íons de hidrogênio se combinam com o grupo heme da hemoglobina nas hemácias vertebrados, ou no plasma sanguíneo invertebrados.

desoxirribose (do latim, perda de oxigênio + *ribose* = açúcar do tipo pentose). Um açúcar de cinco carbonos semelhante à ribose, mas sem um átomo de oxigênio no carbono 2'. Faz parte da estrutura fundamental dos nucleotídios do DNA.

despolarização. Mudança de voltagem em direção positiva registrada através de uma membrana plasmática (ver **potencial de membrana**). Isto propicia a transmissão de um sinal em células excitáveis, tais como as células nervosas, musculares e sensoriais.

desvio de cloreto. Os íons de cloreto são trocados por íons bicarbonato nas hemácias de vertebrados durante o transporte de dióxido de carbono.

determinante antigênico. Ver **epítopo**.

determinante morfogenético. Certas proteínas ou RNA mensageiros no citoplasma do zigoto que são distribuídos dentre as células-filhas durante a clivagem para direcionar a expressão gênica posterior e para especificar o destino celular; a base do desenvolvimento em mosaico.

detrito (do latim que é friccionado, está desgastado). Qualquer resíduo particulado fino de origem orgânica ou inorgânica.

deuterostomia (do grego *deuteros* = segundo, secundário + *stoma* = boca). Grupo de filos nos quais a clivagem é indeterminada (reguladora) e radial nos ancestrais. O endomesoderma é enterocélico e a boca é derivada do blastóporo. Inclui Echinodermata, Chordata e Hemichordata; contrasta com **Protostomia**.

dextrógiro (do latim *dexter* = destro). Pertencente à direita; a concha dos gastrópodes é denominada dextrógira se, quando segurada de frente para o observador e com a espira para cima, sua abertura ficar à direita da columela.

1,25-di-hidroxivitamina D$_3$. Forma hormonalmente ativa da vitamina D que aumenta a captação de cálcio pela corrente sanguínea a partir do sistema digestório e dos ossos e diminui a perda de cálcio do sangue para a urina.

díade (do grego *dyas* = dois). Um produto da divisão de uma tétrade durante a primeira divisão meiótica.

diafragma (do grego *dia* = separar + *phragm* = partição). Músculo laminar que separa as cavidades torácica e abdominal dos mamíferos. A contração do músculo propicia a entrada de ar nos pulmões.

diapausa (do grego *diapausis* = pausa). Período de interrupção do desenvolvimento no ciclo de vida de insetos e de alguns outros animais, no qual a atividade fisiológica é muito baixa e o animal está altamente resistente a condições externas desfavoráveis.

diápsidos (do grego *di* = dois + *apsis* = arco). Amniotas cujos crânios apresentam dois pares de aberturas temporais; inclui os répteis não aves atuais (tartarugas possivelmente excluídas) e as aves como representantes vivos.

diástole (do grego *diástole* = dilatação). Relaxamento e expansão do coração quando as câmaras são preenchidas por sangue.

diblástico (do grego *diploos* = duplo + *blastos* = rebento). Organismo com dois folhetos germinativos: endoderma e ectoderma.

dictiossomo (do grego *diction* = lançar + *sōma* = corpo). Parte do sistema secretor do retículo endoplasmático de eucariontes unicelulares, também chamada unidade do complexo de Golgi.

dificerca (do grego *diphyēs* = duplicado + *kerkos* = cauda). Nadadeira caudal que se torna afilada em determinado ponto, como em peixes pulmonados; coluna vertebral reta ao longo de toda a sua extensão.

difiodonte (do grego *diphyēs* = duplicado + *odous* = dente). Animal com duas dentições sucessivas, a primeira decídua e a segunda permanente.

difusão (do latim *diffusus* = dispersão). Movimento de partículas ou moléculas de uma área, onde estão em alta concentração, para outra, com baixa concentração.

difusão facilitada. Transporte mediado no qual uma proteína transmembrana torna possível a difusão de uma molécula através da membrana celular na direção de um gradiente de concentração; contrasta com **transporte ativo**.

digestão. Redução do alimento, por meios mecânicos e químicos, a moléculas simples e solúveis que são passíveis de absorção e transporte para o interior das células.

digitígrado (do latim *digitus* = dedo, dedo do pé + *gradus* = passo). O que caminha sobre os dígitos com o calcanhar elevado; contrasta com **plantígrado** na descrição da locomoção dos mamíferos.

diíbrido (do grego *dis* = duas vezes + do latim *hybrida* = prole mista). Híbrido cujos pais diferem em duas características distintas; prole com dois alelos diferentes em dois locos diferentes, por exemplo *A/a B/b*.

dimorfismo (do grego *di* = dois + *morphē* = forma). Existência de duas formas distintas em uma espécie com respeito a cor, sexo, tamanho, estrutura de órgão ou comportamento. Ocorrência de dois tipos de zooides em um organismo colonial.

dioico (do grego *di* = dois + *oikos* = casa). Que apresenta gônadas masculinas e femininas em indivíduos separados.

diploide (do grego *diploos* = duplo + *eidos* = forma). O que apresenta o número somático de cromossomos (2n, ou duplo) ou 2 vezes o número característico de cromossomos dos gametas de uma dada espécie.

disco basal. Local de fixação aboral em um pólipo de cnidário.

disco oral. A extremidade de um pólipo de cnidário que contém a boca.

dispersão. Movimento de organismos do seu local de nascimento para uma área geográfica nova, selecionada como residência permanente. Eventos de efeito fundador são casos especiais e raros de dispersão, nos quais os indivíduos em dispersão cruzam uma barreira geográfica desfavorável à sobrevivência e iniciam uma população nova além da barreira.

dissacaridase. Uma enzima na membrana plasmática de células que revestem o intestino que quebra moléculas de açúcar de 12 carbonos em moléculas de açúcar de 6 carbonos.

dissacarídios (do grego *dis* = duas vezes + do latim *saccharum* = açúcar). Classe de açúcares (como lactose, maltose e sacarose) que produzem dois monossacarídios por hidrólise.

distal. Mais afastado do centro do corpo do que um ponto de referência.

distribuição disjunta. Denota a distribuição geográfica de uma espécie ou grupo de espécies estreitamente relacionadas que está separada em duas ou mais áreas geograficamente isoladas.

distribuição geográfica. A área geográfica específica ocupada pelos membros de uma população, espécie ou táxon de categoria superior.

diversidade de espécies. O número de **espécies** diferentes que coexistem em determinado tempo e espaço de maneira a formar uma **comunidade ecológica**.

DNA complementar (DNAc). DNA sintetizado pela transcrição da sequência de bases de um mRNA em DNA, em presença de uma transcriptase reversa; também chamado **DNA cópia**.

DNA cópia. Ver **DNA complementar**.

DNA ligase. Enzima que une as extremidades de dois segmentos separados de DNA.

DNA recombinante. DNA de duas diferentes espécies como, por exemplo, um vírus e um mamífero, combinados em uma única molécula.

DNA. Ver **ácido desoxirribonucleico**.

dominância incompleta. Ver **herança intermediária**.

dominante. Alelo que se expressa independentemente da natureza do alelo correspondente no cromossomo homólogo.

domínio. Classificação taxonômica informal acima da classificação de reino estabelecida por Lineu; Archaea, Bacteria e Eucarya são domínios.

dorsal (do latim *dorsum* = costas). Em direção às costas ou superfície superior de um animal.

duodeno (do latim *duodeni* = doze cada um, por seu comprimento de cerca de 12 dedos). A primeira e menor porção do intestino delgado, entre a extremidade pilórica do estômago e o jejuno.

dupla-hélice. Estrutura fundamental de uma molécula de DNA que consiste em duas cadeias pareadas, que se mantêm unidas pelo pareamento de bases complementares, e que formam a estrutura tridimensional de uma alfa-hélice. As cadeias pareadas são antiparalelas porque a terminação 3' de uma cadeia opõe-se à terminação 5' da outra.

duplicação. Uma cópia extra de material cromossômico é produzida e inserida dentro de um cromossomo.

duração evolutiva. O período em tempo geológico em que uma espécie ou táxon superior existe.

E

ecdise (do grego *ekdysis* = desvestir-se, escapar). Deposição da camada externa cuticular; a muda dos insetos e crustáceos.

ecdisona (do grego *ekdysis* = desvestir-se). Hormônio da muda dos artrópodes, produzido pelas glândulas protorácicas dos insetos e pelo órgão-Y dos crustáceos. Estimula o crescimento e a ecdise.

ecdisotropina (do grego *ekdysis* = desvestir-se, escapar + *tropos* = uma volta, mudança). Hormônio secretado por células cerebrais de insetos que estimula a glândula protorácica a liberar o hormônio da muda. Hormônio protoracicotrópico. Hormônio cerebral.

ecoclina (do grego *oikos* = casa + *klino* = inclinar, reclinar). Gradiente entre dois biomas adjacentes; um gradiente de condições ambientais.

ecologia (do grego *oikos* = casa + *logos* = discurso). Parte da biologia que trata das relações entre os organismos e seu ambiente.

ecologia comportamental. O estudo dos comportamentos animais usados para promover a sobrevivência e a reprodução no hábitat natural de uma população.

ecossistema (eco[logia] do grego *oikos* = casa + sistema). Unidade ecológica composta por uma comunidade biótica e o ambiente não vivo (abiótico), cujas interações produzem um sistema estável.

ecótono (eco[logia] do grego *oikos* = casa + *tonos* = estresse). Zona de transição entre duas comunidades adjacentes.

écrina (do grego *ek* = fora + *krinein* = separar). Aplica-se a um tipo de glândula sudorípara de mamíferos produtora de uma secreção aquosa.

ectoderma (do grego *ektos* = fora + *derma* = pele). Camada externa de células de um embrião em estágio inicial (gástrula); um dos folhetos germinativos; às vezes usado para incluir tecidos derivados do ectoderma.

ectognato (do grego *ektos* = fora + *gnathos* = maxilar). Caráter derivado da maioria dos insetos; mandíbulas e maxilas fora da cápsula cefálica.

ectolécito (do grego *ektos* = fora + *lekithos* = vitelo). Vitelo para a nutrição do embrião fornecido por células separadas da célula-ovo, mas envolvidas, conjuntamente com o zigoto, pela casca do ovo.

ectomesoderma. Em um animal em desenvolvimento, uma camada intermediária de células derivada do ectoderma, em contraste com a derivação mais típica do endoderma.

ectoneural (do grego *ektos* = fora + *neuron* = nervo). Sistema nervoso oral (principal) dos equinodermos.

ectoparasito. Parasito que reside na superfície externa de seu organismo hospedeiro; contrasta com **endoparasito**.

ectoplasma (do grego *ektos* = fora + *plasma* = forma). O córtex de uma célula ou a parte do citoplasma imediatamente sob a superfície da célula; contrasta com **endoplasma**.

ectotérmico (do grego *ektos* = fora + *thermē* = calor). Apresenta temperatura corporal variável, derivada do calor adquirido do ambiente; contrasta com **endotérmico**.

edema (do grego *oidēma* = inchaço). Acúmulo de fluido nos espaços intersticiais, causando inchaço.

efeito Bohr. Característica da hemoglobina que faz com que se dissocie do oxigênio com maior grau quando na presença de altas concentrações de dióxido de carbono.

efeito fundador. Estabelecimento de uma nova população por um pequeno número de indivíduos (às vezes, uma única fêmea que carrega óvulos fertilizados), que se dispersam de sua população parental para um novo local geograficamente isolado da população de origem.

efeito macroevolutivo. Taxas diferenciais de especiação e/ou extinção entre linhagens evolutivas atribuídas a interações entre suas diferentes propriedades emergentes no nível de organismo e aos ambientes compartilhados pelas linhagens; contrasta com a **seleção de espécies**.

efeito médio. Parâmetro genético quantitativo que estima o incremento da contribuição de cada cópia de determinado alelo ao valor médio de determinado fenótipo (como peso ou altura) em uma população estudada. O efeito médio é calculado a partir de medições das frequências populacionais de todos os genótipos contendo o alelo, e os desvios médios de cada classe genotípica do valor médio do fenótipo na população como um todo.

eferente (do latim *ex* = fora + *ferre* = apresentar). Estrutura responsável pela comunicação ou transporte para o exterior de um órgão, como, por exemplo, condução de impulsos nervosos para fora do cérebro ou de sangue para fora de um órgão; contrasta com **aferente**.

efetor (do latim *efficere* = fazer passar). Órgão, tecido ou célula, ativado em resposta a determinado estímulo.

éfira (do grego *Ephyra* = uma cidade grega). Referente à aparência encastelada. Broto de medusa originado do pólipo de um cifozoário.

egestão (evacuação) (do latim *egestus* = descarregar). Ato de rejeitar material indigerível, ou resíduos do corpo, por qualquer rota normal.

elefantíase. Desfiguração causada por infecção crônica pelas filárias dos vermes *Wuchereria bancrofti* e *Brugia malayi*.

elétron. Partícula subatômica com carga negativa e massa de $9,1066 \times 10^{-28}$ gramas.

elevação continental. Sedimentos espessos acumulados na base do talude continental submarino.

embriogênese (do grego *embryon* = embrião + *genesis* = origem). A origem e o desenvolvimento do embrião; embriogenia.

embriogênese somática. Um processo de reprodução assexuada em esponjas no qual células isoladas ou pequenas pedaços de tecido se reorganizam em uma esponja incipiente.

emergência (do latim *e* = fora + *mergere* = saltar). Aparecimento de propriedades, em um sistema biológico (nos níveis molecular, celular, orgânico ou de espécie), que não pode ser deduzido do conhecimento das partes componentes de forma separada ou em combinações parciais; tais propriedades são denominadas **propriedades emergentes**.

emulsão (do latim *emulsus* = tornar leitoso). Um sistema coloidal no qual ambas as fases são líquidas.

encefalina (do grego *endon* = dentro + *kephale* = cabeça). Grupo de pequenos peptídios cerebrais com qualidades semelhantes às dos opiáceos.

encistamento. Processo de formação do cisto.

endêmico (do grego *en* = em + *demos* = população). Peculiar a certa região ou país; nativo de uma área restrita; não introduzido.

endergônico (do grego *endon* = interno + *ergon* = trabalho). Usado em referência a uma reação química que requer energia; absorve energia.

endito (do grego *endon* = interno). Lobo medial do protopodito da pata de crustáceos.

endocitose (do grego *endon* = interno + *kytos* = compartimento vazio). Englobamento de material por fagocitose, pinocitose, endocitose mediada por receptores e endocitose não específica.

endocitose mediada por receptor. Endocitose de moléculas grandes que são ligadas a receptores presentes na membrana plasmática, formando vesículas revestidas por clatrina.

endocondral (do grego *endon* = interno + *chondros* = cartilagem). Tipo de ossificação em que o tecido cartilaginoso embrionário é substituído por tecido ósseo.

endócrina (do grego *endon* = interno + *krinein* = separar). Refere-se a uma glândula que não possui ducto e que libera seu produto diretamente no sangue ou na linfa.

endoderma (do grego *endon* = interno + *derma* = pele). Folheto germinativo mais interno de um embrião que participa da formação do intestino embrionário; também referente a tecidos derivados do endoderma.

endoesqueleto (do grego *endon* = dentro + *skeletos* = rígido). Esqueleto ou estrutura de sustentação localizada no interior dos tecidos vivos de um organismo; contrasta com **exoesqueleto**.

endogamia. A tendência entre os indivíduos de uma população de acasalar preferencialmente com parentes próximos.

endognato (do grego *endon* = interno + *gnathous* = maxila). Caráter ancestral em insetos observado nas ordens Diplura, Collembola e Protura, no qual as mandíbulas e maxilas são localizadas em bolsas.

endolécito (do grego *endon* = interno + *lekithos* = vitelo). Vitelo para nutrição do embrião incorporado ao citoplasma do zigoto.

endolinfa (do grego *endon* = interno + *lympha* = água). Fluido que preenche a maior parte do labirinto membranoso da orelha interna dos vertebrados.

endonuclease de restrição. Enzima que corta uma molécula de DNA em determinada sequência de bases.

endoparasito. Parasito residente no interior do corpo do seu organismo hospedeiro; contrasta com **ectoparasito**.

endoplasma (do grego *endon* = interno + *plasma* = molde ou forma). Camada de citoplasma localizada imediatamente ao redor do núcleo; contrasta com **ectoplasma**.

endopodito (do grego *endon*, dentro, + *pous, podos*, pé). Ramo medial de um apêndice birremes de crustáceo.

endopterigoto (do grego *endon* = dentro + *pteron* = pena, asa). Inseto no qual os primórdios das asas desenvolvem-se internamente com metamorfose holometábola.

endorfina (contração das palavras **endógeno** e **morfina**). Grupo de neuropeptídios cerebrais semelhantes aos opiáceos que modulam a percepção da dor e estão envolvidos em muitas outras funções.

endossimbiose (do grego *endon* = dentro + *syn* = com + *bios* = vida). Associação entre organismos de diferentes espécies na qual um vive no interior do outro.

endóstilo (do grego *endon* = dentro + *stylos* = coluna). Sulco ciliado do assoalho da faringe dos tunicados, cefalocordados e estágios larvais de peixes agnatos, que produz muco utilizado para aglutinar partículas de alimento que são encaminhadas, por batimento ciliar, à parte posterior do tubo digestivo.

endotélio (do grego *endon* = dentro + *thēlē* = mamilo). Epitélio pavimentoso simples que reveste as cavidades internas do sistema circulatório, como o coração e os vasos sanguíneos e linfáticos. Adj., **endotelial**.

endotermia regional. Regulação de apenas parte do corpo usando seu próprio metabolismo, como quando os atuns mantêm alta temperatura nos músculos natatórios e no cérebro, mas não em outros órgãos.

endotérmico (do grego *endon* = dentro + *thermē* = calor). Ter a temperatura do corpo determinada pelo calor derivado do metabolismo oxidativo do próprio animal; contrasta com **ectotérmico**.

energia cinética Energia que pode ser usada para realizar trabalho, frequentemente chamada de energia de movimento.

energia de ativação. Energia mínima necessária para iniciar uma reação química.

energia livre. Energia disponível para a realização de trabalho em um sistema químico.

enterocele (do grego *enteron* = intestino + *koilos* = oco). Tipo de celoma originado pela evaginação de sacos mesodérmicos a partir do endoderma do intestino primitivo.

ênteron (do grego *enteron* = intestino). A cavidade digestiva.

entocódio (do latim *entos* = dentro + *codex* = registro). Uma das três camadas, com o endoderma e o ectoderma, de um botão de medusa em desenvolvimento em uma colônia de hidrozoários; o entocódio deriva do ectoderma e produz músculos lisos e estriados na medusa.

entognatia. Condição pela qual as bases das peças bucais encontram-se encerradas na cápsula cefálica em insetos das ordens Collembola, Diplura e Protura.

entomologia (do grego *entoma* = um inseto + *logos* = discurso). Estudo dos insetos.

entozoico (do grego *entos* = dentro + *zōon* = animal). Que vive no interior de outro animal; parasito interno (principalmente vermes parasitos).

entropia (do grego *en* = em, sobre + *tropos* = volta, mudança de disposição). A proporção de energia de um sistema não disponível para realizar trabalho.

enzima (do grego *enzymos* = levedado + *en* = em + *zyme* = levedo). Substância produzida por células vivas capaz de acelerar transformações químicas específicas, como hidrólise, oxidação ou redução, permanecendo inalterada no processo; um catalisador biológico.

epiderme (do grego *epi* = em, sobre + *derma* = pele). Camada externa da pele, não vascularizada e de origem ectodérmica; nos invertebrados, uma camada única de epitélio ectodérmico.

epiderme sincicial. Uma camada epidérmica multinucleada que ocorre abaixo da cutícula de rotíferos.

epidídimo (do grego *epi* = em, sobre + *didymos* = testículo). Porção enovelada do ducto espermático junto ao testículo.

epigênese (do grego *epi* = em, sobre + *genesis* = nascimento). Visão embriológica (e geralmente aceita) segundo a qual um embrião é um novo ser, que se desenvolve e se diferencia passo a passo a partir de um zigoto indiferenciado sofrendo divisão celular; a produção progressiva de partes novas que não existiam no zigoto original.

epigenética (do grego *epi* = em, sobre + *genesis* = nascimento). Estudo das relações entre genótipo e fenótipo mediadas por processos de desenvolvimento.

epinefrina (do latim *ad* = para + *renalis* = relativo a rins). Um hormônio produzido pela glândula adrenal ou suprarrenal; epinefrina.

epipelágico. Referente à zona superior da região pelágica marinha, que recebe mais iluminação do que zonas mais profundas.

epipodito (do grego *epi* = em, sobre + *pous, podos* = pé). Processo lateral articulado ao protopodito do apêndice de um crustáceo, frequentemente modificado como guelra.

epistasia (do grego *epi* = em, sobre + *stasis* = conservação). Supressão da expressão de um alelo de determinado loco pela ação de um alelo localizado em outro loco.

epístoma (do grego *epi* = em, sobre + *stoma* = boca). Placa que recobre a boca em alguns lofoforados e que contém a protocele.

epitélio (do grego *epi* = em, sobre + *thēlē* = mamilo). Tecido que recobre uma superfície livre ou reveste um tubo ou cavidade.

epitélio escamoso (do latim *squama* = escama + *osus* = cheio de). Epitélio simples de células nucleadas achatadas.

epitélio olfatório. Superfície quimiossensorial especializada localizada dentro das cavidades nasais de vertebrados aquáticos e terrestres.

epíteto específico. A segunda palavra (grafada em letras minúsculas) na nomenclatura binomial lineana de espécie, usada para separar determinada espécie dos demais membros do mesmo gênero.

epítoco (do grego *epitokos* = frutífero). Parte posterior de um poliqueta marinho dilatada pela presença de gônadas em desenvolvimento durante o período de reprodução; contrasta com **átoco**.

epítopo. A parte de um antígeno à qual se liga um anticorpo ou um receptor de célula T. Também chamado de determinante antigênico.

equação logística. Fórmula matemática que descreve uma curva sigmoide idealizada do crescimento de uma população.

equilíbrio de Hardy-Weinberg. Demonstração matemática de que o processo hereditário mendeliano não altera as frequências populacionais de alelos nem de genótipos ao longo das gerações, e que uma mudança nas frequências dos alelos ou genótipos requer fatores tais como seleção natural, deriva genética em populações finitas, mutação recorrente, migração de indivíduos entre populações e acasalamento não aleatório.

equilíbrio pontuado. Modelo de evolução no qual a mudança morfológica evolutiva é descontínua, estando associada primariamente com eventos geológicos discretos e instantâneos de especiação que levam à ramificação filogenética; entre esses episódios de especiação, as espécies caracterizam-se por apresentarem estase (estagnação) evolutiva na morfologia; contrasta com **gradualismo filético**.

eritroblastose fetal (do grego *erythros* = vermelho + *blastos* = germe, + *osis* = uma doença; do latim *fetalis* = relativo ao feto). Doença que acomete recém-nascidos, desenvolvida quando a mãe que apresenta fator Rh negativo produz anticorpos contra o sangue Rh-positivo do feto. Ver **tipo sanguíneo**.

eritrócito (do grego *erythros* = vermelho + *kytos* = cavidade vazia). hemácia; contém hemoglobina para transportar oxigênio dos pulmões ou brânquias até os tecidos; nos mamíferos, essas células perdem o núcleo quando se formam, enquanto as de outros vertebrados o retêm.

escálides (do grego *skalis* = enxada, enxadão). Espinhos curvos no introverte dos quinorrincos.

escama placoide (do grego *plax, plakos* = tablete, placa). Tipo de escama encontrada em peixes cartilaginosos, com uma placa basal de dentina incluída na epiderme e um espinho voltado para trás revestido com esmalte.

escamas cicloides (do grego *kiklos* = círculo). Escamas dérmicas finas e sobrepostas de alguns peixes; as margens posteriores são lisas.

escamas ctenoides (do grego *kteis, ktenos* = pente). Escamas finas e sobrepostas de alguns peixes; as margens posteriores expostas apresentam espinhos finos, similares a dentes.

escamas ganoides (do grego *ganos* = brilho). Escamas espessas, ósseas, romboidais, típicas de alguns peixes ósseos; elas não se sobrepõem.

esclerito (do grego *sklēros* = duro). Uma placa ou espícula dura, de composição calcária ou quitinosa; uma das placas que formam o exoesqueleto de artrópodes, principalmente de insetos.

escleroblasto (do grego *sklēros* = duro + *blastos* = germe). Amebócito especializado para secretar espículas; ocorre em esponjas.

esclerócito (do grego *sklēros* = duro + *kytos* = compartimento vazio). Amebócito de esponjas que secreta espículas.

esclerótica (do grego *sklēros* = duro). Relativo à camada externa e mais resistente do globo ocular.

esclerotina (do grego *sklērotēs* = dureza). Proteína escura, insolúvel, que permeia a cutícula dos artrópodes.

esclerotização. Processo de endurecimento da cutícula dos artrópodes por meio da formação de ligações cruzadas estabilizadoras entre cadeias de peptídios pertencentes a moléculas de proteína adjacentes.

escólex (do grego *skōlēx* = verme). Órgão de fixação de um platelminto; apresenta ventosas e, em alguns, ganchos. Posteriormente ao escólex, diferenciam-se novas proglótides.

escroto (do latim *scrotum* = saco). A bolsa que contém os testículos na maioria dos mamíferos.

esfíncter (do grego *sphinkter* = faixa, esfíncter, derivado de *sphingein* = prender com força). Músculo em forma de anel, capaz de fechar uma abertura tubular por constrição.

esmalte (anglo-francês *enamailler*). A dura camada externa de dentes e escamas de peixe.

especiação (do latim *species* = tipo). Processo ou evento evolutivo pelo qual surgem novas espécies.

especiação alopátrica. Hipótese de que novas espécies são formadas a partir da divisão de uma espécie ancestral em subpopulações geograficamente isoladas que desenvolvem barreiras reprodutivas entre si por meio de divergência evolutiva independente a partir do ancestral comum.

especiação parapátrica. Ramificação de linhagens populacionais para formar espécies separadas nas quais as distribuições geográficas das linhagens divergentes praticamente não se sobrepõem, mas fazem contato ao longo de uma estreita fronteira. Esse controvertido modo de especiação contrasta com a especiação alopátrica e a especiação simpátrica.

especiação simpátrica. Separação de linhagens em uma população resultando em diferentes espécies enquanto tais linhagens divergentes coocorrem em uma mesma área geográfica. Um modelo controverso de especiação que contrasta com as especiações alopátrica e parapátrica.

especiação vicariante. Formação de espécies por alopatria, iniciando-se pela intrusão de uma barreira física que divide uma espécie em populações geograficamente isoladas. Opõe-se à especiação por um efeito fundador, o qual exige que o estabelecimento de uma nova população tenha ocorrido por um raro deslocamento de indivíduos por meio de uma forte barreira geográfica para dentro de um território não ocupado pela população de origem.

espécie (do latim *species*, tipo particular). Um grupo de indivíduos que cruzam entre si, possuem ancestral comum e que são isolados reprodutivamente de todos os outros grupos; uma unidade taxonômica classificada abaixo de gênero e designada por um binômio consistindo em seu gênero e o nome da espécie.

espécie-chave. Espécie (normalmente um predador) cuja remoção conduz a uma redução na diversidade das demais espécies de uma comunidade.

espécies crípticas. Espécies isoladas reprodutivamente e tão semelhantes morfologicamente que é difícil ou impossível de distingui-las utilizando-se caracteres morfológicos.

especificação citoplasmática. Durante a clivagem embrionária, processo pelo qual moléculas no citoplasma de cada célula determinam o destino celular; o mesmo que especificação autônoma.

especificação condicional. Difusão de moléculas a partir de células vizinhas que fornece informação posicional para especificar o destino das células durante a clivagem embrionária.

especificação sincicial. Durante o desenvolvimento embrionário, a difusão de moléculas dentro do citoplasma sincicial fornece informação relativa à posição que especifica o destino celular após a citocinese.

espécime-tipo. Indivíduo depositado em um museu que define formalmente o nome de uma espécie por ele representada.

espermateca (do grego *sperma* = semente + *thēkē* = estojo). Compartimento no órgão reprodutivo feminino para receber e armazenar os espermatozoides.

espermátide (do grego *sperma* = semente + *eidos* = forma). Estágio de desenvolvimento da célula reprodutiva masculina formado pela divisão do espermatócito secundário; dá origem ao espermatozoide.

espermatócito (do grego *sperma* = semente + *kytos* = compartimento oco). Estágio de desenvolvimento da célula reprodutiva masculina; origina uma espermátide.

espermatóforo (do grego *sperma, spermatos* = semente + *pherein* = conter). Cápsula que envolve os espermatozoides; produzido por machos de diversos grupos de invertebrados e de alguns vertebrados.

espermatogênese (do grego *sperma* = semente + *genesis* = origem). Formação e maturação dos espermatozoides.

espermatogônia (do grego *sperma* = semente + *gonē* = descendentes). Precursor da célula reprodutiva masculina madura; origina diretamente o espermatócito.

espícula (do latim, diminutivo *spica* = ponta). Uma das diminutas estruturas esqueléticas calcárias ou silicosas encontradas em esponjas, radiolários, alguns corais e pepinos-do-mar.

espinho neural. Uma projeção dorsal da vértebra que funciona como local de ancoragem do músculo.

espiráculo (do latim *spiraculum*, de *spirare* = respirar). Abertura externa da traqueia de artrópodes. Uma das duas aberturas na cabeça dos elasmobrânquios para a passagem de água. Abertura exalante da câmara branquial dos girinos.

espongina (do latim *spongia* = esponja). Material fibroso e colagenoso que constitui a rede esquelética das demosponjas.

espongioblasto (do grego *spongos* = esponja + *blastos* = rebento). Célula das esponjas que secretam a proteína espongina.

espongiocele (do grego *spongos* = esponja + *koilos* = oco). Cavidade central das esponjas.

espongiócito (do grego *spongos* = esponja + *kytos* = compartimento oco). Célula das esponjas responsável pela secreção de espongina.

esporocisto (do grego *sporos* = semente + *kystis* = bolsa). Estágio larval no ciclo de vida dos tremátodeos; origina-se de um miracídio.

esporogonia (do grego *sporos* = semente + *gonos* = nascimento). Fissão múltipla que produz esporozoítos após a formação do zigoto.

esporozoíto (do grego *sporos* = semente + *zōon* = animal + *ito* = sufixo que indica uma parte do corpo). Estágio no ciclo de vida de muitos esporozoários; liberado dos oocistos.

esqualeno (do latim *squalus* = um tipo de peixe). Um hidrocarboneto triterpeno acíclico líquido encontrado especialmente no fígado de tubarões.

esqueleto hidrostático. Massa de fluido ou de parênquima maleável envolvida por uma parede muscular para promover o suporte necessário a uma ação muscular antagônica; por exemplo, o parênquima em animais acelomados e fluidos periviscerais em pseudocelomados servem como esqueletos hidrostáticos.

esquistossomose (do grego *shitos* = dividido + *soma* = corpo + *lasis* = doença). Infecção por tremátodeos sanguíneos do gênero *Schistosoma*.

esquizocele (do grego *schizo*, de *schizein* = dividir-se + *koilōma* = cavidade). Celoma originado por divisão do mesoderma embrionário. Subst. **esquizocelomado**, animal com uma esquizocele, tal como um artrópode ou um molusco. Adj., **esquizocélico**, o processo de formação do celoma por divisão do mesoderma.

esquizogonia (do grego *schizein* = dividir-se + *gonos* = semente). Múltiplas divisões assexuadas.

estado de caráter derivado. É a condição de um caráter taxonômico, inferida após uma análise cladística, que aparece dentro do táxon para o qual se está realizando a análise cladística. Difere da condição do caráter que foi a herdada do ancestral comum mais recente de todos os membros do táxon.

estatoblasto (do grego *statos* = fixo, parado + *blastos* = germe). Estágio resistente ao inverno produzido assexuadamente por diversos ectoproctos de água doce.

estatocisto (do grego *statos* = parado + *kystis* = bexiga). Órgão sensorial de equilíbrio; um cisto celular preenchido por fluido e que contém um ou mais grânulos (estatólitos) usados para a orientação sensorial com relação à força da gravidade.

estatólito (do grego *statos* = parado + *lithos* = pedra). Pequeno corpo calcário que repousa sobre tufos de cílios do estatocisto.

estenoalino (do grego *stenos* = estreito + *hals* = sal). Relativo a organismos aquáticos que apresentam uma tolerância limitada a variações na concentração de sal na água do ambiente.

estenofágico (do grego *stenos* = estreito + *phagein* = alimentar-se). Que se alimenta de poucos tipos de alimento.

estenotópico (do grego *stenos* = estreito + *topos* = local). Refere-se a um organismo com uma estreita faixa de adaptabilidade a mudanças ambientais; que apresenta uma estreita distribuição ambiental.

estereogástrula (do grego *stereos* = sólido + *gastēr* = estômago + do latim *ula*, diminutivo). Um tipo sólido de gástrula, como a plânula dos cnidários.

estereoma (do grego *stereos* = sólido, duro, firme). Estrutura em rede dos ossículos do endoesqueleto dos equinodermos.

esterno (do latim *sternum* = osso do peito). Placa ventral de um segmento corporal de um artrópode; o osso do peito dos vertebrados.

esterol (do grego *stereos* = sólido + do latim *ol*, de *oleum* = óleo). Pertencente a uma classe de compostos orgânicos que contém um esqueleto molecular de quatro anéis de carbono fundidos entre si; inclui o colesterol, hormônios sexuais, hormônios adrenocorticais e a vitamina D.

esteto (do grego *esthe*–s = artigo de vestuário). Receptores fotossensoriais da concha dos quítons (filo Mollusca).

estigma (do grego *stigma* = marca, tatuagem). Estrutura sensível à luz de certos eucariotos unicelulares. Espiráculo de certos artrópodes terrestres.

estilete cristalino. Estrutura única em forma de bastão composto de enzimas dentro do estômago de um bivalve.

estímulo sinal. Termo etológico que denota algo (tal como um som, forma ou cor em particular) cuja percepção por um animal provoca a exibição de um padrão comportamental estereotipado.

estivação (do latim *aestivates* = para passar o verão). Estado de dormência durante o verão quando as temperaturas estão altas, o alimento é escasso e/ou a desidratação produz prejuízos. O metabolismo e a taxa de respiração declinam.

estolão (do latim *stolō, stolonis* = um broto, ou ventosa, de uma planta). Extensão em forma de raiz que sai da parede do corpo e dá origem a brotos que podem desenvolver-se em novos zooides, formando assim um animal composto no qual os zooides mantêm-se unidos por meio do estolão. Ocorre em alguns animais coloniais dentre antozoários, hidrozoários, ectoproctos e ascídias.

estoma (do grego *stoma* = boca). Abertura em forma de boca.

estomocorda (do grego *stoma* = boca + *chordē* = cordão). Evaginação anterior da parede dorsal da cavidade bucal para o interior da probóscide de hemicordados; divertículo bucal.

estramenópilo (do latim *stramen* = canudo + *pilus* = pelo). Um dos membros de um clado de eucariotos unicelulares com crista mitocondrial tubular e que normalmente apresenta pelos tubulares tripartidos em um longo flagelo anterior.

estratégia evolutivamente estável (EEE). Aplicação da teoria matemática dos jogos para avaliar se um sistema de comportamentos sociais é resistente à evolução de comportamentos "trapaceiros" que ameaçariam sua estabilidade; significa um sistema social que persistiria por longos períodos de tempo evolutivo, já que ele prevalece na competição com outros sistemas que podem surgir.

estribo (do latim *stapes* = estribo). Ossículo mais interno mediado da orelha média e que tem forma de estribo.

estro (do latim *oestrus* = frenesi). O período de cio de uma fêmea de mamífero.

estrobilação (do grego *strobilos* = uma pinha). Brotamento linear repetitivo de indivíduos, como em cifozoários (filo Cnidaria), ou de conjuntos de órgãos reprodutivos, como em tênias.

estróbilo (do grego *strobilē* = um plugue fibroso como uma pinha [*strobilos*]). Um dos estágios de desenvolvimento das medusas Scyphozoa. Também, a cadeia de proglótides de uma tênia.

estroma (do grego *strōma* = forro). Rede de tecido conjuntivo que sustenta um órgão de um animal; malha delgada formada por hemácias e certas células.

estrutura primária. A sequência linear de aminoácidos de uma cadeia polipeptídica de uma proteína. A sequência linear de bases na molécula de um ácido nucleico.

estrutura quaternária. Configuração tridimensional formada por ligações entre grupos laterais de aminoácidos localizados em diferentes cadeias de polipeptídios; se aplica a proteína que contém mais de uma cadeia de polipeptídios.

estrutura secundária. Configuração tridimensional de uma proteína formada pelos ângulos de ligação entre aminoácidos adjacentes em uma cadeia polipeptídica linear. Uma estrutura secundária comum é a alfa-hélice, que faz a hélice girar na direção horária como um parafuso.

estrutura terciária. No caso de proteínas, a configuração tridimensional formada pela união de grupos laterais de aminoácidos localizados em regiões diferentes da cadeia de polipeptídios. A ligação de dissulfeto entre dois aminoácidos cisteína é um exemplo comum.

estuário (do latim *aestuarium* = estuário). Braço de mar onde a maré encontra uma corrente de drenagem de água doce.

etologia (do grego *ethos* = caráter + *logos* = conhecimento). O estudo do comportamento animal em ambientes naturais.

eucarioto (do grego *eu* = bom, verdadeiro + *karyon* = noz, caroço). Organismos cujas células contêm um ou mais núcleos delimitados por uma membrana; contrasta com **procarioto**.

eucromatina (do grego *eu* = bom, bem + *chrōma* = cor). Parte da cromatina que contém genes ativos e que, quando corada, mostra intensidade de coloração menor do que a da heterocromatina.

eumetazoário (do grego *eu* = bom + *meta* = depois + *zōon* = animal). Qualquer animal multicelular com distintas camadas germinativas que formam tecidos verdadeiros; animais ou organização de natureza animal acima do nível celular.

euploidia (do grego *eu* = bom, bem + *ploid* = múltiplo de). Presença de um ou mais conjuntos completos de cromossomos e ausência de conjuntos parciais no núcleo celular; inclui **haploidia, diploidia** e **poliploidia**.

eurialino (do grego *eurys* = amplo + *hals* = sal). Capaz de tolerar grandes variações na concentração de sais na água.

eurifágico (do grego *eurys* = amplo + *phagein* = comer). Capaz de comer uma grande variedade de alimentos.

euritópico (do grego *eurys* = amplo + *topos* = local). Refere-se ao organismo que apresenta uma ampla distribuição ambiental.

eussocialidade. Divisão reprodutiva de trabalho entre os membros de uma população ou espécie. Há sobreposição de gerações, e os indivíduos não reprodutivos auxiliam a criar os mais jovens que não são seus descendentes diretos. Formigas, muitas abelhas e algumas vespas são eussociais.

eutelia (do grego *euteia* = parcimônia). Condição de um organismo constituído por um número constante de células ou núcleos, em todos os indivíduos adultos da espécie, como ocorre em rotíferos, acantocéfalos e nematódeos.

evaginação (do latim *e* = fora + *vagina* = bainha). A saliência de uma estrutura oca.

evolução (do latim *evolvere* = desdobramento). Evolução orgânica que abrange todas as alterações nas características e diversidade da vida na Terra ao longo da história.

evolução em mosaico. O conceito de que a mudança evolutiva acontece primeiro em algumas características e depois em outras, em vez de mudarem todas simultaneamente. Por exemplo, o fóssil de transição *Archaeopteryx* possui asas e penas praticamente iguais aos das aves modernas, mas retém dentes e uma longa cauda basicamente inalterados em comparação com seus ancestrais.

evolucionabilidade. Refere-se às oportunidades de evolução morfológica conferidas a uma linhagem em evolução que possui um conjunto de módulos de desenvolvimento semiautônomos que podem ser expressos em vários estágios da ontogenia e em vários locais físicos no corpo. Por exemplo, a evolução dos membros do tetrápode apresentou expressão ectópica de módulos genéticos de desenvolvimento normalmente expressos na coluna vertebral.

exaptação. Cooptação evolutiva de um caráter molecular ou do organismo para um papel biológico não relacionado com a origem evolutiva do caráter. As penas das aves são consideradas uma exaptação para o voo, uma vez que elas se originaram previamente ao voo das aves, mas foram úteis para esta função após sua origem; contrasta com **adaptação**; as penas das aves são consideradas como uma adaptação para o papel biológico da termorregulação.

exclusão competitiva. Um princípio ecológico que afirma que duas espécies cujos nichos são muito semelhantes não podem coexistir indefinidamente na mesma comunidade; uma espécie é levada à extinção pela competição entre elas.

exergônica (do grego *exō* = externo a + *ergon* = trabalho). Uma reação que libera energia.

exito (do grego *exō* = externo). Processo da face lateral da pata de um artrópode.

exocitose (do grego *exō* = fora + *kytos* = cavidade vazia). Transporte de uma substância do interior para o exterior de uma célula.

exócrina (do grego *exō* = externo + *krinein* = separar). Tipo de glândula que libera sua secreção através de um ducto; contrasta com **endócrina**.

exoesqueleto (do grego *exō* = fora + *skeletos* = rígido). Estrutura externa de sustentação, não envolta por tecido vivo, secretada pelo ectoderma ou pela epiderme; contrasta com endoesqueleto.

éxon (do grego *exō* = fora). Parte do mRNA, conforme transcrição do DNA, que contém o trecho da informação necessária para o produto final do gene.

exópodo (do grego *exō* = fora + *pous, podos* = pé). Ramo lateral do apêndice birreme de um crustáceo.

exopterigoto (do grego *exō* = sem + *pteron* = pena, asa). Inseto no qual os primórdios das asas formam-se externamente durante o estágio de ninfa; apresenta metamorfose hemimetábola.

exorreceptor (do latim *exter* = externo + *capere* = pegar). Órgão sensorial excitado por estímulos provenientes do meio externo.

experimento (do latim *experiri* = tentar). Um teste realizado para comprovar ou negar uma hipótese.

extinção do Cretáceo. Uma extinção em massa, que ocorreu há 65 milhões de anos, durante a qual 76% das espécies existentes, incluindo todos os dinossauros, extinguiram-se, marcando o fim da Era Mesozoica.

extinção do Permiano. Uma **extinção em massa** que ocorreu há 245 milhões de anos na qual 96% das espécies existentes foram extintas, marcando o fim da Era Paleozoica.

extinção em massa. Intervalo de tempo geológico relativamente curto no qual uma grande parte (75 a 95%) das espécies ou de táxons superiores é eliminada quase simultaneamente.

extremidade 5′ (extremidade de cinco linha). O final de uma molécula de ácido nucleico que consiste em fosfato ligado ao carbono 5′ do açúcar terminal (o final oposto é a extremidade 3′).

extrussomo (do latim *extrusus* = dirigir para + *soma* = corpo). Qualquer organela ligada à membrana e com função de expelir alguma coisa da célula.

F

FAD. Abreviação de dinucleotídio adenina-flavina, um receptor de elétron da cadeia respiratória.

fagócito (do grego *phagein* = ingerir + *kytos* = compartimento vazio). Qualquer célula que engolfe e devore microrganismos ou outras partículas.

fagocitose (do grego *phagein* = ingerir + *kytos* = compartimento vazio). O engolfamento de uma partícula por um fagócito ou um eucarioto unicelular.

fagossomo (do grego phagein = ingerir + *sōma* = corpo). Vesícula membranosa no citoplasma que contém o material engolfado pela fagocitose.

fagótrofo (do grego *phagein* = alimentar-se + *trophē* = comida). Um organismo heterótrofo que ingere partículas sólidas como alimento.

faringe (do grego *pharynx* = garganta). Parte do tubo digestivo entre a cavidade oral e o esôfago que, nos vertebrados, é comum aos sistemas respiratório e digestivo. Nos cefalocordados, as fendas faríngeas abrem-se na cavidade atrial.

fascículo (do latim *fascículus* = pequeno maço). Um pequeno maço, geralmente utilizado para se referir a um conjunto de fibras musculares ou axônios das células nervosas.

fasmídeo (do grego *phasma* = fantasma + *ideo*). Cada um dos membros do par de glândulas ou estruturas sensoriais encontradas na extremidade posterior de certos nematódeos.

fator de crescimento semelhante à insulina (IGF). Hormônio polipeptídico secretado pelo fígado, também chamado de somatomedina. Esse hormônio é estimulado pelo hormônio do crescimento e causa efeitos semelhantes, como crescimento corporal e aumento do metabolismo celular.

fator de necrose tumoral. Uma citocina cuja fonte mais importante são os macrófagos e os linfócitos T, e que é um importante mediador da inflamação.

fator de transcrição. Esteroide ou molécula proteica que se liga a um cromossomo no loco de um gene para ativar ou para inibir a síntese de RNA complementar à sequência codificante do gene.

fator extrínseco. Variável ambiental que influencia as propriedades biológicas de uma população tais como número de indivíduos ou taxa de crescimento.

fenótipo (do grego *phainein* = mostrar). As características visíveis ou expressas de um organismo, influenciadas pelo genótipo, embora nem todos os genes do genótipo sejam expressos.

fermentação (do latim *fermentum* = fermento). Catálise enzimática de substâncias orgânicas, especialmente carboidratos, que ocorre na ausência de oxigênio e que libera álcoois simples, ácidos e dióxido de carbono e converte ATP em ADP.

fermentação alcoólica. Respiração sem oxigênio na qual os açúcares são degradados em dióxido de carbono e etanol; ocorre em leveduras.

feromônio (do grego *pherein* = transportar + *hormōn* = excitante). Substância química liberada por um organismo que influencia o comportamento ou os processos fisiológicos de outro organismo.

fibra (do latim *fibra* = filamento). Célula com a forma alongada ou um cordão de material protoplasmático produzido ou secretado por uma célula e depositado fora dela.

fibrila (do latim *fibra* = filamento). Um cordão de protoplasma produzido por uma célula e depositado no seu interior.

fibrilar (do latim *fibrilla* = pequeno filamento). Composto por ou pertencente às fibrilas ou fibras.

fibrina. Proteína que forma uma rede para capturar eritrócitos, tornando-se em um coágulo. Seu precursor é o fibrinogênio.

fibrose. Deposição localizada de tecido conjuntivo fibroso que ocorre durante o processo de reparo tecidual, ou para isolar uma fonte de antígeno.

filamento septal. A borda livre de uma divisão interna (septo) da cavidade gastrovascular de uma anêmona-do-mar e que se estende para dentro da cavidade e apresenta nematocistos e células glandulares.

filamentos intermediários. Componentes do citoesqueleto das células, os quais são importantes na resistência ao estiramento. Tais filamentos auxiliam também na manutenção de células adjacentes em associação com **desmossomos**.

filo (do neolatim, a partir do grego *phylon* = raça, tribo). Uma categoria superior de classificação taxonômica, disposta entre reino e classe, na qual são agrupados organismos descendentes de um ancestral comum e que compartilham um padrão fundamental de organização.

filogenia (do grego *phylon* = tribo, raça + *geneia* = origem). A origem e diversificação de um táxon, ou a história evolutiva de sua origem e diversificação, em geral apresentada sob a forma de um dendrograma.

filopódio (do grego *phyllon* = folha + *pous*, *podos* = pé). Apêndice natatório em forma de folha, presente em crustáceos branquiópodes.

filopódio (do latim *filum* = filamento + do grego *pous* = podos, pé). Um tipo de pseudópode muito fino e que pode ramificar-se, mas as ramificações não se unem para formar uma rede.

fisiologia (do latim *physiologia* = ciência natural). Parte da biologia que lida com os processos orgânicos e fenômenos de um organismo, de qualquer uma de suas partes, ou de um processo corporal em particular.

fissão (do latim *fissio* = uma divisão). Reprodução assexuada pela divisão do corpo em duas ou mais partes.

fissão binária. Um tipo de reprodução assexuada na qual um animal divide-se em dois descendentes aproximadamente iguais.

fissão múltipla. Um dos modos de reprodução assexuada de alguns eucariotos unicelulares, na qual o núcleo divide-se mais de uma vez antes da citocinese.

fitófagos (do grego *phyton* = planta + *phagein* = alimentar-se). Organismos que se alimentam de plantas.

fitoflagelados. Membros da antiga classe Phytomastigophorea, flagelados semelhantes a plantas.

fixação de nitrogênio (do grego *nitron* = bolha + *gene* = produtor de). Redução do nitrogênio molecular em amônia, realizada por algumas bactérias e cianobactérias, frequentemente seguidas pela **nitrificação**, que é a oxidação da amônia em nitritos e nitratos por outras bactérias.

flagelo (do latim *flagellum* = chicote). Organela locomotora semelhante a um chicote.

floresta de *kelps*. Ecossistema marinho caracterizado pela alta densidade de algas da ordem Laminariales da classe Phaeophyceae (algas pardas).

floresta temperada mista. Florestas da América do Norte e América Central que contêm árvores perenemente verdes, tais como pinho branco, pinho vermelho e tsugas, misturadas com outras árvores decíduas, dentre as quais os bordos, carvalhos e nogueiras.

florestas perenes do sul. Bosques dominados por pinheiros no sudeste dos EUA.

foraminífero (do latim *foramin* = orifício, perfuração + *fero* = portar). Amebas com pseudópodes formando redes e que têm uma teca com diversas aberturas.

Formação do mesoderma esquizocélico. Formação embrionária do mesoderma como cordão de célula entre ectoderma e endoderma; a divisão desses cordões produz o espaço celomático.

fosfágeno (fosfato + geno). Um termo usado para fosfato de creatina e fosfato de arginina, que armazenam fosfato de alta energia e podem ser fontes de ligações destes.

fosfatase alcalina. Enzima na membrana plasmática das células que revestem o intestino e que ataca uma variedade de compostos de fosfato (p. ex., proteínas e nucleotídios), removendo grupos fosfato deles durante o processo de digestão.

fosfato de arginina. Composto de fosfato armazenado (fosfágeno), encontrado em muitos invertebrados e utilizado para restaurar os estoques de ATP.

fosfocreatina. Composto fosfatado de alta energia, encontrado nos músculos de vertebrados e de alguns invertebrados, usado na regeneração de estoques de ATP.

fosforilação. A adição de um grupamento fosfato, isto é $-PO_3$, a um composto.

fosforilação oxidativa. Conversão de fosfato inorgânico em fosfato de ATP rico em energia, envolvendo transporte de elétron por meio da cadeia respiratória para o oxigênio molecular.

fosseta loreal. Órgão sensorial termorreceptor que detecta variações mínimas de temperatura, localizado entre a narina e o olho de serpentes da família Viperidae. As jiboias e as pítons também detectam infravermelho, mas com muito menos sensibilidade.

fóssil. Qualquer vestígio ou impressão deixados por um organismo de uma idade geológica passada e que tenha sido preservado por processos naturais, geralmente por mineralização na crosta terrestre.

fossorial (do latim *fossor* = cavar). Caracterizado por cavar ou entocar-se no chão.

fótico. Porções em águas oceânicas com luz e que são habitadas por organismos fotossintéticos.

fotoautótrofo (do grego *photōs* = luz + *autos* = de si mesmo + *trophos* = que alimenta). Um organismo que requer luz como fonte de energia para criar nutrientes orgânicos a partir de matéria-prima inorgânica.

fotossíntese (do grego *phōs* = luz + *synthesis* = ação de ou para colocar juntos). Síntese de carboidratos a partir de dióxido de carbono e água em células contendo clorofila e expostas à luz.

fototaxia (do grego *phōs* = luz + *taxis* = ordem, arranjo). Taxia na qual a luz é o estímulo orientador. Tendência involuntária de um organismo a voltar-se na direção da luz (fototaxia positiva) ou no sentido oposto a ela (fototaxia negativa).

fotótrofo (do grego *phōs*, *photōs* = luz + *trophē* = nutrição). Organismos capazes de usar CO_2, na presença de luz, como fonte de energia metabólica.

fóvea (do latim *fovea*, = pequena cavidade). Pequena cavidade ou depressão; especialmente a fóvea central, uma pequena cavidade na retina de alguns vertebrados que contém apenas cones, onde a visão é aguçada

fragmentação de hábitat. Surgimento de barreiras geográficas que separam populações de uma espécie com distribuição geográfica inicialmente contínua. As taxas evolutivas de surgimento e extinção de espécies são aumentadas em decorrência desse processo.

frequência alélica. Estimativa da proporção de gametas produzidos em uma população (conjunto ou *pool* de genes) que contém uma forma alélica particular de um dado gene.

funil. Tubo a partir do qual sai um jato de água da cavidade do manto de um molusco cefalópode.

fúrcula (do latim *furc* = forquilha). As clavículas fusionadas de aves e dinossauros.

fusiforme (do latim *fusus* = fuso + *forma* = forma). Em forma de fuso; afilado em direção a cada extremidade.

G

gameta (do grego *gamos* = casamento). Uma célula sexual haploide madura; em geral, os gametas masculinos e femininos podem ser diferenciados. Um óvulo ou um espermatozoide.

gametócito (do grego *gametēs* = cônjuge + *kytos* = cavidade vazia). A célula-mãe de um gameta; um gameta imaturo.

gânglio (do grego *ganglion* = pequeno tumor). Agregado de corpos celulares de neurônios localizados fora do sistema nervoso central.

gastrocele (do grego *gaste–r* = estômago + *koilos* = cavidade). Cavidade embrionária que se forma na gastrulação e torna-se o tubo digestivo do adulto; também denominada **arquêntero**.

gastroderma (do grego *gastēr* = estômago + *derma* = pele). Revestimento da cavidade digestiva dos cnidários.

gastrólito (do grego *gaste–r* = estômago + *lithos* = pedra). Corpo calcário contido na parede do estômago cardíaco dos camarões de água doce e demais Malacostraca antes da muda.

gastrozooide (do grego *gastēr* = estômago + *zōon* = animal). Pólipo alimentar de um hidroide; um hidrante.

gástrula (do grego *gastēr* = estômago + do latim *ula* = diminutivo). Estágio embrionário, em geral na forma de campânula ou saco, com paredes formadas por duas camadas de células que revestem uma cavidade (arquêntero), com uma única abertura (blastóporo).

gastrulação (do grego *gastēr* = estômago). Processo pelo qual a fase inicial do embrião de um metazoário converte-se em gástrula, adquirindo dois e, depois, três folhetos germinativos.

gel (de gelatina, do latim *gelare* = congelar). Estado de um sistema coloidal no qual as partículas sólidas formam a fase contínua, e o meio fluido, a fase descontínua.

gêmula (do latim *gemma* = broto + *ula* = diminutivo). Unidade reprodutiva assexuada em forma de cisto das esponjas de água doce; formadas no verão ou outono, e capazes de hibernar.

gene (do grego *genos* = descendência). Uma sequência de ácido nucleico (geralmente DNA), que codifica um polipeptídio funcional ou uma sequência de RNA.

gene estrutural. Gene que contém a informação para construir uma proteína.

gene regulador. Um gene que influencia a taxa de transcrição de outro gene. Um gene regulador de ação cis liga-se aos fatores de transcrição necessários para expressão de outro gene adjacente na mesma molécula de DNA. Um gene regulador de ação trans codifica um fator de transcrição que influencia a expressão dos genes localizados em qualquer lugar do genoma.

gene supressor de tumor. Gene cujos produtos inibem a progressão da divisão celular por ativarem a apoptose, controlarem a transcrição de outros genes, restringirem a progressão de fases do ciclo celular, ou por outros meios.

gênero (do latim *genus* = raça). Grupo de espécies relacionadas, com hierarquia taxonômica definida entre família e espécie.

genes de polaridade segmentar. Genes ativos durante o desenvolvimento para determinar estruturas anteroposteriores dentro de um segmento.

genes *gap*. Genes expressos em ampla região ao longo do eixo anteroposterior de um embrião em desenvolvimento (p. ex., produzem a cabeça, o tórax e o abdome em *Drosophila*); as mutações produzem lacunas na formação dos segmentos.

genes homeóticos (do grego *homoios* = semelhante, parecido). Genes que são identificados por meio de mutações e que conferem identidade ao desenvolvimento de determinadas partes do corpo. Esses genes codificam fatores de transcrição necessários para ativar a expressão gênica em momento crítico durante o desenvolvimento.

genoma (do grego *genos* = descendência + *ōma* = grupo abstrato). Todo o DNA de um conjunto haploide de cromossomos (genoma nuclear), uma organela (genoma mitocondrial, genoma de cloroplasto), ou vírus (genoma viral, que, em alguns vírus, é constituído por RNA em vez de DNA).

genômica. Mapeamento e sequenciamento de genomas (= genômica estrutural). A genômica funcional é o desenvolvimento e a aplicação de abordagens experimentais para acessar a função do gene. A genômica funcional utiliza informação da genômica estrutural.

genótipo (do grego *genos* = descendência + *typos* = forma). A constituição genética expressa e latente de um organismo; o conjunto total de genes presentes nas células de um organismo; contrasta com **fenótipo**.

germoplasma. Linhagens celulares que dão origem às células germinativas de um organismo pluricelular; distinto do somatoplasma.

germovitelário (do latim *germen* = broto, + *vitellus* = vitelo). Estrutura intimamente associada ao ovário (germário) e produtora de vitelo (vitelário) dos rotíferos.

gestação (do latim *gestare* = carregar). Período durante o qual a prole é carregada no útero.

ginandromorfo (do grego *gyn* = feminino + *andr* = masculino + *morphē* = forma). Indivíduo anormal que apresenta características de ambos os sexos em diferentes partes do corpo; por exemplo, o lado esquerdo mostra as características da fêmea, e o lado direito, as características do macho.

glândula androgênica (do grego *anēr* = macho + *gennaein* = produzir). Glândula de Crustacea que induz o desenvolvimento de características masculinas.

glândula antenal. Glândula excretora de Crustacea, localizada no metâmero antenal.

glândula de Mehlis. Glândulas com função incerta que circundam o ootipo de trematódeos e cestódeos.

glândula verde. Glândula excretora de alguns Crustacea; glândula antenal.

glândula vitelina. Ver **vitelário**.

glândulas calcíferas. Glândulas encontradas em minhocas e que secretam íons de cálcio no intestino.

glândulas granulares. Estruturas tegumentares dos anfíbios atuais e associadas à secreção de compostos defensivos.

glândulas lacrimais (do latim *lacrimia* = lágrima). Estruturas em vertebrados terrestres que secretam lágrimas para lubrificar os olhos.

glândulas protorácicas. Glândulas do protórax de insetos que secretam ecdisona ou hormônio da muda.

glândulas repugnatórias (do latim *repugnare* = resistir). Glândulas que secretam substâncias de odor penetrante e ruim para defesa ou ataque como, por exemplo, as encontradas nos miriápodes.

glicocorticoide. Hormônio corticosteroide produzido e secretado pelo córtex da glândula adrenal. Dois desses hormônios são o cortisol e a corticosterona, que têm papéis no metabolismo, inflamação e estresse.

glicogênio (do grego *glykys* = doce + *genēs* = produzido). Polissacarídio que constitui a principal forma na qual os animais estocam carboidratos; amido animal.

glicólise (do grego *glykys* = doce + *lysis* = quebra). Quebra enzimática da glicose (especialmente), ou glicogênio, em derivados fosfóricos, com liberação de energia.

gliconeogênese (do grego *glykys* = doce + *neos* = novo + *genesis* = origem). Síntese de glicose a partir de proteínas ou de precursores lipídicos.

glicose. Açúcar com seis carbonos, particularmente importante para o metabolismo celular dos organismos vivos (= dextrose).

globulinas (do latim *globus* = globo, bola + *ulus* = sufixo que designa tendência). Grande grupo de proteínas compactas com alto peso molecular; inclui as imunoglobulinas (anticorpos).

glomérulo (do latim *glomus* = bola). Tufo de capilares que se projeta para dentro de um corpúsculo renal. Também uma pequena massa de tecido esponjoso na probóscide de hemicordados com presumida função excretora. Ou, ainda, a concentração de fibras nervosas situadas no bulbo olfatório.

gloquídio (do grego *glochis* = ponta + *idion* = sufixo diminutivo). Estágio larval bivalve, de mexilhões de água doce.

gnatobase (do grego *gnathos* = maxila + base). Processo mediano basal de certos apêndices de alguns artrópodes, utilizado geralmente para morder ou esmagar o alimento.

gnatostomos (do grego *gnathos* = maxila + *stoma* = boca). Vertebrados com maxilas.

gônada (do neolatim *gonas* = órgão sexual primário). Órgão que produz gametas (ovário na fêmea e testículo no macho).

gonadotrofina. Hormônio peptídico secretado pela glândula pituitária anterior que atua nas gônadas (ovários das mulheres e testículos dos homens). Existem duas gonadotrofinas: o hormônio folículo estimulante (FSH) e o hormônio luteinizante (LH). O FSH promove a produção de óvulos na fêmea e a produção de espermatozoides no macho. LH induz ovulação, produção de corpo lúteo e secreção de esteroides em mulheres e em homens.

gonângio (do neolatim *gonas* = órgão sexual primário + *angeion* = diminutivo de vaso). Zooide reprodutivo de uma colônia de hidrozoário (Cnidaria).

gonoduto (do grego *gonos* = semente, progênie + ducto). Ducto que conecta a gônada ao meio externo.

gonóforo (do grego *gonos* = semente, progênie + *phoros* = transportador). Estrutura sexual reprodutiva de alguns hidrozoários e que se desenvolve a partir de medusas reduzidas; pode ser mantido na colônia ou liberado.

gonóporo (do grego *gonos* = semente, progênie + poros = abertura). Poro genital encontrado em muitos invertebrados.

gordura marrom. Tecido adiposo de vertebrados endotérmicos que é rico em mitocôndrias e gera calor.

grado (do latim *gradus* = degrau). Um nível de complexidade do organismo, ou zona adaptativa característica de um grupo taxonômico.

gradualismo fenotípico. A hipótese de que novas características, mesmo aquelas notavelmente diferentes das características dos ancestrais, evoluem por uma longa série de pequenos passos adicionais.

gradualismo filético. Modelo de evolução no qual a mudança evolutiva morfológica é contínua e cumulativa, ocorrendo principalmente em espécies ou em linhagens que não se ramificam durante longos períodos de tempo geológico; contrasta com **equilíbrio pontuado**.

gradualismo. Componente da teoria evolutiva de Darwin que afirma que a evolução ocorre por meio do acúmulo temporal de pequenas mudanças incrementadoras, em geral durante períodos muito longos de tempo geológico; opõe-se às afirmações de que a evolução pode ocorrer por meio de grandes alterações descontínuas e macromutacionais.

gradualismo populacional. A observação de que novas variantes genéticas se estabelecem em uma população pelo aumento gradual de suas frequências ao longo das gerações, inicialmente a partir de um ou poucos indivíduos e, finalmente, caracterizando a maioria da população.

granulócitos (do latim *granulus* = pequeno grão + do grego *kytos* = cavidade vazia). Leucócitos (neutrófilos, eosinófilos e basófilos) que contêm "grânulos" no citoplasma (vesículas) e que se coram histoquimicamente.

grânulos de paramilo (do grego *para* = ao lado de + *mylos* = moinho, moenda). Organelas que contêm uma substância semelhante ao amido chamada paramilo; ocorrem em algumas algas e flagelados.

gregarina (do latim *gregarious* = pertencente a um rebanho ou bando). Parasito eucarioto unicelular que pertence à classe Gregarinea, do filo Apicomplexa; esses organismos infectam o tubo digestivo ou cavidades corporais de invertebrados.

gregário (do latim *grex* = rebanho). Que vive em grupos ou bandos.

grupo externo. Em estudos de sistemática filogenética, é uma espécie ou grupo de espécies proximamente relacionadas com o táxon para o qual a filogenia está sendo estudada, mas que não estão incluídos nele; é usado para polarizar a variação dos caracteres e estabelecer uma árvore filogenética.

grupo fosfato $\text{HO}-\overset{\overset{\text{OH}}{|}}{\underset{\underset{\text{O}}{\|}}{\text{P}}}-\text{O}-$, composto químico presente em até três cópias em série no carbono 5' do açúcar de um nucleotídio; em um ácido nucleico, uma cópia única conecta o carbono 5' de um nucleotídio ao carbono 3' do nucleotídio adjacente.

grupo irmão (= "táxon irmão"). A relação entre um par de espécies ou táxons superiores que são os parentes filogenéticos mais próximos.

guanina (do quechua *huanu* = guano). Base púrica, branca cristalina, $C_5H_5N_2O$, que ocorre em diversos tecidos animais, no guano e outros excrementos de origem animal.

guilda (do inglês medieval *gilde* = pagamento, tributo). Espécies de uma comunidade que partilham recursos por meio do deslocamento de caracteres para evitar sobreposição de nicho e competição, como ocorre nas comunidades de toutinegras cujas espécies forrageiam em diferentes locais de uma única conífera.

H

hábitat (do latim *habitare* = residir). Lugar onde um organismo normalmente vive, ou onde os organismos de uma população vivem.

habituação. Tipo de aprendizado no qual a contínua exposição ao mesmo estímulo produz respostas (comportamentais) decrescentes (em intensidade); contrasta com **sensibilização**.

haltere (do grego *haltere*, salto). Pequena estrutura em forma de clava localizada em cada lado do metatórax dos Diptera e que representa as asas posteriores; com provável função sensorial de equilíbrio; também chamada de balancim.

haplodiploidia (do grego *haploos* = único + *diploos* = duplo + *eidos* = forma). Reprodução na qual machos haploides são produzidos por partenogênese e fêmeas diploides originam-se de ovos fertilizados.

haploide (do grego *haploos* = único). O número reduzido de cromossomos, ou n, típico dos gametas, em contraste com o diploide, ou $2n$, que é o número encontrado nas células somáticas. Em certos grupos, os organismos maduros (em termos reprodutivos) podem apresentar um número haploide de cromossomos.

hectocótilo (do grego *hekaton* = centena + *kotylē* = copo). Braço especializado e por vezes autônomo, que serve como órgão copulador do macho de cefalópodes.

heliozoário (do grego *hēlios* = sol + *zōon* = animal). Termo descritivo para uma ameba de água doce, nua ou com teca.

hemeritrina (do grego *haima* = sangue + *erythros* = vermelho). Pigmento respiratório do sangue de alguns poliquetas, sipunculídeos, priapulídeos e braquiópodes que é vermelho e contém ferro.

hemidesmossomo (do grego *hēmi* = metade + *desmos* = vínculo + *soma* = corpo). Placa semelhante a um botão composta por proteínas transmembrana que ancoram uma célula a camadas de tecido conjuntivo subjacentes.

hemimetábolo (do grego *hēmi* = metade + *metábole* = mudança). Refere-se à metamorfose gradual durante o desenvolvimento dos insetos, sem estágio de pupa.

hemipênis pl. hemipênis (do grego *hēmi* = metade + do latim *penis*). Um de um par de órgãos copulatórios de escamados (lagartos e cobras), mantido na cloaca quando não usado para reprodução.

hemizigoto (do grego *hēmi* = metade + *zygōtos* = unido). Para animais que têm determinação sexual cromossômica, nos quais um dos sexos (denominado o sexo heterogamético) tem apenas uma cópia de determinado cromossomo sexual; os genótipos de indivíduos heterogaméticos consistem em uma só cópia de todos os genes localizados nesse cromossomo sexual.

hemocele (do grego *haima* = sangue + *koiloma* = cavidade). Espaço principal do corpo dos artrópodes formado pela fusão do celoma embrionário com a blastocele; contém o sangue (hemolinfa).

hemoglobina (do grego *haima* = sangue + do latim *globulus* = glóbulo). Pigmento respiratório que contém ferro, presente nas hemácias do sangue dos vertebrados e no plasma sanguíneo de muitos invertebrados; um composto de ferro-porfirina (heme) e proteínas globinas.

hemolinfa (do grego *haima* = sangue + do latim *lympha* = água). Fluido no celoma ou hemocele de alguns invertebrados que funciona como o sangue e a linfa dos vertebrados.

hemozoína (do grego *haima* = sangue + *zōon* = um animal). Produto insolúvel da digestão pelos parasitos da malária, produzido a partir da hemoglobina.

hepático (do grego *hēpatikos* = do fígado). Relativo ao fígado.

herança de caracteres adquiridos. Noção lamarckista desacreditada de que os organismos que se esforçam para satisfazer as exigências ambientais obtêm novas adaptações e as transferem para seus descendentes por hereditariedade.

herança intermediária. Herança na qual não existe um par de alelos nem um gene completamente dominante, com o heterozigoto evidenciando uma condição intermediária distinta dos homozigotos para cada alelo.

herança particulada. Teorias de hereditariedade nas quais os fatores hereditários são entidades discretas que não se misturam quando transmitidas por meio do mesmo organismo, tais como os fatores pareados identificados nos experimentos de Mendel.

herança poligênica. Herança de características influenciada por alelos múltiplos; as características exibem variação contínua entre extremos; os descendentes são, em geral, intermediários entre o pai e a mãe; também conhecida como **miscigenação** ou **herança quantitativa**.

herança quantitativa. Ver **herança poligênica**.

herbivoria. Denota a condição em que animais se alimentam de plantas ou a destruição da biomassa vegetal por tais animais herbívoros.

herbívoro (do latim *herba* = erva + *vorare* = devorar). Todo organismo que se alimenta de vegetais. Adj. **herbívoro**.

hereditariedade (do latim *heres* = herdeiro). A transmissão de traços biológicos dos pais à sua prole.

hermafrodita (do grego *hermafroditos*, que contém ambos os sexos; da mitologia grega, Hermafroditos = filho de Hermes e Afrodite). Organismo que apresenta os órgãos reprodutores masculino e feminino funcionais. **Hermafroditismo**, em geral, refere-se a um indivíduo aberrante em uma espécie dioica; **monoicia** implica que essa é a condição normal para a espécie.

hermafrodita sequencial. Espécie na qual os indivíduos amadurecem inicialmente como um sexo, mas podem posteriormente transformar-se no sexo oposto.

hermafrodita sincrônico. Espécie cujos indivíduos apresentam ovários e testículos funcionais ao mesmo tempo. Também denominado hermafrodita simultâneo.

hermafrodita sincrônico. Espécie cujos indivíduos apresentam ovários e testículos funcionais ao mesmo tempo. Também denominado hermafrodita simultâneo.

hermatípico (do grego *herma* = recife + *typos* = padrão). Relativo aos corais que formam recifes.

heterocerca (do grego *heteros* = diferente + *kerkos* = cauda). Nadadeira caudal de alguns peixes cujo lobo superior é maior do que o inferior, e no qual a extremidade posterior da coluna vertebral curva-se para cima, acompanhando o lobo superior, como nos tubarões.

heteroconte (do grego *heteros* = outro, diferente + *kont* = polo). Refere-se a células flageladas com dois flagelos anteriores diferentes: um longo, ornamentado e direcionado anteriormente; outro curto, liso e com caimento posterior.

heterocromatina (do grego *heteros* = diferente + *chrōma* = cor). Cromatina que se cora intensamente e parece representar áreas geneticamente inativas.

heterocronia (do grego *heteros* = diferente + *chronos* = tempo). Alteração evolutiva no tempo relativo de aparecimento, ou na taxa de desenvolvimento, de características do ancestral para o descendente.

heterodonte (do grego *heteros* = diferente + *odous* = dente). Que apresenta dentes diferenciados em incisivos, caninos e molares, para finalidades diferentes.

Heterolobosea (do grego *heteros* = outro, diferente + *lobos* = lóbulo). Clado eucariótico unicelular no qual a maioria dos membros pode assumir tanto a forma ameboide como a flagelada.

heterostracos (do grego *heteros* = diferente + *ostrakon* = concha). Grupo extinto de peixes com armadura dérmica e desprovidos de maxilas e nadadeiras pares; encontrado nos períodos Ordoviciano ao Devoniano.

heterotopia. Mudança evolutiva na localização física de uma estrutura ou processo de desenvolvimento no plano corporal do organismo.

heterótrofo (do grego *heteros* = diferente + *trophos* = alimento). Organismo que obtém tanto matéria orgânica quanto inorgânica brutas do ambiente para se manter vivo; inclui a maioria dos animais, fungos e aquelas plantas e microrganismos que não realizam fotossíntese.

heterótrofo primário. Designa a hipótese de que os primeiros microrganismos, para se desenvolverem, obtinham nutrientes de um ambiente que não tinha organismos autótrofos.

heterozigoto (do grego *heteros* = diferente + *zygōtos* = unido). Organismo no qual os cromossomos homólogos possuem diferentes formas alélicas (frequentemente dominante e recessivo) de um loco; derivado de um zigoto formado pela união de gametas com constituições alélicas diferentes.

hexâmero (do grego *hex* = seis + *meros* = parte). Seis partes; especificamente, é a simetria baseada em seis partes ou seus múltiplos.

hialino (do grego *hyalos* = vidro). Adj. vítreo, translúcido. Subst. material transparente, vítreo, sem estrutura definida, que ocorre, por exemplo, na cartilagem, corpo vítreo, mucina e glicogênio.

hibernação (do latim *hibernus* = invernal). Condição em que, especialmente certos mamíferos, passam o inverno em estado de torpor, no qual a temperatura do corpo decresce quase ao ponto de congelamento e o metabolismo cai quase a zero.

hibridização Cruzamento genético natural ou artificial entre populações geneticamente distintas, tais como aquelas reconhecidas como variedades ou espécies distintas.

híbrido. Refere-se a descendente do cruzamento entre populações geneticamente distintas, tais como aquelas reconhecidas como variedades ou espécies distintas.

hibridoma (contração de híbrido + mieloma). Produto da fusão de uma célula normal com uma célula de mieloma (câncer) e que apresenta algumas das características da célula normal.

hidrante (do grego *hydōr*, água, + *anthos*, flor). Zooide de uma colônia de hidrozoários com função de nutrição.

hidrocaules (do grego *hydōr* = água + *kaulos* = caule de uma planta). Hastes ou "caules" de uma colônia de hidrozoários; as partes localizadas entre a hidrorriza e os hidrantes.

hidrocele (do grego *hydōr* = água + *koilos* = cavidade). O segundo compartimento celomático ou o compartimento celomático intermediário dos equinodermos; a hidrocele esquerda origina o sistema hidrovascular nesses organismos.

hidrocorais. Membros do filo Cnidaria, classe Hydrozoa, que têm esqueletos calcários maciços.

hidrogenossomo (do grego *hydōr* = água + *genos* = tipo + *soma* = corpo). Organela celular anaeróbica que se presume ser derivada de uma mitocôndria.

hidroide. Forma polipoide de um cnidário, distinta de sua forma medusoide. Qualquer cnidário pertencente à classe Hydrozoa, ordem Hydroidea.

hidrólise (do grego *hydōr* = água + *lysis* = afrouxamento). Decomposição de um composto químico pela adição de água; divisão da molécula em suas partes, de tal modo que os produtos isolados adquirem hidrogênio e grupos hidroxilas.

hidrorriza (do grego *hydōr* = água + *rhiza* = raiz). Estolão radicular que ancora um hidroide ao seu substrato.

hidrosfera (do grego *hydōr* = água + *sphaira* = bola, esfera). Refere-se às águas continentais e oceânicas da superfície da Terra.

hidroxila. (Hidrogênio + oxigênio + ila). Que contém um grupo OH$^-$, íon carregado negativamente formado por álcalis na água.

hierarquia de dominância. Hierarquia social estabelecida por comportamento agonístico, que resulta em associações nas quais alguns indivíduos têm mais acesso aos recursos do que outros.

hierarquia inclusiva (aninhada). Padrão no qual espécies estão ordenadas dentro de uma série crescente de clados mais inclusivos, de acordo com a distribuição taxonômica das sinapomorfias.

hiomandibular (do grego *hyoeides* = com forma similar à letra grega γ + *eidos* = forma + do latim *mandere* = mastigar, mascar). Osso derivado do arco branquial hioide que forma parte da articulação da mandíbula de peixes e também o martelo, ossículo mediado da orelha média dos vertebrados amniotas.

hiperosmótico (G. *hyper* = sobre + *ōsmos* = impulso). Refere-se à solução cuja pressão osmótica é maior quando comparada a uma outra; contém maior concentração de partículas dissolvidas e ganha água de uma solução com menos partículas, por meio de uma membrana seletiva permeável. Contrasta com **hiposmótico**.

hiperparasitismo (do grego *hyper* = sobre + *para* = ao lado de + *sitos* = alimento). Parasitismo de um parasito por outro parasito.

hiperpolarização. Mudança de voltagem em direção negativa registrada por meio de uma membrana plasmática (ver **potencial de membrana**). Isso permite a transmissão de sinal em células excitáveis, tais como células nervosas, musculares e sensoriais.

hipersensibilidade imediata. Reação inflamatória exagerada em ser humano sensibilizado, baseada primariamente na imunidade humoral.

hipersensibilidade retardada. Uma manifestação patológica da reação inflamatória baseada primariamente na resposta imunológica celular.

hipertônica. Refere-se a uma solução que contém maior concentração de partículas dissolvidas do que outra solução com a qual ela é comparada; contrasta com **hipotônica**.

hipertrofia (do grego *hyper* = sobre + *trophē* = alimento). Crescimento anormal de parte de um organismo ou de um órgão.

hipoderme (do grego *hypo* = sob + do latim *dermis* = pele). Camada celular localizada sob a derme e que secreta a cutícula de anelídeos, artrópodes e outros invertebrados.

hipófise (do grego *hypo* = sob + *physis* = crescimento). Glândula pituitária.

hiposmótica (do grego *hypo* = sob + *ōsmos* = impulso). Refere-se à solução cuja pressão osmótica é menor quando comparada a uma outra, ou comparada a uma solução considerada como padrão; contém menor concentração de partículas dissolvidas e perde água durante a osmose; contrasta com **hiperosmótica**.

hipostômio (do grego *hypo* = sob + *stoma* = boca). Nome aplicado a uma estrutura localizada na região posterior ou ventral da boca de vários invertebrados (como ácaros e carrapatos).

hipotálamo (do grego *hypo* = sob + *thalamos* = câmara interna). Parte ventral do diencéfalo localizada no assoalho do tálamo; um dos centros do sistema nervoso autônomo e da regulação neuroendócrina.

hipótese (do grego *hypothesis* = fundamento, suposição). Afirmação ou proposição que pode ser testada por meio de observação ou experimento.

hipotônica. Refere-se a uma solução que contém menor concentração de partículas dissolvidas do que uma outra com a qual é comparada; contrasta com **hipertônica**.

histogênese (do grego *histos* = tecido + *genesis* = descendência). Formação e desenvolvimento dos tecidos.

histologia (do grego *histos* = rede, tecido + *logos* = discurso). Estudo da anatomia microscópica dos tecidos.

histona (do grego *histos* = tecido). Qualquer uma das várias proteínas simples encontradas nos núcleos das células e que formam complexos com DNA. As histonas estão envolvidas na regulação da expressão gênica e na condensação do DNA. Elas produzem uma grande quantidade de aminoácidos básicos na hidrólise; são características dos eucariotos.

holometábolo (do grego *holo* = completo + *metábole* = mudança). Metamorfose completa durante o desenvolvimento.

holótipo. O único espécime depositado em museu que possui formalmente o nome de uma espécie reconhecida.

homeobox (do grego *homoios* = semelhante, parecido + do latim *buxus* = espécie de arbusto utilizado em cercas vivas, empregado aqui no sentido de contido, cercado). Uma sequência altamente conservada de 180 pares de bases, encontrada em genes homeóticos que codificam polipeptídios e que funcionam como fatores de transcrição para ativar a expressão de outros genes em um momento crítico do desenvolvimento. O *homeobox* codifica o domínio de ligação ao DNA de um fator de transcrição.

homeostase (do grego *homeo* = semelhante + *stasis* = estado ou conservação). Manutenção de um estado interno estável por meio da autorregulação.

homeotérmico (do grego *homeo* = semelhante + *thermē* = calor). Que apresenta uma temperatura corporal praticamente uniforme, regulada independentemente da temperatura do ambiente.

hominídeo (do latim *homo, hominis* = homem). Membro da família Hominidae, que inclui chimpanzés, gorilas, humanos, orangotangos e formas extintas descendentes de seu ancestral comum mais recente.

hominoide. Relativo aos Hominoidea, uma superfamília de primatas que incluem os grandes primatas e os seres humanos.

homocerca (do grego *homos* = igual + *kerkos* = cauda). Nadadeira caudal com os lobos superior e inferior simétricos e com a coluna vertebral terminando próximo à base da nadadeira, como na maioria dos peixes teleósteos.

homodonte (do grego *homos* = igual + *odous* = dente). Que tem todos os dentes com forma semelhante.

homologia (do grego *homólogos* = concordar). Equivalência de partes ou órgãos de organismos diferentes, causada pela derivação evolutiva a partir de uma parte ou órgão correspondente em um ancestral remoto, geralmente apresentando uma origem embrionária semelhante. Também pode se referir a sequências moleculares (DNA, RNA, proteína) ou cromossomos cuja equivalência representa, respectivamente, descendência de uma molécula ou cromossomo ancestral comum. Homologia seriada é a correspondência, no mesmo indivíduo, de estruturas repetidas que têm a mesma origem e desenvolvimento, tais como os apêndices dos artrópodes. Adj., **homólogo**.

homologia seriada. Ver **homologia**.

homólogo. Um membro de um conjunto de estruturas homólogas ou um cromossomo de um par de cromossomos homólogos.

homoplasia. Similaridade fenotípica entre características de espécies ou populações distintas (incluindo, entre outros, aspectos moleculares, morfológicos e comportamentais), que não representam padrões exatos de uma descendência evolutiva em comum (= similaridade não homóloga); é decorrente do paralelismo, convergência e/ou reversão evolutiva, e é evidenciada pela incongruência entre as diferentes características em um cladograma ou árvore filogenética.

homotransplante. Ver **heterotransplante**.

homozigoto (do grego *homos* = igual + *zygotos* = unidos). Um organismo que apresenta alelos idênticos em um ou mais locos gênicos. Adj., **homozigoto**.

hormônio juvenil. Hormônio produzido pelos *corpora allata* de insetos; dentre os efeitos produzidos, está a manutenção das características larvais ou de ninfa durante o desenvolvimento.

hormônio protoracicotrópico (HPTT). Hormônio secretado pelo cérebro de insetos que estimula a glândula protorácica a produzir ecdisona, ou hormônio da muda.

hospedeiro definitivo. Hospedeiro no qual ocorre a reprodução sexuada de um simbionte, ou em que um simbionte amadurece e se reproduz, no caso de ausência de reprodução sexuada. Contrasta com **hospedeiro intermediário**.

hospedeiro intermediário. Hospedeiro em que pode existir alguma interação com um parasito, mas no qual não ocorre maturação e reprodução sexuada do parasito.

humoral (do latim *humor* = um fluido). Relativo a uma secreção endócrina.

I

ictiossauro (do grego *ichthyo* = peixe + *saur* = lagarto). Répteis aquáticos do Mesozoico, caracterizados pelo corpo semelhante ao de um boto, mas com uma cauda vertical e olhos grandes.

imago. Inseto adulto e sexualmente maduro.

imprinting. (do latim *imprimere*, para impressionar, imprimir). Padrão de aprendizagem rápido e geralmente estável, que aparece no início da vida de um indivíduo de uma espécie social e envolve o reconhecimento de sua própria espécie; pode envolver atração pelo primeiro objeto em movimento visto.

imunidade. Habilidade dos tecidos em reconhecer e defender um organismo contra invasores externos. **Imunidade inata** é um mecanismo de defesa que não depende da prévia exposição a invasores; **imunidade adquirida** é específica a algo externo ao organismo, requer tempo para o desenvolvimento e ocorre de maneira mais rápida e intensa na resposta secundária.

imunoglobulina (do latim *immunis* = livre + *globus* = esfera, globo). Qualquer proteína plasmática produzida por células B e plasmócitos e que participa na resposta imunológica pela combinação com o antígeno que estimulou a sua produção. Anticorpo.

inata (do latim *innatus* = inato). Característica parcialmente ou totalmente baseada na constituição epigenética ou genética de um indivíduo.

incrustação. Contaminação por excremento, sedimento ou outro material de áreas relacionadas à alimentação ou respiração em um organismo; também denominada de autopoluição. Refere-se, ainda, ao acúmulo de organismos marinhos sésseis no casco de barcos ou navios de modo a prejudicar seu movimento na água.

independente da densidade. Referente a fatores abióticos, como fogo, inundações e mudanças de temperatura, cujos efeitos sobre uma população não são influenciados pelo número de organismos da população.

indígena. (do latim *indigena*, nativo). Refere-se a organismos que são nativos de uma determinada região; não introduzido.

indução (do latim *inducere, inductum* = conduzir em). Raciocínio derivado de fatos particulares que levam a uma proposição geral, isto é, uma afirmação generalizada (hipótese) baseada em observações individuais. Em embriologia, uma resposta do desenvolvimento resultante da interação com células vizinhas.

indução secundária. Especificação dos destinos celulares devido à interação com células não pertencentes à região organizadora primária do embrião.

indutor (do latim *inducere* = introduzir, conduzir em). Em embriologia, um tecido ou órgão que induz a diferenciação de outro tecido ou órgão.

inflamação (do latim *inflammare*, de *flamma* = chama). Parte da resposta imunológica inata em um local de invasão por antígenos ou de lesão do tecido. Uma cascata de eventos provoca a ativação celular imunológica fagocitária e repara os danos na região afetada. A área torna-se inchada e vermelha, e o processo pode ser doloroso.

infraciliatura (do latim *infra* = abaixo + *cilia* = cílios). Organelas localizadas ventralmente aos cílios em eucariotos ciliados unicelulares.

infundíbulo (do latim *infundibulum* = funil). Prolongamento da neuro-hipófise que une a hipófise ao diencéfalo.

ingresso (do latim *ingressus* = entrar, ir para dentro). Migração individual de células da superfície do embrião para o seu interior durante o desenvolvimento.

instar (do latim *instar* = forma). Estágio na vida de um inseto ou outro artrópode entre as mudas.

instinto (do latim *instinctus* = impelido). Comportamento estereotipado, previsível e geneticamente programado. A aprendizagem pode ou não estar envolvida.

intercelular (do latim *inter* = entre + *cellula* = câmara, célula). Que ocorre entre as células.

interferons. Diversas citocinas codificadas por diferentes genes e que são importantes na mediação da imunidade inata e inflamação.

interleucina. Uma de uma série de citocinas produzidas principalmente por células do sistema imunológico, como macrófagos, mastócitos, células T e B, e também por células endoteliais e fibroblastos. As células-alvo são vários leucócitos e outras células envolvidas principalmente no aumento de uma resposta imunológica. O nome "interleucina" deriva de uma noção inicial enganosa de que elas eram produzidas apenas por leucócitos e que suas células-alvo eram limitadas a estes.

interleucina-1. Citocina produzida por macrófagos que estimula os linfócitos T e B, além de macrófagos.

interleucina-2. Citocina produzida por linfócitos T auxiliares que levam à proliferação de células B e T e acentuam a atividade de células exterminadoras naturais.

intersticial. (do latim *inter*, entre, + *sistere*, para ficar). Situado nos interstícios ou espaços entre estruturas, como células, órgãos, ou grãos de areia.

intracelular (do latim *intra* = dentro + *cellula* = câmara, célula). Condição que ocorre dentro de uma célula ou dentro dos corpos celulares.

íntron (do latim *intra* = dentro). Porção do mRNA transcrita a partir do DNA que não fará parte do mRNA final e, assim, não irá codificar uma sequência de aminoácidos em uma proteína.

introverte (do latim *intro* = para dentro + *vertere* = virar). Estrutura anterior estreita do tronco de um sipúnculo que pode ser retraída (introvertida).

invaginação (do latim *in* = dentro + *vagina* = bainha). Uma dobra de uma camada de

inversão (do latim *invertere* = inverter). Inversão para o interior ou para o exterior, como ocorre na embriogênese de esponjas; também a reversão na ordem dos genes ou reversão de um segmento cromossômico.

íon. Átomo ou grupo de átomos com cargas elétricas positivas ou negativas devido à perda ou à aquisição de elétrons.

iridóforo (do grego *iris* = arco-íris ou íris do olho). Cromatóforos prateados ou iridescentes que contêm corpúsculos (cristais ou placas) de guanina ou de outra purina.

irradiação adaptativa. Diversificação evolutiva que produz várias linhagens ecologicamente diferentes a partir de um ancestral, em especial quando essa diversificação ocorre em um curto intervalo de tempo geológico.

irritabilidade (do latim *irritare* = provocar). Propriedade geral de todos os organismos em responder a estímulos ou mudanças no ambiente.

isogametas (do grego *isos* = igual + *gametēs* = cônjuge). Gametas de uma espécie que são semelhantes quanto à forma e à aparência em ambos os sexos.

isolécito (do grego *isos* = igual + *lekitos* = gema de ovo + al). Vitelo homogeneamente distribuído no zigoto (ou óvulo). Homolécito.

isosmótico. Solução líquida que apresenta a mesma pressão osmótica de outra solução líquida.

isotônico (do grego *isos* = igual + *tonikus* = tensão). Pertencente a soluções de mesma pressão osmótica; isosmótica.

isótopo (do grego *isos* = igual + *topos* = lugar). Uma das várias formas distintas de um elemento químico e que difere quanto à massa atômica, mas não quanto ao número atômico.

iteroparidade. História de vida na qual os indivíduos de uma população normalmente se reproduzem mais de 1 vez antes de morrerem; contrasta com **semelparidade**.

J

junção comunicante. Poros formados por um anel de proteínas transmembrana que comunicam o citoplasma entre duas células.

junção de adesão. Proteínas transmembrana que servem como conexão de fixação intercelular.

junção oclusiva ou zônula de oclusão. Região onde ocorre uma aposição extremamente próxima das membranas celulares de duas células adjacentes. A junção é formada pela ligação entre colunas de proteínas transmembrana em cada uma das membranas intimamente conectadas.

K

kwashiorkor (de Gana). Desnutrição causada por dieta rica em carboidratos e extremamente pobre em proteínas.[a]

L

lábio (do latim *labium* = lábio). Lábio inferior de um inseto formado pela fusão do segundo par de maxilas. Também, parte da genitália externa feminina humana.

labirinto (do latim *labyrinthos* = labirinto). Orelha interna de vertebrados; é composto por uma série de sáculos e tubos cheios de líquidos (labirinto membranoso) suspensos dentro de cavidades ósseas (labirinto ósseo).

labirintodonte (do grego *labyrinthos* = labirinto + *odous*, odontos = dente). Grupo de tetrápodes da Era Paleozoica que engloba os temnospôndilos e os antracossauros.

labro (do latim *labium* = lábio). Lábio superior de insetos e crustáceos, situado dorsal ou rostralmente às mandíbulas; refere-se também ao lábio externo de uma concha de gastrópode.

laceração pedal. Reprodução assexuada encontrada em anêmonas-do-mar; uma forma de fissão.

lactação (do latim *lacteus*, leite). A produção de leite pelas glândulas mamárias.

lactase. Enzima na membrana plasmática das células que revestem o intestino e que divide a lactose (açúcar do leite) em glicose e galactose.

lácteo (do latim *lacteus* = de leite). Denominação de um dos vasos linfáticos presentes nas vilosidades do intestino. Adj., relacionado com o leite.

lacuna (do latim *lacuna* = pequena cavidade). Seio; espaço entre células; uma cavidade em cartilagem ou osso.

lagena (do latim *lagena* = botija grande). Porção da orelha primitiva na qual o som é traduzido em impulsos nervosos; origem evolutiva da cóclea.

lamarckismo. Hipótese evolutiva, proposta por Jean Baptiste de Lamarck, que afirma que as características adquiridas durante

---

[a] N.R.T.: Também chamada de desnutrição edematosa.

a vida de um organismo são transmitidas aos seus descendentes.

lamela (do latim, diminutivo de *lamina* = lâmina). Uma das duas lâminas que formam uma brânquia de um molusco bivalve. Uma das camadas ósseas finas que circundam concentricamente um ósteo (canal de Harvers). Qualquer estrutura fina, laminar.

lanterna de Aristóteles. Estrutura mastigadora de alguns ouriços-do-mar.

laringe (do grego *larynx* = laringe, garganta). Porção superior modificada do tubo respiratório de vertebrados que respiram oxigênio do ar, e que é limitada dorsalmente pela glote e ventralmente pela traqueia; local de origem do som. Adj., laríngeo, relacionado com a laringe.

larva (do latim *larva* = fantasma). Estágio imaturo que é bem diferente de um adulto.

larva cidipídio (do grego *Kydippe*, donzela ateniense mitológica). Larva livre nadante da maioria dos ctenóforos; superficialmente semelhante ao adulto.

larva de Müller. Larva ciliada livre-natante que lembra um ctenóforo modificado, característica de determinados turbelários policladidos marinhos.

larva quentrogon (do grego *kentron* = ponta, espinho + *gonos* = progênese, geração). A larva de um cirripédio da ordem Rhizocephala (subfilo Crustacea) que perfura e injeta células parasitas na hemocele do hospedeiro.

lateral (do latim *latus* = lado, flanco). Do lado ou pertencente ao lado do eixo principal de um animal; um animal com simetria bilateral apresenta dois lados.

laterita (do latim *later* = tijolo). Grupo de solos vermelhos e duros pertencentes a áreas tropicais e que mostram intenso desgaste e lixiviação de bases e de sílica, liberando hidróxidos de alumínio e óxidos de ferro. Adj., **laterítico**.

lecitotrofia (do grego *lekithos* = vitelo + *trophos* = aquele que se alimenta). Nutrição de um embrião diretamente do vitelo de um ovo.

lei da biogenética. Ver **recapitulação**.

lei da segregação. Primeira lei de Mendel da herança, na qual pares de fatores unitários que influenciam a variação de um caráter segregam-se mutuamente na formação dos gametas, de tal modo que cada gameta carrega somente um dos fatores.

lei da segregação independente. Também denominada segunda lei de Mendel. A segregação de alelos de um gene em gametas ocorre aleatoriamente em relação à segregação de alelos de um segundo gene localizado em um par diferente de cromossomos homólogos. Genes distantes em um único cromossomo algumas vezes também mostram distribuição independente pelo fato de a recombinação ocorrer em altas proporções.

leishmaniose (Sir W. B. Leishman, 1926, oficial médico britânico). Doença causada por infecção por protozoários do gênero *Leishmania*.

lemnisco (do latim *lemniscus* = fita). Cada um dos membros do par de projeções internas da epiderme na região do tronco de Acanthocephala, o qual controla um sistema hidráulico na protração ou invaginação da probóscide.

lêntico (do latim *lentus* = lento). De ou relativo à água parada, como pântanos, charcos ou lagos.

lepidossauro (do latim *lepidos* = escama + *sauros* = lagarto). Linhagem de répteis diápsidos que surgiram no Permiano; incluem serpentes, lagartos, anfisbenídeos e tuataras atuais, além dos extintos ictiossauros.

lepospôndilos (do grego *lepos* = escama + *spondylos* = vértebra). Grupo de tetrápodes da Era Paleozoica distintos pela posse de um centro vertebral em forma de carretel.

leptocéfala (do grego *leptos* = fino + *kephalē* = cabeça). Larva migratória transparente de enguia europeia e de teleósteos relacionados e que possui forma de fita.

leucismo (do grego *leukos* = branco + *ismos* = condição de). Pelagem ou plumagem brancas em animais com pele e olhos normalmente pigmentados.

leucócito (do grego *leukos* = branco + *kytos* = compartimento vazio). Qualquer um dos vários tipos de células sanguíneas "brancas" (p. ex., granulócitos, linfócitos, monócitos), assim denominadas pela ausência de hemoglobina.

leuconoide (do grego *leukon* = branco + *eidos* = semelhante). Um tipo de sistema de canais de esponjas em que os coanócitos estão alojados em câmaras.

ligação (do latim *ligo* = unir). União de dois pedaços de DNA do começo ao fim.

ligação covalente. Ligação química na qual os elétrons são compartilhados entre os átomos.

ligação dissulfeto. Ligação covalente entre átomos de enxofre de duas moléculas do aminoácido cisteína. A formação de tais ligações entre cisteínas não adjacentes em um polipeptídio estabiliza a estrutura terciária de uma proteína; ligações dissulfeto entre cisteínas de diferentes polipeptídios contribuem para a estrutura quaternária de uma proteína.

ligação genética. Genes situados no mesmo cromossomo, cujos alelos tendem a permanecer juntos na formação dos gametas (viola a segunda lei de Mendel, lei da segregação independente).

ligação iônica. Ligação química formada por transferência de um ou mais elétrons de um átomo para outro; característica dos sais.

ligação peptídica. Ligação de aminoácidos que permite formar uma cadeia polipeptídica, constituída pela remoção de um OH do grupo carboxila de um aminoácido e um H do grupo amino de outro, para formar uma ligação amida –CO–NH–.

ligamento (do latim *ligamentum* = ligamento). Cordão ou faixa de tecido conjuntivo rígido que une dois ou mais ossos.

ligante (do latim *ligo* = unir). Molécula que se liga a um receptor específico; por exemplo, um hormônio (ligante) liga-se ao seu receptor específico na superfície da célula.

linfa (do latim *lympha* = água). Líquido no sistema linfático formado pelo excesso de fluido que se acumula no interstício das células durante a troca capilar.

linfócito (do latim *lympha* = água + do grego, *kytos* = compartimento vazio). Célula sanguínea e linfática que desempenha um papel fundamental nas respostas imunológicas. Ver **célula T e célula B**.

linhagem. Uma sequência não ramificada de populações ancestral-descendentes que evoluem com o tempo. Linhagens relacionadas com outras por meio de ramificações de linhagens ancestrais formam uma árvore filogenética. Em genética molecular evolutiva, linhagem é uma sequência de moléculas de DNA ancestral-descendentes investigadas por meio da genealogia de um organismo ou pela filogenia.

lipase (do grego *lipos* = gordura + *ase* = sufixo de enzimas). Enzima que acelera a hidrólise ou a síntese de gorduras.

lipase pancreática. Uma enzima produzida pelo pâncreas que quebra gorduras em ácidos graxos e glicerol.

lipídio, lipoide (do grego *lipos* = gordura). Certos compostos orgânicos graxos tais como triglicerídios, compostos por ácidos graxos e glicerol, e que muitas vezes contêm outros grupos como ácido fosfórico; lipídios combinam-se com proteínas e carboidratos para formar os principais componentes estruturais das células, tais como a membrana plasmática.

lisossomo (do grego *lysis* = quebra + *sōma* = corpo). Organela celular com membrana que contém várias enzimas digestivas em seu interior, as quais são liberadas quando o lisossomo se funde com as vesículas ou endossomos produzidos por endocitose.

lissamphibia. Clado de tetrápodes que compreende os anfíbios modernos (cecílias, sapos e salamandras) e todos os descendentes de seu mais recente ancestral comum.

litoral (do latim *litoralis* = litoral). Adj., pertencente à praia. Subst., porção do assoalho oceânico entre a extensão das marés altas e baixas, entremarés; nos lagos, refere-se à parte mais rasa compreendida entre a margem e até onde há plantas aquáticas.

litosfera (do grego *lithos* = rocha + *sphaira* = esfera, bola). Camada de rocha da superfície da Terra.

lobo oral. Uma extensão em forma de aba na boca de uma medusa Scyphozoa que auxilia na alimentação.

lobópode (do grego *lobos* = lobo ou lóbulo + *pous, podos* = pé). Pseudópode com extremidade arredondada e obtusa.

Lobosea (do grego *lobos* = lobo). Clado composto por amebas com lobópodes.

lóbulos (*lappets*). Lóbulos ao redor da margem das medusas cifozoárias (filo Cnidaria).

loco (do latim *locus* = lugar). Local ocupado por um gene no cromossomo.

lofócito (do grego *lophos* = crista + *kytos* = compartimento vazio). Tipo celular ameboide encontrado em esponjas, que secreta feixes de fibras colágenas.

lofóforo (do grego *lophos* = crista + *phoros* = portador). Dobra da parede do corpo que forma tentáculos ou braços que são extensões da cavidade celomática em animais lofoforados (briozoários, braquiópodes e foronídeos).

lombar (do latim *lumbus* = lombo). Relativo ou próximo ao baixo dorso ou lombo.

lorica (do latim *lorica* = armadura). Carapaça protetora externa encontrada em alguns protozoários, rotíferos e outros animais.

lótico (do latim *lotus* = ato de banhar-se, lavar-se). De ou relativo à água corrente, como rios e córregos.

lúmen (do latim *lumen* = luz). Cavidade de um tubo ou órgão.

M

macroevolução (do grego *makros* = grande + do latim, *evolvere* = desdobrar). Mudança evolutiva em grande escala, que envolve a origem de novas formas, de tendências evolutivas, de irradiação adaptativa e de extinção em massa.

macrófago (do grego *makros* = longo, grande + *phagō* = comer). Célula do sistema fagocitário mononuclear em vertebrados que desempenha um papel fundamental na resposta imunológica e na inflamação, uma vez que é uma célula apresentadora de antígeno que também produz citocinas.

macrogameta (do grego *makros* = grande + *gamos* = casamento). O maior dentre os dois tipos de gametas em um organismo heterogamético; considerado o gameta feminino.

macrômero (do grego *makros* = grande + *meros* = parte). Classe de blastômeros de maior tamanho que se formam durante a clivagem de um embrião, quando os blastômeros iniciam a diferenciação em tamanho.

macronúcleo (do grego *makros* = longo, grande + *nucleus* = centro). O maior dentre os dois tipos de núcleo em protozoários ciliados; nesse grupo, o macronúcleo controla todas as funções celulares, exceto a reprodução.

madreporito (do francês *madrépore* = recife de coral + *ite* = sufixo usado para algumas partes do corpo). Estrutura em forma de peneira que permite a entrada de água para o sistema hidrovascular dos equinodermos.

malária (do italiano, *malaria* = ar ruim). Doença caracterizada por febre, anemia e calafrios periódicos, bem como outros sintomas causados por *Plasmodium* spp.

maltase. Enzima presente na membrana plasmática de células que revestem o intestino e que divide a maltose em duas moléculas de glicose.

mandíbula (do latim *mandibula* = mandíbula). Um dos ossos da maxila inferior de vertebrados; um dos apêndices cefálicos de artrópodes.

manto. Extensão mole da parede do corpo de certos animais invertebrados, tais como braquiópodes e moluscos, a qual frequentemente secreta uma concha; parede delgada do corpo de tunicados.

manúbrio (do latim *manubrium* = cabo). Extensão tubular que se projeta a partir da face oral de uma medusa onde se abre a boca; cone oral; pré-esterno ou porção anterior do osso esterno; estrutura em forma de alavanca do ossículo martelo da orelha média dos mamíferos.

marasmo (do grego *marasmos* = definhamento). Desnutrição, especialmente em crianças, causada por uma dieta deficiente tanto em calorias como em proteínas.

margem continental. Porção do fundo oceânico adjacente à costa; compreende a plataforma continental, o talude continental e a elevação continental.

marsupial (do grego *marsypion* = pequena bolsa, marsúpio). Mamífero marsupial da subclasse Metatheria.

martelo (do latim *malleus* = martelo). Ossículo mediado da orelha média de mamíferos ligado à membrana timpânica.

mástax (do grego *mastax* = maxilas). Faringe trituradora de rotíferos.

mastócitos. Células com função imunológica, localizadas primariamente em tecidos conjuntivos. Após a ativação por um antígeno, essas células liberam substâncias químicas importantes na resposta inflamatória da imunidade inata. Elas ativam também células da resposta imunológica adquirida.

matriz (do latim *mater* = mãe). Substância intercelular de um tecido ou a porção de um tecido no qual um órgão ou um processo é determinado.

maxila (do latim *maxilla*, diminutivo de *mala* = maxila). Um dos ossos da maxila superior dos vertebrados; um dos apêndices cefálicos em artrópodes.

maxilípede (do latim *maxilla* = maxila + *pes* = pés). Um dos pares de apêndices cefalotorácicos imediatamente posteriores às maxilas de crustáceos; trata-se de um apêndice torácico incorporado ao aparelho bucal.

medial. Situado ou que ocorre na região mediana.

medula (do latim *medulla* = medula). Porção interna de um órgão em oposição ao córtex ou porção externa. Também, parte do rombencéfalo.

medusa (do grego *mythology* = monstro mitológico fêmea com os cabelos entrelaçados por serpentes). Água-viva ou estágio livre-natante do ciclo de vida dos cnidários.

megafauna. Animais terrestres de grande porte (> 44 kg), especialmente a grande fauna da época do Pleistoceno.

meiose (do grego *mieoun* = tornar pequeno). Divisões nucleares e celulares por meio das quais os cromossomos são reduzidos em número a partir de uma condição diploide para uma haploide; nos animais, a meiose normalmente ocorre nas últimas duas divisões, na formação do óvulo ou dos espermatozoides.

meiose gamética. Meiose que ocorre durante a formação dos gametas, como em humanos e outros metazoários.

meiose intermediária. Meiose que não ocorre durante a formação do gameta nem imediatamente após a formação do zigoto, resultando tanto em gerações haploides como diploides, assim como observado em foraminíferos.

meiose zigótica. Meiose que ocorre durante as primeiras divisões depois da formação do zigoto; assim, todos os estágios do ciclo de vida, com excecção do zigoto, são haploides.

melanina (do grego *melas* = preto). Pigmento preto ou marrom-escuro encontrado em estruturas de plantas ou de animais.

melanóforo (do grego *melania* = escuridão + *pherein* = portador). Cromatóforo preto ou marrom que contém melanina.

membrana corioalantoica (do grego *chorion* = pele + *allas* = tripa + *eidos* = forma).

Envelope vascular que envolve alguns embriões de amniotas, formado pela fusão do mesoderma do córion e do alantoide.

membrana nictitante (do latim *nicto* = piscar). Terceira pálpebra; membrana transparente das aves e de muitos outros répteis e mamíferos, que pode deslizar sobre o olho.

membrana ondulante. Estrutura membranosa associada a um flagelo de eucarioto unicelular; pode ser formada por cílios fusionados.

membrana plasmática (do grego *plasma* = forma, molde). Estrutura protoplasmática viva, externa e delimitante, que tem como função a regulação da troca de nutrientes por meio da superfície celular.

membrana tectória. Estrutura da orelha interna que detecta sons de baixa frequência.

membrana timpânica (do grego *tympanon* = tambor). A membrana que separa a orelha externa da média.

membrana vitelina (do latim *vitellus* = gema de um ovo). Membrana acelular que envolve a célula-ovo.

membranela. Estrutura semelhante a uma membrana delgada e que pode ser formada pela fusão de cílios.

meninges (do grego *mēninx* = membrana). Qualquer uma das três membranas (aracnoide, dura-máter e pia-máter) que envolvem o encéfalo e a medula espinal de vertebrados; bainha de tecido conjuntivo denso que envolve o sistema nervoso central de alguns vertebrados.

menopausa (do grego *men* = boca + *pauein* = cessar). Período de vida da fêmea da espécie humana em que cessa a ovulação; interrupção do ciclo menstrual.

menores agrupamentos distintos. Um critério geral que é compartilhado em certo grau com todos os conceitos formais de espécie; de acordo com esse critério, espécie é a menos inclusiva população ou linhagens de populações que apresentam uma ancestralidade comum. A violação desse critério mascararia a distinção entre espécies e taxa superiores.

menstruação (do latim *menstrua* = fluxo menstrual + de *mensis* = mês). Perda fisiológica de sangue e de tecido endometrial pela vagina no início do ciclo menstrual. Ocorre nos primeiros dias do ciclo ovariano.

meroblástica (do grego *meros* = parte + *blastos* = embrião). Clivagem parcial que ocorre em zigotos que apresentam uma grande quantidade de vitelo no polo vegetativo; clivagem restrita a uma pequena região na superfície do zigoto.

merozoíto (do grego *meros* = parte + *zōon* = animal). Pequeno trofozoíto formado no estágio logo após a citocinese de um eucarioto unicelular que sofreu fissão múltipla.

mesênquima (do grego *mesos* = meio + *enchyma* = infusão). Tecido conjuntivo embrionário; células de formas ameboides ou irregulares, muitas vezes embebidas em uma matriz gelatinosa.

mesentério (do grego *mesenterium* = mesentério). Dobra do peritônio que sustenta as vísceras.

mesocele (do grego *mesos* = meio + *koilos* = cavidade). Diz-se do compartimento celomático intermediário de alguns animais deuterostômios e do anterior nos lofoforados; corresponde à hidrocele dos equinodermos.

mesoderma (do grego *mesos* = meio + *derm* = pele). Terceiro folheto embrionário, formado durante a gastrulação e localizado entre o ectoderma e o endoderma; origina tecidos conjuntivos, músculos, sistemas vascular e urogenital, bem como o peritônio.

mesogleia (do grego *mesos* = meio + *glia* = cola). Camada gelatinosa ou material adesivo entre a epiderme e a gastroderme de cnidários e ctenóforos.

meso-hilo (do grego *mesos* = meio + *hylē* = barril). Matriz gelatinosa que envolve as células das esponjas; mesogleia, mesênquima.

mesolécito (do grego *mesos* = meio + *lekitos* = vitelo). Zigoto (ou óvulo) com quantidade média de vitelo concentrada no polo vegetativo.

mesonefros (do grego *mesos* = meio + *nephros* = rim). O par mediano dentre os três pares de órgãos renais embrionários nos vertebrados. Rim funcional de amniotas embrionários; o ducto coletor desse tipo de rim é o ducto de Wolff. Adj., **mesonéfrico**.

mesopelágico. Refere-se à "zona crepuscular" ou zona disfótica em águas oceânicas longe da costa e que marca a transição entre a zona epipelágica que recebe luz e a zona de total escuridão abaixo dela.

mesossomo (do grego *mesos* = meio + *sōma* = corpo). A subdivisão do corpo de lofoforados e alguns deuterostômios que contém a mesocele.

metabolismo (do grego *metabolē* = mudança). Conjunto de processos que incluem a digestão, a produção de energia (respiração celular) e sínteses de moléculas e demais estruturas nos organismos; somatório de processos construtivos (anabólicos) e destrutivos (catabólicos).

metabolismo oxidativo (aeróbico). Respiração celular que utiliza oxigênio molecular como o receptor final de elétrons.

metacele (do grego *meta* = entre, depois de + *koilos* = cavidade). Compartimento celomático posterior de alguns lofoforados e deuterostômios; corresponde à somatocele dos equinodermos.

metacêntrico (do grego *meta* = entre, além de + *kentron* = centro). Cromossomo cujo centrômero encontra-se em seu centro ou próximo a ele.

metacercária (do grego *meta* = entre, depois de + *kerkos* = cauda + *aria* = ligada a). Trematódeo parasito jovem (cercária) que perdeu a cauda e tornou-se encistado.

metamerismo (do grego *meta* = entre, depois de + *meros* = parte). Condição na qual se é composto de partes repetidas e seriadas (metâmeros); segmentação em série.

metâmero (do grego *meta* = depois de + *meros* = parte). Repetição de uma unidade corpórea ao longo do eixo longitudinal de um animal; somito ou segmento.

metamorfose (do grego *meta* = entre, depois de + *morphē* = forma + *osis* = estado de). Mudança acentuada na forma durante o desenvolvimento embrionário como, por exemplo, de um girino para uma rã ou de uma larva de inseto para um inseto adulto.

metanefrídio (do grego *meta* = entre, depois de + *nephros* = rim). Um tipo de nefrídio tubular com uma abertura interna que drena o celoma e uma abertura externa (nefridióporo) que lança o seu conteúdo para o exterior.

metanefro (do grego *meta* = entre, depois de + *nephros* = rim). Rim de vertebrados que se origina a partir da mais posterior das três regiões embrionárias capaz de formar órgãos renais; rim funcional dos amniotas adultos; drenado pelo ureter. Adj., **metanéfrico**.

metapopulações. Uma grande população que consiste em numerosas subpopulações semi-independentes, denominadas demes, as quais apresentam certa limitação de deslocamento de indivíduos entre si. Demes de uma metapopulação são, com frequência, geograficamente distintos. Os padrões de movimentos de indivíduos entre demes *versus* dentro dos demes constitui a **dinâmica de metapopulações**.

metassomo (do grego *meta* = depois de, atrás + *sōma* = corpo). A parte do corpo de lofoforados e de alguns deuterostômios que contém a metacele.

metazoários (do grego *meta* = depois de + *zōon* = animal). Animais pluricelulares.

método comparativo. Uso de padrões de similaridade ou dissimilaridade entre as espécies ou populações para testar hipóteses sobre a homologia de um caráter e inferir relações filogenéticas entre elas; uso da filogenia para examinar processos evolutivos e história.

método experimental. Procedimento geral para testar hipóteses que predizem como um sistema biológico responderá a um tratamento, provocando-o sob condições controladas, e comparando os resultados observados com aqueles preditos.

método hipotético-dedutivo (do grego *hypotithenai* = supor + do latim *deducere* = conduzir). Processo científico que permite fazer suposições e procurar testes empíricos que, potencialmente, conduzem à sua rejeição.

MHC. Ver **complexo principal de histocompatibilidade.**

micetozoário (do grego *mykētos* = um fungo + *zōon* = animal). Um clado de eucariotos que contém organismos fungiformes celulares, acelulares e protostelídeos.

microbioma. As milhares de espécies de bactérias e arqueas normalmente presentes no corpo de um animal, principalmente no intestino, o que frequentemente influencia a digestão e nutrição do animal. Um microbioma é fundamental para a sobrevivência de alguns animais, (como cupins e bovinos), mas é dispensável em outros (como roedores e humanos).

microevolução (do grego *mikros* = pequeno + do latim, *evolvere* = desdobrar). Mudança no reservatório (em inglês, *pool*) gênico de uma população ao longo das gerações.

microfilamento (do grego *mikros* = pequeno + do latim *filum* = filamento). Estrutura proteica linear e delgada que forma parte do citoesqueleto das células; estrutura que faz parte do sistema contrátil formado por proteínas nas células musculares.

microfilária (do grego *mikros* = pequeno + do latim, *filum* = filamento). Larvas parcialmente desenvolvidas de helmintos filarioides (filo Nematoda).

microgameta (do grego *mikros* = pequeno + *gamos* = casamento). O menor dentre os dois tipos de gametas em um organismo heterogamético; considerado o gameta masculino.

micrômero (do grego *mikros* = pequeno + *meros* = parte). É a classe de blastômeros de menor tamanho de um embrião em clivagem, quando os blastômeros diferem quanto ao tamanho.

mícron (μ) (do grego, relativo a *mikros* = pequeno). Um milionésimo de um milímetro; cerca de 1/25.000 de uma polegada. Utilizado atualmente como micrômetro (μm).

micronema (do grego *mikros* = pequeno + *nēma* = filamento). Um tipo de estrutura afinada e alongada, que leva à região anterior do organismo e que é parte do complexo apical no filo Apicomplexa; acredita-se que atue na penetração na célula hospedeira.

micronúcleo. O menor de dois núcleos encontrados nos protozoários ciliados; controla as funções reprodutivas desses organismos.

micrópila (do grego *mikros* = pequeno + *pileos* = capuz). Pequena abertura através da qual as células emergem de uma gêmula (filo Porifera).

microsporídeo (do grego *mikros* = pequeno + *spora* = semente + *idion* = sufixo diminutivo). Qualquer membro do clado de eucariotos unicelulares que contém parasitos intracelulares com uma morfologia distinta.

microtrico. Ver **microvilosidade.**

microtúbulo (do grego *mikros* = pequeno + do latim *tubule* = tubo). Elemento citoesquelético longo e tubular, composto por dímeros de tubulina e com diâmetro externo de 20 a 27 nm. Os microtúbulos têm influência sobre a forma da célula e desempenham um papel importante durante a divisão celular.

microtúbulo do cinetocoro. Microtúbulo ligado ao cinetocoro durante a divisão celular.

microvilosidade (do grego *mikros* = pequeno + do latim *villus* = felpudo). Projeção citoplasmática cilíndrica e estreita a partir das células epiteliais; as microvilosidades formam a borda em escova de vários tipos de células epiteliais. Ainda, microvilosidades com estrutura pouco comum cobrem a superfície do tegumento dos cestódeos (também conhecido como **microtrico**).

mielina (do grego *myelos* = tutano). Material lipídico que forma a bainha medular das células nervosas.

mimetismo. Evolução por seleção natural de formas similares em diferentes espécies, tais como aquelas que compartilham sinais de aviso que desencorajam predadores comuns a ambas. No mimetismo batesiano, uma espécie palatável ao predador desenvolve sinais de aviso que simulam uma espécie não palatável para o predador. No mimetismo mülleriano, duas ou mais espécies não palatáveis desenvolvem sinais de alerta comuns com o intuito de evitar um predador comum a ambas.

mimetismo batesiano. Condição na qual uma espécie de presa desenvolve, ao longo da evolução, grande semelhança com o fenótipo aposemático (como, por exemplo, coloração de aviso) de uma espécie não comestível, para enganar um potencial predador, levando-o a evitá-la.

mimetismo mülleriano. Condição na qual duas espécies não comestíveis desenvolvem, por evolução, fenótipos aposemáticos semelhantes (tais como colorações de aviso) para desencorajar a predação de qualquer uma das duas por predadores em potencial.

mímico (do grego *mimicus* = imitador). Espécie cujas características morfológicas e comportamentais imitam aquelas de outras espécies, pois tais características intimidam predadores comuns a ambas.

mineralocorticoides (do inglês medieval *minerale* = mineral + do latim *cortex* = casca + *oid* = sufixo que denota proximidade de forma). Hormônios esteroides do córtex adrenal, especialmente aldosterona, que regulam o balanço de sais.

miócito (do grego *mys* = músculo + *kytos* = compartimento vazio). Célula contrátil (pinacócito) em esponjas.

miofibrila (do grego *mys* = músculo + do latim, diminutivo de *fibra* = fibra). Filamento contrátil dentro da célula muscular ou fibra muscular.

miogênico (do grego *mys* = músculo + do neolatim *genic* = dar origem a). Originário do músculo, tal como o batimento do coração que se origina no músculo cardíaco dos vertebrados, que ocorre devido às propriedades rítmicas inerentes do músculo, em vez de decorrente dos estímulos nervosos.

miômero (do grego *mys* = músculo + *meros* = parte). Segmento de músculo pertencente à musculatura sucessivamente segmentada do tronco.

miosina (do grego *mys* = músculo + *in* = sufixo, que pertence ao). Proteína grande que se liga à actina em todas as células. Em tecido contrátil, por exemplo, ela está organizada para formar os filamentos espessos do músculo estriado. Durante a contração, a miosina se combina com a actina para formar a actomiosina.

miótomo (do grego *mys* = músculo + *tomos* = corte). Parte do somito que se destina a formar os músculos; o grupo muscular enervado por um nervo espinal único.

miracídio (do grego *meirakidion* = jovem). Estágio larval ciliado e diminuto do ciclo de vida dos trematódeos.

mítico(a) (do grego *miktos* = misto ou misturado). Que pertence aos óvulos haploides dos rotíferos ou às fêmeas que depositam esses ovos.

mitocôndria (do grego *mitos* = filamento + *chondrion*, diminutivo de *chondros* = grão). Organela da célula eucariótica na qual ocorre o metabolismo aeróbico.

mitose (do grego *mitos* = filamento + *osis* = estado de). Divisão celular com uma igual divisão qualitativa e quantitativa do material cromossômico entre dois núcleos resultantes; divisão celular comum.

mixotrofia (do grego *mikso* = misturado + *trophia*, denotando nutrição). Uma estratégia nutricional na qual tanto a autotrofia quanto a heterotrofia são utilizadas por um organismo para adquirir carbono orgânico e/ou outros elementos, tais como N, P ou Fe.

modelo (do francês *modèle* = padrão). Uma espécie que tem as características morfológicas ou comportamentais copiadas por outras espécies porque essas características detêm predadores em comum.

modular. Descreve a estrutura de uma colônia de organismos geneticamente idênticos que estão fisicamente associados e são produzidos assexuadamente por clones.

moela (do latim *gigeria*, entranhas de aves). O estômago muscular de aves e outros animais, usado para moer comida.

molde (do inglês *template*). Um padrão ou molde que orienta a formação de uma duplicata; frequentemente usado com referência à replicação e transcrição de genes.

molécula acessória (correceptora). Em uma célula T, uma proteína transmembrana que permite à célula-T receptora se ligar a um antígeno específico.

molécula. Configuração de junção de núcleos e elétrons atômicos por ligações químicas.

monócito (do grego *monos* = único + *kytos* = compartimento vazio). Tipo de leucócito que se torna uma célula fagocitária e produtora de antígenos (macrófago) depois de transferir-se para os tecidos.

monofilia (do grego *monos* = único + *phyle* = tribo). Condição em que um táxon ou outro grupo de organismos contém o ancestral comum mais recente do grupo e todos os seus descendentes; contrasta com **polifilia** e **parafilia**.

monogamia (do grego *monos* = único + *gamos* = casamento). Condição de ter um único parceiro(a) por vez. Adj., **monogâmico**.

monoico (do grego *monos* = único + *oikos* = casa). Organismo que apresenta as gônadas femininas e masculinas, geralmente denotando que essa é a condição típica da espécie; hermafrodita.

monômero (do grego *monos* = único + *meros* = parte). Molécula de estrutura simples, mas capaz de ligar-se a outras para formar polímeros.

monossacarídio (do grego *monos* = um + *sakcharon* = açúcar, do sânscrito *sarkarā* = açúcar). Açúcar simples que não pode ser decomposto em moléculas menores de açúcar; os mais comuns são as pentoses (como a ribose) e as hexoses (como a glicose).

monossomia (do grego *monos* = um + *sōmē* = corpo). A constituição cromossômica de um organismo que seria diploide, mas no qual falta um cromossomo (número cromossômico = 2n − 1).

monotremado (do grego *monos* = único + *trēmatos* = buraco). Qualquer membro de uma ordem de mamíferos que põe ovos (ovíparos); ornitorrincos com bicos de pato e equidnas. Adj., **monossômico**.

monozoico (do grego *monos* = único + *zōon* = animal). Tênias com uma única proglótide, que não sofrem estrobilação para formar uma cadeia de proglótides.

morfogênese (do grego *morphē* = forma + *genesis* = origem). Desenvolvimento das formas arquiteturais dos organismos; formação e diferenciação de tecidos e órgãos.

morfógeno (do grego *morphē* = forma + *genesis* = origem). Molécula solúvel que atua em células-alvo ou que forma um gradiente das células produtoras até as células-alvo, para especificar o destino celular; um agente de indução embrionária e epigênese.

morfologia (do grego *morphē* = forma + do latim *logia* = estudo, a partir do grego *logos* = trabalho). Ciência da estrutura. Inclui citologia, o estudo da estrutura das células; histologia, o estudo da estrutura dos tecidos; e anatomia, o estudo da macroestrutura.

morfologia comparada. Estudos da forma dos organismos e suas variações dentro ou entre as espécies para revelar homologias dos caracteres dos organismos.

movimento ameboide (do grego *amoibē* = alteração + *oid* = semelhante). Locomoção celular pela protrusão de citoplasma para formar pseudópodes.

movimento deslizante (do latim *limax* = lesma). Forma de movimento pseudopodial, que ocorre após as células ameboides de um fungo viscoso celular se unirem para formar um corpo semelhante a uma lesma; nesse tipo de movimento, não se estendem pseudópodes distintos a partir do corpo do animal.

muco (do latim *mucus* = muco nasal). Secreção viscosa e escorregadia rica em mucinas e produzida pelas células secretoras, tais como aquelas situadas em membranas mucosas. Adj., **mucoso**.

muda. Perda da camada cuticular externa; ver **ecdise**.

mudança perpétua. A mais básica teoria de evolução, segundo a qual o mundo vivo não é nem constante e nem cíclico, mas está sempre passando por modificações irreversíveis ao longo do tempo.

multiplicação de espécies. A teoria darwiniana de que o processo evolutivo gera novas espécies por meio da ramificação de linhagens evolutivas derivadas de uma espécie ancestral.

mundo de RNA. Estágio hipotético na evolução da vida na Terra em que tanto a catálise quanto a replicação eram realizadas por RNA e não por enzimas proteicas e DNA.

mutação (do latim *mutare* = mudar). Mudança abrupta e estável de um gene; a modificação herdada de uma característica.

mutualismo (do latim *mutuus* = empréstimo recíproco). Tipo de interação entre duas espécies que traz benefícios mútuos e pode ser obrigatória para ambas; frequentemente simbiótica.

N

nácar (do francês *nacre* = mãe-da-pérola ou madrepérola). Camada lustrosa mais interna da concha dos moluscos, secretada pelo epitélio do manto. Adj., **nacarado**(a).

NAD. Abreviatura para nicotinamida-adenina-dinucleotídio, uma receptora de elétrons em várias reações metabólicas; a forma reduzida NADH é uma doadora de elétrons.

não disjunção. Falha na separação de um par de cromossomos homólogos durante a meiose, resultando em um gameta com n + 1 cromossomos (ver **trissomia**) e em um outro gameta com n − 1 cromossomos.

narinas (do latim *naris* = narina). Aberturas da cavidade nasal, tanto interna como externamente, na cabeça de um vertebrado.

narinas internas. Estruturas palatinas que conectam a cavidade nasal à faringe em peixes pulmonados e vertebrados tetrápodes; utilizadas no sentido do olfato e/ou na respiração quando a boca está fechada.

náuplio (do latim *nauplius* = um tipo de bivalve). Estágio larval microscópico livre-natante de certos crustáceos, com três pares de apêndices (antênulas, antenas e mandíbulas) e um olho mediano. É característico de ostrácodes, copépodes, cracas e alguns outros crustáceos.

nécton (do grego, neutro de *nēktos* = natante). Termo utilizado para os organismos que nadam ativamente, essencialmente livres da ação das ondas e correntes. Comparar com **plâncton**.

nefrídio (do grego *nephridios* = do rim). Um dos túbulos excretores pares dispostos em segmentos de muitos invertebrados, em especial de anelídeos. Em um sentido mais amplo, é qualquer túbulo especializado para a excreção e/ou osmorregulação; com uma abertura externa e com ou sem uma abertura interna.

nefridióporo (do grego *nephros* = rins + *porus* = poro). Abertura excretora externa em invertebrados.

néfron (do grego *nephros* = rim). Unidade funcional da estrutura do rim de vertebrados, consistindo na cápsula de Bowman, em um glomérulo interior e no túbulo urinário ligado.

nefróstoma (do grego *nephros* = rim + *stoma* = boca). Abertura ciliada do nefrídio na forma de funil.

nematocisto (do grego *nēma* = filamento + *kystis* = bexiga). Organela urticante dos cnidários.

neodarwinismo. Uma versão modificada da teoria evolutiva de Darwin que elimina elementos lamarckistas de características adquiridas e pangênese, as quais estavam presentes na formulação de Darwin; essa teoria, originada com August Weismann no final do século XIX e depois incorporada com os princípios genéticos mendelianos, tornou-se a versão corrente preferida da teoria evolutiva de Darwin.

neoderme. Ver o **tegumento sincicial**.

neopterígeo (do grego *neos* = novo + *pteryx* = nadadeira). Qualquer representante do grande grupo de peixes ósseos que inclui a maioria das espécies modernas.

neotenia (do grego *neos* = novo + *teinein* = estender). Processo evolutivo pelo qual o desenvolvimento do organismo é retardado em relação à maturação sexual; produz um descendente que atinge a maturidade sexual enquanto retém a morfologia característica de um pré-adulto ou estágio larval de um ancestral.

neotenina. Ver **hormônio juvenil**.

nerítico (do grego *nerites* = um mexilhão). Porção do mar sobre a plataforma continental, especialmente o infralitoral até profundidades de 200 m.

neurocorda (do latim *nervus* = tendão + do grego *chorda* = cordão). Cordão nervoso longitudinal dos hemicordados.

neurogênico (do grego *neuron* = nervo + do neolatim *genic* = dar origem a). Originário do tecido nervoso, como os batimentos rítmicos do coração de alguns artrópodes.

neuróglia (do grego *neuron* = nervo + *glia* = cola). Tecido de suporte e de preenchimento dos espaços entre as células nervosas do sistema nervoso central.

neurolema (do grego *neuron* = nervo + *lemma* = pele). Bainha delicada externa e nucleada de uma célula nervosa; bainha de Schwann.

neuromasto (do grego *neuron* = tendão + *mastos* = colina). Agrupamento de células sensoriais na superfície de um peixe ou anfíbio, que é sensível a estímulos vibratórios e água (mecanorreceptor).

neurônio (do grego neuron = nervo). Célula nervosa.

neuropódio (do grego *neuron* = nervo + *pous, podos* = pé). Lobo ou parapódio mais próximo do lado ventral em anelídeos poliquetos.

neurotransmissor. Substância química especializada que é armazenada e liberada de vesículas encontradas em sinapses químicas do sistema nervoso. Essas substâncias transmitem sinais entre neurônios, entre receptores e neurônios e entre neurônios e efetores, como músculos e glândulas.

nêutron. Partícula no núcleo dos átomos desprovida de carga elétrica e que tem a massa 1.839 vezes maior que a massa de um elétron.

nicho. O papel de um organismo, população ou espécie em uma comunidade ecológica, compreendendo o seu uso dos recursos, seu modo de vida único e suas relações com outros fatores bióticos e abióticos.

nicho fundamental. Variedade de funções potencialmente exercidas por um organismo ou uma população em uma comunidade ecológica; os limites de tais funções são determinados pelos atributos biológicos intrínsecos do organismo ou população. Ver também **nicho** e **nicho realizado**.

nicho realizado. O efetivo papel realizado por um organismo ou população em sua comunidade ecológica em um determinado momento e lugar e limitado por seus atributos biológicos e ambientais particulares. Ver também **nicho** e **nicho fundamental**.

ninfa (do latim *nympha* = ninfa, noiva). Estágio imaturo (subsequente à eclosão) de um inseto hemimetábolo que não apresenta o estágio pupal.

nível trófico. Posição de uma espécie em uma **cadeia** ou **teia alimentar**, como produtor, herbívoro, carnívoro primários ou carnívoro de nível trófico mais elevado.

nódulo sinoatrial (NSA) (do latim *sinus* = curvo + *atrium* = vestíbulo). Células musculares cardíacas especializadas, localizadas na parede do átrio direito, que atuam como marca-passo no coração dos tetrápodes.

nomenclatura binomial. O sistema de Lineu para nomear espécies, em que a primeira palavra é o nome do gênero (primeira letra é maiúscula) e a segunda palavra é o epíteto específico (escrito em minúsculo), geralmente um adjetivo que modifica o nome do gênero. Ambas as palavras são escritas em itálico.

notocorda (do grego *nōtos* = coluna + *chorda* = cordão). Bastão celular alongado, envolvido em uma bainha, o qual forma o esqueleto axial primitivo dos embriões de cordados e adultos de cefalocordados.

notopódio (do grego *nōtos* = coluna + *pous, podos* = pé). Lobo ou parapódio mais próximo do lado dorsal em anelídeos poliquetos.

núcleo (do latim *nucleus* = uma pequena noz, o núcleo). Organela dos eucariotos que contém a cromatina e que é envolvida por uma dupla-membrana (envoltório nuclear).

nucleoide (do latim *nucleus* = núcleo + *oid* = assemelhado a). Região de uma célula procariota que contém o genoma.

nucléolo (diminutivo do latim *nucleus* = núcleo). Corpo fortemente corado dentro do núcleo da célula, que contém RNA; nucléolos são porções especializadas de certos cromossomos que carregam cópias múltiplas dos genes codificadores de RNA e onde o RNA ribossômico é ativamente sintetizado.

nucleoplasma (do latim *nucleus* = núcleo + do grego *plasma* = matéria). Protoplasma do núcleo, distinto do citoplasma.

nucleoproteína. Qualquer proteína estruturalmente associada ao DNA ou RNA.

nucleosidase. Uma enzima na membrana plasmática de células que revestem o intestino e que quebra nucleosídios em açúcares ribose e desoxirribose, e purinas e pirimidinas.

nucleossomo (do latim *nucleus* = núcleo + *sōma* = corpo). Subunidade repetida de cromatina na qual 1,75 volta da dupla-hélice de DNA é enrolada ao redor de oito moléculas de histonas.

nucleotidase. Enzima presente na membrana plasmática das células que revestem o intestino, que divide os nucleotídios em nucleosídios.

nucleotídio. Molécula constituída de fosfato, açúcar 5-carbono (ribose ou desoxirribose) e uma purina ou pirimidina; as purinas são adenina e guanina, e as pirimidinas são citosina, timina e uracila.

nutrição autotrófica (do grego *autos* = próprio + *trophia* = nutrição). Tipo de nutrição caracterizada pela habilidade do organismo em transformar substâncias inorgânicas simples em compostos orgânicos complexos, como em plantas verdes e algumas bactérias.

nutrição holofítica (do grego *holo* = completo + *phyt* = planta). Ocorre nas plantas verdes e em alguns protozoários e envolve a síntese de carboidratos a partir de dióxido de carbono e água, na presença de luz, clorofila e determinadas enzimas.

nutrição holozoica (do grego *holo* = completo + *zoikos* = relativo aos animais). Tipo de nutrição que envolve a ingestão de partículas de alimento orgânico líquido ou sólido.

nutrição saprozoica (do grego *sapros* = podre + *zōon* = animal). Nutrição animal a partir de absorção de sais dissolvidos e nutrientes orgânicos simples do meio circundante; também se refere à alimentação baseada em matéria em decomposição.

O

ocelo (do latim diminutivo de *oculus* = olho). Olho simples ou ocelar que ocorre em muitos tipos de invertebrados.

octômero (do grego *oct* = oito + *meros* = parte). Oito partes, especificamente, simetria baseada sobre oito.

odontóforo (do grego *odous* = dente + *pherein* = portar). Órgão portador de dentes dos moluscos, incluindo a rádula, o saco radular, músculos e cartilagens.

oftálmico (do grego *ophthalamos* = um olho). Que pertence ao olho.

olfatório (do latim *olor* = cheiro + *factus* = trazer). Que pertence ao sentido de cheirar.

olho parietal. Um olho no topo da cabeça de alguns vertebrados, funcionando principalmente como fotorreceptor; também chamado de **olho pineal**.

omaso (do latim *omasum* = pança). Terceiro compartimento do estômago de um mamífero ruminante.

omatídio (do grego *omma* = olho + *idium* = pequeno). Uma das unidades ópticas do olho composto dos artrópodes.

oncogene (do grego *onkos* = protuberância, tumor + *genos* = descendente). Qualquer um dos vários genes que estão associados ao crescimento neoplásico (câncer). O gene em seu estado benigno, seja inativado ou executando seu papel normal, é um **proto-oncogene**.

oncomiracídio (do grego *onkos* = rebarba, gancho + *meirakidion* = pessoa jovem). Larva ciliada de trematódeos monogenéticos.

onívoro (do latim *omnis* = tudo + *vorare* = devorar). Animal que usa materiais de origens animal e vegetal em sua dieta.

ontogenia (do grego *ontos* = ser + *geneia* = ato de ser nascido, de *genēs* = nascer). Curso do desenvolvimento de um indivíduo, desde o ovo até a sua senescência.

oocisto (do grego *ōion* = ovo + *kystis* = bexiga). Cisto formado ao redor do zigoto do parasito causador da malária e organismos relacionados.

oócito (do grego *ōion* = ovo + *kytos* = compartimento vazio). Estágio de formação do óvulo, imediatamente precedente à primeira divisão meiótica (oócito primário) ou subsequente à primeira divisão meiótica (oócito secundário).

ooécio (do grego *ōion* = ovo + *oikos* = casa + do latim *ium* = a partir do). Bolsa incubadora; compartimento para embriões em desenvolvimento nos ectoproctos.

oogênese (do grego *ōion* = ovo + *genesis* = descendente). Formação, desenvolvimento e amadurecimento do gameta feminino ou óvulo.

oogônia (do grego *ōion* = ovo + *gonos* = prole). Célula que, por divisão contínua, dá origem aos oócitos; um óvulo em um folículo primário logo antes do início da maturação.

oótide (do grego *ōion* = ovo + *idion* = diminuto). Estágio de formação do óvulo depois da segunda divisão meiótica, seguindo-se a expulsão do segundo corpúsculo polar.

oótipo (do grego *ōion* = ovo + *typos* = molde). Parte do oviduto de cestódeos que recebe os ductos das glândulas vitelínicas e da glândula de Mehlis.

opérculo (do latim *operculum* = cobertura). Cobertura das brânquias em peixes ósseos; placa endurecida em alguns caramujos.

operon. Unidade genética constituída de um grupo de genes sob o controle de outros genes; ocorre em procariotos.

opistáptor (do grego *opisthen* = posterior + *haptein* = prender). Órgão de ancoragem posterior de um trematódeo monogenético.

opistoconte (do grego *opisthen* = posterior + *kontos* = um polo). Qualquer membro do clado de eucariotos que compreende os fungos, microsporídios, coanoflagelados e animais; se presentes, células flageladas são dotadas de um flagelo posterior.

opistonefros (do grego *opisth* = posterior + *nefhros* = rim). Um rim que se desenvolve nas porções mediana e posterior da região nefrogênica dos vertebrados e que é drenado pelo ducto de Wolff ou ductos acessórios. Rim funcional da maioria dos adultos amniotos (peixes e anfíbios). Adj., **opistonéfrico**.

opistossoma (do grego *opisthe* = posterior + *sōma* = corpo). Região posterior do corpo de aracnídeos e pogonóforos.

opsonização (do grego *opsonein* = comprar alimentos, suprir). A facilitação da fagocitose de antígenos por fagócitos no sangue ou tecidos. É mediada por uma ligação do anticorpo com as partículas para formar o complexo antígeno-anticorpo, ou por proteínas do complemento (vertebrados) ou proteínas semelhantes às do complemento (invertebrados) que se ligam ao antígeno.

órbita (do latim *orbit* = órbita). A cavidade do crânio na qual se aloja o globo ocular.

ordem de bicada. Hierarquia de privilégios sociais em um bando de aves.

ordenação. Sobrevivência e reprodução diferenciais entre indivíduos variados; frequentemente confundida com seleção natural, que é uma das causas possíveis para a ordenação.

organela (do grego *organon* = ferramenta, órgão + do latim *ella* = diminutivo). Parte especializada da célula; uma estrutura subcelular que realiza funções análogas aos órgãos de animais multicelulares.

organismo. Um indivíduo biológico composto por uma ou mais células, tecidos e/ou órgãos, para o qual as partes são interdependentes em produzir um sistema fisiológico coletivo. Organismos da mesma espécie podem formar **populações**.

organizador (do grego *organos* = modelagem). Área de um embrião que direciona o desenvolvimento subsequente de outras partes.

organizador de Spemann. Região do embrião que atua como um organizador primário (ver **organizador primário**).

organizador primário. Região de um embrião, próxima ao lábio dorsal do blastóporo, capaz de autodiferenciação e que induz o desenvolvimento da placa neural e do eixo principal do corpo.

órgão acessório ou órgão sexual acessório. Qualquer estrutura, exceto a gônada (= órgão primário), que serve, principalmente, para produzir ou liberar uma célula germinativa (p. ex., glândula vitelina, oviduto, canal deferente), ou fornecer alimento ao embrião em desenvolvimento pela mãe (p. ex., placenta, útero).

órgão de Jacobson (*Jacobson*, cirurgião e anatomista dinamarquês do século XIX). Também denominado órgão vomeronasal. Órgão sensorial químico que ocorre no palato de muitos vertebrados terrestres; a língua transfere feromônios e compostos químicos derivados do alimento para esse órgão.

órgão sensorial aboral. Em ctenóforos, um órgão de equilíbrio (estatocisto) no lado do corpo oposto ao da boca. Também chamado de órgão apical.

órgão X. Órgão neurossecretor, localizado no pedúnculo ocular de crustáceos e que secreta o hormônio inibidor da muda.

órgão Y. Glândula localizada na antena ou segmento maxilar de alguns crustáceos e que secreta o hormônio da muda.

órgãos adesivos duoglandulares. Órgãos da epiderme da maioria dos turbelários, com três tipos de células: células glandulares viscosas, células glandulares liberadoras e células de ancoragem.

ortogênese. Tendência unidirecional na história evolutiva de uma linhagem, assim como revelada pelo registro fóssil; é também uma teoria evolutiva antidarwinista, agora desacreditada, mas que foi popular ao redor de 1900, postulando que o ímpeto genético forçava linhagens a evoluir em uma direção linear predestinada independentemente dos fatores externos e que, com frequência, levava ao declínio e à extinção.

ósculo (do latim *osculum* = uma boca pequena). Abertura exalante de uma esponja.

osfrádio (do grego *osphradion* = pequeno buquê, diminutivo de *osphra* = cheiro). Órgão sensorial quimiorreceptor de caramujos aquáticos e bivalves que analisa a água inalada.

osmol. Peso molecular de um soluto, em gramas, dividido pelo número de íons ou partículas nas quais ele se dissocia em uma solução. Adj., **osmolar**.

osmorregulação. Manutenção das concentrações apropriadas internas de água e sal em uma célula ou no corpo de um organismo vivo; regulação ativa da pressão osmótica interna.

osmose (do grego *ōsmos* = ato de empurrar, impulso). Corrente de solvente (geralmente água) que atravessa uma membrana semipermeável.

osmótrofo (do grego *ōsmos* = um empurrão, impulso + *trophē* = comer). Organismo heterótrofo que absorve nutrientes dissolvidos.

ossículos (do latim *ossiculum* = ossículo). Pequenas peças separadas do endoesqueleto de um equinodermo. Também é utilizado para designar os pequenos ossos presentes medianos da orelha média dos vertebrados.

osteoblasto (do grego *osteon* = osso + *blastos* = rebento). Célula formadora de osso.

osteócito (do grego *osteon* = osso + *kytos* = compartimento vazio). Célula óssea que é característica do osso adulto; desenvolve-se de um osteoblasto e encontra-se localizada em uma lacuna de substância óssea.

osteoclasto (do grego *osteon* = osso + *klan* = quebrar). Célula grande, multinucleada, que atua na dissolução óssea.

osteodermo (do grego *osteon* = osso + *derma* = pele). Placa dérmica óssea localizada sob uma escama epidérmica, sustentando-a.

ósteon (do grego *osteon* = osso). Unidade da estrutura de um osso, sistema de Havers.

osteostracos (do grego *osteon* = osso + *ostrakon* = concha). Grupo de agnatos, peixes extintos com armadura esquelética e nadadeiras peitorais dos períodos Siluriano e Devoniano.

óstio (do latim *ostium* = porta). Abertura.

óstios dérmicos (do grego *derma* = pele + do latim *ostium* = porta). Poros para entrada de água em uma esponja.

ostracoderme (do grego *ostrakon* = concha + *derma* = pele). Um grupo parafilético de peixes agnatos já extintos, que apresentavam uma armadura dérmica e são conhecidos dos períodos Cambriano Superior e Devoniano.

otólito (do grego *ous, otos* = ouvido + *lithos* = pedra). Concreções calcárias no labirinto membranoso da orelha interna dos vertebrados, ou no órgão auditivo de certos invertebrados.

ovígero (do latim *ovum* = ovo + *gerere* = portar). Perna que carrega ovos em picnogônidos.

oviparidade (do latim *ovum* = ovo + *parere* = parir). Reprodução na qual os ovos são liberados pela fêmea; o desenvolvimento da prole ocorre exteriormente ao corpo maternal. Adj., **ovíparo**.

ovipositor (do latim *ovum* = ovo + *positor* = construtor, colocador + *or* = sufixo denotando agente que faz). Em muitas fêmeas de insetos, é a estrutura situada na extremidade posterior do abdome, utilizada na postura dos ovos.

ovo amniótico. Ovo de vertebrado que contém três membranas envolvendo o embrião (âmnio, alantoide e córion).

ovoviviparidade (do latim *ovum* = ovo + *vivere* = viver + *parere* = parir). Reprodução na qual o filhote desenvolve-se no útero da mãe (frequentemente dentro de um ovo), mas sem nutrição materna adicional, eclodindo dentro da mãe ou imediatamente após a deposição. Adj., **ovovivíparo**.

óvulo (do latim *ovum* = ovo). Célula germinativa feminina madura.

oxidação (do francês *oxider* = oxidar, a partir do grego *oxys* = afiar). Perda de um elétron por um átomo ou molécula; algumas vezes, a adição de oxigênio a uma substância. Oposto de redução, na qual um elétron é tomado por um átomo ou uma molécula.

P

pálpebra. Camada delgada de pele e músculo que pode ser fechada para proteger o olho da luz, abrasão e/ou dessecação. Ocorre em muitos vertebrados terrestres, mas não em todos.

pântano salgado. Uma comunidade marinha localizada em planícies de areia na região entre marés e que normalmente possui gramíneas, mexilhões de áreas pantanosas, camarões e caranguejos escavadores, e poliquetos comedores de depósitos; fornece áreas de berçários para diversos peixes marinhos.

papila (do latim *papilla* = mamilo). Pequena projeção mamiliforme. Um processo vascular que nutre a raiz do pelo, pena ou dente em desenvolvimento.

papo. Uma região do esôfago especializada em armazenamento de alimentos.

pápula (do latim *papula* = pústula). Processos respiratórios no tegumento de estrelas-do-mar; pequenas evaginações sobre a pele.

parabasalídeo (do grego *para* = ao lado de + *basis* = corpo). Qualquer membro do clado de eucariotos unicelulares que apresentam um flagelo e corpos parabasais.

parabiose (do grego *para* = ao lado de + *biosis* = modo de vida). Fusão de dois indivíduos, resultando em um vínculo fisiológico mútuo.

parabrônquios (do grego *para* = adjacente + *bronchos* = traqueia). Finos tubos para condução de ar no pulmão de uma ave.

paradigma. Uma teoria científica poderosa que explica diversas observações e orienta a pesquisa científica ativa, tal como a teoria de Darwin sobre a descendência comum da vida.

parafiletismo (do grego *para* = ao lado de + *phyle* = tribo). Condição em que um táxon ou outro grupo de organismos contém o ancestral comum mais recente de todos os membros desse grupo, mas exclui alguns descendentes desse ancestral; contrasta com **monofiletismo e polifiletismo**.

parahormônio. Fator produzido localmente em um tecido que estimula o crescimento celular e alguns processos bioquímicos.

parapódio (do grego *para* = ao lado de + *pous, podos* = pé). Um dos processos laterais pareados em cada lado da maioria dos segmentos de anelídeos poliquetos; varia em modificações para locomoção, respiração ou alimentação.

parasitismo (do grego *parasitos*, a partir de *para* = ao lado de + *sitos* = alimento). Condição caracterizada por um organismo que vive dentro de ou sobre outro organismo (hospedeiro), às custas do qual o parasito é mantido; simbiose destrutiva.

parasito. Organismo que vive fisicamente sobre ou dentro do corpo de outro organismo e às suas custas.

parasitoide. Organismo que é um típico parasito no início de seu desenvolvimento, mas quando o completa, mata seu hospedeiro; usado como referência para muitos insetos parasitos de outros insetos.

parassimpático (do grego *para* = ao lado de + *sympathes* = simpático, a partir de *syn* = com + *pathos* = sentir). Uma das subdivisões do sistema nervoso autônomo, na qual os corpos celulares dos neurônios localizam-se no encéfalo e seus axônios adentram a periferia por meio do tronco cerebral e da parte posterior da medula espinal.

parátipo. Espécimes de museu que acompanham o holótipo na formação de uma série de tipos, ilustrando a variação morfológica presente dentro de uma espécie formalmente reconhecida.

parcimônia (do latim *parsus*, de sobra). Um princípio metodológico geral de que a hipótese mais simples capaz de explicar observações é a melhor hipótese de trabalho e deve ser testada antes de investigar hipóteses mais complexas. Na sistemática filogenética, esse princípio envolve o uso da árvore filogenética que requer a menor quantidade de mudança evolutiva como a melhor hipótese de trabalho das relações filogenéticas.

parênquima (do grego *parenchyma* = qualquer coisa vertida ao lado de). Em animais simples ou primitivos, uma massa esponjosa de mesênquima celular vacuolizado que preenche os espaços entre vísceras, músculos ou epitélios; em alguns, são corpos celulares de células musculares. Também é um tecido especializado de um órgão e se distingue do tecido conjuntivo de sustentação.

parenquímula (do grego *para* = ao lado de + *enchyma* = infusão). Larva flagelada de corpo sólido de algumas esponjas.

parietal (do latim *paries* = parede). Algo próximo a, ou que faz parte de uma parede de uma estrutura.

partenogênese (do grego *parthenos* = virgem + do latim a partir do grego *genesis* = origem). Reprodução unissexuada envolvendo a produção de jovens por fêmeas não fertilizadas por machos; comum em rotíferos, cladóceros, afídeos, abelhas, formigas e vespas. Um ovo partenogenético pode ser diploide ou haploide.

partenogênese ameiótica. Reprodução unissexuada pelas fêmeas na qual o ovo é produzido por mitose a partir de um precursor diploide, sem um estágio haploide.

partilha de recursos. Quando duas ou mais espécies se especializam em porções diferentes de um recurso compartilhado, para então poderem coexistir no mesmo hábitat; por exemplo, diferentes espécies de toutinegras forrageiam em diferentes partes de uma conífera quando fazem parte de uma mesma comunidade ecológica.

patogênico (do grego *pathos* = doença + do neolatim *genic* = dar origem a). Que causa ou é capaz de causar doença.

PCR. Ver **reação em cadeia da polimerase**.

pecilotérmico (do grego *poikilos* = variável + *thermal* = temperatura). Relativo a animais cuja temperatura corporal é variável e flutua com a do ambiente; de sangue frio; comparar com **ectotérmico**.

pécten (do latim *pecten* = pente). Qualquer dos vários tipos de estruturas em forma de pente em vários organismos; por exemplo, um processo vascular pigmentado e na forma de pente que se projeta dentro do humor vítreo a partir da retina próximo à entrada dos nervos ópticos nos olhos de todas as aves e de muitos outros répteis.

pectinas (do latim *comb*, pl. *of pecten*). Apêndice sensorial no abdome de escorpiões.

pedálio (do latim *pedalis* = do ou pertencente ao pé). Lâmina achatada na base dos tentáculos em medusas de cubozoários (Cnidaria).

pedicelária (do latim *pediculus* = pé pequeno + *aria* = como ou conectado com). Um dos muitos órgãos pequenos em forma de pinça sobre a superfície de certos equinodermos.

pedicelo (do latim *pediculus* = pé pequeno). Pequeno ou curto pedúnculo ou ramo. Em insetos, o segundo segmento da antena ou a cintura de uma formiga.

pedipalpos (do latim *pes, pedis* = pé + *palpus* = carícia). Segundo par de apêndices dos aracnídeos.

pedomorfose (do grego *pais* = criança + *morphē* = forma). Retenção das formas juvenis ancestrais em estágios posteriores da ontogenia dos descendentes.

pedúnculo (do latim *pedunculus*, diminutivo de *pes* = pé). Haste. Também referente a uma faixa de substância branca que liga diferentes partes do encéfalo.

peitoral (do latim *pectoralis*, a partir de *pectus* = peito). Relativo a ou que pertence ao peito ou peitoral, ou à cintura escapular, ou ao par de escudos queratinizados do plastrão de certas tartarugas.

pelagem (do francês *pelage* = pelo). Cobertura de pelos dos mamíferos.

pelágico (do grego *pelagos* = o mar aberto). Ocupando ou movendo-se por meio da água em vez de estar sobre o substrato; contrasta com **bentônico** (ver **bentos**).

pelicossauro (do grego *pelyx* = bacia + *sauros* = lagarto). Qualquer representante do grupo dos sinápsidos do Permiano que se distinguiam por sua dentição homodonte e membros dispostos lateralmente em relação ao tronco.

película (do latim *pellicula*, diminutivo de *pellis* = pele). Cobertura secretada, fina e translúcida de muitos protozoários.

pélvico (do latim *pelvis* = bacia). Situado na ou próximo à pélvis, assim como aplicado à cintura, cavidade, nadadeiras e membros.

pena. Um suporte interno flexível achatado em uma lula; um resquício da concha ancestral.

pentadáctilo (do grego *pente* = cinco + *daktylos* = dedos). Com cinco dígitos, ou cinco partes digitiformes, no pé ou na mão.

peptidase (do grego *peptein* = digerir + *ase* = sufixo de enzima). Enzima que quebra peptídios, liberando peptídios menores ou aminoácidos.

peptídios antimicrobianos. Peptídios secretados durante uma resposta imunológica inata em animais e plantas. Ver **defensinas**.

perenebranquiata (do latim *perennis* = o ano todo + do grego *branchia* = brânquias). Que apresenta brânquias permanentemente; relacionado sobretudo com certas salamandras pedomórficas.

pericárdio (do grego *peri* = ao redor do + *kardia* = coração). Área ao redor do coração; membrana ao redor do coração.

periférico (do grego *peripherein* = mover ao redor de). Estrutura ou posição distante do centro, situada próximo aos limites externos.

perióstraco (do grego *peri* = ao redor do + *ostrakon* = concha). Camada externa de uma concha de molusco.

periprocto (do grego *peri* = ao redor de + *pro–ktos* = ânus). Região de placas aborais ao redor do ânus de equinoides.

perissarco (do grego *peri* = ao redor de + *sarx* = carne). Bainha que cobre o pedúnculo e os ramos em um hidroide.

perissodáctilo (do grego *perissos* = ímpar + *daktylos* = dedo, dedão). Que pertence a uma ordem de mamíferos ungulados com um número ímpar de dígitos.

peristaltismo (do grego *peristaltikos* = comprimir ao redor). Série de contrações e relaxamentos alternados que servem para deslocar o alimento pelo canal alimentar.

peristômio (do grego *peri* = ao redor de + *stoma* = boca). Segmento verdadeiro mais anterior de um anelídeo; onde se encontra a boca.

peritônio (do grego *peritonaios* = forrando ao redor). Membrana que reveste o celoma e cobre as vísceras celomáticas.

permeabilidade seletiva. Permeabilidade a pequenas partículas, tais como água e alguns íons inorgânicos, mas não a moléculas maiores.

pés ambulacrários (tubulares). Numerosos tubos pequenos e musculosos, preenchidos por fluido e que se projetam do corpo dos equinodermos; parte do sistema hidrovascular; usados para locomoção, adesão, manipulação de alimento e respiração.

petaloides (do grego *petlon* = folha + *eidos* = forma). Descreve o arranjo em forma de flor dos pés respiratórios de um ouriço-do-mar com morfologia corporal irregular.

pH (potencial de hidrogênio). Símbolo que se refere à concentração relativa de íons de hidrogênio em uma solução; os valores de pH situam-se entre 0 e 14: quanto mais baixo o valor, mais ácido ou mais íons de hidrogênio tem a solução. Equivale ao logaritmo negativo da concentração dos íons de hidrogênio.

pigídio (do grego *pygē* = elevação, nádega + *idion* = diminutivo de final). Extremidade posterior de um animal segmentado, onde se situa o ânus.

pigóstilo (do grego *pygo* = anca + *styl* = suporte). Osso na extremidade da coluna vertebral das aves formado a partir de vértebras caudais fusionadas.

pina (do latim *pinna* = pena, ponta aguda). Orelha externa. Também uma pena, asa, nadadeira ou parte similar.

pinacócito (do grego *pinax* = tablete + *kytos* = compartimento vazio). Células achatadas compondo o epitélio dérmico em esponjas.

pinacoderme (do grego *pinax* = tablete, prancha + *derma* = pele). A camada de pinacócitos das esponjas.

pinocitose (do grego *pinein* = beber + *kytos* = compartimento vazio + *osis* = condição). Aquisição de fluidos por uma célula na qual receptores específicos se ligam a íons/moléculas presentes nas membranas plasmáticas, que são invaginadas e destacam-se para formar pequenas vesículas. Ver **cavéolas**.

pirâmide ecológica. Medida quantitativa de biomassa, número de **organismos** ou energia em cada nível **trófico** de uma teia alimentar (**produtores, herbívoros, carnívoros** do primeiro nível e carnívoros de níveis elevados).

pirâmide eltoniana. Pirâmide ecológica que mostra números de **organismos** em cada um dos níveis **tróficos**.

pirimidina (alteração de pyridina, do grego *pyr* = fogo + *id* = sufixo adj. + *ina*). Base orgânica composta de um único anel de átomos de carbono e nitrogênio; substância que dá origem a diversas bases encontradas nos ácidos nucleicos.

placa de pentes (ou placa ciliada). Placa formada por cílios fundidos, arranjados em fileiras, usada para locomoção nos ctenóforos.

placa vegetativa. Região formada pelo achatamento do polo vegetativo do embrião no início da gastrulação.

placenta (do latim *placenta* = bolo achatado). Estrutura vascular, embrionária e materna, por meio da qual o embrião e o feto são nutridos dentro do útero.

placenta corioalantoica (do grego *chorion* = pele + *allas* = tripa). Um tipo de placenta que ocorre nos mamíferos placentários e alguns marsupiais, cujos componentes fetais são o córion e o alantoide; as trocas entre mãe e embrião são feitas por meio dessas membranas embrionárias.

placenta coriovitelina (do grego *chorion* = pele + *vittel* = gema de um ovo). Placenta, frequentemente transitória, formada durante os estágios iniciais do desenvolvimento de marsupiais ou mamíferos placentários. Também chamada "placenta de saco vitelino", origina-se do saco vitelino e da membrana coriônica do embrião.

placentotrofia (do latim *placenta* = bolo achatado + *trophos* = alimentar-se). Nutrição de um embrião por meio da placenta.

placodermes (do grego *plax* = prato + *derma* = pele). Grupo de peixes com maxilas e armaduras ósseas que ocorreram nos períodos Devoniano e Carbonífero.

placódio (do grego *plakos* = prato achatado redondo). Espessamento em forma de placa localizado no ectoderma da cabeça dos vertebrados, e a partir do qual se desenvolvem estruturas especializadas como cristalinos, órgãos especiais dos sentidos e certos neurônios.

plâncton (do grego *planktos* = vagando). Vida animal e vegetal que flutua passivamente em corpos d'água; contrasta com **nécton**.

planície abissal. Assoalho do oceano distante da costa (fora da plataforma continental), com canais submarinos e elevações; tem em média 4.000 m de profundidade, mas chega a 11.000 m abaixo da superfície do mar.

plano frontal. Plano paralelo ao eixo principal do corpo e em ângulos retos com o plano sagital.

plano transversal (do latim *transversus* = atravessado). Plano cuja orientação é perpendicular ao eixo longitudinal, ou eixo oral-aboral, de um corpo ou estrutura.

plantígrado (do latim *planta* = sola + *gradus* = grau, passo). Relativo a animais que caminham sobre a planta do pé (p. ex., humanos e ursos); contrasta com **digitígrado**.

plânula (do neolatim diminutivo a partir do latim *planus* = achatado). Forma larval ciliada e livre-natante de cnidários; geralmente achatada e ovoide, com uma camada externa de células ectodérmicas e uma massa interna de células endodérmicas.

plaqueta (do grego, diminutivo de *plattus* = achatado). Um pequenino fragmento de célula do sangue que libera substâncias para iniciar a coagulação sanguínea.

plasma sanguíneo. Fração líquida não celular do sangue que inclui substâncias dissolvidas.

plasmalema (do grego *plasma* = forma, molde + *lemma* = casca, capa). A membrana celular ou membrana plasmática.

plasmídio (do grego *plasma* = forma, molde). Um pequeno círculo de DNA que pode ser carregado por uma bactéria, além do seu DNA genômico.

plasmódio (do grego *plasma* = forma, molde + *eidos* – forma). Massa ameboide multinucleada, sincicial.

plastídio (do grego *plast* = formado, moldado + do latim *id* = haste feminina para uma partícula de tipo específico). Organela membranosa encontrada em células vegetais que funciona na fotossíntese e/ou armazenamento de nutrientes como, por exemplo, o cloroplasto.

plastrão (do francês *plastron* = placa peitoral). Proteção corporal ventral de tartarugas; estrutura na posição correspondente em certos artrópodes; fina película de gás retida por pelos epicuticulares de insetos aquáticos.

pleiotropia, pleiotrópico (do grego *pleiōn* = mais + *tropos* = virar). Relativo a um gene que produz mais de um efeito, afetando características fenotípicas múltiplas.

pleópode (do grego *plein* = deslizar + *pous, podos* = pé). Cada um dos apêndices natatórios do abdome de crustáceos.

plesiomórfico. A condição ancestral de um caráter variável.

pleura (do grego *pleura* = lado, costela). Membrana que reveste cada metade do tórax e recobre os pulmões.

plexo (do latim *plexus* = rede, trança). Rede formada especialmente por nervos ou vasos sanguíneos.

plúteo (do latim *pluteus* = capa removível, escrivaninha). Larva de equinoide ou ofiuroide com processos alongados como as hastes que sustentam uma mesa; originalmente chamada de "larva-cavalete-de-pintor".

pneumatóforo (do grego *pneumatos*, vento, respiração, + *phōros*, carregador). Um flutuador cheio de gás do navio de guerra português e alguns outros sifonóforos, que são colônias especializadas de hidrozoários (filo Cnidaria).

pneumostômio (do grego *pneuma* = respirar + *stoma* = boca). A abertura da cavidade do manto (pulmão) para o exterior nos gastrópodes pulmonados.

pódio (do grego *pous, podos* = pé). Estrutura em forma de pé; por exemplo, o pé tubular dos equinodermos.

polaridade (do grego *polos* = eixo). Em sistemática, a ordenação de estados alternativos de um caráter taxonômico, desde condição ancestral até a derivada. Na biologia do desenvolvimento, é a tendência apresentada por um eixo do óvulo de se orientar de maneira correspondente ao eixo da mãe. Ainda, condição de apresentar polos opostos; distribuição diferencial de gradação ao longo de um eixo.

poliandria (do grego *polys* = muitos + *ane*–r = homem). Condição de ter mais de um parceiro do sexo masculino simultaneamente.

poliembrionia. Proliferação assexuada de um óvulo fertilizado para produzir muitos embriões.

polifilético (do grego *polys* = muitos + *phylon* = tribo). Derivado de mais de um ancestral; contrasta com **monofilético** e **parafilético**.

polifiletismo (do grego *polys* = muitos + *phylon* = tribo). Condição em que um táxon ou grupo de organismos não possui o ancestral comum mais recente de todos os membros do grupo, o que implica na existência de origens evolutivas múltiplas; esses grupos não são válidos como táxons formais, sendo reconhecidos como tais apenas por um erro. Contrasta com **monofiletismo** e **parafiletismo**.

polifiodonte (do grego *polyphyes* = múltiplos + *odous* = dentes). Ter vários conjuntos de dentes em sucessão ao longo da vida; por exemplo, tubarões.

poligamia (do grego *polys* = muitos + *gamos* = casamento). Condição de ter mais de um parceiro ao mesmo tempo.

poliginia (do grego *polys* = muitos + *gynē* = mulher). Condição de ter mais de um parceiro do sexo feminino simultaneamente.

poliginia de defesa de fêmeas. Quando um macho consegue cruzar com mais de uma parceira porque várias fêmeas se agregam e podem ser resguardadas de outros machos.

poliginia de defesa de recurso. Um macho obtém acesso reprodutivo a várias fêmeas por defender, indiretamente, um recurso essencial.

poliginia de dominância dos machos. Um macho consegue mais de uma parceira para se acasalar, pois as fêmeas escolhem tal macho dentre vários em um agrupamento.

polimerização. O processo de formar um polímero ou composto polimérico.

polímero (do grego *polys* = muitos + *meros* = parte). Composto químico formado por unidades estruturais repetidas denominadas monômeros.

polimorfismo (do grego *polys* = muitos + *morphē* = forma). Presença em uma espécie de mais de um tipo estrutural de indivíduos; variação genética em uma população.

polimorfismo de nucleotídio único (**SNP**, do inglês *single nucleotide polymorphism*). Uma posição de nucleotídio no genoma de humanos e de outras espécies na qual duas das quatro bases nitrogenadas do DNA ocorrem em frequências alélicas substanciais, enquanto as outras duas bases ocorrem raramente ou são ausentes. Milhões de tais posições são conhecidas em humanos. Embora a maioria delas não tenha consequência fenotípica direta, elas são úteis como ferramentas analíticas para localizar genes associados a doenças e outros fenótipos.

polimorfismo proteico. Ocorrência de variantes alélicas nas sequências de aminoácidos de proteínas em uma população ou espécie. A separação das variantes alélicas por eletroforese de proteínas proporcionou um método inicial para quantificar o conjunto de variação gênica presente em populações naturais.

polinucleotídio (poli + nucleotídio). Um ácido nucleico com muitos nucleotídios combinados em uma cadeia linear.

polipeptídio (do grego *polys* = muitos + *peptein* = digerir). Uma molécula que consiste em uma cadeia linear única de aminoácidos.

polipídio (do grego *polypus* = pólipo). Indivíduo ou zooide de uma colônia de entoproctos, que apresenta um lofóforo, um tubo digestivo, músculos e centros nervosos.

poliploide (do grego *polys* = muitos + *ploidy* = número de cromossomos). Organismo que contém mais de dois conjuntos completos de cromossomos homólogos.

pólipo (do grego *polypous* = muitos pés). Indivíduo pertencente ao filo Cnidaria, geralmente adaptado para aderir ao substrato em sua extremidade aboral e que, frequentemente, forma colônias.

polispermia (do grego *polys*, muitos, + *esperma*, semente). Entrada de mais de um espermatozoide durante a fertilização de um óvulo.

polissacarídio (do grego *polys* = muitos + *sakcharon* = açúcar, a partir do sânscrito *sarkar*ā = pedrinhas, açúcar). Carboidrato composto por muitas unidades de monossacarídios, como, por exemplo, o glicogênio, o amido e a celulose.

polissomo (polirribossomo) (do grego *polys* = muitos + *soma* = corpo). Dois ou mais ribossomos conectados por uma molécula de RNA mensageiro.

politípica. Refere-se a uma espécie que tem duas ou mais subespécies designadas taxonomicamente; o reconhecimento de subespécies é controverso e rejeitado por muitos taxonomistas.

polo vegetativo. Região do ovo com grande concentração de vitelo; essa região é oposta ao polo animal, onde se concentra o citoplasma.

ponte de hidrogênio. Ligação química relativamente fraca, resultante da distribuição de cargas desiguais das moléculas, na qual um átomo de hidrogênio unido a outro átomo por meio de uma ligação covalente é atraído para a porção eletronegativa de outra molécula.

ponte de terra temporária. Conexão entre duas áreas de terra que é inundada em momentos nos quais o nível do mar está elevado, mas que emerge como uma porção de terra não inundada nos momentos em que o nível do mar está baixo.

***pool* gênico.** Conjunto de todos os alelos de todos os genes de uma população.

população (do latim *populus* = pessoas). Grupo de organismos da mesma espécie que habita uma localidade geográfica específica.

população intercruzante. O mais inclusivo agrupamento de organismos nos quais ocorre reprodução sexuada e recombinação gênica livremente ao longo das gerações; implica ausência de barreiras biológicas à fertilização de gametas entre machos e fêmeas no agrupamento. Um critério do conceito biológico de espécie.

porócito (do grego *porus* = passagem, poro + *kytos* = compartimento vazio). Tipo de célula encontrada em esponjas asconoides, através da qual a água penetra na espongiocele.

portador. Indivíduo heterozigoto para um alelo recessivo, tal como um alelo para uma doença genética, que é fenotipicamente normal, mas pode transmitir o alelo recessivo aos descendentes.

posterior (do latim *posterior* = último). Situado na ou próximo à parte de trás do corpo; nas formas com simetria bilateral, a extremidade do eixo principal do corpo oposta à região cefálica.

potencial de ação. Diferença transitória de voltagem que ocorre entre uma membrana celular; nos neurônios provoca a abertura de um canal na membrana durante a neurotransmissão.

potencial de membrana. Voltagem registrada por meio da membrana plasmática devido a uma distribuição desigual de íons e moléculas carregadas em lados opostos da membrana. Tal distribuição diferenciada de carga é causada pela permeabilidade seletiva das membranas plasmáticas a determinados íons e moléculas carregadas.

pré-adaptação. Presença de um caráter que, coincidentemente, predispõe um organismo à sobrevivência em um ambiente distinto daquele encontrado durante sua história evolutiva.

precoce (do latim *praecoquere* = amadurecer cedo). Organismo que requer pouco cuidado parental e é capaz de ser independente em um curto período após a eclosão; contrasta com **altricial**.

predação. Interação entre espécies em uma comunidade ecológica na qual indivíduos de uma espécie (presa) servem de alimento para outra (**predador**).

predador (do latim *praedator* = saqueador, *praeda* = presa). Indivíduo que mata e consome outros animais; organismo que ataca outros para se alimentar; adj. predatório.

preênsil (do latim *prehendere* = agarrar). Adaptado para agarrar.

pré-formação. Conceito desacreditado de que os gametas contêm jovens já formados que se desenrolam ou se expandem durante o desenvolvimento.

pregas metapleurais. Aletas ventrolaterais alongadas, pareadas e em forma de barbatana presentes em anfioxos (Subclasse Cephalochordata).

premunição. Uma resistência à reinfecção por um animal (hospedeiro) quando algum organismo infeccioso permanece no corpo do hospedeiro.

pressão hidrostática. Pressão exercida por um fluido (água ou gás), definida como a força sobre unidade de área. Por exemplo, a pressão hidrostática de uma atmosfera (1 atm) é de 14,7 lb/in^2.

pressão osmótica. A pressão que resiste ao fluxo de água para o citoplasma.

primeira lei da termodinâmica. A energia não é criada nem destruída, mas pode ser convertida de uma forma a outra.

primitivo (do latim *primus* = primeiro). Primordial; antigo; pouco evoluído; características que se aproximam muito daquelas presentes em um ancestral.

príon. Proteína infecciosa que faz com que proteínas de um organismo hospedeiro assumam uma conformação espacial anormal e muitas vezes patogênica, como na doença da "vaca louca".

probóscide (do grego *pro* = antes + *boskein* = alimentar). Focinho ou tromba. É também um órgão tubular sugador, ou para alimentação, com a boca em uma extremidade, como encontrado em planárias, sanguessugas e insetos. Ainda, o órgão sensorial e de defesa na extremidade anterior de certos invertebrados.

procarioto (do grego *pro* = antes + *karyon* = cerne, noz). Não tem um núcleo ou núcleos envoltos por membrana. As células procariotas caracterizam as bactérias e arqueas; contrasta com **eucarioto**.

produção. Em ecologia, a energia acumulada por um organismo que se torna incorporada em nova biomassa.

produtividade bruta. Medida da energia total assimilada por um organismo.

produtividade líquida. A energia estocada por um organismo, que é igual à energia assimilada (**produtividade total**) menos a energia usada para manutenção metabólica (**respiração**).

produtividade. Propriedade de um sistema biológico medida pelo conjunto de energia e/ou de materiais que ele incorpora.

produtor primário. Espécie cujos membros iniciam a **produtividade** adquirindo energia e substâncias a partir de fontes **abióticas**, como as plantas que sintetizam açúcares a partir de água e dióxido de carbono, utilizando a energia solar (ver **fotossíntese**).

produtores (do latim *producere* = produzir). Organismos, como as plantas, capazes de produzir seu próprio alimento a partir de substâncias inorgânicas.

progesterona (do latim *pro* = antes + *gestare* = carregar). Hormônio esteroide de mamíferos secretado pelo corpo lúteo e pela placenta; prepara o útero para receber o óvulo fertilizado e mantém sua capacidade de reter o embrião e o feto.

proglótide (do grego *proglõttis* = ponta da língua, de *pro* = antes + *glõtta* = língua + sufixo *ide*). Porção de uma tênia que contém um conjunto de órgãos reprodutivos; em geral, corresponde a um segmento.

pró-hormônio (do grego *pro* = antes + *hormaein* = excitar). Precursor de um hormônio, especialmente um hormônio peptídico.

promotor. Uma região do DNA à qual a RNA polimerase deve ter acesso para iniciar a transcrição de um gene estrutural.

pronefro (do grego *pro* = antes + *nephros* = rim). O mais anterior dos três pares de órgãos renais embrionários dos vertebrados, funcional apenas em peixes-bruxa adultos e larvas de peixes e anfíbios; vestigial em embriões de amniotas. Adj., **pronéfrico**.

proprioceptor (do latim *proprius* = próprio, particular + receptor). Receptor sensorial localizado no interior de tecidos, especialmente nos músculos, tendões e articulações, que responde a mudanças no alongamento dos músculos, posição do corpo e movimento.

pró-renina (M.E. *renne*, para correr). Denominação da endopeptidase renina quando está presente no estômago do recém-nascido e se apresenta na forma inativa. Nesta forma, leva à coagulação de leite materno (em recém-nascidos humanos e bezerros), que quando chega à luz estomacal, libera uma pequena quantidade de ácido clorídrico, que faz com que a pró-renina se ative e seja convertida em renina para iniciar o processo de digestão do leite.

prosópila (do grego *prosõ* = anterior + *pyle* = portão). Conexão entre os canais inalante e radial de algumas esponjas.

prossímio (do grego *pro* = antes + do latim *simia* = macaco). Qualquer membro de um grupo de primatas arborícolas que inclui lêmures, társios e lóris, excluindo macacos e grandes primatas.

prossoma (do grego *pro* = antes + *sõma* = corpo). Parte anterior de um invertebrado na qual a segmentação primitiva não é visível; cabeça e tórax fundidos de artrópodes; cefalotórax.

prostaglandinas. Família de hormônios constituídos de ácidos graxos, originalmente descobertas no sêmen, conhecidas por seus efeitos poderosos sobre músculos lisos, sistema nervoso, circulação e órgãos reprodutores.

prostômio (do grego *protos* = primeiro + *stoma* = boca). Região anterior à boca de um animal segmentado.

protândrico (do grego *prõtos* = primeiro + *anẽr* = macho). Condição de animais e plantas hermafroditas, cujos órgãos masculinos e seus produtos surgem antes dos correspondentes órgãos femininos e produtos, impedindo assim a autofecundação.

protease (do grego *protein* = proteína + *ase* = enzima). Uma enzima que digere proteínas; inclui as proteases e peptidases.

proteína (do grego *protein*, de *proteios* = primário). Macromolécula de carbono, hidrogênio, oxigênio, nitrogênio e, geralmente, enxofre; composta de cadeias de aminoácidos unidos por ligações peptídicas; presente em todas as células.

proteína p53. Proteína supressora de tumor com funções críticas em células normais. Uma mutação no gene que a codifica, p53, pode resultar na perda de controle sobre a divisão celular e, portanto, levar a um câncer.

proteína Ras (ou vírus do sarcoma de rato). Uma proteína que inicia uma cascata

proteoma (do grego *protein* = primário + do latim sufixo *–oma* = grupo). Conjunto de moléculas de proteínas produzido por um organismo durante sua vida. O estudo científico desse fenômeno é denominado **proteômica**.

protista (do grego *protos* = primeiro). Membro do reino parafilético Protista que geralmente inclui os eucariotos unicelulares.

protocele (do grego *protos* = primeiro + *koilos* = oco). Compartimento celomático anterior de alguns deuterostômios, correspondente à axocele dos equinodermos.

protocooperação. Interação mutuamente benéfica entre organismos, que não é fisiologicamente necessária para a sobrevivência de qualquer um deles.

próton. Partícula subatômica com carga elétrica positiva e com massa igual a 1.836 vezes a do elétron; encontrada no núcleo dos átomos.

protonefrídio (do grego *protos* = primeiro + *nephros* = rim). Órgão osmorregulador ou excretor primitivo, constituído por um túbulo que termina em células-flama ou solenócitos; cada uma das unidades do sistema de células-flama.

proto-oncogene. Ver **oncogene**.

protoplasma (do grego *protos* = primeiro + *plasma* = forma). Substância viva organizada; citoplasma e nucleoplasma da célula.

protópode (do grego *protos* = primeiro + *pous, podos* = pé). Porção basal do apêndice de crustáceos que contém o **coxópode** e o **basípode**.

protostomia (do grego *protos* = primeiro + *stoma* = boca). Grupo de filos nos quais a clivagem é, geralmente, determinada;

o celoma (nas formas celomadas) é formado pela proliferação de faixas mesodérmicas (esquizocelia); o mesoderma é formado a partir de determinado blastômero (chamado célula 4 d) nos animais com clivagem espiral; e a boca é derivada do blastóporo ou da região próxima a ele. Inclui Annelida, Arthropoda, Mollusca e diversos filos menores; contrasta com **Deuterostomia**.

protostômio ecdisozoário (do grego *ekdysis* = tirar a roupa, escapar + *zōon* = animal. Do Grego *protos* = primeiro + *stoma* = boca). Qualquer membro de um clado de Protostomia, cujos membros se desfazem da cutícula conforme crescem; incluem os artrópodes, nematódeos e vários filos pequenos.

protostômio lofotrocozoário (do grego *lophos* = crista + *trochos* = roda *zōon* = animal). Qualquer membro do clado dos Protostomia que apresenta uma larva trocófora ou um lofóforo; são exemplos os anelídeos, moluscos e briozoários (ectoproctos).

protrombina (do grego *pro* = antes + *thrombos* = coágulo). Constituinte do plasma sanguíneo que é transformado em trombina por uma complexa sequência de reações químicas que envolvem, localmente, fatores derivados e proteínas plasmáticas circundantes; relacionada com a coagulação.

proventrículo (do latim *pro* = antes + *ventriculum* = ventrículo). Estômago glandular entre o papo e a moela das aves. Em insetos, é uma dilatação muscular do intestino anterior, revestida internamente por dentes quitinosos.

proximal (do latim *proximus* = mais próximo). Situado no ou perto do ponto de inserção; oposto a distal, distante.

pseudoceloma (do grego *pseudēs* = falso + *koilōma* = cavidade). Cavidade do corpo que não é revestida por peritônio e que não faz parte dos sistemas circulatório ou digestório, derivada embrionariamente da blastocele.

pseudocelomados (do grego *pseudēs* = falso + *koilōma* = cavidade + *ado* = sufixo). Que apresenta uma cavidade do corpo formada a partir da blastocele persistente e revestida com mesoderma em apenas um lado.

pseudópode (do grego *pseudēs* = falso + *podion* = pé pequeno + *eidos* = forma). Protrusão citoplasmática temporária que se estende para fora de uma célula ameboide e serve para fins de locomoção ou para englobar alimento.

psicologia comparada. Um campo de estudo dedicado a identificar regras gerais de comportamento aplicáveis aos humanos e a outros animais.

pulmão foliáceo. Estrutura respiratória de quelicerados terrestres (Arthropoda) na qual muitas bolsas de ar, de delgadas paredes, prolongam-se em uma câmara preenchida por sangue no abdome.

pulmonar (do latim *pulmo* = pulmão + *aria* = sufixo que significa conexão). Relacionado com ou associado aos pulmões.

pupa (do latim *pupa* = garota, boneca ou marionete). Estágio inativo, quiescente de insetos holometábolos. Segue-se ao estágio larval e precede o estágio adulto.

purina (do latim *purus* = puro + *urina* = urina). Base orgânica com átomos de carbono e nitrogênio em dois anéis interligados. Substância que origina a adenina, a guanina e outras bases que ocorrem na natureza.

Q

quela (do grego *chēlē* = pinça). Garra em forma de pinça.

quelícera (do grego *chēlē* = pinça + *keras* = chifre). Um dos dois pares de apêndices cefálicos anteriores dos membros do subfilo Chelicerata.

quelíforo (do grego *chēlē* = pinça + inglês antigo *fore* = antes de). Primeiro par de apêndices de um picnogônido; às vezes ausente; se presente, com ou sem quela.

quelípodes (do grego *chēlē* = pinça + do latim *pes* = pés). O primeiro par de patas queladas da maioria dos crustáceos decápodes; especializados em apreender e triturar alimento.

queratina (do grego *kera* = corno + *in* = sufixo de proteínas). Uma escleroproteína encontrada em tecidos epidérmicos e modificada em estruturas duras, tais como cornos, pelos, unhas, garras e escamas de répteis. Aves e outros répteis têm uma forma endurecida de queratina chamada beta queratina.

quiasma (do grego cruzamento). Interseção ou cruzamento, como nos nervos; ponto de conexão entre cromátides homólogas, onde ocorreu *crossing over* na sinapse.

quimioautótrofo (do grego *chēmeia* = transmutação + *autos* = próprio + *trophos* = alimentador). Organismo que utiliza compostos inorgânicos como fonte de energia.

quimiotaxia (do grego *chēmeia* = infusão + *taxō* de *tassō* = ordenar). Movimento de orientação de organismos ou células em resposta a um estímulo químico.

quimiotrófico (do grego *chēmeia* = infusão + *tropē* = voltar). Organismo sintetizador de alimento a partir de substâncias inorgânicas, sem usar clorofila.

quimo (do grego *chymos* = suco). Massa semifluida de alimento parcialmente digerido, presente no estômago e no intestino delgado, no curso da digestão.

quimotripsina. Enzima do suco pancreático que divide as ligações peptídicas de uma molécula de proteína.

quitina (do francês *chitine*, do grego *chitōn* = túnica). Substância resistente que constitui parte da cutícula dos artrópodes e, raramente, encontrada em outros grupos de invertebrados; é um polissacarídio nitrogenado insolúvel em água, álcool, soluções ácidas e nos sucos digestivos da maioria dos animais.

R

rabdito (do grego *rhabdos* = bastão). Estruturas em forma de bastão nas células da epiderme ou no parênquima subjacente de certos turbelários. Os rabditos são eliminados nas secreções mucosas.

Radiata (do latim *radius* = raio). Grupo que apresenta simetria radial, especificamente Cnidaria e Ctenophora.

radiolário (do latim *radiolus* = pequeno raio de sol). Amebas com actinópodes e bonitas tecas.

radíolos (do latim *radius* = raio de uma roda). Processos em forma de penas na cabeça de muitos vermes poliquetos (filo Annelida), usados primariamente para alimentação.

rádula (do latim *radula* = raspador). Língua raspadora encontrada em muitos moluscos.

rainha. Em entomologia, a única fêmea inteiramente desenvolvida, distinta de operárias, fêmeas não reprodutivas e soldados em uma colônia de insetos sociais (tais como abelhas, formigas e cupins).

ratita (do latim *ratis* = jangada). Refere-se às aves que apresentam um esterno sem quilha ou carena, incapazes de voar; contrasta com **carinata**.

razão sexual. Valor da proporção entre machos e fêmeas de uma população em determinado tempo e local.

reação de condensação. Reação química na qual as moléculas reagentes são combinadas pela remoção de uma molécula de água (um hidrogênio de um reagente e um grupo hidroxila de outro).

reação em cadeia da polimerase (PCR). Técnica para preparar grandes quantidades de DNA a partir de amostras bem pequenas, por meio da amplificação um gene específico usando um par de oligonucleotídios sintéticos complementares a sequências flanqueadoras do gene.

recapitulação. Somar ou repetir; hipótese de que um indivíduo repete sua história filogenética em seu desenvolvimento.

receptores da célula T. Receptores originados na superfície de células T. A região variável do receptor da célula T adere-se firmemente a um antígeno específico.

receptores Toll (TLR). Nomeados com referência à família Toll de proteínas descoberta em *Drosophila*. Receptores Toll ocorrem nas membranas celulares de vertebrados. Quando ativados, por terem se ligado a um micróbio, sinalizam à célula para sintetizar um peptídio antimicrobiano apropriado. Por reconhecerem padrões em vez de configurações moleculares específicas, são uma parte vital das defesas imunológicas inatas.

recessivo. Um alelo que deve ser homozigoto para influenciar um fenótipo.

recife de coral. Ecossistema marinho de grande diversidade de espécies associado a depósitos de carbonato de cálcio secretados por cnidários antozoários.

recife em franja. Um tipo de recife de corais próximo a porções de terra que pode ter ou não uma laguna entre ele e a praia.

recurso limitante. Fonte particular de nutrição, energia ou espaço cuja escassez é associada a um pequeno número de indivíduos em uma população em relação ao esperado em determinado ambiente.

recurso. Uma fonte disponível de alimento, energia ou espaço para viver.

rede (malha) de projeções digitiformes dos podócitos (do inglês antigo *wer* = cerca que se coloca em um rio para capturar peixes). Extensões interconectantes de uma célula-flama e a célula coletora tubular de alguns protonefrídios.

rédia (de Redi, biólogo italiano). Estágio larval no ciclo de vida de platelmintos parasitos sendo produzido por um esporocisto e dando origem a muitas cercárias.

redução. Na química, o ganho de um elétron por um átomo ou molécula de uma substância; ainda, a adição de hidrogênio ou remoção de oxigênio de uma substância.

reflexo (do latim *relaxare*, para soltar). Estímulo simples que provoca um comportamento inato padronizado.

regra do produto. A probabilidade de eventos independentes ocorrerem simultaneamente é o produto de as probabilidades de os eventos ocorrerem separadamente.

regulação *cis*. Controle da taxa de transcrição de um gene que codificam mRNA e RNAr por sequências não transcritas adjacentes a ele na mesma molécula de DNA; sequências reguladoras cis influenciam a expressão gênica somente nas sequências ligadas ao gene fisicamente, e não àqueles presentes em um cromossomo homólogo no mesmo núcleo diploide.

regulação *trans*. Refere-se ao controle da taxa de transcrição de um gene que codifica MRNA ou RNAr, realizado por um fator de transcrição que se liga ao DNA no gene ou próximo a ele, cuja transcrição o fator influencia; opõe-se à regulação *cis* por normalmente influenciar nas duas cópias do gene-alvo presentes nos cromossomos homólogos em um núcleo diploide.

renina (do latim *ren* = rim). Enzima sintetizada pelo aparato justaglomerular do rim e que inicia mudanças que levam ao aumento da pressão sanguínea e aumento da reabsorção de sódio.

reorreceptor (do grego *rheos* = flutuante + receptor). Órgão sensorial de animais aquáticos, sensível à corrente de água.

reparo por excisão. Método pelo qual as células são capazes de reparar certos tipos de dano (pirimidinas dimerizadas) no seu DNA.

replicação (do latim *replicatio* = duplicar). Em genética, a duplicação de uma ou mais moléculas de DNA a partir da molécula preexistente.

respiração (do latim *respiratio* = respirar). Trocas gasosas entre um organismo e seu meio. Na célula, a liberação de energia por oxidação de moléculas de alimento.

respiração cutânea. Uso do tegumento pelos anfíbios para realizar trocas gasosas entre o sangue e o ar. O tegumento é a estrutura respiratória primária nas formas terrestres sem pulmões, incluindo salamandras da família Plethodontidae.

resposta imune humoral. Resposta imunológica adquirida que envolve a produção de anticorpos, especificamente o braço T_H2 da resposta imunológica. Contrasta com **resposta imune celular**.

resposta imunológica mediada por célula. Resposta imunológica adquirida que envolve apenas superfícies celulares, sem produção de anticorpo, especificamente o braço T_H1 da resposta imunológica. Contrasta com resposta imunológica humoral.

ressurgência. Região do oceano na qual a água fria e rica em nutrientes sobe até a superfície, substituindo a água superficial mais quente e, geralmente, desprovida de nutrientes; tais regiões apresentam uma alta produtividade ecológica, sustentando muitos peixes.

rete mirabile (do latim *wonderful net* = rede maravilhosa). Uma rede de pequenos capilares dispostos de forma que o sangue que entra corre em sentido contrário ao sangue que sai, tornando possível a troca eficiente de gases entre essas duas correntes sanguíneas. Esse mecanismo serve para manter a alta concentração de gases na bexiga natatória dos peixes. Também conhecido como rede maravilhosa.

reticular (do latim *reticulum* = pequena rede). Que se parece com uma rede, em aparência ou em estrutura.

retículo (do latim *rete*, diminutivo *reticulum* = rede). O segundo estômago dos ruminantes; estrutura semelhante a rede.

retículo endoplasmático (RE). Um complexo de membranas localizadas no interior da célula; pode ser rugoso (com ribossomos) ou liso (sem ribossomos).

retículo trabecular (do latim *trabecula*, uma pequena viga; retículo, uma rede). Tecido sincicial de duas camadas que forma a estrutura corporal principal das esponjas hexactinelídeos (filo Porifera).

reticulópodes (do latim *reticulum*, diminutivo de rete = rede + *podous*, *pous* = pé). Pseudópodes que se ramificam e se conectam novamente, formando uma rede.

retina (do latim *rete* = rede). Membrana sensorial posterior do olho (cones e/ou bastonetes), que recebe sinais luminosos e transmite-os ao encéfalo, onde as imagens são formadas.

retortamonado (do latim *retro* = curva posterior + *monas* = simples). Qualquer membro de um clado de protozoário que compreende certos flagelados heterótrofos.

revolução científica. Termo cunhado pelo filósofo Thomas Kuhn para a fase de descobertas científicas na qual a pesquisa revela falhas em um paradigma preexistente levando-o a ser descartado em favor de um paradigma alternativo.

ribose. Açúcar com cinco carbonos que forma parte da estrutura fundamental dos nucleotídios RNA, incluindo moléculas de ATP usadas para estocar energia química no metabolismo celular.

ribossomo. Estrutura subcelular composta de proteína e ácido ribonucleico. Pode ser encontrado livre no citoplasma ou ligado a membranas do retículo endoplasmático; funciona na síntese proteica.

rinário (do grego *rhis* = nariz). Área sem pelos que circunda o nariz de mamíferos.

rincocele (do grego *rhynchos* = focinho + *koylos* = oco). Cavidade dorsal tubular que contém a probóscide invertida dos nemertinos. Ela não apresenta abertura para o exterior.

rinóforo (do grego *rhis* = nariz + *pherein* = carregar). Tentáculos quimiorreceptores de alguns moluscos (gastrópodes opistobrânquios).

ripidístio (do grego *rhipis* = leque + *histion* = vela, rede). Membro de um grupo de peixes paleozoicos com nadadeiras lobadas.

ritualização. Em etologia, é a modificação evolutiva de um padrão de comportamento para a comunicação, em geral envolvendo a sua intensificação. Inclui a **exibição agressiva ritualizada**, na qual os indivíduos transmitem sinais mutuamente compreendidos que levam ao estabelecimento de uma hierarquia de dominância dentro de uma população.

rizópode (do grego *rhiza* = raiz + *podos* = pé). Pseudópodes filamentosos ramificados de algumas amebas.

RNA mensageiro (mRNA). Uma forma de ácido ribonucleico que transporta informação genética do gene para o ribossomo, onde determina a sequência dos aminoácidos conforme um polipeptídio é formado.

RNA polimerase. Um dos três tipos de enzimas que sintetizam RNA, usando ribonucleotídios trifosfatos (ATP, CTP, GTP, UTP) e um modelo de DNA. Nos eucariotos, a RNA polimerase I sintetiza o RNA ribossômico, a RNA polimerase II sintetiza o RNA mensageiro e a RNA polimerase III sintetiza o RNA transportador.

RNA ribossomial (RNAr). Ácidos ribonucleicos que formam as estruturas físicas dos ribossomos em associação com proteínas ribossômicas.

RNA transportador (tRNA). Uma forma de RNA com aproximadamente 70 a 80 nucleotídios que é uma molécula adaptadora na síntese de proteínas. Uma molécula específica de aminoácido é carregada pelo RNA transportador até um complexo ribossomo–RNA mensageiro para incorporação em um polipeptídio em formação

RNA. Ácido ribonucleico, do qual existem diferentes tipos, como RNA mensageiro, RNA ribossômico e RNA transportador (mRNA, RNAr e tRNA), assim como muitos RNAs estruturais e reguladores.

ropálio (do neolatim, a partir do grego *rhopalon* = clava). Órgão marginal, em forma de clava, de certas medusas; tentaculocisto.

roptrias (do grego *rhopalon* = clava + *tryō* = esfregar, gastar). Corpúsculos em forma de clava dos apicomplexos e que compõem uma das estruturas do complexo apical; se abre na parte anterior e aparentemente atua na penetração na célula hospedeira.

rostelo (do latim *rostellum* = bico pequeno). Estrutura que se projeta do escólex de tênias, frequentemente apresentando ganchos.

rostro (do latim *rostrum* = proa de navio). Projeção da cabeça, focinho.

rúmen (do latim *rumen* = ruminar). O primeiro grande compartimento do estômago dos mamíferos ruminantes. Serve como uma câmara de fermentação na qual bactérias degradam a celulose.

ruminante (do latim *ruminare* = ruminar). Mamíferos artiodáctilos que apresentam um estômago complexo, com quatro câmaras, incluindo uma câmara anterior que contém bactérias e serve como local para a fermentação.

S

sacarase. Enzima na membrana plasmática das células que revestem o intestino e dividem a sacarose em glicose e frutose.

saco adesivo. Estrutura de um ectoprocto larval, cujas secreções fixam a larva ao substrato para a metamorfose à forma adulta.

saco aéreo. Espaço preenchido com ar e conectado aos pulmões e cavidades ósseas das aves que facilita a respiração e a termorregulação.

sacro (do latim *sacer* = sagrado). Osso formado pela fusão de vértebras ao qual a cintura pélvica é ligada; relativo ao sacro. Adj., sacral.

sáculo (do latim *sacculus* = bolsa pequena). Pequena câmara no labirinto membranoso da orelha interna.

sagital (do latim *sagitta* = seta). Relativo ao plano anteroposterior mediano que divide um organismo bilateralmente simétrico nas metades direita e esquerda.

sal (do latim *sal* = sal). Produto da reação entre um ácido e uma base; em solução aquosa, dissocia-se em íons negativos e positivos, mas não em H^+ ou OH^-.

salamandra. Qualquer membro da ordem Urodela de anfíbios (também denominada Caudata, às vezes com diferentes inclusões de formas fósseis).

salobra. Água que tem salinidade intermediária entre a água doce e a água do mar, variando de 0,5 a 30 partes por mil.

sapo. Qualquer anfíbio membro da ordem Anura (também denominada Salientia).

saprófago (do grego *sapros* = podre + *phagos*, de *phagein* = comer). Que se alimenta de matéria em decomposição; sapróbio; saprozoico.

sarcolema (do grego *sarx* = carne + *lemma* = envoltório). Camada fina, não celular, que envolve as fibras dos músculos estriados.

sarcômero (do grego *sarx* = carne + *meros* = parte). Segmento transverso do músculo estriado que forma a unidade fundamental contrátil.

sarcoplasma (do grego *sarx* = carne + *plasma* = matriz). O citoplasma claro, semifluido, entre as fibrilas das fibras musculares.

sauropterígios (do grego *sauros* = lagarto + *pteryginos* = com asas). Répteis marinhos do Mesozoico que frequentemente apresentam membros em forma de remo e pescoço alongado, incluindo os plesiossauros, pliossauros e placodontes.

sebácea (do latim *sebaceus* = feito de sebo). Tipo de glândula epidérmica de mamíferos que produz uma substância gordurosa.

sebo (do latim *sebum* = graxa, sebo). Secreção oleosa das glândulas sebáceas da pele.

secundinas. Placenta e membranas fetais descartadas do útero após o nascimento de mamíferos.

sedentário. Estacionário, parado, inativo; que permanece em um só lugar.

segmentação. Divisão do corpo em segmentos discretos ou metâmeros; também denominada **metamerismo**.

segunda lei da termodinâmica. Os sistemas físicos tendem a levar a um estado de desordem aumentada, denominada entropia.

Segunda lei de Mendel. Ver **lei da segregação independente**.

seio (do latim *sinus* = curva). Cavidade ou espaço em um tecido ou no osso.

seleção catastrófica de espécies. Sobrevivência diferencial de espécies durante um período de extinção em massa com base na variação de características que permitem a algumas espécies, mas não a outras, suportar graves alterações ambientais, como as causadas pelo impacto de um asteroide.

seleção de espécies. Taxas diferenciais de especiação e/ou extinção entre linhagens evolutivas, causadas por interações entre características emergentes em nível de espécie e meio ambiente; contrasta com o **efeito da macroevolução**.

seleção de grupo. Hipótese de que a seleção algumas vezes atua preferivelmente em uma população de indivíduos e não diretamente nos próprios indivíduos; proposta para explicar a evolução de comportamentos individuais que não beneficiam diretamente um indivíduo, mas podem favorecer uma associação que inclui o indivíduo que realiza o comportamento. Análises críticas têm desacreditado amplamente hipóteses de seleção de grupo a favor de alternativas, como seleção de parentesco e altruísmo recíproco.

seleção de micro-hábitat. Quando espécies que apresentam nichos ecológicos similares ocorrem na mesma comunidade e exibem partição de recursos por meio de especializações em aspectos distintos do recurso compartilhado, como por exemplo quando aves preferem locais distintos para forragearem.

seleção de parentesco. Uma extensão da teoria genética da seleção natural que explica comportamentos altruísticos que preferencialmente beneficiam parentes próximos; contribuição genética de um indivíduo para gerações futuras que é acentuada pela promoção da sobrevivência dos parentes próximos, uma vez que os genes que compartilham são idênticos por descendência.

seleção direcional. Processo seletivo que favorece um valor extremo de um fenótipo quantitativo em uma população, potencialmente capaz de causar uma mudança no valor médio do fenótipo da população.

seleção disruptiva. Processo seletivo pelo qual o valor médio de um fenótipo quantitativo é desfavorecido quando comparado aos seus valores extremos, causando potencialmente o surgimento, por evolução, de uma distribuição bimodal do fenótipo.

seleção estabilizadora. Processo de seleção no qual o valor médio de um fenótipo quantitativo é favorecido em relação a valores extremos na população, potencialmente estabilizando o valor médio.

seleção natural. Reprodução não aleatória de diferentes organismos em uma população, a qual resulta na sobrevivência daqueles mais bem adaptados ao seu meio e eliminação daqueles menos adaptados; leva a mudanças evolutivas se a variação for hereditária, acumulando as características mais favoráveis na população e descartando aquelas menos favoráveis.

seleção sexual. Propagação diferencial entre organismos distintos causada pelo maior sucesso de algumas formas durante o processo reprodutivo (sucesso de acasalamento e fertilidade). Uma característica favorecida pela seleção sexual pode ser prejudicial à sobrevivência e desfavorecida pela seleção natural.

semelparidade. História de vida em que indivíduos de uma população normalmente se reproduzem uma só vez antes de morrerem, embora possam produzir numerosos descendentes na reprodução; contrasta com **iteroparidade**.

semipermeável (do latim *semi* = metade + *permeabilis* = que permite passagem). Permeável a pequenas partículas, tais como água e certos íons inorgânicos, mas não a moléculas maiores.

sensibilização. Tipo de aprendizado no qual um animal desenvolve uma resposta particular a determinado estímulo; contrário de **habituação**.

sensila (do latim *sensus* = sentido). Pequeno órgão sensorial, especialmente em artrópodes.

septo (do latim *septum* = cerca). Parede entre duas cavidades.

serosa (do neolatim, a partir do latim *serum* = soro). A membrana embrionária mais externa de aves e répteis; córion. Ainda, o revestimento peritoneal da cavidade corpórea.

seroso (do latim *serum* = soro). Aquoso, parecido com soro; aplicado a glândulas, tecidos, células, fluidos.

serotonina (do latim *serum* = soro). Amina fenólica que serve de neurotransmissor no sistema nervoso central; também ocorre no soro do sangue coagulado e em muitos outros tecidos; 5-hidroxitriptamina.

séssil (do latim *sessilis* = baixo, anão). Preso na base; fixado a um lugar.

sícon (do grego *sykon* = figo). Tipo de sistema de canais de certas esponjas. Algumas vezes denominado siconoide.

sifão. Tubo que direciona o fluxo de água.

sifonoglife (do grego *siphōn* = tubo, caniço, sifão + *glyphē* = entalhe). Sulco ciliado do esôfago das anêmonas-do-mar.

sifúnculo (do latim *siphunculus* = pequeno tubo). Cordão de tecido que atravessa a concha de um nautiloide, conectando todas as câmaras com o corpo do animal.

silicoso (do latim *silex* = sílica). Que contém sílica.

simbiose (do grego *syn* = com + *bios* = vida). O convívio de duas espécies em uma relação próxima. Pelo menos uma das espécies se beneficia; a outra espécie pode beneficiar-se, não ser afetada ou ser prejudicada (mutualismo, comensalismo e parasitismo, respectivamente).

simetria bilateral primária. Em geral aplicado a um organismo radialmente simétrico, descendente de um ancestral bilateral e que se desenvolve a partir de uma larva bilateralmente simétrica.

simetria birradial. Tipo de simetria radial na qual apenas dois planos passam pelo eixo oral-aboral produzem imagens especulares, porque alguma estrutura é pareada.

simetria pentâmera (do grego *pente* = cinco + *meros* = parte). Simetria radial baseada em cinco partes ou múltiplos destas.

simetria radial primária. Em geral aplicada a um organismo radialmente simétrico que não tem um ancestral (adulto ou larva) bilateral, em contraste com um organismo secundariamente radial.

simetria radial. Uma condição morfológica em que as partes de um animal são arranjadas concentricamente em torno de um eixo oral-aboral, e mais de um plano imaginário que atravessa esse eixo gera partes que são imagens espelhadas das demais.

símio (do latim *simia* = macaco). Relativo a macacos.

simpátrico (do grego *syn* = com + *patra* = pátria). Que tem distribuição igual ou parcialmente sobreposta. Subst., **simpatria**.

simplesiomorfia. Compartilhamento de características ancestrais entre espécies, não indicando que essas espécies constituem um grupo monofilético.

sinapomorfia (do grego *syn* = junto com + *apo* = de + *morphe* = forma). Estados um caráter evolutivamente derivado que é compartilhado entre espécies e utilizado para recuperar padrões de ancestralidade comum entre duas ou mais espécies.

sinapse (do grego *synapsis* = contato, união). Local onde um potencial de ação passa entre processos neuronais, normalmente a partir do axônio de uma célula nervosa em direção ao dendrito de outra célula nervosa.

sinápsidos (do grego *synapsis* = contato, união). Grupo de amniotas que compreende os mamíferos e os répteis "mamaliformes" ancestrais, e que apresentam um único par de aberturas temporais no crânio.

sincário (do grego *syn* = com + *karyon* = núcleo). Núcleo do zigoto resultante da fusão dos pronúcleos.

sincício (do grego *syn* = com + *kytos* = compartimento oco). Uma célula multinucleada. Adj., **sincicial**.

síndrome (do grego *syn* = com + *dramein* = correr, transportar). Grupo de sintomas característicos de determinada doença ou anormalidade.

síndrome comportamental. Um conjunto contrastante de comportamentos correlacionados que reflete estabilidade interindividual no comportamento em várias situações; por exemplo, o contraste entre larvas de mosca-das-frutas que percorrem longas trajetórias para forragear *versus* outras que concentram sua alimentação em uma pequena área.

síndrome de Down. Síndrome congênita que inclui retardo mental, causada pela presença de um cromossomo 21 extra nas células; também denominada trissomia 21.

singamia (do grego *syn* = com + *gamos* = casamento). Fertilização de um gameta por outro gameta individual para formar um zigoto, como ocorre na maioria dos animais com reprodução sexuada.

sinistrógira (do latim *sinister* = esquerdo). Relativo ao lado esquerdo; nos gastrópodes, a concha é sinistrógira se sua abertura se situa à esquerda da columela, quando a espira está voltada para cima e a concha está de frente para o observador.

sinsacro (do grego *syn* = junto + sacro). Um osso de aves que consiste na fusão das últimas vértebras torácicas, lombares, sacrais e as primeiras caudais.

síntese prebiótica. Síntese química que ocorreu antes da emergência da vida.

siringe (do grego *syrinx* = gaita de pastor). Órgão vocal das aves localizado na base da traqueia.

sistema actomiosina. Mecanismo do movimento animal baseado na contração e no relaxamento alternados de estruturas e induzido pelos movimentos das proteínas actina e miosina.

sistema cinético (do grego *kinein* = mover). Conjunto de todos os cinetossomos e cinetodesmos em uma fileira de cílios.

sistema da linha lateral. Órgão sensorial composto por neuromastos localizados em canais e sulcos na cabeça e nos lados do corpo de peixes e de alguns anfíbios, os quais detectam vibrações da água.

sistema enteroendócrino. Células endócrinas dispersas no revestimento do trato digestório. Elas secretam hormônios que podem atuar localmente para regular os processos digestivos ou ser transportados para o cérebro, onde atuam nos neurônios e nas células da glia.

sistema fagocitário mononuclear. Células fagocitárias estabelecidas nos tecidos, especialmente no fígado, linfonodos, bexiga e outros; também denominado sistema reticuloendotelial.

sistema hemal (do grego *haima* = sangue). Sistema de pequenos vasos dos equinodermos; sua provável função é a de distribuição de nutrientes para regiões específicas do corpo.

sistema hidrovascular. Sistema composto por tubos e ductos fechados preenchidos por fluido característico dos equinodermos; usado para mover tentáculos e pés ambulacrais, que servem, de modo variado, para adesão, manipulação do alimento, locomoção e respiração. Também denominado sistema ambulacrário.

sistema hierárquico. Esquema no qual os organismos são organizados em uma série de táxons de abrangência crescente, como ilustrado pela classificação de Lineu.

sistema lacunar. Conjunto de canais circulatórios em forma de rede e cheios de fluido em um acantocéfalo.

sistema porta (do latim *porta* = porta, portão). Estrutura circulatória na qual uma rede de capilares drena em outra rede de capilares por meio de veias; por exemplo, os sistemas porta-hepático e porta-renal dos vertebrados.

sistema reticuloendotelial (do latim *reticulum* = diminutivo de rede + grego *endon* = dentro + *thele* = mama). Células fagocitárias estabelecidas nos tecidos, especialmente no fígado, linfonodos, baço e outros; mais comumente denominado sistema fagocitário mononuclear.

sistema traqueal (do latim *trachia* = gaita de fole). Rede de tubos de parede delgada que se ramificam por todo o corpo dos insetos terrestres; utilizado para respiração.

sistemática. Ciência da taxonomia e reconstrução de filogenias.

sistemática filogenética. Ver **cladística**.

sistematização. Agrupar taxonomicamente as espécies para representar padrões de descendência a partir de linhagens com ancestral comum. Os táxons são definidos por incluir o ancestral comum mais recente de um dado par de espécies e todos os descendentes desse ancestral. Contrasta com classificação, na qual os táxons são definidos por incluir todos os organismos que apresentam uma característica essencial.

sístole (do grego *systolē* = juntar). Contração do coração.

sobreposição de nicho. Comparação de duas espécies que quantifica a proporção dos recursos utilizada por uma espécie e que também é utilizada pela outra.

sobrevivência. Proporção de indivíduos de uma coorte ou população que persistem desde um momento de sua história de vida (p. ex., o nascimento) até outro momento (p. ex., a maturidade sexual ou uma idade específica).

sociobiologia. Estudo etológico do comportamento social em humanos ou outros animais.

solênio (do grego *sōlēn* = tubo). Canais do cenênquima que conectam os pólipos de uma colônia de octocorais (filo Cnidaria).

solenócito (do grego *sōlēn* = tubo + *kytos* = compartimento oco). Tipo especial de bulbo flama, no qual o bulbo apresenta um flagelo, em vez de um tufo de flagelos. Ver **célula-flama, protonefrídio**.

solvente. Líquido no qual uma substância está dissolvida.

soma (do grego corpo). O conjunto completo de um organismo, exceto as células germinativas (germoplasma).

somático (do grego *sōma* = corpo). Refere-se ao corpo; por exemplo, células somáticas em contraposição a células germinativas.

somatocele (do grego *sōma* = corpo + *koilos* = oco). Compartimento celomático posterior dos equinodermos; a somatocele esquerda origina o celoma oral e a somatocele direita torna-se o celoma aboral.

somatoplasma (do grego *sōma* = corpo + *plasma* = alguma coisa formada). A matéria viva que constitui a massa corpórea, em contraposição ao germoplasma, que compreende as células reprodutivas. O protoplasma das células do corpo.

somito (do grego *sōma* = corpo). Um dos blocos de mesoderma organizados na forma de segmentos (metamericamente) em uma série longitudinal, junto ao tubo neural do embrião; metâmero.

soro (do latim *serum* = soro de leite, soro). Líquido que se separa do sangue após coagulação; plasma sanguíneo do qual o fibrinogênio foi removido. Também se refere à porção transparente de um fluido biológico quando separado de seus elementos particulados.

subníveo (do latim *sub* = abaixo, sob + *nivis* = neve). Aplica-se a ambientes abaixo da neve, nos quais este atua como um isolante contra uma temperatura atmosférica mais fria.

Subpopulação fonte. Subpopulação (*deme*) estável que serve como origem de colonizadores para estabelecer, unir ou substituir outras subpopulações da mesma espécie (ver **dinâmica de metapopulações**); por exemplo, uma subpopulação que habita uma área ambientalmente estável e cujos membros rotineiramente estabelecem populações transitórias em áreas próximas e ambientalmente instáveis.

subpopulação sumidouro. Subpopulação ("deme") cujos indivíduos são desproporcionalmente mais perdidos em comparação com outras subpopulações da mesma espécie (ver **dinâmica de metapopulações**); por exemplo, uma subpopulação que ocupa uma área ambientalmente instável e cujos membros são periodicamente eliminados por mudanças climáticas e, posteriormente, tal subpopulação é repovoada por colonizadores vindos de outros "demes", quando forem restabelecidas as condições favoráveis.

substância fundamental. A matriz na qual as fibras do tecido conjuntivo são incorporadas.

substrato. Substância sobre a qual uma enzima atua; também, uma base ou fundação; a substância ou base na qual um organismo cresce.

sulco de clivagem. Em um embrião animal em desenvolvimento, um sulco que marca um plano futuro de divisão celular.

T

tagma (do grego *tagma* = arranjo, ordem, coluna). Uma das seções compostas do corpo de um artrópode, resultante da fusão de dois ou mais segmentos durante a embriogênese; por exemplo, cabeça, tórax e abdome.

Tagmose, tagmatização. Organização do corpo de artrópodes em tagmas.

taiga (do russo). Zona de hábitat caracterizada por grandes extensões de florestas de coníferas, invernos longos e frios e verões curtos; mais típico no Canadá e na Sibéria.

talude continental. Área do fundo oceânico com declividade acentuada que se estende da margem externa da plataforma continental até profundidades entre 3.000 e 4.000 m.

tampão. Qualquer substância ou composto químico que tende a manter os níveis de pH constantes, quando ácidos ou bases são adicionados à solução.

tântulo (do grego *tantulus* = tão pequeno). Larva de Tantulocarida (subfilo Crustacea).

tátil (do latim *tactilis* = que pode ser tocado, a partir de *tangere* = tocar). Relacionado ao tato.

taxa de crescimento. Proporção pela qual uma população altera o número de indivíduos em um dado período por meio de reprodução e, possivelmente, imigração.

taxa intrínseca de aumento. Ver **taxa intrínseca de crescimento.**

taxa intrínseca de crescimento. Taxa exponencial de aumento (r).

taxia (do grego *taxis* = arranjo). Movimento de orientação de um organismo (geralmente) simples em resposta a um estímulo ambiental.

táxon (do grego *taxis* = arranjo). Um grupo ou entidade taxonômica.

taxonomia (do grego *taxis* = arranjo + *nomos* = lei). Estudo dos princípios da classificação científica; ordenação sistemática e nomenclatura dos organismos.

taxonomia evolutiva. Um sistema de classificação, formalizado por George Gaylord Simpson, que reúne as espécies em grupos lineanos superiores, representando uma hierarquia de **zonas adaptativas** distintas; tais táxons podem ser **monofiléticos** ou **parafiléticos**, mas não **polifiléticos**.

taxonomia fenética (do grego *phaneros* = visível, evidente). Refere-se ao uso de um critério de similaridade global para classificar organismos em táxons; opõe-se a classificações baseadas explicitamente na reconstrução da filogenia.

teca (do grego *thēkē* = um estojo para alguma coisa, uma caixa). Um revestimento externo protetor para um organismo ou um órgão.

tecado (do grego *thēkē* = um estojo, caixa). Um organismo que apresenta uma teca.

tecido (do inglês medieval *tissu* = tecido). Agregado de células, geralmente do mesmo tipo, organizado para efetuar uma função em comum. Tecido para formar uma estrutura semelhante a um saco.

tectônica de placas. Deslocamento da crosta terrestre por meio do deslocamento de placas rochosas subjacentes a ela. Esse fenômeno explica a mudança nas posições dos continentes ao longo do tempo geológico, formação de cadeias de montanhas e padrões de formação de arquipélagos de ilhas vulcânicas.

tectum (do latim *tectum* = teto). Estrutura em forma de teto; por exemplo, a parte dorsal do *capitulum* de ácaros e carrapatos.

tégmen (do latim *tegmen* = uma cobertura). Epitélio externo de crinoides (filo Echinodermata).

tegumento (do latim *tegumentum*, a partir de *tegere* = cobrir). Uma cobertura: especificamente, cobertura externa em cestódeos e trematódeos.

tegumento sincicial. Uma epiderme multinucleada não ciliada, presente em diversos platelmintos parasitos; também chamada de neoderme.

teia alimentar. Análise que relaciona espécies em uma comunidade ecológica de acordo com a maneira pela qual se nutrem; por exemplo, fixando carbono atmosférico (**produtores**), consumindo produtores (**herbívoros**), consumindo herbívoros (**carnívoros** do primeiro nível trófico) ou consumindo carnívoros (carnívoros de nível trófico mais elevado).

telencéfalo (do grego *telos* = fim + *encephalon* = cérebro). Vesícula mais anterior do encéfalo; a subdivisão mais anterior do prosencéfalo que origina o cérebro e estruturas associadas.

teleologia (do grego *telos* = fim + do latim *logia* = estudo de, a partir do grego *logos* = palavra). Visão filosófica segundo a qual os eventos naturais são diretamente objetivados e pré-ordenados, em oposição à visão científica do determinismo mecânico.

teleósteos. Um clado de peixes com nadadeiras raiadas e caracterizado por apresentar uma nadadeira caudal homocerca.

telocêntrico (do grego *telos* = fim + *kentron* = centro). Cromossomo com o centrômero na extremidade.

telolécito (do grego *telos* = fim + *lekithos* = vitelo). Ovo cujo vitelo está concentrado em determinado polo.

télson (do grego *telson* = extremidade). Projeção posterior do último segmento corporal de muitos crustáceos.

temnospôndilos (do grego *temnō* = cortar + *spondylos* = vértebra). Um grande grupo de tetrápodes ancestrais que viveram desde o Carbonífero até o Triássico.

tendão (do latim *tendo* = tendão). Faixa fibrosa que conecta um músculo a um osso ou outra estrutura móvel.

tendência. Mudança direcional nas características ou padrões de diversidade típicos em um grupo de organismos ao ser observada durante longos períodos do tempo evolutivo no registro fóssil.

tenídias (do grego *tainia* = fita). Espessamentos espirais da cutícula que dão sustentação às traqueias (filo Arthropoda).

tentaculocisto (do latim *tentaculum* = sensor + *kystis* = bolsa, reservatório). Órgão sensorial localizado na margem de medusas; ropálio.

teoria cromossômica da herança. Teoria geral de síntese entre os resultados da genética mendeliana e da citologia para propor que a herança é de natureza particulada e que os fatores hereditários se localizam nos cromossomos dos eucariotos.

teoria evolutiva de transformação. Qualquer hipótese evolutiva na qual mudanças ocorrem por meio da reestruturação individual de organismos durante a sua ontogênese, com a transmissão de tais alterações fenotípicas aos descendentes, como na teoria de Lamarck. Opõe-se às teorias evolutivas de variação, como a da seleção natural, de Darwin.

teoria evolutiva de variação. Hipótese evolutiva, como a seleção natural de Darwin, na qual ocorrem mudanças nas frequências de características genéticas alternativas ao longo das gerações em uma população, em vez de ocorrerem por modificações hereditárias de características adquiridas por um organismo durante a sua ontogenia. Opõe-se às teorias evolutivas de transformação, como o lamarckismo.

teoria. Uma hipótese científica ou um conjunto de hipóteses que oferecem explicações muito poderosas para uma ampla gama de fenômenos relacionados e permite organizar a investigação científica desses fenômenos.

terápsidos (do grego *theraps* = um atendente). Grupo de amniotas extintos que viveram do Permiano ao Triássico e dos quais evoluíram os mamíferos; tradicionalmente, um grupo parafilético que pode ser transformado em monofilético ao se incluírem os mamíferos.

tergo (do latim *tergum* = dorso, costas). Parte dorsal de um segmento corporal de artrópodes.

terminação 3'. A terminação de uma molécula de ácido nucleico que consiste em um grupo hidroxila ligado ao carbono 3' do açúcar terminal. A síntese de ácidos nucleicos consiste na adição de nucleotídios a essa terminação da molécula (a terminação oposta é a terminação 5').

termoclina (do grego *thermē* = calor + *klinein* = mudar bruscamente a direção). Camada de água que separa uma camada mais leve e mais quente de água de uma camada mais pesada e mais fria em um lago ou no mar; um estrato com mudança abrupta na temperatura da água.

território (do latim *territorium*, a partir de *terra* = terra). Uma área restrita ocupada por um animal ou par de animais, geralmente para fins de reprodução, e protegida de outros indivíduos da mesma espécie.

testa (do latim *testa* = concha). Concha ou revestimento externo endurecido.

testáceo. Condição que indica a presença de uma testa.

tétrade (do grego *tetras* = quatro). Par de cromossomos homólogos replicados (duas cromátides em cada, quatro no total) alinhados fisicamente e mantidos juntos em sinapse na prófase I da meiose; um bivalente.

tetrápodes (do grego *tetras* = quatro + *pous, podos* = pé). Vertebrados com quatro membros locomotores; o grupo inclui anfíbios, répteis não aves, aves e mamíferos, incluindo as espécies que perderam os apêndices locomotores, como as cecílias e as serpentes.

tiflossole (do grego *typhlos* = cego + *sōlēn* = canal, gaita). Dobramento longitudinal que se projeta para o interior do intestino de certos invertebrados, como a minhoca.

tipo sanguíneo. Característica do sangue de seres humanos que é geneticamente determinada e ocasionada por antígenos específicos presentes na membrana dos eritrócitos, e que causa aglutinação quando grupos incompatíveis são misturados; os tipos sanguíneos são designados A, B, O, AB, Rh-positivo, Rh-negativo, dentre outros.

tipologia (do latim *typus* = imagem). Classificação de organismos por meio da qual os membros de um táxon são reconhecidos por compartilhar propriedades intrínsecas e essenciais e na qual as variações entre os organismos são consideradas desinteressantes e sem importância.

tirotropina. Hormônio peptídico produzido pela hipófise e também chamado de hormônio estimulante da tireoide. Sua função é estimular a glândula tireoide a produzir dois hormônios: triidotironina (T3) e tiroxina (T4).

tiroxina. Um dos dois hormônios da tireoide, também chamado de T4 porque contém quatro átomos de iodo. É considerado o precursor da triiodotironina ou T3, por ser menos ativo que o T3.

título (do francês *titrer* = titulação). Concentração de uma substância em uma solução por meio do método de titulação.

torácico (do latim *thōrax*, peito). Referente ao tórax ou peito.

torção (do latim *torquere* = torcer). Fenômeno de torção que ocorre durante o desenvolvimento de gastrópodes e que altera a posição dos órgãos viscerais e paliais em 180°.

tornária (do latim *tornare* = virar, mudar). Larva livre-natante de enteropneustos que gira enquanto nada; assemelha-se levemente à larva bipinária de equinodermos.

toxicisto (do grego *toxikon* = veneno + *kystis* = bexiga). Estruturas encontradas em protozoários ciliados predadores que, quando estimuladas, liberam um veneno para subjugar a presa.

tradução (do latim, uma transferência). Processo pelo qual a informação genética presente em um RNA mensageiro é usada para direcionar a ordem de aminoácidos específicos durante a síntese de proteínas.

transcrição. Formação do RNA mensageiro a partir do código do DNA.

Transição demográfica. Uma alteração na estrutura etária e taxa de crescimento características de uma população; especificamente, mudança nas populações humanas coincidente com a industrialização, passando de uma maior proporção de jovens e um aumento líquido no tamanho populacional para uma distribuição mais uniforme de idosos e jovens, e um tamanho populacional mais estável.

translocação. Transferência do material cromossômico de um cromossomo para outro cromossomo não homólogo, frequentemente de maneira recíproca.

transportador. Molécula proteica transmembrana de transporte, presente na membrana plasmática e que permite que íons e/ou moléculas que seriam impermeáveis sejam transportados através da membrana, processo esse denominado transporte mediado por um transportador.

transporte ativo. Transporte mediado em que uma proteína transmembrana transporta uma molécula através de uma membrana celular contra um gradiente de concentração; requer gasto de energia. Contrasta com **difusão facilitada**.

transporte facilitado. Ver **difusão facilitada**.

transporte mediado. Transporte de uma substância através da membrana celular assistido por uma molécula carreadora de proteína situada na membrana.

traqueia (do latim medieval *trachea* = gaita de fole). Tubo revestido por cartilagem utilizado para conduzir ar entre a faringe e os pulmões dos tetrápodes. Também designa os ductos aéreos dos insetos.

traquéola (do latim *trachia* = gaita de fole). Ramificação final do sistema traqueal, preenchida com fluido, mas não trocada durante a ecdise.

traquilina (do grego *trachys* = bruto + *linum* = cordão). Termo descritivo para um ciclo de vida não usual de hidrozoários (filo Cnidaria) no qual uma larva se metamorfoseia diretamente em um estágio de medusa sem a presença de um estágio intermediário de pólipo.

trematódeo (do inglês antigo, linguado, solha). Membro das classes Trematoda ou Monogenea. Também, alguns dos peixes achatados.

triblástico (do grego *triploos* = triplo + *blastos* = germe). Refere-se a animais nos quais o embrião tem três camadas germinativas primárias – ectoderma, mesoderma e endoderma.

tricocisto (do grego *thrix* = pelo + *kystis* = bexiga). Organela protrátil saculiforme localizada no ectoplasma de ciliados, e que se descarrega, como uma arma de defesa, na forma de um filamento longo.

triglicerídio (do grego *tria* = três + *glykys* = doce + *ideo* = sufixo que denota um composto). Triéster de glicerol com um, dois ou três tipos de ácidos graxos.

triiodotironina. Um dos dois hormônios da tireoide, também chamado de T3, porque contém três átomos de iodo. T3 promove o crescimento normal e o desenvolvimento do sistema nervoso em animais em crescimento, e também estimula o metabolismo.

trímero (do grego *treis* = três + *meros* = parte). Corpo dividido em três regiões principais, como ocorre nos lofoforados e em alguns deuterostômios.

tripartite. Ver **trímero**.

triquinose. Doença causada pela infecção com o nematódeo *Trichinella spiralis*.

trissomia. A constituição cromossômica de um organismo diploide no qual um único cromossomo extra está presente (número do cromossomo + 2 n + 1).

trissomia 21. Ver **síndrome de Down**.

trocófora (do grego *trochos* = roda + *pherein* = possuir). Larva ciliada marinha livre-natante característica da maioria dos moluscos e certos ectoproctos, braquiópodes e vermes marinhos; um corpo ovoide ou piriforme com um círculo pré-oral de cílios e, às vezes, um círculo secundário pós-oral.

trofaláxis ou trofalaxia (do grego *trophē* = alimento + *allaxis* = escambo, permuta). Troca de alimento que ocorre entre jovens e adultos, especialmente em certos insetos sociais.

trófico (do grego *trophē* = alimento). Relativo com alimentação e nutrição.

trofoblasto (do grego *trephein* = nutrir + *blastos* = germe). Camada nutritiva mais externa do ectoderma da vesícula blastodérmica; em mamíferos, faz parte do córion e liga-se à parede uterina.

trofos (do grego *trophos* = aquele que alimenta). Estruturas em forma de mandíbula localizadas no mástax (estrutura trituradora) de rotíferos.

trofossomo (do grego *trophē* = alimento + *sōma* = corpo). Órgão de pogonóforos ou siboglinídeos, derivado do intestino, que contém bactérias mutualísticas.

trofozoíto (do grego *trophē* = alimento + *zōon* = animal). Estágio adulto do ciclo de vida de um eucarioto unicelular no qual absorve alimento ativamente.

trogocitose (do grego *trogo*, para mordiscar ou roer, + *citos*, vaso oco). Processo no qual as amebas que causam disenteria amebiana e alguns outros eucariotos unicelulares matam e ingerem células dos hospedeiros, engolfando partes de sua membrana plasmática, citoplasma e organelas.

trombina. Enzima que catalisa a transformação do fibrinogênio em fibrina durante o processo de coagulação sanguínea. Seu precursor é a **protrombina**.

trópico (do grego *tropē* = virar-se em direção a). Relacionado com os trópicos (tropical); em endocrinologia, um hormônio que influencia a ação de outro hormônio ou glândula endócrina.

tropomiosina (do grego *tropos* = volta + *mys* = músculo). Proteína de peso molecular baixo que se liga à actina e que envolve os filamentos de actina de músculos estriados. Atua em conjunto com a troponina para regular a contração muscular.

troponina. Complexo de proteínas globulares que se ligam à actina e que é posicionado em intervalos ao longo do filamento de actina de músculos esqueléticos; atua como um comutador dependente de cálcio durante a contração muscular.

tubérculo (do latim *tuberculum* = pequena corcova). Pequena protuberância, botão ou intumescência.

tubulina (do latim *tubulus* = pequeno tubo + *ina* = pertencente a). Proteína globular, que, em geral, ocorre como dímeros, formando o cilindro oco dos microtúbulos.

túbulos de Cuvier. (Cuvier, especialista francês em anatomia comparada de vertebrados do século XIX). Órgãos internos alongados, pegajosos, frequentemente tóxicos, de holoturoides, expelidos para enlear potenciais predadores; podem se regenerar.

túbulos de Malpighi (de Marcello Malpighi, anatomista italiano, 1628-1694). Túbulos com fundo cego que se abrem no intestino da grande maioria dos insetos e de alguns miriápodes e aracnídeos; funcionam primariamente como órgãos excretores.

túbulos seminíferos (do latim *semen* = sêmen + *ferre* = carregar). Tubos dos testículos nos quais os espermatozoides se desenvolvem e por meio dos quais saem dos testículos para se tornarem um componente do sêmen.

tundra (do russo, a partir do Lapão *tundar* = **colina**). Zona de hábitat terrestre, localizada entre a taiga e as regiões polares; caracterizada pela ausência de árvores, por uma curta estação de crescimento e por solos predominantemente congelados durante a maior parte do ano.

túnica (do latim *tunica* = túnica, casaco). Cobertura cuticular dos tunicados que contém celulose e é secretada pela parede do corpo subjacente.

turbinados (do latim *turbin*, girando). Ossos altamente convolutos e cobertos por membrana mucosa na cavidade nasal de endotérmicos; servem para reduzir a quantidade de calor e água perdidos durante o processo de respiração.

U

úlcera (do latim *ulcus* = úlcera). Abscesso que se abre na pele ou em uma superfície mucosa.

umbilical (do latim *umbilicus* = umbigo). Refere-se ao umbigo ou cordão umbilical.

umbo (do latim *umbo* = protuberância de um escudo). Uma das proeminências nos dois lados da região da charneira da concha de moluscos bivalves. Ainda, o "bico" da concha de braquiópodes.

ungulado (do latim *ungula* = casco). Com casco. Nome que se refere a qualquer mamífero com cascos.

uniformitarismo. Pressuposto metodológico de que as leis da química e da física permanecem constantes ao longo da história da Terra e que eventos geológicos passados ocorreram por processos que podem ser observados atualmente.

unirreme (do latim *unus* = um + *ramus* = ramo). Adjetivo que denota um apêndice não ramificado (no filo Arthropoda).

unitário. Descreve a estrutura de uma população na qual a reprodução é estritamente sexuada e cada organismo é geneticamente distinto dos demais.

ureter (do grego *uētēr* = ureter). Ducto que leva a urina dos rins metanéfricos até a bexiga urinária ou a cloaca.

uretra (do grego *ourethra* = uretra). Tubo que liga a bexiga urinária ao meio externo nos dois sexos.

urópode (do grego *oura* = rabo + *pous, podos* = pé). Apêndice mais posterior de muitos crustáceos.

uróstilo. Uma estrutura alongada que compreende as vértebras fusionadas da região posterior da coluna vertebral de anuros; homólogo às vértebras caudais dos outros tetrápodes.

utrículo (do latim *utriculus* = pequena bolsa). Parte do que contém os receptores para o equilíbrio dinâmico do corpo; os canais semicirculares partem do utrículo e retornam a ele.

V

vacúolo (do latim *vacuus* = vazio + sufixo diminutivo). Espaço celular limitado por membrana e preenchido por fluido.

vacúolo contrátil. Vacúolo dos protozoários e alguns metazoários inferiores preenchido por fluido claro. Absorve e elimina água da célula ciclicamente, para manter a osmorregulação e excretar alguns materiais.

vacúolo digestivo. Organela digestiva da célula.

valva (do latim *valva* = folha de uma porta dupla). Uma das duas valvas de um molusco bivalve/braquiópode típico. Nos sistemas cardiovascular e linfático, as válvulas permitem uma via unilateral de fluxo de sangue ou linfa.

válvula atrioventricular. Estrutura no coração entre cada átrio e ventrículo que permite o fluxo sanguíneo unilateral.

válvula espiral. Fina superfície dentro do cone arterioso do coração dos anfíbios que direciona o sangue oxigenado para os pulmões e o sangue desoxigenado para os demais órgãos do corpo.

variação (do latim *varius* = variável). Diferenças entre indivíduos de um grupo ou de uma espécie que não se referem a idade, sexo ou posição no ciclo de vida.

veias (do latim *vena* = uma veia). Vasos sanguíneos que transportam sangue até o coração; em insetos, finas extensões do sistema traqueal que dão suporte às asas.

velário (do latim *velum* = véu, cobertura). Extensão laminar da margem da subumbrela de cubozoários (filo Cnidaria).

véliger (do latim *velum* = véu, cobertura). Forma larval de certos moluscos; desenvolve-se a partir da trocófora e apresenta os primórdios do pé, do manto e da concha.

ventral (do latim *venter* = ventre). Situado na superfície ventral inferior ou abdominal.

ventrículo. Uma câmara do coração dos vertebrados que recebe o sangue de um átrio (uma câmara cardíaca separada) e bombeia o sangue do coração.

vênula (do latim *venula* = diminutivo de *vena* = veia). Pequeno vaso que conduz o sangue dos capilares até as veias; pequenas veias da asa dos insetos.

vermiforme (do latim *vermis* = verme + *forma* = forma). Adjetivo que descreve qualquer animal semelhante a verme; um adulto (nematógeno) de rombozoário (filo Mesozoa).

vesícula germinativa. Núcleo maduro de um oócito primário, aumentado e preenchido com RNA.

vesicular (do latim *vesicula* = uma pequena bexiga, bolha). Termo descritivo para a aparência granular do núcleo de vários eucariotos unicelulares devido à formação de grumos de cromatina; indica também o que é composto por várias cavidades em forma de vesículas; refere-se, ainda, ao que se assemelha a uma bexiga.

vesículas de Poli (de G. S. Poli, naturalista italiano). Vesículas que se abrem no canal circular na maior parte dos asteroides e holoturoides.

vestigial (do latim *vestigium* = pegada). Órgão rudimentar que pode ter sido bem desenvolvido em algum ancestral ou no embrião.

vetor (do latim *vector* = que possui, que carrega, a partir de *vehere, vectum* = portar). Qualquer agente que porte e transmita microrganismos patogênicos de um hospedeiro a outro. Ainda, em biologia molecular, um agente, como um bacteriófago ou plasmídio, que porte DNA recombinante.

véu (do latim *velum* = véu, cobertura). Membrana na superfície subumbrelar de medusas da classe Hydrozoa. Ainda, um órgão natatório ciliado da larva véliger.

via alternativa. Resposta imunológica inata ativada pela interação de proteínas do complemento com polissacarídios na parte externa de um microrganismo invasor; contrasta com a via clássica, que é ativada pela ligação de anticorpos.

vibrissa pl. vibrissas (do latim *nostril* = narina). Pelos duros que crescem nas narinas ou outras partes da face de muitos mamíferos e que servem como órgãos táteis; "bigodes."

vicariância (do latim *vicarius* = um substituto). Separação geográfica de populações, sobretudo aquela imposta por descontinuidades do ambiente físico, que fragmentaram as populações antes geograficamente contínuas.

vilo (do latim *villus* = tufo de pelos). Pequeno processo digitiforme que ocorre na parede do intestino delgado e que aumenta a superfície para absorção dos nutrientes digeridos. Ainda, um dos processos vasculares ramificados que ocorrem na porção embrionária da placenta.

vilosidades coriônicas (do grego *chorion* = pele + do latim *villi*, plural de *villus* = felpudo, tufo de pelos). Projeções digitiformes que contêm vasos sanguíneos e situadas na superfície externa da membrana coriônica dos vertebrados.

vírus (do latim *virus* = líquido pegajoso, veneno). Partícula acelular submicroscópica composta por um centro nucleoproteico e uma parede proteica; parasito; desenvolve-se e reproduz-se apenas em uma célula hospedeira.

víscera (do latim, plural de *viscus* = órgão interno). Órgão interno da cavidade corporal.

visceral. Relativo às **vísceras**.

vitalismo (do latim *vita* = vida). Ponto de vista, já desacreditado, de que os processos naturais são controlados por forças sobrenaturais e não podem ser explicados unicamente pelas leis da física e da química, nem por processos mecânicos.

vitamina (do latim *vita* = vida + *amina* = da antiga suposta origem química). Substância orgânica necessária em pequenas doses para o funcionamento normal do metabolismo; deve ser obtida da dieta ou pela flora intestinal, uma vez que o organismo não pode sintetizá-la. Uma exceção é a vitamina D_3, a qual é produzida na pele quando na presença de luz solar.

vitelário (do latim *vitellus* = gema do ovo). Estrutura observada em vários platelmintos e que produz células vitelinas, as quais produzem material para a casca do ovo e nutrientes para o embrião.

viviparidade (do latim *vivus* = vivo + *parere* = dar à luz). Reprodução por meio da qual os ovos desenvolvem-se no interior do corpo da fêmea, a qual fornece auxílio nutricional, como ocorre nos mamíferos eutérios, em muitos répteis não aves e em alguns peixes; a prole nasce no estágio juvenil. Adj., **vivíparo**.

voo nupcial. Voo de acasalamento dos insetos, especialmente aquele da rainha com um ou mais machos.

X

xantóforo (do grego *xanthos* = amarelo + *pherein* = portar). Cromatóforo que contém pigmento amarelo.

xenoenxerto. Enxerto de tecido de uma espécie diferente do receptor.

Z

zigoto (do grego *zygōtos* = unido). A célula-ovo fertilizada.

zoécio (do grego *zōon* = animal + *oikos* = casa). Bainha cuticular ou concha dos Ectoprocta.

zona adaptativa. Reação característica e relação mútua entre ambiente e organismo ("estilo de vida"), apresentadas por membros de um grupo taxonômico.

zona entremarés. Porção da plataforma continental oceânica que fica exposta durante as marés baixas e submersa em marés altas.

zona germinativa. Local do corpo de uma tênia madura, imediatamente após o escólex, onde novas proglotes são produzidas.

zooflagelados. Membros do grupo previamente denominado Zoomastigophorea, flagelados "animais" (previamente pertencentes ao filo Sarcomastigophora).

zooide (do grego *zōon* = animal). Indivíduo de uma colônia de animais, como ocorre nos cnidários e ectoproctos coloniais.

zooxantela (do grego *zōon* = animal + *xanthos* = amarelo). Minúscula alga dinoflagelada que vive nos tecidos de muitos grupos de invertebrados marinhos.

ÍNDICE ALFABÉTICO

A
"Aardvark", 604
Abas, 262
Abdome, 393
Abelharucos, 580
Abelhas, 445
Aberrações cromossômicas, 81
Abertura da concha, 327
Abetardas, 579
Abomaso, 592
Abordagem genética, 14
Aborto espontâneo, 145
Abscesso, 738
Absorção, 680
Abutres, 579
Acanthocephala, filo, 301
Acanthostega, 519
Acantocéfalos, 300, 301
Acantódios, 489, 493
Acântor, 302
Ação
- das enzimas, 54
- - digestivas, 675
Acari, ordem, 396
Ácaro(s), 396, 401
- Varroa, 397, 441
Acasalamento
- de sínfilo, 400
- não aleatório, 119
- seletivo positivo, 119
- sob pressão, 374, 394
Accipitriformes, ordem, 579
Aceleração rotacional, 708
Acelomados, 167
Acelomorfos, 280
Acetil-Coa, 59
Acetilcoenzima A, 58, 59
Acetilcolina, 624, 692
Acetilcolinesterase, 692
Ácido(s)
- alfacetoglutárico, 65
- desoxirribonucleico (DNA), 24, 67, 82
- esteárico, 63
- glutâmico, 65
- graxos
- - insaturados, 21
- - saturados, 21
- hidroclorídrico, 677
- nucleicos, 24, 82
- pirúvico, 58, 59
- ribonucleico (RNA), 24, 54, 82
- úrico, 65
Acomodação virtual em vertebrados, 532
Acoplamento, 87
- excitação-contração, 624
Acrossomo, 135
Actina, 39, 619, 622
Actinistia, 486
Actinopterygii, 486, 502, 515
Açúcar, 83
Adaptabilidade dos insetos, 425
Adaptação(ões), 13, 115
- dos amniotas, 538
- estruturais e funcionais
- - dos mamíferos, 587
- - dos peixes, 506
- - para o voo, 562
- para ambientes
- - frios, 644

- - quentes, 644
- que nortearam a evolução inicial dos vertebrados, 483
Adenina, 83
Adeno-hipófise, 719
Adenophorea, classe, 377
Adenosina difosfato, 56
ADH, 721
Adipocinas, 723
Adiponectina, 729
Adrenalina, 727
Aeróbios, 57
Afrosoricida, ordem, 604
Agente acoplador energético, 56
Aglutinação, 743
Agnatos, 488, 493
Agranulócitos, 651
Agressão, 755
Água(s), 683
- continentais, 777
- e vida, 18, 30
- metabólica, 634
- salobras, 239
Águas-vivas, 252
Águias, 579
Aiteng marefugitus, 333
Ajustes
- comportamentais, 643
- metabólicos, 643
Alantoide, 171, 541
Albatrozes, 578
Albumina, 575, 650
Alca, 579
Alça(s)
- de Henle, 637
- laterais, 549
Alcyonaria, 265, 271
Aldosterona, 639, 726
Alelos, 69
- e mutação, 71
- múltiplos, 77
Alergias, 739
Alfa-hélice, 23
Algas
- azul-esverdeadas, 27
- coralíneas, 269
Alimentação
- baseada em
- - alimentos sólidos, 671
- - fluidos, 674
- - particulado, 671
- de suspensão, 241, 671
- dos bivalves, 335
- dos ctenóforos, 273
- dos mamíferos, 590
- e digestão
- - das aves, 566
- - dos anfíbios, 530
- - dos cnidócitos, 257
- por filtração, 671
Alo-doméstico, 578
Aloenxerto, 172
Alongamento alto, 572
Alta tensão superficial, 19
Alto calor
- de vaporização, 18
- específico, 18
Altruísmo, 757
- recíproco, 758

Altura, 708
Álula, 572
Alveolata, 222
Alvéolos, 222, 661, 662
Ambiente(s), 784
- oceânicos, 778
- pelágico, 779
- subníveo, 645
- terrestres, 774
Ambulacraria, clado, 453
Ambulacros, 455
Ameaça(s)
- aos recifes de coral, 271
- ritualizadas, 755
Ameba(s), 211, 212
- em locomoção ativa, 213
- tecadas, 211
Amensalismo, 789
Âmia, 515
Amilase, 676
- pancreática, 680
Amilina, 728
Aminoácidos, 22
Aminopeptidase, 680
Âmnio, 170, 541
Amniotas, 170
Amocete, 485, 496
Amoebozoa, filo, 231, 234
Amônia, 65
AMP cíclico, 716
Amphibia, classe, 486, 531
Amphipoda, ordem, 418, 421
Amplexo, 532
Ampola(s), 144, 457, 708
- de Lorenzini, 500
Anádromas, 496, 512
Anaeróbios, 57
Anáfase, 47
Anafilaxia, 739
Analgésicos, 704
Analogia, 107, 478
Anamniotas, 538
Anapsida, 554
Anápsidos, 538, 554
Anaspídeos, 488
Ancestralidade
- e evolução, 476
- - dos cordados, 475
- e relações dos principais grupos de peixes, 493
Ancéstrula, 312
Ancilostomídeos, 375
Ancoracisto, 216
Andorinhas-do-mar, 578
Andorinhões, 580
Androgênios, 727
Anel(éis)
- circulares, 351
- esclerótico, 569
- nervoso, 458
Anelídeos, 349
Anemia falciforme, 92, 666
Anêmonas-do-mar, 265, 266
Aneuploidia, 81
Anfíbios, 486, 518
- modernos, 518, 521
Anfídeos, 373
Anfifílico, 22
Anfípodes, 421
Angiotensina, 640

Índice Alfabético

Animais
- ectotérmicos, 643
- endotérmicos, 643
- fossoriais, 644
- modulares, 785
- noturnos, 644
- unitários, 785
Anisogametas, 218
Annelida, filo, 351, 367
Annuli, 351
Anopla, classe, 317
Anostraca, ordem, 415, 421
Anseriformes, ordem, 578
Antas, 606
Antenas, 381
Anterior, 181
Anthozoa, classe, 265, 271
Anticódon, 87
Anticorpos, 739, 740
- monoclonais, 742
Antígeno(s), 739
- dos grupos sanguíneos, 743
Antílopes, 606
Antiparalelas, 84
Antozoários, 265
Antracossauros, 521
Antropoides, 600
Anura, ordem, 526, 531
Anus, 579
Ânus, 315, 466
Aorta(s), 654
- dorsais, 482
- ventral, 482
Aotidae, 605
Aparelho
- de Golgi, 37
- justaglomerular, 640
Apêndices, 389, 405
- articulados, 390
- birremes, 387
- dos crustáceos, 406
- unirremes, 387
Ápice, 326
Apicomplexa, filo, 226, 234
Apódemas, 389
Apodiformes, ordem, 580
Apópilas, 242
Apoptose, 49
Aposição, 410
Appendicularia, 480
Aprendizagem, 751
Apterygiformes, ordem, 578
Aptidão
- inclusiva, 121, 758
- relativa, 121
Aquaporinas, 41
Aquecimento global e a água doce, 777
Arachnida, classe, 392, 401
Aracnídeos, 392
Aracuras, 579
Araneae, ordem, 393
Aranhas, 393, 400, 401
Aranhas-camelo, 396
Aranhas-do-mar, 392, 401
Aranhas-do-sol, 396
Aranhas-marrom, 394
Archosauria, 554
Arcos
- aórticos, 362
- branquiais, 175
- reflexos, 694, 696
Arcossauros, 538
Área(s)
- ambulacrais, 455
- ambulacrária, 455
- de associação, 698
- de vida, 598, 756
Arena, 576, 757

Armazenamento e transferência da informação genética, 82
Arquêntero, 157, 175, 183
Arqueócitos, 241, 243
Arquinefro, 636, 637
Artêmias, 421
Artéria(s), 653, 656
- elásticas, 656
- musculares, 657
- pulmonares, 655
- renal, 638
Arteríola(s), 653, 657
- aferente, 638
- eferente, 638
Arteriosclerose, 657
Arthropoda, filo, 387, 400
Artiodactyla, ordem, 606
Artrópodes, 387, 388
Árvore
- filogenética, 201
- respiratória, 464
Asa(s)
- de alta velocidade, 572
- de ave como um dispositivo para ascensão, 570
- de elevado alongamento, 572
- de planagem
- - ativa, 572
- - passiva, 573
- elípticas, 572
Ascaris
- *lumbricoides*, 374
- *megalocephala*, 374
Ascidiacea, 480
Asconoides, 242
Asma, 739
Asnos, 606
Aspecto vesicular, 214
Aspiração, 542
Assimetria bilateral, 329
Ásteres, 47
Asteroidea, classe, 455 467
Astrócitos, 689
Atelidae, 605
Aterosclerose, 657, 684
Ativação, 152
Atlas, 617
Atmosfera, 772
Ato reflexo, 696
Atobás, 579
Atóis, 270
ATP, 56, 619
Atração
- de sanguessugas, 366
- sexual química em mariposas, 759
Átrio, 482, 654
- direito, 655
- esquerdo, 654
Atrióporo, 482
Audição, 705
- e ossículos de Weber, 508
Aumento
- da atividade muscular, 644
- na produção de calor, 644
Auricularia, 464
Autogamia, 218, 225
Autopropagação, 690
Autoria da espécie, 197
Autossomos, 72
Autotrofia, 27
Autótrofos, 26, 210
Aves, 486, 558, 578
- classe, 563
- estenofágicas, 566
- eurifágicas, 566
- gigantes extintas de ilhas, 561
- migratórias, 573
- ratitas, 561

Aves-rato, 580
Avestruz, 578
Áxis, 617
Axoceles, 459
Axolotles, 525
Axonema, 212
Axônio(s), 189, 688
- gigantes, 363
Axópodes, 211, 213
Axóstilo, 220

B

Bactérias
- anaeróbicas, 29
- simbiontes, 359
Bacuraus, 580
Bainha(s)
- de mielina, 190
- tentaculares, 272
Baixa viscosidade, 19
Baixo alongamento, 572
Balanço energético, 793
Baleias, 594, 606
- de barbatanas, 606
- dentadas, 606
Bancos de fanerógamas marinhas, 779
"Bandicoots", 604
Baratas, 444
Barbas, 562
"Barbatana" de tubarão, 500
Bárbulas, 562
Barreiras
- físicas e defesas químicas, 733
- geográficas, 110
- reprodutivas, 110
Base
- cromossômica da herança, 68
- nitrogenada, 83
Basípode, 405
Basófilos, 651, 735
Bastonetes, 531, 710
Batuíras, 579
Bdelloidea, classe, 301
Beija-flores, 580
Bentônicos, 778
Bentos, 777
Besouros, 445
Betaqueratina, 541
Bexiga, 409
- natatória, 507
- urinária, 637
Bichires, 515
Bichos-folha, 444
Bichos-lixeiros, 445
Bichos-pau, 444
Bicos das aves, 566
Bigorna, 706
Bilateria, 181
Bile, 678
Bilirrubina, 651
Biodiversidade, 797
Biogeografia de vicariância, 767
Biologia evolutiva do desenvolvimento, 169
Bioluminescência, 440
Biomas, 774
Biopsia das vilosidades coriônicas, 82
Bioquímica comparada, 201
Biosfera, 772, 784
Bipedismo, 600
Birremes, 405
Bivalente, 71
Bivalves, 346
- ameaçados, 333
- invasores, 338
Bivalvia, classe, 333, 346
Blastocele, 156, 182
Blastocisto, 144, 171

Índice Alfabético

Blastômeros, 155
Blastóporo, 157, 183
Blástula, 156
Blastulação, 156
Blattodea, ordem, 444
Bloqueio rápido, 154
Bobos, 578
Boca, 299
Bois, 606
Bolachas-da-praia, 467
Bolachas-do-mar, 467
Bolsa(s)
- faríngea, 283, 479
- gástricas, 262
Bomba
- bucal, 542
- de sódio, 689, 690
- de sódio-potássio, 44, 690
Bombicol, 760
Bonellia, 360
Bonobos, 605
Borboletas, 445
Brachiopoda, filo, 313
Brachiozoa, clado, 313
Braço(s), 263
- muscular, 372
- orais, 262
Bradizoítos, 228
Branchiopoda, 415, 421
Branchiura, 414, 421
Branqueamento de corais, 269
Brânquias, 322, 331, 334, 660
- dérmicas, 455
- foliáceas, 391
- internas, 479, 660
- traqueais, 433
Braquiópodes, 313
Bribas, 547
Bronquíolos, 662
Brônquios, 662
Brotamento, 131, 217, 254
Brotos
- externos, 244
- internos, 244
Bucerotiformes, ordem, 580
Bufo americanus, 527
Bulbo, 697
- arterial, 654
Bursa(s), 461
- de Fabricius, 567

C

Ca^{++}/calmodulina, 716
Cabeça-pé, 322
Cabelos, 588
Cabras, 606
Cadeia(s)
- alimentares, 793
- transportadora de elétrons, 59
Caenorhabditis elegans, 372
Cães, 605
Cágado, 544
Cagu, 579
Caimãs, 554
Cálamo, 562
Calaus, 580
Calcificação, 610
Cálcio e fertilização, 153
Calcispongiae, classe, 245
Calcitonina, 616, 723, 726
Cálice, 309, 466
Callitrichidae, 605
Camada(s)
- germinativas embrionárias, 173
- membranosa, 411
- nacarada, 324
- principal, 411
- prismática, 324

Camaleões, 547
Câmara(s)
- de gás, 341
- externa, 709
- interna, 710
- nasal, 662
- suprabranquial, 335
"Camarão-girino", 421
Camarões, 421
Camelos, 606
Campodeídeos, 443
Campos, 776
Canal(is)
- alimentar, 175
- - dos nematódeos, 372
- anais, 273
- anelar, 262
- auditivo, 706
- braquiais, 263
- circular, 457
- controlados, 41
- - quimicamente, 692
- de Na+ controlados por voltagem, 690
- gastrovasculares, 273
- ginecóforo, 289
- iônicos controlados
- - mecanicamente, 41
- - por voltagem, 41
- - quimicamente, 41
- laterais, 457
- periemais, 458
- pétreo, 457
- radiais, 224, 262, 457
- semicirculares, 706, 708
- timpânico, 707
- vestibular, 707
Canalículos, 615
Cangurus, 604
Canidae, 605
Caninos, 590, 673
Capa hialina, 214
Capacidade de suporte, 787
Capilares, 653, 658
- linfáticos, 658
Capítulo, 396
Caprimulgiformes, ordem, 580
Cápsula de Bowman, 637
Captáculos, 339
Caracóis, 346
Caracteres, 200
- taxonômicos, 200
Características
- do filo
- - Annelida, 356
- - Arthropoda, 390
- - Cnidaria, 254
- - Ctenophora, 273
- - Echinodermata, 455
- - Mammalia, 588
- - Mollusca, 322
- - Nemertea, 316
- - Platyhelminthes, 282
- - Porifera, 239
- do subfilo
- - Acoelomorpha, 280
- - Crustacea, 421
- dos anfíbios modernos, 524
- dos eucariotos unicelulares, 211
- e história natural dos grupos de répteis, 543
- externas das estrelas-do-mar, 455
- internas dos cefalópodes, 341
Caramujos, 346
Caranguejos, 421
Carapaça, 211, 391, 543
Carbamino-hemoglobina, 667
Carboidratos, 20, 683

Carboxi-hemoglobina, 667
Carboxipeptidase, 680
Carena, 564
Cariamiformes, ordem, 579
Caribus, 594
Carneiros, 606
Carnivora, ordem, 605
Carnívoros, 593, 671, 793
Carotenoides, 613
Carquejas, 579
Carrapatos, 396, 400, 401
Cartilagem, 187, 483
- hialina, 614
Castas, 440
Castoridae, 605
Casuares, 578
Casuariiformes, ordem, 578
Casulo, 364
Catalisadores, 53
Catástrofe do oxigênio, 27
Categorias taxonômicas, 194
Catídeos, 444
Cauda
- heterocerca, 499, 505
- homocerca, 504
- pós-anal, 479
Caudofoveata, classe, 325, 346
Causas
- finais, 11, 748
- proximais, 11, 748
Cavalos, 606
Cavéolas, 44
Cavidade(s)
- atrial, 480
- bucal, 676
- do corpo, 182
- do manto, 322, 323
- gastrovascular, 254, 260, 266, 283
- palial, 322
- pleural, 662
CCK, 682
Cebidae, 605
Cecílias, 521, 523, 531
Ceco(s), 567, 592
- hepático, 482
- intestinais, 458
- pilóricos, 458
Cefalização, 181
Cefalocordados, 482
Cefalópodes, 339
Cefalotórax, 393, 395, 405
Cegonhas, 579
Celacantos, 486, 505
Celoma, 159, 167
- reduzido, 390
- verdadeiro, 183
Célula(s), 4
- alfa, 728
- apresentadora de antígeno, 734, 738, 741
- B, 735
- beta, 728
- caliciformes, 677
- ciliadas, 705
- cloragógenas, 362
- como são estudadas, 33
- como unidades da vida, 32
- conceito de 33
- cornificadas, 610
- da crista neural, 174
- da micróglia, 734
- da neuróglia, 688
- de absorção de sal, 509
- de Kupffer, 734
- de Langerhans, 734
- de Leydig, 139
- de memória, 741
- de Schwann, 688

Índice Alfabético

- de Sertoli, 135, 139, 142
- de sustentação, 139
- delta, 728
- dendríticas, 734
- do sistema imunológico, 732
- eletrorreceptoras, 705
- endoteliais, 658
- epitélio-musculares, 254
- eucarióticas, 35
- exterminadoras
- - ativadas por linfocina, 742
- - naturais, 735
- gama, 728
- germinativas, 45, 68, 130, 133
- - primordiais, 134
- glandulares, 261
- intersticiais, 139, 142, 261
- marca-passo, 655
- multinucleada, 46
- nervosas, 261
- neurossecretoras, 363, 717
- no corpo da esponja, 243
- nutridoras, 162, 375
- nutritivo-musculares, 260
- parenquimáticas, 283
- parietais ou oxínticas, 677
- plasmáticas, 740
- principais, 677
- procarióticas, 35
- secretoras de sal, 509
- sensoriais, 261
- sexuais, 130
- somáticas, 45, 133, 155
- T, 735
- - auxiliares, 741
- - de memória, 741
- - supressoras, 741
Células-alvo, 715
Células-flama, 284, 299
Células-tronco
- adultas, 160
- embrionárias, 160
Celulases, 591, 677
Celulose, 21, 591
Cenênquima, 268
Cenossarco, 257
Centopeias, 401
Centríolos, 39, 212
Centro
- cardíaco, 655, 656
- da fome no cérebro, 681
- de origem, 766
Centrohelida, filo, 231, 234
Centroheliozoa, 231
Centrolécitos, 155
Centrômero, 46, 71
Centrossomo, 39
Cephalocarida, 414, 421
Cephalochordata, subfilo, 482, 486
Cephalopoda, classe, 339, 346
Ceratos, 332
Cercárias, 287
Cercopithecidae, família, 605
Cercos, 427
Cercozoa, filo, 229, 234
Cerdas, 351
- sensoriais, 393
- táteis, 410
Cerebelo, 569, 697
Cérebro, 438, 698
- bilobado, 299
- tripartido, 484
Ceriantipatharia, subclasse, 265, 271
Cérvice, 141
Cervos, 606
Cestoda, classe, 292, 297
Cetacea, ordem, 606

Chaetognatha, filo, 452
Chaetopteridae, 353
Chaminés hidrotermais, 24
Charadriiformes, ordem, 579
Chelicerata, subfilo, 387, 391, 400, 401
Chen caerulescens, 558
Chifres, 589
Chilopoda, classe, 398, 401
Chimpanzés, 605
Chironex fleckeri, 263
Chiroptera, ordem, 605
Chondrichthyes, 486, 498, 515
Chondrostei, 515
Chordata, filo, 486
Cianobactérias, 27
Ciclinas, 48
Ciclo(s)
- biogeoquímicos, 796
- celular, 48
- climáticos, 770
- de Krebs, 59
- de nutrientes, 796
- de pontes cruzadas, 624
- de vida
- - das cercárias, 289
- - das salamandras, 523
- - das tênias, 293
- - de nematomorfos, 379
- - de ostras, 338
- - de *Volvox carteri*, 231
- - dos cnidários, 255
- - dos trematódeos, 289
- estral, 141
- menstrual, 141, 142, 596
- reprodutivos dos mamíferos, 595
Ciclosporina, 742
Ciconiiformes, ordem, 579
Ciência
- da Zoologia, 1
- e leis, 10
Cifistoma, 263
Cifozoários, 263
Cigana, 579
Cigarras, 445
Cigarrinhas, 445
Ciliados, 222
- de vida livre, 223
- simbiontes, 223
Ciliophora, filo, 222, 234
Cílios, 39, 211, 212, 619, 675
- humanos, 619
Cinetocoro, 46
Cinetoplastos, 215
Cinetossomo, 39, 212
Cingulata, ordem, 604
Cinodontes, 584
Circuito
- pulmonar, 654
- sistêmico, 654
Circulação, 651
- aberta, 652
- coronária, 656
- das sanguessugas, 367
- dos anelídeos, 362
- dos anfíbios, 529
- dos insetos, 431
- dos poliquetas, 354
- dupla, 519, 654
- fechada, 652
Cirros, 222, 286, 466
Cisnes, 578
Cistacanto, 302
Cisternas, 36
Cisticercos, 293
Cistídio, 311
Cisto(s), 218
- hidático, 295

- teciduais, 228
Citocinas, 723, 732, 733, 741
Citocinese, 46, 48
Citoesqueleto, 38
Citofaringe, 222, 224
Citologia comparada, 202
Citopígeo, 216
Citoplasma, 35
Citoprocto, 216, 224
Citosina, 83
Citóstoma, 216, 224
Citotoxicidade celular dependente de anticorpo, 741
Cladistia, 515
Clado
- Ambulacraria, 453
- Brachiozoa, 313
- Clitellata, 360
- dentro de Protostomia, 281
- Gnathifera, 296
- Neodermata, 283
- Panarthropoda, 381
- Platyzoa, 281
- Polyzoa, 309
- Trochozoa, 313
Cladograma, 201
- dos filos animais, 164
- geral de área, 769
Clásper, 499
Classe
- Adenophorea, 377
- Amphibia, 531
- Anopla, 317
- Anthozoa, 265, 271
- Arachnida, 392, 401
- Asteroidea, 455 467
- Aves, 563
- Bdelloidea, 301
- Bivalvia, 333, 346
- Calcispongiae, 245
- Caudofoveata, 325, 346
- Cephalopoda, 339, 346
- Cestoda, 292, 297
- Chilopoda, 398, 401
- Coccidia, 227, 234
- Concentricycloidea, 467
- Crinoidea, 465, 467
- Cubozoa, 263, 271
- de moluscos, 325
- Demospongiae, 245, 246
- Diplopoda, 398, 401
- Echinoidea, 461, 467
- Enopla, 317
- Enteropneusta, 468
- Entognatha, 425
- Entognatha, 443
- Euglenoidea, 234
- Gastropoda, 326, 346
- Gregarina, 234
- Hexactinellida, 245
- Hirudinida, 364
- Holothuroidea, 463, 467
- Homoscleromorpha, 245, 247
- Hydrozoa, 257, 271
- Insecta, 425, 443
- Merostomata, 391, 401
- Monogenea, 291, 297
- Monogononta, 301
- Monoplacophora, 326, 346
- Myxini, 493
- Myxozoa, 264, 271
- Ophiuroidea, 460, 467
- Pauropoda, 399, 401
- Polyplacophora, 325, 346
- Pterobranchia, 470
- Pycnogonida, 392, 401
- Scaphopoda, 339, 346

- Scyphozoa, 262, 271
- Secernentea, 377
- Seisonidea, 301
- Solenogastres, 325, 346
- Staurozoa, 263, 271
- Symphyla, 399, 401
- Trematoda, 287, 297
- Trypanosomatidea, 234
- Turbellaria, 287, 297
Classificação, 195
- das ordens de mamíferos atuais, 603
- do filo
- - Cnidaria, 271
- - Nemertea, 317
- - Platyhelminthes, 297
- - Rotifera, 301
- dos receptores, 701
- tradicional e cladística dos cordados, 475
Clatrina, 44
Clitellata, clado, 360
Clitelo, 352, 360, 364
Clitóris, 141
Clivagem, 154, 155
- bilateral, 167
- discoidal, 168
- espiral, 166, 184
- holoblástica, 155
- - bilateral, 167
- meroblástica, 155
- radial, 167, 184
- rotacional, 167
- superficial, 156
Cloaca, 139, 299, 464, 567, 568
Clonagem, 160, 785
- gênica, 90
Clones, 130
Clonorchis sinensis, 289
Cloroplastos, 215
Cnidaria, filo, 252, 271
Cnidários, 251, 252
- forma e função, 253
Cnidas, 256
Cnidoblasto, 256
Cnidocílio, 256
Cnidócitos, 252, 254, 256, 261
Coagulação sanguínea, 651
Coalas, 604
Coanócito, 239, 243
Coanoflagelados, 232, 238
Cobras, 486
Coccidia, classe, 227, 234
Cóccix, 616
Coceira do nadador, 291
Cochonilhas, 445
Cóclea, 569, 706
Código
- de barras do DNA das espécies, 200
- genético, 4
Códon, 85
Codornas, 578
Coelhos, 605
Coenzima(s), 54
- A, 59
Cofatores, 53
Cognição animal, 761
Colágeno, 187, 372
Colêmbolos, 443
Colêncitos, 243
Colênquima, 273
Coleoptera, ordem, 445
Colesterol, 36, 726
Coliídeos, 580
Coliiformes, ordem, 580
Collembola, ordem, 443
Coloblastos, 271, 273

Colônias de hidroides, 257
Coloração
- animal, 612
- aposemática, 439
Columbiformes, ordem, 579
Columela, 326, 531, 569
Combustível, 56
Comedores
- de partículas em suspensão, 413
- de suspensão, 510
Comensalismo, 210, 789
Comércio de cornos de rinoceronte, 589
Comparação com grupo externo, 200
Compartimento
- extracelular, 649
- intracelular, 649
Compatibilidade placentária e materna, 172
Compensação térmica, 643
Competição, 784, 789
- assimétrica, 789
- e partição de recursos, 790
Complemento, 733
Complexidade, 3
- e tamanho corporal, 190
Complexo
- apical, 226
- axial, 458
- de Golgi, 36, 37, 215
- enzima-substrato, 54
- principal de histocompatibilidade, 740
- sinaptonêmico, 71
Componentes
- celulares, 185, 650
- dos corpos animais, 185
- extracelulares, 185
- funcionais das células de eucariotos unicelulares, 214
Comportamento(s)
- agonístico, 755
- alimentar dos peixes, 509
- altruístico, 757
- animal, 747
- competitivo, 755
- cooperativo, 754, 757
- coordenado socialmente, 753
- de densidade único, 19
- de tecer teia, 394
- e ecologia das estrelas-quebradiças, 461
- estereotipado, 749
- geral das minhocas, 363
- herdado, ou inato, 750
- social, 753
- - dos insetos, 439, 440
Composição
- do sangue, 650
- dos fluidos corporais, 650
Compostos anticâncer de invertebrados marinhos, 309
Compressão de intensidade de luz pelo olho do vertebrado, 710
Comunicação
- animal, 759
- dos insetos, 439
- dos nautiloides ou dos cefalópodes, 343
- por exibições, 761
- tátil, 440
Comunidade(s), 784, 789
- de manguezal, 779
- ecológicas, 784
- reprodutiva, 196
Conceito(s)
- biológico de espécie, 197
- de coesão de espécie, 198
- evolutivo(s)
- - de espécie, 198
- - pré-darwinianos, 98

- filogenético de espécie, 198
- tipológicos de espécie, 197
Concentricycloidea, classe, 467
Concha, 322
- conispiral, 328
- dextrógira, 326
- dos bivalves, 333
- dos moluscos, 324
- dos nautiloides, 341
- planispiral, 328
- sinistrógira, 326
Conchóstracos, 421
Conclusões, 9
Condensação, 55
Condição fisóstoma, 508
Condores, 579
Condrócitos, 614
Condrósteos, 503
Condução
- de alta velocidade, 691
- rápida em invertebrados, 692
- saltatória, 692
Condutância reduzida, 644
Cone(s), 531, 710
- arterial, 530, 654
- de fertilização, 153
Conectivos, 363
Conjugação, 132, 218, 225
Conjunto de cromossomos, 69
Conodontes, 488
Conotoxinas, 330
Conservação das feiticeiras, 495
Consumidores, 793
Contato e reconhecimento entre óvulo e espermatozoide, 152
Continuidade histórica da vida, 2
Contraceptivos hormonais, 143
Contribuições da biologia celular, 15
Controle(s), 11
- da contração, 623
- da esquistossomose, 290
- da tradução, 89
- da transcrição, 89
- das taxas de secreção dos hormônios, 717
- do comportamento, 750
- dos insetos, 443
- - usando machos estéreis, 446
- hormonal das características temporais dos ciclos reprodutivos, 141
- integrado de pragas, 446
Convergência, 343
Convexidade, 202
Coordenação
- da respiração, 664
- nervosa, 687
- neuromuscular dos insetos, 435
- química, 714
Coorte, 786
Copepoda, 415, 421
Coprofagia, 592
Coração(ões), 175, 500, 653
- acessórios ou branquiais, 342
- dos mamíferos, 654
- miogênico, 656
- neurogênicos, 656
Coraciiformes, ordem, 580
Corais
- espinhosos, 268
- hermatípicos, 269
- Hexacorallia, 267
- Octocorallia, 268
- pétreos, 267
- verdadeiros, 267
Cordados, 474
- invertidos, 479
Cordão(ões)
- hipodérmicos, 372

Índice Alfabético 853

- nervoso(s), 373
- - dorsal, 478
- - longitudinais, 285
- - ventral, 363
- umbilical, 173
Cordas vocais, 529
Cordonizes, 578
Cores
- das penas das aves, 564
- estruturais, 612
Córion, 144, 171, 541
Cormorões, 579
Córnea, 709
Cornos, 589
- verdadeiros, 589
Coroa, 298, 466
Coroide, 709
Corona, 298
Corpo(s)
- acelomado, 279
- basal, 39, 619
- dos bivalves, 334
- em colarinho, 246
- lúteo, 143
- pedunculares, 695
- segmentado, 390
- triblásticos, 279
Corpora
- *allata*, 438
- *cardiaca*, 438
Corpúsculo(s)
- basal, 212
- de Pacini, 704
- de Tiedemann, 457
- renal, 637
Corrente
- d'água, 239
- limiar, 704
Córtex, 637, 726
- cerebral, 569, 600l, 698
Cortiçol, 579
Corticosterona, 726
Cortisol, 726
Corujas, 579
Corymorpha natans, 258
Coxópode, 405
Cracas, 416, 421
- parasitas, 417
Crânio, 483
- cinético, 546
- diápsido, 538
Craspedacusta sowberii, 259
Crescimento
- logístico e exponencial, 786
- neoplásico, 93
- neural, 174
- populacional, 787, 788
Cricetidae, 605
Crinoidea, classe, 465, 467
Crinoides, 465
Cripse, 439
Cripsis, 559
Criptobiose, 383
Crise do oxigênio, 27
Crista(s), 38
- do recife, 270
- gonadais, 134
- neural, 484
- ventricular dorsal, 569
Cristalino, 709
Cristalografia de raios X, 34
Crocodilia, 486, 554
Crocodilianos, 486
Crocodilos, 554
Cromátides idênticas em um mesmo cromossomo, 71
Cromátides-irmãs, 47

Cromatina, 28, 36
Cromatóforos, 343, 528, 542, 612, 710
Cromossomo(s), 15, 28, 36, 46
- e medicina, 81
- e o ciclo celular, 71
- homólogos, 69
- não replicado, 71
- replicado, 71
Crossing over, 75, 80, 81
Crustacea, subfilo, 387, 401, 405
Crustáceos, 401, 403
Cruzamento monoíbrido, 73
Cruzamento-teste, 74
Cryptosporidium parvum, 228
Ctenídios, 322, 331
Ctenóforos, 251, 272
- invasores, 274
Ctenophora, filo, 271
Cubozoa, classe, 263, 271
Cucos, 579
Cuculiformes, ordem, 579
Cuícas americanas, 603
Cultura de tecidos, 175
Cupins, 444
Cúpula, 705, 708
Curvas de saturação de hemoglobina, 665
Cutícula, 371, 372, 388, 411, 610
Cycliophora, filo, 309
Cyclospora cayetanensis, 228
Cyclostomata, 486, 493, 515
Cyphoma gibbosum, 330

D

Dactilozooides, 261
Daltonismo, 79
Dança
- circular, 760
- do requebrado, 760
Dasyuromorphia, ordem, 604
Datação por potássio-argônio, 102
Decapoda, ordem, 418, 421
Decídua, 590
Declínio dos anfíbios, 527
Declive dianteiro do recife, 270
Decompositores, 793
Dedos, 299
Defensinas, 734
Defesa(s)
- celulares, 734
- dos insetos, 438
Deficiência de coagulação do sangue, 651
Déficit de oxigênio, 63, 626
Deleção, 82
Demes, 785
Demodex, 397
Demografia, 785
Demospongiae, classe, 245, 246
Dendritos, 189, 688
Dentálios, 339
Dentes-de-elefante, 339, 346
Dependente da densidade, modo, 789
Deriva
- continental, 769
- genética, 119
Derivados
- do ectoderma, 174
- do endoderma, 175
- do mesoderma, 175
Dermaptera, ordem, 444, 604
Dermatite por esquistossomo, 291
Derme, 587, 610
Descendência comum, 12, 104, 196
Descrição do comportamento, 748
Desempenho muscular, 626
Desencistamento, 218
Desenvolvimento, 5, 154
- ametábolo, 437

- após a clivagem, 156
- das estruturas reprodutivas em mamíferos, 135
- de deuterostômios, 167
- de ovo haploide, 300
- de protostômios, 165
- de sistemas e órgãos, 173
- de um pênis, 140
- direto, 156, 523
- dos ctenóforos, 273
- dos vertebrados, 170
- em mosaico, 166
- indireto, 156
- inicial dos mamíferos, 171
- regulador, 167
Deserto, 777
Deslocamento ecológico de caracteres, 790
Desmossomo, 40
Desnutrição, 684
Desoxi-hemoglobina, 667
Desoxirribose, 83
Despolarização da membrana, 690
Destino do blastóporo, 166, 167
Destorção, 328
Desvio de cloreto, 667
Determinação do sexo, 72, 134, 360
- tipo XX-XO, 72
- tipo XX-XY, 72
Determinante(s), 741
- morfogenéticos, 152
Detritívoros, 510, 671
Deuterostômios, 165, 167
Dextrose, 20
Di-hidrotestosterona (DHT), 134, 142
1,25-di-hidroxivitamina D3, 616, 725
Diabetes melito, 639
- tipo 1, 728
- tipo 2, 728
Diacilglicerol, 716
Díade, 71
Diadema antillarum, 462
Diafragma, 584, 662
Diapausa, 438, 718
- embrionária, 597
Diapsida, 554
Diápsidos, 554
Diástole, 655
Diblásticos, 158, 183
Dictiossomos, 215
Didelphimorphia, ordem, 603
Dificerca, 505
Difusão, 41, 664
- facilitada, 43
- por meio de canais, 41
Digenea, subclasse, 287
Digestão, 670, 671, 674
- de leite, 680
- dos platelmintos, 283
- extracelular, 254, 273, 284, 674
- intracelular, 284, 674
- no intestino delgado dos vertebrados, 678
Dilatação, 145
Dimorfismo e polimorfismo em cnidários, 253
Dinâmica(s)
- da asa em baixas e altas velocidades, 571
- de metapopulação, 785
Dinamismo dos conceitos de espécie, 199
Dineína, 620
Dinoflagellata, filo, 225, 234
Dinossauros, 552
Dioica, 131
Dióxido de carbono, 773
Diphyllobothrium latum, 293
Diploblásticos, 158
Diploide, 69, 132
Diplomonada, filo, 233
Diplomonadidos, 219
Diplopoda, classe, 398, 401

Diplostraca, ordem, 415, 421
Diplura, ordem, 443
Dipluros, 443
Dipnoi, 486
Diprotodontia, ordem, 604
Diptera, ordem, 445
Direção na migração, 574
Disco(s)
- basal, 260
- intercalares, 622
- oral, 266
Dispersão, 766
Dissacaridases, 680
Dissacarídios, 20
Distais, 181
Distribuição(ões)
- cosmopolitas, 196
- da vida na Terra, 772
- de animais, 765
- disjuntas, 766
- dos insetos, 425
- endêmicas, 196
- geográfica, 196
- parapátrica, 112
- por dispersão, 766
- por vicariância, 767
Diversidade
- de comportamento, 751
- de espécies, 783, 784
Diversificação
- adaptativa
- - das esponjas, 247, 248
- - de eucariotos unicelulares, 233
- - dos anelídeos, 368
- - dos artrópodes, 400
- - dos cnidários, 275
- - dos crustáceos, 420
- - dos equinodermos, 467, 468
- - dos eucariotos unicelulares, 232
- - dos hemicordados, 471
- - dos insetos, 446
- - dos primeiros moluscos, 344
- evolutiva dos primatas, 600
Divertículo bucal, 469
Divisão
- celular, 45
- citoplasmática, 48
- motora ou eferente, 700
- reducional dos gametas, 69
- sensorial ou aferente, 700
DNA
- codifica por meio da sequência de bases, 84
- ligase, 85, 90
- "lixo", ou "egoísta", 92
- polimerase, 84
- recombinante, 90
Dobras metapleurais, 482
Dodô, 579
Doença
- arterial, 684
- - coronariana, 656
- da descompressão, 665
- de Chagas, 221
- de Lyme, 397
- hemolítica do recém-nascido, 744
Dominância incompleta, 74
Dominante, 73
Domínios monofiléticos, 205
Doninhas, 605
Donzelinhas, 444
Dor, 704
Dorsal, 181
Dreissena polymorpha, 338
Drosophila melanogaster, 68
Ducto(s)
- alveolares, 662
- arquinéfrico, 636

- biliar, 678
- coclear, 707
- coletor, 637
- de Wolff, 139
- deferente, 139
- eferentes, 139
- ejaculatório, 289
- lácteos, 680
- mesonéfrico, 139
- opistonéfrico, 139
- uterino, 139
- vitelínicos, 286
- vitelinos, 286
Dugongos, 604
Duodeno, 677, 678
Dupla-hélice, 84
Duplicação, 82
Duração evolutiva, 196

E
Ecdise, 165, 371, 389, 411
Ecdisona, 371, 438, 718
Ecdisozoários, 165
- menores, 370
Ecdysozoa, 281
Echinococcus granulosus, 295
Echinodermata, filo, 453, 467
Echinoidea, classe, 461, 467
Echiuridae, 359
Ecoclina, 774
Ecolocalização nas baleias, 596
Ecologia, 783
- animal, 783
- comportamental, 748
- de comunidades, 789
Ecossistemas, 784, 793
Ectoderma, 157, 168, 183
- hospedeiro, 161
Ectolécito, 286
Ectomesoderma, 159
Ectoplasma, 213, 224, 619
Ectopleura integra, 258
Ectoprocta (Bryozoa), filo, 310
Ectotermia, 546, 642
Ectotérmicos, 548
Efeito(s)
- Bohr, 666
- de saturação, 54
- do tamanho corporal na pressão exercida sobre os ossos, 618
- fenotípico, 118
- médio, 121
- nocivos da luz do Sol, 613
Efêmeras, 444
Efetores, 688, 696
Eficiência da fosforilação oxidativa, 60
Éfiras, 263
Eimeria tenella, 227
Eixes-espátula, 515
Eixo oco, 562
Elasmobranchii, 499, 515
Elasmobrânquios, 634
Elefantes, 604
Eleócitos, 362
Eleutherozoa, subfilo, 467
Elevação (ou sopé) continental, 778
Emas, 578
Embiídeos, 444
Embiidina, ordem, 444
Embriogênese somática, 244
Emergência, 3
Emu, 578
Encapsulamento do líquido, 537
Encefalização, 695
Encéfalo, 696, 697
Encistamento, 218
Enditos, 405

Endocitose, 41, 44
- de fase fluida, 45
- mediada por receptor, 44
Endocrinologia, 714
Endocutícula, 388, 411
Endoderma, 157, 168, 183
Endoesqueleto, 528, 614
Endogamia, 119
- genética em populações de zoológicos, 119
Endolécitos, 280
Endométrio, 141
Endonucleases de restrição, 90
Endoplasma, 213, 224, 619
Endópode, 405
Endorreceptores, 701
Endossomo, 45
Endóstilo, 479, 480
Endotermia, 642
Energia, 52
- cinética, 52
- de ativação, 53
- livre, 24, 53
- para contração, 625
- potencial, 52
- química das ligações, 57
Enguias
- catádromas, 511
- de água doce, 511
Enopla, classe, 317
Enrolamento em espiral, da concha, 328
Entamoeba histolytica, 231
Enterobius vermicularis, 375
Enterocelia, 159, 167, 183
Enteropneusta, classe, 468
Entocódio, 259
Entognatha, classe, 425, 443
Entognatos, 443
Entomologia, 425
Entoprocta, filo, 309
Entropia, 7, 51
Envoltório nuclear, 35, 36
Enxameamento de estágios sexuais, 355
Enzima(s), 24, 53, 675
- de membrana, 680
- e ativação energética, 53
- hidrolíticas, 675
- papel das, 53
- renina, 640
Eosinófilos, 651, 735
Ephemeroptera, ordem, 444
Epicutícula, 388, 411, 610
Epiderme, 261, 587, 610
- sincicial, 299
- - eutélica, 297
Epidídimo, 139
Epigênese, 151
Epinefrina, 727
Epípode, 405
Epistasia, 78
Epitélio, 185
- cilíndrico simples, 186
- cúbico simples, 186
- de transição, 187
- pavimentoso, 186
- - estratificado, 186
Epíteto da espécie, 195
Epítopo, 741
Equidnas, 603
Equilíbrio, 708
- de água e sais, 631
- - em animais terrestres, 634
- - em peixes marinhos, 633
- - na água doce, 632
- de Hardy-Weinberg, 118, 120
- do oxigênio e do dióxido de carbono na atmosfera da Terra, 59
- genético, 118
- pontuado, 115

Índice Alfabético

Equinodermos, 450
Equiuros, 351, 359
Equivalência nuclear, 159
Era Mesozoica, 552
Erethizontidae, 605
Erinaceomorpha, ordem, 605
Eritroblastos, 650
Eritroblastose fetal, 744
Eritrócitos, 650
- nucleados biconvexos, 568
Errantia, 354
Escafópodes, 339
Escala de pH, 20
Escama(s)
- cicloides e ctenoides, 504
- corneal, 548
- placoides, 499
Escherichia coli, 239
Escleritos, 325, 425
Escleróicitos, 243
Esclerótica, 709
Esclerotina, 610
Esclerotização, 388, 610
Escólex, 292
Escorpiões, 395, 401
Esferas ovarianas, 301
Esfigmomanômetro, 657
Esfíncter
- cardíaco, 677
- pilórico, 677, 678
Esôfago, 676
Espaço
- extracelular, 185
- intercelular, 185
- intracelular, 185
Especiação, 110
- alopátrica, 110, 112
- e extinção
- - ao longo do tempo geológico, 124
- - em trilobitas, 391
- induzida pelo fundador, 111
- não alopátrica, 111
- parapátrica, 112, 113
- simpátrica, 112
- vicariante, 110
Especializações alimentares dos mamíferos, 590
Espécie(s), 4, 195
- conceito
- - biológico de, 197
- - de coesão de, 198
- - evolutivo de, 198
- - filogenético de, 198
- - tipológicos de, 197
- crípticas, 111, 197
- de Eimeria, 227
- filogenética, 198
- ovovivíparas, 500
- perenibranqueadas, 525
- politípicas, 195
- protândricas, 267
- vivíparas, 501
Espécies-chave, 792
Espécies-irmãs, 197
Especificação
- citoplasmática, 152, 160
- condicional, 161
- sincicial, 162
Especificidade das enzimas, 55
Espécime-tipo, 197
Espectroscopia de ressonância magnética nuclear, 34
Esperanças, 444
Espermátides, 135
Espermatócitos
- primários, 135
- secundários, 135
Espermatóforo, 523

Espermatogênese, 135
Espermatogônias, 135
Espermatozoide, 45, 132, 135
Espículas, 240, 455
- copulatórias, 373
Espinhos, 455
- neurais, 483, 548
Espiráculos, 382, 432, 501, 532, 660
Espongina, 240
Espongiocele, 242
Espongiócitos, 243
Esponjas, 237, 238
Esponjas-de-vidro, 245
Esporo, 227
Esporocisto, 287
Esporogonia, 218
Esporozoítos, 226, 228
Esqueleto(s)
- apendicular, 616
- axial, 616
- das aves, 564
- hidrostático, 261, 352, 367, 613
- rígidos, 614
Esquilos, 605
Esquizocele, 352
Esquizocelia, 159, 167, 183
Esquizogonia, 130, 218
Estado(s)
- atual da taxonomia animal, 205
- de caráter
- - de ancestral, 200
- - derivados, 200
- - plesiomórficos, 201
Estampagem, 512, 752
Estatoblastos, 312
Estatocistos, 259, 272, 410, 694, 708
Estatólitos, 410, 708
Estenoalinos, 631
Estereoma, 457
Esternito, 405
Esteroides, 22
- anabolizantes, 727
- gonadais, 142
Estigma, 230
Estilete cristalino, 335
Estimulação e controle do coração, 655
Estímulo(s), 701
- disparador de liberador, 749
- para migração, 574
- sinal, 749
Estivação, 646
Estômago, 676
- com quatro câmaras, 592
Estratégia evolutiva estável, 759
Estrato córneo, 610
Estrelas-cesta, 467
Estrelas-do-mar, 455, 467
Estrelas-do-mar-coroa-de-espinhos, 458
Estrelas-quebradiças, 467
Estrias, 621
Estribo, 706
Estro, 141, 595
Estrobilação, 255, 263
Estróbilo, 263, 292
Estrogênio, 134, 142
Estroma, 180
Estrutura(s)
- cromossômica, 45
- das proteínas, 23
- determinada, 152
- do DNA, 84
- do músculo estriado, 622
- dos sistemas reprodutivos, 138
- e função do sistema respiratório dos mamíferos, 662
- etária, 785, 787
- excretoras dos invertebrados, 634

- interna e função
- - dos bivalves, 335
- - dos moluscos, 324
- microscópica do osso, 615
- nervosas e sensoriais dos ctenóforos, 273
- primária, 23
- quaternária, 23
- secundária, 23
- terciária, 23
Estuário, 778
Estudo filogenético do comportamento, 759
Esturjões, 515
Etologia clássica, 748
Eucariotos, 7, 28
- unicelulares, 209
Euglena viridis, 220
Euglenida, subfilo, 220, 234
Euglenoidea, classe, 234
Euglenozoa, filo, 220, 234
Eumetazoários, 180
Euphausiacea, ordem, 418, 421
Euploidia, 81
Eurialinos, 631
Euriptérides, 391, 400
Eurypterida, subclasse, 391
Eurypygiformes, ordem, 579
Eussocialidade, 758
Eutheria, 604
Evaginações, 660
Evento(s)
- endócrinos que coordenam a reprodução, 141
- fundador, 110, 111
Eventos-chave do desenvolvimento animal, 151
Evolução, 2, 100
- convergente, 343
- dos cordados, 485
- dos sistemas nervosos, 694
- em mosaico, 559
- humana, 599
- molecular abiogênica, 18
- orgânica, 97
- química, 24, 30
Evolucionabilidade, 110
Exaptação, 117, 559
Exclusão competitiva, 790
Excreção, 216, 630
- de água, 640
- de sal, 640
- dos oligoquetos, 362
- dos poliquetos, 354
- e balanço hídrico dos insetos, 434
- e osmorregulação dos platelmintos, 284
Exercícios e tipos de músculos, 623
Exibições de ameaça, 755
Exitos, 405
Exocitose, 45
Exocutícula, 388, 411
Exoesqueleto, 388, 614
- cuticular, 390
Éxons, 86
Exópode, 405
Exorreceptores, 701
Expiração, 662
Expressão gênica durante o desenvolvimento, 162
Expulsão, 145
- da placenta, 145
Extensões de asa antipredatórias, 439
Extensores, 407
Extinção(ões), 797
- do Cretáceo, 125
- do Permiano, 125
- em massa, 124
Extremidade
- 3', 84
- 5', 84
Extrussomos, 216

F

Fabricação de ferramentas, 602
Fagócitos, 568, 734
Fagocitose, 44, 210, 241, 734
Fagossomo, 38, 216
Fagótrofos, 210
Faisões, 578
Falcões, 579
Falconiformes, ordem, 579
Faringe, 266, 480, 500, 662, 676
Fascículo, 431, 621
Fasciola hepatica, 284, 287
Fase(s)
- da mitose, 46
- folicular, 142
- lútea, 143
- menstrual, 142
- proliferativa, 142
- secretora, 143
Fasmídeos, 373
Fator(es)
- de crescimento
- - de fibroblasto, 163
- - semelhante à insulina, 720, 729
- de necrose tumoral alfa, 729, 733
- de transcrição, 89
- extrínsecos, 788
- Rh, 744
Febre, 733
Feiticeiras, 493, 515
Feixe de His, 655
Felidae, 605
Fenda(s), 469
- branquiais, 508
- entre as rêmiges primárias, 572
- faríngeas, 479
- na asa, 572
- sináptica, 692
Fenótipos, 73
Fermentação, 591
- alcoólica, 61
Feromônios, 439, 702
Fertilidade potencial, 116
Fertilização, 132, 152
- e ativação, 152
Feto, 173
Fibra(s), 621, 622
- de Purkinje, 655
- glicolíticas rápidas, 625, 626
- mielinizadas, 691
- muscular, 188, 273, 283
- nervosa(s), 190
- - da lula-gigante, 342
- - gigantes da minhoca, 363
- oxidativa, 626
- - lentas, 626
- - rápidas, 625, 626
Fibrina, 651
Fibrinogênio, 650, 651
Fígado, 175, 500
Filamento(s)
- de acôncios, 266
- deslizante, 623
- gástricos, 262
- intermediários, 39
- septal, 266
Filárias, 377
Fileiras
- ciliadas, 272
- de pentes, 272
Filhote(s)
- altriciais, 577
- precoce, 576
Filo
- Acanthocephala, 301
- Amoebozoa, 234

- Annelida, 351, 367
- - características do, 356
- Apicomplexa, 226, 234
- Arthropoda, 387, 400
- - características do, 390
- Brachiopoda, 313
- Centrohelida, 234
- Cercozoa, 234
- Chaetognatha, 452
- Chordata, 486
- Ciliophora, 222, 234
- Cnidaria, 252
- - características do, 254
- Ctenophora, 271
- - características do, 273
- Cycliophora, 309
- Dinoflagellata, 225, 234
- Diplomonada, 233
- Echinodermata, 453, 467
- - características do, 455
- Entoprocta, 309, 310
- Euglenozoa, 220, 234
- Foraminifera, 234
- Gastrotricha, 295
- Gnathostomulida, 297
- Hemichordata, 468
- Heterolobosea, 234
- Kinorhyncha, 379
- Loricifera, 379
- Mesozoa, 303
- Micrognathozoa, 297
- Mollusca, 346
- - características do, 322
- Nematoda, 371, 377
- Nematomorpha, 378
- Nemertea (Rhynchocoela), 314
- - características do, 316
- Onychophora, 381
- Opisthokonta, 234
- Parabasala, 233
- Phoronida, 314
- Placozoa, 248
- Platyhelminthes, 281
- - características do, 282
- Porifera, 238, 245
- - características do, 239
- Priapulida, 380
- Radiolaria, 234
- Retortamonada, 219, 233
- Rotifera, 298
- Stramenopila, 234
- Tardigrada, 382
- Viridiplantae, 234
- Xenacoelomorpha, 279
Filogenia, 108, 200
- das esponjas, 247
- de Acanthocephala, 302
- de Nemertea, 317
- de Rotifera, 300
- de Xenacoelomorpha, 280
- dos anelídeos, 368
- dos animais diblásticos, 274
- dos artrópodes, 400
- dos cnidários, 275
- dos crustáceos, 419
- dos equinodermos, 467
- dos eucariotos unicelulares, 232
- dos hemicordados, 471
- dos insetos, 446
- dos Lophotrochozoa, 317
- dos primeiros moluscos, 344
- molecular, 28
Filoplumas, 562
Filópodes, 211, 213
Filopódios, 415
Filtração, 637
- glomerular, 638

Filtradores, 333
Fisiologia da metamorfose, 438
Fisoclisto, 508
Fissão, 217
- binária, 130, 217, 225
- múltipla, 130, 217
Fitas pareadas de DNA complementares, 84
Fitófagos, 430
Flagelos, 39, 211, 212, 620
Flamingos, 578
Flavina-adenina-dinucleotídio, 54
Flexores, 407
Floresta
- boreal, 775
- de coníferas, 775
- de kelps, 778
- perenes do Sul, 775
- temperada
- - decídua, 774
- - mista, 775
- tropical, 776
Fluido(s)
- corporais, 650
- internos, 648
- intersticial, 185, 649
Flutuabilidade neutra, 507
Fluxo
- contracorrente, 660
- de energia e produtividade, 793
Focas, 605
Focas oceânicas, 594
Foladídeos, 339
Folhetos germinativos, 182
Folículo, 140
- de Graaf, 142
Fontes, 785
- de informação filogenética, 201
- hidrotermais, 779
Forame magno, 600
Foraminifera, filo, 229, 234
Força(s)
- de mudança evolutiva, 119
- de reação, 506
- lateral, 506
Forma e função
- acantocéfalo, 301
- bivalves, 333
- crustáceos, 405
- ectoproctos, 311
- entoprocto, 309
- esponjas, 241
- estrelas-quebradiças, 460
- gastrópodes, 327, 331
- gastrotrico, 295
- insetos, 425, 430
- loricífero, 379
- moluscos, 322
- nautiloides, 341
- nematódeos, 372
- nematomorfos, 378
- nemertinos, 315
- oligoqueto, 361
- onicóforos, 381
- *Paramecium*, 224
- poliquetas, 354
- priapulídeos, 380
- quetognatos, 452
- quinorrincos, 379
- rotífero, 298
- sanguessugas, 365
- turbelários, 283
Formação
- de dois folhetos germinativos, 157
- de polímeros, 25
- de trombos, 657
- de um tubo digestório completo, 158
- do celoma, 159, 166, 167

- do mesoderma, 159
- do padrão, 162
Formas
- autótrofas, 211
- básicas das asas de aves, 572
- tecadas, 257
Formigas, 445
Formigas-leão, 445
Fosfatase alcalina, 680
Fosfocreatina, 625
Fosfofrutoquinase, 55
Fosfolipídios, 21
Fosforilação oxidativa, 60, 61
Fossas revestidas por clatrina, 44
Fóssil(eis), 100
- de tecidos moles, 101
Fosseta loreal, 544, 549
Fotoperíodo, 722
Fotorrecepção, 709
Fotorreceptores, 709
Fotossíntese, 20, 27, 793
Fotótrofos, 671
Fóvea, 569, 710
- central, 710
Fragatas, 579
Fragmentação, 131
- de hábitat, 797
Frangos-d'água, 579
Frente do recife, 270
Frequência
- alélica, 118
- cardíaca, 655
- de geminação, 146
Função
- da membrana, 40
- do rim dos vertebrados, 637
Funil, 341
Fúrcula, 564
Fusão dos pronúcleos e ativação do óvulo, 154
Fuso, 47, 372

G

Gafanhotos, 444, 609
Gaivotas, 579
Gálagos, 604
Galliformes, ordem, 578
Gambás, 603
Gametas, 14, 45, 68, 130, 131, 228
Gametogênese, 134, 135
Ganga, 579
Gânglio(s), 688
- cerebrais, 363
- nervoso, 310
- subesofágico, 410
- supraesofágicos, 410
Ganoína, 503
Gansos, 578
Gansos-da-neve, 558
Gansos-patola, 579
Garças, 578
"Gars", 515
Gases respiratórios, 665
Gastrina, 682
Gastrocele, 157, 183
Gastrólitos, 412
Gastropoda, classe, 326, 346
Gastrópodes, 327
Gastrotricha, filo, 295
Gastrozooides, 257
Gástrula, 157, 183
Gastrulação, 157, 168
Gatos, 605
Gaviais, 554, 578
Gaviiformes, ordem, 578
Gêmeos
- idênticos ou monozigóticos, 146
- não idênticos, dizigóticos ou fraternos, 146

Gemulação, 131
Gêmulas, 244
Gene(s), 68
- *bicoid*, 162
- conceito de 82
- de anticorpo, 740
- de polaridade segmentar, 163
- de regra dos pares, 163
- de segmentação, 162
- estrutural, 89
- *gap*, 162
- homeóticos, 163
- homólogos, 343
- *hox*, 163, 484
- modificadores, 79
- *nanos*, 162
- *Pitx2*, 162
- regulador, 89
- *short gastrulation*, 162
- *sonic hedgehog*, 162
- supressores de tumor, 93
Gênero, 195
Genética, 67
- do comportamento, 750
- e desenvolvimento, 68
- molecular, 90
- - do câncer, 93
Genômica, 91
Genótipos, 73
Geomyidae, 605
Geração
- de ATP sem oxigênio, 61
- de uma resposta humoral, 741
- espontânea da vida, 17
Germoplasma, 134
Germovitelários, 299
GH, 720
Gibões, 605
Gimnuros, 605
Ginogênese, 131, 514
Girafas, 606
Gladiadores, 444
Glândula(s)
- androgênicas, 412
- antenais, 409, 635
- apócrinas, 590
- bulbouretrais, 140
- calcíferas, 362
- coxais, 393
- da tinta, 343
- de gás, 508
- de muco, 381
- de sal, 568, 634
- digestivas, 458
- do seio, 412
- dos mamíferos, 590
- écrinas, 590
- endócrinas, 715, 719
- exócrinas, 715
- gástricas, 299
- mamárias, 590
- maxilares, 409
- mucosas, 528
- odoríferas, 590
- paratireoides, 724
- pedais, 299
- pineal, 722
- protorácicas, 438
- repugnatórias, 398
- retal, 500, 681
- salivares, 299, 676
- sebáceas, 590
- sudoríparas, 590
- tireoide, 479
- vitelina, 293
"Glia", 688
Glicocorticoides, 726

Glicogênio, 21, 625
Glicólise, 58
- anaeróbica, 61, 63, 625
Gliconeogênese, 726
Glicoproteínas, 36
Glicose, 20
Globina, 665
Globulinas, 650
Glomérulo, 469, 637
Gloquídio, 339
Glote, 662
Glucagon, 728
GMP cíclico, 716
Gnathifera, clado, 296
Gnathostomata, 486, 493, 515
Gnathostomula jenneri, 297
Gnathostomulida, filo, 297
Gnatostomados, 488, 493
Gnatostomulídeos, 297
Golfinhos, 606
Gônadas, 132
Gonadotrofina(s), 719
- coriônica humana, 144
- da adeno-hipófise, 142
Gonângios, 254, 258, 261
Gonóporos, 405
Gordura(s), 683
- marrom, 681
- "verdadeiras", 21
Gorgulhos, 445
Gorilas, 605
Gradiente de densidade, 34
Grado, 203
Gradualismo, 12, 113
- fenotípico, 114
- filético, 115
- populacional, 114
Grande(s)
- divisões da vida, 205
- evento de oxigenação, 27
- lábios, 141
- macacos, 604
- subdivisões do reino animal, 206
- viagem de Darwin de descobrimento, 99
Granulócitos, 651, 735
Grânulos de paramilo, 221
Grau
- celular de organização, 180
- celular-tecidual de organização, 180
- organogênico-sistêmico de organização, 180
- protoplasmático de organização, 180
- tecidual-organogênico de organização, 180
Gregarina, classe, 234
Grilos, 444
Grous, 579
Gruiformes, ordem, 579
Grupo
- de protozoários, 209
- externo, 200
- fosfato, 83
- parafilético, 543
Grupo-irmão, 205
Gua-viva-de-lua, 262
Guanina, 83
Guilda, 790
Gymnophiona, ordem, 523, 531

H

Hábitat(s), 784
- e distribuição das rãs, 526
- lênticos, 777
- lóticos, 777
Hábitos alimentares
- dos crustáceos, 413
- dos gastrópodes, 329

Habituação, 752
Haliotis rufescens, 329
Halteres, 428
Haplodiploidia, 131
Haploide, 69, 132
Haplorhini, subordem, 605
Haste, 562
Hectocótilo, 343
Heliozoa, 231
Hemácias, 42, 650
Heme, 665
Hemichordata, filo, 468
Hemicordados, 450
Hemidesmossomos, 40
Hemiptera, ordem, 445
Hemisférios cerebrais, 569
Hemizigotos, 80
Hemocele, 381, 407, 652
Hemofilia, 79, 651
Hemoglobina, 362, 665
Hemolinfa, 652
Hemostasia, 651
Hemozoína, 228
Herança
- comum dos vertebrados, 170
- de características adquiridas, 98
- intermediária, 74
- ligada ao sexo, 79
- particulada, 14
- poligênica, 78
- quantitativa, 78
Herbivoria, 789
Herbívoros, 430, 591, 671, 793
Hereditariedade, 4
- mendeliana, 14
Hermafroditas, 131, 132
- sequenciais, 133, 514
- sincrônicos, 514
Hermafroditismo, 131, 132
Hermodice carunculata, 356
Heterocronia, 109
Heterodontes, 584, 590
Heterolobosea, filo, 220, 234
Heterotopia, 109
Heterotransplante, 739
Heterótrofos, 26, 210
- primários, 26
Heterozigoto, 73
Hexacorallia, subclasse, 265, 271
Hexactinellida, classe, 245
Hexapoda, subfilo, 387, 401, 443
Hexápodes, 401, 424
Hibernação, 646
Hibridização, 111
Hidátide unilocular, 295
Hidra, 259
Hidrantes, 254, 257
Hidrocaules, 257
Hidrocefalia, 700
Hidroceles, 459
Hidrocorais, 261
Hidrogenossomos, 215
Hidrolases, 675
Hidrólise, 19, 55, 675
Hidroporo, 455
Hidrorriza, 257
Hidrosfera, 772
Hidrostatos musculares, 614
Hidrozoário(s), 261
- de água doce, 259
Hierarquia
- aninhada, 104, 201
- da ecologia, 784
- de decisões do desenvolvimento, 151
- de dominância, 755
Hímen, 141
Hiperosmótica, 42

Hiperosmótico, 42, 43
Hiperparasitismo, 430
Hiperpolarização, 693
- posterior, 690
Hipertensão, 657
Hiperventilação, 664
Hipocampo, 698
Hipoderme, 372, 610
Hipófise, 719
Hipopótamos, 606
Hiposmótico(s), 43
Hipóstoma, 396
Hipotálamo, 142, 698, 719
- e neurossecreção, 719
Hipotermia adaptativa em aves e mamíferos, 645
Hipótese(s), 9
- da comunicação em abelhas, 761
- de filamento deslizante da contração muscular, 623
- do local de distinção da altura tonal, 707
- do microtúbulo deslizante, 212
- dos mandibulados, 387
- um gene-um polipeptídio, 82
Hipotônico, 43
Hírax, 604
Hirudinida, classe, 364
Histologia, 185
Histonas, 28
Holocephali, 502, 515
Holothuroidea, classe, 463, 467
Holótipo, 197
Holozoicos, 210
Homeobox, 163
Homeostase, 630, 631, 648
Homeotérmico, 642
Hominidae, família, 605
Hominídeos, 600
Homo primitivo, 602
Homodonte, 590
Homologia, 104, 107, 200, 478
- seriada, 406
Homólogo, 69
Homoplasia, 200
Homoscleromorpha, classe, 245, 247
Homozigotas, 73
Honeydew, 434
Hormônio(s), 714, 715
- adipocinéticos, 717
- adrenocorticotrófico, 720
- antidiurético, 640, 641, 721
- da medula da suprarrenal, 727
- da muda, 412, 438, 718
- da paratireoide, 724
- da tireoide, 723
- das células das ilhotas pancreáticas, 728
- de crescimento placentário humano, 144
- de gestação e nascimento, 144
- de inibição, 719
- diabetogênico, 729
- diuréticos, 717
- do córtex da suprarrenal, 726
- do crescimento, 720
- - e metabolismo, 729
- do hipotálamo e da hipófise, 719
- do metabolismo, 723
- dos invertebrados, 717
- dos vertebrados, 719
- esteroides, 716
- estimulador dos melanócitos, 720
- foliculoestimulante, 142, 719
- hiperglicêmicos de crustáceos, 717
- inibidor
- - da gonadotrofina, 142
- - de muda, 412
- juvenil, 438, 718

- liberadores, 719
- - de gonadotrofinas, 142
- luteinizante, 142, 719
- placentário liberador de corticotropina, 145
- protoracicotrófico, 438, 718
- tireoestimulante, 719
- tróficos, 719
Hospedeiro, 733
- contagioso e não contagioso, 733
- definitivo, 287
- final, 287
- intermediário, 287
- resistente, 733
- suscetível, 733
Humanos, 600
Humor
- aquoso, 709
- vítreo, 710
Hydractinia symbiolongicarpus, 252
Hydrozoa, classe, 257, 271
Hylobatidae, família, 605
Hymenoptera, ordem, 445
Hymenoptera eussociais, 440
Hyracoidea, ordem, 604

I
Íbis, 578
Ichthyosauria, 554
Ichthyostega, 520
Icotinamida-adenina-dinucleotídio, 54
Ictiossauros, 538
IgA, 733, 740
IgD, 740
IgE, 740
IgG, 740
IgM, 740
Iguanídeos, 547
ILC rorγt+, 735
Ilhotas de Langerhans, 728
Implantação, 144
- tardia, 596
Impulso, 506
Imunidade, 732, 733
- adquirida, 733
- inata, 733
- nos invertebrados, 739
Imunoglobulinas, 740
Incisivos, 590, 673
Incrustação, 328
Independência
- celular, 244
- térmica, 643
Independentes da densidade, 789
Indicatorídeos, 580
Indivíduo(s)
- monossômico, 81
- trissômicos, 81
Indução, 152, 161
- primária, 161
- secundária, 161
Infecção(ões)
- emergentes causadas por coccídios, 228
- parasitárias, 281
- por Giardia, 219
- por oxiúros, 375
- por vermes da Guiné, 375
Inflamação, 736
Influências climáticas globais nos ambientes dos animais, 772
Infraciliatura, 222
Infundíbulo, 719
Ingesta do alimento, 671
Ingressão, 166
Inhambus, 578
Inibição por retroalimentação, 56
Inibina, 142
Início do desenvolvimento, 155

Índice Alfabético

Inositol-trifosfato, 716
Insecta, classe, 425, 443
Insetívoros, 591
Insetos
- benéficos, 440
- do mar, 403
- e bem-estar humano, 440
- prejudiciais, 441
Instar, 437
Insulina, 728
Interação(ões)
- ambiental, 6
- entre populações nas comunidades, 789
- entre seleção natural, deriva e migração, 121
- gênica, 78
Interfase, 48
- do ciclo celular, 71
Interferons, 733
Interleucina, 741
- -22, 736
Intermediários de oxigênio reativo, 734
Interpretação do registro fóssil, 101
Intestino, 362, 500, 678
- grosso, 681
Intoxicação de aves por chumbo, 577
Íntrons, 82, 86
Introverte, 352
Invaginação, 168, 660
Invasão de cnidários, 262
Inversão, 82, 245
Invertebrados, 694
- comensais, 239
- marinhos, 631
Iodo, 723
Iridóforos, 528, 613
Íris, 709
Irisina, 627, 729
Irradiação adaptativa, 113
Irritabilidade, 688
Isogametas, 218
Isolécitos, 155
Isopoda, ordem, 417, 421, 444
Isópodes, 421
Isosmótica, 43

J
Jabuti, 544
Jacarés, 554
Janela
- oval, 706
- redonda, 707
Japigídeos, 443
Jequitiranaboia, 445
Joões-bobos, 580
Junção(ões)
- aderentes, 40
- comunicantes, 40
- neuromuscular, 624
- oclusiva, 40
- sináptica, 624

K
Kinetoplasta, subfilo, 221, 234
Kinorhyncha, filo, 379
Kiwis, 578
Krill, 421

L
Labirinto, 409, 706, 708
Laceração pedal, 267
Lacertilia, 547
Lactogênio placentário humano, 144
Lactose, 680
Lacunas, 365, 615
Lagartixas, 547

Lagartos, 486, 546, 547, 554
Lagartos-monitores, 547
Lagena, 531, 706
Lago Baikal, 777
Lagomorpha, ordem, 605
Lagópodes, 578
Lagostas, 421
Lamarckismo, 98
Lamelas, 334, 508
Lampreias, 486, 493, 496, 515
Lampsilis ovata, 338, 339
Lanceletas, 486
Lano esquizocélico ou enterocélico, 183
Lanterna de Aristóteles, 463
Laringe, 529, 662
Larva(s)
- amocete das lampreias, 485
- bipinária, 459
- braquiolária, 459
- cidipídia, 273
- doliolárias, 467
- equinoplúteas, 463
- gloquídio, 338
- tântulo, 416
- tornária, 470
- trocóforas, 281, 324
Lateral, 181
Laterita, 776
Latrodectus mactans, 395
Lebres, 605
Lebres-da-neve, 599
Lebres-do-mar, 332
Lecitotrofia, 546
Lei(s)
- biogenética, 108
- da segregação, 73
- - de Mendel, 74
- - independente, 75
- da termodinâmica, 52
- das energias nervosas específicas, 701
- de Hardy-Weinberg, 120
- de Mendel, 68
- mendelianas da herança, 73
Leishmania, 221
Lemingues, 598
Lêmures, 604
Lêmures-voadores, 604
Leões-marinhos, 605
Lepidoptera, ordem, 445
Lepidosauria, 486, 554
Lepidossauros, 538
Lepospôndilos, 521
Leptina, 682, 729
Leptocéfalos, 511
Leptosomiformes, ordem, 580
Leptosomus discolor, 580
Lesmas, 346
Lesmas-do-mar, 332
Leucochloridium, 291
Leucócitos, 650, 651
- polimorfonucleares, 735
Leuconoides, 242
Libélulas, 444
Ligação(ões), 90
- autossômica, 80
- de alta energia, 56
- dissulfeto, 23
- fosfoanidrido, 56
- genética, 80
- peptídicas, 22
Ligantes, 44
Limites extrínsecos do crescimento, 788
Límulos, 391, 400
Linfa, 187, 658
Linfócitos, 651, 735
- ativados, 741
- B, 735

- T, 733, 735
- - citotóxicos, 741
Língua, 676
Linguagem das abelhas melíferas, 760
Linha
- de Wallace, 770
- primitiva, 168
Linhagem, 110
- de células germinativas, 133
- geral, 199
Linnaeus, 194
Lipase pancreática, 680
Lipídios, 21
Lírios-do-mar e penas-do-mar, 467
Lisossomos, 38, 734
Lisozima, 733
Lissamphibia, 521
Lithobates
- *catesbeianus*, 526
- *pipiens*, 527, 533
- *sylvatica*, 526
Litosfera, 772
Lobo(s), 605
- anterior, 719
- intermediário, 719
- ópticos, 569, 698
Lobópodes, 211, 213
Lóbulos, 262
Locomoção, 212
- dos bivalves, 334
- dos cefalópodes, 341
- dos insetos, 428
- na água, 506
Lofóforo, 165, 281, 308, 313
Lofotrocozoário, 165
Lombares, 616
Lombriga dos seres humanos, 374
Lophotrochozoa, 281
Lorica capsular, 299
Loricifera, filo, 379
Lóris, 604
Louva-a-deus, 444
Loxosceles reclusa, 395
Loxosomella, 310
Lulas, 346
Lumbricus, 363
Lúmen, 674

M
Macacos, 604
- do Novo e do Velho Mundo, 605
Maçaricos, 579
Macroevolução, 123, 124
Macrófagos, 651, 733, 734
Macrogametócitos, 228
Macrômeros, 245
Macromoléculas, 19, 30
Macronúcleo, 214, 223, 224
Macroscelidea, ordem, 604
Macucos, 578
Madreporito, 455, 457
Mais antigo ancestral comum universal (LUCA), 18
Malacostraca, 417, 421
Malária, 228
- epidemiologia da, 229
- cerebral, 228
Malha, 284
Maltase, 680
Maltoses, 676
Mamíferos, 486, 583
- carnívoros, 593
- - australianos, 604
- com casco e número
- - ímpar de dedos, 606
- - par de dedos, 606
- comedores de carne, 605

- herbívoros, 591
- insetívoros, 591
- onívoros, 593
- placentários, 171, 597
- que põem ovos, 603
- que roem, 605
Mammalia, 486, 603
- características de, 588
Mandíbulas, 381, 387, 405
Mandriões, 579
Manto, 322, 323, 480
- dos bivalves, 334
Mantodea, ordem, 444
Mantophasmatodea, ordem, 444
Manúbrio, 257, 259
Marca-passo, 176
"Maré vermelha", 226
Margaridas-do-mar, 460, 467
Margens continentais, 778
Mariposas, 445
Marismas, 779
Marmotas, 605
Marsupiais, 171, 596
Martelo, 706
Martins-pescadores, 580
Massa
- celular interna, 168
- visceral, 322, 323
Mástax, 299
Mastócitos, 735
Material fóssil, 101
Maturação do oócito, 152
Maxilares
- faríngeos, 504
- mais fortes, 542
Maxilas, 405
Mecanismos
- de ação hormonal, 715
- de alimentação, 671
- de defesa inata, 733
- do desenvolvimento, 159
- hormonais, 688
- neurais, 688
Mecanorrecepção, 434, 704
Mecoptera, ordem, 445
Mecópteros, 445
Medial, 181
Medição
- da sensibilidade à temperatura, 642
- da variação genética dentro das populações, 122
Medula, 637, 726
- espinal, 696
- oblonga, 697
Medusa(s), 253, 254
- de água doce, 259
Megafauna, 586
Meio fluido interno, 649
Meiose, 45, 69, 132
- intermediária, 218
- zigótica, 218
Melanina, 613
Melanóforos, 528
Melatonina, 722
Membrana(s)
- basilar, 707
- corioalantoica, 171
- de fertilização, 154
- extraembrionárias, 170
- nictitante, 531
- ondulante, 222
- plasmática, 35, 37
- tectória, 707
- tectorial, 531
- timpânica, 531, 706
Membranelas, 222
Membranipora tuberculata, 312

Membros representativos
- de Sedentaria, 357
- de Errantia, 355
Meninges, 696
Menor agrupamento distinto, 196
Menstruação, 596
Mergulhões, 578
Merostomata, classe, 391, 401
Merozoítos, 226, 228
Mesencéfalo, 697, 698
Mesênquima, 243
Mesentérios, 266, 352
- mesodérmicos, 183
Mesitornithiformes, ordem, 579
Mesitos, 579
Meso-hilo, 243
Mesoderma, 159, 168, 176, 183
Mesogleia, 256
Mesolécitos, 155
Mesonefro, 636, 637
Mesozoa, filo, 278, 303
Metabolismo, 5
- aeróbico, 625
- anaeróbico *versus* metabolismo aeróbico, 57
- celular, 51, 52
- de lipídios, 63
- de proteínas, 64
- oxidativo, 27
Metacercárias, 287
Metáfase, 47
Metameria, 162, 185
Metamerismo, 349, 351
Metâmero, 185, 351
Metamorfose, 410, 437
- e crescimento dos insetos, 437
- hemimetábola, 437
- holometábola, 438
Metanefrídios, 324, 362, 635
Metanefro, 636, 637
Metapopulação, 785
Metatheria, 603
Metazoários, 238
- triblásticos, 451
Método(s)
- científico, 8
- comparativo, 11
- de formação do mesoderma, 183
- experimental, 11
- hipotético-dedutivo, 8
Micelas, 680
Micos, 605
Microbioma, 7
Microbiotheria, ordem, 604
Microevolução, 117
Microfilamentos, 39
Microfilárias, 377
Microgametócitos, 228
Micróglia, 689
Micrognathozoa, filo, 297
Micrômeros, 245
Micronemas, 226
Micronúcleo, 223, 224
Micrópilas, 244
Microscopia
- de fluorescência, 32
- eletrônica, 34
- - de varredura, 34
- - de transmissão, 34
Microscópios ópticos, 33
Microtúbulo, 38, 39
- cinetocoro, 47
Microvilosidades, 40, 678
Micuins, 397
Mielina, 688
Migração, 119
- das células germinativas, 134
- dos mamíferos, 594

- e navegação das aves, 573
- para fora da África, 602
Mimetismo
- batesiano, 792
- mülleriano, 792
Mímicos, 792
Mineralocorticoides, 726
Minhocas, 361
- beneficiam o solo, 362
Miócitos, 244
Miofibrilas, 189, 622
Miofilamentos, 622
Miômeros, 482, 506
Miosina, 39, 619, 622
Miracídio, 287
Miriápodes, 386, 397
Mixotrofia, 211
Misumenoides formosipes, 395
Mitocôndrias, 38, 209, 214
Mitose, 45, 46, 218
Mixozoários, 264
Mnemiopsis leidyi, 274
Mobilidade no canal alimentar, 675
Modelo, 792
- do *Big Bang*, 18
- do mosaico fluido, 35
Modularidade do desenvolvimento, 109
Moela, 362, 544, 567, 676
Moinho gástrico, 413
Molares, 590, 673
Moléculas
- acessórias ou correceptoras, 741
- de reconhecimento, 740
- ou marcadores CD, 741
- receptoras, 715
Mollusca, filo, 346
Moluscos, 319, 320
- fósseis, 346
Monito del Monte, 604
Monócitos, 651, 734
Monoestrais, 596
Monofiléticos, 475
Monofilia, 202
Monogamia, 576, 757
Monogenea, classe, 291, 297
Monogenéticos, 286
Monogononta, classe, 301
Monoicos, 131, 132
Monoplacóforos, 326
Monoplacophora, classe, 326, 346
Monossacarídios, 20
Monotremados, 171, 584, 596
Monotremata, ordem, 603
Morcegos, 605
Mordidas dos ácaros, 397
Morfogênese de membros e órgãos, 163
Morfógenos, 162
Morfologia
- comparada, 201
- externa dos crustáceos, 405
Morsas, 605
Moscas verdadeiras, 445
Movimento, 6, 175
- ameboide, 39, 619
- animal, 619
- ciliar e flagelar, 619
- em concertina, 549
- muscular, 621
- retilíneo, 549
mRNA bicoid, 162
Muda, 389, 411, 562
Mudança(s)
- na classificação tradicional dos répteis, 543
- perpétua, 12, 100
Multíparos, 146
Multiplicação
- contracorrente, 640
- de espécies, 12, 110

Muridae, 605
Musaranhos, 605
- marsupiais, 604
Musaranhos-arborícolas, 604
Musaranhos-elefante, 604
Músculo(s), 175
- brancos, 626
- cardíaco, 189, 621, 655
- ciliares, 709
- diretos de voo, 429
- dos invertebrados, 622
- dos vertebrados, 621
- esquelético, 188, 189, 621, 729
- estriado, 188
- - oblíquo, 189
- fibrilar, 622
- indiretos de voo, 429
- liso, 189, 621, 622
- longitudinais, 379
- subepidérmicos, 299
- supracoracóideo, 564
- vermelhos, 626
- voluntário, 621
Musophagiformes, ordem, 579
Mutações
- gênicas, 92
- homeóticas, 163
Mutagênicos químicos, 93
Mutualismo, 210
Myriapoda, subfilo, 387, 397, 401
Mystacocarida, 414, 421
Myxini, classe, 486, 493, 515
Myxozoa, classe, 264, 271

N

Nadadeira(s)
- anal, 499
- caudal, 499
- dorsais, 499
- peitorais e pélvicas, 499
NADH$^+$ H$^+$, 58
Naegleria
- *fowleri*, 220
- *gruberi*, 220
Não disjunção, 81
Narinas, 499, 661
- internas, 662
Nascimentos múltiplos, 146
Natureza
- da ciência, 8
- das enzimas, 53
- do processo reprodutivo, 130
- geral de um crustáceo, 405
Náuplio, 410
Náutilos, 346
Nautilus, 340
Navegação
- das aves usando as estrelas, 575
- e magnetismo, 574
Neandertais, 602
Necessidades nutricionais, 683
Necrose, 738
Nécton, 777
Nefrídio, 382, 635
- aberto, 635
Nefridióporo, 363
Néfron, 637
Nefróstoma, 324, 354, 362, 635
Nematocisto, 252, 254, 256
Nematoda, filo, 371, 377
Nematódeos, 370
- parasitos representativos, 373
Nematomorpha, filo, 378
Nemertea, filo, 314, 317
Nemertinos, 314, 315
Nêmonas-de-tubo, 268
Nêmonas-do-mar, 252

Neocórtex, 698
Neodarwinismo, 14, 117
Neodermata, clado, 283
Neoderme, 281, 283
Neognathae, 561, 578
Neopilina, 328
Neopterígios, 504
Neopterygii, 515
Nereis, 355
Nervo, 688
- ganglionar, 481
- radial, 455, 458
- vago parassimpático, 655
Neuro-hipófise, 719, 720
Neurocorda, 470
Neuróglia, 189
Neuromastos, 500, 705
Neurônio(s), 189, 688
- aferentes, 688, 694, 696
- eferentes, 688, 694, 696
- intermediários, 710
- interneurônios, 688
- motores, 688
- pós-ganglionares, 700
- pós-sinápticos, 692
- pré-ganglionares, 700
- pré-sinápticos, 692
- sensoriais, 688
Neuropeptídios encefálicos, 722
Neuropódio, 355
Neuroptera, ordem, 445
Neurotransmissores, 624, 692, 715
Neutrófilos, 651, 735
Nicho, 784
- ecológico, 783
- fundamental, 785
- realizado, 785
Nidificação, 576
Ninfas, 437
Níveis
- hierárquicos de complexidade biológica, 4
- tróficos, 793
Nó sinoatrial, 176
Nódulo(s)
- de Ranvier, 691
- linfáticos, 659
- sinoatrial, 655
Nomeação e identificação dos táxons de eucariotos unicelulares, 210
Nomenclatura binomial das espécies, 195
Noradrenalina, 727
Norepinefrina, 727
Notocorda, 475, 478
- e cartilagem, 614
Notopódio, 355
Notoryctemorphia, ordem, 604
Notostraca, ordem, 415, 421
Novos modelos para a vida, 179
Nucleases, 680
Núcleo, 35, 214
- do zigoto, 154
- supraquiasmático, 722
Nucleoide, 27
Nucléolos, 36, 214
Nucleoplasma, 36
Nucleotidases, 680
Nucleotídios, 24, 83
Nudibrânquios, 332
Nutrição, 670
- das sanguessugas, 366
- dos insetos, 430
- dos oligoquetos, 362
- dos platelmintos, 283
- dos poliquetas, 354
- holozoica, 216
Nutrientes essenciais, 683

O

Obesidade, 64
Observação, 9
Ocelos, 259, 286, 299, 482, 694
Ocitocina, 145, 720
Octocorallia, subclasse, 265, 271
Odonata, ordem, 444
Odontóforo, 322
Olfato, 702
Olhos
- compostos, 435, 709
- simples, 435
Oligochaeta, 360
Oligodendrócitos, 689
Oligoquetos representativos, 364
Oligostraca, 413
Omaso, 592
Omatídeos, 709
Omatídios, 410
Omne vivum ex ovo, 129
Oncogenes, 93
Oncomiracídio, 291
Oncosferas, 293
Ondulação lateral, 549
Onívoros, 593, 671
Ontogenia, 108
Onychophora, filo, 381
Oocineto, 228
Oocisto(s), 227, 228
- primários, 136
Oócito secundário, 136
Oogênese, 135, 136
Oogônias, 136
Oótide, 136
Oótipo, 289
Opalinídeos, 221
Operárias, 440
Opérculo, 256, 327, 502, 508
Ophiuroidea, classe, 460, 467
Opiliões, 396, 401
Opiliones, ordem, 396
Opistáptor, 291
Opisthocomiformes, ordem, 579
Opisthokonta, filo, 232, 234
Opistobrânquios, 332
Opistonefro, 637
Opistossoma, 358, 393
Opsina, 710
Opsoninas, 734
Opsonização, 734
Orangotangos, 605
Órbita, 538
Ordem
- Acari, 396
- Accipitriformes, 579
- Afrosoricida, 604
- Amphipoda, 418, 421
- Anostraca, 421
- Anseriformes, 578
- Anura, 526, 531
- Apodiformes, 580
- Apterygiformes, 578
- Araneae, 393
- Artiodactyla, 606
- Blattodea, 444
- Bucerotiformes, 580
- Caprimulgiformes, 580
- Cariamiformes, 579
- Carnivora, 605
- Casuariiformes, 578
- Cetacea, 606
- Charadriiformes, 579
- Chiroptera, 605
- Ciconiiformes, 579
- Cingulata, 604
- Coleoptera, 445
- Coliiformes, 580

- Collembola, 443
- Columbiformes, 579
- Coraciiformes, 580
- Cuculiformes, 579
- Dasyuromorphia, 604
- Decapoda, 418, 421
- Dermaptera, 444, 604
- Didelphimorphia, 603
- Diplostraca, 421
- Diplura, 443
- Diprotodontia, 604
- Diptera, 445
- Embiidina, 444
- Ephemeroptera, 444
- Erinaceomorpha, 605
- Euphausiacea, 418, 421
- Eurypygiformes, 579
- Falconiformes, 579
- Galliformes, 578
- Gaviiformes, 578
- Gruiformes, 579
- Gymnophiona, 523, 531
- Hemiptera, 445
- Hymenoptera, 445
- Hyracoidea, 604
- Isopoda, 417, 421, 444
- Lagomorpha, 605
- Lepidoptera, 445
- Leptosomiformes, 580
- Macroscelidea, 604
- Mantodea, 444
- Mantophasmatodea, 444
- Mecoptera, 445
- Mesitornithiformes, 579
- Microbiotheria, 604
- Monotremata, 603
- Musophagiformes, 579
- na diversidade, 193
- Neuroptera, 445
- Notoryctemorphia, 604
- Notostraca, 421
- Odonata, 444
- Opiliones, 396
- Opisthocomiformes, 579
- Orthoptera, 444
- Otidiformes, 579
- Passeriformes, 580
- Paucituberculata, 604
- Pelecaniformes, 578
- Peramelemorphia, 604
- Perissodactyla, 606
- Phaethontiformes, 579
- Phasmatodea, 444
- Phoenicopteriformes, 578
- Pholidota, 605
- Phthiraptera, 444
- Piciformes, 580
- Pilosa, 604
- Plecoptera, 444
- Podicipediformes, 578
- Primates, 604
- Proboscidea, 604
- Procellariiformes, 578
- Protura, 443
- Psittaciformes, 579
- Psocoptera, 444
- Pterocliformes, 579
- Rheiformes, 578
- Rodentia, 605
- Scandentia, 604
- Scorpionida, 395
- Siphonaptera, 445
- Sirenia, 604
- Solpugida, 396
- Soricomorpha, 605
- Sphenisciformes, 578
- Strepsiptera, 445
- Strigiformes, 579
- Struthioniformes, 578
- Suliformes, 579
- Thysanoptera, 445
- Thysanura, 443
- Tinamiformes, 578
- Trichomonadida, 233
- Trichoptera, 445
- Trogoniformes, 580
- Tubulidentata, 604
- Urodela, 523, 531
- Zoraptera, 444
Orelha
- externa, 569
- interna, 569
- média, 569
Organelas, 33
Organismos, 4, 784
- autótrofos, 671
- heterótrofos, 671
Organização
- biológica, 33
- celular, 35
- dos sistemas circulatórios dos vertebrados, 653
- e função regional dos canais alimentares, 676
- hierárquica, 3
- - da complexidade animal, 180
Organizador
- de Spemann, 150
- primário, 150, 161
Órgão(s), 180
- acessórios, 138
- adesivos duoglandulares, 283
- de Corti, o, 707
- de Jacobson, 544, 549, 703
- dos sentidos, 701
- - dos insetos, 434
- - nos platelmintos, 286
- elétricos, 705
- primários, 138
- respiratórios, 660
- sensorial(is), 342, 687
- - aboral, 273
- sexuais
- - acessórios, 132
- - primários, 132
- vestibular, 708
- vitelários, 286
- vomeronasal, 703
- X, 412
- Y, 412
Oricteropo, 604
Orientação azimute solar, 574
Origem
- da multicelularidade, 237
- da teoria evolutiva darwiniana, 98
- das baleias, 587
- do bipedismo, 600
- do desenvolvimento dos planos corporais nos triblásticos, 183
- do metabolismo, 26
- dos Amniota, 537
- dos animais, 238
- dos olhos pareados, 484
- dos sistemas vivos, 26, 31
- dos tetrápodes no Devoniano, 519
- e evolução
- - dos mamíferos, 584
- - inicial dos amniotas, 538
- e maturação das células germinativas, 133
- e química da vida, 17
Ornithischia, 554
Ornitorrinco, 603
Orthoptera, ordem, 444
Ósculo, 242

Osfrádios, 326, 331
Osmoconformadores, 631
Osmorregulação, 216
Osmose, 41, 42
Osmótrofos, 210
Ossículos, 457
- calcários dérmicos, 455
- da orelha, 706
- de Weber, 508
Osso(s), 187, 188, 483, 615
- compacto, 615
- endocondrais, 615
- endocondral, 502
- esponjoso, 615
- intramembranoso, 615
- pneumáticos, 564
- turbinados, 584
Osteichthyes, 502
Osteoblastos, 616, 725
Osteócitos, 615
Osteoclastos, 616, 725, 734
Ósteon, 616
Osteostracos, 488
Óstios dérmicos, 241
Ostracoda, 413, 421
Ostracodermos, 488
Ostrácodes, 421
Otariidae, 605
Otidiformes, ordem, 579
Otólitos, 514
Ouriços, 605
Ouriços-do-mar, 467
- Diadema, 462
Ovário, 132, 289, 575
Oviduto(s), 139, 141 286, 289
- esquerdos, 575
Ovígeras, 392
Ovíparos, 137, 500, 603
Ovos
- amniótico, 170, 541
- de ouriço-do-mar, 159
- diploides amíticos, 300
- endolécitos, 286
- haploides, 300
- míticos, 300
Ovulação, 143
Óvulo, 45, 131, 136
Oxi-hemoglobina, 666
Oxidação da acetilcoenzima A, 59
Oxiúros, 375

P
P53, 93
Pacote gelatinoso denominado conglutinado, 338
Padrão(ões)
- da arquitetura de um animal, 179
- de clivagem, 166, 167
- de descendência, 205
- de desenvolvimento nos animais, 164
- reprodutivos, 137
- - dos mamíferos, 596
Paladar, 702
Palato secundário, 584
Paleocórtex, 698
Paleognathae, 561, 578
Paleoniscídeos, 502
Panarthropoda, clado, 381
Pâncreas, 175, 500
Pangolins, 605
Papa-léguas, 579
Papagaios, 579
Papagaios-do-mar, 579
Papila(s)
- dérmicas, 660
- gustativa, 702

- orais, 381
- sensoriais, 373
Papo, 362, 567, 676
Pápulas, 455
Par de rins, 500
Para-hormônios, 715
Parabasala, filo, 233
Parabasalídeos, 220
Parabrônquios, 568, 661
Paradigmas, 10
Parafilético, 475
Parafilia, 202
Paragonimus, 291
Paragonimus westermani, 287
Paramecium caudatum, 224
Parapódio, 352, 354, 356, 660
Parasitas, 430
Parasitismo, 210, 784, 789
Parasitoide, 430, 784
Parasitos, 784, 791
Parátipos, 197
Paratormônio, 616
Pardelas, 578
Parede(s)
- corporal de um cnidário, 255
- do corpo do ctenóforos, 273
- do tronco, 353
Parênquima, 180, 183
- celular, 279
Parenquímula, 245
Partenogênese, 131, 785
- ameiótica, 131
- diploide, 131
- em mamíferos, 131
- meiótica, 131
Partículas em suspensão, 213
Parto, 144
Pássaros-canoros, 580
Passeriformes, ordem, 580
Pastadores, 591
Patos, 578
Paucituberculata, ordem, 604
Pauropoda, classe, 399, 401
Paurópodes, 399, 401
Pavãozinho-do-Pará, 579
Pé(s), 299
- ambulacrais, 455
- dos moluscos, 323
- tubulares, 455
Peças bucais, 676
- esponjosas e lambedoras, 431
- mastigadoras, 431
- sugadoras, 431
Pecilotérmico, 642
Pécten, 395, 569
Pedálio, 263
Pedicelárias, 455
Pedicelo, 313
Pedipalpos, 393
Pedomorfose, 109, 485, 525, 526
Pedúnculo, 466
Pcitoral, 181
Peixes, 492
- atuais sem mandíbulas, 493
- carnívoros, 510
- cartilaginosos, 493, 498, 515
- de nadadeiras
- - lobadas, 486
- - - e tetrápodes, 505, 515
- - raiadas, 486, 493, 502, 515
- endotérmicos, 507, 509
- eurialinos, 509
- herbívoros, 510
- mandibulados, 486
- ósseos, 502
- pulmonados, 486, 505
- rápidos, 506

Peixes-boi, 604
Peixes-bruxa, 486
Peixes-donzelas, 267
Peixes-rato, 515
Pelagem, 588
Pelágicos, 510, 778
Pelecaniformes, ordem, 578
Pelicanos, 578
Pelicossauros, 584
Película, 220, 224
Pelmatozoa, subfilo, 467
Pelos dos mamíferos, 588
Pelos-guarda, 588
Pélvico, 181
Pélvis renal, 637
Pena(s), 559, 562
- de contorno, 562
- de pó, 562
- de voo, 562
- primárias, 570
- secundárias, 570
Pênis, 139, 286
Pentadáctilos, 618
Pentastomida, 414, 421
Pentastomídeos, 421
Pentatrichomonas hominis, 220
Pepinos-do-mar, 464, 467
Pepsina, 677
Pepsinogênio, 677
Peptídio(s)
- antimicrobianos, 734
- cardioativo, 717
- relacionados à fmrfamida, 717
Pequenos lábios, 141
Peramelemorphia, ordem, 604
Percevejos, 445
Perda óssea em seres humanos, 618
Perdizes, 578
Perfuração dos bivalves, 339
Pericárdio, 654
Período(s)
- de incubação, 228
- embrionário, 173
- fetal, 173
- germinativo, 173
- intermuda, 411
Perióstraco, 324
Periprocto, 462
Periquitos, 579
Perissarco, 257
Perissodactyla, ordem, 606
Peristalse, 676
Peristômio, 351, 354
Peritônio, 183, 352
Permeabilidade seletiva, 41
Pernas
- locomotoras, 393
- não articuladas, 381
Pernilongos, 579
Perus, 578
Peso corporal e consumo de alimentos dos mamíferos, 593
Pesquisas de Mendel, 68
Petaloides, 463
Petréis, 578
Petromyzontida, 486, 496, 515
Pfiesteria piscicida, 226
pH de soluções aquosas, 20
Phaethontiformes, ordem, 579
Phasmatodea, ordem, 444
Phidippus regius, 395
Phoenicopteriformes, ordem, 578
Pholidota, ordem, 605
Phoronida, filo, 314
Phthiraptera, ordem, 444
Pica-paus, 580
"Picadas" fatais, 263

Piciformes, ordem, 580
Pigídio, 351
Pigmentos, 612
- biliares, 678
- respiratórios, 665, 666
Pigóstilo, 564
Pikas, 605
Pilosa, ordem, 604
Pinacócitos, 241, 243
Pinacoderme, 241
Pinguins, 578
Pinípedes, 605
Pinocitose, 44, 216, 241
Pínulas, 466
Piolhos, 444
- mastigadores, 444
- sugadores, 444
Piolhos-da-casca, 444
Piolhos-de-cobra, 401
Piolhos-de-livro, 444
Piolhos-de-peixe, 421
Pirâmide(s)
- ecológicas, 795
- eltoniana, 795
Piru-pirus, 579
Piruvato, 59
Pisa-n'água, 579
Pithecidae, 605
Placa(s)
- ciliadas, 272
- de pentes, 272
- metafásica, 47
- neural, 174
- vegetativa, 168
Placenta, 140, 171, 501
- coriovitelina, 596
Placentotrofia, 546
Placiphorella velata, 325
Placodermes, 489
Placódios ectodérmicos, 484
Placozoa, filo, 248
Placozoários, 237
Plâncton, 671, 777
Planície abissal, 778
Plano(s)
- acelomado, 183
- corporais
- - animais, 181
- - dos anelídeos, 351
- corpóreos, 169
- do esqueleto dos vertebrados, 616
- eucelomado, 183
- frontal, 181
- mediossagital, 181
- pseudocelomado, 183
- sagital, 181
- transversal, 181
Plantae, 230
Plasma, 650
- sanguíneo, 185, 649
Plasmídios, 90
Plasmócitos, 736, 740
Plasmódio, 303
Plasmodium, 228
- *falciparum*, 228
Plastídios, 35, 215
Plastrão, 543
Plataforma
- continental, 778
- do recife, 270
Platyhelminthes, filo, 281, 297
Platyzoa, clado, 278, 281
Plecoptera, ordem, 444
Plecópteros, 444
Pleiotropia, 78
Pleistoannelida, 354

Pleura
- parietal, 662
- visceral, 662
Pleuritos, 405
Pleurobrachia, 272
Pleuroploca gigantea, 327
Plexo nervoso
- epidérmico, 459
- subepidérmico, 285
Plumas, 562
Pneumatóforo, 261
Pneumostômio, 331
Podadores, 591
Poder de voo, 428
Podicipediformes, ordem, 578
Pódios, 455
Podocoryne carnea, 259
Pogonóforos, 351, 358
Polaridade, 155, 200
Poliandria, 576, 757
Poliembrionia, 312
Poliestrais, 596
Polifilia, 202
Poligamia, 576, 757
Poliginia, 576, 757
- de defesa
- - das fêmeas, 757
- - de recurso, 757
- de dominância dos machos, 757
Polimorfismo(s), 118, 254
- de nucleotídio único, 93
- proteico, 122
Polipeptídio pancreático, 728
Polipídio, 311
Poliploidia, 81
Pólipo(s), 253, 254
- atecado, 257
Poliqueta(s), 352, 354
- tubícolas, 357
Poliquetas-de-escamas, 355
Polirribossomo, 87
Polispermia, 153, 154
Polissacarídios, 20
Polissomo, 87
Polo
- animal, 155
- vegetativo, 155
Polvos, 346
Polyplacophora, classe, 325, 346
Polypodium hydriforme, 264
Polyzoa, clado, 307, 309
Pombas, 579
Ponte, 697
Pontes terrestres temporárias, 770
Pool de células germinativas femininas, 140
Pool gênico, 118
População, 4, 784, 785
- intercruzante, 197
- de aves e sua conservação, 577
- de mamíferos, 598
Porção
- cefalopediosa, 322
- contrátil fibrilar, 372
- não contrátil sarcoplasmática, 372
Porifera, filo, 238, 245
Poro(s)
- anal, 273
- branquiais, 469
- na probóscide, 469
Pós-abdome, 395
Posição
- do anfioxo, 485
- única do ser humano, 603
Postergação da segunda lei, 51
Posterior, 181
Potencial
- de ação, 689, 690

- de repouso da membrana, 689
- evolutivo, 109
- receptor, 704
Potos, 604
Poupas, 580
Pré-abdome, 395
Pré-formação, 151
Pré-molares, 590, 673
Pré-muda, 411
Predação, 784
Predadores, 413, 430, 784, 791
- de lulas gigantes e baleias, 341
Preguiças, 604
Premunição, 733
Presença de um programa genético, 4
Pressão
- hidrostática, 257, 372
- intrapleural, 662
- intrapulmonar, 662
- negativa, 661
- osmótica, 42, 257
- - coloidal, 658
- parcial, 664
- positiva, 661
- sanguínea, 657
Priapulida, filo, 380
Primates, ordem, 604
Primeira lei
- da termodinâmica, 7, 52
- de Mendel, 73
Primeiro(s)
- corpúsculo polar, 136
- mensageiro, 715
- seres humanos, 600
- vertebrados, 487
Primers, 91
Principais
- grupos
- - de cefalópodes, 343
- - de gastrópodes, 331
- táxons de eucariotos unicelulares, 219
Princípio(s)
- biológicos, 1
- da biogeografia histórica, 766
- da ciência, 8, 15
- da transmissão hereditária, 67
- da zoologia moderna, 1
- do desenvolvimento, 150
Príons e doenças, 24
Probabilidade, 77
Probóscide, 315, 352, 392, 468
Proboscidea, ordem, 604
Procariotos, 27
Procellariiformes, ordem, 578
Processo(s)
- da reprodução, 129
- sexuados, 218
Procutícula, 388, 411, 610
Procyonidae, 605
Produção e a recepção de sons, 439
Produtividade, 793
- bruta, 793
- líquida, 793
Produtores primários, 793
Produtos químicos bioativos de esponjas, 239
Prófase, 47
Progesterona, 142
Proglótides, 292
Prolactina, 144, 720
Prole híbrida, 111
Promotor, 89
Pronefro, 636, 637
Pronúcleo, 154
Propriedades
- emergentes, 3
- fundamentais da vida, 2, 15
- gerais dos sistemas vivos, 2

Proprioceptores, 701
Prosencéfalo, 697, 698
Prosobrânquios, 331
Prosópilas nos canais radiais, 242
Prossímios, 600, 604
Prossoma, 393
Prostaglandinas, 145, 723
Próstata, 140
Prostômio, 351, 354
Protease, 677
Proteína(s), 22, 650, 683
- associadas aos microtúbulos, 620
- contráteis, 619
- de desacoplamento, 681
- de ligação à actina ou ABP, 39
- Ras, 93
- reguladora do gene, 716
- Toll, 734
Proteoma, 92
Proteômica, 91, 92
Proto-oncogenes, 93
Protonefrídios, 284, 301, 635
Protoplasma, 33
Protópode, 405
Protostômios, 165, 166
- celomados, 167
- ecdisozoários, 184
- lofotrocozoários, 184
Prototheria, 603
Protrombina, 651
Protura, ordem, 443
Proturos, 443
Proventrículo, 567
Pseudocele, 299
Pseudoceloma, 159, 167, 183, 372
Pseudópodes, 39 211, 213, 619
Psicologia comparativa, 748
Psilídeos, 445
Psittaciformes, ordem, 579
Psocídeos, 444
Psocoptera, ordem, 444
Pterobranchia, classe, 470
Pterocliformes, ordem, 579
Pterosauria, 554
PTH, 724
PTTH, 718
Publicação, 9
Pulgas, 436, 445
Pulgas-d'água, 421
Pulgões, 445
Pulmões, 175, 331, 661
Pulmonados, 332
Pupa, 438
Pupila, 709
Purinas, 83
Pycnogonida, classe, 392, 401

Q

Quadrado de Punnett, 72, 75
Quelas, 418
Quelicerados, 386
- aquáticos, 401
Quelíceras, 387, 393
Quentrogon, 416
Queratina, 528, 541, 587, 610, 611
Queratinização, 610
Questionamento, 9
Quetognatos, 450
Quimeras, 486, 502, 515
Química da visão, 710
Quimiorrecepção, 435, 701
Quimiorreceptores, 664
Quimiotaxia, 701
Quimiotróficos, 671
Quimo, 678
Quimotripsina, 680

Quinase(s), 715
- dependentes de ciclinas, 48
Quinorrincos, 379
Quitina, 21, 388
Quítons, 325, 346

R

Rabditos, 283
Rabos-de-palha, 579
Radiação, 93
Radiata, 181
Radiolaria, filo, 229, 234
Radíolos, 357
Rádula, 322
Raias, 486, 499, 515
Rainha, 440
Raízes nervosas espinais, 482
Raque, 562
Rãs, 526, 531
Ratos, 605
Razão sexual, 785
Reabsorção, 637
- tubular, 638
Reação(ões)
- acopladas, 56
- anabólica, 55
- catabólica, 55
- catalisadas por enzimas, 55
- cortical, 154
- de condensação, 19
- de evitação, 224
- de hidrólise e de condensação, 55
- de oxirredução, 57
- em cadeia da polimerase, 90
- endergônica, 53
- exergônica, 53
Rearranjo dos genes, 90
Recapitulação, 108
Recepção
- auditiva, 434
- visual, 435
Receptáculo
- da probóscide, 301
- seminal, 289
Receptores, 688, 696
- acoplados à proteína G, 716
- citoplasmáticos, 715, 716
- das células T, 740, 741
- de membrana, 715
- final de elétrons, 57
- nucleares, 715, 716
- químicos
- - a distância, 701
- - de contato, 701
- tipo Toll, 734
Recessivo, 73
Recifes
- de coral(is), 269, 779
- - antigos, 270
- em bancos ou manchas, 270
- em barreira, 270
- em franja, 270
Reconhecimento de material próprio e alheio, 740
Reconstrução filogenética, 104, 200
Recrutamento, 624
Recurso limitante, 787, 790
Recursos, 784
- naturais são limitados, 116
Rede, 284
- nervosa, 254
- - dos cnidários, 257
- trabecular, 245
Rédias, 287
Reforço, 741
Regeneração, 244

Região
- constante, 740
- de absorção da água e concentração de sólidos, 681
- de condução e armazenamento, 676
- de digestão terminal e absorção, 678
- de recepção, 676
- de trituração e digestão inicial, 676
- variável, 740
Registro fóssil, 101, 103
Regra do produto, 77
Regulação
- cis, 89
- da digestão, 682
- da expressão gênica, 88
- da ingesta de alimento, 681
- da temperatura, 630
- enzimática, 55
- gênica nos eucariotos, 88
- hídrica e osmótica, 631
- hormonal do metabolismo do cálcio, 724
- intrínseca, 787
- osmótica, 509, 630, 631
- térmica, 642
- - em endotérmicos, 643
Reguladores
- hiperosmóticos, 509, 631
- hiposmóticos, 509, 633
Reguladores trans, 89
Rei, 440
Relações entre os subgrupos de artrópodes, 387
Relaxina, 144
Remipedia, 414, 421
Rendimento cardíaco, 655
Renina, 677
Renovação celular, 48
- no intestino, 678
Reparo por excisão, 85
Replicação, 84
Repolarização, 690
Reprodução, 4
- assexuada, 45, 130
- bissexuada, 131
- com gametas, 131
- das aranhas, 394
- das hidras, 261
- das sanguessugas, 366
- dos crustáceos, 410
- dos insetos, 436
- dos mamíferos, 595
- dos sapos e das rãs, 532
- e comportamento social das aves, 575
- e desenvolvimento
- - das minhocas, 364
- - dos bivalves, 338
- - dos ctenóforos, 273
- - dos poliquetas, 354
- e história de vida dos moluscos, 324
- e regeneração dos turbelários, 286
- em *Paramecium*, 225
- nos cefalópodes, 343
- rotíferos, 299
- sem gametas, 130
- sexuada, 45, 130, 131, 133, 217, 245
Répteis não voadores, 537, 544
Reptilia, 486
Reservatório
- de aminoácidos, 64
- piriforme, 221
Resfriamento por evaporação, 644
Resistência, 733
Respiração, 648, 659, 793
- aquática e aérea, 659
- celular, 57, 659
- cutânea, 660
- das salamandras, 524
- debaixo d'água, 433

- dos anelídeos, 362
- dos ctenóforos, 273
- dos peixes, 508
- dos poliquetas, 354
- e circulação dos cefalópodes, 341
- e excreção das sanguessugas, 366
- e vocalização dos anfíbios, 529
- externa, 659
- visão geral da, 57
Resposta(s)
- humoral e celular, 739
- imunológica adquirida em vertebrados, 739
- mediada por célula, 742
- secundária ou anamnésica, 741
Ressurgência, 779
Rete mirabile, 508
Retículo, 592
- endoplasmático, 36, 37
- - liso, 36
- - rugoso, 36
- sarcoplasmático, 624
Reticulópodes, 211, 213, 229
Retina, 531, 569, 709
Retinal, 710
Retorno do salmão para casa, 512
Retortamonada, filo, 219, 233
Retroalimentação negativa, 144, 631, 717, 144, 145, 717
Revestimento protetor mucoso, 678
Revisões da teoria de Darwin, 117
Revolução
- científica, 10
- do oxigênio, 27
Rheiformes, ordem, 578
Rhipicephalus
- *annulatus*, 397
- *sanguine*, 397
Rhizostoma, 263
Ribose, 83
Ribossomos, 36, 87
Rim(ns)
- dos artrópodes, 635
- dos vertebrados, 636
- metanéfricos, 544
Rincocele, 316
Rinocerontes, 606
Rinóforos, 332
Ripidístios, 505
Ritmos circadianos, 722
Ritualização, 755
Rizópodes, 211
RNA, 84
- mensageiro, 85
- polimerase, 85
- ribossômico, 54, 87
- transportador, 87
Rodentia, ordem, 605
Rodopsinas, 710
Roedores, 591
Rolas, 579
Rombencéfalo, 697
Ropálios, 257, 262
Roptrias, 226
Rostro, 396, 405
Rotas de migração, 573
Rotifera, filo, 298, 301
Rotíferos, 298
Rúmen, 592
Ruminantes, 592

S

S. japonicum, 290
Sabelídeos, 357
Sacarose, 680
Saco(s)
- adesivo, 312
- aéreos, 433, 568

Índice Alfabético

- do estilete, 335
- terminal, 409
- vitelino, 170, 172, 541
Sacrais, 616
Sacro, 616
Sáculo, 409, 531, 706, 708
Saguis, 605
Sais
- biliares, 678
- de cálcio, 388
- minerais, 683
Salamandras, 521, 523, 531
Salmão e barragens, 512
Sangue, 187, 652
Sanguessugas, 364
- medicinais modernos, 367
Sapo, 521, 526, 531
Saprófagos, 413, 430, 510, 671
Saprozoicos, 210
Sarcolema, 622
Sarcômero, 622
Sarcoplasma, 189
Sarcopterygii, 486, 505, 515
Sarcoptes scabiei, 397
Saurischia, 554
Sauropodomorpha, 554
Saupterígios, 538
Sauropterygia, 554
Scandentia, ordem, 604
Scaphopoda, classe, 339, 346
Schistosoma, 289
Schistosoma mansoni, 287
Sciuridae, 605
Scolopendra gigantea, 398
Scorpionida, ordem, 395
Scyphozoa, classe, 262, 271
Sebo, 590
Secernentea, classe, 377
Secreção, 637
- tubular, 640
Secretina, 682, 714
Secundina, 145
Sedentaria, 356
Sedimentos
- do fundo oceânico, 779
- moles próximos à costa, 779
Segmentação, 162, 184, 185, 389, 675
Segmentos, 351
Segunda lei
- da termodinâmica, 7, 52
- de Mendel, 75
Segundo mensageiro, 715
Seio(s), 407
- esternal, 408
- pericárdico, 408
- venoso, 654
Seisonidea, classe, 301
Seleção
- de espécies, 124
- de grupo, 757
- de micro-hábitats, 790
- de parentesco, 757, 758
- direcional, 123
- disruptiva, 123
- estabilizadora, 123
- hormonal, 412
- natural, 10, 12, 115, 116, 120
- sexual, 121
Sensilas, 434
Sentidos, 687
Sépia, 343
Septos, 352
Septos primários, 266
Seres humanos, 599, 605
- modernos, 602
Seriemas, 579
Serpentes, 546, 548, 554

Sibas, 346
Siboglinidae, família, 358
Siboglinídeos, 351, 358
Siconoides, 242
Sifão, 341, 463
- exalante, 480
- inalante, 480
Sifonoglife, 266
Sifúnculo, 341
Simbiogênese, 29
Simbiose, 28, 413
Símbolos
- para alelos que não são dominantes nem recessivos, 74
- para fenótipos contrastantes, 75
Simetria
- animal, 181
- bilateral, 181, 279, 280
- birradial, 181, 273
- esférica, 181
- pentarradial, 455
- radial, 181, 254
Símios, 600
Simplesiomorfia, 201
Sinais
- bioelétricos, 705
- químicos, 439
- visuais, 440
Sinapomorfia, 201
Sinapse(s), 71, 692
- elétricas, 692
- excitatórias, 693
- inibitórias, 693
- químicas, 692
Sinapsida, 538
Sincício, 46
Síndrome(s)
- comportamental, 750
- da imunodeficiência adquirida, 743
- de Down, 81
- de Klinefelter, 82
- de Turner, 82
- do colapso das colônias, 441
Sínfilos, 399
Singamia, 218
Sino uterino, 301
Sinsacro, 564
Síntese prebiótica de moléculas orgânicas pequenas, 24
Siphonaptera, ordem, 445
Sipuncula, 352
Sipúnculos, 351
Sirenia, ordem, 604
Siringe, 560
Sistema(s)
- actomiosina, 619
- alimentar, 674
- cardiovascular de alta pressão, 542
- cinético, 222
- circulatório, 315, 652
- - aberto, 324
- - das aves, 567
- - nos crustáceos, 407
- da linha lateral, 500
- - dos peixes e anfíbios, 705
- de acasalamento, 757
- - das aves, 576
- de canais, 242
- de endomembranas, 38
- de Havers, 616
- de órgãos, 181
- digestório, 289
- - completo, 315
- - dos ctenóforos, 273
- endócrino, 714
- endomembranoso, 36
- enteroendócrino, 715

- esquelético(s), 613
- - e muscular dos anfíbios, 528
- excretor, 393
- - das aves, 568
- - dos crustáceos, 409
- fagocitário mononuclear, 734
- fechado, 635
- gastrovascular, 273
- hemal, 458
- hidrovascular singular, 455
- hierárquico, 194
- lacunar, 301
- leuconoide, 242
- límbico, 698
- linfático, 653, 658, 659
- mononuclear fagocitário, 689
- muscular, 407
- - das aves, 564
- nervoso, 174, 324, 687
- - autônomo, 700
- - central, 688, 694, 696
- - centralizados, 694
- - dos crustáceos, 410
- - dos insetos, 434
- - dos turbelários, 285
- - e órgãos dos sentidos
- - - das minhocas, 363
- - - dos poliquetas, 354
- - e sensorial
- - - das aves, 569
- - - das sanguessugas, 366
- - - nos cefalópodes, 342
- - e sentidos especiais dos anfíbios, 530
- - em cifozoários, 262
- - periférico, 688, 694, 700
- - somático, 700
- neuromuscular, 257
- parassimpático, 700
- reprodutivo(s)
- - de invertebrados, 138
- - dos vertebrados, 139
- - feminino, 140
- - masculino, 139
- reprodutor, 289
- - das aves, 575
- respiratório
- - das aves, 568
- - nos crustáceos, 407
- reticuloendotelial, 734
- siconoide, 242
- simpático, 700
- traqueal, 382, 431, 660
- urogenital, 139
Sistemática filogenética/cladística, 204
Sistematização, 195
Sistematizador, 195
Sístole, 655
Sobreposição, 410
- de nichos, 790
Sobrevivência, 786
- de cistos, 218
- do mais forte, 116
- dos arcos branquiais, 175
Socialidade,
- consequências seletivas da, 753
Sociobiologia, 748
Soldados, 440
Solênios, 268
Solenócitos, 296
Solenogastres, classe, 325, 346
Solpugida, ordem, 396
Solução(ões)
- biológicas e osmolaridade, 633
- hipertônica, 42
- hipotônica, 42
- isosmótica, 42
- isotônica, 42

Índice Alfabético

Solvente, 19
Soma, 189
Somatoceles, 459
Somatomamotropina coriônica humana, 144
Somatostatina, 728
Somito, 185, 478
Soricomorpha, ordem, 605
Soro sanguíneo, 650
Sphenisciformes, ordem, 578
Sphenodonta, 551, 554
Squamata, 546, 554
SRY (região determinadora de sexo Y), 134
Staphylococcus aureus, 239
Staurozoa, classe, 263, 271
Stramenopila, filo, 221, 234
Strepsiptera, ordem, 445
Strepsirrhini, subordem, 604
Strigiformes, ordem, 579
Strombus gigas, 330
Struthioniformes, ordem, 578
Subclasse
- Ceriantipatharia, 271
- Digenea, 287
- Eurypterida, 391
- Hexacorallia, 271
- Octocorallia, 271
- Xiphosurida, 391
Subespécies, 195
Subfilo
- Acoelomorpha, características do, 280
- Cephalochordata, 482, 486
- Chelicerata, 387, 391, 400, 401
- Crustacea, 387, 401, 405
- - características do, 421
- Eleutherozoa, 467
- Euglenida, 220, 234
- Hexapoda, 387, 401, 443
- Kinetoplasta, 221, 234
- Myriapoda, 387, 397, 401
- Pelmatozoa, 467
- Trilobita, 387, 390, 400
- Urochordata (Tunicata), 480, 486
- Vertebrata, 483, 486, 515
Subgrupos de células T, 741
Subordem
- Haplorhini, 605
- Strepsirrhini, 604
Subpelos, 588
Substância fundamental, 187
Substrato, 54
Suco
- gástrico, 677
- pancreático, 678, 680
Suctórios, 223
Suínos, 606
Sulco(s)
- ambulacral, 455, 466
- de clivagem, 48, 155
- ectodérmico apical, 163
- em anel, 279
- lateral, 279
- oral, 224
Suliformes, ordem, 579
Sumidouros, 785
Superfície(s)
- aboral, 181
- celulares, 39
- oral, 181
Surgimento do darwinismo moderno, 117
Surtos de insetos, 424
Surucuás, 580
Suscetibilidade, 733
Sustentação, 175
Symphyla, classe, 399, 401
Synapsida, 554

T

Taenia
- *saginata*, 293
- *solium*, 293
Tagmas, 390, 425
Taiga, 775
Tálamo, 698
Talha-mares, 579
Talude continental, 778
Tamanduás, 604
Tamanho
- constante das populações, 116
- do genoma, 92
Tampão, 20
Tantulocarida, 416, 421
Tardigrada, filo, 382
Tardígrados, 382
Tarsiidae, 605
Társios, 605
Tartarugas, 486, 538, 543, 544, 554
Tato, 704
Tatus, 604
Taxa
- de crescimento, 785
- intrínseca de crescimento, 787
Taxia e cinese, 224
Taxonomia, 194
- da classe
- - Amphibia, 531
- - Entognatha e da classe Insecta, 443
- de aves, 578
- de eucariotos unicelulares, 233
- do filo
- - Annelida, 367
- - Arthropoda, 400
- - Echinodermata, 467
- - Mollusca, 346
- - Nematoda, 377
- - Porifera, 245
- do subfilo
- - Chelicerata, 401
- - Hexapoda, 443
- - Myriapoda, 401
- dos membros atuais do filo Chordata, 486
- dos primeiros amniotas e dos répteis não aves atuais, 554
- e filogenia dos animais, 193
- evolutiva, 203
- fenética, 204
Táxons, 194
Tecido(s), 180, 185
- adiposo, 187, 681
- - branco, 64, 681, 729
- - marrom, 681
- conjuntivo, 187
- - areolar, 187
- - denso, 187
- - frouxo, 187
- - mutável, 457
- da vida, 32
- epitelial, 185
- incipientes, 239
- muscular, 188
- nervoso, 189
- vascular, 187
Tectônica de placas, 769
Tégmen, 466
Tegumento, 610
- dos invertebrados, 610
- e coloração de uma rã, 528
- e derivados dos vertebrados, 610
- e seus derivados dos mamíferos, 587
- sincicial, 281, 283, 610
Teia(s)
- alimentar, 793
- viscosas, 221
Teleologia, 11

Teleósteos, 504, 515
Telófase, 47
Telolécitos, 155
Télson, 391, 405
Temnospôndilos, 521
Temperatura global, 773
Tempo geológico, 102
Tendências evolutivas, 103, 104
Tendões no armazenamento de energia, 627
Tênia(s), 292, 293, 297
- da carne de gado, 293
- de peixe, 293
- do porco, 293
Tenídias, 432
Tenóforos, 273
Tenrecos, 604
Tentáculos, 272
Teoria(s), 10
- celular, 33
- cromossômica da herança, 14
- da deriva continental, 769
- da evolução, de Darwin, 12
- - e hereditariedade, 11, 16
- darwiniana da descendência comum, 107, 194
- dos genes, 82
- evolutiva darwiniana, 100
- sintética, 117
- taxonômicas, 202
- transformacional, 98
- variacional, 98
Terapia esteroide anti-inflamatória, 726
Terápsidos, 584
Terceiro folheto germinativo, 158
Tergito, 405
Termogênese sem tremores, 645, 681
Territorialidade, 756
Território e área de vida dos mamíferos, 598
Tesourinhas, 444
Testa, 211
Teste empírico, 9
Testículos, 132, 139, 286, 289, 575
Testosterona, 134, 139, 142
Testudines, 486, 543, 554
Teto, 396, 698
- do mesencéfalo, 569
Tetracapsuloides bryosalmonae, 264
Tétrade, 71
Tetrápodes, 486, 519
- primitivos, 518
Thaliacea, 480
Thecostraca, 416, 421
Theria, 603
Theropoda, 554
Thysanoptera, ordem, 445
Thysanura, ordem, 443
Tiflossole, 362, 678
Timbre, 708
Timina, 83
Tímpano, 569
Tinamiformes, ordem, 578
Tipo(s)
- hemotóxico, 550
- neurotóxico, 550
- sanguíneos ABO, 743
Tireotrofina, 719
Tiroxina, 723
Tisanuro, 443
Título, 741
TMAO, 634
Toninhas, 606
Torácicas, 616
Torção, 327
Torpor diário, 645
Toupeiras, 605
- douradas, 604
- marsupiais, 604

Índice Alfabético

Toxicidade da peçonha, 551
Toxicistos, 223
Toxoplasma gondii, 227
Trabalho de parto, 144
Tradução, 87
Transcitose, 44, 45
Transcrição e papel do RNA mensageiro, 85
Transferência de energia química pelo ATP, 56
Translocação, 82
Transmissão hereditária, 67
Transplantes de órgão, 742
Transportadoras, 43
Transporte
- ativo, 43, 632, 638, 680
- de elétrons, 57
- facilitado, 43
- máximo, 639
- mediado, 41
- - por transportador, 43
Traqueias, 432, 660, 662
Traquéolas, 432, 660
Trato digestório completo, 184
Trematoda, classe, 287, 297
Trematódeos, 287
- digenéticos, 297
- do fígado em ser humano, 289
- do sangue, 289
- dos pulmões, 291
- monogenéticos, 291, 297
Triblásticos, 159, 183
Tricellaria
- *inopinate*, 310
- *spiralis*, 375
Trichomonadida, ordem, 233
Trichomonas
- *tenax*, 220
- *vaginalis*, 220
Trichoptera, ordem, 445
Tricocistos, 216, 223, 224
Tricópteros, 445
Triglicerídios, 21, 63
Triiodotironina, 723
Trilobita, subfilo, 387, 390, 400
Trilobitas, 386, 390, 400
Trinta-réis, 579
Tripedalia cystophora, 263
Triploblásticos, 159
Tripsina, 680
Triptofano, 88
Triquinose, 375
Trissomia 21, 81
Trocas
- capilares, 658
- de calor contracorrente, 644
- eficientes na água, 660
- gasosas, 649
- - dos insetos, 431
- - nos pulmões e nos tecidos corporais, 664
- - por difusão direta, 660
- - por meio de tubos, 660
Trochozoa, clado, 307, 313
Trocófora, 165, 281
Trofalaxia, 440
Trofoblasto, 144, 168, 172
Trofos, 299
Trofossomo, 359
Trofozoítos, 228
Trogocitose, 231
Trogoniformes, ordem, 580
Tromboplastina, 651
Trompa de Falópio, 140
Tropomiosina, 622
Troponina, 622

Trypanosoma
- *B. rhodesiense*, 221
- *cruzi*, 221
Trypanosomatidea, classe, 234
Tuataras, 486, 551, 554
Tuba
- auditiva, 706
- uterina, 140
Tubarões, 486, 499, 515
Tubastraea coccinea, 251
Tubérculos, 381
Tubo
- digestório, 175
- - completo, 157
- - incompleto, 157
- neural, 174
Tubulidentata, ordem, 604
Tubulina, 39, 620
Túbulo(s)
- convoluto
- - distal, 637
- - proximal, 637
- de Malpighi, 393, 434, 635
- excretor, 409
- protonefridiais, 299
- renal, 637
- seminíferos, 139
Túbulo-T, 624
Tucanos, 580
Tufos branquiais, 660
Tundra, 777
Túnica, 480
Tunicados, 486
Turacos, 579
Turbelários, 297
Turbellaria, classe, 287, 297

U

Úlcera, 738
Ungulados, 606
Unicidade química, 2
Unidade(s)
- funcionais dos sistemas nervosos, 688
- motora, 624
Uniformismo, 98
Uníparos, 146
Ureia, 65, 634
Ureter, 139, 568, 637
Uretra, 139
Urnatella gracilis, 310
Urochordata (Tunicata), subfilo, 480, 486
Urocordados, 480
Urodela, ordem, 523, 531
Urópodes, 405
Urosalpinx cinerea, 329
Uróstilo, 528
Ursidae, 605
Urso-pardo jovem, 583
Ursos, 605
Urubus, 579
Urutaus, 580
Útero, 140, 171, 286, 289
Utrículo, 531, 706, 708

V

Vacúolo
- contrátil, 216, 221, 224, 634
- digestivo, 38, 216
Vaga-lumes, 445
Vagina, 141
Válvula(s)
- atrioventricular
- - direita, 655
- - esquerda, 655
- espiral, 500, 530
- semilunares, 655

Variação, 4
- contínua, 78
- de caracteres para reconstruir a filogenia, 200
- entre os organismos, 116
- genética e mudança dentro das espécies, 117
- na clivagem de deuterostômios, 167
- na gastrulação deuterostômia, 168
- quantitativa, 123
Vasa recta, 640
Vaso(s)
- deferente, 286, 289
- dorsal, 362
- eferentes, 286
- ventral, 362
Vasopressina, 721
Vasotocina, 721
Veia(s), 653, 658
- cava inferior e superior, 655
- pulmonares, 654
- renal, 638
Velário, 263
Veludo, 589
Ventilação
- dos pulmões, 662
- pulmonar, 542
Ventosa, 457
- oral, 289
- ventral, 289
Ventral, 181
Ventrículo, 530, 654
- direito, 655
- esquerdo, 654
Vênulas, 653, 658
Vericrustacea, 415
Verme(s)
- acelomorfos, 280
- cilíndricos, 371
- da Guiné, 375
- de cabeça espinhosa, 300
- moluscos, 355
- que comem cadáveres de baleias, 359
- trichina, 375
- vesiculares, 293
Verme-de-fogo, 356
Verme-pergaminho, 353
Vermes-espanadores, 357
Vermiformes, 303
Vertebrados, 486, 695
- ancestral, 484
- primitivos com mandíbulas, 488
Vértebras, 460, 483
- caudais, 616
- cervicais, 616
Vertebrata, subfilo, 483, 486, 515
Vesícula(s)
- biliar, 678
- celomáticas, 168
- de Poli, 457
- germinativa, 152
- seminal, 140, 286, 289
- sinápticas, 624, 692
Vespas, 445
Vetores, 90
Véu, 259
Vexilo, 562
Via(s)
- alternativa, 734
- clássica, 733
- para oxidação da glicose, 62
Vibrissas, 589
Vicariância, 766, 770
Vida, 1
- fossorial, 548
- leis físicas, 7
- pré-cambriana, 27, 31
Viduto, 140
Vilosidades, 678

Viridiplantae, filo, 230, 234
Vírus
- da imunodeficiência humana, 743
- do Nilo Ocidental, 442
Visão, 709
- em cores, 711
- ultravioleta, 570
Vitaminas, 683
- hidrossolúveis, 683
- lipossolúveis, 683
Vitelários, 289
Vitelo, 137, 155
Viúva-negra, 394
Viviparidade
- em escamados, 546
- lecitotrófica, 138
Vivíparo, 137
Volume
- corrente, 662
- sistólico, 655

Volvox carteri, 230
Vombates, 604
Voo, 570
- e ecolocalização dos mamíferos, 594
- em alta altitude, 568
- planado ativo, 572
- por batimento das asas, 570
Vórtices de ponta de asa, 572
Vovivíparos, 137
Vulva, 141

X
Xantóforos, 528, 613
Xenacoelomorpha, filo, 278, 279
Xenocarida, 414
Xenopus laevis, 527
Xenotransplante, 739
Xenoturbella monstrosa, 279
Xiphosurida, subclasse, 391

Z
Zangões, 440
Zebras, 606
Zigoto, 45, 69, 130, 144, 152
Zoantharia, 265, 271
Zoécio, 310
Zona(s)
- adaptativa, 203
- entremarés rochosa, 778
- epipelágica, 780
- fótica, 778
- germinativa, 292
- infralitoral rochosa, 778
- mesopelágica, 780
Zooides, 310, 311
Zoologia, 1
- como parte da biologia, 7, 15
Zooxantelas, 263
Zoraptera, ordem, 444
Zorápteros, 444

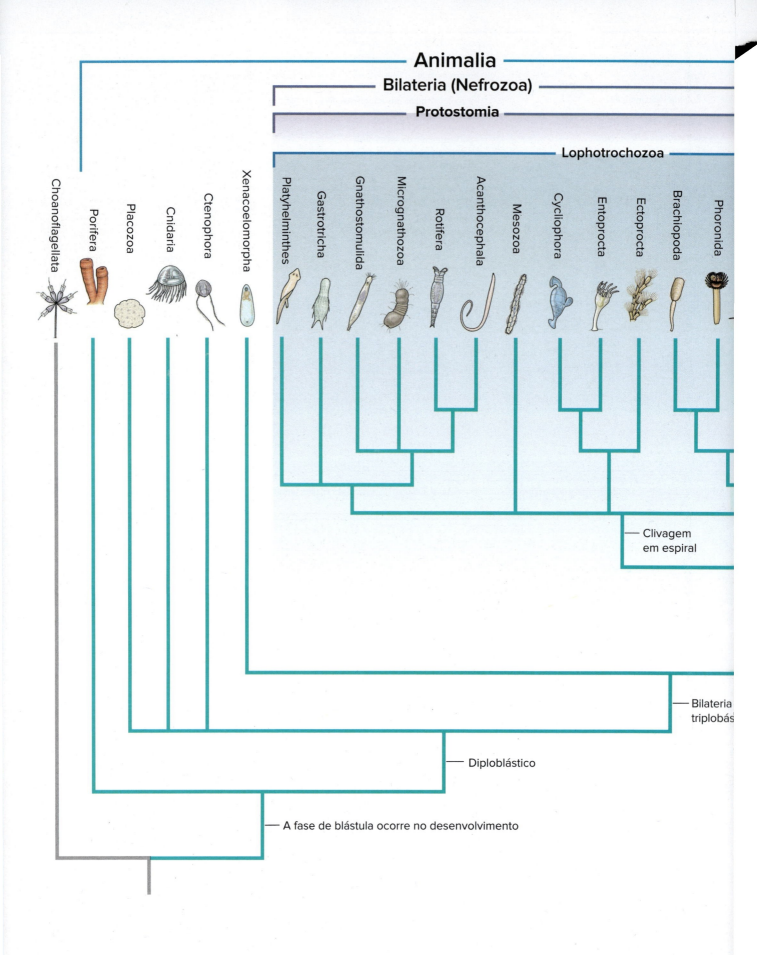

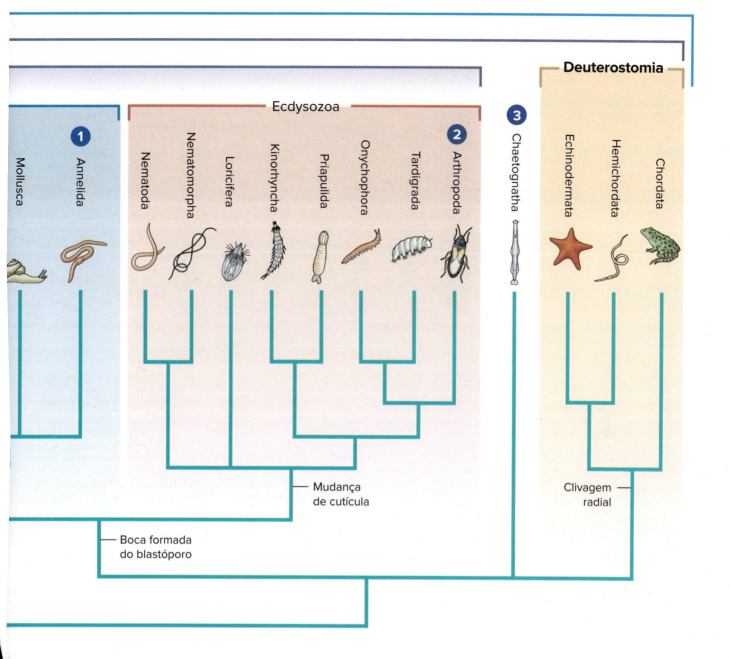

1. Annelida inclui pogonóforos, equiuros e sipúnculos

2. Arthropoda inclui pentastomídeos

3. Chaetognatha é discutido com deuterostômios

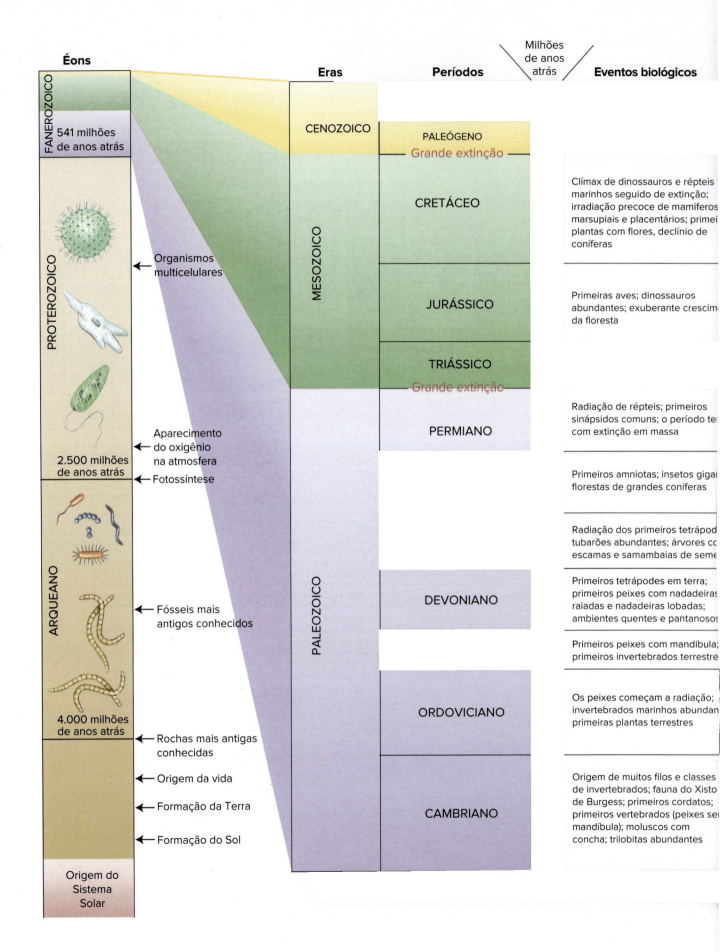

Época	Milhões de anos atrás	Eventos biológicos
PLEISTOCENO	2,6	Primeiros seres humanos modernos (gênero *Homo*); idade do gelo
PLIOCENO	5,3	Primeiros hominídeos eretos; grandes carnívoros; elevação continental; frio
MIOCENO	23	Primeiros macacos; primeiros macacos do Velho Mundo; abundantes mamíferos pastando; a calota da Antártica reduz o nível do mar, clima mais frio, planícies e pastagens
OLIGOCENO	33,9	Primeiros macacos do Novo Mundo; a Europa separa-se da América do Norte; erosão das montanhas; clima ameno
EOCENO	56	Primeiros cavalos, baleias, morcegos, macacos; radiação de famílias de mamíferos placentários; erosão das montanhas; clima chuvoso e ameno
PALEOCENO	66	Aves terrestres predadoras gigantes; primeiros prossímios; formação de montanhas; clima subtropical